1900   **Planck** introduz a ideia do *quantum*.
1905   **Einstein** introduz o conceito de corpúsculo de luz (fóton).
1905   **Einstein** apresenta a teoria especial da relatividade.
1911   **Rutherford** revela a existência do núcleo atômico.
1913   **Bohr** formula uma teoria quântica do átomo de hidrogênio.
1915   **Einstein** apresenta a teoria geral da relatividade.
1923   **Compton** confirma a existência do fóton por meio de experimentos.
1924   **de Broglie** introduz a teoria ondulatória da matéria.
1925   **Goudsmit** e **Uhlenbeck** introduzem o *spin* do elétron.
1925   **Pauli** enuncia o princípio da exclusão.
1926   **Schrödinger** desenvolve a teoria ondulatória da mecânica quântica.
1927   **Heisenberg** propõe o princípio da incerteza.
1928   **Dirac** mistura a relatividade e a mecânica quântica em uma teoria para os elétrons.
1929   **Hubble** descobre a expansão do universo.
1932   **Anderson** descobre a antimatéria na forma de pósitrons.
1932   **Chadwick** descobre o nêutron.
1934   **Fermi** propõe uma teoria de criação e aniquilação de matéria.
1938   **Meitner** e **Frisch** interpretam como fissão nuclear os resultados de **Hahn** e **Strassmann**.
1939   **Bohr** e **Wheeler** apresentam uma teoria detalhada da fissão nuclear.
1942   **Fermi** constrói e opera o primeiro reator nuclear.
1945   **Oppenheimer** e sua equipe em Los Alamos realizam uma explosão nuclear.
1947   **Bardeen**, **Brattain** e **Shockley** desenvolvem o transistor.
1956   **Reines** e **Cowan** identificam o antineutrino.
1957   **Feynman** e **Gell-Mann** explicam todas as interações fracas com um neutrino "levógiro".
1960   **Maiman** inventa o *laser*.
1965   **Penzias** e **Wilson** descobrem a radiação de fundo no universo, emitida durante o Big Bang.
1967   **Bell** e **Hewish** descobrem os pulsars, que são estrelas de nêutrons.
1969   **Gell-Mann** propõe os *quarks* como blocos de construção dos núcleos.
1977   **Lederman** e sua equipe descobrem o *quark bottom*.
1981   **Binning** e **Rohrer** inventam o microscópio eletrônico de tunelamento.
1987   **Bednorz** e **Müller** descobrem a supercondutividade a alta temperatura.
1995   **Cornell** e **Wieman** criam um "condensado de Bose-Einstein" a 20 bilionésimos de um grau.
1998   **Perlmutter**, **Schmidt** e **Riess** descobrem a expansão acelerada do universo.

2000   **Pogge** e **Martini** apresentam evidência da existência de buracos negros supermassivos em outras galáxias.
2000   Grupo do Fermilab identifica o neutrino tau, o último membro do grupo de partículas chamadas léptons.
2003   Cientistas que estudam a radiação proveniente do espaço estimam a idade do universo em 13,7 bilhões de anos.
2004   **Geim** e **Novoselov** descobrem o grafeno, uma forma de carbono tão fino quanto um átomo.
2005   **Gerald Gabrielse** mede o magnetismo do elétron com precisão de uma parte por trilhão.
2006   Uma equipe de cientistas norte-americanos e russos identifica os elementos de número atômicos 116 e 118.
2012   O laboratório CERN anuncia o descobrimento do há muito almejado bóson de Higgs.
2015   A equipe da LIGO detecta ondas gravitacionais de buracos negros em formação.
2018   Jarillo-Herrero descobre a supercondutividade do grafeno.
2019   O telescópio Event Horizon obtém a primeira imagem de um buraco negro supermassivo.
2020   O catálogo dos exoplanetas (planetas que orbitam outras estrelas que não o nosso Sol) cresce para mais de 4.330.

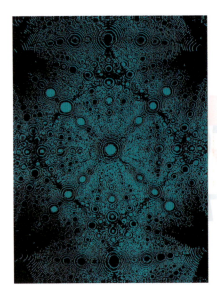

A imagem de fundo da capa é uma aproximação da micrografia histórica de 1955, criada pelo professor de física alemão Erwin Müller, da Pennsylvania State University. Müller, que inventou o microscópio iônico de campo em 1951, foi chamado de primeiro ser humano a "ver" um átomo. Embora seja impossível ver átomos individuais, seu arranjo ordenado em uma rede cristalina está claramente visível nesta micrografia. A imagem apareceu na capa das três primeiras edições de Física Conceitual e agora é celebrada na capa desta 13ª edição.

H611f	Hewitt, Paul G. 　　Física conceitual / Paul G. Hewitt ; tradução: Francisco Araújo da Costa ; revisão técnica: André Diestel. – 13. ed. – Porto Alegre : Bookman, 2023. 　　xxiv, 878 p. : il. color. ; 28 cm. 　　ISBN 978-85-8260-588-2 　　1. Física conceitual. I. Título. 　　　　　　　　　　　　　　　　　　　　CDU 53

Catalogação na publicação: Karin Lorien Menoncin – CRB 10/2147

Física Conceitual
13ª EDIÇÃO

Paul G. Hewitt

Tradução

Francisco Araújo da Costa

Revisão técnica

André Diestel
Professor do Colégio Israelita Brasileiro.
Mestre em Ensino de Física pela Universidade Federal do Rio Grande do Sul (UFRGS).

Porto Alegre
2023

Obra originalmente publicada sob o título *Conceptual Physics*, 13th edition

ISBN 9780135746264

Authorized translation from the English language edition, entitled *Conceptual physics, 13th edition* by Paul Hewitt, published by Pearson Education,Inc., publishing as Pearson, Copyright © 2022.
All rights reserved. No part of this book may be reproduced or transmitted in any form or by any means, electronic or mechanical, including photocopying, recording or by any information storage retrieval system, without permission from Pearson Education, Inc.
Portuguese language edition published by Grupo A Educação S.A. Copyright © 2022.

Tradução autorizada a partir do original em língua inglesa da obra intitulada *Conceptual physics*, 13ª edição, autoria de Paul Hewitt, publicado por Pearson Education, Inc., sob o selo Pearson, Copyright © 2023.
Todos os direitos reservados. Este livro não poderá ser reproduzido nem em parte nem na íntegra, nem ter partes ou sua íntegra armazenado em qualquer meio, seja mecânico ou eletrônico, inclusive fotorreprografação, sem permissão da Pearson Education, Inc.
A edição em língua portuguesa desta obra é publicada por Grupo A Educação S.A. Copyright © 2023.

Gerente editorial: *Letícia Bispo de Lima*

Colaboraram nesta edição:

Consultora editorial: *Arysinha Jacques Affonso*

Editora: *Simone de Fraga*

Arte sobre a capa original: *Márcio Monticelli*

Leitura final: *Ildo Orsolin Filho*

Editoração: *Matriz Visual*

Reservados todos os direitos de publicação ao
GRUPO A EDUCAÇÃO S.A.
(Bookman é um selo editorial do GRUPO A EDUCAÇÃO S.A.)
Rua Ernesto Alves, 150 – Bairro Floresta
90220-190 – Porto Alegre – RS
Fone: (51) 3027-7000

SAC 0800 703 3444 – www.grupoa.com.br

É proibida a duplicação ou reprodução deste volume, no todo ou em parte, sob quaisquer formas ou por quaisquer meios (eletrônico, mecânico, gravação, fotocópia, distribuição na Web e outros), sem permissão expressa da Editora.

IMPRESSO NO BRASIL
PRINTED IN BRAZIL

O autor

Tornar-se professor de física e autor de livro acadêmico não parecia um resultado provável nos meus primeiros anos. Cresci em Saugus, Massachusetts, perto de Boston. Quando estava no ensino médio, um orientador com bastante influência me convenceu de que o meu talento artístico significava que não precisaria cursar disciplinas acadêmicas. Na época, minhas paixões eram desenhar tiras de quadrinhos, frequentar rinques de patinação e, especialmente, lutar boxe, o que me ajudou a rechaçar os valentões na escola. Aos 17 anos, ganhei a medalha de prata da New England Amateur Athletic Union na classe de 51 kg. Logo depois, entreguei jornais, pintei placas e aprendi serigrafia em Boston, onde conheci Ernie Brown, meu amigo para a vida toda. Foi Ernie que me influenciou a acompanhá-lo em Miami, Flórida, durante dois verões. Dediquei a 11ª edição de *Física Conceitual* a Ernie.

Em 1953, durante a Guerra da Coreia, fui convocado abruptamente para o Exército. Contudo, para minha sorte, a guerra terminou no meu último dia de treinamento no Campo Carson, em Colorado Springs. Minha baixa do Exército ocorreu durante uma mania de prospecção de urânio, que oferecia a esperança de segurança financeira. Apostei que valeria a pena permanecer no Colorado para procurar urânio, onde ganhei a vida pintando placas na cidadezinha de Salida. Descobri rochas com sinais de urânio nas Montanhas Sangre de Cristo que elevaram minhas esperanças, mas não minha renda. Acima de tudo, descobri e me apaixonei por Millie Luna. As neves de inverno impediam o acesso às minhas concessões de urânio, então voltei a Saugus e, para escapar dos invernos frios da Nova Inglaterra, me dirigi a Miami.

Miami foi palco de eventos que revolucionaram minha vida. Primeiro, casei-me com Millie. Segundo, conheci Burl Grey, pintor de painéis e fã da ciência, e também Jacque Fresco, seu mentor intelectual. Ambos me inspiraram a me dedicar às ciências. Voltei para o Norte e, com os subsídios oferecidos para veteranos, matriculei-me na Newman Preparatory School, em Boston, para compensar minhas lacunas do ensino médio. Aos 27 anos, comecei a cursar faculdade no Lowell Technological Institute (atual University of Massachusetts Lowell). Após receber meu bacharelado em física, Millie, eu e nossos dois filhos partimos para o Oeste, onde fiz mestrado em física na Utah State University (USU). Lá, fui inspirado por dois professores extraordinários, Farrell Edwards e John J. Merrill. Dois amigos da USU, Huey e Sue Johnson, nos influenciaram a acompanhá-los até San Francisco, onde Huey, um ambientalista fanático, começaria sua carreira como diretor da seção oeste da Nature Conservancy e logo se tornaria Secretário dos Recursos do Estado da Califórnia durante a administração do governador Jerry Brown. Huey também fundou a Trust for Public Land, uma organização que preserva terras silvestres que seriam alvo de desenvolvimento comercial indesejável, e posteriormente fundou a ONG Resource Renewal Institute. Meu melhor amigo faleceu em 2020, vítima de complicações de uma queda. Foi com o auxílio de Huey em 1964 que fui contratado como substituto de longo prazo no City College of San Francisco (CCSF).

Minha missão seria lecionar o curso menos popular entre meus colegas, Física 10, direcionado a alunos de áreas não científicas – justamente aqueles que mais queria ensinar. Meu objetivo como professor não seria expandir as fileiras dos físicos, e sim compartilhar meu amor pela física com todos os alunos. Logo descobri que minhas melhores derivações de álgebra não eram valorizadas. Meus alunos também não tinham uma opinião muito elevada sobre os meus problemas simples, que usavam equações como se fossem receitas para gerar respostas numéricas. Minha pedagogia evoluiu na direção da "física sem números", e a Física 10 logo se tornou a disciplina eletiva mais popular da faculdade. Eu ansiava por lecionar com um novo livro acadêmico, o emocionante *Physics for the*

Inquiring Mind, de Eric Rogers, mas meu chefe de departamento considerou a opção inaceitável: o livro era grande e pesado demais para os alunos carregarem pelo campus.

Isso significava que eu precisaria escrever meu próprio livro. Inspirado pelo volume de Rogers, pelas *Lições de Física de Feynman* (baseadas nas palestras de Richard Feynman na Caltech) e por *Basic Physics*, um novo livro acadêmico, escrito com muita clareza por Kenneth Ford, trabalhei freneticamente no verão de 1969, o ano da primeira viagem à Lua, para criar *Física Conceitual*. O resultado foi um volume com encadernação espiral, impresso gentilmente no próprio campus, pela livraria da faculdade. O modo como abordava os tópicos levava em conta o meu arqui-inimigo dos tempos de estudante: a sobrecarga de informações. O material abrangia apenas os fundamentos da física. Não havia problemas numéricos, nada exigia sequer álgebra básica. Nadinha. Nesse sentido, era um livro bastante localizado ao CCSF.

A essa altura, as matrículas na disciplina de Física 10 ultrapassavam mil alunos por semestre. Vendedores de livros acadêmicos curiosos achavam que *Física Conceitual* poderia ser mais do que um livro local. Para encurtar uma história comprida e interessante, a Little, Brown and Company publicou o livro em 1971, um momento em que universitários de todo o país estavam exigindo mais relevância nas suas disciplinas. Com o subtítulo *A New Introduction to Your Environment* (Uma Nova Introdução ao seu Ambiente), *Física Conceitual* era visto como um livro muito relevante. Fiquei surpreso com a sua aceitação além dos muros do CCSF, especialmente na Universidade da Califórnia em Berkeley. Para aprimorar a precisão do conteúdo de física, nas edições subsequentes, Ken Ford ofereceu sua caneta e suas habilidades editoriais para ajudar com a minha redação. Dediquei a oitava edição a ele, assim como a décima primeira. *Física Conceitual* tornou-se o livro dominante nos cursos de física para alunos de ciências humanas nos Estados Unidos e internacionalmente.

Minhas aulas não se limitavam ao CCSF. Às noites de quarta-feira, lecionava no San Francisco Exploratorium. Tive a grande honra de ter Frank Oppenheimer, fundador da instituição, na plateia. Quando a aula tratava de sons musicais, Frank ensinava, com sua coleção de instrumentos musicais da família das madeiras, e eu assistia. O mesmo ocorria quando Albert Baez, físico e especialista na óptica dos raios X, participava das minhas aulas. Ensinar ao lado de Frank e Al foi um período maravilhoso da minha vida.

Enquanto autor, nunca adotei a trajetória comum de seguir um livro acadêmico introdutório com um baseado em álgebra e trigonometria e então outro baseado em cálculo. Em vez disso, decidi que continuaria a melhorar *Física Conceitual* para alunos de cursos não científicos, com uma edição após a outra, trabalhando continuamente para tornar os conteúdos de física mais claros. Meu objetivo seria criar um livro de física que cultivaria o amor pela física entre meus alunos. Em anos posteriores, minha esperança era de que meu livro poderia ser um recurso proveitoso para a comunidade de ciências humanas, assim como as *Lições* de Feynman são para cientistas e engenheiros.

Na minha vida pessoal, Millie, minha esposa, faleceu em 2004, deixando três filhos maravilhosos e sete netos muito amados. Um ano depois, casei-me com Lillian Lee. Ambos os meus casamentos foram com mulheres impressionantes. Lillian trabalha comigo em cada fase da criação do livro, e sua atenção para os detalhes dá clareza ao meu texto. Assim, dedico esta edição a ela.

Eu tinha 40 anos na primeira vez que saí dos Estados Unidos. Desde então, dedico meus verões a viagens pelo mundo. A pedagogia também me levou a viajar, principalmente para a Universidade da Califórnia em Berkeley e em Santa Cruz, e a dois campi universitários no Havaí, onde fui convidado a ensinar em um estúdio de vídeo. Mal poderia imaginar que aquelas palestras continuariam populares até hoje.

A mudança de Hilo, Havaí, para St. Petersburg, Flórida, me aproximou ainda mais de Paul Ryan, meu amigo dos tempos de patinação (retratado em todos os meus livros). Hoje, Lil e eu dividimos nosso tempo entre St. Petersburg e San Francisco, trabalhando continuamente para polir a lente através da qual os alunos podem aprender que as grandes regras da natureza se revelam nas leis da física, todas muito bem resumidas em equações fundamentais. Ensinar que essas equações são as regras da natureza tem sido uma experiência espetacular.

Mais espetacular ainda é nascer. As chances de nascer um ser humano saudável são tão minúsculas que estar vivo é o maior prêmio de todo o universo. Mas esse prêmio vem acompanhado de uma certeza: nascer significa morrer um dia. Antes do nascimento, nossa experiência do universo e de tudo que acontece nele era nula. Sem consciência, havia nada. Se essa tábula rasa é nosso destino após a morte, não há algo a temer. E se houver mais... viva! Mas não precisa haver. A morte como preço do nascimento é uma barganha cósmica justa. Junto com o luto quando perdemos nossos entes queridos, devemos celebrar o fato de que conheceram a vida.

Para Lillian, minha esposa, que é tudo para mim.

Agradecimentos

Sou imensamente grato a Kenneth Ford por revisar esta edição com precisão e por suas inúmeras e esclarecedoras sugestões. Muitos anos atrás, eu admirava um dos livros de Ken, *Basic Physics*, que me inspirou a escrever *Física Conceitual*. Hoje sinto-me honrado pela dedicação tanto do seu tempo quanto de sua energia ajudando a transformar esta edição em um livro maravilhoso. Também sou grato a Judith Brand, autora sobre ciência e minha amiga de longa data, que, assim como Ken, trouxe clareza ao meu texto. Os erros invariavelmente aparecem depois que o manuscrito é submetido, de modo que sou totalmente responsável por qualquer erro que porventura tenha sobrevivido ao seu escrutínio.

Pelo seu auxílio valioso nesta edição, sou grato acima de tudo a Lillian, minha esposa, que colaborou com cada fase deste livro e dos seus materiais auxiliares, e também a Ken Ford e Judith Brand. Fred Myers aprimorou quase todos os capítulos, melhorou explicações de temas de física e deixou os exercícios de final de capítulo mais claros. David Manning fez sugestões valiosas para as atividades Pense e Faça. O gráfico das marés de Alan Davis abrilhantou o capítulo sobre gravidade. Jennifer Yeh ajudou com os perfis de grandes cientistas. Ron Hipschman ajudou a direcionar melhorias em todo o livro. John Suchocki, meu sobrinho, ofereceu conselhos gerais excelentes. Quando preciso de precisão e conselhos sobre física, procuro David Kagan e Bruce Novak, além de Ken Ford. Também agradeço a Robert Austin, Marshall Ellenstein, Scotty Graham, Brad Huff, Evan Jones, Elan Lavie, John McCain, Anne Tabor Morris, Bruce Novak, Dan Styer, Dave Wall, Jeff Wetherhold, Norman Whitlatch, Phil Wolf e David Vasquez.

Pelas valiosas sugestões feitas nas edições anteriores, agradeço a meus amigos Dean Baird, Tomas Brage, Howard Brand, George Curtis, Alan Davis, Marshall Ellenstein, Mona El TawilNassar, Herb Gottlieb, Jim Hicks, Peter Hopkinson, John Hubisz, Sebastian Kuhn, David Kagan, Carlton Lane, Juliet Layugan, Paul McNamara, Derek Muller, Fred Myers, Diane Riendeau, Gretchen Hewitt Rojas, Chuck Stone, Chris Thron, Lawrence Weinstein, Phil Wolf e P.O. Zetterberg. Outros que fizeram sugestões em anos passados incluem Matthew Griffiths, Paul Hammer, Francisco Izaguirre, Les Sawyer, Dan Sulke e Richard W. Tarara. Sou eternamente grato pelo estímulo de meus amigos e colegas do Exploratorium: Judith Brand, Paul Doherty, Ron Hipschman, Eric Muller e Modesto Tamez.

Pela ajuda no *Problem Solving in Conceptual Physics*, em coautoria com Phil Wolf, somos gratos a Tsing Bardin, Howard Brand, George Curtis, Ken Ford, Jim Hicks, David Housden, Evan Jones, Chelcie Liu, Fred Myers, Diane Riendeau, Stan Schiocchio e David Williamson pelo valioso *feedback*.

Pela sua dedicação, sou grato a Jeanne Zalesky e à equipe administrativa da Pearson, sob a orientação de Harry Misthos. Também sou grato às gerentes de produto Jessica Moro e Heidi Allgair, a Judith Brand pelo desenvolvimento e ao copidesque Scott Bennett. Sou especialmente grato a Mary Tindle e à competência da equipe de produção da SPI. Tenho muita sorte em trabalhar com essa equipe de primeira linha!

Paul G. Hewitt
St. Petersburg, Flórida

Física Conceitual
Álbum de fotos

Física Conceitual é um livro muito pessoal, o que se reflete nas diversas fotografias de família, amigos e colegas do mundo todo. Muitas delas já estão identificadas nas legendas das aberturas dos capítulos, e, com algumas exceções, não repetirei seus nomes. Familiares e amigos cujas fotos estão nas aberturas das Partes, no entanto, serão listados aqui. O livro abre com meu sobrinho-neto Evan Suchocki no meu colo (página 1), ponderando as oportunidades da vida enquanto segura um pintinho.

A Parte I abre na página 23, com o pequeno Ian Evans, filho dos amigos professores Bart e Jill Evans. A Parte II abre na página 237, com a pequena Georgia Hernandez, minha maravilhosa sobrinha-bisneta. A Parte III abre na página 325, com Francesco Ming Giovannuzzi, neto de quatro anos do meu amigo (página 280). A Parte IV abre na página 405, com Abby Dijamco, filha da minha última assistente de ensino no CCSF, a dentista Stella Dijamco. Na Parte V (página 461) aparece meu sobrinho-bisneto Richard Hernandez, irmão mais velho de Georgia. A Parte VI abre na página 549, com minha neta Gracie Hewitt aos quatro anos de idade. A Parte VII abre com outra neta, Kara Mae Hurrell, também quatro anos, a menina sapeca no balde (página 687). A Parte VIII abre na página 751, com a jovem London Dixon, filha de April Dixon, assistente do meu médico.

Os dois amigos que mais influenciaram minha transição da vida de pintura de painéis para a vida de física foram Burl Grey (página 33) e Jacque Fresco (páginas 152 e 153). O crédito pelo meu sucesso como autor vai para meu amigo e mentor na física, Ken Ford (páginas 426 e 752), a quem edições anteriores deste livro foram dedicadas. Huey Johnson, meu melhor amigo de longa data, também chamado de Dan (página 384), também foi uma grande influência pessoal.

As fotos de família incluem Millie, minha primeira esposa, na página 350. Minha filha mais velha, Jean Hurrell, se encontra na página 261, e com suas filhas Marie e Kara Mae na página 499; ambas as netas aparecem separadamente nas páginas 67 e 102. Phil, marido de Jean, mexe com eletricidade na página 488. Paul, meu filho, aparece com Grace, sua filha, na página 84, e pratica termodinâmica na página 389. Gracie toca música na página 440 e especula mais sobre ciência na página 549. Ludmila, ex-esposa de Paul, aparece com os polaroides na página 636, e Alex, seu filho, anda de *skate* nas páginas 104 e 170. Minha filha Leslie aparece aos 16 anos na página 249, uma foto colorizada que é figurinha carimbada no *Física Conceitual* desde a terceira edição. Desde então, Leslie tornou-se minha coautora de geociências nos livros acadêmicos *Conceptual Physical Science*. Uma foto mais recente dela com Bob Abrams, seu marido, encontra-se na página 550. Megan e Emily, suas filhas, estão nas páginas 349 e 210. As netas se reúnem na página 579. Meu falecido filho James aparece na página 171 ao lado de Robert Baruffaldi, seu primo e melhor amigo. Outras fotos de James se encontram nas páginas 450 e 613. James me deu meu primeiro neto, Manuel, que aparece nas páginas 268, 331 e 436.

Os parentes de Millie incluem o sobrinho Mike Luna, página 232. A sobrinha-neta Hendricks, página 656, é professora e fotógrafa amadora e teve a gentileza de fornecer as fotos da prima Georgia Hernandez e de seu irmão mais velho Richard Hernandez nas páginas 294, 321, 426, 446 e 461, além de Hudson, seu filho, na página 294. Hudson também aparece ao lado de seu pai, Jake Hendricks, na página 97. A sobrinha-neta Alejuandra Luna se apoia na terceira lei de Newton na página 102. O sobrinho-neto Isaac Jones usa uma vela faísca na página 329, como Terrence, seu pai, usava na 6ª e na 7ª edições. Terrence Jones agora se encontra na página 326.

Um ano depois que Millie faleceu, em 2004, casei-me com Lillian Lee, minha amiga de muitos anos. Lillian me ajudou em todos os passos da produção deste livro, incluindo o material auxiliar, e fez um trabalho maravilhoso. Das muitas fotos de Lil nesta edição, menciono duas favoritas: aquela com Sneezlee, seu passarinho de estimação, na página 580, e a foto comigo que ilustra a essência da terceira lei de Newton (é impossível tocar sem ser tocado) na página 92. Wai Tsan Lee, pai de Lillian, mostra a indução magnética na página 517, e sua mãe, Siu Bik Lee, faz excelente uso da energia solar na página 360 e acompanha imagens solares na página 611. Serena Sinn, sobrinha de Lillian, é uma atleta excelente, como vemos na página 126. Erik Wong e sua irmã Allison, sobrinhos de Lillian, ilustram a termodinâmica na página 395.

As fotos dos meus irmãos começam com Marjorie, minha irmã, autora e teóloga emérita da Claremont School of Theology, em Claremont, Califórnia, que ilustra o reflexo na página 596. Cathy Candler, filha de Marjorie e terapeuta ocupacional, aparece na página 157; Garth Orr, seu filho, na página 260. Os dois filhos de Joan Lucas, filha de Marjorie, são Mike Lucas, engenheiro da SpaceX, na página 772, e a advogada Alexandra Lucas, página 550. O multitalentoso John Suchocki, filho de Marjorie, está na página 366. Ele criou a Conceptual Academy, é escritor e professor de química, além de meu coautor nos livros *Conceptual Physical Science* e *Conceptual Integrated Science*. Sob o pseudônimo John Andrew, ele também é cantor e compositor, e toca violão e guitarra nas páginas 406 e 533. A plateia da música na página 454 estava na festa de casamento de John e Tracy no Havaí muitos anos atrás. Dave, meu irmão, bombeia água com sua esposa Barbara na página 309. Davey, seu filho eletricista, está na página 505; as belas fotos de células solares na página 360 e da unidade de GPS na página 782 são cortesia de sua filha, Dotty Jean Allen. Steve, meu irmão mais novo, aparece com Gretchen, sua filha, na página 100. Travis, filho de Steve e piloto da Marinha, está na página 176; a professora Stephanie, sua filha, aparece nas páginas 619 e 782.

Amigos e colegas instrutores do City College of San Francisco abrem diversos capítulos e estão citados lá. Outros incluem Diana Lininger Markham, páginas 152 e 182, Fred Cauthen, páginas 146 e 540, Norman Whitlatch, página 454, Dave Wall, página 550, Roger King, páginas 354 e 688, Jill Evans, páginas 64, 140 e 488, e Chelcie Liu, página 44.

Os amigos e fornecedores de equipamentos de física David e Christine Vernier, da Vernier Software, estão na página 126; Paul Stokstad, da PASCO, na página 152; e Peter Rea, da Arbor Scientific, na página 215.

As seguintes pessoas são amigos pessoais americanos, na ordem em que aparecem: Judith Brand, cujas habilidades editoriais agraciam toda esta edição, página 2. David Vasquez, páginas 2 e 143. Will Maynez, páginas 24, 116, 341 e 504. Sue Johnson, esposa de Huey Johnson, página 44. Dean Baird, autor do Lab Manual*, páginas 44, 45, 366, 557, 562 e 583. Paul Doherty, páginas 84, 85 e 550. David Kagan, páginas 84 e 688. Howie Brand, dos tempos de faculdade, páginas 104 e 384; David Manning, páginas 120, 177 e 304; Brady, sua filha, página 59. Bob Miner, página 129; Ana, sua esposa, página 24; e Estefania, filha de Ana, página 368. Tenny Lim, página 133, puxa o seu arco, uma foto que aparece no livro desde a sexta edição. Tenny reaparece nas páginas 184 e 185. A jovem Andrea Wu, página 150. Marshall Ellenstein, páginas 158, 302, 622 e 623. Alexei Cogan, página 169. Alan Davis e William, seu filho, página 184; William reaparece na página 512, e uma foto tirada por Fe, sua mãe, na página 589. Chuck Stone, página 213. John Hubisz, página 260. Ray Serway, página 280. Evan Jones, página 304. Fred Myers, páginas 304, 305, 512, 592 e 712. Helen Yan, páginas 346, 347 e 622. Dennis McNelis, página 353; seu neto Myles Dooley, página 423. Ron Hipschman, físico do Exploratorium, nas páginas 184, 366, 367, 373 e 644. Paul Ryan, meu melhor amigo de infância, está na página 378. Bay Johnson, neto de Huey e Sue Johnson, encontra-se na página 452. Ryan Patterson, página 436. Elan Lavie, página 462. Kirby Perchbacher, páginas 286 e 462. Karen Jo Matsler, páginas 542 e 592. Bruce Novak, página 554; sua mãe, Greta Novak, na página 302. Charlie Spiegel, página 559. Suzanne Lyons e seus filhos, Simone e Tristan, página 572. Carlos Vasquez, página 572. Jeff Wetherhold, página 572. Bree Barnett Dreyfuss, página 622. Phil Wolf, página 666. Brad Huff, página 692. Stanley Micklavzina, página 704, Walter Steiger, página 717. Brenda Skoczelas, página 752. Mike e Jane Jukes, páginas 780 e 796.

A comunidade da física é global. Os amigos internacionais, em ordem de aparição: meu *protégé*, Einstein Dhayal (Índia), páginas 2 e 530. Cedric e Anne Linder (Suécia), páginas 24 e 25. Carl Angell (Noruega), página 44. Derek Muller (Canadá), páginas 104 e 105. Peter Hopkinson (Canadá), páginas 122 e 592. Bilal Gunes (Turquia), página 152. Ed van den Berg (Holanda), página 184, e Daday, sua esposa, página 488. Tomas Brage (Suécia), página 184, e Barbara Brage, sua esposa, página 384. Ole Anton e Aage Mellem (Noruega), página 326. Anette Zetterberg (Suécia), página 326, e P. O., seu marido, página 384, com o filho Johan na página 304. Sara Bloomberg, esposa de Johan, aparece na página 282. Z. Tugba Kahyaoglu (Turquia), páginas 462 e 530. Mona El Tawil-Nassar (Egito), página 480. David Housden (Nova Zelândia), página 502. Roger Rasool (Austrália), páginas 704 e 716.

São fotos de pessoas por quem tenho muito carinho, o que torna o *Física Conceitual* sobretudo um trabalho de amor.

---

*N. de R.: Disponíveis nos Estados Unidos para venda.

Para o estudante*

Você sabe que não pode se divertir em um jogo a menos que conheça suas regras, seja ele um jogo de bola, um jogo de computador ou simplesmente um passatempo. Da mesma forma, você não pode apreciar plenamente o que o cerca até que tenha compreendido as leis da natureza. A física é o estudo dessas leis, que lhe mostrará como tudo na natureza está maravilhosamente conectado. Assim, a principal razão para estudá-la é aperfeiçoar a maneira como você enxerga o mundo. Você verá a estrutura matemática da física em várias equações, mas as verá como **guias do pensamento**, mais do que como receitas para realizar cálculos.

Eu me divirto com a física, e você também se divertirá – pois a compreenderá. Se viciar-se em física e decidir cursar uma disciplina mais avançada, poderá se concentrar em problemas matemáticos. Por ora, concentre-se em entender os conceitos. Se os cálculos vierem mais tarde, virão acompanhados de compreensão.

Aproveite a física!

Paul G. Hewitt

Ao professor

A sequência de capítulos desta 13ª edição é idêntica à da edição anterior. Os perfis de personalidades continuam em todos os capítulos, destacando cientistas, professores ou figuras históricas que complementam o conteúdo do capítulo. Cada capítulo inicia com uma fotomontagem de professores e instrutores, e algumas vezes de seus alunos, que dedicaram a vida ao ensino de física.

Como na edição anterior, o Capítulo 1, "Sobre a ciência", inicia com as primeiras medições da Terra e das distâncias até a Lua e o Sol. Uma novidade desta edição é que estendemos as medições de Eratóstenes ao cálculo das distâncias entre escolas distantes entre si. Também incluímos uma maneira de medir a distância até a Lua com uma ervilha.

A Parte I, "Mecânica", começa com o Capítulo 2, o qual, como na edição anterior, apresenta um breve resumo histórico sobre Aristóteles e Galileu, prosseguindo até a primeira lei de Newton e o equilíbrio mecânico. Vetores força são introduzidos, principalmente por forças paralelas uma a outra. Os vetores progridem para velocidade no Capítulo 3, e o Capítulo 5 aborda vetores de força e velocidade e seus componentes. O tratamento sobre vetores é gradual e fácil de compreender.

O Capítulo 3, "Movimento retilíneo", é o único da Parte I que não contém leis da física. A cinemática não tem leis, apenas definições, principalmente de *rapidez*, *velocidade* e *aceleração* – provavelmente os conceitos menos empolgantes que a matéria tem a oferecer. Com muita frequência, a cinemática acaba se tornando uma espécie de "buraco negro pedagógico" do ensino – muito tempo gasto para pouca física. Sendo mais matemática do que física, as equações da cinemática parecem ser as mais intimidantes do livro. Embora o olho experiente não as encare como tal, eis como elas parecem ao *estudante* que as vê pela primeira vez:

$$s = s_0 + \delta \ni$$
$$s = s_0 \ni + \tfrac{1}{2}\delta\ni^2$$
$$s^2 = s_0^2 + 2\delta s$$
$$s_a = \tfrac{1}{2}(s_0 + s)$$

Se o seu objetivo for diminuir o tamanho da turma, apresente-as logo no primeiro dia de aula e anuncie que, pelos próximos dois meses, os esforços da classe consistirão em dar sentido a essas equações. Não procedemos da mesma maneira com os símbolos padronizados?

Faça duas perguntas a qualquer pessoa com diploma universitário: qual é a aceleração de um objeto em queda livre? O que mantém o interior da Terra quente? Você verá o foco de sua formação, pois mais pessoas responderão corretamente à primeira questão do que à segunda. Tradicionalmente, os cursos de física costumam ser muito pesados na parte da cinemática, cobrindo pouco, ou nada, de física moderna. O decaimento radioativo quase nunca ganha a atenção dada à queda dos corpos. Assim, minha recomendação é passar rapidamente pelo Capítulo 3, estabelecendo a distinção entre velocidade e aceleração, e seguir para o Capítulo 4, "Segunda lei de Newton do movimento", no qual os conceitos de velocidade e aceleração são aplicados.

O Capítulo 5 prossegue com a terceira lei de Newton. Muitos exemplos da terceira lei, por meio de vetores e dos seus componentes, devem ajudar a esclarecer essa lei do movimento, vítima de tantos equívocos. No Apêndice D, há mais material sobre vetores.

O Capítulo 6, "*Momentum*", é uma extensão lógica da terceira lei de Newton. Uma das razões pelas quais eu prefiro ensiná-lo antes de energia é que os alunos acham mv muito mais simples e fácil de dominar do que $\frac{1}{2}mv^2$. Outra razão para abordar o *momentum* primeiro é que os vetores do capítulo anterior são usados para o *momentum*, mas não para a energia.

O Capítulo 7, "Energia", é longo, repleto de exemplos do dia a dia e questões atuais sobre energia. A energia é primordial para a mecânica, então esse capítulo tem o maior número de exercícios (117).

Após os Capítulos 8 e 9 (sobre a mecânica da rotação e a gravidade), a mecânica culmina com o Capítulo 10 (sobre movimento de projéteis e de satélites). Os estudantes têm um fascínio por aprender que qualquer projétil que se mova rápido o suficiente pode se tornar um satélite da Terra. Movendo-se ainda mais rápido, ele pode se tornar um satélite do Sol. O movimento de projéteis e o de satélites estão intimamente relacionados.

A Parte II, "Propriedades da matéria", inclui capítulos sobre átomos, sólidos, líquidos e gases muito parecidos com os da edição anterior. Aplicações novas, algumas simplesmente encantadoras, melhoram a essência desses capítulos.

A Parte III até a Parte VIII continuam, como as partes anteriores, trazendo ricos exemplos da tecnologia atual. Os Capítulos 35 e 36, sobre a relatividade especial e a relatividade geral, respectivamente, são os que apresentam menos modificações.

Ao contrário dos **Exames de múltipla escolha** para as oito partes do livro, esta 13ª edição tem um exame para cada capítulo, com as respostas impressas de ponta-cabeça na página de cada exame. Mais do que respostas, no entanto, o estudante encontra ali explicações. É uma boa prática pedagógica, atenta ao ditado de que a melhor forma de aprender é com os próprios erros. Mais do que avaliar, o objetivo é aprender. Seus estudantes vão gostar de saber o porquê de uma resposta estar certa. Também pode ser uma atividade valiosa em sala de aula.

Como nas edições anteriores, alguns capítulos incluem **textos curtos** em quadros sobre assuntos como energia e tecnologia e trens levitados magneticamente. Também existem quadros sobre calendários das marés oceânicas, células de combustível, antenas fractais, constantes da natureza e pseudociência, culminando na fobia pública em relação à irradiação de alimentos e qualquer coisa nuclear. Quem ensina física sabe da importância de cuidar, verificar e verificar comparativamente para compreender algo; as *fake news* e suas concepções equivocadas são descabidas. Porém, para aqueles que não trabalham na área da ciência, o que inclui até mesmo seus melhores alunos, histórias esquisitas parecem atraentes quando seus propagadores se disfarçam por meio da linguagem científica ao mesmo tempo que habilmente depenam os fundamentos da ciência. Nossa esperança é ajudar a enfrentar essa maré crescente.

O material de final de capítulo começa com os **Termos-Chave**. Em seguida, são apresentadas **Questões de Revisão**, que sintetizam os principais aspectos do capítulo. Os estudantes podem encontrar as respostas no texto. Os exercícios **Pegue e Faça** servem para familiarizar os alunos com as equações. Como introduzido em edições anteriores, diversos bons comentários foram extraídos dos exercícios **Pense e Ordene**. É necessário pensamento crítico nas comparações entre grandezas em situações parecidas. Chegar a uma resposta não basta; ela deve ser comparada a outras, e um ordenamento decrescente em valor é o mínimo que se pede que o estudante faça. Considero isso o material mais valioso de final de capítulo.

Os exercícios **Pense e Explique** constituem o "bê-a-bá" da física conceitual. Muitos requerem pensamento crítico, enquanto outros foram formulados para fazer a conexão entre conceitos e situações familiares. A maioria dos capítulos ainda contém exercícios **Pense e Discuta** (com o objetivo de estimular o debate entre os alunos). Mais desafios matemático-físicos são encontrados nos conjuntos de problemas **Pense e Resolva**.

As *Next-Time Questions*, conhecidas dos leitores de *The Physics Teacher* sob o nome de *Figuring Physics*, estão disponíveis eletronicamente e são mais numerosas do que nunca. Quando as distribuir para as suas turmas, lembre de não mostrá-la as perguntas junto com as respostas. Adicione um tempo de espera longo o suficiente após a pergunta para que os alunos possam debater a resposta antes de mostrar "na próxima vez" (que deve ser, no mínimo, a próxima aula, ou mesmo a próxima semana). É por isso que as chamamos de "*Next-Time Questions*" ("perguntas para a próxima vez"). A aprendizagem é maior quando os alunos refletem sobre as respostas antes de recebê-las. As *Next-Time Questions* estão disponíveis na área *Instructor Resources* do *site* MasteringPhysics. Algumas também estão disponíveis no *site* Arborsci.com*.

Os *screencasts* **Hewitt-Drew-It** são tutoriais simples, desenhados à mão, narrados pelo autor. Todos os 149 *screencasts* podem ser acessados diretamente no *site* www.HewittDrewIt.com*. É importante lembrar que esses tutoriais ajudam a aprender a física *correta*!

MasteringPhysics é um sistema de aprendizagem *on-line* inovador, direcionado e eficaz, facilmente integrado ao seu curso para distribuir tutoriais, testes e outras atividades como dever de casa ou projetos que são registrados e corrigidos automaticamente. Esses recursos para instrutores também estão disponíveis para *download*. O guia de seções do capítulo na área de estudo resume o conteúdo multimídia disponível para você e seus alunos a cada capítulo.

Lil e eu consideramos que este é o melhor livro de física que já escrevemos. Para mais informações sobre os materiais auxiliares, visite loja.grupoa.com.br, contate o seu representante de vendas da Pearson ou me escreva no endereço pghewitt@aol.com.

O professor interessado em recursos pedagógicos complementares deve acessar o site do Grupo A (grupoa.com.br), fazer o seu cadastro, buscar pela página do livro e localizar a área de Material Complementar, para ter acesso aos PPTs.

---

* N. de R.: A manutenção do *site* é de responsabilidade da editora original.

Sumário

1 Sobre a ciência 2

PARTE I
Mecânica 23

2 Primeira lei de Newton do movimento – inércia 24
3 Movimento retilíneo 44
4 Segunda lei de Newton do movimento 64
5 Terceira lei de Newton do movimento 84
6 *Momentum* 104
7 Energia 126
8 Movimento de rotação 152
9 Gravidade 184
10 Movimento de projéteis e de satélites 210

PARTE II
Propriedades da matéria 237

11 A natureza atômica da matéria 238
12 Sólidos 260
13 Líquidos 280
14 Gases 304

PARTE III
Calor 325

15 Temperatura, calor e dilatação 326
16 Transferência de calor 346
17 Mudanças de fase 366
18 Termodinâmica 384

PARTE IV
Som 405

19 Vibrações e ondas 406
20 Som 426
21 Sons musicais 446

PARTE V
Eletricidade e magnetismo 461

22 Eletrostática 462
23 Corrente elétrica 488
24 Magnetismo 512
25 Indução eletromagnética 530

PARTE VI
Luz 549

26 Propriedades da luz 550
27 Cor 572
28 Reflexão e refração 592
29 Ondas luminosas 622
30 Emissão de luz 644
31 Os *quanta* de luz 666

PARTE VII
Física atômica e nuclear 687

32 O átomo e o *quantum* 688
33 O núcleo atômico e a radioatividade 704
34 Fissão e fusão nucleares 728

PARTE VIII
Física atômica e nuclear 687

35 Teoria especial da relatividade 752
36 Teoria geral da relatividade 782

APÊNDICE A Medições e conversão de unidades 798
APÊNDICE B Mais sobre o movimento 802
APÊNDICE C Gráficos 806
APÊNDICE D Aplicações de vetores 809
APÊNDICE E Crescimento exponencial e tempo de duplicação 812

RESPOSTAS DOS EXERCÍCIOS ÍMPARES 815
GLOSSÁRIO 845
CRÉDITOS 863
ÍNDICE 869

Sumário detalhado

1 **Sobre a ciência** — 2
  1.1 Medições científicas — 3
    Como Eratóstenes mediu o tamanho da Terra — 3
    ■ Praticando física — 5
    O tamanho da Lua — 6
    A distância da Lua — 7
    A distância do Sol — 8
    O tamanho do Sol — 9
    Matemática: a linguagem da ciência — 10
  1.2 Os métodos científicos — 11
    A atitude científica — 11
    Como lidar com concepções equivocadas — 14
  1.3 Ciência, arte e religião — 15
    ■ CIÊNCIA FALSA — 16
  1.4 Ciência e tecnologia — 16
  1.5 Física: a ciência fundamental — 17
    ■ AVALIAÇÃO DE RISCOS — 17
  1.6 Em perspectiva — 19

PARTE I
Mecânica — 23

2 **Primeira lei de Newton do movimento – inércia** — 24
  2.1 Aristóteles explica o movimento — 25
    ■ Aristóteles (384-322 A.C.) — 26
    Copérnico e o movimento da Terra — 27
  2.2 Os experimentos de Galileu — 27
    A torre inclinada — 27
    Os planos inclinados — 27
    ■ Galileu Galilei (1564-1642) — 28
  2.3 Primeira lei de Newton do movimento — 30
    ■ Experiência pessoal — 31
  2.4 Força resultante e vetores — 32
  2.5 A condição de equilíbrio — 33
    ■ Praticando física — 34
  2.6 Força de apoio — 35
  2.7 Equilíbrio de corpos em movimento — 36
  2.8 O movimento da Terra — 36

3 **Movimento retilíneo** — 44
  3.1 Rapidez — 45
    Rapidez instantânea — 46
    Rapidez média — 46
    O movimento é relativo — 47
  3.2 Velocidade — 47
    Velocidade constante — 48
    Velocidade variável — 48
  3.3 Aceleração — 48
    A aceleração nos planos inclinados de Galileu — 50
  3.4 Queda livre — 51
    Quão rápido — 51
    Quanto cai — 53
    Quão rapidamente muda a rapidez — 55
    ■ TEMPO DE VOO — 56
  3.5 Vetores velocidade — 56

4 **Segunda lei de Newton do movimento** — 64
  4.1 Forças — 65
  4.2 Atrito — 66
  4.3 Massa e peso — 69
    Massa resiste à aceleração — 71
  4.4 Segunda lei de Newton do movimento — 72
  4.5 Quando a aceleração é g – queda livre — 73
  4.6 Quando a aceleração é menor do que g – queda não livre — 74
    ■ SOLUÇÃO DE PROBLEMAS — 77

5 **Terceira lei de Newton do movimento** — 84
  5.1 Forças e interações — 85
  5.2 Terceira lei de Newton do movimento — 87
    Regra simples para identificar ação e reação — 88
    Definindo nosso sistema — 88

5.3	Ação e reação sobre massas diferentes	90
	■ PRATICANDO FÍSICA: CABO DE GUERRA	92
5.4	Vetores e a terceira lei	93
5.5	Resumo das três leis de Newton	96

6 *Momentum*   104

6.1	*Momentum*	105
6.2	Impulso	107
6.3	A relação impulso-*momentum*	107
	Caso 1: Aumentando o momentum	108
	Caso 2: Diminuindo o momentum *durante um tempo longo*	108
	Caso 3: Diminuindo o momentum *em um curto intervalo de tempo*	110
6.4	Ricocheteio	111
6.5	Conservação do *momentum*	112
	■ PRINCÍPIOS DE CONSERVAÇÃO	114
6.6	Colisões	115
	■ SOLUÇÃO DE PROBLEMAS	117
6.7	Colisões mais complicadas	118

7 Energia   126

7.1	Trabalho	128
7.2	Potência	130
	Energia mecânica	131
7.3	Energia potencial	131
7.4	Energia cinética	133
7.5	O teorema trabalho-energia	134
7.6	Conservação da energia	136
	■ FÍSICA CIRCENSE	137
	■ CIÊNCIA DE REFUGO	138
7.7	Máquinas	138
7.8	Rendimento	139
7.9	Principais fontes de energia	141
	Reciclagem de energia	144

8 Movimento de rotação   152

8.1	Movimento circular	153
	■ AS RODAS DOS TRENS	156
8.2	Força centrípeta	157
	■ PRATICANDO FÍSICA: GIRANDO UM BALDE COM ÁGUA	158
8.3	Força centrífuga	159
	Força centrífuga em um sistema de referência em rotação	159
	Gravidade simulada	160

8.4	Inércia rotacional	162
8.5	Torque	165
8.6	Centro de massa e centro de gravidade	166
	Localizando o centro de gravidade	168
	Estabilidade	169
8.7	*Momentum* angular	171
8.8	Conservação do *momentum* angular	172

9 Gravidade   184

9.1	Lei da gravitação universal	185
9.2	A constante *G* da gravitação universal	187
9.3	Gravidade e distância: a lei do inverso do quadrado	189
9.4	Peso e imponderabilidade	190
9.5	Marés	192
	■ CALENDÁRIOS DAS MARÉS	195
	Marés na Terra e na atmosfera	196
	Bulbos de maré na Lua	196
9.6	Campos gravitacionais	197
	Campo gravitacional dentro de um planeta	198
	A teoria de Einstein da gravitação	200
9.7	Buracos negros	200
9.8	Gravitação universal	202

10 Movimento de projéteis e de satélites   210

10.1	Movimento de projéteis	212
	Projéteis lançados horizontalmente	212
	Projéteis lançados segundo um ângulo	214
	■ PRATICANDO FÍSICA: MÃOS À OBRA COM CONTAS EM BARBANTES	215
	■ TEMPO DE VOO REVISITADO	218
10.2	Projéteis velozes – satélites	218
10.3	Órbitas circulares de satélites	220
10.4	Órbitas elípticas	222
	■ O MUNDO MONITORADO POR SATÉLITE	224
10.5	As leis de Kepler do movimento planetário	224
	■ DESCOBRINDO O CAMINHO	225
10.6	Conservação da energia e movimento de satélites	226
10.7	Rapidez de escape	227

PARTE II
Propriedades da matéria 237

11 A natureza atômica da matéria 238
- **11.1** A hipótese atômica 239
  - ■ ALICE EM QUEDA 240
- **11.2** Características dos átomos 240
- **11.3** Imagens atômicas 242
- **11.4** Estrutura atômica 244
  - *Os elementos* 245
- **11.5** A tabela periódica dos elementos 246
  - *Tamanhos relativos dos átomos* 249
- **11.6** Isótopos 250
- **11.7** Moléculas 251
- **11.8** Compostos e misturas 252
- **11.9** Antimatéria 253
  - *Matéria escura* 254

12 Sólidos 260
- **12.1** Estrutura cristalina 261
- **12.2** Massa específica 263
  - ■ O PODER DOS CRISTAIS 263
- **12.3** Elasticidade 264
- **12.4** Tensão e compressão 266
  - ■ PRATICANDO FÍSICA: A RESISTÊNCIA DO TRIÂNGULO 267
- **12.5** Arcos 268
  - ■ MANUFATURA ADITIVA OU IMPRESSÃO 3D 270
- **12.6** Mudanças de escala 270

13 Líquidos 280
- **13.1** Pressão 281
- **13.2** Pressão em um líquido 282
  - ■ A ÁGUA E A SUA HISTÓRIA 286
- **13.3** Empuxo 287
- **13.4** O princípio de Arquimedes 288
- **13.5** Por que um objeto afunda ou flutua? 289
  - ■ ARQUIMEDES E A COROA DE OURO 289
- **13.6** Flutuação 291
  - ■ MONTANHAS FLUTUANTES 292
- **13.7** O princípio de Pascal 293
- **13.8** Tensão superficial 295
- **13.9** Capilaridade 296

14 Gases 304
- **14.1** A atmosfera 305
- **14.2** Pressão atmosférica 306
  - *O barômetro* 308
- **14.3** A lei de Boyle 310
- **14.4** O empuxo do ar 312
- **14.5** O princípio de Bernoulli 313
  - *Aplicações do princípio de Bernoulli* 314
  - ■ SUSTENTAÇÃO AERODINÂMICA NEWTONIANA 315
  - ■ PRATICANDO FÍSICA 316
- **14.6** Plasmas 317
  - *Plasmas no mundo cotidiano* 317

PARTE III
Calor 325

15 Temperatura, calor e dilatação 326
- **15.1** Temperatura 327
- **15.2** Calor 329
  - *Medindo calor* 331
- **15.3** Calor específico 332
- **15.4** O grande calor específico da água 333
- **15.5** Dilatação térmica 334
  - *A dilatação da água* 336
  - ■ VIDA NOS EXTREMOS 338

16 Transferência de calor 346
- **16.1** Condução 347
- **16.2** Convecção 349
- **16.3** Radiação 351
  - ■ PRATICANDO FÍSICA 351
  - *Emissão de energia radiante* 352
  - *Absorção de energia radiante* 353
  - *Reflexão de energia radiante* 354
  - *Resfriamento noturno por radiação* 355
- **16.4** A lei de Newton do resfriamento 356
- **16.5** O efeito estufa 357
- **16.6** Mudança climática 358
- **16.7** Potência solar 359
  - ■ ESPALHANDO ENERGIA SOLAR 359
- **16.8** Controlando a transferência de calor 360

17 Mudanças de fase — 366

- **17.1** Evaporação — 367
- **17.2** Condensação — 369
  - *Condensação na atmosfera* — 370
  - *Nevoeiro e nuvens* — 371
- **17.3** Ebulição — 371
  - *Gêiseres* — 372
  - *A ebulição é um processo de resfriamento* — 373
  - *Ebulição e congelamento ao mesmo tempo* — 373
- **17.4** Fusão e congelamento — 374
  - *Regelo* — 375
- **17.5** Energia e mudanças de fase — 375
  - ▪ Praticando física — 379

18 Termodinâmica — 384

- **18.1** O zero absoluto — 386
  - *Energia interna* — 387
- **18.2** A primeira lei da termodinâmica — 387
- **18.3** Processos adiabáticos — 389
- **18.4** A meteorologia e a primeira lei — 389
- **18.5** A segunda lei da termodinâmica — 392
  - *Máquinas térmicas* — 393
  - ▪ A TERMODINÂMICA DRAMATIZADA! — 395
- **18.6** A ordem tende para desordem — 396
- **18.7** Entropia — 398

PARTE IV
Som — 405

19 Vibrações e ondas — 406

- **19.1** Boas vibrações — 407
  - *A oscilação de um pêndulo* — 408
- **19.2** Descrição ondulatória — 409
- **19.3** Movimento ondulatório — 410
  - *Ondas transversais* — 411
  - ▪ Praticando física — 411
  - *Ondas longitudinais* — 412
- **19.4** A rapidez da onda — 413
- **19.5** Interferência — 414
  - *Ondas estacionárias* — 414
- **19.6** Efeito Doppler — 416
- **19.7** Ondas de proa — 417
- **19.8** Ondas de choque — 419

20 Som — 426

- **20.1** A natureza do som — 427
  - *Meios que transmitem o som* — 428
- **20.2** O som no ar — 428
  - ▪ ALTO-FALANTES — 430
  - *Velocidade do som no ar* — 430
  - ▪ Praticando física — 431
  - *Energia de ondas sonoras* — 431
  - ▪ MEDIÇÃO DE ONDAS — 432
- **20.3** Reflexão do som — 432
- **20.4** Refração do som — 433
- **20.5** Vibrações forçadas — 435
  - *Frequência natural* — 435
- **20.6** Ressonância — 436
- **20.7** Interferência — 437
- **20.8** Batimentos — 439
  - ▪ TRANSMISSÃO POR RÁDIO — 440

21 Sons musicais — 446

- **21.1** Ruído e música — 447
- **21.2** Altura — 448
- **21.3** Intensidade sonora e volume do som — 449
- **21.4** Timbre — 450
- **21.5** Instrumentos musicais — 451
- **21.6** Análise de Fourier — 453
- **21.7** Do analógico para o digital — 454

PARTE V
Eletricidade e magnetismo — 461

22 Eletrostática — 462

- **22.1** Forças elétricas — 464
- **22.2** Cargas elétricas — 464
- **22.3** Conservação da carga — 465
  - ▪ TECNOLOGIA ELETRÔNICA E DESCARGAS ELÉTRICAS — 466
- **22.4** Lei de Coulomb — 467
- **22.5** Condutores e isolantes — 468
  - *Semicondutores* — 469
  - *Transistores* — 469
  - *Supercondutores* — 469
- **22.6** Eletrização — 470
  - *Eletrização por atrito e por contato* — 470
  - *Eletrização por indução* — 470

22.7	Polarização da carga	472
	■ FORNOS DE MICRO-ONDAS	473
22.8	Campo elétrico	474
	Blindagem eletrostática	476
22.9	Potencial elétrico	478
	Energia elétrica armazenada	480
	Gerador Van de Graaff	481

23 Corrente elétrica — 488

23.1	Fluxo de carga e corrente elétrica	489
23.2	Fontes de voltagem	490
23.3	Resistência elétrica	491
23.4	A lei de Ohm	492
	A lei de Ohm e o choque elétrico	493
23.5	Corrente contínua e corrente alternada	495
	Transformando CA em CC	496
23.6	Rapidez e fonte de elétrons em um circuito	496
23.7	Potência elétrica	499
23.8	Circuitos elétricos	500
	Circuitos em série	500
	Circuitos em paralelo	501
	■ CÉLULAS DE COMBUSTÍVEL	502
	■ COMBINANDO RESISTORES EM UM CIRCUITO	503
	Circuitos em paralelo e sobrecarga	503
	Fusíveis de segurança	504

24 Magnetismo — 512

24.1	Magnetismo	513
24.2	Polos magnéticos	514
24.3	Campos magnéticos	515
24.4	Domínios magnéticos	516
24.5	Correntes elétricas e campos magnéticos	517
24.6	Eletroímãs	519
	Eletroímãs supercondutores	519
	■ Praticando física	519
24.7	Forças magnéticas	520
	Sobre partículas carregadas em movimento	520
	Sobre fios percorridos por corrente	520
	Medidores elétricos	521
	Motores elétricos	522
24.8	O campo magnético terrestre	523
	Raios cósmicos	524
24.9	Biomagnetismo	525
	■ IMAGEM POR RESSONÂNCIA MAGNÉTICA	526

25 Indução eletromagnética — 530

25.1	Indução eletromagnética	531
25.2	A lei de Faraday	533
25.3	Geradores e corrente alternada	534
25.4	Produção de energia	535
	Turbogerador de energia	535
	Energia MHD	535
25.5	Transformadores	536
25.6	Autoindução	539
25.7	Freio magnético	540
25.8	Transmissão de energia	540
25.9	Campo de indução	541

PARTE VI
Luz — 549

26 Propriedades da luz — 550

26.1	Ondas eletromagnéticas	552
26.2	Velocidade de ondas eletromagnéticas	552
26.3	O espectro eletromagnético	553
26.4	Materiais transparentes	555
	■ ANTENAS FRACTAIS	555
26.5	A rapidez da luz em um meio transparente	557
26.6	Materiais opacos	559
	Sombras	559
26.7	Eclipses solares e lunares	560
26.8	Enxergando a luz – o olho	563

27 Cor — 572

27.1	A cor em nosso mundo	573
27.2	Reflexão seletiva	574
27.3	Transmissão seletiva	575
27.4	Misturando luzes coloridas	576
	Cores primárias	577
	Cores complementares	577
27.5	Misturando pigmentos coloridos	578
	A cor preta	580
27.6	As cores do céu	580
	Por que o céu é azul	581
	Por que o pôr do sol é vermelho	582
	Por que a Lua fica avermelhada durante um eclipse	583
	■ Praticando física	583
	Por que as nuvens são brancas	584

27.7 As cores da água — 585
Por que a água é azul-esverdeada — 585
Por que as águas profundas são pretas — 586

28 Reflexão e refração — 592
28.1 Reflexão — 593
O princípio do mínimo tempo — 594
28.2 Lei da reflexão — 595
Espelhos planos — 595
Reflexão difusa — 597
28.3 Refração — 598
Índice de refração — 600
Miragens — 601
28.4 A origem da refração — 602
■ ISAAC NEWTON E SEU ESTUDO DA LUZ — 603
28.5 Dispersão — 604
28.6 O arco-íris — 605
Alterações no brilho do céu — 606
28.7 Reflexão interna total — 607
28.8 Lentes — 609
Formação de imagens por uma lente — 610
■ CÂMERA DE FURO DE ALFINETE — 611
28.9 Defeitos em lentes — 613

29 Ondas luminosas — 622
29.1 O princípio de Huygens — 623
29.2 Difração — 625
Difração de raios X — 627
29.3 Superposição e interferência — 628
O experimento da fenda dupla de Young — 628
29.4 Interferência monocromática em películas delgadas — 631
Cores de interferência — 633
■ Praticando física — 634
29.5 Polarização — 634
Visão tridimensional — 637
29.6 Holografia — 638

30 Emissão de luz — 644
30.1 Emissão luminosa — 645
30.2 Excitação — 646
30.3 Espectro de emissão — 648
30.4 Incandescência — 650
30.5 Espectro de absorção — 651
30.6 Fluorescência — 652
30.7 Fosforescência — 654

30.8 Lâmpadas — 655
Lâmpadas incandescentes — 655
Lâmpadas fluorescentes — 655
Diodo emissor de luz (LED) — 656
30.9 O *laser* — 657

31 Os *quanta* de luz — 666
31.1 O nascimento da teoria quântica — 667
31.2 A quantização e a constante de Planck — 668
■ CONSTANTES DA NATUREZA — 670
31.3 O efeito fotoelétrico — 670
Células fotovoltaicas — 672
31.4 Dualidade onda-partícula — 673
31.5 O experimento da fenda dupla — 674
31.6 Partículas como ondas: difração de elétrons — 675
31.7 O princípio da incerteza — 678
31.8 Complementaridade — 680
■ PREVISIBILIDADE E CAOS — 681

PARTE VII
Física atômica e nuclear — 687

32 O átomo e o *quantum* — 688
32.1 A descoberta do núcleo atômico — 689
32.2 A descoberta do elétron — 690
32.3 Os espectros atômicos: pistas da estrutura atômica — 693
■ ÚNICO OU IDÊNTICO — 693
32.4 O modelo atômico de Bohr — 694
32.5 A explicação para os níveis de energia quantizada: ondas de elétrons — 696
32.6 A mecânica quântica — 697
32.7 O princípio da correspondência — 699
■ O BÓSON DE HIGGS — 700

33 O núcleo atômico e a radioatividade — 704
33.1 Raios X e radioatividade — 705
33.2 Radiações alfa, beta e gama — 707
33.3 Neutrinos — 708
33.4 Radiação ambiental — 709
Unidades de radiação — 710
Doses de radiação — 711
Traçadores radioativos — 712

33.5	O núcleo atômico e a interação forte	712
33.6	Meia-vida radioativa	715
33.7	Detectores de radiação	716
33.8	Transmutação de elementos	718
	Transmutação natural	718
	Transmutação artificial	720
33.9	Datação radiológica	720
	■ IRRADIAÇÃO DOS ALIMENTOS	722

34 Fissão e fusão nucleares 728

34.1	Fissão nuclear	730
34.2	Reatores de fissão nuclear	732
34.3	O reator regenerador	735
	■ PLUTÔNIO	735
	O reator de tório	736
34.4	Energia de fissão	737
34.5	Equivalência massa-energia	738
	■ A FÍSICA NA SEGURANÇA DE AEROPORTOS	741
34.6	Fusão nuclear	742
34.7	Fusão controlada	744

PARTE VIII
Relatividade 751

35 Teoria especial da relatividade 752

35.1	O movimento é relativo	753
	O experimento de Michelson-Morley	754
35.2	Os postulados da teoria especial da relatividade	755
35.3	Simultaneidade	756
35.4	O espaço-tempo e a dilatação temporal	758
	■ OBSERVANDO UM RELÓGIO A PARTIR DE UM BONDE	761
	A viagem do gêmeo	762
35.5	Adição de velocidades	767
	Viagens espaciais	768
	■ SALTANDO DE SÉCULO	770
35.6	Contração do comprimento	770
35.7	*Momentum* relativístico	772
35.8	Massa, energia e $E = mc^2$	773
35.9	O princípio da correspondência	776

36 Teoria geral da relatividade 782

36.1	Princípio da equivalência	784
36.2	Desvio da luz pela gravidade	785
36.3	Gravidade e tempo: o desvio para o vermelho gravitacional	787
36.4	Gravidade e espaço: o movimento de Mercúrio	789
36.5	Gravidade, espaço e uma nova geometria	790
36.6	Ondas gravitacionais	792
36.7	Gravitação newtoniana e gravitação einsteniana	793

APÊNDICE A
Medições e conversão de unidades 798

APÊNDICE B
Mais sobre o movimento 802

APÊNDICE C
Gráficos 806

APÊNDICE D
Aplicações de vetores 809

APÊNDICE E
Crescimento exponencial e tempo de duplicação 812

Respostas dos exercícios ímpares 815

Glossário 845

Créditos 863

Índice 869

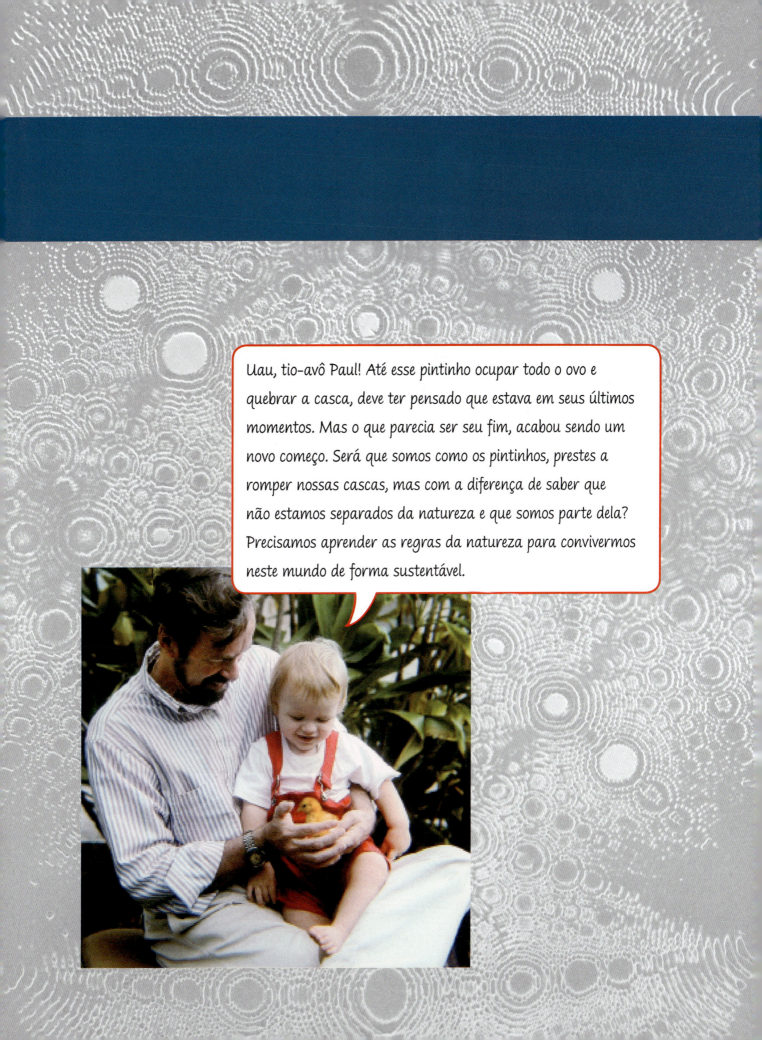

Uau, tio-avô Paul! Até esse pintinho ocupar todo o ovo e quebrar a casca, deve ter pensado que estava em seus últimos momentos. Mas o que parecia ser seu fim, acabou sendo um novo começo. Será que somos como os pintinhos, prestes a romper nossas cascas, mas com a diferença de saber que não estamos separados da natureza e que somos parte dela? Precisamos aprender as regras da natureza para convivermos neste mundo de forma sustentável.

1 Sobre a Ciência

1.1 Medições científicas
    Como Eratóstenes mediu o tamanho da Terra
    O tamanho da Lua
    A distância da Lua
    A distância do Sol
    O tamanho do Sol
    Matemática: a linguagem da ciência

1.2 Os métodos científicos
    A atitude científica
    Como lidar com concepções alternativas

1.3 Ciência, arte e religião

1.4 Ciência e tecnologia

1.5 Física: a ciência fundamental

1.6 Em perspectiva

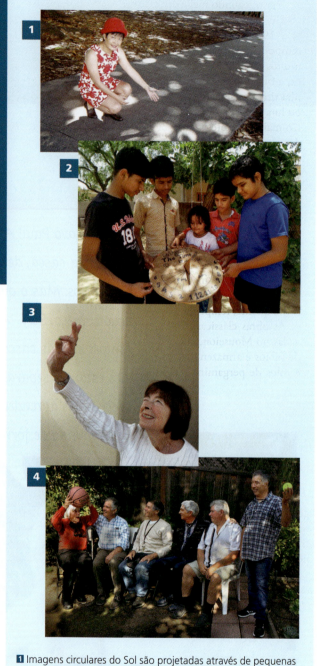

1 Imagens circulares do Sol são projetadas através de pequenas aberturas entre as folhas da árvore. **2** A luz do Sol indica a hora do dia para Einstein Dhayal (direita) e seus amigos na Índia. **3** Judith Brand, autora de livros sobre ciência, segura uma ervilha à distância apropriada para criar um eclipse da Lua cheia. Um número específico de ervilhas lado a lado se encaixa nessa "distância apropriada". Rá! Há alguma relação entre o número de luas lado a lado entre o seu olho e a Lua em si? **4** Phyllis Vasquez segura uma bola de basquete para representar a Terra. Seus cinco filhos, todos professores, tentam imaginar a que distância uma bola de tênis que representasse a Lua deveria ser posicionada para representar a distância entre a Terra e a Lua.

CAPÍTULO 1 Sobre a Ciência

Ser o segundo melhor não foi exatamente ruim para o matemático grego Eratóstenes de Cirene (276-194 a.C.). Ele foi apelidado de "Beta" por seus contemporâneos, que o julgavam o segundo melhor em muitos campos do conhecimento, incluindo a matemática, a filosofia, o atletismo e a astronomia. Talvez ele tenha tirado o segundo lugar em competições de corrida ou luta livre. Foi um dos primeiros bibliotecários da então maior biblioteca do mundo, o Mouseion de Alexandria, na Grécia, fundado por Ptolomeu II, também chamado de Ptolomeu Soter. Eratóstenes foi um dos mais proeminentes sábios de seu tempo e escreveu sobre assuntos filosóficos, científicos e literários. Entre seus contemporâneos, sua reputação era enorme – Arquimedes dedicou-lhe uma obra. Como matemático, descobriu um método para determinar números primos. Como geógrafo, determinou com grande precisão a inclinação do eixo da Terra e escreveu a obra *Geografia*, o primeiro livro a fornecer as bases matemáticas da geografia e a considerar a Terra como um globo dividido por latitudes e em zonas quente, temperada e fria.

As obras clássicas da literatura grega foram preservadas no Mouseion, que hospedou um grande número de sábios e armazenou centenas de milhares de papiros e rolos de pergaminho. Todavia, esse tesouro humano não era apreciado por todos. Muita informação guardada no Mouseion estava em conflito com as crenças de outros. Hostilizada por suas "heresias", a grande biblioteca terminou queimada e destruída por completo. Os historiadores discordam quanto aos culpados, que eram guiados pela certeza das suas próprias verdades. Estar absolutamente convicto, não ter dúvidas em absoluto, isso é ter *convicção* – a causa fundamental de boa parte da destruição, humana e de outros tipos, que ocorreu nos séculos seguintes. Eratóstenes não testemunhou a destruição de sua grande biblioteca, pois ela ocorreu depois de sua morte.

Hoje, Eratóstenes é mais lembrado por seu estupendo cálculo do tamanho da Terra, de notável precisão (dois mil anos atrás, sem computadores, sem satélites espaciais, usando tão somente um bom raciocínio, geometria e medições simples). Neste capítulo, você verá como ele conseguiu realizar tal proeza.

1.1 Medições científicas

As medidas são um indicador da boa ciência. O quanto você sabe sobre algo depende de quão bem você pode medi-lo. Isso foi claramente expresso pelo famoso físico Lorde Kelvin, no século XIX: "Digo frequentemente que, quando se pode medir algo e expressá-lo em números, alguma coisa se conhece sobre ele. Quando não se pode medi-lo, quando não se pode expressá-lo em números, o conhecimento que se tem dele é infértil e insatisfatório. Pode até ser um início para o conhecimento, mas ainda se avançou muito pouco em direção ao estágio da ciência, seja ele qual for." As medidas científicas não são algo novo, mas remetem aos tempos antigos. No terceiro século a.C., por exemplo, foram feitas medidas bastante precisas dos tamanhos da Terra, da Lua e do Sol, bem como das distâncias entre eles.

Como Eratóstenes mediu o tamanho da Terra

O tamanho da Terra foi medido pela primeira vez no Egito pelo geógrafo e matemático Eratóstenes, cerca de 235 a.C. Eratóstenes calculou o comprimento da circunferência da Terra da seguinte maneira: ele sabia que o Sol está em sua posição mais alta no céu ao meio-dia do solstício de verão (que ocorre em torno de 21 de junho nos calendários modernos). Nesse momento, a sombra de uma estaca vertical se apresenta com comprimento mínimo. Se o Sol estiver diretamente acima, a estaca não projetará sombra alguma, o que ocorre em Siena,* cidade ao sul de Alexandria. Eratóstenes descobriu que o Sol estava diretamente acima de Siena usando as informações da biblioteca, que registravam que, naquele momento, a luz do Sol cairia diretamente sobre um poço profundo em Siena e se refletiria para cima novamente.

O Sol se encontra diretamente acima da nossa cabeça, ao meio-dia, somente próximo ao equador. De pé no equador, com Sol a pino, você não projeta sombra. Ao meio-dia, em localidades mais afastadas do equador, o Sol jamais fica diretamente acima da nossa cabeça. Quanto mais distante você se encontra do equador, mais longa é a sombra de seu corpo ao meio-dia.

---
* N. de T.: Onde hoje se situa a cidade de Assuam.

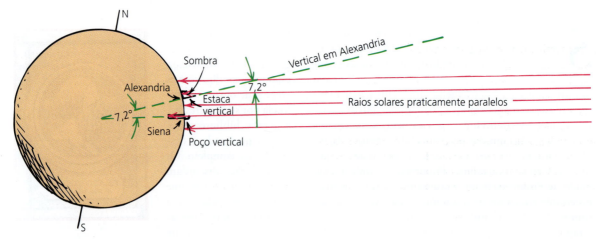

FIGURA 1.1 Quando o Sol está diretamente acima de Siena, seus raios em Alexandria formam um ângulo de 7,2° com a vertical. As verticais em ambas as localidades prolongam-se até o centro da Terra, onde formam o mesmo ângulo de 7,2°.

psc

- Em primeiro lugar, *ciência* é o corpo de conhecimentos que descreve a ordem na natureza e a origem desta ordem. Segundo, ciência é uma atividade humana dinâmica que representa as descobertas, os saberes e os esforços coletivos da raça humana, com a finalidade de reunir conhecimento sobre o mundo, organizá-lo e condensá-lo em leis e teorias testáveis. A ciência teve início antes da história escrita e tomou grande impulso na Grécia no terceiro e quarto séculos a.C. para depois espalhar-se pelo mundo mediterrâneo. O avanço científico chegou quase a parar na Europa com a queda do Império Romano no século V. Hordas bárbaras destruíram quase tudo em seu caminho quando se espalharam pela Europa. A razão cedeu lugar à religião, mergulhando a Europa na Idade das Trevas. Durante esse tempo, os chineses e os polinésios estavam catalogando as estrelas e os planetas, enquanto as nações árabes estavam desenvolvendo a matemática. A ciência grega foi reintroduzida na Europa a partir das influências islâmicas que penetraram na Espanha durante os séculos X, XI e XII. O século XV assistiu à arte e à ciência maravilhosamente mescladas por Leonardo da Vinci. O conhecimento científico foi favorecido pelo advento da imprensa no século XVI.

Eratóstenes raciocinou que o prolongamento dos raios do Sol naquela localidade, para o interior da Terra, deveria passar pelo seu centro. Da mesma forma, uma linha vertical em Alexandria (ou em qualquer outro lugar) que fosse prolongada em direção ao interior da Terra também deveria passar pelo centro do planeta.

Ao meio-dia do solstício de verão, Eratóstenes mediu um ângulo de 7,2° entre os raios de sol e uma estaca vertical em Alexandria (Figura 1.1). Quantos segmentos de 7,2° compõem a circunferência da Terra de 360°? A resposta é 360°/7,2° = 50. Como 7,2° é 1/50 de um círculo completo, Eratóstenes concluiu que a distância entre Alexandria e Siena deveria ser 1/50 da circunferência da Terra. Logo, a circunferência terrestre é igual a 50 vezes a distância entre essas duas cidades. Tal distância, em terreno completamente plano e percorrida frequentemente, tinha sido medida pelos agrimensores como igual a 5.000 estádios (800 quilômetros). Assim, Eratóstenes calculou a circunferência terrestre em 50 × 5.000 estádios = 250.000 estádios, valor muito próximo daquele atualmente aceito para a circunferência da Terra.

PAUSA PARA TESTE

Se os mesmos 7,2° subtendessem 500 km (em vez de 800 km), a medida da circunferência da Terra seria menor, maior ou igual?

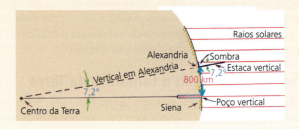

VERIFIQUE SUA RESPOSTA

Menor, pois a circunferência da Terra seria de 150 21500 km² = 25.000 km.

Mil e setecentos anos após a morte de Eratóstenes, Cristóvão Colombo estudou os seus achados antes de zarpar para o Novo Mundo. Em vez de prestar atenção nas descobertas de Eratóstenes, entretanto, Colombo optou por mapas mais recentes, que indicavam que a circunferência da Terra seria menor em um terço. Se tivesse aceitado a circunferência maior de Eratóstenes, Colombo teria sabido que a terra que descobrira não era a China ou as Índias Orientais, e sim um novo mundo.

PRATICANDO FÍSICA

O tamanho da Terra com sombras de árvores e mastros

Quando estimou o tamanho da Terra, Eratóstenes considerou dois locais norte-sul bastante próximos a uma linha de longitude específica, mas isso não é necessário. Uma linha de longitude é um dos muitos *grandes círculos*. Na Terra, qualquer grande *círculo*, independentemente da orientação, se presta à medição da circunferência do planeta.

Um grande círculo é o maior círculo possível que pode se desenhar em torno de uma esfera. Podemos definir e desenhar um grande círculo a partir de quaisquer dois pontos em uma esfera como a Terra, seja qual for a direção da linha que os separa. Os grandes círculos mais mapeados são as linhas de longitude da Terra, todas as quais passam pelos polos norte e sul. Apenas um grande círculo corresponde a uma linha de latitude: o equador. Mas o número de grandes círculos em torno da Terra, todos com seus centros no centro do planeta, é infinito (Figura 1.2).

Estruturas verticais à luz do Sol, como estacas e árvores, projetam sombras. Como os raios solares chegam à superfície terrestre praticamente paralelos entre si, árvores verticais próximas umas às outras projetam sombras com ângulos muito semelhantes. Devido à curvatura da Terra, entretanto, as sombras de árvores muitos quilômetros distantes entre si têm ângulos diferentes em relação aos raios solares na mesma hora do dia. Por causa do movimento contínuo percebido do Sol pelo céu, a sombra fica em um ângulo ligeiramente diferente alguns minutos depois. O incrível é que as sombras projetadas pelas árvores ou outras estruturas perpendiculares em diferentes partes do nosso planeta, estejam elas em uma linha de longitude ou não, geram informações suficientes para calcularmos o tamanho da Terra.

O tamanho da Terra pode ser calculado usando trigonometria simples quando a sombra de uma árvore aponta diretamente para ou contra a segunda árvore. Nesse momento especial, o plano dos raios solares que atingem a Terra coincide com o plano do grande círculo definido pelo par de árvores. É o caso na Figura 1.3, em que o vértice de 10° no centro da Terra é igual à diferença de 10° nos ângulos dos raios solares com as árvores verticais.

As sombras projetadas por qualquer dupla de estruturas verticais sob o Sol, com distância conhecida entre elas, fornecem informações suficientes para calcular a circunferência da Terra.

FIGURA 1.2 Três grandes círculos, um no equador (vermelho), um seguindo uma linha de longitude (azul) e outro em uma direção aleatória (verde).

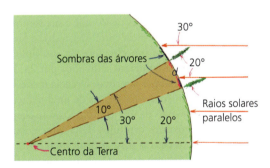

FIGURA 1.3 O arco de duas árvores *d* subtende um ângulo de 10° no centro da Terra (indicado pela "cunha" marrom).

Quantos segmentos de 10° da Terra compõem uma circunferência completa de 360° da Terra? A resposta é 360/10 = 36. Isso nos diz que a circunferência da Terra é simplesmente igual a 36 vezes a distância entre as duas árvores. Missão cumprida!

Quando se trata de projetar sombras bem definidas, os mastros são ainda melhores. No caso de cidades distantes, para as quais as distâncias são grandezas conhecidas, um projeto de ciências (ou atividade) interessante seria aplicar a ideia do par de árvores às sombras dos mastros da sua escola e à sombra do mastro de outra escola, em outra cidade, onde seu instrutor tem um amigo professor.

Em qualquer ponto do globo, com raras exceções, as sombras de um par de mastros ao sol alinham-se com um grande círculo em *algum* horário de *algum* dia. Para calcular a circunferência da Terra, é preciso encontrar uma data e um horário em que a sombra do mastro da bandeira da sua escola aponte diretamente para o mastro de outra escola (ou no sentido contrário) em outra cidade. Se o tempo está ensolarado na outra cidade, as sombras nela atenderão ao mesmo critério no mesmo momento. Se o dia estiver nublado ou chuvoso, ou se for um final de semana, tenha paciência: praticamente as mesmas condições se aplicarão por vários dias consecutivos. (Cuidado: medir raios solares incidentes que não caem no plano do seu grande círculo envolve trigonometria esférica mais complexa.)

As leituras simultâneas de Eratóstenes foram possíveis graças a uma sombra próxima a uma linha de longitude no solstício de verão. Com um *smartphone*, ele poderia ter calculado o tamanho da Terra em qualquer dia ao longo de qualquer um dos grandes círculos da Terra, até mesmo o equador.

Diversão com a física dos mastros

Você tem algo que Eratóstenes jamais teria imaginado: a internet e *smartphones*, e talvez uma bússola para lhe dizer quando as sombras estão alinhadas (a primeira aponta para a segunda, a segunda no sentido contrário da primeira – ou, em alguns casos, ambas apontam no sentido contrário). A sincronização que atrapalhava Eratóstenes é resolvida pelo *smartphone*. A diferença nos dois ângulos medidos (ou, se as sombras apontam em sentidos contrários, a sua soma) é igual ao ângulo no vértice do centro da Terra, onde as linhas verticais estendidas de cada mastro se cruzariam. Observe no desenho que a diferença entre os ângulos dos raios solares nos dois mastros é igual ao ângulo do vértice no centro da Terra quando o plano dos raios solares paralelos coincide com o plano do grande círculo formado pelos dois mastros. Com dados de alta qualidade, é possível estimar a circunferência da Terra.

Ou considere o contrário: use a circunferência de 40.000 km da Terra como o valor conhecido e descubra a distância desconhecida entre dois mastros distantes entre si. Os mastros precisariam estar bem longe um do outro para gerar bons resultados. Por exemplo, uma distância de 100 km corresponde a uma diferença de menos de 1° entre os ângulos dos raios, ou seja, seria difícil de distinguir. É melhor que os dois locais sejam muito mais distantes.

Independentemente de você preferir calcular a circunferência da Terra ou a sua distância de separação, esta é uma atividade cooperativa e envolvente. Vá em frente!

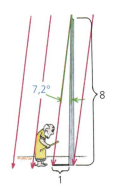

FIGURA 1.4 Dois caminhos para a mesma solução.

Eratóstenes teria obtido o mesmo resultado ignorando completamente os ângulos e comparando o comprimento da sombra da estaca com sua altura. Quando mediu o ângulo de 7,2° dos raios solares com a estaca vertical, Eratóstenes também observou que a sombra projetada pela estaca tinha 1/8 da altura desta (Figura 1.4). O raciocínio geométrico revela, com boa aproximação, que a razão *comprimento da sombra/altura da estaca* é igual à razão entre a *distância entre Alexandria e Siena/raio da Terra*. Assim, como a estaca é oito vezes maior que a sua sombra, o raio da Terra deve ser oito vezes maior do que a distância entre Alexandria e Siena.

Uma vez que a circunferência de um círculo é 2π multiplicado por seu raio ($C = 2\pi r$), o raio terrestre é a sua circunferência dividida por 2π. Em unidades modernas, o raio da Terra vale 6.370 km, e sua circunferência mede 40.000 km.

Assim, descobrimos que Eratóstenes teria mais de uma maneira de medir o tamanho da Terra. A existência de mais de um caminho para se chegar a uma solução será presença constante nos próximos capítulos. Essa característica, típica da boa ciência, é um dos muitos motivos para as pessoas dedicarem suas carreiras à física ou a profissões relacionadas a ela. Precisamos tirar o chapéu para os físicos.

O tamanho da Lua

Aristarco, outro cientista grego contemporâneo a Eratóstenes, foi talvez o primeiro a sugerir que a Terra gira diariamente em torno de um eixo, o que explicava o movimento diário das estrelas. Aristarco conjecturou também que a Terra se movia em torno do Sol numa órbita anual, como os outros planetas.[1] Ele mediu corretamente o diâmetro lunar e sua distância até a Terra. Tudo isso foi realizado em cerca de 240 a.C., 17 séculos antes dessas descobertas se tornarem completamente aceitas.

---

[1] Aristarco estava incerto a respeito de sua hipótese heliocêntrica, provavelmente porque as estações desiguais da Terra não suportam a ideia de que a Terra circunda o Sol. Mais importante, notou-se que a distância da Lua até a Terra varia – uma evidência clara de que a Lua não descreve um círculo perfeito em torno da Terra. Como a Lua não segue uma trajetória circular em torno da Terra, foi difícil arguir que a Terra segue um caminho circular em torno do Sol. A explicação para isso, as trajetórias elípticas dos planetas, só foi descoberta séculos mais tarde por Johannes Kepler. Nesse meio tempo, os epiciclos propostos por outros astrônomos explicavam tais discrepâncias. É interessante especular sobre o curso que teria tomado a astronomia se a Lua não existisse. Sua órbita irregular não teria contribuído para o prematuro descrédito da teoria heliocêntrica, que poderia ter sido considerada válida séculos antes!

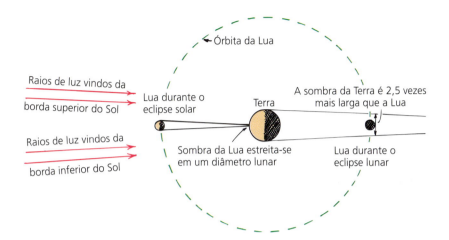

FIGURA 1.5 Durante um eclipse lunar, observa-se que a sombra da Terra é 2,5 vezes maior do que o diâmetro da Lua. Devido ao grande tamanho do Sol, a sombra da Terra deve afilar-se, formando um cone. A razão do estreitamento é evidente durante um eclipse solar, no qual, desde a Lua até a Terra, a sombra da Lua estreita-se em um diâmetro lunar. Assim, a sombra da Terra estreita-se na mesma proporção na mesma distância durante um eclipse lunar. Portanto, o diâmetro da Terra deve valer 3,5 vezes o diâmetro lunar.

Aristarco comparou os tamanhos da Lua e da Terra assistindo a um eclipse da Lua. A Terra, como qualquer corpo iluminado pelo Sol, projeta uma sombra. Um eclipse da Lua é o evento no qual a Lua passa por dentro dessa sombra. Aristarco estudou cuidadosamente esse evento e descobriu que a largura da sombra da Terra sobre a Lua era 2,5 vezes maior do que o diâmetro lunar. Isso parecia indicar que o diâmetro lunar era 2,5 vezes menor que o da Terra. Seria assim se os raios solares das bordas opostas do Sol fossem exatamente paralelos uns aos outros. Embora os raios solares sejam praticamente paralelos a curtas distâncias, seu ligeiro estreitamento devido ao enorme tamanho do Sol fica evidente em distâncias maiores, como ocorre durante um eclipse solar (Figura 1.5), quando os raios luminosos da borda superior e inferior do sol se estreitam até quase um ponto. Ao longo da distância entre a Lua e a Terra, os raios se estreitam em cerca de um diâmetro lunar. O mesmo estreitamento, ao longo da mesma distância, ocorre com a sombra da Terra durante um cclipse lunar (lado direito da Figura 1.5). Levando em conta o estreitamento do feixe de raios de luz do Sol, o diâmetro da Terra deveria ser (2,5 + 1) vezes maior do que o diâmetro da Lua. Assim, Aristarco mostrou que o diâmetro da Lua é 1/3,5 do da Terra. Atualmente, o valor aceito para o diâmetro da Lua é de 3.640 km, o que difere em menos de 5% do valor calculado por Aristarco.

FIGURA 1.6 Escala correta para eclipses lunares e solares, ilustrando porque um alinhamento perfeito do Sol, da Lua e da Terra não ocorre todos os meses. (São ainda mais raros porque a órbita lunar é inclinada em aproximadamente 5° em relação ao plano da órbita terrestre em torno do Sol.)

A distância da Lua

Fixe uma pequena moeda no vidro de uma janela e olhe-a com um dos olhos de maneira que ela bloqueie exatamente a Lua toda. Isso acontece quando nosso olho está a uma distância aproximadamente igual a 110 vezes o diâmetro da moeda. Nessa situação, a razão *diâmetro da moeda/distância da moeda* é cerca de 1/110. Por meio de um raciocínio geométrico, usando semelhança de triângulos, é possível mostrar que esta é também a razão *diâmetro da Lua/distância da Lua* (Figura 1.7). Logo, a distância da Lua vale 110 vezes o diâmetro lunar. Os gregos antigos sabiam disso. As medidas calculadas por Aristarco para o diâmetro lunar eram tudo o que se precisava para calcular a distância Terra-Lua. Assim, os gregos antigos descobriram tanto o tamanho da Lua quanto sua distância da Terra.

Dispondo dessa informação, Aristarco mediu a distância Terra-Sol.

psc

■ O astrônomo polonês Nicolau Copérnico, no século XVI, causou grande controvérsia quando publicou um livro em que propunha o Sol estacionário e a Terra girando ao seu redor. Essas ideias entraram em conflito com a visão popular da Terra como o centro do universo. Também entraram em conflito com os ensinamentos da Igreja e foram banidas por 200 anos. O físico italiano Galileu Galilei foi preso por popularizar a teoria de Copérnico e por algumas de suas próprias descobertas astronômicas. Ainda assim, um século mais tarde, as ideias de Copérnico e Galileu foram aceitas de forma geral.

Esse tipo de ciclo ocorre era após era. No início do século XIX, geólogos sofreram violentas condenações por discordarem do Gênesis sobre a criação. Mais tarde, no mesmo século, a geologia foi aceita, mas as teorias evolucionárias foram condenadas, e seu ensino, proibido. Cada época tem seus grupos de intelectuais rebeldes que são condenados e algumas vezes perseguidos, mas que mais tarde parecem inofensivos e frequentemente essenciais para a elevação das condições humanas. Como sabiamente disse o Conde M. Maeterlinck: "Em toda encruzilhada da estrada que leva ao futuro, cada espírito progressista enfrenta mil homens que guardam o passado".

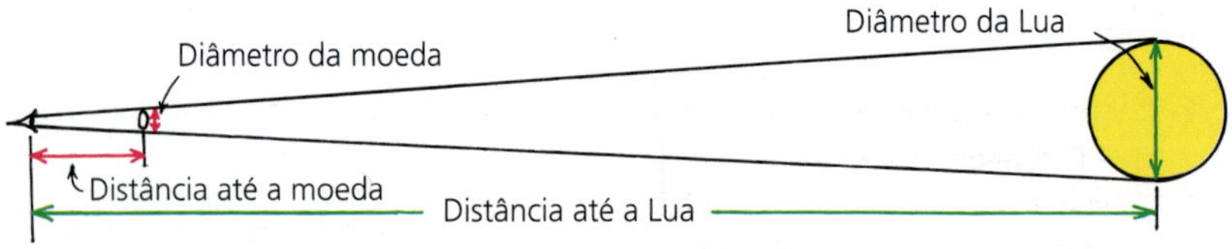

FIGURA 1.7 Um exercício com razões: quando a moeda "eclipsa" totalmente a Lua, a razão do diâmetro da moeda e a distância entre você e a moeda é igual à razão do diâmetro da Lua e a distância entre você e a Lua (a figura não está em escala). As medidas dão o mesmo valor de 1/110 para ambas as razões.

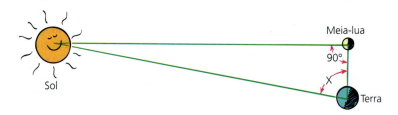

$$\frac{\text{Diâmetro da moeda}}{\text{Distância da moeda}} = \frac{\text{Diâmetro da Lua}}{\text{Distância da Lua}} = \frac{1}{110}$$

A distância do Sol

Se você repetisse o exercício moeda-sobre-janela-e-Lua para o caso do Sol (o que seria perigoso, por causa do brilho do Sol), adivinhe o que encontraria: que a razão *diâmetro do Sol/distância do Sol* também é 1/110. Isso porque o Sol e a Lua aparentam, ao olho, ser de mesmo tamanho. Ambos subentendem o mesmo ângulo (cerca de 0,5°). Assim, embora a razão do diâmetro para a distância fosse conhecida dos gregos antigos, o diâmetro ou a distância teria de ser determinado de alguma outra maneira. Aristarco encontrou uma maneira de fazê-lo e propôs uma estimativa.

Aristarco observou a fase da Lua quando ela estava exatamente metade cheia, com o Sol sendo ainda visível no céu. Nessa situação, a luz solar devia estar incidindo sobre a Lua em ângulo reto com a linha de visão dele. Isso significava que as linhas entre a Terra e a Lua, entre a Terra e o Sol e entre a Lua e o Sol formavam um triângulo retângulo (Figura 1.8).

FIGURA 1.8 Quando a Lua aparece metade cheia, o Sol, a Lua e a Terra formam um triângulo retângulo (não está em escala). A hipotenusa é a distância Terra-Sol. Por trigonometria simples, a hipotenusa de um triângulo retângulo pode ser obtida se você conhece a medida de um dos ângulos não retos e o comprimento de um dos catetos. A distância Terra-Lua é um cateto conhecido. Meça o ângulo X e você poderá calcular a distância Terra-Sol.

Um teorema da trigonometria estabelece que, se você conhece todos os ângulos de um triângulo retângulo e o comprimento de um de seus lados, pode calcular o comprimento de qualquer um dos outros lados. Aristarco sabia qual era a distância da Terra à Lua. Na época da meia-lua, ele igualmente conhecia um dos ângulos, 90°. Tudo que ele tinha de fazer era medir o segundo ângulo entre sua linha de visão para a Lua e a linha para o Sol. Então, o terceiro ângulo, muito pequeno, vale 180° menos a soma dos dois primeiros ângulos (a soma dos ângulos internos de qualquer triângulo é igual a 180°).

Medir o ângulo entre as linhas de visão para a Lua e para o Sol é difícil sem um moderno teodolito. Por outro lado, tanto o Sol quanto a Lua não são pontos, e sim relativamente grandes. Aristarco precisava dirigir a visão para os seus centros (ou ambas as bordas) e medir o ângulo entre eles – um ângulo grande, quase um ângulo reto! Pelos padrões modernos, sua medição foi muito grosseira. Ele mediu 87°, quando o valor verdadeiro era 89,8°. Ele calculou que o Sol estivesse a uma distância 20 vezes maior que a da Lua, quando de fato ele está 400 vezes mais distante que ela. Assim, embora seu método fosse engenhoso, suas medidas, oriundas desse método, não eram. Talvez Aristarco achasse difícil crer que o Sol estivesse tão distante, "errando para menos". Nós não sabemos.

Hoje sabemos que o Sol está a uma distância média de 150.000.000 km. Fica um pouco mais próximo em janeiro (146.000.000 km) e um pouco mais afastado no início de julho (152.000.000 km).

PAUSA PARA TESTE

1. Como as observações de um eclipse lunar permitiram que Aristarco estimasse o diâmetro da Lua?
2. Aristarco leva crédito por ter sido o primeiro a calcular a distância entre a Terra e o Sol, usando meia-lua como referência. Por que era importante que a Lua estivesse na fase de meia-lua?

VERIFIQUE SUA RESPOSTA

1. Aristarco mediu visualmente que a sombra da Terra que atravessa a Lua durante um eclipse lunar é 2,5 vezes mais larga do que a Lua. Somando a isso o efeito do estreitamento dos raios solares, ele estimou que o diâmetro da Terra devia ser igual a cerca de 3,5 diâmetros lunares. Em outras palavras, o diâmetro da Lua é igual a 1/3,5 do da Terra. Assim, o diâmetro da Lua é 1/3,5 do da Terra medido por Eratóstenes, contemporâneo de Aristarco.
2. Como mostra a Figura 1.8, o ângulo reto é formado pela distância da Terra à meia-lua, a distância entre o Sol e a meia-lua e a distância entre a Terra e o Sol. Um ângulo reto é importante, pois se souber a distância de qualquer lado do triângulo, será possível calcular as distâncias dos outros dois lados. A partir dessas medições (imperfeitas na época), Aristarco calculou a distância entre a Terra e o Sol.

O tamanho do Sol

Uma vez que se conheça a distância até o Sol, a razão 1/110 do diâmetro/distância possibilita uma medida do diâmetro do Sol. Outra maneira de medir a razão 1/110, além do método da Figura 1.7, é medir o diâmetro da imagem solar projetada através de um furo de alfinete. Você pode tentar: faça um pequeno furo numa cartolina opaca e deixe a luz solar incidir sobre ela. A imagem arredondada projetada sobre uma superfície abaixo é de fato uma imagem do Sol. Você verá que o tamanho da imagem não dependerá do tamanho do furo, mas de quão afastado este está da imagem. Furos maiores tornam a imagem mais brilhante, não maior. É claro que, se o furo for muito grande, não se formará imagem alguma. O tamanho do furo depende da distância em relação à imagem que projeta. O furo na Figura 1.9 pode ser do tamanho que seria produzido por um lápis bem apontado, com cerca de 1 mm de diâmetro. O "furo de alfinete" que compõe a abertura entre as folhas da árvore acima de Lillian na Figura 1.10 pode ter alguns centímetros de largura. Seja como for, medições cuidadosas mostrarão que a razão entre o tamanho da imagem e a distância dela até o furo é 1/110 – a mesma que a razão *diâmetro do Sol/distância Terra-Sol* (Figura 1.9)

Já notou que as manchas de luz solar que enxergamos no chão, embaixo de árvores, são perfeitamente redondas quando o Sol está diretamente acima da cabeça e se alargam em elipses quando o Sol está baixo no céu (Figura 1.10)? Tais manchas são imagens do Sol, e a luz brilha através de aberturas nas folhas, que são pequenas quando comparadas à distância até o chão abaixo delas. Uma mancha redonda com diâmetro de 10 cm foi projetada por uma abertura 110 × 10 cm acima do chão. Árvores altas produzem imagens grandes; árvores baixas produzem imagens pequenas.

É interessante que, na hora de um eclipse solar parcial, a imagem projetada pelo pequeno furo toma a forma crescente – a mesma forma que apresenta o Sol parcialmente coberto (Figura 1.11). Isso oferece uma maneira interessante de observar um eclipse parcial sem olhar diretamente para o Sol.

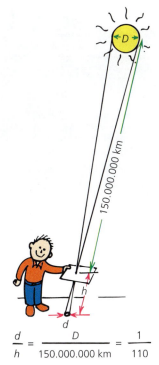

$$\frac{d}{h} = \frac{D}{150.000.000 \text{ km}} = \frac{1}{110}$$

FIGURA 1.9 A mancha arredondada de luz projetada através do pequeno furo é uma imagem do Sol. Sua razão *diâmetro/distância* é igual à razão *diâmetro do Sol/distância do Sol* à Terra: 1/110. O diâmetro do Sol é 1/110 da sua distância até a Terra.

FIGURA 1.10 Pequenas aberturas entre as folhas projetam imagens solares em torno de Lillian.

FIGURA 1.11 As manchas de luz solar em forma crescente são imagens do Sol durante um eclipse solar parcial.

FIGURA 1.12 Renoir pintou com precisão as manchas de luz solar sobre as roupas e os arredores – imagens do Sol projetadas pelas aberturas relativamente pequenas entre as folhas.

PAUSA PARA TESTE

1. Usando o método mostrado na Figura 1.9, descobrimos que o nosso Sol está a 110 Sóis de distância. Na Figura 1.7, aprendemos que nossa Lua está a 110 Luas de distância. É coincidência?

2. Se a altura do cartão na Figura 1.9 fosse posicionada de modo que a imagem solar correspondesse ao tamanho de uma moeda (uma maneira precisa de medir o diâmetro da imagem solar), então 110 dessas moedas caberiam lado a lado na distância entre o cartão e a imagem abaixo. Quantos Sóis caberiam lado a lado entre a Terra e o Sol?

VERIFIQUE SUA RESPOSTA

1. Sim. É pura coincidência que o Sol e a Lua subtendem o mesmo ângulo que produz a razão de 1/110. No passado, a Lua esteve significativamente mais próxima da Terra, subtendendo um ângulo maior. Atualmente, a Lua está afastando-se da Terra (muito lentamente, cerca de 4 cm por ano, devido ao efeito do atrito das forças de maré e da conservação do momentum angular). Isso significa que, no futuro, a Lua no céu parecerá menor e produzirá eclipses anulares do Sol em vez de eclipses totais.

2. A resposta é que 110 Sóis caberiam no espaço entre o Sol e a Terra. Se você realizar o experimento semelhante de prender uma moeda à janela durante uma lua cheia baixa, descobrirá que 110 moedas se encaixariam entre a janela e o seu olho, o que ilustra que 110 Luas preencheriam a distância média entre a Terra e a Lua.

Matemática: a linguagem da ciência

A ciência e as condições de vida humana avançaram significativamente depois que a ciência e a matemática integraram-se há mais ou menos quatro séculos. Quando as ideias da ciência são expressas em termos matemáticos, elas não são ambíguas. As equações científicas proveem expressões compactas das relações entre os conceitos. Não têm os duplos significados que frequentemente tornam confusa a discussão de ideias em linguagem comum. Quando as descobertas sobre a natureza são expressas matematicamente, é mais fácil comprová-las ou negá-las por meio de experimentos.

A estrutura matemática da física está evidente nas muitas equações que você encontrará ao longo deste livro. Elas são guias para o pensamento, mostrando as conexões entre os conceitos sobre a natureza. O método matemático e a experimentação levaram a ciência a um enorme sucesso.[2]

1.2 Os métodos científicos

Não existe um método científico. Existem, porém, características comuns na maneira como os cientistas realizam seu trabalho. Isso remonta ao físico italiano Galileu Galilei (1564-1642) e ao filósofo inglês Francis Bacon (1561-1626). Eles se liberaram dos métodos dos gregos, que operavam "para cima ou para baixo", dependendo das circunstâncias, obtendo conclusões a respeito do mundo físico raciocinando a partir de hipóteses arbitrárias (axiomas). O cientista moderno trabalha "para cima", primeiro examinando a maneira como realmente o mundo funciona e, então, construindo uma estrutura para explicar suas descobertas.

Embora nenhuma descrição do **método científico** do tipo "receita de bolo" seja efetivamente adequada, algumas ou todas as etapas abaixo são provavelmente encontradas na forma como os cientistas trabalham:

1. Identificar uma questão ou um enigma, como um fato não explicado.
2. Formular um palpite bem desenvolvido – uma **hipótese** – capaz de resolver o enigma.
3. Prever consequências da hipótese.
4. Realizar experimentos ou cálculos para testar as previsões.
5. Formular a lei mais simples que organiza os três ingredientes principais: hipótese, efeitos preditos e resultados experimentais.

Embora esses passos sejam atraentes, muito do progresso científico adveio de tentativa e erro, experimentação realizada na ausência de hipótese ou, simplesmente, de uma descoberta acidental feita por uma mente treinada. O sucesso da ciência reside mais sobre uma atitude comum aos cientistas do que sobre um método particular. Essa **atitude científica** consiste em inquirir, ter integridade e ter humildade – isto é, ter disposição em admitir que erros tenham sido cometidos.

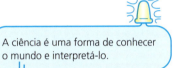

A ciência é uma forma de conhecer o mundo e interpretá-lo.

A atitude científica

É comum se pensar num fato como algo imutável e absoluto. Na ciência, porém, um **fato** é geralmente uma concordância estreita entre observadores competentes sobre uma série de observações do mesmo fenômeno. Por exemplo, antes era fato que o universo era imutável e permanente, mas hoje é um fato que ele está se expandindo e evoluindo. Uma hipótese científica, por outro lado, é uma suposição culta somente tomada como factual depois de testada pelos experimentos. Após ser testada muitas e muitas vezes e não ser negada, uma hipótese pode se tornar uma **lei** ou um *princípio*.

Se as descobertas de um cientista evidenciam uma contradição a uma hipótese, lei ou princípio, então devem ser abandonadas dentro do espírito científico – não importa a reputação ou a autoridade das pessoas que as defendem (a menos que a evidência negativa mostre-se errônea – como acontece, às vezes). Por exemplo, o filósofo grego altamente respeitável Aristóteles (384-322 a.C.) afirmava que um objeto cai com uma velocidade proporcional ao seu peso. Essa ideia foi aceita como verdadeira por quase 2.000 anos, por causa da grande autoridade de Aristóteles. Galileu supostamente demonstrou a falsidade da afirmativa de Aristóteles com um

---

[2] Fazemos distinção entre a estrutura matemática da física e a prática de resolução de problemas matemáticos – o foco da maioria dos cursos não conceituais. Observe o número relativamente pequeno de problemas nos finais de capítulos, neste livro, comparado com o número de exercícios. O foco está na compreensão antes da computação.

Fatos são dados revisáveis sobre o mundo.

As teorias interpretam os fatos.

experimento, mostrando que objetos leves e pesados caíam da Torre Inclinada de Pisa com valores de rapidez aproximadamente iguais. No espírito científico, um único experimento comprovadamente contrário tem mais valor do que qualquer autoridade, não importa sua reputação ou o número de seus seguidores ou defensores. Na ciência moderna, argumentos de apelo à autoridade têm pouco valor.[3]

Os cientistas devem aceitar descobertas experimentais mesmo quando gostariam que fossem diferentes. Devem esforçar-se para distinguir entre o que veem e o que desejam ver, pois os cientistas, como as pessoas em geral, têm grande capacidade de enganar a si mesmos.[4] As pessoas têm sempre a tendência de adotar regras, crenças, credos, ideias e hipóteses, sem questionar profundamente a sua validade, e de mantê-las por muito tempo após terem se mostrado sem significado, falsas ou no mínimo questionáveis. As suposições mais difundidas são frequentemente as menos questionadas. Muitas vezes, quando uma ideia é adotada, uma atenção especial é dada aos casos que parecem corroborá-la, ao passo que aqueles casos que parecem refutá-la são distorcidos, depreciados ou ignorados.

Os cientistas usam a palavra *teoria* de maneira diferente daquela usada no dia a dia. Na linguagem do cotidiano, uma teoria não difere de uma hipótese – uma suposição que ainda não foi comprovada. Uma **teoria** científica, por outro lado, é a síntese de um grande corpo de informações que englobam hipóteses comprovadas e testadas sobre determinados aspectos do mundo natural. Os físicos, por exemplo, falam da teoria dos quarks dos núcleos atômicos, já os químicos falam da teoria das ligações metálicas nos metais, e os biólogos falam da teoria celular.

As teorias científicas não são imutáveis; ao contrário, elas sofrem mudanças. Elas evoluem quando passam por estágios de redefinição e refinamento. Durante os últimos 100 anos, por exemplo, a teoria atômica tem sido redefinida repetidamente sempre que se consegue uma nova evidência sobre o comportamento atômico. De forma semelhante, os químicos têm redefinido suas visões sobre a maneira como as moléculas se ligam, e os biólogos têm refinado a teoria celular. O aperfeiçoamento de teorias é uma força da ciência, não uma fraqueza. Muitas pessoas acham que é um sinal de fraqueza mudar suas opiniões. Cientistas competentes devem ser especialistas em alterar suas opiniões. Eles trocam de opinião, mas, somente quando se deparam com sólidas evidências experimentais ou quando uma hipótese conceitualmente mais simples os força a adotar um novo ponto de vista. Melhorar crenças é mais importante do que defendê-las. As melhores hipóteses são aquelas mais honestas em face da evidência experimental.

A experimentação, e não a discussão filosófica, é o que decide o que é certo em ciência.

Fora de suas profissões, os cientistas não são inerentemente mais honestos ou éticos que a maioria das pessoas. Mas em suas profissões, eles trabalham em um meio que dá alto valor à honestidade. A regra que norteia a ciência é de que todas as hipóteses devem ser testáveis – devem ser passíveis, pelo menos em princípio, de negação. É mais importante, na ciência, existir um modo de provar que uma ideia está errada do que uma maneira de provar que está correta. Esse é um dos principais fatores que distingue a ciência da não ciência. À primeira vista, isso pode soar estranho, pois quando nos perguntamos sobre a maioria das coisas, nos preocupamos em encontrar maneiras de revelar se elas são verdadeiras. As hipóteses científicas são diferentes. De fato, se você deseja descobrir se uma hipótese é científica ou não, veja se existe um teste para comprovar que ela é errônea. Se não existir teste algum para provar sua falsidade, então a hipótese é não científica. Albert Einstein pôs isso muito bem quando declarou que "nenhum número de experimentos pode provar que estou certo; um único experimento pode provar que estou errado".

---

[3] O apelo *estético*, porém, tem valor em ciência! Mais de um resultado experimental na ciência moderna contradisse uma teoria aceita que, após investigação adicional, provou-se errada. Isso tem alimentado a fé dos cientistas de que a descrição correta da natureza, no final das contas, envolve concisão de expressão e economia de conceitos – uma combinação que merece ser chamada de beleza.

[4] Em sua formação, não é suficiente estar atento a outras pessoas que tentam fazê-lo de bobo; mais importante é estar atento à própria tendência de enganar a si mesmo.

Considere a hipótese do biólogo Darwin de que a vida evolui de formas mais simples para mais complexas. Isso poderia ser negado se os paleontólogos descobrissem que formas de vida mais complexas surgiram antes de suas contrapartidas mais simples. Einstein criou a hipótese de que a luz é desviada pela gravidade. Isso poderia ser negado se a luz das estrelas, que passa muito próximo ao Sol e pode ser vista durante um eclipse solar, não fosse desviada de sua trajetória normal. Como foi demonstrado, as formas de vida menos complexas precederam suas contrapartidas mais complexas, e a luz das estrelas desviou-se ao passar perto do Sol, o que sustenta as afirmativas. Se e quando uma hipótese ou alegação científica é confirmada, ela é encarada como útil e como um degrau para conhecimento adicional.

Considere a hipótese "o alinhamento dos planetas no céu determina a melhor ocasião para tomar decisões". Muitas pessoas acreditam nela, mas tal hipótese é não científica. Não se pode provar que está errada, nem correta. Ela é uma *especulação*. Analogamente, a hipótese "existe vida inteligente em outros planetas em algum lugar do universo" não é científica. Embora possa ser provada como correta pela verificação por um único exemplo de vida inteligente em algum outro lugar do universo, não existe maneira de provar que ela está errada se vida alguma for jamais encontrada. Se procurássemos nas regiões mais longínquas do universo ao longo de eras e não encontrássemos vida, não poderíamos provar que ela não existe "na próxima esquina". Por outro lado, a hipótese "não existe outra forma de vida inteligente no universo" é científica. Você sabe por quê?

Uma hipótese passível de ser demonstrada como certeza, mas impossível de ser negada não é uma hipótese científica. Muitas dessas afirmativas são completamente razoáveis e úteis, mas estão fora do domínio da ciência.

A essência da ciência é expressa em duas questões: de que maneira poderíamos conhecer? E qual evidência provaria que uma determinada ideia está errada? Afirmações sem evidências não são científicas e podem ser rejeitadas.

Ser científico é estar aberto ao conhecimento novo.

PAUSA PARA TESTE

Qual destas é uma hipótese científica?
a. Os átomos são as menores partículas existentes de matéria.
b. O espaço é permeado com uma essência não detectável.
c. Albert Einstein foi o maior físico do século XX.

VERIFIQUE SUA RESPOSTA

Apenas a hipótese *a* é científica, porque existe um teste para testar sua falsidade. A afirmação não apenas é *possível* de ser negada, como *foi* de fato negada. Não existe um teste para provar a falsidade da hipótese *b* e ela é, portanto, não científica. O mesmo vale para qualquer princípio ou conceito para o qual não existe maneira, procedimento ou teste pelo qual ele possa ser negado (se for errado). Alguns pseudocientistas e outros refalsados sábios nem mesmo se preocupam com um teste para verificar a possível falsidade de suas afirmativas. A afirmativa *c* é uma que não pode ser testada em sua possível falsidade. Se Einstein não tivesse sido o maior dos físicos, como poderíamos sabê-lo? É importante notar que, como o nome de Einstein geralmente é muito considerado, ele é o preferido dos pseudocientistas. Assim, não deveríamos ficar surpresos que o nome de Einstein, como o de Jesus e de outras fontes altamente respeitadas, seja frequentemente mencionado por charlatões que querem emprestar respeito a si mesmos e a seus pontos de vista. Em todos os campos, é prudente ser cético com aqueles que querem dar crédito a si mesmos apelando para a autoridade de outros.

Nenhum de nós dispõe de tempo, energia ou recursos para testar cada ideia; assim, na maior parte do tempo, estamos nos baseando na palavra de alguém. Como descobrir qual é a palavra a considerar? Para reduzir a possibilidade de erro, os cientistas aceitam somente a palavra daqueles cujas ideias, teorias e descobertas são testáveis – se não na prática, pelo menos em princípio. Especulações não testáveis são consideradas "não científicas". Isso tem o efeito a longo prazo de incentivar a honestidade – as descobertas divulgadas largamente entre colegas da comunidade científica estão geralmente sujeitas a testes adicionais. Mais cedo ou mais tarde, erros (e

Muito da aprendizagem decorre de se fazer perguntas. Sócrates pregava isso, daí o chamado método socrático. O questionamento gerou alguns dos mais magníficos trabalhos em arte e ciência.

fraudes) são descobertos: o pensamento tendencioso é desmascarado. Um cientista desacreditado não consegue uma segunda chance dentro da comunidade científica. A punição para fraude é a excomunhão profissional. A honestidade, tão importante para o progresso da ciência, torna-se assim um assunto de interesse próprio para os cientistas. Há relativamente pouco logro num jogo em que todas as apostas são declaradas. Em campos de estudo nos quais o certo e o errado não são estabelecidos facilmente, a pressão para ser honesto é consideravelmente menor.

Como lidar com concepções equivocadas

As ideias e os conceitos mais importantes de nossa vida cotidiana frequentemente são não científicos; sua veracidade ou falsidade não pode ser determinada no laboratório. Curiosamente, parece que as pessoas acreditam honestamente que suas ideias sobre as coisas estejam corretas, e quase todo mundo conhece pessoas que sustentam pontos de vista inteiramente opostos – logo, as ideias de alguns (ou de todos) devem estar incorretas. Como saber se você é ou não um daqueles que sustentam crenças errôneas? Existe um teste. Antes de estar razoavelmente convencido de que você está certo acerca de uma ideia em particular, deveria estar seguro de que entendeu as objeções e as posições de seus adversários mais articulados. Você deveria descobrir se suas próprias opiniões são sustentadas pelo conhecimento adequado das ideias oponentes ou pelas *falsas concepções* delas. Faça essa distinção vendo se você pode ou não enunciar as objeções e as posições de seus opositores de forma que *eles* fiquem satisfeitos. Mesmo que consiga fazê-lo, você não pode ter certeza de estar correto acerca de suas próprias ideias, mas a chance de estar certo é consideravelmente maior se você passar no teste.

Cada um de nós precisa dispor de um filtro que nos informe a diferença entre o que é válido e o que apenas finge ser válido. O melhor filtro de conhecimento já inventado é a ciência.

> **PAUSA PARA TESTE**
> Suponha que, durante uma discordância entre duas pessoas, A e B, você nota que a pessoa A repetidamente enuncia seu ponto de vista, enquanto B enuncia claramente tanto a sua própria posição quanto a da pessoa A. Quem estará provavelmente correto? (*Pense antes de ler a resposta abaixo!*)
>
> **VERIFIQUE SUA RESPOSTA**
> Quem sabe com certeza? A pessoa B pode ter a perspicácia de um advogado, que pode sustentar vários pontos de vista, e ainda assim estar incorreta. Não podemos ter certeza acerca do "outro rapaz". O teste para correção ou incorreção sugerido aqui não é um teste para os outros, mas de *você* e para *você*. Ele pode auxiliar em seu desenvolvimento pessoal. Quando você tenta articular as ideias de seus antagonistas, esteja preparado, como os cientistas, para alterar suas opiniões e descobrir evidências contrárias às suas próprias ideias – evidências que podem modificar seus pontos de vista. O crescimento intelectual com frequência chega dessa maneira.

Embora a noção de ser familiarizado com os pontos de vista contrários pareça razoável à maioria das pessoas pensantes, a noção oposta – protegendo-nos e a outros de ideias contrárias – tem sido mais amplamente praticada. Temos sido ensinados a desacreditar de ideias não populares sem entendê-las no contexto apropriado. Em uma breve retrospectiva, enxergamos perfeitamente que muitas das "profundas verdades", pedras-mestras de civilizações inteiras, eram meros reflexos da ignorância que prevalecia na época. Muitos dos problemas que importunavam as sociedades provinham dessa ignorância e das falsas concepções resultantes; muito do que era sustentado como verdade simplesmente não era verdadeiro. Isso não é restrito ao passado. Cada avanço científico é necessariamente incompleto e parcialmente impreciso, pois o descobridor enxerga com os antolhos* do dia e consegue se livrar de uma parte, apenas, dos impedimentos.

---

* N. de T.: Peças de couro, ou de outro material opaco, colocadas ao lado dos olhos de um cavalo para limitar seu campo de visão e evitar que se assuste.

1.3 Ciência, arte e religião

A procura por ordem e significado no mundo à nossa volta tem tomado diferentes formas: uma é a ciência, outra é a arte e outra é a religião. Embora as raízes de todas as três remetam a milhares de anos, as tradições científicas são relativamente recentes. Mais importante, os domínios da ciência, da arte e da religião são diferentes, embora elas com frequência se superponham. A ciência está principalmente engajada em descobrir e registrar fenômenos naturais, as artes dizem respeito à interpretação pessoal e à expressão criativa e a religião remete à origem, propósito e significado de tudo.

A arte diz respeito à beleza do cosmos. A ciência diz respeito à ordem do cosmos. E a religião diz respeito aos propósitos do cosmos.

Ciência e arte são comparáveis. Na arte literária, descobrimos o que é possível na experiência humana. Podemos aprender sobre emoções que vão da angústia ao amor, mesmo que não as tenhamos experimentado. As artes não necessariamente nos dão aquelas experiências, mas descrevem-nas e sugerem o que pode ser possível para nós. A ciência nos informa o que é possível na natureza e nos ajuda a prever as possibilidades na natureza, mesmo antes que elas tenham sido experimentadas. Ela nos fornece uma maneira de conectar as coisas, de enxergar relações entre elas e de dar sentido à miríade de eventos naturais ao nosso redor. A ciência alarga nossa perspectiva da natureza. Um conhecimento tanto de arte quanto de ciência forma um todo que afeta o modo como vemos o mundo e as decisões que tomamos a respeito dele e de nós mesmos. Uma pessoa realmente culta é versada tanto em artes quanto em ciência.

A ciência e a religião também têm semelhanças, mas, elas são basicamente diferentes entre si – principalmente porque seus domínios são diferentes. O domínio da ciência é a *natureza*, o natural; o da religião é a *convicção*. As práticas e as crenças religiosas em geral envolvem a fé em um ser supremo, sua adoração e a criação da comunidade humana – e não as práticas da ciência. A este respeito, ciência e religião são tão diferentes entre si quanto maçãs e laranjas: são dois campos da atividade humana diferentes, ainda que complementares.

Quando, mais tarde, estudarmos a natureza da luz, neste livro, trataremos a luz primeiro como uma onda e depois como uma partícula. Para uma pessoa que sabe um pouco de ciência, ondas e partículas são contraditórias; a luz pode ser apenas uma ou outra, e temos de escolher entre elas. Contudo, para uma pessoa esclarecida, ondas e partículas complementam-se e fornecem um entendimento mais profundo da luz. De modo similar, são principalmente as pessoas desinformadas ou mal-informadas sobre as naturezas mais profundas da ciência e da religião que sentem que devem optar entre acreditar na religião e acreditar na ciência. A menos que alguém tenha uma compreensão superficial de uma ou de ambas, não existe contradição em ser religioso e científico em seu modo de pensar.[5]

A crença de que existe apenas uma única verdade e de que se está de posse dela parece-me ser a raiz de todo o mal neste mundo. – *Max Born*

Muitas pessoas ficam preocupadas por não conhecerem respostas para questões religiosas e filosóficas. Algumas evitam a incerteza, adotando acriticamente qualquer resposta confortadora. Um recado importante da ciência, entretanto, é que a incerteza é aceitável. No Capítulo 31, por exemplo, você aprenderá que não é possível conhecer com certeza e simultaneamente a posição e o momentum de um elétron em um átomo. Quanto mais você sabe sobre um, menos sabe sobre o outro. A incerteza é parte do processo científico. Está tudo bem em não saber as respostas para as questões fundamentais. Por que as maçãs são atraídas gravitacionalmente pela Terra? Por que os elétrons repelem-se mutuamente? Por que os ímãs interagem com outros ímãs? Ao nível mais profundo, os cientistas não sabem as respostas para essas questões – pelo menos, não ainda. Nós sabemos bastante sobre onde nos encontramos, mas nada realmente sobre *por que* estamos aqui. Tudo bem que não saibamos as respostas para todas as questões religiosas. Dada uma escolha entre uma mente fechada, que dispõe de respostas confortadoras, e uma mente exploradora sem respostas, a maioria dos cientistas escolhe a segunda. Em geral, os cientistas sentem-se confortáveis em não saber.

---

[5] Claro que isso não se aplica aos extremistas religiosos que constantemente afirmam que não se pode abraçar religião e ciência.

CIÊNCIA FALSA

Para que possa ser considerado "científico", um enunciado deve atender a determinados padrões. Por exemplo, deve ser reproduzível por terceiros, sem interesse na falsidade ou veracidade do enunciado. Os dados e as interpretações subsequentes devem estar abertas ao escrutínio em um ambiente social no qual é aceitável ter cometido um erro honesto, mas em que a desonestidade e o logro são inaceitáveis. Os enunciados apresentados como científicos que não cumprem esses critérios são o que chamamos de **pseudociência**, que significa literalmente "ciência falsa". No reino da pseudociência, o ceticismo e testes de possíveis erros são menosprezados ou simplesmente ignorados.

Exemplos de ciência falsa não faltam. Por exemplo, após ter sido eliminado oficialmente nos EUA em 2000, o sarampo está voltando à tona. As organizações de saúde culpam os baixos índices de vacinação, causados, em parte, pela falta de confiança do público no governo, na ciência e nas grandes empresas farmacêuticas, além da propaganda antivacina. Uma busca por informações sobre vacinas nas redes sociais e em outros sites da internet quase sempre revela conselhos completamente incorretos. Em 2019, a Organização Mundial da Saúde (OMS) afirmou que a "hesitação vacinal" era uma das 10 maiores ameaças à saúde global. Essa ciência equivocada está operando em nível global.

Para mais exemplos de ciência falsa, basta acessar a internet, onde inúmeros produtos pseudocientíficos estão anunciados para a venda. Em especial, é preciso tomar cuidado com remédios para males como calvície, obesidade e câncer, mecanismos de purificação do ar e produtos de limpeza "que lutam contra os germes". Muitos desses produtos estão fundamentados em uma ciência sólida e verificada, mas outros são pura pseudociência. Cuidado, comprador!

Os seres humanos são muitos bons em negação, o que pode explicar por que a pseudociência prospera tanto. Muitos pseudocientistas não reconhecem a natureza dos seus esforços. Uma praticante da "cura à distância", por exemplo, pode realmente acreditar na sua capacidade de curar pessoas que jamais encontrará, cujo único contato foi uma troca de *e-mails* e uma cobrança no cartão de crédito. Ela pode até encontrar evidências anedóticas para apoiar as suas afirmações. O efeito placebo, discutido no Capítulo 20, pode ocultar a ineficácia de diversas modalidades de cura. Quando se trata do corpo humano, o que as pessoas acreditam que *vai* acontecer muitas vezes *pode* acontecer devido à ligação física entre corpo e mente.

Considere também o enorme lado negativo das práticas pseudocientíficas. Hoje, há milhares de astrólogos praticantes nos Estados Unidos. As pessoas dão atenção a eles apenas por diversão? Ou baseiam decisões importantes na astrologia?

Enquanto isso, os resultados de testes de educação científica administrados ao público em geral mostram que, nos Estados Unidos, a maioria das pessoas não entende conceitos básicos de ciência. A maioria dos adultos americanos não sabe que a extinção em massa dos dinossauros ocorreu muito antes de a evolução produzir o primeiro ser humano; cerca de três quartos não sabem que antibióticos matam bactérias, mas não vírus. O que vemos é uma cisão, uma divisão crescente, entre aqueles que têm uma ideia realista das capacidades da ciência e aqueles que não entendem a natureza da ciência e dos seus conceitos fundamentais; ou, pior, que acham que o conhecimento científico é tão complexo que está além da sua compreensão. A ciência é um aliado poderoso para entendermos o mundo físico – e muito mais confiável do que a pseudociência quando se trata de melhorar a condição humana.

O bom da ciência é que é verdade, quer você acredite nela ou não.
– Neil deGrasse Tyson

Guerras não são travadas na ciência.

1.4 Ciência e tecnologia

A ciência e a tecnologia também diferem entre si. A ciência está interessada em reunir conhecimentos e organizá-los. A **tecnologia** permite que os seres humanos utilizem esse conhecimento para fins práticos e fornece os instrumentos de que os cientistas necessitam para conduzir suas investigações.

A tecnologia é uma espada de dois gumes que pode tanto ser útil quanto nociva. Por exemplo, temos a tecnologia para extrair combustíveis fósseis do solo e então queimá-los para produzir energia. A produção de energia a partir de combustíveis fósseis tem beneficiado nossa sociedade de inúmeras maneiras. Em contrapartida, a queima de combustíveis fósseis ameaça o meio ambiente. Seria tentador culpar a própria tecnologia por problemas como poluição, esgotamento de recursos e até mesmo superpopulação. Tais problemas, no entanto, não constituem um defeito da tecnologia mais do que uma facada é culpa da faca. São os humanos que fazem uso da tecnologia, e são eles os responsáveis pela maneira como ela é empregada.

A tecnologia é nossa ferramenta. O que fazemos com ela é nossa responsabilidade. A promessa da tecnologia é um mundo mais limpo e saudável. A aplicação da tecnologia com sabedoria *pode* levar a um mundo melhor.

AVALIAÇÃO DE RISCOS

Os inúmeros benefícios da tecnologia são acompanhados de riscos. Quando os benefícios de uma inovação tecnológica excedem seus riscos, ela é aceita e utilizada. Os raios X, por exemplo, continuam sendo usados para diagnósticos médicos, a despeito de seu potencial cancerígeno. Contudo, quando se percebesse que os riscos de uma tecnologia suplantam seus benefícios, ela deveria ser usada com parcimônia, ou até mesmo nunca.

O risco pode variar para grupos diferentes. A aspirina é útil para adultos, mas em crianças muito novas pode causar uma doença potencialmente letal, conhecida como *Síndrome de Reye*. Despejar água de esgoto sem tratamento num rio local representa pouco risco para uma cidade localizada rio acima, mas para cidades localizadas rio abaixo a água de esgoto não tratada representa um sério risco para a saúde. Analogamente, armazenar lixo radioativo no subsolo pode ser de pouco risco para nós hoje, mas para as gerações futuras os riscos desse armazenamento serão maiores se existir vazamento para dentro do lençol de água subterrânea. As tecnologias que envolvem riscos diferentes para diferentes pessoas, assim como diferentes benefícios, levantam questões que com frequência são discutidas acaloradamente. Quais medicamentos deveriam ser vendidos para o público em geral livremente e quais deles deveriam vir com tarja? Os alimentos deveriam ser irradiados para pôr um fim à contaminação, que mata mais de 3.000 americanos por ano? Os riscos de todos os membros da sociedade precisam ser considerados quando se decidem as políticas públicas.

Os riscos da tecnologia nem sempre são imediatamente visíveis. Ninguém percebeu completamente os perigos dos produtos da combustão quando o petróleo foi selecionado como combustível para o progresso industrial. Hoje, é crucial que se tenha uma compreensão de curto e de longo alcance de uma tecnologia.

As pessoas parecem ter enorme resistência em aceitar a impossibilidade de risco zero. Os aviões não podem ser totalmente seguros. Os alimentos processados não podem ser completamente livres de toxidade, pois todos são tóxicos em algum grau. Você não pode ir à praia sem se arriscar a um câncer de pele, por mais protetor solar que aplique. Você não pode evitar radioatividade, pois ela está no ar que respira e nas comidas que come, e tem sido assim desde que os humanos caminharam sobre a Terra pela primeira vez. Mesmo a chuva mais límpida contém carbono-14 radioativo, para não mencionar o que existe em nossos corpos. Entre cada duas batidas do coração humano ocorrem naturalmente 10.000 decaimentos radioativos. Você pode se esconder nas colinas, comer o mais natural dos alimentos, praticar a higiene obsessivamente e ainda assim morrer de câncer causado pela radioatividade que emana de seu próprio corpo. A probabilidade de se morrer algum dia é 100%. Ninguém está livre disso.

A ciência ajuda a determinar o que é mais provável. Quando as ferramentas da ciência melhoram, a avaliação do mais provável fica mais certeira. A aceitação do risco, por outro lado, é um tema social. Fixar o risco zero como objetivo social consumiria seus recursos econômicos presentes e futuros. Não é mais nobre aceitar riscos não nulos e minimizar os riscos tanto quanto possível dentro dos limites do praticável? Uma sociedade que não aceita risco algum não recebe benefício algum.

PAUSA PARA TESTE

Se um colega é anticiência, isso significa necessariamente que é antitecnologia? E se um colega é antitecnologia, ele também é anticiência?

VERIFIQUE SUA RESPOSTA

O colega pode ser ambos, ou apenas um ou outro. Sua perspectiva é o resultado de informações adquiridas entre a infância e o presente. Você pode ou não compartilhar das mesmas opiniões, dependendo da semelhança ou diferença das suas formações. Por uma questão de interesse próprio, é importante não deixar que diferenças de opinião arruínem automaticamente uma amizade que poderia ser valiosa. Quando todos ao seu redor têm as mesmas concepções sobre ciência e tecnologia, sugiro que você tente conhecer alguém com a opinião contrária. Quem é sábio conhece mais de um ponto de vista.

1.5 Física: a ciência fundamental

A ciência, que já foi chamada de *filosofia natural*, abrange o estudo de coisas vivas e inanimadas: as ciências da vida e as ciências físicas. As ciências da vida incluem a biologia, a zoologia e a botânica. As ciências físicas, a geologia, a astronomia, a química e a física.

A física é mais do que um ramo das ciências da natureza. Ela é uma ciência *fundamental*. Ela versa sobre coisas fundamentais, como o movimento, as forças, a energia, a matéria, o calor, o som, a luz e a estrutura dos átomos. A química é sobre

18 CAPÍTULO 1 Sobre a Ciência

> Se um dia me tornasse professor universitário, gostaria de lecionar física ou cálculo para alunos do primeiro ano. – *Scott Kelly, astronauta*

FIGURA 1.13 Um "bote salva-vidas" do planeta Terra – uma bela combinação de ciência e tecnologia.

> Há uma cesta de bens. Não importa onde você deixe cair, a cesta inteira se enche. – *Will Maynez*

como a matéria se mantém unida, sobre como se combinam os átomos para formar moléculas e sobre como estas se combinam para formar a variedade da matéria que nos cerca. A biologia é mais complexa e envolve a matéria viva. Assim, a química é subjacente à biologia, e a física é subjacente à química. Os conceitos da física fundamentam essas ciências mais complicadas. É por essa razão que a física é a ciência mais fundamental.

Uma compreensão da ciência inicia com uma compreensão da física. Os capítulos seguintes apresentam a física conceitualmente de modo que você possa divertir-se entendendo-a.

PAUSA PARA TESTE

Qual das seguintes atividades envolve a mais elevada expressão humana de paixão, talento e inteligência?

a. pintura e escultura
b. literatura
c. música
d. religião
e. ciência

VERIFIQUE SUA RESPOSTA

Todas elas! O valor humano da ciência, entretanto, é o menos compreendido pela maioria dos indivíduos em nossa sociedade. As razões são variadas, indo desde a noção ordinária de que a ciência é incompreensível para pessoas com habilidades medianas, até a visão extrema segundo a qual a ciência é uma força desumanizante em nossa sociedade. Provavelmente a maioria das falsas concepções sobre ciência provêm da confusão entre os *abusos* da ciência e a ciência em si.

A ciência é uma atividade encantadora, compartilhada por uma grande variedade de pessoas que, com as ferramentas e o *know-how* contemporâneos, estão indo além e descobrindo mais sobre si mesmas e sobre seu ambiente que as pessoas do passado jamais foram capazes. Quanto mais se sabe sobre ciência, mais apaixonados nos sentimos pelo que nos cerca. Há física em cada coisa que vemos, escutamos, cheiramos, provamos e tocamos.

1.6 Em perspectiva

Apenas alguns séculos atrás, os mais talentosos e habilidosos artistas, arquitetos e artesãos do mundo dirigiram seus gênios e esforços para a construção de grandes catedrais, sinagogas, templos e mesquitas. Algumas dessas estruturas arquitetônicas levaram séculos para ser construídas, o que significa que ninguém testemunhou tanto o início quanto o fim da construção. Mesmo os arquitetos e os construtores iniciais que viveram até uma idade avançada jamais viram os resultados finais de seus trabalhos. Vidas inteiras foram gastas nas sombras de construções que deviam parecer sem começo ou fim. Essa enorme concentração de energia humana era inspirada numa visão que ia além dos interesses mundanos – uma visão do cosmo. Para as pessoas daquela época, as estruturas erguidas por elas eram suas "espaçonaves de fé", ancoradas firmemente, mas apontando para o cosmo.

Hoje os esforços de muitos de nossos mais habilidosos cientistas, engenheiros, artistas e artesãos são direcionados para construir espaçonaves que orbitam a Terra e outras que viajarão além. O tempo despendido para se construir essas espaçonaves é extremamente breve, comparado ao tempo que era gasto construindo as estruturas de pedra e mármore do passado. Muitas pessoas que trabalham em espaçonaves de hoje nasceram antes que os primeiros jatos de carreira levassem passageiros. O que os mais jovens verão num tempo comparável?

Parece que vivemos na alvorada de uma transformação maior no crescimento da humanidade, pois, como o pequeno Evan sugere na foto que está no início deste livro, podemos ser como o pintinho em incubação que exauriu os recursos de seu ambiente interno no ovo e está perto de penetrar num novo mundo cheio de possibilidades. A Terra é nosso berço e nos tem servido muito bem. Mas berços, embora confortáveis, tornam-se pequenos demais. Assim, com a inspiração daqueles que construíram as primeiras catedrais, sinagogas, templos e mesquitas, nós almejamos o cosmo.

Vivemos numa época realmente empolgante!

Revisão do Capítulo 1

TERMOS-CHAVE (CONHECIMENTO)

ciência As descobertas coletivas da humanidade sobre a natureza, assim como o processo de coletar e organizar o conhecimento sobre a natureza.

método científico Método sistemático para obter, organizar, testar e aplicar novos conhecimentos.

hipótese Uma suposição fundamentada; uma explicação razoável para uma observação ou um resultado experimental, que não é aceita como factual até que seja testada inúmeras vezes e confirmada em experimentos.

atitude científica Processos de investigação que incluem formulação de hipóteses, experimentação e validação.

fato Um fenômeno sobre o qual observadores competentes estão em concordância, após realizarem uma série de observações.

lei Uma hipótese ou afirmação geral, acerca da relação entre quantidades naturais, testada muitas e muitas vezes sem ter sido contradita. Também conhecida como *princípio*.

teoria Síntese de um grande corpo de informações, englobando hipóteses bem testadas e verificadas acerca de aspectos do mundo natural.

pseudociência Falsa ciência que finge ser ciência verdadeira.

tecnologia O meio de resolver problemas práticos a partir da aplicação de descobertas científicas.

QUESTÕES DE REVISÃO (COMPREENSÃO)

1.1 Medições científicas

1. Responda brevemente: o que é ciência?
2. Qual tem sido, através dos tempos, a reação geral às novas ideias sobre as "verdades" estabelecidas?
3. Por que o Sol não está diretamente acima de Alexandria, quando assim está em Siena?
4. Qual é a posição do centro da Terra em relação a um grande círculo definido por uma dupla de mastros, com ampla distância entre si, na superfície do planeta?

5. Como se compara o diâmetro da Lua com sua distância à Terra?
6. Como se compara o diâmetro do Sol com a distância entre a Terra e o Sol?
7. Por que Aristarco fez suas medidas da distância do Sol na época da meia-lua?
8. O que são as manchas circulares de luz vistas sobre o chão debaixo de uma árvore num dia ensolarado?
9. Qual é o papel das equações neste curso?

1.2 Os métodos científicos

10. Resuma algumas das características do método científico.
11. Faça distinção entre um fato científico, uma hipótese, uma lei e uma teoria.
12. Na vida cotidiana, as pessoas muitas vezes sentem prazer em sustentar um ponto de vista particular, pela "coragem de suas convicções". Uma mudança de opinião é vista como um sinal de fraqueza. Como isso é diferente na ciência?
13. Qual é o teste para descobrir se uma hipótese é científica ou não?
14. Na vida cotidiana, conhecemos muitos casos de pessoas que são surpreendidas deturpando as coisas e que logo depois são perdoadas e aceitas pelos seus contemporâneos. Como isso é diferente na ciência?
15. Que teste você pode realizar mentalmente para aumentar a chance de estar correto sobre uma ideia particular?

1.3 Ciência, arte e religião

16. Por que os estudantes de arte são frequentemente encorajados a aprender sobre ciência, enquanto os de ciência são encorajados a aprender mais sobre as artes?
17. Por que muitas pessoas acreditam que precisam escolher entre ciência e religião?
18. O conforto psicológico é um benefício de se ter respostas sólidas para questões religiosas. Que benefícios advêm de uma posição de quem não sabe tais respostas?

1.4 Ciência e tecnologia

19. Faça uma clara distinção entre ciência e tecnologia.

1.5 Física: a ciência fundamental

20. Por que a física é considerada uma ciência fundamental?

PENSE E FAÇA (APLICAÇÃO)

21. Faça um furo num pedaço de cartolina e segure-o à luz do Sol horizontalmente (como na Figura 1.9). Observe a imagem do Sol projetada abaixo. Para convencer a si mesmo de que aquela mancha redonda de luz é uma imagem do Sol, experimente fazer furos com formas diferentes. Um buraco retangular ou triangular fornecerá uma imagem redonda se sua distância até a imagem for grande, comparada ao tamanho do buraco. Quando os raios de Sol e a superfície de incidência são perpendiculares, a imagem é um círculo; quando os raios solares fazem um ângulo não reto com aquela superfície, a imagem é um círculo "esticado", uma elipse. Faça a imagem solar cair sobre uma moeda, digamos um centavo de real. Posicione o pedaço de cartolina para que a imagem cubra exatamente a moeda. Essa é uma maneira conveniente para se medir o diâmetro da imagem – o mesmo diâmetro fácil de medir da moeda. Então meça a distância entre a cartolina e a moeda. A razão obtida entre o tamanho da imagem e a distância deveria ser 1/110. Essa é a razão entre o diâmetro solar e a distância do Sol à Terra. Usando a informação de que o Sol localiza-se a 150.000.000 km de distância, calcule o diâmetro do Sol. (Questões interessantes: quantas moedas, colocadas lado a lado, caberiam dentro da imagem solar na cartolina? Quantos sóis caberiam entre o cartão de cartolina e o Sol?)

22. Quando uma lua cheia ou quase cheia aparecer no céu, tente uma versão da Figura 1.7 com uma ervilha no lugar de uma moeda. Primeiro, meça o diâmetro da ervilha (ou de qualquer esfera pequena). Com um olho fechado, segure a ervilha a uma determinada distância do seu olho aberto de modo a bloquear (eclipsar) exatamente a Lua. Com a ajuda de um amigo, meça a distância entre o seu olho e a ervilha. Compare essa distância com o diâmetro da ervilha. Agora você sabe quantas ervilhas cabem na distância entre o seu olho e a ervilha. Compare o resultado com quantas luas cabem no espaço entre você e a Lua.

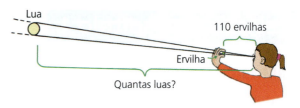

23. Imite a ação de Lillian na Figura 1.10 e observe os círculos luminosos sob uma árvore ensolarada. Pergunte aos amigos se veem algo de estranho no formato da luz projetada no chão. É provável que não notem nada... até você observar que a maioria das luzes representam imagens circulares do Sol formadas pela técnica do furo de alfinete. Quando fizer isso, descobrirá o prazer de ensinar os outros a ver algo que teriam deixado passar.

24. Escolha um dia particular no futuro próximo – e durante este dia acesse as anotações no seu *smartphone* e registre cada vez que você entra em contato com a tecnologia moderna. Depois de feitos os registros, redija um texto curto, de uma ou duas páginas, discutindo suas dependências com as tecnologias anotadas em sua lista. Redija também uma nota a respeito de como você seria afetado se cada uma delas subitamente desaparecesse e como você lidaria com isso.

PENSE E EXPLIQUE   (SÍNTESE)

25. Na comunidade científica, qual é a penalidade para a fraude científica?
26. Quais das seguintes hipóteses são científicas? (a) A clorofila faz a grama verde. (b) A Terra gira em torno de um eixo porque as coisas precisam de uma alternância de luz e escuridão. (c) As marés são causadas pela Lua.
27. O que está provavelmente sendo mal-entendido por uma pessoa que diz "mas isso é apenas uma teoria científica"?
28. Se os raios do Sol incidissem a um ângulo de 45° em relação a um mastro vertical alto, qual seria a relação entre o comprimento da sombra e a altura do mastro?
29. A sombra projetada por uma estaca vertical em Alexandria ao meio-dia, durante o solstício de verão, vale 1/8 da altura da estaca. Os 800 km entre Alexandria e Siena representam 1/8 do raio terrestre. A partir dessas informações, calcule o raio da Terra.

30. Se a Terra fosse menor do que é, mas a distância entre Alexandria e Siena fosse a mesma, a sombra projetada pelo obelisco vertical de Alexandria seria mais longa ou mais curta ao meio-dia, durante o solstício de verão?

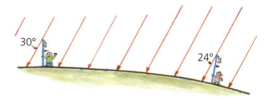

31. Phil e Nellie medem os ângulos da luz solar nos mastros das suas escolas quando as sombras seguem a linha do seu grande círculo. Um ângulo é de 30°, o outro é de 24°. Usando 40.000 km como valor da circunferência da Terra, mostre que Phil e Nellie estão a 667 km de distância.
32. Você é um astronauta no espaço sideral e descobre um planeta esférico banhado pela luz solar. Para determinar o seu tamanho, você crava duas estacas verticais com grande distância entre si na superfície e espera até a sombra de uma estaca apontar para a outra. Nesse momento, as sombras projetadas estão paralelas ao seu próprio grande círculo. Se os raios solares formam um ângulo de 20° com uma estaca e 15° com a outra, qual será o ângulo formado por estes raios, em seus prolongamentos até o centro do planeta? Que outras informações seriam necessárias para calcular a circunferência do planeta?

PENSE E DISCUTA   (AVALIAÇÃO)

33. O grande filósofo e matemático Bertrand Russell (1872-1970) escreveu sobre as ideias de sua juventude que ele rejeitou na parte mais avançada de sua vida. Discuta com seus colegas se você encara isso como um sinal de fraqueza ou de força em Bertrand Russell. (Você acha que suas ideias atuais sobre o mundo mudarão com seu aprendizado e maior experiência ou acha que conhecimento e experiência adicionais solidificarão seu presente entendimento?)
34. Bertrand Russel escreveu: "Eu penso que devemos reter a crença de que o conhecimento científico é uma das glórias do homem. Eu não sustentarei que o conhecimento jamais possa causar danos. Penso que tais proposições gerais podem quase sempre ser refutadas por meio de experimentos bem-escolhidos. O que eu sustentarei – e sustentarei vigorosamente – é que o conhecimento é muito mais frequentemente útil que danoso, e que o temor do conhecimento é mais frequentemente danoso que útil". Pense em exemplos que confirmem essa afirmação.
35. Um jovem parente seu está pensando em se juntar a um grupo grande e crescente da comunidade, buscando principalmente fazer novas amizades. Ele pede um conselho a você a respeito. Antes de responder, você descobre que o líder carismático do grupo diz aos seguidores: "OK, eis como nós funcionamos: primeiro, você JAMAIS deve questionar qualquer coisa que eu lhe diga. Segundo, você JAMAIS deve questionar o que você lê em nossos escritos". Que conselho você daria a seu parente?

CAPÍTULO 1 Exame de múltipla escolha

Escolha a melhor resposta entre as alternativas:

1. O principal foco das equações neste livro didático é servir como:
    a. guias para o raciocínio.
    b. receitas para solucionar problemas de álgebra.
    c. um caminho para "pegar e usar".
    d. desafio para estudantes fracos em matemática.

2. O método científico clássico inclui:
    a. adivinhar.
    b. experimentar.
    c. prever.
    d. todas as anteriores.

3. Se a estaca de Alexandria fosse mais alta e o poço em Siena fosse mais profundo, o cálculo do tamanho da Terra realizado por Eratóstenes seria:
    a. maior.
    b. menor.
    c. igual.
    d. impossível de determinar.

4. Se no experimento da moeda e da Lua você utilizasse uma moeda maior, sua distância em relação à moeda presa no vidro seria:
    a. menor.
    b. maior.
    c. a mesma.
    d. nenhuma das anteriores.

5. Imagens de "furo de alfinete" do Sol são projetadas sob uma árvore. Se a árvore que projeta as imagens fosse maior, as imagens do Sol seriam:
    a. maiores.
    b. menores.
    c. iguais.
    d. impossível dizer.

6. Se o diâmetro da imagem solar projetada por um furo de alfinete é a mesma que o diâmetro de uma determinada moeda, e se 110 moedas caberiam entre a imagem e o furo de alfinete, o Sol deve estar a:
    a. 55 diâmetros solares da Terra.
    b. 110 diâmetros solares da Terra.
    c. não há informação suficiente para responder.
    d. impossível dizer.

7. Qual destas é uma hipótese científica?
    a. A lua cheia é um momento ruim para tomar decisões.
    b. Seus melhores amigos e você têm o mesmo signo zodiacal.
    c. A lixeira da rua de trás está cheia de lixo.
    d. Nenhuma das anteriores.

8. Qual destas frases é um enunciado científico?
    a. Castanha caramelizada não contém açúcar.
    b. Existem coisas que nunca saberemos.
    c. A matéria é cheia de partículas indetectáveis.
    d. Existem partes do universo que os seres humanos nunca descobrirão.

9. Enunciados razoáveis que não podem ser testados:
    a. são um pequeno segmento do método científico.
    b. estão além dos domínios da ciência.
    c. não têm valor.
    d. todas as anteriores.

10. A ciência, a arte e a religião não precisam se contradizer entre si, pois:
    a. as três envolvem domínios diferentes.
    b. escolher a certa significa que não é preciso dar atenção às outras duas.
    c. escolher a religião significa que não é preciso dar atenção à ciência.
    d. escolher a ciência significa que não é preciso dar atenção à arte e à religião.

Respostas e explicações das perguntas do exame de múltipla escolha

1. (a): Embora as equações da física sejam fundamentais para as opções (b–d), a marca característica das equações em Física Conceitual é orientar o raciocínio, o que é valioso em si e é essencial para entender os problemas matemáticos que estão sendo resolvidos. 2. (d): Todas as anteriores, lembrando que outros métodos, como tentativa e erro ou pura sorte, levam à descobertas científicas. 3. (c): Uma medida crucial é o ângulo dos raios solares com a estaca em Alexandria, que é de 7,2° para obter a mesma razão. Outra medida crucial é a distância entre Alexandria e Siena, que não influência em nada esta questão. Assim, uma estaca mais alta e um poço mais profundo não afetariam o experimento. 4. (b): Uma moeda maior teria de ser posicionada mais distante para obter a mesma razão de 1/110. Por outro lado, uma moeda menor ficaria mais próxima do seu olho para obter a mesma razão. 5. (a): A razão entre diâmetro da imagem solar e altura da árvore é igual à razão entre o diâmetro do Sol e a distância até o Sol. Assim, árvores mais altas projetam imagens solares maiores. 6. (b): A razão para a moeda (do mesmo tamanho que a imagem solar) e sua distância até o furo de alfinete é igual à razão à sua distância até a Terra. Por coincidência, o mesmo ocorre com a Lua: o mesmo 1/110! 7. (c): Apenas a opção (c) inclui um teste para determinar se está certa ou errada. Leia bem! Os outros enunciados são especulativos. 8. (a): Apenas (a) inclui um teste para determinar se está certa ou errada. As opções (b–d) não testam se estão certas ou erradas, logo, são enunciados não científicos que podem ou não ser verdadeiros. O fato de todas não terem modo algum de mostrar se estão ou não erradas é o que as torna não científicas. 9. (b): Domínios não faltam em lugar algum, muitos são amplamente valorizados e corretos. Mas se não são testáveis, estão além do escopo da ciência. Enunciados que não podemos testar se estão certos ou errados, por mais atraentes que sejam, estão além do domínio da ciência. 10. (a): Os conflitos entre ciência, arte e religião ocorrem principalmente quando uma ideia ou formulação de um domínio é aplicado a outro. Quando as ideias são mantidas no seu próprio domínio, os conflitos são raros.

PARTE I
Mecânica

Que intrigante! O número de bolas soltas que batem no arranjo é sempre igual ao número de bolas que saltam do outro lado. Mas por quê? Tem de haver uma razão – algum tipo de lei mecânica. Saberemos por que as bolas se comportam de modo tão previsível depois de aprendermos as leis da mecânica nos capítulos seguintes. E, o melhor de tudo, aprendendo essas leis, vamos adquirir uma intuição profunda para entender o mundo ao nosso redor!

2
Primeira Lei de Newton do Movimento – Inércia

2.1 **Aristóteles explica o movimento**
    Copérnico e o movimento da Terra

2.2 **Os experimentos de Galileu**
    A torre inclinada
    Os planos inclinados

2.3 **Primeira lei de Newton do movimento**

2.4 **Força resultante e vetores**

2.5 **A condição de equilíbrio**

2.6 **Força de apoio**

2.7 **Equilíbrio de corpos em movimento**

2.8 **O movimento da Terra**

1 Cedric e Anne Linder comparam as diferentes tensões no barbante que sustenta o bloco vermelho. **2** Will Maynez demonstra que a inércia de uma bigorna, colocada sobre o peito do autor, é suficiente para blindar o impacto da marreta. **3** Ana Miner no processo de demonstrar a terceira lei de Newton. **4** Karl Westerberg pergunta a seus estudantes qual dos barbantes, inferior ou superior, se romperá quando ele, subitamente, puxar para baixo o barbante inferior.

Nem todos os professores de física simpatizam com o *Física Conceitual*. Alguns preferem a abordagem do tipo "arregaçar as mangas" e imediatamente começam a resolver problemas, investindo pouco ou nenhum tempo na compreensão conceitual. Em 1992, fiquei encantado ao ver um artigo da revista *The Physics Teacher*, escrito por um professor da África do Sul, que relatava grande sucesso ao ensinar física conceitualmente. Entrei em contato com ele e somos amigos desde então.

Estou falando de Cedric Linder, que cresceu e ensinou física por muitos anos na África do Sul, então mudou-se para o Departamento de Física e Astronomia da Universidade de Uppsala, na Suécia, para estabelecer a primeira divisão de Pesquisa em Ensino de Física do país. Em 2014, Cedric recebeu a Medalha da ICPE (Comissão Internacional de Ensino de Física – *International Commission on Physics Education*) pelas suas grandes contribuições ao Ensino de Física, o que, em parte, reconhecia seus esforços para levar a física conceitual ao centro da disciplina e oferecer educação para professores praticantes e em treinamento.

Alguns professores de física têm um tino para melhorar a experiência de aprendizagem dos alunos e transformam a física em uma experiência maravilhosa. É muito bom ver Cedric e Anne, sua esposa, nesse grupo. Hoje, Cedric e Anne trabalham lado a lado no mesmo grupo de pesquisa e sentem-se em casa tanto em Uppsala quanto na Cidade do Cabo.

2.1 Aristóteles explica o movimento

Aristóteles dividiu o movimento em duas grandes classes: a do *movimento natural* e a do *movimento violento*. Vamos considerar brevemente cada uma delas, não como um material de estudo, mas apenas como um pano de fundo para introduzir as ideias sobre o movimento.

Aristóteles afirmava que o movimento natural decorre da "natureza" de um objeto, dependendo de qual combinação dos quatro elementos, terra, água, ar e fogo, ele fosse feito. Para ele, cada objeto no universo tem seu lugar apropriado, determinado pela sua "natureza"; qualquer objeto que não esteja em seu lugar apropriado se "esforçará" para alcançá-lo. Por ser de terra, um pedaço de barro não devidamente apoiado cai ao chão. Por ser de ar, uma baforada de fumaça sobe. Sendo uma mistura de terra e ar, mas predominantemente terra, uma pena cai ao chão, mas não tão rápido quanto um pedaço de barro. Ele afirmava que um objeto mais pesado deveria esforçar-se mais fortemente. Portanto, argumentava Aristóteles, os objetos deveriam cair com rapidez proporcional a seus pesos: quanto mais pesado fosse o objeto, mais rápido deveria cair.

O movimento natural poderia ser diretamente para cima ou para baixo, no caso de todas as coisas na Terra, ou poderia ser circular, no caso dos objetos celestes. Ao contrário do movimento para cima e para baixo, o movimento circular não tinha começo ou fim, repetindo-se sem desvio. Aristóteles acreditava que leis diferentes aplicavam-se aos céus e afirmava que os corpos celestes eram esferas perfeitas, formados por uma substância perfeita e imutável, que ele denominou *quintessência*.[1] (O único objeto celeste com alguma alteração detectável em sua superfície era a Lua. Ainda sob o domínio de Aristóteles, os cristãos medievais ignorantemente explicavam isso dizendo que a Lua era um pouco contaminada pela Terra, dada sua proximidade desta.)

O movimento violento, a outra classe de movimento, segundo Aristóteles, resultava de forças que puxavam ou empurravam. O movimento violento era o movimento imposto. Uma pessoa empurrando um carro de mão ou sustentando um

psc
- Em vez de ler os capítulos lentamente, tente lê-los rápido e mais de uma vez. Você aprenderá mais física se repassar o mesmo material diversas vezes. A cada ciclo, o material faz cada vez mais sentido. Se não estiver entendendo tudo imediatamente, não se preocupe, apenas continue a leitura.

---
[1] A quintessência é a *quinta* essência; as outras quatro são terra, água, ar e fogo.

O ensino aristotélico era caracterizado pela memorização. A experimentação e o questionamento não se tornaram a norma até Galileu questionar a autoridade de Aristóteles no século XVI.

objeto pesado impunha movimento, como faz alguém quando atira uma pedra ou vence um cabo de guerra. O vento impõe movimento aos navios. Enchentes impunham-no a enormes rochas e a troncos de árvores. O fato essencial sobre o movimento violento é que ele tinha uma causa externa e era comunicado aos objetos; eles se moviam não por si mesmos, nem por sua "natureza", mas por causa de empurrões e puxões.

O conceito de movimento violento tinha suas dificuldades, pois os empurrões e puxões responsáveis por ele não eram sempre evidentes. Por exemplo, a corda do arco move a flecha até que a flecha deixa o arco; depois disso, a explicação para o movimento da flecha parecia exigir algum outro agente impulsor. Assim, Aristóteles imaginava que a flecha em movimento dividia o ar, surtindo o efeito de espremer a parte da traseira dela quando o ar corria para trás de modo a impedir a formação de um vácuo. A flecha era impelida pelo ar como uma barra de sabão que dança na banheira quando tentamos segurá-la por uma das pontas.

As afirmações de Aristóteles a respeito do movimento constituíram um início do pensamento científico, e embora ele não as considerasse como palavras finais sobre o assunto, seus seguidores encararam-nas como além de qualquer questionamento por quase 2.000 anos. A noção segundo a qual o estado normal de um objeto é o de repouso estava implícita no pensamento antigo, medieval e do início do Renascimento. Uma vez que era evidente à maioria dos pensadores até o século XVI que a Terra ocupava seu lugar apropriado, e desde que era inconcebível uma força capaz de mover a Terra, parecia completamente claro que a Terra realmente não se movesse.

PAUSA PARA TESTE

Não é senso comum pensar que a Terra esteja em seu lugar apropriado, e que *seja* inconcebível uma força capaz de movê-la, como Aristóteles sustentava, e que ela *esteja* em repouso no universo?

VERIFIQUE SUA RESPOSTA

Sim. O senso comum depende do local e da época. As concepções de Aristóteles eram lógicas e consistentes com as observações cotidianas. Assim, a menos que você torne-se familiarizado com a física que segue neste livro, as concepções de Aristóteles sobre o movimento são *realmente* o senso comum. Contudo, quando adquirir informação nova sobre as leis da natureza, você provavelmente comprovará que seu senso comum foi além do pensamento de Aristóteles.

ARISTÓTELES (384-322 A.C.)

Filósofo, cientista e educador grego, Aristóteles era filho de um médico que serviu pessoalmente ao rei da Macedônia. Aos 17 anos, ingressou na Academia de Platão, onde trabalhou e estudou por 20 anos, até a morte deste. Tornou-se então tutor do jovem Alexandre, o Grande. Oito anos mais tarde, fundou sua própria escola. O propósito de Aristóteles era sistematizar o conhecimento existente, exatamente como Euclides sistematizara a geometria. Aristóteles realizou observações críticas, coletou espécimes e reuniu, compilou e classificou quase todo o conhecimento então existente do mundo físico. Sua abordagem sistemática tornou-se o método do qual mais tarde a ciência ocidental surgiu. Após sua morte, seus volumosos cadernos de anotações foram preservados em cavernas próximas à sua casa e, mais tarde, vendidos para a biblioteca de Alexandria. A atividade acadêmica cessou na maioria da Europa durante a Idade das Trevas, e os trabalhos de Aristóteles foram esquecidos e perdidos na erudição que se manteve nos impérios Bizantino e Islâmico. Diversos desses textos foram reintroduzidos na Europa durante os séculos XI e XII, traduzidos para o latim. A Igreja, força cultural e politicamente dominante na Europa ocidental, inicialmente proibiu os trabalhos de Aristóteles, mas depois aceitou-os e incorporou-os à doutrina cristã.

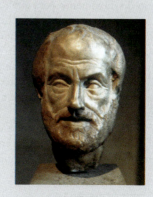

Copérnico e o movimento da Terra

Foi nesse clima intelectual que o astrônomo polonês Nicolau Copérnico (1473-1543) formulou sua teoria do movimento da Terra. Copérnico raciocinou que a maneira mais simples de explicar os movimentos observados do Sol, da Lua e dos planetas no céu era supor que a Terra (e outros planetas) circulasse em torno do Sol. Por anos, ele trabalhou sem tornar públicos seus pensamentos – por duas razões. A primeira era que ele temia a perseguição; uma teoria tão completamente diferente da opinião vigente seria certamente tomada como um ataque à ordem estabelecida. A segunda razão era que ele mesmo tinha sérias dúvidas sobre a teoria; ele não conseguia reconciliar a ideia de uma Terra em movimento com as ideias prevalecentes sobre o movimento. Finalmente, em seus últimos dias, incitado por amigos íntimos, ele enviou seu *De Revolutionibus* para o impressor. A primeira cópia de sua famosa exposição chegou a ele no dia de sua morte – 24 de maio de 1543.

A maioria de nós sabe da reação da Igreja medieval à ideia de que a Terra se move em torno do Sol. Como as opiniões de Aristóteles haviam se tornado uma parte significativa da doutrina da Igreja, negá-las era questionar a própria Igreja. Para muitos de seus líderes, a ideia de uma Terra móvel atentava não apenas contra suas autoridades, mas contra os próprios alicerces da fé e da civilização. Para melhor ou pior, essa ideia nova era capaz de virar de cabeça para baixo suas concepções do cosmo – embora mais tarde a Igreja a tenha abraçado.

Nicolau Copérnico (1473–1543)

2.2 Os experimentos de Galileu

A torre inclinada

Foi Galileu, o mais importante cientista do século XVII, quem deu prestígio à opinião de Copérnico sobre o movimento da Terra. Fez isso desacreditando as ideias de Aristóteles sobre o movimento. Embora não fosse o primeiro a apontar dificuldades nas concepções de Aristóteles, Galileu foi o primeiro a fornecer uma refutação definitiva delas por meio da observação e dos experimentos.

Galileu derrubou facilmente a hipótese de Aristóteles sobre a queda dos corpos. Conta-se que Galileu deixou cair da Torre Inclinada de Pisa vários objetos com pesos diferentes e comparou suas quedas. Ao contrário da afirmativa de Aristóteles, Galileu comprovou que uma pedra duas vezes mais pesada que outra não caía realmente duas vezes mais rápido. Exceto pelo pequeno efeito da resistência do ar, ele descobriu que objetos de vários pesos, soltos ao mesmo tempo, caíam juntos e atingiam o chão ao mesmo tempo. Em certa ocasião, Galileu supostamente atraiu uma grande multidão para testemunhar a queda de dois objetos com pesos diferentes que ele teria abandonado do topo da torre. A lenda conta que muitos observadores que viram os objetos baterem juntos no chão zombaram do jovem Galileu e continuaram a sustentar os ensinamentos de Aristóteles.

FIGURA 2.1 A famosa demonstração de Galileu.

Na era pré-científica, acreditava-se que todo o conhecimento constava nos escritos dos antigos. Hoje, o conhecimento é adquirido pelo estudo da natureza e por experimentos.

Os planos inclinados

Galileu estava mais interessado em *como* as coisas se movem do que em *por que* elas o fazem. Ele mostrou que a experimentação, mais do que a lógica, é o melhor teste de conhecimento. Aristóteles foi um astuto observador da natureza e tratou mais com problemas que o cercavam do que com casos abstratos que não ocorriam em seu ambiente. O movimento sempre envolve um meio resistivo, tal como ar ou água. Ele acreditava ser impossível a existência de um vácuo e, portanto, não considerou seriamente o movimento na ausência de qualquer meio interagente. Por isso, era fundamental para Aristóteles que sempre fosse necessário empurrar ou puxar um objeto para mantê-lo em movimento. E foi esse princípio básico que Galileu negou quando afirmou que, se não houvesse interferência sobre um objeto móvel, este deveria mover-se em linha reta para sempre; nenhum empurrão, puxão ou qualquer tipo de força era necessária para isso.

GALILEU GALILEI (1564-1642)

Galileu nasceu em Pisa, Itália, no mesmo ano em que Shakespeare nasceu e Michelangelo morreu. Estudou medicina na Universidade de Pisa e então mudou para a matemática. Cedo desenvolveu um interesse pelo movimento e logo estava em conflito com seus contemporâneos, que sustentavam as ideias aristotélicas sobre a queda dos corpos. O experimento de Galileu com corpos em queda desacreditou a afirmação de Aristóteles de que a velocidade de um objeto em queda era proporcional a seu peso, como discutido acima. Contudo, mais importante, as descobertas de Galileu também se opunham à autoridade da Igreja, que sustentava que os ensinamentos de Aristóteles faziam parte da sua doutrina. Galileu relatou suas observações astronômicas, o que lhe criou novos problemas com a Igreja. Ele contou ter avistado luas orbitando o planeta Júpiter. A Igreja, todavia, ensinava que tudo o que existia nos céus circulava em torno da Terra. Galileu também relatou manchas escuras sobre o Sol, porém, de acordo com a doutrina da Igreja, Deus criara o Sol como uma fonte perfeita de luz, sem defeitos. Sob pressão, Galileu retratou-se de suas descobertas e evitou o mesmo destino de Giordano Bruno, que se mantivera firme em sua crença no modelo de Copérnico para o Sistema Solar e foi queimado preso a uma estaca em 1600. Apesar disso, Galileu foi sentenciado à prisão domiciliar perpétua. Anteriormente, ele havia danificado seus olhos ao investigar o Sol com seu telescópio, o que resultou em cegueira aos 74 anos. Ele faleceu quatro anos mais tarde. Cada era tem seus rebeldes intelectuais, alguns dos quais levam para mais adiante as fronteiras do conhecimento. Entre eles, certamente se encontra Galileu.

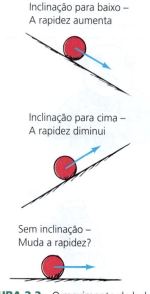

FIGURA 2.2 O movimento de bolas sobre diversos planos.

Galileu testou sua hipótese fazendo experiências com o movimento de diversos objetos sobre planos inclinados em vários ângulos. Ele notou que bolas que rolavam para baixo sobre planos inclinados tornavam-se mais velozes, enquanto bolas que rolavam para cima sobre um plano inclinado tornavam-se menos velozes. Disso ele concluiu que bolas que rolassem sobre um plano horizontal não deveriam tornar-se mais ou menos velozes. A bola atingiria finalmente o repouso, não por causa de sua "natureza", mas por causa do atrito. Essa ideia foi sustentada pelas observações de Galileu sobre o movimento ao longo de superfícies progressivamente mais lisas: quando havia menos atrito, o movimento dos objetos persistia por mais tempo; quanto menor o atrito, mais próxima de uma constante se tornava a rapidez do movimento. Ele raciocinou que, na ausência de atrito ou de outras forças opositoras, um objeto movendo-se na horizontal continuaria movendo-se indefinidamente.

Essa afirmativa era sustentada por um experimento diferente e outra linha de raciocínio. Galileu colocou dois de seus planos inclinados um de frente para o outro. Ele observou que uma bola liberada do topo de um plano inclinado, a partir do repouso, rolava para baixo e então subia o outro plano inclinado até quase alcançar

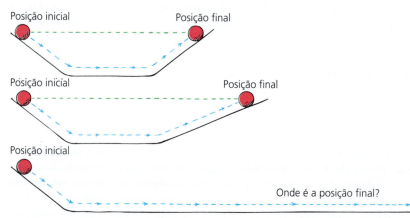

FIGURA 2.3 Uma bola rolando para baixo na rampa da esquerda tende a rolar para cima na da direita, até atingir a mesma altura com que iniciou seu movimento. A bola deve rolar uma distância maior quando o ângulo de inclinação da rampa da direita for reduzido.

sua altura inicial. Raciocinou que apenas o atrito a impedia de subir até exatamente a mesma altura, pois, quanto mais liso era o plano, mais próximo daquela altura inicial chegava a bola. Ele então reduziu o ângulo de inclinação do plano de subida. Novamente a bola alcançava a mesma altura, mas teve de ir mais longe. Outras reduções no valor do ângulo deram resultados similares: para alcançar a mesma altura, cada vez a bola tinha de ir mais longe. Ele então pôs a questão: "Se eu disponho de um plano horizontal longo, quão longe deve ir a bola para alcançar a mesma altura?" A resposta óbvia é "Para sempre – ela jamais alcançará sua altura inicial".[2]

Galileu analisou isso ainda de outra maneira. Como o movimento de descida da bola no primeiro plano é o mesmo para todos os casos, a sua rapidez quando começa a subir o segundo plano é a mesma para todos os casos. Se ela se move para cima sob uma inclinação muito forte, rapidamente perde sua rapidez. Sob uma inclinação menor, perde mais lentamente sua rapidez e rola por mais tempo. Quanto menor for a inclinação de subida, mais lentamente perderá sua rapidez. No caso extremo em que não houver qualquer inclinação – ou seja, quando o plano for horizontal, a bola não deveria perder rapidez alguma. Na ausência de forças retardadoras, a tendência da bola é mover-se eternamente sem tornar-se mais lenta. A propriedade de um objeto tender a manter-se em movimento numa linha reta foi chamada por ele de **inércia**.

O conceito de Galileu de inércia desacreditou a teoria de Aristóteles do movimento. Aristóteles de fato não compreendeu a ideia de inércia, pois não conseguira imaginar como seria o movimento sem atrito. Em sua experiência, todo movimento estava sujeito a resistência, e ele fez deste o fato central de sua teoria do movimento. A falha de Aristóteles em reconhecer o atrito pelo que ele é – ou seja, uma força como qualquer outra – impediu o progresso da física por quase 2.000 anos, até a época de Galileu. Uma aplicação do conceito de Galileu da inércia revelaria que nenhuma força era necessária para manter a Terra movendo-se para a frente. O caminho estava aberto para Isaac Newton sintetizar uma nova visão do universo.

psc
■ Galileu publicou, em 1632, o primeiro tratado matemático do movimento – 12 anos após os imigrantes ingleses terem fundado a primeira colônia nos EUA, em Plymouth, Massachusetts.

Não imagine que a inércia não constitui um tipo de força. Não é! A inércia é uma *propriedade* da matéria em resistir a mudanças de movimento. Toda matéria apresenta inércia.

PAUSA PARA TESTE
Seria correto dizer que a *inércia* é a razão pela qual um objeto móvel continua em movimento quando não atua força alguma sobre ele?

VERIFIQUE SUA RESPOSTA
Em sentido restrito, não. Não sabemos a razão dos objetos persistirem em seus movimentos quando nenhuma força atua sobre eles. Chamamos de *inércia* a propriedade que os objetos materiais têm de se comportar dessa maneira previsível. Compreendemos muitas coisas e dispomos de rótulos e nomes para elas. Existem muitas coisas que realmente não entendemos, e temos rótulos e nomes para essas coisas também. A educação consiste não tanto em adquirir novos nomes e rótulos, mas em aprender o que nós compreendemos e o que não compreendemos.

Em 1642, vários meses após a morte de Galileu, nasceu Isaac Newton. Quando tinha 23 anos, ele desenvolveu suas famosas leis do movimento, que suplantaram em definitivo as ideias Aristotélicas que haviam dominado o pensamento das melhores mentes por quase dois milênios. Neste capítulo, trataremos da primeira lei de Newton. Ela é uma reafirmação do conceito de inércia proposto anteriormente por Galileu. (As três leis de Newton do movimento apareceram primeiro em um dos mais importantes livros de todos os tempos, o *Principia*, de Newton, traduzido do original em latim.)

---
[2] Retirado da obra de Galileu *Diálogos Sobre Duas Novas Ciências*.

2.3 Primeira lei de Newton do movimento

A ideia de Aristóteles de que um objeto móvel deve estar sendo propelido por uma força constante foi completamente virada do avesso por Galileu, ao estabelecer que, na *ausência* de uma força, um objeto móvel deverá continuar se movendo. A tendência das coisas de resistir a mudanças no seu movimento foi o que Galileu chamou de *inércia*. Newton refinou a ideia de Galileu e formulou sua primeira lei, convenientemente denominada **lei da inércia**. Do *Principia*, de Newton:

> **Todo objeto permanece em seu estado de repouso ou de rapidez uniforme em uma linha reta a menos que uma força resultante externa, não nula, seja exercida sobre ele.**

A palavra-chave nessa lei é *permanece*: um objeto *permanece* fazendo seja o que for, a menos que uma força seja exercida sobre ele. Se ele está em repouso, ele *permanece* em estado de repouso. Isso é ilustrado quando uma toalha de mesa é habilidosamente puxada de súbito por baixo dos pratos sobre uma mesa, deixando tais pratos em seus estados iniciais de repouso. Ou quando, andando de *skate*, você é "jogado" para a frente quando ele bate no meio-fio e o *skate* para abruptamente. Essa propriedade dos objetos de resistir a alterações no movimento é chamada de inércia.

Se um objeto está se movendo, ele *permanece* se movendo, sem fazer curva ou alterar sua rapidez. Isso é evidente nas sondas espaciais que se movem permanentemente no espaço exterior. As alterações no movimento devem ser impostas contra a tendência de um objeto em reter seu estado de movimento. Na ausência de uma força resultante, um objeto em movimento se moverá indefinidamente ao longo de uma trajetória retilínea.

FIGURA 2.4 Inércia em ação.

psc
- Muito do que aprenderá neste texto se encontra nas Pausas para Teste. Elas merecem a sua atenção!

Pode-se conceber inércia como outra palavra para preguiça (ou resistência a mudanças).

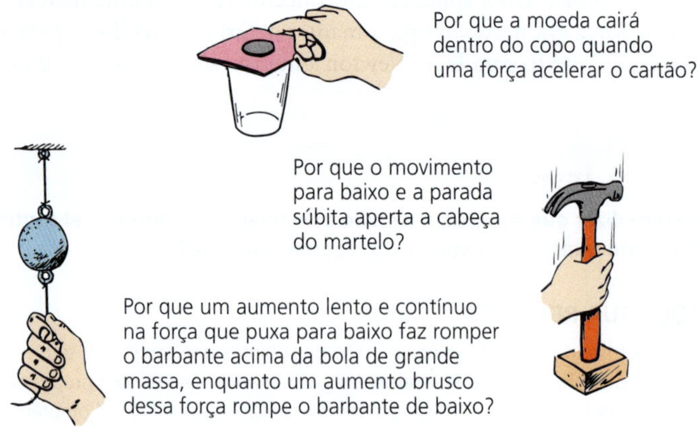

Por que a moeda cairá dentro do copo quando uma força acelerar o cartão?

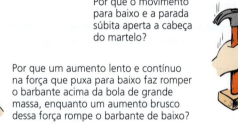

Por que o movimento para baixo e a parada súbita aperta a cabeça do martelo?

Por que um aumento lento e contínuo na força que puxa para baixo faz romper o barbante acima da bola de grande massa, enquanto um aumento brusco dessa força rompe o barbante de baixo?

FIGURA 2.5 Exemplos de inércia.

A inércia das barreiras na estrada varia com a quantidade de água ou areia que contêm.

PAUSA PARA TESTE

Um disco de hóquei deslizando sobre o gelo acaba finalmente parando. Como Aristóteles interpretaria isso? Como Galileu e Newton interpretariam o mesmo fato? Como você o interpretaria? (*Pense antes de ler a resposta abaixo!*)

VERIFIQUE SUA RESPOSTA

Aristóteles provavelmente diria que o disco desliza até parar porque ele busca o seu lugar apropriado e o seu estado natural, o de repouso. Galileu e Newton provavelmente diriam que, uma vez posto em movimento, assim o disco continuaria, e que o que impede seu movimento perpétuo não é a sua natureza ou o seu lugar apropriado, mas o atrito que enfrenta. Esse atrito é pequeno, comparado com aquele existente entre o mesmo disco e um piso de madeira, e é por isso que ele desliza muito mais longe sobre o gelo. Quanto à última pergunta, apenas você pode respondê-la.

EXPERIÊNCIA PESSOAL

Quando era aluno do ensino médio, meu orientador educacional aconselhou-me a não ter aulas de ciência e matemática e, em vez disso, a concentrar-me no que parecia meu dom para a arte. Eu segui seu conselho. Nessa época, estava interessado em desenhar tiras de histórias em quadrinhos e em boxear, atividades em que não consegui qualquer sucesso. Depois de um período no exército, tentei minha sorte como pintor de painéis, e os invernos gelados de Boston dirigiram-me para o sul, para a morna Miami, Flórida. Lá, com 26 anos de idade, consegui um emprego pintando painéis de anúncios e conheci meu mentor intelectual, Burl Grey. Como eu, Burl jamais havia estudado física no ensino médio, mas ele era um apaixonado pela ciência em geral e partilhava sua paixão com muitas questões que propunha quando pintávamos juntos. Lembro-me de Burl perguntando-me sobre as tensões nas cordas que sustentavam o andaime onde estávamos. O andaime era simplesmente uma pesada tábua horizontal suspensa por um par de cordas. Burl tangeu a corda na extremidade do andaime que estava mais próxima dele e pediu-me para fazer o mesmo com a corda que estava mais próxima de mim. Ele estava comparando as tensões nas duas cordas para ver qual era maior. Burl era mais pesado que eu naquela época e achava que a tensão em sua corda era maior. Como uma corda de violão mais fortemente esticada, a corda mais tensionada tangia um som de maior altura. A descoberta de que a corda de Burl tangia um som mais alto parecia razoável, porque a sua corda era a que suportava uma carga maior.

Quando caminhei na direção de Burl para pegar emprestado um de seus pincéis, ele perguntou-me se as tensões nas cordas haviam mudado. A tensão em sua corda aumentou quando eu cheguei mais perto? Concordamos que devia ser assim, pois então uma parte ainda maior da carga seria sustentada pela corda de Burl. E sobre a minha corda? Sua tensão teria diminuído? Nós dois concordamos que sim, pois ela agora estaria sustentando a menor parte da carga total. Eu não tinha consciência de que estava discutindo física. Burl e eu nos utilizamos do exagero para apoiar nosso raciocínio (exatamente como fazem os físicos). Se ambos ficássemos num dos extremos do andaime e nos inclinássemos para fora, era fácil imaginar o outro extremo do andaime elevando-se como a extremidade de uma gangorra, com a corda oposta tornando-se frouxa. Não haveria, então, tensão alguma na corda. Assim, raciocinamos que a tensão em minha corda gradualmente diminuiria quando eu caminhasse na direção de Burl. Foi divertido propor essas questões e ver se conseguiríamos respondê-las.

Uma questão que não conseguíamos responder era se a diminuição na tensão da minha corda, quando eu caminhava para longe dela, seria ou não compensada *exatamente* por um aumento na tensão da corda de Burl. Por exemplo, se minha corda sofresse uma diminuição de 50 newtons, será que a corda de Burl experimentaria um aumento de 50 newtons? (Falamos antes em libras, mas aqui usamos a unidade científica de força, o *newton* – abreviado por N.) O ganho seria de *exatamente* 50 N? E se fosse, não seria isso uma grande coincidência? Não soube a resposta por mais de um ano, até que o estímulo de Burl resultou no abandono de minha dedicação integral à pintura e no ingresso na universidade para aprender mais sobre a ciência.[3]

Lá eu aprendi que qualquer objeto em repouso, como o andaime de pintar painéis de anúncios em que trabalhava com Burl, é dito estar em equilíbrio. Isto é, todas as forças que atuam sobre ele equilibram-se para resultar em zero. Assim, as forças apontando para cima fornecidas pelas cordas de sustentação do andaime de fato compensavam nossos pesos mais o peso do andaime. Um ganho de 50 N em uma corda seria acompanhado pela perda de 50 N em outra.

Dizemos que as forças sobre o andaime somam zero, o que significa dizer que a força resultante sobre o andaime é zero. Em notação sintética, $\Sigma F = 0$.

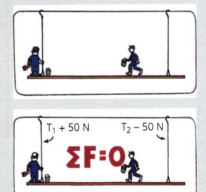

Narrei essa história verídica para fazer notar que o nosso pensamento é muito diferente quando existe uma regra para guiá-lo. Agora, quando vemos um objeto imóvel, sabemos imediatamente que todas as forças exercidas sobre ele se cancelam mutuamente. Enxergamos a natureza de maneira diferente quando conhecemos suas leis. Sem as leis da física, tendemos a ser supersticiosos e a enxergar magia onde não existe. De forma absolutamente maravilhosa, cada coisa está conectada a qualquer outra coisa por um número surpreendentemente pequeno de leis, de uma maneira graciosamente simples. As leis da natureza são o objeto de estudo da física.

---

[3] Estou em débito eterno com Burl Grey pelo estímulo que me proporcionou, pois quando voltei a ter uma educação formal estava entusiasmado. Perdi contato com Burl por 40 anos. Um aluno meu no Exploratorium de San Francisco, Jayson Wechter, que era um detetive particular, localizou-o em 1998 e nos pôs em contato. A amizade renovou-se e novamente retomamos nossas animadas conversas, até Burl falecer aos 93 anos.

2.4 Força resultante e vetores

As variações que ocorrem no movimento devem-se a uma força ou combinação de forças (no próximo capítulo, nos referiremos a mudanças no movimento como *aceleração*). Uma **força**, no sentido mais simples, é um empurrão ou puxão. Sua origem pode ser gravitacional, elétrica, magnética ou simplesmente um esforço muscular. Quando mais de uma força atuar sobre um objeto, nós levaremos em conta a **força resultante**. Por exemplo, se você e um amigo puxam um objeto num mesmo sentido com forças iguais, as forças dos dois se combinam para produzir uma força resultante duas vezes maior do que uma única força. Se cada um de vocês puxar com iguais forças em sentidos opostos, a força resultante é nula. As forças iguais, mas orientadas em sentidos opostos, cancelam-se mutuamente. Uma delas pode ser considerada a negativa da outra, e elas somam-se algebricamente para dar um resultado que é zero – uma força resultante nula.

A Figura 2.6 mostra como as forças se combinam para produzir uma força resultante. Um par de forças de 5 newtons, aplicadas no mesmo sentido, produz uma força resultante de 10 newtons (o newton, símbolo N, é a unidade científica de força). Se as forças estão em sentidos contrários, a força resultante é zero. Se 10 newtons são exercidos para a direita e 5 newtons para a esquerda, a força resultante de 5 newtons estará para a direita. As forças estão representadas por setas. Quando o comprimento e a direção de tais setas são desenhadas em escala, chamamos a seta de **vetor**.

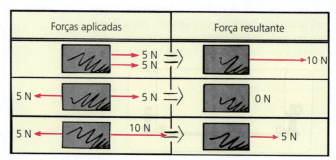

FIGURA 2.6 Força resultante (uma força de 5 N equivale aproximadamente a 1,1 lb).

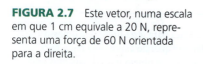

FIGURA 2.7 Este vetor, numa escala em que 1 cm equivale a 20 N, representa uma força de 60 N orientada para a direita.

Toda grandeza que requeira tanto módulo quanto orientação (direção e sentido) para ser completamente descrita é uma **grandeza vetorial** (Figura 2.7). Exemplos de grandezas vetoriais incluem força, velocidade e aceleração. Em contraste, uma grandeza que pode ser descrita apenas por seu módulo, sem envolver orientação, é chamada de **grandeza escalar**. Massa, volume e rapidez são grandezas escalares.

É muito simples somar vetores que têm direções paralelas: se eles têm o mesmo sentido, eles se somam; se têm sentidos opostos, eles se subtraem. A soma de dois ou mais vetores é chamada de vetor resultante ou vetor soma. Para obter a resultante de dois vetores que não atuam exatamente em direções iguais, construímos um paralelogramo no qual os dois vetores são colocados origem com origem, e a diagonal deles representa a resultante. Na Figura 2.8, os paralelogramos são retângulos.

O vetor enamorado diz "Eu sou apenas um escalar, até que você chegue e me dê uma orientação".

FIGURA 2.8 O par de vetores formando um ângulo reto um com o outro constitui os dois lados de um retângulo cuja diagonal é a resultante do par.

No caso especial de dois vetores que são iguais em módulo, mas perpendiculares um ao outro, o paralelogramo é um quadrado (Figura 2.9). Uma vez que, para qualquer quadrado, o comprimento da diagonal é igual a $\sqrt{2}$, ou 1,41 vezes o comprimento de um dos lados, o comprimento da resultante será $\sqrt{2}$ vezes o de um dos vetores. Por exemplo, a resultante de dois vetores de módulos iguais a 100, e que são mutuamente perpendiculares, tem módulo igual a 141.

No Capítulo 5 e no Apêndice D no final deste livro, você encontrará mais material sobre vetores. No próximo capítulo, discutiremos vetores velocidade.

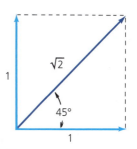

FIGURA 2.9 Quando se adiciona dois vetores de igual comprimento, formando um ângulo reto entre si, eles formarão um quadrado. A diagonal desse quadrado é a resultante de módulo igual a $\sqrt{2}$ vezes o comprimento de cada lado.

> **PAUSA PARA TESTE**
>
> Qual é a força resultante de dois vetores alinhados de 1,0 N que têm o mesmo sentido? E se eles têm sentidos opostos? E quando formam um ângulo reto entre si?
>
> **VERIFIQUE SUA RESPOSTA**
>
> Quando alinhados na mesma direção e no mesmo sentido, a força resultante é 1,0 N + 1,0 N = 2,0 N. Quando alinhados em sentidos opostos, 1,0 N − 1,0 N = 0 N. Quando formam um ângulo reto, a força resultante é $\sqrt{(1,0\,N)^2 + (1,0\,N)^2} = \sqrt{2,0\,N} = 1,4\,N$, com um ângulo de 45°.

2.5 A condição de equilíbrio

Se você amarrar um barbante ao redor de um pacote de farinha de 1 quilograma e suspendê-lo por um dinamômetro (Figura 2.10), a mola dentro dele se esticará até que a escala marque 1 quilograma-força. A mola esticada está submetida a uma "força de estiramento" chamada de *tensão*. A mesma escala é calibrada num laboratório de ciências para marcar 9,8 newtons. Tanto quilograma-força quanto newton são unidades de peso que, por sua vez, são unidades de *força*. O pacote de farinha é atraído pela Terra por uma força gravitacional de 1 quilograma-força – equivalente a 9,8 newtons. Suspenda o dobro dessa quantidade de farinha e a escala marcará 19,6 newtons.

Observe que são duas forças agindo sobre o pacote de farinha – a força de tensão para cima e o peso para baixo. Como as duas forças agindo sobre o pacote são iguais e opostas, elas se anulam, então o pacote permanece em repouso. De acordo com a primeira lei de Newton, nenhuma força resultante é exercida sobre o saco. Podemos considerar a primeira lei de Newton de um ponto de vista diferente – o de *equilíbrio mecânico*.

Quando a força resultante sobre alguma coisa é nula, dizemos que ela está em **equilíbrio mecânico**.[4] Usando notação matemática, a **condição de equilíbrio** é dada por

$$\Sigma F = 0$$

O símbolo Σ significa "a soma vetorial de" e F significa "forças". No caso de um objeto suspenso em repouso, como o saco de farinha, as leis dizem que as forças agindo para cima sobre um objeto devem ser compensadas pelas outras que agem para baixo – para que a soma vetorial seja nula. (Quantidades vetoriais levam em conta o sentido; assim, se atuam para cima, as forças são +, se para baixo, são −, e quando adicionadas, na verdade acabam se subtraindo.)

Na Figura 2.11, vemos as forças envolvidas com o andaime que Burl e Hewitt usam para pintar painéis de anúncios. A soma das tensões orientadas para cima é

Uma regra incrível da natureza:

$\Sigma F = 0$

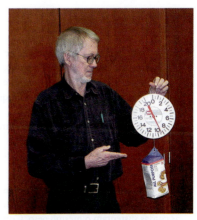

FIGURA 2.10 Burl Gray, quem primeiro introduziu o autor a respeito de forças de tensão, suspende um saco de farinha de 2 lb por uma balança de mola, medindo seu peso e a tensão no barbante, de cerca de 9 N.

---

[4] Algo que se encontra em equilíbrio não sofre alteração em seu estado de movimento. Quando estudarmos o movimento de rotação, no Capítulo 8, veremos que outra condição para o equilíbrio mecânico é que o *torque* resultante seja nulo.

igual à soma dos pesos mais o peso do andaime. Note como os valores dos dois vetores orientados para cima igualam os valores dos três vetores orientados para baixo. A força resultante sobre o andaime é zero, e assim dizemos que ele está em equilíbrio mecânico.

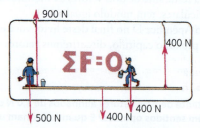

Tudo que não sofre mudança de movimento encontra-se em equilíbrio mecânico. Isso se dá quando $\Sigma F = 0$.

FIGURA 2.11 A soma das forças orientadas para cima iguala a soma das forças orientadas para baixo. $\Sigma F = 0$, e o andaime se encontra em equilíbrio.

PAUSA PARA TESTE

A Figura 2.11 mostra vetores de força vermelhos. Qual é a soma dos dois vetores para cima que representam as tensões nas cordas? Qual é a soma dos três vetores de peso que apontam para baixo? Qual é a soma vetorial de todos os vetores?

VERIFIQUE SUA RESPOSTA

A soma dos dois vetores para cima é 900 N + 400 N = 1.300 N. A soma dos três vetores para baixo é 500 N + 400 N + 400 N = 1.300 N. A soma de todos os vetores é 1.300 N − 1.300 N = 0, o que significa que o sistema se encontra em equilíbrio mecânico.

PRATICANDO FÍSICA

1. Quando Burl fica parado sozinho bem no meio do andaime, o dinamômetro da esquerda marca 500 N. Complete a leitura do dinamômetro da direita. O peso total de Burl mais o andaime deve ser _____ N.
2. Burl fica parado mais afastado da esquerda. Complete a leitura do dinamômetro da direita.
3. Agindo como um bobo, Burl pendura-se na extremidade da direita. Complete a leitura do dinamômetro da direita.

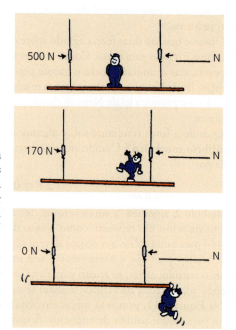

Respostas

Suas respostas satisfazem à condição de equilíbrio? Na Questão 1, a corda direita deve estar sob tensão de **500 N**, pois Burl está bem no meio do andaime e ambas as cordas sustentam o mesmo peso. Como a soma das tensões orientadas para cima é 1.000 N, o peso total de Burl mais o andaime deve ser **1.000 N**. Vamos assinalar +1.000 N para o total das tensões apontando para cima. Logo, o peso total para baixo será assinalado como −1.000 N. O que acontece quando se soma +1.000 N com −1.000 N? A resposta é zero. Assim, vemos que $\Sigma F = 0$.

Para a Questão 2, você chegou na resposta correta de **830 N**? Vejamos: sabemos da Questão 1 que a soma das tensões nas cordas é 1.000 N, e como a corda esquerda tem tensão de 170 N, a outra corda deve ter a diferença: 1.000 N − 170 N = 830 N. Sacou? Se sim, ótimo. Se não, converse sobre essa questão com seus amigos até entendê-la. Depois leia mais adiante.

A resposta para a Questão 3 é **1.000 N**. Você percebe por que isso exemplifica a relação $\Sigma F = 0$?

2.6 Força de apoio

Considere um livro colocado em repouso sobre uma mesa. Ele está em equilíbrio. Que forças atuam sobre o livro? Uma delas é aquela devido à gravidade – o *peso* do livro. Uma vez que o livro está em equilíbrio, deve haver outra força atuando sobre ele para tornar nula a resultante – uma força orientada para cima e oposta à força da gravidade. É a mesa que exerce essa força para cima. Nós a chamaremos de *força de apoio*. Essa força de apoio orientada para cima, frequentemente chamada de *força normal*, deve se igualar ao peso do livro.[5] Se atribuímos o sinal positivo à força orientada para cima, então o peso é negativo, e os dois somam-se para resultar zero. A força resultante sobre o livro é nula. Outra maneira de expressar a mesma coisa é $\Sigma F = 0$.

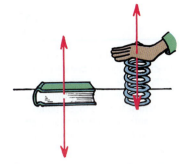

FIGURA 2.12 (Esquerda) A mesa empurra o livro para cima com a mesma força com que a gravidade puxa o livro para baixo. (Direita) A mola empurra sua mão para cima com a mesma força com que você a empurrou para baixo.

Para compreender melhor que a mesa empurra o livro para cima, compare o caso do livro sobre a mesa com o caso de uma mola comprimida (Figura 2.12). Empurre a mola para baixo e você sentirá que ela empurra a sua mão de volta para cima. Similarmente, o livro colocado sobre a mesa comprime os átomos desta, os quais se comportam como minúsculas molas. O peso do livro pressiona os átomos da mesa para baixo, e eles empurram o livro para cima. Assim, os átomos comprimidos produzem uma força de apoio.

Quando você fica de pé numa balança de banheiro, duas forças atuam sobre a balança. Uma é a força com a qual você empurra a balança de banheiro para baixo – resultado da gravidade que o atrai para baixo – e a outra é a força exercida para cima pelo piso que a sustenta. Essas forças pressionam um mecanismo (uma mola, na verdade) interno da balança, calibrado de maneira a revelar o módulo da força de apoio (Figura 2.13). A força com a qual você empurra a balança para baixo é seu peso, que tem a mesma intensidade da força de apoio que atua de baixo para cima. Quando você está em equilíbrio, seu peso se iguala à força da gravidade atuando sobre você.

FIGURA 2.13 Seu peso é a força que você exerce sobre uma superfície de apoio, a qual, quando em equilíbrio, é a força gravitacional sobre você. A balança marca tanto seu peso quanto a força de apoio.

> **PAUSA PARA TESTE**
> Suponha que você esteja parado sobre duas balanças de banheiro com seu peso igualmente dividido entre as duas. O que marcará cada escala? E se você ficar com a maior parte de seu peso sobre um dos pés?
>
>
>
> **VERIFIQUE SUA RESPOSTA**
> A leitura em cada balança é o seu peso. Isso porque a soma das leituras das balanças, que se iguala à força de apoio do piso, deve equilibrar seu peso de modo que a força resultante seja nula. Em outras palavras, a soma vetorial $\Sigma F = 0$. Se você se apoiar igualmente sobre cada balança, cada uma marcará metade do seu peso. Se você se apoiar mais sobre uma das balanças, mais da metade do seu peso será registrado na escala dessa balança, e menos da metade aparecerá na escala da outra. Assim, somadas, essas duas leituras vão se igualar ao seu peso. Por exemplo, se uma das balanças marca dois terços do seu peso, a outra deverá marcar um terço dele. Em ambos os casos, $\Sigma F = 0$. Entendeu?

---

[5] Em geometria, "normal a" significa "em ângulo reto com". Como essa força atua em ângulo reto com a superfície, ela é chamada de "força normal".

> Uma força resultante nula sobre um objeto não significa que ele esteja necessariamente em repouso, e sim que seu estado de movimento mantém-se inalterado. Ele pode estar tanto em repouso quanto em movimento uniforme sobre uma linha reta.

FIGURA 2.14 Quando o empurrão aplicado ao caixote é tão grande quanto a força de atrito que o piso exerce no caixote, a força resultante sobre o caixote é nula e ele escorrega com uma rapidez constante.

2.7 Equilíbrio de corpos em movimento

O repouso é apenas uma forma de equilíbrio. Um objeto que se move com rapidez constante numa trajetória retilínea também se encontra em equilíbrio. O equilíbrio é um estado em que não ocorrem mudanças. Uma bola de boliche rolando com rapidez constante numa trajetória retilínea também está em equilíbrio – até que bata nos pinos. Seja em repouso (equilíbrio estático), seja rolando uniformemente em linha reta (equilíbrio dinâmico), $\Sigma F = 0$.

É da primeira lei de Newton que um objeto sob a influência de uma única força jamais pode estar em equilíbrio. A força resultante não poderia ser nula. Apenas quando duas ou mais forças atuam é que pode haver equilíbrio. Podemos testar se algo está ou não em equilíbrio observando se ocorrem ou não alterações em seu estado de movimento.

Imagine um caixote empurrado horizontalmente sobre o piso de uma fábrica (Figura 2.14). Se ele se move com velocidade constante em módulo e em uma linha reta, está em equilíbrio dinâmico. Isso significa que mais de uma força atua sobre o caixote – provavelmente a força de atrito entre ele e o piso. O fato de a força resultante sobre o caixote ser nula significa que a força de atrito deve ser igual, em módulo e com sentido oposto à força com a qual o empurramos.

A condição de equilíbrio, $\Sigma F = 0$, fornece uma maneira lógica para considerar todas as coisas que estão em repouso – rochas equilibradas, objetos de seu quarto ou cabos de aço de pontes ou edifícios em construção. Sejam quais forem suas configurações, se estiverem em equilíbrio estático, todas as forças exercidas se equilibram para resultar em zero. O mesmo é verdadeiro para objetos que se movem uniformemente, sem variar sua velocidade. No caso do equilíbrio dinâmico, todas as forças exercidas também se equilibram para resultar em zero. A condição de equilíbrio é algo que nos permite enxergar mais do que o olho de um observador casual vê. É bom saber as razões para a estabilidade das coisas de nosso mundo cotidiano.

Existem diferentes formas de equilíbrio. No Capítulo 8, falaremos sobre o equilíbrio na rotação e, na Parte 4, sobre o equilíbrio térmico associado ao calor. A física está em todo lugar.

PAUSA PARA TESTE

Um avião a jato voa com a mesma rapidez numa rota horizontal e retilínea. Em outras palavras, durante o voo, o avião se encontra em equilíbrio. Duas forças horizontais agem sobre ele. Uma é o empuxo dos motores a jato que empurram o avião para a frente. A outra é a força de resistência do ar, que atua no sentido oposto. Qual delas é maior?

VERIFIQUE SUA RESPOSTA

Ambas as forças têm o mesmo valor. Atribua sinal positivo à força exercida pelos motores a jato. Logo, a força em sentido contrário gerada pelo ar será negativa. Como o avião está em equilíbrio dinâmico, você consegue ver que as duas forças se combinam para dar um resultado nulo? Portanto, ele não ganha nem perde rapidez.

2.8 O movimento da Terra

Quando Copérnico propôs a ideia de uma Terra que se move, no século XVI, o conceito de inércia ainda não era compreendido. Havia muita disputa e muito debate sobre se a Terra se movia ou não. O valor de força necessária para manter a Terra se movendo estava além da imaginação. Outro argumento contra a ideia de uma Terra móvel era: considere um pássaro parado no topo de uma árvore bem alta. No chão, lá embaixo, está uma minhoca gorda e suculenta. O pássaro enxerga a minhoca, mergulha verticalmente para baixo e a apanha. Isso seria impossível, foi argumentado, se a Terra se movesse, como Copérnico sugeria. Se ele estivesse correto, a Terra teria de se mover com uma rapidez de 107.000 quilômetros por hora para poder dar uma volta completa em torno do Sol durante um ano. Convertendo essa rapidez para quilômetros por segundo, obtemos 30 km/s. Mesmo que o pássaro conseguisse descer do galho até o chão em um segundo, a minhoca teria sido carregada pelo movimento da Terra por uma distância de 30 quilômetros. Seria impossível para um pássaro mergulhar em linha reta para baixo e apanhar a minhoca. Entretanto, de fato os pássaros apanham minhocas partindo de galhos de árvores altos, o que parecia ser uma clara evidência de que a Terra deveria estar em repouso.

Você consegue refutar esse argumento? Sim, se invocar a ideia de inércia. Veja, não somente a Terra se move a 30 quilômetros por segundo, mas também a árvore, o galho da árvore, o pássaro parado nele, a minhoca abaixo e até mesmo o ar entre eles. Todos estão se movendo a 30 quilômetros por segundo. As coisas que estão em movimento assim permanecem se nenhum conjunto de forças desequilibradas atua. Portanto, quando o pássaro mergulha do galho, seu movimento lateral inicial de 30 quilômetros por segundo permanece inalterado. Ele apanha a minhoca sem ser afetado pelo movimento de seu ambiente inteiro.

FIGURA 2.15 Se a Terra se move a 30 km/s, o pássaro da figura pode mergulhar e apanhar a minhoca?

Fique próximo de uma parede. Pule para cima, de modo que seus pés percam contato com o solo. A parede com 30 quilômetros por segundo trombou com você? Não, porque você também está viajando a 30 quilômetros por segundo – antes, durante e depois de seu salto. Os 30 quilômetros por segundo são a rapidez da Terra em relação ao Sol, e não a rapidez da parede em relação a você.

As pessoas de 400 anos atrás tinham dificuldades com ideias como essa, não apenas porque falharam em reconhecer o conceito de inércia, mas porque não estavam acostumadas a se locomoverem em veículos muito velozes. Carruagens lentas, puxadas por cavalos, em estradas sacolejantes, não os conduziam aos experimentos capazes de revelar os efeitos da inércia. Hoje nós atiramos uma moeda para cima dentro de um carro, ônibus ou avião veloz e a apanhamos de volta como se o veículo estivesse em repouso. Nós enxergamos a evidência da lei da inércia quando o movimento horizontal da moeda antes, durante e depois do lançamento é o mesmo. A moeda nos acompanha. A força vertical da gravidade afeta apenas o movimento vertical da moeda.

FIGURA 2.16 Quando você lança uma moeda para cima dentro de um avião em alta velocidade, ela se comporta como se o avião estivesse em repouso. A moeda o acompanha – inércia em ação!

PAUSA PARA TESTE

O trem-bala chinês viaja à sua velocidade máxima de 120 metros por segundo. Se você saltar para cima no corredor do trem por 0,5 segundo, por que não aterrissa a 50 metros do ponto de onde saltou?

VERIFIQUE SUA RESPOSTA

Você aterrissa exatamente de onde pulou porque, durante o meio segundo do salto, o trem e você percorrem a mesma distância retilínea. Sem uma força externa para afetar o seu movimento horizontal, a primeira lei de Newton nos diz que não ocorrerá variação na velocidade horizontal. Embora a sua velocidade em relação ao solo seja de 120 m/s, sua velocidade em relação ao trem é zero. Aprenderemos mais sobre a velocidade relativa no próximo capítulo.

Nossas noções do movimento atualmente são muito diferentes daquelas de nossos ancestrais. Aristóteles não reconheceu a ideia de inércia porque não percebeu que todas as coisas que se movem seguem as mesmas leis. Ele imaginava que as leis que regiam os movimentos celestes eram muito diferentes daquelas que regiam os movimentos na Terra. Ele via o movimento vertical como natural, mas encarava como antinatural o movimento na horizontal, que requeria uma força de sustentação. Galileu e Newton, por outro lado, perceberam que todos os objetos em movimento seguem as mesmas leis. Para eles, as coisas que se movem não requerem força para se manterem assim se não existem forças se opondo, como o atrito. Podemos apenas especular como a ciência poderia ter progredido se Aristóteles tivesse reconhecido a unidade de todos os tipos de movimento.

Revisão do Capítulo 2

TERMOS-CHAVE (CONHECIMENTO)

inércia A propriedade dos objetos de resistir a mudanças em seu movimento.

primeira lei de Newton do movimento (lei da inércia) Todo objeto mantém-se em repouso ou em movimento retilíneo com rapidez uniforme a menos que sobre ele seja exercida uma força resultante não nula.

força Em linguagem simples, um empurrão ou um puxão.

força resultante A soma vetorial de todas as forças exercidas sobre um objeto.

vetor Uma seta desenhada em escala usada para representar uma grandeza vetorial.

grandeza vetorial Uma grandeza que tem tanto módulo quanto orientação, como uma força.

grandeza escalar Uma grandeza que tem módulo, mas não orientação, como a massa ou o volume.

resultante O resultado líquido de uma combinação de dois ou mais vetores.

equilíbrio mecânico O estado de um objeto, ou de sistema de objetos, no qual não há mudanças no movimento. De acordo com a primeira lei de Newton, se estiver em repouso, continua no estado de repouso. Se estiver em movimento, o movimento continua sem modificações.

condição de equilíbrio Para qualquer objeto ou sistema de objetos em equilíbrio, a soma das forças é nula. Na forma de equação, $\Sigma F = 0$.

QUESTÕES DE REVISÃO (COMPREENSÃO)

*Cada capítulo deste livro é encerrado com um conjunto de questões, atividades, problemas e exercícios. As **Questões de Revisão** foram preparadas para ajudá-lo a fixar ideias e reter a essência do material de cada capítulo. As respostas das questões se encontram no final dos capítulos. As atividades do tipo **Pense e Faça** focam em práticas de aplicações (embora este capítulo não inclua uma). Problemas simples de uma única etapa, do tipo **Pegue e Use**, destinam-se à familiarização das equações (também ausentes neste capítulo). Suas habilidades matemáticas serão usadas nos problemas do tipo **Pense e Resolva**, seguidos das tarefas do tipo **Pense e Ordene**, que o incentivam a comparar os valores de diversos conceitos. Os itens mais importantes de final de capítulo são os exercícios do tipo **Pense e Explique**, que enfatizam a síntese do conteúdo e têm como foco mais o raciocínio que a mera memorização da informação. Seguem as questões do tipo **Pense e Discuta**, que, como implica o nome, destinam-se a estimular discussões com seus colegas de sala de aula. Coloque seu "boné de pensamento" e comece!*

2.1 Aristóteles explica o movimento

1. Em que classe de movimento, natural ou violento, Aristóteles classificou o movimento da Lua?
2. Que estado de movimento Aristóteles atribuiu à Terra?
3. Que relação entre a Terra e o Sol Copérnico propôs?

2.2 Os experimentos de Galileu

4. Qual foi a descoberta de Galileu em seu suposto "lendário" experimento na Torre Inclinada de Pisa?
5. Em seus experimentos com planos inclinados, o que Galileu descobriu acerca do movimento dos corpos e das forças?
6. A inércia é a razão para os objetos manterem o movimento ou o *nome* dado a esta propriedade?

2.3 Primeira lei de Newton do movimento

7. Como a primeira lei de Newton do movimento se relaciona com o conceito de inércia de Galileu?
8. Na ausência de uma força, que tipo de trajetória segue um objeto em movimento?
9. Qual é o valor da força necessária para manter um disco de hóquei em movimento sobre uma superfície perfeitamente sem atrito?

2.4 Força resultante e vetores

10. Qual é a força resultante sobre um carrinho de mão empurrado por duas forças de mesma direção, uma de 100 newtons para a direita e outra de 20 newtons para a esquerda?
11. Por que a força é uma grandeza vetorial?
12. Qual é a resultante de um par de forças de 1 N cada que formam um ângulo reto entre si?
13. Qual é a resultante de uma força horizontal de 40 N e uma vertical de 30 N?

2.5 A condição de equilíbrio

14. A força pode ser expressa em unidades de quilogramas-força e em unidades de newtons?
15. Qual é a tensão numa corda puxada com 80 N para a direita e 80 N para a esquerda?
16. Qual é a força resultante sobre uma sacola atraída pela gravidade com 18 N e puxada por uma corda, para cima, com 18 N?
17. O que significa dizer que alguma coisa se encontra em equilíbrio mecânico?
18. Enuncie a condição de equilíbrio em notação simbólica.

2.6 Força de apoio

19. Um livro que pesa 12 N está em repouso sobre uma mesa plana. Qual é a intensidade, em newtons, da força de apoio que a mesa fornece? Qual é a força resultante sobre o livro neste caso?
20. Quando você fica em repouso sobre uma balança de banheiro, como seu peso se compara com a força de apoio da balança?

2.7 Equilíbrio de corpos em movimento

21. Uma bola de boliche em repouso se encontra em equilíbrio. A mesma bola está em equilíbrio quando rola com velocidade constante numa trajetória retilínea?

22. Qual é o teste para verificar se um objeto está ou não em equilíbrio?
23. Se você empurra um caixote com uma força de 120 N e ele escorrega com velocidade constante, quanto vale o atrito sobre o caixote?

2.8 O movimento da Terra
24. Que conceito faltava ao pensamento das pessoas do século XVI quando não podiam acreditar que a Terra estivesse se movendo?
25. Um pássaro parado numa árvore está viajando com 30 km/s em relação ao Sol. Quando o pássaro mergulha em direção ao chão, ele ainda mantém os 30 km/s ou sua rapidez cai a zero?
26. Pare próximo a uma parede que se desloca a 30 km/s em relação ao Sol. Com os seus pés no chão, você também viaja aos mesmos 30 km/s. Você mantém esta rapidez quando seus pés perdem contato com o chão? Que conceito apoia sua resposta?

PENSE E FAÇA (APLICAÇÃO)

27. Contate seus avós e conte sobre a sua experiência com *Física Conceitual* e a importância de conhecer as leis da natureza para aprender a valorizar o mundo ao nosso redor. Conte como conhecer a condição de equilíbrio aprimorou o modo como vê estruturas, desde os galhos das árvores até as vigas de aço que sustentam edifícios.
28. Coloque uma moeda sobre uma folha de papel em cima da sua mesa ou escrivaninha. Puxe o papel com um puxão horizontal rápido. Que conceito da física essa ação ilustra?
29. Peça a um amigo para martelar um preguinho em uma peça de madeira sobre uma pilha de livros apoiada na sua cabeça. Por que não dói? (Cuidado! Use capacete e óculos de proteção, pois seu amigo pode errar a mira.)

PENSE E RESOLVA (APLICAÇÃO MATEMÁTICA)

30. Calcule a força resultante produzida por uma força de 50 N e uma de 20 N em cada um dos casos a seguir ou quando:
    a. ambas as forças atuam no mesmo sentido;
    b. as duas forças atuam em sentidos opostos.
31. Uma mesa está apoiada no chão sem ser empurrada.
    a. Qual é o valor da força de atrito sobre ela?
    b. Se a mesa for empurrada horizontalmente por uma força de intensidade 100 N e não deslizar, qual é a intensidade do atrito que atua sobre ela?
    c. Se um empurrão horizontal de intensidade 120 N faz com que deslize com velocidade constante, qual é a intensidade do atrito que atua sobre ela?
32. Lucy Lightfoot está em pé com um dos pés sobre uma balança de banheiro e o outro sobre uma segunda balança do mesmo tipo. Cada balança registra 350 N. Qual é o peso de Lucy?
33. Henry Heavyweight pesa 1.200 N e está em pé sobre um par de balanças de banheiro de maneira que uma delas marca o dobro do que marca a outra. Quanto marca cada balança?
34. O esboço a seguir mostra um andaime de pintura em equilíbrio mecânico. A pessoa sobre o andaime pesa 500 N, e a tensão em cada corda é de 400 N. Qual é o peso do andaime?

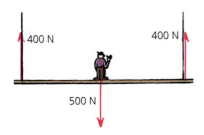

35. Um andaime que pesa 400 N sustenta duas pessoas, uma de 500 N e outra de 400 N. A leitura na escala da esquerda é 800 N. Qual é a leitura na escala da direita?

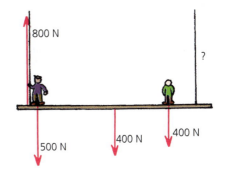

PENSE E ORDENE   (ANÁLISE)

36. Os pesos de Burl, Paul e da prancha produzem tensões nas cordas de sustentação. Ordene as tensões na corda esquerda, em ordem decrescente quanto ao módulo, nas situações A, B e C.

37. Para as quatro situações, A, B, C e D, ordene a força resultante sobre o bloco em ordem crescente.

38. Pedaços de materiais diferentes, A, B, C e D, repousam sobre uma mesa.
    a. Ordene-os em ordem decrescente quanto ao valor da resistência que eles oferecem ao movimento.
    b. Ordene-os em ordem decrescente quanto ao valor da força de sustentação (normal) que é exercida sobre eles.

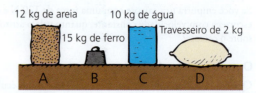

39. Três discos de hóquei no gelo, A, B e C, são ilustrados enquanto deslizam sobre o gelo com as velocidades assinaladas. As forças de atrito com o gelo e a força de arraste do ar são desprezíveis.
    a. Ordene-os em ordem decrescente quanto à força necessária para mantê-los em movimento.
    b. Ordene-os em ordem decrescente quanto à força necessária para pará-los durante o mesmo intervalo de tempo.

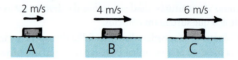

PENSE E EXPLIQUE   (SÍNTESE)

40. O conhecimento pode ser adquirido por meio da lógica filosófica e também pela experimentação. Qual das duas foi favorecida por Aristóteles e qual foi por Galileu?
41. Uma bola que rola ao longo de um piso não se mantém assim indefinidamente. Isso ocorre por que ela sempre busca um lugar de repouso ou por que alguma força está sendo exercida sobre ela? No segundo caso, identifique a força.
42. Copérnico postulou que a Terra movia-se em torno do Sol (ao invés do contrário), mas ele estava intrigado com essa ideia. Que conceito da mecânica estava lhe faltando (introduzido mais tarde por Galileu e Newton) que teria resolvido suas dúvidas?
43. Que ideia aristotélica foi desacreditada por Galileu em sua "suposta" demonstração na Torre Inclinada?
44. Que ideia aristotélica Galileu demoliu com seus experimentos com planos inclinados?
45. Foi Galileu ou Newton quem primeiro chegou ao conceito de inércia?
46. O que mantém os asteroides em movimento no espaço por bilhões de anos?
47. Uma sonda espacial pode ser levada por um foguete até o espaço exterior. O que mantém a sonda em movimento após o foguete parar de impulsioná-la?
48. Por que é importante puxar a toalha um pouco para baixo enquanto você tenta fazê-la deslizar na Figura 2.4? (O que ocorre se você puxa um pouco para cima?)
49. Por que um puxão rápido funciona melhor do que um lento quando arrancamos uma toalha de papel ou um saquinho plástico de um rolo?
50. Se você se encontra em um carro em repouso que é abalroado por trás, sofrerá uma lesão séria no pescoço, conhecida como "lesão de chicote" (*whiplash*). O que esse tipo de lesão tem a ver com a primeira lei de Newton?
51. Em termos da primeira lei de Newton (a lei da inércia), como o encosto de cabeça do banco de um automóvel ajuda a prevenir lesões no pescoço causadas quando seu carro sofre uma colisão traseira?
52. Por que você cambaleia para a frente num ônibus que para subitamente? Por que você cambaleia para trás quando ele se torna mais rápido? Que lei se aplica aqui?
53. Imagine um par de forças, uma com valor de 20 N e outra com 12 N. Qual é a maior força resultante possível para essas duas forças? Qual é a mínima força resultante possível?
54. Quando um objeto qualquer se encontra em equilíbrio mecânico, o que pode ser dito com certeza a respeito de todas as forças exercidas sobre ele? A força resultante deve ser necessariamente nula?
55. Um objeto pode estar em equilíbrio mecânico quando uma única força age sobre ele? Explique.
56. Um disco de hóquei em repouso está em equilíbrio. Ele ainda está em equilíbrio se desliza sobre o gelo com velocidade constante? Justifique sua resposta.
57. Um pai brinca de jogar a filha para cima. Quando a menina atinge o ápice da sua trajetória, em que sua velocidade se reduz a zero, ela está momentaneamente em equilíbrio? Explique o porquê.
58. Um jogador de basquete na metade de um salto está em equilíbrio? Explique o porquê.
59. Quando uma bola é atirada direto para cima, ela para por um breve momento no topo de sua trajetória. Ela está em equilíbrio durante esse breve momento? Explique por quê.

60. Uma bola atirada verticalmente para cima sofre uma mudança de velocidade no topo da sua trajetória? Explique o porquê.

61. Nellie Newton está pendurada em repouso nos anéis presos às extremidades de uma corda, como mostrado na ilustração. Relacione a tensão em cada corda com o peso de Nellie.

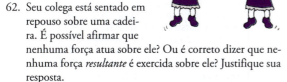

62. Seu colega está sentado em repouso sobre uma cadeira. É possível afirmar que nenhuma força atua sobre ele? Ou é correto dizer que nenhuma força *resultante* é exercida sobre ele? Justifique sua resposta.

63. Nellie Newton está pendurada em repouso nas extremidades de uma corda, como mostrado na ilustração. Como a leitura do dinamômetro se compara ao peso de Nellie?

64. Harry, o pintor, balança-se ano após ano em sua cadeirinha de pintor. Ele pesa 500 N, e a corda, sem que ele saiba, tem um ponto de ruptura de 300 N. Por que a corda não se rompe quando ele é sustentado, como ilustrado no lado esquerdo da figura a seguir? Um dia Harry está pintando próximo a um mastro de bandeira e resolve amarrar a extremidade livre da corda ao mastro em vez de amarrá-la à sua cadeira, como ilustrado à direita. Por que Harry acaba saindo de férias mais cedo?

65. Quantas forças significativas são exercidas sobre um livro em repouso sobre uma mesa? Identifique-as.

66. Coloque um livro pesado sobre uma mesa e ela o empurrará para cima. Por que esse empurrão para cima não faz o livro elevar-se da mesa?

67. Quando você está em pé sobre um piso, este exerce sobre seus pés uma força orientada para cima? Que valor de força o piso exerceria? Por que você, então, não se move para cima sob ação dessa força?

68. Se você fica saltando enquanto se pesa com uma balança de banheiro, a marcação na balança varia. O que varia: a força de apoio orientada para cima ou a força da gravidade sobre você? Por que a balança mede corretamente o seu peso quando você fica parado sobre ela?

69. Um cântaro (um vaso bojudo dotado de alça para as mãos) vazio, de peso W, repousa sobre uma mesa. Qual é a força de apoio exercida pela mesa sobre o cântaro? Qual é a força de apoio exercida quando água de peso P é despejada dentro do cântaro?

70. Você empurra um caixote horizontalmente com uma força de 200 N e ele escorrega pelo chão em equilíbrio dinâmico. Qual é a medida do atrito atuando sobre o caixote?

71. A fim de fazer um pesado fichário deslizar sobre o piso com velocidade constante, você exerce uma força horizontal de 600 N. A força de atrito entre o fichário e o piso é maior, igual ou menor do que 600 N? Justifique sua resposta.

72. Considere um caixote em repouso sobre o piso de uma fábrica. Quando uma dupla de trabalhadores começa a empurrá-lo, a força de sustentação provida pelo piso vai aumentar, diminuir ou se manter inalterada? O que ocorre com a força de sustentação sobre os pés dos trabalhadores?

73. Emily Easygo pode remar em uma canoa em água parada a 8 km/h. Que sucesso ela terá ao tentar subir um rio que flui a 8 km/h?

PENSE E DISCUTA   (AVALIAÇÃO)

74. Uma bola de boliche rola por uma pista e desacelera-se gradualmente no processo. Como Aristóteles provavelmente interpretaria essa observação? E Galileu?

75. Na Figura 2.5, por que um aumento lento e contínuo no puxão rompe o barbante acima da bola de grande massa? E por que um aumento rápido no puxão rompe o barbante de baixo?

76. Uma criança aprende na escola que a Terra está se movendo a mais de 100.000 quilômetros por hora ao redor do Sol e, num tom indignado, indaga por que então nós não estamos sendo atirados para fora dela. Qual é a sua explicação?

77. Em resposta à questão "o que mantém a Terra se movendo em torno do Sol", um colega afirma que é a inércia. Corrija a afirmativa errônea do colega.

78. Seu colega lhe diz que a inércia é uma força que mantém as coisas em seus lugares, em repouso ou em movimento. Você concorda? Explique por quê.

79. Imagine uma bola em repouso no meio de um carrinho de brinquedo. Quando o carrinho é empurrado para a frente, a bola rola para o fundo do carrinho. Interprete essa observação em termos da primeira lei de Newton.

80. Suponha que você esteja num carro em movimento e que o motor pare de funcionar. Você pisa no freio e reduz a velocidade do carro à metade. Se você retirar o pé do freio, o carro acelerará um pouco ou continuará com a metade da velocidade e depois desacelerará devido ao atrito? Justifique sua resposta na discussão com os colegas.

81. Quando você empurra um carrinho, ele se move. Quando para de empurrá-lo, ele acaba parando. Isso viola a lei de Newton da inércia? Discuta e justifique sua resposta.

82. Cada vértebra de sua espinha dorsal é separada de suas vizinhas imediatas por discos de um tecido elástico. O que acontece, então, quando você salta para o chão a partir de uma altura elevada? (*Dica:* pense na cabeça do martelo da Figura 2.5.) Você pode dar uma razão para que sua altura seja um pouco maior de manhã do que na noite anterior?

83. Jogue uma bola de boliche numa pista e você notará que ela se move cada vez mais lentamente com o decorrer do tempo. Isso viola a lei de Newton da inércia? Justifique sua resposta.

84. Considere a força normal exercida sobre um livro em repouso sobre uma mesa. Se a mesa for inclinada de maneira que seu tampo constitua um plano inclinado, o módulo da força normal sofrerá alteração? Em caso afirmativo, em quanto?

85. Quando você empurra para baixo um livro em repouso sobre uma mesa, sente uma força que o empurra para cima. Essa força depende do atrito? Justifique sua resposta.

86. Antes do tempo de Galileu e Newton, alguns acadêmicos eruditos pensavam que uma pedra atirada do topo de um alto mastro de um navio em movimento cairia verticalmente e atingiria o convés a uma distância atrás do mastro igual àquela que o navio percorreria enquanto a pedra estava caindo. À luz da sua compreensão da primeira lei de Newton, o que você pensa disso?

87. Como a Terra gira uma vez a cada 24 horas, a parede do lado oeste de sua casa move-se em direção a você a uma rapidez linear que provavelmente é maior do que 1.000 km/h (a rapidez exata depende de sua latitude). Quando fica de frente para a parede, você está sendo levado junto na mesma rapidez, por isso você não nota. Entretanto, quando você pula para cima, com seus pés tendo perdido contato com o solo, por que essa parede altamente veloz não investe contra você?

88. Se você atira uma moeda diretamente para cima enquanto está andando de trem, onde ela cai, se o movimento do trem é uniforme sobre trilhos retos? E quando o trem diminui sua rapidez enquanto a moeda está no ar?

89. Discuta e responda à questão anterior para o caso em que o trem está fazendo uma curva.

90. Quando desce um plano inclinado, uma bola ganha rapidez por causa da gravidade. Quando sobe um plano inclinado, perde rapidez devido à gravidade. Por que a gravidade não interfere quando a bola rola sobre uma superfície horizontal?

> Por favor, não se sinta intimidado frente ao grande número de exercícios no livro. Eles estão aqui para ampliar as opções para o seu professor. Se seu plano de curso é cobrir muitos capítulos, seu instrutor provavelmente selecionará apenas alguns deles por capítulo. E mais uma coisa. Os exercícios de final de capítulo são oportunidades de praticar ginástica mental. Seja bonzinho com seu cérebro e desenvolva o pensamento crítico. PENSE sobre as respostas. Buscá-las na internet é como pedir para outra pessoa fazer flexões no seu lugar.

CAPÍTULO 2 Exame de múltipla escolha

Escolha a melhor resposta entre as alternativas:

1. De acordo com Galileu, a inércia é:
   a. uma força como qualquer outra.
   b. um tipo especial de força.
   c. uma propriedade de toda a matéria.
   d. um conceito atribuído a Aristóteles.

2. O uso de planos inclinados por Galileu permitiu que ele:
   a. reduzisse as variações de rapidez da bola.
   b. reduzisse o tempo das variações de rapidez da bola.
   c. eliminasse grandes variações de rapidez.
   d. eliminasse o atrito.

3. Uma sonda espacial que vaga pelo espaço sideral continua a se deslocar:
   a. devido a uma força que atua sobre ela.
   b. em um caminho curvo.
   c. mesmo quando força alguma atua sobre ela.
   d. devido à gravidade.

4. Um disco de hóquei desliza sobre um lago congelado. Sem nenhum tipo de atrito, a força necessária para sustentar o deslizamento é:
   a. nula.
   b. igual ao peso do disco.
   c. o peso do disco dividido pela sua massa.
   d. a massa do disco multiplicada por 10 m/s².

5. Qual é a força resultante sobre uma caixa de bombons empurrada sobre uma mesa com força horizontal de intensidade 10 N enquanto o atrito entre ela e a superfície tem intensidade de 6 N?
   a. 16 N.
   b. 10 N.
   c. 6 N.
   d. 4 N.

6. A soma das forças que atuam sobre qualquer objeto que se move com velocidade constante é:
   a. zero.
   b. 10 m/s².
   c. igual ao seu peso.
   d. cerca de metade do seu peso.

7. A condição de equilíbrio $\Sigma F = 0$ aplica-se a:
   a. objetos ou sistemas em repouso.
   b. objetos ou sistemas em movimento retilíneo uniforme.
   c. ambas as anteriores.
   d. nenhuma das anteriores.

8. As tensões em cada uma das cordas que sustentam Burl e Paul nos extremos opostos de um andaime:
   a. são iguais.
   b. dependem dos pesos relativos de Burl e Paul.
   c. somam zero.
   d. nenhuma das anteriores.

9. Um homem que pesa 800 N está em repouso sobre duas balanças de banheiro, de modo que uma delas marca 500 N. A outra balança marca:
   a. 200 N.
   b. 300 N.
   c. 400 N.
   d. 800 N.

10. Se pular diretamente para cima dentro de um trem em alta velocidade que está acelerando, você aterrissa:
    a. ligeiramente à frente da sua posição original.
    b. na posição original.
    c. ligeiramente atrás da sua posição original.
    d. nenhuma das anteriores.

Respostas e explicações das perguntas do exame de múltipla escolha

1. (c): Por definição, a inércia é uma propriedade de toda a matéria. Não é uma força em nenhum sentido. Essa é a sua definição, pura e simples. 2. (a): Galileu não tinha dispositivos apropriados (os relógios ainda não haviam sido inventados), então usou inclinações com ângulos pequenos para identificar padrões de variação no movimento descendente de uma bola – na prática, ele reduzia os acréscimos da velocidade do corpo no tempo. Com o aumento gradual do ângulo do plano no sentido vertical, ele descobriu que a aceleração da bola era igual à da queda livre. 3. (c): De acordo com a primeira lei de Newton, um corpo em movimento tende a permanecer em movimento em uma trajetória retilínea, a menos que uma força atue sobre ele. Quando nenhuma força é aplicada, a sonda espacial move-se continuamente. Isso obedece à lei! 4. (a): De acordo com a primeira lei de Newton, sem atrito a ser superado, o disco deslizará eternamente até encontrar uma força. Assim, não é necessário que haja uma força para sustentar o movimento. 5. (d): A força resultante ao longo da mesa é simplesmente a soma vetorial das forças horizontais 10 N − 6 N, que é igual a 4 N. 6. (a): De acordo com a primeira lei de Newton, não é necessário que haja uma força para que um objeto permaneça em movimento. Ele "move-se sozinho". 7. (c): Por definição, a condição de equilíbrio se aplica a objetos em repouso ou em movimento retilíneo – ambos. 8. (b): De acordo com a primeira lei do andaime, as tensões para cima devem ter a mesma grandeza e sentido contrário aos pesos combinados de Burl e Paul, mais o peso do andaime. As tensões não são iguais porque Burl e Paul têm pesos diferentes, e elas também não se combinam para chegar a zero. O que realmente é igual a zero é a soma vetorial das forças para cima (tensões nas duas cordas) e as forças para baixo dos pesos que as cordas sustentam. 9. (b): Este é um exemplo numérico de $\Sigma F = 0$. Que número + 500 N = 800 N? Um simples cálculo matemático nos mostra que o número deve ser 800 N − 500 N = 300 N. 10. (c): O trem ganha rapidez enquanto você está no ar. Seu componente horizontal da rapidez durante o salto permanece igual à rapidez de quando saltou. Enquanto isso, o chão ganha rapidez, o que significa que pousará atrás da sua posição original.

3

Movimento Retilíneo

3.1 Rapidez
   Rapidez instantânea
   Rapidez média
   O movimento é relativo

3.2 Velocidade
   Velocidade constante
   Velocidade variável

3.3 Aceleração
   A aceleração nos planos inclinados de Galileu

3.4 Queda livre
   Quão rápido
   Quanto cai
   Quão rapidamente muda a rapidez

3.5 Vetores velocidade

1 Dean Baird é um viajante e fotógrafo da natureza que gosta de praticar *skydiving*, *bungee jumping* e *flight-seeing*. Na foto, ele embarca em um avião que sobrevoará as geleiras do Alaska. **2** Sue Johnson (primeira remadora) e sua tripulação ganharam medalhas pela alta velocidade de seu barco de corrida. **3** Carl Anger, da Universidade de Oslo, faz o que Galileu fez cerca de 400 anos atrás, mas usando uma fotocélula para medir a velocidade da bola. **4** Chelcie Liu pede a seus estudantes para trocarem ideias com seus colegas a fim de prever qual das bolas chegará primeiro ao final de dois trilhos de mesmo comprimento.

CAPÍTULO 3 Movimento Retilíneo

Dean Baird começou a sua carreira de professor na Rio Americano High School em Sacramento, Califórnia, aos 21 anos. Ele gostava tanto de ensinar física que anunciava sua disciplina para o corpo discente, pois assim poderia preencher todo o seu dia com aulas de física. Seus colegas ficavam surpresos pelo grande número de alunos matriculados em suas turmas e com o sucesso inédito dos alunos avançados nas provas nacionais. Como mostra a foto, os alunos gostavam das aulas de Dean.

Além de treinar as equipes de ciências na sua escola, mentorear oficinas para novos professores de física em nível estadual e atuar como especialista de conteúdo nas provas de ciências estaduais, Dean compartilha suas lições e observações em *The Blog of Phyz* e *phyz.org*. Desde o início dos anos 2000, ele é autor dos meus manuais de laboratório de física, ciências físicas e ciência integrada. Dean é um excelente fotógrafo, tendo contribuído com diversas fotos para os meus livros. Ele leva seu equipamento para os quatro cantos do mundo, e espera viajar ainda mais.

Dean é reconhecido em nível local, estadual e nacional por seu excelente serviço em prol do ensino em física. Ele foi escolhido membro da American Association of Physics Teachers e honrado com a Medalha Presidencial de Excelência no Ensino de Matemática e Ciência durante o governo Obama. Enquanto professor, Dean especializa-se em diversidade curricular e ceticismo. Ele mistura atividades de laboratório, demonstrações, apresentações, simulações e vídeos na internet com lições de pensamento crítico para manter seus alunos engajados todos os dias.

Quando se trata de movimento retilíneo, o tópico deste capítulo, Dean sabe que o segredo é trabalhar os fundamentos com demonstrações e atividades envolventes, mas não se prender aos detalhes algébricos. Muitos dias dedicados ao movimento significaria sobrar menos tempo para quando o curso chega às maravilhas do céu azul, a beleza dos arco-íris e outros temas interessantes. Dean trabalha o movimento retilíneo como base para os tópicos divertidos dos capítulos posteriores.

3.1 Rapidez

Antes da época de Galileu, as pessoas descreviam os objetos em movimento simplesmente como "lento" ou "rápido", que eram descrições vagas. Cabe a Galileu o crédito por ter sido o primeiro a medir velocidades levando em conta a distância percorrida e o tempo decorrido. Ele definiu **rapidez**[*] como a distância percorrida por unidade de tempo.

$$\text{Rapidez} = \frac{\text{distância}}{\text{tempo}}$$

Um ciclista que percorre 16 metros em um tempo de 2 segundos, por exemplo, tem uma rapidez de 8 metros por segundo. Galileu podia medir a distância facilmente, mas, naquela época, medir curtos intervalos de tempo era algo muito difícil. Algumas vezes, ele usou sua própria pulsação ou o pingar de gotas de um relógio d'água (ou clepsidra) que ele mesmo construíra.

Qualquer combinação de unidades de distância e de tempo é válida para medir rapidez: para veículos motorizados (ou distâncias grandes), as unidades de quilômetros por hora (km/h) ou milhas por hora (mi/h ou mph) são usadas frequentemente. Para distâncias mais curtas, metros por segundo (m/s) são unidades geralmente mais adequadas. O símbolo da barra (/) é lido como *por* e significa "dividido por". Ao longo deste livro, usaremos principalmente metros por segundo (m/s). A Tabela 3.1 mostra alguns valores comparativos de rapidez em diferentes unidades.[1]

TABELA 3.1 Valores aproximados de rapidez em diferentes unidades

5 m/s	= 11 mi/h	= 18 km/h
10 m/s	= 22 mi/h	= 36 km/h
20 m/s	= 45 mi/h	= 72 km/h
30 m/s	= 67 mi/h	= 107 km/h
40 m/s	= 89 mi/h	= 142 km/h
50 m/s	= 112 mi/h	= 180 km/h

---
[*] N. de T.: Este termo, nos livros brasileiros, normalmente é traduzido como velocidade escalar.
[1] A conversão é baseada em 1 h = 3.600 s, 1 mi = 1609,344 m.

FIGURA 3.1 Um velocímetro dá leituras tanto em quilômetros por hora quanto em milhas por hora*.

_____
* N. de T.: Nos carros brasileiros, os velocímetros marcam apenas em km/h.

Se você for multado por velocidade alta, o que o policial escreverá na multa, sua *rapidez instantânea* ou sua *rapidez média*?

Rapidez instantânea

Objetos em movimento frequentemente sofrem variações em sua rapidez. Um carro pode se deslocar numa rua a 50 km/h, diminuir para 0 km/h num sinal vermelho e aumentar sua rapidez para 30 km/h apenas, devido ao tráfego. Você pode verificar a rapidez do carro em cada instante olhando o velocímetro. A rapidez em cada instante é a **rapidez instantânea**. Um carro viajando a 50 km/h geralmente se mantém com essa rapidez por menos de 1 hora. Se ele se mantivesse com essa rapidez por uma hora inteira, cobriria 50 km. Se continuasse com a mesma rapidez por meia hora, cobriria a metade daquela distância: 25 km. Se continuasse por apenas 1 minuto, cobriria menos de 1 km.

Rapidez média

Ao planejar uma viagem de carro, o motorista geralmente quer saber o tempo que ela vai durar. O motorista está interessado na **rapidez média** durante a viagem. A rapidez média é definida como:

$$\text{Rapidez média} = \frac{\text{distância total percorrida}}{\text{intervalo de tempo}}$$

A rapidez do carro pode ser calculada muito facilmente. Por exemplo, se dirigirmos por uma distância de 80 quilômetros no tempo de 1 hora, dizemos que nossa rapidez média é de 80 quilômetros por hora. Analogamente, se viajarmos 320 quilômetros em 4 horas,

$$\text{Rapidez média} = \frac{\text{distância total percorrida}}{\text{intervalo de tempo}} = \frac{320 \text{ km}}{4 \text{ h}} = 80 \text{ km/h}$$

Vemos que, quando dividimos uma distância em quilômetros (km) por um determinado tempo em horas (h), a resposta será em quilômetros por hora (km/h).

Uma vez que a rapidez média é a distância total percorrida dividida pelo tempo total da viagem, ela não revela os diferentes valores de rapidez e as variações que podem ter ocorrido em intervalos de tempo mais curtos. Na maioria das vezes, experimentamos uma variedade de valores de rapidez, de modo que a rapidez média com frequência é completamente diferente dos valores da rapidez instantânea.

Se conhecemos a rapidez média e o tempo de viagem, a distância viajada é facilmente encontrada. Um simples rearranjo na definição acima fornece

$$\text{Distância total percorrida} = \text{rapidez média} \times \text{intervalo de tempo}$$

Se sua rapidez média é de 80 quilômetros por hora numa viagem de 4 horas, por exemplo, você cobrirá uma distância total de 320 quilômetros (80 km/h × 4 h).

> **PAUSA PARA TESTE**
>
> 1. Qual é a rapidez média de um leopardo que corre 100 m em 4 s? E se ele, correndo o máximo que pode, percorre 50 m em 2 s?
>
> 2. Se um carro se move com uma rapidez média de 60 km/h durante uma hora, ele percorrerá uma distância de 60 km.
>   a. Quão longe ele viajaria se continuasse se movendo nessa rapidez por 4 horas?
>   b. E por 10 h?
>
> 3. Além do velocímetro, no painel de cada carro existe um hodômetro, que registra a distância percorrida. Se a marcação dele for zerada no início de uma viagem, e uma leitura de 40 km for feita meia hora depois, qual terá sido sua rapidez média?
>
> 4. Seria possível atingir essa rapidez média e jamais ultrapassar 80 km/h?

VERIFIQUE SUA RESPOSTA

*(Você está lendo isto antes de ter respondido mentalmente às questões? Como foi mencionado no Capítulo 2, quando você encontrar questões deste tipo ao longo do livro, teste a você mesmo e **pense** antes de ler as respostas. Você não apenas aprenderá mais; você se divertirá aprendendo mais.)*

1. Em ambos os casos, a resposta é 25 m/s:

$$\text{Rapidez média} = \frac{\text{distância total percorrida}}{\text{intervalo de tempo}} = \frac{100\ m}{4\ s} = \frac{50\ m}{2\ s} = 25\ m/s$$

2. A distância percorrida é a rapidez média × tempo da viagem, tal que:
   a. Distância = 60 km/h × 4 h = 240 km
   b. Distância = 60 km/h × 10 h = 600 km

3. $\text{Rapidez média} = \dfrac{\text{distância total percorrida}}{\text{intervalo de tempo}} = \dfrac{40\ km}{0{,}5\ h} = 80\ km/h$

4. Não, não se a viagem começa do repouso e termina no repouso. Existem instantes em que os valores de rapidez instantânea são menores do que 80 km/h, logo o motorista deverá dirigir em certos intervalos de tempo com rapidez maior do que 80 km/h para alcançar a média de 80 km/h. Na prática, os valores de rapidez média são geralmente muito menores do que os valores altos de rapidez instantânea alcançados.

O movimento é relativo

Tudo se move, até mesmo as coisas que parecem estar em repouso. Elas se movem em relação ao Sol e às estrelas. Enquanto você está lendo isto, está se movendo a aproximadamente 107.000 quilômetros por hora em relação ao Sol e com ainda mais rapidez em relação ao centro de nossa galáxia. Quando discutimos o movimento de algo, descrevemos o movimento em relação a alguma outra coisa. Se você caminha no corredor de um ônibus em movimento, sua rapidez em relação ao piso do ônibus provavelmente é diferente de sua rapidez relativa ao asfalto. Quando dizemos que um carro de corrida alcança uma rapidez de 300 quilômetros por hora, queremos dizer que tal rapidez é relativa à estrada. A menos que outra coisa seja dita, sempre que nos referirmos à rapidez com que se movem as coisas em nosso ambiente, estaremos supondo-a relativa à superfície da Terra. O movimento é relativo.

FIGURA 3.2 Quando você está sentado numa cadeira, sua rapidez é nula com relação à Terra, mas é de 30 km/s em relação ao Sol.

PAUSA PARA TESTE

Um mosquito faminto o vê repousando em uma rede de dormir enquanto sopra uma brisa a 3 m/s. Com que rapidez, e em que direção e sentido, o mosquito deveria voar a fim de manter-se flutuando sobre seu almoço?

VERIFIQUE SUA RESPOSTA

O mosquito deveria voar em sua direção dentro da brisa. Quando ele estivesse exatamente acima de você, deveria voar a 3 m/s, a fim de conseguir ficar flutuando, em repouso. A menos que ele consiga se segurar firmemente à sua pele depois de aterrissar, ele deveria continuar voando a 3 m/s para impedir de ser levado pelo vento. É por isso que uma simples brisa constitui um impedimento eficaz contra picadas de mosquito.

Se você olhar pela janela de um avião e vir outro avião voando com velocidade de mesmo módulo, mas em sentido contrário, o registrará como duas vezes mais rápido – uma boa ilustração de movimento relativo.

3.2 Velocidade

Quando conhecemos tanto a rapidez quanto a orientação do movimento de um objeto, conhecemos sua **velocidade**. A velocidade combina as ideias de rapidez, sentido e direção do movimento. Por exemplo, se um carro se desloca a 60 km/h, conhecemos sua rapidez, mas se dissermos que ele se move a 60 km para o norte, estaremos especificando sua *velocidade*. A rapidez é a medida de quão rápido ele é; a velocidade significa quão rápido e em que direção e sentido (orientação). Uma

> Velocidade é rapidez com orientação.

grandeza tal qual a velocidade, que especifica a orientação juntamente com o valor absoluto (módulo), é chamada de **grandeza vetorial**. Lembre-se, do Capítulo 2, que a força é uma grandeza vetorial, exigindo tanto um módulo quanto uma orientação para ser descrita de forma completa. Analogamente, a velocidade é uma grandeza vetorial. Em contraste, uma grandeza que requeira apenas um módulo para sua especificação é denominada **grandeza escalar**. A rapidez é uma grandeza escalar.

Velocidade constante

Rapidez constante significa rapidez uniforme. Algo que se mova com uma rapidez constante não aumenta nem diminui sua rapidez. Velocidade constante, por outro lado, significa que a rapidez *e* a orientação são constantes. Orientação constante significa em linha reta – a trajetória do objeto não apresenta curvas. Assim, velocidade constante significa movimento retilíneo com rapidez constante.

Velocidade variável

Se a rapidez ou a orientação variar (ou ambas variarem), a velocidade variará. Um vagão que se desloca sobre um trilho em curva, por exemplo, pode ter rapidez constante, mas, uma vez que sua orientação de movimento está variando, sua velocidade não será constante. Na próxima seção, veremos que, neste caso, ele está *acelerando*.

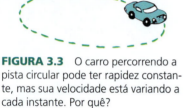

FIGURA 3.3 O carro percorrendo a pista circular pode ter rapidez constante, mas sua velocidade está variando a cada instante. Por quê?

> **PAUSA PARA TESTE**
> 1. "Ela se move com uma rapidez constante e numa direção constante". Diga a mesma sentença com menos palavras.
> 2. O velocímetro de um carro movendo-se para o leste marca 100 km/h. Ele passa por outro carro que se move para o oeste a 100 km/h. Ambos têm a mesma rapidez? Têm a mesma velocidade?
>
> **VERIFIQUE SUA RESPOSTA**
> 1. "Ela se move com velocidade constante".
> 2. Ambos os carros têm a mesma rapidez, mas suas velocidades são opostas, pois eles estão se movendo em sentidos opostos.

3.3 Aceleração

Podemos alterar a velocidade de alguma coisa mudando a rapidez de seu movimento, sua orientação ou ambos, rapidez e orientação. Essa mudança na rapidez e na direção da velocidade chama-se **aceleração**:[2]

$$\text{Aceleração} = \frac{\text{variação da velocidade}}{\text{intervalo de tempo}}$$

Estamos todos familiarizados com a aceleração num automóvel. Quando um motorista pisa no pedal do acelerador, os passageiros experimentam uma aceleração ao serem pressionados contra o encosto de seus assentos. A ideia-chave que define a aceleração é *variação*. Suponha que estejamos dirigindo e que, em 1 segundo,

FIGURA 3.4 Dizemos que um corpo está acelerando quando sua velocidade muda.

---
[2] Os termos "variação de" e "diferença em" podem ser representados pela letra grega delta, Δ. Dessa forma, podemos expressar a aceleração como $\frac{\Delta t}{\Delta t'}$, onde Δv é a variação de velocidade e Δt é o correspondente intervalo do tempo. A expressão fornece a *aceleração média*. A maioria dos movimentos acelerados abordados neste livro apresentarão aceleração constante.

aumentamos uniformemente nossa velocidade de 30 quilômetros por hora para 35 quilômetros por hora, e daí para 40 quilômetros por hora no segundo seguinte, depois para 45 quilômetros por segundo durante o próximo segundo e assim por diante. Estamos variando nossa velocidade em 5 quilômetros por hora a cada segundo. Essa mudança na velocidade é o que chamamos de aceleração.

$$\text{Aceleração} = \frac{\text{variação da velocidade}}{\text{intervalo de tempo}} = \frac{5 \text{ km/h}}{1 \text{ s}} = 5 \text{ km/h} \cdot \text{s}$$

Neste caso, a aceleração é de 5 quilômetros por hora por segundo (abreviado para 5 km/h · s). Observe que a unidade de tempo aparece duas vezes: uma na unidade de velocidade e outra para o intervalo de tempo em que ocorreu a variação da velocidade. Note também que a aceleração não é apenas a variação total da velocidade; ela é igual à *taxa de variação com o tempo*, ou *variação por segundo*, da velocidade.

> **PAUSA PARA TESTE**
>
> 1. Um determinado carro pode sair do repouso e atingir 90 km/h em 10 segundos. Qual é a sua aceleração?
> 2. Em 2,5 s, um carro aumenta sua rapidez de 60 km/h para 65 km/h, enquanto uma bicicleta vai do repouso para 5 km/h. Qual deles tem maior aceleração? Qual é a aceleração de cada um deles?
>
> **VERIFIQUE SUA RESPOSTA**
>
> 1. A aceleração é de 9 km/h·s. A rigor, essa seria a sua aceleração média, pois podem ter ocorrido variações na sua taxa de crescimento da rapidez.
> 2. As acelerações do carro e da bicicleta são as mesmas: 2 km/h · s.
>
> $$\text{Aceleração}_{carro} = \frac{\Delta v}{\Delta t} = \frac{65 \text{ km/h} - 60 \text{ km/h}}{2,5 \text{ s}} = \frac{5 \text{ km/h}}{2,5 \text{ s}} = 2 \text{ km/h} \cdot \text{s}$$
>
> $$\text{Aceleração}_{bicicleta} = \frac{\Delta v}{\Delta t} = \frac{5 \text{ km/h} - 0 \text{ km/h}}{2,5 \text{ s}} = \frac{5 \text{ km/h}}{2,5 \text{ s}} = 2 \text{ km/h} \cdot \text{s}$$
>
> Embora as velocidades envolvidas sejam completamente diferentes, as taxas de variação da velocidade são as mesmas, por isso as acelerações são iguais.

FIGURA 3.5 Uma rápida desaceleração é sentida pelo motorista, que é jogado para a frente (de acordo com a primeira lei de Newton).

O termo *aceleração* aplica-se tanto para diminuição quanto para aumento na velocidade. Dizemos que os freios do carro, por exemplo, produzem grandes valores de aceleração retardadora; isto é, uma grande diminuição por segundo na velocidade do carro. Com frequência, também chamamos isso de desaceleração. Experimentamos uma *desaceleração* quando tendemos a ser jogados para a frente no carro.

Estamos acelerados sempre que nos movimentamos numa trajetória curva, ainda que nos movamos com uma rapidez constante, porque nossa direção está mudando – daí que nossa velocidade está mudando também. Experimentamos esse tipo de aceleração quando somos jogados para a parte de fora da curva. Por essa razão, fizemos a distinção entre velocidade e rapidez, e definimos a *aceleração* como a taxa com que varia a velocidade, englobando as mudanças tanto na rapidez quanto na direção.

Qualquer um que tenha ficado em pé num ônibus lotado já experimentou a diferença entre velocidade e aceleração. Exceto pelos efeitos de uma estrada sacolejante, você consegue ficar em pé no ônibus sem fazer qualquer esforço adicional se ele se move com velocidade constante, não importa quão rápido ele seja. Você pode atirar uma moeda para cima e apanhá-la de volta em suas mãos, da mesma maneira

Três controles aceleram um carro: o acelerador (para variar a rapidez), os freios (para reduzir a rapidez) e o volante (para alterar a direção).

que faria se o ônibus estivesse parado. Apenas quando o ônibus acelera – torna-se mais rápido, mais lento ou faz curva – é que você experimenta dificuldades.

Em boa parte deste livro, estaremos tratando apenas do movimento ao longo de uma linha reta. Quando este for o caso, é comum usar os termos *rapidez* e *velocidade* indiferentemente. Quando não está variando a direção e o sentido da velocidade, a aceleração pode ser expressa como a taxa com a qual varia a *rapidez*.

$$\text{Aceleração (ao longo de uma linha reta)} = \frac{\text{variação da rapidez}}{\text{intervalo de tempo}}$$

Aceleração zero não significa velocidade zero. Significa que o corpo manterá sua velocidade atual, sem ganhar ou perder rapidez nem mudar de direção.

PAUSA PARA TESTE

1. Qual é a aceleração de um carro de corrida que passa zunindo por você com uma rapidez constante de 400 km/h?
2. Quem tem a maior aceleração, um avião que vai de 1.000 km/h para 1.005 km/h em 10 segundos ou um *skate* que vai de zero a 5 km/h em 1 segundo?

VERIFIQUE SUA RESPOSTA

1. Zero, pois sua velocidade não varia.
2. Ambos ganham 5 km/h, mas o *skate* consegue isso em um décimo do tempo. Ele tem, portanto, maior aceleração; na verdade, 10 vezes maior. Um cálculo rápido mostrará que a aceleração do avião vale 0,5 km/h · s, enquanto a do *skate* mais lento vale 5 km/h · s. Velocidade e aceleração são dois conceitos muito diferentes. Ser capaz de distingui-los é muito importante.

Por que estudamos casos idealizados de bolas que rolam sobre planos lisos e caem sem resistência do ar? Por que o foco em casos idealizados que não ocorrem no cotidiano? Os exemplos ideais são raros na natureza, pois a maioria das situações reais envolve diversos efeitos combinados. Em geral, há um efeito de "primeira ordem", fundamental à situação, mas também há efeitos de segunda, terceira e até quarta ordem ou mais. Se começarmos a estudar um conceito pela consideração de todos os efeitos ao mesmo tempo, antes de estudarmos suas contribuições de forma isolada, será mais difícil entendê-lo. Em vez disso, reduzimos a situação apenas ao seus efeitos de primeira ordem e então o examinamos. Após desenvolvermos um entendimento razoável, podemos avançar e investigar os outros efeitos para expandi-lo. Se Galileu não tivesse libertado sua imaginação do atrito que ocorre no mundo real, poderia não ter feito suas grandes descobertas sobre o movimento.

A aceleração nos planos inclinados de Galileu

Galileu desenvolveu o conceito de aceleração em seus experimentos com planos inclinados. Ele estava interessado na queda de objetos, e como lhe faltavam instrumentos precisos para medir tempo, ele usou planos inclinados para tornar efetivamente mais lentos os movimentos acelerados e assim poder investigá-los de forma mais detalhada.

Galileu descobriu que uma bola rolando para baixo em um plano inclinado ganha o mesmo valor de velocidade em sucessivos segundos de duração; isto é, a bola rolará com aceleração constante. Por exemplo, uma bola rolando para baixo em um plano inclinado num certo ângulo podia aumentar sua rapidez de 2 metros por segundo a cada segundo de seu movimento. Esse ganho por segundo é a sua aceleração. Com essa aceleração, sua velocidade instantânea em intervalos de 1 segundo cada é, então, 0, 2, 4, 6, 8, 10 e assim por diante, em metros por segundo. É possível ver que a rapidez instantânea ou a velocidade da bola, em qualquer instante de tem-

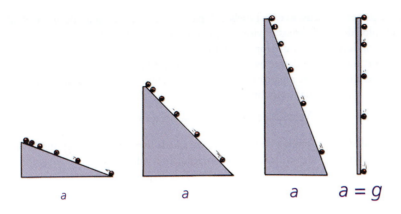

FIGURA 3.6 Quanto mais inclinada for a rampa, maior será a aceleração da bola. Qual será sua aceleração se a rampa for vertical?

po após ela ter sido solta a partir do repouso, é simplesmente igual à sua aceleração multiplicada pelo tempo:[3]

$$\text{Velocidade adquirida} = \text{aceleração} \times \text{tempo}$$

Se substituímos a aceleração da bola nessa relação (2 metros por segundo ao quadrado), podemos ver que, ao final de 1 segundo, a bola estará viajando a 2 metros por segundo; ao final de 2 segundos, estará viajando a 4 metros por segundo; ao final de 10 segundos, estará a 20 metros por segundo e assim por diante. A rapidez instantânea ou a velocidade em qualquer instante de tempo é igual à aceleração multiplicada pelo número de segundos durante os quais ela foi acelerada.

Galileu descobriu que quanto mais inclinadas eram as rampas usadas, maiores eram as acelerações. A bola tem uma aceleração máxima quando a rampa é vertical. Nesse caso, a aceleração torna-se igual àquela de um objeto em queda (Figura 3.6). Sem importar o peso ou o tamanho, Galileu descobriu que todos os objetos caem com a mesma aceleração invariável, desde que a resistência do ar seja pequena o bastante para que possa ser desprezada.

Na queda livre, apenas uma força é exercida: a gravidade. Se há arraste do ar, a queda não é queda livre.

Rigorosamente, a aceleração gravitacional é cerca de 10 m/s a cada segundo, para baixo, em todo lugar. Para saber por que isso ocorre para qualquer massa, aguarde o Capítulo 4.

3.4 Queda livre

Quão rápido

As coisas caem por causa da força da gravidade. Quando um objeto está caindo sem enfrentar qualquer impedimento – sem atrito com o ar ou qualquer outro – e cai sob influência exclusiva da gravidade, o objeto encontra-se em estado de **queda livre**. A Tabela 3.2 mostra os valores instantâneos da rapidez de um corpo em queda livre, em intervalos de 1 segundo. É importante notar, nesses números, a maneira como muda a rapidez. *Durante cada segundo de queda, o objeto torna-se 10 m/s mais rápido.* Esse ganho por segundo é a aceleração. A aceleração da queda livre é aproximadamente igual a 10 metros por segundo a cada segundo, ou, em notação abreviada, m/s^2 (lê-se 10 metros por segundo ao quadrado). Note que a unidade de tempo, o segundo, aparece duas vezes – na unidade de rapidez e de novo no intervalo de tempo durante o qual ocorreu a variação da rapidez.

No caso de objetos em queda livre, é costume usar a letra g para representar essa aceleração (porque ela se deve à *gravidade*). O valor de g é muito diferente na superfície da Lua e na superfície de outros planetas. Aqui na Terra, g varia ligeiramente em diferentes locais, com um valor médio de 9,8 metros por segundo a cada segundo, ou, em notação abreviada, 9,8 m/s^2. Arredondamos isso para 10 m/s^2 em

TABELA 3.2 Queda livre a partir do repouso

Tempo da queda (em segundos)	Velocidade adquirida (metros/segundo)
0	0
1	10
2	20
3	30
4	40
5	50
.	.
.	.
.	.
t	10t

---

[3] Observe que essa relação segue da definição de aceleração. Para uma bola que parte do repouso, $a = \Delta v/\Delta t$ pode ser reescrita como $a = v/t$ e, então, rearranjada (multiplicando-se por t ambos os membros da equação) como $v = at$.

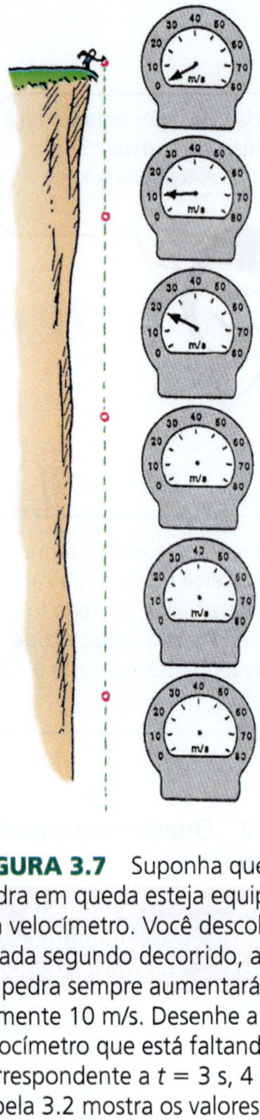

nossa presente discussão e na Tabela 3.2, para deixar mais claras as ideias envolvidas; múltiplos de 10 são mais óbvios do que múltiplos de 9,8. Onde for importante a precisão, devemos usar o valor de 9,8 m/s².

Note, na Tabela 3.2, que os valores instantâneos de rapidez ou velocidade de um objeto em queda livre a partir do repouso são coerentes com a equação que Galileu deduziu com seus planos inclinados:

$$\text{Velocidade adquirida} = \text{aceleração} \times \text{tempo}$$

A velocidade instantânea v de um objeto em queda livre a partir do repouso[4], depois de um tempo t, pode ser expressa em notação abreviada como

$$v = gt$$

Para ver que essa equação faz sentido, confronte-a com a Tabela 3.2. Observe que a rapidez ou velocidade instantânea em metros por segundo é simplesmente a aceleração $g = 10$ m/s² multiplicada pelo tempo t em segundos.

A aceleração de queda livre é mais facilmente compreendida quando consideramos um objeto em queda livre equipado com um velocímetro (Figura 3.7). Suponha que o objeto seja um pedaço de rocha abandonado do alto de um penhasco e que você acompanha com um telescópio. Com o telescópio focado no velocímetro, você notaria um crescimento na rapidez com o passar do tempo. Mas de quanto? A resposta é 10 m/s a cada segundo que passa.

> **PAUSA PARA TESTE**
>
> O que marcaria o velocímetro da Figura 3.7, preso ao pedaço de rocha em queda, 5 segundos depois de solta? E 6 segundos depois de solta? E depois de 6,5 s?
>
> **VERIFIQUE SUA RESPOSTA**
>
> As leituras do velocímetro seriam 50 m/s, 60 m/s e 65 m/s, respectivamente. Você pode obter isso na Tabela 3.2 ou usar a equação $v = gt$, onde g vale 10 m/s².

Até aqui, temos considerado objetos que estão se movendo em linha reta para baixo sob ação da gravidade. E um objeto arremessado diretamente para cima? Uma vez liberado, ele continua a mover-se para cima por algum tempo e depois retorna. No ponto mais alto, quando ele está mudando o sentido de seu movimento de ascendente para descendente, sua rapidez instantânea é nula. Então ele inicia seu movimento para baixo, *exatamente como se tivesse sido solto do repouso naquela altura*.

Durante a parte ascendente de seu movimento, o objeto torna-se gradualmente mais lento enquanto sobe. Não deveria causar surpresa que ele se torna 10 m/s mais lento a cada segundo decorrido – a mesma aceleração que você experimenta quando está caindo. Assim, como mostra a Figura 3.8, a rapidez instantânea em pontos de sua trajetória que se encontram na mesma altura é a mesma, esteja o corpo subindo ou descendo. As velocidades são opostas, é claro, porque ele se move em sentidos contrários. Note que as velocidades para baixo têm sinal negativo, indicando o sentido para baixo (é costumeiro atribuir sinal positivo ao que aponta *para cima* e negativo ao que aponta *para baixo*). Seja movendo-se para cima ou para baixo, a aceleração vale aproximadamente 10 m/s² o tempo todo.

FIGURA 3.7 Suponha que uma pedra em queda esteja equipada com um velocímetro. Você descobrirá que, a cada segundo decorrido, a rapidez da pedra sempre aumentará aproximadamente 10 m/s. Desenhe a agulha do velocímetro que está faltando na figura correspondente a $t = 3$ s, 4 s e 5 s. (A Tabela 3.2 mostra os valores de rapidez que leríamos nos vários segundos da queda.)

---

[4] Se, em vez de ser solto a partir do repouso, o objeto for arremessado para baixo com uma velocidade v_0, a velocidade v depois de decorrido um tempo t será $v = v_0 + at = v_0 - gt$, sendo considerado positivo o sentido de baixo para cima.

> **PAUSA PARA TESTE**
> Uma bola é atirada diretamente para cima e sai de sua mão a 20 m/s. Que previsões você pode fazer sobre a bola? (Por favor, pense sobre isso *antes* de ler as previsões sugeridas.)
>
> **VERIFIQUE SUA RESPOSTA**
> Existem várias. Uma previsão é que a rapidez da bola diminua para 10 m/s um segundo após abandonar sua mão e que a bola estará momentaneamente parada dois segundos após, quando chegar ao topo de seu caminho ascendente. Isso porque ela perde 10 m/s a cada segundo decorrido. Outra previsão é que um segundo mais tarde, 3 segundos no total, ela estará se movendo para baixo a 10 m/s. Outro segundo depois, ela terá retornado ao seu ponto de partida com rapidez de 20 m/s. Assim, ela gasta 2 segundos em cada parte do movimento, e o tempo total de voo é de 4 segundos. A distância que ela percorre para cima e para baixo será tratada na próxima seção.

Quanto cai

A que *distância* um objeto cai é completamente diferente de quão *rápido* ele cai. Com seus planos inclinados, Galileu descobriu que a distância que um objeto uniformemente acelerado percorre é proporcional ao *quadrado do tempo*. A distância percorrida por um objeto uniformemente acelerado que parte do repouso é

$$\text{Distância percorrida} = \tfrac{1}{2}(\text{aceleração} \times \text{tempo} \times \text{tempo})$$

Essa relação se aplica à distância percorrida por algo em queda. Para o caso de um objeto em queda livre, podemos expressá-la numa notação mais condensada, como

$$d = \tfrac{1}{2}gt^2$$

onde *d* é a distância de queda quando o tempo de queda em segundos é substituído por *t* e elevado ao quadrado.[5] Se usarmos 10 m/s² para o valor de *g*, a distância de queda para vários instantes de tempo será como mostrado na Tabela 3.3.

Observe que um objeto cai por uma distância de apenas 5 metros durante o primeiro segundo de queda, muito embora sua rapidez seja de 10 m/s. Isso pode parecer confuso, pois podemos achar que o objeto deveria cair 10 metros no primeiro segundo de queda. Contudo, para isso, ele teria de cair com uma rapidez *média* de 10 metros por segundo durante o segundo todo. Ele inicia sua queda com 0 metros por segundo, e sua rapidez é de 10 metros por segundo somente no último instante do intervalo de 1 segundo. Sua rapidez média durante esse intervalo é a média aritmética entre sua rapidez inicial e sua rapidez final, 0 e 10 metros por segundo. Para obter a média aritmética desses dois números, simplesmente somamos e dividimos o resultado por 2. Isso dá 5 metros por segundo, que, ao longo do intervalo de 1 segundo, dá uma distância de 5 metros. Enquanto o objeto continua caindo nos segundos subsequentes, ele cairá por distâncias cada vez maiores em cada um dos segundos, porque sua rapidez está continuamente aumentando.

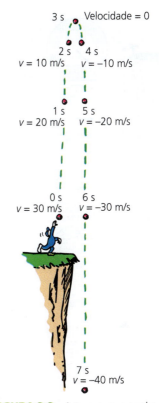

FIGURA 3.8 A taxa com a qual a velocidade varia a cada segundo é sempre a mesma.

TABELA 3.3 Distância percorrida em queda livre

Tempo da queda (em segundos)	Distância percorrida (metros)
0	0
1	5
2	20
3	45
4	80
5	125
.	.
.	.
.	.
t	$\tfrac{1}{2}10t^2$

---
[5] Distância de queda a partir do repouso: *d* = velocidade média × tempo

$$d = \frac{\text{velocidade inicial} + \text{velocidade final}}{2} \times \text{tempo}$$

$$d = \frac{0 + gt}{2} \times t$$

$$d = \tfrac{1}{2}gt^2$$

(Veja o Apêndice B para explicações adicionais.)

54 PARTE I Mecânica

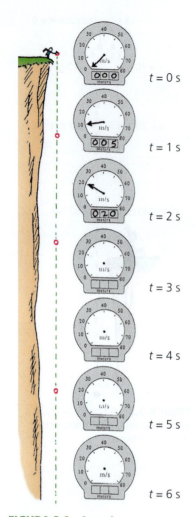

FIGURA 3.9 Suponha que uma pedra em queda esteja equipada com um velocímetro e com um hodômetro. Em cada segundo, as leituras da rapidez aumentam por 10 m/s e as de distância crescem segundo $\frac{1}{2}gt^2$. Você consegue completar as leituras do velocímetro e do hodômetro?

> **PAUSA PARA TESTE**
> Um gato sobe num parapeito e salta até o chão em meio segundo.
> a. Qual é a sua rapidez ao atingir o chão?
> b. Qual é a sua rapidez média durante o meio segundo de queda?
> c. A que altura em relação ao chão está o parapeito?
>
> **VERIFIQUE SUA RESPOSTA**
> a. Rapidez: $v = gt = 10$ m/s$^2 \times 1/2$ s $= 5$ m/s
> b. Rapidez média: $\bar{v} = \dfrac{\text{inicial } v + \text{final } v}{2} = \dfrac{0 \text{ m/s} + 5 \text{ m/s}}{2} = 2{,}5$ m/s
>
> Usamos uma barra sobre o símbolo da rapidez para denotar a rapidez média: $\bar{v}$
> c. Distância: $d = \bar{v}t = 2{,}5$ m/s $\times 1/2$ s $= 1{,}25$ m
> Ou, de maneira equivalente,
>
> $$d = \tfrac{1}{2}gt^2 = \tfrac{1}{2} \times 10 \text{ m/s}^2 \times \left(\tfrac{1}{2}\text{s}\right)^2 = 1{,}25 \text{ m}$$
>
> Note que podemos encontrar a distância por qualquer uma dessas duas relações.

Voltemos à rocha com um velocímetro (Figura 3.9). Nos dois primeiros segundos de queda livre, vemos a marcação da rapidez e da distância. As distâncias marcadas nos dois primeiros segundos da queda são 5 metros e então 20 metros, o que está de acordo com a regra $d = \frac{1}{2}gt^2$. Você conseguiria calcular as marcações de rapidez e a distância nos tempos de três a seis segundos?

É muito comum observar muitos objetos caírem com acelerações diferentes. Uma folha de árvore, uma pena ou uma folha de papel podem esvoaçar até o chão lentamente. O fato de que a resistência do ar é responsável por essas diferenças nas acelerações pode ser demonstrado de maneira muito divertida com um tubo de vidro lacrado, em cujo interior estão objetos leves e pesados – uma pena e uma moeda, por exemplo. Na presença de ar, os dois caem com acelerações completamente diferentes, mas se o ar é removido do tubo por uma bomba de vácuo e depois invertido, a pena e a moeda caem com a mesma aceleração (Figura 3.10). Embora a resistência do ar altere sensivelmente o movimento de coisas como folhas de árvore em queda, o movimento de objetos mais pesados, como pedras e bolas de beisebol em velocidades ordinárias baixas, quase não é afetado pelo ar. As relações $v = gt$ e $d = \frac{1}{2}gt^2$ podem ser usadas com muito boa aproximação para a maioria dos objetos caindo no ar, partindo do repouso de suas posições iniciais.

Pare um pouco para analisar a Figura 3.11, que resume a essência deste capítulo. Resumidamente, a viagem de carro e de avião a partir de San Francisco mostra a distinção entre rapidez e velocidade. Observe como as variações na rapidez afetam a aceleração do carro, que ganha e perde rapidez, seu deslocamento em círculo com rapidez constante e a variação na direção da velocidade na pista circular. Um passeio de montanha-russa abrange todas as variações. O modo mais fácil de entender a aceleração é usar o caso simples dos corpos em queda.

FIGURA 3.10 Uma pena e uma moeda caem com a mesma aceleração no vácuo.

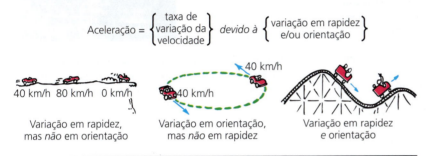
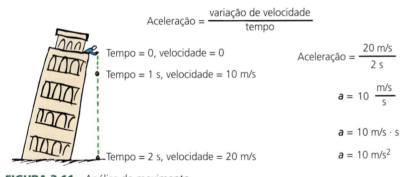

FIGURA 3.11 Análise do movimento.

Quão rapidamente muda a rapidez

Grande parte da confusão ao se analisar o movimento de objetos em queda provém da facilidade em confundir "quão rápido" com "quanto cai". Quando desejamos especificar o quão rápido algo está caindo, falamos sobre *rapidez* ou *velocidade*, o que é expresso como $v = gt$. Quando desejamos especificar o quanto algo cai, falamos sobre *distância*, o que é expresso como $d = \frac{1}{2}gt^2$. Rapidez ou velocidade (quão rápido) e distância (quão longe) são inteiramente diferentes.

Um conceito mais difícil, provavelmente o mais difícil encontrado neste livro, é "quão rapidamente muda a rapidez" – ou seja, a aceleração. O que a torna tão complexa é que ela é *uma taxa de uma taxa*. Frequentemente ela é confundida com a velocidade, que, por si só, é uma taxa (a taxa de variação da posição). A aceleração não é a velocidade, nem mesmo é uma variação da velocidade. Uma aceleração é a taxa com a qual a própria velocidade varia.

Rapidez é quão rápido, velocidade é quão rápido e em que sentido e direção, aceleração é quão rápido muda a velocidade. Captou?

TEMPO DE VOO

Alguns atletas e dançarinos têm grande habilidade em saltar. Ao pularem diretamente para cima, parecem "manter-se no ar", desafiando a gravidade. Peça a seus colegas para estimarem o "tempo de voo" de alguns grandes saltadores – o tempo durante o qual um saltador está no ar com os pés fora do chão. Eles poderão dizer 2 ou 3 segundos. Mas, surpreendentemente, o tempo de voo dos maiores saltadores é quase sempre menor do que 1 segundo! Um tempo aparentemente maior é uma das muitas ilusões que temos sobre a natureza.

Uma ilusão relacionada é a altura vertical que um homem consegue pular. A maioria de seus colegas de turma provavelmente não consegue saltar mais alto do que 0,5 metro. Eles conseguem saltar por cima de uma cerca de 0,5 metro, mas, ao fazerem isso, seus corpos se elevarão apenas ligeiramente. A altura da barreira é diferente da altura que atinge o "centro de gravidade" de um saltador. Muitas pessoas podem saltar por cima de uma cerca de 1 metro, mas raramente aparece alguém capaz de elevar seu "centro de gravidade" em 1 metro. Mesmo no melhor da forma, estrelas do basquete como Michael Jordan e Kobe Bryant não conseguiriam elevar seu corpo mais de 1,25 m, embora eles *pudessem* alcançar facilmente uma cesta de altura consideravelmente maior do que 3 m.

A habilidade de saltar é melhor medida por meio de um salto vertical. Fique perto de uma parede com os pés plantados no chão e os braços esticados para cima. Faça uma marca na parede no lugar mais alto que sua mão alcança. Em seguida, salte para cima e faça uma marca na parede no lugar mais alto que sua mão alcançar. A distância entre essas duas marcas mede seu salto vertical. Se ele mede mais de 0,6 metros, você é excepcional.

Aqui está a física. Quando você salta para cima, a força do salto é aplicada apenas enquanto seus pés fazem contato com o chão. Quanto maior a força, maior será a sua velocidade de lançamento e mais alto será o salto. Quando seus pés deixam o chão, sua velocidade para cima começa imediatamente a decrescer a uma taxa constante de $g = 10$ m/s². No topo do salto, ela terá se tornado nula. Então você inicia sua queda, tornando-se mais rápido exatamente na mesma razão, g. Se você aterrissar como decolou, de pé com as pernas estendidas, então o tempo de subida será igual ao de descida; e o tempo de voo é a soma dos dois. Enquanto está no ar, nenhum impulso de perna ou braço ou qualquer outro movimento do corpo pode mudar seu tempo de voo.

A relação entre o tempo de subida ou de descida e a altura vertical atingida é dada por

$$d = \tfrac{1}{2}gt^2$$

Se conhecemos a altura vertical d, podemos reescrever essa expressão como

$$t = \sqrt{\frac{2d}{g}}$$

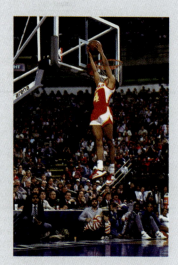

O recorde mundial de salto vertical diretamente para cima é de 1,25 metros. Vamos usar a altura 1,25 metros de seu salto para d, e usar o valor mais preciso de 9,8 m/s² para g. Resolvendo para t, que é a metade do tempo de voo, obtemos

$$t = \sqrt{\frac{2d}{g}} = \sqrt{\frac{2(1{,}25 \text{ m})}{9{,}8 \text{ m/s}^2}} = 0{,}50 \text{ s}$$

Multiplicamos isso por dois (porque este é o tempo de subida, que é igual ao de descida) e vemos que o recorde para o tempo de voo é 1 segundo (porque o tempo de voo é o tempo gasto na jornada de ida e volta).

Estamos falando aqui de movimento vertical a partir de uma posição estática. Saltos realizados correndo são uma história diferente. Quando um pé salta do chão na corrida, a rapidez de decolagem pode ser aumentada. A-rá! A maior rapidez de decolagem estende o tempo de voo. Em ambos os casos, a velocidade horizontal do saltador permanecerá constante e apenas o "componente" vertical da velocidade variará. Voltaremos ao tema quando tratarmos sobre movimento de projéteis no Capítulo 10. A física é interessante!

3.5 Vetores velocidade

Enquanto a rapidez é uma medida de "quão veloz" algo é, a velocidade é uma medida de "quão veloz" e de "qual é a orientação". Se o velocímetro de um carro marca 100 quilômetros por hora (km/h), você sabe quanto é sua rapidez. Se existir também uma bússola no painel, indicando que o carro se move para o norte, por exemplo, você sabe sua velocidade – 100 km/h rumo ao norte. Saber sua velocidade é saber sua rapidez e orientação do movimento. Rapidez é uma grandeza escalar, e velocidade, uma grandeza vetorial.

A aceleração também é uma grandeza vetorial. A aceleração sempre atua na direção e no sentido da força resultante. Na Figura 3.12, observe as direções relativas dos vetores de aceleração vermelhos e dos vetores de velocidade azuis enquanto o automóvel acelera e muda de direção. Vemos que a aceleração e a velocidade podem atuar no mesmo sentido, ainda que não sempre.

FIGURA 3.12 Quando acelera na direção da sua velocidade, você ganha rapidez; quando acelera contra a sua velocidade, perde rapidez; quando acelera em ângulo perpendicular à sua velocidade, muda de orientação.

O pensamento vetorial é importante para atravessar um rio a nado, pois é preciso considerar dois componentes da velocidade: a velocidade do seu nado e a velocidade da correnteza do rio. Para atravessar o rio, seu movimento natatório o leva diretamente à margem oposta, mas a correnteza o arrasta na direção do rio. Essa combinação leva a uma trajetória diagonal rio abaixo, não a um ponto diretamente à sua frente na margem oposta.

O mesmo vale para um avião sujeito a um vento cruzado. Um avião que voa a 120 km/h sem vento percorre 120 km durante um voo de uma hora. Se é pego em um vento cruzado de 90 km/h, entretanto, ele é afastado do seu curso pretendido na diagonal (Figura 3.13). Os vetores de velocidade mostrados na figura estão em escala, de modo que 1 cm representa 30 km/h. Assim, a velocidade de 120 km/h do avião é representada pelo vetor de 4 cm, enquanto o vento cruzado de 90 km/h é representado pelo vetor de 3 cm. A diagonal do retângulo formado mede 5 cm, o que representa os 150 km/h resultantes. Assim, o avião move-se a 150 km/h em relação ao solo, em uma direção que forma 37° em relação à direção pretendida.

> Um par de vetores com 6 e 8 unidades de comprimento que formam um ângulo reto um com o outro diz: "Nós podemos medir um seis e um oito, mas juntos formamos um dez exato".

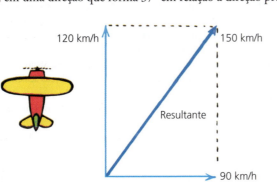

FIGURA 3.13 O vento transversal de 90 km/h empurra o avião a 120 km/h para fora do curso a 150 km/h.

PAUSA PARA TESTE

Suponha que você nade a 4 m/s constantes na água parada. Se tentasse atravessar um rio que flui a 4 m/s, qual seria a rapidez do seu nado em relação à margem?

VERIFIQUE SUA RESPOSTA

Semelhante ao avião desviado pelo vento, sua trajetória através do rio será a diagonal de um quadrado composto de uma dupla de vetores de 4 m/s que formam um ângulo reto entre si. Sua velocidade resultante será $\sqrt{2}$ vezes o comprimento de cada lado de 4 m/s. Assim, em relação à margem, você nadaria a 1,425 × 4 m/s = 5,7 m/s.

Por favor, lembre-se de que levou quase 2.000 anos desde a época de Aristóteles para que as pessoas alcançassem uma compreensão clara do movimento, então seja paciente consigo mesmo se precisar de algumas horas para adquirir uma igual!

Revisão do Capítulo 3

TERMOS-CHAVE (CONHECIMENTO)

rapidez   Quão rapidamente alguma coisa se move. A distância percorrida por unidade de tempo.

rapidez instantânea   A rapidez em cada instante.

rapidez média   A distância total percorrida dividida pelo tempo de viagem.

velocidade   A rapidez junto com a direção e o sentido do movimento de um objeto.

grandeza vetorial   Grandeza que apresenta tanto módulo quanto orientação (direção e sentido).

grandeza escalar   Grandeza que pode ser especificada apenas por seu valor, sem precisar de uma orientação.

aceleração   A taxa de variação da velocidade com o tempo. A variação na velocidade pode ser em valor, em direção e sentido ou em ambos.

queda livre   Movimento sob influência apenas da gravidade.

QUESTÕES DE REVISÃO (COMPREENSÃO)

3.1 Rapidez

1. Que duas unidades de medida descrevem a rapidez?
2. Que tipo de rapidez é registrada pelo velocímetro de um automóvel: a rapidez média ou a rapidez instantânea?
3. Qual é a sua rapidez média em quilômetros por hora quando dirige 160 km em 2 h?
4. Quanto você anda quando se move com rapidez média de 80 km/h durante 30 min?
5. Quando você lê isso, quão rapidamente está se movendo em relação à cadeira em que está sentado? E em relação ao Sol?

3.2 Velocidade

6. Faça a distinção entre rapidez e velocidade.
7. Se um carro se move com velocidade constante, ele também tem rapidez constante?
8. Se um carro que se move com rapidez constante dobra uma esquina a 60 km/h, ele mantém uma rapidez constante? Uma velocidade constante? Justifique sua resposta.

3.3 Aceleração

9. Qual é a aceleração de um carro que aumenta sua velocidade de 0 para 100 km/h em 10 s?
10. Qual é a aceleração de um carro que mantém velocidade constante de 120 km/h durante 10 s?
11. Quando você está num veículo em movimento, em que situação tem mais consciência do movimento: quando ele está se movendo uniformemente em linha reta ou quando ele está acelerando?
12. A aceleração é definida de forma geral como a taxa temporal de variação da velocidade. Quando ela pode ser definida como a taxa temporal de variação da rapidez?
13. O que Galileu descobriu sobre o ganho de rapidez de uma bola quando ela desce num plano inclinado? O que ele descobriu sobre a aceleração da bola?
14. Que relação Galileu descobriu entre a aceleração de uma bola e a declividade de um plano inclinado?
15. Quanta aceleração é desenvolvida por uma bola sobre um plano inclinado erguido de modo a ficar na vertical?

3.4 Queda livre

16. Quantas forças atuam sobre um objeto em queda livre?
17. Quanta resistência aerodinâmica atua sobre um objeto em queda livre?
18. Qual é o aumento por segundo da rapidez para um objeto em queda livre?
19. Qual é a rapidez adquirida por um objeto caindo livremente 4 s após ter sido solto a partir do repouso?
20. A aceleração de queda livre é aproximadamente 10 m/s^2. Por que a unidade de segundo aparece duas vezes?
21. Quando um objeto é arremessado para cima, em quanto diminui a rapidez a cada segundo (desprezando a resistência aerodinâmica)?
22. Qual é a relação que Galileu descobriu entre o tempo e a distância percorrida por um objeto acelerado?
23. Qual é a distância de queda para uma bola em queda livre 1 s após ser solta a partir do repouso? Qual é essa distância 5 s após?
24. Qual é o efeito da resistência do ar sobre a aceleração de objetos em queda?
25. Considere os seguintes valores: 10 m, 10 m/s e 10 m/s^2. Qual delas é a medida de distância, de rapidez e de aceleração?

3.5 Vetores velocidade

26. Qual é a diferença entre rapidez e velocidade?
27. Por que você nadaria mais rápido entre as margens de um rio se a correnteza formasse um ângulo reto com a sua trajetória pretendida?
28. Um pássaro voa com uma determinada rapidez, enfrentando um vento cruzado (90 graus) que tem a mesma rapidez. Qual parte do retângulo formado pelos vetores de velocidade representa a rapidez resultante?

PENSE E FAÇA   (APLICAÇÃO)

29. Mande uma mensagem para sua vovó contando o que aprendeu, explicando-lhe a diferença entre velocidade e aceleração sem usar equações.

30. Use seu *smartphone* para cronometrar quanto tempo demora para que uma bola (ou qualquer outro objeto) caia de uma determinada altura. Repita o teste diversas vezes e calcule a média dos tempos. Use $d = \frac{1}{2}gt^2$ para ver o quanto a sua resposta se aproxima da altura dada. Rearranje a equação na forma $g = 2d/t^2$ e descubra o quanto consegue se aproximar de 10 m/s² (ou de 9,8 m/s²).

31. Teste a precisão do seu *pedômetro*, o contador de passos do seu *smartphone* ou relógio. Com uma fita métrica ou régua, meça a sua passada (a distância entre seus pés enquanto caminha). A seguir, ative o aplicativo de mapa no seu *smartphone* ou relógio, saia para uma caminhada e meça a distância percorrida. Depois, multiplique o número de passos no seu pedômetro pelo comprimento da passada. O resultado corresponde à distância medida?

32. Experimente isso com seus colegas: segure uma cédula de dinheiro de modo que o ponto médio dela esteja posicionado entre os dedos de um colega e o desafie a pegá-la fechando os dedos quando você soltá-la. Ele não será capaz de pegá-la!

    Explicação: a partir de $d = \frac{1}{2}gt^2$, a cédula cairá uma distância de 8 centímetros (cerca da metade do comprimento da cédula) em um tempo de 1/8 de segundo, porém o tempo requerido para os impulsos necessários irem dos olhos até os dedos de seu colega é de pelo menos 1/7 de segundo.

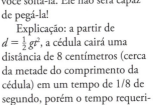

33. Compare seu tempo de reação com o de seu colega agarrando uma régua solta entre seus dedos. Peça a um colega para segurar a régua como indicado e feche seus dedos logo que enxergar a régua ser solta. O número de centímetros que passa através de seus dedos depende de seu tempo de reação. Você pode expressar o resultado em frações de um segundo rearranjando a equação $d = \frac{1}{2}gt^2$. Isolando o tempo, ela torna-se $t = \sqrt{2d/g} = 0{,}045\sqrt{d}$, onde d está em centímetros.

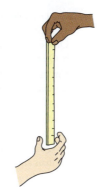

34. Fique em pé próximo a uma parede com os pés plantados no chão e faça uma marca no ponto mais alto da parede que você consegue alcançar. Então salte verticalmente e marque seu ponto mais alto atingido. A distância entre as marcas é a sua distância de salto vertical. Use-a para calcular seu tempo de voo.

Altura do salto

PEGUE E USE   (FAMILIARIZAÇÃO COM EQUAÇÕES)

Essas atividades são do tipo "substitua os dados" e têm como objetivo familiarizá-lo com as equações deste capítulo. São menos desafiadoras do que as do tipo Pense e Resolva.

$$\text{Rapidez} = \frac{\text{distância}}{\text{tempo}}$$

35. Qual é a sua rapidez de caminhada quando percorre 1 metro em 0,5 segundo?

$$\text{Rapidez média} = \frac{\text{distância total percorrida}}{\text{intervalo de tempo}}$$

36. Mostre que a rapidez média de um coelho que corre uma distância de 30 m em um tempo de 2 s é de 15 m/s.

$$\text{Aceleração} = \frac{\text{variação da velocidade}}{\text{intervalo de tempo}} = \frac{\Delta v}{\Delta t}$$

37. Mostre que a aceleração de um carro é de 10 km/h · s quando parte do repouso e atinge 100 km/h em 10 s.

38. Mostre que, quando um hamster aumenta sua velocidade, desde o repouso até 10 m/s, em 2 s, sua aceleração é de 5 m/s².

$$\text{Distância} = \text{rapidez média} \times \text{tempo}$$

39. Mostre que um esquilo percorre 60,0 m quando corre com rapidez média de 6,0 m/s durante 10 s.

Distância de queda livre a partir do repouso: $d = \frac{1}{2}gt^2$

40. Mostre que uma bola em queda livre cai 45 m durante 3 s quando parte do repouso.

PENSE E RESOLVA (APLICAÇÃO MATEMÁTICA)

41. Qual é a velocidade instantânea de um objeto em queda livre 10 s após ele ter sido liberado de uma posição de repouso? a. Qual é sua velocidade média durante esse intervalo de 10 s? b. Quanto ele cairá durante esse intervalo de tempo?

42. Um carro leva 10 s para ir de 0 m/s para 25 m/s com aceleração constante. Se você quer encontrar a distância percorrida usando a equação $d = \frac{1}{2}at^2$, qual valor deveria usar para a?

43. Uma bola é lançada verticalmente para cima, rápida o suficiente para permanecer no ar durante alguns segundos.
    a. Qual é a velocidade da bola quando atinge seu ponto mais alto?
    b. Qual é a velocidade 1 s antes de atingir seu ponto mais alto?
    c. Qual é a variação da velocidade durante esse intervalo de 1 s?
    d. Qual é a velocidade 1 s após atingir seu ponto mais alto?
    e. Qual é a variação da velocidade durante esse intervalo de 1 s?
    f. Qual é a variação da velocidade durante esse intervalo de 2 s? (Cuidado!)
    g. Qual é a aceleração da bola durante qualquer um desses intervalos? E em que momento a velocidade da bola é nula?

44. Uma bola é arremessada diretamente para cima com uma rapidez inicial de 30 m/s. Quão alto ela subirá e por quanto tempo ficará no ar (desprezando a resistência do ar)?

45. É surpreendente, mas poucos atletas podem saltar mais do que 0,6 m diretamente para cima. Use $d = \frac{1}{2}gt^2$ e encontre o tempo gasto por alguém durante um salto vertical de 0,6 m. Multiplique por dois e ache o "tempo de voo" – o intervalo de tempo durante o qual os pés do saltador permanecem fora do chão.

46. Um avião com uma velocidade em relação ao ar de 120 km/h aterrissa em uma pista onde a velocidade do vento é de 40 km/h.
    a. Qual é a rapidez de aterrissagem do avião se ele está contra o vento?
    b. E se está a favor do vento?
    c. Qual seria a rapidez de aterrissagem do avião de 120 km/h que aterrissasse contra um vento de 120 km/h?

47. Qual é a rapidez em relação ao solo de um mosquito que voa a 2 m/s contra um vento de 2 m/s?

48. Qual é a rapidez em relação ao solo de um mosquito que voa a 2 m/s e forma um ângulo reto com um vento cruzado de 2 m/s?

49. Mostre que a rapidez de um pássaro que voa a 10 km/h em um vento cruzado de 10 km/h é de cerca de 14 km/h.

PENSE E ORDENE (ANÁLISE)

50. Jake corre lentamente sobre uma vagonete ferroviária que se desloca com as velocidades indicadas nas figuras A-D. Ordene a velocidade de Jake, em relação a um observador estacionário no solo, da maior para a menor. (Considere o sentido para a direita como positivo.)

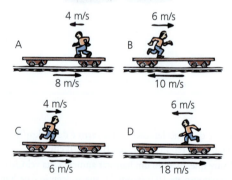

51. Uma bola solta da extremidade esquerda do canalete passa pelos pontos indicados. Ordene em sentido decrescente a rapidez da bola nos pontos A, B, C e D. (Atenção para os empates.)

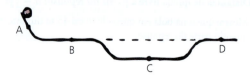

52. Uma bola é solta da extremidade esquerda destes diferentes trilhos. Eles foram confeccionados a partir de pedaços de canaletes de ferro de mesmo comprimento.

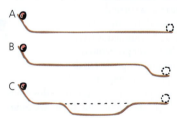

   a. Ordene a rapidez da bola no lado direito do trilho em ordem decrescente.
   b. Ordene os trilhos quanto ao *tempo* decorrido para a bola chegar à extremidade direita, do maior para o menor.
   c. Ordene os trilhos quanto à *rapidez média* da bola, da maior para a menor. Ou será que todas as bolas têm a mesma rapidez média sobre os três trilhos?

53. Três bolas de massas diferentes são arremessadas diretamente para cima com os valores de velocidade indicados na figura.

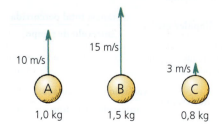

a. Ordene os módulos das velocidades das bolas 1 s após terem sido lançadas, do maior para o menor valor absoluto.

b. Ordene os módulos das acelerações das bolas 1 s após terem sido lançadas, do maior para o menor valor absoluto. (Ou será que seus módulos são iguais?)

PENSE E EXPLIQUE   (SÍNTESE)

54. Suzie Surefoot pode remar em uma canoa em água parada a 8 km/h. Que sucesso ela terá ao tentar subir um rio que flui a 8 km/h?

55. Um avião dirige-se para o norte a 300 km/h, enquanto outro dirige-se para o sul, também a 300 km/h. A rapidez dos dois é a mesma? Suas velocidades são as mesmas? Explique.

56. Reckless Rick dirige a 80 km/h e bate em Hapless Harry, que está diretamente à sua frente e dirige a 88 km/h. Qual é a rapidez da colisão?

57. É melhor para a aceleração basear-se na rapidez média ou na rapidez instantânea? Explique.

58. Numa rodovia, você está dirigindo em direção ao norte. Então, sem alterar a rapidez, você faz uma curva e passa a se dirigir para o leste.
    a. Sua velocidade varia?
    b. Você acelera? Explique.

59. Jacob afirma que a aceleração é quão rápido você vai. Emily afirma que a aceleração é quão rápido você consegue rapidez. Eles olham para você pedindo confirmação. Quem está correto?

60. Partindo do repouso, um carro acelera até uma rapidez de 50 km/h enquanto outro carro acelera até 60 km/h. Você poderia decidir qual carro foi submetido a uma aceleração maior? Por quê?

61. Qual é a aceleração de um carro que se move com velocidade uniforme de 100 km/h durante 10 segundos? Explique sua resposta.

62. Qual é maior, uma aceleração de 25 km/h para 30 km/h ou uma de 96 km/h para 100 km/h, se ambas ocorrem durante o mesmo tempo?

63. Suponha que um objeto caindo em queda livre fosse equipado com um velocímetro. Quanto aumentariam as leituras de sua rapidez a cada segundo de queda?

64. Suponha que o objeto em queda livre seja também equipado com um odômetro. As leituras da distância de queda a cada segundo indicam distâncias de queda iguais ou diferentes para sucessivos segundos?

65. Quando aumenta a rapidez de um objeto em queda livre, sua aceleração também aumenta?

66. Estenda as Tabelas 3.2 e 3.3 para incluir tempos de queda entre 6 e 10 segundos, supondo que não exista resistência do ar.

67. Para um objeto em queda livre partindo do repouso, qual é a *aceleração* ao final do quinto segundo de queda? E ao final do décimo segundo? Justifique suas respostas.

68. Como o arraste do ar afeta a marcação de um velocímetro em queda?

69. Compare a aceleração de uma bola atirada verticalmente para cima com uma bola que é simplesmente solta. Despreze a resistência aerodinâmica.

70. Quando um jogador arremessa uma bola diretamente para cima, como decresce a rapidez da bola a cada segundo de sua subida? Na ausência de resistência do ar, em quanto ela aumenta a cada segundo de sua descida? Quanto tempo leva a subida comparada com a descida?

71. Alguém de pé junto à beira de um penhasco (como da Figura 3.8) atira uma bola verticalmente para cima com uma certa rapidez e outra bola verticalmente para baixo com a mesma rapidez inicial. Se a resistência do ar for desprezível, que bola terá maior rapidez ao atingir o chão?

72. Alguém de pé junto à beira de um penhasco atira uma bola verticalmente para cima com uma certa rapidez e outra bola verticalmente para baixo com a mesma rapidez inicial. Se a resistência do ar NÃO for desprezível, que bola terá maior rapidez ao atingir o chão?

73. Se não fosse pela resistência do ar, por que seria perigoso sair para o descampado em dias chuvosos?

74. Quando está dirigindo para a frente e pressiona o freio, você tem velocidade positiva e aceleração negativa. Descreva uma situação em que tem velocidade negativa e aceleração positiva.

75. O tempo de voo de uma certa pessoa seria sensivelmente maior na Lua. Por quê?

76. Por que o filamento de água que sai de uma torneira fica mais afilado enquanto cai?

77. Caindo verticalmente, a chuva deixa linhas de 45° sobre o vidro da janela lateral de um automóvel em movimento. Compare a velocidade do carro com a das gotas de chuva.

PENSE E DISCUTA   (AVALIAÇÃO)

78. Um automóvel com velocidade apontando para o norte pode simultaneamente ter uma aceleração apontando para o sul? Explique.

79. Um objeto pode inverter seu sentido de movimento mantendo uma aceleração constante? Se sim, dê um exemplo disso. Se não, explique o porquê.

80. Para um movimento retilíneo, como o velocímetro de um carro indica se existe aceleração ou não?

81. Corrija seu amigo que afirma: "o carro de corrida fez a curva com uma velocidade constante de 100 km/h".

82. A rapidez de uma bola pode ser zero quando sua aceleração não é nula? Descreva um exemplo comum para os colegas.

83. Cite um exemplo de algo que está acelerado enquanto se move com rapidez constante. Seria possível acelerar enquanto está se movendo com velocidade constante? Debata com os colegas.

84. Sobre qual dessas rampas a bola rola descendo com rapidez crescente e aceleração decrescente? (Use este exemplo se deseja explicar a diferença entre rapidez e aceleração.)

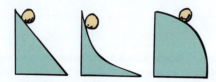

85. Se as três bolas no alto da colina do desenho começam a rolar simultaneamente, qual chega ao sopé primeiro? Explique.
86. Seja meticuloso e corrija seu colega que diz que "em queda livre, a resistência do ar é mais efetiva em frear uma pena que uma moeda".
87. Se solta uma bola e a resistência aerodinâmica pode ser desprezada, sua aceleração até o solo é de 10 m/s². Sua aceleração após atirar a bola para baixo seria maior do que 10 m/s²? Por quê?
88. Por que a aceleração de um objeto atirado para baixo poderia ser sensivelmente menor do que 10 m/s²? Debata o motivo com seus colegas.
89. Um colega afirma que, se um carro estiver se movendo para leste, ele não poderá simultaneamente acelerar para oeste. O que você responderia?
90. Madison atira uma bola diretamente para cima. Anthony deixa cair uma bola. Seu colega afirma que ambas as bolas têm a mesma aceleração. Qual é sua resposta?
91. Duas bolas são liberadas simultaneamente a partir do repouso, da extremidade esquerda dos trilhos A e B, de mesmo comprimento, mostrados na figura.
    a. Qual bola alcança primeiro o final de seu trilho?
    b. Em qual trilho a rapidez média é maior?
    c. Por que a rapidez da bola no final dos trilhos é igual para ambos os casos?

92. Estudamos casos idealizados de bolas que rolavam para baixo de planos inclinados lisos e de objetos que caíam sem resistência do ar. Suponha que um colega de turma se queixe de que toda a atenção dispensada a casos idealizados é sem valor, pois esses casos simplesmente não ocorrem no mundo cotidiano. Como você defenderia positivamente o estudo de casos ideais na natureza?
93. Elabore uma questão de múltipla escolha que avalie a compreensão da diferença entre rapidez e velocidade.
94. Elabore duas questões de múltipla escolha para testar a compreensão dos colegas de turma a respeito da distinção que existe entre velocidade e aceleração.

> Lembre-se de que as Questões de Revisão lhe proporcionam uma autoavaliação das ideias centrais deste capítulo. Questões do tipo Pegue e Use e Pense e Resolva focam a natureza matemática do material do capítulo. Você pode empregar seu pensamento crítico em Pense e Ordene. Exercícios do tipo Pense e Explique e Pense e Discuta complementam o conteúdo abordado no material do capítulo. Não prejudique essa oportunidade pedagógica procurando as respostas na internet. PENSE, NÃO BUSQUE!

CAPÍTULO 3 — Exame de múltipla escolha

Escolha a melhor resposta entre as alternativas:

1. Se um objeto move-se com rapidez constante em trajetória retilínea, este deve estar:
   a. acelerando.
   b. sofrendo o exercício de uma força.
   c. ambas as anteriores.
   d. nenhuma das anteriores.

2. A rapidez média de uma bola que rola sobre um trilho horizontal aumentará se este tiver uma:
   a. pequena inclinação para cima.
   b. pequena inclinação para baixo.
   c. ambas são iguais se a inclinação para baixo está no extremo oposto da inclinação para cima.
   d. não há informação suficiente para responder.

3. Um mosquito que voa a 2 m/s encontra uma brisa de 2 m/s na direção contrária. A rapidez resultante do mosquito em relação ao solo é de:
   a. 0 m/s.
   b. 3 m/s.
   c. 4 m/s.
   d. 6 m/s.

4. Desprezando a resistência aerodinâmica, quando você atira uma bola para cima, em quanto a rapidez para cima diminui a cada segundo?
   a. 10 m/s
   b. 10 m/s^2
   c. A resposta depende da rapidez inicial.
   d. nenhuma das anteriores.

5. A aceleração de um bloco de gelo que desliza por um plano inclinado:
   a. aumenta com o tempo.
   b. diminui com o tempo.
   c. é praticamente constante.
   d. é necessário mais informação para responder.

6. Durante cada segundo de queda livre, a rapidez de um objeto em queda:
   a. aumenta na mesma proporção.
   b. varia em grandezas crescentes.
   d. permanece constante.
   d. dobra.

7. Um objeto em queda livre tem rapidez de 40 m/s em um determinado instante. Exatamente 1 s depois, sua rapidez será:
   a. a mesma.
   b. 10 m/s.
   c. 45 m/s.
   d. mais de 45 m/s.

8. De pé junto à beira de um penhasco, Mike atira uma bola verticalmente para cima e outra bola verticalmente para baixo, ambas com a mesma rapidez inicial. Se a resistência do ar for desprezível, que bola terá maior rapidez ao atingir o chão?
   a. Aquela atirada para cima.
   b. Aquela atirada para baixo.
   c. Nenhuma, pois ambas atingirão o chão com a mesma rapidez.
   d. é necessário mais informação para responder.

9. Nellie pula da beira de uma mesa e aterrissa no chão em ¼ de segundo. A altura da mesa em relação ao chão é de cerca de:
   a. 1/3 m.
   b. 1/2 m.
   c. 3/4 m.
   d. 1 m.

10. A altura vertical atingida por um jogador de basquete com "tempo de voo" de 1 s completo é de cerca de:
    a. 0,8 m.
    b. 1 m.
    c. 1,2 m
    d. 2,5 m.

Respostas e explicações das perguntas do exame de múltipla escolha

1. (d): Rapidez constante em trajetória retilínea significa que não há força resultante e aceleração, de acordo com a condição de equilíbrio. Uma força seria exercida apenas se o objeto estivesse em aceleração. Assim, a resposta certa é (d). 2. (b): A bola ganha rapidez na inclinação descendente e perde o ganho na inclinação ascendente. Mesmo assim, sua rapidez na descida sempre é maior do que a rapidez na parte horizontal do trilho. A subida diminui a rapidez média. Assim, a rapidez média em todo o trilho aumentará se houver uma inclinação para baixo. 3. (a): Em ambos os casos, a rapidez é relativa ao solo: 2 m/s menos 2 m/s = 0. O mosquito "pairá" em repouso acima do solo. 4. (a): Sem a resistência aerodinâmica, a aceleração da bola ao longo de toda a trajetória é g, 10 m/s², o que significa que a rapidez da bola varia em 10 m/s a cada segundo, seja qual for a rapidez inicial. Assim, a resposta correta é (a). Todas as outras opções estão incorretas. Observe que a opção (b) é uma aceleração, não uma rapidez, como evidenciado pela elevação do segundo ao quadrado. 5. (c): Rapidez e velocidade variam com o tempo, mas não a aceleração. Se a rampa não tem atrito, curvas ou obstruções, a aceleração permanecerá constante. 6. (a): Na queda livre, a aceleração de um objeto é constante e igual a g, o que nos diz que a rapidez varia constantemente em 10 m/s a cada segundo. Assim, (a) é a resposta correta. A opção (c) incorretamente confunde a aceleração g, uma constante, com a rapidez v, que varia com o tempo. A opção (b) se aplicaria à distância da queda, não à rapidez. A opção (d) indica um chute maluco. Opa! 7. (d): Um corpo em queda livre próximo à superfície terrestre ganha 10 m/s a cada segundo de queda. Um segundo após atingir a rapidez de 40 m/s, sua rapidez seria 50 m/s, que não é uma opção disponível. A opção (d), no entanto, diz "mais de 45 m/s", então está correta. 8. (c): A rapidez em relação ao solo é igual em ambos os casos, pois quando a bola atirada para cima retornar ao nível inicial, terá a mesma rapidez inicial de quando foi lançada, que também será a mesma rapidez da bola atirada para baixo. Assim, ambas atingem o solo com a mesma rapidez, mas em momentos diferentes. 9. (a): A distância de queda com aceleração constante de 10 m/s² durante um período específico é dada por $d = \frac{1}{2}gt^2 = \frac{1}{2}(10 \text{ m/s}^2)(1/4)^2 = 0,31 \text{ m} \approx 1/3 \text{ m}$. É só inserir os números na equação para chegar ao resultado. 10. (c): O tempo de voo é calculado por $d = \frac{1}{2}gt^2$. Para um salto de 1 s completo, tempo de subida = tempo de descida, que é ½ s *para ambos*. Assim, $d = \frac{1}{2}gt^2 = \frac{1}{2}(10 \text{ m/s}^2)(\frac{1}{2})^2 = 1,25$ m, próximo o suficiente de 1,2 m para que (c) seja a melhor opção.

4
Segunda Lei de Newton do Movimento

4.1 **Forças**

4.2 **Atrito**

4.3 **Massa e peso**
   Massa resiste à aceleração

4.4 **Segunda lei de Newton do movimento**

4.5 **Quando a aceleração é *g* – queda livre**

4.6 **Quando a aceleração é menor do que *g* – queda não livre**

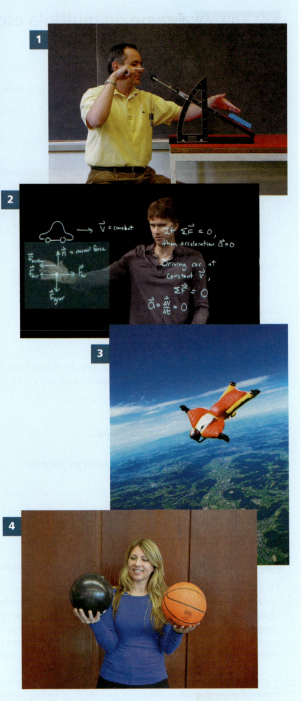

1 Efrain Lopez demonstra que não ocorre aceleração quando as forças se equilibram. **2** Matt Anderson inventou este impressionante Espelho de Aprendizagem para ensinar enquanto olha para os alunos. **3** Saltadores usando *wingsuits* fazem o que esquilos voadores sempre fazem, porém mais rapidamente. **4** Jill Evans pergunta a sua classe por que a bola mais pesada, quando solta, não cai mais rapidamente do que a bola leve.

CAPÍTULO 4 Segunda Lei de Newton do Movimento

Galileu introduziu o conceito de *aceleração*, a taxa segundo a qual a velocidade varia com o tempo – $a = \Delta v/\Delta t$. Mas o que produz a aceleração? A resposta é dada pela segunda lei de Newton. É a *força*. A segunda lei de Newton relaciona os conceitos fundamentais de aceleração e de força com o conceito de Galileu de *massa*, expresso na famosa equação $a = F/m$. Curiosamente, Isaac Newton tornou-se inicialmente famoso não por suas leis do movimento, ou mesmo por causa de sua lei da gravitação universal. Sua fama começou a partir de seu estudo da luz, ao descobrir que a luz branca é composta pelas cores do arco-íris.

Isaac Newton nasceu prematuramente no dia de Natal de 1642 e mal sobreviveu na casa de fazenda de sua mãe, na Inglaterra. Seu pai morrera vários meses antes do seu nascimento, e Newton cresceu sob os cuidados da mãe e da avó. Quando criança, ele não mostrava sinais particulares de brilhantismo; quando era um jovem adolescente, foi retirado da escola a fim de auxiliar na fazenda da mãe. Ele tinha pouco interesse em ser fazendeiro, preferindo ler livros que tomava emprestado de um vizinho. Um tio, que percebia o potencial acadêmico do jovem Isaac, providenciou seu retorno à escola por um ano, e ele se graduou na Universidade de Cambridge, sem distinção especial.

Quando uma epidemia de peste bubônica assolou a Inglaterra, Newton retirou-se para a fazenda materna – dessa vez para continuar seus estudos. Lá, com 22 e 23 anos, estabeleceu as bases para o trabalho que o tornou imortal. A lenda conta que a queda de uma maçã no chão o levou a considerar a força da gravidade estendendo-se até a Lua e além. Ele formulou e aplicou a lei da gravitação universal para resolver os mistérios seculares do movimento dos planetas e das marés oceânicas, aos quais retornaremos no Capítulo 9.

Com 26 anos, Newton foi nomeado Professor Lucasiano de Matemática no Trinity College de Cambridge. Ele tinha conflitos pessoais com as posições religiosas do College – a saber, questionando a ideia da Santíssima Trindade como uma doutrina fundamental do cristianismo da época. Foi somente quando Newton estava com 42 anos que incluiu suas três leis do movimento no livro que é geralmente reconhecido como a maior obra científica já escrita, o *Philosophiae Naturalis Principia Mathematica*.

Aos 46 anos, Newton passou a gastar sua energia em algo um tanto afastado da ciência, quando foi eleito para um mandato de um ano como membro do parlamento. Aos 57, foi eleito para um segundo mandato. Durante esses dois anos no parlamento, jamais proferiu um discurso. Um dia ele se levantou, e a Casa ficou em silêncio para ouvir o grande homem. O "discurso" de Newton foi muito breve; ele simplesmente pediu que uma janela fosse fechada por causa da brisa. Ele também foi membro da Royal Society e, com 60 anos, foi eleito seu presidente, sendo depois reeleito a cada ano pelo resto da vida.

Embora o cabelo de Newton tenha se tornado branco aos 30 anos, ele se manteve cheio, longo e ondulado pelo resto da vida, e Newton, diferentemente de outros na época, não usava perucas. Newton foi um homem modesto, excessivamente sensível a críticas e jamais se casou. Manteve-se saudável de corpo e mente até idade avançada. Aos 80 anos, ele ainda tinha todos os dentes, sua visão e sua audição eram apuradas e sua mente era alerta. Na sua época, ele era considerado por seus compatriotas o maior cientista que existiu. Em 1705, ele foi condecorado pela rainha Anne.

Newton faleceu aos 84 anos e foi enterrado na abadia de Westminster ao lado de monarcas e heróis da Inglaterra. Suas leis do movimento forneceram as bases do Programa Apollo, que, 282 anos depois, levou humanos até a Lua. Sua primeira lei é a lei da inércia, que vimos no Capítulo 2. No presente capítulo, abordaremos sua segunda lei do movimento.

4.1 Forças

Uma força pode ser entendida simplesmente como um puxão ou empurrão. A natureza da força pode ser gravitacional, eletromagnética ou uma das interações que ocorrem entre as partículas em nível nuclear. Nos Capítulos 9 e 10, enfocaremos a força gravitacional. Na Parte 5, estudaremos a força eletromagnética; nas Partes 6 e 7, trataremos das forças que ocorrem dentro do núcleo atômico. Em nível profundo, o simples ato de chutar uma bola envolve todas essas forças. Por ora, vamos nos manter em um nível mais superficial e tratar as forças como puxões e empurrões do senso comum, o que bastava para Isaac Newton e será suficiente para aprendermos sobre as três leis do movimento.

FIGURA 4.1 Chute a bola e ela vai acelerar.

A força da mão acelera o tijolo

Duas vezes mais força produz duas vezes mais aceleração

Duas vezes a força sobre duas vezes mais massa gera a mesma aceleração

FIGURA 4.2 A aceleração é diretamente proporcional à força.

Considere um disco de hóquei em repouso sobre uma pista de gelo. Acerte o disco (aplique uma força) e ele vai acelerar brevemente. Quando o bastão de hóquei não mais o empurra (ou seja, quando não há forças desequilibradas atuando sobre ele), o disco passa a se mover com velocidade constante. Exercendo-se outra força enquanto o bastão fica grudado no disco, novamente seu movimento será alterado. O mesmo acontece quando chutamos uma bola (Figura 4.1).

Com mais frequência, a força que exercemos sobre um objeto não é a única exercida sobre ele. Outras forças também podem estar sendo exercidas. Do Capítulo 2, lembre-se de que a combinação das forças exercidas sobre um objeto constitui a *força resultante*. A aceleração depende da força resultante. A fim de aumentar a aceleração de um objeto, devemos aumentar a força resultante exercida sobre ele. Se dobrarmos o valor da força resultante sobre um objeto, sua aceleração dobrará; se você triplicar a força resultante, o mesmo acontecerá com a aceleração. Isso faz muito sentido. Dizemos, então, que a aceleração de um objeto é diretamente proporcional à força resultante exercida sobre ele. Escrevemos

$$\text{Aceleração} \sim \text{força resultante}$$

O símbolo $\sim$ denota "é diretamente proporcional a". Isso significa, por exemplo, que, se um termo dobra de valor, o mesmo ocorre com o outro.

> **PAUSA PARA TESTE**
>
> 1. Um jato jumbo voa a uma velocidade constante de 1.000 km/h quando a força de empuxo gerada por seus motores é de 100.000 N. Qual é a aceleração do jato? Qual é a força de resistência do ar sobre ele?
> 2. Você empurra um caixote parado sobre um piso liso e ele acelera. Se você aplicar uma força resultante duas vezes maior, quantas vezes maior será a aceleração?
> 3. Se você empurrar o mesmo caixote com essa mesma força aumentada, mas ele estiver sobre um piso muito rugoso, como a aceleração se comparará com a que se obtinha empurrando sobre o piso liso? *(Pense a respeito antes de ler a resposta abaixo!)*

VERIFIQUE SUA RESPOSTA

1. A aceleração é nula, porque a velocidade é constante. Aceleração nula significa força resultante nula, o que significa que a força de resistência do ar deve ser igual à força de empuxo de 100.000 N e atuar no sentido oposto. As duas forças horizontais se cancelam, e o movimento da aeronave permanece inalterado. (Note que não precisamos saber qual é a velocidade do jato para responder a esta questão. Precisamos apenas saber que ela é constante; é a nossa pista de que a aceleração e a força resultante são nulas.)
2. Ele terá quatro vezes mais aceleração.
3. Ele terá menos aceleração, porque o atrito reduzirá a força resultante.

4.2 Atrito

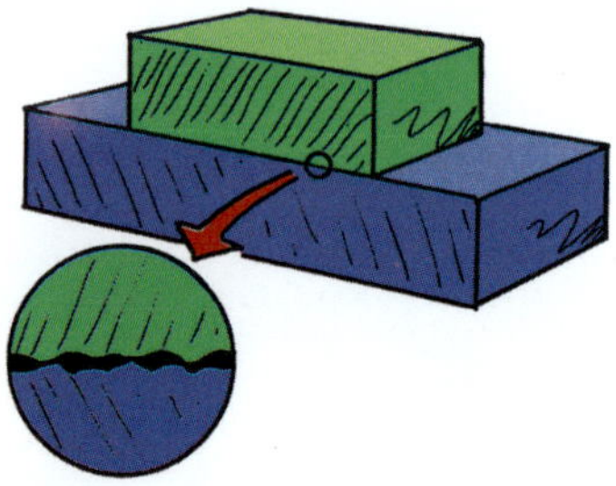

Quando duas superfícies deslizam ou tendem a deslizar uma sobre a outra, há uma força de atrito. Quando se aplica uma força a um objeto, geralmente uma força de atrito reduz a força resultante e a consequente aceleração. O atrito é causado pelas irregularidades nas superfícies em contato mútuo e depende dos tipos de materiais e de como eles são pressionados juntos (Figura 4.3). Mesmo as superfícies que aparentam ser muito lisas têm irregularidades microscópicas que obstruem o movimento. Os átomos agarram-se nos muitos pontos de contato. Quando um objeto desliza sobre outro, ele deve ou elevar-se sobre as saliências ou desfazer-se de átomos. Ambos os modos requerem força.

O sentido da força de atrito é sempre oposto ao do movimento. Um objeto escorregando *para baixo* numa rampa experimenta um atrito que aponta rampa

FIGURA 4.3 O atrito resulta das irregularidades e das atrações mútuas (aderência) entre átomos das superfícies dos objetos que escorregam.

acima; um objeto que escorrega para a *direita* experimenta um atrito direcionado para a *esquerda*. Assim, se um objeto precisa se movimentar com velocidade constante, deve-se aplicar sobre ele uma força igual e oposta ao atrito, para que as duas se anulem mutuamente. Uma força resultante nula, então, resulta em aceleração nula e velocidade constante.

Não há atrito atuando sobre uma mesa em repouso em um piso plano, mas se você empurrá-la um pouquinho e ela continuar parada, produz-se força de atrito entre as pernas da mesa e o chão (Figura 4.4). Ainda em repouso, isso nos diz que a força do atrito tem a mesma intensidade que o seu empurrão, mas sentido oposto. A mesa está em equilíbrio estático. Se empurrar mais um pouco, a força de atrito pode ceder, então a mesa desliza.[1] Se empurrá-la horizontalmente com rapidez constante em uma trajetória linear, ela estará em equilíbrio dinâmico. Se empurrar mais forte, encontra um atrito maior. Se empurrar ainda mais forte e a mesa aumentar a intensidade de sua velocidade à medida que desliza, existe um atrito máximo entre as pernas da mesa e o chão.

Curiosamente, o atrito durante o deslizamento é um pouco menor do que o atrito que mantém juntos os corpos antes de iniciar o movimento. Os físicos e os engenheiros distinguem entre o *atrito estático* e o *atrito de escorregamento**. Para qualquer superfície, o atrito estático é sempre maior do que o atrito de escorregamento. Se você empurrar um caixote, precisará fazer mais força para colocá-lo em movimento do que para mantê-lo deslizando. Antes do surgimento dos freios antibloqueantes, pisar violentamente no pedal do freio constituía um grande problema. Quando os pneus são travados, eles deslizam, fornecendo um atrito menor do que quando rolam até parar. Um pneu que rola não desliza sobre a superfície da rodovia, de modo que o atrito existente é estático, segurando mais do que o atrito de escorregamento. Contudo, uma vez que os pneus estejam deslizando, a força de atrito é reduzida – o que não é uma coisa boa. Um sistema de freios antibloqueantes mantém os pneus no limite de deslizarem.

FIGURA 4.4 Quando o empurrão de Marie é igual à força do atrito entre a mesa e o piso, a força resultante sobre a mesa é nula, e esta escorrega com velocidade constante.

PAUSA PARA TESTE

1. Marie exerce uma força horizontal de 100 N sobre uma mesa no chão, que não se move. Isso indica que 100 N não é o suficiente para tirar a mesa do lugar. Compare a força de atrito entre a mesa e o chão com o empurrão de Marie.

2. A seguir, ela empurra um pouco mais forte – digamos, com mais 10 N –, e a mesa continua parada. Qual é a força de atrito sobre a mesa?

3. Marie empurra mais forte, e a mesa finalmente sai do lugar. Uma vez em movimento, Marie descobre que um empurrão de 115 N é suficiente para manter a mesa deslizando com velocidade constante. Qual é a força de atrito sobre a mesa agora?

4. Qual força resultante atua sobre a mesa em movimento quando empurrada com 125 N enquanto o atrito com o chão é de 115 N?

5. Nos casos acima, quando ocorre *atrito estático* e quando ocorre *atrito de escorregamento*? Quando o atrito é *nulo*?

VERIFIQUE SUA RESPOSTA

1. A força de atrito é de 100 N no sentido contrário, que se opõe ao movimento que teria ocorrido sem ela. O fato de a mesa estar em repouso é evidência que $\Sigma F = 100\ N - 100\ N = 0$, equilíbrio estático.

2. O atrito aumenta de 100 N para 110 N; mais uma vez, isso ilustra que $\Sigma F = 110\ N - 110\ N = 0$, equilíbrio estático.

---

[1] Embora possa não parecer, a maioria dos conceitos da física não são realmente complicados. Entretanto, com o atrito é diferente: ele é um fenômeno muito complicado. As determinações são empíricas (obtidas de um grande número de experimentos) e as previsões são aproximadas (também baseadas em experimentos).

* N. de T.: Também conhecido como *atrito cinético*, *atrito cinemático* ou *atrito dinâmico*.

3. O atrito que atua sobre a mesa é de 115 N, pois movimento com velocidade constante significa que $\Sigma F = 115\ N - 115\ N = 0$, equilíbrio dinâmico.
4. A força resultante é de 10 N, pois $\Sigma F = 125\ N - 115\ N$. Nesse caso, o objeto acelera.
5. Quando a mesa é empurrada e permanece parada, a força do chão sobre a mesa é *atrito estático*, que a impede de deslizar. Quando a mesa desliza, ocorre *atrito de escorregamento*, seja a velocidade constante ou não. Não ocorre atrito quando a mesa está em repouso, sem sofrer a ação de uma força horizontal. A força de atrito ocorre apenas quando a mesa desliza ou quando há uma tentativa de fazer com que deslize.

FIGURA 4.5 O atrito entre o pneu e o piso é aproximadamente o mesmo, seja o pneu largo ou estreito. O propósito da maior área de contato é diminuir o aquecimento e o desgaste.

É interessante também que a força de atrito não depende da rapidez. Um carro que derrapa lentamente sofre aproximadamente o mesmo atrito que quando derrapa rapidamente. Se o atrito de escorregamento sofrido por um caixote deslizando lentamente sobre o piso é 100 newtons, com boa aproximação, ele será 100 newtons quando a rapidez for maior. Ele pode ser maior quando o caixote estiver em repouso ou na iminência de escorregar, mas, uma vez iniciado o deslizamento, a força de atrito permanecerá aproximadamente a mesma.

Mais interessante ainda: o atrito não depende da área de contato. Se você faz o caixote deslizar sobre sua superfície de menor área, tudo que fará será concentrar o mesmo peso sobre uma área menor, mas o atrito resultará no mesmo. Assim, os pneus extralargos que se vê em alguns carros não fornecem mais atrito que os pneus mais estreitos. Os pneus mais largos simplesmente distribuem o peso do carro sobre uma superfície de maior área, a fim de reduzir o aquecimento e o desgaste. De forma semelhante, o atrito entre um caminhão e o piso é o mesmo, tendo ele quatro pneus ou 18! Um número maior de pneus distribui a carga sobre uma área maior e reduz a pressão por pneu. Curiosamente, a distância de parada quando os freios são acionados não é determinada pelo número de pneus, mas o gasto que os pneus experimentam depende muito desse número.

O atrito não se restringe a sólidos deslizando uns sobre os outros. Ele também ocorre com líquidos e gases, chamados coletivamente de *fluidos* (porque fluem). O atrito com um fluido ocorre quando um objeto empurra o fluido para os lados ao se mover dentro dele. Você já tentou correr 100 m por uma água rasa? O atrito devido ao fluido é bastante significativo, mesmo em baixas velocidades. Assim, diferentemente do atrito entre duas superfícies sólidas, o atrito com um fluido depende do módulo da velocidade. Uma forma muito comum de atrito com um fluido para algo que se move dentro do ar é a *resistência do ar*, também chamada de força de *arraste*. Em geral, não precisamos nos preocupar com a resistência do ar quando caminhamos ou corremos lentamente, mas você a nota quando anda de bicicleta ou quando esquia ladeira abaixo. A resistência do ar aumenta à medida que a velocidade cresce. Um saco em queda alcança uma velocidade constante quando a resistência do ar se equilibra à força devido à gravidade atuando sobre o saco.

Os pneus têm ranhuras não para aumentar o atrito, mas para deslocar e redirecionar a água entre a superfície da rodovia e o lado externo dos pneus. Muitos carros de corrida usam pneus sem ranhuras, porque correm em dias secos.

PAUSA PARA TESTE
Qual é a força resultante que experimenta um caixote deslizando quando você exerce sobre ele uma força de 110 N e o atrito entre ele e o piso é de 100 N?

VERIFIQUE SUA RESPOSTA
10 N no sentido de seu empurrão (110 N – 100 N). O caixote acelera.

4.3 Massa e peso

A aceleração que se imprime sobre um objeto depende não apenas das forças aplicadas e das forças de atrito, mas também da inércia do objeto. Quanto de inércia um objeto tem depende da quantidade de matéria que ele tem – quanto mais matéria, mais inércia. Para especificar quanta matéria alguma coisa tem, usamos o termo *massa*. Nossa compreensão atual da massa tem raiz em sua origem, o recentemente descoberto bóson de Higgs. (Realmente intrigante, e abordaremos isso rapidamente no Capítulo 32.) Por ora, queremos primeiro entender a massa em seu sentido mais simples – como uma medida da inércia de um corpo material. Quanto maior for a massa de um objeto, maior será sua inércia.

A massa corresponde à nossa noção intuitiva de peso. Normalmente dizemos que um objeto tem muita matéria se ele pesa muito, mas existe uma diferença entre massa e peso. Podemos definir cada um deles da seguinte maneira:

Massa: *a quantidade de matéria num objeto. É também a medida da inércia ou lentidão com que um objeto responde a qualquer esforço feito para movê-lo, pará-lo ou alterar de algum modo o seu estado de movimento.*
Peso: *normalmente a força sobre um objeto devido à gravidade.*

Falamos *normalmente* na definição de peso porque um corpo pode ter peso mesmo quando a gravidade não é a causa, como ocorre em uma estação espacial giratória. Em qualquer situação, próximo à superfície da Terra e na ausência de aceleração, massa e peso são diretamente proporcionais.[2]

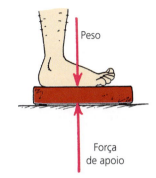

FIGURA 4.6 Em equilíbrio sobre uma balança de banheiro, o peso (mg) é equilibrado por uma força de apoio orientada para cima.

PAUSA PARA TESTE

1. Um bloco de ferro com 2 kg tem duas vezes mais inércia do que um bloco de ferro de 1 kg? Tem duas vezes mais massa? Tem duas vezes mais volume? Tem duas vezes mais peso do que um bloco de 1 kg pesado no mesmo local?
2. Um bloco de ferro com 2 kg tem duas vezes mais inércia do que 1 kg de bananas? Tem duas vezes mais massa? Tem duas vezes mais volume? Tem duas vezes mais peso do que um 1 kg de bananas pesadas no mesmo local?
3. De que modo a massa de uma barra de ouro varia por local?

VERIFIQUE SUA RESPOSTA

1. A resposta é sim para todas as perguntas. Um bloco de ferro de 2 kg tem o dobro dos átomos de ferro e, logo, o dobro de inércia, massa e peso. Os blocos são feitos do mesmo material, então o bloco de 2 kg também tem o dobro do volume.
2. Dois quilogramas de qualquer coisa têm o dobro da inércia e o dobro da massa de 1 kg de qualquer coisa. Como a massa e o peso são proporcionais no mesmo local, 2 kg de qualquer coisa vão pesar o dobro de 1 kg de qualquer coisa. Exceto pelo volume, a resposta para todas as perguntas é "sim". O volume e a massa são proporcionais apenas para o mesmo material – para a mesma *densidade* (mesma massa por volume). A densidade do ferro é muito maior do que a das bananas, então 2 kg do ferro, mais compacto, ocupa menos volume do que 1 kg de bananas.
3. Não varia! A barra é composta pelo mesmo número de átomos, seja qual for o seu local. Embora o peso possa variar com o local, a massa é sempre a mesma. É por isso que preferimos usar a massa em estudos científicos, não o peso.

---

[2] No Capítulo 8, discutiremos como a força de apoio gerada pela rotação produz *gravidade artificial*, na qual um astronauta em um *habitat* espacial giratório sente peso.

O peso de um objeto de massa *m* devido à gravidade é igual a *mg*, onde *g* é a constante de proporcionalidade e tem um valor de aproximadamente 10 N/kg (mais precisamente, 9,8 N/kg). De forma equivalente, *g* é a aceleração devido à gravidade, 10 m/s^2 (a unidade N/kg equivale a m/s^2).

A proporção direta entre massa e peso significa que, se a massa de um objeto for dobrada, seu peso também dobrará; e se a massa for reduzida à metade, o mesmo ocorrerá com o peso. Por isso, massa e peso podem, com frequência, ser trocados um pelo outro. Além disso, massa e peso às vezes são confundidos porque é costumeiro medir a quantidade de matéria nas coisas (massa) por meio da atração gravitacional da Terra (peso). Contudo, massa é mais fundamental do que peso; ela é uma grandeza fundamental que foge totalmente à percepção da maioria das pessoas.

Existem ocasiões em que o peso corresponde à nossa noção inconsciente de inércia. Por exemplo, se você está tentando determinar, entre dois pequenos objetos, qual é o mais pesado, pode sacudi-los para a frente e para trás em sua mão ou movimentá-los de alguma maneira, em vez de apenas sustentá-los. Ao fazer isso, você estará avaliando qual dos dois é mais difícil de conseguir mover, verificando qual dos dois resiste mais a uma alteração no movimento. Você estará, de fato, comparando as inércias dos corpos.

> **PAUSA PARA TESTE**
> Se fosse passageiro na Estação Espacial Internacional e encontrasse duas latas, uma com feijão refrito e a outra vazia, como faria para determinar qual está cheia e qual está vazia?
>
> **VERIFIQUE SUA RESPOSTA**
> É só sacudir as latas! Ou mexa-as de qualquer jeito e vai ser possível determinar imediatamente qual resiste mais a mudanças no movimento. A lata com feijão refrito é mais difícil de sacudir, então tem mais inércia, ou seja, mais massa.

A quantidade de matéria que um objeto tem é normalmente descrita pela atração gravitacional que a Terra lhe aplica, ou seu *peso*; no Brasil, ele é geralmente expresso em *quilogramas-força* (símbolo: kgf). Na maior parte dos países, entretanto, a medida de matéria é geralmente expressa numa unidade de massa, o **quilograma**. Na superfície da Terra, um tijolo com massa de 1 quilograma pesa 1 quilograma-força. No Sistema Internacional (SI), a unidade de força é o **newton**. Um tijolo de 1 quilograma pesa cerca de 10 newtons (mais precisamente, 9,8 N)[3].

Longe da superfície da Terra, onde é menor a influência da gravidade, um tijolo de 1 quilograma pesa menos. Ele também pesaria menos na superfície de planetas com gravidade menor do que a da Terra. Na superfície da Lua, por exemplo, onde a força gravitacional sobre as coisas tem apenas um sexto da intensidade da força gravitacional terrestre, um objeto de 1 quilograma pesa cerca de 1,6 newton (ou cerca de 0,16 kgf). Sobre planetas com gravidade mais forte, pesariam mais. Contu-

---

[3] No Sistema Britânico de Unidades, a unidade análoga ao quilograma-força é o "pound" (símbolo lb) ou libra-força. Um quilograma-força corresponde a 2,2 lb, que é igual a 9,8 N, isto é, 1 N corresponde aproximadamente a 0,22 lb – mais ou menos o peso de uma maçã. No sistema métrico, é comum especificar quantidades de matéria em unidades de massa (em gramas ou quilogramas), e raramente em unidades de peso (em newtons). Nos Estados Unidos e em outros países que usam o Sistema Britânico de Unidades, todavia, quantidades de matéria são costumeiramente especificadas em unidades de peso (em libras). (A unidade britânica de massa, o *slug*, não é muito conhecida.) Consulte o Apêndice A para mais informações a respeito dos sistemas de unidades.

do, a massa do tijolo é a mesma em qualquer lugar. Ele oferece a mesma resistência ao aumento ou à diminuição de sua rapidez, não importa se ele está na Terra, na Lua ou em qualquer outro corpo que o atraia. Dentro de uma nave espacial com os motores desligados, uma balança indicará zero para o peso do tijolo, mas ele ainda tem massa. Mesmo que não pressione a balança para baixo, o tijolo continua apresentando a mesma resistência a mudanças em seu movimento que apresenta na Terra. Para sacudi-lo, um astronauta numa espaçonave teria de exercer sobre o tijolo a mesma quantidade de força que exerce quando ele se encontra na Terra. Você teria de empurrar com a mesma força para acelerar um enorme caminhão até alcançar uma certa rapidez seja numa superfície plana na Lua ou na Terra. A dificuldade de *sustentá-lo* contra a gravidade (peso), entretanto, é outra coisa. Massa e peso são diferentes um do outro (Figura 4.7).

FIGURA 4.7 O astronauta, no espaço, descobre que é tão difícil sacudir a bigorna "sem peso" como quando ela está na Terra. Se a bigorna tem mais massa do que o astronauta, qual deles balança mais – a bigorna ou o astronauta?

Uma agradável demonstração que revela a distinção entre massa e peso é a de uma bola de grande massa suspensa por um barbante, mostrada por David Yee na foto de abertura do Capítulo 2 e na Figura 4.8. O barbante superior se rompe quando o barbante de baixo é puxado com uma força que aumenta gradualmente, mas o barbante de baixo é que se rompe quando é puxado de forma brusca. Qual desses casos ilustra o peso da bola e qual deles ilustra a massa dela? Note que apenas o barbante superior suporta o peso da bola. Assim, quando o barbante inferior é puxado com força gradualmente crescente, a tensão criada pelo puxão é transmitida para o barbante superior. Assim, a tensão total no barbante superior é a força do puxão *mais* o peso da bola. O barbante superior se rompe quando o ponto de ruptura é alcançado. Contudo, quando o barbante de baixo é puxado bruscamente, a massa da bola – sua tendência a permanecer em repouso – é a responsável pelo rompimento do barbante.

Também é fácil confundir massa com volume. Quando imaginamos um objeto com muita massa, com frequência imaginamos um objeto grande. Pensamos no **volume** de um objeto, a quantidade de espaço que ele ocupa. O volume de um objeto, entretanto, não é exatamente uma boa maneira de avaliar sua massa. Qual é mais fácil de movimentar: uma bateria de carro ou uma caixa de papelão vazia do mesmo tamanho? Assim, vemos que massa não é nem peso e nem volume.

FIGURA 4.8 Por que um aumento gradual na força que puxa para baixo faz romper o barbante acima da bola de grande massa, enquanto um aumento brusco dessa força rompe o barbante de baixo?

> **PAUSA PARA TESTE**
> Seria mais fácil sustentar um caminhão de cimento sobre a Terra ou sobre a Lua?
>
> **VERIFIQUE SUA RESPOSTA**
> Seria mais fácil sustentar um caminhão de cimento sobre a Lua, porque a força gravitacional é menor na Lua. Quando você *sustenta* um objeto, está lutando contra a força da gravidade (o peso dele). Embora a massa do objeto seja a mesma na Terra, na Lua ou em qualquer outro lugar, seu peso é somente um sexto sobre a Lua; assim, apenas um sexto do esforço é necessário para sustentá-lo lá. Ao movê-lo horizontalmente, entretanto, você não estará empurrando contra a gravidade. Quando a massa é o único fator, forças iguais produzirão acelerações iguais, esteja o objeto sobre a Terra ou sobre a Lua.

Massa resiste à aceleração

Empurre um colega seu numa prancha de *skate* e ele será acelerado. Agora empurre, com a mesma força, um elefante sobre o mesmo *skate*, e a aceleração produzida será muito menor. Você verificará que a quantidade de aceleração depende não apenas da força, mas também da massa a ser empurrada. A mesma força aplicada a uma massa duas vezes maior produz a metade da aceleração. Para uma massa três vezes

FIGURA 4.9 Quanto maior a massa, maior a força que se deve fazer para obter uma certa aceleração.

FIGURA 4.10 Uma força enorme é necessária para acelerar este grande caminhão, carregado normalmente com 350 toneladas. Além disso, freios capazes de gerar forças enormes são necessários para detê-lo.

maior, um terço da aceleração. Dizemos que, para uma determinada força, a aceleração produzida é inversamente proporcional à massa. Isto é,

$$\text{Aceleração} \sim \frac{1}{\text{massa}}$$

Aqui, *inversamente* significa que os dois valores variam em sentidos opostos. Por exemplo, se um valor dobra, o outro é reduzido à metade.

> **PAUSA PARA TESTE**
>
> Preencha os espaços em branco: Sacuda algo de um lado para o outro e você estará lidando com a sua _____. Sustente-o contra a gravidade e você estará lidando com o seu _____.

VERIFIQUE SUA RESPOSTA

Massa. Peso.

4.4 Segunda lei de Newton do movimento

Newton foi o primeiro a descobrir a relação entre os três conceitos físicos básicos – aceleração, força e massa. Ele formulou uma das mais importantes leis da natureza, sua segunda lei do movimento. A **segunda lei de Newton** estabelece que

> A aceleração de um objeto é diretamente proporcional à força resultante atuando sobre ele; tem o mesmo sentido que essa força e é inversamente proporcional à massa do objeto.

Em forma resumida,

$$\text{Aceleração} \sim \frac{\text{força resultante}}{\text{massa}}$$

Se duas coisas são diretamente proporcionais entre si, quando uma delas aumenta, a outra também aumenta. Entretanto, se duas coisas são inversamente proporcionais entre si, quando uma delas aumenta, a outra diminui.

Como explicado anteriormente, a linha ondulada ∼ (til) como símbolo significa "é proporcional a". Dizemos que a aceleração *a* é diretamente proporcional à força resultante *F* e inversamente proporcional à massa *m*. Com isso, queremos dizer que se *F* cresce, *a* cresce pelo mesmo fator (se *F* dobra de valor, *a* também dobra); mas se *m* cresce, *a* decresce pelo mesmo fator (se *m* dobra, *a* reduz-se à metade).

Usando unidades consistentes, como newton (N) para força, quilograma (kg) para a massa e metros por segundo ao quadrado (m/s²) para a aceleração, a proporcionalidade pode ser expressa como uma equação exata:

$$\text{Aceleração} = \frac{\text{força resultante}}{\text{massa}}$$

Aqui, diretamente proporcional.

Aqui, inversamente proporcional.

Em sua forma mais sintética, onde *a* representa a aceleração, F_R, a força resultante e *m*, a massa, ela assume a forma

$$a = \frac{F_R}{m}$$

Um objeto é acelerado no mesmo sentido que a força que atua sobre ele. Se uma força for aplicada no sentido do movimento de um objeto, fará a rapidez dele aumentar. Se for aplicada no sentido oposto, fará a rapidez do objeto diminuir. Atuando em ângulos retos à direção do movimento, desviará o objeto. Aplicada numa outra direção qualquer, causará uma combinação de variação da rapidez com desvio da trajetória. *A aceleração de um objeto está sempre no mesmo sentido da força resultante.*

Podemos rearranjar a segunda lei de Newton para ler $F = ma$. Quando a força sobre um objeto de massa m se deve à gravidade, é normal chamá-la de *peso*. Assim, peso = $ma = mg$, onde g é a aceleração de queda livre. Logo, expressamos o peso de objetos por mg.

A força da mão acelera o tijolo

A mesma força sobre dois tijolos produz duas vezes menos aceleração

Três tijolos, um terço da aceleração

FIGURA 4.11 A aceleração é inversamente proporcional à massa.

PAUSA PARA TESTE

1. No capítulo anterior, definiu-se a aceleração como a taxa temporal de variação da velocidade; isto é, a = (variação em v)/tempo. Neste capítulo, estamos dizendo que a aceleração, em vez disso, é a razão entre a força e a massa; isto é, $a = F/m$? Afinal, o que é aceleração?

2. Que três controles de um automóvel permitem que o motorista produza aceleração? Como a massa do automóvel afeta as acelerações?

VERIFIQUE SUA RESPOSTA

1. A aceleração é *definida* como a taxa de variação temporal da velocidade, e é *produzida* por uma força. O valor da razão força/massa (a causa) é que determina a taxa com a qual ocorrem as variações de v/t (o efeito). Enquanto no Capítulo 3 definimos o que é aceleração, neste capítulo definimos os termos que produzem a aceleração.

2. Os três controles são o acelerador (para aumentar a rapidez), os freios (para reduzir a rapidez) e o volante (para alterar a direção). Quanto maior a massa do veículo, maior é a resistência a essas variações (motoristas de veículos gigantes precisam se adaptar à demora nas mudanças de velocidade).

4.5 Quando a aceleração é g – queda livre

Embora Galileu tenha estabelecido os conceitos de inércia e aceleração e tenha sido o primeiro a medir a aceleração de objetos em queda, ele não podia explicar *por que* objetos com massas diferentes caíam com acelerações iguais. A segunda lei de Newton fornece a explicação.

Sabemos que um objeto em queda acelera na direção da Terra devido à força de atração gravitacional entre ele e a Terra. Quando a força da gravidade é a única força – isto é, quando a resistência do ar é desprezível –, dizemos que o objeto está num estado de **queda livre**.

Quanto maior é a massa de um objeto, maior é a força de atração gravitacional entre ele e a Terra. O duplo tijolo da Figura 4.12, por exemplo, sofre duas vezes mais atração gravitacional do que o tijolo único. Por que, então, o tijolo duplo não cai duas vezes mais rápido, como supôs Aristóteles? A resposta é que a aceleração de um objeto depende não apenas da força – neste caso, o peso –, mas também da resistência do objeto ao movimento, sua inércia. Enquanto uma força produz uma aceleração, a inércia *resiste* à aceleração. Assim, duas vezes mais força exercida sobre duas vezes mais inércia produz a mesma aceleração que a metade da força aplicada sobre a metade da inércia. Ambas aceleram igualmente. A aceleração devido à gravidade é simbolizada por g. Usamos esse símbolo, em lugar do a, para indicar que a aceleração deve-se apenas à gravidade.

A razão do peso para a massa, em objetos em queda livre, é igual a uma constante – g. Isso é semelhante à razão da circunferência para o diâmetro nos círculos, igual à constante π(n) (Figura 4.13).

Agora compreendemos por que a aceleração de um objeto em queda livre independe da massa do objeto. Uma grande rocha, com 100 vezes mais massa que um pedregulho, cai com a mesma aceleração que este porque, embora a força sobre a rocha (seu peso) seja 100 vezes maior do que a força (peso) sobre o pedregulho, sua resistência a alterações no movimento (massa) é também 100 vezes maior do que a do pedregulho. A força maior é compensada pela massa igualmente maior.

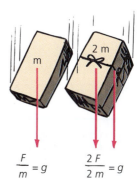

FIGURA 4.12 A razão entre a força da gravidade (F) e a massa (m) é igual para todos os objetos na mesma localização, por isso suas acelerações são as mesmas na ausência de resistência do ar.

74 PARTE I Mecânica

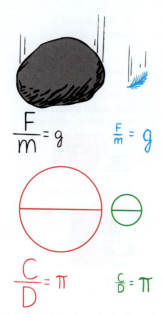

FIGURA 4.13 A razão da força devido à gravidade (F) para a massa (m) é a mesma tanto para uma grande rocha quanto para uma pena. Similarmente, a razão da circunferência (C) para o diâmetro (D) é a mesma tanto para um círculo grande quanto para um pequeno.

Quando Galileu tentou explicar por que todos os objetos caem com igual aceleração, não teria ele amado saber que $a = F/m$?

> **PAUSA PARA TESTE**
>
> 1. No vácuo, uma moeda e uma pena caem igualmente, lado a lado. Seria correto dizer que forças da gravidade iguais atuam sobre a moeda e a pena quando estão no vácuo?
> 2. Relacione a razão entre a circunferência e o diâmetro de um círculo, π, com a queda livre.

VERIFIQUE SUA RESPOSTA

1. Não, não e não, mil vezes não! Esses objetos aceleram igualmente não porque as forças da gravidade sobre eles são iguais, mas porque as *razões* de seus pesos para suas massas são iguais. Embora a resistência do ar não esteja presente no vácuo, a gravidade está lá. Espaçonaves em órbita da Terra, no vácuo espacial, são aceleradas pela gravidade terrestre, razão pela qual elas não se movem em linhas retas.

2. Como mostra a Figura 4.13, π é constante para todos os círculos, independentemente do seu tamanho. Da mesma forma, a razão entre a força gravitacional e a massa é uma constante, g, para todos os objetos em queda livre. O incrível é que Galileu conhecia as forças e massas, definiu a aceleração e estudou a queda livre, mas nunca ligou os três, $a = F/m$, para criar uma bela explicação da queda livre. Foi Newton quem estabeleceu essa relação.

4.6 Quando a aceleração é menor do que g – queda não livre

Uma coisa são objetos caindo no vácuo, mas e o caso prático de objetos que caem no ar? Embora uma moeda e uma pena caiam igualmente rápido no vácuo, elas caem de maneiras bem diferentes no ar. Como se aplicam as leis de Newton a objetos que caem no ar? A resposta é que elas se aplicam a *todos* os objetos, estejam caindo livremente ou na presença de forças resistentes. As acelerações, entretanto, são bem diferentes nos dois casos. O importante é manter em mente a ideia de *força resultante*. No vácuo, ou em casos onde a resistência do ar possa ser desprezada, a força resultante é o peso, porque ele é a única força presente. Em presença da resistência do ar, porém, a força resultante é menor do que o peso – ela é igual ao peso menos a força de resistência aerodinâmica, aquela força que surge devido à resistência do ar.[4]

A força de resistência aerodinâmica que um objeto em queda experimenta depende de duas coisas. Primeiro, depende da área frontal do objeto em queda – isto é, da quantidade de ar que o objeto retira de seu caminho enquanto cai. Segundo, depende da rapidez de queda do objeto em relação ao meio; quanto maior for a rapidez, maior será o número de moléculas de ar que ele encontrará por segundo, e maior será a força total produzida pelos impactos moleculares. A força de resistência depende do tamanho e da rapidez de um objeto em queda.

Em alguns casos, a resistência aerodinâmica afeta fortemente a queda; em outros casos, não. O arraste do ar é importante para uma pena em queda. Visto que uma pena tem uma grande área dado seu pequeno peso, ela não cairá muito rápido, porque a força

---

[4] Em notação matemática,

$$a = \frac{F_R}{m} = \frac{mg - R}{m}$$

onde mg é o peso e R é a resistência do ar. Note que, quando $R = mg$, $a = 0$; então, sem aceleração alguma, o objeto cai com velocidade constante. Com um pouco de álgebra elementar, podemos ir um passo mais adiante e obter

$$a = \frac{F_R}{m} = \frac{mg - R}{m} = g - \frac{R}{m}$$

Vemos, assim, que a aceleração a será sempre menor do que g se a resistência do ar, R, atrapalha a queda. Somente quando $R = 0$ é que $a = g$.

de resistência aerodinâmica atua para cima e acaba anulando o peso atuante para baixo. A força resultante sobre a pena é nula, e a aceleração deixa de existir. Quando isso acontece, dizemos que o objeto alcançou sua rapidez terminal. Se nos interessa a direção e o sentido do movimento, dizemos que ele alcançou sua **velocidade terminal**.

A mesma ideia se aplica a todos os objetos em queda no ar. Considere a prática de *skydiving**. À medida que um mergulhador em queda fica mais rápido, a resistência aerodinâmica vai crescendo em valor, até que acaba se igualando ao peso do mergulhador. Se e quando isso acontecer, a *força resultante* se tornará zero, e o mergulhador não acelerará mais; ele alcançou sua velocidade terminal. No caso de uma pena, a velocidade terminal é de alguns centímetros por segundo, enquanto para um mergulhador aéreo, ela é cerca de 200 km/h. O mergulhador pode variar sua rapidez mudando sua posição. Mergulhar no ar com a cabeça ou os pés para baixo é uma maneira de encontrar menos ar pelo caminho e, assim, sofrer menor força de resistência aerodinâmica e alcançar a máxima velocidade terminal. Uma velocidade terminal menor será alcançada esticando o próprio corpo, como um esquilo voador.

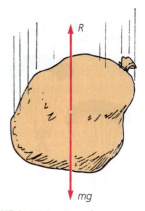

FIGURA 4.14 Quando o peso *mg* é maior do que a resistência do ar *R*, o saco em queda acelera. Com valores de rapidez maiores, *R* cresce. Quando *R = mg*, a aceleração torna-se nula, e o saco alcança sua velocidade terminal.

> **PAUSA PARA TESTE**
>
> Nellie Newton salta de um helicóptero que voa alto. Enquanto ela cai cada vez mais rápido no ar, sua aceleração cresce, decresce ou permanece a mesma?
>
>
>
> **VERIFIQUE SUA RESPOSTA**
>
> A aceleração diminui porque a força resultante sobre Nellie diminui. A força resultante é igual ao seu peso menos a resistência do ar sobre si e, como a resistência do ar cresce com o aumento da rapidez, a força resultante diminui, e, com ela, a aceleração. Pela segunda lei de Newton,
>
> $$a = \frac{F_R}{m} = \frac{mg - R}{m}$$
>
> onde *mg* é o peso de Nellie e *R* é a resistência do ar que ela enfrenta. Quando *R* cresce, *a* diminui. Note que, se ela cai rápido o suficiente para que *R = mg*, *a* = 0, então, sem aceleração, ela passa a cair com rapidez constante.

psc

- Com a cabeça para a frente e com os braços abertos, os saltadores podem atingir velocidades terminais de aproximadamente 160 km/h. As velocidades terminais são mais baixas usando um macacão com pequenas asas (*wingsuit*) e muito reduzidas com o uso de paraquedas. Os praticantes de *skydiving* e os esquilos voadores não são os únicos a aumentar as suas áreas de superfície quando caem. Quando salta de um galho para o outro, a cobra voadora (*Chrysopelea paradisi*) se "achata" e dobra a sua largura. O animal adquire uma forma ligeiramente côncava e manobra pela ondulação em uma forma graciosa que lembra a letra "S". As cobras voadoras conseguem saltar mais de 20 m de uma vez só.

As velocidades terminais são muito menores se o saltador veste um macacão especial, dotado de pequenas asas (Figura 4.15). Esse tipo de roupa não apenas au-

(a)   (b)

FIGURA 4.15 (a) Um esquilo voador abre as patas para aumentar a sua área frontal, o que aumenta a resistência aerodinâmica e reduz a variação da velocidade de queda. (b) O mesmo também vale para o saltador de *wingsuit flying*.

---

* N. de T.: Mergulho aéreo. Esporte derivado do paraquedismo que consiste em saltar do avião à grande altura e efetuar manobras individuais ou coletivas antes de abrir o paraquedas. O nome em inglês para quem pratica essa modalidade de paraquedismo é *skydiver*.

FIGURA 4.16 O paraquedista mais pesado deve cair mais rápido que um mais leve para que a resistência do ar anule a força gravitacional maior puxando-o para baixo.

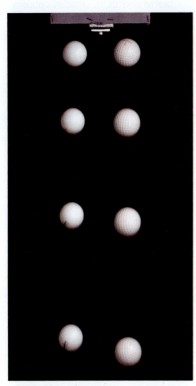

FIGURA 4.17 Estudo estroboscópico de uma bola de pingue-pongue (esquerda) e de uma bola de golfe (direita) em queda no ar.

menta a área frontal do saltador, mas também fornece uma sustentação semelhante àquela dos esquilos saltadores quando eles modelam seus corpos em forma de "asas". Esse empolgante esporte, chamado de *wingsuit flying*, vai além do voo que os esquilos saltadores conseguem, pois um saltador de *wingsuit flying* é capaz de atingir velocidades horizontais de até 350 km/h. Mais parecidas com balas do que com esquilos saltadores, essas "pessoas-pássaros" planam com notável precisão, graças aos macacões com asas de alta eficiência. A fim de aterrissar em segurança, elas utilizam paraquedas. Pelo menos um saltador de *wingsuit* aterrissou em segurança sem empregar paraquedas.

A grande área frontal provida por um paraquedas resulta em baixos valores de velocidade terminal para aterrissagem em segurança. Para compreender a física envolvida em um paraquedas, considere uma mulher e um homem saltando de paraquedas de uma mesma altitude (Figura 4.16). Suponha que o homem é duas vezes mais pesado que a mulher e que seus paraquedas de mesmo tamanho estão abertos desde o início. Paraquedas de mesmo tamanho significa que, com uma mesma rapidez de queda, a resistência do ar é igual para ambos. Quem chega primeiro ao solo: o homem pesado ou a mulher leve? A resposta é que a pessoa que cai mais rápido chega primeiro ao solo – ou seja, a pessoa que alcança uma velocidade terminal maior. À primeira vista, pode parecer que, como os paraquedas são idênticos, as velocidades terminais de cada um serão as mesmas e que, portanto, eles atingiriam o solo juntos. Isso não é o que acontece, porque a resistência do ar também depende da rapidez. Uma rapidez maior significa que haverá uma força maior de impacto contra o ar. A mulher alcançará sua velocidade terminal quando a força de resistência aerodinâmica sobre seu paraquedas se igualar ao peso dela. Quando isso acontecer, a resistência aerodinâmica contra o paraquedas do homem ainda não terá se igualado ao seu peso. Ele deverá cair mais rápido ainda para que a resistência aerodinâmica se iguale ao seu maior peso[5]. A velocidade terminal é maior para a pessoa mais pesada, por isso ele chegará primeiro ao solo.

Quando comparar os efeitos do arrasto do ar em objetos em queda, pense em "peso menos arrasto". A Figura 4.17 mostra uma bola de pingue-pongue e uma de golfe em queda. O peso da bola de golfe (direita) é grande em comparação com o arrasto, então sua aceleração de queda é quase igual a *g*. O peso e o arrasto da bola de pingue-pongue (esquerda), mais leve, por outro lado, produz uma aceleração menor. O arrasto do ar sobre a bola de pingue-pongue logo se iguala ao seu peso menor, de modo que a bola atinge a velocidade terminal mais cedo. A bola de golfe cai mais rápido e chega ao chão antes.

Quando Galileu supostamente soltou objetos de pesos diferentes do alto da Torre de Pisa, os dois não atingiram o solo exatamente no mesmo momento. Foi quase. Devido ao arrasto do ar, o mais pesado atingiu o solo ligeiramente antes. O fato contradizia a diferença muito maior que seria esperada pelos seguidores de Aristóteles. O comportamento dos objetos em quedas não era compreendido até Newton enunciar sua segunda lei do movimento.

Há uma lição para nós aqui. Sempre que for considerar a aceleração de alguma coisa, use a equação da segunda lei de Newton para orientar o seu raciocínio: a aceleração é igual à razão entre a força resultante e a massa, $a = F/m$. Essa equação foi a base para levar o homem à Lua. Não menospreze o papel dela no seu *kit* de ferramentas intelectual.

---

[5] A rapidez terminal para um homem duas vezes mais pesado será cerca de 41% maior do que a rapidez terminal para a mulher, porque a força retardadora do ar é proporcional ao quadrado da rapidez. Assim, a força de arrasto do ar torna-se mais importante para corpos que se movem muito rapidamente, como carros de corrida e aviões.

SOLUÇÃO DE PROBLEMAS

A segunda lei de Newton é uma ferramenta muito útil em diversas situações de resolução de problemas. Por exemplo, se sabemos a que força atua sobre um objeto em newtons (N) e sua massa em quilogramas (kg), podemos calcular a sua aceleração. Observe que as unidades N/kg são equivalentes a m/s².

Problema 1
Qual é a aceleração produzida por uma força resultante de 2.000 N exercida sobre um carro de 1.000 kg?

Solução

A segunda lei de Newton nos informa que

$$a = \frac{F_R}{m} = \frac{2000 \text{ N}}{1000 \text{ kg}} = 2 \text{ N/kg} = 2 \text{ m/s}^2$$

Problema 2
Descubra a quantidade de força, ou empuxo, necessária para que um avião a jato de 20.000 kg atinja uma aceleração de 1,5 m/s².

Solução

Queremos a forma "$F =$" da segunda lei de Newton, então transformamos a equação $a = F/m$ em $F = ma$ e calculamos:

$$F = ma$$
$$= (20.000 \text{ kg}) \times (1,5 \text{ m/s}^2)$$
$$= 30.000 \text{ kg} \cdot \text{m/s}^2$$
$$= 30.000 \text{ N}$$

O ponto centralizado entre "1 kg" e "m/s²" significa que as unidades são multiplicadas. Vemos que a segunda lei de Newton pode ser expressa em ambas as formas, $F = ma$ e $a = \frac{F}{m}$.

Problema 3
Considere um problema expresso apenas em símbolos. Uma força F atua sobre uma caixa de rosquinhas de massa m, na mesma direção do plano em que esta se apoia, enquanto uma força de atrito f se contrapõe ao movimento. Descubra a aceleração da caixa.

Solução

Usando a segunda lei de Newton,

$$a = \frac{F_R}{m} = \frac{F - f}{m}$$

Expresse a solução em números se a massa da caixa é de 4,0 kg e a força aplicada é de 12,0 N contra uma força de atrito de 6,0 N.

$$a = \frac{F - f}{m} = \frac{12,0 \text{ N} - 6,0 \text{ N}}{4,0 \text{ kg}} = 1,5 \text{ N/kg} = 1,5 \text{ m/s}^2$$

Os problemas de física costumam ser mais complexos do que estes. Embora o foco de Física Conceitual seja entender os conceitos usando o linguajar do cotidiano, a solução de problemas pode reforçar esse entendimento.

Revisão do Capítulo 4

TERMOS-CHAVE (CONHECIMENTO)

força Qualquer influência capaz de acelerar um objeto. É medida em newtons (ou quilograma-força, ou libras no Sistema Britânico de Unidades).

atrito Força que oferece resistência, opondo-se ao movimento ou à tentativa de movimentar um objeto sobre outro com o qual está em contato, ou ao movimento através de um fluido.

massa A quantidade de matéria que um objeto tem. Mais especificamente, é uma medida da inércia ou lerdeza que um objeto apresenta em resposta a qualquer esforço realizado para iniciar seu movimento, pará-lo, desviá-lo ou mudar de qualquer maneira seu estado de movimento.

peso A força sobre um objeto devido à gravidade (mg). (De forma mais geral, a força que um objeto exerce em um meio de apoio.)

quilograma A unidade fundamental do SI para massa. Um quilograma (símbolo kg) é a massa de um litro (1 L) de água a 4ºC.

Newton A unidade do SI para força. Um newton (símbolo N) é a força que produzirá uma aceleração de 1 m/s² em um objeto com massa de 1 kg.

volume A quantidade de espaço que um objeto ocupa.

segunda lei de Newton A aceleração de um objeto é diretamente proporcional à força resultante exercida sobre ele, tem o mesmo sentido da força e é inversamente proporcional à sua massa.

queda livre Movimento sob influência apenas da gravidade.

rapidez terminal A rapidez alcançada quando termina a aceleração de um objeto, no momento em que a resistência do ar equilibra sua força gravitacional.

velocidade terminal Rapidez terminal com orientação (direção e sentido) especificada.

QUESTÕES DE REVISÃO (COMPREENSÃO)

4.1 Forças
1. Qual é o tipo mais simples e mais comum de força?
2. A aceleração é proporcional à força resultante ou é igual à força resultante?

4.2 Atrito
3. Quando um caixote é empurrado horizontalmente e não desliza sobre um piso plano, qual é a magnitude da força de atrito sobre o caixote?
4. Uma vez que o caixote esteja deslizando, com que intensidade você deve empurrar para mantê-lo em movimento com velocidade constante?
5. O que é normalmente maior, o atrito estático ou o atrito de deslizamento (ou cinético) sobre um mesmo objeto?
6. Como a força de atrito varia com a rapidez?
7. O atrito num fluido é afetado pela rapidez?

4.3 Massa e peso
8. Qual é mais fundamental, *massa* ou *peso*? Qual deles muda com a localização?
9. Preencha os espaços em branco: Sacuda algo de um lado para o outro e você estará medindo _____ dele. Sustente-o contra a gravidade e você estará medindo _____ dele.
10. Preencha os espaços em branco: O Sistema Internacional (SI) usa unidades métricas. A unidade do SI para massa é _____. A unidade do SI para força é _____.
11. Qual é o peso aproximado de um hambúrguer de 100 gramas?
12. Qual é o peso de um tijolo de 1 quilograma em repouso sobre uma mesa?
13. No puxão de barbante da Figura 4.8, uma puxada gradualmente maior no barbante de baixo resulta no rompimento do de cima. Isso se deve principalmente ao peso da bola ou à sua massa?
14. No puxão de barbante da Figura 4.8, uma puxada rápida no barbante de baixo resulta em seu rompimento. Isso se deve principalmente ao peso da bola ou à sua massa?
15. A aceleração é *diretamente* proporcional à massa ou *inversamente* proporcional à massa de um objeto empurrado? Qual lei da física ilustra esse fenômeno?

4.4 Segunda lei de Newton do movimento
16. Enuncie a segunda lei de Newton do movimento em palavras.
17. Enuncie a segunda lei de Newton com uma equação.
18. Se a força resultante que atua sobre um bloco que desliza livremente é de algum modo dobrada, em quanto cresce a aceleração?
19. Se a massa de um bloco que desliza é dobrada enquanto a força resultante aplicada mantém-se constante, em quanto diminui a aceleração?
20. Se a massa de um bloco que desliza é de algum modo dobrada, ao mesmo tempo em que a força resultante sobre si é dobrada também, como se compara a aceleração produzida assim com a aceleração original?
21. Como a direção da aceleração se relaciona com a direção da força resultante que lhe deu origem?

4.5 Quando a aceleração é *g* – queda livre
22. Quantas forças atuam sobre um objeto em queda livre?
23. A razão comprimento da circunferência/diâmetro para um círculo é igual a π. Qual é a razão força/massa para objetos em queda livre?
24. Por que um objeto pesado não acelera mais que um objeto leve quando ambos estão em queda livre?

4.6 Quando a aceleração é menor do que *g* – queda não livre
25. Qual é a força resultante que atua sobre um objeto de 10 N em queda livre?
26. Qual é a força resultante que atua sobre um objeto de 10 N em queda, enquanto ele sofre 4 N de resistência do ar? E quando a resistência do ar for de 10 N?
27. Quais os dois principais fatores que afetam a força de resistência do ar sobre um objeto em queda?
28. Qual é a aceleração de um objeto em queda que alcançou sua velocidade terminal?
29. Por que um paraquedista pesado cai mais rápido do que um paraquedista leve que usa um paraquedas de mesmo tamanho?
30. Se dois objetos de mesmo tamanho caem com diferentes valores de rapidez, qual deles enfrenta maior resistência do ar?

PENSE E FAÇA (APLICAÇÃO)

31. Escreva uma mensagem para sua avó sobre os conceitos de aceleração e inércia que Galileu introduziu. Explique que ele estava familiarizado com forças, mas não entendia, como Isaac Newton entenderia mais tarde, a relação existente entre força, aceleração e massa que explica por que objetos pesados e leves, em queda livre, adquirem a mesma velocidade em um mesmo tempo de queda. Na mensagem, você pode usar uma ou duas equações para resumir as ideias que gostaria de compartilhar com a sua avó.

32. Deixe cair uma folha de papel e uma moeda ao mesmo tempo. Qual delas chega primeiro ao solo? Por quê? Agora amasse o papel até moldá-lo numa bolota bem apertada e novamente deixe-o cair junto com a moeda. Explique a diferença observada. Eles chegarão juntos, se deixados cair de uma janela do segundo, terceiro ou quarto andar? Tente isso e explique suas observações.

33. Deixe cair um livro e uma folha de papel e observe que o livro tem uma aceleração maior – g. Coloque o papel *por baixo* do livro, e ele é empurrado contra este quando caem, logo ambos caem com g. Como se comparam as acelerações se você colocar a folha de papel por cima do livro e deixar ambos caírem? Pode ser que você seja surpreendido, então tente e verifique. Depois, explique suas observações.

34. Deixe cair duas bolas de pesos diferentes a partir de uma mesma altura e verá elas caírem praticamente juntas enquanto as velocidades se mantiverem baixas. Elas rolarão para baixo juntas sobre um plano inclinado? Se cada uma delas for suspensa por barbantes de mesmo comprimento, formando um par de pêndulos, e deslocadas da posição de equilíbrio por um mesmo valor de ângulo, elas balançarão para a frente e para trás em uníssono? Experimente e verifique; depois, explique usando as leis de Newton.

35. Você pode demonstrar que a força resultante atuando sobre um objeto e a aceleração decorrente têm sempre o mesmo sentido. Faça isso com um carretel de linha. Se ele é puxado horizontalmente para a direita, em que sentido rolará? Faz diferença se a linha está na parte de baixo ou de cima do eixo do carretel?

PEGUE E USE (FAMILIARIZAÇÃO COM EQUAÇÕES)

Efetue estes cálculos simples de uma etapa e se familiarize com as equações que relacionam os conceitos de força, massa e aceleração.

$$\text{Peso} = mg$$

36. Calcule o peso, em newtons, de uma pessoa de 50 kg.
37. Calcule o peso, em newtons, de um elefante de 2.000 kg.

$$\text{Aceleração: } a = \frac{F_R}{m}$$

38. Calcule a aceleração de um avião monomotor de 2.000 kg, logo após a decolagem, se o impulso fornecido pelo motor é de 500 N. (A unidade N/kg é equivalente a m/s².)
39. Calcule a aceleração de um jato Jumbo de 300.000 kg, logo após a decolagem, se o impulso fornecido pelos motores é de 120.000 N.

PENSE E RESOLVA (APLICAÇÃO MATEMÁTICA)

40. Qual é a força resultante exercida sobre uma bola de 1 kg em queda livre?
41. Qual é a força resultante exercida sobre uma bola de 1 kg se ela enfrenta 2 N de resistência do ar?
42. A gravidade sobre a superfície da Lua é apenas um sexto da gravidade sobre a superfície da Terra. Qual é o peso de um objeto de 10 kg sobre a Lua e sobre a Terra? Qual é a massa de cada um deles?
43. Um saco de mercado pode suportar até 300 N de força antes de romper-se. Quantos quilogramas de maçãs é possível levar nele com segurança?
44. Um bloco de concreto de 40 kg é empurrado de lado por uma força resultante de 200 N. Mostre que sua aceleração vale 5 m/s².
45. No Capítulo 3, a aceleração foi definida como $a = \frac{\Delta v}{\Delta t}$.
    Mostre que, sobre um plano inclinado, a aceleração de um carrinho que ganha 6,0 m/s a cada 1,2 s é de 5,0 m/s².
46. De acordo com a segunda lei de Newton, $a = \frac{F_R}{m}$, mostre que, sobre um plano inclinado, a aceleração de um carrinho que ganha 6,0 m/s a cada 1,2 s é de 5,0 m/s².
47. Um simples rearranjo da segunda lei de Newton fornece $F_R = ma$. Mostre que, para produzir uma aceleração de 7,0 m/s² em um pacote de 12 kg, é necessária uma força resultante de 84 N.
48. Uma libra equivale a 4,45 newtons. Qual é o peso, em libras, equivalente a 1 newton?
49. Uma massa de 1 kg é acelerada a 1 m/s² por uma força de 1 N. Mostre que a aceleração seria a mesma que no caso de uma força de 2 N exercida sobre uma massa de 2 kg.
50. Um jatinho executivo com massa de 30.000 kg decola quando o impulso fornecido pelos dois motores é de 30.000 N. Mostre que a aceleração da aeronave vale 2 m/s².
51. Leroy, com uma massa de 100 kg, está andando de *skate* a 9,0 m/s quando colide com uma parede de tijolos, parando em 0,2 s.
    a. Mostre que a desaceleração do rapaz é de 45 m/s².
    b. Mostre que a força do impacto vale 4.500 N. (Ai!)
52. O ônibus de uma banda de *rock*, de massa M, está se afastando com aceleração **a** de um sinal de PARE quando um pesado pedaço de metal, com massa M/5, cai sobre o teto do ônibus e permanece lá.
    a. Mostre que a aceleração do ônibus agora vale 5/6 *a*.
    b. Se a aceleração inicial do ônibus era de 1,2 m/s², mostre que a aceleração do veículo junto com o pedaço de metal é de 1,0 m/s².

PENSE E ORDENE (ANÁLISE)

53. Caixotes de massas variadas encontram-se sobre uma mesa nivelada e desprovida de atrito. Ordene-os em ordem decrescente quanto aos módulos:
    a. das forças resultantes sobre os caixotes.
    b. das acelerações dos caixotes.

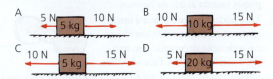

54. Nas situações A, B e C ilustradas abaixo, os caixotes estão em equilíbrio (sem aceleração). Ordene-as em ordem decrescente quanto ao valor da força de atrito entre o caixote e o piso.

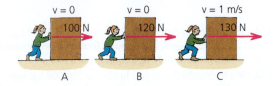

55. Considere uma caixa de ferramentas de 100 kg nas localizações A, B e C. Ordene-as em ordem decrescente quanto:
    a. às massas das caixas de ferramentas.
    b. aos pesos das caixas de ferramentas.

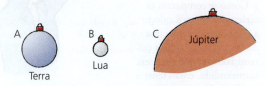

56. Os paraquedistas A, B e C da figura abaixo atingem a velocidade terminal ao longo de uma mesma distância do solo.
    a. Ordene o módulo de suas velocidades terminais em ordem decrescente.
    b. Ordene o tempo de aterrissagem em ordem decrescente.

PENSE E EXPLIQUE (SÍNTESE)

57. Um carro de corrida move-se ao longo de uma pista com uma velocidade constante de 200 km/h. Qual é a força resultante horizontal exercida sobre o carro?
58. Se uma quantidade é *diretamente proporcional* a outra, isso significa que elas são *iguais* entre si? Explique rapidamente, usando massa e peso como exemplo.
59. Você exerce uma força sobre uma bola sempre que a atira para cima. Por quanto tempo dura essa força depois que a bola deixa sua mão?
60. Uma bola torna-se mais lenta enquanto rola sobre uma longa pista de boliche. Existe alguma força horizontal atuando sobre ela? Que evidências você têm disso?
61. Se uma motocicleta se mover com velocidade constante, você poderá concluir que não existe força resultante exercida sobre ela? Há uma força resultante diferente de zero se ela acelera?
62. Uma vez que qualquer objeto pesa menos na superfície da Lua do que na da Terra, ele tem uma inércia menor na superfície da Lua?
63. O que contém mais maçãs:
    a. um saco de maçãs pesando 1 N na Terra ou um saco de maçãs pesando 1 N na Lua?
    b. um saco de 1 quilograma de maçãs na Terra ou um saco de 1 quilograma de maçãs na Lua?
64. O ouro é vendido a peso. Seria melhor comprá-lo nas alturas de Denver ou no Vale da Morte? Se fosse vendido por massa, qual dessas duas localidades tornaria melhor a compra? Justifique sua resposta.
65. Num ônibus espacial orbitando no espaço, você tem em suas mãos duas caixas idênticas, uma cheia de areia e outra cheia de penas. Você pode dizer qual é qual sem abri-las?
66. Sua mão vazia não é machucada quando você bate levemente contra uma parede. Por que ela é machucada quando você faz a mesma coisa segurando algo pesado nela? Qual das leis de Newton é mais aplicável aqui?
67. O que sofre variação quando um astronauta visita a Estação Espacial Internacional: sua massa, seu peso ou ambos? Justifique sua resposta.
68. Por que um cutelo é mais efetivo para cortar vegetais do que uma faca igualmente afiada?
69. Quando uma sucata de carro é esmagada até tornar-se um cubo compacto, sua massa muda? E seu peso? Explique.
70. Imagine que você está sobre uma balança e atira um objeto pesado para cima. Qual efeito isso terá sobre a marcação da balança?
71. O que acontece ao seu peso quando sua massa aumenta em 2 kg?
72. Qual é a sua massa em quilogramas? E seu peso em newtons?
73. Você empurra um caixote pesado no chão de uma fábrica com força horizontal F e ele não se move. Há uma força de atrito atuando sobre o caixote? Se sim, de quanto?
74. Marie empurra uma mesa que desliza sobre o chão com rapidez constante.
    a. Quais as duas forças horizontais que atuam sobre a mesa?
    b. Qual força é maior?
    c. Qual força é maior se a mesa ganha rapidez enquanto desliza?
75. Um urso de 400 kg escorrega com velocidade constante agarrando-se numa árvore. Qual é a força de atrito que atua sobre o urso? Discuta o fato de "velocidade constante" ser a chave para sua resposta.

76. Você está dirigindo e o motor do seu carro para de funcionar. Você pisa no freio e reduz a rapidez do carro à metade. Se você retirar o pé do freio, o carro acelerará um pouco espontaneamente ou continuará com a metade da velocidade e depois desacelerará devido ao atrito? Justifique sua resposta.

77. Quando um carro sai da garagem em marcha à ré, o motorista pisa no freio. Qual é a orientação da aceleração do carro?

78. O carro da ilustração move-se para a frente quando o freio é acionado. Você concorda ou discorda quando uma testemunha afirma que, durante o intervalo de tempo que dura a freada, a velocidade e a aceleração do carro têm sentidos opostos?

79. Aristóteles afirmava que a rapidez de um objeto em queda dependia de seu peso. Agora, sabemos que objetos em queda livre, sejam quais forem seus pesos, sofrem o mesmo aumento de rapidez. Por que as diferenças nas suas forças gravitacionais não afetam a aceleração?

80. No futebol americano, quando o jogador da defesa está bloqueando, frequentemente tenta colocar seu próprio corpo por baixo de seu oponente e empurrá-lo para cima. Que efeito isso tem sobre a força de atrito entre os pés do defensor e o chão?

81. Queda livre é o movimento em que a gravidade é a única força atuando.
    a. Um *skydiver* que já alcançou sua rapidez terminal está em queda livre?
    b. Um satélite que orbita a Terra acima da atmosfera está em queda livre?

82. Quando uma moeda é arremessada para cima, o que ocorre com sua velocidade durante a subida? (Despreze a resistência do ar.)

83. Qual é a intensidade da força que é exercida sobre a moeda do enunciado anterior quando ela se encontra a meio caminho da altura máxima? Que intensidade de força é exercida sobre a moeda quando ela está na altura máxima? (Despreze a resistência do ar.)

84. Qual é a aceleração de uma pedra atirada diretamente para cima ao atingir o topo de sua trajetória? (Sua resposta é consistente com a segunda lei de Newton?)

85. Um amigo afirma que, enquanto um carro estiver em repouso, nenhuma força atua sobre ele. O que você diria se estivesse com boa disposição para corrigir a afirmativa do amigo?

86. Quando seu carro se move a uma velocidade constante numa autoestrada, a força resultante sobre ele é nula. Por que, então, você precisa manter o motor funcionando?

87. Qual é a força resultante sobre uma maçã de 1 N quando você a segura acima de sua cabeça? Qual é a força resultante sobre ela depois que você a solta?

88. Uma "estrela cadente" normalmente é apenas um grão de areia proveniente do espaço exterior que queima ao penetrar na atmosfera. O que causa a queima exatamente?

89. Depois de abrir o paraquedas, uma paraquedista está descendo suavemente, praticamente sem ganhar rapidez. As cordas a puxam para cima ao mesmo tempo em que a gravidade a puxa para baixo. Qual dessas duas forças é maior? Ou elas são iguais em valor?

90. Como a força da gravidade sobre uma gota de chuva se compara com a força de resistência aerodinâmica que ela enfrenta enquanto cai com velocidade constante?

91. Quando uma paraquedista em velocidade terminal abre seu paraquedas, em que sentido ela acelera?

92. Como a velocidade terminal de uma paraquedista, antes de abrir o paraquedas, se compara com a velocidade terminal depois de abrir o paraquedas? Por que existe uma diferença?

93. Como a força da gravidade sobre um objeto em queda se compara com a resistência do ar que ele enfrenta antes de alcançar a velocidade terminal? E após atingir a velocidade terminal?

94. Por que um gato que cai acidentalmente do topo de um edifício de 50 andares não chega ao chão mais rápido do que se tivesse caído do vigésimo andar?

95. Sob que circunstâncias uma esfera de metal em queda através de um fluido viscoso estaria em equilíbrio?

96. Um pedregulho derrubado do telhado da sua escola cai muito mais rápido do que uma bola de pingue-pongue. Galileu não disse que os dois cairiam com acelerações iguais?

97. Quando Galileu supostamente deixou cair duas bolas do topo da Torre Inclinada de Pisa, a resistência do ar não era realmente desprezível. Assumindo que as bolas fossem de mesmo tamanho, mas com massas diferentes, qual delas se chocaria primeiro contra o chão? Por quê?

98. Uma bola de tênis comum e outra recheada com grãos de chumbo são soltas ao mesmo tempo do topo de um edifício. Qual delas baterá primeiro no chão? Qual delas experimentará maior resistência do ar? Justifique suas respostas.

99. Por que um foguete torna-se progressivamente mais fácil de acelerar enquanto se desloca pelo espaço? (Dica: aproximadamente 90% da massa de um foguete logo após o lançamento é de combustível. Use $a = F/m$ como guia para o raciocínio.)

100. Na ausência de resistência do ar, se uma bola é atirada verticalmente para cima com uma certa rapidez inicial, ao retornar para seu nível inicial de lançamento, terá a mesma rapidez. Se a resistência do ar for um fator relevante, ao retornar ao nível original de lançamento, a bola estará se movendo mais rápido, tão rápido ou menos rápido do que quando foi lançada dali para cima? Por quê? (Com frequência, os físicos usam o "princípio do exagero" para ajudá-los a analisar um dado problema. Considere o caso exagerado de uma pena, e não de uma bola, porque o efeito da resistência do ar sobre uma pena é muito mais evidente e, portanto, bem mais fácil de visualizar.)

101. Se uma bola é lançada verticalmente para cima e na presença de resistência do ar, você espera que o tempo que ela leva subindo seja mais longo ou mais curto do que o tempo que ela leva descendo? (Mais uma vez, faça uso do "princípio do exagero".)

PENSE E DISCUTA (AVALIAÇÃO)

102. Explique como a primeira lei de Newton do movimento pode ser considerada uma consequência da segunda lei de Newton.

103. Coloque um livro pesado sobre uma mesa e ela o empurrará para cima. Um amigo raciocina que a mesa não pode empurrar o livro para cima porque, se o fizesse, o livro se ergueria acima da mesa. O que você diria ao seu amigo? Por que esse empurrão para cima não faz o livro elevar-se da mesa?

104. A velocidade de um objeto pode inverter seu sentido enquanto mantém uma aceleração constante? Em caso afirmativo, dê um exemplo; caso contrário, explique por quê.

105. Debata se um bastão de dinamite contém ou não força. Diferencie entre conter e exercer.

106. É possível fazer uma curva na ausência de uma força? Justifique sua resposta.

107. Um astronauta na Lua atira uma pedra sobre sua cabeça e então a deixa cair no chão. Que força(s) atua(m) sobre a pedra ao longo de sua trajetória curva?

108. Mais precisamente, uma pessoa fazendo dieta perde massa ou perde peso?

109. Um caixote pesado está em repouso sobre a carroceria de um caminhão. Quando o caminhão acelera, o caixote faz o mesmo e mantém-se no lugar. Identifique e discuta as forças que aceleram o caixote.

110. Três blocos idênticos são puxados, como mostra a figura, sobre uma superfície horizontal sem atrito. Se a mão mantém uma tensão de 30 N no barbante que puxa, de quanto é a tensão nos outros dois barbantes?

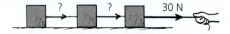

111. Para puxar um carrinho por um gramado com velocidade constante, você tem de exercer constantemente uma força. Considere esse fato em relação à primeira lei de Newton, que estabelece que o movimento com velocidade constante não requer força alguma.

112. Traduza o dito popular que diz que "não é a queda que machuca, mas sim o tranco da parada" considerando as leis de Newton do movimento.

113. Esboce a trajetória de uma moeda arremessada verticalmente no ar. (Despreze a resistência do ar.) Desenhe a moeda a meio caminho do topo, no topo e na metade da descida para o ponto de arremesso. Desenhe o vetor da força exercida sobre a bola nessas três posições. Trata-se do mesmo vetor em todas as posições? A aceleração é a mesma nas três posições?

114. Quando você salta para cima num salto de pé, como a força que você exerce sobre o chão se compara com seu peso?

115. Quando você salta verticalmente a partir do chão, qual é a sua aceleração no ponto mais alto? Discuta isso à luz da segunda lei de Newton.

116. Um amigo afirma que uma bola atirada verticalmente para cima tem aceleração zero no topo da sua trajetória. Um segundo amigo diz que, se a aceleração no topo fosse zero, a bola permaneceria em repouso naquela posição. Para resolver o dilema, calcule a aceleração da bola no topo da sua trajetória. Use a equação $a = F/m$ como guia para o raciocínio.

117. A rapidez de um objeto em queda aumenta se sua aceleração de queda diminui?

118. Por que uma folha de papel cairá mais lentamente do que outra que foi amassada na forma de uma bola?

119. Sobre qual destes dois objetos a resistência do ar será maior: uma folha de papel caindo ou a mesma folha amassada na forma de bola, caindo com uma velocidade terminal maior? (Cuidado!)

120. Segure uma bola de pingue-pongue e outra de golfe, com os braços estendidos na horizontal, e solte-as simultaneamente. Você as verá atingirem o solo praticamente ao mesmo tempo. Contudo, se soltá-las do topo de uma escada alta, verá que a bola de golfe atinge o chão primeiro. Qual é sua explicação para esse fato?

121. Quando a *skydiver* Nellie abre o paraquedas, o arrasto do ar que a empurra para cima é mais forte do que a força da gravidade que puxa Nellie para baixo. Um colega afirma que isso significa que ela deveria começar a se mover para cima. Discuta com o colega sobre por que isso não acontece e sobre o que de fato ocorre.

122. Quando o arrasto do ar se igual ao peso combinado de Dick e Jane no seu *skydive* de dupla, a velocidade terminal atingida é de quase 200 km/h. Compare essa velocidade terminal com a que cada um atingiria se pulassem individualmente.

123. Se você solta duas bolas de tênis do segundo andar de um edifício ao mesmo tempo, as duas atingem o solo ao mesmo tempo. Entretanto, se uma bola está cheia de grãos de chumbo, ela cai mais rápido e atinge o solo primeiro. Qual das duas bolas encontra maior resistência aerodinâmica na queda? Por quê?

124. Elabore duas questões de múltipla escolha para testar a compreensão de um colega de aula a respeito da diferença entre massa e peso.

> Observe que as questões **PENSE e explique e PENSE e resolva** enfatizam o *pensamento*. Quando pensa sobre as soluções, você exercita os circuitos do seu cérebro, uma parte importante da aprendizagem. Não crie um curto-circuito no seu raciocínio fazendo *BUSCAS* na internet para encontrar as soluções. No processo, sua preguiça impede a formação de novas conexões no seu cérebro, que não ocorreriam sem o raciocínio. Seja bonzinho com o seu cérebro!

CAPÍTULO 4 Exame de múltipla escolha

Escolha a melhor resposta entre as alternativas:

1. Quando massa é adicionada a um carrinho empurrado por uma força constante, sua aceleração:
   a. aumenta.
   b. diminui.
   c. permanece constante.
   d. reduz-se a zero gradualmente.

2. Em comparação com um bloco de ferro maciço de 2 kg, um bloco de ferro maciço de 4 kg tem o mesmo:
   a. massa.
   b. volume.
   c. peso.
   d. nenhuma das anteriores.

3. Um objeto com massa muito pequena deve ter também _____ muito pequeno.
   a. peso.
   b. volume.
   c. tamanho.
   d. todas as anteriores.

4. Se Marie empurra uma mesa horizontalmente, mas não forte o suficiente para movê-la, a força exercida sobre a mesa pelo atrito é:
   a. zero.
   b. igual ao peso da mesa.
   c. igual ao seu empurrão, mas com sentido contrário.
   d. nenhuma das anteriores.

5. Um bloco pesado suspenso por uma corda vertical está em repouso. Quando ergue o bloco com velocidade constante, a tensão na corda é:
   a. menor do que o seu peso.
   b. igual ao seu peso.
   c. maior do que o seu peso.
   d. nula.

6. Uma rocha pesada e uma leve em queda livre (resistência aerodinâmica nula) têm a mesma aceleração. O motivo para a rocha pesada não ter aceleração maior é que a:
   a. força da gravidade sobre ambas é igual.
   b. resistência aerodinâmica é sempre nula na queda livre.
   c. inércia de ambas as rochas é igual.
   d. razão entre força e massa é a mesma para ambas.

7. Você atira um travesseiro do prédio mais alto do seu *campus*. Enquanto o travesseiro cai, sua rapidez:
   a. e aceleração aumentam.
   b. aumenta, mas sua aceleração diminui.
   c. e aceleração diminuem.
   d. diminui, mas sua aceleração aumenta.

8. Um saco de cebolas de 200 N cai de um avião. Quando a resistência aerodinâmica da queda se iguala a 200 N, a aceleração do saco é de:
   a. 0 m/s^2.
   b. 5 m/s^2.
   c. 10 m/s^2.
   d. infinita.

9. O módulo da resistência aerodinâmica exercida sobre um saltador de *wingsuit flying* (e sobre um esquilo voador) depende da sua:
   a. área frontal.
   b. rapidez.
   c. área e rapidez.
   d. aceleração.

10. Atire uma bola verticalmente para cima e sua aceleração no topo da trajetória será:
    a. zero.
    b. 10 m/s^2.
    c. entre zero e 10 m/s^2.
    d. dependente da massa da bola.

Respostas e explicações das perguntas do exame de múltipla escolha

1. (b): Quando consultamos a segunda lei de Newton, $a = F/m$, vemos que, para uma força constante F e uma massa crescente m, a aceleração diminui. Deixe as equações orientarem o seu raciocínio. 2. (d): A densidade é a mesma para ambos os blocos, mas essa não é uma opção. Se errou essa questão, é possível que você tenha sido vítima do nervosismo. 3. (a): Massa e peso são diretamente proporcionais um ao outro, então a resposta correta. O volume e o tamanho dependem da densidade, de modo que (b) e (c) são más opções. 4. (c): A mesa ainda está em repouso está em equilíbrio. Assim, o empurrão de Marie deve ser compensado por uma força de atrito da mesma grandeza, mas de sentido oposto. 5. (b): O segredo da pergunta é a expressão "velocidade constante". Isso significa que o bloco suspenso está em equilíbrio dinâmico, com tensão igual ao peso. 6. (d): É uma bela ilustração da segunda lei de Newton, $a = F/m$, onde F/m para ambas as rochas é a mesma, g. A resistência aerodinâmica NÃO é o motivo, então (b) não está correta. A força devido à gravidade é aquela devido à inércia não são iguais para ambas as rochas, o que eliminam as opções (a) e (c). Da grande dividida por m da grande nos dá a mesma aceleração que F da pequena dividida por m da pequena, então (d) está correta (Galileu teria amado essa resposta!). 7. (b): No seu *campus*, o travesseiro cai no ar. Tente imaginá-lo atravessando o ar enquanto ganha rapidez. É importante observar que a taxa de *ganho de rapidez* diminui enquanto ele cai, mas não a rapidez em si. A resistência aerodinâmica aumenta junto com a rapidez. Isso reduz a força resultante ($mg - R$) sobre o travesseiro, o que significa menor aceleração. A aceleração jamais pode aumentar durante a queda (se cai rápido o suficiente, a resistência aerodinâmica pode reduzi-la para zero, e o travesseiro atingirá rapidez terminal). No caso especial de cair no vácuo, o travesseiro ganharia rapidez com aceleração constante, g. 8. (a): Apenas duas forças atuam sobre o saco em queda, o peso e a resistência aerodinâmica. Como suas grandezas são iguais, elas se cancelam e a aceleração também vai a zero. 9. (c): A área frontal do corpo do saltador que encontra o ar durante o salto certamente afeta o voo, mas a rapidez também, então (c) é a melhor resposta. A aceleração pode influenciar o voo, mas sua influência é pequena em comparação com o ar e a rapidez. 10. (b): A opção (a) provavelmente confunde aceleração com velocidade. Embora a velocidade no alto da trajetória seja zero, a aceleração não é! Oriente-se por $a = F/m$. No topo, a força da gravidade F ainda puxa a bola para baixo, e a bola certamente tem massa m, então $F/m = mg/m = g$. Não zero! (Essa questão é a que os alunos mais erram quando a encontram pela primeira vez. E isso inclui o autor!)

5
Terceira lei de Newton do movimento

5.1 **Forças e interações**

5.2 **Terceira lei de Newton do movimento**
   Regra simples para identificar ação e reação
   Definindo nosso sistema

5.3 **Ação e reação sobre massas diferentes**

5.4 **Vetores e a terceira lei**

5.5 **Resumo das três leis de Newton**

1 Darlene Librero puxa com um dedo; Paul Doherty puxa com as duas mãos. Qual deles exerce uma força maior sobre a balança? 2 O bastão de Dave Kagan não pode bater na bola *a menos* que esta, simultaneamente, bata no bastão – esta é a lei! 3 O casal de físicos Toby e Bruna Jacobson empurra um par de balanças de banheiro. Qual delas marca maior força? 4 Paul está tocando Gracie, ou é ela que toca seu pai? A terceira lei de Newton diz que a resposta é ambos: você não pode tocar sem ser tocado.

CAPÍTULO 5 Terceira lei de Newton do movimento

Por quase 20 anos prazerosos, ensinei física conceitual, nas noites de quarta-feira, no Exploratorium de São Francisco, EUA. Minhas aulas foram muito enriquecidas pelo seu fundador, Frank Oppenheimer (1912-1985), que frequentemente as prestigiava, e às vezes demonstrava alguns dos seus tópicos favoritos (música e interferência de ondas). Quando Frank faleceu, outro grande físico tomou seu lugar em visitas à salas de aula: o cientista sênior Paul Doherty (1948-2017), tão elegante e provavelmente tão brilhante quanto Frank. E, assim como Frank, ele sabia ensinar – e *como* sabia! Tive grande prazer em trabalhar com essas duas pessoas muito especiais!

Sempre que eu estava empacado em algum assunto da física, lá estava Paul com a resposta. Seu conhecimento maravilhosamente profundo da física explica seus muitos prêmios, e ele se graduou com honras pelo MIT e obteve seu doutorado em física quatro anos depois.

Paul foi físico, professor, escritor, caçador de eclipses e alpinista – e excelente em tudo. Ele desenvolveu centenas de atividades científicas, escreveu dezenas de artigos e foi coautor de diversos livros. Um dos mais populares é o *Exploratorium Science Snackbook*, que ensina a construir versões caseiras de itens do Exploratorium e é respeitado por estudantes e professores de ciência do mundo todo. Alguns estudantes até criaram minimuseus, para os quais convidam outras turmas.

Paul era um *showman* nato, realizando atividades de física em encontros profissionais nos Estados Unidos e no exterior. Ele mostrou o fascínio da física para milhões no *Late Show* de David Letterman. A foto mostra Paul, após percutir a extremidade de uma barra de alumínio para fazê-la soar, apertando a barra entre os dedos a fim de ali produzir um nodo e, assim, selecionar uma frequência.

Seu alpinismo o levou a visitas frequentes a Yosemite, onde escalou El Capitan, mas também à primeira subida do pico de 6.000 metros na fronteira entre o Chile e a Argentina. Suas atividades em baixas altitudes incluíam praticar física na Antártida.

Caçador de eclipses fanático, Paul integrava as equipes do Exploratorium que transmitiam eclipses solares pela internet, muitas vezes de locais remotos. Paul explicava a ciência envolvida durante as transmissões e sempre realizava atividades com estudantes da região antes do grande evento.

Que maravilhoso para professores e seus alunos que o talento de Paul para o ensino tenha incluído seu Exploratorium Teacher Institute, onde adorava trabalhar com professores de ciências do ensino médio. Seu entusiasmo por descobrir como o mundo funciona e por compartilhar seu conhecimento inspirou professores durante 30 anos. Paul expressou a ligação que via entre cientistas, professores e estudantes de uma forma linda: "Os cientistas olham o mundo e percebem coisas que ninguém mais percebe. Os professores ajudam os estudantes a verem coisas que jamais viram. Os estudantes fazem perguntas que ajudam os professores a enxergarem coisas que eles jamais haviam percebido".

Paul Doherty foi um homem para a eternidade.

5.1 Forças e interações

Até aqui, temos abordado força em seu sentido mais simples – um empurrão ou um puxão. Entretanto, nenhum empurrão ou puxão jamais ocorre sozinho. Cada força é parte de uma *interação* entre alguma coisa e outra. Se você empurra uma parede com seus dedos, mais coisas estão ocorrendo além de seu empurrão. Você interage com a parede, que também o empurra de volta. Isso se revela pela curvatura de seus dedos, como ilustrado na Figura 5.1. Existe um par de forças envolvidas: seu empurrão sobre a parede e o da parede sobre você, em sentido contrário. Essas forças têm módulos iguais (são de mesma intensidade) e orientações opostas, e ambas constituem uma única interação. De fato, você não pode empurrar a parede, *a menos* que ela o empurre de volta[1].

FIGURA 5.1 Você consegue sentir seus dedos sendo empurrados pelos dedos de seu colega. Você também sente o mesmo valor de força quando empurra uma parede e ela o empurra de volta. De fato, você não pode empurrar uma parede *sem* que ela o empurre em sentido contrário!

---

[1] Tendemos a pensar que apenas coisas vivas sejam capazes de empurrar ou puxar, mas as coisas inanimadas também podem fazê-lo. Assim, por favor, não entre em conflito com a ideia de que a parede inanimada empurra você. Ela o faz realmente, da mesma forma que uma outra pessoa faria quando se apoiasse em você.

86 PARTE I Mecânica

FIGURA 5.2 Quando você se apoia em uma parede, está exercendo uma força contra ela. Simultaneamente, a parede está exercendo sobre você uma força igual e oposta. Por isso, você não cai.

Considere o punho de um boxeador atingindo um saco de treinamento de grande massa. O punho golpeia o saco (e produz uma cavidade nele), enquanto o saco golpeia o punho de volta (e interrompe seu movimento). Ao atingir o saco, há uma interação com o saco que envolve um par de forças. O par de forças pode ser muito grande. Entretanto, e quanto ao golpe contra um lenço de papel, como mostrado na Figura 5.3? O punho do boxeador pode apenas exercer tanta força sobre o lenço de papel quanto este é capaz de exercer sobre o punho. Além disso, o punho não pode exercer qualquer força, a menos que esteja sendo atingido por uma quantidade igual de força oposta. O par de forças é minúsculo. Em ambos os casos, o punho do boxeador consegue exercer somente tanta força no saco ou lenço quanto este exerce no punho. Uma interação requer um *par* de forças atuantes sobre *dois* objetos separados.

Outros exemplos: você puxa um carrinho e ele acelera. Contudo, ao fazer isso, o carrinho o puxa no sentido oposto, como fica evidenciado talvez pelo aperto do barbante enrolado em volta de sua mão. Um martelo bate numa estaca e a crava no chão. Ao fazê-lo, a estaca exerce uma quantidade igual de força sobre o martelo, o que faz com que o martelo pare subitamente. Uma coisa interage com outra; você com o carrinho, ou o martelo com a estaca.

FIGURA 5.3 O boxeador exerce uma força considerável no saco, mas o mesmo soco exerce apenas uma força minúscula sobre o lenço de papel no ar.

Quem exerce a força e quem sofre a ação da força? A resposta de Isaac Newton para isso foi que nenhuma força pode ser identificada como "ação" ou "reação"; ele concluiu que ambos os objetos devem ser tratados igualmente. Por exemplo, quando você puxa o carrinho, este simultaneamente puxa você. Esse par de forças, seu puxão sobre o carrinho e o puxão do carrinho sobre você, constituem uma única interação entre você e ele. Na interação entre o martelo e a estaca, o martelo exerce uma força sobre a estaca, mas ele mesmo sofre uma parada nesse processo. Tais observações conduziram Newton à sua terceira lei do movimento.

Você não pode empurrar nada sem ser empurrado de volta. É a lei!

PAUSA PARA TESTE

1. É possível empurrar algo sem que o mesmo objeto o empurre de volta? Justifique sua resposta.
2. Quando atira uma bola, você exerce força sobre ela. Parte da força permanece com a bola depois que esta deixa a sua mão?
3. Uma bola de beisebol em alta velocidade tem força?

VERIFIQUE SUA RESPOSTA

1. Não, pois todo empurrão é uma parte de uma interação composta de dois empurrões. Somente é possível empurrar alguma coisa *se* esta o empurra de volta. Se ela não empurra, você *não* exerceu força sobre ela!
2. Não. Ao atirar a bola, sua mão a pressiona ao mesmo tempo que a bola pressiona a sua mão (por isso atirar uma bola com a mão machucada pode doer). Assim que o contato entre a bola e a mão termina, toda a força exercida pela sua mão também acaba. Desse ponto em diante, a bola encontra forças causadas pela gravidade e pela resistência aerodinâmica, mas nada da força anterior exercida pela sua mão.
3. Não. Uma bola de beisebol veloz pode *exercer* uma força sobre algo quando ocorre uma interação, mas não *tem* força enquanto entidade. Nos próximos capítulos, veremos que um objeto em movimento apresenta energia cinética e *momentum*, mas não força.

FIGURA 5.4 Na interação entre o martelo e a estaca, cada um exerce a mesma quantidade de força sobre o outro.

5.2 Terceira lei de Newton do movimento

A terceira lei de Newton estabelece:

Sempre que um objeto exerce uma força sobre outro objeto, este exerce simultaneamente uma força igual e oposta sobre o primeiro.

Chamemos uma dessas forças de *força de ação*, e a outra, *de reação*. Assim, podemos expressar a terceira lei de Newton na forma:

Para cada ação existe sempre uma reação de mesmo módulo e de orientação oposta.

Ação e reação referem-se a forças. Não importa qual das forças chamamos de *ação* e qual de *reação*. O importante é que elas são partes conjugadas de uma única interação e que nenhuma das duas existe sem a outra.

Você interage com o piso quando caminha sobre ele. O empurrão que você exerce contra o piso está acoplado ao empurrão dele contra você. O par de forças ocorre *simultaneamente*. Analogamente, os pneus de um carro empurram a rodovia, enquanto a rodovia empurra de volta os pneus – os pneus e a rodovia estão empurrando-se mutuamente. Ao nadar, você interage com a água e a empurra para trás, enquanto ela o empurra para a frente – você e a água estão empurrando um ao outro. As forças de reação são as responsáveis pelo nosso movimento nesses casos. Essas forças dependem do atrito; sobre o gelo, uma pessoa ou um carro podem ser incapazes de exercer a força de ação para produzir a força de reação necessária. As forças ocorrem em *pares de força*. Nenhuma força existe sem a outra.

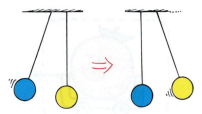

FIGURA 5.5 As forças de impacto entre as bolas azul e amarela movimentam a bola amarela e param a bola azul.

FIGURA 5.6 Na interação entre um carro e um caminhão, as forças de impacto sobre os veículos são de mesmo valor? O dano produzido é o mesmo?

FIGURA 5.7 Forças de ação (vetores vermelhos preenchidos) e reação (vetores tracejados). Note que, quando a ação é "A exerce uma força sobre B", a reação é simplesmente "B exerce uma força sobre A".

FIGURA 5.8 Uma força atua sobre a laranja, e esta acelera para a direita.

FIGURA 5.9 A força exercida sobre a laranja, devido à maçã, não é cancelada pela força de reação exercida sobre a maçã. A laranja ainda acelera.

Um sistema pode ser tão minúsculo quanto um átomo ou tão grande quanto o universo.

FIGURA 5.10 No sistema maior laranja + maçã, as forças de ação e de reação são internas e se cancelam. Se elas forem forças exatamente horizontais, e se não existem forças externas exercidas, não ocorrerá aceleração alguma do sistema.

FIGURA 5.11 Uma força horizontal externa ocorre quando o piso empurra a maçã (reação ao empurrão da maçã sobre o piso). O sistema laranja-maçã acelera.

Regra simples para identificar ação e reação

Há uma regra simples para identificar forças de ação e reação. Primeiro, identifique a interação: uma coisa (objeto A) interage com outra (objeto B). Com isso, as forças de ação e reação podem ser enunciadas na seguinte forma:

Ação: o objeto A exerce uma força sobre o objeto B.

Reação: o objeto B exerce uma força sobre o objeto A.

É uma regra fácil de lembrar. Se a ação A atua sobre B, a reação B atua sobre A. Vemos que A e B são simplesmente trocados. Considere o caso da sua mão contra uma parede. A interação ocorre entre mão e parede. Dizemos que a ação é a sua mão (objeto A) exercendo uma força sobre a parede (objeto B). Nesse caso, a reação é a parede que exerce uma força sobre a sua mão.

Definindo nosso sistema

Uma questão interessante aparece com frequência: uma vez que as forças de ação e reação são iguais e opostas, por que então não se anulam? Para responder a essa questão, devemos considerar o *sistema* envolvido. Considere, por exemplo, um sistema que consiste em uma única laranja (Figura 5.8). A linha tracejada ao redor da laranja engloba e define o sistema. O vetor que cruza a linha tracejada de dentro para fora representa uma força externa exercida sobre o sistema. Este acelera de acordo com a segunda lei de Newton. Na Figura 5.9, vemos que essa força se deve a uma maçã, o que não altera nossa análise. A maçã está fora do sistema. O fato de que a laranja exerça simultaneamente uma força sobre a maçã, que é externa ao sistema, pode afetar a maçã (outro sistema), mas não a laranja. A força sobre a laranja não é cancelada pela força sobre a maçã. Assim, nesse caso, as forças de ação e reação não se cancelam, e a laranja é acelerada para a direita.

Vamos agora considerar um sistema maior, que engloba *ambas*, a laranja e a maçã. Na Figura 5.10, vemos esse sistema rodeado por uma linha tracejada. Observe que o par de forças é *interno* ao sistema laranja-maçã. Nesse caso, essas forças *de fato* se cancelam mutuamente. Elas não desempenham qualquer papel em acelerar o *sistema*. É necessária uma força externa ao sistema para haver aceleração. Eis onde a força de atrito com o piso desempenha um papel (Figura 5.11). Quando a maçã empurra o piso, este, simultaneamente, empurra a maçã – uma força externa ao sistema. O sistema acelera para a direita.

Dentro de uma bola de futebol, trilhões e trilhões de forças interatômicas estão em ação. Elas mantêm a bola íntegra, mas não desempenham qualquer papel em acelerá-la. Embora cada uma dessas forças seja parte de um par ação-reação no interior da bola, elas se combinam para dar zero, não importa quantas elas sejam. Uma força externa à bola de futebol, como a de um chute, é necessária para acelerá-la. Na Figura 5.12, observamos uma única interação entre o pé e a bola de futebol.

Na Figura 5.13, a bola de futebol, entretanto, não acelera. Nesse caso, existem duas interações ocorrendo – duas forças exercidas sobre a bola de futebol. Se elas são simultâneas, de mesmo valor e opostas, a força resultante será nula. As forças dos dois chutes formam um par ação-reação? Não, pois elas são exercidas sobre um único objeto, e não sobre dois diferentes. Elas podem ser de mesma intensidade e opostas, mas, a menos que elas sejam exercidas sobre diferentes objetos, elas realmente não constituem um par ação-reação. Entendeu?

Se isso parece confuso, pense que o próprio Newton tinha dificuldades com a terceira lei.

FIGURA 5.12 A exerce força sobre B, e este acelera.

FIGURA 5.13 Tanto A quanto C exercem força sobre B. Elas se cancelam, de modo que B não acelera.

PAUSA PARA TESTE

1. **Num dia frio, chuvoso, a bateria de seu carro não funciona e você tem de empurrar o veículo para movimentá-lo até que o motor pegue. Por que você não pode colocar o carro em movimento permanecendo sentado confortavelmente no banco e empurrando contra o painel de instrumentos do veículo?**
2. **Por que um livro em repouso sobre uma mesa jamais se acelera "espontaneamente" em resposta aos trilhões de forças interatômicas que atuam em seu interior?**
3. **Sabemos que a Terra puxa a Lua. Isso significa que a Lua também puxa a Terra?**
4. **Você pode identificar as forças de ação e reação no caso de um objeto em queda no vácuo?**

VERIFIQUE SUA RESPOSTA

1. Nesse caso, o sistema a ser acelerado é o carro. Se você fica dentro dele e empurra o painel de instrumentos para a frente, o par de forças que você produz atua e reage no interior do sistema. Elas se anulam no que diz respeito ao movimento do carro. Para acelerar o carro, deve haver uma interação entre o carro e algo externo a ele – por exemplo, você de fora, empurrando contra a rodovia.

2. Cada uma dessas forças interatômicas é parte de algum par ação-reação no interior do livro. Essas forças se combinam de maneira que se anulem, não importa quantos forem esses pares. Isso é o que torna a primeira lei de Newton aplicável ao livro. Ele não é acelerado a menos que uma força externa atue sobre ele.

3. Sim, os dois puxões constituem um par ação-reação de forças associadas com a interação gravitacional entre a Terra e a Lua. Podemos dizer que (1) a Terra puxa a Lua e (2) a Lua igualmente puxa a Terra, mas torna-se mais compreensível pensar nisso como uma única interação – a Terra e a Lua simultaneamente atraem uma à outra, cada qual com o mesmo valor de força. Você não pode empurrar ou puxar algo sem que ele o empurre ou puxe também. Essa é a lei!

4. Para identificar um par ação-reação de forças em qualquer situação, primeiro identifique o par de objetos envolvidos na interação – o corpo A e o corpo B. O corpo A, o objeto em queda, está interagindo (gravitacionalmente) com o corpo B, a Terra inteira. Assim, a Terra puxa o objeto para baixo (chamamos isso de ação), enquanto o objeto puxa a Terra para cima (reação).

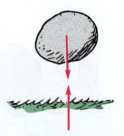

FIGURA 5.14 A Terra é puxada para cima pela rocha com exatamente a mesma força com a qual a rocha é puxada para baixo pela Terra.

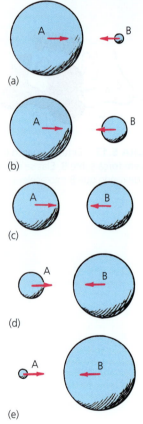

FIGURA 5.15 Qual das bolas cai em direção à outra, A ou B? Embora a força entre cada par de objetos seja a mesma, as acelerações diferem?

5.3 Ação e reação sobre massas diferentes

Embora à primeira vista pareça estranho, um objeto em queda puxa a Terra para cima com a mesma força que a Terra o puxa para baixo. A aceleração decorrente do objeto em queda é evidente, enquanto a aceleração para cima da Terra é pequena demais para ser detectada. Assim, estritamente falando, quando você salta da beira de uma calçada, a rua se eleva em sua direção, mesmo que apenas ligeiramente. Você não consegue perceber a rua subindo, mas ela sobe!

Podemos concluir que a Terra acelera ligeiramente em resposta à queda de um objeto, considerando os exemplos exagerados, nos casos de (a) até (e), dos dois corpos planetários da Figura 5.15. As forças entre os corpos A e B são de mesmo valor, mas com sentidos opostos em *cada* caso. Se, no caso (a), o planeta A tem uma aceleração imperceptível, então ela é menos imperceptível no caso (b), em que a diferença entre os valores das massas é menos acentuada. No caso (c), em que os corpos têm a mesma massa, a aceleração de A é tão evidente quanto a de B. Continuando, vemos que a aceleração de A torna-se ainda mais evidente no caso (d), e mais ainda no caso (e).

> **PAUSA PARA TESTE**
>
> 1. Observe que todos os vetores de força vermelhos na Figura 5.15 têm comprimentos iguais e apontam no sentido oposto. Isso significa que todos têm a mesma grandeza?
> 2. Pressupondo que os tamanhos dos planetas correspondem às suas massas, forças iguais significam que as acelerações são iguais em todos os casos (a-e)?
> 3. Em qual caso a aceleração do planeta B é maior? Em qual é menor?
> 4. Como os vetores de força vermelhos mudariam se a massa de um planeta se reduzisse a zero?
>
> **VERIFIQUE SUA RESPOSTA**
>
> 1. Sim.
> 2. Não! As acelerações somente são iguais em (c), opção em que os planetas A e B têm massas iguais.
> 3. A aceleração do planeta B em (a) é maior devido à sua massa pequena e é menor em (e), onde sua massa é maior.
> 4. Todos os vetores de força desapareceriam, pois não haveria mais interação gravitacional entre dois planetas.

O papel desempenhado pelas massas diferentes fica evidenciado no disparo de um canhão. Quando se dispara o canhão, ocorre uma interação entre ele e a bala (Figura 5.16). Um par de forças atua tanto sobre o canhão quanto sobre a bala. A força exercida sobre a bala é tão grande quanto a força de reação exercida sobre o

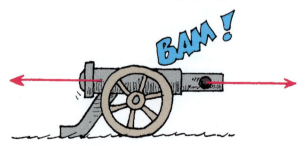

FIGURA 5.16 A força exercida contra o canhão que recua é exatamente tão grande quanto a força que impulsiona a bala de canhão dentro do cano. Por que, então, a bala acelera mais do que o canhão?

canhão; logo, o canhão "dá um tranco" no atirador. Uma vez que as forças são de mesmo valor, por que o canhão não recua com a mesma rapidez da bala?

Ao analisar as mudanças no movimento, a segunda lei de Newton nos lembra que devemos também levar em conta as massas envolvidas. Suponha que F represente os valores das forças de ação e reação, m represente a massa da bala e $\textit{\textbf{m}}$ represente a massa do canhão, que tem mais massa. As acelerações da bala e do canhão são, então, obtidas tomando-se a razão da força pela massa. As acelerações são:

$$\text{Bala de canhão: } \frac{F}{m} = \textit{\textbf{a}}$$

$$\text{Canhão: } \frac{F}{\textit{\textbf{m}}} = a$$

Os tamanhos exagerados dos símbolos nas equações indicam por que a variação de velocidade da bala de canhão é tão grande comparada à variação de velocidade do canhão. Uma determinada força exercida sobre uma massa pequena produz uma grande aceleração, ao passo que a mesma força, exercida sobre uma massa grande, produz uma pequena aceleração.

Se usássemos símbolos similarmente exagerados para representar a aceleração da Terra devido à queda de um objeto, como na Figura 5.14, o símbolo m para a massa da Terra teria de ter um tamanho astronômico. A força F, o peso do objeto em queda, dividido por essa enorme massa, resultaria num a microscópico para representar a aceleração da Terra em direção ao objeto.

Podemos estender a ideia de um canhão que recua a partir da bala que ele dispara para compreender a propulsão de foguetes. Considere um balão inflado que recua quando o ar é expelido (Figura 5.17). Se o ar é expelido para baixo, o balão acelera para cima. O mesmo princípio se aplica a um foguete, que continuamente "recua" a partir do gás expelido. Cada molécula do gás ejetado é como uma minúscula bala disparada do foguete (Figura 5.18).

Uma falsa concepção muito comum é a de que um foguete seja propelido pelo impacto dos gases ejetados contra a atmosfera. De fato, antes do advento dos foguetes, geralmente se pensava que fosse impossível enviar um foguete à Lua. Por quê? Porque não existe ar acima da atmosfera terrestre contra o qual o foguete pudesse empurrar. Entretanto, isso é o mesmo que afirmar que um canhão não recuaria a menos que a bala de canhão tivesse ar contra o qual empurrar. Não é verdade! Ambos, o foguete e o canhão que recua, aceleram por causa das forças de reação exercidas pelos materiais que eles queimam – e não porque qualquer um deles empurra o ar. De fato, um foguete opera melhor acima da atmosfera do que onde existe resistência do ar.

Usando a terceira lei de Newton, podemos compreender como um helicóptero obtém sua força de sustentação. As lâminas giratórias têm a forma adequada para forçar as partículas de ar para baixo (ação), enquanto o ar força as lâminas para cima (reação). Essa força de reação atuando para cima é chamada de *sustentação*. Quando a sustentação é igual ao peso da nave, o helicóptero plana no ar. Quando a sustentação é maior, o helicóptero ganha altura.

Isso é verdadeiro para pássaros e aviões. Os pássaros voam empurrando o ar para baixo. O ar, por sua vez, empurra o pássaro para cima. Quando o pássaro está voando alto, as asas devem assumir uma forma tal que as partículas móveis do ar sejam desviadas para baixo. Inclinadas ligeiramente, as asas desviam o ar incidente para baixo e produzem a sustentação de um avião. O ar continuamente desviado para baixo mantém a sustentação. Esse suprimento de ar é obtido a partir do movimento da nave para a frente, resultado da ação dos motores a hélice ou a jato que impulsionam o ar recolhido para trás. Quando os motores empurram o ar recolhido para trás, esse ar empurra os motores de volta para a frente. No Capítulo 14, aprenderemos que a superfície curva de uma asa é um aerofólio, capaz de intensificar a força de sustentação.

FIGURA 5.17 O balão recua a partir do ar que escapa, movendo-se para cima.

FIGURA 5.18 O foguete recua a partir das "balas moleculares" que ele dispara, e sobe.

As medusas vêm usando propulsão a jato ou foguete por bilhões de anos.

Percebemos a terceira lei de Newton atuando em todos os lugares. Um peixe empurra a água para trás com suas nadadeiras, e a água o empurra para a frente. O vento empurra os galhos de uma árvore, e eles empurram de volta o vento, e temos sons de assobios. As forças são interações entre diferentes coisas. Cada contato requer no mínimo duas vias; não existe maneira de um objeto exercer força sobre nada. As forças, sejam grandes empurrões ou toques leves, sempre ocorrem aos pares, cada uma oposta à outra. Assim, não podemos tocar sem ser tocados.

> **PAUSA PARA TESTE**
>
> 1. Um carro acelera numa rodovia. Identifique a força que move o carro.
> 2. Um ônibus em alta velocidade e um inocente besouro colidem frontalmente. A força de impacto esparrama o pobre besouro sobre o para-brisa. A força correspondente que o besouro exerce contra o para-brisa é maior, menor ou a mesma? A consequente desaceleração do ônibus é maior, menor ou a mesma que a do besouro?

FIGURA 5.19 O autor e sua esposa Lil ilustram a terceira lei de Newton: você não pode tocar sem ser tocado.

VERIFIQUE SUA RESPOSTA

1. É a rodovia que empurra o carro para a frente. É verdade! Apenas a rodovia produz uma força horizontal sobre o carro. Como isso é feito? Os pneus em rotação do carro empurram a rodovia para trás (ação). Simultaneamente, a rodovia empurra os pneus para a frente (reação). Os padrões ondulados mostrados na Figura 5.20 são evidência disso. Os tijolos originalmente retos do cruzamento foram empurrados para a direita pelos carros que aceleraram para a esquerda. Qual seria a diferença no padrão ondulado dos tijolos se os carros freassem subitamente sobre eles? A física está por toda a parte!

2. Os valores de ambas as forças são os mesmos, pois elas formam um par ação-reação de forças que constitui a interação entre o ônibus e o besouro. As acelerações são muito diferentes, entretanto, porque as massas envolvidas são diferentes! O besouro sofre uma desaceleração enorme e mortal, enquanto o ônibus sofre uma desaceleração minúscula – tão minúscula que a perda muito pequena de rapidez nem é notada pelos seus passageiros. Contudo, se o besouro tivesse mais massa – tanto quanto outro ônibus, por exemplo –, a perda de rapidez ficaria totalmente evidente! (Você sente aqui a maravilha que é a física? Embora tão *diferente* para o inseto e o ônibus, a intensidade da força exercida sobre cada um é a *mesma*. Legal!)

FIGURA 5.20 Os paralelepípedos do piso estavam originalmente alinhados. Você percebe a evidência de que os carros empurram a rodovia para trás quando aceleram para a frente?

> **PRATICANDO FÍSICA: CABO DE GUERRA**
>
> Promova um cabo de guerra entre jogadores de futebol e líderes de torcida. Faça-o sobre um piso polido que seja um pouco deslizante, com os jogadores de meias e as líderes de torcida calçadas com sapatos de sola de borracha. Quem certamente vencerá? Por quê? (Dica: Ganha o cabo de guerra a equipe cujos membros puxam o cabo com mais força ou aquela cujos membros empurram o piso com mais força?)
>
>

5.4 Vetores e a terceira lei

Exatamente como dois vetores perpendiculares podem ser combinados em um vetor resultante, qualquer vetor pode, ao contrário, ser "decomposto" em dois vetores *componentes* mutuamente perpendiculares. Esses dois vetores são conhecidos como os **componentes** daquele vetor que eles são capazes de substituir (Figura 5.21). O processo de determinação dos componentes de um certo vetor é conhecido como *decomposição*. Qualquer vetor desenhado em uma folha de papel pode ser decomposto num componente vertical e em outro horizontal.

A decomposição vetorial está ilustrada na Figura 5.22. Um vetor **V** é desenhado na direção apropriada para representar uma grandeza vetorial. Então, as linhas vertical e horizontal (*eixos*) são traçadas na cauda do vetor. Em seguida, desenha-se um retângulo em que **V** é a sua diagonal. Os lados desse retângulo são as componentes desejadas, os vetores V_x e V_y. Por outro lado, note que a soma vetorial de V_x com V_y é **V**.

FIGURA 5.21 A força F que Nellie exerce sobre o trenó tem um componente horizontal, F_x, e um componente vertical, F_y. (As outras forças exercidas sobre o trenó não são mostradas aqui.)

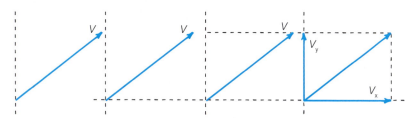

FIGURA 5.22 A construção dos componentes horizontal e vertical de um vetor.

PAUSA PARA TESTE

Com uma régua, trace as componentes horizontal e vertical dos dois vetores mostrados. Meça as componentes e compare suas próprias descobertas com as respostas dadas abaixo.

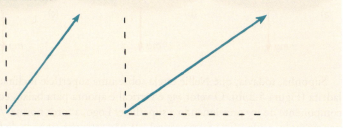

VERIFIQUE SUA RESPOSTA

Vetor da esquerda: o componente horizontal tem 2 cm; o componente vertical tem 2,6 cm. Vetor da direita: o componente horizontal tem 3,8 cm; o componente vertical tem 2,6 cm.

Nos capítulos anteriores, usamos vetores para representar as forças peso e normal no caso de objetos sobre superfícies de apoio. Quando uma superfície é horizontal e somente a gravidade atua sobre um objeto, a força normal que a superfície exerce tem o mesmo módulo que *mg*, a força da gravidade. A *snowboarder* Nellie Newton ilustra isso na Figura 5.23a. A terceira lei de Newton é evidente quando o peso de Nellie, *mg*, é a força que ela exerce sobre a superfície, enquanto a reação é a superfície exercendo uma força *N* de mesmo valor, mas oposta, sobre Nellie.

94 PARTE I Mecânica

FIGURA 5.23 (a) Nellie Newton pressiona contra a superfície com força *mg* (ação), e a superfície pressiona Nellie com *N* (reação). Portanto, *mg* e *N* têm mesmo módulo, mas orientações opostas. (b) Nellie pressiona a superfície inclinada com menos força, de modo que, ao estilo ação-reação, a força *N* é proporcionalmente menor. (c) O componente de mg perpendicular à superfície inclinada tem o mesmo módulo que *N*; o componente de *mg* paralelo à superfície produz a aceleração.

FIGURA 5.24 Quando a ladeira torna-se mais íngreme, a força normal *N* sobre um bloco de gelo diminui, e *N* é nula quando a ladeira é vertical.

FIGURA 5.25 (a) Sobre o gelo desprovido de atrito, somente *mg* e *N* atuam sobre o sapato. (b) Sobre um piso de madeira, existe uma força de atrito *f*. (c) Em equilíbrio, a resultante de *N* e *mg* tem o mesmo módulo, mas sentido oposto a *f*.

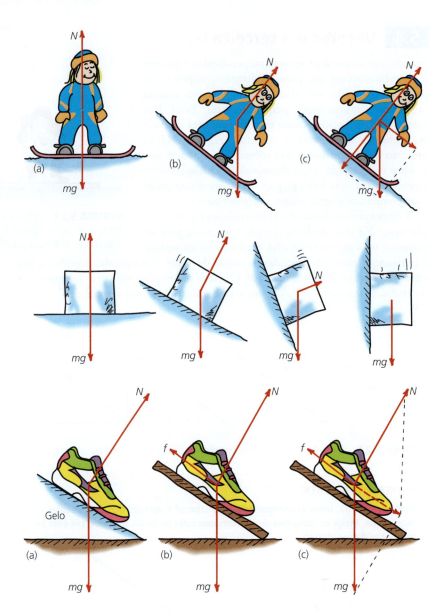

Suponha, todavia, que Nellie esteja sobre uma superfície inclinada, como uma ladeira (Figura 5.23b). O vetor *mg* é vertical e aponta para baixo, com apenas um componente de *mg* pressionando a superfície. Logo, a força normal *N* é menor. Se, por exemplo, a superfície fosse vertical, ela não seria pressionada de forma alguma, e *N* seria nula.

Observe outra coisa: o componente de *mg* que é perpendicular à superfície tem o mesmo módulo que *N* (Figura 5.23c). Note também que a aceleração de Nellie ladeira abaixo se deve ao componente de *mg* que é paralelo à superfície da ladeira. Caso a ladeira fosse mais íngreme, esse componente de *mg* e a aceleração de Nellie seriam maiores. Se a superfície fosse vertical, a aceleração seria exatamente *g*, e Nellie estaria em queda livre! A diminuição de *N* para ladeiras mais íngremes é ilustrada com um bloco de gelo sobre vários planos inclinados (Figura 5.24).

Na Figura 5.25, temos três vistas de um sapato sobre uma rampa. O primeiro sapato está sobre uma superfície sem atrito, onde somente duas forças são exercidas sobre ele (Figura 5.25a). Quando existe atrito, um vetor adicional *f* representa a força de atrito (Figura 5.25b). É importante verificar se o valor do atrito é menor do que ou igual à resultante de *N* e *mg* (Figura 5.25c). Se *f* for menor do que essa resultante, o sapato acelerará rampa abaixo. Se *f* for igual à referida resultante, o sapato estará em equilíbrio – o que pode significar em repouso ou, tendo sido dado um pequeno empurrão, deslizando rampa abaixo com velocidade constante. É interessante observar que a resultante das forças normal e gravitacional que atuam sobre o sapato na Figura 5.25 ilustram a *regra do paralelogramo*,[2] que é útil quando vetores não formam um ângulo reto entre si. Desenhe um paralelogramo no qual os dois vetores são lados adjacentes — a diagonal do paralelogramo mostra a resultante. A Figura 5.25c mostra a resultante de mg e da força normal N. Talvez você brinque com essas ideias na parte de laboratório de seu curso.

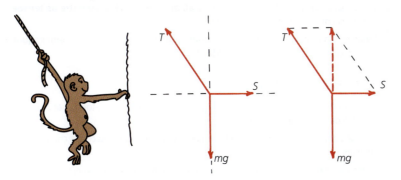

FIGURA 5.26 O macaco Mo e as três forças que o mantêm em equilíbrio.

Na Figura 5.26, vemos o macaco Mo de um zoológico em repouso, suspenso por uma corda por uma das mãos e preso a uma grade pela outra. A aplicação da regra do paralelogramo revela que a tensão T na corda é maior do que mg. Observe também que o puxão lateral S sobre a grade é menor do que mg. Você consegue perceber que S tem o mesmo valor que o componente horizontal de T? E que mg é igual ao componente vertical de T? É muito instrutivo analisar forças em termos de vetores e seus componentes por meio da regra do paralelogramo.

FIGURA 5.27 (a) A força da gravidade sobre Nellie é representada pelo vetor vertical apontando para baixo. Para haver equilíbrio, é necessário um vetor de mesmo módulo, mas oposto, representado pela seta tracejada. (b) Este vetor tracejado é a diagonal do paralelogramo definido pelas linhas verdes. (c) As tensões em ambas as cordas são representadas pelos vetores construídos. A tensão é maior no ramo direito da corda, o mais provável de romper.

A Figura 5.27 mostra Nellie Newton pendurada, em repouso, em uma corda de pendurar roupas. Note que a corda atua como se fosse um par de cordas que formam ângulos diferentes com a vertical. Nas três etapas ilustradas aqui, existem três forças exercidas sobre Nellie: seu peso, uma tensão no ramo esquerdo da corda e uma tensão no ramo direito da corda. Devido aos ângulos diferentes, as tensões nos ramos da corda serão diferentes. Uma vez que Nellie está suspensa em equilíbrio, as duas tensões dos ramos devem se adicionar vetorialmente, de modo a formar uma resultante de mesmo módulo, mas oposta ao peso de Nellie. Em qual dos ramos a tensão é maior? A regra do paralelogramo mostra que a tensão no ramo direito da corda é maior do que a do ramo esquerdo. Se você medir os dois vetores, verá que a

---

[2] Um paralelogramo é uma figura de quatro lados com lados opostos paralelos um ao outro. Normalmente, você determina o comprimento da diagonal por medição, mas no caso especial em que os dois vetores X e Y são perpendiculares (um quadrado ou um retângulo), você pode aplicar o teorema de Pitágoras, $R^2 = X^2 + Y^2$, para obter a resultante: $R = \sqrt{X^2 + Y^2}$. Se o calçado está em equilíbrio, a resultante é igual ao atrito que impede o escorregamento.

tensão do ramo direito será cerca de duas vezes maior do que a do ramo esquerdo. As tensões em ambas as cordas se combinam para sustentar o peso de Nellie.

> **PAUSA PARA TESTE**
>
> Na Figura 5.27, Nellie está suspensa por cordas presas ao teto. À direita, vemos três vetores de força que atuam sobre Nellie.
>
> 1. Qual dos três vetores permanece inalterado se os ângulos da corda mudam?
> 2. Se as duas cordas estivessem na vertical, qual seria a relação entre as tensões sobre as cordas e o peso de Nellie?
> 3. Se as cordas estivessem mais separadas, com ângulos menos íngremes, qual seria o efeito nas tensões nas cordas?

VERIFIQUE SUA RESPOSTA

1. Sejam quais forem as orientações das cordas, o peso da Nellie (o vetor que aponta para o centro da Terra) permanece igual.
2. A tensão em cada ramo seria metade do peso de Nellie, de acordo com a condição de equilíbrio.
3. As tensões nas cordas seriam maiores. Por exemplo, quando as cordas estão em 60° em relação à linha tracejada (a vertical), a tensão em cada corda é igual ao peso de Nellie. Além de 60°, as tensões aumentam. Quando as cordas se aproximam da horizontal, a tensão aumenta e se aproxima do ponto de ruptura, e as cordas deixam de sustentar o peso de Nellie (uma criança pode se pendurar sem problemas em um varal com folga, mas não em uma corda quase horizontal, pois esta está prestes a se romper!).

A Figura 5.28 ilustra os componentes vetoriais da velocidade. Na ausência da resistência do ar, o componente horizontal da velocidade se mantém constante, de acordo com a primeira lei de Newton. Em contraste, o componente vertical está sob influência da gravidade e diminui com o movimento para cima, ganhando, durante o movimento para baixo, o que havia perdido.

Voltaremos aos componentes vetoriais da velocidade quando formos abordar o movimento de projéteis, no Capítulo 10.

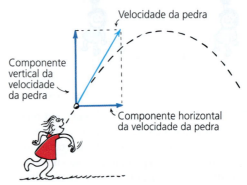

FIGURA 5.28 Os componentes horizontal e vertical da velocidade de uma pedra lançada.

5.5 Resumo das três leis de Newton

A primeira lei de Newton, a lei da inércia: um objeto que está em repouso tende a continuar em repouso; um objeto que está em movimento tende a continuar em movimento com rapidez constante ao longo de uma linha reta. Essa tendência dos objetos de resistir a mudanças no movimento é chamada de *inércia*. A massa é uma medida da inércia. Os objetos sofrem alterações no movimento somente na presença de uma força resultante.

A segunda lei de Newton, a lei da aceleração: quando uma força resultante atuar sobre um objeto, ele será acelerado. A aceleração é diretamente proporcional à força resultante e inversamente proporcional à massa. Simbolicamente, $a = F/m$. A aceleração tem sempre o mesmo sentido da força resultante. Quando os objetos caem no vácuo, a força resultante é simplesmente o peso – o puxão da gravidade –, e a aceleração é g (esse símbolo denota a aceleração decorrente apenas da gravidade). Quando os objetos caem no ar, a força resultante é igual ao peso menos a força de resistência do ar, e a aceleração é menor do que g. Se e quando a força de resistência do ar se igualar ao peso do objeto em queda, a aceleração desaparece, e o objeto passa a cair com rapidez constante (chamada de *rapidez terminal*).

A terceira lei de Newton, a lei da ação e reação: sempre que um objeto exerce uma força sobre um segundo objeto, este exerce uma força igual e oposta sobre o primeiro. As forças surgem aos pares, uma de ação e outra de reação, as duas constituindo a interação entre um objeto e o outro. Ação e reação sempre atuam sobre diferentes objetos. Nenhuma das duas forças existe sem a outra.

As três leis do movimento formuladas por Isaac Newton são regras da natureza que nos permitem verificar a maneira bela como tantas coisas se conectam umas às outras. Vemos essas regras em funcionamento em nosso ambiente cotidiano.

FIGURA 5.29 Os gansos selvagens voam numa formação em "V", porque o ar empurrado para baixo pelas pontas de suas asas acaba formando redemoinhos para cima, criando uma corrente de ar ascendente que é mais intensa na lateral do pássaro. Outro pássaro, seguindo no rastro, consegue reforçar sua força de sustentação posicionando-se nessa corrente ascendente. Ele cria outra corrente ascendente para o pássaro seguinte e assim por diante. O resultado final é um bando voando numa formação em "V".

FIGURA 5.30 Qual é a aceleração de Hudson no topo da sua trajetória? (Por que aqueles que não diferenciam entre velocidade e aceleração erram essa? E por que os alunos que orientam seu raciocínio por $a = F/m$ acertam?)

Revisão do Capítulo 5

TERMOS-CHAVE (CONHECIMENTO)

terceira lei de Newton Seja qual for o objeto que exerce uma força sobre um segundo objeto, este segundo exerce uma força de mesma intensidade que a primeira e em sentido oposto.

componentes Vetores mutuamente ortogonais, normalmente um horizontal e outro vertical, cuja soma vetorial é igual a um determinado vetor.

QUESTÕES DE REVISÃO (COMPREENSÃO)

5.1 Rapidez

1. Quantas forças são requeridas para uma interação?
2. Você conseguiria empurrar uma parede sem que ela o empurrasse de volta? Por quê?
3. Por que um boxeador não tem como acertar um lenço de papel no ar com a mesma força que acertaria um saco de pancadas pesado?

5.2 Terceira lei de Newton do movimento

4. Enuncie a terceira lei de Newton do movimento em duas formas.

5. Se martelamos uma estaca, chamamos a força do martelo de força de *ação*. Qual é a força de *reação*?
6. Quando você rebate uma bola, a bola reage ao mesmo tempo que o bastão ou um pouco depois?
7. Identifique a força que acelera o sistema maçã-laranja no texto.
8. Para produzir uma força resultante sobre um sistema, deve haver uma força aplicada externamente?
9. Quando chuta uma bola de futebol, você aplica a ela uma força resultante. Se um colega seu chutar a bola ao mesmo tempo e com uma força de mesma intensidade e sentido contrário, existirá uma força resultante para acelerar a bola?

5.3 Ação e reação sobre massas diferentes

10. A Terra lhe puxa para baixo com uma força gravitacional que você chama de seu peso. Você puxa a Terra para cima com o mesmo valor de força?
11. Uma vez que as forças que atuam sobre uma bala de canhão e sobre o canhão que a disparou têm a mesma grandeza, por que os dois têm acelerações muito diferentes?
12. Identifique a força que impulsiona um foguete.
13. Como um helicóptero consegue sua força de sustentação?
14. Você pode tocar fisicamente outra pessoa sem que ela o toque com o mesmo valor de força?

5.4 Vetores e a terceira lei

15. O que significa o termo "decomposição vetorial"?
16. O que ocorrerá com o módulo do vetor força normal sobre um bloco em repouso sobre uma rampa se o ângulo de inclinação aumentar?
17. Como se compara o módulo da força de atrito sobre um sapato em repouso em uma rampa com os módulos dos vetores mg e N?
18. Como variam os componentes vertical e horizontal da velocidade para uma bola atirada em um ângulo acima da horizontal?

5.5 Resumo das três leis de Newton

19. Preencha os espaços em branco: a primeira lei de Newton frequentemente é chamada de lei da _____; a segunda lei de Newton é a lei da _____; e a terceira lei de Newton é a lei da _____ e _____.
20. Qual das três leis de Newton enfoca as *interações*?

PENSE E FAÇA (APLICAÇÃO)

21. Posicione sua mão como uma asa plana horizontal fora da janela de um automóvel em movimento. Então incline ligeiramente a borda frontal dela para cima e note o efeito de sustentação enquanto o ar bate na parte de baixo da sua mão. Você consegue perceber as leis de Newton em ação aqui?
22. Experimente empurrar seus dedos um contra o outro. Você pode empurrar mais forte com um dedo do que com o outro?
23. Marque um ponto no chão onde está. Abra seu aplicativo de bússola no telefone (ou use uma bússola de verdade) e dê 10 passos em direção ao norte. Vire 90° para leste ou oeste e ande mais 10 passos. Marque este segundo ponto. Agora caminhe diretamente até o ponto original e conte seus passos. Foram cerca de 14? Tente de novo, mas desta vez dê mais passos em cada direção antes de voltar ao ponto original. Use $R = \sqrt{A^2 + B^2}$ para confirmar a sua distância em relação ao ponto de partida.
24. Amarre uma corda horizontal entre dois pontos ao seu redor (por exemplo, as costas de duas cadeiras com cerca de um metro de distância entre si). Suspenda algum tipo de objeto (como uma caixa de cereais) do meio da corda. A corda não está mais na horizontal. Dedilhe ambos os lados da corda esticada e sinta as tensões na corda (como Burl Grey fez no andaime de pintura do Capítulo 2). As tensões são iguais? Agora deslize o peso para posições diferentes e observe a mudança dos ângulos. Dedilhe a corda e sinta as tensões diferentes. São iguais? Qual é maior? Compartilhe a sua apresentação com a turma.
25. Saia para correr e pense sobre como os vetores e suas componentes se aplicam quando corremos morro acima e a facilidade de correr morro abaixo. Pense na primeira lei de Newton quando começa, na segunda quando muda sua rapidez e na terceira em cada passo que dá. Compartilhe suas reflexões na próxima vez que contatar seus avós.

PEGUE E USE (FAMILIARIZAÇÃO COM EQUAÇÕES)

Resultante de dois vetores em ângulo reto um com o outro:
$$R = \sqrt{(X^2 + Y^2)}$$

26. Calcule a velocidade resultante de um par de vetores de velocidades de 100 km/h que formam um ângulo reto entre si.
27. Calcule a resultante de um vetor horizontal com módulo de quatro unidades e um vetor vertical com módulo de três unidades.

PENSE E RESOLVA (APLICAÇÃO MATEMÁTICA)

28. Qual será a velocidade de um avião que voa a 200 km/h e encontra um vento cruzado de 80 km/h (em ângulo reto com o avião)?
29. Um boxeador golpeia um lenço de papel no ar e o leva do repouso a adquirir uma rapidez de 25 m/s em 0,05 s.
    a. Que aceleração é imprimida ao papel?
    b. Se a massa do papel é de 0,003 kg, que força o boxeador exerce sobre ele?
    c. Que intensidade de força o papel exerce sobre o boxeador?
30. Se você fica em pé sobre uma prancha de *skate* sem atrito, perto de uma parede, e empurra ela com uma força de 30 N, com que força a parede empurra você? Se sua massa é 60 kg, mostre que sua aceleração vale 0,5 m/s².
31. Duas forças de 3,0 N e 4,0 N atuam perpendicularmente sobre um bloco de 2,0 kg. Mostre que a aceleração do bloco é de 2,5 m/s².

PENSE E ORDENE   (ANÁLISE)

32. Um carro exerce uma força sobre reboques de diferentes massa *m*. Comparada à força exercida sobre cada reboque, ordene os módulos das forças que cada reboque exerce sobre o carro. (Ou são todos os pares de força de mesmo módulo?)

A
m = 1.000 kg *v* = 20 m/s

B
m = 1.500 kg *v* = 20 m/s

C
m = 1.800 kg *v* = 15 m/s

33. Todos os caixotes de massas iguais são puxados pela mesma força *F* sobre uma superfície sem atrito. Ordene em ordem decrescente em valor as seguintes grandezas:
    a. A aceleração das caixas.
    b. As tensões nas cordas presas a uma única caixa nas figuras B e C.

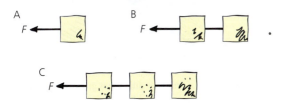

34. A vista superior mostra um avião sendo tirado do curso por ventos que sopram com três orientações diferentes. Use um lápis e a regra do paralelogramo para esboçar os vetores que representam as velocidades em cada caso. Ordene, em ordem decrescente, os módulos das velocidades do avião em relação ao solo.

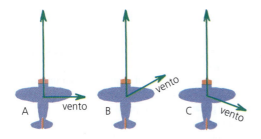

35. Vistas superiores mostram três lanchas que atravessam um rio. Todas desenvolvem a mesma rapidez em relação à água e estão sujeitas ao mesmo fluxo do rio. Construa os vetores resultantes que representem a rapidez e a orientação de cada lancha. Ordene os módulos das velocidades em ordem decrescente no caso:

a. em que os botes levem o mesmo tempo para chegar à margem oposta.
b. em que a travessia é feita no menor tempo possível.

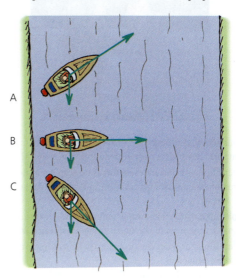

36. Visto de cima, um toco firme é puxado por um par de cordas, cada qual com uma força de 200 N, mas em ângulos diferentes, como mostrado. Ordene as forças resultantes sobre o toco em ordem decrescente de valor.

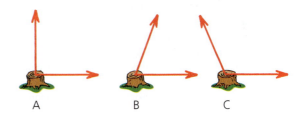

37. Suspensa com uma mão só em uma corda de varal, Nellie está imóvel. Em qual ramo da corda, A ou B, a tensão é maior?

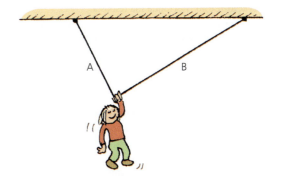

PENSE E ORDENE   (ANÁLISE)

38. Identifique as forças de ação e reação para as seguintes interações:

    a. Um martelo atinge um prego.
    b. A gravidade da Terra puxa um livro.

c. Uma hélice de helicóptero ou de *drone* empurra o ar para baixo.
39. A foto mostra Steve Hewitt e sua filha Gretchen. Ela está tocando o seu pai ou é o pai que a está tocando? Explique.

40. Quando você esfrega suas mãos uma contra a outra, você empurra mais forte com uma do que com a outra?
41. Identifique os dois pares de forças de ação e reação sobre uma maçã que você segura sobre sua cabeça (sim, dois pares de forças).
42. Solte uma maçã e identifique todos os pares de forças ação-reação que atuam sobre ela enquanto cai. Despreze o arrasto do ar.
43. Identifique os pares de forças de ação e reação para as seguintes situações:
    a. Você pula de um meio-fio.
    b. Você dá um tapinha nas costas de seu professor.
    c. Uma onda atinge uma costa rochosa.
44. Um jogador de beisebol rebate uma bola. Identifique os pares ação-reação (a) quando a bola está sendo atingida e (b) enquanto a bola está em pleno voo.
45. Quando você deixa cair uma bola de borracha no chão, ela repica até quase a altura original. O que causa o repique da bola?
46. No interior de um livro sobre uma mesa existem bilhões de forças puxando e empurrando as moléculas. Por que essas forças nunca aceleram o livro pela mesa?
47. Se você exerce uma força horizontal de 200 N para empurrar um caixote pelo chão de uma fábrica com velocidade constante, quanto atrito atua sobre ele enquanto escorrega?
48. Um livro que desliza sobre uma superfície horizontal com velocidade constante é empurrado com força P. O atrito que atua sobre o objeto é de $-P$. P e $-P$ formam um par de forças ação-reação? Justifique sua resposta.
49. Duas forças atuam sobre o homem em repouso no desenho: o puxão da gravidade para baixo e a força de apoio do piso para cima.
    a. Essas forças são iguais e contrárias? Justifique sua resposta.
    b. As duas forças formam um par ação-reação? Justifique sua resposta.
    c. Identifique o par de forças ação-reação não mostrado no desenho.
50. Identifique os quatro pares de forças de ação e reação para um livro empurrado com velocidade constante sobre o tampo de uma mesa.
51. Enquanto uma bola arremessada se desloca através do ar, uma força da gravidade, mg, atua sobre ela. Identifique a reação correspondente a tal força. Identifique também a aceleração da bola ao longo de sua trajetória, inclusive no topo dela. Despreze o arrasto do ar.

52. Por que você consegue exercer uma força maior sobre os pedais de uma bicicleta se puxar o guidom para cima?
53. Por que um alpinista deve puxar a corda para baixo a fim de conseguir subir?
54. Quando um atleta sustenta o haltere acima de sua cabeça, a força de reação é o peso da barra sobre suas mãos. Como varia essa força quando o haltere é acelerado para cima? E para baixo?

55. Você empurra um carro pesado com as mãos. O carro, por sua vez, empurra-o de volta com força igual, mas oposta. Isso não significa que as forças se anulam mutuamente, tornando impossível acelerar? Justifique sua resposta.
56. O homem forte separará os dois vagões ferroviários de mesma massa, ambos inicialmente em repouso, antes que ele mesmo caia direto sobre o chão. É possível para ele fazer um dos vagões adquirir uma rapidez maior que a do outro? Justifique sua resposta.

57. Dois carrinhos, um deles duas vezes mais massivo do que o outro, se afastam quando é liberada a mola comprimida que os une. Qual é a aceleração do carrinho mais pesado em relação à do carrinho mais leve enquanto eles se afastam um do outro?

58. Um caminhão e um automóvel colidem frontalmente. Sobre qual deles atuará uma força mais intensa? Qual dos veículos experimentará a maior desaceleração? Explique suas respostas.
59. Os astronautas Scott e Kjell estão unidos por uma corda de segurança e "flutuam" a uma determinada distância no espaço. Se Scott puxar a corda, ele puxará Kjell para si, se puxará na direção de Kjell ou ambos os astronautas se moverão? Explique.
60. Que equipe ganhará um cabo de guerra: aquela que puxa mais fortemente a corda ou aquela que empurra mais fortemente o solo? Explique.
61. Num cabo de guerra entre Phil e Jean, cada qual puxa a corda com uma força de 250 N. Qual é a tensão na corda? Se ambos permanecem imóveis, que força horizontal cada um estará exercendo sobre o chão?

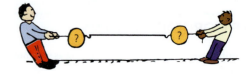

62. Seu professor desafia você e um colega a puxarem um par de balanças presas às extremidades de uma corda horizontal, em uma espécie de cabo de guerra, mas de maneira que as marcações das balanças sejam diferentes. Isso é possível? Explique.

63. Duas pessoas de mesma massa tentam um cabo de guerra com uma corda de 12 m, estando em pé sem atrito sobre o gelo. Quando elas puxam a corda, cada uma delas desliza na direção da outra. Como se comparam as suas acelerações, e que distância desliza cada pessoa até se encontrarem?

64. Que física não era conhecida do escritor do editorial de um jornal que ridicularizava os experimentos pioneiros de Robert H. Goddard sobre a propulsão por foguetes fora da atmosfera terrestre? "O professor Goddard [...] realmente não sabe da relação entre a ação e a reação e da necessidade de se ter algo melhor que o vácuo contra o qual reagir [...] parece lhe faltar o conhecimento ensinado diariamente na escola média."

65. Um barco a remo se move com uma rapidez de 3 m/s e aponta exatamente na direção transversal a um rio. Convença seu colega de classe de que, se o rio fluir a 4 m/s, a rapidez do barco com relação à margem do rio será de 5 m/s.

66. Se gotas de chuva caem verticalmente a 3 m/s, e se você estiver correndo horizontalmente a 4 m/s, convença seus colegas de classe de que as gotas atingirão sua face com uma velocidade de 5 m/s.

67. Um avião com uma velocidade em relação ao ar de 120 km/h depara-se com um vento transversal de 90 km/h. Convença seus colegas de classe de que a velocidade do avião com relação ao solo é de 150 km/h.

68. Uma pedra é mostrada em repouso sobre o chão. O vetor ilustra o peso da pedra.

    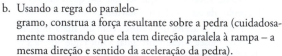

    a. Complete o diagrama vetorial mostrando o outro vetor com o qual o peso se combina, de modo que a resultante sobre a pedra seja nula.
    b. Qual é o nome convencional do vetor que você deve desenhar?

69. Uma pedra está suspensa em repouso por um barbante.

    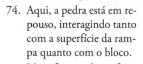

    a. Trace os vetores-força para todas as forças que atuam na pedra.
    b. Seus vetores deveriam ter uma resultante nula? Justifique sua resposta.

70. A mesma pedra está sendo acelerada verticalmente para cima.

    a. Desenhe os vetores de força em uma escala apropriada, indicando as forças relativas exercidas sobre a pedra.
    b. Qual é o vetor mais longo? Por quê?

71. Suponha que o barbante da corda se rompa quando puxado para cima e que a pedra se torne cada vez mais lenta até parar momentaneamente. Trace um diagrama vetorial das forças sobre a pedra para o instante em que ela alcança o topo de sua trajetória.

72. Qual é a aceleração da pedra atirada para cima no topo da trajetória?

73. Aqui, a pedra está rolando para baixo numa rampa sem atrito.

    a. Identifique as forças que atuam nela e desenhe os vetores-força adequados.
    b. Usando a regra do paralelogramo, construa a força resultante sobre a pedra (cuidadosamente mostrando que ela tem direção paralela à rampa – a mesma direção e sentido da aceleração da pedra).

74. Aqui, a pedra está em repouso, interagindo tanto com a superfície da rampa quanto com o bloco.

    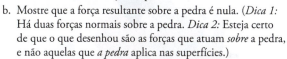

    a. Identifique todas as forças que atuam na pedra e desenhe os vetores-força adequados.
    b. Mostre que a força resultante sobre a pedra é nula. (*Dica 1:* Há duas forças normais sobre a pedra. *Dica 2:* Esteja certo de que o que desenhou são as forças que atuam *sobre* a pedra, e não aquelas que *a pedra* aplica nas superfícies.)

75. Na Figura 5.25, de que maneira se relaciona o módulo de *f* com o do vetor soma de *mg* e *N* quando o sapato se encontra em equilíbrio? O que ocorrerá se *f* for menor do que essa soma vetorial?

76. Com referência ao macaco Mo da Figura 5.26, se a corda formar um ângulo de 45° com a vertical, como se comparação os módulos dos vetores *S* e *mg*?

77. Com referência ao macaco Mo da Figura 5.26, qual será o módulo do vetor *S* se a corda que sustenta Mo for vertical? Se a corda fosse horizontal, de que maneira o vetor *S* seria diferente? Por que os dois vetores *T* e *S* não podem ser horizontais?

78. Na Figura 5.28, uma moça atira uma bola para cima. Se a resistência do ar for desprezível, de que maneira a componente horizontal da velocidade se relaciona com a primeira lei de Newton do movimento?

79. Qual rede tem maior probabilidade de se romper: uma que está firmemente esticada entre duas árvores ou outra que está mais curvada?

80. Um pássaro pesado se encontra sobre uma corda de varal de roupas. A tensão na corda será maior se ela estiver muito curvada ou pouco curvada?

81. Uma corda suporta um lampião que pesa 50 N. A tensão na corda é menor, igual ou maior do que 50 N? Use a regra do paralelogramo para justificar sua resposta.

    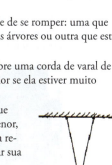

82. Que duas forças atuam sobre um macaco suspenso em posição estacionária por um cipó vertical? Se alguma força é maior que a outra, qual é a maior?

83. Para cordas mais espaçadas, como mostrado, a tensão nas cordas aumenta ou diminui?

PENSE E ORDENE (ANÁLISE)

84. Na vida cotidiana, contar uma mentira produz, mais cedo ou mais tarde, o oposto da reação desejada. Tratar mal um amigo faz com que ele o trate igualmente de volta. Tudo que vai, volta. Você colhe o que semeia. Por que esses são ou não exemplos da terceira lei de Newton?
85. Quando você acerta uma mosca com um mata-moscas, a força na mosca é realmente igual à força que "altera a velocidade" do mata-moscas? Justifique sua resposta.
86. A foto mostra Kara Mae empurrando uma parede. Ela teria como empurrar a parede sem que esta a empurrasse de volta simultaneamente? Justifique sua resposta.

87. Um balão flutua imóvel no ar. Em que direção e sentido o balão se move enquanto o balonista escala o cabo que prende o balão ao solo? Justifique sua resposta.
88. Em relação ao sistema laranja-maçã discutido no capítulo, a maçã conseguiria exercer a força mostrada nas Figuras 5.9–5.11 se a superfície de apoio fosse feita de um gelo perfeitamente escorregadio? Justifique sua resposta.
89. Se você atravessa um rio a nado, seu movimento natatório o leva diretamente para o outro lado, mas a correnteza o transporta na direção do rio. Em termos de vetores, por que a combinação leva a uma trajetória diagonal?
90. Um amigo diz que Alé não tem como empurrar uma árvore se a árvore não a empurrar de volta. Outro amigo diz que se Alé empurrar rápido o suficiente, a árvore não a empurrará com a mesma força. Opine.

91. Um cão consegue abanar seu rabo sem que o rabo "abane o cão", por assim dizer? (Imagine um cão com um rabo relativamente grande.)
92. Um foguete torna-se progressivamente mais fácil de acelerar enquanto se desloca pelo espaço. Por que isso ocorre? (*Dica:* aproximadamente 90% da massa de um foguete logo após o lançamento é de combustível.)

93. Quando você chuta uma bola de futebol meio murcha, a força do chute pode ser um pouco maior do que a força de reação sentida pelo seu pé? Justifique sua resposta.
94. É verdade que, quando você salta de um galho em direção ao solo, você puxa a Terra para cima? Em caso afirmativo, por que essa aceleração da Terra não é sentida?
95. Dois pesos de 100 N são atados a um dinamômetro, como mostrado na ilustração. O dinamômetro marca 0, 100 N, 200 N ou algum outro valor? (*Dica:* ele marcaria algo diferente se uma das cordas fosse fixada a uma parede em vez do peso de 100 N?)

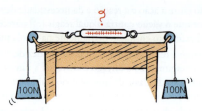

96. Por que é difícil acelerar seu carro quando está na areia, cascalho ou neve recente? Por que areia, cascalho e neve voam para trás dos pneus?
97. Um taco de beisebol tem sua rapidez diminuída quando atinge uma bola? Justifique sua resposta.
98. Um bastão de beisebol bate contra uma bola, que acelera. Quando o receptor pega a bola, o que produz a força exercida sobre as luvas do jogador?
99. Um fazendeiro incita seu cavalo a puxar uma carroça. O cavalo refuga, dizendo que tentar isso seria inútil, pois estaria zombando da terceira lei de Newton. Ele conclui que não pode exercer uma força sobre a carroça maior do que a que a carroça exerce sobre ele e, portanto, não será capaz de acelerar a carroça. Qual é a sua explicação para convencer o cavalo a puxar?
100. Um homem forte pode suportar a força de tensão exercida por dois cavalos que puxam em sentidos opostos. Como se compararia a tensão na corda se apenas um cavalo puxasse e a corda da esquerda estivesse amarrada a uma árvore? Como se compararia a tensão se os dois cavalos puxassem no mesmo sentido, com a corda da esquerda amarrada a uma árvore?

CAPÍTULO 5 — Exame de múltipla escolha

Escolha a melhor resposta entre as alternativas:

1. A Terra exerce uma força sobre a Lua. A Lua exerce uma força sobre a Terra. Essas duas forças compõem:
   a. uma única interação.
   b. duas interações.
   c. múltiplas interações.
   d. nenhuma das anteriores.

2. Quando você empurra um cubo de gelo com força de 0,5 N, o cubo de gelo:
   a. acelera a 10 m/s².
   b. resiste ao empurrão com sua própria força de 0,5 N.
   c. provavelmente não se move.
   d. empurra-o de volta com uma força de 0,5 N.

3. Um golpe de caratê exerce uma força de 3.000 N sobre uma prancha de madeira, que se quebra. A força que a prancha exerce sobre a mão durante o ocorrido é:
   a. menor do que 3.000 N.
   b. 3.000 N.
   c. maior do que 3.000 N
   d. é necessário mais informação para responder.

4. A força que impulsiona um foguete é fornecida:
   a. pela gravidade.
   b. pelas leis de Newton do movimento.
   c. por seus gases de exaustão.
   d. pela atmosfera contra a qual o foguete se move.

5. Um vaso de flores está em repouso sobre uma mesa. Se a força da ação da Terra o puxa para baixo, a força de reação é:
   a. a mesa empurrando o vaso para cima.
   b. o vaso puxando a Terra para cima.
   c. o vaso puxando a mesa e a Terra para cima.
   d. nenhuma das anteriores.

6. Não podemos exercer uma força sobre uma parede:
   a. se a parede resiste ao nosso empurrão.
   b. a menos que nos esforcemos.
   c. a menos que a parede exerça simultaneamente a mesma força sobre nós.
   d. todas as anteriores.

7. Em uma competição de cabo de guerra, meninas de tênis ganham de meninos de meia em um chão liso porque elas conseguem:
   a. exercer mais tensão sobre a corda.
   b. exercer mais força contra o chão escorregadio.
   c. usar uma vantagem psicológica contra os meninos.
   d. nenhuma das anteriores.

8. Uma enorme caminhonete Ford Ranger e um automóvel Ford Ka com a mesma rapidez se chocam de frente. A força de colisão é maior no Ford Ka ou no Ford Ranger?
   a. Ford Ka.
   b. Ford Ranger.
   c. É igual para ambos
   d. É necessário mais informação para responder.

9. O soco de um boxeador atinge com mais força um adversário mais pesado ou um mais leve?
   a. Adversário mais pesado.
   b. Adversário mais leve.
   c. É igual para ambos.
   d. Nenhuma das anteriores.

10. A rapidez de um avião pego por um vento cruzado que forma um ângulo reto ao atingi-lo:
    a. diminui.
    b. permanece inalterada.
    c. aumenta.
    d. não pode ser estimada.

Respostas e explicações das perguntas do exame de múltipla escolha

1. (a): Na natureza, não existe força isolada. Toda força tem uma força de reação equivalente. A Terra não puxa a Lua sem que a Lua puxe a Terra com força de mesma grandeza, mas sentido contrário. O par de forças Terra-Lua compõe uma única interação. 2. (d): A questão envolve as leis de Newton. Como a massa do cubo de gelo não é dada, a opção (a), que poderia envolver a segunda lei de Newton, $a = F/m$, é eliminada. A opção (c) não faz sentido. A terceira lei de Newton faz sentido, pois você empurra o gelo e o gelo o empurra de volta, o que, ao contrário da confusão da opção (b), faz com que (d) seja a melhor e mais clara das respostas. 3. (b): É uma aplicação simples e direta da terceira lei de Newton (A atua sobre B, B reage a A) ou, neste caso, mão atua sobre prancha, prancha reage à mão. Sem saber isso, as opções (a), (c) e (d) seriam populares. Também diferenciamos entre uma força e o efeito dessa força. A prancha não teria como se machucar, mas a mesma força sobre a mão doería bastante. 4. (c): A questão envolve a terceira lei de Newton. O foguete empurra os gases de exaustão, e estes empurram o foguete, o que faz com que (c) seja uma resposta melhor do que (a) e (b). Muitos acreditam que (d) está correta quando não entendem a terceira lei de Newton. 5. (b): Siga a regra de que A atua sobre B, B atua sobre A. A mesa não é parte do par de forças ação-reação, então a opção (a) está errada. O vaso que puxa a mesa para cima em (c) também é bobagem. Apenas (b) está correta. 6. (c): Quando empurra uma parede, você interage com ela. Assim, existe um par de forças ação-reação: você empurra a parede e esta, simultaneamente, o empurra de volta, como na opção (c). 7. (b): No cabo de guerra, a tensão da corda é igual para ambos os lados. A diferença é a força que os participantes exercem sobre o chão. Tênis certamente exercem mais força sobre um chão escorregadio do que meias, então as meninas vencem a competição. 8. (c): Ocorre uma única interação quando os veículos se chocam; a força da caminhonete sobre o carro e a força do carro sobre a caminhonete. Ambas as forças, de ação e de reação, têm a mesma grandeza. Forças iguais não significam danos iguais! Quando você mata uma mosca, a força sobre o inseto tem a mesma grandeza, mas sentido contrário, que a força dele no mata-moscas, mas as acelerações de cada um são radicalmente diferentes. O mesmo vale para os dois veículos. 9. (a): Imagine que o boxeador acerta um saco de pancadas grande e um guardanapo de papel. Para o mesmo soco, a força contra o saco em muito supera a força sobre o guardanapo. O mesmo vale para outros boxeadores. A força é maior quando interage com uma massa maior. Muitos erram esta pergunta quando a encontram pela primeira vez! 10. (c): Pense em vetores: dois vetores de velocidade que formam um ângulo reto entre si produzem uma resultante maior do que qualquer um dos dois, assim como a diagonal de um retângulo é maior do que qualquer um dos seus lados. O avião voará mais rápido com um vento cruzado de um ângulo reto. Se o vento cruzado não formar um ângulo reto com o avião, a rapidez resultante poderá ser menor.

6
Momentum

- **6.1** *Momentum*
- **6.2** **Impulso**
- **6.3.** **A relação impulso-*momentum***
  - Caso 1: aumentando o *momentum*
  - Caso 2: diminuindo o *momentum* durante um tempo longo
  - Caso 3: diminuindo o *momentum* em um curto intervalo de tempo
- **6.4** **Ricocheteio**
- **6.5** **Conservação do *momentum***
- **6.6** **Colisões**
- **6.7** **Colisões mais complicadas**

1 Impulsionar a água para baixo produz um *momentum* para cima que permite a Derek Muller flutuar no ar. **2** Howie Brand demonstra os diferentes resultados quando um dardo ricocheteia em um bloco de madeira, em vez de espetá-lo. Um dardo que ricocheteia produz mais impulso, o que inclina o bloco. **3** O mesmo vale para uma turbina Pelton, em que a água ricocheteia em pás curvadas, produzindo um impulso maior sobre a turbina. **4** Alex Hewitt aproveita o *momentum*.

Derek Muller descobriu seu gosto pela física ensinando suas três paixões: compreender o mundo, ajudar os outros e fazer filmes. Durante a infância, ele era obcecado por coisas práticas. Em vez de se divertir com brinquedos, ele cultivava jardins com plantas comestíveis, criava lagartas de bicho-da-seda por causa de seus preciosos casulos e aprendia a fazer cerâmica para usar ao comer suas colheitas. A ciência parecia mágica, o que a tornava intrigante. Que criança não é fascinada pelo fenômeno do magnetismo, por exemplo?

Sua inspiração original para o ensino veio de suas irmãs mais velhas, que souberam ensiná-lo. Ele aprendeu muito com elas e valorizava o cuidado e a atenção que dedicavam. Durante o ensino médio e o superior, ele veio a assumir um papel de professor, transmitindo seu conhecimento de ciências a amigos e colegas. Nas aulas de reforço gratuitas que oferecia, Derek experimentava a satisfação de ensinar corretamente um conceito e apreciava o sentimento de ser útil. Sua trajetória então o levaria ao ensino, e a física era a sua disciplina favorita.

Depois de terminar sua graduação em física aplicada na Queens University do Canadá, Derek se mudou para Sydney, na Austrália, onde continuou seus estudos e obteve seu doutorado em pesquisa no ensino de física. Como parte de sua pesquisa de doutorado, estudou o papel das mídias na aprendizagem dos alunos. Seus achados indicavam que a maioria dos estudantes novatos não aprendia física alguma com as aulas de física em vídeo (mas devo avisar que meus vídeos do Física Conceitual e tutoriais Hewitt-Drew-It! não faziam parte da pesquisa). Derek identificou o que ele via como a raiz do problema – as concepções equivocadas dos estudantes sobre temas de física. Ele descobriu que o problema ia muito além da física. Derek descobriu sua vocação: combater os problemas de compreensão da ciência pelo público em geral.

A fim de superar as concepções espontâneas comuns e estabelecer um caminho para o aprendizado, Derek criou um canal no YouTube chamado Veritasium (um elemento de verdade). Nesse canal, ele apresenta vídeos sobre física e outras áreas da ciência e engaja o público em discussões sobre ciência. Nos vídeos, Derek levanta inconsistências para ajudar o espectador a ter momentos de "eureca!". Em 2017, começou a enviar vídeos para o seu novo canal, chamado Sciencium, dedicado a vídeos sobre descobertas científicas recentes e históricas. Derek recebeu muitos prêmios e é presença constante na televisão.

Na presente época de transição nos métodos de ensino, a comunidade da física tem um grande pioneiro em Derek Muller, que tem descoberto uma maneira de conquistar a admiração e a compreensão da física por uma audiência global.

6.1 *Momentum*

Todos nós sabemos que é muito mais difícil parar um caminhão pesado do que um carro que esteja se movendo com a mesma rapidez. Enunciamos esse fato dizendo que o caminhão tem mais *momentum* do que o carro. Se os dois carros tiverem a mesma massa, o mais rápido deles será mais difícil de parar do que o mais lento. Logo, concluímos também que o carro mais rápido tem mais *momentum* do que o mais lento. *Momentum* significa inércia em movimento. Mais precisamente, o *momentum* é definido como o produto da massa de um objeto pela sua velocidade, ou seja:

$$Momentum = massa \times velocidade$$

Ou, em notação sintética,

$$Momentum = mv$$

Quando a direção não é um fator importante, podemos dizer que:

$$Momentum = massa \times rapidez$$

que é ainda abreviado por mv. O símbolo p é muito usado para representar o *momentum*, de modo que podemos afirmar que $p = mv$.

FIGURA 6.1 A grande rocha infelizmente tem *momentum* significativo.

FIGURA 6.2 Por que os motores de um superpetroleiro normalmente são desligados a 25 km do porto? O tempo é especialmente importante quando se trata de variação de *momentum*.

Podemos entender, da definição, que um objeto em movimento pode ter um grande *momentum* se sua massa for grande, se sua velocidade for grande ou se tanto a massa quanto a velocidade forem grandes. O caminhão tem mais *momentum* do que o carro se movendo com a mesma rapidez porque ele tem uma massa maior. Vemos também que um enorme navio movendo-se com pequena rapidez pode ter um grande *momentum*, assim como uma bala movendo-se muito rápido. E, é claro, um enorme objeto movendo-se muito rápido, como um caminhão com grande massa descendo sem freios uma ladeira íngreme, tem um *momentum* gigantesco, embora o mesmo caminhão em repouso não tenha *momentum* algum – porque o fator v em mv é nulo.

> **PAUSA PARA TESTE**
>
> 1. Quando um carro de 1.000 kg e uma caminhonete de 2.000 kg têm o mesmo *momentum*?
> 2. Relacione os conceitos de inércia e *momentum*.
> 3. Um robô para uso em Marte move-se a 12 km/h na Terra durante a fase de teste. Quando chega à superfície marciana, ele move-se com a mesma rapidez. Onde o seu *momentum* é maior?
>
> **VERIFIQUE SUA RESPOSTA**
>
> 1. Os dois terão mesmo *momentum* quando o carro tiver o dobro da rapidez da caminhonete. Nesse caso, (1.000 kg × 2v) para o carro é igual a (2.000 kg × v) para a caminhonete. Ou, se ambos estão em repouso, os dois têm o mesmo *momentum*: zero.
> 2. O *momentum* pode ser considerado "inércia em movimento".
> 3. O *momentum* do robô (massa × rapidez) é igual em ambos os locais. Seu peso será diferente, mas não sua massa ou seu *momentum* à mesma rapidez.

6.2 Impulso

Se o *momentum* de um objeto variar, então ou a massa ou a velocidade ou ambas sofreram variação. Se a massa se mantém constante, como é mais frequente, a velocidade varia e existe aceleração. O que produz a aceleração? A resposta é: uma *força*. Quanto maior a força que atua num objeto, maior será a variação ocorrida na sua velocidade e, então, no seu *momentum*.

Entretanto, outra coisa importa na variação do *momentum*: o tempo – quão longo é o tempo durante o qual a força atua. Aplique uma força breve a um carro enguiçado e você conseguirá produzir apenas uma pequena alteração em seu *momentum*. Aplique a mesma força por um período de tempo prolongado e resultará numa variação maior do *momentum*. Uma força mantida por um longo período produz mais alteração no *momentum* que a mesma força aplicada brevemente. Assim, para alterar o *momentum* de um objeto, são importantes tanto a força quanto o tempo durante o qual ela atua.

A grandeza *força* × *intervalo de tempo* é chamada de **impulso**. Em notação sintética,

$$\text{Impulso} = Ft$$

FIGURA 6.3 Quando você empurra com a mesma força, porém durante um tempo duas vezes maior, comunica o dobro de impulso e produz uma variação do *momentum* duas vezes maior.

O tempo é especialmente importante quando você faz variar seu próprio *momentum*.

PAUSA PARA TESTE

1. Um objeto em movimento tem impulso?
2. Um objeto em movimento tem *momentum*?

VERIFIQUE SUA RESPOSTA

1. Não, impulso não é algo que o objeto *tenha*, como é o *momentum*. O impulso é o que um objeto pode prover ou o que ele pode *experimentar* quando interage com algum outro objeto. Um objeto não pode ter impulso, assim como não pode ter força.

2. Sim, um objeto em movimento pode ter *momentum*, mas, como a velocidade, num sentido relativo – isto é, em relação a um sistema de referência, como a superfície da Terra. Por exemplo, uma mosca dentro da cabine de um avião pode ter *momentum* enorme em relação à superfície terrestre, mas pouquíssimo em relação à cabine.

6.3 A relação impulso-*momentum*

Quanto maior for o impulso exercido sobre algo, maior será a variação no *momentum*. A relação exata é

$$\text{Impulso} = \text{variação de } momentum$$

Podemos exprimir todos os termos nessa relação em notação sintética e introduzir o símbolo delta Δ (uma letra do alfabeto grego que é usada para simbolizar "variação de" ou "diferença em"):[1]

$$Ft = \Delta(mv)$$

A **relação impulso-*momentum*** nos ajuda a analisar muitos exemplos nos quais as forças atuam e o movimento sofre alterações. Algumas vezes, o impulso pode ser considerado a causa de uma variação no *momentum*. Em outras vezes, uma variação do *momentum* pode ser considerada a causa de um impulso. Não importa de que maneira você pense a respeito. O importante é que o impulso e a variação do *mo-*

Uma regra incrível da natureza:

FΔt = Δ(*mv*)

---

[1] Esta relação é derivada rearranjando-se a segunda lei de Newton, de modo que o fator tempo torne-se mais evidente. Se igualarmos a fórmula da aceleração, $a = F/m$, com a definição de aceleração, $a = \Delta v/\Delta t$, veremos que $F/m = \Delta v/\Delta t$. A partir daí, derivamos a relação $F\Delta t = \Delta(mv)$. Denotando Δt simplesmente por t, o intervalo de tempo, obteremos $Ft = \Delta(mv)$.

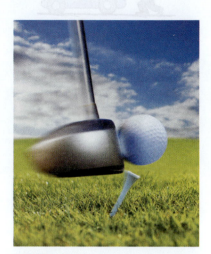

FIGURA 6.4 A força de impacto de uma bola de golfe varia enquanto dura o impacto.

mentum estão sempre vinculados. Aqui consideraremos alguns exemplos comuns em que o impulso está relacionado a (1) um aumento do *momentum*, (2) uma diminuição do *momentum* num longo período de tempo e (3) uma diminuição do *momentum* num curto período de tempo.

> **PAUSA PARA TESTE**
>
> Qual seria o resultado de dividir $Ft = \Delta(mv)$ pelo intervalo de tempo Δt?
>
> **VERIFIQUE SUA RESPOSTA**
>
> A segunda lei de Newton do movimento: $\dfrac{Ft}{\Delta t} = \dfrac{\Delta mv}{\Delta t} = m\left(\dfrac{\Delta v}{\Delta t}\right) = ma$, outra daquelas ligações maravilhosas do mundo da física!

Caso 1: aumentando o *momentum*

A fim de aumentar o *momentum* de um objeto, faz sentido exercer uma força máxima durante o maior tempo possível. Um golfista, ao acertar a bola, e um jogador de beisebol, ao tentar um *home run*, fazem a mesma coisa quando balançam os braços tão fortemente quanto possível e os deixam seguir adiante o máximo possível. Isso prolonga o tempo de contato.

As forças envolvidas nos impulsos geralmente variam de instante a instante. Por exemplo, um golfista que dá uma tacada na bola exerce força nula sobre a bola até que o taco entre em contato com a bola (Figura 6.4). Em seguida, a força aumenta rapidamente enquanto a bola é deformada. A força, então, diminui enquanto a bola adquire velocidade e retorna à forma original. Assim, quando falarmos dessas forças neste capítulo, estaremos nos referindo à força *média*.

> **PAUSA PARA TESTE**
>
> 1. Gerando a mesma força, que canhão fornece maior rapidez a uma bala: um canhão de cano longo ou um de cano curto?
> 2. Duas crianças sopram ervilhas de canudinhos, um curto e o outro comprido. Para o mesmo sopro, a ervilha de qual canudinho irá mais longe?
>
> **VERIFIQUE SUA RESPOSTA**
>
> 1. A rapidez será maior para a bala disparada do canhão de cano longo, pois a força sobre ela será exercida por mais tempo. Assim, o impulso será maior, o que criará uma variação maior no *momentum* da bala.
> 2. A mesma física que explica a bala de canhão mais rápida disparada do canhão de cano longo se aplica à ervilha disparada do canudinho comprido, que emergirá dele com mais rapidez e irá mais longe. É legal ver como a física está por trás de tantas coisas diferentes.

Caso 2: diminuindo o *momentum* durante um tempo longo

Se você estiver em um carro fora de controle e tiver de escolher entre colidir com uma parede de concreto ou um monte feno, não precisaria recorrer a seus conhecimentos de física para tomar a decisão. O senso comum lhe diz para escolher o monte de feno. Entretanto, saber física o ajudará a compreender *por que* bater em um objeto macio é completamente diferente de bater em um objeto duro. No caso de ter de colidir com a parede ou o monte de feno e atingir o repouso, o *mesmo* impulso será necessário para diminuir seu *momentum* até zero. Contudo, um mesmo impulso não significa uma mesma intensidade de força ou um mesmo intervalo de tempo. Na verdade, significa o mesmo *produto* da força pelo tempo. Colidindo com o monte de feno em vez da parede, você prolonga o *tempo durante o qual seu momentum é levado a zero*. Um intervalo de tempo maior reduz a força e diminui a desaceleração decorrente. Por exemplo, se o intervalo de tempo for prolongado em 100 vezes, a força será reduzida a um centésimo. Sempre que se deseja que as forças sejam pequenas, deve-se prolongar o tempo de contato. Por isso, os automóveis têm painéis emborrachados e *airbags*.

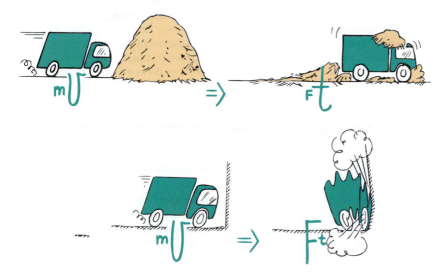

FIGURA 6.5 Se a variação de *momentum* ocorrer durante um tempo longo, a força de impacto será menor.

FIGURA 6.6 Se a variação do *momentum* ocorrer durante um tempo curto, a força de impacto será maior.

Quando você salta de uma posição elevada para o solo, o que acontece se você mantém suas pernas retas e firmes? Ai! Em vez disso, você dobra os joelhos quando seus pés entram em contato com o solo. Fazendo isso, você prolongará o tempo durante o qual seu *momentum* diminui em 10 a 20 vezes em relação à situação em que as pernas ficam retas. A força decorrente sobre seus ossos será reduzida em 10 a 20 vezes. Um lutador atirado ao solo tenta sempre prolongar o tempo do impacto contra o piso acolchoado do ringue relaxando seus músculos e repartindo o impacto em uma série de impactos menores quando seus pés, joelhos, coxas, costa e ombros colidem sucessivamente contra o piso. É claro, cair sobre o piso acolchoado de um ringue é preferível a cair sobre um piso duro, pois o piso acolchoado também aumenta o tempo durante o qual a força é exercida.

A rede de segurança usada nas acrobacias circenses é um bom exemplo de como obter o impulso necessário para uma aterrissagem segura. A rede de segurança reduz substancialmente a força experimentada por um acrobata que cai, aumentando assim o intervalo de tempo durante o qual a força é exercida. Se você está prestes a agarrar uma bola de beisebol em alta velocidade com a mão nua, você estende sua mão para a frente de modo a ter bastante espaço para deixar sua mão seguir para trás após fazer contato com a bola. Com isso, você prolonga o tempo de impacto e, assim, reduz a força de impacto.

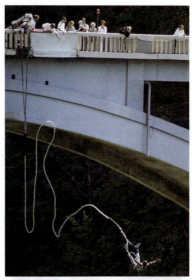

FIGURA 6.7 Uma grande variação no *momentum* durante um longo período de tempo requer uma pequena e segura força média.

PAUSA PARA TESTE
1. Todos sabemos que uma rede de segurança é importante para os acrobatas de circo. Qual é a física por trás desse sistema de segurança?
2. Um amigo observa que o impulso que se contrapõe ao *momentum* da queda do acrobata seria o mesmo na rede de segurança e no chão. Você concorda?

VERIFIQUE SUA RESPOSTA

1. A física da rede de segurança é a relação impulso-*momentum*. Em uma queda acidental, o *momentum* adquirido pelo acrobata quando cai é parado. No chão sólido, a parada seria devastadora. Cair em uma rede que se deforma no impacto significa que a mesma variação de *momentum* é dividida por um tempo maior e, logo, leva a uma força proporcionalmente menor. Ainda bem que as redes de segurança se alteram com o contato!

2. Sim, concorde com o seu amigo. Qualquer um em queda livre ganha *momentum*, que logo é detido por um impulso de baixo. A quantidade de impulso é a mesma, seja o tempo de variação do *momentum* curto ou longo. Obviamente, a força é outra história. Muitas vezes, a confusão quando aprendemos física envolve diferenciar entre as definições. Aqui, temos quatro: *momentum*, impulso, força e tempo. Assim como acontece em todos os seus estudos, aprender as definições é um passo necessário para o sucesso na física.

Caso 3: diminuindo o *momentum* em um curto intervalo de tempo

Ao lutar boxe, mover-se de encontro ao soco, em vez de recuar, é colocar-se em apuros, pois o tempo de contato é reduzido, então a força aumenta (Figura 6.8). A mesma coisa acontece se você apanhar uma bola de beisebol em alta velocidade enquanto sua mão está se movendo para a frente. Já dentro de um carro fora de controle, você estará realmente em sérios apuros se resolver direcioná-lo contra um muro de concreto em vez de direcioná-lo contra um monte de feno. Nesses casos em que os tempos de impacto são curtos, as forças de impacto são grandes. Lembre-se de que, para levar um determinado objeto móvel ao repouso, o impulso requerido é o mesmo, não importa como ele seja detido, mas a força será grande se o tempo for curto.

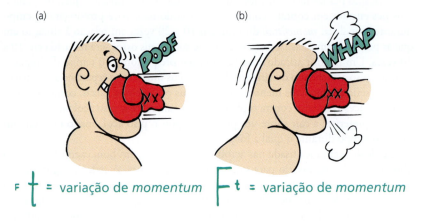

FIGURA 6.8 Em ambos os casos, o maxilar do boxeador provê um impulso capaz de diminuir o *momentum* do soco. (a) Quando o boxeador se afasta ao ser golpeado (recua com o golpe), ele prolonga o tempo e diminui a força. (b) Se o boxeador se movesse em direção à luva do oponente, o tempo seria reduzido e ele receberia o golpe com uma força de impacto maior.

A ideia de um curto tempo de contato explica como uma especialista em caratê consegue quebrar uma pilha de tijolos com um golpe de sua mão desprotegida (Figura 6.9). Ela levanta o braço e investe velozmente com sua mão contra os tijolos, com um *momentum* consideravelmente grande. Esse *momentum* é rapidamente reduzido quando ela exerce um impulso nos tijolos. O impulso é a força da mão dela multiplicada pelo tempo durante o qual a mão faz contato com os tijolos. Devido à execução rápida, ela torna muito breve o tempo de contato e, correspondentemente, torna enorme a força do impacto. Se sua mão repica após o impacto, a força será ainda maior. Não é legal que a relação impulso-*momentum* $Ft = \Delta(mv)$ está por trás de todos os tipos de colisão?[2]

FIGURA 6.9 Cassy aplica um grande impulso aos tijolos durante um tempo curto e produz uma força considerável.

---

[2] Pressupõe-se que o t em Ft é Δt. Se dividimos ambos os lados de $Ft = \Delta(mv)$ pelo intervalo de tempo Δt, obtemos $Ft/\Delta t = \Delta mv/\Delta t = m(\Delta v/\Delta t) = ma$, uma bela ligação com a segunda lei de Newton, $F = ma$.

PAUSA PARA TESTE

1. Se o boxeador da Figura 6.8 for capaz de tornar a duração do impacto três vezes maior recuando junto com o golpe, em quanto diminuirá a força do impacto?
2. Se o boxeador, em vez disso, mover-se *em direção* ao soco, de modo que a duração do impacto diminua pela metade, em quanto aumentará a força do impacto?
3. Um boxeador que está sendo atingido por um soco dá um jeito de prolongar o tempo de impacto para obter melhores resultados, ao passo que um especialista em caratê aplica uma força num tempo curto para melhores resultados. Não há uma contradição aqui?

Forças diferentes exercidas durante intervalos de tempos diferentes podem produzir o mesmo impulso.

$F t$ ou $F t$

VERIFIQUE SUA RESPOSTA

1. A força de impacto será três vezes menor do que se ele não tivesse recuado junto.
2. A força de impacto será duas vezes maior do que se ele tivesse mantido sua cabeça parada. Impactos desse tipo são responsáveis pela maioria dos nocautes.
3. Não existe contradição, porque os melhores resultados são diferentes para cada um deles. O melhor resultado para o boxeador é a força reduzida, obtida maximizando-se o tempo de impacto, enquanto o melhor resultado para o lutador de caratê é a força aumentada pela minimização do tempo de impacto.

6.4 Ricocheteio

Você sabe que está em sérios apuros se um vaso de flores despencar sobre sua cabeça a partir de um lugar elevado. Se ele ricochetear em sua cabeça, seus apuros serão ainda maiores. Por quê? Porque os impulsos são maiores quando ocorre o ricochete. O impulso requerido para levar algo ao repouso e, então, efetivamente "arremessá-lo de volta" é maior que o impulso requerido para tão somente levá-lo ao repouso. Suponha, por exemplo, que você apanhe o vaso em queda com suas mãos. Assim, você estará fornecendo o impulso para reduzir a zero o seu *momentum*. Se você tivesse de arremessá-lo de volta para cima, precisaria dar um impulso adicional. Esse impulso adicional é o mesmo que sua cabeça fornecerá se o vaso de flores ricochetear nela.

A segunda foto no início deste capítulo mostra o professor de física Howie Brand balançando um dardo e lançando-o contra um bloco de madeira. Quando o dardo tem um prego na ponta, ele termina parado e espetado no bloco. Nesse caso, o bloco mantém-se em pé. Quando o prego é retirado e na ponta do dardo é preso um pedaço de borracha, ele ricocheteia durante o contato com o bloco. Nesse caso, o bloco se inclina. A força exercida contra ele é maior quando ocorre o ricocheteio.

Um vaso de flores que cai sobre sua cabeça ricocheteia rapidamente. Ai! Se o ricocheteio se desse em um tempo maior, como no caso de uma rede de segurança, a força do ricocheteio seria muito menor.

O fato de que os impulsos são maiores quando ocorre o ricocheteio foi usado com grande sucesso durante a corrida do ouro, na Califórnia. Rodas de pás ineficientes eram usadas em operações em minas naquele tempo. O conceito de ricocheteio foi empregado por Lester A. Pelton, que projetou uma pá em forma de colher que faz a água nela incidente ricochetear durante o impacto. O ricocheteio da água aumenta muito o impulso dado à pá. Como as pás de Pelton eram muito eficientes nos fluxos pequenos dos riachos em torno das minas, tornaram-se muito populares entre os mineiros.

FIGURA 6.10 Roda de Pelton. As lâminas curvas fazem a água ricochetear e descrever uma curva em U, produzindo um grande impulso que gira a roda.

Impulso

> **PAUSA PARA TESTE**
>
> 1. Com referência à Figura 6.9, como a força que Cassy exerce sobre os tijolos se compara com a força exercida sobre a mão dela?
> 2. Como o impulso decorrente do impacto mudará se a mão dela ricochetear ao atingir os tijolos?
>
> **VERIFIQUE SUA RESPOSTA**
>
> 1. De acordo com a terceira lei de Newton, as forças serão iguais. Somente a elasticidade da mão humana e o treinamento pelo qual passa a atleta para reforçar a sua mão é que permitem que esse feito seja realizado sem haver ossos quebrados.
> 2. O impulso será maior se a mão dela ricochetear nos tijolos após o impacto. Se o tempo de duração do impacto não aumentar correspondentemente, uma força maior será exercida sobre os tijolos (e a mão dela!).

6.5 Conservação do *momentum*

A partir da segunda lei de Newton, sabemos que, para acelerar um objeto, é preciso que uma força resultante seja exercida sobre ele. Este capítulo estabelece basicamente a mesma coisa, mas em uma linguagem diferente. Se você deseja alterar o *momentum* de um objeto, deve exercer um impulso sobre ele.

Somente um impulso externo a um sistema é capaz de alterar o *momentum* do sistema. Forças e impulsos internos não conseguirão realizar isso. Por exemplo, as forças moleculares no interior de uma bola de beisebol não têm efeito sobre o *momentum* da bola, da mesma forma que empurrar o painel do carro onde você se encontra sentado não afeta o movimento do veículo. As forças moleculares no interior da bola de beisebol e o empurrão contra o painel são forças internas. Elas existem em pares equilibrados que se cancelam dentro do objeto. Para variar o *momentum* da bola ou do carro, é necessário um empurrão ou um puxão externo. Se nenhuma força externa está presente, então nenhum impulso externo existe, e nenhuma alteração do *momentum* é possível.

Observe que a terceira lei de Newton do movimento leva perfeitamente à conservação do *momentum*.

> **PAUSA PARA TESTE**
>
> Se você atirar uma bola horizontalmente enquanto está de pé sobre um *skate*, você anda para trás com um *momentum* que é exatamente igual em valor ao da bola. Você andará para trás se fizer todos os movimentos de atirar a bola, mas terminar retendo-a em suas mãos?

VERIFIQUE SUA RESPOSTA

Não. Sem um impulso externo atuando sobre você e o *skate*, você não rolará para trás. Talvez balance um pouco com o movimento, mas o resultado final será nulo em termos de movimento para trás. Em termos de *momentum*, se nenhum é comunicado à bola, não será comunicado *momentum* resultante a você e ao *skate*. Tente você mesmo e confirme a resposta.

Como outro exemplo, considere o canhão sendo disparado representado na Figura 6.11. A força sobre a bala de canhão no interior do cano da arma tem mesmo módulo e sentido oposto ao da força que faz o canhão recuar. Uma vez que elas são exercidas durante um mesmo tempo, os impulsos que comunicam são também de mesmo módulo e sentidos opostos. Lembre-se da terceira lei de Newton sobre forças de ação e reação. Ela também se aplica a impulsos. Tais impulsos são internos ao sistema formado pelo canhão e pela bala, de modo que o *momentum* desse sistema não sofre alteração. Antes do disparo, o sistema encontra-se em repouso, e seu *momentum* é nulo. Após o disparo, o *momentum* líquido, ou total, *ainda* é nulo. Nenhum *momentum* total é ganho ou perdido.

FIGURA 6.11 O *momentum* antes do disparo é nulo. Após o disparo, o *momentum* ainda é nulo, pois o *momentum* adquirido pelo canhão é igual em valor, mas com sentido oposto ao do *momentum* adquirido pela bala.

O *momentum*, como as grandezas velocidade e força, tem tanto um módulo quanto uma orientação. Trata-se de uma *grandeza vetorial*. Como a velocidade e a força, o *momentum* pode ser cancelado. Assim, embora a bala de canhão do exemplo anterior adquira *momentum* durante o disparo e o canhão, ao recuar, adquira *momentum* em sentido oposto, não existe ganho algum para o *sistema* canhão–bala. Os *momenta* (plural de *momentum*) do canhão e da bala são de mesmo módulo e de sentidos opostos.[3] Portanto, esses *momenta* se cancelam para o sistema como um todo. Uma vez que forças externas não são exercidas sobre o sistema, não existe impulso líquido sobre o sistema e nenhuma variação em seu *momentum*. Verificamos que, *se nenhuma força resultante ou nenhum impulso líquido atuar sobre um sistema, seu momentum não poderá variar.*

Quando o *momentum* – ou qualquer grandeza da física – não varia, dizemos que ele é *conservado*. A ideia de que o *momentum* seja conservado quando forças externas não são exercidas tem o *status* de uma lei central da mecânica, chamada de princípio de conservação do *momentum*, que estabelece:

psc

- Na Figura 6.11, a maior parte do *momentum* da bala se deve à sua velocidade; já a maior parte do *momentum* do canhão se deve à sua massa. Assim, $mV = Mv$.

---

[3] Estamos desprezando aqui o *momentum* dos gases ejetados pela explosão da pólvora, que talvez seja considerável. Disparar uma arma com pólvora seca a curta distância é definitivamente uma brincadeira perigosa, devido ao considerável *momentum* dos gases ejetados. Mais de uma pessoa já morreu por causa de disparos de pólvora seca à queima roupa. Em 1998, um pastor de Jacksonville, Flórida, a fim de dramatizar o sermão que fazia perante centenas de pessoas, incluindo sua família, disparou contra sua própria cabeça com uma Magnum calibre .357 armada com pólvora seca. Embora nenhum projétil tenha saído da arma, os gases da combustão saíram – o bastante para causar um acidente mortal. Assim, estritamente falando, o *momentum* da bala (se existir) mais o dos gases ejetados é igual ao *momentum* oposto da arma que ricocheteia.

FIGURA 6.12 Uma bola de jogo colide frontalmente com a bola 8. Considere esse evento do ponto de vista de três sistemas: (a) uma força externa é exercida sobre a bola 8, e seu *momentum* aumenta; (b) uma força externa é exercida sobre a bola de jogo, e seu *momentum* diminui; (c) Nenhuma força externa é exercida sobre o sistema bola de jogo + bola 8, e seu *momentum* é conservado (ocorre, simplesmente, a transferência de *momentum* de uma parte para outra do sistema).

Sistema bola 8

Sistema bola de jogo

Sistema bola de jogo + bola 8

Na ausência de uma força externa, o *momentum* de um sistema mantém-se inalterado.

Para qualquer sistema sobre o qual todas as forças exercidas são internas – como carros que colidem, núcleos atômicos que sofrem decaimento radioativo ou estrelas que explodem, o *momentum* total anterior ao evento é igual ao *momentum* total posterior.

> **PAUSA PARA TESTE**
>
> 1. A segunda lei de Newton estabelece que, se nenhuma força resultante é exercida sobre um sistema, não existe aceleração. Então não ocorrerá variação alguma de *momentum*?
>
> 2. A terceira lei de Newton estabelece que a força que um corpo exerce sobre outro é de mesmo módulo, mas de sentido oposto à força que o segundo corpo exerce sobre o primeiro. Então o impulso que um corpo imprime sobre outro é de mesmo valor e de sentido oposto ao impulso que o segundo imprime sobre o primeiro?
>
> 3. O que significa dizer que o *momentum* é conservado?

VERIFIQUE SUA RESPOSTA

1. Sim, porque aceleração nula significa que nenhuma variação ocorre na velocidade ou no *momentum* (massa × velocidade). Outra linha de raciocínio é, simplesmente, que força resultante nula significa impulso total nulo e, assim, nenhuma variação do *momentum*.

2. Sim, porque a interação entre ambos ocorre durante o mesmo *intervalo de tempo*. Como o tempo é o mesmo e as forças são de mesma intensidade, mas opostas, os impulsos decorrentes, Ft, também são de mesmo módulo, porém opostos. Assim como a força, o impulso é uma grandeza vetorial e segue as regras dos vetores.

3. Afirmar que o *momentum* é conservado significa que, seja qual for o *momentum* do sistema, se nenhuma força externa atuar sobre ele, seu *momentum* continuará inalterado.

Você consegue perceber de que maneira as leis de Newton se relacionam à conservação do *momentum*?

PRINCÍPIOS DE CONSERVAÇÃO

Um princípio de conservação especifica que determinadas grandezas de um sistema mantêm-se exatamente constantes, sem que importem as alterações ocorridas dentro do sistema. É uma lei de invariância durante a mudança. Neste capítulo, vemos que o *momentum* mantém-se invariável durante colisões. Dizemos que o *momentum* é conservado. No próximo capítulo, aprenderemos que a energia é conservada em todas as transformações – uma quantidade de energia em luz, por exemplo, transforma-se inteiramente em energia térmica quando a luz é absorvida. No Capítulo 8, veremos que o *momentum* angular é conservado – seja qual for o movimento de um sistema planetário, seu *momentum* angular mantém-se inalterado se o sistema estiver livre de influências externas. No Capítulo 22, aprenderemos que a carga elétrica é conservada, o que significa que ela não pode ser criada nem destruída. Quando estudarmos física nuclear, veremos que esses e outros princípios de conservação se aplicam ao mundo submicroscópico. Princípios ou leis de conservação constituem uma fonte de *insights* profundos a respeito da regularidade da natureza e frequentemente são considerados as leis físicas mais fundamentais. Você consegue imaginar coisas de sua própria vida que se mantêm constantes enquanto outras coisas mudam?

6.6 Colisões

O *momentum* é conservado durante as colisões – isto é, o *momentum* total de um sistema de objetos em colisão uns com os outros mantém-se inalterado antes, durante e depois da colisão. Isso porque as forças que atuam nas colisões são forças internas, que atuam e reagem no interior do sistema, apenas. Ocorre somente uma redistribuição ou um compartilhamento de seja qual for o *momentum* que exista antes da colisão. Numa colisão, podemos dizer que

Momentum total antes da colisão = Momentum total depois da colisão.

Isso é verdadeiro, não importando como possam estar se movimentando os objetos antes de colidirem.

Quando uma bola de bilhar em movimento colide frontalmente com outra bola de bilhar em repouso, a bola que estava em movimento atinge o repouso, enquanto a bola que estava em repouso passa a se mover com a rapidez da outra. Isso é o que chamamos de **colisão elástica**. Idealmente, os objetos em colisão ricocheteiam sem qualquer deformação permanente ou geração de calor (Figura 6.13), mas o *momentum* é conservado mesmo quando os objetos envolvidos permanecem juntos após a colisão. Essa é uma **colisão inelástica**, caracterizada por deformação ou geração de calor, ou ambos. Numa colisão perfeitamente inelástica, os objetos envolvidos se grudam. Considere, por exemplo, o caso de um vagão de carga que se move ao longo de um trilho e colide com outro vagão em repouso (Figura 6.14). Se os vagões têm mesma massa e são acoplados pela colisão, podemos prever qual é a velocidade dos carros acoplados após o impacto?

O *momentum* é conservado em todas as colisões, sejam elas elásticas ou inelásticas (desde que forças externas não interfiram).

Suponha que um único carro esteja se movendo a 10 metros por segundo (m/s) e que a massa de cada carro seja m. Então, da conservação do *momentum*,

$$(R\, mv)_{antes} = (R\, mv)_{depois}$$

$$(m \times 10)_{antes} = (2m \times V)_{depois}$$

Com um pouco de álgebra, obtemos $V = 5$ m/s. Isso faz sentido, pois como duas vezes mais massa está se movendo após a colisão, a velocidade deve ser a metade de antes da colisão. Os dois lados da equação são, então, iguais.

Observe as colisões inelásticas ilustradas na Figura 6.15. Se A e B estão se movendo com iguais *momenta*, mas em sentidos opostos (A e B colidindo frontalmente), então um deles é considerado negativo, e os *momenta* adicionam-se algebricamente para resultar zero. Após a colisão, os destroços acoplados permanecem no lugar do impacto, com *momentum* nulo. Se, por outro lado, A e B estão se movendo no mesmo sentido (com A alcançando B), o *momentum* total é a soma dos *momenta* individuais.

Entretanto, se A move-se para leste com, digamos, 10 unidades a mais de *momentum* que B, que se move para oeste (caso não mostrado na figura), após a colisão, os

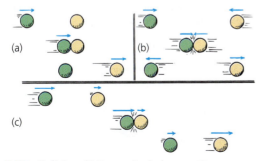

FIGURA 6.13 Colisões elásticas entre bolas que têm a mesma massa. (a) Uma bola verde colide com uma bola amarela em repouso. (b) Uma colisão frontal. (c) Uma colisão entre bolas que se movem num mesmo sentido. Em cada caso, o *momentum* é transferido de uma bola para a outra.

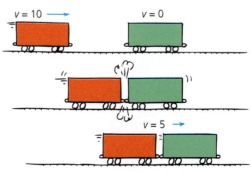

FIGURA 6.14 Colisão inelástica. O *momentum* do vagão de carga da esquerda é compartilhado com o vagão da direita na colisão.

FIGURA 6.15 Colisões inelásticas. O *momentum* total dos caminhões é o mesmo, antes e depois da colisão.

destroços acoplados estarão se movendo para leste com 10 unidades de *momentum*. É claro que os destroços atingirão, por fim, o repouso, por causa da força externa de atrito com o chão. Entretanto, o tempo de impacto é curto, e a força de impacto é muito maior do que a força externa de atrito imediatamente antes e depois da colisão, de modo que o *momentum* é praticamente conservado. O *momentum* total exatamente antes de os caminhões colidirem (10 unidades) é igual ao *momentum* combinado dos caminhões amassados logo após o impacto. O mesmo princípio se aplica a espaçonaves que se acoplam, em que o atrito está inteiramente ausente. O total de seus *momenta* precisamente antes do acoplamento permanece igual ao total de seus *momenta* logo após o acoplamento.

FIGURA 6.16 Will Maynez demonstra seu trilho de ar. As correntes de ar que escapam pelos pequenos furos existentes fazem do trilho uma superfície praticamente livre de atrito, ao longo da qual o carrinho desliza.

PAUSA PARA TESTE

Considere o trilho de ar da Figura 6.16. Suponha que um carrinho com uma massa de 0,5 kg deslize até bater e grudar-se a um carrinho estacionário com massa de 1,5 kg. Se a rapidez do carro deslizante antes do impacto é v_{antes}, com que rapidez os carrinhos acoplados deslizam após a colisão?

VERIFIQUE SUA RESPOSTA

De acordo com a conservação do *momentum*, o *momentum* do primeiro carrinho antes da colisão é igual ao *momentum* dos dois carrinhos acoplados depois da colisão.

$$(0{,}5 \text{ kg})v_{antes} = (0{,}5 \text{ kg} + 1{,}5 \text{ kg})v_{antes}$$

$$v_{antes} = \frac{(0{,}5 \text{ kg})v_{depois}}{(0{,}5 + 1{,}5) \text{ kg}} = \frac{0{,}5 v_{depois}}{2} = \frac{v_{depois}}{4}$$

Isso faz sentido, pois quatro vezes mais massa estará se movendo após a colisão, de modo que os carrinhos acoplados deverão deslizar com um quarto da rapidez original.

CAPÍTULO 6 *Momentum* 117

SOLUÇÃO DE PROBLEMAS

Um peixe nada na direção de outro peixe menor e em repouso, como mostra o desenho. Se o peixe maior tem uma massa de 5 kg e nada com 1 m/s em direção a um peixe de 1 kg, qual será a velocidade do peixe grande logo após o almoço? Despreze os efeitos da resistência da água.

Encontramos a solução utilizando a conservação do *momentum*:

$$\frac{Momentum\ \text{total}}{\text{antes do almoço}} = \frac{Momentum\ \text{total}}{\text{após o almoço}}$$

$$(5\ \text{kg})(1\ \text{m/s}) + (1\ \text{kg})(0\ \text{m/s}) = (5\ \text{kg} + 1\ \text{kg})v$$

$$5\ \text{kg} \cdot \text{m/s} = (6\ \text{kg})v$$

$$v = 5/6\ \text{m/s}$$

Aqui vemos que o peixe pequeno não tem *momentum* algum antes do almoço, pois sua velocidade é nula. Após o almoço, as massas combinadas dos dois peixes movem-se com velocidade v, que, com alguma álgebra, mostramos ser igual a 5/6 m/s. Tal velocidade está no mesmo sentido em que se movia o peixe maior. Suponha que o peixe pequeno, no exemplo dado, não estivesse em repouso, mas nadando para a esquerda com velocidade de 4 m/s. Ele nada em sentido oposto ao peixe grande – um sentido negativo, se o sentido do movimento do peixe maior for considerado positivo. Nesse caso,

$$\frac{Momentum\ \text{total}}{\text{antes do almoço}} = \frac{Momentum\ \text{total}}{\text{após o almoço}}$$

$$(5\ \text{kg})(1\ \text{m/s}) + (1\ \text{kg})(-4\ \text{m/s}) = (5\ \text{kg} + 1\ \text{kg})v$$

$$(5\ \text{kg} \cdot \text{m/s}) - (4\ \text{kg} \cdot \text{m/s}) = (6\ \text{kg})v$$

$$1\ \text{kg} \cdot \text{m/s} = 6\ \text{kg}\ v$$

$$v = 1/6\ \text{m/s}$$

Observe que o *momentum* negativo do peixe menor antes do almoço tem como efeito tornar mais lento o peixe maior ao terminar o almoço. Se o peixe menor se movesse duas vezes mais rapidamente, então

$$\frac{Momentum\ \text{total}}{\text{antes do almoço}} = \frac{Momentum\ \text{total}}{\text{após o almoço}}$$

$$(5\ \text{kg})(1\ \text{m/s}) + (1\ \text{kg})(-8\ \text{m/s}) = (5\ \text{kg} + 1\ \text{kg})v$$

$$(5\ \text{kg} \cdot \text{m/s}) - (8\ \text{kg} \cdot \text{m/s}) = (6\ \text{kg})v$$

$$-3\ \text{kg} \cdot \text{m/s} = 6\ \text{kg}\ v$$

$$v = -1/2\ \text{m/s}$$

Aqui a velocidade final é –1/2 m/s. Qual é o significado do sinal negativo? Ele significa que a velocidade final é *oposta* à velocidade inicial do peixe maior. Após o almoço, o sistema dos dois peixes move-se para a esquerda. Deixaremos como um problema de final de capítulo encontrar a velocidade inicial que o peixe pequeno deveria ter para parar totalmente o peixe grande em seu caminho.

PAUSA PARA TESTE

Um colega se refere ao peixe grande que engole o pequeno em repouso na seção de Solução de Problemas e diz que, imediatamente após a refeição, o peixe gordo sofreu uma variação de rapidez e de *momentum*. Você concorda?

VERIFIQUE SUA RESPOSTA

Não. Concorde com a variação de rapidez, mas NÃO com a de *momentum*. De acordo com todos os exemplos anteriores, o *momentum* do sistema de dois peixes é igual antes e após a refeição. A menor rapidez do peixe maior é compensada pela sua barriga cheia, o que preserva o *momentum* de antes da refeição. Sem refletir com cuidado sobre o caso, muitos leitores escorregam nesta questão.

> Diferentemente de bolas de bilhar após uma colisão, as partículas nucleares não sofrem arrasto do ar ou outro tipo de atrito e descrevem trajetórias retilíneas sem perder rapidez, até colidirem com outras partículas ou sofrerem decaimentos radioativos.

6.7 Colisões mais complicadas

O *momentum* total permanece inalterado em qualquer colisão, não importa qual seja o ângulo entre as trajetórias dos objetos em colisão. Quando diferentes direções estão envolvidas, é possível expressar o *momentum* total com o uso da regra do paralelogramo para a soma vetorial. Não trataremos aqui com grandes detalhes esses casos mais complicados, mas mostraremos alguns exemplos simples para ilustrar o conceito.

Na Figura 6.17, vemos uma colisão entre dois carros que estão viajando em direções ortogonais. O carro A tem o *momentum* dirigido para o leste, e o carro B tem o seu *momentum* direcionado para o norte. Se seus *momenta* individuais são de mesmo valor, então o *momentum* combinado deles está na direção nordeste. Essa é a direção na qual os dois carros acoplados estarão se deslocando após colidirem. Vemos que, exatamente como a diagonal de um quadrado não é igual à soma de dois de seus lados, o valor do *momentum* resultante não será simplesmente a soma aritmética dos dois *momenta* individuais anteriores à colisão. Lembre-se da relação entre a diagonal de um quadrado e o comprimento de um dos lados (ver Figura 2.9 do Capítulo 2) – a diagonal é $\sqrt{2}$ vezes o comprimento de um dos lados de um quadrado. Assim, nesse exemplo, o valor do *momentum* total resultante será igual a $\sqrt{2}$ vezes o *momentum* de cada veículo.

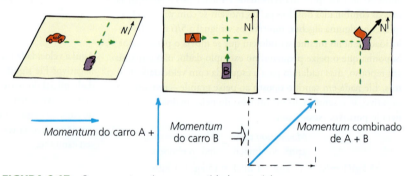

FIGURA 6.17 O *momentum* é uma quantidade vetorial.

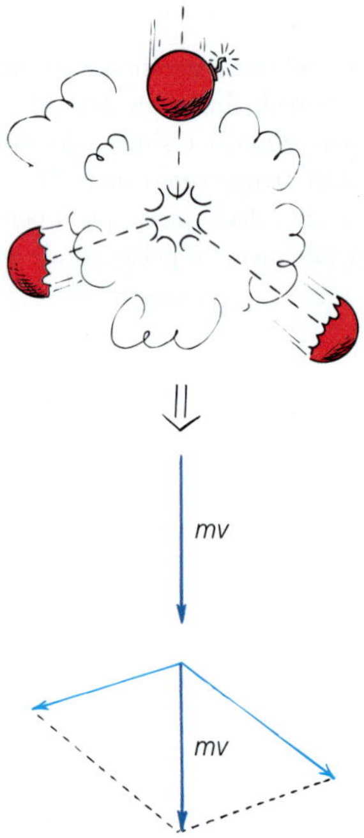

FIGURA 6.18 Depois que o rojão explode, os *momenta* de seus fragmentos combinados (por soma vetorial) resultam no *momentum* original.

A Figura 6.18 mostra a queda de um rojão de festa que explode em dois pedaços. Os *momenta* dos dois fragmentos combinam-se por soma vetorial para resultar num total igual ao *momentum* original do rojão em queda.

Independentemente da natureza de uma colisão ou do quão complicada ela seja, o *momentum* total antes, durante e depois permanece inalterado. Essa lei muito útil nos possibilita aprender muito sobre colisões sem conhecer os detalhes a respeito das forças de interação que atuam nelas. Veremos no próximo capítulo que a energia, talvez em diferentes formas, também é conservada. Aplicando a conservação do *momentum* e a conservação da energia às colisões de partículas subatômicas observadas em vários tipos de câmaras de detecção, podemos calcular as massas dessas minúsculas partículas. Obtemos essa informação medindo a energia e os *momenta* antes e depois das colisões. Em uma escala maior, os princípios da conservação do *momentum* e da energia produzem informações detalhadas sobre a estrutura e os movimentos das galáxias. Ambos os princípios da conservação têm grande alcance.

Revisão do Capítulo 6

TERMOS-CHAVE (CONHECIMENTO)

momentum Produto da massa pela velocidade de um objeto.

impulso Produto da força pelo intervalo de tempo durante o qual ela atua.

relação impulso-*momentum* O impulso é igual à variação do momento do objeto sobre o qual ele atua. Em notação simbólica,

$$Ft = \Delta mv$$

princípio de conservação do *momentum* Na ausência de força externa resultante, o *momentum* de um objeto ou sistema de objetos não é alterado. Assim, o momento antes de um evento envolvendo apenas forças internas é igual ao momento após o evento:

$$mv_{\text{(antes do evento)}} = mv_{\text{(depois do evento)}}$$

colisão elástica Uma colisão em que os objetos envolvidos ricocheteiam sem deformações permanentes ou geração de calor.

colisão inelástica Uma colisão em que os objetos envolvidos ficam distorcidos e/ou produzem calor durante ela e possivelmente se juntam.

QUESTÕES DE REVISÃO (COMPREENSÃO)

6.1 *Momentum*

1. Qual tem o maior *momentum*: um caminhão pesado em repouso ou um rato correndo pela rua?
2. Qual é a relação entre *momentum* e inércia?

6.2 Impulso

3. De que maneira o impulso difere de força?
4. Quais são as duas formas de aumentar o impulso?
5. Por que o canhão mais longo transmite maior rapidez ao projétil do que o mais curto para uma mesma força?

6.3 A relação impulso-*momentum*

6. De que forma a relação impulso-*momentum* está vinculada à segunda lei de Newton?
7. Para aumentar o *momentum* de um objeto, você deveria exercer uma força grande, prolongá-la pelo maior tempo possível ou ambos? Explique.
8. Qual é o papel dos *airbags* dos veículos em termos de impulso e *momentum*?
9. No caratê, por que uma força com curto tempo de aplicação é mais vantajosa?
10. No boxe, por que é vantajoso recuar com o soco?

6.4 Ricocheteio

11. Qual bola de beisebol sofre a maior variação no *momentum*, à mesma rapidez, imediatamente após ser apanhada e ser arremessada?
    a. Uma que é apanhada.
    b. Uma que é arremessada.
    c. Uma que é apanhada e então arremessada de volta.
12. Na questão anterior, em qual dos casos o impulso requerido é maior?
13. Por que uma turbina Pelton usa baldes, não pás planas?

6.5 Conservação do *momentum*

14. É possível produzir um impulso resultante sobre um automóvel sentando-se no interior dele e empurrando o painel de instrumentos? Por quê?
15. As forças internas dentro de uma bola de futebol produzem um impulso sobre ela capaz de alterar seu *momentum*? Por quê?
16. É correto dizer que, se nenhum impulso resultante for exercido sobre um sistema, então não ocorrerá qualquer alteração no *momentum* desse sistema?
17. O que significa dizer que o *momentum* (ou qualquer grandeza) é *conservado*?
18. Entre grandezas escalares e vetoriais, quais podem anular-se? Explique.

6.6 Colisões

19. Em qual tipo de colisão o *momentum* é conservado: *elástica* ou *inelástica*?
20. Um vagão ferroviário A rola com uma certa rapidez e sofre uma colisão perfeitamente elástica com um vagão B de mesma massa. Após a colisão, o vagão A está em repouso. Como a rapidez do vagão B se compara com a rapidez inicial do vagão A?
21. Se os vagões de mesma massa A e B grudam-se depois de colidirem inelasticamente, como os valores de rapidez dos dois após a colisão se comparam com a rapidez inicial de A?
22. Imediatamente após um peixe grande e lento engolir um peixe pequeno que estava em repouso, o *momentum* do peixe grande varia? Justifique sua resposta.
23. Que tipo de colisão ocorre quando um peixe grande engole um peixe pequeno em repouso: elástica ou inelástica?

6.7 Colisões mais complicadas

24. Dois automóveis que viajam por estradas cobertas de gelo em ângulo reto entre si sofrem uma colisão inelástica. Em qual direção os destroços combinados tendem a deslizar?

25. Se dois carros com quantidades iguais de *momentum* sofrem uma colisão inelástica, formando um ângulo reto entre si, enquanto viajam por estradas cobertas de gelo, qual será o ângulo no qual os carros unidos tenderão a deslizar?

26. Compare o *momentum* combinado dos dois carros antes da colisão com o *momentum* dos carros unidos após a colisão em uma estrada perfeitamente escorregadia.

PENSE E FAÇA   (APLICAÇÃO)

27. Se você tem acesso a um trilho de ar ou a um jogo de hóquei de mesa, brinque com os carrinhos ou discos de hóquei e tente prever o que acontecerá antes de iniciar colisões.

28. Vá até o fliperama mais próximo com um amigo e jogue uma partida de hóquei de mesa. Preste atenção especial ao modo como a força que você aplica ao disco afeta o seu *momentum*. Observe os ângulos em que o disco segue após rebater nas paredes da mesa. Veja o disco rebater da raquete do seu adversário e a colisão elástica bidimensional que ocorre. Pense na conservação do *momentum* enquanto joga!

29. Quando você avançar um pouco mais em seus estudos, visite o salão de bilhar e lá estude a conservação do *momentum* de maneira aplicada. Note que não importa quão complicada seja a colisão das bolas, o *momentum* ao longo da linha de ação da bola de jogo  antes do impacto é o mesmo que o *momentum* combinado de todas as bolas ao longo dessa direção depois do impacto. Veja também que as componentes de *momentum* perpendiculares a essa linha de ação após o impacto resultam em zero, o mesmo valor do *momentum* anterior ao impacto, nessa direção. Você perceberá mais claramente tanto a natureza vetorial do *momentum* quanto sua conservação quando não se imprime qualquer rotação à bola de jogo. Quando se imprime rotação à bola de jogo batendo-se com o taco num ponto fora de seu centro, o *momentum* de rotação, que também é conservado, introduz complicações adicionais a essa análise. Contudo, apesar disso, não importa como foi dada a tacada na bola de jogo, pois tanto o *momentum* linear quanto o de rotação se conservam sempre. Mesas de bilhar ou sinuca oferecem uma exibição de primeira da conservação do *momentum* em operação.

30. Com o seu *smartphone*, descubra a força que uma bola de tênis (massa de cerca de 50 g, ou 0,05 kg) sofre quando cai de 1 metro de altura do chão. Use o gravador do seu celular para gravar e "escutar" a força do impacto da bola,  então edite a gravação para descobrir a duração do tempo de impacto. A seguir, calcule a rapidez da bola quando atinge o chão usando a equação $v = \sqrt{2gh}$, onde g é 10 m/s² (ou 9,8 m/s²) e h é a altura da queda em metros. Por fim, use os dados e a equação impulso-*momentum* para calcular a força. Compare a força com o peso da bola. Repita o experimento em diferentes superfícies e veja se obtém resultados diferentes.

PENSE E FAÇA   (APLICAÇÃO)

Momentum: $p = mv$

31. Qual é o *momentum* de uma bola de boliche de 9 kg que rola a 2 m/s?

32. Qual é o *momentum* de um caixote de papelão de 40 kg que desliza a 4 m/s sobre uma superfície de gelo?

Impulso: $I = Ft$

33. Que impulso é dado a um carrinho quando uma força média de 10 N é exercida sobre ele durante 3 s?

34. Que impulso será dado ao carrinho se a mesma força de 10 N for exercida sobre ele durante um tempo duas vezes maior?

Impulso = variação de *momentum*: $Ft = \Delta mv$

35. Qual é o impulso dado em uma bola de 9 kg que rola a 2 m/s quando ela colide com um cesto e para?

36. Que valor de impulso deterá uma caixa de papelão de 50 kg que desliza a 4 m/s quando ela encontra uma superfície áspera e para?

Conservação do *momentum*: $mv_{antes} = mv_{depois}$

37. Um pedaço arredondado de 2 kg de massa de modelar move-se a 3 m/s quando colide violentamente contra outro pedaço parecido, de 2 kg, do mesmo material, que se encontra em repouso. Mostre que, imediatamente após a colisão, a velocidade do bocado de massa formado pelos dois originais, agora grudados um no outro, vale 1,5 m/s.

PENSE E RESOLVA   (APLICAÇÃO MATEMÁTICA)

38. Quando você joga boliche, seu compadre lhe indaga sobre quanto impulso é necessário para deter uma bola de boliche de 10 kg que se move a 6 m/s. Mostre que a resposta é 60 N · s.

39. Lil dirige seu carro, de 1.000 kg de massa, a 20 m/s. Mostre que, para levar o carro dela até o repouso em 10 s, a rodovia deve exercer sobre o carro uma força de atrito de 2.000 N.

40. Um carro que transporta um boneco de testes de 75 kg colide a 25 m/s com uma parede e atinge o repouso em 0,1 s. Mostre que a força média exercida pelo cinto de segurança sobre o boneco é de 18.750 N.

41. Jean (massa de 40 kg) está de pé sobre o gelo escorregadio quando apanha seu cachorro saltitante (massa de 15 kg) que se move horizontalmente a 3,0 m/s. Mostre que a rapidez de Jean e seu cachorro após ter o apanhado é de 0,8 m/s.

42. Uma máquina a *diesel* de uma estrada de ferro pesa quatro vezes mais do que um vagão. Se a máquina a *diesel* se movimenta a 5 km/h em direção ao vagão em repouso, mostre que a velocidade dos carros engatados tem valor de 4 km/h.

43. Um peixe de 5 kg nadando a 1 m/s engole um peixe distraído de 1 kg, que nada em sentido contrário com uma velocidade tal que os peixes param imediatamente após o almoço. Mostre que a velocidade de aproximação do peixe menor antes do almoço era de 5 m/s.

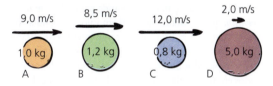

44. O herói de história em quadrinhos Super-Homem está no espaço exterior e encontra um asteroide, que ele arremessa a 800 m/s, tão rápido quanto uma bala. O asteroide tem cerca de 1.000 vezes mais massa que o Super-Homem. Na história, o Super-Homem é visto em repouso após o arremesso. Levando a física em conta, qual seria sua velocidade de recuo?

45. Dois automóveis, ambos com massa de 1.000 kg, estão se movendo com a mesma rapidez de 20 m/s quando colidem e se grudam. Em que sentido e com que rapidez os destroços se movem
    a. se um dos carros estava se dirigindo para o norte e o outro para o sul?
    b. se um dos carros estava indo para o norte e o outro para o leste (como mostrado na Figura 6.17)?

46. Mostre na forma de equação que a força de um ovo atirado com *momentum* de p contra um lençol que se deforma com tempo de parada t é $F = \Delta p/t$.

47. Mostre que dividir ambos os lados de $Ft = \Delta(mv)$ pelo intervalo de tempo Δt produz a segunda lei de Newton, $F = ma$. Pressupomos que o t em Ft é, na verdade, Δt.

PENSE E ORDENE (ANÁLISE)

48. As bolas têm massas e velocidades diferentes. Ordene-as em ordem crescente quanto

    a. ao *momentum*
    b. aos impulsos necessários para pará-las.

49. Jogging Jake corre sobre vagonetes ferroviários que, por sua vez, se deslocam com as velocidades indicadas. Em cada caso, a velocidade de Jake é dada em relação ao vagonete. Considere positivo o sentido para a direita. Ordene os casos em sentido crescente quanto

    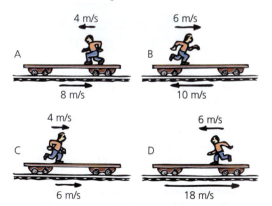

    a. ao módulo do *momentum* de Jake em relação ao vagonete.
    b. ao módulo do *momentum* de Jake em relação a um observador fixo no solo.

50. Jake empurra caixotes, a partir do repouso, sobre o piso de sua sala de aula durante 3 s, com a força resultante indicada. Ordene os caixotes em sequência decrescente de acordo com

    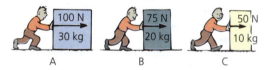

    a. o impulso comunicado.
    b. a variação de *momentum* produzida.
    c. o módulo da velocidade final.
    d. o *momentum* ao final de 3 s.

51. Um peixe faminto está perto de conseguir um almoço com as velocidades indicadas. Considere que o peixe faminto tenha massa cinco vezes maior do que a do peixe pequeno. Imediatamente após ter comido o almoço, ordene os casos mostrados em sequência decrescente de acordo com a rapidez do peixe faminto.

    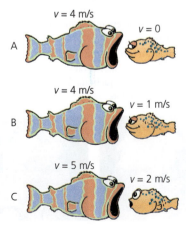

PENSE E EXPLIQUE (SÍNTESE)

52. Como o *momentum* de uma bala disparada por um revólver pode ser igual ao *momentum* de um navio petroleiro que se aproxima de uma doca?

53. Para deter um navio petroleiro, suas máquinas são desligadas usualmente a uns 25 km do porto. Por que é tão difícil parar ou fazer voltar um navio petroleiro?

54. Em termos de impulso e de *momentum*, por que os painéis de instrumentos dos automóveis tornam-se mais seguros quando são acolchoados?

55. Em termos de impulso e *momentum*, por que os *airbags* dos carros reduzem os riscos de lesões em acidentes?

56. Por que os ginastas usam carpetes bem espessos no chão?

57. Em termos de impulso e *momentum*, por que as cordas de *nylon*, que esticam consideravelmente sob tensão, são preferidas pelos alpinistas?

58. Por que é uma séria estupidez um *bungee jumper* saltar usando um cabo de aço em vez de uma corda elástica?

59. Quando se salta de uma altura considerável, por que é melhor aterrissar com os joelhos dobrados?

60. Em um acidente de trânsito, os motociclistas são ensinados a deslizar a moto para freá-la. Por que essa técnica é melhor do que a alternativa de parar subitamente?

61. A aterrissagem básica no *parkour* envolve dobrar bem o joelho e rolar para a frente. Explique o papel do *momentum* e do impulso na aterrissagem.

62. Uma pessoa pode sobreviver a impactos aparados com os pés de aproximadamente 12 m/s (cerca de 43 km/h) contra o concreto, 15 m/s (54 km/h) contra o chão de terra e 34 m/s (122 km/h) contra a água. Por que os valores diferem para as diversas superfícies?

63. Por que é tão importante estender a mão para a frente quando pega uma bola de beisebol rápida sem uma luva de proteção?

64. Por que seria uma má ideia levantar o braço e escorar as costas da mão contra o muro externo do campo de beisebol, a fim de apanhar uma bola de voo longo?

65. Os automóveis antigos eram fabricados para serem os mais rígidos possíveis, enquanto os carros modernos são projetados para que amassem durante o impacto. Por quê?

66. Em termos de impulso e *momentum*, por que é importante que as lâminas do helicóptero desviem o ar para baixo?

67. Um veículo lunar é testado sobre a Terra a uma velocidade de 10 km/h. Quando ele viajar assim tão rapidamente na Lua, seu *momentum* será maior, menor ou o mesmo? Justifique sua resposta.

68. Se você atirar um ovo cru contra uma parede, ele quebrará, mas se atirá-lo com a mesma rapidez contra um pano vergado no meio, ele não quebrará. Explique isso usando os conceitos deste capítulo.

69. Por que é difícil para um bombeiro segurar uma mangueira que ejeta água rapidamente em grande quantidade?

70. Por que seria uma má ideia disparar uma arma de fogo cuja bala tem 10 vezes mais massa do que a própria arma? Explique.

71. Por que os impulsos que objetos em colisão exercem uns sobre os outros são iguais e opostos?

72. Se uma bola é lançada do solo para cima com 10 kg · m/s de *momentum*, qual é o *momentum* de recuo da Terra? Por que não sentimos isso?

73. Quando uma maçã cai de uma árvore e bate no chão sem ricochetear, o que acontece com seu *momentum*?

74. Por que a luva de um apanhador de bolas de beisebol é mais acolchoada do que as luvas comuns?

75. Por que luvas de boxe de 8 onças batem com mais violência do que luvas de boxe de 16 onças?

76. Você se encontra na proa de uma canoa flutuando próxima a uma doca. Você salta dela, esperando aterrissar facilmente sobre a doca. Em vez disso, você cai na água. Explique.

77. Explique como um enxame de abelhas pode ter um *momentum* total nulo.

78. Desejando chegar à margem, uma pessoa completamente vestida se encontra em repouso no meio de uma lagoa congelada cuja superfície é perfeitamente lisa. Como isso pode ser feito?

79. Se você atirar uma bola horizontalmente enquanto está de pé sobre um *skate* parado, você anda para trás com um *momentum* que é exatamente igual em valor ao da bola. Você andará para trás se fizer todos os movimentos de atirar a bola, mas terminar retendo-a em suas mãos? Explique isso.

80. Os exemplos dos dois exercícios anteriores podem ser explicados em termos da conservação do *momentum* e da terceira lei de Newton. Assumindo que você tenha respondido em termos da conservação do *momentum*, responda-as, então, em termos da terceira lei de Newton (ou vice-versa, se você já as respondeu em termos da terceira lei de Newton).

81. Um par de carrinhos está ligado por uma mola comprimida. Quais serão os *momenta* relativos dos carrinhos quando a mola for liberada? E as rapidezes relativas? Justifique sua resposta.

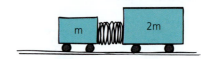

82. Seu amigo lhe diz que a lei da conservação do *momentum* é violada quando uma bola rola ladeira abaixo e ganha *momentum*. O que você responde?

83. O que se quer expressar por *sistema*, e como ele está relacionado à conservação do *momentum*?

84. Se você arremessar uma bola diretamente para cima, o *momentum* da bola é conservado? O *momentum* do sistema bola-Terra é conservado? Explique suas respostas.

85. O *momentum* de uma maçã em queda vertical não é conservado porque a força externa da gravidade é exercida sobre ela, mas o *momentum* de um sistema maior se conserva. Explique.

86. Deixe cair uma pedra do topo de um alto penhasco. Identifique o sistema para o qual o *momentum* total é nulo quando a pedra está caindo.

87. Quando você arremessa uma bola para cima, ocorre uma variação da força normal sobre os pés? E quando apanha a bola? (Pense em realizar isso de pé sobre uma balança de banheiro.) Justifique sua resposta.

88. Enquanto você está viajando em seu carro em alta velocidade, o *momentum* de um besouro altera-se subitamente quando ele é esmagado contra o seu para-brisa. Em comparação com a variação no *momentum* do besouro, quanto varia o *momentum* de seu carro? Explique o porquê.

89. Se uma bola de tênis e outra de boliche colidem no ar, cada uma delas sofre a mesma variação de *momentum*? Justifique sua resposta.

90. Se um caminhão e um Ford Escort colidem frontalmente, qual dos veículos experimentará maior força de impacto? E maior impulso? E maior variação do *momentum*? E maior desaceleração?

91. Uma colisão frontal entre dois carros é mais danosa aos ocupantes se os carros se grudam ou se ricocheteiam após a batida?

92. Um carrinho de 0,5 kg move-se sobre um trilho de ar a 1,0 m/s para a direita, indo de encontro a outro carrinho de 0,8 kg que se move para a esquerda a 1,2 m/s. Qual é o sentido do *momentum* total do sistema formado pelos dois carrinhos?

93. Duas bolhas de mesma massa e mesma rapidez se movem perpendicularmente uma à outra e sofrem uma colisão inelástica. Como seu *momentum* combinado se compara com o *momentum* inicial de cada bolha?

94. Em um filme, o herói salta de uma ponte diretamente sobre um pequeno barco abaixo, que continua a se mover sem alteração alguma na sua velocidade. Que lei da física está sendo violada nessa situação?

95. Para arremessar uma bola, você tem de exercer um impulso sobre ela? Você exerce um impulso para apanhá-la movendo-se no ar com a mesma rapidez? Aproximadamente quanto impulso você exerce, em comparação, se apanhá-la no ar e imediatamente atirá-la de volta? (Imagine-se sobre uma prancha de *skate*.)

96. Explique por que o bloco de Howie, mostrado na segunda foto da página 104, cai quando o dardo ricocheteia, mas não quando se prende ao bloco.

PENSE E DISCUTA   (AVALIAÇÃO)

97. Em termos de impulso, qual é o benefício de uma "rampa de caminhonete desgovernada" em estradas íngremes nas montanhas?

98. É mais difícil deter um pesado caminhão do que uma prancha de *skate*. Cite um caso em que um *skate* em movimento poderia requerer mais força para parar. (Considere os tempos relativos).

99. Um boxeador pode socar um saco pesado por mais de uma hora sem cansar, mas se cansa rapidamente, em alguns minutos, quando está boxeando com um oponente. Por quê? (*Dica:* quando o punho do boxeador atinge o saco, o que fornece o impulso necessário para deter o soco? Quando o punho do boxeador dirige-se contra o oponente, o que ou quem fornece o impulso necessário para deter o soco que não acerta?)

100. Vagões de estrada de ferro são acoplados frouxamente, de forma que exista um tempo de atraso entre o instante em que o primeiro vagão é movimentado pela locomotiva e o instante em que o último vagão entra finalmente em movimento. Discuta a conveniência desse acoplamento frouxo e dessas folgas do ponto de vista de impulso e *momentum*.

101. Se apenas uma força externa é capaz de alterar a velocidade de um corpo, como pode a força interna dos freios levar um carro ao repouso?

102. No Capítulo 5, a propulsão de foguetes foi explicada em termos da terceira lei de Newton. Isto é, a força que propele o foguete vem dos gases que o empurram, que é a reação à força que o foguete exerce sobre os gases ejetados. Explique a propulsão de foguetes em termos da conservação do *momentum*.

103. Explique como a conservação do *momentum* é uma consequência da terceira lei de Newton.

104. Um carro precipita-se de um penhasco e se despedaça contra o solo no fundo de um cânion. Identifique o sistema para o qual o *momentum* durante a batida contra o solo é nulo.

105. Bronco salta de um helicóptero planando e descobre que seu *momentum* está aumentando. Isso viola a conservação do *momentum*? Explique.

106. Um trenó de gelo movido a vela está imóvel sobre um lago congelado num dia sem vento. O capitão monta um ventilador, como mostra a ilustração. Se todo o vento produzido pelo ventilador ricochetear na vela, o trenó será posto em movimento? Se sim, em que sentido?

107. Sua resposta para a questão anterior será diferente se o ar do ventilador parar sob ação da vela?

108. Discuta a conveniência de simplesmente remover a vela nos exercícios anteriores.

109. O que dá maior impulso sobre uma chapa de aço: balas de metralhadora que ricocheteiam na chapa ou balas idênticas que se achatam e se prendem à chapa?

110. O sapo Freddy salta verticalmente de uma árvore para um *skate* que passa por baixo dela. O *skate* torna-se mais lento. Dê duas razões para isso, uma em termos de uma força de atrito horizontal entre Freddy e o *skate* e outra em termos da conservação do *momentum*.

111. Você tem um amigo que afirma que, depois de uma bola de golfe colidir com uma bola de boliche em repouso, embora seja muito pequena a rapidez adquirida pela bola de boliche, seu *momentum* excede o *momentum* inicial da bola de golfe. Seu amigo cita o *momentum* "negativo" da bola de golfe após a colisão. Outro amigo afirma que isso é tolice; a bola de boliche não pode ter mais *momentum* porque, caso contrário, a conservação estaria sendo violada. Com qual dos amigos você concorda?

112. Suponha que existam três astronautas fora de uma nave espacial e eles decidem brincar de se arremessar. Todos eles têm o mesmo peso na Terra e são igualmente fortes. O primeiro astronauta arremessa o segundo para o terceiro, e a brincadeira tem início. Descreva o movimento dos astronautas quando o jogo prossegue. Quanto tempo durará a brincadeira?

113. A luz tem *momentum*, o que pode ser demonstrado com um radiômetro, ilustrado ao lado. As pás metálicas de uma hélice são pintadas de negro de um lado e de branco do outro e podem girar livremente em torno de uma agulha montada dentro de um tubo a vácuo. Quando a luz incide sobre uma superfície negra, ela é absorvida; quando incide sobre uma superfície branca, é refletida. Sobre qual das superfícies o impulso da luz incidente é maior e em que sentido a hélice gira? (Ela gira no sentido oposto nos radiômetros mais comuns, onde o ar está presente na câmara de vidro; o seu instrutor pode dizer-lhe o porquê.)

114. O bastão que atinge uma bola de beisebol em alta velocidade reduz sua rapidez durante a colisão entre bola e bastão? Responda em termos de *momentum*.

115. Um dêuteron é uma partícula nuclear que tem um valor único de massa e é formado por um próton e um nêutron. Suponha que ele seja acelerado até um alto valor de rapidez no interior de um cíclotron e direcionado para dentro de uma câmara de observação, onde colide e se junta a uma partícula-alvo inicialmente em repouso e que depois é observada movendo-se com exatamente a metade da rapidez do dêuteron incidente. Por que os observadores afirmam que a partícula-alvo é também um dêuteron?

116. Uma bola de bilhar para imediatamente ao colidir frontalmente com uma bola em repouso. Entretanto, a bola não pode parar imediatamente se a colisão não for exatamente frontal – ou seja, se a segunda bola se move numa direção que forma um certo ângulo com a trajetória da primeira. Você sabe por quê? (*Dica:* considere o *momentum* antes e depois da colisão ao longo da direção inicial da primeira bola e numa direção perpendicular a essa direção inicial.)

117. Um aluno travesso coloca um fogo de artifício em meio a um grupo de bolas de sinuca em repouso sobre uma mesa. Quando explode, o fogo de artifício lança as bolas nas mais diversas direções. Convença seus colegas de aula que o *momentum* total das bolas de sinuca *imediatamente após* o estouro é igual a zero.

118. Quando um núcleo estacionário de urânio sofre fissão, ele se quebra em dois fragmentos desiguais que se afastam rapidamente. O que você pode concluir sobre o *momentum* dos fragmentos? E sobre os valores de rapidez dos fragmentos?

119. Explique a um amigo por que o *momentum* no desenho usa símbolos com tamanhos diferentes.

Uma das coisas mais importantes que você tem a ganhar com os seus estudos é a capacidade de pensamento crítico, uma habilidade que usará em todos os aspectos da sua vida. Assim, use os exercícios de final de capítulo designados pelo seu instrutor para praticar. Tente chegar às respostas sozinho — não espie antes!

CAPÍTULO 6 — Exame de múltipla escolha

Escolha a melhor resposta entre as alternativas:

1. Quando você anda de bicicleta com o dobro da sua rapidez normal, seu *momentum* é:
   a. quase o dobro.
   b. o dobro.
   c. o quádruplo.
   d. nenhuma das anteriores.

2. Uma bola de ferro e uma de madeira do mesmo tamanho caem simultaneamente de um penhasco. Despreze a resistência aerodinâmica. Quando atinge o solo, a bola de ferro tem maior:
   a. rapidez.
   b. aceleração.
   c. *momentum*.
   d. todas as anteriores.

3. Um canhão de cano comprido dispara uma bala mais rápida do que um canhão curto porque a bala recebe mais:
   a. força.
   b. impulso.
   c. ambas as anteriores.
   d. nenhuma das anteriores.

4. Um trem de carga desloca-se sobre um trilho com *momentum* considerável. Se ele rola com a mesma rapidez, mas tem o dobro da massa, seu *momentum* é:
   a. zero.
   b. o dobro.
   c. o quádruplo.
   d. o mesmo.

5. Quando vagões de carga colidem, o *momentum* é conservado em:
   a. colisões elásticas.
   b. colisões inelásticas.
   c. ambas as anteriores.
   d. nenhuma das anteriores.

6. Um vagão de carga em movimento se choca com um vagão idêntico em repouso. Após se acoplarem, os dois rolam com rapidez de 2 m/s. Com essas informações, sabemos que a rapidez inicial do vagão em movimento era de:
   a. 4 m/s.
   b. 5 m/s.
   c. 6 m/s.
   d. 8 m/s.

7. Um ônibus escolar na rodovia freia. A força de frenagem deve ser maior se o ônibus tem:
   a. mais massa.
   b. mais *momentum*.
   c. menos distância de parada.
   d. todas as anteriores.

8. Se um veículo para quando bate contra um monte de feno ou contra um muro de tijolos, o impulso é:
   a. maior com o monte de feno.
   b. maior com a parede de tijolos.
   c. igual para ambos.
   d. impossível dizer.

9. Um peixe grande nada em direção a um peixe pequeno em repouso e o engole. Imediatamente após a refeição, o grande peixe gordo sofreu uma variação de:
   a. rapidez.
   b. *momentum*.
   c. ambas as anteriores.
   d. nenhuma das anteriores.

10. Um inseto desavisado se choca contra o para-brisa de um automóvel em movimento. Quais destes têm a mesma magnitude para o inseto e para o para-brisa?
    a. Força.
    b. Impulso.
    c. A variação de *momentum* produzida.
    d. Todas as anteriores.

Respostas e explicações das perguntas do exame de múltipla escolha

1. (b): É um teste de leitura para a equação do *momentum*, mv. O dobro da rapidez v significa o dobro do *momentum* mv. Fácil, fácil.

2. (c): Ambos cairão com a mesma aceleração e terão a mesma rapidez se a resistência aerodinâmica for desprezada. Os dois são diferenciados pela massa, que é maior para a bola de ferro do que para a de madeira. Assim, a bola de ferro, com sua massa maior, atingirá o solo com *momentum* maior, mesmo que ambas tenham a mesma rapidez.

3. (b): Para a mesma força sobre a bala de canhão dentro do cano, o cano mais longo significa que a força atua por mais tempo, o que aumenta o impulso dado à bala. Assim, vemos que a força atua por um tempo maior. Logo, o impulso é maior.

4. (b): É uma pergunta simples sobre a equação do *momentum*, mv. Com as outras variáveis inalteradas, dobrar a massa dobra o *momentum*.

5. (c): Uma característica da conservação do *momentum* é que ele vale para colisões elásticas e inelásticas. Assim, (c) é a melhor resposta.

6. (a): O *momentum* total antes e após a colisão é igual. Isso significa que o *mv* total antes (que é apenas o *mv* do vagão em movimento inicialmente) é igual ao *mv* total após (que é o dobro da massa multiplicado por 2 m/s). Como o dobro da massa após a colisão, a rapidez inicial do segundo vagão deve ser igual ao dobro da rapidez final de 2 m/s. Assim, a resposta é 4 m/s.

7. (d): Um ônibus de maior massa é, com certeza, mais difícil de parar. Em outras palavras, um ônibus com maior *momentum* é mais difícil de parar, e ter de frear em uma distância mais curta exigiria mais força. São respostas do senso comum, todas correspondentes à relação impulso-*momentum*: $Ft = \Delta mv$.

8. (c): A questão pede um entendimento claro do que é impulso. O impulso não é uma *força* e não é um *tempo*. O impulso é um produto da força e do tempo, que é igual à variação do *momentum* do veículo que entra em repouso após atingir o monte de feno ou o muro. Assim, a variação do *momentum* (não da força) é igual para ambos, o impulso também é igual para ambos. É preciso ler e refletir com cuidado sobre esta questão.

9. (a): Esta é uma colisão inelástica, na qual o peixe grande ganha massa e desacelera quando come, então a opção (a) está correta. A opção (b) não, pois o *momentum* é conservado, sem variar. O *momentum* antes da refeição (sua massa com alta rapidez) é o mesmo que depois (mais a massa a uma rapidez menor), então a opção (c), ambas, também está errada.

10. (d): Lembre-se da terceira lei de Newton: a força do para-brisa do automóvel sobre o inseto tem a mesma grandeza que a força do inseto sobre o para-brisa, mas com sentido contrário. É fácil ver que o tempo da colisão é igual para ambos. Se a força e o tempo são iguais para ambos, então o impulso é o mesmo para os dois, e, de acordo com $Ft = \Delta mv$, ambos sofrem a mesma variação de *momentum*. Assim, todas as anteriores estão corretas. Trata-se de um teste que exige um raciocínio cuidadoso.

7 Energia

7.1 **Trabalho**

7.2 **Potência**
    Energia mecânica

7.3 **Energia potencial**

7.4 **Energia cinética**

7.5 **O teorema trabalho-energia**

7.6 **Conservação da energia**

7.7 **Máquinas**

7.8 **Rendimento**

7.9 **Principais fontes de energia**
    Reciclagem de energia

1 Um carrinho feito por um estudante, movido por um sistema interno de elástico, ajuda Christine Lindström a discutir conceitos de energia. 2 Neil deGrasse Tyson lamenta que, se alienígenas nos visitassem, ele ficaria envergonhado em ter de lhes contar que nós ainda estamos extraindo combustíveis fósseis do subsolo como fonte de energia. 3 Christine e David Vernier demonstram divertidamente o movimento de um carrinho ao longo de um trilho. 4 Alunos de física de alto nível conseguem diferenciar claramente entre o *momentum* e a energia cinética que Serena imprime à bola.

Um dos maiores cientistas franceses foi uma mulher, Émile du Châtelet, que viveu no século XVIII, quando toda a Europa celebrava as realizações de Isaac Newton. Ela era versada não apenas em ciência, mas também em filosofia e até mesmo em estudos bíblicos. Como não encontrava livros de física claros para o ensino do filho, ela publicou seu próprio *Institutions de Physique* em 1740. Sua maior conquista foi ter sido a primeira pessoa a traduzir o *Principia*, de Newton, para o francês, com 287 páginas de comentários adicionais e um novo adendo matemático.

Entre os diversos amantes de du Châtelet, o mais intenso foi Voltaire. Por 15 anos, eles viveram juntos, tendo constituído uma biblioteca com mais de 20.000 volumes, cada qual encorajando e criticando o trabalho do outro. Eles viveram um dos mais emocionantes e passionais casos de amor da Europa.

Naquela época, havia um grande debate na física a respeito da natureza do "oomph" de que os objetos em movimento são dotados. Os cientistas da Inglaterra sustentavam que o "oomph" (o que hoje chamamos de energia cinética) era massa × velocidade, enquanto cientistas como Gottfried Leibniz, na Alemanha, sustentavam que se tratava de massa × velocidade ao quadrado. O debate foi finalmente resolvido por observações e por um artigo publicado por du Châtelet que fazia referência a um experimento simples de outro cientista para distinguir entre as duas hipóteses. Quando uma pequena esfera de bronze cai sobre a argila, ela deixa uma depressão no material. Se a esfera bater com o dobro da velocidade, e se seu "oomph" for massa × velocidade, a depressão na argila deve ser duas vezes mais funda. Contudo, o experimento revelou

que a depressão produzida era 4 vezes (2 ao quadrado) mais funda. Deixando a esfera cair de uma altura maior, de modo a colidir com a argila com velocidade 3 vezes maior, produzia uma depressão que não era 3 vezes mais funda, e sim 9 vezes (3 ao quadrado) mais funda. Uma vez que Emilie du Châtelet era altamente respeitada na comunidade científica, ela acabou com a controvérsia sustentando o argumento de que o "oomph" de objetos em movimento é proporcional à massa × velocidade ao quadrado.

Émile engravidou com 42 anos, o que era perigoso, já que os médicos da época não tinham consciência de que deveriam lavar suas mãos e seus instrumentos. Não existiam antibióticos para controlar as infecções, que eram comuns. Ela morreu uma semana após o parto. Voltaire estava ao lado dela: "Eu perdi a metade de mim mesmo – uma alma para a qual a minha foi feita". A maior parte da ampla obra de Voltaire foi publicada antes da morte de Émile e relativamente pouco após. Diz-se que ele permaneceu em luto até o fim da velhice.

No capítulo anterior, aprendemos que o produto da massa e velocidade é o que chamamos de *momentum*. Neste capítulo, veremos que o produto da massa e velocidade ao quadrado (multiplicado pelo fator ½) é o que chamamos de *energia cinética*. Aprenderemos sobre formas de energia, o que inclui a energia cinética. Vamos começar.

A energia é o conceito mais fundamental da ciência. Tente imaginar a vida antes que os seres humanos pudessem controlar a energia. Imagine a vida caseira sem eletricidade, refrigeradores, sistemas de aquecimento e resfriamento, telefone, rádio e TV, o automóvel... e o seu *smartphone*. Podemos até romantizar que a vida seria melhor sem tudo isso, mas apenas se omitirmos as horas de labuta diária que alguém gastava lavando roupa, cozinhando e aquecendo a casa. Também temos de omitir a dificuldade em conseguir um médico numa emergência que havia antes que dispuséssemos de telefones. Naquela época, um médico tinha em sua maleta pouco mais do que laxativos, aspirinas e pílulas de açúcar, e as taxas de mortalidade infantil eram assustadoras. Estamos tão acostumados com os benefícios da tecnologia que temos pouca consciência de nossa dependência de represas, usinas, transporte de massa, eletrificação, medicina moderna e agricultura científica moderna para nossa existência. Enquanto saboreamos uma boa comida, damos pouca atenção à tecnologia que está por trás do crescimento, da colheita e da distribuição do alimento para nossa mesa. Quando "acendemos" uma lâmpada, damos pouca atenção à rede de distribuição de energia controlada centralmente, que liga estações de potências afastadas por meio de linhas de transmissão de longa distância. Essas linhas transportam a energia que satisfaz as necessidades da nossa sociedade. Qualquer um que ache "desumana" a ciência e a tecnologia ignora as maneiras pelas quais elas tornaram nossas vidas mais humanas. Começaremos nosso estudo sobre energia por um conceito relacionado: o de trabalho.

128 PARTE I Mecânica

7.1 Trabalho

No capítulo anterior, vimos que as mudanças no movimento de um objeto dependem tanto da força quanto de quão longa é a sua atuação. "Quão longa" aqui significa tempo. Chamamos a grandeza "força × tempo" de *impulso*. Entretanto, "quão longo" não precisa sempre significar tempo; pode ser distância também. Quando consideramos o conceito força × *distância*, estamos falando de um conceito inteiramente diferente – o *trabalho*. Trabalho é o esforço exercido sobre algo que fará sua energia variar.

> A palavra *trabalho*, na linguagem cotidiana, significa exercício físico ou mental. Não se deve confundir a definição física de *trabalho* com o significado cotidiano de trabalho. Trabalho é transferência de energia.

FIGURA 7.1 Comparado ao trabalho realizado para erguer uma carga de cascalho de um andar para o próximo, o dobro de trabalho deve ser realizado para erguer a mesma carga ao longo de dois andares. O trabalho feito é o dobro, porque a distância também é o dobro.

FIGURA 7.2 Quando uma carga duas vezes mais pesada é erguida ao longo da mesma altura, o dobro de trabalho é realizado, porque a força necessária para o levantamento é duas vezes maior. O trabalho feito é o dobro, porque a força também é o dobro.

Quando erguemos uma carga contra a gravidade da Terra, estamos realizando trabalho. Quanto mais pesada for a carga ou quanto mais alto ela for erguida, maior será o trabalho realizado. Dois ingredientes entram em cena sempre que é realizado trabalho: (1) a aplicação de uma força e (2) o movimento de alguma coisa pela força aplicada. No caso mais simples, em que a força é constante e o movimento é retilíneo e na mesma direção e sentido da força,[1] definimos o trabalho que a força aplicada realiza sobre um objeto como o produto do valor da força pela distância ao longo da qual o objeto foi movimentado. Em forma sintética:

$$\text{Trabalho} = \text{força} \times \text{distância}$$
$$W = F \times d$$

Se você levar para o andar de cima duas cargas idênticas, estará realizando o dobro do trabalho que faz quando leva apenas uma delas, pois a *força* necessária para elevar duas vezes mais peso é duas vezes maior. Analogamente, se levarmos uma carga dois andares acima em vez de um apenas, realizaremos duas vezes mais trabalho, porque a *distância* dobrou.

Vemos que a definição de trabalho envolve tanto força quanto distância. Uma halterofilista que sustenta um haltere pesando 1.000 newtons acima de sua cabeça não está realizando trabalho algum sobre o haltere. Fazendo isso, ela pode real-

FIGURA 7.3 Trabalho é realizado ao se erguer um haltere.

---
[1] De maneira geral, o trabalho é o produto apenas da componente da força que atua na direção do movimento pela distância percorrida. Por exemplo, se uma força forma um determinado ângulo com o movimento o componente da força paralelo ao movimento é multiplicado pela distância percorrida. Quando uma força atua perpendicularmente à direção do movimento, nenhum trabalho é realizado. Um exemplo comum é o de um satélite em uma órbita circular: a força da gravidade forma um ângulo reto com sua trajetória circular, em cada ponto dela, e nenhum trabalho é realizado sobre o satélite. Logo, ele orbita sem alteração alguma na rapidez.

mente ficar muito cansada, mas se o haltere não se mover pela força que a halterofilista exerce, esta não estará realizando trabalho algum *sobre o haltere*. O trabalho está sendo feito sobre os músculos, esticando-os e contraindo-os, o que é força vezes distância numa escala biológica, mas esse trabalho não é realizado sobre o haltere. Em vez disso, a energia gasta aquece seus braços. Erguer o haltere, no entanto, é outra história. A halterofilista está realizando trabalho sobre o haltere enquanto o ergue a partir do solo. O mesmo vale para a simples tarefa de erguer uma sacola de compras que estava no chão.

PAUSA PARA TESTE

1. Quanto trabalho é necessário para erguer um saco de compras de 200 N a uma altura de 3 m?
2. Quanto trabalho é necessário para erguê-lo ao dobro dessa altura?

VERIFIQUE SUA RESPOSTA

1. $W = Fd = 200 \text{ N} \times 3 \text{ m} = 600 \text{ N·m} = 600 \text{ J}$
2. Erguer o saco a uma altura duas vezes maior requer o dobro de trabalho (200 N × 6 m = 1.200 J).

O trabalho geralmente se divide em duas categorias. Uma delas é o trabalho realizado contra outra força. Quando um arqueiro estica a corda de seu arco, ele realiza trabalho contra as forças elásticas do arco. Analogamente, quando o aríete de um bate-estaca é erguido, é necessário realizar um trabalho para elevá-lo contra a força da gravidade. Quando você faz flexões, realiza trabalho contra seu próprio peso. Realiza-se trabalho sobre um corpo quando ele é forçado a mover-se sob a influência de uma força oposta – frequentemente o atrito.

Outro tipo de trabalho é aquele realizado para alterar a velocidade de um objeto. Esse tipo de trabalho é feito ao acelerar ou desacelerar um carro. Outro exemplo ocorre quando um golfista acerta uma bola estacionária e faz ela se mover. Em ambas as categorias (trabalho contra uma força ou para alterar a velocidade), o trabalho envolve transferência de energia.

Muitas vezes, a força aplicada em uma situação de trabalho não é constante; ela varia. Por exemplo, a força que puxa a corda de um arco, que estica uma mola, que atua na bala de canhão disparada, não é uma força contínua. Para calcular o trabalho, usamos a força *média* aplicada a um objeto sobre a distância na qual a força atua. Essa é a distância percorrida *enquanto* a força atua, não a distância que o objeto pode ou não percorrer depois que a força deixa de ser exercida. O bom senso nos permite entender por que usamos a força e a distância percorrida para avaliar o trabalho.

A unidade de medida para trabalho combina uma unidade de força (N) com uma unidade de distância (m); a unidade de trabalho, então, é o newton-metro (N·m), também chamada de *joule* (J). Um joule de trabalho é realizado quando uma força de 1 newton é exercida ao longo de uma distância de 1 metro, como ao erguer uma maçã sobre sua cabeça. Para valores maiores, falamos em quilojoules (kJ, milhares de joules) ou megajoules (MJ, milhões de joules). A halterofilista da Figura 7.3 realiza um trabalho da ordem de quilojoules. A parada de um caminhão que trafega a 100 km/h custa megajoules de trabalho.

FIGURA 7.4 Bob despende energia quando empurra a parede. Se a parede não se move, nenhum trabalho é realizado sobre ela, e a energia despendida transforma-se em energia térmica.

PAUSA PARA TESTE

1. Realizamos trabalho sobre uma mola quando a esticamos. O que exige mais trabalho: esticar uma mola dura em uma determinada distância ou esticar uma mola fraca na mesma distância?
2. Um engenheiro calcula que, se uma força contínua de 1.000 N é aplicada a um carrinho com 10 kg de massa por uma distância de 12 m, o ganho de energia do carrinho será de 12.000 J. Por que o engenheiro tem certeza da sua resposta?

130 PARTE I Mecânica

> **VERIFIQUE SUA RESPOSTA**
>
> 1. Embora a distância à qual as molas são esticadas seja igual, a mola mais forte exige uma força de estiramento média maior do que a mola fraca, de modo que mais trabalho é necessário para esticar a mola forte.
>
> 2. Antes de mais nada, o engenheiro também sabe que a quantidade de trabalho realizada sobre o carrinho é igual à energia que este ganha. A sua confiança é reforçada pela definição de trabalho: $W = Fd = (1.000\ N)(12\ m) = 12.000\ N \cdot m = 12.000\ J$. A massa, o peso, a cor e a temperatura do carrinho são irrelevantes. A equação $W = Fd$ basta para nos orientar em direção a uma resposta válida.

7.2 Potência

A definição de trabalho não diz nada sobre o tempo durante o qual o trabalho é realizado. A mesma quantidade de trabalho é realizada enquanto levamos uma carga escada acima, não importando se fazemos isso caminhando ou correndo. Logo, por que ficamos mais cansados após subir a escada em alguns segundos do que quando subimos caminhando em alguns minutos? Para compreender a diferença, precisamos falar sobre uma medida de quão rapidamente o trabalho é realizado – a *potência*. Potência é igual à quantidade de trabalho realizado pelo tempo que levou para realizá-lo:

$$\text{Potência} = \frac{\text{trabalho realizado}}{\text{intervalo de tempo}}$$

A unidade de potência é o joule por segundo (J/s), também chamado de watt (em homenagem a James Watt, o inventor da máquina a vapor do século XVIII). Um watt (W) de potência é despendido quando 1 joule de trabalho é realizado em 1 segundo. Um quilowatt (kW) é igual a 1.000 watts. Um megawatt (MW) é igual a 1 milhão de watts. Nos Estados Unidos,* costuma-se especificar os motores em unidades de horsepower (hp),** enquanto a eletricidade é avaliada em quilowatts, mas ambas podem ser usadas. No sistema SI de unidades, os automóveis são especificados em quilowats. (Um horsepower equivale a três quartos de um quilowatt, de modo que um motor de 134 hp é um motor de 100 kW.) O horsepower é uma unidade prática pertencente ao Sistema Técnico Britânico de unidades, tendo sido definida pelo próprio James Watt como 1 hp = 746 watts.

Uma máquina de grande potência é capaz de realizar trabalho rapidamente. Um motor de automóvel que fornece duas vezes mais potência que outro não necessariamente realiza duas vezes mais trabalho ou faz o carro ir duas vezes mais rápido do que aquele com motor menos potente. Duas vezes mais potência significa que o motor pode realizar a mesma quantidade de trabalho na metade do tempo ou duas vezes mais trabalho no mesmo tempo. Um motor mais potente pode levar um automóvel a atingir uma certa rapidez num tempo menor do que um motor menos potente.

Outra maneira de encarar a potência: um litro (L) de combustível pode realizar uma determinada quantidade de trabalho, mas a potência produzida quando o queimamos pode ser de qualquer quantidade, dependendo de quão rapidamente ele for queimado. Ele pode fazer operar por meia hora um cortador de grama ou por meio segundo um motor a jato 3.600 vezes mais potente.

psc
- Seu coração consome pouco mais de 1 W para bombear o sangue pelo seu corpo.

FIGURA 7.5 Como todos os foguetes, o Falcon Heavy, que colocou o Tesla Roadster vermelho de Elon Musk em órbita, emprega os conceitos de empuxo (força), trabalho (força × distância), energia (consumo de combustível) e potência (a taxa segundo a qual a energia é despendida).

---

* N. de T.: No Brasil também.

** N. de T.: No Brasil, também se usa a unidade de potência chamada de cavalo-vapor (cv), unidade do SI definida de maneira que 1 cavalo-vapor é a potência necessária para elevar em 1 metro um corpo de 75 quilogramas em 1 segundo, num local em que $g = 9,8\ m/s^2$. Logo, 1 cv = 735 watts.

PAUSA PARA TESTE

1. Quanta potência é gasta para erguer um piano de 4.000 N a uma distância vertical de 4 m em 2 s? Quanta potência é necessária para fazer o mesmo em 1 s?

2. Se uma retroescavadeira for substituída por uma nova de potência duas vezes maior, quanta terra a mais ela poderá erguer no mesmo intervalo de tempo? Se a nova escavadeira erguer a mesma quantidade de terra que a outra, em quanto ela será mais rápida no serviço?

VERIFIQUE SUA RESPOSTA

1. Potência = trabalho realizado/(intervalo de tempo) = [(4.000 N)(4 m)/(2 s)] = 8.000 N·m/s = 8.000 W. A mesma ação na metade do tempo exigiria o dobro da potência, 16.000 W.

2. A retroescavadeira de potência duas vezes maior erguerá duas vezes mais carga em um mesmo tempo ou a mesma carga na metade do tempo. De qualquer maneira, o proprietário da nova retroescavadeira ficará feliz.

Energia mecânica

Para erguer o pesado martelo de um bate-estacas, é necessário realizar trabalho, e, em consequência, o martelo adquire a propriedade de ser capaz de realizar trabalho sobre uma estaca abaixo, caindo sobre ela. Quando um arqueiro realiza trabalho para esticar um arco, este adquire a capacidade de realizar trabalho sobre a flecha. Quando se realiza o trabalho de dar corda num mecanismo de mola, esta adquire a capacidade de realizar trabalho sobre as diversas engrenagens que giram para que um relógio funcione, um sino seja balançado ou um alarme soe.

Em cada caso, algo foi ganho. Esse "algo" dado ao objeto capacitou-o a realizar trabalho. Esse "algo" pode ser uma compressão nos átomos do material de um objeto; pode ser uma separação física entre dois corpos que se atraem; pode ser uma redistribuição das cargas elétricas dentro das moléculas de uma substância. Esse "algo" que torna um objeto capaz de realizar trabalho é a **energia**.[2] Como o trabalho, a energia é medida em joules. Ela aparece em diversas formas, que serão discutidas nos capítulos seguintes. Por ora, focaremos nossa atenção nas duas formas mais comuns de **energia mecânica**: a energia devido à posição de algo (energia potencial) ou ao movimento de alguma coisa (energia cinética). A energia é mais evidente quando varia.

7.3 Energia potencial

Um objeto pode armazenar energia devido à sua posição. A energia armazenada e mantida pronta para ser usada é chamada de **energia potencial** (E_p), porque no estado de armazenagem ela tem potencial para realizar trabalho. Por exemplo, uma mola esticada ou comprimida tem o potencial de realizar trabalho. Quando um arco é vergado, é armazenada energia nele. O arco pode realizar trabalho sobre a flecha. Uma liga de borracha esticada tem energia potencial por causa das posições relativas de suas partes. Se a liga de borracha fizer parte de um estilingue, ela será capaz de realizar trabalho. Energia potencial é energia armazenada.

A energia química dos combustíveis também é energia potencial. Geralmente se trata de energia de posição em nível microscópico. Essa energia torna-se disponível quando as posições das cargas elétricas dentro e entre as moléculas são alteradas – ou seja, quando ocorre uma reação química. Qualquer substância capaz de realizar trabalho por meio de reação química tem energia potencial. Essa forma de energia é encontrada em combustíveis fósseis, pilhas e nos alimentos que consumimos.

psc

■ O conceito de energia era desconhecido de Isaac Newton, e sua existência era ainda fonte de debates na década de 1850. Embora familiar, a energia é de difícil definição, porque ela é tanto uma "coisa" quanto um processo – semelhante tanto a um substantivo quanto a um verbo. Percebemos a energia nas coisas apenas quando ela está sendo transferida ou transformada.

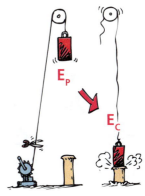

FIGURA 7.6 A energia potencial do martelo elevado é convertida em energia cinética quando ele é solto.

---

[2] Estritamente falando, aquilo que torna um objeto capaz de realizar trabalho é a sua *energia disponível*, pois nem toda a energia de um objeto pode ser transformada em trabalho.

FIGURA 7.7 A energia potencial da bola de 10 N é a mesma (30 J) nos três casos, porque o trabalho realizado para elevá-la em 3 m é o mesmo, seja a bola (a) erguida com uma força de 10 N, (b) empurrada por uma força de 6 N ao longo da rampa de 5 m ou (c) erguida por degraus de 1 m de altura por uma força de 10 N. Trabalho nenhum é realizado quando ela se move horizontalmente (se ignorarmos o atrito).

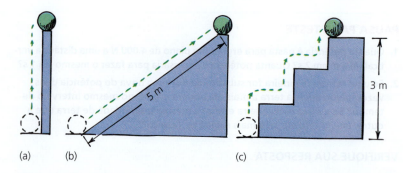

É necessário realizar trabalho para erguer objetos contra a gravidade terrestre. A energia de um corpo devido à sua posição elevada é chamada de *energia potencial gravitacional*. A água num reservatório elevado e o martelo de um bate-estacas têm energia potencial gravitacional. Sempre que trabalho for realizado, haverá uma transferência de energia.

A quantidade dessa energia que um objeto elevado tem é igual ao trabalho que foi realizado contra a gravidade para erguê-lo. O trabalho realizado é igual à força necessária para movê-lo para cima vezes a distância vertical na qual ele foi deslocado (lembre-se de que $W = Fd$). A força para cima necessária para se mover com velocidade constante é igual ao peso do objeto, mg, de modo que o trabalho realizado para erguê-lo em uma altura h é igual ao produto mgh:

$$\text{Energia potencial gravitacional} = \text{peso} \times \text{altura}$$
$$E_p = mgh$$

Note que a altura h é a distância acima de algum nível de referência, como o chão ou um piso de algum andar de um edifício. A energia potencial gravitacional, mgh, é relativa àquele nível e depende apenas de mg e da altura h. Como ilustrado na Figura 7.7, a energia potencial da bola no topo depende da altura, mas não depende do caminho seguido para ir até lá.

A energia potencial, seja gravitacional ou de outro tipo, tem significado apenas quando ela se *transforma* – quando realiza trabalho ou se transforma de uma forma de energia em outra. Por exemplo, se a bola da Figura 7.7 cai de uma posição elevada e realiza 30 joules de trabalho quando atinge o solo, então ela perde 30 joules de energia potencial. A energia potencial da bola ou de qualquer objeto é relativa a algum nível de referência. Apenas *variações* de energia potencial têm significado físico. Um dos tipos de energia em que a energia potencial pode ser transformada é a energia de movimento, ou *energia cinética*.

FIGURA 7.8 Ambos realizam o mesmo trabalho ao elevar o bloco.

PAUSA PARA TESTE

1. Quanto trabalho deve ser realizado para erguer um bloco de gelo de 100 N em uma distância vertical de 2 m, como mostrado na Figura 7.8?
2. Quanto trabalho deve ser realizado para empurrar o mesmo bloco de gelo e fazê-lo subir 4 m ao longo de uma rampa? (A força necessária para tal é de apenas 50 N, por isso usamos rampas.)
3. Qual é o aumento da energia potencial do bloco em cada caso?

VERIFIQUE SUA RESPOSTA

1. $W = Fd = 100 \text{ N} \times 2 \text{ m} = 200 \text{ J}$
2. $W = Fd = 50 \text{ N} \times 4 \text{ m} = 200 \text{ J}$.
3. Em ambos os casos, a energia potencial do bloco aumenta em 200 J. A rampa simplesmente torna mais fácil realizar o trabalho.

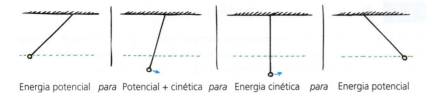

Energia potencial *para* Potencial + cinética *para* Energia cinética *para* Energia potencial
E assim por diante

FIGURA 7.9 Transformações de energia num pêndulo. A E$_P$ é relativa ao ponto mais baixo da trajetória do pêndulo, quando está na vertical.

7.4 Energia cinética

Se você empurrar um objeto, o colocará em movimento. Se um objeto está em movimento, então ele é capaz de realizar trabalho. Ele tem energia de movimento, então dizemos que ele tem uma energia cinética (E$_C$). A energia cinética de um objeto depende de sua massa e de sua rapidez. Ela é igual ao produto da massa pelo quadrado da velocidade, multiplicado pela constante ½.

$$\text{Energia cinética} = \tfrac{1}{2} \text{ massa} \times \text{rapidez}^2$$

$$E_C = \tfrac{1}{2} mv^2$$

Quando você arremessa uma bola, realiza trabalho para dar velocidade a ela até deixar sua mão. A bola em movimento pode, então, bater em algo e empurrá-lo, realizando um trabalho sobre aquilo com que colidiu. A energia cinética de um objeto em movimento é igual ao trabalho necessário para levá-lo do repouso até aquele valor de velocidade, ou o trabalho que um objeto pode realizar ao ser levado ao repouso:

$$\text{Força resultante} \times \text{distância} = \text{energia cinética}$$

ou, na forma de uma equação,

$$Fd = \tfrac{1}{2} mv^2$$

Note que a velocidade aparece elevada ao quadrado, de modo que, se a rapidez de um objeto for dobrada, sua energia cinética será quadruplicada ($2^2 = 4$). Consequentemente, 4 vezes mais trabalho será necessário para duplicar a velocidade. Sempre que trabalho for realizado, a energia mudará. A energia cinética é expressa em joules, assim como todas as formas de energia.

FIGURA 7.10 A energia potencial do arco esticado de Tenny é igual ao trabalho (força média × distância) que ela realizou para esticar o arco até aquela posição. Quando o arco é liberado, a maior parte da energia potencial do arco esticado será convertida em energia cinética da flecha.

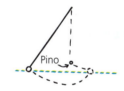

FIGURA 7.11 A bola do pêndulo alcançará sua altura inicial, esteja o pino presente ou não.

> **PAUSA PARA TESTE**
>
> 1. **Qual é o nome dado para a grandeza força × distância, que grandeza ela afeta e em que unidade ambas são expressas?**
> 2. **Enquanto viaja de avião, um inseto o incomoda à sua frente no instante que o capitão anuncia velocidade de cruzeiro de 800 km/h. Isso significa que a E$_C$ do inseto é incrivelmente alta?**
>
> **VERIFIQUE SUA RESPOSTA**
>
> 1. A grandeza *Fd* é chamada de trabalho, que afeta a energia. Ambos têm a mesma unidade, o joule.
> 2. Não. Lembre-se que a velocidade é uma grandeza relativa – rápido em relação a quê? O mesmo vale para a E$_C$. Em relação ao solo, a E$_C$ do inseto pode corresponder à de uma bola de golfe pós-tacada. Em relação à cabine do avião, a E$_C$ do inseto é minúscula, pois *v* em $\tfrac{1}{2}mv^2$ é relativa ao interior do avião, não ao solo.

FIGURA 7.12 A "queda" pista abaixo de um carrinho de montanha-russa resulta em uma formidável rapidez adquirida por ele quando alcança o fundo da pista curva, e essa energia cinética o move para cima até o próximo topo da pista.

7.5 O teorema trabalho-energia

Quando um carro acelera, seu ganho de energia cinética provém do trabalho realizado sobre ele. Quando um carro torna-se mais lento, é porque um trabalho foi realizado para reduzir sua energia cinética. Podemos estabelecer que:[3]

$$\text{Trabalho} = \Delta E_C$$

O trabalho é igual à *variação* da energia cinética. Esse é o **teorema trabalho-energia**. O trabalho nessa equação é o trabalho *resultante* – ou seja, o trabalho realizado pela força resultante. Por exemplo, se você empurra um objeto e o atrito também atua sobre ele, a variação da energia cinética é igual ao trabalho realizado pela força resultante, que é igual ao seu empurrão menos o atrito. Nesse caso, apenas uma parte do trabalho total que você realiza faz variar a energia cinética do objeto; o restante está se transformando em calor. Se a força de atrito é igual e oposta ao seu empurrão, a força resultante sobre o objeto é nula e nenhum trabalho resultante é realizado. Não ocorre variação na energia cinética do objeto. O teorema trabalho-energia também se aplica quando a rapidez diminui. Quando você pisa fundo no freio de um carro, fazendo-o derrapar, a estrada realiza trabalho sobre o carro. Esse trabalho é igual à força de atrito multiplicada pela distância ao longo da qual o atrito atua.

Curiosamente, o máximo atrito que a rodovia é capaz de exercer sobre um pneu durante uma derrapagem é mais ou menos o mesmo, esteja o carro se movendo de forma lenta ou rápida. Para deter um carro que se move com o dobro da velocidade de outro, é necessário realizar 4 ($2^2 = 4$) vezes mais trabalho. Uma vez que a força de atrito é aproximadamente a mesma para ambos os carros, o mais rápido deles derrapará por uma distância quatro vezes maior antes de parar. Assim, como sabem os peritos em acidentes de trânsito, um automóvel a 100 km/h, com quatro vezes mais energia cinética do que teria a 50 km/h, derrapa por uma distância quatro vezes maior com as rodas travadas do que faria se estivesse a 50 km/h. A energia cinética depende do *quadrado* da rapidez. O mesmo raciocínio se aplica aos freios antibloqueantes (que impedem as rodas de derrapar). Para um pneu sendo freado quase no limite de derrapagem, o atrito máximo com a estrada também é mais ou menos independente da velocidade, de modo que, mesmo com freios antibloqueantes, a distância até parar será quatro vezes maior com o dobro da velocidade.

Quando um automóvel é freado, as pastilhas de freio e o pneu convertem energia cinética em calor. Se os pneus escorregarem, as pastilhas dos freios e a estrada serão

> A energia é a maneira de a natureza fazer contabilidade. Embusteiros que vendem máquinas de fazer energia dependem de bolsos cheios e cérebros vazios!

> Uma regra incrível da natureza:
> $W = \Delta E_C$

FIGURA 7.13 Devido ao atrito, quando uma bicicleta derrapa durante a frenagem, a energia é transferida tanto para o interior do solo quanto para o do pneu. Uma câmara sensível ao infravermelho revela a trilha de calor deixada pelo pneu (em vermelho, à esquerda) e o aquecimento do pneu (à direita). (Cortesia de Michael Vollmer.)

---

[3] Isso pode ser demonstrado assim: se multiplicamos ambos os lados de $F = ma$ (segunda lei de Newton) por d, obtemos $Fd = mad$. Lembre-se do Capítulo 3, em que, para uma aceleração constante, $d = \frac{1}{2}at^2$, de modo que podemos escrever $Fd = ma\left(\frac{1}{2}at^2\right) = \left(\frac{1}{2}\right)maat^2$. Substituindo $v = at$, obtemos $Fd = \frac{1}{2}mv^2$. Isto é, trabalho = E_C adquirida.

aquecidos, não os freios. Alguns motoristas são familiarizados com outra maneira de desacelerar um veículo: trocar o câmbio para uma marcha lenta, permitindo ao motor frear. Os carros híbridos fazem algo análogo: usam um gerador elétrico para converter a energia cinética, durante a frenagem, em energia elétrica, que pode ser armazenada em baterias para ser usada como complemento à energia produzida pela combustão de gasolina. (O Capítulo 25 aborda como se pode conseguir isso.)

O teorema trabalho-energia cinética aplica-se a mais do que variações de energia cinética. Quando trabalho é realizado por uma força externa, podemos dizer que trabalho = ΔE, onde E representa todos os tipos de energia. Trabalho não é uma forma de energia, mas um modo de transferência de energia de um lugar para outro ou de uma forma para outra.[4]

Energia cinética e energia potencial são duas entre as muitas formas de energia. Elas são a base para outras, como energia química, energia nuclear e energia transportada com o som e a luz. A energia cinética do movimento molecular aleatório está relacionada com a temperatura; as energias potenciais de cargas elétricas são responsáveis pela voltagem; e as energias potencial e cinética do ar em vibração definem a intensidade do som. Mesmo a energia luminosa origina-se do movimento de elétrons no interior dos átomos. Cada forma de energia pode ser transformada em qualquer outra forma.

PAUSA PARA TESTE

1. Quando você está dirigindo a 90 km/h, que distância a mais precisa percorrer até parar em comparação à situação em que você dirige a 30 km/h?
2. Para uma mesma força, por que o canhão de cano mais longo transmite maior rapidez a uma bala?
3. Um objeto pode ter energia?
4. Um objeto pode ter trabalho?

VERIFIQUE SUA RESPOSTA

1. Nove vezes mais. O carro tem nove vezes mais energia cinética quando viaja três vezes mais rápido: $\frac{1}{2}m(3v)^2 = \frac{1}{2}m9v^2 = 9\left(\frac{1}{2}mv^2\right)$. O atrito normalmente será o mesmo nos dois casos. Portanto, realizar nove vezes mais trabalho requer nove vezes mais distância.
2. Como vimos no Capítulo 6, um cano mais longo imprime mais impulso e, logo, mais rapidez à bala de canhão devido ao seu *tempo* maior dentro dele. De acordo com o teorema trabalho-energia, a força que atua ao longo de uma *distância* maior imprime mais E_c e, logo, mais rapidez. Assim, vemos dois motivos para canhões com canos mais longos produzirem balas mais velozes.
3. Sim, mas num sentido relativo. Por exemplo, um objeto que foi erguido pode ter E_p em relação ao piso abaixo, mas nenhuma E_p em relação a um ponto no mesmo nível. Analogamente, a E_c que um objeto tem é definida em relação a um sistema de referência, normalmente escolhido como a superfície terrestre. (Veremos que os objetos materiais têm *energia por existir*, $E = mc^2$, a energia "solidificada" que constitui suas massas. Prossiga lendo!)
4. Não, diferente de *momentum* ou energia, o trabalho não é algo que um objeto *tem*. Trabalho é energia em trânsito. É a energia transferida quando uma força atua sobre um objeto enquanto este percorre uma distância.

FIGURA 7.14 A E_p da bola elevada se tornará E_c quando o autor soltá-la.

---

[4] A primeira lei da termodinâmica, escrita como $\Delta E = W + Q$, estabelece que a variação de energia de um sistema é o trabalho realizado sobre ele mais a quantidade de calor transferida para ele.

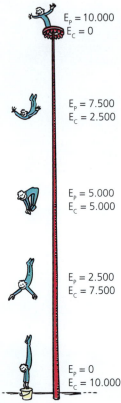

FIGURA 7.15 Um mergulhador de circo, no topo de um mastro, tem 10.000 J de E_P. Quando ele mergulha, sua E_P converte-se em E_C. Note que, nas sucessivas posições relativas de um quarto, meio, três quartos e a queda inteira, a energia total é constante.

7.6 Conservação da energia

Mais importante do que ser capaz de enunciar *o que é a energia* é compreender como ela se comporta – *como ela se transforma*. Podemos entender melhor os processos e as transformações que ocorrem na natureza se os analisarmos em termos de *transformações* de energia de uma forma para outra ou de transferências de um lugar para outro. A energia é como a natureza conta os pontos no placar.

Considere as mudanças que ocorrem na energia durante a operação do bate-estacas da Figura 7.6. O trabalho realizado para elevar o martelo do bate-estacas, fornecendo-lhe energia potencial, transforma-se em energia cinética quando o martelo é solto. Essa energia é transferida para a estaca logo abaixo. A distância que esta penetra no chão, multiplicada pela força média do impacto, é quase igual à energia potencial inicial do martelo. Dizemos quase, porque alguma energia vai para o aquecimento do solo e da estaca durante o estaqueamento. Levando em conta a energia térmica, constatamos que a energia transforma-se sem que haja ganho ou perda líquida dela. Absolutamente notável!

O estudo das diversas formas de energia e suas transformações de uma forma em outra levaram a uma das maiores generalizações da física – a lei de conservação da energia:

A energia não pode ser criada ou destruída; ela pode ser transferida de um objeto para outro ou transformada de uma forma em outra, mas a quantidade total de energia jamais muda.

Quando consideramos um sistema qualquer em sua totalidade, seja ele tão simples quanto um pêndulo balançando ou tão complexo quanto uma supernova explodindo, há uma quantidade que não é criada ou destruída: a energia. Ela pode mudar de forma ou simplesmente ser transferida de um lugar para outro, mas, como os cientistas aprenderam, a quantidade total de energia permanece inalterada. Essa quantidade de energia leva em conta o fato de que os átomos que formam a matéria são eles mesmos cápsulas concentradas de energia. Quando os núcleos (os caroços) dos átomos se redistribuem, quantidades enormes de energia são liberadas. O Sol brilha porque parte de sua energia nuclear é transformada em energia radiante.

A enorme compressão provocada pela gravidade e temperaturas extremamente altas no interior profundo do Sol fundem núcleos de átomos de hidrogênio para formar núcleos de hélio. Isso é a *fusão termonuclear*, um processo que libera energia radiante, uma pequena parte do que atinge a Terra. Parte dessa energia que alcança a Terra incide sobre as plantas (e outros organismos capazes de realizar a fotossíntese), e parte é estocada na forma de carvão mineral. Outra parte sustenta a vida na cadeia

FIGURA 7.16 Os bondes a cabo sobre as ladeiras íngremes de San Francisco, EUA, transferem com eficácia energia um para o outro por meio de um cabo sob a rua. O cabo forma um *loop* completo ligando bondes que sobem e descem a ladeira. Dessa maneira, um bonde que desce a ladeira realiza trabalho sobre um carro que a sobe. Assim, o aumento da energia potencial gravitacional E_P do bonde que sobe se deve à diminuição da energia gravitacional E_P do bonde que desce a ladeira.

FÍSICA CIRCENSE

O acrobata Art, de massa m, encontra-se sobre a extremidade esquerda de uma gangorra. O acrobata Bart, de massa M, salta de uma altura h sobre a extremidade direita da gangorra, impulsionando Art para o ar.

a. No caso ideal em que desprezamos todas as ineficiências, como a E_p de Art, no topo de sua trajetória, se compara à E_p de Bart imediatamente antes de este saltar?
b. Mostre que, idealmente, Art atinge uma altura igual a $\frac{M}{m}h$.
c. Se a massa de Art for 40 kg, a de Bart for 70 g, e a altura inicial do salto for de 4 m, mostre que Art alcançará uma altura vertical de 7 m.

SOLUÇÃO

a. De forma ideal, a E_p inicial inteira de Bart antes do salto transforma-se na E_p de Art em sua altura máxima – ou seja, no momento em que sua E_C é nula.

b. $E_{P\text{Bart}} = E_{P\text{Art}}$
$Mgh_{\text{Bart}} = Mgh_{\text{Art}}$
$h_{\text{Art}} = \frac{M}{m}h$

c. $h_{\text{Art}} \frac{M}{m} h = \left(\frac{70 \text{ kg}}{40 \text{ kg}}\right) 4 \text{ m} = 7 \text{ m}$

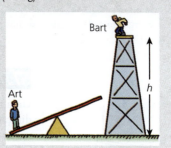

alimentar que começa com as plantas (e outros fotossintetizadores), e parte dessa energia é mais tarde armazenada na forma de petróleo. Parte da energia originada pelo Sol serve para evaporar a água nos oceanos, e parte desta retorna à Terra na forma de chuva, que pode ser acumulada numa represa. Em virtude de sua posição elevada, a água por trás da represa tem energia que pode ser usada para alimentar uma usina elétrica logo abaixo, onde é transformada em energia elétrica. A energia viaja pelos cabos elétricos até as casas, onde é utilizada para iluminar, aquecer, cozinhar e fazer funcionar aparelhos elétricos. É formidável como a energia se transforma de uma forma para outra!

PAUSA PARA TESTE

1. Um automóvel consome mais combustível quando seu ar-condicionado está ligado? Quando seus faróis estão ligados? Quando seu rádio está ligado, enquanto se encontra estacionado?
2. Fileiras de geradores eólicos são usadas em regiões ventosas para gerar energia elétrica. A potência gerada afeta a rapidez do vento? Ou seja, nos lugares atrás desses "moinhos de vento" haveria mais vento se os moinhos de vento não estivessem lá?

Inventores, fiquem alerta: quando forem apresentar uma nova ideia, certifiquem-se de que ela seja consistente com o que sabemos até o momento. Por exemplo, ela deve ser consistente com a conservação da energia.

VERIFIQUE SUA RESPOSTA

1. A resposta é *sim* para essas três questões, pois a energia consumida em última instância veio do combustível. Mesmo a energia retirada da bateria deve ser constantemente reposta pelo alternador do carro, o qual é girado pelo motor. Este, por sua vez funciona retirando energia do combustível. Não existe almoço grátis!
2. A potência gerada pelos moinhos de vento vem da E_c do vento, logo o vento fica mais lento depois de interagir com as pás dos moinhos de vento. Portanto, sim, seria mais ventoso atrás dos moinhos de vento se eles não estivessem ali.

CIÊNCIA DE MÁ QUALIDADE

Os cientistas são abertos a ideias novas. É assim que a ciência se desenvolve. Contudo, existe um corpo de conhecimentos estabelecidos que não pode ser facilmente descartado. Isso inclui a conservação da energia, que perpassa todos os ramos da física e é corroborada por inúmeros experimentos realizados desde escalas atômicas até escalas cósmicas. Ainda assim, nenhum conceito tem inspirado mais "ciência de má qualidade" do que a energia. Não seria maravilhoso se pudéssemos obter energia do nada, por meio de uma máquina que fornecesse mais energia do que aquela que lhe fosse fornecida? É isso o que oferecem os praticantes de ciência de má qualidade. Investidores ingênuos investem dinheiro em alguns desses esquemas, mas nenhum deles passa no teste para ser ciência verdadeira. Talvez algum dia uma exceção ao princípio de conservação da energia seja descoberta. Se isso ocorrer, os cientistas ficarão felizes. No entanto, até lá, a conservação da energia permanece tão sólida quanto qualquer outro conhecimento que temos. Não aposte contra ela.

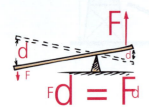

FIGURA 7.17 A alavanca.

7.7 Máquinas

Uma máquina é um dispositivo para multiplicar forças ou simplesmente mudar a direção de forças. O princípio subjacente a toda máquina é o conceito de **conservação da energia**. Considere uma das máquinas mais simples, a **alavanca** (Figura 7.17). Ao mesmo tempo em que realizamos trabalho sobre uma das extremidades da alavanca, a outra extremidade realiza trabalho sobre a carga. Vemos que o sentido da força é mudado, pois se empurrarmos para baixo, a carga é deslocada para cima. Se o aquecimento produzido pelo atrito é suficientemente pequeno para poder ser desprezado, o trabalho na entrada será igual ao trabalho na saída,

$$\text{Trabalho na entrada} = \text{trabalho na saída}$$

Uma vez que trabalho é força vezes distância, força de entrada × distância na entrada = força na saída × distância na saída.

$$(\text{Força} \times \text{distância})_{\text{entrada}} = (\text{força} \times \text{distância})_{\text{saída}}$$

O ponto de apoio sobre o qual a alavanca gira é chamado de *fulcro*. Quando o fulcro de uma alavanca está relativamente próximo à carga, uma pequena força na entrada produzirá uma grande força na saída. A razão é que a força de entrada é exercida a uma distância grande, enquanto a carga é movimentada ao longo de uma distância comparativamente pequena. Assim, uma alavanca pode atuar como um multiplicador de forças. No entanto, nenhuma máquina é capaz de multiplicar trabalho ou energia. Isso é impedido pela conservação da energia!

O princípio da alavanca foi compreendido por Arquimedes, um famoso cientista grego do terceiro século antes de Cristo. Ele disse: "Dê-me um ponto de apoio e eu moverei o mundo".

FIGURA 7.18 Força aplicada × distância de aplicação = força na saída × distância percorrida na saída.

Hoje uma criança pode usar o princípio da alavanca para erguer com o macaco hidráulico a frente de um automóvel. Exercendo uma força pequena por uma grande distância, ela pode obter uma força grande que atua por uma pequena distância. Considere o exemplo idealizado ilustrado na Figura 7.18. Toda vez que ela empurra o braço do macaco hidráulico para baixo cerca de 25 centímetros, o carro eleva-se apenas um centésimo dessa distância, mas com 100 vezes mais força. (Ela fica feliz porque a catraca mantém o carro erguido enquanto se prepara para empurrar novamente o braço do macaco para baixo.)

Outra máquina simples é a polia. Você consegue perceber que ela é uma alavanca "disfarçada"? Quando usada como na Figura 7.19a, ela muda apenas o sentido da força, mas quando usada como na Figura 7.19b, a força na saída é duplicada. A força é aumentada e a distância movimentada é diminuída. Como ocorre com qualquer máquina, a força pode ser alterada enquanto o trabalho na entrada e na saída permanecem inalterados.

Uma talha é um sistema de polias que multiplica a força mais do que uma única polia pode fazer. Com o sistema idealizado de polias ilustrado na Figura 7.20, o ho-

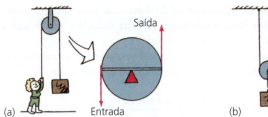
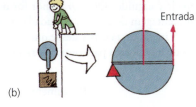

FIGURA 7.19 (a) Essa polia atua como uma alavanca. Ela muda apenas o sentido da força de entrada. (b) Nesse arranjo, uma carga pode ser erguida com a metade da força de entrada. Note que o "fulcro" encontra-se à esquerda, não no centro.

mem puxa 10 m de corda com uma força de 50 N e ergue 1.000 N a uma distância vertical de 0,5 m. A energia que ele despende ao puxar a corda é numericamente igual ao aumento de 1.000 N na energia potencial do bloco. A energia é transferida do homem para a carga.

Qualquer máquina que multiplica força faz isso à custa da distância. Da mesma forma, qualquer máquina que multiplica distância, como seu antebraço e seu cotovelo, faz isso à custa da força. Nenhuma máquina ou dispositivo pode fornecer mais energia na saída do que a que lhe foi fornecida na entrada. Nenhuma máquina pode criar energia; ela pode apenas transferir energia ou transformá-la de uma forma em outra.

FIGURA 7.20 Força aplicada × distância de aplicação = força na saída × distância percorrida na saída.

> **PAUSA PARA TESTE**
>
> As mentes dos cientistas são "programadas" para enxergar o mundo ao seu redor em termos de energia (buscar entradas sempre que há saídas) e avaliar se o que veem é consistente com a conservação da energia?
>
> **VERIFIQUE SUA RESPOSTA**
>
> Em geral, sim. Sem guias para o nosso raciocínio, a maior parte do que vemos parece misterioso, e não no bom sentido. O conhecimento científico quase sempre esclarece a situação.

> As máquinas não reduzem o trabalho — apenas o facilitam.

7.8 Rendimento

Os três exemplos anteriores eram de *máquinas ideais*: 100% do trabalho na entrada aparece como trabalho na saída. Uma máquina ideal opera com rendimento de 100%. Na prática, isso não acontece, e jamais podemos esperar que aconteça. Em qualquer transformação, alguma energia é dissipada em energia cinética molecular – energia térmica. Isso torna a máquina e sua vizinhança mais quentes.

Mesmo uma alavanca balança em torno de seu fulcro, e com isso converte uma pequena fração da energia na entrada em energia térmica. Você pode realizar 100 J de trabalho e obter na saída 98 J de trabalho. A alavanca, nesse caso, tem rendimento de 98%, e apenas 2 J do trabalho na entrada degradam-se em energia térmica. Se a garota da Figura 7.18 realiza 100 J de trabalho e aumenta a energia potencial do carro em 60 J, o macaco hidráulico é 60% eficiente; 40 J de seu trabalho de entrada foram realizados contra o atrito, aparecendo como energia térmica.

Num sistema de polias, uma fração considerável da energia na entrada transforma-se tipicamente em energia térmica. Se realizamos 100 J de trabalho, as forças de atrito atuantes ao longo das distâncias por meio das quais as polias giram, sofrendo a ação da fricção em seus eixos, podem dissipar 60 J de energia, transformando-os em energia térmica. Nesse caso, o trabalho na saída é de apenas 40 J, e o sistema de polias tem um rendimento de 40%. Parte da energia de entrada também pode ser

Uma máquina pode multiplicar forças, mas jamais a *energia* – de jeito nenhum!

psc

- Um motor perpétuo (um dispositivo capaz de realizar trabalho sem fornecimento de energia a ele) é uma impossibilidade total. No entanto, o movimento perpétuo em si mesmo, sim, é possível. Os átomos e seus elétrons, e as estrelas e seus planetas, por exemplo, se encontram em estado de movimento perpétuo. O movimento perpétuo constitui a ordem natural das coisas.

FIGURA 7.21 Jill Evans traz boas energias para a sua sala de aula.

"desperdiçada" quando entra na energia potencial do sistema de polia em si enquanto ele é erguido. Quanto menor for o rendimento de uma máquina, maior será a percentagem de energia degradada em energia térmica.

A ineficiência existe desde que a energia no mundo ao nosso redor é transformada de uma forma para outra. O **rendimento** pode ser expresso pela razão:

$$\text{Rendimento} = \frac{\text{energia útil obtida}}{\text{energia total fornecida}}$$

Um motor de automóvel é uma máquina que transforma energia química armazenada no combustível em energia mecânica. As ligações entre as moléculas no combustível derivado do petróleo rompem-se quando ele queima. Átomos de carbono no combustível combinam-se com o oxigênio do ar para formar dióxido de carbono; átomos de hidrogênio do combustível combinam-se com o oxigênio para formar água, enquanto energia é liberada. Nós gostaríamos que toda essa energia pudesse ser convertida em energia mecânica útil; ou seja, gostaríamos de dispor de uma máquina 100% eficiente. Isso é impossível, porque grande parte da energia é transformada em energia térmica, parte da qual é usada para aquecer os passageiros no inverno, mas a maioria é desperdiçada. Uma parte sai com os gases da exaustão, outra é dissipada no ar pelo sistema de resfriamento ou diretamente nas partes aquecidas da máquina.[5]

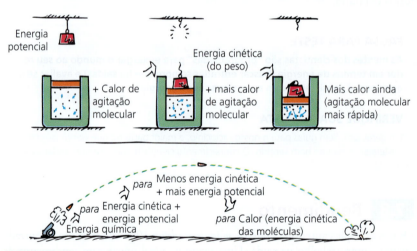

FIGURA 7.22 Transformações de energia. O cemitério da energia cinética é a energia térmica.

psc
■ Você sabia que o modo de transporte mais eficiente é um homem sobre uma bicicleta – muito mais eficiente do que viajar de trem ou de carro, e até mesmo do que peixes e outros animais? Um viva para as bicicletas e para aqueles que as utilizam!

Encare a ineficiência que acompanha as transformações de energia desta maneira: em qualquer transformação ocorre uma diluição da *energia útil* disponível. A quantidade de energia utilizável diminui a cada transformação, até que nada além de energia térmica na temperatura usual reste. Quando estudarmos a termodinâmica, veremos que a energia térmica não tem utilidade para realizar trabalho, a menos que ela sofra transformações a uma temperatura mais baixa. Uma vez que se alcance a mais baixa temperatura prática, a de nosso meio ambiente, ela não pode ser usada. O meio ambiente ao nosso redor é o cemitério da energia útil.

---

[5] Quando você estudar termodinâmica, no Capítulo 18, aprenderá que uma máquina de combustão interna deve transformar parte da energia de seu combustível em energia térmica. Por outro lado, uma célula de combustível, capaz de mover automóveis, não apresenta essa limitação.

PAUSA PARA TESTE

1. Considere um espetacular carro imaginário que tenha um motor 100% eficiente e que queime combustível com um conteúdo energético de 40 megajoules por litro. Se a resistência aerodinâmica e o total de forças de atrito sobre o carro que trafega velozmente numa autoestrada totalizam 500 N, qual é o limite superior de distância por litro que o carro pode percorrer com essa rapidez?

2. Se o mesmo carro fosse movido por um motor com rendimento de 25%, que distância ele percorreria com a velocidade máxima permitida na rodovia por cada 1 L de combustível?

VERIFIQUE SUA RESPOSTA

1. Da definição trabalho = força × distância, um simples rearranjo resulta em distância = trabalho/força. Se todos os 40 milhões de joules de energia de cada litro fossem usados para vencer a resistência aerodinâmica e as forças de atrito, a distância percorrida seria:

$$\text{Distância} = \frac{\text{trabalho}}{\text{força}} = \frac{40.000.000 \text{ J/L}}{500 \text{ N}} = 80.000 \text{ m/L} = 80 \text{ km/L}$$

(O que equivale a cerca de 190 milhas por galão.) O ponto importante aqui é que, mesmo com uma máquina hipotética ideal, existe um limite superior de economia de combustível imposto pela conservação da energia.

2. O carro com 25% de rendimento, sendo todo o resto igual, pode percorrer um quarto da distância percorrida pelo carro ideal da Questão 1, ou 20 km por cada 1 L de combustível. (O que equivale a 47 milhas/galão, rendimento comparável aos carros híbridos e outros veículos eficientes de hoje.)

7.9 Principais fontes de energia

Todos conhecemos fontes de energia como energia solar, energia eólica (do vento) e petróleo. A solar, como o nome indica, vem diretamente do Sol. O bom e velho Sol também é importante em diversas outras formas de energia. Ele é, em última análise, a fonte de quase toda a nossa energia.

A energia solar é uma fonte de energia ambientalmente correta em comparação com os combustíveis fósseis. Um quilômetro quadrado de luz solar ao meio-dia pode fornecer um gigawatt de eletricidade, correspondente à produção de grandes usinas termelétricas a carvão e usinas nucleares. A energia solar é um setor crescente da chamada "indústria verde". Quando combinamos a energia solar com as usinas tradicionais que queimam combustíveis fósseis, temos a *hibridização solar*. O maior e mais antigo complexo solar do mundo se localiza no norte do Condado de San Bernardino, na Califórnia, e atualmente gera 354 MW de eletricidade. Com o avanço das novas tecnologias, a lista de usinas solares não para de crescer.

FIGURA 7.23 A maioria das espaçonaves que operam no sistema solar interno usa placas solares para suprir suas necessidades elétricas. Essas placas são comuns na superfície da Terra.

142 PARTE I Mecânica

> Cedo ou tarde, a luz solar que incide sobre a Terra será irradiada de volta para o espaço. Em qualquer ecossistema, a energia está sempre em trânsito – você pode alugá-la, mas não se apossar dela.

A **energia hidrelétrica** utiliza o ciclo da água para gerar eletricidade. A água dos oceanos é evaporada pelo Sol. Formam-se nuvens que produzem chuva ou neve. A água da chuva flui para os rios e, muitas vezes, para reservatórios atrás de represas, onde é direcionada para turbinas geradoras. Depois, ela volta para o mar, e o ciclo continua. A energia hidrelétrica é um recurso limpo e renovável. Contudo, ela ainda pode ter efeitos ambientais negativos, como impedir a migração de peixes.

Os **combustíveis fósseis**, como o carvão e o petróleo, são o resultado da decomposição de organismos que viveram milhões de anos atrás e contêm energia derivada da fotossíntese ocorrida no passado remoto. Os combustíveis fósseis são a principal fonte de energia do mundo na atualidade. Contudo, queimar combustíveis fósseis lança dióxido de carbono e outros gases do efeito estufa na atmosfera, o que leva ao aquecimento global. Assim, outras fontes de energia estão sendo adotadas para impedir o avanço rápido da mudança climática e da transformação do nosso planeta.

O **vento** é causado pelo aquecimento desigual da superfície terrestre pelo Sol, então pode ser considerado uma forma de energia solar. A energia dos ventos é usada para fazer girar turbinas geradoras no interior de cata-ventos especialmente equipados. O poder dos ventos depende muito da localização – as turbinas devem ser montadas onde o vento sopre forte e constantemente e onde elas superem as objeções dos residentes que não queiram suas vistas prejudicadas.

> Nós somos como fazendeiros arrendatários que cortam as cercas ao redor da casa para usar como combustível quando deveriam estar usando as fontes de energia inesgotáveis da natureza – o Sol, o vento e as marés. Eu apostaria meu dinheiro no Sol e na energia solar. E que fonte de energia! Eu espero que não tenhamos de esperar até que o petróleo e o carvão acabem para tomar as providências.
> —*Thomas A. Edison*

A Escócia é uma região com ventos fortes, com parques eólicos em terra e no mar que contribuem para o uso de energias renováveis e o cumprimento de metas de energia. O país também conta com as primeiras usinas de **energia maremotriz** (das marés) em larga escala do mundo. São colocadas turbinas sob a superfície do oceano, onde as correntes de marés são fortes e a água não é profunda demais (Figura 7.24). Uma das vantagens dessas turbinas em relação às eólicas é que são silenciosas e não ficam à vista. Fique atento para o surgimento de usinas maremotrizes em escala ainda maior no futuro.

FIGURA 7.24 Uma das muitas turbinas que utilizam a energia das marés sob a superfície do oceano no norte da Escócia.

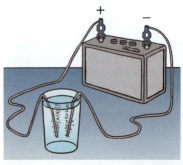

FIGURA 7.25 Quando uma corrente elétrica passa através de água condutora, formam-se bolhas de hidrogênio em um fio, e de oxigênio no outro. Trata-se da eletrólise. Uma célula combustível faz o contrário – hidrogênio e oxigênio entram na célula de combustível e são combinados para produzir eletricidade e água.

O **hidrogênio** é o elemento mais abundante do sistema solar, e provavelmente de todo o universo. O elemento é e sempre foi o combustível mais usado para lançamento de foguetes em todo o mundo. Em estado líquido, o hidrogênio é problemático. Domá-lo foi um dos avanços tecnológicos mais significativos do século XX. Aeronaves com emissão zero de carbono logo serão movidas pela combustão de hidrogênio líquido com oxigênio. O oxigênio é o combustível menos poluente de todos. A maior parte do hidrogênio nos EUA é produzida a partir do gás natural, onde altas pressões e temperaturas o separam dos hidrocarbonetos. Uma desvantagem dos métodos tradicionais para separar o hidrogênio dos hidrocarbonetos é a produção inevitável de dióxido de carbono, um gás do efeito estufa. Uma alternativa limpa, que não produz gases do efeito estufa, usa células solares para extrair hidrogênio da água por meio da *eletrólise*. O gás hidrogênio produzido pode ser usado em células de combustível de diversos veículos, desde lambretas a trens de carga. A

Figura 7.25 mostra como realizar eletrólise no laboratório ou em casa usando uma bateria no lugar de células solares. Ligue dois fios de platina aos terminais de uma bateria padrão e coloque as pontas em um copo de água (para a condutividade, dissolva um eletrólito, como o sal, na água). Cuidado para não deixar com que um fio encoste no outro. Formam-se bolhas de hidrogênio em um fio e de oxigênio no outro.

Uma **célula de combustível de hidrogênio** produz energia limpa. Ela é semelhante à eletrólise, mas no sentido contrário. A célula substitui a bateria do veículo e é alimentada por hidrogênio gasoso comprimido e por oxigênio do ar. Sua única emissão é vapor d'água aquecido, então não é poluente. A Estação Espacial Internacional usa células de combustível para gerar eletricidade e produzir água potável para os astronautas. Aqui na Terra, as células de combustível estão sendo utilizadas em ônibus, carros e trens (Figura 7.26).

O hidrogênio necessário para as células de combustível pode ser produzido por meios convencionais ou por células solares. É importante saber que o hidrogênio não é uma *fonte* de energia. É preciso energia para obter hidrogênio (para extraí-lo da água ou de compostos hidrocarbonetos). Como a eletricidade, é preciso ter uma fonte de energia e uma forma de armazenar e transportar essa energia. Novamente, só para enfatizar, o hidrogênio *não* é uma fonte de energia.

Combustíveis nucleares, como urânio e plutônio, são a fonte de energia utilizável armazenada mais concentrada. Para um mesmo peso de combustível, as reações nucleares liberam cerca de 1 milhão de vezes mais energia do que as reações químicas ou as reações envolvidas no processamento dos alimentos. Apesar da catástrofe nuclear de Fukushima em 2011, se as questões de segurança e o problema de armazenamento de dejetos radioativos forem resolvidos, essa forma de energia que não polui a atmosfera receberá atenção renovada. Curiosamente, o interior da Terra é mantido quente pela energia nuclear, que tem estado conosco desde o instante zero.

A **energia geotérmica** é um subproduto da energia nuclear no interior da Terra, mantido em reservatórios subterrâneos de rocha e água quentes. A energia geotérmica relativamente próxima da superfície da Terra está principalmente limitada a áreas de atividade vulcânica, como Islândia, Nova Zelândia, Japão e Havaí. Nessas regiões, a água aquecida é retirada para fornecer vapor e fazer girar geradores elétricos.

Em outras regiões, outro método promete ser viável para produzir eletricidade. Trata-se do método da rocha seca para produção de eletricidade (Figura 7.27). Com tal método, a água é bombeada para o interior de rocha cheia de fraturas bem abaixo da superfície. Quando se torna vapor, ela é bombeada para uma turbina na superfície. Após girar a turbina, ela é bombeada de volta para o solo e reutilizada. Desse modo, a eletricidade é gerada de forma limpa. Assim como na prática de fraturamento hidráulico para produção de petróleo, no entanto, uma desvantagem da energia geotérmica de rocha seca é o estímulo a atividades sísmicas (terremotos). Não procure esse tipo de usina geotérmica em regiões geologicamente instáveis.

FIGURA 7.26 David Vasquez mostra três pilhas de células de combustível para produzir eletricidade e mover veículos, a menor para uma lambreta e as maiores para automóveis.

FIGURA 7.27 Geração de energia geotérmica de rocha seca. (a) Um buraco com vários quilômetros de comprimento é escavado no granito seco. (b) A água é bombeada para o buraco em alta pressão e fratura a rocha circundante até formar uma cavidade com maior área de superfície. (c) Um segundo buraco é escavado até interceptar a cavidade. (d) A água é levada a circular para baixo através de um dos buracos, então entra na cavidade, onde é superaquecida, e volta a subir pelo segundo buraco. Após alimentar a turbina, ela é introduzida novamente na cavidade, realizando um ciclo fechado. (e) Uma instalação de energia geotérmica de rocha seca no sul da Austrália (cortesia da Geodynamics Limited).

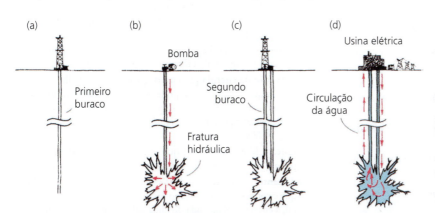

psc

- Fique atento ao barateamento das atuais redes de transmissão elétrica de grande escala quando a energia solar tornar-se mais disponível para prédios e veículos. Redes de transmissão locais e menores continuarão existindo em áreas urbanas densamente povoadas. Grandes usinas elétricas de todos os tipos se tornarão desnecessárias, com exceção daquelas localizadas próximo a siderúrgicas – por enquanto. A maior parte das siderúrgicas já é alimentada por eletricidade.

Reciclagem de energia

Reciclagem de energia é o reaproveitamento de energia que, de outra maneira, seria desperdiçada. Uma usina elétrica alimentada a combustível fóssil descarta como energia térmica inútil cerca de dois terços da energia contida no combustível. Apenas cerca de um terço da energia fornecida a ela é convertida em eletricidade utilizável. Que outros negócios desperdiçam dois terços do que lhe é fornecido? Isso nem sempre foi assim. As primeiras usinas de Thomas Edison, no final da década de 1880, por exemplo, convertiam uma parcela muito maior da energia fornecida para fins úteis do que as usinas exclusivamente elétricas de hoje. Edison usava o calor irradiado de seus geradores para aquecer residências e fábricas próximas. A companhia que ele fundou ainda fornece calor para milhares de edifícios em Manhattan por meio do maior sistema comercial a vapor do mundo. Nova York não está sozinha: a maior parte das casas ao redor de Copenhague, na Dinamarca, é aquecida pelo calor proveniente das usinas geradoras. Mais de 50% da energia usada na Dinamarca é de energia reciclada. Em contraste, a energia reciclada nos Estados Unidos é menos de 10% do total de energia usada. A principal razão é que as usinas elétricas agora são tipicamente construídas em lugares distantes dos prédios que se beneficiariam com a energia reciclada. Apesar disso, não podemos continuar a jogar para o céu a energia térmica em um lugar e depois queimar mais combustível fóssil para aquecer algo além. Fique atento à reciclagem de energia.

Enquanto a população mundial cresce, o mesmo acontece com a demanda por energia, especialmente porque a demanda *per capita* também está aumentando. Com as leis da física a guiá-los, os tecnólogos atualmente estão pesquisando maneiras mais modernas e limpas de desenvolver fontes de energia. Eles correm a fim de manter-se à frente do crescimento da população mundial e da maior demanda de um mundo que enfrenta pandemias. Uma vez que o controle populacional é política e religiosamente incorreto, a miséria humana é o único fator que impede o crescimento populacional fora de controle. H. G. Wells uma vez escreveu (em *The Outline of History*): "A história humana cada vez mais se torna uma corrida entre a educação e a catástrofe".

Revisão do Capítulo 7

TERMOS-CHAVE (CONHECIMENTO)

trabalho   O produto da força pela distância ao longo da qual o corpo sobre o qual a força atua se move:

$$W = F \times d$$

(De maneira mais geral, o componente da força na direção de movimento vezes a distância percorrida)

potência   A taxa temporal de realização de trabalho:

$$\text{Potência} = \frac{\text{trabalho realizado}}{\text{intervalo de tempo}}$$

(De maneira mais geral, a taxa com a qual a energia é gasta.)

energia   A propriedade de um sistema que o capacita a realizar trabalho.

energia mecânica   Energia devido à posição de algo ou ao seu movimento.

energia potencial   A energia que um corpo tem por causa de sua posição.

energia cinética   Energia que algo tem devido ao seu movimento, quantificada pela relação

$$\text{Energia cinética} = \tfrac{1}{2}mv^2$$

teorema trabalho-energia   O trabalho realizado sobre um objeto é igual à variação na energia cinética do objeto:

$$\text{Trabalho} = \Delta E_C$$

(O trabalho também pode transferir outras formas de energia para um sistema.)

lei de conservação da energia   A energia não pode ser criada ou destruída; ela pode ser transferida de um objeto para outro ou transformada de uma forma em outra, mas a quantidade total de energia jamais muda.

máquina   Um dispositivo, como uma alavanca ou uma polia, que aumenta (ou diminui) a força ou simplesmente muda sua direção.

conservação da energia para as máquinas   O trabalho na saída de qualquer máquina não pode exceder o trabalho na entrada. Numa máquina perfeita, em que nenhuma energia é transformada em energia térmica, trabalho$_{entrada}$ = trabalho$_{saída}$ e $(Fd)_{entrada} = (Fd)_{saída}$.

alavanca   Máquina simples que consiste em uma barra rígida presa a um pivô em um ponto fixo denominado fulcro.

rendimento   O percentual de trabalho fornecido a uma máquina que é convertido em trabalho útil na saída. (De maneira mais geral, a energia útil na saída dividida pela energia total na entrada.)

QUESTÕES DE REVISÃO (COMPREENSÃO)

7.1 Trabalho

1. Uma força coloca um objeto em movimento. Quando a força é multiplicada pelo tempo de sua aplicação, chamamos essa grandeza de impulso, que faz mudar o *momentum* daquele objeto. De que chamamos a grandeza força × distância?
2. Cite um exemplo em que uma força é exercida sobre um objeto sem realizar trabalho algum sobre ele.
3. É o *momentum* ou a energia que possibilita que um objeto realize trabalho?
4. Duas vezes mais trabalho sobre um corpo significa o dobro de variação na energia?
5. O que requer mais trabalho: erguer um saco de 50 kg a uma distância vertical de 2 m ou erguer um saco de 25 kg a uma distância vertical de 4 m?

7.2 Potência

6. Verdadeiro ou falso: Um watt é a unidade de potência equivalente a 1 joule por segundo.
7. Quantos watts são despendidos quando uma força de 12 N move um livro 2 m em 3 s?
8. Se dois sacos idênticos são erguidos à mesma distância vertical ao mesmo tempo, como se comparam as potências requeridas em cada caso?
9. Se dois sacos, um duas vezes mais pesado do que o outro, são erguidos à mesma distância vertical ao mesmo tempo, como se comparam as potências requeridas em cada caso?

7.3 Energia potencial

10. Verdadeiro ou falso: A energia potencial gravitacional é a energia que algo tem em relação a um determinado nível de referência.
11. Um saco é erguido uma certa distância em um canteiro de obras e, portanto, tem energia potencial em relação ao solo. Se ele fosse erguido duas vezes mais alto, quanto teria de energia potencial?
12. Um bloco é empurrado sobre um piso inclinado e erguido a uma determinada distância. Quanta energia potencial o bloco tem em comparação com quanto teria se fosse erguido verticalmente à mesma altura?

7.4 Energia cinética

13. Verdadeiro ou falso: A energia cinética é a energia que algo tem por causa do movimento.
14. Um carro que se move tem energia cinética. Se ele acelera até ficar duas vezes mais rápido, quanta energia cinética ele tem, comparativamente?

7.5 O teorema trabalho-energia

15. Que evidências temos para afirmar se trabalho é ou não realizado sobre um objeto?
16. Comparado com alguma rapidez original, quanto trabalho os freios devem fornecer para deter um carro duas vezes mais veloz? Como se comparam as distâncias de parada?
17. Se você empurra um caixote horizontalmente com 100 N ao longo de 10 m do piso de uma fábrica, e se o atrito entre ele e o piso for constante no valor de 70 N, que valor de energia cinética será adquirido pelo caixote?
18. Em geral, como a rapidez afeta o atrito entre uma estrada e um pneu derrapando?

7.6 Conservação da energia

19. Qual será a energia cinética do martelo de um bate-estacas quando ele sofrer um decréscimo de 10 kJ na energia potencial?
20. Um pêssego pendurado em um ramo tem energia potencial por causa de sua altura. Se ele cai, o que essa energia se torna imediatamente antes de o pêssego bater no solo? E quando ele bate no solo?
21. Qual é a fonte de energia do brilho do Sol?

7.7 Máquinas

22. Uma máquina é capaz de multiplicar a força aplicada sobre ela? E a distância ao longo da qual atua essa força? E a energia que lhe é fornecida? (Se suas três respostas são idênticas, procure ajuda, pois a última questão é especialmente importante.)
19. Se uma máquina multiplica a força por um fator de quatro, que outra grandeza será diminuída e em quanto?
24. Uma força de 50 N é exercida sobre a extremidade de uma alavanca, que é movida ao longo de uma certa distância. Se a outra extremidade da alavanca move-se um terço dessa distância, quanta força ela exerce?

7.8 Rendimento

25. Qual é o rendimento de uma máquina que converte milagrosamente toda a energia na entrada em energia útil na saída?
26. Se o fornecimento de 100 J de energia a um sistema de polias faz aumentar em 60 J a energia potencial de uma carga, qual é o rendimento do sistema?

7.9 Principais fontes de energia

27. O que é a energia reciclada?
28. Qual é, em última análise, a fonte das energias advindas dos combustíveis fósseis, das hidrelétricas e dos moinhos de vento?
29. Qual é, em última análise, a fonte da energia geotérmica?
30. O hidrogênio é uma fonte de energia? Explique.

PENSE E FAÇA (APLICAÇÃO)

31. Prenda um objeto qualquer à ponta de um cordão para criar um pêndulo simples. Balance-o de um lado para o outro e liste as posições de energia potencial máxima e de energia cinética máxima. Desprezando os efeitos da resistência aerodinâmica, você consegue observar que a energia é conservada enquanto a posição varia?

32. Derrame um pouco de areia seca em uma lata que tenha uma tampa. Compare a temperatura da areia antes e depois de você sacudir vigorosamente a lata por alguns minutos. Preveja o que ocorrerá. Qual é a sua explicação?

33. Com um amigo, use seu *smartphone* para filmar uma bola caindo em câmera lenta. Explique ao seu amigo por que a altura do ricochete é menor do que a altura inicial da queda – e o que aconteceu com a "energia perdida" do movimento e da posição.

34. Faça como mostra o professor Fred Cauthen na foto, posicionando uma bola de tênis próxima e acima do topo de uma bola de basquete. Solte as bolas simultaneamente. Se seu alinhamento vertical se mantiver durante a queda até o piso, você constatará que a bola de tênis ricocheteará até uma altura incrivelmente elevada. Você pode conciliar esse fato com a conservação da energia?

PENSE E FAÇA (APLICAÇÃO)

Trabalho = força × distância: $W = F \times d$

35. Calcule o trabalho realizado quando uma força de 4,0 N movimenta um livro em 1,2 m. (1 N·m = 1 J.)

36. Calcule o trabalho realizado para erguer um haltere de 500 N a 2,0 m acima do piso. (Qual será o ganho de energia potencial do haltere quando ele for erguido a essa altura?)

Potência = $\dfrac{\text{trabalho}}{\text{tempo}} = \dfrac{W}{t}$

37. Mostre que são necessários 40 W de potência para dar 80 J de energia a algo em um tempo de 2,0 s.

38. Mostre que 1.000 W de potência são necessários para que um haltere de 500 N seja erguido 4,0 m acima do solo em 2,0 s.

Energia potencial gravitacional = peso × altura:
$$E_P = mgh$$

39. Mostre que, quando um livro de 4,0 kg é erguido 2,0 m, sua energia potencial gravitacional aumenta em 80 J. (Não esqueça que g, que pode ser expressa em unidades de N/kg, equivale a m/s².)

40. Mostre que a energia potencial gravitacional de um matacão de 1.000 kg, elevado 5 m acima do nível do solo, é 50.000 J.

Energia cinética = $\tfrac{1}{2}$ massa × rapidez²: $E_C = \tfrac{1}{2} mv^2$

41. Mostre que a energia cinética de um *hamster* de 1,0 kg que corre a 3,0 m/s é 4,5 J. [1 J equivale a 1 kg(m/s²)]

42. Calcule a energia cinética de uma lambreta de 100 kg que se move a 10 m/s.

Teorema trabalho-energia: $W = \Delta E_C$

43. Mostre que é realizado um trabalho de 24 J quando um bloco de gelo de 3,0 kg é movimentado desde o repouso até 4,0 m/s.

44. Mostre que ocorre uma variação de 2.500.000 J de energia cinética quando um avião sobe 500 m durante a decolagem, sustentado por uma força de 5.000 N.

Rendimento = $\dfrac{\text{energia útil obtida}}{\text{energia total fornecida}} \times 100\%$

45. Mostre que uma máquina que recebe 100 J e fornece 40 J tem rendimento de 40%.

PENSE E RESOLVA (APLICAÇÃO MATEMÁTICA)

46. Quanto trabalho é necessário para levar um eletrodoméstico de 250 kg ao segundo andar de uma casa, 6,0 m acima do nível do calçamento?

47. Esta questão é típica de exames para motoristas nos Estados Unidos. Um carro que se move a 50 km/h derrapa 15 m com os freios totalmente bloqueados. Quão longe derraparia esse carro com os freios bloqueados, se estivesse a 150 km/h? (Ou transforme a questão para a distância ao triplo da rapidez.)

48. a. Quanto trabalho é realizado quando você empurra um caixote horizontalmente com 100 N de força ao longo de 10 m do piso de uma fábrica?
    b. Se a força de atrito sobre o caixote é de 70 N, mostre que a E_C adquirida pelo caixote é de 300 J.
    c. O que acontece com a "energia perdida"?

49. Bernie salta do topo de um alto mastro de bandeira para dentro de uma piscina. Sua energia potencial no topo vale 10.000 J (em relação à superfície da piscina). Qual será sua energia cinética quando sua energia potencial tiver se reduzido a 1.000 J?

50. Nellie Newton exerce 50 N de força sobre a extremidade de uma alavanca, movendo-a por uma determinada distância. Se a outra extremidade da alavanca se mover um terço dessa distância, mostre que a força que ela exerce é de 150 N.

51. Considere um sistema de polias ideal. Quando você puxa uma extremidade da corda 1 m para baixo com 50 N de força, mostre que você pode erguer uma carga de 200 N em um quarto de metro.

52. Na máquina hidráulica mostrada na ilustração, quando o pistão pequeno é empurrado 10 cm para baixo, o pistão grande eleva-se 1 cm. Se o pistão pequeno fosse empurrado para baixo por uma força de 100 N, qual a força máxima que o pistão grande seria capaz de exercer?

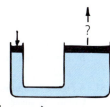

53. Quantos watts de potência você produz quando exerce uma força de 50 N que move um caixote em 6,0 m durante um intervalo de 3,0 s?

54. A E_C de um carro varia mais quando ele vai de 10 km/h para 20 km/h ou quando ele vai de 20 km/h para 30 km/h?

50. Emily derruba uma banana de massa m na beira de uma ponte de altura h. A banana cai sobre o rio. Converta a E_P inicial da banana para E_C e mostre que esta atinge a água com rapidez $= \sqrt{2gh}$.

56. Uma moeda de 2,5 g é derrubada do alto do edifício Empire State e cai 381 m até atingir a calçada. Se a moeda quase não encontrar resistência do ar enquanto cai (nada realista!), mostre que a sua energia cinética logo antes de atingir a calçada é de quase 100 J.

Pense e Resolva *NÃO SÃO* Procure e Resolva. Exercite o cérebro, não a internet!

PENSE E RESOLVA   (APLICAÇÃO MATEMÁTICA)

57. A massa e a velocidade dos veículos A, B e C são indicadas na figura abaixo. Ordene-as em sequência decrescente quanto a:
    a. *momentum*.
    b. energia cinética.
    c. trabalho necessário para acelerá-los até essas velocidades, a partir do repouso.

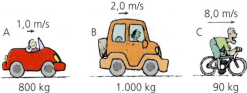

58. Uma bola é liberada a partir do repouso da extremidade esquerda do trilho metálico mostrado abaixo. Considere que exista atrito apenas o suficiente para o rolamento, mas que ele não diminua a rapidez. Ordene as grandezas abaixo, em cada ponto assinalado, em sequência decrescente quanto a:
    a. *momentum*.
    b. E_C.
    c. E_P.

59. O carrinho de montanha-russa da figura abaixo parte do repouso no ponto A. Ordene as grandezas seguintes, em cada ponto assinalado, em sequência decrescente quanto a:
    a. rapidez.
    b. E_C.
    c. E_P.

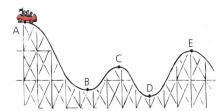

60. Ordene as marcações da balança (dinamômetro) em sequência decrescente. (Despreze o atrito.)

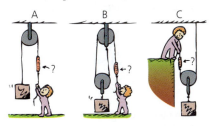

PENSE E EXPLIQUE   (SÍNTESE)

61. Explique por que a primeira subida da montanha-russa é sempre a mais alta.

62. Por que não se realiza trabalho algum quando se carrega uma mochila de 25 kg nas costas por uma distância horizontal de 100 m?

63. Por que é mais fácil parar um caminhão pouco carregado do que um muito carregado quando ambos têm a mesma rapidez?

64. Por que cansamos ao empurrar uma parede estacionária durante algum tempo se nenhum trabalho é realizado sobre ela?

65. O que é mais difícil de fazer quando esticamos uma mola em 10 cm: esticá-la 5 cm até seu ponto médio ou esticá-la de 5 cm para 10 cm?

66. Duas pessoas de mesmo peso sobem uma escadaria. A primeira delas sobe em 30 s, e a segunda, em 40 s. Qual delas realiza o maior trabalho? Qual delas desenvolve a maior potência?

67. Ao determinar a energia potencial do arco tensionado de Tenny (Figura 7.10), (a) seria subestimar ou superestimar se multiplicássemos a força com a qual ela segura a flecha na posição de atirar pela distância ao longo da qual Tenny a deslocou? (b) Por que se diz que o trabalho realizado é força média × distância?

68. Quando um rifle de cano longo é disparado, a força dos gases em expansão atua sobre a bala por uma grande distância. Que efeito isso tem sobre a velocidade da bala emergente? (Você consegue entender por que canhões de longo alcance têm canos compridos?)

69. Se seu colega empurra um cortador de grama por uma distância 4 vezes maior do que você, mas exercendo apenas a metade da força exercida por você, qual dos dois realiza o trabalho maior? Quanto a mais?

70. Seu colega afirma que a energia cinética de um objeto depende do sistema de referência do observador. Explique por que você concorda com ele ou discorda dele.

71. Você e uma aeromoça arremessam uma bola para trás e para a frente dentro de um avião em voo. A E_C da bola dependerá da rapidez de movimento do avião? Explique cuidadosamente.

72. Você assiste a uma amiga decolar num avião a jato e comenta que ela adquiriu energia cinética, mas ela afirma que não houve aumento algum em sua energia cinética. Quem está correto?

73. Em que ponto de seu movimento a E_C do prumo de um pêndulo é máxima? Em que ponto a E_P é máxima? Qual é a relação entre os valores de E_P e E_C quando o prumo do pêndulo passa pelo ponto que marca metade da sua altura máxima?

74. Um professor de física demonstra a conservação de energia soltando um pêndulo pesado, como mostra a ilustração, permitindo que ele oscile para a frente e para trás. O que aconteceria se, em seu entusiasmo, ele desse um ligeiro empurrão na bola do pêndulo quando esta deixasse seu nariz? Explique.

77. Num escorregador, a energia potencial de uma criança diminui em 1.000 J, enquanto sua energia cinética aumenta em 800 J. Que outra forma de energia está envolvida e quanto ela vale?

76. Discuta o projeto da montanha-russa mostrada no desenho em termos de conservação da energia.

77. Você e dois colegas de turma estão discutindo o projeto de uma montanha-russa. Um dos colegas diz que cada topo de pista deve ser mais baixo do que o anterior. O outro colega diz que isso não faz sentido, pois desde que o primeiro deles seja o mais alto de todos, não importa a que altura estarão os demais. O que você diz?

78. Alguém que tenta lhe vender uma "superbola" afirma que ela saltará até uma altura maior do que aquela de onde ela foi largada. Por que você duvida dele?

79. Explique por que uma "superbola" largada a partir do repouso não pode alcançar sua altura original depois de saltar num piso rígido.

80. Uma bola é arremessada diretamente para cima no ar.
   a. Em que ponto da sua trajetória a sua energia cinética é máxima?
   b. Em que ponto sua energia potencial gravitacional é máxima?

81. A Figura 7.18 mostra uma garotinha que eleva um carro. Como é possível a aplicação de tão pouca força produzir uma força grande o suficiente para erguer o carro?

82. Quando a massa de um objeto em movimento dobra de valor sem ocorrer qualquer alteração na sua rapidez, por qual fator muda o seu *momentum*? E sua energia cinética?

83. Quando é duplicada a velocidade de um objeto, por qual fator muda o seu *momentum*? E sua energia cinética?

84. O que tem maior *momentum*, se for o caso: uma bola de 1 kg que se move a 2 m/s ou uma bola de 2 kg que se move a 1 m/s? Qual delas tem a maior energia cinética?

85. Um carro tem a mesma energia cinética quando se dirige para o norte e quando ele faz a volta e se dirige para o sul. O *momentum* é o mesmo nos dois casos?

86. Se a E_C de um objeto é nula, quanto vale o seu *momentum*?

87. Se seu *momentum* é nulo, sua energia cinética é necessariamente nula também?

88. Se dois objetos têm energias cinéticas iguais, eles necessariamente têm o mesmo *momentum*? Justifique sua resposta?

89. As tesouras de cortar papel têm lâminas compridas e agarradeiras curtas, enquanto tesouras cortadoras de metal têm agarradeiras compridas e lâminas curtas. Por que alicates de cortar parafusos têm agarradeiras muito compridas e lâminas muito curtas?

90. Costuma-se dizer que, se uma máquina é ineficiente, ela "desperdiça energia". Isso significa que a energia é realmente perdida? Explique.

91. Se um automóvel tivesse um motor 100% eficiente, transformando toda a energia do combustível em trabalho, o motor estaria quente ao seu toque? Ele desprenderia calor para o ar ao seu redor? Ele faria qualquer barulho? Ele vibraria? Alguma parte do combustível queimado não teria sido utilizada?

92. Seu colega afirma que uma maneira de melhorar a qualidade do ar em uma cidade seria ter os semáforos sincronizados, de maneira que os motoristas pudessem trafegar por longas distâncias com velocidade de valor constante. Que princípio da física sustenta essa afirmação?

93. A energia requerida para vivermos vem da energia potencial armazenada quimicamente nos alimentos, que é transformada em outras formas de energia no processo do metabolismo.

a. O que acontece a uma pessoa que fornece uma quantidade combinada de trabalho e calor menor do que a energia que ela consumiu?
b. O que acontece quando o trabalho da pessoa e a saída de calor são maiores do que a energia consumida?
c. Uma pessoa subnutrida pode realizar mais trabalho sem mais comida? Justifique sua resposta.

PENSE E DISCUTA (AVALIAÇÃO)

94. Considere duas bolas idênticas, soltas nas pistas A e B a partir do repouso, como mostrado. Quando elas alcançarem as extremidades finais das pistas, qual será mais veloz? Por que essa questão é mais fácil de responder do que uma parecida do Capítulo 3?

95. Explique como a "energia potencial elástica" alterou drasticamente o polo depois que os tacos rígidos de madeira foram substituídos pelos tacos elásticos feitos de fibra de vidro.

96. Um carro queima mais gasolina quando seus faróis estão ligados? O consumo total de gasolina depende do motor estar ou não funcionando enquanto os faróis estão ligados? Justifique sua resposta.

97. Suponha que um objeto é colocado em movimento sobre um plano infinito sem atrito e em contato com a Terra, como mostrado na ilustração, mas não rápido o suficiente para escapar para o espaço. Descreva seu movimento. (Ele deslizará para sempre com uma velocidade constante? Ele deslizará até uma parada? De que maneira as variações de sua energia serão similares às de um pêndulo que oscila?)

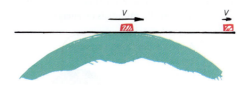

98. O Sol emite duas vezes mais energia em 2 horas do que em 1 hora, mas a potência do Sol é a mesma de uma hora para outra. Faça distinção entre os termos energia solar e potência solar.

99. Se uma bola de golfe e outra de pingue-pongue movem-se com a mesma energia cinética, você pode dizer qual delas é a mais veloz? Explique em termos da definição de E_C. Analogamente, numa mistura gasosa de moléculas pesadas e leves com mesma energia cinética média E_C, quais delas têm maior rapidez?

100. Discuta por que alguém usaria uma máquina se ela não pode multiplicar o trabalho que lhe é fornecido para obter uma quantidade de trabalho maior na saída. Qual é então a utilidade de uma máquina?

101. Você diz a seu colega que nenhuma máquina é capaz de produzir mais energia do que a que lhe é fornecida na entrada, e seu colega replica que um reator nuclear produz mais energia na saída do que a que lhe é fornecida na entrada. O que você diz?

102. Isso pode parecer uma questão muito fácil de responder para uma pessoa versada em física: com que força uma rocha de 10 N bate no chão se ela for liberada do repouso de uma altura de 10 m? Mas, de fato, a questão não pode ser respondida a menos que você disponha de mais informação sobre ela. Por quê?

103. Seu colega está confuso sobre as ideias discutidas no Capítulo 4, que parecem contradizer as ideias deste capítulo. Por exemplo, no Capítulo 4, aprendemos que a força resultante sobre um carro que viaja com velocidade constante numa rodovia horizontal é nula, enquanto neste capítulo aprendemos que é realizado trabalho nesse caso. Seu colega diz: "Como pode estar sendo realizado trabalho se a força resultante é nula?" Qual é a sua explicação?

104. Na ausência de resistência do ar, uma bola atirada verticalmente para cima com uma certa energia cinética inicial E_C retorna ao nível original com a mesma E_C. Quando a resistência do ar for um fator que afete a bola, ela retornará ao nível original com E_C igual, maior ou menor do que a original? Sua resposta contradiz a lei da conservação da energia?

105. Você está em cima do telhado e atira uma bola para baixo e outra para cima. A segunda bola, depois da subida, cai e também atinge o solo. Se a resistência do ar pode ser desprezada e se os arremessos para baixo e para cima são feitos com a mesma rapidez, como se compararão os valores de rapidez das bolas ao baterem no solo? (Use a conservação da energia.)

106. No sistema de polias mostrado na figura, o bloco A tem uma massa de 10 kg e está suspenso em repouso. Considere que as polias e a corda sejam de massas desprezíveis e que não exista atrito. Sem atrito significa que a tensão em um ramo de corda de sustentação é a mesma que no outro ramo. Discuta por que a massa do bloco B é de 20 kg.

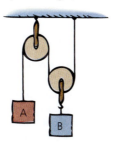

107. Ao subir uma colina, o motor a gasolina de seu carro híbrido fornece 75 hp, enquanto a potência total que impulsiona o carro é de 90 hp. A queima da gasolina é responsável pelos 75 hp. O que fornece os 15 hp restantes?

108. Quando um motorista pisa no freio para manter constantes a velocidade e a energia cinética de um carro que desce uma colina, a energia potencial do carro diminui. Para onde vai a energia da diminuição? Para onde deve ir a maior parte dela em um veículo híbrido elétrico?

109. Uma coisa pode ter energia sem ter *momentum*? Explique. Uma coisa pode ter *momentum* sem ter energia? Justifique sua resposta.

PENSE E DISCUTA   (AVALIAÇÃO)

110. Nenhum trabalho é realizado pela gravidade sobre uma bola de boliche em repouso ou que se move na caneleta porque a força da gravidade sobre a bola atua perpendicularmente à superfície. No entanto, sobre um plano inclinado, a força da gravidade terá um componente paralelo à caneleta, como em B. Mostre que esse componente é responsável (a) pela aceleração da bola e (b) pelo trabalho realizado sobre a bola para alterar sua energia cinética.

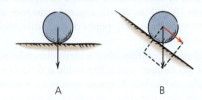

111. Uma bola presa a um barbante cria um pêndulo simples, que oscila de um lado para o outro. (a) Por que a força de tensão no barbante não realiza trabalho sobre o pêndulo? (b) Explique, todavia, por que a força da gravidade, sim, realiza trabalho sobre o pêndulo em quase todas as posições. (c) Qual é a única posição do pêndulo na qual a gravidade não realiza trabalho algum?

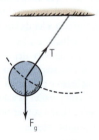

112. Por que a força da gravidade realiza trabalho sobre um carro enquanto ele desce uma colina, mas não enquanto ele está percorrendo um trecho horizontal da estrada?

113. Se duas bolas são erguidas e liberadas em um conjunto de pêndulos com bolas, o *momentum* é conservado quando duas bolas saltam do outro lado com a mesma rapidez das bolas que foram liberadas. Contudo, o *momentum* também seria conservado se apenas uma bola saltasse do outro lado com o dobro da rapidez. Você pode explicar por que isso jamais ocorre? (E por que este exercício está no Capítulo 7 em vez de estar no Capítulo 6?)

114. Para combater hábitos de desperdício, frequentemente se fala em "conservar energia", apagando-se luzes desnecessárias, desligando aquecedores de água que não estão sendo usados e mantendo os termostatos num nível moderado. Neste capítulo, também falamos em "conservação da energia". Faça distinção entre os dois usos dessa expressão.

115. Quando uma companhia elétrica não pode satisfazer a demanda de eletricidade dos consumidores num dia quente de verão, o problema é uma "crise de energia" ou uma "crise de potência"?

116. Uma vez usada, é possível regenerar a energia? Sua resposta é consistente com o termo usual "energia renovável"?

117. O que a paz, a cooperação e a segurança internacional têm a ver com as necessidades mundiais de energia?

CAPÍTULO 7 Exame de múltipla escolha

Escolha a melhor resposta entre as alternativas:

1. Se Fast Freda dobra sua velocidade de corrida, ela também dobra seu (sua):
   a. *momentum*.
   b. energia cinética.
   c. ambas as anteriores.
   d. nenhuma das anteriores.

2. Um modelo de carro com velocidade três vezes maior do que a de outro tem uma energia cinética que é:
   a. a mesma.
   b. o dobro da do outro.
   c. três vezes maior.
   d. nenhuma das anteriores.

3. Qual das equações a seguir melhor ilustra a utilidade dos *air bags* em automóveis?
   a. $F = ma$.
   b. $Ft = \Delta mv$.
   c. $E_C = 1/2\ mv^2$.
   d. $Fd = \Delta E_C$.

4. Qual das equações a seguir é a melhor forma de calcular a distância pela qual uma bicicleta rápida derrapará quando seus freios forem acionados?
   a. $F = ma$.
   b. $Ft = \Delta mv$.
   c. $E_C = 1/2\ mv^2$.
   d. $Fd = \Delta E_C$.

5. A potência necessária para elevar verticalmente um caixote de 100 kg em 2 m durante 4 s é de:
   a. 200 W.
   b. 500 W.
   c. 800 W.
   d. 2.000 W.

6. Jumbo cai de um poste alto e mergulha na água, muito abaixo de onde estava. No meio do caminho:
   a. sua energia potencial foi reduzida pela metade.
   b. ele ganhou energia cinética igual à metade da sua energia potencial inicial.
   c. suas energias cinética e potencial são iguais.
   d. todas as anteriores.

7. Nellie ergue um caixote de 100 N por meio de um sistema de polias ideais puxando a corda para baixo com força de 25 N. Para cada metro de corda puxada, o caixote eleva-se em:
   a. 25 cm.
   b. 25 m.
   c. 50 cm.
   d. nenhuma das anteriores.

8. Se 100 J são fornecidos a um dispositivo que fornece 40 J de trabalho útil, o rendimento do dispositivo é de:
   a. 40%.
   b. 50%.
   c. 60%.
   d. 140%.

9. Dean brinca com um popular conjunto de pêndulos com bolas. Se duas bolas são colocadas no conjunto e uma bola voa com o dobro da rapidez, isso viola a conservação do(a):
   a. *momentum*.
   b. energia.
   c. ambas as anteriores.
   d. nenhuma das anteriores.

10. Uma máquina simples NÃO PODE multiplicar a:
    a. força.
    b. distância.
    c. energia.
    d. Em determinados casos, pode multiplicar todas as três.

Respostas e explicações das perguntas do Exame de múltipla escolha

1. (a): É uma aplicação simples da equação do *momentum*, mv. Como mudanças em outras variáveis não são mencionadas, dobrar a rapidez dobra o *momentum*. A energia cinética, entretanto, seria quadruplicada, pois varia com o quadrado da rapidez v. **2. (d):** A E_C varia com o quadrado da rapidez. Assim, 3 vezes a rapidez ao quadrado é 9. O modelo de carro teria 9 vezes a E_C que não está entre as opções (a), (b) e (c), então a resposta certa é (d). **3. (b):** Os *air bags* reduzem a lesão ao estenderem o breve tempo de parada com uma redução correspondente da força. Os conceitos de força e tempo tipificam o impulso, Ft. Isso significa que a opção (b) é a melhor resposta. As outras equações envolvem apenas indiretamente a distância de deslocamento. **4. (d):** Um ponto crítico da questão envolve a distância de deslocamento. A única equação que envolve distância é a equação trabalho-energia (d), segundo a qual a força de derrapagem multiplicada pela distância de derrapagem é igual à variação na E_C da bicicleta. As outras três equações envolvem apenas indiretamente a distância de aplicação. **5. (b):** O raciocínio é guiado pela definição de potência. A potência é a energia aplicada dividida pelo tempo de aplicação. Nesse caso, a energia é $E_p = mgh = (100\ \text{kg})(10\ \text{m/s}^2)(2\ \text{m}) = 2.000\ \text{J}$, que dividido por 4 s = 500 W. **6. (d):** Todas! Para conservar a energia, a energia inicial de Jumbo é a sua E_p no topo do poste. Na metade de caminho, sua E_p cai pela metade. Ela se converte em E_C, que é a mesma metade da E_p em joules. Ambas a E_p e a E_C estão na metade no ponto médio, então a resposta é todas as anteriores. **7. (a):** O ponto crucial dessa questão é a conservação da energia: $Fd_{\text{entrada}} = Fd_{\text{saída}}$. A entrada é $Fd = (25\ \text{N})(1\ \text{m})$. A saída é $Fd = (100\ \text{N})(?)$. Assim, o caixote ergue-se $(25\ \text{N}\cdot\text{m})/(100\ \text{N}) = 0{,}25\ \text{m}$, que é igual a 25 cm. **8. (a):** É um exercício simples de pegar e usar. Use a equação rendimento = (saída de energia útil)/(entrada de energia total). Logo, rendimento = $40\ \text{J}/100\ \text{J} = 0{,}40 = 40\%$. **9. (b):** Uma boa com o dobro da rapidez tem o quádruplo da energia, não o dobro. E por isso que o mesmo número de bolas emerge do conjunto de pêndulos com bolas. É só então que o *momentum* e a energia cinética das bolas são iguais antes e após o impacto. **10. (c):** É a questão mais importante do exame. A esta altura, todo aluno deve saber que não é possível criar energia. Máquina alguma conseguiria multiplicar energia. A energia é sempre algo transformado de uma forma para outra e jamais pode ser multiplicada. A força e a distância, sim; a energia, nunca!

8
Movimento de rotação

8.1 **Movimento circular**

8.2 **Força centrípeta**

8.3 **Força centrífuga**
   Força centrífuga em um sistema de referência em rotação
   Gravidade simulada

8.4 **Inércia rotacional**

8.5 **Torque**

8.6 **Centro de massa e centro de gravidade**
   Localizando o centro de gravidade
   Estabilidade

8.7 ***Momentum* angular**

8.8 **Conservação do *momentum* angular**

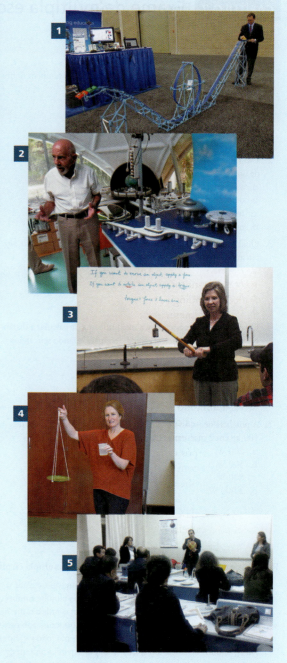

1 De que altura acima do topo do *loop* Paul Stokstad, fundador da Pasco, deve soltar o carrinho a fim de que ele complete o *loop*? **2** O futurista Jacque Fresco, o professor mais apaixonado que já conheci, estimulou meu amor pelo ensino. **3** Mary Beth Monroe demonstra o funcionamento de um "experimentador de torque" antes de passá-lo aos alunos para que o experimentem. **4** Diana Lininger Markham coloca um recipiente com água sobre o prato verde, que, quando balançado ao longo de uma trajetória circular, não derrama! Por quê? **5** Bilal Gunes propõe diversas apresentações sobre mecânica rotacional a professores de física da Turquia.

O pensador futurista Jacque Fresco se constituiu na principal influência em minha transição entre ser um pintor de cartazes e construir minha vida como físico. Conheci Fresco por intermédio de meu colega pintor de cartazes Burl Grey, em Miami, Flórida, EUA. Juntamente com minha esposa Millie e com Ernie Brown, um amigo cartunista, assisti a uma dinâmica série de aulas semanais de Fresco em Miami Beach e, algumas vezes, em sua casa, em Coral Gables. O carismático Fresco sempre foi um futurista, acreditando que o caminho para um futuro próspero é por meio da ciência e da tecnologia, e que uma comunidade com mais engenheiros do que advogados constitui, provavelmente, uma sociedade melhor. Seus assuntos giravam em torno da importância da expansão tecnológica para uma vida melhor, tanto local quanto globalmente. Como professor, Jacque foi e é o número 1. Com certeza teve uma influência enorme em minha própria maneira de ensinar. Ele me dizia para introduzir conceitos novos para um aluno primeiramente comparando-os àqueles que lhe são familiares – ensinando por meio de analogias. Jacque achava que pouco ou nada seria aprendido se não fosse ancorado em algo semelhante, familiar e já compreendido. Ele construiu um "detector de lixo" que enfatizava quais eram as partes centrais de uma ideia. Após cada aula, eu, minha esposa e Ernie saíamos da sala com a sensação de ter adquirido um conhecimento significativo. A experiência me convenceu a tirar partido de GI Bill (eu era um veterano não combatente da Guerra da Coreia), obter educação superior e investir em uma carreira científica.

Jacque Fresco, com sua sócia Roxanne Meadows, fundou The Venus Project (O Projeto Vênus — www.thevenusproject.com) e a organização sem fins lucrativos Resource Based Economy (Economia Baseada em Recursos), que evidenciam o cume do trabalho de uma vida de Fresco: a integração entre o melhor da ciência e da tecnologia em um plano abrangente para uma nova sociedade baseada em aspectos humanos e ambientais – uma visão global da esperança para o futuro da humanidade em sua era tecnológica. Essa visão está bem estabelecida em muitos de seus livros, documentários, publicações, na internet e no filme *The choice is ours*. Fresco morreu em 2017, aos 101 anos. Roxanne e milhares de outras pessoas trabalham ao redor do mundo para transformar a visão de Fresco em realidade.

Em aulas típicas, Jacque tratava das diferenças entre ideias intimamente relacionadas, bem como de suas semelhanças. Lembro-me dele, em uma de suas aulas, distinguindo entre movimento linear e movimento de rotação. Onde uma criança se move mais rapidamente em um carrossel: próxima à borda externa ou à interna? Ou elas têm a mesma rapidez? Uma vez que a diferença entre velocidade linear e velocidade de rotação é malcompreendida, Jacque dizia que as respostas dadas por diferentes pessoas a essa pergunta eram diversas. A pessoa na extremidade de uma linha de patinadores, quando estes fazem juntos uma curva, move-se mais rapidamente do que aquelas que patinam mais próximas ao centro da curva. Da mesma forma, as rodas de um trem que rolam sobre o trilho do lado de fora da curva rolam com velocidade maior do que as que se deslocam sobre o trilho mais interno. Jacque explicou que uma ligeira inclinação da borda das rodas torna isso possível. Essa e outras semelhanças e diferenças são abordadas neste capítulo.

8.1 Movimento circular

A rapidez linear, que simplesmente chamamos de *rapidez* (ou velocidade escalar) nos capítulos anteriores, é a distância percorrida por unidade de tempo. Um ponto na borda de fora de um carrossel ou de uma mesa giratória percorre uma distância maior a cada volta completada do que um ponto mais interno. Percorrer uma distância maior no mesmo tempo significa maior rapidez. A rapidez linear é maior na borda externa de um objeto que gira do que no lado interno dele ou próximo a seu eixo de rotação. A rapidez de algo que se move ao longo de uma trajetória circular pode ser chamada de **rapidez tangencial**, porque a direção de movimento é sempre tangente ao círculo. Para o movimento circular, podemos indistintamente usar os termos *rapidez linear* e *rapidez tangencial*. Geralmente, as unidades usadas para expressar a rapidez tangencial ou linear são m/s ou km/h.

A **rapidez angular** (algumas vezes chamada de *rapidez de rotação*) se refere ao número de voltas ou revoluções por unidade de tempo. Todas as partes de um carrossel rígido e de uma mesa giratória giram em torno do eixo de rotação no mesmo intervalo de tempo. Todas essas partes compartilham a mesma taxa de rotação, ou *número de rotações* ou *revoluções por unidade de tempo*. É comum expressar taxas de

154 PARTE I Mecânica

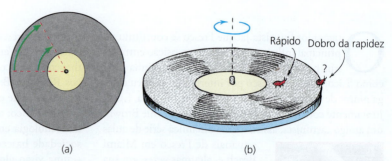

FIGURA 8.1 (a) Quando uma mesa giratória gira, um ponto mais afastado do centro descreve um caminho mais longo em um mesmo tempo e tem uma rapidez tangencial maior. (b) Uma joaninha duas vezes mais afastada do centro move-se com o dobro da rapidez.

> Quando pessoas se deslocam de braços dados em uma pista de patinação e fazem uma curva, fica evidente que aquela que está na extremidade da linha é mais rápida.

rotação em revoluções por minuto (rpm).[1] Os discos de vinil, comuns na época dos seus avós, por exemplo, giravam a 78 ou 331/3 rpm. Uma joaninha situada em qualquer ponto da superfície do disco gira a 78 ou 331/3 rpm.

A rapidez tangencial e a rapidez angular estão relacionadas. Você já deu voltas numa plataforma giratória gigante de um parque de diversões? Quanto mais rapidamente ela girar, maior será a rapidez tangencial da pessoa. Isso faz sentido: quanto mais rpms, maior sua rapidez em metros por segundo.

Dizemos que a rapidez tangencial é *diretamente proporcional* à rapidez angular a uma distância fixa do eixo de rotação.

A rapidez tangencial, diferentemente da rapidez angular, depende da distância radial (a distância a partir do eixo). Bem no centro da plataforma giratória, você não tem rapidez alguma; você apenas roda em torno de um ponto. Você gira. Contudo, enquanto você se aproxima da borda da plataforma, percebe que está se movendo cada vez mais rápido. A rapidez tangencial é diretamente proporcional à distância até o eixo para uma dada rapidez angular.[2]

FIGURA 8.2 A rapidez tangencial de cada pessoa é proporcional à rapidez angular da plataforma multiplicada pela distância até o eixo de rotação.

---

[1] Pessoas versadas em física normalmente descrevem a rapidez de rotação, ω, em termos do número de "radianos" percorridos numa unidade de tempo. Há pouco mais que seis radianos numa revolução completa (2π radianos, para ser exato). Quando uma orientação (direção e sentido) é atribuída à rapidez de rotação, nós a chamamos de *velocidade de rotação* (geralmente chamada de *velocidade angular*). A velocidade de rotação é um vetor cujo módulo é igual à rapidez de rotação. Por convenção, o vetor velocidade de rotação situa-se ao longo do eixo de rotação, apontando no sentido do avanço de um parafuso comum, ao ser torcido.

[2] Se você fizer um curso de física mais adiantado, aprenderá que, quando são usadas unidades apropriadas para a rapidez tangencial v, a rapidez angular ω e a distância radial r, a proporção direta entre v e ambos r e ω é dada pela equação $v = r\omega$. Assim, a rapidez tangencial será diretamente proporcional a r quando todas as partes de um sistema tiverem simultaneamente a mesma ω, como no caso de uma roda ou um disco (ou de um matador de moscas!).

Assim, a rapidez tangencial é diretamente proporcional tanto à rapidez angular quanto à distância radial.

Rapidez tangencial ~ distância radial × rapidez rotacional

Em forma matemática,

$$v \sim r\omega$$

onde v é a rapidez tangencial e ω (a letra grega ômega) é a rapidez de rotação. Você se moverá mais rapidamente se a taxa de rotação aumentar (maior ω). Você também se moverá mais rapidamente se estiver mais afastado do eixo (maior r). Movendo-se duas vezes mais afastado do centro, você estará se movendo duas vezes mais rápido. Movendo-se três vezes mais afastado do centro, você terá uma rapidez tangencial três vezes maior. Se um dia você estiver em um sistema giratório, sua rapidez tangencial dependerá de quão afastado você se encontra do eixo de rotação.

Quando a rapidez tangencial sofre alteração, falamos em uma *aceleração tangencial*. Qualquer variação da rapidez tangencial indica uma aceleração paralela ao movimento tangencial. Por exemplo, uma pessoa sobre uma plataforma que acelera ou desacelera experimenta uma aceleração tangencial. Logo veremos que qualquer coisa que se move em uma trajetória curvilínea experimenta outro tipo de aceleração – uma que está orientada para o centro de curvatura da trajetória. Essa é a *aceleração centrípeta*. A fim de evitar uma "sobrecarga de informações", não abordaremos mais detalhes da aceleração tangencial ou da centrípeta.

psc

- Quando um objeto gira em torno de um eixo interno, o movimento chama-se *rotação*. Um carrossel, uma mesa giratória e a Terra giram em torno de um eixo interno que passa pelo centro do objeto. O termo *revolução*, no entanto, refere-se a um objeto que gira em torno de um eixo externo. A Terra efetua uma *revolução* em torno do Sol a cada ano, enquanto *gira* em torno do eixo polar uma vez por dia.

Por que, em um passeio aleatório, você tende a caminhar em círculos quando deixa uma das suas pernas mais comprida ou mais curta do que a outra?

PAUSA PARA TESTE

1. Estamos familiarizados com as unidades de rapidez linear: m/s ou km/h. Quais são as unidades de rapidez tangencial?
2. Quais são as unidades de rapidez rotacional ω?
3. Por que a rapidez tangencial é expressa $v \sim r\omega$ e não $v = r\omega$?
4. Uma pulga está sentada em um disco giratório, em um ponto médio entre o centro e a borda. Uma segunda pulga senta-se na ponta. Qual pulga tem ω maior? Qual tem v maior?

VERIFIQUE SUA RESPOSTA

1. As unidades são as mesmas, seja a distância percorrida retilínea ou curva.
2. Para os nossos fins, expressamos a rapidez rotacional ω na unidade conhecida de rotações por minuto (rpm). Em geral, ω é a taxa à qual ângulos expressos em radianos são varridos por segundo.
3. A rapidez tangencial é expressa como a proporção $v \sim r\omega$, pois as unidades de v e $r\omega$ não são correspondentes. Se ω for expresso em unidades de radianos/segundo, então as unidades tornam-se correspondentes, e a proporção torna-se a equação exata $v = r\omega$. Para evitar a "sobrecarga de informações" (arqui-inimiga deste autor), deixaremos de lado o tratamento com radianos e sugeriremos que o leitor consulte as notas de rodapé da página anterior.
4. Ambas as pulgas giram com os mesmos rpm, ω. A pulga na borda tem o dobro da rapidez tangencial v.

AS RODAS DOS TRENS

Por que o trem em movimento se mantém nos trilhos, especialmente quando faz uma curva? Muitas pessoas imaginam que é a saliência das rodas que as impede de descarrilar. Contudo, se você olhar essas saliências, notará que elas podem estar enferrujadas. Elas raramente encostam nos trilhos, exceto quando passam pelas fendas que desviam o trem de um conjunto de trilhos para outro, nos entroncamentos. As rodas dos trens mantêm-se nos trilhos porque suas bordas de rolamento são ligeiramente cônicas — como um copo deitado.

Se você fizer um copo cônico comum rolar sobre uma superfície plana, ele descreverá uma curva (Figura 8.3). A parte mais larga, a "boca" do copo, tem um raio maior, rola uma distância maior a cada revolução e, portanto, tem uma rapidez tangencial maior do que a outra extremidade mais estreita. Se você fixar um par de copos desse tipo um ao outro pelas suas bocas (fixando-os simplesmente com fita adesiva) e fizer o conjunto assim formado rolar sobre um par de trilhos paralelos (Figura 8.4), os copos permanecerão sobre os trilhos. Os copos centram-se sempre que tendem a rolar para fora do centro, pois as diferentes partes da sua superfície estreitada rolam com rapidezes tangenciais diferentes. A maior rapidez da parte com diâmetro mais largo do copo o desloca de volta ao centro. Se ele passa do centro, o copo oposto o joga de volta. O ciclo de deslocamento e centramento mantém os copos sobre os trilhos. O mesmo acontece com as rodas de um trem, com os passageiros sentindo que o trem balança quando ocorrem essas ações corretivas.

Numa curva, a distância ao longo do trilho mais externo é maior do que ao longo do trilho mais interno (Figura 8.1a). Assim, sempre que um veículo faz uma curva, suas rodas mais externas movem-se mais rapidamente que as mais internas. Para um automóvel, isso não é um problema, porque as rodas são rodas-livres* e rolam independentemente umas das outras. Para um trem, entretanto, assim como no par de copos acoplados do exemplo, os pares de rodas estão rigidamente conectados por um eixo rígido e formam um rodado (Figura 8.5). Ambas as rodas de um rodado giram com as mesmas rpm em todos os momentos, embora a rapidez tangencial de cada roda possa ser diferente, dependendo de qual parte da borda estreitada está em contato com os trilhos. É importante lembrar que a superfície do trilho é ligeiramente arredondada.

Quando um trem desloca-se em direção retilínea, o rodado centra-se no trilho, como na Figura 8.5. Quando faz uma curva, no entanto, o rodado tende a deslizar para fora da curva devido à tendência de seguir uma trajetória retilínea (Figuras 8.6 e 8.7). Quando a roda externa gira sobre sua parte mais larga, a roda oposta gira sobre a parte mais estreita. Assim, a roda externa mais rápida permite que o trem faça uma curva ligeiramente inclinada sem que a roda deslize ou levante do trilho — tudo graças a uma borda ligeiramente estreitada e a $v \sim r\omega$.

Assim, não é a saliência das rodas que mantém um trem nos trilhos, e sim as bordas estreitadas das rodas. No entanto, se ocorre um problema, como um furacão, as saliências vêm a calhar.

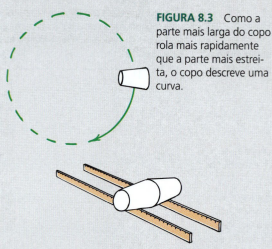

FIGURA 8.3 Como a parte mais larga do copo rola mais rapidamente que a parte mais estreita, o copo descreve uma curva.

FIGURA 8.4 Um par de copos acoplados permanece nos trilhos quando rola, pois, quando começa a se afastar do centro dos trilhos, os valores diferentes de rapidez tangencial devido ao estreitamento permitem ao corpo composto autocorrigir sua trajetória e retornar ao centro dos trilhos.

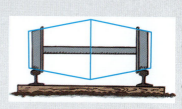

FIGURA 8.5 Uma dupla de rodas forma um rodado. As rodas são ligeiramente mais estreitas nos seus bordos externos (aqui ilustrado com certo exagero), como copos conectados.

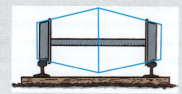

FIGURA 8.6 Rodados deslocam-se para a direita quando o trilho se curva para a esquerda.

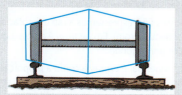

FIGURA 8.7 Rodados deslocam-se para a esquerda quando o trilho se curva para a direita.

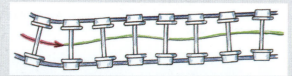

FIGURA 8.8 Depois de uma curva, frequentemente o trem oscila sobre os trilhos retos até que as rodas autocorrijam seus movimentos.

---

*N. de T.: Como as rodas de uma bicicleta, que podem manter-se girando mesmo quando não se está pedalando, ou seja, quando a parte mais interna de seu eixo composto não gira enquanto a roda gira.

PAUSA PARA TESTE

Para trilhos ferroviários que formam uma curva, o trilho externo é mais comprido que o interno. Isso significa que a roda externa do trem deve se deslocar mais do que a interna e, portanto, mais rapidamente do que ela. Se o trilho externo da curva é 1% maior do que o interno, isso exige um aumento de 1% na circunferência da roda externa?

VERIFIQUE SUA RESPOSTA

Sim. A distância ao longo de um trilho é algum múltiplo da circunferência da roda. Percorrer uma distância 1% maior no trilho externo exige um aumento de 1% na circunferência da roda externa, de modo que esta desloca-se sobre a sua parte mais larga (como vemos na Figura 8.6 ou na Figura 8.7). Por exemplo, em uma curva onde o trilho interno tem 100 m de comprimento e o externo tem 101 m, a roda externa deve percorrer 101 m ao mesmo tempo que a interna percorre 100 m. A mesma diferença de 1% na circunferência da roda e no comprimento do trilho significa que o trem consegue avançar sem deslizamentos.

FIGURA 8.9 A professora Candler pergunta a seus alunos qual copo do conjunto se autocorrigirá quando ela os puser para rolar sobre um par de "réguas-trilho".

8.2 Força centrípeta

Qualquer força que atue no sentido de um centro fixo é chamada de **força centrípeta**. *Centrípeta* significa "que procura o centro" ou "que aponta para o centro". Se girarmos uma lata de conserva presa à extremidade de um barbante, descobriremos que devemos nos manter puxando o barbante – exercendo sobre ele uma força centrípeta (Figura 8.10). O barbante transmite a força centrípeta, que puxa a lata para dentro da trajetória circular. Forças gravitacionais e elétricas podem gerar forças centrípetas. A Lua, por exemplo, é mantida em sua órbita quase circular pela força gravitacional orientada para o centro da Terra. Os elétrons que orbitam nos átomos experimentam uma força elétrica que está orientada para o núcleo central. Qualquer coisa que descreva uma trajetória circular o faz assim porque sobre ela é exercida uma força centrípeta.

A força centrípeta depende da massa m, da rapidez tangencial v e do raio de curvatura r do movimento circular. No laboratório, provavelmente você usará a relação exata

$$F = \frac{mv^2}{r}$$

FIGURA 8.10 A força exercida sobre a lata que gira aponta para o centro.

Note que a velocidade está elevada ao quadrado, de modo que, dobrando-se a velocidade, quadruplica-se a força. A proporcionalidade com o inverso do raio de curvatura nos diz que, com a metade da distância radial, a força requerida é o dobro.

A força centrípeta não é uma força básica da natureza; ela é, simplesmente, o nome dado a qualquer força, seja ela uma tensão numa corda, uma força gravitacional, elétrica ou qualquer outra, que esteja orientada para um centro fixo. Se o movimento for circular e executado com rapidez constante, tal força formará um ângulo reto com a trajetória do objeto em movimento.

Quando um automóvel dobra uma esquina, o atrito entre seus pneus e a estrada fornece a força centrípeta que o mantém no caminho circular (Figura 8.11a). Se esse atrito for insuficiente (devido a óleo ou cascalho espalhado sobre o pavimento, por exemplo), os pneus derraparão lateralmente e o carro deixará de realizar a curva; ele tende a derrapar na direção tangencial à rodovia (Figura 8.11b).

A força centrípeta desempenha o papel principal na operação de uma centrífuga. Um exemplo familiar é o de um tambor giratório de uma máquina de lavar roupas (Figura 8.12). Em seu ciclo giratório, o tambor cilíndrico da máquina gira muito rapidamente e produz uma força centrípeta sobre as roupas molhadas, que são obrigadas a descrever uma trajetória circular junto às paredes internas do tambor. Este exerce uma grande força sobre as roupas, mas os buracos existentes no tambor impedem que a mesma força seja exercida sobre a água nas roupas. A água escapa de

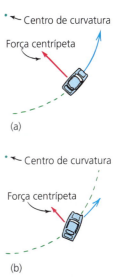

FIGURA 8.11 (a) Quando um carro está fazendo uma curva, deve haver uma força empurrando-o para o centro da curva. (b) O carro derrapa na curva quando a força centrípeta (o atrito da estrada sobre os pneus) não é suficientemente grande.

158 PARTE I Mecânica

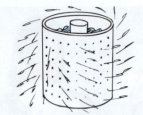

FIGURA 8.12 As roupas são obrigadas a descrever uma trajetória circular, mas a água não.

forma tangencial pelos furos. Estritamente falando, as roupas são forçadas para fora da água, e não a água para fora das roupas. Pense um pouco sobre isso.

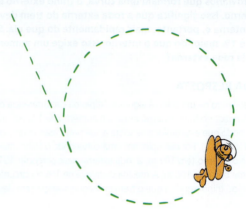

FIGURA 8.13 Forças centrípetas intensas atuando sobre as asas de um avião o tornam capaz de voar em curvas circulares. A aceleração, que o retira do caminho retilíneo que ele seguiria na ausência da força centrípeta, tem valor várias vezes maior do que o da aceleração da gravidade, g. Por exemplo, se a aceleração centrípeta for 50 m/s² (cinco vezes maior do que 10 m/s²), dizemos que o avião está sujeito a 5 g. Caças típicos são projetados para aguentar acelerações maiores do que 8 ou 9 g. Pilotos de caça usam roupas pressurizadas que impedem o sangue de fluir em demasia da cabeça para as pernas do piloto, o que o faria desmaiar.

FIGURA 8.14 A força centrípeta (a adesão da lama aos pneus que giram) não é suficientemente grande para segurar a lama nos pneus, de modo que ela é expulsa em direções tangentes aos pneus.

> **PAUSA PARA TESTE**
>
> 1. Se um objeto se move em uma trajetória não linear, podemos afirmar com certeza que uma força resultante atua sobre ele?
> 2. Uma força centrípeta pode atuar em uma direção *contrária* ao centro de rotação?
> 3. Apenas por brincadeira, e como estamos discutindo círculos, por que as tampas dos bueiros são redondas?

VERIFIQUE SUA RESPOSTA

1. Sim, com certeza. É a lei — a segunda de Newton!
2. Não. Essa força seria chamada de *centrífuga*. Prossiga sua leitura.
3. Não vamos tão rápido a esta resposta. Dê uma pensada, se ainda não chegou a uma resposta. *Então*, olhe a resposta no final deste capítulo.

PRATICANDO FÍSICA: GIRANDO UM BALDE COM ÁGUA

Encha um balde com água até a metade e faça-o girar em um círculo vertical, como Marshall Ellenstein demonstra. O balde e a água são acelerados em direção ao centro de sua trajetória circular. Se você girar rápido o suficiente, a água não cairá do balde no topo da trajetória. Curiosamente, embora ela não caia para *fora*, ela ainda cai. O truque consiste em girar o balde rápido o bastante, de modo que ele caia junto com a água dentro dele. Você consegue perceber que, uma vez que o balde está circulando, a água se move tangencialmente – e por isso se mantém dentro do balde? No Capítulo 10, aprenderemos que uma espaçonave em órbita cai de maneira análoga enquanto orbita. O truque consiste em imprimir uma velocidade tangencial tão grande à espaçonave que ela cai ao longo da curvatura da Terra em vez de cair para ela.

8.3 Força centrífuga

Embora uma força centrípeta aponte para o centro, um ocupante dentro de um sistema giratório parece experimentar uma força que o puxa para fora. Essa força aparente para fora é chamada de **força centrífuga**. *Centrífuga* significa "que foge do centro" ou "para fora do centro". No caso de uma lata sendo girada, é uma falsa concepção comum acreditar que uma força centrífuga puxa a lata para fora. Se o barbante que segura a lata rompe (Figura 8.15), a lata não se move para fora na direção radial, mas prossegue em uma linha reta que tangencia a trajetória circular –, pois *nenhuma* força é exercida sobre ela. Vamos ilustrar isso um pouco mais, com outro exemplo.

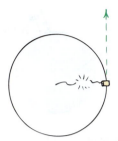

FIGURA 8.15 Quando o barbante rompe, a lata que girava passa a se mover em uma linha reta tangente à trajetória circular original, e não na direção radial, afastando-se do centro do círculo.

Suponha que somos passageiros de um carro que para subitamente. Somos, então, arremessados para a frente, contra o painel de instrumentos. Quando isso acontece, não dizemos que uma força nos empurrou para a frente. De acordo com a lei da inércia, somos atirados para a frente precisamente pela ausência de uma força atuante, que poderia ser fornecida pelo cinto de segurança. Analogamente, se estamos dentro de um carro que dobra uma esquina para a esquerda, tendemos a ser arremessados para fora do carro pela direita dele – não porque existe uma força que atua para fora ou centrifugamente, mas porque não existe força centrípeta mantendo-nos em movimento circular (tal como a que o cinto de segurança fornece). A ideia de que existe uma força centrífuga que nos faz bater contra a porta do carro é uma falsa concepção. (Certo, somos empurrados contra a porta, mas apenas porque a porta nos empurra – terceira lei de Newton.)

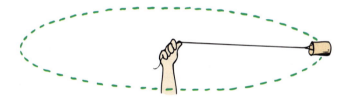

Igualmente, quando fazemos uma lata girar descrevendo um círculo, não há força alguma puxando a lata para fora, pois a única força que atua nela é o puxão do barbante para dentro da curva. Não existe uma força direcionada para fora exercida sobre a lata. Agora suponha que exista uma joaninha dentro dessa lata que está girando (Figura 8.17). A lata pressiona os pés da joaninha e fornece a força centrípeta que a mantém na trajetória circular. A partir de nosso sistema de referência externo e estacionário, vemos que não existe força centrífuga alguma atuando sobre a joaninha, da mesma forma que não existe força centrífuga alguma fazendo o passageiro bater contra a porta do carro numa curva. O efeito da força centrífuga é causado não por qualquer força real, mas pela inércia – a tendência do objeto em movimento de seguir uma trajetória em linha reta. Mas tente dizer isso para a joaninha!

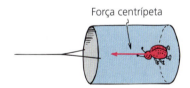

FIGURA 8.16 A única força exercida sobre a lata que gira (desprezando a gravidade) está orientada *para* o centro do movimento circular. Essa é a força centrípeta. *Nenhuma* força orientada para fora do centro atua na lata.

FIGURA 8.17 A lata fornece a força centrípeta necessária para manter a joaninha em uma trajetória circular.

Força centrífuga em um sistema de referência em rotação

Se você ficar de pé assistindo alguém girar uma lata acima da cabeça em um círculo horizontal, verificará que a força exercida sobre a lata é centrípeta, assim como a força sobre uma joaninha dentro da lata. O fundo da lata exerce uma força sobre a joaninha. Não levando em conta a gravidade, nenhuma outra força é exercida sobre a joaninha. Contudo, visto de dentro de um sistema de referência fixo na lata que gira, as coisas parecem ser diferentes.[3]

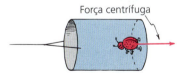

FIGURA 8.18 A partir do sistema de referência da joaninha no interior da lata giratória, a joaninha se mantém no fundo da lata por uma força orientada para fora do centro do movimento circular. A joaninha chama essa força para fora de força *centrífuga*, tão real para ela quanto a gravidade.

---

[3] Um sistema de referência no qual um corpo livre não apresenta aceleração é chamado de sistema de referência *inercial*. É comprovado que as leis de Newton são válidas num sistema inercial. Um sistema de referência giratório, em contrapartida, é um sistema acelerado. As leis de Newton não são válidas em um sistema desse tipo.

160 PARTE I   Mecânica

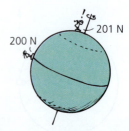

FIGURA 8.19 No sistema de referência da Terra em rotação, sentimos uma força centrífuga que diminui ligeiramente nosso peso. Como o cavalinho mais externo de um carrossel, temos a máxima rapidez tangencial quando estamos afastados do eixo de rotação ao máximo, ou seja, no equador. A força centrífuga, portanto, nos parece máxima quando estamos no equador e nula quando estamos nos polos, onde é nula nossa rapidez tangencial. Assim, estritamente falando, se você quer perder peso, caminhe para o equador!

No sistema de referência giratório da joaninha, além da força da lata sobre os pés da joaninha, há uma força centrífuga aparente exercida sobre ela. A força centrífuga *num sistema de referência giratório* é uma força em si mesma, tão real quanto a atração da gravidade. Entretanto, existe uma diferença fundamental. A força gravitacional é uma interação entre uma massa e outra. A gravidade que experimentamos é parte de nossa interação com a Terra. Já a força centrífuga no sistema giratório não tem um agente desse tipo – não tem sua contrapartida. Ela é *sentida* como se fosse a gravidade, mas *nada* existe a atraindo. Nada a produz; ela é um efeito da rotação. Por essa razão, os físicos a chamam de força "inercial" (às vezes também chamada de força *fictícia*) – uma força *aparente*, não real como a gravidade, as forças eletromagnéticas e as forças nucleares. Apesar disso, para observadores que se encontram num sistema giratório, a força centrífuga parece ser e é interpretada como uma força real. Assim como na superfície da Terra sentimos a gravidade sempre presente, dentro de um sistema giratório a força centrífuga também parece estar sempre presente.

> **PAUSA PARA TESTE**
>
> Uma bola de ferro pesada é presa a uma plataforma giratória com uma mola, como mostrado no esboço. Dois observadores, um no sistema giratório e outro em repouso no solo, observam o movimento. Qual dos observadores vê a bola sendo puxada para fora, esticando a mola? Qual deles vê a mola puxando a bola para mantê-la num círculo?
>
>
>
> **VERIFIQUE SUA RESPOSTA**
>
> O observador giratório afirma que uma força centrífuga puxa a bola radialmente para fora, o que distende a mola. O observador em repouso afirma que a força centrípeta fornecida pela mola distendida puxa a bola para o lado de dentro do movimento circular. Apenas o observador no sistema em repouso é capaz de identificar um par de forças ação-reação; se a ação é exercida pela mola sobre a bola, a reação é exercida pela bola sobre a mola. O observador giratório não é capaz de identificar uma contraparte à "reação" da força centrífuga, porque ela simplesmente não existe!

Gravidade simulada

Considere uma colônia de joaninhas vivendo dentro de um pneu de bicicleta com um interior amplo. Se atiramos a roda no ar ou a deixamos cair de um avião voando alto, as joaninhas estarão numa condição de imponderabilidade. Elas flutuarão livremente enquanto a roda estiver em queda livre. Agora faça a roda entrar em rotação. As joaninhas se sentirão pressionadas contra a superfície interna da parede do pneu. Se a roda é posta a girar com a velocidade apropriada, as joaninhas experimentarão uma *gravidade simulada*, que elas sentem como igual à gravidade com a qual estão acostumadas. A gravidade é simulada pela força centrífuga. Para as joaninhas, o sentido "para baixo" é a direção radial orientada do centro para fora da roda.

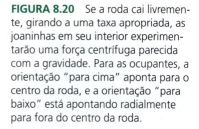

FIGURA 8.20 Se a roda cai livremente, girando a uma taxa apropriada, as joaninhas em seu interior experimentarão uma força centrífuga parecida com a gravidade. Para as ocupantes, a orientação "para cima" aponta para o centro da roda, e a orientação "para baixo" está apontando radialmente para fora do centro da roda.

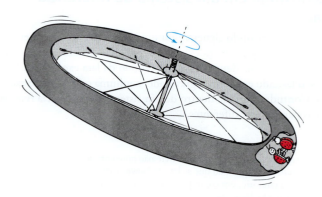

FIGURA 8.21 A interação entre o homem e o piso vista a partir de um sistema de referência externo ao sistema giratório. O piso pressiona o homem (ação), e o homem pressiona o piso de volta (reação). Apenas o piso exerce força sobre o homem. Essa força está orientada para o centro e é uma força centrípeta.

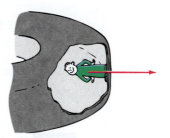

FIGURA 8.22 Quando visto do interior do sistema giratório, além da interação homem-piso, existe uma força centrífuga exercida sobre o homem em seu centro de massa. Ela parece tão real quanto a gravidade. Porém, diferentemente da gravidade, ela não tem sua contrapartida, a reação – não existe nada lá fora que ele possa puxar de volta. A força centrífuga não é parte de uma interação, mas o resultado da rotação. Ela é, portanto, chamada de *força fictícia*.

Atualmente, os humanos vivem na superfície exterior de um planeta esférico e são mantidos lá pela gravidade. O planeta tem sido o berço da humanidade, mas não permaneceremos no berço para sempre. Estamos nos tornando viajantes espaciais. Os ocupantes dos veículos espaciais de hoje sentem-se sem peso porque não sentem *força de sustentação*. Eles não são pressionados pela gravidade contra um piso que os sustenta, nem sentem uma força centrífuga devido à rotação. Por longos períodos de tempo, isso pode causar perda de massa muscular ou alterações danosas no corpo, como perda de cálcio dos ossos, como o astronauta Scott Kelly confirmou durante o ano que passou a bordo da Estação Espacial Internacional. Os viajantes espaciais futuros, entretanto, não precisarão estar sujeitos à imponderabilidade. Um hábitat espacial giratório para humanos, como a roda de bicicleta giratória para as joaninhas, pode fornecer efetivamente uma força de sustentação e simular agradavelmente a gravidade.

A Estação Espacial Internacional, bem menor, não gira, portanto os membros de sua tripulação têm de se acostumar a viver em um ambiente de imponderabilidade. Hábitats giratórios poderão surgir mais tarde, talvez dentro de enormes estruturas que giram preguiçosamente e onde os ocupantes se mantenham sobre as superfícies internas pela força centrífuga. Tais hábitats giratórios fornecerão uma gravidade simulada, de modo que o corpo humano funcione normalmente. Estruturas com diâmetros pequenos teriam de girar com altas taxas para simular uma aceleração gravitacional artificial de 1 *g*. Os órgãos sensíveis e delicados em nosso ouvido interno percebem a rotação. Embora não pareça haver dificuldades em girar a uma taxa de uma rotação por minuto (rpm) ou próximo disso, muitas pessoas acham difícil ajustar-se a taxas maiores do que 2 ou 3 rpm (embora algumas se adaptem com facilidade a 10 rpm ou mais). Simular a gravidade normal da Terra com 1 rpm requer uma estrutura grande – com uns 2 quilômetros de diâmetro. A aceleração centrífuga é diretamente proporcional à distância radial até o eixo de rotação, de maneira que é possível ter uma variedade de estados de *g*. Se a estrutura gira de modo que seus habitantes no interior da borda externa experimentam 1 *g*, então a meio caminho do eixo eles experimentariam 0,5 *g*. Exatamente sobre o eixo, eles experimentariam a imponderabilidade (0 *g*). A variedade de frações de *g* possíveis na borda de um hábitat espacial giratório promete um ambiente muito diferente e ainda não experimentado (até o momento da escrita deste livro). Nessa estrutura ainda hipotética, seríamos capazes de dançar balé a 0,5 *g*; mergulhar e realizar acrobacias a 0,2 *g* ou frações de *g* ainda menores; jogar futebol tridimensional (e novos esportes ainda não concebidos) em estados de *g* muito baixos.

Um hábitat giratório não precisa de fato ser uma enorme roda. A gravidade poderia ser simulada em um par de caixas que girassem juntas ligadas por um cabo longo.

> **PAUSA PARA TESTE**
>
> Se a Terra girasse mais rapidamente em torno de seu eixo, seu peso seria menor. Se estivesse dentro de um hábitat espacial giratório e a taxa de rotação aumentasse, você "pesaria" mais. Explique por que taxas de rotação maiores produzem efeitos opostos nesses casos.

> **VERIFIQUE SUA RESPOSTA**
>
> Você está sobre a superfície *exterior* da Terra em rotação, mas estaria sobre a superfície *interior* de um hábitat espacial giratório. Uma taxa de rotação maior no lado de fora da Terra tende a deslocar você para *fora* de uma balança de banheiro, o que a faz marcar um peso menor. Já uma taxa de rotação maior no *interior* de um hábitat espacial tende a empurrar você *contra* a balança, revelando um aumento de peso.

8.4 Inércia rotacional

Da mesma maneira que um objeto em repouso tende a permanecer como está e um objeto em movimento tende a permanecer movendo-se em linha reta, *um objeto que roda em torno de um eixo tende a permanecer rodando em torno desse mesmo eixo, a menos que sofra algum tipo de interferência externa.* (Veremos rapidamente mais adiante que essa influência externa é chamada apropriadamente de *torque*.) A propriedade de um objeto resistir a alterações em seu estado de movimento de rotação é chamada de **inércia rotacional**.[4] Corpos que estão em rotação tendem a permanecer em rotação, enquanto corpos que não estão em rotação tendem a permanecer sem rotação. A criança se diverte porque o pião em rotação tende a manter-se rodando, ao passo que um pião que esteja em repouso permanece em repouso — na ausência de influências externas.

Como a inércia para o movimento linear, a inércia rotacional de um objeto também depende de sua massa. Uma vez que o disco de pedra pesado do ceramista é posto a girar, ele tende a permanecer girando. Contudo, diferentemente do movimento linear, o momento de inércia depende da distribuição de massa em relação ao eixo de rotação. Quanto maior for a distância entre a maior parte da massa de um objeto e seu eixo de rotação, maior será sua inércia rotacional. Isso é evidente nos grandes volantes industriais, construídos de modo que a maior parte de sua massa fique concentrada longe do eixo, junto à borda. Uma vez em rotação, eles apresentam forte tendência a manterem-se rodando. Quando em repouso, é muito difícil obrigá-los a entrar em rotação.

Volantes industriais constituem uma forma prática de armazenamento de energia em usinas elétricas. Quando uma usina gera eletricidade continuamente, a energia não usada pela demanda é direcionada para volantes giratórios de grande massa, que constituem a contraparte das baterias elétricas – porém sem o uso de metais tóxicos do ponto de vista ambiental nem lixo prejudicial. Essas rodas giratórias são, então, ligadas a geradores para liberar energia quando for necessário. Quando volantes são combinados em bancos de dez ou mais deles ligados a redes de transmissão, eles eliminam os desequilíbrios entre a oferta e a demanda e as ajudam a operar mais suavemente. Viva a inércia de rotação!

Quanto maior for o momento de inércia de um objeto, mais difícil será alterar o estado rotacional dele. Esse fato é empregado pelos equilibristas de circo, que andam sobre cordas esticadas levando consigo um bastão comprido para ajudar a equilibrar-se. A maior parte da massa do bastão está longe do eixo de rotação, que está no seu ponto médio. O bastão, portanto, tem um momento de inércia considerável. Se o equilibrista começar a tombar para um lado, ele aperta o bastão para forçá-lo a rodar junto consigo ao tombar, mas a inércia rotacional do bastão resiste, dando ao equilibrista o tempo necessário para se reequilibrar. Quanto mais comprido for o bastão, melhor. Será ainda melhor se objetos com grande massa forem fixados nas extremidades do bastão. Entretanto, o equilibrista que não tiver um bastão pode ao menos abrir os braços estendendo-os ao máximo, a fim de aumentar a inércia rotacional do próprio corpo.

FIGURA 8.23 A inércia rotacional depende da distribuição de massa em torno do eixo de rotação.

FIGURA 8.24 A tendência do bastão de resistir a entrar em rotação ajuda o equilibrista.

---
[4] Comumente chamada de *momento de inércia*.

O momento de inércia do bastão, ou de qualquer objeto, depende do eixo ao redor do qual ele roda.[5] Compare as diferentes rotações do lápis da Figura 8.25. Em (a), a inércia rotacional é muito pequena em torno do grafite. É fácil rodar o lápis para um lado e para o outro entre seus dedos, pois a massa está toda situada muito próxima ao eixo de rotação. Em (b), a inércia rotacional é maior em torno do eixo do ponto médio, como o que é usado pelo equilibrista de circo da Figura 8.24. Em (c), a inércia rotacional é ainda maior na extremidade do lápis, de modo que ele balança como um pêndulo.

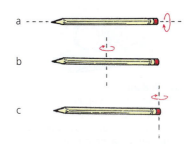

FIGURA 8.25 O lápis tem inércias rotacionais diferentes em relação a eixos diferentes de rotação.

Um bastão de beisebol comprido, segurado próximo à extremidade, tem inércia rotacional maior do que a de um bastão curto. Uma vez balançado, ele tem grande tendência a continuar balançando, mas é difícil torná-lo mais rápido. Um bastão curto, com menos inércia rotacional, é mais fácil de balançar – o que explica porque os jogadores de beisebol algumas vezes seguram o bastão agarrando-o pela extremidade de maior massa. Analogamente, quando você corre com as pernas dobradas, está reduzindo a inércia rotacional das pernas, de modo que possa rodá-las para a frente e para trás mais rapidamente. Uma pessoa com pernas compridas tende a caminhar a passos largos mais lentamente do que uma pessoa com pernas curtas. As diferentes passadas de criaturas com diferentes comprimentos de pernas são muito evidentes nos animais. Girafas, cavalos e avestruzes correm a passos mais lentos do que cães da raça bassê, camundongos e insetos.

FIGURA 8.26 Você dobra suas pernas quando corre para reduzir a inércia rotacional.

Devido à inércia rotacional, um cilindro sólido que parte do repouso rolará para baixo numa rampa mais rapidamente do que um aro. Ambos giram em torno de um eixo central, e a forma para a qual a maior parte da massa fica mais afastada do eixo é a do aro. Assim, para um mesmo peso, um aro tem mais inércia rotacional e é mais difícil de começar a rolar. Qualquer cilindro sólido ultrapassará qualquer anel numa mesma rampa. À primeira vista, isso não parece plausível, mas lembre-se de que quaisquer objetos, não importa suas massas, caem juntos quando soltos livremente. Eles também escorregarão juntos quando soltos sobre uma rampa. Quando a rotação é introduzida, o objeto com maior inércia rotacional *em relação à sua própria massa* apresenta maior resistência a mudanças em seu movimento. Portanto,

FIGURA 8.27 Pernas curtas têm menos inércia rotacional do que pernas compridas. Um animal com pernas curtas tem um andar mais rápido do que o de uma pessoa de pernas compridas, da mesma forma que um rebatedor de beisebol pode balançar um bastão curto mais rapidamente do que um bastão comprido.

---

[5] Quando a massa de um objeto estiver concentrada a uma distância radial r do eixo de rotação (como no caso de uma bola de um pêndulo simples ou de um aro delgado), a inércia rotacional I será igual à massa m multiplicada pelo quadrado da distância radial. Para esse caso especial, $I = mr^2$.

FIGURA 8.28 Um cilindro sólido rola para baixo numa rampa mais rápido do que um aro, não importando suas massas ou seus diâmetros externos. Um aro tem uma inércia rotacional maior em relação à sua massa do que um cilindro.

qualquer cilindro sólido rolará rampa abaixo com mais aceleração do que qualquer cilindro oco, não importando suas massas e raios (Tabela 8.1). Um cilindro oco tem mais "letargia por massa" do que um cilindro sólido. Tente e verá!

A Tabela 8.1 compara as inércias rotacionais para várias formas e vários eixos. Não é importante que você decore essas equações, mas você consegue ver que elas variam em função da forma e do eixo de rotação?

TABELA 8.1 Inércias rotacionais de diversos objetos

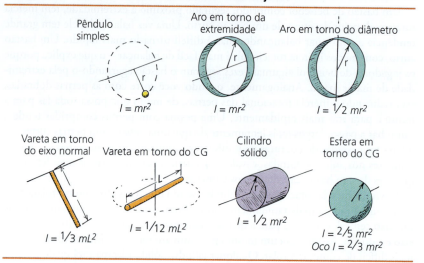

FIGURA 8.29 Sanjay Rebello mostra à turma uma esfera com paredes finas e pergunta se uma esfera com paredes grossas se moveria com mais ou menos inércia rotacional.

> **PAUSA PARA TESTE**
>
> 1. Equilibre um martelo de pé na ponta de seu dedo. A cabeça do martelo provavelmente é mais pesada do que o restante dele. É mais fácil equilibrá-lo com um dedo posto embaixo da cabeça ou com um dedo posto embaixo da extremidade do cabo?
> 2. Escore um par de réguas aproximadamente verticais contra uma parede. Se você as soltar, elas rodarão até o piso no mesmo tempo, mas o que acontecerá se uma delas tiver um punhado de argila preso à sua extremidade mais alta? Ela rodará até o piso num tempo mais longo ou mais curto?
> 3. Qual giraria por mais tempo na ponta do dedo, uma bola de basquete com 0,62 kg de massa ou uma bola de futebol com o mesmo tamanho, mas 0,42 kg de massa?

Observe como a inércia de rotação depende muito da localização do eixo de rotação. Uma haste girada em torno de uma das extremidades, por exemplo, tem quatro vezes mais inércia de rotação do que quando é girada em torno de seu centro.

VERIFIQUE SUA RESPOSTA

1. Coloque o martelo de pé com o cabo apoiado na ponta de seu dedo e a cabeça no alto. Por quê? Dessa forma, ele terá mais inércia rotacional e resistirá mais a uma mudança em seu estado de rotação. (Para testar isso em casa, equilibre uma colher dos dois jeitos na ponta do dedo.) Aqueles acrobatas que você assiste no palco, equilibrando seus colegas no topo de um bastão comprido, têm sua tarefa facilitada pela presença dos colegas naquela posição. Um bastão com ninguém no topo tem menos inércia rotacional e é mais difícil de equilibrar!
2. Tente e comprove! (Se você não possui a argila, use algo equivalente.)
3. Como vemos na Tabela 8.1, a inércia rotacional de uma bola esférica é de $2/5\ mr^2$. A única diferença entre as duas bolas é a massa m, maior para a bola de basquete. Pode apostar que a de basquete vai girar por mais tempo!

8.5 Torque

Sustente uma régua na horizontal segurando-a por uma de suas extremidades. Deixe pender um peso em algum ponto dela próximo à sua mão e você perceberá que a régua começa a inclinar. Agora deslize o peso para longe de sua mão e perceberá que ela se inclinará mais ainda. Contudo, o peso é o mesmo. A força que está agindo sobre sua mão também é a mesma. O que faz a diferença é o *torque*.

FIGURA 8.30 Mova o peso para longe de sua mão e sinta a diferença entre força e torque.

O torque é a contrapartida rotacional da força. A força tende a alterar o movimento das coisas; o torque tende a fazer girar ou a alterar o estado de rotação das coisas. Se você deseja por em movimento um objeto em repouso ou alterar a rapidez de um objeto em movimento, exerça sobre ele uma força. Se você deseja fazer um objeto estacionário entrar em rotação ou alterar sua rapidez de rotação se ele já estiver girando, exerça sobre ele um torque.

O torque difere da força da mesma maneira que a inércia rotacional e a inércia ordinária diferem entre si: tanto torque quanto inércia rotacional envolvem a distância até o eixo de rotação. No caso do torque, essa distância, que provê a vantagem mecânica da alavanca, é chamada de *braço de alavanca*. Ela é a distância mais curta entre a força aplicada e o eixo de rotação. Definimos o **torque** como o produto do braço de alavanca pela força que tende a produzir a rotação:

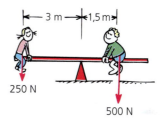

FIGURA 8.31 Nenhuma rotação é gerada quando os torques se equilibram.

$$\text{Torque} = \text{braço de alavanca} \times \text{força}$$

O torque é intuitivamente familiar às crianças que brincam de gangorra. Elas podem brincar de gangorra mesmo quando seus pesos são desiguais. O peso sozinho não produz rotação, mas o torque sim, e as crianças logo aprendem que a distância entre o lugar onde elas sentam e o pivô da gangorra é tão importante quanto o peso. O torque produzido pelo menino à direita, na Figura 8.31, tende a gerar rotação no sentido horário, enquanto o torque produzido pela menina à esquerda tende a gerar rotação no sentido anti-horário. Se os torques são iguais em valor, totalizando um torque resultante nulo, nenhuma rotação ocorre.

Suponha que a gangorra seja arranjada de modo que a menina, com a metade do peso do menino, seja suspensa por uma corda de 4 m de comprimento, pendurada na sua extremidade da gangorra (Figura 8.32). Ela se encontra agora a 5 m do fulcro, e a gangorra se encontra ainda em equilíbrio. Vemos que o braço de alavanca continua sendo 3 m, e não 5 m. O braço de alavanca em relação a qualquer eixo de rotação é a distância perpendicular entre o eixo e a linha de ação ao longo da qual a força atua. Essa sempre será a distância mínima entre o eixo de rotação e a linha ao longo da qual a força atua.

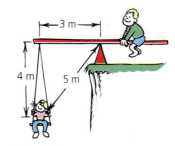

FIGURA 8.32 O braço de alavanca ainda é 3 m.

É por isso que se consegue girar mais facilmente o parafuso emperrado da Figura 8.33 se a força for aplicada perpendicularmente ao cabo da chave de boca, em vez de fazê-lo de forma oblíqua, como ilustrado na figura da esquerda. Nesta, o braço de alavanca é representado pela linha tracejada, sendo menor do que o comprimento do cabo da ferramenta. Na figura central, o braço de alavanca é igual em comprimento ao cabo da ferramenta. Na figura da direita, o braço de alavanca foi aumentado por um tubo, que provê uma maior vantagem mecânica e um torque de maior valor.

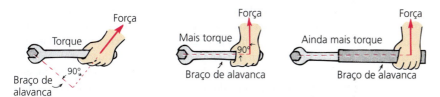

FIGURA 8.33 Embora os valores das forças sejam os mesmos em cada caso, os torques são diferentes.

Se e quando todos os relógios forem digitais, os termos *sentido horário* e *anti-horário* farão sentido?

Lembre-se da condição de equilíbrio do Capítulo 2 – a de que, para haver equilíbrio mecânico, é necessário que seja nula a soma das forças que atuam num corpo ou sistema qualquer. Isto é, $\sum F = 0$. Agora encontramos uma condição adicional. O *torque resultante* sobre um corpo ou sistema qualquer deve também ser nulo para haver equilíbrio mecânico, $\sum \tau = 0$, onde τ (a letra grega tau) representa o torque. Qualquer coisa que esteja em equilíbrio mecânico não acelera – nem linearmente nem rotacionalmente.

PAUSA PARA TESTE

1. Se um tubo efetivamente torna o comprimento do cabo da ferramenta três vezes maior, em quanto aumentará o torque gerado pela mesma força aplicada?
2. Considere a gangorra equilibrada da Figura 8.31. Suponha que a menina à esquerda ganhe subitamente 50 N de peso segurando um saco de maçãs. Onde ela deveria se sentar para equilibrar a gangorra, considerando que o menino mais pesado não se mova.

VERIFIQUE SUA RESPOSTA

1. Para uma mesma força, um cabo da ferramenta três vezes mais comprido gera três vezes mais torque. (Essa forma de aumentar o torque resulta, algumas vezes, na quebra do parafuso!)
2. Ela deveria se sentar meio metro mais próxima do centro. Nessa situação, o braço de alavanca dela terá 2,5 m. Vejamos: 300 N × 2,5 m = 500 N × 1,5 m.

8.6 Centro de massa e centro de gravidade

Se você arremessar uma bola de beisebol no ar, ela seguirá uma suave trajetória parabólica. Se arremessar um bastão de beisebol girando no ar, sua trajetória não será suave; seu movimento será ondulante e ele parece ondular em todos os lugares. Mas, de fato, ele cambaleia em torno de um lugar muito especial, um ponto que é chamado de *centro de massa (CM)*.

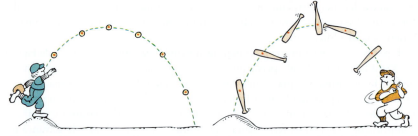

FIGURA 8.34 Os centros de massa de uma bola e de um bastão de beisebol seguem trajetórias parabólicas.

Para um dado corpo, o **centro de massa** é a posição média de toda a massa que constitui o objeto. Por exemplo, um objeto simétrico, tal como uma bola, tem um centro de massa que coincide com seu centro geométrico; já um objeto com forma irregular, como um bastão de beisebol, tem a maior parte de sua massa situada mais próxima a uma das extremidades. O centro de massa de um bastão de beisebol, portanto, está situado mais próximo do lado mais largo do bastão. Um sólido cônico tem seu centro de massa situado exatamente a um quarto de sua altura acima da base.

O centro de gravidade (CG) é um termo empregado popularmente para expressar o centro de massa. O **centro de gravidade** é simplesmente a posição média da distribuição de peso. Uma vez que peso e massa são proporcionais, o centro de gravida-

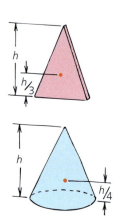

FIGURA 8.35 O centro de massa de cada objeto é indicado por um ponto vermelho.

de e o centro de massa referem-se ao mesmo ponto do objeto.[6] Os físicos preferem usar o termo *centro de massa*, pois um objeto tem um centro de massa mesmo que não esteja sob influência da gravidade. Entretanto, empregaremos os dois termos para expressar esse conceito e favoreceremos o emprego do termo *centro de gravidade* quando o peso tomar parte na situação.

A foto estroboscópica (Figura 8.36) mostra uma vista de cima de uma chave-inglesa que desliza por uma superfície horizontal lisa. Note que seu centro de massa, indicado pelo ponto branco, segue um caminho em linha reta, enquanto outras partes da chave cambaleiam quando ela se desloca sobre a superfície. Desde que não exista uma força externa resultante sobre a ferramenta, seu centro de massa move-se distâncias iguais em intervalos de tempos iguais. O movimento dessa ferramenta giratória é uma combinação do movimento em linha reta de seu centro de massa com o movimento de rotação em torno desse ponto.

FIGURA 8.36 O centro de massa da chave inglesa giratória segue um caminho retilíneo.

Se a chave-inglesa, em vez disso, fosse atirada no ar, seu centro de massa (ou centro de gravidade) descreveria uma parábola suave, não importando de que maneira a ferramenta girasse. O mesmo é verdadeiro para uma bala de canhão que explode no ar (Figura 8.37). As forças internas que atuam durante a explosão são incapazes de alterar a posição do centro de gravidade do projétil. É muito interessante que, se a resistência do ar puder ser desprezada, o centro de gravidade dos fragmentos dispersos que voam através do ar estará no mesmo lugar que ele estaria se não tivesse ocorrido a explosão.

FIGURA 8.37 O centro de massa da bala de canhão e de seus fragmentos move-se ao longo da mesma trajetória, antes e depois da explosão.

PAUSA PARA TESTE

1. Onde fica situado o CG de uma rosca?
2. Pode um objeto ter mais de um CG?

VERIFIQUE SUA RESPOSTA

1. No centro do furo!
2. Não. Um objeto rígido tem um único CG. Se ele não for rígido, como um pedaço de argila ou de massa de vidraceiro, e for distorcido assumindo formas diferentes, então seu CG pode mudar de lugar conforme a mudança de forma produzida. Mesmo assim, ele terá um único CG para cada forma que assume.

---

[6] Para quase todos os objetos na superfície da Terra ou próximo dela, esses termos são equivalentes. Pode existir uma pequena diferença entre o centro de gravidade e o de massa quando um objeto for suficientemente grande para que a gravidade varie de uma parte dele para outra. Por exemplo, o centro de gravidade do edifício Empire State está cerca de 1 milímetro abaixo de seu centro de massa. Isso porque os andares mais baixos são puxados um pouco mais fortemente pela gravidade terrestre do que os andares superiores. Para os objetos do cotidiano (incluindo edifícios altos!), podemos usar os termos *centro de gravidade* e *centro de massa* como equivalentes.

FIGURA 8.38 O peso de toda a régua atua como se estivesse concentrado no ponto médio da régua.

FIGURA 8.39 Encontrando o centro de gravidade de um objeto com forma irregular.

Localizando o centro de gravidade

O centro de gravidade de um objeto uniforme, como uma régua, está no seu ponto médio, pois é como se todo o seu peso estivesse concentrado ali. Se sustentarmos esse ponto único, sustentamos a régua inteira. Equilibrar um objeto constitui um método simples para localizar o centro de gravidade. Na Figura 8.38, as várias setas pequenas representam a atração da gravidade ao longo de toda a régua. Todas elas podem ser combinadas numa força resultante que atua no centro de gravidade. Pode-se pensar que o peso todo da régua está atuando nesse ponto único. Por isso, podemos equilibrar a régua aplicando a ela uma única força para cima, numa direção que passa através do centro de gravidade.

O centro de gravidade de qualquer objeto livremente suspenso (Figura 8.39) situa-se diretamente abaixo do ponto de suspensão (ou nele). Se uma linha vertical for traçada através do ponto de suspensão, o centro de gravidade estará em algum lugar sobre essa linha. Para determinar exatamente onde ele se encontra sobre a linha, temos apenas de suspender o objeto por um outro ponto e traçar uma segunda linha vertical através do ponto de suspensão. O centro de gravidade estará na interseção dessas duas linhas.

O centro de massa de um objeto pode ser um ponto onde não existe massa alguma. Por exemplo, o centro de massa de um anel ou de uma esfera oca se encontra no centro geométrico do objeto, onde não há matéria. De forma semelhante, o centro de massa de um bumerangue situa-se fora da estrutura física, e não dentro do material que forma o bumerangue (Figura 8.41).

FIGURA 8.40 O atleta executa um salto Fosbury Flop a fim de passar por cima da vara, sem tocá-la, enquanto seu centro de gravidade passa por baixo dela.

FIGURA 8.41 O centro de massa pode situar-se fora do objeto.

PAUSA PARA TESTE

1. Onde está o centro de massa da atmosfera terrestre?
2. Uma régua uniforme de 1 m é sustentada na marca dos 25 cm e fica equilibrada quando uma pedra de 1 kg é suspensa na extremidade do 0 cm. Qual é a massa da régua?

VERIFIQUE SUA RESPOSTA

1. Como se fosse uma bola de futebol gigantesca, a atmosfera terrestre é uma casca esférica com centro de massa localizado no centro da Terra.
2. A massa da régua é 1 kg. Por quê? O sistema está em equilíbrio, de modo que os torques devem estar se equilibrando: o torque gerado pelo peso da pedra é cancelado pelo torque igual, mas oposto, gerado pelo peso da régua *agindo no CG dela, a marca de 50 cm*. A força de sustentação na marca dos 25 cm atua no ponto médio entre a pedra e o CG da régua, de modo que os braços de alavanca em relação ao fulcro são iguais (25 cm). Isso significa que os pesos (e, portanto, as massas) da pedra e da régua devem também ser iguais. Muito simples!

Estabilidade

A localização do centro de gravidade é importante para a estabilidade (as Figuras 8.42 a 8.49 ilustram isso). Se traçarmos uma linha reta para baixo, a partir do centro de gravidade de um objeto com forma geométrica qualquer, e ela incidir num ponto do interior da base do objeto, então o objeto está em **equilíbrio** estável; ele se equilibra. Se a linha incidir num ponto exterior à base do objeto, o equilíbrio é instável. Por que a famosa Torre Inclinada de Pisa não tomba? Como vemos ilustrado na Figura 8.42, uma linha reta traçada para baixo a partir do centro de gravidade da torre incide num ponto em sua base, de modo que ela tem se mantido de pé a vários séculos. Se a torre fosse tão inclinada que a projeção de seu centro de gravidade estivesse localizada fora da base, um torque não equilibrado a faria tombar.

Quando você fica ereto de pé (ou deita-se reto), seu centro de gravidade está dentro de seu corpo. Por que o centro de gravidade é mais baixo para uma mulher média do que para um homem médio de mesma altura? O seu centro de gravidade está sempre no mesmo ponto de seu corpo? Ele sempre está dentro de seu corpo? O que acontece quando você se curva?

Se você tem elasticidade suficiente, então consegue dobrar seu corpo e tocar os dedos de seus pés sem dobrar os joelhos. Geralmente, quando você se dobra e toca os dedos dos pés, você estende seus membros como ilustrado no lado esquerdo da Figura 8.44, de modo que seu centro de gravidade fique acima da base de sustentação, os seus pés. Se tentar fazer a mesma coisa com as costas contra uma parede, entretanto, você não conseguirá se equilibrar e seu centro de gravidade logo irá além dos pés, como está ilustrado no lado direito da Figura 8.44.

FIGURA 8.42 O centro de gravidade da Torre Inclinada de Pisa situa-se acima da base de apoio, de modo que a torre se encontra em equilíbrio estável.

FIGURA 8.43 Quando você fica em pé, seu centro de gravidade fica localizado em algum lugar diretamente acima da área delimitada por seus pés. Por que você mantém suas pernas afastadas quando tem de ficar de pé no corredor de um ônibus sacolejante?

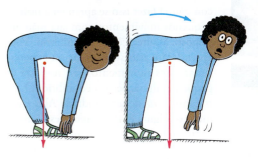

FIGURA 8.44 Você só consegue dobrar seu corpo e tocar os dedos de seus pés sem cair se o seu centro de gravidade estiver acima da base de sustentação (seus pés).

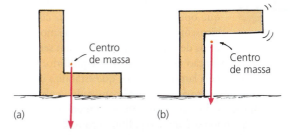

FIGURA 8.45 O centro de massa de um objeto com a forma de um "L" está localizado onde não há massa. Em (a), o centro de massa está acima da base do suporte, de modo que o objeto é estável. Em (b), ele não está acima da base do suporte, então o objeto é instável e tombará.

FIGURA 8.46 Onde está o centro de gravidade de Alexei em relação às mãos dele?

Você tomba por causa de um torque não equilibrado. Isso é evidente para os dois objetos em forma de "L" da Figura 8.47. Ambos são instáveis e tombarão, a menos que estejam presos em algo. É fácil ver que, embora os dois objetos tenham o mesmo peso, o da direita é mais instável. Isso acontece por causa do seu braço de alavanca mais comprido e, portanto, do torque maior gerado pelo peso.

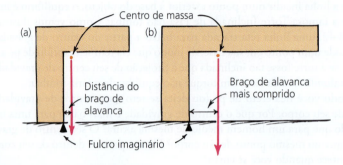

FIGURA 8.47 O maior torque atua no objeto mostrado em (b) por duas razões. Quais são elas?

FIGURA 8.48 Ajustes contínuos nos microprocessadores do *skate* de uma roda de Alex Hewitt alinham seu CG com a base da roda.

Tente equilibrar o cabo de uma vassoura em pé sobre a palma de sua mão. A base de sustentação nesse caso é muito pequena e fica relativamente distante do centro de gravidade da vassoura, por isso é difícil mantê-la equilibrada por muito tempo. Depois de adquirir alguma prática, você conseguirá fazer isso se aprender a realizar pequenos movimentos com sua mão em resposta às alterações no equilíbrio. Você aprenderá a não subestimar ou superestimar esses movimentos em resposta às pequenas alterações no equilíbrio. O intrigante *skate* de uma roda de Alex faz o mesmo (Figura 8.48). Alterações do equilíbrio são sentidas rapidamente por dois sensores de pressão ligados a um microprocessador sob o pé dianteiro de Alex, que opera o dispositivo. O *skate* contém giroscópios, mas não os mecanismos maciços de aparelhos maiores, e sim sensores de nível de *chip*, que medem a taxa de rotação e ajudam com o equilíbrio. O pé traseiro de Alex ativa a bateria. Um bônus é a largura da roda, que estabiliza o *skate* em terrenos mais esburacados do que um *skate* convencional conseguiria enfrentar. Os ajustes corretivos do seu microprocessador são semelhantes ao modo como seu cérebro coordena as ações de ajuste quando você tenta equilibrar um bastão sobre a palma de sua mão. Ambos os feitos são completamente fascinantes.

Para diminuir a probabilidade de tombamento, geralmente é desejável projetar objetos com uma base grande e um centro de gravidade baixo. Quanto maior a base, mais alto o centro de gravidade pode ser elevado antes que o objeto tombe.

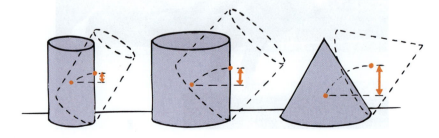

FIGURA 8.49 A distância vertical ao longo da qual eleva-se o centro de gravidade quando o objeto é inclinado determina sua estabilidade. Um objeto com base larga e centro de gravidade baixo é mais estável.

PAUSA PARA TESTE

1. Por que é perigoso abrir rapidamente as gavetas superiores de um armário de arquivos alto e completamente lotado, se ele não estiver preso ao piso ou à parede?

2. Quando um carro despenca de um penhasco, por que ele gira para a frente enquanto cai?

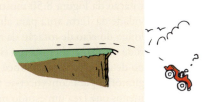

VERIFIQUE SUA RESPOSTA

1. O armário corre risco de inclinar porque seu CG pode ultrapassar a base de apoio. A partir deste ponto, o torque devido à gravidade acaba virando o armário.

2. Quando todas as rodas estão sobre o chão, o CG do carro está acima da base de apoio. Entretanto, quando ele se projeta para fora do penhasco, as rodas da frente são as primeiras a perder contato com o solo, e a base de sustentação, reduz-se à linha que liga as duas rodas traseiras. Com isso, o CG ultrapassa a base de sustentação e um torque resultante gira o carro. É interessante observar que a rapidez do carro está relacionada ao tempo durante o qual o CG não é sustentado, e então ao valor da rotação do carro enquanto ele cai.

8.7 *Momentum* angular

As coisas que giram, seja uma colônia no espaço, um cilindro que rola rampa abaixo ou um acrobata que executa uma cambalhota, permanecem girando até que alguma coisa as detenha. Um objeto em rotação tem uma "inércia em rotação". Lembre-se do Capítulo 6, todos os objetos em movimento têm "inércia em movimento", ou *momentum* – o produto da massa pela velocidade. Esse tipo de *momentum* é o **momentum linear**. Analogamente, a "inércia em rotação" de um objeto em rotação chama-se **momentum angular**. Um planeta que orbita o Sol, uma pedra girando presa à extremidade de um barbante e os minúsculos elétrons girando em torno dos núcleos atômicos, todos têm *momentum* angular.

O *momentum* angular é definido como o produto da inércia rotacional pela velocidade angular.

Momentum angular = inércia rotacional × velocidade rotacional

Isso é o análogo do *momentum* linear:

Momentum linear = massa × velocidade

Como o *momentum* linear, o *momentum* angular é uma quantidade vetorial e tem uma direção e um sentido, assim como um valor. Neste livro, não trataremos da natureza vetorial do *momentum* angular (ou mesmo do torque, que também é um

FIGURA 8.50 O *momentum* angular mantém o eixo da roda aproximadamente horizontal quando um torque gerado pela gravidade da Terra atua sobre ele. Em vez de inclinar a roda, o torque faz o eixo de rotação da roda girar lentamente ao redor do círculo de alunos da foto. Isso é chamado de *precessão*.

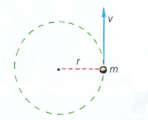

FIGURA 8.51 Um objeto pequeno de massa m em rotação numa trajetória circular de raio r, com uma rapidez v, tem *momentum* angular mvr.

vetor), exceto para apreciar a ação notável do giroscópio. A roda de bicicleta em rotação da Figura 8.50 mostra o que acontece quando um torque gerado pela gravidade da Terra atua para alterar a direção de seu *momentum* angular (que está ao longo do eixo de rotação da roda). O puxão gravitacional, que normalmente faria a roda tombar e alteraria seu eixo de rotação, em vez disso causa sua *precessão* em torno de um eixo vertical. Você mesmo deveria fazer isso, de pé sobre uma plataforma giratória, para convencer-se totalmente. É provável que você não o compreenda, a menos que faça um estudo mais avançado em alguma ocasião futura.

No caso de um objeto pequeno comparado à distância radial até seu eixo de rotação, como uma lata de conserva girando presa pela extremidade de um barbante comprido ou um planeta orbitando em torno do Sol, o *momentum* angular pode ser expresso como o valor de seu *momentum* linear, mv, multiplicado pela distância radial, r, (Figura 8.51). Em notação sintética,

$$\textit{Momentum} \text{ angular} = mvr$$

O *momentum* angular é comunicado a projéteis quando as ranhuras helicoidais, chamadas de estriamento, no interior do cano de armas e canhões os fazem girar. Um projétil que gira tende a continuar a girar em torno de um eixo, o que o impede de tombar. Um projétil que tomba encontra maior resistência aerodinâmica e perde rapidez. O mesmo vale para uma bola de futebol americano lançada pelo *quarterback*.

Assim como é necessário haver uma força externa resultante atuante para alterar o *momentum* linear de um objeto, é necessário haver um torque externo resultante para alterar o *momentum* angular de um objeto. Podemos enunciar uma versão rotacional da primeira lei de Newton (a lei da inércia):

Um objeto ou sistema de objetos manterá seu *momentum* angular a menos que um torque externo resultante atue sobre ele.

Nosso sistema solar tem um *momentum* angular total que inclui o do Sol, o dos planetas girantes em órbita do Sol e uma miríade de outros corpos pequenos. O *momentum* angular do sistema solar de hoje será o mesmo pelos bilhões de anos que virão. Somente um torque resultante externo, com origem fora do sistema solar, é capaz de alterar seu *momentum* angular. Na ausência desse torque, dizemos que o *momentum* angular do sistema solar é conservado.

> **PAUSA PARA TESTE**
>
> O *momentum* angular do nosso sistema solar permanece o mesmo, século após século. O que seria necessário para alterá-lo?
>
> **VERIFIQUE SUA RESPOSTA**
>
> Uma força externa ao nosso sistema solar seria a culpada. Nenhuma força interna ao sistema solar conseguiria!

8.8 Conservação do *momentum* angular

No Capítulo 6, aprendemos sobre a conservação do *momentum*. No Capítulo 7, aprendemos sobre a conservação da energia. Agora, aprenderemos uma nova lei da conservação igualmente importante: a **conservação do *momentum* angular.**

Se nenhum torque externo resultante for exercido sobre um sistema em rotação, o *momentum* angular daquele sistema mantém-se constante.

Isso significa que, sem haver um torque externo exercido, o produto da inércia de rotação e da velocidade angular em um determinado instante será igual ao de qualquer outro instante.

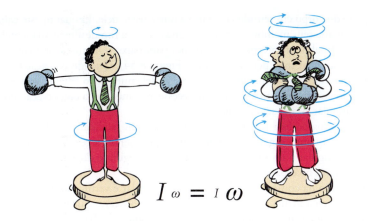

FIGURA 8.52 Conservação do *momentum* angular. Quando o homem recolhe seus braços e os pesos para mais perto do corpo, diminui sua inércia rotacional *I*, enquanto sua rapidez angular aumenta correspondentemente.

Um exemplo interessante que ilustra a conservação do *momentum* angular é ilustrado na Figura 8.52. Um homem está de pé com os braços abertos segurando pesos, sobre uma plataforma giratória de baixo atrito. Sua inércia rotacional *I*, por causa dos braços estendidos dotados de pesos, é relativamente grande nessa posição. Quando ele gira lentamente, seu *momentum* angular é igual ao produto de sua inércia rotacional por sua velocidade angular, ω. Quando ele recolhe os braços, aproximando-os do corpo, a inércia rotacional de seu corpo e dos pesos é reduzida de forma considerável. Qual é o resultado disso? A rapidez angular da plataforma crescerá! Esse exemplo é melhor apreciado por uma pessoa em rotação, que sente alterações na rapidez angular que lhe parecem misteriosas, mas é tudo física mesmo! Esse procedimento é utilizado por uma patinadora que inicia um giro com seus braços – e talvez pernas – estendidos e depois recolhe os braços e as pernas para junto do corpo, conseguindo, com isso, aumentar sua rapidez angular. Sempre que um corpo em rotação se contrai, sua rapidez angular aumenta.

Analogamente, quando um ginasta está girando livremente na ausência de torque resultante agindo sobre seu corpo, seu *momentum* angular não varia. Entretanto, ele pode alterar sua rapidez angular simplesmente realizando variações na sua inércia rotacional. Ele faz isso movimentando alguma parte de seu corpo para mais perto ou mais longe do eixo de rotação.

Se um gato for segurado de cabeça para baixo e, então, for solto, ele será capaz de executar um giro e aterrissar em pé, mesmo se não tiver um *momentum* angular inicial. Giros e voltas com *momentum* angular nulo podem ser realizados fazendo girar

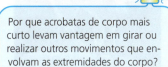

Por que acrobatas de corpo mais curto levam vantagem em girar ou realizar outros movimentos que envolvam as extremidades do corpo?

FIGURA 8.53 A rapidez angular pode ser controlada por meio de variações na inércia rotacional quando o *momentum* angular é conservado durante uma cambalhota para a frente. (A escala vertical está exagerada na figura.)

FIGURA 8.54 Fotos de um gato em queda, tiradas em intervalos de tempo iguais.

uma parte do corpo em sentido contrário a outra parte dele. Enquanto está caindo, o gato rearranja seus membros e cauda diversas vezes, a fim de alterar sua inércia de rotação até finalmente aterrissar com os pés para baixo. Durante essa manobra, o *momentum* angular total permanece nulo (Figura 8.54). Quando isso acaba, o gato não está mais girando. A manobra gira o corpo dele num certo ângulo, mas ela não cria rotação continuamente. Se isso acontecesse, o princípio da conservação do *momentum* angular estaria sendo violado.

Os humanos podem realizar giros parecidos com facilidade, embora não tão rapidamente quanto o gato. Os astronautas aprenderam a realizar rotações com *momentum* angular nulo ao orientarem seus corpos segundo direções escolhidas enquanto flutuam no espaço.

O princípio da conservação do *momentum* angular é verificado no movimento dos planetas e na forma das galáxias. É fascinante observar que a conservação do *momentum* angular nos diz que a Lua está se afastando da Terra. Isso porque a rotação diária da Terra está diminuindo lentamente devido ao atrito entre a água dos oceanos e o fundo do mar, da mesma maneira que as rodas de um carro passam a girar mais lentamente quando os freios são acionados. Essa diminuição no *momentum* angular da Terra é acompanhada por um aumento igual no *momentum* angular da Lua em sua órbita ao redor da Terra. Esse aumento no *momentum* angular da Lua resulta num aumento de sua distância até a Terra e na diminuição de sua rapidez. Esse aumento da distância é de um quarto de centímetro por rotação completada. Você percebeu que a Lua está ficando mais afastada de nós recentemente? Bem, ela está; cada vez que assistimos a uma lua cheia, a Lua se encontra um quarto de centímetro mais afastada!

> **PAUSA PARA TESTE**
>
> 1. É correto afirmar que o homem que gira na Figura 8.52 aumenta o seu *momentum* angular quando puxa os braços para dentro?
> 2. Por que um ginasta mais baixo realiza mais facilmente a cambalhota mostrada na Figura 8.53?
> 3. Em que sentido um gato em queda é uma criatura obediente?
>
> **VERIFIQUE SUA RESPOSTA**
>
> 1. Não. Nessa manobra, a *rapidez* angular do homem que gira na figura aumenta quando ele puxa seus braços, e não seu *momentum* angular, que não varia. Lembre-se de prestar atenção em palavras que costumam ser confundidas com outras.
> 2. Ginastas mais baixos têm inércia rotacional menor do que ginastas mais altos. Volte à Tabela 8.1 e observe que varetas e outros objetos compridos têm inércias rotacionais que aumentam com o comprimento. A inércia rotacional menor significa menor resistência a variações no movimento de rotação, o que favorece bastante os ginastas mais baixos. Observe que ginastas baixinhos ganham medalhas olímpicas!
> 3. Um gato em queda realiza manobras para aterrissar em pé, obedecendo as leis da física. (E não só os gatos: TODAS as criaturas da natureza movem-se de acordo com as leis de Newton do movimento!)

Ah, sim, antes de terminar este capítulo, vamos responder à questão 3 do Pausa para Teste da página 158. As tampas dos bueiros são redondas porque esta é única forma geométrica que as impossibilita de cair no buraco. Uma tampa quadrada, por exemplo, pode ser inclinada verticalmente e girada de modo que caia diagonalmente no buraco. O mesmo acontece com outras formas geométricas. Se você estivesse trabalhando dentro de um bueiro e alguns moleques imprudentes estivessem correndo acima, nas proximidades, você agradeceria pelo fato de a tampa ser redonda!

Revisão do Capítulo 8

TERMOS-CHAVE (CONHECIMENTO)

rapidez tangencial A rapidez linear na direção tangente a uma trajetória curvilínea, tal como num movimento circular.

frequência de rotação O número de rotações ou revoluções por unidade de tempo; geralmente medida em rotações ou revoluções por segundo ou por minuto. (Os cientistas tendem a medi-la em radianos por segundo.)

força centrípeta Uma força que aponta para um ponto fixo e, normalmente, é a causa do movimento circular:

$$F = \frac{mv^2}{r}$$

força centrífuga Uma aparente força para fora, experimentada quando se usa um sistema de referência em rotação. Ela é aparente (fictícia) no sentido de que não é parte de uma interação, mas é o resultado da rotação – sem a contrapartida de uma força de reação.

inércia rotacional Aquela propriedade de um objeto que mede sua resistência a qualquer alteração em seu estado de rotação: se está em repouso, o corpo tende a permanecer assim; se está em rotação, tende a permanecer assim, e continuará a fazê-lo até que um torque externo resultante atue sobre ele.

torque O produto da força pelo comprimento do braço de alavanca, que tende a produzir rotação.

Torque = braço de alavanca × força

centro de massa (CM) A posição média da massa de um objeto. O CM move-se como se todas as forças externas atuassem neste ponto.

centro de gravidade (CG) A posição média do peso, ou um ponto único associado ao objeto, onde se pode considerar que a força da gravidade atua.

equilíbrio O estado de um objeto em que nenhuma força ou torque externo resultante atua.

***momentum* linear** O produto da massa de um objeto e sua velocidade linear.

***momentum* angular** O produto da inércia rotacional de um corpo pela velocidade angular em torno de um certo eixo de rotação. Para um objeto pequeno comparado à distância radial, pode ser expresso como o produto da massa, da rapidez e da distância radial de rotação.

conservação do *momentum* angular Quando nenhum torque externo atua sobre um objeto ou sistema de objetos, não há alteração no *momentum* angular. Portanto, o *momentum* angular antes de um evento que envolve apenas torques internos ou nenhum torque é igual ao *momentum* angular após o evento.

QUESTÕES DE REVISÃO (COMPREENSÃO)

8.1 Movimento circular

1. Quais são as unidades de medida da rapidez tangencial? E da rapidez angular?
2. Qual varia com a distância radial em uma mesa giratória, a rapidez tangencial ou a rapidez angular?
3. Um copo com formato cônico descreve um círculo quando rola sobre uma superfície plana. Isso significa que a rapidez tangencial da borda da extremidade mais larga do copo é diferente da extremidade mais estreita?
4. Como a borda estreitada de uma roda de trem permite que uma parte da borda tenha uma rapidez tangencial maior do que a outra?

8.2 Força centrípeta

5. Quando você movimenta, numa trajetória circular, uma lata presa à extremidade de um barbante, qual é a direção e o sentido da força exercida sobre a lata?
6. A força exercida sobre as roupas durante uma volta do tambor de uma máquina de lavar roupas é para dentro ou para fora?

8.3 Força centrífuga

7. Que tipo de força atua sobre uma joaninha dentro de uma lata girada em uma trajetória circular?

8. Os cintos de segurança exercem uma força centrípeta ou centrífuga sobre o passageiro de um automóvel que faz uma curva?
9. Por que a força centrífuga num sistema de referência em rotação é chamada de força fictícia?
10. Como se pode simular a gravidade numa estação espacial em órbita?

8.4 Inércia rotacional

11. Qual é a semelhança entre a inércia rotacional e a inércia estudada nos capítulos precedentes?
12. A inércia depende da massa. A inércia rotacional também depende da massa?
13. Quando a distância entre a maior parte da massa de um objeto e seu centro de rotação aumenta, a inércia rotacional aumenta ou diminui?
14. Por que o ato de dobrar as pernas enquanto corre lhe possibilita movimentar as pernas para a frente e para trás mais rapidamente?
15. O que terá maior aceleração ao rolar rampa abaixo, um aro ou um disco sólido?

8.5 Torque

16. Que tipo de movimento o torque tende a produzir sobre um objeto?

17. O que se quer exprimir por "braço de alavanca" de um torque?
18. Como torques horários e anti-horários se comparam quando um sistema está em equilíbrio?

8.6 Centro de massa e centro de gravidade

19. Atire uma vareta no ar e você verá que ela parece oscilar em torno de um ponto. Precisamente, que ponto é esse?
20. Onde fica o centro de massa de um taco de beisebol: mais perto da ponta mais grossa ou de onde o rebatedor o segura?
21. Em que parte de uma régua de 1 m você colocaria o seu dedo para que ela se equilibrasse em uma posição horizontal?
22. Onde se encontra o centro de massa de uma bola de basquete?
23. Qual é a relação entre o centro de gravidade e a base de sustentação de um objeto em equilíbrio estável?
24. Por que a Torre Inclinada de Pisa não tomba?
25. A sua base de apoio é maior, menor ou igual quando fica de pé com as pernas abertas e os pés distantes entre si?

8.7 *Momentum* angular

26. Qual é a diferença entre *momentum* linear e *momentum* angular?
27. O que é necessário para alterar o *momentum* angular de um sistema?

8.8 Conservação do *momentum* angular

28. Se uma patinadora que está girando aproxima seus braços do corpo, a fim de diminuir sua inércia rotacional à metade, em quanto aumentará sua taxa de rotação?
29. Como a redução do *momentum* angular da Terra afeta a distância entre a Lua e a Terra?
30. Como o *momentum* angular de um gato varia quando ele cai de uma árvore?

PENSE E FAÇA (APLICAÇÃO)

31. Escreva uma carta a seu avô e conte-lhe como você está aprendendo a distinguir entre conceitos intimamente relacionados usando exemplos de força e de torque. Explique-lhe quais são as semelhanças e as diferenças entre os dois conceitos. Sugira onde ele pode encontrar objetos de manuseio em sua casa que possam ilustrar as diferenças entre os dois. Também dê um exemplo que mostre como a força resultante sobre um objeto pode ser nula, enquanto o torque resultante não o é, assim como um exemplo mostrando o contrário. (Agora comemore o seu dia do avô e *envie* a carta a ele!)
32. Fixe um par de copos de plástico pelas suas bordas mais largas e faça-os rolar por um par de réguas paralelas, que simulam os trilhos de uma ferrovia. Você notará que eles se corrigem sempre que suas trajetórias se afastam da parte central dos trilhos. Se você fixasse os copos pelas suas bordas mais estreitas, como na ilustração, de modo que a inclinação da borda de rolamento fosse invertida, eles se corrigiriam ou fariam o inverso, quando colocados a rolar ligeiramente descentrados?

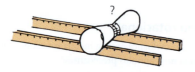

33. Fixe uma colher, um garfo e um palito de fósforo juntos, como na ilustração. A combinação se equilibrará delicadamente sobre a borda de um copo. Isso acontece porque o centro de gravidade de fato se encontra "pendurado" abaixo do ponto de sustentação.

34. Fique em pé com os calcanhares e as costas contra uma parede e tente dobrar-se e tocar os dedos dos pés. Você verificará que tem de se posicionar um pouco afastado da parede para conseguir fazer isso sem tombar para a frente. Compare a distância mínima de seus calcanhares até a parede com a de um colega do sexo oposto. Quem consegue tocar nos dedos dos pés estando mais próximo da parede – homens ou mulheres? Em média e em proporção à altura, que sexo tem o centro de gravidade mais baixo?
35. Peça a uma colega para ficar em pé, em frente a uma parede. Peça-lhe que, com os dedos dos pés encostando na parede, tente ficar em pé sobre a ponta dos pés sem cair para trás. Explique por que ela não será capaz de fazê-lo.
36. Posicione-se com o ombro direito e a lateral do pé direito contra a parede. Tente levantar o pé esquerdo do chão. Por que você não consegue fazê-lo sem cair?
37. Repouse uma régua sobre os dois dedos indicadores estendidos, como mostrado na foto. Lentamente, vá juntando os dedos. Em que parte da régua seus dedos se encontrarão? Você pode explicar por que isso acontece sempre, não importando de que posição inicial parta cada um dos indicadores?

38. Pendure o gancho de um cabide de roupas pelo dedo indicador. Cuidadosamente, equilibre uma moeda sobre o arame reto diretamente abaixo do gancho. Pode ser que você tenha de desentortar o arame com um martelo ou confeccionar uma pequena plataforma com fita adesiva. Após um treino surpreendentemente curto, você conseguirá balançar o

gancho e a moeda em equilíbrio para a frente e para trás, e depois completar um movimento circular. A força centrípeta mantém a moeda no lugar.

39. Quer atirar um atilho com os dedos e acertar na mosca? Vamos ensiná-lo a melhorar sua mira. Coloque uma ponta do atilho no indicador e estique-o com a outra mão (foto da esquerda). A tensão em ambos os lados é aproximadamente a mesma. A seguir, puxe um lado do atilho esticado usando o polegar (foto central), o que cria uma espécie de triângulo. Isso tensiona um lado, o que necessariamente afrouxa o outro. Dispare o atilho (foto da direita) e você imprime a ele uma rotação que agrega estabilidade ao atilho voador, assim como as ranhuras helicoidais no cano de um rifle.

40. **Hora de mexer no celular.** Coloque meias ou outras roupas para girar na sua máquina de lavar. A missão será descobrir quantos *g*s as meias experimentam durante o ciclo. Primeiro, meça o diâmetro interno D do tambor da lavadora (em metros). Descubra a sua circunferência (a distância que as meias percorreram em uma revolução) com a fórmula $C = \pi D$. A seguir, use

seu celular para gravar um vídeo em câmera lenta das meias durante o ciclo de centrifugação e descubra quanto tempo demora para completar uma revolução (o período). Para descobrir a rapidez das meias, divida a circunferência do tambor pelo período. Por fim, descubra quantos *g*s as meias experimentam usando a equação $a = v2/r$. O resultado vai ser um número bem alto de *g*s!

Anos para aprender. Mas depois que aprende, você nunca perde.

PEGUE E USE (APLICAÇÃO DE EQUAÇÕES)

Torque = Braço de alavanca × Força

41. Calcule o torque gerado por uma força de 50 N exercida perpendicularmente sobre a extremidade de uma chave de fenda de 0,2 m de comprimento.

42. Calcule o torque gerado pela mesma força de 50 N quando um tubo prolonga o comprimento da chave de fenda para 0,5 m.

Força centrípeta: $F = \dfrac{mv^2}{r}$

43. Mostre que a tensão em uma corda horizontal por meio da qual um brinquedo de 2 kg é movimentado descrevendo um círculo de raio 1,5 m com rapidez de 2 m/s sobre uma superfície de gelo é de 5,3 N.

44. Mostre que 360 N de atrito mantém uma pessoa de 80,0 kg sentada a 2,0 m do centro de uma plataforma giratória com rapidez tangencial de 3,0 m/s.

***Momentum* angular = mvr**

45. Mostre que o *momentum* angular da pessoa no problema anterior é de 480 kg · m²/s.

46. Se a rapidez da pessoa for duplicada e o restante permanecer igual, como será o *momentum* angular da pessoa?

PENSE E RESOLVA (FORMULAÇÃO MATEMÁTICA)

47. Uma pista de corrida circular tem duas faixas bem definidas, sendo a externa maior do que a interna. O raio da faixa interna é de 20,0 m; o raio da externa é de 21,0 m. Para uma corrida de cinco voltas, quanto o corredor na pista externa precisaria receber de vantagem para compensar as diferenças de distância? A circunferência de um círculo é $C = 2\pi r$.

48. O diâmetro da base de um copo é de 6 cm. O diâmetro da boca vale 9 cm. O copo descreve um movimento curvilíneo quando é posto a rolar sobre o tampo de uma mesa. Qual de suas extremidades, a base ou a boca, rola com maior rapidez? Quão mais rápida ela é?

49. Para apertar um parafuso, você empurra o cabo da chave de boca com uma força de 80 N, aplicada na extremidade do cabo, a 0,25 m do eixo do parafuso. a. Que torque você está exercendo? b. Se mover sua mão em direção ao eixo de modo que ela fique a 0,1 m dele, mostre que você deve exercer 200 N de força para obter o mesmo torque. c. Suas respostas dependem da direção de seu empurrão em relação à direção do cabo da ferramenta?

50. Como mostrado na figura, a pedra e a régua se equilibram com o fulcro na marca de 25 cm. A massa da régua é de 1 kg. Qual deve ser a massa da pedra?

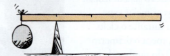

51. Um disco de hóquei no gelo, de massa m, descreve com rapidez v um círculo sobre uma superfície de gelo, preso na extremidade de um barbante de comprimento L. A tensão no barbante é T.

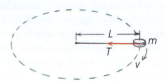

a. Insira os valores de T e L na equação da força centrípeta. b. Reorganize a equação para calcular a massa. c. Mostre que a massa do disco será de 5 kg se o comprimento do barbante for de 2 m, a tensão nele for de 10 N e a velocidade tangencial do disco for de 2 m/s.

52. Se uma trapezista oscila uma vez a cada segundo, enquanto se balança no ar, e contrai seu corpo de modo a reduzir sua inércia rotacional para um terço da original, quantas rotações por segundo resultarão disso?

53. Um pequeno telescópio espacial na extremidade de um cabo de comprimento L move-se em torno de uma estação espacial central com velocidade linear de módulo v. a. Qual será o valor da velocidade linear do telescópio se o comprimento do cabo for reduzido para $0,33L$? b. Se a rapidez inicial do telescópio for de 1,0 m/s, qual será o módulo de sua velocidade se for puxado para um terço da distância inicial em relação à estação espacial?

PENSE E ORDENE (ANÁLISE)

54. Os três copos abaixo são colocados a rolar sobre uma superfície horizontal. Ordene-os de acordo com o quanto cada uma das trajetórias difere de uma linha reta (da mais curvada para a menos curvada).

55. Três tipos de rolos são colocados sobre trilhos formados por réguas horizontalmente paralelas e inclinadas, como mostrado. Ordene os rolos de acordo com suas habilidades de se manterem estáveis ao rolarem, do maior para o menor.

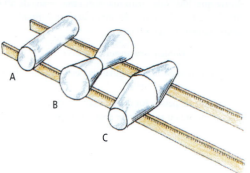

56. Iniciando do repouso, o disco maciço A, a bola maciça B e o aro C disputam uma corrida rampa abaixo. Ordene-os conforme a ordem de chegada na base da rampa: vencedor, segundo e terceiro lugar.

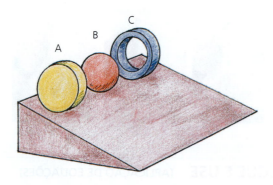

57. Você segura uma régua horizontalmente com uma mesma massa suspensa na extremidade. Ordene de forma decrescente os valores dos torques necessários para manter a régua parada.

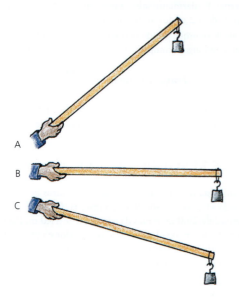

58. Considere três eixos de rotação para um lápis: (A) um que está ao longo do grafite dele; (B) um segundo em ângulo reto com o grafite, passando pelo meio do lápis; (C) um terceiro em ângulo reto com o grafite, mas passando por uma das extremidades. Ordene os momentos de inércia em torno de cada eixo, do menor para o maior.

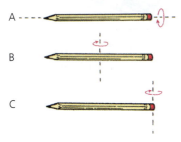

59. Três estudantes de física estão em pé com as costas encostadas contra uma parede. Todos estão em boa forma física. A tarefa deles é se dobrar para a frente e para baixo até conseguir encostar as mãos nos dedos dos pés sem cair para frente. Ordene suas chances de sucesso, da maior para a menor. (Observe os tamanhos dos pés.)

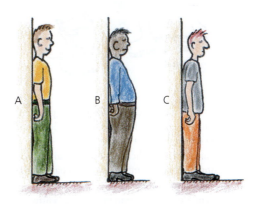

PENSE E EXPLIQUE (SÍNTESE)

60. O que é mais fácil de balançar: um bastão de beisebol segurado por sua extremidade normal ou outro segurado por uma parte mais próxima da extremidade de maior massa (estrangulado)?

61. Se a corda que mantém uma lata girando num círculo se rompe, que tipo de força faz ela se mover ao longo de uma linha reta – centrípeta, centrífuga ou nenhuma força? Que lei da física justifica sua resposta?

62. Divertindo-se em uma roda gigante moderna, no momento em que ela completa meia volta, Sam Nasty "decola" do assento, perdendo contato com ele. Seu assento está situado a meio caminho entre o eixo de rotação e o assento de seu colega, que se mantém em contato com o assento. Como sua velocidade de rotação se compara à de seu colega? Como se comparam os valores das velocidades tangenciais de ambos? Por que as respostas são diferentes?

63. Dan e Sue andam de bicicleta com a mesma rapidez. Os pneus da bicicleta de Dan têm diâmetro maior do que os da bicicleta de Sue. Qual das rodas, se for o caso, tem maior rapidez angular?

64. Use a equação $v \sim r\omega$ para explicar por que a ponta de um mata-moscas deve mover-se mais rapidamente do que seu punho ao matar uma mosca.

65. O estreitamento das rodas de um trem é especialmente importante nas curvas. Em uma curva na qual o trilho mais externo é 0,5% maior do que o mais interno, em quanto o raio da parte mais larga da borda da roda deve ser mais largo do que o da parte mais estreita?

66. O ângulo do estreitamento nas rodas de um trem está relacionado ao ângulo das curvas que o trem consegue realizar? Especule sobre o que aconteceria se um trem tentasse fazer uma curva fechada demais para o estreitamento das suas rodas.

67. Os flamingos são aves frequentemente vistas em pé sobre apenas uma perna, com a outra erguida. Seu momento de inércia é aumentado com pernas longas? O que você pode afirmar sobre o centro de massa do pássaro em relação ao pé sobre o qual ele se apoia?

68. Em um carro de corrida, a localização das rodas dianteiras, bem próximas da frente, ajuda a manter o veículo de "nariz para cima" durante a aceleração. Que conceitos da física desempenham algum papel nesse caso?

69. O que terá maior aceleração enquanto rola rampa abaixo – uma bola de boliche ou uma de vôlei? Justifique sua resposta.

70. Uma bola de *softball* e outra de basquete partem do repouso e rolam descendo uma rampa. Qual delas chegará primeiro à base da rampa? Justifique sua resposta.

71. Como uma rampa o ajudaria a distinguir entre duas esferas aparentemente idênticas de mesmo peso – uma maciça e outra oca?

72. O que rolará mais rápido para baixo em um plano inclinado, uma lata com água dentro ou uma lata com gelo dentro?

73. O torque resultante muda quando um parceiro numa gangorra se pendura em sua extremidade, em vez de ficar sentado nela? (O peso ou o braço de alavanca sofrem alguma mudança?)

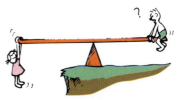

74. Em termos do braço de alavanca do torque, por que a maçaneta fica no lado oposto das dobradiças?

75. Quando você está pedalando uma bicicleta, o torque máximo é produzido quando os braços dos pedais estão na posição horizontal, e nenhum torque é gerado quando eles se encontram na posição vertical. Explique.

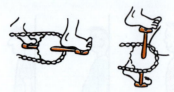

76. Quando a linha de ação de uma força passa pelo centro de massa de um objeto, essa força pode produzir um torque em relação ao centro de massa do objeto?
77. Quando uma bola de boliche sai de sua mão, ela pode não girar. Contudo, mais adiante na pista, ela passa a girar. O que produz a rotação?
78. Por que sentar o mais próximo possível do centro de um veículo torna a viagem mais confortável, num ônibus que trafega por uma estrada esburacada, em um navio num mar agitado ou em um avião que enfrenta turbulência?
79. Sem ninguém para firmar seus pés, o que é mais difícil: fazer abdominais com os joelhos dobrados ou com as pernas esticadas? Justifique sua resposta.
80. Explique por que um bastão comprido é mais útil para um equilibrista de corda se ele for curvado para baixo.

81. Por que você deve se curvar para a frente quando está carregando uma carga pesada nas costas?
82. Por que o movimento oscilante de uma estrela é um indício de que ela tem um ou mais planetas em órbita?
83. Por que é mais fácil carregar a mesma quantidade de água em dois baldes, um em cada mão, do que num único balde?
84. Com um desenho, mostre como o torque e o centro de gravidade explicam por que uma bola rola colina abaixo.
85. Onde se encontra o centro de massa da atmosfera terrestre?
86. Por que é importante fixar os porta-arquivos no piso, especialmente quando eles guardam objetos pesados em suas gavetas superiores? Justifique sua resposta.
87. Descreva as estabilidades relativas dos três objetos mostrados abaixo em termos de trabalho e de energia potencial.

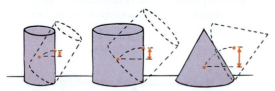

88. Os centros de gravidade dos três caminhões estacionados lateralmente numa colina estão indicados pelas marcas em X. Que caminhão (caminhões) tombará (tombarão)? Justifique sua resposta.

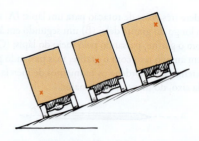

89. Um carro de corrida, quando se desloca fazendo uma curva circular horizontal, necessita do atrito entre os pneus e o pavimento para manter-se na trajetória circular. Quanto a mais de atrito ele necessitará se sua velocidade na curva for duplicada? Explique como chegou à sua resposta.
90. Um objeto pode se mover ao longo de uma trajetória curvilínea se nenhuma força for exercida sobre ele? Justifique sua resposta.
91. Quando um carro aumenta sua rapidez ao fazer uma curva, a força centrípeta sobre ele também aumenta? Justifique sua resposta.
92. Quando está sentado no assento do passageiro, no banco da frente de um carro que faz uma curva para a esquerda, você verifica que está sendo pressionado contra a porta do lado direito. Por que você pressiona a porta? Por que a porta o pressiona? Sua explicação deve envolver uma força centrífuga e as leis de Newton.
93. Explique por que uma força centrípeta *não* realiza trabalho sobre um objeto em movimento circular.
94. O esboço a seguir mostra uma moeda na beira de uma mesa giratória. O peso dela é representado na figura pelo vetor **W**. Duas outras forças atuam sobre a moeda, a força normal e a força de atrito que a impede de escorregar para fora da mesa. Desenhe os vetores que as representam.

95. A ocupante de um hábitat espacial giratório do futuro sente que está sendo puxada pela gravidade artificial contra a parede mais externa desse hábitat (que, para ela, torna-se o "piso"). Explique o que está acontecendo em termos das leis de Newton e da força centrípeta.

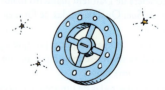

96. O próximo esboço ilustra um pêndulo cônico. A esfera gira num círculo horizontal. A tensão **T** e o peso **W** são indicados pelos vetores. Trace um paralelogramo com esses vetores e mostre que sua resultante situa-se no plano do círculo. (Veja a regra do paralelogramo no Capítulo 5.) Qual é o nome dessa força resultante?

97. Um motociclista é capaz de rodar pela parte vertical de uma pista em forma de tigela, como a mostrada na figura. O atrito da parede sobre os pneus é representado por um vetor vertical vermelho. (a) Como o módulo desse vetor vertical se compara ao peso da motocicleta e do piloto? (b) O vetor horizontal vermelho representa a força normal exercida sobre a moto e o piloto, a força centrípeta, ambas ou nenhuma das duas? Justifique sua resposta.

98. Considere uma bola que rola numa trajetória circular sobre a superfície interna de um cone. O peso da bola é representado pelo vetor **W**. Sem haver atrito, apenas uma outra força atua na bola — uma força normal. (a) Trace o vetor normal (quão comprido ele será depende de b). (b) Usando a regra do paralelogramo, mostre que a resultante dos dois vetores está ao longo da direção radial da trajetória circular da bola. (Sim, a normal é consideravelmente maior do que o peso da bola!)

99. Você está sentado no meio de uma grande plataforma giratória em um parque de diversões, que é colocada para girar livremente. Enquanto você estiver arrastando-se em direção à borda da plataforma, a taxa de rotação aumenta, diminui ou permanece a mesma? Que princípio da física sustenta sua resposta?

100. Uma quantidade relativamente grande de solo é arrastada pelo rio Mississipi e depositada no golfo do México a cada ano. Que efeito isso tem sobre a duração do dia? (*Dica*: relacione isso com o exercício anterior.)

101. Se todos os habitantes da Terra se deslocassem para a linha do equador, como isso afetaria a inércia de rotação do planeta? Como a duração do dia seria afetada nesse caso?

102. Se a população do mundo se mudasse para os polos norte e sul, o dia de 24 horas seria alongado, encurtado ou se manteria inalterado?

103. Se as calotas polares da Terra derretessem, os oceanos se tornariam mais profundos. Estritamente falando, que efeito isso teria sobre a rotação da Terra?

104. Por que um helicóptero comum pequeno, com um único rotor principal, tem um segundo pequeno rotor em sua cauda? Descreva o que acontece se esse pequeno rotor enguiçar durante o voo.

105. Os cientistas acreditam que nossa galáxia foi formada a partir de uma enorme nuvem de gás. A nuvem original era maior do que o presente tamanho da galáxia, era mais ou menos esférica, e girava muito mais lentamente do que agora. No esboço a seguir, ilustramos a nuvem original e a galáxia como está agora (vista de perfil). Explique como a atração da gravidade, para dentro, e a conservação do *momentum* angular contribuem para dar a presente forma à galáxia e por que ela gira agora mais rapidamente do que quando era uma nuvem esférica e maior.

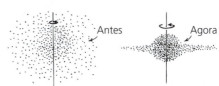

106. A Terra não é perfeitamente esférica, mas tem protuberância no equador. Com Júpiter, isso é mais acentuado. O que produz tais protuberâncias?

PENSE E DISCUTA (AVALIAÇÃO)

107. Um velocímetro de automóvel é configurado para marcar a rapidez proporcionalmente à rapidez angular de suas rodas. Se forem usadas rodas maiores, como aquelas dos pneus para neve, a leitura do velocímetro será mais alta ou mais baixa — ou não existe diferença?

108. Uma roda grande é acoplada a uma roda com metade do diâmetro por uma correia, como mostrado na ilustração. Como se compara a rapidez angular da roda menor com a da roda grande? Como se comparam os valores de rapidez tangencial nas bordas (supondo que a correia não escorregue)?

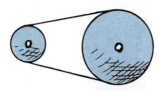

109. Neste capítulo, aprendemos que um objeto pode *não* estar em equilíbrio mecânico mesmo se $\Sigma F = 0$. Discuta o que mais define equilíbrio mecânico.

110. Quando um carro se projeta de um precipício, ele gira durante a queda. Se ele se projetar do precipício com uma velocidade maior, o carro girará mais ou menos? (Considere o tempo durante o qual o torque não equilibrado é exercido.)

111. Por que a frente de um carro se eleva quando o veículo é acelerado e abaixa quando ele é brecado?

112. Por que pneus mais leves são preferidos para equipar bicicletas leves de corrida? Justifique sua resposta.

113. Um rapaz que participa de uma corrida de caixas de sabão (em que veículos de quatro rodas não motorizados rolam colina abaixo a partir do repouso) se indaga se deveria usar rodas grandes e pesadas ou rodas leves; e, além disso, se as rodas deveriam ter aros ou ser maciças. Que opinião você lhe daria?

114. O carretel é puxado de três maneiras diferentes, como mostrado a seguir. Há atrito suficiente para a rotação. Em que sentido o carretel rolará em cada caso? Justifique sua resposta.

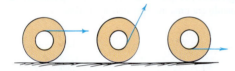

115. Num *playground*, ninguém quis brincar com um menino desagradável, de modo que ele sentou-se na gangorra como mostrado na ilustração para poder brincar sozinho. Explique como ele consegue isso.

116. Como se pode empilhar três tijolos, de modo que o tijolo de cima tenha o máximo deslocamento horizontal em relação ao tijolo de baixo? Por exemplo, empilhá-los como nas linhas tracejadas indica que seria instável, e os tijolos cairiam para a frente. (*Dica:* inicie pelo tijolo de cima e passe para o de baixo. Em cada interface, o CG dos tijolos que estão em cima não deve se estender além do tijolo de sustentação.)

117. É necessário haver atrito para um carro fazer uma curva. Todavia, se o piso da rodovia for inclinado, o atrito pode não mais ser necessário. O que, então, fornece a força centrípeta necessária para tal? (*Dica:* considere os componentes vetoriais da força normal sobre o carro.)

118. Sob que condições um carro veloz poderia se manter em uma curva cujo piso é inclinado, se a rodovia estiver coberta por uma camada de gelo?

119. Um trilho comprido, equilibrado como uma gangorra, sustenta uma bola de golfe e uma bola com mais massa, de bilhar, com uma mola mantida comprimida entre elas. Quando a mola for liberada, as bolas se afastarão uma da outra. O trilho se inclinará no sentido horário, anti-horário ou permanecerá equilibrado, enquanto as bolas rolam se afastando? Quais princípios você usa em sua explicação?

120. Em relação ao dedo de Diana, onde se encontra o centro de massa do pássaro de plástico? Discuta como esse equilíbrio pode ser obtido durante a fabricação do pássaro.

121. Quando uma bala de canhão de longo alcance dispara em direção ao equador, a partir de uma latitude mais ao norte (ou ao sul), ela atinge o solo a oeste da longitude "planejada". Por quê? (*Dica:* considere uma pulga que salta de um local em um disco fonográfico de vinil em rotação em direção à borda exterior dele.)

122. Quando Emily visita o parque de diversões e anda em um brinquedo chamado de Centrífuga, o sangue é forçado para a parte traseira do seu cérebro e ela quase desmaia. Discuta e identifique a causa dessa força.

123. Quando Maggie, amiga de Evan, viajou em um caça que fez uma curva abrupta, ela teve um coágulo no cérebro. Seu prontuário informa que a enorme aceleração que sofreu forçou a coagulação do sangue. Qual é a relação entre esse fenômeno e a força centrípeta?

> **Opções:** considerar esta disciplina um obstáculo educacional, algo a **superar**, o que significa minimizar seus esforços e buscar na internet as respostas para muitas das perguntas; **ou então mergulhar** no curso! **Pense** e **crie** suas próprias soluções. Usar a física nos seus raciocínios pode se tornar parte da sua programação cerebral, algo que sempre considerará valioso — parte de quem você é. Você provavelmente nunca terá outro momento para aprender física além de **agora**. O esforço vale a pena. Vamos lá!

CAPÍTULO 8 Exame de múltipla escolha

1. Seu *hamster* de estimação está sentado na borda da vitrola da vovó, girando com rapidez rotacional constante. Se o *hamster* passa para um ponto entre o centro e a borda, sua rapidez linear:
   a. dobra.
   b. diminui pela metade.
   c. permanece inalterada.
   d. muda para a rapidez rotacional.

2. A forma cônica das rodas dos trens sobre os trilhos permite que as rodas opostas:
   a. na prática, variem seus diâmetros.
   b. desloquem-se com rapidez linear diferente para a mesma rapidez rotacional.
   c. ambas as anteriores.
   d. nenhuma das anteriores.

3. A inércia rotacional de um lápis é maior em torno de um eixo:
   a. paralelo ao seu comprimento, onde está o grafite.
   b. em torno do seu ponto médio, como uma hélice.
   c. em torno da sua ponta, como um pêndulo.
   d. qualquer ponto no lápis seria igual.

4. Um anel, um disco e uma esfera sólida começam a rolar juntos morro abaixo. Qual chega ao sopé primeiro?
   a. O anel.
   b. O disco.
   c. A esfera.
   d. Todos chegam ao sopé ao mesmo tempo.

5. Um torque exercido sobre um objeto tende a produzir:
   a. equilíbrio.
   b. rotação.
   c. movimento retilíneo.
   d. velocidade.

6. Se colocar um tubo na ponta de uma chave-inglesa quando tenta girar um parafuso emperrado, o que, na prática, torna o seu cabo duas vezes mais comprido, você multiplica o torque por:
   a. dois.
   b. quatro.
   c. oito.
   d. nenhuma das anteriores.

7. Duas pessoas estão equilibradas em uma gangorra. Se uma se inclina para a frente, na direção do centro de massa da gangorra, a sua ponta do brinquedo tende a:
   a. subir.
   b. descer.
   c. permanecer no mesmo nível.
   d. é necessário mais informação para responder.

8. Uma força centrípeta não realiza trabalho sobre um objeto em movimento circular porque:
   a. a energia não varia.
   b. a energia da rotação é transferida para a energia cinética.
   c. a força centrípeta não tem componente na direção do movimento.
   d. nenhuma das anteriores.

9. A diferença entre *momentum* linear e *momentum* angular envolve:
   a. uma distância radial.
   b. dois tipos de rapidez.
   c. ambas as anteriores.
   d. nenhuma das anteriores.

10. Quando dá cambalhotas, é mais fácil girar quando seu corpo está:
    a. ereto, com ambos os braços acima da cabeça.
    b. ereto, com ambos os braços rente ao corpo.
    c. encolhido, com joelhos junto ao queixo.
    d. não faz diferença.

Respostas e explicações das perguntas do exame de múltipla escolha

1. (b): A relação $v \sim r\omega$ nos diz que, para uma rapidez angular constante ω, a rapidez linear é proporcional a r. Na metade do raio na borda, r é igual à metade, e a rapidez linear diminui pela metade. 2. (c): A forma cônica significa que os diferentes diâmetros das rodas permitem rapidezes lineares diferentes, dependendo de qual parte está em contato com os trilhos. 3. (c): A inércia rotacional de um lápis é maior quando o eixo de rotação está localizado na sua ponta, mais distante da maior parte da sua massa, quando gira como um pêndulo. 4. (c): Rolará mais lentamente aquele com maior inércia rotacional. Rolará mais rápido, e chegará ao sopé primeiro, aquele com menor inércia rotacional. A Tabela 8.1 nos mostra que é a esfera. 5. (b): Por definição, um torque produz rotação, ou seja, a tendência a girar. Errar esta questão só alerta para um problema de aprendizagem! 6. (a): O torque é diretamente proporcional ao seu braço de alavanca. Dobrar o braço de alavanca significa dobrar o torque. 7. (a): Para uma gangorra equilibrada, peso × distância de um lado é igual no outro lado. A pessoa que se inclinar para a frente, na prática, reduz a distância até o fulcro. O resultado é menos torque aplicado e um aumento de elevação. 8. (c): Cuidado com a leitura aqui: NÃO realiza trabalho! Não há trabalho porque não há um componente da força centrípeta ao longo da distância percorrida. A força centrípeta e a distância percorrida sempre formam ângulos retos entre si. 9. (c): O *momentum* é mv; o *momentum* angular é mvr. Assim, a diferença envolve a presença de r. Além disso, a rapidez linear v é medida em m/s, enquanto a rapidez angular é medida em rpms (ou radianos por segundo). Assim, tanto a distância radial quanto os tipos de rapidez são diferentes para o *momentum* linear e o angular. 10. (c): Em manobras acrobáticas, tenta-se minimizar a inércia rotacional (entidade rotacional). A forma esférica tem menos inércia rotacional do que as outras duas opções.

9 Gravidade

9.1 Lei da gravitação universal

9.2 A constante *G* da gravitação universal

9.3 Gravidade e distância: a lei do inverso do quadrado

9.4 Peso e imponderabilidade

9.5 Marés
   Marés na Terra e na atmosfera
   Bulbos de maré na Lua

9.6 Campos gravitacionais
   Campo gravitacional dentro de um planeta
   A teoria de Einstein da gravitação

9.7 Buracos negros

9.8 Gravitação universal

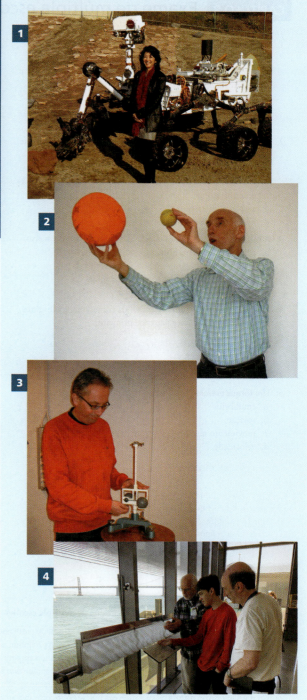

1 Tenny Lim ao lado de um modelo de Curiosity, o robô que ajudou a aterrissar em Marte em 2012. **2** Ed van den Berg indaga à sua classe: em que local entre a Terra e a Lua os campos gravitacionais se cancelam? **3** Tomas Brage usa um modelo didático do aparelho de Cavendish para medir *G*. **4** Os especialistas em marés Alan Davis e William, seu filho, examinam um modelo das marés oceânicas diárias ao lado de Ron Hipschman, cientista do Exploratorium.

A influência de um professor não tem limites. Nossa influência sobre os estudantes vai além do retorno que eles nos dão. Quando me perguntam qual dos meus muitos alunos mais me orgulha e quem eu mais influenciei, minha resposta é rápida: Tenny Lim. Além de brilhante, ela é uma artista e tem muita habilidade com as mãos. Ela obteve as melhores notas em minha turma de Física Conceitual em 1980 e recebeu um *AS degree** no Dental Laboratory Technology (Laboratório de Tecnologia Odontológica). Com meu estímulo e ajuda, ela prosseguiu seus estudos no City College em cursos de matemática e de ciências para obter um diploma em engenharia. Dois anos mais tarde, ela se transferiu para o California Polytechnic Institute (Instituto Politécnico da Califórnia), em San Luis Obispo. Durante o curso de engenharia, um recrutador do Laboratório de Jato Propulsão (Jet Propulsion Laboratory, sigla em inglês JPL), em Pasadena, ficou impressionado com o fato de ela frequentar aulas de arte para contrabalançar seus estudos técnicos. Quando indagada a respeito, ela respondeu que a arte era uma de suas paixões. O que o recrutador estava procurando era alguém talentoso tanto em arte quanto em engenharia, para fazer parte da equipe de projetos do JPL. Tenny foi contratada pelo programa espacial e trabalhou em muitas missões espaciais, inclusive como

projetista-líder do módulo de descida que levou a nave Curiosity à superfície de Marte em 2012.

O próximo projeto de Tenny foi a missão Ativa-Passiva de Umidade do Solo (Soil Moisture Active Passive ou SMAP), na qual projetou e construiu um satélite para medir e diferenciar a umidade do solo congelada de superfícies degeladas. Tenny foi a líder do projeto mecânico dos instrumentos laterais do satélite.

Mais recentemente, Tenny também foi projetista mecânica chefe da Perseverance, sucessora da Curiosity. Os muitos recursos do novo robô incluem uma broca para coletar testemunhos de rochas que voltarão à Terra para serem analisados em laboratórios com equipamentos do tamanho de uma sala inteira, muito grandes para serem levados a Marte. Além de olhos, a Perseverance tem ouvidos: um par de microfones que escuta os ventos marcianos, assim como o talhamento das amostras de rochas. A Perseverance também testa um método para produzir oxigênio a partir da atmosfera rarefeita de Marte. O recurso mais intrigante é o Ingenuity, um helicóptero de 1,8 kg que poderá abrir caminho para drones sofisticados em missões futuras. Lembramos o século XX como o período em que o homem foi à Lua. Talvez o século XXI seja lembrado pela descoberta de vida em Marte.

Além dessas atividades no JPL, Tenny continua apaixonada pela arte, com muitas obras expostas em galerias locais — e esta mais recente, em vidro (ao lado). A história de Tenny exemplifica o conselho que dou aos jovens: seja excelente em mais de uma coisa.

* Abreviatura para *associate's degree*. Trata-se de um grau de nível acadêmico concedido a quem completa um curso superior com dois anos de duração mínima. Equivale aos primeiros dois anos de um curso universitário de 4 anos de duração. É o nível acadêmico de mais baixa hierarquia pós-ensino secundário oferecido nos Estados Unidos.

9.1 Lei da gravitação universal

Desde a época de Aristóteles, o movimento circular dos corpos celestes foi encarado como natural. Os antigos acreditavam que as estrelas, os planetas e a Lua moviam-se em círculos divinos. No que diz respeito aos antigos, esse movimento circular não precisava de explicação. Isaac Newton, entretanto, reconheceu que uma força de algum tipo devia atuar sobre os planetas, cujas órbitas, ele sabia, eram elipses; de outra maneira, suas trajetórias seriam linhas retas. Outras pessoas daquela época, influenciadas por Aristóteles, supunham que qualquer força que agisse sobre um planeta deveria atuar na direção de sua trajetória. Newton, no entanto, raciocinava que a força sobre cada planeta estaria dirigida para um ponto fixo central – apontando para o Sol. Esta, a força da gravidade, era a mesma força que puxa uma maçã do alto de uma árvore. A proeza de intuição de Newton, que a força entre a Terra e a maçã é a mesma força que puxa luas e planetas e tudo mais em nosso universo, foi uma ruptura revolucionária com a ideia dominante, em sua época, de que havia dois conjuntos de leis naturais: um para os acontecimentos terrestres e outro, totalmente diferente, para os movimentos celestes. Essa união das leis terrestres e cósmicas foi chamada de *síntese newtoniana*.

FIGURA 9.1 A atração gravitacional da Terra sobre uma maçã poderia alcançar a Lua?

> A velocidade tangencial de um planeta ou uma lua que se move em um círculo sempre forma um ângulo reto com a força da gravidade.

> Da mesma forma como uma partitura guia um músico ao tocar uma música, as equações da física nos guiam para entender como os conceitos da física estão interligados.

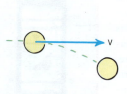

FIGURA 9.2 A velocidade tangencial da Lua em torno da Terra permite que ela caia em volta da Terra, em vez de cair diretamente sobre ela.

Para testar sua hipótese de que a gravidade da Terra alcança a Lua, Newton comparou a queda de uma maçã com a "queda" da Lua. Ele percebeu que a Lua cai, no sentido de que *ela sai da linha reta que deveria seguir se não houvesse a gravidade atuando nela*. Devido à sua velocidade tangencial, ela "cai em volta" da Terra (veja mais sobre isso no próximo capítulo). Por simples geometria, a distância de queda da Lua por segundo podia ser comparada à distância que uma maçã ou qualquer outra coisa cairia durante 1 segundo. Os cálculos não conferiam. Desapontado, mas acreditando que os fatos concretos devessem sempre prevalecer sobre uma hipótese bonita, ele guardou seus papéis numa gaveta onde, como mencionado anteriormente, permaneceriam por cerca de 20 anos. Durante esse tempo, Newton descobriu e desenvolveu o campo da óptica geométrica, pelo qual tornou-se inicialmente famoso.

O interesse de Newton pela mecânica reacendeu com o aparecimento de um cometa espetacular, em 1680, e de outro, dois anos mais tarde. Ele voltou ao problema da Lua com o incentivo de seu amigo astrônomo Edmund Halley, em homenagem ao qual o segundo cometa foi denominado. Newton, então, realizou correções nos dados experimentais usados em seu método inicial e obteve resultados excelentes. Somente então ele publicou o que é uma das mais abrangentes generalizações da mente humana: a **lei da gravitação universal**.[1]

Todo corpo atrai qualquer outro corpo com uma força que, para os dois corpos, é diretamente proporcional ao produto de suas massas e inversamente proporcional ao quadrado da distância que os separa. Esse enunciado pode ser expresso como:

$$\text{Força} \sim \frac{\text{massa}_1 \times \text{massa}_2}{\text{distância}^2}$$

Expressa simbolicamente,

$$F \sim \frac{m_1 m_2}{r^2}$$

onde m_1 e m_2 são as massas e r é a *distância radial* entre seus centros. Assim, quanto maiores forem as massas m_1 e m_2, maior será a força de atração entre elas, em proporcionalidade direta com suas massas.[2] Quanto maior for a distância de separação r, mais fraca será a força de atração – mais fraca de acordo com o inverso do quadrado da distância entre seus centros de massa. Toda coisa atrai qualquer outra coisa, de uma maneira simples, que envolve apenas massa e distância.

PAUSA PARA TESTE

1. Na Figura 9.2, vemos que a Lua cai ao redor da Terra em vez de cair diretamente sobre ela. Se a velocidade tangencial fosse zero, como a Lua se moveria?
2. De acordo com a equação da força gravitacional, o que acontece à força entre dois corpos se a massa de um deles for dobrada? E se ambas as massas forem dobradas?
3. A força gravitacional atua sobre todos os corpos em proporção a suas massas. Por que, então, um corpo pesado não cai mais rápido do que um leve?

---

[1] Esse é um exemplo dramático do esforço esmerado e da comprovação conjunta que embasa a formulação de uma teoria científica. Compare o procedimento de Newton com a falta de realização do "dever de casa", as avaliações apressadas e a ausência de comprovação conjunta, que tão frequentemente caracterizam os pronunciamentos de pessoas que defendem teorias subcientíficas.

[2] Note o papel diferente desempenhado aqui pela massa. Até aqui, havíamos tratado a massa como uma medida da inércia, chamada de *massa inercial*. Agora vemos a massa como uma medida da força gravitacional que, nesse contexto, é chamada de *massa gravitacional*. Comprova-se experimentalmente que ambas são iguais e, como questão de princípios, a equivalência da massa inercial com a gravitacional é a fundamentação da teoria geral da relatividade de Einstein.

VERIFIQUE SUA RESPOSTA

1. Se a velocidade tangencial da Lua fosse zero, ela cairia diretamente para baixo e se chocaria contra a superfície da Terra!
2. Quando uma massa é dobrada, a força entre ela e a outra também dobra de valor. Se ambas as massas são dobradas, a força é quadruplicada.
3. No Capítulo 4, você aprendeu que uma pena e uma moeda que caem no vácuo têm acelerações iguais, pois ambas têm a mesma razão *peso/massa*. O mesmo vale para todos os objetos em queda, leves ou pesados, com mais ou menos massa. Lembre-se da segunda lei de Newton, $a = \frac{F}{m}$, segundo a qual $\frac{peso}{massa} = \frac{peso}{massa} = g$, constante quando a resistência aerodinâmica não é um fator relevante. Assim, entendemos por que um pedregulho não cai mais rápido do que uma pedrinha quando ambos são abandonados no vácuo.

Uma regra incrível da natureza:
$$F = G\frac{m_1 m_2}{r^2}$$

9.2 A constante *G* da gravitação universal

A lei da gravitação universal pode ser expressa como uma equação exata quando a constante da gravitação universal *G* é utilizada. Mais uma vez, para enfatizar que os efeitos gravitacionais se espalham radialmente a partir da fonte, é utilizado o símbolo *r* para distância radial:

$$\text{Força} \sim \frac{\text{massa}_1 \times \text{massa}_2}{\text{distância}^2}$$

A unidade de *G* deve corresponder à força expressa em Newtons. O valor de *G* é igual ao da força gravitacional entre duas massas de 1 kg situadas a 1 m uma da outra: 0,0000000000667 newton; ou seja,

$$G = 6{,}67 \times 10^{-11}\,\text{N} \cdot \text{m}^2/\text{kg}^2$$

FIGURA 9.3 Enquanto um foguete se afasta cada vez mais da Terra, a força gravitacional de um sobre o outro diminui.

Esse é um valor extremamente baixo.[3] Ele revela que a gravidade é uma força muito fraca em comparação com as forças elétricas. A grande força gravitacional que sentimos como peso deve-se à enormidade da massa contida no planeta Terra e que continuamente nos atrai.

Curiosamente, Newton podia calcular o produto de *G* pela massa da Terra, mas nenhum dos dois termos separadamente. A determinação de *G* só foi realizada pela primeira vez em 1798, pelo físico inglês Henry Cavendish, mais de 70 anos após a morte de Newton.

Cavendish mediu *G* medindo a força minúscula entre massas de chumbo por meio de uma balança de torção sensível, como o professor Brage mostra na foto de abertura deste capítulo (foto 3). Um método mais simples foi desenvolvido um tempo depois por Philip von Jolly, que fixou um frasco esférico com mercúrio a um dos braços de uma balança sensível (Figura 9.4). Depois que a balança era equilibrada, uma esfera de chumbo com 6 toneladas era colocada embaixo do frasco com mercúrio. A força gravitacional entre as massas era igual ao peso que tinha de ser colocado na extremidade oposta da balança para restabelecer o equilíbrio. Todas as quantidades m_1, m_2, *F* e *r* eram conhecidas e, a partir delas, a constante *G* foi calculada:

Toda coisa atrai qualquer outra coisa, de uma maneira simples, que envolve apenas massa e distância.

$$G = \frac{F}{\left(\frac{m_1 m_2}{r^2}\right)} = 6{,}67 \times 10^{-11}\,\text{N}/\text{kg}^2/\text{m}^2 = 6{,}67 \times 10^{-11}\,\text{N} \cdot \text{m}^2/\text{kg}^2$$

---

[3] O valor numérico de *G* depende inteiramente das unidades de medida escolhidas para massa, distância e tempo. O sistema internacionalmente escolhido é: quilograma para massa; metro para distância; segundo para tempo. A notação científica é discutida no Apêndice A, no final do livro.

188 PARTE I Mecânica

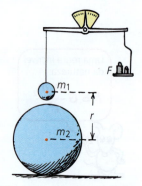

FIGURA 9.4 O método de Jolly para medir G. Bolas de massas m_1 e m_2 atraem-se com uma força F igual aos pesos necessários para restabelecer o equilíbrio.

O valor de G revela que a gravidade é a mais fraca das quatro forças fundamentais conhecidas até hoje. (As outras são a força eletromagnética e os dois tipos de forças nucleares.) Sentimos a gravitação apenas quando enormes massas, como a da Terra, estão envolvidas. A força de atração entre você e um navio de guerra sobre o qual você se encontra em pé é fraca demais para ser medida por métodos comuns. A força de atração entre você e a Terra, entretanto, pode ser medida. Ela é o seu peso, uma força que atua para baixo. Definimos a direção *para baixo* como em direção ao centro da Terra. Seu peso depende não apenas de sua massa, mas também da distância entre você e o centro da Terra. No cume de uma montanha, sua massa é a mesma que em qualquer outro lugar, mas seu peso é ligeiramente menor do que ao nível do mar. Isso porque sua distância até o centro da Terra é maior.

Uma vez que seja conhecido o valor de G, a massa da Terra pode ser calculada facilmente. A força que a Terra exerce sobre um corpo de 1 kg em sua superfície é 10 N (mais precisamente, 9,8 N). A distância entre os centros de massa do corpo de 1 kg e da Terra é igual ao raio terrestre, $6,4 \times 10^6$ metros. Portanto, a partir de $F = G\dfrac{m_1 m_2}{r^2}$, onde m_2 é a massa da Terra,

$$9{,}8\,\text{N} = 6{,}67 \times 10^{-11}\,\text{N}\cdot\text{m}^2/\text{kg}^2 \dfrac{1\,\text{kg} \times m_2}{(6{,}4 \times 10^6\,\text{m})^2}$$

o que leva a $m_2 = 6{,}0 \times 10^{24}$ kg.

No século XVIII, quando G foi medido pela primeira vez, pessoas mundo afora ficaram muito excitadas. Isso aconteceu porque os jornais anunciaram a descoberta, em todos os lugares, como sendo a medição da massa do planeta Terra. Como é extraordinário que a fórmula de Newton forneça a massa do planeta inteiro, com todos os seus oceanos, montanhas e partes internas ainda por investigar. A constante G e a massa da Terra foram medidas em uma época na qual uma grande porção da superfície terrestre ainda estava por ser descoberta.

> Você jamais consegue alterar apenas uma coisa! (Cada equação nos lembra que mudar um número de um lado da equação leva a uma mudança numérica no outro.) Mais de uma coisa sempre muda. *Sempre!*

PAUSA PARA TESTE

1. Qual é a diferença entre as expressões $F \sim a$ e $F = ma$?
2. Qual é a diferença entre as expressões $F \sim \dfrac{m_1 m_2}{r^2}$ e $F = G\dfrac{m_1 m_2}{r^2}$?
3. Calcule a força gravitacional entre a Terra e um objeto de 1,0 kg sobre a sua superfície.

VERIFIQUE SUA RESPOSTA

1. $F \sim a$ é uma proporção direta, sem constante de proporcionalidade. $F = ma$ é uma equação exata, onde m serve como constante de proporcionalidade. Quando a massa de um objeto é conhecida, é possível calcular a força necessária para fornecer uma aceleração específica.

2. $F \sim \dfrac{m_1 m_2}{r^2}$ é uma proporção e $F = G\dfrac{m_1 m_2}{r^2}$ é uma equação exata. A menos que conheça o valor numérico de G, você não tem como calcular a força entre objetos separados um do outro.

3. Há três caminhos equivalentes para o cálculo: (1) Use a equação $F = G\dfrac{m_1 m_2}{r^2}$, com valores conhecidos para G, 1,0 kg para m_1, massa da Terra m_2 e raio da Terra r; seu cálculo mostra que $F = 9{,}8$ N. (2) Use a equação $F = ma$, onde m é 1,0 kg e a é a aceleração da gravidade g; o resultado é $F = mg = (1\,\text{kg})(9{,}8\,\text{N/kg}) = 9{,}8$ N. A unidade de G, $\text{N}\cdot\text{m}^2/\text{kg}^2$, mostra que as duas equações são equivalentes. (Um exercício no final do capítulo trata sobre essa equivalência.)

9.3 Gravidade e distância: a lei do inverso do quadrado

A gravidade fica menos intensa com o aumento da distância, assim como a luz de uma chama diminui à medida que nos afastamos dela. Considere a chama da vela na Figura 9.5. A luz da chama irradia em todas as direções em linhas retas. Um pano é colocado a 1 m da chama. Observe que, a uma distância de 2 m, os raios luminosos que incidem sobre o pano se espalham e preenchem uma área duas vezes mais alta e duas vezes mais larga. Em outras palavras, a mesma luz incide sobre um pano com o quádruplo da área. Se a mesma luz estivesse a 3 m de distância, se espalharia por uma área três vezes mais alta e três vezes mais larga, iluminando um pano com área nove vezes maior. À medida que a luz se espalha, seu brilho diminui. Você enxerga que, quando está ao dobro da distância, a luz parece ter um quarto do brilho? E quando está três vezes mais longe, a luz parece ter um nono do brilho? Aqui temos uma regra que chamaremos de **lei do inverso do quadrado**:

A intensidade de um efeito, como a iluminação ou a força gravitacional, varia em proporção inversa ao quadrado da distância da fonte.

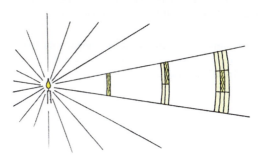

FIGURA 9.5 A luz da chama irradia em todas as direções. Ao dobro da distância, a mesma luz espalha-se por uma área quatro vezes maior; ao triplo da distância, espalha-se por uma área nove vezes maior.

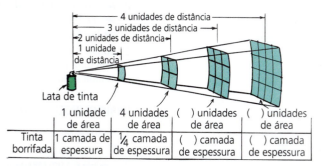

FIGURA 9.6 A lei do inverso do quadrado. A tinta borrifada sai do bocal da lata em linhas retas radiais. Como a luz e a gravidade, a "intensidade" do borrifo obedece à lei do inverso do quadrado.

A tinta borrifada do bocal de uma lata segue a lei do inverso do quadrado, como mostra a Figura 9.6. E, o que é mais importante, a gravidade faz o mesmo. Quanto maior a distância do centro da Terra, menor é a força gravitacional sobre um objeto. Na equação de Newton para a lei da gravitação, a distância r é aquela entre os centros de massa de objetos atraídos um pelo outro. Observe que a menina no alto da escada na Figura 9.7 pesa apenas um quarto do que pesaria na superfície da Terra, pois está ao dobro da distância do centro do planeta.

Assim, a atração gravitacional entre dois objetos torna-se sensivelmente mais fraca quando os objetos se afastam. No entanto, por maior que seja a distância, a gravidade nunca se anula, apesar de aproximar-se de zero. Ainda há atração gravitacional entre quaisquer duas massas, por mais distantes que estejam. Mesmo que você viajasse para os confins do universo, a influência gravitacional da Terra ainda existiria em você. Ela pode ser sobrepujada pelas influências de corpos mais próximos ou de maior massa, mas sua presença não desaparece. A influência gravitacional de todo objeto material, por menor e mais distante que esteja, é exercida em todo o espaço. Estude o gráfico de força gravitacional *versus* distância da Figura 9.8.

FIGURA 9.7 De acordo com a equação de Newton, o peso da menina (e não sua massa) diminui quando ela aumenta sua distância em relação ao centro da Terra.

FIGURA 9.8 Se uma maçã pesa 1 N na superfície da Terra, ela pesaria apenas 1/4 N a uma distância duas vezes maior em relação ao centro da Terra. A uma distância três vezes maior, ela pesaria apenas 1/9 N. O gráfico da força gravitacional *versus* distância foi traçado em vermelho. Qual seria o peso da maçã a uma distância quatro vezes maior? E a uma distância cinco vezes maior?

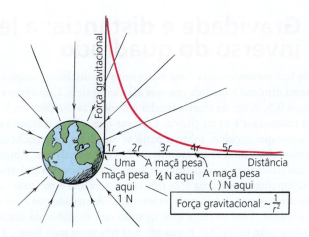

PAUSA PARA TESTE

1. Em quanto diminui a força gravitacional entre dois objetos quando a distância entre seus centros é dobrada? E triplicada? E aumentada em dez vezes?

2. A força gravitacional sobre uma maçã na superfície da Terra é de 1,0 N. Qual seria a força se a maçã fosse elevada a uma altitude correspondente ao raio da Terra?

2. Considere uma maçã no topo de uma árvore, atraída pela gravidade da Terra com uma força de 1 N. Se a árvore fosse duas vezes mais alta, a força da gravidade seria quatro vezes mais fraca? Justifique sua resposta.

VERIFIQUE SUA RESPOSTA

1. Ela torna-se quatro vezes menor, nove vezes menor e cem vezes menor, respectivamente.

2. Elevá-la em um raio da Terra significa que a maçã está a dois raios terrestres do centro do planeta. De acordo com a lei do inverso do quadrado, o dobro da distância significa um quarto da força: 1/4(1,0 N) = 0,25 N. (Aqui, usamos um atalho para inserir o dobro do raio terrestre, $2r$, na equação $F = G\, m_1 m_2/r^2$.) A resposta continua a mesma.

3. Não, porque uma árvore duas vezes mais alta não está duas vezes mais distante do centro da Terra. A árvore mais alta teria de ter uma altura igual ao raio da Terra (6.370 km) para que o peso da maçã no topo fosse reduzido para 1/4 N. Para que seu peso diminua 1%, uma maçã ou um objeto qualquer deve ser elevado a 32 km – aproximadamente quatro vezes a altura do monte Everest. Assim, para fins práticos, desprezaremos os efeitos das mudanças cotidianas de altura.

9.4 Peso e imponderabilidade

Como qualquer força, a força da gravidade pode produzir aceleração. Objetos sob influência da gravidade aceleram um em direção ao outro. Como quase sempre estamos em contato com a Terra, concebemos a gravidade como algo que nos pressiona contra a Terra, e não como algo que nos acelera. A pressão contra a Terra é a sensação que nós interpretamos como *peso*.

Fique em pé sobre uma balança de banheiro sustentada por um piso estacionário. A força gravitacional entre você e a Terra o empurra contra a balança e o piso que a sustenta. Pela terceira lei de Newton, simultaneamente, a balança e o piso o empurram para cima. Localizadas entre você e o piso de sustentação, existem molas dentro da balança, calibradas para indicar o peso (Figura 9.9, idêntica à Figura 4.6). Se você repetir a pesagem dentro de um elevador em movimento, o seu peso, marcado pela balança, poderia variar – não durante um movimento uniforme do elevador, mas durante um movimento seu acelerado. Se o elevador acelerar para cima, a balança e o piso empurrarão seus pés para cima com mais força. As molas dentro da balança serão ainda mais comprimidas, e a balança registrará um aumento de seu peso. Se o elevador acelerar para baixo, o contrário ocorrerá, e você sentirá uma diminuição de seu peso.

Nos Capítulos 2 e 4, consideramos o peso de um objeto como a força da gravidade exercida sobre ele. Quando em equilíbrio sobre uma superfície firme, o peso é revelado por uma força de sustentação, ou, quando pendurado, por uma força de tensão de uma corda. Nesses casos, sem haver aceleração, o peso é igual a mg. Depois, quando discutimos hábitats giratórios, no Capítulo 8, aprendemos que existe uma força de sustentação que não tem nada a ver com a gravidade. Para torná-la mais geral, aprimoramos nossa definição: **peso** é a força exercida sobre um piso de sustentação (ou, se suspenso, sobre uma corda de sustentação) que, frequentemente, mas nem sempre, se deve à força da gravidade. De acordo com tal definição, você é tão pesado quanto sente que é; portanto, se estiver em um elevador acelerado para baixo, a força de sustentação do piso será menor, e o mesmo ocorre com seu peso. Se o elevador estivesse em queda livre, a balança marcaria um peso nulo. De acordo com o que ela marca, você estaria sem peso ou em estado de **imponderabilidade** (Figura 9.10). Mesmo nessa condição de imponderabilidade, ainda existiria uma força gravitacional exercida sobre você, acelerando-o para baixo. Entretanto, a gravidade agora não mais seria sentida como peso, pois não existiria uma força de sustentação.

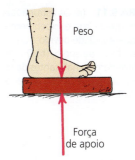

FIGURA 9.9 Quando está em pé sobre uma balança de banheiro, duas forças são exercidas sobre você: uma força da gravidade apontando para baixo, mg, e uma força de apoio orientada para cima. Quando não existe aceleração, essas duas forças são de mesmo valor, mas opostas, e acabam comprimindo um dispositivo tipo mola no interior da balança, que é calibrada para marcar seu peso.

FIGURA 9.10 Seu peso é igual à força com a qual você pressiona o piso de sustentação. Se o piso for acelerado para cima ou para baixo, seu peso variará (ainda que a força gravitacional mg que atua sobre si permaneça a mesma).

Astronautas em órbita não experimentam forças de sustentação. Eles se encontram em um estado de *imponderabilidade*, que não equivale à ausência de gravidade, e sim à ausência de uma força de sustentação. Os astronautas às vezes sentem o que se chama de "doença espacial" até que se acostumem ao estado de imponderabilidade prolongado. Em órbita, eles estão em um estado de contínua queda livre.

A estação espacial da Figura 9.11 constitui um ambiente de imponderabilidade. As instalações da estação espacial e os astronautas aceleram igualmente em direção à Terra, com aceleração um pouco menor do que 1 g, por causa da altitude. Essa aceleração não é absolutamente sentida; em relação à estação, os astronautas experimentam zero g. Durante logos períodos de tempo, isso causa perda de tônus muscular e outras alterações fundamentais no corpo. Os futuros viajantes espaciais, entretanto, não precisarão estar sujeitos a um ambiente de imponderabilidade. Como mencionado no capítulo anterior, rodas ou cilindros gigantes girando lentamente nas extremidades de um cabo substituirão os hábitats não giratórios de hoje. A rotação efetivamente originará uma força de sustentação e uma agradável sensação de peso.

Astronautas dentro de um veículo espacial em órbita não têm peso, embora a força da gravidade entre eles e a Terra seja apenas ligeiramente menor do que ao nível do solo.

192 PARTE I Mecânica

FIGURA 9.11 (a) Os astronautas estão em queda livre e experimentam a imponderabilidade devido à ausência de uma força de apoio. (b) O mesmo acontece com os habitantes da ISS, que estão em queda livre ao redor do planeta Terra.

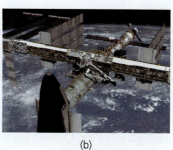
(a) (b)

FIGURA 9.12 Ambos estão imponderáveis.

> **PAUSA PARA TESTE**
>
> 1. Em que sentido flutuar no espaço, distante de todos os corpos celestes, é como saltar de cima de uma escada?
> 2. Verdadeiro ou falso: além de não ter força de apoio, os moradores da ISS não têm peso porque estão além do alcance da gravidade da Terra.

VERIFIQUE SUA RESPOSTA

1. Em ambos os casos, você experimentaria a imponderabilidade. Flutuando no espaço profundo, você estaria sem peso, porque nenhuma força perceptível atua sobre você. Saltando de cima de uma escada, você estaria momentaneamente sem peso por causa da falta momentânea de força de sustentação.
2. Falso. A atração da gravidade na altitude da ISS é de cerca de 90% daquela experimentada na superfície da Terra. É por isso que a estação fica perto da Terra e não sai voando pelo espaço. A flutuação ocorre devido à ausência de uma força de apoio.

9.5 Marés

Os navegantes sempre souberam que havia conexão entre as marés e a Lua, mas nenhum deles foi capaz de formular uma hipótese satisfatória para explicar as duas marés altas que ocorrem diariamente. Newton apresentou uma explicação: ele mostrou que as marés eram causadas pelas *diferenças* na atração gravitacional entre a Lua e a Terra sobre os lados opostos desta. A força gravitacional entre a Lua e a Terra é mais intensa sobre o lado da Terra que está mais próximo da Lua e menos intensa sobre o lado oposto, que está mais afastado da Lua. Isso ocorre simplesmente porque a força gravitacional torna-se menos intensa com o aumento da distância.

FIGURA 9.13 Marés.

Maré baixa   Maré alta

Para entender por que esses diferentes puxões produzem as marés, vamos examinar o que acontece com uma bola de massa gelatinosa (Figura 9.14). Se você exercer a mesma força sobre cada parte da bola, ela se manterá com forma esférica enquanto acelera. Contudo, se você puxasse mais intensamente um lado do que o outro, existiria diferença entre as acelerações adquiridas, e a bola ficaria alongada. Isso é exatamente o que ocorre com a enorme bola sobre a qual vivemos. Os diferentes puxões da Lua esticam a Terra, principalmente nos oceanos. Esse esticamento e o alongamento resultante são evidenciados nos bulbos oceânicos em lados opostos da Terra. Por isso temos duas marés oceânicas por dia – duas marés altas e duas baixas.

Em média, pelo mundo afora, as protuberâncias oceânicas alcançam 1 metro acima do nível médio da superfície do oceano. A Terra gira uma vez por dia, de modo que um ponto fixo sobre a Terra atravessa essas protuberâncias duas vezes por dia. Isso produz dois conjuntos de marés a cada dia. Qualquer parte da Terra que esteja passando por uma das protuberâncias tem uma maré alta.* Depois que a Terra gira um quarto de volta, seis horas mais tarde, o nível da água na mesma parte do oceano está cerca de 1 metro abaixo do nível médio do mar. Isso é a maré baixa.** A água "que não está mais lá" se encontra nas protuberâncias que constituem as marés altas. Uma segunda maré alta acontece quando a Terra dá outro quarto de volta. Assim, temos duas marés altas e duas marés baixas por dia. Acontece que, enquanto a Terra gira em torno de seu eixo, a Lua move-se em sua órbita e volta à mesma posição em nosso céu a cada intervalo de 24 horas e 50 minutos, de modo que o ciclo de duas marés altas de fato seja de 24 horas e 50 minutos. Eis porque as marés não ocorrem na mesma hora todos os dias.

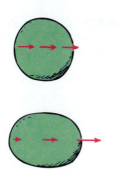

FIGURA 9.14 Uma bola de material gelatinoso mantém-se esférica quando todas as suas partes são igualmente atraídas na mesma direção e sentido. Quando um lado é mais atraído do que o outro, entretanto, sua forma torna-se alongada.

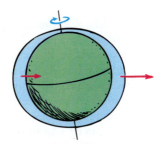

FIGURA 9.15 As duas protuberâncias da maré, produzidas pelas diferenças nos puxões gravitacionais, mantêm-se relativamente fixas em relação à Lua, enquanto a Terra gira diariamente abaixo delas.

O Sol também contribui para as marés, embora seja menos de 50% tão eficaz quanto a Lua em elevá-las – mesmo que sua atração sobre a Terra seja 180 vezes maior do que a da Lua. Por que o Sol não causa marés 180 vezes maiores dos que as causadas pela Lua? Mais uma vez, o segredo está na *diferença*. Por causa da grande distância do Sol, a *diferença* entre suas atrações gravitacionais sobre lados opostos da Terra é muito pequena. Em outras palavras, o Sol atrai quase tão fortemente um dos lados da Terra como o faz com o outro. A diferença nas forças de atração ΔF torna-se menor com a maior distância do Sol, como vemos graficamente na Figura 9.16. ΔF torna-se minúsculo a grandes distâncias do Sol.[4]

Quando o Sol, a Terra e a Lua estão alinhados, as marés produzidas pelo Sol e pela Lua coincidem. Então temos marés altas acima da média e marés baixas abaixo da média. Essas são chamadas de **marés de sizígia** (Figura 9.17). Você pode saber quando o Sol, a Terra e a Lua estão alinhados pela lua cheia ou pela lua nova. Quando é lua cheia, a Terra está entre o Sol e a Lua. (Se os três estivessem *exatamente* alinhados, então teríamos um eclipse lunar, pois a lua cheia se daria quando a Lua estivesse na sombra da Terra.) A lua nova ocorre quando a Lua está entre o Sol e a Terra, quando o lado escuro da Lua está de face para a Terra. (Quando esse alinhamento for perfeito, a Lua bloqueará o Sol e teremos um eclipse solar. Aprenderemos mais sobre eclipses no Capítulo 26.) As marés de sizígia ocorrem nas épocas de lua nova ou lua cheia.

As marés de sizígia não são todas igualmente altas, porque tanto a distância entre a Terra e a Lua quanto a distância que existe entre a Terra e o Sol variam; as trajetórias orbitais da Terra e da Lua não são realmente circulares, mas elípticas. A distância da Terra à Lua varia em cerca de 10%, e seu efeito em elevar marés varia em cerca de 30%. As marés de sizígia mais altas ocorrem quando a Lua e o Sol estão mais próximos da Terra.

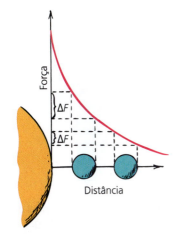

FIGURA 9.16 Uma representação gráfica da gravidade em função da distância (não está em escala). Quanto maior for a distância a partir do Sol, menor será a força, F, que varia com $1/d^2$, e menor será a diferença nas atrações gravitacionais sobre os lados opostos de um planeta, ΔF.

---

* N. de T.: Também chamada de preamar.
** N. de T.: Também chamada de baixa-mar.

[4] Newton deduziu que as *diferenças* entre as atrações das marés diminuem com o *cubo* da distância entre os centros dos corpos envolvidos. Portanto, somente distâncias relativamente pequenas resultam em marés apreciáveis.

FIGURA 9.17 Quando as atrações do Sol e da Lua estão alinhadas, ocorrem marés de sizígia.

FIGURA 9.18 Quando as atrações do Sol e da Lua são aproximadamente ortogonais (na época de uma lua crescente ou minguante), ocorrem as marés de quadratura.

FIGURA 9.19 A desigualdade das duas marés altas do dia. Por causa da inclinação do eixo da Terra, uma pessoa pode se deparar com a próxima maré lunar sendo muito mais baixa (ou alta) do que a maré de meio dia mais tarde. As desigualdades dessas marés variam com as posições da Lua e do Sol.

FIGURA 9.20 A força diferencial de maré devido a um corpo de 1 kg, 1 m acima da cabeça de uma pessoa de altura média, é cerca de 60 trilionésimos (6 × 10–11) N/kg. No caso em que a Lua está diretamente acima da cabeça dessa pessoa, a força diferencial é cerca de 0,3 trilionésimos (3 × 10–13) N/ kg. Assim, segurar um melão acima de nossa cabeça produz cerca de 200 vezes mais efeito de maré em nosso corpo do que a Lua!

Quando a Lua está a meio caminho entre uma lua nova e uma lua cheia, em ambos os lados (Figura 9.18), as marés provocadas pela Lua e o Sol anulam-se parcialmente. Então, as marés altas são mais baixas do que a média e as marés baixas são mais altas do que a média. Essas marés são chamadas de **marés de quadratura.**

Outro fator que afeta as marés é a inclinação do eixo terrestre (Figura 9.19). Mesmo quando as protuberâncias opostas são iguais, a inclinação do eixo da Terra faz com que as duas marés altas experimentadas na maior parte da Terra sejam desiguais na maioria das vezes.

As marés não ocorrem em lagoas porque nenhuma parte delas se encontra significativamente mais próxima da Lua ou do Sol do que qualquer outra parte. Não existindo diferenças entre as atrações, nenhuma maré será produzida. Analogamente, para os fluidos de nossos corpos, quaisquer marés produzidas neles pela Lua são desprezíveis. Você não tem altura suficiente para ter marés em seu corpo. As micromarés que a Lua consegue produzir em seu corpo correspondem a aproximadamente dois centésimos das marés produzidas por um melão de 1 kg situado 1 m acima de sua cabeça (Figura 9.20). Assim, aprendemos que as forças de maré (diferenças de forças) são significativas apenas em proximidade ao corpo que as produz.

Nosso tratamento das marés aqui é extremamente simplificado, pois elas são de fato mais complicadas. A interferência das massas continentais e o atrito com o fundo dos oceanos, por exemplo, complicam os movimentos das marés. Em muitos lugares, as marés penetram em pequenas "bacias de circulação", onde a protuberância da maré se move de forma parecida com uma onda que circula ao redor de uma bacia d'água caseira, adequadamente inclinada. Por essa razão, a maré alta pode estar horas atrasada em relação à Lua acima de nossas cabeças. No meio do oceano, as variações do nível da água – a amplitude da maré – normalmente são cerca de um metro. Essa amplitude varia em diferentes partes do mundo; ela é máxima em alguns fiordes do Alasca e mais notável na bacia da baía de Fundy, entre New Brunswick e a Nova Escócia, no leste do Canadá, onde as diferenças entre as marés passam dos 15 metros. Isso se deve em grande parte ao piso do oceano, que se afunila numa forma de "V". A maré frequentemente chega mais rápido do que uma pessoa consegue correr. Não fique cavando a areia, procurando moluscos, próximo à linha d'água na maré baixa na baía de Fundy!

> **PAUSA PARA TESTE**
>
> Sabemos que tanto a Lua quanto o Sol produzem as marés. Também sabemos que a Lua desempenha um papel mais importante, por estar mais próxima. Essa proximidade significa que ela atrai os oceanos da Terra com força gravitacional mais intensa do que o Sol?
>
> **VERIFIQUE SUA RESPOSTA**
>
> Não, a atração do Sol é muito mais intensa, mas as *diferenças* entre as atrações lunares são maiores do que as *diferenças* entre as correspondentes atrações solares. Assim, nossas marés se devem primariamente à Lua.

CALENDÁRIOS DAS MARÉS

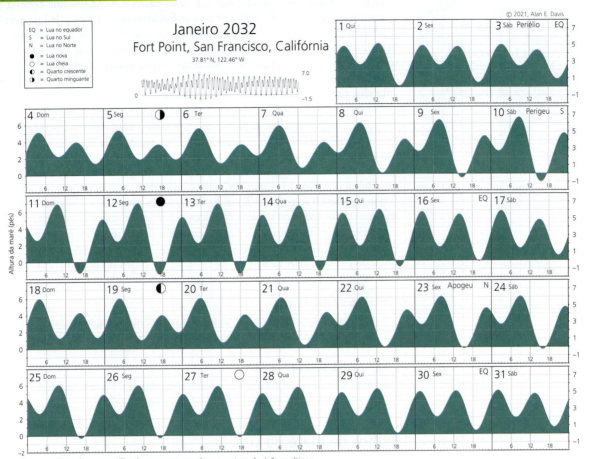

Não deve ser utilizado para navegação ou outras decisões críticas.

Os calendários de marés oceânicas são previsões computadorizadas dos níveis da maré durante um determinado período. São úteis para escolher quando sair para pescar ou procurar mariscos, planejar um piquenique na praia, observar pássaros ou banhar-se em poças de maré. As marés são previsíveis, como indica o calendário acima, que mostra as atividades da maré na entrada da Baía de San Francisco em janeiro de 2032.

Na maior parte dos dias, o calendário das marés indica uma dupla de cristas e vales que correspondem a duas marés altas e duas marés baixas. As alturas das marés costumam ser expressas em pés nos Estados Unidos. Todos os dias, as cristas e os vales na curva avançam em quase uma hora. As amplitudes das cristas e vales também variam. As cristas mais altas costumam ocorrer após vales mais profundos. Assim como nossas impressões digitais são diferentes, não há dois dias com padrões de maré exatamente iguais. Além disso, cada local também possui suas próprias marés.

No calendário, observe que em 12 e 27 de janeiro, quando a Lua está nova (círculo preto) ou cheia (círculo branco), a gravidade da Lua e do Sol trabalham juntas para produzir marés mais altas e mais do que a média, chamadas de *marés de sizígia*. Os dias das marés baixas mais baixas, e nos dias logo antes e depois deles, são os melhores para procurar mariscos e para banhar-se em poças de maré.

A maré mais alta do mês ocorre em 12 de janeiro, o dia da lua nova — e é também a maré mais alta do ano. O mesmo dia também tem as marés mais baixas do mês e do ano. Em 10 de janeiro, apenas dois dias antes da lua nova, a Lua atinge o *perigeu* (ponto mais próximo da Terra) e sua atração gravitacional é um pouco mais forte do que em outros momentos. As marés extremamente altas de 11 a 13 de janeiros são chamadas de "marés vivas" e de *king tides* ("marés do rei") em inglês, um termo popular não científico para as marés mais altas do ano.

Perto da lua crescente e da minguante, como em 5 e 19 de janeiro, quando vemos metade da Lua iluminada, o Sol e a Lua formam ângulos retos entre si. A atração desalinhada que exercem sobre os oceanos da Terra produz as chamadas *marés de quadratura*, que são menos destacadas.

Em 3 de janeiro, a Terra está no *periélio*, seu ponto mais próximo do Sol durante todo o ano, quando a atração do Sol é mais forte. Seis meses depois, a Terra está mais longe do Sol, e a atração deste é ligeiramente mais fraca. Assim, espera-se que as marés mais alta e mais baixa de 2032 ocorram quando o Sol e a Lua estiverem alinhados, em 12 de janeiro.

O pequeno gráfico na parte superior esquerda do calendário é um resumo que mostra as amplitudes das marés durante o mês. As previsões dos níveis de maré não têm como levar em conta marés de tempestade ou mudanças no nível do mar, que aumentava cerca de 3 mm por ano em 2021.

Além das marés oceânicas, a Lua e o Sol produzem marés na atmosfera – as mais altas e as mais baixas durante a lua cheia. Isso explica por que alguns de seus colegas ficam esquisitos quando a Lua está cheia?

Marés na Terra e na atmosfera

A Terra não é um sólido rígido; em sua maior parte, é rocha fundida coberta por uma crosta fina, sólida e flexível. Por isso, as forças de maré a partir da Lua e do Sol produzem marés na crosta,* assim como nos oceanos. Duas vezes a cada dia, a superfície sólida da Terra é elevada e abaixada em até um quarto de metro! Como resultado, terremotos e erupções vulcânicas têm probabilidade ligeiramente maior de ocorrência quando a Terra está experimentando uma maré de sizígia em sua crosta – ou seja, perto de uma lua cheia ou uma lua nova.

Vivemos no fundo de um oceano de ar que também experimenta marés. Estando no fundo da atmosfera, não as percebemos (da mesma forma que um peixe em águas profundas não nota as marés oceânicas). Na parte superior da atmosfera, encontra-se a ionosfera, assim chamada porque contém muitos íons – átomos eletricamente carregados, resultado da ação da luz ultravioleta e do intenso bombardeio de raios cósmicos. Efeitos de maré na ionosfera geram correntes elétricas que, por sua vez, alteram o campo magnético ao redor da Terra. Essas são marés magnéticas. Elas, por seu turno, regulam o grau com que os raios cósmicos penetram na atmosfera inferior. A penetração dos raios cósmicos fica evidente nas sutis alterações no comportamento dos seres vivos. As marés magnéticas altas e baixas são máximas quando a atmosfera está passando por uma maré de sizígia – de novo, perto de uma lua nova ou uma lua cheia.

PAUSA PARA TESTE

O mecanismo das diferenças em atração gravitacional nos lados próximo e distante da Terra está por trás das marés na atmosfera?

VERIFIQUE SUA RESPOSTA

Em geral, sim. Os efeitos secundários incluem os movimentos dos íons, que alteram o campo magnético do planeta e produzem "marés magnéticas".

Bulbos de maré na Lua

Existem duas protuberâncias de maré sobre a Lua pela mesma razão por que há duas protuberâncias sobre a Terra – os lados mais distante e mais próximo de cada corpo são atraídos diferentemente. Assim, a Lua é deformada ligeiramente, de uma forma esférica para uma forma parecida com a de uma bola de futebol americano, com seu eixo maior alinhado com a Terra. Diferente das marés da Terra, as protuberâncias das marés lunares permanecem em localizações fixas, sem a elevação e o abaixamento "diários". Uma vez que a Lua leva 27,3 dias para executar uma única revolução em torno de seu próprio eixo (e também em torno da Terra), a mesma parte de sua superfície está voltada para a Terra o tempo todo. Isso não é uma simples coincidência. Ela ocorre porque o centro de gravidade da Lua deformada encontra-se ligeiramente deslocado de seu centro de massa. Desse modo, sempre que o diâmetro alongado da Lua não estiver alinhado com a Terra (Figura 9.21), esta exercerá um pequeno torque sobre a Lua. Isso tende a girar a Lua de modo a alinhá-la com o campo gravitacional da Terra, como o torque que alinha a agulha de uma bússola com um campo magnético. Assim, vemos que existe uma razão para a Lua sempre nos mostrar a mesma face.

Curiosamente, esse "alinhamento de maré" também atua sobre a Terra. Nossos dias estão ficando mais longos a uma taxa de 2 milésimos de segundo por século. Em alguns bilhões de anos, nosso dia será tão longo quanto um mês, e a Terra mostrará sempre a mesma face para a Lua. Que tal?

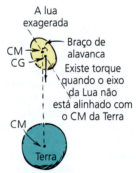

FIGURA 9.21 A atração da Terra sobre a Lua em seu centro de gravidade produz um torque sobre o centro de massa da Lua, que tende a girar o diâmetro alongado da Lua, de modo a alinhá-lo com o campo gravitacional terrestre (como a agulha de uma bússola que se alinha com o campo magnético). Eis por que a Lua sempre mostra a mesma face para a Terra!

PAUSA PARA TESTE

Por que as protuberâncias na Lua não produzem marés mensais semelhantes às marés oceânicas diárias da Terra?

---

* N. de T.: Também chamadas de marés sólidas ou marés terrestres.

VERIFIQUE SUA RESPOSTA

O planeta Terra gira diariamente sob suas protuberâncias oceânicas, o que explica o ciclo diário de marés altas e baixas. A Lua não gira **sob** as suas protuberâncias, ela gira **com** as protuberâncias. Não ocorre elevação e abaixamento em local algum na Lua.

9.6 Campos gravitacionais

A Terra e a Lua atraem-se mutuamente. Isso é uma *ação à distância*, porque a Terra e a Lua interagem mesmo quando não estão em contato. Podemos colocar isso de outra maneira: podemos conceber a Lua como em contato e em interação com o *campo gravitacional* da Terra. As propriedades do espaço ao redor de um corpo de massa qualquer podem ser consideradas alteradas de tal maneira que outro corpo massivo localizado nessa região experimentará uma força. Essa alteração no espaço é um **campo gravitacional**. É comum se pensar nos foguetes e nas sondas espaciais distantes como influenciadas pelo campo gravitacional em suas posições no espaço, mais do que pelo campo da Terra e de outros planetas. O conceito de campo desempenha um papel de intermediário em nosso pensamento sobre as forças entre massas distintas.

Um campo gravitacional é um exemplo de um *campo de força*, pois um corpo de massa qualquer, na presença de um campo, experimenta uma força. Outro campo de força, talvez mais familiar, é um campo magnético. Você já viu limalha de ferro alinhar-se, formando padrões geométricos ao redor de um ímã (espie a Figura 24.2, na página 515). O padrão geométrico da limalha mostra a intensidade e a direção do campo magnético em diferentes pontos do espaço ao redor do ímã. Onde os pedacinhos de limalha estão mais concentrados, mais forte é o campo. A direção dos pedacinhos de limalha indica a direção do campo em cada ponto.

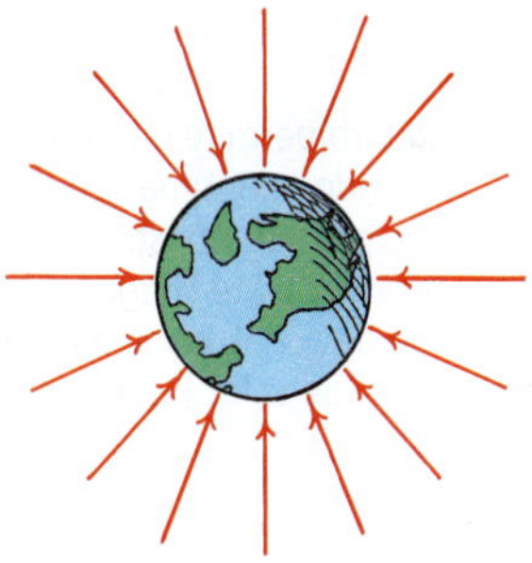

O padrão do campo gravitacional terrestre pode ser representado por linhas de campo (Figura 9.22). Como os pedaços de limalha ao redor de um ímã, as linhas de campo estão mais concentradas onde o campo gravitacional é mais intenso. Em cada ponto de uma linha de campo, a direção do campo naquele ponto é tangente a ela. As setas mostram o sentido do campo. Uma partícula, um astronauta ou qualquer corpo na vizinhança da Terra será acelerado na direção e no sentido da linha de campo naquela localização.

A intensidade do campo gravitacional terrestre, como a intensidade de sua força sobre um objeto, segue a lei do inverso do quadrado. Ela é maior próximo à superfície da Terra e enfraquece com o crescimento da distância em relação à Terra.[5]

Na superfície da Terra, o campo gravitacional varia ligeiramente de lugar para lugar. Sobre grandes jazidas subterrâneas de chumbo, por exemplo, o campo é ligeiramente mais forte do que a média. Sobre grandes cavernas, o campo é ligeiramente mais fraco. Para predizer o que há debaixo da superfície da Terra, os geólogos e prospectores de petróleo e minerais realizam medições precisas do campo gravitacional da Terra.

FIGURA 9.22 As linhas de campo representam o campo gravitacional da Terra. Onde as linhas de campo são mais próximas, o campo é mais intenso. Mais afastado, onde as linhas de campo são mais espaçadas, o campo é mais fraco.

PAUSA PARA TESTE

1. Um foguete distante é atraído pela gravidade da Terra. Reformule a frase anterior em termos de um campo gravitacional.
2. O campo gravitacional da Terra é mais forte ao nível do mar do que acima das nuvens mais altas? Ele se estende além dos planetas mais distantes?

---

[5] A intensidade do campo gravitacional g em qualquer ponto é igual à força F por unidade de massa localizada ali. Assim, $g = F/m$, e suas unidades são newtons por quilograma (N/kg). O campo g também é igual à aceleração de queda livre da gravidade. As unidades N/kg e m/s^2 são equivalentes.

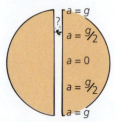

FIGURA 9.23 Na ausência do arrasto do ar, quando você cai cada vez mais rapidamente num buraco perfurado de um lado a outro da Terra, sua aceleração diminui, porque a parcela de massa que se encontra abaixo de si torna-se cada vez menor. Menos massa significa menos atração, até que, ao atingir o centro, onde você é atraído igualmente em todos os sentidos, a força resultante e a aceleração decorrente se tornem nulas. O *momentum* que você já tem permite ultrapassar o centro, seguindo com uma aceleração orientada no sentido oposto e cujo valor vai crescendo até chegar na outra extremidade do túnel, onde a aceleração volta a ser de valor g e orientada para o centro.

> **VERIFIQUE SUA RESPOSTA**
>
> 1. Um foguete distante interage com o campo gravitacional da Terra.
> 2. Sim, o campo é mais intenso ao nível do mar, pois está mais próximo do centro da Terra. E, sim, como sugere a Figura 9.22, em princípio, o campo gravitacional da Terra estende-se ao infinito.

Campo gravitacional dentro de um planeta[6]

O campo gravitacional terrestre existe tanto no interior da Terra quanto fora dela. Imagine que se cave um buraco que atravesse a Terra do polo norte ao polo sul (Figura 9.23). Esqueça os fatores que tornam isso impraticável, tal como a alta temperatura do interior derretido e o fato de que a atmosfera vazaria para dentro do buraco e preencheria o vácuo. Considere o movimento que você descreveria se saltasse dentro desse buraco. Você cairia, ou seja, iria em direção ao centro da Terra. Se partisse do polo norte, ganharia rapidez ao longo de todo o caminho para baixo, até o centro, e depois perderia rapidez ao longo de todo o caminho "para cima", até o polo sul. A viagem de ida ideal levaria cerca de 45 minutos. Se não conseguisse se agarrar à borda do buraco quando atingisse o polo sul, você cairia de volta em direção ao centro e retornaria ao polo norte no mesmo tempo da viagem de ida.

Sua aceleração, *a*, ficará progressivamente menor enquanto você segue caindo em direção ao centro da Terra. Imagine o seguinte: enquanto você cai em direção ao centro, existe cada vez menos massa atraindo-o para lá. Quando chegar ao centro da Terra, a atração para baixo será contrabalançada pela atração orientada para cima, de modo que a força resultante sobre você é nula quando você passa zunindo com velocidade máxima pelo centro da Terra. É isso mesmo: você teria velocidade máxima e aceleração mínima no centro da Terra! O campo gravitacional da Terra em seu centro é nulo![7]

A composição da Terra varia, atingindo densidade máxima em seu núcleo e mínima na superfície. No interior de um planeta hipotético com densidade uniforme, entretanto, o campo aumentaria linearmente, ou seja, a uma taxa constante, desde zero, no centro, até o valor g, na superfície. Não iremos nos deter em explicar por que isso é assim, mas talvez seu professor possa lhe dar uma explicação. De qualquer maneira, uma representação gráfica da intensidade do campo gravitacional é mostrada na Figura 9.24, para o interior e para o exterior de um planeta sólido de densidade uniforme.

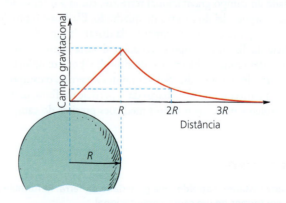

FIGURA 9.24 A intensidade do campo gravitacional no interior de um planeta com densidade uniforme é diretamente proporcional à distância radial a partir de seu centro, e atinge seu valor máximo na superfície. Do lado de fora, ela é inversamente proporcional ao quadrado da distância até o centro do planeta.

Imagine uma caverna esférica localizada no centro de um planeta. A caverna não teria gravidade, devido ao cancelamento desta em todas as direções. Surpreen-

---

[6] É possível pular esta seção numa abordagem mais breve do assunto.

[7] Curiosamente, durante alguns quilômetros iniciais da queda, abaixo da superfície terrestre, você estaria de fato ganhando aceleração, porque a densidade da matéria condensada no centro é muito maior do que a densidade do material próximo à superfície. Assim, a gravidade seria ligeiramente mais forte durante a primeira parte da queda. Mais adiante, a gravidade diminuiria progressivamente, até anular-se no centro da Terra.

dentemente, o tamanho da caverna não altera esse fato – mesmo que ela ocupasse a maior parte do volume do planeta! Um planeta oco, como uma gigantesca bola de basquete, não teria campo gravitacional em seu interior. O cancelamento total das forças gravitacionais ocorre em todo lugar dentro dele. Para entender por que, considere a partícula *P* na Figura 9.25, que se encontra duas vezes mais distante do lado esquerdo do planeta do que do lado direito dele. Se a gravidade dependesse apenas da distância, *P* seria atraída pelo lado esquerdo com apenas 1/4 do valor com o qual é atraída pelo lado direito (de acordo com a lei do inverso do quadrado). Entretanto, a gravidade também depende da massa. Imagine um cone com vértice em *P*, estendendo-se para a esquerda desse ponto e encerrando a região A da figura, e um segundo cone, oposto ao primeiro e com mesmo ângulo de abertura, encerrando a região B. Com relação à região B, a região A tem uma área quatro vezes maior e, portanto, uma massa quatro vezes maior. Como 1/4 de 4 é igual a 1, *P* será atraída pela região A, mais afastada, porém com mais massa, com exatamente a mesma força com que é atraída pela região B, mais próxima e com menos massa. Ocorre, então, um cancelamento total. Um pouco mais de raciocínio mostra que tal cancelamento ocorrerá em qualquer lugar no interior de uma casca planetária de espessura e composição uniformes. Um campo gravitacional existiria no interior e além da casca. Em sua superfície exterior e no espaço exterior a ela, o campo gravitacional seria o mesmo que se toda a massa do planeta estivesse concentrada em seu centro. Em qualquer lugar dentro da parte oca, o campo gravitacional é nulo. Qualquer pessoa dentro dela se sentiria sem peso. Eu chamo isso de física imaginativa!

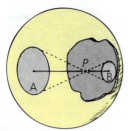

FIGURA 9.25 O campo gravitacional é nulo em qualquer localização dentro de uma casca esférica com espessura e composição uniformes, pois os componentes de campo de todas as partículas de massa da casca esférica se cancelam mutuamente. Uma massa localizada no ponto *P*, por exemplo, é atraída com a mesma intensidade pela região maior A mais distante e pela região menor e mais próxima B.

PAUSA PARA TESTE

1. Suponha que você caísse em pé dentro de um túnel perfurado através do centro da Terra, sem tentar agarrar-se nas paredes do túnel. Desprezando o arrasto aerodinâmico e outras complexidades, que tipo de movimento você experimentaria?
2. A meio caminho do centro da Terra, a força da gravidade sobre você seria menor do que a que é exercida quando você se encontra na superfície da Terra?

VERIFIQUE SUA RESPOSTA

1. Você oscilaria para a frente e para trás. Se a Terra fosse uma esfera perfeita com densidade uniforme e se não houvesse o arrasto do ar, sua oscilação seria o que chamamos de *movimento harmônico simples*. Cada oscilação completa levaria cerca de 90 min. Curiosamente, no próximo capítulo veremos que um satélite da Terra, em órbita baixa em torno do planeta, levaria os mesmos 90 min para completar uma viagem ao redor dela. (Isso não é coincidência, pois se você estudar física um pouco mais, aprenderá que o movimento harmônico simples de "vai e vem" é simplesmente a componente vertical de um movimento circular uniforme – o que é muito interessante.)
2. Sim. Uma análise da parte retilínea do gráfico da Figura 9.24 indica que, na metade do caminho até o centro da Terra, você experimentaria metade da força gravitacional que sentiria na superfície, pressupondo que a massa da Terra tem densidade uniforme. É interessante observar que como o núcleo da Terra é muito denso (cerca de sete vezes mais denso que as rochas na superfície), a força gravitacional a meio caminho do centro seria um pouco maior do que a metade. Exatamente quanto ela vale depende de como varia a densidade da Terra com a profundidade, uma informação de que ainda não dispomos.

Embora a gravidade possa ser cancelada dentro de um corpo, ou entre corpos, ela não pode ser blindada como podem as forças elétricas. No Capítulo 22, veremos que as forças elétricas podem tanto atrair quanto repelir, o que torna possível a blindagem. Como a gravidade é somente atrativa, não pode ocorrer um tipo similar de blindagem nesse caso. Os eclipses fornecem evidência convincente disso. A Lua se encontra nos campos gravitacionais da Terra e do Sol. Durante um eclipse lunar, a Terra está diretamente entre a Lua e o Sol e, assim, qualquer blindagem do campo do Sol por parte

FIGURA 9.26 O espaço-tempo curvo. O espaço-tempo nas proximidades de uma estrela é curvo em quatro dimensões, assim como a superfície bidimensional de um colchão d'água sobre o qual repousa uma bola pesada.

da Terra resultaria num desvio da órbita lunar. Mesmo um efeito de blindagem muito pequeno se acumularia ao longo de um período de anos e se revelaria no decorrer dos eclipses subsequentes. Contudo, tais discrepâncias não têm ocorrido; os eclipses passados e futuros são calculados com alto grau de precisão, usando-se somente a simples lei da gravitação. Jamais foi descoberto qualquer efeito de blindagem gravitacional.

A teoria de Einstein da gravitação

Nos anos iniciais do século XX, Einstein formulou um modelo para a gravidade completamente diferente do newtoniano, em sua teoria geral da relatividade. Einstein concebeu um campo gravitacional como uma curvatura geométrica no espaço-tempo tetradimensional; ele percebeu que os corpos produzem deformações no espaço-tempo, assim como uma bola com muita massa localizada no meio de um grande colchão d'água, que deforma sua superfície bidimensional (Figura 9.26). Quanto maior for a massa da bola, maior será a depressão ou dobra produzida. Se fizermos uma bola de gude rolar sobre o colchão, mas bem afastada da bola de grande massa, ela seguirá rolando em linha reta. No entanto, se a fizermos rolar próximo à bola com grande massa, a trajetória da bola de gude se curvará quando estiver passando pela depressão na superfície do colchão d'água. Se a trajetória fechar-se sobre si mesma, a bola de gude orbitará em torno da bola numa trajetória oval ou circular. Se você coloca seus óculos newtonianos, de modo que enxergue a bola de grande massa e a bola de gude, mas não o colchão d'água, você pode vir a concluir que a bola de gude descreve uma trajetória curvada por estar sendo atraída pela bola com grande massa. Se coloca seus óculos einsteinianos, de maneira que enxergue a bola de gude e o colchão d'água amassado, mas não a bola de grande massa, você provavelmente concluiria que a bola de gude faz uma curva porque a superfície sobre a qual ela rola é curva – em duas dimensões para o colchão d'água e em quatro dimensões para o espaço-tempo.[8] No Capítulo 36, trataremos da teoria da gravitação de Einstein com mais detalhes.

> **PAUSA PARA TESTE**
> A teoria de Einstein para a gravitação invalida a teoria correspondente de Newton?
>
> **VERIFIQUE SUA RESPOSTA**
> Não. A teoria da gravitação de Newton funciona perfeitamente bem no nosso cotidiano, enquanto a teoria de Einstein entra em domínios nos quais ocorrem forças enormes, como os buracos negros nos centros das galáxias. Para aprender mais sobre a contribuição de Einsten, consulte a Parte 8.

9.7 Buracos negros

Suponha que você fosse indestrutível e pudesse viajar numa espaçonave até a superfície de uma estrela. Seu peso dependeria tanto de sua massa quanto da massa da estrela e da distância entre o centro dela e o seu umbigo. Se a estrela estivesse para apagar e começasse a colapsar até atingir a metade do raio original, sem nenhuma perda de massa, seu peso na superfície, determinado pela lei do inverso do quadrado da distância, se tornaria quatro vezes maior (Figura 9.27). Se a estrela colapsasse até atingir um décimo do raio original, você pesaria na superfície 100 vezes mais. Se a estrela continuasse encolhendo, o campo gravitacional na superfície se tornaria cada vez mais forte. Seria cada vez mais difícil para uma nave espacial abandoná-la. A velocidade necessária para escapar, a *velocidade de escape*, aumentaria. Se uma estrela como o nosso Sol diminuísse até atingir um raio um pouco menor do que três quilômetros, a velo-

---

[8] Não fique desanimado por não poder visualizar o espaço-tempo tetradimensional. O próprio Einstein frequentemente dizia aos amigos: "Não tente. Eu também não consigo". Talvez não sejamos muito diferentes dos grandes pensadores contemporâneos de Galileu que não conseguiam visualizar uma Terra em movimento!

FIGURA 9.27 Quando uma estrela entra em colapso até atingir a metade de seu raio inicial, e não ocorre variação de massa, a gravidade em sua superfície torna-se quatro vezes mais intensa.

cidade de escape de sua superfície excederia a rapidez da luz, e nada – nem mesmo a luz – poderia escapar! O Sol seria invisível. Ele seria um **buraco negro**.

O Sol, de fato, provavelmente tem pouca massa para atingir tal colapso, mas quando algumas estrelas com maior massa – agora estimada em pelo menos 1,5 massas solares – esgotam suas fontes nucleares, elas sofrem um colapso. A menos que sua rotação seja suficientemente alta, o colapso continuará até que a estrela passe a ter densidade infinita. A gravidade próxima dessas estrelas colapsadas é tão intensa que nem a luz pode escapar de sua vizinhança. Elas esmagaram a si mesmas para fora do universo visível. Os resultados são buracos negros, objetos completamente invisíveis.

Um buraco negro não tem mais massa do que a estrela da qual ele foi formado, de modo que o campo gravitacional em regiões a uma distância igual ou maior do que o raio da estrela original não é diferente antes e depois do colapso. Entretanto, a distâncias menores, na vizinhança imediata do buraco negro, o campo gravitacional pode ser enorme – uma deformação ao seu redor para onde é desviada qualquer coisa que passe muito perto, seja ela luz, poeira ou uma nave espacial. Astronautas poderiam entrar na borda dessa dobra e ainda escapar com uma nave potente. Depois de uma certa distância, no entanto, eles não poderiam mais escapar e desapareceriam do universo observável. Qualquer objeto em queda num buraco negro seria feito em pedaços. Nenhuma característica desse objeto sobreviveria, exceto sua massa, seu *momentum* angular (se tiver) e sua carga elétrica (se tiver).

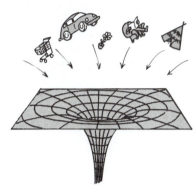

FIGURA 9.28 Qualquer coisa que caia num buraco negro é "espremida" para fora da existência física. Apenas a massa, o *momentum* angular e a carga elétrica são preservados pelo buraco negro.

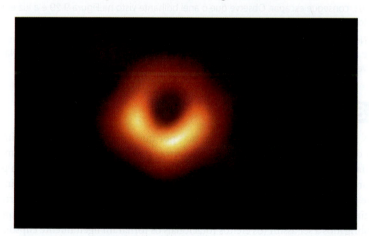

FIGURA 9.29 A primeira imagem, hoje histórica, de um buraco negro no centro da galáxia M87.

Fotografar um buraco negro, até recentemente considerado impossível, transformou-se em realidade (Figura 9.29). A imagem é, na verdade, a sombra de um buraco negro no centro de M87, uma galáxia gigantesca no aglomerado de Virgem, a 55 milhões de anos-luz do Sol. O anel brilhante na imagem é formado pela curvatura da luz na gravidade intensa ao redor do buraco negro, cuja massa é 6,5 milhões de vezes maior do que a do Sol. A imagem de 2019 reúne os esforços de cientistas do mundo todo.

Uma entidade teórica que guarda alguma semelhança com um buraco negro é o "buraco de minhoca" (Figura 9.30). Como um buraco negro, um buraco de minhoca é uma enorme distorção do espaço-tempo. No entanto, em vez de colapsar num ponto de densidade infinita, o buraco de minhoca abre-se novamente em alguma

FIGURA 9.30 Um suposto buraco de minhoca pode ser um portal para outra parte do universo ou mesmo para outro universo.

outra parte do universo – ou até mesmo, concebivelmente, em algum outro universo! Enquanto a existência de buracos negros tem sido confirmada experimentalmente, a noção de buraco de minhoca permanece especulativa. Alguns admiradores da ciência imaginam que os buracos de minhoca possibilitem viagens no tempo.[9]

Um buraco negro se faz sentir por sua influência gravitacional sobre a matéria próxima e as estrelas vizinhas. Existe atualmente boas evidências de que alguns sistemas de estrelas binárias consistem em uma estrela luminosa e um companheiro invisível com propriedades tipo buraco negro, orbitando um ao redor do outro. Evidências ainda mais fortes indicam a existência de buracos negros com mais massa no centro de muitas galáxias. Em uma galáxia jovem, observada como um "quasar", o buraco negro central suga matéria, a qual emite grandes quantidades de radiação enquanto mergulha para o esquecimento. Em uma galáxia mais velha, observam-se estrelas circulando num campo gravitacional poderoso ao redor de um centro aparentemente vazio. Esses buracos negros galácticos têm massas que vão desde milhões até mais de um bilhão de vezes maior do que a massa do nosso Sol. O centro de nossa própria galáxia, embora não tão fácil de ver quanto o de outras galáxias, quase que certamente hospeda um buraco negro com massa equivalente a 4 milhões do nosso Sol. As descobertas estão acontecendo mais rapidamente do que os livros-textos conseguem relatar. Visite seu *site* favorito de astronomia para obter dados atualizados.

---

psc

- Contrariamente às histórias sobre buracos negros, eles não são agressivos, nem capturam e engolem inocentes a distância. Seus campos gravitacionais não são mais fortes do que os das estrelas antes do colapso – exceto a distâncias menores do que o raio original da estrela. A não ser quando eles estão próximos demais, os buracos negros não deveriam preocupar astronautas do futuro.

PAUSA PARA TESTE

1. Por que um buraco negro é invisível?
2. Se o Sol entrasse em colapso e se transformasse em um buraco negro, algum termo da equação $F = Gm_1m_2/r^2$ que mantém a Terra em órbita do Sol mudaria?

VERIFIQUE SUA RESPOSTA

1. Buracos negros são invisíveis porque a sua gravidade é tão forte que nada, nem a luz, consegue escapar. Observe que o anel brilhante visto na Figura 9.29 é a luz em torno do buraco negro, e não uma luz emitida pelo próprio.
2. Nenhum termo mudaria, pois a massa do Sol antes e após o colapso seria a mesma, e nossa distância em relação ao centro do Sol permaneceria a mesma também. Na verdade, a órbita da Terra em torno do Sol em colapso seria igual à de hoje!

9.8 Gravitação universal

Todos sabemos que a Terra é redonda, mas por que a Terra é redonda? É assim por causa da gravidade. Qualquer coisa atrai outra, e assim tem feito a Terra com suas próprias partes. Quaisquer "arestas" que haviam na superfície da Terra já foram puxadas para dentro; como resultado, cada parte de sua superfície se encontra aproximadamente equidistante do centro de gravidade. Isso a tornou quase uma esfera. Portanto, a partir da lei da gravitação, vemos que o Sol, a Lua e a Terra são esféricos porque foram obrigados a ser assim (os efeitos rotacionais os tornaram ligeiramente elipsoidais).

Se todo objeto atrai qualquer outro objeto, então os planetas devem atrair-se uns aos outros. A força que controla Júpiter, por exemplo, não é apenas a força do Sol; existem também as atrações dos outros planetas. Seus efeitos são pequenos comparados aos do Sol, com maior massa, mas ainda se mostram. Quando Saturno está próximo a Júpiter, sua atração perturba a trajetória suave que este descreveria sob influência apenas do Sol. Ambos os planetas "dançam" ao redor de suas órbitas. As forças interplanetárias que causam essa dança são chamadas de *perturbações*.

> A esfera é a forma que tem a menor área superficial para um dado volume de matéria.

---

[9] Stephen Hawking, um especialista pioneiro em buracos negros, foi um dos primeiros a especular acerca da existência de buracos de minhoca. Em 2003, no entanto, para se prevenir de muitos fãs da ciência, ele anunciou sua crença de que buracos de minhoca não devem existir.

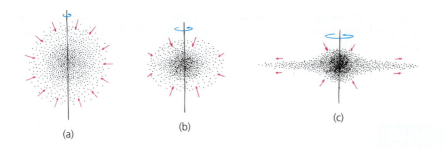

FIGURA 9.31 A formação do sistema solar. Uma bola de gás interestelar girando lentamente (a) contrai-se devido à gravitação mútua e (b) torna-se mais rápida, de modo a conservar seu *momentum* angular. O aumento do *momentum* das partículas individuais e de aglomerados de partículas faz com que elas (c) descrevam trajetórias mais amplas em torno do eixo de rotação, produzindo assim a forma global de um disco. A maior área da superfície do disco promove o resfriamento e a condensação da matéria em redemoinhos – o lugar de nascimento dos planetas.

Na década de 1840, estudos realizados sobre o então mais recente planeta descoberto, Urano, mostraram que os desvios de sua órbita não podiam ser explicados pelas perturbações dos outros planetas conhecidos naquela época. Ou a lei da gravitação era falha a grandes distâncias do Sol ou um oitavo planeta, ainda desconhecido, estava perturbando a órbita de Urano. Um inglês e um francês, J. C. Adams e Urbain Leverrier, aceitaram cada qual a validade da lei de Newton e calcularam independentemente onde deveria se encontrar o oitavo planeta. Aproximadamente na mesma época, Adams enviou uma carta ao Observatório de Greenwich, na Inglaterra, enquanto Leverrier mandava outra carta para o Observatório de Berlim, na Alemanha, ambas sugerindo que uma certa região do céu fosse vasculhada à procura do novo planeta. O pedido de Adams foi atrasado, por causa de desentendimentos em Greenwich, mas o de Leverrier foi imediatamente atendido. O planeta Netuno foi descoberto naquela mesma noite!

O subsequente traçado das órbitas de Urano e Netuno levou à previsão e descoberta de Plutão, em 1930, no Observatório de Lowell, no Arizona, EUA. Seja o que for que você tenha aprendido em seus primeiros anos de escola, os astrônomos agora consideram Plutão um *planeta-anão*, uma nova categoria de certos asteroides do cinturão de Kuiper. Apesar de sua condição, Plutão leva 248 anos para completar uma única revolução em torno do Sol, de modo que ninguém o verá na posição em que foi descoberto até o ano de 2178.

Evidências recentes sugerem que o universo está em expansão e se *acelerando*, empurrado por uma *energia escura* antigravitacional que formaria cerca de 73% do universo. Além disso, a velocidade à qual as estrelas giram dentro das galáxias sugere que há mais objetos atraindo-as do que apenas as massas das estrelas visíveis; também existe a atração de algum novo tipo de matéria invisível, batizada de *matéria escura*, que compõe os outros 23% do universo. A matéria ordinária, que forma estrelas, repolhos e reis, totaliza cerca de 4% apenas. Os conceitos de energia escura e matéria escura constituem as últimas descobertas feitas no século XX e no início do século XXI. A presente visão do universo progrediu apreciavelmente além do universo como concebido por Newton.

Poucas teorias têm afetado tanto a ciência e a civilização quanto a teoria da gravitação de Newton. Suas descobertas realmente mudaram o mundo e elevaram a condição humana, e o sucesso de suas ideias inaugurou a assim chamada Era da Razão. Newton mostrou que, pela observação e pela razão, as pessoas poderiam descobrir os verdadeiros mecanismos do universo físico. Há profundidade no fato de que todas as luas e planetas e estrelas e galáxias tenham uma maravilhosamente simples lei para governá-las; ou seja,

$$F = G\frac{m_1 m_2}{r^2}$$

A formulação dessa lei tão simples é uma das maiores razões do sucesso que se seguiu na ciência, pois ela forneceu a esperança de que outros fenômenos do mundo pudessem também ser descritos por leis igualmente simples e universais.

Essa esperança norteou o pensamento de muitos cientistas, artistas, escritores e filósofos do século XVIII. Um desses foi o filósofo inglês John Locke, que argumentava que a observação e a razão, como demonstrou Newton, deveriam ser nossos

psc

- Uma crença amplamente divulgada é a de que, quando a Terra deixou de ser considerada o centro do universo, seu lugar e o da humanidade teriam sido rebaixados, e não mais considerados especiais. Pelo contrário, os escritos da época revelam que a maioria dos europeus considerava os seres humanos corruptos e pecadores por causa da baixa posição que eles consideravam que a Terra ocupava – distante do céu, e com o inferno em seu centro. A elevação da estima humana não ocorreu até que o Sol, encarado de forma positiva, passou a ocupar a posição central. Nos tornamos especiais mostrando que não somos, de fato, especiais.

melhores árbitros e guias em todas as coisas, e que tudo na natureza e mesmo na sociedade deveria ser investigado para que se descobrissem "leis naturais" que pudessem existir. Usando a física newtoniana como um modelo da razão, Locke e seus colegas modelaram um sistema de governo que encontrou adeptos nas 13 colônias britânicas do outro lado do Atlântico. Essas ideias culminaram na Declaração de Independência e na Constituição dos Estados Unidos da América.

Revisão do Capítulo 9

TERMOS-CHAVE (CONHECIMENTO)

lei da gravitação universal Todo corpo no universo atrai qualquer outro corpo, com uma força que, para os dois corpos, é diretamente proporcional ao produto de suas massas e inversamente proporcional ao quadrado da distância que os separa.

$$F = G\frac{m_1 m_2}{r^2}$$

lei do inverso do quadrado A intensidade de um efeito, como a iluminação ou a força gravitacional, varia em proporção inversa ao quadrado da distância da fonte.

peso A força que um objeto exerce sobre a superfície que o sustenta (ou, se estiver suspenso, sobre a corda que o sustenta) e que frequentemente, mas nem sempre, deve-se à força da gravidade.

estado de imponderabilidade Uma condição encontrada em queda livre quando falta uma força de sustentação.

maré de sizígia Uma maré alta ou baixa que ocorre quando o Sol, a Terra e a Lua estão alinhados, de modo que as marés produzidas pelo Sol e pela Lua coincidem, formando marés altas mais altas do que a média e marés baixas mais baixas do que a média.

maré de quadratura Uma maré que ocorre quando a Lua está a meio caminho entre lua cheia e lua nova, em ambas as direções. As marés produzidas pelo Sol e pela Lua cancelam-se parcialmente, resultando em marés altas mais baixas do que a média e marés baixas mais altas do que a média.

campo gravitacional A influência de um corpo de grande massa que se estende pelo espaço à sua volta, produzindo uma força sobre outro corpo de grande massa. É medida em newtons por quilograma (N/kg).

buraco negro Concentração de massa resultante de um colapso gravitacional, próximo ao qual a gravidade é tão forte que nem mesmo a luz pode escapar.

QUESTÕES DE REVISÃO (COMPREENSÃO)

9.1 Lei da gravitação universal

1. O que Newton descobriu sobre a gravidade que não era conhecido na época?
2. O que é a síntese newtoniana?
3. Por que a Lua "cai" sem se aproximar de nós?
4. Enuncie a lei da gravitação universal de Newton.

9.2 A constante G da gravitação universal

5. Mostre duas fórmulas: a lei da gravitação de Newton como proporção e como equação exata.
6. Qual é o valor da força gravitacional da Terra sobre um corpo de 1 kg na sua superfície?
7. Quando a constante G foi medida pela primeira vez por Henry Cavendish, seu experimento foi chamado de "o experimento para pesar a Terra". Por quê?

9.3 Gravidade e distância: a lei do inverso do quadrado

8. Como varia a força da gravidade entre dois corpos quando a distância entre eles diminui pela metade?
9. Como varia o brilho da luz quando a fonte fica duas vezes mais distante?
10. Onde você pesa mais: no fundo do Vale da Morte ou no cume de uma montanha? Justifique sua resposta.

9.4 Peso e imponderabilidade

11. Quando você pisa sobre uma balança em um elevador que acelera para cima, as molas na balança ficam mais ou menos compridas? E quando acelera para baixo?
12. Quando você pisa sobre uma balança em um elevador que sobe com *velocidade constante*, as molas na balança ficam mais ou menos compridas? E quando desce com *velocidade constante*?
13. Quando o seu peso é igual a *mg*?
14. Como o seu peso poderia ser maior do que *mg*? Como poderia ser nulo? Dê exemplos.
15. Por que os ocupantes da Estação Espacial Internacional experimentam falta de peso mesmo estando firmemente presos pela gravidade terrestre?

9.5 Marés

16. As marés dependem mais da intensidade da atração gravitacional ou da *diferença* em seus valores? Explique.
17. Por que tanto o Sol quanto a Lua exercem uma força gravitacional maior sobre um lado da Terra do que sobre o outro?
18. Qual tem marés mais altas: *marés de sizígia* ou *marés de quadratura*?
19. Ocorrem marés no interior da Terra?

20. Por que as maiores marés ocorrem na época de lua cheia ou lua nova?
21. A Lua experimentaria um torque se ela fosse esférica, com seu centro de massa e seu centro de gravidade localizados no mesmo lugar?

9.6 Campos gravitacionais

22. O que é um campo gravitacional e como sua presença pode ser detectada?
23. Qual é o valor do campo gravitacional no centro da Terra?
24. Qual seria o valor do campo gravitacional a meio caminho até o centro de um planeta com densidade uniforme comparado com o campo em sua superfície?
25. Qual seria o valor do campo gravitacional em um lugar qualquer no interior de um planeta esférico e oco?
26. Como Einstein interpretava a trajetória curva dos planetas?

9.7 Buracos negros

27. Se a Terra encolhesse sem alterar sua massa, o que aconteceria com o peso de uma pessoa em sua superfície?
28. O que acontece à intensidade do campo gravitacional na superfície de uma estrela que encolhe?
29. Por que um buraco negro é invisível?

9.8 Gravitação universal

30. As perturbações no planeta Urano permitiram qual grande descoberta?

PENSE E FAÇA (APLICAÇÃO)

31. Mantenha seus braços estendidos, um com a mão a uma distância duas vezes maior do que a do outro, e avalie rapidamente qual delas parece maior. A maioria das pessoas as enxerga com aproximadamente o mesmo tamanho, enquanto muitas enxergam a mão mais próxima um pouco maior. Numa inspeção rápida dessas, quase ninguém enxerga a mão mais próxima quatro vezes maior do que a outra. Entretanto, pela lei do inverso do quadrado, a mão mais próxima deveria aparecer duas vezes mais alta e duas vezes mais larga e, portanto, ocuparia quatro vezes mais do seu campo visual do que a mão mais afastada. Sua crença em que suas mãos são de mesmo tamanho é tão forte que você provavelmente rejeita aquela informação. Porém, se você superpõe as mãos ligeiramente e as olha com um dos olhos fechado, enxergará a mão mais próxima claramente maior. Isso levanta uma questão interessante: que outras ilusões visuais você tem que não são tão facilmente verificáveis?

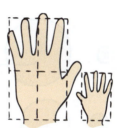

32. Repita o experimento anterior de olhar, mas desta vez use duas notas de dinheiro – uma normal e a outra dobrada ao meio, ao longo de seu comprimento, e depois dobrada de novo ao meio da mesma maneira, de modo que sua área fique quatro vezes menor. Agora segure ambas na frente dos olhos. Onde você deve segurar a nota dobrada para que ela apareça com o mesmo tamanho que a nota não dobrada? Gostou?

PEGUE E USE (FAMILIARIZAÇÃO COM EQUAÇÕES)

$$F = G \frac{m_1 m_2}{r^2}$$

33. Determine a força da gravidade sobre uma massa de 1 kg na superfície da Terra. A massa da Terra é de $6,0 \times 10^{24}$ kg, e seu raio vale $6,4 \times 10^6$ m. O resultado é surpreendente?
34. Determine a força da gravidade sobre a mesma massa de 1 kg se ela estiver $6,4 \times 10^6$ m acima da superfície terrestre (isto é, a dois raios terrestres de distância do centro da Terra).
35. Determine a força da gravidade entre a Terra (massa $6,0 \times 10^{24}$ kg) e a Lua (massa $7,4 \times 10^{22}$ kg). A distância média Terra-Lua é de $3,8 \times 10^8$ m.
36. Determine a força da gravidade entre a Terra e o Sol (massa do Sol $2,0 \times 10^{30}$ kg; distância média Terra-Sol $1,5 \times 10^{11}$ m).

PENSE E RESOLVA (APLICAÇÃO MATEMÁTICA)

37. Suponha que você esteja em pé no topo de uma escada tão alta que você fique três vezes mais distante do centro da Terra. Mostre que seu peso seria um nono de seu presente valor.
38. Mostre que a força gravitacional entre dois planetas será quadruplicada se as massas de ambos forem dobradas, enquanto a distância entre eles se mantém inalterada.
39. Mostre que não haverá alteração da força da gravidade entre dois objetos se suas massas forem dobradas, e a distância entre eles também.
40. Determine qual será a variação da força da gravidade entre dois planetas se a distância entre eles for *diminuída* em 10 vezes.
41. Determine a força da gravidade entre um bebê recém-nascido (massa 3 kg) e o planeta Marte (massa $6,4 \times 10^{23}$ kg) quando Marte se encontra o mais próximo da Terra (distância mínima $5,6 \times 10^{10}$ m).
42. Determine a força da gravidade entre um bebê recém-nascido de 3 kg de massa e o obstetra de 100 kg de massa que se

encontra a 0,5 m do bebê. Quem exerce maior força gravitacional sobre o bebê: Marte ou o obstetra? Quantas vezes é maior?

43. Muitas pessoas erradamente acham que os astronautas que orbitam a Terra estão "acima da gravidade". Calcule g para a trajetória do ônibus espacial, 200 km acima da superfície terrestre. A massa da Terra é 6×10^{24} kg e seu raio vale $6,38 \times 10^6$ m (6.380 km). Sua resposta equivale a que percentual de 10 m/s²?

44. A lei da gravitação universal de Newton nos informa que $F = G\dfrac{m_1 m_2}{r^2}$. A segunda lei de Newton nos informa que $a = \dfrac{F_R}{m}$.

   a. Com um pouco de raciocínio algébrico, mostre que sua aceleração gravitacional em direção a qualquer planeta de massa M, a uma distância r de seu centro, é $a = \dfrac{GM}{r^2}$.
   b. Como essa equação lhe diz se sua aceleração gravitacional depende ou não de sua massa?

PENSE E ORDENE   (ANÁLISE)

45. Um planeta e sua lua se atraem gravitacionalmente. Ordene em sequência decrescente as forças atrativas entre cada par de corpos celestes mostrados na figura.

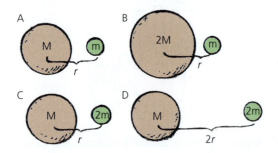

46. Considere a luz proveniente de múltiplas chamas de velas, todas de mesmo brilho. Ordene de maneira decrescente os valores das luzes que chegam a seus olhos para as seguintes situações.
    a. Três velas vistas a uma distância de 3 m.
    b. Duas velas vistas a uma distância de 2 m.
    c. Uma vela vista a uma distância de 1 m.

47. Imagine que você caia em um túnel perfurado através do centro da Terra. Em uma situação ideal, sem obstruções, ordene as posições A, B, C e D indicadas em sequência decrescente quanto aos valores de suas
    a. rapidez.
    b. aceleração em direção ao centro da Terra.

48. Ordene em sequência decrescente as forças gravitacionais médias entre:
    a. o Sol e Marte
    b. o Sol e a Lua
    c. o Sol e a Terra

49. Ordene em sequência decrescente as forças de micromaré geradas em seu próprio corpo:
    a. pela Lua
    b. pela Terra.
    c. pelo Sol

PENSE E EXPLIQUE   (SÍNTESE)

50. Avalie se esta advertência num produto de consumo geral deveria causar preocupação: *ATENÇÃO: a massa deste produto atrai cada outra massa no universo com uma força que é proporcional ao produto das massas e inversamente proporcional ao quadrado da distância entre seus centros.*

51. A gravidade da Terra puxa algumas pessoas mais do que outras?

52. Se existe uma força atrativa entre todos os objetos, por que não somos atraídos pelos edifícios de grande massa em nossa vizinhança?

53. O físico Paul A. M. Dirac, vencedor do Prêmio Nobel em 1933, teria dito: "Colha uma flor na Terra e você moverá a estrela mais distante!" O que ele quis dizer com isso?

54. O Sol atrai Marte com força gravitacional maior, menor ou igual àquela com a qual Marte atrai o Sol?

55. Uma fonte de luz intensa está localizada a 1 m de uma abertura quadrada com área de 1 m². A luz que atravessa a abertura ilumina uma área de 4 m² em uma parede a 2 m da abertura. Quanta área será iluminada se a parede for levada a distâncias de 3 m, 5 m e 10 m da abertura?

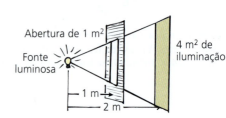

56. Em qualquer local da Terra, dizemos que a direção da força gravitacional é "diretamente para baixo". Defina a direção "para baixo" com relação à gravidade.

57. Qual seria a trajetória da Lua se, de algum modo, todas as forças gravitacionais que atuam nela se tornassem nulas?

58. A força gravitacional é mais intensa sobre um pedaço de ferro do que sobre um pedaço de madeira, ambos de mesma massa? Justifique sua resposta.

59. A força da gravidade é mais intensa sobre uma folha de papel do que sobre o mesmo pedaço de papel quando está amassado? Justifique sua resposta.

60. Como variaria a força entre um planeta e sua lua se esta fosse elevada para o quíntuplo da sua distância atual do centro do planeta? E se fosse baixada para um quinto da distância do centro do planeta?

61. Ian trabalha no 20° andar de um edifício, seu colega trabalha no 10°. A força da gravidade no escritório do colega é metade da força no escritório de Ian. Explique por que sim ou por que não.

62. Veículos como os robôs Curiosity e Perserverance navegam pela superfície de Marte. Seus pesos variam entre o fundo do vale e o alto de uma colina? Explique.

63. A Terra não é exatamente uma esfera, pois tem uma protuberância no equador. Estritamente falando, de que modo essa protuberância afeta o peso de uma pessoa quando está em Singapura e em Hong Kong?

64. Ela o vê a 40 m de distância. Ela sente uma atração, mas não sabe se é a atração gravitacional ou... algo mais! Ela se aproxima até estar a 10 m de distância. Em quanto varia a força gravitacional com essa mudança na distância?

65. Em qual estado dos Estados Unidos a rapidez tangencial de um indivíduo em torno do eixo da Terra é maior?

66. Uma maçã cai por causa da atração gravitacional da Terra. Como se comparam as atrações gravitacionais sobre a Terra e a maçã? (A força variará se você trocar m_1 por m_2 na equação da gravidade – ou seja, escrevendo $m_2 m_1$ em vez de $m_1 m_2$?)

67. A aceleração da gravidade é maior ou menor no cume do Monte Everest do que em relação ao nível do mar? Justifique sua resposta.

68. Um astronauta pousa em um planeta que tem a mesma massa da Terra, mas com diâmetro três vezes maior. Como o peso do astronauta ali difere de seu peso na Terra?

69. Um astronauta pousa em um planeta que tem a mesma massa da Terra, mas com um quarto do diâmetro. Como o peso do astronauta ali difere de seu peso na Terra?

70. Por que uma pessoa em queda livre está sem peso, ao contrário de uma pessoa que cai com velocidade terminal?

71. Por que os passageiros de aviões a jato que voam a grandes altitudes sentem a sensação de peso, enquanto os passageiros de um veículo espacial em órbita como o ônibus espacial não a sentem?

72. A força gravitacional está atuando sobre uma pessoa que plana sobre o solo com um *jetpack*? E sobre um astronauta no interior de um ônibus espacial em órbita? Justifique sua resposta.

73. Se você estivesse num carro que despenca da beira de um penhasco, por que estaria momentaneamente imponderável? A gravidade ainda estaria atuando sobre você?

74. Se você estivesse dentro de um elevador em queda livre e soltasse um lápis, ele flutuaria em sua frente. Existe alguma força gravitacional sobre o lápis? Justifique sua resposta.

75. Quando Phil fica pendurado em uma corda, a tensão nesta é de 650 N. Quando está parado sobre uma balança, o que ela marca?

76. Quais são as duas forças exercidas sobre você quando se encontra em um elevador em movimento? Quando elas têm a mesma intensidade e quando não?

77. Por que um saltador de *bungee jump* se sente sem peso durante o salto?

78. Um colega afirma que a razão principal para que astronautas em órbita se sintam sem peso é que eles se encontram além da maior parte da atração terrestre. Você concorda ou discorda dele?

79. Um foguete decola da plataforma em direção ao espaço. Por que a sua massa diminui à medida que ele acelera para cima?

80. Um astronauta da Estação Espacial Internacional não pode ficar de pé sobre uma balança de banheiro, mas um astronauta em uma estação espacial giratória (ainda não construída) pode, *sim*, ficar de pé sobre uma balança. Explique.

81. A força devido à gravidade sobre você é *mg*. Sob que condições *mg* também é seu peso?

82. De pé sobre uma balança de banheiro ao nível do solo, a balança marca a força gravitacional exercida sobre você, *mg*. Se o piso for inclinado em certo ângulo, a balança marcará um valor menor do que o de *mg*. Discuta por que isso ocorre e por que é uma boa ideia medir seu peso sobre um piso horizontal.

83. Suponha que você fique pulando enquanto se pesa com uma balança de banheiro. Enquanto isso, a marcação da balança analogamente oscila para mais e para menos. Isso significa que a força da gravidade, *mg*, varia enquanto você salta?

84. Se alguém puxasse com força a manga de sua camisa, provavelmente ela rasgaria. Se todas as partes de sua camisa fossem puxadas igualmente, não ocorreria rasgão algum. Como isso se relaciona com as forças de maré?

85. A maioria das pessoas sabe que as marés são causadas principalmente pela influência gravitacional da Lua e, logo, que a atração da Lua sobre a Terra é maior do que a do Sol sobre a Terra. O que você acha?

86. Existe um torque sobre o centro de massa da Lua quando o eixo maior da Lua está alinhado com o campo gravitacional terrestre? Explique como isso se compara a uma bússola.

87. Existiriam marés se, por alguma razão, a atração gravitacional da Lua (e do Sol) fosse igual em todas as partes do mundo? Explique.

88. Por que as marés altas não são separadas por um intervalo de exatamente 12 horas?

89. Em relação a um calendário das marés, quando acontecem as menores marés? Isto é, quando é melhor para desenterrar moluscos?

90. Sempre que uma maré é extraordinariamente alta, a maré seguinte será extraordinariamente baixa? Justifique sua resposta em termos da "conservação da água". (Se você empurra a água de uma banheira, de modo que ela fique mais funda de um lado, o outro lado ficará mais raso?)

91. O Mar Mediterrâneo tem muito pouco sedimento em agitação e em suspensão na água, principalmente por causa da ausência de marés consideráveis. Por que se supõe que o Mar Mediterrâneo praticamente não tem marés? Analogamente, existem marés no Mar Negro? E no Grande Lago Salgado (no estado de Utah, nos EUA)? E no reservatório de água do município? E num copo d'água? Explique.

92. O corpo humano é formado principalmente por água. Por que a Lua diretamente acima de nossas cabeças produz consideravelmente menos efeito de maré em compartimentos fluidos de nosso corpo do que um melão de 1 kg mantido acima de nossas cabeças?

93. Se a Terra tivesse densidade uniforme (mesma razão massa/volume em todo lugar), qual seria o valor de *g* no interior da Terra, a meio caminho de seu centro?

94. O valor de g na superfície da Terra é cerca de 10 m/s². Qual é o valor de g a uma distância de dois raios terrestres?

95. Se a Terra tivesse densidade uniforme, seu peso seria maior ou menor no fundo do poço de uma mina profunda? Justifique sua resposta.

96. Os objetos pesam um pouquinho mais no fundo do poço das minas mais profundas. O que isso nos revela sobre o modo como varia a densidade da Terra com a profundidade?

97. Formule duas questões de múltipla escolha: uma que teste a compreensão de um colega de turma sobre a lei do inverso do quadrado da distância e outra que avalie a distinção que ele faz entre peso e imponderabilidade.

PENSE E DISCUTA   (AVALIAÇÃO)

98. Por que quem usa uma *wingsuit* fica momentaneamente sem peso quando salta de um penhasco muito alto? A essa altura, a gravidade atua sobre o saltador? Analise por que algumas pessoas se confundem com essa situação.

99. Um colega afirma que, acima da atmosfera, em território frequentado pelo ônibus espacial, o campo gravitacional da Terra é nulo. Explique ao colega porque ele tem uma falsa concepção e use a equação da força gravitacional em sua explicação.

100. Em algum lugar entre a Terra e a Lua, as gravidades desses dois corpos sobre uma cápsula espacial se anulam. Esse lugar está mais próximo da Terra ou da Lua?

101. A Terra e a Lua atraem-se por forças gravitacionais. A Terra (de maior massa) atrai a Lua (de menor massa) com uma força maior, menor ou igual à força com a qual a Lua atrai a Terra? (Analogia: com uma tira elástica distendida entre seu polegar e seu dedo indicador, qual dos dedos é mais fortemente puxado pela tira, seu polegar ou seu indicador?)

102. Se a Lua atrai a Terra tão fortemente quanto a Terra a atrai, por que a Terra não gira em torno da Lua, ou por que ambas não giram ao redor de um ponto a meio caminho entre elas?

103. O planeta Júpiter tem uma massa mais de 300 vezes maior do que a da Terra, de modo que poderia parecer que um corpo sobre a superfície de Júpiter pesaria 300 vezes mais do que sobre a Terra. No entanto, um corpo na superfície de Júpiter mal pesa três vezes do que pesa na superfície da Terra. Analise o porquê, deixando os termos na equação da força gravitacional guiarem seu pensamento.

104. Uma vez que, quando de pé sobre a Terra, seu peso iguala-se à atração gravitacional entre você e a Terra, discuta se se seu peso seria ou não maior se a Terra ganhasse massa. E se o Sol ganhasse massa?

105. Explique por que o seguinte raciocínio está errado: "O Sol atrai todos os corpos sobre a Terra. À meia-noite, quando o Sol está diretamente abaixo, ele atrai você no mesmo sentido em que a Terra o atrai; ao meio-dia, quando o Sol está diretamente acima, ele o atrai em sentido contrário ao da atração da Terra sobre você. Portanto, você deveria ser um pouco mais pesado à meia-noite e um pouco mais leve ao meio-dia".

106. Se a massa da Terra aumentasse, o peso das pessoas aumentaria correspondentemente. Entretanto, se a massa do Sol aumentasse, nosso peso não seria afetado em absoluto. Por quê?

107. Estritamente falando, quando será maior a força gravitacional entre você e o Sol: hoje ao meio-dia ou amanhã à meia-noite? Justifique sua resposta.

108. O fato de que um dos lados da Lua esteja sempre virado para a Terra significa que a Lua gira em torno de seu eixo (como um pião) ou que ela não gira em torno do próprio eixo? Justifique sua resposta.

109. Qual seria o efeito sobre as marés oceânicas terrestres se o diâmetro da Terra fosse muito maior do que é? E se a Terra fosse como é agora, mas a Lua fosse muito maior e tivesse a mesma massa que tem atualmente?

110. O que produziria as maiores micromarés em seu corpo: a Terra, o Sol ou a Lua? Por quê?

111. Por que exatamente ocorrem marés na crosta e na atmosfera da Terra?

112. Discuta o que requer mais combustível: um foguete que vai da Terra à Lua ou um foguete que retorna da Lua para a Terra?

113. Se de alguma maneira você pudesse atravessar um túnel dentro de uma estrela de densidade uniforme, seu peso aumentaria ou diminuiria? Se, em vez disso, de algum modo você ficasse em pé sobre a superfície de uma estrela que encolhe, seu peso aumentaria ou diminuiria? Por que suas respostas são diferentes?

114. Se o Sol encolhesse até tornar-se um buraco negro, mostre a partir da equação da força gravitacional que a órbita da Terra não seria afetada.

115. Se a Terra fosse oca, mas tivesse a mesma massa e o mesmo raio que realmente tem, o seu peso em um certo local seria maior, menor ou igual ao que é agora? Explique.

116. Um novo colega de discussão afirma que a Estação Espacial Internacional se encontra além do alcance da gravidade terrestre, como evidenciado pela condição de ausência de peso experimentada por seus ocupantes. Corrija essa concepção errônea.

117. Algumas pessoas rejeitam a validade das teorias científicas, dizendo que elas são "apenas" teorias. A lei da gravitação universal é uma teoria. Isso significa que os cientistas ainda duvidam de sua validade? Explique.

Você pode estar se perguntando: "por que devo estudar este material, especialmente se esquecerei a maior parte?". Minha resposta é que, usando ou não este conhecimento, no ato de aprender a articular os conceitos e resolver problemas você está estabelecendo conexões em seu cérebro que não existiam. Essas ligações fazem de você uma pessoa bem formada e serão úteis em áreas que você nem pode imaginar agora.

CAPÍTULO 9 Exame de múltipla escolha

Escolha a melhor resposta entre as alternativas:

1. A Lua cai em direção à Terra no sentido de cair:
    a. com aceleração de 10 m/s², como as maçãs fazem na Terra.
    b. sob a trajetória retilínea que seguiria sem a gravidade.
    c. ambas as anteriores.
    d. nenhuma das anteriores.

2. A força da gravidade entre os dois planetas depende de:
    a. suas composições planetárias.
    b. suas atmosferas planetárias.
    c. seus movimentos de rotação.
    d. nenhuma das anteriores.

3. Os habitantes da Estação Espacial Internacional (ISS) experimentam falta de peso porque:
    a. a Terra exerce pouquíssima (ou nenhuma) atração gravitacional na estação.
    b. a estação tem blindagem contra a gravidade espacial externa.
    c. não há força de apoio.
    d. todas as anteriores.

4. Uma espaçonave que parte da Terra para a Lua é puxada igualmente pela Terra e pela Lua quando está:
    a. mais perto da Terra.
    b. mais perto da Lua.
    c. no meio do caminho entre a Terra e a Lua.
    d. em ponto algum, pois a atração da Terra sempre é mais forte.

5. Uma pessoa de dieta que normalmente pesa 400 N se coloca no alto de uma escada muito alta, tão alta que a pessoa fica um raio terrestre acima da superfície do planeta. Qual é o seu peso nesse local?
    a. 0.
    b. 100 N.
    c. 200 N.
    d. 400 N.

6. Dentro de um elevador em queda livre:
    a. a aceleração é zero.
    b. o peso é zero.
    c. a interação gravitacional com a Terra é zero.
    d. todas as anteriores.

7. Se a massa do Sol dobrasse, sua atração sobre o Sol dobraria e seu peso medido na Terra:
    a. dobraria.
    b. quadruplicaria.
    c. não mudaria.
    d. nenhuma das anteriores.

8. As forças que produzem as marés são:
    a. múltiplas fontes de gravitação.
    b. forças gravitacionais não alinhadas.
    c. forças desiguais que atuam sobre diferentes partes de um corpo.
    d. um fluxo desigual de fluidos.

9. Marés causadas principalmente pela Lua ocorrem _____ da Terra.
    a. nos oceanos.
    b. na atmosfera.
    c. no interior.
    d. todas as anteriores.

10. Quanto é preciso deslocar-se para escapar do campo gravitacional da Terra?
    a. Até uma região acima da atmosfera terrestre.
    b. Até uma região muito além da Lua.
    c. Até uma região muito além do sistema solar.
    d. Esqueça, é impossível ir longe o suficiente.

Respostas e explicações das perguntas do exame de múltipla escolha

1. **(b):** Devido à sua grande distância da Terra, a aceleração da Lua em direção ao nosso planeta é muito menor do que 10 m/s² perto da superfície terrestre. Todos os satélites, incluindo a Lua, caem sob a trajetória retilínea que seguiriam sem a gravidade. Assim, a resposta é (b). **2. (d):** Use a equação da gravidade para guiar sua resposta: $F = mM/r^2$. Como não há símbolos para composições planetárias, atmosferas ou movimentos rotacionais, nenhum destes pode ser a resposta correta. Os símbolos nas equações nos dizem o que ocorre e o que não ocorre. **3. (c):** Como a ISS está em uma região com cerca de 90% da gravidade da superfície terrestre é impossível blindar-se contra a gravidade, apenas (c) está correta. A imponderabilidade se deve à ausência de uma força de apoio, como enfatizado no Capítulo. **4. (b):** A Terra é mais maciça do que a Lua. Apenas se as massas da Terra e da Lua fossem iguais ocorreriam atrações iguais no ponto médio entre elas. Como a Terra é mais maciça, as forças seriam iguais em um ponto mais próximo da Lua. **5. (b):** É uma aplicação direta da lei do inverso do quadrado. A pessoa pesa 400 N a um raio terrestre do centro da Terra. Uma distância radial adicional de 1 Terra a colocaria ao dobro da distância do centro do planeta, o que significa um quarto de seu peso de 400 N, ou seja, 100 N, [1/(2)² é 1/4]. **6. (b):** Dentro de um elevador em queda livre, você fica sem força de apoio e seu peso é zero, mas você está totalmente sob a influência da gravidade da Terra, com aceleração igual a g. Apenas (b) está correta. **7. (c):** Seu peso na Terra envolve apenas a interação entre a sua massa e a massa da Terra. O fato da Terra e do Sol se atraírem, e mesmo um Sol com o dobro da massa, é irrelevante para a questão. **8. (c):** O principal motivo para as marés oceânicas é apresentado em (c). As outras opções não são gerais e têm pouca relação com as marés. Forças desiguais sobre um corpo são a principal causa das marés. **9. (d):** Uma leitura rápida da Seção 9.5 indicaria as marés no oceano, a atmosfera e o interior semidesfertido da Terra, todos os quais são fluidos puxados por forças desiguais, o que é característico das marés. **10. (d):** Pense na lei do inverso do quadrado. A uma distância grande o suficiente, o efeito de um campo pode aproximar-se de zero, mas nunca será nulo. Você pode escapar da *influência* da gravidade terrestre se estiver longe, mas nunca do campo em si.

10
Movimento de projéteis e de satélites

10.1 **Movimento de projéteis**
  Projéteis lançados horizontalmente
  Projéteis lançados segundo um ângulo

10.2 **Projéteis velozes – satélites**

10.3 **Órbitas circulares de satélites**

10.4 **Órbitas elípticas**

10.5 **As leis de Kepler do movimento planetário**

10.6 **Conservação da energia e movimento de satélites**

10.7 **Rapidez de escape**

1 Sally Ride na sua zona de conforto! **2** A atmosfera da Terra corresponde a uma pequena fração da largura dos dedos de Emily Abrams, com a Estação Espacial Internacional orbitando a uma altura correspondente à distância até a unha do dedo mínimo! **3** O Tesla Roadster vermelho de Elon Musk, com um manequim em roupa de astronauta, foi lançado pela SpaceX em 2018 e está em órbita do Sol. **4** Shruti Kumar pede à sua classe para prever onde o projétil aterrissará para uma dada velocidade e um dado ângulo de lançamento.

Participar de congressos energiza os educadores. Após o encontro da American Association of Physics Teachers em Washington, DC, em 1987, o voo de volta para San Francisco foi incrivelmente estimulante. Viajei acompanhado de Helen Yan,* minha ex-aluna, que na época estudava física na Universidade da Califórnia, em Berkeley. Enquanto revisava meu livro-texto, Helen fazia seu dever de casa. A mulher sentada à direita de Helen notou e comentou os problemas de entalpia da termodinâmica nos quais Helen estava trabalhando e disse que se lembrava de resolver esse tipo de problema quando ainda era estudante. Helen perguntou onde a mulher estudou. "Stanford", ela respondeu. E ela se formara em física? Sim, com doutorado em física. Perguntamos se trabalhava como física e ela respondeu que trabalhava na NASA. Como somos muito curiosos, perguntamos que tipo de física fazia na NASA. Ela respondeu que era astronauta. Uau! Naquele momento, percebemos que estávamos sentados ao lado de Sally Ride! Sally fez a gentileza de autografar o exemplar de Física Conceitual que eu estava editando.

Como era no espaço, queríamos saber. Entre tudo que nos contou, lembro de Sally dizer que não ter peso era *divertido*: ela adorava flutuar no ônibus espacial. Mas ela também mencionou algo que a maioria das pessoas não sabe: na imponderabilidade da órbita, vomita-se muito. Muito!

Nas minhas palestras em anos anteriores, com alunos do ensino fundamental, eu costumava perguntar quantas crianças gostariam de entrar em órbita algum dia, e quase todas levantavam as suas mãos. Após meu encontro com Sally Ride, quando lecionava para crianças, acrescentava o que ela me contara sobre vomitar em órbita. Quase nenhuma mão se erguia quando perguntava quem gostaria de entrar em órbita. Opa! Depois disso, concentrei-me nos esforços de Sally para envolver as meninas com ciência – e *não* no vômito. Ninguém gosta de vomitar.

Quando jovem, Sally gostava de praticar esportes e competiu em torneios de tênis para jovens. Sua disciplina favorita na escola era a matemática. Em Stanford, graduou-se bacharel em física e em inglês. Na pós-graduação, concentrou-se na física do universo, a astrofísica. Quando estava terminando o doutorado, viu um anúncio no jornal estudantil: a NASA estava aceitando mulheres no seu programa de astronautas pela primeira vez na história. Sally candidatou-se imediatamente.

Sally Ride foi a primeira mulher americana no espaço e, aos 32 anos, a americana mais jovem de qualquer gênero. Ela voou em duas missões do ônibus espacial Challenger, em 1983 e 1984. Sua especialidade era manobrar o braço robótico de 400 kg e lidar com os cerca de 800 interruptores no painel de controle do orbitador. Sally nunca teve a intenção de fazer a história, mas fez. Sally tornou-se uma celebridade imediatamente, aparecendo em capas de revista e programas de TV populares, e inspirou outras pessoas, especialmente meninas, a seguir carreira na ciência.

Após a NASA, Sally tornou-se professora de física e diretora do California Space Institute, na UC San Diego. Ao mesmo tempo, Sally continuou apaixonada pela educação em STEM (sigla em inglês para "ciência, tecnologia, engenharia e matemática") para jovens. Em 2000, ela se reuniu com alguns amigos e fundou sua própria empresa, a Sally Ride Science, que criava produtos e programas educacionais para motivar jovens estudantes de todas as camadas sociais, mas especialmente meninas, a estudar ciência. Sally era a presidente da organização. Ela acreditava que a educação científica era importante para *todos* os estudantes, independente de desejarem ou não seguir carreira nas ciências. Sally defendia que a educação científica estava se tornando cada vez mais necessária para que as pessoas pudessem tomar boas decisões sobre questões que afetavam o seu dia a dia.

Na vida pessoal, Sally casou-se com Steven Hawley, seu colega astronauta, mas os dois se divorciaram após cinco anos. Sally mantinha discrição sobre o seu relacionamento com a Dra. Tam O'Shaughnessy. Amigas de infância, sua amizade transformou-se em um romance de 27 anos. Tam também foi uma das fundadoras da Sally Ride Science, que transformou-se em organização sem fins lucrativos, com Tam no cargo de diretora executiva.

Sally e Tam escolheram guardar segredo sobre o seu relacionamento por um motivo importante: sua empresa dependia do patrocínio de grandes empresas, e as duas temiam que perderiam esse apoio se a sua história viesse a público. Foi só após a morte de Sally que o mundo descobriu que ela foi também a primeira americana LGBT no espaço.

Sally recebeu inúmeras honrarias. Ela foi eleita para o National Women's Hall of Fame e para o Hall da Fama dos Astronautas. Em 2013, o presidente Barack Obama lhe concedeu postumamente a Medalha da Liberdade Presidencial.

Sally Ride morreu de câncer do pâncreas em 2012, aos 61 anos, mas sua influência ainda está conosco. Ela sempre encerrava suas palestras incentivando o público a "mirar nas estrelas" – é um bom conselho para todos nós.

---

*Helen Yan (ver página 347) tornou-se "cientista de foguetes" na Lockheed Martin Corporation e professora de física no City College of San Francisco.

212 PARTE I Mecânica

FIGURA 10.1 A velocidade da bola (vetor azul-claro comprido) tem um componente vertical e um horizontal. O componente vertical está relacionado à altura que a bola atingirá, enquanto o horizontal está relacionado ao seu alcance na horizontal.

10.1 Movimento de projéteis

Na ausência da gravidade, você poderia atirar uma pedra para o céu com um certo ângulo e ela seguiria uma trajetória retilínea. Por causa da gravidade, entretanto, a trajetória se curva. Uma pedra arremessada, uma bala de canhão disparada ou qualquer objeto lançado por algum meio e que segue em movimento por sua própria inércia é chamado de **projétil**. Para os canhoneiros dos séculos anteriores, a trajetória curva dos projéteis parecia muito complicada. Hoje percebemos que essas trajetórias são surpreendentemente simples quando observamos separadamente os componentes horizontal e vertical da velocidade.

A Figura 10.1 mostra os vetores que compõem a velocidade da bola. O componente horizontal da velocidade do projétil é completamente independente do componente vertical da velocidade quando a resistência aerodinâmica for suficientemente pequena para ser ignorada. Assim, o componente horizontal da velocidade, que é constante, não é afetado pela força vertical da gravidade. É importante enfatizar que cada componente independe do outro. Seus efeitos combinados produzem as trajetórias curvilíneas dos projéteis.

> **PAUSA PARA TESTE**
>
> Como o componente vertical da velocidade de um projétil afeta o componente horizontal?
>
> **VERIFIQUE SUA RESPOSTA**
>
> Não afeta! A mensagem aqui é importante: os componentes horizontal e vertical da velocidade para todos os projéteis são independentes. Nenhum componente afeta o outro.

Projéteis lançados horizontalmente

O caminho seguido por um projétil é a sua *trajetória*.

O movimento de projéteis está analisado de forma conveniente na Figura 10.2, que mostra a simulação de uma fotografia estroboscópica de uma bola que cai rolando da beira de uma mesa. Analise-a cuidadosamente, pois aí existe um bocado de boa física. À esquerda, observamos as posições sequenciais no tempo da bola na ausência dos efeitos da gravidade. Apenas é mostrado o efeito do componente horizontal da velocidade da bola. Na próxima, à direita, vemos qual seria o movimento da bola se ela não tivesse um componente horizontal de velocidade. A trajetória curva da terceira figura é melhor analisada considerando separadamente os componentes horizontal e vertical do movimento. Há dois aspectos importantes a notar. O primeiro é que o componente horizontal do movimento da bola não se altera enquanto a bola em queda se move para a frente. Ela percorre a mesma distância horizontal durante os intervalos de tempos iguais entre dois *flashes* sucessivos. Isso ocorre porque não existe um componente da força da gravidade atuando na horizontal. A gravidade atua somente *para baixo*, então, a única aceleração da bola é *para baixo*. O segundo aspecto a notar é que as sucessivas posições verticais tornam-se cada vez mais afastadas com o decorrer do tempo. Elas são as mesmas distâncias percorridas na situação em que a bola simplesmente foi solta. Note que a curvatura da trajetória da bola é a

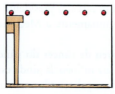
Movimento horizontal sem gravidade

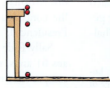
Movimento vertical somente com a gravidade

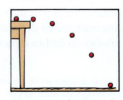
Movimento horizontal e vertical combinados

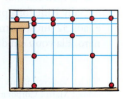
Superposição dos casos anteriores

FIGURA 10.2 Fotografias simuladas de uma bola em movimento iluminada com luz estroboscópica.

combinação do movimento horizontal, que permanece constante, com o movimento vertical acelerado.

A trajetória de um projétil acelerado apenas na direção vertical, enquanto se move com velocidade constante na horizontal, é uma **parábola**. Quando a resistência aerodinâmica é suficientemente pequena para ser desprezada, como no caso de um objeto pesado que não alcança grande rapidez, a trajetória é parabólica.

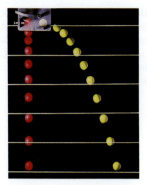

FIGURA 10.3 Uma fotografia estroboscópica de duas bolas de golfe liberadas por um dispositivo que, simultaneamente, deixa uma delas cair livremente, enquanto a outra é lançada horizontalmente.

> **PAUSA PARA TESTE**
>
> No exato instante em que um canhão dispara uma bala na direção horizontal a partir de uma torre, outra bala de canhão, mantida ao lado do canhão na torre, é solta e cai em direção ao solo.
>
>
>
> 1. Qual das balas, a que foi disparada ou a que foi solta a partir do repouso, chegará primeiro ao solo?
> 2. Se o canhão fosse apontado em um ângulo acima da horizontal, qual bala atingiria o solo primeiro?
> 3. Se o canhão fosse apontado em um ângulo abaixo da horizontal, qual bala atingiria o solo primeiro?
>
> **VERIFIQUE SUA RESPOSTA**
>
> 1. Ambas as balas atingem o solo ao mesmo tempo, pois ambas caem a mesma distância vertical. Observe que a física é a mesma mostrada nas Figuras 10.2 e 10.3.
> 2. A bala solta chega ao solo primeiro, enquanto a bala disparada para cima ainda está voando.
> 3. A bala disparada atinge o solo antes da bala solta.

FIGURA 10.4 A física do movimento de projéteis aplica-se muito bem quando ela e o *skate* estão no ar.

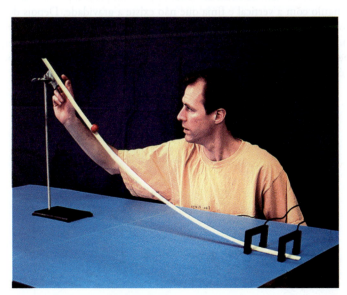

FIGURA 10.5 Chuck Stone libera uma bola próximo ao topo de um trilho. Seus estudantes efetuam medições para prever onde deve ser posicionada uma lata, no solo, a fim de que a bola caia nela após ter rolado para fora da mesa.

FIGURA 10.6 Se lançada segundo um ângulo acima ou abaixo da horizontal, a distância vertical de queda abaixo da trajetória retilínea idealizada é a mesma para tempos de queda iguais.

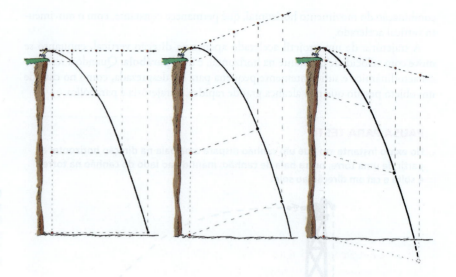

Projéteis lançados segundo um ângulo

Na Figura 10.6, vemos as trajetórias de pedras lançadas horizontalmente (esquerda), para cima (centro) e para baixo (direita). As linhas retas tracejadas representam as trajetórias idealizadas das pedras caso não existisse a gravidade. Observe que as distâncias verticais abaixo das trajetórias retilíneas idealizadas são iguais para tempos iguais. A distância vertical independe do que acontece na direção horizontal.

A Figura 10.7 mostra distâncias verticais de queda específicas de uma bala de canhão que foi disparada segundo um ângulo acima da horizontal. Se não houvesse a gravidade, a bala seguiria a trajetória retilínea representada pela linha tracejada. Mas a gravidade realmente existe, então isso não ocorre. O que realmente acontece é que a bala de canhão continuamente cai abaixo da linha imaginária até finalmente bater no solo. Note que a distância vertical que ela cai abaixo de qualquer ponto da linha tracejada é a mesma que ela cairia se fosse solta dali a partir do repouso e caísse durante o mesmo intervalo de tempo. Tal distância, introduzida no Capítulo 3, é dada por $d = \frac{1}{2}gt^2$, onde t é o tempo transcorrido.

Podemos colocar isso de outra maneira: dispare um projétil para o céu formando algum ângulo com a vertical e finja que não existe a gravidade. Depois de muitos segundos t, ele deveria estar em algum ponto sobre a trajetória em linha reta. No entanto, devido à gravidade, ele não se encontra lá. Onde se encontra? A resposta é que ele estará diretamente abaixo desse ponto. Que distância abaixo? A resposta em metros é $5t^2$ (ou, mais precisamente, $4,9t^2$). O que você acha disso?

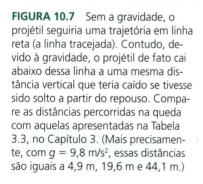

FIGURA 10.7 Sem a gravidade, o projétil seguiria uma trajetória em linha reta (a linha tracejada). Contudo, devido à gravidade, o projétil de fato cai abaixo dessa linha a uma mesma distância vertical que teria caído se tivesse sido solto a partir do repouso. Compare as distâncias percorridas na queda com aquelas apresentadas na Tabela 3.3, no Capítulo 3. (Mais precisamente, com $g = 9,8$ m/s², essas distâncias são iguais a 4,9 m, 19,6 m e 44,1 m.)

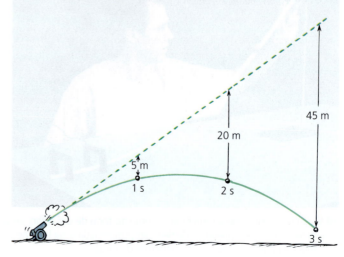

PRATICANDO FÍSICA: MÃOS À OBRA COM CONTAS EM BARBANTES

Construa seu próprio modelo de trajetórias de projéteis. Marque cinco segmentos iguais em uma régua ou haste. Na posição 1, pendure uma conta por um barbante de 1 cm de comprimento, como ilustrado na figura. Na posição 2, pendure uma conta por um barbante de 4 cm de comprimento. Na posição 3, faça a mesma coisa usando um barbante de comprimento igual a 9 cm. Na posição 4, use um barbante de 16 cm, e na posição 5, um barbante de 25 cm. Se você segurar a régua na posição horizontal, terá uma versão da Figura 10.6 (esquerda). Segurando de modo a formar um pequeno ângulo acima da horizontal, terá uma versão da Figura 10.6 (centro). Segurando para formar um ângulo abaixo da horizontal, terá uma versão da Figura 10.6 (direita).

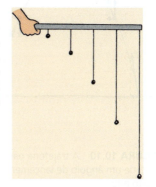

Observe outra coisa na Figura 10.7. O projétil move-se por distâncias horizontais iguais, em intervalos de tempo iguais. Isso porque não existe aceleração na direção horizontal. A única aceleração que existe é vertical, na direção e no sentido da gravidade terrestre.

PAUSA PARA TESTE

1. Suponha que a bala de canhão da Figura 10.7 fosse disparada mais rapidamente. A quantos metros abaixo da linha tracejada ela estaria após decorridos 5 s?
2. Se o componente horizontal da velocidade da bala de canhão fosse 20 m/s, a que distância vertical abaixo da linha tracejada se encontraria a bala de canhão ao final dos 5 s?

FIGURA 10.8 Peter Rea, da Arbor Scientific, produziu este lançador de projéteis impulsionado a ar comprimido para aulas de física em ambiente aberto.

VERIFIQUE SUA RESPOSTA

1. A distância vertical abaixo da linha tracejada ao final de 5 s é 125 m [$d = 5t^2 = 5(5)^2 = 5(25) = 125$ m]. Curiosamente, essa distância de fato não depende do ângulo do canhão. Se a resistência aerodinâmica for desprezada, qualquer projétil teria caído $5t^2$ metros abaixo do lugar onde ele estaria se não houvesse a gravidade.
2. Sem haver resistência aerodinâmica, a bala de canhão percorreria uma distância horizontal de 100 m [$d = \bar{v}t = (20$ m/s$)(5$ s$) = 100$ m]. Observe que, como a gravidade atua apenas verticalmente e como não existe aceleração na direção horizontal, a bala de canhão percorre distâncias horizontais iguais em tempos iguais. Essa distância é simplesmente o produto do seu componente horizontal de velocidade pelo tempo (e não $5t^2$, que se aplica apenas ao movimento vertical sob influência da gravidade).

Na Figura 10.9, vemos vetores representando os componentes horizontal e vertical da velocidade de um projétil numa trajetória parabólica. Note que o componente horizontal da velocidade é o mesmo em todos os lugares e que apenas o componente vertical varia. Observe também que a velocidade de fato é representada pelo vetor que forma a diagonal do retângulo composto pelos dois componentes vetoriais. No topo da trajetória, o componente vertical é nulo, de modo que a velocidade no zênite é simplesmente o componente horizontal da velocidade. Em qualquer outro lugar ao longo de sua trajetória, o valor da velocidade é maior do que isso (exatamente como a diagonal de um retângulo é maior do que qualquer um de seus lados).

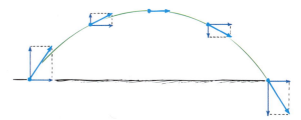

FIGURA 10.9 A velocidade de um projétil em vários pontos de sua trajetória. Note que o componente vertical varia, enquanto o horizontal é o mesmo em qualquer lugar.

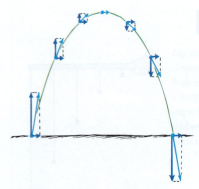

FIGURA 10.10 A trajetória para o caso de um ângulo de lançamento muito alto.

FIGURA 10.11 Alcances de projéteis disparados com a mesma rapidez e diferentes ângulos de lançamento.

FIGURA 10.12 Sem arrasto do ar, o alcance máximo para uma bola rebatida ocorre em 45°. Devido ao arrasto do ar, a maioria dos *home runs* é rebatida em ângulos de 25° a 35°.

A Figura 10.10 mostra a trajetória seguida por um projétil lançado com a mesma rapidez numa inclinação muito íngreme. Observe que o vetor velocidade inicial tem um componente vertical maior do que no caso em que o ângulo de lançamento é menor. Esse componente maior resulta numa trajetória que alcança uma altura maior. No entanto, o componente horizontal é menor, resultando num alcance menor.

A Figura 10.11 mostra as trajetórias de vários projéteis, todos lançados com a mesma rapidez inicial, mas com diferentes ângulos de lançamento. As figuras desprezam os efeitos da resistência aerodinâmica, de modo que todas as trajetórias são parábolas. Note que esses projéteis alcançam diferentes *altitudes* ou alturas máximas acima do solo. Eles também têm diferentes *alcances horizontais* ou distâncias percorridas horizontalmente. A característica notável a observar na Figura 10.11 é que o alcance é o mesmo para dois ângulos de lançamento que somam 90°! Um objeto lançado com ângulo de 60°, por exemplo, terá o mesmo alcance se for lançado com a mesma rapidez com ângulo de 30°. Para um ângulo menor, é claro, o objeto permanece no ar por um tempo mais curto. O alcance máximo ocorre quando o ângulo de lançamento for 45°, desde que a resistência aerodinâmica seja desprezível.

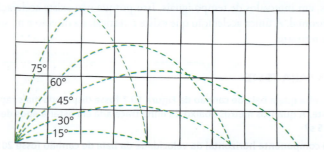

PAUSA PARA TESTE

1. Uma bola de beisebol é rebatida no ar, formando um certo ângulo. Uma vez no ar, desprezando a resistência aerodinâmica, qual é a aceleração vertical da bola? E a horizontal?
2. Em que parte de sua trajetória uma bola de beisebol tem a mínima rapidez?
3. Considere uma bola de beisebol rebatida que descreve uma trajetória parabólica no momento em que o Sol está diretamente acima da cabeça. Como a rapidez da sombra da bola através do campo se compara com o componente horizontal da velocidade da bola?

VERIFIQUE SUA RESPOSTA

1. A aceleração vertical é *g*, porque a força da gravidade é vertical. A aceleração horizontal é nula, porque nenhuma força horizontal atua sobre a bola.
2. A mínima rapidez da bola ocorre no topo de sua trajetória. Se ela for lançada verticalmente, sua rapidez no topo é zero. Se for lançada em um certo ângulo com a horizontal, o componente vertical da velocidade é nulo no topo, sobrando apenas o componente horizontal. Logo, a rapidez no topo é igual ao componente horizontal da velocidade da bola em qualquer ponto. Não é legal?
3. Eles são a mesma coisa!

Sem os efeitos do ar, o alcance máximo de uma bola de beisebol ocorreria quando ela fosse rebatida 45° acima da horizontal. Na ausência do arrasto aerodinâmico, a subida da bola é igual à sua descida, percorrendo a mesma distância horizontal sobre o solo na subida e na descida. Entretanto, isso não acontece quando existe a resistência do ar desacelerando a bola. Sua velocidade horizontal no topo da trajetória será menor do que sua velocidade horizontal ao deixar o bastão, *de modo que ela percorre uma distância menor ao longo do solo durante a descida do que durante a subida*. Consequentemente, para atingir um alcance máximo, a bola deve deixar o bastão com uma velocidade horizontal maior do que a velocidade vertical – entre cerca de 25° e 34°, o que é consideravelmente menor do que 45°. O mesmo vale para bolas de golfe. (Como mostraremos no Capítulo 14, a rotação da bola também afeta o alcance.) Para projéteis pesados, como dardos e pesos, o efeito da resistência sobre o alcance é menor. Um dardo, sendo pesado e apresentando ao ar uma pequena seção transversal, segue uma parábola quase perfeita depois de arremessado. O mesmo ocorre com um peso. Mas cuidado, os valores da *rapidez de lançamento* não são os mesmos para esses projéteis atirados com ângulos diferentes. Ao arremessar um dardo ou um peso, uma parte significativa da *força* que atua durante o lançamento é para cancelar a gravidade – de modo que lançar a 45° significa uma rapidez de lançamento menor. Você pode comprovar isso por si mesmo: arremesse horizontalmente uma pedra grande e, depois, em um ângulo acima da horizontal – você constatará que o arremesso horizontal deve ser consideravelmente mais rápido. Assim, o alcance máximo para projéteis pesados atirados por humanos é obtido para ângulos de lançamento menores do que 34° – e não por causa da resistência aerodinâmica.

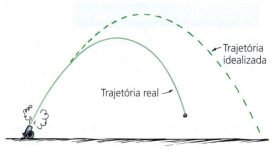

FIGURA 10.13 Devido à resistência aerodinâmica, a trajetória de um projétil muito rápido é mais curta do que a trajetória parabólica idealizada.

Quando a resistência do ar é suficientemente pequena para ser desprezada, o projétil levará o mesmo tempo para alcançar sua altura máxima do que para cair dessa altura a seu nível inicial (Figura 10.14). Isso porque a desaceleração provocada pela gravidade enquanto o projétil está subindo é a mesma de quando ele está descendo. A rapidez que ele perde enquanto sobe é igual à que adquire durante a descida. Assim, o projétil chega ao seu nível inicial tendo a mesma rapidez que tinha quando foi inicialmente lançado.

As partidas de beisebol normalmente acontecem ao nível do solo. No caso do movimento de um projétil de curto alcance sobre o campo de jogo, a Terra pode ser considerada plana, porque o voo da bola não chega a ser afetado pela curvatura da superfície da Terra. Para projéteis de longo alcance, entretanto, a curvatura da superfície da Terra tem de ser considerada. Agora veremos que, se um objeto for lançado com rapidez suficiente, ele cairá ao longo de uma volta completa em torno da Terra e se tornará um satélite terrestre.

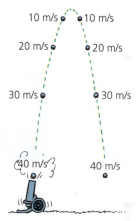

FIGURA 10.14 Sem resistência aerodinâmica, a rapidez perdida na subida é igual à rapidez adquirida na descida; o tempo de subida é igual ao de descida.

PAUSA PARA TESTE

O rapaz sobre a torre atira uma bola que alcança 20 m. Qual é sua rapidez de arremesso?

VERIFIQUE SUA RESPOSTA

A bola é arremessada horizontalmente, de modo que a rapidez no momento do arremesso é a distância horizontal dividida pelo tempo. Uma distância de 20 m foi dada. E quanto ao tempo? O tempo para percorrer a parábola não é o mesmo que demora para cair verticalmente 5 m? Não são os mesmos 1 s? Então a rapidez de arremesso é:

$$v = \frac{d}{t} = \frac{20\,\text{m}}{1\,\text{s}} = 20\,\text{m/s}$$

A velocidade de uma bola arremessada verticalmente no topo da sua trajetória é nula. A aceleração também é nula bem no alto? (Pense na segunda lei de Newton!)

TEMPO DE VOO REVISITADO

No Capítulo 3, dissemos que o tempo de permanência no ar durante um salto é independente da rapidez horizontal. Agora vemos por que isso é assim – os componentes horizontal e vertical do movimento são mutuamente independentes. As leis do movimento dos projéteis se aplicam aos saltos. Uma vez que os pés de alguém perdem contato com o solo, apenas a força da gravidade atua sobre o saltador (desprezando a resistência do ar). O tempo de voo depende apenas do componente vertical da velocidade da decolagem. Entretanto, a ação de correr pode fazer a diferença. Quando se está correndo, a força de decolagem do salto pode ser apreciavelmente aumentada batendo-se com os pés no piso (e o piso empurrando seus pés para cima, como em uma situação de ação-reação), de modo que o tempo no ar em um salto com corrida pode exceder o tempo no ar em um salto a partir do repouso. Contudo, de novo, para enfatizar: uma vez que os pés do saltador tenham perdido contato com o piso, somente o componente vertical da velocidade de decolagem determinará o tempo de permanência no ar.

10.2 Projéteis velozes – satélites

Um **satélite** é simplesmente um projétil que se move rápido o suficiente para orbitar um corpo celeste. Um satélite da Terra cai continuamente ao redor do planeta.

Um equívoco comum em relação aos satélites em órbita da Terra é que estão acima da gravidade do nosso planeta. *Não é verdade!* Os satélites *estão* acima da atmosfera terrestre, onde não sofrem o arrasto do ar, que reduziria sua rapidez orbital. Para entender o movimento de satélites, observe Nellie Newton atirando uma bola no seu planetinha imaginário (Figura 10.15). A trajetória da bola é curva devido à gravidade do planeta; sem a gravidade, ela seguiria uma trajetória retilínea. Arremessada com rapidez suficiente, a bola entra em movimento orbital.

De volta à Terra (Figura 10.16), Nellie arremessa uma bola horizontalmente de um penhasco 5 metros acima do solo. Seja qual for a rapidez do seu arremesso, em todos os três casos, a bola demora exatamente o mesmo tempo para cair a mesma distância vertical. No primeiro segundo após deixar a mão de Nellie, a bola cai uma distância vertical de 5 metros abaixo da linha tracejada — para todas as rapidezes. Assim, as três bolas atingirão o solo após o mesmo tempo: 1 segundo. Isso se aplica até a rapidezes maiores. Por exemplo, se Nellie levasse um rifle ao penhasco e o disparasse na horizontal, a bala atingiria o solo 1 segundo depois (apesar do mito popular de que balas em alta velocidade voam em linha reta antes de caírem, semelhante à trajetória linear momentânea do coiote que persegue o papa-léguas além do penhasco no desenho animado). Seja qual for a rapidez do projétil, ele cairá uma distância vertical de 5 metros no primeiro segundo. *Que tal essa?*

Nessa discussão, pressupomos uma Terra plana, uma premissa válida para campos esportivos. Contudo, a superfície da Terra é curva. Para rapidezes muito altas, é preciso considerar a curvatura da Terra. Considere a seguinte pergunta intrigante: e se a rapidez de um projétil lançado na horizontal fosse tão grande que sua trajetória curva correspondesse à curvatura da Terra? *Rá!* Sem o arrasto do ar e outros obstáculos, o projétil se tornaria um *satélite* da Terra! Vamos investigar essa questão.

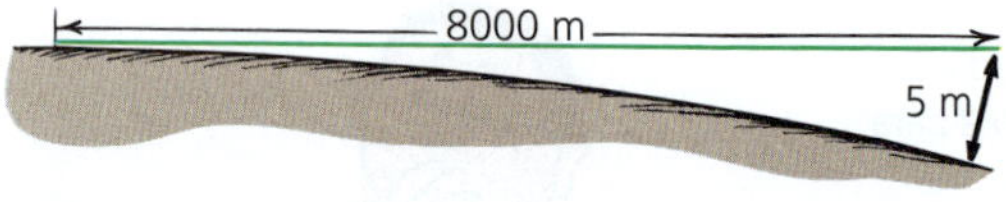

É um fato geométrico que a superfície da Terra desce uma distância vertical de 5 metros a cada 8.000 metros tangenciais a ela (Figura 10.17). Uma tangente a um círculo ou à superfície terrestre é uma linha reta que encosta no círculo ou superfície em apenas um lugar.

FIGURA 10.15 Nellie atira uma bola exatamente na rapidez certa para entrar em órbita.

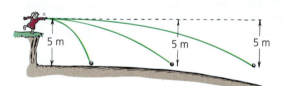

FIGURA 10.16 Atire uma pedra com qualquer valor de rapidez e, um segundo mais tarde, ela terá caído 5 m abaixo de onde estaria se tivesse sido lançada na ausência da gravidade.

FIGURA 10.17 A curvatura da Terra desce uma distância vertical de 5 m para cada 8.000 m tangentes à superfície (não está em escala).

Vemos que essa queda de 5 metros na curvatura da Terra está relacionada com a queda conhecida de 5 m de um projétil no seu primeiro segundo. Talvez a Pausa para Teste a seguir ajude a reunir as informações.

> **PAUSA PARA TESTE**
>
> 1. Calcule a rapidez de um projétil que percorre uma distância de 8.000 metros no tempo que demora para cair 5 metros verticalmente.
> 2. A essa alta rapidez, como seria a forma da sua trajetória em comparação com a curvatura da Terra?
> 3. Do que chamamos esse tipo de projétil de alta rapidez?
>
> **VERIFIQUE SUA RESPOSTA**
>
> 1. Rapidez = $\dfrac{\text{distância percorrida}}{\text{tempo para cair 5 metros}}$ = 8.000 m ÷ 1 s = 8.000 m/s.
> 2. As duas curvas seriam correspondentes.
> 3. Em uma situação ideal, sem arrasto do ar e obstáculos, o projétil seria um satélite da Terra!

Assim, vemos que um satélite terrestre em órbita baixa viaja a 8.000 metros por segundo (8 km/s). Se não parece muito, converta para quilômetros por hora: são impressionantes 29.000 km/h. Rápido! O processo de queda com a curvatura da Terra continua de um segmento de reta tangente para outro, em torno de todo o planeta (Figura 10.18). Em altitudes maiores, onde a distância do centro da Terra é maior e a gravidade é mais fraca, as rapidezes são um pouco menores do que 8 km/s para órbitas circulares.

FIGURA 10.18 Uma sucessão de segmentos de 8.000 m circulam a Terra. Sem o arrasto e outros obstáculos, um projétil em movimento horizontal a 8.000 m/s (8 km/s) orbitaria a Terra!

Em rapidezes orbitais, o atrito atmosférico incinera projéteis. Isso acontece com grãos de areia e outros pequenos meteoros que "raspam" na atmosfera da Terra. Eles se incendeiam e parecem "estrelas cadentes". Assim, os satélites terrestres são lançados a altitudes maiores do que 150 km, acima da atmosfera, mas não além da gravidade.

Isaac Newton compreendia o movimento de satélites. Ele argumentava que a Lua era simplesmente um projétil circundando a Terra sob atração gravitacional. Essa concepção está ilustrada num desenho do próprio Newton (Figura 10.19). Ele comparou o movimento da Lua a uma bala de canhão disparada a partir do topo de uma alta montanha. Ele supôs que o topo da montanha estivesse acima da atmosfera da Terra, de modo que a resistência do ar não se opusesse ao movimento da bala de canhão. Se ela fosse disparada com uma pequena rapidez horizontal, descreveria uma trajetória curva e logo atingiria a Terra abaixo. Se fosse disparada com uma rapidez maior, sua trajetória seria menos curva e ela atingiria a Terra num ponto mais afastado. Se a bala de canhão fosse disparada com rapidez suficiente, Newton pensou, a trajetória curvada se tornaria um círculo e a bala de canhão circularia a Terra indefinidamente. Ela estaria em órbita.

Tanto a bala de canhão quanto a Lua movem-se continuamente com velocidades tangenciais paralelas à superfície da Terra. Essas velocidades são suficientemente grandes para garantir o movimento ao redor da Terra em vez de para o centro dela. Como não há resistência para reduzir sua rapidez, a Lua ou qualquer satélite da Terra "cai" repetidamente ao redor da Terra eternamente. Da mesma forma, os planetas caem de forma contínua ao redor do Sol em trajetórias fechadas.

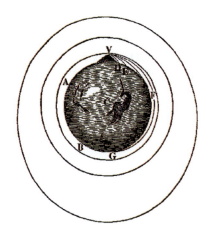

FIGURA 10.19 Este desenho original de Isaac Newton mostra que uma bala de canhão disparada com rapidez suficiente de uma montanha alta poderia cair ao redor da Terra sem jamais encostar na sua superfície.

FIGURA 10.20 O satélite da Terra é um projétil em estado de constante queda livre. Por causa de sua velocidade tangencial, ele cai em volta da Terra em vez de cair verticalmente para o centro dela.

Por que os planetas não se chocam contra o Sol? Eles não o fazem por causa de suas velocidades tangenciais. O que aconteceria se suas velocidades tangenciais fossem reduzidas a zero? A resposta é muito simples: seus movimentos seriam diretamente em direção ao Sol e eles realmente acabariam se chocando contra ele. Outros objetos no sistema solar sem as velocidades tangenciais suficientes já se chocaram contra o Sol muito tempo atrás. O que restou é a harmonia que observamos.

> **PAUSA PARA TESTE**
>
> Uma das belezas da física é que geralmente existem diferentes maneiras de enxergar e explicar um certo fenômeno. Veja se é válida a seguinte explicação: os satélites mantêm-se em órbita em vez de caírem sobre a Terra porque se encontram além da gravidade da Terra.

VERIFIQUE SUA RESPOSTA

Não, não, mil vezes não! Se um objeto qualquer estivesse em movimento além da atração da gravidade, ele se moveria numa linha reta e não faria uma curva ao redor da Terra. Os satélites mantêm-se em órbita porque *estão* sendo atraídos pela gravidade, e não porque eles estão além da sua influência. Para as altitudes da maioria dos satélites, o campo gravitacional terrestre é apenas uns poucos pontos percentuais mais fraco do que na superfície da Terra.

10.3 Órbitas circulares de satélites

Uma bala de canhão disparada horizontalmente a 8 km/s a partir da montanha de Newton se ajustaria à curvatura terrestre e percorreria uma trajetória circular ao redor da Terra para sempre (desde que o artilheiro e o canhão saíssem de seu caminho). Se disparada com rapidez menor, ela atingiria a superfície terrestre; se disparada com rapidez maior, ela ultrapassaria uma órbita circular, como discutiremos depois. Newton calculou a rapidez necessária para uma órbita circular, e uma vez que tal velocidade era obviamente impraticável na época, ele não anteviu o lançamento de satélites construídos pelo homem (e também porque provavelmente não levou em conta a possibilidade de se construir foguetes de vários estágios).

Note que, numa órbita circular, a rapidez de um satélite não é alterada pela gravidade: apenas a direção varia. Podemos compreender isso comparando um satélite em órbita circular com uma bola de boliche rolando ao longo de uma pista. Por que a gravidade que atua sobre a bola não altera sua rapidez? A resposta é que a gravidade atrai diretamente para baixo, sem que nenhum componente de força atue para a frente ou para trás do movimento.

Considere uma pista de boliche que circunde completamente a Terra, suficientemente elevada para ficar acima da atmosfera e livre da resistência do ar (Figura 10.23). A bola de boliche rolará com rapidez constante ao longo da pista. Se uma

FIGURA 10.21 Se for disparada rápido o bastante, a bala de canhão entrará em órbita.

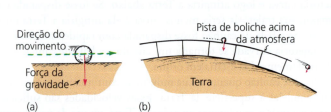

FIGURA 10.22 (a) A força da gravidade sobre uma bola de boliche forma 90° com a direção do movimento, de modo que ela não dispõe de um componente que puxe a bola para a frente ou para trás, e ela segue rolando com rapidez constante. (b) O mesmo é verdadeiro se a pista de boliche for muito comprida e permanecer "nivelada" com a curvatura da Terra.

parte da pista for removida, a bola rolará borda afora e cairá no solo abaixo. Uma bola mais rápida, ao encontrar a fenda na pista, acabaria atingindo o solo a uma distância maior. Existe um valor de rapidez com a qual a bola acabará transpondo a fenda (como um motociclista que salta de uma rampa e transpõe a fenda, aterrissando justamente na rampa colocada do outro lado)? A resposta é sim: com 8 km/s, a bola transporá aquela fenda – e qualquer fenda, mesmo uma que perfaça 360°. A bola, então, estaria em uma órbita circular.

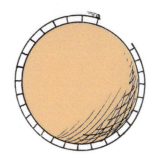

FIGURA 10.23 Qual é a rapidez que permitirá a bola ultrapassar a fenda?

> **PAUSA PARA TESTE**
>
> 1. Um satélite em órbita circular sempre se move com orientação perpendicular à força da gravidade que atua sobre ele?
> 2. Isso significa que a força da gravidade não tem como alterar a sua rapidez?
> 3. É possível afirmar que um satélite está em estado de queda livre?
>
> **VERIFIQUE SUA RESPOSTA**
>
> 1. Sim. Da mesma forma, o raio de um círculo é sempre perpendicular à sua circunferência.
> 2. Sim, não ocorre variação na rapidez, apenas na direção.
> 3. Sim. Ele cai em torno do corpo pelo qual é atraído, não diretamente na sua direção.

Para um satélite próximo à Terra, o período (tempo necessário para completar uma volta em torno da Terra) é cerca de 90 minutos. Para altitudes maiores, a rapidez orbital é menor, a distância é maior e o período é mais longo. Por exemplo, satélites localizados numa órbita 5,5 vezes o raio terrestre acima da superfície da Terra têm períodos de 24 horas. Esse período iguala-se ao período da rotação diária da Terra. Para uma órbita ao redor do equador, esses satélites permanecerão acima do mesmo ponto do solo. A Lua está mais longe ainda, e seu período é de 27,3 dias. Quanto mais alta for a órbita do satélite, menor será sua rapidez, mais comprida será sua trajetória e mais longo será seu período.[1]

Colocar um satélite em órbita terrestre requer controle sobre a rapidez e a direção do foguete que o conduz acima da atmosfera. Um foguete é disparado inicialmente na direção vertical e depois é intencionalmente inclinado a partir dessa rota inicial, ganhando rapidez até atingir uma determinada rapidez horizontal acima da atmosfera. No processo, geralmente um ou mais impulsos adicionais garantem que ele alcançará rapidez orbital. Vemos isso na Figura 10.24, onde, para simplificar, o satélite é todo o foguete de um único estágio. Com a velocidade tangencial apropriada, ele cai ao redor da Terra, em vez de cair nela, e torna-se um satélite terrestre.

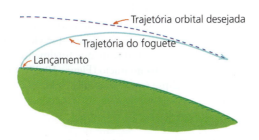

FIGURA 10.24 Um foguete é lançado verticalmente e então inclina-se para colocar-se na trajetória desejada, paralela à superfície terrestre.

---

[1] A rapidez de um satélite em órbita circular é dada por $\sqrt{\frac{GM}{r}}$, e o período do movimento do satélite é dado por $\sqrt{\frac{r^3}{GM}}$, onde G é a constante da gravitação universal (veja o Capítulo 9 anterior), M é a massa da Terra (ou de qualquer corpo que o satélite orbite) e r é a distância do satélite ao centro da Terra ou a outro corpo-mãe.

PAUSA PARA TESTE

1. Verdadeiro ou falso: os veículos espaciais orbitam em altitudes que ultrapassam os 150 quilômetros para ficar além tanto da gravidade quanto da atmosfera da Terra.
2. Os satélites em órbita circular baixa caem cerca de 5 metros durante cada segundo de órbita. Por que essa distância não se acumula e faz com que os satélites colidam com a superfície da Terra?

VERIFIQUE SUA RESPOSTA

1. Falso. Os satélites estão além da atmosfera e da resistência aerodinâmica – *não* da gravidade! É importante notar que a gravidade da Terra se estende através do universo de acordo com a lei do inverso do quadrado.
2. A cada segundo, o satélite cai 5 m abaixo da linha reta tangente onde ele estaria se não houvesse gravidade. A superfície da Terra também se curva 5 m abaixo da extremidade de um segmento de reta tangente com 8 km de comprimento. O processo de queda com a curvatura da Terra continua de um segmento de reta tangente para outro, de modo que a trajetória curva do satélite e a curvatura da superfície terrestre "se encaixam" ao longo de todo o caminho ao redor da Terra. Os satélites de fato colidem com a superfície da Terra de tempos em tempos, depois de enfrentarem a resistência aerodinâmica na atmosfera superior, que diminui seus valores de rapidez orbital.

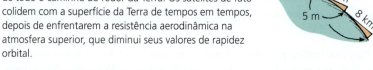

10.4 Órbitas elípticas

Se é dada uma rapidez horizontal um pouco maior do que 8 km/s a um projétil exatamente acima da atmosfera, ele irá além de uma órbita circular e descreverá uma trajetória oval chamada de **elipse**. Uma elipse é uma curva específica: uma trajetória fechada descrita por um ponto que se move de maneira que a soma de suas distâncias até dois pontos fixos (chamados de *focos*) é constante. Para um satélite que orbita um planeta, um dos focos está justamente no centro do planeta; o outro foco poderia estar dentro ou fora dele. Pode-se traçar facilmente uma elipse usando um par de tachas, uma para cada foco, um pedaço de barbante com as extremidades amarradas, formando um laço, e um lápis (Figura 10.25). Quanto mais próximos um do outro estiverem os focos, mais a elipse traçada se parecerá com um círculo. Quando ambos os focos coincidirem num ponto, a elipse *será* um círculo. Assim, vemos que um círculo é um caso especial de elipse.

Enquanto a rapidez de um satélite é constante para uma órbita circular, ela varia para uma órbita elíptica. Quando a rapidez inicial for maior do que 8 km/s, o satélite vai além da trajetória circular e move-se para mais longe da Terra, contra a força da gravidade. Ele perde rapidez, portanto. A rapidez que ele perde ao se afastar é readquirida quando cai de volta para a Terra, até que finalmente retorna à trajetória inicial com a mesma rapidez que tinha no início (Figura 10.27). O procedimento se repete indefinidamente, e uma elipse é traçada a cada ciclo.

FIGURA 10.25 Um método simples para traçar uma elipse.

FIGURA 10.26 As sombras projetadas pela bola são elipses, cada uma correspondendo a um abajur da sala.

PAUSA PARA TESTE

Podemos afirmar corretamente que uma órbita circular é um caso especial de órbita elíptica?

CAPÍTULO 10 Movimento de projéteis e de satélites 223

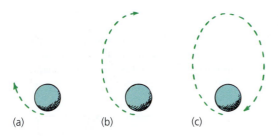

(a)　　(b)　　(c)

FIGURA 10.27 A órbita elíptica. Um satélite terrestre que tenha uma rapidez um pouco maior do que 8 km/s vai além de uma órbita circular em (a) e se afasta mais da Terra. A gravidade diminui sua rapidez orbital até um ponto em que ele não se afasta mais da Terra, em (b). Ele cai de volta à Terra, readquirindo a rapidez que havia perdido no freamento, (c), e segue na mesma trajetória de antes, num ciclo que se repete.

VERIFIQUE SUA RESPOSTA

Sim. Em geral, dizemos que satélites orbitam em trajetórias elípticas, sendo o círculo um caso especial.

Curiosamente, a trajetória parabólica de um projétil como uma bola de beisebol arremessada ou uma bala de canhão é realmente um minúsculo segmento de uma elipse "magricela" que se estende ao interior da Terra e um pouco além do centro do planeta (Figura 10.28a). Na Figura 10.28b, vemos várias trajetórias de balas de canhão que foram disparadas a partir do topo da montanha de Newton. Todas as elipses têm o centro da Terra como um dos focos. Quanto maior for a rapidez no vértice da curva, menos excêntrica será a elipse descrita (mais aproximadamente circular — trajetórias verdes tracejadas). Quando a velocidade no vértice torna-se igual a 8 km/s, a elipse transforma-se num círculo e não mais intercepta a superfície da Terra. A bala de canhão, então, descreve uma órbita circular. Para valores maiores de rapidez no vértice da curva (trajetórias verdes sólidas), a órbita da bala de canhão descreve a já familiar elipse externa.

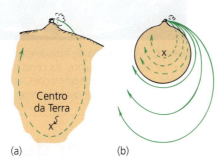

(a)　　(b)

FIGURA 10.28 (a) A trajetória da bala de canhão, ainda que se aproxime de uma parábola, é, na verdade, parte de uma elipse. O centro do planeta é o foco mais distante. (b) Todas as trajetórias da bala de canhão são elipses. Para valores de rapidez menores do que a rapidez orbital, o centro da Terra é o foco afastado; para uma órbita circular, ambos os focos coincidem no centro da Terra; e para valores de rapidez maiores do que o da rapidez orbital, o foco mais próximo é o centro da Terra.

PAUSA PARA TESTE

A trajetória orbital de um satélite é mostrada no esboço. Em qual das posições assinaladas de A a D o satélite tem a rapidez máxima? E a rapidez mínima?

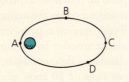

VERIFIQUE SUA RESPOSTA

O satélite alcança sua rapidez máxima quando move-se por volta da posição A e alcança sua rapidez mínima na posição C. Após passar por C, ele ganha rapidez enquanto cai de volta até A, para repetir o ciclo.

224 PARTE I Mecânica

O MUNDO MONITORADO POR SATÉLITE

Os satélites são úteis para monitorar o planeta Terra. A Figura A mostra a trajetória descrita em um período por um satélite em órbita circular lançado em direção nordeste a partir do Cabo Canaveral, na Flórida, EUA. A trajetória é curva apenas porque o mapa é plano. Observe que a trajetória passa pelo equador duas vezes a cada período, pois a trajetória é um círculo cujo plano passa pelo centro da Terra. Note também que a trajetória não termina onde começa. Isso se deve ao fato de que a Terra gira abaixo do satélite enquanto este orbita. Durante os 90 minutos de período, a Terra gira 22,5°, de modo que, quando o satélite realiza uma órbita completa, ele inicia um novo giro muitos quilômetros para oeste (cerca de 2.500 km no equador). Isso é muito vantajoso para satélites de monitoração da Terra. A Figura B mostra a área varrida em 10 dias por sucessivos giros de um satélite típico.

Um exemplo drástico, mas típico, de tal monitoramento é o da vigilância global trienal sobre a distribuição do plâncton oceânico (Figura C). Esse tipo de informação extensiva seria impossível de obter antes do advento dos satélites artificiais.

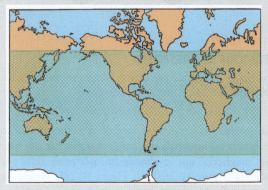

FIGURA B A varredura típica realizada por um satélite em uma semana.

FIGURA A A trajetória de um típico satélite lançado do Cabo Canaveral, seguindo em direção nordeste. Como a Terra gira enquanto o satélite a orbita, ao final de cada revolução ele se encontra a cerca de 2.100 km de distância a oeste da latitude do Cabo Canaveral.

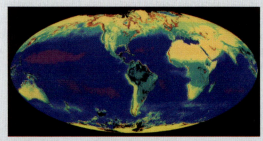

FIGURA C A produção de fitoplâncton nos oceanos da Terra num período de 3 anos. As cores magenta e amarelo mostram as mais altas concentrações, enquanto a cor azul mostra concentrações moderadamente altas.

10.5 As leis de Kepler do movimento planetário

Tycho Brahe (1546–1601)

A lei da gravitação de Newton foi precedida por três descobertas importantes a respeito do movimento planetário, feitas pelo astrônomo alemão Johannes Kepler, que começou como assistente júnior do famoso astrônomo dinamarquês Tycho Brahe. Brahe chefiou o primeiro grande observatório da Dinamarca, numa época justamente anterior ao advento do telescópio. Usando enormes transferidores de latão chamados de *quadrantes*, Brahe mediu as posições dos planetas tão precisamente, por mais de 20 anos, que suas medidas são válidas ainda hoje. Brahe confiou seus dados a Kepler. Depois da morte de Brahe, Kepler transformou as medidas de Brahe em valores que seriam obtidos por um observador estacionário externo ao sistema solar. A expectativa de Kepler de que os planetas se movessem sobre círculos perfeitos em torno do Sol ficou abalada depois de muitos anos de esforço infrutífero. Ele então descobriu que as trajetórias dos planetas eram elipses. Essa é a primeira lei de Kepler do movimento planetário:

A trajetória de cada planeta em torno do Sol é uma elipse, tendo o Sol em um dos focos.

Kepler também achava que os planetas não se deslocavam ao redor do Sol com rapidez uniforme, mas que se moviam mais rapidamente quando estavam mais próximos ao Sol e mais lentamente quando estavam mais afastados dele. Eles o fazem de tal maneira que uma linha imaginária, ou raio, ligando o Sol e o planeta, varre áreas iguais em tempos iguais. A área semelhante a um triângulo varrida durante um mês em que o planeta está orbitando mais afastado do Sol (triângulo ASB na Figura 10.29) é igual à área análoga varrida durante um mês em que o planeta está orbitando mais perto do Sol (triângulo CSD na Figura 10.29). Esta é a segunda lei de Kepler:

A linha que vai do Sol até qualquer planeta varre áreas iguais em intervalos de tempo iguais.

Kepler foi o primeiro a cunhar a palavra *satélite*. Ele não tinha uma ideia clara do *porquê* de um planeta mover-se da maneira como ele havia descoberto. Faltava-lhe um modelo conceitual. Kepler não viu que um satélite nada mais é do que um projétil sob a influência de uma força gravitacional dirigida para o corpo que o satélite orbita. Você sabe que, se atirasse uma pedra para cima, ela se tornaria cada vez mais lenta à medida que subisse, por estar indo contra a gravidade. E você sabe que, quando ela retorna, está indo a favor da gravidade, e a rapidez dela aumenta. Kepler não percebeu que o satélite se comporta da mesma maneira, embora tenha percebido que o planeta fica mais lento ao se afastar do Sol e mais rápido ao ir em direção ao Sol. Um satélite, seja um planeta orbitando o Sol ou um dos satélites artificiais de hoje em órbita em torno da Terra, move-se mais lentamente ao ir contra o campo gravitacional e mais rapidamente ao ir a favor do campo. Kepler não enxergou essa simplicidade e, em vez disso, inventou sistemas complexos de figuras geométricas para dar sentido às suas descobertas. Esses sistemas se provaram inúteis.

Após 10 anos de pesquisa, por tentativas e erros, buscando estabelecer uma relação entre o tempo para o planeta orbitar o Sol e sua distância a partir deste, Kepler descobriu sua terceira lei. A partir dos dados de Brahe, Kepler descobriu que o quadrado do período (T) de qualquer planeta é diretamente proporcional ao cubo de seu raio orbital médio (r). A terceira lei é:

Os quadrados dos tempos de revolução (períodos) dos planetas são proporcionais aos cubos de suas distâncias médias até o Sol. ($T^2 \sim r^3$ para todos os planetas.)

Johannes Kepler (1571–1630)

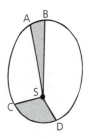

FIGURA 10.29 Áreas iguais são varridas em intervalos de tempo iguais.

Conhecendo o tamanho e o período da órbita da Terra, podemos usar a terceira lei de Kepler e o período orbital de um planeta para calcular a sua distância média do Sol.

DESCOBRINDO O CAMINHO

O Sistema de Posicionamento Global (Global Positioning System, ou GPS) é um sistema de navegação baseado em 24 satélites colocados em órbita pelo Departamento de Defesa dos EUA. Originalmente destinado a aplicações militares, na década de 1980 o sistema foi disponibilizado para uso civil. O GPS funciona em qualquer condição meteorológica, em qualquer lugar do mundo, durante 24 horas por dia. Os satélites do GPS circulam a Terra duas vezes por dia em órbitas muito precisas a cerca de 20.000 km de altura, significativamente mais alto do que a Estação Espacial Internacional e a pouco mais da metade da altura dos satélites geoestacionários. Os satélites do GPS transmitem sinais de informação para os aparelhos de GPS na Terra, que, por triangulação, descobrem a posição exata do usuário comparando o instante em que o sinal foi emitido por um satélite com o instante em que ele foi recebido. A diferença de tempo informa ao receptor GPS a distância até o satélite. Então, com as medidas de distância de alguns satélites a mais, o receptor de GPS determina a posição do usuário e a mostra no mapa do dispositivo eletrônico.

A fim de calcular a posição bidimensional (latitude e longitude) e o percurso seguido, um receptor de GPS deve estar recebendo sinal de pelo menos três satélites. Com quatro satélites ou mais na linha de visada, o receptor pode determinar a posição tridimensional (latitude, longitude e altitude) do usuário. Uma vez que ela for determinada, o dispositivo de GPS pode calcular outras informações, como rapidez, orientação, rota, distância percorrida, distância até o destino, tempos de nascer e pôr do sol, entre outras.

226 PARTE I Mecânica

> **psc**
>
> - Em 1957, apenas um satélite artificial orbitava a terra: o Sputnik, lançado pela União Soviética. Hoje, há milhares. Embora os satélites muito raramente colidam uns com os outros, quando isso acontece, inúmeros pedacinhos se juntam ao lixo espacial crescente, um problema para os satélites em funcionamento, para a ISS e para os astrônomos que costumavam ter céu limpo para as suas observações.

Isso significa que a razão T^2/r^3 é a mesma para todos os planetas. Assim, se o período de um planeta for conhecido, sua distância orbital radial média poderá ser facilmente calculada (ou vice-versa).

É interessante notar que Kepler estava familiarizado com as ideias de Galileu sobre a inércia e o movimento acelerado, mas deixou de aplicá-las ao seu próprio trabalho. Como Aristóteles, ele pensava que a força agindo sobre um corpo em movimento estivesse sempre na direção do movimento do corpo. Kepler jamais apreciou muito o conceito de inércia de Galileu. Galileu, por outro lado, jamais apreciou muito o trabalho de Kepler e manteve sua convicção de que os planetas moviam-se em círculos.[2] Uma compreensão mais avançada do movimento planetário requeria alguém que pudesse integrar as descobertas desses dois grandes cientistas.[3] O resto é história, pois essa tarefa coube a Isaac Newton.

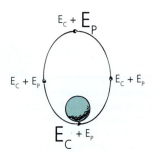

FIGURA 10.30 A força da gravidade sobre o satélite está sempre dirigida para o centro do corpo que ele orbita. Para um satélite em órbita circular, nenhum componente da força atua na direção do movimento. A rapidez e, assim, a E_C não se alteram.

10.6 Conservação da energia e movimento de satélites

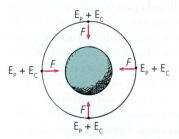

Vimos, no Capítulo 7, que um objeto em movimento tem energia cinética (E_C) devido ao seu movimento. Um objeto acima da superfície da Terra tem energia potencial (E_P) em virtude de sua posição. Em qualquer lugar de sua órbita, um satélite tem tanto E_C quanto E_P. A soma de E_C com E_P é uma constante através da órbita inteira. O caso mais simples ocorre para um satélite em órbita circular.

Numa órbita circular, a distância entre o satélite e o centro do corpo atrativo não se altera, o que significa que a E_P do satélite é a mesma em qualquer lugar ao longo da órbita. Então, pela conservação da energia, a E_C também deve ser constante. Assim, um satélite em órbita circular move-se com a E_C, a E_P e a rapidez inalteradas (Figura 10.30).

Numa órbita elíptica, a situação é diferente. Tanto a rapidez quanto a distância variam. A E_P é máxima quando o satélite está afastado ao máximo (no *apogeu*) e mínima quando se encontra o mais próximo possível (no *perigeu*). Observe que a E_C é mínima quando a E_P é máxima e que a E_C é máxima quando a E_P é mínima. Em cada ponto da órbita, a soma de E_C com E_P é a mesma (Figura 10.31).

FIGURA 10.31 A soma da E_C com a E_P de um satélite é uma constante em todos os pontos de sua órbita.

Em todos os pontos ao longo de uma órbita elíptica, exceto no apogeu e no perigeu, há um componente da força gravitacional paralelo à direção do movimento do satélite. Esse componente de força altera a rapidez do satélite. Também podemos ver que (esse componente de força) × (a distância percorrida) = ΔE_C. De qualquer modo, quando o satélite ganha altitude e move-se contra esse componente, sua rapidez e sua E_C diminuem. A diminuição continua até o apogeu. Uma vez ultrapassado esse ponto, o satélite estará se movendo no mesmo sentido do componente da força, e a rapidez e a E_C aumentam. O aumento continua até que o satélite passe muito velozmente pelo perigeu, repetindo-se o ciclo.

FIGURA 10.32 Em órbita elíptica, existe um componente da força ao longo da direção do movimento do satélite. Esse componente altera a rapidez e, assim, a E_C também. (O componente perpendicular altera apenas a direção.)

---

[2] Não é fácil compreender as coisas familiares por meio das novas visões de outros. Tendemos a ver apenas o que aprendemos a ver ou desejamos ver. Galileu relatou que muitos de seus colegas eram incapazes ou se negavam a enxergar as luas de Júpiter quando olhavam atentamente através de seu telescópio. Os telescópios de Galileu eram um *boom* para a astronomia de então, porém, mais importante do que serem novos instrumentos para enxergar melhor as coisas, eles eram em uma nova maneira de compreender o que se via. Isso é verdade hoje?

[3] Talvez seu professor vá mostrar que a terceira lei de Kepler pode ser obtida quando a fórmula de Newton do inverso do quadrado da distância para a força gravitacional é igualada à força centrípeta e uma vez que T^2/r^3 é igual a uma constante que só depende de G e de M, a massa do corpo em torno do qual ocorre o movimento orbital. Assunto interessante!

PAUSA PARA TESTE

1. A trajetória orbital de um satélite é mostrada no desenho. Em qual das posições assinaladas de A a D o satélite realmente alcança sua máxima E_c? E sua máxima E_p? E sua máxima energia total?
2. Por que a força da gravidade altera a rapidez de um satélite quando ele se encontra numa órbita elíptica, mas não quando está em órbita circular?

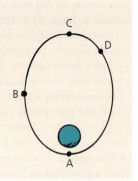

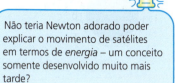

Não teria Newton adorado poder explicar o movimento de satélites em termos de *energia* – um conceito somente desenvolvido muito mais tarde?

VERIFIQUE SUA RESPOSTA

1. A E_c é máxima no perigeu A; a E_p é máxima no apogeu C; a energia total é a mesma em qualquer lugar da órbita.
2. Numa órbita circular, a força gravitacional que aponta para o centro da Terra é sempre perpendicular à trajetória orbital. Não existe componente de força gravitacional ao longo da trajetória, de forma que somente varia a direção de movimento – e não a rapidez. Numa órbita elíptica, entretanto, o satélite move-se em direções que não são perpendiculares à força da gravidade. Nesse caso, existem componentes de força ao longo da trajetória que alteram a rapidez do satélite. Um componente de força ao longo (paralelamente) da direção do movimento do satélite realiza de fato um trabalho que altera sua E_c.

10.7 Rapidez de escape

Sabemos que uma bala de canhão disparada horizontalmente a 8 km/s a partir da montanha de Newton se encontraria em órbita. Contudo, o que aconteceria se a bala de canhão fosse disparada com a mesma rapidez, mas *verticalmente*? Ela subiria até uma certa altura máxima, reverteria o sentido do movimento e cairia de volta à Terra. Então aquele velho ditado "Tudo que sobe tem de descer" continuaria verdadeiro, tão certo quanto uma pedra arremessada para o céu tem de retornar pela gravidade (a menos que, como veremos, sua rapidez seja suficientemente grande.)

Na emergente era espacial de hoje, é mais exato dizer "Tudo que sobe *pode* vir a descer", pois existe uma rapidez de partida crítica com a qual o projétil vence a gravidade e escapa da Terra. Essa rapidez crítica é chamada de **rapidez de escape** ou, se a direção e o sentido estão envolvidos, de *velocidade de escape*. A partir da superfície da Terra, a rapidez de escape é 11,2 km/s. Lance um projétil com qualquer rapidez maior do que essa e ele escapará da Terra, viajando cada vez mais lentamente, mas jamais parando por causa da gravidade terrestre.[4] Podemos compreender o valor dessa rapidez a partir do ponto de vista da energia.

Quanto trabalho seria requerido para erguer uma carga útil contra a gravidade terrestre a uma distância muito grande ("infinitamente distante")? Pode-se pensar que a variação de E_p seria infinita porque a distância é infinita, mas a gravidade diminui com a distância pela lei do inverso do quadrado. A força da gravidade sobre a carga útil seria forte apenas próximo à Terra. A maioria do trabalho feito ao se lançar um foguete ocorre dentro dos primeiros 10.000 km ou pouco mais a partir da Terra. Mostra-se que a variação de E_p para um corpo de 1 kg levado da superfície da Terra até uma distância infinita é 63 milhões de joules (63 MJ). Assim, para colocar uma carga útil a uma distância infinita da superfície da Terra, são requeridos

---

[4] A rapidez de escape para qualquer planeta ou corpo é dada por $\sqrt{\frac{2MG}{r}}$, onde G é a constante da gravitação universal, M é a massa do objeto atrativo e r é a distância até seu centro. (Na superfície do corpo, r seria simplesmente o raio do corpo.) Para uma compreensão um pouco mais matemática, compare essa fórmula com a da rapidez orbital na nota de rodapé 1 da página 221.

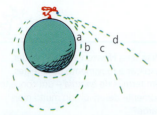

FIGURA 10.33 Se um super-herói arremessa uma bola horizontalmente com 8 km/s do topo de uma montanha alta o suficiente para estar acima da resistência aerodinâmica, então (a) cerca de 90 minutos mais tarde ele pode virar-se de costas e apanhá-la (desprezando-se a rotação da Terra). Arremessada ligeiramente mais rápida, em (b), ela descreverá uma órbita elíptica e retornará em um tempo ligeiramente mais longo. Arremessada com mais de 11,2 km/s, em (c), ela escapará da Terra. Arremessada com mais de 42,5 km/s, em (d), ela escapará do sistema solar.

> A mente que compreende o universo é tão maravilhosa quanto o universo que contém a mente.

pelo menos 63 MJ de energia por quilograma de carga. Na prática, essa energia é somada ao longo da distância à medida que a carga é erguida da superfície terrestre, mas podemos imaginar lançar uma carga, como uma bola de canhão, com rapidez inicial suficiente para percorrer uma grande distância. Na ausência do arrasto do ar, a rapidez de lançamento da carga deve ser de, no mínimo, 11,2 km/s, seja qual for a massa total envolvida. Essa é a rapidez de escape a partir da superfície terrestre.[5]

Se fornecemos à carga útil na superfície da Terra qualquer energia maior do que 63 MJ por quilograma ou, de maneira equivalente, qualquer rapidez maior do que 11,2 km/s, então, desprezando a resistência aerodinâmica, a carga útil escaparia da Terra para jamais voltar. Enquanto ela segue subindo, sua E_P cresce e sua E_C decresce. Sua rapidez diminui cada vez mais, embora jamais se reduza a zero. A carga útil vence a gravidade da Terra. Ela escapa.

Valores de rapidez de escape a partir de vários corpos do sistema solar são mostrados na Tabela 10.1. Note que a rapidez de escape a partir da superfície do Sol é de 618 km/s. Mesmo a 150.000.000 km de distância do Sol (a distância da Terra até ele), a rapidez de escape para ficar livre da influência do Sol é de 42,5 km/s – consideravelmente maior do que a rapidez de escape a partir da superfície da Terra. Um objeto lançado da Terra com uma rapidez maior do que 11,2 km/s, mas menor do que 42,5 km/s, escapará da Terra, mas não do Sol. Em vez de se afastar para sempre, ele entrará em órbita em torno do Sol.

TABELA 10.1 Valores de rapidez de escape na superfície de vários corpos do sistema solar

Corpo astronômico	Massa (em massas terrestres)	Raio (em raios terrestres)	Velocidade de escape (km/s)
Sol	333.000	109	618
Sol (na posição da órbita da Terra)		23.500	42,2
Júpiter	318	11	59,5
Saturno	95,2	9,1	35,5
Netuno	17,1	3,9	23,5
Urano	14,5	4,0	21,3
Terra	1,00	1,00	11,2
Vênus	0,82	0,95	10,4
Marte	0,11	0,53	5,0
Mercúrio	0,055	0,38	4,3
Lua	0,0123	0,27	2,4

PAUSA PARA TESTE

Como um projétil consegue escapar da Terra se o campo gravitacional do planeta se estende ao infinito?

VERIFIQUE SUA RESPOSTA

Embora o campo gravitacional da Terra estenda-se por todo o universo, um projétil rápido o suficiente consegue alcançar um local onde a gravidade da Terra é trivial em comparação com outras fontes de gravidade. "O campo gravitacional da Terra não é o único nestas redondezas".

---

[5] Curiosamente, esta pode muito bem ser chamada de *rapidez de queda máxima*. Qualquer objeto, desde que distante da Terra, solto a partir do repouso e caindo sobre o planeta apenas sob a influência da gravidade terrestre, não ultrapassaria os 11,2 km/s (com atrito do ar, atingiria um valor ainda menor).

A sonda Pioneer 10, que está atualmente muito além do maior planeta, foi lançada da Terra em 1972 com uma rapidez de apenas 15 km/s. O escape foi obtido direcionando a sonda para passar exatamente por trás de Júpiter. Ela foi, então, apanhada pelo grande campo gravitacional de Júpiter, ganhando velocidade no processo – de maneira semelhante ao crescimento da velocidade de uma bola de beisebol quando encontra o bastão (mas sem haver contato físico). Sua rapidez de partida de Júpiter cresceu o suficiente para ultrapassar a rapidez de escape do Sol a partir da distância em que Júpiter se encontrava. A Pioneer 10 se encontra na borda externa do sistema solar, tendo passado pela órbita de Netuno e de Plutão em 1983. A menos que ela colida com outro corpo, ela vagueará indefinidamente pelo espaço interestelar. Como uma garrafa atirada ao mar com um bilhete dentro, a Pioneer 10 contém informação sobre a Terra que poderia ser de interesse para extraterrestres, na esperança de que um dia ela seja "levada à praia" e encontrada em alguma "costa" longínqua.

FIGURA 10.34 A histórica sonda Pionner 10, lançada da Terra em 1972, passou pelos planetas mais externos em 1983 e agora está à deriva no sistema solar exterior.

É importante salientar que a rapidez de escape de um corpo é a rapidez inicial adquirida após uma breve impulsão, depois da qual não mais existe força para ajudar o movimento. É possível escapar da Terra com *qualquer* rapidez sustentada maior do que zero, dispondo de tempo suficiente. Por exemplo, suponha que um foguete seja lançado a um destino como a Lua. Se os motores do foguete forem desligados ainda próximo à Terra, o foguete precisará ter alcançado uma rapidez mínima de 11,2 km/s. No entanto, se os motores do foguete puderem ficar ligados por longos períodos de tempo, o foguete pode ir até a Lua mesmo sem ter atingido os 11,2 km/s.

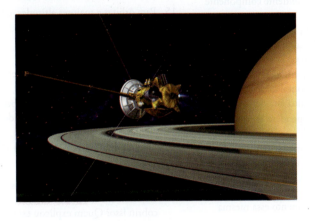

FIGURA 10.35 A espaçonave europeia-americana Cassini enviou para a Terra imagens em *close-up* de Saturno e de sua lua gigante Titã. Ela também mediu as temperaturas superficiais, os campos magnéticos e os tamanhos, as velocidades e as trajetórias das minúsculas partículas espaciais que orbitam ao redor do planeta.

É interessante observar que a precisão com a qual um foguete não tripulado alcança o seu destino não é conseguida mantendo-se numa trajetória pré-planejada ou retornando para aquela trajetória caso o foguete tenha se desviado do curso. Não é feita qualquer tentativa para fazer o foguete retomar sua trajetória original. Em vez disso, o centro de controle efetivamente indaga "Onde ele se encontra agora e qual é a sua velocidade? Qual é o melhor caminho para chegar ao seu destino, dada a situação presente?" Com a ajuda de computadores de alto desempenho, as respostas para essas perguntas são usadas para achar um novo caminho. Impulsos de correção colocam o foguete nessa nova trajetória. Esse processo repete-se muitas vezes ao longo de todo o caminho até o objetivo.[6]

psc

- Da mesma forma como um planeta cai ao redor do Sol, as estrelas caem ao redor dos centros das galáxias. Aquelas que têm velocidades tangenciais insuficientes são puxadas para dentro e engolidas pelos núcleos galácticos – onde geralmente existe um buraco negro.

---

[6] Existe uma lição a ser aprendida aqui? Suponha que você esteja fora do curso. Você pode, como o foguete, achar mais vantajoso seguir uma rota que o leve ao objetivo e que seja a melhor escolha a partir de sua posição e das circunstâncias presentes, em vez de tentar retornar à rota que você previamente demarcara a partir de sua posição de partida e, talvez, em circunstâncias diferentes.

Revisão do Capítulo 10

TERMOS-CHAVE (CONHECIMENTO)

projétil Qualquer objeto que se move através do ar ou do espaço, sob influência da gravidade.

parábola Uma trajetória curvilínea seguida por um projétil, sob influência apenas da gravidade constante.

satélite Um projétil ou pequeno corpo celeste que orbita um corpo celeste maior.

elipse A trajetória oval seguida por um satélite. A soma das distâncias de qualquer ponto dessa trajetória até dois pontos chamados de focos é constante. Quando os focos coincidem num ponto, a elipse é um círculo. Quanto mais separados os focos, mais "excêntrica" é a elipse.

Leis de Kepler Lei 1: a órbita de qualquer planeta ao redor do Sol é uma elipse, tendo o Sol em um de seus focos.

Lei 2: a linha reta que liga o Sol a qualquer um dos planetas descreve áreas iguais em intervalos de tempo iguais.

Lei 3: o quadrado do período orbital de um planeta é diretamente proporcional ao cubo de sua distância média até o Sol ($T^2 \sim r^3$ para todos os planetas).

rapidez de escape A rapidez que um projétil, sonda espacial ou objeto análogo deve alcançar para escapar da influência gravitacional da Terra ou de qualquer corpo celeste pelo qual seja atraído.

QUESTÕES DE REVISÃO (COMPREENSÃO)

10.1 Movimento de projéteis

1. O que exatamente é um projétil?
2. Por que o componente vertical da velocidade de um projétil varia com o tempo, enquanto o correspondente componente horizontal não varia?
3. Uma bola é arremessada para cima com um certo ângulo. O que acontece com o componente vertical de sua velocidade enquanto ela está subindo? E enquanto está descendo?
4. Uma bola é arremessada para cima com um certo ângulo. O que acontece com o componente horizontal de sua velocidade enquanto ela está subindo? E enquanto está descendo?
5. Suas respostas às questões anteriores dependem do ângulo em que o projétil foi lançado?
6. Quantos metros uma bola de beisebol arremessada cai sob uma trajetória retilínea durante 1 s? E durante 2 s?
7. Um projétil é lançado para cima em um ângulo de 15° com a horizontal e atinge o chão a uma certa distância horizontal. Para que outro valor de ângulo de lançamento essa mesma rapidez produziria a mesma distância?
8. Um projétil é lançado verticalmente a 50 m/s. Se a resistência do ar pode ser desprezada, com que rapidez ele retornará ao nível inicial?

10.2 Projéteis velozes – satélites

9. Qual é a rapidez horizontal de um projétil com trajetória corresponde à curvatura da Terra?
10. Por que a rapidez de um projétil que segue a curvatura da Terra não é alterada pela gravidade?
11. Por que é importante que um satélite esteja acima da atmosfera terrestre?

10.3 Órbitas circulares de satélites

12. Por que a força da gravidade de fato não altera a rapidez de uma bola de boliche que rola sobre uma pista?
13. Por que a força da gravidade não altera a rapidez de um satélite em órbita circular?
14. Quanto tempo leva um satélite para completar uma revolução numa órbita baixa ao redor da Terra?
15. Para órbitas a maiores altitudes, o período é maior ou menor?

10.4 Órbitas elípticas

16. Por que a força da gravidade altera a rapidez de um satélite numa órbita elíptica?
17. Em que parte de uma órbita elíptica um satélite terrestre tem a maior rapidez? E a menor rapidez?

10.5 As leis de Kepler do movimento planetário

18. Quem coletou os dados que mostraram que os planetas viajavam em trajetórias elípticas ao redor do Sol? Quem descobriu isso? Quem explicou esse fato?
19. O que descobriu Kepler a respeito da rapidez dos planetas e de suas distâncias em relação ao Sol? Foi tal descoberta que levou à ideia de que os satélites são projéteis em movimento sob influência do Sol?
20. No pensamento de Kepler, qual seria a direção da força sobre um planeta? No pensamento de Newton, qual era a direção da força?

10.6 Conservação da energia e movimento de satélites

21. Por que a energia cinética é uma constante para um satélite em órbita circular e não é no caso de uma órbita elíptica?
22. A soma das energias cinética e potencial é uma constante para satélites em órbitas circulares, elípticas ou em ambas?

10.7 Rapidez de escape

23. Falamos de 11,2 km/s como a rapidez de escape a partir da Terra. É possível escapar da Terra com a metade dessa rapidez? E com um quarto dessa rapidez? Como?

24. Compare a rapidez de escape de Marte com a da Terra.
25. Uma sonda espacial pode ser mais rápida que a gravidade da Terra, mas ela consegue ir além da gravidade do planeta?

PENSE E FAÇA (APLICAÇÃO)

26. Com uma vareta e barbantes, construa um "traçador de trajetória" como o que é mostrado na página 215.
27. Com seus colegas, faça um balde com água girar, descrevendo um círculo vertical, com rapidez suficiente para que a água não derrame. Quando isso acontece, a água do balde *está* caindo, porém com menor velocidade do que a que você imprimiu ao balde. Diga como o movimento de seu balde se relaciona ao movimento dos satélites – pois satélites em órbita estão continuamente em queda em direção à Terra, mas não com velocidade vertical suficiente para se aproximar da superfície da Terra. Lembre aos colegas que a física tem a ver com a descoberta de conexões na natureza!

PENSE E RESOLVA (APLICAÇÃO MATEMÁTICA)

28. Uma bola é arremessada horizontalmente de um penhasco com rapidez de 10 m/s. Você prevê que, 1 s depois, sua velocidade será ligeiramente maior do que 14 m/s. Um colega lhe afirma que ela será de 10 m/s. Mostre quem está correto.

29. Um avião está voando horizontalmente com rapidez de 1.000 km/h (280 m/s) quando um de seus motores se desprende. Desprezando a resistência do ar, leva 30 segundos para o motor se chocar com o solo.
    a. Mostre que o avião encontra-se a 4,5 km de altura.
    b. Mostre que a distância horizontal de queda do motor é de 8.400 m.
    c. Se o avião de alguma forma continua a voar, como se nada tivesse acontecido, onde está o motor em relação ao avião quando atinge o solo?

30. Bullseye Bill ajusta a mira telescópica de seu rifle de caça para o centro de um alvo situado a 200 m de distância. Ao sair da boca da arma, a bala move-se horizontalmente a 400 m/s.
    a. Que distância vertical a bala terá caído, em relação a uma trajetória horizontal, no momento em que atingir o alvo?
    b. A que altura acima do alvo Bill deveria mirar para compensar a gravidade?

31. Uma bola de beisebol disparada com velocidade inicial de 141 m/s numa direção que forma 45° segue uma trajetória parabólica até atingir um balão que se encontra no topo dela. Desprezando a resistência do ar, mostre que a bola acerta o balão com velocidade de 100 m/s.

32. Os estudantes no laboratório de Chuck Stone (Figura 10.5) medem a rapidez de uma bola de aço como sendo de 8 m/s ao ser lançada horizontalmente de uma mesa de 1,0 m de altura. Seu objetivo é posicionar uma lata de café de 20 cm de altura em algum lugar do piso, a fim de que a bola caia dentro dela. Mostre que eles acertarão na mosca se a lata for posicionada a 3,2 m da base da mesa.

31. Em um determinado ponto de sua órbita elíptica, um satélite tem 5.000 MJ de energia potencial gravitacional em relação à superfície da Terra, juntamente com uma energia cinética de 4.500 MJ. Em um ponto posterior da órbita, a energia potencial do satélite é de 6.000 MJ. Qual é sua energia cinética nesse ponto?

34. Qual é o tempo de voo de Phil quando move-se 3 m horizontalmente durante um salto parabólico de 1,25 m? Qual é o seu tempo de voo quando move-se 6 m horizontalmente para o mesmo salto?

35. Uma bola de tênis em movimento horizontal passa raspando por cima da rede de altura *y* em relação à superfície da quadra. Para aterrissar dentro da quadra, a bola não deve estar se movendo muito rapidamente nesse instante.

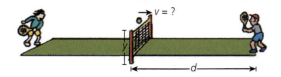

   a. A fim de se manter dentro do limite da quadra, a uma distância horizontal *d* a partir da parte inferior da rede, mostre que a máxima velocidade da bola logo acima da rede é

   $$v = \frac{d}{\sqrt{\dfrac{2y}{g}}}$$

   b. Suponha que a altura da rede seja de 1 m e que o limite da quadra seja de 12 m em relação à parte inferior da rede. Use $g = 10$ m/s² e mostre que a velocidade máxima da bola em movimento horizontal logo acima da rede é aproximadamente 27 m/s (cerca de 97 km/h).
   c. A massa da bola tem influência? Justifique sua resposta.

PENSE E ORDENE (ANÁLISE)

36. Uma bola é arremessada para cima com as velocidades indicadas na figura. Ordene-as em sequência decrescente de acordo com os valores:

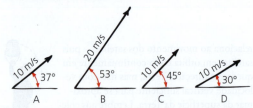

a. de seus componentes verticais de velocidade.
b. de seus componentes horizontais de velocidade.
c. de suas acelerações quando atingem o topo das suas trajetórias.

37. Uma bola é arremessada da borda de um penhasco em situações diversas, sempre com o mesmo valor de rapidez, mas em ângulos diferentes. Ordene as situações em sequência decrescente quanto ao valor:

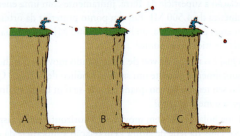

a. inicial das E_ps das bolas em relação ao solo.
b. inicial das E_Cs das bolas no momento do arremesso.
c. das E_Cs das bolas ao colidirem com o solo.
d. dos tempos de voo no ar.

38. As linhas tracejadas representam três órbitas circulares em torno da Terra. Ordene as figuras em sequência decrescente de acordo com as grandezas indicadas.

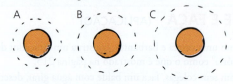

a. Os módulos de suas velocidades orbitais.
b. Seus períodos orbitais.

39. Na figura, estão indicadas quatro posições de um satélite em órbita elíptica. Ordene-as em sequência decrescente de acordo com as grandezas indicadas.

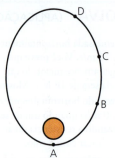

a. Força gravitacional
b. Rapidez
c. *Momentum*
d. E_C
e. E_p
f. Energia total ($E_C + E_p$)
g. Aceleração

PENSE E EXPLIQUE (SÍNTESE)

40. Quando você faz uma bola rolar para fora de uma mesa, o tempo que demorará para ela cair até o chão depende da rapidez da bola ao deixar a mesa? (Uma bola mais rápida levará mais tempo para atingir o solo?) Justifique sua resposta.

41. Em comparação com uma bola que rola lentamente para fora de uma mesa, uma bola que rola com velocidade maior baterá no solo com *rapidez* maior? Justifique sua resposta.

42. Se você arremessar verticalmente uma bola estando em um trem que se move uniformemente, ela retornará ao ponto de partida. O mesmo acontecerá se o trem estiver acelerando? Explique.

43. Um pesado caixote cai acidentalmente de um avião que está voando alto, exatamente quando ele está passando bem acima da Corvette vermelha de Mike, parada num estacionamento. Em relação à Corvette, onde cairá o caixote?

44. Suponha que você deixe cair um objeto de um avião em voo com velocidade constante e que a resistência do ar não afete a queda do objeto. (a) Qual será sua trajetória de queda observada por alguém em repouso no solo, lateral a ele, de onde se pode enxergar claramente a situação? (b) Qual será a trajetória de queda observada por você, que olha diretamente para baixo do avião? (c) Em relação ao seu avião, onde o objeto baterá no solo? (d) No caso mais realístico, em que a resistência aerodinâmica de fato afeta a queda, onde o objeto se chocará com o solo?

45. Os fragmentos de fogos de artifício iluminam belamente o céu noturno. (a) Que tipo específico de trajetória é idealmente descrita por cada um desses fragmentos? (b) Que trajetórias os fragmentos descreveriam em uma região sem gravidade?

46. Na ausência de resistência do ar, por que o componente horizontal do movimento de um projétil não se altera, ao passo que o componente vertical sofre alteração?
47. Se a resistência aerodinâmica pode ser desprezada, em que ponto de sua trajetória uma bola de beisebol rebatida alcança sua menor rapidez? Compare essa rapidez com o componente horizontal da velocidade em outros pontos.
48. Quando Bullseye Bill dispara um rifle contra um alvo distante, por que o cano da arma não é alinhado de modo que aponte diretamente para o alvo?
49. Dois jogadores de golfe golpeiam uma bola com a mesma rapidez, mas uma delas forma 60° com a horizontal e a outra forma 30°. Qual delas vai mais longe? Qual delas atinge primeiro o gramado? (Ignore a resistência do ar.)
50. Quando você salta para cima, seu tempo de voo é o tempo durante o qual seus pés estão sem contato com o piso. O tempo de voo depende de seu componente vertical de velocidade quando você salta, do seu componente horizontal de velocidade quando salta ou de ambos? Justifique sua resposta.
53. O tempo de voo de um jogador de basquete que salta uma distância vertical de 0,6 metros é cerca de 2/3 segundos. O tempo de voo de um jogador que salta o dobro da altura será duas vezes mais longo?
52. Uma vez que a Lua é atraída gravitacionalmente para a Terra, por que ela não se choca com o planeta?
53. As leis de Kepler se aplicam a satélites em órbita da Terra?
54. Que planetas têm períodos maiores do que um ano terrestre: aqueles mais próximos do Sol que a Terra ou aqueles mais distantes do que a Terra?
55. Quando o ônibus espacial move-se numa órbita circular com rapidez constante em relação à Terra, ele está acelerando? Se está, em que direção e sentido? Se não, por que não?
56. A rapidez da queda de um objeto depende de sua massa? A rapidez de um satélite em órbita depende de sua massa? Justifique suas respostas.
57. O Sputnik foi o primeiro satélite artificial terrestre. Sua altitude, período e rapidez foram confirmados facilmente por observação, mas não sua massa. Isso deixou Dwight D. Eisenhower, presidente dos Estados Unidos na época, perplexo, quando pediu que os cientistas calculassem a sua massa. Por que eles não podiam realizar esse cálculo?
58. Qual é maior, o diâmetro do Sol ou o diâmetro da órbita da Lua em torno da Terra? (Confira os valores na seção Dados Físicos.)
59. Um objeto em movimento circular requer a existência de uma força centrípeta. O que exerce essa força em satélites que orbitam a Terra?
60. Se uma bala de canhão é disparada de uma montanha muito alta, a gravidade altera sua rapidez ao longo de toda a trajetória. Entretanto, se ela for disparada rápida o suficiente para entrar em órbita circular, a gravidade não alterará mais sua rapidez. Explique.
61. Quando um satélite em órbita circular torna-se mais lento, talvez pelo acionamento de seus retrofoguetes, ele acaba adquirindo uma rapidez maior do que a que tinha inicialmente. Por quê?
62. A Terra se encontra mais próxima do Sol em dezembro do que em junho. Em qual desses meses a Terra se move com velocidade maior em torno do Sol?

63. Desprezando a resistência do ar, um satélite poderia ser posto em órbita dentro de um túnel circular abaixo da superfície terrestre? Discuta.
64. No desenho, uma bola adquire E_C enquanto rola rampa abaixo, porque é realizado um trabalho sobre ela, pelo componente do peso que atua na direção do movimento (F). Desenhe o componente análogo da força gravitacional que realiza trabalho para alterar a E_C do satélite da direita.

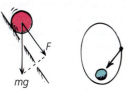

65. Por que a força gravitacional realiza um trabalho sobre um satélite quando ele se move numa órbita elíptica de um lugar a outro, mas não quando ele se move numa órbita circular de um lugar a outro?
66. Qual é a forma da órbita para a qual a velocidade do satélite, em qualquer lugar da trajetória, é perpendicular à força da gravidade?
67. Se o ônibus espacial circundasse a Terra a uma distância igual à distância Terra-Lua, quanto tempo ele levaria para completar uma órbita completa? Em outras palavras, qual seria seu período?
68. O que torna a órbita geossíncrona especial?
69. Se você parasse um satélite terrestre inoperante em sua órbita, ele simplesmente se chocaria com a Terra. Por que, então, os satélites de comunicação, que "flutuam sem movimento" acima do mesmo ponto da superfície da Terra, não se chocam com o planeta?
70. Um satélite pode manter-se numa órbita estável cujo plano orbital não intercepta o centro da Terra? Justifique sua resposta.
71. Quando um satélite terrestre é colocado em uma órbita mais alta, o que ocorre com seu período?
72. Se um mecânico de voo deixa cair uma caixa de ferramentas de um jato jumbo que voa a grande altitude, ela se choca com o solo. Em 2008, um astronauta em órbita no ônibus espacial deixou cair acidentalmente uma caixa de ferramentas. Por que ela não caiu e colidiu com a superfície do planeta? Justifique sua resposta.
73. Um habitante da ISS poderia fazer um objeto "cair" verticalmente para a Terra?
74. Uma nave espacial numa órbita alta viaja a 7 km/s em relação à Terra. Suponha que ela lance uma cápsula diretamente para trás de si, a 7 km/s em relação à nave. Descreva a trajetória da cápsula em relação à Terra.
75. A velocidade orbital da Terra em torno do Sol é de 30 km/s. Se a Terra fosse subitamente parada em sua trajetória, ela simplesmente cairia radialmente em direção ao Sol. Imagine um plano em que um foguete carregado de lixo radioativo seria disparado em direção ao Sol para ser descartado para sempre. Com que rapidez e em que direção, em relação à órbita terrestre, esse foguete deveria ser disparado?
76. Qual é a vantagem de se lançar um veículo espacial a partir de uma aeronave em voo, em vez de lançá-lo do solo?

77. O que requer menos combustível: lançar um foguete para escapar da Lua ou da Terra? Justifique sua resposta.
78. Qual é a máxima rapidez de impacto possível sobre a superfície da Terra para um corpo afastado dela e em repouso, que cai em sua direção em virtude apenas da gravidade terrestre?
79. Como parte do treinamento antes de serem colocados em órbita, os astronautas experimentam a imponderabilidade em um avião que voa ao longo da mesma trajetória parabólica de um projétil em queda livre. Um colega de classe afirma que, durante a manobra, as forças gravitacionais no interior do avião se cancelam. Outro colega olha para você pedindo confirmação. O que você lhe responde?
80. A força da gravidade sobre os satélites terrestres em órbita circular permanece constante em todos os pontos dessa órbita. Por que isso não é verdade para satélites em órbitas elípticas?
81. Em qual das posições assinaladas abaixo o satélite em órbita elíptica experimenta a força gravitacional máxima? Em qual delas a rapidez é máxima? Em qual a velocidade é máxima? Em qual o *momentum* é máximo? Em qual a energia cinética é máxima? Em qual a energia potencial gravitacional é máxima? Em qual a energia total é máxima? Em qual o *momentum* angular é máximo? Em qual a aceleração é máxima?

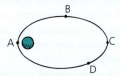

82. A Terra está mais distante do Sol em julho e mais próxima em janeiro. Em qual desses dois meses a Terra sofre maior aceleração na sua trajetória ao redor do Sol?
83. Em que ponto de sua órbita elíptica em torno do Sol a aceleração da Terra em direção ao Sol atinge um valor máximo? E um valor mínimo? Justifique suas respostas.

PENSE E DISCUTA (AVALIAÇÃO)

85. Marte tem aproximadamente 1/9 da massa da Terra. Se Marte de alguma maneira fosse colocado na mesma órbita terrestre em torno do Sol, quanto demoraria para circular o Sol em comparação com a Terra? (Maior, menor ou igual?)
86. A rapidez de um satélite em órbita circular baixa ao redor de Júpiter é igual, maior ou menor do que 8 km/s? Pense no canhão de Newton da Figura 10.19.
86. Por que os satélites são normalmente colocados em órbita disparando-os na direção leste, no mesmo sentido da rotação diária da Terra? Discuta por que localidades próximas do equador são favorecidas?
87. De todos os estados dos Estados Unidos, por que o Havaí é o lugar mais eficiente para se lançar satélites? Na sua explicação, compare a Terra em movimento com uma plataforma giratória.
88. Um satélite pode orbitar a 5 km acima da Lua, mas não a 5 km acima da Terra. Por quê?
89. A superfície da Terra é curva. Aprendemos que ela desce 5 m verticalmente para cada tangente de 8 km, o que significa que satélites em órbita baixa viajam ao redor do planeta a 8 km/s. Qual seria a rapidez necessária para orbitar um planeta que desce 20 m para cada tangente de 8 km, pressupondo que tem o mesmo valor de g da Terra?

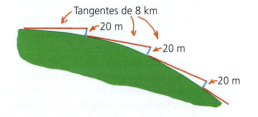

90. Um satélite terrestre geossíncrono pode permanecer diretamente acima de Cingapura, mas não de San Francisco, na Califórnia, EUA. Por quê?
91. Por que um satélite incendeia quando alcança a atmosfera da Terra, mas não incendeia enquanto sobe através dela?
92. Um satélite pode manter-se em órbita no plano do círculo polar ártico? Justifique sua resposta em caso negativo ou positivo.
93. Você lê em uma revista especializada um artigo sobre astronautas que afirma que "eles se encontram a cerca de 100 quilômetros acima, nos limites da atmosfera, onde a gravidade torna-se muito fraca...". Que erro foi cometido no artigo?
94. Discuta por que um aparelho de GPS precisa de informação de pelo menos três satélites GPS e por que um único satélite "muito bom" não pode dar conta da tarefa?
95. Numa explosão acidental, um satélite rompe-se pela metade enquanto estava em órbita circular em torno da Terra. Uma das metades é levada instantaneamente ao repouso. Qual seria o destino dessa parte? O que aconteceria com a outra parte?
96. Uma enorme roda gigante espacial forneceria gravidade artificial para seus ocupantes, como discutido no Capítulo 8. Em vez de uma roda inteira, discutimos também a ideia de um par de cápsulas ligadas por meio de um cabo esticado, cada qual em rotação em torno da outra. Pode um hábitat desse tipo prover gravidade artificial para os ocupantes?
97. Um foguete move-se ao longo de uma órbita elíptica em torno da Terra. Para adquirir a E_C necessária para escapar, usando uma dada quantidade de combustível, ele deveria acionar seus motores no apogeu ou no perigeu? (*Dica:* deixe a fórmula $Fd = E_C$ orientar seu pensamento. Suponha que o empuxo F seja breve e tenha a mesma duração em qualquer caso. Então considere a distância d que o foguete percorreria durante esse breve acionamento no apogeu e no perigeu.)

CAPÍTULO 10 Exame de múltipla escolha

Escolha a melhor resposta entre as alternativas:

1. Se atirasse uma bola de beisebol horizontalmente em uma região sem gravidade, ela continuaria a se deslocar em linha reta. Com gravidade, após um segundo, ela cai cerca de:
   a. 1 m abaixo da linha.
   b. 5 m abaixo da linha.
   c. 10 m abaixo da linha.
   d. nenhuma das anteriores.

2. Quando não há resistência aerodinâmica sobre um projétil, sua aceleração horizontal é:
   a. *g*.
   b. em ângulo reto com *g*.
   c. centrípeta.
   d. nula.

3. Sem resistência aerodinâmica, uma bola atirada em um ângulo de 40° em relação à horizontal vai tão longe no campo quanto uma bola atirada com a mesma rapidez em um ângulo de:
   a. 45°.
   b. 50°.
   c. 60°.
   d. nenhuma das anteriores.

4. Quando atira um projétil para o lado, ele forma uma curva enquanto cai. Ele se tornará um satélite da Terra se a curva que forma:
   a. corresponder à curvatura da superfície da Terra.
   b. resultar em uma linha reta.
   c. espiralar-se sem limites.
   d. nenhuma das anteriores.

5. Nellie dispara sua arma de chumbinho a um ângulo de 10° acima da horizontal ao mesmo tempo que solta outro chumbinho ao lado da arma. Qual será primeiro chumbinho a atingir o solo?
   a. O caído.
   b. O disparado.
   c. Ambos atingem o solo ao mesmo tempo.
   d. Depende das massas relativas dos chumbinhos.

6. O que impede a Estação Espacial Internacional de colidir com a Terra?
   a. Força gravitacional.
   b. Força centrípeta.
   c. A força gravitacional e outras forças.
   d. Nada. Força alguma a sustenta.

7. A Lua não se choca com a Terra porque:
   a. o campo gravitacional da Terra é relativamente fraco na Lua.
   b. a atração gravitacional dos outros planetas mantém a Lua no alto.
   c. a Lua tem rapidez tangencial suficiente.
   d. a Lua tem menos massa do que a Terra.

8. Um satélite terrestre em órbita elíptica tem rapidez máxima:
   a. mais próximo da Terra.
   b. quando se afasta da Terra.
   c. quando está no ponto mais distante da Terra.
   d. é necessário mais informação para responder.

9. Qual destas grandezas varia para satélites em órbitas circulares?
   a. Rapidez.
   b. *Momentum*.
   c. Energia cinética.
   d. Nenhuma das anteriores.

10. Um satélite em órbita da Terra encontra-se acima:
    a. da atmosfera terrestre.
    b. do campo gravitacional terrestre.
    c. ambas as anteriores.
    d. nenhuma das anteriores.

Respostas e explicações das perguntas do exame de múltipla escolha

1. (b): Depois que deixa a sua mão, a bola de beisebol está em "queda livre". Ela acelera para baixo a 10 m/s², em 1 segundo, cai 5 m abaixo da trajetória que seguiria sem a gravidade. Só porque 4,9 m é mais exato não significa que (d) é a melhor resposta. A ideia é o importante, então a melhor resposta é 5 m abaixo da linha, a opção (b). **2. (d):** A ideia principal no movimento de projéteis é que os movimentos horizontal e vertical são independentes entre si. Como não há uma força horizontal exercida sobre o projétil, não ocorre aceleração horizontalmente. A aceleração horizontal é nula. A aceleração ocorre apenas verticalmente, em *g*. **3. (b):** A questão testa os ângulos complementares para alcances de projéteis com rapidezes iniciais iguais. O complemento de 40° é 50° (a soma é igual a 90°). Um projétil lançado com a mesma rapidez a 40° tem o mesmo alcance que um lançado a 50°. **4. (a):** A questão testa um entendimento elementar do movimento de satélites. A opção (a) de curvas correspondentes é fundamental para o movimento de satélites. As outras opções não fazem sentido algum. **5 (a):** Não diga que atingem o solo ao mesmo tempo, que seria verdade se a arma tivesse ângulo de 0° em relação à horizontal. Como a arma está apontada para cima a um ângulo de 10°, o chumbinho disparado passa mais tempo no ar, então aquele solto chega ao chão primeiro. A massa não afeta a aceleração descendente *g* do chumbinho. **6 (d):** A força centrípeta sobre o satélite é a força gravitacional. A única força significativa que atua sobre a ISS é a gravitação da Terra, o que significa que a estação espacial está em queda livre ao redor do planeta. Ela não cai diretamente para baixo porque tem velocidade tangencial suficiente para cair em uma trajetória curva, que corresponde continuamente à curvatura da Terra. Nada a segura enquanto isso acontece. Nada. **7. (c):** Como acontece com qualquer satélite, o segredo é a rapidez tangencial. Se a rapidez tangencial da Lua caísse para zero por algum motivo, ela colidiria diretamente com a Terra, fosse qual fosse a sua massa. **8. (a):** Um satélite se move em torno da Terra como um chicote, lentamente quando está longe do planeta e ganhando rapidez quando se aproxima. Sua rapidez máxima ocorre onde passa mais perto da Terra. **9. (d):** A rapidez permanece inalterada em uma órbita circular. Isso significa que o *momentum* e a energia cinética também permanecem inalterados. Eles não variam em uma órbita circular. **10. (a):** Oops! Muitos estudantes respondem (c), ambas as anteriores. Não é verdade! Um satélite precisa estar acima da atmosfera terrestre. Sem isso, o atrito do ar reduziria a sua rapidez. No entanto, o satélite NÃO está acima do campo gravitacional da Terra. Se estivesse além da gravidade do planeta, seguiria uma trajetória retilínea em vez de orbitar devido à atração contínua da gravidade.

PARTE II
Propriedades da matéria

Eu amo a água! Cada molécula de água em cada gota de chuva tem uma história que me fascina. Há mais moléculas de água em uma única gota de chuva do que há gotas de água em todas as nuvens, lagos e oceanos da Terra. A água em seus estados sólido, líquido e gasoso nos acompanha desde sempre. Algumas moléculas desta chuva um dia fizeram parte do oceano quando a vida surgiu na Terra. Outras podem ter sido gelo durante uma das Idades do Gelo, ou pertencido às nuvens que cercam os picos das montanhas mais altas. Contemplar a história do H_2O é tão fascinante quanto aprender sobre a natureza da água e das suas fases aqui na Parte 2.

11
A natureza atômica da matéria

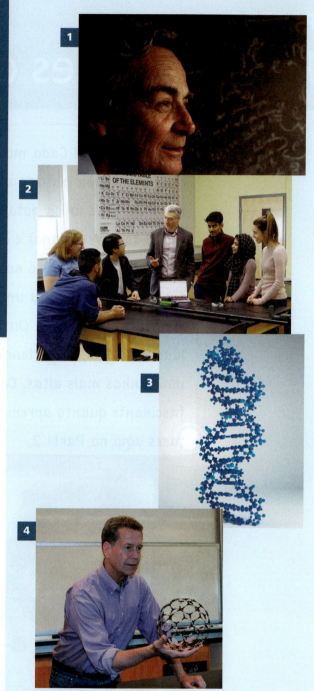

11.1 **A hipótese atômica**

11.2 **Características dos átomos**

11.3 **Imagens atômicas**

11.4 **Estrutura atômica**
      Os elementos

11.5 **A tabela periódica dos elementos**
      Tamanhos relativos dos átomos

11.6 **Isótopos**

11.7 **Moléculas**

11.8 **Compostos e misturas**

11.9 **Antimatéria**
      Matéria escura

1 O notável físico do século XX Richard P. Feynman.
2 Theodore Gotis prepara sua turma para viajar ao mundo dos átomos, usando a tabela periódica dos elementos como mapa.
3 Desenho de uma molécula de DNA, o núcleo da vida.
4 Tucker Hiatt discute as propriedades do buckminsterfulereno – ou, simplesmente, *buckyball* – formado por 60 átomos de carbono e lembrando a esfera geodésica inventada por Buckminster Fuller.

CAPÍTULO 11 A natureza atômica da matéria

A maioria das pessoas, quando indagadas sobre quem foi o mais notável físico do século XX, provavelmente responderá que foi Albert Einstein. Quando se pergunta a um físico quem foi o mais divertido e interessante, se sua resposta não for Einstein, provavelmente será Richard Feynman. Este capítulo é dedicado aos átomos, o foco do trabalho de Feynman e do ensino ministrado por ele, que fez avançar a compreensão sobre os átomos e lhe rendeu um prêmio Nobel de Física. Se você já leu o livro *Só Pode Ser Brincadeira, Sr. Feynman!* (*Surely You're Joking, Mr. Feynman*, no original), verá que, além do amor pela física, Feynman tinha um grande interesse pela forma como a física é ensinada – particularmente no ensino médio.

Tive o privilégio de fazer parte de um painel de professores com Feynman em um encontro de professores de física em 1987. O painel versava sobre a questão de que tipo de física se deveria ensinar no ensino médio. Ao chegar à escola onde acontecia o encontro, avistei Feynman parado no *hall*, sozinho. Eu sabia que, naqueles encontros, Feynman costumava estar sozinho, pois os professores se sentiam desconfortáveis com sua presença. O que você conversaria com alguém como Feynman? Eu tinha algo para falar, porque lhe tinha sido enviado um exemplar de minha recém-lançada versão do *Física Conceitual* para o ensino médio e queria saber suas impressões a respeito. Para minha satisfação, mas não surpresa, ele tinha lido – todo ele. Pude concluir por suas sugestões de melhorias para uma próxima edição. Como seu próprio livro *Só Pode Ser Brincadeira* deixa claro, Feynman "fez seu dever de casa" antes de fazer sua apresentação. Ele tinha lido meu livro e vários outros livros de ensino superior como preparação para seu painel, o qual, tristemente, foi sua última aparição em público. Todos nós sabíamos que ele estava lutando contra um câncer.

Durante o painel, eu estava quase atônito ao perceber que estávamos debatendo não sobre como a física deveria ser ensinada no ensino médio, mas sobre como deveria ser ensinada para todos. Feynman gostava de pontos de vista extremos, e sua posição era de que a física não deveria ser ensinada no ensino médio, porque faltava paixão pela matéria à maioria dos professores. Essa falta de paixão seria comunicada aos estudantes, que estariam melhores se ali chegassem com a mente limpa. Minha posição era que os físicos deveriam ser ensinados de forma conceitual, com um curso qualquer de resolução de problemas servindo como um segundo curso de física – que um curso conceitual de física deveria ser, como o português, a matemática e a história, parte central da formação. Feynman contra-argumentou que o principal problema com a minha posição era o número reduzido de professores de física adequadamente preparados. De onde eles viriam? Minha réplica foi que, se tornássemos o curso prazeroso, uma porcentagem maior de estudantes gostaria da física e faria dela seu campo de estudos preferido. Em 10 anos, esses estudantes estariam com a qualificação necessária para ser professores de física.

Dez anos mais tarde, em um encontro de física em Las Vegas, um jovem me parou no *hall* para dizer como o meu livro o estimulara a se dedicar à física e depois se tornar um professor. Ele também expressou sua paixão pela física. Eu pensava comigo mesmo, "Você ouviu isso, Richard?". Pois era verdade, o enfoque conceitual da física ajudara a aumentar a qualificação dos novos professores. Meu lema desde então tem sido que, se um primeiro contato com a física for prazeroso, o rigor de uma segunda disciplina será bem-vindo.

11.1 A hipótese atômica

A ideia de que a matéria é composta de átomos remonta aos gregos do século V a.C. Os investigadores da natureza de então se preocupavam em descobrir se a matéria era contínua ou não. Podemos quebrar uma rocha em pedaços, e os pedaços em cascalho fino. Este ainda pode ser moído até virar areia fina, que pode então ser transformada em pó. Para os gregos do século V a.C., havia um pedaço de rocha mínimo, um "átomo", que não poderia ser dividido ainda mais.

Aristóteles, o mais conhecido dos antigos filósofos gregos, discordava da ideia de átomos. No século IV a.C., ele ensinava que toda matéria é formada por diferentes combinações de quatro elementos – terra, ar, fogo e água. Essa concepção parecia razoável, pois, no mundo que nos cerca, a matéria é vista em apenas quatro formas: sólida (terra), gasosa (ar), líquida (água) ou no estado de labaredas (fogo). Os gregos viam o fogo como o elemento da mudança, pois observavam o fogo promover transformações nas substâncias que eram queimadas. As ideias de Aristóteles acerca da matéria persistiram por mais de 2 mil anos.

psc

■ Se, devido a algum grande cataclismo, todo o conhecimento científico fosse destruído e apenas uma frase pudesse ser transmitida à próxima geração, Richard Feynman escolheria esta: "Todas as coisas são feitas de átomos – pequenas partículas que se mantêm em movimento perpétuo, atraindo-se quando se encontram separadas por pequenas distâncias, porém repelindo-se quando empurradas umas contra as outras". Essa é a hipótese atômica.

ALICE EM QUEDA

Imagine que você habita o mundo de Alice no País das Maravilhas, quando ela diminui de tamanho. Imagine que você tombe da cadeira onde está inicialmente sentado e caia em movimento lento até o chão – e que, durante a queda, vá diminuindo de tamanho continuamente. Você se prepara para bater contra o piso e, à medida que vai se aproximando cada vez mais do chão, começa a observar que a superfície do piso não é tão lisa quanto lhe pareceu à primeira vista. As pequenas irregularidades encontradas em todas as madeiras mostram-se como grandes fendas. Ao cair em uma dessas fendas, que parecem cânions, enquanto você continua encolhendo, você novamente se prepara para o impacto iminente apenas para descobrir que o fundo do cânion também é formado por outras fendas e frestas. Caindo em uma dessas frestas, tornando-se ainda menor, você nota que as paredes sólidas pulsam e são cheias de ondulações. As superfícies pulsantes consistem em bolhas nebulosas, a maioria com forma esférica, algumas com a forma oval, algumas maiores do que outras, e todas "escoando" lentamente umas pelas outras, formando longas cadeias de estruturas complexas. Caindo ainda mais, você de novo se prepara para o impacto, enquanto se aproxima de uma dessas esferas enevoadas, mais e mais perto, cada vez encolhendo mais, até que – uau! Você entrou em um novo universo. Você acabou de cair num "mar de vazio", onde existem "manchas" que eventualmente passam girando por você a velocidades incrivelmente altas. Você se encontra no interior de um *átomo*, um vazio de matéria semelhante ao sistema solar. Exceto por partículas de matéria aqui e ali, o piso sólido no qual você penetrou é um espaço vazio. Você acabou de entrar no mundo atômico.

FIGURA 11.1 Um modelo inicial do átomo, com um núcleo central e elétrons em órbita em torno dele. Se parecia muito com o sistema solar, com os planetas orbitando o Sol.

A concepção atômica foi ressuscitada no início do século XIX por John Dalton, um meteorologista e professor de escola inglês. Ele explicou com sucesso a natureza das reações químicas supondo que toda matéria fosse formada por partículas minúsculas chamadas de **átomos**. Contudo, ele e outros da época não dispunham de evidência convincente da realidade dos átomos. Então, em 1827, um botânico escocês, Robert Brown, notou algo muito estranho em seu microscópio. Ele estava analisando grãos de pólen em suspensão na água e viu que os grãos moviam-se e "saltavam" sem parar. No início, ele pensou que os grãos fossem algum tipo de vida, porém, mais tarde, descobriu que partículas de poeira e pó de fuligem se comportavam da mesma maneira. Esse perpétuo movimento aleatório e irregular das partículas – atualmente conhecido como **movimento browniano** – é o resultado visível das colisões entre as partículas visíveis com os átomos invisíveis. Os átomos são invisíveis porque são pequenos demais. Embora Brown não pudesse enxergar os átomos, podia ver o efeito que eles tinham sobre as partículas que *conseguia* enxergar. É como ver um balão gigante ser movimentado por uma multidão em um campo de futebol. Olhando a partir de um avião voando alto, você não enxergaria as pessoas, porque elas são pequenas em comparação ao balão, que você enxergaria. Os grãos de pólen que Brown observou movem-se porque estão sendo abalroados constantemente pelos átomos (na verdade, pelas combinações de átomos chamadas de moléculas) que formam a água ao seu redor.

O movimento browniano foi explicado por Albert Einstein em 1905, no mesmo ano em que anunciou sua teoria especial da relatividade. Até a época da explicação de Einstein – que tornou possível a obtenção das massas atômicas –, muitos cientistas proeminentes mantinham-se céticos quanto aos átomos. Portanto, vemos que a realidade dos átomos não foi estabelecida até os primeiros anos do século XX.

11.2 Características dos átomos

Não podemos ver os átomos porque eles são pequenos demais. Também não conseguimos ver as estrelas mais afastadas. Existe muito mais do que aquilo que podemos ver com nossos olhos, mas isso não impede que possamos investigar coisas que conseguimos "ver" por meio de outros instrumentos.

Os átomos são incrivelmente pequenos Um átomo é tantas vezes menor do que você quanto uma estrela média é maior do que você. Uma forma adequada de expressar esse fato é dizer que estamos situados entre os átomos e as estrelas. Outra maneira de enunciar a pequenez dos átomos é dizer: o diâmetro de um átomo está para o diâmetro de uma maçã assim como o diâmetro de uma maçã está para o diâmetro da Terra. Portanto, para conceber uma maçã cheia de átomos, pense na Terra com seu interior completamente preenchido com maçãs. O número de átomos na maçã e de maçãs dentro da Terra são da mesma ordem de grandeza.

Os átomos são numerosos Existem cerca de 100.000.000.000.000.000.000.000 átomos em um grama de água (cerca de um dedal de costura cheio d'água). Em notação científica, isso é igual a 10^{23} átomos. Esse é um número enorme, maior do que o número de gotas de água em todos os lagos e rios do mundo. Logo, existem mais átomos num dedal cheio d'água do que gotas de água nos lagos e rios do mundo todo. Na atmosfera, existem cerca de 10^{23} átomos por litro de ar. Curiosamente, o volume da atmosfera contém aproximadamente 10^{23} litros de ar. Trata-se de um número incrivelmente grande de átomos, e também de litros de ar da atmosfera. Os átomos são tão pequenos e tão numerosos que há aproximadamente tantos átomos no ar em seus pulmões, em qualquer instante, quanto o número de respiradas de ar da atmosfera terrestre.

Os átomos estão em perpétuo movimento Nos sólidos, eles vibram em torno de um lugar; nos líquidos, eles migram de um lugar para outro; e nos gases, essa taxa de migração é ainda maior. Gotas de leite colorindo de branco um copo de água, por exemplo, logo se espalham pela água inteira do copo. O mesmo ocorreria se o leite de um copo cheio fosse atirado no oceano: ele se espalharia ao redor e, mais tarde, poderia ser encontrado em qualquer parte dos oceanos do mundo.

Os átomos e as moléculas da atmosfera deslocam-se velozmente de um lado para outro com velocidades até 10 vezes maiores do que a rapidez do som no ar. Elas se espalham rapidamente, de modo que algumas moléculas de oxigênio que você respira neste momento podem ter estado no meio do continente alguns dias atrás. Levando a Figura 11.2 mais além, os átomos do ar que você exala em algumas respiradas prontamente se misturam com outros átomos da atmosfera. Em alguns poucos anos, quando sua respiração se misturar uniformemente à atmosfera, qualquer um que inale ar, em qualquer lugar da Terra, inalará em média um daqueles átomos que você exalou ao respirar. Contudo, você aspira muitas e muitas vezes, de modo que outras pessoas inalam muitos e muitos átomos que estiveram alguma vez em seus pulmões – átomos que uma vez fizeram parte de você. E vice-versa, é claro. Acredite ou não, mas a cada respiração que você dá, você aspira átomos que já fizeram parte de todas as pessoas que já viveram! Considerando que os átomos exalados são partes de nossos corpos (o nariz de um cachorro não tem dificuldade em nos assegurar isso), podemos genuinamente dizer que estamos respirando uns aos outros.

Os átomos não têm idade Muitos dos átomos de nosso corpo são tão antigos quanto o próprio universo. Quando você respira, por exemplo, apenas alguns dos átomos que inala são exalados na expiração. Os átomos remanescentes ficam em seu corpo e tornam-se parte de você, e mais tarde deixam seu corpo de diferentes formas. Você não é o "proprietário" dos átomos que formam seu corpo; você apenas os toma emprestado. Todos nós compartilhamos o mesmo conjunto de átomos, pois eles são constantemente rearranjados e reciclados por processos bioquímicos e geoquímicos. Os átomos circulam entre as pessoas ao respirarmos e quando nosso suor evapora. Nós constantemente reciclamos os átomos em grande escala.

A origem dos átomos mais leves remonta à origem do universo, e a maior parte dos átomos mais pesados é mais antiga do que o Sol e a Terra. Há, em nosso corpo, átomos que existem desde os primeiros instantes do tempo, reciclando-se através do universo entre inumeráveis formas, vivas ou inanimadas. Você é o atual zelador dos átomos que constituem o seu corpo. Existirão muitos que o seguirão.

> **PAUSA PARA TESTE**
> 1. Quais são mais antigos, os átomos no corpo de uma pessoa idosa ou aqueles que formam o corpo de um bebê?
> 2. A população mundial cresce a cada ano. Isso significa que a massa da Terra cresce a cada ano?
> 3. Nos cérebros de toda a sua família há átomos que realmente já pertenceram a Einstein?

> **psc**
> ■ Quanto tempo leva para se contar até um milhão? Se cada contagem leva 1 segundo, contar sem parar até um milhão levaria 11,6 dias. Para contar até um bilhão (10^9), levaríamos 31,7 anos. Para contar até um trilhão (10^{12}), levaríamos 31.700 anos. Contar até 10^{23} duraria um tempo mais de 10.000 vezes maior do que a idade do próprio universo!

FIGURA 11.2 O número de átomos envolvidos numa expiração normal equivale ao número de respirações completas que cabem na atmosfera do planeta.

> A vida não é medida pelo número de vezes que inspiramos, mas pelos momentos em que ficamos sem fôlego por aí.
> —George Carlin.

242 PARTE II Propriedades da matéria

> **VERIFIQUE SUA RESPOSTA**
>
> 1. A idade dos átomos em ambos é a mesma – a maior parte deles foi fabricada nas estrelas que explodiram antes do sistema solar se formar.
>
> 2. O maior número de pessoas em nada aumenta a massa da Terra. Os átomos que formam nossos corpos são os mesmos átomos que aqui estavam antes de nascermos – somos nada além de pó, e ao pó voltaremos. As células humanas são meros rearranjos de material que já estava presente. Os átomos que formam um bebê em gestação no útero da mãe devem ter sido obtidos nos alimentos que a mãe comeu. E aqueles átomos se originaram nas estrelas – algumas em galáxias distantes. (Curiosamente, a massa da Terra *realmente* aumenta pela incidência de aproximadamente 40.000 toneladas de poeira interplanetária a cada ano, mas não porque existem mais pessoas no mundo.)
>
> 3. De fato há, e também do seu herói pessoal. No entanto, esses átomos agora se combinam de maneira diferente do que faziam antes. Se você está num daqueles dias em que sente que jamais servirá para nada, conforte-se sabendo que muitos dos átomos que agora o constituem existirão para sempre nos corpos de todas as pessoas na Terra que ainda estão por vir. Nossos átomos são imortais.

11.3 Imagens atômicas

Os átomos são pequenos demais para serem vistos com luz visível. Devido à difração, você não consegue discernir detalhes menores do que o comprimento de onda da luz usada para observar. Isso pode ser melhor entendido com uma analogia com ondas na água. Um navio qualquer é muito maior do que as ondas da água que passam por ele. Como mostra a Figura 11.3, as ondas da água podem revelar características do navio. Elas sofrem *difração* ao passar por ele, mas a difração é nula para as ondas que passam pela corrente da âncora, revelando pouco ou nada sobre ela. Da mesma forma, as ondas luminosas visíveis são grandes demais em comparação a um átomo para revelarem detalhes do tamanho e da forma atômicas. Veremos mais sobre a difração de ondas no Capítulo 29.

FIGURA 11.3 As ondas que passam por um navio fornecem informação a respeito dele, porque a distância entre as cristas sucessivas das ondas é pequena em comparação ao tamanho do navio. As ondas que passam nada revelam acerca da corrente da âncora.

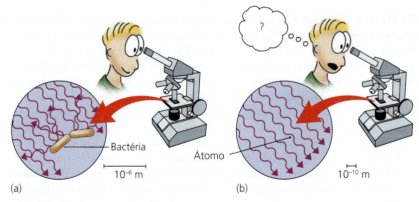

FIGURA 11.4 Enxergamos objetos microscópicos por meio de microscópios ópticos, mas não partículas submicroscópicas. (a) Uma bactéria é visível porque é maior do que os comprimentos de onda da luz visível e porque reflete a luz visível. (b) Um átomo é invisível porque é menor do que os comprimentos de onda da luz visível e porque não reflete luz para nossos olhos.

FIGURA 11.5 Os pontos são cadeias de átomos de tório obtidas com um microscópio de varredura por Albert Crewe em 1970. São as primeiras imagens de átomos isolados obtidas com um microscópio eletrônico.

Todavia, na Figura 11.5, vemos uma foto de átomos – a imagem histórica de 1970 de cadeias de átomos individuais de tório. A imagem não é uma fotografia, mas uma micrografia eletrônica – ela não foi obtida com luz, mas com um estreito feixe eletrônico, no interior de um microscópio de varredura eletrônica, desenvolvido por Albert Crewe, do Instituto Enrico Fermi, da University of Chicago. Um feixe de elétrons, como aquele que constrói a imagem em uma tela de televisão anti-

CAPÍTULO 11   A natureza atômica da matéria   **243**

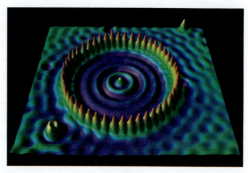

FIGURA 11.7 Uma imagem de 48 átomos de ferro posicionados, formando um anel circular que serve de "curral" para os elétrons da superfície de um cristal de cobre, tirada com um microscópio de varredura por tunelamento no laboratório Almaden da IBM em San Jose, Califórnia, EUA.

FIGURA 11.6 Esta imagem de 35 átomos de xenônio individuais, cada um guiado cuidadosamente a uma posição específica, foi criada por pesquisadores da IBM Corporation em 1981.

ga, é um fluxo de partículas de propriedades ondulatórias. O comprimento de onda dos elétrons do feixe eletrônico é muito menor do que comprimento de onda da luz visível, por isso os átomos são maiores do que o minúsculo comprimento de onda de um feixe eletrônico. A micrografia eletrônica de Crewe é a primeira imagem de alta resolução de átomos individuais.

Na década de 1980, os pesquisadores da IBM no Zürich Research Laboratory inventaram um novo tipo de microscópio (os inventores ganharam o Nobel da Física de 1986 por ele), chamado de *microscópio de tunelamento* ou STM*, que não tem lentes e não usa luz nem feixes de partículas para produzir imagens. Em vez disso, ele emprega uma agulha microscópica que esquadrinha uma superfície a uma distância de alguns poucos diâmetros atômicos ponto a ponto e linha por linha. Em cada ponto, mede-se a corrente elétrica microscópica que passa entre a superfície e a agulha, a chamada corrente de tunelamento. As variações do valor dessa corrente revelam a topologia da superfície. Como conseguem sondar e "cutucar" as posições de átomos individuais, os pesquisadores conseguiram produzir a imagem simbólica do seu laboratório da IBM, mostrada na Figura 11.6. A imagem da Figura 11.7 mostra maravilhosamente a posição de um anel de átomos (não são imagens dos átomos em si). As ondulações que aparecem no interior do anel revelam a natureza ondulatória da matéria. Essa imagem, entre muitas outras, abriu o campo da nanotecnologia e realça a encantadora interação entre arte e ciência

Uma vez que não podemos ver o interior dos átomos, construímos modelos para eles. Um modelo é uma abstração que nos ajuda a visualizar aquilo que não podemos ver e, mais importante, nos capacita a fazer previsões a respeito de partes invi-

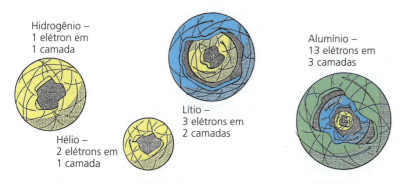

FIGURA 11.8 Um modelo simplificado do átomo consiste em um minúsculo núcleo rodeado por elétrons que orbitam em camadas esféricas. Quando as cargas dos núcleos crescem, os elétrons são atraídos para mais perto do núcleo, e as camadas tornam-se menores.

.*N. de T.: Do inglês, *scanning tunneling microscope*.

244 PARTE II Propriedades da matéria

síveis do mundo natural. Um modelo inicial do átomo (e um dos mais familiares ao público leigo) é semelhante ao do sistema solar (Figura 11.1). Os modelos mostrados na Figura 11.8 se baseiam nele. Como no caso do sistema solar, a maior parte do volume de um átomo é espaço vazio. No centro, encontra-se um núcleo muito pequeno e muito denso, onde se concentra a maior parte da massa. Circundando o núcleo, existem "camadas" de partículas orbitantes. São os **elétrons**, unidades básicas de matéria negativamente carregadas (os mesmos elétrons que formam a corrente elétrica de seu iPhone). Embora os elétrons se repilam eletricamente, eles são atraídos simultaneamente pelo núcleo, que tem uma carga positiva. Quando o tamanho e a carga do núcleo aumentam, os elétrons são puxados para mais perto, e as camadas tornam-se menores. Curiosamente, o átomo de urânio, com seus 92 elétrons, não é significativamente maior em diâmetro do que o mais leve dos átomos, o de hidrogênio.

Esse modelo foi proposto pela primeira vez no início do século XX e reflete uma compreensão mais simplificada do átomo. Logo se descobriu, por exemplo, que os elétrons de fato não orbitam o centro do átomo como os planetas orbitam em torno do Sol. Como a maioria dos modelos iniciais, entretanto, o modelo atômico planetário serviu de alicerce para o avanço de nossa compreensão e para modelos mais avançados. Qualquer modelo atômico, não importa o quanto seja refinado, não passa de uma representação do átomo, e não uma imagem física de um átomo real.

> Artistas e cientistas procuram por padrões na natureza, descobrindo conexões que estão sempre além da capacidade de nossos olhos.

PAUSA PARA TESTE

Qual tem tamanho menor, um átomo típico ou o comprimento de onda da luz visível? Como isso afeta as imagens atômicas?

VERIFIQUE SUA RESPOSTA

Os átomos são menores do que os comprimentos de onda da luz visível. Por consequência, é impossível enxergar os átomos com a luz visível, por maior que seja a amplificação. Com a luz visível, há "nada" para se enxergar.

11.4 Estrutura atômica

Aproximadamente toda a massa de um átomo encontra-se concentrada no núcleo atômico, que ocupa apenas uns poucos quatrilionésimos do volume total. O núcleo, portanto, é extremamente denso. Se núcleos atômicos "nus" fossem empacotados uns contra os outros em um pedaço arredondado com 1 centímetro de diâmetro (aproximadamente o tamanho de uma ervilha grande), tal aglomerado pesaria o equivalente a 100.000.000 de toneladas! Assim, quase todo o átomo é espaço vazio. O motivo para os átomos não se baterem uns nos outros é a presença de forças elétricas repulsivas. Enormes forças elétricas repulsivas impedem um empacotamento de núcleos atômicos, porque cada um deles tem carga elétrica e repele os demais. Somente sob circunstâncias especiais os núcleos de dois ou mais átomos podem ser comprimidos e postos em contato. Isso pode ser alcançado em um laboratório quando núcleos são atirados contra um alvo ou quando a matéria é aquecida a milhões de graus. Dessa temperatura tão alta, resulta uma reação nuclear que chamamos de *reação de fusão termonuclear*. Essas reações ocorrem no centro das estrelas e são a causa primordial de seu brilho. (No Capítulo 34, discutiremos as reações nucleares.)

O principal bloco constituinte dos núcleos é o *núcleon*, que, por sua vez, é constituído por partículas elementares denominadas *quarks*. Quando um núcleon está em um estado eletricamente neutro, ele é um **nêutron**; quando se encontra em um

> Quase todo o átomo é um vazio puro?

estado positivamente carregado, é um **próton**. Na prática, todos os prótons são idênticos; não se vê diferença entre eles. Todos têm o mesmo tamanho, a mesma massa e a mesma carga elétrica. O mesmo acontece com os nêutrons: cada nêutron é igual a qualquer outro. Os núcleos mais leves têm aproximadamente o mesmo número de prótons e de nêutrons, e quanto mais pesado for o núcleo, mais nêutrons ele tem em relação a prótons. Os prótons apresentam carga elétrica positiva que repele outras cargas positivas, mas atrai as negativas. Assim como cargas de mesmo sinal se repelem, cargas de sinais contrários se atraem.

> **PAUSA PARA TESTE**
> Todos os prótons são considerados idênticos? Todos os nêutrons são considerados idênticos?
>
> **VERIFIQUE SUA RESPOSTA**
> O senso comum diz que a resposta para ambas as perguntas é sim. O mesmo vale para todos os elétrons, considerados idênticos. É interessante observar que a história é muito diferente para a matéria composta de prótons, nêutrons e elétrons. Não existem impressões digitais idênticas, íris idênticas ou mesmo folhas de árvores idênticas. Não existem duas pessoas com rostos iguais ou dois pinguins idênticos. Imagine!

Os elementos

Quando uma substância é composta por um tipo de átomo apenas, nós a denominamos **elemento**. Os átomos são as partículas individuais que compõem uma substância. As palavras *elemento* e *átomo* são geralmente empregadas com significados parecidos; a diferença é que os elementos são formados de átomos, e não o contrário. Um anel de ouro puro de 24 quilates, por exemplo, é formado apenas por átomos de ouro. Um anel de ouro de menos quilates é composto por ouro e outros elementos, como o níquel. A coluna prateada de um barômetro ou de um termômetro consiste apenas no elemento mercúrio. O líquido inteiro consiste apenas em átomos de mercúrio. Um átomo de um elemento particular é a menor amostra daquele elemento. Embora *átomo* e *elemento* sejam palavras usadas com frequência como sinônimos, *elemento* se refere a um tipo de substância (uma que seja formada por apenas um tipo de átomo), enquanto *átomo* se refere às partículas individuais que constituem aquela substância. Por exemplo, falamos em isolar um *átomo* de mercúrio a partir de uma amostra do *elemento* mercúrio.

No universo como um todo, o hidrogênio é o mais leve e o mais abundante dos elementos – mais de 90% dos átomos são de hidrogênio. O hélio, o segundo

> **psc**
> ■ Uma combinação de 26 letras forma cada palavra de uma língua. Analogamente, todos os objetos materiais do mundo são compostos por diferentes combinações de aproximadamente 100 elementos diferentes.

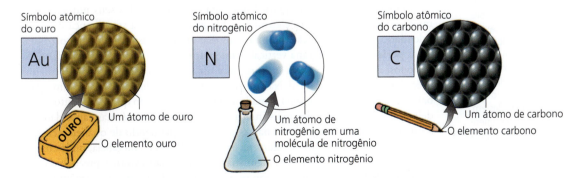

FIGURA 11.9 Qualquer elemento consiste em somente um tipo de átomo. O ouro é formado apenas por átomos de ouro, o nitrogênio gasoso contido em um frasco consiste somente em átomos de nitrogênio, e o carbono de um lápis é composto apenas por átomos de carbono.

elemento mais leve, constitui a maior parte do restante dos átomos do universo. Átomos mais pesados em nossa vizinhança foram formados por fusão de elementos leves nas fornalhas quentes e densas no interior das estrelas. Os elementos mais pesados formam-se quando estrelas enormes implodem e depois explodem – as supernovas. Aproximadamente todos os elementos da Terra são remanescentes de estrelas que explodiram muito tempo antes da formação do sistema solar.

Até esta data, mais de 118 elementos foram identificados. Destes, cerca de 90 ocorrem na natureza. Os outros são produzidos em laboratório por meio de aceleradores atômicos de alta energia e em reatores nucleares. Esses elementos produzidos em laboratório são muito instáveis (radioativos) para que ocorram naturalmente em quantidades apreciáveis. A partir dessa despensa contendo menos de 100 elementos, temos os átomos que constituem quase todas as substâncias, sejam elas simples ou complexas, vivas ou não vivas, do universo conhecido. Mais de 99% do material da Terra é formado por apenas uma dúzia de elementos. Os outros elementos são relativamente raros. Os seres vivos são compostos principalmente por cinco elementos: oxigênio (O), carbono (C), hidrogênio (H), nitrogênio (N) e cálcio (Ca). As letras entre parênteses representam os símbolos químicos desses elementos.

PAUSA PARA TESTE
Qual é a diferença entre um átomo e um elemento?

VERIFIQUE SUA RESPOSTA
O átomo é o menor bloco de construção da matéria. Um elemento é uma substância material composta exclusivamente de um único tipo de átomo. Por exemplo, a substância ouro é totalmente composta por átomos de ouro. Os termos "átomo" e "elemento" muitas vezes podem ser utilizados como sinônimos.

psc
- O mercúrio, elemento de número atômico 80, é frequentemente encontrado em rochas e minerais como o mineral cinabre (sulfeto de mercúrio) e combustíveis fósseis. Se deixado em paz, é inofensivo. No entanto, quando o mineral é triturado ou o carvão mineral é queimado, o mercúrio é liberado no ar, onde pode ser deslocado por centenas de quilômetros, acabando por depositar-se sobre as árvores e o solo ou sobre rios, lagos e oceanos. É aí que ele se torna perigoso. Ao se combinar com carbono, torna-se metilmercúrio, uma neurotoxina mortal. A cada ano, aproximadamente 75 toneladas de mercúrio são entregues junto com carvão para serem queimadas em usinas termoelétricas norte-americanas, e cerca de dois terços disso é emitido para o ar.

11.5 A tabela periódica dos elementos

Os elementos são classificados pelo número de prótons em seus núcleos – seu **número atômico**. O hidrogênio, contendo um próton por átomo, tem número atômico 1; o hélio, com dois prótons por átomo, tem número atômico 2, e assim por diante, até chegar ao elemento mais pesado que ocorre na natureza, o urânio, com número atômico 92. Os números prosseguem com os elementos transurânicos (além do urânio), produzidos artificialmente. O arranjo de elementos por seus números atômicos constitui a **tabela periódica de elementos** (Figura 11.9 e Tabela 11.1).

A tabela periódica é um gráfico que lista os átomos pelos seus números atômicos e pelos seus arranjos eletrônicos. Ela guarda alguma semelhança com um calendário com as semanas em linhas e os dias em colunas. Cada linha horizontal é um **período** e cada coluna vertical é um **grupo** (ou, às vezes, uma *família*). Nos períodos, cada elemento tem um próton e um elétron a mais do que o elemento precedente. A Tabela 11.1 deixa isso mais claro. Quando você a lê de cima para baixo, cada elemento tem uma camada a mais de elétrons do que o elemento acima dele na tabela. As camadas mais internas são preenchidas até suas capacidades, e a camada mais externa pode ou não estar cheia, dependendo de qual elemento se trata. Apenas os elementos situados na extremidade direita da tabela, onde em um calendário se situam os sábados, têm suas camadas mais externas preenchidas até sua capacidade. Esses elementos são os *gases nobres* – hélio, neônio, argônio, criptônio, xenônio e radônio. A tabela periódica é o mapa rodoviário da química – e muito mais. A maioria dos cientistas considera a tabela periódica a lista organizacional mais elegante já inventada. O enorme esforço humano e a engenhosidade

CAPÍTULO 11 A natureza atômica da matéria 247

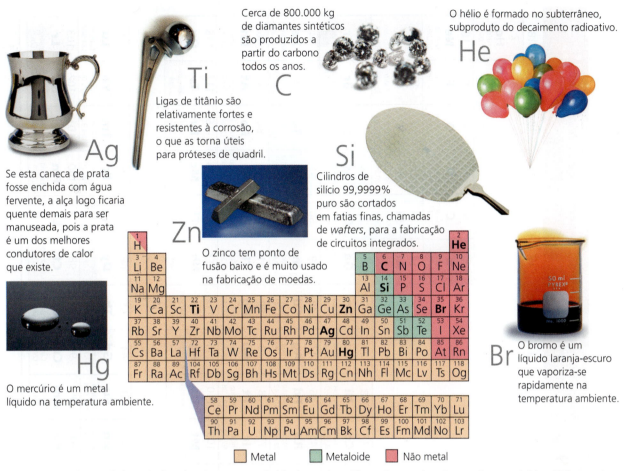

FIGURA 11.10 A tabela periódica dos elementos, colorida de modo a diferenciar metais, não metais e metaloides. Todos os elementos mais pesados além de 104 são altamente instáveis e existem apenas por frações de segundo em ambientes laboratoriais.

envolvidos na descoberta de regularidades faz dessa história uma fascinante história de detetives atômica.[1]

Os elementos podem ter até sete camadas, e cada uma delas pode conter um número máximo de elétrons. A primeira e a mais interna das camadas tem capacidade para dois elétrons, e a segunda, para oito elétrons. O arranjo dos elétrons nas camadas determina propriedades como as temperaturas de fusão e de congelamento, a condutividade elétrica, o sabor, a textura, a aparência e a cor das substâncias. O arranjo dos elétrons literalmente dá vida e cor ao mundo.

Os modelos atômicos evoluem conforme são feitas novas descobertas. O antigo modelo orbital do átomo abriu caminho para um modelo em que um elétron era considerado uma onda estacionária – uma ideia completamente diferente da de uma partícula orbitante. Este é um modelo quanto-mecânico, introduzido na década de 1920, baseado em uma teoria do mundo microscópico que inclui a previsão de propriedades ondulatórias para a matéria. Ela trabalha com "porções" que existem no mundo subatômico – porções de matéria ou de coisas como energia e *momentum* angular. (Mais sobre o *quantum* no Capítulo 31.)

A maioria dos elementos da tabela periódica é encontrada nos gases interestelares.

---
[1] A tabela periódica é creditada ao professor de química russo Dimitri Mendelev (1834-1907), que, mais importante, previu a partir de sua tabela a existência de elementos então desconhecidos. Mendelev foi um professor muito querido e devotado, cujas conferências estavam sempre cheias de estudantes querendo ouvi-lo falar. Ele foi tanto um grande professor quanto um grande cientista. O elemento 101 foi nomeado em sua homenagem.

TABELA 11.1 A tabela periódica dos elementos

O número acima do símbolo químico é o *número atômico*; o número abaixo é a *massa atômica média*, obtida da abundância dos isótopos na superfície da Terra e expressa em unidades de massa atômica (u). As massas atômicas dos elementos radioativos, mostradas entre parênteses, são os números mais aproximados para a maioria dos isótopos estáveis daquele elemento.

Período	Grupo 1	2	3	4	5	6	7	8	9	10	11	12	13	14	15	16	17	18
1	1 **H** Hidrogênio 1.0079																	2 **He** Hélio 4.003
2	3 **Li** Lítio 6.941	4 **Be** Berílio 9.012											5 **B** Boro 10.811	6 **C** Carbono 12.011	7 **N** Nitrogênio 14.007	8 **O** Oxigênio 15.999	9 **F** Flúor 18.998	10 **Ne** Neônio 20.180
3	11 **Na** Sódio 22.990	12 **Mg** Magnésio 24.305											13 **Al** Alumínio 26.982	14 **Si** Silício 28.086	15 **P** Fósforo 30.974	16 **S** Enxofre 32.066	17 **Cl** Cloro 35.453	18 **Ar** Argônio 39.948
4	19 **K** Potássio 39.098	20 **Ca** Cálcio 40.078	21 **Sc** Escândio 44.956	22 **Ti** Titânio 47.88	23 **V** Vanádio 50.942	24 **Cr** Cromo 51.996	25 **Mn** Manganês 54.938	26 **Fe** Ferro 55.845	27 **Co** Cobalto 58.933	28 **Ni** Níquel 58.69	29 **Cu** Cobre 63.546	30 **Zn** Zinco 65.39	31 **Ga** Gálio 69.723	32 **Ge** Germânio 72.61	33 **As** Arsênio 74.922	34 **Se** Selênio 78.96	35 **Br** Bromo 79.904	36 **Kr** Criptônio 83.8
5	37 **Rb** Rubídio 85.468	38 **Sr** Estrôncio 87.62	39 **Y** Ítrio 88.906	40 **Zr** Zircônio 91.224	41 **Nb** Nióbio 92.906	42 **Mo** Molibdênio 95.94	43 **Tc** Tecnécio (98)	44 **Ru** Rutênio 101.07	45 **Rh** Ródio 102.906	46 **Pd** Paládio 106.42	47 **Ag** Prata 107.868	48 **Cd** Cádmio 112.411	49 **In** Índio 114.82	50 **Sn** Estanho 118.71	51 **Sb** Antimônio 121.76	52 **Te** Telúrio 127.60	53 **I** Iodo 126.905	54 **Xe** Xenônio 131.29
6	55 **Cs** Césio 132.905	56 **Ba** Bário 137.327	57 **La** Lantânio 138.906	72 **Hf** Háfnio 178.49	73 **Ta** Tântalo 180.948	74 **W** Tungstênio 183.84	75 **Re** Rênio 186.207	76 **Os** Ósmio 190.23	77 **Ir** Irídio 192.22	78 **Pt** Platina 195.08	79 **Au** Ouro 196.967	80 **Hg** Mercúrio 200.59	81 **Tl** Tálio 204.383	82 **Pb** Chumbo 207.2	83 **Bi** Bismuto 208.980	84 **Po** Polônio (209)	85 **At** Astatínio (210)	86 **Rn** Radônio (222)
7	87 **Fr** Frâncio (223)	88 **Ra** Rádio 226.025	89 **Ac** Actínio 227.028	104 **Rf** Rutherfórdio (261)	105 **Db** Dúbnio (262)	106 **Sg** Seabórgio (266)	107 **Bh** Bóhrio (264)	108 **Hs** Hássio (269)	109 **Mt** Meitnério (268)	110 **Ds** Darmstádio (271)	111 **Rg** Roentgênio (272)	112 **Cn** Copernício (285)	113 **Nh** Nipônio 284	114 **Fl** Fleróvio 289	115 **Mc** Moscóvio 289	116 **Lv** Livermório 293	117 **Ts** Tenesso 294	118 **Og** Oganésson 294

Metal / Metaloide / Não metal

Lantanídeos: 58 **Ce** Cério 140.115 | 59 **Pr** Praseodímio 140.908 | 60 **Nd** Neodímio 144.24 | 61 **Pm** Promécio (145) | 62 **Sm** Samário 150.36 | 63 **Eu** Európio 151.964 | 64 **Gd** Gadolínio 157.25 | 65 **Tb** Térbio 158.925 | 66 **Dy** Disprósio 162.5 | 67 **Ho** Hólmio 164.93 | 68 **Er** Érbio 167.26 | 69 **Tm** Túlio 168.934 | 70 **Yb** Itérbio 173.04 | 71 **Lu** Lutécio 174.967

Actinídeos: 90 **Th** Tório 232.038 | 91 **Pa** Protactínio 231.036 | 92 **U** Urânio 238.029 | 93 **Np** Neptúnio 237.05 | 94 **Pu** Plutônio (244) | 95 **Am** Amerício (243) | 96 **Cm** Cúrio (247) | 97 **Bk** Berquélio (247) | 98 **Cf** Califórnio (251) | 99 **Es** Einstênio (252) | 100 **Fm** Férmio (257) | 101 **Md** Mendelévio (258) | 102 **No** Nobélio (259) | 103 **Lr** Laurêncio (262)

> **PAUSA PARA TESTE**
> No que a tabela periódica dos elementos é parecida com um calendário?
>
> **VERIFIQUE SUA RESPOSTA**
> Ambos são formas de organizar dados: as linhas horizontais, os **períodos**, são como os dias da semana. Cada coluna vertical, um **grupo**, mostra uma família de elementos.

Tamanhos relativos dos átomos

Os diâmetros das camadas eletrônicas dos átomos são determinados pela quantidade de carga elétrica existente no núcleo. Por exemplo, o próton positivamente carregado do átomo de hidrogênio mantém facilmente um elétron em uma órbita de determinado raio. Se dobrássemos a carga positiva do núcleo, o elétron em órbita seria puxado para uma órbita menor e mais próxima devido à maior atração elétrica. Em comparação com o hidrogênio (número atômico 1), o átomo de hélio (número atômico 2) tem carga positiva duas vezes maior no núcleo. É por isso que o átomo de hélio é *menor* do que o átomo de hidrogênio, apesar de ter mais massa.

Assim, quanto maior a *carga nuclear*, menor o átomo. Ao mesmo tempo, entretanto, quanto maior a carga nuclear, mais elétrons o núcleo consegue reter. É aqui que a situação se complica um pouco, pois os elétrons também interagem entre si. Essas interações seguem as regras da mecânica quântica, descritas no Capítulo 32. De acordo com essas regras, o número de elétrons que uma camada eletrônica comporta é limitado A primeira camada, mais interna, mantém apenas dois elétrons. Assim, para um átomo com três elétrons, como o lítio, os dois primeiros elétrons encontram-se nessa primeira camada, enquanto o terceiro é forçado a residir na segunda camada, que é maior. É por isso que o elemento lítio (número atômico 3) é significativamente maior do que o átomo de hélio (número atômico 2).

Observe dois conceitos importantes: (1) quanto maior a carga nuclear, menor é o átomo; e (2) há limite para o número de elétrons que consegue ocupar uma determinada camada eletrônica. Reunindo os dois, temos a tabela periódica dos elementos, na qual os menores átomos estão no canto superior direito e os maiores estão no canto inferior esquerdo (Figura 11.12).

FIGURA 11.11 Tanto você quanto Leslie são formados de poeira de estrelas – uma vez que o carbono, o oxigênio, o nitrogênio e os outros átomos que constituem seu corpo originaram-se nas profundezas de antigas estrelas que há muito tempo explodiram.

A tabela periódica dos elementos é o mapa rodoviário dos químicos.

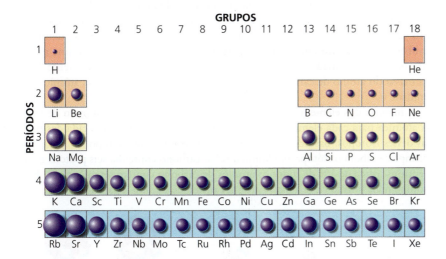

FIGURA 11.12 Os tamanhos dos átomos diminui gradualmente da esquerda para a direita na tabela periódica (somente os cinco primeiros períodos são mostrados na figura).

> **PAUSA PARA TESTE**
>
> 1. Qual é a força fundamental que determina o tamanho dos átomos?
> 2. Uma bolinha de gude com o dobro do diâmetro de outra tem oito vezes mais massa. Por que o mesmo não vale para os átomos?

VERIFIQUE SUA RESPOSTA

1. A força elétrica determina o tamanho do átomo.
2. As bolas de gude são feitas de vidro maciço. Quase todo o átomo é espaço vazio! Em termos de materiais, os átomos não são praticamente nada.

11.6 Isótopos

Enquanto o número de prótons em um núcleo iguala-se exatamente ao número de elétrons ao redor do núcleo de um átomo neutro, o número de prótons nos núcleos não necessariamente é igual ao número de seus nêutrons. Por exemplo, a maioria dos núcleos de ferro, com 26 prótons, contém 30 nêutrons, enquanto uma percentagem pequena deles contém apenas 29 nêutrons. Os átomos do mesmo elemento que contêm diferentes números de nêutrons são **isótopos** desse elemento. Os átomos neutros dos diversos isótopos de um elemento têm o mesmo número de elétrons e de prótons e se comportam identicamente em quase tudo. Retornaremos aos isótopos no Capítulo 33.

Identificamos os isótopos por seu *número de massa*, que é o número total de prótons e de nêutrons (em outras palavras, o número de núcleons) contidos no núcleo. Um isótopo de hidrogênio com um próton e nenhum nêutron no núcleo, por exemplo, tem número de massa igual a 1 e é denominado hidrogênio-1. Analogamente, um átomo de ferro com 26 prótons e 30 nêutrons em seu núcleo tem um número de massa de 56 e é denominado ferro-56. Um átomo de ferro com 26 prótons e somente 29 nêutrons é denotado como ferro-55.

A massa total de um átomo é chamada de *massa atômica*. Ela é igual à soma das massas de todos os componentes do átomo (elétrons, prótons e nêutrons). Uma vez que os elétrons têm massas muito menores do que as dos prótons e dos nêutrons, sua contribuição para a massa atômica é desprezível. Os átomos são tão pequenos que não é prático expressar suas massas em gramas ou em quilogramas. Em vez disso, os cientistas usam uma unidade de massa especialmente definida, conhecida como **unidade de massa atômica** ou **u**. Um núcleon tem uma massa atômica de aproximadamente 1 u. A u é definida como igual a exatamente 1/12 da massa do átomo de carbono-12. A tabela periódica lista as massas atômicas na unidade u.

A maioria dos elementos tem uma variedade de isótopos. O número de massa atômica para cada elemento da tabela periódica é a média ponderada das massas desses isótopos, baseada na frequência de ocorrência do isótopo na Terra. Por exemplo, embora o isótopo predominante do carbono contenha seis prótons e seis nêutrons, cerca de 1% de todos os átomos de carbono contêm sete nêutrons. Esse isótopo mais pesado eleva a massa atômica média de 12,000 u para 12,011 u.

>
> Não confunda o número de massa com a massa atômica. O número de massa é um inteiro que especifica um isótopo e não tem unidade – é simplesmente igual ao número de núcleons do núcleo. A massa atômica é uma média das massas dos isótopos de um dado elemento, expressa em unidades de massa atômica (u).

FIGURA 11.13 Os isótopos de um elemento têm o mesmo número de prótons, mas diferentes números de nêutrons e, por isso, diferentes números de massa. Os três isótopos do hidrogênio recebem nomes especiais: prótio para o hidrogênio-1, deutério para o hidrogênio-2 e trítio para o hidrogênio-3. Desses três, o hidrogênio-1 é o mais comum. Para a maior parte dos elementos, como o ferro, por exemplo, os isótopos não recebem nomes especiais e são identificados simplesmente por seu número de massa.

Hidrogênio-1 — 1 próton, 0 nêutron (prótio)
Hidrogênio-2 — 1 próton, 1 nêutron (deutério)
Hidrogênio-3 — 1 próton, 2 nêutrons (trítio)
Isótopos do hidrogênio

Ferro-56 — 26 prótons, 30 nêutrons
Ferro-55 — 26 prótons, 29 nêutrons
Isótopos de ferro

PAUSA PARA TESTE

1. O que contribui mais para a massa de um átomo: os elétrons ou os prótons? O que contribui mais para o volume de um átomo?
2. O que é representado por um número inteiro: o número de massa ou a massa atômica?
3. Os dois isótopos do ferro têm o mesmo *número atômico*? E o mesmo *número de massa atômica*?

VERIFIQUE SUA RESPOSTA

1. Os prótons contribuem mais para a massa de um átomo; os elétrons contribuem mais para o seu volume.
2. O número de massa é sempre expresso por um número inteiro, como no caso do hidrogênio-1 ou do carbono-12. A massa atômica, em contraste, é a massa média dos vários isótopos de um elemento e, portanto, é representada por um número fracionário.
3. Os dois isótopos do ferro têm o mesmo número atômico, 26, porque ambos têm 26 prótons no núcleo. No entanto, eles têm números de massa diferentes, pois têm diferentes números de nêutrons no núcleo.

> Embora H_2O seja o principal gás de efeito estufa presente na atmosfera, o CO_2, o segundo gás de efeito estufa em abundância, é notável, porque seu aumento é atribuído à atividade humana. Dado que um aquecimento devido ao aumento de CO_2 pode desencadear um aumento da presença de H_2O, atualmente nos preocupamos com as crescentes quantidades desses dois gases presentes na atmosfera.

11.7 Moléculas

Uma **molécula** consiste em dois ou mais átomos mantidos juntos pelo compartilhamento de elétrons. (Dizemos que esses átomos estão *ligados covalentemente*.) Uma molécula pode ser tão simples como a combinação de dois átomos de oxigênio (O_2) ou de nitrogênio (N_2), os quais formam a maior parte do ar que respiramos. Dois átomos de hidrogênio se combinam com um único átomo de oxigênio para produzir uma molécula de água (H_2O). Substituir um átomo em uma molécula pode fazer uma diferença enorme. Substituindo o átomo de oxigênio por um átomo de enxofre, por exemplo, resulta no sulfeto de hidrogênio, H_2S, um gás tóxico de cheiro forte.

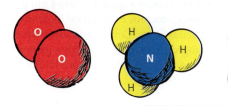
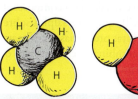

FIGURA 11.14 Modelos de moléculas simples: O_2, NH_3, CH_4 e H_2O. Os átomos de uma molécula não são simplesmente misturados juntos, mas ligados de uma forma ordenada.

PAUSA PARA TESTE

Quantos núcleos atômicos existem em um único átomo de oxigênio? E em uma única molécula de oxigênio?

VERIFIQUE SUA RESPOSTA

Existe um núcleo em um átomo de oxigênio (O) e dois na combinação de dois átomos de oxigênio – o oxigênio molecular (O_2).

A energia é necessária para romper as moléculas. Podemos compreender isso considerando a analogia com um par de ímãs unidos pela atração magnética. Assim como alguma "energia muscular" é necessária para separar esses ímãs, a quebra de moléculas também requer energia. Durante a fotossíntese, as plantas usam a energia da luz solar para quebrar as ligações do dióxido de carbono atmosférico e da água para produzir oxigênio gasoso e moléculas de carboidratos. Essas últimas moléculas retêm a energia solar até que o processo seja invertido – a planta é oxidada, seja lentamente por decomposição ou rapidamente por queima. Então, a energia proveniente da luz solar é liberada de volta para o ambiente. Assim, o lento aquecimento resultante da decomposição em um composto de adubo, ou o rápido aquecimento produzido por uma fogueira, é, na realidade, um aquecimento produzido pela energia solar armazenada!

Mais coisas podem queimar além daquelas que contêm carbono e hidrogênio. O ferro também "queima" (oxida). Isso é o processo de enferrujamento – a lenta combinação dos átomos de oxigênio com os do ferro, liberando energia. Acelerando a oxidação do ferro, é possível fabricar práticos aquecedores de mãos para esquiadores e excursionistas de inverno. Qualquer processo em que os átomos se rearranjam para formar novas moléculas pode ser chamado de *reação química*.

Nosso sentido do olfato é sensível a quantidades extremamente pequenas de moléculas. Nossos órgãos olfativos discernem claramente gases nocivos, como sulfeto de hidrogênio (que cheira como ovo podre), amônia e éter. A fragrância de perfume resulta das moléculas que rapidamente evaporaram e se espalharam em todas as direções através do ar, até que algumas delas chegassem próximo o suficiente para serem inaladas pelo seu nariz. Elas são apenas algumas das bilhões de moléculas sacolejantes que, movimentando-se ao acaso, acabaram indo parar dentro do nariz. Você pode ter uma ideia da rapidez da difusão molecular no ar quando, em seu quarto, sente o cheiro da comida logo após a porta do forno ter sido aberta na cozinha.

> A capacidade do salmão de discriminar odores foi medida em partes por *trilhão* – realmente incrível. Quando chega a época de retornar do oceano para seu hábitat original, o salmão se guia pelo olfato. Ele nada em uma direção em que a concentração de água familiar torna-se maior. Com o tempo, ele acaba encontrando a fonte daquela água onde passou os primeiros 2 anos de vida.

11.8 Compostos e misturas

Quando átomos de elementos diferentes se ligam uns aos outros, eles formam um composto. Exemplos de compostos simples incluem a água, a amônia e o metano. Um composto é diferente à sua própria maneira dos elementos dos quais é feito, e somente pode ser separado em seus constituintes por meios químicos. O sódio, por exemplo, é um metal que reage violentamente em relação à água. O cloro é um gás venenoso esverdeado. Já o composto desses dois elementos é um cristal inofensivo branco (NaCl), que você salpica sobre suas batatas fritas. Considere também que, em temperaturas ordinárias, os elementos hidrogênio e oxigênio são ambos gasosos. Quando se combinam, eles formam o composto água (H_2O), que é um líquido – completamente diferente.

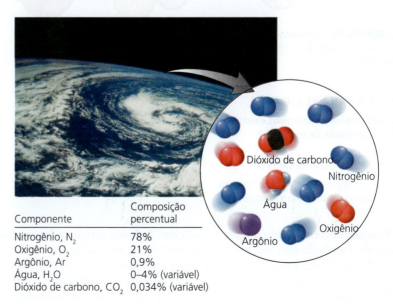

FIGURA 11.15 A atmosfera da Terra é uma mistura de elementos e compostos gasosos. Alguns deles são mostrados aqui.

Componente	Composição percentual
Nitrogênio, N_2	78%
Oxigênio, O_2	21%
Argônio, Ar	0,9%
Água, H_2O	0–4% (variável)
Dióxido de carbono, CO_2	0,034% (variável)

Nem todas as substâncias reagem quimicamente umas com as outras quando colocadas juntas. Substâncias que ao serem misturadas não se combinam quimicamente são chamadas de misturas. Areia e sal combinados formam uma mistura. Como foi mencionado, o oxigênio e hidrogênio formam uma mistura até que sejam inflamados, passando a formar o composto água. Uma mistura comum da qual todos dependemos é a do nitrogênio com o oxigênio, com um pouco de argônio e pequenas quantidades de dióxido de carbono e de outros gases. É o ar que respiramos.

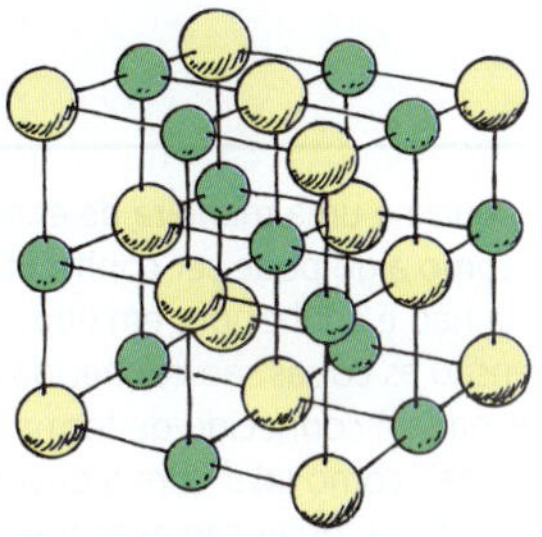

PAUSA PARA TESTE

O sal de cozinha comum é um elemento, um composto ou uma mistura?

VERIFIQUE SUA RESPOSTA

Se o sal de cozinha fosse um elemento, você o veria listado na tabela periódica, o que não é o caso. O sal puro é um composto dos elementos sódio e cloro, representados na Figura 11.16. Note que os átomos de sódio (em verde) e os de cloro (em amarelo) estão arranjados formando um padrão tridimensional que se repete – um cristal. Cada átomo de sódio é rodeado por seis cloros, e cada cloro é rodeado por seis sódios. Curiosamente, não há grupos sódio-cloro separados que possam ser rotulados como moléculas.[2]

FIGURA 11.16 O sal de cozinha (NaCl) é um composto cristalino que não é formado por moléculas. Os átomos de sódio (verde) e de cloro (amarelo) dispõem-se formando um cristal.

11.9 Antimatéria

Enquanto a matéria é composta por átomos com núcleos carregados positivamente e elétrons carregados negativamente, a **antimatéria** é composta por átomos com núcleos negativos e elétrons positivos, ou *pósitrons*. A antimatéria tem pouca duração na Terra porque quando a matéria e a antimatéria se encontram, ambas se aniquilam rapidamente em um estouro de energia radiante, de acordo com a equação $E = mc^2$. A massa se converte em energia pura.

Os pósitrons foram descobertos em 1932 nos resquícios dos raios cósmicos que bombardeiam a atmosfera da Terra. Hoje, antipartículas de todos os tipos são produzidas regularmente em laboratórios, usando-se para isso grandes aceleradores de partículas. Um pósitron tem a mesma massa que um elétron e o mesmo valor absoluto de carga elétrica, mas com sinal oposto. Antiprótons têm a mesma massa que os prótons, mas são carregados negativamente. O primeiro antiátomo completamente artificial, um pósitron orbitando um antipróton, foi produzido em 1995. Cada partícula carregada tem uma antipartícula de mesma massa e com carga oposta. Partículas neutras (como o nêutron) também têm antipartículas, com massa e outras propriedades iguais, mas opostas quanto a outras propriedades. Para cada partícula, existe uma antipartícula. Existem até mesmo antiquarks.

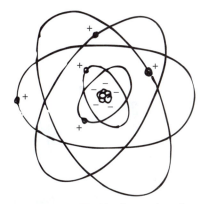

FIGURA 11.17 Um átomo de antimatéria tem um núcleo negativamente carregado rodeado por pósitrons.

A força gravitacional não diferencia entre matéria e antimatéria – cada uma atrai a outra. Também não existe meio de afirmar se algo é feito de matéria ou antimatéria pela luz que ele emite. Somente por meio de efeitos nucleares muito sutis e difíceis de medir se poderia dizer se uma galáxia distante é feita de matéria ou de antimatéria. Entretanto, se uma antiestrela encontrasse uma estrela, a história seria bem diferente. Elas se aniquilariam mutuamente, com a maior parte da matéria convertendo-se em energia radiante (o que imediatamente aconteceu com o antiátomo criado em 1995, que, ao encontrar a matéria normal, rapidamente foi aniquilado em um "sopro" de energia). Esse processo, mais do que qualquer outro conhecido, resulta na máxima liberação de energia por grama de substância – $E =$

---

[2] Num senso estrito, o sal de cozinha é uma mistura – frequentemente com pequenas quantidades de iodeto de potássio e de açúcar. O iodeto de potássio praticamente eliminou uma aflição comum de antigamente, um grande inchaço da glândula tireoide chamado de bócio endêmico. As minúsculas quantidades de açúcar impedem a oxidação dos íons de iodeto e a formação de iodo molecular, I2, que, de outro modo, tornariam o sal de cozinha amarelo.

> "A ciência é uma maneira de ensinar como algo pode ser conhecido, o que não é conhecido, em que extensão as coisas são conhecidas (pois nada é conhecido de forma absoluta), como lidar com a dúvida e a incerteza, quais são as regras de evidência, como pensar sobre as coisas de modo que se possa fazer um julgamento e como diferenciar a verdade da fraude e do espetáculo".
> –Richard Feynman

mc^2, com 100% de conversão de massa em energia.[3] (A fissão e a fusão nucleares, em contraste, convertem em energia menos de 1% da massa envolvida.)

Matéria e antimatéria não podem coexistir em nossa vizinhança, pelo menos em quantidades apreciáveis ou por tempos apreciáveis, pois qualquer coisa feita de antimatéria seria completamente transformada em energia radiante logo que entrasse em contato com a matéria, consumindo uma quantidade igual de matéria nesse processo. Se a Lua, por exemplo, fosse feita de antimatéria, veríamos um *flash* de radiação assim que nossas sondas espaciais tocassem nela. Tanto a espaçonave quanto uma igual quantidade de antimatéria da Lua desapareceriam numa descarga de energia radiante. Sabemos que a Lua não é feita de antimatéria porque nada disso aconteceu durante as missões espaciais lunares. (De fato, os astronautas não correram esse tipo de risco, pois as evidências previamente obtidas mostraram que a Lua é feita de matéria ordinária). Mas e as outras galáxias? Existe forte evidência para se crer que na parte do universo que conhecemos (o chamado "universo observável"), as galáxias são formadas apenas por matéria normal – com exceção das antipartículas transitórias ocasionais. Mas e o restante do universo? E os outros universos? Não sabemos.

> **PAUSA PARA TESTE**
> Se um corpo formado por 1 grama de antimatéria encontra um corpo formado por 10 gramas de matéria, qual é a quantidade de massa que sobrevive?
>
> **VERIFIQUE SUA RESPOSTA**
> Sobrevivem 9 gramas de matéria (os outros 2 gramas são transformados em energia radiante).

Matéria escura

Sabemos que os elementos da tabela periódica não estão confinados ao planeta Terra. A partir do estudo da radiação vindo de outras partes do universo, descobrimos que as estrelas e os outros objetos "lá fora" são compostos pelas mesmas partículas que existem na Terra. As estrelas emitem luz, que produz as mesmas "impressões digitais" (*espectros atômicos*, Capítulo 30) que os elementos da tabela periódica. Que maravilha foi descobrir que as leis que governam a matéria na Terra são válidas em todo o universo observável. Contudo, ainda resta um detalhe problemático. As forças gravitacionais medidas no interior das galáxias são muito grandes para que pudéssemos atribuí-las apenas à matéria visível.

> Descobrir a natureza da matéria escura e da energia escura são pesquisas de alta prioridade em nossa época. Seja o que for que tenhamos aprendido a respeito até 2050, provavelmente apequenará tudo o que já descobrimos até hoje.

Os astrofísicos se referem à **matéria escura** – matéria que não podemos ver, mas que atrai estrelas e galáxias que *podemos* ver. Nos últimos anos do século XX, os astrofísicos confirmaram que cerca de 23% da matéria do universo é formada por matéria escura invisível. Seja o que for a matéria escura, a maior parte dela ou toda ela é provavelmente matéria "exótica" – muito diferente dos elementos que constituem a tabela periódica e de qualquer prolongamento da atual lista de elementos presentes nela. A maior parte do restante do universo é *energia escura*, que sustenta continuamente a expansão do universo. A matéria escura e a energia escura totalizam juntas aproximadamente 96% do universo. Até o presente momento, a natureza exata da matéria escura e da energia escura ainda é misteriosa. Não faltam especulações e investigações na área. Será preciso esperar para ver.

Richard Feynman frequentemente costumava balançar a cabeça e dizer que não sabia de nada. Quando ele e outros físicos do primeiro time dizem que não sabem nada, estão querendo dizer que o que eles *realmente* sabem é próximo a nada, em

---
[3] Alguns físicos especulam que, logo após o Big Bang, o universo recém-nascido tinha bilhões de vezes mais partículas do que tem hoje, e que da quase total extinção de matéria com antimatéria restou apenas a quantidade de matéria agora existente.

comparação ao que eles *podem* vir a saber. Os cientistas sabem o suficiente para perceber que têm lidado com uma parte relativamente pequena de um universo enorme e ainda cheio de mistérios. De um ponto de vista retrospectivo, os cientistas de hoje sabem imensamente mais do que seus predecessores de um século atrás, e os cientistas daquela época sabiam muito mais do que *seus* próprios predecessores. Do ponto de vista do presente, olhando para a frente, há muito ainda a ser aprendido. O físico John A. Wheeler, orientador de Feynman na pós-graduação, via o próximo estágio da física indo além do *como*, até o *porquê* – até o significado. Nós apenas temos arranhado um pouco a superfície.

> "Eu consigo conviver com a dúvida e com a incerteza e com o fato de não saber. Acho que é muito mais interessante viver sem saber do que ter respostas que podem ser erradas."
> –Richard Feynman.

Revisão do Capítulo 11

TERMOS-CHAVE (CONHECIMENTO)

átomo A menor partícula de um elemento que possui todas as propriedades químicas do elemento.

movimento browniano O movimento aleatório de pequenas partículas em suspensão num gás ou líquido, resultante de seu bombardeamento pelas moléculas em rápido movimento através do gás ou líquido.

elétron A partícula negativamente carregada que circula velozmente dentro de um átomo.

núcleo atômico O "caroço" de um átomo, que consiste em duas partículas subatômicas básicas — prótons e nêutrons.

nêutron Uma partícula eletricamente neutra do interior do núcleo atômico.

próton A partícula positivamente carregada de um núcleo atômico.

elemento Uma substância pura formada por apenas um tipo de átomo.

número atômico O número que designa a identidade de um elemento, igual ao número de prótons no núcleo atômico; em um átomo neutro, o número atômico também é igual ao número de elétrons que ele tem.

tabela periódica de elementos Uma tabela que lista os elementos em filas horizontais de acordo com seu número atômico e em colunas verticais de acordo com seus arranjos de elétrons similares e suas propriedades químicas parecidas. (Veja a Tabela 11.1.)

período Uma linha horizontal na tabela periódica dos elementos.

grupo Uma coluna vertical na tabela periódica dos elementos; também chamado de família de elementos.

isótopos Um átomo do mesmo elemento que contém um número diferente de nêutrons.

unidade de massa atômica (u) A unidade padrão de massa atômica, igual a 1/12 da massa do átomo mais comum de carbono.

molécula Dois ou mais átomos que se ligam uns aos outros por meio do compartilhamento de elétrons. Os átomos se combinam para formar moléculas.

composto Material formado por átomos de elementos diferentes ligados quimicamente uns aos outros.

mistura Uma substância cujos componentes são misturados sem que se combinem quimicamente.

antimatéria Uma forma "complementar" de matéria, composta de átomos contendo um núcleo negativamente carregado cercado de elétrons positivamente carregados.

matéria escura Matéria invisível e não identificada, evidenciada por sua atração gravitacional sobre as estrelas nas galáxias. A matéria escura, juntamente com a energia escura, formam talvez 96% do conteúdo do universo.

QUESTÕES DE REVISÃO (COMPREENSÃO)

11.1 Aristóteles explica o movimento

1. Quem propôs a ideia de átomos no início do século XIX?
2. O que faz as partículas de poeira e os minúsculos grãos de fuligem moverem-se em movimento browniano?
3. Quem explicou o movimento browniano pela primeira vez e forneceu uma razão convincente da existência de átomos?

11.2 Características dos átomos

4. Como o número aproximado de átomos no ar de seus pulmões se compara com o número de respirações de ar que cabem na atmosfera do mundo inteiro?

5. A maioria dos átomos que nos cerca é mais jovem ou mais velha do que o Sol?

11.3 Imagens atômicas

6. Por que os átomos não são vistos com um microscópio óptico poderoso?
7. Com um microscópio eletrônico de varredura, vemos os átomos diretamente ou apenas indiretamente?
8. Por que os átomos podem ser vistos com um microscópio eletrônico?
9. Qual é a finalidade de um modelo em ciência?

11.4 Estrutura atômica

10. O que se encontra no centro de todos os átomos?
11. O que significa o termo *núcleon*?
12. Como a massa e a carga elétrica de um próton se comparam com a massa e a carga de um elétron?
13. Qual é o elemento conhecido mais abundante no universo?
14. Como se formaram os elementos com núcleo atômico mais pesado que os do hidrogênio e do hélio?
15. Onde se originam os elementos mais pesados?
16. Quais são os cinco elementos mais comuns nos seres vivos?

11.5 A tabela periódica dos elementos

17. Qual é a relação entre o número atômico de um elemento e o número de prótons no seu núcleo?
18. Existem mais elementos metálicos ou não metálicos?
19. Quantos períodos tem a tabela periódica dos elementos? Quantos grupos?
20. Que tipo de força fundamental atrai os elétrons para perto do núcleo atômico?
21. Por que os átomos dos elementos mais pesados não são muito maiores que os dos elementos mais leves?

11.6 Isótopos

22. De que maneira um isótopo difere de outro?
23. Faça a distinção entre *número de massa* e *massa atômica*.

11.7 Moléculas

24. Como se distinguem uma molécula e um átomo?
25. Comparada com a energia requerida para separar o oxigênio do hidrogênio na água, quanta energia é liberada quando eles se recombinam? (Pense na conservação da energia.)

11.8 Compostos e misturas

26. O que é um composto? Dê três exemplos disso.
27. O que é uma mistura? Dê três exemplos disso.

11.9 Antimatéria

28. Como se diferem a matéria e a antimatéria?
29. O que acontece quando uma partícula de matéria e uma partícula de antimatéria se encontram?
30. Qual é a evidência da existência de matéria escura?

PENSE E FAÇA (APLICAÇÃO)

31. Uma vela queimará apenas se houver oxigênio. Uma vela queimará durante o dobro do tempo se estiver no interior de uma garrafa invertida de um litro ou de uma garrafa invertida de meio litro? Experimente e comprove.
32. O movimento browniano nos diz que todas as moléculas estão sempre em movimento. Demonstre isso para os seus amigos. Encha dois copos transparentes de água, um com água quente, outro com água gelada. A seguir, coloque a mesma quantidade de corante em cada copo. Em qual dos copos o corante se espalha mais? Por quê?
33. Envie uma mensagem à sua avó ou ao seu avô explicando há quanto tempo os átomos que constituem nossos corpos existem e por quanto tempo ainda existirão.

PENSE E ORDENE (ANÁLISE)

34. Ordene as seguintes descobertas científicas em ordem cronológica.
    a. A descoberta do elétron.
    b. A descoberta do átomo.
    c. A descoberta do movimento browniano.
35. Ordene as três partículas subatômicas a seguir em ordem crescente de massa.
    a. Nêutron.
    b. Próton.
    c. Elétron.
36. Considere os seguintes elementos: ouro, cobre, carbono e prata. Consulte a tabela periódica e ordene os átomos, em sequência decrescente, de acordo com:
    a. sua massa.
    b. seu número de elétrons.
    c. seu número de prótons.
37. Ordene o número de camadas nestes átomos de gases nobres em sequência decrescente.
    a. Argônio.
    b. Radônio.
    c. Hélio.
    d. Neônio.
38. Ordene a massa destas moléculas em ordem decrescente.

A   B   C   D

PENSE E EXPLIQUE   (SÍNTESE)

39. O modelo de camadas do átomo é uma versão ampliada de um átomo?
40. Como o maior número de prótons no núcleo de um átomo afeta o espaçamento entre as suas camadas eletrônicas?
41. Os átomos que compõem seu corpo e o chão de onde está agora são todos feitos principalmente de espaço vazio. Então por que você não atravessa o chão?
42. Quantos tipos de átomos se encontram em uma amostra pura de qualquer elemento?
43. Quantos átomos individuais existem em uma molécula de água? Justifique sua resposta.
44. A rapidez média das moléculas de vapor de um perfume na temperatura ambiente pode alcançar 300 m/s, mas você comprovará que a rapidez com a qual o aroma atravessa a sala é muito menor do que isso. Por quê?
45. Qual das seguintes substâncias não é um elemento: hidrogênio, carbono, oxigênio ou água?
41. Quais das seguintes substâncias são elementos puros: H_2, H_2O, He, NaCl ou U?
44. Quantos elementos existem na molécula do ácido sulfúrico, H_2SO_4? Quantos átomos?
48. Qual é a causa do movimento browniano de partículas de poeira? Por que objetos mais pesados, como bolas de beisebol, não são afetadas por ele?
49. Um colega afirma que o que torna um elemento distinto de outro é o número de elétrons em torno de seu núcleo. Você concorda inteiramente, parcialmente ou em nada com ele? Explique sua resposta.
50. As massas atômicas de dois isótopos de cobalto são 59 e 60. (a) Qual é o número de prótons e de nêutrons em cada elemento? (b) Qual é o número de elétrons orbitando o núcleo de cada um desses átomos quando os isótopos são eletricamente neutros?
51. O núcleo de um átomo de ferro eletricamente neutro contém 26 prótons. Quantos elétrons esse átomo de ferro possui?
52. Um átomo tem 29 elétrons, 34 nêutrons e 29 prótons. Qual é o número atômico desse elemento e qual é o seu nome?
53. Use a tabela periódica dos elementos para responder às seguintes perguntas:
    a. Se dois prótons e dois nêutrons são removidos do núcleo de um átomo de oxigênio, qual é o núcleo que resta?
    b. Quando adicionamos um par de prótons ao núcleo do mercúrio, qual é o elemento resultante?
    c. Que elemento resulta se dois prótons e dois nêutrons são ejetados por um núcleo de rádio?
54. Você poderia engolir uma cápsula de germânio sem sofrer qualquer efeito nocivo. Contudo, se um próton fosse adicionado a cada núcleo de germânio, você não gostaria de engolir a cápsula. Por quê? (Consulte a tabela periódica dos elementos.)
55. O gás nobre hélio é um gás inerte, o que significa que dificilmente se combina com outros elementos. Liste cinco outros gases nobres (consulte a tabela periódica).
56. Qual é mais pesada (maior massa): uma molécula de água, H_2O, ou uma molécula de dióxido de carbono, CO_2?
57. Qual dos seguintes elementos você imagina que tem as propriedades mais parecidas com as do silício (Si): alumínio (Al), fósforo (P) ou germânio (Ge)? (Consulte a tabela periódica dos elementos.)
58. O que contribui mais para a massa de um átomo: os elétrons ou os prótons? O que contribui mais para a massa de um átomo?
59. Um átomo de hidrogênio e outro de carbono movem-se com o mesmo valor de velocidade. Explique por que um deles tem maior energia cinética do que o outro.
60. Em uma mistura gasosa de hidrogênio e oxigênio, ambos com a mesma energia cinética média, qual das moléculas se move mais rapidamente, em média?
61. Elabore uma questão de múltipla escolha que teste seus colegas de turma a respeito da distinção entre dois termos presentes na seção Termos-chave.

PENSE E DISCUTA   (AVALIAÇÃO)

62. Quando Dimitri Mendeleev publicou a primeira tabela periódica dos elementos em 1869, ele deixou espaços em branco onde não havia um elemento na época. Converse com um colega e tente entender como ele sabia que as lacunas seriam preenchidas um dia e no que Mendeleev baseou seu raciocínio.
63. De onde se originaram os átomos de carbono no cabelo de Leslie, filha do autor deste livro (Figura 11.11)?
64. A cabeça do político que você menos gosta é mesmo 99,99% espaço vazio?
65. Explique por que uma árvore ganha peso no processo de extrair dióxido de carbono, CO_2, e vapor d'água, H_2O, do ar ao mesmo tempo que libera gás oxigênio, O_2.
66. Um gato vagueia pelo seu quintal. Uma hora mais tarde, um cachorro segue a pista deixada pelo gato, com o focinho rastreando o chão. Explique isso de um ponto de vista molecular.
67. Se nenhuma molécula de seu corpo pudesse escapar, seu corpo teria algum odor?

68. Onde se encontravam os átomos que formam um recém-nascido?
69. Existe algo menor do que um núcleo atômico?
70. Por que um balde de bolas de golfe e um balde de bolas de pingue-pongue não contêm números iguais de bolas?
71. Se a Terra fosse preenchida com bolas de pingue-pongue, o número de bolas seria aproximadamente igual ao número de átomos em uma bola de beisebol. Compare o número de bolas de pingue-pongue com o número de elétrons na bola de beisebol.

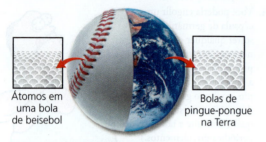

Átomos em uma bola de beisebol — Bolas de pingue-pongue na Terra

72. Explique a um colega as distinções entre número atômico, número de massa e massa atômica.
73. O que contém mais átomos: 1 kg de chumbo ou 1 kg de alumínio?
74. O hidrogênio e o oxigênio sempre reagem em uma razão 1:8 em massa para formar água. Os pesquisadores da época pensavam que isso significava que o oxigênio tinha uma massa 8 vezes maior do que a do hidrogênio. Que fórmula química esses pesquisadores consideravam para a água?
75. Um feixe de prótons e um de nêutrons com a mesma energia são ambos nocivos a tecidos vivos. O feixe de nêutrons é menos nocivo, entretanto. Sugira o porquê.
76. Em que sentido um físico poderia dizer que "somos todos um só"?
77. Discuta por que há alta probabilidade de que pelo menos um dos átomos exalados em sua primeira respiração estará em sua próxima respiração.
78. Uma amiga afirma que há átomos nos seus pulmões que um dia estiveram dentro dos pulmões de Cleópatra. A afirmação da sua amiga provavelmente está correta? Ou ela está falando besteira?
79. Alguém afirma a seu amigo que se algum alienígena de antimatéria tivesse algum dia posto os pés sobre a Terra, o mundo inteiro teria explodido e transformado-se em pura energia radiante. Seu amigo o procura para comprovar ou refutar essa afirmação. O que você lhe diz?
80. Um dos nossos problemas ambientais mais complexos é o plástico que polui os oceanos. Na sua maior parte, esses plásticos são compostos ou misturas? Forme um pequeno grupo e discuta algumas ideias sobre como poderíamos limpar os oceanos.

> Por que todo esse foco em átomos neste capítulo? Para começar, saber que todos os materiais ao seu redor e além são compostos de partículas minúsculas, chamadas de átomos, que movem-se constantemente enquanto se puxam e empurram, é intrigante. Essa é a hipótese atômica, a base fundamental de todas as ciências. O empurra-empurra atômico ocorre por causa das forças elétricas, que veremos na Parte 5. O modo como os átomos se unem para formar moléculas, que se unem para formar tudo que existe à nossa volta, incluindo você e todas as outras formas de vida, é a base da química. E a química é o alicerce da biologia, a ciência das coisas vivas, que, por sua vez, é a base das ciências médicas. Tudo começa com o minúsculo átomo, e ele certamente merece ser estudado. O conhecimento adquirido no seu estudo torna-se parte de você, uma parte da sua identidade. Valorize o ato de bombear conhecimento para o único cérebro que você tem e jamais terá – agora, pois ele nunca estará tão aberto e receptivo.

CAPÍTULO 11 — Exame de múltipla escolha

Escolha a melhor resposta entre as alternativas:

1. Os núcleos dos átomos que compõem um bebê recém-nascido foram fabricados:
    a. no útero materno.
    b. na comida que a mãe comeu antes do parto.
    c. nas estrelas do passado longínquo.
    d. na Terra.

2. A dificuldade de usar luz para fotografar um átomo é:
    a. em razão da difração indesejada.
    b. porque os átomos são menores do que os comprimentos de onda da luz.
    c. ambas as anteriores.
    d. nenhuma das anteriores.

3. Qual partícula tem menor massa?
    a. O próton.
    b. O elétron.
    c. O nêutron.
    d. Todas são aproximadamente iguais.

4. O número atômico se refere ao número de:
    a. prótons no núcleo.
    b. nêutrons no núcleo.
    c. núcleons no núcleo.
    d. elétrons no núcleo.

5. O núcleo de um átomo de ferro eletricamente neutro contém 26 prótons. Quantos elétrons normalmente giram em torno desse núcleo?
    a. 1.
    b. 13.
    c. 26.
    d. Mais de 26.

6. Qual destes tem o maior número de prótons no seu núcleo?
    a. Ouro.
    b. Mercúrio.
    c. Chumbo.
    d. Prata.

7. Dois prótons adicionados a um núcleo de oxigênio resultam em:
    a. nitrogênio.
    b. carbono.
    c. hélio.
    d. neônio.

8. As propriedades químicas da matéria se devem principalmente aos seus:
    a. prótons.
    b. elétrons.
    c. nêutrons.
    d. números de massa atômica.

9. Quantos átomos existem na molécula de carboidrato, $C_6H_{12}O_6$?
    a. 3.
    b. 14.
    c. 18.
    d. 24.

10. Se um grama de antimatéria encontra um quilograma de matéria, a quantidade de massa que sobrevive é:
    a. 1 grama.
    b. 999 gramas.
    c. 1 quilograma.
    d. 1,1 quilograma.

Respostas e explicações das perguntas do exame de múltipla escolha

1. (c): A fabricação de átomos remonta a antes da formação do sistema solar, sendo que muitos vieram de supernovas que explodiram. Os átomos são rearranjados, não formados, no útero e na comida. 2. (c): Não só os átomos são menores do que o comprimento de onda da luz visível, como também qualquer luz que encontra um átomo sofre difração. Assim, a melhor resposta é que ambas estão corretas. 3. (b): A massa do elétron é muitas vezes menor do que a massa de um núcleon. 4 (a): Por definição, o número atômico é igual ao número de prótons no núcleo atômico. 5. (c): Como o núcleo de ferro é neutro, tantos elétrons giram em torno dele quanto há prótons no seu interior. Assim, (c) é a resposta correta. 6. (c) A questão poderia ser reformulada para nos perguntar qual átomo tem o maior número atômico. Uma olhada rápida na tabela periódica nos diz que esse elemento é o chumbo, com 82 prótons. 7. (d): O oxigênio tem número atômico 8. Somar 2 prótons leva ao número atômico 10, que a tabela periódica nos informa ser o neônio. 8. (b): A química lida com as partes externas dos átomos, os elétrons em torno dos núcleos atômicos. É um simples fato. 9. (d): Vamos contar: 6 + 12 + 6 = 24. Muito simples! 10. (b): Um grama de antimatéria aniquila um grama de matéria. Assim, sobram 1.000 gramas − 1 grama = 999 gramas de matéria. Aritmética simples combinada com um pouco de conhecimento de física!

12
Sólidos

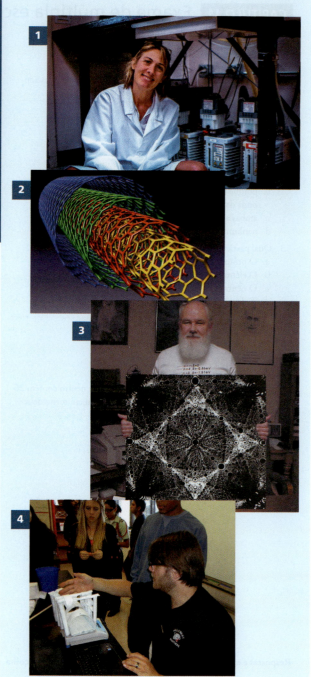

12.1 Estrutura cristalina
12.2 Massa específica
12.3 Elasticidade
12.4 Tensão e compressão
12.5 Arcos
12.6 Mudanças de escala

1 Hope Jahren e seu espectrômetro de massa que mede o número de nêutrons em átomos de carbono. **2** Nanotubos de carbono aninhados um dentro do outro criam a fibra mais resistente conhecida. Um fio de 1 mm de diâmetro sustenta 58.000 N (5.900 kg). **3** John Hubisz mostra uma imagem ampliada de uma das famosas micrografias de Eric Müller (a bela ilustração de capa deste livro). **4** Em uma aula de física de Garth Orr, estudantes usam os princípios de escala ao construir modelos de papel de pontes.

Quando menina, a botânica Hope Jahren ajudava o pai no seu laboratório, assim como outras crianças no estado do Minnesota ajudavam na fazenda. Ela reconta suas experiências em um livro inspirador, *Lab Girl: A Jornada de uma Cientista entre Plantas e Paixões* (ótimo presente para os meus netos). Desde cedo, Hope aprendeu a desligar e guardar seus instrumentos, analisar sinais de desgaste e ajudar a consertá-los quando necessário. Seu pai trabalhava na faculdade local e, com o passar dos anos, lecionou uma ampla variedade de disciplinas, do cálculo à química, da programação a geociências, mas a física era a sua favorita. Seu pai gostava especialmente das atividades de laboratório e desenvolveu seus próprios experimentos para demonstrar a gravidade, aceleração, pêndulos oscilantes, óptica, lentes de vidro e verdadeiros exércitos de ímãs minúsculos que sempre apontam para o norte. O pai de Hope construiu tudo com arame e pau-de-balsa, rolamentos e fios de nylon, materiais que comprava em ferragens e nas lojas de artigos esportivos. Hope amava o laboratório acima de tudo. Hoje, ela fez o mesmo no próprio laboratório e ainda se sente como a menininha que se apaixonou pela ciência, que constrói, que fabrica, que testa tudo e, acima de tudo, que se diverte.

Os laboratórios de Hope Jahren, primeiro no estado da Geórgia, depois no Havaí, agora estão na Noruega, onde é titular da cátedra J. Tuzo Wilson da Universidade de Oslo. Hope recebeu três Fulbright Awards e é uma de quatro cientistas (a única mulher) a ter recebido a Donath Medal e a Macelwane Medal da Geological Society of America. Hope recebeu inúmeros prêmios. *Lab Girl*, seu primeiro livro, venceu o National Book Critics Circle Award, e foi seguido de *The Story of More: How We Got to Climate Change and Where to Go from Here*, e continua a inspirar os jovens a se interessar pela ciência.

É muito apropriado que o primeiro passo do nosso estudo sobre os sólidos seja homenagear uma botânica. As plantas são sólidos que combinam o líquido extraído do solo e gases do ar. Assim, não estamos errados em considerar que as plantas são "ar solidificado", como ilustra a Figura 12.1.

12.1 Estrutura cristalina

Metais, sais e a maioria dos minerais – os materiais da Terra – são cristais. As pessoas conheciam cristais como o sal e o quartzo há séculos, mas foi apenas no século XX que eles foram interpretados como arranjos regulares de átomos. Os raios X foram utilizados em 1912 para confirmar que todo cristal é um arranjo ordenado e tridimensional – uma rede cristalina de átomos. As medidas mostraram que os átomos de um cristal estavam muito próximos uns dos outros, com a distância entre eles aproximadamente igual ao comprimento de onda dos raios X.

O físico alemão Max von Laue descobriu que um feixe de raios X direcionado para um cristal sofre difração, ou seja, é separado em feixes, produzindo um padrão característico (Figura 12.2). Os *padrões de difração* de raios X impressos em filme mostram que os cristais são como mosaicos bem definidos de átomos situados sobre redes regulares, como se fossem tabuleiros de xadrez tridimensionais ou aquelas estruturas construídas com tubos metálicos horizontais e verticais regularmente espaçados em que as crianças podem subir nas praças. Metais como o ferro, o cobre e o ouro têm estruturas cristalinas relativamente simples. O estanho e o cobalto apresentam estruturas um pouco mais complexas. Todos os metais contêm uma mixórdia de inúmeros pequenos cristais, cada qual praticamente perfeito, e cada um com a mesma rede regular, mas com orientação diferente em relação ao cristal adjacente. Esses cristais metálicos podem ser vistos quando uma superfície metálica é *cauterizada*, ou limpa, com ácido. Você pode ver as estruturas cristalinas sobre a superfície do ferro galvanizado exposta ao clima ou sobre as maçanetas de bronze expostas ao suor de muitas mãos.

As fotografias de von Laue dos padrões de difração fascinaram os cientistas ingleses William Henry Bragg e seu filho William Lawrence Bragg. Eles desenvolveram uma fórmula matemática que mostrou exatamente como os raios X deveriam se espalhar a partir das várias camadas atômicas regularmente espaçadas dentro de um

FIGURA 12.1 Tanto Jean quanto a árvore são compostas principalmente por hidrogênio, oxigênio e carbono. A ingestão de alimentos fornece esses elementos a Jean, enquanto a maior parte do oxigênio e do carbono da árvore vem do CO_2 do ar. Nesse sentido, uma árvore pode ser encarada como "ar sólido".

262 PARTE II Propriedades da matéria

FIGURA 12.2 A determinação da estrutura cristalina por meio de raios X. A fotografia de sal comum de mesa (cloreto de sódio) é o resultado da difração de raios X. Os raios X penetram o cristal de sal e atingem o filme fotográfico para formar o padrão mostrado. A mancha branca central é o feixe original não espalhado de raios X. Os tamanhos e o arranjo das outras manchas resultam da estrutura em forma de rede formada pelos íons de sódio e de cloro do cristal. Um cristal de cloreto de sódio produz sempre esse mesmo desenho. Toda estrutura cristalina produz seu próprio e único padrão de difração de raios X.

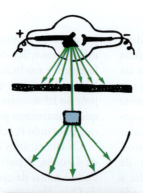

Os padrões de difração de raios X do DNA (semelhantes àquele na Figura 12.2), obtidos por Rosalind Franklin em 1953, forneceram dados a partir dos quais D. Watson e Francis Crick deduziram a estrutura em dupla hélice do DNA.

psc

- Os humanos têm usado materiais sólidos por milhares de anos. Os nomes dados a períodos de tempo, como Idade da Pedra, Idade do Bronze e Idade do Ferro, nos revelam a importância dos materiais sólidos no desenvolvimento da civilização. O número e as maneiras de usar esses materiais se multiplicaram ao longo dos séculos, ainda que tenha havido pouco progresso na compreensão da natureza dos sólidos. Essa compreensão teve de esperar pelas descobertas sobre os átomos que ocorreram no século XX. Com esse conhecimento disponível, os pesquisadores agora inventam materiais diariamente, atendendo às necessidades da idade da informação de hoje.

A força de Van der Waals é o mecanismo que possibilita a adesão das várias pregas dos pés de uma lagartixa a uma parede.

cristal. Com essa fórmula e uma análise do padrão de manchas claras da difração, eles conseguiram determinar as distâncias entre os átomos de um cristal. A difração de raios X é uma ferramenta vital atualmente para as ciências da biologia e da física.

Sólidos não cristalinos são denominados *amorfos*. No estado amorfo, os átomos e as moléculas de um sólido estão distribuídas aleatoriamente. Borracha, vidro e plástico estão entre os materiais para os quais falta um arranjo ordenado e repetitivo de suas partículas básicas. Em muitos sólidos amorfos, as partículas têm alguma liberdade para vaguear pelo material. Isso é evidenciado na elasticidade da borracha e na tendência do vidro de fluir quando sujeito a tensões por longos períodos de tempo.

Não importando se os átomos estão num estado amorfo ou num estado cristalino, eles vibram em torno de sua própria posição de equilíbrio. Eles se mantêm juntos pelas forças elétricas de ligação. Não vamos abordar as **ligações atômicas** agora, a não ser para mencionar que existem quatro diferentes tipos delas nos sólidos: a ligação iônica, a covalente, a metálica e a mais fraca de todas, a de Van der Waals. Algumas das propriedades de um sólido são determinadas pelos tipos de ligações que ele tem. Mais informação a respeito pode ser encontrada em praticamente qualquer texto de química.

FIGURA 12.3 A estrutura cristalina do diamante é ilustrada por meio de hastes que representam as ligações covalentes, responsáveis por sua enorme dureza.

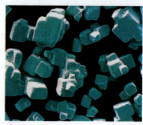

FIGURA 12.4 A estrutura cristalina cúbica do sal comum vista através de um microscópio. A forma cúbica é uma consequência dos arranjos cúbicos dos íons de sódio e de cloro.

● Íon de sódio, Na$^+$
● Íon de cloro, Cl$^-$

PAUSA PARA TESTE
Relacione a capa deste livro com a estrutura cristalina.

VERIFIQUE SUA RESPOSTA

A imagem de fundo da capa é uma aproximação da micrografia histórica de 1955, criada pelo professor de física alemão Erwin Müller, da Pennsylvania State University. Müller, que inventou o microscópio iônico de campo em 1951, foi chamado de primeiro ser humano a "ver" um átomo. Embora seja impossível ver átomos individuais, seu arranjo ordenado em uma rede cristalina está claramente visível nesta micrografia. A imagem apareceu na capa das três primeiras edições de *Física Conceitual* e agora é celebrada na capa desta 13ª edição.

O PODER DOS CRISTAIS

As estruturas internas dos cristais, com seus arranjos de átomos que se repetem regularmente, fornecem-lhes propriedades estéticas que os tornaram há muito tempo atrativos para a joalheria. Os cristais também têm propriedades que os tornam importantes para a eletrônica e a óptica. Eles são utilizados em quase todo tipo de tecnologia moderna. No passado, os cristais eram valorizados de acordo com seus supostos poderes de cura. Essa crença se mantém até hoje, em especial entre os ocultistas e curandeiros. Diz-se que os cristais canalizam energia "boa" e repelem energia "má". Que carregam "vibrações" que ressoam com as "frequências" de cura e ajudam a manter um equilíbrio benéfico para o corpo. Quando dispostos apropriadamente, diz-se que os cristais fornecem proteção contra forças eletromagnéticas danosas emitidas por linhas de transmissão, telefones celulares, monitores de computador, fornos de micro-ondas ou outras pessoas. Costuma-se ouvir dizer que é "medicamente comprovado" que os cristais curam e protegem, e que tais afirmações são baseadas "em ganhadores de prêmios Nobel de física".

Os cristais *de fato* liberam energia – como qualquer outro objeto. Aprenderemos no Capítulo 16 que todas as coisas irradiam energia – e também que tais coisas absorvem energia. Se um cristal ou qualquer outra substância irradia mais energia do que recebe, sua temperatura cai. Os átomos em cristais *de fato* vibram e *realmente* ressonam com as frequências de vibrações externas que se ajustam às suas – exatamente como as moléculas em gases e líquidos o fazem. Contudo, quando os adeptos do poder cristalino falam de algum tipo de energia exclusiva dos cristais, ou da vida, não existe qualquer evidência científica sustentando tal crença (a descoberta desse tipo especial de energia rapidamente tornaria o descobridor mundialmente famoso). É claro que a evidência para um novo tipo de energia, como a energia escura discutida no capítulo anterior, poderia um dia ser encontrada, mas não é isso que os adeptos do poder dos cristais afirmam. Eles reivindicam que já existe esse tipo de evidência científica, e que ela lhes dá o suporte para o trabalho que realizam.

A evidência do poder dos cristais não é experimental; em vez disso, ela está restrita a *testemunhos*. Como a propaganda ilustra, as pessoas de um modo geral são mais persuadidas por testemunhos do que por fatos confirmados. São comuns os testemunhos de pessoas convencidas do benefício pessoal dos cristais. Estar convencido por evidência científica é uma coisa; estar convencido por pensamento desejoso, reforço comunitário ou efeito placebo é outra completamente diferente. Nenhuma dessas afirmações acerca dos poderes especiais dos cristais foi corroborada por práticas científicas.

Deixando as reclamações de lado, o uso de pingentes de cristais para cura parece dar a algumas pessoas uma boa *sensação* e até mesmo um sentimento de proteção. Isso e as qualidades estéticas dos cristais são as suas virtudes. A maior parte das pessoas sente que eles trazem boa sorte, da mesma forma que carregar um pé de coelho no bolso. A diferença entre o poder dos cristais e o pé de coelho, entretanto, é que os benefícios dos cristais são expressos em termos científicos, ao passo que os benefícios advindos de se carregar um pé de coelho no bolso não são expressos dessa forma. Os arautos do poder dos cristais pertencem ao campo da mais pura e absoluta pseudociência.

12.2 Massa específica

O ferro é mais pesado do que a madeira? A questão é ambígua, pois depende da quantidade de ferro e de madeira. Um grande cepo de madeira é claramente mais pesado do que um prego de ferro. Uma questão melhor formulada indagaria se o ferro é mais *denso* do que a madeira, para a qual a resposta é *sim*. O ferro é mais denso do que a madeira. As massas dos átomos e os espaçamentos entre eles é que determinam a **massa específica** do material. Concebemos a massa específica como a "leveza" ou o "peso" de materiais de mesmo tamanho. Ela dá uma medida de como a matéria está compactada, ou de quanta massa ocupa um certo espaço; é a quantidade de massa por unidade de volume:

$$\text{Massa específica} = \frac{\text{massa}}{\text{volume}}$$

A massa específica é uma propriedade de um material; não importa o quanto você realmente tenha do material. A Tabela 12.1 mostra as massas específicas de alguns materiais. A massa específica é normalmente expressa em unidades métricas, geralmente quilogramas por metro cúbico, quilogramas por litro ou gramas por centímetro cúbico. A água, por exemplo, tem uma massa específica de 1.000 kg/m³, o que equivale a 1 g/cm³. Assim, a massa de um metro cúbico de água pura é de 1.000 kg ou, o que é equivalente, a massa de um centímetro cúbico (o tamanho aproximado de um cubo de açúcar) de água pura é 1.

A massa específica pode ser expressa em termos de peso em vez de massa. Neste caso, temos o *peso específico*, definido como peso por unidade de volume:

$$\text{Peso específico} = \frac{\text{peso}}{\text{volume}}$$

FIGURA 12.5 Quando o volume do pão é reduzido, sua densidade cresce.

Um metro cúbico é um volume razoavelmente grande e contém um milhão de centímetros cúbicos, de modo que existem um milhão de gramas de água em cada metro cúbico (ou, o que é equivalente, mil quilogramas em um metro cúbico de água). Portanto, 1 g/cm³ = 1.000 kg/m³.

264 PARTE II Propriedades da matéria

TABELA 12.1 Massa específica de várias substâncias (kg/m³) (para obter a massa específica em g/cm³, divida por 1.000)

Sólidos	Massa específica
Irídio	22.650
Ósmio	22.610
Platina	21.090
Ouro	19.300
Urânio	19.050
Chumbo	11.340
Prata	10.490
Cobre	8.920
Ferro	7.870
Alumínio	2.700
Gelo	919
Líquidos	
Mercúrio	13.600
Glicerina	1.260
Água do mar	1.025
Água a 4 °C	1.000
Álcool etílico	785
Gasolina	680

O peso específico é expresso em N/m³. Como um corpo de 1 kg pesa 9,8 N, o peso específico é numericamente igual a 9,8 × massa específica. Por exemplo, o peso específico da água vale 9.800 N/m³. No sistema britânico de unidades, um pé cúbico (ft³) de água pura (cerca de 7,5 galões) pesa 62,4 libras. Portanto, no sistema britânico, a água pura tem peso específico de 62,4 lb/ft³.

A massa específica de um material depende das massas dos átomos individuais que o constituem e do espaçamento entre esses átomos. O irídio, um metal branco-prateado, duro e quebradiço da família da platina, é a substância mais densa da Terra. Embora os átomos de irídio tenham menor massa do que os da platina, do ouro, do chumbo e do urânio, o espaçamento menor entre os átomos de irídio na forma cristalina contribui para sua maior massa específica. Em um centímetro cúbico, cabem mais átomos de irídio do que outros de maior massa, mas com maior espaçamento entre si. Assim, o irídio tem uma estupenda massa específica de 22.650 kg/m³.

> **PAUSA PARA TESTE**
>
> 1. *Aqui está uma questão fácil:* Quando a água congela, ela se expande. O que isso nos diz acerca da massa específica do gelo, comparada com a massa específica da água?
> 2. *Aqui está uma questão um pouco mais complicada:* O que pesa mais, um litro de gelo ou um litro de água?
> 3. O que tem maior densidade: 100 kg de chumbo ou 1.000 kg de alumínio?
> 4. Qual é a densidade de 1.000 kg de água?
> 5. Qual é o volume de 1.000 kg de água?

VERIFIQUE SUA RESPOSTA

1. O gelo é menos denso do que a água (porque ocupa um volume maior para uma mesma massa), e é por isso que ele flutua em água.
2. Não diga que pesam a mesma coisa! Um litro de água pesa mais. Se ela está congelada, então seu volume será mais do que um litro. Corte fora o excesso, de modo que o gelo fique com o mesmo tamanho do litro original, e ele certamente pesará menos do que a água.
3. A densidade é a *razão* da massa pelo volume (ou do peso pelo volume), e ela é maior para qualquer quantidade de chumbo do que para qualquer quantidade de alumínio – consulte a Tabela 12.1.
4. A massa específica de *qualquer* quantidade de água é 1.000 kg/m³ (ou 1 g/cm³).
5. O volume de 1.000 kg de água é 1 m³.

12.3 Elasticidade

Quando um objeto está sujeito a forças externas, ele sofre alterações em tamanho, forma ou em ambos. As alterações dependem dos arranjos dos átomos e do tipo de ligação entre eles no material. Uma mola, por exemplo, pode ser esticada ou comprimida por forças externas.

Uma mola distende-se quando um peso é pendurado nela. Um peso adicional a estica ainda mais. Se o peso é retirado, a mola volta a ter o mesmo comprimento original. Dizemos que a mola é *elástica*. Quando um rebatedor de beisebol atinge uma bola com o bastão, ela muda temporariamente sua forma. Para atirar uma flecha, um arqueiro arqueia mais o arco, que retorna à forma original quando a flecha é liberada. A mola, a bola de beisebol e o arco são alguns exemplos de objetos elásticos. A **elasticidade** de um corpo é a propriedade pela qual a forma se altera quando uma força deformante atua sobre o objeto, que retorna à forma original quando a força deformante é retirada. Argila, massa de vidraceiro e pasta *não* retornam à sua forma original quando a força deformante que foi aplicada é retirada. Materiais como esses, que não reassumem sua forma original após terem sido deformados, são chamados de *inelásticos*. O chumbo também é *inelástico*, pois é muito fácil deformá-lo permanentemente.

Quando se pendura um peso por uma mola, ele exerce uma força sobre ela, esticando-a (deformando-a). Um peso duas vezes maior esticará duas vezes mais a mola; uma força três vezes maior esticará três vezes mais. Pesos adicionais esticam ainda mais a mola. Assim, podemos escrever

$$F \sim \Delta x$$

Ou seja, a deformação é diretamente proporcional à força exercida (Figura 12.7). Essa relação, descoberta no século XVII pelo físico britânico Robert Hooke, um contemporâneo de Isaac Newton, é conhecida como **lei de Hooke**.[1]

Se um material elástico for distendido ou comprimido além de um certo valor, ele não mais retornará ao seu estado original e ficará distendido. A distância além da qual se produzem deformações permanentes é chamada de limite elástico. A lei de Hooke é válida somente enquanto a força aplicada não distender ou comprimir o material além de seu limite elástico.

FIGURA 12.6 Uma bola de beisebol é elástica.

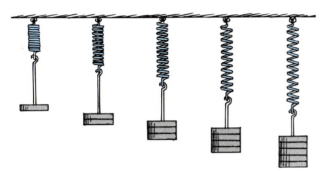

FIGURA 12.7 A distensão da mola é diretamente proporcional à força aplicada. Se o peso é dobrado, a mola se distende duas vezes mais.

PAUSA PARA TESTE

1. Uma pintura antiga de 2 kg é pendurada na extremidade de uma mola. A mola, então, se distende uma distância igual a 10 cm. Se, em vez disso, uma pintura de 4 kg for pendurada à mesma mola, quanto esta se distenderá? E se uma pintura de 6 kg fosse pendurada a essa mola? (Considere que nenhuma dessas cargas distenda a mola além de seu limite elástico.)

2. Se uma força de 10 N distende em 4 cm uma certa mola, que distensão ocorrerá para uma força aplicada de 15 N?

VERIFIQUE SUA RESPOSTA

1. Uma carga de 4 kg (a pintura, neste caso) tem o dobro do peso de uma carga de 2 kg. De acordo com a lei de Hooke, $F \sim \Delta x$, uma força aplicada duas vezes maior resultará numa distensão duas vezes maior, de modo que a mola deveria se distender em 20 cm. O peso de uma carga de 6 kg fará a mola se distender três vezes mais, ou 30 cm. (Se o limite elástico fosse ultrapassado, não se poderia prever o comprimento da distensão a partir da informação fornecida.)

2. A mola distenderá 6 cm. Por regra de três simples, 10 N/4 cm = 15 N/x cm, que se lê como: 10 newtons está para 4 centímetros assim como 15 newtons está para x centímetros, x = 6 cm. Durante uma atividade de laboratório, você aprenderá que a razão entre a força aplicada e a distensão resultante é chamada de *constante elástica* k (neste caso, k = 2,5 N/cm), e a lei de Hooke é expressa pela equação $F = k\Delta x$.

psc

- Robert Hooke, um dos maiores cientistas ingleses, foi o primeiro a propor uma teoria ondulatória da luz e o primeiro a descrever uma célula (pelo que ele veio a ser conhecido como o pai do microscópio). Como artista e agrimensor, ele ajudou Christopher Wren a reconstruir Londres após o grande incêndio de 1666. Como físico, colaborou com Robert Boyle e outros físicos de sua época e foi eleito presidente da Royal Society. Após sua morte, Isaac Newton tornou-se o novo presidente da Royal Society e, com inveja, destruiu tudo o que pôde do trabalho de Hooke. Nenhuma pintura ou outra representação criada durante a vida de Hooke sobreviveu.

---

[1] A proporção $F \sim \Delta x$ torna-se uma equação quando a constante elástica k é introduzida; $F = -kx$. Embora seja útil para os inúmeros objetos que se esticam ou comprimem, a lei de Hooke não tem a mesma estatura que as leis de Newton do movimento e da gravitação, pois depende do material utilizado.

psc
- O esmalte de seus dentes é o material mais duro de seu corpo.

12.4 Tensão e compressão

Quando alguma coisa é puxada (distendida), dizemos que ela está submetida a uma *tensão*. Quando é empurrada para dentro de si (esmagada), dizemos que está sofrendo uma *compressão*. Quando você curva uma régua (ou uma vara qualquer), o lado externo da parte curva da régua está sob tensão. A parte curva interna está sendo empurrada, portanto, sofrendo compressão. A compressão faz as coisas tornarem-se mais curtas e largas, enquanto a tensão as torna mais compridas e estreitas. Isso não é óbvio para a maioria dos materiais rígidos, no entanto, porque o encurtamento ou o alongamento é muito pequeno.

O aço é um excelente material elástico, pois pode resistir a grandes forças aplicadas e depois retornar à sua forma e ao seu tamanho originais. Por causa dessas propriedades de elasticidade e de resistência, ele é usado não apenas para fabricar molas, mas também vigas para construções. As vigas verticais de aço usadas na construção de edifícios altos sofrem apenas uma ligeira compressão. Uma viga vertical típica, com 25 metros de comprimento (uma coluna), utilizada em construções altas, é comprimida em cerca de 1 milímetro quando suporta uma carga de 10 toneladas. Isso pode ser aumentado. Um edifício de 60 a 70 andares pode ter comprimido suas enormes colunas de aço em cerca de 2,5 centímetros (uma polegada) ao final da construção.

FIGURA 12.8 O lado superior da viga está distendido e o lado inferior está comprimido. O que acontece com a parte do meio, entre o lado inferior e o superior?

Um trampolim de saltos com um saltador em pé em uma das extremidades constitui um cantilever, ou viga em balanço.

Uma deformação ainda maior ocorre quando as vigas são usadas horizontalmente, quando tendem a vergar-se sob cargas pesadas. Quando uma viga horizontal é sustentada por uma ou por ambas extremidades, ela se encontra tanto sob tensão quanto sob compressão, devido à carga que ela sustenta e ao seu próprio peso. Considere a viga horizontal sustentada por uma das extremidades na Figura 12.8 (conhecida como "viga em balanço" ou "viga cantilever"). Ela verga devido ao próprio peso e ao peso da carga que ela sustenta na extremidade livre. Basta pensar um pouco para perceber que o lado superior da viga está sendo distendido. Seus átomos foram afastados além do normal. O lado superior é um pouco mais comprido do que o lado inferior, pois está sob tensão. Seguindo o raciocínio, percebe-se que o lado inferior da viga está sob compressão. Seus átomos foram aproximados uns dos outros além do normal. Ela é um pouco mais curta no lado de baixo do que no lado de cima devido à maneira como foi vergada. Você consegue perceber que entre o lado superior e o inferior existe uma região onde não existem esforços no interior do material, nem tensão nem compressão? Essa região é denominada *camada neutra*.

A viga horizontal mostrada na Figura 12.9, conhecida como "viga simples", é sustentada por ambas as extremidades e suporta o peso de uma carga situada no meio. Nessa situação, existe compressão no lado superior da viga e tensão no lado inferior dela. Novamente existe uma camada neutra na parte central da espessura da barra, ao longo de todo seu comprimento.

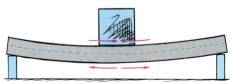

FIGURA 12.9 O lado superior da viga está comprimido e o lado inferior está distendido. Onde está a camada neutra (a parte que não está nem distendida nem comprimida)?

PRATICANDO FÍSICA: A RESISTÊNCIA DO TRIÂNGULO

Se você fixa quatro réguas de madeira com pregos, o retângulo assim formado pode facilmente ser deformado e se transformar num paralelogramo. Contudo, se você fixar da mesma maneira somente três dessas réguas, o triângulo obtido não pode ser deformado sem que de fato as réguas se rompam ou que algum dos pregos seja desalojado. O triângulo é a mais resistente de todas as figuras geométricas, por isso você vê formas triangulares em pontes. Vá em frente e pregue três hastes juntas pelas extremidades, tente deformar o triângulo obtido e depois passe a observar os triângulos sendo usados para reforçar muitos tipos de estruturas.

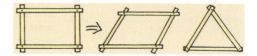

Com a camada neutra em mente, podemos compreender a razão para que a seção transversal de vigas de aço tenha o formato da letra "I" (Figura 12.10). A maioria do material nessas vigas com seção transversal em "I" está concentrada nas *bordas* superior e inferior da seção transversal. Quando a viga é usada horizontalmente numa construção, o esforço está concentrado nas bordas superior e inferior da viga. Uma borda é comprimida enquanto a outra é distendida, ambas sustentando quase todo o estresse na viga. Entre as bordas superior e inferior está uma região relativamente livre de esforços, a *alma*, cuja função principal é manter juntas aquelas bordas. Para essa finalidade, é necessário, comparativamente, pouco material. Uma viga com seção transversal em "I" é praticamente tão forte quanto uma viga de seção retangular com as mesmas dimensões globais, porém com um peso consideravelmente menor. Uma viga de aço de uma certa extensão, com seção retangular, poderia colapsar sob seu próprio peso, ao passo que uma viga com seção transversal em "I" da mesma extensão poderia suportar mais carga adicional.

FIGURA 12.10 Uma viga em "I" é como uma barra sólida em que uma parte do aço foi "escavada" na sua região central, onde era menos necessário. A viga obtida é, portanto, mais leve e tem a mesma resistência.

FIGURA 12.11 A metade superior de cada galho horizontal encontra-se sob tensão devido ao seu próprio peso, enquanto a metade inferior está sob compressão. Em que região a madeira não está distendida nem comprimida?

O aço das vigas em "I" e de outras estruturas está sendo substituído pelas fibras de carbono nas construções. Filamentos de carbono tecidos são semelhantes a fibras de plástico e de vidro, mas são muito mais leves e resistentes do que o aço. Materiais compostos de fibra de carbono tornaram-se populares em automóveis, aeronaves, navios e turbinas eólicas.

PAUSA PARA TESTE

1. Quando você caminha sobre um piso de madeira de uma residência antiga, cujas tábuas se vergam sob seu peso, onde se encontra a camada neutra delas?
2. Suponha que você perfure um buraco horizontal através do galho da árvore, como mostrado na ilustração. Onde a perfuração enfraqueceria menos o galho: na porção superior, no meio ou na porção inferior do galho?

268 PARTE II Propriedades da matéria

> **VERIFIQUE SUA RESPOSTA**
>
> 1. A camada neutra se encontra a meio caminho entre as superfícies superior e inferior das tábuas.
>
> 2. Perfure o buraco na região central do galho, através da camada neutra. Uma perfuração nesse local dificilmente afetará a resistência do galho, pois nesse local as fibras da madeira não estão distendidas nem comprimidas. As fibras de madeira da parte superior do galho estão distendidas, de modo que a perfuração de um buraco nessa região pode causar o rompimento das fibras. As fibras da parte inferior do galho estão comprimidas, de modo que um buraco perfurado nessa região pode fazer o galho quebrar-se sob compressão.

12.5 Arcos

As rochas quebram mais facilmente quando submetidas à tensão do que à compressão. Os tetos das estruturas de rocha erigidas pelos egípcios durante a época das pirâmides eram construídos com muitas lajes horizontais de rocha. Devido à fraqueza dessas lajes sob as forças produzidas pela gravidade, muitas colunas verticais tiveram de ser erguidas para sustentar os tetos dessas estruturas. O mesmo aconteceu com os templos da Grécia antiga. Então surgiram os arcos – e com isso, menos colunas verticais.

FIGURA 12.12 Arcos de pedra comuns semicirculares, que têm se mantido por séculos.

FIGURA 12.13 As lajes horizontais de rocha do teto não podem ser longas demais, porque a rocha rompe facilmente sob tensão. Eis a razão da necessidade de tantas colunas para sustentar o teto.

Observe a parte superior das janelas dos edifícios antigos de tijolos. Provavelmente elas são arqueadas. A mesma coisa acontece em relação à forma das antigas pontes de pedra. Quando uma carga é localizada sobre uma estrutura adequadamente arqueada, a compressão acaba reforçando a estrutura, em vez de enfraquecê-la. As pedras são empurradas mais firmemente, umas contra as outras, mantidas juntas pelas forças de compressão. Com a forma correta do arco, as pedras nem mesmo precisam de cimento para se manterem juntas.

Quando a carga a ser sustentada é horizontal e uniforme, como em uma ponte, a forma apropriada do arco é uma parábola, a mesma curva que é percorrida por uma bola lançada no ar. Os cabos de sustentação principais de uma ponte pênsil constituem exemplos de arcos parabólicos "virados para baixo". Se, por outro lado, o arco está suportando apenas seu próprio peso, a curva que lhe dá mais resistência é conhecida como *catenária*. Uma catenária é uma curva formada por uma corda ou corrente pendurada pelas extremidades em dois pontos fixos. A tensão em cada parte da corda ou corrente é paralela à curva. Assim, quando um arco de pedras sem cimento toma a forma de uma catenária invertida, a compressão interna às pedras é paralela ao arco em todos os lugares, da mesma maneira que a tensão entre os elos adjacentes de uma corrente arqueada sob seu próprio peso é paralela à corrente em qualquer lugar. O arco que enfeita a margem do rio de Saint Louis, na cidade de Saint Louis, EUA, é uma catenária (Figura 12.14).

FIGURA 12.14 Tanto a forma assumida pela corrente vergada segurada por Manuel quanto o Gateway Arch, em Saint Louis, são catenárias.

Se você rodar um arco até completar uma volta ao redor de um eixo vertical, obterá uma cúpula. O peso da cúpula, como o de um arco, produz compressão. Cúpulas modernas, como a do Astrodome de Houston, Texas, EUA, são inspiradas por catenárias tridimensionais e podem cobrir grandes áreas sem haver a interrupção da visão por colunas. Existem cúpulas baixas (como a do Jefferson Memorial) e altas (como a do Capitólio dos Estados Unidos). Antes dessas, existiram os iglus no Ártico.

Os arquitetos da antiguidade não teriam adorado conhecer a catenária?

FIGURA 12.15 O peso da cúpula do Jefferson Memorial produz compressão, não tensão, de modo que não são necessárias colunas de sustentação na parte central do prédio.

PAUSA PARA TESTE

Compare a forma do Gateway Arch da cidade de Saint Louis com a curvatura da corrente de Manuel (Figura 12.14) e a forma de um ovo.

VERIFIQUE SUA RESPOSTA

Todos as três são catenárias! Assim como os vetores de tensão na corrente vergada de Manuel são paralelos à corrente em si e os vetores de compressão causados pelo peso do arco são paralelos ao arco em si, a compressão de um ovo ao longo do seu eixo faz com que ele resista a ser esmagado. Como mostram as fotos, ambas as extremidades de um ovo são catenárias, o que explica a sua resistência. Quando não conseguir esmagar um ovo ao longo do seu eixo mais longo, pense em Manuel e no Gateway Arch.

psc

- Um arco em forma de catenária poderia até mesmo ser construído com blocos escorregadios de gelo! Desde que as forças de compressão entre os blocos fossem paralelas ao arco construído e que a temperatura não fosse suficientemente alta para causar o derretimento, o arco se manteria estável.

(a)   (b)

270 PARTE II Propriedades da matéria

MANUFATURA ADITIVA OU IMPRESSÃO 3D

Na manufatura, por séculos, artesãos começavam com um pedaço de material e iam removendo pequenos pedaços por meio de cortes e perfurações até que um produto final fosse obtido – um *processo subtrativo*. Contudo, em processos biológicos, a natureza sempre trabalhou de um modo diferente. Em vez de desbastar material (e descartá-lo), a natureza constrói coisas átomo por átomo – um *processo aditivo*. Há décadas, as impressoras a jato de tinta têm feito algo muito parecido, expelindo com precisão uma série de gotículas de tinta sobre papel para produzir imagens, gota por gota. Incrivelmente, esse processo avançou e transformou-se na deposição de materiais para criar objetos tridimensionais. A impressora segue um modelo digital e deposita repetitivamente camadas do material especificado para criar um produto final, que pode ter praticamente qualquer forma geométrica. Esses processos de manufatura transformadores são a impressão 3D.

Órgãos e outras partes do corpo humano foram produzidas a partir de camadas de células vivas depositadas em meio de gel ou matriz de açúcar. Na época da redação deste livro, a impressão 3D de órgãos humanos ainda estava em fase experimental, mas espera-se que os pacientes consigam receber fígados, rins e até corações impressos em um futuro não muito distante. Próteses de quadril e de joelho são comuns há muito tempo. A impressão 3D não se limita a objetos pequenos: camadas de concreto 3D podem ser usadas para produzir pontes e edifícios.

Hoje, o uso de velas para a iluminação doméstica é considerado pateticamente inferior às nossas lâmpadas elétricas. Amanhã, talvez os métodos tradicionais de manufatura e construção sejam vistos como igualmente antiquados. Estamos avançando na direção da impressão 4D, na qual o objeto pode ser programado para mudar de forma depois de impresso. Os *stents* médicos se abrirão quando chegarem ao seu destino, por exemplo, assim como diversas válvulas médicas. As aplicações parecem ilimitadas. Acesse a internet e procure notícias para acompanhar o crescimento fenomenal da manufatura aditiva.

psc

- No futuro, um material completamente biodegradável, composto de bagaço da cana-de-açúcar e polpa de bambu, substituirá o plástico dos copos de café e de outros itens descartáveis — todos eles poderão ser mandados para aterros sanitários sem pesar na sua consciência.

PAUSA PARA TESTE

Por que é mais fácil para um pintinho dentro do ovo romper a casca de dentro para fora do que para um pintinho do lado de fora penetrar no ovo, rompendo a casca de fora para dentro?

VERIFIQUE SUA RESPOSTA

Para abrir seu caminho através da casca, um pintinho no lado de fora do ovo deve lutar contra a compressão, que resiste fortemente ao rompimento da casca. No entanto, quando ele tenta romper a casca de dentro para fora, apenas a tensão mais fraca da casca precisa ser vencida. Para ver como é forte a compressão da casca, tente esmagar um ovo a partir de seu diâmetro mais longo, apertando-o entre o polegar e os outros dedos. Surpreso? Tente agora ao longo do menor diâmetro do ovo. Surpreso? (Faça isso sobre uma pia, para se prevenir contra possíveis respingos de ovo.)

A mudança de escala foi estudada por Galileu, que pesquisou o tamanho dos ossos de diversas criaturas.

12.6 Mudanças de escala[2]

Você já notou como uma formiga é forte para o seu tamanho? Uma formiga consegue carregar em suas costas um peso equivalente a várias formigas, ao passo que um elefante forte enfrenta grandes dificuldades para carregar um único elefante. Quão forte seria uma formiga se mudássemos sua escala, de modo que seu tamanho fosse igual ao de um elefante? Essa "superformiga" seria de fato muito mais forte do que um elefante? Surpreendentemente, a resposta é não. Uma formiga como essa não seria capaz de erguer seu próprio peso do chão. Suas pernas seriam finas demais para sustentar seu peso aumentado e provavelmente quebrariam.

---

[2] O material desta seção é baseado em dois ensaios muito instrutivos: "On Being the Right Size", por J. B. S. Haldane, e "On Magnitude", por Sir D'Arcy Wentworth Thompson, ambos retirados de James R. Newman (ed.), *The World of Mathematics*, vol. II (New York: Simon & Schuster, 1956).

Existe uma razão para que as pernas de uma formiga sejam finas e as de um elefante sejam grossas. À medida que o tamanho de alguma coisa aumenta, seu peso aumenta mais rápido do que sua resistência. Você pode segurar um palito de dente horizontalmente pelas extremidades sem notar qualquer vergadura nele, mas sustente uma árvore da mesma madeira horizontalmente pelas extremidades e você perceberá uma considerável vergadura dela. Em relação ao seu próprio peso, o palito de dente é muito mais resistente do que a árvore. **Mudança de escala** é o estudo de como o volume e a forma (tamanho) de um objeto qualquer afetam a relação entre seu peso, resistência e área superficial.

A *resistência* depende da área da seção transversal (que é bidimensional e medida em centímetros *quadrados*), enquanto o *peso* depende do volume (que é tridimensional e medido em centímetros *cúbicos*). Para compreender esses tipos de relação quadrada e cúbica, considere o caso mais simples de um cubo de matéria sólida com 1 centímetro de lado – um cubo de açúcar, digamos. Qualquer cubo de 1 centímetro cúbico tem uma seção transversal de 1 centímetro quadrado. Ou seja, se ele fosse fatiado paralelamente a uma de suas faces, a área da fatia seria de 1 centímetro quadrado. Compare isso com um cubo que tem o dobro das dimensões lineares do anterior – um cubo com aresta de 2 centímetros. Como mostra a Figura 12.16, a área de sua seção transversal será de 2×2, ou 4 centímetros quadrados, e seu volume será de $2 \times 2 \times 2$, ou 8 centímetros cúbicos. Portanto, esse segundo cubo será quatro vezes mais resistente do que o primeiro, porém oito vezes mais pesado. Uma inspeção cuidadosa da Figura 12.16 mostra que, para acréscimos nas dimensões lineares, a área da seção transversal (bem como a área total) cresce com o quadrado da dimensão linear, ao passo que o volume cresce com o cubo da dimensão linear.

Uma esfera tem a menor área para um dado volume. Agora você sabe por que os reservatórios de água elevados são, com frequência, da forma esférica.

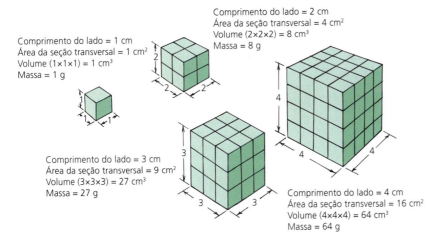

FIGURA 12.16 Quando as dimensões lineares de um objeto variam por um certo fator, a área da seção transversal varia com o quadrado desse fator, enquanto o volume (e daí o peso) varia com o cubo do fator. Vemos que, quando as dimensões lineares são dobradas (fator 2), a área cresce em $2^2 = 4$ vezes, e o volume cresce em $2^3 = 8$ vezes.

O volume (e daí o peso) cresce bem mais rápido do que o correspondente crescimento das áreas de suas seções transversais. Embora a Figura 12.16 ilustre isso para o caso simples de um cubo, o princípio se aplica a qualquer objeto de forma arbitrária. Considere um atleta que consegue fazer um grande número daqueles exercícios denominados apoios. Imagine que ele pudesse ser ampliado a um tamanho duas vezes maior, ou seja, duas vezes mais alto e duas vezes mais largo. Com isso, seus ossos seriam duas vezes mais largos, e cada uma de suas dimensões lineares seria aumentada por um fator igual a dois. Seria ele duas vezes mais forte e capaz de erguer carga igual a si mesmo com duas vezes mais facilidade? A resposta é *não*. Embora seus braços, duas vezes mais largos, tenham áreas de seções transversais quatro vezes maiores e sejam quatro vezes mais fortes, ele seria oito vezes mais pesado agora do que antes. Com esforço comparável, ele seria capaz de erguer apenas a metade de seu novo peso. Em relação ao seu novo peso, ele seria mais fraco do que antes.

Na natureza, os animais de grande porte têm pernas desproporcionalmente grossas quando comparadas com as dos animais pequenos. Isso se deve à relação entre o

FIGURA 12.17 Cadeiras ampliadas no Exploration, cada uma com o dobro do tamanho da anterior.

psc

- Leonardo da Vinci foi o primeiro a relatar que a área da seção transversal de um tronco é igual à soma das áreas superficiais produzidas ao se fazer um corte horizontal acima do tronco através de todos os galhos (cortes, no entanto, perpendiculares a cada galho). O mesmo vale para as áreas das seções transversais dos capilares em relação à área da seção transversal da artéria que fornece sangue a eles.

volume e a área, ao fato de que o volume (e o peso) cresce com o cubo do fator pelo qual as dimensões lineares dos animais aumentam, enquanto a resistência (e a área) cresce com o quadrado daquele fator. Assim, vemos o porquê das pernas finas de pernilongos, veados e antílopes, e das pernas grossas de rinocerontes, hipopótamos e elefantes. Curiosamente, a necessidade de as grandes criaturas terem pernas grossas fortes é bem contornada pelas baleias, para as quais o empuxo da água fornece apoio. Mesmo hipopótamos passam a maior parte de seu tempo dentro da água.

Dessa forma, a grande resistência atribuída a King Kong e outros gigantes fictícios não pode ser considerada seriamente. O fato de que as consequências de mudanças de escala são convenientemente omitidas é uma das diferenças entre ciência e ficção científica.

Também é importante comparar a área superficial total com o volume (Figura 12.18). A área superficial total, da mesma forma que a área de uma seção transversal, cresce proporcionalmente ao quadrado do aumento nas dimensões lineares de um objeto, enquanto o volume cresce em proporção ao cubo do aumento linear. Assim, quando um objeto cresce, sua área superficial e seu volume crescem por fatores diferentes, resultando na *diminuição* da razão entre a área superficial e o volume. Em outras palavras, tanto a área superficial quanto o volume crescem quando um determinado objeto é ampliado, mas a ampliação correspondente da área superficial é menor *em relação* à ampliação ocorrida no volume do objeto. Poucas pessoas realmente compreendem esse conceito. Os exemplos seguintes podem servir de ajuda.

FIGURA 12.18 Quando o tamanho de um objeto aumenta, o volume cresce por um fator maior do que o fator de crescimento da área superficial. Com isso, diminui a razão da área superficial pelo volume do objeto.

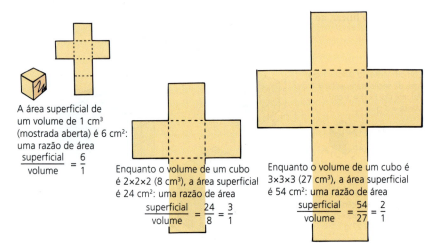

A área superficial de um volume de 1 cm³ (mostrada aberta) é 6 cm²: uma razão de área $\dfrac{superficial}{volume} = \dfrac{6}{1}$

Enquanto o volume de um cubo é 2×2×2 (8 cm³), a área superficial é 24 cm²: uma razão de área $\dfrac{superficial}{volume} = \dfrac{24}{8} = \dfrac{3}{1}$

Enquanto o volume de um cubo é 3×3×3 (27 cm³), a área superficial é 54 cm²: uma razão de área $\dfrac{superficial}{volume} = \dfrac{54}{27} = \dfrac{2}{1}$

Um cozinheiro sabe que fica com mais cascas de batatas ao descascar 5 kg de batatas pequenas do que ao descascar 5 kg de batatas grandes. Objetos menores têm maior área superficial por quilograma. Fatias finas de batata fritam mais rápido do que fatias grossas. Hambúrgueres achatados também fritam mais rápido do que bolotas de carne feitas com a mesma quantidade da mesma massa. O gelo picado resfria uma bebida muito mais rápido do que um cubo de gelo maciço de mesma massa, pois o gelo picado apresenta maior área superficial de contato com a bebida. Esponjas de aço enferrujam mais rapidamente na pia do que facas de aço. O ferro enferruja quando exposto ao ar, porém enferruja muito mais rápido, e logo se decompõe, quando moldado em forma de tiras ou fios.

A queima é uma interação entre moléculas de oxigênio do ar e moléculas da superfície do combustível. É por isso que pedaços de carvão queimam, ao passo que o pó de carvão explode quando incendiado. Também é por isso que acendemos fogueiras com pequenos gravetos em vez de usar uma grande tora com a mesma massa de madeira. Todos esses exemplos são consequências do fato de que o volume e a área não estão em proporção direta um com o outro.

PAUSA PARA TESTE

1. Considere um cubo com 1 cm³ ampliado até tornar-se um cubo com arestas de 10 cm de comprimento.
   a. Qual seria o volume do cubo ampliado?
   b. Qual seria a área de sua seção transversal?
   c. Qual seria sua área superficial total?
2. Se, de alguma maneira, você fosse ampliado e passasse a ter um tamanho duas vezes maior, preservando suas proporções atuais, você ficaria mais forte ou mais fraco? Explique seu raciocínio.

VERIFIQUE SUA RESPOSTA

1. a. O volume do cubo ampliado seria (10 cm)³, ou 1.000 cm³.
   b. A área de sua seção transversal seria (10 cm)², ou 100 cm².
   c. Sua área superficial total = 6 lados × área de uma face = 6 × (10 cm)² = 600 cm².
2. Após ter sido ampliado, você estaria quatro vezes mais forte, porque a área da seção transversal de seus ossos e músculos seria quatro vezes maior. Com isso, você conseguiria erguer cargas quatro vezes mais pesadas do que antes. No entanto, seu peso seria oito vezes maior do que antes, de modo que você não seria mais forte em relação ao seu peso aumentado. Sendo quatro vezes mais forte, mas carregando um peso oito vezes maior, você teria uma relação força/peso com apenas a metade do valor original. Assim, se você mal e mal consegue levantar uma carga igual ao seu peso atual, quando ampliado, você mal e mal conseguiria levantar uma carga igual à metade de seu novo peso. Sua força cresceria, mas sua razão força/peso diminuiria. Portanto, fique como está!

As grandes orelhas dos elefantes africanos são a maneira de a natureza compensar a pequena razão entre a área superficial e o volume dessas grandes criaturas. As grandes orelhas não apenas servem para ouvir melhor, mas principalmente para resfriar seu corpo. A taxa segundo a qual uma criatura gera calor é proporcional à sua massa (ou ao volume), mas a quantidade de calor que ela pode dissipar é proporcional à sua área superficial. Se um elefante africano não tivesse as orelhas grandes, ele não teria uma área superficial suficientemente grande para resfriar sua enorme massa corporal. As grandes orelhas aumentam consideravelmente a área superficial global, o que facilita o resfriamento em climas quentes.

Ao nível microscópico, as células vivas têm de competir com o fato de que o aumento do volume é mais rápido do que o da área superficial. As células alimentam-se por difusão, por meio de suas superfícies. Quando as células crescem, suas áreas superficiais crescem também, mas não rápido o suficiente para acompanhar o crescimento do volume. Por exemplo, se a área superficial aumenta quatro vezes, o volume correspondente aumenta oito vezes. Uma massa oito vezes maior deve, portanto, ser mantida com apenas quatro vezes mais alimentos.

Além de um determinado tamanho, a área superficial não é suficientemente grande para que os nutrientes entrem na célula, o que impõe um limite máximo para o tamanho que as células podem ter. Assim, a célula se divide, e a vida existe como a conhecemos. E isso é ótimo. Não tão agradável é o destino de grandes criaturas quando elas sofrem quedas. O lema "quanto maior, pior a queda" mantém-se valendo, o que é uma consequência da pequena razão da área superficial para o peso. A resistência oferecida pelo ar ao movimento através dele é proporcional à área superficial do objeto em movimento. Se você caísse de um penhasco, ainda que na presença da atmosfera, sua velocidade aumentaria a uma taxa muito próxima de 1 g. Sua velocidade terminal (aquela na qual a resistência do ar se iguala ao seu peso) seria grande, a menos que você estivesse usando um paraquedas para aumentar sua área superficial. Animais pequenos não necessitam de paraquedas.

FIGURA 12.19 O elefante africano tem uma área superficial menor, comparada ao seu peso, do que outros animais. Isso é compensado pelas grandes orelhas que ele tem, que aumentam a superfície total de irradiação e promovem o resfriamento do corpo.

FIGURA 12.20 A longa cauda de um macaco não serve apenas para ele se equilibrar, mas também para irradiar calor com eficiência.

Grandes gotas de chuva caem mais rápido do que gotas pequenas. Um peixe grande nada mais rápido do que um peixe pequeno. Viva a escala!

psc

- As gotas de chuva podem chegar a ter 8 mm de diâmetro. Gotas de aproximadamente 1 mm de diâmetro são esféricas; com 2 mm, elas se tornam achatadas como um hambúrguer; e com 5 mm de diâmetro, a resistência do ar faz elas assumirem formas parecidas com a de um paraquedas. Quando a circulação do ar arremessa gotas de chuva de volta para cima repetidamente, elas podem se congelar e formar granizo. As pedras de granizo podem ter vários centímetros de diâmetro.

Vejamos como a mudança de escala afeta as criaturas pequenas. Se suas dimensões lineares forem diminuídas 10 vezes, sua área diminuirá 100 vezes, enquanto seu peso diminuirá 1.000 vezes. Ser diminuído dessa maneira significa que o objeto terá 10 vezes mais área superficial em relação ao seu peso, de modo que ele terá uma velocidade terminal muito menor. É por essa razão que um inseto pode cair do topo de uma árvore até o solo sem se machucar. A razão entre a área superficial e o peso joga a favor do inseto – em certo sentido, o inseto é seu próprio paraquedas.

As consequências opostas de uma queda são apenas uma ilustração das diversas relações que os grandes e pequenos organismos têm com o meio físico. Para insetos, a força da gravidade é minúscula comparada às forças de coesão (aderência) entre suas patas e a superfície sobre a qual caminham. Eis por que uma mosca consegue subir uma parede vertical andando ou caminhar no teto, ignorando completamente a gravidade. Seres humanos e elefantes não conseguem fazê-lo. As vidas das pequenas criaturas são comandada não pela gravidade, mas por forças como tensão superficial, coesão e capilaridade, que trataremos no próximo capítulo.

É interessante observar que a taxa de batimento cardíaco em um mamífero está relacionada ao tamanho do animal. O coração de um pequeno esquilo bate cerca de trinta vezes mais rápido do que o de um elefante. Em geral, mamíferos pequenos vivem agitadamente e morrem cedo; animais maiores vivem num ritmo mais vagaroso e vivem mais tempo. Você não precisa sentir pena de um porquinho-da-índia de estimação que não viveu tanto quanto um cachorro. Todos os animais de sangue quente têm aproximadamente a mesma duração de vida – não em termos de anos, mas em termos do número de batimentos cardíacos (cerca de 800 milhões). Os seres humanos são a exceção: nós vivemos em média duas a três vezes mais do que os outros mamíferos de nosso tamanho.

Os pesquisadores estão descobrindo que, quando algo diminui muito de tamanho, seja ele um circuito eletrônico, um motor, uma película de óleo lubrificante, um particular metal ou um cristal de cerâmica, ele deixa de ser simplesmente uma versão em miniatura de seu similar maior e começa a se comportar de maneira nova e diferente. O metal paládio, por exemplo, que é normalmente composto de grãos com cerca de 1.000 nanômetros de tamanho, é cinco vezes mais forte quando formado por grãos de cinco nanômetros.[3] A mudança de escala é um assunto imensamente importante quando cada vez mais dispositivos estão sendo miniaturizados. A nanotecnologia funciona na interface entre a física, a química, a biologia e a engenharia, e nessa interface existem muitos potenciais resultados que ainda não podemos conceber.

PAUSA PARA TESTE

1. Qual tem mais pele, o elefante ou o camundongo?
2. Qual tem mais pele por peso corporal: um elefante ou um camundongo?
3. Por que duas perguntas tão parecidas têm respostas diferentes?

VERIFIQUE SUA RESPOSTA

1. O elefante tem mais pele (como qualquer criança sabe responder corretamente).
2. Um camundongo tem mais pele *por peso corporal* do que um elefante (a maioria das crianças responde incorretamente).
3. A primeira questão nos pergunta sobre a área de uma superfície, já a segunda sobre uma *razão*, ou seja, uma comparação. Neste caso, comparamos a área *por* peso do animal. Uma razão envolve mais raciocínio.

---

[3] Um nanômetro é um bilionésimo de um metro, de modo que 1.000 nanômetros equivalem a um milionésimo de um metro, ou um milésimo de um milímetro. É realmente pequeno!

Revisão do Capítulo 12

TERMOS-CHAVE (CONHECIMENTO)

ligação atômica O vínculo que mantém átomos juntos formando estruturas maiores, inclusive os materiais sólidos.

massa específica A massa de uma substância por unidade de volume:

$$\text{Massa específica} = \frac{\text{massa}}{\text{volume}}$$

Peso específico é o peso por unidade de volume:

$$\text{Peso específico} = \frac{\text{peso}}{\text{volume}}$$

elasticidade A propriedade de um material pela qual ele muda de forma quando submetido a uma força e depois retorna à forma original quando a força é retirada.

lei de Hooke O valor da distensão ou da compressão de um material elástico é diretamente proporcional à força aplicada: $F \sim \Delta x$. Quando a constante da mola k é introduzida, $F = k\Delta x$.

mudança de escala Estudo de como o volume e a forma afetam o relacionamento entre peso, resistência e área superficial.

QUESTÕES DE REVISÃO (COMPREENSÃO)

12.1 Estrutura cristalina

1. Em termos de arranjos de átomos, diferencie entre substâncias cristalinas e não cristalinas.
2. Entre substâncias cristalinas e não cristalinas, em quais as moléculas vibram continuamente?
3. O que significa dizer que um material sólido é amorfo?

12.2 Massa específica

4. Com relação a volume, massa e massa específica, o que muda quando espremermos um pão? O que não muda?
5. Compare as seguintes massas específicas: 1 g/cm³ e 1.000 kg/m³.
6. Como a proximidade dos átomos de irídio afeta a massa específica desse metal?
7. Qual é a massa específica da água? Qual é o peso específico da água?

12.3 Elasticidade

8. Por que dizemos que uma mola metálica é elástica?
9. Por que dizemos que um punhado de massa de pão é inelástico?
10. O que é a lei de Hooke? Ela se aplica a materiais elásticos ou inelásticos?
11. A lei de Hooke se aplica a compressões de molas ou apenas a distensões?
12. Qual é o significado do limite elástico de uma mola comum?
13. Se o peso de um corpo de 1 kg distende uma mola em 4 cm, em quanto a mola será distendida quando estiver sustentando uma carga de 3 kg?
14. Na questão anterior, se a suspensão de 3 kg excede o limite elástico da mola, em quanto a mola se distende? Explique.

12.4 Tensão e compressão

15. Faça distinção entre *tensão* e *compressão*.
16. O que é e onde se situa a camada neutra de uma viga que sustenta uma carga?
17. Por que as seções transversais de vigas de metal são na forma da letra "I", em vez de serem simplesmente retangulares?
18. Qual parte de uma viga em "I", as bordas ou a alma, sofre forças de tensão e compressão quando sustenta uma carga?

12.5 Arcos

19. Por que eram necessárias muitas colunas verticais para sustentar os tetos das grandes construções realizadas pelos antigos egípcios e gregos?
20. É a *tensão* ou a *compressão* que reforça um arco enquanto ele está sustentando uma carga?
21. Por que não é necessário usar cimento entre os blocos de pedra de um arco com a forma de uma catenária invertida?
22. Por que não são necessárias colunas verticais para suportar a parte central de edifícios com cúpulas, como o Jefferson Memorial nos EUA?

12.6 Mudanças de escala

23. A força do braço de uma pessoa depende do seu comprimento ou da área de sua seção transversal?
24. Qual é o volume de um cubo de açúcar com lado de 1 centímetro? Qual é a área da seção transversal desse cubo? E a área superficial total?
25. Se as dimensões lineares de um certo objeto são dobradas, em quanto cresce sua área superficial? Em quanto cresce seu volume?
26. Um cubo de bronze tem massa de 4 kg. Qual é a massa de um cubo de bronze com o dobro da altura e o dobro da largura?
27. O que tem mais pele, um elefante ou um camundongo? Qual deles tem mais pele *por unidade de peso corporal*?
28. Qual dos dois requer mais comida por peso corporal diariamente: um elefante ou um camundongo?
29. O ditado popular afirma que "quanto maior se é, maior a queda". Essa situação está relacionada a uma razão (área superficial)/(volume) grande ou pequena?
30. Por que as criaturas pequenas caem de alturas consideráveis sem se machucarem, enquanto os seres humanos precisam de paraquedas para conseguir fazer o mesmo?

70. Um doceiro decide usar 100 kg de maçãs graúdas em vez de 100 kg de maçãs pequenas para fabricar maçãs carameladas. Para a cobertura das maçãs, ele precisará de mais ou menos calda de caramelo do que se tivesse usado maçãs pequenas? Por quê?
71. Por que é mais fácil iniciar um fogo usando gravetos do que usando galhos grandes ou cepos da mesma madeira?
72. Por que um pedaço de carvão mineral queima quando aceso, ao passo que carvão mineral em pó simplesmente explode quando aceso?
73. Por que uma residência de dois andares com a forma aproximada de um cubo sofre menor perda de calor do que uma casa de um único andar, de mesmo volume, mas com um formato tortuoso?
74. Por que o aquecimento é mais eficiente em grandes prédios de apartamentos do que em casas individuais?
75. Certas pessoas com consciência ecológica constroem suas casas na forma de cúpulas. Por que a perda de calor é menor em uma residência com a forma de cúpula do que em uma residência convencional de mesmo volume interno?
76. Quando o volume de um objeto é aumentado, sua área superficial também aumenta. Durante esse crescimento, a *razão* entre metros quadrados e metros cúbicos aumenta ou diminui?
77. Por que gelo picado derrete mais rápido do que a mesma massa de cubos de gelo?
78. Por que alguns animais se dobram formando uma bola quando faz frio?
79. Por que a ferrugem é um problema mais grave no caso de varetas de ferro finas do que no de pilastras de ferro grossas?
80. Por que as batatas cortadas em tiras finas fritam mais rápido do que quando são cortadas mais grossas?
81. Se você está grelhando hambúrgueres e fica impaciente com a demora, por que é uma boa ideia achatar os hambúrgueres e torná-los mais largos e finos?
82. Em um dia frio, por que luvas que deixam os dedos livres, tipo as de boxe, aquecem melhor do que luvas comuns? E que partes do corpo são mais suscetíveis a ulcerações provocadas pelo frio? Por quê?
83. Um cão tem mais pele por peso corporal do que um elefante. De que maneira isso afeta a quantidade de comida que cada criatura ingere?
84. Tanto um gorila quanto um camundongo erradamente saltam da elevada borda do mesmo penhasco. De que maneira o fator escala ajuda o camundongo, mas não o gorila?
85. Como a mudança de escala se relaciona com o fato de que o batimento cardíaco de criaturas grandes é normalmente mais lento do que o batimento de criaturas pequenas?
86. Os pulmões de um ser humano ocupam um volume aproximado de apenas 6 L, embora sua área superficial interna seja de aproximadamente 130 m². Por que isso é tão importante, e como isso é possível?
87. O que o conceito de mudança de escala tem a ver com o fato de as células vivas de uma baleia serem aproximadamente do mesmo tamanho que as de um camundongo?
88. O que cai mais rápido: gotas pequenas ou gotas grandes? Justifique sua resposta.

PENSE E DISCUTA   (AVALIAÇÃO)

89. O ferro é necessariamente mais pesado do que a cortiça? Explique.
90. O átomo de urânio é o mais pesado e o de maior massa entre os átomos encontrados na natureza. Por que, então, o urânio sólido não é o mais denso dos metais?
91. Uma corda grossa é mais resistente do que uma corda fina feita do mesmo material. Uma corda comprida é mais resistente do que uma corda curta?
84. Na construção de pontes e outras grandes estruturas, por que você acha que as vigas são tão frequentemente soldadas formando triângulos? (Compare a estabilidade das varetas pregadas pelas extremidades na página 267.)
93. Analise as semelhanças e diferenças entre as duas catenárias abaixo: uma corrente pendurada à esquerda e o arco à direita. O que podemos afirmar sobre os vetores de força vermelhos no ápice das suas curvas? Quais vetores de força representam a tensão e quais a compressão?

94. Pontes suspensas, também chamadas de pênseis, como a Golden Gate Bridge da Califórnia, são sustentadas por cabos. Seu amigo diz que apenas as forças de tensão são importantes nessas estruturas e que as forças compressivas são irrelevantes. As forças compressivas atuam nessas pontes? Se sim, onde?
95. Se você usar uma fornada de massa de farinha com ovos para bolinhos de xícara (*muffins*) e assá-la em forno pelo tempo sugerido para assar um bolo comum, qual será o resultado?
96. Os nutrientes são retirados da comida por meio da área superficial interna dos intestinos. Por que, então, organismos pequenos, como uma minhoca, têm um intestino simples e relativamente reto, ao passo que criaturas grandes, como um ser humano, têm um intestino complicado e cheio de dobras?
97. Quem tem mais sede num clima seco de deserto: uma criança ou um adulto?
98. Por que um beija-flor não voa tão alto quanto uma águia, e por que uma águia não bate suas asas da maneira como faz um beija-flor?
99. Para um ginasta, qual é a vantagem em ser de estatura baixa?
100. Você pode relacionar as ideias envolvidas em mudanças de escala com governar grupos pequenos *versus* grupos grandes de cidadãos? Explique.

CAPÍTULO 12 Exame de múltipla escolha

Escolha a melhor resposta entre as alternativas:

1. Os cristais da matéria são unidos por:
   a. forças coesivas.
   b. forças amorfas.
   c. forças elétricas.
   d. nêutrons em excesso.

2. Se a massa de um objeto fosse dobrada e seu volume permanecesse o mesmo, sua massa específica seria:
   a. a metade.
   b. o dobro.
   c. a mesma.
   d. quatro vezes maior.

3. Se o volume de um objeto fosse dobrado e sua massa permanecesse a mesma, sua massa específica seria:
   a. a metade.
   b. o dobro.
   c. a mesma.
   d. quatro vezes maior.

4. Uma mola tem 50 cm de comprimento. Suspender um bloco de 100 N dela aumenta o seu comprimento para 60 cm. Um segundo bloco de 100 N suspenso da mola muda o seu comprimento para:
   a. 60 cm.
   b. 70 cm.
   c. 80 cm.
   d. 100 cm.

5. Quando uma carga é colocada sobre o meio de uma viga horizontal sustentada em cada ponta, a parte superior da viga sofre:
   a. tensão.
   b. compressão.
   c. qualquer um dos dois.
   d. nenhuma das anteriores.

6. Na natureza, a catenária fica evidente em:
   a. ovos.
   b. um colar pendente entre seus dedos.
   c. as cúpulas de alguns edifícios modernos.
   d. todas as anteriores.

7. Lillian vê uma cadeira em escala triplicada no Exploratorium. Quando tenta erguê-la, descobre que a cadeira é:
   a. três vezes mais pesada.
   b. seis vezes mais pesada.
   c. nove vezes mais pesada.
   d. mais de nove vezes mais pesada.

8. Um quilograma de pêssegos tem mais área de casca do que um quilograma de:
   a. mirtilos.
   b. toranjas.
   c. uvas.
   d. todas as anteriores.

9. Uma bola de vidro maciça pesa 1 N. Uma bola com o dobro do diâmetro pesa:
   a. 2 N.
   b. 3 N.
   c. 4 N.
   d. mais do que 4 N.

10. Oito pequenas esferas de mercúrio se unem para formar uma única esfera. Em comparação com as áreas superficiais combinadas das oito esferas separadas, a área superficial da esfera grande é:
    a. um oitavo.
    b. um quarto.
    c. metade.
    d. a mesma.

Respostas e explicações das perguntas do exame de múltipla escolha

1. (c): As opções (a) e (b) são forças elétricas, então (c) é a melhor resposta. Os nêutrons não ligam os cristais. **2. (b):** A equação orienta o nosso raciocínio: massa específica = massa/volume. Dobrar a massa sem alterar o volume nos informa que $2m/vol$ = dobro da massa específica. A massa seria mais compacta no objeto. **3. (a):** Um maior volume significa um objeto menos compacto. Massa específica = $m/(2\,vol)$ nos dá ½ da massa específica. **4. (b):** Somos informados que 100 N estica a mola 10 cm adicionais (60 cm − 50 cm = 10 cm). Para uma constante elástica k, 100 N adicionais esticarão a mola mais 10 cm, o que é igual a 70 cm. Ou, por $F = kx$, 100 N = k(60 cm − 50 cm) = k(10 cm), de modo que a constante elástica k = 100 N/10 cm = 10 N/cm. De acordo com $F = kx$, $x = F/k$ = (100 N)/(10 N/cm) = 10 cm, que somados a 60 cm resultam em 70 cm. **5. (b):** A viga com carga se verga no seu ponto médio, o que significa que a parte inferior se estica um pouco, o que também significa que o lado superior se comprime um pouco. Assim, a compressão ocorre no lado superior da viga. **6. (d):** Todas as opções são citadas na Seção 12.5. **7. (d):** O peso aumenta com o cubo das dimensões aumentadas. Assim, a cadeira três vezes maior é 3^3 vezes mais pesada, ou seja, 27 vezes mais pesada (mais do que 9 vezes mais pesada). **8. (b):** Por quilograma, os menores objetos têm área superficial maior. Das opções, apenas as toranjas são maiores do que pêssegos. Como massas iguais de areia e cascalho, um quilograma de pêssegos tem área superficial maior do que um quilograma de toranjas. Observe que um quilograma de pêssegos tem área superficial menor, não maior, do que um quilograma de mirtilos ou de uvas. **9. (d):** A regra: a área cresce com o quadrado e o volume cresce com o cubo para aumentos lineares. Uma bola de vidro com o dobro do diâmetro tem 3 duas vezes 3 duas vezes o volume. Em outras palavras, são oito vezes o volume, ou 8 vezes o peso, então mais do que 4 N! **10. (c):** Pense em cubos, não esferas, e a física da mudança de escala é a mesma. Com a Figura 12.16 servindo de guia, oito 1 × 1 × 1 cm cubos combinam-se para formar um único bloco de oito lados. Antes da combinação, cada cubo tem seis lados, com área superficial de 6 cm quadrados. A área superficial total dos oito cubos é, então, 8 × 6 = 48 cm quadrados. Combine todos os 8 cubos e você cria um cubo de 2 × 2 × 2 unidades com 6 lados. Cada lado tem 4 cm quadrados. A área total desse cubo maior combinado é 6 lados × 4 cm quadrados = 24 cm quadrados, que é metade das áreas superficiais combinadas dos oito cubinhos — ou esferas, no caso.

13 Líquidos

13.1 Pressão
13.2 Pressão em um líquido
13.3 Empuxo
13.4 O princípio de Arquimedes
13.5 Por que um objeto afunda ou flutua?
13.6 Flutuação
13.7 O princípio de Pascal
13.8 Tensão superficial
13.9 Capilaridade

❶ O amalucado YouTuber Mark Rober testa o olfato dos tubarões e sua capacidade de detectar sangue — com o próprio sangue! ❷ Enquanto Tsing Bardin mostra seus vasos de Pascal em aula, ela indaga a turma sobre como se relacionam os diversos níveis de água colorida, afirmando então que "a água procura seu próprio nível". ❸ A roda de Falkirk, na Escócia, ergue com facilidade barcos em até 18 m a partir de um corpo de água abaixo. Enquanto um recipiente cheio de água gira para cima, o outro gira para baixo, sempre equilibrados a despeito dos pesos dos barcos que eles podem, ou não, carregar. ❹ Ray Serway, autor de livros didáticos de física, diverte seus netos com a tensão superficial.

Blaise Pascal foi um notável cientista, escritor e teólogo do século XVII. Quando pesquisava a física dos fluidos, Pascal acabou inventando a prensa hidráulica, que utiliza a pressão hidráulica para multiplicar forças. Foi ele também quem inventou a seringa. A projeção de Pascal iniciou-se a partir de seu comentário sobre os experimentos de Evangelista Torricelli com barômetros. Pascal indagou sobre qual força mantinha uma coluna de mercúrio no tubo e o que preenchia o espaço no tubo acima do mercúrio. Naquela época, a maioria dos cientistas, no espírito de Aristóteles, não acreditava que o vácuo fosse possível, acreditando, em vez disso, que algum tipo de matéria invisível deveria existir no "espaço vazio". Pascal realizou novos experimentos e concluiu que, de fato, um vácuo parcial ocupa o espaço acima da coluna de mercúrio dentro do tubo de um barômetro.

De saúde fraca durante toda a vida, Pascal convocou seu cunhado a escalar uma grande montanha e levar consigo um barômetro para investigar os efeitos causados sobre o nível do mercúrio no tubo. Como Pascal havia proposto, o nível de mercúrio diminui conforme aumenta a altitude escalada. Pascal então realizou uma versão mais modesta do experimento, carregando um barômetro até o topo da torre de sino de uma igreja, a uma altura de 50 m. Novamente o nível de mercúrio caiu, mas não tanto quanto na montanha. Esses e outros experimentos de Pascal foram saudados na Europa como a explicação do princípio de funcionamento e demonstração do valor prático do barômetro.

Em resposta às críticas de que alguma matéria deveria preencher o espaço vazio, Pascal baseou-se na metodologia científica e respondeu: "Para mostrar que uma hipótese é óbvia, não basta mostrar que todos os fenômenos a corroboram; em vez disso, se ela levar a algo que seja contrário a um único fenômeno, isso será o bastante para estabelecer sua falsidade". Sua insistência a respeito da existência do vácuo também o levou ao conflito com outros cientistas proeminentes, incluindo Descartes.

O trabalho de Pascal em hidráulica o levou ao que hoje denominamos princípio de Pascal: "Uma variação ocorrida em um ponto qualquer de um fluido contido e em repouso será transmitida integralmente para todos os outros pontos daquele fluido". Cordas e polias cederam seu espaço a esse princípio, pois dispositivos hidráulicos multiplicam forças de uma forma não imaginada antes de Pascal.

Embora fosse um teólogo devoto, Pascal entrou em conflito com alguns dos dogmas da época. Alguns de seus escritos sobre religião foram banidos da Igreja Católica. Como cientista, ele é lembrado pela hidráulica, que subsequentemente mudou o panorama tecnológico da época. Como teólogo, é lembrado por suas diversas afirmativas, uma delas a respeito de séculos de civilização: "Os homens jamais fazem o mal tão completa e entusiasticamente como quando o fazem baseados em convicções religiosas".

Em nossos dias, como homenagem às suas contribuições para a ciência, o nome de Pascal foi dado à unidade de pressão no SI e a uma linguagem de computador. Na literatura, Pascal é considerado um dos mais importantes autores de meados do século XVII. O uso que fez da sátira e sua sagacidade influenciaram diversos autores mundo afora.

13.1 Pressão

Um líquido exerce forças sobre as paredes do seu recipiente. Para discutir a interação entre o líquido e as paredes, convém introduzir o conceito de pressão. A **pressão** é a força dividida pela área sobre a qual ela é exercida.[1]

$$\text{Pressão} = \frac{\text{força}}{\text{área}}$$

Para ilustrar a diferença entre pressão e força, considere os dois livros da Figura 13.1. Os livros são idênticos, mas um deles se apoia sobre sua extremidade, enquanto o outro se apoia sobre seu lado. Ambos têm o mesmo peso e, portanto, exercem a mesma força sobre a superfície (se os colocar sobre uma balança de banheiro, ela marcará o mesmo peso), mas o livro apoiado na extremidade exerce maior *pressão* sobre a superfície. Se o livro fosse inclinado, de modo a se apoiar sobre uma única aresta, a pressão exercida seria ainda maior.

FIGURA 13.1 Embora os pesos dos dois livros sejam iguais, o livro em pé exerce maior pressão sobre a mesa.

---

[1] A pressão pode ser medida em uma unidade de força dividida por uma unidade de área. A unidade padrão internacional (SI) de pressão, o newton por metro quadrado, é chamada de pascal (Pa), em homenagem a Blaise Pascal. Uma pressão de 1 Pa é muito pequena e aproximadamente igual à pressão exercida por uma moeda de um dólar sobre uma mesa plana. Especialistas em ciência costumam usar mais quilopascais (1 kPa = 1.000 Pa).

FIGURA 13.2 A física Sarah Blomberg deita-se sobre uma cama de pregos sem se ferir, porque seu peso está distribuído sobre centenas de pregos, que fazem uma pequena e segura pressão em cada ponta. A foto menor da maçã que caiu atesta a agudeza dos pregos usados.

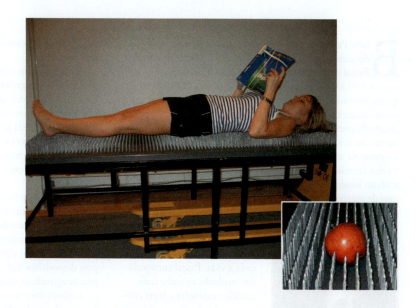

> **PAUSA PARA TESTE**
>
> 1. Como a pressão se relaciona com a força?
> 2. Qual é a força média que cada um dos 600 pregos exerce sobre Sara, de 60 kg, na Figura 13.2? Qual é a força média por prego para uma base de 300 pregos? E para um prego?
> 3. Qual é a pressão que um recipiente de água de 10 kg em repouso exerce sobre uma superfície de apoio?

VERIFIQUE SUA RESPOSTA

1. Por definição, a pressão é uma medida da força dividida pela área sobre a qual é exercida. A força é uma quantidade vetorial (que pode ser cancelada), mas a pressão é uma quantidade escalar. As pressões apenas se somam. Por exemplo, não é possível cancelar a pressão sobre uma superfície com uma segunda pressão que também atue sobre ela.

2. Convertemos os 60 kg de massa para a força da gravidade que Sara exerce sobre os pregos. 60 kg × 10 N/1 kg = 600 N. A força por prego é, então, 600 N/600 pregos = 1 N por prego, que é tolerável, como o peso de uma maçã para cada prego. Se diminuirmos o número de pregos pela metade, a pressão é de 600 N/300 pregos = 2 N por prego, um pouco desconfortável. Para um prego, a pressão é de 600 N/1 prego = 600 N por prego (perigo!).

3. A pergunta não tem resposta. A pressão envolve força por área: temos a força, pois um recipiente de 10 kg pesa 100 N, mas não a área de contato. Se a questão fosse qual é a pressão da água em uma determinada profundidade do recipiente, como veremos na Seção 13.2, a resposta seria o peso específico da água (10.000 N/m³) × a profundidade em metros. Voltaremos a uma versão desta questão na próxima Pausa para Teste.

13.2 Pressão em um líquido

Quando você nada sob a água, pode sentir a pressão da água sobre os tímpanos de seus ouvidos. Quanto mais fundo você mergulha, maior torna-se a pressão. A pressão que você sente deve-se ao peso da água acima de você. Quando você mergulha mais fundo, mais água existe acima de você e, portanto, maior é a pressão. A pressão que um líquido exerce depende de sua profundidade.

A pressão também depende da densidade do líquido. Se você submergisse em um líquido mais denso do que a água, a pressão correspondente seria maior. A pressão exercida por um líquido é precisamente o produto do peso específico pela profundidade:[2]

$$\text{Pressão num líquido} = \text{peso específico} \times \text{profundidade}$$

Pondo em palavras, a pressão exercida por um líquido sobre as paredes e o fundo de um recipiente depende da densidade do líquido e da profundidade. Se desconsideramos a pressão atmosférica, sendo duas vezes mais fundo, a pressão do líquido contra o fundo do recipiente é duas vezes maior; sendo três vezes mais fundo, a pressão é três vezes maior; e assim por diante. Se o líquido for duas ou três vezes mais denso, a pressão em seu interior é, de forma correspondente, duas ou três vezes maior a uma determinada profundidade. Os líquidos são quase incompressíveis — ou seja, seu volume dificilmente pode ser alterado por variação de pressão (o volume da água diminui em apenas 50 milionésimos de seu volume original para cada aumento de uma atmosfera na pressão). Assim, exceto por pequenas mudanças produzidas pela temperatura, a densidade de um determinado líquido é praticamente a mesma em todas as profundidades.

psc

■ As moléculas que formam um líquido podem fluir deslizando umas sobre as outras. Por isso, qualquer líquido toma a forma do recipiente que o contém. Suas moléculas, todavia, estão suficientemente próximas para resistirem a forças de compressão, de modo que os líquidos, como os sólidos, são difíceis de comprimir.

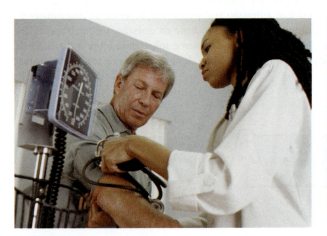

FIGURA 13.3 A pressão arterial no antebraço é igual à pressão no coração porque ambos estão à mesma altura no corpo do paciente.

FIGURA 13.4 A dependência da pressão em um líquido com a profundidade não é problema para a girafa, por causa de seu grande coração e do intricado sistema de vasos sanguíneos no cérebro, que a impede de desmaiar quando ergue subitamente a cabeça ou de sofrer uma hemorragia cerebral quando a abaixa.

---

[2] Isso é derivado das definições de pressão e de peso específico. Considere uma área no fundo de um recipiente com um líquido. O peso da coluna do líquido diretamente acima dessa área produz a pressão. A partir da definição

$$\text{Peso específico} = \frac{\text{peso}}{\text{volume}}$$

podemos expressar esse peso de líquido como

$$\text{Peso} = \text{peso específico} \times \text{volume}$$

onde o volume da coluna de líquido é simplesmente a área multiplicada pela profundidade. Então obtemos

$$\text{Pressão} = \frac{\text{força}}{\text{área}} = \frac{\text{peso}}{\text{área}} = \frac{\text{peso específico} \times \text{volume}}{\text{área}} = \frac{\text{peso específico} \times (\text{área} \times \text{profundidade})}{\text{área}}$$
$$= \text{peso específico} \times \text{profundidade}$$

Para a pressão total, somamos a essa equação a pressão da atmosfera sobre a superfície líquida.

PAUSA PARA TESTE

Qual é a pressão da água contra o fundo de um recipiente de água de 10 kg com 20 cm de altura em repouso sobre uma superfície de apoio?

VERIFIQUE SUA RESPOSTA

A pressão da água é o peso específico da água (10.000 N/m³) × profundidade em metros, que é (10.000 N/m³) × (0,20 m) = 2.000 N/m². Observe que o peso da água no recipiente não é um fator relevante. A massa específica e a profundidade são tudo o que você precisa saber para determinar a pressão da água parada.[3]

Se você pressionar uma superfície com sua mão, e alguém também pressioná-la no mesmo sentido, a pressão sobre a superfície será maior do que se você pressionasse sozinho. Isso acontece de forma análoga com a pressão atmosférica sobre a superfície de um líquido. A pressão total em um líquido, portanto, é igual ao peso específico multiplicado pela profundidade *mais* a pressão atmosférica. Sempre que tal distinção for relevante, empregaremos o termo *pressão total*. De outro modo, nossas discussões a respeito dos líquidos não levarão em consideração a pressão atmosférica onipresente. (Você aprenderá mais a respeito da pressão atmosférica no próximo capítulo.)

É importante observar que a pressão realmente não depende da *quantidade* de líquido presente. O volume não constitui o cerne da questão. O que importa é a profundidade. A pressão média que a água exerce sobre uma represa depende da *profundidade* média da água, e não do volume de água que ela retém, como ilustrado na Figura 13.5.

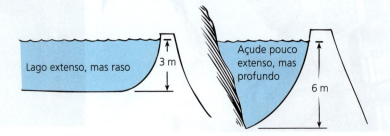

FIGURA 13.5 O lago extenso, mas raso, exerce apenas a metade da pressão média exercida pela água no caso do açude pequeno, mas profundo.

Você sentirá a mesma pressão se mergulhar sua cabeça um metro abaixo da superfície em uma pequena piscina ou um metro abaixo da superfície no meio de um lago. O mesmo vale para um peixe. Considere os vasos comunicantes da Figura 13.6. Se segurarmos um peixinho dourado pelo rabo e mergulharmos sua cabeça um par de centímetros abaixo da superfície, a pressão da água sobre a cabeça do peixe será a mesma em todos os recipientes do conjunto. Se soltarmos o peixinho e ele passar a nadar alguns centímetros mais abaixo, a pressão sobre ele aumentará com a profundidade e será igual independentemente do recipiente em que ele tenha sido solto. Se o peixinho nada no fundo do recipiente, a pressão será máxima, mas não faz diferença em qual dos recipientes ele está. Todos eles estão preenchidos até a mesma altura, de modo que a pressão também é a mesma no fundo de cada recipiente, não importando sua forma ou volume. Se a pressão da água no fundo de um recipiente fosse maior do que a pressão no fundo de outro mais estreito, essa pressão

---

[3] A densidade da água pura é de 1.000 kg/m³. Uma vez que o peso (mg) de 1.000 kg é 1.000 × 10 N/kg = 10.000 N, o peso específico da água é de 10.000 newtons por metro cúbico (ou, mais precisamente, 9.800 N/kg, usando g = 9,8 N/kg). A pressão na água abaixo da superfície de um lago é simplesmente igual a esse peso específico, multiplicado pela profundidade em metros. Por exemplo, a pressão da água é de 10.000 N/m² a uma profundidade de um metro, e 100.000 N/m² a uma profundidade de 10 m. Em unidades do SI, a pressão é medida em pascals, de modo que isso seria 10.000 Pa e 100.000 Pa, respectivamente; ou, em quilopascals, 10 kPa e 100 kPa, respectivamente. Para encontrar a pressão total em cada caso, adicione a pressão atmosférica, no valor de 101,3 kPa.

FIGURA 13.6 A pressão em um líquido é a mesma para uma profundidade qualquer abaixo da superfície, não importando a forma do recipiente. Pressão no líquido = peso × peso específico × profundidade (para obter a pressão total, some a pressão do ar no topo).

forçaria a água a se mover para os lados e elevaria a água no vaso mais estreito a um nível mais alto, até que as pressões nos fundos se igualassem. Mas isso não ocorre. A pressão depende da profundidade, e não do volume, de modo que vemos que existe uma razão para a água procurar seu próprio nível em cada recipiente.

O fato de que a água procura seu próprio nível pode ser demonstrado preenchendo-se uma mangueira de jardim com água e segurando as duas extremidades na mesma altura. Os níveis da água em cada lado da mangueira serão iguais. Se um deles é mais alto do que o outro, a água fluirá para o lado mais baixo, mesmo que tenha de se elevar em algumas partes do caminho. Esse fato não foi compreendido pelos antigos romanos, que construíram aquedutos elaborados com arcos altos e percursos cheios de curvas para garantir que a água sempre fluísse ligeiramente para baixo, a partir de cada localização ao longo da rota que ia do reservatório para a cidade. Se os canos fossem colocados no chão e seguissem o contorno natural do terreno, em alguns lugares a água teria de fluir para cima, e os romanos eram céticos quanto a isso. A experimentação cuidadosa ainda não era utilizada, e assim o abundante trabalho escravo acabou construindo aquedutos desnecessariamente elaborados.

psc

■ Nem todos os romanos da antiguidade acreditavam que a água não pudesse fluir para cima. Isso é evidenciado por vários sistemas que na época levavam água tanto para cima quanto para baixo.

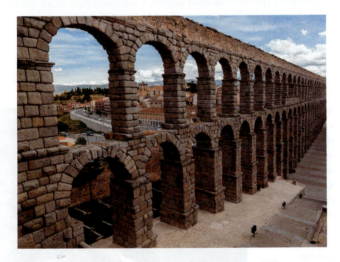

FIGURA 13.7 Os aquedutos romanos permitiam que a água fluísse ligeiramente para baixo, do reservatório para a cidade.

Um fato experimentalmente determinado acerca da pressão em líquidos é que ela é exercida de igual maneira em todas as direções. Por exemplo, se submergimos na água, não importa de que forma inclinamos nossas cabeças, sentimos a mesma pressão da água sobre nossos ouvidos. Como um líquido pode fluir, a pressão não atua apenas para baixo. Sabemos que ela atua para os lados quando assistimos à água jorrando para os lados por um furo na lateral de uma lata. Sabemos que ela atua também para cima quando, na praia, tentamos empurrar uma bola para baixo da superfície da água. O fundo de um barco certamente também é empurrado para cima pela pressão exercida pela água.

Quando um líquido pressiona uma superfície, há uma *força* resultante dirigida *perpendicularmente* à superfície. Embora a pressão não tenha uma direção particular, a força tem uma. Considere o bloco triangular da Figura 13.8. Foque sua atenção apenas nos três pontos do meio de cada superfície. A água é forçada contra cada

FIGURA 13.8 As forças de um líquido atuando sobre uma dada superfície combinam-se para formar uma força resultante que é perpendicular à superfície.

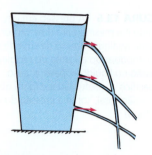

FIGURA 13.9 Os vetores força são exercidos perpendicularmente à superfície interna do recipiente e crescem com o aumento da profundidade.

ponto a partir de muitas direções, algumas das quais estão indicadas na figura. Os componentes de força não perpendiculares à superfície cancelam-se mutuamente, restando apenas uma força perpendicular em cada ponto.

É por isso que o jato de água, através de um buraco num balde, sai inicialmente em ângulo reto com a superfície do balde. Depois ele se curva para baixo devido à gravidade. A força exercida por um fluido sobre uma superfície regular está sempre em ângulos retos à superfície.[4]

PAUSA PARA TESTE

1. Suponha que, quando em pé sobre uma balança de banheiro, você erga um dos pés. A pressão que você exerce sobre a balança sofre alteração? Existe alguma diferença no que marca a balança?

2. Como a pressão da água 1 metro abaixo da superfície de uma pequena lagoa se compara com a pressão 1 metro abaixo da superfície de um lago enorme?

3. Como a pressão da água 1 metro abaixo da superfície do oceano se compara com a pressão 1 metro abaixo da superfície de um lago enorme?

VERIFIQUE SUA RESPOSTA

1. Quando você desloca seu peso para um único pé, a pressão sobre a balança duplica, mas ela continua marcando a mesma coisa que antes – pois ela mede o peso. Exceto por algumas oscilações durante o erguer do pé, a marcação da balança mantém-se igual.

2. Como ambas as massas específicas e profundidades são iguais, as duas pressões são iguais.

3. Como o oceano é composto de água salgada, a sua massa específica é maior do que a da água de uma lagoa de água doce, e a pressão a profundidades iguais é maior na água salgada.

A ÁGUA E A SUA HISTÓRIA

Em um romance maravilhoso chamado *Cavalos Partidos* (no original, *Half Broke Horses*), Jeannette Walls reconta o modo como Jim Smith, seu avô, ensinava aos netos sobre a água: "O milagre da água é que ela nunca termina. Toda a água da Terra está aqui desde o início dos tempos e apenas vai dos rios, lagos e oceanos para as nuvens de chuva e as poças, então afunda no solo para lençóis subterrâneos, para fontes e poços, de onde é bebida por pessoas e animais, e então volta para os rios, lagos e oceanos.

A água em que vocês estavam brincando, crianças, provavelmente já foi à África e ao Polo Norte. Genghis Khan ou São Pedro ou até mesmo Jesus podem tê-la bebido. Cleópatra pode ter tomado banho nela. Crazy Horse pode ter dado um gole dela para o seu pônei. Às vezes, a água era líquida. Às vezes, dura como pedra: gelo. Às vezes, macia: neve. Às vezes, era visível, mas sem peso: nuvens. E às vezes era completamente invisível (vapor), flutuando no céu azul como as almas dos mortos. Não há nada como a água em nosso mundo. Ela faz o deserto florir, mas também transforma vales férteis em pântanos. Sem ela, morreríamos, mas ela também pode nos matar. É por isso que a amamos, até ansiamos por ela, mas também a tememos. Nunca tome a água por certa. Sempre a valorize. Sempre desconfie dela".

---

[4] A rapidez do líquido quando está saindo de um desses buracos é dada por $\sqrt{2gh}$, onde h é a profundidade do furo abaixo da superfície livre da água. Curiosamente, esse é o mesmo valor de rapidez da água ou de qualquer coisa que tenha caído livremente a mesma altura vertical h.

13.3 Empuxo

Qualquer um que já tenha erguido um pesado objeto submerso para fora d'água está familiarizado com o *empuxo*, uma aparente perda de peso sofrida pelos objetos quando estão submersos em um líquido. Por exemplo, erguer um grande pedaço de rocha do fundo do leito de um rio é uma tarefa relativamente fácil enquanto a rocha estiver abaixo da superfície. Quando erguida acima da superfície, no entanto, a força requerida para erguê-la cresce consideravelmente. A razão é que, quando a rocha está submersa, a água exerce sobre ela uma força para cima, oposta à atração gravitacional. Essa força direcionada para cima é chamada de **força de empuxo** e é uma consequência do aumento da pressão com a profundidade. A Figura 13.10 mostra por que a força de empuxo atua para cima. As forças devido à pressão da água, em qualquer lugar da superfície de um objeto, são exercidas perpendicularmente à superfície – como é indicado na figura por alguns vetores. As componentes horizontais das forças que atuam a uma mesma profundidade sobre as paredes acabam anulando-se, de modo que não existe força de empuxo horizontal. As componentes verticais dessas forças, entretanto, não se cancelam. A pressão na parte inferior da rocha é maior do que na parte superior, porque naquela parte da rocha está a maior profundidade. Assim, as forças dirigidas para cima atuantes no fundo da rocha são maiores do que as forças que atuam para baixo no topo dela, o que produz uma força resultante dirigida para cima – a força de empuxo.

FIGURA 13.10 A pressão maior sobre o fundo de um objeto submerso produz uma força de empuxo dirigida para cima.

A compreensão do conceito de empuxo requer a compreensão da expressão "volume de água deslocada". Se uma pedra é colocada em um recipiente que está com água até a borda, uma parte dela derramará (Figura 13.11). A água foi *deslocada* pela pedra. Um pouco mais de raciocínio nos diz que o *volume da pedra* – ou seja, a quantidade de espaço que ela ocupa – é igual ao *volume de água deslocado*. Se você colocar um objeto qualquer submerso em um recipiente parcialmente preenchido com água, o nível da superfície subirá (Figura 13.12). Em quanto? Exatamente o mesmo que subiria se um volume de água igual ao do objeto submerso fosse derramado no recipiente. Esse é um bom método para determinar o volume de um objeto com forma irregular: *um objeto completamente submerso sempre desloca um volume de líquido igual ao seu próprio volume.*

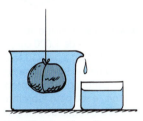

FIGURA 13.11 Quando uma pedra é submersa, ela desloca uma quantidade de água com volume igual ao seu próprio volume.

FIGURA 13.12 O aumento no nível da água é igual ao que ocorreria se, em vez de por a pedra no recipiente, derramássemos nele um volume de água igual ao volume da pedra.

PAUSA PARA TESTE

1. Como o volume de um objeto submerso por inteiro se compara ao volume de água deslocada?
2. Compare o peso de um objeto completamente submerso com o peso da água deslocada.
3. Uma receita exige uma determinada quantidade de manteiga. Usando o método do líquido deslocado e um copo de cozinha graduado, como se pode determinar a quantidade de manteiga requerida?

VERIFIQUE SUA RESPOSTA

1. São o mesmo. O bom senso nos diz que o volume de um objeto submerso desloca um volume igual de água. Agora observe a diferença na Questão 2.
2. Impossível responder, pois não conhecemos a massa específica do objeto. Apenas se as massas específicas de ambos são iguais a resposta pode ser que o mesmo peso é deslocado. Cuidado com o uso das palavras "peso" e "volume" neste capítulo.
3. Ponha um pouco d'água no copo graduado antes de adicionar a manteiga. Anote a leitura da escala ao lado do copo. Então adicione a manteiga e observe que o nível da água se eleva. Como a manteiga flutua, empurre-a para baixo da superfície. Subtraindo da marca do nível mais alto a do nível mais baixo, obtém-se o volume da água deslocada e o volume de manteiga.

FIGURA 13.13 Um litro de água ocupa um volume de 1.000 cm³, tem uma massa de 1 kg e pesa 10 N (ou, mais precisamente, 9,8 N). Sua densidade, portanto, pode ser expressa como 1 kg/L, e seu peso específico, como 10 N/L. (A água do mar é um pouco mais densa.)

13.4 O princípio de Arquimedes

Essa relação entre o empuxo e o líquido deslocado foi descoberta no século III a.C. pelo cientista grego Arquimedes. Ele o enunciou assim:

Um corpo imerso sofre a ação de uma força de empuxo dirigida para cima e igual ao peso do fluido que ele desloca.

Essa relação é chamada de **princípio de Arquimedes**. Ele é válido para líquidos e gases, que são fluidos. Se um corpo imerso desloca 1 quilograma de fluido, a força de empuxo que atua sobre ele é igual ao peso de 1 quilograma.[5] Por *imerso* queremos nos referir a *completamente* ou *parcialmente submerso*. Se imergirmos na água a metade de um recipiente fechado de 1 litro, ele deslocará meio litro de água e sofrerá a ação de uma força de empuxo igual ao peso de meio litro de água – não importa o que esteja dentro do recipiente. Se o imergirmos completamente (submergirmos), ele sofrerá a ação de uma força de empuxo igual ao peso de um litro inteiro de água (massa de 1 kg). A menos que o recipiente seja comprimido, a força de empuxo será igual ao peso de 1 kg de água a uma profundidade *qualquer*, desde que ele esteja completamente submerso. A razão para isso é que, a qualquer profundidade, o recipiente não pode deslocar um volume de água maior do que seu próprio volume. O peso dessa água deslocada (e não o peso do objeto submerso!) é igual à força de empuxo.

FIGURA 13.14 Os objetos pesam mais quando estão no ar do que na água. Quando um bloco de 3 kg é submerso, a marcação da balança diminui para 1 kg. O peso "que falta" é igual ao peso dos 2 kg de água deslocada, que é igual à força de empuxo.

Se um objeto de 30 kg desloca 20 kg de fluido quando imerso, seu peso aparente será igual ao peso de 10 kg (100 N). Observe que, na Figura 13.14, o bloco de 3 kg tem um peso aparente igual ao peso de 1 kg quando submerso. O peso aparente de um objeto submerso é igual ao seu próprio peso quando está no ar menos a força de empuxo.

Talvez seu professor resuma o princípio de Arquimedes com um exemplo numérico, mostrando que a diferença entre as forças atuantes para cima e para baixo, devido a pequenas diferenças de pressão sobre um cubo submerso, é numericamente idêntica ao peso de fluido deslocado. Se a densidade for aproximadamente constante, como na maioria dos líquidos, não faz diferença em que profundidade está o cubo. Embora as pressões sejam maiores a profundidades maiores, a *diferença* entre a pressão atuante para cima sobre o fundo do cubo e a pressão atuante para baixo no topo do cubo é a mesma a qualquer profundidade (Figura 13.15). Independentemente da forma do objeto submerso, a força de empuxo é igual ao peso de fluido deslocado.

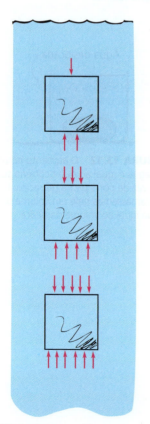

FIGURA 13.15 A diferença entre as forças que atuam sobre um bloco submerso (uma maior, dirigida para cima, e outra menor, dirigida para baixo) é a mesma a qualquer profundidade.

---

[5] No laboratório, você pode vir a descobrir que é conveniente expressar a força de empuxo em quilogramas, ainda que um quilograma seja uma unidade de massa, e não de força. Assim, estritamente falando, a força de empuxo é o *peso* de 1 kg, igual a 10 N (ou, precisamente, 9,8 N). Ou poderíamos simplesmente dizer que a força de empuxo é de *1 quilograma-força*, em vez de dizer que ela é 1 kg.

PAUSA PARA TESTE

1. Verdadeiro ou falso: o princípio de Arquimedes nos diz que, se um objeto imerso desloca um volume de líquido pesando 10 N, então a força de empuxo sobre ele vale 10 N.
2. Um recipiente de 1 L completamente preenchido com chumbo tem uma massa de 11,3 kg e fica submerso em água. Qual é a força de empuxo que atua sobre ele?
3. Quando um pedregulho arremessado em um lago afunda cada vez mais na água, a força de empuxo exercida sobre ele aumenta ou diminui?

Se você colocar seu pé dentro d'água, ele estará imerso. Se você saltar nela, afundar e imergir por completo, você estará submerso.

VERIFIQUE SUA RESPOSTA

1. Verdadeiro. O que conta é apenas o peso do líquido deslocado. (Considere isso também à luz da terceira lei de Newton: se o objeto imerso empurra o fluido para baixo com 10 N, o fluido deslocado reage empurrando o objeto imerso para cima com 10 N.)
2. A força de empuxo é igual ao peso do litro de água deslocada – e não o peso do chumbo! Um litro de água tem massa de 1 kg e pesa 10 N. Portanto, a força de empuxo sobre ele é de 10 N.
3. A força de empuxo não se altera enquanto a rocha afunda, pois a rocha desloca sempre o mesmo volume de água a qualquer profundidade.

ARQUIMEDES E A COROA DE OURO

Diz a lenda que Arquimedes (287-212 a.C.) recebeu a missão de determinar se uma coroa do rei Hierão II de Siracusa era feita de ouro maciço ou se continha metais mais baratos, como a prata. O problema de Arquimedes era como determinar a densidade da coroa sem destruí-la. Ele podia pesar a coroa, mas o problema era determinar o seu volume. Diz a história que Arquimedes descobriu a solução quando observou o aumento do nível da água enquanto mergulhava seu corpo nos banhos públicos de Siracusa. Segundo a lenda, ele ficou tão animado que saiu correndo nu pelas ruas, gritando "Eureca! Eureca!" ("Descobri! Descobri!").

O que Arquimedes descobriu foi uma maneira simples e precisa de determinar o volume de um objeto irregular: o método do líquido deslocado. Uma vez que conhecia o peso e o volume, precisava apenas calcular a densidade. Assim, poderia comparar a densidade da coroa com a do ouro. A descoberta de Arquimedes veio quase 2.000 anos antes das leis de Newton do movimento, das quais podemos derivar o princípio de Arquimedes.

Diz a lenda que a coroa não era feita de ouro puro.

13.5 Por que um objeto afunda ou flutua?

É importante relembrar que a força de empuxo que atua sobre um objeto submerso depende do *volume* do objeto. Pequenos objetos deslocam pequenos volumes de água e sofrem a ação de forças de empuxo pequenas. Grandes objetos deslocam grandes quantidades de água e sofrem a ação de forças de empuxo de grande valor. É o *volume* do objeto submerso – e não seu *peso* – que determina a força de empuxo. A força de empuxo é igual ao peso do *volume de fluido* deslocado. (A má compreensão dessa ideia é a raiz de muita confusão que as pessoas fazem com o empuxo!)

O peso do objeto, entretanto, realmente desempenha um papel na flutuação. Se um objeto irá flutuar ou afundar em um líquido dependerá de como a força de empuxo *se compara com o peso do objeto*. Este, por sua vez, depende da densidade do objeto. Considere essas três regras simples:

1. Se um objeto é mais denso do que o fluido onde é imerso, ele afundará.
2. Se um objeto é menos denso do que o fluido onde é imerso, ele flutuará.
3. Se um objeto tem a mesma densidade do fluido onde é imerso, nem afundará, nem flutuará.

290 PARTE II Propriedades da matéria

> **psc**
> ■ Nove entre dez pessoas que não conseguem flutuar são homens. Os homens costumam ter mais massa muscular e ser ligeiramente mais densos que as mulheres. Latas de refrigerante *diet* flutuam, enquanto latas de refrigerante comuns afundam em água. O que isso lhe diz acerca de suas densidades relativas?

A regra 1 parece muito razoável, pois objetos mais densos do que a água afundam até o fundo, independentemente da profundidade da água. Mergulhadores com equipamentos de mergulho próximos ao fundo de corpos de água profundos às vezes podem encontrar pedaços de madeira saturada de água flutuando acima do fundo do oceano (com uma densidade igual à da água encontrada naquela profundidade), mas jamais encontrarão rochas flutuando!

A partir das regras 1 e 2, o que você pode dizer a respeito das pessoas que, por mais que tentem, não conseguem flutuar? Ora, elas simplesmente são densas demais! Para conseguir flutuar, você deve reduzir sua densidade. A fórmula *peso específico* = peso/volume diz que você deve ou reduzir seu peso ou aumentar seu volume. Vestir um colete salva-vidas aumenta seu volume, ao mesmo tempo em que aumenta muito pouco o seu peso. Ele diminui sua densidade global.

A regra 3 aplica-se aos peixes, que nem afundam, nem flutuam. Um peixe normalmente tem a mesma densidade que a água. Ele pode regular sua densidade expandindo e contraindo uma bolsa de ar, o que altera seu volume. O peixe pode se mover para cima aumentando seu volume (o que diminui sua densidade) ou para baixo contraindo seu volume (o que aumenta sua densidade). Para um submarino, é o peso, e não o volume, que é alterado até se obter a densidade desejada. Para isso, água é injetada ou expulsa dos tanques de lastro. Analogamente, a densidade global de um crocodilo aumenta quando ele engole pedras. De 4 a 5 quilogramas de pedras já foram encontradas nos estômagos de grandes crocodilos. Devido ao aumento de sua densidade, o crocodilo consegue nadar abaixo da linha da água, expondo-se menos à sua presa (Figura 13.16).

FIGURA 13.16 (Esquerda) Um crocodilo indo em sua direção na água. (Direita) Um crocodilo lastreado com pedras no estômago fazendo o mesmo.

> **PAUSA PARA TESTE**
> 1. Dois blocos sólidos de tamanhos idênticos são submersos em água. Um deles é de chumbo, e o outro, de alumínio. Sobre qual dos dois corpos a força de empuxo é maior?
> 2. Se um peixe torna-se mais denso, ele afundará; se torna-se menos denso, flutuará. Em termos da força de empuxo, qual é a explicação para isso?
>
> **VERIFIQUE SUA RESPOSTA**
> 1. A força de empuxo é a mesma sobre cada um deles, pois ambos os blocos deslocam o mesmo volume de água. Apenas o volume de água deslocada, e não o peso dos objetos submersos, determina a força de empuxo.
> 2. Quando o peixe aumenta sua densidade, diminuindo seu volume, ele passa a deslocar menos água, de modo que a força de empuxo diminui. Quando o peixe expande seu volume, mais água é deslocada e a força de empuxo aumenta.

13.6 Flutuação

Os povos primitivos construíam seus barcos de madeira. Poderiam eles ter concebido barcos feitos de ferro? Não sabemos. A ideia de ferro flutuante talvez tenha parecido muito estranha. Hoje é fácil para nós compreender como um navio feito de ferro pode flutuar.

Considere um bloco de 1 tonelada de ferro maciço. O ferro é cerca de oito vezes mais denso do que a água. Ele desloca somente 1/8 de tonelada de água quando está submerso, o que não é suficiente para mantê-lo flutuando. Suponha agora que nós modelemos o mesmo ferro do bloco até transformá-lo em uma tigela (Figura 13.17). Ele ainda pesará 1 tonelada, mas quando for colocado na água, acabará deslocando um volume de água maior do que quando tinha o formato de um bloco. Quanto mais a tigela de ferro imerge, mais água ela desloca e maior é a força de empuxo que atua sobre ela. Quando a força de empuxo se igualar a 1 tonelada, ela deixará de afundar.

Quando um barco de ferro desloca um peso de água igual ao seu próprio peso, ele flutua. Isso algumas vezes é chamado de **princípio de flutuação**:

Um objeto flutuante desloca um peso de fluido igual ao seu próprio peso.

Todo navio, submarino ou dirigível deve ser projetado de modo a deslocar um peso de fluido igual ao seu próprio peso. Portanto, um navio de 10.000 toneladas deve ser construído grande o bastante para deslocar 10.000 toneladas de água antes que ele afunde demais na água. O mesmo vale para naves aéreas. Um dirigível que pesa 100 toneladas desloca no mínimo 100 toneladas de ar. Se deslocar mais do que isso, ele subirá; se deslocar menos, ele descerá. Se deslocar exatamente o seu peso, ele flutuará a uma altitude constante.

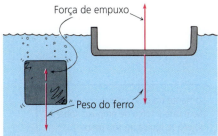

FIGURA 13.17 Um bloco de ferro afunda, enquanto a mesma quantidade de ferro, no formato de uma tigela, flutua.

FIGURA 13.18 O peso de um objeto flutuante é igual ao peso da água deslocada pela parte submersa.

Para um determinado volume de fluido deslocado, o fluido mais denso exerce uma força de empuxo maior do que um fluido menos denso. Um navio, portanto, flutua mais alto em água salgada do que em água doce, porque a água salgada é ligeiramente mais densa. Analogamente, um pedaço sólido de ferro flutuará em mercúrio, ainda que não flutue em água.

A física da Figura 13.20 foi bem empregada na roda de Falkirk, um barco giratório único que substituiu uma série de 11 comportas na Escócia. Conectadas à sua roda de 35 m de altura, há duas enormes caixas d'água completamente cheias com água. Quando um ou mais barcos entram em uma delas, a quantidade de água que derramam tem um peso exatamente igual ao do(s) barco(s). Assim, as caixas d'água sempre têm o mesmo peso, estejam ou não com barcos em seu interior, e a roda sempre mantém-se equilibrada. Portanto, a despeito de sua massa enorme, é possível fazer a roda girar por meio de uma força muito pequena.

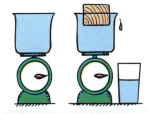

FIGURA 13.19 Um objeto flutuante desloca um peso de fluido igual ao seu próprio peso.

FIGURA 13.20 A roda de Falkirk tem dois grandes reservatórios completamente cheios de água e equilibrados, e um deles sobe quando o outro desce. Os reservatórios também giram quando a roda gira, assim a água e os barcos não se inclinam.

292 PARTE II Propriedades da matéria

> Somente no caso especial de flutuação é que a força de empuxo sobre o objeto se iguala ao seu peso.

PAUSA PARA TESTE

1. Um recipiente com água além da metade de sua altura pesa 20 N. O que marcará a balança quando:

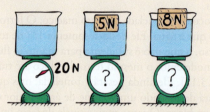

   a. um bloco de madeira de 5 N estiver flutuando dentro do recipiente?
   b. um bloco de madeira de 8 N estiver flutuando dentro do recipiente?

2. O mesmo recipiente, quando cheio de água até a borda, pesa 30 N. O que marcará a balança quando, após transbordar:

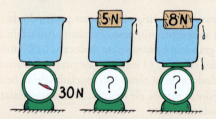

   a. um bloco de madeira de 5 N estiver flutuando dentro do recipiente?
   b. um bloco de madeira de 8 N estiver flutuando dentro do recipiente?

VERIFIQUE SUA RESPOSTA

1. A força marcada na balança aumentará sempre que um peso for adicionado:
   a. 20 N + 5 N = 25 N; b. 20 N + 8 N = 28 N.

2. No caso de um recipiente cheio até a borda, o deslocamento de água causado pelo bloco flutuante fará com que a água vaze do recipiente. (a) O bloco de 5 N causará um vazamento de 5 N de água, e (b) o bloco de 8 N causará um vazamento de 8 N de água. Assim, a marcação da balança não será afetada; ela permanecerá sendo 30 N.

MONTANHAS FLUTUANTES

As montanhas flutuam no manto semilíquido da Terra assim como os *icebergs* flutuam na água. Os *icebergs* e as montanhas são menos densos do que os materiais nos quais flutuam. Assim como a maior parte do *iceberg* fica abaixo da superfície da água (90%), a maior parte da montanha (cerca de 85%) estende-se para dentro do denso manto semilíquido. Se você pudesse aparar o topo da superfície de um *iceberg*, ele se tornaria mais leve e seria empurrado para cima pelo empuxo até alcançar aproximadamente a mesma altura original antes de seu topo ser aparado. Da mesma forma, as montanhas, quando erodidas, tornam-se mais leves, e com isso são empurradas para cima pelo empuxo até flutuarem com seus picos a alturas aproximadamente iguais às originais. Assim, quando uma montanha é erodida e perde 1 quilômetro de sua altura, cerca de 85% de um quilômetro de montanha é empurrado de baixo para cima. Por isso leva tanto tempo para as montanhas se desgastarem por causa da exposição às intempéries climáticas. O conceito das montanhas flutuantes é a *isostasia*, o princípio de Arquimedes para as rochas.

PAUSA PARA TESTE

Uma barcaça de rio, carregada com cascalho, aproxima-se de uma ponte baixa sob a qual não pode passar. Deveríamos *remover* ou *adicionar* cascalho à barcaça?

VERIFIQUE SUA RESPOSTA

Opa, opa, opa! Você acha que o "velho" Hewitt vai lhe fornecer *todas* as respostas das questões do Pausa para Teste? Ensinar bem está em fazer boas perguntas, não em fornecer todas as respostas. É tudo com você!

13.7 O princípio de Pascal

Um dos fatos mais importantes acerca da pressão em fluidos é que uma alteração ocorrida na pressão em uma parte do fluido será transmitida integralmente a outras partes dele. Por exemplo, se a pressão hidráulica da tubulação de uma cidade é aumentada em 10 unidades de pressão, a pressão em todos os lugares dos canos do sistema hidráulico da cidade também aumentará em 10 unidades de pressão (desde que a água esteja em repouso). Esta lei, descoberta no século XVII por Blaise Pascal, é conhecida como **princípio de Pascal**:

> Uma variação de pressão em qualquer ponto de um fluido em repouso em um recipiente transmite-se integralmente a todos os pontos do fluido.

Preencha com água um tubo em forma de "U" e instale pistões nas duas extremidades dele, como mostra a Figura 13.21. A pressão exercida no pistão esquerdo será transmitida integralmente através do líquido para o pistão direito. (Os pistões são simplesmente dois "tampões" que podem deslizar livremente no interior do tubo.) A pressão exercida na água pelo pistão da esquerda será exatamente igual à pressão que a água exerce sobre o pistão da direita. Isso não tem nada de extraordinário, mas suponha que você construa o ramo direito do tubo mais largo do que o outro; então o resultado será impressionante. Na Figura 13.22, o pistão direito tem área 50 vezes maior do que a do pistão esquerdo (digamos que o pistão esquerdo tenha uma área de 100 centímetros quadrados, enquanto o direito tenha área de 5.000 centímetros quadrados). Suponha que uma carga de 10 kg seja colocada sobre o pistão esquerdo. Então uma pressão adicional (de aproximadamente 1 N/cm²), devido ao peso dessa carga, será transmitida integralmente pelo líquido e atuará no pistão maior, dirigida para cima. É aqui que entra a diferença entre força e pressão. A pressão adicional é exercida sobre cada centímetro quadrado do pistão maior. Como agora a área é 50 vezes maior, uma força 50 vezes maior será exercida nesse pistão. Logo, o pistão maior suportará uma carga de 500 kg – 50 vezes maior do que a carga sobre o pistão menor!

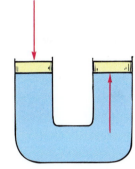

FIGURA 13.21 A força exercida sobre o pistão esquerdo aumenta a pressão no líquido, e esse aumento é transmitido ao pistão direito.

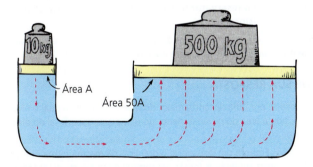

FIGURA 13.22 Uma carga de 10 kg sobre o pistão da esquerda será capaz de sustentar 500 kg sobre o pistão da direita.

Isso é um fato *extraordinário*, pois podemos multiplicar forças usando um dispositivo desse tipo. Uma entrada de 1 newton produz 50 newtons na saída. Aumentando-se ainda mais a área do pistão maior (ou reduzindo a área do pistão menor), podemos, em princípio, multiplicar a força por qualquer fator. O princípio de Pascal fundamenta o funcionamento de todos os dispositivos hidráulicos, sendo o mais simples a prensa hidráulica.

A prensa hidráulica não viola o princípio da conservação da energia porque o decréscimo na distância ao longo da qual o maior pistão é movimentado compensa o acréscimo da força sobre ele. Quando o pistão pequeno da Figura 13.22 for movimentado 10 centímetros para baixo, o pistão grande será elevado apenas 1/50 disso, ou seja, apenas 0,2 centímetros. A força na entrada multiplicada pela distância de deslocamento do pistão menor é igual à força na saída multiplicada pela distância pela qual é movimentado o pistão maior. Esse é mais um exemplo de uma máquina simples, que opera segundo o mesmo princípio de funcionamento de uma alavanca mecânica.

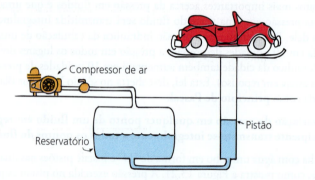

FIGURA 13.23 O princípio de Pascal operando em um elevador de automóvel de um posto de serviço.

O princípio de Pascal se aplica a todos os fluidos, sejam líquidos ou gases. Uma aplicação típica do princípio de Pascal para gases e líquidos é o elevador de automóveis, encontrado em oficinas mecânicas e postos de gasolina mais antigos (Figura 13.23). O aumento da pressão do ar, por meio da ação de um compressor, é transmitido pelo ar à superfície livre de um tanque de óleo localizado no subsolo. O óleo, por sua vez, transmite a pressão a um pistão, que ergue o automóvel. A pressão relativamente baixa que a força ascendente exerce sobre o pistão é praticamente igual à pressão do ar nos pneus dos automóveis.

A hidráulica é empregada por dispositivos modernos que variam em tamanho do pequeno ao enorme. Note os pistões hidráulicos na maioria das máquinas usadas em construções onde cargas pesadas estão envolvidas. As diversas aplicações do princípio de Pascal verdadeiramente mudaram o panorama de nosso mundo.

FIGURA 13.24 Engrenagens, polias e cabos foram substituídos por pistões hidráulicos em quase todos os equipamentos de construção.

> **PAUSA PARA TESTE**
>
> 1. Quando o automóvel da Figura 13.23 está sendo erguido, como a mudança no nível do óleo no reservatório se compara com a distância através da qual o automóvel é deslocado?
>
> 2. Se um amigo comentasse que um dispositivo hidráulico é uma maneira comum de multiplicar energia, o que você diria a respeito?
>
> **VERIFIQUE SUA RESPOSTA**
>
> 1. O carro eleva-se por uma distância maior do que aquela com a qual o nível do óleo baixa, pois a área do pistão é menor do que a área superficial do óleo no reservatório.
>
> 2. Não, não, não! Embora um dispositivo hidráulico, da mesma forma que uma alavanca mecânica, possa multiplicar *forças*, ele sempre o faz à custa da distância deslocada. A energia é produto da força pela distância. Se aumentar uma, a outra diminui. Jamais se encontrou um dispositivo que multiplicasse energia!

13.8 Tensão superficial

Suponha que você suspenda um pedaço de arame dobrado na extremidade de uma mola em espiral muito sensível (Figura 13.25), abaixe o arame até mergulhar na água e depois o erga. Quando você tenta liberar o arame dobrado da superfície da água, você percebe, a partir da distensão sofrida pela mola, que existe uma força apreciável sendo exercida pela superfície da água sobre o arame. A superfície da água resiste a ser distendida, pois apresenta uma tendência a contrair-se. Você também pode comprovar isso quando um pincel de pintura com cerdas finas é molhado. Enquanto o pincel está sob a água, suas cerdas formam um tufo de pelos bem mais fofos do que quando o pincel está seco. Contudo, quando ele é retirado da água, a película superficial de água se contrai e junta novamente as cerdas (Figura 13.26). Essa tendência à contração das superfícies de líquidos é chamada de **tensão superficial**.

A tensão superficial fornece uma explicação para a forma esférica adquirida pelas gotas líquidas. As gotas de chuva, de óleo e de metal derretido são todas esféricas, porque suas superfícies tendem a contrair-se e, com isso, forçam as gotas a tomarem o formato que apresenta a área mínima. Tal formato é o de uma esfera, a figura geométrica que tem a mínima área superficial para um dado volume. Por isso, as gotas da névoa e as gotas do orvalho sobre uma teia de aranha são bolhas praticamente esféricas. (Quanto maiores elas são, mais a gravidade as achata.)

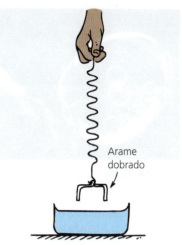

FIGURA 13.25 Quando o arame dobrado é mergulhado na água e depois erguido novamente, a mola será distendida por causa da tensão superficial.

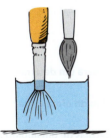

FIGURA 13.26 Quando o pincel é retirado da água, as cerdas são mantidas juntas pela tensão superficial.

FIGURA 13.27 Pequenas bolhas de água são modeladas pela tensão superficial em formas esferoides.

A tensão superficial é causada pelas atrações moleculares. Abaixo da superfície, cada molécula é igualmente atraída em todas as direções por todas as outras moléculas, de modo que não existe tendência alguma de ela ser mais atraída numa direção particular do que em outra qualquer. Uma molécula na superfície de um líquido, entretanto, é atraída apenas pelas moléculas vizinhas de cada lado e pelas que estão abaixo da superfície, não existindo atração atuando para cima (Figura 13.28). Assim, essas atrações moleculares tendem a atrair a molécula a partir da superfície para dentro do líquido, e essa tendência minimiza a área superficial. A superfície comporta-se como se fosse uma fina película elástica esticada. Isso é evidente quando agulhas de aço secas ou lâminas de barbear flutuam sobre a água. A Figura 13.29 mostra um clipe que repousa sobre a água em vez de flutuar na água. A ligeira de-

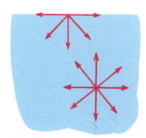

FIGURA 13.28 Uma molécula da superfície é puxada somente para os lados e para baixo pelas moléculas vizinhas. Uma molécula abaixo da superfície é puxada igualmente em todas as direções.

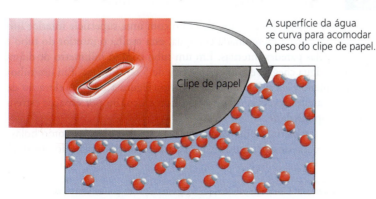

A superfície da água se curva para acomodar o peso do clipe de papel.

FIGURA 13.29 Um clipe de papel repousa sobre a água, empurrando ligeiramente para baixo a superfície do líquido, sem afundar.

FIGURA 13.30 O mestre em bolhas de sabão Tom Noddy sopra bolhas para dentro de bolhas maiores. A grande bolha é alongada por causa do sopro, mas rapidamente ela assumirá uma forma esférica devido à tensão superficial.

pressão na superfície da água é causada pelo peso do clipe, que empurra o líquido. A tendência elástica observada na superfície é a tensão superficial, grande o suficiente para sustentar o peso do clipe. A tensão superficial permite que certos insetos, como os gerrídeos,* andem sobre a superfície de uma lagoa.

A tensão superficial da água é maior do que a de outros líquidos comuns, e a água pura tem tensão superficial maior do que a água com sabão. Isso pode ser comprovado quando uma pequena película de sabão líquido depositada sobre a superfície da água é efetivamente espalhada pela superfície aquática inteira. Isso minimizará a área superficial da água. O mesmo acontece com azeite ou óleo lubrificante flutuando na água. O azeite tem tensão menor do que a da água fria e é espalhado pela superfície, formando uma película fina que cobre a água toda. Esse espalhamento fica evidente no caso de derramamentos de petróleo. Já a água aquecida tem uma tensão superficial menor do que a da água fria, pois suas moléculas, movendo-se mais rapidamente, não estão ligadas tão fortemente. Isso permite que a gordura ou o azeite flutue em pequenas gotas sobre a superfície de uma sopa quente. Quando a sopa esfria, a tensão superficial da água aumenta, e a gordura ou o azeite é espalhado pela superfície da sopa. Com isso, a sopa torna-se "engordurada". A sopa aquecida tem sabor diferente da sopa fria, principalmente porque a tensão superficial da água da sopa varia com a temperatura.

> **PAUSA PARA TESTE**
>
> 1. Que forma geométrica tem a menor área superficial para um determinado volume?
> 2. Como a ligação interatômica das moléculas de um líquido afeta a sua tensão superficial?
> 3. Como o enfraquecimento das ligações entre as moléculas de um líquido afeta a tensão superficial?
> 4. Qual é melhor para os insetos que correm sobre a superfície da água: água quente ou água fria?
>
> **VERIFIQUE SUA RESPOSTA**
>
> 1. Uma esfera.
> 2. Quanto maior a ligação entre as moléculas de um líquido, maior é a tensão superficial.
> 3. A ligação mais fraca reduz a tensão superficial.
> 4. A água mais fria, com a sua tensão superficial ligeiramente maior, é mais favorável a esses insetos do que a água mais quente. O interessante é que eles conseguem se deslocar dessa maneira tanto em água quente quanto em água fria.

13.9 Capilaridade

Quando a extremidade de um tubo de vidro com uma superfície interior limpa e de pequeno diâmetro é mergulhada em água, esta molha o interior do tubo e começa a subir pelas paredes internas. Em um tubo com ½ milímetro de diâmetro, por exemplo, a água chega a elevar-se até cerca de 5 centímetros. Em um tubo com calibre ainda menor, ela subirá ainda mais alto (Figura 13.31). A elevação de um líquido pelas paredes internas de um tubo fino e oco, ou por espaços estreitos, é denominada **capilaridade**.

Quando pensamos na capilaridade, pensamos nas moléculas como bolas grudentas. As moléculas de água grudam-se às paredes do vidro mais do que qualquer

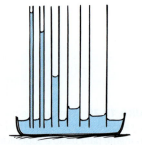

FIGURA 13.31 Tubos capilares.

*N. de T.: Um inseto com a forma de um mosquito gigante, capaz de pousar sobre a água.

outra. A atração entre substâncias diferentes, como a água e o vidro, é chamada de *adesão*. A atração entre substâncias iguais, a "cola" molecular, é chamada de *coesão*. Quando um tubo de vidro é mergulhado perpendicularmente em água, a adesão entre o vidro e a água faz com que uma película fina de água se espalhe tubo acima pelas superfícies interna e externa dele (Figura 13.32a). A tensão superficial, então, faz essa película se contrair (Figura 13.32b). A película sobre a superfície externa do tubo se contrai o suficiente para formar uma borda arredondada. A película sobre a superfície interna se contrai mais ainda e, com isso, eleva a água até que a força de adesão seja equilibrada pelo peso da água erguida (Figura 13.32c). Num tubo mais estreito, o peso da água elevada através do tubo é pequeno, e a água pode ser elevada a maiores alturas do que se o tubo fosse mais largo.

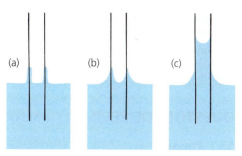

FIGURA 13.32 Os estágios hipotéticos da atuação da capilaridade vistos através da seção transversal de um tubo capilar.

Se a parte com cerdas de um pincel de pintura for mergulhada em água, esta se elevará através dos pequenos espaços entre as cerdas por ação capilar. Se seu cabelo for comprido e você o mantiver parcialmente no interior da água de um tanque de lavar ou de uma banheira, a água se infiltrará pelo cabelo, ascendendo até seu couro cabeludo da mesma maneira que no caso do pincel. Essa é a razão pela qual o combustível de um lampião sobe, encharcando o pavio, e uma toalha de banho fica encharcada quando uma extremidade encosta em água. Se você mergulhar um cubo de açúcar em café, o cubo inteiro rapidamente se tornará úmido. A ação da capilaridade é essencial para o crescimento das plantas. Ela traz água para a raiz das plantas e leva seiva e nutrientes até os ramos mais altos das árvores. Praticamente em qualquer lugar para onde olharmos no nosso cotidiano, assistiremos à capilaridade em ação. Isso é ótimo.

Entretanto, do ponto de vista de um inseto, a capilaridade não é assim tão boa. Lembre-se do capítulo anterior que, por causa da área superficial relativamente grande de um inseto, ele cai lentamente através do ar. A gravidade praticamente não representa um perigo para ele – mas não é assim com respeito à capilaridade. Ser "agarrado" pela água pode ser fatal ao inseto – a não ser que ele esteja equipado para cortar a superfície da água, como um gerrídeo.

PAUSA PARA TESTE

1. Qual é a diferença entre *adesão* e *coesão*?
2. Qual das duas é mais forte para a capilaridade ascendente da seiva de uma árvore?

VERIFIQUE SUA RESPOSTA

1. A adesão é a força entre um líquido e a superfície interna do seu tubo. A coesão é a força de ligação entre as moléculas de um líquido.
2. Quando a atração entre a seiva e a madeira (adesão) é mais forte do que as forças coesivas entre as moléculas de seiva (coesão), ocorre capilaridade ascendente.

Revisão do Capítulo 13

TERMOS-CHAVE (CONHECIMENTO)

pressão A razão entre a força e a área sobre a qual ela está distribuída:

$$\text{Pressão} = \frac{\text{força}}{\text{área}}$$

Pressão num líquido = peso específico × profundidade

força de empuxo A força total que um fluido exerce para cima sobre um objeto imerso.

princípio de Arquimedes Um corpo imerso sofre ação de uma força atuando para cima igual ao peso do líquido que ele desloca.

princípio da flutuação Um objeto flutuante desloca uma quantidade de fluido de peso igual ao próprio peso do objeto.

princípio de Pascal A pressão aplicada a um fluido em repouso, confinado a um recipiente, é transmitida integralmente através do fluido.

tensão superficial A tendência da superfície de um líquido de contrair sua área e, portanto, de comportar-se como se fosse uma membrana elástica.

capilaridade A elevação de um líquido por um tubo fino oco ou em um espaço apertado.

QUESTÕES DE REVISÃO (PRESSÃO)

13.1 Pressão

1. Compare a pressão sobre o chão quando você está com os dois pés no chão e quando está com um só.
2. O que exerce maior pressão sobre o seu corpo: deitar em uma cama com muitos pregos ou em uma cama com poucos pregos?

13.2 Pressão em um líquido

3. De que maneira a pressão no fundo de um volume de água se relaciona ao peso da água acima de cada metro quadrado da superfície do fundo?
4. Se você nada em água salgada, a pressão será maior do que em água fresca, à mesma profundidade? Justifique sua resposta.
5. Como a pressão da água 2 metros abaixo da superfície de uma pequena lagoa se compara com a pressão 2 metros abaixo da superfície de um lago enorme?
6. Se você faz um furo em um recipiente contendo água, em que direção a água inicialmente flui para fora do recipiente?

13.3 Empuxo

7. Por que a força de empuxo sobre um objeto submerso em água atua para cima?
8. Por que não existe força de empuxo horizontal atuando sobre um objeto submerso qualquer?
9. Como o volume de um objeto submerso por inteiro se compara ao volume de água deslocada?

13.4 O princípio de Arquimedes

10. Como a força de empuxo sobre um objeto submerso se compara ao peso da água deslocada?
11. Faça distinção entre um corpo *submerso* e um corpo *imerso*.
12. Qual é a massa de 1 L de água? Qual é o seu peso em newtons?
13. Se um recipiente de 1 L for imerso pela metade na água, qual será o volume de água deslocada? Qual é a força de empuxo sobre o recipiente?

13.5 Por que um objeto afunda ou flutua?

14. Como a força de empuxo sobre um objeto flutuante se compara ao peso da água deslocada?
15. Existe uma condição na qual a força de empuxo sobre um objeto realmente é igual ao peso do objeto. Qual é ela?
16. A força de empuxo sobre um objeto submerso depende do volume ou do peso dele?
17. Preencha os espaços em branco: um objeto mais denso do que a água vai _____ na água. Um objeto menos denso do que a água vai _____ na água. Um objeto com a mesma densidade da água vai _____ na água.
18. Como a densidade de um peixe é controlada? Como a densidade de um submarino é controlada?

13.6 Flutuação

19. Foi anteriormente enfatizado que a força de empuxo não é igual ao peso do objeto, mas igual ao peso da água deslocada. Agora afirmamos que a força de empuxo é igual ao peso do objeto. Isso não é uma grande contradição? Explique.
20. Por que os reservatórios de água da roda de Falkirk (Figura 13.20) têm o mesmo peso independentemente de ela estar elevando barcos ou não?

13.7 O princípio de Pascal

21. O que acontece à pressão em todas as partes de um fluido confinado se a pressão em uma determinada parte for aumentada?
22. Se a pressão na prensa hidráulica for aumentada em 10 N/cm^2, quanta carga extra poderá ser sustentada no pistão de saída se sua área de seção transversal for igual a 50 cm^2?

13.8 Tensão superficial

23. Que forma geométrica tem a menor área superficial para um determinado volume?
24. O que causa a tensão superficial?

13.9 Capilaridade

25. Faça distinção entre força de *adesão* e força de *coesão*.
26. De que maneira a altura que a água sobe em um tubo capilar se relaciona à adesão e ao peso da água elevada?

PENSE E FAÇA (APLICAÇÃO)

27. Coloque um ovo em uma panela com água da torneira. Depois, dissolva sal de cozinha na água, até que o ovo flutue. Qual é a densidade do ovo comparada à densidade da água da torneira? E quando comparada à densidade da água salgada?
28. Se você furar um par de buracos próximo ao fundo de um recipiente cheio de água, ela começará a jorrar para fora devido à pressão do líquido. Agora deixe o recipiente cair. E enquanto ele estiver em queda livre, você notará que não mais jorrará água para fora! Se seus colegas não compreendem por que isso ocorre, você seria capaz de explicar a eles?

29. Coloque uma bola de pingue-pongue umedecida a flutuar em uma lata d'água mantida a mais de um metro acima do solo. Então deixe a lata cair. Uma inspeção cuidadosa revelará que a bola foi puxada para baixo pela superfície quando ambos, bola e lata, foram soltos. (O que isso nos revela acerca da tensão superficial?) Mais dramaticamente, quando a lata bate no chão, o que acontece com a bola? E por quê? Experimente isso e você ficará estarrecido! (*Cuidado:* a menos que você esteja usando óculos de proteção, afaste sua cabeça de cima da lata quando ela colidir com o chão.)

30. O sabão enfraquece muito as forças de coesão entre as moléculas da água. Ponha um pouco de óleo em uma garrafa com água e sacuda-a até que a água e o óleo se misturem bem. Observe, então, que o óleo e a água rapidamente se separam depois que você para de sacudir a garrafa. Agora adicione um pouco de sabão líquido à mistura. Sacuda novamente a garrafa e verifique que o sabão forma uma película fina ao redor de cada pequena gota de óleo, de modo que um tempo mais longo é necessário para o óleo voltar a aglomerar-se depois que você para de sacudir a garrafa. É assim que o sabão limpa roupas. Ele rompe a tensão superficial ao redor de cada partícula de sujeira, de modo que a água pode alcançar as partículas e rodeá-las. A sujeira é levada embora na lavagem. O sabão é um bom detergente apenas em presença de água.

31. Espalhe alguns grãos de pimenta-do-reino preta sobre a superfície da água em um pires. A pimenta flutuará. Adicione então uma gota de sabão líquido de lavagem de louça à superfície, e os grãos de pimenta serão repelidos pela gota. Mexa suavemente uma ou duas vezes e verá a pimenta afundar.

32. Misture duas porções de amido de milho com uma porção de água para criar Oobleck, um fluido não newtoniano que é líquido, mas comporta-se como sólido sob pressão. Faça o experimento acompanhado de crianças.

PEGUE E USE (FAMILIARIZAÇÃO COM EQUAÇÕES)

$$\text{Pressão} = \frac{\text{força}}{\text{área}}$$

33. Mostre que a pressão de um bloco de 100 N em repouso sobre uma área de contato de um quarto de metro quadrado é igual a 400 N/m².

34. Mostre que a pressão sobre o seu dedo é de 50 N/cm², igual a 500 kPa, quando você equilibra uma bola de 5 kg na ponta do dedo, que tem área de 1 cm².

$$\text{Pressão} = \text{peso específico} \times \text{profundidade}$$

(Use 10.000 N/m³ para expressar o peso específico da água. Despreze a pressão devido à atmosfera nos cálculos seguintes.)

35. Mostre que a pressão da água no fundo da torre de água de 50 m de altura é de 500.000 N/m², aproximadamente 500 kPa.

36. A profundidade da água atrás da represa de Hoover é de cerca de 200 m. Mostre que a pressão da água na base da represa é de 2.000 kPa.

PENSE E RESOLVA (APLICAÇÃO MATEMÁTICA)

37. Um barril de 1 m de altura é cheio com água até a borda (o peso específico da água é de 10.000 N/m³). Mostre que a pressão da água no fundo do barril vale 10.000 N/m², equivalente a 10 kPa.

38. Quando um barril de 1 m de altura é preenchido com a água, a pressão da água no fundo do barril é de 10 kPa. Se você fecha o topo e estende um tubo estreito vazio de 5 m sobre ele, a pressão no fundo do barril ainda é de 10 kPa. Se você então enche o tubo de água, a altura efetiva da água em relação ao fundo do barril é de 6 m. Quanto vale a pressão no fundo do barril depois que for adicionada água ao tubo até enchê-lo por completo? (Cuidado: às vezes, essa atividade estoura barris!)

39. O piso do último andar de um edifício situa-se 20 m acima do subsolo. Mostre que a pressão da água no subsolo é aproximadamente 200 kPa maior do que a pressão da água no topo do edifício.

40. Um dique na Holanda apresenta um vazamento através de um buraco com área total de 1 cm², a uma profundidade de 2 m abaixo da superfície da água. Com que força um menino teria de manter seu polegar tapando o buraco para impedir o vazamento e, na prática, segurar todo o oceano? Você conseguiria fazê-lo?

41. Um amigo seu, de 100 kg de massa, mal flutua em água doce. Calcule seu volume aproximado.

42. Em um laboratório, você descobre que uma pedra de 1 kg, suspensa por um dinamômetro acima da água, pesa 10 N. Quando ela é suspensa submersa na água, o dinamômetro marca apenas 8 N.

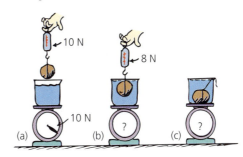

a. Qual é a força de empuxo exercida sobre a pedra?
b. Se o recipiente de água pesa 10 N quando está diretamente sobre uma balança, quanto marcará a balança quando a pedra estiver suspensa abaixo da superfície da água?
c. Quanto marcará a balança depois que a pedra for liberada e estiver em repouso no fundo do recipiente?

43. Um mercador de Katmandu* lhe vende uma estátua sólida de ouro com 1 kg por um preço muito razoável. Quando chega

---
*N. de T.: Capital do Nepal.

em casa, você se preocupa em descobrir se fez ou não uma barganha favorável, então mergulha a estátua dentro de um recipiente com água e mede o volume de água deslocada. Mostre que, no caso de ouro puro, o volume de água deslocada será de 51,8 cm³.

44. No desenho, o pistão hidráulico pequeno tem um diâmetro de 2 cm. O pistão grande tem um diâmetro de 6 cm. Para cada newton de força exercida sobre o pistão pequeno, quantos newtons de força serão exercidos pelo pistão grande?

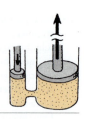

PENSE E ORDENE   (ANÁLISE)

45. Ordene as situações descritas abaixo em sequência decrescente quanto ao valor das pressões correspondentes.
    a. Um recipiente de 20 cm de altura cheio de água salgada.
    b. Um recipiente de 20 cm de altura cheio de água doce.
    c. Um recipiente de 10 cm de altura cheio de mercúrio.

46. Uma bola de basquete flutua em diversos líquidos. Ordene a porcentagem do seu volume acima da linha d'água, em ordem decrescente, quando ela flutua em:
    a. água doce.
    b. água salgada.
    c. mercúrio.

47. Reflita acerca do que acontece com um balão cheio de ar sobre a superfície da água e abaixo dela. Depois ordene em sequência decrescente de valor a força de empuxo sobre um balão cheio de água, quando ele:
    a. mal flutua, com sua parte superior tocando a superfície.
    b. é empurrado para 1 m abaixo da superfície.
    c. é empurrado para 2 m abaixo da superfície.

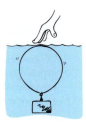

PENSE E EXPLIQUE   (SÍNTESE)

48. Que líquido comum cobre mais de dois terços do planeta, constitui mais de 60% de nosso corpo e sustenta nossa vida e nossos estilos de vida de incontáveis formas?

49. Por que uma faca afiada corta melhor do que uma faca cega? Justifique sua resposta em termos de pressão.

50. O que tem maior chance de machucar: ser pisado por um homem de 100 kg calçando mocassim ou por uma mulher com a metade do peso do homem calçando sapatos de salto alto?

52. O que exerce pressão maior sobre o solo: um elefante de 5.000 kg ou uma moça de 50 kg de salto alto? (Qual deles provavelmente deixará marcas em um piso de madeira macia?) Efetue um cálculo aproximado para cada caso.

52. Por que as pessoas confinadas a camas têm menos chances de desenvolver feridas em seus corpos se usarem um colchão d'água em vez de uma cama com colchão de molas?

53. Por que a pressão sanguínea é medida no antebraço, na altura de seu coração?

54. Por que seu corpo repousa mais quando fica deitado do que quando fica sentado numa cadeira? A pressão sanguínea nas pernas é maior?

55. Quando está em pé, a pressão do sangue em suas pernas é maior do que na parte restante superior de seu corpo. Isso ainda seria verdadeiro no caso de um astronauta em órbita? Justifique sua resposta.

56. Se as torneiras idênticas de um andar inferior e de um andar superior forem abertas totalmente, por qual delas sairá mais água por segundo? Ou serão iguais?

57. O desenho mostra o reservatório de água de uma fazenda. Ele é feito de madeira e reforçado com aros laterais de metal. (a) Por que ele está localizado numa posição elevada? (b) Por que os aros de metal são mais próximos entre si na parte inferior do reservatório?

58. Um bloco de alumínio com um volume de 10 cm³ é colocado em uma caneca cheia com água até a borda. A água, então, transborda. O mesmo acontece em outra caneca idêntica com outro bloco de chumbo de 10 cm³. O bloco de chumbo desloca mais, menos ou a mesma quantidade de água que o de alumínio?

59. Um bloco de alumínio com massa de 1 kg é colocado dentro de uma caneca cheia de água até a borda. A água, então, derrama. O mesmo acontece em outra caneca idêntica com um bloco de 1 kg de chumbo. O bloco de chumbo desloca mais, menos ou a mesma quantidade de água que o de alumínio?

60. Um bloco de alumínio com peso de 10 N é colocado em uma caneca cheia de água até a borda. A água, então, transborda. O mesmo ocorre em outra caneca idêntica com um bloco de chumbo de 10 N. O bloco de chumbo desloca mais, menos ou a mesma quantidade de água que o de alumínio? (Por que sua resposta difere das respostas às duas questões anteriores?)

61. Quando o peso de um objeto completamente submerso é igual ao peso da água deslocada?

62. Em 1960, o batiscafo Trieste (um submergível) da marinha norte-americana desceu até uma profundidade de 11 km na Fossa das Marianas, próximo às Filipinas, no Oceano Pacífico. Em vez de ter uma grande janela de visão, o batiscafo tinha uma pequena janela circular de 15 cm de diâmetro. Qual é a sua explicação para uma janela tão pequena?

63. Por que a água "busca seu próprio nível"?

64. Quando você entra no mar descalço, por que as pedras machucam menos seus pés quando você vai para o fundo?

65. Ofereça uma explicação convincente de por que é mais fácil flutuar em água salgada do que em água doce.

66. Se a pressão em um líquido fosse a mesma em todas as profundidades, haveria uma força de empuxo atuando sobre um objeto submerso no líquido? Explique.

67. Uma lata de refrigerante *diet* flutua na água, enquanto uma lata de soda comum afunda. Explique esse fenômeno, primeiro em termos da densidade, depois em termos de peso *versus* força de empuxo.
68. Por que um bloco de ferro flutua em mercúrio, porém afunda na água?
69. As montanhas do Himalaia são ligeiramente menos densas do que o material do manto sobre o qual elas "flutuam". Você supõe que, como os *icebergs*, elas sejam mais fundas do que altas?
70. Por que é impossível existir na Terra uma montanha alta formada principalmente por chumbo?
71. Quanta força é requerida para empurrar um caixote de papelão rígido e praticamente sem peso, de 1 L, para baixo da superfície da água?
72. Por que uma bola de voleibol mantida dentro d'água gera uma força de empuxo maior do que se ela estiver flutuando?
73. Por que uma bola de praia inflada, mantida abaixo da superfície da água, dispara para cima da superfície da água ao ser solta?
74. Por que é impreciso dizer que objetos pesados afundam e objetos leves flutuam? Dê alguns exemplos exagerados para fundamentar sua resposta.
75. Por que a força de empuxo sobre um submarino submerso é substancialmente maior do que a força de empuxo sobre ele quando se encontra flutuando?
76. A força de empuxo sobre uma pedra aumenta ou diminui enquanto ela afunda cada vez mais na água? Ou ela se manterá a mesma em profundidades maiores? Justifique sua resposta.
77. A força de empuxo sobre uma nadadora aumenta ou diminui se ela nadar afundando mais na água? Ou a força de empuxo sobre ela se manterá inalterada a uma profundidade maior? Justifique sua resposta e compare-a com a resposta à questão anterior.
78. Por que a sua densidade muda quando está submerso na água, mas a densidade de uma rocha submersa permanece igual?
79. Um barco que veleja do oceano para um porto de água doce afunda um pouco mais na água ao chegar ao destino. A força de empuxo que atua sobre ele se alterou? Em caso positivo, ela aumentou ou diminuiu?
80. Dentro do crânio, a força de empuxo suprida pelo fluido que está ao redor do cérebro humano, que pesa 15 N, é cerca de 14,5 N. Isso significa que o peso do fluido que envolve o cérebro é no mínimo igual a 14,5 N? Justifique sua resposta.
81. As densidades relativas da água, do gelo e do álcool são 1,0 g/cm³, 0,9 g/cm³ e 0,8 g/cm³, respectivamente. Os cubos de gelo flutuarão mais alto ou mais baixo em uma bebida alcoólica misturada com água? O que você pode afirmar sobre um coquetel em que os cubos de gelo ficam submersos no fundo do copo?
82. Quando um cubo de gelo derrete em um copo com água, o nível da água no copo subirá, baixará ou permanecerá inalterado? Sua resposta mudará se o cubo de gelo tiver muitas bolhas de ar em seu interior? E se os cubos de gelo tiverem muitos grãos de areia pesada?
83. Quando um bloco de madeira for colocado no *becker*, o que acontecerá com a marcação da balança? Responda à mesma questão no caso de um bloco de ferro.
84. Agora um bloco de madeira é colocado em um recipiente cheio de água até a borda. O que acontecerá com a marcação da balança depois de a água transbordar? Responda à mesma questão no caso de um bloco de ferro.
85. Uma gôndola da roda de Falkirk transporta um barco de 50 ton, enquanto outra gôndola transporta um barco de 100 ton. Por que as gôndolas, apesar disso, pesam a mesma coisa?
86. Um barco de 50 toneladas e outro de 100 toneladas flutuam lado a lado na mesma gôndola da roda de Falkirk, enquanto a gôndola oposta não transporta barco algum. Por que as gôndolas, apesar disso, pesam a mesma coisa?
87. Um pequeno aquário preenchido até a metade com água é colocado sobre uma balança de molas. A leitura da escala aumentará ou permanecerá inalterada se um peixe for colocado dentro do aquário? (Sua resposta seria diferente se o aquário estivesse inicialmente cheio até a borda?)
88. O que você experimentaria quando estivesse nadando na água em um hábitat espacial em órbita, onde a gravidade simulada fosse de *g*? Você flutuaria na água como faz na Terra?
89. Dizemos que a forma de um líquido é a do recipiente que o contém. Entretanto, sem recipiente e sem gravidade, qual é a forma natural de uma pequena porção de água? Por quê?
90. Se você soltar uma bola de pingue-pongue abaixo da superfície da água, ela subirá para a superfície. Ela faria o mesmo se fosse submersa em uma enorme bolha de água flutuando sem peso em uma espaçonave em órbita?
91. Você está numa maré de azar e escorrega rapidamente para dentro de uma pequena piscina calma, enquanto crocodilos famintos, espreitando bem no fundo, contam com o princípio de Pascal para ajudá-los a conseguir um pedaço macio de carne fresca. O que o princípio de Pascal tem a ver com a felicidade dos crocodilos com a sua chegada?
92. No sistema hidráulico mostrado abaixo, o pistão maior tem uma área 50 vezes maior do que a do pistão menor. Um homem forte espera conseguir exercer uma força suficiente sobre o pistão maior para elevar 10 kg que repousam sobre o pistão menor. Você acha que ele será bem-sucedido? Justifique sua resposta.

93. No sistema hidráulico mostrado na Figura 13.22, o fator de multiplicação de força é igual à razão entre as áreas do pistão maior e do pistão menor. Algumas pessoas ficam surpresas ao descobrir que a área da superfície líquida do reservatório do sistema mostrado na Figura 13.23 não importa. Qual é a sua explicação para esclarecer essa confusão?
94. Por que a água aquecida vaza mais facilmente do que a água fria através dos pequenos furos do radiador de um carro?
95. Por que um clipe de papel pesado não consegue repousar sobre a superfície de água parada sem afundar como faz um pequeno e seco?

96. Por que uma lâmina de barbear feita de aço, colocada suavemente sobre a superfície da água, não afunda, mas um pedaço de aço afunda?

97. Você mergulha o dedo na água e no mercúrio. Qual dos dois líquidos molha melhor o seu dedo?

PENSE E EXPLIQUE (SÍNTESE)

98. Discuta o conceito de física na foto que mostra o professor de física Marshall Ellenstein caminhando de pés descalços sobre cacos de vidro em sua sala de aula. Por que ele tomou o cuidado de assegurar que os cacos sejam pequenos e numerosos? (Os curativos em seus pés são apenas brincadeira!)

99. Qual das jarras de chá contém mais líquido e por quê?

100. Existe a lenda de um rapaz holandês que corajosamente reteve todo o Oceano Atlântico atrás do dique, mantendo seu dedo tapando um buraco que havia na estrutura. Isso é possível e razoável? (Veja também o Pense e Resolva 40.)

101. Existe uma história a respeito de um auxiliar de Pascal que subiu por uma escada e encheu de água um pequeno recipiente ligado por um cano vertical comprido a um barril de madeira previamente cheio de água. Quando a água no cano atingiu 12 m de altura, o barril rompeu-se. Isso foi ainda mais intrigante porque o peso da água adicionada ao cano era muito pequeno. Discuta e explique.

102. Você já se perguntou sobre o que acontece quando todo mundo dá descarga ao mesmo tempo em um arranha-céu? Especule sobre os diversos sistemas de encanamento que os engenheiros instalam nesses edifícios para que os dejetos não impactem diretamente o andar térreo. (Converse com um engenheiro civil especializado sobre as suas ideias.)

103. Discuta como usar uma mangueira cheia de água para determinar elevações iguais para pontos distantes quando constrói o alicerce de uma casa em um terreno montanhoso e cheio de arbustos.

104. Quando o botijão de gás propano da churrasqueira seca e você o enche de volta, ele pesa significativamente mais. Use essa experiência para explicar por que mergulhadores usam roupas com pesos para mantê-los com empuxo ligeiramente negativo no final do mergulho, depois que gastaram todo o oxigênio dos seus tanques.

105. Um mergulhador respira ar de um tanque cujo conteúdo sofreu compressão para que a sua pressão se iguale à da água ao seu redor. Por que o mergulhador nunca deve prender a respiração quando sobe? Se não sabe a resposta, visite uma loja de mergulho e converse sobre o assunto.

106. Um pedaço de ferro colocado sobre um bloco de madeira o faz flutuar mais baixo na água. Se, em vez disso, o pedaço de ferro fosse suspenso por baixo do bloco de madeira, ele flutuaria tão baixo quanto, mais baixo ou mais alto do que com o ferro sobre a madeira? Justifique sua resposta.

107. Comparado a um barco vazio, um navio carregado com uma carga de isopor afundaria mais ou se elevaria mais na água? Justifique sua resposta.

108. Se um submarino começa a afundar, ele continuará afundando até o fundo se nada for feito? Explique.

109. Por que você afunda na piscina quando sopra todo o ar nos seus pulmões?

110. Uma barcaça cheia de ferro em pedaços se encontra numa comporta de um canal de navegação. Se o ferro é atirado para fora da barcaça, o nível d'água nas paredes da comporta subirá, abaixará ou permanecerá inalterado? Explique.

111. O nível da água na comporta de um canal de navegação subiria ou abaixaria se um navio de guerra fosse a pique dentro da comporta?

112. O lastro de um balão é tal que ele mal consegue flutuar em água (veja ao lado). Se ele for empurrado para baixo da superfície do líquido, ele retornará para cima, permanecerá na profundidade para onde foi empurrado ou simplesmente afundará? Explique. (*Dica*: a densidade do balão se altera.)

113. Você precisa escolher entre dois tipos de coletes salva-vidas, idênticos em tamanho, mas sendo um deles preenchido com isopor, e um segundo, pesado, cheio de areia. Se você submerge esses coletes na água, sobre qual deles a força de empuxo será maior? Sobre qual deles a força de empuxo não será efetiva? Por que as respostas são diferentes?

114. Em uma regata náutica, o capitão lhe dá um salva-vidas extra grande preenchido com bolinhas de chumbo. Quando nota a aparência cética estampada em seu rosto, ele afirma que você disporá de uma força de flutuação maior se cair na água do que seus colegas que usam salva-vidas de tamanho normal preenchidos com isopor. Ele está sendo confiável?

115. Greta Novak flutua incrivelmente na água extremamente salgada do Mar Morto. Como a força de empuxo sobre ela na situação mostrada se compara ao correspondente empuxo em água doce? Ao responder, discuta as diferenças no volume de água deslocado nas duas situações.

116. O empuxo existiria na ausência de peso? Discuta a existência, ou não, de empuxo na Estação Espacial Internacional.

117. Um peixe flutuaria até a superfície, afundaria ou permaneceria na mesma profundidade se o campo gravitacional da Terra se tornasse mais intenso?

CAPÍTULO 13 — Exame de múltipla escolha

Escolha a melhor resposta entre as alternativas:

1. O que permanecerá igual para dois livros idênticos, um deitado e o outro de pé?
   a. Peso.
   b. Pressão.
   c. Ambas as anteriores.
   d. Nenhuma das anteriores.

2. A pressão da água sobre um objeto submerso é maior contra a sua parte:
   a. superior.
   b. inferior.
   c. lateral.
   d. a mesma contra todas as superfícies.

3. A força de empuxo atua para cima sobre um objeto submerso porque:
   a. atua na direção contrária à gravidade.
   b. o peso do fluido deslocado reage com uma força dirigida para cima.
   c. a pressão contra o fundo é maior do que a pressão contra o lado superior.
   d. nenhuma das anteriores.

4. A força de empuxo que atua sobre um navio de 10 toneladas flutuando no oceano é de:
   a. menos de 10 toneladas.
   b. 10 toneladas.
   c. mais de 10 toneladas.
   d. depende da densidade da água do mar.

5. A força de empuxo é maior sobre um bloco submerso de 10 newtons de:
   a. chumbo.
   b. alumínio.
   c. igual para ambos.
   d. não há informação suficiente para responder.

6. Uma lagosta sobe em uma balança no fundo do oceano. Seu peso nesse lugar, em comparação com o seu peso acima da superfície, é:
   a. maior.
   b. menor.
   c. igual à do outro.
   d. não há informação suficiente para responder.

7. Uma característica importante da roda de Falkirk, na Escócia, é que os recipientes opostos têm o mesmo peso quando ambos estão cheios de água até a borda:
   a. e os barcos em ambos têm pesos aproximadamente iguais.
   b. e há, no mínimo, um barco em cada recipiente.
   c. seja qual for o peso dos barcos, ou mesmo se há ou não barcos nos recipientes.
   d. nenhuma das anteriores.

8. Um cubo de gelo grande com um prego de trilho ferroviário flutua em um recipiente de água cheio até a borda. Quando o gelo derrete:
   a. a água transborda.
   b. o nível da água não varia.
   c. o nível da água no recipiente diminui.
   d. não há informação suficiente para responder.

9. Se um balão cheio de ar afunda em águas profundas, ele:
   a. provavelmente atinge um nível de equilíbrio antes de atingir o fundo.
   b. provavelmente estoura se a pressão da água é grande o suficiente.
   c. sofre o exercício de uma força de empuxo continuamente decrescente.
   d. nenhuma das anteriores.

10. Uma consequência da tensão superficial da água é:
    a. a ação capilar.
    b. que areia úmida é mais firme do que areia seca.
    c. os sabores diferentes da sopa "gordurosa" se está quente ou fria.
    d. todas as anteriores.

Respostas e explicações das perguntas do Exame de múltipla escolha

1. (a): O peso é a força da gravidade sobre o livro, mg, que não muda com a orientação deste. A pressão é a mesma força por área de contato, que é menor quando o livro está de pé do que quando está deitado. Assim, o peso permanece igual, mas a pressão é diferente. 2. (b): A pressão depende da profundidade e da densidade do fluido. Como o lado de baixo de um objeto está sempre mais profundo do que o de cima, então a parte inferior recebe mais pressão para a mesma densidade do fluido. 3. (c): Em termos simples e diretos, a FE exercida sobre um objeto submerso atua para cima porque a pressão do fluido contra o seu fundo é maior do que a pressão do fluido para baixo contra a sua superfície superior. O fundo de qualquer objeto submerso está simplesmente mais no fundo. 4. (b): Para qualquer navio que flutua em repouso, a força resultante sobre ele é nula — são 10 toneladas para baixo e 10 toneladas para cima. O navio de 10 toneladas está em equilíbrio, seja qual for a densidade da água. 5. (b): Um bloco de alumínio de 10 toneladas tem mais volume do que um bloco de chumbo de 10 toneladas. Assim, o bloco submerso, o bloco de alumínio, com seu volume maior, desloca mais fluido que o bloco de chumbo, mais compacto, o que significa que há mais FE sobre o bloco de alumínio. 6. (b): A marcação na balança é de mg para baixo menos a FE para cima. No ar, a FE do ar deslocado pode ser desprezada, mas o mesmo não acontece com uma balança submersa no oceano. Na prática, a FE "ergue" a balança, reduzindo a sua marcação, tanto para uma lagosta quanto para um mergulhador. 7. (c): Um recipiente cheio de água até a borda tem o mesmo peso e sem um bloco de madeira flutuando nele, independentemente do que flutua neles. 8. (c): Assim como o nível da água cai quando o pedregulho é atirado para fora do barco, o nível da água cai quando o cubo de gelo derrete e solta a sua carga de ferro. Quando o ferro flutua em um navio ou no gelo congelado, ele desloca água equivalente ao seu peso. Quando submerso, ele desloca água equivalente ao seu volume, significativamente menor. O nível da água cai. 9. (c): Um balão que afunda sofre pressão crescente por parte da água ao seu redor à medida que cai. Essa pressão crescente faz com que o balão encolha. Seu volume diminui, o que reduz o volume da água deslocada, o que reduz a FE que atua sobre ele. 10. (b): Todos os exemplos foram retirados do livro, exceto o da firmeza da areia úmida, na qual a atração entre as moléculas de água sobre superfícies arenosas pela tensão superficial une os grãos de areia.

14 Gases

14.1   A atmosfera

14.2   Pressão atmosférica
   O barômetro

14.3   A lei de Boyle

14.4   O empuxo do ar

14.5   O princípio de Bernoulli
   Aplicações do princípio de Bernoulli

14.6   Plasmas
   Plasmas no mundo cotidiano
   A energia do plasma

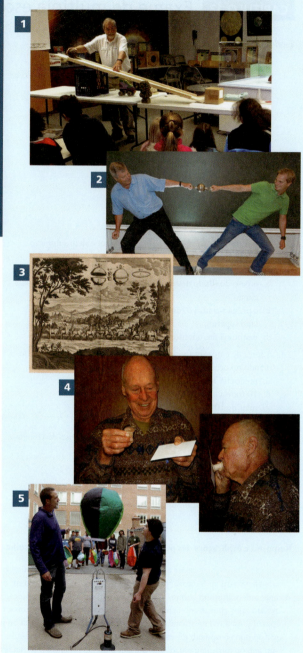

1 Fred Myers inspira crianças com a física, na esperança de que ela será uma parte normal da sua educação na adolescência. **2** Os professores suecos P. O. e Johan Zetterbarg puxam um modelo dos hemisférios de von Guericke. **3** Uma gravura da demonstração sobre pressão atmosférica de Otto von Guericke em 1642. **4** Com um carretel e um pedaço de cartolina, Evan Jones brinca de Bernoulli. **5** Dave Manning valida o empuxo com seus alunos no Thaddeus Stevens College durante o lançamento de um balão de ar quente.

Na maior parte do mundo, a física é parte do currículo normal nas escolas. Com raras exceções, os estudantes secundaristas fora dos Estados Unidos têm aulas de física antes ou ao mesmo tempo que estudam química e biologia. Nos EUA, é bem diferente: primeiro vem a biologia, depois a química, então talvez a física no penúltimo ou último ano. Para professores como Fred Myers, da prestigiada Choate Rosemary Hall, em Connecticut, essa sequência parece estar de ponta-cabeça. Embora a física seja amplamente reconhecida como o alicerce da química, e esta como a base da biologia, Fred foi um dos poucos professores americanos a inverter a sequência tradicional e ensinar física no nono ano, antes da química e da biologia. Para ajudar nesse projeto, Fred adotava a segunda edição de *Física Conceitual*, livro que motivava seus alunos e que eles realmente liam.

Entusiasmado com o sucesso com seus alunos do nono ano, Fred realizou um segundo mestrado e passou a ensinar em uma escola pública, a Farmington High School, também em Connecticut, onde teve sucesso em implementar um currículo que seguia a sequência física-química-biologia. Após ajudar a fundar a Connecticut Association of Physics Teachers e atuar como presidente da associação por muitos anos, Fred publicou artigos em defesa da "sequência de ciências na ordem certa", que seria melhor conhecida pelo nome de "física primeiro" (*physics first*). Um dos artigos de Fred chamou a atenção de Leon Lederman, vencedor do Prêmio Nobel de Física, que tornou-se porta-voz nacional do movimento "física primeiro". Fred foi um dos professores que me convenceram a escrever uma versão de *Física Conceitual* para secundaristas, para apoiar esse movimento crescente.

A pedagogia envolvente e energética de Fred, assim como suas muitas contribuições para a educação científica, foram reconhecidas pela Medalha Presidencial de Excelência no Ensino de Ciências de 1990, concedida pelo então presidente George Bush. Outros prêmios incluem o Milken Family Foundation Award, o Christa McAuliffe Award e o Janet Guernsey Award for Excellence in Physics Teaching da AAPT, entre outros. É muito bom ver que Fred é um dos professores amplamente reconhecidos por fazer o que ama: cultivar nos seus alunos o amor e o apreço pela beleza da física.

Em 2006, Fred aceitou o cargo administrativo de diretor de ciências do distrito escolar de Glastonbury, Connecticut. Devido aos seus esforços anteriores, o distrito já havia adotado uma abordagem de *física primeiro*, e esforços administrativos contínuos elevaram ainda mais o sucesso dos estudantes. Todos em Glastonbury estudavam física, e cerca de metade dos alunos escolhiam cursar uma segunda disciplina de física (física avançada)*. Boa parte dos nove anos de Fred em Glastonbury foram dedicados a melhorar a qualidade dos currículos de ciências para alunos do primário, com ênfase em aprendizagem dos professores e formação no primário.

Hoje, Fred está aposentado e mora com Bonny, sua esposa, em um balneário da Carolina do Norte. Sua paixão pelo ensino perdura nas palestras que dá para públicos de todas as idades. Seu legado inclui a mudança no modo como os cursos de física são vistos. Os antigos "cursos matadores" transformaram-se em um encontro maravilhoso com a disciplina científica mais fundamental do mundo — a física.

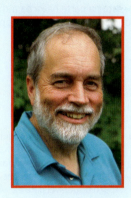

* N. do T.: Nos EUA, o programa *advanced placement* (AP) oferece disciplinas com conteúdo de nível universitário para estudantes secundaristas. Estudantes que recebem notas altas nas provas finais do curso podem receber créditos universitários posteriormente.

14.1 A atmosfera

Nós vivemos no fundo de um oceano de ar que chamamos de atmosfera. Sua espessura é determinada por dois fatores que competem entre si: a energia cinética de suas moléculas, que tende a espalhá-las; e a gravidade, que tende a mantê-las junto à Terra. Se, de alguma maneira, a gravidade da Terra fosse "desligada", as moléculas da atmosfera se dispersariam e desapareceriam da vizinhança da Terra. Se a gravidade atuasse, mas as moléculas se movimentassem muito lentamente para constituir um gás (como poderia acontecer em um planeta frio e remoto), nossa "atmosfera" seria um líquido ou uma camada sólida, com quase toda a matéria localizando-se próxima ao solo. Não haveria algo para respirar. É a atmosfera que nos mantém vivos e aquecidos, e sem ela morreríamos em minutos.

A nossa atmosfera é o resultado de um meio-termo fortuito entre as moléculas energéticas, que tendem a se afastar rapidamente umas das outras, e a gravidade, que tende a juntá-las. Sem a energia solar, as moléculas de ar ficariam paradas sobre a superfície da Terra, da mesma maneira que o milho para pipocas acomoda-se imóvel

Isto é certo. Noventa e nove por cento da atmosfera terrestre situa-se abaixo de 30 km de altitude (somente 0,5% do raio da Terra).

306 PARTE II Propriedades da matéria

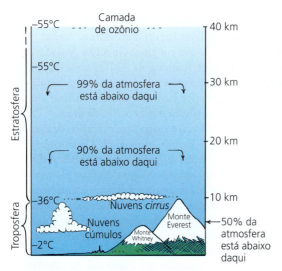

FIGURA 14.1 A atmosfera. O ar está mais comprimido ao nível do mar do que a altitudes maiores. Como penas de pássaros colocadas em uma grande pilha, o ar que está na parte baixa da atmosfera está mais comprimido do que o que está mais próximo ao topo.

no fundo da máquina de fazer pipocas quando ela está desligada. Entretanto, se for adicionado calor ao milho para pipocas e aos gases atmosféricos, ambos começarão insistentemente a dar saltos que alcançam grandes alturas. Pedaços de milho para pipocas alcançam valores de rapidez de alguns quilômetros por hora e chegam a alcançar altitudes de um ou dois metros; as moléculas do ar movem-se com valores de rapidez de cerca de 1.600 quilômetros por hora e saltam insistentemente, chegando a alcançar altitudes de muitos quilômetros. Felizmente, existe o Sol para energizá-las e existe a gravidade, e a Terra tem uma atmosfera.

A altura exata da atmosfera não tem um significado real, pois o ar vai ficando cada vez mais rarefeito à medida que se vai mais alto. Ele acaba diluindo-se progressivamente até confundir-se com o vazio espacial. Mesmo nas regiões de vácuo do espaço interplanetário, entretanto, existe uma densidade gasosa de aproximadamente uma molécula por centímetro cúbico. A maioria delas é hidrogênio, o mais abundante elemento do universo. Cerca de 50% da atmosfera está abaixo de uma altitude de 5,6 quilômetros, 75% dela está abaixo de 11 quilômetros, 90%, abaixo de 18 quilômetros e 99%, abaixo de 30 quilômetros (Figura 14.1). A atmosfera terrestre, como o oceano de água do planeta, é idealmente esférica, desconsiderando quase totalmente a topografia da superfície do planeta. A Figura 14.1 deixa claro que existe menos ar sobre uma montanha do que sobre as regiões mais baixas. Assim, a pressão atmosférica é significativamente menor nas montanhas de Denver do que na costa de San Francisco (nível do mar). Uma descrição detalhada da atmosfera terrestre pode ser encontrada em diversos *sites* da internet.

psc

- Os gases, bem como os líquidos, fluem; assim, ambos são chamados de *fluidos*. Todo gás expande-se indefinidamente e preenche todo o espaço disponível para ele. Apenas quando a quantidade de gases for muito grande, como na atmosfera de um planeta ou de uma estrela, é que as forças gravitacionais limitam o tamanho e a forma de um gás.

PAUSA PARA TESTE

1. Por que a Terra tem atmosfera e a Lua não?
2. A superfície de um lago é clara e bem definida. Por que a atmosfera não tem uma superfície igualmente bem definida?
3. Por que às vezes os ouvidos ficam parcialmente surdos quando se muda de altitude, como no elevador de um arranha-céu ou descendo em um avião?

VERIFIQUE SUA RESPOSTA

1. Em uma palavra: gravidade. A gravitação na Terra é forte o suficiente para impedir que as moléculas escapem, ao contrário da gravitação mais fraca da Lua.
2. Pense na densidade. A densidade da água é constante em todo o lago, mas a densidade do gás na atmosfera varia com a altitude, sendo finíssima nas regiões superiores, onde não se forma uma superfície bem definida.
3. A mudança de altitude significa uma alteração da pressão do ar, como será discutido na próxima seção, e isso causa um desequilíbrio temporário da pressão nos dois lados de seu tímpano.

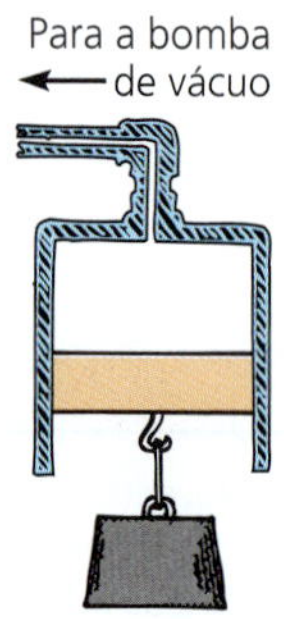

14.2 Pressão atmosférica

Vivemos no fundo de um oceano de ar. A atmosfera, de forma parecida com a água de um lago, exerce pressão. Por exemplo, quando a pressão do ar dentro de um cilindro como o da Figura 14.2 é reduzida, aparece uma força dirigida para cima atuando sobre o pistão originada pelo ar no lado de fora. Essa força é intensa o suficiente para erguer uma carga pesada. Se o diâmetro interior do cilindro for de 10 cm ou maior, uma pessoa pode ser erguida por essa força.

Ao contrário do que comumente se pensa, o que o experimento da Figura 14.2 *não* demonstra é a "força de sucção". Se afirmarmos que existe uma força de sucção, estamos pressupondo que um vácuo é capaz de exercer uma força. Mas o que é um

FIGURA 14.2 O pistão sustenta a carga sendo puxado ou empurrado para cima?

vácuo? É a ausência de matéria; é uma condição de inexistência completa. Como, então, pode o nada exercer uma força? O pistão que sustenta o peso na Figura 14.2 não está subindo por sucção. O pistão é empurrado para cima pela pressão da atmosfera contra a sua superfície inferior.

Assim como a pressão da água é causada por seu próprio peso, a **pressão atmosférica** é causada pelo peso do próprio ar. Estamos tão adaptados ao ar totalmente invisível que não o sentimos e às vezes esquecemos que ele também tem peso. Talvez um peixe "se esqueça" do peso da água, de maneira análoga. A razão de não sentirmos esse peso que aperta nossos corpos é que a pressão dentro deles equilibra a pressão produzida pelo ar que nos rodeia. Não existe uma força resultante para sentirmos.

Ao nível do mar, 1 m^3 de ar tem uma massa de 1,25 kg, de modo que o ar dentro do pequeno quarto de dormir de sua irmã caçula pesa praticamente tanto quanto ela! A densidade do ar diminui com a altitude. A 10 quilômetros de altura, por exemplo, 1 m^3 de ar tem uma massa de cerca de 0,4 kg. Para compensar isso, os aviões são pressurizados. O ar adicional necessário para pressurizar um jato jumbo moderno, por exemplo, pesa mais de 1.000 kg. O ar pesa muito se você tem uma grande quantidade dele. Se sua irmã caçula não acredita que o ar tenha peso, mostre-lhe porque ela percebe equivocadamente o ar como se ele não tivesse peso. Peça a ela para segurar um saco plástico cheio de água, e ela lhe dirá que ele tem peso. Depois peça-lhe para segurar o mesmo saco quando ele é submerso em uma piscina, e ela não sentirá o peso que ele tem. Isso acontece porque ela e o saco estão rodeados pela água. A mesma coisa ocorre com o saco de ar imerso no ar que nos rodeia.

Considere a massa de ar dentro de um mastro de bambu com 30 km de altura que tem uma seção transversal com área igual a 1 cm^2. Se a densidade do ar dentro do bambu for igual à densidade do ar no exterior do mastro, a massa de ar contida no bambu será cerca de 1 kg. O peso desse ar é cerca de 10 N. Assim, a pressão do ar sobre a base do mastro de bambu será de 10 N por centímetro quadrado (10 N/cm^2). É claro, o mesmo será verdade sem a presença do mastro de bambu. Há 10.000 cm^2 em 1 m^2, de modo que uma coluna de ar com 1 m^2 de seção transversal que se estende para cima, através da atmosfera, tem uma massa de aproximadamente 10.000 kg. O peso desse ar é cerca de 100.000 newtons (10^5 N). Esse peso produz uma pressão de 100.000 N/m^2 – o equivalente a 100.000 pascals, ou 100 quilopascals. Para ser mais exato, a pressão atmosférica média ao nível do mar é 101,3 quilopascal (101,3 kPa).[1]

FIGURA 14.3 Você não sentirá o peso de um saco com água enquanto estiver submerso em água. Da mesma forma, você não sentirá o peso do ar enquanto estiver submerso no nosso "oceano" de ar.

FIGURA 14.4 Cerca de 1 kg de ar (~10 N) preencheria um mastro de bambu que se estendesse por 30 km até o "topo" da atmosfera.

FIGURA 14.5 Ann Brandon fascina seus estudantes enquanto desliza sobre o piso usando um disco inflado gigante em que o ar é soprado através de um buraco existente no meio do disco.

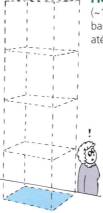

FIGURA 14.6 O peso de ar sobre uma superfície de 1 metro quadrado, ao nível do mar, é cerca de 100.000 N. Em outras palavras, a pressão atmosférica é cerca de 10^5 N/m^2, ou aproximadamente 100 kPa.

---

[1] O pascal (1 N/m^2) é a unidade do SI para medidas de pressão. A pressão média ao nível do mar (101,3 kPa) é frequentemente denominada 1 atmosfera. Em unidades britânicas, a pressão atmosférica média ao nível do mar é igual a 14,7 lb/pol^2.

psc

- Muitas criaturas das profundezas do mar experimentam pressões enormes da água sobre seus corpos, mas não sofrem efeitos danosos. Como nós, situados no fundo da atmosfera, não existe uma força ou compressão resultante, porque a pressão interna de seus corpos equilibra exatamente a pressão exercida pelo fluido circundante. Para muitas criaturas, porém nem todas, ocorrem problemas quando elas mudam de profundidade rapidamente demais. Por exemplo, mergulhadores de Scuba (acrônimo da expressão inglesa *self-contained underwater breathing apparatus*, aparelho autônomo de respiração subaquática) que cometem o erro de subir à superfície muito rapidamente experimentam dor e até morrem por causa da rápida descompressão – uma condição conhecida como mal dos mergulhadores (*bends*, em inglês). Biólogos marinhos pesquisam maneiras de trazer à superfície criaturas das profundezas oceânicas sem matá-las.

TABELA 14.1 Densidades de alguns gases

Gás	Densidade (kg/m³)*
Ar seco	
0°C	1,29
10°C	1,25
20°C	1,21
30°C	1,16
Hidrogênio	0,090
Hélio	0,178
Nitrogênio	1,25
Oxigênio	1,43

* À pressão atmosférica ao nível do mar e a 0 °C (a menos que algo diferente seja explicitado).

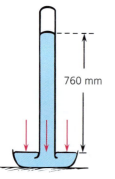

FIGURA 14.7 Um barômetro simples de mercúrio.

A pressão atmosférica não é uniforme. Além das variações devido à altitude, a pressão atmosférica varia de uma localidade para outra e de dia para dia. Isso produz o movimento de frentes frias e tempestades que constituem nosso clima. Quando um sistema de alta pressão se aproxima, você pode esperar por temperatura mais fria e céu azul. Quando um sistema de baixa pressão se aproxima, você deve esperar por um clima mais quente, chuva e tempestades. A medição das variações na pressão atmosférica é importante para os meteorologistas fazerem previsões do tempo.

> **PAUSA PARA TESTE**
>
> 1. Qual é a causa da pressão atmosférica?
> 2. Em qual parte da atmosfera a densidade do ar é maior?
> 3. Aproximadamente quantos quilogramas de ar ocupam uma sala de aula com 200 m² de área de piso, com um teto que se encontra a 4 m do piso? (Considere uma temperatura fria de 10°C.)
> 4. Por que a pressão atmosférica não quebra as vidraças das janelas?
>
> **VERIFIQUE SUA RESPOSTA**
>
> 1. O peso do ar.
> 2. A densidade é maior na superfície terrestre.
> 3. Em uma sala de aula com temperatura normal, a massa do ar é 1.000 kg. O volume de ar é área × peso = 200 m² × 4 m = 800 m³. Cada metro cúbico de ar tem uma massa de aproximadamente 1,25 kg, de modo que 800 m³ × 1,25 kg/m³ = 1.000 kg.
> 4. A pressão atmosférica é exercida em ambos os lados do vidro da janela; logo, a força resultante é nula. Se, por alguma razão, a pressão fosse reduzida ou aumentada em apenas um dos lados da janela, como quando um tornado passa por perto, então cuidado! A redução na pressão externa produzida por um tornado pode fazer um edifício explodir.

O barômetro

Em 1643, o físico e matemático italiano Evangelista Torricelli descobriu uma forma de medir a pressão exercida pelo ar – inventando o primeiro **barômetro**. Um barômetro simples de mercúrio é ilustrado na Figura 14.7. Ele consiste em um tubo de vidro preenchido parcialmente com uma coluna de mercúrio com aproximadamente 76 cm de altura, a qual é imersa em um prato (reservatório) com mercúrio. Quando Torricelli virou o tubo com mercúrio para baixo, mantendo-o tapado, e mergulhou a boca do tubo no prato com mercúrio, o nível de mercúrio do tubo baixou para um nível em que o peso do mercúrio no tubo era equilibrado pela força atmosférica exercida sobre o reservatório. O espaço vazio deixado acima do mercúrio, exceto por algum vapor de mercúrio, é um vácuo. A altura vertical da coluna de mercúrio mantém-se constante mesmo quando o tubo é inclinado, a menos que a extremidade superior e vedada do tubo esteja a menos do que 76 centímetros acima do nível no prato – nesse caso, o mercúrio enche completamente o tubo.

O equilíbrio do mercúrio em um barômetro é semelhante à forma como uma gangorra de criança entra em equilíbrio quando os torques exercidos pelas pessoas nas extremidades se igualam. O barômetro "se equilibra" quando o peso do líquido dentro do tubo exerce a mesma pressão que a atmosfera de fora exerce, na altura da base da coluna. Seja qual for a largura do tubo, uma coluna de mercúrio com 76 cm de altura pesa o mesmo que todo o ar que preenche um tubo de mesma largura, mas com 30 km de altura. Se a pressão atmosférica aumentar, então a atmosfera empurrará mais fortemente o mercúrio do prato para baixo, e a coluna será empurrada para cima até alcançar mais de 76 centímetros de altura (760 mm). O mercúrio no interior do tubo de um barômetro é literalmente empurrado para cima pelo peso da atmosfera. A pressão atmosférica é medida pela altura de uma coluna de mercúrio em um barômetro, ainda muitas vezes expressa em polegadas ou milímetros de mercúrio (mmHg). A unidade científica mais comum é o quilopascal.

Será que a água pode ser usada para fabricar um barômetro? A resposta é *sim*, mas o tubo de vidro teria de ser muito mais comprido – 13,6 vezes mais comprido, para ser exato. Observe que esse número é a densidade do mercúrio em relação à da água. É preciso que o volume de água seja 13,6 vezes maior do que o de mercúrio para que as porções pesem o mesmo valor. Assim, o tubo teria de ser, no mínimo, 13,6 vezes mais alto do que a coluna de mercúrio. Isso significa 13,6 × 0,76 metros, ou seja, 10,3 metros de altura – alto demais para ser prático.

O que acontece no barômetro é semelhante ao que acontece quando tomamos uma bebida com um canudo. Sugando o canudo colocado no líquido, reduzimos a pressão no interior do canudo. O peso da atmosfera sobre a bebida empurra o líquido canudo acima, para uma região onde a pressão foi reduzida. Estritamente falando, o líquido não é sugado; ele é empurrado para cima pela atmosfera. Se a atmosfera fosse impedida de empurrar a superfície do líquido na garrafa, como naquele truque de festas em que o canudo atravessa uma rolha de cortiça que veda a garrafa, você poderia sugar o canudo à vontade que não conseguiria beber.

Se você compreende essas ideias, pode entender por que, sob pressão atmosférica normal, existe um limite de 10,3 metros na altura até a qual a água pode ser erguida por uma bomba de vácuo. As antigas bombas de água das fazendas, como a da Figura 14.9, operam produzindo um vácuo parcial em um tubo que se estende para baixo, até ficar imerso na água do poço. O peso da atmosfera que existe acima da água do poço simplesmente empurra a água para cima, para a região de pressão reduzida do interior do tubo. Você consegue perceber que, mesmo operando com vácuo perfeito, a altura máxima para a qual a água pode ser erguida é de 10,3 metros?

FIGURA 14.8 Estritamente falando, eles não sugam o refrigerante pelo canudo. Em vez disso, eles reduzem a pressão dentro do canudo e permitem que o peso da atmosfera empurre o líquido e o faça subir. Se estivessem na Lua, eles poderiam beber o refrigerante dessa maneira?

FIGURA 14.9 A atmosfera empurra para cima a água do poço através de um cano parcialmente evacuado pela ação do bombeamento.

PAUSA PARA TESTE

1. Um tubo de vidro de 30 km de altura preenchido com ar atmosférico tem peso. Qual altura de água em um tubo semelhante teria o mesmo peso?
2. Qual é a altura máxima na qual a água poderia ser bebida através de um canudo?
3. Por que uma bomba de vácuo não funciona em um poço de mais de 10,3 m de profundidade sob pressão atmosférica normal?

VERIFIQUE SUA RESPOSTA

1. A água a uma altura de 10,3 m teria o mesmo peso do que a atmosfera no tubo mais alto.
2. Independentemente da força de seus pulmões ou do dispositivo utilizado por você para produzir vácuo dentro do canudo, ao nível do mar, a água não poderia ser empurrada pela atmosfera mais alto do que 10,3 m.
3. A atmosfera não tem pressão o suficiente para empurrar a água a uma altura maior do que 10,3 m.

Quando o cabo é puxado para cima, o ar dentro do tubo fica "rarefeito" ao se expandir para ocupar um volume maior. A pressão atmosférica exercida sobre a superfície do poço empurra a água para cima e para dentro do tubo, fazendo-a fluir pela torneira.

FIGURA 14.10 Um barômetro aneroide (acima) e seu corte transversal (abaixo).

O *barômetro aneroide* é um pequeno instrumento portátil que mede a pressão atmosférica. O modelo clássico ilustrado na Figura 14.10 usa uma caixa de metal, de onde o ar é parcialmente evacuado, que tem uma tampa ligeiramente flexível. Essa tampa verga para dentro ou para fora de acordo com as mudanças ocorridas na pressão atmosférica. A movimentação da tampa é indicada em uma escala por meio de um sistema de alavanca e mola. Como a pressão atmosférica diminui com o aumento da altitude, um barômetro desse tipo também pode ser usado para determinar a elevação de um local. Um barômetro aneroide calibrado para altitude é chamado de *altímetro* (medidor de altitude). Certos altímetros são suficientemente sensíveis para registrar variações de elevação menores do que um metro.

Vácuos são produzidos por bombas, que funcionam em virtude da tendência de qualquer gás em ocupar inteiramente o recipiente que o contém. Se um espaço com menor pressão for oferecido, o gás fluirá da região de maior pressão para aquela onde a pressão é menor. Uma bomba de vácuo simplesmente provê uma região de pressão mais baixa para a qual migram as moléculas do gás, que se movem veloz e aleatoriamente. A pressão do ar é reduzida repetidas vezes pela ação de um pistão e uma válvula. Os melhores vácuos obtidos com bombas mecânicas são de aproximadamente 1 Pa. Vácuos melhores, abaixo de 10–8 Pa, são obtidos com bombas de difusão de vapor ou de jato de vapor. Bombas de sublimação podem alcançar 10–12 Pa. Vácuos maiores são ainda mais difíceis de obter.

psc

- Para voos de aeronaves internacionais, exige-se uma cabine pressurizada a no mínimo três quartos da pressão atmosférica normal.

> **PAUSA PARA TESTE**
> Por que não há pressão atmosférica no vácuo?
>
> **VERIFIQUE SUA RESPOSTA**
> A pressão é o resultado de uma força distribuída sobre uma área. No vácuo, uma região de inexistência, não existe algo para exercer uma força.

14.3 A lei de Boyle

A pressão do ar dentro dos pneus inflados de um automóvel é consideravelmente maior do que a pressão atmosférica externa. A densidade do ar dentro dos pneus também é maior do que a do ar externo. Para compreender a relação entre *pressão* e *densidade*, pense nas moléculas de ar dentro do pneu (a maioria de nitrogênio e oxigênio), que se comportam como se fossem minúsculas bolas de pingue-pongue – movendo-se numa confusão perpétua e chocando-se violentamente umas com as outras e com as paredes internas do recipiente. Seus inúmeros impactos produzem uma força total flutuante que, aos nossos sentidos grosseiros parece um empurrão constante. Essa força média atuante sobre uma unidade de área gera a pressão do ar que está confinado.

FIGURA 14.11 Quando aumenta a densidade do gás em um pneu, sua pressão também aumenta.

Suponha que existam duas vezes mais moléculas em um mesmo volume (Figura 14.11). Nesse caso, a densidade do ar dobra. Se as moléculas se movem com a mesma rapidez média – ou, de maneira equivalente, se elas se encontram à mesma temperatura –, o número de colisões dobrará. Isso significa que a pressão dobra. Desse modo, a pressão é proporcional à densidade.

> A pressão atmosférica é realmente diferente ao longo de alguns centímetros de diferença em altitude? A resposta é sim, como demonstra qualquer balão cheio de hélio que se eleva no ar. A pressão atmosférica na superfície do fundo do balão é maior do que a pressão atmosférica no topo.

Também podemos dobrar a densidade do ar comprimindo-o até a metade do volume inicial. Considere o cilindro com pistão móvel da Figura 14.12. Se o pistão é empurrado para baixo, de modo que seu volume se reduza à metade, a densidade das moléculas dobrará de valor, e a pressão, correspondentemente, também dobrará. Se o volume for reduzido a um terço do original, a pressão triplicará de valor, e assim por diante (desde que a temperatura permaneça a mesma).

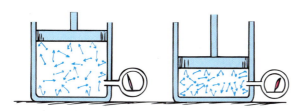

FIGURA 14.12 Quando o volume ocupado por um gás diminui, sua densidade e, portanto, sua pressão, aumentam.

Observe nestes exemplos envolvendo o pistão que *a pressão e o volume* são inversamente proporcionais; se você, por exemplo, dobrar um deles, o outro será reduzido à metade.[2] Podemos escrever isso como

$$P \sim \frac{1}{V}$$

em que P representa a pressão e V, o volume. Essa relação é dada por

$$PV = \text{constante}$$

Outra forma para expressá-la é

$$P_1 V_1 = P_2 V_2$$

Aqui, P_1 e V_1 representam a pressão e o volume originais, respectivamente, e P_2 e V_2 representam uma segunda pressão e um segundo volume. Ou, mais graficamente,

$$_PV = {_P}V$$

Essa relação é conhecida como **lei de Boyle**, em homenagem ao físico Robert Boyle, que, com a ajuda de seu colega Robert Hooke, também físico, descobriu essa lei no século XVII. A lei de Boyle se aplica a gases ideais. Um gás ideal é aquele no qual os efeitos perturbativos das forças intermoleculares e o tamanho finito das moléculas individuais podem ser desprezados. O ar e outros gases, sob pressões normais, se aproximam muito das condições de gás ideal.

Uma regra incrível da natureza:
$P_1V_1 = P_2V_2$

PAUSA PARA TESTE

1. Um pistão dentro de uma bomba hermeticamente fechada é deslocado até que o volume da câmara de ar triplique. Qual é a variação da pressão?
2. Uma mergulhadora, com equipamento de mergulho, respira ar comprimido a 10,3 m de profundidade. Se ela segurasse a respiração ao retornar à superfície, em quanto tenderia a aumentar o volume de ar de seus pulmões?

VERIFIQUE SUA RESPOSTA

1. A pressão na câmara do pistão é reduzida para um terço. Esse é o princípio que está por trás do funcionamento de uma bomba de vácuo mecânica.
2. A pressão atmosférica é capaz de suportar uma coluna de água com 10,3 m de altura, de modo que a pressão na água produzida unicamente pelo peso da própria água é igual à pressão atmosférica numa profundidade de 10,3 m. Levando em conta a pressão da atmosfera na superfície da água, a pressão total nessa profundidade é de duas atmosferas. Infelizmente para a mergulhadora com Scuba, seus pulmões tenderão a inflar para duas vezes o seu tamanho normal se ela segurar a respiração enquanto ascende. A primeira lição de mergulho com Scuba é não prender a respiração enquanto sobe. Fazer isso pode ser fatal.

psc

- O calibrador de pneus de qualquer posto de combustíveis não mede a pressão absoluta do ar. Um pneu vazio o fará registrar uma pressão nula, quando ali existe cerca de 1 atmosfera de pressão. O calibrador marca a "pressão manométrica" – a pressão que excede a pressão atmosférica.

---

[2] Uma lei geral que leva em conta a temperatura é dada por $\frac{P_1 V_1}{T_1} = \frac{P_2 V_2}{T_2}$, onde T_1 e T_2 representam a primeira e a segunda temperaturas *absolutas*, medidas na unidade do SI denominada *kelvin* (Capítulos 15 e 18).

14.4 O empuxo do ar

Um caranguejo vive no fundo do oceano e observa uma água-viva flutuando acima dele. Fazendo uma analogia, vivemos no fundo de nosso oceano de ar e olhamos para cima para observar um balão à deriva acima de nós. Um balão flutua no ar e uma água-viva fica suspensa na água pela mesma razão: cada um deles é empurrado para cima pela força de empuxo igual ao peso do líquido deslocado, que equilibra seu próprio peso. No caso do balão, o fluido deslocado é o ar, no outro, a água. Como discutido no capítulo anterior, quando estão na água, os objetos são empurrados para cima, porque a pressão contra o fundo, atuando para cima, é maior do que a pressão no topo que atua para baixo. Analogamente, a pressão do ar que empurra, por baixo, um objeto no ar para cima é maior do que a pressão que o empurra para baixo, por cima. Em ambos os casos, o empuxo é numericamente igual ao peso do fluido deslocado. O **princípio de Arquimedes** vale tanto para o ar quanto para a água:

Um objeto rodeado por ar sofre ação de uma força de empuxo dirigida para cima e igual ao peso do ar deslocado.

Sabemos que um metro cúbico de ar, nas condições ordinárias de pressão e temperatura, tem uma massa de aproximadamente 1,2 kg, de modo que seu peso é cerca de 12 N. Portanto, qualquer objeto de 1 metro cúbico imerso no ar sofre ação de um empuxo de aproximadamente 12 N. Se a massa do objeto de 1 m³ for maior do que 1,2 kg (tal que seu peso seja maior do que 12 N), ele cairá ao ser liberado no ar. Se o objeto tiver massa menor do que 1,2 kg, ele se elevará no ar. Qualquer objeto que tenha uma massa menor do que a massa de um volume igual de ar se elevará. Outro modo de dizer a mesma coisa é dizer que qualquer objeto menos denso do que o ar se elevará nele. Os balões a gás que se elevam no ar são, portanto, menos densos do que o ar.

O empuxo máximo seria obtido se o balão fosse simplesmente evacuado, mas isso não é prático. O peso da estrutura necessária para evitar o colapso do balão é desvantajoso em relação ao empuxo adicional obtido, de modo que os balões são enchidos com um gás menos denso do que o ar, o que evita o colapso do balão, ainda que o mantendo leve. Nos balões esportivos, o gás é simplesmente o ar aquecido. Nos balões construídos para alcançar grandes altitudes, ou para permanecer no ar por muito tempo, geralmente o hélio é o gás usado. Sua densidade é suficientemente pequena para que o peso total do próprio hélio, do balão e de qualquer carga que carregue seja menor do que o peso do ar que ele desloca.[3] Um gás de baixa densidade é utilizado em balões pela mesma razão que a cortiça ou o isopor são usados para fabricar salva-vidas. A cortiça e o isopor têm a tendência nem um pouco surpreendente de subir para a superfície da água, assim como o balão tem a tendência nada surpreendente de elevar-se no ar. Ambos sofrem ação de um empuxo, como qualquer outra coisa. Eles apenas são suficientemente leves para que o empuxo seja significativo.

Diferentemente da água, a atmosfera não tem uma superfície livre bem definida. Não existe um "topo" para ela. Além disso, ao contrário da água, a atmosfera torna-se cada vez menos densa com o aumento da altitude. Enquanto a cortiça flutua na superfície da água, um balão cheio com hélio não se eleva até alguma superfície atmosférica. Quão alto ele subirá? Podemos responder a isso de várias maneiras. Um balão se manterá subindo enquanto deslocar um peso de ar maior do que o seu próprio peso. Como o ar torna-se menos denso com a altitude, um peso progressivamente menor de ar será deslocado, para um dado volume, quando o balão se eleva. Como a maioria dos balões se expande à medida que sobe, seu empuxo

FIGURA 14.13 Todos os corpos sofrem a ação de uma força de empuxo igual ao peso do ar que eles deslocam. Por que, então, nem todos os objetos flutuam como esse balão?

FIGURA 14.14 (Esquerda) Ao nível do solo, o balão está parcialmente inflado. (Direita) O mesmo balão está totalmente inflado a grandes altitudes, onde a pressão local do ar é menor.

---

[3] O hidrogênio é o gás menos denso que existe. Ele foi muito usado em balões de passageiros entre o final do século XVIII e meados do XX. Como é altamente inflamável, no entanto, como nos lembra o desastre do dirigível Hindenburg em 1937, o hidrogênio raramente é utilizado hoje em dia.

permanece relativamente constante até o balão não conseguir mais se expandir. Quando o peso do ar deslocado se igualar ao peso total do balão, a aceleração ascendente deixa de existir. Em outras palavras, quando a força de empuxo sobre o balão se igualar ao seu peso, o balão deixará de subir. De modo equivalente, quando a densidade média do balão (que inclui sua carga total) se igualar à densidade do ar circundante, o balão deixará de subir. Os balões de brinquedo cheios de hélio normalmente acabam se rompendo depois de soltos, porque quando se elevam a regiões onde a pressão é menor, o hélio do balão se expande, aumentando o volume do balão e distendendo a borracha até rompê-la. Grandes dirigíveis são projetados de modo que, quando carregados, se elevem suavemente no ar; ou seja, seu peso total é apenas um pouco menor do que o peso do ar deslocado. Quando ele se encontra em movimento, a nave pode ser elevada ou abaixada por meio de "lemes" horizontais de controle.

Até aqui, temos tratado da pressão para situações em que o fluido é estacionário. O movimento dele introduz efeitos adicionais.

- Uma nuvem típica de bom tamanho contém um milhão ou mais de toneladas de água, toda ela na forma de gotículas de água em suspensão.

PAUSA PARA TESTE

1. Existe uma força de empuxo atuando sobre você? Se existe, por que você não se mantém flutuando sob ação dessa força?
2. (Esta questão requer o melhor de seu raciocínio!) Como se altera a força de empuxo sobre um balão de hélio enquanto ele está ascendendo?

VERIFIQUE SUA RESPOSTA

1. Existe realmente uma força de empuxo atuando sobre você. Ela, *de fato*, o empurra para cima. Você não a nota apenas porque seu peso é muito maior do que ela.
2. Se o balão é livre para se expandir enquanto sobe, o aumento do volume é contrabalançado pela diminuição da densidade do ar a grandes altitudes. Assim, curiosamente, o maior volume de ar deslocado não tem um peso maior, e o empuxo permanece o mesmo. Se o balão não tem liberdade de expandir-se, o empuxo diminuirá progressivamente enquanto o balão sobe por causa do ar cada vez menos denso que é deslocado. Normalmente, os balões se expandem no início da subida, e, se não se rompem, a borracha atinge uma distensão máxima. Então, o balão se acomoda numa altitude em que o empuxo se iguala ao peso. Como mostra a Figura 14.14, balões de grandes altitudes estão apenas parcialmente inflados no lançamento.

14.5 O princípio de Bernoulli

Considere um fluxo contínuo de água em um cano. Uma vez que a água não se "acumula", a quantidade de água que atravessa qualquer seção do cano é a mesma que flui através de qualquer outra seção — mesmo se o cano se alargar ou se estreitar. No caso de um fluxo contínuo, um fluido se acelerará quando passar de uma parte mais larga para outra mais estreita do cano. Isso é evidente em um rio largo e lento, que passa a fluir mais rapidamente quando entra em um desfiladeiro estreito. Ou em uma mangueira de jardim, em que o jato de água torna-se mais rápido quando você aperta a ponta dela e a torna mais estreita.

Essa alteração na rapidez com a variação da seção transversal é uma consequência do que chamamos de *princípio da continuidade*, tema dos próximos dois quadros informativos. Para que o fluxo seja contínuo em uma região confinada, ele se acelera quando passa de uma região mais larga para uma mais estreita.

O movimento de um fluido em fluxo estacionário segue *linhas de corrente* imaginárias, representadas pelas linhas finas na Figura 14.16 e nas outras que a seguem. As linhas de fluxo são as trajetórias contínuas de minúsculas partes do fluido. Elas são mutuamente mais próximas em regiões mais estreitas, onde a velocidade do fluxo é maior. (As linhas de corrente são visíveis quando fumaça ou outros fluidos visíveis atravessam aberturas apertadas, como em um túnel de vento.)

FIGURA 14.15 Por seu fluxo ser contínuo, a água torna-se mais rápida quando tem de passar através de uma parte mais estreita e/ou rasa de um riacho.

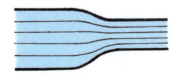

FIGURA 14.16 A água torna-se mais rápida quando flui através das partes mais estreitas de um cano. A aproximação das linhas de corrente indica o crescimento da rapidez do líquido e a diminuição de sua pressão interna.

314 PARTE II Propriedades da matéria

psc

- Uma vez que o volume de água que flui em um tubo com seções transversais de diferentes áreas A se mantém constante, a velocidade v do fluxo será maior onde a área for menor, e a velocidade será menor onde a área for maior. Isso é expresso pela equação da continuidade,

$$A_1v_1 = A_2v_2$$

O produto A_1v_1 em qualquer ponto 1 é igual ao produto A_2v_2 em qualquer ponto 2.

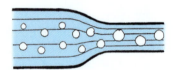

FIGURA 14.17 A pressão interna é maior na parte mais larga do cano, onde a água se movimenta com menor rapidez, como fica evidente pela diminuição do tamanho das bolhas de ar. Elas são maiores na parte mais estreita do cano, onde a pressão interna é menor.

psc

- Se você já reparou, ao subir uma colina, que a brisa leve acelera e se torna um vento forte ao chegar no topo, lembre-se do princípio da continuidade! Embora não exista tubo para restringir o fluxo de ar, ele é analogamente forçado e acelera.

Uma mangueira de bombeiro fica achatada quando não está jorrando água. Quando a água começa a fluir e a mangueira a jorrar, por que ela não permanece achatada?

Daniel Bernoulli, um cientista suíço do século XVIII, estudou o movimento de fluidos em tubos. Sua descoberta, agora conhecida como **princípio de Bernoulli**, pode ser enunciada assim:

Onde a rapidez do fluido cresce, a pressão interna dele decresce.

E vice-versa: quando a rapidez diminui, a pressão interna aumenta. O princípio se aplica a um fluxo suave e contínuo (chamado de fluxo *laminar*) ao longo de linhas de corrente de um fluido de densidade constante. Em velocidades com valores acima de determinado ponto crítico, todavia, o fluxo pode se tornar caótico (chamado de fluxo *turbulento*) e seguir caminhos ondulados e desordenados, chamados de *redemoinhos*. Isso ocasiona atrito sobre o fluido e dissipa parte de sua energia. Nesse caso, o princípio de Bernoulli não se aplica muito bem.

Onde as linhas de corrente de um fluido se amontoam, a rapidez do fluxo é maior, e a pressão interna do fluido, menor. Variações da pressão interna são evidentes na água que contém bolhas de ar (Figura 14.17). O volume de uma bolha de ar depende da pressão da água circundante. Onde a água é mais veloz, a pressão é reduzida, e as bolhas tornam-se maiores. Na água mais lenta, a pressão aumenta, e as bolhas são comprimidas e se tornam menores.

O princípio de Bernoulli é uma consequência da conservação da energia, embora, surpreendentemente, ele tenha sido desenvolvido muito antes da formulação do conceito de energia.[4]

A queda da pressão do fluido com o aumento da rapidez pode parecer surpreendente à primeira vista, especialmente quando pensamos no azar das pessoas atingidas pelos jatos de alta pressão de um canhão d'água. É importante diferenciar entre a pressão *dentro* de um fluido, a pressão interna, e a pressão exercida *pelo* fluido sobre algo que interfere com o seu fluxo. A pressão interna dentro da água em fluxo e a pressão externa que ela exerce quando impacta um objeto qualquer no seu caminho são duas pressões diferentes. Quando o *momentum* da água em movimento (ou qualquer outra coisa) é reduzido subitamente, o impulso que exerce pode ser enorme. Um exemplo radical desse fenômeno é o uso de jatos de água de alta velocidade para cortar concreto, granito e aço na indústria. A água tem pouquíssima pressão interna, mas a pressão que os jatos de água exercem sobre os sólidos que interrompem o seu fluxo é enorme.

> **PAUSA PARA TESTE**
>
> **Qual é a relação entre o princípio de Bernoulli e um vento forte que arrasta uma lixeira pela calçada?**
>
> **VERIFIQUE SUA RESPOSTA**
>
> Não há. O princípio de Bernoulli envolve apenas pressões internas, como aquelas entre as moléculas de ar que compõem o vento, não a pressão externa que o vento exerce sobre a lixeira.

Aplicações do princípio de Bernoulli

Quem já andou em um carro conversível com capota de lona deve ter notado que o teto estufa para cima quando o carro está em movimento. Trata-se do princípio de Bernoulli em ação! A pressão externa no topo da lona, onde o ar acelera sobre o carro, é menor do que a pressão atmosférica estática no interior do carro. O resultado é uma força resultante sobre a lona, orientada de baixo para cima.

---

[4] Em forma matemática: $\frac{1}{2}mv^2 + mgy + PV = $ constante (ao longo de uma mesma linha de corrente); onde m é a massa de algum pequeno volume V de fluido, v é a sua rapidez, g é a aceleração da gravidade, y é a sua elevação e P é a sua pressão interna. Se a massa m for expressa em termos da densidade do fluido ρ, onde $\rho = m/V$, e cada termo for dividido por V, a equação de Bernoulli toma a forma: $\frac{1}{2}\rho v^2 + \rho g y + P = $ constante. Nesse caso, todos os três termos na equação têm unidades de pressão. Se y mantém-se constante, um aumento em v significa uma diminuição em P e vice-versa. Observe que, quando v é nula, a equação de Bernoulli se reduz a $\Delta P = -\rho g \Delta y$ (peso específico × profundidade).

Considere o vento soprando acima de um telhado inclinado. Assim como um líquido ganha rapidez quando entra em um tubo estreito, o vento é acelerado quando passa acima do alto do telhado, como indica o amontoamento das linhas de corrente nessa região na Figura 14.18. A pressão ao longo das linhas de corrente é reduzida onde elas se aproximam umas das outras. A pressão mais elevada no interior do telhado pode erguê-lo e despregá-lo da casa. Durante uma forte tempestade, a diferença entre as pressões interior e exterior à casa de fato não precisa ser muito grande para arrancar o telhado.

Se concebemos o telhado soprado pelo vento do exemplo anterior como análogo à asa de um avião, podemos compreender melhor a força de sustentação que mantém um avião pesado voando. Em ambos os casos, regiões de pressão reduzida acima e de pressão maior embaixo empurram o telhado ou a asa para cima. Para a capota de lona do conversível e para a asa, a força exercida pelo ar é *transversal* à direção geral do fluxo de ar, ao contrário do efeito do jato d'água mencionado anteriormente.

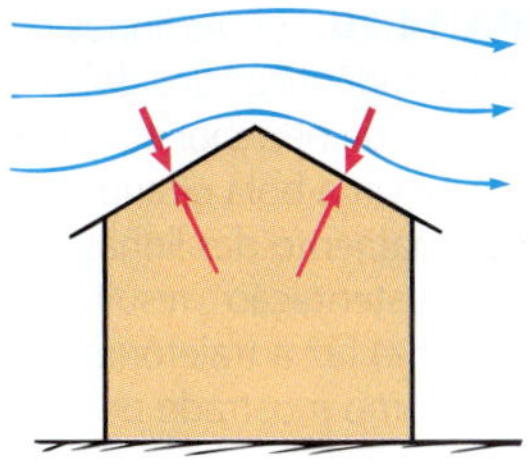

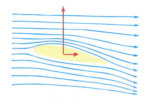

FIGURA 14.18 A pressão do ar acima do telhado é menor do que a pressão do ar abaixo dele.

PAUSA PARA TESTE

Em termos de pressão, qual é o efeito do ar que se move mais rapidamente sobre uma asa do que sob ela? Como a terceira lei de Newton explica a sustentação da asa?

VERIFIQUE SUA RESPOSTA

De acordo com Bernoulli, a pressão no ar mais rápido acima da asa é reduzida e exerce menos pressão contra a superfície da asa do que o ar mais lento sob ela exerce sobre a superfície inferior. Além disso, como desvia ar para baixo, a asa é empurrada para cima. São duas maneiras diferentes de explicar a força que chamamos de sustentação.

Todos sabemos que, no beisebol, um arremessador é capaz de transmitir uma grande rotação à bola, a fim de fazê-la descrever uma curva para um dos lados ao se aproximar da base onde se encontra o rebatedor. Analogamente, um tenista pode rebater a bola de modo que sua trajetória se curve.[5] Uma fina camada de ar é arrastada ao redor da bola que gira pelo atrito, que é aumentado pelas costuras existentes na bola de beisebol ou pelo feltro da bola de tênis. A camada móvel de ar produz um amontoamento das linhas de corrente em um lado da bola. Note, na Figura 14.20b, que, para o sentido de rotação mostrado, as linhas de corrente estão mais

FIGURA 14.19 O vetor vertical representa a força resultante ascendente (sustentação), que tem sua origem na maior pressão do ar abaixo da asa do que acima dela. O vetor horizontal representa a resistência aerodinâmica.

SUSTENTAÇÃO AERODINÂMICA NEWTONIANA

Diferenças de pressão constituem apenas uma das maneiras de compreender a sustentação sobre uma asa. Outra maneira é usar a terceira lei de Newton. Antes de mais nada, sabemos que a propulsão da aeronave para a frente é explicada por forças de ação e reação. Turbinas ou jatos forçam o ar para trás e, como manda a boa e velha terceira lei, o ar empurra a aeronave para a frente. A terceira lei também trabalha na sustentação do avião no ar. As asas do avião encontram o ar em um ângulo chamado de ângulo de ataque. O ar rápido que encontra a superfície inferior de uma asa inclinada é forçado para baixo (ação), então este reage e empurra a asa para cima (reação). Isso significa que os aviões podem voar de cabeça para baixo se o nariz aponta para cima em relação ao fluxo de ar. De cabeça para baixo ou para cima, as asas da aeronave desviam o ar para baixo, que reage forçando as asas para cima. Chamamos a força resultante de *sustentação*.

A sustentação é maior para áreas da asa grandes e quando o avião voa rápido. Um planador tem uma área da asa muito grande em relação ao seu peso, então não precisa ir muito rápido para ter sustentação suficiente. No outro extremo, um caça projetado para voos de altíssima velocidade tem área da asa muito pequena em relação ao seu peso. Por consequência, ele precisa decolar e pousar em alta velocidade.

A sustentação aerodinâmica é um belo exemplo que nos lembra que, frequentemente, existe mais de uma maneira de explicar o comportamento da natureza. Para ver isso em primeira mão, ao dirigir um carro, coloque sua mão para fora da janela e faça de conta que ela é uma asa. Incline-a um pouco para cima, de modo que o ar seja forçado para baixo. Sua mão subirá!

---

[5] Se você for estudar as curvas realizadas por bolas no ar, procure pelo efeito Magnus, que tem a ver com atrito e viscosidade.

FIGURA 14.20 (a) As linhas de corrente são idênticas dos dois lados de uma bola de beisebol que não está girando. (b) Uma bola girando causa um amontoamento das linhas de corrente. A "sustentação" resultante (flecha vermelha) faz a trajetória da bola se curvar, como mostrado pela linha orientada azul.

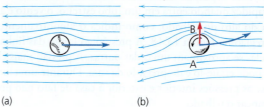

FIGURA 14.21 Por que o líquido que está no reservatório sobe pelo tubo vertical?

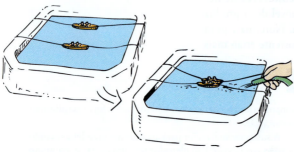

FIGURA 14.22 Prenda frouxamente com barbante um par de barcos de brinquedo lado a lado como indicado. Em seguida, dirija uma corrente de água por entre os barcos. Eles começarão a se aproximar e colidirão. Por quê?

amontoadas em B do que em A. A pressão é maior em A, e a trajetória descrita pela bola se curvará como mostrado.

Descobertas recentes revelam que muitos insetos melhoram a sustentação empregando movimentos semelhantes aos de uma bola de beisebol que se curva. Curiosamente, a maior parte dos insetos não bate suas asas para cima e para baixo, mas para a frente e para trás, com uma determinada inclinação, a fim de que o ângulo de ataque adequado seja obtido. Entre as batidas de asa, as asas executam movimentos semicirculares para gerar sustentação.

Uma bomba de aerossol comum, como em um pulverizador de perfume (Figura 14.21), utiliza do princípio de Bernoulli. Quando o bulbo é apertado, o ar é soprado com grande rapidez transversalmente à extremidade aberta de um tubo que mergulha no perfume. Isso reduz a pressão no tubo, enquanto a pressão atmosférica atuando sobre o líquido abaixo o empurra tubo acima até a extremidade livre, onde ele é levado pela corrente de ar.

O princípio de Bernoulli explica por que caminhões que passam próximos um do outro em uma autoestrada se puxam e por que navios que passam lado a lado correm o risco de colidir. A água que flui entre os dois navios se desloca mais rapidamente do que a água que passa pelos lados de fora. As linhas de corrente são mais amontoadas entre os navios do que do lado de fora, de modo que a pressão da água que atua nos cascos é reduzida na região situada entre os barcos. Mesmo uma pequena redução da pressão contra a área relativamente gigantesca da superfície das laterais dos navios pode produzir uma força significativa. A menos que os navios sejam pilotados de modo a compensar isso, as pressões maiores nos lados externos dos navios os forçam a se aproximar um do outro. A Figura 14.22 mostra como realizar uma demonstração disso na pia da cozinha ou do banheiro.

O princípio de Bernoulli também desempenha um pequeno papel quando a cortina do boxe de seu chuveiro se inclina em sua direção quando o jato d'água está fluindo forte. A pressão no interior do boxe do chuveiro é reduzida pela movimentação do fluido, e a pressão relativamente maior do lado externo do boxe empurra as cortinas para dentro. Como tantas coisas do mundo real, todavia, isso é apenas um dos princípios da física que se aplica aqui. Mais importante é a convecção do ar na área do chuveiro. Seja como for, da próxima vez que você estiver tomando banho de chuveiro e as cortinas se aproximarem novamente das suas pernas, lembre-se de Daniel Bernoulli!

PRATICANDO FÍSICA

Dobre as extremidades de uma ficha de arquivo, de modo que ela fique com a forma semelhante à de uma pequena ponte ou um pequeno túnel. Coloque-a sobre uma mesa e sopre por dentro do arco, como mostrado na figura. Não importa com que força você sopre, não conseguirá soprar o cartão para fora da mesa (a não ser que o sopre pelos lados). Experimente isso com seus amigos que não tiveram aulas de física. Depois explique para eles o que acontece.

PAUSA PARA TESTE

1. O fluido que sobe pelo tubo de um borrifador manual espremido é *empurrado* ou *sugado* para cima?
2. Em dias ventosos, formam-se ondas em lagos ou no oceano. Como o princípio de Bernoulli ajuda a explicar a altura das ondas?

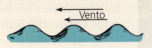

VERIFIQUE SUA RESPOSTA

1. O fluido é empurrado para cima pela pressão da atmosfera sobre sua superfície.
2. Os vales das ondas são parcialmente protegidos do vento, de modo que o ar se desloca mais rápido sobre as cristas. A pressão na crista é, portanto, menor do que mais abaixo, nos vales da onda. A maior pressão nos vales empurra a água para cima, aumentando as cristas.

FIGURA 14.23 A forma curvada do guarda-chuva pode ser desvantajosa em um dia ventoso.

14.6 Plasmas

Além dos sólidos, líquidos e gases, existe um quarto estado ou fase da matéria – o **plasma** (que não deve ser confundido com o líquido claro que é parte de nosso sangue, também chamado de plasma). Essa é a menos comum das fases da matéria em nosso ambiente cotidiano, mas é a que prevalece no universo como um todo. O Sol e as outras estrelas são formadas predominantemente por plasma.

Um plasma é um gás eletrizado. Os átomos que o constituem estão *ionizados*, ou seja, despidos de um ou mais de seus elétrons, com um número correspondente de elétrons livres para se mover pelo material. Lembre-se de que um átomo neutro tem tantos prótons positivos em seu núcleo quanto elétrons negativos fora do núcleo. Quando um ou mais desses elétrons é arrancado do átomo, este fica com mais cargas positivas do que negativas e é chamado de íon positivo. (Sob certas condições, ele também pode ter elétrons em excesso, caso em que é chamado de íon negativo.) Embora os elétrons e os íons sejam eles mesmos eletricamente carregados, o plasma como um todo é eletricamente neutro, porque nele existem iguais números de cargas negativas e positivas, exatamente como em um gás ordinário. Apesar disso, um gás e um plasma têm propriedades muito diferentes. O plasma conduz muito facilmente uma corrente elétrica, absorve certos tipos de radiação que atravessam incólumes um gás e pode ser moldado, deformado e movido pela ação de campos elétricos e magnéticos aplicados.

Nosso Sol é uma bola de plasma quente. Na Terra, plasmas são criados em laboratórios ao se aquecer gases até temperaturas muito elevadas, o que faz os elétrons serem "evaporados" dos átomos. Plasmas também podem ser criados a baixas temperaturas, pelo bombardeio de átomos por partículas ou radiação altamente energéticas.

Plasmas no mundo cotidiano

Se você está lendo este livro sob a luz de uma lâmpada fluorescente, não precisa procurar muito para ver um plasma em ação. Dentro do tubo de uma lâmpada dessas que está brilhando, existe um plasma que contém íons de argônio e mercúrio (bem como muitos átomos neutros desses elementos). Quando você liga a lâmpada, uma alta voltagem entre os eletrodos nas extremidades do tubo faz os elétrons fluírem. Esses elétrons ionizam alguns dos átomos, formando um plasma, que torna-se um meio condutor que mantém a corrente fluindo. A corrente ativa alguns dos átomos de mercúrio, fazendo-os emitir radiação, principalmente na região do ultravioleta invisível. Essa radiação faz brilhar o fósforo que recobre a superfície interna do tubo, que, então, emite luz visível.

Da mesma forma, o gás neônio usado em sinalização de advertência torna-se um plasma quando seus átomos são ionizados pelo bombardeio de elétrons. Alguns átomos de neônio, depois de ativados pela corrente

FIGURA 14.24 Os gases nos anúncios se transformam em plasma quando iluminados.

318 PARTE II Propriedades da matéria

FIGURA 14.25 As ruas são iluminadas à noite por plasmas que brilham no interior das lâmpadas a vapor.

psc

■ Ondas de alta frequência de rádio e de TV atravessam a atmosfera e se perdem no espaço. Por isso, você tem de estar na "linha de visada" das antenas de transmissão e de retransmissão para que consiga pegar sinais de FM e de TV. Mas camadas de plasma a cerca de 80 km de altitude, formando a ionosfera, refletem ondas de rádio de baixa frequência. Isso explica por que você consegue captar estações de rádio muito distantes com seu rádio AM de baixas frequências. À noite, quando as camadas de plasmas se encontram mais próximas umas das outras e são mais reflexivas, às vezes é possível captar estações muito distantes de rádios AM.

elétrica, emitem predominantemente luz vermelha. As diferentes cores vistas nesses sinais correspondem a plasmas formados por diferentes tipos de átomos. O argônio, por exemplo, brilha com luz azul, e o hélio, com luz rosa. As lâmpadas a vapor usadas na iluminação das ruas emitem luz amarela estimulada por plasmas que brilham (Figura 14.25). Atualmente, os plasmas estão sendo substituídos pelas lâmpadas de LED, mais eficientes.

As auroras boreal e austral (também chamadas de luzes do norte e do sul, respectivamente) são plasmas brilhando na alta atmosfera. Camadas de plasma a baixas temperaturas circundam toda a Terra. Ocasionalmente, jatos de elétrons vindos do espaço exterior e dos cinturões de radiação do planeta penetram em "janelas magnéticas" próximas aos polos terrestres, colidindo com as camadas de plasma e produzindo luz.

A energia do plasma

Um plasma em alta temperatura sai pelo exaustor de um motor a jato como um plasma fracamente ionizado. No entanto, se uma pequena quantidade de sais de potássio ou de césio metálico lhe for adicionada, ele vai se tornar um excelente condutor e, ao ser direcionado para o interior de um ímã, vai gerar eletricidade! Isso é a energia MHD, resultado da interação **m**agneto**h**idro**d**inâmica entre um plasma e um campo magnético. (No Capítulo 25, abordaremos o funcionamento de geradores de eletricidade que utilizam esse efeito.) Existem usinas de energia por MHD pouco poluidoras operando em alguns lugares do mundo. No futuro, talvez tenhamos mais energia obtida de plasma por MHD.

> **PAUSA PARA TESTE**
>
> Para diferenciar um íon de um plasma, um amigo afirma que um íon é um átomo sem um ou mais elétrons, enquanto um plasma é uma mistura de átomos sem todos os elétrons. Você concorda com o seu amigo?
>
> **VERIFIQUE SUA RESPOSTA**
> Concorde com o seu amigo.

Uma realização ainda mais promissora da geração de energia utilizando plasmas será de um tipo diferente – a fusão controlada de núcleos atômicos. Abordaremos a física da fusão nuclear no Capítulo 34. Os benefícios da fusão controlada podem ter grande alcance. A energia obtida por fusão pode não apenas produzir energia elétrica abundante, mas também prover a energia e os meios necessários para a reciclagem e até mesmo a síntese de elementos.

A humanidade tem percorrido um longo caminho até o domínio das três primeiras fases da matéria. Nosso domínio sobre a quarta fase pode nos levar ainda muito mais longe.

Revisão do Capítulo 14

TERMOS-CHAVE (CONHECIMENTO)

pressão atmosférica A pressão exercida sobre os corpos imersos na atmosfera. Ela é o resultado do peso do ar que está acima do corpo. Ao nível do mar, a pressão atmosférica é cerca de 101 kPa.

barômetro Qualquer dispositivo que mede a pressão atmosférica.

lei de Boyle O produto da pressão pelo volume é uma constante para uma certa quantidade de gás confinado e mantido a uma mesma temperatura:

$$P_1 V_1 = P_2 V_2$$

princípio de Arquimedes Um objeto imerso em um fluido sofre ação de um empuxo atuando para cima igual ao peso do fluido deslocado.

princípio de Bernoulli Quando a velocidade de um fluido aumenta, sua pressão interna diminui.

plasma Um gás eletrizado contendo íons e elétrons livres. A maior parte da matéria no universo se encontra na fase plasma.

QUESTÕES DE REVISÃO   (COMPREENSÃO)

14.1 A atmosfera

1. Qual é a fonte de energia do movimento dos gases na atmosfera? O que impede as moléculas de ar de escapar para o espaço?
2. A qual altura metade da massa de ar está abaixo (ou acima) da atmosfera?

14.2 Pressão atmosférica

3. Qual é a causa da pressão atmosférica?
4. Qual é a massa de um metro cúbico de ar na temperatura ambiente (20°C)?
5. Qual é a massa aproximada de uma coluna de ar com 1 cm² de área transversal que se estende até a atmosfera superior? Qual é o peso dessa quantidade de ar?
6. Qual é a pressão na base da coluna de ar discutida na questão anterior?
7. Como a pressão na base da coluna de mercúrio com 76 cm de um barômetro se compara com a pressão atmosférica?
8. Como o peso do mercúrio em um barômetro se compara com o peso de uma coluna de ar de mesma seção transversal que vai do nível do mar até o topo da atmosfera?
9. Por que um barômetro de água teria de ser 13,6 vezes mais alto do que um de mercúrio?
10. Quando você está bebendo um líquido com um canudo, é mais preciso dizer que o líquido está sendo empurrado canudo acima do que dizer que ele está sendo sugado? O que exatamente eleva o líquido?
11. Um barômetro aneroide é capaz de medir tanto pressão atmosférica quanto altitude?

14.3 A lei de Boyle

12. O que acontece à densidade do ar dentro de um balão quando ele é comprimido à metade de seu volume (pressuponha temperatura constante)?
13. O que acontece à pressão do ar dentro de um balão quando ele é comprimido à metade de seu volume (pressuponha temperatura constante)?
14. Qual é a diferença entre um gás ideal e o ar comum?

14.4 O empuxo do ar

15. Um balão que pesa 1 N está suspenso no ar, nem subindo nem descendo.
    a. Qual é a força de empuxo que atua sobre ele?
    b. O que acontecerá se a força de empuxo diminuir?
    c. E se ela aumentar?
16. Por que o ar exerce uma força de empuxo sobre qualquer objeto no ar, não apenas sobre objetos como balões?
17. Por que os balões de pesquisa de altitudes elevadas são inflados apenas parcialmente para o lançamento?

14.5 O princípio de Bernoulli

18. O que são linhas de corrente?
19. Em regiões onde as linhas de corrente estão mais próximas, a pressão é menor ou maior?
20. O que acontecerá à pressão interna de um fluido que flui através de um cano horizontal se sua rapidez aumentar? E se diminuir?
21. Diferencie entre a pressão interna de um fluido e a pressão que um fluido pode exercer sobre objetos.
22. De que maneira o ar que se move mais rapidamente abaixo da asa de um avião afeta a pressão sobre a asa?
23. O fluido que sobe pelo tubo de um borrifador manual espremido é empurrado para cima ou sugado para cima? Explique.

14.6 Plasmas

24. Como um plasma difere de um gás?
25. Cite ao menos três exemplos de plasmas no seu cotidiano.
26. O que pode ser produzido quando um feixe de plasma é direcionado para o interior de um ímã?

PENSE E FAÇA   (APLICAÇÃO)

27. Use o aplicativo de barômetro do seu *smartphone* e procure atividades para variar a sua altitude (por exemplo, dirigir por áreas montanhosas ou andar de elevador em arranha-céus). Observe as variações na pressão atmosférica.
28. Posicione uma tábua de madeira sobre uma mesa de modo que parte da tábua fique para fora dela. Se acertar a tábua com um golpe de caratê, ela vai voar pela sala. Contudo, se cobrir a tábua com uma folha de jornal lisa e acertar a parte que está além da beirada (cuidado com as farpas) com a mão ou com um pedaço de pau, ela se quebrará. Como o peso da atmosfera atua sobre o papel?
29. Compare a pressão externa exercida pelos pneus de seu carro sobre a rodovia com a pressão interna do ar nos pneus. Para descobrir a pressão dos pneus sobre a rodovia, você precisa do peso do seu carro, listado no manual do veículo ou na internet. Divida o peso por quatro para encontrar o peso aproximado sustentado por cada pneu. Você também pode obter aproximadamente a área de contato de um dos pneus com a rodovia marcando as bordas do pneu sobre uma folha de papel milimetrado.  Após obter a pressão do pneu sobre a rodovia, use um medidor de pressão para compará-la com a pressão do ar nos pneus. Elas são praticamente iguais? Em caso negativo, qual delas é maior?
30. Normalmente, você derrama água de um copo cheio para um copo vazio posicionando o copo cheio acima do vazio e inclinando-o. Você já derramou ar de um copo para outro? O procedimento é

semelhante. Mergulhe na água os dois copos com as bocas viradas para baixo. Deixe que um deles se encha com água, inclinando sua boca um pouco para cima. Então segure-o, com a boca virada para baixo, acima do copo cheio de ar. Lentamente incline o copo de baixo e deixe o ar escapar dele, enchendo o copo acima. Você estará derramando ar de um copo para outro!

31. Segure um copo dentro d'água, deixando que se encha totalmente com o líquido. Então vire a boca do copo para baixo, mantendo sua boca abaixo da superfície da água. Por que a água permanece no copo e não desce? Qual deveria ser a altura do copo para que a água começasse a descer dele? (Você não vai conseguir fazer isso dentro de casa se o teto tiver menos de 10,3 m de altura em relação à linha d'água.)

32. Segure um cartão sobre a boca de um copo de vidro cheio até a borda com água e depois inverta-o. Por que o cartão permanece no lugar? Tente de lado.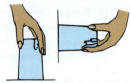

33. Inverta uma garrafa ou um pote com a boca estreita, completamente cheios com água. Observe que o líquido não cai simplesmente, mas sai em "golfadas" do recipiente. A pressão do ar não deixará que a água saia do recipiente até que algum ar tenha subido e penetrado nele, ocupando o espaço acima do líquido. Na Lua, como uma garrafa invertida e cheia d'água se esvaziaria?

34. Aqueça uma pequena quantidade de água até ferver em uma lata de refrigerante e a inverta rapidamente em um prato com água fria. É surpreendente!

35. Mergulhe em água um tubo de vidro estreito, ou um canudo, e tampe firmemente o topo do tubo com seu dedo. Retire o tubo de dentro da água e, então, tire o dedo que o tapa. O que acontece? (Você fará isso com frequência se estiver em atividade no laboratório de química.)

36. Imite Evan Jones, na foto 4 no início deste capítulo, e fure um cartão com um alfinete e coloque-o com o furo na frente do buraco de um carretel de linha de costura. Tente afastar o cartão do carretel soprando através do buraco do carretel. Experimente em todas as direções.

37. Segure uma colher próxima à corrente de água que sai de uma torneira, como mostrado ao lado, e sinta o efeito das diferenças de pressão.

PENSE E RESOLVA   (APLICAÇÃO MATEMÁTICA)

38. Estime a força de empuxo que o ar exerce sobre você. (Para estimar o seu volume, pressuponha que a sua densidade é igual à da água.)

39. Um colega alpinista com massa de 80 kg está considerando a ideia de prender um balão de hélio a si mesmo, para efetivamente reduzir seu peso em cerca de 25% enquanto escala. Ele se preocupa com o tamanho aproximado que o balão teria. Compartilhe com ele o seu cálculo que mostra que o volume do balão teria de ser de 17 m³ (um balão esférico de diâmetro ligeiramente maior do que 3 m).

40. Em um dia perfeito de outono, você está flutuando a baixa altitude em um balão de ar quente. O peso total do balão, incluindo sua carga total e o ar retido nele, é 20.000 N.
    a. Mostre que o peso do ar deslocado é de 20.000 N.
    b. Mostre que o volume do ar deslocado é de 1.700 m³.

41. Um avião tem uma superfície total de asa de 100 m². Com um determinado valor de velocidade, a diferença da pressão do ar abaixo e acima das asas corresponde a 4% da pressão atmosférica. Mostre que a sustentação do avião é de 400.000 N.

42. O peso da atmosfera acima de 1 m² da superfície terrestre é de aproximadamente 100.000 N. A densidade, claro, torna-se menor com a altitude. Mas suponha que a densidade do ar fosse constante e igual a 1,2 kg/m³. Calcule onde estaria o topo da atmosfera.

43. Para ter uma ideia da profundidade da atmosfera terrestre, compare a Terra com uma bola de basquete. A "profundidade" da atmosfera é de cerca de 30 km, e o raio da Terra é de cerca de 6.370 km. Calcule a percentagem aproximada da atmosfera terrestre em relação ao raio do planeta.

PENSE E ORDENE   (ANÁLISE)

44. Ordene em sequência decrescente os valores de volume do ar no copo quando ele é mantido:
    a. próximo à superfície, como mostrado.
    b. 1 m abaixo da superfície.
    c. 2 m abaixo da superfície.

45. Ordene em sequência decrescente os valores de força de empuxo da atmosfera sobre os seguintes corpos.
    a. Um elefante.
    b. Um balão de hélio parcialmente cheio.
    c. Um paraquedista em velocidade terminal.

46. Ordene, em ordem decrescente, a sustentação das seguintes asas de avião.
    a. Área de 1.000 m² com diferença de pressão atmosférica de 2,0 N/m².
    b. Área de 800 m² com diferença de pressão atmosférica de 2,4 N/m².
    c. Área de 600 m² com diferença de pressão atmosférica de 3,8 N/m².

PENSE E EXPLIQUE (SÍNTESE)

47. Compare a pressão atmosférica no fundo de um poço profundo com a pressão atmosférica normal. Justifique sua resposta.
48. A altura efetiva da atmosfera é de cerca de 30 km em Nova York e em San Francisco, mas não em Denver, no Colorado. O que Denver tem de diferente?
49. Por que uma bola de futebol macia e pouco cheia ao nível do mar torna-se mais dura quando levada para uma montanha de grande altitude?
50. Qual é a finalidade dos sulcos existentes em um funil de metal para que ele não encaixe firmemente na boca de uma garrafa?
51. Como a densidade do ar em uma mina profunda se compara com a densidade do ar na superfície da Terra? Por quê?
52. Quando bolhas de ar se elevam através da água, o que acontece com seu volume, sua massa e sua densidade?
53. Qual deve ser o motivo para as janelas dos aviões serem muito menores do que as dos ônibus?
54. Podemos compreender como a pressão da água varia com a profundidade usando uma pilha de tijolos. A pressão na base do tijolo mais inferior da pilha é determinada pelo peso da pilha inteira. À meia altura na pilha, a pressão será a metade desse valor. Mas e quanto a tijolos que ilustrassem a pressão atmosférica? Tijolos de espuma de borracha seriam uma opção melhor do que tijolos tradicionais?
55. A "bomba" de um aspirador de pó é simplesmente um ventilador de alta rotação. Ela conseguiria aspirar poeira de um tapete sobre a Lua? Explique.
56. Quando o pistão de uma bomba mecânica é erguido, a válvula de entrada se abre e o espaço vazio se enche de água, como mostra a figura. Quando o pistão se move para baixo, a válvula de escape se abre e a água é empurrada para fora. Você faria alguma alteração para converter essa bomba em um compressor de ar? Se sim, o que alteraria?

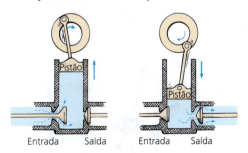

57. Se um líquido com apenas a metade da densidade do mercúrio fosse usado em um barômetro, que altura teria seu nível em um dia de pressão atmosférica normal?
58. Por que o tamanho da área transversal de um barômetro de mercúrio não afeta a altura da coluna de mercúrio contida nele?

59. De que profundidade o mercúrio poderia ser retirado de um recipiente por meio de um sifão sob condições ideais?
60. Se o mercúrio de um barômetro fosse substituído por um líquido mais denso, a altura da coluna desse líquido seria maior ou menor do que a original de mercúrio? Por quê?
61. Seria um pouco mais difícil tomar refrigerante com um canudo ao nível do mar ou no topo de uma montanha alta? Ou igualmente difícil em ambos os locais? Justifique sua resposta.
62. A bomba de Richard pode operar a uma determinada profundidade máxima em um poço em Pocatello, Idaho, EUA. Essa profundidade máxima seria maior, menor ou igual se bombease água ao nível do mar em San Francisco, na Califórnia?

63. Uma bomba de vácuo extrairia água de profundidade maior do que 10,3 metros se a pressão atmosférica fosse significativamente maior do que o normal? Justifique sua resposta.
64. Uma garrafa de gás hélio seria mais pesada ou mais leve do que uma garrafa idêntica contendo ar à mesma pressão? E com respeito a uma garrafa idêntica contendo um vácuo?
65. Quando você substitui o hélio de um balão pelo hidrogênio, menos denso, a força de empuxo sobre o balão se altera se o balão permanece na mesma altura? Explique.
66. Um tanque de aço cheio de gás hélio não se eleva no ar, mas um balão contendo o mesmo gás se eleva facilmente. Por quê?
67. Que alteração ocorre na pressão de um balão de festa que é comprimido a um terço de seu volume original, sem que ocorra alteração na temperatura?
68. Por que a pressão do gás dentro de um balão de borracha inflado é sempre maior do que a pressão atmosférica exterior?
69. O que acontece com a rapidez da água ejetada de uma mangueira quando você esprime a abertura para diminuir o seu tamanho?
70. A água de alta velocidade de um canhão de água derruba pessoas, mas lhe dissemos que a pressão dentro dessa água é baixa. Não é uma contradição?
71. Por que os aviões normalmente decolam de frente para o vento?
72. O que fornece a sustentação para que um Frisbee se mantenha em voo?
73. Quando um gás flui uniformemente de um cano de grande diâmetro para outro de pequeno diâmetro, o que acontece com (a) sua rapidez, (b) sua pressão e (c) com o espaçamento entre suas linhas de corrente?
74. Por que é mais fácil descrever uma curva com uma bola de tênis do que com uma bola de beisebol?

75. Por que os aviões estendem os *flaps* das asas, que aumentam a área e o ângulo de ataque da asa, durante as decolagens e as aterrissagens? Por que esses *flaps* são recolhidos depois de a aeronave atingir a velocidade de cruzeiro?
76. Como um avião é capaz de voar de cabeça para baixo? (Pense no ângulo de ataque.)
77. Por que as pistas de decolagem e aterrissagem são mais compridas em aeroportos de grande altitude, como em Denver, EUA, ou na Cidade do México, México?
78. Como se moverão duas folhas de papel penduradas verticalmente quando você soprar ar através do espaço entre elas? Tente fazer isso e comprove.
79. Os desembarcadouros são construídos sobre estacas que permitem a livre passagem da água. Por que um desembarcadouro construído com paredes sólidas seria desvantajoso para os navios que tentam atracar lateralmente?

PENSE E DISCUTA (AVALIAÇÃO)

80. Se você contar quantos pneus há em um grande caminhão descarregando em um supermercado local, poderá ficar surpreso de contar até 18 pneus. Por que tantos pneus? (*Dica:* Veja o Pense e Faça 29.)
81. Duas parelhas de oito cavalos cada uma foram incapazes de separar os dois hemisférios de Magdeburg (Foto 3 na abertura deste capítulo). Suponha agora que duas parelhas de nove cavalos cada conseguisse separá-los. Nesse caso, uma parelha de nove cavalos seria bem-sucedida nessa tarefa se a outra parelha fosse substituída por uma árvore bem forte? Justifique sua resposta.
82. Antes de embarcar num avião, você compra um saco de batatas fritas (ou qualquer item hermeticamente embalado) e, enquanto está voando, percebe que a embalagem fica estufada. Explique por que isso ocorre.
83. A pressão exercida sobre o solo pelo peso de um elefante, distribuído uniformemente sobre as quatro patas do animal, é menor do que 1 atmosfera. Por que, então, você seria esmagado debaixo da pata de um elefante, embora não seja afetado pela pressão atmosférica?
84. Seu colega lhe diz que a força de empuxo da atmosfera sobre um elefante é significativamente maior do que a força de empuxo da atmosfera sobre um pequeno balão de hélio. O que você lhe diz?
85. Por que é tão difícil respirar com *snorkel* a uma profundidade de 1 metro, e praticamente impossível de fazer o mesmo a 2 m de profundidade? Por que um mergulhador não pode simplesmente respirar por uma mangueira que se estenda dele até a superfície?
86. Uma garota está sentada no interior de um carro parado em um sinal de tráfego, segurando um balão de hélio. O carro está relativamente vedado. Quando o sinal abre e o carro acelera para a frente, a cabeça da menina é jogada para trás, mas o balão é deslocado para a frente. Explique.

87. Em que sentido o conceito de força de empuxo torna mais complexa a velha questão "O que pesa mais: um quilograma de chumbo ou um quilograma de pena"?
88. O que vai registrar um maior peso na balança: um balão vazio achatado ou o mesmo balão cheio de ar? Justifique sua resposta e então faça você mesmo o teste.
89. Dois balões idênticos, de mesmo volume, são inflados com ar bombeado até que a pressão fique superior à pressão atmosférica. Em seguida, eles são suspensos horizontalmente pelas extremidades de uma vareta. Um dos balões, então, é furado. O que acontece com o equilíbrio da vareta? Se a vareta se inclina, para qual dos lados ela pende?

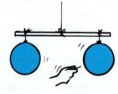

90. Dois balões com mesmo peso e volume são cheios com iguais quantidades de hélio. Um deles é rígido, e o outro é livre para se expandir quando a pressão externa diminuir. Quando forem liberados, qual deles alcançará maior altitude? Explique.
91. Um balão cheio com hélio e uma bola de basquete ocupam o mesmo volume. Sobre qual dos dois a força de empuxo do ar circundante é maior? Discuta por que o balão fica no teto da sala, enquanto a bola de basquete fica sobre o piso. Faria diferença se a bola de basquete estivesse cheia de hélio?
92. Imagine uma enorme colônia espacial que consiste em um cilindro giratório cheio de ar. Como a densidade desse ar "ao nível do solo" se compara com as densidades do ar "acima"?
93. Um balão cheio de hélio se "elevará" na atmosfera de um hábitat espacial giratório? Justifique sua resposta.
94. Arquimedes leva o crédito pelo voo dos balões. Pelo voo dos aviões, o crédito principal vai para Bernoulli. Por que o crédito pelo voo dos *drones* vai para Newton?

95. A pressão mais baixa é o efeito do ar que se move mais rápido ou é o movimento mais rápido do ar que resulta da pressão mais baixa? Dê um exemplo justificando cada um dos dois pontos de vista. (Em física, quando duas coisas estão relacionadas – como força e aceleração ou rapidez e pressão –, é geralmente arbitrário decidir o que é a *causa* e o que é o *efeito*.)

CAPÍTULO 14 Exame de múltipla escolha

Escolha a melhor resposta entre as alternativas:

1. As moléculas atmosféricas não escapam para o espaço devido à(s):
   a. suas rapidezes caóticas.
   b. suas densidades relativamente baixas.
   c. gravitação da Terra.
   d. forças coesivas.

2. A pressão atmosférica é causada pelo(a):
   a. densidade da atmosfera.
   b. peso da atmosfera.
   c. temperatura da atmosfera.
   d. energia solar da atmosfera.

3. Quando o gás em um recipiente é espremido até seu volume cair pela metade, sua densidade:
   a. cai pela metade.
   b. dobra.
   c. quadruplica-se.
   c. permanece inalterada.

4. O princípio de Arquimedes aplica-se a:
   a. líquidos.
   b. gases.
   c. fluidos.
   d. todas as anteriores.

5. Quando um balão no alto da atmosfera desce, seu(sua) _____ diminui.
   a. volume.
   b. densidade.
   c. peso.
   d. massa.

6. No vácuo, um objeto não tem:
   a. força de empuxo.
   b. massa.
   c. peso.
   d. temperatura.

7. Um recipiente vazio é invertido e empurrado contra a água, de modo que o ar preso dentro dele não consegue escapar. À medida que é empurrado mais para o fundo, a força de empuxo sobre a jarra:
   a. aumenta.
   b. diminui.
   c. aumenta, então diminui.
   d. diminui, então aumenta.

8. O princípio da continuidade afirma que, para o fluxo de fluido ser contínuo, é preciso que:
   a. acelere nas regiões estreitas do fluxo.
   b. desacelere nas regiões largas do fluxo.
   c. ambas as anteriores.
   d. nenhuma das anteriores.

9. Quando você sopra ar entre duas bolas de pingue-pongue suspensas por cordões muito próximas uma da outra, as bolas tendem a oscilar:
   a. em direção uma à outra.
   b. na direção oposta uma da outra.
   c. em trajetórias circulares.
   d. na direção oposta da corrente de ar, mas não necessariamente se afastam ou se aproximam.

10. Qual dos corpos celestes a seguir é composto principalmente de plasma?
    a. Terra.
    b. Lua.
    c. Sol.
    d. Todas as anteriores.

Respostas e explicações das perguntas do Exame de múltipla escolha

1. (c): Sem a gravitação terrestre, não existiria algo na Terra que não estivesse preso ao chão. Tudo seria varrido do planeta enquanto ele gira em torno do Sol, especialmente as moléculas da atmosfera. Sem a pressão atmosférica sobre as superfícies dos grandes volumes de água, suas moléculas também evaporariam e seriam arrancadas da superfície terrestre — com ou sem as forças coesivas. 2. (b): A pressão se deve a algum tipo de força aplicada. No caso da pressão atmosférica da Terra, a força é simplesmente o peso do ar, que pressiona contra a superfície do planeta. A densidade, a temperatura e a energia solar não são as causas. 3. (b): Quando o volume é espremido até reduzir-se à metade, a densidade dobra, de acordo com a definição desta: a densidade é igual à massa dividida pelo volume. Uma massa dividida por metade do volume resulta no dobro da densidade. 4. (d): O princípio de Arquimedes aplica-se ao ar e à água, que são fluidos. A resposta correta é (d). 5. (a): Um balão descendente entra em uma região de maior pressão atmosférica, que o espreme e reduz seu tamanho. Logo, seu volume diminui, mas sua densidade aumenta, pois sua massa e seu peso permanecem iguais. Assim, a resposta correta é (a). 6. (a): Um objeto no vácuo ainda tem massa, peso e temperatura. Como o vácuo é a ausência de fluido, não há algo para deslocar, o que significa que um objeto no vácuo não tem como experimentar uma força de empuxo. 7. (b): O ar no recipiente desloca a água. Próximo à superfície, o interior do recipiente é composto principalmente de ar, que desloca a água que contribui para uma força de empuxo sobre o recipiente. À medida que o recipiente é empurrado, o ar é espremido e ocupa um volume menor, o que significa menos água deslocada. Menos água deslocada significa menos força de empuxo. Assim, à medida que o recipiente é empurrado, a força de empuxo sobre ele diminui. 8. (c): O volume do fluxo é igual em regiões estreitas ou largas, com a diferença na rapidez do fluxo. Pense na água de um córrego. A observação mostra que ela acelera quando flui por regiões estreitas e desacelera quando flui por espaços mais largos. Assim, a resposta correta é (c). 9. (a): O ar soprado deve acelerar-se quando passa pela parte estreita entre as bolas, de acordo com o princípio da continuidade. A aceleração do ar significa uma redução na sua pressão, de acordo com Bernoulli. O resultado é que as bolas oscilam em direção uma à outra devido à pressão atmosférica não afetada sobre as superfícies externas das bolas. 10. (c): A Terra e a Lua são sólidos; certamente não são feitas de gás nem de plasma. Somente o Sol é composto de plasma.

PARTE III
Calor

Embora a temperatura destas centelhas ultrapasse 2.000 °C, o calor que elas transmitem quando encostam na minha pele é muito pequeno — o que ilustra o fato de que temperatura e calor são conceitos diferentes. Aprender a distinguir conceitos intimamente relacionados é o desafio e a essência do Física Conceitual.

15

Temperatura, calor e dilatação

15.1 **Temperatura**

15.2 **Calor**
   Medindo calor

15.3 **Calor específico**

15.4 **O grande calor específico da água**

15.5 **Dilatação térmica**
   A dilatação da água

1 Os Hewitt próximos à lava super lenta no Havaí, EUA.
2 Anette Zetterberg pede a seus estudantes para preverem se a bola passará ou não pelo buraco quando o anel for aquecido.
3 O técnico agrícola Terrence Jones trabalha em um transmissor de campo computadorizado que monitora a umidade do solo, a temperatura e a umidade a seis profundidades – informações úteis para garantir que as uvas estão no nível ideal de amadurecimento para começar o processo de vinificação.
4 Ole Anton Haugland segura uma lata "vazia" de cabeça para baixo. Aage Mellem posiciona uma chama na abertura da lata, aquecendo-a e expandindo o ar no interior, o qual, por sua vez, infla o balão de cor púrpura – ahá!, justamente como ocorre na operação de um balão de ar quente.

Lembro, de quando era criança, que sempre que minha família passava de carro pelo Instituto de Tecnologia de Massachusetts (MIT, do inglês Massachusetts Institute of Technology), em Cambridge, a poucos quilômetros de minha casa na cidade de Saugus, me apontavam o nome RUMFORD inscrito no topo de um dos edifícios proeminentes. Diziam-me que nossa família descendia desse grande cientista e diplomata.

Rumford nasceu com o nome de Benjamim Thompson, em Woburn, Massachusetts, em 1753. Com 13 anos, ele demonstrava uma habilidade fora do comum para lidar com dispositivos mecânicos e detinha um controle sem erros da linguagem e da gramática. Logo ele estava assistindo a aulas de ciências na Universidade de Harvard. Com 19 anos, tornou-se diretor de escola em Concord (antes chamada de Rumford), New Hampshire. Lá, ele conheceu e se casou com uma rica viúva, 14 anos mais velha. Então, quando estourou a Revolução Americana, ele se manteve fiel à Inglaterra, espionando em seu favor. Correndo o risco de ser preso, em 1776, abandonou sua esposa e filha e fugiu um pouco antes de uma multidão chegar com piche quente e um saco de penas. Ele fez uma jornada até Boston durante a evacuação das tropas britânicas e pegou um navio para a Inglaterra. Lá chegando, sua carreira científica prosperou. Suas experiências com pólvora foram tão bem-sucedidas que, com apenas 26 anos, foi eleito membro da prestigiosa Royal Society. Acabou seguindo para a Baviária, onde um príncipe bávaro para quem produzia os canhões lhe concedeu o título de conde. Ele escolheu o nome de conde Rumford, em homenagem a Rumford, New Hampshire.

Um canhão é feito iniciando-se com a moldagem de uma grande peça metálica cilíndrica em uma fundição. Essa peça é colocada, então, sobre um torno, onde é gradualmente perfurada por uma broca estacionária que pressiona a peça de cima para baixo. O torno usado por Rumford era girado por cavalos, como era usual naquela época. Rumford ficou intrigado com as enormes quantidades de calor liberadas no processo. A noção de calor que se tinha naquela época, concebido como um fluido hipotético chamado de calórico, não se ajustava às evidências. Se a broca estava cega, a quantidade de calor liberado era ainda maior. Desde que os cavalos mantivessem a broca em movimento, mais e mais calor era liberado. A fonte de calor não era algo dentro do metal, mas o movimento dos cavalos. Essa descoberta ocorreu antes que o atrito fosse considerado uma força e antes que o conceito de energia e sua conservação fosse compreendido. As medições cuidadosas de Rumford convenceram-no de que a teoria do calor como calórico era falsa. Apesar disso, a teoria do calórico para o calor manteve-se em uso por muitos anos. Durante esse tempo, seus experimentos foram repetidos e levaram à conexão entre calor e trabalho.

As realizações de Rumford não se limitaram à ciência. Por exemplo, enquanto estava em Munique, ele pôs mendigos desempregados a trabalhar na confecção de uniformes para as forças armadas. Também os pôs a trabalhar em obras públicas, uma das quais agora é o famoso Jardim Inglês. Lá se encontra uma estátua de bronze do conde de Rumford como testemunho da gratidão dos cidadãos de Munique.

Muitas das invenções de Rumford contribuíram para torná-lo rico. Em 1796, ele doou 5.000 libras para a Royal Society of Great Britain e para a American Academy of Arts and Sciences, para que se constituíssem fundos com a finalidade de, a cada dois anos, concederem medalhas por pesquisas científicas notáveis sobre calor ou luz. Ao longo dos anos, uma galáxia de estrelas da ciência, na Europa e na América, recebeu medalhas, incluindo Michael Faraday, James Maxwell, Louis Pasteur e Thomas Edison. O restante dos bens de Rumford foi deixado para a Universidade de Harvard, onde foram usados para estabelecer a atual Cátedra Rumford.

Rumford foi homenageado no mundo inteiro. Em 1805, ele pediu em casamento e desposou Madame Lavoisier, viúva de Antoine Lavoisier. O casamento durou pouco, e eles logo se separaram. Rumford se estabeleceu em Paris e prosseguiu com seus trabalhos científicos, aumentando sua já longa lista de invenções, até falecer, em 1814.

Que parente incrível!

15.1 Temperatura

Toda matéria – sólida, líquida ou gasosa – é composta por átomos ou moléculas em constante agitação. Em virtude desse movimento aleatório, os átomos ou moléculas da matéria têm energia cinética. A energia cinética média dessas partículas individuais produz um efeito que podemos sentir – a sensação de quente. A quantidade que informa quão quente ou frio é um objeto em relação a algum padrão é chamada de **temperatura**. O primeiro "medidor térmico", o *termômetro*, foi inventado por

328 PARTE III Calor

FIGURA 15.1 Podemos confiar em nosso senso de quente e frio? Ambos os dedos sentirão a mesma temperatura quando forem mergulhados na água morna?

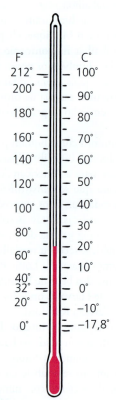

FIGURA 15.2 As escalas Celsius e Fahrenheit assinaladas sobre um termômetro comum.

Galileu em 1602 (a palavra *térmico* é o termo grego para "calor"). O termômetro comum, com mercúrio que sobe e desce com a temperatura dentro de um tubo de vidro, foi inventado por Gabriel Fahrenheit no início do século XVIII e se disseminou rapidamente. Fahrenheit inventou uma escala numérica e assinalou-a nos seus termômetros. Durante quase 300 anos, o líquido mais usado no interior dos termômetros era o mercúrio, que está caindo em desuso devido à toxicidade desse metal. Expressamos a temperatura da matéria por meio de um número que corresponde à quantidade de graus de aquecimento ou de esfriamento em alguma escala escolhida.

Praticamente todos os materiais sofrem dilatação quando suas temperaturas se elevam e contraem-se quando as temperaturas diminuem. A maioria dos termômetros mede a temperatura por meio da dilatação ou contração de um líquido, normalmente o mercúrio ou álcool colorido, dentro de um tubo de vidro dotado de uma escala.

Na escala mais utilizada mundo afora, a escala internacional, o número 0 é assinalado à temperatura na qual a água congela, e o número 100, à temperatura na qual a água entra em ebulição (numa pressão atmosférica normal). O espaço entre esses dois números é dividido em 100 partes iguais, chamadas de *graus*; por isso um termômetro calibrado dessa maneira foi chamado de *termômetro centígrado* (de *centi*, que significa "centésimo", e *gradus*, que significa "grau"). Entretanto, ele é atualmente chamado de *termômetro Celsius*, em homenagem ao homem que primeiro sugeriu tal escala, o astrônomo sueco Anders Celsius (1701-1744).

Outra escala de temperatura, a escala Fahrenheit, é popular nos Estados Unidos. Nessa escala, o número 32 é assinalado como a temperatura na qual a água congela, e o número 212 é a temperatura na qual a água ferve. Essa é a escala que forma um termômetro Fahrenheit, assim denominado em homenagem a seu ilustre criador, o físico alemão Daniel Gabriel Fahrenheit (1686-1736). Essa escala vai se tornar obsoleta nos Estados Unidos se e quando o país adotar o sistema métrico.[1]

A escala de temperatura usada pelos cientistas é a escala Kelvin, uma homenagem ao físico escocês William Thomson, Primeiro Barão Kelvin (1824-1907). Essa escala é calibrada não em termos dos pontos de congelamento e de ebulição da água, mas em termos da própria energia cinética. O número zero é assinalado como a mais baixa temperatura possível – o **zero absoluto**, na qual qualquer substância não tem absolutamente qualquer energia cinética para fornecer.[2] O zero absoluto corresponde a –273 °C na escala Celsius. As divisões da escala Kelvin têm o mesmo tamanho que os graus da escala Celsius, de modo que a temperatura de fusão do gelo é 273 K. Não existem números negativos na escala Kelvin. Não trataremos mais dessa escala até que retornemos a ela, quando estudarmos a termodinâmica, no Capítulo 18.

Fórmulas aritméticas são usadas para fazer a conversão de Fahrenheit para Celsius e de Celsius para Fahrenheit, e são muito populares em exames escolares. Esses exercícios aritméticos não são realmente física, sendo pequenas as chances de você ter a necessidade de realizar tal tarefa em alguma outra situação. Portanto, não nos preocuparemos com isso. Além disso, essa conversão pode ser bem estimada simplesmente lendo-se a correspondente temperatura na outra escala a partir das marcações feitas lado a lado no termômetro da Figura 15.2.

---

[1] A adoção da escala Celsius colocará os Estados Unidos em sintonia com o resto do mundo, onde a escala Celsius é o padrão. Os americanos são lentos em mudar. É difícil mudar qualquer costume há muito estabelecido, e a escala Fahrenheit tem algumas vantagens no uso diário. Por exemplo, seus graus são menores (1 °F = 5/9 °C), o que dá maior precisão no registro do clima, usando leituras de temperaturas em números inteiros. Além disso, as pessoas de alguma maneira atribuem significados aos números com um dígito extra, de modo que, quando a temperatura de um dia quente é registrada como 100 °F, a ideia de calor é transmitida de maneira mais dramática do que quando ela é informada como 38 °C. Como muitas unidades do Sistema Britânico de Unidades, a escala Fahrenheit é ajustada aos seres humanos.

[2] Mesmo a zero absoluto, uma substância ainda tem o que se chama de "energia do ponto-zero", uma energia não disponível que não pode ser transferida para outra substância. O hélio, por exemplo, tem átomos com movimentação suficiente a zero absoluto para impedi-lo de congelar. A explicação para isso envolve a teoria quântica.

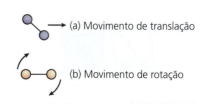

(a) Movimento de translação

(b) Movimento de rotação

(c) Movimento de vibração

FIGURA 15.3 As partículas da matéria em geral se movem das mais variadas maneiras. Elas se movem de um lugar para outro, giram e vibram de um lado para outro. Todos esses modos de movimento, mais a energia potencial, contribuem para a energia total de uma substância. A temperatura, entretanto, é definida em relação à energia do movimento de translação.

> **PAUSA PARA TESTE**
>
> Verdadeiro ou falso: a temperatura é uma medida da energia cinética total de uma substância.
>
> **VERIFIQUE SUA RESPOSTA**
>
> Falso. A temperatura é uma medida da energia cinética translacional *média* (e não a energia cinética *total*!) das moléculas de uma substância. Por exemplo, existe duas vezes mais energia cinética molecular em 2 litros de água fervendo do que em 1 litro nas mesmas condições, mas as temperaturas das duas porções de água são iguais, pois a energia cinética translacional *média* por molécula é a mesma.

A temperatura está relacionada ao movimento aleatório dos átomos ou moléculas de uma substância. (Por brevidade, daqui em diante, falaremos simplesmente em *moléculas* para nos referirmos a átomos e moléculas.) Mais especificamente, a temperatura é uma medida da energia cinética média "translacional" do movimento molecular aleatório (pelo qual as moléculas se movimentam de um lugar a outro) em uma substância, como mostra a Figura 15.3. As moléculas também podem rodar e vibrar, com energia cinética rotacional e vibracional correspondentemente associadas, mas esses movimentos não são de translação e não definem temperatura.

O efeito da energia cinética translacional *versus* a energia cinética rotacional e vibracional é verificado drasticamente em um forno de micro-ondas. As micro-ondas que bombardeiam sua comida fazem com que determinadas moléculas da comida, principalmente as de água, oscilem, invertendo sua orientação de um sentido para o outro, com uma energia cinética rotacional considerável. Contudo, as moléculas que oscilam não cozinham de fato a comida. O que eleva a temperatura e cozinha efetivamente a comida é a energia cinética translacional comunicada às moléculas vizinhas, que ricocheteiam nas moléculas oscilantes de água. (Para visualizar isso, imagine um punhado de bolas de gude que são espalhadas, passando a voar em todas as direções, após colidirem com as lâminas girantes de um ventilador – veja também a página 473.) Se as moléculas vizinhas não interagissem com as moléculas oscilantes da água, a temperatura da comida não seria diferente do que era antes de o forno ser ligado.

Curiosamente, o que o termômetro de fato revela é *sua própria temperatura*. Quando um termômetro de vidro está em contato térmico com algo cuja temperatura desejamos conhecer, a energia fluirá entre os dois corpos até que suas temperaturas se igualem e o equilíbrio térmico se estabeleça. Se conhecemos a temperatura do termômetro, então conhecemos a temperatura do corpo em contato. Um termômetro, portanto, deveria ser suficientemente pequeno, de modo a não alterar consideravelmente a temperatura do corpo em contato, a qual se quer medir. Se você está medindo a temperatura do ar em uma sala, então seu termômetro comum é adequadamente pequeno. Entretanto, se fosse para medir a temperatura de uma gota d'água, o simples contato entre a gota e o termômetro poderia alterar a temperatura da gota – um caso clássico de alteração no que se deseja medir pelo próprio processo de medição. Os termômetros modernos abandonaram a dilatação do líquido em tubo de vidro e medem a radiação infravermelha emitida pelos objetos. Os termômetros IR que se popularizaram nos últimos anos serão trabalhados no próximo capítulo.

FIGURA 15.4 Existe mais energia cinética molecular em um recipiente cheio de água morna do que em uma pequena xícara de chá cheia de água a uma temperatura alta.

15.2 Calor

Quando você toca numa estufa aquecida, a energia passa para sua mão, porque a estufa está mais quente do que ela. Por outro lado, quando você encosta sua mão num pedaço de gelo, a energia sai de sua mão para o gelo, que é mais frio. O sentido da transferência espontânea de energia é sempre do corpo que está mais quente para um vizinho mais frio. A energia transferida de uma coisa para outra por causa de uma diferença de temperatura entre elas é chamada de **calor**.

FIGURA 15.5 A temperatura das faíscas é muito alta, em torno de 2.000 °C. Isso é um bocado de energia por cada molécula das faíscas. Entretanto, devido ao pequeno número de moléculas por faísca, sua energia interna é suficientemente pequena para que a brincadeira seja segura. A temperatura é uma coisa; a transferência de energia é outra.

FIGURA 15.6 Embora uma mesma quantidade de calor tenha sido transferida para os dois recipientes, a temperatura cresce mais no recipiente com menor quantidade de água.

A temperatura é medida em graus, e o calor, em joules.

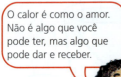

O calor é como o amor. Não é algo que você pode ter, mas algo que pode dar e receber.

É importante observar que a matéria não *contém* calor. Isso foi descoberto por Rumford em seus experimentos de perfuração de canhões, como já mencionamos. Rumford e os pesquisadores que seguiram seus passos perceberam que a matéria contém energia cinética molecular e possivelmente energia potencial, *não calor*. Calor é *energia em trânsito* de um corpo a uma temperatura mais alta para outro a uma temperatura mais baixa. Uma vez transferida, a energia deixa de ser calor. (Como analogia, o trabalho também é energia em trânsito. Um corpo não *contém* trabalho. Ele *realiza* trabalho ou trabalho é realizado sobre ele.) Nos capítulos anteriores, denominamos a energia resultante de fluxo de calor de *energia térmica*, para deixar claro o vínculo entre calor e temperatura. Neste capítulo, empregaremos o termo preferido pelos cientistas, *energia interna*.

A **energia interna** é a soma total de todas as energias no interior de uma substância. Além da energia cinética translacional da agitação molecular em uma substância, existe energia em outras formas. Existe a energia cinética rotacional das moléculas e a energia cinética devido ao movimento interno dos átomos dentro das moléculas. Também existe a energia potencial devido às forças entre as moléculas. Assim, uma substância não contém calor – ela contém energia interna.

Quando uma substância absorve ou cede calor, a sua energia interna, correspondentemente, aumenta ou diminui. Em alguns casos, como quando o gelo se derrete, o calor absorvido de fato não aumenta a energia cinética molecular, mas transforma-se em outras formas de energia. Nesse caso, a substância sofre uma mudança de fase, o que será abordado detalhadamente no Capítulo 17.

Para dois objetos em contato térmico, o calor flui de uma substância a uma temperatura mais alta para outra a uma temperatura mais baixa, mas não necessariamente flui de uma substância com mais energia interna para outra com menos energia interna. Existe mais energia interna em uma tigela de água morna do que em uma tachinha incandescente; se ela for imersa em água, o fluxo de calor não ocorrerá da água morna para a tachinha. Pelo contrário, o calor fluirá da tachinha quente para a água mais fria. O calor jamais flui espontaneamente de uma substância a uma temperatura mais baixa para outra substância a uma temperatura mais alta.

Quanto flui de calor depende não apenas da diferença entre as temperaturas das substâncias, mas também da quantidade de material que existe. Por exemplo, um barril cheio de água quente transferirá mais calor para uma substância mais fria do que uma xícara cheia com água à mesma temperatura. Existe mais energia interna na porção de água maior.

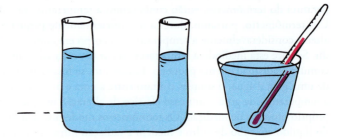

FIGURA 15.7 Da mesma forma que a água nos dois ramos de um tubo em "U" busca um nível comum (onde as pressões são as mesmas a qualquer profundidade), o termômetro e sua vizinhança imediata alcançam uma temperatura comum (na qual a EC molecular média é a mesma em ambos).

PAUSA PARA TESTE

1. Suponha que você aqueça 1 L de água no fogo por um certo tempo, e que sua temperatura se eleve em 2 °C. Se você colocar 2 L de água no mesmo fogo pelo mesmo tempo, em quanto se elevará a temperatura?

2. Quando uma bola de gude veloz colide com um punhado de bolas de gude lentas, espalhando-as, normalmente a bola de gude originalmente veloz torna-se mais rápida ou mais lenta? O que perde energia cinética e o que ganha energia cinética, a bola de gude inicialmente veloz ou as que eram inicialmente lentas? Como essas questões se relacionam com o sentido da transferência de calor?

VERIFIQUE SUA RESPOSTA

1. Sua temperatura se elevará em apenas 1 °C, pois existem duas vezes mais moléculas em 2 L de água, e cada uma delas recebe apenas a metade daquela energia, em média.

2. A bola de gude veloz torna-se mais lenta ao colidir com as mais lentas. Ela acaba cedendo parte de sua energia cinética para as mais lentas. O mesmo ocorre com o fluxo de calor. Moléculas com mais energia cinética em contato com outras com menos energia cinética cedem parte de seu excesso de energia para as menos energéticas. O sentido da transferência de energia é do quente para o frio. Entretanto, tanto para bolas de gude quanto para moléculas, a energia *total* antes e depois do contato é a mesma.

Medindo calor

Vimos que calor é o fluxo de energia de um objeto para outro devido a uma diferença de temperatura. Uma vez que calor é um trânsito de energia, ele é medido em joules. No Brasil, uma unidade mais comum de calor é a *caloria*. A caloria é definida como a quantidade de calor requerida para alterar a temperatura de um grama de água em um grau Celsius.[3]

O conteúdo energético dos alimentos e dos combustíveis é determinado por meio de sua queima e da medição da energia liberada. (Seu corpo "queima" a comida a uma taxa lenta). A unidade de calor usada nos rótulos de alimentos industrializados é, na verdade, a quilocaloria, que equivale a 1.000 calorias (o calor requerido para elevar a temperatura de 1 quilograma de água em C). Para diferenciar essa unidade da caloria de menor valor, a unidade de calor empregada em alimentos é chamada de uma *Caloria* (escrita com a letra maiúscula *C*). É importante lembrar que a caloria e a Caloria são unidades de energia. Esses nomes são reflexos da antiga ideia de que o calor era um fluido invisível chamado de *calórico*. Essa visão persistiu, mesmo depois dos experimentos de Rumford dizerem o contrário, até o século XIX.

Agora sabemos que o calor é uma forma de transferência de energia, e não uma substância com sua própria existência, então não é necessário que ele tenha sua própria unidade. Algum dia, a caloria poderá dar lugar à unidade do SI, o joule, como a unidade usual para medir calor. (A relação entre calorias e joules é 1 caloria = 4,184 joules.) Neste livro, aprenderemos sobre o calor usando a caloria, a unidade conceitualmente mais simples. Contudo, no laboratório, você poderá usar o equivalente em joules, em que uma entrada de 4,184 joules eleva em 1 °C a temperatura de 1 grama de água.

FIGURA 15.8 No laboratório científico, 1 caloria = 4,19 joules. Na cozinha, 1 Caloria = 1.000 calorias = 4.190 joules, como atesta o *chef* Manuel Hewitt. Uma batata oferece pouco mais de o dobro das Calorias por grama do que uma cenoura.

Tanto o calor quanto o trabalho são as formas de transferência de energia entre uma substância e outra. Ambos são expressos em unidades de energia, geralmente em joules.

PAUSA PARA TESTE

1. Uma tachinha de ferro e um grande parafuso, ambos à mesma temperatura altíssima, são mergulhados em recipientes idênticos, com água nas mesmas temperaturas. Qual deles elevará mais a temperatura da água?
2. O que eleva mais a temperatura da água: a adição de 1 caloria ou de 4,184 J?

VERIFIQUE SUA RESPOSTA

1. O parafuso de ferro, por ter maior energia interna à mesma temperatura da tachinha, eleva mais a temperatura da água. Esse exemplo ressalta a diferença existente entre temperatura e energia interna.
2. Nenhuma das duas. Ambas expressam a mesma quantidade de energia, apenas em unidades diferentes.

FIGURA 15.9 O recheio de uma torta de maçã aquecida pode estar quente demais, mesmo que a crosta da torta não esteja.

---

[3] Uma unidade menos comum de calor é a unidade térmica britânica (BTU, acrônimo de *british thermal unit*). A BTU é definida como a quantidade de calor requerida para alterar a temperatura de 1 lb de água em 1 grau Fahrenheit. Uma BTU equivale a 1.054 J.

15.3 Calor específico

Você provavelmente já notou que certos alimentos permanecem quentes por mais tempo do que outros. Se você pegar uma torrada de dentro da torradeira elétrica e simultaneamente derramar sopa quente dentro de uma tigela, alguns minutos mais tarde a sopa ainda estará agradavelmente morna, enquanto a torrada terá esfriado. Analogamente, se você esperar um pouco antes de comer um pedaço quente de rosbife e uma concha de purê de batata, ambos inicialmente à mesma temperatura, você descobrirá que a carne esfria mais rápido do que a batata.

Substâncias diferentes têm diferentes capacidades de armazenamento de energia interna. Se aquecermos uma panela com água no fogão, descobriremos que leva cerca de 15 minutos para que sua temperatura se eleve da temperatura ambiente até a temperatura de ebulição. Contudo, se pusermos uma massa igual de ferro no mesmo fogo, descobriremos que ele sofrerá a mesma elevação de temperatura em cerca de dois minutos. Para a prata, o tempo seria inferior a um minuto.

Diferentes materiais requerem diferentes quantidades de calor para elevar a temperatura de uma determinada massa desse material em um determinado número de graus. Isso se deve parcialmente ao fato de que materiais diferentes absorvem energia de maneiras diferentes. A energia absorvida pode vir a ser compartilhada entre os diversos tipos de energia, incluindo a rotação molecular e energia potencial, o que eleva menos a temperatura. Exceto em casos especiais, como o do hélio líquido, a energia é sempre compartilhada entre os diferentes tipos de movimento, porém em graus diferentes.

Enquanto um grama de água requer uma caloria de energia para que sua temperatura se eleve em um grau Celsius, apenas cerca de um oitavo dessa energia é gasta para elevar a temperatura de um grama de ferro na mesma quantidade de graus. A água absorve mais calor por grama do que o ferro para uma mesma variação de sua temperatura. Dizemos, então, que a água tem uma **capacidade térmica específica** – mais conhecida simplesmente como *calor específico* – maior do que a do ferro.

O calor específico de qualquer substância é definido como a quantidade de calor requerida para alterar a temperatura de uma unidade de massa da substância em um grau.

Se conhecemos o calor específico c da substância, a fórmula para calcular a quantidade de calor Q envolvida quando uma substância de massa m sofre uma variação ΔT de temperatura é *calor específico × massa × variação de temperatura*. Ou seja, $Q = cm\Delta T$.

Podemos pensar no calor específico como uma espécie de "inércia térmica". Lembre-se de que *inércia* é um termo empregado na mecânica para significar a resistência de um objeto a mudanças em seu estado de movimento. O calor específico é uma espécie de inércia térmica, porque significa a resistência de uma substância a mudanças em sua temperatura.

> Se você adicionar 1 caloria de calor a 1 grama de água, a temperatura do líquido se elevará em 1 °C.

PAUSA PARA TESTE

1. Uma substância com baixo calor específico se aquece rápida ou lentamente quando o calor é aplicado?
2. Por que uma melancia mantém-se fria por um tempo mais longo do que sanduíches quando ambos são retirados de um refrigerador num dia quente?

VERIFIQUE SUA RESPOSTA

1. Aquece-se rapidamente. O baixo calor específico significa uma variação de temperatura mais rápida.
2. A água na melancia tem mais "inércia térmica" do que os ingredientes do sanduíche e resiste muito mais a variações de temperatura. Essa "inércia térmica" é o calor específico.

15.4 O grande calor específico da água

A água tem uma capacidade de armazenamento de energia melhor do que a grande maioria dos materiais, mas alguns materiais incomuns são ainda melhores. Devido às suas fortes ligações de pontes de hidrogênio, uma quantidade relativamente pequena de água absorve uma grande quantidade de calor para haver uma elevação correspondentemente pequena de sua temperatura. Por causa disso, a água é um agente muito útil para refrigerar sistemas encontrados em automóveis e outras máquinas. Se um líquido de baixo calor específico fosse usado para refrigerar tais sistemas, sua temperatura se elevaria mais, para uma mesma absorção de calor.

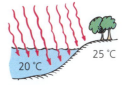

FIGURA 15.10 Como a água tem um grande calor específico e é transparente, ela requer mais energia para se aquecer do que o solo. A energia solar incidente sobre a terra do solo fica concentrada na superfície, que esquenta muito mais rápido.

A água também leva muito tempo para esfriar, fato que explica por que, no passado, costumava-se usar bolsas de água quente nas noites frias do inverno. (Em muitos lugares, foram substituídas por cobertores elétricos.) Essa tendência da água de resistir a mudanças de temperatura melhora o clima em muitos lugares. Da próxima vez que você estiver olhando um globo terrestre, observe as grandes latitudes da Europa. Se a água não tivesse um grande calor específico, os países da Europa seriam tão gelados quanto a região nordeste do Canadá, pois ambas as regiões recebem praticamente a mesma quantidade de luz solar por quilômetro quadrado. A corrente marítima do Atlântico, conhecida como Corrente do Golfo, transporta água quente para o nordeste do Caribe. Essa água retém grande parte de sua energia interna por tempo suficiente para alcançar a costa do Atlântico Norte da Europa, onde, então, se resfria. A energia liberada, uma caloria por grau para cada grama de água que resfria, transfere-se para o ar e é levada pelos ventos que sopram sobre a Europa, vindos do oeste.

Um efeito semelhante ocorre nos Estados Unidos. Os ventos nas latitudes da América do Norte sopram vindos do oeste. Na costa oeste, o ar se move vindo do Oceano Pacífico. Por causa do alto calor específico da água, a temperatura da água do oceano não varia muito entre o verão e o inverno. A água é mais fria do que o ar durante o verão, e mais quente do que ele durante o inverno. No inverno, a água aquece o ar que se move sobre ela e, com isso, aquece as regiões costeiras da América do Norte. No verão, a água resfria o ar e, com isso, as regiões costeiras são resfriadas. Na costa leste, o ar se movimenta indo da costa para o Oceano Atlântico. O solo, com um calor específico menor, fica quente no verão, mas se resfria rapidamente no inverno. Como resultado do grande calor específico da água e das direções em que o vento sopra, as cidades da costa oeste de San Francisco são mais quentes no inverno e mais frias no verão do que as cidades da costa leste de Washington, D.C., que fica praticamente na mesma latitude.

Clima diz respeito ao comportamento médio, tempo se refere a flutuações. O clima tem a ver com o tipo de roupa no seu armário, já o tempo lhe diz que roupa usar cada dia.

psc

- Assim como na borda externa da plataforma de um carrossel a velocidade é maior, locais mais próximos ao equador deslocam-se mais rapidamente e por distâncias maiores do que aqueles mais afastados do equador. Objetos que se movem em direção ao equador que não são fixos no chão, como o ar, a água e aviões, não são capazes de acompanhar o solo cada vez mais rápido abaixo deles. Eles tendem a desviar. Esse é o *efeito Coriolis*. Assim, correntes oceânicas que se dirigem ao equador tendem a se desviar para oeste, enquanto correntes que se afastam do equador tendem a se desviar para leste. Por isso as correntes oceânicas do hemisfério norte tendem a girar em sentido horário, ao passo que as correntes do hemisfério sul tendem a circular em sentido anti-horário, como evidenciado na Figura 15.11.

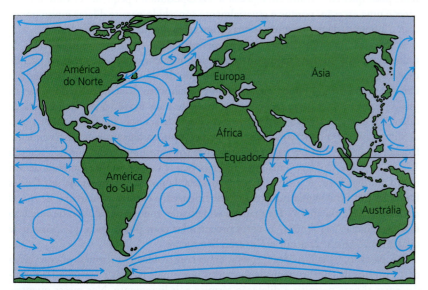

FIGURA 15.11 Muitas correntes oceânicas, mostradas em azul, distribuem calor proveniente das regiões equatoriais, mais quentes, para as regiões polares, mais frias.

Ilhas e penínsulas mais ou menos rodeadas por água não têm os mesmos extremos de temperatura observados no interior de um continente. Quando o ar está quente nos meses de verão, a água o resfria. Quando ele está frio nos meses de inverno, a água o aquece. A água, portanto, modera os extremos de temperatura. As altas temperaturas do verão e as baixas temperaturas do inverno, comuns em Manitoba e nas Dakotas, por exemplo, devem-se largamente à ausência de grandes massas de água. Os europeus, os insulanos e as pessoas que vivem em contato com as correntes de ar oceânico deveriam ser gratos pelo alto calor específico da água. Os habitantes de San Francisco o são, realmente!

> **PAUSA PARA TESTE**
> O que tem maior calor específico: a água ou a areia?
>
> **VERIFIQUE SUA RESPOSTA**
> A água tem calor específico mais alto. Assim, a água tem maior inércia térmica e requer mais tempo para se aquecer à luz solar e mais tempo para se resfriar durante a noite. A areia tem baixo calor específico, como fica evidenciado pela rapidez com que sua superfície esquenta na luz matinal solar e pela rapidez com que ela esfria à noite. (Caminhar ou correr de pés descalços sobre a areia escaldante durante o dia é uma experiência muito diferente de caminhar sobre a areia fria da noite.)

15.5 Dilatação térmica

Quando a temperatura de uma substância aumenta, suas moléculas ou átomos passam, em média, a oscilar mais rapidamente e tendem a se afastar umas das outras. O resultado disso é uma dilatação da substância. Com poucas exceções, todas as formas de matéria – sólidas, líquidas, gasosas ou plasmas – normalmente se dilatam quando aquecidas e se contraem quando resfriadas.

Na maior parte dos casos envolvendo sólidos, essas variações de volume não são facilmente notadas, mas uma observação rigorosa geralmente é capaz de detectá-las. Os cabos de energia tornam-se mais alongados e vergam mais em um dia de verão do que num dia de inverno. As tampas metálicas de potes de conserva podem ser afrouxadas frequentemente aquecendo-as sob água quente. Se uma parte do vidro for aquecida ou resfriada mais rápido do que as partes adjacentes, a expansão ou contração decorrente pode quebrar o vidro, em especial se sua espessura for pequena. O vidro do tipo Pirex é uma exceção, porque é especialmente concebido para se dilatar muito pouco com o aumento da temperatura (cerca de um terço do que faz o vidro comum).

A dilatação das substâncias deve ser permitida em estruturas e dispositivos de todos os tipos. Um dentista usa materiais de obturações que têm a mesma taxa de dilatação que os dentes. Os pistões de alumínio de alguns motores de automóveis têm um diâmetro um pouco menor do que os cilindros de aço dentro dos quais os pistões movem. Isso permite que o pistão dilate mais devido à sua maior taxa de dilatação. Um engenheiro civil usa barras de aço de reforço que têm a mesma taxa de dilatação que o concreto. Pontes de aço compridas têm uma das extremidades fixada, enquanto a outra repousa livremente sobre um apoio de cimento (Figura 15.12). A ponte Golden Gate, em San Francisco, EUA, contrai-se em mais de um metro em dias frios. A própria pista rodoviária da ponte é segmentada por fendas formadas por uma sequência alternada de linguetas e encaixes, chamadas de *juntas de expansão* (Figura 15.13). De maneira semelhante, rodovias e calçadas de concreto são seccionadas por fendas, às vezes preenchidas com piche, para que possam se dilatar no verão e se contrair no inverno livremente.

No passado, os trilhos das ferrovias eram construídos em segmentos com cerca de 12 metros de comprimento, conectados por juntas móveis e com fendas deixadas entre si para permitir a dilatação térmica agir livremente. Nos meses quentes, os trilhos dilatam, e as fendas tornam-se mais estreitas. Nos meses de inverno, elas

FIGURA 15.12 Uma extremidade da ponte é fixa, enquanto a outra é apoiada sobre pilastras de concreto que possibilitam a dilatação térmica da estrutura.

FIGURA 15.13 Esta fenda na pista rodoviária de uma ponte é chamada de junta de expansão; ela permite que a ponte se expanda e se contraia livremente.

ficam mais largas, o que torna mais pronunciado aquele ruído seco típico dos trens ao passar sobre as fendas das ferrovias convencionais. Não se escuta mais esse ruído repetitivo nas ferrovias mais modernas depois que alguém teve a brilhante ideia de eliminar as fendas soldando as extremidades dos segmentos dos trilhos. Mas a dilatação térmica em um dia de verão não entortará os trilhos assim soldados, como mostrado na Figura 15.14? Não se os trilhos foram assentados no mais quente dos dias de verão! O encolhimento dos trilhos nos dias frios do inverno os distenderá, o que não os entorta. Trilhos distendidos funcionam bem.

> **PAUSA PARA TESTE**
>
> 1. Por que os balões de festa e os trilhos de rodovias aumentam de tamanho com a elevação das suas temperaturas?
> 2. Por que diminuem quando esfriam?
>
> **VERIFIQUE SUA RESPOSTA**
>
> 1. As moléculas aquecidas em ambos se agitam mais rápido e ocupam mais espaço; muito mais espaço no caso do balão, que é gasoso.
> 2. Quando esfriam, suas moléculas se agitam menos e passam a ocupar menos espaço.

FIGURA 15.14 Dilatação térmica. O calor extremo de um dia de verão causou as ondulações destes trilhos de ferrovia.

Substâncias diferentes dilatam-se com diferentes taxas. Quando duas lâminas metálicas, como uma de bronze e outra de ferro, são soldadas ou rebitadas lado a lado, a maior dilatação de um dos metais faz com que a lâmina composta vergue como mostrado na Figura 15.15. Uma barra fina composta desse tipo é chamada de *lâmina bimetálica*. Quando ela é aquecida, um dos lados da tira dupla torna-se mais longo do que o outro, fazendo com que ela se vergue, formando uma curva. Por outro lado, ao ser resfriada, ela tende a vergar-se no sentido oposto, pois o metal que mais se expande também é o que mais se contrai. A vergadura da lâmina pode ser utilizada para girar um ponteiro, regular uma válvula ou fechar uma chave. Lâminas bimetálicas são usadas em termômetros de fornos, torradeiras elétricas e uma variedade de aparelhos.

FIGURA 15.15 Uma lâmina bimetálica. Sob aquecimento, o bronze dilata mais do que o ferro, e contrai mais do que este sob resfriamento. Por causa desse comportamento, a lâmina verga como mostrado na figura.

Uma aplicação de diferentes coeficientes de expansão é o termostato (Figura 15.16). A vergadura para um lado ou para o outro de uma bobina bimetálica abre ou fecha um circuito elétrico. Quando uma sala fica fria demais, a bobina verga-se para o lado do bronze e, ao fazer isso, aciona um circuito elétrico que liga o aquecedor.

336 PARTE III Calor

FIGURA 15.16 Um termostato pré-eletrônico. Quando a bobina bimetálica dilata, a gota de mercúrio líquido é deslocada de modo que os terminais elétricos não a toquem mais. Com isso, o circuito elétrico é interrompido. Quando a bobina contrai, a gota volta a fazer contato com os terminais elétricos, e o circuito é novamente fechado.

FIGURA 15.17 Você conseguirá desfazer uma pequena depressão na superfície de uma bola de pingue-pongue se a colocar dentro de água fervendo. Por quê?

psc

- Os flocos de neve provêm principalmente do vapor d'água, mais do que da água líquida. Os flocos de neve verdadeiramente simétricos constituem exceções, não a regra. Diversos mecanismos acabam por interromper o crescimento perfeito dos cristais. Como tudo mais no universo, não existem dois flocos de neve idênticos. Em 1611, o astrônomo Kepler escreveu um artigo a respeito dos flocos de neve de forma hexagonal. Cinquenta e quatro anos depois, o físico Robert Hooke usou seu primeiro microscópio para examinar as formas dos flocos de neve.

Quando, por outro lado, a sala torna-se quente demais, a bobina verga-se para o lado do ferro, o que aciona uma chave elétrica que desliga o aquecedor. Os refrigeradores são equipados com termostatos que os impedem de se tornar muito ou pouco frios.

Os líquidos se dilatam consideravelmente com o aumento da temperatura. Na maior parte dos casos, a dilatação de líquidos é maior do que a de sólidos. A gasolina que transborda dos tanques dos carros em dias quentes é uma evidência disso. Se o tanque e seu conteúdo dilatassem com a mesma taxa, eles se expandiriam juntos e não ocorreria transbordamento. Analogamente, se a dilatação do vidro de um termômetro fosse tão grande quanto a do mercúrio, o nível do mercúrio não se elevaria no tubo com o aumento da temperatura. O mercúrio do termômetro se eleva com o aumento da temperatura porque a dilatação do mercúrio é maior do que a do vidro do tubo.

> **PAUSA PARA TESTE**
>
> Para desfazer uma pequena depressão na superfície de uma bola de pingue-pongue, seria uma boa ideia colocá-la dentro de água fervendo?
>
> **VERIFIQUE SUA RESPOSTA**
>
> A expansão do ar dentro da bola de pingue-pongue tenderá a forçá-la de volta ao seu formato original.

A dilatação da água

Como a maioria das substâncias, a água se expande ao ser aquecida. Todavia, curiosamente, ela *não* se expande na faixa de temperatura que vai de 0 a 4 °C. Algo de fascinante ocorre nessa faixa. O gelo tem uma estrutura cristalina, com cristais estruturalmente ocos. Nessa estrutura, as moléculas da água ocupam volumes maiores do que no estado líquido (Figura 15.18). Isso significa que o gelo é menos denso do que a água.

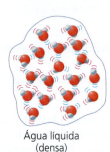
Água líquida
(densa)

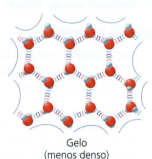
Gelo
(menos denso)

FIGURA 15.18 A água líquida é mais densa do que o gelo, porque as moléculas de água no estado líquido encontram-se mais próximas do que as moléculas de água do gelo congelado, onde constituem uma estrutura cristalina.

> **PAUSA PARA TESTE**
>
> O que existe no interior dos espaços ocos dos cristais de água mostrados nas Figuras 15.18 e 15.19? Ar, água, vapor ou nada?
>
> **VERIFIQUE SUA RESPOSTA**
>
> Nada existe nos espaços ocos. São simplesmente espaços vazios – vácuos. Se existisse ar ou vapor nos espaços ocos, a ilustração deveria mostrar moléculas lá – oxigênio e nitrogênio para o ar e H_2O para o vapor d'água.

Quando o gelo derrete, nem todos os cristais ocos colapsam. Alguns deles, microscópicos, permanecem formando uma neve fofa e lisa em mistura com o gelo-água que mal flutua na água, aumentando ligeiramente seu volume (Figura 15.19). Disso

CAPÍTULO 15 Temperatura, calor e dilatação 337

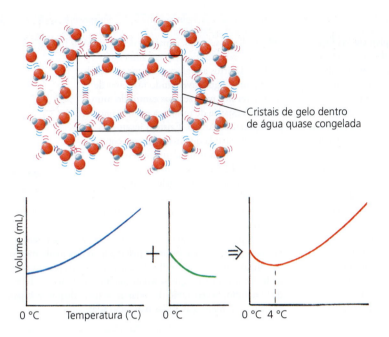

FIGURA 15.19 A estrutura oca desses cristais tridimensionais que se forma na medida em que a água congela cria uma mistura microscópica que aumenta ligeiramente o volume ocupado pela água.

FIGURA 15.20 A curva azul representa a expansão normal da água com o aumento da temperatura. A curva verde representa a contração dos cristais de gelo da água gelada quando eles derretem com o aumento da temperatura. A curva vermelha mostra o resultado dos dois processos.

resulta que a água gelada é menos densa do que a água mais quente. Quando a temperatura da água, inicialmente a 0 °C, é aumentada gradualmente, mais e mais daqueles cristais remanescentes entram em colapso. O prosseguimento do derretimento dos cristais diminui o volume da água. Ela sofre, portanto, dois processos simultâneos: contração e expansão (Figura 15.20). O volume tende a diminuir quando ocorrem os colapsos dos cristais de gelo e tende a aumentar devido à maior agitação molecular. O efeito resultante do colapso domina até que a temperatura atinja 4 °C. Depois disso, a expansão vencerá a contração, pois a maioria dos cristais microscópicos já terá se derretido (Figura 15.21).

psc

- Por que espalhar sal de rocha sobre uma rodovia congelada, durante o inverno, ajuda a derreter o gelo? O sal em água se separa em íons de sódio e de cloro, que então se unem às moléculas da água, liberando energia, o que derrete as partes microscópicas da superfície do gelo. A pressão dos automóveis que trafegam em uma rodovia coberta de sal força o sal para dentro do gelo, reforçando o processo de derretimento. A única diferença entre o sal de rocha e o sal que você salpica sobre sua pipoca está no tamanho dos cristais.

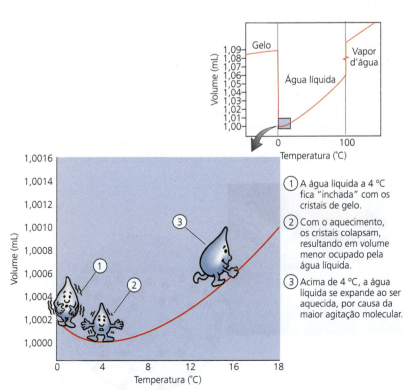

① A água líquida a 4 °C fica "inchada" com os cristais de gelo.

② Com o aquecimento, os cristais colapsam, resultando em volume menor ocupado pela água líquida.

③ Acima de 4 °C, a água líquida se expande ao ser aquecida, por causa da maior agitação molecular.

FIGURA 15.21 Entre 0 e 4 °C, o volume da água líquida diminui com o aumento da temperatura. Acima de 4 °C, a água comporta-se como as outras substâncias: seu volume aumenta com o aumento de sua temperatura. Os volumes mostrados aqui são de uma amostra de 1 grama.

VIDA NOS EXTREMOS

Em alguns desertos, como os das grandes planícies da Espanha, o Saara, na África, e o deserto de Gobi, na Ásia Central, as temperaturas superficiais atingem até 60 °C. Quente demais para viver? Não para certas espécies de formigas do gênero *Cataglyphis*, que prosperam nessa temperatura escaldante. A temperaturas extremamente altas, as formigas do deserto conseguem procurar alimento sem a presença de lagartos, que seriam seus predadores. Resistentes ao calor, essas formigas conseguem sobreviver a temperaturas mais elevadas do que qualquer outra criatura do deserto (com exceção de micróbios). Pelos triangulares especiais sobre uma camada prateada no lado de cima dos seus corpos reflete a luz visível e infravermelha, além de irradiar calor. Elas vasculham a superfície do deserto procurando por cadáveres de criaturas que não conseguiram abrigo a tempo, tocando a areia quente tão pouco quanto possível enquanto saltitam constantemente com duas de suas quatro pernas sempre mantidas no ar. Embora os caminhos que elas fazem durante o forrageamento sejam em zigue-zague, os caminhos de retorno para os ninhos mais próximos são quase linhas retas. Elas mantêm velocidades de 100 vezes o comprimento de seus corpos por segundo. Durante uma vida média de seis dias, a maioria dessas formigas traz de volta 15 a 20 vezes seu próprio peso em alimento.

Dos desertos aos glaciares, uma variedade de criaturas segue inventando maneiras de sobreviver nos mais severos cantos do mundo. Uma espécie de minhoca prospera no gelo glacial do Ártico. Existem insetos no gelo da Antártida que mantêm seus corpos cheios de um anticongelante, evitando que eles se solidifiquem. Certos peixes que vivem em água abaixo do gelo fazem o mesmo. Também existe uma bactéria que prospera em fontes de água fervente por ter proteínas resistentes a altas temperaturas.

Compreender como essas criaturas sobrevivem em temperaturas extremas pode fornecer pistas para o desenvolvimento de soluções práticas a desafios físicos enfrentados pela humanidade. Os astronautas que se aventurarem para longe da Terra, por exemplo, necessitarão de todas as técnicas disponíveis para enfrentar ambientes ao quais não estão adaptados.

Quando a água gelada se congela, tornando-se gelo sólido, seu volume aumenta em cerca de 10% e sua densidade sofre diminuição. É por isso que o gelo flutua em água. Como a maioria das substâncias, o gelo se contrairá enquanto o resfriamento prosseguir. Esse comportamento da água é muito importante na natureza. Se a água fosse mais densa a 0 °C, ela acabaria por assentar-se no fundo de qualquer lagoa ou lago. A 0 °C, entretanto, ela é menos densa e "flutua" na superfície. Mais uma vez, é por isso que se formam camadas de gelo na superfície.

Assim, uma lagoa se congela da superfície para o fundo. Em um inverno rigoroso, o gelo será mais grosso do que em um inverno mais ameno. A água no fundo de uma lagoa coberta de gelo encontra-se a 4 °C, o que é relativamente morno para os organismos que ali vivem. Curiosamente, corpos de água muito profundos não ficam cobertos de gelo mesmo durante os invernos mais rigorosos. A razão é que toda a água deve ser resfriada até 4 °C antes que temperaturas ainda mais baixas sejam atingidas. No caso da água profunda, o inverno não é suficientemente longo para resfriar a lagoa inteira a 4 °C. Qualquer água a 4 °C situa-se no fundo. Em virtude do alto calor específico da água e de sua pouca habilidade em conduzir calor, o fundo de um corpo de água profundo em uma região fria mantém-se a constantes 4 °C o ano todo. Os peixes deveriam sentir-se agradecidos por isso. *Todos* deveríamos ser gratos pelo gelo ser menos denso do que a água líquida, pois todos os lagos e lagoas congelariam no inverno sem isso!

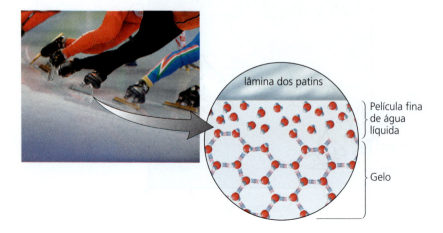

FIGURA 15.22 O gelo é escorregadio porque, na superfície, sua estrutura cristalina não é facilmente mantida.

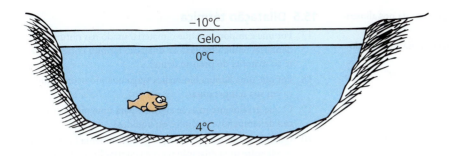

FIGURA 15.23 Quando a água esfria, ela afunda até que toda a lagoa esteja a 4 °C. Então, quando a água superficial é resfriada um pouco mais, ela se mantém na superfície, onde congela. Uma vez que o gelo é formado, temperaturas menores do que 4 °C podem ser atingidas nas partes mais fundas da lagoa.

PAUSA PARA TESTE

1. Qual era a temperatura exata da água no fundo do Lago Michigan, EUA, onde a água é muito profunda e os invernos são longos, na véspera do Ano Novo de 1901?
2. Por que os peixes se beneficiam do fato de a água ser mais densa a 4 °C?

VERIFIQUE SUA RESPOSTA

1. A temperatura no fundo de qualquer volume de água que contenha água a 4 °C em seu interior é exatamente 4 °C, pela mesma razão por que as rochas estão no fundo. As rochas são mais densas do que a água, e, a 4 °C, a água é mais densa do que a água que se encontra a qualquer outra temperatura. Assim, tanto as rochas quanto a água a 4 °C acabam no fundo. A água é um mau condutor de calor e, assim, se a massa de água for profunda e estiver numa região em que os invernos são longos e os verões são curtos, a água no fundo é 4 °C o ano inteiro.
2. Uma vez que, a 4 °C, a água é mais densa, a água mais fria eleva-se e acaba congelando na superfície; ou seja, o peixe mantém-se relativamente aquecido.

Revisão do Capítulo 15

TERMOS-CHAVE (CONHECIMENTO)

temperatura Uma medida da energia cinética translacional média por molécula em uma substância. É medida em graus Celsius, graus Fahrenheit ou kelvins (K).

zero absoluto A mais baixa temperatura possível que qualquer substância pode alcançar – a temperatura na qual as moléculas da substância têm sua energia cinética mínima.

calor A energia que flui de um corpo a uma temperatura mais alta para outro corpo a uma temperatura mais baixa, normalmente medida em calorias ou joules.

energia interna O total de todas as energias moleculares, cinética mais potencial, que são internas à substância.

calor específico A quantidade de calor por unidade de massa necessário para variar a temperatura de uma substância em um grau Celsius.

QUESTÕES DE REVISÃO (COMPREENSÃO)

15.1 Temperatura

1. Quais são as temperaturas de congelamento da água nas escalas Celsius e Fahrenheit? E do ponto de ebulição?
2. O que se quer dizer com energia cinética "translacional"?
3. O que define a temperatura: a energia cinética translacional, a energia cinética rotacional ou a energia cinética vibracional? Ou todas essas?
4. O que se quer dizer com a afirmação de que um termômetro mede sua própria temperatura?

15.2 Calor

5. Existe alguma diferença entre energia térmica e energia interna? Qual dos termos um físico prefere?
6. Em que sentido flui naturalmente a energia interna entre objetos quentes e frios?
7. Um objeto quente contém energia interna ou calor? Ou dois termos significam o mesmo?
8. Que papel a temperatura tem no sentido em que a energia interna flui?

9. Como é determinado o valor da energia contida nos alimentos?
10. Faça distinção entre uma caloria e uma Caloria e entre caloria e joule.
11. Quantos joules são necessários para alterar em 1 °C a temperatura de 1 grama de água?

15.3 Calor específico

12. O que aquece mais rápido quando lhe é fornecido calor: ferro ou prata?
13. Uma substância que aquece rapidamente tem um calor específico alto ou baixo?

15.4 O grande calor específico da água

14. O nordeste do Canadá e grande parte da Europa recebem praticamente a mesma quantidade de luz solar por unidade de área. Por que, então, a Europa geralmente tem invernos menos rigorosos?
15. Por conservação da energia: se a água do oceano esfria, então algo em algum lugar deveria esquentar? O que é que esquenta?
16. Por que a temperatura é aproximadamente constante em massas de terra cercadas por grandes volumes de água?

15.5 Dilatação térmica

17. Por que é importante que o material usado nas obturações dentárias tenha uma taxa de dilatação térmica correspondente ao material do próprio dente?
18. Por que uma lâmina bimetálica verga quando ocorre mudança em sua temperatura?
19. O que geralmente mais se expande para uma mesma variação de temperatura: sólidos ou líquidos?
20. Quando a temperatura da água gelada aumenta ligeiramente, ela sofre uma dilatação ou uma contração resultante?
21. Qual é a razão para o gelo ser menos denso do que a água?
22. A "neve molhada microscópica" na água gelada tende a torná-la mais densa ou menos densa?
23. O que acontecerá à quantidade de "neve molhada microscópica" existente na água gelada quando a temperatura aumentar?
24. A que temperatura os efeitos combinados de contração e de dilatação produzem o volume mínimo para a água?
25. Por que toda a água em um lago tem de ser resfriada a 4 °C antes que a água superficial possa ser resfriada abaixo de 4 °C?

PENSE E FAÇA   (APLICAÇÃO)

26. Encha um balão ao máximo, amarre a sua ponta (confirme que está bem preso) e deixe-o na geladeira durante a noite. Como ele está de manhã? E se depois deixá-lo sobre a mesa da cozinha por mais ou menos uma hora, como ele fica? O que está acontecendo?
27. Saia para caminhar e use o seu *smartphone* para medir quantas Calorias consumiu. A seguir, abra o armário e selecione alimentos com uma quantidade equivalente de Calorias. Isso o faz reavaliar a sua alimentação no dia a dia?
28. Quanta energia existe em uma noz? Queime-a para descobrir. O calor liberado na queima é a energia liberada quando o carbono e o hidrogênio da noz se combinam com o oxigênio do ar (reações de óxido-redução) para produzir CO_2 e H_2O. Perfure uma noz (com nozes-pecã é melhor) com um clipe de papel que a mantenha sustentada acima de uma mesa (lembre-se de colocá-la sobre uma superfície não inflamável). Sobre a noz, posicione uma lata com água de modo que você possa medir a variação de sua temperatura enquanto a noz queimar. Use aproximadamente 10 cm³ (10 mL) de água e um termômetro com escala Celsius. Assim que acender a noz com um fósforo, coloque a lata com água acima dela e registre o aumento de temperatura da água até que a chama se extinga. O número de calorias liberadas na queima da noz pode ser calculado por meio da fórmula $Q = cm\Delta T$, onde c representa o calor específico da água (1 cal/g·°C), m é sua massa e ΔT é a variação de temperatura. A energia contida no alimento está expressa em Calorias, e cada Caloria corresponde a 1.000 calorias que você calculou. Assim, para obter o número de Calorias, divida seu resultado por 1.000. (Consulte o Pense e Resolva número 33.)
29. Converse com seus avós ou outras pessoas mais velhas e descreva como você está aprendendo a perceber conexões da natureza que nunca tinha enxergado antes. Forneça-lhes também exemplos de como você está aprendendo a distinguir entre ideias relacionadas. Use a temperatura e o calor como exemplos.

PEGUE E USE   (FAMILIARIZAÇÃO COM EQUAÇÕES)

A quantidade de calor Q liberado ou absorvido por uma substância de calor específico c (que pode ser expresso nas unidades cal/g·°C ou J>kg·°C) e massa m (em g ou kg), que sofre uma variação de temperatura ΔT, é $Q = cm\Delta T$

30. Use a fórmula para mostrar que são necessárias 3.000 cal para elevar a temperatura de 300 g de água de 22 °C para 30 °C. Para o calor específico c, use 1 cal/g·°C.
31. Use a mesma fórmula para mostrar que são necessários 12.570 joules para elevar a temperatura da mesma massa de água (0,30 kg) no mesmo intervalo. Para o calor específico da água, use 4.190 J/kg·°C.
32. Mostre que 3.000 calorias = 12.570 J, a mesma quantidade de energia interna em unidades diferentes.

PENSE E RESOLVA (APLICAÇÃO MATEMÁTICA)

33. Will Maynez queima 0,6 g de amendoim abaixo de 50 g de água, o que aumenta sua temperatura de 22 °C para 50 °C. (O calor específico da água vale 1,0 cal/g·°C.)
    a. Considerando que 40% do calor liberado na queima do amendoim se destine à água (rendimento de 40%), mostre que o valor calórico do amendoim é de 3.500 calorias (equivalente a 3,5 Calorias).
    b. Em seguida, mostre que o valor calórico por grama é de 5,8 kcal/g (ou 5,8 Cal/g).

34. Se você deseja aquecer 150 kg de água em 20 °C para seu banho, mostre que a quantidade de calor necessária é de 3.000 kcal (3.000 Cal, mais do que a quantidade de energia que um ser humano médio consome por dia!). Em seguida, mostre que isso equivale a cerca de 12.600 kJ.

35. O calor específico do aço é de 450 J/kg·°C. Mostre que a quantidade de calor necessária para elevar a temperatura de um pedaço de 10 kg de aço de 0 °C para 100 °C é igual a 450.000 J. Como isso se compara com o calor necessário para elevar uma mesma massa de água pela mesma diferença de temperatura?

Para resolver os próximos problemas, você precisará conhecer o coeficiente médio de dilatação linear, α, que difere para vários materiais.

Definimos α como a variação de comprimento (L) por unidade de comprimento – ou a variação fracionária de comprimento – correspondente a uma variação de temperatura em °C – ou seja, DL/L por °C. Para o alumínio, α = 24 × 10-6/°C, e para o aço, α = 11 × 10-6/°C.

A variação de comprimento ΔL de um material é dada por ΔL = LαΔT.

36. Considere uma barra de 1 m de comprimento que se dilata em 0,4 cm quando aquecida. Mostre que, se for aquecida da mesma forma, uma barra de 1 m feita do mesmo material terá um comprimento de 100,4 m.

37. Suponha que o principal vão da ponte Golden Gate, com 1,3 km de comprimento, não tivesse juntas de expansão. Mostre que, para um aumento de temperatura de 20 °C, a ponte seria pelo menos 0,3 m mais comprida.

38. Considere um cano de aço com 40.000 km que forma um enorme anel que se ajusta confortavelmente ao longo de toda a circunferência do planeta. Suponha também que as pessoas que estão ao longo de seu comprimento respirem sobre ele, elevando sua temperatura em 1 grau Celsius. O cano se tornará mais comprido. Ele também não se ajusta mais direito como antes. A que altura acima do nível do solo ele deveria ser localizado? Mostre que a resposta são impressionantes 70 m acima. (Para simplificar, considere apenas a dilatação de sua distância radial até o centro da Terra e aplique a fórmula geométrica que relaciona a circunferência C ao raio r, C = 2πr. O resultado é surpreendente!)

PENSE E ORDENE (ANÁLISE)

39. Ordene os valores destas unidades de energia térmica, do maior para o menor.
    a. 1 caloria.
    b. 1 Caloria.
    c. 1 joule.

40. Três blocos de metal, todos na mesma temperatura, são colocados sobre um aquecedor. Seus calores específicos estão listados abaixo. Ordene-os de acordo com a rapidez com que eles esquentarão, do mais para o menos demorado.
    a. Aço, 450 J/kg·°C.
    b. Alumínio, 910 J/kg·°C.
    c. Cobre, 390 J/kg·°C.

41. O quanto variam os comprimentos de diversas substâncias com a variação de temperatura é dado por seus coeficientes de dilatação linear, α. Quanto maior for o valor de α, maior será a variação de comprimento correspondente a uma dada variação de temperatura. Três tipos de fios metálicos, A, B e C, são esticados entre postes telefônicos distantes. Do maior para o menor, ordene os fios de acordo com o quão frouxos eles se tornam em um dia quente de verão.
    a. Cobre, α = 17 × 10−6/°C.
    b. Alumínio, α = 24 × 10−6/°C.
    c. Aço, α = 11 × 10−6/°C.

42. O volume exato que a água ocupa em um recipiente depende da temperatura do líquido. Ordene, do maior para o menor, os volumes da água nas seguintes temperaturas.
    a. 0 °C.
    b. 4 °C.
    c. 10 °C.

PENSE E EXPLIQUE (SÍNTESE)

43. Por que você não pode ter certeza se está com febre alta tocando sua própria testa?
44. Uma sala de reunião tem mesas, cadeiras e pessoas. Em comparação com a temperatura do ar na sala, o que tem uma temperatura (1) mais baixa do que, (2) maior do que e (c) igual à temperatura do ar?
45. O que é maior, um aumento de temperatura de 1 °C ou um de 1 °F?
46. Qual é maior, um grau Celsius ou um kelvin?
47. Qual dessas é a maior unidade de transferência de energia: a Caloria, a caloria ou o joule?
48. Em um copo com água na temperatura ambiente, todas as moléculas têm a mesma rapidez? Explique o porquê.
49. Em média, qual das duas tem maior energia cinética: uma molécula de um grama de gelo de água ou uma molécula de um grama de vapor? Justifique sua resposta.
50. O que tem maior quantidade de energia interna, um *iceberg* ou uma xícara de café quente? Explique.
51. Quando se aquece um termômetro de mercúrio, o líquido se expande e se eleva dentro do tubo de vidro. O que isso indica acerca dos coeficientes de expansão do mercúrio e do vidro? O que aconteceria se os coeficientes de expansão fossem iguais?
52. Considere dois copos de água, um cheio e o outro pela metade, com a água de ambos estando à mesma temperatura. Em qual dos copos encontram-se as moléculas mais rápidas? Em qual deles existe maior energia interna? Para qual deles será necessário mais calor para aumentar a temperatura da água em 1 °C?
53. Por que a pressão do gás fechado em um recipiente rígido aumenta quando a temperatura cresce?
54. Adicionar a mesma quantidade de calor a dois objetos diferentes não produz necessariamente o mesmo aumento da temperatura. Por que não?
55. Qual tem maior calor específico: um objeto que se resfria rapidamente ou outro de mesma massa que se resfria mais lentamente?
56. Por que também chamamos o calor específico de *inércia térmica*?
57. Se o calor específico da água fosse menor, um agradável banho de banheira quente seria uma experiência mais longa ou mais curta do que realmente é? Por quê?
58. Qual esquentaria mais rápido em um forno quente, uma fatia de melancia ou um sanduíche de queijo com a mesma massa? Justifique sua resposta.
59. Uma determinada quantidade de calor é fornecida tanto para um quilograma de água quanto para um quilograma de ferro. Qual deles sofrerá maior aumento de temperatura? Justifique sua resposta.
60. O calor específico do álcool etílico é cerca da metade do da água. Se massas iguais dos dois líquidos estivessem inicialmente à mesma temperatura e absorvessem iguais quantidades de calor, qual deles sofreria uma variação de temperatura maior?
61. Quando uma panela de metal de 1 kg contendo 1 kg de água fria é retirada do refrigerador e colocada sobre uma mesa, qual delas absorverá mais calor da sala: a panela ou a água? Por quê?
62. Em épocas passadas, em uma noite fria de inverno, era comum as pessoas levarem consigo um objeto aquecido para a cama. Qual manteria a pessoa mais aquecida durante a noite fria: um bloco de ferro de 10 kg ou um saco com a mesma quantidade de água, à mesma temperatura? Explique.
63. As Bermudas estão tão ao norte do equador quanto a Carolina do Norte, EUA, mas diferentemente desta região, as Bermudas têm um clima subtropical o ano inteiro. Qual é a razão para isso?
64. A Islândia, assim denominada, a fim de desencorajar sua conquista por impérios em expansão, não tem, de fato, toda a sua extensão coberta por geleiras, como a Groenlândia e partes da Sibéria, embora esteja situada um pouco abaixo do círculo Ártico. A temperatura média do inverno na Islândia é consideravelmente mais alta do que em regiões à mesma latitude, no leste da Groenlândia e na Sibéria central. Qual é a razão para isso?
65. Por que a presença de grandes volumes de água tendem a moderar o clima das terras próximas, tornando-o mais quente na estação fria e mais frio na estação quente?
66. Se os ventos na latitude de San Francisco e Washington, D.C., EUA, soprassem do leste mais do que do oeste, por que em San Francisco apenas árvores de cereja seriam capazes de se desenvolver, e em Washington tanto cerejeiras quanto palmeiras sobreviveriam?
67. A areia do deserto é muito quente durante o dia e muito fria durante a noite. O que isso lhe diz acerca do calor específico da areia?
68. Qual é o papel do empuxo na elevação do ar quente?
69. Cite uma exceção à afirmativa de que todas as substâncias se dilatam quando são aquecidas.
70. Uma tira bimetálica funcionaria se os dois diferentes metais tivessem as mesmas taxas de dilatação? É importante que eles se dilatem com taxas diferentes? Explique.
71. Um método para quebrar grandes blocos de rocha consiste em aquecê-los muito no fogo e, em seguida, mergulhá-los em água fria. Por que isso fratura as rochas?
72. Em noites frias, frequentemente se escutam ruídos de estalos vindos do sótão de casas antigas. Dê uma explicação para isso em termos de dilatação térmica.
73. Por que é importante que o vidro usado nos espelhos de instrumentos astronômicos tenha um baixo "coeficiente de expansão térmica"?
74. Em termos da expansão térmica, por que é importante que uma chave e sua fechadura sejam feitas do mesmo material ou de materiais semelhantes?
75. Qualquer arquiteto lhe dirá que as chaminés jamais podem ser construídas como parte da parede de sustentação. Por quê?
76. Por que as tubulações de vapor têm uma ou mais seções relativamente longas de tubos em forma de U?
77. Por que as lâmpadas normalmente são feitas com vidro muito fino?

78. Uma razão pela qual as primeiras lâmpadas incandescentes custavam muito caro era que os fios condutores de eletricidade no interior delas eram feitos de platina, necessária porque se dilata mais ou menos na mesma taxa que o vidro quando aquecida. Por que é importante que o fio condutor de metal e o vidro tenham o mesmo coeficiente de dilatação?

79. Qual era a temperatura exata no fundo do Lago Superior, nos EUA, às 12:01 de 31 de dezembro de 2020? Qual será daqui a um ano? Justifique sua resposta.

80. Suponha que água seja usada em um termômetro em vez do mercúrio. Se a temperatura for inicialmente 4 °C e, então, mudar, por que o termômetro não pode indicar se a temperatura está aumentando ou diminuindo?

81. Um pedaço de ferro sólido afunda em um recipiente com ferro derretido. Um pedaço de alumínio sólido afunda em um recipiente com alumínio derretido. Por que, então, um pedaço de água sólida (gelo) não afunda em um recipiente contendo água "derretida" (líquida)? Explique em termos moleculares.

82. O que acontece ao volume da água quando ela é resfriada de 3 °C para 1 °C?

83. Diga se a água nas seguintes temperaturas se dilata ou se contrai quando for aquecida um pouco mais: 0 °C, 4 °C e 6 °C.

84. Por que é importante proteger os canos de água no inverno, de modo que eles não congelem?

85. Se a água tivesse um calor específico menor, seria mais provável ou menos provável que as lagoas congelassem?

86. Se o resfriamento ocorresse no fundo de uma lagoa em vez de na superfície, um lago congelaria de baixo para cima? Explique.

Questões Pense e Explique NÃO SÃO Procure e Explique. Exercite o cérebro pensando, não buscando na internet!

PENSE E DISCUTA   (AVALIAÇÃO)

87. Um tanque contém uma mistura gasosa de hidrogênio com oxigênio à mesma temperatura. Que moléculas se movem mais rápido? Por quê?

88. Um certo recipiente fechado contém argônio gasoso, enquanto outro contém criptônio gasoso. Se os dois gases estão a uma mesma temperatura, em qual dos recipientes os átomos estão se movendo mais rápido? Por quê?

89. A água dilata-se quando transforma-se em gelo. Discuta a relação entre esse fato e os buracos e rachaduras que vemos em locais frios durante o inverno.

90. Placas de metal são normalmente fixadas umas às outras com rebites, que deslizam em aberturas nas placas e são achatados a golpes de martelo. O aquecimento dos rebites os torna mais fáceis de se achatar, mas também constitui outra importante vantagem para prover um ajuste apertado. Qual é ela?

91. Uma velha maneira de separar dois copos grudados um dentro do outro é molhá-los com água a temperaturas diferentes dentro de um deles e pela superfície externa do outro. Qual deles deveria receber água fria?

92. O gás é vendido por volume. É você ou a companhia de gás que sai ganhando se o gás é aquecido antes de passar pelo seu medidor?

93. Depois de encher o tanque de seu carro até a boca e estacioná-lo diretamente sob a luz solar, por que a gasolina vaza?

94. Se você coloca apenas o bulbo de um termômetro de mercúrio em água quente, a temperatura indicada inicialmente diminui e depois começa a subir. Explique o que está acontecendo.

95. Se você deixa cair uma pedra aquecida em um balde com água, as temperaturas da água e da pedra variarão até que ambas se tornem iguais. A pedra esfriará e a água esquentará. Isso se manterá verdadeiro se a pedra cair no Oceano Atlântico? Explique.

96. O calor cedido a uma substância transforma-se principalmente em energia cinética de translação de suas moléculas, o que eleva diretamente a sua temperatura. No caso de algumas substâncias, grandes proporções de calor também se transformam em vibrações e rotações das moléculas. Aqueles materiais em que boa parte da energia absorvida vai para os movimentos moleculares não translacionais têm um calor específico mais alto ou mais baixo? Justifique sua resposta.

97. Para uma pessoa que está cuidando o peso, um amendoim contém 10 Calorias. Seu amigo da física diz que 41.900 joules serão liberados pelo amendoim quando for consumido. O amigo está correto? Explique.

98. Uma bola metálica é capaz de passar de maneira justa através de um anel metálico. Quando Anette aumenta a temperatura da bola, entretanto, ela não mais poderá passar por ele. O que aconteceria se o anel, em vez da bola, fosse aquecido?

O tamanho do buraco cresceria, diminuiria ou permaneceria igual?

99. Considere um par de bolas de bronze de mesmo diâmetro, uma oca e outra maciça. Ambas são aquecidas sob igual aumento de temperatura. Compare os diâmetros finais das bolas.

100. Depois que um mecânico rapidamente faz deslizar um anel de ferro quente ao longo de um cilindro de bronze frio, ao qual o anel se ajusta perfeitamente, não existe mais como retirar intacto o anel do cilindro. Você pode propor uma explicação para isso?

101. Suponha que você corte uma pequena fenda em um anel de metal. Se você aquecê-lo, a fenda se tornará mais larga ou mais estreita?

102. Após medir as dimensões de um terreno com uma fita métrica de aço em um dia quente, você retorna num dia frio e o mede novamente. Em qual dos dias você terá medido uma maior área para o terreno?

103. De que maneira mudaria a forma da curva da Figura 15.21 se a densidade, em vez do volume, fosse plotada em função da temperatura? Faça um esboço aproximado.

104. Como o volume resultante de bilhões e bilhões de espaços hexagonais abertos nas estruturas dos cristais de gelo num pedaço de gelo se compara com a porção do gelo que fica para fora da linha d'água?

105. Faz sentido dizer que o calor é como o amor – que não podemos *ter* nenhum dos dois, pois só podemos dá-los ou recebê-los? Converse com um amigo e reflita sobre essa questão.

Questões Pense e Discuta *NÃO SÃO* Procure e Discuta. Exercite o cérebro pensando, *não* buscando na internet!

CAPÍTULO 15 Exame de múltipla escolha

Escolha a melhor resposta entre as alternativas:

1. Quando físicos debatem a energia cinética por molécula, o conceito em discussão é o(a):
   a. temperatura.
   b. calor.
   c. energia térmica.
   d. entropia.

2. As moléculas em uma mistura de gases sob temperatura constante têm todas a mesma _____ média.
   a. rapidez.
   b. velocidade.
   c. energia cinética.
   d. todas as anteriores.

3. Quando Nellie encosta o dedo em um pedaço de gelo, a energia flui:
   a. do dedo para o gelo.
   b. do gelo para o dedo.
   c. ambas as anteriores.
   d. nenhuma das anteriores.

4. O calor é a energia térmica que flui devido:
   a. à rapidez molecular.
   b. ao desequilíbrio de calor.
   c. a diferenças de temperatura.
   d. nenhuma das anteriores.

5. As faíscas quentíssimas dos fogos de artifício são inofensivas quando atingem a sua pele porque:
   a. têm baixa temperatura.
   b. sua energia por molécula é muito baixa.
   c. a energia por molécula é alta, mas a energia total transferida é pequena.
   d. todas as anteriores.

6. Um determinado material que se aquece rapidamente tem:
   a. calor específico alto.
   b. calor específico baixo.
   c. calor específico alto ou baixo.
   d. nenhuma das anteriores.

7. San Francisco tem invernos mais amenos do que Washington, D.C., devido ao(à) alto(a) _____ da água.
   a. condutividade
   b. calor específico.
   c. temperatura no Oceano Pacífico.
   d. nenhuma das anteriores.

8. A lâmina bimetálica dos termostatos depende do fato de que metais diferentes têm diferentes:
   a. calores específicos.
   b. energias térmicas em diferentes temperaturas.
   c. taxas de dilatação térmica.
   d. todas as anteriores.

9. A água a 4 °C expande-se quando ligeiramente:
   a. resfriada.
   b. aquecida.
   c. ambas as anteriores.
   d. nenhuma das anteriores.

10. Antes do gelo se formar sobre um lago, toda a água no lago deve estar resfriada a:
    a. 0 °C.
    b. 4 °C.
    c. um valor ligeiramente abaixo de 0 °C.
    d. nenhuma das anteriores.

Respostas e explicações das perguntas do exame de múltipla escolha

1. (a): Por definição, a temperatura é uma medida da energia cinética translacional média por molécula de uma substância. O calor é o fluxo de energia térmica. A entropia é uma medida da desordem de um sistema e não é relevante para a questão. 2. (c): Por definição, a temperatura é uma medida da energia cinética translacional média por molécula, não da rapidez ou velocidade das moléculas. 3. (a): A direção do fluxo de calor vai do quente para o frio. Seu dedo é mais quente do que o gelo, então a energia interna flui do dedo para o gelo. 4. (c): O calor é a energia em trânsito e flui devido a diferenças de temperatura. Se não houvesse diferenças de temperatura, não haveria fluxo de energia interna. 5. (c): Ainda bem que as faíscas que atingem a sua pele são minúsculas, pois isso significa que sua energia interna é muito pequena. Sua temperatura, por outro lado, é a razão de energia por faísca. Sabemos que um número muito pequeno produz um número grande. É assim que uma pequena quantidade de energia dividida por um número minúsculo de moléculas pode resultar em uma alta temperatura. 6. (b): Imagine o calor específico como a inércia térmica, uma resistência inata a variações de temperatura. Uma substância que se aquece rapidamente tem baixo calor específico, como o metal em comparação com a água, que demora para se aquecer. 7. (b): Devido ao seu alto calor específico, a água ao redor de um local não isola das temperaturas externas. O Havaí, por exemplo, não tem temperaturas extremas. San Francisco tem o Oceano Pacífico de um lado e a Baía de San Francisco do outro, então seu comportamento térmico é semelhante ao de uma ilha. 8. (c): Lâminas bimetálicas operam por diferenças na dilatação linear para variações iguais na temperatura. Os calores específicos e as energias térmicas não são relevantes para o quanto as lâminas bimetálicas envergam-se ou não. 9. (c): Em um gráfico de volume *versus* temperatura, a água a 4 °C está no fundo da curva quase em formato de "U". Isso significa que um ligeiro aumento ou uma ligeira redução na temperatura, uma mudança em qualquer sentido, leva a um maior volume. A leitura correta do gráfico volume/temperatura responde a questão. 10. (b): A água não fica mais densa do que a 4 °C, então ela afunda até atingir o fundo do lago. É apenas após o lago atingir 4 °C que o lago congela.

16
Transferência de calor

16.1 Condução

16.2 Convecção

16.3 Radiação
Emissão de energia radiante
Absorção de energia radiante
Reflexão de energia radiante
Resfriamento noturno por radiação

16.4 A lei de Newton do resfriamento

16.5 O efeito estufa

16.6 Mudança climática

16.7 Potência solar

16.8 Controlando a transferência de calor

1 A cientista de foguetes Helen Yan, quando era minha aluna, em 1980, mostrando como um buraco feito em uma caixa parece perfeitamente negro e enganosamente indica um interior escuro. **2** As caixas de correspondência cobertas de neve levantam uma questão: que física explica por que as caixas coloridas estão cobertas de neve, enquanto as caixas negras não estão? **3** Fotos mais recentes de Helen, mostrando a mesma caixa – sim, com o interior pintado de branco.

Na época em que Helen Yan era a melhor aluna da minha turma de física do ano de 1984 e depois, quando se tornou minha professora-assistente, eu lhe sugeri, meio que de piada, que continuasse estudando física e se tornasse uma cientista de foguetes. Talvez ela tenha levado minha sugestão a sério mesmo, pois, após ter obtido o bacharelado e o mestrado em física (UC Berkeley e SF State, respectivamente), hoje ela é uma cientista de foguetes. Naquela época, ela posou para o par de fotos na página ao lado, que apareceram originalmente na quinta edição do *Física Conceitual*, quando todos os livros de física eram impressos somente em preto e branco. As cores não apareceram nessa obra até a sétima edição. Helen, então, posou novamente para o mesmo par de fotos a cores, que continuaram aparecendo nas edições subsequentes.

Nas fotos, ela ilustra uma propriedade da radiação e, curiosamente, hoje ela é uma especialista em radiação da parte infravermelha do espectro. Sua carreira na Lockheed Martin abrangeu desde satélites de monitoramento à análise de trajetórias de lançamento e mudanças de órbita de satélites. Atualmente, ela trabalha no desenvolvimento de sensores para imageamento instalados em satélites que captam a atividade infravermelha na superfície terrestre. É um trabalho fascinante. Inspirada pelos seus professores e decidida a retribuir, Helen também leciona (em tempo parcial) a seção de laboratório da mesma disciplina que fez comigo décadas atrás no City College of San Francisco.

Helen é um troféu pessoal na minha carreira de professor e também um modelo para outros. Portanto, se descobrir que gosta de física, mas não tem certeza sobre seus planos de carreira, considere seguir o exemplo de Helen e vire uma cientista de foguetes!

A transferência de calor está sempre ocorrendo ao nosso redor, continuamente, e tudo porque os objetos à nossa volta têm temperaturas diferentes. As temperaturas das calçadas são diferentes das temperaturas dos gramados, pessoas têm temperaturas diferentes dos balcões, suas mãos e sua língua têm temperaturas diferentes. Até a energia recebida do Sol, que permite a existência da vida na Terra, se deve ao fato de o Sol ser muito mais quente do que o nosso planeta. O universo seria um lugar morto e maçante se as transferências de calor não acontecessem o tempo todo. A transferência de calor ocorre por condução, por convecção e por radiação, e é sobre isso que trata este capítulo.

16.1 Condução

Imagine que você esteja tostando *marshmallow* na ponta de um garfo sobre uma fogueira de acampamento. Enquanto espera para a superfície tostar e adquirir uma cor marrom, o garfo vai se tornando quente demais para segurar. O calor entra no garfo pelas pontas mantidas nas chamas e se transmite ao longo do garfo todo até chegar à sua mão. Esse modo de transmissão de calor é chamado de **condução**. O fogo faz os átomos da extremidade aquecida moverem-se cada vez mais rapidamente. Por consequência, esses átomos e elétrons livres colidem com seus vizinhos e assim por diante. O que é mais importante, os elétrons livres, capazes de se mover dentro do metal, são chacoalhados e transferem energia para o material por meio de colisões com os átomos e outros elétrons livres do material.

Quão bem um garfo metálico ou qualquer objeto sólido conduz o calor depende das ligações em sua estrutura atômica ou molecular. Os sólidos formados por átomos com um ou mais de seus elétrons mais externos "fracamente" ligados são bons condutores de calor (e de eletricidade). Os metais têm os elétrons externos mais "fracamente" ligados, e eles são livres para transportar energia por meio de colisões através do metal. Por essa razão, os metais são excelentes condutores de calor e de eletricidade. A prata é o melhor condutor de todos, seguida do cobre e, entre os metais comuns, o alumínio e depois o ferro são os próximos em ordem. A maioria dos líquidos e dos gases é mau condutor. Os maus condutores que dificultam a transferência de calor são denominados *isolantes*. Lã, madeira, palha, papel, cortiça

> **psc**
> ■ A transferência espontânea de calor sempre ocorre de um objeto mais quente para outro mais frio. Ela se processa de três maneiras básicas: por *condução*, por *convecção* e por *radiação*.

FIGURA 16.1 Quando se toca em um prego cravado no gelo, o frio flui do prego para o dedo ou a energia flui do dedo para o prego?

A sensação de quente ou de frio em diferentes materiais envolve as taxas segundo as quais o calor é transferido, e não necessariamente as temperaturas.

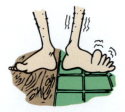

FIGURA 16.2 O piso de azulejo parece mais frio do que o de madeira, embora ambos estejam à mesma temperatura. A causa é que o azulejo é melhor condutor de calor do que a madeira e, assim, o calor é mais facilmente transmitido do pé para o azulejo.

FIGURA 16.3 Os padrões formados na neve sobre o telhado de uma casa revelam as áreas de condução e isolamento térmicos. As partes descobertas mostram por onde o calor passou pelo telhado, de dentro para fora, derretendo a neve.

e isopor são bons isolantes térmicos. Diferentemente dos elétrons dos metais, os elétrons mais externos dos átomos desses isolantes se encontram firmemente presos.

Como a madeira é um bom isolante térmico (um mau condutor de calor), ela é usada para revestir os cabos de utensílios de cozinha. Mesmo quando está quente, você pode agarrar o cabo revestido de madeira de uma panela com as mãos descobertas e rapidamente retirá-la do fogão aceso sem queimar-se. Se o cabo fosse de metal, à mesma temperatura, certamente você queimaria sua mão. A madeira é um bom isolante mesmo quando está vermelha de quente, e por isso é possível caminhar descalço sobre pedaços de carvão de madeira em brasa sem queimar seus pés. (*CUIDADO:* não tente isso por sua própria conta. Mesmo pessoas com experiência em caminhar sobre brasas às vezes sofrem sérias queimaduras quando as condições não são exatamente as corretas – a existência de pedacinhos de carvão que aderem aos pés, por exemplo.) O principal fator em caminhadas sobre brasas é a baixa condutividade da madeira – mesmo aquela que está vermelha de quente. Embora sua temperatura seja alta, relativamente pouco calor é transferido para os pés, da mesma forma que pouco calor é transferido pelo ar quando você põe rapidamente sua mão dentro de um forno de assar pizza que está quente. Se você tocar em metal que esteja no forno quente, UHHH! De forma análoga, um andarilho sobre brasas que andasse sobre um pedaço quente de metal, ou de outro bom condutor de calor, seria queimado. A evaporação da pequena quantidade de água sobre os pés úmidos pode também desempenhar um papel importante na caminhada sobre brasas, como veremos no próximo capítulo.

O ar é um péssimo condutor, por isso, como mencionado, você pode pôr sua mão brevemente em um forno de pizza quente sem queimá-la. As boas propriedades isolantes de materiais como lã, peles e penas devem-se principalmente aos espaços com ar que elas contêm. Outras substâncias porosas, como a fibra de vidro, também são bons isolantes por causa de seus pequenos espaços cheios de ar. Agradeça ao fato de o ar ser um condutor tão pobre; se ele não fosse, você se sentiria completamente friorento num dia a 20 °C!

A neve é um mau condutor (um bom isolante) – aproximadamente igual à madeira seca. É por isso que um "cobertor" de neve pode literalmente manter morno o chão durante o inverno. Os flocos de neve são formados por cristais, que se acumulam formando massas fofas. Essas massas aprisionam ar e, portanto, interferem na transmissão de calor da superfície da Terra. As casas tradicionais de inverno no Ártico estão protegidas do frio por suas coberturas de neve. O animais da floresta encontram abrigo do frio em bancos de neve e em buracos na neve. A neve, por si só, não aquece; ela simplesmente diminui a perda do calor gerado pelo animal.

O calor se transmite de uma temperatura mais alta para uma mais baixa. Frequentemente, ouvimos pessoas dizerem que desejam manter o frio fora de suas casas. Uma maneira mais correta de expressar isso é dizer que elas querem impedir o calor de escapar. Não existe um "frio" que penetre em uma casa aquecida (a menos que um vento frio sopre nela). O frio é apenas a perda de calor. Se a casa torna-se mais fria, é porque o calor fluiu para fora dela. As casas são isoladas por lã mineral para impedir que o calor saia, e não para impedir que o frio entre. Curiosamente, o isolamento térmico, seja ele de que tipo for, de fato não impede o calor de atravessá-lo; ele simplesmente diminui a taxa com a qual o calor é transmitido. No inverno, mesmo bem isolada, uma sala aquecida gradualmente esfriará. O isolamento térmico apenas torna mais lenta a transferência do calor.

> **PAUSA PARA TESTE**
>
> 1. Por que se pode colocar a mão brevemente em um forno sem se queimar, mas se queimará se tocar no metal do interior do forno?
> 2. Um bom isolante impede ou apenas retarda a transferência de energia térmica?
> 3. A madeira é um isolante melhor do que o vidro. Então por que usamos fibra de vidro para isolar edifícios?

VERIFIQUE SUA RESPOSTA

1. Quando a mão encontra-se no ar dentro do forno quente, a pessoa não se queima, principalmente porque o ar é um mau condutor de calor – o calor não se desloca com facilidade entre o ar quente e sua mão. Se tocar nas paredes metálicas interiores do forno, a história será bem diferente, pois o metal é um excelente condutor, e haverá um considerável fluxo de calor para a mão.
2. Um isolante *retarda* a transferência de calor.
3. O ar é um bom isolante. A fibra de vidro é um bom isolante, muitas vezes melhor do que o vidro, por causa do ar preso entre as suas fibras.

Fornos de convecção são simplesmente aqueles fornos dotados de um ventilador interno, o que acelera o cozimento por meio da circulação do ar quente.

16.2 Convecção

Os líquidos e os gases transmitem calor principalmente por **convecção**, que é a transferência de calor devido ao próprio movimento do fluido. Diferentemente da condução (em que o calor é transmitido por meio de sucessivas colisões de átomos e de elétrons), a convecção envolve o movimento de "bolhas" de matéria – fruto do movimento médio das moléculas de um fluido.

A convecção pode ocorrer em todos os fluidos, sejam líquidos ou gases. Se aquecemos água em uma panela ou aquecemos o ar de uma sala, o processo é o mesmo (Figura 16.4). Quando o fluido é aquecido por baixo, as moléculas do líquido que estão no fundo passam a mover-se mais rapidamente, afastando-se, em média, mais umas das outras, tornando menos denso o material, de forma que surge uma força de empuxo que empurra o fluido para cima (o princípio de Arquimedes). O fluido mais frio e mais denso, então, move-se de modo a ocupar o lugar do fluido mais quente do fundo. Assim, as correntes de convecção mantêm o fluido em circulação enquanto ele esquenta – o fluido mais aquecido afastando-se da fonte de calor e o fluido mais frio movendo-se em direção à fonte de calor.

As correntes de convecção também ocorrem na atmosfera e afetam a temperatura do ar. Quando o ar próximo ao solo é aquecido, ele se expande. Desse modo, ele se torna menos denso que o ar circundante e sofre ação de um empuxo ascendente. O ar que se elevou vai esfriando à medida que se expande, realizando trabalho sobre o ar de mais baixa pressão que encontra em altitudes mais elevadas. Assim, a energia adquirida inicialmente pelo ar, possivelmente oriunda da radiação solar, é mais do que compensada pela energia que perde ao realizar trabalho na subida. O resultado é que a temperatura do ar é mais baixa em altitudes mais elevadas (exceto em casos especiais, denominados inversões). (Faça o experimento a seguir agora mesmo.)

Com sua boca aberta, sopre sobre sua mão. Sua respiração é morna. Agora repita isso, mas desta vez contraia seus lábios para que formem uma passagem estreita, de modo que o ar de sua respiração se expanda ao deixar sua boca. Observe que esse ar está bem mais frio! Expandindo-se, o ar esfria. Isso é o oposto do que ocorre quando o ar é comprimido. Se você já comprimiu ar com uma bomba de encher pneus, provavelmente notou que tanto o ar quanto a bomba tornam-se muito quentes.

Podemos compreender o resfriamento do ar que sofre uma expansão concebendo as moléculas de ar como minúsculas bolas de pingue-pongue ricocheteando umas nas outras. Uma bola aumenta sua rapidez ao ser atingida por outra que se aproxima dela com uma rapidez maior. Contudo, quando uma delas colide com outra que está se afastando, sua rapidez após o ricocheteio é reduzida (Figura 16.5). Analogamente, uma bola de tênis que se movimenta em direção a uma raquete se torna mais rápida depois de colidir com uma raquete que se aproxima, mas perde rapidez ao colidir com uma raquete que se afasta. A mesma ideia se aplica a uma região em que o ar está se expandindo: suas moléculas colidem, em média, mais com moléculas que estão se afastando do que com moléculas que estão se aproximando

FIGURA 16.4
(a) Correntes de convecção no ar.
(b) Correntes de convecção em um líquido.

FIGURA 16.5 Quando uma molécula rápida colide com uma molécula mais lenta que se afasta, sua rapidez de ricochete após a colisão é menor do que antes.

FIGURA 16.6 Sopre ar morno sobre sua mão com a boca aberta. Depois reduza a abertura de seus lábios de modo que o ar se expanda depois de soprado. Você nota a diferença na temperatura do ar?

FIGURA 16.7 As moléculas de uma região de ar em expansão colidem mais frequentemente com moléculas que estão se afastando do que com moléculas que estão se aproximando. Seus valores de rapidez, portanto, tendem a diminuir e, como resultado, o ar em expansão esfria.

(Figura 16.7). Assim, no ar em expansão, a rapidez média das moléculas diminui e o ar esfria.[1]

Um exemplo drástico de resfriamento por expansão ocorre com o vapor que se expande ao sair da válvula de uma panela de pressão (Figura 16.8). O efeito do resfriamento devido tanto à expansão quanto à rápida mistura com o ar mais frio permite que você mantenha sua mão confortavelmente dentro do jato de vapor condensado. (*Cuidado:* se você resolver comprovar esse fenômeno, comece mantendo sua mão a uma distância completamente segura da válvula, e depois vá baixando-a até uma altura na qual ainda seja confortável. Se você puser sua mão logo acima da válvula, onde não se vê vapor algum, cuidado! O vapor, que pode causar queimaduras graves, é invisível. A nuvem de "vapor" que você enxerga mais acima da válvula, que muitas pessoas chamam de vapor, é, na verdade, vapor condensado, resultante do vapor que se expande e resfria. A nuvem é muito mais fria.)

As correntes de convecção circulando na atmosfera resultam em ventos. Algumas partes da superfície da Terra absorvem calor do Sol mais facilmente do que outras. Como resultado, o ar próximo à superfície é aquecido de forma desigual e, então, surgem correntes de convecção. Isso é evidente na costa marítima. Durante o dia, o solo costeiro esquenta mais facilmente do que a água; o ar logo acima do solo é empurrado para cima (dizemos que ele se eleva) pelo ar mais frio que vem das camadas mais próximas à água para tomar seu lugar. O resultado é uma brisa marítima. Durante a noite, o processo se inverte, porque o solo esfria mais rapidamente do que a água e, então, o ar mais aquecido se encontra acima do mar (Figura 16.9). Se você fizer uma fogueira na praia, notará que a fumaça é desviada para a terra durante o dia e para o mar durante a noite.

> **PAUSA PARA TESTE**
>
> 1. Como a rapidez de uma molécula de ar é afetada quando uma molécula mais rápida colide contra ela?
> 2. Como a rapidez é afetada quando colide com uma molécula que se afasta dela?
>
> **VERIFIQUE SUA RESPOSTA**
>
> 1. Como bolas de bilhar que colidem, a molécula atingida ricocheteia com maior rapidez.
> 2. A rapidez da molécula diminui quando colide com uma molécula que se afastava. Sempre que uma molécula ganha rapidez em uma colisão, a outra perde, e vice-versa. Lembre-se da conservação do *momentum*: duas moléculas que se colidem têm o mesmo *momentum* total antes e após a colisão.

FIGURA 16.8 O vapor quente expande-se a partir da panela de pressão e esfria ao toque de Millie.

---

[1] Neste caso, para onde vai a energia? Veremos, no Capítulo 18, que ela é convertida em trabalho realizado sobre o ar circundante, quando o ar em expansão o empurra para fora.

CAPÍTULO 16 Transferência de calor 351

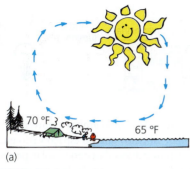
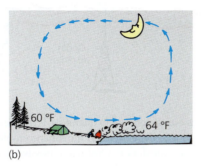

FIGURA 16.9 As correntes de convecção geradas pelo aquecimento desigual da terra e da água. (a) Durante o dia, o ar aquecido próximo ao solo se eleva, e o ar mais frio logo acima da água se move, a fim de substituí-lo. (b) Durante a noite, o sentido do fluxo do ar se inverte, porque nesse período a água está mais quente do que a terra.

A convecção ocorre sempre que fluidos estão submetidos a temperaturas diferentes. Ela é a responsável pelas nuvens do céu e contribui para as correntes oceânicas de águas profundas. No próprio interior da Terra, a convecção do material semiderretido é provavelmente a causa da deriva das placas tectônicas, o que produz terremotos e erupções vulcânicas. A convecção também desempenha um papel importante no interior do Sol, onde produz um brilho geral relativamente estável. A convecção solar também explica as erupções solares. Ela é o processo central responsável por muito do que acontece ao nosso redor.

PAUSA PARA TESTE
Você consegue manter seus dedos ao lado da chama de uma vela sem se queimar, mas não pode mantê-los acima da chama. Por quê?

VERIFIQUE SUA RESPOSTA
O calor é transportado para cima pela convecção do ar. Como o ar é um mau condutor de calor, muito pouco calor se transmite para os lados.

FIGURA 16.10 Um aquecedor, localizado na ponta de um tubo em "J" submerso em água, gera correntes de convecção, reveladas pelas sombras (causadas pelas reflexões sofridas pela luz na água a diferentes temperaturas).

PRATICANDO FÍSICA

Segure um tubo de ensaio cheio de água fria pela parte do fundo. Aqueça a parte superior do tubo em uma chama até que a água comece a ferver. O fato de que você ainda pode segurar o fundo do tubo mostra que o vidro e a água são maus condutores de calor e que a convecção não move a água quente para baixo. Isso é ainda mais impressionante se você calçar cubos de gelo no fundo do tubo usando um chumaço de palha de aço por cima do gelo; a água na parte superior, então, pode ser levada à fervura sem que o gelo derreta. Experimente e comprove.

16.3 Radiação

A energia luminosa vinda do Sol atravessa o espaço e depois a atmosfera terrestre para, então, aquecer a superfície da Terra. Essa energia não passa através da atmosfera por condução, pois o ar é um mau condutor. Também não passa por convecção,

352 PARTE III CALOR

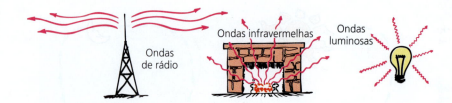

FIGURA 16.11 Tipos de energia radiante (ondas eletromagnéticas).

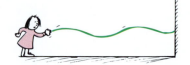

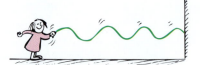

FIGURA 16.12 Uma sacudida de baixa frequência produz um comprimento de onda longo. Uma sacudida de maior frequência produz ondas mais curtas.

Uma regra incrível da natureza:
$\bar{f} \sim T$

pois esta só tem início quando a Terra já está aquecida. Como ambas a convecção e a condução dependem do movimento molecular, sabemos que no espaço vazio entre nossa atmosfera e o Sol não é possível haver transmissão da energia solar por nenhuma das duas. Assim, vemos que a energia deve ser transmitida de outra maneira – por **radiação**.[2] A energia transmitida dessa forma é denominada *energia radiante*.

A energia radiante está na forma de *ondas eletromagnéticas*. Isso inclui as ondas de rádio, as micro-ondas, a radiação infravermelha, a luz visível, a radiação ultravioleta, os raios X e os raios gama. Essas formas de energia radiante estão listadas por ordem de comprimento de onda, do mais longo para o mais curto. A radiação infravermelha (abaixo do vermelho) tem um comprimento de onda mais longo do que o da luz visível. Os mais longos comprimentos de onda visíveis são os da luz vermelha, e os mais curtos são os da luz violeta. A radiação ultravioleta (além do violeta) tem comprimentos de onda mais curtos ainda. (O comprimento de onda é tratado mais detalhadamente no Capítulo 19, e ondas eletromagnéticas, nos Capítulos 25 e 26.)

O comprimento de onda da radiação está relacionado com a sua *frequência*. A frequência é a taxa de vibração de uma onda. A garota da Figura 16.12 sacode uma corda numa frequência baixa (esquerda) e numa frequência alta (direita). Note que a sacudida em baixa frequência produz uma longa onda "preguiçosa", enquanto em alta frequência produz ondas mais curtas. Analogamente, o mesmo acontece com as ondas eletromagnéticas. Veremos no Capítulo 26 que elétrons em vibração emitem ondas eletromagnéticas. Vibrações com alta frequência produzem ondas curtas, enquanto vibrações com baixa frequência produzem ondas longas.

Emissão de energia radiante

Todas as substâncias a qualquer temperatura acima do zero absoluto emitem energia radiante. A frequência de pico $\bar{f}$ da energia radiante é diretamente proporcional à temperatura absoluta T (kelvin) do emissor (Figura 16.13):

$$\bar{f} \sim T$$

Se um objeto estiver suficientemente quente, uma pequena parte da energia radiante que ele emite estará na faixa da luz visível. A uma temperatura de aproximadamente 500 °C, um objeto começa a emitir os comprimentos de onda visíveis mais longos, os da luz vermelha. Temperaturas mais altas produzem uma luz amarelada. A cerca de 5.000 °C, todas as diferentes ondas às quais nossos olhos são sensíveis são emitidas, e vemos o objeto como "branco de tão quente". Uma estrela azul é mais quente do que uma estrela branca, e uma estrela vermelha é menos quente do que esta. Se uma estrela azul emitir uma frequência luminosa duas vezes maior do que a de uma estrela vermelha, sua temperatura superficial será o dobro da estrela vermelha menos quente.[3]

Como a superfície do Sol tem alta temperatura (pelos padrões terrestres), ela emite energia radiante em alta frequência – boa parte dela na faixa visível do *espectro eletromagnético*. A superfície da Terra, em comparação, é relativamente fria, e a energia radiante que ela emite tem uma frequência mais baixa do que a da luz visível.

---

[2] A radiação sobre a qual estamos falando aqui é a radiação eletromagnética, incluindo a luz visível. Não confunda isso com a radioatividade, um processo nuclear que discutiremos na Parte 7.

[3] A *quantidade* de energia radiante, Q, emitida por um objeto é proporcional à quarta potência de sua temperatura Kelvin, $Q \sim T4$.

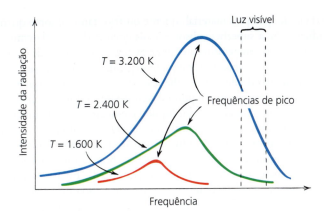

FIGURA 16.13 A curva de radiação para diferentes temperaturas. A frequência do pico da energia radiante é diretamente proporcional à temperatura absoluta do emissor.

A radiação emitida pela Terra está na forma de *ondas infravermelhas* – abaixo do limiar de nossa visão. A energia radiante emitida pela Terra é chamada de **radiação terrestre**.

A energia radiante do Sol provém das reações nucleares que ocorrem em seu interior profundo. Analogamente, reações nucleares no interior da Terra aquecem nosso planeta (visite uma mina profunda qualquer e sentirá como é quente lá – o ano todo). Boa parte dessa energia interna é conduzida à superfície até se tornar radiação terrestre.

Todos os objetos – você, eu e tudo o mais que nos rodeia – emitem continuamente energia radiante em determinada faixa de frequências. Objetos a temperaturas cotidianas emitem principalmente ondas de baixas frequências, invisíveis ao olho humano, chamadas de *infravermelhas*. Quando as ondas infravermelhas de frequências mais altas são absorvidas por sua pele, como quando se está ao lado de um forno quente, você sente a sensação de calor. Assim, a radiação infravermelha é frequentemente chamada de *radiação térmica*. Fontes comuns que nos dão essa sensação de calor são o Sol, as lâmpadas incandescentes ou as brasas rubras de uma fogueira.

Os termômetros infravermelhos funcionam com base na radiação térmica. Você simplesmente aponta o instrumento para algo cuja temperatura deseja conhecer e pressiona um botão. Então, um resultado digital aparece. A radiação emitida pelo objeto possibilita a leitura. Termômetros infravermelhos didáticos funcionam em uma faixa aproximada de temperaturas que vai de –30 a 200 °C.

FIGURA 16.14 Tanto o Sol quanto a Terra emitem a mesma espécie de energia radiante. O brilho do Sol é visível ao olho humano; o da Terra é formado por ondas mais longas e, assim, não é visível ao olho humano.

FIGURA 16.15 (a) Uma fonte a uma temperatura baixa (fonte fria) emite fundamentalmente frequências baixas, ou seja, em longos comprimentos de onda. (b) Uma fonte a uma temperatura média emite principalmente frequências médias, ou comprimentos de onda médios. (c) Uma fonte a uma temperatura muito alta (fonte quente) emite principalmente frequências altas, ou comprimentos de onda curtos.

> **PAUSA PARA TESTE**
>
> Algum dos seguintes objetos *não* emite energia radiante? (a) O Sol. (b) A lava de um vulcão. (c) Carvões em brasa. (d) O livro que você está lendo.
>
> **VERIFIQUE SUA RESPOSTA**
>
> Temos a esperança de que você não tenha escolhido a resposta (d), o livro. Por quê? Porque o livro, como os outros corpos listados, tem uma temperatura – embora não tão alta quanto a dos outros. De acordo com a lei $\bar{f} \sim T$, ele deve emitir radiação com frequência de pico $\bar{f}$ muito baixa, se comparada com as frequências da radiação emitida pelos outros corpos. Qualquer coisa com temperatura acima do zero absoluto emite energia na forma de ondas eletromagnéticas. Isso mesmo: *tudo*!

Absorção de energia radiante

Se tudo está emitindo energia, então por que todos os objetos não esgotam finalmente sua energia? A resposta é: tudo está absorvendo energia. Bons emissores de energia radiante também são bons absorvedores dela; maus emissores são maus absorvedores. Por exemplo, uma antena de rádio construída para ser um bom emissor de ondas de rádio também é, por sua própria concepção, um bom receptor (absorvedor) delas. Uma antena transmissora mal projetada será também um mau receptor.

FIGURA 16.16 Um termômetro infravermelho mede a energia radiante infravermelha emitida por uma superfície e a expressa como uma temperatura.

354 PARTE III CALOR

FIGURA 16.17 A pizza que Dennis McNelis desfruta é um emissor. A mesma pizza seria um absorvedor se ela fosse mais fria do que sua vizinhança. O fato de algo ser um emissor ou um absorvedor depende das temperaturas relativas.

FIGURA 16.18 Se os recipientes são preenchidos com água quente (ou fria), o que é pintado de preto esfria (ou aquece) primeiro.

O interior de canos parece preto pelo mesmo motivo que nossas pupilas parecem pretas.

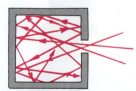

FIGURA 16.19 A radiação que entra na cavidade tem pouca chance de sair novamente dela, porque a maior parte é absorvida. Por essa razão, a abertura de uma cavidade qualquer parece-nos escura.

A superfície de qualquer material, quente ou frio, tanto absorve quanto emite energia radiante. Se a superfície absorve mais energia do que ela emite, há uma absorção líquida e sua temperatura aumenta. Se uma dada superfície desempenhará o papel de emissor ou de absorvedor líquido dependerá do fato de sua temperatura estar acima ou abaixo da de sua vizinhança. Se ela estiver mais quente do que a vizinhança, ela será um emissor líquido e se resfriará; se for mais fria do que sua vizinhança, constituirá um absorvedor líquido e esquentará. Toda superfície, esteja ela quente ou fria, tanto absorve quanto emite energia na forma de radiação.

Você pode comprovar isso usando um par de recipientes metálicos de mesma forma e tamanho, um tendo uma superfície branca ou espelhada e o outro tendo uma superfície pintada de preto (Figura 16.18). Encha os dois recipientes com água quente e coloque um termômetro em cada um. Você comprovará que o recipiente escuro esfria mais rápido. A superfície que foi pintada de preto emite melhor. O café ou o chá mantém-se aquecidos por mais tempo em uma jarra brilhante do que em uma de cor escura. Esse experimento pode também ser realizado de maneira inversa. Desta vez, preencha cada recipiente com água gelada e coloque os dois em frente a uma lareira acesa ou fora de casa em um dia muito quente – ou seja, onde quer que exista uma boa fonte de energia radiante. Você comprovará que o recipiente escuro esquenta primeiro. Qualquer objeto que emite bem, absorve bem.

> **PAUSA PARA TESTE**
>
> 1. Se um bom absorvedor de energia radiante fosse um mau emissor, como sua temperatura se compararia com a temperatura de sua vizinhança?
> 2. Um fazendeiro acende o maçarico de propano em seu celeiro numa manhã fria e aquece o ar até 20 °C (68 °F). Por que, então, ele ainda sente frio?

VERIFIQUE SUA RESPOSTA

1. Se um bom absorvedor não fosse também um bom emissor, haveria uma absorção líquida de energia radiante e a temperatura do absorvedor se manteria mais elevada do que a de sua vizinhança. As coisas ao nosso redor se aproximam de uma temperatura comum somente porque os bons absorvedores também são, por sua própria natureza, bons emissores.

2. As paredes do celeiro ainda estão frias. O fazendeiro irradia mais energia para as paredes do que elas irradiam de volta, de modo que ele sente frio. (Você se sente confortável dentro de sua casa ou sala de aula apenas se as paredes estão aquecidas, e não apenas o ar.)

Reflexão de energia radiante

A absorção e a reflexão são processos que se opõem. Um bom absorvedor de energia radiante reflete muito pouco esse tipo de energia, incluindo a luz visível. Portanto, uma superfície que reflete muito pouco ou nada de energia radiante aparece como escura. Desse modo, um bom absorvedor parece escuro, e um absorvedor perfeito não reflete qualquer energia radiante e parece completamente negro. A pupila do olho, por exemplo, permite que a luz penetre sem sofrer qualquer reflexão, e por isso ela parece escura. (Uma exceção a isso ocorre durante a emissão de um *flash* fotográfico, quando as pupilas das pessoas ficam vermelhas, porque a luz brilhante é refletida para fora do olho após ter se refletido na superfície interna do fundo dele, que é vermelha.)

Olhe para as extremidades abertas de canos empilhados; os buracos parecem escuros. Em um dia ensolarado, se você olhar para a abertura de uma porta aberta ou para as janelas de casas distantes, elas lhe parecerão negras. Essas aberturas lhe parecem escuras porque a luz que consegue entrar nelas acaba sendo refletida repetidas vezes de um lado para outro nas paredes internas, sendo parcialmente absorvida a cada reflexão. Como resultado, muito pouco, ou nada, de luz existe para retornar à abertura e propagar-se até seus olhos (Figura 16.19). Na Figura 16.20, Roger King mostra a cavidade preta de uma caixa com um interior branco (mostrada anteriormente por Helen Yan nas fotos de abertura deste capítulo). Quando a tampa da caixa é fechada, o buraco fica preto.

Bons refletores, por outro lado, são maus absorvedores. A neve clara é um bom refletor e, portanto, não derrete rapidamente quando exposta à luz do Sol. Se a neve está suja, ela absorve mais energia radiante vinda do Sol e derrete mais rápido. Uma técnica às vezes usada para controlar inundações é cobrir a superfície da neve das montanhas com fuligem jogada de aviões. O derretimento controlado em épocas apropriadas, em vez de uma súbita avalanche de neve derretida, é favorecido por essa técnica.

FIGURA 16.20 O interior da caixa e o buraco são brancos. Quando a tampa é fechada, o buraco é preto, como explicado na Figura 16.19.

> **PAUSA PARA TESTE**
> Um amigo diz que as mantas térmicas são pretas e, portanto, absorvem luz. Outro diz que as mantas térmicas absorvem luz e, portanto, são pretas. Qual enunciado você prefere?
>
> **VERIFIQUE SUA RESPOSTA**
> Ambos estão corretos, mas um físico provavelmente prefere pensar que as superfícies que absorvem luz, pelos mais diversos motivos, parecem pretas. Primeiro vem a causa, depois o efeito.

FIGURA 16.21 A maior parte do fornecimento de calor por um radiador se dá, na realidade, por convecção, de maneira que a cor faz pouca diferença (um nome mais adequado para esse tipo de aparelho seria *convector*). Para se otimizar o rendimento, entretanto, o radiador é pintado em cor prata, pois assim irradiará menos, tornando-se e mantendo-se mais quente, e, portanto, realizando melhor a tarefa de aquecer o ar. Portanto, pinte seu radiador de prata!

Resfriamento noturno por radiação

Corpos que irradiam mais energia do que recebem tornam-se mais frios. Isso acontece à noite, quando a radiação solar está ausente. Um objeto deixado fora de casa durante a noite irradia energia para o espaço e, devido à ausência de corpos quentes em sua vizinhança, recebe pouca energia do espaço de volta. Portanto, ele perde mais energia do que ganha e torna-se mais frio. Se o objeto for um bom condutor de calor – como um metal, uma pedra ou o concreto, haverá condução de calor para ele vindo do solo, o que às vezes estabiliza sua temperatura. Por outro lado, materiais como madeira, palha e vidro são maus condutores, e pouco calor será conduzido para eles a partir do solo. Esses materiais isolantes são predominantemente radiadores e conseguem ficar *mais frios do que o ar*. É comum que esses materiais fiquem cobertos de geada mesmo quando a temperatura do ar não caiu abaixo do ponto de congelamento da água. Você já viu um campo ou gramado, antes do nascer do Sol, coberto de geada numa manhã fria, mas em que a temperatura se mantém acima do ponto de congelamento? Da próxima vez que você vir isso, observe que a geada se forma apenas sobre a grama, a palha e outros maus condutores de calor, ao passo que nenhuma geada se forma sobre o cimento, as pedras ou outros bons condutores de calor.

Jardineiros cuidadosos cobrem suas plantas favoritas com lona quando esperam por geada. As plantas irradiarão tanto quanto antes, mas receberão mais energia radiante da lona do que do céu noturno escuro. A lona irradia como um objeto que se encontra à temperatura ambiente, e não com a temperatura do céu frio e escuro. Pela mesma razão, as plantas em uma varanda coberta não congelarão, enquanto aquelas que ficarem expostas ao céu, sim.

A própria Terra troca calor com sua vizinhança. O Sol é uma parte dominante da vizinhança terrestre durante o dia. Nesse período, a Terra absorve mais energia radiante do que emite. Durante a noite, se o ar está relativamente transparente, a Terra irradia mais energia para o espaço do que recebe. Como os pesquisadores Arno

FIGURA 16.22 Porções com cristais de geada revelam as entradas escondidas para a toca de um camundongo. Cada aglomerado de cristais é a respiração congelada do camundongo!

Penzias e Robert Wilson, dos laboratórios da Bell, descobriram em 1965, o espaço exterior tem uma temperatura – cerca de 2,7 K (2,7 graus acima do zero absoluto). O próprio espaço emite uma radiação fraca característica daquela temperatura baixa.[4]

psc

- Durante uma hora qualquer do dia, a quantidade de energia que a Terra recebe do Sol é maior do que o total de energia obtida de todas as outras fontes disponíveis por toda a humanidade durante um ano.

Tudo ao nosso redor irradia e absorve energia continuamente. Sim, isso mesmo, tudo, e sem parar!

> **PAUSA PARA TESTE**
>
> 1. Qual provavelmente é a mais fria: uma noite estrelada ou uma noite sem estrelas?
> 2. Durante o inverno, por que o pavimento das rodovias nas pontes tende a estar mais coberto de gelo do que o pavimento que está sobre o solo?
>
> **VERIFIQUE SUA RESPOSTA**
>
> 1. A noite estrelada é a mais fria, quando a Terra irradia diretamente para o gelado espaço exterior. Em uma noite nublada, a irradiação líquida é menor, pois as nuvens irradiam parte da energia de volta para a superfície da Terra.
> 2. A energia irradiada pelo pavimento das estradas sobre o solo é parcialmente reabastecida pelo calor conduzido a partir do solo mais quente abaixo do pavimento. Não há contato entre o pavimento sobre as pontes e o solo, de modo que ele recebe muito pouco, ou nenhum, reabastecimento de energia vinda do solo. Por isso, o pavimento rodoviário nas pontes é mais frio do que sobre o solo, o que aumenta a chance de formação de gelo. Compreender melhor as transferências de calor pode torná-lo um motorista mais cuidadoso!

16.4 A lei de Newton do resfriamento

Sem interferências externas, objetos mais quentes do que o seu ambiente acabam por esfriar até terem a mesma temperatura do que a sua vizinhança. A taxa de resfriamento de um objeto depende de quão mais quente ele está em relação à sua vizinhança. A variação de temperatura por minuto de uma torta de maçã quente será maior se a torta for colocada no interior de um congelador, em vez de na mesa da cozinha. Quando a torta resfria dentro do congelador, a diferença entre sua temperatura e a da vizinhança é maior do que no outro caso. Similarmente, a taxa segundo a qual uma casa aquecida perde energia interna para o exterior frio depende da diferença entre as temperaturas interior e exterior.

A taxa de resfriamento de um objeto – seja por condução, convecção ou radiação – é aproximadamente proporcional à diferença de temperatura ΔT entre o objeto e sua vizinhança.

$$\text{Taxa de resfriamento} \sim \Delta T$$

Isso é conhecido como a **lei de Newton do resfriamento**. (Adivinhe a quem é creditada a descoberta dessa lei?) A lei também vale para o aquecimento. Se um objeto está mais frio do que sua vizinhança, sua taxa de aquecimento também será proporcional a ΔT. A comida congelada se aquecerá mais rapidamente em uma sala aquecida do que numa sala fria.[5]

A taxa de resfriamento que experimentamos em um dia frio pode ser aumentada pela convecção adicional devido ao vento. Nos referimos a isso como a *sensação tér-*

FIGURA 16.23 A haste comprida de uma taça de vinho ajuda a impedir que o calor vindo de sua mão aqueça a bebida.

---

[4] Penzias e Wilson compartilharam um prêmio Nobel de Física por sua descoberta da "radiação cósmica de fundo", que se acredita ser uma espécie de relíquia do Big Bang. Hoje, sua temperatura é medida com a incrível precisão de 2,725 K e revela muito sobre a história inicial do universo e sobre sua presente composição.

[5] Um objeto aquecido que contenha uma fonte de energia pode permanecer mais quente do que sua vizinhança indefinidamente. A energia interna emitida por ele não necessariamente o resfria, e a lei de Newton do resfriamento não se aplica realmente nesse caso. Portanto, o motor de um automóvel ligado mantém-se mais quente do que a carcaça do veículo e do que o ar circundante. Contudo, depois que o motor é desligado, ele passa a se resfriar de acordo com a lei de Newton do resfriamento, e gradualmente se aproxima da mesma temperatura de sua vizinhança. Analogamente, o Sol se manterá mais quente do que sua vizinhança enquanto sua fornalha nuclear continuar funcionando – talvez mais 5 bilhões de anos.

CAPÍTULO 16   Transferência de calor   357

mica do vento. Por exemplo, um vento com sensação térmica de –20 °C significa que estamos perdendo calor na mesma taxa que perderíamos se não houvesse o vento, mas se a temperatura fosse de –20 °C.

Curiosamente, a lei de Newton do resfriamento é uma relação empírica, e não uma lei fundamental como as leis de Newton do movimento.

> **PAUSA PARA TESTE**
> Uma xícara de chá quente perde calor mais rapidamente do que uma xícara de chá morno. Então, é correto dizer que a xícara de chá quente esfria até a temperatura ambiente antes da outra?
>
> **VERIFIQUE SUA RESPOSTA**
> Não! Embora a taxa de resfriamento seja maior para a xícara mais quente, ela leva mais tempo para resfriar até alcançar o equilíbrio térmico com o ambiente. O tempo extra decorrido é igual ao tempo que leva para ela se resfriar até a temperatura inicial da xícara de chá morno. A *taxa* de resfriamento e o *tempo* de resfriamento não são a mesma coisa.

16.5   O efeito estufa

Um automóvel estacionado em uma rua sob o Sol brilhante em um dia quente, com as janelas fechadas, pode atingir uma temperatura interior muito elevada – consideravelmente maior do que a do ar exterior. Esse é um exemplo do **efeito estufa**, assim chamado porque é o mesmo efeito que ocorre em uma estufa de floricultura. Compreender o efeito estufa requer o conhecimento de dois conceitos.

O primeiro deles já foi estabelecido – que todas as coisas irradiam, e a frequência e o comprimento de onda da radiação dependem da temperatura do objeto emissor da radiação. Objetos em altas temperaturas irradiam ondas de comprimentos de onda curtos; a temperaturas baixas, os objetos irradiam ondas longas. O segundo conceito de que precisamos é conhecer como a transparência de coisas como o ar ou o vidro depende do comprimento de onda da radiação. O ar é transparente tanto às ondas infravermelhas (longas) quanto às ondas visíveis (curtas), a menos que o ar contenha um excesso de vapor d'água e de dióxido de carbono, quando passa a ser opaco ao infravermelho. O vidro é transparente às ondas visíveis, mas é opaco a ondas infravermelhas. (A física da transparência e da opacidade é discutida no Capítulo 26.)

Como e por que um carro fica tão quente à luz solar: comparada ao carro, a temperatura do Sol é muito alta. Isso significa que as ondas irradiadas por ele são muito curtas. Elas facilmente atravessam tanto a atmosfera terrestre quanto o vidro das janelas do carro. Assim, a energia proveniente do Sol penetra no interior do carro, onde, exceto por reflexões, ela é absorvida. O interior do carro se aquece e irradia suas próprias ondas correspondentemente, porém, uma vez que o interior do carro não é tão quente quanto o Sol, as ondas emitidas são mais longas. As ondas longas irradiadas deparam-se com o vidro, que não é transparente a elas. Assim, a energia reirradiada permanece dentro do carro, o que o aquece ainda mais (razão porque definitivamente não é uma boa ideia você deixar seu animal de estimação no carro em um dia quente e ensolarado).

Um papel relevante desempenhado pelo vidro de uma estufa de floricultura é impedir a convecção entre o ar exterior, mais frio, e o ar interior, mais quente. Assim, o efeito estufa realmente desempenha um papel maior no aquecimento global do que no aquecimento de uma estufa de floricultura.

FIGURA 16.24 O vidro é transparente à radiação de comprimento de onda curto, mas é opaco à radiação de comprimento de onda longo. A energia "reirradiada" pelas plantas tem comprimentos de onda longos, porque as plantas estão a uma temperatura relativamente baixa.

O mesmo efeito ocorre na atmosfera da Terra, que é transparente à radiação solar. A superfície da Terra absorve essa energia e reirradia parte dela como radiação terrestre

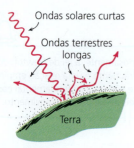

FIGURA 16.25 O Sol quente emite ondas curtas, enquanto a Terra fria emite ondas longas. Vapor d'água, dióxido de carbono e outros gases do efeito estufa presentes na atmosfera retêm o calor que, de outra forma, seria irradiado da Terra para o espaço exterior.

de comprimento de onda mais longo. Os gases da atmosfera (principalmente o vapor d'água e o dióxido de carbono) absorvem e reemitem boa parte dessa radiação terrestre de longo comprimento de onda de volta para a Terra. A radiação terrestre que não consegue escapar da atmosfera terrestre evita que a Terra seja fria demais para nós. Esse efeito estufa é muito benéfico, pois a Terra seria gelados −18 °C sem ele. Durante os últimos 500.000 anos, a temperatura média da Terra tem flutuado desde abaixo de zero, nas idades do gelo, até 15 °C, sendo 16 °C o ponto alto atual – que continua a subir.

Embora H_2O seja o principal gás do efeito estufa na atmosfera, o segundo mais abundante, o CO_2, é famoso porque a contribuição dos humanos para ele na atmosfera tem aumentado de maneira constante. Infelizmente, o aquecimento adicional devido a esse CO_2 pode desencadear a liberação de mais H_2O ainda. Nossa presente preocupação ambiental diz respeito a essa combinação das crescentes quantidades de CO_2 e outros gases do efeito estufa (metano, óxido nitroso, ozônio, etc.) na atmosfera, que aumentam ainda mais a temperatura e produzem um novo balanço desfavorável à biosfera.

> **PAUSA PARA TESTE**
>
> 1. Discuta o que significa dizer "Você jamais consegue mudar apenas uma coisa".
> 2. Se venenos são despejados em um aterro sanitário, a composição da terra muda. Se alguns poucos mililitros de cloro são colocados na piscina, alteramos a água nela. Como bilhões de toneladas de gases do efeito estufa podem ser lançadas na atmosfera sem alterar a sua composição?

VERIFIQUE SUA RESPOSTA

1. Como mostra toda e qualquer equação matemática, se você altera uma variável em um lado da equação, uma variável no outro lado precisa mudar igualmente. Com relação ao efeito estufa, a questão passa a ser: "Como seria possível adicionar bilhões de toneladas de gases do efeito estufa e NÃO alterar a atmosfera?"
2. Não podem.

16.6 Mudança climática

Um lema importante, como mostra a Pausa para Teste acima, é: "você jamais altera apenas uma coisa". Altere uma coisa, e você alterará outra. Uma temperatura terrestre ligeiramente mais alta significa oceanos ligeiramente mais quentes, o que leva a mudanças no clima e nos padrões de tempestade. Tem se formado um consenso entre os cientistas de que o clima da Terra está se tornando mais quente rápido demais. Esse fenômeno é denominado *aquecimento global* ou seu resultado – *mudança climática*.

O tempo é o estado da atmosfera em um particular momento e em um determinado local – sua temperatura, umidade, pressão, precipitação, vento e nuvens. O clima é o padrão do tempo em regiões maiores e a longo de durações maiores. Um verão quente ou um único furacão não constitui evidência de aquecimento global ou mudança climática. O aquecimento global e a mudança climática são mais do que flutuações do tempo, que vão e que vêm. O consenso científico é de que a mudança climática é real. Como isso se desenvolverá ninguém sabe. Em um extremo, se poderia realizar correções de rumo, e a vida poderia ser boa na Terra. Em outro extremo, nos lembramos de Vênus, que em tempos passados talvez tivesse um clima similar ao da Terra, até que um efeito estufa desgovernado levou à sua atmosfera atual: 96% de CO_2, com uma temperatura média superficial de 470 °C. Vênus é o planeta mais quente do sistema solar. Nós certamente não queremos que a Terra tenha seu destino. Pode ser necessário vigilância, e não apenas sorte, para que nosso planeta se mantenha agradável e habitável pelos séculos que virão. Será preciso um esforço global para reduzir as emissões de gases do efeito estufa.

Uma coisa que não sabemos é qual será o efeito de longo prazo sobre os parasitas e micróbios causadores de doenças de uma mudança tão básica em seus hábitats naturais. Também não sabemos como os agricultores lidarão com o ressecamento dos solos quando a água para irrigação se tornar mais escassa. O que sabemos é que os modelos climáticos indicam que os ecossistemas e as culturas humanas de todo o mundo sofrerão disrupções graves devido ao derretimento das geleiras, elevação do nível do mar e eventos meteorológicos extremos. Também sabemos que o consumo de energia e a modificação de nossa atmosfera estão relacionados ao tamanho da população. É passada a hora da humanidade enfrentar a questão do crescimento contínuo. (Por favor, leia o Apêndice E, "Crescimento exponencial e tempo de duplicação" – um assunto muito importante.)

Mais energia solar atinge a Terra em uma única hora do que é consumida por todos os seres humanos em um ano!

> **PAUSA PARA TESTE**
> 1. O que acaba acontecendo com a energia solar que incide na Terra?
> 2. O que significa dizer que o efeito estufa é como uma válvula unidirecional?
>
> **VERIFIQUE SUA RESPOSTA**
> 1. Mais cedo ou mais tarde, ela será irradiada de volta para o espaço. A energia está sempre em trânsito – você pode alugá-la, mas não possuí-la.
> 2. O material transparente, a atmosfera no caso da Terra e o vidro no caso da estufa, deixa passar apenas os comprimentos de onda curtos que chegam, bloqueando os comprimentos de onda longos que tentam escapar. Como resultado, a energia radiante fica presa na estufa.

Energia solar é toda aquela que uma vez já teve origem no Sol e que foi convertida em eletricidade. Isso pode ser feito por células fotovoltaicas ou transformando a água em vapor usado para fazer girar um gerador.

16.7 Potência solar

Se sair de uma sombra para a luz solar, você se sentirá mais quente. O calor que você sente não se deve tanto ao fato de o Sol ser quente, pois sua temperatura superficial de 6.000 °C não é mais quente do que a chama de certos maçaricos de solda. Sentimos calor principalmente porque o Sol é muito *grande*.[6] Como resultado, ele emite enormes quantidades de energia, da qual menos de uma parte em um bilhão alcança a Terra. Não obstante, no topo da atmosfera, a quantidade de energia radiante recebida a cada segundo, por cada metro quadrado perpendicular aos raios solares, é 1.400 joules (1,4 kJ). Essa quantidade de energia recebida por unidade de área é chamada de **constante solar**. Isso é equivalente em unidades de potência a 1,4 quilowatts por metro quadrado (1,4 kW/m²). A constante solar é a taxa segundo a qual a energia

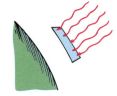

FIGURA 16.26 Sobre cada metro quadrado de área perpendicular aos raios solares, no topo da atmosfera, o Sol fornece 1.400 J de energia radiante a cada segundo. Portanto, a constante solar vale 1,4 kJ/s/m², ou 1,4 kW/m².

> **ESPALHANDO ENERGIA SOLAR**
>
> É a distância do Sol ou o ângulo que os raios solares formam com a superfície da Terra que explica a existência de regiões polares gélidas e de regiões equatoriais tropicais? Você pode obter a resposta por si mesmo ao segurar uma luz intensa acima de uma superfície e observar seu brilho. Quando a luz incide nela perpendicularmente, a energia luminosa está concentrada. Quando os raios de luz são inclinados, mantendo-se a mesma distância, a luz incidente na superfície fica mais espalhada. Você consegue perceber que a mesma energia espalhada sobre uma área maior é responsável pelas baixas temperaturas das regiões Ártica e Antártica da Terra?
>
> O esboço ao lado mostra a Terra recebendo luz vinda do Sol, com os raios luminosos paralelos entre si. Conte o número de raios que incidem na região A e na região B, iguais em extensão. Onde é menor a energia por unidade de área? Como isso se relaciona com o clima?
>
>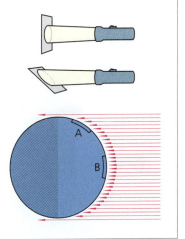

---

[6] Para perceber quão grande é o Sol, observe que seu diâmetro é três vezes maior do que a distância entre a Terra e a Lua. Assim, se a Terra e a Lua fossem localizadas dentro do Sol, com a Terra no centro, a Lua ficaria toda dentro do Sol. Ele é *realmente* grande!

FIGURA 16.27 Telhados capturam energia solar.

FIGURA 16.28 Uma simples captura de energia solar.

solar é recebida do Sol. O valor da potência solar que atinge o solo é atenuada pela atmosfera e reduzida pelos ângulos de elevação do Sol não perpendiculares à superfície. Além disso, claro, ela não está disponível à noite. A potência solar média recebida nos Estados Unidos, durante dia e noite, de verão a inverno, é cerca de 13% da constante solar (0,18 kW/m^2). Essa potência incidindo sobre a área do telhado de uma típica casa norte-americana é cerca de duas vezes a potência necessária para aquecer e resfriar uma casa confortavelmente durante o ano inteiro. Cada vez mais residências estão coletando energia solar para aquecimento de ambientes e de água. Também vêm ganhando as telhas fotovoltaicas que se misturam quase perfeitamente com os materiais tradicionais. Quando a energia solar é transformada em eletricidade pelas células fotovoltaicas ou por outros meios, a chamamos de **potência solar.**

Cada vez mais telhados estão sendo equipados com células fotovoltaicas que convertem energia luminosa diretamente em energia elétrica. As células podem ser projetadas para aplicações que vão de miliwatts a megawatts, alimentando uma calculadora ou uma usina elétrica. Elas também podem ser instaladas em áreas remotas de difícil acesso para alimentar pequenas redes elétricas. Sistemas de coleta e concentração de energia solar estão se tornando economicamente competitivos em cada vez mais localidades em termos de custos com a energia elétrica gerada a partir de fontes convencionais de energia.

PAUSA PARA TESTE
Qual é a fonte fundamental de toda a energia do mundo (excluindo a energia nuclear)?

VERIFIQUE SUA RESPOSTA
O Sol! Ele banhará a Terra com energia por mais 5 bilhões de anos.

16.8 Controlando a transferência de calor

A maior parte da perda de calor nas casas ocorre através das janelas. Uma bela maneira de reduzir a transferência de calor é usar janelas com vidro duplo, também chamado de vidro insulado. Um gás de baixa condutividade entre as janelas reduz a transferência de calor e oferece isolamento acústico.

As janelas com vidro duplo podem ter inspirado os copos térmicos, que podemos segurar nas mãos confortavelmente mesmo quando a bebida está ultragelada ou superquente (Figura 16.29). A bebida parece estar flutuando dentro das paredes duplas, entre as quais há um vácuo parcial. Os copos térmicos mantêm as bebidas quentes ou geladas por mais tempo do que os copos tradicionais.

A garrafa térmica tradicional, com duas paredes de vidro com vácuo entre elas, ilustra os três principais métodos de transferência de calor (Figura 16.30). As su-

FIGURA 16.29 Copos térmicos.

perfícies de vidro que ficam de frente uma para a outra são espelhadas. Qualquer líquido, quente ou frio, que esteja numa garrafa a vácuo permanecerá próximo de sua temperatura original por muitas horas.

1. A transferência de calor por *condução* é impossível através do vácuo. Algum calor ainda escapa por condução através do vidro e da tampa, mas esse é um processo muito lento, pois o vidro e o plástico, ou a cortiça, são maus condutores térmicos.
2. O vácuo também impede a perda de calor por *convecção* através das paredes duplas.
3. A perda de calor por *radiação* é reduzida pelo espelhamento das superfícies da parede dupla, que reflete as ondas de calor de volta para o interior da garrafa.

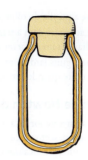

FIGURA 16.30 Uma garrafa térmica.

Revisão do Capítulo 16

TERMOS-CHAVE (CONHECIMENTO)

condução A transferência de energia térmica pelas colisões eletrônicas e moleculares no interior da substância (especialmente se for sólida).

convecção A transferência de energia térmica em um líquido ou gás por meio de correntes no interior do fluido aquecido. O fluido se move, transportando com ele a energia.

radiação A transferência de energia por meio de ondas eletromagnéticas.

radiação terrestre Radiação emitida pela Terra para o espaço exterior.

lei de Newton do resfriamento A taxa de perda de calor de um objeto quente é proporcional à diferença de temperatura entre o objeto e sua vizinhança (o mesmo vale para o ganho de calor por um objeto frio).

efeito estufa O aquecimento da baixa atmosfera pela radiação de comprimento de onda curto vinda do Sol, que penetra na atmosfera, é absorvida pela Terra e "reirradiada" em comprimentos de onda mais longos, que não podem escapar facilmente da atmosfera terrestre.

constante solar 1.400 J/m² recebidos do Sol a cada segundo, no topo da atmosfera terrestre, por uma área perpendicular aos raios solares; expressa em termos de unidades de potência, é igual a 1,4 kW/m².

potência solar A energia por unidade de tempo vinda do Sol.

QUESTÕES DE REVISÃO (COMPREENSÃO)

16.1 Condução

1. Como elétrons "soltos" afetam a condução de calor?
2. Por que alguém consegue caminhar rapidamente e de pés descalços sobre brasas sem se queimar?
3. Por que materiais como madeira, peles de animais, penas de aves e até mesmo a neve são bons isolantes?
4. Um bom isolante impede o calor de atravessá-lo ou torna mais lenta a sua passagem?

16.2 Convecção

5. O que acontece ao volume do ar enquanto ele se eleva? O que acontece com sua temperatura?
6. O que acontece com a rapidez de uma molécula quando atinge uma molécula mais rápida em sentido contrário? E quando atinge uma que se afasta?
7. Como os valores de rapidez das moléculas de ar são afetados quando o ar é comprimido pela ação de uma bomba de encher pneus?
8. De que maneira as velocidades das moléculas do ar são afetadas quando elas se afastam umas das outras ao saírem pelo bico de um balão de criança?
9. Por que a mão de Millie não é queimada quando ela a mantém acima da válvula de segurança de uma panela de pressão (Figura 16.8)?

16.3 Radiação

10. De que forma se desloca a energia radiante?
11. Falando relativamente, as ondas de alta frequência têm comprimentos de onda longos ou curtos?
12. Qual é a relação entre a frequência da energia radiante e a temperatura absoluta da fonte da radiação?
13. Cite as diferenças fundamentais entre as ondas da radiação solar e as ondas da radiação terrestre.
14. Uma vez que todos os objetos emitem energia para sua vizinhança, por que suas temperaturas não diminuem continuamente?
15. O que determina se um objeto, em um dado instante, será predominantemente um emissor ou um absorvedor?
16. O que normalmente esquenta mais rápido: uma panela preta com água fria ou uma panela prateada com água fria? Qual delas esfriará mais rapidamente?
17. Pode um objeto ser um bom absorvedor e um bom refletor ao mesmo tempo? Explique a razão, seja sua resposta positiva ou negativa.

18. Por que a pupila do olho parece ser preta?
19. O que acontece com a temperatura de algo que emite energia radiante sem absorver a mesma quantidade de volta?
20. Por que alguns jardineiros cobrem suas plantas com uma lona à noite quando faz frio?

16.4 A lei de Newton do resfriamento

21. O que tem a maior taxa de resfriamento, um atiçador de fogo incandescente localizado em um forno quente ou o mesmo atiçador localizado em uma sala fria (ou ambos esfriam com a mesma taxa)?
22. A lei de Newton do resfriamento se aplica tanto ao aquecimento quanto ao resfriamento?

16.5 O efeito estufa

23. Qual seria a consequência de se eliminar completamente o efeito estufa?

24. Em que sentido o vidro se comporta como uma válvula unidirecional no caso do efeito estufa? A atmosfera desempenha o mesmo papel?

16.6 Mudança climática

25. Faça a distinção entre tempo e clima.
26. Qual é o principal motivo para a alta temperatura da superfície de Vênus?

16.7 Potência solar

27. Qual fonte de energia alimenta uma célula fotoelétrica?
28. O que é a constante solar?

16.8 Controlando a transferência de calor

29. Cite duas maneiras pelas quais as janelas com vidro duplo inibem a transferência de calor.
30. Cite as três maneiras pelas quais uma garrafa térmica impede a transferência de calor.

PENSE E FAÇA (APLICAÇÃO)

31. Enrole firmemente um pedaço de papel ao redor de uma barra metálica grossa e a exponha a uma chama. Observe que o papel não pega fogo. Você consegue explicar esse fato em termos da condutividade da barra metálica? (O papel geralmente não pegará fogo enquanto sua temperatura não atingir cerca de 230 °C.)

32. Ligue e desligue rapidamente uma lâmpada incandescente, mantendo sua mão a poucos centímetros do bulbo. Você sentirá seu calor, mas quando for tocar no bulbo notará que ele não está quente. Você pode explicar isso em termos da energia radiante e da transparência do bulbo?
33. Escreva uma carta à sua avó e compartilhe com ela o seu conhecimento sobre o fato de que a temperatura é menor nas noites sem nuvens e maior nas noites nubladas. Usando exemplos plausíveis, convença-a de que todas as coisas emitem energia continuamente – e também absorvem.

PEGUE E USE (FAMILIARIZAÇÃO COM EQUAÇÕES)

Quantidade de calor: $Q = cm\Delta T$

34. Mostre que são necessárias 5.000 cal para aumentar a temperatura de 50 g de água de 0 °C para 100 °C. O calor específico da água é igual a 1 cal/g·°C.

35. Calcule a quantidade de calor absorvido por 20 g de água quando aquecida de 30 °C para 90 °C.

PENSE E RESOLVA (APLICAÇÃO MATEMÁTICA)

36. O decaimento radioativo no granito e em outras rochas do interior da Terra provê muita energia para manter o interior em estado líquido, como lava quente, e também o aquecimento natural para as fontes térmicas. Isso se deve à liberação média de cerca de 0,03 J por quilograma a cada ano. Mostre que um aumento de 500 °C da temperatura de um pedaço de granito leva cerca de 13,3 milhões de anos. (Considere que o calor específico c do granito seja de 800 J/kg·°C. Use a equação $Q = cm\Delta T$.)
37. Em uma sala a 25 °C, o café quente que está em uma garrafa térmica esfria para 50 °C em 8 horas. Explique como você consegue prever que, após outras 8 horas, sua temperatura será de 37,5 °C.

38. Numa certa localidade, a potência solar por unidade de área incidindo na superfície da Terra em média durante um dia inteiro é 200 W/m². Se você reside em uma casa cujo consumo médio de potência é de 3 kW e consegue converter potência solar em potência elétrica com 10 % de eficiência, de que área de coletor solar você precisará para suprir todas as necessidades energéticas dessa casa a partir da energia solar? (O coletor caberá em seu quintal ou em seu telhado?)
39. Em um laboratório, você submerge 100 g de pregos de ferro a 40 °C em 100 g de água a 20 °C (o calor específico do ferro é de 0,11 cal/g°C). (a) Iguale o calor ganho pela água ao calor perdido pelos pregos e mostre que a temperatura final da água será de 22 °C. (b) Seu colega de laboratório fica

surpreso com o resultado e afirma que, uma vez que as massas de água e de ferro são iguais, a temperatura final da água deveria situar-se mais próxima de 30 °C, a meio caminho das temperaturas iniciais. Que explicação você lhe dá?

PENSE E EXPLIQUE   (SÍNTESE)

40. Se você tocar, com a mão descoberta, a superfície de um pedaço de metal localizado em um forno de pizza quente, estará em apuros. Contudo, se colocar a mão rapidamente no interior do ar quente do forno, não haverá problemas. O que isso lhe diz acerca da condutividade térmica do metal e do ar?
41. Em regiões desérticas, quentes durante o dia e frias durante a noite, as paredes das casas frequentemente são feitas de argila. Por que é importante que as paredes de argila sejam grossas?
42. Em um dia frio, por que uma maçaneta de metal parece mais fria do que outra de madeira?
43. Qual é a explicação para que cobertas feitas de penas de ave esquentem melhor?
44. Enrole um casaco de pele ao redor de um termômetro. A temperatura se elevará?
45. Se você se sente confortável no ar a 20 °C, por que a água a 20 °C lhe parece tão fria quando você está nadando nela?
46. A que temperatura comum um bloco de madeira e outro de metal não lhe parecerão nem quentes nem frios ao toque?
47. Se você segura a extremidade de uma agulha metálica contra um pedaço de gelo, a extremidade que está em sua mão logo se tornará fria. O frio fluiu do gelo para sua mão? Explique.
48. A fibra de vidro no interior das paredes é um excelente isolante. As melhores fibras de vidro bloqueiam a transferência de calor ou apenas reduzem o fluxo?
49. Muitas pessoas sofrem queimaduras ao encostarem a língua em um pedaço de metal num dia muito frio. Por que não ocorre dano algum quando, no mesmo dia, se encosta a língua em um pedaço de madeira?
50. Visite um cemitério coberto de neve e observe que a neve não se eleva nas bordas da lápide de um túmulo, mas, pelo contrário, forma uma depressão, como mostrado abaixo. Qual é a sua explicação para isso?

51. Por que as luvas que deixam os dedos livres esquentam mais do que as luvas comuns em um dia frio?
52. A madeira é um mau condutor de calor – ela tem uma condutividade térmica muito baixa. Ela ainda terá uma condutividade tão baixa quando está quente? Você conseguiria, com rapidez e sem correr perigo, agarrar o cabo revestido de madeira de uma frigideira no interior de um forno quente com as mãos descobertas? Por que seria uma má ideia fazer o mesmo se o cabo fosse de ferro? Explique.
53. A madeira muito quente tem baixa condutividade – como, no estágio em que ela está queimando sem chama, como carvão em brasa? Quando uma pessoa caminha rapidamente descalça por um leito de carvão em brasa, quanto calor é conduzido para os seus pés? Seria possível fazer o mesmo com pedaços de ferro em brasa no lugar dos carvões? Expli-

que. (*Cuidado:* os pedaços de carvão podem grudar nos seus pés, de modo que... UUUH – não tente fazer isso!)
54. O calor pode fluir espontaneamente de um objeto com menor energia interna para outro com maior energia interna? Justifique sua resposta.
55. Por que é incorreto dizer que, quando um objeto quente aquece outro objeto frio, a temperatura flui entre os dois?
56. Por que é incorreto dizer que, quando um objeto quente aquece outro objeto frio, o aumento de temperatura que este sofre é igual à diminuição de temperatura do outro? Quando essa afirmação é correta?
57. Quando duas xícaras de chocolate quente, uma a 50 °C e outra a 80 °C, são despejadas em uma tigela, por que a temperatura final da mistura será 70 °C?
58. Um gramado irradia energia continuamente enquanto está em contato com a Terra relativamente quente. Como a baixa condutividade influencia a temperatura da grama em relação à do ar?
59. Por que o sentido dos ventos costeiros muda do dia para a noite?
60. Em uma sala de espera, a fumaça de uma vela às vezes eleva-se muito, mas sem alcançar o teto. Explique por quê.
61. Enquanto toma um copo de chá gelado, seu amigo diz que o resfriamento seria menor se os cubos ficassem no fundo da bebida. Você concorda ou discorda? Explique.
62. Um amigo diz que uma única molécula lançada em uma região onde existe um vácuo perfeito cairá com a mesma rapidez que uma bola de beisebol na mesma região, sem diferença alguma. Você concorda ou discorda? Explique.
63. A densidade do ar normalmente é menor acima de um ponto qualquer do ar do que abaixo dele. Em que sentido isso produz uma "janela de migração" ascendente no ar? Como isso afetaria o movimento das moléculas mais rápidas do ar?
64. O que o alto calor específico da água tem a ver com as correntes de convecção da brisa costeira?
65. Se esquentarmos um certo volume de ar, ele se expandirá. Então, se expandirmos um certo volume de ar, ele esquentará? Explique.
66. Ventiladores de teto fazem você se sentir mais frio em uma sala quente. Eles reduzem a temperatura da sala?
67. Alguns ventiladores de teto funcionam ao contrário, podendo direcionar o ar para baixo ou para cima. Em que sentido o ventilador deveria empurrar o ar durante o inverno? E no verão?
68. Uma máquina de fazer neve, usada em áreas onde se pratica esqui, sopra uma mistura de ar comprimido e água através de um bocal estreito. Como é possível que se formem cristais de gelo quando a mistura é ejetada do bocal muito acima do ponto de congelamento da água?
69. Por que um bom *emissor* de radiação térmica parece escuro na temperatura ambiente?
70. Se todos os objetos irradiam energia, por que não conseguimos enxergá-los no escuro?

71. Um certo número de corpos com temperaturas diferentes é colocado em uma sala fechada, compartilhando a energia radiante até alcançar a mesma temperatura. Esse equilíbrio térmico seria possível se bons absorvedores fossem maus emissores e maus absorvedores fossem bons emissores? Explique.

72. A partir da lei segundo a qual um bom absorvedor de radiação também é um bom irradiador, e da lei segundo a qual um bom refletor é necessariamente um mau absorvedor, enuncie uma regra que relacione as propriedades refletora e radiante de uma superfície qualquer.

73. O calor dos vulcões e das fontes de águas térmicas vem das pequenas quantidades de minerais radioativos encontrados em rochas comuns no interior da Terra. Por que o mesmo tipo de rocha, na superfície terrestre, não está quente demais para ser tocada?

74. Embora um metal seja um bom condutor, com frequência se pode ver geada sobre automóveis estacionados ao amanhecer, mesmo quando a temperatura do ar está acima do ponto de congelamento da água. Como você pode explicar isso?

75. Quando existe geada matinal sobre o chão de um parque público, por que é pouco provável que exista geada no chão abaixo dos bancos de pedra do parque?

76. Por que uma barra de chocolate derrete mais rápido em um dia quente de verão quando colocada sobre o painel do carro do que quando deixada sobre o chão ao lado do veículo?

77. Por que durante o verão, às vezes, os floristas aplicam uma mão de cal sobre os vidros de suas estufas?

78. Num dia ensolarado, mas muito frio, você dispõe de um casaco preto e de um casaco transparente. Qual deles você deveria vestir para se sentir mais aquecido ao sair de casa?

79. Se a composição da atmosfera superior fosse alterada de modo que uma maior quantidade de radiação terrestre escapasse, que efeito isso teria sobre o clima da Terra?

80. Por que o isolamento de um sótão normalmente é mais espesso do que o que é usado nas paredes de uma casa?

81. Elabore uma questão de múltipla escolha que sirva para testar a compreensão de estudantes sobre a distinção entre condução e convecção. Elabore outra questão em que o termo *radiação* é a resposta correta.

PENSE E DISCUTA (AVALIAÇÃO)

82. Ao meio-dia, estamos mais perto do Sol no alto de uma montanha do que no seu sopé. Por que não é mais quente no alto da montanha, então?

83. Qual é a finalidade da camada de cobre ou alumínio existente no fundo das panelas de aço inoxidável?

84. Em termos físicos, por que os restaurantes serviam batatas assadas enroladas em papel de alumínio?

85. Se você estivesse em uma clima frio, dispondo apenas de seu próprio corpo para se aquecer, você iria para um iglu clássico do Ártico ou para uma cabana de madeira? Justifique sua resposta.

86. Luvas não geram calor. Como elas mantêm suas mãos aquecidas durante um dia frio?

87. Um colega afirma que, em uma mistura de gases em equilíbrio térmico, as moléculas têm a mesma energia cinética média. Você concorda ou discorda? Explique.

88. Um colega afirma que a velocidade escalar média de todas as moléculas de hidrogênio e de nitrogênio de um gás é igual. Você concorda ou discorda dele? Por quê?

89. Por que você não deveria esperar que as moléculas de ar em sua sala tivessem a mesma rapidez média? Relacione sua discussão a massa e energia cinética.

90. Por que o hélio liberado na atmosfera acaba escapando para o espaço?

91. Praticantes de *paraglider* e aves planadoras conseguem permanecer no ar por horas sem gastar energia. Como eles conseguem isso?

92. Os computadores usam uma ventoinha para forçar a convecção através da unidade de processamento. Por que isso é importante para o desempenho do computador?

93. É importante que se converta as temperaturas para a escala Kelvin quando se usa a lei de Newton do resfriamento? Justifique em caso afirmativo ou negativo.

94. Suponha que você esteja em um restaurante e que o café tenha sido servido antes de você estar realmente preparado para bebê-lo. A fim de mantê-lo o mais quente possível, é aconselhável adicionar o creme exatamente agora ou quando você estiver pronto para bebê-lo? Por quê?

95. Em um dia muito frio, se você deseja economizar combustível e vai sair de sua casa aquecida por meia hora ou mais, você deve regular o termostato do aquecedor alguns graus abaixo do que está agora ou deixá-lo na temperatura ambiente desejada? Explique.

96. Em um dia muito quente, se você deseja economizar combustível e vai sair de sua casa refrigerada por meia hora ou mais, você deve regular o termostato do ar-condicionado um pouco acima do que está agora, desligá-lo ou mantê-lo na temperatura ambiente que você gosta?

97. Quanto mais energia de combustíveis fósseis e de outras fontes não renováveis for consumida na Terra, mais tende a subir a temperatura global do planeta. Como o equilíbrio térmico explica por que a temperatura da Terra não se eleva indefinidamente?

98. Discuta a função de uma célula fotovoltaica em termos de entrada e saída de energia.

99. Discuta por que um furo de 1 pé quadrado em um teto pelo qual entra a luz quando o Sol se encontra diretamente acima da cabeça é como ter uma lâmpada incandescente de 100 W na sala. Considere que a atmosfera reduz a energia solar na superfície terrestre para 1,0 kW/m².

100. Invente e discuta seus próprios exemplos para ilustrar o ditado "você jamais consegue mudar apenas uma coisa".

101. Discuta se bilhões de toneladas de qualquer tipo de molécula poderiam ser lançadas na atmosfera terrestre sem alterá-la.

102. De que maneira a Revolução Industrial contribuiu para a mudança climática? Discuta alternativas melhores aos combustíveis fósseis, que não gerem calor e fumaça.

103. Discuta a correlação entre crescimento populacional da humanidade e mudança climática.

CAPÍTULO 14 Exame de múltipla escolha

Escolha a melhor resposta entre as alternativas:

1. Na prática, um bom isolante:
   a. impede o fluxo de calor.
   b. desacelera o fluxo de calor.
   c. acelera o fluxo negativo de calor.
   d. todas as anteriores.

2. Um copo de papel cheio de água colocado em uma chama não pega fogo porque:
   a. o interior do papel está úmido.
   b. a água é um excelente condutor de calor.
   c. o papel é um mau condutor de calor.
   d. o copo de papel não pode ficar significativamente mais quente do que a água que contém.

3. A convecção térmica está ligada principalmente a:
   a. energia radiante.
   b. fluidos.
   c. isolantes.
   d. todas as anteriores.

4. Uma região de ar em expansão tende a:
   a. esfriar.
   b. esquentar.
   c. ambas as anteriores.
   d. nenhuma das anteriores.

5. Qual das seguintes ondas eletromagnéticas tem menor frequência?
   a. Infravermelhas.
   b. Visíveis.
   c. Ultravioletas.
   d. Raios gama.

6. Em comparação com a radiação terrestre, a radiação solar tem:
   a. comprimento de onda maior.
   b. frequência menor.
   c. comprimento de onda maior e frequência menor.
   d. nem comprimento de onda maior nem frequência menor.

7. As pupilas dos seus olhos:
   a. são pretas e, logo, absorvem mais luz do que refletem.
   b. absorvem mais luz do que refletem e, logo, parecem pretas.
   c. bloqueiam a luz de dentro e a impedem de emergir.
   d. todas as anteriores.

8. O vidro na estufa dos floristas atua como uma válvula unidirecional, pois:
   a. permite que a energia luminosa flua em apenas uma direção.
   b. impede o fluxo da radiação indesejada.
   c. permite a entrada de ondas de alta frequência e impede a saída de ondas de baixa frequência.
   d. é transparente apenas para ondas de mais baixa frequência.

9. Toda equação da física nos lembra de uma lição: nunca podemos mudar apenas uma coisa. Quando alteramos a composição da atmosfera, é provável que também alteremos:
   a. a sua transparência.
   b. a sua refletividade.
   c. o clima da Terra.
   d. todas as anteriores.

10. Para economizar energia enquanto está fora da sua casa quentinha por várias horas durante um dia frio, você deve _____ seu termostato.
    a. baixar
    b. aumentar
    c. colocar em temperatura ambiente
    d. desligar

Respostas e explicações das perguntas do Exame de múltipla escolha

1. **(b)**: Se uma substância fosse um isolante perfeito, ela bloquearia o fluxo de calor. Na prática, não é o que acontece. Um bom isolante desacelera o fluxo de energia. 2. **(d)**: A maior parte do calor da chama é transferida para a água, o que desacelera a quantidade que vai para o papel. A água absorve boa parte do calor para um aumento de temperatura correspondente. 3. **(b)**: A convecção é o fluxo de material aquecido ou resfriado de um local para o outro. Os fluidos, por definição, fluem. 4. **(a)**: As moléculas de uma região de ar em expansão se colidem mais frequentemente com as que se afastam do que com as que se aproximam. Assim, elas desaceleram-se quando colidem com outras moléculas. Moléculas mais lentas significam ar mais frio. 5. **(a)**: Vibrações de baixa frequência produzem ondas de maior comprimento. As ondas mais longas da lista são as infravermelhas. 6. **(d)**: De acordo com a relação $f \sim T$, o Sol, com a sua temperatura gigantescamente maior, tem a maior frequência de radiação, o que também corresponde a um comprimento de onda maior. Nenhuma das opções enuncia esse fato. 7. **(b)**: As pupilas não "bloqueiam" a luz, então (c) está incorreto. É uma questão sobre absorção; é a absorção que resulta no preto. O preto não causa a absorção, como vemos na opção (c), em que a energia advinda das ondas luminosas é transferida para ondas de calor, que são de baixa frequência. As outras opções estão incorretas. 9. **(d)**: As equações nos ensinam que não é possível fazer só UMA coisa. Mudar uma variável em um lado da equação muda algo no outro. A transparência, a refletividade e o clima mudam com a atmosfera. Assim, a opção (d) é a resposta correta. 10. **(d)**: É preciso energia para manter um lar aquecido, dado o vazamento contínuo e inevitável de calor. Imagine como seria manter um copo cheio de água sob uma torneira aberta. Usaria-se menos água se o copo fosse esvaziado e então enchido de volta do que se fosse mantido cheio o tempo todo. O mesmo acontece com o calor. Você substitui o calor perdido apenas uma vez depois que desliga o aquecedor.

17
Mudanças de fase

17.1 Evaporação

17.2 Condensação
    Condensação na atmosfera
    Nevoeiro e nuvens

17.3 Ebulição
    Gêiseres
    A ebulição é um processo de resfriamento
    Ebulição e congelamento ao mesmo tempo

17.4 Fusão e congelamento
    Regelo

17.5 Energia e mudanças de fase

1 Ron Hipschman, no Exploratorium, remove um pedaço de gelo de dentro da água gelada. Quando a água à temperatura ambiente foi colocada em uma câmera e foi feito nela vácuo, a rápida evaporação resfriou a água, transformando-a em gelo, como vamos investigar na Figura 17.14. **2** John Suchocki caminha de pés descalços sem se queimar sobre carvões em brasa (caminhando rapidamente!). **3** Dean Baird demonstra o regelo, destacado na Figura 17.17. **4** Desprovido de glândulas sudoríparas, um cão arfa pela boca para se resfriar. A evaporação ocorre tanto pela boca quanto pelo trato bronquial.

Ron Hipschman se interessa por ciência desde a primeira infância. Desde que começou a brincar com um laboratório de química para crianças até tornar-se grande fã de Mr. Wizard (personagem de Don Herbert) na televisão na década de 1960, Ron sempre se considerou um maluco por ciência. Na adolescência, envolveu-se com a Junior Academy da California Academy of Sciences de San Francisco, e seu primeiro emprego foi no Morrison Planetarium, parte da instituição.

Ron interessa-se por computadores desde o seu surgimento, tendo participado do famoso Homebrew Computer Club, que se reunia no Stanford Linear Accelerator Center no início da década de 1970. Os computadores que utilizamos hoje têm sua origem nos sonhos e nas visões dos membros do Homebrew, incluindo Steve Wozniak e Steve Jobs! Ron soldou seu primeiro computador incentivado pelos colegas do clube em meados dos anos 1970.

No último ano do ensino médio, em 1971, Ron conquistou seu emprego dos sonhos no recém-inaugurado Exploratorium, antes mesmo de obter seu bacharelado em física e mestrado em ciências físicas pela San Francisco State University. Ele trabalhou durante muitos anos ao lado de dois físicos extraordinários: Frank Oppenheimer (p. 407), fundador do Exploratorium, e Paul Doherty (p. 85). Em seus quase 50 anos no museu, Ron teve muitas funções, incluindo desenvolvedor de experiências, autor de dois dos três livros de receita (manuais para construir os itens em exposição no Exploratorium) e colaborador frequente da revista do Exploratorium.

Em 1993, Ron estabeleceu a presença do Exploratorium na internet, o que o tornou um dos 600 primeiros *sites* do mundo. Em 1996, comandou os experimentos do museu com *webcasting*. Em 1998, em Aruba, o Exploratorium foi a primeira organização a transmitir ao vivo um eclipse solar total para o mundo. Ron contribuiu com o seu conhecimento técnico e atuou como apresentador. Desde então, Ron apresentou diversos *webcasts*, tanto locais quanto em expedições pelo mundo, incluindo o Polo Sul (Local onde foi tirada a foto abaixo. Curiosamente, o marco do Polo Sul ao lado de Ron precisa ser deslocado cerca de 10 metros todos os anos devido ao movimento do gelo).

Além de trabalhar no museu, Ron lecionou física na San Francisco State por 16 anos e criou *shows* de *laser* para o Morrison Planetarium durante 20 anos. Entre suas funções atuais no Exploratorium, Ron controla uma balsa de sensores ambientais usada nos programas do museu relacionados ao meio ambiente e usa esses dados para produzir visualizações para um grande *videowall* da instituição. Sua mais nova paixão é produzir e apresentar duas séries de debates populares: "Full Spectrum Science" ("A Ciência no Espectro Total") e "Everything Matters: Tales from the Periodic Table" ("Tudo Importa: Contos da Tabela Periódica"). Ron Hipschman é, sem dúvida alguma, um homem

muito ocupado, e também muito querido no melhor museu de ciências na prática do mundo.

A matéria em nosso meio ambiente existe em quatro *fases* (ou *estados*) comuns. O gelo, por exemplo, é a fase *sólida* de H_2O. Se você lhe adiciona energia, estará causando um aumento da agitação molecular na estrutura molecular rígida, que acaba se rompendo para formar H_2O na fase *líquida*, a água. Se adicionar mais energia ainda, a fase líquida muda para a fase gasosa, o vapor d'água invisível. Adicionando-lhe ainda mais energia, as moléculas se romperão em íons e elétrons, resultando na fase de plasma, menos comum e menos reconhecível em nossas vidas cotidianas dos que as fases sólida, líquida e gasosa. A fase da matéria depende de sua temperatura e da pressão que é exercida sobre ela. Mudanças de fase quase sempre requerem uma transferência de energia.

Quando a água torna-se um gás, nós a chamamos de vapor.

17.1 Evaporação

A água em um recipiente aberto acabará evaporando ou secando. O líquido que desaparece torna-se vapor d'água na atmosfera. A **evaporação** é uma mudança da fase líquida para a fase gasosa que ocorre na superfície do líquido.

A temperatura de qualquer substância está relacionada com a energia cinética média de suas partículas. As moléculas da água líquida têm uma grande variedade de valores de rapidez, movendo-se em praticamente todas as direções possíveis e colidindo umas com as outras. Em qualquer momento, algumas se movem com

Aproximadamente 90% da umidade atmosférica terrestre provém da evaporação dos oceanos, lagos e rios. O restante provém da transpiração das plantas.

FIGURA 17.1 Quando está úmido, o tecido recobrindo a lateral do cantil de Estefania promove o seu resfriamento.

FIGURA 17.2 Dotada de glândulas sudoríparas apenas entre os dedos das patas, Daisy se resfria arfando pela boca.

FIGURA 17.3 Os porcos não têm glândulas sudoríparas e, portanto, tratam de chafurdar na lama para se resfriarem.

A sublimação é o processo pelo qual cubos de gelo deixados em um congelador por muito tempo acabam ficando menores.

enormes valores de rapidez, enquanto outras praticamente não se movimentam. No momento seguinte, as mais lentas dessas moléculas podem tornar-se as mais velozes, devido às colisões intermoleculares. Umas ganham energia cinética, enquanto outras perdem-na. As moléculas superficiais que recebem energia cinética por estarem sendo bombardeadas pelas que estão abaixo podem ter energia cinética suficiente para se libertar do líquido. Elas podem, então, deixar a superfície e voar para o espaço disponível acima do líquido. Assim, elas se tornam moléculas de vapor.

A energia cinética que essas moléculas receberam a partir do bombardeio, suficientemente grande para que elas escapem do líquido, provém daquelas moléculas que permaneceram no líquido. Isso é uma espécie de "física de bolas de bilhar": enquanto determinadas bolas colidem com outras e ganham energia cinética, outras perdem a mesma quantidade de energia. As moléculas que deixaram o líquido são as que receberam energia, enquanto as que perderam energia permaneceram no líquido. Assim, as moléculas que permaneceram no líquido tiveram uma diminuição em suas energias cinéticas – a evaporação é um processo em que ocorre resfriamento. Curiosamente, as moléculas velozes que se libertam da superfície do líquido tornam-se mais lentas quando se afastam voando, devido à atração exercida pela superfície líquida. Portanto, a água é resfriada pela evaporação, e o ar que está logo acima é aquecido de maneira correspondente.

O cantil mostrado na Figura 17.1 mantém-se frio por causa da evaporação que ocorre na cobertura lateral de tecido, que é mantido úmido. As moléculas de água que se movem mais rapidamente conseguem se libertar do tecido, fazendo diminuir sua temperatura. O calor é transferido do cantil de metal para o tecido úmido e frio por condução; por sua vez, o calor é transferido para o metal, que agora está mais frio. Assim, a energia é transferida da água para o cantil e daí para o ar externo. Dessa maneira, a água é resfriada consideravelmente abaixo da temperatura do ar exterior.

O efeito de resfriamento devido à evaporação é evidente quando álcool comum é derramado sobre seu corpo. Ele evapora muito rapidamente, resfriando prontamente a superfície do corpo. Quanto mais rápido ocorrer a evaporação, mais rápido será o resfriamento resultante.

Quando nossos corpos estão super aquecidos, as glândulas sudoríparas produzem a transpiração. Isso faz parte do termostato da natureza, pois a evaporação do suor nos resfria e nos ajuda a manter uma temperatura corporal estável. Muitos animais têm poucas glândulas sudoríparas, ou nenhuma, e precisam se resfriar por outras maneiras (Figuras 17.2 e 17.3).

FIGURA 17.4 O brinquedo do pássaro que bebe água opera pela evaporação do solvente (cloreto de metileno) que se encontra dentro de seu corpo e pela evaporação da água na superfície externa de sua cabeça. A parte mais baixa do corpo contém solvente líquido, que evapora rapidamente na temperatura ambiente. (a) A evaporação da água do lado de fora da sua cabeça também reduz a temperatura no lado de dentro. Isso causa a condensação de parte do vapor do solvente dentro da cabeça, o que reduz a pressão do vapor nela. (b) A pressão de vapor relativamente maior na parte inferior do corpo força o líquido para cima. Quando o líquido está alto o suficiente, (c) o pássaro tomba para a frente até a base do tubo não estar mais submersa no líquido, o que permite que o líquido no tubo desça para a parte inferior do corpo. Cada vez que ele tomba para a frente, o feltro da cabeça e do bico é umedecido, e (d) o ciclo recomeça.

Um brinquedo curioso que emprega os processos de evaporação e condensação muito bem é o "pássaro bebedor", que imita os movimentos de um passarinho tomando água.

A taxa de evaporação é maior a temperaturas altas, porque existe uma proporção maior de moléculas com energia cinética suficientemente grande para conseguir escapar do líquido. A água também evapora a temperaturas baixas, mas a uma taxa menor. Uma poça d'água, por exemplo, pode secar totalmente mesmo em um dia frio.

Mesmo a água congelada "evapora". Essa forma de evaporação, em que as moléculas passam diretamente de um sólido (gelo ou neve) para a fase gasosa, sem passar pela fase líquida, é chamada de **sublimação**. Como as moléculas de água estão fortemente ligadas na fase sólida, a água congelada realmente não evapora (sublima) tão facilmente quanto evapora a água líquida. No entanto, a sublimação explica a perda de consideráveis porções de neve e de gelo, especialmente grande em dias ensolarados em climas secos.

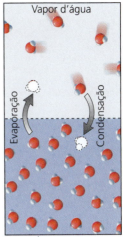

FIGURA 17.5 Troca de moléculas na interface entre água líquida e vapor d'água.

> **PAUSA PARA TESTE**
> A evaporação constituiria um processo de resfriamento se as moléculas com qualquer valor de rapidez tivessem a mesma chance de escapar da superfície de um líquido?
>
> **VERIFIQUE SUA RESPOSTA**
> Não. Se moléculas com todos os valores de rapidez escapassem com igual facilidade, as moléculas deixadas para trás teriam a mesma faixa de valores de rapidez que antes, e não haveria alteração na temperatura do líquido. Se apenas as moléculas mais ligeiras conseguem escapar, aquelas que ficam para trás permanecem mais lentas, e o líquido esfria.

17.2 Condensação

O processo oposto à evaporação é a **condensação*** – a transformação de gás para líquido. Quando as moléculas do gás próximas à superfície de um líquido são atraídas por ele, elas colidem com a superfície com energia cinética aumentada e acabam tornando-se parte do líquido. Por meio das colisões com as moléculas de baixa energia do líquido, elas acabam compartilhando esse excesso de energia, aumentando a temperatura do líquido. A condensação, portanto, é um processo de aquecimento.

Um exemplo notável do aquecimento resultante da condensação é a energia liberada pelo vapor quando ele se condensa – uma experiência dolorosa se ele se condensar sobre sua pele. É por isso que o vapor d'água quente queima a pele mais danosamente do que a água fervendo na mesma temperatura; o vapor libera uma quantidade considerável de energia quando se condensa e umedece a pele. Essa energia liberada pela condensação é usada em sistemas de aquecimento.

FIGURA 17.6 A energia interna é liberada quando se condensa no interior do radiador.

O vapor quente é água evaporada que está a uma temperatura alta, normalmente 100 °C ou mais. Quando se resfria, ele também libera energia no processo de condensação. Ao tomar um banho, por exemplo, você é aquecido pelo vapor existente na região do boxe do chuveiro – mesmo pelo vapor d'água de um banho frio – enquanto permanecer na área úmida do boxe. Você sente a diferença rapidamente se sair do boxe. Fora da umidade, logo tem início a efetiva evaporação na pele, e você começa a sentir frio. Contudo, se permanece no boxe, mesmo com o chuveiro desligado, o aquecimento produzido pela condensação se contrapõe ao resfriamento produzido pela evaporação. Se quantidades iguais da umidade condensam e evaporam, você não sente qualquer alteração na temperatura corporal. Se a condensação excede a evaporação, você sente calor. Ao contrário, se é a evaporação que excede a condensação, você sente frio. Portanto, agora você sabe por que pode se secar com

FIGURA 17.7 Se você sente frio quando sai do boxe do chuveiro, volte para dentro dele e se aqueça pela condensação do excesso de vapor da água.

---
* N. de T.: Ou liquefação.

uma toalha de maneira muito mais confortável se permanecer na área do chuveiro. Para se secar por completo, você pode terminar a tarefa numa área menos úmida.

Passe uma tarde de julho na árida cidade de Tucson ou Phoenix, no Arizona, EUA, onde a evaporação é consideravelmente maior do que a condensação. O resultado da evaporação acentuada é uma sensação mais fria do que a que você experimentaria na mesma tarde de julho se estivesse em Nova York ou Nova Orleans. Nessas localidades úmidas, a condensação se contrapõe consideravelmente à evaporação, e você sente o calor do aquecimento ocorrido quando o vapor da atmosfera se condensa sobre sua pele. Você está literalmente sendo "bombardeado" pelos impactos das moléculas de H_2O do ar que batem em sua pele. Expressando a ideia de maneira mais branda, você está sendo aquecido pela condensação do vapor do ar sobre sua pele.

> **PAUSA PARA TESTE**
>
> 1. A evaporação e a condensação são processos opostos?
> 2. Se o nível da água em um prato permanece inalterado de um dia para o outro, você pode concluir que não ocorreu qualquer evaporação ou condensação?
>
> **VERIFIQUE SUA RESPOSTA**
>
> 1. Sim, e as variações de energia são as mesmas nas duas direções.
> 2. De jeito nenhum, pois há muita atividade acontecendo em nível molecular. Tanto a evaporação quanto a condensação ocorrem continuamente. O fato de que o nível da água permaneceu inalterado indica simplesmente que as taxas de evaporação e de condensação são iguais, de modo que nenhuma evaporação ou condensação *líquida* acontece. Os dois processos opostos se cancelam.

A umidade nos faz sentir mais quentes ou mais frios – ou ambos? Se você já estiver frio, mais umidade o fará sentir mais frio. Se você já está quente, mais umidade o fará sentir mais calor. A temperaturas amenas, um pouco de umidade nos faz sentir mais confortáveis.

Condensação na atmosfera

Sempre há algum vapor d'água no ar. A medida da quantidade desse vapor é chamada de *umidade* (massa de água por volume de ar). As previsões de tempo usam com frequência o termo *umidade relativa* – referindo-se à razão entre a quantidade de vapor d'água presente no ar a uma dada temperatura e a quantidade máxima de vapor d'água que esse ar pode conter naquela temperatura.[1]

O ar que contém tanto vapor d'água quanto possível está saturado. A saturação ocorre quando a temperatura do ar cai e as moléculas de vapor na atmosfera começam a condensar. As moléculas da água tendem a se aglomerar. Entretanto, devido aos valores normalmente grandes de rapidez das moléculas do ar, a maior parte das moléculas de água não se aglomeram quando colidem com outras. Em vez disso, essas moléculas velozes ricocheteiam ao colidirem, e desse modo permanecem pertencendo à fase gasosa. Não obstante, algumas moléculas movem-se mais lentamente do que a média, e essas têm mais chance de aglomerar-se com outras durante uma colisão (Figura 17.8). (Isso pode ser compreendido imaginando-se uma mosca que realiza um voo rasante sobre um papel pega-moscas. Se a mosca for muito rápida, ela terá *momentum* e energia suficientes para conseguir ricochetear no papel com cola, sem grudar nele, mas se for lenta, provavelmente ficará grudada.) Portanto, as moléculas de água que se movem lentamente são as mais prováveis de condensar e formar gotículas de água no ar saturado. Como as baixas temperaturas do ar são caracterizadas por moléculas lentas, a saturação e a condensação são mais prováveis de ocorrer no ar frio do que no ar quente. O ar quente contém mais vapor d'água do que o ar frio.

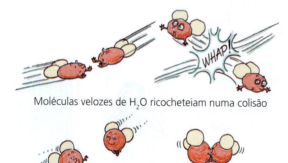

Moléculas velozes de H_2O ricocheteiam numa colisão

Moléculas lentas de H_2O aglutinam-se numa colisão

FIGURA 17.8 A condensação do vapor.

---

[1] A umidade relativa é um indicador de conforto. Para a maior parte das pessoas, as condições ideais são quando a temperatura é cerca de 20 °C e a umidade relativa é cerca de 50 a 60%. Quando a umidade relativa é maior do que isso, o ar úmido parece "abafado", pois a condensação se contrapõe à evaporação do suor.

CAPÍTULO 17 Mudanças de fase

> **PAUSA PARA TESTE**
> Por que se formam gotículas sobre a superfície de uma lata de refrigerante gelada?
>
> **VERIFIQUE SUA RESPOSTA**
> O vapor d'água do ar é esfriado quando faz contato com a lata gelada. Qual é o destino dessas moléculas de água resfriadas? Elas tornam-se mais lentas e grudam-se – a condensação –, por isso a superfície fria da lata fica molhada.

> Nuvens são normalmente mais densas do que o ar. Por que, então, elas não caem do céu? A resposta é: as nuvens caem *sim*! Uma nuvem estável cai tão rapidamente quanto a corrente de ar abaixo dela, permanecendo, assim, estável enquanto cai. Se ela acabar caindo, nós a chamamos de nevoeiro (neblina).

Nevoeiro e nuvens

O ar quente se eleva. Ao fazê-lo, ele se expande. Quando se expande, ele esfria. Com isso, as moléculas de vapor d'água, pequenas demais para serem visíveis, são desaceleradas. As colisões moleculares envolvendo moléculas lentas resultam em moléculas grudadas umas às outras. Elas se combinam com minúsculas partículas de poeira, sais e fumaça do ar para formarem as gotículas de nuvens, crescendo até formar uma nuvem. Se essas partículas não se encontram presentes, podemos induzir a formação de nuvens "semeando" o ar com partículas ou íons adequados.

Sobre a superfície do oceano sopram constantemente brisas mornas que se tornam umidade. Quando o ar úmido se move de águas mais quentes para águas mais frias, ou da água mais quente para a terra mais fria, ele esfria. Então, as moléculas de vapor d'água começam a aglomerar-se, mais do que ricochetear umas nas outras. A condensação acontece próxima ao nível do solo, e então temos uma neblina. A diferença entre uma neblina e uma nuvem é basicamente a altitude. A neblina é uma nuvem que se forma próxima ao solo. Voar através de uma nuvem é igual a dirigir um carro através da neblina. Verifique na internet os diferentes tipos de neblina que existem.

FIGURA 17.9 Por que é comum a formação de nuvens onde existem fortes correntes ascendentes de ar úmido?

> **PAUSA PARA TESTE**
> 1. Por que um volume de ar aquecido é menos denso do que um volume de ar mais frio com a mesma massa?
> 2. Na ausência do vento, por que o ar aquecido sobe verticalmente?
>
> **VERIFIQUE SUA RESPOSTA**
> 1. O ar aquecido é menos denso porque as moléculas mais rápidas ocupam mais espaço do que as moléculas mais lentas do ar mais frio.
> 2. O empuxo atua contra a gravidade, para cima. O ar aquecido se comporta como um pedaço de madeira submerso em água, que sobe verticalmente.

> É comum dizer que fervemos água, querendo dizer com isso que fornecemos calor a ela. Na realidade, porém, o processo de ebulição resfria a água.

17.3 Ebulição

Sob certas condições, a evaporação pode ocorrer abaixo da superfície de um líquido, formando bolhas de vapor que são empurradas para a superfície pelo empuxo, onde escapam. Essa mudança de fase, que ocorre *ao longo de todo o líquido* em vez de apenas na superfície, é chamada de **ebulição**. Só podem se formar bolhas dentro do líquido quando a pressão de vapor no interior da bolha for suficientemente grande para resistir à pressão exercida sobre ela pelo líquido circundante. A menos que isso aconteça, a pressão circundante esmagará qualquer bolha que comece a se formar. A temperaturas abaixo do ponto de ebulição, a pressão de vapor nas bolhas não é suficientemente grande, de modo que elas não se formam até que o ponto de ebulição seja alcançado. Nessa temperatura, 100 °C para a água à pressão atmosférica, as moléculas são muito energéticas para exercer uma pressão de vapor tão grande quanto a pressão da água circundante (causada principalmente pela pressão atmosférica).

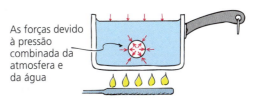

As forças devido à pressão combinada da atmosfera e da água

FIGURA 17.10 O movimento das moléculas de vapor em uma bolha de vapor (exageradamente ampliada aqui) gera uma pressão do gás (chamada de *pressão de vapor*) que se contrapõe às pressões sobre a bolha, geradas pela atmosfera e pela própria água.

FIGURA 17.11 A válvula bem vedada de uma panela de pressão mantém o vapor de água pressurizado contra a superfície da água, o que inibe a ebulição. Assim, a temperatura de ebulição da água é elevada acima de 100 °C.

No topo de uma montanha de 4.500 metros de altura, um montanhista pode tomar uma xícara de chá fervente sem perigo algum de queimar a boca!

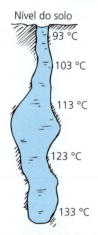

FIGURA 17.12 Um gêiser do tipo Old Faithful (Velho Fiel).

Se a pressão aumentar, as moléculas do vapor se tornarão mais rápidas e exercerão muita pressão para evitar o colapso da bolha. Essa pressão adicional pode ser conseguida ou indo mais abaixo da superfície do líquido (como nos gêiseres, discutidos abaixo), ou aumentando a pressão do ar acima da superfície líquida – que é a maneira pela qual funcionam as panelas de pressão. Essas panelas têm válvulas bem apertadas que não permitem ao vapor escapar até que ele alcance um determinado valor de pressão interna, maior do que a pressão normal do ar. Quando a pressão de vapor aumenta no interior da panela de pressão fechada, a pressão sobre a superfície do líquido também aumenta, o que, primeiro, impede que o líquido entre em ebulição. As bolhas, que normalmente se formariam, são esmagadas. Continuando o aquecimento, a temperatura da água vai além de 100 °C. A ebulição não acontece até que a pressão de vapor dentro das bolhas em formação supere a pressão aumentada que atua sobre a água. O ponto de ebulição é, portanto, elevado. Por outro lado, se a pressão for menor (como em altitudes elevadas), o ponto de ebulição da água diminui. Vemos, assim, que o ponto de ebulição depende não apenas da temperatura, mas também da pressão.

A grandes altitudes, a água ferve a uma temperatura mais baixa. Por exemplo, em Denver, no estado do Colorado, EUA, a "cidade a uma milha de altura", a água ferve a 95 °C, em vez dos 100 °C da temperatura de ebulição característica do nível do mar. Se você tentar cozinhar comida em água fervendo a uma temperatura mais baixa do que a normal, você precisará esperar mais tempo para que ela fique pronta. Um ovo cozido de 3 minutos, em Denver, fica cru demais. Se a temperatura de ebulição da água fosse baixa demais, a comida praticamente não cozinharia. É importante observar que é a alta temperatura de ebulição da água que cozinha os alimentos, e não o processo de ebulição em si mesmo.

> **PAUSA PARA TESTE**
>
> 1. A evaporação ocorre abaixo da superfície da água em ebulição?
> 2. O que cozinha o alimento na água em ebulição, a alta temperatura ou a alta pressão?
>
> **VERIFIQUE SUA RESPOSTA**
>
> 1. Sim, como evidenciado pelas bolhas que se formam. O fenômeno também ocorre na superfície, é claro.
> 2. A alta temperatura cozinha o alimento, não a alta pressão, que produz a água de maior temperatura.

Gêiseres

Um gêiser é como uma panela de pressão natural que periodicamente entra em erupção. Ele consiste em um buraco comprido, estreito e vertical, dentro do qual se infiltra água subterrânea (Figura 17.12). A coluna de água é aquecida pelo calor de origem vulcânica vindo de baixo, até que a temperatura ultrapasse os 100 °C. Isso pode acontecer porque a coluna vertical de água é relativamente profunda e exerce uma pressão sobre a água do fundo dela, o que eleva, portanto, o seu ponto de ebulição. A estreiteza do buraco vertical impede a circulação das correntes de convecção, o que permite que as partes mais fundas tornem-se consideravelmente mais quentes do que a água superficial. A água superficial se encontra a menos de 100 °C, mas a temperatura abaixo dela, onde está ocorrendo o aquecimento, é maior do que 100 °C, elevada o bastante para permitir que tenha início sua ebulição antes que a água nas partes superiores alcancem o ponto de ebulição. A ebulição, portanto, se inicia próximo ao fundo do buraco, de onde as bolhas de vapor que se formam empurram a água que está acima, e a erupção começa. Quando a água começa a esguichar do gêiser, a pressão no interior da água restante se reduz. Ela, então, rapidamente entra em ebulição, e a erupção prossegue com grande violência. Quando cessa a erupção, as fissuras voltam a se encher com água nova e o ciclo se repete.

A ebulição é um processo de resfriamento

A evaporação é um processo de resfriamento. O mesmo ocorre com a ebulição. À primeira vista, isso pode lhe parecer surpreendente – talvez porque normalmente você associe ebulição com aquecimento. Entretanto, aquecer a água é uma coisa; fervê-la, é outra. Quando água a 100 °C entra em ebulição à pressão atmosférica, sua temperatura se mantém inalterada. Isso significa que ela se resfria à mesma velocidade que se aquece. Por qual mecanismo? Pela ebulição. Se o resfriamento não ocorresse, a energia que continuamente é transferida para uma panela de água fervente resultaria em um aumento contínuo da temperatura. Uma panela de pressão alcança temperaturas mais elevadas de ebulição porque impede a ebulição ordinária, o que de fato impede o resfriamento.

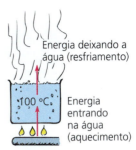

FIGURA 17.13 A entrada de calor esquenta a água, ao passo que a ebulição a resfria.

> **PAUSA PARA TESTE**
>
> Uma vez que a ebulição é um processo de resfriamento, seria uma boa ideia tentar esfriar suas mãos quentes e úmidas mergulhando-as em água fervente?
>
> **VERIFIQUE SUA RESPOSTA**
>
> Não, não, não! Quando dizemos que a ebulição é um processo de resfriamento, isso significa que a água (e não suas mãos!) está sendo resfriada em relação às temperaturas mais elevadas que ela alcançaria de outra maneira. Devido ao resfriamento, ela se mantém a 100 °C, em vez de tornar-se mais quente. Mergulhar suas mãos na água a 100 °C seria certamente muito desconfortável!

Os pioneiros do montanhismo do século XIX, sem altímetros, usavam o ponto de ebulição da água para determinar a altitude.

Ebulição e congelamento ao mesmo tempo

Normalmente, fervemos água pela aplicação de calor, mas você também pode ferver a água por redução de pressão. Podemos demonstrar enfaticamente o efeito de resfriamento da evaporação e da ebulição quando a água em um pires, na temperatura ambiente, é colocada dentro de uma campânula, onde é feito vácuo (Figura 17.14). Quando a pressão dentro da campânula é lentamente reduzida por uma bomba de vácuo, a água começa a ferver. O processo de ebulição retira calor da água que resta no pires, a qual se resfria. À medida que a pressão vai sendo reduzida, cada vez mais moléculas lentas passam a participar da ebulição, escapando do líquido. A continuação desse processo resulta na redução de temperatura até o ponto de congelamento, aproximadamente 0 °C. A partir daí, a continuação do processo de ebulição começa a gerar uma camada de gelo na superfície da água que continua fervendo. Ou seja, a ebulição e o congelamento estão acontecendo simultaneamente! Esse processo aparece na experiência de Congelamento da Água (Water Freezer) do San Francisco Exploratorium (Figura 17.15). Depois que um pires de água à temperatura ambiente é colocado em um envólucro hermeticamente selado, produz-se um vácuo no seu interior. Com a redução da pressão, a água entra em ebulição, resfriando-se rapidamente para produzir gelo, para a alegria de quem visita o museu.

Se você borrifar algumas gotas de café numa câmara de vácuo, elas também ferverão até congelarem. Mesmo após o congelamento, as moléculas da água continuarão a evaporar no vácuo até que finalmente restem apenas pequenos grãos de café sólido. É assim que é fabricado o café desidratado. A baixa temperatura envolvida no processo tende a preservar a estrutura química dos grãos de café. Quando se adiciona água quente, quase todo o sabor original do café é recuperado. Sem dúvida, a ebulição é realmente um processo de resfriamento!

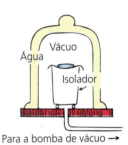

FIGURA 17.14 Um aparelho para demonstrar que a água congelará e ferverá ao mesmo tempo no vácuo. Um ou dois gramas de água são colocados em um recipiente que é isolado da base por um copo de isopor.

FIGURA 17.15 Ron Hipschman mostra o gelo frio, com bolhas congeladas e tudo mais. É o resultado da ebulição e do congelamento de um prato de água à temperatura ambiente quando a pressão do ar no recipiente fechado é reduzida.

> **PAUSA PARA TESTE**
>
> 1. O que contribui mais para a ebulição, a menor pressão ou a menor temperatura?
> 2. Quando a água ferverá a uma temperatura menor do que 100 °C? E maior do que 100 °C?

> **VERIFIQUE SUA RESPOSTA**
>
> 1. Menor pressão.
> 2. A água ferve a menos de 100 °C quando a pressão atmosférica sobre a sua superfície é reduzida, e a mais de 100 °C quando a pressão é elevada.

17.4 Fusão e congelamento

Suponha que você segure as mãos de uma pessoa e que os dois comecem a pular aleatoriamente. Quanto mais violentamente você salta, mais difícil é manter-se de mãos dadas. Se você salta com extrema violência, isso se torna impossível. Algo parecido acontece com as moléculas de um sólido que é aquecido. Enquanto o calor vai sendo absorvido, as moléculas vibram cada vez mais violentamente e de uma maneira aleatória. Se muito calor for absorvido, as forças atrativas entre as moléculas não serão mais capazes de mantê-las ligadas. O sólido, então, começa a derreter ou fundir.

O congelamento é o inverso desse processo. As substâncias congelam exatamente à mesma temperatura em que elas derretem. Quando é retirada energia de um líquido, a agitação molecular diminui até que finalmente as moléculas, em média, movam-se lentas o suficiente para que as forças atrativas mútuas sejam capazes de gerar coesão. As moléculas, então, passam a vibrar em torno de posições fixas e formam um sólido.

Toda substância pura tem um ponto de fusão ou de congelamento bem definido a uma dada pressão qualquer. A adição de impurezas reduzirá essa temperatura. Por isso se usa o ponto de congelamento ou de fusão como um indicador da pureza da substância. Por exemplo, à pressão atmosférica, a água ferve a 0 °C – a menos que substâncias como açúcar ou sal sejam dissolvidas nela. Nesse caso, o ponto de congelamento será menor. No caso de sal em água, íons de cloro se agarram aos elétrons dos átomos de hidrogênio da água e impedem a formação de cristais. O resultado da interferência dos íons "estrangeiros" é que um movimento mais lento passa a ser necessário para a formação das estruturas hexagonais dos cristais de gelo. Quando estes se formam, a interferência é intensificada por causa do aumento da proporção de moléculas ou íons "estrangeiros" entre as moléculas de água não agregadas. As ligações entre as moléculas de água tornam-se mais difíceis de ocorrer. Somente quando as moléculas de água movem-se lentas o suficiente para que as forças atrativas desempenhem um papel extraordinariamente importante no processo é que o congelamento pode se completar. O gelo que se forma primeiro é quase sempre água pura.

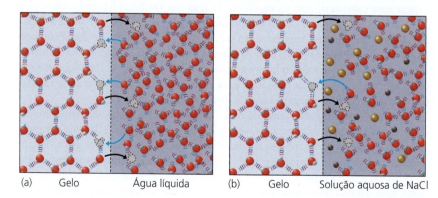

FIGURA 17.16 (a) Em uma mistura de gelo e água a 0 °C, o número de moléculas que entram na fase sólida é igual ao número de moléculas que entram na fase líquida. (b) Adicionar sal à mistura diminui o número de moléculas que entram na fase sólida, pois na interface existirá um número menor delas.

(a) Gelo   Água líquida   (b) Gelo   Solução aquosa de NaCl

> **PAUSA PARA TESTE**
>
> A fusão e o congelamento são processos opostos?
>
> **VERIFIQUE SUA RESPOSTA**
>
> Sim, e as temperaturas às quais cada uma ocorre são as mesmas!

Regelo

Como as moléculas de H_2O formam estruturas ocas na fase sólida, um aumento de pressão pode fazer com que o gelo derreta. Os cristais simplesmente são esmagados para que a fase líquida surja. (A temperatura do ponto de fusão é abaixada apenas ligeiramente por 0,007 °C para cada atmosfera adicional de pressão.) Quando a pressão é removida, as moléculas voltam a cristalizar-se, e ocorre mais uma vez o congelamento. Esse fenômeno de derreter sob pressão e congelar novamente quando a pressão é removida é denominado **regelo**. Ele é uma das propriedades que tornam a água muito diferente dos outros materiais.

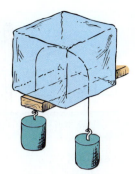

FIGURA 17.17 O regelo. O fio gradualmente vai atravessando o bloco de gelo, sem conseguir cortá-lo pela metade.

> **PAUSA PARA TESTE**
> O regelo envolve uma mudança de fase?
>
> **VERIFIQUE SUA RESPOSTA**
> Sim. A pressão sobre cristais de gelo pode esmagá-los e transformá-los em um líquido. Quando a pressão é removida, o líquido se reforma em cristais na fase sólida.

O regelo é ilustrado na Figura 17.17 e na terceira foto de abertura deste capítulo. Um arame fino de cobre, com pesos fixados nas extremidades, é pendurado sobre um bloco de gelo.[2] O arame lentamente vai abrir seu caminho através do gelo, mas em seu rastro só restará gelo. Assim, quando o arame e os pesos chegarem ao piso, o que resta é um único bloco sólido.

A fabricação de bolas de neve é outro bom exemplo de regelo. Quando comprimimos um punhado de neve com as mãos, causamos um ligeiro derretimento dos cristais de gelo; quando a pressão das mãos é removida, ocorre o regelo e a aglutinação dos cristais de neve. É muito difícil fazer bolas de neve em um clima muito frio, porque a pressão que conseguimos lhes aplicar não é suficiente para derreter parcialmente a neve.

17.5 Energia e mudanças de fase

Se aquecermos continuamente um sólido ou um líquido, eles acabarão mudando de fase. Um sólido será derretido, e um líquido será vaporizado. É necessário que o material absorva energia, tanto para a liquefação do sólido quanto para a vaporização do líquido. Ao contrário, deve-se retirar energia de uma substância para mudar sua fase de gás para líquido e depois para sólido (Figura 17.18).

O ciclo de resfriamento de uma geladeira emprega muito bem os conceitos mostrados na Figura 17.18. Todo refrigerador constitui uma **bomba de calor**, que "bombeia" calor de um ambiente frio para outro mais quente. Isso é realizado por um líquido de baixo ponto de ebulição, chamado de refrigerante, que é bombeado para o interior da unidade fria, onde se torna um gás. Ao mudar da fase líquida para a gasosa, calor é retirado do interior onde se encontram os alimentos. O gás, absorvendo energia, é direcionado para a serpentina exterior de condensação. Nela, o calor é liberado para a atmosfera quando o gás se condensa novamente. Um motor, então, bombeia o fluido através do sistema, onde ele sofre esse processo cíclico de vaporização e condensação. Da próxima vez que você ficar perto de um refrigerador, ponha sua mão perto da serpentina de conden-

FIGURA 17.18 Transferências de energia com as correspondentes mudanças de fase.

> Um refrigerador é uma bomba de calor que transfere calor de um ambiente frio para outro mais quente. Um condicionador de ar também constitui uma bomba de calor, em que o ambiente "frio" é o interior da casa, e o ambiente "quente" é seu exterior. Em ambos os casos, a energia externa faz o aparelho funcionar.

---

[2] Estão ocorrendo mudanças de fase enquanto o gelo derrete e a água congela. É necessário energia para que essas mudanças ocorram. Quando a água logo acima do arame congela de novo, ela libera energia. Quanto? O bastante para derreter uma quantidade igual de gelo logo abaixo do arame. Essa energia deve ser transportada através da espessura do arame. Portanto, essa demonstração exige que o arame seja feito de um material excelente condutor de calor. Um barbante comum, por exemplo, não serve.

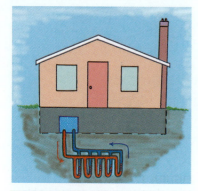

FIGURA 17.19 Uma bomba de calor geotérmica no verão resfria uma casa pela transferência de calor da casa para o solo. Basta apertar um botão no inverno (as setas vermelhas e azuis invertem de direção) para que o calor seja trazido do solo para a casa.

sação na parte de trás dele, ou no fundo, e observe o ar aquecido pela energia que foi extraída do interior do refrigerador.

Bombas de calor de modelos variados estão sendo utilizadas para o aquecimento (e o resfriamento) de residências. Normalmente, elas utilizam menos energia do que os combustíveis fósseis para aquecer uma casa. As bombas de calor operam como um refrigerador comum. Embora um refrigerador, de forma inevitável, aqueça o espaço removendo calor dos alimentos em seu interior e o cedendo para sua serpentina de condensação, as bombas de calor aquecem um ambiente *deliberadamente*. Em vez de extrair calor dos alimentos, elas o extraem da água que é bombeada de canos subterrâneos próximos.[3] Essa água é relativamente quente. As temperaturas do subsolo dependem da latitude local. No meio oeste e nas planícies dos Estados Unidos, a temperatura do subsolo abaixo de um metro de profundidade é em torno de 13 °C durante o ano inteiro – mais quente do que o ar invernal. Os canos do subsolo fora das casas conduzem água a 13 °C para uma bomba de calor no interior da residência. O refrigerante vaporizado é então bombeado para uma serpentina de condensação, onde libera calor para o interior da casa ao se condensar. A água resfriada retorna ao subsolo exterior, onde se reaquece até a temperatura do solo, e o ciclo se repete.

No verão, o processo pode ser invertido, com a bomba de calor transformando-se em um condicionador de ar. Empregando os mesmos princípios, ela simplesmente bombeia energia térmica do interior mais frio de uma casa para o exterior mais quente em um dia de verão. Em uma cidade populosa, o efeito de milhares de aparelhos de ar-condicionado operando de maneira simultânea pode contribuir para a elevação da temperatura exterior.

Assim, vemos que um sólido deve absorver energia para derreter, e um líquido também deve absorver energia para vaporizar. Inversamente, um gás deve liberar energia para se liquefazer, e um líquido também deve liberar energia para se solidificar.

> **PAUSA PARA TESTE**
>
> 1. Alguma energia é necessariamente absorvida ou liberada quando uma substância sofre mudanças de fase?
> 2. Quando H$_2$O na forma de vapor se condensa, o ar circundante é aquecido ou resfriado?
>
> **VERIFIQUE SUA RESPOSTA**
>
> 1. Sim, sempre. A Figura 17.18 mostra as direções das mudanças de fase e suas absorções e liberações correspondentes.
> 2. A mudança de fase que ocorre é de vapor para líquido, o que libera energia (Figura 17.18), de modo que a vizinhança é aquecida. As Figuras 17.5 e 17.8 ilustram o fenômeno. As moléculas de H$_2$O que se condensam do ar são as mais lentas. A sua remoção eleva a energia cinética média das moléculas restantes – daí o aquecimento. Isso corresponde exatamente ao resfriamento da água quando suas moléculas mais rápidas evaporam – e aquelas que permanecem na fase líquida têm uma energia cinética média diminuída.

O calor latente de fusão é a energia necessária para separar as moléculas da fase sólida, ou a energia liberada quando ligações químicas se formam em um líquido e ele passa para a fase sólida.

Vamos examinar, em especial, as mudanças de fase que ocorrem na água. Para simplificar, vamos considerar um pedaço de 1 g de gelo na temperatura de –50 °C, em um recipiente fechado, colocado no fogão para esquentar. Use o gráfico da Figura 17.20 para acompanhar o processo. Um termômetro no recipiente revela o aumento gradual da temperatura até chegar a 0 °C. Então acontece uma coisa sur-

---

[3] Dependendo da quantidade de calor necessária, entre 200 e 500 m de encanamento normalmente está fora da casa, em fossos de 1,0 a 1,8 m abaixo da superfície do solo. A configuração do encanamento pode ser em espiras horizontais ou em espiras verticais mais profundas, em forma de U.

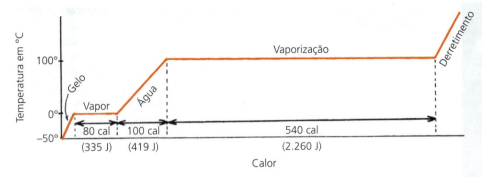

FIGURA 17.20 O gráfico mostra as transferências de energia envolvidas no aquecimento e nas mudanças de fase ocorridas em 1 g de H$_2$O.

preendente: a temperatura se mantém em 0 °C, embora o calor continue entrando. Em vez de tornar-se mais quente, o gelo começa a derreter. Para que o grama inteiro de gelo derreta, 80 calorias (335 joules) de energia são absorvidas pelo gelo, sem que a temperatura se eleve nem mesmo em frações de grau. Apenas quando todo o gelo tiver derretido é que cada caloria adicional (4,18 joules) absorvida pela água vai elevar sua temperatura em 1 °C, até que seja atingida a temperatura de ebulição, 100 °C. A partir daí, novamente, quando a energia é absorvida, a temperatura mantém-se constante, enquanto cada vez mais o grama de água se transforma em vapor quente. Uma massa de 1 grama de água deve absorver 540 calorias (2.255 joules) de energia térmica para ser vaporizada por completo. Finalmente, quando toda a água tiver se transformado em vapor a 100 °C, a temperatura começa a subir de novo. Ela continuará a elevar-se enquanto estiver absorvendo energia. Mais uma vez, esse processo todo está representado graficamente na Figura 17.20.

As 540 calorias (2.255 joules) requeridas para vaporizar um grama de água são uma grande quantidade de energia – muito mais que a requerida para levar um grama de gelo do zero absoluto (−273 °C) até a temperatura de ebulição da água, 100 °C. Embora as moléculas do vapor quente e da água fervente a 100 °C tenham a mesma energia cinética média, o vapor tem mais energia potencial porque suas moléculas estão relativamente livres umas das outras, e não tão ligadas como na fase líquida. O vapor quente contém uma enorme quantidade de energia que pode ser liberada durante a condensação.

Assim, vemos que as quantidades de energia requeridas para derreter o gelo (80 calorias ou 335 joules por grama) e para vaporizar a água (540 calorias ou 2.255 joules por grama) são as mesmas quantidades de energia liberadas quando as mudanças de fase ocorrem no sentido oposto. Os processos são reversíveis. A quantidade de energia requerida para transformar uma unidade de massa de qualquer substância da fase sólida para a líquida (e vice-versa) é denominada **calor latente de fusão** da substância. (A palavra *latente* nos lembra que essa é uma energia térmica "escondida" do termômetro.) Para a água, vimos que essa quantidade vale 80 calorias por grama (335 joules por grama). A quantidade de energia requerida para transformar qualquer substância de líquido para gás (e vice-versa) é denominada **calor latente de vaporização** da substância. Para a água, como vimos, ela vale colossais 540 calorias por grama (2.255 joules por grama).[4] Esse valor relativamente alto de energia se deve às forças intensas entre as moléculas da água – as ligações de pontes de hidrogênio.

O grande valor de 540 calorias por grama para o calor latente de vaporização da água explica por que sob certas circunstâncias a água quente congela mais rápido do

O calor latente de vaporização é a energia necessária para separar as moléculas da fase líquida, ou a energia liberada quando um gás passa para a fase líquida. O calor latente de evaporação da água é enorme. A energia necessária para vaporizar uma quantidade de água fervente é cerca de sete vezes maior do que a energia requerida para derreter a mesma quantidade de gelo.

FIGURA 17.21 Num dia frio, a água quente congela mais rápido do que a água morna, o que se deve à energia perdida pela água quente durante sua rápida evaporação.

---
[4] Em unidades do SI, o calor de vaporização da água é expresso como 2,255 megajoules por quilograma (MJ/kg), enquanto o calor de fusão vale 0,335 MJ/kg.

FIGURA 17.22 Paul Ryan avalia a alta temperatura do chumbo líquido arrastando seu dedo umedecido sobre o metal derretido.

que a água morna.[5] Esse fenômeno é evidente quando uma fina película de água é espalhada sobre uma grande área – como quando você molha um automóvel com água quente em um dia frio de inverno, ou quando se derrama água quente em uma pista de patinação no gelo, que derrete, alisa as irregularidades e depois congela novamente. A taxa de resfriamento devido à rápida evaporação é muito alta, pois cada grama de água evaporada retira no mínimo 540 calorias da água restante. Isso é uma enorme quantidade de energia comparada à 1 caloria que é retirada de cada grama de água para cada grau Celsius de resfriamento da água por condução. A evaporação é um verdadeiro processo de resfriamento.

> **PAUSA PARA TESTE**
>
> 1. Quanta energia é transferida quando 1 g de vapor aquecido a 100 °C se condensa em água nessa mesma temperatura?
> 2. Quanta energia é transferida quando 1 g de água fervente a 100 °C se resfria até água gelada a 0 °C?
> 3. Quanta energia é transferida quando 1 g de água gelada a 0 °C transforma-se em gelo a 0 °C?
> 4. Quanta energia é transferida quando 1 g de vapor a 100 °C torna-se gelo a 0 °C?

VERIFIQUE SUA RESPOSTA

1. Um grama de vapor a 100 °C transfere 540 calorias de energia quando se condensa para água na mesma temperatura.
2. Um grama de água fervente transfere 100 calorias quando se resfria 100 °C até se tornar água gelada.
3. Um grama de água gelada a 0 °C transfere 80 calorias até tornar-se gelo a 0 °C.
4. Um grama de vapor a 100 °C transfere para sua vizinhança um total de energia igual à soma dos valores acima, 720 calorias, até tornar-se gelo a 0 °C.

Você não ousa tocar seu dedo seco numa frigideira que está em fogo alto, mas pode certamente fazer isso sem se queimar se primeiro molhar seu dedo e tocar a frigideira apenas brevemente. Você pode até mesmo tocá-la várias vezes sucessivamente, desde que seu dedo se mantenha úmido. Isso ocorre porque a energia que normalmente queimaria seu dedo acaba servindo para mudar a fase da umidade de seu dedo. Além disso, o vapor entre o seu dedo e a frigideira quente cria uma camada isolante que dificulta a transferência de calor. Analogamente, você pode experimentar a temperatura elevada de um ferro de passar roupa sem se machucar tocando-o muito rapidamente com um dedo umedecido.

Paul Ryan, supervisor do Departamento de Obras Públicas em Malden, Massachusetts, EUA, por anos usou chumbo derretido para vedar tubulações em determinadas obras. Ele costuma deixar espantados os assistentes quando arrasta seu dedo através do chumbo derretido para avaliar sua alta temperatura (Figura 17.22). Ele está seguro de que o chumbo está muito quente e de que seu dedo está molhado antes de fazer isso. (Não tente fazê-lo por sua própria conta, pois se o chumbo não estiver suficientemente quente, ele grudará em seu dedo e você poderá se queimar seriamente!) Da mesma forma, pessoas que caminham sobre brasas com os pés descalços costumam molhar os pés (outras, como Dave, na Figura 17.23, preferem que os pés permaneçam secos, afirmando que os pedaços de carvão grudam mais facilmente em pés úmidos – AAAI!). A baixa condutividade do carvão vegetal (como discutido no capítulo anterior) é a principal razão para que os desafiantes não queimem os pés descalços sobre as brasas.

FIGURA 17.23 O professor Dave Willey caminha rapidamente, descalço, sobre um tapete de pedaços de carvão vegetal em brasa sem se queimar.

---

[5] A água quente fervente não se congela antes da água fria, mas antes do que a água que está moderadamente quente. A água fervente, por exemplo, congelará antes do que a água que está inicialmente a cerca de 60 °C, mas não antes da água inicialmente mais fria do que isso. Experimente e comprove.

PRATICANDO FÍSICA

Preencha os espaços em branco com os números de calorias ou joules envolvidos em cada etapa do processo que transforma 1 grama de gelo a 0 °C em vapor aquecido a 100 °C.

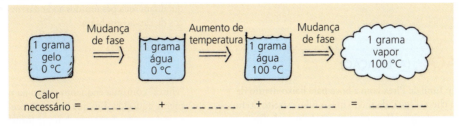

Revisão do Capítulo 17

TERMOS-CHAVE (CONHECIMENTO)

evaporação Mudança da fase líquida para a fase gasosa na superfície de um líquido.

sublimação Mudança da fase sólida para a fase gasosa, sem passar pela fase líquida.

condensação Mudança da fase gasosa para a fase líquida.

ebulição A rápida evaporação que ocorre tanto no interior de um líquido quanto em sua superfície.

regelo O processo de fusão sob pressão, seguido do recongelamento quando a pressão é removida.

bomba de calor Aparelho que transfere calor de um ambiente frio para outro quente.

calor latente de fusão A quantidade de energia necessária para fazer uma unidade de massa de uma substância sólida passar para a fase líquida (e liberada no processo inverso).

calor latente de vaporização A quantidade de energia necessária para fazer uma unidade de massa de uma substância líquida passar para a fase gasosa (e liberada no processo inverso).

QUESTÕES DE REVISÃO (COMPREENSÃO)

17.1 Evaporação

1. Todas as moléculas de um líquido têm a mesma rapidez, ou elas têm uma ampla faixa de possíveis valores de rapidez?
2. O que é evaporação?
3. Por que a evaporação resfria o líquido que fica para trás?
4. O que é sublimação?

17.2 Condensação

5. Faça distinção entre condensação e evaporação.
6. Por que as queimaduras devido ao vapor quente são mais severas do que as produzidas por água na mesma temperatura?
7. Por que você se sente desconfortavelmente calorento em um dia quente e úmido?
8. Por que o vapor d'água do ar se condensa quando o ar é resfriado?
9. Por que o ar quente e úmido forma nuvens quando se eleva?
10. Qual é a diferença básica entre uma nuvem e um nevoeiro?

17.3 Ebulição

11. Faça distinção entre evaporação e ebulição.
12. Um aumento da pressão atmosférica aumentará ou diminuirá o ponto de ebulição da água?

13. O que faz com que o alimento cozinhe mais rápido em uma panela de pressão, o processo de ebulição ou a maior temperatura da água?
14. Por que a água no fundo de um gêiser não ferve quando atinge 100 °C?
15. O que acontece com a pressão da água no fundo do gêiser depois que um pouco de água sai dele?
16. Por que energia adicionada a água fervente não aumenta a temperatura da água?
17. Quando a água ferverá a uma temperatura menor do que 100 °C?
18. Que evidência você pode citar em favor da afirmação de que a água pode ferver a 0 °C?

17.4 Fusão e congelamento

19. Por que o aumento da temperatura de um sólido o faz derreter?
20. Por que a diminuição da temperatura de um líquido o faz congelar?
21. Por que o congelamento da água não ocorre mais a 0 °C quando íons estranhos estão presentes?
22. O que acontece com a estrutura hexagonal aberta do gelo quando uma pressão suficiente é aplicada sobre ele?
23. Por que um arame, ao atravessar um bloco de gelo, não o corta em duas partes?

17.5 Energia e mudanças de fase

24. Um líquido libera ou absorve energia quando se transforma em gás? E quando se transforma em um sólido?

25. Quantas calorias são necessárias para alterar a temperatura de 1 g de água em 1 °C? E para derreter 1 g de gelo a 0 °C? E para vaporizar 1 g de água fervente a 100 °C?

26. Cite duas razões pelas quais os caminhantes sobre brasas não queimam seus pés úmidos ao andarem descalços sobre pedaços de carvão em brasa?

PENSE E FAÇA (APLICAÇÃO)

27. Coloque um funil de Pirex com a boca para baixo dentro de uma panela cheia d'água, de modo que o tubo estreito do funil fique acima da água. Repouse a borda da boca do funil sobre uma agulha ou moeda, de modo que a água possa passar por baixo. Coloque a panela sobre o fogo e observe a água quando começa a ferver. Onde se formam as bolhas primeiro? Por quê? Quando as bolhas se elevam, elas se expandem rapidamente e empurram a água diretamente acima delas. O funil confina a água e a direciona para o topo. Agora você sabe como funcionam um gêiser e uma máquina de café expresso?

28. Observe o bico de uma chaleira com água fervendo em seu interior. Note que você não pode ver o vapor quente que sai por ali. A nuvem que você vê, mais afastada do bico, não é vapor quente, mas gotículas de vapor condensado. Agora segure uma vela acesa dentro da nuvem de vapor condensado. Você consegue explicar suas observações?

29. Você pode fazer chover em sua cozinha. Ponha uma xícara de água em uma panela de Pirex e aqueça-a lentamente em fogo brando. Quando a água estiver morna, coloque um prato cheio de cubos de gelo sobre a panela, tapando-a. Enquanto a água abaixo do prato vai sendo aquecida, pequenas gotas começam a se formar no fundo do prato e vão se combinando até que se tornem muito grandes para cair, produzindo uma "chuva" contínua enquanto a água da panela vai sendo lentamente aquecida. Em que isso se parece e em que difere da maneira natural como a chuva se forma?

30. Meça as temperaturas da água fervente e de uma solução de sal de cozinha e água fervente. Como elas se comparam?

31. Faça como demonstra Dean Baird na terceira foto de abertura, na Figura 17.17 ou como é indicado no esboço, e suspenda um objeto pesado por um arame de cobre sobre um bloco de gelo. Em questão de alguns minutos, o arame terá atravessado todo o gelo. Ele derreterá por baixo do arame e recongelará por cima dele, deixando um rastro visível se o gelo for suficientemente claro.

32. Observe a taxa de fusão de quatro cubos de gelo. Enrole um cubo em papel-alumínio e um em papel-toalha, coloque um em uma sacola plástica e deixe o último exposto ao ar, para servir de controle. Desenvolva uma hipótese sobre qual derreterá primeiro. Anote o andamento do experimento em intervalos de alguns minutos e verifique se a sua hipótese está correta.

33. Escreva um *e-mail* para sua avó contando-lhe por que colocar água para ferver e fazer chá é, de fato, um processo que *resfria* a água. Explique de que maneira ela poderia convencer suas convidadas desse fato intrigante.

PENSE E RESOLVA (APLICAÇÃO MATEMÁTICA)

A quantidade de calor associada à variação da temperatura é dada por $Q = cm\Delta T$. No caso de uma mudança de fase da água, ela é dada por $Q = mL$, , onde L é Lf, o calor latente de fusão, igual a 80 cal/g, ou Lv, o calor latente de vaporização, igual a 540 cal/g.

34. Determine o número de calorias necessário para transformar (a) 1 kg de gelo a 0 °C em água gelada a 0 °C, (b) 1 kg de água gelada a 0 °C em 1 kg de água em ebulição a 100 °C, (c) 1 kg de água em ebulição a 100 °C em 1 kg de vapor a 100 °C e (d) 1 kg de gelo a 0 °C em 1 kg de vapor a 100 °C.

35. O calor específico do gelo é cerca de 0,5 cal/g·°C. Supondo que esse valor se mantenha inalterado desde o zero absoluto, calcule o número de calorias necessárias para transformar um cubo de gelo de 1 g no zero absoluto (−273 °C) em 1 g de água fervente. Como se compara esse número de calorias com a quantidade de calorias requeridas para transformar a mesma massa de água fervente a 100 °C em vapor aquecido a 100 °C?

36. Encontre a massa de gelo a 0 °C que será derretida completamente por 10 g de vapor aquecido a 100 °C.

37. Se 50 g de água aquecida a 80 °C são derramados numa cavidade escavada em um grande bloco de gelo a 0 °C, qual será a temperatura final da água na cavidade? Mostre que 50 g de gelo devem ser totalmente derretidos a fim de resfriar a água quente até essa temperatura.

38. Um pedaço de 50 g de ferro a 80 °C é colocado no interior de uma cavidade escavada em um grande bloco de gelo a 0 °C. Mostre que 5,5 g de gelo serão derretidos. (O calor específico do ferro é 0,11 cal/g·°C.)

39. Se você deixar cair um pedaço de gelo sobre uma superfície dura, a energia do impacto derreterá um pouco do gelo. Quanto mais alta a queda, mais gelo derreterá no impacto. Mostre que, para derreter completamente um bloco de gelo que caia sem resistência do ar, ele deveria, em condições ideais, ser solto de 34 km de altura. [*Dica*: iguale os joules de energia potencial gravitacional ao produto da massa de gelo pelo seu calor latente de fusão (em unidades do SI, 335.000 J/kg). Você percebe por que a resposta não depende da massa?]

40. Uma bola de ferro de 10 kg é deixada cair de uma altura de 100 m. Se a metade do calor gerado servir para aquecer a bola, encontre o aumento que ocorrerá na temperatura dela. (Em unidades do SI, o calor específico do ferro vale cerca de 450 J/kg·°C.) Por que a resposta é a mesma para qualquer que seja a massa de ferro da bola?

41. O calor latente de vaporização do álcool etílico é cerca de 200 cal/g. Se 2 kg dessa substância fossem vaporizados no interior de um refrigerador, mostre que 5 kg de gelo seriam formados a partir de água a 0 °C.

PENSE E ORDENE (ANÁLISE)

42. Ordene as temperaturas de ebulição da água nas seguintes localidades, do maior valor para o menor.
    a. No Vale da Morte, EUA.
    b. Ao nível do mar.
    c. Em Denver, Colorado, EUA (a "cidade a uma milha de altura").

43. Ordene as energias necessárias para as seguintes mudanças de fase em quantidades iguais de água, do maior valor para o menor.
    a. Do gelo até a água gelada.
    b. Da água gelada até a água em ebulição.
    c. Da água em ebulição até o vapor.

PENSE E EXPLIQUE (SÍNTESE)

44. Quando você sai de uma piscina num dia quente e seco, acaba sentindo muito frio. Por quê?

45. Por que suar é um mecanismo eficiente de se refrescar em um dia quente?

46. Por que soprar sobre um prato de sopa quente esfria a sopa?

47. O que ocorre à temperatura da água em uma panela quando a evaporação excede a condensação?

48. Explique rapidamente a fonte de energia e a operação do pássaro bebedor na Figura 17.4.

49. O corpo humano mantém sua temperatura normal de 37 °C durante um dia em que a temperatura alcança mais do que 40 °C. Como isso é possível?

50. Um fabricante de perfumes diz ter inventado um perfume de longa duração, que não evapora. Comente essa afirmação.

51. Curiosamente, o ventilador elétrico comum não resfria o ar de uma sala. Mas, então, por que ele é usado em salas excessivamente quentes?

52. Por que enrolar uma garrafa com um pano molhado em um piquenique normalmente mantém a garrafa mais fria do que simplesmente colocá-la em um balde com água fria?

53. Janelas com vidros duplos têm gás nitrogênio ou ar muito seco entre as placas de vidro. Por que geralmente é uma má ideia usar o ar comum com essa finalidade?

54. Por que os *icebergs* quase sempre estão rodeados por neblina?

55. Como a Figura 17.8 ajuda a explicar a formação de umidade no interior das janelas de um carro quando você está dentro dele e ele está estacionado fora da garagem em uma noite fria?

56. Você sabe que as janelas de sua casa aquecida ficam molhadas em um dia frio. Pode se formar umidade nas janelas se o interior de sua casa estiver frio em um dia quente? Em que isso é diferente?

57. Em dias muito frios, é frequente se formar gelo nos vidros das janelas. Por que geralmente se forma mais gelo nas partes baixas do vidro das janelas?

58. Por que as nuvens normalmente se formam acima dos picos de montanhas? (*Dica:* considere as correntes ascendentes de ar.)

59. Por que as nuvens tendem a se formar acima de uma ilha plana ou montanhosa no meio do oceano? (*Dica:* compare os calores específicos do solo e da água e considere as consequentes correntes de convecção.)

60. Ocorre vaporização ou condensação nas serpentinas de condensação de um refrigerador?

61. Uma grande quantidade de vapor d'água muda para a fase líquida nas nuvens que se formam em uma tempestade. Isso libera ou absorve energia térmica?

62. Por que a temperatura da água fervente mantém-se a mesma se o aquecimento e a ebulição se mantêm?

63. Por que as bolhas de vapor em uma panela fervente tornam-se maiores quando sobem para a superfície?

64. Por que a temperatura de ebulição da água diminui quando ela se encontra sob uma pressão reduzida, como a uma grande altitude?

65. Coloque uma jarra de água sobre um pequeno estrado dentro de uma frigideira com água, de modo que o fundo da jarra não encoste no fundo da frigideira. Quando ela é colocada sobre o fogo, a água em seu interior acaba entrando em ebulição, mas não a água que está dentro da jarra. Por quê?

66. A água ferverá espontaneamente no vácuo – na Lua, por exemplo. Você conseguiria cozinhar um ovo nessa água fervente? Explique.

67. Um amigo inventor propõe um protótipo de panela que permitirá ferver a água numa temperatura menor do que 100 °C, de modo que a comida seja cozida com menor consumo de energia. Comente essa ideia.

68. Como a água pode ser levada à ebulição sem ser aquecida?

69. Se a água que ferve devido à pressão reduzida não está quente, então o gelo formado devido a uma redução da pressão não está frio? Explique.

70. Seu professor segura um cantil parcialmente cheio com água na temperatura ambiente. Ao fazer isso, a transferência de calor entre suas mãos e o cantil faz a água ferver. Muito impressionante! Como isso acontece?

71. Quando você cozinha batata em água fervente, o tempo de cozimento é reduzido se a ebulição da água for violenta, em vez de mais suave? (As instruções para o cozimento de macarrão recomendam que se utilize água em ebulição violenta – não para diminuir o tempo de cozimento, mas para prevenir outra coisa. Se você não sabe do que se trata, pergunte a um cozinheiro.)

72. Por que tampar uma panela com água sobre o fogo encurta o tempo que ela leva para entrar em ebulição, ao passo que, após a água estar fervendo, usar a tampa encurta apenas ligeiramente o tempo de cozimento?

73. No reator de um submarino nuclear, a temperatura da água está acima de 100 °C. Como isso é possível?

74. Explique por que as erupções de muitos gêiseres se repetem com uma regularidade notável?

75. Por que a água no radiador de um carro às vezes ferve violentamente quando a tampa é retirada?

76. O gelo pode ser mais frio do que 0 °C?

77. Qual é a temperatura de uma mistura de gelo e água?

78. Por que o gelo muito frio fica "grudento" quando encostamos nele com nossas mãos?

79. Como se compara o ponto de congelamento de um líquido com o correspondente ponto de fusão?

80. Como se pode realizar a dessalinização da água por congelamento?

81. Explique a existência da umidade abaixo de um glaciar, que possibilita que ele escorregue de regiões elevadas?

82. O regelo ocorreria se os cristais de gelo não tivessem estrutura eminentemente aberta? Explique.

83. Por que uma fruta semicongelada pode sempre ser esmagada de forma mais completa do que a mesma fruta sem estar congelada?

84. É a condensação ou a vaporização que ocorre na serpentina externa aquecida de um condicionador de ar em operação?

85. Por que uma panela de pressão cozinha os alimentos mais rapidamente do que a fervura normal?

86. Alguns veteranos descobriram que quando enrolavam jornal ao redor dos pedaços de gelo dentro de uma geladeira, a fusão do gelo era inibida. Discuta a conveniência disso.

87. Quando o gelo de uma lagoa congelada se derrete, que efeito isso tem sobre a temperatura do ar circundante?

88. Elabore uma questão de múltipla escolha sobre as trocas de energia na evaporação e na condensação.

PENSE E DISCUTA (AVALIAÇÃO)

89. Algumas pessoas guardam "cubos de gelo" reutilizáveis de aço inox no seu congelador para gelar suas bebidas sem diluí-las. Por que os cubos de aço são menos eficazes no resfriamento de uma bebida do que cubos de gelo do mesmo tamanho?

90. Imagine que a temperatura do seu refrigerador/congelador permanece em exatamente 0 °C. Se colocar um copo d'água nesse eletrodoméstico, ele vai congelar? Se colocar um cubo de gelo, ele vai derreter? Explique.

91. Você diz que o gelo resfria a sua bebida. Seu amigo diz que a bebida esquenta o seu gelo. Qual enunciado é melhor? Por quê?

92. As pessoas que vivem em lugares onde é comum a queda de neve lhe dizem que a temperatura do ar é mais alta quando está nevando do que em caso contrário. Algumas pessoas interpretam isso erradamente, afirmando que a queda de neve não ocorre em dias muito frios. Explique essa interpretação errônea.

93. Por que o refrigerador é o eletrodoméstico que mais contribui para a sua conta de energia?

94. Você pode determinar a direção do vento molhando seu dedo e mantendo-o erguido no ar. Explique.

95. Você pode dar duas razões que expliquem por que derramar uma xícara de café quente em um pires faz o líquido esfriar mais rápido?

96. Sacos de lonas porosas, cheios d'água, são usados por viajantes em climas quentes. Quando pendurados na parte exterior de um carro em movimento, a água dentro do saco é consideravelmente resfriada. Explique isso.

97. Imagine que todas as moléculas de um líquido tivessem a mesma rapidez, e não valores aleatórios desta. A evaporação desse líquido faria com o que o líquido restante fosse resfriado? Explique.

98. Por que, nos invernos frios, colocar um tonel de água no interior do depósito de enlatados de uma fazenda ajuda a impedir a comida enlatada de congelar?

99. Por que borrifar com água as árvores frutíferas antes da geada ajuda a proteger as frutas do congelamento?

100. Os fazendeiros normalmente cobrem suas plantações à noite no início da primavera, quando a temperatura ameaça cair abaixo do ponto de congelamento. Por que essa é uma prática comum?

101. Por que a temperatura não varia quando grandes quantidades de energia são trocadas em uma mudança de fase?

102. Em que direção o derretimento do gelo altera a temperatura do ar circundante? E o congelamento da água?

103. Como aparelhos de aquecimento doméstico também podem ser usados para o resfriamento das casas durante o verão?

104. Por que um cachorro ofega quando está com calor?

105. Sob que circunstância se pode adicionar calor a algo sem elevar sua temperatura?

106. Quando se pode fornecer calor ao gelo sem derretê-lo?

107. Sob que circunstância se pode retirar calor de algo sem baixar sua temperatura?

108. Chaminés hidrotermais se abrem no fundo dos oceanos e descarregam água muito quente. A água que sai aproximadamente a 280 °C de uma dessas chaminés, na costa do Oregon, EUA, a cerca de 2.400 m abaixo da superfície, não está em ebulição. Proponha uma explicação para o fato.

109. Discuta qual é o gás predominante em uma bolha de água fervente.

110. Aparelhos de ar-condicionado não contêm água, ainda que seja muito comum ver água pingando deles quando operam em um dia quente. Explique.

Não deixe o que você não pode fazer interferir no que você pode!

CAPÍTULO 7 Exame de múltipla escolha

Escolha a melhor resposta entre as alternativas:

1. Uma pessoa caminha descalça sobre carvão vegetal em brasa. Isso depende do(a) _____ da madeira.
   a. boa condução.
   b. má condução.
   c. baixo calor específico.
   d. umidade.

2. O motivo da evaporação ser um processo de resfriamento é:
   a. a radiação do calor durante o processo.
   b. a condução e a convecção.
   c. que as moléculas mais energéticas escapam do líquido.
   d. todas as anteriores.

3. Quando moléculas de água lentas se colidem, elas tendem a:
   a. ricochetear sem prender-se umas às outras.
   b. prender-se umas às outras.
   c. ambas as anteriores.
   d. nenhuma das anteriores.

4. A evaporação é um processo de resfriamento e a condensação é:
   a. um processo de aquecimento.
   b. também um processo de resfriamento.
   c. o mesmo na maioria dos casos.
   d. nenhuma das anteriores.

5. A água pode ser levada à ebulição por:
   a. aplicação de calor.
   b. redução da pressão do ar sobre a sua superfície.
   c. ambas as anteriores.
   d. nenhuma das anteriores.

6. Em uma palavra, como a água no reator de um submarino nuclear pode exceder, e muito, 100 °C?
   a. Condutividade.
   b. Vaporização.
   c. Condensação.
   d. Pressão.

7. A temperatura de fusão do gelo é:
   a. 0 °C.
   b. 32 °F.
   c. 273 K.
   d. todas as anteriores.

8. Quando um gás é transformado em líquido, ele:
   a. libera energia.
   b. absorve energia.
   c. ambas as anteriores.
   d. nenhuma das anteriores.

9. Um refrigerador:
   a. produz frio.
   b. faz com que a energia interna desapareça.
   c. transfere energia interna de dentro para fora.
   d. transfere calor para o frio.

10. São necessárias _____ calorias para transformar 10 gramas de gelo a 0 °C em vapor a 100 °C.
    a. 6.200.
    b. 6.400.
    c. 7.200.
    d. 8.000.

Respostas e explicações das perguntas do Exame de múltipla escolha

1. (b): A condutividade, não o calor específico, é essencial para esta atividade. Se o carvão aquecido fosse trocado por ferro, o calor das brasas seria conduzido rapidamente para os pés. Aí! Uí! A mensagem é que a madeira é um mau condutor, seja qual for a sua temperatura. É por isso que muitas panelas têm cabos de madeira, não de ferro! **2. (c):** Perder as moléculas mais energéticas de um líquido deixa as menos energéticas para trás, o que resfria o líquido. As outras respostas estão incorretas. **3. (b):** Pense numa mosca que se aproxima de um papel pega-moscas. Uma colisão lenta com certeza prende o inseto. Uma colisão rápida o dá mais chance de ricochetear para o ar. O mesmo acontece com moléculas mais lentas, que ficam presas. **4. (a):** A lição a ser aprendida é que a condensação e a evaporação são processos opostos, com resultados opostos. A evaporação resfria e a condensação resfria. **5. (c):** Sabemos que a água pode ser levada à ebulição pelo aquecimento da água. Contudo, como Ron Hipschman ilustra com a sua demonstração de congelamento da água (Figura 17.15), reduzir a pressão do ar sobre a água permite evaporação até o ponto de ebulição, o que significa mais resfriamento, a ponto de a água congelar-se e transformar-se em gelo. **6. (d):** O ponto de ebulição da água depende da quantidade de pressão aplicada à sua superfície. O fenômeno é ainda mais destacado na água do reator de um submarino nuclear. As outras opções não explicam o superaquecimento da água. **7. (d):** Todas as temperaturas listadas são as mesmas para a fusão do gelo, mas em unidades diferentes. **8. (a):** É o tópico da Figura 17.18, que mostra as direções do fluxo de energia para as três fases da matéria. O gás libera energia quando se transforma em líquido. **9. (c):** É tudo uma questão de troca de energia, e só a opção (c) enuncia isso. As outras respostas estão simplesmente erradas. **10. (c):** É uma contagem de calorias: 10 gramas de gelo até 0 °C precisam de 10 vezes 80 calorias = 800 calorias. 10 gramas de água de 0 a 100 °C precisam de (10)(100 calorias) = 1.000 calorias. Até vapor a 100 °C, a resposta é 10 (540) = 5.400 calorias. Somando, 800 + 1.000 + 5.400 = 7.200 calorias.

18
Termodinâmica

18.1 O zero absoluto
   Energia interna

18.2 A primeira lei da termodinâmica

18.3 Processos adiabáticos

18.4 A meteorologia e a primeira lei

18.5 A segunda lei da termodinâmica
   Máquinas térmicas

18.6 A ordem tende para desordem

18.7 Entropia

1 Após ferver um pouco de água em uma lata do tamanho de um galão e lacrá-la quando o vapor d'água tiver se misturado à maior parte do ar, Dan Johnson e seus alunos observam a lata ser lentamente esmagada. Ele incentivou seus alunos a discutirem como a condensação e a pressão atmosférica contribuem para o esmagamento. **2** P. O. Zetterberg usa uma bomba a vácuo para reduzir 50 vezes a pressão do ar dentro de um grande barril metálico de armazenamento de óleo, sobre uma grande balança. **3** Barbara e Tomas Brage assistem a pressão atmosférica exterior realizar seu trabalho – com o aplauso da turma! **4** O professor convidado Howie Brand ensina um pouco de termodinâmica para estudantes chineses.

CAPÍTULO 18 Termodinâmica

Lord Kelvin, a quem a escala Kelvin constitui uma homenagem, publicou mais de 600 artigos científicos e registrou um total de 70 patentes. Ele nasceu William Thomson, em 1824, na cidade de Belfast, Irlanda. Educado inicialmente por seu pai, o jovem Thomson começou a estudar no setor infantil da Glasgow University com 10 anos, depois que seu pai se mudou para a cidade escocesa. Ele publicou seu primeiro artigo acadêmico quando tinha 16 anos. Após terminar os estudos em Glasgow, se mudou para a Universidade de Cambridge, onde se graduou com honra em 1845, aos 21 anos. No ano seguinte, trabalhou como professor adjunto de filosofia natural na Universidade de Glasgow. Sem dúvida alguma, William Thomson era um rapaz esperto.

Entre os assuntos que Thomson estudava estava o calor e, em 1847, ele definiu a escala de temperatura absoluta, mais tarde batizada em sua homenagem. Ele também foi um forte defensor da adoção do sistema métrico de medidas. Em 1856, foi o primeiro a introduzir o termo *energia cinética*. Também foi ele quem apresentou o telefone de Bell aos britânicos e ajudou a planejar o primeiro cabo transatlântico, projetando um medidor elétrico sensível que possibilitou uma transmissão rápida de códigos de sinais Morse entre a Europa e a América do Norte. Por esse feito, foi armado cavaleiro. O governo novamente expressou seu apreço em 1892, tornando-o barão. A partir de então, ele se chamou Lord Kelvin, retirando o nome do rio Kelvin, que atravessava as suas propriedades em Glasgow.

Kelvin acreditava que as medições são a marca da boa ciência. Ele afirmava categoricamente que se não se pode quantificar alguma coisa; o conhecimento que temos sobre ela era "estéril e insatisfatório". Ele criticava os geólogos contemporâneos que afirmavam que a Terra tinha bilhões de anos de idade, pois havia realizado medições das taxas de resfriamento das rochas no interior do planeta e calculado que a idade da Terra era inferior a 100 milhões de anos. Kelvin baseou o cálculo em dois pressupostos: de que a Terra estava em estado fundido e se resfriava desde então e que não existe uma fonte interna de calor além do que sobrou da formação do planeta. Ambas as premissas estavam incorretas. Hoje, os cientistas acreditam que o nosso planeta começou como gás e poeira, que o decaimento radiativo é uma fonte importante de energia interna e que a Terra tem 4,5 bilhões de anos. Os cálculos nunca podem ser melhores do que os pressupostos que os orientam.

Kelvin defendeu sua crença obstinadamente, apesar do agito na comunidade científica sobre a radiatividade recém-descoberta e o seu papel no aquecimento. Kelvin contestou as conclusões de Darwin sobre a evolução como impossíveis em um período de tempo de 100 milhões de anos. Também afirmava que aeronaves mais pesadas do que o ar eram uma impossibilidade. Em 1900, ele afirmou: "Não existe nada a ser descoberto agora na física. Tudo que resta é realizar medições cada vez mais precisas". A despeito de seus sérios equívocos em seus últimos anos, suas realizações em ciência e engenharia foram enormes. Quando Kelvin morreu, em 1907, foi enterrado próximo a Isaac Newton, na Abadia de Westminster.

Foi Kelvin quem cunhou o termo **termodinâmica** (derivado de palavras gregas que significam "movimento do calor"). A ciência da termodinâmica foi desenvolvida no início do século XIX, antes que a teoria atômica e molecular da matéria fosse compreendida. Como os primeiros estudiosos da termodinâmica tinham apenas uma vaga noção dos átomos e sabiam nada acerca de elétrons e de outras partículas microscópicas, os modelos que eles utilizavam envolviam apenas noções macroscópicas – como trabalho mecânico, pressão e temperatura – e os papéis que elas desempenhavam nas transformações de energia.

As duas pedras fundamentais da termodinâmica são a conservação da energia e o fato de que o calor flui espontaneamente do quente para o frio, e não no sentido inverso. A termodinâmica fornece a teoria básica das máquinas térmicas, de turbinas a vapor até reatores nucleares, e a teoria básica de refrigeradores e bombas de calor. As leis da termodinâmica destruíram o sonho dos inventores e industriais que acreditavam na possibilidade de existir uma máquina de movimento perpétuo: um dispositivo que, após receber uma energia inicial, operaria contínua e indefinidamente sem precisar receber mais energia. Começaremos nosso estudo da termodinâmica dando uma olhada em um de seus primeiros conceitos: a existência de um limite inferior para a temperatura.

18.1 O zero absoluto

Em princípio, não existe um limite superior para a temperatura. Quando aumenta a agitação térmica, um objeto sólido primeiro derrete e depois é vaporizado. Quando a temperatura cresce ainda mais, as moléculas são rompidas e transformadas em átomos, e estes perdem alguns de seus elétrons, formando uma nuvem de partículas eletricamente carregadas – um plasma. Essa situação existe nas estrelas, onde a temperatura é de muitos milhões de graus Celsius.

Em contraste, existe um limite bem definido para o outro extremo da escala de temperatura. Os gases se expandem quando são aquecidos e se contraem quando são resfriados. Experimentos realizados no século XIX revelaram que todos os gases, não importando sua pressão inicial ou seu volume inicial, variam em 1/273 de seu volume a 0 °C para cada variação de um grau Celsius em sua temperatura, desde que a pressão se mantenha constante. Assim, se um gás a 0 °C fosse resfriado em 273 °C, ele se contrairia, de acordo com essa lei, em 273/273 de seu volume a 0 °C. Com isso, seu volume seria reduzido a zero. Obviamente, não podemos ter na natureza uma substância ocupando um volume nulo.

> O zero absoluto não é a temperatura mais baixa que você pode *atingir*. Ele é o mais frio que você pode ter esperanças de atingir. (Pesquisadores conseguiram atingir um bilionésimo de grau acima dessa temperatura.)

FIGURA 18.1 O pistão cinza dentro do cilindro desliza para baixo quando o volume do gás (em azul) diminui. O volume do gás varia em 1/273 de seu volume a 0 °C para cada grau Celsius de variação em sua temperatura quando a pressão é mantida constante. (a) A 100 °C, o aumento do volume em relação à situação (b) é 100/273 de seu volume a 0 °C. (c) Quando a temperatura é reduzida para −100 °C, o volume sofre uma redução em 100/273. (d) A −273 °C, o volume do gás seria reduzido em 273/273 e, com isso, idealmente, viria a ser nulo.

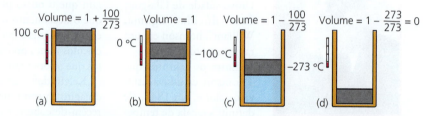

Os cientistas também descobriram que a pressão de qualquer gás contido em um recipiente qualquer com volume fixo varia em 1/273 de seu valor a 0 °C para cada alteração de um grau Celsius em sua temperatura. Portanto, um gás contido em um recipiente de volume fixo resfriado 273 °C abaixo de zero não teria pressão alguma. Na prática, todo gás se liquefaz antes que esfrie até essa temperatura. Apesar disso, essas diminuições em 1/273 para cada diminuição de um grau sugerem a ideia de que existe um mínimo para a temperatura: −273 °C. Então, existe um limite para o frio.

FIGURA 18.2 Temperaturas comuns expressas em diferentes escalas.

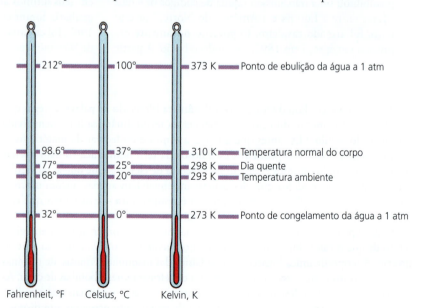

Quando os átomos e as moléculas perdem toda a sua energia cinética disponível, eles atingem a temperatura de **zero absoluto**. Nessa temperatura, como discutimos brevemente no Capítulo 15, nenhuma energia extra pode ser extraída de uma substância e tampouco é possível haver qualquer redução adicional da temperatura. Essa temperatura limite é realmente igual a 273,15° abaixo do zero da escala Celsius (e 459,7° abaixo do zero da escala Fahrenheit).

A escala de temperatura absoluta é denominada escala Kelvin em homenagem a Lord Kelvin, quem primeiro propôs essa escala de temperatura termodinâmica. O zero absoluto é 0 K (abreviatura de "0 kelvin", e não "0 graus kelvin"). Não existem números negativos na escala Kelvin. Os graus da escala Kelvin são calibrados com divisões de mesmo tamanho que os da escala Celsius. O ponto de fusão do gelo, portanto, é igual a 273,15 K, enquanto o ponto de ebulição da água vale 372,15 K.

> **PAUSA PARA TESTE**
> Um frasco contendo gás hélio está a uma temperatura de 0 °C. Se um segundo frasco, idêntico ao primeiro, contém uma massa igual de hélio duas vezes mais quente (com duas vezes mais energia interna), qual é sua temperatura em kelvins? E em graus Celsius?
>
> **VERIFIQUE SUA RESPOSTA**
> Um recipiente com hélio duas vezes mais quente tem o dobro da temperatura absoluta, ou seja, duas vezes 273 K. Isso seria 546 K, ou 273 °C. (Simplesmente subtraia 273 da temperatura Kelvin para convertê-la em graus Celsius. Consegue entender por quê?)

Energia interna

Como brevemente discutido no Capítulo 15, existe uma enorme quantidade de energia guardada em todos os materiais. Neste livro, por exemplo, o papel é composto de moléculas que estão em constante movimentação. Elas têm energia cinética. Devido às interações com as moléculas vizinhas, elas também têm energia potencial. As páginas podem facilmente ser queimadas, de modo que sabemos que elas armazenam energia química, que de fato é energia potencial elétrica ao nível molecular. Também sabemos que existe uma vasta quantidade de energia associada aos núcleos atômicos. Além disso, há a "energia de existir", descrita pela célebre equação de Einstein, $E = mc2$ (equivalência massa-energia). A energia em nível de partícula dentro de uma substância encontra-se nessas e em outras formas, as quais, quando consideradas conjuntamente, formam o que chamamos de **energia interna**.[1] Embora a energia interna possa ser muito complicada mesmo para uma substância simples, em nosso estudo das transformações térmicas e do fluxo de calor estaremos interessados apenas nas *variações* que ocorrem na energia interna de uma substância. Variações na temperatura indicam tais mudanças na energia interna.

> **PAUSA PARA TESTE**
> Qual é a diferença entre energia térmica e energia interna?
>
> **VERIFIQUE SUA RESPOSTA**
> Não há. "Energia térmica" é outro nome para a energia interna.

18.2 A primeira lei da termodinâmica

Há cerca de 200 anos, o calor era encarado como um fluido invisível denominado *calórico*, que fluía como água de objetos quentes para objetos frios. O calórico pare-

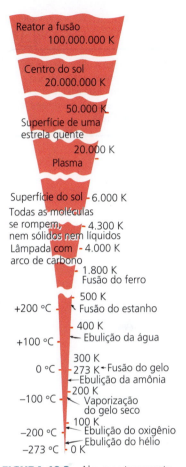

FIGURA 18.3 Algumas temperaturas absolutas.

---
[1] Se este livro fosse equilibrado na borda de uma mesa, pronto para cair, ele teria energia potencial gravitacional; se fosse arremessado no ar, também teria energia cinética. Contudo, esses não são exemplos de energia interna, pois envolvem mais do que apenas as partículas com as quais o livro é feito. Eles incluem as interações gravitacionais com a Terra e o movimento em relação a ela. Há diferença entre a energia interna do livro e as formas de energia externa que podem agir sobre ele.

388 PARTE III Calor

> Pensando em um plano de dieta? Consuma menos calorias do que você queimará. Essa é a única dieta firmemente baseada na primeira lei da termodinâmica.

cia ser conservado – ou seja, parecia fluir de um lugar para o outro sem ser criado ou destruído. Essa ideia foi a precursora da lei da conservação da energia. Em meados do século XIX, muitos anos após o Conde Rumford ter mostrado que o calor não é uma substância localizada no interior da matéria, tornou-se claro que o fluxo de calor não era nada mais do que um mero fluxo de energia. A teoria do calórico para o calor foi sendo gradualmente abandonada.[2] Hoje encaramos calor como energia sendo transferida de um lugar para outro, normalmente por meio de colisões moleculares. Calor é energia em trânsito.

Quando a lei da conservação da energia é estendida para incluir o calor, passamos a chamá-la de **primeira lei da termodinâmica**. Vamos enunciá-la de uma forma geral como:

Quando flui calor para um sistema ou para fora dele, o sistema ganha ou perde uma quantidade de energia igual à quantidade de calor transferido.

Por *sistema*, queremos nos referir a um grupo bem definido de átomos, moléculas, partículas ou corpos. O sistema pode ser o vapor quente dentro de uma máquina térmica, ou pode ser a atmosfera inteira da Terra. Pode até mesmo ser o corpo de um ser vivo. O ponto importante é que devemos ser capazes de definir claramente o que está contido *no* sistema e o que está *fora* dele. Se adicionarmos calor ao vapor de uma máquina a vapor, à atmosfera da Terra ou ao corpo de um ser vivo, estaremos adicionando energia ao sistema. O sistema pode usar essa energia para aumentar sua própria energia interna ou para realizar trabalho sobre sua vizinhança. Assim, ao adicionarmos calor ao sistema, ocorrerá uma de duas coisas: (1) um aumento da energia interna do sistema, se a energia permanece nele, ou (2) a realização de trabalho pelo sistema sobre coisas que lhe são externas, caso a energia adicionada deixe o sistema. Mais especificamente, a primeira lei estabelece que:

Calor adicionado ao sistema = aumento da energia interna + trabalho externo realizado pelo sistema.

A primeira lei é um princípio geral que não diz respeito ao funcionamento interno do próprio sistema. Sejam quais forem os detalhes do comportamento molecular do sistema, o calor adicionado fará aumentar a energia interna do sistema ou possibilitará que o sistema realize trabalho externo (ou ambos). Nossa habilidade em descrever e prever o comportamento de sistemas que são extremamente complicados de analisar em termos dos processos atômicos e moleculares subjacentes é uma das coisas belas da termodinâmica. A termodinâmica é uma ponte entre os mundos microscópico e macroscópico.

Considere uma certa quantidade de energia fornecida a uma máquina a vapor, seja ela uma usina ou um navio com propulsão nuclear. Essa quantidade será evidente por meio do aumento da energia interna do vapor e do trabalho realizado. A soma do aumento da energia interna com o trabalho realizado é igual à energia fornecida. De jeito algum a energia que sai pode exceder a energia que entra. A primeira lei da termodinâmica é simplesmente a versão "térmica" da lei da conservação da energia.

Adicionar calor a um sistema, de modo que ele possa realizar trabalho mecânico, é apenas uma das aplicações da primeira lei da termodinâmica. Se, em vez de adicionar calor, nós realizarmos trabalho sobre o sistema mecânico, a primeira lei nos diz o que esperar: um crescimento da energia interna. Esfregue suas mãos uma na outra e certamente elas se tornarão mais quentes. Ou encha o pneu de uma bicicleta com uma bomba manual, e a bomba vai se aquecer. Por quê? Porque estamos basicamente realizando trabalho mecânico sobre o sistema e elevando sua energia interna. Se o processo for realizado muito rapidamente, de modo que pouco calor seja transferido

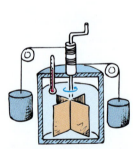

FIGURA 18.4 Aparelho com roda de pás usado para comparar calor com energia mecânica. Enquanto o peso desce, ele perde energia potencial (mecânica), a qual é convertida no calor que aquece a água. Essa equivalência entre a energia mecânica e a energia térmica foi demonstrada pela primeira vez por James Joule, a quem a unidade de energia do SI homenageia.

---

[2] As ideias populares, depois que se mostram erradas, raramente são abandonadas com facilidade. As pessoas tendem a se identificar com as ideias que caracterizam a época em que vivem; portanto, frequentemente, são os jovens os mais propensos a descobrir e aceitar as novas ideias e a tocar para a frente a aventura humana.

para fora do sistema por condução, então a maior parte do trabalho realizado sobre o sistema vai aumentar sua energia interna, e o sistema se tornará mais quente.

> **PAUSA PARA TESTE**
>
> 1. Se 100 J de calor forem adicionados a um sistema que não realiza trabalho externo, em quanto se elevará sua energia interna?
> 2. Se 100 J de calor forem adicionados a um sistema que realiza 40 J de trabalho externo, em quanto se elevará sua energia interna?

VERIFIQUE SUA RESPOSTA

1. 100 J.
2. 60 J. Obtemos isso da primeira lei, ou seja, 100 J = 60 J + 40 J.

18.3 Processos adiabáticos

Se um fluido é comprimido ou expandido sem que calor algum entre ou saia do sistema, a transformação é chamada de **processo adiabático** (da palavra grega para "intransitável"). As condições adiabáticas podem ser obtidas isolando-se termicamente o sistema de sua vizinhança (com isopor, por exemplo) ou realizando-se o processo tão rapidamente que o calor não tenha tempo para entrar ou sair do sistema. Em um processo adiabático, portanto, como nenhum calor entra ou sai do sistema, a parte do "calor adicionado" na primeira lei da termodinâmica deve ser igualada a zero. Desse modo, sob condições adiabáticas, as variações de energia interna são iguais ao trabalho realizado pelo, ou sobre, o sistema.

Por exemplo, se realizamos trabalho *sobre* um sistema ao comprimi-lo, sua energia interna aumenta; elevamos a sua temperatura. Observamos isso por meio do aquecimento de uma bomba de encher pneus de bicicleta quando o ar é comprimido. Alternativamente, se trabalho é realizado *pelo* sistema, sua energia interna diminui; ele esfria. Notamos isso pelo resfriamento de uma válvula de pneu quando o ar escapa e se expande ao passar por ela.

Você pode demonstrar o resfriamento do ar enquanto ele se expande repetindo o experimento pessoal de soprar sobre sua mão, discutido no Capítulo 16. Sopre sobre sua mão – primeiro com a boca completamente aberta e depois com os lábios contraídos, de modo que o ar se expanda depois de ultrapassá-los (Figuras 16.6, Capítulo 16). Sua respiração está notavelmente mais fria depois que o ar se expande!

FIGURA 18.5 Fazendo trabalho sobre a bomba ao empurrar o pistão para baixo, você comprimirá o ar contido nela. O que acontece com a temperatura desse ar? O que acontece com a temperatura do ar se ele se expandir e empurrar o pistão para cima?

> **PAUSA PARA TESTE**
>
> Que quantidade de calor normalmente deixa um sistema que sofre compressão ou expansão adiabática?

VERIFIQUE SUA RESPOSTA

Nenhuma. O que caracteriza um processo adiabático é a ausência de transferência de calor.

18.4 A meteorologia e a primeira lei

A termodinâmica é útil aos meteorologistas para analisar o clima. Eles costumam expressar a primeira lei da termodinâmica da seguinte maneira:

> **A temperatura do ar aumenta quando calor é adicionado ou quando a pressão aumenta.**

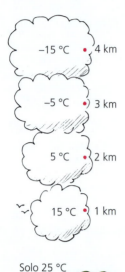

FIGURA 18.6 A temperatura de uma porção de ar que se expande adiabaticamente diminui cerca de 10 °C a cada quilômetro de elevação.

Quando um gás se expande, ele cede parte de sua energia ao realizar trabalho sobre sua vizinhança. Com isso, ele esfria.

A temperatura do ar pode ser alterada ao adicionar ou retirar calor, ao mudar a pressão do ar (o que envolve a realização de trabalho) ou por meio de ambos. O calor é adicionado por radiação solar, por radiação terrestre de ondas longas, por condensação de vapor ou por contato com o solo aquecido. Tudo isso resulta em um aumento da temperatura. A atmosfera pode perder calor por radiação para o espaço, pela evaporação da chuva que cai através do ar seco ou por contato com superfícies frias. O resultado é uma queda da temperatura do ar.

Existem alguns processos atmosféricos em que a quantidade de calor adicionado ou retirado é muito pequena – suficiente para que o processo seja aproximadamente adiabático. Então obtemos a forma adiabática da primeira lei:

A temperatura do ar se eleva (ou cai) quando a pressão cresce (ou diminui).

Processos adiabáticos na atmosfera são característicos de *parcelas* de ar, com dimensões que vão desde algumas dezenas de metros até vários quilômetros. Essas parcelas são suficientemente grandes para que o ar de fora não se misture consideravelmente com o ar de dentro durante os minutos ou horas que elas duram. Elas se comportam como se estivessem dentro de um gigantesco saco de pano fino. Quando uma dessas porções de ar sobe pela encosta de uma montanha, sua pressão diminui, o que permite que ela se expanda e se resfrie. A pressão reduzida resulta em temperatura reduzida.[3]

As medidas mostram que a temperatura de uma dessas parcelas de ar seco diminui cerca de 10 °C para o decréscimo de pressão correspondente a uma elevação de 1 quilômetro em altitude. Em outras palavras, o ar seco resfria em 10 °C para cada quilômetro que sobe (Figura 18.6). O ar que flui sobre altas montanhas ou que se eleva em tempestades com trovões ou ciclones pode subir até vários quilômetros. Assim, se uma parcela de ar seco a uma temperatura confortável de 25 °C, ao nível do solo, for elevada para 6 quilômetros, a temperatura se tornará gélidos –35 °C. Por outro lado, se o ar a uma temperatura típica de –20 °C e a uma altitude de 6 quilômetros descesse para o nível do solo, sua temperatura seria enormes 40 °C. Um exemplo claro desse tipo de aquecimento é o do *chinuque* – um vento que sopra das Montanhas Rochosas para as Grandes Planícies norte-americanas. O ar frio descendo as encostas das montanhas é comprimido em um volume menor e aquecido consideravelmente (Figura 18.7). O efeito da compressão ou expansão dos gases é impressionante.[4]

Uma parcela de ar resfria enquanto se eleva, mas o ar circundante vai se tornando mais frio também à medida que a elevação aumenta. A parcela de ar continuará a se elevar enquanto estiver mais quente (e, portanto, menos densa) do que o ar circundante. Se ela se tornar mais fria (mais densa) do que sua vizinhança, começará a descer. Sob certas condições, grandes parcelas de ar frio descem e se mantêm em um nível baixo, resultando no aquecimento do ar acima delas. Quando as regiões mais altas da atmosfera estão mais quentes do que as regiões mais baixas, temos uma **inversão de temperatura**. Se qualquer ar que se eleve for mais denso do que essa camada superior de ar quente, ele deixará de subir daí em diante. É frequente ver a evidência disso sobre um lago frio, onde gases e partículas visíveis, como as de fumaça, espalham-se numa camada achatada acima do lago, em vez de se elevar e dissipar na parte mais alta da atmosfera (Figura 18.9). As inversões de temperatura

---

[3] Lembre-se de que no Capítulo 16 abordamos o resfriamento do ar em expansão ao nível microscópico, considerando o comportamento das moléculas em colisão. Com a termodinâmica, consideramos apenas as medidas macroscópicas de temperatura e de pressão para chegar aos mesmos resultados. É bom analisar as coisas a partir de mais de um ponto de vista.

[4] Curiosamente, quando você está voando em grandes altitudes, onde a temperatura do ar exterior é tipicamente –35 °C, você se sente bem confortável dentro da aeronave – mas não por causa de aquecedores. O processo de compressão do ar exterior para dentro da cabine, onde a pressão é quase igual à do nível do mar, normalmente aquece o ar a surpreendentes 55 °C (131 °F). Por isso, é preciso usar condicionadores de ar para retirar calor do ar pressurizado.

FIGURA 18.7 Os chinuques – ventos quentes e úmidos – ocorrem quando o ar das grandes altitudes desce e se aquece adiabaticamente.

acabam aprisionando a fumaça e outros poluentes atmosféricos. A famosa *smog** de Los Angeles é aprisionada por um desses tipos de inversão, causada pelo ar frio e de baixa altitude vindo do oceano, sobre o qual uma camada de ar quente se move por cima das montanhas, vinda do deserto de Mojave. As montanhas ajudam a manter o ar aprisionado (Figura 18.10). As montanhas nas cercanias de Denver desempenham um papel semelhante ao aprisionar *smog* abaixo de uma inversão de temperatura.[5]

PAUSA PARA TESTE

1. Por que uma parcela de ar aquecido sobe?
2. Se uma grande porção de ar seco, inicialmente a 0 °C, se expandir adiabaticamente enquanto se eleva pela encosta de uma montanha por uma distância vertical de 1 km, qual será sua temperatura final? E depois que tiver ascendido verticalmente 5 km?
3. O que acontecerá à temperatura do ar de um vale quando o ar frio que sopra no topo das montanhas começar a descer para o interior do vale?

VERIFIQUE SUA RESPOSTA

1. Como discutido no Capítulo 17, uma parcela de ar aquecido é menos densa do que o ar mais frio ao seu redor, que se acumula sob a parcela. Assim como um balão, ele sofre um empuxo para cima.
2. Consulte a Figura 18.6. A 1 km de elevação, sua temperatura será –10 °C; a 5 km, –50°C.
3. O ar é comprimido adiabaticamente, e a temperatura do vale aumenta. Assim, os moradores de determinados vales urbanizados nas Montanhas Rochosas, como Salida, no Colorado, EUA, experimentam um clima tropical em pleno inverno.

FIGURA 18.8 Uma nuvem cúmulo de tempestade é o resultado do resfriamento adiabático rápido de uma massa de ar úmido que se eleva. Ela obtém energia da condensação do vapor d'água.

psc

- As nuvens de topo de montanhas, criadas por resfriamento adiabático forçado, estão sob efeito de uma convecção forçada chamada pelos meteorologistas de *ascensão orográfica*. Essas "nuvens lenticulares" (em forma de lente de aumento) com frequência são confundidas com OVNIs (objetos voadores não identificados).

FIGURA 18.9 A camada de fumaça da fogueira sobre o lago indica uma inversão de temperatura. O ar acima da fumaça está mais quente do que a fumaça, enquanto o ar abaixo dela está mais frio.

---

* N. de T.: Mistura de fumaça (*smoke*) com neblina (*fog*), característica de determinadas grandes cidades industriais.

[5] Estritamente falando, os meteorologistas chamam de inversão de temperatura qualquer perfil de temperatura que impeça a subida do ar na convecção – incluindo situações em que as regiões superiores do ar estão mais frias, mas não o suficiente para permitir a ascensão das correntes de convecção.

FIGURA 18.10 A *smog* de Los Angeles é aprisionada pelas montanhas e pela inversão de temperatura causada pelo ar quente que sopra do deserto de Mojave por cima do ar frio que vem do Oceano Pacífico.

psc

- Resumidamente: Nosso Sol aquece a superfície da Terra, que aquece o ar acima dela. Massas de ar tendem a fluir de regiões de alta pressão para as de baixa pressão. As massas polares movem-se para o sul, e as massas tropicais, para o norte. Grandes diferenças de temperatura produzem frentes quentes ou frias. Misture todos esses fatores e você tem o tempo em escala local e o clima em escala global.

Parcelas adiabáticas de fluidos não estão restritas à atmosfera, e as variações que ocorrem nelas não são necessariamente rápidas. Certas correntes oceânicas profundas, por exemplo, levam milhares de anos para circular. As massas de água envolvidas são tão gigantescas e as condutividades são tão baixas que nenhuma quantidade apreciável de calor é transferida para dentro ou para fora delas nesses longos períodos de tempo. Elas são aquecidas e resfriadas adiabaticamente por variações de pressão. Variações em correntes de convecção oceânicas adiabáticas, como evidenciado pelo recorrente El Niño, têm grande influência sobre o clima da Terra. A convecção oceânica é influenciada pela temperatura do fundo oceânico, que, por sua vez, é influenciada pelas correntes de convecção no material derretido que situa-se abaixo da crosta terrestre (Figura 18.11). Obter uma compreensão acerca do comportamento dos materiais derretidos do manto da Terra é mais difícil. Uma vez que uma parcela do material fluido quente comece a se elevar das profundezas do manto, ela alcançará a crosta terrestre? Ou sua taxa de resfriamento adiabático a fará mais fria e mais densa do que sua vizinhança num determinado ponto, a partir do qual ela afundará? A convecção desse material é autossustentada? Os geofísicos estão constantemente ponderando essas questões.

FIGURA 18.11 As correntes de convecção no manto da Terra podem movimentar os continentes enquanto se deslocam pela superfície do globo? Grandes porções de material derretido, ao se elevarem, esfriam mais ou menos rapidamente do que o material circundante? As porções que afundam se aquecem a temperaturas maiores ou menores do que o material circundante? As respostas para essas questões não são conhecidas até o momento da redação deste texto.

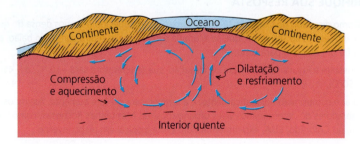

PAUSA PARA TESTE
Os processos adiabáticos se limitam aos gases ou também ocorrem nos líquidos?

VERIFIQUE SUA RESPOSTA
Os processos adiabáticos ocorrem em todos os fluidos, tanto líquidos quanto gases.

18.5 A segunda lei da termodinâmica

Suponha que você coloque um tijolo quente sobre um tijolo frio no interior de uma região termicamente isolada. Você sabe que o tijolo quente esfriará e cederá calor ao tijolo frio, que se aquecerá. Eles acabarão atingindo uma temperatura comum: o equilíbrio térmico. Nenhuma energia se perderá, de acordo com a primeira lei da termodinâmica. Entretanto, imagine que o tijolo quente extraísse calor do tijolo frio, tornando-se mais quente ainda. Isso violaria a primeira lei da termodinâmica? Não se o tijolo frio tornar-se correspondentemente mais frio, de maneira que a energia combinada de ambos permaneça constante. Se isso acontecesse, não haveria violação da primeira lei da termodinâmica.

Contudo, violaria a **segunda lei da termodinâmica**. Essa lei identifica o sentido da transferência de energia em processos naturais. A segunda lei pode ser enunciada de muitas maneiras, mas a mais simples de todas é esta:

O calor por si mesmo jamais flui de um objeto frio para um objeto quente.

No inverno, o calor flui do interior aquecido de uma casa para o ar exterior frio. No verão, o calor flui do ar quente no exterior da casa para seu interior mais frio. O sentido do fluxo espontâneo de calor é do quente para o frio. É possível fazer o calor fluir em outro sentido, mas apenas se realizamos trabalho sobre o sistema ou se adicionarmos energia de alguma outra fonte – como ocorre nas bombas térmicas e nos condicionadores de ar, que fazem o calor fluir de lugares mais frios para lugares mais quentes.

A enorme quantidade de energia interna do oceano não pode ser usada para alimentar uma única lâmpada sem haver esforço externo. A energia por si mesma não fluirá do oceano a uma temperatura baixa para o filamento da lâmpada a uma temperatura mais alta. Sem esforço externo, o sentido do fluxo de calor é *do* quente *para* o frio.

> **PAUSA PARA TESTE**
> A energia interna de um enorme *iceberg* pode ser aproveitada para realizar trabalho?
>
> **VERIFIQUE SUA RESPOSTA**
> De acordo com a segunda lei, ela pode realizar trabalho sobre coisas mais frias, mas não sobre coisas mais quentes do que o *iceberg*. Espontaneamente, a energia só flui do quente para o frio, e não em sentido contrário.

Máquinas térmicas

As máquinas constituíram o ponto focal da Revolução Industrial durante o final do século XIX e início do século XX. Sem esperanças de construir máquinas tipo motor perpétuo, os cientistas e industriais concentraram-se em aumentar o rendimento das máquinas reais e dos motores que as fazem funcionar.

Uma **máquina térmica** é qualquer dispositivo que opera através das diferenças de temperatura, utiliza calor como entrada e realiza trabalho como saída. O pássaro bebedor da Figura 17.4, no capítulo anterior, é uma máquina térmica, alimentada pelas forças da expansão do vapor aquecido. Em toda máquina térmica, somente uma parte do calor é convertido em trabalho. Ao considerar as máquinas térmicas, falamos em *reservatórios*. O calor sai de um reservatório que se encontra a uma temperatura alta e entra em outro reservatório a uma temperatura mais baixa. Toda máquina térmica (1) recebe calor de um reservatório a uma temperatura alta, aumentando assim sua energia interna; (2) converte parte dessa energia em trabalho mecânico; e (3) rejeita a energia restante, como calor, para algum outro reservatório a uma temperatura baixa, o qual chamaremos de *escoadouro* (Figura 18.12). Em um motor a gasolina, por exemplo, (1) os produtos da queima do combustível na câmara de combustão constituem um reservatório de alta temperatura, (2) os gases quentes realizam trabalho mecânico sobre o pistão, e (3) calor é rejeitado para o meio ambiente via sistema de resfriamento e de exaustão (Figura 18.13).

A segunda lei nos garante que nenhuma máquina térmica pode converter todo o calor que lhe é fornecido em energia mecânica. Apenas *parte* do calor pode ser transformado em trabalho, com o restante sendo expelido durante o processo. Aplicada às máquinas térmicas, a segunda lei pode ser enunciada como:

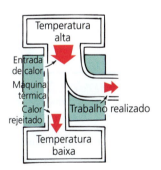

FIGURA 18.12 Quando, em uma máquina térmica, o calor flui de um reservatório a uma alta temperatura para um reservatório a uma baixa temperatura, parte desse calor pode ser convertido em trabalho. (Se trabalho é fornecido à máquina térmica, o fluxo de calor pode ocorrer no sentido do reservatório a uma baixa temperatura para o reservatório a uma alta temperatura, como no caso de um refrigerador ou de um ar-condicionado.)

394 PARTE III Calor

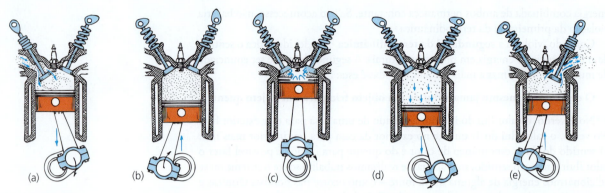

FIGURA 18.13 Um motor a combustão interna de quatro ciclos. (a) Uma mistura de ar e combustível enche o cilindro enquanto o pistão se movimenta para baixo. (b) O pistão se move para cima e comprime a mistura – adiabaticamente, pois não ocorre transferência apreciável de calor, nem para fora nem para dentro da mistura. (c) Uma centelha inicia a ignição e leva a mistura a uma alta temperatura. (d) A expansão adiabática empurra o pistão para baixo, num golpe potente. (e) Os gases da queima são expulsos pelo tubo de descarga. Então, a válvula de admissão se abre e o ciclo recomeça. Esses estágios podem ser enunciados diferentemente: (a) admissão, (b) compressão, (c) explosão e, (d) empurrão e (e) descarga.

Uma importante fonte de água para um camelo não é suas corcovas, mas seu nariz de grande tamanho, capaz de retirar água do ar exalado de sua própria respiração. Suas narinas internas são estruturadas para, com eficácia, recapturar a maior parte da umidade contida no ar saturado de vapor que vem de seus pulmões.

Quando trabalho é realizado por uma máquina térmica que opera entre duas temperaturas, T_{quente} e T_{frio}, somente uma parte do calor que ingressa na máquina a T_{quente} pode ser convertida em trabalho, e o restante é rejeitado a T_{frio}.

Toda máquina térmica rejeita algum calor, o que pode ser desejável ou indesejável. O ar quente expelido em uma lavanderia automática ou de um forno pode ser desejável em um dia frio de inverno, mas o mesmo ar quente será menos bem-vindo em um dia de verão. Quando o calor rejeitado é indesejável, nós o chamamos de *poluição térmica*.

Antes de os cientistas compreenderem a segunda lei, muitas pessoas achavam que uma máquina térmica que envolvesse em sua operação pouco atrito poderia converter quase toda a energia térmica fornecida em trabalho útil. Contudo, isso não é verdade. Em 1824, o engenheiro francês Nicolas Léonard Sadi Carnot[6] analisou o funcionamento de uma máquina térmica e fez uma descoberta fundamental. Ele mostrou que a máxima fração da energia fornecida que pode ser convertida em trabalho útil, mesmo sob condições ideais, depende da diferença de temperatura entre o reservatório quente e o escoadouro frio. Sua equação é

$$\text{Rendimento ideal} = \frac{T_{quente} - T_{frio}}{T_{quente}}$$

A temperatura do corpo de um camelo pode elevar-se em vários graus sem causar-lhe insolação. O excesso de calor é dissipado quando a temperatura do ar cai durante a noite.

onde T_{quente} é a temperatura do reservatório quente e T_{fria} é a do escoadouro frio.[7] O rendimento ideal depende apenas da diferença de temperatura entre a entrada e a saída. Sempre que estão envolvidas razões entre temperaturas, a escala absoluta de temperaturas deve ser utilizada. Assim, T_{quente} e T_{fria} devem ser expressas em kelvins.

---

[6] Carnot era filho de Lazare Nicolas Marguerite Carnot (pronuncia-se "car-nô"), que criou os 14 exércitos após a revolução que defendeu a França do restante da Europa. Após sua derrota em Waterloo, Napoleão disse a Lazare: "Senhor Carnot, eu vim a conhecê-lo tarde demais". Alguns anos depois de formular sua famosa equação, Nicolas Léonard Sadi Carnot morreu de forma trágica com 36 anos, durante uma epidemia de cólera que varreu Paris.

[7] Rendimento = trabalho na saída/calor na entrada. A partir da conservação da energia, calor na entrada = trabalho na saída + calor que sai do sistema para o reservatório à baixa temperatura (veja a Figura 18.12). Assim, trabalho na saída = calor fornecido na entrada – calor rejeitado na saída. Logo, eficiência = (calor fornecido na entrada – calor rejeitado na saída)/(calor fornecido na entrada). Para o caso ideal, pode-se mostrar que a razão (calor rejeitado)/(calor fornecido) = T_{fria}/T_{quente}. Então, podemos escrever eficiência ideal = $(T_{quente} - T_{fria})/T_{quente}$.

Por exemplo, quando o reservatório quente de uma turbina estiver a 400 K (127 °C) e o escoadouro frio estiver a 300 K (27 °C), o rendimento ideal vale

$$\frac{400 - 300}{400} = \frac{1}{4}$$

Isso significa que, mesmo sob condições ideais, apenas 25% do calor fornecido à máquina pode ser convertido em trabalho, com os 75% restantes sendo rejeitados como inaproveitáveis. É por essa razão que o vapor é superaquecido a temperaturas muito altas nas máquinas a vapor e usinas de potência. Quanto mais alta for a temperatura do vapor que movimenta um motor ou turbogerador, maior será o rendimento possível da máquina na geração de potência. Por exemplo, se a temperatura de operação no exemplo citado fosse de 600 K, em vez de 400 K, o rendimento seria $(600 - 300)/600 = 1/2$; ou seja, um rendimento duas vezes maior do que quando a temperatura era apenas 400 K.

Podemos verificar o papel desempenhado pela diferença de temperatura entre os reservatórios quente e frio na operação de uma turbina a vapor, como a da Figura 18.14. O reservatório quente, nesse caso, é o vapor quente que vem da caldeira, e o escoadouro frio é a região de exaustão do condensador. O vapor quente exerce pressão e realiza trabalho sobre as pás da turbina enquanto empurra suas partes frontais. Isso é ótimo. Mas e se a mesma pressão de vapor fosse exercida sobre o lado de *trás* das lâminas? Isso seria contra-indicado e não seria bom. É de vital importância que a pressão do lado

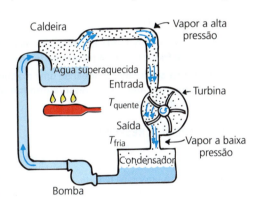

FIGURA 18.14 O ciclo do vapor. A turbina gira porque a pressão exercida sobre as partes frontais das pás da turbina pelo vapor aquecido em alta temperatura é maior do que a pressão exercida sobre as partes posteriores das pás pelo vapor a baixa temperatura, no lado de trás das pás. Sem essa diferença de pressão, a turbina não giraria e não forneceria energia a um aparelho externo (um gerador elétrico, por exemplo). A existência da pressão de vapor sobre as partes posteriores das pás da turbina, mesmo na ausência de atrito, impede que a máquina seja perfeitamente eficiente.

A TERMODINÂMICA DRAMATIZADA!

Ponha uma pequena quantidade de água em uma lata de alumínio de refrigerante e aqueça-a sobre o fogão até que o vapor comece a escapar pela abertura. Quando isso ocorre, o ar que havia na lata já foi expulso e substituído pelo vapor. Então, com uma pinça, inverta rapidamente a lata sobre uma frigideira com água. Fantástico! A lata é esmagada pela pressão atmosférica! Por quê? Quando as moléculas de vapor encontram a água da frigideira, tem início a condensação, o que reduz muito a pressão dentro da lata, permitindo que a pressão atmosférica esmague a lata. Aqui vemos dramaticamente como a condensação é capaz de reduzir a pressão. Agora você consegue entender melhor o papel desempenhado pela condensação na turbina a vapor da Figura 18.14?

FIGURA 18.15 O edifício-pirâmide da Transamerica e alguns outros edifícios são aquecidos por iluminação elétrica, por isso as luzes ficam ligadas a maior parte do tempo.

de trás das lâminas seja reduzida. Como se consegue isso? Da mesma maneira como a pressão do vapor dentro da lata é reduzida na atividade do *box* "A termodinâmica dramatizada!" da página anterior. Se você faz o vapor condensar, a pressão do lado de trás das lâminas será fortemente reduzida. Sabemos que, para o vapor confinado, a temperatura e a pressão andam lado a lado – aumentando a temperatura, você aumenta a pressão; diminuindo-a, você reduz correspondentemente a pressão. Assim, a diferença de pressão necessária para a operação de uma máquina a vapor está diretamente relacionada à diferença de temperatura entre os reservatórios quente e frio. Quanto maior for essa diferença, maior será o rendimento.[8]

A equação de Carnot estabelece o limite superior de eficiência para todas as máquinas térmicas, seja ela um automóvel, um navio movido a energia nuclear ou um avião a jato. Na prática, o atrito está sempre presente em todas as máquinas, e o rendimento será sempre menor do que o ideal.[9] Apesar de o atrito ser o principal responsável pela ineficiência de muitos dispositivos, no caso das máquinas térmicas, o conceito dominante é a segunda lei da termodinâmica: apenas parte do calor fornecido pode ser convertido em trabalho – mesmo que não houvesse atrito algum.

> **PAUSA PARA TESTE**
>
> 1. Qual seria o rendimento ideal de uma máquina térmica se seus reservatórios quente e frio estivessem na mesma temperatura – digamos, 400 K?
> 2. Qual seria o rendimento ideal de uma máquina térmica que tem um reservatório quente a 400 K e um reservatório frio que, de algum modo, se encontra no zero absoluto, 0 K?
>
> **VERIFIQUE SUA RESPOSTA**
>
> 1. Rendimento nulo: $\frac{(400 - 400)}{400} = 0$. Portanto, nenhum trabalho pode ser realizado por essa máquina térmica, a menos que exista uma diferença de temperatura entre os dois reservatórios.
> 2. $\frac{(400 - 0)}{400} = 1$. Apenas neste caso idealizado seria possível um rendimento ideal de 100%.

18.6 A ordem tende para desordem

A primeira lei da termodinâmica estabelece que a energia não pode ser criada nem destruída. Ela se refere à *quantidade* de energia. A segunda lei qualifica isso, acrescentando que a forma que a energia assume nas diversas transformações de que participa acaba se "deteriorando" em formas menos úteis de energia. Ela se refere à *qualidade* da energia, quando a energia torna-se mais difusa e finalmente acaba degenerando em dissipação. Outra forma de expressar isso é dizer que a energia organizada (concentrada e, portanto, de alta utilidade e qualidade) acaba degenerando em energia "desorganizada" (com baixa utilidade e qualidade). Por exemplo, uma vez que a água já fluiu sobre uma queda d'água, ela perdeu seu potencial para realizar trabalho útil. O mesmo acontece com a gasolina, e a energia organizada se

FIGURA 18.16 As moléculas de perfume rapidamente escapam do vidro (onde se encontram em um estado mais ordenado) para o ar (em um estado mais desordenado), e não o contrário.

---

[8] O físico Victor Weisskopf conta a história de um engenheiro que estava explicando o funcionamento de uma máquina a vapor a um camponês. O engenheiro explica detalhadamente o ciclo da máquina a vapor, até que o camponês pergunta: "Sim, eu entendo tudo isso, mas onde está o cavalo?". É difícil abandonar a maneira como vemos o mundo quando um novo método chega para substituir o que já está estabelecido.

[9] O rendimento ideal do motor de um automóvel a combustão interna é maior do que 50%, mas, na prática, o rendimento acaba sendo cerca de 25%. Motores que operassem a temperaturas mais elevadas (em comparação com a do reservatório frio) seriam ainda mais eficientes, mas o ponto de fusão dos materiais do motor impõem limites superiores de temperatura em que eles podem operar. Os motores elétricos, que estão se tornando mais populares, contornam as dependências de temperatura das máquinas térmicas e são muito eficientes.

degrada quando queima dentro do motor de um carro. Energia útil degenera em formas não úteis e é incapaz de realizar o mesmo trabalho novamente, alimentando, por exemplo, outro motor de automóvel. O calor, esparso no meio ambiente como energia térmica, é um túmulo para a energia útil.

A perda de qualidade da energia ocorre a cada transformação que ela sofre quando a energia de uma forma organizada tende a degradar-se em formas desorganizadas. Com essa perspectiva mais ampla, a segunda lei pode ser enunciada de uma outra maneira:

Em processos naturais, a energia de alta qualidade tende a transformar-se em energia de qualidade mais baixa – a ordem tende para a desordem.

FIGURA 18.17 Se você empurrar um caixote sobre o piso, todo o seu trabalho irá para o aquecimento do piso e do caixote. O trabalho realizado contra o atrito produz calor, que não pode realizar trabalho algum sobre o caixote. A energia ordenada é convertida em energia desordenada.

Considere um sistema formado por uma pilha de moedas sobre uma mesa, todas com as "caras" viradas para cima. Alguém caminhando acidentalmente esbarra na mesa, derrubando as moedas. No chão, nem todas ficam com a "cara" para cima. A ordem tornou-se desordem. As moléculas de um gás, quando se movem todas juntas, em harmonia, constituem um estado ordenado – e também um estado muito improvável. Por outro lado, se as moléculas do gás movem-se aleatoriamente nas mais diferentes direções, com uma larga faixa de valores de rapidez, elas constituem um estado desordenado e caótico (mais provável). Se você retira a tampa de um vidro de perfume ou abre a porta de um forno que contém uma bandeja de *cookies*, as moléculas escapam para a sala e acabam constituindo um estado mais desordenado. A ordem relativa converte-se em desordem. Você jamais pode esperar isso se reverter por si só; ou seja, você não pode esperar que as moléculas de perfume ou as moléculas dos *cookies* espontaneamente se ordenem e voltem ao vidro ou para a bandeja, retornando a um estado mais ordenado de confinamento.

Na natureza, não ocorrem processos em que a desordem retorna à ordem sem qualquer interferência externa. Curiosamente, essa lei da termodinâmica confere um sentido para o transcorrer do tempo. A flecha do tempo sempre aponta da ordem para a desordem.[10]

A energia desordenada pode ser convertida para uma forma ordenada de energia, mas apenas à custa da realização de algum esforço organizado ou trabalho. Por exemplo, a água congela no congelador de um refrigerador e alcança um estado mais ordenado porque trabalho está sendo realizado sobre ela a cada ciclo de refrigeração, e o gás pode ser mais ordenado em uma pequena região se for fornecida alguma energia de fora para o compressor realizar trabalho. Processos em que o efeito resultante é um aumento da ordem sempre requerem um fornecimento externo de energia. Em tais processos, ocorre sempre um aumento da desordem em algum outro lugar que mais do que compensa o aumento da ordem ocorrido. Assim, vemos que a ordem das moléculas de água que se transformam em gelo no congelador é compensada pela maior desordem das moléculas de ar no exterior quando a energia térmica é ejetada para o ar da cozinha.

Os sistemas biológicos são imensamente complexos e, enquanto vivos, jamais atingem o equilíbrio térmico.

PAUSA PARA TESTE

Em seu quarto, há provavelmente umas 10^{27} moléculas de ar. Se todas se agrupassem no lado oposto do quarto, você poderia morrer sufocado. Se houvesse muito menos moléculas no quarto do que o normal, seria mais, menos ou tão provável a ocorrência desse agrupamento espontâneo de moléculas?

---

[10] Os sistemas reversíveis parecem perceber quando um filme feito com eles é revertido. Você se lembra daqueles filmes antigos em que o trem para a centímetros da heroína amarrada aos trilhos? Como a cena foi realizada sem o perigo de um desastre? Simples: o trem parte do repouso, a centímetros da heroína, e vai de *marcha à ré*, ganhando velocidade. Quando o filme é revertido, o trem é visto movendo-se para a frente, *em direção* à heroína. Entretanto, observe atentamente como a pluma de fumaça *entra* na chaminé da locomotiva!

Os tubarões baseiam seu nado em um gel sob sua pele capaz de detectar variações extremamente pequenas da temperatura oceânica – menores do que um milésimo de grau Celsius. Essa capacidade também os ajuda a perceber as sutis fronteiras das regiões onde suas presas se encontram.

VERIFIQUE SUA RESPOSTA

Um pequeno número de moléculas significa uma maior probabilidade de elas, espontaneamente, se agruparem do lado oposto ao que você está no interior de um quarto. O exagero torna isso crível: se existissem apenas duas moléculas no quarto, cada uma com 50% de chance de estar em uma das metades, haveria 25% de chance de as duas se encontrarem simultaneamente na mesma metade da sala oposta à sua. Se fossem três moléculas, as chances de você morrer asfixiado seriam de um oitavo (12,5%). Quanto maior for o número de moléculas, maiores serão as chances de haver um número aproximadamente igual de moléculas em ambos os lados do quarto.

18.7 Entropia

A energia tende a se dispersar: o ar quente dentro de um forno quente se dispersa quando a porta do forno é aberta. A energia tende a se degradar: a energia das ligações químicas da madeira se degrada quando o material é queimado. **Entropia** é o termo que usamos para descrever essa dispersão ou degradação da energia. A entropia pode ser medida como a *quantidade de desordem* de um sistema.[11] Mais entropia significa maior dispersão ou degradação de energia. Uma vez que a energia tende a dispersar-se ou degradar-se com o tempo, a quantidade total de entropia de qualquer sistema tende a aumentar com o tempo. Sempre que um sistema físico for livre para distribuir sua energia, ele sempre distribuirá de forma que a entropia aumente, enquanto aquela energia do sistema que se mantém disponível para realizar trabalho diminui.

FIGURA 18.18 Entropia.

A entropia total do universo está continuamente aumentando (continuamente indo "ladeira abaixo"). Escrevemos *total* porque existem algumas regiões em que a energia está realmente sendo organizada e concentrada. Isso ocorre nos organismos vivos, que sobrevivem concentrando e organizando a energia obtida de fontes nutrientes. Todos os seres vivos, de bactérias a árvores e seres humanos, extraem energia de sua vizinhança e a utilizam para aumentar sua própria organização (crescimento e manutenção). Nos organismos vivos, a entropia diminui, mas a ordem é mantida por meio do aumento de entropia que ocorre em algum outro lugar, resultando em um aumento líquido da entropia. A energia deve sofrer transformações no interior de um ser vivo para mantê-lo vivo. Quando ela falta, o organismo logo morre e tende novamente à desordem.[12]

Por que o lema "o crescimento da entropia é o nosso negócio" é tão apropriado para um engenheiro de demolição?

A primeira lei da termodinâmica é uma lei universal da natureza para a qual nunca se observou exceções. A segunda lei, entretanto, é um enunciado probabilístico. Transcorrido tempo suficiente, mesmo o mais improvável dos estados pode ocorrer; a entropia pode chegar a diminuir. Por exemplo, os movimentos aleatórios das moléculas do ar poderiam momentaneamente tornar-se harmoniosos em um canto de uma sala, assim como um tonel cheio de moedas derramadas no chão poderia cair com todas as "caras" viradas para cima. Essas situações são possíveis, mas não prováveis. A segunda lei nos diz qual é o transcorrer mais provável dos eventos, e não qual é o único possível.

Uma antiga charada: "Como se recompõe um ovo mexido?" Resposta: "Alimentando uma galinha com ele". Porém, mesmo assim, você não obteria o ovo de volta. Fazer ovos requer energia e aumenta a entropia.

As leis da termodinâmica frequentemente são expressas dessa maneira. Você não pode ganhar o jogo (pois não pode retirar do sistema mais energia do que foi posta

---

[11] A entropia pode ser expressa matematicamente. O aumento da entropia de um sistema termodinâmico, ΔS, é igual à quantidade de calor adicionado ao sistema, ΔQ, dividido pela temperatura absoluta T na qual o calor foi adicionado: $\Delta S = \Delta Q/T$.

[12] Curiosamente, o escritor norte-americano Ralph Waldo Emerson, que viveu no tempo em que a segunda lei da termodinâmica era o novo tópico científico em moda, especulou filosoficamente que nem tudo torna-se mais desordenado com o tempo, citando como exemplo o pensamento humano. As ideias acerca da natureza das coisas tornam-se cada vez mais refinadas e melhor organizadas ao passarem pelas mentes de gerações sucessivas de pensadores. O pensamento humano está evoluindo para uma ordem maior.

nele), não pode empatar (pois não pode conseguir tanta energia útil do sistema quanto a que lhe é fornecida) e não pode sair do jogo (a entropia do universo está sempre aumentando).

A **terceira lei da termodinâmica** estabelece que nenhum sistema pode ter sua temperatura absoluta reduzida a zero. De tempos em tempos, pesquisadores têm tentado atingir essa ilusória temperatura, chegando cada vez mais perto dela – mas apenas perto. Existe também a **lei zero da termodinâmica**, que estabelece que dois sistemas, cada qual em equilíbrio com um terceiro sistema, estão em equilíbrio um com o outro. A importância dessa lei só foi reconhecida após a primeira, a segunda e a terceira leis terem sido enunciadas, por isso o charmoso termo "zero" parece apropriado.

> **PAUSA PARA TESTE**
> À medida que se dispersa, onde vai parar a energia?
>
> **VERIFIQUE SUA RESPOSTA**
> Em última análise, a energia se dissipa em energia interna.

Revisão do Capítulo 18

TERMOS-CHAVE (CONHECIMENTO)

termodinâmica O estudo do calor e de suas transformações em diferentes formas de energia.

zero absoluto A mais baixa temperatura possível que qualquer substância poderia alcançar; a temperatura na qual as partículas de uma substância alcançam sua energia cinética mínima.

energia interna A energia total (cinética mais potencial) das partículas microscópicas que formam uma substância. As *variações* da energia interna são o principal interesse da termodinâmica.

primeira lei da termodinâmica Uma reafirmação do princípio da conservação da energia, aplicada a sistemas em que a energia é transferida por calor e/ou por trabalho. O calor cedido a um sistema é igual ao aumento de sua energia interna mais o trabalho externo que ele realiza sobre sua vizinhança.

processo adiabático Um processo em que nenhum calor entra ou sai do sistema, frequentemente implementado por compressão ou expansão rápidas.

inversão de temperatura Uma condição em que a convecção ascendente do ar é interrompida, geralmente porque a parte mais elevada da atmosfera está mais aquecida do que a região abaixo dela.

segunda lei da termodinâmica A energia térmica jamais flui espontaneamente de um objeto frio para um objeto quente. Além disso, nenhuma máquina pode ser completamente eficiente em converter calor em trabalho, pois parte do calor fornecido a ela é dissipado como calor rejeitado a uma temperatura mais baixa. Por fim, todos os sistemas tendem a tornar-se cada vez mais desordenados com o decorrer do tempo.

máquina térmica Um dispositivo que usa o calor que lhe é fornecido para gerar trabalho como resultado.

entropia Medida do grau de desordem de um sistema. Sempre que a energia se transforma espontaneamente de uma forma em outra, o sentido da transformação será para um estado de maior desordem e, portanto, de maior entropia.

terceira lei da termodinâmica Nenhum sistema pode ter sua temperatura absoluta reduzida a zero.

lei zero da termodinâmica Se dois sistemas termodinâmicos estão em equilíbrio térmico com um terceiro, então estão em equilíbrio térmico um com o outro.

QUESTÕES DE REVISÃO (COMPREENSÃO)

1. Qual é a origem e o significado da palavra *termodinâmica*?

18.1 O zero absoluto

2. A cada grau Celsius de diminuição da temperatura, por qual fração se contrai o volume de um gás a 0 °C se a pressão é mantida constante?

3. A cada grau Celsius de diminuição da temperatura, por qual fração diminui a pressão de um gás a 0 °C se o volume é mantido constante?

4. Se pressupormos que o gás a 0 °C nunca se condensa para formar um líquido, qual será o volume do gás quando for resfriado em 273 °C?

5. Qual é a temperatura mais baixa possível na escala Celsius? E na escala Kelvin?

6. O principal interesse da termodinâmica é a *quantidade* de energia interna de um sistema ou as *variações* da energia interna desse sistema?

18.2 A primeira lei da termodinâmica

7. Como o princípio da conservação da energia se relaciona com a primeira lei da termodinâmica?
8. Qual é o significado da palavra *sistema*?
9. Qual é a relação entre o calor cedido a um sistema, a variação ocorrida em sua energia interna e o trabalho externo por ele realizado?
10. O que acontece com a energia interna de um sistema quando é realizado trabalho sobre ele? O que acontece com sua temperatura?

18.3 Processos adiabáticos

11. Qual é a condição necessária para um processo ser adiabático?
12. Se é realizado trabalho *sobre* um sistema, a energia interna deste aumenta ou diminui?
13. Se é realizado trabalho *por* um sistema, a energia interna deste aumenta ou diminui?

18.4 A meteorologia e a primeira lei

14. Como os meteorologistas expressam a primeira lei da termodinâmica?
15. Qual é a forma adiabática da primeira lei da termodinâmica?
16. O que normalmente acontece com a temperatura do ar em ascensão? E com a do ar que desce?
17. O que é uma inversão de temperatura?
18. Processos adiabáticos se aplicam a outras fases da matéria além dos gases?

18.5 A segunda lei da termodinâmica

19. Como a segunda lei da termodinâmica se relaciona com o sentido do fluxo do calor?
20. Quais são os três processos que ocorrem no interior de toda máquina térmica?
21. O que é exatamente poluição térmica?
22. Como a segunda lei da termodinâmica se relaciona com as máquinas térmicas?
23. Por que a fase de condensação em um ciclo de uma turbina a vapor é tão essencial?

18.6 A ordem tende para desordem

24. Faça distinção entre energia de alta qualidade e energia de baixa qualidade em termos de energia organizada e de energia desorganizada. Dê um exemplo de cada.
25. Como a segunda lei da termodinâmica pode ser enunciada em termos de energia de alta qualidade e de baixa qualidade?
26. Em relação aos estados ordenados e desordenados, para qual dos dois tendem os sistemas? Um estado desordenado jamais pode se transformar num estado ordenado? Explique.

18.7 Entropia

27. Qual é o termo físico empregado como uma *medida do grau de desordem*?
28. Diferencie entre a primeira e a segunda leis da termodinâmica em termos da ocorrência ou não de exceções a elas.
29. Qual é o enunciado da terceira lei da termodinâmica?
30. Qual é o enunciado da lei zero da termodinâmica?

PENSE E FAÇA (APLICAÇÃO)

31. Observe a variação de volume de um balão de borracha fechado quando colocado brevemente no interior de um forno quente e quando é colocado em um refrigerador. É elementar. Em ambos os casos, desfaça o nó do balão e observe a temperatura do ar ejetado.
32. Realize a atividade proposta no *box* "A termodinâmica dramatizada!" e mostre que a panela com água não precisa estar fria para a lata colapsar. Experimente aquecer a água (mas sem fervê-la) e você verá o colapso da lata. Impressione seus colegas com isso!
33. Com um martelo, crave um prego em um pedaço de madeira. Retire o prego rapidamente da madeira e sinta como ele está quente! A atividade Pense e Resolva número 43 leva isso adiante!
34. Sacuda violentamente uma lata com caldo de galinha para cima e para baixo por mais de um minuto. Observe o aumento da temperatura do líquido.

PEGUE E USE (FAMILIARIZAÇÃO COM EQUAÇÕES)

$$\text{Rendimento ideal} = \frac{T_{quente} - T_{frio}}{T_{quente}}$$

35. Mostre que o rendimento ideal é de 90% para uma máquina na qual o combustível é aquecido a 3.000 K, enquanto o ar circundante se encontra a 300 K.
36. Calcule o rendimento ideal de uma máquina na qual o combustível é aquecido a 2.700 K, e o ar circundante se encontra a 200 K.

PENSE E RESOLVA (APLICAÇÃO MATEMÁTICA)

37. Qual é o rendimento ideal do motor de um automóvel que opera entre as temperaturas de 600 °C e 320 °C? (Por que a resposta correta não é 47%?)
38. Uma usina de conversão de energia térmica do oceano (OTEC, do inglês *ocean thermal energy conversion*) opera sob uma diferença de temperatura entre a água profunda a 4 °C

e a água superficial a 25 °C. Mostre que o rendimento de Carnot dessa usina é de 7%.

39. Num dia frio a 10 °C, sua amiga que gosta de baixas temperaturas lhe diz que desejava que estivesse duas vezes mais frio. Tomando isso literalmente, mostre que a temperatura desejada por ela é de −131,5 °C.

40. Imagine um gigantesco saco de pano de aspirador de pó, cheio de ar a uma temperatura de −35 °C, flutuando como se fosse um balão a 10 km acima do solo. Estime qual seria sua temperatura se você fosse capaz de puxá-lo subitamente para a superfície da Terra.

41. Wally Whacko afirma ter inventado uma máquina térmica que revolucionará a indústria. Ela opera entre uma fonte quente a 300 °C e um reservatório frio a 25 °C. Ele afirma que sua máquina tem rendimento de 92%.
    a. Que erro ele cometeu na escolha da escala de temperatura?
    b. Qual é o rendimento máximo possível dessa máquina?

42. Uma usina de energia com rendimento de 0,4 gera 108 W de potência elétrica e dissipa 1,5 × 108 W de energia térmica na água de resfriamento que circula por ela, que aumenta sua temperatura em 3 °C. Sabendo que o calor específico da água, em unidades do SI, é 4.184 J/kg·°C, mostre que 12.000 kg de água quente flui a cada segundo pela usina.

43. Um martelo exerce uma força média de 600 N sobre um prego de aço de 6,0 g e com 8,0 cm de comprimento quando o prego é cravado num pedaço de madeira. O prego se aquece. Mostre que o trabalho realizado sobre o prego é de 48 J e que o aumento na temperatura do prego é 19,0 °C. (Pressuponha que o calor específico do aço é 420 J/kg·°C.)

44. Construa uma tabela com todas as possíveis combinações de números que você obtiver jogando dois dados simultaneamente. Um amigo lhe diz "Sim, eu sei que o sete é o número total mais provável quando dois dados são lançados. Mas *por que* o sete?" Baseado em sua tabela, responda ao amigo explicando-lhe que, em termodinâmica, situações prováveis de se observar são as que podem ser originadas pelas mais diversas maneiras.

PENSE E EXPLIQUE   (SÍNTESE)

45. Um amigo lhe diz que a temperatura dentro de um forno é 500 e que a temperatura no interior de certa estrela é 50.000. Você está incerto se seu amigo se refere a graus Celsius ou a kelvins. Que diferença isso faz em cada caso?

46. A temperatura no interior do Sol é cerca de 15 milhões de graus. Tem importância se nos referimos a graus Celsius ou a kelvins? Explique.

47. Quando flui calor de um objeto quente em contato com um objeto frio, ambos os objetos sofrem a mesma variação de temperatura? Explique.

48. Considere um tubo contendo hélio à temperatura de 0 °C. Qual será a sua temperatura em graus Celsius se ele estiver duas vezes mais quente (com o dobro da energia interna)?

49. Quando o ar é comprimido rapidamente, por que sua temperatura aumenta?

50. Qual é a relação entre o aumento de temperatura que ocorre quando uma lata que contém um líquido é sacudida vigorosamente e o experimento com a roda de pás da Figura 18.4?

51. O que acontecerá à pressão de um gás confinado a uma lata vedada de um galão se ela for aquecida? E se ela for resfriada? Por quê?

52. Suponha que você realize 100 J de trabalho ao comprimir um gás. Se 80 J de calor escapam durante o processo, qual é a variação de energia interna do gás?

53. Por que o fundo de uma bomba de encher pneus fica quente quando se bombeia ar para dentro do pneu, mas, quando o ar é liberado, a válvula de escape esfria?

54. Se o ar quente sobe, por que é tão frio no alto das montanhas?

55. Qual é o efeito na temperatura do ar em Salida, Colorado, EUA, quando o ar frio desce do alto das montanhas e chega à cidade? Explique.

56. Qual é, em última análise, a fonte de energia de uma usina hidrelétrica? Justifique sua resposta.

57. Por que é vantajoso usar vapor o mais quente possível em turbinas alimentadas dessa forma?

58. O que acontecerá ao rendimento de uma máquina térmica se a temperatura do reservatório para o qual a energia térmica é transferida for reduzida?

59. Você aqueceria a cozinha se abrisse a porta de um forno quente? Explique.

60. Você conseguiria esfriar uma cozinha deixando aberta a porta do refrigerador e fechando a porta e as janelas da peça? Justifique sua resposta.

61. Você resfriaria um ambiente se ligasse uma unidade de ar-condicionado sobre uma mesa no meio da sala? Justifique sua resposta.

62. Um ventilador não apenas não diminui a temperatura do ar de um ambiente quente; ele, na verdade, aumenta a sua temperatura. Como, então, você é resfriado por um ventilador em um dia quente?

63. Estritamente falando, por que um refrigerador contendo uma certa quantidade de comida consome mais energia estando em uma sala quente do que quando se encontra em uma sala fria?

64. Um refrigerador transfere calor do frio para o quente. Por que isso não constitui uma violação da segunda lei da termodinâmica?

65. Se você comprimir um balão cheio de ar e nenhum calor escapar durante o processo, o que acontecerá à energia interna do gás do balão?

66. Em edifícios aquecidos eletricamente, não é um completo desperdício manter todas as luzes ligadas? É um desperdício mantê-las ligadas se o edifício está sendo resfriado por ar-condicionado?

69. O brinquedo do pássaro bebedor da Figura 17.4 do capítulo anterior pode ser considerado uma máquina térmica?

68. Quando as moléculas no interior de uma câmara de combustão de alta pressão do motor de um foguete forem ejetadas através de um bocal estreito, sua temperatura será maior, menor ou igual à que tinham na câmara, antes da exaustão?

69. De acordo com a segunda lei da termodinâmica, o universo se encaminha para um estado mais ordenado ou mais desordenado?

70. Parcelas adiabáticas ocorrem na atmosfera, no oceano ou em ambos?

71. O oceano contém um número enorme de moléculas, todas dotadas de energia cinética. Essa energia pode ser extraída e usada como fonte de energia? Justifique sua resposta.

72. Por que dizemos que uma substância no estado líquido está mais desordenada do que a mesma substância na fase sólida?

73. A água evapora de uma solução salina e deixa cristais de sal que têm grau de ordenamento molecular maior do que o movimento mais aleatório dessas moléculas na água salgada. O princípio da entropia foi violado? Por quê? Justifique sua resposta.

74. A água colocada no congelador de seu refrigerador atingirá um estado de menor desordem molecular quando congelar. Isso constitui uma exceção ao princípio da entropia? Explique.

75. Enquanto a galinha se desenvolve, desde o ovo, ela se torna mais ordenada com o tempo. Isso viola o princípio da entropia? Explique.

76. O Departamento de Registros de Patentes rejeita pedidos de registro de máquinas de movimento perpétuo (nas quais a energia fornecida pela máquina é maior do que a energia que lhe foi fornecida) sem sequer examiná-los. Por que eles procedem assim?

PENSE E DISCUTA (AVALIAÇÃO)

77. Em Boston, certo dia, faz 40 °F, enquanto a temperatura em São Petersburgo, na Flórida, é de 80 °F. Qual seria sua resposta à sugestão de um colega de que isso significa que em Boston, naquele dia, é duas vezes mais quente do que em São Petersburgo?

78. Qual é, em última análise, a fonte da energia do carvão, do petróleo e da madeira? Por que dizemos que a energia da madeira é renovável, enquanto a do carvão e a do petróleo são consideradas não renováveis?

79. Como o rendimento ideal de um automóvel se relaciona com as temperaturas do motor e do ambiente em que ele roda? Seja específico.

80. Sob que condições teóricas uma máquina térmica seria 100% eficiente?

81. De forma espontânea, o calor sempre flui de um objeto a uma temperatura maior para outro objeto a uma temperatura mais baixa. Isso é o mesmo que dizer que o calor sempre flui de um objeto com energia interna maior para outro com energia interna menor? Explique.

82. Em torno da superfície de nossa pele, existe uma camada de ar de uns 3 mm de espessura que atua como um cobertor térmico. Em um dia quente, que efeito tem uma brisa sobre a pele nua? E se o dia estiver frio?

83. A soma das energias cinéticas moleculares da água de um lago frio resulta num valor de energia maior do que a soma das energias cinéticas moleculares de uma xícara de chá quente. Imagine que você tenha imergido parcialmente a xícara de chá na água do lago, de onde o chá *absorve* 10 calorias da água e esquenta, enquanto a água que cedeu as 10 calorias esfria. Essa transferência de energia violaria a primeira lei da termodinâmica? Ela violaria a segunda lei? Justifique suas respostas.

84. Por que "poluição térmica" é um termo relativo?

85. O *box* "A termodinâmica dramatizada!" mostra o esmagamento de uma lata que foi evacuada quando invertida na água em uma frigideira. A água usada precisa estar fria? O esmagamento teria ocorrido se a água estivesse quente, mas não fervendo? A lata seria esmagada em água fervente? (Experimente e comprove!)

86. Justifique a afirmativa de que 100% da energia elétrica fornecida a uma lâmpada incandescente é convertida em energia térmica. A primeira e a segunda lei da termodinâmica são violadas?

87. Comente esta afirmação: "A segunda lei da termodinâmica é uma das mais fundamentais leis da natureza, ainda que não seja uma lei absolutamente exata". Por que não?

88. Geralmente, considera-se impossível construir máquinas tipo motor perpétuo. É inconsistente afirmar que as moléculas estão em movimento perpétuo?

89. Uma colega de classe afirma que toda essa discussão acerca da impossibilidade de movimento perpétuo é bobagem; que os átomos, os planetas e tudo mais estão em movimento perpétuo. O que falta distinguir nessa afirmação?

90. (a) Se por dez minutos, repetidas vezes, você sacudisse um par de moedas nas mãos e depois as lançasse, esperaria ao menos uma vez presenciar as duas caindo com as "caras" voltadas para cima? (b) Se por uma hora, repetidas vezes, você sacudisse nas mãos dez moedas e depois as atirasse, esperaria ao menos uma vez presenciar todas caírem com as "caras" voltadas para cima? (c) Se por um dia inteiro, repetidas vezes, você sacudisse 10.000 moedas numa caixa e depois as derrubasse no chão, esperaria ao menos uma vez presenciar todas caírem com as "caras" voltadas para cima? Por quê?

91. Qual é o propósito do condensador da Figura 18.14? Não é um desperdício resfriar o vapor, transformá-lo em água, então reaquecê-lo e devolvê-lo à caldeira? Por que não contornar o condensador e simplesmente enviar o vapor gasto diretamente de volta para a caldeira, como mostra o desenho?

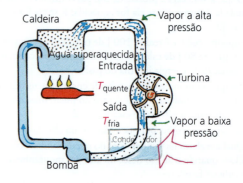

CAPÍTULO 7 — Exame de múltipla escolha

Escolha a melhor resposta entre as alternativas:

1. A água congela à pressão atmosférica e temperatura de:
   a. 0° Celsius.
   b. 32° Fahrenheit.
   c. cerca de 273 kelvin.
   d. todas as anteriores.

2. Quando a temperatura na Filadélfia é 40 °F e em Miami é 80 °F:
   a. Miami está duas vezes mais quente do que Filadélfia.
   b. Miami está mais quente do que Filadélfia.
   c. ambas as anteriores.
   d. nenhuma das anteriores.

3. Se um bloco de ferro a 5 °C for aquecido até a sua energia interna dobrar, sua temperatura será:
   a. 10 °C.
   b. 273 °C.
   c. 278 °C.
   d. 283 °C.

4. Quando você comprime o ar com uma bomba de ar, a temperatura do ar dentro do pneu:
   a. aumenta.
   b. diminui.
   c. permanece inalterada.
   d. nenhuma das anteriores.

5. Na formação de uma nuvem, o ar úmido sobe e:
   a. expande-se.
   b. resfria-se.
   c. condensa-se.
   d. todas as anteriores.

6. Uma determinada quantidade de energia térmica pode ser convertida completamente em energia mecânica em:
   a. um motor a vapor.
   b. um reator atômico.
   c. uma máquina simples.
   d. nenhuma das anteriores.

7. Quando uma parcela de ar em alta altitude cai para uma elevação menor sem entrada ou saída de calor, sua temperatura:
   a. aumenta.
   b. diminui.
   c. mantém-se inalterada.
   d. não pode ser estimada.

8. O principal propósito do condensador no ciclo de uma turbina a vapor é:
   a. resfriar o vapor.
   b. condensar o vapor.
   c. reduzir a pressão traseira sobre as lâminas da turbina.
   d. transformar a energia mecânica em eletricidade.

9. À medida que o sistema torna-se mais desordenado, a entropia:
   a. aumenta.
   b. diminui.
   c. permanece inalterada.
   d. pode aumentar e diminuir simultaneamente.

10. Os processos podem proceder de desordem para ordem:
    a. quando é fornecida energia de entrada.
    b. em uma ocorrência cotidiana.
    c. nunca.
    d. nenhuma das anteriores.

Respostas e explicações das perguntas do Exame de múltipla escolha

1. **(d)**: Todas as temperaturas listadas são as mesmas, apenas em unidades diferentes. Assim, todas as alternativas estão corretas. 2. **(b)**: Miami está mais quente, mas não duas vezes mais quente. Para determinar o dobro do calor, seria preciso converter as temperaturas para kelvins. A Filadélfia está a (40 + 273) = 313 kelvin, e Miami está a (80 + 273) = 353 kelvin, que NÃO é o dobro de 313 kelvin. 3. **(d)**: 5 °C é 278 kelvin. O dobro desse valor é 556 kelvin. Em graus Celsius, 556 − 273 = 283 °C. Lembre-se que as razões entre temperaturas devem ser expressas em kelvins. 4. **(a)**: O trabalho realizado durante a compressão aumenta a energia cinética das moléculas de ar, o que aumenta a temperatura do ar. Além disso, as moléculas comprimidas colidem mais frequentemente com moléculas que se deslocam na sua direção, o que aumenta a sua rapidez. Moléculas mais rápidas levam a um ar mais quente. 5. **(d)**: O ar úmido que sobe se expande, esfria e então condensa — todas as anteriores. 6. **(d)**: A primeira lei da termodinâmica afirma que a energia térmica não pode ser convertida completamente em energia mecânica sob circunstância alguma. Parte da energia sempre deixa o sistema. Assim, nenhuma das alternativas está correta. 7. **(a)**: Quando o ar se move para baixo, a pressão atmosférica aumenta. De acordo com a primeira lei da termodinâmica aplicada à meteorologia, a temperatura do ar descendente aumenta à medida que a pressão aumenta. 8. **(c)**: As lâminas das turbinas giram mais facilmente quando a pressão do vapor traseira é reduzida. Isso é possível quando a pressão do vapor é reduzida pela condensação. O vapor esfria, mas o objetivo principal é reduzir a pressão traseira sobre as lâminas. O condensador não transforma energia mecânica em eletricidade. 9. **(a)**: Mais desordem não significa menos entropia ou entropia igual. Por definição, a entropia aumenta à medida que o sistema se torna mais desordenado. 10. **(a)**: Apenas quando o sistema recebe energia é possível que a direção dos processos naturais inverta a sua ordem natural. Isso pode acontecer todos os dias, mas apenas quando a entrada de energia no sistema o leva da desordem para a ordem. Assim, a opção (a) é a melhor resposta.

PARTE IV
Som

As cerdas do meu arco esfregam as cordas do violoncelo, colocando-as para vibrar em frequências que dependem da massa e da tensão de cada corda e do local onde eu controlo seu comprimento com meus dedos. As cordas em vibração suavemente forçam vibrações de iguais frequências no corpo de madeira do instrumento, e as vibrações não param por aí. A madeira vibrante, por sua vez, gera vibrações no ar circundante, que transportam a música até os tímpanos dos meus ouvintes. Que legal que é a física da música!

19
Vibrações e ondas

19.1 **Boas vibrações**
   A oscilação de um pêndulo

19.2 **Descrição ondulatória**

19.3 **Movimento ondulatório**
   Ondas transversais
   Ondas longitudinais

19.4 **A rapidez da onda**

19.5 **Interferência**
   Ondas estacionárias

19.6 **Efeito Doppler**

19.7 **Ondas de proa**

19.8 **Ondas de choque**

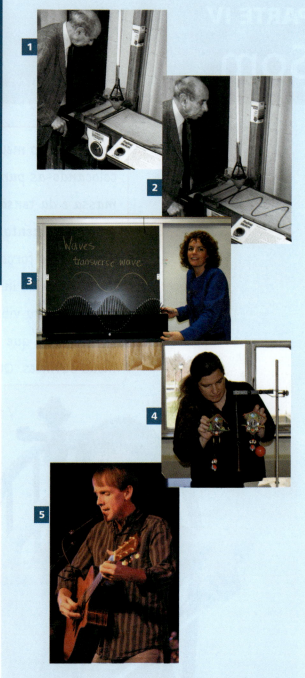

1 Frank Oppenheimer, no San Francisco Exploratorium, mostra o traçado retilíneo produzido quando a ponta de um pêndulo oscilante deixa cair areia sobre uma esteira de rolagem que não está em operação. **2** Quando a esteira se move em movimento uniforme, a curva traçada é uma senoide. **3** Diane Reindeau mostra à sua turma como ondas são geradas pelas vibrações de um equipamento de demonstração de ondas. **4** Anne Tabor-Morris usa uma mola e um pêndulo para contrastar os osciladores de dois pequenos relógios. **5** Cantor, compositor e criador da Conceptual Academy, o professor de química John Suchocki produz boas vibrações.

O Exploratorium de San Francisco, EUA, não é apenas um museu de ciência e tecnologia de classe mundial, talvez ele seja o melhor lugar do planeta Terra para ensinar física para uma turma de estudantes. Eu tive a honra de fazer isso nos anos 1982-2000. O Exploratorium é especial por causa de seu fundador, Frank Oppenheimer, o irmão mais novo do famoso J. Robert Oppenheimer, diretor do laboratório de Los Alamos durante a Segunda Guerra Mundial. A paixão de Frank pela prática da física foi ultrapassada somente por sua paixão por ensiná-la. Tive o enorme privilégio de compartilhar minha sala de aula com ele, quando o assunto se tratava de vibrações, ondas e sons musicais. Lembro de ele perguntar tranquilamente, após sua brilhante apresentação para a turma, como havia sido seu desempenho. Quase em lágrimas, eu respondi: "Você estava ótimo". O que era simplesmente verdadeiro. Além de suas explicações sobre física serem brilhantes, ele próprio emanava uma grandeza pessoal – com sua insistência na excelência, sem ser pretensioso, e um grande respeito pela inventividade, pela brincadeira e por seus estudantes. Frank foi o professor mais amado que conheci.

Frank Oppenheimer sofreu com a política de caça às bruxas da década de 1950, quando admitiu ser membro do Partido Comunista Norte-Americano nas profundezas dos anos da Grande Depressão, juntamente com muitos cidadãos idealistas sensíveis ao alto desemprego da nação naquela época. Frank me contou que, após ter se negado a fornecer os nomes de outros membros do partido ao Comitê sobre Atividades Antiamericanas, foi perseguido pelo FBI. A despeito de suas grandes realizações na física e dos prêmios internacionais que recebeu, ele foi impedido de exercer profissionalmente a física. Foi-lhe permitido, todavia, ser um fazendeiro de gado e lecionar ciências na Pagosa Springs High School, no Colorado, EUA. Seus alunos naquela cidadezinha não tinham muito interesse pela escola ou por ciências. Depois de serem ensinados por Frank, no entanto, começaram a vencer feiras de ciências em nível estadual. Muitos foram para a faculdade, onde foram considerados estudantes de ciências exemplares. Ainda assim, os vizinhos de Frank foram alertados pelos agentes do governo a manterem olhos atentos em seu potencial para "atividades antiamericanas".

Ele devotou o resto de sua vida expondo ao público geral as maravilhas da ciência, o que culminou no Exploratorium de San Francisco. Eu lhe dediquei a 5ª edição norte-americana do *Física Conceitual*. Antes da morte de Frank, em 1985, ele contribuiu para este parágrafo, que usei como parágrafo de abertura:

"Ao tentar compreender o mundo natural ao nosso redor, adquirimos confiança em nossa habilidade para determinar em quem podemos confiar e no que devemos crer também acerca de outros assuntos. Sem essa confiança, nossas decisões em matérias sociais, políticas e econômicas seriam inteiramente baseadas na mentira de maior apelo que alguém pudesse nos apresentar. Nossa apreciação das percepções e das descobertas tanto de cientistas quanto de artistas serve, portanto, não apenas para nosso deleite, mas também para nos ajudar a tomar decisões mais satisfatórias e válidas e a descobrir soluções melhores para nossos problemas individuais e sociais."

A mensagem de Frank ainda é válida. Sua principal motivação para fundar o Exploratorium era elevar as pessoas encorajando-as a fazer e a pensar por si mesmas – uma maneira de ensinar que agora é muito usada nos EUA. Em 2013, o Exploratorium mudou-se do Palace of Fine Arts de San Francisco para o Pier 15, na zona nordeste da cidade. Fico feliz em registrar que o novo e mais amplo Exploratorium tem todo o charme e a boa energia que Frank colocou no Exploratorium original. Seu legado de decência permanece firme.

A maior parte da informação que obtemos da vizinhança chega a nós na forma de algum tipo de onda. É pelo movimento ondulatório que o som chega aos nossos ouvidos, a luz chega aos nossos olhos, e os sinais eletromagnéticos chegam aos nossos aparelhos de rádio e telefones sem fio. Pelo *movimento ondulatório*, a energia pode ser transferida de uma fonte para um receptor sem que ocorra transferência de matéria entre os dois lugares. E qual é a fonte de todas as ondas? As vibrações.

psc

■ Para mais informações sobre Oppenheimer, leia *Something Incredibly Wonderful Happens: Frank Oppenheimer and the World He Made Up*, de K. C. Cole (Boston: Houghton Mifflin Harcourt, 2009).

19.1 Boas vibrações

De modo geral, qualquer coisa que oscile para a frente e para trás, para lá e para cá, de um lado para outro, para dentro e para fora ou para cima e para baixo está vibrando. Uma *vibração* ou oscilação é um movimento bamboleante com o transcorrer do tempo. Um movimento que ocorre tanto no espaço quanto no tempo constitui uma

As ondas mecânicas precisam de um meio. Uma Slinky (brinquedo moderno e muito popular que consiste em uma simples mola comprida de plástico) precisa da existência de espirais; as ondas oceânicas requerem água; o som de uma corneta precisa do ar; "gerar uma onda" em um estádio requer fãs exuberantes.

onda. Toda onda se estende de algum lugar a outro. A luz e o som são vibrações que se propagam através do espaço como ondas, mas são dois tipos completamente diferentes de ondas. O som é uma onda mecânica, a propagação de vibrações através de um meio material – um sólido, um líquido ou um gás. Se não existe tal meio de vibração, então não é possível existir o som. O som não se propaga no vácuo. Já a luz consegue, pois, como veremos em capítulos posteriores, a luz é uma vibração de campos elétrico e magnético – uma onda eletromagnética de pura energia. O fascínio pela luz se aprofundará nos capítulos da Parte 5, nos quais descobriremos que ela tem propriedades corpusculares, propagando-se como onda e interagindo com a matéria como uma partícula. Por ora, vamos apenas tratar a luz como uma onda energética. Embora a luz consiga atravessar muitos materiais, ela não precisa de um. Isso é evidente, pois a luz propaga-se através do vácuo entre o Sol e a Terra. A fonte de todas as ondas, mecânicas ou não mecânicas, é algo que está vibrando. Começaremos nosso estudo das vibrações e das ondas considerando o movimento de um pêndulo simples.

A oscilação de um pêndulo

Se suspendermos uma pedra na extremidade de um barbante, obteremos um pêndulo simples. Isso acontece da mesma forma para um recipiente cheio de areia fina que balança de um lado para o outro, suspenso pela extremidade de um poste vertical. Nas fotos de abertura do capítulo, Frank Oppenheimer mostra como a areia caída do pêndulo traça um segmento de linha reta sobre uma esteira de rolamento estacionária e, então, quando a esteira passa a se mover com velocidade constante, produz uma curva especial conhecida como *curva senoidal*. Uma curva desse tipo constitui uma representação pictórica de uma onda produzida por movimento harmônico simples.[1]

Os pêndulos oscilam para lá e para cá com tal regularidade que, por muito tempo, foram utilizados para controlar o movimento da maioria dos relógios. Eles ainda podem ser encontrados nos relógios de carrilhão ou nos relógios cuco. Foi Galileu quem descobriu que o tempo que um pêndulo leva para balançar para lá e para cá por uma mesma distância depende apenas do *comprimento do pêndulo*.[2] Para a surpresa da maioria das pessoas, o tempo de uma oscilação completa, para a frente e para trás, chamado de *período*, não depende da massa do pêndulo nem da extensão do arco descrito na oscilação.

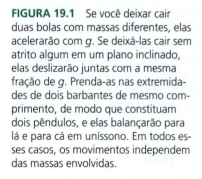

FIGURA 19.1 Se você deixar cair duas bolas com massas diferentes, elas acelerarão com *g*. Se deixá-las cair sem atrito algum em um plano inclinado, elas deslizarão juntas com a mesma fração de *g*. Prenda-as nas extremidades de dois barbantes de mesmo comprimento, de modo que constituam dois pêndulos, e elas balançarão para lá e para cá em uníssono. Em todos esses casos, os movimentos independem das massas envolvidas.

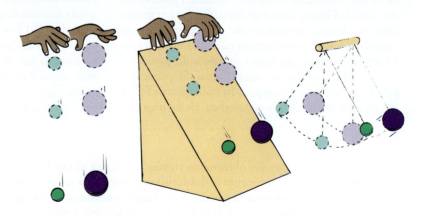

---

[1] A condição para haver movimento harmônico simples é que a força restauradora seja proporcional ao deslocamento em relação ao equilíbrio. Essa condição é satisfeita, pelo menos aproximadamente, para a maioria das vibrações. O componente do peso que tende a restaurar o pêndulo deslocado ao equilíbrio é diretamente proporcional ao deslocamento do pêndulo (para ângulos pequenos) – como para uma bola presa à ponta de uma mola. Recorde-se, do Capítulo 12, da lei de Hooke para uma mola: $F = k\Delta x$, onde a força que estica (comprime) a mola é diretamente proporcional ao comprimento da distensão (ou da compressão).

[2] A equação exata para o período de um pêndulo simples para pequenos arcos de oscilação é $T = 2\pi\sqrt{\dfrac{L}{g}}$, onde *T* é o período, *L* é o comprimento do pêndulo e *g* é a aceleração da gravidade.

Um pêndulo de maior comprimento tem um período mais longo do que um pêndulo mais curto; ou seja, ele balança para lá e para cá com menos frequência do que o pêndulo mais curto. Um relógio de pêndulo do tempo dos nossos avós tinha cerca de 1 m de comprimento, por exemplo, oscilando vagarosamente com um período de 2 s, ao passo que um relógio cuco têm um pêndulo mais curto, que oscila em um período menor do que um segundo. Além do comprimento, o período de um pêndulo depende da aceleração da gravidade. Os exploradores de minérios e de petróleo, assim como os geólogos, usam pêndulos ultrassensíveis para detectar diferenças muito pequenas nas acelerações mensuradas, que são afetadas pelas densidades das formações rochosas que existem no subsolo.

> Em 1848, Jean Foucault construiu um pêndulo muito comprido que, quando oscila, parece mudar constantemente de plano de vibração no decorrer do dia. Na realidade, é a Terra que gira abaixo do pêndulo.

PAUSA PARA TESTE

Qual dos dois tem o período mais longo, um pêndulo curto ou um comprido?

VERIFIQUE SUA RESPOSTA

Um pêndulo comprido tem um período longo (assim como a passada de uma girafa é maior do que a de um cão da raça *dachshund*, com suas perninhas curtas).

19.2 Descrição ondulatória

Uma curva senoidal também pode ser traçada por um prumo fixado a uma mola que descreve um movimento harmônico simples vertical (Figura 19.2). Como mencionado, uma curva senoidal é a representação gráfica de uma onda. Como no caso de uma onda se propagando na superfície da água, os pontos mais altos de uma onda senoidal são chamados de *cristas*, enquanto os mais baixos são chamados de *ventres*. A linha reta tracejada na figura representa a posição "zero", ou o ponto médio da vibração. O termo **amplitude** se refere à distância entre o ponto médio da vibração e a crista (ou vale) da onda. Portanto, a amplitude é igual ao máximo afastamento em relação ao equilíbrio.

O **comprimento de onda** de uma determinada onda é a distância que vai de uma crista a outra adjacente. Ou, equivalentemente, o comprimento de onda é a distância entre quaisquer duas partes idênticas e sucessivas da onda. Os comprimentos de onda das ondas na praia são medidos em metros; os das ondulações em uma poça e os dos fornos de micro-ondas normalmente são medidos em centímetros; e os da luz são medidos em bilionésimos de metro (nanômetros).

A taxa de repetição de uma determinada vibração é a sua **frequência**. A frequência de um pêndulo oscilante, ou de um objeto vibrando em uma mola, especifica o número de vibrações para lá e para cá que ele realiza em um determinado tempo (normalmente um segundo). Uma oscilação completa para lá e para cá constitui uma vibração. Se ela ocorre durante um segundo, a frequência é de uma vibração por segundo. Se ocorrem duas vibrações a cada segundo, a frequência é de duas vibrações por segundo.

A unidade de frequência do SI é chamada de **hertz** (Hz), em homenagem a Heinrich Hertz, que demonstrou a existência das ondas de rádio em 1886. Uma vibração por segundo é 1 hertz, duas vibrações por segundo equivalem a 2 hertz e assim por diante. Frequências mais altas são medidas em quilohertz (kHz, milhares de hertz), e outras ainda mais altas, em megahertz (MHz, milhões de hertz) ou gigahertz (GHz, bilhões

> A frequência de uma onda "clássica" – como uma onda sonora na água ou ondas de rádio – está sempre ajustada à frequência de sua fonte vibratória (no mundo quântico de átomos e fótons, as leis são diferentes).

FIGURA 19.2 Enquanto a massa vibra para cima e para baixo, a caneta vai traçando uma curva senoidal sobre o papel, que se move horizontalmente com velocidade constante. (Interpretado como gráfico do tempo, o comprimento de onda é, na verdade, o período.)

FIGURA 19.3 Os elétrons na antena transmissora vibram 960.000 vezes a cada segundo, produzindo ondas de rádio de 960 kHz.

de hertz). As ondas de rádio AM são medidas em quilohertz, enquanto as de rádio FM são medidas em megahertz; radares e fornos de micro-ondas operam frequências de gigahertz. Uma estação sintonizada em 960 kHz no dial do rádio AM, por exemplo, transmite ondas de rádio que oscilam com uma frequência de 960.000 vibrações por segundo. Uma estação FM em 101,7 MHz no dial transmite ondas de rádio com frequências de oscilação de 101.700.000 hertz. Essas frequências de ondas de rádio são aquelas nas quais os elétrons são forçados a vibrar na antena da torre transmissora da estação. Assim, vemos que a fonte de todas as ondas é sempre algo que vibra. A frequência de vibração da fonte e a frequência da onda que ela produz são idênticas.

O **período** de uma vibração ou de uma onda é o tempo que dura uma oscilação completa. Se a frequência de um objeto é conhecida, seu período pode ser calculado, e vice-versa. Suponha, por exemplo, que um determinado pêndulo execute duas vibrações a cada segundo. Sua frequência é 2 Hz. O tempo necessário para completar uma vibração – ou seja, o período da vibração – é 1/2 segundo. Já se a frequência for 3 Hz, então o período será 1/3 de segundo. A frequência (vibrações por segundo) e o período (segundos por vibração) são um o inverso do outro:

$$\text{Frequência} = \frac{1}{\text{período}}$$

ou vice-versa,

$$\text{Período} = \frac{1}{\text{frequência}}$$

> **PAUSA PARA TESTE**
>
> 1. Uma escova de dentes elétrica completa 90 ciclos a cada segundo. Qual é (a) a sua frequência e (b) o seu período?
> 2. Rajadas de vento fazem a Willis Tower, em Chicago, oscilar para trás e para a frente, completando ciclos a cada 10 s. Qual é (a) a sua frequência e (b) o seu período?
>
> **VERIFIQUE SUA RESPOSTA**
>
> 1. (a) 90 ciclos por segundo é 90 Hz; (b) 1/90 s.
> 2. (a) 1/10 Hz; (b) 10 s.

19.3 Movimento ondulatório

O movimento ondulatório pode ser mais facilmente compreendido considerando-se primeiro uma corda distendida horizontalmente. Se uma das extremidades da corda é sacudida para cima e para baixo, uma perturbação rítmica se propaga através da corda, como mostram as Figuras 19.2 e 19.5. Cada partícula que forma a corda se movimenta para cima e para baixo, enquanto, ao mesmo tempo, a perturbação move-se ao longo da extensão da corda. O meio, ou seja, a corda ou o que for, retorna à sua condição inicial após a perturbação ter passado. O que é propagado pela corda é a perturbação, e não o próprio meio.

Vamos considerar outro exemplo de uma onda para ilustrar que o que é de fato transportado de um lugar para outro é a perturbação do meio, e não o próprio meio. Se você olhar para um campo com capim alto a partir de uma posição elevada em um dia ventoso, verá ondas se propagando através do capinzal. As hastes individuais de cada capim não saem de seus lugares; em vez disso, elas balançam para lá e para cá. Enquanto continua o movimento ondulatório, o capim alto balança para a frente e para trás, vibrando entre limites bem definidos e não indo além. Quando cessa o movimento ondulatório, o capim retorna à sua posição inicial.

> Numerosos fãs em um *show* ou em um estádio "fazem uma ola" levantando-se de seus assentos, balançando os braços erguidos e depois sentando-se novamente nos respectivos assentos – todos em uma sequência apropriada.

Talvez o exemplo mais familiar de movimento ondulatório seja o de uma onda que se propaga na água. Se deixarmos cair uma pedra em uma lagoa parada, as ondas se propagarão para fora em círculos que se expandem, todos com os centros localizados no ponto onde foi produzida inicialmente a perturbação. Nesse caso, pode-se pensar que a água está sendo transportada junto com a onda, pois a água se espalha sobre o solo previamente seco após as ondas chegarem à margem. No entanto, devemos perceber que, se não houver obstáculos, a água retornará para o interior da lagoa, e as coisas acabarão voltando a ser como eram no início: a superfície da água foi perturbada, mas a água em si não foi para outro lugar diferente do inicial. Uma folha de árvore flutuando sobre a água da lagoa balançará para cima e para baixo enquanto as ondas estiverem passando por ela, mas acabará depois no mesmo lugar onde estava inicialmente. Mais uma vez, o meio retorna à sua condição inicial depois que a perturbação já passou – mesmo no caso extremo de um tsunami.

FIGURA 19.4 Ondas na água.

PAUSA PARA TESTE
Em uma palavra, o que é transmitido de um local para outro por todos os tipos de onda?

VERIFIQUE SUA RESPOSTA
Energia.

Todos os tipos de onda transmitem energia.

PRATICANDO FÍSICA

Aqui temos uma curva senoidal que representa uma onda transversal. Meça com uma régua o comprimento de onda e a sua amplitude.
Comprimento de onda _____
Amplitude _____

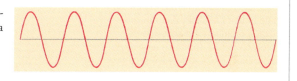

Ondas transversais

Fixe a uma parede uma das extremidades de uma corda, segurando a extremidade livre com a mão. Se de repente você puxar a extremidade livre da corda para cima e para baixo, produzirá um pulso que se propaga pela corda e por ela retorna (Figura 19.5). Nesse caso, o movimento das partes da corda (indicados pelas setas apontando para cima e para baixo) forma um ângulo reto com a direção de propagação da onda. Esse movimento lateral em ângulos retos é chamado de *movimento transversal*. Agora sacuda a corda para cima e para baixo com um movimento regular e contínuo, de modo que a série de pulsos assim gerados formem uma onda. Uma vez que o movimento do meio (a corda, nesse caso) é transversal à direção da propagação da onda, esse tipo de onda é chamado de **onda transversal.**

FIGURA 19.5 Uma onda transversal.

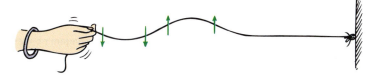

As ondas nas cordas tensionadas dos instrumentos musicais ou nas superfícies dos líquidos são transversais. Veremos mais adiante que as ondas eletromagnéticas, que constituem as ondas de rádio e a luz, também são transversais.

FIGURA 19.6 Tom Greenslade usa uma mola Slinky para ilustrar tanto ondas transversais quanto longitudinais.

O som requer um meio. Ele não pode se propagar no vácuo, porque não existe algo ali para ser comprimido ou esticado.

FIGURA 19.7 Ambas as ondas transferem energia da esquerda para a direita. (a) Quando uma das extremidades de uma mola Slinky é empurrada e puxada rapidamente ao longo de seu comprimento, forma-se uma onda longitudinal. (b) Quando ela é sacudida para cima e para baixo, forma-se uma onda transversal.

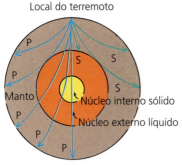

FIGURA 19.8 Ondas P e S geradas por um terremoto.

> **PAUSA PARA TESTE**
> O que é transmitido nos pulsos da corda que vibra na Figura 19.5?
>
> **VERIFIQUE SUA RESPOSTA**
> Energia.

Ondas longitudinais

Nem todas as ondas são transversais. Às vezes, as partes que constituem o meio movem-se para a frente e para trás na mesma direção em que se propaga a onda. O movimento se dá *ao longo* da direção de propagação, e não em ângulo reto com ela. Isso produz uma **onda longitudinal.**

Tanto uma onda transversal quanto uma longitudinal podem ser demonstradas com uma mola comprida, distendida sobre o piso, como mostra a Figura 19.7. Pode-se produzir uma onda transversal sacudindo, rápida e repetidamente, a extremidade livre da mola de um lado para outro, em uma direção perpendicular à mola Slinky. Já uma onda longitudinal pode ser produzida empurrando e puxando, rápida e repetidamente, a extremidade da mola para a frente e para trás em uma direção paralela à mola. Nesse caso, vemos o meio vibrar paralelamente à direção de transferência da energia. Partes da mola estão comprimidas, e uma onda de *compressão* percorre a mola. Entre duas regiões adjacentes de compressão, existe uma região onde a mola está distendida, que será chamada de *rarefação*. Tanto a compressão quanto a rarefação se propagam na mesma direção, ao longo da mola. As ondas de som são ondas longitudinais.

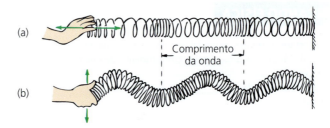

As ondas que se propagam no solo e são geradas por terremotos são de dois tipos principais: as ondas longitudinais P e as ondas transversais S. (Os estudantes de geologia frequentemente lembram das ondas P como ondas do tipo "empurra-puxa" e das ondas S como ondas do tipo "para um lado e para o outro".) As ondas S não podem se propagar através de material líquido, ao passo que as ondas P se propagam através tanto das partes sólidas quanto das partes fundidas do interior do planeta. O estudo dessas ondas revela muito acerca do interior da Terra.

O comprimento de onda de uma onda longitudinal é a distância entre compressões sucessivas ou, o que é equivalente, a distância entre rarefações sucessivas. O exemplo mais comum desse tipo de onda é o som se propagando no ar. Enquanto o som está passando, os elementos de ar vibram para lá e para cá em torno de uma determinada posição de equilíbrio. Abordaremos as ondas sonoras detalhadamente no Capítulo 20.

> **PAUSA PARA TESTE**
> As compressões e rarefações de uma onda longitudinal se propagam no mesmo sentido ou em sentidos opostos?
>
> **VERIFIQUE SUA RESPOSTA**
> Ambas movem-se no mesmo sentido ao mesmo tempo.

19.4 A rapidez da onda

O movimento ondulatório depende do meio pelo qual a onda se propaga. A rapidez do movimento periódico ondulatório está relacionada à frequência e ao comprimento de onda das ondas. Podemos compreender isso considerando o caso simples das ondas na água (Figura 19.9). Imagine que fixamos nossos olhos em um determinado ponto estacionário da superfície da água e observamos as ondas que passam por esse ponto. Podemos determinar quanto tempo decorre entre a chegada de uma crista e a chegada da próxima (o período), e também podemos observar a distância entre as cristas (o comprimento de onda). Sabemos que a rapidez é definida como a distância dividida pelo tempo. Nesse caso, a distância corresponde a um comprimento de onda, e o tempo decorrido é um período, de modo que rapidez da onda = distância/tempo = (comprimento de onda)/período. Uma vez que o período é o inverso da frequência, podemos dizer que a **rapidez da onda** que atravessa um determinado ponto é igual à frequência da onda multiplicada pelo seu comprimento de onda.

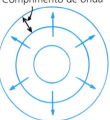

FIGURA 19.9 Uma vista superior de ondas na água. Cada círculo azul representa uma crista do padrão ondulatório em expansão. Tais linhas de crista são chamadas de *frentes de onda*.

$$\text{Rapidez da onda} = \text{frequência} \times \text{comprimento de onda}$$
$$v = f\lambda$$

Por exemplo, imagine que um ponto de uma corda apertada vibra para cima e para baixo duas vezes por segundo (sua frequência de vibração) e que a distância entre as cristas da onda é de 4 metros. Você enxerga que a rapidez será igual a 2 vibrações por segundo vezes 4 metros = 8 metros por segundo? Essa relação se sustenta para todos os tipos de onda, sejam elas ondas na água, ondas sonoras ou ondas luminosas.

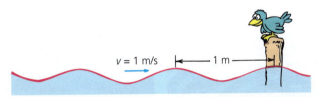

FIGURA 19.10 Se o comprimento de onda é 1 m, e um comprimento de onda inteiro passa a cada segundo pela estaca, então a rapidez da onda é 1 m/s.

A frequência à qual uma onda vibra é completamente diferente da rapidez com a qual ela se move de um lugar para outro.

A velocidade *v* de uma onda pode ser expressa pela relação $v = f\lambda$, onde *f* é a frequência e λ (a letra grega lambda) é o comprimento de onda da onda.

PAUSA PARA TESTE

1. Se um trem com vagões de carga, cada qual com 10 metros de comprimento, se desloca de modo que os vagões passam por você a uma taxa de três deles por segundo, qual é a rapidez do trem?

2. Se uma onda se propagando na água faz o líquido oscilar para cima e para baixo três vezes por segundo, e a distância entre cristas adjacentes é igual a 2 m, qual é a sua frequência? E seu comprimento de onda? E sua rapidez?

VERIFIQUE SUA RESPOSTA

1. A rapidez é igual a 30 m/s. Podemos obter isso de duas maneiras. (a) De acordo com a definição de rapidez do Capítulo 2, $v = d/t = (3 \times 10 \text{ m})/1 \text{ s} = 30$ m/s, pois 30 metros de trem passam por você a cada segundo. (b) Se comparamos nosso trem ao movimento ondulatório, onde o comprimento de onda corresponde a 10 m e a frequência é 3 Hz, então rapidez = comprimento de onda × frequência = 10 m × 3 Hz = 10 m × 3/s = 30 m/s. (Observe que 3 Hz significa 3 ciclos em 1 s, ou simplesmente 3/s, pois a palavra ciclos, que é apenas um número de contagem, não precisa ser escrita na unidade de frequência.)

2. A frequência da onda é 3 Hz; seu comprimento de onda é 2 m; e a correspondente rapidez da onda = comprimento de onda × frequência = 3/s × 2 m = 6 m/s.

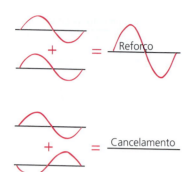

FIGURA 19.11 Interferências construtiva e destrutiva entre ondas transversais.

19.5 Interferência

Enquanto um objeto material, como uma rocha, não compartilha seu espaço com outro, mais de uma onda ou vibração pode existir simultaneamente no mesmo espaço. Se deixarmos cair duas pedras na água, as ondas geradas por cada uma delas poderão se encontrar e produzir **interferência ondulatória**. A superposição de ondas pode formar um **padrão de interferência**. Nesse padrão, os efeitos ondulatórios podem se reforçar, se enfraquecer ou mesmo se neutralizar.

Quando duas ou mais ondas ocupam um mesmo espaço ao mesmo tempo, os deslocamentos causados por cada uma delas se adicionam em cada ponto. Isso é o *princípio da superposição*. Assim, quando a crista de uma onda se superpõe à crista de outra, seus efeitos individuais se somam e produzem uma onda resultante com amplitude maior. Isso é chamado de *interferência construtiva* (Figura 19.11). Quando a crista de uma onda se superpõe com o ventre de outra, seus efeitos individuais são reduzidos. A parte alta de uma onda simplesmente preenche a parte baixa da outra. Isso é chamado de *interferência destrutiva*.

A interferência de ondas é observada mais facilmente na superfície da água. Na Figura 19.12, vemos o padrão de interferência formado quando dois objetos em vibração tocam na superfície da água. Podemos ver as regiões onde a crista de uma onda se superpõe ao ventre de outra, produzindo regiões de amplitude nula. Em pontos ao longo dessas regiões, as ondas chegam descompassadas. Dizemos, então, que elas estão *fora de fase* uma em relação à outra.

A interferência é uma característica de todo movimento ondulatório, seja de ondas se propagando na água, ondas sonoras ou ondas luminosas. Abordaremos a interferência do som no próximo capítulo, e a de ondas luminosas no Capítulo 29.

FIGURA 19.12 Duas ondas na água em superposição, produzindo um padrão de interferência. O diagrama à esquerda é um desenho idealizado das ondas que se expandem a partir das duas fontes. O diagrama da direita é uma fotografia de um padrão de interferência real.

Ondas estacionárias

Se fixarmos uma corda a uma parede e sacudirmos sua extremidade livre repetidamente para cima e para baixo, produziremos um trem de ondas na corda. A parede é rígida demais para vibrar, de modo que as ondas são refletidas nela, voltando pela corda. Sacudindo a corda de maneira apropriada, fazemos com que as ondas incidentes e refletidas na parede se superponham para formar uma **onda estacionária**, em que partes da corda, denominadas *nodos*, são estacionárias (Figura 19.13). Os nodos são aquelas regiões onde o deslocamento é mínimo ou nulo, com energia mínima ou nula. Os *antinodos* (não indicados na Figura 19.13), por outro lado, são aquelas regiões onde o deslocamento e a energia são máximos. Você pode manter seus dedos um pouco abaixo e um pouco acima da corda em um dos nodos, e a corda não os tocará. Outras partes da corda, especialmente nos antinodos, tocariam seus dedos na mesma situação. Os antinodos ocorrem a meio caminho entre dois nodos consecutivos.

As ondas estacionárias resultam da interferência (e, como veremos no Capítulo 20, da *ressonância*). Quando duas ondas com mesma amplitude e mesmo comprimento

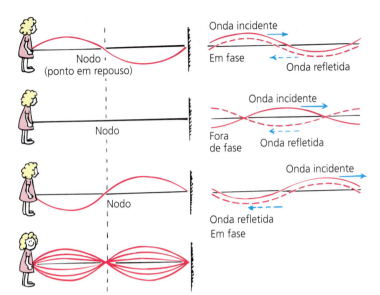

FIGURA 19.13 As ondas incidente e refletida interferem, originando uma onda estacionária.

de onda passam uma pela outra em sentidos opostos, elas estão constante e alternadamente em fase e fora de fase. Isso ocorre com uma onda refletida sobre si mesma. Em tal situação, são produzidas regiões estáveis de interferência construtiva e destrutiva.

Você mesmo pode facilmente gerar ondas estacionárias. Prenda uma corda, ou melhor, um tubo flexível de borracha, a um suporte firme. Sacuda o tubo para cima e para baixo com a mão. Se você sacudir o tubo com a frequência certa, conseguirá produzir uma onda estacionária como a mostrada na Figura 19.14a. Se sacudir o tubo com uma frequência duas vezes maior, produzirá uma onda estacionária com a metade do comprimento de onda da anterior, tendo dois *loops* (Figura 19.14b). (A distância entre dois nodos sucessivos é a metade do comprimento de onda; dois *loops* constituem um comprimento de onda completo.) Se triplicar a frequência, a onda estacionária gerada terá um terço do comprimento de onda original e três *loops* (Figura 19.14c), e assim por diante.

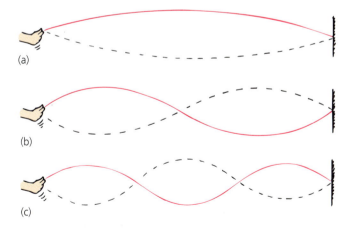

FIGURA 19.14 (a) Sacuda a corda até que se estabeleça uma onda estacionária com um *loop* (½ comprimento de onda).
(b) Sacuda-a com frequência duas vezes maior para produzir uma onda estacionária com dois *loops* (1 comprimento de onda).
(c) Sacuda-a com frequência três vezes maior para produzir uma onda estacionária com três *loops* (1½ comprimentos de onda).

As ondas estacionárias se formam em cordas de instrumentos musicais quando são tangidas, percutidas ou postas a vibrar por um arco. Elas se formam no ar no interior do tubo de um órgão, de uma corneta ou de uma clarineta, e no ar que se encontra dentro de uma garrafa de refrigerante quando se sopra lateralmente na boca da garrafa. Pode-se também produzir ondas estacionárias dentro de um tubo com água ou de uma xícara de café balançando o tubo ou o recipiente para a frente e para trás com a frequência correta. Ondas estacionárias podem ser produzidas por vibrações tanto transversais quanto longitudinais.

Um órgão de tubos ou uma flauta produz som por meio de ondas estacionárias da coluna de ar do instrumento.

FIGURA 19.15 Satchmo produzindo ondas sonoras estacionárias em seu trompete.

> **PAUSA PARA TESTE**
>
> 1. É possível uma onda cancelar outra onda, de forma que a amplitude resultante seja nula em determinados pontos?
> 2. Suponha que você produza uma onda estacionária com três *loops*, como mostrado na Figura 19.14c. Se você sacudir a corda com frequência três vezes maior, quantos *loops* ocorrerão na nova onda estacionária gerada? Quantos comprimentos de onda?

VERIFIQUE SUA RESPOSTA

1. Sim. Isso é chamado de interferência destrutiva. Em uma onda estacionária numa corda, por exemplo, partes da corda não têm amplitude alguma de movimento – os nodos.
2. Se você dobrar a frequência com a qual a corda é sacudida, produzirá uma onda estacionária com duas vezes mais *loops*. Você obterá, então, seis *loops*. Uma vez que dois *loops* correspondem a um comprimento de onda completo, a onda gerada terá três comprimentos de onda inteiros ao longo da extensão da corda.

19.6 Efeito Doppler

Um padrão de ondas na água, produzidas por um inseto que sacode suas pernas e balança-se para cima e para baixo no meio de uma poça de água calma, é mostrado na Figura 19.16. O inseto não está se dirigindo a algum lugar específico, mas simplesmente perturbando a superfície da água numa posição fixa. As ondas que ele produz são círculos concêntricos, pois a rapidez de propagação da onda é a mesma em qualquer direção. Se o inseto se balança sobre a água com uma frequência constante, a distância entre as cristas de onda (o comprimento de onda) é a mesma em todas as direções. As ondas chegam ao ponto A com a mesma frequência com que chegam ao ponto B. Isso significa que a frequência do movimento ondulatório é a mesma nos pontos A e B ou em qualquer outro lugar na vizinhança do inseto. Essa frequência ondulatória é a mesma frequência do balanço do inseto sobre a superfície da água.

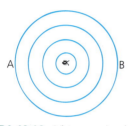

FIGURA 19.16 Vista superior de ondas que se propagam na superfície da água, produzidas por um inseto que se balança sobre água parada. Os círculos representam frentes de onda do padrão de expansão.

Suponha que o inseto do parágrafo anterior agora se mova pela água com uma rapidez menor do que a da onda que se propaga nesse meio. Na verdade, considere que o inseto esteja perseguindo as ondas que ele mesmo produz. O padrão ondulatório produzido, nesse caso, será distorcido e não mais consistirá em círculos concêntricos (Figura 19.17). A crista circular da onda mais externa foi gerada quando o inseto se encontrava no centro desse círculo. O centro da próxima crista circular mais interna é a posição em que se encontrava o inseto no momento em que essa crista foi gerada, e assim por diante. Os centros das cristas circulares movem-se no mesmo sentido em que o inseto está nadando. Embora ele mantenha a mesma frequência de balanço sobre a água que antes, um observador no ponto B veria as cristas da onda chegando nele com maior frequência. O observador, portanto, mediria uma frequência maior. Isso porque cada crista sucessiva tem uma distância menor a percorrer e, assim, chega ao ponto B mais frequentemente do que se o inseto não estivesse nadando em direção a B. Já um outro observador em A mede uma frequência *menor*, por causa do maior tempo decorrido entre as chegadas das cristas naquele ponto. Isso porque, para alcançar A, cada crista deve percorrer uma distância maior do que a crista que a antecede, devido ao movimento do inseto. Essa alteração da frequência devido ao movimento da fonte (ou do receptor) é denominada **efeito Doppler** (em homenagem ao cientista austríaco Christian Doppler, 1803-1853).

As ondas na água se espalham por toda a superfície plana da água. O som e as ondas luminosas, por outro lado, se propagam no espaço tridimensional, em todas as direções, como um balão em expansão. Como as cristas de onda circulares estão mais próximas umas das outras na frente do inseto que nada, as cristas de onda esféricas do som e das ondas luminosas estão mais próximas entre si na frente da fonte que se move, chegando mais frequentemente ao receptor.

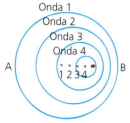

FIGURA 19.17 As ondas produzidas na superfície da água por um inseto que nada em direção ao ponto B.

PAUSA PARA TESTE
Como o movimento de uma fonte de ondas afeta a rapidez das ondas que emite?

VERIFIQUE SUA RESPOSTA
Não afeta. A rapidez da onda é determinada pelo meio de propagação. A frequência e o comprimento de onda podem sofrer variações, mas não a rapidez da onda.

O efeito Doppler é evidente quando você presta atenção na altura (frequência) do som emitido pela sirene de um caminhão de bombeiros que passa por você. Enquanto o veículo está se aproximando, a altura do som é maior do que o normal (mais alta, como uma nota mais alta em uma escala musical). Isso acontece porque as cristas das ondas sonoras estão atingindo seus ouvidos mais frequentemente. Depois que o caminhão já passou por você e está se afastando, você detecta uma redução na altura, pois as cristas das ondas estão agora chegando aos seus ouvidos menos frequentemente.

FIGURA 19.18 A altura (frequência) do som aumenta quando a fonte sonora está se aproximando e diminui quando ela está se afastando.

O efeito Doppler também ocorre com a luz. Quando uma fonte luminosa está se aproximando, há um aumento na frequência medida para ela; quando ela está se afastando, ocorre uma diminuição. Um aumento na frequência é chamado de *desvio para o azul*, porque o aumento ocorre em direção às altas frequências, ou na extremidade azul do espectro das cores. Uma diminuição da frequência é chamada de *desvio para o vermelho*, referente ao deslocamento para as frequências mais baixas, ou seja, a extremidade vermelha do espectro das cores. Galáxias distantes, por exemplo, apresentam um desvio para o vermelho na luz que elas emitem. Medir esse deslocamento permite calcular suas velocidades de afastamento. Uma estrela que gira rapidamente apresenta um desvio para o vermelho na luz que foi emitida pelo lado da estrela que está se afastando de nós enquanto gira. Ainda, ela apresenta um desvio para o azul na luz emitida pelo lado dela que está se aproximando de nós enquanto gira. Isso torna possível aos astrônomos calcular o taxa de rotação da estrela.

Esteja certo de ter entendido a diferença entre *frequência* e *rapidez* ou *velocidade*. Quão frequentemente uma onda vibra é completamente diferente da rapidez com a qual ela se move de um lugar para outro.

PAUSA PARA TESTE
Enquanto você está parado, uma fonte sonora se move em sua direção. A velocidade do som que você mede com essa onda será maior ou menor do que a velocidade medida quando a fonte está parada?

VERIFIQUE SUA RESPOSTA
Nenhuma dessas duas possibilidades! Assim como na Pausa para Teste anterior, a *frequência* da onda e o comprimento de onda sofrem uma alteração quando existe movimentação da fonte, mas sua *rapidez* de propagação não. Seja claro acerca da distinção que existe entre frequência e rapidez.

19.7 Ondas de proa

Quando a rapidez com que uma fonte se move é maior do que a rapidez de propagação das ondas que ela produz, acontece algo interessante: as ondas se amontoam na frente da fonte. Considere o inseto de nosso exemplo anterior, que agora está nadando tão rápido quanto a onda produzida. Você consegue perceber que o inseto se manterá junto com as ondas que ele gera? Em vez de as ondas geradas se moverem adiante do inseto, afastando-se dele, elas passam a se superpor e a se amontoar umas nas

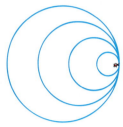

FIGURA 19.19 Um padrão ondulatório produzido por um inseto nadando com a mesma rapidez da onda.

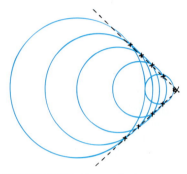

FIGURA 19.20 Uma onda de proa, ou seja, o padrão formado por um inseto que nada mais rápido do que a onda se propaga. Os pontos em que ondas adjacentes se superpõem (assinalados com "x") produzem uma forma em "V".

FIGURA 19.21 Padrões formados por um inseto nadando com valores de rapidez gradualmente maiores. A superposição nas bordas ocorre apenas quando o inseto nada com rapidez maior do que a rapidez da onda.

outras na parte que está diretamente na frente dele (Figura 19.19). O inseto move-se exatamente junto com as partes frontais das cristas de onda circulares que ele produz.

Um fato semelhante acontece com um avião que voa à velocidade do som. Nos primórdios da aviação a jato, se acreditava que o amontoamento das ondas de som à frente da nave constituía uma espécie de "barreira do som". Também se acreditava que, para deslocar-se mais rapidamente do que o som no ar, o avião teria de "quebrar a barreira do som". O que de fato acontece é que a superposição das cristas das ondas rompe o fluxo de ar sobre as asas, tornando mais difícil controlar a nave. Contudo, essa barreira não é real. Da mesma forma que um barco pode facilmente deslocar-se mais rápido do que as ondas que ele produz, com potência suficiente, uma aeronave pode facilmente voar a uma velocidade maior do que a do som no ar. Dizemos, então, que o avião é *supersônico*. Um avião supersônico voa num ar calmo e não perturbado, pois nenhuma onda sonora pode estar se propagando na frente dele. Analogamente, um inseto que nada com rapidez maior do que a das ondas na superfície da água sempre encontra pela frente uma superfície líquida lisa e não perturbada.

Quando um inseto nada mais rapidamente do que as ondas se propagam no meio, ele produz, de forma idealizada, um padrão como o que é mostrado na Figura 19.20. Ele consegue escapar das ondas que ele mesmo produz. As ondas se sobrepõem nas bordas, e o padrão assim formado tem a forma de um "V", chamado de **onda de proa**, que parece ser arrastado pelo inseto. A famosa onda de proa familiar gerada por uma lancha cortando a superfície da água não é uma típica onda oscilatória. Ela é uma perturbação produzida pela superposição de muitas ondas circulares.

Alguns padrões ondulatórios formados por fontes que se movimentam com valores diferentes de rapidez são mostrados na Figura 19.21. Note que após a rapidez da fonte ultrapassar a rapidez da onda, um aumento na rapidez da fonte produz uma forma em "V" mais estreita.[3]

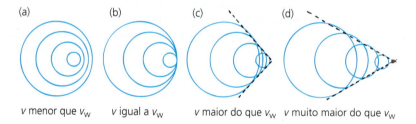

(a) v menor que v_w (b) v igual a v_w (c) v maior do que v_w (d) v muito maior do que v_w

> **PAUSA PARA TESTE**
>
> 1. Com que rapidez um inseto deve nadar para seguir junto com as ondas que ele produz na superfície da água? Com que rapidez ele deve nadar para produzir uma onda de proa?
> 2. Em quais dos padrões de onda da Figura 19.21 a interferência contribui para a onda?

VERIFIQUE SUA RESPOSTA

1. O inseto deve nadar tão rápido quanto as ondas para acompanhá-las. Se nadar mais rápido do que elas, produzirá uma onda de proa.
2. Apenas em (c) e (d) a superposição sucessiva das ondas se sobrepõe construtivamente, de modo a produzir ondas de proa.

---

[3] As ondas de proa geradas por barcos são, de fato, mais complexas do que é indicado aqui. Nosso tratamento idealizado serve como uma analogia da produção de ondas de choque mais complexas no ar.

19.8 Ondas de choque

Uma lancha cortando a água gera uma onda de proa bidimensional. Analogamente, uma aeronave supersônica gera uma **onda de choque** tridimensional. Da mesma forma que uma onda de proa é gerada pela superposição de ondas circulares, formando um "V", uma onda de choque é gerada pela superposição de ondas esféricas, formando um cone. Da mesma forma que uma onda de proa gerada por uma lancha se espalha até alcançar a beira da água, a onda cônica gerada por uma aeronave supersônica se espalha até alcançar o solo.

A onda de proa gerada por uma lancha que passa por você pode espirrar e acabar molhando-o se estiver nas margens da água. Nesse sentido, você pode dizer que foi atingido por um "estrondo aquático". Da mesma maneira, quando a "concha" cônica de ar comprimido que se desloca atrás de uma aeronave supersônica chega àqueles que estão abaixo, no solo, a "pancada" seca que se escuta é descrita como um **estrondo sônico.**

Não se escuta um estrondo sônico originado por uma aeronave mais lenta do que o som, ou subsônica, porque as ondas sonoras que chegam aos nossos ouvidos são percebidas como um som contínuo. Somente quando a nave se mover mais rapidamente do que o som é que ocorrerá a superposição das ondas que alcançarão nossos ouvidos como um único estouro. O súbito aumento da pressão causa praticamente o mesmo efeito que a rápida expansão do ar durante uma explosão. Ambos os processos emitem um estouro de ar comprimido para o ouvinte. Os tímpanos são fortemente comprimidos pela alta pressão e incapazes de distinguir entre uma explosão e a onda de choque de alta pressão produzida pela superposição de muitas ondas sonoras.

Um esquiador aquático está familiarizado com o fato de que, próximo às altas cristas da onda de proa em V, existe uma depressão em forma de V. O mesmo é verdadeiro para uma onda de choque, que, em geral, consiste em dois cones: um de alta pressão, gerado pela ponta da aeronave supersônica, e outro de baixa pressão, que segue a cauda da nave.[4] As bordas desses cones são visíveis na fotografia do projétil supersônico da Figura 19.23. Entre os dois cones, a pressão se eleva rapidamente acima da pressão atmosférica, então cai abaixo dela, antes de se elevar rapidamente para a pressão atmosférica normal após a passagem do cone mais interno produzido pela cauda (Figura 19.24). Essa pressão acima do normal, subitamente seguida de uma pressão abaixo do normal, intensifica o estrondo sônico resultante.

Um equívoco muito comum é o de que os estrondos sônicos são produzidos quando a aeronave voa através da "barreira do som" – ou seja, justamente quando a aeronave ultrapassa a velocidade do som. Isso é o mesmo que dizer que a onda de proa gerada por um barco existe apenas quando ele está alcançando as ondas que ele mesmo gerou. Não é assim que acontece. A realidade é que uma onda de choque e o estrondo sônico dela resultante estão continuamente varrendo as regiões acima e abaixo da aeronave que se desloca com rapidez maior do que a do som, da mesma forma

FIGURA 19.22 Essa aeronave produz um rastro de vapor em forma de nuvem que acabou de condensar com a rápida expansão do ar na região rarefeita atrás da "parede" de ar comprimido.

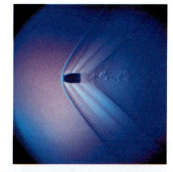

FIGURA 19.23 A bala, mais rápida do que o som, comprime o ar à sua frente e produz ondas de choque visíveis em detalhes.

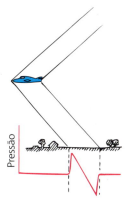

FIGURA 19.24 A onda de choque de fato é formada por dois cones – um de alta pressão, com o vértice localizado no bico da aeronave, e outro de baixa pressão, com o vértice no bico traseiro da cauda. O gráfico da pressão do ar ao nível do solo, entre os dois cones, adquire a forma da letra "N".

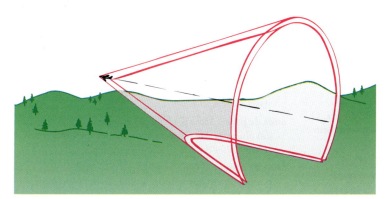

FIGURA 19.25 Uma onda de choque.

---

[4] Em geral, as ondas de choque são mais complexas e envolvem cones múltiplos.

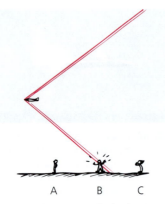

FIGURA 19.26 A onda de choque ainda não alcançou o ouvinte A, mas está alcançando o ouvinte B e já passou pelo ouvinte C.

que a onda de proa está varrendo continuamente as partes da água que ficam para trás de uma lancha. Na Figura 19.26, o ouvinte B está no processo de escuta do estrondo sônico. O ouvinte C já o escutou, e o ouvinte A o escutará em breve. A aeronave que gera essa onda de choque pode ter rompido a barreira do som muitos minutos atrás!

> **PAUSA PARA TESTE**
> O estrondo sônico é uma experiência isolada para as pessoas no solo abaixo de um avião supersônico ou é contínuo?
>
> **VERIFIQUE SUA RESPOSTA**
> Ambos. O estrondo sônico é um evento isolado para o ouvinte estacionário, mas o cone da onda de choque move-se continuamente sobre o solo com rapidez igual à da aeronave, semelhante à onda de proa que se arrasta continuamente atrás de uma lancha.

Não é necessário que a fonte móvel seja "ruidosa" para produzir uma onda de choque. Uma vez que o objeto esteja se movendo a uma velocidade maior do que a do som no ar, ele *produzirá* som. Um projétil supersônico passando acima de nossas cabeças produz um estalo, que é um pequeno estrondo sônico. Se ele fosse maior e perturbasse mais o ar em sua passagem, o estalo se pareceria mais com um estrondo. Quando um domador de leões estala seu chicote no picadeiro do circo, o som de estalido que se escuta é, de fato, um estrondo sônico produzido pela ponta do chicote, que se desloca mais rapidamente do que o som no ar. Tanto o projétil quanto a ponta do chicote não estão vibrando, de modo que eles não constituem fontes de som. No entanto, quando se deslocam a velocidades supersônicas, produzem seu próprio som ao gerarem ondas de choque.

Revisão do Capítulo 19

TERMOS-CHAVE (CONHECIMENTO)

curva senoidal Uma forma de onda descrita por um movimento harmônico simples, que pode se tornar visível sobre uma esteira rolante que se move abaixo de um pêndulo oscilando em ângulo reto com a esteira.

amplitude Para uma onda ou uma vibração, o máximo afastamento, para ambos os lados, em relação à posição de equilíbrio (o ponto médio).

comprimento de onda Distância entre cristas, ventres ou partes idênticas sucessivas de uma onda.

frequência Para um corpo ou meio vibrante, é o número de vibrações por unidade de tempo. Para uma onda, é o número de cristas que passam por um determinado ponto por unidade de tempo.

hertz A unidade do SI para frequência. Um hertz (símbolo Hz) é igual a uma vibração por segundo.

período O tempo decorrido durante uma vibração completa. O período de uma onda é igual ao período de sua fonte, também igual a 1/frequência.

onda transversal Uma onda em que o meio vibra em uma direção perpendicular (transversal) à direção de propagação da onda. Ondas luminosas e ondas na superfície da água são ondas desse tipo.

onda longitudinal Uma onda na qual o meio vibra em uma direção paralela (longitudinal) à direção de propagação da onda. As ondas sonoras são desse tipo.

rapidez da onda Rapidez com a qual uma onda atravessa um ponto dado.

Rapidez da onda = frequência × comprimento de onda

interferência ondulatória Fenômeno que ocorre quando duas ondas se encontram ao se propagarem em um mesmo meio.

padrão de interferência Padrão formado pela superposição de duas ou mais ondas que chegam simultaneamente a uma região.

onda estacionária Um padrão de onda estacionária se forma em um meio quando duas ondas idênticas passam por ele em sentidos opostos.

efeito Doppler Um deslocamento na frequência detectada, devido ao movimento da fonte vibratória que se aproxima ou se afasta do receptor.

onda de proa Uma perturbação em forma de "V" causada por um objeto que se move na superfície de um líquido com velocidade maior do que a velocidade da onda.

onda de choque Uma perturbação em forma de cone causada por um objeto que se move a uma rapidez supersônica através de um fluido.

estrondo sônico Som ruidoso resultante da incidência de uma onda de choque.

QUESTÕES DE REVISÃO (COMPREENSÃO)

19.1 Boas vibrações

1. Como se chama um movimento bamboleante com o transcorrer do *tempo*? Como se chama um movimento bamboleante em função do *espaço* e do tempo?
2. O que é a fonte de todas as ondas?
3. O que significa o *período* de um pêndulo?
4. Qual dos dois tem o período mais longo, um pêndulo curto ou um comprido?

19.2 Descrição ondulatória

5. Como uma curva senoidal está relacionada com uma onda?
6. Faça distinção entre essas diferentes características de uma onda: período, amplitude, comprimento de onda e frequência.
7. Quantas vibrações por segundo existem em uma onda de rádio de 101,7 MHz?
8. Como se relacionam a *frequência* e o *período*?

19.3 Movimento ondulatório

9. Em uma palavra, o que se move entre a fonte e o receptor no movimento ondulatório?
10. O meio em que se propaga uma onda move-se junto com ela?
11. Em que direção ocorrem as vibrações de uma onda transversal em relação à sua direção de propagação?
12. Em que direção ocorrem as vibrações de uma onda longitudinal em relação à sua direção de propagação?
13. O comprimento de onda de uma onda transversal é a distância entre duas cristas (ou dois ventres) sucessivas(os). Em que consiste o comprimento de onda de uma onda longitudinal?

19.4 A rapidez da onda

14. Qual é a relação entre a frequência, o comprimento de onda e a rapidez de uma onda?
15. Rapidez em geral = (distância percorrida)/(tempo de deslocamento). Escreva essa relação em termos de deslocar-se por uma distância de um comprimento de onda durante um tempo igual a 1 período.
16. Repita o exercício anterior, mas expresse o período como 1/frequência e mostre que rapidez = comprimento de onda × frequência.

19.5 Interferência

17. O que se quer expressar com o *princípio da superposição*?
18. Faça distinção entre *interferência construtiva* e *interferência destrutiva*.
19. Que tipos de ondas podem apresentar interferência?
20. O que é um *nodo*? O que é um *antinodo*?
21. As ondas estacionárias são uma propriedade das ondas transversais, das ondas longitudinais ou de ambas?

19.6 Efeito Doppler

22. No efeito Doppler, a frequência se altera? E o comprimento de onda? E a rapidez da onda?
23. O efeito Doppler pode ser observado em ondas longitudinais, em ondas transversais ou em ambas?
24. O que significa um deslocamento da luz para o azul e para o vermelho?

19.7 Ondas de proa

25. Com que rapidez um inseto deve nadar para seguir junto com as ondas que ele produz na superfície da água? Com que rapidez ele deve nadar para produzir uma onda de proa?
26. Com que rapidez voa uma aeronave supersônica, comparada com a rapidez do som?
27. Como a forma em "V" de uma onda de proa muda com a variação da rapidez da fonte?

19.8 Ondas de choque

28. Uma onda de proa que se propaga na superfície da água é bidimensional. E quanto a uma onda de choque que se propaga no ar?
29. Verdadeiro ou falso: um estrondo sônico ocorre apenas quando a aeronave está rompendo a barreira do som. Justifique sua resposta.
30. Verdadeiro ou falso: para que um objeto possa produzir um estrondo sônico, é preciso que ele seja ruidoso. Dê dois exemplos que justifiquem sua resposta.

PENSE E FAÇA (APLICAÇÃO)

31. Amarre uma mangueira de borracha, uma corda ou um barbante a um suporte fixo e produza ondas estacionárias. Veja quantos nodos você consegue produzir.
32. Molhe seu dedo e esfregue-o lentamente ao redor da borda de uma taça de vinho, mantendo sua base firme no tampo da mesa com a outra mão. O atrito de seu dedo excitará ondas estacionárias no vidro, de maneira muito parecida com a qual se produz ondas nas cordas de um violino pelo atrito de um arco. Tente fazer o mesmo usando uma tigela metálica.

33. Comunique-se com um amigo como se fazia antes da invenção dos *walkie-talkies*. Prenda um barbante de alguns metros de comprimento a furinhos no fundo de duas latas de metal vazias. Faça um nó em cada ponta do cordão para fixá-la no fundo da lata. Peça que o amigo leve a lata ao ouvido e estique bem o barbante. Fale na sua lata. O que acontece? As pessoas nem sempre tiveram telefones celulares.
34. Contate sua avó e conte-lhe como duas ondas podem se cancelar. Também fale de algumas das aplicações desse fenômeno físico que estão sendo usadas atualmente.

PEGUE E USE (FAMILIARIZAÇÃO COM EQUAÇÕES)

$$\text{Frequência} = \frac{1}{\text{período}}; \quad f = \frac{1}{T}$$

35. Qual é a frequência, em hertz, correspondente a cada um dos períodos:
    a. 0,10 s.
    b. 5 s.
    c. 1/60 s.

$$\text{Período} = \frac{1}{\text{frequência}}; \quad T = \frac{1}{f}$$

36. Qual é o período, em segundos, correspondente a cada uma das seguintes frequências?
    a. 10 Hz.
    b. 0,2 Hz.
    c. 60 Hz.

$$\text{Rapidez da onda} = \frac{\text{comprimento de onda}}{\text{período}} \text{ ou frequência} \times \text{comprimento de onda}$$

$$v = f\lambda$$

37. Qual será a rapidez de propagação de uma onda na água se a frequência for 2 Hz e o comprimento de onda for 1,5 m?
38. Com que rapidez se propaga uma onda sonora de 200 Hz e comprimento de onda de 1,7 m?

PENSE E RESOLVA (APLICAÇÃO MATEMÁTICA)

39. Um peso suspenso em uma mola balança para cima e para baixo ao longo de uma distância de 20 centímetros, duas vezes por segundo. Qual é a sua frequência? Seu período? Sua amplitude?
40. O capitão de um barco nota que a cada 5 s uma crista de onda passa pela corrente da âncora. Ele estima a distância entre as cristas das ondas em 15 m. Ele também estima corretamente a rapidez das ondas. Mostre que essa rapidez é de 3 m/s.
41. Um mosquito bate suas asas a 400 vibrações por segundo, o que produz um zumbido incômodo de 400 Hz. Dado que a velocidade do som no ar é de 340 m/s, que distância o som percorre entre duas batidas de asa do mosquito? Em outras palavras, calcule o comprimento de onda do som produzido pelo mosquito.
42. Em termos de comprimentos de onda λ, use as equações $d = vt$ e $v = f\lambda$ para mostrar que distância uma onda percorre durante um período.
43. Como é mostrado no desenho, a metade do valor do ângulo do cone da onda de choque de uma aeronave supersônica vale 45°. Qual é a rapidez do avião em relação à rapidez de propagação do som no ar?

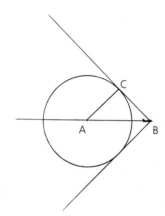

44. Uma astronauta na Lua prende uma pequena bola de bronze a um cordão com 1 m de comprimento, constituindo um pêndulo simples. Ele efetua 15 oscilações completas durante um intervalo de 75 segundos. A partir dessa medição, a astronauta calcula a aceleração da gravidade lunar. Que resultado ela obtém?

PENSE E ORDENE (ANÁLISE)

45. Ordene os períodos do relógio em ordem crescente:
    a. Ponteiro das horas.
    b. Ponteiro dos minutos.
    c. Ponteiro dos segundos.
46. Todas as ondas mostradas ao lado têm a mesma velocidade no mesmo meio. Use uma régua e ordene essas ondas em sequência decrescente de acordo com o valor de sua/seu:
    a. amplitude.
    b. comprimento de onda.
    c. frequência.
    d. período.

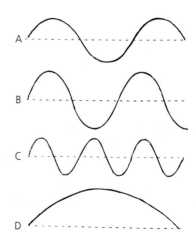

47. Quatro diferentes pares de pulsos de ondas transversais que se movem um em direção ao outro estão mostrados a seguir. Em algum instante de tempo, os pulsos se encontrarão e interagirão (interferirão) um com o outro. Ordene os quatro casos em sequência decrescente com base na altura do pico que resultará quando os centros dos pulsos coincidirem.

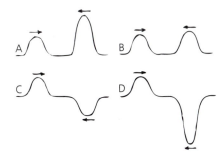

48. A sirene de um caminhão de bombeiros é ouvida nas situações A, B e C. Ordene a altura da sirene, em ordem decrescente, quando o caminhão se desloca:
    a. em direção ao ouvinte a 30 km/h.
    b. em direção ao ouvinte a 50 km/h.
    c. para longe do ouvinte a 20 km/h.

49. As ondas de choque A, B e C mostradas abaixo são produzidas por aeronaves supersônicas. Ordene-as em sequência decrescente quanto ao valor de suas velocidades.

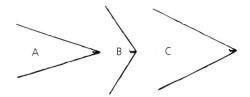

PENSE E EXPLIQUE   (SÍNTESE)

50. O pequeno Myles Dooley adora ver as bolas balançarem de um lado para o outro. Ele pergunta como seria o movimento delas na Lua. O que você responde?

51. Se um pêndulo é encurtado, sua frequência aumenta ou diminui? E quanto ao seu período? Qual é a relação entre frequência e período?

52. O relógio de pêndulo antigo de seu avô marca perfeitamente o tempo. Então ele é levado para uma casa de veraneio situada em uma região montanhosa alta. Ele funcionará mais rápido, mais lento ou da mesma maneira que antes do deslocamento? Explique.

53. Você deixa uma mala vazia balançar para lá e para cá com sua frequência natural. Se a mala estivesse cheia de livros, sua frequência natural seria menor, maior ou igual a de antes?

54. O tempo necessário para um balanço de praça oscilar para a frente e para trás (seu período) torna-se mais longo ou mais curto quando você fica em pé, em vez de sentado? Explique.

55. Quando a frequência de uma onda diminui, o que acontece com o período? E com o comprimento de onda? Use equações na sua explicação.

56. Se a velocidade de uma onda dobrar enquanto sua frequência se mantém inalterada, o que acontecerá ao comprimento de onda?

57. Se a velocidade de uma onda dobrar enquanto seu comprimento de onda se mantém inalterado, o que acontecerá à frequência?

58. Se você sacudir a extremidade de uma mola Slinky para gerar uma onda, como se comparará a frequência da onda com a frequência com a qual a mão é sacudida? Sua resposta depende do fato de você produzir ondas transversais ou longitudinais? Justifique sua resposta.

59. Que espécie de movimento você deveria comunicar ao bocal de uma mangueira de jardim para que o jato de água resultante se aproximasse de uma curva senoidal?

60. Que tipo de movimento você deveria comunicar a uma mola em espiral (conhecida como Slinky) esticada para produzir uma onda transversal? E para produzir uma onda longitudinal?

61. Que tipo de onda está envolvida em cada uma das situações a seguir? a. Uma onda sonora produzida por uma baleia chamando por uma companheira sob a água. b. Um pulso transmitido ao longo de uma corda distendida ao se sacudir bruscamente uma de suas extremidades. c. As vibrações de uma corda de guitarra.

62. A luz vermelha tem um comprimento de onda mais longo do que o da luz violeta. Qual delas tem maior frequência? Qual tem maior energia para a mesma intensidade?

63. O que acontece ao período de uma onda quando dobramos a frequência da sua fonte vibratória?

64. O que acontece ao comprimento de onda de uma onda quando sua frequência aumenta?

65. Mergulhando repetidamente seu dedo numa poça d'água, você produz ondas. O que acontecerá com o comprimento de onda se você mergulhar seu dedo mais frequentemente?

66. Como a frequência de vibração de um pequeno objeto flutuando na água se compara ao número de ondas que passam por ele a cada segundo?

67. Qual é a fonte das ondas mecânicas e das ondas eletromagnéticas? O que ambas têm em comum?

68. Quantos nodos, sem incluir os das extremidades, existem em uma onda estacionária cujo comprimento equivale a dois comprimentos de onda? E em uma cujo comprimento equivale a três comprimentos de onda?

69. As ondas produzidas quando se deixa uma pedra cair na água espalham-se pela superfície horizontal do líquido. Em que se converte a energia dessas ondas quando elas se extinguem?
70. Os padrões ondulatórios vistos na Figura 19.4 e na Figura 19.9 são formados por círculos. O que isso lhe informa a respeito da rapidez com que as ondas se propagam nas mais diferentes direções?
71. Um morcego emite um silvo em direção a uma parede. A frequência do silvo refletido que ele capta é maior, menor ou a mesma do som emitido? Explique.
72. Por que existe um efeito Doppler quando a fonte sonora é estacionária e o ouvinte está em movimento? Em que direção o ouvinte deveria se mover para escutar uma frequência mais alta? E uma frequência mais baixa?
73. Quando você toca a buzina de seu carro enquanto está se dirigindo em direção a um ouvinte, este escuta um som com frequência aumentada. O ouvinte ouviria uma frequência aumentada se também estivesse em um carro, movendo-se no mesmo sentido e com a mesma rapidez? Explique.
74. Existe um efeito Doppler apreciável quando o movimento da fonte está em uma direção perpendicular à do ouvinte? Explique.
75. Como o efeito Doppler ajuda a polícia a detectar motoristas que se movem muito rapidamente?
76. Seria correto dizer que o efeito Doppler é a alteração aparente na rapidez da onda, devido ao movimento da fonte? (Por que esta questão é um teste de compreensão da leitura, além de um teste de física?)
77. Como o fenômeno da interferência desempenha um papel na produção de ondas de proa ou de choque?
78. O que você pode afirmar acerca da rapidez de um barco que produz uma onda de proa?
79. O estrondo sônico ocorre no momento em que a aeronave ultrapassa a rapidez do som no ar? Explique.
80. Por que uma aeronave subsônica, independentemente de quão ruidosa ela seja, não pode produzir um estrondo sônico?
81. Imagine um peixe extremamente rápido, capaz de nadar mais rapidamente do que o som é capaz de se propagar na água. Esse peixe produziria um "estrondo sônico"? Explique.
82. Elabore uma questão de múltipla escolha que testaria a compreensão de um colega de turma acerca da distinção entre as ondas transversal e longitudinal.
83. Elabore uma questão de múltipla escolha que testaria a compreensão de um colega de turma acerca dos termos que descrevem uma onda.

PENSE E DISCUTA (AVALIAÇÃO)

84. Por que um raio é visto antes que se escute o trovão?
85. A agulha de uma máquina de costura move-se para cima e para baixo num movimento harmônico simples. A força que age sobre ela provém de uma roda giratória movimentada por um motor elétrico. Como você supõe que se comparam os períodos do movimento vertical da agulha e do movimento giratório da roda?
86. Use um torno para fixar firmemente uma das extremidades da lâmina de um serrote. Depois cutuque a extremidade livre, e ela vibrará. Se você fizer a mesma coisa, mas colocando também um bocado de argila na ponta livre, como muda a frequência de vibração da serra, se é que isso ocorre? Faria alguma diferença se o pedaço de argila tivesse sido preso ao meio da lâmina? Explique. (Por que esta questão poderia ter sido feita no Capítulo 8?)
87. Uma pessoa pesada e outra leve balançam-se para a frente e para trás em balanços com a mesma extensão. Compare os seus períodos.
88. Faz sentido dizer que a massa na ponta de um pêndulo não afeta a frequência dele? Na sua justificativa, explique se a massa afeta ou não a aceleração da queda livre.
89. Se uma boca de gás de um fogão é aberta, sem fogo, por alguns segundos, alguém que está a alguns metros de distância dela escutará o gás escapando antes de sentir seu cheiro. O que isso revela acerca da rapidez de propagação do som e da rapidez de deslocamento das moléculas do meio em que o som se propaga?
90. Explique por que alguns alunos confundem os termos *velocidade de onda* e *frequência de onda* quando pressupõem que se referem à mesma coisa.
91. Um tocador de banjo tange o meio de uma corda solta do instrumento. Onde se encontram os nodos da onda estacionária na corda? Qual é o comprimento de onda da vibração na corda?
92. Enquanto se mantém apitando, uma locomotiva parte do repouso e começa a se mover em sua direção. (a) A frequência que você escuta é maior, menor ou a mesma ouvida quando o trem está parado? (b) E quanto ao comprimento de onda que atinge seu ouvido? (c) E quanto à rapidez de propagação do som no ar entre a locomotiva e você?
93. Os astrônomos verificam que a luz emitida por um determinado elemento em uma das bordas de uma estrela distante tem uma frequência ligeiramente maior do que a da luz emitida por um elemento na borda oposta. O que essas medidas nos dizem a respeito do movimento da estrela?
94. Se o som de um avião não parece ser originário da parte do céu onde ele é visto, o que isso nos ensina sobre as diferenças entre a rapidez do som e da luz?
95. O ângulo do cone de uma onda de choque será maior, menor ou igual quando uma aeronave supersônica aumentar sua velocidade? Faça um desenho para expor melhor seu argumento.

CAPÍTULO 19 Exame de múltipla escolha

Escolha a melhor resposta entre as alternativas:

1. A fonte de todas as ondas é:
   a. algo que vibra.
   b. energia.
   c. algum tipo de força.
   d. todas as anteriores.

2. O pêndulo com maior frequência é aquele com o:
   a. braço mais elástico.
   b. menor comprimento.
   c. maior comprimento.
   d. nenhuma das anteriores.

3. Quando um elevador está acelerando para cima, a frequência de um pêndulo no seu interior:
   a. aumenta.
   b. diminui.
   c. não varia.
   d. nenhuma das anteriores.

4. A frequência de uma determinada onda é de 10 hertz, e o seu período é de:
   a. 0,1 segundo.
   b. 10 segundos.
   c. 100 segundos.
   d. nenhuma das anteriores.

5. Se dobramos a frequência de vibração de um objeto, seu período
   a. dobra.
   b. diminui pela metade.
   c. diminui para um quarto.
   d. não varia necessariamente.

6. Parte da energia de uma onda se dissipa na forma de calor. Com o tempo, isso reduzirá o(a) _____ da onda.
   a. rapidez.
   b. comprimento de onda.
   c. amplitude.
   d. frequência.

7. O capitão de um barco nota que as cristas de onda passam pela corrente da âncora a cada 5 segundos e estima que a distância entre as cristas é de 15 m. Qual é a rapidez das ondas na água?
   a. 3 m/s.
   b. 5 m/s.
   c. 15 m/s.
   d. É necessário mais informação para responder.

8. Dizer que uma onda está fora de fase em relação a outra é dizer que as ondas:
   a. têm amplitudes diferentes.
   b. têm frequências diferentes.
   c. têm comprimentos de onda diferentes.
   d. estão descompassadas.

9. O desvio para o azul da luz indica que uma fonte luminosa em movimento:
   a. se afasta de você.
   b. se aproxima de você.
   c. ambas as anteriores.
   d. nenhuma das anteriores.

10. Um avião a jato voa a 1.500 km/h. O estrondo sônico que ele produz é escutado:
    a. por uma pessoa no solo.
    b. pelo piloto.
    c. ambas as anteriores.
    d. nenhuma das anteriores.

Respostas e explicações das perguntas do Exame de múltipla escolha

1. (a): A fonte de todas as ondas é algo que vibra. Para o som, pode ser um diapasão vibrando; para ondas eletromagnéticas, um elétron vibrante. A energia e a força não são fontes de ondas. **2. (b):** O pêndulo com a maior frequência é aquele que oscila de um lado para o outro mais rápido – mais frequentemente. Em outras palavras, é o curto. Pêndulos longos, por outro lado, oscilam por mais tempo entre o movimento para um lado e o para o outro. A frequência depende do comprimento do pêndulo e da aceleração da gravidade. **3. (a):** O movimento do pêndulo depende da gravidade. Quanto maior a gravidade, mais frequente é a oscilação. Em um elevador que acelera para cima, a aceleração é maior do que g, e o pêndulo oscila a uma taxa maior. Sua frequência aumenta. **4. (a):** A frequência e o período são o inverso um do outro. A recíproca de 10 é 1/10, então a resposta correta é (a). **5. (b):** A frequência e o período são o inverso um do outro. Se você dobra a frequência, o período cai pela metade. **6. (c):** A intensidade de uma onda é descrita pela sua amplitude. Pense em uma onda que emana de uma fonte pontual e propaga-se em um círculo. A altura da onda, a sua amplitude, diminui com a distância, mas a sua rapidez, sua frequência e seu comprimento de onda permanecem iguais. **7. (a):** Rapidez = distância percorrida por quantidade de tempo. Uma distância de 15 m dividida por 5 segundos é igual a 3 m/s. **8. (d):** Diz-se que ondas que vibram em compasso estão em fase. Estar "descompassado" significa estar fora de fase. **9. (b):** A questão se refere ao efeito Doppler. Quando uma fonte vai na sua direção, você encontra uma maior frequência das ondas, sejam elas de som ou de luz (um desvio para o azul de maior frequência). Afastar-se causa uma redução da frequência (em direção ao vermelho, de menor frequência). O desvio para o azul indica que a fonte se move na sua direção. **10. (a):** Como a lancha que corta a superfície do lago, sua onda de proa encontra as criaturas na superfície da água, mas não os passageiros do barco. O mesmo vale para um avião a jato. Os passageiros que voavam no Concorde meio século atrás não sentiam o estrondo sônico que era evidente em terra.

20
Som

20.1 A natureza do som
Meios que transmitem o som

20.2 O som no ar
Velocidade do som no ar
Energia de ondas sonoras

20.3 Reflexão do som

20.4 Refração do som

20.5 Vibrações forçadas
Frequência natural

20.6 Ressonância

20.7 Interferência

20.8 Batimentos

1 Ken Ford foi um dos primeiros a usar fones de ouvido para bloquear o som ao pilotar aviões em completo conforto.
2 Com mãos e dedos habilidosos, os professores de física Chris Chiaverina e Tom Rossing produzem som com uma *hang*, um novo instrumento de aço tocado com as mãos.
3 Richard Hernandez produz diversos sons quando provoca vibrações em tubos de alumínio de comprimentos diferentes.
4 Emily Ackerman chega a uma conclusão intrigante: o som é a única coisa que conseguimos ouvir!

Uma das maiores combinações de físico, autor e educador de física é Kenneth W. Ford, que foi professor de física da Universidade da Califórnia, reitor e diretor executivo e CEO do American Institute of Physics antes de se tornar professor de turmas de ensino médio na Germantown Academy, na Pensilvânia, EUA. Especialista e autor de livros sobre física quântica, suas paixões incluem o ensino, o voo em pequenos aviões e planadores e sua esposa Joanne. Ele também é um amigo querido e ajuda a melhorar muito do que escrevo na fase de produção. O *Física Conceitual* é beneficiário de seu extenso e profundo conhecimento da física, pelo que sou grato.

Quando escrevi a primeira edição de *Física Conceitual*, o livro didático de Ken, *Basic Physics*, serviu-me de inspiração, assim como os três volumes de *Lições de Física de Feynman* e *Physics for the Inquiring Mind*, de Eric Rogers. Ken foi um dos primeiros a escrever uma resenha do *Física Conceitual*. Ele me proporcionou muito prazer adotando o livro em sua própria turma de estudantes e me alertou para alguns erros que havia cometido, prontamente corrigidos. Costuma-se dizer que se você deseja aprender física, então lecione-a. E eu acrescento: se você deseja aprender mais sobre a física, escreva um livro didático sobre o assunto. Estou continuamente aprendendo, muito mais por causa do empurrão dado por Ken Ford.

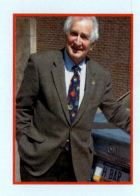

Como visto na primeira foto da abertura do capítulo, Ken foi um usuário de fones de ouvido de cancelamento do som quando voava em aeronaves barulhentas. Mais recentemente, seu livro *In Love With Flying* deixa clara sua grande paixão pelo voo sem motor – o voo planado. No retrato de Ken, note a constante de Planck na placa de seu carro híbrido e uma medalha Diamond Soaring Medal em sua lapela. Os livros mais recentes de Ken, sempre escritos em linguagem extremamente clara, *The Quantum World: Quantum Physics for Everyone* e *101 Quantum Questions: What You Need to Know About the World You Can't See*, são essenciais para quem deseja aprender física quântica. A nova edição de *Basic Physics* é um recurso importante para os professores modernos. Em seu livro mais recente, *Building the H Bomb*, Ken reconta seu histórico pessoal com John Wheeler, seu falecido mentor, que participou da equipe que desenvolveu a primeira bomba de hidrogênio.

Minha dedicatória da 8ª edição do *Física Conceitual* foi: Para Kenneth W. Ford – físico eminente e grande ser humano. E ela ainda segue valendo.

Se uma árvore cai no meio de uma floresta fechada, a centenas de quilômetros de distância de qualquer ser vivo, existe um som? Pessoas diferentes responderão a essa pergunta de maneiras diferentes. "Não", dizem algumas, "o som é subjetivo e requer um ouvinte. Se não existir o ouvinte, não haverá som". "Sim", outros dizem, "um som não é algo que está na cabeça do ouvinte. Um som é uma coisa objetiva". Discussões como essa frequentemente estão além da concordância, porque os participantes deixam de perceber que estão debatendo não acerca da natureza do som, mas da definição da palavra. Ambos os lados estão corretos, dependendo de qual definição se considere, mas a investigação pode prosseguir apenas depois que uma determinada definição for adotada. Os cientistas, como os três apresentados nas páginas anteriores, assumem uma posição objetiva, definindo o som como uma forma de energia que existe independentemente de ser ouvida ou não, e daí partem para investigar sua natureza.

20.1 A natureza do som

A maioria dos sons são ondas produzidas por vibrações de objetos materiais. Em um piano, em um violino e em uma guitarra, o som é produzido pelas vibrações das cordas; em um saxofone, pela vibração de uma palheta; em uma flauta, pela vibração de uma coluna de ar no bocal. Sua voz é o resultado da vibração de suas cordas vocais. Os sons no ar são causados por uma grande variedade de vibrações.

Em cada um desses casos, a vibração original estimula a vibração de algo maior e de mais massa, como a caixa de ressonância de um instrumento de corda, a coluna de ar em um instrumento de sopro ou de palheta ou o ar no interior da boca e da garganta de um cantor. Esse material vibrante, então, envia uma perturbação pelo meio circun-

psc

- Os elefantes se comunicam uns com os outros por meio de ondas infrassônicas. Suas orelhas grandes os ajudam a detectar essas ondas de baixa frequência.

dante, normalmente o ar, em forma de ondas longitudinais. Sob condições ordinárias, as frequências da fonte de vibração e do som produzido são as mesmas. Costumamos descrever nossa impressão subjetiva da frequência do som pela palavra **altura**. A frequência corresponde à altura: um som muito alto, como aquele produzido por um flautim, tem uma alta frequência de vibração, ao passo que um som baixo, como o de uma sirene de alerta de nevoeiro, tem uma baixa frequência de vibração.

O ouvido de uma pessoa jovem em geral pode escutar sons com alturas correspondentes à faixa de frequências entre aproximadamente 20 e 20.000 hertz. Com o envelhecimento, os limites da audição humana encolhem, especialmente na parte das frequências altas. Ondas sonoras com frequências abaixo de 20 hertz são **infrassônicas**, enquanto as com frequências superiores a 20.000 hertz são denominadas **ultrassônicas**. Não conseguimos ouvir ondas sonoras infrassônicas e ultrassônicas. A frequência infrassônica é baixa demais para ser ouvida por humanos; já a frequência ultrassônica é alta demais.

> **PAUSA PARA TESTE**
> Qual é a frequência do som produzido por um diapasão de 220 hertz?
>
> **VERIFIQUE SUA RESPOSTA**
> 220 Hz.

Meios que transmitem o som

A maior parte dos sons que escutamos são transmitidos pelo ar. Entretanto, qualquer substância elástica – seja sólida, líquida, gasosa ou um plasma – pode transmitir o som. A elasticidade é a capacidade de o material que teve sua forma alterada pela ação de uma força aplicada retornar à sua forma original depois que a força for removida. O aço é uma substância elástica. Em contraste, a massa de vidraceiro é inelástica.[1] Em líquidos e sólidos elásticos, cada átomo está mais ou menos próximo aos outros, respondendo facilmente à movimentação dos outros e transmitindo energia com pouca perda. O som se propaga através da água com rapidez quatro vezes maior do que no ar e cerca de 15 vezes mais rápido no aço do que no ar.

Em relação a sólidos e líquidos, o ar é um mau transmissor do som. Você consegue ouvir o som de um trem distante de maneira mais nítida se encostar seu ouvido nos trilhos. Da mesma forma, um relógio analógico colocado sobre uma mesa situada além da distância na qual você possa escutá-lo pode ser ouvido se você encostar sua orelha na mesa. Ou então bata pedras umas nas outras debaixo d'água, mantendo seu ouvido abaixo da superfície do líquido. Você escutará os estalidos das batidas de forma muito nítida. Se você já nadou próximo a barcos motorizados, provavelmente notou como consegue escutar o som do motor mais nítido com o ouvido dentro da água do que acima dela. Líquidos e sólidos cristalinos são excelentes transmissores de som – muito melhores do que o ar. A rapidez de propagação do som em geral é muito maior nos líquidos do que nos gases, e maior ainda nos sólidos. O som não se propaga no vácuo, porque não existe algo ali para ser comprimido e expandido.

Os átomos e as moléculas de um meio vibram quando ele transmite o som. O som não pode se propagar no vácuo, porque não existe algo ali para vibrar.

20.2 O som no ar

Quando batemos palmas, o som produzido não é periódico. Ele consiste numa onda do tipo *pulso*, que se propaga em todas as direções. Para ter uma visão mais esclarecedora desse processo, considere uma sala comprida como a que é mostrada na

---
[1] A elasticidade não é a mesma coisa que a capacidade de se distender apresentada, por exemplo, por uma tira de borracha. Alguns materiais muito duros, como o aço, são elásticos.

Figura 20.1a. Em uma de suas extremidades, há uma janela aberta com uma cortina estendida. Do lado oposto, existe uma porta. Quando abrimos a porta, podemos imaginá-la empurrando as moléculas de ar próximas a ela em direção às moléculas adjacentes. Estas, por sua vez, empurram as suas vizinhas e assim por diante, como uma compressão que se propaga em uma mola, até que a cortina seja deslocada para fora da janela. Um pulso de ar comprimido moveu-se da porta até a cortina. Esse pulso de ar comprimido é chamado de uma **compressão**.

Quando fechamos a porta (Figura 20.1b), ela acaba empurrando algumas moléculas para fora da sala. Isso produz uma área de baixa pressão atrás da porta. As moléculas adjacentes, então, movem-se para essa zona, deixando atrás de si uma zona de baixa pressão. Dizemos que, nessa região de baixa pressão, o ar está *rarefeito*. Outras moléculas mais afastadas da porta, por sua vez, dirigem-se para essas regiões rarefeitas, e assim a perturbação se propaga novamente através da sala. Isso é evidenciado pela cortina, que se desloca para dentro da janela. Dessa vez, a perturbação é chamada de **rarefação**.

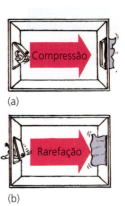

FIGURA 20.1 (a) Quando se abre a porta, uma compressão se propaga pela sala. (b) Quando se fecha a porta, uma rarefação se propaga pela sala.

Como acontece com todo movimento ondulatório, não é o próprio meio que se desloca através da sala, mas o pulso transportando energia consigo. Em ambos os casos anteriores, é o pulso que se desloca da porta até a cortina. Sabemos disso porque em ambos os casos a cortina se move somente depois que a porta é aberta ou fechada. Se nós periodicamente abrirmos e fecharmos a porta, produziremos uma onda periódica de compressões e rarefações que farão a cortina se deslocar para fora e para dentro da janela. Em uma escala muito menor, porém muito mais rápida, é isso o que acontece quando um diapasão de afinação em forma de forquilha é posto a vibrar. As vibrações periódicas do diapasão e as ondas que ele produz são de frequências consideravelmente maiores e com amplitudes muito menores do que as causadas pela porta ritmicamente aberta e fechada. Você não notará o efeito das ondas sonoras sobre a cortina, mas tomará consciência delas quando elas atingirem seus sensíveis tímpanos.

Considere ondas de som no interior de um tubo, como mostrado na Figura 20.2. Por simplicidade, foram desenhadas apenas as ondas que se propagam ao longo do tubo. Quando o ramo do diapasão mais próximo ao tubo se move em direção a

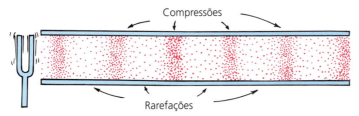

FIGURA 20.2 Compressões e rarefações se propagam (ambas com a mesma rapidez e na mesma direção) a partir do diapasão em forma de forquilha através do ar dentro do tubo.

FIGURA 20.3 Uma raquete de pingue-pongue vibrando no meio de bolas de pingue-pongue produz vibrações das bolas.

ele, uma compressão entra no tubo. Quando o mesmo ramo do diapasão balança em sentido contrário, afastando-se do tubo, uma rarefação segue a compressão. É como uma raquete de pingue-pongue para a frente e para trás em uma sala cheia de bolas de pingue-pongue. Quando o som vibra, uma série periódica de compressões e rarefações é gerada. A frequência da fonte vibratória e a frequência da onda por ela produzida são a mesma.

Faça uma pausa para refletir sobre a física do som enquanto está ouvindo rádio. O alto-

FIGURA 20.4 Ondas de compressão e rarefação do ar produzidas pelas vibrações do cone de um alto-falante constituem o som prazeroso da música.

ALTO-FALANTES

O alto-falante de seu rádio ou de outros sistemas produtores de som transforma sinais elétricos variáveis em ondas sonoras. Os sinais elétricos passam por uma bobina localizada na extremidade estreita de um cone de papel. Essa bobina, que atua como um eletroímã, está localizada próximo a um ímã permanente. Quando a corrente flui em um sentido, a força magnética empurra o eletroímã em direção ao ímã permanente, puxando o cone para dentro. Quando a corrente flui em sentido contrário, o cone é empurrado para fora. As vibrações do sinal elétrico causam as vibrações do cone, e estas, então, geram ondas sonoras no ar. A física dos grandes alto-falantes aplica-se também aos pequenos, como aqueles que você coloca nos ouvidos.

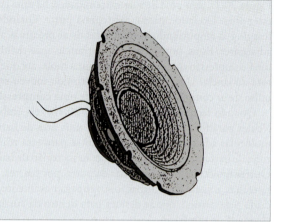

-falante do rádio é um cone de papel que vibra em ritmo com um sinal elétrico. As moléculas de ar próximas ao cone vibratório também estão vibrando. Esse ar, por sua vez, vibra contra as moléculas vizinhas, que fazem a mesma coisa com as suas vizinhas e assim por diante. Como resultado, um padrão rítmico de ar comprimido e rarefeito emana do alto-falante, enchendo a sala inteira com movimentos ondulatórios. O mesmo processo ocorre nos fones de ouvido sem fio ou outros dispositivos suficientemente pequenos para caberem em sua orelha. A vibração decorrente do ar também põe seus tímpanos a vibrar. Eles, por sua vez, enviam uma sequência rápida de impulsos elétricos ritmados através do canal do nervo da cóclea, no ouvido interno, até o cérebro. Assim, você escuta o som da música.

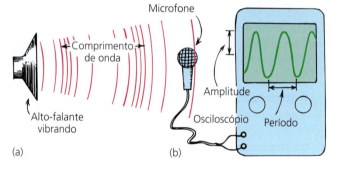

FIGURA 20.5 (a) As vibrações do alto-falante de um rádio emitem compressões do ar (linhas vermelhas) e produzem vibrações similares no microfone, que são visualizadas em um osciloscópio. (b) A forma de onda vista na tela de um osciloscópio fornece muitas informações acerca do som.

Seus dois ouvidos são tão sensíveis às diferenças no som que os atinge que você percebe de qual direção ele provém com uma precisão considerável. Com um ouvido apenas, você não teria ideia disso (e, em uma emergência, poderia não saber para que lado saltar).

Velocidade do som no ar

Se você observar uma pessoa cortando madeira a uma grande distância ou um jogador de beisebol distante rebatendo uma bola, você poderá perceber facilmente que o som produzido leva um certo tempo para chegar a seus ouvidos. O trovão é ouvido após o relâmpago ser visto. Essas experiências ordinárias mostram que o som leva um tempo mensurável para se propagar de um lugar a outro. A rapidez de propagação do som depende das condições do vento, da temperatura e da umidade. Ela não depende do volume do som ou de sua frequência; todos os sons no mesmo meio se propagam com a mesma rapidez. A rapidez do som no ar seco a 0 °C é cerca de 330 metros por segundo, aproximadamente 1.200 quilômetros por hora (pouco mais do que um milionésimo da rapidez de propagação da luz). O vapor d'água que existe no ar aumenta ligeiramente essa rapidez. O som se propaga mais rapidamente no ar morno do que no ar frio. Isso é o que se espera, pois as moléculas mais rápidas

PRATICANDO FÍSICA

Suspenda a grade de uma prateleira de refrigerador ou de um forno por um barbante duplo, segurando as extremidades livres dele sobre suas orelhas. Peça a um colega para esfregar suavemente a grade com pedaços de palha retirados de uma vassoura e outros objetos. O efeito é melhor apreciado se você estiver relaxado, de olhos fechados. Você precisa experimentar isso!

do ar morno colidem entre si mais frequentemente e, portanto, podem transmitir um pulso em menos tempo.[2] Para cada grau de elevação da temperatura do ar acima de 0 °C, ocorre um aumento de 0,6 metros por segundo na rapidez do som no ar. Assim, na temperatura ambiente normal de cerca de 20 °C, o som se propaga com uma rapidez de 340 metros por segundo.

Toda onda de rádio é eletromagnética e se propaga com a velocidade da luz.

O receptor de um rádio e o seu alto-falante a convertem em uma onda mecânica – som – que se propaga um milhão de vezes mais lentamente.

Portanto, uma onda de rádio **não** é uma onda sonora!

PAUSA PARA TESTE

1. As compressões e rarefações de uma onda sonora se propagam no mesmo sentido ou em sentidos opostos?
2. Qual é a distância aproximada de uma tempestade com trovoadas se você detecta um atraso de 3 s entre a luz do relâmpago e o som do trovão?

VERIFIQUE SUA RESPOSTA

1. Elas se propagam no mesmo sentido, como mostra a Figura 20.1.
2. Pressupondo que a rapidez de propagação do som no ar seja cerca de 340 m/s, em 3 s ele percorrerá 340 m/s × 3 s = 1.020 m. Não existe um atraso apreciável no caso da luz, de forma que a tempestade está a um pouco mais de 1 km de distância.

Energia de ondas sonoras

O movimento ondulatório, de todos os tipos, tem energia em graus variáveis. As ondas eletromagnéticas vindas do Sol, por exemplo, nos trazem as enormes quantidades de energia necessárias para a sustentação da vida na Terra. Em comparação, a energia que existe no som é bem pequena. Isso porque produzir o som requer apenas uma pequena quantidade de energia. Por exemplo, 10 milhões de pessoas falando simultaneamente produziriam energia sonora igual à energia de um *flash* comum de luz apenas. É possível escutar o som somente porque nossos ouvidos são muito sensíveis. Apenas os microfones muito sensíveis são capazes de captar um som mais fraco do que aquele que podemos escutar.

A energia sonora se dissipa em energia térmica quando o som se propaga no ar. Para ondas com altas frequências, a energia sonora é transformada em energia interna mais rapidamente do que para ondas com frequências mais baixas. Como resultado, o som com baixas frequências se propagará ao longo de uma distância maior no ar do que o som com altas frequências. É por isso que as sirenes de alerta de nevoeiro emitem um som com baixa frequência.

---

[2] A rapidez de propagação do som em um gás é cerca de 3/4 da rapidez média das suas moléculas.

432 PARTE IV Som

> **MEDIÇÃO DE ONDAS**
>
> **Amostra de solução de problemas**
> **Problema 1**
>
> Uma embarcação oceânica vasculha o fundo do mar com um ultrassom que se propaga a 1.530 m/s na água do mar. Qual será a profundidade da água se o tempo de atraso do eco vindo do fundo do mar for 2 s?
>
> *Solução:*
>
> A viagem de ida e volta dura 2 s, o que significa 1 s para descer e 1 s para subir. Assim,
>
> $$d = vt = 1.530 \text{ m/s} \times 1 \text{ s} = 1.530 \text{ m}$$
>
> (O radar funciona de maneira semelhante; são transmitidas micro-ondas, não ondas sonoras.)
>
> **Problema 2**
>
> Sentado na trapiche, Otis observa que as ondas chegam à baía com distância d entre as cristas. As cristas batem contra os pilares do trapiche a uma taxa de uma onda a cada 2 s.
>
>
>
> (a) Determine a frequência das ondas.
> (b) Mostre que a rapidez das ondas é dada por $f d$.
> (c) Suponha que a distância d entre as cristas das ondas é de 1,8 m. Mostre que a rapidez das ondas é ligeiramente inferior a 1,0 m/s.
>
> *Solução:*
>
> (a) A frequência das ondas é dada por: uma a cada 2 s, ou $f = 0,5$ Hz.
> (b) $v = f\lambda = fd$.
> (c) $v = f\lambda = fd = 0,5$ Hz $(1,8$ m$) = (0,5/\text{s})(1,8$ m$) = 0,9$ m/s.

20.3 Reflexão do som

Chamamos de *eco* o som refletido. A fração de energia transportada pela onda de som refletida será maior se a superfície refletora for rígida e lisa do que se ela for macia e irregular. A energia sonora que não é transportada com a onda refletida é transportada pela onda "transmitida" (absorvida).

O som se reflete em uma superfície lisa da mesma forma que a luz o faz: com o ângulo de incidência igual ao ângulo de reflexão (Figura 20.6). Às vezes, quando o som é refletido nas paredes, no forro ou no piso de uma sala, as superfícies refletoras são refletoras demais, e o som ouvido se torna confuso. Quando o som sofre múltiplas reflexões e persiste depois que a fonte deixou de emitir, ouvimos o que se chama **reverberação.**

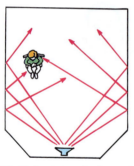

FIGURA 20.6 O ângulo de incidência do som é igual ao seu ângulo de reflexão.

Por outro lado, se as superfícies refletoras forem absorventes demais, o nível do som será baixo e o som no recinto soará abafado e sem vida. A reflexão do som em uma sala o faz soar cheio e vivo, como você provavelmente já descobriu ao cantar no boxe do chuveiro durante o banho. No projeto de um auditório ou de uma sala de concertos, deve ser encontrado um equilíbrio entre a reverberação e a absorção. O estudo das propriedades do som é chamado de *acústica*.

Frequentemente, é vantajoso colocar superfícies altamente refletoras atrás do palco para direcionar o som para a audiência. As superfícies refletoras também são suspensas acima do palco em algumas salas de concertos. Em geral, elas são grandes superfícies finas de plástico que também refletem bem a luz (Figura 20.7). Um ouvinte pode olhar para essas superfícies refletoras e ver a imagem refletida dos membros da orquestra. Os refletores plásticos às vezes são curvados, o que aumenta mais ainda o campo de visão que se tem. Tanto o som quanto a luz obedecem às mesmas leis de reflexão, de modo que, se um refletor for orientado para que você enxergue um determinado instrumento musical, é garantido que você também escutará o som que ele produz. Os sons dos instrumentos se propagam ao longo da linha de visada até o refletor e dele até você.

Os morcegos caçam mariposas na escuridão por meio da ecolocalização. Para se adaptar, certas mariposas desenvolveram uma camada espessa de escamas felpudas que amortecem os ecos.

CAPÍTULO 20 Som **433**

FIGURA 20.7 Os espelhos refletores e ajustáveis do Davies Symphony Hall de San Francisco mostram que o que você vê é o que você escuta.

PAUSA PARA TESTE

Por que "o que você consegue enxergar é o que você escuta" é uma afirmação apropriada para a sala de concertos na foto da Figura 20.7?

VERIFIQUE SUA RESPOSTA

O enunciado reconhece as mesmas regras de reflexão para o som e a luz. Quando um painel refletor é inclinado de modo que o público consiga enxergar uma determinada parte da orquestra, o som segue a mesma trajetória. O ouvinte enxerga a fonte do que está escutando.

20.4 Refração do som

Quando ondas sonoras seguem em um meio e fazem curvas, elas sofrem **refração**. As ondas sonoras fazem curvas quando partes diferentes das frentes de onda se propagam com velocidades diferentes. Isso acontece quando sopram ventos de maneira não uniforme ou quando o som está se propagando no ar aquecido de maneira não uniforme. Em um dia morno, o ar próximo ao solo pode estar consideravelmente mais aquecido do que o restante, de forma que a rapidez do som é maior próximo ao solo (Figura 20.8). As ondas sonoras, portanto, tendem a fazer uma curva que as

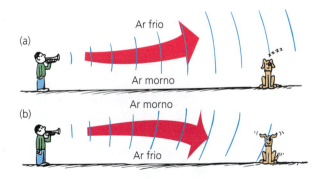

FIGURA 20.8 As ondas sonoras fazem curvas no ar aquecido de forma desigual. Note que as direções das ondas sonoras (vermelho) formam ângulos retos com as correspondentes frentes de onda (azul).

afaste do solo, resultando em um som que não se propaga bem. Diferentes valores de rapidez do som produzem refração.

Escutamos um trovão quando o relâmpago aconteceu relativamente próximo, mas com frequência não escutamos quando o relâmpago ocorreu a grande distância, em virtude da refração. As ondas de som se propagam mais lentamente em grandes altitudes e fazem curvas que se afastam do solo. O oposto ocorre com frequência em um dia frio ou à noite, quando a camada de ar junto ao solo está mais fria do que o ar que está acima dela. Nesse caso, a rapidez de propagação do som próximo ao solo é reduzida. A maior rapidez de propagação das frentes de onda no alto faz o som descrever uma curva em direção à superfície da Terra, resultando em um som que pode ser ouvido a distâncias consideravelmente maiores. A refração do som explica por que você consegue ouvir claramente conversas de acampamento longínquas do outro lado de um lago durante a noite. O som nem sempre se propaga em trajetórias retilíneas.

PAUSA PARA TESTE
Podemos realmente dizer que a refração envolve uma variação na rapidez da onda?

VERIFIQUE SUA RESPOSTA
Sim, sempre!

A refração do som ocorre sob a água, onde a rapidez do som varia em função da temperatura. Isso acarreta problemas para os navios que, a partir da superfície, emitem ondas ultrassônicas para o fundo do oceano, a fim de mapeá-lo. A refração é uma bênção para submarinos que desejam não ser detectados. Devido aos gradientes térmicos e às camadas de água a diferentes temperaturas, a refração do som deixa brechas ou "pontos cegos" na água. É ali que os submarinos se escondem. Se não fosse pela refração, eles seriam fáceis de detectar.

O som composto de frequências acima da faixa de audição humana é chamado de *ultrassom*. As múltiplas reflexões e refrações de ondas ultrassônicas são usadas pelos médicos em uma técnica não intrusiva para "enxergar" o interior do corpo sem o uso de raios X. Quando o som de alta frequência (ultrassom) penetra no corpo, ele é refletido mais intensamente no exterior dos órgãos do que no interior deles, e assim é obtida uma imagem do contorno dos órgãos. Quando o ultrassom incide sobre um objeto em movimento, o som refletido tem uma frequência ligeiramente diferente da original. Usando essa informação e o efeito Doppler, um médico pode "enxergar" as batidas do coração de um feto com apenas 11 semanas de vida (Figura 20.9).

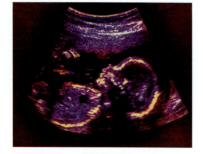

FIGURA 20.9 Um feto humano é claramente visualizado em uma tela por meio do ultrassom.

O ultrassom é usado na medicina para a produção de imagens de órgãos internos de corpos humanos e de fetos no útero, e na indústria, para a detecção de falhas em peças metálicas. A técnica de eco ultrassônico pode ser relativamente nova para seres humanos, mas não para morcegos e golfinhos. É bem sabido que os morcegos

FIGURA 20.10 Um golfinho emite ultrassom de alta frequência a fim de localizar e identificar objetos em seu meio ambiente. A distância é avaliada pelo tempo de atraso entre a emissão do som e o eco recebido, enquanto a direção é avaliada pela diferença entre os tempos de atraso dos ecos captados pelos dois ouvidos. A principal dieta dos golfinhos é peixe e, uma vez que a audição dos peixes é limitada a frequências razoavelmente baixas, eles não percebem que estão sendo caçados.

emitem guinchos ultrassônicos e localizam os objetos pelos ecos que eles produzem. Os golfinhos fazem mais do que isso. Embora o som seja um sentido passivo para nós, ele é um sentido ativo para golfinhos, que emitem sons e depois percebem como é a vizinhança com base nos ecos que ela produz. A capacidade de detectar sons ultrassônicos possibilita que um golfinho "veja" através dos corpos de outros animais e de pessoas. A pele, os músculos e a gordura são quase transparentes para os golfinhos, de modo que eles enxergam apenas um contorno do corpo – embora ossos, dentes e cavidades cheias de gás sejam totalmente aparentes. Evidências físicas de câncer, tumores, ataques do coração e mesmo o estado emocional podem ser "vistos" pelos golfinhos[3] – como os humanos *apenas* recentemente são capazes de fazer usando ultrassom.

> **PAUSA PARA TESTE**
> Como o comprimento de onda do som é afetado quando passa do ar para a água?
>
> **VERIFIQUE SUA RESPOSTA**
> O comprimento de onda fica mais curto quando as frentes de onda se aproximam. A frequência, entretanto, não é alterada pela refração.

20.5 Vibrações forçadas

Se segurarmos um diapasão de forquilha e o colocarmos a vibrar, o som emitido será muito fraco. Contudo, se o apoiarmos no tampo de uma mesa após o percutirmos, o som produzido terá um volume maior. A razão é que o tampo da mesa é forçado a vibrar e, com sua superfície mais extensa, colocará em movimento uma maior quantidade de ar próximo a si. O tampo da mesa pode ser posto a vibrar por um diapasão de qualquer frequência. Esse é um caso de **vibração forçada**. O mecanismo de uma caixa de música é montado sobre uma tampa de ressonância. Sem ela, o som produzido pelo mecanismo da caixa de música é difícil de escutar. Os tampos de ressonância são importantes em todos os instrumentos musicais de cordas.

Frequência natural

Quando alguém deixa uma chave-inglesa cair no chão, nós provavelmente não confundiremos o som emitido com o de um taco de beisebol ao bater no chão. Isso acontece porque os dois objetos vibram de maneiras diferentes quando colidem. Se você bater de leve numa chave-inglesa, as vibrações que ela produzirá serão diferentes das de um taco de beisebol ou de qualquer outra coisa. Qualquer objeto formado por um material elástico, quando perturbado, vibrará com seu próprio conjunto de frequências particulares, que, juntas, formam seu som próprio. Falamos, então, na **frequência natural** de um objeto, que depende de um conjunto de fatores, como a elasticidade e a forma do objeto. Os sinos e os diapasões de afinação, é claro, vibram em suas próprias frequências características. Curiosamente, a maioria das coisas, desde planetas a átomos ou praticamente qualquer outra coisa, tem uma elasticidade própria e vibra em uma ou mais frequências naturais.

FIGURA 20.11 A frequência natural de um sino menor é mais alta do que a de um sino maior, de modo que o som que ele produz tem uma frequência mais alta.

---

[3] O principal sentido dos golfinhos é a audição, pois a visão não é muito útil na escuridão normal das profundezas do mar. E o que é mais interessante, os golfinhos podem reproduzir os sinais de som que os possibilitam formar uma imagem mental dos arredores. Desse modo, os golfinhos provavelmente comunicam sua experiência a outros golfinhos por meio de uma imagem inteiramente acústica do que foi "visto", diretamente para a mente dos outros golfinhos. Eles não precisam de palavra ou símbolo para "peixe", por exemplo, pois comunicam uma imagem do objeto real – talvez enfatizada por uma filtragem seletiva, como nós fazemos para transmitir a outras pessoas como foi um concerto musical por meio de reprodução de sons. Não admira que a linguagem dos golfinhos seja tão diferente da nossa!

> **PAUSA PARA TESTE**
>
> 1. Por que uma colher de metal é elástica e um guardanapo não é?
> 2. Por que objetos diferentes produzem sons diferentes quando caem no chão?
> 3. Por que um diapasão de forquilha, ao ser percutido, soa com maior volume se for mantido sobre o tampo de uma mesa?
>
> **VERIFIQUE SUA RESPOSTA**
>
> 1. O metal da colher tende a manter a sua forma quando uma força aplicada causa a sua vibração. Quando uma força é aplicada a um guardanapo, por outro lado, ele não tende a reter sua forma ou vibrar. Apenas uma substância elástica volta à sua forma original após uma força aplicada ser removida.
> 2. Objetos compostos de materiais elásticos têm frequências de vibração características. Quando caem, as vibrações internas produzem um som característico do material.
> 3. A superfície da mesa é forçada a vibrar. Sua maior superfície vibratória produz um som de maior volume.

20.6 Ressonância

Quando a frequência da vibração forçada de um objeto se iguala à frequência natural dele, ocorre um drástico aumento da amplitude. Esse fenômeno é denominado **ressonância**. Literalmente, *ressonância* significa "ressoar" ou "soar novamente". A massa de vidraceiro não ressoa por não ser elástica, e um lenço deixado cair é flácido demais. Para que alguma coisa possa ressoar, é necessária uma força que a traga de volta à sua posição original e muita energia para mantê-la vibrando.

Uma experiência comum que ilustra a ressonância pode ser realizada com um balanço no parquinho, que é, na prática, um pêndulo. Quando fazemos um balanço oscilar, o fazemos num ritmo igual à sua frequência natural. Mais importante do que a força com a qual empurramos é o tempo entre cada impulso. Mesmo pequenos empurrões dados, se dados em ritmo com a frequência natural de oscilação do balanço, produzirão grandes amplitudes. Uma demonstração comum de sala de aula sobre ressonância é feita com um par de diapasões do tipo forquilha ajustados para a mesma frequência de vibração e colocados a uma determinada distância. Quando um deles é posto a vibrar, acaba colocando o outro também em vibração (Figura 20.13). Isso é uma versão em pequena escala do ato de empurrar um amigo num balanço – é o ritmo que importa. Quando uma série de ondas sonoras atinge o outro diapasão, cada compressão dá um minúsculo empurrão no braço do diapasão. Como a frequência desses pequenos empurrões corresponde à frequência natural do diapasão, eles vão sucessivamente aumentando a amplitude da vibração. Isso porque os empurrões ocorrem no tempo certo e repetidamente no mesmo sentido de movimento instantâneo do braço do diapasão. O movimento do segundo diapasão em geral é chamado de *vibração ressonante*.

Se os diapasões não estão ajustados para terem a mesma frequência de ressonância, os empurrões produzidos pelas compressões perdem o ritmo, e a ressonância não ocorrerá. Quando você gira o botão de sintonia de seu rádio, da mesma forma, você está ajustando a frequência natural do circuito eletrônico, de modo a se igualar à frequência de algum dos vários sinais que o circundam. O sistema, então, entra em ressonância com uma das estações de rádio de cada vez, em vez de tocar todas as estações de uma só vez.

A ressonância não se restringe ao movimento ondulatório. Ela ocorre sempre que impulsos sucessivos são aplicados sobre um objeto vibrante em ritmo com sua frequência natural. Em 1831, tropas de cavalaria marchando ao longo de uma ponte para pedestres próxima a Manchester, Inglaterra, inadvertidamente causaram o colapso da ponte quando o ritmo da marcha se igualou à frequência natural da estrutura. Desde então, tornou-se costume ordenar às tropas que "rompam a marcha" ao atravessar pontes, para que não ocorra ressonância.

FIGURA 20.12 Manuel descobriu que, fazendo um balanço oscilar no ritmo de sua frequência natural, produz-se um movimento de grande amplitude.

FIGURA 20.13 Quando Ryan Patterson percute um dos diapasões de frequência fixa, o outro entra em ressonância com o primeiro.

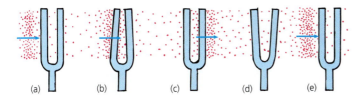

FIGURA 20.14 Os estágios da ressonância. (As setas azuis representam ondas de som que se propagam para a direita.) (a) A primeira compressão chega ao braço do diapasão e lhe aplica um pequeno empurrão momentâneo. (b) O braço se dobra e, em seguida, (c) retorna à sua posição inicial, bem no instante em que uma rarefação chega nele, (d) puxando-o no sentido oposto. Exatamente quando ele retorna à sua posição inicial, (e) chega a próxima compressão e o ciclo se repete, mas agora o braço se curvará mais, pois já se encontra em movimento.

Para entreter seus amigos na próxima festinha, use uma taça de vinho de cristal com borda fina que tenha uma ressonância agradável com alguma frequência característica. Molhe seu dedo com água e passe-o gentilmente em torno da borda da taça. Deslizar seu dedo cria ondas estacionárias no cristal (como mostrado na questão Pense e Faça número 32 do capítulo anterior). A ressonância ocorre quando a vibração da borda da taça, por sua vez, faz com que o ar vibre na mesma frequência. O tom escutado tem uma frequência correspondente à frequência de ressonância da taça.

Se for comunicada energia suficiente à taça à sua frequência de ressonância, ela pode se estilhaçar. Contudo, isso exige mais energia do que é possível transmitir apenas esfregando a borda com um dedo. Alguns cantores, no entanto, conseguem entoar uma única nota pura, com volume suficiente, igual à frequência de ressonância da taça, o que a destrói.* Contudo, isso é improvável em uma festinha com os amigos. Todos já ouvimos falar de demonstrações de destruição de taças de cristal que usam sons de alta amplitude transmitidos próximos ao local onde se encontra a taça de cristal. Assistir a uma taça se estilhaçar é um *show* impressionante.

Os engenheiros estruturais conhecem bem a ressonância de estruturas como pontes, edifícios, trens e até aeronaves. As boas práticas de construção levam a ressonância em consideração. A ressonância óptica está por trás da operação dos *lasers*. Na medicina, fazemos os núcleos atômicos do corpo ressoarem na ressonância magnética nuclear (RMN ou NMR, de *nuclear magnetic resonance*), rebatizada de imagem por ressonância magnética (RM ou MRI, de *magnetic resonance imaging*), em grande parte devido ao medo público de tudo que seja "nuclear". A ressonância é evidente nas marés. Em escala subatômica, detectamos a ressonância nas funções de onda quânticas. Em ambientes sociais, falamos até da ressonância de certas pessoas, com quem estamos "em sintonia". A ressonância está por trás de inúmeros fenômenos que tornam o mundo mais belo.

FIGURA 20.15 Uma taça de vinho canta quando você esfrega a borda com um dedo.

> **PAUSA PARA TESTE**
> Por que é possível fazer uma colher ressoar, mas não um guardanapo?
>
> **VERIFIQUE SUA RESPOSTA**
> A colher é elástica, o guardanapo, não.

20.7 Interferência

As ondas sonoras, como qualquer onda, podem apresentar **interferência**. Lembre-se da interferência ondulatória discutida no capítulo anterior. A Figura 20.16 mostra uma comparação entre as interferências geradas por ondas transversais e longitudinais. Em ambos os casos, quando as cristas de uma onda se superpõem às cristas da outra, ocorre um aumento da amplitude; quando a crista de uma onda se superpõe ao ventre de outra, ocorre uma diminuição da amplitude. No caso do som, a crista de uma onda corresponde a uma zona de compressão, e um ventre, a

---

* N. de R.T.: Embora a teoria diga que tal feito é possível, na prática, esses volumes só são atingidos com o auxílio de amplificadores, pois a voz humana, por mais potente que seja, dificilmente consegue quebrar uma taça de cristal.

438 PARTE IV Som

FIGURA 20.16 Interferência ondulatória construtiva (a,b) e destrutiva (c,d) de ondas transversais e longitudinais.

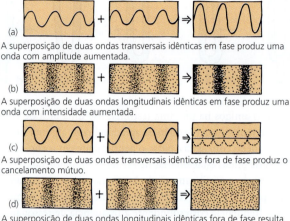

A superposição de duas ondas transversais idênticas em fase produz uma onda com amplitude aumentada.

A superposição de duas ondas longitudinais idênticas em fase produz uma onda com intensidade aumentada.

A superposição de duas ondas transversais idênticas fora de fase produz o cancelamento mútuo.

A superposição de duas ondas longitudinais idênticas fora de fase resulta no cancelamento mútuo.

FIGURA 20.17 Interferência de ondas sonoras. (a) Ondas que chegam em fase interferem construtivamente se os caminhos que vão de um dos alto--falantes até o ouvinte são de mesmo comprimento. (b) Ondas que chegam fora de fase interferem destrutivamente se os comprimentos dos caminhos diferem em meio comprimento de onda (ou 3/2, 5/2, etc.).

uma zona de rarefação. A interferência ocorre para todos os tipos de ondas, tanto transversais quanto longitudinais.

Um caso interessante de interferência ondulatória é mostrado na Figura 20.17. Se você se encontra a igual distância de dois alto-falantes que emitem sons idênticos com frequência fixa, o som ouvido terá um maior volume, porque os efeitos dos dois alto-falantes se somam. As compressões e as rarefações chegam ao ouvinte em ritmo uma com a outra, ou seja, em *fase*. No entanto, se você se mover para o lado, de modo que as distâncias dos alto-falantes até você difiram em meio comprimento de onda, as rarefações produzidas por um dos alto-falante cancelarão as compressões produzidas pelo outro no ouvido do ouvinte. Isso é interferência destrutiva. É como se a crista de uma onda na água preenchesse exatamente o ventre de outra onda. Se a região de propagação for livre de superfícies refletoras, pouco ou nenhum som será ouvido!

Se os alto-falantes emitirem uma faixa inteira de frequências de som, apenas algumas delas vão interferir destrutivamente para uma dada diferença de caminhos. Assim, a interferência desse tipo normalmente não constitui um problema, pois existe reflexão suficiente de sons para preencher os lugares onde houve cancelamento. Apesar disso, "zonas mortas" desse tipo às vezes são evidentes em teatros ou salas de concerto mal projetados, onde ondas de som que foram refletidas nas paredes interferem com ondas não refletidas para produzir regiões onde é baixa a amplitude do som. Nesse caso, se você mover sua cabeça alguns centímetros em qualquer direção, poderá perceber uma diferença considerável no som.

A interferência sonora é ilustrada de forma impressionante quando um som monaural (monofônico) soa simultaneamente em dois alto-falantes em estéreo que estão fora de fase. Os alto-falantes estão fora de fase quando os fios de entrada de um deles são invertidos (os fios de entrada positivo e negativo são trocados). O fato de o sinal ser monaural resulta em que, quando um dos alto-falantes está emitindo uma compressão, o outro está emitindo uma rarefação. O som resultante que se ouve não é tão "cheio" e não tem volume tão alto quanto o do som produzido com os dois alto-falantes ligados corretamente, em fase, pois naquele caso as ondas mais longas estão sendo canceladas pela interferência. Isso é demonstrado de forma impactante na Figura 20.18. As ondas mais curtas são canceladas quando os alto-falantes são colocados mais próximos um do outro. Quando são encostados, um de frente para o outro, muito pouco som é ouvido! Apenas as ondas sonoras com frequências mais altas sobrevivem ao cancelamento. Você devia experimentar isso!

A interferência sonora destrutiva é uma propriedade útil para a *tecnologia antirruído*. Aparelhos barulhentos, como britadeiras, estão sendo comercializados equipados com microfones que enviam o som do aparelho a microchips eletrônicos, os quais geram um padrão ondulatório que é a imagem especular dos sinais de som originais. Essa imagem especular do som é enviada para os fones de ouvido da pessoa que opera a britadeira. As compressões sonoras (ou rarefações) produzidas pela britadeira serão canceladas pelas rarefações correspondentes da imagem especular nos protetores auriculares. A combinação dos sinais, assim, cancela o barulho produzido pela britadeira no ouvido da pessoa. Fones de cancelamento de ruído já são comuns entre pilotos de avião (como o usado por Ken na imagem do começo deste capítulo). Hoje, muitas cabines de aviões são significativamente mais silenciosas graças à tecnologia antirruído. Quando elas não são, você deve usar seus fones de ouvido antirruído.

FIGURA 20.18 Os fios positivo e negativo na entrada dos alto-falantes foram trocados em um deles, o que faz eles ficarem fora de fase. Quando os alto-falantes estão distantes um do outro, o som monaural escutado tem volume menor do que se os alto-falantes estivessem em fase. Quando eles são encostados frontalmente, se ouve muito pouco som. A interferência destrutiva é quase total, pois as compressões geradas por um dos alto-falantes se superpõem às rarefações produzidas pelo outro!

> **PAUSA PARA TESTE**
>
> Na definição da Figura 20.18, por que é importante que seja usado som monaural?
>
> **VERIFIQUE SUA RESPOSTA**
>
> Os sinais do som monaural transmitidos para os dois alto-falantes são idênticos. Apenas sons idênticos fora de fase podem ser cancelados por interferência. Na Figura 20.19, observe como as imagens espelhadas do som monaural se cancelam quando combinadas. O mesmo não acontece com imagens em estéreo não idênticas.

20.8 Batimentos

Quando dois tons com frequências ligeiramente diferentes soam simultaneamente, escuta-se uma flutuação no volume do som combinado; o som ouvido torna-se forte, depois fraco, depois forte de novo, depois fraco e assim por diante. Essa variação periódica no volume do som escutado é denominada **batimentos** e se deve à interferência. Se você puser em vibração, simultaneamente, dois diapasões de afinação ligeiramente descasada, como quando a forquilha de um vibra com frequência diferente da do outro, as vibrações das duas estarão momentaneamente em fase, depois fora de fase, depois de novo em fase e assim por diante. Quando as ondas combinadas chegam aos ouvidos em fase – digamos, quando a compressão em um diapasão se superpõe à compressão no outro –, o volume do som atinge um máximo. Um momento mais tarde, quando as forquilhas estiverem fora de fase, com a compressão em uma delas se superpondo à rarefação na outra, o volume do som resultante passará por um mínimo. O som que alcança nossos ouvidos pulsa entre um volume máximo e um mínimo, produzindo um efeito tremolo.

Podemos compreender os batimentos considerando o caso análogo de duas pessoas caminhando lado a lado com passadas diferentes. A mais baixa avança menos com cada passo, então precisa dar passos mais rápidos (ou seja, com maior frequência) para acompanhar a mais alta. Se estão "sincronizadas" em um determinado momento, pisando juntas no chão, depois estão "fora de sincronia", pisando em momentos ligeiramente diferentes. Quanto tempo até sincronizarem novamente? Imagine que uma delas, talvez a que tenha as pernas mais compridas, dê 70 passos em 1 minuto, enquanto a que tem as pernas mais curtas dá 72 passos no mesmo tempo. Após 6 segundos (0,1 min), terão dado 7,0 e 7,2 passos, respectivamente, e não estarão em sincronia. As duas pisarão juntas apenas após se passarem 30 segundos (0,5 min), quando tiverem dado, respectivamente, 35 e 36 passos (um número inteiro para ambas). Depois, após 1 min (70 e 72 passos), voltarão a estar em sincronia e assim por diante. As duas ficam em sincronia duas vezes por minuto. Em geral, se duas pessoas com pernas de comprimentos muito diferentes caminham juntas, o

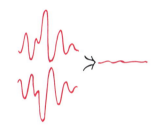

FIGURA 20.19 O som é cancelado quando um sinal de som que é a imagem especular de outro é combinado com o som original.

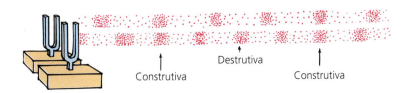

FIGURA 20.20 A interferência de duas fontes de som com frequências ligeiramente diferentes produz batimentos.

FIGURA 20.21 Os espaçamentos desiguais dos dois pentes produzem um padrão de Moiré que é análogo aos batimentos.

número de vezes em que estarão sincronizadas a cada minuto (ou outra unidade de tempo) é igual à diferença entre as frequências de seus passos. Isso se aplica também ao par de diapasões do exemplo anterior. Se uma das forquilhas executa 264 vibrações a cada segundo enquanto a outra forquilha vibra 262 vezes por segundo, elas estarão momentaneamente sincronizadas e se reforçarão mutuamente duas vezes a cada segundo. A frequência ouvida dos batimentos será 2 hertz. (O tom geral corresponderá à frequência média, ou seja, 263 hertz.)

Se superpusermos dois pentes com dentes de espaçamentos diferentes, obteremos um padrão de Moiré, que tem relação com os batimentos (Figura 20.21). O número de "batimentos" por unidade de comprimento será igual à diferença em número de dentes por unidade de comprimento para os dois pentes.

Os batimentos podem ocorrer com qualquer tipo de onda e proporcionam uma maneira prática de comparar frequências. Para afinar um piano, por exemplo, um afinador escuta os batimentos que são produzidos entre uma frequência-padrão e a frequência de uma determinada corda do piano. Quando elas são idênticas, os batimentos desaparecem. Os batimentos podem ajudá-lo a afinar uma variedade de instrumentos musicais. Simplesmente escute os batimentos entre o tom de seu instrumento e um tom-padrão produzido por um piano ou algum outro instrumento.

Os batimentos são usados pelos golfinhos para examinar os movimentos das coisas ao seu redor. Quando o golfinho emite um sinal de som, os batimentos surgem quando os ecos que ele recebe de volta interferem com o som que ele está emitindo. Quando não existe movimento relativo entre o golfinho e o objeto de onde o som retorna, as frequências emitida e recebida são as mesmas, e os batimentos não ocorrem. Entretanto, quando houver movimento relativo, o eco terá uma frequência

TRANSMISSÃO POR RÁDIO

Um receptor de rádio transforma ondas eletromagnéticas, que não podemos escutar, em ondas sonoras que conseguimos ouvir. Cada estação de rádio tem uma frequência estipulada na qual sua transmissão é feita. A onda eletromagnética transmitida nessa frequência é a *onda portadora*. O sinal de som a ser transmitido, de frequência relativamente baixa, é superposto à onda portadora, de frequência muito mais alta, por duas maneiras principais: pelas ligeiras variações na amplitude, que são as mesmas do sinal de áudio, ou por ligeiras variações na frequência da portadora. Essa "impressão" da onda sonora sobre a onda portadora de rádio de maior frequência é uma *modulação*. Quando é a *amplitude* da onda portadora que é modulada, nós a chamamos de AM, do inglês *amplitude modulation*, ou seja, *modulação em amplitude*. Estações de rádio AM transmitem na faixa de 535 a 1.605 quilohertz. Quando é a *frequência* da onda portadora que é modulada, nós a chamamos de FM, do inglês *frequency modulation*, ou *modulação em frequência*. As estações de rádio FM transmitem numa faixa de frequências mais altas, de 88 a 108 megahertz. A modulação em amplitude é como se variássemos rapidamente o brilho da luz de uma lâmpada de cor que não varia. A modulação em frequência é como se variássemos rapidamente a cor de uma lâmpada de intensidade constante.

Girar o botão de um receptor de rádio e sintonizar uma determinada estação é como ajustar massas móveis ao longo dos braços de um diapasão de forquilha de modo que eles ressoem com o som produzido por outro diapasão. Ao escolher uma estação de rádio, você está ajustando a frequência de um circuito elétrico dentro do receptor, de modo que ela se iguale e ressoe com a frequência da estação que você deseja escutar. Você está selecionando uma determinada onda portadora entre as várias que dispõe. Então o sinal de som "impresso" é separado da onda portadora, amplificado e enviado para o alto-falante. Tanto pré quanto pós-digital, é bom escutar uma estação de cada vez!

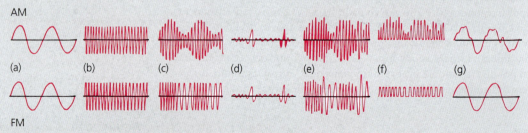

FIGURA 20.22 Sinais de rádio AM e FM. (a) Ondas sonoras que entram em um microfone. (b) Onda portadora de radiofrequência produzida por um transmissor sem um sinal sonoro. (c) Onda portadora modulada pelo sinal. (d) Interferência estática. (e) Onda portadora e sinal afetados pela estática. (f) O receptor de rádio corta a metade negativa da onda portadora. (g) O sinal remanescente para AM é grosseiro devido à estática, mas suave para FM, porque as pontas da forma de onda são cortadas sem perda de sinal.

diferente, devido ao efeito Doppler, e os batimentos surgirão quando o eco e o som emitido se combinarem. O mesmo princípio se aplica aos radares usados pela polícia rodoviária. Os batimentos entre o sinal emitido e aquele que foi refletido são usados para determinar a rapidez de um carro.

Uma aplicação curiosa e salvadora de vidas dos batimentos é usada para detectar gases perigosos em minas. Em certas minas, o ar contém o venenoso gás metano. Existe uma ligeira diferença no valor da velocidade do som em ar puro e em ar que contém metano. Quando dois pequenos tubos idênticos são soprados simultaneamente, um com o ar puro de um reservatório e outro com o ar da mina, se escutarão batimentos se o ar contiver metano. Se você está em uma mina, fique tranquilo nos locais onde os batimentos não são ouvidos quando esse procedimento é realizado!

Por que Hollywood insiste em fazer soar ruídos de máquinas sempre que uma espaçonave do espaço exterior passa na tela? Não seria bem mais dramático vê-las passar flutuando silenciosamente?

PAUSA PARA TESTE

1. Qual será a frequência de batimento quando dois diapasões de forquilha, um de 262 Hz e outro de 266 Hz, soarem simultaneamente? E um de 262 Hz com outro de 272 Hz?
2. É correto dizer que, seja qual for o caso, sem exceção, qualquer onda de rádio se propaga mais rápido do que qualquer onda de som?

VERIFIQUE SUA RESPOSTA

1. Para o caso dos dois diapasões de 262 Hz e 266 Hz, o ouvido escutará 264 Hz, com batimentos de 4 Hz (266 Hz – 262 Hz). Para os diapasões de 262 Hz e 272 Hz, será ouvido um som de 267 Hz, e algumas pessoas conseguirão perceber que ele flutua dez vezes a cada segundo (272 Hz – 262 Hz). Frequências de batimentos maiores do que 10 Hz são rápidas demais para serem escutadas normalmente.
2. Sim, porque qualquer onda de rádio é uma onda eletromagnética e se propaga na velocidade da luz. Uma onda sonora, por outro lado, é uma onda mecânica que se propaga no ar a cerca de 340 m/s, aproximadamente um milionésimo da velocidade de uma onda de rádio. Portanto, qualquer onda de rádio se propaga de forma consideravelmente mais rápida do que qualquer onda sonora.

Revisão do Capítulo 20

TERMOS-CHAVE (CONHECIMENTO)

altura A sensação de agudo ou de grave relacionada à frequência de uma onda.

infrassônico Descreve um som com frequência baixa demais para ser escutado pelo ouvido humano.

ultrassônico Descreve um som com frequência alta demais para ser escutado pelo ouvido humano.

compressão Região condensada de um meio pelo qual se propaga uma onda longitudinal.

rarefação Região rarefeita, ou onde a pressão é reduzida, de um meio pelo qual se propaga uma onda longitudinal.

reverberação Persistência do som, como no caso de um eco, devido a múltiplas reflexões.

refração Encurvamento da trajetória de uma onda sonora ou de uma onda de natureza qualquer devido a diferenças de velocidade das ondas.

vibração forçada O estabelecimento de vibrações em um objeto por meio de uma força vibrante.

frequência natural Uma frequência em que um objeto elástico tende naturalmente a vibrar se for perturbado e se a força perturbadora for removida.

ressonância A resposta de um corpo quando a frequência da força vibrante que atua sobre ele se iguala à sua frequência natural.

interferência O resultado de uma superposição de ondas diferentes, geralmente de mesmo comprimento de onda. Interferência construtiva resulta do reforço crista a crista, e interferência destrutiva, do cancelamento crista a ventre.

batimentos Uma série de reforços e cancelamentos alternados, produzidos pela interferência de duas ondas com frequências ligeiramente diferentes, escutada como uma pulsação no volume do som.

QUESTÕES DE REVISÃO (COMPREENSÃO)

20.1 A natureza do som

1. Qual é a relação entre *frequência* e *altura* do som?
2. Qual é a faixa média de audição de uma pessoa jovem?
3. Faça distinção entre ondas sonoras *infrassônicas* e *ultrassônicas*.
4. Em relação a sólidos e líquidos, como o ar é classificado como transmissor do som?
5. Por que o som não se propaga no vácuo?

20.2 O som no ar

6. Faça distinção entre uma *compressão* e uma *rarefação*.
7. As compressões e as rarefações de uma onda se propagam no mesmo sentido ou em sentidos opostos?

20.3 Reflexão do som

8. De que fatores depende a rapidez de propagação do som? Quais são os fatores dos quais ela *não* depende?
9. O som se propaga mais rapidamente no ar quente do que no ar frio?
10. O que é normalmente maior, a energia de uma onda de som ordinária ou a energia da luz ordinária?
11. Em que a energia do som no ar acaba se convertendo?

20.4 Refração do som

12. O que é um *eco*?
13. O que é a *reverberação*?
14. Qual é o nome que se dá ao estudo das propriedades do som?

20.5 Vibrações forçadas

15. Qual é a relação entre a refração e a rapidez da onda?

16. Por que o som tende a fazer uma curva quando entra em contato com o solo aquecido?
17. De que modo a rapidez do som na água afeta a sua refração abaixo da sua superfície?
18. O que é o ultrassom?

20.6 Ressonância

19. Por que um diapasão de forquilha, ao ser percutido, soa com maior volume se for mantido sobre o tampo de uma mesa?
20. Qual é a relação entre a elasticidade e a frequência natural de um objeto?
21. Por que uma colher de metal vibra quando cai no chão, mas não um guardanapo?

20.7 Interferência

22. O que as *vibrações* forçadas têm a ver com a *ressonância*?
23. Quando você está ouvindo rádio, por que você só escuta uma estação de cada vez, em vez de todas simultaneamente?
24. Diferencie o som monaural do estéreo.
25. Quais são as condições para que uma onda cancele a outra?
26. Que tipos de ondas exibem interferência?
27. O que resulta da combinação da imagem especular de um sinal sonoro com o próprio sinal?

20.8 Batimentos

28. Que fenômeno físico está por trás da produção de batimentos?
29. Qual será a frequência dos batimentos quando duas fontes, uma de 374 Hz e outra de 370 Hz, soarem simultaneamente?
30. Como as ondas de rádio se diferenciam das ondas sonoras?

PENSE E FAÇA (APLICAÇÃO)

31. Analise padrões de Moiré com um par de pentes, seguindo a ilustração da Figura 20.21. Coloque um sobre o outro e observe que o padrão muda quando deslocamento o pente superior lentamente de um lado para o outro. Gire os pentes um pouco para que não estejam mais paralelos um ao outro. Repita o experimento com um pente fino. Os padrões de Moiré não existem de verdade; são uma ilusão óptica criada na imagem no seu olho. É uma atividade intrigante.

32. Numa banheira, mergulhe sua cabeça e escute o som que você faz quando estala os dedos ou quando bate de leve na banheira dentro d'água. Compare esse som com o que é ouvido quando  você e a fonte sonora estão fora da água. Com o risco de molhar o piso, deslize seu corpo na banheira para a frente e para trás com diversas frequências e observe como aumenta a amplitude das ondas produzidas quando você desliza seu corpo em ritmo com as ondas geradas. (O último desses projetos é mais efetivo quando você está sozinho dentro da banheira.)

33. Distenda um pedaço de borracha de balão de aniversário, sem ficar muito apertado, sobre o alto-falante de um rádio. Cole nele um pedaço de espelho, papel de alumínio ou metal polido, pequeno e bem leve, próximo a uma das bordas. Projete um feixe estreito de luz sobre o espelho enquanto sua música favorita está tocando e observe os belos padrões que são refletidos sobre uma tela ou parede.

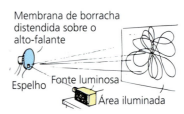

34. Uma das melhores atividades do seu curso será reproduzir a demonstração de interferência descrita na Figura 20.18. A plateia adora esse Pense e Faça. É incrível!

PENSE E RESOLVA (APLICAÇÃO MATEMÁTICA)

35. Por anos, os cientistas marinhos se assombraram com as ondas sonoras captadas debaixo d'água no Oceano Pacífico. Essas assim chamadas ondas T estavam entre os sons mais puros produzidos na natureza. Eles acabaram identificando as fontes dessas ondas como vulcões submarinos cujas colunas de bolhas ascendentes ressoavam como tubos de órgãos. Qual é o comprimento de onda de uma típica onda T cuja frequência é 7 Hz? (A rapidez de propagação do som embaixo d'água é 1.530 m/s.)

36. Qual é o comprimento de onda de um tom de 340 Hz no ar em temperatura ambiente? Qual é o comprimento de onda de uma onda ultrassônica de 34.000 Hz no mesmo ar?

37. Quando assiste a um *show* de fogos de artifício distante, você observa um atraso de 2 segundos entre enxergar as luzes e escutar um estouro. Mostre que os fogos de artifício estão a cerca de 0,7 km de distância.

38. Um morcego que está voando numa caverna emite um som e recebe seu eco 0,1 s mais tarde. Mostre que a distância da parede da caverna é de 17 m.

39. Você vê Sally Homemaker distante pregando pregos na varanda frontal de sua casa a um índice regular de uma batida do martelo por segundo. Você escuta o som das pancadas exatamente sincronizados com as batidas que você vê. Então, quando ela para de martelar, você escuta uma batida adicional. Explique como determinar que Sally se encontra 340 m à frente de você.

40. Um golfinho emite um som de 57 Hz. Qual é o comprimento de onda desse som na água, onde a velocidade do som é de 1.530 m/s?

41. Quais são as frequências de batimentos possíveis de obter dispondo de diapasões de forquilha com frequências de 256, 259 e 261 Hz?

42. Imagine uma pessoa tipo Rip van Winkle que vive nas montanhas. Momentos antes de ir dormir, ela grita "ACORDE", e o som ecoa na montanha mais próxima, retornando 8 horas depois. Mostre que a distância entre a pessoa e a montanha imaginária é de aproximadamente 5.000 Km (praticamente a mesma distância entre Nova York e San Francisco).

PENSE E ORDENE (ANÁLISE)

43. Ordene a rapidez do som através dos seguintes meios, em ordem decrescente.
    a. Ar.
    b. Aço.
    c. Água.

44. Ordene os seguintes pares de sons de acordo com a frequência de batimentos, em ordem decrescente.
    a. 132 Hz, 136 Hz.
    b. 264 Hz, 258 Hz.
    c. 528 Hz, 531 Hz.
    d. 1.056 Hz, 1.058 Hz.

PENSE E EXPLIQUE (SÍNTESE)

45. Por que a Lua é às vezes descrita como um "planeta silencioso"?

46. Por que só escutamos o som de fogos de artifício distantes depois de vê-los?

47. Se a Lua explodisse, por que nós não ouviríamos isso?

48. Se você arremessar uma pedra em água parada, se formarão círculos concêntricos. Que forma as ondas teriam se a pedra fosse atirada em água que flui suavemente?

49. Por que as abelhas zumbem ao voar?

50. O que significa dizer que uma estação de rádio está em "101,1 no dial de FM"?

51. Suponha que uma onda sonora e outra eletromagnética tenham a mesma frequência. Qual delas tem o maior comprimento de onda?

52. Suponha que uma onda sonora e outra eletromagnética tenham o mesmo comprimento de onda. Qual delas tem a maior frequência?

53. Um gato consegue escutar frequências de até 64.000 Hz. O cão médio escuta frequências de até 45.000 Hz. Qual deles escuta som com comprimento de onda mais curto?

54. O som da fonte A tem frequência duas vezes maior do que o da fonte B. Compare os comprimentos de onda do som produzido por essas fontes.

55. Numa pista de corrida automobilística, você nota fumaça saindo do cano da arma que dá a partida antes de escutar o tiro. Explique.

56. Em uma competição olímpica, um microfone capta o som do disparo de início da corrida e o envia eletricamente para os alto-falantes de cada corredor em seu ponto de partida. Por quê?

57. Quando uma onda sonora passa por um ponto no ar, ocorrem variações na densidade do ar nesse ponto? Explique.

58. Se uma campainha está tocando no interior de uma campânula de vidro, não podemos mais ouvi-la quando o ar é evacuado do interior, mas ainda podemos vê-la. Que diferenças nas propriedades do som e da luz isso indica?

59. Por que tudo é tão calmo após uma nevasca?

60. Se a rapidez de propagação do som dependesse de sua frequência, você se divertiria em uma sala de concerto se estivesse localizado no segundo balcão do teatro?

61. Se a frequência de um som for duplicada, o que ocorrerá com sua rapidez de propagação? E com seu comprimento de onda?

62. Por que o som se propaga mais lentamente no ar frio?

63. Seria possível ocorrer a refração do som se sua rapidez de propagação fosse constante em todos os meios materiais e em todas as situações? Justifique sua resposta.

64. Por que se pode sentir o tremor do solo causado por uma explosão distante antes de ouvir o som dela?

65. Quais condições de vento favoreceriam a audição do som a grandes distâncias? Quais condições seriam desfavoráveis para isso?

66. Se a distância entre um ouvinte e uma corneta for triplicada, por qual fator diminuirá a intensidade do som? Considere que reflexões não afetem o som.

67. Por que um eco é sempre mais fraco do que o som original?

68. Quais são os dois erros de física cometidos em um filme de ficção científica que mostra uma explosão no espaço exterior, nos permitindo ver e ouvir a explosão simultaneamente?

69. Por que as pessoas que marcham no final de um comprido desfile que segue uma banda estão descompassadas em relação às que se encontram logo após a banda?

70. Por que é um procedimento sensato para soldados parar de marchar ao atravessar uma ponte?

71. Por que o som de uma harpa é mais suave se comparado ao de um piano?

72. Seu colega de classe afirma que a velocidade do som e a sua frequência dependem do meio em que o som se propaga. De qual parte dessa afirmação você discorda?

73. Residentes em apartamentos constatam que as notas baixas da música são ouvidas mais distintamente nos apartamentos próximos de onde vem o som. Por que você supõe que os sons de frequência mais baixa conseguem atravessar mais facilmente paredes, piso e teto?

74. A cítara indiana tem um conjunto de cordas que vibram e produzem música, mesmo que jamais sejam tocadas pelo instrumentista. Essas "cordas ressonantes" são idênticas às cordas que são tocadas e montadas abaixo delas. Qual é a sua explicação para isso?

75. Por que as tábuas de uma pista de dança oscilam para cima e para baixo apenas quando determinados tipos de danças estão acontecendo?

76. Sob quais condições uma determinada nota emitida por um cantor pode quebrar uma taça de cristal?

77. Os batimentos resultam da interferência, do efeito Doppler ou de ambos?

78. É correto afirmar que os batimentos sonoros são quase a mesma coisa que "batidas" rítmicas de música? Justifique sua resposta.

79. Duas ondas sonoras de mesma frequência podem interferir, mas para produzirem batimentos, elas devem ter frequências diferentes. Por quê?

80. Suponha que um afinador de piano escute três batimentos por segundo quando ouve o som combinado de seu diapasão de forquilha e do piano. Após apertar ligeiramente a corda, ele passa a escutar cinco batimentos por segundo. Ele deveria, então, apertar mais ou afrouxar a corda?

81. Um afinador de piano que utiliza um diapasão em forquilha de 264 Hz escuta quatro batimentos por segundo. Quais são as duas possíveis frequências de vibração da corda do piano?

82. Um ser humano não consegue escutar som a uma frequência de 100 kHz ou a 102 kHz. Contudo, se você caminhar em uma sala onde duas fontes estão emitindo simultaneamente ondas sonoras a 100 kHz e 102 kHz, você escutará um som. Explique.

PENSE E DISCUTA (AVALIAÇÃO)

83. Por que o som se propaga mais rápido no ar úmido? (*Dica*: à mesma temperatura, as moléculas do vapor d'água têm a mesma energia cinética média das moléculas do oxigênio e do nitrogênio, que têm mais massa, presentes no ar). Como, então, os valores de rapidez média das moléculas de H_2O se comparam com os correspondentes valores da rapidez média das moléculas de N_2 e O_2?

84. Uma regra prática para estimar a distância em quilômetros entre um observador e a queda de um raio consiste em dividir por 3 o número de segundos que existe entre o momento do brilho e o da trovoada. Essa regra é correta? Explique sua resposta.

85. Ondas ultrassônicas têm muitas aplicações em tecnologia e em medicina. Uma vantagem é que se pode utilizar altas intensidades de ultrassom sem perigo de danos para o ouvido. Cite outras vantagens desses comprimentos de onda curtos de som. (*Dica:* por que os microscopistas costumam usar luz azul em vez de luz branca para ver detalhes?)

86. Um objeto ressoa quando a frequência da força que o faz vibrar se iguala à sua própria frequência natural ou é um submúltiplo dessa frequência. Por que ele não ressoa nos múltiplos dessa frequência? (*Dica:* pense em empurrar uma criança num balanço.)

87. Um dispositivo especial é capaz de transmitir som fora de fase de uma britadeira para os protetores auriculares usados pelo operador. Com o barulho da britadeira, ele consegue ouvir facilmente sua voz, mas você não consegue ouvir a dele. Explique.

88. Dois alto-falantes, posicionados dos lados opostos de um palco, emitem tons puros idênticos (tons de frequência e de comprimento de onda fixos no ar). Quando você fica em pé na parte central, igualmente distante dos dois alto-falantes, você escuta um som alto e claro. Por que a intensidade do som diminui consideravelmente quando você dá um passo para o lado? (*Dica*: desenhe um diagrama para marcar sua posição.)

89. Quando um par de alto-falantes fora de fase são colocados juntos, como mostrado na Figura 20.18, quais ondas estão sendo canceladas, as longas ou as curtas? Por quê?

90. Se uma única perturbação, ocorrida a uma distância desconhecida, produz tanto ondas transversais quanto longitudinais, que se propagam através do meio com velocidades claramente diferentes, como as ondas que se propagam no solo durante os terremotos, de que forma se poderia determinar a distância do ponto onde ocorreu a perturbação inicial?

Está procurando uma carreira sem estresse e recompensadora? Considere aplicar seu conhecimento sobre a física do som ao campo da audiologia. Um audiologista clínico trabalha nos mais diversos contextos, sempre com o objetivo de ajudar as pessoas a ouvir. Os problemas de audição estão aumentando entre adultos e crianças, não diminuindo. Você estará em demanda.

CAPÍTULO 20 Exame de múltipla escolha

Escolha a melhor resposta entre as alternativas:

1. O som se propaga mais rapidamente no(a):
   a. ar.
   b. água.
   c. aço.
   d. vácuo.

2. No ar e na água, o mesmo som propaga-se com diferentes:
   a. frequências.
   b. rapidezes.
   c. ambas as anteriores.
   d. nenhuma das anteriores.

3. Qual tem maior rapidez, as ondas sonoras ou as ondas de rádio?
   a. Ondas sonoras.
   b. Ondas de rádio.
   c. As duas alternativas anteriores são equivalentes.
   d. É necessário mais informação para responder.

4. Quais NÃO pertencem à mesma família?
   a. Ondas infrassônicas.
   b. Ondas ultrassônicas.
   c. Ondas de rádio.
   d. Ondas de choque.

5. Uma onda sonora de 340 hertz propaga-se a 340 m/s no ar com comprimento de onda de:
   a. 1 m.
   b. 10 m.
   c. 100 m.
   d. nenhuma das anteriores.

6. A explicação para a refração deve envolver uma variação no(a):
   a. frequência.
   b. comprimento de onda.
   c. rapidez.
   d. todas as anteriores.

7. A interferência é uma propriedade das:
   a. ondas na água.
   b. ondas sonoras.
   c. ondas luminosas.
   d. todas as anteriores.

8. A frequência natural de um objeto depende do(a) seu(sua):
   a. tamanho.
   b. forma.
   c. elasticidade.
   d. todas as anteriores.

9. Supostamente, o tenor Enrico Caruso conseguiu destruir um candelabro de cristal com a sua voz, o que ilustra:
   a. um eco.
   b. a refração do som.
   c. a interferência do som.
   d. a ressonância.

10. Um afinador de piano sabe que uma tecla do instrumento está sintonizada com a frequência de um diapasão quando este e a tecla, tocados ao mesmo tempo, produzem batimentos de:
    a. 0 Hz.
    b. 1 Hz.
    c. 2 Hz.
    d. nenhuma das anteriores.

Respostas e explicações das perguntas do Exame de múltipla escolha

1. (c): A rapidez de propagação do som está relacionada com a elasticidade de uma substância. O aço é uma substância. O som se propaga mais lentamente na água, ainda mais lentamente no ar, e não se propaga no vácuo. 2. (b): O som se propaga mais lentamente na água e ainda mais lentamente no ar. São rapidezes diferentes, mas não frequências diferentes, que normalmente não variam com a propagação do som. 3. (b): As ondas de rádio são eletromagnéticas, que se propagam à velocidade da luz. 4. (c): Apenas uma das opções é uma onda eletromagnética: as ondas de rádio. As outras são todas ondas sonoras. 5. (a): De acordo com $v = f\lambda$, $\lambda = v/f = (340 \text{ m/s})/(340 \text{ Hz}) = 1$ m. 6. (c): O segredo da refração é uma variação na rapidez quando a onda se propaga de um material para o outro. Embora a frequência não varie durante a refração, o comprimento de onda pode, mas esse não é um fator obrigatório para explicar a refração. 7. (d): A interferência é uma propriedade de *todas* as ondas. Não esqueça! 8. (d): A frequência natural depende de todos os fatores acima. Não esqueça disso também! 9. (d): A ressonância da voz de Caruso com a frequência natural do cristal explica a destruição do candelabro, não um eco, a refração ou a interferência. 10. (a): Um afinador atento aos batimentos sabe que as frequências não são correspondentes e realiza ajustes até não ouvi-los mais. Depois, a tecla é afinada até estar na frequência desejada.

21
Sons musicais

21.1 Ruído e música
21.2 Altura
21.3 Intensidade sonora e volume do som
21.4 Timbre
21.5 Instrumentos musicais
21.6 Análise de Fourier
21.7 Do analógico para o digital

1 Gracie Hewitt produz sons relaxantes com seu clarinete. 2 Michelle Anna Wong e Miriam Dijamco fazem o mesmo com seus violinos. 3 Richard Hernandez diverte-se produzindo ondas estacionárias e d'água quando esfrega os cabos de uma tigela de ressonância chinesa. 4 A física e cantora Lynda Williams, professora de física do Santa Rosa Junior College, deleita a audiência com suas canções sobre a física.

Quando era aluna de pós-graduação na Universidade de Cambridge, na Inglaterra, Jocelyn Bell Burnell ajudou a construir um radiotelescópio para estudar quasares, os centros extremamente luminosos de galáxias maciças e distantes. Um dia, ela notou um padrão estranho nos dados, uma linha serpenteada que indicava um padrão regular e repetido de pulsos de rádio. Sem saber o que explicaria os pulsos, ela e o seu orientador batizaram a fonte de "Little Green Men-1" ("Homenzinhos Verdes 1"), uma piada com a vida extraterrestre. Bell Burnell logo descobriu outros pulsos semelhantes, o que sugeria uma explicação mais natural. Em 1967, ela e seu grupo de pesquisa determinaram que os pulsos eram criados por estrelas de nêutron giratórias, estrelas muito densas e muito pequenas formadas dos resquícios de supernovas. Embora uma estrela de nêutron tenha apenas cerca de 20 km de diâmetro, a massa de uma colher de chá dessa estrela equivaleria a cerca de 1 bilhão de toneladas.

As estruturas que Jocelyn Bell Burnell descobriu viriam a ser chamadas de pulsares, abreviação de "fonte de rádio pulsante" (em inglês, *pulsating radio star*). Desde a sua descoberta, os pulsares se tornaram uma ferramenta valiosa na física e na astrofísica, tudo graças à regularidade dos seus pulsos. Os astrônomos usaram ligeiros desvios em relação ao ritmo normal de um pulsar para detectar ondas gravitacionais, testar a teoria da relatividade geral de Einstein, pesar o sistema solar e mapear o universo. Em 1974, o Prêmio Nobel de Física foi concedido para a descoberta dos pulsares... mas não para Jocelyn.

Jocelyn Bell Burnell nasceu em Belfast, Irlanda do Norte, em 1943. Seu interesse por astronomia começou na infância, quando seu pai era arquiteto do Observatório de Armagh, na cidade do mesmo nome na Irlanda do Norte. Bell Burnell passava bastante tempo no observatório quando criança e leu muitos e muitos livros sobre astronomia. Os cientistas no observatório incentivaram o seu interesse.

Após estudar em um internato na Inglaterra, ela formou-se em física na Universidade de Glasgow. Sua trajetória não foi fácil. Quando chegou em Cambridge para a pós-graduação, Bell Burnell sentia-se uma impostora que não pertencia àquele lugar. Na verdade, ela diz que acreditava que a universidade tinha cometido um engano ao aceitá-la e que, assim que o equívoco fosse descoberto, perderia sua vaga. Mais tarde, ela percebeu que um dos motivos para o sentimento de impostura era o fato de pertencer a uma minoria, pois era uma das únicas mulheres.

Em 1968, ao mesmo tempo que fazia suas descobertas sobre pulsares, Bell Burnell sentia pressão social para abandonar a astronomia quando casou-se com Martin Burnell. Também houve pressão para abandonar a carreira após o nascimento de Gavin, seu filho, mas ela persistiu e tornou-se líder no campo da astrofísica.

O Prêmio Nobel de Física pela descoberta dos pulsares foi concedido ao seu orientador na época, Antony Hewish, e ao astrônomo Sir Martin Ryle. Embora alguns cientistas proeminentes tenham protestado a decisão, a resposta de Bell Burnell foi dizer que era apenas uma estudante na época da descoberta e continuar o seu trabalho. Além de pesquisar e lecionar, ela presidiu diversas instituições profissionais, incluindo o Institute of Physics entre 2008 e 2010.

Bell Burnell recebeu inúmeros prêmios pelas suas contribuições profissionais. Em 2018, recebeu o Prêmio Breakthrough Especial em Física Fundamental pela descoberta dos pulsares e pela sua "trajetória de vida de liderança científica inspiradora". Ela usou o prêmio de 3 milhões de dólares para fundar o Bell Burnell Graduate Scholarship Fund, um fundo que apoia mulheres e outros grupos com pouca representatividade na física. Hoje, a inspiradora Jocelyn Bell Burnell é professora visitante de astrofísica na Universidade de Oxford e Fellow do Mansfield College.

21.1 Ruído e música

A maior parte dos sons que escutamos são ruídos. O impacto de um objeto que cai, a batida de uma porta, o ronco de uma motocicleta e a grande maioria dos sons que escutamos no tráfego das cidades são ruídos. O ruído corresponde a uma vibração irregular do tímpano produzida por alguma outra vibração irregular em sua vizinhança, uma confusão de comprimentos de onda e de amplitudes. O *ruído branco* é uma mistura de uma variedade de frequências sonoras, da mesma forma como a luz branca é uma mistura de luzes de todas as frequências. Descrevemos como ruído branco o som do surfe, o farfalhar das folhas que caem ou o borbulhar da água em um arroio.

448 PARTE IV Som

FIGURA 21.1 Representações gráficas de ruído e música.

A música é a arte do som e tem um caráter diferente. O som musical tem características diferentes, apresentando tons periódicos – ou *notas* musicais. Embora o ruído não tenha tais características, a linha que separa a música do ruído é tênue e subjetiva. Para alguns compositores contemporâneos, ela não existe. Algumas pessoas consideram ruído a música contemporânea e a música não familiar de outras culturas. Diferenciar de ruído esses tipos de música torna-se um problema de estética. Entretanto, diferenciar de ruído a música tradicional – isto é, a música clássica ocidental e a maior parte da música popular – não representa um problema. Usando um osciloscópio, mesmo uma pessoa com total perda de audição poderia distinguir entre esses tipos de música. Quando um osciloscópio é alimentado por um sinal elétrico vindo de um microfone, os padrões das variações de pressão do ar com o tempo são mostrados de maneira precisa – o que facilmente torna o ruído distinguível da música tradicional (Figura 21.1).

Os músicos normalmente se referem aos tons musicais em termos de três características principais: altura, volume e timbre.

> **PAUSA PARA TESTE**
> Um baque produz ruído. Uma série de baques pode constituir música?
>
> **VERIFIQUE SUA RESPOSTA**
> Sim, especialmente quando eles são periódicos – pense em um solo de bateria.

21.2 Altura

A música é organizada em diferentes níveis. O mais notável são as notas musicais. Talvez você se lembre de seus primeiros anos de escola pela sequência "dó, ré, mi, fá, sol, lá, si e dó". Cada nota tem sua própria **altura**. Podemos descrever a altura pela frequência. Vibrações rápidas da fonte sonora (alta frequência) produzem uma nota alta, enquanto vibrações lentas (baixa frequência) produzem uma nota baixa. Falamos da altura de um som em termos de sua posição em uma escala musical. Os músicos expressam as diferentes alturas por diferentes letras maiúsculas: A, B, C, D, E, F e G. Quando um concerto em A* é tocado num piano, um martelo faz vibrar duas ou três cordas, e cada uma delas vibra 440 vezes em um segundo. A altura do concerto A corresponde a 440 hertz.[1] As notas de A a G são todas notas dentro de uma oitava. Multiplique a frequência de uma nota por dois e você obterá a mesma nota em uma altura mais alta na próxima oitava. O teclado de um piano cobre um pouco mais do que sete oitavas (Figura 21.2).

Notas musicais diferentes são obtidas mudando-se a frequência de vibração da fonte sonora. Isso geralmente é feito alterando-se o tamanho, a rigidez ou a massa

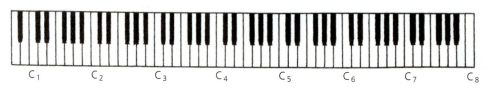

FIGURA 21.2 Um teclado de piano. O C baixo (C1) tem frequência de 32,70 Hz, e sobretons sucessivos de C são obtidos pela duplicação sucessiva das frequências. A nota C de 261,63 Hz é chamada de C central.

---

* N. de T.: No sistema cifrado para representar notas, acordes ou tons musicais, as primeiras letras do alfabeto, em maiúsculas, representam os nomes tradicionais dos sons da escala musical: A para lá, B para si, C para dó, D para ré, E para mi, F para fá e G para sol.

[1] Curiosamente, o tom do concerto em A varia de tão baixo quanto 436 Hz até tão alto quanto 448 Hz.

do objeto em vibração. Um guitarrista ou violinista, por exemplo, ajusta a rigidez, ou tensão, das cordas do instrumento quando está afinando-as. Depois, alterando o comprimento de cada corda ao pressioná-las com os dedos, ele pode tocar diferentes notas com elas. Nos instrumentos de sopro, para mudar a altura da nota emitida, é possível alterar o comprimento da coluna de ar em vibração (trombone ou trompete) ou abrir ou fechar os pequenos buracos na lateral do tubo em combinações variadas (saxofone, clarineta, flauta).

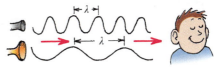

FIGURA 21.3 Ambas as ondas sonoras se propagam com o mesmo módulo de velocidade. Aquela de comprimento de onda λ mais curto atinge o ouvido do ouvinte com mais frequência. Ela tem, portanto, uma frequência mais alta e é ouvida com uma altura maior.

Os sons muito altos usados em música quase sempre são mais baixos do que 4.000 hertz, mas o ouvido humano pode escutar sons com frequências de até 20.000 hertz. Algumas pessoas podem escutar sons com alturas ainda maiores, assim como a maioria dos cachorros. Em geral, o limite superior de audição nas pessoas fica mais baixo à medida que envelhecem. Um som muito alto frequentemente é inaudível para uma pessoa idosa, mas pode ser escutado claramente por alguém mais jovem. O sentido de audição, especialmente nas altas frequências, diminui quando nos tornamos mais velhos.

PAUSA PARA TESTE

1. O som emitido por morcegos é extremamente intenso. Por que humanos não conseguem ouvi-lo?
2. Qual se propaga mais rápido no ar: um som alto ou um som baixo?

VERIFIQUE SUA RESPOSTA

1. Os sons emitidos por morcegos são de altura maior do que aquela que podemos ouvir. Se não fosse assim, o som dos morcegos nos enlouqueceria!
2. Ambos se propagam com a mesma rapidez. A velocidade do som depende do meio em que se propaga, não de sua frequência, seu comprimento de onda ou sua amplitude.

21.3 Intensidade sonora e volume do som

A **intensidade** de um som depende da amplitude das vibrações de pressão no interior da onda sonora. (E, como em todas as ondas, a intensidade é diretamente proporcional ao quadrado da amplitude da onda.) A intensidade é medida em unidades de watts/m². O ouvido humano reage a intensidades que abrangem uma faixa enorme, desde 10^{-12} W/m² (o limiar da audição) até mais de 1 W/m² (o limiar da dor).

O nível de 10^{-12} W/m², praticamente inaudível, é usado como o nível de som de referência denominado 0 *bel* (B), unidade que homenageia Alexander Graham Bell, o inventor do telefone. Um som 10 vezes mais intenso tem nível de 1 bel (10^{-11} W/m²). Esses fatores de 10 continuam até o limiar da dor (1 W/m²), cujo nível é de 12 bels.

É mais comum usar decibels* do que bels para níveis de som. Uma vez que um decibel (dB) é 1/10 de bel, o nível de som do limiar da audição ainda é 0 dB, enquanto o limiar da dor passa a ser 120 dB. A Tabela 21.1 lista intensidades sonoras e níveis de som típicos para fontes próximas. Assim como a escala Richter para terremotos, a escala decibel é logarítmica. A matemática dos logaritmos está além do escopo deste livro, então basta você lembrar que os níveis de som aumentam em potência de 10.

psc

■ O ex-Beatle Paul McCartney contribuiu de inúmeras formas para a humanidade, incluindo sua forte defesa dos direitos dos animais. Sua filha, a vegetariana de longa data Stella Nina McCartney, também faz a sua parte. Stella McCartney comanda um império da moda global que não utiliza produtos animais e emprega apenas materiais não carcinogênicos, cuja fabricação não produz poluentes e que se biodegradam após o uso. Nossos parabéns a Stella McCartney pela sua nobre missão.

Os tampões de ouvido reduzem o ruído em cerca de 30 dB.

---

* N. de T.: No que se refere ao plural de unidades de medida, adotamos neste livro o que é estabelecido pelo Decreto Federal No. 81.621, de 03/05/1978, sobre o Quadro Geral de Unidades de Medidas: o plural de qualquer unidade de medida é obtido, simplesmente, adicionando-se a letra "s" à palavra que designa a correspondente unidade de medida. Assim, a forma legal do plural de decibel é decibels, enquanto o plural de mol é mols.

450 PARTE IV Som

psc
- A baleia azul emite os sons de mais baixa frequência, maiores do que 180 dB dentro da água, mas baixos demais para os humanos os detectarem sem um equipamento sensível.

TABELA 21.1 Fontes e intensidades de sons comuns

Fonte sonora	Intensidade (W·m²)	Nível sonoro (dB)
Avião a jato a 30 m de distância	10^2	140
Sirene de alarme próxima	1	120
Música disco amplificada	10^{-1}	110
Rebitador	10^{-3}	90
Tráfego em rua movimentada	10^{-5}	70
Conversação em casa	10^{-6}	60
Rádio baixo em casa	10^{-8}	40
Murmúrio	10^{-10}	20
Farfalhar de folhas de árvores	10^{-11}	10
Limiar da audição	10^{-12}	0

O que você precisa saber é que o dano fisiológico à audição começa com a exposição a 85 decibels, sendo que o grau da lesão depende da intensidade, da duração e da frequência da exposição. A perda de audição normalmente ocorre quando os sons danificam estruturas delicadas do ouvido interno, que normalmente não se regeneram.

> **PAUSA PARA TESTE**
> Se uma britadeira produz ruído de 100 dB, que é 10.000.000.000 vezes maior do que o menor som que o ouvido consegue escutar, duas britadeiras operando ao mesmo tempo produziriam um som de 200 dB?
>
> **VERIFIQUE SUA RESPOSTA**
> Não! A classificação em decibels da intensidade sonora é logarítmica, não linear. Duas britadeiras soarão um pouco pior, atingindo 103 dB, mas *não* 200 dB. É importante entender que as intensidades sonoras não se combinam linearmente. Deixamos o estudo mais aprofundado sobre essas questões para o campo da audiologia (que, a propósito, é uma excelente carreira, na qual não falta demanda).

FIGURA 21.4 James mostra um sinal de som num osciloscópio.

A intensidade do som é um atributo físico e puramente objetivo de uma onda sonora e pode ser medida por diversos instrumentos acústicos (e o osciloscópio da Figura 21.4). O **volume** do som, por outro lado, é uma sensação fisiológica. O ouvido sente algumas frequências melhores do que outras. Um som de 3.500 Hz soa a 80 decibels, por exemplo, cerca de duas vezes mais forte para a maioria das pessoas do que um som de 125 Hz a 80 decibels; os humanos são mais sensíveis à faixa dos 3.500 Hz. Os sons mais fortes que podemos tolerar têm intensidades um trilhão de vezes mais fortes que o mais fraco dos sons. A diferença percebida no volume do som, no entanto, é muito menor do que isso.

Os papagaios, como os seres humanos, usam suas línguas para produzir e modular os sons. Pequenas alterações na posição da língua do papagaio geram enormes alterações no som produzido primeiramente na siringe do papagaio, a parte inferior da laringe dos pássaros, encaixada entre a traqueia e os pulmões.

21.4 Timbre

Não temos problema em distinguir entre o som de um piano e o som de uma clarineta para a mesma nota. Cada um desses sons tem uma característica sonora que difere em **timbre**, a "cor" de uma nota. O timbre descreve todos os aspectos de um som musical além de altura, volume e duração da nota. O timbre é descrito subjetivamente como pesado, leve, sombrio, tênue, suave ou transparentemente claro. O som de uma viola, por exemplo, tem uma notável profundidade, enquanto um violino emite um som notavelmente "brilhante".

A maioria dos sons musicais é formada pela superposição de muitos sons com frequências diferentes. Esses vários sons são chamados de **componentes de fre-**

quência, ou simplesmente *componentes*. A frequência mais baixa deles, chamada de **frequência fundamental**, determina a altura da nota. Aquelas componentes de frequência que são múltiplas inteiras da frequência fundamental são chamadas de **harmônicos**. Diferentes harmônicos têm alturas diferentes. Um tom com frequência duas vezes maior do que a frequência fundamental é o segundo harmônico; um tom com três vezes a frequência fundamental é o terceiro harmônico, e assim por diante (Figura 21.5).[2] É a variedade das componentes de frequência que dão a uma nota musical seu timbre característico. Assim, vemos que os instrumentos musicais têm timbres característicos, cada um com sua "cor" própria.

Assim, se tocamos o C (dó) central do piano, produzimos um tom fundamental com uma altura de 262 hertz e também uma mistura de componentes de frequência com duas, três, quatro, cinco vezes, e assim por diante, a frequência do C central. O número de componentes de frequência determina o timbre do som associado ao piano. Os sons de praticamente todos os instrumentos musicais consistem do som fundamental e suas componentes de frequência. Tons puros, aqueles que têm apenas uma frequência, podem ser produzidos eletronicamente. Os sintetizadores eletrônicos produzem tons puros e misturas destes numa vasta variedade de sons musicais.

O timbre de um som é determinado pela presença e pela intensidade relativa das várias componentes. O som produzido por uma certa nota do piano e o som produzido por uma clarineta, ambos de mesma altura, têm timbres diferentes, que o ouvido reconhece porque as componentes que os formam são diferentes. Notas de mesma altura, mas com timbres diferentes, ou têm componentes diferentes ou apresentam diferenças nas intensidades relativas de suas componentes.

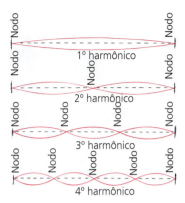

FIGURA 21.5 Modos de vibração de uma corda de violão.

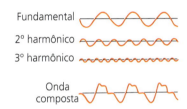

FIGURA 21.6 A fundamental e seus harmônicos combinam-se para produzir uma onda composta.

FIGURA 21.8 Os sons de um piano e de uma clarineta diferem em timbre.

FIGURA 21.7 Uma vibração composta do modo fundamental e de seu terceiro harmônico.

PAUSA PARA TESTE
A altura e o volume das vozes de duas pessoas podem ser iguais, mas facilmente conseguimos distinguir uma da outra. Por quê?

VERIFIQUE SUA RESPOSTA
A voz de cada pessoa tem uma mistura característica de tons componentes. Dizemos que cada pessoa tem seu próprio timbre – sua "cor" característica.

21.5 Instrumentos musicais

Os instrumentos musicais convencionais podem ser agrupados em três classes: aqueles em que o som é produzido por cordas vibrantes, aqueles em que o som é produzido por colunas de ar em vibração e aqueles em que o som é produzido por *percussão* – a vibração de uma superfície bidimensional.

---
[2] Na terminologia normalmente utilizada em música, o segundo harmônico é chamado de *primeiro sobretom,* o terceiro harmônico, de *segundo sobretom,* e assim por diante. Nem todas as componentes de frequência presentes num som musical complexo são múltiplas inteiras da frequência fundamental. Diferentemente dos harmônicos produzidos pelos instrumentos de sopro de madeira ou de bronze, instrumentos de corda como um piano produzem componentes de frequência "esticadas", que são aproximadamente, mas não exatamente, harmônicos. Isso é um fator importante ao se afinar pianos. Ele ocorre porque a rigidez das cordas a serem dobradas altera um pouco a força restauradora para vibrações de frequências diferentes.

FIGURA 21.9 Cada vez que Bay Johnson aperta uma tecla do piano, uma de suas cordas é percutida. As cordas do piano correspondentes às notas graves são mais pesadas, têm maior inércia e vibram em uma frequência mais baixa – uma nota mais grave do que a produzida por uma corda mais leve sob a mesma tensão. O volume sonoro depende da força com a qual as teclas são apertadas, o que afeta a amplitude da vibração da corda. A sensibilidade do piano ao toque o diferencia dos instrumentos de teclado anteriores, como o cravo.

Num instrumento de cordas, a vibração das cordas é transferida para um tampo vibrante e dele para o ar, mas com eficiência baixa. Para compensar isso, nas orquestras existem agrupamentos ou seções de instrumentos de corda relativamente numerosos. Um número menor de instrumentos de sopro altamente eficientes equilibra o maior número de violinos.

Em um instrumento de sopro, o som é uma vibração de uma coluna de ar no interior do instrumento. Há diversas maneiras com as quais se pode por a vibrar colunas de ar. Em instrumentos de bronze, como trompetes, trompas e trombones, o ar é soprado para dentro do instrumento através do bocal ou próximo a uma extremidade do tubo e sai por outra extremidade. As vibrações dos lábios do instrumentista interagem com as ondas estacionárias que se estabelecem por causa da reflexão no instrumento, que se alarga para fora na forma de um sino na extremidade do instrumento. O som dos instrumentos de sopro depende principalmente do tamanho e da forma do tubo através do qual o ar se move. Os comprimentos das colunas de ar vibrantes são manipulados apertando-se válvulas, que adicionam ou subtraem segmentos extras às colunas,[3] ou estendendo-se os comprimentos dos tubos, como em um trombone de vara. Em instrumentos de sopro feitos de madeira, como clarinetas, oboés e saxofones, uma corrente de ar soprada pelo músico faz vibrar uma palheta, ao passo que em pífaros, flautas e flautins, o músico sopra o ar contra a borda de um buraco para gerar um fluxo flutuante que põe a coluna de ar em vibração.

Em instrumentos de percussão, como tambores e címbalos, uma membrana bidimensional ou superfície elástica é batida para produzir som. O tom fundamental gerado depende da geometria, da elasticidade e, em alguns casos, da tensão da superfície. Alterar a tensão na superfície vibrante resulta em mudança na altura do som produzido. Abaixar a borda da superfície de um tambor com a mão é uma maneira de realizar isso. É possível estabelecer diferentes modos de vibração batendo-se na superfície em lugares diferentes. Em um timbale, o formato da caixa altera a frequência do tambor. Como em todos os sons musicais, o timbre depende do número de componentes de frequência e de suas intensidades relativas.

Instrumentos musicais eletrônicos diferem notavelmente dos instrumentos convencionais. Em vez de cordas que devem ser dobradas, tangidas ou percutidas, de palhetas sobre as quais o ar deve ser soprado, ou de diafragmas que devem ser golpeados a fim de produzir sons, certos instrumentos eletrônicos usam elétrons para gerar os sinais que formam os sons musicais. Outros partem de um som produzido por um instrumento acústico e, então, modificam-no. A música eletrônica exige do compositor e do instrumentista uma especialidade além do seu conhecimento em musicologia. Ela traz às mãos do músico uma ferramenta nova e poderosa.

PAUSA PARA TESTE

O som de um violão provém de cordas vibrantes. O que vibra para produzir o som de uma corneta? E de uma clarineta?

VERIFIQUE SUA RESPOSTA

Em instrumentos de sopro de bronze, como cornetas, trombetas e trombones, os lábios do músico vibram um contra o outro e contra a borda do bocal. Em instrumentos de sopro de madeira, como clarinetas, saxofones e oboés, o som é produzido por uma palheta vibrante.

---

[3] Uma corneta não tem válvulas nem comprimento variável. O corneteiro deve ser um perito em criar sobretons diferentes para obter notas diferentes.

CAPÍTULO 21 Sons musicais 453

21.6 Análise de Fourier

Você já olhou de perto os sulcos de um antigo disco fonográfico de vinil, do tipo que reproduzia música para seus avós? As variações nas larguras dos sulcos, vistas na Figura 21.11, fazem vibrar a agulha do fonógrafo enquanto ela percorre o sulco em movimento. Essas vibrações mecânicas, por sua vez, são transformadas em vibrações elétricas para produzir o som. Não é impressionante que todas as diferentes vibrações geradas pelas diferentes partes de uma orquestra sejam capturadas e depois convertidas em um único sinal sonoro?

O som de um oboé exibido na tela de um osciloscópio se parece com a Figura 21.12a. Essa onda corresponde às vibrações do oboé. Ela também corresponde ao sinal amplificado que ativa o alto-falante de um sistema de som e a amplitude da vibração do ar contra o tímpano do ouvido. A Figura 21.12b mostra a aparência da onda produzida por uma clarineta. Quando o oboé e a clarineta soam juntos, o princípio da superposição fica evidente quando suas ondas individuais se combinam para produzir a forma de onda mostrada na Figura 21.12c.

FIGURA 21.10 Os discos de vinil ainda não se foram, com *disc jockeys* que produzem com eles misturas dinâmicas de sons.

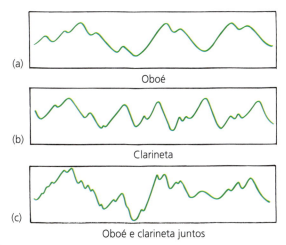

FIGURA 21.12 As formas de onda de (a) um oboé, (b) de uma clarineta e (c) do oboé e da clarineta soando juntos.

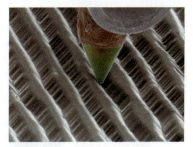

FIGURA 21.11 Uma vista microscópica dos sulcos de um disco fonográfico de vinil.

A forma da onda na Figura 21.12c é o resultado da superposição (interferência) das formas a e b. Se conhecemos a e b, é fácil gerar c. No entanto, é outro tipo de problema diferenciar em c as formas de onda a e b que a compõem. Olhando apenas para c, não podemos separar o oboé da clarineta, mas se escutarmos a gravação musical, nossos ouvidos saberão imediatamente quais instrumentos estão sendo tocados e qual é o volume relativo de cada um. Nossos ouvidos automaticamente decompõem o sinal global em suas partes componentes.

Em 1822, o matemático francês Joseph Fourier descobriu uma regularidade matemática para as partes que compõem um movimento ondulatório periódico. Ele descobriu que mesmo os movimentos ondulatórios periódicos mais complicados podem ser decompostos em simples ondas senoidais que se adicionam. Recorde-se de que uma onda senoidal é a mais simples de todas as ondas, tendo uma única frequência (Figura 21.13). Fourier descobriu que todas as ondas periódicas podem ser decompostas em ondas senoidais constituintes com amplitudes e frequências próprias. A operação matemática para realizar tal decomposição chama-se **análise de Fourier**. Não explicaremos aqui a matemática envolvida, simplesmente mencionaremos que com essa análise podemos encontrar as ondas senoidais puras, ou tons puros, que se adicionam para compor uma nota, digamos, de um violino. Quando

FIGURA 21.13 Uma onda senoidal.

Jean Baptiste Joseph Fourier (1768–1830)

esses tons puros soam juntos, como ao colocar em vibração simultaneamente um certo número de diapasões ou ao selecionar as chaves apropriadas de um órgão elétrico, eles se combinam para dar a nota do violino. A onda senoidal de frequência mais baixa é a fundamental, e ela determina a altura da nota. As ondas senoidais de frequência mais alta são as componentes de frequência que dão o timbre característico. Assim, a forma de onda de qualquer som musical nada mais é do que uma soma de ondas senoidais simples.

Uma vez que a forma de onda musical é obtida de um grande número de diferentes ondas senoidais, para duplicar o som precisamente por qualquer meio pelo qual o som possa ser gravado, deveríamos ser capazes de processar uma faixa de frequências tão ampla quanto possível. As notas de um teclado de piano abrangem desde 27 hertz até 4.200 hertz, mas, para reproduzir fielmente uma composição feita para o piano, o sistema de som deve ter uma faixa de frequências que alcance até 20.000 hertz. Quanto mais ampla for a faixa de frequências de um sistema elétrico sonoro, mais fiel ao som original será o som ouvido na saída do sistema. É por isso que a faixa de frequências de um sistema de som de alta-fidelidade é larga.

Nossos ouvidos realizam automaticamente um tipo de análise de Fourier. Eles separam a mixórdia das complexas pulsações de ar que o alcançam e as transformam em tons puros constituídos por ondas senoidais. Ao escutarmos, nós os recombinamos em vários agrupamentos. As combinações de tons que aprendemos a fazer para despertar nossa atenção determinam o que ouvimos quando escutamos um concerto. Podemos dirigir nossa atenção para os sons de diversos instrumentos e separar os tons com volumes mais fracos dos que têm volume maior; podemos nos deliciar com a intricada interação dos instrumentos e ainda detectar os ruídos externos dos outros que nos cercam. Isso é uma incrível façanha.

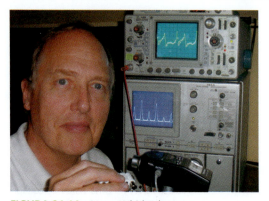

FIGURA 21.14 Norm Whitlatch mostra os primeiros cinco harmônicos, no osciloscópio inferior, a partir da análise de Fourier do som gerado por um diapasão de sopro de afinação de violões, mostrado no traçado superior verde da tela do osciloscópio.

PAUSA PARA TESTE

1. O que a análise de Fourier nos diz sobre o som emitido quando dedilhamos as cordas de um violão?
2. Um pouco de humor: os seres humanos conseguiam concentrar a sua atenção em notas musicais específicas antes de Fourier?

VERIFIQUE SUA RESPOSTA

1. O som pode ser expresso como a soma das ondas senoidais cujas frequências correspondem às cordas individuais.
2. É claro que sim! Isso é o mesmo que perguntar se os pássaros voavam antes de Daniel Bernoulli. Os pássaros voam e os seres humanos com certeza diferenciam notas musicais desde sempre. Bernoulli e Fourier recebem o crédito por *explicar* os dois fenômenos, no entanto.

FIGURA 21.15 Cada ouvinte escuta a mesma música?

Quem aprecia música melhor: alguém versado em música ou um ouvinte casual?

21.7 Do analógico para o digital

Quando você ouve alguém dizer quão excitante deve ter sido viver na época em que substituímos lampiões a gás por lâmpadas elétricas, ou cavalos e carroças por automóveis, você pode lhe dizer que estamos vivendo em uma época muito excitante também; talvez até mais. Vivemos na era digital, na qual estamos substituindo a transmissão e o armazenamento de informação da forma analógica para a digital. As fitas magnéticas e os discos de vinil são analógicos e, exceto para os colecionadores, já estão obsoletos.

As gravações fonográficas de antes utilizavam a maneira convencional em que uma agulha vibrava em um sulco que serpenteava em um disco de diâmetro mais de duas vezes maior do que o dos CDs e dos DVDs. A saída de uma gravação fonográfica convencional eram sinais como aqueles mostrados na Figura 21.12. Esse tipo de forma de onda contínua é chamado de sinal *analógico*. Ele pode ser transformado num sinal *digital* medindo-se os valores numéricos de sua amplitude em cada um dos curtos intervalos de tempo separados (Figura 21.16). Esse valor numérico pode ser expresso em um sistema numérico conveniente aos computadores chamado de sistema *binário*. No código binário, cada número pode ser expresso como uma sucessão de zeros e uns; por exemplo, o número 1 é 1, o 2 é 10, o 3 é 11, o 4 é 100, o cinco é 101, o 17 é 10001, etc. Desse modo, a forma de onda analógica pode ser expressa com uma série de pulsos dos tipos "ligado" e "desligado", que correspondem à série de zeros e uns do código binário.

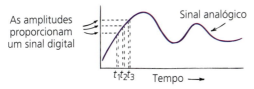

FIGURA 21.16 A amplitude da forma de onda analógica é medida sucessivamente em instantes separados para fornecer informação digital, que é gravada em forma binária sobre a superfície refletora de um disco *laser* (CD).

Uma vida sem música, assim como uma vida sem ciência, é pobre de espírito.

Tudo que você vê ou escuta em um dispositivo digital – números, palavras, imagens e sons – foi codificado usando um sistema binário. Todas as informações do nosso mundo digital espalham-se em gigabytes e terabytes pela internet e por transmissões de rádio e TV.

Revisão do Capítulo 21

TERMOS-CHAVE (CONHECIMENTO)

altura do som A "altura" de um som, como numa escala musical, que está relacionada principalmente à frequência. Uma fonte que vibra em alta frequência gera um som de altura muito grande, ou agudo; uma fonte que vibra em baixa frequência gera um som de altura baixa, ou grave.

intensidade Potência por metro quadrado de uma onda sonora, frequentemente medida em decibels.

volume do som A sensação fisiológica diretamente relacionada à intensidade ou ao volume do som.

timbre O tom característico de um som musical, determinado pelo número e pela intensidade relativa das componentes de frequência.

componente de frequência Uma onda sonora de única frequência que constitui um som complexo. Quando a frequência da componente é um múltiplo inteiro da frequência mais baixa, ela se chama *harmônico*.

frequência fundamental A frequência mais baixa de uma vibração, ou primeiro harmônico, em um som musical.

harmônico Um componente de frequência cuja frequência é múltipla inteira da fundamental. O segundo harmônico tem frequência duas vezes maior do que a fundamental; o terceiro harmônico tem frequência três vezes maior, e assim por diante

análise de Fourier Um método matemático que decompõe qualquer forma de onda periódica em uma combinação de ondas senoidais simples.

QUESTÕES DE REVISÃO (COMPREENSÃO)

21.1 Ruído e música

1. Que característica do som diferencia o ruído da música?
2. Quais são as três principais características dos sons musicais?

21.2 Altura

3. Em termos de frequência, qual é a relação entre uma nota musical e outra mais baixa?

4. Por que os seres humanos não conseguem escutar os sons produzidos pelos morcegos?
5. Como a nota de maior altura que alguém pode ouvir varia com a idade?

21.3 Intensidade sonora e volume do som

6. Qual é a relação entre a intensidade do som e a amplitude?
7. Qual é a relação entre o volume do som e a unidade decibel?
8. Quantos decibels correspondem à menor intensidade sonora que conseguimos escutar?
9. O som de 30 dB é 30 ou 10^3 (mil) vezes maior do que o limiar da dor?
10. Qual dos dois é subjetivo: a intensidade ou o volume do som?

21.4 Timbre

11. Compare a frequência fundamental de uma nota com a sua altura.
12. Se a frequência fundamental de uma nota é 200 Hz, qual é a frequência do segundo harmônico? E do terceiro?
13. O que determina exatamente o timbre de uma nota musical?

14. Por que a mesma nota musical, quando emitida por um banjo e por um violão, apresenta sonoridades tão diferentes?

21.5 Instrumentos musicais

15. Quais são as três principais classes de instrumentos musicais?
16. Por que as orquestras geralmente têm um número maior de instrumentos de corda do que de sopro?

21.6 Análise de Fourier

17. O que Fourier descobriu acerca dos complexos padrões ondulatórios periódicos?
18. Um sistema de som de alta-fidelidade pode ter uma faixa de frequências que se estende além de 20.000 hertz. Qual é a utilidade dessa faixa de frequências tão ampla?

21.7 Do analógico para o digital

19. Como os sinais sonoros eram capturados em discos de vinil no século XX?
20. O sistema binário se presta a informações analógicas ou digitais?

PENSE E FAÇA   (APLICAÇÃO)

21. Conte as oitavas da sua voz. Entoe o som mais grave que conseguir produzir confortavelmente. Agora produza a segunda oitava. Agora, a terceira. Você consegue produzir uma quarta?
22. Verifique que orelha tem melhor audição cobrindo uma delas e determinando até que distância você pode escutar o tique-taque de um relógio com a orelha tapada; repita o mesmo para a outra orelha. Observe também como a sensibilidade de sua audição melhora quando você coloca suas mãos como conchas atrás das orelhas.
23. Produza o som de menor altura que você conseguir emitir; então procure ir dobrando a altura dele e verifique quantas oitavas sua voz pode alcançar. Se você é um cantor, qual é o seu alcance?

24. Enquanto está derramando água dentro de um copo, bata de leve repetidamente no vidro com uma colher. À medida que o copo vai se enchendo, observe a diferença de altura do som. Ela aumenta ou diminui?
25. Baixe um aplicativo de decibelímetro no seu *smartphone* e use o aplicativo para registrar o nível de diversos sons do seu dia a dia em decibels. Liste os níveis e compare com os valores listados na Tabela 21.1. A seguir, peça que uma pessoa bata palmas e registre o nível do som em decibels, depois peça que duas batam palmas. O número de decibels dobrou? Escreva um breve parágrafo sobre o que aprendeu com o uso desse aplicativo.

PENSE E RESOLVA   (APLICAÇÃO MATEMÁTICA)

26. A frequência mais alta que os seres humanos conseguem ouvir é de aproximadamente 20.000 Hz. Qual é o comprimento de onda no ar correspondente a essa frequência? Qual é o comprimento de onda do som mais baixo que conseguimos ouvir, de aproximadamente 20 Hz?
27. Ao soar na nota A, a corda de um violino oscila a 440 Hz. Qual é o período da oscilação da corda?
28. Um determinado telefone celular opera na faixa de frequência de 698-806 MHz. Calcule a amplitude dos comprimentos de onda contidos nessa faixa.
29. Quão mais intenso que o limiar da audição humana é um som de 10 dB? E de 30 dB? E de 60 dB?

30. Quão mais intenso um som de 40 dB é do que outro de 0 dB?
31. Quantas vezes um som de 40 dB é mais intenso do que um som de 30 dB?
32. Uma determinada nota musical tem uma frequência de 1.000 Hz. Qual é a frequência de uma nota uma oitava acima dela? E duas oitavas acima dela? E uma oitava abaixo dela? E duas oitavas abaixo dela?
33. Em um teclado, você aperta a tecla dó central, correspondente a uma frequência de 256 Hz.
    a. Qual é o período de uma vibração desse som?
    b. Se o som sai do instrumento com uma rapidez de 340 m/s, qual é o seu comprimento de onda no ar?

PENSE E ORDENE (ANÁLISE)

34. Considere três notas: A, de 220 Hz; B, de 440 Hz; e C, de 600 Hz. Ordene-as em sequência decrescente quanto ao valor de:
    a. sua altura.
    b. sua frequência.
    c. seu comprimento de onda.

35. Você sopra por sobre as bocas de três recipientes cilíndricos idênticos A, B e C, cada qual contendo uma diferente quantidade de água, como mostrado. Ordene-os em sequência decrescente quanto à altura do som produzido em cada um.

PENSE E EXPLIQUE (SÍNTESE)

36. Quando a altura de um som diminui, o que acontece à sua frequência?

37. Um colega lhe diz que a frequência é uma medida quantitativa da altura de um som. Você concorda ou discorda dele?

38. Se o volume do som aumentar, que características ondulatórias provavelmente terão aumentado: a frequência, o comprimento de onda, a amplitude ou a rapidez de propagação?

39. Explique como você pode baixar a altura de uma nota de violão alterando (a) o comprimento da corda, (b) a tensão da corda ou (c) a espessura ou a massa dela.

40. A altura de uma nota depende da frequência, do volume do som, do timbre ou de todas essas propriedades juntas?

41. Quando uma corda de violão é tangida, gera-se uma onda estacionária que oscila com grande amplitude e de maneira prolongada. Essa onda empurra o ar nas vizinhanças para a frente e para trás, produzindo o som. Como a frequência do som resultante se compara com a frequência da onda estacionária na corda?

42. As cordas de uma harpa são de tamanhos diferentes e produzem notas diferentes. Como diferentes notas são produzidas com um violão, em que todas as cordas têm o mesmo comprimento?

43. Se uma corda vibrante é encurtada (como quando você aperta seu dedo contra ela), que efeito isso tem sobre a frequência de vibração e sobre a altura do som produzido?

44. Uma corda de *nylon* de um violão vibra e descreve um padrão de onda estacionária parecido com o que é mostrado abaixo. Qual é o seu comprimento de onda?

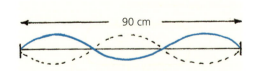

45. Por que os diapasões em forma de forquilha com braços compridos vibram em frequências mais baixas do que os diapasões desse tipo com braços mais curtos? (*Dica*: esta questão poderia ter sido feita no Capítulo 8.)

46. Por que as cordas graves do violão são mais espessas que as cordas agudas?

47. De duas cordas de violão, ambas sob a mesma tensão e de mesmo comprimento, qual vibrará a uma frequência mais alta: a mais grossa ou a mais fina?

48. Por que uma corda de violão que vibra esticada sobre uma tábua não soa com um volume tão alto quanto uma corda que vibra em um violão?

49. Uma corda de violão, ao ser tangida, vibrará por um período de tempo mais longo ou mais curto se o instrumento não tiver um tampo ressonante? Por quê?

50. Por que as mesmas notas, tocadas por um trompete e por um saxofone, soam diferentes quando tocadas na mesma altura e com o mesmo volume?

51. A amplitude de uma onda transversal numa corda distendida é igual ao máximo deslocamento da corda a partir de sua posição de equilíbrio. A que corresponde a amplitude de uma onda sonora longitudinal no ar?

52. Qual das duas notas musicais mostradas na tela de um osciloscópio tem maior altura?

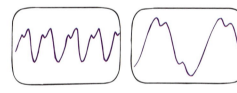

55. Para os osciloscópios mostrados acima, qual das telas revela o som de maior volume (pressupondo que sejam detectados por microfones equivalentes)?

54. Um alto-falante produz sons musicais pela oscilação de um diafragma. O volume do som produzido depende da frequência da oscilação, da amplitude da oscilação, da energia cinética da oscilação ou de todos os anteriores?

55. Qual é a grandeza mais objetiva: intensidade sonora ou volume de som? Justifique sua resposta.

56. Uma determinada pessoa tem um limiar de audição de 5 dB, e outra, de 10 dB. Qual delas tem a audição mais acurada?

57. De que maneira um órgão eletrônico é capaz de imitar os sons gerados por diversos instrumentos musicais?

58. Uma pessoa que fala depois de inalar gás hélio fica com a voz mais aguda. Uma das razões para isso é a maior rapidez com que o som se move no hélio do que no ar. Por que o som viaja mais rápido no hélio?

59. Por que sua voz soa mais cheia quando você canta no chuveiro

60. A faixa de frequências para um telefone pré-celular vai de 500 a 4.000 Hz. Por que esse telefone não era um meio muito bom para transmitir música?

61. Por quantas oitavas o ouvido humano normal consegue escutar sons? Quantas oitavas abrange o teclado de um piano comum? (Se você está em dúvida, olhe e verifique.)

62. A nota dó central de um piano tem uma frequência fundamental de 262 Hz. Qual é a frequência do segundo harmônico dessa nota?

63. Se a frequência fundamental de uma corda de violão é 220 Hz, qual é a frequência do segundo harmônico? E do terceiro?

64. Se a frequência fundamental de uma corda de violino é 440 Hz, qual é a frequência do segundo harmônico? E do terceiro?

65. Quantos nodos, sem incluir as extremidades, existem em uma onda estacionária com três comprimentos de onda de extensão? E com quatro comprimentos de onda de extensão?

66. Como você pode afinar a nota A3 de um piano em sua frequência apropriada de 220 Hz com a ajuda de um diapasão do tipo forquilha cuja frequência é 440 Hz?

67. A faixa de audição humana estende-se aproximadamente de 20 Hz a 20.000 Hz. Qual é o comprimento de onda de uma onda de 20 Hz? Compare-o com as distâncias em um campo de futebol americano. Responda à mesma pergunta para a onda de 20.000 Hz. Pressuponha que a rapidez de propagação do som no ar é de 340 m/s.

68. Elabore uma questão de múltipla escolha que diferencie os diversos termos listados na seção Termos-chave.

PENSE E DISCUTA (AVALIAÇÃO)

69. Para a maioria de nós, um som com 10 dB de diferença em relação a outro tem volume duas vezes maior. Assim, qual é a diferença de volume entre os sons de um ar-condicionado de 60 dB e um refrigerador de 50 dB?

70. Um rádio tem volume de 40 dB. Qual seria o volume de dez rádios iguais?

71. Por que os violões são tocados antes de serem levados ao palco para um concerto? (Pense em termos de temperatura.)

72. Um violão e uma flauta estão afinados um com o outro. Explique como uma variação da temperatura poderia alterar essa situação.

73. Um colega de turma afirma que uma série harmônica de frequências é formada por uma frequência fundamental e por múltiplos inteiros dessa frequência. Você concorda ou discorda dele?

74. Se você toca muito levemente uma corda de violão em seu ponto médio, poderá escutar uma nota que está uma oitava acima da fundamental daquela corda. (Uma oitava significa frequência duas vezes maior.) Explique.

75. Se uma corda de violão vibra dividindo-se em dois segmentos, onde se pode sustentar nela um pedaço de papel dobrado sem que ele voe? Quantos pedaços de papel dobrados poderiam ser sustentados de maneira análoga se a forma de onda tivesse três segmentos?

76. Um trompete tem chaves e válvulas que dão ao instrumentista a possibilidade de alterar o comprimento da coluna de ar vibrante e as posições dos nodos. Uma corneta não tem chaves nem válvulas e, ainda assim, pode soar em diferentes notas musicais. Como você acha que o corneteiro consegue emitir notas diferentes?

77. Em um concerto ao ar livre, as alturas das notas musicais *não* são afetadas quando o dia está ventoso. Explique.

78. O ouvido humano às vezes é considerado um analisador de Fourier. O que isso significa e por que é uma descrição apropriada?

79. Todas as pessoas de um grupo ouvem a mesma música enquanto escutam atentamente, como na Figura 21.15? Todas veem a mesma coisa quando olham atentamente uma determinada pintura? Todas sentem o mesmo sabor quando provam do mesmo vinho? Todas percebem o mesmo aroma enquanto cheiram o mesmo perfume? Todas sentem a mesma textura quando tocam no mesmo tecido? Todas chegam à mesma conclusão quando escutam uma apresentação lógica de ideias?

80. Tom Senior produz música pondo em vibração as pequenas colunas de ar dos canudos de refrigerante, cortados em tamanhos diferentes, ao soprar por sobre suas extremidades. Qual dos pedaços de canudo, o mais curto ou o mais longo, emite um som mais grave? Explique por que você acredita que a mesma física se aplicaria aos tubos maiores atrás de Tom.

81. Explique por que é provável que você sofra uma perda de audição muito maior na velhice do que seus avós sofreram (isto é, sem um aparelho auditivo).

CAPÍTULO 21 — Exame de múltipla escolha

Escolha a melhor resposta entre as alternativas:

1. Os tons musicais são caracterizados por:
   a. altura.
   b. volume.
   c. qualidade.
   d. todas as anteriores.

2. Cada nota do piano tem seu(ua) próprio(a):
   a. altura.
   b. volume.
   c. comprimento de onda.
   d. amplitude.

3. Dobrar a frequência de uma nota musical corta seu(ua) _____ pela metade.
   a. comprimento de onda.
   b. rapidez.
   c. amplitude.
   d. todas as anteriores.

4. Qual dos itens a seguir tem maior relação com o volume do som?
   a. Comprimento de onda.
   b. Frequência.
   c. Amplitude.
   d. Todas as anteriores.

5. O decibel é uma medida do(a) _____ do som.
   a. frequência.
   b. comprimento de onda.
   c. rapidez.
   d. volume.

6. Qual dos itens a seguir tem maior relação com a altura de uma nota musical?
   a. A frequência fundamental.
   b. Os harmônicos.
   c. Os sobretons.
   d. Todas as anteriores.

7. As cordas dos instrumentos musicais com maior massa tendem a produzir notas de:
   a. maior frequência.
   b. menor frequência.
   c. mesma frequência.
   d. nenhuma das anteriores.

8. Se você tocasse música embaixo d'água, o comprimento de onda do dó central seria:
   a. alongado.
   b. encurtado.
   c. inalterado.
   d. nenhuma das anteriores.

9. A frequência musical de uma corda de violino é 440 Hz. A frequência do segundo harmônico é:
   a. 220 hertz.
   b. 440 hertz.
   c. 880 hertz.
   d. nenhuma das anteriores.

10. A análise de Fourier é realizada:
    a. com todos os instrumentos musicais.
    b. automaticamente pelos seres humanos.
    c. ambas as anteriores.
    d. nenhuma das anteriores.

Respostas e explicações das perguntas do Exame de múltipla escolha

1. (d): Por definição, os tons musicais são caracterizados pela sua altura — ou seja, pela sua frequência de vibração. 2. (a): Por definição, uma nota musical é denotada pela sua frequência de vibração, cada uma com a sua própria altura. 3. (a): Toda nota tem a mesma rapidez. Se a sua frequência dobra, para manter a mesma rapidez, o comprimento de onda cai pela metade. De acordo com a equação da velocidade, $v = f\lambda$, $v = (2f)(\lambda/2)$; seja como for, a rapidez permanece igual. 4. (c): Por definição, o volume depende da amplitude, não do comprimento de onda ou da frequência. 5. (d): Por definição, um decibel é uma medida do volume do som, não da rapidez, do comprimento de onda ou da frequência. 6. (a): A maioria dos sons musicais é uma superposição de muitos componentes de frequência. A menor frequência entre eles, a frequência fundamental, determina a altura da nota. Os harmônicos e os sobretons contribuem para o timbre do tom, mas não para a sua altura. 7. (b): Quanto maior a massa, maior é a inércia, que se manifesta em maior relutância em vibrar. Assim, as cordas mais maciças vibram em frequências menores. 8. (b): O som se propaga mais lentamente na água do que no ar. Embora a frequência de uma nota embaixo d'água não varie, seus comprimentos de onda são mais curtos. Isso fica evidente na equação da velocidade, $v = f\lambda$. Para um valor menor de v com a mesma frequência f, λ deve ser mais curto. 9. (c): O segundo harmônico de uma nota tem frequência duas vezes maior do que a fundamental. O dobro de 440 Hz é 880 Hz. 10. (c): A análise de Fourier é realizada com todos os instrumentos musicais, mas também ocorre em nossos cérebros. Para a nossa sorte, conseguimos diferenciar as diversas notas musicais automaticamente. Assim, ambas estão corretas, e a resposta é (c).

PARTE V
Eletricidade e magnetismo

> Aprendi que há um campo gravitacional em torno de todas as coisas que têm massa. Agora aprendo que há um campo elétrico em torno de todas que têm carga elétrica. É incrível sentir com as mãos a aura do campo elétrico ao redor dessa redoma eletrizada. Os campos elétricos nos fios empurram elétrons para produzir uma corrente elétrica, que é cercada de campos magnéticos. Os campos elétricos e magnéticos se ligam para formar ondas eletromagnéticas, das quais a luz visível é uma parte minúscula. Tudo isso é a base do mundo tecnológico moderno, e vale ser mais estudado.

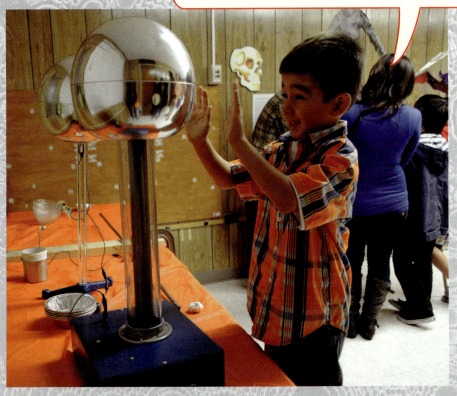

22
Eletrostática

22.1 Forças elétricas

22.2 Cargas elétricas

22.3 Conservação da carga

22.4 Lei de Coulomb

22.5 Condutores e isolantes
Semicondutores
Transistores
Supercondutores

22.6 Eletrização
Eletrização por atrito e por contato
Eletrização por indução

22.7 Polarização da carga

22.8 Campo elétrico
Blindagem eletrostática

22.9 Potencial elétrico
Energia elétrica armazenada
Gerador Van de Graaff

1 Jim Stith, antigo presidente da American Association of Physics Teachers (Associação Americana de Professores de Física), demonstra o funcionamento de um gerador de Wimshurst, que produz relâmpagos em miniatura. **2** Elan Lavie eletriza sua turma com uma demonstração chocante. **3** Z. Tugba Kahyaoglu faz o mesmo com seus alunos na Bilkent Erzurum Laboratory School, na Turquia. **4** A diferença de potencial gravitacional entre os tanques de água de Kirby Perchbacher equivale à diferença de potencial elétrico entre circuitos elétricos.

É razoável dizer que, se Benjamim Franklin não tivesse nascido, a Revolução Americana teria acontecido de forma diferente. Afirmamos isso porque Franklin, além de suas contribuições para a Declaração da Independência, influenciou a França a posicionar seus navios próximo à costa norte-americana para impedir os britânicos de reforçarem o General Cornwallis, derrotado por George Washington em uma batalha definitiva da guerra. A influência de Franklin na Europa tinha por base o respeito que ele adquirira como principal diplomata e cientista da América. Sempre que estava na França, multidões de admiradores se formavam.

Franklin era um homem de muitos talentos. Suas realizações como tipógrafo, editor, cantor de baladas, inventor, filósofo, político, soldado, bombeiro, embaixador, cartunista e agitador da causa antiescravagista são parte de seu legado ao serviço público. Uma parte muito importante desse legado tem a ver com suas realizações científicas.

Embora seja popularmente lembrado por sua invenção do para-raios, Franklin também inventou uma gaita de vidro, o aquecedor de Franklin, os óculos bifocais e o cateter urinário flexível. Ele jamais patenteou suas invenções, afirmando em sua biografia que "como utilizamos as grandes invenções dos outros, deveríamos ser gratos por uma oportunidade de servir aos outros por meio de qualquer invenção nossa; e isso deveríamos fazer livre e generosamente". Ele é especialmente lembrado por suas pesquisas sobre a eletricidade.

Em uma época em que a eletricidade era concebida como dois tipos de fluido, chamados de viscoso e resinoso, Franklin propôs que uma corrente elétrica fosse feita de um único fluido elétrico sob diferentes pressões. Ele foi o primeiro a denominar essas pressões de positiva e negativa, respectivamente, e o primeiro a descobrir o princípio de conservação da carga. O relato de seu para-raios começou com uma publicação de 1750. Ele propôs um experimento para provar que o relâmpago é eletricidade: empinar uma pipa durante uma tempestade, no estágio um pouco antes de ela se tornar uma tempestade de relâmpagos. A lenda conta que, com a pipa, ele conseguiu extrair faíscas de uma nuvem. O que ele não fez foi empinar sua pipa no meio de uma tempestade de relâmpagos, no que outros, infelizmente, tiveram sucesso e morreram eletrocutados. Em vez disso, a carga elétrica coletada pela linha da pipa de Franklin provou-lhe que o relâmpago é eletricidade.

O para-raios derivou de seus experimentos que mostravam que pedaços de metal com extremidades pontiagudas podiam coletar ou descarregar eletricidade silenciosamente, impedindo o acúmulo de carga em prédios devido a nuvens acima delas. No telhado da casa onde morava, Franklin instalou hastes de ferro, de extremidades pontiagudas, com um fio condutor ligando a base das hastes ao solo. Sua hipótese era de que as hastes drenariam o "fogo elétrico" silenciosamente das nuvens antes que elas produzissem um raio. Satisfeito com o fato de ter impedido os raios, ele promoveu a instalação de para-raios sobre o prédio da Academy of Philadelphia (mais tarde, University of Pennsylvania) e o da Pennsylvania State House (mais tarde, Independence Hall), em 1752.

Em reconhecimento às suas realizações com a eletricidade, Franklin recebeu a Medalha Copley da Royal Society britânica em 1753. Em 1756, ele tornou-se um dos poucos americanos a ser eleito membro da Royal Society. Com tal reputação, ele estava em posição de influenciar o destino da Guerra de Independência norte-americana que estava se aproximando. Benjamim Franklin verdadeiramente remodelou o mundo.

Eletricidade é o termo geral dado para todas as coisas elétricas, assim como "gravidade" é o termo geral dado a todos os fenômenos gravitacionais. A eletricidade está no relâmpago no céu e na fagulha quando acendemos um fósforo e é o que prende os átomos para formar moléculas. O controle da eletricidade é evidente nos diversos aparelhos elétricos, desde lâmpadas até *smartphones*. Neste capítulo, investigaremos a eletricidade em repouso, eletricidade estática ou, simplesmente, **eletrostática.**

A eletrostática envolve cargas elétricas, as forças que existem entre elas, a "aura" que as rodeia e seus comportamentos nos materiais. No Capítulo 23, investigaremos o movimento das cargas elétricas, ou *corrente elétrica*. Também estudaremos as voltagens que produzem as correntes e como elas podem ser controladas. No Capítulo 24, aprenderemos sobre a relação das correntes elétricas com o magnetismo, e no Capítulo 25, sobre como o magnetismo e a eletricidade podem ser controlados para operar dispositivos elétricos e como a eletricidade e o magnetismo se ligam para tornar-se luz.

psc

- Entender a eletricidade exige uma abordagem passo a passo porque um conceito serve de alicerce para o próximo. Assim, estudar este material exigirá uma atenção especial da sua parte. Pode ser difícil, confuso e frustrante para quem lê às pressas. Com um pouco de esforço cuidadoso, no entanto, o material é compreensível e recompensador. Agora, vamos em frente!

22.1 Forças elétricas

O que aconteceria se existisse uma força universal, como a gravidade, que variasse inversamente com o quadrado da distância, mas fosse muitos milhões de vezes mais forte do que esta? Se tal força existisse e se ela fosse atrativa como a gravidade, o universo seria comprimido em uma bola apertada, com toda a matéria existente estando agrupada tão junto quanto possível. Suponha que essa força fosse repulsiva, com cada pedacinho de matéria repelindo qualquer outro pedacinho. Como seria, então? O universo seria como uma nuvem gasosa em perpétua expansão. Suponha, agora, que o universo consistisse de dois tipos de partículas – positivas e negativas, digamos. Suponha que as positivas repelissem as positivas, mas atraíssem as negativas, e que as negativas repelissem as negativas, mas atraíssem as positivas. Em outras palavras, tipos iguais de partículas se repeliriam, e tipos diferentes se atrairiam (Figura 22.1). Suponha que existisse um mesmo número de partículas de cada tipo, de modo que essa força intensa estivesse perfeitamente equilibrada! Como seria, então, o universo? A resposta é muito simples: seria como este no qual vivemos, pois essas partículas existem, e existe a tal força. Nós a chamamos de *força elétrica*.

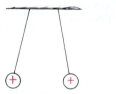

FIGURA 22.1 Cargas iguais se repelem. Cargas opostas se atraem.

Dentro de cada pedaço de matéria há átomos. E o que existe dentro de cada átomo? Cargas positivas e negativas que se mantêm juntas pela enorme atração elétrica. Formando uma mistura compacta e aglomerados uniformes de cargas positivas e negativas, as enormes forças elétricas se equilibram quase que perfeitamente. Quando dois ou mais átomos se juntam formando uma molécula, ela também contém partículas positivas e negativas equilibradas. Quando trilhões de moléculas se combinam para formar um pedacinho de matéria, as forças elétricas novamente se equilibram. Praticamente não existe atração ou repulsão elétrica entre dois pedaços de matéria ordinária, porque cada um deles contém um mesmo número de partículas negativas e positivas. Entre a Terra e a Lua, por exemplo, não existe qualquer força elétrica resultante. A força da gravidade, muito mais fraca e sempre atrativa, é que fica como a força predominante entre esses corpos.

FIGURA 22.2 Um canudinho plástico esfregado com lã é suspenso por um fio. Quando outro canudo também esfregado com lã se aproxima, os dois se repelem.

PAUSA PARA TESTE

Compare o conceito de força para fenômenos elétricos com as forças mecânicas descritas nas leis de Newton do movimento.

VERIFIQUE SUA RESPOSTA

Não há diferença alguma! O conceito de força é geral, sejam os puxões e empurrões criados por esforço muscular, pela gravidade ou pela eletricidade. Todos são medidos na mesma unidade, o newton.

22.2 Cargas elétricas

A escolha feita por Benjamin Franklin é que determinou quais cargas são chamadas de positivas e quais são chamadas de negativas. Elas poderiam ter sido denominadas de maneira contrária.

Os termos *positiva* e *negativa* se referem à *carga* elétrica, a grandeza fundamental por trás dos fenômenos elétricos. As partículas positivamente carregadas no interior da matéria comum são prótons, e as partículas negativamente carregadas são elétrons. Prótons e elétrons, junto com partículas neutras chamadas de nêutrons, constituem os átomos. Quando dois átomos se aproximam um do outro, o equilíbrio entre as forças atrativas e repulsivas não é perfeito, pois os elétrons se movem velozmente dentro do volume ocupado por cada átomo. As partículas positivamente carregadas da matéria ordinária são os prótons, e as negativamente carregadas são os elétrons. Os átomos podem, então, se atrair e formar uma molécula. De fato, todas as forças de ligação que mantêm juntos os átomos, formando moléculas, são de natureza elétrica. Qualquer um que planeje estudar química deve primeiro conhecer alguma coisa sobre atração e repulsão elétricas e, antes de estudar isso, deve também conhecer algo sobre os átomos. Do Capítulo 11, recorde-se de alguns fatos importantes sobre os átomos:

1. Todo átomo é composto por um *núcleo* positivamente carregado, rodeado por elétrons negativamente carregados.
2. Os elétrons de todos os átomos são idênticos. Cada um deles tem a mesma quantidade de carga negativa e a mesma massa.
3. Prótons e nêutrons constituem o núcleo. (A forma mais comum de hidrogênio, que não contém nêutron algum no núcleo, é a única exceção.) Os prótons têm cerca de 1.800 vezes mais massa do que os elétrons, mas carregam consigo a mesma quantidade de carga positiva que os elétrons têm de carga negativa. Os nêutrons têm uma massa ligeiramente maior do que a dos prótons e não têm carga elétrica.
4. Normalmente, os átomos têm o mesmo número de prótons e elétrons, apresentando carga elétrica *líquida* nula.

Por que os prótons não puxam para o núcleo os elétrons com carga oposta à sua, existentes no átomo? Você poderia pensar que a resposta é a mesma razão por que os planetas não são puxados para dentro do Sol, mas não é assim, uma vez que a explicação planetária é inválida para os elétrons. Quando o núcleo foi descoberto, em 1911, os cientistas sabiam que os elétrons não poderiam estar orbitando tranquilamente em torno do núcleo como a Terra orbita o Sol. Em apenas cerca de um centésimo de milionésimo de segundo, de acordo com a física clássica, o elétron deveria espiralar para dentro do núcleo, emitindo radiação eletromagnética no processo. Portanto, uma nova teoria era necessária, e a teoria que nasceu é a mecânica quântica. Ao descrever o movimento eletrônico, ainda usamos a terminologia antiga, órbita e *orbital*, embora a palavra preferida seja *camada*, que sugere que os elétrons estão espalhados numa região esférica. Hoje, a mecânica quântica nos diz que a estabilidade do átomo tem a ver com a natureza ondulatória dos elétrons. Um elétron se comporta como se fosse uma onda e deve ocupar uma dada quantidade de espaço relacionada ao seu comprimento de onda. Veremos no Capítulo 32, quando tratarmos da mecânica quântica, que o tamanho atômico é determinado pelo tamanho do "campo disponível para se movimentar" que um elétron requer.

Por que os prótons de um núcleo não se repelem e se separam? O que mantém íntegro o núcleo? A resposta é que, além das forças elétricas, dentro do núcleo existem as forças nucleares não elétricas, ainda mais intensas, que mantém os prótons juntos apesar da repulsão elétrica. No Capítulo 33, aprenderemos um pouco sobre as forças nucleares e sobre como os nêutrons fazem com que os prótons fiquem a certa distância entre si.

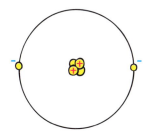

FIGURA 22.3 O modelo de um átomo de hélio. O núcleo atômico é formado por dois prótons e dois nêutrons. Os prótons positivamente carregados atraem os dois elétrons negativamente carregados.

PAUSA PARA TESTE

1. Sob a complexidade dos fenômenos elétricos, está a lei fundamental da qual praticamente todos os outros efeitos têm origem. Qual é essa lei fundamental?
2. Como a carga de um elétron difere da de um próton?

VERIFIQUE SUA RESPOSTA

1. Cargas de mesmo sinal se repelem; cargas de sinais opostos se atraem.
2. A carga de um elétron tem mesmo módulo, mas sinal oposto à de um próton.

22.3 Conservação da carga

Um princípio básico da física é que, sempre que algo é eletrizado, nenhum elétron é criado ou destruído; eles são simplesmente transferidos de um material para outro.

> A carga é como um bastão em uma corrida de revezamento. Ele pode ser passado de uma pessoa para outra, mas não perdido.

> **PAUSA PARA TESTE**
>
> 1. O próton que constitui o núcleo do átomo de hidrogênio atrai o elétron que orbita em torno dele. Em relação a essa força, os elétrons atraem os prótons com força menor, maior ou de mesma intensidade?
> 2. Se um próton é repelido com um certo valor de força por uma partícula carregada, como essa força diminuirá se o próton for deslocado para uma posição três vezes mais distante da partícula? E cinco vezes mais distante?
> 3. Qual é o sinal da carga da partícula nesse caso?
>
> **VERIFIQUE SUA RESPOSTA**
>
> 1. O mesmo valor de força, de acordo com a terceira lei de Newton – mecânica básica! Lembre que uma força é a interação entre duas coisas; nesse caso, entre o próton e o elétron. Eles se atraem mútua e igualmente.
> 2. Ela diminuirá para 1/9 de seu valor original. Para uma distância cinco vezes maior, ela diminuirá para 1/25 do valor original.
> 3. Positiva.

22.5 Condutores e isolantes

É fácil estabelecer uma corrente elétrica em metais, porque um ou mais elétrons das camadas mais externas desses átomos não estão firmemente presos aos núcleos. Ao contrário, eles são praticamente livres para vagar pelo material. Tais materiais são chamados de bons **condutores**. Os metais são bons condutores de corrente elétrica pela mesma razão pela qual são bons condutores de calor. Os elétrons de suas camadas mais externas estão "frouxos". Metais caros como a prata, o ouro e a platina estão entre os melhores condutores, não sofrem corrosão e são comumente usados em pequenas quantidades em produtos de grande valor. O cobre e o alumínio são comumente usados em sistemas de fiação elétrica por causa de seus bons desempenhos e de seus baixos custos.

Em outros materiais, como borracha e vidro, os elétrons estão firmemente ligados e pertencem de fato a átomos individuais. Eles não são livres para vagar por entre os outros átomos do material. Consequentemente, não é fácil fazê-los fluir. Esses materiais são maus condutores de corrente elétrica pela mesma razão pela qual são normalmente maus condutores de calor. Esses materiais são chamados de bons **isolantes**. O vidro é um isolante extremamente bom, usado para manter os fios afastados das torres metálicas entre as quais eles são esticados. Muitos plásticos também são bons isolantes, por isso os fios elétricos de sua casa são cobertos por uma camada de plástico.

Todas as substâncias podem ser ordenadas de acordo com sua facilidade de conduzir corrente elétrica. No topo dessa lista, situam-se os bons condutores; no fim, os bons isolantes. As extremidades da lista estão muito distantes. A condutividade de um metal, por exemplo, pode ser mais do que um milhão de trilhão de vezes maior do que a de um isolante como o vidro.

FIGURA 22.5 É mais fácil estabelecer uma corrente elétrica através de centenas de quilômetros de fios de metal do que através de alguns centímetros de material isolante.

psc

- O novo *memristor* (resistor de memória, junção das palavras inglesas *memory resistor*) utiliza uma película delgada de óxido de titânio entre duas camadas de platina. Ele cabe em *chips* 100 vezes mais agrupados que transistores e recupera a informação sem precisar de energia elétrica.

> **PAUSA PARA TESTE**
>
> O que condutores térmicos e elétricos têm em comum? O que isolantes térmicos e elétricos têm em comum?
>
> **VERIFIQUE SUA RESPOSTA**
>
> Ambos os tipos de condutor transferem energia de um lugar para outro. Ambos os tipos de isolante limitam a transferência de energia. Tanto a energia térmica quanto a elétrica são medidas em joules.

Semicondutores

Alguns materiais, como o germânio (Ge) e o silício (Si), não são bons condutores nem bons isolantes. Esses materiais caem no meio da faixa de resistividade elétrica, sendo condutores medíocres em sua forma cristalina pura e tornando-se excelentes condutores quando apenas um átomo em 10 milhões é substituído por uma impureza, que adiciona ou retira elétrons da estrutura cristalina em um processo chamado de *dopagem*. Materiais que podem se comportar algumas vezes como isolantes e algumas vezes como condutores são chamados de **semicondutores.**

Um semicondutor conduzirá eletricidade quando luz de cor apropriada incidir nele. Uma placa de selênio puro normalmente é um bom isolante, e qualquer carga elétrica colocada sobre sua superfície ali permanecerá por longos períodos, desde que esteja escuro. Se a placa for exposta à luz, entretanto, a carga escapará para fora da placa quase que imediatamente. Se uma placa de selênio carregada for exposta a um padrão luminoso, como o padrão de claro e escuro que constitui esta página, a carga escapará apenas das áreas expostas à luz. Se um pó plástico preto fosse espalhado sobre ela, ele grudaria apenas nas áreas que estão carregadas, onde a placa não foi exposta à luz. Agora, se um pedaço de papel com uma carga elétrica localizada sobre seu verso fosse colocado sobre a placa, o pó de plástico preto seria transferido para o papel, formando o mesmo padrão que, digamos, o desta página. Isso resume brevemente o funcionamento das fotocopiadoras.

(a)

Transistores

Camadas finas de materiais semicondutores empilhadas juntas formam os *transistores*, que substituíram os enormes e problemáticos tubos a vácuo. Todos os transistores usam um sinal elétrico para controlar ou regular outro sinal. O transistor mais simples atua como uma *chave* de liga/desliga que permite ou interrompe a passagem de corrente elétrica a outros elementos do circuito. Outro tipo é o *amplificador*, no qual o sinal de saída é maior do que o sinal de entrada. Uma série desses transistores, cada um amplificando o sinal de saída do outro, pode produzir uma amplificação significativa. Um *smartphone* normal contém bilhões de transistores nos seus circuitos integrados, essenciais para muitos dos seus recursos. Os transistores normalmente têm três terminais para conexão com um circuito externo (Figura 22.6). Um pequeno sinal aplicado entre dois dos seus terminais pode controlar um sinal maior em outros dois terminais. Esse recurso, aplicado milhões e bilhões de vezes, está por trás de todos os milagres da nossa era eletrônica. O transistor é, sem dúvida, uma das maiores invenções do século XX.

(b)

FIGURA 22.6 (a) Três transistores. (b) Muitos transistores em um circuito integrado.

psc

■ Há mais transistores no mundo do que folhas em todas as árvores do planeta.

Supercondutores

Um condutor ordinário oferece apenas uma pequena resistência ao fluxo de carga elétrica. Um isolante oferece uma resistência muito maior (abordaremos o tópico sobre resistência elétrica no próximo capítulo). Incrivelmente, em certos materiais a temperaturas suficientemente baixas, a resistência elétrica desaparece. O material então deixa de oferecer resistência (condutividade infinita) ao fluxo de carga. Esses são os materiais **supercondutores**. Uma vez que a corrente elétrica tenha sido estabelecida num supercondutor, ela fluirá indefinidamente. Sem resistência elétrica alguma, a corrente passa pelo material sem sofrer perda de energia; nenhum aquecimento ocorre durante o fluxo da carga. A supercondutividade em metais próximos ao zero absoluto foi descoberta em 1911. Em 1987, foi descoberta a supercondutividade em "altas" temperaturas (acima de 100 K) num composto não metálico. A supercondutividade tem avançado desde então com aplicações que incluem sistemas de linhas de transmissão de energia sem perdas e veículos de levitação magnética de alta velocidade, que prometem substituir os trens tradicionais de trilhos.

> **PAUSA PARA TESTE**
> Os semicondutores são semelhantes aos supercondutores?
>
> **VERIFIQUE SUA RESPOSTA**
> Não, são muito diferentes. A propriedade que define um semicondutor é que este pode se comportar como condutor ou como isolante. A que define um supercondutor é que ele tem resistência *tendendo a zero* ao fluxo de carga. Semicondutores e supercondutores têm praticamente nada em comum.

22.6 Eletrização

Podemos eletrizar objetos transferindo elétrons de um lugar para outro. Podemos fazer isso por *contato* físico, como ocorre quando as substâncias são friccionadas uma na outra ou simplesmente se tocam. Ou podemos redistribuir a carga de um objeto simplesmente colocando um objeto eletricamente carregado próximo a ele – isso é chamado de *indução*.

Eletrização por atrito e por contato

Todos estamos familiarizados com os efeitos elétricos produzidos pelo atrito. Você pode esfregar o pelo de um gato e escutar depois os estalidos das faíscas produzidas, ou pentear seu cabelo em frente a um espelho num quarto escuro para ouvir e ver as faíscas. Podemos esfregar nossos sapatos num capacho e sentir um formigamento quando pegamos a maçaneta da porta. Converse com os mais idosos e eles lhe contarão sobre como era comum levar um surpreendente choque elétrico ao escorregar sobre a cobertura plástica dos assentos, enquanto se estava estacionado num carro (Figura 22.7). Em secadoras de roupas, carga é transferida para as roupas. Em todos esses casos, os elétrons são transferidos pelo atrito quando um material é esfregado em outro.

FIGURA 22.7 Eletrização por atrito e, depois, por contato.

Os elétrons podem ser transferidos de um material para outro por simples contato. Por exemplo, quando um bastão negativamente carregado é colocado em contato com um objeto neutro, alguns elétrons se transferirão para o objeto neutro. Esse método de eletrização é chamado simplesmente de **eletrização por contato**. Se o objeto eletrizado for um bom condutor, os elétrons se espalharão por toda a superfície do corpo, pois os elétrons transferidos se repelem mutuamente. Se ele for um mau condutor, pode ser necessário tocar o bastão em várias partes para conseguir uma distribuição de carga mais ou menos uniforme.

Eletrização por indução

Se você coloca um objeto negativamente carregado *próximo* a uma superfície condutora, você fará com que os elétrons se movam pela superfície do material mesmo não havendo contato físico algum. Considere duas esferas metálicas isoladas, A e B, como mostrado na Figura 22.8. (a) Elas estão se tocando, de modo que efetivamente formam um único condutor não eletrizado. (b) Quando um bastão negativamente carregado é trazido para próximo de A, os elétrons do metal, sendo livres para se mover, se repelem para tão longe quanto possível, até que a repulsão mútua seja suficientemente grande para equilibrar a influência do bastão. A carga foi redis-

CAPÍTULO 22   Eletrostática   **471**

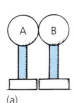 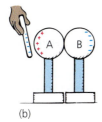 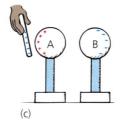 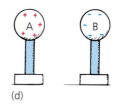

(a)   (b)   (c)   (d)

FIGURA 22.8   Eletrização por indução.

tribuída. (c) Se A e B forem separadas com o bastão ainda presente, (d) elas ficarão igualmente carregadas, mas com sinais opostos. Isso é a **eletrização por indução**. O bastão eletrizado não tocou em momento algum as esferas e tem a mesma carga original.

Analogamente, podemos eletrizar uma única esfera por indução se a tocarmos enquanto diferentes partes dela estão diferentemente carregadas. Considere uma esfera metálica pendurada por um barbante não condutor, como mostrado na Figura 22.9. Quando tocamos a superfície do metal com um dedo, estamos providenciando um caminho por onde a carga pode fluir para ou de um grande reservatório de carga elétrica – o solo. Dizemos, então, que estamos *aterrando* a esfera, um processo que pode deixá-la com uma certa carga elétrica líquida. Voltaremos a essa ideia de aterramento no Capítulo 23, quando discutirmos correntes elétricas.

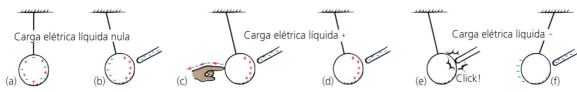

FIGURA 22.9   Estágios da indução de carga por aterramento. (a) A carga líquida na bola metálica é nula. (b) Devido à presença de um bastão carregado, a indução promove uma redistribuição das cargas da bola, mas a carga líquida da bola ainda é nula. (c) Tocando o lado negativo da bola, remove-se elétrons por contato. (d) Isso deixa a bola positivamente eletrizada. (e) A bola é mais fortemente atraída pelo bastão negativo e, quando o toca, ocorre a eletrização por contato. (f) A bola negativamente eletrizada é, agora, repelida pelo bastão, que permanece ainda um pouco eletrizado negativamente.

A eletrização por indução também ocorre durante as tempestades com relâmpagos. As partes mais baixas das nuvens, negativamente carregadas, induzem uma carga positiva sobre a superfície da Terra. Como mencionado no início deste capítulo, Benjamim Franklin foi o primeiro a demonstrar isso com seu famoso experimento de empinar uma pipa durante uma tempestade, que provou que o relâmpago é um fenômeno elétrico.[5] O relâmpago é uma descarga elétrica entre uma nuvem e o solo eletrizado de maneira oposta, ou entre partes das nuvens eletrizadas contrariamente.

Franklin também descobriu que a carga flui facilmente para ou de uma ponta metálica afiada e concebeu o primeiro para-raios. A finalidade primária de um para-raios é a prevenção de incêndios causados por descargas elétricas. Se, por uma razão qualquer, uma quantidade de carga suficiente não for retirada do ar pelo para-raios e acabar produzindo uma faísca, esta poderá ser atraída para o para-raios e, assim, dispor de um caminho direto para o solo, em vez de descarregar a carga toda no prédio.

FIGURA 22.10   A carga negativa na parte inferior da nuvem induz uma carga positiva na superfície do solo abaixo dela.

---

[5] Benjamin Franklin inventou muitas coisas que melhoraram a qualidade de vida. Certamente ele foi um homem muito atarefado! Apenas uma tarefa tão importante quanto ajudar a constituir o sistema de governo dos Estados Unidos o impediu de dedicar ainda mais tempo à sua atividade favorita: a investigação científica da natureza.

472 PARTE V Eletricidade e magnetismo

FIGURA 22.11 Os para-raios estão conectados ao solo por meio de um fio condutor resistente, de modo que eles possam conduzir grandes fluxos de carga elétrica para o solo ao serem atingidos por um raio. Na maior parte das vezes, a carga acaba escoando lentamente da ponta do para-raios, impedindo a ocorrência de um raio.

psc

- Relâmpagos ocorrem principalmente em climas quentes. Quando o vapor de água quente eleva-se no ar, ele roça os cristais de gelo no ar que está acima, produzindo um acúmulo de carga semelhante ao que ocorre quando você arrasta seus pés em um carpete. Os cristais de gelo adquirem então uma pequena carga positiva, e o ar que ascendeu os leva ao topo da nuvem. Por isso, o topo de uma nuvem em geral é carregado positivamente, enquanto seu fundo é carregado negativamente. O relâmpago é uma descarga elétrica que ocorre entre essas regiões e entre a nuvem e o solo abaixo.

A polarização elétrica é responsável pela "viscosidade" das moléculas da água. Cargas opostas em moléculas fazem com que estas se atraiam, por isso a água se condensa na atmosfera a uma temperatura muito mais alta do que gases formados por moléculas apolares, como as do nitrogênio molecular e as do dióxido de carbono – embora ambas sejam mais pesadas e se movam mais lentamente do que as moléculas de H_2O.

PAUSA PARA TESTE

1. As cargas induzidas nas esferas A e B da Figura 22.8 são necessariamente iguais e opostas?

2. Por que o bastão negativamente carregado da Figura 22.8 tem a mesma carga antes e depois que as esferas são eletrizadas, mas não quando a eletrização acontece como na Figura 22.9?

VERIFIQUE SUA RESPOSTA

1. Sim, porque cada carga positiva individual da esfera A resulta de um único elétron que foi retirado de A e transferido para B. Isso é análogo a retirar os blocos que formam a superfície de uma rua de paralelepípedos e colocá-los todos na calçada. O número de blocos na calçada será exatamente igual ao número de buracos deixados na rua. Da mesma forma, o número de elétrons extras de B será exatamente igual ao número de "buracos" (cargas positivas) deixados em A. Uma carga positiva é o resultado da ausência de elétrons.

2. No processo de eletrização da Figura 22.8, não foi feito qualquer contato entre o bastão negativamente carregado e as duas esferas. Na Figura 22.9, entretanto, o bastão tocou a esfera positivamente carregada. A transferência de carga por contato reduziu a carga negativa do bastão.

22.7 Polarização da carga

A eletrização por indução não é um processo restrito aos condutores. Quando um bastão eletrizado é trazido para próximo de um isolante, não existem elétrons livres para migrar através do material isolante. Em vez disso, ocorre um rearranjo das cargas no interior dos próprios átomos e moléculas (Figura 22.12). Embora os átomos não se movam de suas posições relativamente fixas, seus "centros de carga" são deslocados. Um dos lados do átomo ou molécula, pela indução, torna-se mais negativo (positivo) do que o lado oposto. Dizemos que o átomo ou molécula está **eletricamente polarizado**. Se o bastão estiver negativamente eletrizado, então a parte positiva do átomo ou molécula é puxada em direção ao bastão, e sua parte negativa, no sentido oposto. As partes positivas e negativas dos átomos ou moléculas tornam-se alinhadas. Eles estão eletricamente polarizados.

Podemos compreender por que pedacinhos eletricamente neutros de papel são atraídos por um objeto eletrizado – um pente que foi passado em seu cabelo, por exemplo. Quando o pente eletrizado é colocado próximo, as moléculas dos pedacinhos de papel são polarizadas (Figura 22.14). O sinal da carga que está mais próxima do pente é oposto à carga deste. As cargas de mesmo sinal situam-se a uma distância um pouco maior. As mais próximas vencem, e os pedacinhos de papel experimentam uma força resultante atrativa. Às vezes, eles se grudam ao pente e, em

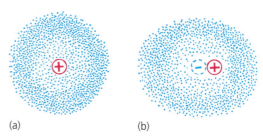

(a) (b)

FIGURA 22.12 O enxame de elétrons circundando o núcleo atômico constitui uma nuvem eletrônica. (a) O centro da nuvem negativamente carregada normalmente coincide com o centro do núcleo positivo de um átomo. (b) Quando uma carga negativa externa é aproximada pela direita, como no caso de um balão carregado, a nuvem eletrônica será distorcida, e os centros das distribuições de carga positiva e negativa não mais coincidirão. O átomo, então, estará eletricamente polarizado.

FORNOS DE MICRO-ONDAS

Imagine um cercado com bolas de pingue-pongue e alguns bastões, todos em repouso. Agora imagine que os bastões subitamente comecem a girar para um lado e para o outro, como hélices semigiratórias, golpeando as bolas de pingue-pongue adjacentes. As bolas são energizadas e começam a voar para todos os lados. Um forno de micro-ondas funciona de maneira semelhante. Os bastões são as moléculas de água ou outras moléculas polares, obrigadas a girar de um lado para o outro em ritmo com as oscilações das micro-ondas enclausuradas no interior do forno. As bolas de pingue-pongue são as moléculas não polares, que constituem a maior parte da massa dos alimentos em cozimento.

Cada molécula de água é um dipolo elétrico que tende a se alinhar com um campo elétrico, da mesma forma que a agulha de uma bússola tende a se alinhar com um campo magnético. Quando o campo elétrico começa a oscilar, as moléculas de água também oscilam. Quando a frequência de oscilação do campo se iguala à sua própria frequência natural, as moléculas de água passam a se movimentar muito energicamente – em ressonância. A comida é cozida por uma espécie de "atrito cinético", quando o movimento semigiratório das moléculas de água (ou de outras moléculas polares) comunicam a agitação térmica às moléculas circundantes. As paredes metálicas internas do forno refletem as micro-ondas para cá e para lá, cozinhando rapidamente os alimentos.

Papel seco, pratos de isopor ou outros materiais recomendados para uso em fornos de micro-ondas não contêm água ou outras moléculas polares, de modo que as micro-ondas os atravessam sem efeito algum. O mesmo acontece com o gelo, em que as moléculas de água estão em posições fixas e não podem oscilar de um lado para o outro. Materiais metálicos refletem micro-ondas, por isso panelas de metal não funcionam bem em fornos de micro-ondas.

Um cuidado deve ser tomado quando se coloca água para ferver em um forno de micro-ondas. Às vezes, a água pode aquecer mais rapidamente do que as bolhas se formam, de modo que ela esquenta além do ponto de ebulição – ela se torna superaquecida. Se a água for jogada ou derramada em quantidade suficiente para que as bolhas se formem rapidamente, elas expelirão violentamente a água quente para fora do recipiente. Mais de uma pessoa já se queimou assim, com água fervente espirrada na face.

---

seguida, são arremessados para longe dele. Essa repulsão ocorre porque, no contato, os pedacinhos de papel adquirem carga com mesmo sinal da que existe no pente. Esfregue um balão de borracha em seu cabelo: ele se tornará carregado. Coloque o balão encostado numa parede, e ele grudará nela. Isso acontece porque a carga no balão induz uma carga superficial oposta sobre a parede. De novo, as mais próximas vencem, pois a carga do balão está ligeiramente mais próxima das cargas induzidas com sinais opostos do que das cargas induzidas com o mesmo sinal da do balão (Figura 22.15).

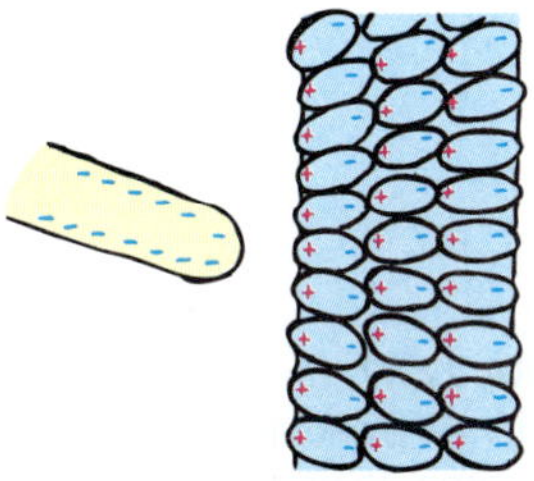

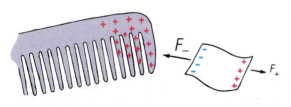

FIGURA 22.14 Um pente eletrizado atrai um pequeno pedaço de papel porque a força atrativa entre as cargas opostas mais próximas supera a força repulsiva entre as cargas de mesmo sinal mais afastadas.

FIGURA 22.13 Todos os átomos ou moléculas próximos à superfície tornam-se eletricamente polarizados. Cargas superficiais de mesmo valor absoluto, mas com sinais opostos, são induzidas sobre superfícies opostas do material.

Muitas moléculas, como as de água, são eletricamente polarizadas em estado normal. Sua distribuição de carga elétrica não é perfeitamente simétrica. Existe um pouco mais de carga negativa em um lado da molécula do que no outro (Figura 22.16). Essas moléculas constituem o que se chama de *dipolos elétricos*.

FIGURA 22.15 Um balão de borracha negativamente eletrizado polariza os átomos da madeira da parede e cria uma superfície positivamente eletrizada, grudando-se à parede.

PAUSA PARA TESTE

1. Um bastão negativamente eletrizado é trazido para perto de alguns pedacinhos de papel neutros. Os lados positivos das moléculas do papel são atraídos para o bastão, enquanto os lados negativos das moléculas são repelidos. Por que as forças atrativa e repulsiva não se cancelam?

2. Uma brincadeira: Se você esfregasse um balão de borracha sobre seu cabelo e depois encostasse sua cabeça na parede, ela grudaria na parede, como faria o balão?

FIGURA 22.16 Uma molécula de água constitui um dipolo elétrico.

> **VERIFIQUE SUA RESPOSTA**
>
> 1. Os lados positivos simplesmente estão mais perto do bastão. Portanto, eles experimentam uma força elétrica maior do que os lados negativos mais afastados. Por isso dizemos que os mais próximos vencem. Você consegue perceber que, se o bastão fosse positivo, também ocorreria atração?
>
> 2. Ela grudaria se você tivesse uma cabeça de vento – ou seja, se a massa de sua cabeça fosse aproximadamente igual à do balão, de modo que a força gerada fosse evidente.

22.8 Campo elétrico

As forças elétricas, como as gravitacionais, atuam entre corpos que não estão em contato mútuo. Tanto para a eletricidade quanto para a gravitação, existe um *campo de força* que influencia corpos eletrizados e de grande massa, respectivamente. Lembre-se do Capítulo 9: as propriedades do espaço ao redor de qualquer corpo com muita massa são alteradas, de modo que outro corpo com muita massa trazido para essa região experimentará uma força. A força é gravitacional, e o espaço alterado ao redor de um corpo dotado de massa é seu *campo gravitacional*. Podemos pensar em qualquer outro corpo com muita massa como em interação com o campo, e não diretamente com o corpo de grande massa que o produz. Por exemplo, quando uma maçã cai de uma árvore, dizemos que ela interagiu com a Terra, mas também podemos pensar que a maçã está interagindo com o campo gravitacional da Terra. O campo desempenha o papel de um intermediário na força entre os corpos. É comum pensar em foguetes distantes ou coisas semelhantes como em interação com campos gravitacionais, em vez de em interação diretamente com a Terra ou outros corpos responsáveis pelos campos. Da mesma forma como o espaço ao redor de um planeta ou de outros corpos massivos está preenchido por um campo gravitacional, o espaço ao redor de cada corpo eletricamente carregado está preenchido por um **campo elétrico** – uma aura energética que se estende pelo espaço.

> Em 1946, uma barra de chocolate que estava no bolso de Percy Spencer misteriosamente derreteu enquanto ele fazia experiências com oscilações elétricas em um novo tubo a vácuo. Intrigado com o fato, ele posicionou alguns grãos de milho de pipoca próximo ao tubo e constatou que eles espocavam. Assim se deu o nascimento do forno de micro-ondas.

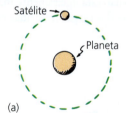 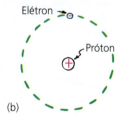

FIGURA 22.17 (a) Uma força gravitacional mantém o satélite em órbita ao redor do planeta, e (b) uma força elétrica mantém o elétron em órbita em torno do próton. Em ambos os casos, não existe contato entre os corpos. Dizemos, então, que os corpos orbitando interagem por meio dos *campos de força* do planeta e do próton, e eles estão sempre em contato com esse campo em todos os pontos do espaço. Assim, a força que um corpo eletricamente carregado exerce sobre outro pode ser descrita em termos de uma interação entre um corpo e o campo gerado pelo outro.

Um campo elétrico tem tanto valor (intensidade) quanto direção e sentido. O valor do campo em qualquer ponto é simplesmente a força por unidade de carga. Se um corpo com carga q experimenta uma força F em um determinado ponto do espaço, então o valor do campo elétrico E nesse ponto é

$$E = \frac{F}{q}$$

O vetor campo elétrico é representado por meio de flechas na Figura 22.18a. A direção e o sentido do campo são indicados pelos vetores e são definidos pela direção e pelo sentido em que uma pequena carga de teste positiva em repouso seria empurrada.[6] A direção da força e a do campo, em um ponto qualquer, são as mesmas. Na figura, portanto, vemos que todos os vetores apontam para o centro da bola

> Os tubarões e as espécies aparentadas de peixe são equipados com receptores especializados em suas narinas capazes de sentir os campos elétricos extremamente fracos gerados por outras criaturas dos oceanos.

---

[6] A carga de teste é tão pequena que, de fato, não influencia consideravelmente o campo que está sendo medido. Lembre-se de que, em nosso estudo do calor, para medir a temperatura dos corpos, havia a necessidade semelhante de que o termômetro utilizado fosse de massa muito pequena comparada com as daqueles corpos.

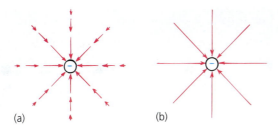

FIGURA 22.18 Representação de um campo elétrico ao redor de uma carga negativa. (a) Uma representação vetorial. (b) Uma representação em termos de linhas de força.

negativamente carregada. Se ela fosse positiva, os vetores apontariam para fora de seu centro, pois, nesse caso, uma carga de teste positiva localizada nas proximidades deveria ser repelida pela bola.

> **PAUSA PARA TESTE**
>
> Aprendemos que os campos gravitacionais do Sol e da Terra estendem-se ao infinito. Podemos dizer o mesmo sobre os campos elétricos em torno dos prótons e elétrons?
>
> **VERIFIQUE SUA RESPOSTA**
>
> Sim, os campos gravitacionais e elétricos são auras de energia. Um deles depende da massa, e o outro, da carga, ambos com intensidades que diminuem de acordo com a lei do inverso do quadrado.

Uma maneira útil de descrever o campo elétrico é por meio de linhas de força elétrica, como mostrado na Figura 22.18b. As linhas de força mostradas na figura representam um pequeno número das possíveis e infinitamente numerosas linhas que indicam a direção e o sentido do campo. A figura é uma representação bidimensional do que, na realidade, é tridimensional. Onde as linhas estão mais afastadas entre si, o campo é mais fraco. Para uma carga isolada, as linhas se estendem ao infinito; para duas ou mais cargas opostas, representamos as linhas saindo de uma carga positiva e terminando em uma negativa. Algumas configurações de campos elétricos são mostradas na Figura 22.19, enquanto a Figura 22.20 mostra fotografias de padrões de campo. As fotos mostram fios suspensos em um volume de óleo em torno de condutores carregados. As pontas dos fios são carregadas por indução e tendem a alinhar-se com as linhas de campo de ponta a ponta. No Capítulo 24, veremos como a limalha de ferro se alinha com campos magnéticos de forma parecida.

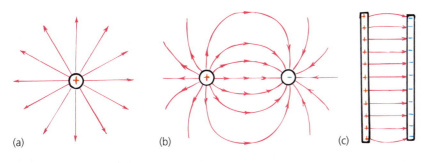

FIGURA 22.19 Algumas configurações de campo elétrico. (a) As linhas de força emanam de uma única partícula carregada positivamente. (b) As linhas de força de um par de partículas carregadas igualmente, mas com sinais opostos de carga. Observe que as linhas saem da partícula positiva e terminam na partícula negativa. (c) Linhas de força uniformes entre duas placas planas paralelas carregadas com cargas opostas.

O conceito de campo elétrico ajuda-nos a compreender não apenas as forças entre corpos isolados, estacionários e eletrizados, mas também o que acontece quando as cargas se movimentam. Quando isso ocorre, seus movimentos são transmitidos aos corpos eletrizados vizinhos, na forma de uma perturbação do campo. As perturbações emanam dos corpos eletrizados que estão sendo acelerados e se propagam com a rapidez da luz. Aprenderemos que o campo elétrico é uma espécie de armazém de estocagem de energia e que a energia pode ser transportada a grandes distâncias por um campo elétrico. A energia que se propaga com um campo elétrico pode ser

O campo elétrico é o armazém de energia da natureza.

476 PARTE V Eletricidade e magnetismo

FIGURA 22.20 Pedaços de fio suspensos em um volume de óleo alinham-se de ponta a ponta com campos elétricos. (a) Cargas iguais com sinais opostos. (b) Cargas iguais com sinais iguais. (c) Placas paralelas com cargas opostas. (d) Cilindro e placa com cargas opostas.

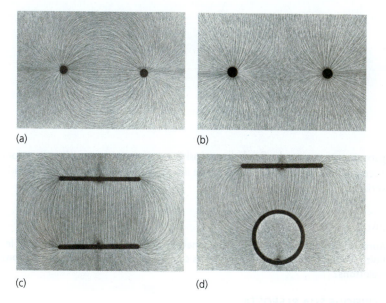

direcionada e guiada através de fios metálicos. Ou também pode estar atrelada a um campo magnético, sendo transportada através do vácuo. Retornaremos a essa ideia no próximo capítulo e mais adiante, quando abordarmos a radiação eletromagnética.

> **PAUSA PARA TESTE**
> As linhas de força mostradas nas três configurações da Figura 22.19 também são linhas de campo elétrico?
>
> **VERIFIQUE SUA RESPOSTA**
> Sim, essas linhas imaginárias, quer as chamemos de linhas de força ou linhas de campo elétrico, indicam a direção do campo elétrico.

Blindagem eletrostática

Uma importante diferença entre os campos elétrico e gravitacional é que os campos elétricos podem ser blindados por diversos materiais, ao passo que os gravitacionais jamais podem ser blindados. A intensidade da blindagem depende do material usado para isso. Por exemplo, o ar enfraquece um pouco o campo elétrico entre dois objetos eletrizados em relação ao valor que ele teria no vácuo, enquanto o óleo colocado entre os objetos pode diminuir o campo para aproximadamente um centésimo de sua intensidade original. Um metal pode blindar completamente um campo elétrico. Quando nenhuma corrente elétrica está fluindo, o campo elétrico no interior do metal é nulo, não importando o quão intenso é o campo elétrico em seu exterior.

Considere, por exemplo, os elétrons sobre uma esfera metálica. Devido à repulsão mútua, os elétrons se espalharão uniformemente sobre a superfície externa da esfera. É fácil perceber que a força total que a esfera exerce sobre uma carga de prova localizada em seu centro é nula, pois as forças opostas se equilibram em todas as direções. Curiosamente, o cancelamento completo das forças ocorre *em qualquer lugar* no interior de uma esfera condutora. Compreender isso exige um pouco mais de raciocínio e envolve a lei do inverso do quadrado da distância e um pouco de geometria. Considere uma carga de prova no ponto P da Figura 22.21. A carga de prova se encontra duas vezes mais distante do lado esquerdo da esfera do que do lado direito. Se as forças elétricas entre a carga de prova e as cargas sobre a esfera dependessem apenas da distância, então a carga de prova seria atraída pelo lado esquerdo com apenas 1/4 do valor da força com a qual ela é atraída pelo lado

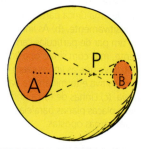

FIGURA 22.21 A carga de prova em P é igualmente atraída pela carga maior na região mais afastada A e pela carga menor na área mais próxima B. A força resultante sobre a carga de prova é nula – ali ou em qualquer lugar no interior do condutor. O mesmo acontece com o campo elétrico em qualquer ponto interior.

oposto. (Lembre-se da lei do inverso do quadrado da distância: duas vezes mais distante significa apenas 1/4 do efeito; três vezes mais distante significa apenas 1/9; e assim por diante.) Contudo, a força também depende da quantidade de carga. Na figura, os cones que se estendem do ponto P até as áreas A e B têm o mesmo ângulo do vértice, mas um tem o dobro da altura do outro. Isso significa que a área A da base do cone mais alto é quatro vezes maior do que a área B da base do cone mais curto, o que é verdadeiro para qualquer valor do ângulo do vértice. Como 1/4 de 4 é igual a 1, a carga de prova em P é atraída de maneira idêntica por cada lado, e ocorre o cancelamento perfeito. O mesmo argumento se aplica a qualquer par de cones opostos com vértice em P orientados em qualquer direção. Então o cancelamento completo ocorre em todos os pontos no interior da esfera. (Invoque esse argumento novamente no Capítulo 9, na Figura 9.25, para demonstrar o cancelamento da gravidade no interior de um planeta oco. A esfera metálica se comporta da mesma maneira, seja ela oca ou não, porque toda a sua carga se acumula em sua superfície externa.)

FIGURA 22.22 Os elétrons trazidos pela descarga elétrica, repelindo-se mutuamente, se dirigem para a superfície externa do metal. Embora o campo elétrico estabelecido possa ser muito intenso *fora* do carro, ele é nulo no *interior* do carro.

Se o condutor não for esférico, então a distribuição de carga não será uniforme. As distribuições de carga sobre condutores com diferentes formas são mostradas na Figura 22.23. A maior parte da carga superficial do cubo, por exemplo, é mutuamente repelida para os vértices. O mais notável é que a exata distribuição de carga sobre a superfície de qualquer condutor é tal que o campo elétrico é nulo em qualquer ponto no interior do condutor. Veja isso de outra maneira: se existisse um campo elétrico dentro do condutor, então os elétrons livres no interior dele estariam em movimento. Quão longe eles conseguiriam se mover? Até que o equilíbrio se estabelecesse, ou seja, quando as posições ocupadas pelos elétrons livres produzissem um campo elétrico nulo dentro do condutor.

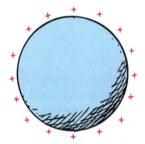  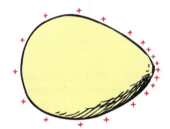

FIGURA 22.23 A carga elétrica se distribui por si mesma sobre a superfície de todos os objetos condutores de modo que o campo elétrico seja nulo dentro do objeto, o que significa que há uma maior densidade de carga em superfícies anguladas.

Não podemos blindar a nós mesmos da gravidade, porque a gravidade é sempre atrativa. Não existem partes repelindo-se gravitacionalmente para compensar as partes que se atraem. Para blindar campos elétricos, entretanto, é muito simples. Envolva a si mesmo, ou o que você deseja blindar, em uma superfície condutora. Ponha essa superfície na presença de um campo elétrico com uma intensidade qualquer. As cargas livres na superfície condutora se arranjarão na superfície condutora de modo que todas as contribuições para o campo elétrico no interior do condutor se anulem quando combinadas. É por isso que determinados componentes eletrônicos são encerrados em caixas metálicas e certos cabos têm uma cobertura metálica – para blindá-los à atividade elétrica externa.

> **PAUSA PARA TESTE**
>
> Qual é a intensidade do campo elétrico dentro de uma esfera metálica oca altamente carregada em equilíbrio eletrostático? E de uma esfera de metal sólida altamente carregada em equilíbrio eletrostático? E dentro de um galinheiro cercado de grades de arame atingido por um relâmpago?

VERIFIQUE SUA RESPOSTA

Zero, em todos os casos.

22.9 Potencial elétrico

No Capítulo 7, quando estudamos energia, aprendemos que um objeto tem energia potencial gravitacional em virtude de sua localização no interior do campo gravitacional. Analogamente, um objeto eletrizado tem uma energia potencial (E_p) em virtude de sua localização no interior de um campo elétrico. Da mesma forma como é necessário realizar trabalho para erguer um objeto de grande massa contra o campo gravitacional da Terra, é necessário trabalho para empurrar uma partícula carregada contra o campo elétrico gerado por um outro corpo eletrizado. Esse trabalho altera a energia potencial elétrica da partícula carregada.[7] Considere uma partícula com a pequena carga elétrica positiva localizada a uma certa distância de uma esfera positivamente eletrizada, como na Figura 22.24b. Se você empurrar a partícula para mais próximo da esfera, você gastará energia para vencer a repulsão elétrica existente; ou seja, realizará trabalho ao empurrar a partícula eletrizada contra o campo elétrico gerado pela esfera. Esse trabalho aumenta a energia da partícula. Chamamos de **energia potencial elétrica** a energia que a partícula tem em virtude de sua localização. Se a partícula for solta, ela acelerará, se afastando da esfera, e sua energia potencial elétrica vai ser convertida em energia cinética.

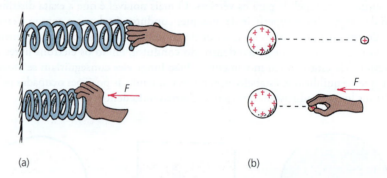

FIGURA 22.24 (a) Uma mola tem mais E_p mecânica quando se encontra comprimida. (b) Analogamente, uma partícula carregada tem mais E_p elétrica quando localizada mais próxima de uma esfera eletrizada. Em ambos os casos, o aumento de E_p é o resultado do trabalho realizado sobre a partícula.

Se, por outro lado, nós empurrarmos uma partícula com duas vezes mais carga elétrica, realizaremos duas vezes mais trabalho sobre ela, de modo que uma partícula cuja carga foi dobrada, estando na mesma posição espacial, terá duas vezes mais energia potencial elétrica do que originalmente. Uma partícula com carga triplicada terá energia potencial elétrica triplicada, e assim por diante. Em vez de lidar com a energia potencial de um corpo eletrizado, ao lidar com partículas carregadas em um campo elétrico, é mais conveniente considerar a energia potencial elétrica *por unidade de carga*. A unidade de carga elétrica é o coulomb, então consideramos a energia potencial elétrica *por coulomb* de carga. Assim, em qualquer posição, a energia potencial elétrica por coulomb será a mesma – independentemente de quanta carga exista. Por exemplo, um objeto com 10 coulomb de carga em uma posição

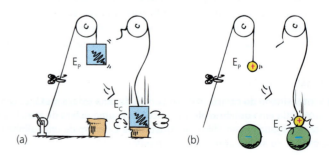

FIGURA 22.25 (a) A E_p (energia potencial gravitacional) de uma massa suspensa em um campo gravitacional, quando a massa é solta, converte-se em E_c (energia cinética). (b) A E_p de uma partícula eletrizada suspensa em um campo elétrico, quando a carga é solta, converte-se em E_c. Como a E_c adquirida se compara com a diminuição em E_p?

---

[7] Esse trabalho é considerado positivo se aumenta a energia potencial elétrica da partícula, e negativo se a diminui.

específica tem 10 vezes mais energia potencial elétrica do que um objeto carregado com 1 coulomb. No entanto, 10 vezes mais energia potencial elétrica para 10 vezes mais carga resulta no mesmo valor de energia potencial elétrica por 1 coulomb de carga. O conceito de energia potencial por unidade de carga é denominado **potencial elétrico**:

$$\text{Potencial elétrico} = \frac{\text{energia potencial elétrica}}{\text{carga}}$$

A unidade empregada para medir o potencial elétrico é o volt, de modo que o potencial elétrico é chamado popularmente de *voltagem*. Um potencial de 1 volt (V) é igual a 1 joule (J) de energia por 1 coulomb (C) de carga.

$$1 \text{ volt} = 1 \frac{\text{joule}}{\text{coulomb}}$$

Portanto, uma bateria de 1,5 volts fornece 1,5 joules de energia a cada 1 coulomb de carga que a atravessa. Os dois termos, *potencial elétrico* e *voltagem*, são utilizados, embora este último seja o nome da unidade, não devendo, em teoria, ser aplicado como o nome da grandeza. Neste livro, entretanto, esses termos serão tratados como equivalentes, devido à sua grande popularidade, e ambos serão usados indistintamente.

O potencial elétrico (ou voltagem) desempenha o mesmo papel para cargas que a pressão no caso dos fluidos. Quando existe uma diferença de pressão entre as duas extremidades de um tubo, o fluido flui da extremidade de maior pressão para a de menor. Quando estudarmos correntes elétricas no próximo capítulo, veremos que as cargas reagem a diferenças de potencial de maneira similar.

Esfregue um balão de borracha em seu cabelo e ele se tornará eletricamente carregado – talvez a milhares de volts! A voltagem (o potencial) é alta porque a carga resultante é minúscula. Embora um coulomb de carga seja algo comum em correntes elétricas, é uma quantidade enorme de carga estática. A carga minúscula explica o balão de 100.000 volts da Figura 22.27. Cerca de um décimo de um joule de trabalho é realizado para carregar o balão, que então adquire 0,1 joule de energia potencial elétrica. Se a quantidade de carga envolvida é de 1 milionésimo de coulomb, o que isso nos diz sobre a voltagem? Divida 0,1 joule por 0,000001 coulomb e você verá que a voltagem é de 100.000 volts. Qual é a energia na faísca que ocorre quando uma superfície condutora encosta no balão? Isso mesmo, apenas 0,1 joule.

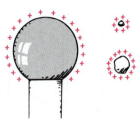

FIGURA 22.26 Dos dois corpos carregados próximos à cúpula eletrizada, o que tem mais carga tem maior E_P na presença do campo gerado pela cúpula. Contudo, o *potencial elétrico* de ambos é o mesmo – assim como para qualquer quantidade de carga localizada na mesma posição. Você consegue entender por quê?

Assim, *potencial elétrico* e *voltagem* significam a mesma coisa: energia potencial elétrica por unidade de carga, tendo o volt por unidade.

FIGURA 22.27 Quando 0,1 joule de trabalho é realizado para esfregar um milionésimo de coulomb de carga em um balão, o potencial elétrico (voltagem) do balão é de 100.000 volts. Isso mesmo, $\frac{(10^{-1} \text{ J})}{(10^{-6} \text{ C})} = 100.000$ volts.

Uma alta voltagem de baixa energia é análoga a uma inofensiva faísca de alta temperatura saída de fogos de artifício. Lembre-se de que a temperatura é a energia cinética média por molécula, ou seja, a energia total é grande somente se o número de moléculas for grande. Da mesma forma, uma alta voltagem significa uma grande quantidade de energia somente no caso de uma grande quantidade de carga.

> **PAUSA PARA TESTE**
>
> 1. Diferencie entre energia potencial elétrica e potencial elétrico. Qual é uma grandeza vetorial e qual é uma grandeza escalar?
> 2. Analise os dois corpos com carga próximos à cúpula eletrizada da Figura 22.26. Se cada um tivesse o dobro da carga, o que aconteceria com o seu potencial elétrico (voltagem)?
>
> **VERIFIQUE SUA RESPOSTA**
>
> 1. A energia potencial (E_P) elétrica é a energia medida em joules que um objeto eletrizado tem em virtude de sua localização em um campo elétrico. O potencial elétrico é essa E_P por unidade de carga (E_P/q), medido em volts (1 volt = 1 joule/coulomb). Ambas são grandezas escalares.
> 2. Nada. O dobro da carga em cada corpo significa o dobro da *energia potencial* (porque seria preciso o dobro de trabalho para colocar a carga nesse local). A voltagem seria a mesma para ambos: $\frac{E_P}{q} = \frac{2E_P}{2q}$. O local em relação à esfera eletrizada determina a voltagem.

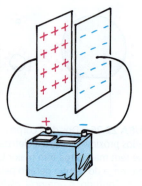

FIGURA 22.28 Um capacitor consiste em duas placas metálicas paralelas, com uma pequena separação entre elas. Quando ele é conectado a uma bateria, as placas adquirem cargas opostas de mesmo valor. A voltagem entre as placas, então, se iguala à diferença de potencial elétrico entre os terminais da bateria.

FIGURA 22.29 Mona El Tawil-Nassar faz ajustes para uma demonstração com um capacitor de placas paralelas.

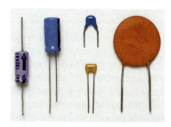

FIGURA 22.30 Capacitores reais.

Energia elétrica armazenada

A energia elétrica pode ser armazenada em um dispositivo comum chamado de **capacitor**.[8] O mais simples dos capacitores consiste em duas placas condutoras, separadas por uma pequena distância, de modo a não se tocarem. Quando as placas são conectadas a um aparelho carregador, como a bateria mostrada na Figura 22.28, elétrons são transferidos de uma placa para a outra. Isso ocorre quando o terminal positivo da bateria puxa elétrons da placa conectada a ele. Esses elétrons, na prática, são "bombeados" através da bateria e do terminal negativo e depositados na outra placa. As placas do capacitor acabam adquirindo cargas de mesmo valor, mas de sinais opostos – a placa positiva é conectada ao terminal positivo da bateria, e a negativa, ao terminal negativo. O processo de carregamento está completo quando a diferença de potencial entre as placas se iguala à diferença de potencial entre os terminais da bateria – a voltagem (potencial) da bateria. Quanto maior for a voltagem (potencial) da bateria, e quanto maiores forem e mais próximas estiverem as placas, maior será a quantidade de carga que pode ser armazenada. Assim, a energia é armazenada no campo elétrico entre as placas. Na prática, essas placas podem ser folhas metálicas finas separadas por uma folha fina de papel ou outra camada isolante, chamada de *dielétrico*. Esse "sanduíche de papel" é, então, enrolado para economizar espaço e inserido em um cilindro. Esse capacitor real é mostrado, junto com outros, na Figura 22.30.

Capacitores são encontrados em quase todos os circuitos eletrônicos. Em células fotovoltaicas, um capacitor armazena energia. A rápida liberação dessa energia torna-se evidente durante a curta duração do *flash* de uma máquina fotográfica. Isso acontece da mesma forma no caso de um desfibrilador, em que curtas descargas de energia são aplicadas à vítima de um ataque cardíaco. De modo análogo, porém em grande escala, enormes quantidades de energia são armazenadas em bancos de capacitores que alimentam *lasers* gigantescos em laboratórios nacionais.

A energia armazenada em um capacitor provém do trabalho requerido para carregá-lo. A descarga de um capacitor carregado pode ser uma experiência literalmente "chocante" se você for caminho condutor. A transferência de energia que ocorre pode ser fatal quando altas voltagens estão envolvidas, como nas fontes de alimentação de uma TV – mesmo após o aparelho ser desligado. Essa é a principal razão para os avisos de perigo colocados nesses aparelhos. A energia está armazenada no campo elétrico que se cria entre suas placas. Entre placas paralelas, o campo elétrico é uniforme, como indicado na Figura 22.19c. Portanto, a energia armazenada em um capacitor é a energia de seu campo elétrico. No Capítulo 23, abordaremos o papel dos capacitores em circuitos elétricos. Depois, nos Capítulos 25 e 26, veremos como a energia proveniente do Sol é irradiada na forma de campos elétricos e magnéticos. O fato de que a energia está contida em campos elétricos é realmente algo de grande alcance.

> **PAUSA PARA TESTE**
> Qual é a carga líquida de um capacitor carregado?
>
> **VERIFIQUE SUA RESPOSTA**
> Zero, porque as cargas nas duas placas são de mesmo valor, mas de sinais opostos. Mesmo quando o capacitor está descarregado – digamos, provendo um caminho para a carga fluir entre as placas com cargas opostas –, a carga líquida do capacitor permanece nula, pois cada placa tem carga nula.

---

[8] O potencial de armazenamento de um capacitor, chamado de *capacitância*, é medido em unidades denominadas *farads*. Um capacitor de 1 farad armazena um coulomb de carga a 1 volt. Na prática, os capacitores são classificados em *microfarads*.

Gerador Van de Graaff

Um aparelho comum de laboratório para obter altas voltagens e gerar eletricidade estática é o *gerador Van de Graaff*, inventado pelo físico norte-americano Robert J. Van de Graaff em 1931 para fornecer as altas voltagens necessárias para os primeiros aceleradores de partícula. Tais aceleradores foram apelidados de "quebradores de átomos", porque aceleravam partículas subatômicas até velocidades muito altas e depois as faziam colidir com átomos-alvo. As colisões resultantes podiam expulsar prótons e nêutrons de núcleos atômicos e criar radiação de alta energia, como raios X e raios gama. A habilidade em produzir essas colisões de alta energia é essencial para a física nuclear e a física de partículas.

Geradores Van de Graaff também são aquelas máquinas que produzem faíscas nos antigos filmes de ficção científica. Na Figura 22.31, um modelo didático de gerador Van de Graaff fornece a carga estática que faz com que os cabelos de Lillian fiquem eriçados.

Um modelo básico do gerador Van de Graaff é mostrado na Figura 22.32. Uma grande esfera metálica oca é sustentada por um cilindro isolante. Uma esteira de borracha movimentada por um motor, localizada no interior de um suporte cilíndrico, passa num conjunto de farpas de metal, como se formassem um pente, que é mantido a um grande potencial negativo em relação ao solo. Por meio das descargas que ocorrem nessas pontas metálicas, um suprimento contínuo de elétrons se deposita sobre a esteira, que circula pelo interior da cúpula oca condutora. Uma vez que o campo elétrico no interior de um condutor é nulo, as cargas sobre a esteira acabam escapando por outro conjunto de farpas metálicas (minúsculos para-raios) e depositam-se no interior da cúpula. Os elétrons, então, se repelem mutuamente, dirigindo-se para a superfície exterior da cúpula condutora, exatamente como uma carga estática sempre fica por fora da superfície externa de qualquer condutor. Isso mantém o interior descarregado e capaz de receber mais elétrons trazidos pela esteira. O processo é contínuo, e a carga na cúpula aumenta até que o potencial negativo da cúpula seja muito maior do que na fonte de voltagem na parte inferior do aparelho – na ordem de milhões de volts.

Uma esfera com um raio de 1 metro pode ser levada a um potencial de 3 milhões de volts antes que ocorra uma descarga elétrica através do ar. A voltagem pode ser elevada ainda mais, aumentando-se o raio da cúpula ou colocando o aparelho todo dentro de um recinto preenchido com gás a uma alta pressão. Geradores Van de Graaff podem produzir voltagens tão altas quanto 20 milhões de volts. Tocar um desses geradores pode ser uma experiência de arrepiar os cabelos.

FIGURA 22.31 Lillian com sua mão sobre um gerador Van de Graaff que está eletrizado sob uma alta tensão, como evidenciado pela repulsão eletrostática entre os fios de seu cabelo.

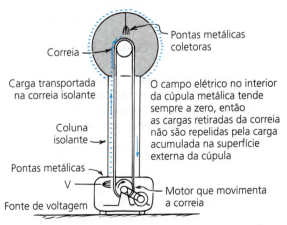

FIGURA 22.32 Um modelo básico de um gerador Van de Graaff.

> A eletricidade transformou nossas vidas! Ela substituiu o óleo de baleia nas lâmpadas, as velas e os lampiões a querosene por luminárias elétricas. Substituiu as horas e mais horas gastas lavando roupas no tanque pela lavadoura de roupas, que poupa tanto trabalho árduo. Hoje, controlamos e manipulamos elétrons ultraminúsculos em computadores, *smartphones* e inúmeros outros aparelhos elétricos. Agora está na hora de avançar para o estudo da corrente elétrica

PAUSA PARA TESTE

Lillian não corre risco algum de se machucar quando encosta a cúpula de 10.000 volts do gerador na Figura 22.31. Contudo, ela poderia sofrer uma lesão grave se formasse uma conexão elétrica com uma tomada de 127 V normal. O que explica a diferença?

VERIFIQUE SUA RESPOSTA

É preciso entender três coisas. Primeiro, saber o que significa *energia por carga*, a razão entre a quantidade de energia e a de carga, que chamamos de potencial elétrico (voltagem). Segundo, deve-se saber níveis diferentes de dano relacionados a diferentes quantidades de energia transferidas. Terceiro, 1 coulomb de carga *estática* é muita carga, algo bem raro. Por exemplo, se a cúpula tivesse 1 coulomb de carga, 10.000 joules de energia seriam transferidos rapidamente para Lillian durante a descarga. Seria fatal. Na verdade, a carga de uma cúpula de 10.000 volts é apenas uma fração minúscula de 1 coulomb. Descarregar a cúpula significa um fluxo rapidíssimo de uma quantidade minúscula de energia efetiva, abaixo do limiar da sensibilidade. Um circuito de 127 V comum, por outro lado, envolve uma quantidade gigantescamente maior de carga do que existe na cúpula – 1 coulomb por segundo para uma corrente de 1 ampere. Entrar em um circuito de 127 volts significa um fluxo sustentado e nocivo de energia efetiva – AI!

Sugiro que você se familiarize com os Termos-Chave antes de enfrentar as questões deste capítulo e de avançar para o próximo!

Revisão do Capítulo 22

TERMOS-CHAVE (CONHECIMENTO)

eletricidade Termo genérico para os fenômenos elétricos, como *gravidade* para os fenômenos gravitacionais ou *sociologia* para os fenômenos sociais.

eletrostática O estudo das cargas elétricas em repouso (não *em movimento*, como em correntes elétricas).

conservação da carga A carga elétrica não é criada nem destruída. A carga total anterior a uma interação é igual à carga total posterior a ela.

lei de Coulomb A relação entre a força elétrica, a carga e a distância:

$$F = k\frac{q_1 q_2}{r^2}$$

Se as cargas são de mesmo sinal, a força é repulsiva; se são de sinais opostos, a força é atrativa.

coulomb A unidade do SI para carga elétrica. Um coulomb (símbolo C) é igual à carga total de $6,25 \times 10^{18}$ elétrons.

condutor Qualquer material que disponha de partículas carregadas que possam fluir facilmente pelo material quando uma força elétrica estiver atuando sobre elas.

isolante Um material que não dispõe de partículas carregadas livres, pelo qual uma corrente elétrica não pode fluir facilmente.

semicondutor Material com propriedades situadas entre as de um condutor e um isolante e cuja resistência pode ser afetada por impurezas.

supercondutor Material condutor perfeito que apresenta resistência nula ao fluxo de carga elétrica.

eletrização por contato Transferência de carga elétrica entre objetos por fricção ou simples toque.

eletrização por indução Redistribuição de carga elétrica dentro e sobre objetos devido à influência elétrica de um objeto eletrizado próximo, mas sem haver contato.

eletricamente polarizado Termo aplicado a um átomo ou molécula em que as cargas estão alinhadas, de modo que um dos lados tem um pequeno excesso de carga positiva, enquanto o oposto tem um pequeno excesso de carga negativa.

campo elétrico Definido como força elétrica por unidade de carga, pode ser considerado uma espécie de "aura" que circunda objetos eletrizados. Também é um "armazém" de energia elétrica. Em torno de uma carga puntiforme, o campo elétrico decresce de acordo com a lei do inverso do quadrado da distância, como um campo gravitacional. Entre placas paralelas carregadas contrariamente, o campo elétrico é uniforme.

$$\text{Campo elétrico} = \frac{F}{q}$$

energia potencial elétrica A energia que um objeto eletrizado tem em virtude de sua localização em um campo elétrico.

potencial elétrico A energia potencial elétrica por unidade de carga, medida em volts, e popularmente chamada de *voltagem*:

$$\text{Voltagem} = \frac{\text{energia potencial elétrica}}{\text{carga}}$$

capacitor Dispositivo elétrico que armazena energia e carga elétrica por meio de um sistema de placas condutoras paralelas entre si, separadas por uma pequena distância.

QUESTÕES DE REVISÃO (COMPREENSÃO)

22.1 Forças elétricas

1. Cite uma diferença importante entre a força elétrica e a gravitacional.
2. Por que a gravitação predomina entre a Terra e a Lua?

22.2 Cargas elétricas

3. Qual parte do átomo é positivamente carregada? Qual parte é negativamente carregada?
4. Como a carga de um elétron se compara à de outro elétron? Como ela se compara com a carga de um próton?
5. Qual é normalmente a carga de um átomo?

22.3 Conservação da carga

6. O que é um íon positivo? E um íon negativo?
7. O que significa dizer que a carga é conservada?
8. O que significa dizer que a carga é *quantizada*?
9. Que partícula tem exatamente uma unidade quântica de carga?

22.4 Lei de Coulomb

10. Como um *coulomb* de carga se compara com a carga de *um* elétron?
11. Em que a lei de Coulomb é semelhante à lei de Newton da gravitação? Em que elas são diferentes?

22.5 Condutores e isolantes

12. Por que os metais são bons condutores tanto de calor quanto de eletricidade?
13. Por que materiais como o vidro e a borracha são bons isolantes?
14. Em que um *semicondutor* difere de um *condutor* ou de um *isolante*?
15. De que é composto um transistor? Quais são algumas de suas funções?
16. Como se difere o fluxo de corrente em um supercondutor e em um condutor comum?

22.6 Eletrização

17. O que acontece aos elétrons em qualquer processo de eletrização?
18. Que tipo de eletrização ocorre quando você desliza seu corpo sobre uma superfície de plástico?
19. Que tipo de eletrização ocorre durante uma tempestade com relâmpagos?
20. Qual é o propósito do para-raios?

22.7 Polarização da carga

21. Em termos de carga resultante, em que um objeto eletricamente *polarizado* difere de um objeto eletricamente *carregado*?
22. O que é um dipolo elétrico?
23. Dê um exemplo comum de um dipolo elétrico.

22.8 Campo elétrico

24. Cite dois exemplos de campos de força comuns.
25. Como se define a orientação de um campo elétrico?
26. Por que não existe campo elétrico no meio de um condutor esférico eletrizado?
27. Quando as cargas se repelem e se distribuem sobre a superfície de um condutor qualquer, o que ocorre com o campo elétrico no interior do condutor?

22.9 Potencial elétrico

28. Quanta energia é dada a cada coulomb de carga que flui por uma bateria de 6 volts?
29. Um balão pode ser facilmente eletrizado a milhares de volts. Isso significa que ele dispõe de vários milhares de joules de energia? Explique.
30. Onde está a energia armazenada em um capacitor?

PENSE E FAÇA (APLICAÇÃO)

31. Demonstre a eletrização por atrito e a descarga pelas pontas com um colega que está em pé na extremidade oposta à sua de uma sala cujo piso é recoberto por um tapete. Vá arrastando os pés no tapete enquanto caminha em direção ao seu colega, até que seus narizes estejam bem próximos. Isso pode ser uma experiência divertida, dependendo de quão seco está o ar e de quão pontudos são seus narizes.
32. Tire plástico-filme da caixa. No processo, observe que ele torna-se eletricamente carregado e é atraído por objetos como recipientes para alimentos. Esse plástico grudará melhor em recipientes plásticos ou metálicos? Discuta esse comportamento em termos de polarização elétrica.
33. Escreva uma carta a seu avô explicando-lhe por que ele estaria a salvo em uma tempestade de raios se estivesse dentro de um automóvel.
34. Esfregue vigorosamente um pente em seu cabelo ou numa peça de roupa de lã e depois o coloque próximo a um filamento de água que sai constantemente de uma torneira. O filamento de água será desviado? Qual é a sua explicação para isso?

PEGUE E USE   (FAMILIARIZAÇÃO COM EQUAÇÕES)

Lei de Coulomb: $F = k\dfrac{q_1 q_2}{r^2}$

35. Duas cargas puntiformes de 0,1 C cada estão a 0,1 m de distância uma da outra. Sabendo que k é $9{,}0 \times 10^9$ N·m²/C² (a constante de proporcionalidade da lei de Coulomb), mostre que a força entre essas cargas vale $9{,}0 \times 10^9$ N.

36. No problema anterior, encontre a força entre as cargas quando elas estiverem duas vezes mais afastadas uma da outra.

PENSE E RESOLVA   (APLICAÇÃO MATEMÁTICA)

37. Duas cargas pontuais estão separadas por 6 cm. A força atrativa entre elas é de 20 N. Encontre a força entre elas quando estiverem separadas por 12 cm. (Por que você pode resolver esse problema sem conhecer os valores absolutos das cargas?)

37. Suponha que as cargas que se atraem do problema anterior sejam de mesmo valor absoluto. Rearranje a lei de Coulomb e mostre que o valor absoluto de cada carga é de $2{,}8 \times 10^{-6}$ C (2,8 microcoulombs).

39. Duas bolinhas, cada uma com 1 microcoulomb (10^{-6} C), estão afastadas por 3 cm (0,03 m). Mostre que a força elétrica entre elas é de 10 N. Qual seria a massa de um objeto que experimentasse esse mesmo valor de força no campo gravitacional da Terra?

40. Pessoas versadas em eletrônica desprezam a força da gravidade sobre os elétrons. Para ver por que, calcule a força da gravidade da Terra sobre um elétron e compare-a com a força exercida sobre o elétron por um campo elétrico de intensidade igual a 10.000 V/m (um campo relativamente fraco). A massa e a carga de um elétron são fornecidas no final do livro.

41. Os físicos atômicos ignoram os efeitos da gravidade no interior do átomo. Para perceber por que, calcule e compare as forças gravitacional e elétrica entre um elétron e um próton separados por uma distância de 10^{-10} m. As cargas e massas necessárias são fornecidas no final do livro.

42. Uma gotícula de tinta dentro de uma impressora a jato de tinta industrial tem uma carga de $1{,}6 \times 10^{-10}$ C e é desviada para o papel por uma força de $3{,}2 \times 10^{-4}$ N. Mostre que a intensidade do campo elétrico que produz essa força é de 2 milhões de N/C.

43. A diferença de potencial entre uma determinada nuvem de tempestade e o solo é de 100 milhões de volts. Se 2 C de carga, na forma de um relâmpago, forem transferidos da nuvem para o solo, qual será a variação de energia potencial sofrida pela carga?

44. Uma energia de 0,1 J é armazenada na cúpula metálica de um gerador Van de Graaff. Uma faísca de um microcoulomb (10^{-6} C) descarrega completamente a cúpula. Mostre que o potencial da esfera em relação ao solo é de 100.000 V.

45. Encontre a variação de voltagem (a) quando um campo elétrico realiza 12 J de trabalho sobre uma carga de 0,0001 C; (b) quando o mesmo campo elétrico realiza 24 J de trabalho sobre 0,0002 C de carga.

46. Em 1909, Robert Millikan foi o primeiro a encontrar o valor da carga do elétron, com seu famoso experimento com gotas de óleo. Nele, minúsculas gotas de óleo são borrifadas no interior de um campo elétrico uniforme entre um par de placas horizontais eletrizadas com cargas opostas. As gotas são observadas com uma lente de aumento, e o campo elétrico é ajustado de modo que a força ascendente sobre algumas gotas de óleo que foram eletrizadas negativamente seja suficiente para equilibrar a força da gravidade para baixo. Isto é, quando suspensa, a força ascendente qE equilibra exatamente o peso mg da gota. Millikan mediu com precisão as cargas de muitas gotas de óleo e observou que seus valores de carga eram sempre iguais a um múltiplo inteiro de $1{,}6 \times 10^{-19}$ C, que foi definido como a carga do elétron. Por esse trabalho, ele recebeu o prêmio Nobel.

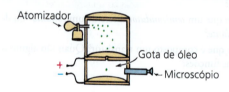

a. Se uma gota com massa de $1{,}1 \times 10^{-14}$ kg permanece estacionária num campo elétrico de $1{,}68 \times 10^5$ N/C, qual é a sua carga?

b. Quantos elétrons extras existem nessa gota de óleo específica (dada a carga do elétron presentemente conhecida)?

PENSE E ORDENE   (ANÁLISE)

47. Os três pares de esferas metálicas de mesmo tamanho têm cargas diferentes em suas superfícies, como indicado. Os metais de cada par são aproximados até se tocarem e depois são afastados.

Ordene-os em sequência decrescente de acordo com a quantidade de carga nos pares de esfera após a separação.

48. Na figura, são representados três pares separados de cargas puntiformes. Considere que as cargas de cada par interajam apenas uma com a outra. Ordene os pares em sequência decrescente de acordo com o módulo da força entre os pares de carga.

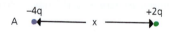

PENSE E EXPLIQUE (SÍNTESE)

49. Em nível atômico, o que significa dizer que algo está eletricamente carregado?
50. Por que a carga é normalmente transferida pelos elétrons, e não pelos prótons?
51. Por que um objeto com um vasto número de elétrons normalmente não está eletricamente carregado?
52. Por que as roupas com frequência se atraem depois de retirá-las de uma secadora de roupas?
53. Por que a poeira é atraída por itens plásticos esfregados com uma flanela seca?
54. Enquanto está penteando o cabelo, você está arrancando elétrons dele e transferindo-os para o pente. Seu cabelo, então, ficará positivamente ou negativamente carregado? E quanto ao pente?
55. Em alguns pedágios rodoviários, existe um fino arame metálico fixado verticalmente no piso da rodovia que entra em contato com os carros antes que eles alcancem a guarita do funcionário do pedágio. Qual é a finalidade do arame?
56. Por que os pneus dos caminhões que transportam gasolina e outros fluidos inflamáveis são fabricados para que sejam bons condutores elétricos?
57. Um eletroscópio é um dispositivo básico que consiste em uma esfera metálica ligada por um condutor a duas folhas metálicas delgadas, protegidas das perturbações causadas pelo ar por um recipiente de vidro fechado, como mostra a figura. Quando a esfera é tocada por um corpo eletrizado, as folhas, que normalmente pendem juntas na vertical, se afastam uma da outra. Por quê? (Os eletroscópios são úteis não apenas como detectores de carga, mas também para medir a quantidade de carga: quanto mais carga é transferida para a esfera, mais as folhas se afastam.)

58. As folhas metálicas de um eletroscópio acabam se fechando com o decorrer do tempo. Em grandes altitudes, elas se fecham mais rápido. Por que isso acontece? (*Dica:* a existência de raios cósmicos foi revelada pela primeira vez por esse tipo de observação.)
59. É necessário que um corpo eletrizado realmente toque na esfera de um eletroscópio para que suas folhas metálicas se afastem? Justifique sua resposta.
60. Em um cristal de sal de cozinha existem elétrons e íons positivos. Como a carga total dos elétrons se compara à carga total dos íons? Explique.
61. Como você pode eletrizar negativamente um determinado objeto apenas com a ajuda de um objeto carregado positivamente?
62. Quando um material é friccionado em outro, os elétrons passam facilmente de um material para o outro, mas os prótons não. Por quê? (Pense em termos atômicos.)
63. Os 50.000 bilhões de bilhões de elétrons livres (5×10^{22}) que se movem em uma pequena moeda se repelem mutuamente. Por que, então, eles não saem voando para longe da moeda?
64. O que a lei do quadrado da distância lhe diz a respeito da relação entre a força e a distância?
65. Como a intensidade da força elétrica entre um par de partículas carregadas se altera quando os objetos são deslocados e ficam duas vezes mais afastados? E três vezes mais afastados?
66. Como a intensidade da força elétrica entre um par de partículas carregadas varia quando a distância entre elas torna-se dez vezes maior? E se a distância diminuir para um décimo de seu valor original? (Que lei orienta suas respostas?)
67. Quando se dobra a distância entre um par de partículas carregadas, o que acontece à força entre elas? Ela depende dos sinais das cargas? Que lei justifica sua resposta?
68. Quando se dobra a carga de apenas uma das partículas do par carregado, que efeito isso tem sobre a força entre elas? O efeito depende do sinal das cargas?
69. Quando se dobra a carga de cada partícula de um par carregado, que efeito isso tem sobre a força entre elas? Ela depende do sinal das cargas?
70. A constante de proporcionalidade k na lei de Coulomb tem um valor enorme quando usamos unidades comuns, enquanto a constante de proporcionalidade G na lei de Newton da gravitação é muito pequena nessas mesmas unidades. O que isso indica acerca das intensidades relativas dessas duas forças?
71. De que maneira as linhas de campo elétrico indicam a intensidade de um campo elétrico?
72. De que maneira a orientação de um campo elétrico é indicada pelas linhas de um campo elétrico?
73. Suponha que a intensidade do campo elétrico em torno de uma carga pontual isolada tem um determinado valor a uma distância de 1 m. Como a intensidade do campo elétrico a uma distância de 2 m dessa carga se compara com o valor anterior? Que lei orienta sua resposta?
74. No fenômeno da supercondutividade, o que acontece à resistência elétrica a baixas temperaturas?
75. Medições mostram que existe um campo elétrico circundando a Terra. Sua intensidade é de cerca de 100 N/C na superfície da Terra, e ele aponta para dentro, em direção ao centro do planeta. A partir dessas informações, você pode estabelecer se a Terra está carregada positivamente ou negativamente?
76. Por que os para-raios normalmente são posicionados mais elevados do que os prédios que eles protegem?
77. Em um dia tempestuoso, por que não é uma boa ideia usar sapatos de jogar golfe dotados de cravos de metal no solado?
78. Se um campo elétrico muito intenso for aplicado, mesmo um isolante acabará deixando passar corrente, como é evidente em raios ou descargas elétricas através do ar. Explique como isso acontece, levando em conta as cargas opostas de um átomo e como ocorre a ionização.
79. Se você esfregar em seu cabelo um balão de borracha inflado e encostá-lo depois numa porta, por qual mecanismo ele se grudará a ela? Explique.
80. Quando um chassi de carro é conduzido em uma câmara de pintura, uma névoa de tinta é borrifada ao redor dele. Quando uma rápida descarga elétrica é dada no chassi, a névoa é atraída para ele e pronto, o carro fica rapidamente pintado de maneira uniforme. O que o fenômeno da polarização tem a ver com isso?

81. Como pode um átomo carregado (um íon) atrair um átomo neutro?
82. Um elétron livre e um próton livre são colocados em um mesmo campo elétrico. (a) Compare as forças exercidas sobre eles. (b) Compare suas acelerações. (c) Compare suas direções de deslocamento.
83. Por que a intensidade do campo elétrico a meio caminho de duas cargas puntiformes idênticas é nula?
84. Um próton em repouso a uma determinada distância de uma placa negativamente carregada é solto e colide com a placa. Um elétron em repouso, à mesma distância de uma placa positivamente carregada, também é solto. Em qual dos casos a partícula estará se movendo mais rapidamente no momento da colisão? Por quê?
85. Um vetor campo gravitacional aponta para o interior da Terra, e um vetor campo elétrico aponta para um elétron. Por que um vetor campo elétrico aponta para fora de um próton?
86. Exatamente como os fios se alinham nos campos elétricos mostrados na Figura 22.20?
87. Suponha que um fichário metálico de escritório esteja eletrizado. Como a concentração de carga nos vértices do fichário se compara com as concentrações correspondentes nas partes planas dele?
88. Se você realiza 10 joules de trabalho para empurrar 1 C de carga contra um campo elétrico, qual será a mudança de voltagem dele?
89. Quando liberada, qual será a energia cinética da carga de 1 C do problema anterior se ela atravessar a sua posição inicial?
90. Qual é a voltagem na posição em que se encontra uma carga de 0,0001 C que tem uma energia potencial elétrica de 0,5 J (ambos medidos em relação ao mesmo ponto de referência)?
91. Por que é seguro permanecer dentro de um carro durante uma tempestade com relâmpagos?
92. Como se comparam as cargas das placas opostas de um capacitor? Qual é a carga líquida de um capacitor carregado?
93. Para poder armazenar mais energia em um capacitor de placas paralelas submetido a uma voltagem fixa, que alteração você poderia fazer nas placas?
94. Por que é perigoso tocar nos terminais de um capacitor de alta voltagem depois de o circuito de carregamento ser desligado?
95. O elétron-volt, eV, é uma unidade de energia. O que é maior, um GeV ou um MeV?
96. Qual é o módulo do campo elétrico no interior do domo de um gerador Van de Graaff?
97. Você sentiria qualquer efeito elétrico se estivesse no interior da cúpula eletrizada de um gerador Van de Graaff? Justifique sua resposta em caso positivo ou negativo.
98. Um colega afirma que a razão para os cabelos de uma pessoa arrepiarem enquanto ela toca num gerador Van de Graaff eletrizado é, simplesmente, que os fios de cabelo tornam-se eletrizados e são suficientemente leves para que a repulsão entre eles seja visível. Você concorda ou discorda?

PENSE E DISCUTA (AVALIAÇÃO)

99. Quando você retira um casaco de lã do compartimento de roupas de uma secadora de roupas, o compartimento torna-se positivamente carregado. Explique como isso ocorre.
100. Estritamente falando, quando um objeto adquire uma carga positiva por transferência de elétrons, o que acontece à sua massa? E quando ele adquire uma carga negativa? Pense microscopicamente!
101. Estritamente falando, uma pequena moeda ficará com mais massa ao adquirir uma carga negativa ou uma positiva? Explique.
102. É relativamente fácil retirar elétrons mais externos de átomos pesados, como os do urânio (tornando-os íons de urânio), mas não seus elétrons mais internos. Por que você supõe que isso seja assim?
103. Se os elétrons fossem positivos e os prótons negativos, a lei de Coulomb seria escrita da mesma maneira ou de forma diferente?
104. Se você é apanhado a céu aberto por uma tempestade com relâmpagos, por que não deve se abrigar debaixo de uma árvore? Você sabe por que não deve ficar em pé com as pernas abertas? Por que é perigoso deitar-se no solo? (*Dica:* considere a diferença de potencial elétrico.)
105. Dois pedaços de plástico, um em forma de anel e outro de semianel, têm o mesmo raio e a mesma densidade de carga. Qual deles gera um campo elétrico mais intenso no centro? Justifique sua resposta.

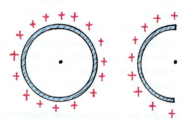

106. Você não é machucado pelo contato com uma bola metálica eletrizada, mesmo que a voltagem dela seja muito alta. A razão para isso é análoga ao porquê de você não ser machucado pelo contato com as faíscas a mais de 1.000 °C lançadas por um fogo de artifício? Justifique sua resposta em termos das energias envolvidas.
107. Imagine que você se encontra no interior da cúpula de um gigantesco gerador de Van de Graaff eletrizada. Explique se o seu cabelo se arrepiará caso você encoste na borda interior.

CAPÍTULO 22 | Exame de múltipla escolha

Escolha a melhor resposta entre as alternativas:

1. Os elétrons em um clipe de metal não escapam da superfície porque:
   a. a repulsão mútua é incompleta.
   b. são atraídos por um número igual de prótons.
   c. têm ligações fortes com a superfície metálica.
   d. todas as anteriores.

2. Quando elétrons são arrancados de um átomo, este se transforma em um:
   a. íon positivo.
   b. íon negativo.
   c. elemento diferente.
   d. isótopo.

3. Quando dizemos que a carga elétrica é conservada, queremos dizer que nunca se observou um exemplo em que:
   a. a carga resultante de um objeto variou.
   b. o tamanho da carga resultante de um objeto aumentou.
   c. foi criada ou destruída uma carga resultante.
   d. nenhuma das anteriores.

4. Duas partículas carregadas se repelem com força F. Se a carga de uma partícula dobrar e a distância entre as duas também dobrar, a força será:
   a. F.
   b. $2F$.
   c. $F/2$.
   d. $F/4$.

5. Um balão com carga positiva que encosta em uma parede de madeira:
   a. puxa a carga negativa da parede na sua direção.
   b. empurra a carga positiva na parede na direção contrária.
   c. polariza as moléculas na parede.
   d. todas as anteriores.

6. Cada coulomb de carga que flui através de uma diferença de potencial de 12 volts tem:
   a. 12 newtons de força.
   b. 12 amperes de corrente.
   c. 12 watts.
   d. 12 joules de energia.

7. Um balão de festa de alta voltagem provavelmente tem baixa:
   a. energia.
   b. carga
   c. resistência elétrica.
   d. todas as anteriores.

8. _____ são fundamentais para os condutores.
   a. Elétrons livres
   b. Elétrons ligados
   c. Ambos, em diferentes proporções.
   d. Nenhuma das anteriores.

9. O campo elétrico em torno de um elétron isolado tem determinada intensidade a 1 cm do elétron. A intensidade do campo elétrico a 2 cm de distância do elétron é:
   a. a metade.
   b. igual.
   c. o dobro.
   d. nenhuma das anteriores.

10. Duas partículas carregadas mantidas em proximidade uma à outra são liberadas. Quando se movem, suas rapidezes aumentam. Assim, suas cargas têm:
    a. o mesmo sinal.
    b. sinais opostos.
    c. qualquer um dos dois.
    d. é necessário mais informação para responder.

Respostas e explicações das perguntas do Exame de múltipla escolha

1 (b): Os elétrons são atraídos eletricamente por um número igual de prótons no átomo, o que impede que escapem das superfícies. Essa atração mútua os mantém no clipe, não a repulsão mútua. 2 (a): Um átomo tem carga neutra porque tem um número igual de prótons positivos e elétrons negativos. Um íon, por outro lado, tem um número diferente de prótons e elétrons. Quando os elétrons são arrancados de um átomo, a presença de mais prótons do que elétrons significa que o átomo tem uma carga positiva e se torna um íon positivo. 3 (c): O princípio da conservação da carga nos informa que a carga total ou resultante permanece constante durante qualquer processo. Quando a carga de algo varia, não é porque uma carga foi criada ou destruída: ela é apenas transferida. 4 (c): A Lei de Coulomb nos informa que a força entre duas cargas é diretamente proporcional ao tamanho da carga e inversamente proporcional ao quadrado das distâncias. De acordo com os símbolos, se o tamanho da carga passa a ser 2Q, a força aumenta para 2F, e se a distância aumenta para 2R, a força diminui para ¼F. Dois dividido por quatro nos dá metade da força inicial, F/2. 5 (d): É uma polarização da carga simples. O balão com carga positiva puxa a carga negativa em direção à parede e repele a positiva. O resultado é uma atração resultante entre a parede e o balão. 6 (d): A voltagem é definida em termos de quantidade de energia (joules) por carga. Uma diferença de potencial de 12 volts comunica 12 joules de energia para cada coulomb de carga. 7 (a): É importante interpretar a voltagem como uma razão entre energia e carga. Esfregue um balão no seu cabelo e ele pode estar a 1.000 volts, mas a quantidade de carga que adquire provavelmente é de cerca de um milionésimo de coulomb. De acordo com a equação $V = E/q$, vemos que $E = Vq$, que é $(1.000 \text{ V})(0{,}000001 \text{ C}) = 0{,}001$ J, uma quantidade de energia muito pequena. 8 (a): Devido às ligações atômicas, muitos condutores são materiais metálicos. Um aspecto fundamental para os condutores é a liberdade dos elétrons de se mover entre os átomos no interior do material condutor. 9 (d): O campo elétrico em torno de um elétron isolado assume a forma de linhas retas, cuja intensidade diminui com a distância, de acordo com a lei do inverso do quadrado. Assim, o dobro da distância do elétron significa um quarto da intensidade do campo elétrico. Essa resposta não está listada, então a opção certa é (d). 10 (c): Uau! Sejam quais forem os sinais da carga, quando liberadas, elas aceleram devido à força que cada uma sofre. Se têm sinais iguais, as cargas aceleram em sentidos opostos umas às outras, com rapidezes crescentes. Se têm sinais opostos, elas aceleram uma em direção à outra, com rapidezes crescentes. As rapidezes aumentariam em ambos os casos, então a opção correta é (c).

23 Corrente elétrica

23.1 Fluxo de carga e corrente elétrica

23.2 Fontes de voltagem

23.3 Resistência elétrica

23.4 A lei de Ohm
   A lei de Ohm e o choque elétrico

23.5 Corrente contínua e corrente alternada
   Transformando CA em CC

23.6 Rapidez e fonte de elétrons em um circuito

23.7 Potência elétrica

23.8 Circuitos elétricos
   Circuitos em série
   Circuitos em paralelo
   Circuitos em paralelo e sobrecarga
   Fusíveis de segurança

1 A demonstração de circuito elétrico favorita do autor: um circuito paralelo de lâmpadas afixadas aos terminais estendidos de uma bateria automotiva comum. **2** Phil Hurrell confere que a sua fonte de eletricidade fornece 220 V para o soldador e 110 V para os outros dispositivos. **3** Daday van den Berg diferencia entre circuitos em série e paralelos quando ensina nas Filipinas, onde é professor convidado. **4** A fonte de energia que Jill Evans mostra a seus alunos de laboratório fornece 2,1 volts a um par de resistores ligados em série.

CAPÍTULO 23 Corrente elétrica

A corrente elétrica é o fluxo de carga posto em movimento por uma voltagem e dificultado pela resistência. A relação matemática entre as três grandezas corrente, voltagem e resistência é creditada ao cientista alemão Georg Simon Ohm, nascido em 1789. Seu pai era um chaveiro, e sua mãe, a filha de um alfaiate. Nenhum deles tinha educação formal. O pai autodidata de Ohm deu a seu filho uma excelente formação na própria casa, com seu irmão Martin vindo a tornar-se um matemático bem conhecido.

Em 1805, com 15 anos, Ohm entrou na Universidade de Erlangen. No entanto, em vez de se concentrar nos estudos, ele gastava muito tempo dançando, esquiando no gelo e jogando bilhar. O pai de Ohm, irritado por Georg estar desperdiçando essa oportunidade de educação, enviou-o para a Suíça, onde, em setembro de 1806, com meros 16 anos, ele tornou-se professor de matemática. Ele deixou o posto de professor dois anos e meio mais tarde, tornando-se tutor e prosseguindo em sua paixão pelo estudo da matemática. Seus estudos valeram a pena. De volta à Universidade de Erlangen, tornou-se doutor em 1811, juntando-se ao corpo daquela universidade como professor de matemática. Contudo, o ensino rendia-lhe tão pouco que ele logo se demitiu e passou os próximos seis anos lecionando em escolas obscuras da Baviera. Durante esse tempo, ele escreveu um livro sobre geometria elementar. O livro impressionou o Rei Wilhelm II da Prússia, que ofereceu a Ohm o cargo de professor em Colônia. Felizmente, o laboratório de física da escola era bem equipado, de modo que Ohm devotou-se aos experimentos de física. A experiência prática adquirida com as atividades familiares de chaveiro do pai provou-se muito útil.

Ohm escreveu fartamente, e sua lei de Ohm não foi apreciada inteiramente naquela época. Seu trabalho acabou sendo reconhecido pela Royal Society em 1841, quando ele recebeu a prestigiosa Copley Medal. Ohm tornou-se então professor de física experimental da Universidade de Munique, onde se manteve até sua morte, aos 65 anos. A unidade de resistência elétrica do SI, o ohm (símbolo Ω), é uma homenagem a ele.

23.1 Fluxo de carga e corrente elétrica

Lembre-se de nossos estudos sobre calor e temperatura, de que quando as extremidades de um material condutor estão a temperaturas diferentes, a energia térmica flui da extremidade mais quente para a mais fria. O fluxo cessa quando ambas alcançam uma mesma temperatura. Analogamente, quando as extremidades de um material condutor elétrico estão em diferentes potenciais elétricos – quando existe uma **diferença de potencial** entre elas, a carga flui de uma extremidade para a outra.[1] O fluxo de carga persiste enquanto existir uma diferença de potencial. Sem uma diferença de potencial, nenhuma carga fluirá. Se conectarmos uma extremidade de um fio condutor a um gerador Van de Graaff carregado e a outra ponta ao solo, uma torrente de carga fluirá através do fio. O fluxo será breve, pois a cúpula do gerador rapidamente atinge um potencial em comum com o solo.

Para obter um fluxo ininterrupto de carga em um condutor, é preciso que algum arranjo seja providenciado para manter uma diferença de potencial enquanto as cargas fluem de uma extremidade para outra. A situação é análoga ao fluxo de água de um reservatório mais alto para outro mais baixo (Figura 23.1a). A água fluirá através de um tubo que conecta os dois reservatórios apenas enquanto existir um desnível da água nos dois reservatórios. O fluxo de água no tubo, assim como o fluxo de cargas no fio que conecta o gerador Van de Graaff ao solo, cessará quando as pressões nas extremidades se tornarem iguais (nos referimos a isso implicitamente quando dissemos que a água procura seu próprio nível). É possível haver um fluxo contínuo

FIGURA 23.1 (a) A água flui do reservatório onde a pressão é maior para o reservatório de menor pressão. O fluxo cessa quando a diferença de pressão desaparece. (b) A água continua a fluir porque a bomba mantém uma diferença de pressão.

---

[1] Quando dizemos que a carga flui, queremos dizer que as *partículas* carregadas do meio fluem. A carga é uma propriedade de determinadas partículas, as mais significantes sendo elétrons, prótons e íons. Quando o fluxo é formado apenas por cargas negativas, são elétrons ou íons negativos que formam a corrente. Quando o fluxo é apenas de cargas positivas, são prótons ou íons positivos que fluem.

Frequentemente, pensamos na corrente fluindo em um circuito, mas não diga isso perto de alguém exigente quanto à gramática, pois a expressão "fluxo de corrente"* é redundante. O mais correto seria dizer "fluxo de carga" – que é o significado exato de corrente.

_____
* N. de T.: No Brasil, também é frequente empregar o termo tensão elétrica, ou simplesmente tensão.

psc

- André-Marie Ampère é mencionado com frequência como o "Newton da eletricidade". Na década de 1820, ele mostrou que fios paralelos conduzindo correntes de mesmo sentido se atraem, e postulou que a circulação de cargas fosse responsável pelo magnetismo. Em sua homenagem, a unidade de corrente elétrica é o *ampere*, às vezes abreviada por *amps*.

FIGURA 23.2 Cada coulomb de carga que flui num circuito que conecta os terminais da lâmpada de 1,5 V é energizado com 1,5 J ao passar pela pilha.

psc

- Uma única pilha de *flash* fornece 1,5 V. Dentro de uma bateria de 9 V estão seis pilhas pequenas de 1,5 V cada.

se a diferença entre os níveis da água – e entre as pressões da água – for mantida com a utilização de uma bomba apropriada (Figura 23.1b).

Da mesma forma que uma corrente de água é um fluxo de moléculas de água, uma **corrente elétrica** é um fluxo de carga elétrica. Em circuitos formados por fios de metal, são os elétrons que formam a corrente. Isso porque um ou mais elétrons de cada átomo do metal estão livres para se mover através da rede atômica. Esses portadores de carga são chamados de *elétrons de condução*. Os prótons, por outro lado, não se movimentam, pois estão firmemente ligados aos núcleos dos átomos que estão mais ou menos presos a posições fixas. Em fluidos condutores – como o líquido usado nas baterias dos carros – entretanto, são íons positivos, bem como elétrons, que constituem o fluxo de carga elétrica.

A *taxa* do fluxo elétrico é medida em *amperes*. Um ampere é uma taxa de fluxo igual a 1 coulomb de carga por segundo. (Lembre-se de que 1 coulomb, a unidade padrão de carga, é a carga elétrica de $6,25 \times 10^{18}$ elétrons.) Num fio que transporta 5 amperes, por exemplo, 5 coulombs de carga passam através de qualquer seção transversal do fio a cada segundo. Isso é uma quantidade gigantesca de elétrons! E num fio que transporta 10 amperes, duas vezes mais elétrons passam por qualquer seção do fio a cada segundo.

> **PAUSA PARA TESTE**
>
> OK, uma diferença de potencial entre as extremidades de um fio elétrico produz corrente. Em vez de dizer *diferença de potencial*, pode-se também dizer *voltagem*?
>
> **VERIFIQUE SUA RESPOSTA**
>
> Sim. Lembre-se do capítulo anterior que *potencial elétrico* e *voltagem*, neste livro, são entendidos como equivalentes. Aqui, consideramos a diferença de potencial elétrico entre dois pontos de um caminho condutor. Ambos têm o volt como unidade.

23.2 Fontes de voltagem

As cargas fluem somente quando são "empurradas" ou "puxadas". Uma corrente sustentada requer um dispositivo de "bombeamento" adequado para fornecer uma diferença de potencial elétrico – uma voltagem. Se carregarmos duas esferas condutoras, uma positivamente e outra negativamente, podemos obter uma grande voltagem entre as esferas. Esta, entretanto, não é uma boa fonte de voltagem, pois quando as esferas são conectadas por meio condutor, os potenciais acabam se igualando após um breve fluxo de carga – como durante a descarga de um gerador Van de Graaff. Ela não é prática. Geradores elétricos e baterias químicas, por outro lado, são fontes de energia em circuitos elétricos e são capazes de sustentar um fluxo constante de carga.

Baterias e geradores elétricos realizam um trabalho para levar cargas negativas para longe das positivas. Nas baterias químicas, esse trabalho é geralmente, mas nem sempre, realizado pela desintegração química do zinco ou do chumbo em ácido, com a energia armazenada nas ligações químicas sendo convertida em energia potencial elétrica.[2] Geradores como os alternadores dos automóveis separam as cargas por indução eletromagnética, um processo que abordaremos no Capítulo 25. O trabalho realizado por qualquer dispositivo usado para separar as cargas opostas está disponível nos terminais da bateria ou do gerador. Esses diferentes valores de

_____
[2] A duração de uma bateria depende de quanto tempo ela fornece sua energia química para os componentes de circuitos. Como os canos hidráulicos, que acabam entupindo antes do tempo com o uso em demasia, a resistência interna das baterias aumenta, encurtando sua vida útil. Você pode descobrir como isso é feito em quase todos os livros didáticos de química.

energia por carga criam uma diferença de potencial (voltagem). Essa voltagem provê uma espécie de "pressão elétrica", que move os elétrons pelo circuito.

A unidade de diferença de potencial elétrico (voltagem) é o *volt*.[3] Uma bateria comum de automóvel fornecerá uma pressão elétrica de 12 volts ao circuito que for conectado aos seus terminais. Então 12 joules de energia são fornecidos a cada coulomb forçado a fluir pelo circuito ligado a esses dois terminais.

Frequentemente existe confusão entre o fluxo de carga *em* um circuito e a voltagem imprimida, ou aplicada, *através* do circuito. Podemos distinguir essas duas ideias considerando um tubo comprido cheio de água. A água fluirá no tubo se existir uma diferença de pressão *através* deste, ou seja, *entre* suas extremidades. A água flui da extremidade onde a pressão é alta para aquela onde a pressão é baixa. Apenas a água flui, não a pressão. Analogamente, a carga elétrica flui por causa da diferença na pressão elétrica (voltagem). Dizemos que a carga elétrica flui *em* um circuito porque existe uma voltagem aplicada *através* do circuito. Você não pode dizer que a voltagem fluiu através do circuito. A voltagem não vai a lugar algum, pois são as cargas que se movimentam. A voltagem produz a corrente (se existe um circuito completo).

FIGURA 23.3 Uma fonte de voltagem pouco usual. A diferença de potencial elétrico entre a cabeça e a cauda dessa enguia pode exceder 860 V, o maior gerador de bioeletricidade de que temos conhecimento.

> **PAUSA PARA TESTE**
> A voltagem entre dois pontos de um circuito elétrico está relacionada ao fluxo de elétrons entre os pontos?
>
> **VERIFIQUE SUA RESPOSTA**
> Sim, e logo veremos que ela também está relacionada à quantidade de energia adquirida pelos elétrons.

Armazene suas baterias em um lugar frio e seco. Se as puser em um refrigerador, elas durarão um pouco mais.

23.3 Resistência elétrica

Sabemos que uma bateria ou um gerador de qualquer espécie é a causa primeira e a fonte de voltagem em um circuito elétrico. Quanta corrente haverá depende não apenas da voltagem, mas também da **resistência elétrica** que o condutor oferece ao fluxo de carga. Isso é semelhante ao fluxo de água em um cano, que depende não apenas da diferença de pressão entre as extremidades do cano, mas também da resistência que o próprio cano oferece. Um cano curto oferece menos resistência ao fluxo de água do que um tubo comprido, e quanto mais largo for o cano, menor será sua resistência. Isso funciona da mesma forma com a resistência dos fios pelos quais flui uma corrente. A resistência de um fio depende da sua espessura, do seu comprimento e da sua condutividade específica. Fios grossos têm uma resistência menor do que fios finos. Fios compridos têm resistência maior do que fios curtos. Fios de cobre têm resistência menor do que fios de aço de mesmo tamanho. A resistência elétrica também depende da temperatura. Quanto maior a agitação dos átomos dentro de um condutor, maior é a resistência que ele oferece ao fluxo de carga. Para a maioria dos condutores, um aumento de temperatura significa um aumento de resistência.[4] A resistência de alguns materiais vai a zero a temperaturas muito baixas. Esses são os supercondutores, discutidos rapidamente no capítulo anterior.

psc

- Enquanto Alessandro Volta fazia experiências com metais e ácidos, em 1791, ele tocou sua língua (a saliva é ligeiramente ácida) com uma colher de prata e um pedaço de estanho e os ligou com um pedaço de cobre. O gosto azedo indicava eletricidade. Ele acabou empilhando um conjunto dessas células para construir uma pilha elétrica. Em homenagem a Volta, o potencial elétrico tem o "volt" por unidade. (Toque com sua língua os dois terminais de uma bateria de 9 volts para experimentar o efeito.)

Um material com baixa resistência tem alta condutividade.

---

[3] A terminologia dessa área da física pode parecer confusa, então aqui vai um pequeno sumário de termos: *potencial elétrico* e *potencial* significam a mesma coisa – energia potencial elétrica por unidade de carga. Sua unidade é o volt. O termo *tensão* ou *voltagem* expressa uma *diferença* de potencial elétrico entre dois pontos de um caminho condutor. A unidade de voltagem também é o volt.

[4] O carbono é uma exceção interessante. Quando a temperatura aumenta, mais átomos de carbono perdem um elétron. Isso aumenta a corrente. Assim, a resistência do carbono diminui com o aumento da temperatura. Isso e (principalmente) seu alto ponto de fusão são as razões para que o carbono seja usado em lâmpadas de arco.

492 PARTE V Eletricidade e magnetismo

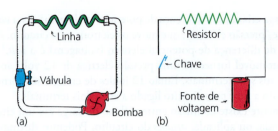

FIGURA 23.4 (a) Em um circuito hidráulico, um tubo estreito (verde) oferece resistência ao fluxo da água. (b) Em um circuito elétrico, uma lâmpada ou outro dispositivo (mostrado pelo símbolo de resistência elétrica, a linha em ziguezague) oferece resistência ao fluxo de elétrons.

FIGURA 23.5 Quando duas mangueiras são ligadas ao sistema hidráulico da cidade (mesma pressão da água), a água vai fluir mais pela mangueira grossa do que pela estreita. Isso funciona da mesma forma com a corrente elétrica em fios grossos ou finos submetidos a uma mesma diferença de potencial.

Uma regra incrível da natureza:

$$I = \frac{V}{R}$$

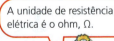

A unidade de resistência elétrica é o ohm, Ω.

A resistência elétrica é medida em unidades chamadas de *ohms*. Normalmente, a letra grega ômega, Ω, é usada como símbolo para o ohm. Como mencionado no início do capítulo, essa unidade é uma homenagem prestada a Georg Simon Ohm, um físico alemão que, em 1826, descobriu uma relação simples e muito importante entre voltagem, corrente e resistência.

PAUSA PARA TESTE

Quando elétrons fluem pelo fino filamento de uma lâmpada incandescente, eles experimentam "atrito". Qual é o resultado prático disso?

VERIFIQUE SUA RESPOSTA

Calor e luz.

23.4 A lei de Ohm

A relação entre voltagem, corrente e resistência é resumida no enunciado chamado de **lei de Ohm**. Ohm descobriu que a corrente em um circuito é diretamente proporcional à voltagem estabelecida através do circuito e inversamente proporcional à resistência do circuito. Em notação matemática,

$$\text{Corrente} = \frac{\text{voltagem}}{\text{resistência}}$$

Ou, em termos das unidades,

$$\text{Amperes} = \frac{\text{volts}}{\text{ohms}}$$

Assim, para um dado circuito onde a resistência é constante, a corrente e a voltagem são proporcionais entre si.[5] Isso significa que a corrente será duas vezes maior para uma voltagem também duas vezes maior. Quanto maior a voltagem, maior é a corrente. No entanto, se a resistência do circuito for dobrada, a corrente terá a metade do valor que teria se isso não tivesse ocorrido. Quanto maior a resistência, menor é a corrente. A lei de Ohm faz sentido.

A lei de Ohm nos diz que quando uma diferença de potencial de 1 V é aplicada através de um circuito que tem uma resistência de 1 Ω, ela produzirá uma corrente de 1 A. Se 12 V forem aplicados ao mesmo circuito, a corrente será 12 A. A resistência típica de um fio elétrico comum é muito menor do que 1 Ω, enquanto o filamento típico de uma lâmpada incandescente tem uma resistência maior do que

---

[5] Muitos textos usam *V* para a diferença de potencial (voltagem), *I* (i) para a corrente e *R* para resistência, expressando a lei de Ohm como $V = IR$. Segue, então, que $I = \frac{V}{R}$ e $R = \frac{V}{I}$, de modo que, se duas das variáveis são conhecidas, a terceira pode ser obtida. As abreviaturas usadas para as unidades são V para volts, A para amperes e Ω para ohms.

100 Ω. Um ferro de passar roupas ou uma torradeira elétrica tem uma resistência de 15–20 Ω. Lembre-se de que, para uma determinada diferença de potencial, menos resistência significa mais corrente. No interior de dispositivos elétricos como computadores e receptores de televisão, a corrente é controlada por elementos de circuito chamados de *resistores*, cuja resistência pode ser de alguns ohms ou de milhões de ohms.

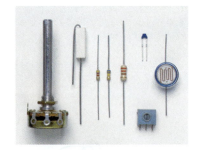

FIGURA 23.6 Resistores. O símbolo de resistor em um circuito elétrico é ⏤⋀⋁⋀⏤.

> **PAUSA PARA TESTE**
> 1. Qual valor da corrente fluirá por um resistor de 60 Ω quando 12 V forem aplicados através dela?
> 2. Qual é a resistência de uma frigideira elétrica que puxa 12 A de corrente quando conectada a uma tomada de 120 V?
>
> **VERIFIQUE SUA RESPOSTA**
> 1. 0,2 A. A partir da lei de Ohm: corrente = $\frac{\text{voltagem}}{\text{resistência}} = \frac{12\text{ V}}{60\text{ Ω}} = 0{,}2$ A.
> 2. 10 Ω. Basta rearranjar a lei de Ohm: resistência = $\frac{\text{voltagem}}{\text{corrente}} = \frac{120\text{ V}}{12\text{ A}} = 10$ Ω.

A lei de Ohm e o choque elétrico

Os efeitos danosos do choque elétrico são o resultado da passagem da corrente através do corpo. O que causa um choque elétrico no corpo humano: a corrente ou a voltagem? Da lei de Ohm, vemos que essa corrente depende da voltagem aplicada e da resistência do corpo humano. A resistência de um corpo depende de suas condições e varia de cerca de 100 Ω, se está encharcado com água salgada, até cerca de 500.000 Ω, se a pele está muito seca. Se tocarmos os dois eletrodos de uma bateria com os dedos secos, fechando o circuito de uma mão à outra, podemos esperar que a resistência oferecida seja de 100.000 Ω. Normalmente, não sentimos a corrente produzida por 12 V, e 24 V produzem apenas um leve formigamento. Contudo, se sua pele estiver úmida, 24 V podem ser completamente desconfortáveis. A Tabela 23.1 descreve os efeitos sobre o corpo humano produzidos por diversos valores de corrente.

TABELA 23.1 Os efeitos de correntes elétricas sobre o corpo humano

Corrente (A)	Efeito
0,001	Pode ser sentida
0,005	É dolorosa
0,010	Causa a contração involuntária dos músculos (espasmos)
0,015	Causa perda do controle muscular
0,070	Através do coração, causa distúrbio sério; provavelmente fatal se a corrente perdurar por mais de 1s.

Muitas pessoas morrem a cada ano em consequência de correntes produzidas por circuitos elétricos comuns de 120 V. Se você tocar em uma instalação de luz de 120 V defeituosa enquanto está em pé sobre o solo, haverá 120 V de "pressão elétrica" entre sua mão e o solo, o que provavelmente não seria suficiente para lhe causar danos sérios. No entanto, se você estivesse descalço dentro de uma banheira molhada, conectada ao solo por meio de seu encanamento, a resistência entre você e o solo seria muito pequena. Sua resistência total seria tão pequena que a diferença de potencial de 120 V poderia produzir uma corrente perigosa para seu corpo. Manusear aparelhos elétricos enquanto toma banho definitivamente não é aconselhável. As gotas de água que se acumulam em volta das chaves de liga-desliga de aparelhos como secadores de cabelo podem acabar conduzindo corrente ao usuário. Embora a água destilada seja um bom isolante, os íons que existem na água comum reduzem em muito sua resistência elétrica. Esses íons recebem a contribuição de substâncias dissolvidas na água, especialmente sais. Normalmente existe uma fina camada de sal deixada pela transpiração sobre sua pele. Essa camada, quando umedecida, reduz a resistência da pele para algumas centenas de ohms ou menos, dependendo da distância ao longo da qual atua a voltagem.

Para receber um choque elétrico, deve haver uma *diferença* de potencial elétrico entre uma parte de seu corpo e outra. A maior parte da corrente passará pelo caminho de resistência mínima que conecta esses dois pontos. Suponha que você cai de uma ponte e, para deter a queda, trata de agarrar um dos fios de uma linha de transmissão de alta voltagem. Assim, desde que você não toque em nada a um potencial diferente, você não receberá choque algum. Mesmo que o potencial do fio esteja milhares de volts mais elevado que o do solo, e mesmo se você segurá-lo com as duas mãos, não haverá fluxo considerável de carga de uma mão para a outra. A razão é que não há uma diferença de potencial elétrico significativa entre suas mãos. Se, no entanto, você colocar uma das mãos no outro fio da linha de transmissão, que está a um potencial diferente ... *zap!* Todos nós já vimos pássaros pousados em fios de alta tensão. Cada parte de seu corpo está no mesmo potencial alto, de modo que eles não sofrem efeitos nocivos.

FIGURA 23.7 O pássaro pode pousar sem se machucar num fio a um potencial muito alto, mas é melhor ele não agarrar o fio vizinho!

> **PAUSA PARA TESTE**
>
> 1. O que causa um choque elétrico: a corrente ou a voltagem?
> 2. Se as duas patas de um pássaro sobre um fio de uma linha de transmissão estiverem muito afastadas uma do outra, ele não levará um choque?
>
> **VERIFIQUE SUA RESPOSTA**
>
> 1. Embora o choque elétrico ocorra quando uma corrente é produzida no corpo, a diferença de potencial (voltagem) aplicada causa a corrente. Assim, nesse sentido, a voltagem causa o choque.
> 2. Não, pois não haverá uma *diferença* de potencial apreciável entre as patas.

FIGURA 23.8 O pino cilíndrico conecta o corpo do aparelho diretamente ao solo (a Terra). Qualquer carga que se acumule sobre o aparelho será, portanto, conduzida ao solo – impedindo, assim, a ocorrência de um choque elétrico acidental.

A maioria dos plugues e tomadas têm três pinos, em vez de dois, para conexão. Os dois pinos principais, geralmente achatados, são para transportar a corrente através de um fio duplo, um "ativo" (energizado) e o outro neutro. Já o terceiro pino, sempre cilíndrico, está conectado ao sistema elétrico de aterramento – diretamente com o solo (Figura 23.8). O aparelho elétrico na outra extremidade do fio, portanto, está conectado aos três fios dos pinos do plugue. Se o fio vivo acidentalmente entrar em contato com a superfície de metal na entrada do aparelho e você tocar nele, pode receber um choque perigoso. Isso não ocorrerá se o aparelho estiver aterrado pelo fio de aterramento, o que garante que a caixa externa do aparelho sempre fique no mesmo potencial nulo do solo.

Um choque elétrico é capaz de superaquecer tecidos do corpo humano e interromper funções normais de determinados nervos. Ele pode desarranjar os padrões rítmicos cerebrais que mantêm o coração batendo num ritmo apropriado e os centros nervosos que controlam a respiração. No atendimento de vítimas de choques, a primeira coisa a fazer é encontrar e desligar a fonte de energia. Depois, faça uma massagem cardíaca até que o socorro médico chegue. Para vítimas de ataques cardíacos, um choque elétrico muitas vezes pode ser benéfico para restabelecer o batimento cardíaco normal.

> **PAUSA PARA TESTE**
>
> 1. Qual será a corrente produzida em seu corpo ao tocar nos terminais de uma bateria de 12 volts se a resistência de seu corpo for de 100.000 Ω?
>
> 2. Se sua pele estiver muito úmida – de maneira que sua resistência seja de apenas 1.000 Ω – e você tocar nos terminais de uma bateria de 12 volts, quanta corrente passará por seu corpo?
>
> **VERIFIQUE SUA RESPOSTA**
>
> 1. Corrente = $\dfrac{\text{voltagem}}{\text{resistência}} = \dfrac{12\text{ V}}{100.000\text{ }\Omega} = 0{,}00012$ A.
>
> 2. Corrente = $\dfrac{\text{voltagem}}{\text{resistência}} = \dfrac{12\text{ V}}{1.000\text{ }\Omega} = 0{,}012$ A. Ouch!

23.5 Corrente contínua e corrente alternada

A corrente elétrica pode ser CC ou CA. Por *CC* abreviamos **corrente contínua**, que se refere ao fluxo de cargas em *um único sentido*. Uma bateria produz uma corrente contínua em um circuito, porque cada terminal de uma bateria tem sempre o mesmo sinal: o terminal positivo é sempre positivo, e o terminal negativo, sempre negativo. Os elétrons se movem do terminal negativo, que os repele, para o terminal positivo, que os atrai, sempre no mesmo sentido de movimento ao longo do circuito. Mesmo se a corrente ocorre em pulsos inconstantes, de modo que os elétrons se movem em apenas um sentido, ela é CC.

A **corrente alternada** (CA) se comporta da maneira sugerida pelo próprio nome. Os elétrons se movem no circuito primeiro em um sentido, depois no sentido oposto, oscilando para cá e para lá em torno de posições fixas. Isso é realizado por uma alternância de polaridade da voltagem do gerador ou de outra fonte de voltagem. Praticamente todos os circuitos CA comerciais na América do Norte envolvem voltagens e correntes que se alternam de um lado para outro com uma frequência de 60 ciclos por segundo. Isso dá origem a uma corrente de 60 hertz. Em determinados lugares, são usadas correntes de 25, 30 ou 50 hertz. Pelo mundo, a maior parte dos circuitos residenciais e comerciais são CA, porque dessa forma a energia pode ser transmitida a longas distâncias em uma voltagem elevada, com pequenas perdas de calor, tendo depois sua voltagem abaixada para um valor conveniente no local onde a energia será usada. A razão para isso ser feito dessa maneira será discutida no Capítulo 25.

A voltagem da CA na América do Norte é normalmente 120 V. Nos primórdios da eletricidade, as voltagens mais elevadas queimavam os filamentos das lâmpadas incandescentes. A tradição reza que os 110 V foram adotados como primeiro padrão, porque, com esse valor de voltagem, as lâmpadas incandescentes brilhavam de dia tanto quanto uma lâmpada a gás. Portanto, as centenas de usinas de energia construídas nos Estados Unidos antes de 1900 geravam eletricidade a 110 V (ou 115 ou 120 V). Na época em que a eletricidade se tornou popular na Europa, os engenheiros já tinham descoberto como fazer os filamentos das lâmpadas brilharem por mais tempo, antes de queimarem, a voltagens mais elevadas. A transmissão de potência é mais eficiente quando feita com valores altos de voltagem, de modo que a Europa adotou 220 V como padrão. Os Estados Unidos permaneceram com 110 V (hoje oficialmente 120 V), porque muitos equipamentos de 110 V já haviam sido instalados. (Certos aparelhos, como fogões elétricos ou secadoras de roupa, usam voltagens mais elevadas.)

O principal uso da corrente elétrica, seja ela CC ou CA, é transferir energia de um lugar para outro com rapidez, flexibilidade e de forma conveniente.

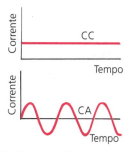

FIGURA 23.9 Gráficos de correntes CC e CA em função do tempo.

Em circuitos alternados, 120 V significa a "raiz quadrada da média quadrática" da voltagem. A voltagem real nesses circuitos varia entre −170 volts e 170 volts, fornecendo a mesma potência a uma torradeira que um circuito CC de 120 V.

PAUSA PARA TESTE
Se a corrente por um fio se propaga em pulsos, ainda que sempre no mesmo sentido, ela é uma mistura de CC e CA?

VERIFIQUE SUA RESPOSTA
Não. Quando o fluxo de carga ocorre apenas em uma direção, a corrente é contínua (a CA alterna o sentido).

Transformando CA em CC

A corrente residencial é CA. A corrente num dispositivo que funciona com bateria, como um *laptop*, é CC. Você pode usar esses dispositivos em CA, em vez de ligá-los a baterias, se empregar um conversor CA-CC. Além de um transformador para abaixar a voltagem (Capítulo 25), o conversor usa um *diodo*, um pequeno dispositivo eletrônico que atua como se fosse uma válvula unidirecional, que permite o fluxo eletrônico em apenas um sentido (Figura 23.10). Como a corrente alternada muda de sentido a cada meio ciclo, a corrente atravessa o diodo durante apenas metade de cada período. A saída é uma CC irregular, inexistente durante metade do tempo. Para manter contínua a corrente, suavizando as "corcovas" mostradas, emprega-se um capacitor (Figura 23.11).

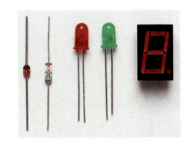

FIGURA 23.10 Diodos. Como sugerido pelo símbolo ─▶├─, a corrente pode fluir no sentido da seta, mas não no sentido inverso.

FIGURA 23.11 (a) Quando a entrada em um diodo é CA, (b) sua saída é uma CC pulsante. (c) A lenta carga e descarga de um capacitor fornece uma corrente mais contínua e suave. (d) Na prática, usa-se um par de diodos para que não existam grandes desníveis na corrente de saída. O par de diodos inverte a polaridade da metade negativa do ciclo, em vez de eliminá-la.

Lembre do capítulo anterior que um capacitor atua como um reservatório de carga. Da mesma forma que leva algum tempo para elevar o nível da água de um reservatório quando lhe é adicionado água, também leva algum tempo para adicionar ou remover elétrons das placas de um capacitor. Esse dispositivo, portanto, produz um efeito retardador sobre as variações do fluxo de carga. Ele se opõe a variações da voltagem e suaviza a saída pulsada.

FIGURA 23.12 Mesmo que a entrada de água do reservatório esguiche ou pulse repetidamente, a saída será uma corrente praticamente constante. Isso ocorre de modo semelhante com um capacitor.

23.6 Rapidez e fonte de elétrons em um circuito

Quando ligamos o interruptor de luz da parede e fechamos o circuito, seja ele CA ou CC, a luz começa a brilhar imediatamente. A corrente é estabelecida através dos fios a uma velocidade próxima à da luz. *Não* são os elétrons que se movem a tais velocidades.[6] Embora na temperatura ambiente os elétrons dentro do metal tenham uma rapidez média de alguns milhões de quilômetros por hora, eles não formam uma corrente, pois estão se movimentando em todas as possíveis direções. Não existe um fluxo líquido em qualquer direção escolhida. No entanto, quando uma bateria ou um gerador é conectado, estabelece-se um campo elétrico no interior do condutor. Os elétrons continuam seus movimentos aleatórios, enquanto

---
[6] Muitos gastos e esforços têm sido dedicados a construir aceleradores de partículas para acelerar elétrons e prótons até velocidades próximas à da luz. Se os elétrons se deslocassem num circuito comum com aquela rapidez, bastaria que alguém dobrasse um fio elétrico num ângulo agudo que os elétrons teriam um *momentum* tão grande que deixariam de fazer a curva, saindo voando do fio e gerando um feixe eletrônico comparável ao que seria produzido por um acelerador de partículas!

simultaneamente vão sendo empurrados por esse campo. É o campo elétrico que é capaz de se propagar pelo circuito com velocidade próxima à da luz. O fio condutor atua como uma espécie de guia ou "tubo" para as linhas do campo elétrico (Figura 23.13). No espaço externo ao fio, o campo elétrico tem uma configuração determinada pelas localizações das cargas elétricas, incluindo algumas cargas que acabam se acumulando sobre a superfície do fio. No interior do fio, o campo elétrico está direcionado ao longo do fio.

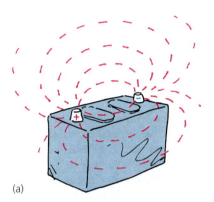
(a)

(b)

FIGURA 23.13 (a) As linhas do campo elétrico vão através do espaço do terminal positivo da bateria para o negativo. (b) Quando um grosso fio de metal conecta os dois terminais, um campo elétrico se estabelece ao longo do fio, dando origem a uma corrente, enquanto uma corrente elétrica também é gerada no espaço ao redor do fio pela carga que é acumulada na superfície do fio. (Você não receberá choque algum ao tocar no fio condutor, mas pode ser queimado, porque o fio normalmente está muito quente!).

Se a fonte de voltagem for CC, como a bateria mostrada na Figura 23.13, as linhas do campo elétrico serão mantidas em uma direção dentro do condutor. Os elétrons de condução são acelerados pelo campo numa direção paralela às linhas de campo. Antes que adquiram uma rapidez apreciável, os elétrons acabam colidindo com um dos íons metálicos "ancorados", transferindo parte de sua energia cinética para eles. É por isso que os fios se tornam quentes. Essas colisões interrompem os movimentos dos elétrons, de maneira que os valores de rapidez com que esses elétrons migram ao longo do fio são extremamente baixos. Esse fluxo líquido de elétrons é a *velocidade de deriva*. Em um circuito típico – o sistema elétrico de um automóvel, por exemplo – os elétrons têm uma velocidade de deriva de cerca de um centésimo de metro por segundo, em média. Com tal taxa, levaria cerca de 3 horas para um elétron se propagar através de um metro de fio! Grandes valores de corrente são possíveis por causa do grande número de elétrons participando do fluxo. Portanto, embora um sinal elétrico possa se propagar num fio com aproximadamente a rapidez da luz, os elétrons que se movimentam em resposta a esse sinal elétrico se deslocam de forma mais lenta do que uma lesma.

FIGURA 23.14 As linhas sólidas ilustram uma trajetória aleatória seguida por um elétron que colide com os íons da rede atômica com uma rapidez média de cerca de 1/200 da rapidez de propagação da luz. As linhas tracejadas formam uma visão idealizada e exagerada de como essa trajetória se alteraria quando um campo elétrico fosse aplicado. O elétron acaba sendo arrastado para o lado direito com uma *velocidade de deriva* de valor absoluto muito pequeno.

> **PAUSA PARA TESTE**
> Seu colega afirma que a rapidez dos elétrons em um fio e a distância que migram são duas ideias diferentes, ainda que relacionadas. De que modo a Figura 23.14 apoia essa afirmação?
>
> **VERIFIQUE SUA RESPOSTA**
> O elétron de exemplo da Figura 23.14 migrou uma pequena distância para a direita durante o mesmo tempo que levou para percorrer as distâncias muito maiores da trajetória verde. A velocidade de deriva e as rapidezes aleatórias do movimento térmico são conceitos diferentes, ainda que relacionados.

Num circuito CA, os elétrons de condução não avançam de forma significativa ao longo do fio. Eles se mantêm oscilando de forma rítmica para cá e para lá em torno de posições relativamente fixas, assim como cada seção de uma mola permanece onde está enquanto transmite o padrão de vibrações de uma ponta à outra. Quando você está falando em um telefone fixo com um amigo, é o *padrão* do movimento

psc
- O movimento térmico é medido em quilômetros por segundo, mas a velocidade de deriva é medida em micrômetros por segundo – superlenta!

oscilatório que se propaga pela cidade com aproximadamente a rapidez da luz. Os elétrons que já estavam no fio vibram ao ritmo dos padrões que se propagam através do condutor.

Um equívoco comum acerca da corrente elétrica é o de que ela se propaga pelos fios condutores pelos elétrons que vão colidindo uns com os outros – ou seja, que um pulso elétrico se propaga de maneira análoga ao pulso de uma peça de dominó que, derrubada, transfere o movimento à fila de peças próximas, colocadas em pé. Isso não é verdadeiro. A ideia do dominó é um bom modelo para a transmissão do som, mas não para a transmissão de energia elétrica. Os elétrons livres para se mover em um condutor são acelerados pelo campo elétrico aplicado sobre eles, e não por causa das colisões que eles têm entre si. É verdade que eles colidem entre si e com outros átomos, mas isso os torna mais lentos e oferece resistência ao seu movimento. Os elétrons ao longo de um circuito fechado inteiro reagem de maneira simultânea ao campo elétrico.

Outro equívoco comum sobre eletricidade é a respeito da fonte dos elétrons. Você pode comprar numa loja uma mangueira de jardim sem água alguma no interior, porém não pode comprar uma "tubulação de elétrons" que esteja vazia de elétrons. A fonte dos elétrons num circuito é o próprio material condutor do qual ele é feito. Algumas pessoas pensam que as tomadas elétricas nas paredes de suas casas são fontes de elétrons. Elas consideram erroneamente que os elétrons saem das usinas de energia elétrica, fluem através das linhas de transmissão e entram nas tomadas existentes nas paredes de suas casas. Isso não é verdadeiro. As tomadas residenciais são CA. Os elétrons não migram através do fio de um circuito CA.

Quando você liga uma lâmpada a uma tomada, é a *energia* que flui da tomada para a lâmpada, e não os elétrons. A energia é transportada pelo campo elétrico pulsante e produz o movimento oscilatório dos elétrons que já estavam presentes no filamento da lâmpada. Se 120 V são aplicados à lâmpada, então, em média, 120 J de energia são dissipados para cada coulomb de carga que é forçado a oscilar. A maior parte dessa energia elétrica aparece como calor, enquanto parte dela transforma-se em luz. As empresas de energia elétrica não vendem elétrons. Elas vendem *energia*. Você é que fornece os elétrons.

Portanto, quando você é sacudido por um choque elétrico, os elétrons que formam a corrente em seu corpo se originam de seu próprio corpo. Eles não provêm do fio, atravessam seu corpo e vão para o solo; é a energia que flui. Isso ilustra um princípio muito incompreendido: os elétrons que fluem em um condutor já existem no próprio condutor. A energia do choque simplesmente faz os elétrons livres em seu corpo vibrarem em uníssono. Pequenas vibrações causam formigamento; grandes vibrações podem ser fatais.

Após falhar mais de 6.000 vezes antes de completar o aperfeiçoamento da primeira lâmpada elétrica incandescente, Edison afirmou que suas tentativas não foram falhas, porque ele teve sucesso em descobrir 6.000 maneiras que não funcionavam.

psc

- Thomas Edison fez muito mais do que inventar uma lâmpada incandescente funcional em 1879. Ele resolveu problemas de construção de dínamos, sistemas de cabo e ligações de luz para Nova York. Fez o telefone funcionar corretamente e nos deu gravações musicais e filmes. Também inventou um método de inventar: seu laboratório em New Jersey foi o precursor dos modernos laboratórios de pesquisas industriais.

PAUSA PARA TESTE

Considere os membros de uma banda marcial em fila, parados em pé. Você pode colocá-los em movimento de duas maneiras: (1) dando, no último da fila, um empurrão que se propaga em cascata até a primeira pessoa da fila; (2) gritando o comando "À frente, em marcha". Qual dessas duas é análoga à maneira como os elétrons se movem quando um circuito é fechado? Qual é análoga à maneira como o som se propaga?

VERIFIQUE SUA RESPOSTA

Gritar o comando "À frente, em marcha" é análogo à maneira como os elétrons se movem ao sentirem um campo elétrico presente, que energiza um circuito quando a chave é fechada. Empurrar uma pessoa contra a outra é análogo à propagação do som.

23.7 Potência elétrica

Uma carga que se move através de um circuito gasta energia, a menos que o meio seja um supercondutor. Isso pode resultar no aquecimento do circuito ou no giro de um motor. A taxa com a qual a energia elétrica é convertida em outra forma, como energia mecânica, calor ou luz, é chamada de **potência elétrica**. A potência elétrica é igual ao produto da corrente pela voltagem.[7]

$$\text{Potência} = \text{corrente} \times \text{voltagem} = IV$$

Se a voltagem é expressa em volts e a corrente em amperes, então a potência é expressa em watts (W). Portanto, relacionando as unidades,

$$\text{Watts} = \text{amperes} \times \text{volts}$$

FIGURA 23.15 A designação de potência e voltagem nas lâmpadas incandescentes clássicas indica "100 W 120 V". Quantos amperes fluirão pela lâmpada?

A lâmpada incandescente clássica mostrada na Figura 23.15 tem potência de 100 W. Isso significa que, quando ela opera em uma residência com sistema elétrico de 120 V, flui por ela uma corrente de 0,8 A (100 W = 0,8 A × 120 V).[8] Não é à toa que os diodos emissores de luz (LEDs) substituíram as lâmpadas incandescentes em diversas aplicações.

A relação entre energia e potência é um assunto de interesse prático. Da definição, potência = energia por unidade de tempo, então energia = potência × tempo. Assim, uma unidade de energia pode ser uma unidade de potência multiplicada por outra de tempo, como o quilowatt-hora (kWh). Um quilowatt-hora é a quantidade de energia transferida durante 1 hora a uma taxa de 1 kW. Portanto, em uma localidade em que a energia elétrica custa 15 centavos por kWh, um ferro de passar de 1.000 W operará durante 1 hora a um custo de 15 centavos. Um refrigerador, tipicamente rotulado como de 500 W, custa menos durante uma hora, porém custará muito mais durante um mês inteiro.

> **PAUSA PARA TESTE**
>
> A 15 centavos por kWh, qual será o custo da operação de um secador de cabelo de 1.200 W por 1 h?
>
> **VERIFIQUE SUA RESPOSTA**
>
> 18 centavos: 1.200 W = 1,2 kW; assim, 1,2 kW × 1 h × 15 centavos/kWh = 18 centavos.

Cerca de 95% da energia transmitida para uma lâmpada incandescente transforma-se em radiação térmica, e apenas cerca de 5% em luz. As lâmpadas de LED, que se tornaram o padrão do mercado, emitem uma fração muito maior de energia na forma de luz – cerca de 35% (dependendo do tamanho e das especificações). É sete vezes mais luz pelo seu dinheiro na conta de luz todos os meses. Além disso, os LEDs duram muito mais. É fácil enxergar por que os LEDs substituíram as lâmpadas incandescentes do vovô (Figura 23.16).

FIGURA 23.16 A família Hurrell mostra diferentes tipos de LEDs.

---

[7] Lembre do Capítulo 7 que potência = trabalho/tempo; 1 watt = 1 J/s. Observe que as unidades de potência mecânica e potência elétrica conferem (trabalho e energia são ambos medidos em joules):

$$\text{Potência} = \frac{\text{carga}}{\text{tempo}} \times \frac{\text{energia}}{\text{carga}} = \frac{\text{energia}}{\text{tempo}}$$

[8] Uma vez que potência = energia/tempo, a simples reorganização das variáveis nos dá que energia = potência × tempo; logo, a energia pode ser expressa na unidade de quilowatt-hora (kWh). A potência também pode ser expressa na seguinte forma: potência = I^2R (usando a lei de Ohm, substitua IR por V).

PAUSA PARA TESTE

1. Quando a corrente aumenta em qualquer tipo de lâmpada, o que acontece com o brilho?
2. Para aquecer os pintinhos nos galinheiros durante noites frias, por que as lâmpadas incandescentes são melhores do que os LEDs?

VERIFIQUE SUA RESPOSTA

1. O brilho aumenta quando a corrente (e, logo, a potência) aumenta.
2. A maior parte da potência dissipada por uma lâmpada incandescente ocorre na forma de calor.

23.8 Circuitos elétricos

Qualquer caminho por onde os elétrons possam fluir é chamado de um *circuito elétrico*. Para um fluxo contínuo de elétrons, deve haver um circuito elétrico sem interrupções. Uma chave elétrica, que pode ser ligada ou desligada para estabelecer ou cortar o fornecimento de energia, é geralmente usada para implementar interrupções no circuito. A maior parte dos circuitos tem mais do que um dispositivo que recebe energia elétrica. Esses dispositivos em geral são conectados a um circuito de uma entre duas maneiras possíveis: *em série* ou *em paralelo*. Quando conectados em série, eles formam um único caminho para o fluxo de elétrons entre os terminais da bateria ou da tomada da parede (que constitui simplesmente uma extensão desses terminais). Quando conectados em paralelo, eles formam ramos, e cada um deles é um caminho separado para o fluxo eletrônico. Tanto as conexões em série quanto as em paralelo têm suas próprias características, que os distinguem. Vamos abordar rapidamente circuitos que usem esses dois tipos de conexão.

Uma bateria não fornece elétrons a um circuito, e sim energia aos elétrons que já estão presentes no circuito.

PAUSA PARA TESTE

A carga flui *através* de um circuito ou *para dentro* de um circuito? A voltagem *flui através* de um circuito ou é *estabelecida através* de um circuito?

VERIFIQUE SUA RESPOSTA

A carga elétrica flui *através* de um circuito; a diferença de potencial (voltagem) é aplicada nos extremos do circuito. A voltagem é a "pressão" elétrica *aplicada aos extremos* de um circuito ou de um elemento de circuito que produz uma corrente. A voltagem não flui — o que flui é a energia elétrica através da carga (a carga em movimento ordenado é a corrente).

Circuitos em série

Um **circuito em série** básico é mostrado na Figura 23.17. Todos os dispositivos – nesse caso, lâmpadas – são ligados ponta a ponta, formando um único caminho por onde os elétrons podem fluir. As três lâmpadas estão conectadas em série com a bateria. Quando a chave é fechada, a mesma corrente se estabelece quase que imediatamente nas três lâmpadas e também na bateria. Quanto maior for a corrente em uma lâmpada, mais intensamente ela brilhará. Os elétrons não "se acumulam" em lâmpada alguma, e sim fluem *através* de cada uma delas – simultaneamente. Alguns elétrons se movem a partir do terminal negativo da bateria, outros se movem em direção ao terminal positivo e outros se movem através do filamento de cada lâmpada. Por fim, os elétrons podem percorrer todo o circuito (a mesma quantidade de corrente também atravessa a bateria). Esse é o único caminho disponível para os elétrons no circuito. Uma interrupção em qualquer lugar do circuito resultará em

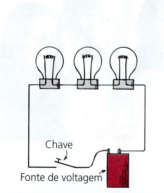

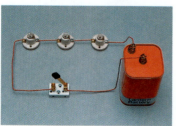

FIGURA 23.17 Um circuito em série básico. A bateria de 6 V mantém 2 V aplicados em cada lâmpada.

um circuito aberto e na interrupção da corrente. A queima do filamento de qualquer das lâmpadas, ou simplesmente a abertura da chave, causará tal interrupção, e todas as lâmpadas se apagarão.

> **PAUSA PARA TESTE**
>
> 1. O que acontece à corrente nas lâmpadas se uma das que está em série queimar?
> 2. O que acontece à intensidade da luz de cada lâmpada de um circuito em série quando mais lâmpadas são adicionadas ao circuito?
>
> **VERIFIQUE SUA RESPOSTA**
>
> 1. O circuito será interrompido, e as outras lâmpadas apagarão.
> 2. Adicionar mais lâmpadas em série ao circuito resultará numa resistência maior. Isso diminui a corrente no circuito e, portanto, em todas as lâmpadas, o que causará o enfraquecimento da luz emitida em cada uma delas. Uma vez que todas as voltagens somadas têm de resultar na mesma voltagem total, a queda de voltagem em cada lâmpada será menor do que antes.

O que é "consumido" em um circuito elétrico: corrente ou energia?

O circuito mostrado na Figura 23.17 ilustra as seguintes características importantes das conexões em série.

1. A corrente elétrica dispõe de um único caminho através do circuito. Isso significa que a mesma corrente percorre cada um dos dispositivos elétricos do circuito.
2. Essa corrente enfrenta a resistência do primeiro dispositivo, a resistência do segundo e a do terceiro também, de modo que a resistência total do circuito à corrente é a soma das resistências individuais que existem ao longo do circuito.
3. A corrente no circuito é numericamente igual à voltagem fornecida pela fonte dividida pela resistência total do circuito. Isso está de acordo com a lei de Ohm.
4. A voltagem suprida pela fonte é igual à soma das "quedas de voltagem" individuais em todos os dispositivos. Isso é consistente com o fato de a energia total fornecida ao circuito ser igual à soma das energias fornecidas a cada dispositivo.
5. A queda de voltagem em cada dispositivo é proporcional à sua resistência – a lei de Ohm se aplica separadamente a cada um deles. Isso porque mais energia é dissipada quando uma corrente atravessa uma grande resistência do que quando passa por uma pequena resistência.

Muitos circuitos são ligados de modo a ser possível operar vários dispositivos elétricos, cada qual independente dos demais. Em nossa casa, por exemplo, pode-se ligar ou desligar uma determinada lâmpada sem afetar o funcionamento das demais lâmpadas ou dos dispositivos elétricos. Isso porque esses dispositivos estão conectados uns aos outros não em série, mas em paralelo.

Circuitos em paralelo

Um **circuito em paralelo** básico é mostrado na Figura 23.18. As três lâmpadas estão conectadas em paralelo aos mesmos dois pontos A e B. Dizemos que os dispositivos elétricos que estão conectados aos mesmos dois pontos estão *conectados em paralelo*. O caminho para a corrente fluir de um terminal da bateria ao outro estará completo se apenas *uma* das lâmpadas estiver ligada. Nessa ilustração, os ramos do circuito correspondem aos três caminhos separados ligando A a B. Uma interrupção em um desses caminhos não interrompe o fluxo de carga através dos outros caminhos. Cada dispositivo opera independentemente dos outros dispositivos.

psc

■ As palavras *aberto* e *fechado*, quando referentes a uma porta, têm significados diferentes do que quando são empregadas para circuitos elétricos. Para uma porta, "aberto" significa passagem livre, enquanto "fechado" significa passagem bloqueada. No caso de chaves elétricas, os termos são opostos: "aberta" significa nenhum fluxo de corrente, enquanto "fechada" significa passagem livre.

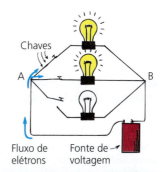

FIGURA 23.18 Um circuito em paralelo básico. Uma bateria de 6 V mantém aplicados 6 V através de cada lâmpada.

502 PARTE V Eletricidade e magnetismo

FIGURA 23.19 O professor de física neozelandês David Housden conecta lâmpadas idênticas aos terminais estendidos de uma bateria de automóvel, apresentando brilho igual para os ramos inferiores. Qual será o brilho relativo das duas lâmpadas no ramo superior?

O circuito mostrado na Figura 23.18 ilustra as principais características das conexões em paralelo, que são as seguintes.

1. Cada dispositivo conecta os mesmos dois pontos A e B do circuito. A voltagem, portanto, é a mesma através de cada dispositivo.
2. A corrente total no circuito se divide entre os vários ramos paralelos. A lei de Ohm se aplica separadamente a cada ramo.
3. A corrente total no circuito é igual à soma das correntes em seus ramos paralelos. Essa soma é igual à corrente na bateria ou em outras fontes de voltagem.
4. Quando o número de ramos paralelos aumenta, a resistência total do circuito *diminui*. A resistência total diminui a cada caminho adicionado entre dois pontos quaisquer do circuito. Isso significa que a resistência total do circuito é menor do que a resistência de qualquer um de seus ramos.

PAUSA PARA TESTE

1. Um circuito é composto de três lâmpadas em série. Se a corrente em uma lâmpada é de 1 A, qual é a corrente em cada uma das outras lâmpadas? E na bateria?
2. Outro circuito é composto de três lâmpadas em paralelo. Se 6 V estão aplicados em uma delas, qual é a voltagem através de cada uma das outras?
3. Qual é a corrente na bateria do circuito em paralelo se uma corrente de 1 A atravessa cada uma das três lâmpadas?

VERIFIQUE SUA RESPOSTA

1. 1 A para todas. A corrente não se "acumula" em parte alguma do circuito, nem mesmo na bateria, onde a corrente também é de 1 A.
2. 6 V. As voltagens em todos os ramos de um circuito em paralelo são iguais.
3. 3 A. A corrente na bateria é a corrente total no circuito, a soma das correntes de cada ramo.

CÉLULAS DE COMBUSTÍVEL

Uma bateria é um dispositivo de armazenamento de energia. Enquanto a energia química armazenada é convertida em energia elétrica, sua energia vai diminuindo. Então ela deve ser trocada (se for uma bateria descartável) ou recarregada por meio de um fluxo inverso de eletricidade.

Uma *célula de combustível*, por outro lado, converte a energia química de um combustível em energia elétrica contínua e indefinidamente, enquanto for fornecido combustível a ela. Em uma das versões, o hidrogênio combustível reage quimicamente com o oxigênio do ar para produzir elétrons e íons – e água. Os íons fluem internamente na célula em um sentido, enquanto os elétrons fluem externamente em um circuito ligado em sentido oposto. Uma vez que essa reação converte diretamente energia química em eletricidade, ela é mais eficiente na conversão do que se o combustível fosse queimado para produzir calor, que, por sua vez, produziria vapor para fazer girar turbinas para gerar eletricidade. O único "resíduo" do combustível usado em uma célula de combustível é água pura, água potável!

A Estação Espacial Internacional usa células de combustível de hidrogênio para suprir suas necessidades de eletricidade. (Seus combustíveis, hidrogênio e oxigênio, são trazidos da Terra embarcados em recipientes pressurizados.) As células também produzem grandes quantidades de água potável para os astronautas durante suas longas missões. Na Terra, as células de combustível alimentam automóveis, ônibus, trens e os mais diversos veículos.

O hidrogênio é o elemento mais abundante do universo. Ele é abundante na nossa vizinhança imediata, guardado na água e nos hidrocarbonetos. É necessário energia para tirar o hidrogênio das moléculas às quais ele está fortemente ligado. A energia para extrair o hidrogênio é fornecida pelas fontes de energia convencionais.

Na prática, o hidrogênio é um meio para o armazenamento de energia. Como a eletricidade, ele é criado em um lugar e usado em outro. O hidrogênio é um gás extremamente volátil, difícil de armazenar, transportar e usar com segurança. Ainda assim, fique atento para o maior uso de células de combustível no futuro.

COMBINANDO RESISTORES EM UM CIRCUITO

À s vezes, é útil conhecer a resistência equivalente de um circuito composto de diversos resistores. A resistência equivalente é o valor que um único resistor imporia à mesma carga da bateria ou fonte de energia. Para resistores conectados em série, a regra é simples: a resistência equivalente R_{eq} é a soma dos valores relativos aos resistores individuais. Para n resistores em série, então:

$$R_{eq} = R_1 + R_2 + R_3 + \cdots R_n$$

As resistências em série se somam porque a mesma corrente precisa atravessar todas elas de cada vez. Por exemplo, a resistência equivalente dos dois resistores de 8 Ω em série é 8 Ω + 8 Ω = 16 Ω

A intensidade da corrente no circuito seria a mesma se os dois resistores de 8 Ω fossem substituídos por um único resistor de 16 Ω. A bateria não notaria a diferença!

Resistores ligados em paralelo são outra história. Sua resistência equivalente é *menor* do que a sua soma, pois a corrente tem mais de um caminho, assim como mais pistas na rodovia impõem menos resistência ao fluxo do trânsito. A resistência equivalente R_{eq} para n resistores em um circuito em paralelo é, portanto:

$$\frac{1}{R_{eq}} = \frac{1}{R_1} + \frac{1}{R_2} + \frac{1}{R_3} \cdots \frac{1}{R_n}$$

Para o caso especial de dois resistores em paralelo, a resistência equivalente é igual ao seu produto dividido pela sua soma.

$$R_{eq} = \frac{R_1 R_2}{R_1 + R_2}$$

Essa regra do "produto sobre a soma" aplica-se apenas a pares de resistores. A resistência equivalente de dois resistores de 8 Ω em paralelo é:

$$\frac{8\,\Omega \times 8\,\Omega}{8\,\Omega + 8\,\Omega} = \frac{64\,\Omega^2}{16\,\Omega} = 4\,\Omega$$

Você consegue enxergar que, se um dos resistores de 8 Ω fosse um resistor de 2 Ω, a resistência equivalente seria de 1,6 Ω? Outra característica dos resistores em paralelo é que a resistência equivalente é sempre menor do que a resistência do menor resistor.

Os circuitos podem conter resistores em série e em paralelo. Considere um único resistor de 8 Ω e mais dois resistores de 8 Ω em paralelo. A resistência equivalente é de 12 Ω. Você enxerga que, de acordo com a lei de Ohm, se uma bateria de 12 volts fosse ligada a esses resistores, a corrente através do circuito e da bateria seria de 1 ampere? (Na prática, seria um pouco menor, dependendo da resistência interna da bateria, mas esta é pequena o suficiente para ser desprezada.)

Observe os passos sucessivos na resistência equivalente do circuito com os três resistores de 2 Ω e um resistor de 3 Ω. Em dois passos, vemos que a resistência equivalente do ramo superior é de 3 Ω, que está em paralelo com o resistor de 3 Ω no ramo inferior. A resistência equivalente total é de 1,5 Ω.

Circuitos em paralelo e sobrecarga

A eletricidade normalmente entra em nossas casas por meio de dois fios chamados de *linhas*. Duas dessas linhas, "fios fase", são mantidas com potenciais que variam com o tempo e transmitem corrente alternada (CA). O terceiro fio, o "fio terra", é mantido em potencial zero e, em algum ponto, está ligado ao solo (em geral, a um tubo de metal em contato direto com o solo). Os dois fios quentes, que são de resistência muito baixa, ramificam-se em circuitos paralelos que conectam as lâmpadas do teto e as tomadas das paredes. As luzes e as tomadas estão conectadas em paralelo, de maneira que um mesmo valor de voltagem é aplicado a cada uma delas, normalmente cerca de 110-120 volts. Quando se liga ou conecta mais dispositivos ao circuito, mais caminhos existem para a corrente fluir, e a resistência total diminui. Portanto, o circuito "puxa" uma quantidade maior de corrente. A soma dessas correntes nas ramificações é igual à corrente da linha, que pode ultrapassar os limites seguros. Nesse caso, diz-se que o circuito está *sobrecarregado*.

504 PARTE V Eletricidade e magnetismo

FIGURA 23.20 Will Maynez mostra *baterias* idênticas conectadas em série. As voltagens das baterias se somam, e as lâmpadas brilham mais intensamente. Quando ele conecta as baterias em paralelo, o brilho das lâmpadas diminui, pois a voltagem do circuito equivale ao de uma única bateria, mas a duração da bateria aumenta.

Podemos ver como ocorre a sobrecarga considerando o circuito mostrado na Figura 23.21. A linha de fornecimento é conectada em paralelo a uma torradeira elétrica que puxa 8 amperes, a um aquecedor elétrico que puxa 10 amperes e a uma lâmpada que puxa 2 amperes. Quando apenas a torradeira estiver funcionando, puxando 8 amperes, a corrente total na linha será 8 amperes. Quando o aquecedor também estiver funcionando, a corrente na linha aumentará para 18 amperes (8 amperes da torradeira e 10 amperes do aquecedor). Se você ligar a lâmpada, a corrente na linha aumentará para 20 amperes. Conectando mais dispositivos à linha, você aumentará ainda mais a corrente que passa por ela. Ligar aparelhos demais ao mesmo circuito resultará em superaquecimento, o que pode iniciar um incêndio.

> **PAUSA PARA TESTE**
>
> 1. O que acontecerá à corrente nas lâmpadas se uma das que está em paralelo queimar?
> 2. O que acontece à intensidade da luz de cada lâmpada de um circuito em paralelo quando mais lâmpadas são ligadas em paralelo ao circuito?
> 3. O que acontece à corrente na bateria quando mais lâmpadas são ligadas em paralelo?
> 4. Considere o circuito da Figura 23.21. Se adicionarmos uma segunda lâmpada idêntica em paralelo ao circuito, o que acontecerá com a corrente na torradeira? E no fusível?

VERIFIQUE SUA RESPOSTA

1. Se uma das lâmpadas queimar, as outras não serão afetadas. De acordo com a lei de Ohm, a corrente em cada ramo é igual à voltagem/resistência, e como nem a voltagem nem a resistência foram afetadas nos outros ramos, a corrente neles não é afetada.
2. A intensidade da luz de cada lâmpada não é afetada quando outras lâmpadas são ligadas em paralelo (ou removidas do circuito).
3. A corrente na bateria aumenta de acordo com o valor de corrente que ela fornece aos diversos ramos extras. No circuito inteiro, caminhos adicionados significam diminuição da resistência. (Também existe resistência em uma bateria, que aqui consideramos desprezível.)
4. A corrente na torradeira permanece inalterada em 8 A. A corrente no fusível é 20 A *mais* a corrente na lâmpada adicional, totalizando 22 A.

Fusíveis de segurança

Quando a fiação de um circuito conduz mais corrente do que seria seguro, diz-se que está "sobrecarregada". Fios sobrecarregados podem esquentar a ponto de começarem um incêndio. Para prevenir sobrecargas em circuitos, são ligados fusíveis em série ao longo da linha fornecedora. Dessa maneira, a corrente total na linha terá de passar por cada fusível. O fusível mostrado na Figura 23.22 é construído com um fio interno em forma de fita que se aquecerá e derreterá para um determinado valor de corrente. Se o fusível for classificado como de 20 A, ele deixará passar até 20 A, mas não mais do que isso. Uma corrente acima desse valor derreterá o fusível, que estragará e interromperá o circuito. Antes de o fusível estragado ser trocado, a causa da sobrecarga deve ser encontrada e solucionada. Com frequência, o isolamento que separa os fios de um circuito é consumido pelo uso, o que permite que os fios se toquem. Isso reduz muito a resistência do circuito e produz uma efetiva diminuição do comprimento do circuito, sendo, por isso, chamado de *curto-circuito*.

Nos edifícios modernos, os fusíveis foram amplamente substituídos por disjuntores, que utilizam ímãs ou tiras bimetálicas que abrem uma chave quando a corrente é excessiva. Fusíveis que queimam e disjuntores que "caem", ou seja, são desacionados, produzem um "circuito aberto", o que significa que o caminho condutor

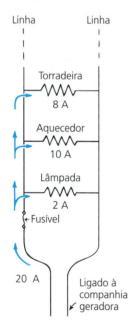

FIGURA 23.21 Diagrama de circuito para aparelhos ligados ao circuito de uma residência.

FIGURA 23.22 Um fusível de segurança.

completo deixa de existir, então a corrente para de fluir. É como se a resistência do circuito fosse infinita. As companhias geradoras de energia elétrica também utilizam disjuntores para proteger suas linhas desde os geradores.

FIGURA 23.23 O eletricista Dave Hewitt mostra um fusível de segurança e um circuito disjuntor. Como os disjuntores têm partes móveis que podem não funcionar por problemas de manutenção, ele prefere os fusíveis antigos, que considera mais confiáveis.

Revisão do Capítulo 23

TERMOS-CHAVE (CONHECIMENTO)

diferença de potencial   A diferença no potencial elétrico entre dois pontos, medida em volts. Quando dois pontos com potenciais diferentes são ligados por um condutor, a carga flui enquanto existir uma *diferença de potencial* entre os pontos (sinônimo de diferença de *voltagem*).

corrente elétrica   O fluxo de carga elétrica que transporta energia de um lugar a outro. Medida em amperes, onde 1 A corresponde ao fluxo de $6,25 \times 10^{18}$ elétrons por segundo, ou seja, 1 coulomb por segundo.

resistência elétrica   A propriedade de um material de resistir à passagem da corrente elétrica. Medida em ohms (Ω).

lei de Ohm   O enunciado de que a corrente num circuito varia em proporção direta à diferença de potencial ou voltagem através do circuito e em proporção inversa à resistência do circuito.

$$\text{Corrente} = \frac{\text{voltagem}}{\text{resistência}}$$

Uma diferença de potencial de 1 V através de uma resistência de 1 Ω produz uma corrente de 1 A.

corrente contínua (CC)   Partículas eletricamente carregadas que fluem em apenas um sentido.

corrente alternada (CA)   Partículas eletricamente carregadas que repetidamente invertem seu sentido de movimento, vibrando em torno de posições relativamente fixas. Nos Estados Unidos,* a taxa de vibração é de 60 Hz.

potência elétrica   A taxa de transferência de energia, ou a taxa de realização de trabalho; a quantidade de energia por unidade de tempo, que pode ser medida eletricamente pelo produto da corrente pela voltagem.

$$\text{Potência} = \text{corrente} \times \text{voltagem}$$

Medida em watts (ou quilowatts), onde 1 W = 1 A $\times$ 1 V = 1 J/s.

circuito em série   Um circuito elétrico em que os dispositivos elétricos são conectados ao longo de um único fio, de modo que todos eles são percorridos por uma mesma corrente elétrica.

circuito em paralelo   Um circuito elétrico em que os dispositivos elétricos são conectados de modo que a mesma voltagem atua através de cada um deles. Nesse tipo de circuito, qualquer dispositivo completa o circuito de maneira independente dos demais.

---

* N. de T.: No Brasil, emprega-se essa mesma frequência para a corrente alternada da rede.

QUESTÕES DE REVISÃO (COMPREENSÃO)

23.1 Fluxo de carga e corrente elétrica

1. Quais são as condições necessárias para haver um fluxo de calor? Quais são as condições análogas necessárias para haver um fluxo de carga?
2. Quais são as condições necessárias para manter um fluxo de água num cano? Quais são as condições análogas necessárias para manter um fluxo de carga num fio condutor?
3. Por que são os *elétrons*, e não os *prótons*, os principais portadores de carga em um fio?
4. O que é exatamente um *ampere*?

23.2 Fontes de voltagem

5. Cite dois tipos de "bombas de elétrons".
6. Quanta energia é fornecida a cada coulomb de carga que flui através de uma bateria de 12 V?

23.3 Resistência elétrica

7. A água fluirá mais facilmente através de um cano largo ou de um cano estreito? A corrente fluirá mais facilmente através de um fio grosso ou de um fio fino?
8. Aquecer um fio metálico aumenta ou diminui sua resistência elétrica?
9. Qual é a unidade de resistência elétrica?

23.4 A lei de Ohm

10. Se a voltagem aplicada através de um circuito mantém-se constante enquanto a resistência dobra de valor, que alteração ocorre na corrente?
11. Se a resistência de um circuito mantém-se constante enquanto a voltagem através do circuito diminui para a metade de seu valor inicial, que alteração ocorre na corrente?
12. Como o umedecimento afeta a resistência de seu corpo?
13. Qual é a função do terceiro pino cilíndrico do plugue de uma tomada residencial moderna?

23.5 Corrente contínua e corrente alternada

14. Uma bateria produz CC ou CA? Um gerador de uma usina elétrica produz CC ou CA?
15. O que significa dizer que uma certa corrente é de 60 Hz?
16. Que propriedade de um diodo o capacita a converter uma CA numa CC pulsada?
17. Um diodo converte CA para uma CC pulsada. Qual dispositivo elétrico suaviza a CC pulsada, produzindo uma CC mais regular?

23.6 Rapidez e fonte de elétrons em um circuito

18. O que está errado em dizer que os elétrons se deslocam com uma rapidez próxima à da luz em circuitos elétricos alimentados por uma bateria comum?
19. O que significa a *corrente de deriva*?
20. Uma peça de dominó que é derrubada cria um pulso, que se propaga por uma fila de peças próximas em pé. Isso constitui uma boa analogia para a maneira como se movimenta a corrente elétrica, o som ou ambos?
21. Qual é o erro em dizer que a fonte dos elétrons em um circuito é a bateria ou o gerador?
22. Quando você paga sua conta de luz, por quais dos seguintes itens você está pagando: voltagem, corrente, potência, energia?
23. De onde se originam os elétrons que produzem o choque elétrico quando você encosta em um condutor eletrizado?

23.7 Potência elétrica

24. Qual é a relação entre potência elétrica, corrente e voltagem?
25. Qual dessas é uma unidade de potência e qual é uma unidade de energia: um watt, um quilowatt, um quilowatt-hora?

23.8 Circuitos elétricos

26. Em um circuito com duas lâmpadas em série, se a corrente em uma delas for 1 A, qual será a corrente na outra?
27. Se 6 V são aplicados através do circuito descrito acima, e se 2 V for a voltagem através da primeira lâmpada, qual será a voltagem que atravessa a segunda lâmpada?
28. Em um circuito com duas lâmpadas em paralelo, se 6 V estão aplicados em uma delas, qual é a voltagem que atravessa a outra?
29. Como a soma das correntes nos ramos de um circuito em paralelo básico se compara à corrente que flui pela fonte de voltagem?
30. Qual é a finalidade dos fusíveis ou interruptores elétricos encontrados em um circuito?

PENSE E FAÇA (APLICAÇÃO)

31. Uma célula elétrica é construída colocando-se duas placas feitas de materiais diferentes, com diferentes afinidades aos elétrons, dentro de uma solução condutora. A voltagem de uma célula depende dos materiais usados e das soluções onde são colocados, e não do tamanho das placas. (Com frequência, uma célula dessas é chamada de bateria, porém, estritamente falando, uma bateria é uma série de células – por exemplo, seis células em uma bateria de carro de 12 V). Você pode construir uma célula simples de 1,5 V colocando uma tira de cobre e outra de zinco em um copo com água salgada.

    Uma célula pode ser facilmente fabricada utilizando-se um limão. Espete um clipe metálico para papel e um pedaço de arame de cobre em um limão. Mantenha as extremidades dos metais próximas, mas sem se tocarem, e depois as encoste na língua. O leve formigamento e o gosto metálico que você experimenta são causados por uma pequena corrente elétrica que a célula de limão movimenta através das pontas metálicas, quando sua língua molhada de saliva completa o circuito.

32. Escreva uma mensagem para a sua avó e tente convencê-la de que os choques elétricos que ela possa ter levado ao longo dos anos se deveram ao movimento ordenado de elétrons já existentes em seu corpo, e não de elétrons de algum outro lugar.

PEGUE E USE (FAMILIARIZAÇÃO COM EQUAÇÕES)

Lei de Ohm: Intensidade de corrente (I) $= \dfrac{V}{R}$

33. Uma torradeira é aquecida por um componente de 15 Ω quando ligada a uma tomada de 120 V. Mostre que a corrente na torradeira é de 8 A.
34. Se seus dedos (com resistência de 1.000 Ω) encostarem nos terminais de uma bateria de 6 V, mostre que por eles circulará uma pequena corrente de 0,006 A.
35. Calcule a corrente no filamento de 240 Ω de uma lâmpada conectada a uma linha de 120 V.

Potência $= I \times V$

36. Um brinquedo elétrico funciona com 0,5 A quando ligado a uma tomada de 120 V. Mostre que o brinquedo consome 60 W de potência.
37. Calcule a potência de um secador de cabelo que funciona com 120 V e usa uma corrente de 10 A.

PENSE E RESOLVA (APLICAÇÃO MATEMÁTICA)

38. Qual será o efeito sobre a corrente em um fio se tanto a voltagem através dele quanto sua resistência forem dobradas? E se ambas forem reduzidas à metade?
39. A potência indicada pelo fabricante sobre o bulbo de uma lâmpada incandescente não é uma propriedade inerente do filamento; ela depende da voltagem à qual a lâmpada é conectada, geralmente 110 ou 120 V. Quantos amperes fluirão pelo filamento de uma lâmpada de 60 W conectado a um circuito de 120 V?
40. Rearrange a equação corrente = voltagem/resistência de modo a expressar a *resistência* em termos da corrente e da voltagem. Então resolva o seguinte problema: um determinado dispositivo de um circuito de 120 V é percorrido por uma corrente de 20 A. Qual é a resistência do dispositivo (quantos ohms)?
41. Usando a equação potência = corrente × voltagem, obtenha a corrente puxada por uma torradeira de 1.200 W conectada a 120 V. Então, usando o método do problema anterior, mostre que a resistência da torradeira é de 12 Ω.
42. A carga total que a bateria de um automóvel pode fornecer sem precisar ser recarregada é dada normalmente em termos de amperes-hora. Uma bateria típica de 12 V é classificada como de 60 amperes-hora (60 A por 1 h, 30 A por 2 h e assim por diante). Suponha que você esqueceu de desligar os faróis de seu carro ao estacioná-lo. Se cada um dos dois faróis funciona com 3 A, quanto tempo levará até a bateria "morrer"?
43. Um ferro elétrico está conectado a uma fonte de 110 V e é alimentado por uma corrente de 9 A. Mostre que a quantidade de calor que ele gera por minuto é de 60.000 J.
44. Mostre que, no problema anterior, 540 C de carga fluem pelo ferro de passar durante 1 minuto.
45. Nos períodos de pico na demanda de energia elétrica, as companhias geradoras de eletricidade costumam baixar sua voltagem. Com isso, elas economizam energia (e seu dinheiro também!). Para perceber o efeito disso, considere uma cafeteira de 1.200 W, alimentada por uma corrente de 10 A, que é ligada a 120 V. Suponha agora que a voltagem seja reduzida em 10% para 108 V. Em quanto diminuirá a corrente? Em quanto diminuirá a potência? (*Cuidado:* a especificação de 1.200 W é válida apenas quando o aparelho operar a 120 V. Se a voltagem for reduzida, a corrente diminuirá, de modo que a potência fornecida pelo enrolamento da cafeteira também cairá, o que, por sua vez, esfriará o fio do enrolamento e baixará sua resistência. Entretanto, neste problema, considere desprezível a variação da resistência.)
46. Qual é a resistência equivalente de um par de resistores de 8 Ω e 4 Ω (a) em série; (b) em paralelo? Quando 12 volts são aplicados a cada combinação, qual é a corrente em cada uma?

PENSE E ORDENE (ANÁLISE)

47. Ordene os circuitos ilustrados abaixo em sequência decrescente quanto ao brilho das lâmpadas de características idênticas.

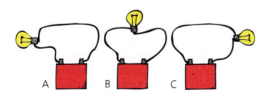

48. As lâmpadas mostradas são idênticas. Um amperímetro é ligado em diferentes lugares do circuito, como indicado. Ordene as leituras do amperímetro em sequência decrescente de valor.

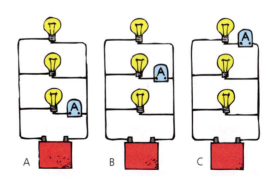

49. No circuito mostrado, todas as lâmpadas são idênticas. Um amperímetro é ligado a uma bateria, como indicado. Ordene as leituras de corrente do amperímetro em sequência decrescente de valor.

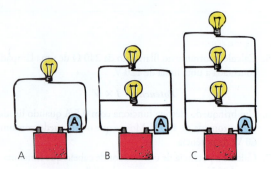

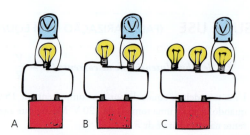

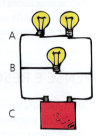

50. Nos seguintes circuitos, todas as lâmpadas são idênticas. Um voltímetro é ligado em paralelo com uma única lâmpada para medir a queda de voltagem através dela. Ordene em sequência decrescente de valor as medidas de voltagem.

51. Considere as três partes do circuito mostrado: A, o ramo superior com duas lâmpadas; B, o ramo do meio, com uma lâmpada apenas; e C, a bateria.
    a. Ordene as correntes em cada parte em sequência decrescente de valor.
    b. Ordene as voltagens através de cada parte em sequência decrescente de valor.

PENSE E EXPLIQUE (SÍNTESE)

52. a. Considere um cano hidráulico que se ramifica em dois tubos menores. Se o fluxo de água for de 10 galões por minuto no cano maior e de 4 galões por minuto em uma das ramificações, que quantidade de água por minuto fluirá pela outra ramificação? b. Considere um circuito com um fio principal que se ramifica em outros dois fios. Se a corrente for de 10 A no fio principal e de 4 A em uma das ramificações, quanta corrente fluirá pela outra ramificação?

53. Um exemplo de um sistema hidráulico é o de uma mangueira de jardim. Outro é o de um sistema de resfriamento de um automóvel. Qual desses exibe um comportamento mais análogo ao de um circuito elétrico? Por quê?

54. O que acontecerá ao brilho da luz emitida pelo filamento de uma lâmpada se a corrente que flui por ele aumentar?

55. O circuito dentro de uma lâmpada incandescente é mostrado na figura. Qual dessas ligações com a bateria acenderá a lâmpada?

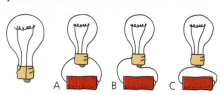

56. Um amigo seu afirma que uma bateria fornece os elétrons para um circuito elétrico. Você concorda ou discorda? Justifique sua resposta.

57. Quanta energia é fornecida a cada coulomb de carga que atravessa uma bateria de 6 V?

58. Um fio que conduz uma corrente fica eletricamente carregado por causa dos elétrons que se movem através dele?

59. Seu professor particular lhe diz que um *ampere* e um *volt* medem a mesma coisa, e que os diferentes termos servem apenas para tornar confuso um conceito que é simples. Por que você deveria pensar em conseguir outro professor?

60. A carga flui *através* de um circuito ou *para dentro* de um circuito? A voltagem *flui através* de um circuito ou é *estabelecida através* de um circuito?

61. Em qual dos circuitos mostrados abaixo existe uma corrente passando pelo filamento da lâmpada?

62. A corrente que sai de uma bateria é maior do que a que entra nela? A corrente que entra numa lâmpada incandescente é maior do que a que sai dela? Explique.

63. Algo foi "esgotado" em uma bateria que acabou e foi substituída. Um colega seu afirma que é a corrente que esgotou. Outro colega afirma que é a energia que esgotou. Com qual dos dois, se for o caso, você concorda? Explique.

64. Suponha que você deixe ligados os faróis de seu carro enquanto vai a um cinema. Quando volta, a bateria está "fraca" demais para conseguir dar a partida em seu carro. Um amigo chega e dá o arranque usando a bateria e os cabos de bateria do carro dele. O que ocorre fisicamente quando seu amigo dá a partida no seu carro dessa maneira?

65. Um colega afirma que, quando a bateria de um carro está "morta" (descarregada), deve-se ligar outra bateria carregada em paralelo com a bateria morta, o que, na prática, é o mesmo que substituí-la pela outra. Você concorda com ele?

66. Um elétron que se move em um fio colide com átomos repetidas vezes e desloca-se a uma distância média entre duas colisões chamada de *livre caminho médio*. Se o livre caminho médio for menor em determinados metais, o que você pode afirmar sobre a resistência desses metais? Para um determinado condutor, o que você pode fazer para aumentar o livre caminho médio?

67. O que causa um choque elétrico – a corrente ou a voltagem? Explique.

68. Se uma corrente de um ou dois décimos de ampere fluir de uma de suas mãos até a outra, você provavelmente será eletrocutado. Contudo, se a mesma corrente fluir entrando por sua mão e saindo por seu cotovelo no mesmo braço, você

pode sobreviver mesmo que a corrente seja suficientemente grande para queimar sua carne. Explique.

69. Você esperaria encontrar CC ou CA no filamento de uma lâmpada de sua casa? E no filamento da lâmpada do farol de seu automóvel?
70. Os faróis de um automóvel estão conectados em série ou em paralelo? Qual é evidência para sua resposta?
71. Quanto maior for o número de cabines em funcionamento de um posto de pedágio, menor será a resistência enfrentada pelos carros em passar pelo pedágio. De que maneira isso se assemelha ao que ocorre quando mais ramos são adicionados em paralelo a um circuito?
72. Que unidade é representada por (a) joule por coulomb, (b) coulomb por segundo e (c) watt · segundo?
73. Entre a corrente e a voltagem, qual é a mesma para um resistor de 10 Ω e um de 20 Ω em série em um circuito em série?
74. Entre a corrente e a voltagem, qual é a mesma para um resistor de 10 Ω e um de 20 Ω em paralelo em um circuito em paralelo?
75. Comente o aviso de alerta mostrado no desenho.

76. Os efeitos danosos de um choque elétrico resultam da intensidade de corrente que flui pelo corpo. Por que, então, vemos placas de sinalização nas quais se lê "Perigo – Alta Voltagem" em vez de "Perigo – Alta Corrente"?
77. Este rótulo sobre um produto doméstico desperta preocupação: "Cuidado: este produto contém minúsculas partículas eletricamente carregadas movendo-se com velocidades que ultrapassam 100.000.000 quilômetros por hora."?

78. O que será menos perigoso – ligar um aparelho de 110 V a uma tomada de 220 V ou ligar um aparelho de 220 V a uma tomada de 110 V? Explique.
79. Por que a envergadura das asas dos pássaros deve ser considerada ao se determinar o espaçamento entre os fios paralelos de uma linha de transmissão?
80. Estime o número de elétrons que a geradora de energia elétrica fornece anualmente às residências de uma típica cidade de 40.000 habitantes.
81. Se os elétrons fluem muito lentamente através de um circuito, por que não decorre um tempo perceptível entre o momento em que o interruptor de luz é acionado e o momento em que a lâmpada começa a brilhar?
82. Por que a velocidade de propagação de um sinal elétrico é muito maior do que a de propagação do som?
83. Considere um par de lâmpadas de *flash* conectadas a uma bateria. Elas brilharão mais intensamente se ligadas em série ou em paralelo? A bateria descarregará mais rápido se elas forem ligadas em série ou em paralelo?

84. O que acontecerá ao brilho da lâmpada A quando a chave for fechada e a lâmpada B passar a brilhar?
85. No circuito mostrado abaixo, como se comparam os brilhos das lâmpadas, todas com idênticas especificações? Qual delas "puxa" mais corrente? O que acontecerá se a lâmpada A for desatarraxada do bocal? E se isso for feito com a lâmpada C?

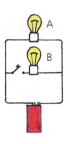

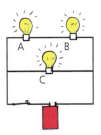

86. Se mais e mais lâmpadas forem conectadas em série à bateria de uma lanterna, o que acontecerá ao brilho de cada lâmpada? Considerando que seja desprezível o aquecimento produzido dentro da bateria, o que acontecerá ao brilho de cada lâmpada quando mais e mais lâmpadas forem ligadas em paralelo com a bateria?
87. Que alteração ocorre na linha da tomada elétrica quando cada vez mais aparelhos elétricos são introduzidos em série no circuito? E em paralelo? Por que suas respostas são diferentes?
88. Quando um par de resistores idênticos forem ligados em série, quais das seguintes grandezas terão os mesmos valores em ambos os resistores: (a) a voltagem em cada um deles, (b) a potência que cada um dissipa, (c) a corrente que atravessa cada um? Alguma de suas respostas mudará se os resistores forem de valores diferentes?
89. Quando um par de resistores elétricos idênticos forem ligados em paralelo, quais das seguintes grandezas serão iguais em ambos os resistores: (a) a voltagem em cada um deles, (b) a potência que cada um dissipa, (c) a corrente que atravessa cada um? Alguma de suas respostas mudará se os resistores forem de valores diferentes?
90. Uma bateria tem resistência interna, e ela nem sempre é desprezível, de modo que, se a corrente que ela fornece aumentar, a voltagem que ela mantém entre seus terminais diminuirá. Considerando a resistência interna da bateria, se muitas lâmpadas forem conectadas em paralelo com a bateria, seus brilhos diminuirão? Explique.
91. Esses três circuitos são equivalentes entre si? Justifique sua resposta.

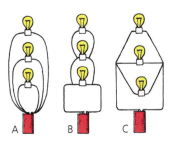

PENSE E DISCUTA (AVALIAÇÃO)

92. Os faróis de um carro dissipam 40 W com as luzes baixas e 50 W com as luzes altas. Em qual das situações, a de luz alta ou a de luz baixa, a resistência do filamento das lâmpadas é menor?

93. Para conectar um par de resistores de modo que sua resistência combinada (equivalente) seja maior do que a resistência de cada um deles individualmente, você deveria ligá-los em série ou em paralelo?

94. Para conectar um par de resistores de modo que sua resistência combinada (equivalente) seja menor do que a resistência de cada um deles individualmente, você deveria ligá-los em série ou em paralelo?

95. Um colega afirma que a resistência equivalente (total) de resistores ligados em série sempre é maior do que a maior das resistências da associação. Você concorda com ele?

96. Um colega afirma que a resistência equivalente (total) de resistores ligados em paralelo é sempre menor do que a menor das resistências da associação. Você concorda com ele?

97. Seu amigo eletrônico necessita de um resistor de 20 Ω, mas dispõe apenas de resistores de 40 Ω. Ele afirma que pode combiná-los, de modo a obter um resistor de 20 Ω. Como?

98. Seu amigo eletrônico necessita de um resistor de 10 Ω, mas dispõe apenas resistores de 40 Ω. De que maneira ele pode combiná-los para obter um resistor de 10 Ω?

99. (a) Qual é a resistência de um único resistor equivalente à resistência dessa associação de resistores? (b) Se 24 volts forem aplicados entre os pontos A e B da figura, que corrente fluirá no circuito? (c) Que corrente passará pelo resistor de 12 ohm?

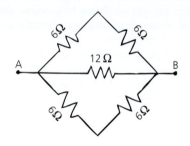

100. Três resistores de 6 ohm são ligados formando um triângulo, como indicado na figura. Uma fonte de tensão de 12 V é ligada entre as extremidades de um dos resistores.

a. Que corrente atravessará esse resistor?
b. Que corrente atravessará os outros dois resistores?
c. Que corrente passará através da fonte de voltagem?
d. Qual é a resistência equivalente do circuito (ou seja, que único resistor, ligado à mesma fonte de voltagem, poderia substituir os três resistores)?

> Diz-se que sabedoria é saber o que ignorar. Para evitar a SOBRECARGA DE INFORMAÇÕES, que eu tanto temia nos meus tempos de estudante, este capítulo apresenta apenas o básico do básico sobre a eletricidade. Ignoramos aqui circuitos com capacitores, diodos, bobinas de indução, voltagem e corrente alternada multifásica, que confio a você para se aprofundar no futuro — se este for o seu caminho. Primeiro, no entanto, o básico!

CAPÍTULO 22 — Exame de múltipla escolha

Escolha a melhor resposta entre as alternativas:

1. Qual dos enunciados a seguir está correto?
   a. A carga flui em um circuito.
   b. A voltagem flui em um circuito.
   c. Uma bateria é uma fonte de elétrons em um circuito.
   d. Nenhuma das anteriores.

2. Se a corrente de uma lâmpada for de 3 A, a corrente no fio de ligação será:
   a. menor do que 3 A.
   b. de 3 A.
   c. maior do que 3 A.
   d. nula.

3. A bateria do seu *smartphone* funciona com:
   a. CC.
   b. CA.
   c. ambas as anteriores.
   d. nenhuma das anteriores.

4. Quando você aciona um interruptor, o que vai dele até as lâmpadas, exatamente?
   a. O fluxo de elétrons.
   b. Um campo elétrico.
   c. Voltagem.
   d. Todas as anteriores.

5. Quando dobra a voltagem de um circuito elétrico simples, você dobra:
   a. a corrente.
   b. a resistência.
   c. a corrente e a resistência.
   d. nem a corrente nem a resistência.

6. Em um circuito simples, composto de uma lâmpada e uma bateria, quando a corrente na lâmpada é de 2 A, a corrente na bateria é:
   a. 1 A.
   b. 2 A.
   c. dependente da resistência interna da bateria.
   d. é necessário mais informação para responder.

7. Considere duas lâmpadas idênticas conectadas a uma bateria. Elas brilharão mais intensamente quando conectadas:
   a. em série.
   b. em paralelo.
   c. em ambos os casos.
   d. é necessário mais informação para responder.

8. A quantidade de energia dada a cada coulomb de carga que fui de uma bateria de 6 V é:
   a. menor do que 6 joules.
   b. 6 joules.
   c. maior do que 6 joules.
   d. é necessário mais informação para responder.

9. Em um circuito com duas lâmpadas em paralelo, se a corrente em uma das lâmpadas for de 2 A, a corrente na bateria será:
   a. 1 A.
   b. 2 A.
   c. maior do que 2 A.
   d. nenhuma das anteriores.

10. Se a corrente e a voltagem de um circuito dobram, a potência:
    a. permanece inalterada se a resistência é constante.
    b. cai pela metade.
    c. dobra.
    d. quadruplica.

Respostas e explicações das perguntas do Exame de múltipla escolha

1. (a): Dessas opções, apenas a carga flui. A carga flui através da fiação conectada a ela. A voltagem é estabelecida entre as extremidades de um circuito e cria a diferença de potencial elétrico que produz o fluxo de carga. **2. (b):** A mesma! A corrente não se acumula. Ela flui do fio para a lâmpada e então para o outro lado. A corrente é mais evidente na resistência da lâmpada do que nos fios conectores. A corrente que entra é igual à corrente que sai. **3. (a):** Um *smartphone* é alimentado por uma bateria que fornece um fluxo constante de corrente contínua (CC). **4. (b):** O sinal conduzido no campo elétrico desloca-se do interruptor até as lâmpadas, não os elétrons em si, que propagam-se com a rapidez de uma lesma — a velocidade de deriva. É o sinal que se propaga praticamente à velocidade da luz, conduzido no campo elétrico. A voltagem é aplicada como pressão. Ao contrário da corrente, a voltagem não se propaga. **5. (a):** A questão testa o conhecimento sobre a lei de Ohm. Uma leitura simples de $I = V/R$ nos mostra que a mesma variação que ocorre para a voltagem também ocorre para a corrente. Se V dobra, I também dobra. Dobrar V não dobra R. A corrente é diretamente proporcional à voltagem, enquanto a resistência é inversamente proporcional. **6. (b):** A corrente é igual em ambas. Assim, 2 A na bateria significa 2 A no circuito conectado, opção (b). Embora a intensidade da corrente possa depender da resistência interna da bateria, 2 A da corrente na bateria ainda permanecem iguais no circuito. **7. (b):** A voltagem total da bateria é aplicada a cada lâmpada idêntica conectada em paralelo, o que produz o brilho total. Quando conectadas em série, no entanto, a voltagem da bateria é dividida entre cada lâmpada, e todas se enfraquecem. Adicionar lâmpadas em paralelo não altera o brilho de cada lâmpada. Quando são adicionadas em série, as lâmpadas tornam-se mais fracas. **8. (b):** A voltagem é definida em termos de quantidade de energia por carga. Seis volts são seis joules por coulomb, nem mais, nem menos. **9. (c):** A corrente na bateria de um circuito em paralelo é igual à soma das correntes nos ramos. Sabemos que a corrente em uma lâmpada é de 2 A, o que significa que a corrente na bateria deve ser de, no mínimo, 2 A. A corrente na segunda lâmpada, seja ela qual for, *soma-se* aos 2 A que já estão na bateria, então a resposta correta é (c). **10. (d):** A questão testa o seu conhecimento de $P = IV$, pura e simplesmente. De acordo com a equação, duas vezes I e duas vezes V significa quatro vezes a potência, então (d) é a resposta correta.

24 Magnetismo

24.1 Magnetismo

24.2 Polos magnéticos

24.3 Campos magnéticos

24.4 Domínios magnéticos

24.5 Correntes elétricas e campos magnéticos

24.6 Eletroímãs
   Eletroímãs supercondutores

24.7 Forças magnéticas
   Sobre partículas carregadas em movimento
   Sobre fios percorridos por corrente
   Medidores elétricos
   Motores elétricos

24.8 O campo magnético terrestre
   Raios cósmicos

24.9 Biomagnetismo

1 Fred Myers mostra que o campo magnético de um ímã de cerâmica penetra na carne e no revestimento plástico de um clipe de prender papéis. **2** Crianças divertem-se induzindo magnetismo em arruelas de ferro quando brincam com um ímã potente no Exploratorium. Observe no detalhe como as arruelas de ferro tornam-se magnetizadas e induzem a magnetização das outras. **3** Ken Ganezer mostra o brilho verde-azulado dos elétrons que circulam em torno das linhas de campo magnético no interior de um tubo de Thompson. **4** William Davis, como a maioria das crianças, sente-se fascinado pelos ímãs.

Na época em que o óleo de baleia era usado nas lâmpadas e a iluminação elétrica começava a ser utilizada, uma questão premente era que forma de energia possibilitaria a iluminação elétrica. A pessoa que deu a melhor resposta para essa questão foi Nikola Tesla, um sérvio que emigrou para a América, proveniente do Império Austríaco, em 1884.

Tesla, engenheiro elétrico, foi um inventor prolífico e um gênio que falava sete línguas. Quando chegou aos Estados Unidos, pouco tinha além de uma carta de recomendação de seu primeiro patrão, dirigida a Thomas Edison. A carta era breve: "Eu conheci dois grandes homens: um é você, o outro, este jovem". Edison contratou Tesla e o pôs a trabalhar na sua empresa, a Edison Machine Works. Tesla logo estava resolvendo os problemas mais difíceis que a companhia enfrentava. Ele trabalhava dia e noite reprojetando os motores e geradores ineficientes de Edison, pensando que seria recompensado com um bônus atraente se tivesse sucesso. Quando o bônus não se materializou, Tesla foi embora. Ele, então, viu-se cavando fossos durante um curto período de tempo, ironicamente, para a companhia de Edison.

A principal disputa entre Tesla e Edison era se a energia elétrica deveria ser transmitida por corrente contínua ou por corrente alternada. Edison preferia a corrente contínua, que não podia ser bem transmitida por distâncias grandes. A corrente alternada de Tesla, sim. Edison ficou furioso com Tesla e fez campanha agressivamente contra a corrente alternada de Tesla. Os dois mantiveram uma amarga animosidade pelo resto de suas vidas. Contudo, Tesla prevaleceu e fundou sua própria companhia, gerando muitas patentes que ajudaram as cidades e as indústrias do mundo moderno. Tesla foi repetidamente homenageado e aclamado como o santo padroeiro da eletricidade moderna.

Em 1888, ele se associou a George Westinghouse. Juntos, eles extraíram energia das cataratas do Niágara para iluminar a cidade americana de Buffalo. Para poder transmitir eletricidade por longas distâncias, Westinghouse aperfeiçoou o dispositivo denominado transformador (próximo capítulo). A energia proveniente das cataratas do Niágara logo chegou a Nova York e além. Os esforços de Tesla e Westinghouse realmente iluminaram o mundo.

24.1 Magnetismo

As crianças são fascinadas por ímãs, principalmente porque os ímãs atuam a distância. Eles atuam a distância mesmo quando sua mão é posicionada entre eles, como Fred Myers demonstra na primeira foto de abertura do capítulo. Da mesma forma, um neurocirurgião pode dirigir uma pequena esfera através do tecido cerebral até alcançar um tumor que não é operável, colocar um cateter em posição ou implantar eletrodos sem produzir grandes danos ao tecido cerebral. A utilidade dos ímãs cresce a cada dia.

O termo *magnetismo* provém do nome Magnésia, um distrito costeiro da antiga Tessália, na Grécia, onde pedras incomuns eram encontradas pelos gregos há mais de 2.000 anos. Tais pedras, chamadas de *magnetita*, têm a propriedade surpreendente de atrair pedaços de ferro. Os ímãs foram primeiro empregados em bússolas e usados para navegação pelos chineses, no século XII.

No século XVI, William Gilbert, médico da rainha Elizabeth I, confeccionou ímãs artificiais esfregando pedaços de ferro comum em pedaços de magnetita. Ele também sugeriu que uma bússola sempre se alinhe com a direção norte-sul, porque a Terra tem propriedades de um ímã. Mais tarde, em 1750, John Michell, físico e astrônomo inglês, descobriu que os polos magnéticos obedecem à lei do inverso do quadrado da distância, e seus resultados foram confirmados por Charles Coulomb. Os campos da eletricidade e do magnetismo desenvolveram-se quase que independentemente um do outro até 1820, quando o físico dinamarquês Christian Oersted descobriu, durante uma demonstração em sala de aula, que uma corrente elétrica afeta uma bússola magnética.[1] Ele viu a evidência que confirmava a existência

Há muita besteira dita a respeito do magnetismo. Por isso é necessário *filtrar* o que ouvimos, a fim de separar o que é verdadeiro do que não é. O melhor filtro cognitivo já inventado é a ciência.

---
[1] Podemos apenas especular sobre quão frequentemente tais relações tornam-se evidentes quando "não deveriam ser" e quando são descartadas como fruto de "algo errado com o aparelho". Oersted, no entanto, teve o discernimento – característico de um bom cientista – de perceber que a natureza estava revelando outro de seus segredos.

A certeza não tem lugar na ciência. Os cientistas sabem que todo conhecimento é experimental e sujeito a revisões. Quantos crimes e crueldades têm sido cometidos por pessoas que tinham certeza de que conheciam a verdade?

de uma relação entre o magnetismo e a eletricidade. Logo depois, o físico francês André-Marie Ampère propôs que as correntes elétricas fossem as fontes de todos os fenômenos magnéticos.

No Capítulo 22, discutimos as forças que as partículas eletricamente carregadas exercem entre si. A força elétrica entre duas partículas carregadas quaisquer depende do valor da carga de cada uma e de sua distância de separação mútua, como determinado pela lei de Coulomb. No entanto, essa lei não diz tudo quando as partículas carregadas estão em movimento relativo mútuo. A força entre partículas eletricamente carregadas também depende, de uma maneira complicada, de seus movimentos. Descobriu-se que, além da *força elétrica*, existe uma força devido ao movimento das partículas carregadas: a **força magnética**. A fonte de força magnética é o movimento das partículas carregadas, normalmente elétrons. Tanto as forças elétricas quanto as magnéticas são, na verdade, manifestações diferentes do mesmo fenômeno do eletromagnetismo.

> **PAUSA PARA TESTE**
> A força elétrica e a força magnética dependem de haver movimento?
>
> **VERIFIQUE SUA RESPOSTA**
> Apenas a força magnética requer o movimento. Prossiga sua leitura.

24.2 Polos magnéticos

FIGURA 24.1 Um ímã de ferradura.

As forças que os ímãs exercem entre si são parecidas com as forças elétricas, pois elas também podem atrair ou repelir sem tocar, dependendo de quais extremidades dos ímãs estão mais próximas. Também como as forças elétricas, as intensidades de suas interações dependem da distância de afastamento entre os dois ímãs. Enquanto as cargas elétricas são centrais para as forças elétricas, são as regiões dos ímãs chamadas de *polos magnéticos* que dão origem às forças magnéticas.

Se você suspender um ímã em barra por um barbante amarrado no centro da barra, obterá uma bússola. Uma das extremidades aponta para o norte e, por isso, é chamada de *polo norte magnético*, enquanto a outra aponta para o sul e é chamada, então, de *polo sul magnético*, que chamaremos, simplesmente, de *polos norte* e *sul*, respectivamente. Qualquer ímã tem tanto um polo norte quanto um polo sul (embora alguns ímãs tenham mais de um de cada tipo). Os ímãs de refrigerador comuns têm atrás tiras estreitas com polos sul e norte que se alternam ao longo do comprimento. Esses ímãs são suficientemente fortes para segurar folhas de papel contra a porta do refrigerador, mas têm um alcance muito curto, em virtude do cancelamento promovido entre os polos norte e sul. Em um ímã em barra simples, um único polo norte e um único polo sul situam-se nas extremidades da barra. Um ímã comum do tipo ferradura é simplesmente uma barra que foi dobrada até adquirir a forma da letra "U". Seus polos também estão nas duas extremidades (Figura 24.1).

Quando o polo norte de um ímã é colocado próximo ao polo norte de outro ímã, eles se repelem.[2] O mesmo vale para um polo sul próximo a outro polo do mesmo tipo. No entanto, se dois polos magnéticos opostos forem colocados próximos, aparecerá uma força atrativa entre eles. Nós verificamos que

Polos iguais se repelem; polos opostos se atraem.

Essa lei é semelhante à lei das forças entre cargas elétricas, em que cargas de mesmo sinal se repelem, enquanto as de sinais contrários se atraem. Contudo, existe uma diferença muito importante entre os polos magnéticos e as cargas elétricas.

Se gosta de ímãs de refrigerador, leve um consigo quando for trocar o seu eletrodoméstico. Os refrigeradores são feitos de dois tipos de aço inoxidável. O aço inox ferrítico tem teor de ferro mais elevado e aceita melhor os ímãs. O aço inoxidável austenítico, mais resistente e mais caro, usa ligas e, infelizmente, é menos receptivo aos ímãs de refrigerador.

---

[2] A força de interação entre polos magnéticos é dada por $F \sim \dfrac{p_1 p_2}{d^2}$, onde p_1 e p_2 representam as intensidades dos polos magnéticos e d representa a distância que os separa. Observe as semelhanças dessa relação com a lei de Coulomb.

Enquanto estas podem ser encontradas isoladamente, os polos magnéticos não podem. Os elétrons carregados negativamente e os prótons carregados positivamente são entidades em si mesmas. Um aglomerado de elétrons não precisa estar sempre acompanhado de um aglomerado de prótons e vice-versa, mas um polo magnético norte jamais existe sem a presença de um polo sul e vice-versa.

Se você partir em dois um ímã em barra, cada metade ainda se comportará como um ímã completo. Se quebrar esses dois pedaços novamente, obterá quatro ímãs completos. Ainda que você siga quebrando esses pedaços pela metade, jamais obterá um único polo magnético que esteja isolado.[3] Mesmo quando o pedaço for do tamanho de um único átomo, ainda assim haverá nele dois polos. Isso sugere que os próprios átomos são ímãs.

> **PAUSA PARA TESTE**
> Cada ímã tem, necessariamente, um polo norte e um polo sul?
>
> **VERIFIQUE SUA RESPOSTA**
> Sim, da mesma forma que uma moeda tem dois lados, uma "cara" e uma "coroa". Alguns ímãs de truques de mágica têm mais do que dois polos, mas, mesmo assim, os polos continuam aparecendo em pares.

24.3 Campos magnéticos

Se você espalhar um pouco de limalha de ferro sobre uma folha de papel colocada por cima de um ímã, verá que os pedaços de limalha se ordenam, traçando o padrão das linhas de campo ao redor do ímã. O espaço que circunda o ímã contém um **campo magnético**. A forma do campo é revelada pela limalha, cujos pequenos pedaços de ferro se alinham com as linhas do campo magnético, que se espalham a partir de um dos polos e retornam pelo outro.

O sentido do campo no exterior do ímã é do polo norte para o polo sul. Onde as linhas se encontram mais amontoadas, o campo é mais intenso. A concentração dos pedacinhos de limalha nos polos do ímã da Figura 24.2 mostra que aí é maior a intensidade do campo. Se colocarmos outro ímã ou uma pequena bússola em qualquer lugar dentro daquele campo, seus polos se alinharão com o campo magnético.

O magnetismo está intimamente relacionado à eletricidade. Da mesma forma que uma carga elétrica é rodeada por um campo elétrico, a mesma carga estará rodeada por um campo magnético se estiver em movimento. Esse campo magnético se deve às "distorções" causadas no campo elétrico pelo movimento e foi explicado por Albert Einstein em 1905, na sua teoria especial da relatividade. Não entraremos em detalhes agora, a não ser para tomar conhecimento de que o campo magnético é uma espécie de subproduto relativístico do campo elétrico. As partículas carregadas em movimento têm associadas consigo tanto um campo elétrico quanto um magnético. Um campo magnético é produzido pela movimentação de cargas elétricas.[4]

Se o movimento de cargas elétricas produz magnetismo, onde existe tal movimento em um ímã em barra? A resposta é: nos elétrons dos átomos que constituem o ímã em barra. Esses elétrons estão em constante movimentação. Dois tipos de mo-

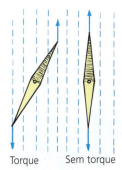

FIGURA 24.2 Uma vista de cima da limalha de ferro espalhada sobre um ímã. Os pedacinhos de limalha traçam um padrão de linhas de campo magnético no espaço que circunda o ímã. Curiosamente, as linhas de campo magnético continuam pelo interior do ímã (não reveladas pela limalha) e formam linhas fechadas.

FIGURA 24.3 Quando a agulha da bússola não está alinhada com o campo magnético (esquerda), forças opostas que atuam na agulha produzem um par de torques (chamado de *binário*) que rodará a agulha até que ela se alinhe com o campo (direita).

---

[3] Os físicos teóricos têm especulado por mais de 75 anos acerca da possibilidade da existência de "cargas" magnéticas discretas, chamadas de monopolos magnéticos. Essas minúsculas partículas teriam um único polo norte ou um único polo sul e seriam as contrapartidas das cargas positiva e negativa da eletricidade. Várias tentativas foram realizadas para encontrar monopolos magnéticos na natureza, mas nenhuma foi bem-sucedida. Todos os ímãs conhecidos têm pelo menos um polo norte e um polo sul.

[4] Curiosamente, como o movimento é relativo, o campo magnético também é relativo. Por exemplo, quando uma carga se move em relação a você, existe um campo magnético associado ao movimento dela. No entanto, se você se mover junto com a carga, de modo que o movimento relativo seja inexistente, não observará qualquer campo magnético associado a ela. O magnetismo é relativístico. De fato, foi Albert Einstein quem primeiro explicou isso, quando publicou seu primeiro artigo sobre a relatividade especial, "Sobre a eletrodinâmica dos corpos em movimento". (Mais sobre a teoria da relatividade você encontra nos Capítulos 35 e 36.)

vimento eletrônico contribuem para o magnetismo: a rotação (*spin**) do elétron em torno de si mesmo e sua rotação em torno do núcleo. Os elétrons giram em torno de seu próprio eixo como se fossem piões, ao mesmo tempo em que descrevem uma rotação em torno do núcleo atômico. Na maior parte dos ímãs, é o *spin* eletrônico que gera a principal contribuição para o magnetismo.

Cada elétron que gira em torno de si mesmo comporta-se como um pequeno ímã. Dois elétrons que giram em torno de si mesmos no mesmo sentido geram um campo mais intenso. No entanto, dois elétrons que giram em sentidos opostos em torno de si mesmos funcionam um contra o outro. Os campos magnéticos gerados se anulam. É por isso que a grande maioria das substâncias não são ímãs. Para a maioria dos átomos, os diversos campos se anulam porque os *spins* dos elétrons são em sentidos opostos. Em materiais como o ferro, o níquel e o cobalto, no entanto, esses campos não se anulam inteiramente. Cada átomo de ferro tem quatro elétrons cujo magnetismo gerado por seus *spins* não se anula. Cada átomo de ferro, portanto, é um minúsculo ímã. O mesmo é verdadeiro, em menor extensão, para os átomos de níquel e cobalto. A maior parte dos ímãs comuns são, portanto, feitos de ligas que contêm ferro, níquel e cobalto em diversas proporções.[5]

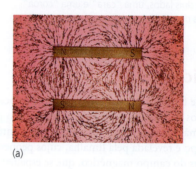 

(a)　　　　　(b)

FIGURA 24.4 Os padrões de campo magnético para um par de ímãs. (a) Os polos opostos estão mais próximos entre si, e (b) os polos iguais estão mais próximos entre si.

> **PAUSA PARA TESTE**
>
> A fonte de um campo gravitacional é a massa. A fonte de um campo elétrico é a carga elétrica. Qual é a fote de um campo magnético?
>
> **VERIFIQUE SUA RESPOSTA**
>
> Cargas elétricas em movimento, predominantemente elétrons que giram (*spin*) ou propagam-se através de condutores, são a fonte de um campo magnético. O movimento da carga elétrica produz magnetismo.

24.4 Domínios magnéticos

O campo magnético gerado por um átomo de ferro individual é tão intenso que as interações entre átomos vizinhos podem dar origem a grandes aglomerados desses átomos, alinhados uns com os outros. Esses aglomerados de átomos alinhados são chamados de **domínios magnéticos**. Cada domínio é formado por bilhões de átomos alinhados. Os domínios são microscópicos (Figura 24.5), e existem muitos deles num cristal de ferro. Da mesma forma como ocorre o alinhamento dos átomos dentro de um mesmo domínio, os próprios domínios podem se alinhar uns com os outros.

Nem todo pedaço de ferro, entretanto, é um ímã. Isso se deve ao fato de que, no ferro ordinário, os domínios não estão alinhados entre si. Considere um prego comum

FIGURA 24.5 Uma visão microscópica dos domínios magnéticos em um cristal de ferro. As setas azuis, que apontam nas mais diversas direções, nos revelam que os domínios não estão alinhados entre si.

---

* N. de T.: A palavra inglesa *spin* é de uso generalizado internacionalmente, de modo que a usaremos informalmente, sem tradução, para significar o movimento de rotação de algo em torno de um eixo que passa pelo seu próprio centro.

[5] O *spin* do elétron contribui praticamente para as propriedades magnéticas de ímãs feitos com ligas que contenham ferro, níquel, cobalto e alumínio. Nos metais terras-raras, como o gadolínio, o movimento orbital eletrônico é o mais importante.

de ferro: os domínios que existem nele estão orientados aleatoriamente. No entanto, muitos deles podem ser induzidos ao alinhamento quando um ímã é colocado próximo. (É interessante escutar os estalidos produzidos pelos domínios quando estão sendo alinhados pelo campo de um ímã forte localizado próximo.) Os domínios se alinham de forma análoga ao alinhamento das cargas elétricas de um pedaço de papel na presença de um bastão eletrizado próximo. Quando se afasta o prego do ímã, a agitação térmica ordinária faz com que cada vez mais domínios do prego retornem ao arranjo aleatório original. Se o campo do ímã permanente usado for muito intenso, entretanto, o prego pode manter alguma magnetização permanente depois de ser separado do ímã.

Os ímãs permanentes podem ser fabricados simplesmente colocando-se pedaços de ferro, ou de determinadas ligas de ferro, em um campo magnético intenso. As ligas de ferro diferem; o ferro-doce é mais fácil de magnetizar do que o aço. Isso é facilitado dando-se pancadas leves no objeto, para "cutucar" aqueles domínios mais refratários e os forçar a se alinhar com o campo aplicado. Outra maneira de fabricar um ímã permanente é esfregando um pedaço de ferro em um ímã permanente. O movimento de esfregar acaba alinhando os domínios existentes no pedaço de ferro. Se um ímã permanente cair no chão ou for aquecido, alguns desses domínios serão chacoalhados, podendo sair do alinhamento com os demais. Com isso, o ímã enfraquece.

FIGURA 24.6 Wai Tsan Lee mostra pregos de ferro que se tornaram ímãs induzidos.

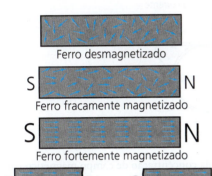

FIGURA 24.7 Pedaços de ferro em sucessivos estágios de magnetização. As flechas representam os domínios, a ponta indica o polo norte, e a cauda, o polo sul. Os polos opostos de domínios adjacentes neutralizam os efeitos magnéticos mútuos, exceto nas extremidades de cada pedaço de ferro.

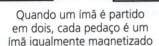

Quando um ímã é partido em dois, cada pedaço é um ímã igualmente magnetizado

PAUSA PARA TESTE

1. Por que um lápis de madeira não pode ser magnetizado?
2. Como um ímã pode atrair um pedaço de ferro que não está magnetizado?

VERIFIQUE SUA RESPOSTA

1. A madeira não permite o alinhamento dos domínios magnéticos. Todos os ímãs permanentes permitem o alinhamento de seus domínios magnéticos.
2. Os domínios de um pedaço de ferro não magnetizado são induzidos ao alinhamento por um campo magnético gerado por um ímã próximo. Veja a semelhança disso com a Figura 22.14, do Capítulo 22. Assim como os pedaços de papel, que saltam ao serem atraídos pelo pente, pequenos pedaços de ferro saltam em direção a um ímã colocado perto deles. Contudo, diferentemente do que acontece com os pedaços de papel, eles não são repelidos após tocarem no ímã. Você consegue imaginar uma razão para isso?

> As vacas com frequência engolem pequenos objetos metálicos que podem perfurar o seu estômago. Por isso, os fazendeiros usam ímãs de gado (longos e delgados ímãs da liga alnico) na alimentação do gado. Esses ímãs atraem pedaços de metal e diminuem as chances de perfuração do estômago.

psc

- A película magnética de um cartão de crédito contém milhões de minúsculos domínios magnéticos mantidos juntos por uma resina colante. Os dados são codificados em código binário, com zeros e uns diferenciados pela frequência de inversão dos domínios. É realmente incrível a rapidez com que seu nome aparece na tela quando um funcionário passa seu cartão pelo leitor de cartões. As películas magnéticas estão sendo substituídas pela tecnologia de *chip* EMV (Europay, Mastercard, Visa), com a qual não é necessário passar o cartão pela máquina.

24.5 Correntes elétricas e campos magnéticos

Uma vez que o movimento de uma carga produz um campo magnético, uma corrente de cargas também produz um campo desse tipo. O campo magnético que circunda um condutor por onde flui uma corrente pode ser visualizado com um

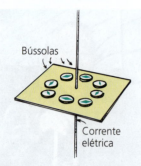

FIGURA 24.8 As bússolas revelam a forma circular do campo magnético que existe ao redor de um fio conduzindo uma corrente.

arranjo de bússolas ao redor de um fio condutor (Figura 24.8). Quando uma corrente atravessa o condutor, as bússolas alinham-se com o campo magnético gerado e revelam um padrão de círculos concêntricos ao redor do fio. Quando se troca o sentido da corrente, as agulhas das bússolas giram até se inverterem, o que mostra que o sentido do campo magnético também se inverteu. Esse é o efeito que Oersted demonstrou pela primeira vez em sua sala de aula.

Se o fio for encurvado, formando uma espira, as linhas do campo magnético se agruparão, formando um feixe na região interior à espira (Figura 24.9). Se o fio for curvado formando outra espira, superposta à primeira, a concentração das linhas de campo magnético no interior das espiras é duplicada. A intensidade do campo magnético nessa região aumenta com o crescimento do número de espiras. A intensidade do campo magnético é considerável para uma bobina condutora formada por muitas espiras.

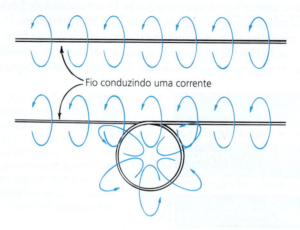

FIGURA 24.9 As linhas do campo magnético ao redor de um fio percorrido por uma corrente se agrupam num feixe quando o fio é curvado formando uma espira.

A Figura 24.10c ilustra a intensidade da concentração de campo magnético para múltiplas espiras pelas quais circula uma corrente. Essas espiras constituem uma bobina, também conhecida como solenoide. O campo total no interior do solenoide é a soma dos campos devido a todas as correntes nas espiras.

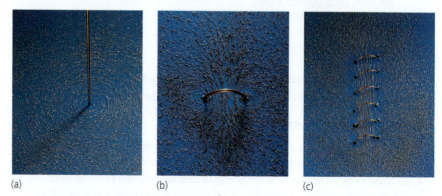

(a)   (b)   (c)

FIGURA 24.10 A limalha de ferro espalhada sobre uma folha de papel revela a configuração do campo magnético em torno de (a) um fio reto, (b) uma espira e (c) uma bobina de espiras quando todos estão conduzindo uma corrente elétrica.

> **PAUSA PARA TESTE**
>
> Um campo elétrico em torno de uma carga pontual no espaço livre é representado por linhas retas que emanam da carga (Capítulo 23), mas qual é a forma das linhas do campo magnético ao redor de um fio condutor percorrido por corrente elétrica?

PRATICANDO FÍSICA

A maior parte dos objetos de ferro ao seu redor têm algum grau de magnetização. Um arquivo de escritório, um refrigerador ou mesmo latas de comida em conserva na prateleira de sua despensa têm polos norte e sul induzidos pelo campo magnético terrestre. Traga uma bússola magnética para perto de objetos de ferro ou de aço em sua casa, localizando-a acima deles. Você descobrirá que o polo norte da agulha da bússola aponta para as partes superiores desses objetos, com seu polo sul apontando para baixo deles. Isso mostra que esses objetos são ímãs, com um polo sul na parte superior e um polo norte na parte inferior. Você observará que mesmo latas de conserva que estiveram por muito tempo em sua despensa na posição vertical estão magnetizadas. Inverta a posição vertical das latas e verifique quantos dias leva para que seus polos se invertam!

VERIFIQUE SUA RESPOSTA

As linhas de campo magnético em torno de um fio condutor percorrido por corrente elétrica formam círculos concêntricos (como mostra a Figura 24.10a).

24.6 Eletroímãs

Uma bobina conduzindo uma corrente elétrica constitui um **eletroímã**. A intensidade de um eletroímã pode ser aumentada simplesmente aumentando-se a corrente que flui pelo dispositivo e o número de espirais em torno do núcleo. Eletroímãs industriais têm suas intensidades reforçadas pela introdução de um núcleo de ferro no interior da bobina. Ímãs suficientemente potentes para erguer automóveis são de uso comum em depósitos de ferro-velho. Em eletroímãs extremamente fortes, como os que são usados para controlar feixes de partículas carregadas em aceleradores de alta energia, não se usa o ferro como núcleo porque, além de um determinado ponto, todos os seus domínios estão alinhados. Nesse caso, diz-se que o ímã está saturado.

Os eletroímãs não precisam ter núcleos de ferro. Eletroímãs sem núcleo são usados no transporte por levitação magnética, ou "*maglev*". A Figura 24.11 mostra um trem *maglev*, que não tem um motor a *diesel* ou qualquer outro convencional. Os trens *maglev* operam em vários países, e diversos modelos projetos ainda estão sendo testados. Em uma versão, a levitação é produzida pelas espiras magnéticas que se distribuem ao longo do trilho, denominado guia de linha (*guideway*). As espiras repelem grandes ímãs sobre o guia inferior dos trens. Uma vez que o trem é levitado alguns centímetros, energia é fornecida às espiras dentro das paredes do guia de linha, que impulsionam o trem. Isso é possível alternando-se continuamente a corrente elétrica que alimenta as espiras, o que continuamente alterna as suas polaridades. Dessa maneira, um campo magnético puxa o veículo para a frente, ao mesmo tempo em que outro campo magnético o empurra por trás. Os puxões e empurrões alternados produzem um empuxo para a frente. Uma vez que os trens *maglev* flutuam sobre um colchão de ar, o atrito enfrentado pelos trens convencionais é eliminado. As velocidades do *maglev*, cerca de metade da de uma aeronave a jato convencional, são limitadas apenas pela resistência do ar e pelo conforto que deve ser proporcionado aos passageiros. A levitação magnética é uma tecnologia em ascensão.

FIGURA 24.11 Um veículo levitado magneticamente – um *magplano*. Os trens convencionais vibram enquanto correm sobre trilhos em velocidades altas, já um magplano pode deslocar-se em alta velocidade livre de vibrações, pois levita acima de um guia de linha.

PAUSA PARA TESTE

O que um ímã em barra tem em comum com um eletroímã?

VERIFIQUE SUA RESPOSTA

Ambos têm a mesma fonte: o movimento da carga elétrica.

520 PARTE V Eletricidade e magnetismo

FIGURA 24.12 Um ímã permanente levita sobre um supercondutor, porque seu próprio campo magnético não consegue penetrar no material supercondutor.

Eletroímãs supercondutores

Os eletroímãs mais poderosos sem núcleos de ferro usam espiras supercondutoras por onde circulam, com facilidade, enormes correntes elétricas. Do Capítulo 22, lembre-se de que não existe resistência elétrica em um supercondutor que limite o fluxo de carga e, assim, não há aquecimento, mesmo se a corrente for enorme. Eletroímãs utilizam espiras supercondutoras para gerar campos magnéticos extremamente intensos – e o fazem de modo muito econômico, porque não há perdas de calor (embora seja necessário energia para manter frio o supercondutor). No acelerador de partículas Large Hadron Collider (Grande Colisor de Hádrons), em Genebra, Suíça, eletroímãs supercondutores direcionam partículas de alta energia ao longo de uma circunferência de aproximadamente 27 km. Em hospitais, eletroímãs supercondutores menores são usados em aparelhos de imagem por ressonância magnética (IMR ou MRI, de *magnetic resonance imaging*).

Sejam supercondutores ou não, os eletroímãs fazem parte de nosso cotidiano. Eles estão nos sistemas de som, em motores elétricos, em nossos automóveis e mesmo em sistemas de reciclagem de lixo, para remover pequenos pedaços de metal. Um brinde aos eletroímãs.

24.7 Forças magnéticas

Sobre partículas carregadas em movimento

Uma partícula carregada e em repouso não interage com um campo magnético estático, mas se essa partícula se mover em um campo magnético, o caráter magnético de uma carga em movimento se manifesta. Ela experimentará uma força que a desvia.[6] A força magnética atinge um valor máximo quando a partícula está se movendo perpendicularmente às linhas do campo magnético. Em outros ângulos, a força é menor, tornando-se nula quando as partículas se moverem paralelamente às linhas de campo. Seja como for, a direção da força será sempre perpendicular às linhas do campo magnético e à velocidade da partícula carregada (Figura 24.13). Portanto, uma carga que esteja se movimentando será desviada ao atravessar um campo magnético, a menos que se desloque paralelamente ao campo, quando não ocorre desvio algum.

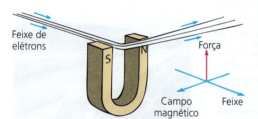

FIGURA 24.13 Um feixe de elétrons desviado por um campo magnético.

A força que causa o desvio lateral da carga é muito diferente das forças relacionadas a outras interações, como as forças gravitacionais entre massas, as forças elétricas entre cargas e as forças magnéticas entre polos magnéticos. A força que desvia um elétron ou um feixe deles atua perpendicularmente ao campo magnético e ao feixe de elétrons.

Somos afortunados pelo fato de que partículas carregadas são desviadas por campos magnéticos. As partículas carregadas dos raios cósmicos são desviadas pelo campo magnético terrestre. Embora a atmosfera da Terra absorva a maior parte deles, a intensidade dos raios cósmicos na superfície do planeta seria muito maior na ausência do campo magnético terrestre protetor.

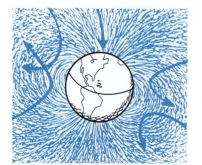

FIGURA 24.14 O campo magnético da Terra desvia muitas das partículas carregadas que constituem a radiação cósmica.

> **PAUSA PARA TESTE**
>
> Um feixe de elétrons é direcionado a um campo magnético. Em qual orientação relativa ao campo magnético a força sobre o feixe é máxima? E mínima?
>
> **VERIFIQUE SUA RESPOSTA**
>
> A força magnética máxima ocorre quando o feixe de elétrons e o campo magnético são perpendiculares entre si, como mostrado na Figura 24.13. Quando o feixe e o campo são paralelos, não há força exercida sobre o feixe.

---

[6] Quando uma partícula com uma carga elétrica q e velocidade v move-se perpendicularmente em um campo magnético de intensidade B, a força F que ela experimenta é o produto de três variáveis: $F = qvB$. Para ângulos não ortogonais, o termo v nessa relação deve ser a componente da velocidade perpendicular a B.

Sobre fios percorridos por corrente

A lógica básica nos diz que, se uma partícula carregada que se move em um campo magnético experimenta uma força defletora, então uma corrente de partículas carregadas deve experimentar uma força defletora quando estiver na presença de um campo magnético. Se as partículas estiverem presas no interior do fio enquanto experimentam essa força, então o próprio fio, como um todo, sofrerá a ação de uma força (Figura 24.15).

Se invertermos o sentido da corrente, a força defletora passará a atuar em sentido contrário. A força é mais intensa quando a corrente é perpendicular às linhas do campo magnético. A direção da força não está ao longo das linhas de campo, nem ao longo da direção da corrente. A força é perpendicular tanto às linhas do campo quanto à corrente. Ela atua lateralmente.

Vemos que, da mesma forma que um fio conduzindo uma corrente desvia a agulha de uma bússola (como foi descoberto por Oersted), um ímã desviará um fio conduzindo uma corrente. A descoberta dessas conexões complementares entre a eletricidade e o magnetismo causou sensação, e quase que imediatamente as pessoas começaram a utilizar a força magnética com fins práticos – melhorar a sensibilidade dos medidores elétricos e aumentar a força produzida por motores elétricos.

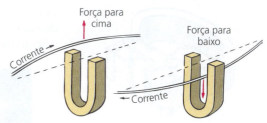

FIGURA 24.15 Um fio conduzindo uma corrente experimenta uma força produzida por um campo magnético. (Você consegue perceber que isso é uma consequência do que ocorre com um feixe de elétrons na Figura 24.13?)

No suplemento de Solução de Problemas, você aprenderá a "simples" regra da mão direita!

PAUSA PARA TESTE

1. Em qual orientação em um campo magnético a força é maior sobre um fio condutor de corrente? E menor?
2. Que lei da física afirma que, se um fio conduzindo corrente elétrica exerce força sobre um ímã, então um ímã deve exercer uma força sobre um fio que conduz uma corrente elétrica?

VERIFIQUE SUA RESPOSTA

1. Assim como o feixe de elétrons em um campo magnético, a maior força magnética ocorre quando o campo magnético e o fio são perpendiculares entre si. A menor força (nula) ocorre quando são paralelos.
2. A terceira lei de Newton. Ela se aplica a *todas* as forças da natureza.

Medidores elétricos

O dispositivo mais básico para revelar a existência de corrente elétrica é simplesmente um ímã capaz de girar livremente – como uma bússola. O próximo em simplicidade é constituído por uma bússola no interior das espiras de uma bobina (Figura 24.16). Quando uma corrente elétrica passa pela bobina, cada espira gera seus próprios efeitos sobre a agulha, de modo que se pode detectar mesmo uma corrente muito pequena. Um instrumento sensível para revelar a presença de corrente é chamado de *galvanômetro*, uma homenagem a Luigi Galvani, que, no século XVIII, descobriu que metais diferentes produziam a contração de uma perna de rã que havia sido dissecada.

A descoberta acidental da contração de perna de uma rã levou Galvani a inventar a célula química e a pilha. Da próxima vez em que pegar um balde galvanizado, lembre-se de Luigi Galvani em seu laboratório de anatomia.

FIGURA 24.16 Um galvanômetro muito simples.

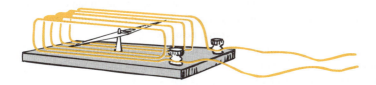

Um modelo mais comum de galvanômetro é mostrado na Figura 24.17. Ele emprega muitas espiras de fio e, portanto, é mais sensível. Preste atenção nas voltas das espiras de fio em torno do cilindro. A bobina é montada de forma que possa girar, enquanto o ímã é mantido fixo. A bobina gira contra uma mola espiral, de maneira que quanto maior for a corrente nas espiras, maior será seu giro em torno do eixo.

FIGURA 24.17 O esquema de um galvanômetro comum.

Um galvanômetro pode ser calibrado para medir correntes (em amperes), sendo chamado de *amperímetro*, nesse caso, ou pode ser calibrado para medir o potencial elétrico (em volts), caso em que é chamado de *voltímetro*.

FIGURA 24.18 Tanto um amperímetro quanto um voltímetro são, basicamente, galvanômetros. (A resistência elétrica do instrumento é tornada muito baixa no caso do amperímetro e muito alta no caso do voltímetro.)

Motores elétricos

Se modificarmos um pouco o projeto do galvanômetro anterior, de modo que a deflexão possa realizar uma rotação completa, em vez de parcial, obteremos um *motor elétrico*. A principal diferença é que num motor elétrico a corrente troca de sentido cada vez que a bobina completa meia volta. Após ser forçado a completar uma meia volta, ele se mantém em movimento por um tempo, até que a corrente troque de sentido; em consequência disso, ele é forçado a continuar seu movimento e completar mais uma meia volta, em vez de inverter seu sentido. Isso acontece repetidamente, produzindo uma rotação contínua, que pode ser usada para girar relógios, operar aparelhos e erguer cargas pesadas.

Na Figura 24.19, vemos num rascunho básico o princípio de funcionamento do motor elétrico. Um ímã permanente gera um campo magnético numa região, onde uma espira de fio de forma retangular é montada para poder girar em torno do eixo indicado pela linha tracejada. A corrente na espira troca de sentido a cada meia volta, e daí resulta a rotação contínua.

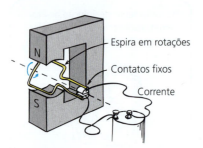

FIGURA 24.19 Um motor elétrico simplificado.

Qualquer corrente que esteja circulando na espira tem um determinado sentido em seu lado superior e um sentido oposto no lado inferior. (Elas precisam ser assim, porque se as cargas fluem para dentro do fio por uma de suas extremidades, elas têm de sair dele pela outra extremidade.) Se o lado superior da espira é forçado a se movimentar para a esquerda pelo campo magnético, então o lado inferior é forçado para a direita, como se fosse parte de um galvanômetro. Contudo, diferentemente do que acontece no galvanômetro, a corrente num motor troca de sentido a cada meia volta, por meio de contatos estacionários nas extremidades das hastes. As partes do fio que giram e esfregam esses contatos são chamadas de *escovas*. Assim, a corrente na espira se alterna de modo que as forças que agem nos lados superior e inferior da espira não mudam de sentido enquanto ela gira. A rotação continuará enquanto se fornecer uma corrente ao motor.

Acabamos de descrever apenas um motor de CC muito simplificado. Motores maiores, de CC ou CA, geralmente são fabricados substituindo-se o ímã permanente por um eletroímã alimentado por uma fonte elétrica de energia. É claro, são utilizadas mais espiras do que somente uma. Muitas espiras de fio são enroladas sobre a lateral de um cilindro de ferro, chamado de *armadura*, *induzido* ou *rotor*, que pode girar quando se faz passar uma corrente pelo fio.

O surgimento dos motores elétricos deu fim a muito trabalho penoso, humano ou animal, em muitas partes do mundo. Os motores elétricos mudaram muito a maneira das pessoas viverem.

> Um motor e um gerador são, de fato, o mesmo dispositivo, mas com a entrada e a saída trocadas. O dispositivo elétrico de um carro híbrido é uma combinação motor/gerador desse tipo.

PAUSA PARA TESTE

Qual é a maior semelhança entre um galvanômetro e um motor elétrico básico? Qual é a maior diferença?

VERIFIQUE SUA RESPOSTA

Os dois são similares, com espiras colocadas em um campo magnético. Uma força produz rotação quando uma corrente percorre as espiras. A principal diferença é que a rotação máxima de uma espira de um galvanômetro é apenas meia rotação, enquanto em um motor, cada espira (enrolada em torno do rotor) gira completando voltas – o que é conseguido invertendo-se alternadamente a corrente a cada meia volta do rotor.

24.8 O campo magnético terrestre

Um ímã suspenso ou uma bússola aponta para o norte porque a própria Terra é um gigantesco ímã. As bússolas se alinham com o campo magnético da Terra. Os polos magnéticos da Terra, no entanto, não coincidem com os polos geográficos – de fato, os polos magnético e geográfico são bastante separados. O polo magnético do hemisfério norte, por exemplo, está atualmente localizado a cerca de 1.800 quilômetros do polo geográfico correspondente, em algum ponto na região da baía de Hudson, no norte do Canadá. O outro polo magnético está localizado ao Sul da Austrália (Figura 24.20). Isso significa que a bússola não aponta normalmente para o polo norte verdadeiro. A discrepância entre a orientação da bússola e a do polo norte verdadeiro é conhecida como *declinação magnética*.

Não sabemos exatamente por que a própria Terra constitui um ímã. A configuração do campo magnético terrestre é parecida com a de um gigantesco ímã em barra localizado próximo ao centro do planeta. No entanto, a Terra não é um pedaço magnetizado de ferro como um ímã em barra. Ela é simplesmente quente demais para que átomos individuais de ferro mantenham uma orientação apropriada. Portanto, a explicação deve estar nas correntes elétricas profundas do interior do planeta. A cerca de 2.000 quilômetros abaixo do manto rochoso externo (que tem quase 3.000 quilômetros de espessura), situa-se a parte derretida que envolve o núcleo sólido da Terra. A maioria dos cientistas que estudam a Terra pensa que o movimento de cargas, movendo-se circularmente no interior do manto derretido da Terra, cria seu campo magnético. Alguns desses cientistas especulam que as correntes elétricas são resultado das correntes de convecção – originadas no calor liberado pelo núcleo central (Figura 24.21) – e que tais correntes de convecção, combinadas com os efeitos da rotação da Terra, produzem o campo magnético terrestre. Por causa do tamanho da Terra, a rapidez com que se movem essas cargas precisa ser de apenas um milímetro por segundo para explicar o valor do campo. Contudo, uma explicação mais firme a respeito aguarda por estudos adicionais.

Seja qual for a causa, o campo magnético da Terra não é estável; ele muda durante eras geológicas. Temos evidência disso a partir da análise das propriedades dos estratos rochosos. Os átomos de ferro num estado fundido estão desorientados por causa da agitação térmica, mas há uma ligeira predominância de átomos de ferro que se alinham com o campo magnético terrestre. Quando ocorrem o resfriamento e a solidificação, essa predominância registra a direção do campo magnético terrestre na rocha ígnea resultante. Isso ocorre de forma semelhante com as rochas sedimentares, em que os domínios magnéticos nos grãos de ferro que existem nos sedimentos tendem a se alinhar com o campo magnético da Terra e tornam-se fixos na rocha formada. O fraco magnetismo resultante pode ser medido com instrumentos sensíveis. Quando se testa as rochas provenientes dos diferentes estratos que se formaram durante eras geológicas, pode-se determinar como era o campo magnético da Terra em diferentes períodos. Essa evidência mostra que tem havido períodos em que o campo magnético terrestre diminuiu até se anular, invertendo depois seu sentido e fazendo com que os polos magnéticos trocassem de posição. Houve mais de 20 dessas inversões ao longo dos últimos 5 milhões de anos. A mais recente aconteceu 780.000 anos atrás e demorou 22.000 anos para se inverter. As inversões anteriores acorreram 870.000 e 950.000 anos atrás. Estudos realizados nos sedimentos do fundo do mar indicam que o campo ficou "desligado" por 10.000 a 20.000 anos, cerca de 1 milhão de anos atrás. Não podemos prever quando ocorrerá a próxima

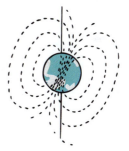

FIGURA 24.20 A Terra é um ímã.

FIGURA 24.21 As correntes de convecção nas partes interiores derretidas da Terra podem dar origem a correntes elétricas que geram o campo magnético terrestre.

Atualmente, o Polo Norte da Terra está alinhado com a estrela Polaris, parte da constelação de Ursa Menor.

Como a fita de um gravador de fita, a história do assoalho oceânico está preservada em uma gravação magnética.

inversão, porque a sequência de ocorrência delas não é regular. No entanto, nas medições mais recentes, existe uma pista que revela uma diminuição de mais de 5% na intensidade do campo magnético da Terra ocorrida nos últimos 100 anos. Se essa variação se mantiver, podemos ter outra inversão dentro dos próximos 2.000 anos.

> **PAUSA PARA TESTE**
> A geociência, o estudo da Terra, é tipificada pela ideia de mudança contínua. Podemos dizer o mesmo sobre o campo magnético terrestre?
>
> **VERIFIQUE SUA RESPOSTA**
> Sim. Como tantas outras coisas no nosso mundo, o campo magnético da Terra varia com o tempo.

A inversão dos polos magnéticos não é exclusiva para a Terra. O campo magnético do Sol inverte-se regularmente, com um período de 22 anos. Esse ciclo magnético de 22 anos tem sido relacionado, por meio de evidências encontradas em anéis de árvores, aos períodos de seca na Terra. Curiosamente, o conhecido ciclo de manchas solares, de 11 anos, dura exatamente a metade do tempo durante o qual o Sol gradualmente inverte sua polaridade magnética.

A variação dos ventos solares, que sopram íons sobre a atmosfera da Terra, causa flutuações mais rápidas, mas muito menores no campo magnético terrestre. Os ventos de íons nessas regiões são produzidos pelas interações energéticas dos raios X e ultravioleta, vindos do Sol, com átomos da atmosfera. O movimento desses íons produz uma parte pequena, mas importante, do campo magnético da Terra. Como as camadas mais baixas de ar, a ionosfera é varrida de modo violento por ventos. As variações desses ventos são responsáveis por praticamente todas as flutuações rápidas do campo magnético da Terra. Felizmente, os ventos solares que atingem a Terra colidem com o campo magnético do planeta, não com sua atmosfera.

Raios cósmicos

psc
■ Quando a radiação das erupções solares for suficientemente intensa, fique atento para danos significativos na infraestrutura, desde espaçonaves e instrumentos de satélites em órbita terrestre baixa até redes elétricas inteiras no nosso planeta.

O universo é como uma galeria de tiro de partículas eletrizadas. Elas são chamadas de **raios cósmicos**, consistindo em prótons, partículas alfa e outros núcleos atômicos destituídos de elétrons, bem como por elétrons de alta energia. Os prótons podem ser os resquícios de estrelas que explodiram. Seja como for, eles viajam no espaço a velocidades fantásticas e formam a radiação cósmica, perigosa para os astronautas. Essa radiação é intensificada quando o Sol está ativo e contribui com partículas energéticas adicionais, que podem danificar sistemas eletrônicos em naves no espaço, "inverter" bits de computador ou provocar falhas em pequenos microcircuitos. Felizmente para nós que vivemos na superfície da Terra, a maior parte dos raios cósmicos não nos atinge, graças à espessura de nossa atmosfera e, também importante, à deflexão pelo campo magnético terrestre. Alguns deles ficam presos nas partes mais externas do campo magnético da Terra, formando os cinturões de radiação de Van Allen (Figura 24.22).

> **PAUSA PARA TESTE**
> Um passageiro leva um detector de radiação para o avião. Qual é a sua previsão sobre as marcações do aparelho à medida que o avião ganha altitude?
>
> **VERIFIQUE SUA RESPOSTA**
> As marcações aumentam com a altitude. Pilotos encontram muito mais radiação do que as pessoas na superfície, protegidas pela atmosfera.

FIGURA 24.22 Uma seção transversal dos cinturões de radiação de Van Allen, aqui mostrados sem a distorção causada pelo vento solar.

Os cinturões de radiação de Van Allen consistem em dois anéis ao redor da Terra, na forma de roscas. Eles receberam essa denominação em homenagem a James A.

Van Allen, que apontou sua existência em 1958, a partir da análise dos dados coletados pelo satélite norte-americano Explorer I.[7] O cinturão interno tem o centro localizado a cerca de 3.200 quilômetros acima da superfície terrestre, e o cinturão mais externo, que é uma rosca maior e mais larga, tem seu centro localizado a cerca de 16.000 quilômetros acima da superfície terrestre. Os astronautas orbitam a distâncias seguras dos cinturões, bem abaixo deles. A maior parte das partículas eletrizadas presas nos cinturões – prótons e elétrons – provavelmente veio do Sol. As tempestades solares lançam partículas carregadas para fora do Sol em profusão, muitas das quais passam perto da Terra e são capturadas pelo seu campo magnético. Essas partículas capturadas descrevem, então, trajetórias em espirais, análogas a um saca-rolhas, ao redor das linhas do campo magnético terrestre e vão de um polo a outro, bem acima da atmosfera. Perturbações no campo magnético terrestre frequentemente permitem que os íons mergulhem na atmosfera, fazendo-a brilhar como uma lâmpada florescente, o que constitui a célebre *aurora boreal* (ou luzes do norte); no hemisfério sul, é chamada de *aurora austral*.

As partículas presas no cinturão interno provavelmente se originaram da atmosfera terrestre. Esse cinturão ganhou novos elétrons vindos das explosões de bombas de hidrogênio em grandes altitudes realizadas em 1962.

A despeito do campo magnético protetor da Terra, muitos raios cósmicos "secundários" alcançam a superfície da Terra.[8] Essas são partículas criadas quando raios cósmicos "primários" – aqueles que provêm do espaço exterior – colidem com núcleos atômicos na alta atmosfera. O bombardeio de raios cósmicos é mais intenso nos polos, porque as partículas carregadas que atingem a Terra não se deslocam *cortando* as linhas do campo magnético, mas *ao longo* delas, sem se afastar. O bombardeio de raios cósmicos diminui à medida que nos afastamos dos polos, atingindo seu valor mínimo nas regiões equatoriais. Nas latitudes médias, cerca de cinco partículas atingem, por minuto, cada centímetro quadrado ao nível do mar; esse número aumenta rapidamente com a altitude. Portanto, raios cósmicos estão penetrando em seu corpo enquanto você está lendo este livro – e mesmo quando você não está lendo!

FIGURA 24.23 A aurora boreal que ilumina o céu é causada pelas partículas eletrizadas dos cinturões de Van Allen que colidem com moléculas da atmosfera.

psc

- Muito do que sabemos sobre as erupções solares e sobre as origens das auroras se deve à pesquisa da astrofísica Joan Feynman. No início da carreira, ela e Richard, seu irmão mais velho, concordaram em dividir entre si o mundo científico ainda não desbravado. Ela ficou com as auroras, ele com o resto, o que a deixou muito contente. O perfil de Richard Feynman se encontra na página 239.

24.9 Biomagnetismo

Certas bactérias produzem biologicamente grãos monodomínio de magnetita (um composto equivalente ao minério de ferro), que elas dispõem juntos, em fila, de modo a constituir uma bússola interna. Então, elas usam essas bússolas para detectar a inclinação para baixo do campo magnético terrestre. Equipados com esses sensores de direção, esses organismos são capazes de localizar fontes de alimentos. O mais incrível é que, ao sul do equador, as bactérias desse tipo fabricam os mesmos ímãs monodomínio que as suas similares do hemisfério norte, mas com sentidos opostos, para que fiquem alinhados com o campo magnético terrestre, que no hemisfério norte tem um sentido oposto ao do campo no hemisfério sul!

As bactérias não são os únicos organismos dotados de bússolas magnéticas internas: os pombos têm ímãs multidomínios magnéticos no interior de seus crânios que estão conectados ao cérebro da ave por um grande número de nervos. Os pombos

FIGURA 24.24 Essas bactérias aquáticas flutuantes não podem saber se estão orientadas para cima ou para baixo por meio da gravidade. Em vez disso, elas se orientam com o campo magnético da Terra por meio de "agulhas magnéticas" internas.

---

[7] Deixando o humor de lado, o nome verdadeiro é James A. Van Allen (com a permissão dele).

[8] Alguns biólogos especulam que as alterações magnéticas da Terra desempenharam um papel importante na evolução das formas de vida. Uma hipótese é que, nas primeiras fases da vida primitiva, o campo magnético da Terra era suficientemente forte para blindar as delicadas formas de vida das partículas eletrizadas com alta energia. Contudo, naqueles períodos em que essa intensidade era nula, a radiação cósmica e as partículas carregadas que escapavam do cinturão de Van Allen aumentavam a taxa de mutações das formas de vida mais robustas – de maneira semelhante às mutações produzidas pelos raios X nos famosos estudos acerca da hereditariedade das moscas de frutas. A coincidência entre as datas em que houve aumento nas alterações dos seres vivos e as datas em que ocorreram as inversões dos polos magnéticos terrestres nos últimos milhões de anos dão sustentação a essa hipótese.

têm um sensor magnético de direção, e não apenas podem diferenciar direções longitudinais ao longo do campo magnético terrestre, mas também detectar a latitude pela inclinação abaixo da horizontal do campo magnético da Terra. Material magnético também já foi encontrado nos abdomes de abelhas, cujo comportamento é afetado por pequenos campos magnéticos. Determinadas espécies de vespas, borboletas-monarca, tartarugas marinhas e peixes juntam-se à classe das criaturas que têm sentido magnético. Cristais magnéticos semelhantes aos cristais encontrados em bactérias magnéticas foram descobertos em cérebros humanos. Ninguém sabe se esses cristais estão relacionados aos nossos sentidos. Talvez compartilhemos um sentido magnético com as criaturas mencionadas acima.

IMAGEM POR RESSONÂNCIA MAGNÉTICA

A imagem por ressonância magnética (IMR ou MRI, de *magnetic resonance imaging*) é um procedimento não invasivo que utiliza eletroímãs poderosíssimos e ondas de rádio a fim de obter imagens de alta resolução de tecidos internos do corpo. Bobinas supercondutoras produzem um campo magnético, com intensidade mais de 60.000 vezes maior que a do campo magnético da Terra, usado para alinhar os prótons dos átomos de hidrogênio que existem no corpo do paciente.

Assim como os elétrons, os prótons têm uma propriedade de "*spin*" e se alinharão com um campo magnético aplicado. Diferentemente da agulha de uma bússola, que se alinha com o campo magnético da Terra, o eixo do próton bamboleia em torno do campo aplicado. Os prótons "bamboleantes" são atingidos por uma rajada de ondas de rádio, sintonizadas para empurrar lateralmente o eixo do *spin* do próton perpendicularmente ao campo magnético aplicado. Quando as ondas de rádio passam e os prótons rapidamente retornam ao seu bamboleio habitual, eles emitem tênues sinais eletromagnéticos com frequências que dependem ligeiramente do ambiente químico

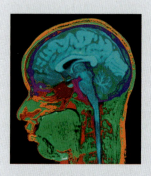

no qual os prótons se encontram. Os sinais são captados por sensores e, quando analisados por um computador, revelam a densidade variável dos átomos de hidrogênio no corpo e suas interações com o tecido circundante. As imagens distinguem claramente os fluidos dos ossos. A ressonância magnética não usa radiação ionizante para produzir imagens. É interessante observar que a técnica de IMR foi inicialmente chamada de NMR (*nuclear magnetic resonance*, ressonância magnética nuclear), porque os núcleos de hidrogênio entram em ressonância com os campos aplicados. Por causa da fobia do público com qualquer coisa "nuclear", os aparelhos são agora chamados de IMR ou MRI. Diga a seus amigos fóbicos que cada átomo em seus corpos contém um núcleo!

Revisão do Capítulo 24

TERMOS-CHAVE (CONHECIMENTO)

força magnética (1) Entre ímãs, é a atração entre polos magnéticos diferentes e a repulsão entre polos iguais. (2) Entre um campo magnético e uma partícula carregada em movimento, é a força defletora devido ao movimento da partícula.

campo magnético Uma região sob influência magnética ao redor de um polo magnético ou de uma partícula carregada em movimento.

domínios magnéticos Regiões em que se agrupam átomos magnéticos alinhados. Quando essas regiões se alinham umas com as outras, a substância que as contém torna-se um ímã.

eletroímã Um ímã cujo campo é produzido por uma corrente elétrica. Normalmente tem a forma de uma bobina de fios que envolve um pedaço de ferro.

raios cósmicos Partículas eletrizadas que se movem pelo universo em altas velocidades.

QUESTÕES DE REVISÃO (COMPREENSÃO)

24.1 Magnetismo

1. Quem, e em que cenário, descobriu a relação entre a eletricidade e o magnetismo?
2. A força entre partículas eletricamente carregadas depende do valor absoluto das cargas, da distância que as separa e do que mais?
3. Qual é a fonte da força magnética?

24.2 Polos magnéticos

4. Em que sentido a lei das interações entre polos magnéticos é semelhante à lei das interações entre partículas eletricamente carregadas?
5. De que maneira os *polos magnéticos* são diferentes das *cargas elétricas*?

24.3 Campos magnéticos

6. Como se relaciona a intensidade de campo magnético com a aglomeração mais densa das linhas de campo magnético em torno de um ímã em barra?
7. O que produz um campo magnético?
8. Quais os dois tipos de movimento de rotação que os elétrons apresentam no interior dos átomos?

24.4 Domínios magnéticos

9. Defina um domínio magnético.
10. Em nível microscópico, qual é a diferença entre uma agulha de ferro não magnetizada e outra magnetizada?
11. Por que o ferro é magnético e a madeira não?
12. Deixar cair no chão duro um ímã de ferro o enfraquece. Por quê?

24.5 Correntes elétricas e campos magnéticos

13. No Capítulo 22, aprendemos que o campo elétrico tem uma direção radial em torno de uma carga puntiforme. Qual é a direção do campo magnético ao redor de um fio que conduz uma corrente elétrica?
14. Qual é a direção e o sentido do campo magnético que circunda uma corrente elétrica quando o sentido da corrente é invertido?
15. Por que a intensidade de um campo magnético é maior no interior de uma espira de fio que conduz uma corrente do que em uma seção transversal do fio?

24.6 Eletroímãs

16. Qual é o efeito de um pedaço de ferro dentro de uma espira que conduz uma corrente na intensidade do campo magnético?
17. Por que os campos magnéticos de ímãs supercondutores geralmente são mais intensos do que os campos dos ímãs convencionais?

24.7 Forças magnéticas

18. Verdadeiro ou falso: uma partícula carregada precisa mover-se em um campo magnético estacionário para que o campo exerça uma força sobre ela.
19. Em que direção, relativa a um campo magnético, uma partícula carregada em movimento experimenta um valor máximo de força defletora? E para experimentar um valor mínimo de força?
20. Que efeito o campo magnético da Terra tem sobre a intensidade dos raios cósmicos que atingem a superfície do planeta?
21. Que direção de um campo magnético, em relação a um fio condutor de uma corrente, resulta em um máximo valor de força?
22. O que, exatamente, detecta um galvanômetro? Como?
23. Como se chama um galvanômetro que é calibrado para medir corrente? E para medir voltagem?
24. Com que frequência a corrente é invertida nas espiras de um motor elétrico?
25. É correto afirmar que a física envolvida no funcionamento de um motor elétrico é a mesma envolvida no funcionamento de um galvanômetro?

24.8 O campo magnético terrestre

26. Por que provavelmente não existem domínios magnéticos permanentemente alinhados no núcleo da Terra?
27. O que são as *inversões dos polos magnéticos*?
28. Qual é a causa das auroras boreais (luzes do norte)?

24.9 Biomagnetismo

29. Cite pelo menos seis criaturas que sabidamente têm minúsculos ímãs no interior de seus corpos.
30. Quando é que raios cósmicos penetram em seu corpo?

PENSE E FAÇA (APLICAÇÃO)

31. Para transformar um prego em ímã, alinhe-o com o campo magnético da Terra (fácil de descobrir no seu *smartphone*) e martele-o algumas vezes. O que acontece com os domínios quando você faz isso? Para ver se teve sucesso, observe se você consegue usar o prego para coletar clipes de papel ou pregos menores. Para desmagnetizar o prego, em qual direção você deveria colocá-lo antes de martelá-lo novamente?
32. Faça uma bússola de suspensão. Para isso, use a agulha ou o prego magnetizado da atividade anterior. Com um barbante, suspenda o prego magnetizado pelo seu centro de gravidade. Pronto, agora você tem uma bússola!
33. Faça um eletroímã. Para isso, use uma bateria de 9 volts, um fio de cobre isolado e uma haste de ferro ou prego grande. Exponha o cobre em ambas as extremidades do fio isolado. Enrole o fio ao redor do prego ou da haste. Por fim, prenda cada ponta do fio ao terminal da bateria. Quantos clipes de papel você consegue coletar com o seu ímã?
34. Faça uma bússola flutuante. Primeiro, crie uma agulha magnetizada, como na questão 31.

Em seguida, espete-a em uma rolha de cortiça e coloque-a flutuando em uma tigela de vidro cheia d'água. A agulha tratará de se alinhar com a componente horizontal do campo magnético terrestre. Uma vez que o polo norte dessa bússola é atraído pelo norte magnético da Terra, a agulha flutuante se deslocará em direção ao lado norte da tigela? Justifique sua resposta.

35. Para descobrir a declinação magnética local e a inclinação das linhas do campo magnético terrestre em sua localidade, use a agulha magnetizada da atividade anterior. Espete a agulha em uma rolha ao longo do seu eixo. Depois espete lateralmente na rolha um par de alfinetes comuns não magnetizados. Repouse os alfinetes nas bordas de dois copos de bebida, de modo que a agulha ou o fio aponte para o polo magnético. Ela deverá se inclinar até se alinhar com o campo magnético da Terra.

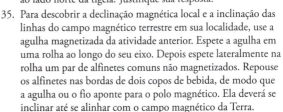

PENSE E EXPLIQUE (SÍNTESE)

36. Muitos cereais secos são fortificados com ferro, que é adicionado ao cereal na forma de pequenas partículas de ferro. Como essas partículas poderiam ser separadas do cereal?
37. Em que sentido se pode dizer que todos os ímãs são, de fato, eletroímãs?

38. Todos os átomos contêm cargas elétricas em movimento. Por que, então, todos os materiais não são magnéticos?
39. Se você colocar um pedaço de ferro próximo ao polo norte de um ímã, ocorrerá atração. Por que também ocorre atração quando o pedaço de ferro é colocado próximo ao polo sul do ímã?
40. Os polos de um ímã em ferradura se atraem? Se você dobrar o ímã de maneira que os polos fiquem mais próximos, o que acontecerá com a força entre eles?
41. Por que não é recomendável fabricar um ímã em ferradura com material flexível?
42. Que tipo de campo de força circunda uma carga elétrica estacionária? Que campo adicional a circunda quando está em movimento?
43. Qual é a diferença dos polos magnéticos dos ímãs comuns de geladeira e dos ímãs em barra comuns?
44. Um amigo lhe diz que a porta de um refrigerador, abaixo da camada de plástico branco, é feita de alumínio. Como você poderia testar isso para saber se é verdade sem arranhar a porta?
45. Por que os ímãs permanentes não são, de fato, permanentes?
46. Por que qualquer um dos polos de um ímã atrai um clipe de papel?
47. Quando está em um campo magnético, um clipe de papel consegue atrair outros clipes. Por que o clipe continua a atraí-los depois que o campo magnético é removido?
48. Sabemos que, no hemisfério norte, uma bússola aponta para o norte porque a Terra é um gigantesco ímã. O norte da agulha da bússola apontará na direção norte quando a bússola for levada para o hemisfério sul?
49. Em que posição uma espira conduzindo uma corrente pode ser colocada em um campo magnético de maneira que ela não tenda a girar?
50. Um certo ímã A tem um campo duas vezes mais intenso do que o de outro ímã B (a uma mesma distância) e, a uma certa distância, atrai o ímã B com 50 N de força. Com qual valor de força o ímã B atrai o ímã A?
51. Na Figura 24.15, vemos um ímã exercendo uma força sobre um fio conduzindo uma corrente. O fio também exerce uma força sobre o ímã? Justifique sua resposta.
52. Um ímã forte atrai um clipe para papéis com um certo valor de força. O clipe também exerce uma força sobre o ímã forte? Se sua resposta for negativa, qual é a razão? Se for positiva, então responda: o clipe exerce tanta força sobre o ímã quanto este exerce sobre o clipe? Justifique suas respostas.
53. Um fio condutor de corrente tem a orientação de sul para norte. Quando uma agulha de bússola for colocada abaixo ou acima dele, em que direção e sentido apontará a agulha? (Hans Christian Oersted mudou o mundo com essa demonstração de sala de aula em 1820.)
54. Um ímã supercondutor usará menos energia elétrica do que um eletroímã tradicional com fios de cobre de mesma intensidade de campo? Justifique sua resposta.
55. Quando os navios de ferro da marinha são construídos, a localização do estaleiro e a orientação do navio enquanto esteve no estaleiro são gravadas numa placa de bronze fixada permanentemente ao navio. Por quê?
56. Um feixe de elétrons atravessa um campo magnético sem ser desviado. O que se pode concluir acerca da orientação do feixe em relação ao campo magnético? (Desconsidere outros campos.)
57. Um elétron em repouso em um campo magnético pode ser colocado em movimento por esse campo? E se ele estivesse em repouso em um campo elétrico?
58. Um próton descreve uma trajetória circular perpendicular a um campo magnético constante. Se a intensidade do campo do ímã aumentar, o diâmetro da trajetória circular aumentará, diminuirá ou se manterá inalterado?
59. Duas partículas carregadas são lançadas na presença de um campo magnético perpendicular às suas velocidades. Se as partículas são desviadas em sentidos opostos, o que se pode afirmar sobre elas?
60. Um campo magnético pode desviar um feixe de elétrons, mas não pode causar uma variação na sua rapidez. Por quê?
61. Diz-se que no interior de um laboratório existe um campo elétrico ou um magnético, mas não ambos. Quais experimentos poderiam ser realizados para determinar que tipo de campo está presente no recinto?
62. Por que moradores do norte do Canadá são bombardeados por raios cósmicos mais intensos do que os moradores do México?
63. Em um espectômetro de massa (Figura 34.14), íons são direcionados para o interior de um campo magnético, onde descrevem curvas ao redor das linhas do campo e acabam colidindo com um detector. Se uma variedade de átomos ionizados se deslocasse com a mesma rapidez através de um campo magnético, você esperaria que todos eles fossem desviados da mesma maneira? Ou íons diferentes seriam desviados diferentemente? Justifique sua resposta.
64. Quando estão se preparando para exames de IMR, por que os pacientes são avisados para retirar óculos de grau, relógios de pulso, joias e outros acessórios de metal?

PENSE E DISCUTA (AVALIAÇÃO)

65. Seu camarada de estudo afirma que um elétron sempre experimenta uma força em um campo elétrico, mas nem sempre em um campo magnético. Você concorda com ele? Por quê?
66. Uma "bússola de inclinação magnética" é um pequeno ímã montado num eixo horizontal, de modo que possa girar na vertical (como a agulha de uma bússola gira lateralmente). Em que lugar da Terra a agulha se inclinará, ficando quase na posição vertical? Em que lugar ela ficará quase na horizontal?
67. Seu colega lhe diz que, quando uma bússola atravessa a linha do equador, sua agulha gira e passa a apontar no sentido oposto. Outro colega lhe diz que isso não é verdadeiro, que as pessoas no hemisfério sul usam o polo sul da bússola para apontar para o polo mais próximo. Você é o próximo: o que você diz?
68. Um cíclotron é um aparelho usado para acelerar partículas carregadas até velocidades muito elevadas, enquanto elas seguem uma trajetória que se expande em espiral. As partículas carregadas estão submetidas tanto a um campo elétrico quanto a um campo magnético. Um desses campos aumenta a rapidez das partículas, enquanto o outro as faz seguir uma trajetória curva. Qual campo desempenha cada função?

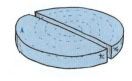

69. Um campo magnético pode desviar um feixe de elétrons, mas é incapaz de alterar a energia cinética dos elétrons. Por quê?
70. Quando uma corrente percorre as espiras de uma mola helicoidal, esta se contrai como se fosse comprimida. Qual é a sua explicação para o fato?
71. Se você tivesse em suas mãos nada além de duas barras de ferro, uma magnetizada e outra não, como poderia determinar qual delas é o ímã?

CAPÍTULO 24 — Exame de múltipla escolha

Escolha a melhor resposta entre as alternativas:

1. Um ímã de barra de ferro recebe uma pequena carga elétrica. Em torno da barra carregada há:
   a. um campo magnético.
   b. um campo elétrico.
   c. um campo gravitacional.
   d. todas as anteriores.

2. A direção das linhas de campo magnético em torno de um fio condutor de corrente:
   a. estende-se radialmente a partir do fio.
   b. forma espiras fechadas ao redor do fio.
   c. ambas as anteriores.
   d. nenhuma das anteriores.

3. Quando um fio condutor de corrente é curvado para formar uma espira, o campo magnético dentro da espira:
   a. enfraquece.
   b. ganha força.
   c. é cancelado.
   d. nenhuma das anteriores.

4. A intensidade do campo magnético dentro de uma bobina condutora de corrente é maior quando esta envolve:
   a. um vácuo.
   b. uma haste de madeira.
   c. uma haste de vidro.
   d. uma haste de ferro.

5. Em qual campo de força estável um próton pode ser colocado em repouso sem ser acelerado?
   a. Um campo magnético.
   b. Um campo elétrico.
   c. Ambas as anteriores.
   d. Nenhuma das anteriores.

6. O campo magnético da Terra afeta raios cósmicos ao:
   a. desviá-los.
   b. reduzir suas rapidezes.
   c. absorvê-los.
   d. nenhuma das anteriores.

7. Nenhuma força magnética atua sobre um fio condutor de corrente quando este:
   a. conduz uma corrente muito pequena.
   b. está perpendicular ao campo magnético.
   c. ambas ou qualquer uma das alternativas anteriores.
   d. nenhuma das anteriores.

8. Quando um galvanômetro é calibrado para medir diferenças de potencial, este se transforma em:
   a. um amperímetro.
   b. um voltímetro.
   c. um ohmímetro.
   d. nenhuma das anteriores.

9. Como a força magnética sobre um elétron em movimento é sempre perpendicular à direção do seu movimento, a força magnética não pode alterar a _____ de um elétron.
   a. rapidez.
   b. direção.
   c. rapidez e direção.
   d. nenhuma das anteriores.

10. Se um ímã produz uma força sobre um fio condutor de corrente, este:
    a. provavelmente esquenta.
    b. pode produzir uma força sobre o ímã.
    c. produz uma força sobre o ímã.
    d. nenhuma das anteriores.

Respostas e explicações das perguntas do Exame de múltipla escolha

1. (d): Todos! O ímã de barra tem um campo magnético ao seu redor. Tem massa, com um campo gravitacional ao seu redor. Está eletricamente carregado, então há um campo elétrico. Vemos três tipos de campos de força, então a resposta é (d). 2. (b): Por definição, a opção (b) está correta; um fio condutor de corrente cria espiras fechadas de campos magnéticos ao seu redor. Os campos elétricos em torno de cargas puntiformes, por outro lado, seguem trajetórias lineares. 3. (b): Em todos os campos (elétrico, gravitacional e magnético), a intensidade é proporcional à densidade das linhas de campo. Quando uma seção de fio condutor de corrente é curvada, as linhas são concentradas, o que fortalece o campo magnético dentro da espira. 4. (d): Já existe um campo magnético dentro de uma espira condutora de corrente. Quando uma haste de ferro é inserida na espira, os domínios na haste são alinhados pelo campo que já está presente na espira. Os dois se somam, resultando em maior intensidade de campo; a madeira e o vidro, por não terem domínios magnéticos, não fariam o mesmo. 5. (a): Estar *em repouso* é essencial para a questão. Um próton (ou elétron) em repouso sente uma força em um campo elétrico, mas não em um campo magnético. Um próton (ou elétron) em movimento SENTE uma força em um campo magnético e uma aceleração resultante – em ambos os campos. 6. (a): Os raios cósmicos, ou partículas carregadas energéticas vindas do espaço sideral, são refletidos pelo campo magnético da Terra, assim como feixes de elétrons são desviados das suas trajetórias em laboratório. O campo não os desacelera ou absorve. Curiosamente, algumas dessas partículas desviadas ficam presas no cinturão de Van Allen. 7. (d): A força magnética em um fio condutor de corrente depende da orientação do fio. Quando um fio condutor de corrente está perpendicular ao campo magnético, a força magnética é máxima. Quando paralelo e alinhado com o campo magnético, a força é zero. Como nenhuma das opções descreve essa situação, a resposta correta é nenhuma das anteriores. 8. (b): Um amperímetro mede a corrente elétrica. Um voltímetro mede a voltagem, outro termo para a diferença de potencial. Um ohmímetro mede ohms, a quantidade de resistência elétrica. Assim, calibrar para diferença de potencial significa calibrar para voltagem, então a resposta é claramente (b). 9. (a): Uma força perpendicular significa que não há componente de força na direção do movimento para acelerar ou desacelerar um elétron. A força pode variar em direção, mas não em rapidez. Isso significa que nenhuma força magnética realiza trabalho sobre o elétron. 10. (c): A terceira lei de Newton é, para e simplesmente, um alicerce de todos os ramos da física. Lembre-se que, para toda força aplicada, há sempre uma força de reação de mesma magnitude e sentido contrário. O ímã empurra o fio, o fio empurra o ímã. Com certeza, nada de *pode*.

25
Indução eletromagnética

- 25.1 Indução eletromagnética
- 25.2 A lei de Faraday
- 25.3 Geradores e corrente alternada
- 25.4 Produção de energia
  - Turbogerador de energia
  - Energia MHD
- 25.5 Transformadores
- 25.6 Autoindução
- 25.7 Freio magnético
- 25.8 Transmissão de energia
- 25.9 Campo de indução

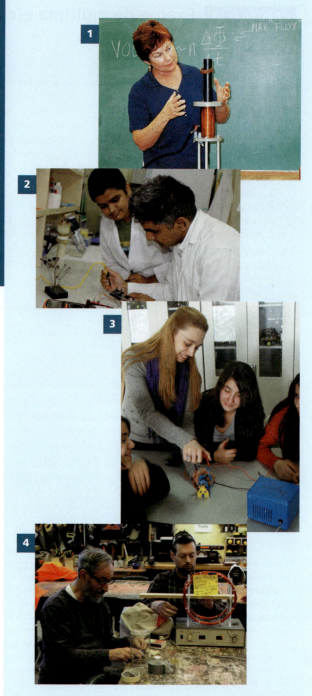

1 Jean Curtis discute com os alunos o porquê de um aro de cobre levitar em torno do núcleo de ferro do eletroímã. **2** Marshal Dhayal e seu filho Einstein brincam com a interação entre eletricidade e magnetismo. **3** Z. Tugba Kahyaoglu demonstra a seus alunos de que forma um ímã afeta o giro de um rotor quando ela inverte a sua polaridade. **4** Dan Sudran, fundador do Mission Science Workshop, e Bart Evans, coordenador de desenvolvimento, reaproveitam equipamentos doados para o uso pelas centenas de estudantes curiosos que eles atendem em San Francisco, Califórnia.

Em épocas anteriores, as maiores contribuições à ciência eram feitas por homens de posses financeiras. Pessoas com pouco ou nenhum dinheiro eram atarefadas demais em ganhar a vida para poder despender o tempo requerido para uma investigação científica séria.

Michael Faraday foi um dos quatro filhos de James Faraday, um ferreiro de vila no sudoeste de Londres. Michael teve apenas uma educação escolar básica e acabou praticamente se autoeducando. Aos 13 anos, tornou-se aprendiz de um encadernador e, durante seus sete anos de aprendizagem, leu muitos livros na oficina. Michael era muito interessado por ciências, especialmente pela eletricidade. Em 1812, no final do aprendizado sobre encadernação e com 20 anos de idade, Faraday assistiu algumas palestras dadas pelo químico mundialmente famoso Sir Humphry Davy, membro da Royal Institution e da Royal Society. Ele tomava notas detalhadas durante as palestras, que depois reuniu na forma de um livro com mais de 300 páginas e o enviou a Davy. Este ficou muito impressionado e parabenizou Faraday, embora, de início, ele o tenha aconselhado a permanecer como encadernador. Porém, no ano seguinte, quando o assistente de Davy foi despedido por causa de brigas, Davy convidou Faraday para substituí-lo. Na rígida sociedade de classes inglesa da época, Faraday não era considerado um cavalheiro. Quando Davy viajou pelo continente europeu por 18 meses com sua nova esposa, Faraday foi junto, mas viajava no lado de fora da carruagem e fazia suas refeições com os criados, pois a esposa de Davy recusou-se a tratá-lo como um igual. Apesar disso, Faraday teve então uma oportunidade de se encontrar com a elite científica da Europa e obteve ideias estimulantes.

Faraday veio a ser um dos mais importantes cientistas experimentais da época. Ele fez descobertas significativas na química, na eletrólise e, principalmente, na eletricidade e no magnetismo. Em 1831, fez sua mais notável descoberta. Ao mover um ímã para o interior de espiras de fio, induziu nelas uma corrente elétrica. Isso é o que se chama de *indução eletromagnética*, fenômeno coincidentemente descoberto mais ou menos na mesma época, na América do Norte, por Joseph Henry (o isolamento do fio que Henry usou para as espiras foi lacrimosamente doado por sua esposa, que sacrificou parte de seu vestido de casamento, feito de seda, para revestir os fios). Naquela época, a única maneira de produzir uma corrente elétrica substancial era por meio de baterias. A indução eletromagnética deu início à era da eletricidade.

As habilidades matemáticas de Faraday eram limitadas à álgebra elementar e não iam além da trigonometria. Por isso, ele costumava exprimir suas ideias pictoricamente e com linguagem simples. Faraday visualizava os efeitos elétricos e magnéticos exprimindo-os em termos de "linhas de força". Agora, nós as chamamos de linhas de campo elétrico e de campo magnético, e elas se mantêm como ferramentas úteis na ciência e na engenharia.

Faraday recusou-se a participar da produção de armas químicas para a Guerra da Crimeia, alegando razões éticas. Ele era profundamente religioso e conheceu sua mulher, Sarah Barnard, em uma igreja. O casal não teve filhos. Faraday foi eleito membro de sociedades prestigiosas e, nos últimos anos da vida, adquiriu um alto *status* científico. Ele rejeitou ser condecorado e, por duas vezes, recusou-se a ser presidente da Royal Society. Ele trabalhou arduamente em projetos de serviços para companhias privadas e para o governo britânico – melhorou a segurança nas minas e inventou novas maneiras de operar faróis de navegação e controlar a poluição. Pode-se dizer que Faraday foi um dos primeiros ambientalistas.

A unidade de capacitância elétrica, o farad, recebeu esse nome em homenagem a Faraday. Ele faleceu com 75 anos, em 1867. Antes da morte, rejeitou ser sepultado na Abadia de Westminster. Lá existe uma placa memorial a ele, próxima à tumba de Isaac Newton. Em vez de Westminster, ele foi sepultado em um lote na igreja que costumava frequentar.

25.1 Indução eletromagnética

Faraday e Henry descobriram que a corrente elétrica pode ser produzida em um fio simplesmente movendo-se um ímã para dentro ou para fora das espiras de uma bobina (Figura 25.1). Não era necessário para isso qualquer bateria ou outra fonte de voltagem – apenas o movimento do ímã em relação à bobina. Esse fenômeno da indução de uma força eletromotriz (f.e.m.) pela variação do campo magnético em espiras de fio é chamado de **indução eletromagnética**. A força eletromotriz é causada, ou *induzida*, pelo movimento relativo entre um fio e um campo magnético. A força eletromotriz é induzida se o campo magnético de um ímã se move próximo a um fio condutor estacionário, ou se o fio move-se em um campo magnético estacionário (Figura 25.2).

Quanto maior for o número de espiras de fio que se movem no campo magnético, maior será a força eletromotriz induzida (Figura 25.3). Empurrar o ímã para dentro de uma bobina com duas vezes mais espiras induzirá uma força eletromotriz duas

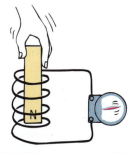

FIGURA 25.1 Quando o ímã é repentinamente empurrado para o interior da bobina, aparece nesta uma força eletromotriz induzida, e as cargas no seu fio são colocadas em movimento.

532 PARTE V Eletricidade e magnetismo

FIGURA 25.2 Uma força eletromotriz é induzida na espira quando o campo magnético se move através do fio ou quando o fio se move através do campo magnético.

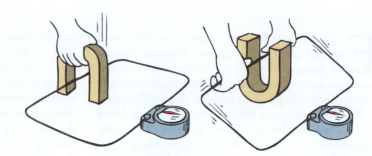

vezes maior; empurrá-lo para dentro de uma bobina com dez vezes mais espiras induzirá uma força eletromotriz dez vezes maior; e assim por diante. É possível ver que se consegue algo (a energia) simplesmente aumentando o número de espiras de uma bobina. No entanto, se a bobina estiver conectada a um resistor ou outro dispositivo dissipador de energia, não conseguiremos fazer isso tão facilmente: descobriremos que é mais difícil empurrar o ímã para dentro de uma bobina que tenha mais espiras.

FIGURA 25.3 Se um ímã for subitamente empurrado para dentro de uma bobina com duas vezes mais espiras do que outra, então uma força eletromotriz duas vezes maior será induzida na bobina com mais espiras. Se o ímã for empurrado para dentro de uma bobina com três vezes mais espiras, então uma força eletromotriz três vezes maior aparece induzida nela.

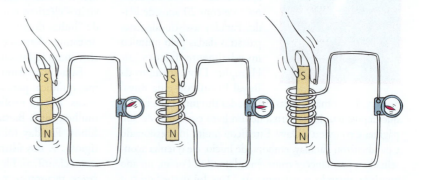

A razão para isso é que a força eletromotriz induzida faz circular uma corrente, que faz funcionar um eletroímã, que repele o ímã empurrado pela mão. Mais espiras significa mais força eletromotriz, que significa que é necessário realizar mais trabalho para induzi-la (Figura 25.4). O valor da força eletromotriz induzida depende de quão rapidamente as linhas de campo magnético estão entrando ou saindo da bobina. Um movimento muito lento dificilmente produzirá qualquer força eletromotriz. Um movimento rápido produz uma força eletromotriz maior.

A indução eletromagnética está sempre ao nosso redor. Numa estrada, ela aciona um semáforo quando um carro passa acima – e altera o campo magnético dentro – das espiras de fio que estão abaixo da superfície da rodovia. Os carros híbridos a utilizam para converter parte da energia que seria dissipada durante o freamento em energia elétrica para suas baterias. Temos a indução eletromagnética em uso nos sistemas de segurança dos aeroportos, quando passamos por detectores de metal e, se estivermos portando alguma quantidade significativa de ferro, o campo magnético das espiras se alterará e disparará um alarme. Nós a empregamos no caixa eletrônico, quando passamos um cartão com tarja magnética no leitor. Como veremos no final deste capítulo e no início do seguinte, ela está por trás das ondas eletromagnéticas que chamamos de luz.

FIGURA 25.4 É mais difícil empurrar o ímã para dentro de uma bobina com mais espiras, porque o campo magnético gerado pela corrente em cada espira oferece resistência à movimentação do ímã.

Alterando-se o campo magnético no interior de uma espira fechada, induz-se uma força eletromotriz. Se a espira for um condutor elétrico, então será induzida uma corrente.

PAUSA PARA TESTE

A indução eletromagnética (IEM) constitui uma fonte de energia?

VERIFIQUE SUA RESPOSTA

Não. A IEM não constitui uma fonte de energia, e sim um método para transformar energia mecânica em energia elétrica. Algum trabalho deve ser realizado para produzir energia por IEM.

25.2 A lei de Faraday

A indução eletromagnética é resumida pela **lei de Faraday**, a qual estabelece que:[1]

> **A força eletromotriz induzida em uma bobina é proporcional ao produto do número de espiras pela área da seção transversal de cada espira e pela taxa com a qual o campo magnético varia no interior das espiras.**

O valor da *corrente* produzida pela indução eletromagnética depende não apenas da força eletromotriz induzida, mas também da resistência da própria bobina e do circuito ao qual ela está ligada.[2] Por exemplo, podemos empurrar bruscamente um ímã para dentro e para fora de uma espira de borracha e de outra feita de cobre. A força eletromotriz induzida em cada uma é a mesma, desde que as espiras tenham mesma forma e tamanho e que o ímã se mova com a mesma rapidez nos dois casos. No entanto, a corrente será completamente diferente. Os elétrons da borracha sentirão o mesmo campo elétrico sentido pelos elétrons do cobre, mas suas ligações com os átomos fixos da borracha os impedem de se movimentar livremente pelo material, como ocorre com os elétrons do cobre.

Mencionamos duas maneiras pelas quais a força eletromotriz pode ser induzida em uma espira de fio: movendo a espira através do campo magnético de um ímã próximo ou movendo um ímã próximo à espira. Existe ainda uma terceira maneira: alterando a corrente em uma espira localizada próximo. Esses três casos têm o mesmo ingrediente essencial que caracteriza a lei de Faraday: um campo magnético variável no interior da espira.

FIGURA 25.5 Os captadores de guitarra são ímãs minúsculos cercados de espiras sob as cordas do instrumento. Quando as cordas vibram, uma força eletromotriz é induzida nas espiras e reforçada por um amplificador, e o som é produzido por um alto-falante.

psc

- Existem lanternas que não precisam de baterias, pois funcionam com o balanço. Pegue uma lanterna dessas e a sacuda por uns 30 segundos: ela lhe dará uma iluminação brilhante por cerca de 5 minutos. Nesse caso, ocorre indução eletromagnética enquanto um ímã interno desliza para a frente e para trás entre espiras ligadas a um capacitor. Quando o brilho começa a diminuir, basta sacudir novamente. Você proverá a energia para recarregar o capacitor.

PAUSA PARA TESTE

1. Um sistema de segurança simples é composto de um circuito elétrico em miniatura sobre uma porta e um pequeno ímã próximo, preso ao marco. Como é gerada uma corrente elétrica quando a porta é aberta ou fechada?
2. Ao empurrar um ímã para o interior de uma bobina ligada a um resistor, como mostrado na Figura 25.4, você experimentará uma força que resiste ao empurrão aplicado. Por que essa resistência é maior em uma bobina com mais espiras?

VERIFIQUE SUA RESPOSTA

1. O campo magnético do ímã estende-se a uma bobina no sistema. O campo na bobina varia quando a porta se move, induzindo corrente elétrica. Não é necessário usar baterias, pois a energia necessária vem do próprio movimento da porta. É uma aplicação simples da lei de Faraday.
2. Simplesmente porque uma quantidade maior de trabalho será necessária para fornecer mais energia a ser dissipada pela corrente no resistor. Você também pode encarar isso de outra maneira: quando você empurra o ímã para dentro da bobina, você faz com que a bobina se transforme num ímã (um eletroímã). Quanto mais espiras houver na bobina, mais forte será o eletroímã produzido, e mais força ele fará contra o ímã que você está empurrando. (Se a bobina, que é um eletroímã, atraísse o ímã em vez de repeli-lo, energia estaria sendo criada do nada, e a lei da conservação da energia estaria sendo violada. Portanto, a bobina deve repelir o ímã.)

Quando se pisa no freio de um carro híbrido, o motor elétrico torna-se um gerador e passa a carregar a bateria.

---

[1] Em forma de equação,

$$\text{Força eletromotriz induzida} \times \text{número de espiras} \times \text{área de cada espira} \times \frac{\Delta \text{campo magnético}}{\Delta \text{tempo}}$$

[2] A corrente depende também da "indutância" da bobina. A indutância mede a tendência da bobina de resistir a alterações na corrente, porque o magnetismo produzido por uma parte da bobina se opõe à variação de corrente em outras de suas partes. Em circuitos CA, a indutância é similar à resistência e depende da frequência da fonte CA e do número de espiras na bobina. Não iremos abordar esse assunto aqui.

534 PARTE V Eletricidade e magnetismo

25.3 Geradores e corrente alternada

Quando você mergulha um ímã em barra para dentro e para fora de uma bobina repetidamente, o sentido da corrente induzida se alterna. Quando a intensidade do campo magnético no interior da bobina está aumentando (quando o ímã entra na bobina), a força eletromotriz nela induzida está orientada de uma certa maneira. Quando a intensidade do campo magnético está diminuindo (quando o ímã sai da bobina), a força eletromotriz induzida aparece no sentido oposto. A frequência de alternância da força eletromotriz induzida é igual à frequência de variação do movimento de mergulho.

É mais prático induzir uma força eletromotriz movimentando uma bobina em vez de um ímã. Isso pode ser feito girando a bobina dentro de um campo magnético estacionário (Figura 25.6). Esse arranjo constitui um **gerador**. A construção de um gerador é, em princípio, idêntica à de um motor. Elas parecem a mesma coisa; apenas os papéis de entrada e saída é que estão trocados. Num gerador, a energia mecânica está na entrada, e a energia elétrica, na saída; num motor, é a energia elétrica que está na entrada e a energia mecânica, na saída. Ambos os aparelhos simplesmente convertem energia de uma forma para outra.

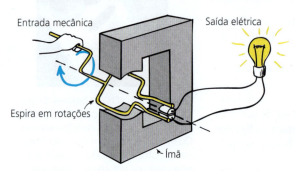

FIGURA 25.6 O esquema básico de um gerador. A força eletromotriz é induzida na espira quando ela é girada dentro do campo magnético do ímã permanente.

Um pouco de reflexão nos mostra que a física por trás dos motores e dos geradores é a mesma (Figura 25.7). Quando um fio dentro de um campo magnético sofre uma força devido a uma corrente no fio, temos o *efeito motor*. A energia elétrica transforma-se em energia mecânica. Quando um fio é empurrado para dentro de um campo magnético, as cargas elétricas dentro do fio sofrem uma força defletora em uma direção paralela ao fio. Esse é o *efeito gerador*. Gera-se corrente! A energia mecânica transforma-se em energia elétrica. Esses efeitos estão resumidos nas partes (a) e (b) da figura (onde, por convenção, as setas que representam a corrente e a força aplicam-se à carga positiva). Estude-os. Você percebe a relação entre os dois efeitos?

Podemos ver um ciclo de indução eletromagnética na Figura 25.8. Observe que, quando a espira é girada no campo magnético, ocorre uma variação do número de linhas de campo magnético que atravessam a espira. Quando o plano da espira for perpendicular às linhas do campo, um número máximo dessas linhas atravessará o interior da espira. Quando a espira gira, ela efetivamente "corta" as linhas, de modo que uma quantidade menor de linhas fica dentro da espira. Quando o plano da espira fica paralelo às linhas de campo, nenhuma linha atravessa o plano da espira. A rotação contínua corta as linhas de campo envolvidas pela espira ciclicamente, e o máximo da taxa de variação do número de linhas envolvidas ocorre quando esse número é nulo. Portanto, a força eletromotriz induzida é máxima quando a espira está paralela ao campo. Como a força eletromotriz produzida pelo gerador se alterna, a corrente gerada é do tipo CA, ou seja, uma corrente alternada.[3] A corrente

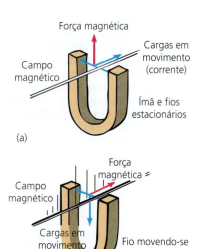

FIGURA 25.7 (a) O efeito motor: quando uma corrente flui pelo fio, uma força perpendicular e direcionada para cima atua sobre os elétrons. Se não existir um caminho condutor na parte superior ao fio, este será forçado para cima, junto com os elétrons. (b) O efeito gerador: quando um fio condutor, inicialmente sem corrente, é movimentado para baixo, os elétrons do fio experimentam uma força defletora perpendicular aos seus movimentos, o que produz uma corrente.

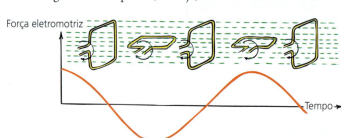

FIGURA 25.8 Quando a espira gira, a força eletromotriz (e a corrente) induzida varia em valor e sentido. Uma rotação completa da espira produz um ciclo completo da força eletromotriz (e da corrente).

---

[3] Com escovas metálicas apropriadas e por outros meios, a CA da(s) espira(s) pode ser convertida para CC e, com isso, obtemos um gerador de CC.

alternada em nossas residências é produzida por geradores padronizados, de modo que a corrente muda de sentido 60 vezes a cada segundo – 60 hertz.

> **PAUSA PARA TESTE**
>
> 1. Quando a espira da Figura 25.8 é girada no campo magnético, é induzida uma força eletromotriz na espira. Por quê? Seria porque o fio move-se perpendicularmente às linhas do campo magnético? Ou porque a intensidade do campo magnético envolvido pela espira varia à medida que esta gira?
> 2. Quando é necessário realizar trabalho para obter energia por IEM?
>
> **VERIFIQUE SUA RESPOSTA**
>
> 1. Ambos. As duas explicações são equivalentes.
> 2. Sempre. As espiras de fio de qualquer campo magnético precisam de uma fonte de energia para gerar rotação.

25.4 Produção de energia

Cinquenta anos após Michael Faraday e Joseph Henry terem descoberto a indução eletromagnética, Nikola Tesla e George Westinghouse usaram essas descobertas para fins práticos e mostraram ao mundo que a eletricidade poderia ser gerada com segurança e em quantidades suficientes para iluminar cidades inteiras.

Para fazer uma grande descoberta, não basta estar no lugar certo na hora certa – a curiosidade e o trabalho duro também são importantes.

Turbogerador de energia

Tesla construiu geradores muito parecidos com os que usamos ainda hoje – mas um pouco mais complicados do que o modelo básico que discutimos na seção anterior. O gerador de Tesla tinha um *rotor* (ou *armadura*) – um núcleo de ferro com fios de cobre enrolados ao seu redor – construído de modo a poder girar no interior de um campo magnético intenso, acionado por uma turbina. Essa turbina era girada pela energia de uma queda d'água ou por vapor. As espiras giratórias do rotor se movimentam através do campo magnético que circunda um eletroímã, produzindo força eletromotriz e corrente alternada.

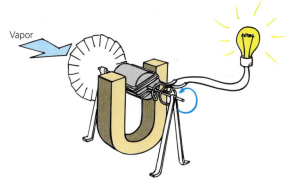

FIGURA 25.9 O vapor faz a turbina, que está acoplada ao rotor do gerador, girar. A água em queda também faz turbinas girarem.

Podemos encarar esse processo de um ponto de vista atômico. Quando os fios condutores do rotor giratório atravessam o campo magnético, forças magnéticas contrárias atuam sobre suas cargas positivas e negativas. Os elétrons respondem a essa força deslocando-se momentaneamente e relativamente livres em um sentido através da rede cristalina do cobre; os átomos de cobre, que, na realidade, são íons positivos, são forçados no sentido oposto. Como os íons estão firmemente presos à rede, entretanto, eles dificilmente entram em movimento. Apenas os elétrons se movimentam, deslocando-se para a frente e para trás, alternadamente, a cada rotação do rotor. A energia associada a esse movimento alternado dos elétrons é coletada nos terminais do gerador.

Energia MHD

Um aparelho interessante, semelhante a um turbogerador, é o gerador MHD (do inglês *magnetohydrodynamic*, ou magneto-hidrodinâmico), desprovido de turbina e de rotor. Em vez de fazer as cargas se movimentarem em um campo magnético pelo giro do rotor, um plasma formado por íons positivos e elétrons se expande depois de passar por uma abertura estreita e se move com uma velocidade supersônica através de um campo magnético. Como o rotor de um turbogerador, o movimento das cargas pelo campo magnético dá origem a uma força eletromotriz e a um escoamento de corrente, de acordo com a lei de Faraday da indução. Enquanto

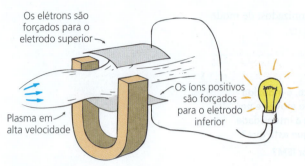

FIGURA 25.10 Um gerador MHD simplificado. Forças com sentidos opostos atuam sobre as partículas positivas e negativas do plasma que se move em alta velocidade através do campo magnético. O resultado é uma diferença de força eletromotriz entre os dois eletrodos. A corrente, então, flui de um eletrodo ao outro por meio de um circuito externo ao gerador. Não existem partes móveis; apenas o plasma se move. Na prática, são utilizados eletroímãs supercondutores.

num gerador convencional escovas metálicas coletam e levam a corrente para o circuito externo, num gerador MHD a mesma função é realizada por placas condutoras, ou *eletrodos* (Figura 25.10). Diferentemente de um turbogerador, o gerador MHD pode funcionar a qualquer temperatura na qual o plasma é aquecido, seja por combustão ou por processos nucleares. Uma temperatura alta resulta num alto rendimento, o que significa mais potência fornecida a partir de uma mesma quantidade de combustível, havendo menos perda de calor. O rendimento pode ser reforçado ainda mais se o calor "rejeitado" for usado para transformar água em vapor e fazer funcionar a turbina de um gerador convencional.

Essa substituição das bobinas de cobre dos rotores dos geradores por um fluxo de plasma tornou-se operacional apenas recentemente, porque a tecnologia para produzir plasmas a temperaturas suficientemente altas ainda é nova. As usinas atuais usam um plasma em alta temperatura formado pela combustão de combustíveis fósseis no ar ou no oxigênio.[4]

É importante entender que nenhum gerador produz energia – eles simplesmente convertem energia de alguma outra forma em energia elétrica. Como vimos no Capítulo 7, a energia de uma fonte, seja ela fóssil, nuclear, eólica ou hidráulica, é convertida em energia mecânica para fazer girar uma turbina. O gerador trata de converter a maior parte dessa energia em energia elétrica.

> **PAUSA PARA TESTE**
>
> A eletricidade é uma fonte primária de energia? A potência elétrica é uma fonte de energia?
>
> **VERIFIQUE SUA RESPOSTA**
>
> Absolutamente não! É importante perceber que nenhum desses é uma fonte de energia. A eletricidade é uma espécie de *condutor* de energia que precisa de uma fonte primária, como o Sol, o vento, a água ou combustíveis fósseis.

25.5 Transformadores

A energia elétrica pode ser levada por fios compridos, e agora veremos como ela pode ser levada através do espaço vazio. A energia pode ser transferida de um aparelho para outro com o arranjo simples da Figura 25.11. Observe que uma das bobinas está ligada a uma bateria, e a outra, a um galvanômetro. É costume nos referirmos à bobina conectada à fonte de potência como *primário* (entrada) e ao outro circuito como *secundário* (saída). Assim que a chave for fechada no primário e a corrente começar a circular pela correspondente bobina, também surgirá uma corrente no secundário – mesmo não existindo uma conexão material entre as duas bobinas. No secundário, entretanto, a corrente flui por um breve instante. Quando a chave do primário é aberta, novamente se registra uma breve passagem de corrente no secundário, mas em sentido contrário.

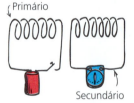

FIGURA 25.11 Sempre que a chave do primário é aberta ou fechada, uma força eletromotriz é induzida no circuito secundário.

Esta é a explicação: surge um campo magnético ao redor do primário quando a corrente começa a circular na sua bobina. Isso significa que o campo magnético está crescendo (isto é, *variando*) em torno do primário. No entanto, como as bobinas estão próximas, esse campo variável estende-se até a bobina do secundário, induzindo nela uma força eletromotriz. Essa força eletromotriz induzida é apenas momentânea, pois quando a corrente no primário e o campo gerado por ela alcançam um estado

---

[4] Temperaturas mais baixas são suficientes quando o fluido eletricamente condutor for um metal líquido, geralmente o lítio. Um sistema gerador de energia MHD com metal líquido é conhecido como um sistema gerador LMMHD.

estacionário – ou seja, quando o campo magnético deixa de variar, deixa de existir a força eletromotriz induzida no secundário. Contudo, quando a chave for desligada, a corrente no primário cairá a zero. O campo magnético próximo às espiras do enrolamento cai a zero, induzindo assim uma força eletromotriz no enrolamento secundário, que sente a variação. *Variação* é a palavra-chave. Vemos que uma força eletromotriz é induzida sempre que um campo magnético estiver *variando* através da bobina, independentemente do motivo.

Se você colocar um núcleo de ferro dentro das bobinas primária e secundária da Figura 25.11, o campo magnético dentro do primário será intensificado pelo alinhamento que ocorrerá nos domínios magnéticos. O campo se estende até o secundário. Com isso você tem um **transformador** (Figura 25.12), um dispositivo para transformar a potência elétrica de uma bobina para outra por meio da indução eletromagnética. Em vez de abrir ou fechar essa chave para produzir a variação do campo magnético, uma corrente alternada pode ser usada para alimentar o primário. Então, a variação do campo magnético é contínua. A variação é contínua. Além disso, a frequência das variações periódicas do campo magnético é igual à frequência da corrente alternada. Um arranjo mais eficiente de um transformador está mostrado na Figura 25.13.

FIGURA 25.12 Um transformador básico.

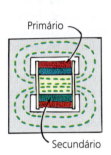

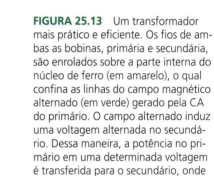

FIGURA 25.13 Um transformador mais prático e eficiente. Os fios de ambas as bobinas, primária e secundária, são enrolados sobre a parte interna do núcleo de ferro (em amarelo), o qual confina as linhas do campo magnético alternado (em verde) gerado pela CA do primário. O campo alternado induz uma voltagem alternada no secundário. Dessa maneira, a potência no primário em uma determinada voltagem é transferida para o secundário, onde aparece numa voltagem diferente

PAUSA PARA TESTE

1. O que exatamente um transformador *transfere*? E o que ele *transforma*?
2. Quando a chave do primário da Figura 25.11 é aberta ou fechada, o galvanômetro no secundário registra uma corrente. No entanto, quando a chave permanece fechada, não se registra corrente alguma no galvanômetro. Por quê?

VERIFIQUE SUA RESPOSTA

1. A energia é transferida de um conjunto de bobinas para outro. A força eletromotriz é transformada de um valor para outro entre os conjuntos de bobinas.
2. Quando a chave permanece fechada, existe uma corrente constante ou estacionária no primário e um campo magnético estacionário em torno da bobina. Esse campo se estende até o secundário, mas, a não ser que o campo *varie*, não ocorrerá indução eletromagnética no secundário.

A invenção dos transformadores transformou nossas vidas!

Se o primário e o secundário tiverem o mesmo número de espiras (normalmente chamadas de *voltas*), então as voltagens alternadas da entrada e da saída serão iguais. Contudo, se o secundário tiver mais voltas do que o primário, a força eletromotriz alternada produzida na bobina do secundário será maior do que a que existe no primário. Nesse caso, dizemos que a força eletromotriz foi *elevada*. Se o secundário tiver duas vezes mais voltas do que o primário, a força eletromotriz induzida no secundário será o dobro da do primário.

Podemos ver isso com os arranjos mostrados na Figura 25.14. Primeiro, considere o caso simples de uma única espira no primário, conectada a uma fonte alternada de 1 V, com uma única espira também no secundário, conectada a um voltímetro

538 PARTE V Eletricidade e magnetismo

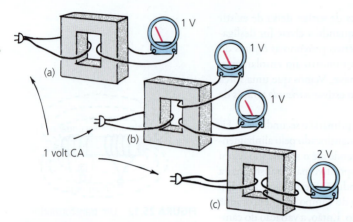
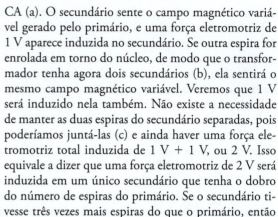

FIGURA 25.14 (a) A voltagem de 1 V induzida no secundário é igual à voltagem no primário. (b) Uma voltagem de 1 V também é induzida no secundário acrescentado, porque ele sente o mesmo campo magnético variável gerado pelo primário. (c) As voltagens de 1 V induzidas em cada um dos secundários de uma única espira são equivalentes a uma voltagem de 2 V induzida em um único secundário com duas voltas de fio.

CA (a). O secundário sente o campo magnético variável gerado pelo primário, e uma força eletromotriz de 1 V aparece induzida no secundário. Se outra espira for enrolada em torno do núcleo, de modo que o transformador tenha agora dois secundários (b), ela sentirá o mesmo campo magnético variável. Veremos que 1 V será induzido nela também. Não existe a necessidade de manter as duas espiras do secundário separadas, pois poderíamos juntá-las (c) e ainda haver uma força eletromotriz total induzida de 1 V + 1 V, ou 2 V. Isso equivale a dizer que uma força eletromotriz de 2 V será induzida em um único secundário que tenha o dobro do número de espiras do primário. Se o secundário tivesse três vezes mais espiras do que o primário, então uma força eletromotriz três vezes maior seria induzida nele. As forças eletromotriz elevadas por transformadores desse tipo podem acender uma lâmpada de neônio ou enviar potência elétrica a grandes distâncias.

Se o secundário tiver menos voltas do que o primário, a força eletromotriz alternada induzida no secundário será *menor* do que a que existe através do primário. Dizemos, então, que a força eletromotriz foi *abaixada*. Essa força eletromotriz mais baixa pode fazer funcionar com segurança um trem elétrico de brinquedo. Se o secundário tiver a metade do número de voltas do primário, então apenas a metade do valor da força eletromotriz do primário será induzida no secundário. Assim, a energia elétrica pode alimentar o primário a uma determinada força eletromotriz alternada e ser retirada do secundário a uma força eletromotriz alternada mais alta ou mais baixa, dependendo do número relativo de voltas de fio existentes nas bobinas do primário e do secundário. A relação entre as forças eletromotriz no primário e no secundário e o número relativo de voltas é dada por

$$\frac{\text{Força eletromotriz primária}}{\text{Número de espiras no primário}} = \frac{\text{Força eletromotriz secundária}}{\text{Número de espiras no secundário}}$$

Pode parecer que conseguimos algo a partir de nada com um transformador que eleva a força eletromotriz. Isso não é verdade, pois, de fato, a conservação da energia sempre regula o que pode acontecer. Quando a força eletromotriz é elevada, a corrente no secundário torna-se menor *do que a do primário*. O transformador realmente transfere a *energia* de uma bobina para a outra. Não se engane: não há meio de elevar a energia – isso é negado pela lei da conservação da energia. Um transformador eleva ou abaixa a força eletromotriz – sem alterar a energia. A taxa com a qual a energia está sendo transferida é chamada de *potência*. A potência usada no secundário foi fornecida pelo primário. A energia fornecida pelo primário é igual à que o secundário usa, de acordo com a lei da conservação da energia. Se forem desprezadas as pequenas perdas de energia devido ao aquecimento do núcleo, então teremos

Potência que entra no primário = potência que sai do secundário

A potência elétrica é igual ao produto da força eletromotriz pela corrente, de modo que podemos escrever

$$(\text{Força eletromotriz} \times \text{corrente})_{\text{primária}} = (\text{força eletromotriz} \times \text{corrente})_{\text{secundária}}$$

Vemos que, se for induzida uma força eletromotriz maior no secundário do que a do primário, sua corrente será menor do que a do primário. A facilidade com a qual as forças eletromotriz podem ser elevadas ou abaixadas com o emprego do transformador é a principal razão para que a maior parte da potência elétrica seja de CA em vez de CC.

FIGURA 25.15 O transformador comum de sua vizinhança tipicamente abaixa a voltagem de 2.200 V para os 220 V, de modo que ela possa ser usada em residências e pequenos negócios. Os 220 V podem ser reduzidos para 110 V, o que é mais seguro.

PAUSA PARA TESTE

1. Se 100 V de CA alimentam o primário de um transformador que tem 100 voltas, qual será a força eletromotriz de saída se o secundário tiver 200 voltas?
2. Supondo que a resposta para a questão anterior seja 200 V e que o secundário esteja ligado a uma lâmpada de holofote com resistência de 50 Ω, qual será a CA no circuito do secundário?
3. Qual é a potência no secundário?
4. Qual é a potência no primário?
5. Qual é a CA no primário?
6. A força eletromotriz foi elevada, enquanto a corrente foi abaixada. A lei de Ohm afirma que um aumento na força eletromotriz produz um aumento na corrente. Existe alguma contradição aqui ou a lei de Ohm não se aplica a circuitos que incluam transformadores?

Observe os transformadores existentes nos postes de sua vizinhança. Eles são os mediadores entre as usinas elétricas e os consumidores individuais, geralmente zunindo ao fazerem sua tarefa.

VERIFIQUE SUA RESPOSTA

1. A partir da relação $\frac{100\ V}{100\ \text{voltas do primário}} = \frac{x\ V}{200\ \text{voltas do secundário}}$, pode-se ver que $x = 200$ V.
2. A partir da lei de Ohm, 200 V/50 Ω = 4 A.
3. Potência = voltagem × corrente = 200 V × 4 A = 800 W.
4. Pela lei da conservação da energia, a potência no circuito do primário é a mesma, 800 W.
5. 8 A, o dobro. Você enxerga que a resposta pode ser explicada pela equação 100 V × ? A = 800 W?
6. A lei de Ohm continua viva e bem! A corrente no secundário é igual à voltagem induzida dividida pela carga (a resistência), mas é menor apenas em comparação com a corrente maior no primário. $IV_{primário} = IV_{secundário}$. Curiosamente, não há resistência convencional no primário, apenas relutância em transferir a energia para o secundário (ver Figura 25.4).

FIGURA 25.16 Um adaptador CA converte a CA doméstica em CC de baixa força eletromotriz para uso em dispositivos eletrônicos. Ele contém um transformador abaixador que reduz a força eletromotriz e diodos que transformam a corrente alternada em corrente contínua.

25.6 Autoindução

As espiras de uma bobina que conduz corrente interagem não apenas com as espiras de outra bobina, mas também com as espiras da mesma bobina a que pertencem. Cada espira interage com o campo magnético que circunda a corrente em cada uma das outras espiras da mesma bobina. Isso se chama *autoindução*. Uma força eletromotriz autoinduzida é gerada. Essa força eletromotriz sempre tem uma orientação que se opõe à variação de força eletromotriz que a produziu. Ela é popularmente conhecida como força contra-eletromotriz ou, simplesmente, contra f.e.m. Não abordaremos aqui autoindução e contra f.e.m.s, exceto para reconhecer um de seus efeitos, comum e perigoso.

Suponha que uma bobina com um grande número de voltas seja usada como eletroímã e alimentada com uma fonte de CC, talvez uma pequena bateria. A corrente da bobina, então, está acompanhada de um campo magnético intenso. Quando desligamos a bateria do circuito ao abrir uma chave, a corrente do circuito cai rapidamente a zero, e o campo magnético da bobina sofre uma rápida diminuição (Figura 25.17). O que acontece quando um campo magnético varia subitamente no interior de uma bobina – mesmo que seja a mesma bobina que o produziu? A resposta é: uma força eletromotriz será induzida. O campo magnético que está rapidamente indo a zero com sua energia armazenada pode induzir uma enorme força eletromotriz, grande o suficiente para produzir uma forte centelha através da chave – ou diretamente para você, se estiver abrindo a chave! Por essa razão, os eletroímãs estão sempre ligados a um circuito que absorve o excesso de carga e impede que a corrente caia a zero tão bruscamente. Isso reduz a força eletromotriz autoinduzida. Aliás, essa também é a razão pela qual você deve sempre desligar os aparelhos desligando o botão da energia, e não puxando o plugue da tomada! Os circuitos existentes na chave são capazes de impedir uma súbita variação da corrente.

FIGURA 25.17 Quando a chave é aberta, o campo magnético da bobina vai a zero. Essa súbita variação do campo é capaz de induzir uma força eletromotriz gigantesca.

25.7 Freio magnético

Na Figura 25.18, o professor de física Fred Cauthen mostra uma aplicação impressionante da autoindução em sala de aula. Nela, ele está prestes a soltar uma folha de cobre no espaço entre os polos de um ímã. Curiosamente, a folha desacelera-se drasticamente quando atravessa o espaço "vazio". No entanto, o espaço não está vazio de verdade, pois contém um campo magnético. O interior da folha de cobre também não está vazio, pois contém elétrons "livres" (elétrons de condução). O que sabemos sobre elétrons em movimento em um campo magnético? Que são desviados. Quando uma seção da placa de cobre entra no campo magnético, seu elétron livre é desviado para redemoinhos de correntes de "vórtices", como a água em um riacho turbulento. As correntes de vórtice em si são pequenos eletroímãs repelidos pelo ímã externo, o que desacelera a folha. Quando a folha de cobre deixa o campo magnético, são geradas correntes de vórtice que giram no sentido contrário. Esses pequenos eletroímãs são atraídos de volta para o ímã, o que desacelera a folha.

Por que a folha fica mais lenta, e não mais rápida? Observe a semelhança com a geração de voltagem pela variação súbita do campo magnético que ocorre com a autoindução, discutida na Seção 25.6. Ambos os efeitos envolvem a conservação da energia e ilustram a "lei de Lenz", segundo a qual um efeito induzido se opõe à causa indutora. Sem isso, seria possível criar uma cascata de energia crescente, o que violaria o princípio da conservação da energia.

O freio magnético é bastante utilizado para desacelerar caminhões, automóveis e trens elétricos de alta velocidade, assim como as pás de usinas eólicas. Ao contrário do freamento por atrito, não há desgaste criado por peças que raspam e esfregam umas nas outras, e a energia térmica gerada muitas vezes é dissipada em uma massa maior. Ainda mais sofisticado do que o freio magnético é o "freio regenerativo", no qual a energia cinética do veículo desacelerado é transformada em energia elétrica para carregar a bateria.

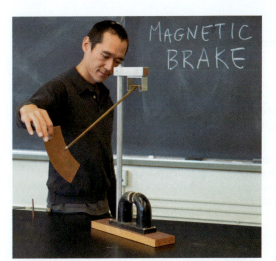

FIGURA 25.18 A folha de cobre para de se mover quando encontra o campo magnético entre os polos do ímã, o que ilustra o funcionamento do freio magnético. Dizemos que o movimento é amortecido.

25.8 Transmissão de energia

Praticamente toda energia elétrica comercializada hoje está na forma alternada (CA), tradicionalmente por causa da facilidade com a qual uma força eletromotriz pode ser transformada em outra.[5] Grandes correntes em fios produzem calor e perdas de energia, de modo que a potência elétrica é transmitida a grandes distâncias em diferenças de potencial altas e correntes proporcionalmente baixas (potência = força eletromotriz × corrente). A energia é gerada em 25.000 V ou menos, depois é elevada para 750.000 V, a fim ser transmitida por longas distâncias, e, então, é abaixada em estágios, nas subestações e nos pontos de distribuição, para valores de diferença de potencial adequados a aplicações industriais (frequentemente para 440 V ou mais) e residenciais (240 e 120 V).

FIGURA 25.19 Transmissão de energia.

---

[5] Com o uso de dispositivos eletrônicos chamados de inversores, as companhias elétricas podem transformar a força eletromotriz CC, como aquela que seria fornecida por coletores solares, em CA.

CAPÍTULO 25   Indução eletromagnética   **541**

A energia, então, é transferida de um sistema de fios condutores para outro pela indução eletromagnética. Um pequeno passo além nos leva a descobrir que esses mesmos princípios explicam a eliminação dos fios e o envio de energia (em geral, uma quantidade muito pequena de energia) de uma antena rádio transmissora para um receptor de rádio, possivelmente localizado a muitos quilômetros de distância. O primeiro a demonstrar esse princípio foi Heinrich Hertz (a quem o nome da unidade de frequência homenageia) em 1887, e a primeira a explorá-lo comercialmente foi a estação de rádio KDKA, de Pittsburgh, na Pensilvânia, em 1920. Estenda esses princípios só mais um pouco e temos estações de televisão, telefones sem fio e carregadores sem fio, cada vez mais comuns.[6] Os efeitos da indução eletromagnética são mesmo de grande alcance.

É importante distinguir entre as linhas de transmissão nas ruas, que transmitem energia, e a fiação doméstica de 120 V comum. Por que, por exemplo, um pássaro pode se empoleirar tranquilamente em uma linha de 120.000 V, mas sofrerá um choque se criar um curto-circuito em um fio de 120 V dentro da sua casa (Figura 25.20)? No processo de criar um curto-circuito na fiação doméstica, uma diferença de potencial de até 120 V pode ser aplicada às suas patas. Com o pássaro empoleirado na linha de transmissão, entretanto, a diferença de potencial entre as suas patas é minúscula. O motivo é que a alta diferença de potencial *não* está entre uma extremidade da linha de transmissão e a outra, mas sim entre a linha e uma de duas linhas vizinhas paralelas. Se o pássaro estendesse uma pata até a linha vizinha, seria o seu fim.

FIGURA 25.20 (a) Não há diferença de voltagem entre as patas do pássaro empoleirado sobre uma linha de transmissão de 120.000 V. (b) O pássaro não está seguro quando provoca um curto-circuito nos fios soltos de um circuito doméstico de 120 V.

> **PAUSA PARA TESTE**
> Para acender um abajur, você liga-o na tomada por dois fios paralelos isolados um do outro. O que o fio da lâmpada tem em comum com as linhas de transmissão nas ruas? Qual é a diferença entre o isolamento de cada uma?
>
> **VERIFIQUE SUA RESPOSTA**
> Embora suas diferenças de potencial sejam diferentes, ambos são conectados em paralelo para CA e levam energia de um local para outro. A segurança exige isolamento entre os fios de um abajur, que estão a milímetros um do outro, mas não é necessária para as linhas de transmissão, a metros de distância umas das outras – exceto onde as torres sustentam os fios e grandes isoladores de plástico separam os fios do metal.

Quando paga a conta de luz, você não paga pela potência ou pela corrente, e sim pela *energia* que consome.

25.9 Campo de indução

A indução eletromagnética tem sido, até aqui, discutida em termos da indução de voltagens e correntes. De fato, os *campos* mais básicos estão na raiz tanto das voltagens quanto das correntes. A visão moderna da indução eletromagnética estabelece que campos elétricos e magnéticos são induzidos. Estes, por sua vez, produzem as voltagens a que nos referimos. A indução ocorre, esteja ou não presente um fio ou qualquer outro meio condutor. Nesse sentido mais geral, a lei de Faraday pode ser enunciada da seguinte forma:

> **Um campo elétrico é criado em qualquer região do espaço onde um campo magnético esteja variando com o tempo.**

Existe um segundo efeito, um acréscimo à lei de Faraday. É o mesmo que ela, exceto pelo fato de que os papéis do campo elétrico e do campo magnético estão trocados um com o outro. Trata-se de uma das muitas simetrias da natureza. Esse efeito foi previsto pelo físico James Clerk Maxwell, por volta de 1860, e é conhecido como **contrapartida de Maxwell à lei de Faraday:**

> **Um campo magnético é gerado em qualquer região do espaço onde exista um campo elétrico variando com o tempo.**

As ondas eletromagnéticas jamais interagem umas com as outras. O espaço que nos cerca está cheio de ondas de rádio, sinais de TV, mensagens de telefones celulares e luz, cada qual "na sua", ignorando-se mutuamente. Que sorte nós temos.

---
[6] A tecnologia *wireless* é tão comum no século XXI que, em uma piada, uma criança pergunta "Papai, o que é um fio?".

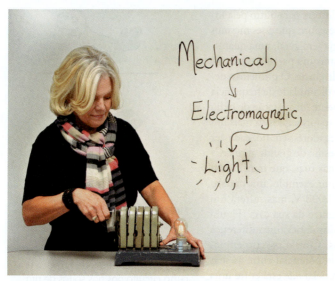

FIGURA 25.21 Quando realiza o trabalho de girar a manivela do gerador, a professora de física Karen Jo Matsler converte energia mecânica em energia eletromagnética, que, por sua vez, é convertida em luz.

Duzentos anos atrás, as pessoas obtinham iluminação com o óleo de baleia. As baleias deveriam ser gratas pelo fato de os humanos terem descoberto como dominar a eletricidade.

Em cada caso, a intensidade do campo induzido é proporcional à taxa de variação do campo indutor. Os campos elétrico e magnético induzidos formam ângulos retos um com o outro.

Maxwell enxergou a ligação entre as ondas eletromagnéticas e a luz.[7] Se cargas elétricas são postas em vibração em uma faixa de frequências que casa com a de frequências da luz, as ondas produzidas *são* luz! Maxwell descobriu que a luz é simplesmente formada por ondas eletromagnéticas em uma faixa de frequências às quais o olho humano é sensível.

Por causa da indução eletromagnética, a energia de rios elevados pode ser extraída, transformada em eletricidade e transmitida para cidades distantes. O surgimento de motores, geradores e transformadores ocorreu na época da Guerra Civil Norte-Americana. A partir da perspectiva da longa história humana, existe pouca dúvida de que eventos como a Guerra Civil Norte-Americana perdem significância em comparação com os eventos mais significativos do século XIX: a descoberta e a utilização das ondas eletromagnéticas.

---

[7] Na véspera de sua descoberta, conta-se que Maxwell teve um encontro com uma jovem mulher, com quem mais tarde se casaria. Enquanto caminhavam em um jardim, ela comentou sobre a beleza e o assombro das estrelas. Maxwell indagou como ela se sentia por estar caminhando com a única pessoa do mundo que sabia o que realmente era a luz das estrelas. Pois aquilo era verdade. Naquela época, James Clerk Maxwell era a única pessoa no mundo a saber que qualquer tipo de luz é energia transportada por campos elétricos e magnéticos que, de maneira contínua, se regeneram mutuamente.

Revisão do Capítulo 25

TERMOS-CHAVE (CONHECIMENTO)

indução eletromagnética O fenômeno de indução de força eletromotriz quando um campo magnético varia com o tempo. Se o campo magnético no interior de um caminho fechado variar de alguma maneira, uma força eletromotriz será induzida através do caminho.

$$\text{Força eletromotriz induzida} \sim \text{área de uma espira} \times \frac{\Delta \text{campo magnético}}{\Delta \text{tempo}}$$

Esse é o enunciado da lei de Faraday (se múltiplas espiras forem ligadas juntas formando uma bobina, a força eletromotriz induzida será multiplicada pelo número de espiras formadas). A indução de força eletromotriz é, de fato, o resultado de um fenômeno mais fundamental: a indução de um *campo* elétrico.

lei de Faraday Um campo elétrico é criado em qualquer região do espaço onde houver um campo magnético variando com o tempo. A intensidade do campo elétrico induzido é proporcional à taxa com a qual o campo magnético varia. A direção do campo induzido é perpendicular à do campo magnético variável.

gerador Um dispositivo que usa a indução eletromagnética para produzir uma corrente elétrica, girando uma bobina dentro de um campo magnético estacionário. Um gerador converte energia mecânica em energia elétrica.

transformador Um dispositivo que transfere potência elétrica de uma bobina para outra por meio da indução eletromagnética, a fim de transformar a força eletromotriz de um valor para outro.

contrapartida de Maxwell à lei de Faraday Um campo magnético é criado em qualquer região do espaço onde um campo elétrico estiver variando com o tempo. A intensidade do campo magnético induzido é proporcional à taxa com que o campo elétrico varia. A direção do campo magnético induzido forma um ângulo reto com o campo elétrico variável.

QUESTÕES DE REVISÃO   (COMPREENSÃO)

25.1 Indução eletromagnética
1. Qual foi a importante descoberta que os físicos Michael Faraday e Joseph Henry realizaram na mesma época?
2. Que variação precisa existir para que ocorra indução eletromagnética?

25.2 A lei de Faraday
3. Quais são as três maneiras de induzir uma força eletromotriz em uma ou mais espiras de um fio?
4. Como se compara a frequência da força eletromotriz induzida com a frequência com a qual um ímã é deslocado para dentro e para fora de uma bobina?

25.3 Geradores e corrente alternada
5. Qual é a semelhança básica existente entre um gerador e um motor elétrico? Qual é a diferença básica existente entre eles?
6. Qual tipo de corrente é produzida por um gerador comum: CA ou CC? Por quê?
7. Qual é frequência comum da CA em residências brasileiras?

25.4 Produção de energia
8. Quem descobriu a indução eletromagnética e quem a tornou de uso prático?
9. Quais são as duas formas mais comuns de fornecer energia diretamente às turbinas?
10. É correto afirmar que um gerador produz energia? Justifique sua resposta.
11. Quais são as principais diferenças entre um gerador MHD e um gerador convencional?

25.5 Transformadores
12. Qual é o nome que se dá à taxa de transferência de energia?
13. É correto afirmar que um transformador aumenta a energia elétrica? Justifique sua resposta.
14. Quais dessas grandezas são alteradas por um transformador: força eletromotriz, corrente, energia, potência?
15. No caso de um transformador ideal, como se comparam a energia que entra nele e a energia que sai dele?
16. Qual quantidade é elevada por um transformador elevador, exatamente?
17. No caso de um transformador elevador, como se comparam a corrente que entra nele e a que sai dele?
18. Por que um transformador requer corrente alternada?
19. Por que o pássaro da Figura 25.20 não é prejudicado pela diferença de voltagem entre suas patas?

25.6 Autoindução
20. Quando o campo magnético de uma bobina varia, uma força eletromotriz é induzida em cada uma de suas espiras. Surgirá uma força eletromotriz induzida em cada espira se a fonte do campo magnético for a própria bobina?
21. Por que arrancar o plugue da tomada para desligar um aparelho é perigoso?

25.7 Freio magnético
22. Por que o freamento magnético não ocorre para uma folha de plástico que oscila em um campo magnético?
23. O que são correntes de vórtice?
24. O que é a lei de Lenz?

25.8 Transmissão de energia
25. Por que a energia elétrica é transmitida por grandes distâncias em altas diferenças de potencial?
26. Por que o pássaro empoleirado em uma linha de transmissão de alta força eletromotriz não se machuca?
27. A transmissão de energia elétrica requer condutores elétricos entre a fonte e o receptor? Cite um exemplo que justifique sua resposta.

25.9 Campo de indução
28. O que é induzido por um *campo magnético* que se alterna rapidamente? E por um *campo elétrico*?
29. Na visão de Maxwell da lei de Faraday, é preciso haver fios condutores?
30. Como denominamos as ondas eletromagnéticas de frequências situadas na faixa em que nossos olhos conseguem ver?

PENSE E FAÇA   (APLICAÇÃO)

31. Escreva uma mensagem para um parente ou um amigo contando que descobriu a resposta para o que tem sido um mistério por séculos: a natureza da luz. Explique rapidamente de que maneira a luz está relacionada à eletricidade e ao magnetismo.
32. Se ainda não experimentou a atividade descrita na página 519 do capítulo anterior, agora é a sua vez. Usando uma bússola, você poderá verificar que as latas de conserva nas prateleiras de sua dispensa têm polos norte e sul. Movimentando a bússola desde o fundo até a tampa de cada lata, você conseguirá facilmente identificar seus polos. Marque então os polos com as letras N e S. Depois vire as latas de cabeça para baixo e observe quantos dias levará até que os polos das latas se invertam. Explique aos colegas por que isso ocorreu.

33. Após escovar os dentes com uma escova elétrica, explique a um colega o processo pelo qual ela é carregada quando não está em uso, assim como ocorre com o seu *smartphone*.
34. Solte um ímã pequeno através de um tubo plástico vertical, observando sua velocidade durante a queda. Depois faça a mesma coisa usando um tubo de cobre. Um ímã de neodímio seria ainda melhor, dada a sua alta intensidade. Explique por que o ímã cairá muito mais lentamente dentro do tubo de cobre.

PEGUE E USE (FAMILIARIZAÇÃO COM EQUAÇÕES)

$$\text{Relação do transformador:} \quad \frac{\text{Força eletromotriz primária}}{\text{Número de espiras no primário}} = \frac{\text{Força eletromotriz secundária}}{\text{Número de espiras no secundário}}$$

35. O primário de um transformador ligado em 120 V tem 10 espiras, enquanto seu secundário tem 100 espiras. Mostre que a força eletromotriz de saída é de 1.200 V. Trata-se de um transformador elevador.

36. O primário de um transformador ligado em 120 V tem 100 espiras, enquanto seu secundário tem apenas 10. Mostre que a força eletromotriz de saída é de 12 V. Trata-se de um transformador abaixador.

PENSE E RESOLVA (APLICAÇÃO MATEMÁTICA)

37. O painel de um *videogame* requer 6,0 V para operar normalmente. Um transformador permite que o aparelho seja alimentado por uma tomada de 120 V. Se o primário tiver 500 espiras, mostre que o secundário deve ter 25 espiras.

38. Um modelo de trem elétrico de brinquedo requer 6,0 V para funcionar. Para que ele seja ligado ao circuito doméstico de 120 V, é preciso que se use um transformador. Se o enrolamento primário do transformador tem 360 espiras, mostre que seu enrolamento secundário deve ter 18 espiras.

39. O transformador de um computador *laptop* converte 120 V de entrada em 24 V de saída. Mostre que o enrolamento primário tem cinco vezes mais espiras do que o enrolamento secundário.

40. Se a corrente de saída do transformador do problema anterior for de 1,8 A, mostre que a corrente de entrada será de 0,36 A.

41. A força eletromotriz na entrada de um transformador é 6 V, e na saída, 36 V. Se a força eletromotriz de entrada for alterada para 12 V, mostre que a de saída será 72 V.

42. Um transformador ideal tem 50 espiras em seu primário e 250 em seu secundário. Uma corrente alternada de 12 V é ligada ao primário. Mostre que: (a) 60 volts CA aparecem no secundário; (b) uma corrente de 6 A passa por um dispositivo de 10 Ω ligado ao secundário; e (c) a potência fornecida ao primário vale 360 W.

43. Letreiros de neônio requerem cerca de 12.000 V para funcionarem. Considere o transformador de um letreiro de neônio que opera com tensão de 120 V. Quantas espiras existem a mais no secundário do que no primário?

44. Uma potência de 100 kW (10^5 W) é fornecida ao outro lado de uma cidade por um par de fios elétricos de transmissão, entre os quais a tensão é de 12.000 V.
    (a) Use a fórmula $P = IV$ para mostrar que a corrente nos fios é de 8,3 A.
    (b) Se cada um dos fios tiver resistência de 10 Ω, mostre que haverá uma queda de tensão de 83 V *ao longo* de cada fio (Tome cuidado. A força eletromotriz ocorre ao longo de cada linha, e *não entre* elas).
    (c) Mostre que a potência total dissipada como calor nos dois fios é de 1,38 kW (diferente da potência fornecida aos consumidores).
    (d) De que maneira seus cálculos revelam a importância de elevar-se as tensões, com transformadores, em transmissões de energia elétrica de longa distância?

PENSE E ORDENE (ANÁLISE)

45. Ímãs em barra são movidos para o interior de três bobinas enroladas da mesma maneira. A força eletromotriz induzida em cada enrolamento produz uma corrente, indicada pelo galvanômetro. Despreze a resistência elétrica das espiras dos enrolamentos e ordene-as de acordo com o que marcam os galvanômetros, do maior valor para o menor.

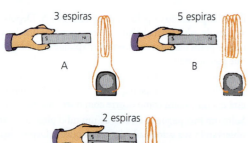

46. Cada um dos transformadores é alimentado por 100 W e tem 100 espiras no primário. O número de espiras em cada secundário varia como indicado.

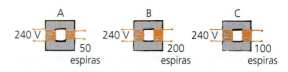

(a) Ordene as tensões nos secundários em ordem decrescente de valor.
(b) Ordene as correntes nos secundários em ordem decrescente de valor.
(c) Ordene as potências fornecidas nos secundários em ordem decrescente de valor.

PENSE E EXPLIQUE (SÍNTESE)

47. Um captador comum de guitarra elétrica consiste em uma bobina com fios enrolados em torno de um pequeno ímã permanente, como mostrado na Figura 25.5. Por que esse tipo de captador não funciona com cordas de *nylon*?
48. Qual é o propósito dos enrolamentos da armadura de um motor elétrico?
49. Por que é mais difícil de girar o rotor de um gerador quando ele está ligado a um circuito e fornecendo corrente elétrica?
50. Um ciclista consegue deslocar-se mais rapidamente se a lâmpada ligada ao dínamo de sua bicicleta estiver desligada? Explique.
51. O consumo de um automóvel melhora quando o rádio fica desligado? E se o ar condicionado fica desligado? Explique.
52. Quando um veículo autônomo se move sobre uma grande espira fechada de fio condutor colocada sobre o piso da rodovia, o campo magnético da Terra no interior da espira é alterado? Isso produz um pulso de corrente? Imagine uma aplicação disso, para ser usada num cruzamento de trânsito.
53. Na área de segurança de um aeroporto, pessoas caminham sobre um campo magnético alternado, de intensidade fraca, no interior de uma bobina. O que acontece quando um pequeno pedaço de metal passa pela bobina?
54. Um pedaço de fita plástica recoberta com uma camada de óxido de ferro está mais magnetizado em certas partes do que em outras. Quando a fita move-se através de uma pequena bobina condutora, o que acontece na bobina? Qual aplicação prática para isso era usada pelos seus avós?
55. Seu colega lhe diz que se você acionar manualmente, com uma manivela, o eixo de um motor CC, ele funcionará como um gerador CC. Você concorda ou discorda?
56. Qual é o sentido do campo magnético para o efeito motor e o efeito gerador, como mostrado na Figura 25.7?
57. Quais sentidos diferentes da força magnética ocorrem para os efeitos motor e gerador na Figura 25.7?
58. Quais diferentes resultados ocorrem para os diferentes sentidos das forças magnéticos na Figura 25.7?
59. Quando você faz girar o eixo de um motor com a mão, o que ocorre no interior dos enrolamentos de fio?
60. Ocorre algum aumento da força eletromotriz na saída de um gerador quando ele é girado mais rapidamente? Explique.
61. Se você colocar um aro de metal numa região onde um campo magnético se alterna rapidamente, o aro pode tornar-se quente. Por quê?
62. Um mágico coloca um anel de alumínio sobre uma mesa, abaixo da qual se encontra escondido um eletroímã. Quando o mágico pronuncia "abracadabra" (e simultaneamente empurra uma chave que inicia o escoamento de corrente através de uma bobina sob a mesa), o anel salta no ar. Explique esse truque.
63. Na fotografia de abertura do capítulo, Jean Curtis indaga à sua turma por que um aro de cobre levita em torno do núcleo de ferro de um eletroímã. Qual é a explicação para isso, e ela envolve CA ou CC?
64. Qual é o papel da indução eletromagnética do carregador sem fio?

65. Um determinado segmento de um fio condutor é dobrado, transformando-se numa espira fechada, e um ímã é bruscamente empurrado para dentro da espira, induzindo uma força eletromotriz e, consequentemente, uma corrente no fio. Um segundo pedaço do mesmo fio, duas vezes mais comprido, é dobrado para formar duas espiras completas, e um ímã é empurrado bruscamente para dentro delas. Uma força eletromotriz com o dobro do valor da anterior é induzida nessa espira dupla, mas a corrente é de mesmo valor da que flui na espira única. Por quê?
66. Duas bobinas separadas, mas semelhantes, são montadas próximas uma da outra, como mostrado. A primeira bobina é conectada a uma bateria, e uma corrente contínua flui através dela. A segunda bobina é ligada a um galvanômetro.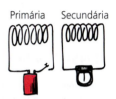
    (a) Como responde o galvanômetro quando a chave do primeiro circuito é fechada?
    (b) Após o fechamento da chave, como responderá o medidor quando a corrente for estacionária?
    (c) Como responderá o medidor quando a chave for aberta?
67. Seu amigo diz que o que é transmitido de fato de uma bobina para outra nos circuitos acima é a energia. Você concorda ou discorda?
68. Seu amigo também diz que uma tensão maior seria induzida nos circuitos acima se os núcleos de ferro fossem colocados dentro das bobinas. Você concorda ou discorda?
69. Como a corrente no secundário de um transformador se compara à corrente em seu primário quando a voltagem do secundário é duas vezes maior do que a do primário?
70. Em que sentido um transformador pode ser encarado como uma espécie de "alavanca" elétrica? O que ele multiplica? O que ele *não* multiplica?
71. Qual é a principal diferença entre um transformador elevador e um abaixador?
72. Por que normalmente se escuta um zumbido quando um transformador está funcionando?
73. Por que um transformador não funciona com corrente contínua? Por que é necessário usar corrente alternada?
74. Por que é importante que o núcleo de um transformador passe pelo interior das duas bobinas?
75. Os enrolamentos primário e secundário de um transformador estão fisicamente ligados ou existe algum espaço entre eles? Explique.
76. No circuito de 120 V CA mostrado, quantos volts são aplicados na lâmpada e quantos amperes fluem através de seu filamento?

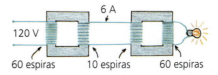

77. Um transformador eficiente pode elevar a energia? Justifique sua resposta.

78. No circuito CC mostrado, no qual as bobinas primária e secundária têm o mesmo número de espiras, quantos volts são aplicados no medidor e quantos amperes fluem por ele?

79. Qual seria sua resposta para a questão anterior se a entrada fosse de 12 V CA?

80. Sabemos que a fonte de uma onda sonora é um objeto que vibra (por exemplo, a corda de um violão). Qual é a fonte de uma onda eletromagnética?

81. Sem a presença de qualquer ímã nas adjacências, por que a corrente fluirá por um grande enrolamento de fio elétrico balançado no ar?

82. Como uma onda de rádio incidente afeta os elétrons de uma antena receptora?

83. Compare a frequência de uma onda eletromagnética com a frequência dos elétrons que ela faz oscilar na antena receptora.

84. Um colega lhe diz que campos elétrico e magnético variáveis geram um ao outro e dão origem à luz visível quando a frequência de suas variações é igual à frequência da luz. Você concorda com ele? Explique.

85. As ondas eletromagnéticas existiriam se campos magnéticos variáveis pudessem produzir campos elétricos, mas campos elétricos variáveis fossem incapazes de produzir campos magnéticos? Explique.

PENSE E DISCUTA (AVALIAÇÃO)

86. Converse com um colega sobre por que a palavra *variação* ocorre com tanta frequência neste capítulo.

87. A esposa de Joseph Henry sacrificou parte de seu vestido de casamento a fim de obter seda para cobrir os fios dos eletroímãs construídos por Henry. Qual é a finalidade de cobrir os fios com seda?

88. Um detector básico de terremotos consiste em um ímã de grande massa suspenso, rodeado por bobinas estacionárias, fixado a uma pequena caixa firmemente ancorada na Terra. Explique como funciona esse aparelho usando dois princípios importantes da física – um que foi estudado no Capítulo 2 e outro, neste capítulo.

89. Uma serra elétrica funcionando na velocidade normal puxa uma corrente relativamente pequena. No entanto, se um pedaço de madeira está sendo serrado e o eixo do motor é impedido de girar pela madeira, a corrente aumenta significativamente e o motor sofre superaquecimento. Por quê?

90. Por que são mantidas correntes baixas nas linhas de transmissão de alta voltagem?

91. Em uma linha de transmissão de 100.000 V, os 100.000 volts são transmitidos ao destino ou há uma diferença de potencial de 100.000 volts entre o par de linhas que transmite a energia?

92. Um determinado pêndulo é composto de uma folha de cobre na ponta de uma haste que oscila entre os polos de um ímã permanente. Quando soltamos o pêndulo, ele desacelera quando encontra o campo magnético. Uma desaceleração semelhante ocorrerá com uma folha de alumínio? E com uma de plástico? Justifique suas respostas.

93. Quando soltamos um pequeno ímã em barra dentro de um tubo de cobre vertical, ele desacelera. Seu amigo afirma que a física envolvida no freamento magnético está evidente quando o cobre oscila entre os polos de um ímã permanente, como mostrado na Figura 25.18. Você concorda ou discorda?

94. Seu professor de física deixa cair um ímã através de um longo tubo vertical de cobre e nota que o ímã cai mais lentamente do que cairia dentro de um objeto não condutor. Qual é a sua explicação para isso?

95. Por que um ímã em barra cai mais lentamente e atinge uma velocidade terminal em um tubo vertical de cobre, mas não em um tubo vertical de cartolina?

96. Um amigo diz que a resistência a variações no movimento, ilustrada nas Figuras 25.4 e 25.7, está ligada à lei de Lenz e à conservação da energia. Você concorda ou discorda? Explique.

97. Se um ímã em barra for arremessado para o interior de uma bobina feita com fio de alta resistência, ele será desacelerado. Por quê?

98. Uma barra metálica oscila livremente na ausência de um campo magnético. Porém, ao oscilar entre os polos de um ímã em ferradura, suas oscilações são rapidamente amortecidas. Por quê? (Esse tipo de amortecimento magnético é usado em diversos aparelhos de utilidade.)

99. A asa metálica de um avião atua como um "fio" que voa através do campo magnético terrestre. Uma voltagem aparece induzida entre as pontas da asa, e uma corrente flui através dela, mas somente durante um breve intervalo de tempo. Por que a corrente deixa de existir, embora o avião se mantenha voando através do campo magnético terrestre?

100. O que está errado com este esquema? Para gerar eletricidade sem a necessidade de combustível, coloque um motor a girar um gerador, que produzirá eletricidade elevada por transformadores, de modo que o gerador possa fazer funcionar o motor e, simultaneamente, fornecer eletricidade para outros usos.

Bem, agora trabalhamos o básico da eletricidade e do magnetismo, mas você terá que se aprofundar um pouco mais por conta própria se pretende fabricar o próprio *smartphone*!

CAPÍTULO 25 Exame de múltipla escolha

Escolha a melhor resposta entre as alternativas:

1. Os detectores de metal pelos quais as pessoas passam nas áreas de segurança nos aeroportos funcionam com base na(s):
   a. lei de Ohm.
   b. lei de Faraday.
   c. lei de Coulomb.
   d. leis de Newton.

2. A voltagem pode ser induzida em um fio ao:
   a. aproximar o fio de um ímã.
   b. aproximar um ímã do fio.
   c. variar a corrente em um fio próximo.
   d. todas as anteriores.

3. A voltagem é induzida em uma bobina de fios conectada a um voltímetro quando um ímã é movimentado de um lado para o outro na bobina. Se a bobina tivesse o dobro do número de espiras, a voltagem induzida seria:
   a. a metade.
   b. igual.
   c. o dobro.
   d. quatro vezes maior.

4. Coloque um ímã em uma bobina de fio e você induzirá:
   a. força eletromotriz.
   b. corrente.
   c. ambas as anteriores.
   d. nenhuma das anteriores.

5. O conceito de física essencial em um gerador elétrico é a:
   a. lei de Coulomb.
   b. lei de Ohm.
   c. lei de Faraday.
   d. segunda lei de Newton.

6. Um transformador transforma força eletromotriz enquanto:
   a. produz energia.
   b. produz potência.
   c. transfere energia de uma bobina para outra.
   d. transfere corrente de uma bobina para outra.

7. Um transformador elevador eleva a voltagem em 10 vezes. Se a tensão de entrada é de 120 volts, a tensão de saída é de:
   a. 60 V.
   b. 120 V.
   c. 1.200 V.
   d. 12.000 V.

8. Comparada à energia fornecida na entrada, a energia entregue na saída de um transformador ideal é:
   a. maior.
   b. menor.
   c. igual à do outro.
   d. nenhuma das anteriores.

9. Quando uma folha de cobre move-se entre os polos de um ímã permanente:
   a. são induzidas correntes de vórtice na folha.
   b. são induzidos campos elétricos e magnéticos na folha.
   c. não ocorre variação no movimento.
   d. a energia cinética da folha é elevada.

10. A ligação de campos magnéticos e elétricos induzidos produz:
    a. ondas eletromagnéticas.
    b. o fortalecimento de ambos os campos.
    c. voltagens mais elevadas produzidas pela indução de Faraday.
    d. todas as anteriores.

Respostas e explicações das perguntas do Exame de múltipla escolha

1. (b): A força eletromotriz é induzida nas bobinas dos detectores de metal quando metais passam por elas, de acordo com a lei de Faraday. As outras leis listadas podem estar evidentes nos detectores de metal, mas não são fatores primários. É uma aplicação pura e simples da lei de Faraday. **2. (d):** *Variação* é a palavra-chave na indução eletromagnética. Para induzir voltagem, algum tipo de variação deve ocorrer em relação a um fio condutor de corrente e um ímã. Todas as opções atendem esse requisito, então a resposta correta é (d). **3. (c):** Qualquer movimento de um ímã em uma bobina de fio induz uma voltagem na bobina. De acordo com a lei de Faraday, a intensidade da voltagem é diretamente proporcional ao número de espiras. Assim, se dobramos o número de espiras, a voltagem também dobra. **4. (c):** A opção (a) está absolutamente correta, mas a função dos testes é determinar se as outras opções também podem estar corretas, especialmente em uma questão que oferece "ambos" como opção. A força eletromotriz induzida na bobina também produz corrente. Leia todas as opções antes de responder. Curiosamente, se a bobina fosse feita de borracha não condutora, a voltagem induzida não seria acompanhada por uma corrente (a) estaria correta. **5. (c):** Motores e geradores elétricos utilizam indução eletromagnética na sua operação. Dos nomes listados, apenas Faraday está associado com a indução. Se Joseph Henry estivesse listado, seu nome também seria uma resposta correta. As outras opções são secundárias à lei de Faraday e não podem ser consideradas corretas. **6. (c):** Antes devermos perguntar: o que é voltagem? E energia por carga. Quando um transformador transfere energia e potência, o que faz é transferir uma quantidade fixa de energia de uma bobina para outra. Um transformador transfere energia e potência, ele não as produz. E ele induz corrente, não transfere. Logo, a resposta correta é (c). **7. (c):** É muito simples: 120 volts elevados em 10 vezes são iguais a 1.200 V (120 V × 10 = 1.200 V). As outras opções não aplicam essa aritmética simples. **8. (c):** A palavra-chave nesse enunciado é "ideal", que, no caso de um transformador, significa que não há perdas de energia. Na prática, cerca de 1% da energia transforma-se em calor, um valor tão baixo que se aproxima da relação do transformador ideal IV(entrada) = IV(saída). **9. (a):** Trata-se da frenagem magnética, causada por correntes de vórtice induzidas na folha de cobre em movimento. A folha é desacelerada pela interação entre o ímã permanente e os campos magnéticos induzidos resultantes das correntes de vórtice. Os campos elétricos não são induzidos na folha. **10. (a):** A relação entre os campos E e M foi reconhecida por Maxwell, que previa a existência de ondas E&M. Quando a frequência de tais ondas cai na faixa de frequência da luz visível, a onda correspondente é luz visível – uma parcela minúscula do espectro E&M total.

PARTE VI
Luz

Fico intrigado quando vejo que a atmosfera terrestre atua como uma lente que desvia a luz vermelha das auroras e dos poentes ao redor da Terra em direção à superfície da Lua durante um eclipse lunar, o que muitas vezes dá a ela uma cor avermelhada. É apenas um de muitos exemplos que mostram que as coisas ao nosso redor estão ligadas a outras, o que torna a natureza ainda mais bela. Aprender física é muito mais do que absorver conhecimento. A física é uma forma de pensar.

26
Propriedades da luz

26.1 Ondas eletromagnéticas

26.2 Velocidade de ondas eletromagnéticas

26.3 O espectro eletromagnético

26.4 Materiais transparentes

26.5 A rapidez da luz em um meio transparente

26.6 Materiais opacos
   Sombras

26.7 Eclipses solares e lunares

26.8 Enxergando a luz – o olho

1 Um eclipse solar sobre a Terra, visto de cima, a partir da estação espacial russa MIR. **2** Bob e Leslie Abrams (minha filha) assistem Dave Wall em um experimento de óptica. **3** Imagens circulares do sol são projetadas através de pequenos espaços entre as folhas das árvores. As imagens sobrepostas produzem as áreas mais claras maiores. **4** Alex Lucas se diverte com um eclipse solar parcial, no qual imagens em formato de foice mais finas são projetadas com um mínimo de sobreposição. **5** Durante um eclipse anular, a Lua está alinhada com o Sol, porém não cobre totalmente o disco solar, resultando em eclipses solares, como mostra Paul Doherty durante o eclipse anular de 2012 no oeste dos EUA.

Nascido em 1831, James Clerk Maxwell foi um matemático e físico teórico escocês. Seus pais se conheceram e se casaram quando tinham mais de 30 anos, o que era incomum na época, e sua mãe tinha quase 40 anos quando Maxwell nasceu. James foi a única criança que sobreviveu; sua irmã mais velha faleceu ainda na infância.

Maxwell tinha uma curiosidade insaciável desde pequeno. Sua mãe reconheceu seu potencial e tomou para si a responsabilidade de educá-lo, o que, na era vitoriana, era um importante trabalho da mulher no lar. Infelizmente, ela faleceu de câncer no abdome quando Maxwell tinha apenas 8 anos. Sua educação, então, passou a ser supervisionada por seu pai, que contratou um tutor de 16 anos para o jovem Maxwell. O tutor o tratava rispidamente, repreendendo-o por ser lento e desobediente. Após seu pai ter demitido o tutor, Maxwell foi mandado para a prestigiosa Edinburgh Academy.

Aos 10 anos, Maxwell, acostumado ao isolamento da propriedade de seu pai na zona rural, não se adaptou bem à escola. Sem espaço na classe do primeiro ano, ele foi obrigado a juntar-se à classe do segundo ano, com colegas um ano mais velhos do que ele. Seu maneirismo e seu sotaque de Galloway chocavam os colegas, que os consideravam rústico, e no primeiro dia de aula na escola, ao chegar usando túnica e sapatos feitos em casa, ele ganhou o apelido de "Dafty" (pateta). Maxwell, entretanto, jamais pareceu ter se ressentido com o apelido, suportando-o sem reclamar durante muitos anos.

Desde jovem, Maxwell sempre foi fascinado pela geometria. Seu trabalho acadêmico permaneceu mediano até que, aos 13 anos, recebeu a medalha de matemática da escola, assim como prêmios nas disciplinas de inglês e poesia. Aos 14 anos, Maxwell escreveu um artigo descrevendo um meio mecânico de desenhar curvas matemáticas usando um pedaço de barbante e as propriedades das curvas com dois ou mais focos. Seu gênio revelou-se no trabalho sobre as "curvas ovais", que foi apresentado à Royal Society de Edimburgo, mas não por Maxwell. Por ser considerado jovem demais, ele confiou seu artigo a um professor de filosofia natural da Edinburgh University.

Maxwell deixou a Edinburgh Academy aos 16 anos e começou a assistir aulas na Edinburgh University. Ele teve a oportunidade de cursar Cambridge após seu primeiro período escolar, mas decidiu, em vez disso, completar o curso de graduação na universidade local. Logo Maxwell achou sua turma pouco exigente e imergiu em estudos privados durante o tempo livre de que dispunha na universidade e particularmente em visitas à casa paterna. Lá ele fazia experiências de química e de eletromagnetismo com aparelhagem improvisada. Sua principal preocupação na época era com a luz polarizada. Ele construiu blocos de gelatina, sujeitando-os a vários tipos de tensões, e, com um par de prismas polarizadores, viu franjas coloridas resultantes na gelatina. Maxwell descobrira a fotoelasticidade, um meio de determinar a distribuição das tensões no interior de estruturas físicas.

Aos 18 anos, Maxwell contribuiu com dois artigos para a Royal Society de Edimburgo. Embora o trabalho causasse boa impressão, como acontecera com seu artigo sobre as curvas ovais, ele foi julgado jovem demais para apresentá-lo sozinho na tribuna. Em vez disso, os artigos de Maxwell foram apresentados por seu tutor.

Em outubro de 1850, já um matemático de talento, Maxwell deixou a Escócia, foi para a Cambridge University e logo ingressou no Trinity College, onde, em 1854, pós-graduou-se em matemática. Maxwell decidiu permanecer no Trinity após sua pós-graduação e, além de seus deveres como tutor e professor, fez pesquisas em assuntos científicos de seu próprio interesse, como cor, hidrostática, óptica e os anéis de Saturno, durante seu tempo livre.

Em 1859, depois de mudar-se para o Marischal College em Aberdeen, Escócia, Maxwell casou-se com Katherine Mary Dewar, a filha do diretor de sua faculdade. No mesmo ano, ele ganhou um prêmio pela conclusão de que os anéis de Saturno são formados por pequenas partículas — uma conclusão que seria comprovada um século mais tarde, durante a Era Espacial. Logo após, Maxwel teve um surto quase fatal de varíola e acabou mudando-se com sua esposa para o sul de Londres. Ele conseguiu um cargo no King's College, período que se revelaria o mais produtivo de sua carreira. Lá ele exibiu a primeira fotografia colorida da história e desenvolveu ideias sobre a viscosidade dos gases. Sua realização mais significativa, entretanto, foi o desenvolvimento da teoria eletromagnética, sintetizando todas as observações não relacionadas, experimentos e equações anteriores da eletricidade e do magnetismo, e mesmo da óptica, até então não inter-relacionadas, em uma teoria consistente. Por volta de 1862, ele calculou que o valor da velocidade de propagação de um campo eletromagnético é aproximadamente igual ao da luz, e escreveu: "É muito difícil evitar a conclusão de que a luz consiste em ondulações transversais do mesmo meio que é a causa dos fenômenos elétricos e magnéticos".

Depois de o trabalho de Newton unificar a mecânica, o trabalho de Maxwell no eletromagnetismo foi chamado de "a segunda grande unificação da física". Maxwell faleceu de câncer abdominal com 48 anos.

26.1 Ondas eletromagnéticas

Do capítulo anterior, lembre-se de como Maxwell descobriu que a luz é uma oscilação de campos elétricos e magnéticos. Você sabe que, sacudindo de um lado para o outro a extremidade de uma vareta em água parada, produzirá ondas na superfície líquida. Maxwell nos ensinou que, da mesma forma, sacudindo de um lado para o outro uma barra eletricamente carregada no vácuo, se produzirá ondas no espaço. Os campos elétrico e magnético oscilantes regeneram um ao outro, formando, assim, uma **onda eletromagnética**, que emana para o espaço, gerado por cargas vibrantes. Existe apenas um valor de rapidez, por sua vez, para o qual os campos elétrico e magnético mantêm-se em perfeito equilíbrio, com um reforçando o outro enquanto transportam energia através do espaço. Vamos ver por que isso acontece dessa maneira.

FIGURA 26.1 Sacuda para lá e para cá um objeto eletricamente carregado e você produzirá uma onda eletromagnética.

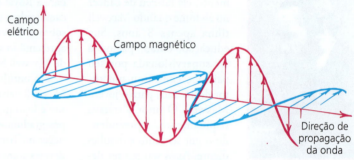

FIGURA 26.2 Os campos elétrico e magnético de uma onda eletromagnética são perpendiculares entre si e também à direção de propagação da onda.

> A luz é a única coisa que conseguimos enxergar. O som é a única coisa que podemos escutar.

PAUSA PARA TESTE

1. Exatamente o que é induzido no espaço livre por um campo magnético variável?
2. O que é induzido por um campo elétrico variável?

VERIFIQUE SUA RESPOSTA

1. Um campo magnético variável induz um campo elétrico.
2. Um campo elétrico variável induz um campo magnético. Quando os dois campos se unem, temos uma onda eletromagnética.

26.2 Velocidade de ondas eletromagnéticas

A palavra *variação* é o segredo da indução eletromagnética Um campo elétrico oscilante *varia* continuamente em intensidade enquanto se propaga pelo espaço enquanto induz um campo magnético oscilante, cuja intensidade também varia. Um campo elétrico *variável* gera um campo magnético *variável* e vice-versa. Oscilações sincronizadas desses campos, perpendiculares umas às outras e ao sentido da propagação, ocorrem apenas à velocidade da luz. Se a velocidade da luz diminuísse, seu campo elétrico variável geraria uma onda menos intensa, a qual, por sua vez, geraria um campo magnético ainda mais fraco, e assim por diante, até a onda se extinguir por completo. A energia seria perdida e não poderia ser transferida de um lugar para outro pela onda. Portanto, a luz não pode propagar-se mais lentamente do que faz.

Se a luz acelerasse, o campo elétrico variável geraria um campo magnético mais forte, o qual, por sua vez, geraria um campo elétrico mais forte, e assim por diante, numa escalada sem fim de intensidade de campo e de energia – claramente algo proibido pela conservação da energia. Existe apenas um valor de rapidez com o

---

psc

- Nosso estudo da luz começa com a investigação de suas propriedades eletromagnéticas. No próximo capítulo, discutiremos sua aparência – a cor. No Capítulo 28, aprenderemos como a luz se comporta – como ela é refletida e refratada. Depois, aprenderemos sobre sua natureza ondulatória no Capítulo 29 e sobre sua natureza quântica nos Capítulos 30 e 31.

qual a indução mútua entre esses dois campos continua a ocorrer indefinidamente, sem que haja perda ou ganho de energia. A partir de suas equações para a indução eletromagnética, Maxwell calculou esse valor crítico de rapidez e obteve o resultado de 300.000 quilômetros por segundo. Em seus cálculos, ele usou apenas as constantes em suas equações que haviam sido determinadas em experimentos simples de laboratório, realizados com campos elétricos e magnéticos. Ele, de fato, não *usou* a rapidez da luz; ele a *obteve*! Chamamos essa rapidez constante da luz de *c*.

Maxwell logo percebeu que havia descoberto a solução de um dos grandes mistérios do universo – a natureza da luz. Ele descobriu que a luz é simplesmente radiação eletromagnética cuja frequência cai dentro de uma faixa particular de frequências, de $4,3 \times 10^{14}$ a 7×10^{14} vibrações por segundo! Essas ondas ativam as "antenas elétricas" que existem na retina do olho. As ondas com as frequências mais baixas dessa faixa aparecem como luz vermelha, e as com as frequências mais altas, como luz violeta.[1] Maxwell percebeu simultaneamente que a radiação eletromagnética de *qualquer* frequência se propaga com a mesma rapidez que a luz.

"Com seu próprio pensamento", Maxwell calculou a velocidade da luz. Cerca de 100 anos mais tarde, em 1969, milhões de pessoas assistiram pela TV a primeira descida na Lua, ouvindo as conversas entre os astronautas e o controle da missão na Terra. Quando os telespectadores perceberam o tempo de retardo entre as mensagens, eles estavam escutando "com seus próprios ouvidos" os efeitos da velocidade da luz previstos por Maxwell.

> **PAUSA PARA TESTE**
> A rapidez de propagação invariável das ondas eletromagnéticas no espaço é uma consequência notável de qual princípio central da física?
>
> **VERIFIQUE SUA RESPOSTA**
> O princípio da conservação da energia.

26.3 O espectro eletromagnético

No vácuo, as ondas eletromagnéticas se propagam com a mesma rapidez e diferem entre si nas suas frequências. A classificação das ondas eletromagnéticas baseada na frequência constitui o **espectro eletromagnético** (Figura 26.3). Já se detectou ondas eletromagnéticas com frequências abaixo de 0,01 hertz (Hz). Ondas eletromagnéticas com frequências de vários milhares de hertz (kHz) são classificadas como ondas de rádio de frequência muito baixa. Uma frequência de milhão de hertz (MHz) situa-se no meio da banda de rádio AM. A banda de frequências muito altas (VHF, do inglês *very high frequencies*) das ondas de televisão começam em cerca de 50 MHz, e a de rádio FM vai de 88 a 108 MHz. Telefones celulares operam em 800 MHz ou 1900 MHz. Depois vêm as frequências ultra-altas (UHF, do inglês *ultra high frequencies*), seguidas das micro-ondas, além das quais encontramos as ondas infravermelhas, costumeiramente chamadas de "ondas de calor". Além dessas, se encontram as frequências da luz visível, que constituem menos do que 1 milionésimo de 1% do espectro eletromagnético medido.

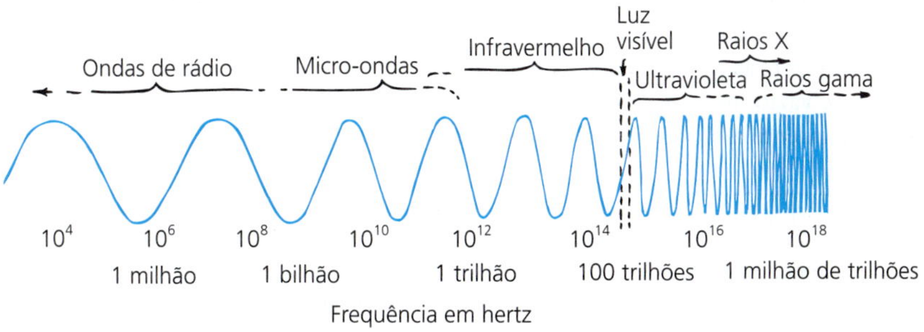

A conservação da energia é uma bela explicação de por que a luz propaga-se com uma única rapidez, a saber, *c*.

FIGURA 26.3 O espectro eletromagnético é uma faixa contínua de ondas que se estende desde as ondas de rádio até os raios gama. Os nomes descritivos das seções são meramente uma classificação histórica, pois todas as ondas são as mesmas em natureza, diferindo principalmente em frequência e em comprimento de onda. Todas se propagam com a mesma rapidez.

---

[1] É comum descrever ondas de som e rádio pelas suas *frequências* e a luz visível pelo seu *comprimento de onda*. Neste livro, ficaremos com um único conceito, o de frequência, para descrever a luz.

554 PARTE VI Luz

(a)

(b)

FIGURA 26.4 (a) Bruce Novak criou esta ferramenta de ensino para mostrar a seus estudantes de que forma as cores do espectro se misturam. (b) Ele fotografou este espectro, mostrando melhor a mistura de cores.

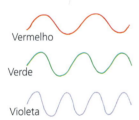

FIGURA 26.5 Os comprimentos de onda das luzes vermelha, verde e violeta. A luz violeta tem aproximadamente o dobro da frequência da luz vermelha e a metade de seu comprimento de onda.

─── **psc** ───
■ A transmissão eficiente de ondas de rádio está relacionada ao tamanho da antena. É por isso que as antenas de rádio AM são altas e as antenas FM, mais baixas.

As frequências mais baixas que podemos enxergar aparecem como luz vermelha. As frequências mais altas de luz visível são aproximadamente duas vezes maiores do que as do vermelho e aparecem como luz violeta. Frequências ainda mais altas constituem o ultravioleta. Essas ondas de frequência mais alta causam queimaduras à pele. Frequências mais altas, além do ultravioleta, se estendem para as regiões dos raios X e dos raios gama. Não existem fronteiras bem definidas entre essas regiões, que, de fato, se superpõem. O espectro é dividido nessas regiões arbitrárias apenas por razões de classificação.

> **PAUSA PARA TESTE**
> Compare a largura do espectro de cores da Figura 26.4b com o tamanho do espectro eletromagnético.
>
> **VERIFIQUE SUA RESPOSTA**
> O espectro de cores, a parte do espectro eletromagnético que chamamos de luz visível, compõe uma parte minúscula (menos de um milionésimo de 1%) do vasto espectro eletromagnético.

Os conceitos e relações dos quais tratamos antes, em nosso estudo do movimento ondulatório (Capítulo 19), também aplicam-se aqui. Lembre-se de que a frequência de uma onda é idêntica à da fonte vibratória. O mesmo segue sendo verdade aqui: a frequência de uma onda eletromagnética no espaço é idêntica à frequência da carga elétrica oscilante que a gerou.[2] Frequências diferentes correspondem a diferentes comprimentos de onda – ondas de baixa frequência têm longos comprimentos de onda, e as de alta frequência têm pequenos comprimentos de onda. Por exemplo, uma vez que a rapidez de propagação da onda é de 300.000 km/s, uma carga elétrica que oscile uma vez por segundo (1 Hz) produzirá uma onda com comprimento de onda de 300.000 km. Isso porque apenas um comprimento de onda é gerado durante 1 segundo. Se a frequência da oscilação fosse de 10 Hz, então 10 comprimentos de onda seriam formados a cada segundo, e o correspondente comprimento de onda seria de 30.000 km. Assim, quanto mais alta for a frequência da carga oscilatória, mais curto será o comprimento de onda da radiação produzida.[3] Tendemos a pensar no espaço como um vazio, mas apenas porque não podemos ver as inúmeras ondas eletromagnéticas que permeiam cada parte de nossa vizinhança.

Vemos algumas delas, é claro, como luz. Essas ondas constituem apenas uma minúscula porção do espectro eletromagnético. Não percebemos as ondas de rádio e de celular, que nos engolfam a cada momento. Os elétrons livres de cada pedaço de metal sobre a superfície da Terra estão continuamente dançando no ritmo dessas ondas. Eles oscilam em uníssono com os elétrons que estão sendo forçados para cima e para baixo ao longo das antenas transmissoras. Um receptor de rádio, de televisão ou de telefonia celular é simplesmente um aparelho que seleciona e amplifica essas minúsculas vibrações eletromagnéticas (ondas eletromagnéticas). Existe radiação por toda parte. Nossa primeira impressão do universo é aquela que envolve matéria e vazio, mas, na verdade, o universo é um denso mar de radiação no qual ocasionalmente estão suspensos aglomerados de matéria.

---
[2] Essa é uma lei da física clássica, válida quando as cargas estão oscilando ao longo de dimensões grandes quando comparadas ao tamanho de um único átomo (por exemplo, numa antena de rádio). A física quântica permite exceções. A frequência da radiação emitida por um único átomo ou molécula pode diferir da frequência de oscilação da carga no interior desse átomo ou molécula.

[3] A relação usada aqui é $c = f\lambda$, onde c é a rapidez da onda (constante), f é a frequência e λ é o comprimento de onda.

ANTENAS FRACTAIS

Para se ter qualidade na recepção de ondas eletromagnéticas com uma antena convencional, esta deve ter um comprimento de aproximadamente um quarto de comprimento de onda. É por isso que, nos primeiros aparelhos de rádio portáteis, as antenas tinham de ser puxadas para fora antes que o aparelho fosse usado. Nathan Cohen, um professor da Boston University, ficou incomodado com o fato de o regulamento da universidade proibir o uso de grandes antenas sobre os prédios. Assim, ele confeccionou uma pequena antena dobrando uma folha de alumínio em uma forma fractal compacta (uma figura de Van Koch – consulte a internet para aprender um pouco sobre *fractais*). Ela funcionou. Ele, então, aperfeiçoou o dispositivo e patenteou muitas antenas fractais práticas, como fez Carlos Fuente, um inventor espanhol. Ambos fundaram empresas de fabricação de antenas fractais.

Fractais são formas fascinantes que podem ser subdivididas em partes, cada uma delas formando (pelo menos aproximadamente) uma cópia do todo. Em qualquer fractal, formas semelhantes surgem em todos os graus de ampliação. Exemplos de fractais comuns na natureza são os flocos de neve, as nuvens, os relâmpagos, as linhas costeiras e até a couve-flor e o brócolis, pois cada um dos seus ramos secundários se parece com o primário. A superfície do revestimento dos seus pulmões tem um padrão fractal que permite a maior absorção de oxigênio.

A antena fractal, como outros fractais, tem uma forma que se repete. Uma vez que ela é dobrada da forma autossimilar projetada, uma antena fractal pode ser comprimida em um espaço pequeno e, de fato, ser fixada no interior do próprio aparelho – e pode operar simultaneamente em diferentes frequências. Isso significa que a mesma antena pode ser usada para captar conversas de celular e sinais de aparelhos GPS em navegação.

Que bom que esses aparelhos cabem em seu bolso. Um brinde às antenas fractais compactas!

PAUSA PARA TESTE
É correto dizer que uma onda de rádio é uma onda de frequência muito baixa? Uma onda de rádio também é uma onda sonora?

VERIFIQUE SUA RESPOSTA
Sim e não, respectivamente. Tanto uma onda de rádio quanto uma de luz são ondas eletromagnéticas que se originam de vibrações de elétrons. As ondas de rádio têm frequências mais baixas do que as ondas luminosas, de modo que uma onda de rádio pode ser considerada uma onda luminosa de baixa frequência (ou uma onda luminosa pode ser considerada uma de rádio com alta frequência). Já uma onda sonora é uma vibração mecânica da matéria e não é de natureza eletromagnética. Uma onda sonora é fundamentalmente diferente de uma eletromagnética. Portanto, uma onda de rádio não é uma onda sonora.

26.4 Materiais transparentes

Quando a luz se transmite através da matéria, alguns dos elétrons são forçados a oscilar, contribuindo para transmitir energia de um lugar para o outro. Isso é semelhante à maneira como a energia é transmitida pelo som (Figura 26.6).

FIGURA 26.6 Da mesma forma que uma onda sonora pode obrigar um receptor de som a vibrar, uma onda luminosa pode forçar os elétrons existentes nos materiais a entrar em vibração.

Os átomos se comportam como diapasões ópticos que têm certas frequências de ressonância.

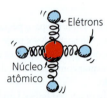

FIGURA 26.7 O modelo de molas para a luz. Os elétrons dos átomos do vidro têm determinadas frequências naturais de vibração e podem ser representados por modelos em que as partículas que os representam estão ligadas ao núcleo atômico por meio de molas.

Materiais diferentes têm estruturas moleculares distintas e, portanto, absorvem ou refletem de forma diferente a luz de várias faixas do espectro eletromagnético.

A maneira como um material receptor responde à incidência da luz depende da frequência da própria luz e da frequência natural dos elétrons no material. A luz visível oscila a uma frequência muito alta, cerca de 100 trilhões de vezes por segundo (maior do que 10^{14} Hz). Se um objeto eletrizado responder a essas vibrações ultrarrápidas, ele deve ter pouquíssima inércia. Como a massa dos elétrons é tão minúscula, eles conseguem vibrar nessa taxa.

Materiais como vidro e água permitem que a luz os atravesse em linha reta. Dizemos que eles são **transparentes** à luz. Para compreender como a luz consegue atravessar um material, visualize os elétrons nos átomos dos materiais transparentes como se eles estivessem ligados aos núcleos por meio de molas (Figura 26.7).[4] Quando uma onda luminosa incide neles, os elétrons são postos em vibração.

Os materiais dotados de flexibilidade (elásticos) respondem mais a determinadas frequências do que a outras (veja o Capítulo 20). Os sinos soam numa frequência própria, os diapasões de afinação vibram numa frequência particular, e assim o fazem os elétrons existentes nos átomos e nas moléculas. As frequências naturais de oscilação de um elétron dependem de quão fortemente ele está ligado a seu átomo ou molécula. Diferentes átomos ou moléculas têm diferentes "constantes elásticas". Os elétrons dos átomos do vidro têm uma frequência natural de vibração que situa-se na faixa do ultravioleta. Portanto, quando as ondas ultravioletas incidem sobre o vidro, ocorre a ressonância e as vibrações dos elétrons alcançam grandes amplitudes, assim como um balanço de criança alcança grandes amplitudes quando empurrado repetidamente com sua frequência de ressonância. A energia que um átomo de vidro recebe é reemitida ou transferida para seus vizinhos por meio de colisões. Os átomos ressonantes do vidro conseguem reter consigo a energia da luz ultravioleta por um tempo muito longo (cerca de 100 milionésimos de segundo). Durante esse tempo, os átomos executam cerca de 1 milhão de oscilações, colidindo com seus vizinhos e descartando sua energia como calor. Assim, o vidro não é transparente à luz ultravioleta.

Em frequências de onda mais baixas, como as da luz visível, os elétrons do vidro são colocados em vibração, mas com uma amplitude menor. Os átomos retêm a energia por menos tempo, havendo menor chance de colisão com os átomos vizinhos e menos transferência de energia na forma de calor. A energia dos elétrons oscilantes passa de um átomo para o outro na forma de luz. A frequência da luz reemitida e que passa de átomo para átomo é idêntica à frequência da luz que iniciou a oscilação. O vidro, então, é transparente a todas as frequências do espectro visível.

> **PAUSA PARA TESTE**
>
> 1. A energia do som pode ser transmitida de um diapasão para outro quando as frequências destes correspondem umas às outras e produzem ressonância. Podemos dizer o mesmo para a transmissão da energia luminosa através do vidro por meio da ressonância?
>
> 2. O som que encontra um material tem três destinos: (1) transmissão, (2) reflexão e (3) absorção. Os três também se aplicam à luz?

---

[4] Os elétrons, é claro, não estão de fato ligados por molas. Suas "vibrações" são, na verdade, orbitais enquanto eles se movem ao redor do núcleo, mas o "modelo de molas" ajuda-nos a compreender a interação da luz com a matéria. Os físicos concebem esses modelos conceituais para compreender a natureza, particularmente ao nível submicroscópico. A validade de um modelo não reside em ele ser "verdadeiro", mas em ser útil. Um bom modelo não apenas é consistente com as observações e as explica, mas também prediz o que pode acontecer. Se as suas previsões são contrárias ao que acontece, o modelo é geralmente refinado ou abandonado. O modelo simplificado que apresentamos aqui – de um átomo cujos elétrons oscilam como se estivessem presos a molas, havendo um certo intervalo de tempo entre a absorção e a reemissão de energia – é muito útil para compreender como a luz consegue atravessar materiais transparentes.

VERIFIQUE SUA RESPOSTA

1. Não no caso da luz. Os átomos do vidro ressoam em ultravioleta, então, ao contrário dos diapasões da Figura 26.6, que transferem energia em frequências ressonantes, os átomos do vidro transferem melhor a energia em frequências menores que as da ressonância – nas frequências visíveis.

2. Sim. A luz que incide sobre um material pode ser (1) transmitida, (2) refletida ou (3) absorvida. A Seção 26.5 explica a transmissão e reflexão da luz nos materiais transparentes. A Seção 26.6 trata sobre a absorção da luz em materiais opacos.

26.5 A rapidez da luz em um meio transparente

A rapidez da luz no espaço livre é uma constante, c, mas menor do que c em um material transparente, como mostra a Figura 26.8. Nesse modelo, a luz é interpretada como um feixe de pacotes incrivelmente minúsculos de energia chamados de *fótons*, e cada um dos quais vibra em uma determinada frequência. Na faixa visível do espectro, um fóton de baixa frequência seria luz vermelha, enquanto um de alta frequência seria luz violeta. O vidro é transparente aos fótons de todas as frequências visíveis. Um fóton que incide sobre uma vidraça provoca vibrações em um átomo, que, por sua vez, faz o mesmo com um átomo vizinho, criando uma reação em cadeia de absorções e reemissões ("goles e arrotos") que faz a energia luminosa atravessar o vidro e sair pelo outro lado. Curiosamente, cada "gole" é a absorção (na verdade, aniquilação) de um fóton, que então deixa de existir. Contudo, tais absorções no vidro são imediatamente acompanhadas dos "arrotos" de fótons idênticos, que são criados. Isso significa que o fóton que emerge do vidro é diferente daquele que inicia a sequência.

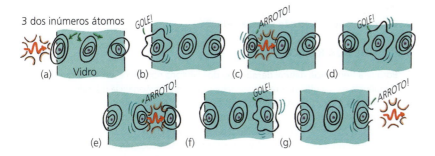

FIGURA 26.8 (a) Um pacote de luz, um fóton, encontra um átomo próximo à borda do vidro e (b) estimula-o a vibrar na mesma energia – o "gole". (c) O átomo emite um fóton idêntico – o "arroto". Os processos (d, e, f) repetem-se através do vidro. Próximo à outra borda, o fóton que emerge (g) é impossível de distinguir daquele que iniciou o processo.

A Figura 26.9 mostra uma analogia da propagação da luz através do vidro. Quando uma bola é puxada para o lado, cai e bate em uma fileira de bolas, a energia da bola que inicia a colisão se propaga pela fila e é transferida à bola que salta do outro lado. É preciso observar que as interações entre as bolas do conjunto não são instantâneas, como evidenciam os atrasos pequenos, mas mensuráveis, ao longo do processo. Ainda mais interessante e fácil de enxergar é o fato de que a bola que emerge no outro lado é diferente da bola que cai inicialmente.

A sequência de "goles e arrotos" normalmente transmite energia em uma trajetória retilínea através do vidro. Quando a trajetória é espalhada, temos a translucência. Curiosamente, apenas 4% dos "goles" na superfície do vidro são "arrotados" de volta e produzem reflexão. "Goles sem arrotos" produzem opacidade.

Assim, a luz propaga-se com apenas uma rapidez no espaço livre, constantes 300.000 km/s,[5] que chamamos de c, seja no vácuo do espaço interestelar, seja entre

FIGURA 26.9 Dean Baird, autor do *Lab manual*, mostra que a bola erguida que se choca contra um conjunto de bolas não é a que salta no outro lado. O mesmo acontece com um fóton que atravessa um vidro.

---

[5] O valor de c atualmente aceito é de 299.792 km/s, arredondado para 300.000 km/s (o que corresponde a 186.000 mi/s).

os átomos da vidraça. O processo de "gole e arroto" no vidro não é instantâneo, e a breve duração de cada "gole" e cada "arroto" resulta em uma *rapidez média* da luz inferior a *c*. A rapidez de propagação da luz na atmosfera é ligeiramente menor do que no vácuo, mas, em geral, também é arredondada para *c*. Na água, a luz se propaga com 75% de sua rapidez no vácuo, ou 0,75 *c*. No vidro, ela se propaga a cerca de 0,67 *c*, dependendo do tipo de vidro. No diamante, a luz se propaga com menos da metade de sua rapidez no vácuo, apenas 0,41 *c*. Quando a luz emerge desses materiais no ar, ela passa a se propagar com sua rapidez original.

Ondas infravermelhas, que têm frequências menores do que as da luz visível, produzem vibrações de agrupamentos de átomos, e não apenas de elétrons. Essas vibrações de alta amplitude aquecem o vidro, motivo pelo qual as ondas infravermelhas muitas vezes são chamadas de *ondas de calor*. O vidro é transparente à luz visível, mas não ao ultravioleta e ao infravermelho (Figura 26.10).

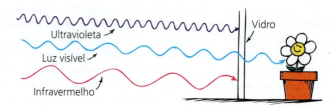

FIGURA 26.10 O vidro bloqueia tanto o infravermelho quanto o ultravioleta, mas é transparente à luz visível.

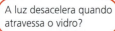

PAUSA PARA TESTE

1. Por que o vidro é transparente à luz visível, mas opaco ao ultravioleta e ao infravermelho?
2. Imagine que, enquanto você caminha por uma sala, faz várias paradas ao longo do caminho para cumprimentar pessoas que estão em seu "comprimento de onda". Em que isso se assemelha à propagação da luz através do vidro?
3. De que maneira isso não se assemelha?

VERIFIQUE SUA RESPOSTA

1. Porque a frequência natural de vibração dos elétrons no vidro é a mesma que a frequência da luz ultravioleta, de maneira que ocorre ressonância quando esse tipo de radiação eletromagnética incide sobre o vidro. A energia absorvida é transferida a outros átomos como calor, não sendo reemitida como luz, o que torna o vidro opaco às frequências do ultravioleta. Na faixa da luz visível, as oscilações forçadas dos elétrons do vidro são de pequenas amplitudes, as vibrações são mais sutis e ocorre reemissão da luz (mais do que a geração de calor), então o vidro é transparente nesse caso. As frequências mais baixas da luz infravermelha fazem com que moléculas inteiras, em vez de elétrons, entrem em ressonância; de novo, calor é gerado e o vidro é opaco à luz infravermelha.
2. Sua rapidez média através da sala é menor por causa dos pequenos atrasos provocados por suas paradas momentâneas. Da mesma forma, a rapidez de propagação da luz no vidro é menor do que no ar por causa dos atrasos provocados pelas interações da luz com os átomos existentes em seu caminho.
3. Quando atravessa a sala, é você que começa e termina a caminhada. Isso não é análogo ao caso semelhante da luz, pois, de acordo com o modelo "gole e arroto", a luz absorvida por um elétron colocado em vibração não é a mesma luz reemitida, embora sejam indistinguíveis.

Se aplicar o modelo "gole e arroto" ao simples ato de olhar pela janela, os fótons que batem na vidraça não são os mesmos fótons que você enxerga. Mais do que isso: quando olha para uma estrela distante, os fótons que atingem a sua retina são emitidos pelos átomos do humor vítreo do seu olho, ativados por uma longa sequência

CAPÍTULO 26 Propriedades da luz 559

de absorção e remissão que vai dos fótons da estrela até o seu olho (o que apoia a ideia de que tudo que você enxerga está na sua cabeça!).

26.6 Materiais opacos

A maioria das coisas ao nosso redor é **opaca** – absorvem a luz sem reemiti-la. Livros, escrivaninhas, cadeiras e pessoas são opacos. As vibrações comunicadas a seus átomos ou moléculas pela luz são transformadas em energia cinética aleatória – ou seja, em energia interna. Os corpos tornam-se ligeiramente mais quentes.

Os metais são opacos. Como os elétrons mais externos dos átomos metálicos não estão ligados a um átomo em particular, eles são livres para se movimentar pelo material, enfrentando muito pouco impedimento (por isso os metais são bons condutores de eletricidade e calor). Quando a luz incide sobre o metal, ela coloca seus elétrons livres em vibração. Em vez de uma cascata de "goles e arrotos" por todo o material, os "goles" iniciais devolvem "arrotos" para o meio do qual vieram. Isso é a reflexão. É por isso que os metais são tão brilhantes.

A atmosfera terrestre é transparente a alguma luz ultravioleta, a toda luz visível e a alguma luz infravermelha, mas é opaca à luz ultravioleta de alta frequência. A pequena quantidade de luz ultravioleta que consegue atravessá-la é responsável por queimaduras de pele. Se toda ela conseguisse atravessar a atmosfera, seríamos fritos. As nuvens são semitransparentes ao ultravioleta, por isso podemos nos bronzear mesmo em dias nublados. A pele escura absorve o ultravioleta antes de ele penetrar muito, enquanto se propaga na pele desprotegida. Com o bronzeamento lento e a exposição gradual, a própria pele desenvolve um bronzeado e aumenta a proteção contra a luz ultravioleta. Esse tipo de luz também é danosa para os olhos – e para telhados cobertos com breu. Agora você sabe por que os telhados cobertos com breu também levam areia grossa na cobertura.

Sombras

Um feixe estreito de luz costuma ser chamado de *raio*. Quando ficamos em pé à luz do Sol, parte da luz é interceptada por nossos corpos, enquanto outros raios seguem adiante em linha reta. Projetamos uma **sombra** – uma região onde os raios de luz não conseguem chegar. Uma fonte de luz pontual produz uma única sombra, com bordas nítidas. Uma fonte de luz maior, entretanto, emite múltiplos raios do seu diâmetro maior, resultando em diversas sombras sobrepostas, que criam bordas mais difusas (Figura 26.12). Normalmente existe uma parte bem escura mais interna e uma parte mais clara ao longo das bordas de uma sombra. A parte mais escura é chamada de **umbra**, e a parte menos escura da sombra é a **penumbra**. A penumbra ocorre numa região para a qual parte da luz foi bloqueada, mas que ainda é alcançada por outros raios (Figura 26.13). A penumbra também ocorre onde a luz incidente que provém de uma fonte extensa é bloqueada apenas parcialmente.

FIGURA 26.11 Metais são brilhantes porque seus elétrons livres vibram facilmente com as oscilações de qualquer luz que incida sobre eles, refletindo a maior parte dela.

psc

- A luz ultravioleta de comprimento de onda maior, denominada UVA no jargão, está próxima da luz visível e não é danosa. A radiação ultravioleta de comprimento de onda menor, chamada de UVC, seria mais danosa se nos atingisse, mas ela é quase que totalmente bloqueada pela camada de ozônio da atmosfera. É a radiação ultravioleta intermediária, UVB, que é capaz de causar danos aos olhos, queimaduras e câncer de pele.

FIGURA 26.12 Uma pequena fonte de luz produz uma sombra mais nítida do que uma fonte grande.

560 PARTE VI Luz

FIGURA 26.13 Um objeto próximo a uma parede projeta uma sombra nítida, porque a luz que chega de direções ligeiramente diferentes não se espalha muito para fora do objeto. Quando o objeto é afastado da parede, penumbras crescem e a umbra torna-se menor. Quando o objeto está muito afastado (não mostrado), não se evidencia qualquer sombra dele, porque todas as penumbras se expandem e formam uma grande obscuridade.

26.7 Eclipses solares e lunares

Embora o Sol seja 400 vezes maior do que a Lua em diâmetro, também está 400 vezes mais distante. Assim, da Terra, a medição de ambos revela o mesmo ângulo minúsculo (0,5°), e os dois parecem ter o mesmo tamanho no céu. Essa coincidência nos permite enxergar eclipses solares.

Todos os corpos iluminados pelo Sol projetam sombras, incluindo a Lua e a Terra. Uma lua cheia ocorre quando o lado totalmente iluminado da Lua está de frente para a Terra, enquanto a lua nova ocorre quando o lado sombreado da Lua está de frente para a Terra. Normalmente não enxergamos a lua nova no céu porque não há luz solar sendo refletida por ela em direção à Terra. A Lua está escura. Em momentos especiais, quando a lua nova passa diretamente em frente ao Sol, sua sombra cai sobre a superfície terrestre. É quando vemos um **eclipse solar** (Figura 26.14).

FIGURA 26.14 (a) Uma lua nova (normalmente não visível para quem está na Terra) ocorre quando a Lua se encontra entre o Sol e a Terra. (b) Quando o Sol, a Lua e a Terra estão perfeitamente alinhados, a sombra da Lua cai sobre parte da Terra e ocorre um eclipse solar.

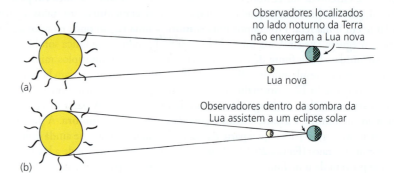

A sombra da Lua se estreita, criando uma umbra escura e uma penumbra mais clara ao seu redor (Figura 26.15). Se ficar na umbra, você verá a Lua cobrindo completamente o disco do Sol, e a corona gloriosa deste ficará visível. Essa é a *totalidade*, talvez a visão mais bela e magnífica que a natureza nos proporciona. A *trajetória da totalidade*, a região coberta pela umbra enquanto a sombra corre pela

FIGURA 26.15 Detalhes de um eclipse solar. O eclipse total ocorre para os observadores que se encontram na umbra, e o parcial, para observadores que estão na penumbra. A maioria dos observadores na Terra não vê qualquer eclipse.

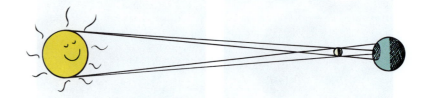

Terra, tem muitos quilômetros de comprimento, mas apenas 160 km de largura, por isso tão poucas pessoas podem testemunhar um eclipse solar total. Se ficar na penumbra, verá um eclipse parcial e apenas uma imagem do sol em forma de foice (lembre-se das fotos do eclipse parcial em forma de foice no Capítulo 1, da foto 4 na abertura deste capítulo na página 550 e da Figura 26.18). A penumbra é muito mais larga do que a umbra, então mais pessoas podem observar um eclipse solar parcial.

Um **eclipse lunar** ocorre quando a Lua atravessa a sombra da Terra quando os três estão alinhados (Figura 26.16). A sombra da Terra também tem uma umbra e uma penumbra. Quando a Lua entra na penumbra, o eclipse é quase imperceptível, mas a sombra da Terra sobre a Lua é bastante visível quando ela entra na umbra. Se a Lua entra em apenas parte da umbra, vemos um eclipse lunar parcial. Se entra completamente na umbra, o eclipse lunar é total. A Lua em eclipse total não está completamente escura, entretanto, pois a atmosfera terrestre atua como uma lente que refrata luz solar sobre a superfície do satélite. A cor avermelhada da Lua em eclipse total é explicada em detalhes na Seção 27.6 do próximo capítulo.

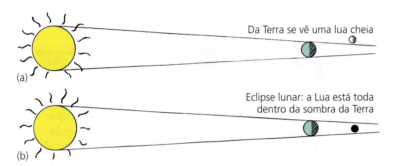

FIGURA 26.16 (a) Uma lua cheia é vista quando a Terra está entre o Sol e a Lua. (b) Quando isso ocorre e o alinhamento é perfeito, a Lua se encontra na sombra da Terra e ocorre um eclipse lunar.

psc

- Observe os estágios de um eclipse lunar, apresentados pela minha neta Gracie Hewitt na abertura da Parte 6 (página 549).

PAUSA PARA TESTE

1. Um eclipse solar ocorre na época de lua cheia ou de lua nova?
2. Um eclipse lunar ocorre na época de lua cheia ou de lua nova?
3. Por que um eclipse lunar é visto em metade do mundo, enquanto um eclipse solar fica visível apenas em uma região muito pequena?
4. Que tipo de eclipse – solar, lunar ou ambos – é perigoso de ser observado com a vista desprotegida?

VERIFIQUE SUA RESPOSTA

1. Um eclipse solar ocorre na época da lua nova, quando a Lua está diretamente em frente ao Sol. Nessa época, a sombra da Lua cai sobre parte da Terra.
2. Um eclipse lunar ocorre durante a lua cheia, quando a Lua e o Sol estão em lados opostos da Terra. Nessa época, a sombra da Terra cai sobre a lua cheia.
3. A sombra da Terra que chega à Lua é cerca de 2,5 vezes mais larga do que a Lua (lembre-se da Figura 1.5 no Capítulo 1). Como a Lua inteira está dentro da sombra da Terra, todos no lado da Terra virado para a lua cheia enxergam o eclipse lunar. Por outro lado, a sombra da Lua estreita-se e atinge uma parte muito pequena da Terra, o que significa que relativamente poucos observadores no lado da Terra virado para a lua nova conseguem enxergar um eclipse solar.
4. Apenas os eclipses solares são perigosos quando observados diretamente, pois a pessoa olha diretamente para o Sol. Durante um eclipse lunar, a pessoa observa uma Lua muito escura. Ela não fica totalmente escura porque a atmosfera terrestre atua como uma lente e desvia um pouco de luz para dentro da sombra. Curiosamente, essa é a luz avermelhada vista no pôr do sol e na aurora. É por isso que, num eclipse lunar, a Lua aparece com um tom de vermelho profundo desbotado.

psc

- As pessoas são alertadas para não olharem para o Sol durante um evento de eclipse solar, por causa do brilho e da luz ultravioleta da luz solar direta, que são prejudiciais aos olhos. Esse bom conselho muitas vezes é mal compreendido, e algumas pessoas entendem que a luz solar é mais prejudicial durante esse período em especial. No entanto, fitar o Sol quando ele se encontra alto no céu é sempre danoso, ocorrendo ou não algum eclipse. Na verdade, fitar o Sol diretamente é mais prejudicial do que quando parte da Lua o bloqueia! A razão para uma cautela especial com esse momento do eclipse é simplesmente porque a maioria das pessoas está interessada em olhar para o Sol justamente nesse instante.

Por que os eclipses não ocorrem em toda lua nova e toda lua cheia? A explicação envolve os diferentes planos orbitais da Terra e da Lua. A Terra gira em torno do Sol em uma órbita planar, assim como a Lua em torno da Terra. Contudo, os planos estão ligeiramente inclinados em relação um ao outro – uma inclinação de 5,2°, como mostra a Figura 26.17. Se os planos não estivessem inclinados, os eclipses ocorreriam todos os meses. Devido à inclinação, entretanto, os eclipses ocorrem apenas quando a Lua intersecta o plano Terra-Sol e os três se alinham, o que ocorre cerca de quatro vezes por ano. Há, pelo menos, dois eclipses solares por ano, e geralmente de zero a três eclipses lunares. Muito raramente, pode ocorrer um total de sete eclipses solares e lunares no mesmo ano.

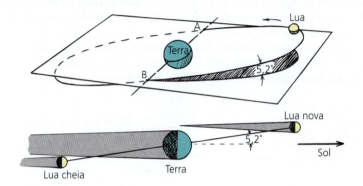

FIGURA 26.17 A Lua orbita a Terra em um plano inclinado em 5,2° em relação ao plano da órbita da Terra ao redor do Sol. Um eclipse solar ou lunar ocorre apenas quando o Sol, a Lua e a Terra alinham-se exatamente com os pontos A e B. Em outros momentos, os corpos não estão alinhados, como mostra a parte inferior do desenho.

A maior parte do público olha para cima para observar um eclipse, mas também é fascinante olhar para baixo nesse momento especial – principalmente sob as árvores, quando a luz atravessa as folhas e projeta imagens do Sol no chão ou nas paredes, como ilustra a Figura 26.18. Na foto à esquerda temos imagens de "furo de alfinete" do Sol projetadas sobre uma parede, no chão e em Dean Baird, autor do *Lab manual*. Onde as imagens solares não se sobrepõem, formas circulares estão em evidência. Manchas de luz maiores são produzidas pela sobreposição significativa das imagens, muito menos evidente para as imagens em forma de foice da foto da direita, que são mais finas. As manchas circulares transformam-se em foices quando o Sol sofre um eclipse parcial. É muito interessante que a forma do "furo de alfinete" não afeta a forma da imagem.

FIGURA 26.18 Imagens do Sol antes e durante um eclipse solar parcial.

> **PAUSA PARA TESTE**
>
> 1. As duas fotos da Figura 26.18 foram tiradas com uma hora de diferença. Qual seria a diferença entre os locais das imagens solares se as fotos fossem tiradas com apenas alguns minutos de diferença?
> 2. Por que há mais foices do que círculos?

VERIFIQUE SUA RESPOSTA

1. A Terra girou significativamente durante o tempo entre as fotos. Se as duas fossem tiradas com um intervalo menor entre si, haveria maior correspondência entre as imagens solares.

2. As imagens solares se sobrepõem em muitos casos. Como as foices são muito mais finas do que os círculos, há menos sobreposição do que no caso dos círculos largos, que produzem manchas maiores de luz.

26.8 Enxergando a luz – o olho

A luz é a única coisa que vemos com o mais notável instrumento óptico conhecido – o olho (Figura 26.19). A luz penetra no olho através de uma cobertura transparente chamada de *córnea*, que produz cerca de 70% do desvio necessário da luz, antes de ela passar pela abertura da *íris* (a parte colorida do olho). A abertura é chamada de *pupila*. A luz, então, atinge a *lente cristalina*, que ajusta o foco para a luz que atravessa um meio gelatinoso denominado *humor vítreo*. Em seguida, a luz atinge a retina.

A *retina* cobre dois terços da parte de trás do olho e é responsável pelo grande campo de visão que temos. Para uma visão clara, a luz deve ser focada exatamente sobre a retina. Quando ela é focada antes ou depois da retina, a visão é embaçada. Até muito recentemente, a retina era mais sensível à luz do que qualquer detector jamais feito. Ela não é uniforme. Em seu meio, está a *mácula*, com uma pequena depressão no centro chamada de *fóvea*, a região de visão mais distinta. Por trás da retina, se inicia o *nervo óptico*, que transmite sinais das células fotorreceptoras para o cérebro.

Com a fóvea, pode-se ver muito mais detalhes do que com as partes laterais do olho. Existe também um lugar da retina onde os nervos que transportam toda a informação saem ao longo do nervo óptico; ali é o *ponto cego*. Você pode demonstrar que existe um ponto cego em cada olho segurando este livro com os braços esticados próximo ao seu olho esquerdo e olhando para a Figura 26.20 apenas com seu olho direito. Você pode enxergar tanto a bola escura quanto o X a essa distância. Agora aproxime o livro lentamente de sua face, mantendo seu olho direito fixo na bola, até que alcance uma distância de cerca de 20-25 centímetros de seu olho, onde o X desaparecerá. Agora repita isso mantendo apenas o olho esquerdo aberto, olhando dessa vez para o X, e a bola desaparecerá. Quando você olha com ambos os olhos abertos, você não toma consciência do ponto cego, principalmente porque um dos olhos "preenche" a parte na qual o outro olho é cego. Maravilhosamente, o cérebro trata de preencher a visão "esperada" mesmo mantendo apenas um olho aberto. Repita o exercício da Figura 26.20 com objetos pequenos sobre fundos diferentes. Observe que, em vez de não enxergar, seu cérebro voluntariamente preencherá o fundo de maneira apropriada. Desse modo, você não apenas enxerga o que existe – você enxerga o que *não* existe!

A retina é formada por minúsculas antenas que entram em ressonância com a luz que entra no olho. Existem dois tipos básicos dessas antenas, os bastonetes e os cones (Figura 26.21). Como sugerem os nomes, algumas das antenas têm a forma de bastões, enquanto outras têm a forma de cones. Os bastonetes predominam na periferia da retina, enquanto os cones são mais densos em torno da fóvea. Os bastonetes são responsáveis pela visão com baixa intensidade, e os cones, pela visão colorida e os detalhamentos. Existem três tipos de cones: os estimulados por baixas frequências (vermelho), os estimulados pelas frequências intermediárias (verde) e os estimulados pelas frequências mais altas (azul). Os cones na fóvea são

> Durante um eclipse lunar, observadores futuros na Lua verão um anel de céu vermelho ao redor da borda externa do planeta Terra.

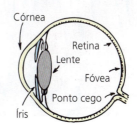

FIGURA 26.19 O olho humano.

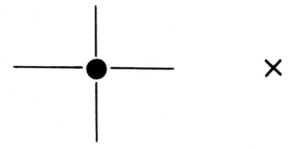

FIGURA 26.20 O experimento do ponto cego. Feche o olho esquerdo e olhe com seu olho direito para a bola. Ajuste sua distância e encontre o ponto cego que impede o X de ser visto. Troque de olho, olhe para o X e a bola desaparecerá. Seu cérebro preenche as linhas cruzadas onde estava a bola?

564 PARTE VI Luz

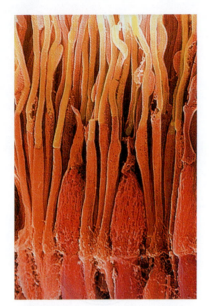

FIGURA 26.21 Uma visão ampliada dos cones e bastonetes do olho humano.

---
psc

- Os coelhos e as lebres são exemplos de animais capazes de ter uma visão de 360° sem precisar mover as patas, devido aos seus olhos grandes e protuberantes nos lados da cabeça. No entanto, eles só conseguem ter profundidade de campo de visão quando a visão de um olho sobrepõe à do outro, à frente da cabeça e atrás dela.

FIGURA 26.22 Na periferia de sua visão, você consegue enxergar um objeto apenas se ele estiver em movimento; além disso, você não consegue enxergar a sua cor.

muito densos, mais do que em qualquer outro lugar na retina. Para enxergarmos melhor as cores, devemos focar a imagem precisamente sobre a fóvea, onde não há bastonetes. Os primatas e uma espécie de esquilo são os únicos mamíferos que têm os três tipos de cones e experimentam uma visão colorida completa. As retinas dos outros mamíferos consistem principalmente de bastonetes, sensíveis apenas ao brilho e à escuridão, como uma fotografia ou um filme preto e branco.

Alguns mamíferos, incluindo os cães, têm dois tipos de cones. Assim, seu cão enxerga cores, mas não consegue diferenciar entre as cores na extremidade vermelha do espectro. Os pássaros, por outro lado, têm quatro tipos de cones. Acredita-se que a maioria dos pássaros enxerga luz ultravioleta, além das cores com as quais estamos familiarizados.

No olho humano, o número de cones diminui à medida que nos afastamos da fóvea. É interessante que a cor de um objeto desaparece se ele é visto com a visão periférica. Isso pode ser verificado dispondo de um amigo que entre em sua visão periférica carregando alguns objetos brilhantemente coloridos. Você comprovará que pode ver os objetos antes que possa ver de que cores eles são.

Outro fato interessante é que a periferia da retina é muito sensível ao movimento. Embora nossa visão nos cantos dos olhos seja pobre, somos sensíveis a qualquer coisa que ali se mova. Somos "ligados" em olhar para algo que se agite na parte lateral de nosso campo visual, uma característica que deve ter sido importante para nosso desenvolvimento evolutivo. Assim, peça ao seu amigo para sacudir objetos brilhantemente coloridos quando o traz para a periferia de sua visão. Se você mal consegue enxergar os objetos quando sacudidos, mas nada vê quando eles são mantidos parados, então você não será capaz de dizer de que cor eles são (Figura 26.22). Tente e verá!

Outra característica distintiva entre bastonetes e cones é a intensidade de luz à qual eles são capazes de responder. Os cones requerem mais energia do que os bastonetes antes que eles "disparem" um impulso no sistema nervoso. Se a intensidade da luz é muito baixa, as coisas que enxergamos não apresentam cores. Enxergamos baixas intensidades com nossos bastonetes. A visão adaptada à escuridão é quase que totalmente por causa dos bastonetes, enquanto a visão com luz brilhante se deve aos cones. As estrelas, por exemplo, nos parecem brancas. Todavia, a maioria das estrelas na verdade tem um colorido vivo. Sua exposição por algum tempo a uma câmara fotográfica revela vermelhos e vermelho-alaranjados nas estrelas mais "frias" e azuis e violeta-azulados nas estrelas mais "quentes". A luz das estrelas, entretanto, é fraca demais para excitar os cones sensíveis às cores da retina. Assim, vemos as estrelas com nossos bastonetes e as percebemos como brancas ou, no melhor dos casos, apenas com cores desbotadas. As mulheres têm um limiar de disparo dos cones ligeiramente mais baixo do que os homens e conseguem enxergar um pouco melhor as cores. Portanto, se ela afirma que enxerga as estrelas coloridas e ele diz que ela não pode enxergar isso, provavelmente é ela que está certa!

Os bastonetes "enxergam" melhor que os cones na extremidade azul do espectro, e o inverso é verdadeiro na extremidade vermelha. No que diz respeito aos bastonetes, um objeto vermelho pode muito bem parecer preto. Assim, se você dispõe de dois objetos coloridos – digamos, um azul e outro vermelho –, o azul parecerá muito mais claro do que o vermelho sob luz fraca, embora o vermelho possa parecer muito mais claro do que o azul sob luz intensa. O efeito é muito interessante. Experimente isso: num quarto escuro, encontre uma revista ou algo que tenha muitas cores e, antes de ter certeza de quais são as cores, avalie as áreas mais escuras e as mais claras. Então leve a revista para a luz. Você verá ocorrer uma troca entre as cores mais brilhantes e mais fracas.[6]

---
[6] Esse fenômeno é chamado de *efeito Purkinje*, uma homenagem ao fisiologista tcheco que o descobriu.

Os bastonetes e os cones da retina não estão diretamente conectados ao nervo óptico, mas, curiosamente, estão ligados a inúmeras outras células, algumas das quais se unem para transmitir informações para o nervo óptico. Assim, parte das informações é processada na retina. Dessa maneira, o sinal de luz é processado antes de seguir para o nervo óptico, e daí para a parte principal do cérebro. Desse modo, parte da função cerebral ocorre no próprio olho. Os olhos tomam parte de nosso "pensamento". Esse pensamento pode ser traído pela íris, a parte colorida do olho que se expande ou se contrai e regula o tamanho da pupila para adaptar-se a variações na intensidade da luz. Curiosamente, a expansão ou contração da íris está relacionada às nossas emoções. Se vemos, cheiramos, provamos ou ouvimos algo que nos dá prazer, nossas pupilas automaticamente aumentam de tamanho. Contudo, se vemos, cheiramos, provamos ou ouvimos algo que nos parece repugnante, nossas pupilas automaticamente se contraem. Muitos jogadores de cartas podem revelar o valor de uma rodada pelo tamanho de suas pupilas! (O estudo do tamanho das pupilas em função das atitudes é chamado de *pupilometria*.)

A lula gigante tem os maiores olhos do mundo.

Ela o ama...

Ela não o ama?

FIGURA 26.23 O tamanho de suas pupilas depende de seu ânimo.

A luz mais intensa que o olho pode perceber sem sofrer danos é cerca de 500 milhões de vezes mais brilhante do que a luz mais fraca que pode ser percebida. Olhe para o filamento de uma lâmpada próxima. Em seguida, olhe para o interior de um armário escuro. A diferença em intensidade luminosa nesse caso pode ser maior do que 1 milhão para um. Devido a um efeito chamado de *inibição lateral*, não percebemos essas diferenças de intensidade. As partes mais brilhantes de nosso campo visual são impedidas de ofuscar as restantes, pois qualquer célula receptora de nossa retina que envia um forte sinal de brilho a nosso cérebro também envia sinais para as células vizinhas diminuírem suas respostas. Dessa maneira, nivelamos nosso campo visual, o que nos permite discernir detalhes tanto em áreas muito brilhantes quanto em áreas muito escuras. A inibição lateral exagera a diferença de brilho entre as margens das regiões de nosso campo visual. Bordas, por definição, separam uma coisa da outra. Assim, estamos acentuando as diferenças. O retângulo cinza da esquerda na Figura 26.24 parece mais escuro do que o retângulo cinza da direita quando a borda que os separa está em nossa visão. Contudo, se cobrirmos a borda com um lápis ou um dedo, eles lhe parecerão igualmente claros. A razão é que os retângulos *são* de fato igualmente claros; cada um deles é sombreado de mais claro para mais escuro, da esquerda para a direita. Nosso olho se concentra na borda onde o lado mais escuro do retângulo esquerdo encontra o lado mais claro do retângulo direito, e o sistema cerebral de nosso olho assume que, no restante do retângulo, é o mesmo. Prestamos atenção na borda e ignoramos o restante.

FIGURA 26.24 Ambos os retângulos são igualmente brilhantes. Cubra a fronteira entre eles com um lápis e você perceberá.

Algumas questões para refletir: a maneira como nossos olhos selecionam as bordas, presumindo o que vemos, se assemelha à maneira como nós às vezes julgamos outras culturas e outros povos? Da mesma forma, não tendemos a exagerar as diferenças superficiais ao mesmo tempo em que ignoramos as semelhanças e as sutis diferenças existentes?

FIGURA 26.25 O gráfico dos níveis de brilho para os retângulos da Figura 26.24.

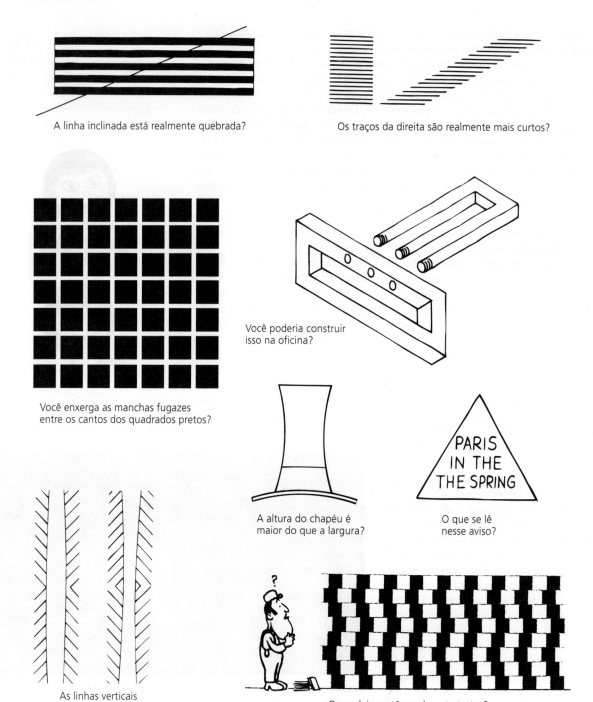

FIGURA 26.26 Ilusões ópticas.

Revisão do Capítulo 26

TERMOS-CHAVE (CONHECIMENTO)

onda eletromagnética Uma onda que transporta energia e é emitida por uma carga oscilante (frequentemente elétrons), composta por campos elétrico e magnético oscilantes que constantemente regeneram um ao outro.

espectro eletromagnético A faixa de frequência das ondas eletromagnéticas, que se estende desde as frequências de rádio até as dos raios gama.

transparente O termo que se aplica a materiais através dos quais a luz pode se propagar em linha reta.

opaco A propriedade dos materiais que não permitem a passagem da luz (oposto de transparente).

sombra Região escura onde os raios luminosos são bloqueados por um objeto.

umbra A parte mais escura de uma sombra, onde o bloqueio da luz é completo.

penumbra Uma sombra parcial que aparece onde parte da luz é bloqueada, mas o restante da luz pode atingi-la.

eclipse solar Evento no qual a Lua bloqueia a luz solar, e sua sombra cai sobre parte da Terra.

eclipse lunar Evento em que a Lua passa pela sombra da Terra.

QUESTÕES DE REVISÃO (COMPREENSÃO)

26.1 Ondas eletromagnéticas

1. O que é induzido por um *campo magnético variável*?
2. O que é induzido por um *campo elétrico variável*?
3. Qual é a fonte de uma onda eletromagnética?

26.2 Velocidade de ondas eletromagnéticas

4. Qual é a relação entre a rapidez constante *c* de uma onda eletromagnética no espaço livre e a conservação da energia?
5. De que maneira o fato de que uma onda eletromagnética jamais acelera no espaço livre é consistente com o princípio de conservação da energia?

26.3 O espectro eletromagnético

6. Qual é a principal diferença entre uma *onda de rádio* e a *luz visível*? E entre a *luz visível* e um *raio X*?
7. Aproximadamente quanto do espectro eletromagnético é ocupado pela luz visível?
8. Qual é a cor da menor frequência da luz visível? E da maior frequência?
9. Como o comprimento de uma onda luminosa se relaciona à sua frequência?
10. Qual é o comprimento de onda de uma onda cuja frequência é de 1 Hz?
11. O que significa dizer que o espaço sideral não está realmente vazio?

26.4 Materiais transparentes

12. O som proveniente de um diapasão em forquilha pode obrigar outro diapasão a vibrar. Qual é o efeito análogo no caso da luz?
13. Em que regiões do espectro eletromagnético se encontra a frequência de ressonância dos elétrons do vidro?
14. Qual é o destino da energia da luz ultravioleta que incide no vidro?
15. Qual é o destino da energia da luz visível que incide no vidro?

26.5 A rapidez da luz em um meio transparente

16. O que é um fóton?
17. Como a rapidez média de propagação da luz no vidro se compara à sua rapidez no vácuo?
18. Como a velocidade da luz que sai de uma vidraça se compara à velocidade da luz que incide sobre a vidraça?
19. Quando um átomo no vidro "engole" um fóton de uma determinada frequência, qual é a frequência do "arroto" subsequente?
20. De acordo com o modelo do "gole-arroto", o fóton que entra no vidro é o mesmo que emerge dele?
21. Por que as ondas infravermelhas frequentemente são chamadas de *ondas de calor*?

26.6 Materiais opacos

22. Por que os materiais opacos tornam-se mais quentes quando a luz incide sobre eles?
23. Por que os metais são brilhantes?
24. Por que os objetos normalmente parecem mais escuros quando estão molhados do que quando estão secos?

26.7 Eclipses solares e lunares

25. Faça distinção entre uma *umbra* e uma *penumbra*.
26. A Terra e a Lua sempre projetam sombras? Como chamamos a ocorrência em que um desses corpos atravessa a sombra do outro?
27. Diferencie um eclipse solar de um eclipse lunar.

26.8 Enxergando a luz – o olho

28. De que modo os *bastonetes* do olho humano diferem dos *cones*?
29. Em que situação são mais facilmente notados objetos vistos com sua visão periférica?
30. O que afeta o tamanho da pupila do olho, além da quantidade de luz que incide sobre ela?

PENSE E FAÇA (APLICAÇÃO)

31. Compare o tamanho da Lua quando se encontra posicionada no horizonte com seu tamanho quando está alta no céu. Uma maneira de fazer isso é segurar, com os braços esticados, vários objetos que bloquearão exatamente a visão da Lua. Experimente até que encontre algo do tamanho exato, talvez um lápis ou uma caneta grossa. Você descobrirá que o objeto terá menos do que um centímetro, dependendo do comprimento de seus braços. A Lua é realmente maior quando está próxima ao horizonte?

32. Se ainda não realizou a atividade "ervilha e Lua" do Capítulo 1, faça isso agora. Durante a lua cheia, ou quase cheia, segure uma ervilha entre os dedos e estenda o braço até que ela tape a Lua, como mostrado no desenho. Uma medição cuidadosa mostrará que cerca de 110 ervilhas ocupam o espaço entre a ervilha nos seus dedos e o seu olho. Compare o número de Luas que se encaixariam entre o seu olho e a posição real da Lua.

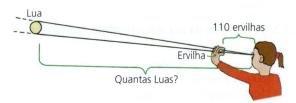

33. Que olho você usa mais? Para verificar qual é o seu favorito, mantenha um dedo erguido com o braço esticado. Com os dois olhos abertos, olhe para um objeto afastado. Agora feche o olho direito. Se seu dedo parece saltar para a direita, então você usa mais o olho direito. Verifique entre seus colegas quem é canhoto e quem é destro. Existe alguma correlação entre o olho preferido e a mão utilizada preferencialmente?

PENSE E RESOLVA (APLICAÇÃO MATEMÁTICA)

No Capítulo 3, aprendemos que rapidez média = distância percorrida / tempo de deslocamento. Em outras palavras, $v_{méd} = d/t$; ou distância percorrida = rapidez média × tempo de deslocamento; $d = v_{méd} \times t$. Para a rapidez da luz, $v_{méd} = c$. Assim, $c = d/t$ ou $d = ct$, equações que podem ser úteis abaixo.

34. Em 1676, o astrônomo dinamarquês Ole Roemer teve um desses momentos de "ahá" na ciência. A partir de observações de eclipses das luas de Júpiter em diferentes épocas do ano, ele concluiu que a luz deve se deslocar com uma velocidade finita e que são necessários 1.300 s para atravessar o diâmetro da órbita terrestre em torno do Sol. Usando um valor de 300.000.000 km para o diâmetro da órbita da Terra e baseado na estimativa de 1.300 s de Roemer, calcule o valor da velocidade da luz. Como ele difere do moderno valor da velocidade da luz?

35. O Sol se encontra a $1{,}50 \times 10^{11}$ metros de distância da Terra. Quanto tempo leva para a luz vinda do Sol alcançar a Terra? Quanto tempo leva para a luz atravessar o diâmetro da órbita terrestre? Compare esse tempo com o tempo medido por Roemer no século XVII.

36. Mais de 200 anos depois de Roemer, Albert A. Michelson enviou um feixe de luz a partir de um espelho giratório para outro espelho, estacionário, a 15 km de distância. Mostre que o tempo decorrido entre a saída da luz e seu retorno ao espelho giratório foi de 0,0001 s.

37. Em 1969, Neil Armstrong foi o primeiro homem a pisar na Lua, a uma distância de $3{,}85 \times 10^{10}$ m da Terra. (a) Calcule o tempo que levou para a sua voz chegar à Terra por meio de ondas de rádio. (b) No futuro, alguém pisará em Marte, a uma distância de $5{,}6 \times 10^{10}$ m da Terra quando ele está mais próximo do nosso planeta. Calcule quanto tempo demorará para a voz desse astronauta alcançar a Terra.

38. Mostre que levaria 2,5 s para um pulso de luz de *laser* alcançar a Lua e se refletir de volta para a Terra.

39. As micro-ondas dentro de um forno têm frequência média de $3{,}0 \times 10^6$ Hz. Mostre que o comprimento de onda dessas ondas é aproximadamente igual à largura do seu dedo mindinho.

40. Uma bola de mesmo diâmetro que o bulbo de uma lâmpada incandescente é mantida a meia distância entre o bulbo e uma parede, como mostrado na figura. Construa raios de luz (semelhantes àqueles da Figura 26.15) e mostre que o diâmetro da umbra sobre a parede é igual ao diâmetro da bola e que o diâmetro da penumbra é três vezes maior do que o da bola.

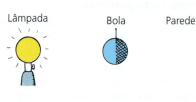

PENSE E ORDENE (ANÁLISE)

41. Ordene os comprimentos de onda de cada um no vácuo, do menor para o maior.
    a. Luz visível   b. Raios X   c. Ondas de rádio
42. Ordene as frequências de cada um, da menor para a maior.
    a. Luz visível   b. Raios X   c. Ondas de rádio
43. Ordene a rapidez de cada um no vácuo, da menor para a maior.
    a. Luz visível   b. Raios X   c. Ondas de rádio

PENSE E EXPLIQUE (SÍNTESE)

44. Um amigo lhe diz, num tom profundo, que a luz é a única coisa que somos capazes de ver. Seu amigo está correto? Justifique sua resposta.
45. Seu amigo lhe diz que a luz é produzida pela conexão existente entre a eletricidade e o magnetismo. Ele está correto? Justifique sua resposta.
46. Quando você olha uma galáxia afastada com um telescópio, está olhando para trás no tempo?
47. Quando olhamos para o Sol, estamos vendo como ele estava oito minutos atrás. Assim, podemos apenas ver o Sol "no passado". Quando você olha para a parte posterior de sua mão, você a enxerga "agora" ou "no passado"? Explique.
48. Qual é a fonte fundamental para a radiação eletromagnética?
49. Como é possível tirar fotografias em completa escuridão?
50. Exatamente o que oscila numa onda luminosa?
51. Explique a principal diferença entre um raio gama e um raio infravermelho. Justifique sua resposta.
52. Quanto vale a velocidade dos raios X no vácuo?
53. O que se desloca mais rapidamente no vácuo: um raio infravermelho ou um raio gama?
54. Um colega afirma que as micro-ondas e a luz ultravioleta têm comprimentos de onda diferentes, mas se propagam no espaço com o mesmo valor de velocidade. Você concorda ou discorda?
55. Seu colega afirma que o espaço exterior, em vez de ser vazio, está cheio de ondas eletromagnéticas. Você concorda ou discorda?
56. Um colega afirma que qualquer onda de rádio se propaga com velocidade consideravelmente maior do que qualquer onda sonora. Você concorda ou discorda?
57. Os comprimentos de onda de sinais de rádio e de televisão são maiores ou menores do que os das ondas detectáveis pelo olho humano?
58. Suponha que uma onda luminosa e outra onda sonora tenham a mesma frequência. Qual delas tem o maior comprimento de onda? Como você sabe?
59. O que requer um meio físico para se propagar: luz, som ou ambos? Justifique sua resposta.
60. As ondas de rádio se propagam com a rapidez do som, com a rapidez da luz ou com alguma rapidez intermediária?
61. O que as ondas de rádio e de luz têm em comum? O que é diferente entre elas?
62. Um *laser* de hélio-neônio emite luz com comprimento de onda de 633 nanômetros (nm). A luz de um *laser* de argônio tem um comprimento de onda de 515 nm. Qual dos dois emite uma frequência de luz mais alta? Justifique sua resposta.
63. Por que você esperaria que a rapidez de propagação da luz fosse ligeiramente menor na atmosfera do que no vácuo?
64. O vidro é transparente ou opaco à luz cuja frequência se iguala às suas próprias frequências naturais? Justifique sua resposta.
65. Os comprimentos de onda curtos da luz visível interagem mais frequentemente com os átomos do vidro do que os comprimentos de onda mais longos. Esse tempo de interação tende a aumentar ou a diminuir a rapidez média da luz de comprimento de onda curto no vidro?
66. O que determina se um dado material é transparente ou opaco?
67. Você pode queimar sua pele num dia nublado, mas não a queimará se, mesmo num dia ensolarado, permanecer atrás do vidro. Por quê?
68. A luz solar incide tanto sobre óculos de leitura quanto sobre óculos escuros. Qual dos dois você acha que se torna mais quente? Justifique sua resposta.
69. Por que um avião voando alto projeta pouca ou nenhuma sombra sobre o solo, ao passo que um avião que voa baixo projeta uma sombra bem nítida?
70. A luz proveniente de algum lugar, sobre a qual você concentra sua atenção, incide sobre sua fóvea, que contém somente cones. Se você deseja observar uma fonte luminosa fraca, como uma estrela débil, por que não deve olhar *diretamente* para a fonte?
71. Por que falta cor aos objetos iluminados com a luz da Lua?
72. Por que não enxergamos as cores quando usamos a nossa visão periférica?
73. Por que você deveria ser cético quando sua/seu amada(o) o(a) abraça e lhe diz, com as pupilas contraídas, "eu te amo"?
74. A partir de sua experiência com a Figura 26.20, o seu ponto cego está localizado na direção que vai da fóvea ao seu nariz ou fora dela?
75. Podemos concluir que uma pessoa que apresenta as pupilas dilatadas está sempre mais feliz do que uma pessoa que apresenta as pupilas contraídas? Justifique sua resposta.
76. O planeta Júpiter se encontra a uma distância do Sol cinco vezes maior do que a distância da Terra ao Sol. Usando a lei do inverso do quadrado, como o brilho do Sol aparece a essa distância maior?
77. Quando se olha o céu noturno, algumas estrelas são mais brilhantes do que outras. Pode-se dizer corretamente que as estrelas mais brilhantes emitem mais luz? Justifique sua resposta.
78. Uma "visão 20/20" é uma medida arbitrária da visão, significando que você consegue ler o mesmo que uma pessoa comum consegue ler a uma distância de 20 pés na luz diurna. Qual é essa distância em metros?

PENSE E DISCUTA (AVALIAÇÃO)

79. Sabendo que o espaço interplanetário é um vácuo, analise as evidências ao seu dispor de que as ondas eletromagnéticas podem se propagar no vácuo.

80. Ouvimos pessoas falando de "luz ultravioleta" e "luz infravermelha". Por que tais termos são confusos? Por que é menos provável escutar pessoas falando em "luz de rádio" e "luz de raio X"?

81. Você consegue enxergar ondas de rádio? Você consegue ouvir ondas de rádio? Discuta isso com pessoas que confundem ondas de som e ondas de rádio.

82. Quando os astrônomos observam uma explosão de supernova em uma galáxia distante, eles assistem simultaneamente ao súbito surgimento de luz visível e de outras formas de radiação eletromagnética. Isso constitui evidência de que a rapidez de propagação da luz é independente da frequência? Discuta e explique.

83. Se você disparar uma bala contra uma tábua, ela será desacelerada no interior da madeira e emergirá com uma rapidez menor do que a original. Analogamente, a luz também será desacelerada ao atravessar o vidro, do qual também emergirá com uma rapidez menor do que a que tinha originalmente? Justifique.

84. Imagine que uma determinada pessoa possa caminhar com um certo ritmo – sem acelerar ou desacelerar. Se, entretanto, a pessoa parar momentaneamente ao longo do caminho, por diversas vezes, para cumprimentar outras pessoas, o tempo adicional gasto nas breves interrupções resultará numa rapidez *média* menor do que sua rapidez de caminhada. Qual é a analogia entre isso e a propagação da luz através do vidro? Quais as diferenças que existem entre as duas situações?

85. Os planetas projetam sombras? Que evidência você dispõe disso?

86. Apenas algumas pessoas que se encontram no lado iluminado da Terra podem assistir à ocorrência de um eclipse solar, enquanto todas as pessoas que se encontram no lado escuro da Terra podem assistir à ocorrência de um eclipse lunar. Qual é a razão para isso?

87. Os eclipses lunares sempre ocorrem durante a lua cheia. Ou seja, a Lua é sempre vista cheia um pouco antes e logo após a sombra da Terra ter passado sobre a Lua. Por quê? Por que jamais podemos assistir a um eclipse lunar quando a Lua está na fase crescente ou meia-lua?

88. Durante um eclipse solar parcial, quando o Sol no céu tem forma de foice, qual será a forma das imagens solares projetadas no solo sob as árvores? Converse com um amigo sobre o porquê.

89. Na Figura 26.18, Dean Baird está coberto com imagens circulares do Sol, e depois com imagens em forma de foice. Qual é a causa das imagens em forma de foice?

90. Os diâmetros dos círculos que formam as imagens solares na foto de Dean situam-se a cerca de 1/110 da distância até os espaços entre as folhas por onde a luz passa. Isso significa que 110 círculos alinhados se estenderiam desde cada mancha luminosa até o espaço por onde a luz passou. Isso lhe sugere o número de diâmetros solares que caberiam no espaço entre a árvore e o Sol, a 150.000.000 quilômetros de distância da Terra?

91. Na quinta foto de abertura do capítulo, Paul Doherty mostra imagens de *contornos circulares*. Nessa situação especial, a distância média entre a Lua e a Terra é menor, maior ou igual à distância usual entre os dois corpos celestes? Discuta e justifique sua resposta.

92. Quando o planeta Vênus passa entre a Terra e o Sol, que tipo de eclipse ocorre, se é que algum ocorre?

93. Que evento astronômico seria visto por observadores na Lua quando a Terra está passando por um eclipse lunar? E quando a Terra está passando por um eclipse solar?

94. A intensidade da luz cai com o inverso do quadrado da distância a partir da fonte. Isso significa que a energia da luz é perdida? Discuta.

95. A luz vinda da lâmpada de *flash* de uma máquina fotográfica enfraquece com a distância de acordo com a lei do inverso do quadrado. Comente a respeito de um passageiro num avião que tira uma fotografia de uma cidade durante a noite, usando *flash*, quando o avião está voando alto.

96. Os navios determinam a profundidade do oceano emitindo ondas do sonar para o fundo do oceano, recebendo-as de volta e medindo o tempo gasto para elas irem e retornarem. Como determinados aviões, de forma similar, determinam sua distância até o solo?

CAPÍTULO 26 Exame de múltipla escolha

Escolha a melhor resposta entre as alternativas:

1. No espaço livre, as ondas eletromagnéticas propagam-se a:
   a. diversas rapidezes.
   b. uma única rapidez.
   c. uma rapidez que depende da frequência.
   d. uma rapidez infinita.

2. Qual das opções abaixo é fundamentalmente diferente das outras?
   a. Ondas sonoras.
   b. Raios X.
   c. Ondas luminosas.
   d. Ondas de rádio.

3. A principal diferença entre uma onda de rádio e uma onda luminosa é o(a):
   a. comprimento de onda.
   b. frequência.
   c. ambas as anteriores.
   d. nenhuma das anteriores.

4. O vidro é transparente à:
   a. luz infravermelha.
   b. luz visível.
   c. luz ultravioleta.
   d. todas as anteriores.

5. Qual é o destino das ondas ultravioletas que incidem na vidraça de uma janela?
   a. Colocam os átomos em ressonância.
   b. Sua energia degenera-se e transforma-se em energia interna, o que aquece o vidro.
   c. São absorvidas.
   d. Todas as anteriores.

6. Considere a energia luminosa absorvida momentaneamente pelo vidro e então reemitida. Em comparação com a luz absorvida, a frequência da luz reemitida é:
   a. consideravelmente menor.
   b. ligeiramente menor.
   c. igual à do outro.
   d. ligeiramente maior.

7. A luz incidente sobre materiais opacos é:
   a. normalmente convertida em energia interna do material.
   b. refletida em sua maior parte.
   c. refratada em sua maior parte.
   d. transmitida em uma frequência mais baixa.

8. A Lua está mais cheia logo antes do momento de um:
   a. eclipse solar.
   b. eclipse lunar.
   c. ambas as anteriores.
   d. nenhuma das anteriores.

9. O principal motivo para os eclipses solares e lunares não ocorrerem todos os meses é:
   a. a grande distância do Sol.
   b. a inclinação do eixo polar da Terra.
   c. o plano inclinado da órbita da Lua.
   d. que apenas um lado da Lua está virado para a Terra.

10. As estrelas de brilho azul e de brilho vermelho parecem brancas ao olho nu porque:
    a. o olho tem dificuldade para enxergar cores à noite.
    b. são fracas demais para ativar os cones.
    c. são fracas demais para ativar os bastonetes.
    d. a receptividade do olho é máxima na parte amarela e verde do espectro.

Respostas e explicações das perguntas do Exame de múltipla escolha

1. (b): Um fato central da física é que a luz tem uma rapidez invariável de c e que no espaço livre. No vidro ou em qualquer material transparente, sua propagação é mais lenta, em cujo caso as respostas (a) e (c) estariam corretas. O segredo aqui é a expressão "espaço livre", ou seja, um vácuo. **2. (a):** As opções (b, c, d) são todas ondas eletromagnéticas, fundamentalmente iguais. Apenas (a), as ondas sonoras, representa vibrações mecânicas do material que conduz o som, muito distante da família eletromagnética. É uma questão que enfatiza que ondas sonoras e de rádio são entidades diferentes. **3. (c):** As ondas de rádio e luminosas são ambas eletromagnéticas, diferenciadas pelas suas frequências e pelos seus comprimentos de onda. Assim, a resposta correta é (c). Mais uma vez, a questão enfatiza que ondas de rádio *não* são ondas sonoras. **4. (b):** A luz infravermelha ressoa com as moléculas no vidro, o que aumenta a sua amplitude de vibração, que transforma-se mecanicamente em calor. O mesmo ocorre com a luz ultravioleta que ressoa no vidro sem átomos no vidro. Em ambos os casos, a ressonância significa uma maior amplitude de vibração, que transforma-se mecanicamente em calor. Apenas a luz das frequências visíveis atravessa o vidro sem causar excessivas vibrações dos átomos e das moléculas. **5. (d):** As ondas ultravioletas não conseguem atravessar o vidro porque sua alta frequência natural corresponde à frequência natural do vidro e coloca os átomos em ressonância com a vibração, que degenera sua energia e transforma-a em energia interna, o que aquece o vidro. O efeito é a absorção das ondas ultravioletas. Assim, todas as anteriores estão corretas. **6. (c):** Se a frequência da luz após a interação gole-arroto fosse ligeiramente menor ou ligeiramente maior, a cor da luz que emerge do vidro não seria a cor da luz incidente. Uma observação comum é que a cor da luz incidente no vidro não varia quando emerge. **7. (a):** A luz incidente sobre um material opaco é absorvida, ou seja, sua energia converte-se em energia interna no material, o que o aquece um pouco. Parte é refletida, mas não a maior parte, e não há refração. **8. (b):** Vemos a lua cheia quando o Sol está atrás de nós. Quando o Sol está *exatamente* atrás de nós, a sombra da Terra recai sobre a Lua. Trata-se de um eclipse lunar. A Lua está mais cheia quando esse evento ocorre. **9. (c):** O plano inclinado da órbita da Lua em torno da Terra faz com que a Lua normalmente passe acima ou abaixo da Terra na sua órbita mensal. É apenas quando o plano orbital da Lua está alinhado com o plano solar (ver pontos A e B da Figura 26.17) que ocorre o alinhamento exato para um eclipse solar ou lunar. A distância até o Sol e a inclinação do eixo polar da Terra são irrelevantes. **10. (b):** São os cones e bastonetes dos nossos olhos que nos permitem enxergar. Os bastonetes não veem cor, mas são mais sensíveis a níveis de brilho do que os cones. Os cones enxergam as cores, mas não são bons na detecção de luz fraca. Assim, a luz vermelha e azul das estrelas é simplesmente fraca demais para os cones, então elas são vistas como brancas pelos bastonetes. Curiosamente, as mulheres enxergam melhor as cores fracas do que os homens, mas isso é outra história.

27 Cor

27.1 A cor em nosso mundo

27.2 Reflexão seletiva

27.3 Transmissão seletiva

27.4 Misturando luzes coloridas
   Cores primárias
   Cores complementares

27.5 Misturando pigmentos coloridos
   A cor preta

27.6 As cores do céu
   Por que o céu é azul
   Por que o pôr do sol é vermelho
   Por que a Lua fica avermelhada durante um eclipse
   Por que as nuvens são brancas

27.7 As cores da água
   Por que a água é azul-esverdeada
   Por que as águas profundas são pretas

1 Carlos Vasquez mostra uma variedade de cores ao ser iluminado por somente três lâmpadas: uma vermelha, uma verde e outra azul. **2** A cor azul do céu deve-se ao espalhamento das frequências azul e violeta da luz solar pelo ar, e a cor ciano da água, à absorção de porções infravermelhas e vermelhas da luz solar pelo líquido. **3** Foto da autora de livros de ciência Suzanne Lyons com seus filhos Tristan e Simone. **4** Negativo da mesma foto em suas cores complementares. **5** O colorista e professor de física Jeff Wetherhold, do Muhlenberg College, em Allentown, Pensilvânia, EUA, é mestre em suas duas paixões: pintar e ensinar física.

Quando começou a estudar galáxias espirais, a astrônoma americana Vera Rubin não sabia que o seu trabalho alteraria o nosso entendimento sobre uma das questões mais básicas da ciência: do que o universo é feito?

Rubin nasceu em Filadélfia, no estado americano da Pensilvânia, em 1928, e posteriormente mudou-se com a família para Washington, D.C. Seu interesse por astronomia começou desde cedo. Quando criança, adorava admirar as estrelas, observando o céu noturno pela janela do quarto. Logo Rubin construiu seu próprio telescópio e começou a participar de grupos locais de astrônomos amadores. Rubin estudou astronomia em Vassar College, formando-se a única astrônoma da sua turma. Ela pensou em fazer pós-graduação na Universidade de Princeton, mas foi informada que o departamento de astrofísica não aceitava alunas mulheres de astronomia. Rubin encontrou outros obstáculos em sua carreira por ser mulher – por exemplo, em alguns observatórios proeminentes, teve dificuldade para obter permissão para utilizar seus recursos. Rubin acabou doutorando-se pela Universidade de Georgetown e passou a maior parte da sua carreira no Carnegie Institution of Washington (atual Carnegie Institution for Science).

Rubin interessou-se pela estrutura das galáxias espirais. Em um estudo, Rubin e Kent Ford, seu colaborador, perguntaram: qual é a diferença entre a rapidez das estrelas nas bordas da galáxia e a das estrelas próximas ao centro? Surpreendentemente, suas observações indicaram que as estrelas nas bordas da galáxia giravam em torno do centro galático com quase a mesma rapidez que aquelas próximas ao centro. A descoberta contradizia a ideia dominante na época de que a maior parte da massa da galáxia fica próxima ao centro, onde estão a maioria das estrelas, e que, com base nas leis da gravidade, as estrelas na borda da galáxia deveriam se mover mais lentamente do que aquelas próximas ao centro (é o que vemos no nosso próprio sistema solar, onde os planetas exteriores movem-se mais lentamente do que os interiores). Rubin e Ford estudaram diversas galáxias espirais e viram sempre a mesma coisa: as estrelas nas bordas moviam-se com praticamente a mesma rapidez que aquelas próximas ao centro. O que explicaria esse fenômeno?

Rubin concluiu que uma "matéria escura" invisível deve estar concentrada próximo às bordas as galáxias espirais, formando "halos" de matéria escura ao redor das galáxias. Suas observações permitiram que calculasse quanta matéria escura há nas galáxias, e ela chegou à conclusão surpreendente de que as galáxias contêm cerca de dez vezes mais matéria escura do que matéria normal. "O que você vê numa galáxia espiral não é tudo que está lá", ela disse.

O que é matéria escura, exatamente? Rubin poderia tê-la chamado de "matéria preta", pois a ausência de luz a transformou em um grande mistério, ao menos por ora. O que a escuridão esconde? É uma das perguntas sem resposta mais instigantes da astronomia. Os cientistas já eliminaram alguns candidatos óbvios: sabe-se que a matéria escura não está na forma de estrelas, planetas, buracos negros ou nuvens gigantes de matéria comum. Uma ideia é que a matéria escura seria composta de uma ou mais partículas fundamentais ainda desconhecidas. Os esforços para desvendar essa forma misteriosa de matéria continuam, especialmente no Large Synoptic Survey Telescope em Chili, que, em sua homenagem, hoje se chama Vera C. Rubin Observatory.

Em reconhecimento às suas contribuições para a astronomia, Rubin recebeu a National Medal of Science do presidente Clinton em 1993. Vera Rubin morreu em 2016. Como queria que novas cientistas encontrassem menos obstáculos pelo caminho do que ela precisara enfrentar, Rubin mentoreou muitas estudantes de astronomia durante a sua carreira.

27.1 A cor em nosso mundo

As rosas são vermelhas e as violetas são azuis; as cores intrigam artistas e físicos. Para o físico, as cores de um objeto não estão nas substâncias dos próprios objetos ou mesmo na luz que eles emitem ou refletem. A cor é uma experiência fisiológica e reside no olho do espectador. Portanto, quando dizemos que a luz de uma rosa é vermelha, num sentido estrito, queremos dizer que ela *aparece* como vermelha. Muitos organismos, o que inclui pessoas com visão deficiente para cores, não enxergam as rosas como vermelhas.

As cores que vemos dependem da frequência da luz incidente. Luzes com frequências diferentes são percebidas em diferentes cores; a luz de frequência mais baixa que podemos detectar aparece para a maioria das pessoas como a cor vermelha, e as de mais alta frequência, como violeta. Entre elas, existe uma faixa com um número infinito de matizes que formam o espectro de cor de um arco-íris. Por convenção, esses matizes são agrupados em sete cores: vermelho, laranja, amarelo, verde, azul, índigo e violeta. Juntas, essas cores aparecem como o branco. A luz branca do Sol é uma composição de todas as frequências visíveis.

> **PAUSA PARA TESTE**
>
> As cores da luz podem ser expressas pelas frequências das ondas luminosas. Não seria possível descrever as cores também pelos comprimentos de onda da luz?
>
> **VERIFIQUE SUA RESPOSTA**
>
> Sim, as cores muitas vezes são descritas pelo seu comprimento de onda, mas este varia dependendo dos meios, ao contrário da frequência. Na água, por exemplo, a frequência da luz permanece igual, enquanto o comprimento de onda torna-se mais curto do que é no ar. Além disso, na retina, os cones sensíveis a cores reagem diretamente à frequência, não ao comprimento de onda. A frequência, não o comprimento de onda, está melhor sintonizada com a natureza.

27.2 Reflexão seletiva

Com exceção de fontes luminosas como lâmpadas, *lasers*, telas de computadores e telefones e tubos de descarga em gases (que abordaremos no Capítulo 30), a maior parte dos objetos que nos rodeiam reflete luz melhor do que a emite. Eles refletem apenas parte da luz que incide neles, a parte responsável por suas cores. Uma rosa, por exemplo, não emite luz; ela a reflete (Figura 27.1). Se passarmos a luz do Sol por um prisma e colocarmos uma rosa de cor vermelho-escura em várias partes desse espectro, as pétalas aparecerão marrons ou pretas em todas as partes do espectro, com exceção da parte vermelha dele. Na parte vermelha do espectro, as pétalas aparecerão vermelhas, mas as folhas e o caule, que são verdes, aparecerão em preto. Isso mostra que as pétalas vermelhas têm a capacidade de refletir a luz vermelha, mas não as luzes de outras cores. Analogamente, as folhas de cor verde têm a capacidade de refletir a luz verde, mas não as luzes de outras cores. Quando a rosa é exposta à luz branca, as pétalas aparecerão como vermelhas e as folhas como verdes, porque as pétalas refletem a parte vermelha da luz branca, enquanto as folhas refletem a parte verde. Para compreender por que os objetos refletem cores específicas da luz, devemos voltar nossa atenção para os átomos.

A luz é refletida pelos objetos de uma forma semelhante à maneira como o som é "refletido" por um diapasão de forquilha quando outro diapasão desse tipo está localizado próximo e vibrando. Um dos diapasões pode fazer o outro vibrar mesmo quando suas frequências características não são iguais, mas com amplitude reduzida. O mesmo é verdade para átomos e moléculas. Os elétrons mais externos que se movem velozmente ao redor do núcleo atômico podem ser obrigados a oscilar pelos campos elétricos oscilantes das ondas eletromagnéticas.[1] Uma vez oscilando, esses elétrons emitem suas próprias ondas eletromagnéticas, da mesma forma que os diapasões de forquilha emitem ondas sonoras.

Materiais diferentes têm diferentes frequências naturais para absorver e emitir radiação eletromagnética. Num determinado material, os elétrons oscilam facilmente em certas frequências; em outro material, oscilam mais facilmente em outras frequências. Nas frequências de ressonância, em que as amplitudes de oscilação são grandes, a luz é absorvida. Contudo, em frequências que se situam abaixo e acima das frequências de ressonância, a luz é reemitida. Se o material for transparente, a luz reemitida acaba atravessando o meio. Se ele for opaco, a luz acaba retornando ao meio de onde veio. Isso constitui a reflexão.

FIGURA 27.1 As cores das coisas dependem das cores da luz que as ilumina.

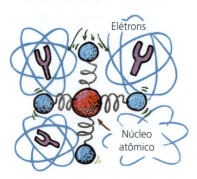

FIGURA 27.2 Os elétrons mais externos de um átomo oscilam e entram em ressonância assim como pesos fixados a molas. Como resultado, os átomos e as moléculas comportam-se como se fossem diapasões de forquilha ópticos.

---
[1] As palavras *oscilação* e *vibração* referem-se a um movimento periódico – um movimento que se repete com regularidade.

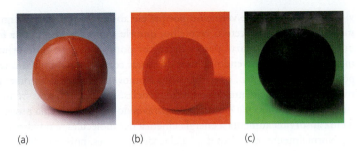

(a)　　　(b)　　　(c)

FIGURA 27.3 (a) A bola vermelha vista sob luz branca. A cor vermelha se deve ao fato de a bola refletir somente a parte vermelha da luz que a ilumina. O restante da luz é absorvido pela superfície. (b) A bola vermelha vista sob luz azul. (c) A bola azul vista sob luz verde. Ela parece preta porque sua superfície absorve luz verde – não existe uma fonte de luz vermelha que ela possa refletir.

Normalmente, um material absorve luz de certas frequências e reflete o restante. É por isso que as pétalas de uma rosa são vermelhas, e seu caule, verde. Os átomos que formam as pétalas absorvem toda a luz visível, com exceção do vermelho, que é refletido; os átomos do caule absorvem todas as luzes com exceção do verde, que também é refletido. Um objeto que reflita luz de todas as frequências visíveis, como a parte branca desta página, aparece com a cor da luz que incide nele. Se um material absorve toda a luz que nele incide, ele nada reflete e aparece em preto – a ausência da luz, que não é parte do espectro de cores.

Curiosamente, as pétalas da maioria das flores amarelas, como as dos narcisos silvestres, refletem o vermelho e o verde tão bem quanto o amarelo. Os narcisos silvestres amarelos refletem uma faixa ampla de frequências. As cores refletidas pela maioria dos objetos não são cores puras, com uma única frequência; elas são compostas por uma gama de frequências.

Um objeto pode refletir apenas aquelas frequências que estão presentes na luz que o ilumina. A aparência de um objeto colorido, portanto, depende do tipo de luz que o ilumina. Uma lâmpada incandescente, por exemplo, emite mais luz em frequências mais baixas do que em frequências mais altas, reforçando qualquer vermelho existente nessa luz. Em um tecido que contém somente traços de vermelho, esta cor será mais aparente sob uma lâmpada incandescente do que sob outra fluorescente. As lâmpadas fluorescentes são mais ricas em altas frequências e, assim, os azuis ficam reforçados quando submetidos a elas. Normalmente, definimos a cor "verdadeira" de um determinado objeto como a cor que ele tem à luz solar. Assim, quando você está fazendo compras, a cor de uma peça de vestuário que você enxerga sob luz artificial pode ser completamente diferente de sua cor verdadeira (Figura 27.5).

FIGURA 27.4 O pelo escuro do coelho absorve toda a energia radiante da luz solar incidente e, portanto, aparece como preto. As outras partes do pelo do animal refletem luzes de todas as frequências e, portanto, aparecem como brancas.

FIGURA 27.5 A cor depende da fonte luminosa.

PAUSA PARA TESTE
Enxergamos a maior parte do mundo ao nosso redor por meio da reflexão?

VERIFIQUE SUA RESPOSTA
Sim. As exceções são fontes diretas de luz, como chamas, lâmpadas ou até mesmo o céu durante o dia.

psc
- Use a física para consolar um amigo que tem medo do escuro: não existe uma entidade chamada de "escuro", pois a escuridão é o nada, a ausência da luz. Ninguém precisa ter medo do nada.

27.3 Transmissão seletiva

A cor de um objeto transparente depende da cor da luz que ele transmite. Um pedaço de vidro colorido contém corantes ou *pigmentos* – partículas finas que absorvem seletivamente certas frequências e transmitem seletivamente outras. Um pedaço de

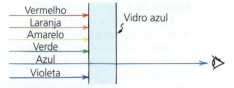

FIGURA 27.6 Somente é transmitida a energia na frequência da luz azul; a energia de outras frequências é absorvida e acaba esquentando o vidro ou sendo refletida.

vidro vermelho parece vermelho porque ele absorve todas as cores que formam a luz branca, exceto o vermelho, que ele *transmite*. Da mesma forma, um pedaço de vidro azul parece dessa cor porque ele transmite principalmente luz azul, absorvendo as luzes de outras cores que o iluminam. De um ponto de vista atômico, os elétrons dos átomos do pigmento absorvem seletivamente a luz incidente de certas frequências. A luz com outras frequências é reemitida de molécula em molécula através do vidro. A energia proveniente da luz absorvida aumenta a energia cinética das moléculas, e o vidro se aquece. Normalmente, os vidros das janelas são incolores, pois transmitem igualmente bem luzes de todas as frequências visíveis.

> **PAUSA PARA TESTE**
>
> 1. Quando luz vermelha incide sobre uma rosa vermelha, por que suas folhas tornam-se mais quentes do que as pétalas?
> 2. Quando luz verde incide sobre uma rosa vermelha, por que suas pétalas parecem pretas?
> 3. Se você segurar uma pequena fonte de luz branca entre si e um pedaço de vidro vermelho, perceberá duas reflexões vindas do vidro: uma que vem da superfície frontal e outra proveniente da superfície posterior. Qual é a cor de cada reflexão?

VERIFIQUE SUA RESPOSTA

1. As folhas absorvem mais do que refletem a luz vermelha e, assim, tornam-se mais quentes.
2. As pétalas absorvem mais do que refletem a luz verde. Como o verde é a única cor que está iluminando a rosa e como ele não contém qualquer vermelho que possa ser refletido, a rosa não reflete cor alguma e parece preta.
3. A reflexão proveniente da superfície frontal é branca, porque a luz não penetra no vidro colorido o suficiente para permitir a absorção de luz não vermelha. Apenas a luz vermelha alcança a superfície posterior, pois os pigmentos no vidro absorvem todas as outras cores, de modo que a luz proveniente da reflexão posterior é vermelha.

27.4 Misturando luzes coloridas

Quase quatro séculos atrás, Isaac Newton observou a luz solar atravessar um prisma e ficou fascinado ao observar o espectro das cores do arco-íris projetado na parede. Ele descobriu que a luz branca era composta de todas as cores do arco-íris. Com um segundo prisma, ele recombinou-as e formou o branco novamente (voltaremos a isso no Capítulo 29). Newton mostrou então que a intensidade da luz solar varia com a frequência, sendo mais intensa na parte amarelo-esverdeada do espectro. É interessante notar que nossos olhos evoluíram para ter a máxima sensibilidade nessa faixa de frequências. Essa é a razão pela qual, cada vez mais, os novos equipamentos contra incêndios são pintados com essa cor, principalmente nos aeroportos, onde a visibilidade é vital.

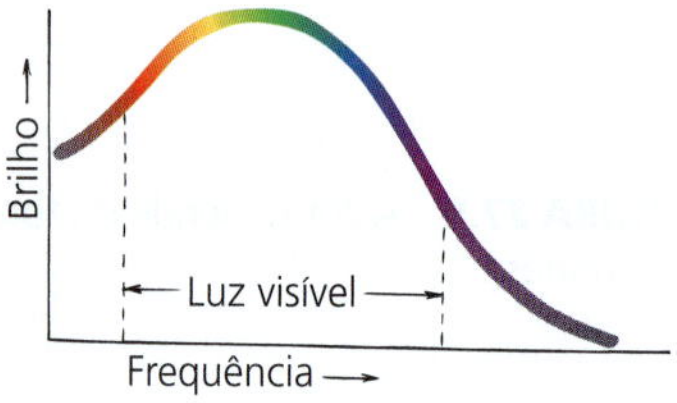

A distribuição gráfica do brilho em função da frequência é chamada de *curva de radiação* da luz solar (Figura 27.7). A maior parte das cores brancas produzidas pela reflexão da luz solar compartilha dessa distribuição de frequências.

A combinação de todas as cores forma o branco. Curiosamente, a percepção do branco também resulta da combinação apenas de luzes vermelha, verde e azul. Podemos compreender isso dividindo a radiação solar em três regiões, como mostrado na Figura 27.8. Três tipos de receptores em forma de cones em nossos olhos percebem cores. A luz no terço mais baixo da distribuição espectral estimula os cones sensíveis a frequências baixas e aparece como vermelha; a luz no terço médio da distribuição espectral estimula os cones sensíveis às frequências médias e aparece como verde; e a luz no terço mais alto estimula os cones sensíveis às altas frequências e aparece como azul. Quando os três tipos de cones são estimulados simultaneamente, enxergamos o branco.

FIGURA 27.7 A curva de radiação da luz solar é um gráfico que mostra o brilho em função da frequência. A luz solar é mais brilhante na região do amarelo-esverdeado, próximo ao meio da faixa visível do espectro.

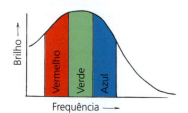

FIGURA 27.8 A curva de radiação da luz solar dividida em três regiões: vermelha, verde e azul (RGB). Essas são as cores primárias aditivas.

Cores primárias

Projete luzes vermelha, verde e azul de igual intensidade sobre uma tela branca. Onde houver superposição das três luzes, será produzido o branco. Onde houver superposição de duas dessas três cores, outra cor será produzida (Figura 27.9). Na linguagem dos físicos, luzes que se superpõem estão sendo *adicionadas* umas às outras. Assim, dizemos que as luzes vermelha, verde e azul *adicionam-se para produzir a luz branca*, e quaisquer duas dessas três cores adicionam-se para produzir alguma outra cor. Variando as proporções de vermelho, verde e azul, cores às quais nossos três tipos de cones são sensíveis, produz-se qualquer cor do espectro. Por essa razão, o vermelho, o verde e o azul são chamados de **cores primárias aditivas**. Esse sistema de cores, conhecido pelas iniciais inglesas RGB (*red-green-blue*), é usado em monitores de computador, telas de telefone e televisores. Pontos vermelhos, verdes e azuis criam a imagem. Ciano, amarelo e magenta aparecem onde pares de pontos se superpõem. Um exame de perto da imagem de uma tela de TV revelaria um conjunto de minúsculas manchas luminosas, cada qual com menos de um milímetro de largura. Quando a tela brilha, uma mistura de cores RGB, a uma dada distância, forma um arranjo completo de cores, além do branco e do preto.

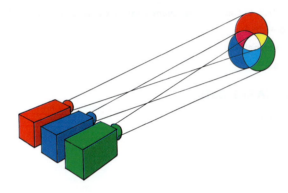

FIGURA 27.9 A adição de cores realizada pela mistura de luzes coloridas. Quando os três projetores incidem luzes vermelha, verde e azul sobre uma tela branca, as partes que se superpõem produzem cores diferentes. O branco é produzido onde houver a superposição das três luzes de igual intensidade.

Adicionar as cores puras do arco-íris em diferentes combinações, com diferentes intensidades, e contrastar com fundos mais claros ou mais escuros produz outras cores, como o rosa, o marrom e muitas outras da natureza.

> **PAUSA PARA TESTE**
> Quando uma imagem colorida é projetada em uma tela, como projeta-se a cor preta?
>
> **VERIFIQUE SUA RESPOSTA**
> O preto não é projetado. As áreas pretas da tela são regiões onde não há incidência de luz. O preto *realmente* é a ausência de luz.

Cores complementares

Eis aqui o que acontece quando duas das três cores primárias aditivas são combinadas:

Vermelho + azul = magenta
Vermelho + verde = amarelo
Azul + verde = ciano

Dizemos que o magenta é o oposto do verde, o ciano é o oposto do vermelho, e o amarelo é o oposto do azul. Agora, se adicionarmos cada uma dessas cores às suas opostas, vamos obter o branco.

Magenta + verde = branco (= vermelho + azul + verde)
Amarelo + azul = branco (= vermelho + verde + azul)
Ciano + vermelho = branco (= azul + verde + vermelho)

578 PARTE VI Luz

FIGURA 27.10 A luz das lâmpadas vermelha, verde e azul se sobrepõe para produzir o branco. Observe as cores complementárias das sombras projetadas pela bola de golfe. Além das cores vemos o preto, onde não há incidência de luz.

Quando duas cores são adicionadas, produzindo o branco, elas são chamadas de **cores complementares**. Cada pigmento tem uma cor complementar que, quando adicionada a ele, produzirá o branco.

Analise com cuidado as cores complementares nas sombras produzidas pela bola de golfe iluminada pelas luzes vermelha, verde e azul (Figura 27.10). A parte branca está onde o azul, o verde e o vermelho se sobrepõem. A sombra projetada pela bola no lado esquerdo da mancha branca não é escura porque está iluminada pelas luzes vermelha e verde, que compõem o amarelo (luzes vermelhas e verdes de intensidades iguais estimulam os cones em nossos olhos da mesma forma que a luz amarela). A sombra média projetada pela bola na mancha branca bloqueia a luz verde. Ela não é escura porque é iluminada pelas luzes vermelha e azul, que se somam para criar o magenta (vermelho + azul). A sombra da bola à direita aparece em ciano (verde + azul) porque está iluminada pelas luzes verde e azul. O amarelo, o magenta e o ciano são as cores complementares do azul, do verde e do vermelho, respectivamente. Nós os chamamos de *cores primárias subtrativas* porque ocorrem quando subtraímos determinadas frequências da luz branca.

> **PAUSA PARA TESTE**
>
> 1. Da Figura 27.9, encontre os complementos do ciano, do amarelo e do vermelho.
> 2. Vermelho + azul = _____
> 3. Branco − vermelho = _____
> 4. Branco − azul = _____
>
> **VERIFIQUE SUA RESPOSTA**
>
> 1. Vermelho, azul e ciano.
> 2. Magenta.
> 3. Ciano.
> 4. Amarelo.

27.5 Misturando pigmentos coloridos

Todo artista sabe que, se misturar tintas vermelha, verde e azul, o resultado não será branco, mas uma cor marrom-escura. Tintas vermelha e verde certamente não se combinam formando o amarelo, como diz a regra da mistura de luzes coloridas. Misturar pigmentos de tintas e de corantes é completamente diferente do que misturar luzes. Os pigmentos são minúsculas partículas que absorvem cores específicas. Por exemplo, os pigmentos que produzem a cor vermelha absorvem a cor complementar ciano. Portanto, alguma coisa pintada de vermelho absorve principalmente o ciano, por isso ela reflete o vermelho. Na prática, o ciano foi *subtraído* da luz branca. Algo pintado de azul absorve o amarelo e também reflete todas as cores, menos o amarelo. Se retirarmos o amarelo do branco, obteremos o azul. As cores magenta, ciano e amarelo são as **cores subtrativas primárias**. A variedade de cores que você vê em fotografias coloridas, neste e em outros livros, é resultado de grãos magenta, ciano e amarelo. A luz branca ilumina o livro, e as luzes correspondentes a determinadas frequências são subtraídas da luz refletida. As regras da subtração de cores diferem das regras da adição de luzes.

A impressão colorida é uma aplicação interessante da mistura de cores. Três fotografias (separações de cores) são tiradas da ilustração a ser impressa: uma usando um filtro magenta, outra usando um filtro amarelo, e uma terceira usando um filtro ciano. Cada um dos três negativos tem um padrão diferente das áreas expostas que correspondem aos filtros usados e à distribuição de cor na ilustração original. A luz incide através desses filtros negativos sobre placas metálicas especialmente tratadas para reter a tinta de impressão apenas em áreas que foram expostas à luz. Os depó-

FIGURA 27.11 A cor verde impressa na página é composta de pontos cianos e amarelos.

sitos de tinta são regulados em diferentes partes da placa por minúsculos pontos. Impressoras a jato de tinta depositam várias combinações de tintas magenta, ciano, amarelo e preto. Esse é o sistema de impressão CMYK (sigla inglesa para *cyan*, *magenta*, *yellow* e *black*, simbolizado pela letra K). Curiosamente, as três cores podem produzir o preto, mas isso custaria mais tinta e levaria mais tempo para secar; por isso, a tinta preta é incluída separadamente, para realizar melhor a tarefa. Examine a cor de qualquer figura deste e de qualquer outro livro com uma lente de aumento e veja como a superposição dos pontos com essas cores dá a aparência de inúmeras cores. Ou então olhe de perto e atentamente para um painel de propaganda.

Vemos que todas as regras para adição e subtração de cores podem ser deduzidas das Figuras 27.9, 27.10 e 27.12.

FIGURA 27.12 Apenas quatro cores de tinta são usadas para imprimir ilustrações e fotografias coloridas: (a) magenta, (b) amarelo, (c) ciano e preto. Quando o magenta, o amarelo e o ciano são combinados, eles produzem (d). A adição do preto (e) produz o resultado final (f).

FIGURA 27.13 Corantes ou pigmentos, como nas três transparências aqui mostradas, absorvem e efetivamente subtraem a luz correspondente a determinadas frequências, transmitindo apenas parte do espectro. As cores primárias subtrativas são o amarelo, o magenta e o ciano. Quando a luz branca atravessa as três transparências superpostas, as luzes correspondentes a todas as frequências são bloqueadas (subtraídas), e obtemos o preto. Onde houver a superposição apenas do amarelo com o ciano, serão subtraídas as luzes correspondentes a todas as frequências, com exceção do verde. Proporções variadas dos corantes amarelo, ciano e magenta produzirão praticamente qualquer cor do espectro.

psc

- As plantas usam a luz dos extremos vermelho e azul do espectro, mas refletem a luz verde que não conseguem utilizar. É por isso que as plantas são verdes e por isso que quem as cultiva hoje usa LEDs vermelhos e azuis, que promovem a fotossíntese.

Quando olhamos as cores de uma bolha ou película de sabão, enxergamos predominantemente o ciano, o magenta e o amarelo. O que isso nos diz? Diz que determinadas cores primárias foram subtraídas da luz branca original! (Como isso acontece será discutido no Capítulo 29.)

580 PARTE VI Luz

FIGURA 27.14 As cores vivas do periquito correspondem a muitas frequências de luz. A foto, entretanto, é uma mistura formada apenas por amarelo, magenta, ciano e preto (CYMK).

FIGURA 27.15 As cores superpretas contrastam com as cores coloridas da ave-do-paraíso macho na Papua Ocidental, Indonésia.

---
psc

- Em 2019, engenheiros do MIT criaram o material mais preto de que se tem notícia, um arranjo vertical de filamentos microscópicos de carbono sobre uma superfície de folha de alumínio gravada com cloro. A folha captura, no mínimo, 99,995% da luz que incide sobre ela.

> **PAUSA PARA TESTE**
> Na projeção da luz, as cores primárias são RGB. No caso da luz que vemos por reflexão em superfícies opacas, as cores primárias são CMY. Isso é correto?
>
> **VERIFIQUE SUA RESPOSTA**
> Sim! E no caso da luz refletida, jogue pigmentos no preto para conseguir imagens primorosas.

A cor preta

Alguns físicos gostam de enfatizar que o preto não é uma cor, e sim a ausência da luz. Mas tente dizer isso para um especialista em tintas quando quer comprar uma lata de tinta preta! As regras para a mistura de luz e para a mistura de pigmentos são muito diferentes. Se o especialista em tintas está sem branco, não pedimos que misture todas as cores entre o vermelho e o violeta! No mundo dos pintores, o preto e o branco são cores de verdade.

Pássaros como os corvos e os melros parecem bastante pretos porque suas penas absorvem a luz incidente. As penas superpretas dos machos das aves-do-paraíso, espécie nativa da Nova Guiné, absorvem quase 100% da luz que incide sobre elas. São as mais pretas de todas as aves conhecidas. Isso ocorre porque cada ramo das suas penas tem uma sucessão de penas planas minúsculas, arranjadas em forma fractal. Sob um microscópio eletrônico poderoso, suas penas revelam superfícies irregulares complexas que atuam como armadilhas microscópicas para a luz. Os raios de luz que atingem essas microestruturas superficiais são refletidos e absorvidos repetidamente. Os raios não conseguem encontrar a saída, então não são refletidos.

Superfícies superpretas são importantes em dispositivos óticos, nos quais a luz extraviada pode interferir nas imagens. Algumas superfícies superpretas são criadas com nanotubos de carbono, eles próprios naturalmente pretos. Assim como as superfícies fotoabsorventes irregulares das penas de alguns pássaros, os nanotubos são criados na forma de florestas que rebatem a luz incidente de um tubo para outro e intensificam a absorção. Há inúmeras aplicações para as superfícies superpretas.

27.6 As cores do céu

Nem todas as cores são o resultado da adição ou subtração de luzes. Determinadas cores, como o azul do céu, resultam de *espalhamento* seletivo. Considere o caso análogo envolvendo o som: se um som com uma frequência particular for direcionado para um diapasão de forquilha com frequência semelhante, o diapasão será colocado em vibração e acabará redirecionando o som em diversas direções. O diapasão *espalha* o som. Se a frequência da onda sonora incidente for próxima da frequência natural de vibração do diapasão, o espalhamento será intenso. Se a frequência da onda estiver distante da frequência natural do diapasão, o espalhamento será fraco.

Um processo semelhante ocorre no espalhamento da luz por átomos e moléculas da atmosfera.[2] Essas partículas espalham luz mais intensamente na região do ultravioleta, de modo que podemos dizer que elas têm frequências naturais mais altas do que as da luz visível. Isso significa que a luz azul estará mais perto, em frequência, das frequências naturais dos átomos e das moléculas e será espalhada mais intensamente do que a luz vermelha. Você pode conceber uma molécula no ar como um minúsculo sino que "soa" em uma frequência elevada, como aquele representado na Figura 27.2, mas que pode ser posto a vibrar fracamente por uma frequência

---
[2] Esse tipo de espalhamento é chamado de *"espalhamento de Rayleigh"* e ocorre sempre que as partículas espalhadoras são muito menores do que o comprimento de onda da luz incidente e entram em ressonância em frequências mais elevadas do que as da luz espalhada. O espalhamento é muito mais complexo do que o tratamento simplificado que estamos apresentando aqui.

mais baixa. As moléculas de nitrogênio e de oxigênio que constituem a maior parte da atmosfera são como minúsculos sinos que "soam" em altas frequências quando energizados pela luz solar. Como o som proveniente de sinos ou de diapasões, a luz é espalhada em todas as direções.

FIGURA 27.16 Um feixe de luz incide sobre um átomo e aumenta o movimento oscilatório de seus elétrons. Os elétrons oscilantes reemitem a luz em diversas direções. A luz é espalhada.

> **PAUSA PARA TESTE**
> Qual é a diferença entre luz refletida e luz espalhada?
>
> **VERIFIQUE SUA RESPOSTA**
> A luz refletida, para começar, obedece à lei da reflexão. A luz espalhada, não. Além disso, mas nem sempre, a luz normalmente é refletida de superfícies sólidas ou líquidas. A luz espalhada normalmente ocorre em fluidos, principalmente no ar.

Por que o céu é azul

Das frequências visíveis que formam a luz solar, o violeta é espalhado principalmente pelo nitrogênio e pelo oxigênio da atmosfera, seguido pelo azul, o verde, o amarelo, o laranja e o vermelho, nessa ordem. O vermelho é espalhado numa proporção que corresponde a um décimo do espalhamento sofrido pelo violeta. Embora a luz violeta seja mais espalhada do que a azul, nossos olhos não são muito sensíveis ao violeta. Portanto, a luz azul espalhada predomina em nossa visão, razão pela qual enxergamos o céu azul!

O azul do céu varia de lugar para lugar, sob condições diferentes. O fator principal é a quantidade de vapor d'água existente na atmosfera. Em dias secos e claros, o céu é de um azul muito mais profundo do que em dias nos quais a umidade é grande. Lugares onde o ar é excepcionalmente seco, como a Itália e a Grécia, têm um céu maravilhosamente azul, que tem inspirado os pintores por séculos. Onde a atmosfera contém um número grande de partículas de poeira e outras partículas maiores do que as moléculas de nitrogênio e de oxigênio, a luz com frequência mais baixa também é fortemente espalhada. Isso torna o céu menos azul e lhe confere um aspecto esbranquiçado. Após uma chuva forte, quando a maior parte das partículas é retirada da atmosfera, o céu adquire um aspecto azul mais profundo.

A neblina acinzentada dos céus das grandes cidades é o resultado da ação de partículas emitidas por motores de carros e caminhões e por fábricas. Mesmo estacionado com o motor funcionando, o motor de um automóvel comum lança na atmosfera cerca de 100 bilhões de partículas por segundo. A maior parte delas é invisível, mas as partículas atuam como minúsculos centros aos quais outras partículas acabam aderindo. Esses são os principais espalhadores de luz de baixa frequência. A maior parte dessas partículas absorve a luz mais do que a espalha, produzindo um nevoeiro de cor marrom. Que imundície!

FIGURA 27.17 No ar limpo, o espalhamento da luz de alta frequência resulta num céu azul. Quando o ar está cheio de partículas maiores do que moléculas, também são espalhadas luzes de frequências mais baixas, que se adicionam ao azul. O resultado é um céu esbranquiçado.

FIGURA 27.18 Não existem pigmentos azuis nas penas de um gaio* azul. Em vez disso, existem minúsculas células alveoladas nos filamentos das penas que espalham luz – principalmente luz de alta frequência. Assim, o gaio azul tem essa cor pela mesma razão que o céu é azul: por espalhamento.

> **PAUSA PARA TESTE**
> Montanhas escuras distantes parecem azuladas. Qual é a fonte dessa coloração? (*Dica:* o que existe entre você e as montanhas?)
>
> **VERIFIQUE SUA RESPOSTA**
> Quando se olha para uma montanha distante, muito pouca luz proveniente dela nos atinge, e o azulado da atmosfera entre nós e ela predomina. A coloração azulada que atribuímos às montanhas é, na verdade, o azulado do "céu" de baixa altitude entre nós e as montanhas.

---

* N. de T.: Ave de aproximadamente 30 cm e com penas malhadas.

Para mim, saber por que o céu é azul e o pôr do sol é vermelho aumenta a beleza deles. O conhecimento nunca subtrai!

FIGURA 27.19 Um feixe de luz solar deve se propagar mais através da atmosfera durante o pôr do sol do que ao meio-dia. Como resultado, o azul do feixe é mais espalhado ao pôr do sol do que ao meio-dia. Quando um feixe de raios luminosos inicialmente brancos chega à superfície, apenas as luzes de frequências mais baixas sobreviveram para produzir um pôr do sol avermelhado.

psc

- A fuligem atmosférica aquece a atmosfera da Terra ao absorver luz e resfria outras regiões ao bloquear a luz solar e impedi-la de atingir o solo. Partículas de fuligem em suspensão no ar podem desencadear chuvas fortes em uma região e causar secas e tempestades de poeira em outras.

FIGURA 27.20 As cores do céu ao amanhecer.

Por que o pôr do sol é vermelho

A luz que não é espalhada é luz transmitida. Como as luzes vermelha, laranja e amarela são as menos espalhadas pela atmosfera, elas são as que melhor se transmitem através do ar. O vermelho, que é a menos espalhada e, portanto, a melhor transmitida, atravessa mais atmosfera do que as outras cores. Assim, quanto mais espessa é a atmosfera através da qual um feixe de luz solar deve se propagar, mais tempo existe para espalhar todas as componentes de frequências mais altas da luz. Isso significa que a luz que melhor atravessa o ar é a vermelha. Como mostra a Figura 27.19, a luz solar se propaga através de uma atmosfera mais espessa durante o pôr do sol, por isso o poente (ou a aurora) é avermelhado.

Ao meio-dia, a luz solar atravessa uma camada menos espessa de atmosfera até alcançar a superfície da Terra. Apenas uma pequena quantidade da luz de alta frequência da luz solar é espalhada, o suficiente para dar ao Sol uma aparência amarelada. À medida que o dia avança e o Sol fica mais baixo no céu, o caminho da luz através da atmosfera se torna mais comprido, com mais azul e violeta da luz solar sendo espalhados. A remoção do violeta e do azul deixa a luz transmitida mais avermelhada. O Sol torna-se gradualmente mais avermelhado, indo do amarelo ao laranja e, por fim, ao laranja-avermelhado no pôr do sol. Os poentes e as auroras ficam mais coloridos do que o normal após erupções vulcânicas, porque partículas maiores do que as moléculas atmosféricas ficam mais abundantes no ar do que o normal.

As cores vistas durante o poente são consistentes com as nossas regras para mistura de cores. Quando o azul é subtraído da luz branca, a cor complementar que fica é a laranja. Quando o violeta de mais alta frequência é subtraído, a cor complementar resultante é o laranja. Quando a frequência média do verde é subtraída, a cor magenta é a que fica. As combinações de cores resultantes variam de acordo com as condições atmosféricas, que variam de dia para dia e nos fornecem uma variedade de poentes para nos divertirmos.

PRATICANDO FÍSICA

Você pode simular um pôr do sol em um tanque de peixes cheio d'água no qual você tenha deixado cair um pouquinho de leite. Bastarão algumas gotas. Então siga o exemplo de Dean Baird e faça incidir um feixe luminoso na água e verá que ela parece azulada de lado. As partículas de leite comportam-se como moléculas na atmosfera e espalham as frequências mais altas da luz do feixe. A luz que emerge do outro lado do tanque tem uma coloração avermelhada. Se você colocar o olho no lado esquerdo do tanque e olhar para o feixe, verá uma cor alaranjada que lembra a do poente. É a luz que não foi espalhada.

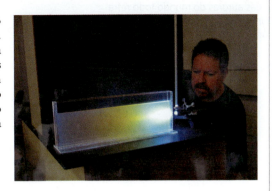

Por que vemos luz azul espalhada quando o fundo é escuro, mas não quando este é brilhante? Porque a luz espalhada tem intensidade fraca. Uma cor fraca aparecerá no fundo escuro, mas não contra um fundo brilhante. Por exemplo, quando você se encontra na superfície e olha a atmosfera contra a escuridão do espaço, a atmosfera é azul celeste. No entanto, astronautas que olham a superfície terrestre através da atmosfera abaixo deles não enxergam ela azul, exceto nas bordas.

PAUSA PARA TESTE

1. Se as moléculas da atmosfera espalhassem mais a luz de baixa frequência do que a de alta frequência, de que cor seria o céu? De que cor seriam os poentes?
2. As montanhas distantes cobertas de neve refletem muita luz e são brilhantes. Aquelas que estão muito distantes parecem amareladas. Por quê? (*Dica*: o que acontece à luz branca refletida quando ela se propaga da montanha até nós?)

psc

- Ingredientes inorgânicos, como o óxido de zinco e o óxido de titânio, comuns em protetores solares, refletem e espalham a radiação UV. Ingredientes orgânicos, como o metoxicinamato de octila (MCO) ou a oxibenzona, absorvem a radiação UV. Os protetores solares não deixam passar a luz UV facilmente.

VERIFIQUE SUA RESPOSTA

1. Se a luz de baixa frequência fosse espalhada, o céu durante o meio-dia apareceria como laranja-avermelhado. Durante o poente, ainda mais vermelho seria espalhado ao longo do caminho mais comprido percorrido pela luz, de modo que a luz solar teria uma aparência predominantemente azul e violeta. Portanto, os poentes seriam azuis!
2. As montanhas brilhantes cobertas de neve parecem amareladas porque o azul da luz branca que elas refletem é espalhado, saindo da trajetória que nos alcança. Quando a luz nos alcança, ela está enfraquecida nas altas frequências e reforçada nas baixas frequências – daí seu tom amarelado. Para distâncias de afastamento ainda maiores, além do que normalmente as montanhas são avistadas, elas parecem alaranjadas pela mesma razão que o poente tem tal cor.

Por que a Lua fica avermelhada durante um eclipse

Metade do planeta Terra está ao Sol e a outra metade, à sombra. Todos os objetos iluminados pelo Sol projetam sombras, e a Terra não é exceção. Contudo, a sombra da Terra não é completamente escura, pois a luz solar que "raspa" a superfície do planeta e sobrevive ao espalhamento atmosférico cria as auroras e os poentes vermelhos-alaranjados e é refratada para a região escura da sombra da Terra e para a superfície da Lua. Assim, quando você vê a Lua avermelhada durante um eclipse lunar, o que está enxergando é a luz refratada de todos os poentes e auroras da Terra (Figura 27.21).

Na linha de fronteira entre a luz e a sombra na Terra há uma faixa circular de céu vermelho-alaranjado, a luz das auroras e dos poentes do nosso planeta. Quando os céus estão limpos na maior parte dessa faixa circular, o laranja acompanha

> "Pela primeira vez na vida, vi o horizonte como uma linha curva, acentuada por uma fina camada de luz azul-escura: a nossa atmosfera. Obviamente, não era o oceano de ar sobre o qual escutara tantas vezes na vida. Fiquei aterrorizado com a sua aparência frágil".
> – Ulf Merbold, astronauta alemão

584 PARTE VI Luz

FIGURA 27.21 As cores dos poentes e das auroras do mundo todo refratam-se para a Lua durante o eclipse lunar.

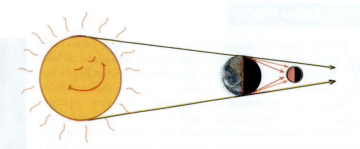

o vermelho e causa a refração de uma cor acobreada. Se a região está nublada, o vermelho é menos profundo. A refração, como veremos no próximo capítulo, pode ser magnífica!

> **PAUSA PARA TESTE**
>
> 1. É correto imaginar que a atmosfera terrestre atua como uma lente e que a luz solar que "raspa" na superfície terrestre e produz as cores da aurora e do poente é refratada por essa lente?
> 2. O que futuros observadores lunares verão quando olharem para a Terra durante um eclipse lunar?
>
> **VERIFIQUE SUA RESPOSTA**
>
> 1. Sim, e isso é mais óbvio durante um eclipse lunar!
> 2. Os observadores lunares veriam um anel avermelhado fino ao redor da borda do planeta Terra. Para eles, o evento seria o seu eclipse solar!

Por que as nuvens são brancas

As gotículas de água são significativamente maiores do que as moléculas individuais e têm comportamento diferente. No lugar do espalhamento que ocorre com as partículas minúsculas, as gotículas de água espalham a luz de todas as frequências homogeneamente. Assim, as nuvens são brancas quando iluminadas por um Sol branco ou amarelas-alaranjadas quando o Sol está nascendo ou se pondo. Na prática, as nuvens espalham e refletem difusamente a luz de todas as cores mais ou menos igualmente.

Cada gotícula absorve uma pequena fração da luz que incide nela, de modo que, se houver gotículas suficientes, ocorrerá um bocado de absorção. Com isso, a nuvem pode escurecer. Uma nuvem também poderá ser escura se estiver na sombra de outra. Um aumento adicional no tamanho das gotículas fará com que elas caiam como gotas, e então teremos chuva.

FIGURA 27.22 Moléculas minúsculas no ar espalham a luz solar para criar o céu azul ao meio-dia. Gotas de chuva muito maiores refletem difusamente todas as cores da luz solar, o que cria uma nuvem branca. Camadas mais espessas de gotas absorvem a luz, o que cria a parte escura das nuvens.

Da próxima vez que você admirar um céu bem azulado, se encantar com as formas das nuvens brilhantes ou assistir a um lindo pôr do sol, pense sobre a bela física por trás de todos esses fenômenos. Você apreciará ainda mais essas maravilhas cotidianas da natureza!

PAUSA PARA TESTE

Por que os céus são azuis devido ao espalhamento, mas as nuvens são brancas devido à reflexão difusa?

VERIFIQUE SUA RESPOSTA

O espalhamento atmosférico se deve principalmente às menores partículas no ar – moléculas de nitrogênio e de oxigênio, que espalham mais luz azul do que a luz das outras cores. A luz nas nuvens encontra objetos muito maiores – gotículas de água, que refletem a luz de todas as cores.

Veremos no Capítulo 28 que a reflexão rebate a luz em um determinado sentido, enquanto a reflexão difusa espalha a luz em todas as direções.

27.7 As cores da água

Frequentemente vemos um bonito azul profundo quando olhamos para a superfície de um lago ou oceano. No entanto, essa não é a cor da água; trata-se apenas da cor do céu refletida na água. A cor da própria água, como você pode perceber olhando para um pedaço de material branco sob a água, é de um pálido azul-esverdeado.

Por que a água é azul-esverdeada

Embora a água seja transparente à luz de aproximadamente todas as frequências visíveis, ela absorve fortemente as ondas infravermelhas. Isso se deve ao fato de que as moléculas da água entram em ressonância nas frequências da faixa do infravermelho. A energia das ondas infravermelhas é convertida em energia interna da água, por isso a água esquenta quando exposta à luz solar. As moléculas de água entram um pouco em ressonância na parte vermelha do espectro visível, o que faz com que a luz vermelha seja ligeiramente mais absorvida pela água do que a luz azul. A luz vermelha é reduzida a um quarto de sua intensidade inicial a cada 15 metros percorridos dentro da água. Existe pouca luz vermelha na luz que penetra na água além de 30 metros de profundidade. Quando o vermelho é retirado da luz branca, que cor predomina? Essa questão pode ser formulada de outra maneira: qual é a cor complementar do vermelho? A cor complementar do vermelho é o ciano – uma cor azul-esverdeada. Na água do mar, a cor de qualquer coisa a essas profundidades parece esverdeada.

psc

- Existe um tipo de tinta marrom especial que reflete o infravermelho, mas absorve a luz visível. Uma vez que mais da metade da energia solar está no infravermelho, telhados pintados com essa tinta são chamados de "telhados resfriadores", pois reduzem o gasto de energia com ar-condicionado. Essa cor "resfriante", usada sobre carros, calçadas e rodovias pavimentadas, também contribui para preservar o planeta.

FIGURA 27.23 A cor da água é o ciano, porque ela absorve a luz vermelha. A espuma das ondas é branca porque, como as nuvens, ela é formada por uma variedade de gotículas de água que espalham todas as frequências de luz visível.

Enquanto a coloração azul-esverdeada da água é produzida por absorção seletiva da luz, o azul incrivelmente vívido dos lagos das Montanhas Rochosas canadenses se deve ao espalhamento.[3] Os lagos são alimentados pela água proveniente do derretimento de glaciares, que contêm finas partículas de lodo denominadas farinha de rocha, que se mantêm em suspensão na água. A luz espalhada por elas dá à água sua cor misteriosamente vívida (Figura 27.24).

FIGURA 27.24 O azul extraordinário dos lagos das Montanhas Rochosas canadenses é produzido por partículas extremamente finas de lodo de origem glacial em suspensão na água.

psc

- As cores de outono de certas árvores se devem à quebra de clorofila em suas folhas e à redistribuição dos nutrientes para as raízes da árvore para armazenamento em preparação para o inverno. Com o verde retirado das folhas, o amarelo começa a se mostrar, podendo se alterar para vermelho, laranja ou púrpura, dependendo da acidez das outras substâncias químicas da folha. Assim, a cada outono, as árvores se preparam para o "sono" de inverno com um manto de ardente glória.

PAUSA PARA TESTE

Destas fontes de luz azul, (a) tela de TV, (b) céu e (c) lagos das Montanhas Rochosas, quais delas se devem ao espalhamento?

VERIFIQUE SUA RESPOSTA

(b) e (c).

Muitos caranguejos e outras criaturas marinhas que parecem escuras em águas profundas mostram-se vermelhas quando trazidas à superfície. Naquelas profundidades, o preto e o vermelho parecem a mesma cor. Aparentemente, a seleção proporcionada pelo mecanismo evolucionário não pode distinguir entre o preto e o vermelho em tais profundidades oceânicas.

Por que as águas profundas são pretas

Quando olhamos para um copo d'água, ele nos parece claro e transparente. Não se notam os efeitos da absorção da luz. As águas mais profundas são diferentes. Nas águas claras do oceano, a transparência fica dez vezes menor a cada 75 m adicionais de profundidade. A uma profundidade de 150 m, a água tem apenas cerca de 1% do brilho observado próximo à superfície. Além de 200 m, a luz solar não é mais evidente. O oceano é escuro. Os ambientes oceânicos são negros, seja dia ou noite acima das águas. O mais incrível é que há vida em todas as profundezas do oceano, mesmo onde a luz não chega. A vida está por tudo.

Curiosamente, a cor que vemos não pertence ao mundo que nos rodeia – ela está em nossas cabeças. O mundo é um cenário cheio de vibrações – as ondas eletromagnéticas estimulam a sensação de cor quando essas vibrações interagem com as "antenas receptoras" em forma de cone existentes na retina dos nossos olhos. Que bom que as interações olho-cérebro produzem a beleza das cores que vemos.

---

[3] O espalhamento proporcionado por partículas pequenas e largamente espaçadas existentes na íris de olhos azuis, mais do que qualquer pigmento, é responsável pela cor dos olhos. A absorção proporcionada por pigmentos explica a cor de olhos castanhos.

Revisão do Capítulo 27

TERMOS-CHAVE (CONHECIMENTO)

cores primárias aditivas As três cores – vermelho, azul e verde – que, ao serem adicionadas em determinada proporção, produzem qualquer outra cor na parte visível do espectro eletromagnético. Elas podem ser misturadas igualmente para produzir luz branca.

cores complementares Quaisquer duas cores que, quando adicionadas, produzem a luz branca.

cores primárias subtrativas As três cores dos pigmentos de absorção – magenta, ciano e amarelo – que, quando misturadas em certas proporções, refletem qualquer outra cor na parte visível do espectro eletromagnético.

QUESTÕES DE REVISÃO (COMPREENSÃO)

27.1 A cor em nosso mundo

1. Qual é a luz que tem frequência maior: vermelha ou azul?

27.2 Reflexão seletiva

2. O que acontece quando os elétrons mais externos, que se movem velozmente em torno do núcleo atômico, encontram ondas eletromagnéticas?
3. O que acontece à luz quando ela incide num material que tem uma frequência natural igual à frequência da luz? E num material com uma frequência natural acima ou abaixo da frequência da luz?

27.3 Transmissão seletiva

4. De que modo a luz interage com um *pigmento*?
5. O que esquenta mais rápido quando submetido à luz solar: um pedaço de vidro incolor ou um colorido? Por quê?

27.4 Misturando luzes coloridas

6. Qual é a cor correspondente ao pico de frequência da luz solar?
7. A que cor nossos olhos são mais sensíveis?
8. O que é uma *curva de radiação*?
9. Por que as cores vermelha, verde e azul são chamadas de *cores primárias aditivas*?
10. Qual cor de luz é produzida pela combinação de luz vermelha e luz ciano de igual intensidade?
11. Por que vermelho e ciano são chamadas de *cores complementares*?
12. As penas dos melros refletem o preto ou absorvem a luz em geral?

27.5 Misturando pigmentos coloridos

13. Quando algo é pintado de vermelho, que cor é mais absorvida?
14. O que são *cores primárias subtrativas*?

15. Se você olhar com uma lente de aumento as figuras impressas a cores em livros ou revistas, perceberá três cores de tinta mais o preto. Quais são essas cores?

27.6 As cores do céu

16. Qual é o nome do processo que produz as cores do céu?
17. O que interage mais com sons de alta frequência: sinos pequenos ou sinos grandes? Partículas pequenas ou grandes?
18. Por que o céu normalmente parece azul?
19. Por que o céu às vezes parece esbranquiçado?
20. Por que o Sol parece avermelhado durante a aurora e o poente, mas não ao meio-dia?
21. Por que a cor dos poentes varia de dia para dia?
22. Qual é a relação entre a cor avermelhada da superfície da Lua durante um eclipse lunar e as auroras e poentes da Terra?
23. Seria correto afirmar que a vermelhidão da Lua em eclipse é a refração dos poentes e auroras em toda a Terra?
24. Quais são as evidências para a diversidade de tamanhos de gotículas em uma nuvem?
25. Que efeito uma abundância de gotas grandes tem sobre a cor de uma nuvem?

27.7 As cores da água

26. Que parte do espectro eletromagnético é mais absorvida pela água?
27. Que parte do espectro eletromagnético *visível* é mais absorvida pela água?
28. Qual é a cor resultante quando o vermelho é subtraído da luz branca?
29. Por que a água parece de cor ciano?
30. O preto das águas profundas se deve a misturas de luz ou a ausências de luz?

PENSE E FAÇA (APLICAÇÃO)

31. Olhe fixamente para um pedaço de papel colorido por 45 segundos ou mais. Depois olhe para uma superfície branca plana. Os cones de sua retina sensíveis à cor do papel tornam-se saturados (uma substância química fotossensível, que demora para ser reposta, esgota-se) e, assim, você acaba enxergando uma pós-imagem da cor complementar quando olha para a área branca. Isso ocorre porque os cones saturados enviam um sinal enfraquecido ao cérebro. Todas as cores juntas produzem o branco, mas todas as cores menos uma produzem uma cor complementar à cor ausente. Experimente e comprove!

32. Corte um disco de alguns centímetros ou mais de diâmetro a partir de um papel de cartão; faça dois furos ligeiramente fora do centro, grandes o suficiente para que um laço de barbante passe por eles, como mostrado no desenho. Torça o disco como mostrado, de modo que o barbante fique enrolado de maneira semelhante às tiras de borracha de um aeromodelo. Então estique o barbante puxando suas extremidades para fora, e o disco começará a girar. Se a metade do disco for colorida de amarelo e a outra metade de azul, quando o disco girar, as cores se misturarão, e o branco surgirá (quão próximo do branco vai depender dos matizes das cores). Experimente isso com outras cores complementares.

33. Confeccione um tubo de cartolina coberto em cada extremidade por uma folha de metal. Faça um furo em cada extremidade com um lápis, um com cerca de 3 milímetros de diâmetro e o outro duas vezes maior. Ponha seu olho no buraco pequeno e olhe através do tubo para as cores das coisas contra o fundo escuro do tubo. Você verá que as cores parecem muito diferentes do que elas pareciam contra fundos comuns.

34. No escuro, projete luzes coloridas sobre frutas diversas e observe como ficam diferentes: luz azul sobre uma banana, luz vermelha sobre uma maçã verde, luz amarela sobre uvas. Pode ser uma atividade inesquecível.

35. Mande uma mensagem à sua avó contando-lhe sobre que detalhes você aprendeu e que explicam por que o céu é azul, o pôr do sol é vermelho e as nuvens são brancas. Discuta se tal informação aumenta ou diminui sua percepção da beleza da natureza.

PENSE E EXPLIQUE   (SÍNTESE)

36. Por que os cientistas não consideram o preto e o branco como cores?

37. Por que o interior dos instrumentos ópticos é sempre preto?

38. Tradicionalmente, os caminhões de bombeiros são vermelhos. Qual seria a vantagem de adotar o verde lima para alguns desses veículos?

39. As bolas de tênis costumavam ser brancas. Que cor elas têm atualmente? Por quê?

40. De que cor apareceria uma roupa vermelha se ela fosse iluminada pela luz solar? E pela luz de um letreiro de *neon*? E por luz de cor ciano?

41. Por que um pedaço de papel branco aparece como branco sob luz branca, vermelho sob luz vermelha, azul sob luz azul e assim por diante?

42. Uma lâmpada é coberta de maneira que não possa transmitir a luz amarela de seu filamento quente de cor branca. De que cor, então, será o feixe luminoso emergente? Justifique sua resposta.

43. Como você poderia usar os holofotes de um teatro para fazer com que a cor das roupas amarelas dos atores mude subitamente para a cor preta?

44. Uma televisão colorida funciona empregando a adição de cores ou a subtração de cores? Justifique sua resposta.

45. Em uma tela de TV, LEDs vermelhos, verdes e azuis são iluminados com uma variedade de intensidades relativas para produzir um espectro completo de cores. Quais dessas cores são ativadas para produzir o amarelo? E o magenta? E o branco?

46. Que cores de tinta são usadas pelas impressoras a *laser* para produzir uma faixa completa de cores? As cores são obtidas por adição ou subtração de cores?

47. As lâmpadas de iluminação pública que usam vapor de sódio em alta pressão produzem uma luz formada principalmente por amarelo e um pouco de vermelho. Por que carros de polícia azul-escuros não são de uso aconselhável em ruas iluminadas por essas lâmpadas?

48. Em qual dos casos uma banana madura parecerá preta: quando iluminada com luz vermelha, amarela, verde ou azul? Justifique sua resposta.

49. Que cor será transmitida através de dois filtros justapostos, um ciano e outro magenta?

50. Olhe para seus pés vermelhos, queimados pelo Sol, quando eles se encontram debaixo d'água. Por que eles não parecem tão avermelhados em relação a quando estão fora da água?

51. Por que o sangue de mergulhadores oceânicos feridos tem um aspecto escuro-esverdeado nas fotografias submarinas tiradas com luz natural, mas parece vermelho quando é utilizada a luz de *flashes*?

52. Com referência à Figura 27.9, complete as seguintes equações:
    Luz amarela + luz azul = luz _____.
    Luz verde + luz _____ = luz branca.
    Magenta + amarelo = luz _____.

53. Verifique na Figura 27.9 se os três enunciados seguintes estão corretos, então complete o último enunciado. (Todas as cores são combinadas por meio de adição de luzes.)
    Vermelho + verde + azul = branco
    Vermelho + verde = amarelo = branco − azul
    Vermelho + azul = magenta = branco − verde
    Verde + azul = ciano = branco − _____

54. Seus colegas afirmam que luz vermelha combinada com luz ciano produz luz branca, porque ciano é verde + azul e, por-

tanto, vermelho + verde + azul = branco. Você concorda ou discorda? Por quê?

55. Quando luz branca incide sobre tinta vermelha seca sobre uma placa de vidro, a cor transmitida é a vermelha. Contudo, a cor refletida não é a vermelha. Qual cor você enxerga?

56. Na praia, você pode se bronzear mesmo sob a sombra de um guarda-sol. Qual é a sua explicação para isso?

57. Os pilotos às vezes usam óculos que transmitem a luz amarela e absorvem luz preferencialmente de outras cores. Por que isso os ajuda a enxergar mais nitidamente?

58. A luz se propaga mais rápido através da baixa atmosfera ou da alta atmosfera? Justifique sua resposta.

59. Seu colega afirma que as montanhas distantes escuras parecem azuis porque estamos olhando através do céu entre nós e as montanhas. Você concorda?

60. Montanhas sombrias distantes parecem azuladas. Curiosamente, essa foto, de Fe Davis, mostra que montanhas iluminadas distantes parecem amareladas. Qual é a sua explicação?

61. Comente o seguinte enunciado: "oh! aquele belo pôr do sol vermelho é formado justamente pelas cores restantes, que não foram espalhadas de seu caminho através da atmosfera".

62. Se o céu em um determinado planeta do sistema solar fosse normalmente laranja, de que cor seriam os poentes ali? Justifique sua resposta.

63. Emissões vulcânicas lançam cinzas finas no ar, que espalham a luz vermelha. De que cor a lua cheia aparece através das cinzas em suspensão? Justifique sua resposta.

64. Partículas minúsculas, como pequenos sinos, espalham ondas de alta frequência mais do que ondas de baixa frequência. Partículas intermediárias, assim como sinos médios, espalham principalmente ondas de frequências intermediárias. Partículas grandes, como sinos de grande porte, espalham principalmente ondas de baixa frequência. Qual é a relação entre esses fenômenos e a cor branca das nuvens?

65. Por que a espuma da cerveja preta é branca, ao passo que a bebida é marrom escura?

66. Partículas muito grandes, como gotas de água, absorvem mais radiação do que a espalham. O que isso tem a ver com a aparência escura das nuvens de chuva?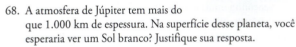

67. Como veríamos o branco da neve se a atmosfera terrestre fosse várias vezes mais densa?

68. A atmosfera de Júpiter tem mais do que 1.000 km de espessura. Na superfície desse planeta, você esperaria ver um Sol branco? Justifique sua resposta.

69. Um nascer do sol é vermelho pela mesma razão que um pôr do sol também é vermelho. Contudo, os poentes geralmente são mais coloridos do que as auroras – especialmente próximo a cidades. Qual é a sua explicação para o fato?

70. Na praia, você explica a um rapaz por que a água é de cor ciano. O rapaz aponta para as cristas espumosas brancas das ondas quando quebram e pergunta por que elas são de cor branca. Qual é a sua resposta?

PENSE E DISCUTA (AVALIAÇÃO)

71. Numa loja de roupas iluminada apenas com lâmpadas fluorescentes, uma consumidora insiste em levar os vestidos para a luz diurna do exterior do prédio para verificar suas cores. Ela está sendo razoável? Explique.

72. Por que a tinta vermelha é vermelha?

73. Por que as folhas de uma rosa vermelha esquentam mais do que as pétalas quando expostas à luz solar? O que isso tem a ver com pessoas no deserto quente vestindo roupas brancas?

74. Se a luz solar fosse de algum modo verde, em vez de branca, que cor de tecido seria mais aconselhável usar num dia desconfortavelmente quente? E durante um dia muito frio?

75. A curva de radiação do Sol mostra que a luz mais intensa proveniente do Sol é o amarelo-esverdeado. Por que, então, vemos o Sol como esbranquiçado, em vez de amarelo-esverdeado?

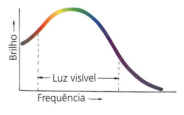

76. Dois feixes de luz incidem sobre uma tela branca. Um deles passou através de uma vidraça azul, e o outro, através de uma vidraça amarela. De que cor aparece a tela onde os dois feixes se superpõem? Suponha, em vez disso, que as duas vidraças estejam localizadas no caminho de um mesmo feixe luminoso. O que acontece então?

77. Seu colega argumenta que o magenta e o amarelo, misturados um com o outro, produzem vermelho, porque o magenta é uma combinação de vermelho e azul, e o amarelo, uma combinação de vermelho e verde – a cor comum, portanto, é o vermelho. Você concorda ou discorda?

78. Qual é a relação entre as duas fotos de papoulas-da-califórnia?

 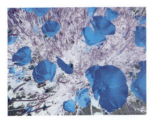

79. Por que a cor preta aplica-se a pigmentos, mas não à luz?

80. Alguns espelhos de maquiagem têm múltiplos LEDs para configurações de "luz do dia", "escritório" ou "noite". Discuta por que alguém iria querer um espelho com todas essas configurações.

81. Olhe fixa e atentamente para essa bandeira dos Estados Unidos com suas cores complementares. Depois olhe para uma parede branca. Que cores você vê na imagem da bandeira que aparece sobre a parede?

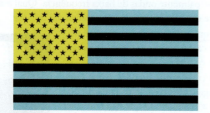

82. Por que não vemos as estrelas durante o dia, enquanto, da superfície da Lua, as estrelas estão claramente evidentes a qualquer momento?

83. Por que o céu é de um azul mais escuro quando você se encontra numa grande altitude? (*Dica:* de que cor é o "céu" visto a partir da Lua?)

84. Não existe atmosfera na Lua que produza espalhamento da luz. Como parece o céu diurno da Lua quando visto da superfície da Lua?

85. Imagine que as moléculas da atmosfera fossem muito boas em espalhar luz vermelha, mas não tão boas em espalhar luz azul. De que cor seria o céu? De que cor seriam os poentes? Explique.

86. As estrelas podem ser vistas a partir da Lua durante o "dia", quando o Sol está iluminando?

87. Qual é a cor do sol poente quando visto da Lua?

88. O preto certamente é uma cor para os artistas. O impressionista Pierre-Auguste Renoir declarou: "Levei 40 anos para descobrir que a rainha de todas as cores era o preto". Ele estava se referindo à adição de cores aditivas ou à absorção de cores subtrativas? Explique.

89. Na escultura, uma técnica é agregar materiais até chegar à forma desejada. Outra técnica é começar com um bloco de pedra e retirar material até chegar à forma desejada. Qual das duas abordagem é análoga ao modo como a cor é produzida na tela do computador? E qual é análoga ao modo como a cor é produzida na figura de um livro impresso? Explique.

90. Se um astronauta no espaço olhasse para o Sol através de um tubo de 20 km de comprimento cheio de ar atmosférico terrestre, qual seria a cor do Sol aos seus olhos, provavelmente? Explique.

Quando observa o pôr do sol, um interessado por física sente o Sol descendo ou a Terra girando para longe do Sol estacionário durante a sua rotação diária?

CAPÍTULO 27 Exame de múltipla escolha

Escolha a melhor resposta entre as alternativas:

1. A cor de uma flor é a mesma que a luz:
   a. transmitida.
   b. absorvida.
   c. refletida.
   d. todas as anteriores.

2. Um mirtilo parece preto quando iluminado com:
   a. luz vermelha.
   b. luz amarela.
   c. luz magenta.
   d. luz ciano.

3. Os LEDs que criam as cores nos televisores e monitores de computador são:
   a. vermelhos, azuis, amarelos.
   b. vermelhos, azuis, verdes.
   c. amarelos, azuis, verdes.
   d. magentas, cianos, amarelos.

4. A luz magenta é uma mistura de:
   a. luz vermelha e azul.
   b. luz vermelha e ciano.
   c. luz vermelha e amarela.
   d. luz amarela e verde.

5. Quantas cores de tinta são usadas para imprimir imagens coloridas?
   a. Uma mais preto.
   b. Duas mais preto.
   c. Três mais preto.
   d. Quatro mais preto.

6. O céu é azul porque as moléculas de ar no céu atuam como minúsculos(as):
   a. espelhos que refletem apenas luz azul.
   b. diapasões ópticos que espalham luz azul.
   c. fontes de luz branca.
   d. prismas.

7. A cor avermelhada da superfície da Lua durante o eclipse lunar se deve ao(à):
   a. refração de poentes e auroras em toda a Terra.
   b. luz infravermelha emitida continuamente pela Lua.
   c. espalhamento das frequências mais baixas da luz pela Lua.
   d. luz fraca incidente sobre a Lua vinda de Júpiter e outros planetas.

8. A cor branca das nuvens, ao contrário do azul do céu, envolve principalmente:
   a. partículas de médio porte.
   b. espalhamento e reflexão difusa da luz solar.
   c. sementes sobre as quais forma-se a condensação do material das nuvens.
   d. prismas de água.

9. Montanhas nevadas distantes e brilhantes parecem amareladas:
   a. porque estão muito longe.
   b. porque o azul foi espalhado para longe da luz refletida pelas montanhas.
   c. porque a cor amarela é a certa.
   d. devido às preferências maravilhosas da natureza.

10. A parte do espectro visível mais absorvido pela água é o(a):
    a. infravermelho.
    b. vermelho.
    c. ciano.
    d. Todas são aproximadamente iguais.

Respostas e explicações das perguntas do Exame de múltipla escolha

1. (c): Flores e objetos em geral absorvem e refletem luz – em frequências seletas. Não vemos as cores da luz absorvida; o que vemos é a luz que é refletida, não a absorvida. Um narciso silvestre parece amarelo aos nossos olhos porque reflete o amarelo quando iluminado por luz branca. **2. (b):** Os mirtilos refletem luz azul. A luz absorvida pelos mirtilos é a cor complementar do azul, ou seja, o amarelo. Um mirtilo parece preto quando iluminado com luz amarela. **3. (b):** Televisores e monitores de computador apresentam diversas cores, incluindo o branco, e todas são uma combinação de vermelho, verde e azul (RGB). Essas são as cores primárias na adição de luzes. **4. (a):** $R + B = M$, um exemplo simples e direto de mistura de cores. **5. (c):** A impressão envolve o CMYK, onde K é o preto; ou seja, três cores mais preto. **6. (b):** O céu azul se deve às partículas microscópicas que espalham a luz branca do sol. É o reflexo, não a refração, que produz o céu azul. **7. (a):** A atmosfera terrestre atua como uma lente que refrata a luz que incide com pouca inclinação em relação à superfície do planeta. A cor que melhor sobrevive ao espalhamento através de longas distâncias pelo ar é a avermelhada, a cor dos poentes e das auroras. Essa é a luz refratada para a superfície da Lua durante um eclipse lunar. **8. (b):** As partículas das nuvens são maiores do que as partículas minúsculas que espalham luz azul. As partículas maiores espalham a luz de todas as frequências igualmente. Na prática, uma nuvem espalha e reflete difusamente a luz de todas as cores de forma praticamente igual, o que explica a cor branca das nuvens. **9. (b):** A luz branca é refletida pelas montanhas nevadas, o que pode ser visto facilmente de perto. A distâncias muito maiores, no entanto, essa luz branca espalha o azul. Assim, as montanhas parecem amareladas, mas, na verdade, é o "céu" entre o observador e as montanhas que é amarelado. A distâncias ainda maiores, a cor observada é um vermelho alaranjado. **10. (b):** Volumes profundos de água limpa parecem cianos, pois o vermelho, a cor complementar do ciano, é absorvida. O infravermelho é mais absorvido, mas não é parte do espectro visível. A resposta (a) não é uma má resposta errada. Observe a palavra *visível* na questão.

28
Reflexão e refração

28.1 **Reflexão**
    O princípio do mínimo tempo

28.2 **Lei da reflexão**
    Espelhos planos
    Reflexão difusa

28.3 **Refração**
    Índice de refração
    Miragens

28.4 **A origem da refração**

28.5 **Dispersão**

28.6 **O arco-íris**
    Alterações no brilho do céu

28.7 **Reflexão interna total**

28.8 **Lentes**
    Formação de imagens por uma lente

28.9 **Defeitos em lentes**

◼1 Peter Hopkinson estimula o interesse da turma com essa hilária demonstração em pé por apenas uma das pernas em frente a um grande espelho, em que ele ergue a perna direita enquanto a perna esquerda, invisível, o sustenta por trás do espelho. ◼2 Dean Baird, fotógrafo e autor do *Lab Manual*, ilustra muito bem o reflexo. ◼3 O professor de física Fred Myers, em pé entre espelhos paralelos, tira uma foto de sua filha McKenzie. ◼4 Quantos espelhos produzem essas reflexões múltiplas da professora de física texana Karen Jo Matsler?

Muitos professores de física buscam alegria e inspiração quando participam dos congressos de verão e de inverno da American Association of Physics Teachers (AAPT – Associação Americana de Professores de Física). Uma edição particularmente memorável do congresso para mim foi a do verão de 1977, em Porto Rico. Viajamos de ônibus para visitar o radiotelescópio de Arecibo, na época o maior telescópio do mundo. O ônibus teve dificuldade para subir uma parte íngreme da colina próxima ao grande telescópio, então eu e os outros passageiros tivemos que descer do ônibus e empurrá-lo até o alto. Fiquei surpreso em ver que estava empurrando o ônibus ao lado de Melba Phillips, presidente recente da AAPT e coautora, com Wolfgang Panofsky, do famoso *Classical Electricity and Magnetism*, que estudara na pós-graduação. Foi um momento "arrã" absolutamente inesquecível.

Melba Newell Phillips foi uma das primeiras alunas de J. Robert Oppenheimer no doutorado na Universidade da Califórnia, Berkeley (Oppenheimer posteriormente lideraria o projeto que construiu a primeira bomba atômica). Phillips completou seu doutorado em física em 1933, em uma época em que poucas mulheres faziam carreira nas ciências. Em 1935, ela e Oppenheimer publicaram a sua descrição do "processo Oppenheimer-Phillips", uma contribuição aos primórdios da física nuclear que explicava como os dêuterons (os núcleos de átomos de "isótopos pesados" de hidrogênio) poderiam reagir com os núcleos de átomos mais pesados mesmo quando cálculos simples afirmavam que a reação não seria possível. Hoje, essa explicação é considerada um dos clássicos do início da física nuclear.

Phillips também ficou conhecida por recusar-se a cooperar com a investigação sobre segurança interna do subcomitê judiciário do Senado dos EUA durante a Era McCarthy, uma ação que levou-a a ser demitida do Brooklyn College, onde lecionou física de 1938 a 1952 (a instituição apresentou um pedido de desculpas público e pessoal pela demissão em 1987).

Ainda desempregada, ela tornou-se coautora de dois livros-texto clássicos. Em seu livro sobre eletricidade e magnetismo, aquele que estudei na universidade, ela apresentou um tratamento sofisticado sobre reflexão e refração, os temas deste capítulo. Seu tratamento avançado vai além do que apresentamos neste volume e fundamentou meu trabalho de estender a eletricidade e o magnetismo à óptica física.

Em 1962, Phillips juntou-se ao corpo docente da Universidade de Chicago, onde concentrou-se em ensinar física e ciências físicas a alunos de cursos não científicos, uma tradição que continua na universidade até hoje – ainda que com este livro-texto! Ela aposentou-se e tornou-se professora emérita em 1972.

Durante a aposentadoria, Phillips foi professora visitante na State University of New York em Stony Brook (1972–75) e lecionou na Universidade de Ciência e Tecnologia da China, Academia Chinesa de Ciências (1980), em Beijing. Também recebeu inúmeros prêmios e honrarias, sendo escolhida *fellow* da American Physical Society e da American Association for the Advancement of Science.

Melba Phillips foi presença constante nos congressos da AAPT por muitos anos. Em 1981, a organização instituiu a Melba Newell Phillips Medal em sua homenagem para reconhecer o serviço para a organização. Acima de tudo, ela serviu como modelo para mulheres que teriam evitado a carreira na física. Melba Phillips morreu em 2004, aos 97 anos. Sua inspiração continua.

28.1 Reflexão

A maior parte das coisas que vemos ao nosso redor não emite luz própria. Elas são visíveis porque reemitem a luz que incide em suas superfícies, vinda de uma fonte primária, como o Sol ou uma lâmpada, ou de uma fonte secundária, como o céu iluminado. Quando a luz incide na superfície de um material, ou ela é brevemente absorvida e então reemitida sem que ocorra alteração na sua frequência transmitida, ou ela é totalmente absorvida pelo material e o aquece.[1] Dizemos que a luz é *refletida* quando ela retorna ao meio de onde veio sem variação de frequência – o processo é chamado de **reflexão**.

Quando a página de um livro é iluminada com a luz solar ou de um lampião, os elétrons dos átomos do papel e da tinta passam a oscilar mais energeticamente em resposta às oscilações dos campos elétricos da luz incidente. Os elétrons energizados, então, reemitem a luz que torna possível enxergar a página. Quando a página

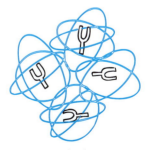

FIGURA 28.1 A luz interage com os átomos assim como o som interage com diapasões do tipo forquilha.

---

[1] Um destino menos comum para a luz incidente é a absorção seguida de reemissão numa frequência mais baixa – o que se chama de fluorescência (Capítulo 30).

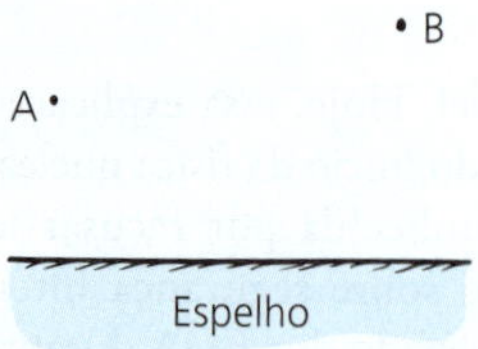

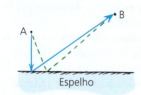

FIGURA 28.2 Espelho

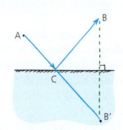

FIGURA 28.3

é iluminada com luz branca, o papel aparece como branco, o que mostra que os elétrons reemitem todas as frequências visíveis. Ocorre muito pouca absorção. Com a tinta, a história é diferente. Exceto por um pouco de reflexão, ela absorve todas as frequências visíveis e, portanto, aparece como preta.

O princípio do mínimo tempo[2]

A ideia de que a luz segue o caminho mais rápido ao ir de um ponto a outro, como mencionado anteriormente, foi formulada em 1629 pelo advogado e matemático francês Pierre Fermat, que propôs uma maneira inédita de analisar as trajetórias da luz. Essa ideia agora é conhecida como **princípio de Fermat do mínimo tempo.**

Podemos compreender a reflexão empregando o princípio de Fermat do mínimo tempo. Considere a seguinte situação: na Figura 28.2, vemos dois pontos, A e B, com um espelho comum abaixo deles. Como podemos ir de A até B o mais rápido possível, isto é, no mínimo tempo? A resposta é muito simples: indo em linha reta de A até B! No entanto, se acrescentarmos a condição de que a luz deve incidir sobre o espelho ao ir de A até B no mínimo tempo, a resposta não é tão fácil assim. Seria necessário ir tão rápido quanto possível de A até o espelho, e daí para B, como mostrado pelas linhas sólidas na Figura 28.3. Isso resulta em um caminho curto até o espelho, mas em um caminho muito comprido do espelho até B. Se, em vez disso, considerarmos um ponto sobre o espelho um pouco mais para a direita do anterior, aumentaremos ligeiramente a primeira distância, mas diminuiremos consideravelmente a segunda, de modo que o comprimento do caminho total mostrado pelas linhas tracejadas será menor, portanto, o tempo de propagação também será menor. Como podemos encontrar o ponto exato de incidência sobre o espelho para o qual o tempo total é o mais curto possível? Podemos encontrá-lo empregando um truque geométrico muito interessante.

Marcamos um ponto de imagem, B′, no outro lado do espelho, a uma distância abaixo do espelho igual à distância do ponto B até o espelho (Figura 28.4). A distância mais curta entre A e esse ponto artificial B′ é muito simples de determinar: trata-se de uma linha reta. Agora essa linha reta intercepta o espelho no ponto C, o ponto exato de reflexão para se ter o caminho mais curto e, então, o caminho de mínimo tempo para transmissão a luminosa de A para B. Um exame cuidadoso mostrará que a distância entre C e B é igual à distância entre C e B′. Vemos que o caminho de A até B′, que passa por C, é igual ao comprimento do caminho que vai de A até B, que "ricocheteia" em C.

Uma inspeção adicional das Figuras 28.4 e 28.5 e um pouco de raciocínio geométrico mostrarão que o ângulo da luz incidente de A para C é igual ao ângulo de reflexão de C para B.

FIGURA 28.4

FIGURA 28.5

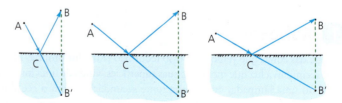

> **PAUSA PARA TESTE**
>
> O princípio de Fermat do mínimo tempo aplica-se também à menor distância geométrica percorrida?

---

[2] Este material e o de muitos exemplos do princípio de mínimo tempo foram adaptados da obra de R. P. Feynman, R. B. Leighton e M. Sands, *The Feynman Lectures on Physics*, Vol. 1, Cap. 26 (Reading, MA: Addison-Wesley, 1963).

VERIFIQUE SUA RESPOSTA

Sim, para a reflexão normal, como indicado nas Figuras 28.3–28.5, nas quais o mínimo tempo e a mínima distância coincidem. Quando estudarmos a refração na Seção 28.3, veremos que o princípio de Fermat geralmente se aplica apenas ao mínimo tempo.

28.2 Lei da reflexão

Como mostrou Fermat, o ângulo de incidência da luz será igual ao ângulo de reflexão da luz. Essa é a **lei da reflexão**, que vale para todos os valores de ângulo (Figura 28.5):

O ângulo de incidência é sempre igual ao ângulo de reflexão.

A lei da reflexão é ilustrada na Figura 28.6, com setas que representam os raios de luz. Em vez de medir os ângulos dos raios incidentes e refletidos da superfície refletora, é costume medi-los em relação a uma linha perpendicular ao plano da superfície refletora. Essa linha imaginária é chamada de *normal*. O raio incidente, a normal e o raio refletido pertencem ao mesmo plano. Esse tipo de reflexão em uma superfície lisa é chamado de reflexão *especular*. Os espelhos produzem excelentes reflexões especulares.

> O revestimento branco de telhados reflete de volta cerca de 85% da luz incidente, o que, em dias quentes de verão, reduz em muito os custos com ar-condicionado e as emissões de carbono. Assim, para regiões com verões quentes, pinte o telhado de branco. Para regiões com ampla variedade de temperatura, o melhor é utilizar tintas com duas camadas, que refletem o infravermelho, mas mantêm a cor.

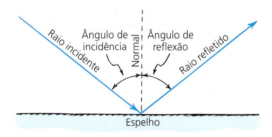

FIGURA 28.6 A lei da reflexão.

PAUSA PARA TESTE

Os pontos de imagem B', marcados nas Figuras 28.4 e 28.5, mostram como a luz encontra o ponto C na reflexão que a leva de A até B. Por meio de uma construção similar, mostre que a luz originada em B e refletida para A também é refletida no mesmo ponto C.

VERIFIQUE SUA RESPOSTA

Marque um ponto de imagem A' abaixo do espelho a uma distância deste que é igual à distância do ponto A ao espelho. Em seguida, trace uma linha reta de B até A para encontrar C, como mostrado na parte esquerda da figura. Ambas as construções foram superpostas no lado direito da figura, o que mostra que C é um ponto comum a ambas. Vemos que a luz seguirá o mesmo caminho que seguiria se fosse no sentido oposto. Sempre que você enxergar os olhos de outra pessoa no espelho, pode estar certo de que ela também estará enxergando os seus.

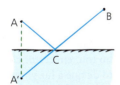 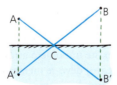

Espelhos planos

Suponha que a chama de uma vela esteja localizada em frente a um espelho plano. Os raios de luz são emitidos da chama em todas as possíveis direções. Na Figura 28.7, são mostrados apenas quatro de um número infinito de raios que saem de um

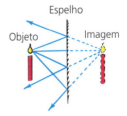

FIGURA 28.7 Uma imagem virtual é formada atrás do espelho, localizada numa posição para a qual convergem os prolongamentos dos raios refletidos (as linhas tracejadas).

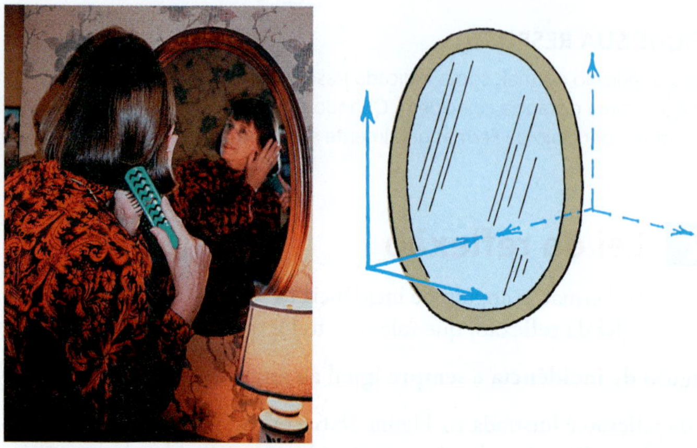

596 PARTE VI Luz

FIGURA 28.8 A imagem de Marjorie se encontra atrás do espelho, a uma distância igual à distância entre ela própria e o espelho. Observe que ela e a sua imagem apresentam a mesma cor para as roupas – uma evidência de que a luz não tem sua frequência alterada ao ser refletida. Curiosamente, seu eixo de orientação esquerda-direita não é invertido, assim como o eixo vertical, orientado de baixo para cima. O eixo que *está* invertido, como mostrado na figura da direita, é o eixo horizontal, que vai da parte frontal de Marjorie para a parte posterior a ela. É por isso que a face de sua mão esquerda está de frente para a face da mão direita da imagem.

número infinito de pontos da chama. Esses raios divergem a partir da chama da vela e incidem no espelho, onde são refletidos em ângulos iguais aos seus ângulos de incidência. Os raios, então, divergem a partir do espelho e parecem emanar de um ponto particular situado atrás do espelho (onde se interceptam as linhas tracejadas). Um observador enxerga a imagem da chama nesse ponto, mas os raios de luz não provêm realmente desse ponto, por isso a imagem é chamada de *imagem virtual*. A imagem está atrás do espelho e tão distante dele quanto o objeto está do espelho, sendo que a imagem e o objeto têm o mesmo tamanho. Quando você se olha no espelho, por exemplo, o tamanho de sua imagem é o mesmo que teria seu irmão gêmeo se ele estivesse localizado atrás do espelho, a uma distância igual àquela que você próprio está do espelho, na frente dele – desde que a superfície do espelho seja plana (chamamos de *espelho plano* os espelhos desse tipo).

Quando o espelho é curvo, os tamanhos e as distâncias do objeto e da imagem até ele não são mais iguais. Não abordaremos os espelhos curvos neste livro, exceto para dizer que a lei da reflexão comporta-se como uma sucessão de espelhos planos, cada um deles com uma orientação ligeiramente diferente. Em cada ponto, o ângulo de incidência é igual ao ângulo de reflexão (Figura 28.9). Observe que, num espelho curvo, diferentemente do que ocorre em um plano, as normais (mostradas pelas linhas pretas tracejadas do lado esquerdo do espelho) em diferentes pontos da superfície não são paralelas entre si.

FIGURA 28.9 (a) A imagem virtual formada por um espelho *convexo* (um espelho curvado para fora) é menor e está mais próxima do espelho que o objeto. (b) Quando o objeto está próximo a um espelho *côncavo* (um espelho curvado para dentro, como uma "caverna"), a imagem virtual é maior e está mais afastada do espelho que o objeto. Em ambos os casos, a lei da reflexão continua valendo para cada raio luminoso.

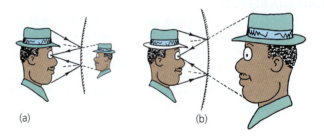

Se o espelho é plano ou curvo, o sistema olho-cérebro normalmente não pode revelar a diferença entre um objeto e sua correspondente imagem refletida. Assim, a ilusão de que existe um objeto atrás do espelho (ou, em certos casos, na frente de um espelho côncavo) deve-se meramente ao fato de que a luz vinda do objeto entra no olho exatamente da mesma maneira, fisicamente falando, como entraria se o objeto estivesse realmente na posição da imagem.

Apenas uma parte da luz que incide numa superfície é refletida por ela. Sobre uma superfície de vidro claro, por exemplo, considerando uma incidência normal (luz perpendicular à superfície), somente 4% da luz é refletida pela superfície. Por outro lado, ao incidir sobre uma superfície limpa e polida de alumínio ou prata, cerca de 90% da luz incidente é refletida.

PAUSA PARA TESTE

1. Que evidência você pode citar para justificar a afirmação de que a frequência da luz não se altera com a reflexão?
2. Se você deseja tirar uma fotografia de sua imagem enquanto fica em pé a 5 m da frente de um espelho plano, a que distância você deve focar sua máquina fotográfica para obter uma foto nítida?

VERIFIQUE SUA RESPOSTA

1. A cor de uma imagem é idêntica à cor do objeto que dá origem à imagem. Olhe-se num espelho e observe que a cor de seus olhos não se altera na imagem.
2. Ajuste o foco de sua máquina para 10 m. A situação é equivalente a ficar em pé a 5 m da frente de uma janela aberta e olhar para seu irmão gêmeo que está em pé a 5 m atrás da janela.

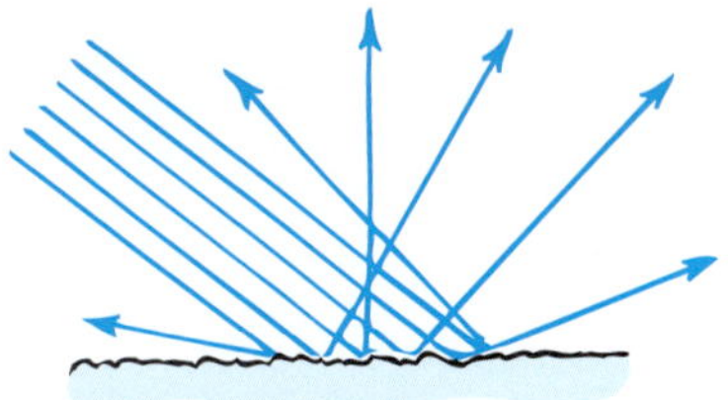

FIGURA 28.10 Reflexão difusa. Embora cada raio obedeça à lei da reflexão, os inúmeros e diferentes ângulos de orientação que os raios de luz se deparam ao incidir em uma superfície rugosa causam reflexão em diversas direções.

Reflexão difusa

A luz que incide sobre a superfície de um objeto tem três destinos possíveis: e pode ser refletida, transmitida, se o objeto for transparente, ou absorvida, se o objeto for opaco. Na verdade, o destino da luz geralmente combina as três possibilidades. Sabemos que parte da luz é refletida pelas vidraças de uma janela ou por superfícies polidas de granito. Para superfícies lisas e semelhantes a espelhos, vimos que a reflexão é especular. Contudo, quando a luz incide sobre uma superfície rugosa, ela é refletida em muitas direções diferentes. Isso é chamado de *reflexão difusa* (Figura 28.10). Como os raios de luz na reflexão difusa espalham-se em todos os sentidos, um objeto pode ser observado de muitos ângulos diferentes. A rugosidade da superfície é relativa ao comprimento de onda da luz incidente. Se a superfície for tão lisa a ponto de distâncias entre suas sucessivas elevações serem menores do que cerca de um oitavo do comprimento de onda da luz incidente, existirá muito pouca reflexão difusa, de modo que chamamos essa superfície de *polida*. Uma superfície, portanto, pode parecer polida para uma radiação de longo comprimento de onda, mas não polida para a luz de curto comprimento de onda. O prato parabólico de grade metálica vazada mostrado na Figura 28.11 parece muito rugoso para as ondas luminosas e, assim, está longe de se comportar como um espelho. No entanto, para as ondas de rádio, que têm um longo comprimento de onda, ele parece bastante "polido" e se comporta, portanto, como um excelente refletor. A reflexão apresentada pelas paredes de seu quarto é um bom exemplo de reflexão difusa. A luz é refletida de volta para o quarto, porém não produz imagem alguma. Diferentemente da reflexão especular, a reflexão difusa não produz uma imagem especular.

A luz que se reflete nesta página é difusa. A página pode parecer lisa para uma onda de rádio, mas ela é rugosa para uma onda luminosa. Os raios luminosos que incidem na página se deparam com milhões de minúsculas superfícies planas orientadas em todas as direções. A luz incidente, portanto, é refletida em todas as direções, o que possibilita enxergar objetos a partir de qualquer direção ou posição. Você enxerga a rodovia à frente de seu carro durante a noite, por exemplo, por causa da reflexão difusa ocorrida na superfície da rodovia. Quando ela está molhada, existe menos reflexão difusa e é mais difícil vê-la. As cores das nuvens se devem à reflexão difusa, como vimos no capítulo anterior. A maior parte de nosso ambiente é vista por reflexão difusiva.

Você já notou que as coisas parecem mais escuras quando estão molhadas do que quando estão secas? A luz incidente sobre uma superfície seca se reflete diretamente para nossos olhos, ao passo que, quando ela incide sobre uma superfície molhada, sofre múltiplas reflexões antes de alcançar nossos olhos. O que acontece em cada reflexão? Absorção! Portanto, ocorre mais absorção de luz quando sua incidência se dá sobre uma superfície molhada, e tal superfície parece ser mais escura.

FIGURA 28.11 Um prato parabólico de grade metálica vazada se comporta como um refletor difuso para luz de curto comprimento de onda. No entanto, para ondas de rádio com longo comprimento de onda, ele se comporta como uma superfície polida.

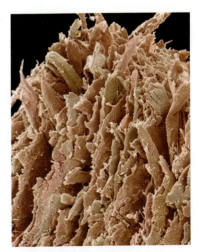

FIGURA 28.12 Uma visão ampliada da superfície de papel comum.

598 PARTE VI Luz

> **PAUSA PARA TESTE**
>
> 1. A Foto 2 da página 592 é um belo exemplo de reflexão especular. Sob quais condições o reflexo das montanhas seria difuso?
> 2. Qual parece mais escura na praia, a areia seca ou a úmida? Por quê?
>
> **VERIFIQUE SUA RESPOSTA**
>
> 1. Não há presença de vento na água muito tranquila, e a reflexão é especular. Com um pouco de vento, entretanto, a superfície da água torna-se irregular, e a reflexão é difusa.
> 2. A areia úmida parece bem mais escura porque a luz incidente se reflete muitas vezes dentro da água entre os grãos de areia e é absorvida um pouco a cada reflexão antes de atingir seus olhos.

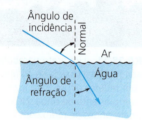

FIGURA 28.13 Refração.

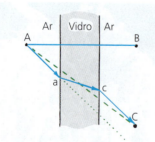

FIGURA 28.14 Refração.

28.3 Refração

Lembre-se, do Capítulo 26, que a rapidez média de propagação da luz é menor no vidro e em outros materiais transparentes do que no espaço vazio. A luz se propaga em materiais diferentes com diferentes valores de rapidez. Ela se propaga a 300.000 km/s no vácuo, tem uma rapidez ligeiramente menor no ar e, na água, tem cerca de três quartos da rapidez com a qual se propaga no vácuo. Num diamante, a luz se propaga com cerca de 40% do valor de sua rapidez no vácuo. Quando a luz muda de direção de forma abrupta ao atravessar obliquamente de um meio para outro, chamamos esse processo de **refração**. É comum observar que um raio luminoso muda de direção e toma um percurso mais longo quando incide obliquamente sobre vidro ou água, mas o caminho mais longo escolhido, apesar disso, é o caminho que requer o mínimo tempo para ser percorrido pela luz. Um caminho em linha reta requereria mais tempo. O princípio de Fermat aplica-se muito bem à situação a seguir.

Imagine que você é um salva-vidas numa praia e localiza uma pessoa em apuros na água. Na Figura 28.13, mostramos as posições relativas: a sua, a da linha da água da praia e a da pessoa em apuros na água. Você se encontra no ponto A, e a pessoa, no ponto B. Você consegue correr mais rapidamente do que nadar. Você deveria deslocar-se em linha reta até B? Um pouco de raciocínio mostrará que o caminho em linha reta não é a melhor escolha. Se você gastasse um pouco mais de tempo correndo sobre a areia, economizaria um bocado de tempo, pois teria de nadar uma distância menor na água. O caminho correspondente ao mínimo tempo é mostrado pela linha tracejada, que claramente não é o caminho correspondente à menor distância. O grau de desvio da trajetória na posição da linha da água na praia, é claro, depende de quão mais rápido você consegue correr do que nadar. A situação é análoga àquela de um raio luminoso incidente sobre um volume de água, como mostrado na Figura 28.14. O ângulo de incidência é maior do que o ângulo de refração por um valor que depende dos valores relativos da rapidez de propagação no ar e na água.

Considere a lâmina de vidro da espessura de uma vidraça de janela mostrada na Figura 28.15. Quando a luz se propagar do ponto A para o ponto B através do vidro, ela seguirá um caminho retilíneo. Nesse caso, a luz incide perpendicularmente no vidro, e vemos que a distância mais curta através do ar e do vidro corresponde ao mínimo tempo. Mas e quanto à luz que vai do ponto A para o ponto C? Ela percorrerá o caminho retilíneo indicado pela linha tracejada? A resposta é *não*, pois se ela assim o fizesse, gastaria mais tempo dentro do vidro, onde a luz se propaga com uma rapidez menor do que no ar. Em vez disso, a luz tomará um caminho menos inclinado dentro do vidro. O tempo economizado em tomar esse caminho mais curto através do vidro mais do que compensa o tempo adicional requerido para percorrer o caminho ligeiramente mais longo através do ar. O caminho total é o percurso correspondente ao mínimo tempo – o caminho mais rápido. O resultado disso é

FIGURA 28.15 A refração no vidro. Embora a linha tracejada AC seja o caminho mais curto, a luz percorre um caminho ligeiramente mais longo no ar de A até a, então percorre um caminho mais curto através do vidro até c e, por fim, vai de c até C. A luz emergente está deslocada, mas continua paralela à luz incidente.

um deslocamento lateral do feixe luminoso, pois os ângulos de entrada e de saída no vidro são iguais. Você percebe esse deslocamento lateral quando olha através de uma chapa de vidro espessa formando um certo ângulo com a superfície. Quanto mais esse ângulo de visão difere do ângulo reto, mais pronunciado é o deslocamento.

Outro exemplo interessante é o de um prisma em que as faces opostas do vidro não são paralelas (Figura 28.16). A luz que vai do ponto A ao ponto B não seguirá o percurso retilíneo mostrado pela linha tracejada, porque um tempo excessivo seria gasto ao atravessar o vidro. Em vez disso, a luz acabará seguindo o caminho mostrado pela linha sólida – um caminho ligeiramente mais comprido através do ar – e atravessando uma seção mais estreita do vidro para chegar até o ponto B. Por esse raciocínio, poderíamos pensar que a luz deveria tomar um caminho mais próximo ao vértice superior do prisma, procurando a parte mais estreita do vidro. No entanto, se ela o fizesse, a distância extra que teria de percorrer no ar resultaria num tempo total de propagação mais longo. O caminho seguido é aquele que corresponde ao tempo mínimo.

É interessante observar que um prisma curvado apropriadamente oferecerá um número infinito de caminhos de mesmo tempo para a luz ir de um ponto A no ar de um lado do prisma para um ponto B no ar do lado oposto do prisma (Figura 28.17). O encurvamento diminui a espessura do vidro em relação à situação correspondente no prisma ordinário, compensando de forma correta as distâncias adicionais que a luz tem de percorrer até pontos mais altos em sua superfície. Para posições adequadas de A e de B e para o encurvamento apropriado das superfícies do prisma, todos os caminhos levam exatamente o mesmo tempo para ser percorridos pela luz. Nesse caso, toda a luz vinda do ponto A e que incide sobre o vidro é focada para o ponto B. Vemos que a forma desse prisma é a metade superior de uma lente convergente (Figura 28.18), que será abordada com mais detalhes mais adiante neste capítulo.

Sempre que assistimos a um pôr do sol, vemos o disco solar por vários minutos após ele ter descido além do horizonte. A atmosfera terrestre é rarefeita no topo e densa no fundo. Como a luz se propaga mais rápido no ar rarefeito do que no ar mais denso, a luz vinda do Sol consegue nos alcançar mais rapidamente se, em vez de seguir em linha reta, tomar um caminho alternativo mais elevado e mais comprido através do ar menos denso, a fim de penetrar na atmosfera de maneira mais íngreme (Figura 28.19). Como a densidade da atmosfera muda gradualmente, a luz é gradualmente desviada, descrevendo uma trajetória final curva. Curiosamente, esse caminho de mínimo tempo nos fornece um período diurno maior a cada dia do que se a luz se propagasse sem encurvar. Além disso, quando o Sol (ou a Lua) está próximo ao horizonte, os raios luminosos vindos da borda inferior do disco solar se encurvam mais acentuadamente do que os raios vindos da borda superior. Isso produz um encurtamento do diâmetro vertical, fazendo com que o Sol pareça uma abóbora (Figura 28.20a). Isso também ocorre para a Lua vista da Estação Espacial Internacional, quando parece mergulhar na atmosfera terrestre (Figura 28.20b).

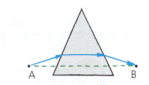

FIGURA 28.16 Um prisma.

FIGURA 28.17 Um prisma curvo.

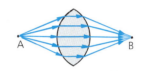

FIGURA 28.18 Uma lente convergente.

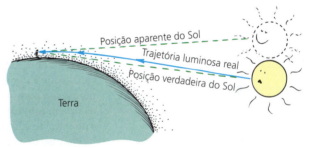

FIGURA 28.19 Devido à refração atmosférica, o Sol, quando se encontra próximo ao horizonte, parece estar mais alto no céu do que realmente está naquele momento.

FIGURA 28.20 (a) A forma do Sol é distorcida pela refração diferencial. (b) O mesmo vale para a Lua vista da Estação Espacial Internacional.

(a)   (b)

600 PARTE VI Luz

Um instante! Durante a refração, o comprimento de onda varia, mas a frequência NÃO?

PAUSA PARA TESTE

1. É correto afirmar que sempre que ocorre refração, ocorre também uma variação na rapidez da luz?
2. Suponha que nosso salva-vidas do exemplo anterior fosse uma foca, em vez de um ser humano. Como seria o caminho de mínimo tempo de A até B?

VERIFIQUE SUA RESPOSTA

1. Sim. A refração se deve a variações na rapidez da luz.
2. A foca pode nadar mais rápido do que consegue correr, e sua trajetória se desvia como mostrado na figura. Isso é análogo à luz que emerge do fundo de um pedaço de vidro imerso no ar.

Índice de refração

A luz desacelera ao entrar em um meio transparente. Exatamente em quanto a rapidez da luz difere de sua rapidez no vácuo é dado pelo *índice de refração*, *n*, do material:

$$n = \frac{\text{rapidez da luz no vácuo}}{\text{rapidez da luz no material}} = \frac{c}{v}$$

Por exemplo, a rapidez da luz no diamante é 124.000 km/s, de modo que, para o diamante, o índice de refração é:

$$n = \frac{300.000 \text{ km/s}}{124.000 \text{ km/s}} = 2,42$$

Para um vácuo, *n* é igual a 1,00 e não há desaceleração da luz. O índice de refração da água é de 1,33, o que nos diz que a luz propaga-se 1,33 vezes mais rápido no vácuo do que na água. Em outras palavras, o inverso de 1,33 (1/1,33) nos diz que a luz propaga-se com 75% da rapidez na água em relação ao vácuo (ou ao ar). A rapidez da luz em um material pode ser determinada por $c/n = v$. A rapidez da luz na água é de cerca de 225.500 km/s.

No caso de vidro óptico do tipo *crown*, comum em oculares, *n* vale 1,52, o que significa que a luz desacelera para 0,66*c*. Assim, a luz no vidro *crown* propaga-se com dois terços da sua rapidez no vácuo.

Quanto maior o valor de *n*, mais lenta é a luz e maior é o desvio da luz por um material transparente, como uma lente. O valor de *n* no caso das lentes de plástico de elevado índice atinge 1,74, de modo que a luz desacelera e se curva mais ainda, e a lente pode ser mais fina – o que é uma boa notícia para pessoas míopes que desejam usar lentes mais leves. E quanto à rapidez da luz quando ela sai da lente? Isso mesmo, ela volta a ser *c*, a rapidez normal da luz no ar.

A lei qualitativa da refração, chamada de *lei de Snell*, é creditada a Willebrord Snell, um astrônomo e matemático holandês do século XVII:

$$n_1 \text{ sen } \theta_1 = n_2 \text{ sen } \theta_2$$

onde n_1 e n_2 são os índices de refração dos meios existentes de cada lado da superfície delimitadora e θ_1 e θ_2 são os respectivos ângulos de incidência e de refração. Se três desses valores são conhecidos, o quarto pode ser calculado a partir dessa relação. Talvez na parte experimental de seu curso você use a lei de Snell.

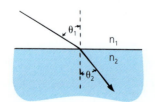

FIGURA 28.21 A refração se relaciona aos índices de refração de acordo com a lei de Snell.

PAUSA PARA TESTE

Qual é a relação entre a rapidez da luz dentro de óculos e o índice de refração do material do qual os óculos são feitos?

VERIFIQUE SUA RESPOSTA

Quanto maior o índice de refração, mais lenta é a propagação da luz nele e maior é o ângulo de refração.

Miragens

Todos estamos familiarizados com as miragens que às vezes vemos quando dirigimos numa rodovia cujo piso está muito quente. Partes distantes da rodovia parecem estar molhadas, mas quando chegamos lá, a rodovia está seca. Qual é a razão para isso? O ar está muito aquecido logo acima do pavimento da rodovia e está frio ainda mais acima. A luz se propaga mais rapidamente na fina camada de ar quente rarefeito do que no ar frio mais denso que está por cima do ar quente. Assim, a luz, em vez de nos alcançar vinda do céu em trajetórias retilíneas, tem sua trajetória de mínimo tempo encurvada para cima ao penetrar nas regiões de ar mais aquecido próximo ao pavimento da rodovia antes de alcançar nossos olhos (Figura 28.22). Onde vemos "molhado", estamos, na verdade, vendo o céu. Ao contrário do que muita gente erroneamente pensa, uma miragem não é uma "ilusão mental". Ela é formada por raios luminosos reais e pode ser fotografada, como mostra a Figura 28.23.

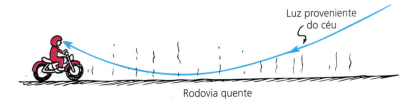

FIGURA 28.22 A luz vinda do céu ganha rapidez no ar próximo ao pavimento, pois ele está mais aquecido e menos denso do que o ar que está por cima dele. Quando a luz incide com pouca inclinação em relação ao piso e se curva para cima, o observador enxerga uma miragem.

FIGURA 28.23 Uma miragem. A aparência molhada da rodovia não se deve à reflexão do céu pela água, mas à refração da luz vinda do céu ao atravessar o ar mais quente e mais rarefeito próximo à superfície da rodovia.

Quando olhamos para um objeto que se encontra sobre uma chapa ou rodovia muito quente, percebemos um efeito tremeluzente e ondulante. Isso se deve aos diversos caminhos luminosos de mínimo tempo existentes para a luz se propagar através de regiões do ar com uma variedade de temperaturas e, consequentemente, de densidades. As estrelas parecem "piscar" por causa de um fenômeno similar que ocorre no céu, onde a luz atravessa camadas instáveis de nossa atmosfera.

Nos exemplos precedentes, como a luz aparentemente "sabe" das condições existentes e de quais compensações o caminho de mínimo tempo requer? Ao se aproximar da vidraça de uma janela, de um prisma ou de uma lente com um determinado ângulo, como a luz sabe que se ela se deslocar um pouco além através do ar, economizará tempo, optando por um ângulo menos inclinado e, portanto, por um caminho mais curto através do vidro? Como a luz vinda do Sol sabe que deve se propagar acima da atmosfera por uma distância extra, antes de tomar o caminho mais curto através do ar mais denso, a fim de economizar tempo? Como a luz vinda do céu sabe que ela pode nos alcançar no mínimo tempo se mergulhar em direção a uma rodovia muito quente antes de se curvar para cima, indo até nossos olhos? O princípio do mínimo tempo parece ser não causal, como se a luz tivesse uma "mente" própria, que pudesse "avaliar" todos os possíveis caminhos, calcular os tempos correspondentes a cada um e escolher aquele que requer o mínimo tempo para ser percorrido. Será que é assim? Por mais intrigante que isso possa parecer inicialmente, existe uma explicação mais simples, que não atribui presciência à luz: a refração é uma consequência do fato de que a luz se propaga com diferentes valores de rapidez média em meios diferentes.

Até o brilho das estrelas é alterado devido à refração atmosférica.

PAUSA PARA TESTE

Se a rapidez da luz fosse a mesma no ar com diversas temperaturas e densidades, será que os períodos iluminados do dia ainda seriam ligeiramente mais longos, as estrelas ainda piscariam à noite, as miragens existiriam e o disco solar ainda pareceria achatado ao pôr do sol?

FIGURA 28.24 A direção de rolamento das rodas se altera quando uma delas desacelera antes da outra.

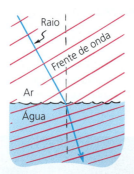

FIGURA 28.25 A direção de propagação das ondas luminosas se altera quando uma parte de cada frente de onda desacelera antes da outra parte.

FIGURA 28.26 Uma explicação ondulatória para uma miragem. As frentes de onda da luz se propagam mais rápido no ar quente próximo ao solo, encurvando-se para cima.

> **VERIFIQUE SUA RESPOSTA**
> Não, pois nenhuma refração ocorreria.

28.4 A origem da refração

A refração ocorre sempre que a luz tem sua rapidez média de propagação *alterada* ao passar de um meio transparente para outro. Pode-se compreender isso considerando duas rodas de carrinho de brinquedo conectadas a um eixo. As rodas rodam suavemente rampa abaixo, da calçada em direção a um gramado. Se as rodas encontram o gramado sob um determinado ângulo, como mostra a Figura 28.24, elas serão desviadas de sua trajetória retilínea. Note que, ao alcançar o gramado, onde as rodas rolam mais lentamente devido à interação com a grama, a roda esquerda desacelera primeiro. A roda direita, sendo mais rápida do que a esquerda durante algum tempo, tende a se adiantar em relação a esta. Tal ação faz com que o eixo das rodas gire e mude a direção de seu deslocamento, aproximando-se da "normal" (a linha tracejada mais fina, perpendicular ao limite de separação entre a calçada e a grama, na figura).

Agora vamos considerar a luz como onda e o que o modelo nos ensina sobre a luz que encontra uma interface com um novo meio (Figura 28.25). Observe a direção de propagação da luz, indicada pela seta azul (o raio de luz), e também as *frentes de onda* (vermelhas), desenhadas em ângulos retos com o raio (lembre-se que uma frente de onda é uma crista, ventre ou qualquer outra porção contínua de uma onda). Na figura, as frentes de onda encontram a superfície da água sob um determinado ângulo, de maneira que as partes esquerdas da onda desaceleram primeiro na água, enquanto as demais continuam ainda se propagando no ar, com rapidez praticamente igual a *c*. O raio ou feixe luminoso mantém-se perpendicular às frentes de onda e se desvia na superfície, da mesma forma que as rodas se desviam quando rolam da calçada para o gramado. Em ambos os casos, o desvio é uma consequência da alteração da rapidez.

A variabilidade da rapidez de propagação luminosa fornece uma explicação ondulatória para as miragens. A Figura 28.26 nos mostra algumas frentes de onda provenientes do topo de uma árvore num dia quente. Se a temperatura do ar fosse uniforme, a rapidez média de propagação da luz seria a mesma em todas as partes do ar, e a luz que se propagasse em direção ao solo terminaria alcançando-o. Contudo, o ar está mais quente e menos denso próximo ao solo, de modo que as frentes de onda aceleram enquanto se propagam para baixo, o que faz com que elas se desviem para cima. Assim, o observador que olha para baixo enxerga o topo da árvore – isso é uma miragem.

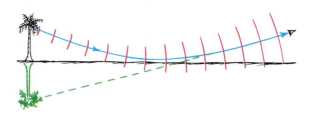

A refração da luz é responsável por muitas ilusões; uma delas é o aparente encurvamento de uma vara quando parcialmente imersa em água (não mostrada). A parte submersa parece mais próxima da superfície do que ela de fato está. De maneira semelhante, quando você vê um peixe na água, ele parece estar mais perto da superfície e mais próximo de você do que realmente está (Figura 28.27). Se olharmos diretamente para baixo, na água, um objeto que está submerso a 4 metros da superfície parecerá estar a apenas 3 metros. Devido à refração, objetos submersos parecem estar ampliados.

CAPÍTULO 28 Reflexão e refração **603**

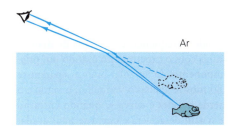

FIGURA 28.27 Devido à refração, um objeto submerso parece estar mais próximo à superfície do que realmente está.

FIGURA 28.28 Quando a luz desacelera ao passar de um meio para outro, como indo do ar para a água, ela é refratada, aproximando-se da normal. Quando ela acelera ao passar de um meio a outro, como indo da água para o ar, ela é refratada, afastando-se da normal.

Vemos que podemos interpretar o desvio da luz na superfície da água de pelo menos duas maneiras diferentes. Podemos dizer que a luz que vem do peixe e alcança o olho do observador faz isso no tempo mínimo, tomando um caminho ascendente mais curto em direção à superfície da água e um caminho proporcionalmente mais longo através do ar. Nessa visualização, é o tempo mínimo que dita qual será o caminho a ser tomado. Ou podemos dizer que as ondas luminosas que se dirigem para cima em um certo ângulo com a superfície da água são desviadas quando se aceleram ao emergirem no ar, e essas ondas acabam alcançando o olho do observador. Nessa visualização, a variação ocorrida na rapidez da luz da água para o ar é que dita qual será o caminho tomado, e esse caminho coincide com o do tempo mínimo de propagação. Seja qual for a visualização escolhida, os resultados são os mesmos.

> **PAUSA PARA TESTE**
>
> Se a rapidez de propagação da luz fosse a mesma em todos os materiais, ainda ocorreria refração quando a luz passasse de um meio para outro?
>
> **VERIFIQUE SUA RESPOSTA**
>
> Não.

FIGURA 28.29 Devido à refração, uma caneca de cerveja parece conter mais líquido do que ela realmente contém.

ISAAC NEWTON E SEU ESTUDO DA LUZ

Isaac Newton não ficou famoso por suas leis do movimento, nem mesmo por causa de sua lei da gravitação universal. Newton começou a ganhar fama com seus estudos sobre a luz. Por volta de 1665, quando estudava imagens de corpos celestes formadas por uma lente, Newton notou que havia uma coloração nas bordas da imagem. A fim de estudar melhor o fenômeno, ele escureceu a sala, permitindo que a luz solar entrasse apenas por uma pequena abertura circular na janela e produzisse uma mancha circular luminosa sobre a parede oposta. Ele então posicionou um prisma triangular de vidro no feixe de luz e observou que a luz branca separava-se nas cores de um arco-íris.

Newton mostrou que, dentro de um feixe de luz solar, havia todas as cores do arco-íris. A luz branca é uma composição das cores do arco-íris. Além disso, ele mostrou que um arco-íris nada mais é que o resultado da dispersão análoga da luz solar em pequenas gotas de água que existem no céu.

Com um segundo prisma, Newton descobriu que essas cores poderiam ser recombinadas para formar luz branca novamente, o que confirmou que a luz branca era mesmo a combinação de todas as cores do arco-íris. Na meia-idade, ele foi eleito para a Royal Society, onde exibiu o primeiro telescópio refletor do mundo. Este ainda pode ser visto, preservado na biblioteca da Royal Society, em Londres, com a inscrição: "O primeiro telescópio refletor, inventado por Sir Isaac Newton, confeccionado por suas próprias mãos".

604 PARTE VI Luz

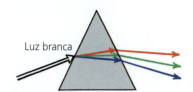

FIGURA 28.30 Um prisma dispersa a luz branca em suas cores componentes.

28.5 Dispersão

A separação da luz em cores dispostas segundo a frequência é chamada de **dispersão**, como Isaac Newton ilustrou séculos atrás com o experimento usando um prisma de vidro e luz solar. Todas as cores componentes da luz solar branca separam-se no prisma de vidro, embora a Figura 28.30 mostre apenas o vermelho, o verde e o azul. A parte vermelha do feixe branco perde rapidez e curva-se quando entra no vidro, o verde curva-se um pouco mais e o azul desacelera e curva-se mais ainda. Quando emerge, a luz sofre uma segunda refração, e a separação aumenta mais ainda. A luz é dispersada pelo prisma.

Newton também descobriu que quando posicionava um par de prismas idênticos à luz do Sol, invertendo o segundo de modo a colocar as duas faces opostas do prisma em paralelo, as cores dispersadas se recombinavam para formar luz branca novamente (Figura 28.31). Isso confirmou que a luz branca era mesmo a combinação de todas as cores do arco-íris.

FIGURA 28.31 Um segundo prisma invertido desfaz a dispersão do primeiro prisma. Os raios de luz vermelhos, verdes e azuis emergentes são paralelos à luz incidente (seta preta) e combinam-se para formar luz branca quando vistos pelo olho.

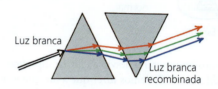

PAUSA PARA TESTE

Um prisma de vidro dispersa a luz branca em suas cores componentes. Por que a vidraça de uma janela não faz o mesmo?

VERIFIQUE SUA RESPOSTA

Ao contrário das laterais de um prisma, as duas superfícies de uma vidraça são paralelas. Embora ocorra dispersão dentro do vidro, esta é desfeita quando a luz sai pela superfície paralela oposta, como mostra o desenho da vidraça e da sua extensão imaginária que abrange o par de prismas. As superfícies de entrada e de saída da vidraça e do prisma são paralelas umas às outras.

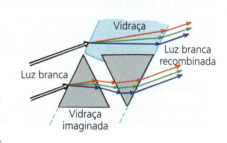

Nos diagramas de raios acima e na Figura 28.31, observe que os raios de luz vermelhos, verdes e azuis são desviados da sua trajetória inicial. Os raios coloridos são paralelos ao raio de luz branca incidente, não se sobrepõem e combinam-se para formar o branco quando entram no olho. O efeito de deslocamento é bastante visível, especialmente quando observado através do vidro superespesso de um aquário público. Um peixe visto de um determinado ângulo parece mais largo, não apenas deslocado. É importante notar que a cor do peixe não muda. O mesmo vale para os raios refratados através do par de prismas ou das janelas da sua casa. Raios paralelos desviados mais distantes entre si recombinam-se para formar o branco quando você os enxerga.

Curiosamente, ainda ocorre alguma dispersão resultante para as bordas chanfradas de uma vidraça onde suas superfícies opostas não são paralelas. O mesmo vale para espelhos com bordas chanfradas. Nesse caso, as cores do arco-íris são dispersadas em um espaço ensolarado ou iluminado. Temos o prazer de observar as cores do arco-íris mesmo quando não há um arco presente.

28.6 O arco-íris

Não há um arco-íris físico no céu. O arco colorido que nos fascina há milênios não tem existência independente; ele é, na verdade, a convergência do espectro de cores na mente do observador (ou na superfície fotossensível de uma câmera). Para vermos um arco-íris, o Sol deve brilhar em uma parte do céu e gotas d'água de uma nuvem ou da chuva devem estar presentes na parte oposta. Visto de um avião que voa durante o meio-dia, o arco forma um círculo completo (com a sombra de um avião que voa baixo visto no centro).

Cada gota atua como um prisma esférico que causa refração da luz solar, reflete-a internamente e refrata uma segunda vez para dispersar seus componentes no espectro solar. A Figura 28.32 mostra uma imagem bidimensional da dispersão em uma gota d'água. Siga o raio luminoso quando ele entra na gota. Parte da luz é refletida (não mostrado), e a parte restante é refratada pela água, onde é dispersa nas cores de seu espectro, o violeta sendo a mais desviada e o vermelho, a menos desviada das cores. Alcançando o lado oposto da gota, cada uma das cores é parcialmente refratada para o ar exterior (não mostrado) e parcialmente refletida de volta para a água. Chegando à superfície inferior da gota, cada cor é de novo parcialmente refletida (não mostrado) e refratada para o ar. A refração na segunda superfície, assim como em um prisma, aumenta a dispersão já produzida pela primeira superfície. A luz vermelha emergente forma um ângulo de 42,4° entre os raios solares e o observador. A violeta emerge em 40,5°.

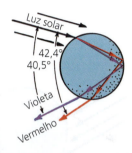

FIGURA 28.32 A dispersão da luz solar causada por um único pingo de chuva.

Embora cada gota disperse o espectro inteiro de cores, um observador qualquer está em condições de ver a luz concentrada vinda de uma determinada gota com uma cor apenas (Figura 28.33). Se a luz vermelha de uma única gota chega ao olho de um determinado observador, a luz violeta vinda da mesma gota incide em algum outro lugar. Para ver a luz violeta, a pessoa deve olhar para gotas diferentes, mais baixas no céu. Isso explica por que o topo do arco-íris primário é vermelho e a parte de baixo, violeta. Os ângulos intermediários são laranjas, amarelos, verdes e azuis. Muitos milhões de gotas produzem o espectro completo da luz visível.

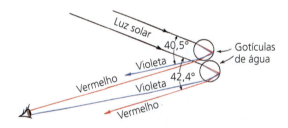

FIGURA 28.33 O olho vê a luz vermelha, proveniente da gota superior, e a luz violeta, proveniente da gota inferior. Milhões de gotas como essas produzem o espectro inteiro da luz visível.

O formato em arco do arco-íris é consequência das cores espectrais emergirem em ângulos específicos. Cada cor do arco-íris está relacionada a um ângulo de dispersão característico. A cor vermelha, como vimos, sempre dispersa-se a 42,4° dos raios de luz solar. Considere o esquadro triangular na Figura 28.34. Quando é girado ao longo da linha tracejada, ele marca um arco semicircular. Um observador no vértice vê locais do mesmo ângulo ao longo da linha tracejada. O mesmo se aplica às gotas de chuva que dispersam cores específicas para quem observa um arco-íris. Ângulos constantes produzem arcos no formato do arco-íris.

Quando observamos um arco-íris, é importante lembrar que ele não se trata do arco bidimensional que aparenta aos nossos olhos. Ele parece plano pelo mesmo motivo que a lua cheia parece ser um disco: a falta de marcas de referência para a distância. A Figura 28.35 apresenta quatro exemplos de arcos, mas um arco-íris, na verdade, é composto de uma enorme quantidade de arcos, abrangendo a região das gotas d'água. Quanto mais arcos de gotas, ou seja, quanto mais larga a região das gotas, mais intenso é o arco-íris.

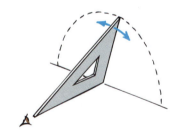

FIGURA 28.34 Somente gotas de chuva que se encontram ao longo da linha tracejada dispersam a luz vermelha para um observador no vértice de um cone de ângulo 42°; portanto, a luz vermelha é vista formando um arco.

606 PARTE VI Luz

FIGURA 28.35 Um arco-íris é uma sucessão de arcos na região das gotas d'água.

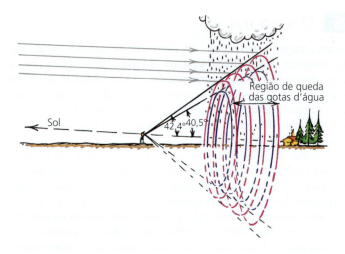

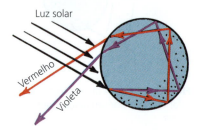

FIGURA 28.36 Duas reflexões internas em uma gota produzem um arco secundário.

Frequentemente, um arco secundário pode ser visto num arco com um ângulo cônico maior, de 50,4° a 53,7°, ao redor do arco primário. Esse arco secundário mais largo é formado por circunstâncias similares, que envolvem duas reflexões internas às gostas de chuva (Figura 28.36). Devido a essa reflexão extra, suas cores ficam invertidas. Além disso, há perda de luz devido à refração adicional, o que torna o arco secundário muito menos brilhante do que o primário.

Alterações no brilho do céu

Observe as diferenças no brilho do céu dentro e fora dos arco-íris na foto da Figura 28.37. O céu está nitidamente mais claro dentro do arco primário. Embora as gotas nessa região não formem o seu arco-íris, elas refletem e dispersam luz solar e produzem o que parece ser uma região esbranquiçada semitransparente. As gotas de chuva fora do arco secundário também produzem uma região semiesbranquiçada muito menos brilhante, geralmente difícil de discernir.

FIGURA 28.37 Um arco-íris primário e seu arco secundário. Observe os três níveis de brilho do céu: esbranquiçado dentro do arco primário, mais escuro entre os arcos, menos escuro além do arco secundário.

Não se vê luz visível entre os arco-íris primário e secundário depois que esta foi refletida uma ou duas vezes nas gotas d'água. A luz já refletida é vista na região esbranquiçada dentro do arco-íris primário. A luz refletida duas vezes é vista apenas acima do arco-íris secundário. A única luz que atinge seus olhos entre os dois arcos vem de processos mais fracos, que envolvem a dispersão com mais de duas reflexões internas ou de reflexões atmosféricas sem relação com o arco-íris.

A região mais escura entre os arcos é chamada de *faixa escura de Alexandre*, em homenagem a Alexandre de Afrodísias, que foi o primeiro a descrevê-la, no ano 200 d.C. Uma análise cuidadosa de qualquer foto clara de um arco-íris mostra três níveis de brilho no céu: um pouco brilhante além do arco secundário, mais escuro entre os arcos primário e secundário e mais brilhante dentro do arco primário. As cores dispersadas dentro das regiões brilhantes podem contribuir para o arco-íris visto por outro observador.

Uma característica interessante dos arco-íris é que a sua linha de visão até as gotas das nuvens que criam o arco é diferente da linha de visão dos outros observadores. Cada um tem seu próprio cone de visão, com seu próprio olho no vértice. Se um amigo lhe diz "veja só que arco-íris lindo", você pode responder "vá para o lado para eu ver também". Todos veem seu próprio arco-íris pessoal.

PAUSA PARA TESTE

1. Se você apontar para uma parede com seu braço estendido formando cerca de 42° em relação à normal da parede e depois girar seu braço num círculo completo, mantendo o ângulo de 42°, que forma seu braço estará descrevendo? E que forma a ponta de seu dedo estará percorrendo sobre a parede?
2. Se a luz se propagasse nas gotas de chuva com a mesma rapidez com a qual se propaga no ar, ainda teríamos arco-íris?

VERIFIQUE SUA RESPOSTA

1. Seu braço estará descrevendo um cone, e seu dedo estará percorrendo um círculo. Isso acontece de modo semelhante no caso dos arcos-íris.
2. Não.

28.7 Reflexão interna total

Da próxima vez que for tomar banho de banheira, encha a banheira o máximo que puder e entre nela com uma lanterna à prova d'água. Desligue as luzes do banheiro. Aponte a lanterna submersa diretamente para cima e, então, lentamente vá inclinando-a para fora da superfície. Observe como a intensidade do feixe luminoso emergente vai diminuindo e como cada vez mais luz é refletida da superfície da água para o fundo da banheira. Para um determinado valor de ângulo, chamado de *ângulo crítico*, você notará que o feixe luminoso não mais passará da água para o ar através da superfície. A intensidade do feixe emergente se reduz a zero quando ele tende a tangenciar a superfície do líquido. O **ângulo crítico** é o valor mínimo do ângulo de incidência dentro de um meio para o qual a luz é completamente refletida. Quando o feixe luminoso for inclinado além de um certo ângulo crítico (48° com a normal da superfície da água), você notará que toda a luz é refletida de volta para a banheira. Isso é denominado **reflexão interna total**. A luz incidente na superfície ar-água obedece às leis da reflexão: o ângulo de incidência é igual ao ângulo de reflexão. A única luz que emerge da superfície da água é aquela que foi refletida de forma difusa no fundo da banheira. Esse procedimento está mostrado na Figura 28.38.

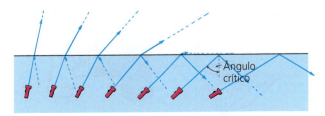

FIGURA 28.38 A luz emitida de dentro da água é parcialmente refratada e parcialmente refletida na superfície. O tracejado em azul indica a direção da propagação da luz, e o comprimento das setas mostra as proporções de luz refratada e refletida. Acima do ângulo crítico, o feixe é totalmente refletido para dentro.

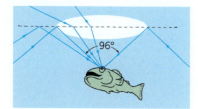

FIGURA 28.39 Um observador debaixo d'água vê um círculo de luz na superfície em repouso da água. Além de um cone de 96° (o dobro do ângulo crítico), um observador qualquer vê a reflexão do interior da água ou do fundo.

A reflexão interna total ocorre em materiais onde a rapidez de propagação da luz é menor do que a rapidez da luz em seu exterior. A rapidez da luz é menor na água do que no ar, de modo que todos os raios luminosos na água que chegam à superfície com ângulos de incidência maiores do que 48° são refletidos para o interior da água. Portanto, seu peixinho dourado de estimação no interior do aquário olha para cima para ter uma visão refletida dos lados e do fundo do aquário. Diretamente acima dele, ele tem uma visão comprimida do mundo exterior (Figura 28.39). A visão externa de 180°, de um horizonte ao seu oposto, é vista por um ângulo de 96° – o dobro do ângulo crítico. Uma lente fotográfica denominada *olho de peixe* é utilizada em efeitos especiais para comprimir, de modo similar, uma vista muito ampla.

A reflexão interna total ocorre em vidro circundado por ar, pois a rapidez de propagação da luz no vidro é menor do que no ar. O ângulo crítico para o vidro é cerca de 43°, dependendo do tipo de vidro. Assim, a luz interior ao vidro, que incide nele formando ângulos superiores a 43° com a superfície, é refletida por completo internamente. Nenhuma luz escapa além desse valor de ângulo; em vez disso, toda ela é refletida para o interior do vidro, mesmo que a superfície externa contenha sujeira ou poeira, daí vem a utilidade dos prismas de vidro (Figura 28.40). Um pouco de luz é perdida na reflexão antes de penetrar no vidro do prisma, mas uma vez ali, a reflexão com a face cortada em 45° é total – 100%. Em comparação, espelhos prateados ou aluminizados refletem apenas cerca de 90% da luz incidente, por isso usa-se prismas no lugar de espelhos em muitos instrumentos ópticos.

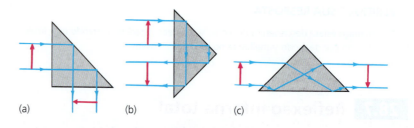

FIGURA 28.40 Reflexão interna total em um prisma. O prisma altera a direção do feixe luminoso (a) em 90°, (b) em 180° e (c) em nada. Note que, em cada caso, a orientação da imagem é diferente da orientação do objeto.

PAUSA PARA TESTE

A rapidez da luz varia quando totalmente refletida em um material?

VERIFIQUE SUA RESPOSTA

Não, a reflexão não altera a rapidez, dentro ou fora de uma superfície refletora. A rapidez varia apenas na refração, não na reflexão.

Um par de prismas, cada um refletindo a luz em 180°, é mostrado na Figura 28.41. Os binóculos utilizam pares de prismas para aumentar o comprimento da trajetória a ser percorrida pela luz entre as lentes, eliminando, assim, a necessidade de usar longos tubos na fabricação dos instrumentos. Portanto, um binóculo compacto é tão eficaz quanto um telescópio mais comprido. Outra vantagem dos prismas é que, embora a imagem fornecida por um telescópio esteja invertida, a reflexão nos prismas dos binóculos inverte de novo a imagem, de modo que as coisas são vistas na posição normal.

Você gostaria de ficar rico? Seja o primeiro a inventar uma superfície capaz de refletir 100% da luz externa incidente sobre ela.

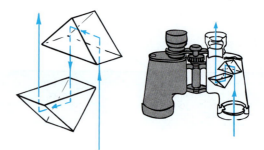

FIGURA 28.41 Reflexão interna total em um par de prismas, comum em binóculos.

O ângulo crítico para o diamante é cerca de 24,5°, menor do que para qualquer outro material. O ângulo crítico varia ligeiramente para cores diferentes, porque a rapidez de propagação da luz também varia ligeiramente para as diferentes cores. Quando a luz entra na pedra preciosa, a maior parte incide nos lados de trás da pedra em ângulos superiores a 24,5° e é refletida por completo internamente (Figura 28.42). Devido à grande diminuição na rapidez de propagação da luz quando ela entra no diamante, a refração é muito pronunciada e, devido à dependência da rapidez de propagação com a frequência, existe uma grande dispersão. Mais dispersão ocorre quando a luz sai através das diversas facetas nas faces da pedra. Portanto, vemos *flashes* repentinos com uma ampla gama de cores. Curiosamente, quando esses *flashes* são estreitos o suficiente para serem vistos por apenas um olho de cada vez, o diamante parece "lampejar".

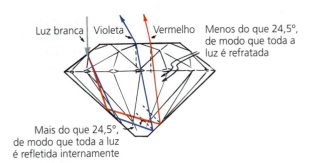

FIGURA 28.42 As trajetórias da luz em um diamante. Os raios que incidem na superfície interna com ângulos maiores do que o ângulo crítico são refletidos internamente e saem, via refração, pela superfície superior do diamante.

A reflexão interna total também embasa o funcionamento das fibras ópticas, ou "tubos" de luz (Figura 28.43). Uma fibra óptica é capaz de "encanar" a luz, levando-a de um lugar a outro por meio de uma série de reflexões internas totais, de forma muito parecida com uma bala que se desloca ricocheteando ao longo de um cano de aço. Os raios luminosos ricocheteiam ao longo das paredes internas da fibra, acompanhando as dobras e voltas que existem. Feixes de fibras ópticas são usados para ver o que acontece em lugares inacessíveis, como o interior de um motor ou o estômago de um paciente. As fibras ópticas podem ser confeccionadas suficientemente pequenas para serem capazes de serpentear por vasos sanguíneos ou através de canais estreitos do corpo, como a uretra. A luz segue através de determinadas fibras para iluminar a cena e é refletida de volta ao longo de outras fibras.

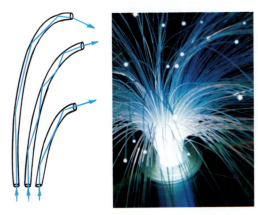

FIGURA 28.43 A luz é "encanada" a partir de baixo, por meio de uma sucessão de reflexões internas totais nas fibras, até emergir pelas extremidades superiores.

As fibras ópticas são importantes em comunicações, porque oferecem uma alternativa prática aos fios de cobre e aos cabos, sem perdas de energia. Em muitos lugares, fibras finas de vidro agora substituem cabos de cobre, grossos, volumosos e caros, para transportar milhares de mensagens simultâneas entre as principais centrais de comutação e pelo fundo do oceano. Em muitas aeronaves, os sinais de controle são transmitidos do piloto para as partes móveis da asa, que controlam o voo da aeronave, por meio de fibras ópticas. Os sinais são transportados codificados nas modulações produzidas na luz do *laser*. Diferentemente da eletricidade, a luz é indiferente à temperatura e às flutuações nos campos magnéticos circundantes, de modo que o sinal é mais nítido. Além disso, ela é muito menos provável de ser interceptada por intrometidos por meio de escutas telefônicas.

28.8 Lentes

Um caso prático de refração ocorre nas lentes. Podemos compreender o funcionamento de uma lente analisando as trajetórias percorridas em tempos iguais, como fizemos antes, ou podemos presumir que a lente consiste em vários prismas e blocos de vidro que se ajustam, arranjados na ordem mostrada na Figura 28.44. Os prismas e os blocos refratam os raios paralelos da luz incidente, de modo que eles se tornam convergentes para (ou divergentes de) um ponto. O arranjo mostrado na Figura 28.44a faz a luz convergir e é chamado de **lente convergente**. Observe que ela é mais larga no meio e mais fina nas bordas.

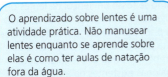

O aprendizado sobre lentes é uma atividade prática. Não manusear lentes enquanto se aprende sobre elas é como ter aulas de natação fora da água.

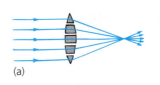
(a)

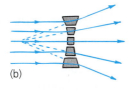
(b)

FIGURA 28.44 Uma lente pode ser entendida como um conjunto de blocos e prismas. (a) Uma lente convergente. (b) Uma lente divergente.

FIGURA 28.45 As frentes de onda se propagam mais lentamente no vidro do que no ar. (a) As ondas retardam-se mais ao atravessar o centro da lente, o que resulta na convergência dos raios luminosos. (b) As ondas retardam-se mais ao atravessar as bordas da lente, o que resulta na divergência dos raios luminosos.

O arranjo mostrado na Figura 28.44b é diferente. A parte central da lente é mais estreita do que as bordas e faz a luz divergir, de modo que a lente é uma **lente divergente**. Observe que os prismas fazem divergir os raios luminosos incidentes, de maneira que eles parecem ter vindo de um único ponto na frente da lente. Em ambas as lentes, o desvio máximo dos raios ocorre nos prismas mais externos, pois eles têm os maiores ângulos entre as duas superfícies refratoras. No meio da lente, não ocorre qualquer refração, pois nessa região as faces do vidro são paralelas entre si. As lentes reais não são feitas de prismas, é claro, como está indicado na Figura 28.44; elas são fabricadas com um pedaço sólido de vidro com superfícies curvas, que seguem, normalmente, uma curva circular. Na Figura 28.45, vemos como as ondas são refratadas por lentes polidas.

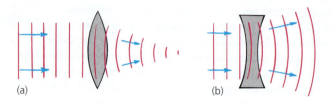

Algumas características fundamentais na descrição das lentes são mostradas na Figura 28.46, para o caso de uma lente convergente. O *eixo principal* de uma lente é a linha que passa pelos centros de curvaturas de suas duas superfícies. O *foco* ou *ponto focal* da lente é aquele ponto para o qual converge um feixe de raios luminosos paralelos ao eixo principal. Feixes de raios luminosos paralelos entre si, mas incidindo numa direção que não é paralela ao eixo principal da lente, são focados em pontos situados abaixo ou acima do foco. O conjunto de todos esses possíveis pontos de convergência forma o *plano focal*. A lente tem dois pontos focais e dois planos focais. Quando a lente de uma câmara está ajustada para objetos distantes, a superfície fotossensora se encontra sobre o plano focal, atrás da lente. A *distância focal* da lente é a distância entre o centro da lente e qualquer um dos focos.

FIGURA 28.46 As principais características de uma lente convergente.

FIGURA 28.47 Os padrões móveis de áreas brilhantes e escuras no fundo de uma piscina são o resultado da superfície irregular da água, que se comporta como se fosse um lençol de lentes ondulantes. Assim como vemos o fundo da piscina tremeluzindo, um peixe que olha para o Sol acima o vê tremeluzir também. Devido às irregularidades análogas existentes na atmosfera, vemos as estrelas piscarem.

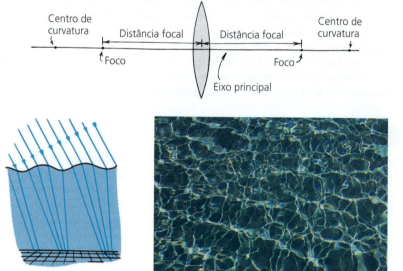

Formação de imagens por uma lente

Sempre que você lê uma página impressa, a luz é refletida do seu rosto para a página. A luz que se reflete em sua testa, por exemplo, incide em cada lugar desta página. A mesma coisa acontece com a luz que se reflete em seu queixo. Cada parte da página é iluminada com a luz refletida em sua testa, seu nariz, seu queixo e em outras partes de seu rosto. Você não enxerga uma imagem de seu rosto sobre a página porque há superposição excessiva de luz. No entanto, pondo um anteparo com um pequeno furo de alfinete entre seu rosto e a página, a luz que chegará até a página vinda de sua testa não mais se superporá com a luz vinda de seu queixo; o mesmo vale para o restante de seu rosto. Sem haver essa superposição, uma imagem de seu rosto se formará sobre a página. Ela será muito fraca, entretanto, pois muito pouco da luz que foi refletida por seu rosto chegou à superfície da página passando pelo buraco de alfinete. Para ver a imagem, você teria de blindar a página das outras fontes de luz. O mesmo é verdadeiro para o caso do vaso e das flores da Figura 28.48b. Por uma questão de simplicidade, mostramos apenas raios da parte de cima e da de baixo do vaso de flores.

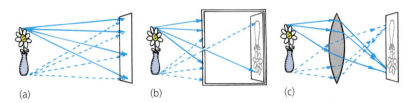

FIGURA 28.48 Formação de imagens. (a) Nenhuma imagem aparece na parede, porque os raios luminosos vindos de todas as partes do objeto se superpõem em todas as partes da parede. (b) Um único pequeno furo em uma barreira impede os raios luminosos de se superporem na parede, então uma imagem fraca e de cabeça para baixo é formada. (c) Uma lente faz os raios convergirem sobre a parede, sem haver superposição. Quanto mais luz incidir, mais brilhante será a imagem.

As primeiras câmeras não tinham lentes, deixando a luz entrar por um pequeno furo. Você pode compreender por que a imagem aparece de cabeça para baixo examinando os raios luminosos da Figura 28.48b. Essas câmeras antigas requeriam longos tempos de exposição, por causa da pequena quantidade de luz que entrava na máquina a cada exposição. Um furo um pouco mais largo deixaria entrar mais luz, porém a superposição dos raios aumentaria, e o resultado seria uma imagem borrada. Se o buraco fosse largo demais, haveria superposição excessiva e nenhuma imagem seria nítida. Eis onde entra a lente convergente (Figura 28.48c). A lente faz

CÂMERA DE FURO DE ALFINETE

Construa uma câmara escura. Corte uma das extremidades de uma caixa pequena de papelão e cubra essa extremidade aberta com um papel semitransparente de desenho ou um papel de seda. Faça um furo de alfinete bem delineado na extremidade oposta da caixa. (Se o papelão for grosso, você pode fazer o furo de alfinete numa folha fina colocada sobre uma abertura maior feita no papelão.) Apontando a câmera para um objeto brilhante no interior de um quarto escuro, você enxergará uma imagem invertida do objeto sobre o papel transparente. Quanto menor for o furo de alfinete, mais fraca, porém mais nítida, será a imagem. Dentro do quarto escuro, substitua o papel transparente por um filme fotográfico virgem. Cubra-o de modo que não entre luz por essa abertura. Cubra o furo também, com um pedaço de papelão removível. Você estará pronto para tirar uma fotografia. Os tempos de exposição adequados diferirão, dependendo principalmente do tipo de filme e da quantidade de luz incidente. Experimente com diferentes tempos de exposição, começando com cerca de 3 segundos. Experimente também com caixas de diversos comprimentos.

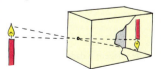

Em vez de ver uma vela, como sugere o desenho, aponte sua caixa para o céu, em direção ao Sol. A imagem solar sobre o papel será clara e brilhante. Imagens do Sol formadas dessa maneira também são vistas sobre o solo abaixo de uma árvore em um dia ensolarado. Elas ocorrem quando os espaços entre as folhas são pequenos em comparação com a altura da árvore. Na foto, os transeuntes mal notam as manchas redondas em frente a Siu Bik Lee – até mesmo artistas! As pessoas só as enxergam quando alguém chama a sua atenção para elas (uma oportunidade pedagógica constante para o autor deste livro!). As manchas são imagens do Sol.

612 PARTE VI Luz

> Você consegue ver por que a imagem da Figura 28.48b está de cabeça para baixo? Quando suas fotografias estão sendo processadas e impressas, elas estão todas invertidas?

convergir a luz sobre uma tela sem permitir a indesejável superposição dos raios.[3] Enquanto as primeiras câmeras dotadas de furos eram úteis apenas para fotografar objetos imóveis, por causa do longo tempo de exposição requerido, objetos em movimento podem ser fotografados com câmeras dotadas de lentes, por causa do pequeno tempo de exposição – que, como mencionado, é a razão para a denominação *instantâneos*, dada às fotografias tiradas com essas câmaras.

O uso mais simples de uma lente convergente é uma lente de aumento. Para entender como ela funciona, considere como você examina objetos próximos e distantes. A olho nu, um objeto distante é visto por um ângulo de visão relativamente estreito, enquanto um objeto próximo é visto por um ângulo de visão maior (Figura 28.49). Para enxergar os detalhes de um objeto pequeno, você precisa se aproximar ao máximo para ter o maior ângulo possível. No entanto, seu olho não consegue formar foco quando está perto demais. É aí que entra a lente de aumento. Quando você está próximo de um objeto, a lente de aumento fornece uma imagem ampliada mais clara.

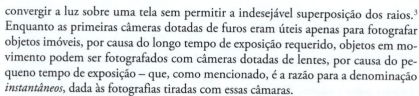

FIGURA 28.49 Visão.

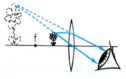

FIGURA 28.50 Quando um objeto está próximo a uma lente convergente (dentro do seu ponto focal *f*), ela atua como uma lente de aumento, produzindo uma imagem virtual. A imagem é maior e está mais afastada da lente do que o objeto.

Quando usamos uma lente de aumento, a mantemos próxima ao objeto examinado. Isso porque uma lente convergente fornece uma imagem aumentada e direita apenas quando o objeto se encontra entre o foco e a lente (Figura 28.50). Se uma tela for colocada na posição da imagem, nenhuma imagem aparecerá sobre ela, porque nenhuma luz é dirigida para essa posição. Os raios que alcançam seu olho, entretanto, comportam-se como se viessem da posição onde está a imagem; chamamos o resultado de **imagem virtual**.

Quando um objeto está afastado demais, além do foco de uma lente convergente, forma-se uma **imagem real** dele, não uma imagem virtual. A Figura 28.51 mostra um caso em que uma lente convergente forma uma imagem real sobre uma tela. A imagem real é invertida. Um arranjo semelhante a esse é usado para projetar *slides* e filmes sobre uma tela e para projetar uma imagem real sobre a área fotossensível de uma câmera. Imagens reais obtidas com uma única lente sempre são invertidas.

FIGURA 28.51 Quando um objeto está afastado de uma lente convergente (além de seu foco), é formada uma imagem real e invertida.

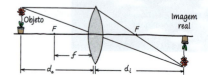

[3] Uma maneira quantitativa de relacionar distâncias de objetos e de imagens é dada pela equação das lentes delgadas,

$$\frac{1}{d_o} + \frac{1}{d_i} = \frac{1}{f} \quad \text{ou} \quad d_i = \frac{d_o f}{d_o - f}$$

onde d_o é a distância do objeto até a lente, d_i é a distância da imagem até a lente e f é a distância focal da lente.

Uma lente divergente usada isoladamente produz uma imagem virtual reduzida. Não faz diferença a proximidade ou o afastamento do objeto. Usada isoladamente, uma lente divergente fornece uma imagem sempre virtual, direita e menor do que o objeto. Antes da era dos *smartphones*, a lente divergente frequentemente era usada como "visor" de uma câmera. Quando você olha para o objeto a ser fotografado através de uma dessas lentes, você enxerga uma imagem virtual com aproximadamente as mesmas proporções do objeto na fotografia.

FIGURA 28.52 Uma lente divergente forma uma imagem virtual e direita de Jamie e seu gato.

28.9 Defeitos em lentes

Nenhuma lente fornece uma imagem perfeita. Uma distorção existente na imagem é chamada de **aberração**. As aberrações podem ser minimizadas por meio da combinação de lentes de determinados tipos. Por essa razão, a maior parte dos instrumentos ópticos usam lentes compostas, consistindo em diversas lentes simples, em vez de uma única lente.

A aberração esférica resulta da luz que atravessa as bordas de uma lente, focada em lugares ligeiramente diferentes do lugar para onde é focada a luz que passou próxima ao centro da lente (Figura 28.53). Isso pode ser remediado cobrindo-se as bordas da lente com um diafragma, por exemplo, como é feito nas câmaras. Em bons instrumentos ópticos, a aberração esférica é corrigida por meio de uma combinação de lentes.

A aberração cromática resulta da luz de cores distintas, que têm diferentes velocidades de propagação e, portanto, sofrem refrações diferentes na lente (Figura 28.55). Em uma lente simples (como em um prisma), diferentes cores de luz não são focadas num mesmo lugar. Nas *lentes acromáticas*, esse defeito é corrigido por meio da combinação de diversas lentes simples, feitas com diferentes tipos de vidro. (Curiosamente, a fim de evitar a aberração cromática, Isaac Newton substituiu a lente objetiva de um telescópio por um espelho parabólico, de modo a empregar reflexão, não refração.)

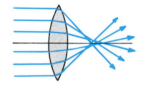

FIGURA 28.53 Aberração esférica.

FIGURA 28.54 De que forma a visão é afetada quando as vistas de ambos os olhos são desviadas lateralmente pelo prisma? Após alguns minutos, o olho, o cérebro e os músculos se adaptam à alteração!

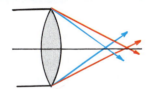

FIGURA 28.55 Aberração cromática.

A pupila do olho muda de tamanho para regular a entrada de luz. A visão é mais nítida quando a pupila está com seu menor tamanho, porque, nesse caso, a luz atravessa apenas a parte central da lente do olho, onde são mínimas as aberrações esférica e cromática. Além disso, o olho atua mais como uma câmara escura, de modo que uma focagem mínima é requerida para se obter uma imagem nítida. Você enxerga melhor sob luz brilhante, porque nela suas pupilas estão com menor tamanho.

O astigmatismo do olho é o defeito resultante da curvatura assimétrica da córnea, mais curvada em uma direção do que na outra, com a aparência de um barril. Devido a esse defeito, o olho não consegue formar imagens nítidas. O remédio é usar lentes cilíndricas, que são mais curvadas em uma direção do que na outra.

Uma opção para aqueles com problemas de visão hoje é usar óculos. Não se sabe quem inventou os óculos. O vidro era usado na Roma Antiga para melhorar a legibilidade de textos pequenos. Óculos usados no rosto apareceram na Itália no século XIII. O telescópio foi inventado no início do século XVII, na Holanda. Se, antes disso, alguém olhou objetos através de um par de lentes separadas e posiciona-

psc

- Óculos baratos com lentes preenchidas com água podem corrigir a miopia e a hipermetropia. Uma pequena bomba regula a quantidade de água entre as duas membranas. Mais água resulta em uma lente convexa, para visão de longe; menos água produz uma lente côncava, para visão próxima. Uma vez que cada lente tenha sido otimizada, o usuário fecha o dispositivo de água. O conjunto da bomba e do tubo é retirado e deixado intacto para reajustes posteriores. Procure na internet por *Self-adjusting eyeglasses for the world's poor*.

das ao longo de seu eixo comum, como se estivessem fixadas às extremidades de um tubo, não existe registro disso.

Uma alternativa a usar óculos são as lentes de contato. Uma alternativa mais avançada é a técnica conhecida como LASIK (acrônimo para a expressão inglesa *laser-assisted in-situ keratomileusis*), em que um pulso de *laser* remodela a córnea para que ela passe a produzir visão normal. Outra técnica, chamada de PRK (acrônimo para a expressão inglesa *photorefractive keratectomy*, ou ceratectomia fotorrefrativa), corrige todos os defeitos comuns de visão. Uma cirurgia a *laser* mais recente, denominada SMILE (acrônimo para a expressão inglesa *small incision lenticule extraction*, ou extração lenticular com pequena incisão), é semelhante ao LASIK, mas realizada através de uma pequena incisão de 3 mm. IntraLase, implantes de lentes de contato e outros procedimentos ainda mais novos continuam surgindo. É seguro afirmar que, em pouco tempo, usar óculos ou lentes de contato será coisa do passado. Estamos de fato presenciando mudanças rápidas no mundo. E isso pode ser bom.

Se você usa óculos e nunca os encontra quando precisa, ou se acha difícil ler letras pequenas, experimente estreitar os olhos ou, melhor ainda, segurar um furo de alfinete (feito em um pedaço de papel ou algo parecido) em frente aos olhos, próximo à página a ser lida. Você enxergará as letras com clareza e, como elas se encontram próximas a você, bem grandes. Experimente e veja!

PAUSA PARA TESTE

1. Se a luz se propagasse no vidro e no ar com a mesma rapidez, as lentes de vidro alterariam a direção dos raios luminosos?
2. Por que existe aberração cromática na luz que atravessa uma lente, mas não existe na luz que se reflete em um espelho?

VERIFIQUE SUA RESPOSTA

1. Não.
2. Diferentes frequências luminosas se propagam com valores diferentes de velocidade e, portanto, são refratadas segundo ângulos diferentes, o que pode produzir a aberração cromática. Os ângulos segundo os quais a luz é refletida não têm nada a ver com sua frequência, no entanto. Uma cor se reflete da mesma maneira que qualquer outra. Na fabricação de telescópios, portanto, os espelhos são preferíveis às lentes, pois não há aberração cromática.

Revisão do Capítulo 28

TERMOS-CHAVE (CONHECIMENTO)

reflexão O retorno da luz a partir de uma superfície.

princípio de Fermat do tempo mínimo Quando vai de um lugar a outro, a luz segue sempre uma trajetória que requer o mínimo tempo.

lei da reflexão O ângulo de reflexão é sempre igual ao ângulo de incidência.

refração O desvio sofrido por um raio luminoso oblíquo ao passar de um meio transparente para outro.

dispersão Decomposição da luz em cores dispostas de acordo com sua frequência, pela interação com um prisma ou uma rede de difração, por exemplo.

ângulo crítico O ângulo mínimo de incidência dentro de um meio para o qual o raio luminoso é totalmente refletido.

reflexão interna total A reflexão total da luz que se propaga em um meio de certa densidade ao incidir na fronteira com outro meio, menos denso, com um ângulo de incidência maior do que o ângulo crítico.

lente convergente Uma lente mais espessa no meio do que nas bordas, fazendo raios luminosos paralelos convergirem para o foco.

lente divergente Uma lente mais estreita no meio do que nas bordas, fazendo raios luminosos paralelos divergirem como se viessem de um ponto.

imagem virtual Uma imagem formada por raios luminosos que não convergem para a localização da imagem.

imagem real Imagem formada por raios de luz que convergem para a localização da imagem. Diferentemente de uma imagem virtual, uma imagem real pode ser projetada sobre uma tela.

aberração Uma distorção numa imagem produzida por uma lente. Está presente, em certo grau, em todos os sistemas ópticos.

QUESTÕES DE REVISÃO (COMPREENSÃO)

28.1 Reflexão

1. Como a luz incidente em um determinado objeto atua sobre os elétrons dos átomos do objeto?
2. O que fazem os elétrons de um objeto iluminado quando são energizados de modo a oscilar?
3. O princípio de Fermat do mínimo tempo pressupõe que a luz se propaga em trajetórias lineares?

28.2 Lei da reflexão

4. Cite a lei da reflexão.
5. Em relação à distância de um objeto até um espelho plano à sua frente, quão afastada do espelho está a imagem formada?
6. Que fração da luz que incide em um pedaço de vidro é refletida por sua primeira superfície?
7. Uma superfície pode estar polida para determinadas ondas e não para outras? Cite um exemplo disso.

28.3 Refração

8. Como se compara o ângulo segundo o qual a luz incide no vidro de uma janela com o ângulo segundo o qual ela sai pelo outro lado?
9. Como se compara o ângulo segundo o qual um raio luminoso incide em um prisma com o ângulo segundo o qual ele sai pelo outro lado?
10. O índice de refração da água é de 1,33. O que isso nos diz sobre as rapidezes relativas da luz na água e no vácuo?
11. Qual é a rapidez da luz após atravessar uma lente de vidro e entrar no ar?
12. Uma miragem é resultado da reflexão ou da refração?
13. A luz se propaga mais rapidamente no ar mais rarefeito ou no ar mais denso?

28.4 A origem da refração

14. Quando uma roda de carro rola de uma calçada lisa para um gramado, a interação com as folhas da grama desacelera a roda. O que torna mais lenta a propagação da luz quando ela passa do ar para o vidro ou para a água?
15. O princípio de Fermat do mínimo tempo aplica-se à refração?

28.5 Dispersão

16. A dispersão de um prisma envolve refração?
17. Um prisma dispersa a luz nas cores do arco-íris. Qual deve ser a orientação de um segundo prisma, próximo ao primeiro, para desfazer essa dispersão?

28.6 O arco-íris

18. Uma única gota de chuva iluminada pela luz solar dispersa a luz de uma única cor ou dispersa um espectro inteiro de cores?
19. Um determinado observador vê uma única cor ou um espectro de cores vindo de uma única gota afastada?
20. Por que o arco-íris secundário é mais fraco do que o arco-íris primário?
21. Quais são os três níveis de brilho associados a um arco-íris?

28.7 Reflexão interna total

22. O que significa o ângulo crítico?
23. Em que ângulo, dentro do vidro, a luz é refletida por completo internamente? Em que ângulo, dentro do diamante, a luz é refletida por completo internamente?
24. A luz normalmente se propaga em trajetórias retilíneas, mas "faz curvas" quando se propaga dentro de uma fibra óptica. Explique isso.

28.8 Lentes

25. Faça distinção entre uma *lente convergente* e uma *lente divergente*.
26. O que é a *distância focal* de uma lente?
27. Faça distinção entre uma *imagem virtual* e uma *imagem real*.
28. Que tipo de lente pode ser usada para produzir uma imagem real? E uma imagem virtual?

28.9 Defeitos em lentes

29. Por que a visão torna-se mais nítida quando as pupilas do olho estão pequenas?
30. O que é astigmatismo e como ele pode ser corrigido?

PENSE E FAÇA (APLICAÇÃO)

31. Escreva à sua avó e tente convencê-la de que, para ela poder se enxergar em pé por inteiro, o espelho precisa ter apenas a metade de sua altura. Discuta também o papel intrigante da distância para que o espelho tenha a metade da altura dela. Talvez o uso de esboços simples ajude na explicação.

32. Você pode produzir um espectro colocando uma cuba de água na luz brilhante do Sol. Incline um pequeno espelho de bolso para o lado de dentro da cuba e ajuste-o até que apareça um espectro completo sobre a parede ou o teto. Puxa, você conseguiu produzir um espectro sem usar um prisma!

33. Fixe dois espelhos de bolso em ângulo reto um com o outro e coloque uma moeda entre eles. Você enxergará quatro moedas. Mude o ângulo entre os espelhos e veja quantas imagens da moeda você consegue enxergar. Com os espelhos em ângulo reto, olhe seu rosto. Então pisque. Você vê algo de incomum? Segure uma folha impressa virada para o espelho duplo e compare sua aparência com a reflexão produzida por um espelho único.

Olho esquerdo — Olho direito

34. Olhe-se num par de espelhos em ângulo reto um com o outro. Você se vê como os outros o veem. Gire os espelhos, sempre os mantendo em ângulo reto um com o outro. Sua imagem também gira? Agora coloque os espelhos formando 60° um com o outro até ver seu rosto. Gire novamente os espelhos e veja se sua imagem também gira. Surpreendente?

35. Determine o grau de ampliação de uma lente focando as linhas de um pedaço de papel pautado. Contando os espaços entre linhas que cabem em um espaço ampliado, você terá o grau de ampliação da lente. A mesma coisa pode ser feita com um binóculo e uma parede de tijolos afastada. Segure o binóculo de modo que apenas um dos olhos enxergue os tijolos através do tubo do instrumento, enquanto o outro olha diretamente para os tijolos. O número de tijolos vistos a olho nu que cabem dentro de um tijolo ampliado fornece o grau de ampliação do instrumento.

36. Faça um furo em uma folha de papel, sustente-o sob a luz solar de modo que a imagem do disco solar seja de mesmo tamanho que uma moeda posta sobre o solo e depois determine quantas moedas caberiam na distância entre o solo e o furo. Isso equivale ao número de diâmetros solares que cabem na distância entre a Terra e o Sol. (Você se lembra disso do Capítulo 1?)

PENSE E RESOLVA   (APLICAÇÃO MATEMÁTICA)

37. Suponha que você esteja caminhando em direção a um espelho com uma rapidez de 2 m/s. Com que rapidez você e sua imagem estão se aproximando? (A resposta *não* é 2 m/s.)

38. Com um simples diagrama, mostre que, quando um espelho no qual incide um feixe luminoso fixo é girado por um determinado ângulo, o feixe refletido gira no dobro deste ângulo. (Esse valor duplicado do deslocamento angular do feixe torna mais evidentes as irregularidades existentes no vidro ordinário de janelas.)

39. Uma borboleta se encontra ao nível dos olhos, a 20 cm da frente de um espelho. Você está atrás dela, a 50 cm do espelho. Qual é a distância entre seu olho e a imagem da borboleta formada pelo espelho?

40. Quando a luz incide perpendicularmente no vidro, cerca de 4% dela é refletida pela superfície. Mostre que 92% da luz é transmitida através da vidraça de uma janela.

41. Nenhum vidro é completamente transparente. Devido principalmente às reflexões, cerca de 92% da luz passa através de uma vidraça comum de janela incolor. A perda de 8% não é notada quando a luz atravessa uma única vidraça como essa, mas torna-se aparente quando a luz tem de atravessar várias dessas vidraças. Quanta luz é transmitida através da vidraça dupla de uma janela formada por duas dessas chapas de vidro?

42. O diâmetro aparente do Sol cria um ângulo de visão de 0,53° quando visto a partir da Terra. Quantos minutos leva para o Sol se mover no céu cerca de um diâmetro solar? (Lembre-se de que ele leva 24 horas, ou 1.440 minutos, para descrever 360°). Como se compara sua resposta com o tempo que leva para o Sol desaparecer depois que a borda inferior de seu disco alcança a linha do horizonte durante o poente? (A refração afeta sua resposta?)

PENSE E ORDENE   (ANÁLISE)

43. Ela olha a sua face com o espelho de mão. Ordene as situações A, B e C, mostradas abaixo, em sequência decrescente quanto ao valor do percentual de sua face que ela enxerga em cada situação (ou ela enxerga a mesma coisa nas três posições?):

44. As rodas de um carrinho de brinquedo rolam em uma calçada de rua sobre as seguintes superfícies: A, o piso de uma rua pavimentada; B, um gramado; C, o gramado recém-cortado rente ao solo de um campo de golfe. Devido à desaceleração, o eixo de cada par de rodas é desviado na fronteira de sua trajetória retilínea original. Ordene as superfícies mostradas em sequência decrescente quanto ao valor do desvio sofrido por cada par de rodas na fronteira.

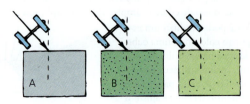

45. Raios luminosos idênticos penetram em três diferentes blocos transparentes compostos de matérias diferentes. A luz é desacelerada ao entrar em cada um deles. Ordene os blocos em sequência decrescente quanto ao módulo de sua velocidade.

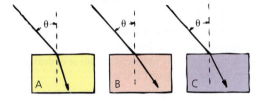

46. Raios luminosos idênticos no ar são refratados ao penetrar em três materiais diferentes: A, água, onde a velocidade da luz é de 0,75c; B, álcool etílico (velocidade de 0,7c); C, vidro *crown* (velocidade de 0,66c). Ordene os materiais em sequência decrescente quanto ao valor do desvio sofrido.

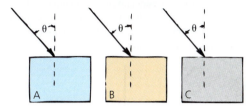

PENSE E EXPLIQUE   (SÍNTESE)

47. Este capítulo abriu com uma foto do professor de física Peter Hopkinson parecendo flutuar sobre uma mesa. Ele não flutua de fato. Explique de que maneira ele cria essa ilusão.

48. Na foto de abertura do capítulo, o professor de física Fred Myers aparece tirando uma foto de sua filha McKenzie. Quantos espelhos estão envolvidos? Explique.

49. Na foto dos múltiplos espelhos da professora de física Karen Jo Matsler na abertura deste capítulo, quantos espelhos estão envolvidos nas múltiplas imagens?

50. O princípio de Fermat se refere ao tempo mínimo, não ao caminho mínimo. A mínima distância se aplicaria igualmente à reflexão? E à refração? Por que suas respostas são diferentes?

51. O caubói Joe deseja atirar num assaltante de bancos fazendo sua bala ricochetear numa placa metálica espelhada. Para fazê-lo, bastaria que ele simplesmente mirasse na imagem refletida do assaltante? Explique.

52. O olho localizado no ponto P está olhando para o espelho. Qual das cartas numeradas ele pode ver refletida no espelho?

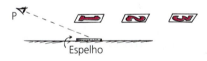

53. Por que palavras impressas na parte da frente de alguns veículos estão ao contrário?

ƎƆИAJUᗺMA

54. Os grandes caminhões frequentemente trazem avisos na traseira que dizem "Se você não pode ver meus espelhos retrovisores, eu não posso ver você também". Explique a física existente por trás desse aviso.

55. Quando você se olha no espelho e balança sua mão direita, sua bela imagem balança a mão esquerda. Então por que os pés de sua imagem não sacodem quando você sacode sua cabeça?

56. Os espelhos retrovisores dos carros são descobertos na superfície frontal e prateados na superfície traseira. Quando o espelho está adequadamente ajustado, a luz vinda de trás se reflete na superfície prateada e vai para o interior dos olhos do motorista. Ótimo. Mas isso não é tão bom durante a noite, com o efeito ofuscante da luz proveniente dos faróis dos carros que estão atrás do seu. Esse problema é resolvido pela forma em cunha do espelho retrovisor (veja o desenho). Quando o espelho é inclinado ligeiramente para cima, ficando na posição "noturna", os fachos dos faróis são dirigidos para o teto do veículo, não sendo mais direcionados para os olhos do motorista. Ainda assim, ele consegue ver no espelho retrovisor o carro que está atrás. Explique.

57. Uma pessoa num quarto escuro olha por uma janela e pode ver claramente outra pessoa que está no exterior da casa, exposta à luz solar, mas a pessoa de fora não consegue enxergar a pessoa dentro da casa. Explique.

58. Uma pessoa num quarto iluminado olha por uma janela e não enxerga outra pessoa que está no exterior da casa no escuro, mas a pessoa de fora vê claramente a pessoa dentro da casa. Explique.

59. Um pulso de luz vermelha e outro de luz azul entram simultaneamente num bloco de vidro, seguindo direções normais em sua superfície. Estritamente falando, depois de atravessar o bloco, qual dos pulsos sai primeiro do vidro?

60. Qual deve ser o mínimo comprimento de um espelho plano para que você possa ter uma visão completa de si mesmo?

61. Que efeito sua distância em relação a um espelho plano tem na resposta da questão anterior? (Experimente e comprove!)

62. Segure um espelho de bolso a uma distância de seu rosto quase igual ao comprimento de seu braço estendido e observe quanto de seu rosto você consegue enxergar. Para enxergar mais o seu rosto, você deveria segurar o espelho mais próximo, mais afastado ou teria de usar um espelho maior? (Experimente e comprove!)

63. Enxugue a superfície embaciada de vapor de um espelho plano apenas o suficiente para conseguir enxergar seu rosto inteiro nele. Qual será a altura da área enxugada em comparação com a dimensão vertical de seu rosto?

64. O diagrama mostra uma pessoa e sua irmã gêmea a iguais distâncias de lados opostos de uma parede fina. Suponha que uma janela seja cortada na parede, de modo que cada gêmea possa ter uma visão completa da outra. Mostre o tamanho e a localização da menor janela que pode ser cortada na parede e seja suficiente para cumprir o requerido. (*Dica:* trace raios luminosos saindo do topo de cada gêmea em direção ao olhos da outra. Faça o mesmo partindo dos pés de cada gêmea até os olhos da outra.)

65. Você pode saber se uma pessoa tem dificuldade de visão de perto ou de longe olhando o tamanho de seus olhos através das lentes dos óculos dela. Se os olhos dela parecem ampliados, essa pessoa vê mal de perto ou de longe?

66. Se uma pessoa míope quer usar óculos mais finos, é recomendável um índice de refração maior ou menor para as lentes?

67. Um colega seu afirma que os comprimentos de onda das ondas luminosas são menores na água do que no ar. Ele cita a Figura 28.25 como exemplo disso. Você concorda ou discorda?

68. Um par de rodas de brinquedo rola sobre uma superfície lisa, indo numa direção oblíqua sobre dois terrenos gramados, um de forma retangular e outro de forma triangular, como mostrado. O solo é ligeiramente inclinado, de modo que, depois de rolar sobre a grama, as rodas serão novamente aceleradas ao emergirem do outro lado, sobre a superfície plana. Complete os desenhos, mostrando algumas posições das rodas nos terrenos gramados e indicando a direção de deslocamento.

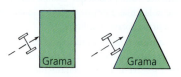

69. Durante um eclipse lunar, a Lua não fica completamente escura; ela frequentemente apresenta uma cor avermelhada, discutida no capítulo anterior. Explique isso em termos da refração que ocorre em todos os poentes e nascentes do Sol pelo mundo afora.

70. O que explica as grandes sombras projetadas pelas extremidades das finas pernas de um mosquito d'água?*

*N. de T.: Nome vulgar de um inseto hemíptero da família dos gerrídeos (o nome científico é *hydrobatidae conformis*), com a forma de um mosquito gigante, capaz de pousar sobre a água. Veja também a seção sobre tensão superficial, no Capítulo 13.

71. Quando fica em pé de costas para o Sol, você enxerga um arco-íris como um arco de círculo. Você poderia se mover lateralmente e, então, enxergar o arco-íris como um segmento de uma elipse, em vez de um segmento circular (como sugerido pela Figura 28.35)? Justifique sua resposta.

72. Quando nadamos embaixo d'água, os objetos parecem turvos. Por que usar uma máscara corrige essa distorção?

73. Se um peixe usasse óculos de mergulho acima da superfície da água, por que sua visão seria melhor se os óculos fossem preenchidos com água? Explique.

74. A dispersão por um prisma melhora ou piora se ele é colocado na água? Justifique sua resposta.

75. Um diamante sob a água ganha ou perde brilho? Justifique sua resposta.

76. Qual é o efeito na dispersão de um prisma quando ele é mergulhado em um líquido que tem o mesmo índice de refração que o material do prisma?

77. Cubra a metade superior da lente de uma câmera fotográfica com uma fita opaca. Que efeito isso terá sobre as fotografias tiradas com a máquina fotográfica?

78. Uma lente de aumento de vidro ampliará mais ou menos quando for usada dentro d'água em vez de no ar?

79. Uma característica das câmeras de furo de alfinete é que a luz que entra nelas não se sobrepõe. Contudo, quanto menor o furo, mais escura é a imagem. Qual é a consequência de um furo maior, que produz uma imagem mais brilhante?

80. Se a distância entre o furo de alfinete e a câmera fosse um pouco menor do que aquela mostrada no desenho, a imagem ainda estaria de ponta-cabeça? A imagem seria menor do que a mostrada? A imagem ainda seria nítida?

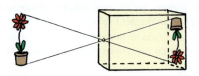

81. Se você apontasse uma câmera de furo de alfinete para o Sol, veria uma imagem clara e brilhante do disco solar sobre a tela de observação. De que maneira isso está relacionado às manchas luminosas circulares que rodeiam Lillian abaixo da árvore ensolarada da foto a seguir?

82. Em termos da distância focal, a que distância atrás da lente de uma câmera está localizada a superfície fotossensível quando um objeto muito afastado está sendo fotografado?

83. A imagem produzida por uma lente convergente sempre está de cabeça para baixo. Nossos olhos têm lentes convergentes.

Isso significa que as imagens que vemos estão de cabeça para baixo na retina? Explique.
84. As imagens produzidas pela lente convergente de uma câmera estão invertidas. Isso significa que as fotografias tiradas com a câmera estão de cabeça para baixo?
85. Os mapas da Lua são confeccionados de cabeça para baixo. Por quê?
86. Por que as pessoas mais velhas que não usam óculos leem os livros segurando-os numa posição mais afastada dos olhos do que as pessoas mais jovens?
87. Stephanie Hewitt mergulha uma vareta de vidro dentro de óleo vegetal. Observe que a parte submersa da vareta torna-se invisível. O que isso sugere a respeito das velocidades relativas da luz no vidro e no óleo? Ou, indagando de outra maneira, como se comparam os índices de refração, n, do vidro e do óleo?

PENSE E DISCUTA   (AVALIAÇÃO)

88. Analise a foto do pato sobre uma pedra. Por que as pernas do pato aparecem refletidas na água, mas não seus pés?
89. A lei da reflexão não se aplica a espelhos curvos. Contudo, em certo sentido limitado, a lei da reflexão ainda se aplica. Discuta o porquê.
90. Para diminuir o clarão da vizinhança, as janelas de certas lojas de departamento são inclinadas ligeiramente para dentro no fundo, em vez de verticais. Como isso reduz o clarão?
91. O que exatamente você está vendo quando observa uma miragem do tipo "água sobre a rodovia"?
92. Por que a luz vinda do Sol (ou da Lua), refletida na superfície de um grande volume de água, aparece com a forma de uma coluna, como mostrado a seguir?
93. Que tipo de superfície de rodovia é mais fácil de enxergar quando se dirige durante a noite: uma superfície irregular empedrada ou uma superfície lisa parecida com um espelho? Por que é difícil ver a rodovia à sua frente quando você está dirigindo durante uma noite chuvosa?
94. O que está errado com o desenho do homem se olhando no espelho? (Tente com um amigo em frente a um espelho, como mostrado, e você verá.)

95. Um feixe de luz é desviado como mostrado na parte (a) da figura a seguir, enquanto as bordas do cartão quadrado parecem dobradas quando são imersas como mostrado na parte (b) da figura. Essas figuras se contradizem? Explique.

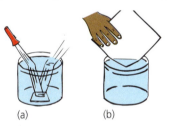

96. Discuta o que acontece com a rapidez da luz no caso de uma lanterna, imersa em água e ligada, que aponta para o ar acima dela, quando a luz passa da água para o ar.
97. Em pé sobre uma barragem, se você deseja fisgar com uma lança um peixe que está à sua frente em uma única tentativa, você deve mirar acima, abaixo ou diretamente no peixe observado? Se você usasse um feixe de *laser* para atingir o peixe, você deveria mirar acima, abaixo ou diretamente nele? Justifique suas respostas.
98. Se o peixe do exercício anterior fosse pequeno e azul, e a luz do *laser* fosse vermelha, que correções deveriam ser feitas? Explique.
99. Quando um peixe em uma lagoa olha para cima num ângulo de 45°, ele enxerga o céu acima da superfície da água ou um reflexo da interface água-ar no fundo da lagoa? Justifique sua resposta.
100. Se você fosse enviar um feixe de *laser* para uma estação espacial acima da atmosfera e exatamente acima do horizonte, você deveria mirar o *laser* acima, abaixo ou diretamente na estação espacial visível? Justifique sua resposta.
101. Você decide criar o próprio arco-íris no quintal, então atira água da mangueira para cima. Onde o arco-íris ficará localizado em relação a você e a onde o Sol está brilhando?
102. Dois observadores em pé e afastados um do outro não enxergam realmente o "mesmo" arco-íris. Explique isso.

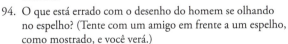

103. Um arco-íris visto de um avião pode formar um círculo completo. Onde aparecerá a sombra do avião? Explique.

104. Em que um arco-íris se assemelha ao halo que em algumas ocasiões é visto circundando a Lua numa noite muito fria? Se você está perplexo, consulte a internet e veja de que maneira o arco-íris e o halo diferem.

105. As coberturas de piscinas feitas de plástico transparente, chamadas de *coberturas de aquecimento solar*, têm milhares de pequenas lentes formadas por bolhas cheias de ar. As lentes da cobertura são anunciadas como capazes de focar na água o calor vindo do Sol para, assim, elevar sua temperatura. Você acha que as lentes dessas coberturas direcionam mais energia solar para a água? Justifique sua resposta.

106. A intensidade média da luz solar, obtida com um medidor de intensidade luminosa colocado no fundo da piscina da Figura 28.47, seria diferente se a água estivesse parada? Justifique sua resposta.

107. Quando seus olhos estão submersos em água, os raios luminosos curvam-se apenas ligeiramente ao passarem da água para o interior da córnea. Por que eles não se curvam tão acentuadamente ao passarem do ar para dentro de sua córnea? (Como diferem os índices de refração de sua córnea, do ar e da água?)

108. Quando seus olhos estão submersos em água, a rapidez da luz aumenta, diminui ou se mantém a mesma ao passar da água para dentro da córnea? Justifique sua resposta.

109. Dois raios luminosos são mostrados no esboço que acompanha a nota de rodapé 3, mostrado novamente aqui. Discuta se os dois raios produzem a imagem da flor e do vaso ou simplesmente localizam a posição da imagem em relação à lente.

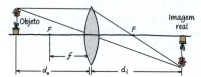

CAPÍTULO 28 Exame de múltipla escolha

Escolha a melhor resposta entre as alternativas:

1. O princípio de Fermat do mínimo tempo aplica-se à:
   a. reflexão.
   b. refração.
   c. ambas as anteriores.
   d. nenhuma das anteriores.

2. Quando a luz é refletida de uma superfície brilhante, há uma variação no(a) seu(ua):
   a. frequência.
   b. comprimento de onda.
   c. rapidez.
   d. nenhuma das anteriores.

3. A inversão da sua imagem em um espelho plano é, na verdade, uma inversão:
   a. da esquerda para a direita.
   b. de cima para baixo.
   c. de frente para trás.
   d. todas as anteriores.

4. O menor espelho plano no qual você consegue enxergar sua imagem completa é:
   a. igual à metade de sua altura.
   b. igual a 3/4 de sua altura.
   c. igual à sua altura.
   d. dependente da sua distância até o espelho.

5. A refração ocorre quando a luz que passa de um meio para outro:
   a. varia em frequência.
   b. varia em velocidade.
   c. perde energia.
   d. Às vezes todas as anteriores, em maior ou menor nível.

6. O índice de refração do vidro *crown*, comum em óculos, é de 1,52. O índice de refração de uma determinada lente plástica é de 1,76. A luz curva-se mais no(a):
   a. vidro *crown*.
   b. lente plástica.
   c. mesma rapidez em ambos.
   d. é necessário mais informação para responder.

7. Os arco-íris existem porque a luz nas gotas de água é:
   a. refletida.
   b. refratada.
   c. ambas as anteriores.
   d. nenhuma das anteriores.

8. O arco-íris secundário é mais fraco do que o primário principalmente porque:
   a. suas cores estão invertidas.
   b. é maior, e sua energia está espalhada por uma área maior.
   c. está mais distante do observador.
   d. ocorre uma reflexão adicional nas gotas.

9. A ampliação por uma lente seria maior se a luz:
   a. propagasse-se instantaneamente.
   b. propagasse-se mais rapidamente no vidro do que ocorre de fato.
   c. propagasse-se mais lentamente no vidro do que ocorre de fato.
   d. nenhuma das anteriores.

10. Pequenas aberturas entre as folhas de uma árvore atuam como "furos de alfinete". Os círculos de luz solar projetados no solo abaixo dessas pequenas aberturas são imagens:
    a. do Sol.
    b. das próprias aberturas.
    c. ambas as anteriores.
    d. nenhuma das anteriores.

Respostas e explicações das perguntas do Exame de múltipla escolha

1. (c): O princípio de Fermat do mínimo tempo aplica-se à reflexão e à refração. 2. (d): Como visto com frequência, um espelho reflete a mesma cor dos objetos refletidos. Isso significa que não há variação na frequência ou no comprimento de onda da luz. Como podemos presumir que a luz está no ar e permanece no ar depois de refletida, não há variação na rapidez. 3. (c): A foto da minha irmã pensando-se em frente ao espelho é uma boa ilustração disso. A reflexão não é da esquerda para a direita, e certamente não é de cima para baixo, e sim de frente para trás. 4. (a): Algumas poucas linhas retas geométricas confirmam a resposta. Ainda mais convincente seria medir seu rosto na frente do espelhinho do banheiro acima da pia. Marque um ponto no espelho onde enxerga o topo de sua cabeça e outro onde enxerga a base. Você confirmará que a distância entre as marcações é igual à metade da distância entre a parte de cima e a de baixo da sua cabeça. Nesse caso, é ver para crer! 5. (b): A luz, em suas muitas interações, nunca varia em sua frequência. O que muda é a sua velocidade em um meio transparente. A luz pode compartilhar parte da sua energia com o ambiente, mas nunca perde energia. Nunca! 6. (b): Quanto maior o índice de refração de um material, mais lenta é a luz e mais ela se curva na refração. A luz curva-se e desacelera mais no plástico de índice alto do que no vidro. 7. (c): Um elemento muito importante na gota de chuva é a reflexão interna da luz dentro dela e, é claro, a refração da luz quando entra e sai da gota. Assim, ambos ocorrem. 8. (d): O arco secundário é o resultado da dupla reflexão (e perda por refração extra) dentro das gotas. Quanto maior o número de reflexões, mais fraca é a luz. 9. (c): Desacelerar mais a luz significa um índice de refração maior, o que significa maior ampliação. 10. (a): O autor espera sinceramente que, ao responder esta pergunta, você tenha testemunhado o fenômeno, seja sentado abaixo de árvores ensolaradas, seja cruzando os dedos à luz do sol. Os círculos de luz são imagens do Sol, e a maneira mais convincente de demonstrar esse fato é que eles transformam-se em crescentes durante um eclipse solar parcial!

29
Ondas luminosas

29.1 **O princípio de Huygens**

29.2 **Difração**
Difração de raios X

29.3 **Superposição e interferência**
O experimento da fenda dupla de Young

29.4 **Interferência monocromática em películas delgadas**
Cores de interferência

29.5 **Polarização**
Visão tridimensional

29.6 **Holografia**

1 Robert Greenler demonstra a interferência entre cores usando uma enorme bolha de sabão. **2** Uma foto com alto significado para Marshall Ellenstein e Helen Yan, que estavam no estacionamento do CalTech conversando sobre diagramas de Feynman na van de Feynman quando o próprio Richard Feynman apareceu – e concordou em posar. **3** Bree Barnett Dreyfuss demonstra o comportamento ondulatório em um tanque de ondas. **4** Janie Head lidera a sua turma em um estudo sobre polarização comparando uma corda sacudida através de uma grade de metal com a luz que atravessa um filtro polaroide.

CAPÍTULO 29 Ondas luminosas

Após a primeira publicação do *Física Conceitual*, em 1971, conheci Marshall Ellenstein em uma conferência sobre física, em Chicago, EUA. Ele foi um dos primeiros professores de física a adotar o livro que ele próprio queria escrever. Marshall perguntou-me se eu aceitaria jantar com ele e sua esposa em sua residência naquela cidade. Ele também me perguntou se eu faria uma visita a suas turmas na escola de ensino médio onde lecionava.

Marshall, hoje aposentado, foi um dos melhores professores de física de Chicago. Além de sua paixão pelo ensino da física, ele é um mágico competente e um ganhador de prêmios tanto dançando *jitterbug* quanto jogando *bridge*. Como professor, ele acredita que a física é muito entusiasmante e relevante para a vida cotidiana para não fazer parte do currículo educacional principal. Uma vez que ele tinha todas as qualidades que fazem um bom professor de física, suas aulas estavam sempre superlotadas de estudantes ávidos em aprender. Em um projeto de semestre que conheci na época, os estudantes estavam produzindo um álbum de recortes que mostrasse a física na vida cotidiana. A piada, compreendida meses após o início do semestre, após todas as fotos terem sido apresentadas, era que *qualquer* foto mostra a física, pois a física está em *tudo*. Mesmo uma foto em branco envolve a reflexão de todas as cores nela incidentes. Para os alunos de Marshall, a física não era algo que ficava escondido nos livros ou nas prateleiras do laboratório.

Marshall jamais escreveu um livro didático de física. Em vez disso, ele forneceu-me continuamente ideias ao longo de anos. É por isso que vemos agradecimentos a ele nas páginas de *Practicing Physics* e nas *Next-Time Questions*.

Marshall editou sequências de vídeo de minhas aulas em sala de aula, primeiro no City College of San Francisco, depois na Universidade do Havaí, e digitalizou-as. Hoje, os vídeos estão disponíveis sob demanda na internet para serem assistidos no seu *smartphone*, *tablet* ou computador. Mais importante ainda, Marshall criou o *site* Hewitt-Drew-It para abrigar meus 149 *screencasts* tutoriais e outros bônus. Todos estão disponíveis gratuitamente, sem anúncios para interrompê-los, no endereço www.HewittDrewit.com.

Muitas das ideias de Marshall foram parar nos parágrafos e figuras deste livro. Neste capítulo, por exemplo, Marshall sugeriu a seção sobre visão tridimensional e atualizou o estereograma gerado por computador da Figura 29.42.

Como muitos professores, Marshall iniciava sua disciplina com vibrações, som e luz antes de apresentar a mecânica. Sua longa experiência sugere que as ondas e a luz são "ganchos" melhores para conquistar o interesse inicial do estudante. Começaremos este capítulo como Marshall fazia em seus cursos: com a natureza ondulatória da luz.

Este capítulo apresenta um modelo ondulatório da luz, um estudo sobre as propriedades da luz que se assemelham às das ondas do mar. Aprenderemos sobre a difração da luz, a interferência e como o alinhamento das suas ondas produz polarização. Concluiremos com uma aplicação intrigante das ondas luminosas: a holografia. No Capítulo 31, veremos a luz como um feixe de partículas: os fótons. Seu estudo sobre a luz investiga uma das partes mais belas e intrigantes da natureza.

29.1 O princípio de Huygens

Se você atirar uma pedra numa piscina de águas calmas, surgirão ondas que se propagam na superfície da água. Se fizer vibrar um diapasão do tipo forquilha, as ondas sonoras se espalharão em todas as direções. Se acender um fósforo, ondas luminosas se expandirão de maneira análoga em todas as direções. Em 1678, um físico holandês, Christian Huygens, estudou o comportamento ondulatório e propôs que as frentes de onda das ondas luminosas que se espalham a partir de uma fonte pontual podem ser consideradas a superposição das cristas de minúsculas ondas secundárias (Figura 29.2). Em outras palavras, as frentes de onda são formadas de frentes de ondas muito menores, ou "*ondículas*". Essa ideia recebeu o nome de **princípio de Huygens**.

Cada ponto de uma frente de onda qualquer pode ser considerado uma fonte de pequenas ondas secundárias, que dali se espalham em todas as direções com um mesmo valor de velocidade de propagação.

FIGURA 29.1 Ondas na água formam círculos concêntricos.

624 PARTE VI Luz

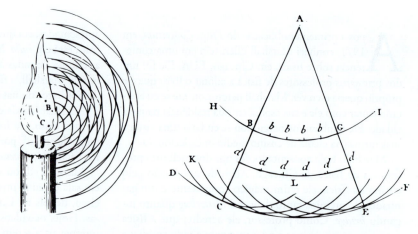

FIGURA 29.2 Estes desenhos são da obra *Traité de la Lumière* (Tratado sobre a Luz), de Huygens. A luz vinda do ponto A se expande em frentes de onda, e cada ponto delas se comporta como se fosse uma nova fonte de ondas luminosas. As ondulações secundárias que partem de *b, b, b, b* formam uma nova frente de onda (*dddd*); já as ondulações secundárias que partem de *d, d, d, d* formam ainda uma nova frente de onda (DCEF).

FIGURA 29.3 O princípio de Huygens aplicado a uma frente de onda esférica.

Considere a frente de onda esférica na Figura 29.3. Podemos ver que, se todos os pontos ao longo da frente de onda AA′ forem fontes de novas ondículas, então, decorrido um curto intervalo de tempo, elas vão se superpor para formar uma nova superfície, BB′, que pode ser encarada como a envoltória de todas essas ondículas. Na figura, mostramos apenas algumas ondículas, de um número infinito delas, originadas em alguns pontos ao longo da superfície AA′, que se combinam para formar a envoltória suave BB′. Quando a onda se espalha, cada um desses segmentos torna-se menos curvo. A uma distância muito grande da fonte original, as ondas formam aproximadamente um plano – como fazem as ondas vindas do Sol, por exemplo. A Figura 29.4 mostra uma construção de Huygens para frentes de onda planas. Na Figura 29.5, vemos as leis da reflexão e da refração ilustradas via princípio de Huygens.

FIGURA 29.4 O princípio de Huygens aplicado a uma frente de onda plana.

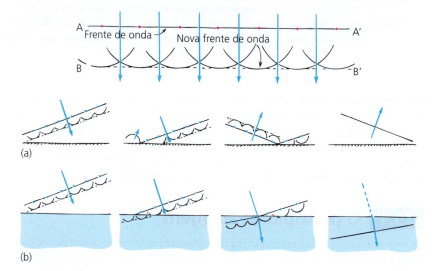

FIGURA 29.5 O princípio de Huygens aplicado a (a) reflexão e (b) refração. Note que os raios e as frentes de onda são mutuamente perpendiculares.

FIGURA 29.6 A régua oscilante forma ondas planas no tanque de água. A água que oscila na abertura atua como uma fonte de ondas. A onda é difratada na abertura.

Podemos gerar ondas planas na água mantendo uma régua na horizontal e mergulhando-a repetidamente no líquido (Figura 29.6). As fotografias da Figura 29.7 são vistas superiores de um tanque de ondas em que ondas planas incidem em aberturas de diversos tamanhos (a régua que as produziu não é

(a) (b) (c)

FIGURA 29.7 Ondas planas atravessando aberturas de diversos tamanhos. Quanto menor for a abertura, maior será a curva feita pela onda nas bordas da abertura; ou seja, maior será a difração ocorrida.

mostrada). Na Figura 29.7a, em que a abertura usada é larga, vemos que as ondas planas seguem através da abertura sem sofrer alterações – exceto nos cantos da abertura, onde as ondas descrevem curvas na região de sombra, como predito pelo princípio de Huygens. Quando a largura da abertura é diminuída, como em (b), uma parte cada vez menor da onda plana é transmitida, e o espalhamento das ondas na região de sombra torna-se mais pronunciado. Quando a abertura é pequena em comparação ao comprimento de onda da onda incidente, como em (c), a validade da ideia de Huygens de que cada parte da onda pode ser encarada como uma fonte para novas pequenas ondulações torna-se completamente evidente. Quando as ondas incidem sobre uma abertura estreita, é fácil notar que a água que se movimenta para cima e para baixo na abertura atua como uma fonte "pontual" de novas ondas, que se espalham do outro lado da barreira. Dizemos que as ondas foram *difratadas* ao serem espalhadas para o interior da região de sombra. A difração é uma propriedade de todas as ondas.

PAUSA PARA TESTE

1. Compare a rapidez das ondículas secundárias de Huygens com a propagação das ondas iniciais.
2. Relacione o espalhamento das ondas pelas aberturas com o tamanho das aberturas.

VERIFIQUE SUA RESPOSTA

1. As rapidezes das ondas são iguais. Para a luz, a rapidez é c.
2. O espalhamento é maior para aberturas mais estreitas, como mostrado na Figura 29.7c.

29.2 Difração

No capítulo 28, vimos que a direção da luz pode mudar abruptamente em relação à trajetória retilínea de propagação pela reflexão e pela refração. Agora vemos outra maneira pela qual a luz pode ser desviada. Qualquer desvio sofrido pela luz por outros meios que não reflexão ou refração é chamado de *difração*. A **difração** é o encurvamento dos raios luminosos em torno de obstáculos ou das bordas de uma abertura. A difração da luz enquanto passa pela borda de um objeto ou através de uma abertura gera uma imagem confusa. A difração de ondas planas na água, mostrada na Figura 29.7, ocorre para todos os tipos de ondas, inclusive as ondas luminosas.

Quando a luz passa por uma abertura grande em comparação ao seu comprimento de onda, ela projeta uma sombra como a que é mostrada na Figura 29.8a. Observamos uma fronteira bem definida entre a área iluminada e a área escura da sombra. Contudo, se a luz atravessa uma fenda estreita feita num pedaço de cartolina com uma fina lâmina de barbear, observamos que a luz se difrata (Figura 29.8b). Desaparece a nítida fronteira entre as áreas iluminada e escura, com a luz se espalhando em leque para produzir uma área brilhante que gradualmente se desvanece na escuridão, sem haver bordas bem definidas. A luz está sendo difratada.

A difração ocorre quando uma onda passa pela borda de um objeto ou pelas duas bordas próximas de uma única fenda.

FIGURA 29.8 (a) Quando a abertura é grande em comparação ao comprimento de onda da luz, ela projeta uma sombra bem definida, mas um pouco borrada nas bordas. (b) Quando a abertura é muito estreita, a difração torna-se mais aparente, e o efeito borrado nas bordas da sombra aumenta.

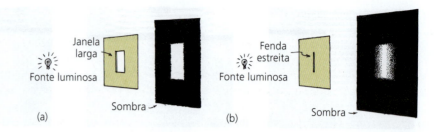

FIGURA 29.9 Interpretação gráfica da luz difratada em uma fenda única estreita.

FIGURA 29.10 As franjas de difração são evidentes nas sombras de uma luz *laser* monocromática (uma única frequência). Se a fonte luminosa fosse de luz branca, essas franjas seriam preenchidas por um grande número de outras franjas.

A Figura 29.9 mostra o gráfico da distribuição de intensidade da luz difratada através de uma fenda única sobre uma única tela. Devido à difração, ocorrem aumentos e reduções graduais na intensidade luminosa, em vez de uma mudança abrupta do iluminado para o escuro. Depois que a luz atravessasse a fenda, um fotodetector que percorresse a região da tela sentiria uma variação gradual desde nenhuma luz até um máximo de intensidade luminosa. (Na verdade, existem franjas de intensidade de ambos os lados do padrão principal; veremos rapidamente que essa é uma evidência da ocorrência de interferência, mais pronunciadamente notada quando se empregam fendas duplas ou múltiplas, em vez de uma única.)

A difração não está restrita a fendas estreitas ou aberturas em geral; ela pode ser vista em todas as sombras. Sob um exame próximo, mesmo a mais nítida das sombras não é bem definida nas bordas. Quando a luz incidente é de uma única cor (monocromática), a difração produz *franjas de difração* nas bordas da sombra, como na Figura 29.10. Sob luz branca, as franjas se juntam, tornando borrada a região das bordas de uma sombra.

O grau de difração depende do comprimento de onda da luz em relação ao tamanho da obstrução que projeta a sombra. Ondas com comprimento de onda mais longo se difratam mais. Elas preenchem mais facilmente as sombras, por isso os sons produzidos por uma sirene de nevoeiro são ondas longas de baixa frequência, capazes de preencher qualquer "ponto cego". O mesmo vale para as ondas de rádio das transmissões radiofônicas em AM, que são de comprimento de onda muito maior do que o tamanho da maior parte dos objetos encontrados em seu caminho. Os comprimentos de onda das ondas de rádio AM vão de 180 a 550 metros e são capazes de rodear edifícios e outros objetos que poderiam obstruir as ondas. Essa é uma das razões pela qual as transmissões em FM são costumeiramente piores em localidades onde as emissoras AM são ouvidas claramente e com alto volume. No caso de recepção de rádio, não temos interesse em "ver" os objetos existentes no caminho das ondas de rádio, portanto a difração é benéfica.

A difração não é benéfica quando se deseja ver objetos muito pequenos com um microscópio. Se o tamanho do objeto é aproximadamente o mesmo do comprimento de onda da luz usada, a difração embaciará a imagem produzida. Se o objeto for menor do que o comprimento de onda da luz, não é possível ver uma estrutura. A imagem inteira é perdida por causa da difração. Nenhum grau de ampliação ou de

FIGURA 29.11 (a) As ondas tendem a se espalhar para dentro da região de sombra. (b) Quando o comprimento de onda tem aproximadamente o mesmo tamanho que o objeto, a sombra é logo preenchida. (c) Quando o comprimento de onda é curto em comparação ao tamanho do objeto, a sombra projetada é bem definida.

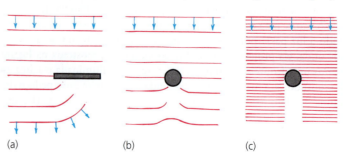

perfeição do projeto do instrumento será capaz de eliminar esse limite fundamental imposto pela difração.

Para minimizar esse problema, os microscopistas "iluminam" objetos minúsculos com feixes de elétrons em vez de luz. Em comparação com as ondas luminosas, os elétrons do feixe têm comprimentos de onda extremamente curtos. Os *microscópios eletrônicos* usam o fato de que toda matéria tem propriedades ondulatórias: os elétrons de um feixe eletrônico têm um comprimento de onda menor do que os da luz visível. Num microscópio eletrônico, são empregados campos elétrico e magnético, não lentes ópticas, para focar e ampliar as imagens.

O fato de que os menores detalhes podem ser mais bem vistos com o emprego de luz com comprimento de onda mais curto é usado pelos golfinhos ao rastrear seu meio ambiente com ultrassom. Os ecos produzidos por um som de longo comprimento de onda fornecem ao golfinho uma imagem global dos objetos em sua vizinhança. Para examinar a vizinhança com mais detalhamento, o golfinho emite sons com comprimentos de onda mais curtos. Como discutido no Capítulo 20, os golfinhos sempre fizeram naturalmente o que só agora os físicos conseguem fazer usando dispositivos de imageamento ultrassônico.

> **PAUSA PARA TESTE**
>
> 1. A difração é característica de todos os tipos de ondas?
> 2. Por que um microscopista utiliza luz azul, e não luz branca, para iluminar os objetos que observa com o microscópio?
>
> **VERIFIQUE SUA RESPOSTA**
>
> 1. Sim.
> 2. Ocorre um grau menor de difração quando se emprega a luz azul, então os microscopistas veem mais detalhes (da mesma forma que um golfinho maravilhosamente investiga os detalhes de sua vizinhança pelos ecos de comprimentos de onda ultracurtos).

Difração de raios X

Os raios X podem ser difratados, assim como acontece com os raios de luz. A difração é uma propriedade de todos os tipos de ondas. No Capítulo 12, aprendemos que os raios X direcionados a um material cristalino produzem um padrão de difração característico do material. Uma imagem do sal produzida pela difração de raios X, por exemplo, produz um padrão característico apenas do sal (Figura 29.12a). Como uma rede cristalina de átomos é um arranjo tridimensional, o padrão de difração resultante forma um sistema complexo de manchas sobre uma superfície fotossensível (antigamente, usava-se filme fotográfico). A partir do padrão de difração, é possível determinar a natureza do cristal. A difração de raios X foi aplicada com muito sucesso no estudo da estrutura de moléculas biológicas. Um padrão famoso (Figura 29.12b), imagem obtida por Rosalind Franklin, resultou na descoberta da estrutura em dupla hélice do DNA (ácido desoxirribonucleico) por James Watson e Francis Crick em 1953.

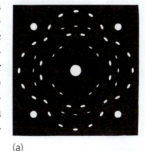
(a)

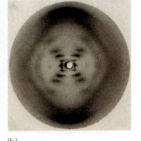
(b)

FIGURA 29.12 (a) A imagem de difração dos raios X do sal de cozinha (NaCl). A mancha branca central se deve ao feixe principal não espalhado de raios X. As outras manchas indicam a estrutura de rede dos átomos de sódio e de cloro no cristal. (b) A imagem que levou à descoberta da estrutura do DNA por Watson e Crick.

> **PAUSA PARA TESTE**
>
> O que normalmente acontece a muitos dos raios X que penetram as redes cristalinas de um material?
>
> **VERIFIQUE SUA RESPOSTA**
>
> Eles se espalham quando sofrem difração.

29.3 Superposição e interferência

Quando duas ondas interagem, a amplitude da onda resultante é a soma das amplitudes das duas ondas individuais. Esse é o princípio da **superposição**. Esse fenômeno geralmente é descrito como **interferência** (como discutido nos Capítulos 19 e 20). A interferência, tanto construtiva quanto destrutiva, é revisada na Figura 29.13. Vemos que a superposição de um par de ondas idênticas em fase produz uma onda de mesma frequência, mas com o dobro da amplitude. Se as ondas estão fora de fase por exatamente meio comprimento de onda, sua superposição resulta em cancelamento total. Se elas estiverem fora de fase por mais ou menos de meio comprimento de onda, ocorrerá cancelamento parcial.

FIGURA 29.13 A interferência ondulatória é (a) construtiva, (b) destrutiva e (c) parcial.

A interferência de ondas que se propagam na água, como mostrado na Figura 29.14, é uma visão bastante comum. Em determinados lugares, cristas se superpõem a cristas; em outros, cristas se superpõem a ventres de outras ondas.

FIGURA 29.14 Interferência de ondas na água.

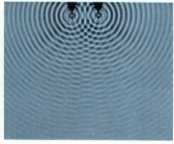

FIGURA 29.15 Padrões de interferência produzidos pela superposição de ondas originadas de fontes vibrantes de espaçamento diferente.

Sob condições mais controladas, padrões interessantes são produzidos quando duas fontes de ondas são colocadas lado a lado (Figura 29.15). Permite-se que gotas de água caiam nos tanques rasos (tanques de onda semelhantes ao de Bree, na terceira foto de abertura do capítulo) com uma frequência controlada, e os padrões formados são fotografados de cima. Observe que as áreas de interferência construtiva e destrutiva se estendem para os dois lados do tanque de ondas, e o número dessas regiões e seus tamanhos dependem da distância entre as fontes das ondas e do comprimento de onda (ou da frequência) das ondas. A interferência não está restrita ao caso facilmente visível de ondas que se propagam na superfície da água; ela é uma propriedade comum a todas as ondas.

O experimento da fenda dupla de Young

Em 1801, a natureza ondulatória da luz foi demonstrada convincentemente pelo físico e médico inglês Thomas Young em seu famoso experimento de interfe-

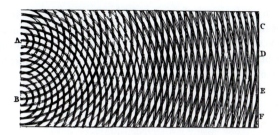

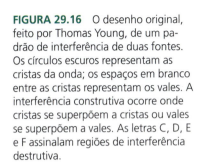

FIGURA 29.16 O desenho original, feito por Thomas Young, de um padrão de interferência de duas fontes. Os círculos escuros representam as cristas da onda; os espaços em branco entre as cristas representam os vales. A interferência construtiva ocorre onde cristas se superpõem a cristas ou vales se superpõem a vales. As letras C, D, E e F assinalam regiões de interferência destrutiva.

rência.[1] Young descobriu que a luz incidente em dois furos de alfinete muito próximos, depois de atravessá-los, se recombina e produz franjas de claro e escuro sobre uma tela localizada atrás deles. As franjas brilhantes se formam quando a crista de uma onda luminosa que veio de um dos furos se superpõe simultaneamente, na tela, à crista de uma onda luminosa que veio do outro furo. As franjas escuras se formam quando a crista de uma onda que veio de um dos furos se superpõe simultaneamente, na tela, ao vale de uma onda luminosa que veio do outro furo. A Figura 29.16 mostra o desenho feito por Young do padrão de ondas superpostas provenientes das duas fontes. Quando seu experimento é realizado com duas fendas estreitas e mutuamente próximas em vez de dois furos de alfinete, os padrões de franjas formados têm a forma de linhas retas (Figura 29.18).

FIGURA 29.17 As franjas brilhantes ocorrem quando as ondas vindas das duas fendas chegam ali em fase; as áreas escuras resultam da superposição de ondas que estão fora de fase.

Vemos na Figura 29.19 como a série de linhas claras e escuras resulta dos diferentes caminhos existentes entre as fendas e um ponto qualquer da tela.[2] Para a franja central, os caminhos a partir das duas fendas são de mesmo comprimento e, assim,

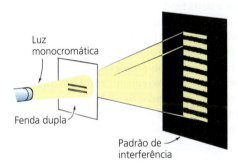

FIGURA 29.18 Quando luz monocromática passa por duas fendas muito próximas, forma-se um padrão de interferência composto de faixas claras e escuras.

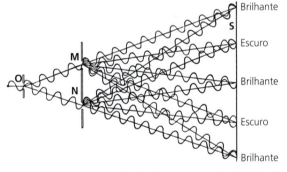

FIGURA 29.19 A luz vinda de O atravessa as fendas M e N e produz um padrão de interferência sobre a tela S.

---

[1] Thomas Young lia fluentemente com 2 anos. Aos 4, ele já havia lido a Bíblia duas vezes. Aos 14, sabia falar oito idiomas. Em sua vida adulta, foi um médico e cientista que contribuiu para a compreensão dos fluidos, do trabalho, da energia e das propriedades elásticas dos materiais. Ele foi a primeira pessoa a fazer progresso na decifração dos hieroglifos egípcios. Não há dúvida de que Thomas Young foi mesmo um rapaz brilhante!

[2] No laboratório, você pode determinar o comprimento de onda da luz usando medições realizadas na Figura 29.19. A equação para o primeiro máximo de interferência não central devido a duas ou mais fendas é

$$\lambda = d\,\text{sen}\,\theta$$

onde λ é o comprimento de onda da luz que é difratada, d é a distância entre fendas vizinhas e θ é o ângulo formado entre o segmento de reta que vai do ponto médio das franjas ao máximo central e o segmento de reta que vai daquele mesmo ponto central até o primeiro máximo não central de interferência construtiva. A partir do diagrama (direita), sen θ é igual à razão entre a distância y e a distância D, onde y é a distância sobre a tela entre a faixa brilhante central e a primeira faixa de interferência construtiva não central de ambos os lados e D é a distância entre a franja brilhante e as fendas (que, na prática, é muito maior do que o mostrado aqui).

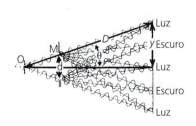

as ondas chegam em fase e se reforçam naquele ponto da tela. As franjas escuras de ambos os lados da franja central brilhante são o resultado da existência de um caminho que é meio comprimento de onda mais longo (ou mais curto) do que o outro, de maneira que as ondas chegam àqueles pontos da tela meio comprimento de onda fora de fase. Os outros conjuntos de franjas escuras ocorrem onde os caminhos diferem por múltiplos inteiros de meios comprimentos de onda: 3/2, 5/2 e assim por diante.

> **PAUSA PARA TESTE**
>
> Volte à Figura 29.19. As três franjas brilhantes na tela se devem à interferência construtiva das ondas luminosas das fendas M e N. As duas franjas se devem à interferência destrutiva. Após atravessar as fendas M e N, compare os comprimentos das trajetórias da(s):
>
> 1. franja brilhante central.
> 2. duas outras franjas brilhantes.
> 3. duas franjas escuras.
>
> **VERIFIQUE SUA RESPOSTA**
>
> 1. As trajetórias têm o mesmo comprimento, o que significa que as ondas de luz de M e N chegam em fase.
> 2. Uma medição minuciosa mostra uma diferença de um comprimento de onda completo nas trajetórias, o que significa que as ondas chegam em fase.
> 3. Dessa vez, há uma diferença de meio comprimento de onda entre as trajetórias, o que significa que as ondas chegam fora de fase.

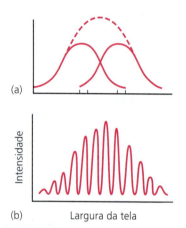

FIGURA 29.20 A luz difratada em cada uma das duas fendas não forma uma superposição de intensidades, como sugerido em (a). O padrão de intensidade produzido, devido à interferência, tem o aspecto mostrado em (b).

Ao realizar o experimento da fenda dupla, suponha que se cubra uma das fendas, de modo que a luz só possa passar pela outra. Nesse caso, a luz se espalharia em leque e iluminaria a tela, formando um padrão simples de difração, como discutido anteriormente (Figura 29.8b e 29.9). Se cobríssemos a outra fenda e permitíssemos que a luz passasse pela fenda antes coberta, obteríamos a mesma iluminação na tela, mas apenas um pouco deslocada de lugar, devido à localização diferente da fenda agora descoberta. Se não conhecêssemos bem o assunto, esperaríamos que, com ambas as fendas abertas, o padrão resultante na tela fosse simplesmente a soma dos dois padrões obtidos com uma única fenda descoberta, como sugerido na Figura 29.20a. No entanto, não é isso o que acontece. Em vez disso, o padrão formado contém faixas luminosas e faixas escuras, como mostra a Figura 29.20b. O que temos é um padrão de interferência. A interferência luminosa realmente não cria ou desaparece com a energia contida na luz; ela apenas a redistribui.

> **PAUSA PARA TESTE**
>
> 1. Se as duas fendas fossem iluminadas com luz monocromática vermelha (de uma única frequência), as franjas na tela seriam mais ou menos espaçadas do que se as duas fendas fossem iluminadas com luz monocromática azul?
> 2. Por que é importante que seja usada luz monocromática?
>
> **VERIFIQUE SUA RESPOSTA**
>
> 1. Seriam mais espaçadas, devido ao maior comprimento de onda do vermelho. Você consegue perceber a partir da Figura 29.19 que, para as ondas de comprimento de onda mais longos que formam a luz vermelha, o caminho entre a fenda de entrada e a tela seria ligeiramente mais longo – e, portanto, ligeiramente mais deslocado – do que para a luz azul?
> 2. Se luzes de vários comprimentos de onda fossem difratadas pelas fendas ao mesmo tempo, as franjas escuras produzidas por interferência para um determinado comprimento de onda seriam preenchidas pelas franjas claras produzidas por outros comprimentos de onda, não surgindo qualquer padrão de franjas na tela. Se você ainda não viu isso, deve certamente pedir ao seu professor para demonstrá-lo.

FIGURA 29.21 Uma rede de difração pode substituir um prisma num espectrômetro.

Os padrões de interferência não estão limitados a fendas simples ou duplas. Uma grande quantidade de fendas mutuamente muito próximas forma o que se conhece como uma *rede de difração* (Figura 29.21). Esses dispositivos, como os prismas, dispersam a luz branca em suas cores. Enquanto o prisma faz isso por meio da refração luminosa, uma rede de difração separa as cores por meio da interferência luminosa. Elas são usadas em dispositivos chamados de *espectômetros*, que serão abordados no próximo capítulo. As redes de difração são confeccionadas com estreitos sulcos escavados capazes de difratar a luz branca num espectro brilhante de cores. Elas são comuns em alguns tipos de bijuterias e em "óculos de festa" (Figura 29.22). Sulcos finos nas penas de certos pássaros dispersam a luz em cores bonitas. O fenômeno da interferência e as cores que ele produz se somam aos inúmeros espetáculos da natureza.

FIGURA 29.22 Lâmpadas de um candelabro vistas com óculos de festa feitos com redes de difração.

29.4 Interferência monocromática em películas delgadas

Cores vívidas também são produzidas por dupla reflexão da luz nas superfícies superior e inferior de películas delgadas. A faixa de cores vai de franjas de luz monocromática até o arranjo de cores brilhantes que se vê nas películas delgadas das bolhas de sabão.

Outra maneira de produzir franjas de interferência é por meio da reflexão da luz nas superfícies inferior e superior de uma película delgada. É possível fazer uma demonstração simples disso usando uma fonte de luz monocromática e um par de placas de vidro. Uma lâmpada de vapor de sódio serve como uma boa fonte de luz monocromática. As duas placas de vidro são colocadas uma sobre a outra, como mostrado na Figura 29.23. Um pedaço de papel muito fino é colocado entre as bordas das placas de vidro, apenas de um lado delas. Isso deixa uma camada muito fina de ar entre as placas, com a forma de uma cunha. Se o olho se encontra numa posição que o permita ver a imagem refletida da lâmpada, a imagem vista não será contínua, mas formada por faixas escuras e brilhantes alternadas.

A origem dessas faixas está na interferência entre as ondas refletidas nas superfícies inferior e superior da cunha de ar, como mostrado exageradamente na Figura 29.24. A luz que se reflete no ponto P chega ao olho por dois caminhos diferentes. Em um desses caminhos, a luz é refletida na parte superior da cunha de ar; no outro, é refletida na parte inferior da cunha. Se o olho estiver focado no ponto P, ambos os raios luminosos chegarão ao mesmo lugar da retina do olho, mas esses raios se propagaram através de distâncias diferentes, podendo estar em fase ou fora de fase, dependendo da espessura da camada de ar na cunha – ou seja, de quanto um dos raios teve de viajar a mais em relação ao outro. Quando olhamos para a superfície inteira do vidro, vemos regiões escuras e brilhantes alternadas – as partes escuras, onde a espessura do ar é do valor exato para produzir interferência destrutiva, e as partes claras, onde a cunha de ar tem espessura exata para resultar em reforço da luz. Assim, as partes escuras e claras são causadas pela interferência das ondas luminosas refletidas nos dois lados dessa fina camada de ar.[3]

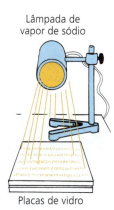

FIGURA 29.23 As franjas de interferência produzidas quando a luz monocromática é refletida em duas placas de vidro com uma região em forma de cunha cheia de ar situada entre elas.

---

[3] Em algumas superfícies refletoras, os deslocamentos que ocorrem na fase também contribuem para a interferência. Por simplicidade e brevidade, nosso interesse nesse assunto ficará limitado a esta nota de rodapé. Brevemente, quando a luz em um meio é refletida na superfície de separação com um segundo meio, no qual a rapidez de propagação da luz é menor (e o índice de refração é maior), ocorre um deslocamento de fase de 180° (isto é, correspondente a meio comprimento de onda). Entretanto, nenhum deslocamento de fase ocorrerá se o segundo meio for um em que a luz se transmite com maior rapidez (correspondendo a um índice de refração menor). Em nosso exemplo da cunha de ar, não ocorre qualquer deslocamento de fase na reflexão que tem lugar na interface vidro-ar superior, mas ocorre um deslocamento de fase de 180° na interface ar-vidro inferior da cunha. Assim, no vértice da cunha, onde a espessura da camada de ar se aproxima de zero, o deslocamento de fase produz um cancelamento, e a região é escura. Isso acontece de forma semelhante com uma película de sabão tão delgada que sua espessura é consideravelmente menor do que o comprimento de onda da luz incidente. Eis porque determinadas partes da película que são extremamente finas aparecem negras. As ondas de todas as frequências são canceladas.

FIGURA 29.24 A reflexão que ocorre nas superfícies inferior e superior de uma "película delgada de ar". (Uma das ondas é ilustrada em preto para mostrar como ela se encontra fora de fase com a onda ilustrada em azul após a reflexão.)

> **PAUSA PARA TESTE**
> Por que duas superfícies refletores são necessárias para interferência em películas delgadas?
>
> **VERIFIQUE SUA RESPOSTA**
> Um par de formas de onda é necessário para a interferência, um refletindo de uma superfície, o outro de uma segunda superfície.

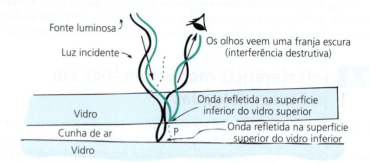

Se as superfícies das placas de vidro usadas forem perfeitamente planas, as faixas de interferência terão largura uniforme. No entanto, se não forem perfeitamente planas, as bandas de interferência serão distorcidas. A interferência luminosa fornece um método extremamente sensível para testar quão plana é uma superfície. Superfícies que produzem franjas uniformes são consideradas opticamente planas – ou seja, as irregularidades existentes na superfície são pequenas quando comparadas ao comprimento de onda da luz visível (Figura 29.25).

Quando uma lente que é plana no topo e tem uma ligeira curvatura convexa no fundo é colocada sobre uma placa de vidro opticamente plana e é iluminada de cima com uma luz monocromática, é gerada uma série de anéis iluminados e escuros. Esse padrão é conhecido como *anéis de Newton*, que teria sido o primeiro a estudá-los (Figura 29.26). Esses anéis claros e escuros são do mesmo tipo que as franjas observadas com superfícies planas. Eles constituem uma técnica útil para testar a precisão do polimento de lentes.

FIGURA 29.25 A interferência luminosa usada para testar o quão plana é uma superfície. As franjas retilíneas indicam nivelamento óptico.

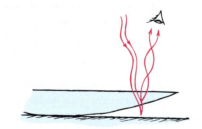 

FIGURA 29.26 Os anéis de Newton.

> **PAUSA PARA TESTE**
> Em que os espaçamentos entre os anéis de Newton se diferem quando se emprega luz vermelha e luz azul na iluminação?
>
> **VERIFIQUE SUA RESPOSTA**
> Os anéis são mais espaçados quando iluminados com a luz vermelha, de maior comprimento de onda, do que com a luz azul, de comprimento de onda mais curto. Você consegue imaginar uma razão geométrica para isso?

Cores de interferência

Todos nós já observamos o belo espectro de cores refletidas numa bolha de sabão ou no chão molhado com gasolina. Essas cores são produzidas pela *interferência* de ondas luminosas. Esse fenômeno é costumeiramente chamado de *iridescência* e é observado em películas delgadas transparentes.

Uma bolha de sabão parece iridescente sob luz branca quando a espessura da película de sabão é aproximadamente igual ao comprimento de onda da luz. As ondas luminosas refletidas nas superfícies externa e interna da película percorrem distâncias diferentes. Quando a película é iluminada com luz branca, pode acontecer de a película ter a espessura exata numa região para causar interferência destrutiva da luz vermelha, por exemplo. Quando a luz vermelha é subtraída da luz branca, o resultado aparecerá com a cor complementar ao vermelho: o ciano. Num outro lugar em que a película seja mais fina, uma cor diferente pode ser cancelada pela interferência; nesse caso, a luz refletida será vista com a cor complementar daquela cor.

As cores de interferência ficam especialmente evidentes em películas delgadas de gasolina em uma rua úmida (Figura 29.27), como na foto que serve de capa para a quarta edição de *Física Conceitual* (apresentada aqui e virada para a capa interna). Observe onde a luz se reflete tanto na superfície superior quanto na superfície inferior da película de gasolina. Se a sua espessura for tal que ela cancela o azul, como sugere a figura, então a superfície da gasolina parecerá amarela ao olho. Isso acontece porque o azul é subtraído da luz branca, restando sua cor complementar, o amarelo. As diferentes cores vistas, portanto, correspondem a diferentes espessuras ao longo da película delgada, produzindo um nítido mapa de "curvas de nível" das diferenças nas "elevações" microscópicas da superfície da película. Para um campo visual mais amplo, as diferentes cores podem ser vistas mesmo se a espessura da película de gasolina for uniforme. Isso tem a ver com a espessura *efetiva* da película: a luz que chega ao olho vinda de diferentes partes da superfície é refletida em diferentes ângulos, atravessando diferentes espessuras. Se a incidência da luz for rasante à película, por exemplo, o raio transmitido para a superfície inferior da película percorrerá uma distância maior. Ondas com comprimentos de onda maiores são canceladas nesse caso, aparecendo diferentes cores.

As cores vistas em bolhas de sabão resultam da interferência entre a luz refletida nas superfícies interna e externa da película de sabão. Quando uma cor é cancelada, o que se vê é sua cor complementar.

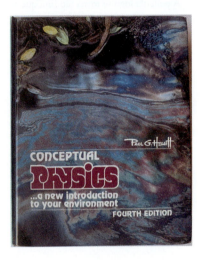

FIGURA 29.27 A película delgada de gasolina tem a espessura exata para cancelar a luz azul vinda de suas superfícies superior e inferior. Quando o feixe incidente é composto de luz branca, os olhos enxergam a cor amarela. Se a película fosse mais delgada, talvez fosse cancelada a luz violeta, de comprimento de onda mais curto. (Mais uma vez, uma das ondas é ilustrada em preto para mostrar como ela se encontra fora de fase com a onda ilustrada em azul após a reflexão.)

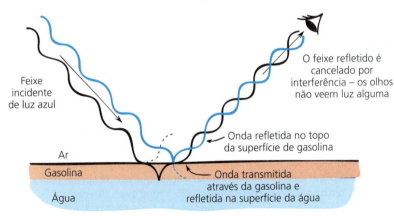

Pratos de louça lavados em sabão dissolvido em água e pouco enxaguados têm uma película delgada de sabão sobre si. Segure um desses pratos voltado para a luz de modo que as cores de interferência possam ser vistas. Então gire o prato para uma nova posição, mantendo seu olho direcionado para a mesma parte do prato. Você verá a cor mudar. A luz refletida na superfície inferior da película delgada transparente de sabão está cancelando a luz refletida na superfície superior da película. Ondas luminosas com diferentes comprimentos de onda são canceladas para diferentes ângulos de incidência. As cores de interferência são vistas mais facilmente em bolhas de sabão (Figura 29.28). Você perceberá que as cores predominantes são ciano, magenta e amarelo, devido à subtração das cores primárias vermelho, verde e azul, ou outras cores de um único comprimento de onda.

FIGURA 29.28 Observe que as cores de interferência na bolha são as cores primárias *subtrativas* ciano, magenta e amarelo, não as cores primárias *aditivas* vermelho, verde e azul.

634 PARTE VI Luz

> ### PRATICANDO FÍSICA
>
> Pratique isso na pia de sua cozinha. Mergulhe uma xícara de café de cor escura (as cores escuras constituem o melhor fundo contra o qual se pode ver as cores de interferência) em sabão líquido para lavar louça. Em seguida, mantenha-a suspensa lateralmente a você e observe a luz refletida na película de sabão que cobre a abertura da xícara. Surgem cores em redemoinho quando o sabão escorre para baixo, formando uma cunha mais espessa no fundo. Redemoinhos de cor parecem corresponder às diversas espessuras da película delgada de sabão. A parte superior torna-se mais fina, de modo que ela aparece com a cor preta. Seja qual for seu comprimento de onda, a luz refletida na superfície interna tem sua fase invertida e depois se recombina com a luz refletida na superfície externa, onde se cancelam. A película logo se torna tão fina que acaba estourando.

A interferência provê uma maneira de medir o comprimento de onda da luz e de outras radiações eletromagnéticas. Ela também torna possível medir distâncias extremamente pequenas com grande precisão. Instrumentos chamados de *interferômetros*, que fazem uso do fenômeno da interferência, são os instrumentos mais precisos para medir pequenas distâncias.

> **PAUSA PARA TESTE**
>
> 1. Por que é importante para a interferência que a película de gasolina na Figura 29.27 seja delgada?
> 2. Quais dois fenômenos melhor confirmam que a luz se comporta como onda?
>
> **VERIFIQUE SUA RESPOSTA**
>
> 1. Uma película delgada garante que as ondas refletidas pelas duas superfícies estão próximas o suficiente para haver superposição. Ondas refletidas com separação maior entre si podem não se combinar para produzir interferência.
> 2. Interferência e difração.

29.5 Polarização

Se sacudimos a ponta de uma corda esticada para cima e para baixo, produzimos uma onda. O movimento vibratório que se propaga pela corda ocorre no mesmo plano que a mão que a sacode. Sacudindo a corda verticalmente, para cima e para baixo, as vibrações ocorrem no plano vertical. Se a sacudimos de um lado para o outro, as vibrações da onda ocorrem em um plano horizontal (Figura 29.29). Dizemos, então, que essa onda está *plano-polarizada*, o que significa que ela se propaga na corda mantendo-se confinada a um único plano de oscilação. Chamamos as ondas que oscilam em um único plano de *transversais*. A **polarização**, que ocorre apenas para as ondas transversais, restringe as vibrações de uma onda a uma única direção.

A polarização da luz e de todas as ondas eletromagnéticas demonstra que são transversais. Por exemplo, um único elétron oscilante em uma antena de radiodifusão emite uma onda eletromagnética plano-polarizada. O plano de polarização corresponde à direção vibracional do elétron e é o plano da oscilação do campo elétrico. Um elétron acelerado verticalmente, então, emite ondas eletromagnéticas com polarização vertical, enquanto um elétron acelerado na direção horizontal emite ondas polarizadas horizontalmente (Figura 29.30).

FIGURA 29.29 Uma onda plano-polarizada na vertical e uma onda plano-polarizada na horizontal.

FIGURA 29.30 (a) Uma onda plano-polarizada segundo a vertical, emitida por uma carga que oscila verticalmente. (b) Uma onda plano-polarizada segundo a horizontal, emitida por uma carga que oscila horizontalmente.

(a)   (b)

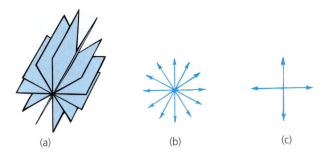

FIGURA 29.31 Representações de ondas com polarização plana. As três representações ilustram a parte elétrica da onda eletromagnética.

Uma fonte luminosa comum, como uma lâmpada de LED, uma lâmpada fluorescente ou uma vela, emite luz não polarizada. Essa luz é uma mistura de todas as polarizações possíveis. Os planos de vibração são tão numerosos quanto os átomos ou elétrons em aceleração que os produzem. Alguns desses planos estão representados na Figura 29.31a. Podemos representar todos esses planos por meio de linhas radiais (Figura 29.31b) ou, mais simplificadamente, por dois vetores em direções mutuamente perpendiculares (Figura 29.31c), como se tivéssemos decomposto todos os vetores da Figura 29.31b em suas componentes horizontal e vertical. Esse esquema mais simples representa a luz não polarizada. A luz polarizada é representada por um único vetor elétrico. Trata-se da *polarização linear*, na qual as vibrações ocorrem ao longo de um único plano.[4]

Qualquer cristal transparente com estrutura afeta a polarização da luz. Certos cristais,[5] como a calcita, dividem a luz não polarizada em dois feixes internos polarizados segundo planos mutuamente perpendiculares, uma propriedade que chamamos de *birrefringência* (Figura 29.32). Alguns cristais birrefringentes absorvem fortemente um dos feixes enquanto transmitem o outro. A turmalina é um cristal birrefringente que produz feixes coloridos. A herapatite,* entretanto, faz isso sem descoloração. Os filtros de polarização (filtros polaroides) são produzidos pelo alinhamento uniforme de cristais microscópicos de herapatite entre folhas de celulose. Os filtros polaroides também podem consistir em determinadas moléculas alinhadas entre as folhas de celulose em vez desses minúsculos cristais.[6]

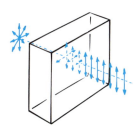

FIGURA 29.32 Uma componente da luz incidente não polarizada é absorvida, resultando numa luz emergente plano-polarizada.

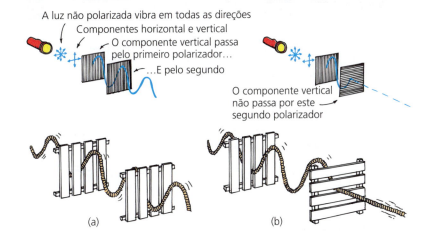

FIGURA 29.33 A analogia com uma corda ilustra o efeito causado por dois polaroides cruzados.

---

[4] A luz pode ter polarização circular e polarização elíptica, que são combinações de polarizações transversais. Quando os componentes perpendiculares do vetor elétrico têm rapidezes diferentes em um meio, as pontas dos vetores formam trajetórias circulares ou elípticas em espiral que giram o plano do vetor elétrico. No entanto, não estudaremos esses casos aqui.

[5] Chamados de *dicroicos*.

* N. de T.: Cristais de cor verde-oliva opticamente ativos capazes de polarizar a luz cerca de cinco vezes mais do que a turmalina, que é usada na fabricação de filtros polaroides.

[6] As moléculas são polímeros de iodo dispostos sobre uma camada de resina sintética de álcool ou de polivinilideno.

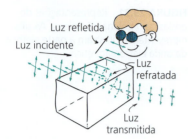

FIGURA 29.34 A maior parte do brilho de superfícies não metálicas consiste em luz polarizada. Observe quais componentes da luz incidente são refletidos e quais são transmitidos.

Se você olhar uma luz não polarizada através de um filtro polarizador, você pode girar o filtro em qualquer direção que a luz parecerá inalterada. No entanto, se a luz for polarizada, quando você girar o filtro, poderá gradualmente eliminar cada vez mais a luz, até que ela seja totalmente bloqueada. Um filtro polarizador ideal transmitirá 50% da luz incidente não polarizada. Esses 50% de luz transmitida, é claro, estarão polarizados. Quando os dois filtros polarizadores estão dispostos de maneira que seus eixos de polarização fiquem alinhados, a luz se transmitirá através de ambos (Figura 29.33a). Se seus eixos estiverem perpendiculares um ao outro (nesse caso, dizemos que os filtros estão *cruzados*), nenhuma luz conseguirá atravessar o par.[7] (Na verdade, alguma luz de comprimento de onda mais curto conseguirá atravessar, mas não em um grau significativo.) Quando filtros polarizadores são usados aos pares, o primeiro deles é chamado de *polarizador* e o segundo, de *analisador*.

Boa parte da luz refletida em superfícies não metálicas é polarizada (Figura 29.34). O brilho do vidro ou da água nasce desse efeito. A não ser pela incidência perpendicular, o raio refletido contém mais vibrações paralelas à superfície refletora, enquanto o feixe transmitido contém mais vibrações em ângulos retos com as vibrações da luz refletida. O brilho das superfícies refletoras pode ser diminuído consideravelmente usando-se óculos escuros com lentes polaroides. Os eixos de polarização das lentes são verticais, pois a maior parte do brilho que vemos provém de reflexões ocorridas em superfícies horizontais.

FIGURA 29.35 A luz é transmitida quando os eixos dos polaroides estão alinhados (a), mas é absorvida quando Ludmila gira um deles até que seu eixo de polarização forme um ângulo reto com o do outro (b). Quando ela insere um terceiro polaroide, com um certo ângulo de orientação, entre os dois polaroides cruzados, a luz é novamente transmitida (c). Por quê? (Para a resposta, após você ter pensado um pouco a respeito, consulte o Apêndice D, "Aplicações de vetores".)

FIGURA 29.36 Os óculos escuros com lentes polaroides bloqueiam o componente vibratório horizontal da luz. Quando as lentes são superpostas em ângulos retos, nenhuma luz consegue atravessá-las.

PAUSA PARA TESTE

Qual dos óculos é mais apropriado para motoristas de automóveis? (Os eixos de polarização são indicados pelas linhas retas.)

VERIFIQUE SUA RESPOSTA

Os óculos (a) são os mais apropriados, pois, com o eixo de polarização na vertical, bloqueiam a luz polarizada horizontalmente, que forma boa parte do brilho das superfícies horizontais refletoras. Os óculos (c) são apropriados para assistir a filmes 3D.

---

[7] Um aviso sobre a analogia das ripas de uma cerca: as moléculas de cadeias longas de um filtro polaroide comum *absorvem* preferencialmente luz cuja polarização se alinha com as moléculas, o que é diferente das ripas fáceis de visualizar mostradas na Figura 29.33. É importante entender que a polarização da luz transmitida é perpendicular à polarização da luz absorvida.

Visão tridimensional

A visão em três dimensões depende principalmente do fato de que ambos os olhos dão suas impressões simultaneamente (ou aproximadamente), cada um deles vendo a cena a partir de um ângulo um pouco diferente. É a *paralaxe*, evidente quando esticamos o braço e observamos um dedo em riste, que parece se deslocar de um lado para outro, contra um fundo, quando você fecha alternadamente cada olho. Com ambos os olhos abertos, a visão tende a "contornar" o dedo. Se você observar os desenhos da Figura 29.37 de modo que o olho esquerdo olhe para a visão esquerda e o olho direito, para a direita, enxergará uma visão estéreo. Os desenhos ilustram uma visão tridimensional da estrutura cristalina do gelo.

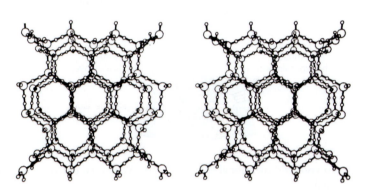

FIGURA 29.37 A estrutura cristalina tridimensional do gelo. Você perceberá a profundidade da cena quando seu cérebro combinar as visões de seu olho esquerdo, que olha para a figura da esquerda, com a de seu olho direito, que olha para a figura da direita. Para realizar isso, foque seus olhos para visão distante antes de olhar para esta página. Depois, sem alterar o foco, olhe para a página e observe que cada figura aparecerá duplicada. Então ajuste seus focos de modo que as duas imagens internas se sobreponham, formando uma imagem central composta. Um pouco de prática torna isso perfeito. (Se, em vez disso, você *cruzar* os olhos ao sobrepor as figuras, o que está próximo e o que está longe ficam invertidos!)

Os flocos de neve que aparecem em um único plano no par de desenhos da Figura 29.38 são vistos em planos diferentes estereoscopicamente.

FIGURA 29.38 Uma visão tridimensional dos flocos de neve. Veja-as da mesma maneira que viu a Figura 29.37.

Os familiares visores estereoscópicos de mão de seus avós (Figura 29.39) simulam a sensação de profundidade. Nesse aparelho, existem duas transparências fotográficas (ou *slides*) tiradas com uma pequena distância entre si, igual à distância média entre os olhos de uma pessoa. Quando vistas ao mesmo tempo, o arranjo é tal que o olho esquerdo enxerga a cena como fotografada a partir da esquerda, e o direito, como fotografada a partir da direita. Como resultado, os objetos da cena parecem afundar na cena em perspectiva correta, dando à imagem uma impressão de profundidade. O dispositivo é construído de maneira que cada olho enxergue apenas a vista apropriada. Não existe chance de um olho enxergar ambas as cenas. Se você remover os *slides* do visor e projetar cada um deles numa tela com um projetor (de modo que as vistas sejam superpostas), obterá uma imagem obscura.

Isso ocorre porque, agora, cada olho enxerga simultaneamente as duas vistas. É aqui que entram os filtros polaroides. Se você colocá-los na frente dos projetores, com um na horizontal e o outro na vertical, e olhar a imagem polarizada com lentes polarizadas de mesma orientação, cada olho enxergará a visão apropriada,

FIGURA 29.39 Um visor tridimensional.

A polarização ocorre somente em ondas transversais. Na verdade, ela constitui uma maneira importante de determinar se uma dada onda é transversal ou longitudinal.

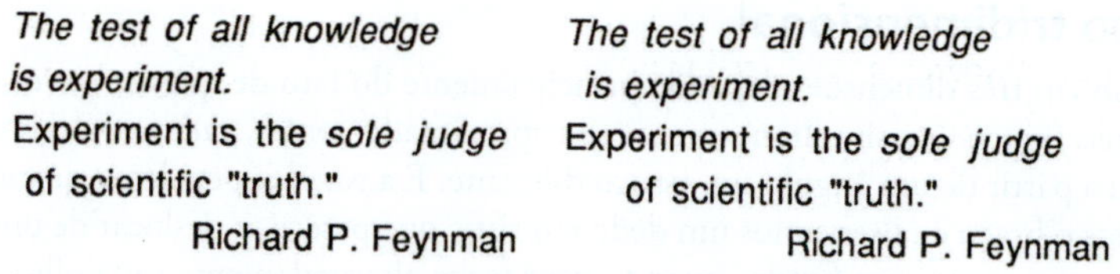

638 PARTE VI Luz

FIGURA 29.40 Com seus olhos focados para visão distante, a segunda e a quarta linhas parecem estar mais afastadas; se você cruzar os olhos, a segunda e a quarta linhas parecerão estar mais próximas.

FIGURA 29.41 Assistindo a um *show* em 3D com filtros polaroides. O olho esquerdo enxerga apenas a luz polarizada vinda do projetor esquerdo, e o direito enxerga apenas a luz vinda do projetor direito. Ambas as visões são superpostas no cérebro, criando a impressão de profundidade.

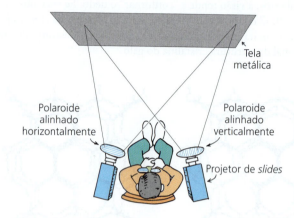

psc

- Fique atento à autoestereoscopia 3D sem lentes polarizadoras. O sistema emprega lentes lenticulares que projetam uma imagem ligeiramente diferente em cada olho, criando uma ilusão de profundidade.

FIGURA 29.42 Um estereograma gerado por computador.

psc

- Os elementos ópticos holográficos que parecem flutuar em frente à janela de um avião ajudam os pilotos na navegação. O mesmo se dá em alguns modelos de automóveis. Médicos usam escâneres holográficos tridimensionais para realizar exames sem cirurgia intrusiva. A lista de aplicações continua crescendo. Fique de olho nas TVs holográficas do futuro.

como com o visor tridimensional (Figura 29.40). Você verá, então, uma imagem tridimensional.[8]

A profundidade também é vista em estereogramas gerados por computador, como mostrado na Figura 29.42. Aqui os padrões ligeiramente diferentes não são óbvios numa visão casual. Use o procedimento usado para ver as figuras em estéreo anteriores. Uma vez que tenha dominado a técnica de visão, use seu *smartphone* ou computador para buscar as inúmeras imagens em estéreo disponíveis na internet.

29.6 Holografia

Talvez a ilustração mais empolgante da interferência seja o **holograma**, uma chapa fotográfica bidimensional iluminada com luz *laser* que lhe permite ver uma reprodução fiel de uma cena em três dimensões. O holograma foi inventado por Dennis Gabor em 1947, 10 anos antes da invenção do *laser*. Em grego, *holo* significa "todo" e *grama* significa "mensagem" ou "informação". Um holograma contém a mensagem ou a vista inteira. Com a iluminação adequada, a imagem formada é tão realística que você pode realmente olhar ao redor dos cantos dos objetos e ver suas laterais.

Numa fotografia comum, emprega-se uma lente para formar a imagem de um objeto. A luz refletida em cada ponto do objeto é direcionada pela lente para somente um ponto correspondente do filme ou fotorreceptor. No caso da holografia, en-

---
[8] As imagens melhoradas são vistas com polarizadores circulares, não lineares.

tretanto, não se usa qualquer lente para formar imagens. Cada ponto do objeto que está sendo "fotografado" reflete luz para a chapa fotográfica *inteira*, de maneira que cada parte da chapa é exposta à luz vinda de cada parte do objeto. O mais importante é que a luz usada para fazer o holograma deve ser de uma única frequência e estar toda em fase: ela deve ser *coerente*. Se, por exemplo, fosse usada luz branca, as franjas de difração para uma dada frequência seriam apagadas pelas outras frequências. Apenas um *laser* poderia produzir facilmente esse tipo de luz (abordaremos o *laser* detalhadamente no próximo capítulo). Os hologramas são feitos com luz de *laser*, mas podem ser vistos com luz comum, como pode ser atestado pelo holograma que consta em seu cartão de crédito ou em alguns tipos de notas de dinheiro. Ótimos hologramas estão disponíveis na internet.

A luz é fascinante – especialmente quando é difratada pelas franjas de interferência de um holograma. Busque na internet informação detalhada sobre hologramas.

FIGURA 29.43 Um holograma cria uma imagem tridimensional no espaço vazio.

Revisão do Capítulo 29

TERMOS-CHAVE (CONHECIMENTO)

princípio de Huygens Cada ponto de uma frente de onda pode ser encarado como uma nova fonte de "ondículas", que se combinam para produzir a próxima frente de onda, cujos pontos são fontes de novas ondículas e assim por diante.

difração O desvio de ondas como a luz que passam ao redor de um obstáculo ou através de uma fenda estreita, fazendo com que as ondas se espalhem.

superposição Quando ondas se interceptam e se combinam.

interferência O resultado da superposição de ondas diferentes, normalmente de mesmo comprimento de onda. A interferência construtiva resulta do reforço crista a crista; a interferência destrutiva resulta do cancelamento entre cristas e vales. A interferência de comprimentos de onda selecionados de luz produz cores conhecidas como *cores de interferência*.

polarização A direção do alinhamento das vibrações elétricas transversais da radiação eletromagnética. Essas ondas com as vibrações alinhadas numa certa direção são chamadas de *polarizadas*.

holograma Padrão de interferência microscópico bidimensional que mostra imagens ópticas tridimensionais.

QUESTÕES DE REVISÃO (COMPREENSÃO)

29.1 O princípio de Huygens

1. De acordo com Huygens, como se comporta cada ponto de uma frente de onda?
2. Ondas planas que incidem numa pequena abertura em uma barreira se espalham em leque do outro lado ou continuam como ondas planas?

29.2 Difração

3. A difração é mais pronunciada numa pequena abertura ou numa grande abertura?
4. Para uma abertura de um determinado tamanho, a difração é mais pronunciada para um comprimento de onda mais longo ou mais curto?
5. O que se curva melhor ao redor de edifícios: ondas de rádio AM ou FM? Por quê?
6. A difração funciona bem com cristais. Ela também funciona com moléculas biológicas? Dê um exemplo.

29.3 Superposição e interferência

7. O que acontece a um par de ondas superposicionadas idênticas quando estão exatamente meio comprimento de onda fora de fase?

8. Duas pedras não podem ocupar o mesmo espaço ao mesmo tempo. Isso também vale para as ondas? Explique.
9. Que tipo de movimento ondulatório Thomas Young demonstrou em seu famoso experimento com a interferência da luz?
10. Por que Thomas Young usou fendas de entrada muito fina para a luz no seu experimento?
11. A interferência pode ser produzida com uma única fenda fina? Muitas fendas finas? Explique.

29.4 Interferência monocromática em películas delgadas

12. Por que aparecem faixas iluminadas e escuras quando a luz monocromática é refletida de uma chapa de vidro colocada em cima de outra com um espaço entre elas?
13. O que significa dizer que uma superfície é *opticamente plana*?
14. Qual é a causa dos anéis de Newton?
15. O que produz a iridescência?
16. O que produz o espectro colorido que se vê em manchas de gasolina sobre uma rua molhada? Por que ele não é visto numa rua seca?

17. O que explica as diferentes cores vistas numa bolha de sabão ou numa película de gasolina espalhada sobre a água? Por que as cores variam quando o sabão ou a gasolina formam redemoinhos? Por que a cor varia se vemos a mesma bolha ou camada de gasolina de um ângulo diferente?
18. Por que as cores de interferência são basicamente ciano, magenta e amarelo?

29.5 Polarização

19. Que fenômeno distingue as ondas longitudinais das transversais?
20. Como o eixo de polarização da luz se relaciona com a direção de vibração do elétron que a produz?
21. Por que a luz atravessa um par de polaroides com os eixos alinhados, mas não consegue atravessar quando os eixos estão em ângulo reto um com o outro?
22. Quanto de luz comum é transmitida por um polaroide ideal?
23. Quando a luz *comum* incide em ângulo oblíquo sobre a água, o que se pode afirmar sobre a luz *refletida*?
24. A paralaxe é evidente quando você fecha um dos olhos?
25. A paralaxe é a base para a dimensão de profundidade que se percebe com visão estéreo?
26. Um observador perceberia a dimensão de profundidade se as imagens projetadas na Figura 29.41 fossem idênticas?
27. Qual é o papel desempenhado pelos filtros de polarização em projeções de filmes 3D?

29.6 Holografia

28. Qual foi inventado primeiro, o holograma ou a luz *laser*?
29. Como diferem entre si um holograma e uma fotografia convencional?
30. A luz *laser* é utilizada na produção de hologramas. Ela é necessária para visualizá-los?

PENSE E FAÇA (APLICAÇÃO)

31. Com uma lâmina de barbear, faça uma fenda estreita num pedaço de cartolina e olhe através dela para uma fonte luminosa. Você pode variar o tamanho da abertura dobrando a cartolina ligeiramente. Consegue ver as franjas de interferência? Tente vê-las usando duas fendas estreitas ligeiramente espaçadas.
32. Da próxima vez que estiver numa banheira, faça bastante espuma de sabão e observe as cores dos pontos luminosos vistos ao se iluminar por cima de cada pequena bolha. Observe que as diferentes bolhas refletem diferentes cores, devido à diferença de espessura existente nas películas de sabão das bolhas. Se alguém está se banhando junto com você, compare as diferentes cores que cada um de vocês vê refletidas nas mesmas bolhas. Você perceberá que elas são diferentes, pois o que você enxerga depende de seu ponto de vista!
33. Quando você estiver usando óculos escuros polaroides, olhe o brilho vindo de uma superfície não metálica, como uma rodovia ou um volume d'água. Incline sua cabeça de um lado para outro e veja como a intensidade do brilho muda quando você varia a intensidade da componente do campo elétrico que está alinhada com o eixo de polarização das lentes. Olhe para a tela do seu *smartphone* enquanto gira-o e observe os efeitos da polarização. Note também a polarização das diferentes partes do céu ao segurar os óculos e girá-los.
34. Este experimento depende da disponibilidade de um par de filtros polaroides. Coloque uma fonte de luz branca sobre uma mesa à sua frente. Coloque então uma folha de polaroide em frente à fonte, uma garrafa de xarope de milho em frente à folha e uma segunda folha de polaroide em frente à garrafa. Olhe através dos polaroides que rodeiam a garrafa e veja as cores espetaculares que surgem quando você gira uma das folhas.

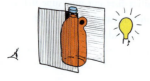

35. Levante um dedo a alguns centímetros do seu rosto e observe um objeto distante. Ao fechar e então abrir um olho de cada vez, observe que seu dedo parece mover-se da direita para a esquerda em relação ao objeto observado. Agora afaste o dedo mais um pouco do rosto e observe que o dedo move-se menos para a direita e para a esquerda quando você alterna os olhos. São os efeitos da paralaxe.

36. Continuando a partir da paralaxe observada com os dedos esticados, imagine que você está olhando para uma estrela próxima, a seis meses de distância, de locais diferentes na Terra enquanto o planeta orbita o Sol (o diagrama *não* está em escala!).

A posição da estrela próxima parece deslocar-se em relação à estrela distante quando vista da Terra. Em janeiro, ela desloca-se para a esquerda ou para a direita? Em que direção ela desloca-se quando observada em junho? [Esse deslocamento na paralaxe é usado para determinar a distância estelar em relação à Terra. A unidade de distância é chamada de *parsec* (= paralaxe de um segundo de arco) e representa a distância do Sol até um objeto astronômico cujo ângulo de paralaxe é igual a um segundo de arco (1/3600 de um grau).]

PENSE E EXPLIQUE (SÍNTESE)

37. A luz de um LED pequeno produz ondas esféricas, mas a luz do Sol pode ser aproximada por ondas planas. Explique por que isso acontece.

38. Em nosso cotidiano, a difração é muito mais evidente para ondas sonoras do que para ondas luminosas. Qual é a razão para isso?

39. Por que as ondas de rádio difratam ao redor dos edifícios, enquanto as ondas luminosas aparentemente não o fazem? Qual é a sua explicação?

40. A luz monocromática ilumina duas fendas estreitas ligeiramente espaçadas, produzindo um padrão de interferência sobre uma tela que está por trás. Para que cor da luz, amarela ou verde, a distância entre as franjas será maior? Justifique sua resposta.

41. Um arranjo de fenda dupla produz franjas de interferência para a luz amarela do sódio. Para produzir franjas menos espaçadas, deveria ser usada luz vermelha ou azul? Explique.

42. Para produzir uma franja de interferência destrutiva, por qual distância mínima deveriam diferir as distâncias percorridas por dois raios luminosos monocromáticos provenientes de uma mesma fonte em relação a um par de fendas estreitas? Por quê?

43. Para produzir uma franja de interferência construtiva, por qual distância mínima deveriam diferir as distâncias percorridas por dois raios luminosos monocromáticos provenientes de uma mesma fonte em relação a um par de fendas estreitas? Por quê?

44. O que aconteceria com o espaçamento entre as franjas de interferência se a separação entre as duas fendas aumentasse?

45. Na primeira tentativa de seu famoso experimento da fenda dupla, Young usou furos de alfinete, não fendas. Por que as fendas são mais eficazes do que os furos de alfinete?

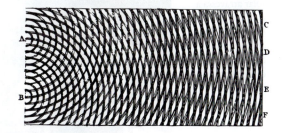

46. Se a distância percorrida pela luz refletida em uma das superfícies de uma película fina diferir exatamente em um comprimento de onda da distância percorrida pela luz refletida na superfície superior da película (e não ocorrer mudança de fase), a interferência decorrente será destrutiva ou construtiva? Por quê?

47. Se a distância percorrida pela luz refletida em uma das superfícies de uma película fina diferir exatamente em meio comprimento de onda da distância percorrida pela luz refletida na outra superfície (e não ocorrer mudança de fase), a interferência decorrente será destrutiva ou construtiva? Por quê?

48. Suponha que você coloque uma rede de difração em frente à lente de uma câmara e tire uma fotografia dos LEDs brancos da iluminação da rua. O que você espera ver na fotografia?

49. Qual ou quais das seguintes imagens coloridas é formada por interferência em películas delgadas: pétalas de flores, arco-íris, bolhas de sabão?

50. Qual ou quais das seguintes imagens coloridas é formada por absorção e reflexão seletiva: pétalas de flores, arco-íris, bolhas de sabão?

51. As cores espetaculares dos pavões e dos beija-flores são o resultado não de pigmentos, mas de cristas nas camadas superficiais de suas penas. Por meio de que princípio essas cristas produzem as cores? Justifique sua resposta.

52. As asas coloridas de muitas borboletas se devem à pigmentação, mas nas de outras, como a borboleta *morpho*,* as cores não são resultado de pigmentação. Quando as asas são vistas sob ângulos diferentes, as cores se alteram. Como são produzidas essas cores?

53. Por que as cores iridescentes vistas em algumas conchas marinhas (como as conchas de abalone) se alteram quando as conchas são vistas a partir de posições diferentes?

54. Quando os pratos não estão bem enxaguados depois da lavagem, diferentes cores são refletidas em suas superfícies. Explique.

55. Por que as cores de interferência são mais aparentes em películas delgadas do que em películas espessas?

56. A luz vinda de duas estrelas situadas muito próximas produz um padrão de interferência? Explique.

57. Se você observar os padrões de interferência em uma película delgada de óleo ou gasolina sobre a água, notará que as cores formam anéis completos. Em que esses anéis são análogos às linhas de igual elevação num mapa com curvas de nível?

58. Devido à interferência ondulatória, uma película de óleo sobre água é vista com cor amarela por observadores que estão diretamente acima, em um avião. Que cor luminosa é transmitida pelo óleo (e que seria vista por um mergulhador diretamente abaixo dele)? Justifique sua resposta.

59. No caso de um telescópio espacial, que tipo de luz – vermelha, verde, azul ou ultravioleta – é melhor usar para enxergar detalhes finos de objetos astronômicos distantes? Por quê?

60. A luz polarizada é parte da natureza, mas o som polarizado não. Por quê?

61. Como ilustra a Figura 29.31c, as ondas eletromagnéticas podem ser representadas por um par de vetores que formam ângulos perpendiculares. Explique como os comprimentos dos dois vetores difere entre a luz polarizada e a não polarizada.

62. Por que um filtro polaroide ideal transmite 50% da luz solar incidente?

63. Um filtro polaroide ideal transmite 100% da luz polarizada incidente quando o filtro corresponde ao plano de polarização?

64. Qual é a porcentagem de luz transmitida por dois polaroides ideais, um colocado sobre o outro com seus eixos de polarização alinhados? E com seus eixos de polarização em ângulo reto um com o outro?

---

*N. de T.: Borboleta do gênero *morpho* que apresenta o dorso das asas totalmente recoberto de pigmentos de cor azul-escura. Elas são encontradas na região tropical das Américas.

642 PARTE VI Luz

65. Como você pode determinar o eixo de polarização de um filtro polaroide (especialmente se você se encontra na beira de um lago)?
66. Por que os óculos com lentes polaroides reduzem o brilho, enquanto os óculos escuros com lentes comuns simplesmente cortam a luz total que chega aos olhos?
67. Para eliminar o brilho de um piso polido, o eixo de um filtro polaroide deve estar na horizontal ou na vertical?
68. A maior parte do brilho de superfícies não metálicas é formada por luz polarizada, com o eixo de polarização paralelo à superfície refletora. Você esperaria que o eixo de polarização de um par de óculos escuros polaroides fosse horizontal ou vertical? Por quê?

69. Como uma única folha de filme polaroide pode ser usada para mostrar que o céu está parcialmente polarizado? (Curiosamente, ao contrário dos seres humanos, abelhas e outros insetos podem discernir a luz polarizada e usam essa habilidade para navegação.)
70. Suponha que os óculos de sol em uma lojinha não estão marcados. Explique como você sabe quais são polarizados.
71. Por que a implementação prática da holografia teve de esperar o advento do *laser*?
72. Qual desses fenômenos é central na holografia: interferência, reflexão seletiva, refração ou todos esses?

PENSE E DISCUTA   (AVALIAÇÃO)

73. Quando a luz branca é difratada ao passar por uma fenda estreita, como mostrado abaixo (e também na Figura 29.8b), componentes de cores diferentes são difratadas em graus diferentes, de modo que um arco-íris de cores aparece na borda do padrão obtido. Debata duas questões: que cor é difratada no maior ângulo? E através do menor ângulo?

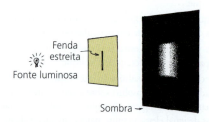

74. Que tipo de luz, vermelha ou violeta, resultará em franjas mais espaçadas em um experimento de fenda dupla? (Use a Figura 29.18 como guia para o raciocínio.)

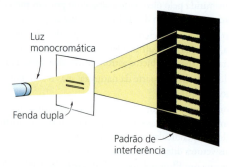

75. Qual produzirá franjas mais espaçadas, um experimento de fenda dupla no ar ou na água? Por quê? (Deixe-se guiar pelo desenho acima.)
76. Se a diferença de distância percorrida por dois feixes idênticos e coerentes entre si for de dois comprimentos de onda ao atingirem uma tela, eles produzirão ali uma mancha escura ou uma mancha clara? Justifique sua resposta.

77. Que luz produzirá franjas luminosas mais espaçadas ao atravessar uma rede de difração: a luz *laser* vermelha ou a luz *laser* verde?
78. A Figura 29.27 mostra reflexões de duas superfícies, a interface ar-gasolina e a interface gasolina-água. Por que a luz refletida da interface água-terra (não mostrada) não contribui para as cores de interferência?
79. Os visores digitais dos relógios de pulso e de telefones celulares são normalmente polarizados. Que problema ocorre quando se usam óculos escuros com lentes polarizadas? Explique.
80. A luz não atravessa um par de filtros polaroides alinhados perpendicularmente um com o outro. Contudo, quando um terceiro polaroide é colocado entre os dois primeiros, com seu eixo de 45° colocado entre os dois, parte da luz consegue atravessá-los. Use seu conhecimento sobre vetores para discutir o experimento e explicar o porquê.
81. Mostre que um quarto da luz solar atravessa a combinação de três polaroides apresentada aqui. (Pensar em componentes vetoriais ajuda.)

Descobrir a ligação entre os conceitos é uma parte essencial de aprender física.

CAPÍTULO 29 Exame de múltipla escolha

Escolha a melhor resposta entre as alternativas:

1. O princípio de Huygens aplica-se principalmente à:
   a. refração de ondas em um meio.
   b. reflexão de ondas.
   c. ambas as anteriores.
   d. nenhuma das anteriores.

2. A difração ocorre para:
   a. luz.
   b. som.
   c. raios X.
   d. todas as anteriores.

3. A difração está principalmente relacionada à:
   a. refração.
   b. reflexão.
   c. interferência.
   d. polarização.

4. O dispositivo que divide a luz em suas cores componentes em um espectroscópio é um(a):
   a. prisma.
   b. rede de difração.
   c. qualquer um dos dois.
   d. nenhuma das anteriores.

5. Quando a luz sofre interferência, às vezes ela pode:
   a. ter amplitude maior do que a soma das amplitudes individuais.
   b. ser totalmente cancelada.
   c. ambas as anteriores.
   d. nenhuma das anteriores.

6. Os padrões de interferência de duas fontes de Thomas Young demonstram:
   a. a natureza corpuscular da luz.
   b. a natureza ondulatória da luz.
   c. ambas as anteriores.
   d. nenhuma das anteriores.

7. Quando a luz ciano é vista nas cores de interferência de uma bolha de sabão iluminada pelo sol, a cor cancelada é a:
   a. vermelha.
   b. verde.
   c. azul.
   d. nenhuma das anteriores.

8. A polarização é uma propriedade de:
   a. ondas transversais.
   b. ondas longitudinais.
   c. ambas as anteriores.
   d. nenhuma das anteriores.

9. A luz NÃO atravessa um par de polaroides quando seus eixos estão:
   a. a 45° um do outro.
   b. paralelos um ao outro.
   c. perpendiculares um ao outro.
   d. todas as anteriores.

10. Os hologramas empregam o princípio da:
    a. difração.
    b. interferência.
    c. ambas as anteriores.
    d. nenhuma das anteriores.

Respostas e explicações das perguntas do Exame de múltipla escolha

1. (c): O princípio de Huygens aplica-se às ondas em geral. As aplicações incluem a reflexão e a refração, como mostram claramente as sete primeiras figuras do capítulo. **2. (d):** A difração é uma propriedade de todas as ondas, então (d), todas as anteriores, é a melhor resposta. A difração não é uma característica das outras opções. **3. (c):** A interferência ondulatória é mais comum na difração, então (c) é a melhor resposta. Tanto prismas quanto redes de difração dispersam luz, então (c) é a melhor resposta. **5. (b):** O aumento das amplitudes não é consistente com a conservação da energia. A luz pode, sim, ser totalmente cancelada. Quando isso ocorre, a energia das ondas é deslocada para um local onde a interferência não ocorre. Logo, (b) é a única opção correta. **6. (b):** Historicamente, os experimentos sobre interferência de Young demonstraram, sem sombra de dúvida, que a luz tem propriedades ondulatórias. Seus experimentos não confirmam em nada a natureza corpuscular da luz. **7. (a):** O vermelho seria cancelado para produzir ciano, correspondendo à regra de que a cor cancelada é a cor complementar da luz incidente. **8. (a):** Para determinar se uma onda é ou não transversal, confira se ela pode ser polarizada. Apenas ondas transversais podem ser polarizadas. **9. (c):** A luz atravessa facilmente um par de polaroides com eixos paralelos e parcialmente no caso de eixos em ângulos não perpendiculares entre si, como no caso de 45°. A absorção ocorre para eixos perpendiculares, a 90°. **10. (c):** A luz pode difratar-se em franjas de interferência para produzir um holograma, então (c) é a resposta correta.

30
Emissão de luz

30.1 Emissão luminosa

30.2 Excitação

30.3 Espectro de emissão

30.4 Incandescência

30.5 Espectro de absorção

30.6 Fluorescência

30.7 Fosforescência

30.8 Lâmpadas
    Lâmpadas incandescentes
    Lâmpadas fluorescentes
    Diodo emissor de luz (LED)

30.9 O *laser*

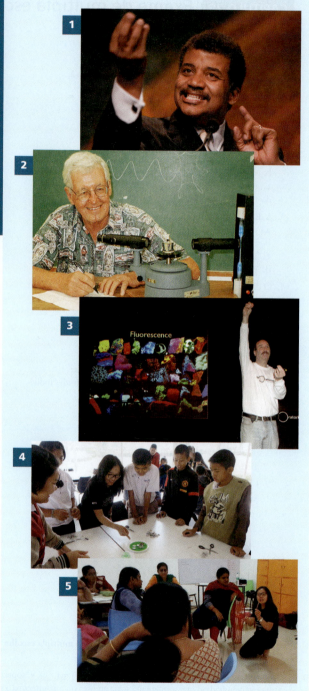

1 Sábias palavras de Neil deGrasse Tyson: "Se quiser afirmar uma verdade, primeiro verifique se não é apenas uma opinião que você desesperadamente quer que seja verdadeira". **2** Usando um espectroscópio, George Curtis separa a luz proveniente de uma fonte de argônio em suas componentes de frequência. **3** Ron Hipschman no seu elemento. **4** Qiuyan Wu inspira jovens estudantes internacionais a enxergar o mundo pelos olhos da ciência. **5** Qiuyan faz o mesmo com estudantes não tão jovens na Índia.

No outono de 2004, fui convidado para dar o discurso inaugural do congresso da American Association of Physics Teachers numa noite de sábado em Brockton, Massachusetts. Cheguei um dia antes e assisti à palestra de um astrofísico que deixou a plateia hipnotizada com os motivos pelos quais Plutão não deveria ser classificado como planeta. O palestrante inspirador era Neil deGrasse Tyson, relativamente desconhecido na época. Ao final do evento, eu e mais alguns participantes começamos a conversar com o palestrante carismático. Meus comentários, depois que me apresentei, foram breves: "Vou dar o discurso inaugural amanhã, e ainda bem que não vou falar imediatamente depois de você. Ia ser difícil!" Correspondi-me com Neil por *e-mail* durante vários meses, debatendo seus motivos para reclassificar Plutão como um planeta-anão.

Para muitos, Tyson parecia defender uma heresia científica. Todo mundo amava Plutão: o nono planeta, o menorzinho, no limite do nosso sistema solar. Contudo, a descoberta de centenas de outros corpos semelhantes a Plutão, à mesma distância do Sol, provocou a reclassificação. Chamamos todos de planetas ou colocamo-os em uma categoria que inclui Plutão? Neil só percebeu como rebaixar Plutão seria impopular quando recebeu centenas de cartas de crianças e estudantes condenando a decisão.

Hoje, a controvérsia se acalmou. Plutão é um planeta-anão, assim como muitos dos seus vizinhos. Estudantes, crianças e o público geral aceitam que há oito planetas no nosso sistema solar, sendo Plutão mais um entre centenas de planetas-anões que orbitam o Sol.

Qualquer decepção com a reclassificação de Plutão deveria ser mais do que compensada pela história pessoal inspiradora de Tyson. Aos nove anos, ele visitou o Hayden Planetarium em Nova York, perto de onde cresceu. Tyson ficou fascinado com a ciência e particularmente intrigado com a astronomia. Sua obsessão pela astronomia se desenvolveu, e com 15 anos ele compartilhava sua excitação com outros dando palestras públicas sobre astronomia. Mais tarde, quando Tyson se candidatou a uma vaga na Universidade de Cornell, sua inscrição praticamente pingava com paixão pelo estudo e pesquisa sobre o universo. O documento chamou a atenção de Sagan, que entrou em contato com Tyson e o encorajou. Embora Tyson tenha escolhido frequentar a Harvard, Sagan continuou a atuar como seu mentor. Após diversas formaturas (ser astrofísico exige várias pós-graduações) e cargos acadêmicos de prestígio, Tyson tornou-se o diretor do Hayden Planetarium que tanto lhe impressionou quando criança. Hoje, nas suas muitas aparições no rádio e na televisão, Tyson é um importante porta-voz da astrofísica e da ciência em geral. No mesmo espírito de Carl Sagan, Tyson continua informando milhões sobre as maravilhas, a beleza e a importância da ciência, focando mais em *como* pensar do que em *o que* pensar.

Tyson é famoso por dizer que "A característica notável das leis da física é que elas se aplicam em todo lugar, não importando se você acredita ou não nelas". Outra das suas frases famosas: "O que vale para a vida em si vale igualmente para o universo: saber de onde você veio é tão importante quanto saber aonde vai". Indagado sobre a vida cotidiana, respondeu: "O problema, com frequência só descoberto mais tarde na vida, é que quando você busca coisas como amor, compreensão e motivação, elas não se encontram atrás de uma árvore ou debaixo de uma pedra. As pessoas mais bem sucedidas na vida reconhecem que elas criaram seu próprio amor, desenvolveram sua própria compreensão e geraram sua própria motivação. De minha parte, sou guiado por duas filosofias: saber mais sobre o mundo hoje do que ontem e diminuir o sofrimento dos outros. Você ficaria surpreso com quão longe isso o leva". Pesquise mais sobre esse carismático palestrante da ciência. Talvez ele ainda esteja dando suas lições gratuitas na internet que destacam a importância da ciência!

Como um astrofísico, Tyson estuda as estrelas baseando-se na luz que elas emitem. Este capítulo aborda a emissão da luz, o que é fascinante para astrônomos, físicos e, eu espero, para você também.

30.1 Emissão luminosa

Se bombearmos energia para uma antena metálica, de modo que ela faça oscilar os elétrons livres do material para lá e para cá em algumas centenas de milhares de vezes por segundo, será emitida uma onda de rádio. Se os elétrons livres pudessem ser colocados a oscilar com frequências da ordem de um milhão de bilhões de vezes por segundo, seria emitida uma onda de luz visível. Contudo, a luz não é gerada em antenas metálicas, nem é exclusivamente produzida por "antenas atômicas" por meio de oscilações dos elétrons de seus átomos, como foi discutido em capítulos anteriores. Agora faremos distinção

646 PARTE VI Luz

FIGURA 30.1 Uma visão simplificada dos elétrons orbitando o núcleo de um átomo em camadas discretas.

entre a luz refletida, refratada, espalhada e difratada por objetos e a luz por eles emitida. Neste capítulo, discutiremos a física das fontes luminosas – ou da *emissão* de luz.

Os detalhes da emissão luminosa atômica envolvem transições eletrônicas de estados de maior energia para os de menor energia no interior dos átomos. Esse processo de emissão pode ser compreendido em termos do conhecido modelo planetário do átomo. Da mesma forma que cada elemento é caracterizado pelo número de elétrons que ocupam as camadas que circundam seu núcleo atômico, cada elemento tem seu próprio padrão característico de camadas eletrônicas, ou estados de energia. Esses estados existem apenas para determinados valores de energia, e dizemos que eles são *discretos*. Chamamos esses estados discretos de energia de *estados quânticos*. Nós voltaremos a eles, com mais detalhes, nos próximos dois capítulos. Chegamos ao ponto em que o modelo clássico da emissão luminosa transforma-se em um modelo quântico da emissão luminosa. Em vez de visualizar elétrons que aceleram de um lado para o outro ao longo de uma antena metálica, uma bela explicação das ondas de rádio, avançamos para um modelo quântico do átomo onde a luz é emitida por transições entre estados de energia do elétron.

30.2 Excitação

Excitar um átomo é como tentar chutar uma bola para fora de uma vala. Muitos chutes curtos não farão a tarefa, pois a bola voltará a cair para dentro da vala. Um chute com a quantidade certa de energia é o suficiente para tirar a bola para fora da vala. Isso também é válido para a excitação de um átomo.

Um elétron mais afastado do núcleo tem uma energia potencial elétrica maior em relação ao núcleo do que um elétron mais próximo ao núcleo. Dizemos, então, que um elétron mais distante do núcleo está em um estado de energia mais alta ou, de maneira equivalente, em um nível de energia mais alto. Num certo sentido, isso é análogo à energia armazenada em uma mola de porta ou em um bate-estacas. Quanto mais aberta estiver a porta, maior será a energia armazenada na mola; quanto mais elevado em relação ao solo estiver o peso do bate-estacas, maior será sua energia potencial gravitacional.

Quando um elétron, de alguma maneira, é promovido para um nível de energia mais alto, dizemos que o átomo está *excitado*. A posição mais elevada do elétron é apenas momentânea. Como a porta puxada por uma mola, ele logo retorna ao seu estado de mais baixa energia. O átomo, então, perde essa energia adquirida temporariamente, retornando a um nível mais baixo e emitindo energia radiante. O átomo, nesse caso, sofreu um processo de **excitação**, seguido por um de *relaxação*.

FIGURA 30.2 Quando um elétron de um determinado átomo é promovido para um nível de energia mais elevado, o átomo torna-se excitado. Quando o elétron retorna ao seu nível original, o átomo relaxa e emite um fóton de luz.

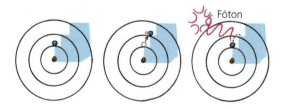

Uma regra incrível da natureza:

$E = hf$

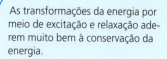

As transformações da energia por meio de excitação e relaxação aderem muito bem à conservação da energia.

Da mesma forma que um elemento eletricamente neutro tem seu próprio número de elétrons, cada elemento tem seu próprio conjunto característico de níveis de energia. Os elétrons que "caem" de níveis mais altos para níveis mais baixos de energia emitem, a cada um desses saltos, um pulso oscilante de radiação eletromagnética chamado de *fóton*, cuja frequência está relacionada à diferença de energia correspondente ao salto. Pensamos no fóton como um corpúsculo localizado de pura energia – uma "partícula" de luz – que é ejetado pelo átomo. A frequência do fóton é diretamente proporcional à sua energia. Em notação matemática,

$$E \sim f$$

Quando uma constante de proporcionalidade h é introduzida, isso se torna uma equação exata,

$$E = hf$$

onde *h* é a constante de Planck (mais informações sobre isso no próximo capítulo).

Um fóton de um feixe de luz vermelha, por exemplo, carrega consigo uma quantidade de energia correspondente à sua frequência. Outro fóton com frequência duas vezes maior tem duas vezes mais energia e é encontrado na porção ultravioleta do espectro. Se muitos átomos do material forem excitados, serão emitidos muitos fótons com frequências diferentes, correspondentes a uma diferença de energia entre os níveis excitados e o nível mais baixo para o qual ocorre a transição do elétron. O *espectro de emissão* de um elemento é o conjunto de frequências que o material excitado emite. Quando excitado, cada elemento químico emite o seu próprio espectro diferenciado.

> **PAUSA PARA TESTE**
>
> A Figura 30.2 nos mostra que a frequência da luz emitida pelos átomos está relacionada com transições de energia à medida que os átomos voltam ao estado fundamental (não excitado). Isso contradiz o que aprendemos nos capítulos anteriores, a saber, que os elétrons postos em vibração emitem luz de uma frequência que corresponde à frequência mecânica da vibração do elétron?
>
> **VERIFIQUE SUA RESPOSTA**
>
> Sim, existe uma contradição. Há dois modelos. Este capítulo passa do modelo clássico para um modelo quântico da emissão luminosa. A emissão de luz por elétrons em vibração é um modelo clássico – válido para a emissão de ondas de rádio a partir de antenas e de radiação devido à temperatura. Um aprofundamento no nível subatômico, no entanto, mostra que as transições dos elétrons entre níveis de energia no interior dos átomos oferecem uma explicação melhor para a emissão de luz.

A luz emitida pelos tubos de vidro em placas publicitárias, por exemplo, é uma consequência familiar da excitação de átomos em determinados gases. As diferentes cores da luz correspondem às excitações de diferentes gases, embora seja comum nos referirmos a qualquer um deles simplesmente como "neônio" (*neon*). Apenas a luz vermelha corresponde, de fato, ao neônio. Nas extremidades do tubo que contém o gás neônio se encontram os eletrodos. Elétrons são arrancados dos eletrodos e empurrados para a frente e para trás em altas velocidades por uma grande voltagem alternada. Milhões de elétrons oscilam para a frente e para trás em altas velocidades no interior do tubo de vidro dos sinalizadores, colidindo com milhões de átomos-alvo, o que promove os elétrons orbitais para níveis mais altos de energia e cede-lhes uma quantidade de energia igual ao decréscimo de energia sofrido pelo elétron bombardeante. Essa energia é, então, irradiada como a luz vermelha característica do neônio quando os elétrons retornam a suas órbitas estáveis. O processo repete-se inúmeras vezes, com os átomos de neônio sofrendo ciclos de excitação e relaxação. O resultado geral desse processo é a transformação de energia elétrica em energia radiante.

Quando sais de diferentes elementos são colocados em uma chama, as cores apresentadas por diversas chamas se devem à excitação. Cada elemento excitado emite cores características dos espaçamentos entre seus níveis de energia. Colocar sal de cozinha comum na chama, por exemplo, produz a cor amarela característica do sódio.

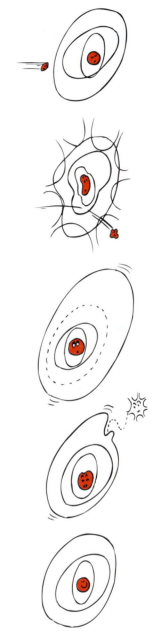

FIGURA 30.3 Excitação e relaxação.

> **PAUSA PARA TESTE**
>
> Em termos de *E* = *hf*, qual seria a energia de *n* fótons de frequência *f*?
>
> **VERIFIQUE SUA RESPOSTA**
>
> *E* = *nhf*.

As lâmpadas de iluminação das ruas constituem outro exemplo. As ruas das cidades não são mais iluminadas por lâmpadas incandescentes, mas por luz emitida por gases como o vapor de mercúrio. A luz emitida por essas lâmpadas é rica em azuis e violetas e, portanto, fornece uma luz "branca" diferente da luz branca fornecida por uma lâmpada incandescente. Algumas lâmpadas de iluminação pública usam o brilho do sódio gasoso, que consome menos energia. As lâmpadas de vapor de sódio emitem luz de um tom amarelado. Se seu professor tiver um prisma de reserva ou uma rede de difração, peça que ele os empreste. Olhe através do prisma ou da rede de difração para a luz proveniente de uma lâmpada de iluminação da rua e observe o caráter discreto das cores, o que revela o caráter discreto dos níveis atômicos. Note a diferença entre as cores emitidas por lâmpadas de mercúrio e de sódio.

A excitação é ilustrada pela aurora boreal e a aurora austral (como mostrado na abertura do capítulo). Elétrons altamente velozes, originados do vento solar, colidem com átomos ou moléculas na atmosfera superior. Eles emitem luz exatamente da mesma forma que em um tubo de neônio. As diferentes cores vistas nas auroras correspondem à excitação de diferentes gases – átomos de oxigênio produzem uma cor branca esverdeada, moléculas de nitrogênio produzem luz vermelha-violeta, e íons de nitrogênio, uma luz azul-violeta. As emissões das auroras não se restringem à luz visível, incluindo também as radiações infravermelha, ultravioleta e de raio X.

O processo de excitação/relaxação pode ser descrito precisamente apenas pela mecânica quântica. Ao tentar visualizar o processo em termos da física clássica, chegamos a contradições. De forma clássica, uma carga elétrica acelerada produz radiação eletromagnética. Isso explica a emissão de radiação por átomos excitados? Um elétron realmente acelera ao realizar uma transição de um nível de energia mais alta para um de energia mais baixa. Da mesma forma que os planetas mais internos do sistema solar têm valores maiores de velocidade orbital do que os planetas mais externos, os elétrons nas camadas mais internas de um átomo têm maiores valores de velocidade. Um elétron ganha velocidade ao se transferir para um nível mais baixo de energia. Ótimo, um elétron acelerado irradia um fóton! Contudo, não é tão ótimo assim, pois o elétron está continuamente acelerado (aceleração centrípeta) em qualquer órbita, esteja ele realizando ou não uma mudança de nível de energia. De acordo com a física clássica, ele deveria, então, irradiar energia continuamente, mas não é isso que ele faz. Todas as tentativas de explicar a emissão de luz por um átomo excitado em termos de um modelo clássico não têm tido sucesso. Ideias clássicas como rapidez e aceleração simplesmente não se aplicam ao elétron em estado quântico no átomo. Simplesmente afirmaremos que a luz é emitida quando o elétron de um átomo realiza um "salto quântico" de um nível de energia mais alta para um de energia mais baixa, e a energia e a frequência do fóton emitido estão relacionadas por $E = hf$.

$E = hf$ nos informa que a radiação de baixa frequência dos *smartphones* não ioniza material genético. Os danos ao DNA exigem as frequências muito mais elevadas dos raios X ou UV.

> **PAUSA PARA TESTE**
>
> Suponha que um amigo sugira que, para um bom funcionamento, os átomos do gás neônio no interior de um tubo deveriam ser periodicamente substituídos por átomos "frescos", pois a energia dos átomos tende a se exaurir com a contínua excitação dos átomos, produzindo uma luz cada vez mais fraca. O que você diz a respeito?
>
> **VERIFIQUE SUA RESPOSTA**
>
> Os átomos de neônio não perdem qualquer energia que não lhes seja cedida pela corrente elétrica existente no tubo e, portanto, não se tornam "exauridos". Qualquer átomo pode ser excitado e reexcitado repetidas vezes, sem limites. Se a luz estiver, de fato, tornando-se cada vez mais fraca, isso provavelmente se deve à existência de algum vazamento. Caso contrário, não existe vantagem alguma em trocar o gás do tubo, pois um átomo "fresco" é indistinguível de um "usado". Ambos são eternos e mais antigos do que o próprio sistema solar.

30.3 Espectro de emissão

Cada elemento químico tem seu próprio padrão característico de níveis de energia eletrônicos e, portanto, emite luz de acordo com seu padrão característico de frequências, ou **espectro de emissão**, quando excitado. Esse padrão pode ser visto quando a

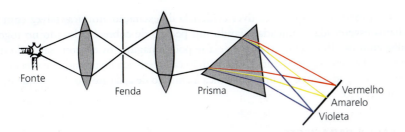

FIGURA 30.4 Um espectroscópio simples. Uma lente enfoca a luz de uma fonte através de uma fenda delgada. Uma segunda lente direciona a luz da fenda para um prisma, onde as imagens da fenda são dispersadas e projetadas sobre a tela. O padrão espectral é característico da luz da fonte.

luz atravessa um prisma, ou melhor, quando ela passa primeiro por uma fenda estreita e então é focada, através de um prisma, sobre uma tela. Um arranjo desses, com fenda, lente de focagem e prisma (ou rede de difração), constitui o que chamamos de **espectroscópio**, um dos mais úteis instrumentos da ciência moderna (Figura 30.4).

Cada cor componente é focada em uma posição bem definida, de acordo com sua frequência, e forma uma imagem da fenda sobre a tela, filme fotográfico ou detector apropriado. As imagens diferentemente coloridas da fenda são chamadas de *linhas espectrais*. Algumas linhas espectrais típicas, classificadas por seus comprimentos de onda, são mostradas na Figura 30.6. É costume nos referirmos a cores em termos de seus comprimentos de onda, em vez de suas frequências. Uma determinada frequência corresponde a um determinado comprimento de onda.[1]

FIGURA 30.5 Uma rede de difração pode substituir um prisma num espectrômetro.

Se a luz emitida por uma lâmpada de vapor de sódio é analisada em um espectroscópio, observa-se a predominância de uma única linha amarela – uma única imagem da fenda. Se a largura da fenda for diminuída, observa-se que essa linha é realmente composta de duas linhas muito próximas (não evidentes aqui). Essas linhas correspondem às duas frequências predominantes da luz emitida pelos átomos excitados de sódio. O restante do espectro parece escuro. (Na verdade, existem inúmeras outras linhas ali, frequentemente esmaecidas demais para serem vistas a olho nu.) O mesmo ocorre com todos os vapores cintilantes. A luz proveniente de uma lâmpada de vapor de mercúrio revela um par de brilhantes linhas amarelas próximas (mas em posições diferentes daquelas do sódio), uma linha verde muito intensa e várias linhas azuis e violetas. Verificamos que a luz emitida por cada elemento na fase de vapor produz seu próprio padrão característico de linhas. Essas linhas correspondem às transições eletrônicas entre os níveis atômicos de energia e são uma característica própria de cada elemento, assim como as impressões digitais são únicas para cada pessoa. O espectroscópio, portanto, é um instrumento amplamente utilizado em análise química.

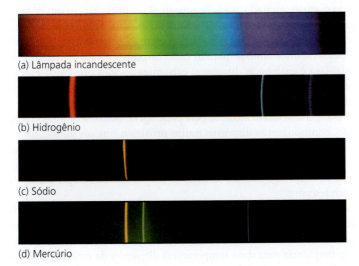

FIGURA 30.6 (a) Toda lâmpada incandescente tem um espectro contínuo. Cada um dos três elementos, (b) hidrogênio, (c) sódio e (d) mercúrio, tem espectros de linhas diferentes.

---

[1] Lembre-se, do Capítulo 19, que $v = f\lambda$, onde v é a rapidez de propagação da onda, f é a sua frequência e λ (lambda) é seu comprimento de onda. Para a luz, v é a constante c, portanto vemos a partir de $c = f\lambda$ qual é a relação entre a frequência e o comprimento de onda: $f = \dfrac{c}{\lambda}$ ou $\lambda = \dfrac{c}{f}$.

650 PARTE VI Luz

Como todo elemento químico tem seu próprio e único conjunto de níveis de energia, ele terá seu próprio *padrão distintivo* de linhas de absorção (e de emissão) espectral – a sua própria "*impressão digital*", que os astrônomos usam para identificar diversos elementos em objetos astronômicos.

Da próxima vez que você tiver evidência de excitação atômica, talvez com a chama esverdeada produzida quando um pedaço de cobre é colocado no fogo, olhe com os olhos semicerrados e veja se pode imaginar os elétrons saltando de um nível de energia para outro num padrão característico do átomo que está excitado – um padrão que dá uma cor única à emissão de cada átomo. É isso que está acontecendo!

> **PAUSA PARA TESTE**
> Os padrões espectrais não são formados por manchas luminosas sem formas definidas; pelo contrário, eles consistem em linhas retas finas e distintas. Por que isso é assim?
>
> **VERIFIQUE SUA RESPOSTA**
> As linhas espectrais são simplesmente imagens da fenda, que é uma abertura reta e estreita através da qual a luz é admitida antes de ser espalhada pelo prisma (ou rede de difração). Quando a fenda é ajustada para sua menor abertura, as linhas que estão muito próximas entre si podem ser separadas (ou seja, distinguidas umas das outras). Uma fenda mais larga admite mais luz, o que facilita a detecção da energia radiante mais fraca. No entanto, seu alargamento tem um custo na resolução, pois linhas que estão muito próximas entre si aparecem borradas na imagem obtida.

30.4 Incandescência

A luz emitida como um resultado da alta temperatura tem a propriedade da **incandescência** (palavra oriunda do latim que significa "tornar-se quente"). Ela pode ter uma tonalidade avermelhada, como a da luz emitida pela resistência de aquecimento de uma torradeira elétrica, ou um tom azulado, como o da luz emitida por uma estrela particularmente quente. Ou ela pode ser branca, como a luz que é emitida por uma lâmpada incandescente. O que torna diferente a luz emitida por uma lâmpada incandescente da luz emitida por um tubo de neônio, ou uma lâmpada de vapor de mercúrio, é o fato de que aquela luz contém um número infinito de frequências espalhadas pelo espectro. Isso significa que os átomos de tungstênio, que formam o filamento da lâmpada incandescente, são caracterizados por um número infinito de níveis de energia? A resposta é não; se o filamento fosse vaporizado e, então, excitado, o gás de tungstênio emitiria luz em um número finito de frequências, produzindo uma cor resultante azulada. A luz emitida por átomos que se encontram afastados entre si na fase gasosa é inteiramente diferente da luz emitida pelos mesmos átomos quando estão dispostos muito próximos entre si na fase sólida. Isso é análogo às diferenças existentes no som proveniente de um sino isolado e de uma caixa abarrotada de sinos (Figura 30.7). Num gás, os átomos estão muito afastados. Os elétrons no interior de um átomo realizam transições entre os níveis de energia sem serem afetados pela presença de outros átomos. Os átomos em um sólido, contudo, estão dispostos muito próximos uns aos outros. Os níveis de energia tornam-se menos distintos devido à proximidade dos átomos adjacentes. A emissão de energia radiante ocorre na forma de uma "faixa" quase contínua de níveis de energia. Isso explica o número infinito de frequências de energia radiante de uma fonte incandescente.

FIGURA 30.7 O som emitido por um sino isolado soa com uma frequência clara e distinta, enquanto o som que sai de uma caixa de sinos amontoados juntos é dissonante. Ocorre algo semelhante com a diferença entre a luz emitida pelos átomos de uma substância na fase gasosa e aquela emitida pelos átomos da mesma substância na fase sólida.

Como se poderia esperar, a luz incandescente depende da temperatura da fonte. Chamamos o fenômeno de *radiação térmica*, esteja ela abaixo, dentro ou acima das frequências da luz visível. A Figura 30.8 mostra um gráfico da energia irradiada em função da frequência para duas temperaturas diferentes de emissão. (Lembre-se de que discutimos a curva de radiação para a luz solar no Capítulo 27 e a radiação do corpo negro no Capítulo 16.) Quando o sólido é aquecido ainda mais, ocorrem mais transições de alta energia, e a frequência da radiação emitida torna-se mais alta. A curva é composta de um espectro contínuo. Na parte mais brilhante do espectro,

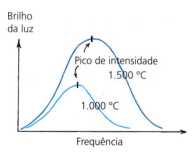

FIGURA 30.8 A curva de radiação para um sólido incandescente.

a frequência predominante da radiação emitida, ou *frequência de pico*, é diretamente proporcional à temperatura absoluta do emissor:

$$\overline{f} \sim T$$

Usamos uma barra sobre o símbolo *f* para indicar que se trata da frequência de pico, pois uma fonte luminosa incandescente emite muitas frequências. Se o valor da temperatura (em kelvins) de um objeto for dobrado, a frequência de pico da radiação emitida será dobrada. As ondas eletromagnéticas que constituem a luz violeta têm uma frequência aproximadamente duas vezes maior que a das ondas que formam a luz vermelha. Uma estrela quente de aparência violeta, portanto, tem uma temperatura superficial aproximadamente duas vezes mais alta do que uma estrela vermelha.[2] A temperatura de corpos incandescentes, sejam eles estrelas ou o interior de altos-fornos, pode ser determinada medindo-se a frequência de pico (ou cor) da energia radiante que eles emitem.

PAUSA PARA TESTE

A partir das curvas de radiação mostradas na Figura 30.8, qual fonte emite energia radiante com uma frequência média mais alta: a fonte que está a 1.000 °C ou a que está a 1.500 °C? Qual delas emite mais energia radiante?

VERIFIQUE SUA RESPOSTA

A fonte que está a 1.500 °C emite frequências médias mais altas, como pode ser observado pela extensão da curva para a direita. A fonte a 1.500 °C é mais brilhante e emite mais energia radiante, como pode ser notado pela maior altura de seu pico.

30.5 Espectro de absorção

Quando observamos, com um espectroscópio, a luz branca proveniente de uma fonte incandescente, vemos um espectro contínuo formando um arco-íris completo de cores. Se, entretanto, for colocado um gás entre a fonte e o espectroscópio, um exame cuidadoso revelará que o espectro não é completamente contínuo. Trata-se de um **espectro de absorção**, onde existem linhas escuras distribuídas em sua extensão. Essas linhas escuras, vistas contra o fundo colorido em arco-íris, são como as linhas de emissão em negativo. Elas são as *linhas de absorção*.

Os átomos absorvem luz, assim como a emitem. Um determinado átomo absorverá mais fortemente a luz com as frequências nas quais ele está "sintonizado" – ou seja, aquelas que têm as mesmas frequências que ele próprio emite. Quando um feixe de luz branca atravessa o gás, os átomos deste absorvem de maneira seletiva as frequências da luz do feixe. A luz absorvida é novamente irradiada, mas em *todas* as direções, em vez de apenas na direção do feixe incidente. Quando a luz que permaneceu no feixe é espalhada formando um espectro, as frequências que foram absorvidas revelam-se como linhas escuras no espectro obtido, que, de outro modo, seria contínuo. As posições dessas linhas escuras correspondem exatamente às posições das linhas do espectro de emissão do mesmo gás (Figura 30.9).

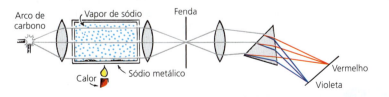

FIGURA 30.9 Um arranjo experimental para demonstrar o espectro de absorção de um gás.

---

[2] Se você estudar mais esse assunto, então, como mencionado na nota de rodapé 3 do Capítulo 16, descobrirá que a taxa temporal com a qual um determinado objeto irradia energia (a potência irradiada) é proporcional à quarta potência de sua temperatura Kelvin. Portanto, duplicar a temperatura corresponde não somente a dobrar a frequência da energia radiante, mas também a aumentar a taxa de emissão de energia radiante 16 vezes.

652 PARTE VI Luz

Embora o Sol seja uma fonte de luz incandescente, o espectro que ele produz, sob um exame cuidadoso, não é contínuo. Existem nele muitas linhas de absorção, chamadas de *linhas de Fraunhofer*, em homenagem ao óptico e físico bávaro Joseph von Fraunhofer, que primeiro as observou e as mapeou precisamente. Linhas semelhantes são encontradas no espectro produzido pelas estrelas. Essas linhas indicam que o Sol e as estrelas são circundados por uma atmosfera de gases mais frios, que absorvem algumas das frequências da luz proveniente do corpo principal. A análise dessas linhas revela a composição química da atmosfera dessas fontes. Da análise, descobrimos que os elementos existentes nas estrelas são os mesmos que existem na Terra. Um desdobramento interessante ocorreu em 1868, quando análises espectroscópicas do Sol revelaram algumas linhas espectrais diferentes daquelas que se conhecia na Terra. Essas linhas identificavam um novo elemento, que foi chamado de *hélio*, denominação alusiva a Hélios, o deus grego do Sol. O hélio foi descoberto no Sol antes que fosse descoberto na Terra. O que você acha disso?

FIGURA 30.10 Os espectros de emissão e de absorção.

Podemos determinar a rapidez com que as estrelas se movem ao estudar os espectros que elas emitem. Da mesma forma que uma fonte sonora em movimento produz um deslocamento Doppler na altura de seu som (Capítulo 19), uma fonte luminosa que se move produz um deslocamento Doppler em sua frequência. A frequência (e não a rapidez) da luz emitida por uma fonte que está se aproximando é mais alta do que a de uma fonte estacionária, enquanto a frequência de uma fonte que está se afastando é mais baixa. As linhas espectrais correspondentes são deslocadas em direção à extremidade vermelha do espectro se a fonte está se afastando. Quase todas as galáxias revelam um deslocamento para o vermelho em seus espectros, prova de que estão se afastando de nós – e que o universo está se expandindo.

No Capítulo 31, vamos ver como os espectros dos elementos nos permitem determinar suas estruturas atômicas.

> A análise da luz emitida por Andrômeda, nossa vizinha da Via Láctea, indica o seu deslocamento para o azul quando vista da Terra, o que indica que ela está se aproximando de nós.

> **PAUSA PARA TESTE**
> Faça distinção entre espectros de emissão, espectros contínuos e espectros de absorção.
>
> **VERIFIQUE SUA RESPOSTA**
> Os espectros de emissão são produzidos por gases rarefeitos nos quais os átomos não interagem significativamente uns com os outros. Os espectros são contínuos quando os átomos estão próximos o suficiente uns dos outros para que seus níveis de energia interajam. É por isso que sólidos, líquidos e gases densos emitem luz em todas as frequências visíveis quando aquecidos. Os espectros de absorção ocorrem quando a luz atravessa um gás diluído e os átomos dele absorvem luz de frequências características. Como a luz reemitida provavelmente não tem a mesma direção do movimento dos fótons absorvidos, aparecem linhas escuras (ausência de luz) no espectro.

> A energia E de um fóton emitido é igual a ΔE entre níveis de energia, de acordo com $E = hf$.

30.6 Fluorescência

A agitação térmica e o bombardeio por partículas, como elétrons altamente velozes, não são as únicas maneiras de comunicar energia de excitação a um átomo. Um átomo também pode ser excitado ao absorver um fóton de luz. A partir da relação $E = hf$, vemos que a luz de alta frequência, como a luz ultravioleta, situada além do espectro visível, entrega mais energia por fóton absorvido do que a luz de frequência mais baixa. Diversas substâncias são excitadas quando iluminadas com luz ultravioleta.

Muitos materiais excitados pela luz ultravioleta emitem luz visível sob relaxação. Esse fenômeno recebe o nome de **fluorescência**. Nesses materiais, um fóton de luz ultravioleta excita o átomo, impulsionando um de seus elétrons para um estado de energia mais alta. Nesse salto quântico "para cima", o átomo provavelmente salta por sobre vários estados de energia intermediários. Assim, ao relaxar, o átomo pode realizar vários saltos menores, emitindo diversos fótons, cada um com energia menor do que o fóton que deu início ao processo.

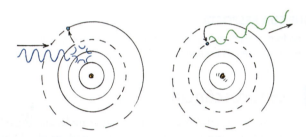

FIGURA 30.11 Na fluorescência, a energia absorvida de um fóton de luz ultravioleta impulsiona o elétron de um átomo para um estado de energia mais alto. Quando o elétron retorna para um estado intermediário, o fóton emitido é menos energético e, portanto, tem uma frequência menor do que a do fóton de luz ultravioleta.

Esse processo de excitação e relaxação ocorre rapidamente. É como subir uma escada pequena em um salto só e depois descer um ou dois degraus de cada vez, em vez de descer em apenas um salto todos os degraus que foram ultrapassados no salto de ida. São emitidos fótons correspondentes a frequências mais baixas. Portanto, a luz ultravioleta que incide sobre um material o faz brilhar predominantemente em vermelho, amarelo ou qualquer outra cor característica do material. Corantes fluorescentes são usados em tintas e tecidos para fazê-los brilhar quando bombardeados pelos fótons de luz ultravioleta existentes na luz solar. Essas cores fluorescentes brilham espetacularmente quando iluminadas com uma lâmpada de ultravioleta.

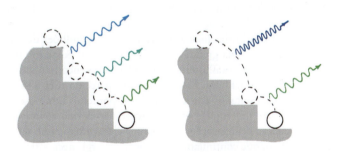

FIGURA 30.12 Um átomo excitado pode relaxar realizando diversas combinações de saltos.

Os detergentes que divulgam que vão deixar suas roupas "mais brancas do que o branco" usam o princípio da fluorescência. Esses detergentes contêm um corante fluorescente que converte luz ultravioleta da luz solar em luz visível azul, de modo que as roupas lavadas com eles pareçam refletir mais azul do que normalmente fariam. Isso as faz parecer ainda mais brancas.[3]

Da próxima vez que você visitar um museu de ciências naturais, vá até a seção de geologia e entre na exposição de minerais iluminados com luz ultravioleta (Figura 30.13). Você observará que diferentes minerais irradiam cores diferentes. Isso é esperado, pois diferentes minerais são compostos por diferentes elementos químicos, os quais, por sua vez, têm diferentes conjuntos de níveis de energia. Ver esses minerais radiantes é uma bela experiência visual, que é ainda mais fascinante quando integrada com seu conhecimento acerca dos acontecimentos submicroscópicos da natureza. Fótons ultravioletas de alta energia atingem o material, excitando os átomos da estrutura

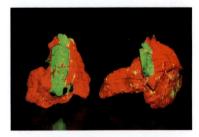

FIGURA 30.13 Essa rocha contém dois minerais fluorescentes, o carbonato de cálcio e o silicato de zinco, os quais, sob luz ultravioleta, são claramente vistos aqui em vermelho e verde, respectivamente.

---

[3] Curiosamente, os mesmos detergentes comercializados no México e em alguns outros países são ajustados para conferir às roupas uma tonalidade mais rosada, um efeito mais "quente".

654 PARTE VI Luz

FIGURA 30.14 Lápis de cor de diversas cores vistos com luz ultravioleta.

mineral. As frequências da luz que você enxerga correspondem às minúsculas diferenças entre os níveis de energia pouco espaçados, que vão sendo ocupados à medida que a energia vai caindo em cascata. Cada átomo excitado emite suas frequências características, e não existem dois minerais que emitem luzes exatamente das mesmas cores. A beleza está tanto no olho quanto na mente do espectador.

> **PAUSA PARA TESTE**
>
> Por que seria impossível para um material fluorescente emitir luz ultravioleta quando iluminado por um fóton de luz infravermelha?
>
> **VERIFIQUE SUA RESPOSTA**
>
> A energia do fóton emitido seria maior do que a energia do fóton absorvido, o que violaria a lei da conservação da energia.

psc

- A fim de tornar mais difíceis as falsificações, muitos governos, incluindo o dos Estados Unidos, usam a fluorescência. Para conferir com seus próprios olhos, exponha as novas notas de dinheiro norte-americano à luz UV. Próximo a uma das bordas da nota, você poderá enxergar uma linha que não pode ser vista com luz visível. Essa linha fluorescente pode ser vista na frente e no verso da nota. As mudanças nas notas ainda estão em andamento.

30.7 Fosforescência

Ao serem excitados, certos cristais e algumas grandes moléculas orgânicas permanecem no estado excitado por um período de tempo prolongado. Diferentemente do que ocorre com os materiais fluorescentes, seus elétrons são impulsionados para órbitas mais altas e não relaxam tão rapidamente quanto na fluorescência. Em vez disso, tornam-se aprisionados. Como resultado, existe um tempo de retardo entre o processo de excitação e o de relaxação. Materiais que exibem essa propriedade peculiar são ditos ter **fosforescência.**

O elemento fósforo, usado nos ponteiros brilhantes de alguns relógios e em outros objetos fabricados para brilharem no escuro, é um bom exemplo. Os átomos ou moléculas desses materiais são excitados pela luz visível incidente. Em vez de relaxar imediatamente, como fazem os materiais fluorescentes, muitos de seus átomos permanecem em um *estado metaestável* – um estado prolongado de excitação, algumas vezes com a duração de várias horas, embora a maioria deles relaxe mais rapidamente. Se a fonte da excitação for removida (por exemplo, se as luzes forem desligadas), ocorrerá um brilho posterior produzido por milhões de átomos que espontaneamente sofrem uma gradual relaxação. O brilho posterior apresentado por algumas chaves interruptoras luminosas fosforescentes encontradas nas residências pode durar mais de uma hora. Esse fenômeno é parecido com o dos ponteiros de relógios luminosos, excitados por luz visível. Os ponteiros luminosos de alguns relógios antigos brilham indefinidamente no escuro não devido ao longo tempo de retardo entre a excitação e a relaxação, mas porque eles contêm rádio ou algum outro material radioativo, que continuamente fornece a energia necessária para manter em andamento o processo de excitação. Esses ponteiros não são mais comuns atualmente por causa do potencial dano causado ao usuário pelo material radioativo, especialmente quando se trata de um relógio de pulso ou de bolso.[4]

Muitos seres vivos – desde bactérias a vaga-lumes e animais maiores, como a água-viva – excitam quimicamente as moléculas de seus corpos, que emitem luz. Dizemos que esses seres vivos são *bioluminescentes*. Sob certas condições, determinados peixes tornam-se luminescentes enquanto nadam, mas permanecem escuros quando parados. Cardumes desses peixes não são vistos quando permanecem imóveis, mas, ao serem alertados, mergulham a toda velocidade para as profundezas, emitindo luz subitamente e gerando uma espécie de fogo de artifício submarino.

---

[4] No entanto, uma forma radioativa de hidrogênio chamada de *trítio* pode servir para manter iluminados os ponteiros dos relógios sem perigo de causar malefícios. Isso porque sua radiação não tem energia o suficiente para penetrar no metal ou no plástico da carcaça do relógio.

O mecanismo que produz a bioluminescência ainda não é bem compreendido e continua sendo pesquisado.

> **PAUSA PARA TESTE**
> Faça distinção entre fluorescência e fosforescência com relação ao tempo de resposta.
>
> **VERIFIQUE SUA RESPOSTA**
> Materiais fluorescentes emitem luz imediatamente, enquanto no caso dos materiais fosforescentes existe um atraso. A relaxação é gradual.

30.8 Lâmpadas

Lâmpadas incandescentes

A iluminação hoje utiliza principalmente lâmpadas de LED, mas não foi sempre assim. Começamos com o óleo de baleia, os lampiões a gás e as lâmpadas alimentadas por petróleo antes que Thomas Edison mudasse o mundo com a sua lâmpada incandescente. A Figura 30.15 mostra uma versão simplificada da lâmpada incandescente, um globo de vidro lacrado contendo um filamento de tungstênio, pelo qual flui uma corrente. A corrente, em geral, aquece o filamento entre 2.000 K e 3.300 K, bem abaixo do ponto de fusão do tungstênio, que é de 3.695 K. O filamento quente emite um espectro contínuo, especialmente no infravermelho, com a luz visível sendo a parte útil e menor. O globo de vidro lacrado impede o oxigênio atmosférico de entrar em contato com o filamento aquecido, o que, de outro modo, o destruiria rapidamente por oxidação. Ele acabará rompendo-se, entretanto, devido à sua evaporação gradual, que finalmente faz a lâmpada "queimar".

Normalmente, o argônio é o gás usado no globo lacrado. Se uma pequena quantidade de um elemento halogênio, como o iodo, for colocada no interior do bulbo, a evaporação do tungstênio diminuirá, e a lâmpada durará mais. A ação do halogênio requer, porém, que todo o bulbo seja mais quente (não toque em uma lâmpada de halogênio acesa!), de modo que ele precisa ser confeccionado em tamanho menor e com quartzo resistente ao calor. A lâmpada de halogênio também pode ser um pouco mais eficiente do que uma lâmpada incandescente comum.

A eficiência das lâmpadas incandescentes como emissoras de radiação visível é, em geral, menor do que 10%. Por isso, estão sendo substituídas por lâmpadas que convertem uma percentagem maior de energia elétrica em luz visível.

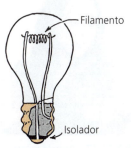

FIGURA 30.15 Versão simplificada de uma lâmpada incandescente. Uma fonte de voltagem fornece energia em "vagas" para os elétrons do filamento de alta resistência. Uma parte relativamente pequena dessa energia é convertida em luz.

psc

- Embora a lâmpada incandescente não tenha sido inventada por Thomas Edison, ele foi o primeiro a construir um tipo que sobrepujou todas as outras versões da época, concebendo todo um sistema integrado de iluminação elétrica.

Lâmpadas fluorescentes

A lâmpada fluorescente comum consiste num tubo cilíndrico de vidro com eletrodos nas extremidades (Figura 30.16). Na lâmpada, como no tubo de um anúncio de neônio, os elétrons são agitados de modo violento num dos eletrodos e forçados a oscilar velozmente dentro do tubo para lá e para cá pela voltagem alternada aplicada.

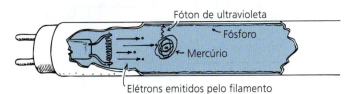

FIGURA 30.16 Uma lâmpada fluorescente. A luz ultravioleta (UV) é emitida pelo gás quando excitado por uma corrente elétrica alternada. A luz UV, por sua vez, excita a tinta fosforescente na superfície interna do tubo de vidro, a qual, então, emite a luz branca.

O tubo está preenchido com vapor de mercúrio adicionado a argônio a uma pressão muito baixa. Os átomos de mercúrio são excitados pelos impactos dos elétrons altamente velozes. Boa parte da luz emitida está na região do ultravioleta. Esse é o processo primário de excitação. O processo secundário ocorre quando a luz ultravioleta atinge a camada de *fósforo*, um material em pó que recobre a superfície interna do tubo. A camada fosforescente é excitada pelos fótons de ultravioleta absorvidos, tornando-se fluorescente e emitindo uma multidão de fótons de frequências mais baixas, que se combinam e produzem a luz branca. Diferentes materiais fosforescentes podem ser usados para produzir luzes com diferentes cores ou "texturas".

Diodo emissor de luz (LED)

Do Capítulo 23, lembre-se de nossa breve discussão sobre o diodo eletrônico, um componente eletrônico de dois terminais que permite o fluxo de cargas elétricas em apenas uma direção e converte CA para CC em circuitos elétricos. Eles servem para diversas funções, que incluem regulação de voltagem em circuitos, amplificação de sinais, medição de iluminação e conversão de luz em eletricidade em fotocélulas. Um tipo de projeto de diodo é o contrário de uma fotocélula, em que uma voltagem aplicada estimula a emissão de luz! Trata-se do diodo emissor de luz, o LED (sigla inglesa para *light-emitting diode*). Os primeiros LEDs desenvolvidos na década de 1960 produziam luz vermelha comum em painéis de instrumentos da época. Eles permitiam que você soubesse se seu aparelho de DVD estava desligado ou ligado. Após a invenção do diodo azul, no início da década de 1990, tornou-se possível produzir luz branca. Lembre-se que quando o azul é somado ao vermelho e ao verde, o resultado é a luz branca. O mesmo vale para os diodos. A combinação de diodos azuis, vermelhos e verdes produz o branco.

FIGURA 30.17 Angela mostra dois LEDs à turma. O menor é usado em lanternas e emite 15 vezes mais luz por watt do que uma lâmpada incandescente. O maior usa menos de 8 W e fornece tanta luz quanto uma lâmpada incandescente de 60 W.

Hoje, os LEDs brancos para iluminação praticamente substituíram as lâmpadas incandescentes e fluorescentes. Os LEDs são compactos, eficientes, duradouros (cerca de 100 vezes mais do que as lâmpadas incandescentes) e não contêm mercúrio, um elemento químico tóxico que é encontrado nas lâmpadas fluorescentes. A iluminação com LEDs tornou-se parte do nosso cotidiano.

Quando um diodo capta luz e produz eletricidade, ele é uma célula solar ou fotocélula. Quando a entrada é eletricidade e a saída é luz, ele é um LED. Isso é apenas outra bela simetria da física!

Em um projeto de LED comum, uma camada de um semicondutor que contém elétrons livres é depositada sobre a superfície de outro semicondutor que contém "buracos" em energia capazes de aceitar elétrons. Uma barreira elétrica na interface entre esses materiais impede o fluxo de elétrons (Figura 30.18a). Contudo, quando uma voltagem externa é aplicada, a barreira é vencida, e os elétrons energéticos a escalam e "caem" nos "buracos" em energia. De maneira semelhante à relaxação, esses elétrons perdem energia potencial, que é convertida em *quanta* de luz – fótons (Figura 30.18b). Assim como uma bola de boliche que rola e cai de uma mesa emite um som tipo "ca-bum" ao bater no piso, o "ca-bum" análogo dos elétrons em um LED é a emissão de um fóton. Qual é a energia transmitida por cada fóton? Isso mesmo, a mesma quantidade de cada "ca-bum", o que é consistente com o princípio da conservação da energia.

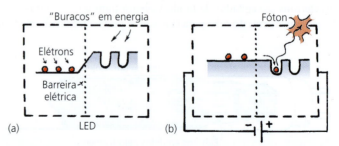

FIGURA 30.18 (a) O *chip* de um LED consiste em dois semicondutores, um com elétrons disponíveis e outro com "buracos". (b) Quando uma voltagem é aplicada, elétrons vencem a barreira, ocupam buracos e emitem luz. O *chip* quadrado de 0,25 mm é rodeado por um domo de epóxi transparente (não mostrado) com cerca de 2 a 10 mm de diâmetro.

PAUSA PARA TESTE

Por que a criação do LED azul foi importante para as telas e iluminação com LEDs?

VERIFIQUE SUA RESPOSTA

A luz branca nas telas de vídeo e lâmpadas não precisa apenas do vermelho e verde comuns; o azul também é necessário. Com todas as três cores somadas, produzimos luz branca.

psc
- Os cientistas japoneses Shuji Nakamura, Hiroshi Amano e Isamu Akasaki receberam o Prêmio Nobel de Física em 2014 pela invenção do LED azul.

30.9 O *laser*

Os fenômenos da excitação, da fluorescência e da fosforescência constituem a base de funcionamento de um dos mais intrigantes instrumentos: o **laser** (*light amplification by stimulated emission of radiation*, ou amplificação da luz por emissão estimulada de radiação).[5] Embora o primeiro *laser* tenha sido inventado em 1958 e produzido de fato em 1960, o conceito de emissão estimulada foi predito por Einstein em 1917. Para compreender o funcionamento de um *laser*, devemos primeiro discutir o que é *luz coerente*.

A luz emitida por uma lâmpada comum é incoerente; ou seja, ela é formada por fótons com frequências e fases diferentes. Essa luz é tão incoerente quanto o som resultante dos passos de uma multidão correndo caoticamente sobre o piso de um auditório. A luz incoerente é caótica. Um feixe de luz incoerente se espalha após ter percorrido uma curta distância, tornando-se cada vez mais largo e cada vez menos intenso com o aumento da distância percorrida.

FIGURA 30.19 A luz branca incoerente contém ondas de diversas frequências (e comprimentos de onda) que estão fora de fase entre si.

Mesmo se o feixe for filtrado, de modo que seja formado por ondas de uma mesma frequência (feixe monocromático), ele ainda será incoerente, pois as ondas estarão fora de fase entre si.

FIGURA 30.20 A luz de uma única frequência e um único comprimento de onda ainda contém uma mistura de fases.

Um feixe de fótons que tenham a mesma frequência, a mesma fase e a mesma direção de propagação – ou seja, um feixe de fótons que são cópias idênticas uns dos outros – é chamado de *coerente*. Um feixe de luz coerente se propaga sofrendo muito pouco alargamento e enfraquecimento.[6]

FIGURA 30.21 A luz coerente: todas as ondas que a formam são idênticas e estão em fase e na mesma orientação.

---

[5] Uma palavra formada pelas iniciais das palavras de uma frase é chamada de *acrônimo*.

[6] A estreiteza de um feixe de *laser* é evidente quando você vê um palestrante produzindo um ponto vermelho sobre uma tela ao utilizar um "apontador" a *laser*. A luz de um *laser* intenso apontado para a Lua foi refletida de volta e detectada na Terra, fornecendo a distância Terra-Lua com precisão de centímetros.

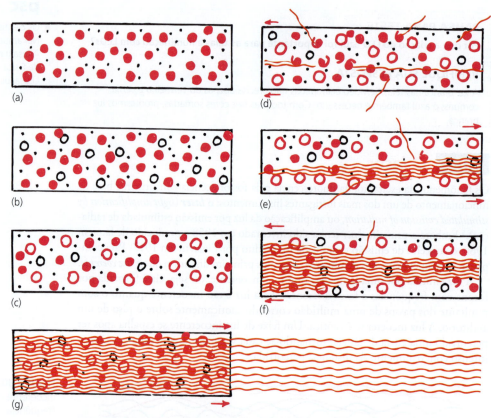

FIGURA 30.22 A operação de um *laser* de hélio-neônio.
(a) O *laser* consiste em um tubo pirex estreito que contém uma mistura de gases a baixa pressão. Essa mistura consiste em 85% de hélio (os pequenos pontos escuros na figura) e 15% de neônio (grandes pontos coloridos).
(b) Quando uma corrente produzida por uma alta voltagem se estabelece através do tubo, ela excita tanto os átomos de hélio quanto os de neônio para seus estados excitados característicos, com os átomos sofrendo relaxação imediatamente, exceto para um estado do hélio caracterizado por um retardo prolongado antes de ocorrer a relaxação – um *estado metaestável*. Uma vez que tal estado é relativamente estável, surge uma população de tamanho considerável formada por átomos de hélio excitados (círculos escuros abertos). Esses átomos vagueiam pelo tubo e atuam como uma fonte de energia para o neônio, que tem um estado metaestável com energia muito próxima da energia do hélio excitado.
(c) Quando os átomos de hélio excitados colidem com átomos de neônio em seus estados de mais baixa energia (o estado fundamental do átomo), o hélio cede energia ao neônio, que é levado ao seu estado metaestável (círculos vermelhos abertos). O processo continua, e a população de átomos de neônio excitados logo ultrapassa a dos átomos de neônio que permanecem num estado excitado de energia mais baixa. A população invertida, na verdade, está aguardando para irradiar sua energia.
(d) Alguns dos átomos de neônio, em algum momento, acabam relaxando e irradiando fótons de luz vermelha no interior do tubo. Quando essa energia radiante passa pelos outros átomos excitados de neônio, estes são estimulados a emitir fótons exatamente em fase com a radiação que estimulou a emissão. Os fótons, então, saem do tubo em direções aleatórias, gerando um brilho avermelhado.
(e) Os fótons que se movem paralelamente ao eixo do tubo são refletidos em espelhos paralelos existentes nas extremidades do tubo, espelhados de maneira especial. Os fótons refletidos estimulam a emissão de fótons pelos outros átomos de neônio, produzindo uma avalanche de fótons de mesma frequência, fase e direção.
(f) Os fótons se deslocam para a frente e para trás entre os espelhos, sendo amplificados a cada volta.
(g) Alguns deles "vazam" por um dos espelhos, que é parcialmente refletor. Esses são os fótons que formam o feixe do *laser*.

Todo *laser* tem uma fonte de átomos chamada de meio ativo, que pode ser um gás, um líquido ou um sólido (o primeiro *laser* utilizava um cristal de rubi). Os átomos do meio são excitados para estados metaestáveis por uma fonte externa de energia. Quando a maior parte dos átomos do meio está excitada, um único fóton emitido por um desses átomos que sofreu relaxação pode iniciar uma reação em cadeia. Esse fóton colide com outro átomo, estimulando-o a emitir, e assim por diante, produzindo luz coerente. A maior parte dessa luz está inicialmente direcionada para direções aleatórias. Entretanto, a luz que se propaga paralelamente ao eixo do *laser* é refletida por espelhos fabricados de modo a refletir a luz do comprimento de onda desejado. Um dos espelhos é totalmente refletor, enquanto o outro reflete a luz de maneira parcial. As ondas refletidas se reforçam após cada viagem de ida e volta entre os espelhos, estabelecendo uma condição de ressonância, em que a luz termina alcançando uma intensidade apreciável. A luz que escapa através do espelho semitransparente em uma das extremidades forma a luz do *laser*. Além dos *lasers* de cristal e a gás, outros tipos têm sido agregados à família *laser*: *lasers* de vidro, *lasers* químicos e líquidos e *lasers* semicondutores. Os modelos atuais produzem feixes com frequências que vão desde o infravermelho até o ultravioleta. Alguns modelos podem ser sintonizados em diversas faixas de frequências.

O *laser* não é uma fonte de energia. Ele simplesmente transforma um tipo de energia em outro, tirando vantagem do processo de emissão estimulada para concentrar uma certa fração de sua energia (normalmente 1%) em energia radiante de uma única frequência, movendo-se numa única direção. Como todos os dispositivos, de acordo com o princípio da conservação da energia, o *laser* não pode fornecer mais energia na saída do que a que lhe foi fornecida na entrada.

> **PAUSA PARA TESTE**
> Considere dois *lasers*, um que emite um feixe de luz vermelha e outro que emite um feixe de luz azul. Suponha que a saída de energia seja igual para ambos.
> (a) Qual feixe tem os fótons mais energéticos? (b) Qual feixe tem mais fótons?
>
> **VERIFIQUE SUA RESPOSTA**
> (a) A luz azul tem frequência maior do que a vermelha, então, de acordo com a equação $E = hf$, os fótons azuis de maior frequência são mais energéticos do que os fótons vermelhos. (b) Para a mesma saída de energia, um número maior de fótons vermelhos de menor energia estaria no feixe vermelho. Observe que diferenciamos entre "energia *por*" e energia *total*.

Os *lasers* têm grande aplicação em cirurgias. Eles também são usados em procedimentos de corte e soldagem, principalmente onde estão envolvidas partes pequenas. Eles cortam com bom acabamento. Feixes de *laser* soldam fios em microcircuitos e reparam fios danificados no interior de tubos de vidro lacrados. Eles são usados na leitura de CDs e DVDs, e com eles se criam hologramas. Um dia, eles podem vir a ser usados para desencadear fusões nucleares controladas para gerar energia. Uma enorme aplicação do *laser* é nas telecomunicações. Enquanto os comprimentos de onda das ondas de rádio perfazem centenas de metros e os das ondas de televisão perfazem vários centímetros, os comprimentos de onda da luz de um *laser* são medidos em milionésimos de centímetro. Isso também significa que as frequências da luz *laser* são muito maiores do que as frequências de rádio e de televisão. Como resultado, a luz *laser* pode transportar um enorme número de mensagens agrupadas em uma faixa muito estreita de frequências. As comunicações podem ser feitas por meio de um feixe de *laser* que se propaga através do espaço, da atmosfera ou de fibras ópticas ("encanamentos de luz"), que podem ser dobradas da mesma forma que cabos de transmissão.

O *laser* está em funcionamento nos caixas de supermercado, e com ele a máquina leitora de código de barras vasculha o código universal de produtos (UPC, sigla in-

Não se consegue ver um feixe de *laser* a menos que ele seja espalhado por algo no ar. Como no caso dos raios luminosos solares e lunares, o que se vê no caso do *laser* são as partículas do meio espalhador, e não o feixe. Quando o feixe atinge uma partícula espalhadora, parte dele é espalhado em direção a seus olhos, e você enxerga a partícula como um ponto.

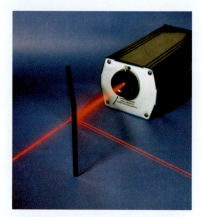

FIGURA 30.23 Um *laser* de hélio-neônio.

glesa para Universal Product Code), impresso em embalagens e na contracapa deste livro. A luz do *laser* é refletida nas barras e nos espaços em branco do código e convertida em um sinal elétrico quando o código é varrido pelo feixe. O valor do sinal se eleva consideravelmente quando o feixe é refletido em um espaço em branco do código e cai para um valor baixo quando o feixe é refletido em uma barra escura. A informação das espessuras e dos espaçamentos das barras é digitalizada (convertida em uns e zeros de um código binário) e processada pelo computador.

Cientistas ambientais usam *lasers* para medir e detectar poluentes em gases de exaustão. Gases diferentes absorvem luz de comprimentos de onda característicos e deixam suas "impressões digitais" no feixe refletido do *laser*. O comprimento de onda específico e a quantidade de luz absorvida são analisados por um computador, que imediatamente constrói uma tabela dos poluentes.

Os *lasers* têm introduzido toda uma nova tecnologia, com a promessa de que apenas começamos a desenvolvê-la. O futuro para as aplicações do *laser* parece ser ilimitado.

Revisão do Capítulo 30

TERMOS-CHAVE (CONHECIMENTO)

excitação   O processo de impulsionar um ou mais elétrons de um átomo de um nível de energia mais baixa para um de energia mais alta. Um átomo que esteja num estado excitado normalmente decairá (relaxará) rapidamente para um estado mais baixo pela emissão de um fóton. A energia do fóton é proporcional à sua frequência: $E = hf$.

espectro de emissão   Distribuição de comprimentos de onda na luz emitida por uma fonte luminosa.

espectroscópio   Um instrumento óptico que separa a luz em seus comprimentos de onda constituintes na forma de linhas espectrais.

incandescência   O estado em que um corpo brilha devido à sua alta temperatura, causada pelos elétrons agitados dentro de dimensões maiores do que o tamanho de um átomo, os quais emitem energia radiante durante o processo. A frequência de pico da energia radiante é proporcional à temperatura absoluta da substância aquecida: $\bar{f} \sim T$.

espectro de absorção   Um espectro contínuo, como o da luz branca, interrompido por linhas escuras ou faixas que resultam da absorção de luz de determinadas frequências pela substância através da qual a radiação se propaga.

fluorescência   A propriedade que determinadas substâncias têm de absorver radiação de uma dada frequência, reemitindo radiação de frequência mais baixa. Ela ocorre quando um átomo é levado a um estado excitado e perde sua energia em dois ou mais saltos para um estado de energia mais baixa.

fosforescência   Um tipo de emissão luminosa que é o mesmo que a fluorescência, exceto pelo tempo de retardo entre a excitação e a relaxação, o que resulta num brilho remanescente. O retardo é causado pelos átomos que são excitados para níveis de energia que não decaem rapidamente. O brilho remanescente pode durar desde frações de segundos até horas, ou mesmo dias, dependendo do tipo de material, da temperatura e de outros fatores.

laser (*light amplification by stimulated emission of radiation*)   Um instrumento óptico que produz um feixe de luz monocromática coerente.

QUESTÕES DE REVISÃO (COMPREENSÃO)

30.1 Emissão luminosa

1. Se fizermos elétrons vibrarem para lá e para cá com frequência de algumas centenas de milhares de hertz, serão emitidas ondas de rádio. Se conseguíssemos fazer os elétrons vibrarem com frequências de alguns milhões de bilhões de hertz, qual classe de ondas seria emitida?

2. O que significa dizer que um conjunto de estados de energia é *discreto*?

3. Que dois modelos explicam a emissão de luz?

30.2 Excitação

4. Qual deles tem a maior energia potencial elétrica em relação aos núcleos atômicos: os elétrons mais próximos ou os mais distantes?

5. Em um tubo de neônio, o que é emitido imediatamente após um átomo ser excitado?

6. Qual equação relaciona a *energia* de um fóton à sua frequência de vibração?

7. Qual das duas tem uma *frequência* mais alta: a luz vermelha ou a luz azul? Qual delas têm a maior *energia* por fóton?
8. Um átomo de neônio dentro de um tubo de vidro pode ser excitado mais de uma vez? Explique.
9. Qual gás comum nas lâmpadas de iluminação pública tem brilho laranja-amarelado?
10. Qual é a relação entre o processo de excitação e a aurora boreal?

30.3 Espectro de emissão

11. O que é um *espectroscópio*? O que ele faz?
12. Por que os espectros são compostos de linhas? Por que não círculos?
13. Por que o número de linhas espectrais de um átomo é maior do que o número de níveis de energia?
14. O que representa a variedade de cores vistas na chama da queima de uma tora de madeira?

30.4 Incandescência

15. Quando um determinado gás brilha, são emitidas cores discretas. Quando é um sólido que brilha, as cores parecem borradas. Por quê?
16. Qual é a proporção que relaciona a temperatura de um objeto com a frequência de pico da luz que ele emite?
17. O quanto uma estrela com brilho violeta é mais quente do que uma com brilho vermelho?

30.5 Espectro de absorção

18. Como um espectro de absorção difere em aparência de um espectro de emissão?

19. O que são as linhas de Fraunhofer?
20. Como um astrofísico pode saber se uma determinada estrela está se afastando ou se aproximando da Terra?

30.6 Fluorescência

21. Um elétron pode ser elevado a um nível maior e então voltar ao seu nível inicial em saltos?
22. Por que a luz ultravioleta, mas não a luz infravermelha, deixa certos materiais fluorescentes?

30.7 Fosforescência

23. Diferencie *fluorescência* e *fosforescência*.
24. O que é um *estado metaestável*?

30.8 Lâmpadas

25. Por que o argônio, e não o ar, é o gás usado dentro de lâmpadas incandescentes?
26. Faça distinção entre os processos de excitação primária e secundária que ocorrem numa lâmpada fluorescente.
27. Como se compara o tempo de vida útil de um LED comum com o de uma lâmpada incandescente?

30.9 O *laser*

28. Faça distinção entre *luz monocromática* e luz solar.
29. Faça distinção entre *luz coerente* e luz solar.
30. Como a avalanche de fótons num feixe de *laser* difere das "hordas" de fótons emitidas por uma lâmpada incandescente?

PENSE E FAÇA   (APLICAÇÃO)

31. Escreva uma carta à sua avó ou converse com ela e explique de que maneira a luz é emitida por lâmpadas, chamas e *lasers*. Conte-lhe por que pigmentos e tintas fluorescentes parecem extremamente vívidos quando iluminados com uma lâmpada de ultravioleta.

32. Pegue uma rede de difração (Figura 30.5) emprestada do seu professor de física. A luz que a atravessa ou reflete dela é difratada em suas cores componentes por milhares de linhas finamente riscadas. Alguns copos especiais usam redes de difração. Descubra como eles são!

PENSE E RESOLVA   (APLICAÇÃO MATEMÁTICA)

33. No diagrama mostrado, a diferença de energia entre os estados A e B é o dobro da diferença de energia entre os estados B e C. Numa transição (salto quântico) de C para B, um elétron emite um fóton com comprimento de onda igual a 600 nm.
    a. Qual é o comprimento de onda emitido quando o fóton salta de B para A?
    b. E de C para A?

PENSE E EXPLIQUE   (SÍNTESE)

34. Qual é mais energético, um fóton de raio gama ou um fóton de raio X? Por quê?

35. O que explica a variedade das chamas coloridas quando queimamos diversos materiais em uma fogueira?

36. A luz verde é emitida quando os elétrons de uma substância realizam uma transição particular entre níveis de energia. Se, em vez disso, a luz azul fosse emitida pela mesma substância, ela corresponderia a uma variação maior ou menor da energia do átomo? Por quê?

37. Anteriormente, vimos que a luz ultravioleta produz queimaduras na pele, enquanto a luz visível não queima a pele, mesmo sendo de grande intensidade. Qual é a razão disso?

38. Muitas vezes, quando você vai a um clube, sua mão é carimbada com uma tinta que não aparece sob a iluminação normal. Quando volta ao clube, sua mão é exposta a luz ultravioleta, sob a qual a tinta está claramente visível. Explique a física do que acontece nessas situações.

39. Se dobramos a frequência da luz, também dobramos a energia de cada um de seus fótons. Se, em vez disso, dobrássemos o comprimento de onda da luz, o que aconteceria à energia dos fótons?

40. Por que um tubo de letreiro de neônio não acaba finalmente "esgotando" os átomos excitados, produzindo uma luz cada vez mais fraca?

41. Você enxerga uma placa com luzes de "neônio" que inclui diversos tubos que brilhas com diversas cores. Você deve acreditar que todos os tubos estão cheios de gás neônio? Por quê?

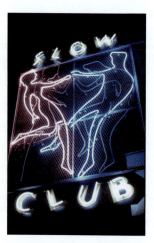

42. Um pesquisador deseja obter as linhas de um espectro em forma de luas crescentes finas. Que alteração ele terá de efetuar no espectroscópio para conseguir isso?

43. Num espectroscópio, se a luz atravessasse um buraco redondo em vez de uma fenda estreita, como apareceriam as "linhas" espectrais? Qual é o inconveniente de um buraco desses em relação a uma fenda?

44. Se usarmos um prisma ou uma rede de difração para comparar a luz vermelha de um tubo de neônio comum com a luz vermelha de um *laser* de hélio-neônio, qual diferença notável se perceberá?

45. Qual é a evidência de que existe ferro nas camadas externas e relativamente frias do Sol?

46. O que as suas impressões digitais e as dos seus amigos têm em comum com os espectros dos elementos?

47. A excitação atômica ocorre em sólidos assim como em gases? Em que a energia radiante de um sólido incandescente difere da energia radiante emitida por um gás excitado?

48. O filamento de uma lâmpada é feito de tungstênio. Por que obtemos um espectro contínuo, em vez de um espectro de linhas do tungstênio, quando a luz vinda de uma lâmpada incandescente é vista através de um espectroscópio?

49. Como pode um átomo de hidrogênio, que tem apenas um elétron, ter muitas linhas espectrais?

50. Se os átomos de uma dada substância absorvem luz ultravioleta e emitem luz vermelha, em que é convertida a energia que está "faltando"?

51. (a) A luz proveniente de uma fonte incandescente atravessa o vapor de sódio e, então, é analisada em um espectroscópio. Qual é a aparência do espectro?

    (b) A fonte incandescente é desligada e o sódio é aquecido até começar a brilhar. Como se compara o espectro do sódio brilhante com o espectro previamente observado?

52. Quando luz ultravioleta incide em certos corantes, é emitida luz visível. Por que não acontece o mesmo quando a luz infravermelha incide nesses corantes?

53. Por que certos tecidos que se tornam fluorescentes quando expostos à luz ultravioleta são tão brilhantes quando expostos à luz solar?

54. Algumas portas têm um sistema que combina mola e amortecedor para fazer a porta parar lentamente depois de solta. De que forma isso se parece com a fosforescência?

55. A foto superior mostra um determinado material iluminado por luz branca comum. A foto inferior mostra o brilho do mesmo mineral quando iluminado por luz ultravioleta. Por que os dois tipos de iluminação produzem esses resultados diferentes?

56. O precursor do *laser* usava micro-ondas no lugar da luz visível. O que significa a palavra *maser*?

57. O primeiro *laser* construído consistia em uma barra vermelha de rubi ativada por uma lâmpada de *flash* fotográfico que emitia luz verde. Por que um *laser* formado por uma barra de um cristal verde e por uma lâmpada de *flash* fotográfico que emite luz vermelha não funciona?

58. Compare a energia de um feixe de *laser* com a energia de entrada do *laser*. Em princípio, a energia do feixe poderia ser maior?

59. Em que as avalanches de fótons num feixe de *laser* diferem das "hordas" de fótons emitidos por uma lâmpada incandescente?

60. Na equação $\bar{f} \sim T$, nas suas palavras, o que representam os símbolos f e T? Por que essa relação é importante para o mundo cotidiano?

61. Sabemos que, na temperatura de 2.500 K, o filamento de uma lâmpada incandescente irradia luz branca. O filamento dessa lâmpada também irradia energia quando se encontra à temperatura ambiente?
62. Sabemos que o Sol irradia energia. A Terra analogamente irradia energia? Em caso afirmativo, qual é a diferença em suas radiações?

63. Uma vez que qualquer objeto se encontra a alguma temperatura, então todo objeto irradia energia. Por que, então, não podemos enxergar esses objetos no escuro?
64. Voltando ao Capítulo 16: uma vez que todos os corpos irradiam energia, por que eles não esfriam?
65. Se, dentro de uma sala escura, mantivermos sob aquecimento um pedaço de metal que inicialmente estava à temperatura ambiente, ele começará a brilhar visivelmente. Qual será sua primeira cor visível? Por quê?
66. Como se comparam as temperaturas superficiais de estrelas vermelhas, azuis e brancas?
67. Elementos da superfície do Sol são revelados no espectro solar. As linhas do espectro são as de emissão ou de absorção?
68. A parte (a) do desenho acima e à direita mostra a curva de radiação de um sólido incandescente e seu padrão espectral produzido por um espectroscópio. A parte (b) mostra a "curva de radiação" de um gás excitado e seu padrão espectral de emissão. A parte (c) mostra a curva produzida quando um gás frio se encontra entre uma fonte incandescente e o observador; o correspondente padrão espectral é deixado para você obter como exercício. A parte (d) mostra o padrão espectral de uma fonte incandescente como visto através de um vidro verde; você deve esboçar a correspondente curva de radiação.

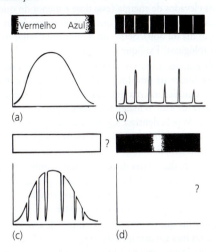

69. Considere apenas quatro dos níveis de energia de um determinado átomo, como mostra o diagrama. Quantas linhas espectrais resultarão de todas as possíveis transições entre esses níveis? Que transição corresponde à luz emitida com maior frequência? Qual corresponde à luz de menor frequência?

$n = 4$ ———
$n = 3$ ———
$n = 2$ ———

$n = 1$ ———

70. Um elétron relaxa do quarto nível quântico do diagrama da questão anterior para o terceiro nível, e daí diretamente para o estado fundamental. Dois fótons são emitidos no processo. Como se compara a soma de suas frequências com a frequência do único fóton que seria emitido na relaxação do quarto nível diretamente para o estado fundamental?
71. Suponha que os quatro níveis de energia do exercício 69 fossem, por alguma razão, uniformemente espaçados. Quantas linhas espectrais resultariam deles?

PENSE E DISCUTA (AVALIAÇÃO)

72. Um amigo argumenta que, se a luz ultravioleta pode ativar o processo de *fluorescência*, a luz infravermelha também deveria fazê-lo. Seu amigo o olha para saber se você concorda ou discorda dessa ideia. Qual é sua posição a respeito?
73. Um amigo especula que os cientistas de um determinado país desenvolveram um *laser* que fornece mais energia na saída que a que lhe foi fornecida na entrada. Seu amigo lhe pede uma resposta a essa especulação. Qual é a sua resposta?
74. Alguns dos seus amigos podem estar preocupados que a radiação dos telefones celulares ou das torres de telefonia possam causar câncer. Até o momento, as pesquisas científicas não encontraram evidências para sustentar tais preocupações. Do ponto de vista da energia dos fótons, por que *não* devemos esperar que a exposição às ondas de rádio dos telefones celulares cause câncer?

75. Um raio X odontológico, pela sua própria natureza, o expõe a doses baixas de raios X, cujos fótons têm, individualmente, níveis elevados de energia (essa dose é menor do que a quantidade natural de radiação que você receberia do ambiente em um dia ou dois). Seria isso motivo para evitar os raios X odontológicos? Explique o seu raciocínio.

76. As obturações dentárias modernas utilizam uma resina que não endurece até uma luz azul brilhar sobre ela e iniciar uma reação química interna que causa o seu endurecimento. Até o uso da luz azul, o material da obturação pode ser embalado e moldado pelo dentista. Qual é a relação entre a equação $E \sim f$ e a flexibilidade inicial da resina e o seu endurecimento fotoinduzido?

77. Como se poderia fazer distinção entre as linhas de Fraunhofer do espectro da luz solar causadas pela absorção que ocorre na atmosfera do Sol e as linhas causadas pela absorção de luz pelos gases da atmosfera terrestre?

78. Como a luz que os astrônomos captam de estrelas e galáxias distantes lhes garante que, ao longo do universo, existem os mesmos átomos que na Terra, com as mesmas propriedades?

79. Que diferença um astrônomo enxerga entre o espectro de emissão de um elemento em uma estrela que está se afastando e um espectro de emissão do mesmo elemento obtido no laboratório? (*Dica:* isso está relacionado a informações do Capítulo 19.)

80. Uma estrela quente azul é cerca de duas vezes mais quente do que uma estrela quente vermelha. No entanto, as temperaturas nos gases de sinais de advertência são praticamente as mesmas, estejam eles emitindo luz vermelha ou azul. Qual é a sua explicação para isso?

81. Lâmpadas com vapor de sódio de baixa pressão emitem espectros de linhas de comprimentos de onda bem finas e definidas, porém lâmpadas que usam vapor de sódio em alta pressão emitem luz com linhas mais largas. Relacione isso ao fato de os sólidos emitirem comprimentos de onda que se espalham continuamente pelo espectro.

82. Uma vez que um gás reemite a luz por ele absorvida, por que existem linhas escuras em seu espectro de absorção? Isto é, por que a luz reemitida simplesmente não preenche os lugares escuros? A discussão provocada pode ser intrigante.

83. No funcionamento de um *laser* de hélio-neônio, por que é importante que o estado metaestável do hélio seja de "vida" relativamente longa? (Qual seria o efeito se esse estado relaxasse muito rapidamente?) (Discuta e faça referência à Figura 30.22.)

84. No funcionamento de um *laser* de hélio-neônio, por que é importante que o estado metaestável do átomo de hélio se iguale aproximadamente ao nível de energia de um estado metaestável mais difícil de alcançar do neônio?

85. Um *laser* não pode fornecer mais energia do que a que lhe é fornecida. Entretanto, um *laser* pode produzir pulsos de luz com maior potência na saída do que a potência requerida na entrada para fazer o aparelho funcionar. Explique o porquê.

86. O *laser* de um laboratório didático tem uma potência de apenas 0,8 mW, ou 8×10^{-4} W. Por que então sua luz parece ser mais forte do que a de uma lâmpada de 100 W? Discuta.

87. Podemos aquecer um pedaço de metal até ele se tornar vermelho, e depois branco, de tão quente. Podemos aquecê-lo até que se torne azul? Por quê?

88. Se você vê uma estrela rubra de quente, pode ter certeza de que seu pico de intensidade se encontra na região do infravermelho. Por quê?

89. Se você vê que uma estrela é "violeta de quente", pode ter certeza de que seu pico de intensidade se encontra na região do ultravioleta. Por quê?

90. Enxergamos uma estrela quente "verde" não com a cor verde, mas com a cor branca. Por quê? (*Dica:* em sua discussão, considere a curva de radiação das Figuras 27.7, 27.8 e 30.8.)

A luz é maravilhosa, e estudar suas propriedades pode ser muito divertido. No próximo capítulo, vamos nos aprofundar um pouco mais na sua natureza quântica.

CAPÍTULO 30 — Exame de múltipla escolha

Escolha a melhor resposta entre as alternativas:

1. Do ponto de vista clássico, a luz da chama de um fósforo aceso é produzida pelo agito dos:
   a. elétrons.
   b. prótons.
   c. nêutrons.
   d. todas as anteriores.

2. A energia de um fóton está principalmente relacionada à sua:
   a. rapidez.
   b. frequência.
   c. amplitude.
   d. todas as anteriores.

3. Qual das cores da luz visível a seguir tem maior energia por fóton?
   a. Vermelho.
   b. Verde.
   c. Azul.
   d. Todas são iguais.

4. Um feixe de luz vermelho e um violeta são ajustados para conduzirem a mesma quantidade de energia. O feixe com o maior número de fótons é:
   a. o feixe violeta, que tem os fótons mais energéticos.
   b. o feixe vermelho, que tem os fótons mais energéticos.
   c. qualquer um dos feixes, pois ambos têm o mesmo número de fótons.
   d. o feixe vermelho.

5. Se os comprimentos de onda da luz emitida alongam-se, a energia por fóton da luz:
   a. aumenta.
   b. permanece constante.
   c. diminui.
   d. nenhuma das anteriores.

6. A estrela mais quente é a que brilha com luz:
   a. vermelha.
   b. branca.
   c. azul.
   d. é necessário mais informação para responder.

7. As linhas de absorção de ferro no espectro solar indicam que existe ferro no(a) _____ solar.
   a. atmosfera.
   b. superfície.
   c. interior.
   d. nenhuma das anteriores.

8. No processo da fluorescência, a entrada é luz de alta frequência, e a saída é:
   a. luz de mais alta frequência.
   b. luz de frequência igualmente alta.
   c. luz de mais baixa frequência.
   d. nenhuma das anteriores.

9. Um pigmento de tinta que absorve luz azul e emite luz vermelha:
   a. é fluorescente.
   b. é fosforescente.
   c. pode ser ambos.
   d. nenhuma das anteriores.

10. Em comparação com a energia de entrada de um *laser*, a energia do feixe de *laser* é:
    a. geralmente muito maior.
    b. muito menor.
    c. igual.
    d. nenhuma das anteriores.

Respostas e explicações das perguntas do Exame de múltipla escolha

1. (a): Elétrons agitados são elétrons acelerados. Lembre-se que a carga elétrica acelerada é a fonte de toda a luz. Os elétrons de massa pequena em uma chama agitam-se significativamente mais do que os prótons. Não há carga elétrica em torno de um nêutron para ser agitada.

2. (b): De acordo com $E = hf$, a energia do fóton está diretamente relacionada com a sua frequência de vibração. Todos os fótons têm a mesma rapidez. A energia pode estar relacionada à amplitude de uma onda sonora, mas não de um fóton. 3. (d): A luz vermelha tem a menor frequência e, logo, menos das opções é o azul. Frequência maior significa mais energia por fóton. 4. (d): Ter a mesma energia no feixe significa ter um número maior de fótons vermelhos de baixa energia. Se, por exemplo, houver a mesma quantidade de fótons violetas no feixe, a energia deste será maior. Diferenciamos entre "energia *por*" e energia *total*. 5. (c): Um comprimento de onda longo significa uma frequência baixa e, logo, menos energia por fóton. A equação $E = hf$ enuncia a energia por fóton em termos da frequência. Em termos do comprimento de onda, de acordo com $c = f\lambda$, lembre-se que $f = c/\lambda$. Assim, podemos afirmar que $E = hc/\lambda$, o que nos diz que um comprimento de onda mais comprido corresponde a menor energia por fóton. 6. (c): De acordo com a equação $f \sim T$, a estrela com maior temperatura média T terá a maior frequência média de radiação emitida. Uma estrela azul tem frequência máxima de radiação mais elevada do que uma estrela vermelha ou uma branca. Essa é uma questão do tipo "ler a equação." 7. (a): A absorção de luz através de uma atmosfera, ou de qualquer gás, mostra que os átomos que compõem o gás. Provavelmente há ferro no interior e na superfície do Sol, mas a sua presença é revelada pelas linhas de absorção na atmosfera da estrela. Assim, a melhor resposta é (a). 8. (c): Pense na conservação da energia. Quando ocorre fluorescência, a UV de alta frequência excita as moléculas que emitem luz visível de menor frequência. A outra forma violaria o princípio da conservação da energia. 9. (c): Pense na conservação da energia. A energia de saída não pode ser maior do que a de entrada. A "saída" vermelha, tanto para a fluorescência quanto para a fosforescência, tem menor energia do que a luz azul absorvida. Assim, ambas podem ocorrer. 10. (b): Pense na conservação de energia. Em qualquer dispositivo prático, a energia de saída é menor do que a de entrada. Assim, a luz de menor energia é emitida por um *laser e*, como nos informa a Seção 30.9, geralmente é cerca de 1%.

31
Os *quanta* de luz

- **31.1** O nascimento da teoria quântica
- **31.2** A quantização e a constante de Planck
- **31.3** O efeito fotoelétrico
    - Células fotovoltaicas
- **31.4** Dualidade onda-partícula
- **31.5** O experimento da fenda dupla
- **31.6** Partículas como ondas: difração de elétrons
- **31.7** O princípio da incerteza
- **31.8** Complementaridade

1 Phil Wolf, coautor de *Problem Solving in Conceptual Physics*, demonstra o efeito fotoelétrico, direcionando luz com diferentes frequências para uma fotocélula e medindo as energias dos elétrons ejetados. **2** Anne Cox, coautora de *Physlet Quantum Physics*, alinha uma pinça óptica (*optical tweezer*) junto com seus alunos do Eckerd College, na Flórida, EUA. **3** James Lincoln, instrutor de professores do PhysicsVideos.com, explica que o princípio da incerteza de Heisenberg é significativo apenas para eventos quânticos. **4** A aula de física do autor no século passado.

Quando jovem, na Alemanha, Max Planck foi um músico talentoso. Ele cantava, tocava vários instrumentos e compunha canções e óperas. Em vez de estudar música, todavia, Planck preferiu estudar física, tornando-se doutor em 1879, aos 21 anos. Na época, as duas grandes teorias da física pesquisadas intensamente eram a termodinâmica, o estudo do calor, e o eletromagnetismo, o estudo da radiação. Planck não sabia que, ao tentar combinar essas duas teorias, ele seria o arauto de toda uma nova área da física do século XX – a *mecânica quântica*.

Em 1900, algumas questões intrigantes a respeito da energia térmica radiante continuavam sem resposta. A maneira como a energia da radiação térmica se distribui entre as diversas frequências já fora medida com precisão, mas ninguém havia sido capaz de propor uma teoria que explicasse os resultados obtidos. Na esperança de obter uma explicação teórica para isso, Planck, então com a idade "avançada" de 42 anos, fez uso de uma hipótese que ele chamou de "um ato de desespero". Ele propôs que, quando um objeto quente emite energia radiante, ele perde energia não de maneira contínua, mas em quantidades discretas, ou porções, que ele denominou *quanta*. Além disso, Planck postulou que o *quantum* de energia irradiado é proporcional à frequência da radiação. Com essa teoria, ele conseguiria explicar de que maneira se distribui a energia da radiação térmica entre as várias frequências. Cinco anos mais tarde, Einstein (então com 26 anos) deu o passo seguinte, propondo que a energia é adicionada em unidade de *quantum* e que a própria luz existe em porções quânticas, ou "corpúsculos", mais tarde denominados fótons.

Em reconhecimento pela introdução do *quantum*, Planck recebeu o Prêmio Nobel de Física em 1918. Curiosamente, o próprio Planck jamais aceitou a ideia do fóton. Em 1912, em uma gafe clássica, Planck escreveu que, devido a outras conquistas, Einstein deveria ser admitido na Academia Prussiana de Ciências, apesar de ter perdido o rumo ao propor a existência de corpúsculos de luz.

Planck teve filhas gêmeas, Emma e Grete, e dois filhos, Karl e Erwin. Durante a Primeira Guerra Mundial, seu filho mais novo, Erwin, foi feito prisioneiro na França, em 1914, e seu filho mais velho, Karl, morreu em ação em Verdun, também na França. Logo após, com apenas dois anos de diferença entre elas, ambas as filhas morreram ao dar à luz. Planck aguentou estoicamente todas essas perdas.

Quando Hitler chegou ao poder, em 1933, Planck de início acreditava que o nazismo seria apenas uma aflição temporária, mas depois acabou deixando clara a sua aversão pelos nazistas e, em 1938, em protesto, renunciou à presidência da Academia Prussiana de Ciências. Em 1944, no auge da Segunda Guerra Mundial, a casa de Planck em Berlin foi completamente destruída pelos ataques de bombardeiros aliados. No mesmo ano, seu filho Erwin teve seu nome associado à famosa tentativa de assassinar Hitler, em 20 de julho. Embora diga-se que Erwin poderia ter sido poupado se Planck tivesse se filiado ao partido nazista, Planck manteve-se firme e recusou a filiação. Erwin foi enforcado no início de 1945, o que deixou o idoso pai arrasado. Planck faleceu dois anos mais tarde, em 1947, aos 89 anos.

31.1 O nascimento da teoria quântica

A física clássica que estudamos até aqui lida com duas categorias de fenômenos: partículas e ondas. De acordo com nossa experiência cotidiana, "partículas" são minúsculos objetos, análogos a balas, que têm massa e obedecem às leis de Newton – elas se deslocam através do espaço em linhas retas, a menos que uma força atue sobre elas. De forma análoga, de acordo com nossa experiência cotidiana, "ondas", como as ondas do oceano, são fenômenos que se *estendem* através do espaço. Quando uma onda se propaga através de uma abertura ou ao redor de uma barreira, ela sofre difração, e as diferentes partes da onda acabam interferindo entre si. Portanto, partículas e ondas são facilmente distinguíveis entre si. De fato, elas têm propriedades mutuamente exclusivas. Apesar disso, a questão de como classificar a luz foi um mistério por séculos a fio.

Uma das primeiras teorias acerca da natureza da luz é a de Platão, que viveu entre os séculos V e IV antes de Cristo. Platão pensava que a luz consistia em raios emitidos pelo olho. Euclides, que viveu cerca de um século depois, também sustentou esse ponto de vista. Por outro lado, os pitagóricos acreditavam que a luz emanava dos corpos luminosos na forma de partículas muito pequenas. Antes disso, Empédocles, um antecessor de Platão, pensava que a luz era composta de ondas de alguma espécie e muito velozes. Por mais de 2.000 anos, as indagações permaneceram não respondidas. A luz consiste realmente de ondas ou de partículas?

Em 1704, Isaac Newton descreveu a luz como uma corrente de partículas ou corpúsculos. Ele mantinha essa visão a despeito de seu conhecimento da polarização e de seu experimento com a luz que se refletia em placas de vidro, em que ele observou franjas brilhantes e escuras (os anéis de Newton). Ele sabia que essas partículas de luz também teriam de ter certas propriedades ondulatórias. Christian Huygens, um contemporâneo de Newton, defendia uma teoria ondulatória da luz.

Com toda essa história como pano de fundo, Thomas Young realizou, em 1801, o seu "experimento da fenda dupla", que parecia provar, finalmente, que a luz era um fenômeno ondulatório. Essa visão foi reforçada em 1862 pela previsão de Maxwell de que a luz transporta energia em campos elétrico e magnético oscilantes. Vinte e cinco anos mais tarde, Heinrich Hertz usou circuitos elétricos que produziam faíscas para demonstrar a realidade das ondas eletromagnéticas (de frequências de rádio). Como mencionado no perfil de Max Planck na página anterior, em 1900, ele considerou a hipótese de que quando a matéria emite ou absorve energia radiante, isso ocorre em porções discretas, cada uma das quais ele chamou de **quantum** (o plural de *quantum* é *quanta*). Ele visualizava o campo da radiação como análogo a uma piscina, cuja água poderia ser subdividida em gotículas de maneira arbitrária (ignorando a estrutura molecular da água), mas que só poderia ganhar ou perder água com uma baldada de cada vez. De acordo com Planck, a energia de cada uma dessas porções de energia ("baldadas") é proporcional à frequência da radiação correspondente ($E \sim f$, que vimos no capítulo anterior). Sua hipótese deu início a uma revolução de ideias que mudou inteiramente a maneira de se pensar sobre o mundo físico. Cinco anos depois, em 1905, Albert estendeu o trabalho de Planck quando sugeriu que a luz em si é composta de unidades quânticas, que ele chamou de "corpúsculos" (e que mais tarde seriam chamadas de fótons).[1] O corpo de leis e princípios que foi desenvolvido a partir de 1900 até o final da década de 1920 e que descreve todos os fenômenos quânticos do mundo microscópico é conhecido como **física quântica**.

> **PAUSA PARA TESTE**
> Quem considerava a luz um feixe de porções quânticas: Planck ou Einstein?
>
> **VERIFIQUE SUA RESPOSTA**
> Planck imaginava que a energia da *matéria* variasse em *quanta*, mas ainda não enxergava o que Einstein veio a entender cinco anos depois: que *a luz em si* ocorre em feixes de porções quânticas, posteriormente chamadas de fótons.

31.2 A quantização e a constante de Planck

A quantização, ou seja, a ideia de que o mundo natural é granular, e não um contínuo suave, certamente não é uma ideia nova para a física. A matéria é quantizada; a massa de um tijolo de ouro, por exemplo, é igual a um número múltiplo inteiro da massa de um único átomo de ouro. A eletricidade é quantizada, pois uma carga elétrica qualquer é sempre um número múltiplo inteiro da carga de um único elétron.

A física quântica estabelece que, no micromundo do átomo, a quantidade de energia de qualquer sistema é quantizada – ou seja, nem todos os valores de energia são possíveis. Isso é análogo a dizer que o calor de uma fogueira tem apenas determinados valores de temperatura. Ela poderia arder numa temperatura de 450 °C

---

[1] Os corpúsculos de Einstein não foram imediatamente aceitos pelos seus colegas na física (o próprio Planck sugeriu que o erro de Einstein deveria ser ignorado, já que o resto do trabalho de Einstein havia sido excelente). Foi apenas em 1923 que evidências experimentais convincentes apoiaram a realidade dos corpúsculos de luz (batizados de "fótons" em 1926). Hoje, os físicos consideram o fóton "só mais uma partícula".

ou 451 °C, mas jamais a 450,5 °C. Você acredita nisso? Bem, não deveria, pois até quanto nossos termômetros macroscópicos podem medir, uma fogueira pode arder em qualquer temperatura, desde que ela esteja acima do valor requerido para haver a combustão. A energia da fogueira, curiosamente, é uma energia composta de um grande número e de uma grande variedade de unidades elementares de energia. Um exemplo mais simples é o da energia de um feixe de luz *laser*, que é um número múltiplo inteiro de um único valor mínimo de energia – o *quantum*. Os *quanta* da luz, e da radiação eletromagnética em geral, são os fótons.

Dos capítulos anteriores, lembre-se de que a energia de um fóton é dada por $E = hf$, onde h é a **constante de Planck** (o número resultante do quociente entre a energia pela sua frequência).[2] Veremos que ela é uma constante fundamental da natureza que serve para estabelecer um limite inferior para a pequenez das coisas. Ela está em pé de igualdade com a velocidade da luz e a constante universal da gravitação newtoniana como uma constante fundamental da natureza, aparecendo repetidamente na física quântica. A equação $E = hf$ expressa a menor quantidade de energia que pode ser convertida em luz de frequência f. A radiação luminosa não é emitida de maneira contínua, mas como uma corrente de fótons, cada um deles vibrando com uma frequência f e transportando uma energia igual a hf.

A equação $E = hf$ nos diz por que a radiação de micro-ondas não pode danificar as moléculas das células vivas como podem fazer a radiação ultravioleta e os raios X. A radiação eletromagnética interage com a matéria apenas em feixes discretos de fótons. Assim, a frequência relativamente baixa das micro-ondas determina uma baixa energia por fóton. Por outro lado, a radiação ultravioleta pode ceder cerca de um milhão de vezes mais energia para as moléculas, pois a sua frequência é cerca de um milhão de vezes maior do que a das micro-ondas. Os raios X, com frequências ainda maiores, podem ceder ainda mais energia.

A física quântica nos diz que o mundo físico é um lugar grosseiro e cheio de granulosidade, e não suave e contínuo, como estamos acostumados a pensar. O mundo do "senso comum" descrito pela física clássica parece-nos suave e contínuo porque a granulosidade quântica tem uma escala muito pequena se comparada aos tamanhos das coisas do mundo cotidiano. A constante de Planck é pequena em termos das unidades familiares. No entanto, você não precisa ir fundo no mundo quântico para se deparar com a granulosidade subjacente à suavidade aparente. Por exemplo, as áreas onde se misturam preto, branco e cinza na fotografia de Max Planck mostrada na página 667 e em outras fotografias deste livro não parecem ser suaves quando observadas com uma lente de aumento. Com a ampliação, você poderá ver que uma fotografia impressa consiste em inúmeros pequenos pontos. De maneira semelhante, vivemos num mundo que é uma imagem fora de foco do mundo granuloso dos átomos.

Os fótons, os elétrons e outras partículas se comportam como corpúsculos em certos aspectos e como ondas em outros.

PAUSA PARA TESTE

1. O que significa o termo *quantum*?
2. Qual é a energia total contida em um feixe monocromático formado por *n* fótons de frequência *f*?

VERIFIQUE SUA RESPOSTA

1. Um *quantum* é a unidade elementar* de luz, ou de uma grandeza. A energia radiante, por exemplo, é composta por muitos *quanta*, cada qual chamado de *fóton*. Portanto, quanto mais fótons houver no feixe, mais energia ele conterá.
2. A energia de um feixe luminoso monocromático que contém *n quanta* é igual a $E = nhf$.

---

[2] A constante de Planck, h, tem valor numérico igual a $6,6 \times 10^{-34}$ J·s.

*N. do R.T.: Unidade elementar, ou partícula elementar, na física quântica, significa a quantidade mínima possível em um sistema.

CONSTANTES DA NATUREZA

As constantes físicas são quantidades da natureza que não devem variar. Uma das mais importantes é a constante h, que liga a energia E de um fóton à sua frequência de oscilação f. Dividir E por f produz o número $6{,}626 \times 10^{-34}$ J·s, que, em homenagem a Max Planck, chamamos de h, o mesmo símbolo que ele escolheu para ela. A relação $E = hf$ é válida em todo o universo, até onde conseguimos observar.

Há quem ache o valor exato da constante de Planck, h, misterioso – e maravilhoso. Se fosse um pouco menor, o hidrogênio nas estrelas não se converteria em hélio e energia. Sem essa energia, as estrelas não brilhariam. Sem estrelas brilhando, nada de vida. É profundo afirmar que h está no nível perfeito para a vida? Provavelmente não, pois quando olhamos ao nosso redor e medimos os valores das constantes físicas, é claro que estamos vendo e medindo valores propícios para a vida. Estamos aqui, afinal!

Outra constante significativa da natureza é G, a constante da gravitação universal, que converte a proporção observada por Isaac Newton, $F \sim m_1 m_2/r^2$, na equação exata $F = G m_1 m_2/r^2$. Essa equação nos possibilita determinar o valor numérico de G a partir de quantidades medidas: basta dividir a força F por $m_1 m_2/r^2$. Expressa em unidades do SI, G é $6{,}67 \times 10^{-11}$ N·m^2/kg^2. Não há mistério algum. Em outro conjunto de unidades, o valor seria diferente, mas ainda equivalente.

Também podemos considerar que relações geométricas são "leis da natureza". Por exemplo, o número π na fórmula $C = \pi d$ é uma constante na geometria euclidiana. Ele liga a circunferência do círculo ao seu diâmetro. Não é simplesmente assim o nosso mundo?

Constantes como G, h e π nos permitem expressar relações observadas na natureza sem ambiguidades – matematicamente. Essas constantes são *parte da natureza*. Elas não *determinam* a natureza. As forças gravitacionais não são determinadas por G. A constante de Planck h não determina que a energia é transmitida por fótons. Os círculos não existem por causa de π. Não podemos enxergar mistérios onde não existem. O *verdadeiro* mistério é *por que* o universo existe. É uma questão muito maior e mais intrigante.

31.3 O efeito fotoelétrico

No período final do século XIX, vários pesquisadores notaram que a luz era capaz de ejetar elétrons de diversas superfícies metálicas. Esse fenômeno é o **efeito fotoelétrico**, usado há muitos anos em sensores de portas, nos fotômetros de fotógrafos e, antes da era digital, em trilhas sonoras de películas cinematográficas. Uma extensão do efeito fotoelétrico são as células elétricas fotovoltaicas dos painéis solares atuais, que se transformaram em uma fonte de energia importante.

Um arranjo que pode ser usado para observar o efeito fotoelétrico é mostrado na Figura 31.1. A luz que incide sobre uma superfície metálica, fotossensível e negativamente eletrizada, libera elétrons. Esses elétrons são atraídos pela placa positiva e produzem uma corrente elétrica mensurável. Se, em vez disso, eletrizarmos essa segunda placa com uma carga negativa de valor suficiente para que ela consiga repelir os elétrons ejetados, a corrente pode ser interrompida. Podemos, então, calcular as energias dos elétrons ejetados a partir da diferença de potencial entre as placas, que é fácil de medir.

O efeito fotoelétrico não foi particularmente surpreendente para os primeiros que o investigaram. A ejeção de elétrons podia ser explicada pela física clássica, que considera a luz incidente como ondas luminosas fazendo um elétron oscilar com amplitudes cada vez maiores, até que finalmente ele se liberta da superfície do metal, da mesma forma como as moléculas de água se libertam da superfície da água quente. Para uma fonte de luz fraca (luz de baixa intensidade), deveria levar

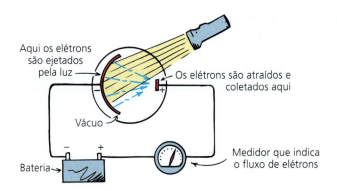

FIGURA 31.1 Um aparato usado para observar o efeito fotoelétrico. Invertendo-se a polaridade e interrompendo o fluxo de elétrons, pode-se medir a energia dos elétrons.

um tempo considerável até ela ceder energia suficiente aos elétrons para que eles "evaporem" da superfície do metal. Em vez disso, descobriu-se que os elétrons eram ejetados imediatamente após a luz ser ligada, mas não em um número tão grande como no caso de uma fonte luminosa intensa. Um exame cuidadoso do efeito fotoelétrico levou a várias observações completamente contrárias à visão ondulatória clássica; veja a seguir.

1. O tempo de atraso entre o momento em que a luz é ligada e a ejeção dos primeiros elétrons não era afetado pela intensidade ou pela frequência da luz.
2. O efeito era facilmente observado usando-se luz violeta ou ultravioleta, mas não quando se usava luz vermelha.
3. A taxa com a qual os elétrons eram ejetados era proporcional à intensidade da luz.
4. A energia máxima dos elétrons ejetados não era afetada pela intensidade da luz, mas dependia da frequência da luz.

FIGURA 31.2 O efeito fotoelétrico depende da intensidade luminosa.

A ausência de tempo de retardo era particularmente difícil de compreender em termos de ondas. Não demorava praticamente nada para uma fonte fraca de luz com a frequência certa comunicar energia suficiente para ejetar elétrons da superfície. Sob uma luz fraca, após algum atraso, um elétron deveria acumular energia vibracional suficiente para sair voando; sob luz forte, ele deveria ser ejetado quase que imediatamente. Entretanto, isso não era observado. Mesmo a luz fraca causava a ejeção imediata de alguns elétrons, e o brilho da luz não afetava as energias dos elétrons ejetados. Uma luz mais intensa ejetava mais elétrons (Figura 31.3), mas não de níveis de energia mais elevados. Já um raio fraco de luz ultravioleta produzia um número menor de elétrons ejetados, mas em níveis de energia muito mais altos. Tudo causava muita perplexidade. Como vimos na Seção 31.1, Einstein ofereceu uma resposta em 1905, o mesmo ano em que explicou o movimento browniano e descreveu a sua teoria da relatividade especial. A pista mais importante foi a teoria quântica da radiação de Max Planck. Planck concluíra que a energia da *matéria* varia em *quanta*. Ele ainda não enxergava o que Einstein veria cinco anos depois: que a própria *luz* vem em porções quânticas. Einstein atribuiu as propriedades quânticas à luz em si e viu a radiação como uma saraivada de corpúsculos que hoje chamamos de fótons. Um fóton é completamente absorvido por cada elétron ejetado do metal. A absorção é um processo de "tudo ou nada" imediato, de forma que não existe um atraso durante o qual se acumula a energia absorvida da onda.

FIGURA 31.3 O efeito fotoelétrico depende da frequência da luz.

Uma onda luminosa tem uma ampla frente de onda, e sua energia está espalhada ao longo dela. Para que a onda luminosa ejete um elétron da superfície metálica, toda a sua energia deveria, de alguma maneira, ter sido concentrada naquele único elétron. Contudo, isso é tão improvável quanto uma onda oceânica atingir um rochedo localizado bem para o interior da costa com uma energia igual à da onda inteira. Portanto, em vez de pensar na luz que incide numa superfície como um trem contínuo de ondas, o efeito fotoelétrico sugere que concebamos a luz que incide sobre uma superfície ou um detector como uma sucessão de corpúsculos, ou fótons. O número de fótons presentes num feixe luminoso controla o brilho ou a intensidade do *feixe todo*, enquanto a frequência da luz controla a energia de cada *fóton individual*.

Os elétrons são mantidos em um metal por forças elétricas atrativas. É necessária uma energia mínima, chamada de *função-trabalho*, W_0, para que um elétron deixe a superfície do metal. Um fóton de baixa frequência, com energia menor do que W_0, não produzirá ejeção de elétrons. Somente um fóton com energia maior do que W_0 produzirá o efeito fotoelétrico. Assim, a energia do fóton incidente terá de ser igual à energia cinética do elétron ejetado mais a energia necessária para ele sair do metal, W_0.

Você já pode ter visto uma máquina que aceita apenas moedas de 25 centavos. Inserir 5 moedas de 5, uma de cada vez, não produz o mesmo resultado que inserir uma de 25, mesmo que, em ambos os casos, você tenha inserido R$0,25. Você enxerga a semelhança com a luz vermelha intensa que *não* causa o efeito fotoelétrico, apesar de a luz azul fraca causar?
A frequência da luz, e não sua intensidade, produz o efeito fotoelétrico. Adicionar mais luz vermelha não afeta a frequência.

A verificação experimental da explicação dada por Einstein para o efeito fotoelétrico foi realizada pelo físico norte-americano Robert Millikan 11 anos após ter sido proposta. Curiosamente, Millikan gastou cerca de 10 anos tentando negar a teoria de Einstein do fóton, apenas para se convencer de sua validade a partir dos

Robert A. Millikan (1868–1953)

resultados de seus próprios experimentos, o que lhe valeu um prêmio Nobel. Cada aspecto da interpretação de Einstein foi confirmado, incluindo a proporcionalidade direta entre a energia do fóton e a frequência. Foi pelo efeito fotoelétrico (e não por sua teoria da relatividade) que Einstein ganhou seu Prêmio Nobel. O fato impressionante é que foi só em 1923, após descobertas de outras evidências de comportamento quântico, que os físicos em geral passaram a aceitar a realidade do fóton.

O efeito fotoelétrico prova conclusivamente que a luz tem propriedades corpusculares. Não podemos conceber o efeito fotoelétrico em termos de ondas. Por outro lado, já vimos que o fenômeno da interferência demonstra convincentemente que a luz tem propriedades ondulatórias. Não podemos conceber a interferência em termos de partículas. Na física clássica, isso parece ser, e é, contraditório. Do ponto de vista da física quântica, a luz tem propriedades que lembram ambas. Ela é "exatamente como uma onda" ou "exatamente como uma partícula", dependendo do experimento realizado. Assim, concebemos a luz de ambos os pontos de vista, como uma onda-partícula. O que você acha de uma "ondícula"? A física quântica requer uma nova maneira de pensar.

> **PAUSA PARA TESTE**
>
> 1. Nos termos mais simples possíveis, o que é o efeito fotoelétrico?
> 2. Uma luz mais brilhante ejetará mais elétrons de uma superfície fotossensível do que uma luz mais fraca de mesma frequência?
> 3. Uma luz de alta frequência ejetará um maior número de elétrons do que uma luz de baixa frequência?
>
> **VERIFIQUE SUA RESPOSTA**
>
> 1. Fótons individuais ejetam elétrons da superfície de um material (em geral, de um metal).
> 2. Sim. O número de elétrons ejetados depende do número de fótons incidentes.
> 3. Não necessariamente. A energia (e não o número) dos elétrons ejetados depende da frequência dos fótons da iluminação. Uma fonte brilhante de luz azul, por exemplo, pode ejetar mais elétrons de baixa energia do que uma fraca luz ultravioleta.

Células fotovoltaicas

Em algumas superfícies, a luz não simplesmente ejeta elétrons. Em vez disso, a luz incidente estimula uma corrente elétrica *dentro* do material. Essa é a base das células elétricas fotovoltaicas, hoje uma fonte importante de energia. Embora a superfície iluminada seja um semicondutor, não um metal fotossensível, o princípio é o mesmo. As células solares no telhado do San Francisco Exploratorium usam o efeito fotoelétrico para gerar praticamente toda a energia que a instituição consome (Figura 31.4).

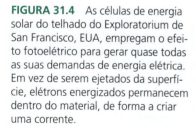

FIGURA 31.4 As células de energia solar do telhado do Exploratorium de San Francisco, EUA, empregam o efeito fotoelétrico para gerar quase todas as suas demandas de energia elétrica. Em vez de serem ejetados da superfície, elétrons energizados permanecem dentro do material, de forma a criar uma corrente.

Quando você usar energia solar para carregar o seu telefone, quando ver placas com células solares sobre semáforos em zonas rurais ou quando notar enormes fileiras delas em uma fazenda solar, pense em Albert Einstein e na sua explicação sobre a relação intrigante entre a luz e os elétrons ejetados em determinados materiais. O advento recente das células solares fotoelétricas é mais uma forma de celebrar a natureza.

31.4 Dualidade onda-partícula

A natureza ondulatória e corpuscular da luz é evidente na formação de imagens ópticas. Compreendemos a imagem fotográfica produzida por uma câmera em termos de ondas luminosas, que se espalham a partir de cada ponto do objeto, são refratadas ao atravessar o sistema de lentes e convergem para o foco sobre um meio de gravação fotossensível – um dispositivo de carga acoplada (CCD – *charge coupling device*) ou, onde ainda está em uso, um filme fotográfico. A trajetória da luz emitida pelo objeto, do sistema de lentes até o plano focal, pode ser calculada usando métodos desenvolvidos a partir da teoria ondulatória da luz.

Agora considere com cuidado a maneira pela qual se dá a formação da imagem fotográfica. O filme fotográfico consiste em uma emulsão que contém grãos de cristais de sais de prata, e cada grão contém cerca de 10^{10} átomos de prata. Cada fóton absorvido cede sua energia, hf, para um único grão da emulsão. Essa energia ativa os cristais circundantes do grão inteiro e é usada em seguida para completar o processo fotoquímico. Muitos fótons ativando muitos grãos produzem a exposição fotográfica comum. Quando a fotografia é tirada com luz excessivamente fraca, descobrimos que a imagem é formada por fótons individuais que chegam de forma independente e são aparentemente aleatórios em suas distribuições. Podemos ver isso na Figura 31.5, que mostra fóton a fóton o progresso da formação de uma exposição.

A luz demonstra dualidade onda-partícula: propaga-se como onda, mas comporta-se como partícula quando absorvida ou emitida.

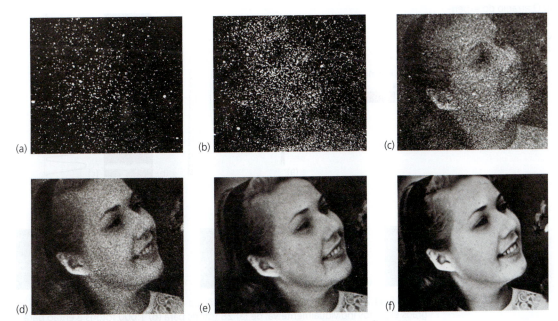

FIGURA 31.5 Os estágios da exposição do filme revelam, fóton a fóton, a formação de uma fotografia. Os números aproximados de fótons em cada estágio são (a) 3×10^3, (b) $1,2 \times 10^4$, (c) $9,3 \times 10^4$, (d) $7,6 \times 10^5$, (e) $3,6 \times 10^6$ e (f) $2,8 \times 10^7$.

674 PARTE VI Luz

> **PAUSA PARA TESTE**
>
> 1. Nos termos mais simples possíveis, o que é a dualidade onda-partícula?
> 2. O acúmulo de fóton em fóton da imagem representada na Figura 31.5 se aplica a detectores fotossensíveis que não o filme fotográfico?

VERIFIQUE SUA RESPOSTA

1. Uma partícula pode demonstrar propriedades ondulatórias sob algumas circunstâncias e propriedades corpusculares sob outras.

2. Sim. A ideia dessa imagem incrível vai muito além das propriedades da superfície fotossensível que captura a imagem. O acúmulo de fóton em fóton da imagem envolve a natureza dos fótons, não da superfície fotossensível que registra o acúmulo da imagem.

31.5 O experimento da fenda dupla

A dualidade onda-partícula fica evidente no experimento de fenda dupla de Thomas Young, que discutimos em termos ondulatórios no Capítulo 29. Lembre-se de que, quando fazemos uma luz monocromática atravessar um par de fendas estreitas próximas, produzimos um padrão de interferência (Figura 31.6). Agora vamos considerar o experimento em termos de fótons. Suponha que diminuamos a intensidade luminosa de nossa fonte até que, efetivamente, apenas um único fóton de cada vez alcance o anteparo onde estão as fendas estreitas. Se o filme por trás do anteparo for exposto à luz por um tempo muito curto, ele ficará como esboçado na Figura 31.7a. Cada ponto representa o lugar onde o filme foi exposto a um fóton. Se permitirmos que o filme fique exposto à luz por um tempo mais longo, vai começar a surgir um padrão de franjas como o mostrado nas Figuras 31.7b e 37.7c. Isso é completamente surpreendente. Vê-se surgir pontos sobre o filme fóton a fóton, formando o mesmo padrão de interferência caracterizado por ondas!

FIGURA 31.6 (a) O arranjo do experimento de fenda dupla. (b) A fotografia do padrão de interferência. (c) A representação gráfica do padrão.

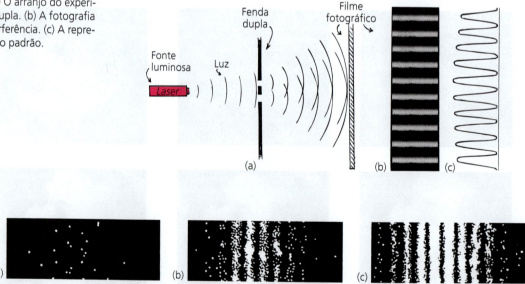

FIGURA 31.7 Estágios do padrão de interferência de fenda dupla. O padrão de grãos expostos individualmente vai de (a) 28 fótons para (b) 1.000 fótons e então para (c) 10.000 fótons. Quando um número grande de fótons incidem na tela, aparece um padrão formado por franjas de interferência.

Se cobrirmos uma das fendas, de modo que os fótons que incidem no filme fotográfico possam atravessar apenas uma das fendas, os pequenos pontos luminosos sobre o filme vão se acumular, formando um padrão de difração de fenda única (Figura 31.8). Descobrimos que os fótons incidem em pontos do filme que eles não atingiriam se ambas as fendas estivessem abertas! Se pensarmos sobre isso em termos clássicos, ficaremos perplexos e poderemos nos perguntar acerca de como os fótons, que passam através de uma única fenda, "sabem" que a outra fenda está coberta e, portanto, espalham-se em leque para gerar um padrão de difração de fenda única. Ou seja, se ambas as fendas estão abertas, como os fótons que estão atravessando uma das fendas "sabem" que a outra fenda está aberta, evitando determinadas regiões da tela e seguindo apenas para as áreas que acabarão por preencher, formando um padrão de interferência cheio de franjas de fenda dupla?[3] A resposta moderna é que a natureza ondulatória da luz não é uma propriedade média que se revela apenas quando muitos fótons estão atuando juntos. Cada fóton individual tem propriedades ondulatórias e propriedades corpusculares, mas os fótons mostram aspectos diferentes em diferentes situações. *Um fóton se comporta como uma partícula quando está sendo emitido por um átomo ou absorvido por um filme fotográfico ou outros detectores. Por outro lado, ele se comporta como uma onda quando está se propagando da fonte para o local onde será detectado.* Assim, o fóton incide no filme quanto uma partícula, mas se propaga até aquela posição como uma onda capaz de interferir construtivamente. O fato de que a luz exibe um comportamento tanto de onda quanto de partícula foi uma das mais interessantes descobertas do início do século XX. Além disso, a interferência evidente no experimento de fenda dupla ensinou aos pesquisadores que o fóton não precisa se propagar de uma fenda para a outra, podendo propagar-se através de ambas as fendas ao mesmo tempo. O fóton é uma entidade quântica de verdade. Mais surpreendente ainda foi a descoberta de que o experimento da fenda dupla aplica-se a partículas – não apenas a fótons, mas a objetos dotados de massa, que também exibem um comportamento de dualidade onda-partícula.

FIGURA 31.8 Padrão de difração de fenda única.

A luz se propaga como uma onda e incide como uma partícula.

PAUSA PARA TESTE

Quando um fóton se comporta como uma onda? Quando se comporta como uma partícula?

VERIFIQUE SUA RESPOSTA

Um fóton se comporta como uma partícula quando é emitido ou absorvido por um átomo, ou seja, quanto interage com a matéria. Ele se comporta como uma onda quando se propaga através do espaço.

31.6 Partículas como ondas: difração de elétrons

Se uma partícula (fóton) de luz tem propriedades tanto ondulatórias quanto corpusculares, por que uma partícula material (que tem uma massa) não pode ter também propriedades ondulatórias e corpusculares? Essa questão foi proposta pelo físico francês Louis de Broglie enquanto ainda era estudante de pós-graduação, em 1924. Sua resposta constituiu sua tese de doutorado em física e, mais tarde, lhe valeu o Prêmio Nobel de Física. De acordo com de Broglie, toda partícula de matéria é dotada, de alguma maneira, de uma onda que a guia enquanto ela está se deslocando. Sob con-

Louis de Broglie (1892–1987)

---

[3] De um ponto de vista pré-quântico, essa dualidade onda-partícula é mesmo um mistério. Isso leva algumas pessoas a acreditarem que os *quanta* têm algum tipo de consciência, com cada fóton ou elétron tendo "uma mente própria". O mistério, no entanto, é como a beleza. Ele se encontra mais na mente do observador do que na própria natureza. Concebemos modelos para compreender a natureza e, quando surgem inconsistências, tratamos de refinar ou alterar nossos modelos. A dualidade onda-partícula da luz não se ajusta a um modelo construído sobre ideias clássicas. Um modelo alternativo é aquele segundo o qual os *quanta* têm suas próprias mentes. Outro modelo é o da física quântica. Neste livro, endossamos este último.

dições apropriadas, então, cada partícula produzirá um padrão de interferência ou de difração. Todos os corpos – elétrons, prótons, átomos, camundongos, você, planetas ou sóis – têm um comprimento de onda relacionado ao seu *momentum*, dado por

$$\text{Comprimento de onda} = \frac{h}{momentum}$$

onde h é a constante de Planck. Um corpo com massa grande e rapidez ordinária tem um comprimento de onda tão pequeno que a interferência e a difração são desprezíveis: as balas de um rifle voam em linha reta e não "salpicam" seus alvos distantes e largos com partes onde se detecta interferência.[4] Contudo, para partículas menores, como o elétron, a difração pode ser considerável.

Um feixe de elétrons pode ser difratado da mesma maneira como pode ser difratado um feixe de fótons, como é evidente na Figura 31.9. Feixes de elétrons direcionados através de fendas duplas exibem padrões de interferência, assim como feixes de fótons. O experimento da fenda dupla discutido na última seção pode ser realizado com elétrons e com fótons. Para elétrons, o aparato necessário é mais complexo, porém o procedimento é essencialmente o mesmo. A intensidade da fonte pode ser reduzida até que apenas um elétron de cada vez atravesse o arranjo de fenda dupla, produzindo os mesmos resultados notáveis de quando se usa fótons. Como os fótons, os elétrons incidem na tela como partículas, mas o *padrão* de chegada é de natureza ondulatória. A deflexão angular sofrida pelos elétrons para formarem o padrão de interferência concorda perfeitamente com os cálculos realizados usando-se a equação de de Broglie para o comprimento de onda de um elétron.

FIGURA 31.9 Franjas produzidas pela difração da luz.

Na Figura 31.11, vemos outro exemplo de difração de elétrons, usando um microscópio eletrônico comum. O feixe de elétrons com uma densidade de corrente muito baixa é direcionado através de um biprisma* eletrostático, que o difrata. Passo a passo, vai se formando na tela um padrão de franjas produzidas pelos elétrons individuais, que é mostrado num monitor de TV. A imagem vai sendo progressiva-

---

[4] Uma bala de massa igual a 0,02 kg deslocando-se a 330 m/s, por exemplo, tem um comprimento de onda de de Bloglie igual a

$$\frac{h}{mv} = \frac{6{,}6 \times 10^{-34}\,\text{J}\cdot\text{s}}{(0{,}02\,\text{kg})(330\,\text{m/s})} = 10^{-34}\,\text{m},$$

um tamanho incrivelmente pequeno: um milionésimo de um milionésimo de um milionésimo de um milionésimo do tamanho de um átomo de hidrogênio. Um elétron que se desloca a 2% da velocidade da luz, entretanto, tem um comprimento de onda igual a 10^{-10} m, que é igual ao diâmetro do átomo de hidrogênio. Os efeitos da difração são mensuráveis para os elétrons, mas não para as balas.

* N. de T.: Em óptica, também conhecido como biprisma de Fresnel. Nesse caso, consiste em um prisma de vidro com ângulo próximo a 180°, projetado por Fresnel para converter uma fonte luminosa em outras fontes virtuais coerentes e, portanto, capazes de produzir interferência. No contexto da mecânica quântica do texto, trata-se de uma versão elétrica do biprisma de Fresnel, que converte uma fonte de feixe de elétrons em várias fontes virtuais e coerentes de elétrons.

FIGURA 31.10 Um microscópio eletrônico faz uso prático da natureza ondulatória dos elétrons. O comprimento de onda dos elétrons do feixe é, tipicamente, milhares de vezes mais curto do que o da luz visível, de modo que o microscópio eletrônico é capaz de distinguir detalhes que não são visíveis com microscópios ópticos.

CAPÍTULO 31 Os *quanta* de luz 677

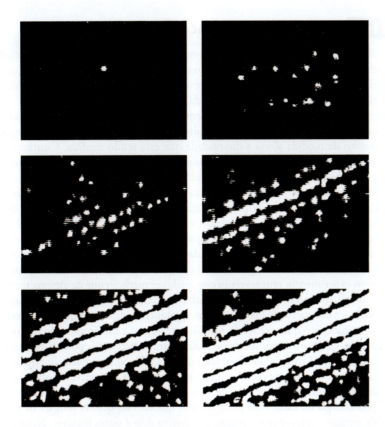

FIGURA 31.11 Padrões de interferência de elétrons filmados sobre um monitor de TV, mostrando a difração de um feixe de microscópio eletrônico de intensidade muito baixa através de um biprisma eletrostático.

mente preenchida pelos elétrons até gerar o padrão de interferência costumeiramente associado a ondas. Com base nesse modelo ondulatório-corpuscular, nêutrons, prótons, átomos inteiros e, num grau não mensurável, até mesmo balas de rifle com velocidades altas exibem um comportamento dual de partícula e onda.

PAUSA PARA TESTE

1. Se os elétrons se comportassem apenas como partículas, que padrão você esperaria que aparecesse sobre a tela após os elétrons terem atravessado a fenda dupla?
2. Não observamos o comprimento de onda de de Broglie para uma bola de beisebol arremessada. Isso se deve ao fato de que o comprimento de onda é muito longo ou muito curto?
3. Se um elétron e um próton têm o mesmo comprimento de onda de de Broglie, qual deles é mais rápido?

VERIFIQUE SUA RESPOSTA

1. Se os elétrons se comportassem apenas como partículas, eles deveriam formar duas faixas, como indicado em a. Entretanto, devido à sua natureza ondulatória, eles produzem o padrão mostrado em b.

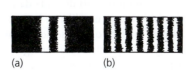

2. Não observamos o comprimento de onda de uma bola de beisebol arremessada porque ele é extremamente pequeno – da ordem de 10^{20} vezes menor do que o núcleo atômico.
3. Um mesmo comprimento de onda significa que as duas partículas têm o mesmo *momentum*. Isso significa que o elétron de menor massa deve estar se deslocando mais rápido do que o próton mais pesado.

FIGURA 31.12 Detalhes da cabeça de um mosquito fêmea vistos por meio de um microscópio eletrônico com uma "baixa" ampliação de 200 vezes.

31.7 O princípio da incerteza

A dualidade onda-partícula dos *quanta* inspirou discussões interessantes acerca dos limites de nossa habilidade em medir com precisão as propriedades de pequenos objetos. As discussões centravam-se sobre a ideia de que o ato de medir algo afeta a própria quantidade que está sendo medida.

Por exemplo, sabemos que, se colocarmos um termômetro frio numa xícara de café quente, a temperatura do café será alterada ao ceder calor para o termômetro. O aparelho de medida altera a quantidade que está sendo medida. Contudo, podemos corrigir esses erros se conhecermos a temperatura inicial do termômetro, as massas e os calores específicos envolvidos e assim por diante. Essas correções se situam no domínio da física clássica – essas *não* são as incertezas da física quântica. As incertezas quânticas têm origem na natureza ondulatória da matéria. Uma onda, por sua própria natureza, ocupa algum espaço e dura um certo tempo. Ela não pode ser comprimida a um ponto do espaço ou limitada a um instante de tempo, pois, desse modo, ela não seria uma onda. Essa "indistinguibilidade" inerente de uma onda resulta em indistinguibilidade nas medidas realizadas ao nível quântico. Inúmeros experimentos têm revelado que qualquer medição que de alguma maneira sonde um sistema necessariamente perturba o sistema em pelo menos um *quantum* de ação, h – a constante de Planck. Assim, qualquer medição que envolva interação entre o medidor e o que está sendo medido está sujeita a essa imprecisão mínima.

Fazemos distinção entre sondar e realizar uma observação passiva. Considere uma xícara de café situada no outro lado de uma sala. Se você passivamente a olha de relance e vê o vapor elevando-se dela, essa "medição" não envolve qualquer interação física entre seus olhos e o café. Seu olhar de relance não acrescenta ou retira qualquer energia do café. Você pode afirmar que ele está quente sem ter de *prová--lo*. No entanto, colocar um termômetro dentro dele é outra história. Nesse caso, estamos interagindo fisicamente com o café e, desse modo, o sujeitamos a uma alteração. Entretanto, a contribuição quântica para essa alteração é complemente mascarada pelas incertezas clássicas, tornando-se desprezível. As incertezas quânticas são significativas apenas nos domínios atômico e subatômico.

Compare os atos de realizar medições com uma bola de beisebol arremessada e com um elétron. Podemos medir a rapidez da bola de beisebol fazendo-a passar por um par de fotossensores que se encontram afastados a uma distância conhecida (Figura 31.13). O tempo de passagem da bola é medido entre os instantes em que ela interrompe os feixes luminosos que incidem normalmente nos fotossensores. A precisão da rapidez medida para a bola depende das incertezas existentes na distância medida entre os fotossensores e no mecanismo de medida do tempo. As interações entre a bola macroscópica e os fótons com os quais ela colide são insignificantes.

Contudo, isso não acontece no caso em que se mede a rapidez de coisas submicroscópicas como elétrons. Mesmo um único fóton que ricocheteie em um elétron altera consideravelmente o movimento do elétron, e ele faz isso de uma maneira imprevisível. Se desejássemos observar um elétron e determinar seu paradeiro por meio de luz, o comprimento de onda da radiação luminosa teria de ser muito pequeno. Caímos, então, em um dilema. Com um comprimento de onda mais curto, podemos "enxergar" melhor o minúsculo elétron, mas tal comprimento de onda corresponde a uma grande quantidade de energia, que produz uma alteração maior no estado de movimento do elétron. Se, por outro lado, usarmos um comprimento de onda mais longo, que corresponde a uma menor quantidade de energia, a alteração induzida no estado de movimentação eletrônico será menor, mas a determinação de sua posição por meio dessa radiação mais "grosseira" será menos precisa. O ato de observar algo tão minúsculo quanto um elétron sonda o elétron e, ao fazer isso, produz uma considerável incerteza em sua posição ou em seu *momentum*. Embora essa incerteza seja completamente desprezível nas medições da posição e do movimento de objetos (macroscópicos) do cotidiano, ela é o fator predominante no domínio atômico.

A incerteza existente nas medições realizadas no domínio atômico foi expressa matematicamente pela primeira vez pelo físico alemão Werner Heisenberg e é cha-

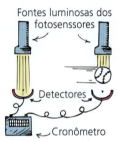

FIGURA 31.13 A rapidez da bola é medida dividindo-se a distância entre os fotossensores pela diferença entre os instantes de tempo em que ela atravessou os feixes luminosos. Os fótons que incidem na bola alteram seu movimento muito menos do que algumas pulgas conseguem alterar o movimento de um superpetroleiro ao se chocarem com ele.

mada de **princípio da incerteza**, um princípio fundamental da mecânica quântica. Heisenberg descobriu que, quando se multiplica as incertezas existentes nas medidas de *momentum* e de posição de uma partícula, o resultado deve ser igual ou maior do que a constante de Planck, h, dividida por 2π, uma constante que é representada por $\hbar$ (pronunciada como "*h cortado*").[5] Podemos expressar o princípio da incerteza por uma fórmula simples:

$$\Delta p \, \Delta x \geq \hbar$$

O símbolo Δ aqui significa "incerteza de": Δp é a incerteza do *momentum* (o símbolo convencional para o *momentum* é p), e Δx é a incerteza da posição. O produto dessas duas incertezas deve ser igual ou maior ($\geq$) do que o valor de $\hbar$. Para os casos de incertezas mínimas, o produto será igual a $\hbar$, e o produto de incertezas maiores será maior do que $\hbar$. Contudo, em nenhum caso o produto das incertezas será menor do que $\hbar$. A importância do princípio da incerteza é que, mesmo nas melhores condições para as medições, o limite inferior das incertezas é $\hbar$. Ou seja, se desejarmos conhecer o *momentum* de um elétron com grande precisão (um pequeno Δp), será grande o valor da correspondente incerteza da posição. Se desejarmos conhecer a posição com grande precisão (um pequeno Δx), será grande o valor da correspondente incerteza do *momentum*. Quanto mais precisa for a medição de uma dessas quantidades, menos precisa será a medição da outra.[6]

Como vimos, você jamais consegue alterar apenas uma coisa! Toda equação nos lembra disso: não podemos alterar um termo em um dos membros da equação sem afetar o outro membro.

O princípio da incerteza funciona analogamente com a energia e o tempo. Não podemos medir a energia da partícula com total precisão durante um período de tempo infinitamente curto. A incerteza sobre o nosso conhecimento da energia, ΔE, e a duração da medição da energia, Δt, estão relacionadas pela expressão[7]

$$\Delta E \, \Delta t \geq \hbar$$

A maior precisão que podemos esperar obter nas medições corresponde ao caso em que o produto das incertezas da energia e do tempo é igual a $\hbar$. Quanto mais precisamente determinarmos a energia de um fóton, um elétron ou um próton, maior imprecisão existirá acerca do tempo durante o qual a partícula tem aquela energia.

O princípio da incerteza é relevante apenas para fenômenos quânticos. Como já foi mencionado, as imprecisões nas medidas da posição e do *momentum* de uma bola de beisebol, causadas pelas interações durante a observação, são completamente desprezíveis. No entanto, as imprecisões nas medidas da posição e do *momentum* de um elétron estão longe de ser desprezíveis, pois as incertezas nas medidas dessas quantidades subatômicas são comparáveis aos valores das próprias quantidades.[8]

Existe um perigo em aplicar o princípio da incerteza a áreas fora da mecânica quântica. Algumas pessoas concluem, a partir das afirmações acerca da interação

Werner Heisenberg (1901–1976)

---

[5] O físico quântico Ken Ford homenageia $\hbar$ na placa de seu carro híbrido (volte à página 427) e em seus diversos livros sobre física quântica.

[6] Em um mundo hipotético puramente clássico, $\hbar$ seria zero, e as incertezas do *momentum* e da posição poderiam ser arbitrariamente pequenas. No mundo real, a constante de Planck é maior do que zero, e não podemos, em princípio, conhecer simultaneamente o valor dessas duas quantidades com certeza absoluta.

[7] Podemos ver que isso é consistente com a incerteza do *momentum* e da posição. Lembre-se de que $\Delta(momentum) = $ força $\times$ (tempo) e que Δ(energia) = força $\times \Delta$(distância). Logo

$$\hbar = \Delta \, momentum \times \Delta \, \text{distância}$$
$$= (\text{força} \times \Delta \, \text{distância}) \times \Delta \, \text{tempo}$$
$$= \Delta \, \text{energia} \times \Delta \, \text{tempo}$$

[8] As incertezas nas medidas de *momentum*, posição, energia ou tempo, relacionadas pelo princípio da incerteza, são de apenas 1 parte em 10 milhões de bilhões de bilhões de bilhão (10^{-34}) para uma bola de beisebol arremessada. Os efeitos quânticos são desprezíveis mesmo para o mais rápido micróbio, para o qual as incertezas são de aproximadamente 1 parte em um bilhão (10^{-9}). Os efeitos quânticos tornam-se mais evidentes para átomos, em que as incertezas podem ser tão grandes quanto 100%. Para elétrons que se movem em um átomo, as incertezas quânticas são dominantes, e estamos numa escala de total domínio quântico.

entre o observador e o que é observado, que o universo não existe "lá fora", independentemente de todos os atos de observação, e que a realidade é criada pelo observador. Outros interpretam o princípio da incerteza como uma espécie de "escudo da natureza" para segredos proibidos. Alguns críticos da ciência utilizam o princípio da incerteza como evidência de que a própria ciência é incerta. O estado do universo (esteja ele sendo observado ou não), os segredos da natureza e as incertezas da ciência têm muito pouco a ver com o princípio da incerteza de Heisenberg. A profundidade do princípio da incerteza tem a ver com a interação inevitável entre a natureza no nível atômico e os meios por meio dos quais a observamos.

> **PAUSA PARA TESTE**
>
> 1. O princípio da incerteza de Heisenberg é aplicável ao caso prático do uso de um termômetro para medir a temperatura de um copo d'água?
> 2. Um contador Geiger mede o decaimento radioativo registrando os pulsos elétricos produzidos num tubo que contém gás quando partículas de alta energia o atravessam. As partículas são emitidas por uma fonte radioativa – digamos, um pedaço do elemento rádio. O ato de medir a taxa de decaimento do rádio altera o rádio ou a sua taxa de decaimento?
> 3. O princípio quântico segundo o qual não se consegue observar algo sem alterá-lo pode ser extrapolado razoavelmente para sustentar a alegação de que você consegue fazer com que uma pessoa estranha se vire ao olhar fixamente para suas costas?

VERIFIQUE SUA RESPOSTA

1. Não. Embora nós sujeitemos a temperatura da água a uma alteração pelo ato de sondá-la com um termômetro que está inicialmente mais frio ou mais quente do que ela, as incertezas relacionadas a essas medições estão completamente dentro do domínio da física clássica e podem, em princípio, ser calculadas e corrigidas. As incertezas ao nível subatômico, embora presentes, são pequenas demais para ter qualquer influência sobre a medição da temperatura.

2. Não, de jeito algum, porque aqui a interação envolvida se dá entre o contador Geiger e as partículas, não entre o contador Geiger e o elemento rádio. É o comportamento das partículas que é alterado pela medição, não a amostra de rádio da qual elas saem. Veja como isso está vinculado à próxima questão.

3. Se nossa observação envolve sondagem, realmente estamos alterando, em algum grau, aquilo que *observamos*. Por exemplo, se incidimos luz sobre as costas de uma pessoa, nossa observação constitui uma sondagem, que altera fisicamente, embora ligeiramente, a configuração dos átomos sobre as costas dela. Se a pessoa sente isso, ela pode se virar, mas ficar simplesmente olhando fixa e atentamente para as costas dela significa observar no sentido passivo do termo. A luz que você recebe (ou bloqueia ao piscar, por exemplo) deixou as costas da pessoa de qualquer maneira, tendo ela virado a cabeça ou não. Se você a olha fixamente ou a olha de soslaio ou fecha seus olhos por completo, você não interage com ela e não altera a configuração atômica das costas da pessoa. Incidir luz ou sondar algo não é a mesma coisa que olhar passivamente para algo. Não fazer a simples distinção entre *sondar* e *observar passivamente* é a raiz de muitas coisas sem sentido que são ditas supostamente sustentadas pela física quântica. A melhor argumentação para a alegação mencionada acima seriam os resultados positivos de um teste simples e prático, em vez da afirmação de que ela se baseia na reputação duramente conquistada da teoria quântica.

31.8 Complementaridade

O domínio da física quântica parece confuso. Ondas luminosas, capazes de produzir interferência e de sofrer difração, entregam sua energia na forma de "pacotes" corpusculares: os *quanta*. Os elétrons, que se deslocam pelo espaço em linhas retas e experimentam colisões como se fossem partículas, distribuem-se pelo espaço formando padrões de interferência como se fossem ondas. Nessa confusão, porém, existe uma ordem subjacente. O comportamento da luz e dos elétrons parece igualmente confuso! Tanto a luz quanto os elétrons exibem características de onda e de partícula.

O físico dinamarquês Niels Bohr, um dos fundadores da física quântica, formulou uma expressão explícita da totalidade inerente a esse dualismo. Ele chamou de **complementaridade** a expressão dessa totalidade. Como Bohr a expressou, os fenômenos quânticos exibem propriedades complementares (mutuamente exclusivas) – revelando-se como partículas ou como ondas –, dependendo do tipo de experimento que está sendo realizado. Os experimentos projetados para examinar trocas individuais de energia e de *momentum* expõem propriedades corpusculares, ao passo que os experimentos projetados para examinar a distribuição espacial da energia expõem as propriedades ondulatórias. As propriedades ondulatórias da luz e as propriedades corpusculares da luz complementam-se; ambas são necessárias para a compreensão da "luz". Qual dessas partes é enfatizada depende de qual questão se indaga a respeito da natureza.

A complementaridade não é uma solução de compromisso e não significa que toda a verdade acerca da natureza da luz situa-se em algum lugar entre partículas e ondas. Ela se parece mais com olhar os lados de um cristal: o que você enxerga depende de para qual das facetas está olhando. É por isso que luz, energia e matéria revelam-se como *quanta* em determinados experimentos e como ondas em outros.

A ideia segundo a qual os opostos são componentes de um todo não é nova. Antigas culturas orientais incorporaram-na como parte integral de sua visão de mundo. Isso é demonstrado no diagrama *yin-yang* de T'ai Chi Tu (Figura 31.14). Um lado do círculo é chamado de *yin* (preto), e o outro, de *yang* (branco). Onde existe *yin*, também existe *yang*. Apenas a união dos dois forma um todo. Onde existe o baixo, também existe o alto. Onde existe a noite, também existe o dia. Onde existe o nascimento, também existe a morte. Uma pessoa integra em si o *yin* (feições femininas, cérebro direito, emoção, intuição, escuridão, frio e umidade) com o *yang* (feições masculinas, cérebro esquerdo, razão, lógica, luz, calor e secura). Cada um

Niels Bohr (1885–1962)

FIGURA 31.14 Os opostos são vistos como complementares no símbolo *yin-yang* de algumas culturas orientais.

PREVISIBILIDADE E CAOS

Podemos fazer previsões sobre um sistema ordenado quando conhecemos suas condições iniciais. Por exemplo, podemos anunciar precisamente onde um foguete lançado aterrissará, onde um determinado planeta estará num instante particular ou quando ocorrerá um eclipse. Esses são exemplos de eventos do mundo macroscópico newtoniano. De forma similar, no mundo quântico microscópico, podemos prever onde *provavelmente* está um elétron dentro de um átomo ou a *probabilidade* de uma determinada partícula radioativa decair durante um certo intervalo de tempo. A previsibilidade em sistemas ordenados, tanto newtonianos quanto quânticos, depende de nosso conhecimento das suas condições iniciais.

Entretanto, alguns sistemas, sejam eles newtonianos ou quânticos, não são ordenados – são inerentemente imprevisíveis. Esses sistemas são chamados de "sistemas caóticos". A água em fluxo turbulento constitui um exemplo disso. Não importa quão precisamente conheçamos as condições iniciais de um pedaço de madeira flutuando corrente abaixo, não poderemos prever sua localização futura na corrente d'água. Uma das características dos sistemas caóticos é que ligeiras diferenças nas condições iniciais dão origem a resultados futuros desmesuradamente diferentes. Dois pedaços de madeira idênticos colocados em lugares apenas ligeiramente diferentes num dado instante de tempo estarão muito afastados logo depois.

O clima é caótico. Pequenas alterações no clima de um dia podem gerar enormes (e amplamente imprevisíveis) alterações uma semana mais tarde. Os meteorologistas procuram fazer o melhor que podem, mas estão lutando contra o duro fato do caos existente na natureza. Essa barreira imposta às boas previsões levou o meteorologista Edward Lorenz a indagar se "as batidas das asas de uma borboleta no Brasil podem desencadear um tornado no Texas". Desde então, falamos em *efeito borboleta* quando estamos lidando com situações em que pequenos efeitos podem ser amplificados, tornando-se grandes efeitos.

Curiosamente, o caos não é irremediavelmente imprevisível. Mesmo em um sistema caótico, podem existir padrões de regularidade. Existe *ordem no caos*. Os cientistas têm aprendido como tratar matematicamente o caos e como encontrar as suas partes ordenadas. Os artistas procuram por padrões na natureza de uma maneira diferente. Tanto os cientistas quanto os artistas buscam as conexões da natureza que sempre estiveram ali, mas que ainda não foram unidas em nosso pensamento.

tem aspectos do outro. Para Niels Bohr, o diagrama *yin-yang* simboliza o princípio da complementaridade. Em idade avançada, Bohr escreveu vastamente sobre as implicações da complementaridade. Em 1947, quando foi condecorado cavaleiro por suas contribuições à física, ele escolheu o símbolo *yin-yang* para o seu brasão.

Revisão do Capítulo 31

TERMOS-CHAVE (CONHECIMENTO)

quantum (pl. quanta) Da palavra latina *quantus*, que significa "quanto", no sentido de quantidade. O *quantum* é a unidade elementar de uma grandeza, uma quantidade discreta de algo. Um *quantum* de energia eletromagnética é chamado de fóton.

física quântica A física que descreve o mundo microscópico, onde muitas quantidades são granulares (em unidades chamadas de *quanta*), e não contínuas, e onde os corpúsculos de luz (*fótons*) e as partículas de matéria, como os elétrons, exibem propriedades tanto ondulatórias quanto corpusculares.

constante de Planck Uma constante fundamental da natureza, h, que estabelece um limite mínimo para a menor quantidade de energia E que pode ser convertida em luz de frequência f. $E = hf$:

$$h = 6,6 \times 10^{-34} \, \text{J·s}$$

efeito fotoelétrico A emissão de elétrons a partir da superfície de um metal quando a luz incide nela.

princípio da incerteza Princípio formulado por Werner Heisenberg segundo o qual a constante de Planck, h, estabelece um limite de precisão para medições. De acordo com o princípio da incerteza, não é possível medir simultaneamente com precisão a posição e o *momentum* de uma partícula, assim como a energia e o tempo durante o qual a partícula tem aquela energia.

complementaridade Princípio enunciado por Niels Bohr segundo o qual os aspectos ondulatório e corpuscular da matéria e da radiação são partes necessárias e complementares do todo. O que é enfatizado depende de qual experimento está sendo realizado (isto é, de qual questão se quer saber acerca da natureza).

QUESTÕES DE REVISÃO (COMPREENSÃO)

31.1 O nascimento da teoria quântica

1. Qual das teorias sobre a luz, a teoria ondulatória ou a teoria corpuscular, tem sustentação nas descobertas de Young, Maxwell e Hertz?
2. A explicação fotônica de Einstein sobre o efeito fotoelétrico apoia a teoria ondulatória da luz ou a teoria corpuscular?
3. O que Planck considerou como quantizada: a energia dos átomos vibrantes ou a energia da própria luz?
4. A constante de Planck é um resultado da natureza ou a natureza é um resultado da constante de Planck?

31.2 A quantização e a constante de Planck

5. Einstein chamou um *quantum* de luz de corpúsculo. Hoje, como é chamado o *quantum* de luz?
6. Na fórmula $E = hf$, o símbolo f significa a frequência da onda, como foi definido no Capítulo 19?
7. Na fórmula $E = hf$, o símbolo E significa a energia, medida em joules?
8. A luz é irradiada de um átomo continuamente ou como um feixe de partículas?
9. Quais fótons têm menor energia: micro-ondas ou raios X?

31.3 O efeito fotoelétrico

10. Quais dos dois são mais bem-sucedidos em desalojar elétrons da superfície de um metal: os fótons da luz ultravioleta ou os da luz vermelha? Por quê?
11. Por que um feixe de luz vermelha muito brilhante não transfere mais energia a um elétron ejetado do que um tênue feixe de luz violeta?
12. O que significa a "função-trabalho" no efeito fotoelétrico?
13. O que é invertido em relação ao efeito fotoelétrico nas células solares?

31.4 Dualidade onda-partícula

14. Por que as fotografias em um livro ou revista parecem granulosas quando são ampliadas?
15. Quando interage com os cristais de matéria existentes em um filme fotográfico, a luz comporta-se fundamentalmente como uma onda ou como uma partícula?

31.5 O experimento da fenda dupla

16. De que modo a interferência ondulatória é uma característica do experimento da fenda dupla de Young?
17. A luz se desloca de um lugar a outro como onda ou como partícula?
18. A luz interage com um detector como onda ou como partícula?
19. Quando a luz se comporta como uma onda? Quando ela se comporta como uma partícula?

31.6 Partículas como ondas: difração de elétrons

20. Louis de Broglie afirmou que as partículas materiais têm propriedades ondulatórias?
21. Qual é a relação proposta por de Broglie entre o comprimento de onda de uma partícula e o seu *momentum*?
22. Que evidências apoiam o caráter ondulatório das partículas?
23. Quando elétrons são difratados através de uma fenda dupla, eles chegam à tela como ondas ou como partículas? O padrão gerado por seus impactos é ondulatório ou corpuscular?

31.7 O princípio da incerteza

24. Em quais das seguintes situações as incertezas quânticas são significativas: ao medir simultaneamente a rapidez e a localização de uma bola de beisebol, de uma bolinha de papel amassado ou de um elétron?
25. Qual é o princípio da incerteza em relação ao movimento e à posição?
26. Se as medidas mostram uma posição bem definida de um elétron, essas mesmas medidas também podem revelar com precisão qual é o seu *momentum*? Explique.
27. Se as medidas revelam um valor bem definido para a energia irradiada por um elétron, essas mesmas medidas também podem revelar um valor preciso para o tempo de duração do evento? Explique.
28. Qual é a diferença entre observar passivamente e ativamente um evento?

31.8 Complementaridade

29. Qual é o princípio da complementaridade?
30. Cite evidências de que a ideia dos opostos como componentes de um todo precedeu o princípio da complementaridade de Bohr.

PENSE E FAÇA (APLICAÇÃO)

31. Use um fio do próprio cabelo para recriar o experimento da fenda dupla de Young. Corte um quadrado no centro de uma folha de papel rígida, estique bem o fio de cabelo sobre o corte e prenda-o com fita adesiva. Coloque a folha de papel na vertical e aponte uma caneta *laser* para ela. Em qualquer tipo de tela atrás da folha, observe o padrão de franjas brilhantes e escuras.
32. Vá a um local (ou imagine que foi) onde uma rampa para cadeirantes e uma escadaria estão lado a lado. Suba as escadas e conte o número de degraus. Em seguida, suba a rampa e conte o número de passos. Em ambos os casos, você aumentou a sua energia potencial em relação ao nível do solo. Envie uma mensagem para a sua avó explicando por que as escadas são "quantizadas", mas a rampa não é.

PENSE E RESOLVA (APLICAÇÃO MATEMÁTICA)

33. Um comprimento de onda típico de radiação infravermelha emitida por nosso corpo é igual a 25 mm (2,5 × 10^{-2} m). Mostre que a energia por fóton dessa radiação é de aproximadamente 8,0 × 10^{-24} J.
34. Considere o comprimento de onda de de Broglie para um elétron que colide na face interna de uma tela de TV com uma rapidez igual a um décimo da rapidez de propagação da luz. Mostre que o comprimento de onda do elétron vale 2,4 × 10^{-11} m.
35. Você decide rolar uma bola de 0,1 kg pelo piso tão lentamente que ela tem um pequeno *momentum* e um grande comprimento de onda de de Broglie. Se você a fizer rolar com 0,001 m/s, qual será seu comprimento de onda? Como ele se compara com o comprimento de onda de de Broglie para um elétron altamente veloz, como o do problema anterior?

PENSE E ORDENE (ANÁLISE)

36. Em ordem decrescente, movendo-se à mesma velocidade, ordene o *momentum* de:
    a. um átomo de hidrogênio.
    b. um átomo de urânio.
    c. um elétron.
37. Em ordem decrescente, movendo-se à mesma velocidade, ordene o comprimento de onda de:
    a. um átomo de hidrogênio.
    b. um átomo de urânio.
    c. um elétron.

PENSE E EXPLIQUE (SÍNTESE)

38. O que significa dizer que algo está quantizado?
39. Faça distinção entre *física clássica* e *física quântica*.
40. No capítulo anterior, aprendemos a fórmula $E \sim f$. Neste capítulo, aprendemos outra fórmula parecida, $E = hf$. Explique a diferença entre as duas. O que é h?
41. A frequência da luz violeta é cerca de duas vezes maior do que a da luz vermelha. Como a energia de um fóton da luz violeta se compara com a energia de um fóton da luz vermelha? Explique.
42. O que tem maior energia: um fóton de luz visível ou um fóton de luz ultravioleta? Por quê?
43. Falamos em fótons de luz vermelha e em fótons de luz verde. Podemos falar em fótons de luz branca? Explique a razão em caso positivo ou negativo.
44. Qual feixe de *laser* transporta mais energia por fóton: um feixe vermelho ou um feixe verde?
45. Se um feixe de luz vermelha e outro de luz azul têm exatamente a mesma energia, qual deles contém o maior número de fótons? Por quê?
46. No efeito fotoelétrico, é a intensidade ou a frequência que determina a energia cinética dos elétrons ejetados? E quanto ao número dos elétrons ejetados? Justifique sua resposta.

47. Uma fonte de luz vermelha muito intensa contém muito mais energia do que uma fonte de luz azul fraca, mas a luz vermelha não tem efeito algum em ejetar elétrons de uma determinada superfície fotossensível. Explique a causa.

48. Por que os fótons de luz ultravioleta são mais efetivos em induzir o efeito fotoelétrico do que os fótons da luz visível?

49. Por que a luz que incide numa superfície metálica ejeta apenas elétrons, e não prótons?

50. O efeito fotoelétrico depende da natureza ondulatória ou da natureza corpuscular da luz? Justifique sua resposta.

51. Explique como o efeito fotoelétrico é usado para abrir portas automáticas quando alguém se aproxima.

52. Pesquise o assunto e então explique rapidamente como o efeito fotoelétrico é usado na operação de pelo menos dois dos seguintes objetos: uma célula fotoelétrica, um fotômetro de máquina fotográfica, a trilha sonora de um filme da era pré-digital.

53. Se você incidir luz ultravioleta sobre a bola metálica de um eletroscópio eletrizado negativamente (mostrado no exercício 57 do Capítulo 22), ele será descarregado. No entanto, se o eletroscópio for positivamente eletrizado, ele não será descarregado. Você arrisca uma explicação?

54. Que evidência você pode citar da natureza ondulatória da luz? E da natureza corpuscular da luz?

55. Quando um fóton se comporta como uma onda? Quando ele se comporta como uma partícula?

56. Que dispositivo de laboratório utiliza a natureza ondulatória dos elétrons?

57. Cite um caso em que um átomo adquire energia suficiente para tornar-se ionizado.

58. Um átomo de hidrogênio e outro de urânio se movem com aproximadamente a mesma rapidez. Qual deles tem maior *momentum*? Qual deles tem um comprimento de onda maior?

59. Se uma bala de canhão e outra de uma espingarda de pressão têm a mesma velocidade, qual delas tem um comprimento de onda mais longo?

60. Um próton e um elétron têm a mesma rapidez. Qual deles tem um *momentum* maior? Qual deles tem o maior comprimento de onda?

61. Um determinado elétron se desloca duas vezes mais rápido do que outro. Qual deles tem o maior comprimento de onda?

62. Quando verificamos a pressão dos pneus dos carros, algum ar acaba escapando. Por que o princípio de Heisenberg não se aplica aqui?

63. Se uma borboleta causa um tornado, faz sentido erradicar as borboletas? Justifique sua resposta.

64. Ouve-se muito a expressão "dar um salto quântico", usada para descrever grandes alterações. Essa expressão é adequada? Justifique sua resposta.

PENSE E DISCUTA (AVALIAÇÃO)

65. O comprimento de onda de de Broglie de um próton torna-se maior ou menor quando sua velocidade aumenta?

66. Discuta a principal vantagem de um microscópio eletrônico em relação a um microscópio óptico.

67. O princípio da incerteza significa que jamais podemos conhecer algo com toda certeza?

68. Considere um dos muitos elétrons existentes na ponta de seu nariz. Se alguém olha para ele, seu movimento será alterado? E se ele for olhado com um dos olhos fechados? E com os dois olhos, porém cruzados? O princípio da incerteza de Heisenberg se aplica aqui?

69. Nós alteramos o que pretendemos medir ao realizarmos uma pesquisa de opinião pública? O princípio da incerteza de Heisenberg se aplica aqui?

70. Se o comportamento de um dado sistema, por algum período de tempo, for medido com exatidão e compreendido, então o comportamento futuro desse sistema poderá ser previsto exatamente? (Há uma distinção entre as propriedades que são *mensuráveis* e aquelas que são *previsíveis*?)

71. A câmera com a qual se tirou a fotografia do rosto da mulher na Figura 31.5 empregou lentes ordinárias bem conhecidas por refratar ondas. Contudo, a formação da imagem passo a passo é uma evidência de fótons. Como isso pode ser assim? Qual é a sua explicação?

72. Tem-se argumentado que a luz é uma onda, depois é uma partícula e, em seguida, se torna uma onda de novo. Isso significa que a verdadeira natureza da luz se situa em algum lugar entre esses dois modelos?

73. Um fóton de raio X atinge um elétron sem que este absorva *toda* a energia do fóton. Proponha uma hipótese comparando a frequência do fóton que "sai da cena" da colisão com a frequência do fóton inicial (o fenômeno é chamado de *efeito Compton*).

74. Queimaduras solares produzem danos às células da pele. Por que a radiação ultravioleta é capaz de produzir tais danos, enquanto a radiação visível, ainda que muito intensa, não é capaz?

75. Discuta como a leitura do amperímetro da Figura 31.1 variará quando a superfície fotossensível curva for iluminada por luz de diversas cores com uma mesma intensidade e por luz de várias intensidades para uma dada cor.

76. O efeito fotoelétrico *prova* que a luz é formada por partículas? Os experimentos de interferência *provam* que a luz é composta de ondas? (Existe uma diferença entre o que algo é e como ele se *comporta*?)

77. Não notamos o comprimento de onda da matéria em movimento em nossa experiência cotidiana. Isso se deve ao fato de que o comprimento de onda é extraordinariamente grande ou extraordinariamente pequeno?

78. Comente acerca da ideia de que a teoria que alguém aceita determina o significado de suas observações, e não o contrário.

79. Um colega lhe diz "se um elétron não é uma partícula, então ele deve ser uma onda". Qual é a sua resposta? (Você escuta afirmações do tipo "ou isso ou aquilo" como essa frequentemente?)

80. Para medir a idade exata do "Old Methuselah" (velho Matusalém), como é conhecida a árvore viva mais velha do mundo, em 1965, um professor de dendrologia de Nevada, EUA, com a ajuda de um funcionário do Departamento de Administração de Terras dos Estados Unidos, cortou a árvore e contou seus anéis. Esse é um exemplo extremo de alteração naquilo que se mede? Ou trata-se de um exemplo de mau comportamento acadêmico?

CAPÍTULO 31 Exame de múltipla escolha

Escolha a melhor resposta entre as alternativas:

1. A razão entre a energia de um fóton e a sua frequência é:
    a. π.
    b. constante de Planck.
    c. rapidez do fóton.
    d. comprimento de onda do fóton.

2. Na equação $E = hf$, o símbolo f representa o(a):
    a. frequência do fóton.
    b. comprimento de onda.
    c. taxa de emissão dos fótons.
    d. nenhuma das anteriores.

3. O efeito fotoelétrico apoia a:
    a. natureza ondulatória da luz.
    b. natureza corpuscular da luz.
    c. ambas as anteriores.
    d. nenhuma das anteriores.

4. Quanto maior a frequência da luz que ilumina uma superfície fotossensível, maior é o (a)
    a. número de elétrons ejetados.
    b. velocidade dos elétrons ejetados.
    c. ambas as anteriores.
    d. nenhuma das anteriores.

5. Na emissão fotoelétrica, a função-trabalho é o(a) mínimo(a):
    a. frequência da luz para produzir emissão.
    b. energia necessária para ejetar um elétron da superfície.
    c. comprimento de onda da luz para produzir a ejeção do elétron.
    d. nenhuma das anteriores.

6. A luz se comporta principalmente como onda quando:
    a. propaga-se de um local para outro.
    b. interage com a matéria.
    c. ambas as anteriores.
    d. nenhuma das anteriores.

7. Qual destes pode produzir um padrão de interferência quando direcionado através de duas fendas com distância apropriada entre si?
    a. Luz.
    b. Som.
    c. Elétrons.
    d. Todas as anteriores.

8. Qual das opções a seguir tem comprimento de onda maior?
    a. Um elétron de baixa energia.
    b. Um elétron de alta energia.
    c. As duas alternativas anteriores são equivalentes.
    d. Nenhuma das anteriores.

9. O princípio da incerteza de Heisenberg afirma que:
    a. a constante de Planck define um limite para a precisão das medições.
    b. não podemos medir simultânea e exatamente a posição e o *momentum* de uma partícula.
    c. não podemos medir simultânea e exatamente a energia de uma partícula e o tempo que ela tem tal energia.
    d. todas as anteriores.

10. A ideia de complementaridade está evidente no(a):
    a. natureza dupla da luz.
    b. noção de que elementos opostos são componentes do todo.
    c. símbolo de *yin–yang* das culturas orientais.
    d. todas as anteriores.

Respostas e explicações das perguntas do Exame de múltipla escolha

1. (b): É uma informação direta do capítulo, $E = hf$, onde h é a constante de Planck. Todas as outras respostas são irrelevantes para a questão. 2. (a): Não poderia ser mais simples. O símbolo f representa a frequência de um fóton que conduz a energia E. Todas as outras respostas são irrelevantes para a questão. 3. (b): O efeito fotoelétrico foi a primeira grande descoberta a apoiar a natureza corpuscular da luz. Isso ocorreu quando o modelo ondulatório ainda era dominante na comunidade da física. 4. (b): Uma maior frequência da luz incidente ejeta elétrons com maior energia cinética, o que significa maior velocidade. A luz mais brilhante ejeta mais elétrons, mas não elétrons mais energéticos. 5. (b): Por definição, a função-trabalho é a energia mínima necessária para que um elétron deixe uma superfície fotossensível. A frequência e o comprimento de onda da luz incidente são questões secundárias. 6. (a): A dualidade das ondas nos informa que a luz comporta-se como onda quando propaga-se de um local para outro e que propaga-se como uma partícula quando interage com a matéria. 7. (d): A interferência é uma propriedade de todas as ondas, incluindo ondas luminosas, ondas sonoras e ondas que sejam propagam-se pela matéria. Um feixe elétrico, como um feixe de luz ou de som, pode apresentar interferência. 8. (a): Um feixe de elétrons comporta-se como um feixe de luz. Como qualquer onda, as ondas longas (de baixa frequência) têm menos energia do que as ondas curtas (maior frequência). Assim, elétrons de baixa energia têm comprimentos de onda maiores. 9. (d): Todas as alternativas são características do princípio da incerteza. 10. (d): A complementaridade é uma ideia ampla sobre a união dos opostos, da qual o princípio da incerteza é um caso especial. Assim, a complementaridade pede "todas as anteriores".

PARTE VII
Física atômica e nuclear

32
O átomo e o *quantum*

32.1 A descoberta do núcleo atômico

32.2 A descoberta do elétron

32.3 Os espectros atômicos: pistas da estrutura atômica

32.4 O modelo atômico de Bohr

32.5 A explicação para os níveis de energia quantizada: ondas de elétrons

32.6 A mecânica quântica

32.7 O princípio da correspondência

Estes quatro físicos se distinguem pela excelência no ensino ao apresentar a física quântica para seus alunos. ❶ David Kagan usa uma tira de plástico rugosa em sala de aula como um modelo para a órbita de um elétron. Os blocos de madeira empilhados servem como um modelo para os níveis de energia do elétron. ❷ Roger King usa um ímã para desviar um feixe de elétrons em um tubo de Crookes. ❸ Dean Zollman investiga propriedades nucleares com uma versão moderna do experimento de Rutherford de espalhamento. ❹ Art Hobson ensina a natureza ondulatória de toda a matéria ao nosso redor.

CAPÍTULO 32 O átomo e o *quantum*

Niels Bohr nasceu em Copenhague, Dinamarca, em 1885. Seu pai, um luterano, era professor de fisiologia da Universidade de Copenhague. Sua mãe provinha de uma próspera família judaica dos círculos banqueiro e parlamentar. Seu irmão, Harald Bohr, foi matemático e jogador da seleção de futebol olímpica dinamarquesa. Niels também era apaixonado pelo futebol, e os dois irmãos chegaram a jogar em partidas de nível em Copenhague.

Borh tornou-se doutor na Dinamarca em 1911. Na época, ele trabalhava com uma equipe do laboratório de J. J. Thomson, o descobridor do elétron, no Trinity College de Cambridge, Inglaterra, antes de continuar sua pesquisa sob a orientação de Ernest Rutherford na University of Manchester, também na Inglaterra. Rutherford tinha acabado de descobrir que um núcleo minúsculo e positivamente carregado existia no centro de todo átomo, rodeado, presumivelmente, pelos elétrons de Thomson. Bohr ponderou sobre essa nova visão do átomo e acrescentou princípios quânticos a ela. Seu modelo da estrutura atômica foi publicado em 1913, no qual elétrons se movem somente em certas órbitas ao redor do núcleo, e o átomo emite luz apenas quando elétrons dão "saltos quânticos" entre uma órbita e outra. Essa teoria explicou brilhantemente as linhas espectrais observadas do hidrogênio (a série de Balmer) e também previa as linhas espectrais ultravioletas e infravermelhas, ainda não observadas.

Bohr recebeu o Prêmio Nobel de Física em 1922 por esse trabalho sobre a teoria quântica dos átomos, um ano após Albert Einstein ter recebido o Prêmio Nobel por seu trabalho sobre o efeito fotoelétrico. Depois que a teoria quântica evoluiu e amadureceu em meados da década de 1920, Einstein passou a ter grandes reservas sobre sua natureza probabilística, preferindo o determinismo da física clássica. Ele e Bohr debateram sobre esses pontos de vista ao longo de suas vidas, sempre mantendo o maior respeito um pelo outro.

Devido ao fato de a mãe de Bohr ser judia, ele esteve em perigo durante a ocupação nazista da Dinamarca, na Segunda Guerra Mundial. Em 1943, pouco antes de uma prisão iminente, ele fugiu com sua família para a Suécia. Reconhecendo a importância de Bohr, os aliados o levaram de avião da Suécia para Londres, alojando-o no compartimento de bombas de um bombardeiro Mosquito desarmado. Por ter esquecido de pôr sua máscara de oxigênio, ele desmaiou após a decolagem. Felizmente, o piloto, percebendo que algo estava errado por Bohr não ter respondido às suas mensagens de comunicação interna, desceu para altitudes mais baixas e conseguiu chegar a Londres com o passageiro ainda vivo. Bohr supostamente teria dito que dormira como um bebê durante a viagem. Ele voou então para os Estados Unidos para trabalhar no Projeto Manhattan, no laboratório ultrassecreto de Los Alamos, no Novo México, EUA. Por razões de segurança, durante a execução do projeto, ele respondia pelo nome de Nicholas Baker.

Após a guerra, Bohr retornou a Copenhague, advogando o uso pacífico da energia nuclear e compartilhando informações nucleares. Ao receber a Ordem do Elefante do governo dinamarquês, ele desenhou seu próprio brasão de armas, parecido com o símbolo de *yin* e *yang*, com o dito latino *contraria sunt complementa*: "os opostos são complementares".

O filho de Bohr, Aage Bohr, se tornou um físico muito bem-sucedido e, como o pai, ganhou um Prêmio Nobel de Física, em 1975. Niels Bohr faleceu em Copenhague em 1962. Boa parte deste capítulo envolve sua visão da física.

32.1 A descoberta do núcleo atômico

Meia dúzia de anos após Einstein ter anunciado sua explicação para o efeito fotoelétrico, o físico britânico nascido na Nova Zelândia Ernest Rutherford supervisionou seu hoje famoso experimento da folha de ouro.[1] Esse experimento significativo re-

Você notará que boa parte deste capítulo constitui um pano de fundo para capítulos já vistos, com a esperança de que seja um capítulo de ligação entre eles.

---

[1] Por que "supervisionou"? Para indicar que outros pesquisadores além de Rutherford estavam envolvidos nesse experimento. A prática largamente difundida de elevar um único cientista à posição de pesquisador solitário, o que raramente corresponde à realidade, com muita frequência renega o envolvimento de outros pesquisadores. Especialmente importantes foram os assistentes de Rutherford, Geiger e Marsden, que passavam horas sentados na escuridão absoluta, realizando medições angulares de faíscas através de um microscópio. Posteriormente, Geiger inventou o detector de radiação popular que leva seu nome, o contador Geiger. Há algo de verdadeiro quando se diz que "há duas coisas mais importantes para as pessoas do que sexo e dinheiro: *reconhecimento e valorização*".

690 PARTE VII Física atômica e nuclear

Ernest Rutherford (1871–1937)

FIGURA 32.1 O espalhamento ocasional de partículas alfa em grandes ângulos por átomos de ouro fez Rutherford descobrir o núcleo pequeno e de muita massa existente nos centros atômicos.

velou que o átomo é praticamente um espaço vazio, com a maior parte de sua massa concentrada na região central – o **núcleo atômico.**

No experimento de Rutherford, um feixe de partículas positivamente carregadas (partículas alfa) provenientes de uma fonte radioativa era direcionado contra uma folha de ouro extremamente fina. Como as partículas alfas têm massa milhares de vezes maior do que a dos elétrons, esperava-se que o feixe de partículas alfa não seria impedido de atravessar os "pudins atômicos". Isso de fato foi observado – na sua maior parte. Quase todas as partículas alfa atravessavam a folha de ouro com pouco ou nenhum desvio, produzindo pontos luminosos ao colidirem com uma tela fluorescente postada do outro lado da folha. Porém, algumas partículas estavam desviadas de sua trajetória retilínea original ao emergirem da folha. Algumas poucas delas eram fortemente desviadas, e um número menor ainda chegava mesmo a ser espalhado de volta! Essas partículas alfa deviam ter batido em algo de massa relativamente grande – mas o quê? Rutherford raciocinou que as partículas não desviadas haviam atravessado espaços vazios da folha de ouro, ao passo que o pequeno número de partículas desviadas havia sido repelido por um caroço central extremamente denso e carregado positivamente. Todo átomo, ele concluiu, devia conter um desses caroços, que Rutherford chamou de *núcleo atômico*.

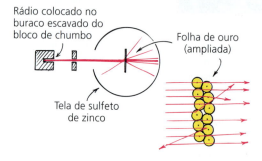

Rádio colocado no buraco escavado do bloco de chumbo

Folha de ouro (ampliada)

Tela de sulfeto de zinco

Mais tarde, Rutherford disse que a descoberta de que algumas partículas alfa ricocheteavam para trás tinha sido o evento mais incrível que presenciara na vida – tão incrível quanto uma bala de canhão de 15 polegadas ricochetear em um pedaço de papel de seda.

PAUSA PARA TESTE

1. O que convenceu Rutherford de que a folha de ouro é principalmente espaço vazio?
2. O que convenceu Rutherford de que as partículas no espaço vazio têm massas relativamente grandes?

VERIFIQUE SUA RESPOSTA

1. A descoberta de que a maioria das partículas alfa não era desviada indicava a existência de muito espaço vazio.
2. A descoberta de que algumas delas eram rebatidas de volta indicava a existência de algo com muita massa naquele espaço vazio.

32.2 A descoberta do elétron

Circundando o núcleo atômico estão os elétrons. O termo *elétron* vem da palavra grega que significa âmbar, uma resina fóssil amarelo-castanho conhecida pelos primeiros gregos. Eles descobriram que, depois de ser esfregado com um pedaço de roupa, o âmbar passava a atrair coisas como pedacinhos de palha. Esse fenômeno, conhecido como *efeito âmbar*, permaneceu um mistério até quase 2.000 anos depois. No final do século XVI, William Gilbert, médico da rainha Elizabeth I, descobriu que outros materiais também se comportavam como o âmbar, e ele os chamou de "elétricos". O surgimento do conceito de carga elétrica teve de esperar pelos experimentos feitos pelo físico e estadista norte-americano Benjamin Franklin, aproximadamente dois séculos mais tarde. Do Capítulo 22, lembre-se de que Franklin fez experiências com a eletricidade e postulou a existência de um fluido elétrico que poderia fluir de um

FIGURA 32.2 O experimento de Franklin com a pandorga.

lugar para outro. Um objeto com um excesso do fluido foi chamado por ele de *eletricamente positivo*, enquanto outro, com uma deficiência do fluido, foi chamado de *eletricamente negativo*. Pensava-se que o fluido atraía a matéria comum, mas não a repelia. Embora não falemos mais em fluidos elétricos, ainda seguimos o pensamento de Franklin na maneira como definimos a eletricidade positiva e negativa. Os experimentos que Franklin realizou com pandorgas em 1752, durante uma tempestade de raios, mostraram que os relâmpagos são descargas elétricas entre as nuvens e o solo. Essa descoberta lhe revelou que a eletricidade não se restringe a objetos sólidos ou líquidos, podendo se mover também através de gases.

Os experimentos de Franklin mais tarde inspiraram outros cientistas a produzir correntes elétricas em diversos gases diluídos dentro de tubos de vidro lacrados. Curiosamente, o interior desses tubos evacuados era revestido com um material fosforescente, então os impactos das partículas subatômicas criavam centelhas de luz visíveis. Entre esses outros cientistas, na década de 1870, estava Sir William Crookes, um cientista inglês não ortodoxo que acreditava poder se comunicar com os mortos. Ele é mais lembrado por seu "tubo de Crookes", um tubo de vidro lacrado contendo um gás de pressão muito baixa e eletrodos próximos às extremidades (o precursor dos tubos de sinalização a neônio). O gás passava a brilhar quando os eletrodos eram ligados a uma fonte de voltagem (como uma bateria). Gases diferentes brilhavam em cores diferentes. Os experimentos realizados com tubos contendo placas e fendas metálicas revelaram que o que fazia o gás brilhar era algum tipo de "raio" que emergia do terminal negativo (o *cátodo*). Fendas podiam estreitar o raio, e placas eram capazes de impedir o raio de alcançar o terminal positivo (o ânodo). O aparato foi chamado de *tubo de raios catódicos* (CRT, do inglês *cathode-ray tube*) (Figura 32.3). Quando cargas elétricas eram aproximadas do tubo, o raio era desviado. Ele desviava em direção a cargas positivas e se afastava de cargas negativas. O raio também era desviado em presença de um campo magnético. Essas descobertas indicavam que o raio era formado por partículas negativamente carregadas.

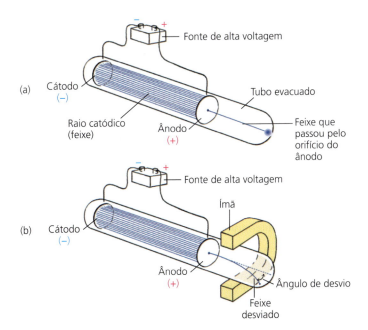

FIGURA 32.3 (a) Um tubo de raios catódicos simples. O pequeno orifício do ânodo permite a passagem de um feixe estreito que incide na extremidade do tubo, produzindo ali uma pequena mancha luminosa no vidro. (b) O raio catódico é desviado pelo campo magnético.

Em 1897, o físico inglês Joseph John Thomson ("J. J.", como seus amigos o chamavam) mostrou que os raios catódicos eram partículas menores e mais leves do que os átomos. Ele conseguiu criar feixes estreitos de raios catódicos e mediu seu desvio em presença de campos elétricos e magnéticos. Thomson raciocinou que o valor do desvio do feixe dependia da massa das partículas e de sua carga elétrica. De que maneira? Quanto maior for a massa de cada partícula, maior será sua inércia e menor será

FIGURA 32.4 Brad Huff com um tubo de raios catódicos.

o desvio produzido. Quanto maior for a carga de uma dessas partículas, maior será a força e o correspondente desvio. Quanto maior for a velocidade, menor será o desvio.

A partir de medições cuidadosamente feitas do desvio do feixe, Thomson conseguiu calcular a razão entre a massa e a carga das partículas que formavam o raio catódico, que foram chamadas de **elétrons**. Todos os elétrons são idênticos; cada um é uma cópia fiel do outro. Por estabelecer a existência dos elétrons, J. J. Thomson recebeu o Prêmio Nobel de Física em 1906.

Doze anos mais tarde, em 1909, o físico norte-americano Robert Millikan realizou um experimento que possibilitou calcular o valor numérico de uma carga elétrica elementar. Millikan borrifou gotículas de óleo no interior de uma câmara entre duas placas eletricamente carregadas no interior de um *campo elétrico*. Quando o campo era suficientemente forte, algumas gotículas passavam a subir, indicando que tinham uma pequena carga negativa. Millikan ajustou o campo de modo que as gotículas ficassem flutuando imóveis. Ele sabia que a força da gravidade sobre uma gotícula, orientada para baixo, era exatamente equilibrada pela força elétrica gerada, orientada para cima. A pesquisa revelou que a carga de cada gotícula era sempre um múltiplo de um mesmo e único valor muito pequeno, que Millikan propôs que fosse a carga elementar portada por cada elétron. Usando esse valor e a razão massa-carga determinada por Thomson, ele calculou o valor da massa de um elétron como cerca de 1/2.000 da massa do átomo mais leve, o do hidrogênio. Isso confirmou a suposição de Thomson de que o elétron fosse uma unidade quântica leve de carga bem definida. Por seu trabalho na física, Millikan recebeu o Prêmio Nobel em 1923.

FIGURA 32.5 O experimento de Millikan com gotículas de óleo para determinar a carga de um elétron.

Se os átomos continham elétrons negativamente carregados, deviam também conter alguma matéria positiva carregada que contrabalançasse a negativa. J. J. Thomson propôs aquilo que ele denominou modelo do "pudim de ameixas" para o átomo, em que os elétrons seriam como as ameixas em um mar de um "pudim" positivamente carregado. Os experimentos de Rutherford e o experimento com a folha de ouro, mencionados anteriormente, provaram que esse modelo estava errado.

O elétron foi a primeira de muitas partículas fundamentais descobertas mais tarde.

PAUSA PARA TESTE

Qual é a diferença entre a natureza dos elétrons em um tubo de raios catódicos e os elétrons no experimento com gotas de óleo de Millikan? E em relação aos elétrons comuns na corrente elétrica?

VERIFIQUE SUA RESPOSTA

Todos são idênticos em um mundo em que coisas idênticas são raras. Um elétron em um tubo de raios catódicos em Londres não tem propriedades diferentes daquelas de um elétron em um experimento com gotas de óleo em Salt Lake City ou em filamentos de lâmpadas em qualquer lugar do mundo.

ÚNICO OU IDÊNTICO

É incrível que tanto da natureza seja único. Os padrões na pele da ponta dos dedos são únicos. Ninguém tem impressões digitais idênticas. Não existem dois rostos idênticos, nem mesmo os de gêmeos "idênticos", como confirma a tecnologia de reconhecimento facial. O mesmo vale para os rostos de pinguins. Se olhar com atenção, verá que não há duas joaninhas com as mesmas pintas nas costas. Não há duas folhas exatamente iguais em todas as árvores do mundo. É incrível, mas toda impressão digital, todo rosto, toda folha — são todos únicos.

Quando analisamos o mundo em nível micro, vemos algo muito diferente. Todas as partículas elementares (ou fundamentais) são *idênticas* às outras do mesmo tipo. As partículas fundamentais são aquelas que, até onde sabemos, não são compostas de partes menores. Elas incluem os quarks, os neutrinos e os nossos velhos conhecidos, os elétrons. Um elétron é igual a todos os outros elétrons. São mesmo clones.

O *princípio da exclusão*, segundo o qual dois elétrons de um mesmo átomo não podem ocupar o mesmo estado quântico simultaneamente, apoia a ideia de que são exatamente iguais. É a espinha dorsal de toda a teoria atômica e da física quântica. Se os elétrons não fossem idênticos, dois poderiam ocupar o mesmo estado de movimento, o que não pode acontecer na física quântica. Outras partículas fundamentais também obedecem o princípio da exclusão. Se não obedecessem, o mundo seria *muito* diferente.

Sob certas condições, algumas partículas compostas (aquelas feitas de partículas menores) também podem ser idênticas. Por exemplo, os átomos de hidrogênio em seu estado fundamental, ou menor estado de energia, são idênticos. Ser idêntico envolve simplicidade estrutural. Não é preciso ir muito longe na escala de complexidade para que ser idêntico, ainda que possível em princípio, se torne cada vez menos provável. Se uma entidade é composta de dezenas (ou milhões, ou bilhões) de partes individuais, pode haver um certo número de maneiras de organizar suas partes de modo que o mesmo arranjo nunca se repita. Assim, a exclusividade de cada folha, cada rosto e cada conjunto de manchas das joaninhas pode ser compreendida em termos da complexidade da sua estrutura na escala atômica.

32.3 Os espectros atômicos: pistas da estrutura atômica

Durante a época dos experimentos de Rutherford, os químicos estavam usando o espectroscópio (discutido no Capítulo 30) para realizar análises químicas, enquanto os físicos estavam atarefados tentando encontrar uma ordem no confuso arranjo das linhas espectrais. Há muito se sabia que o mais leve dos elementos, o hidrogênio, de longe tem o espectro mais ordenado de todos os elementos. Quase tão simples é o espectro do hélio; a Figura 32.6 mostra os espectros de ambos. Os espaçamentos entre linhas espectrais sucessivas sugeria alguma ordem. O professor suíço Johann Jakob Balmer foi o primeiro a expressar, em 1884, os comprimentos de onda dessas linhas em uma única fórmula matemática. Balmer, entretanto, não pôde oferecer qualquer explicação para que sua fórmula fosse tão bem-sucedida. Ele achava que as séries de linhas dos outros elementos deveriam seguir uma fórmula análoga, o que levaria à previsão de linhas que ainda não haviam sido descobertas.

Outra regularidade nos espectros atômicos foi descoberta pelo físico e matemático sueco Johannes Rydberg. Ele notou que as frequências correspondentes às linhas

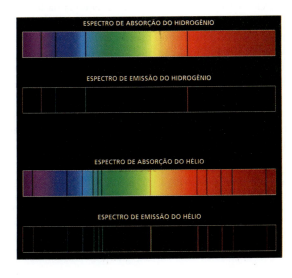

FIGURA 32.6 Espectros de absorção e de emissão do hidrogênio e do hélio. Cada uma das linhas, uma imagem da própria fenda do espectroscópio, representa a luz de uma determinada frequência emitida pelos gases quando excitados.

de certas séries de outros elementos satisfaziam a uma fórmula semelhante à de Balmer, e a soma das frequências de duas linhas muitas vezes era igual à de uma terceira linha. Essa relação foi mais tarde enunciada como um princípio geral pelo físico suíço Walter Ritz e é conhecida como o **princípio da combinação de Ritz**. Ele estabelece que as linhas espectrais de um elemento qualquer incluem frequências que são ou a soma ou a diferença das frequências de outras duas linhas. Como Balmer, Ritz foi incapaz de dar qualquer explicação para tal regularidade. Essas regularidades serviram de pistas para o físico dinamarquês Niels Bohr compreender a estrutura do átomo em si.

> **PAUSA PARA TESTE**
> Qual é a diferença entre o padrão de linhas espectrais do hidrogênio, visível nos espectros de absorção do Sol, e o dos espectros do hidrogênio em um laboratório de física na Terra?
>
> **VERIFIQUE SUA RESPOSTA**
> O padrão das linhas é fundamentalmente o mesmo para o Sol e na Terra, o que apoia a ideia de que as leis da física são universais.

32.4 O modelo atômico de Bohr

Em 1913, Bohr aplicou a teoria quântica de Planck e Einstein ao átomo nuclear de Rutherford e formulou o muito conhecido modelo planetário do átomo.[2] Bohr considerava que os elétrons "ocupavam" estados "estacionários" (de energia fixa, e não posição fixa) a diferentes distâncias do núcleo e que os elétrons podiam realizar "saltos quânticos" de um estado de energia para outro. Ele considerou que a luz é emitida quando ocorre um desses saltos quânticos (de um estado de energia mais alta para outro de energia mais baixa). Além disso, Bohr percebeu que a frequência da radiação emitida é determinada por $E = hf$ (na verdade, $f = E/h$), onde E é a diferença na energia do átomo quando os elétrons estão em órbitas diferentes. Essa relação constituiu uma ruptura importante, pois ela nos diz que a frequência do fóton emitido não é igual à frequência clássica na qual o elétron está oscilando, mas, em vez disso, é determinada pela *diferença* de energias do átomo (como discutido no Capítulo 30). A partir disso, Bohr podia dar o segundo passo e calcular as energias correspondentes às órbitas individuais.

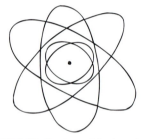

FIGURA 32.7 O modelo de Bohr para o átomo. Embora esse modelo seja realmente muito simplificado, ele ainda é útil para compreender a emissão de luz.

Lembre-se que qualquer objeto que desloca-se em trajetória circular está acelerando não devido à variação da rapidez, mas devido à variação de sentido. O modelo planetário de Bohr levantou uma questão fundamental. De acordo com a teoria de Maxwell, elétrons acelerados irradiam energia na forma de ondas eletromagnéticas. Portanto, um elétron acelerado que orbita em torno de um núcleo deveria irradiar energia continuamente. Essa emissão de energia deveria fazer com que o elétron espiralasse em direção ao núcleo (Figura 32.8). Bohr corajosamente rompeu com a física clássica ao estabelecer que um elétron, de fato, não irradia luz enquanto está acelerado em torno do núcleo numa órbita simples; a irradiação acontece apenas quando o elétron salta de um nível de energia mais alto para um mais baixo. Como agora sabemos, esse átomo emite um fóton cuja energia é igual à *diferença* entre as energias dos dois níveis, $E = hf$. Como aprendemos no Capítulo 30, a frequência do fóton emitido e sua cor dependem do tamanho do salto.

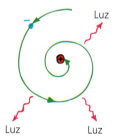

FIGURA 32.8 De acordo com a teoria clássica, um elétron acelerado em sua órbita deveria emitir radiação continuamente. Essa perda de energia deveria fazer com que o elétron caísse em espiral até o núcleo, mas não é isso o que acontece.

---
[2] Esse modelo, como a maior parte dos modelos, tem grandes defeitos, pois os elétrons não se movem em planos como os planetas. Mais tarde, o modelo foi revisado; as "órbitas" tornaram-se "camadas" e "nuvens". Empregamos o termo órbita porque ele foi, e ainda é, comumente usado. Os elétrons não são exatamente corpos, como os planetas; em vez disso, comportam-se mais como ondas concentradas em determinadas regiões do átomo.

Portanto, a quantização da energia luminosa equivale simplesmente à quantização da energia do elétron.

O ponto de vista de Bohr, ainda que parecesse excêntrico na época, explicava as regularidades observadas nos espectros atômicos. A explicação de Bohr para o princípio da combinação de Ritz é mostrada na Figura 32.9. Se um elétron é elevado ao terceiro nível de energia, ele pode retornar ao seu nível original com um único salto do terceiro para o primeiro nível – ou por meio de um salto duplo, primeiro até o segundo nível e daí para o primeiro. Essas duas possibilidades de retorno produzirão um total de três linhas espectrais. Observe que a soma das energias correspondentes aos saltos A e B é igual à energia correspondente ao salto C. Uma vez que a frequência é proporcional à energia, as frequências da luz emitida ao longo dos retornos A e B somadas dão um resultado igual à frequência da luz emitida durante a transição C. Agora vemos por que a soma de duas frequências é igual a uma terceira frequência do espectro.

Bohr foi capaz de explicar os raios X emitidos pelos elementos mais pesados, mostrando que eles correspondem a saltos realizados pelos elétrons de uma órbita mais externa para uma mais interna. Ele previu as frequências dos raios X, que foram posteriormente confirmadas por experimentos. Bohr também foi capaz de calcular a "energia de ionização" de um átomo de hidrogênio – a energia necessária para "arrancar" completamente um elétron de um átomo. Isso também foi confirmado com experimentos.

Usando as frequências medidas dos raios X emitidos e as da luz visível, infravermelha e ultravioleta, os cientistas poderiam mapear os níveis de energia de todos os elementos atômicos. O modelo de Bohr tinha elétrons orbitando em círculos achatados (ou elipses), arranjados em grupos ou camadas. Esse modelo atômico explicou as propriedades químicas gerais dos elementos. Ele também previu um elemento que estava faltando, o que levou à descoberta do háfnio.

Bohr resolveu o mistério dos espectros atômicos ao mesmo tempo em que forneceu um modelo útil do átomo. Ele rapidamente observou que seu modelo deveria ser interpretado apenas como um modelo inicial grosseiro, e a visualização dos elétrons circulando em torno do núcleo, como fazem os planetas em torno do Sol, não era para ser tomada literalmente (observação para a qual os divulgadores da ciência não prestaram atenção). As órbitas bem definidas de seu modelo eram representações conceituais de um átomo, cuja descrição posterior envolvia uma descrição ondulatória – a mecânica quântica. Suas ideias acerca dos saltos quânticos e das frequências serem proporcionais às diferenças de energia continuam fazendo parte da teoria moderna atual do átomo.

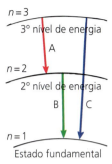

FIGURA 32.9 Três dos inúmeros níveis de energia de um átomo. Em vermelho, é mostrado um elétron saltando do terceiro para o segundo nível, e, em verde, um elétron saltando do segundo nível para o estado fundamental. A soma das energias (e das frequências) correspondentes a esses dois saltos é igual à energia (e à frequência) do salto único, mostrado em azul, do terceiro nível diretamente para o estado fundamental.

> **PAUSA PARA TESTE**
>
> 1. Qual é o número máximo de modos de relaxação disponíveis a um átomo de hidrogênio excitado ao estado número 3 para retornar ao estado fundamental?
> 2. Duas linhas espectrais predominantes no espectro de hidrogênio, uma na região do infravermelho e outra na do vermelho, têm frequências de $2,7 \times 10^{14}$ Hz e $4,6 \times 10^{14}$ Hz, respectivamente. Você pode prever uma linha de frequência mais elevada do espectro de hidrogênio?
>
> **VERIFIQUE SUA RESPOSTA**
>
> 1. Dois modos (um único salto e um salto duplo), como mostrado na Figura 32.9.
> 2. A soma das frequências é $2,7 \times 10^{14} + 4,6 \times 10^{14} = 7,3 \times 10^{14}$ Hz, que é a frequência de uma linha violeta do espectro de hidrogênio. Usando a Figura 32.9 como modelo, você consegue perceber que se a linha infravermelha é gerada por uma transição análoga ao modo A, e a linha vermelha corresponde ao modo B, então a linha violeta corresponde ao modo C?

psc

■ Todos sabemos que o nosso Sol é feito de hidrogênio e hélio, mas a cientista que fez essa descoberta em 1925 não é famosa: Cecilia Payne, a primeira mulher a se tornar professora adjunta na Universidade de Harvard, falecida em 1979. Com o trabalho minucioso de identificar dezenas de assinaturas espectrais em milhares de espectros, ela descobriu que o hidrogênio no Sol era um milhão de vezes mais abundante do que se pressupunha, e que o hélio era mil vezes mais. Ela também estabeleceu que as estrelas podem ser classificadas de acordo com as suas temperaturas, o que é parte do senso comum hoje em dia. Cecilia Payne foi importante para inspirar gerações de mulheres a estudarem ciências. Contudo, ela se considerava uma astrônoma, não uma "mulher astrônoma". Tiremos o chapéu para Cecilia Payne.

32.5 A explicação para os níveis de energia quantizada: ondas de elétrons

Voltemos ao Capítulo 11, onde discutimos os tamanhos dos diferentes átomos. Isso foi ilustrado na Figura 11.10. No Capítulo 30, discutimos a excitação atômica e a maneira como um átomo emite fótons quando seus elétrons realizam transições entre níveis de energia. A ideia de que os elétrons possam ocupar apenas determinados níveis causava realmente muita perplexidade nos primeiros pesquisadores e ao próprio Bohr. Causava perplexidade porque o elétron era considerado uma partícula, uma minúscula esfera circulando ao redor do núcleo, como um planeta girando em torno do Sol. Da mesma forma que um satélite pode orbitar a uma distância qualquer do Sol, parecia que um elétron deveria poder orbitar ao redor do núcleo a qualquer distância radial deste – dependendo, é claro, como no caso do satélite, de sua rapidez. Movendo-se entre todas as órbitas, os elétrons seriam capazes de emitir luzes com todas as possíveis energias. No entanto, não é o que acontece (volte à Figura 32.8). Eles não podem fazer isso. A razão para que o elétron ocupe apenas níveis discretos de energia é entendida ao considerá-lo uma *onda*, não uma partícula.

Louis de Broglie introduziu o conceito de ondas de matéria em 1924. Ele formulou a hipótese de que uma onda está associada com cada partícula, e o comprimento de onda da onda material está inversamente relacionado com o *momentum* da partícula. Essas *ondas de matéria* de de Broglie comportam-se exatamente da mesma forma como as outras ondas; elas podem ser refletidas, refratadas, difratadas e causar interferência. Usando a ideia de interferência, de Broglie mostrou que os valores discretos dos raios das órbitas de Bohr são uma consequência natural de ondas de elétrons, ou eletrônicas, estacionárias. Existe uma órbita de Bohr onde uma onda eletrônica fecha-se sobre si mesma, interferindo construtivamente consigo mesma. A onda eletrônica torna-se, então, uma onda estacionária, como a que existe na corda vibrante de um instrumento musical. Nessa visualização, o elétron é concebido não como uma partícula localizada em algum ponto dentro do átomo, mas como se sua massa e sua carga estivessem espalhadas em uma onda estacionária circundando o núcleo atômico – com um número inteiro de comprimentos de onda ajustando-se exatamente às circunferências das órbitas (Figura 32.10a). A circunferência da órbita mais interna, de acordo com essa visualização, é igual a um comprimento de onda. A segunda órbita tem uma circunferência de dois comprimentos de onda eletrônicos; a terceira, três, e assim por diante (Figura 32.11). Isso é análogo a um colar de corrente construído com clipes de segurar papéis. Independentemente do tamanho do colar construído, sua circunferência é igual a algum múltiplo inteiro do comprimento de um único clipe.[3] Como as circunferências das órbitas eletrônicas são de valores discretos, os raios de tais órbitas, e então os níveis de energia, são discretos.

FIGURA 32.10 (a) Um elétron em órbita forma uma onda estacionária apenas quando a circunferência da órbita é igual a um número múltiplo inteiro do comprimento de onda. (b) Quando a onda não se fecha sobre si mesma em fase, ela sofre interferência destrutiva. Logo, as órbitas existem apenas onde as ondas se fecham sobre si mesmas em fase.

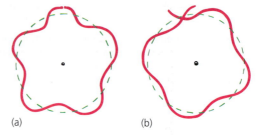

(a) (b)

Esse modelo explica por que os elétrons não descrevem uma trajetória em espiral, aproximando-se cada vez mais do núcleo e fazendo os átomos encolherem para o

---
[3] Em cada órbita, o elétron tem um único valor de velocidade, o que determina seu comprimento de onda. Os elétrons são menos velozes e os comprimentos de onda são mais longos para órbitas com raios crescentes. Assim, para tornar nossa analogia fiel, teríamos não apenas de usar mais clipes para construir colares cada vez maiores, mas também usar clipes cada vez maiores.

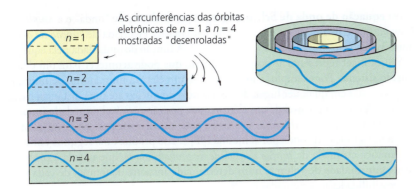

FIGURA 32.11 As órbitas eletrônicas de um átomo têm raios discretos porque as suas circunferências são números múltiplos inteiros do comprimento de onda do elétron. Isso resulta em um estado discreto de energia para cada órbita. (A figura está muito simplificada, pois as ondas estacionárias formam camadas esféricas ou elipsoidais, não órbitas circulares planas.)

tamanho de um núcleo minúsculo. Se a órbita de cada elétron é descrita por uma onda estacionária, a circunferência da menor das órbitas não pode ser menor do que um comprimento de onda, pois não há meio de uma fração de comprimento de onda caber numa onda estacionária circular (ou elíptica). Desde que o elétron tenha o *momentum* necessário para o comportamento ondulatório, os átomos não se encolherão.

No modelo ondulatório atômico ainda mais moderno, as ondas eletrônicas movem-se não apenas ao redor do núcleo, mas também dentro e fora, em direção ao núcleo e para fora dele. A onda eletrônica espalha-se tridimensionalmente. Isso leva à visualização de uma "nuvem" eletrônica. Como devemos ver, esta é uma onda de *probabilidade*, não uma onda formada por um elétron pulverizado, espalhado pelo espaço. O elétron, ao ser detectado, permanece mostrando-se como uma partícula pontual.

Os átomos ao nosso redor são completamente inanimados, mas quantidades gigantescas deles vivem e respiram. Não é incrível?

PAUSA PARA TESTE
Um colega exasperado afirma que deveríamos nos decidir se a matéria é corpuscular ou ondulatória! O que você responde?

VERIFIQUE SUA RESPOSTA
Com o tempo, pesquisadores antes exasperados concluíram que a matéria tem propriedades corpusculares e ondulatórias. Aceite o fato por ora, siga em frente e, quem sabe, mais estudos diminuam a sua exasperação.

32.6 A mecânica quântica

Os primeiros anos da década de 1920 assistiram a muitas mudanças na física. Não apenas a natureza corpuscular da luz foi confirmada por meio de experimentos, mas também descobriu-se experimentalmente que as partículas materiais têm propriedades ondulatórias. Começando com as ondas materiais de de Broglie, o físico austríaco Erwin Schrödinger conseguiu formular uma equação que descreve como as ondas materiais mudam sob a influência de forças externas. A equação de Schrödinger desempenha na **mecânica quântica** um papel análogo ao da equação de Newton (aceleração = força/ massa) na física clássica.[4] As ondas materiais na equação de Schrödinger são entidades matemáticas não observáveis diretamente, de maneira que a equação nos fornece um modelo puramente matemático, e não um modelo visual do átomo – o que está além do objetivo deste livro. Portanto, nossa discussão aqui será breve.[5]

Erwin Schrödinger (1887–1961)

---

[4] A equação de Schrödinger, apresentada estritamente para aqueles versados em matemática, é dada por
$$\left[-\frac{\hbar^2}{2m}\nabla^2 + U\right]\Psi = i\hbar\frac{\partial \Psi}{\partial t}.$$

[5] Nossa abordagem curta desse assunto complexo está longe de ser conducente a qualquer compreensão real da mecânica quântica. Na melhor das hipóteses, ela serve como uma breve visão panorâmica e uma possível introdução a um estudo posterior. Por exemplo, leia os livros de Ken Ford: *The Quantum World: Quantum Physics for Everyone* (2004), *101 Quantum Questions* (2011) e *Building the H Bomb* (2015).

698 PARTE VII Física atômica e nuclear

Na **equação de onda de Schrödinger**, o que se chama de "onda" é a *amplitude de onda*, que é imaterial – uma entidade matemática chamada de *função de onda*, representada pelo símbolo Ψ (a letra grega psi). A função de onda dada pela equação de Schrödinger representa as possibilidades do que pode acontecer para um determinado sistema. Por exemplo, a localização de um elétron num átomo de hidrogênio pode estar em qualquer lugar, desde o centro do núcleo até uma distância radial afastada. A posição possível de um elétron e sua posição provável num dado instante de tempo não são a mesma coisa. Um físico pode calcular sua posição provável multiplicando a função de onda por si mesma ($|\Psi|^2$). Isso produz uma segunda entidade matemática chamada de *função densidade de probabilidade*, que nos dá a probabilidade por unidade de volume, num determinado instante de tempo, de cada uma das possibilidades representadas por Ψ.

Experimentalmente, existe uma probabilidade finita (uma chance) de encontrar um elétron numa determinada região do espaço em cada instante. O valor dessa probabilidade situa-se entre os limites 0 e 1, onde o 0 indica que algo jamais é possível, e o 1, que é de ocorrência certa. Por exemplo, se 0,4 for a probabilidade de encontrar o elétron dentro de uma dada distância radial, isso significa uma chance de 40% de que o elétron esteja lá. Portanto, a equação de Schrödinger não pode dizer a um físico onde o elétron pode ser encontrado num dado momento qualquer, mas apenas a *probabilidade* de encontrá-lo lá – ou, para um grande número de medições, que fração delas encontrará o elétron em cada região. Quando a posição de um elétron em seu nível (estado) de energia de Bohr é medida repetidas vezes e cada posição encontrada é plotada como um ponto, o padrão resultante lembra uma espécie de nuvem eletrônica (Figura 32.12). Um determinado elétron pode ser detectado, em diversas tentativas, em qualquer lugar dentro dessa nuvem de probabilidade; ele tem até mesmo uma pequena, mas finita, probabilidade de atravessar temporariamente o núcleo e voltar. Na maior parte das vezes, entretanto, ele é detectado a uma distância média do núcleo igual ao raio da órbita descrita no modelo de Niels Bohr.

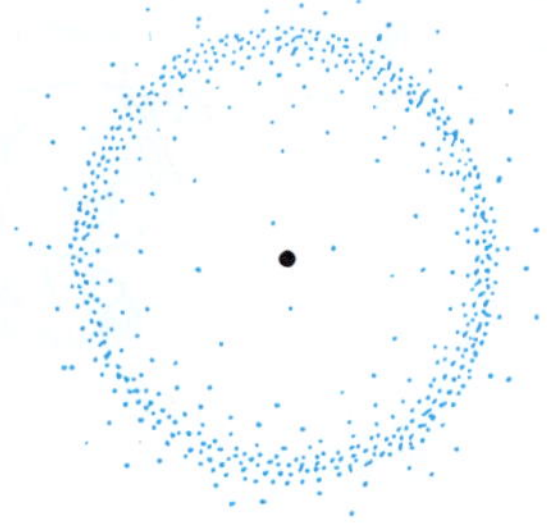

A maior parte dos físicos, embora nem todos, vê a mecânica quântica como uma teoria fundamental da natureza. Curiosamente, Albert Einstein, um dos fundadores da física quântica, jamais a aceitou como fundamental; ele considerava a natureza probabilística dos fenômenos quânticos uma manifestação de uma física mais profunda e ainda por descobrir. Ele afirmava: "a mecânica quântica é certamente majestosa, mas uma voz vinda de dentro me diz que ela ainda não representa o real. A teoria nos ensina um bocado, mas realmente não nos aproxima do segredo do 'Velho Uno'".[6]

Também há uma frase de Richard Feynman que deixa exasperados os alunos que estudam mecânica quântica: "Ninguém, repito, ninguém, entende mecânica quântica". Embora ofereça uma bela descrição do "como", a mecânica quântica não explica completamente o "porquê".

FIGURA 32.12 A distribuição de probabilidade correspondente a uma nuvem eletrônica para um estado excitado particular.

FIGURA 32.13 Partindo do modelo atômico de Bohr para um modelo modificado que utiliza as ondas de de Broglie e chegando num modelo ondulatório com os elétrons distribuídos segundo uma "nuvem" espalhada pelo volume do átomo.

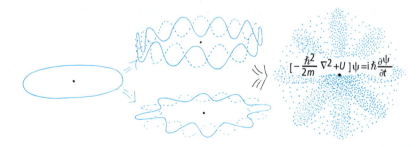

---

[6] Embora Einstein não tivesse religião, ele costumava se referir a Deus como "Velho Uno" em suas afirmações acerca dos mistérios da natureza.

PAUSA PARA TESTE

1. Considere 100 fótons que sofrem difração ao atravessar uma fenda estreita e formam um padrão de difração. Se detectarmos cinco desses fótons em uma determinada região do padrão, qual é a probabilidade (entre 0 e 1) de detectarmos um fóton nessa região?

2. Se você abrir uma segunda fenda idêntica, o padrão de difração torna-se cheio de faixas claras e escuras. Suponha que aquela região onde antes cinco fótons foram detectados agora revela incidência de nenhum. Uma teoria ondulatória nos diz que as ondas que antes incidiam são agora canceladas pelas ondas provindas da segunda fenda – as cristas e os ventres se combinam, anulando-se. Contudo, nossas medições se referem a fótons que ou estão incidindo ou não estão. Como a mecânica quântica se reconcilia com isso?

VERIFIQUE SUA RESPOSTA

1. Temos uma probabilidade aproximadamente igual a 0,05 de detectar um fóton nessa região. Expressando isso de maneira diferente, se a probabilidade real for de 0,05, o número de fótons detectados poderia ser um pouco mais ou um pouco menos do que 5 fótons.

2. A mecânica quântica nos diz que os fótons se propagam como ondas e são absorvidos como partículas, com a probabilidade de absorção sendo determinada pelos máximos e mínimos da interferência ondulatória. Onde a combinação das ondas vindas das duas fendas resultar em amplitude nula, a probabilidade de uma partícula ser absorvida ali será igual a zero.

Considerar algo como impossível pode refletir *falta* de compreensão, como quando os cientistas pensavam que jamais se poderia ver um único átomo. Ou pode representar uma compreensão *profunda*, como no caso em que os cientistas (e o Escritório de Registro de Patentes) rejeitam projetos de máquinas de movimento perpétuo.

32.7 O princípio da correspondência

O princípio da correspondência é uma regra geral não apenas para a boa ciência, mas também para toda boa teoria – mesmo em áreas tão distantes da ciência, como o governo, a religião e a ética. Se uma nova teoria for válida, ela deve explicar os resultados comprovados da teoria antiga. Esse é o **princípio da correspondência**, articulado primeiro por Bohr. A nova teoria e a antiga devem corresponder uma à outra; ou seja, devem se sobrepor e concordar naquele domínio em que a teoria antiga foi comprovada completamente.

Se você consegue explicar uma ideia para outras pessoas de maneira adequada, então pode ter mais certeza sobre o seu próprio entendimento.

Bohr introduziu o princípio da correspondência em conexão com sua teoria de 1913 do átomo de hidrogênio. Ele argumentou que, quando um elétron encontra-se em um estado altamente excitado, orbitando o núcleo longe demais dele, seu comportamento deveria lembrar (corresponder) ao comportamento clássico. De fato, quando um elétron em um estado altamente excitado efetua uma série de saltos, de um estado para o próximo mais baixo em energia e daí para outro ainda mais baixo, ele emite fótons de frequência gradualmente crescente que se ajustam à sua própria frequência de movimento. Ele parece espiralar para dentro, como previsto pela física clássica.

Quando as técnicas da mecânica quântica são aplicadas a sistemas ainda maiores, os resultados são essencialmente idênticos àqueles obtidos com a mecânica clássica. Para um sistema grande como o sistema solar, onde a física clássica é bem-sucedida, a equação de Schrödinger leva a resultados que diferem dos da teoria clássica apenas por quantidades infinitesimais. Os dois domínios se misturam quando o comprimento de onda de de Broglie for pequeno comparado às dimensões do sistema ou às das porções de matéria do sistema. Dá satisfação saber que a teoria quântica e a teoria clássica, prevendo coisas inteiramente diferentes ao nível de um único átomo, se ajustam suavemente uma à outra em uma descrição da natureza que se estende desde as coisas menores até as maiores do universo.

O BÓSON DE HIGGS

No Capítulo 4, aprendemos sobre a massa, uma propriedade da matéria que resiste a alterações do movimento. Se você chutar uma bola de futebol e, depois, uma bola de boliche, as diferentes resistências ao movimento serão facilmente sentidas. Com sua massa maior, a bola de boliche oferecerá uma resistência maior. De onde vem essa resistência ao movimento? Essa não era uma pergunta que os físicos faziam na primeira metade do século XX. A massa simplesmente estava ali; era uma propriedade de quase todas as partículas e de objetos maiores formados por essas partículas. No entanto, na década de 1960, os físicos teóricos formularam o que parecia uma teoria satisfatória de todas as partículas elementares. No entanto, essa teoria tinha uma falha séria: ela previa que todas as partículas, e não apenas o fóton, eram desprovidas de massa. O que fazer então? Rejeitar a teoria era uma possibilidade, mas os físicos estavam cativados por sua beleza matemática.

Em 1964, o físico teórico escocês Peter Higgs (a quem outros se juntaram com ideias semelhantes) sugeriu uma saída. Um novo campo, preenchendo todo o espaço, seria responsável por uma espécie de "viscosidade" que impregnaria as partículas com massa. Tal campo veio a ser denominado "campo de Higgs", e os físicos estavam inclinados a acreditar em sua existência. Comprovar sua existência, todavia, seria um problema monumental. Para descobrir um campo subatômico, você tem de procurar por uma partícula que seja uma manifestação desse campo. Todos os campos têm partículas associadas: o fóton ao campo eletromagnético, o gráviton ao campo gravitacional, e assim por diante. Para comprovar a existência do campo de Higgs, os físicos estimaram que deveria haver uma partícula dotada de grande massa, desprovida de carga elétrica e de *spin* nulo – um bóson. (Existem dois tipos de partículas elementares: bósons, com *spin* nulo ou inteiro, e férmions, com *spin* semi-inteiro.)

A procura pelo "bóson de Higgs", como essa partícula foi chamada, estendeu-se por muitas décadas. Finalmente, em 4 de julho de 2012, cientistas do Large Hadron Collider (O Grande Colisor de Hádrons) do laboratório do CERN, em Genebra, Suíça, anunciaram a descoberta de uma partícula que tinha todas as propriedades esperadas e uma massa 133 vezes maior que a de um próton (o qual, por sua vez, tem uma massa quase 2.000 vezes maior que a de um elétron). Menos de um ano mais tarde, em 14 de março de 2013, a evidência experimental confirmou o bóson de Higgs.

A comunidade científica ficou em êxtase, porque a descoberta dessa esquiva partícula elementar dá sustentação ao "modelo padrão" das partículas elementares e traz a esperança de que os físicos estejam no caminho certo para, algum dia, entender a gravidade com mais profundidade e aprender mais sobre a matéria escura e a energia escura (rapidamente discutidas no Capítulo 9).

Desde a descoberta do bóson de Higgs, começou-se a planejar novas máquinas gigantescas, ocupando áreas enormes na Europa, no Japão e na China. Perguntas ainda sem respostas sobre o bóson de Higgs provocam a busca por uma nova física. A missão comum a todos é explorar um território desconhecido, com resultados imprevisíveis. O bóson de Higgs, para muitos pesquisadores, é a janela para o futuro.

Revisão do Capítulo 32

TERMOS-CHAVE (CONHECIMENTO)

núcleo atômico O centro positivamente carregado de um átomo, contendo prótons e nêutrons e quase toda a massa do átomo, mas somente uma fração muito pequena de seu volume.

elétron Partícula negativa existente nas partes mais externas dos átomos.

princípio da combinação de Ritz O enunciado de que as frequências de algumas linhas espectrais dos elementos são iguais às somas ou às diferenças das frequências de duas outras linhas.

mecânica quântica Ramo da física relacionado ao submundo atômico, baseado na mecânica das ondas, desenvolvido principalmente por Werner Heisenberg (1925) e Erwin Schrödinger (1926).

equação de onda de Schrödinger Uma equação fundamental da mecânica quântica que relaciona amplitudes de probabilidade ondulatórias com as forças que atuam sobre um dado sistema. Ela é tão básica para a mecânica quântica quanto as leis de Newton do movimento são para a mecânica clássica.

princípio da correspondência A regra segundo a qual uma nova teoria deve dar os mesmos resultados que a antiga teoria nos pontos em que esta for comprovadamente válida.

QUESTÕES DE REVISÃO   (COMPREENSÃO)

32.1 A descoberta do núcleo atômico

1. Por que a maior parte das partículas alfa lançadas contra uma fina folha de ouro emergem dela praticamente sem sofrer desvio, enquanto outras são rebatidas para trás?
2. O que Rutherford descobriu sobre o núcleo atômico?

32.2 A descoberta do elétron

3. O que Benjamin Franklin postulou a respeito da eletricidade?
4. O que é um raio catódico?
5. Como um raio catódico responde quando um ímã é aproximado dele?
6. O que J. J. Thomson descobriu sobre o raio catódico?
7. O que Robert Millikan descobriu sobre o elétron?

32.3 Os espectros atômicos: pistas da estrutura atômica

8. O que Johann Jakob Balmer descobriu sobre o espectro do hidrogênio?
9. O que Johannes Rydberg e Walter Ritz descobriram sobre os espectros atômicos?

32.4 O modelo atômico de Bohr

10. Qual é a relação entre as órbitas eletrônicas e a emissão luminosa postulada por Bohr?
11. De acordo com Niels Bohr, um único elétron em um estado excitado pode emitir mais do que um fóton quando ele salta para um estado de energia mais baixa?
12. Qual é a relação entre os níveis de diferenças de energia de um átomo e a luz emitida por ele?

32.5 A explicação para os níveis de energia quantizada: ondas de elétrons

13. Como o tratamento do elétron como onda, em vez de partícula, resolve o mistério da razão para as órbitas eletrônicas serem discretas?
14. De acordo com o modelo de de Broglie, quantos comprimentos de onda existem na onda eletrônica na primeira órbita? E na segunda órbita? E na órbita de ordem n?
15. Como podemos explicar por que os elétrons não caem em espiral até o núcleo que os atrai?

32.6 A mecânica quântica

16. O que representa a função de onda Ψ?
17. Faça distinção entre uma *função de onda* e uma *função densidade de probabilidade*.
18. Como a nuvem de probabilidade do elétron em um átomo de hidrogênio se relaciona às órbitas descritas por Niels Bohr?
19. Que físico proeminente não considerava a mecânica quântica fundamental?

32.7 O princípio da correspondência

20. O que "corresponde" a que no princípio da correspondência?

PENSE E EXPLIQUE   (SÍNTESE)

21. Uma bola de golfe rebate de uma bola de boliche, mas não de uma fatia de bolo. Qual é a relação entre esse fenômeno e o experimento de Rutherford?
22. De que maneira o experimento de Rutherford de espalhamento com a folha de ouro sugeriu que o núcleo atômico é muito pequeno e de massa relativamente grande?
23. Como o modelo atômico de Rutherford explica o retroespalhamento de partículas alfa direcionadas contra uma folha de ouro?
24. O que Rutherford descobriu sobre a energia cinética das partículas alfa no seu experimento da folha de ouro?
25. Por que a física clássica prediz que o átomo deveria colapsar?
26. Qual modelo do átomo explica os elétrons do átomo permanecerem em suas órbitas sem sofrerem um colapso?
27. Se o elétron de um átomo de hidrogênio obedecesse à mecânica clássica, em vez da mecânica quântica, ele emitiria um espectro contínuo ou um espectro de linhas? Justifique sua resposta.
28. Por que as linhas espectrais frequentemente são consideradas "impressões digitais atômicas"?
29. Quando um elétron faz uma transição de seu primeiro estado quântico excitado para o estado fundamental, a diferença de energia é transportada com o fóton emitido. Em comparação, quanta energia seria necessária para fazer o elétron voltar do estado fundamental para o primeiro estado quântico excitado?
30. A Figura 32.9 mostra três transições entre três níveis de energia, que produziriam três linhas espectrais num espectroscópio. Se os espaçamentos em energia entre os níveis fossem todos iguais, isso afetaria o número de linhas espectrais?
31. Como podem os elementos com baixos números atômicos terem linhas espectrais em número tão grande?
32. Em termos do comprimento de onda, qual é a menor órbita que um elétron pode ter em torno do núcleo atômico?
33. O que melhor explica o efeito fotoelétrico: a natureza corpuscular ou a natureza ondulatória dos elétrons? O que melhor explica os níveis discretos no modelo atômico de Bohr? Justifique suas respostas.
34. Como o modelo ondulatório, com elétrons orbitando o núcleo, explica os valores discretos para a energia, em vez de uma faixa contínua de valores de energia?
35. Por que o hélio e o lítio exibem comportamentos químicos muito diferentes, embora difiram apenas por um elétron? Por que essa questão se encontra neste capítulo, e não no Capítulo 11?
36. O princípio da combinação de Ritz pode ser considerado uma afirmação da conservação da energia. Explique.

37. O modelo de de Broglie sustenta que um elétron deve estar em movimento para ter propriedades ondulatórias? Justifique sua resposta.
38. Por que não existe uma órbita eletrônica estável sequer em um átomo cuja circunferência é igual a 2,5 comprimentos de onda de de Broglie?
39. Uma órbita é uma trajetória bem definida descrita por um objeto em sua revolução ao redor de outro objeto. Um orbital atômico é um volume espacial onde um elétron com uma determinada energia pode ser provavelmente encontrado. O que as órbitas e os orbitais têm em comum?
40. Uma partícula pode sofrer difração? Ela pode exibir interferência?
41. O que a amplitude de uma onda material tem a ver com probabilidade?
42. Se a constante de Planck, h, fosse maior, os átomos também seriam maiores? Justifique sua resposta.
43. O que oscila de fato na equação de Schrödinger?

PENSE E DISCUTA (AVALIAÇÃO)

44. Considere os fótons emitidos por uma lâmpada ultravioleta e por uma emissora de TV. Qual deles tem maior (a) comprimento de onda, (b) energia, (c) frequência e (d) *momentum*?
45. Qual luz colorida provém de uma transição de maior energia: vermelha ou azul? Por quê?
46. Quando dizemos que os elétrons têm propriedades corpusculares e depois dizemos que eles têm propriedades ondulatórias, não estamos nos contradizendo? Explique.
47. Se o mundo atômico tem tantas incertezas e está sujeito a leis probabilísticas, como podemos medir com precisão coisas como a intensidade da luz, a corrente elétrica e a temperatura?
48. Einstein considerava a mecânica quântica parte da física fundamental ou pensava que ela era uma teoria incompleta?
49. Quando apenas alguns poucos fótons são observados, a física clássica falha. Quando muitos são observados, a física clássica é válida. Qual desses dois fatos é consistente com o princípio da correspondência?
50. Quando e onde as leis de Newton do movimento e a mecânica quântica entram em superposição?
51. O que estabelece o princípio da correspondência de Bohr acerca da mecânica quântica *versus* a mecânica clássica?
52. O princípio da correspondência aplica-se a eventos macroscópicos encontrados no mundo macroscópico cotidiano?
53. Em seu livro *The Character of Physical Law* ("A Natureza da Lei Física"), Richard Feynman escreve: "Um filósofo disse uma vez que 'para a própria existência da ciência, é necessário que as mesmas condições produzam os mesmos resultados'. Bem, elas não os produzem!" Quem estava falando sobre a física clássica e quem estava falando sobre a física quântica?
54. O grande e o pequeno têm sentido apenas com relação a alguma outra coisa. Por que normalmente podemos classificar o valor da velocidade da luz como "grande" e a constante de Planck como "pequena"?
55. Elabore uma questão de múltipla escolha com a qual se possa testar a compreensão de um colega de turma acerca da diferença entre os domínios da mecânica clássica e da mecânica quântica.

> A mecânica quântica, como muitas teorias, tem suas falhas — algumas meras rachaduras, algumas tectônicas. Cuidado com os charlatões que exploram essas falhas para promover ideias malucas disfarçadas de ciência. Eles usam a mecânica quântica para reclamar legitimidade para si e se aproveitar da reputação conquistada a duras penas pela física quântica. Se estiver interessado em uma fonte confiável, com um tratamento claro e aprofundado, confira *The Quantum World: Quantum Physics for Everyone*, de Kenneth W. Ford.

CAPÍTULO 32 — Exame de múltipla escolha

Escolha a melhor resposta entre as alternativas:

1. Quando Rutherford direcionou um feixe de partículas alfa contra uma folha de ouro, a maioria das partículas:
   a. ricocheteou.
   b. atravessou.
   c. parou.
   d. entrou em espiral.

2. O feixe em um tubo de raios catódicos é composto de:
   a. fótons.
   b. elétrons.
   c. ambas as anteriores.
   d. nenhuma das anteriores.

3. Quando um elétron cai de um nível de energia mais elevado para um menos, energia é emitida. Em comparação, quanta energia é necessária para reverter o processo e ir de um nível menos elevado para um mais?
   a. Menos energia.
   b. A mesma energia.
   c. Mais energia.
   d. Não pode ser estimada.

4. A regra segundo a qual a soma de duas frequências emitidas em um espectro atômico é igual a uma terceira frequência é consistente com a:
   a. conservação do *momentum*.
   b. conservação da energia.
   c. constante de Planck.
   d. nenhuma das anteriores.

5. Um átomo excitado decai de volta ao seu estado fundamental e emite um fóton de luz verde. Se, em vez disso, decaísse para um estado intermediário, a luz emitida poderia ser:
   a. vermelha.
   b. violeta.
   c. azul.
   d. qualquer uma das anteriores.

6. De acordo com o modelo de Bohr, um elétron em um estado excitado do hidrogênio pode emitir:
   a. no máximo, um único fóton até o átomo ser reexcitado.
   b. diversos fótons em uma série de transições para um estado inferior.
   c. um feixe contínuo de luz.
   d. nenhuma das anteriores.

7. O caráter discreto das órbitas dos elétrons de um átomo pode ser compreendido como resultante da:
   a. interferência ondulatória.
   b. conservação do *momentum*.
   c. quantização da carga elétrica.
   d. todas as anteriores.

8. De acordo com de Broglie, uma órbita eletrônica estável não pode existir se a sua circunferência for:
   a. um único comprimento de onda.
   b. 2 comprimentos de onda.
   c. 2,5 comprimentos de onda.
   d. qualquer uma das anteriores.

9. Um átomo hipotético tem três estados de energia distintos. Pressupondo que todas as transições são possíveis, o número de linhas espectrais que esse átomo pode produzir é:
   a. 3.
   b. 4.
   c. 5.
   d. mais de 5.

10. Uma nova teoria está de acordo com o princípio da correspondência quando:
    a. corresponde a todas as teorias da natureza.
    b. atualiza a essência de uma teoria antiga.
    c. conecta duas ou mais teorias.
    d. explica os resultados confirmados da teoria antiga.

Respostas e explicações das perguntas do Exame de múltipla escolha

1. **(b):** A palavra-chave aqui é *maioria*. A maioria das partículas atravessou a folha de ouro, com relativamente poucas ricocheteando e praticamente nenhuma entrando em espiral. 2. **(b):** Por definição, raios catódicos são feixes de elétrons. Não são fótons. 3. **(b):** A conservação da energia vale em nível quântico. A energia para elevar o elétron de um nível de um elétron que ele perde quando ele volta ao mesmo nível. 4. **(b):** A energia e a frequência são diretamente proporcionais: $E \sim f$. A soma das frequências corresponde à soma das energias. A conservação da energia vale em nível quântico. O *momentum* é um fator externo. 5. **(a):** O decaimento para um estado intermediário envolve menos energia do que o decaimento para o estado fundamental. Menos energia significa um fóton de menor frequência; entre as escolhas, este seria o vermelho. 6. **(b):** Bohr racionou que um elétron pode dar passos intermediários na transição para um nível menos elevado. Com cada passo no caminho, um fóton é emitido. Um feixe de luz contínuo é uma opção espúria nesse contexto. 7. **(a):** Como a Figura 32.11 ilustra tão bem, a natureza ondulatória da luz explica as órbitas discretas dos elétrons. As outras opções são espúrias. 8. **(c):** Como a Figura 32.10 ilustra tão bem, uma onda estacionária circular deve reforçar a si mesma após uma "volta" em torno do círculo, o que significa que a circunferência deve conter números inteiros de ondas. A opção (c) não atende a esse requisito. 9. **(a):** É aqui que desenhar e contar transições responde a pergunta. A partir do nível superior: um diretamente para o estado fundamental; dois, uma transição para o segundo nível; três, uma transição do segundo para o estado fundamental. Assim, três linhas espectrais serão produzidas a partir de três estados distintos. 10. **(d):** Por definição: o princípio da correspondência afirma que uma nova teoria deve produzir os mesmos resultados da antiga onde sabe-se que esta é válida.

33
O núcleo atômico e a radioatividade

- 33.1 Raios X e radioatividade
- 33.2 Radiações alfa, beta e gama
- 33.3 Neutrinos
- 33.4 Radiação ambiental
  - Unidades de radiação
  - Doses de radiação
  - Traçadores radioativos
- 33.5 O núcleo atômico e a interação forte
- 33.6 Meia-vida radioativa
- 33.7 Detectores de radiação
- 33.8 Transmutação de elementos
  - Transmutação natural
  - Transmutação artificial
- 33.9 Datação radiológica

1 Stanley Micklavzina usa um contador Geiger para medir a radioatividade de um saleiro Fiesta. Na década de 1930, os saleiros Fiesta continham minério de urânio no esmalte da cerâmica para ter a cor avermelhada. **2** O decaimento radioativo no interior da Terra aquece a água que alimenta as fontes termais do mundo. Essas fontes imponentes, abundantes em carbonato de cálcio, localizam-se em Pamukkale, na Turquia. **3** O professor Roger Rassool, da University of Melbourne, Austrália, usa um contador de cintilações para mostrar que as trajetórias de raios gama não são afetadas por um campo magnético. **4** Leilah McCarthy discute a meia-vida radioativa com seus estudantes.

Qual foi o físico que recebeu dois prêmios Nobel, um de física e outro de química, e teve uma filha que também recebeu um Prêmio Nobel de Química? A resposta é Madame Curie. Nascida em 1867 como Marie Skłodowska em Varsóvia, Polônia, então parte do império russo, ela recebeu educação fundamental em escolas locais junto com alguma prática científica por parte de seu pai, que era professor de escola secundária. Encorajada por sua irmã mais velha, Bronislawa, que era física e tinha se mudado para Paris, Marie mudou-se para lá a fim de prosseguir em seus estudos na Sorbonne. Lá ela viveu em um sótão primitivo, que escolheu porque era barato e próximo à universidade. Em 1894, após terminar a graduação, ela conheceu o amor de sua vida, o professor de física Pierre Curie. Em 1895, eles se casaram, e logo estavam trabalhando juntos.

Em 1896, o físico francês Henri Becquerel descobriu que sais de urânio emitem raios parecidos com raios X em sua capacidade de penetrar a matéria sólida. Marie e Pierre começaram a investigar o urânio. Eles foram os primeiros a cunhar a palavra *radioatividade*. Ela tornou-se o trabalho da vida de Marie. Na época (1898), ela já era uma cidadã francesa e chamou de polônio o primeiro elemento químico novo que ela e seu marido descobriram – uma homenagem ao seu país natal. Eles também descobriram e nomearam o elemento rádio. Em 1903, Pierre e Marie dividiram o Prêmio Nobel de Física com Henri Becquerel por seu trabalho com a radioatividade. Algumas fontes asseguram que os Curie dividiram o dinheiro com conhecidos necessitados, incluindo estudantes. A Sorbonne de Paris nomeou Pierre para o cargo de professor e deu-lhe um laboratório, do qual Marie tornou-se a diretora.

Em 1906, Pierre foi atropelado por uma carroça ao atravessar uma rua quando estava chovendo. Ele caiu sob as rodas e acabou falecendo de fraturas ósseas. Marie ficou arrasada com a morte do marido. O departamento de física da Sorbonne confiou a Marie a vaga de professor de Pierre. Ela tornou-se a primeira mulher a lecionar na Sorbonne, onde prosseguiu com seu trabalho e recebeu o Prêmio Nobel de Química, em 1911. Ela também foi nomeada diretora do Laboratório Curie no Instituto do Rádio da Universidade de Paris, fundado em 1914.

Durante a Primeira Guerra Mundial, Marie doou suas medalhas de ouro dos prêmios Nobel para os esforços de guerra. Em 1921, foi recebida triunfalmente em sua primeira viagem aos Estados Unidos, onde levantou fundos para a pesquisa sobre o rádio. Ela viajou novamente pelos Estados Unidos em 1929, quando o presidente Hoover a presenteou com um cheque de 50.000 dólares, o suficiente para adquirir um grama de rádio para o Instituto do Rádio de Paris.

Madame Curie visitou a Polônia pela última vez em 1934. Dois meses mais tarde, ela faleceu – provavelmente por causa da exposição à radiação que sofreu durante o trabalho. Naquela época, os efeitos danosos da radiação ionizante não eram bem conhecidos. Ela foi enterrada no cemitério de Sceaux, ao lado do marido Pierre. Sessenta anos mais tarde, em 1995, em homenagem a suas conquistas, os restos de ambos foram transferidos para o Panteão de Paris. Ela tornou-se a primeira mulher a receber tal honra.

33.1 Raios X e radioatividade

A sondagem do átomo teve início em 1985, quando o físico alemão Wilhelm Roentgen descobriu os **raios X** – raios de natureza então desconhecida. Roentgen descobriu esse "novo tipo de raio", produzido por um feixe de "raios catódicos" (mais tarde, descobriu-se que era formado por elétrons) que incidia sobre a superfície de vidro do tubo onde se produziam descargas através de um gás. Ele descobriu que os raios X podiam atravessar materiais sólidos, podiam ionizar o ar, não mostravam sofrer reflexão no vidro e não eram desviados por campos magnéticos. Hoje sabemos que os raios X são ondas eletromagnéticas de alta frequência, normalmente emitidas durante a relaxação dos elétrons orbitais mais internos dos átomos. Enquanto a corrente de elétrons numa lâmpada fluorescente excita os elétrons mais externos dos átomos, produzindo fótons de luz ultravioleta e de luz visível, um feixe mais energético de elétrons incidindo sobre uma superfície sólida excita os elétrons mais internos do material, produzindo fótons com frequências mais altas de radiação X.

Os fótons de raios X têm alta energia e podem atravessar muitas camadas atômicas antes de serem absorvidos ou espalhados. Os raios X fazem isso ao atravessar seus tecidos macios, produzindo imagens dos ossos no interior de seu corpo (Figura 33.1).

FIGURA 33.1 Os raios X emitidos por átomos excitados do metal do eletrodo atravessam a carne mais facilmente do que os ossos, produzindo uma imagem sobre o filme.

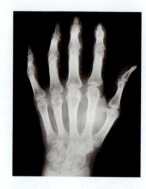
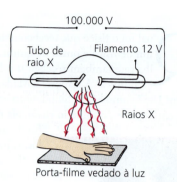

psc

- Até aqui, abordamos somente a *física atômica* – o estudo das nuvens de elétrons que formam os átomos. Agora vamos penetrar abaixo dos elétrons e mais fundo no átomo – até o núcleo atômico, onde as energias disponíveis tornam "anãs" as energias disponibilizadas pelos elétrons. Trata-se da *física nuclear*, um assunto de grande interesse público, mas que também causa medo, assim como o medo que sentíamos pela eletricidade mais de um século atrás. Com as medidas de segurança tomadas e os consumidores bem informados, a sociedade decidiu que os benefícios da eletricidade superavam seus ricos. Algo semelhante ocorre hoje em relação aos riscos da tecnologia nuclear e seus benefícios.

A radioatividade tem estado por aí desde o começo da Terra.

Num tubo de raios X moderno, o alvo para o feixe de elétrons é uma placa metálica, em vez da parede de vidro de um tubo.

No início de 1896, poucos meses após Roentgen ter anunciado sua descoberta dos raios X, o físico francês Antoine Henri Becquerel deparou-se com um novo tipo de radiação penetrante. Becquerel estava estudando a fluorescência e a fosforescência criadas tanto por luz quanto pelos raios X recentemente descobertos. Certa noite, ele deixou uma chapa fotográfica enrolada em uma gaveta próxima a alguns cristais que continham urânio. No dia seguinte, ele surpreendeu-se ao encontrar a chapa fotográfica exposta, aparentemente velada por uma radiação espontânea proveniente do urânio. Ele conseguiu mostrar que essa nova radiação era diferente dos raios X por sua capacidade de ionizar o ar, e ela podia ser desviada por campos elétricos e magnéticos.

Logo se descobriu que raios semelhantes eram emitidos por outros elementos, como o tório, o actínio e os dois novos elementos descobertos por Marie e Pierre Curie: o polônio e o rádio. A emissão de tais raios constituía evidência de alterações muito mais drásticas do átomo do que as excitações atômicas. Esses raios, como se descobriu, resultavam não de alterações nos estados de energia do átomo, mas de alterações no interior do caroço central do átomo, em seu núcleo. Esse processo é a **radioatividade**, que, por envolver o decaimento do núcleo atômico, com frequência é chamada de *decaimento radioativo*.

Uma falsa concepção muito comum é a de que a radioatividade é algo novo no meio ambiente. Na verdade, ela tem estado por aí há muito mais tempo do que a espécie humana. Ela faz parte de nosso meio ambiente tanto quanto o Sol ou a chuva. Ela sempre esteve no solo sobre o qual caminhamos e no ar que respiramos, e é ela que aquece o interior da Terra e o torna mole. Aliás, o decaimento radioativo no interior da Terra é o que aquece a água que jorra de um gêiser ou de uma fonte termal natural. Até o hélio dos balões de crianças nada mais é do que um produto do decaimento radioativo.

PAUSA PARA TESTE

1. É verdade que os raios X são, na verdade, ondas luminosas de alta frequência?
2. É possível afirmar que os raios X têm mais energia do que a luz?

VERIFIQUE SUA RESPOSTA

1. Sim, embora seja mais correto afirmar que os raios X são radiação eletromagnética de alta frequência.
2. Se estamos falando de mais energia por fóton, então $E = hf$ nos informa que qualquer fóton de radiação X tem mais energia do que qualquer fóton de luz devido às maiores frequências dos raios X. A *quantidade* de energia envolve o tempo de exposição. Seu rosto exposto diretamente à luz solar durante uma hora recebe mais energia do que quando você tira um raio X no consultório do dentista, quando a exposição é de um décimo de segundo.

33.2 Radiações alfa, beta e gama

Mais de 99,9% dos átomos de nosso ambiente cotidiano são estáveis. Seus núcleos provavelmente não sofrerão alterações ao longo da vida inteira do universo. No entanto, certos tipos de átomos são instáveis. Todos os elementos com números atômicos maiores do que 82 (chumbo) são radioativos. Esses elementos, e outros, emitem três diferentes espécies de radiação, que receberam a denominação das três primeiras letras do alfabeto grego: α, β e γ – *alfa*, *beta* e *gama*.

Os raios alfa têm carga elétrica positiva; os **raios beta**, carga negativa; e os **raios gama** não têm carga alguma (Figura 33.2). Os três raios podem ser separados por um campo magnético existente ao longo de suas trajetórias (Figura 33.4). Uma investigação adicional revelou que um raio alfa é formado por uma corrente de núcleos de hélio, enquanto um raio beta é uma corrente de elétrons. Portanto, costumamos chamá-los de *partículas alfa* e *partículas beta*, respectivamente. Um raio gama, por outro lado, é radiação eletromagnética cuja frequência é ainda mais alta do que a dos raios X. Enquanto os raios X se originam na nuvem eletrônica externa ao núcleo atômico, os raios alfa, beta e gama têm sua origem no núcleo. Assim como a luz é emitida por transições entre níveis de energia dos elétrons das camadas mais externas, os raios gama são emitidos por transições de energia semelhantes dentro do núcleo atômico. Os fótons dos raios gama fornecem informação acerca da estrutura nuclear, da mesma forma que os fótons da luz visível e dos raios X dão informação a respeito da estrutura eletrônica do átomo.

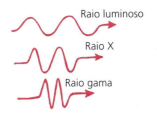

FIGURA 33.2 Um raio gama faz parte do espectro eletromagnético. Ele é simplesmente radiação eletromagnética com frequência e energia muito mais altas do que as da luz e dos raios X.

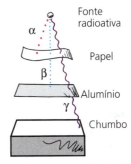

FIGURA 33.3 As partículas alfa são as menos penetrantes e podem ser detidas por algumas folhas de papel. As partículas beta atravessam facilmente o papel, mas não uma folha de alumínio. Os raios gama penetram vários centímetros em chumbo sólido.

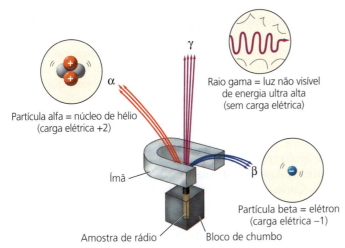

FIGURA 33.4 Num campo magnético, os raios alfa são desviados de uma certa maneira, os raios beta são desviados de maneira oposta, e os raios gama não sofrem qualquer desvio. Os feixes combinados provêm de uma fonte radioativa localizada no fundo de um buraco escavado em um bloco de chumbo.

FIGURA 33.5 A vida útil nas prateleiras de morangos frescos e de outros alimentos perecíveis é aumentada significativamente quando os alimentos são submetidos a raios gama provenientes de uma fonte radioativa. Os morangos da direita foram tratados com radiação gama, que mata os microrganismos que normalmente causam o apodrecimento da fruta. O alimento apenas recebe a radiação; ele não passa a ser um emissor de radiação, como pode ser confirmado com um detector de radiação.

708 PARTE VII Física atômica e nuclear

> **PAUSA PARA TESTE**
>
> 1. Imagine que lhe sejam dadas três rochas radioativas: uma emissora alfa, uma emissora beta e uma emissora gama. Você pode atirar para longe uma delas, mas uma você deve manter em sua mão e a outra em seu bolso. Que escolha você pode fazer para diminuir sua exposição à radiação?
> 2. Um núcleo atômico emite uma partícula beta. A soma da massa da partícula beta com a do núcleo resultante é igual à massa do núcleo inicial?
>
> **VERIFIQUE SUA RESPOSTA**
>
> 1. Mantenha o emissor alfa em sua mão, porque a pele de sua mão o blindará. Ponha o emissor beta em seu bolso, porque partículas alfa provavelmente serão detidas pela espessura combinada de sua roupa e sua pele. Atire para longe o emissor gama, pois essa radiação penetraria em seu corpo se colocada em qualquer uma das posições anteriores. O ideal, claro, é que você fique o mais distante possível de todas essas rochas.
> 2. Não. A massa total após a emissão é menor. Pense na conservação da energia: parte da massa original transforma-se na energia cinética dos produtos. Uma regra para o decaimento de partículas é que a massa total das partículas do produto deve ser menor do que a massa da partícula que sofre decaimento.

> Uma vez que as partículas alfa e beta são desaceleradas em colisões, elas acabam se combinando para formar átomos de hélio.

33.3 Neutrinos

Hoje entendemos as radiações alfa, beta e gama. Os primeiros pesquisadores, na década de 1920, no entanto, encontraram resultados confusos nos seus estudos sobre a emissão beta. A energia transmitida pela partícula beta parecia violar a conservação da emergia. Para sugerir uma solução para esse mistério, o físico suíço Wolfgang Pauli postulou a existência de uma partícula neutra minúscula que viria a ser chamada de **neutrino**. Detectar essa partícula e descobrir se tem ou não massa consumiu o trabalho de muitos pesquisadores durante décadas. O neutrino foi detectado em 1956, e a detecção de neutrinos de fontes externas à Terra começou na década seguinte. Em 1998, determinou-se que eles têm massa.[1] A massa do neutrino provavelmente é igual a cerca de um milionésimo da massa do elétron. O neutrino não tem carga elétrica. Assim como outras partículas fundamentais, os neutrinos têm antipartículas. Curiosamente, os antineutrinos acompanham as emissões beta.

Os neutrinos interagem apenas por meio da gravidade e da interação subatômica fraca. Sua detecção é extremamente difícil porque a sua interação com a matéria é fraquíssima. Enquanto um pedaço de chumbo sólido com alguns centímetros de espessura detém a maioria dos raios gama, teríamos de usar um pedaço de chumbo com espessura de cerca de 8 anos-luz para deter a metade dos neutrinos produzidos nos decaimentos nucleares típicos.

> *The Telescope in the Ice* (inédito no Brasil), de Mark Bowen, é um livro excelente sobre caçadores de neutrinos no Polo Sul.

Existem três "sabores", ou tipos, de neutrinos: o *neutrino do elétron*, o *neutrino do múon* e o *neutrino do tau*. Quando voam pelo espaço ou atravessam a matéria quase tão rapidamente quanto a luz, os neutrinos mudam de sabor constantemente, oscilando entre os três. Eles acompanham as emissões beta e são criados em aceleradores e em colisões de raios cósmicos com núcleos atômicos na atmosfera. Eles também são criados no Sol, em outras estrelas e em supernovas. Os neutrinos do Sol são mensageiros diretos do núcleo solar – na verdade, são os únicos mensageiros diretos

---

[1] Pioneiros do estudo de neutrinos que venceram o Prêmio Nobel de Física: 1938: Enrico Fermi, que elaborou a teoria dos neutrinos em 1935, mas venceu por outras obras. 1945: Wolfgang Pauli, que propôs o neutrino em 1930, mas venceu por outras obras. 1988: Leon Lederman, Melvin Schwartz e Jack Steinberger, por detectarem o neutrino do múon. 1995: Martin Perl, pela descoberta do neutrino tau, e Frederick Reines, por detectar o neutrino. 2002: Raymond Davis, Jr. e Masatoshi Koshiba, por detectarem neutrinos cósmicos. 2015: Takaaki Kajita e Arthur McDonald, por confirmarem que os neutrinos têm massa.

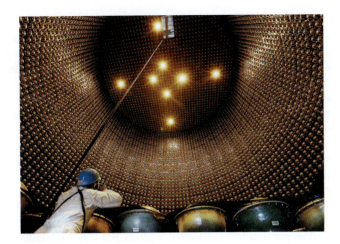

FIGURA 33.6 O interior do observatório de neutrinos subterrâneo Super-Kamiokande, no Japão, onde pesquisadores determinaram que os neutrinos têm massa. Milhares e milhares de sensores de luz na caverna normalmente cheia de água detectam e diferenciam as raras colisões de neutrinos com a matéria.

que temos dele. A luz demora milhares de anos para difundir-se do centro do Sol até a sua borda. O que "vemos" com a luz é apenas a superfície do Sol. O que sabemos sobre o seu interior vem dos neutrinos.

Os neutrinos são abundantes. Abundantes *mesmo*! Bilhões deles estão voando através de você a cada segundo, todos os dias, pois o universo está repleto deles. Apenas uma ou duas vezes por ano um neutrino ou dois interagem com a matéria de seu corpo. Os neutrinos são tão numerosos que talvez eles correspondam à maior parte da massa do universo. Eles podem ser a "cola" que mantém o universo íntegro. Embora estudá-los não seja fácil, o trabalho é essencial para nos aprofundarmos ainda mais no funcionamento do nosso universo.

> **PAUSA PARA TESTE**
> Como podem gazilhões de neutrinos atravessarem nossos corpos a cada segundo sem os notarmos?
>
> **VERIFIQUE SUA RESPOSTA**
> Os neutrinos nos atravessam porque a sua interação fraca com a matéria é muito, *muito* fraca. Um elétron, por outro lado, tem carga, então interage quando atravessa um átomo e não penetra muito na matéria sólida. Um neutrino, por não sofrer influência da força elétrica ou da força nuclear forte (Seção 33.5), pode atravessar os átomos e o núcleo atômico com chance praticamente zero de interação.

33.4 Radiação ambiental

Rochas e minerais comuns em nosso meio ambiente contêm quantidades significativas de isótopos radioativos, porque a maioria deles contém traços de urânio. De fato, pessoas que moram em prédios de tijolo, concreto ou pedra estão expostas a quantidades de radiação maiores do que pessoas que vivem em casas de madeira.

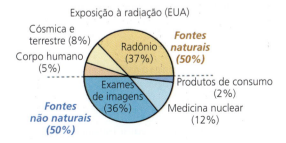

FIGURA 33.7 Origem da exposição à radiação para um indivíduo médio nos Estados Unidos.

FIGURA 33.8 Um *kit* doméstico para teste de radônio disponível comercialmente. A lata é aberta apenas na área a ser amostrada. O radônio que se infiltrar para dentro da lata será absorvido por carvão ativado. Após vários dias, a lata deve ser enviada a um laboratório para a determinação de seu nível de radônio.

A principal fonte de radiação natural é o isótopo 222 do elemento gasoso radônio, número atômico 86 na tabela periódica. O radônio forma-se naturalmente quando o urânio radioativo decai para tório, rádio e então radônio no granito e em outras rochas, solos e águas subterrâneas. O radônio tende a se acumular em embasamentos após escapar por rachaduras do piso. Os níveis de radônio variam de uma região para outra, dependendo da geologia local. Você pode verificar o nível de radônio em sua casa com um *kit* detector de radônio (Figura 33.8). Se o nível for anormalmente alto, é recomendado tomar medidas corretivas, como revestir o piso e as paredes do porão e prover ventilação adequada.

Cerca de metade de nossa exposição anual à radiação provém de fontes artificiais, principalmente procedimentos médicos. Detectores de fumaça, resíduos de testes nucleares realizados muito tempo atrás e usinas de produção de eletricidade a carvão mineral ou nucleares também contribuem significativamente. A indústria baseada no carvão mineral bate de longe as usinas nucleares como fonte de radiação. As cinzas volantes emitidas por uma usina termelétrica geram 100 vezes mais radiação do que uma usina nuclear para a mesma quantidade de energia produzida. No mundo todo, produz-se cerca de 370.000 toneladas de lixo radioativo todos os anos. A maior parte desse lixo, todavia, é bem acondicionada e *não* é liberada para o meio ambiente.

Unidades de radiação

Uma dose de radiação é comumente medida em **rads** (sigla para a expressão inglesa *radiation absorved dose*, dose de radiação absorvida), uma unidade de energia absorvida. Um rad é igual a 0,01 joule de energia radiante absorvida por quilograma de tecido.

Certas formas de radiação são mais prejudiciais do que outras. Por exemplo, suponha que você disponha de duas flechas, uma com a extremidade pontiaguda e a outra com uma ventosa de sucção na ponta. Suponha que você atire ambas com a mesma velocidade e a mesma energia cinética em direção a uma maçã. A flecha pontiaguda causaria sempre mais danos à maçã do que aquela com a ventosa de sucção na ponta. Analogamente, algumas formas de radiação causam danos muito maiores do que outras, mesmo quando se recebe o mesmo número de rads de ambas as formas.

Partícula	Dosagem de radiação		Fator		Efeito nocivo à saúde
alfa	1 rad	×	10	=	10 rems
beta	10 rad	×	1	=	10 rems

A unidade de medida para a dose de radiação baseada no potencial em causar danos é o **rem** (do inglês *roentgen equivalent man*, equivalente no ser humano em roentgen).[2] Para calcular a dosagem em rems, multiplica-se o número de rads por um fator correspondente aos diferentes efeitos nocivos à saúde dos diferentes tipos de radiação, determinados a partir de estudos clínicos. Por exemplo, um rad de partículas alfa tem o mesmo efeito biológico que 10 rads de partículas beta.[3] Ambas as dosagens equivalem a 10 rems.

> **PAUSA PARA TESTE**
>
> **O que é mais prejudicial: ficar exposto a 1 rad de partículas alfa ou a 1 rad de partículas beta?**
>
> **VERIFIQUE SUA RESPOSTA**
>
> A radiação alfa é mais nociva. Como indica o gráfico acima, 1 rad de radiação alfa é tão prejudicial quanto 10 rads de radiação beta.

---

[2] Essa unidade é uma homenagem a Wilhelm Roentgen, o descobridor dos raios X.

[3] Isso é verdadeiro mesmo que as partículas beta tenham maior poder de penetração, como discutido anteriormente.

Doses de radiação

As doses letais de radiação começam em 500 rems. Uma pessoa tem cerca de 50% de chance de sobreviver a uma dose desse valor entregue ao corpo inteiro durante um curto período de tempo. Durante a radioterapia, um paciente pode receber doses *localizadas* de 200 rems a cada dia por um período de semanas (Figura 33.9).

Toda a radiação que recebemos de fontes naturais e em procedimentos para diagnósticos médicos corresponde a apenas uma fração de 1 rem por ano. Por conveniência, usa-se a subunidade menor *milirem*, onde 1 milirem (mrem) é 1/1.000 de um rem. Nos Estados Unidos, uma pessoa comum é exposta a aproximadamente 360 mrems por ano, como indica a Tabela 33.1. Mais de metade dessa radiação provém de fontes naturais, como raios cósmicos e a própria Terra. Em um exame de raios X comum de peito, a exposição sofrida pela pessoa varia de 5 a 30 mrem (0,005 a 0,030 rem), menos do que um décimo de milésimo da dose letal. Curiosamente, o corpo humano é uma fonte significativa de radiação natural, principalmente por causa do potássio que ingerimos. Nossos corpos contêm cerca de 200 gramas de potássio. Em geral, o potássio não é radioativo. Esse é o potássio-39, com 19 prótons e 20 nêutrons no núcleo. O potássio-40, no entanto, com seu nêutron extra, é radioativo. O potássio-39 e o potássio-40 são quimicamente idênticos, exceto pelos efeitos das suas massas diferentes. Do potássio em nossos corpos, cerca de 20 miligramas são do isótopo radioativo potássio-40, um emissor de raios gama. Entre cada duas batidas do coração, ocorrem aproximadamente 60.000 decaimentos radioativos de isótopos do potássio-40 dentro do corpo de um ser humano comum. A radiação está realmente em todo lugar.

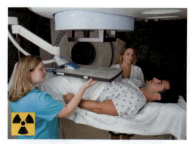

FIGURA 33.9 Na *radioterapia*, a radiação nuclear é focada sobre tecido nocivo, como o de um tumor cancerígeno, a fim de matar seletivamente o tecido ou fazer o tumor encolher. Essa aplicação da radiação nuclear tem salvado milhões de vidas – um claro exemplo dos benefícios da tecnologia nuclear. A inserção na foto mostra o símbolo internacionalmente usado para indicar uma área onde materiais radioativos são manuseados ou produzidos.

TABELA 33.1 Exposição anual à radiação

Fonte	Dose típica (mrem) recebida anualmente
Origem natural	
Radiação cósmica	30
Solo	33
Ar (radônio-222)	198
Tecidos humanos (K-40; Ra-226)	40
Origem humana	
Procedimentos médicos	
Diagnósticos por raios X	40
Tomografia computadorizada de corpo inteiro	1.000
Produtos de consumo	8
Usinas elétricas comerciais a combustíveis fósseis	<1
Usinas elétricas comerciais nucleares	≪1

Quando a radiação encontra as moléculas intrincadamente estruturadas da salmoura líquida e rica em íons que forma nossas células, a radiação pode criar caos em escala atômica. Algumas moléculas são danificadas, e isso acaba por alterar outras moléculas, o que pode ser prejudicial ao processo vital.

As células são capazes de reparar a maioria dos tipos de danos causados a elas por radiação, se esta não for severa demais. Uma célula pode sobreviver a uma dose que de outra maneira seria letal se essa dose for distribuída ao longo de um grande período de tempo, permitindo intervalos de cura. Quando a radiação for suficientemente severa para matar células, as células mortas podem ser substituídas por novas (exceto no caso da maior parte das células dos nervos, que são insubstituíveis). De vez em quando, uma célula irradiada conseguirá sobreviver com uma de suas moléculas de DNA danificada. As novas células que surgirão da célula danificada poderão reter a informação genética alterada, produzindo o que se chama de *mutação*. Geralmente, os efeitos de uma mutação são insignificantes, mas às vezes uma mutação resulta em células que não funcionam tão bem quanto as que não foram afetadas, podendo gerar algum tipo de câncer. Se o DNA danificado se encontrar

FIGURA 33.10 Os crachás usados por Tammy e Larry contêm dispositivos de alerta audíveis tanto no caso de surtos radioativos quanto no de exposição acumulada. As informações fornecidas pelos crachás são baixadas periodicamente para uma base de dados, para armazenamento e análise.

712 PARTE VII Física atômica e nuclear

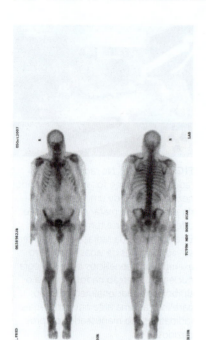

FIGURA 33.11 Cintilografia de corpo inteiro, traseira e dianteira, algumas horas após o paciente Fred Myers ter sido injetado com tecnécio-99 radioativo, um emissor de raios gama com meia-vida de cerca de 6 horas. Os locais da radiação gama são registrados por um aparelho.

psc

- Entre as partículas fundamentais da natureza estão os seis tipos de *quarks*, dois dos quais são os blocos de construção de todos os núcleons (prótons e nêutrons). Os *quarks* têm cargas elétricas fracionárias. Um tipo deles, o *quark up*, tem dois terços da carga de um próton, enquanto o *quark down* tem uma carga correspondente a -1/3 da carga de um próton. (O nome *quark*, inspirado em uma citação da obra *Finnegans Wake*, de James Joyce, foi escolhido por Murray Gell-Mann, em 1963, o primeiro a propor sua existência.) Os *quarks* de um próton formam a combinação *up-up-down*, e os do nêutron, a combinação *up-down-down*. Os outros quatro *quarks* ganharam os nomes extravagantes de *strange* (estranho), *charm* (charmoso), *top* (topo) e *bottom* (fundo). Nenhum *quark* foi observado e experimentalmente isolado. A maioria dos especialistas acredita que os *quarks*, por sua natureza, não podem ser isolados.

em células reprodutivas individuais, o código genético da prole gerada pelo indivíduo poderá propagar a mutação.

Traçadores radioativos

Amostras de todos os elementos radioativos foram obtidas em laboratórios científicos. Isso é conseguido pelo bombardeio com nêutrons e outras partículas. Os materiais radioativos são extremamente úteis na pesquisa científica e na indústria. Para testar a ação de um fertilizante, por exemplo, os pesquisadores adicionam ao fertilizante uma pequena quantidade de material radioativo e depois administram a mistura a algumas plantas. A pequena quantidade de material radioativo absorvida pela planta pode ser facilmente medida por detectores de radiação. A partir dessas medições, os cientistas podem informar aos fazendeiros a quantidade adequada de fertilizante que devem usar. Os isótopos radioativos usados para se descobrir os caminhos seguidos são chamados de *traçadores*.

FIGURA 33.12 Fertilizante traçador absorvido com um isótopo radioativo.

Em uma técnica conhecida como imageamento médico, traçadores são usados em diagnósticos de mau funcionamento interno. Essa técnica funciona porque o caminho seguido pelo traçador é influenciado apenas por suas propriedades físicas e químicas, não por sua radioatividade. O traçador pode ser introduzido sozinho ou junto com outros compostos químicos que o ajudem a encontrar o tipo particular de tecido do corpo.

33.5 O núcleo atômico e a interação forte

O núcleo atômico ocupa apenas alguns quatrilionésimos* do volume de um átomo, ficando a maior parte do átomo como espaço vazio. O núcleo é composto por **núcleons**, nome coletivo para prótons e nêutrons. (Cada núcleon é composto, por sua vez, por três partículas menores chamadas de **quarks** – que se acredita serem elementares, não formadas por partes menores.)

Da mesma forma que existem níveis de energia para os elétrons orbitais de um átomo, existem níveis de energia no interior do núcleo. Enquanto os elétrons que realizam transições para níveis mais baixos emitem fótons de luz, dentro do núcleo ocorrem mudanças similares nos estados de energia, resultando na emissão de fótons de raios gama. Isso é a radiação gama.

Sabemos que cargas elétricas de mesmo sinal se repelem. Portanto, como é possível que os prótons positivamente carregados de um núcleo possam se manter agrupados? Essa questão levou à descoberta de uma atração chamada de **interação forte**, que atua entre todos os núcleons. Essa força é muito intensa, mas somente a distân-

---

* N. de T.: Uma parte em um quatrilião, ou seja, 10^{-15}.

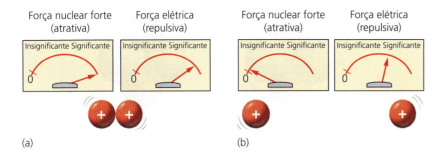

FIGURA 33.13 Leituras comparativas de forças em um medidor hipotético: (a) dois prótons vizinhos próximos experimentam tanto uma força atrativa nuclear forte quanto uma força repulsiva elétrica. A essa pequena distância de separação, a força nuclear forte suplanta a força elétrica, e os prótons permanecem juntos. (b) Quando os prótons estão afastados um do outro, a força elétrica predomina e eles se repelem. Em núcleos atômicos grandes, essa repulsão próton-próton reduz a estabilidade nuclear.

cias extremamente curtas (de aproximadamente 10-15 m, o diâmetro aproximado de um próton ou um nêutron). As interações elétricas repulsivas, por outro lado, são de alcance relativamente longo. A Figura 33.13 sugere uma comparação entre as intensidades dessas duas forças com a distância. Para prótons que estão muito próximos um do outro, como em um núcleo pequeno, a interação atrativa nuclear forte suplanta facilmente a força repulsiva elétrica. No entanto, se os prótons estão mais afastados, como quando se encontram nos dois lados opostos de um núcleo grande, a força atrativa nuclear forte pode ser mais fraca do que a força repulsiva elétrica.

Um núcleo grande não é tão estável quanto outro pequeno. Em um núcleo de hélio, por exemplo, cada um dos dois prótons que o formam sente o efeito repulsivo do outro. Em um núcleo de urânio, cada um dos 92 prótons sente os efeitos repulsivos dos outros 91 prótons! O núcleo é instável. Vemos, assim, que existe um limite para o tamanho dos núcleos atômicos. Por essa razão, os isótopos estáveis dos átomos maiores têm cada vez mais nêutrons nos seus núcleos do que prótons, e todos os núcleos com mais de 82 prótons são radioativos (o de número 83, o bismuto, apenas levemente).

Sem a existência da força nuclear – a interação forte, não haveria átomos além do hidrogênio.

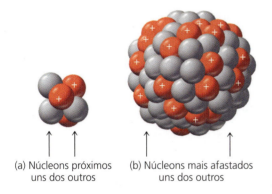

(a) Núcleons próximos uns dos outros (b) Núcleons mais afastados uns dos outros

FIGURA 33.14 (a) Todos os núcleons de um núcleo atômico pequeno estão próximos uns dos outros; assim, eles experimentam uma força atrativa nuclear forte. (b) Os núcleons em lados opostos de um núcleo grande não estão tão próximos uns dos outros; portanto, as forças atrativas nucleares fortes que os mantêm juntos são mais fracas. O resultado é que o núcleo grande é menos estável.

PAUSA PARA TESTE

Dois prótons de um núcleo atômico se repelem, mas também se atraem. Por quê?

VERIFIQUE SUA RESPOSTA

Duas forças são exercidas: a elétrica e a nuclear. Enquanto os prótons se repelem eletricamente, ao mesmo tempo eles se atraem por meio da força nuclear forte. Enquanto a força atrativa nuclear forte for mais intensa do que a força repulsiva elétrica, os prótons permanecerão juntos. Quando estiverem mais afastados, a força elétrica poderá suplantar a força nuclear, e eles tenderão a se afastar um do outro.

Os nêutrons se comportam como uma espécie de "cimento nuclear" que mantém íntegro o núcleo atômico. Prótons atraem tanto prótons quanto nêutrons por meio da interação forte. Prótons também repelem outros prótons. Os nêutrons, por sua vez, não têm carga elétrica e, portanto, somente atraem outros prótons e outros nêutrons por meio da força atrativa nuclear forte. A presença de nêutrons, portanto, aumenta a atração entre os núcleons e ajuda a manter a integridade do núcleo (Figura 33.15).

FIGURA 33.15 A presença de nêutrons ajuda a manter íntegro um núcleo, aumentando o efeito da interação forte, representada por setas de uma só ponta.

Todos os núcleons, tanto prótons quanto nêutrons, se atraem por meio da força nuclear forte.

Somente os prótons se repelem por meio da força elétrica.

Quanto mais prótons existirem em um núcleo atômico, mais nêutrons serão necessários para ajudar a contrabalançar as forças elétricas repulsivas. No caso de elementos leves, basta ter o mesmo número de prótons e de nêutrons. O isótopo mais comum do carbono, C-12, por exemplo, tem igual número de ambos – seis prótons e seis nêutrons. No caso de núcleos grandes, são necessários mais nêutrons do que prótons. Uma vez que a força nuclear forte diminui rapidamente com a distância, os núcleons devem estar praticamente se tocando para que a força nuclear forte seja efetiva. Núcleons em lados opostos de um núcleo atômico grande não se atraem tanto. A força elétrica, porém, não diminui tanto ao longo do diâmetro de um núcleo grande e, assim, suplanta a força nuclear forte. Para compensar o enfraquecimento da interação forte ao longo do diâmetro do núcleo, os núcleos grandes precisam conter mais nêutrons do que prótons. O chumbo, por exemplo, tem cerca de uma vez e meia mais nêutrons do que prótons.

Assim vemos que os nêutrons são estabilizadores e que núcleos grandes requerem uma abundância deles – até um ponto em que mesmo o aumento do número de nêutrons não é capaz de manter íntegro o núcleo. Curiosamente, os nêutrons não são estáveis quando estão por sua própria conta. Um nêutron solitário é radioativo e transforma-se espontaneamente em um próton e um elétron (Figura 33.16a). Um nêutron precisa de prótons ao seu redor para impedir que isso ocorra. As partículas alfa emitidas em decaimentos alfa são, literalmente, "pedaços" nucleares, e somente núcleos pesados as emitem.[4] As partículas beta e gama, por outro lado, podem ser emitidas por núcleos radioativos pesados e leves. O decaimento beta de um único nêutron e o decaimento de um núcleo pesado são ilustrados na Figura 33.16b.

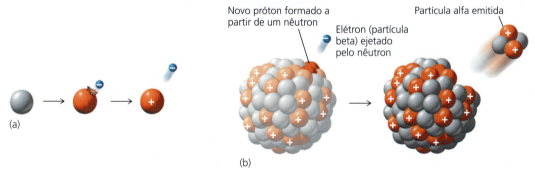

FIGURA 33.16 (a) Um nêutron próximo a um próton é estável, mas o nêutron por si só é instável, decaindo em um próton com a emissão de um elétron. O minúsculo antineutrino não é apresentado. (b) Desestabilizado por um aumento no número de prótons, o núcleo começa a soltar fragmentos, como partículas alfa.

---

[4] Uma exceção à regra de que o decaimento alfa está limitado a núcleos pesados é o núcleo altamente radioativo do berílio-8, com quatro prótons e quatro nêutrons, que se divide em duas partículas alfa – uma forma de fissão nuclear.

PAUSA PARA TESTE

Que papel os nêutrons desempenham no núcleo atômico? Qual é o destino de um nêutron quando ele se encontra isolado ou distante de um ou mais prótons?

VERIFIQUE SUA RESPOSTA

Os nêutrons servem como um "cimento nuclear" nos núcleos e aumentam a estabilidade nuclear. Entretanto, quando está sozinho, um nêutron é radioativo e se transforma espontaneamente em um próton e um elétron.

33.6 Meia-vida radioativa

A taxa de decaimento radioativo de um elemento é medida em termos de um tempo característico, a **meia-vida**. Esse é o tempo transcorrido para que decaia metade da quantidade original de um determinado isótopo radioativo. O rádio-226, por exemplo, tem uma meia-vida de 1.620 anos. Isso significa que a metade de qualquer amostra de rádio-226 será transformada em outro elemento ao final de 1.620 anos. Nos próximos 1.620 anos, a metade do rádio remanescente decairá também, restando apenas um quarto da quantidade original de rádio. (Depois de um tempo equivalente a 20 meias-vidas, a quantidade inicial de rádio-226 terá diminuído cerca de um milhão de vezes.)

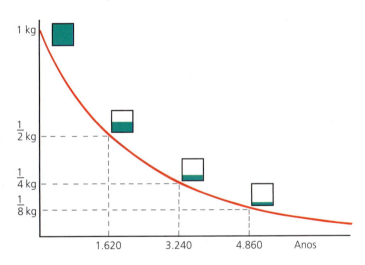

FIGURA 33.17 A cada 1.620 anos, a quantidade de rádio diminui pela metade.

As meias-vidas são notavelmente constantes e não afetadas por condições externas. Alguns isótopos têm meias-vidas de menos de um milionésimo de segundo, enquanto outros têm meias-vidas de mais de um bilhão de anos. O urânio-238, por exemplo, tem uma meia-vida de 4,5 bilhões de anos. Todo o urânio acaba decaindo para o chumbo em uma série de etapas. Em 4,5 bilhões de anos, metade do urânio que existe hoje na Terra terá decaído para o chumbo.

Não é necessário esperar um tempo igual à duração de uma meia-vida para poder medi-la. A meia-vida de um elemento qualquer pode ser calculada em qualquer momento medindo-se sua taxa de decaimento de uma quantidade conhecida. Isso é feito facilmente usando-se um detector de radiação. Normalmente, quanto menor for a meia-vida de uma dada substância, mais rapidamente ela se desintegrará e maior será a sua taxa de decaimento.

A meia-vida radioativa de um material qualquer também é o tempo para que sua taxa de decaimento se reduza à metade.

716 PARTE VII   Física atômica e nuclear

> **psc**
>
> ■ Qualquer grandeza que diminua pela metade em intervalos de tempo iguais é dita decair exponencialmente. Qualquer grandeza que dobre de valor em intervalos de tempo iguais é dita crescer exponencialmente. Leia sobre crescimento exponencial no Apêndice E!

> **PAUSA PARA TESTE**
>
> 1. Se uma amostra de um isótopo radioativo tem uma meia-vida de 1 dia, quanto da amostra resta ao final do segundo dia? E do terceiro dia?
> 2. A meia-vida do rádio-226 é de 1.620 anos. O planeta Terra tem cerca de 4,5 bilhões de anos de idade. Por que ainda sobrou algum rádio no nosso planeta, então?
>
> **VERIFIQUE SUA RESPOSTA**
>
> 1. Um quarto ao final do segundo dia e um oitavo ao final do terceiro dia.
> 2. Todo o rádio existente na Terra atualmente é elemento-filho do urânio-238, cuja meia-vida é igual à idade da Terra. Como veremos na Seção 33.8, no longo prazo, todo o urânio sofrerá decaimento e se transformará em chumbo; entre um ponto e outro, ele passará pelo rádio.

33.7   Detectores de radiação

Os movimentos térmicos comuns dos átomos, chocando-se no interior de um gás ou líquido, não têm energia suficiente para desalojar elétrons, de modo que os átomos permanecem neutros. No entanto, quando uma partícula energética, como uma partícula alfa ou beta, atravessa velozmente a matéria, os elétrons pertencentes a átomos que se encontram no caminho dessa partícula são sucessivamente atingidos. O resultado é um rastro de elétrons libertados e de íons positivamente carregados. O processo de ionização é responsável pelos efeitos danosos da radiação de alta energia sobre as células dos seres vivos. A ionização também torna relativamente fácil traçar as trajetórias seguidas pelas partículas de alta energia. Discutiremos rapidamente cinco dispositivos capazes de detectar radiação.

(a)   (b)

FIGURA 33.18 Detectores de radiação. (a) Um contador Geiger detecta a radiação incidente por meio de um pulso curto de corrente disparado quando a radiação ioniza um gás dentro de um tubo lacrado. (b) Um contador de cintilação indica a radiação incidente por meio de *flashes* luminosos produzidos quando partículas carregadas ou raios gama passam através do contador.

1. Um *contador Geiger* consiste em um fio localizado na parte central de um cilindro metálico oco e cheio de gás a baixa pressão. Uma voltagem elétrica é aplicada entre o cilindro e o fio, de modo que este seja mais positivo do que o cilindro. Se a radiação penetra no tubo e ioniza um átomo do gás, o elétron libertado é atraído pelo fio central positivamente carregado. Quando o elétron é acelerado em direção ao fio, ele acaba colidindo com outros átomos, de onde arranca mais elétrons. Estes, por sua vez, produzem mais elétrons e assim por diante, resultando numa cascata de elétrons movendo-se em direção ao fio. Isso produz um breve pulso de corrente elétrica, que ativa um dispositivo contador conectado ao tubo. Depois de amplificado, esse pulso de corrente produz o som característico do clique associado a esses detectores de radiação.
2. Um *contador de cintilações* faz uso do fato de que determinadas substâncias são facilmente excitadas e emitem luz quando partículas carregadas ou raios gama as atravessam. Minúsculos *flashes* luminosos, ou cintilações, são trans-

formados em sinais elétricos por meio de tubos fotomultiplicadores especiais. Um contador de cintilação é muito mais sensível a raios gama do que um contador Geiger e, além disso, é capaz de medir a energia das partículas carregadas ou dos raios gama absorvidos no detector. O detector de radiação que Roger Rassool mostra na Figura 33.18b é um cintilador. Curiosamente, água comum, quando altamente purificada, pode servir como cintilador.

3. Uma *câmara de nuvens* revela a trajetória da radiação ionizante na forma de um rastro de neblina. Ela consiste em uma câmara de vidro cilíndrica, fechada na extremidade superior por uma janela de vidro e na extremidade inferior por um pistão móvel. O vapor d'água ou de álcool no interior da câmara pode ser levado à saturação por meio de um ajuste no pistão. A amostra radioativa é colocada dentro da câmara, como mostrado na Figura 33.19, ou fora da fina janela de vidro. Quando uma partícula carregada atravessa a câmara, íons são produzidos ao longo de sua trajetória. Se o ar saturado da câmara for subitamente resfriado pela movimentação do pistão, minúsculas gotas de umidade se condensam em torno desses íons e formam um rastro de vapor que revela a trajetória seguida pela radiação. Isso é uma versão atômica do rastro de cristais de gelo deixado no céu pelos aviões a jato.

FIGURA 33.19 Uma câmara de nuvens. As partículas carregadas que se movem através de um vapor supersaturado deixam rastros. Quando a câmara está em um campo elétrico ou magnético intenso, os desvios sofridos pelos rastros fornecem informações sobre a carga, a massa e o *momentum* das partículas.

Mais simples ainda é a câmara de nuvens contínua. Ela tem um vapor supersaturado estacionário, pois se situa acima de uma placa de gelo seco. Assim, existe um gradiente térmico entre a temperatura próxima à do ambiente no topo da câmara e a temperatura muito baixa no seu fundo. Os rastros de neblina que se formam são iluminados por uma lâmpada e podem ser vistos ou fotografados através da janela de vidro no topo. A câmara pode ser colocada na presença de um forte campo elétrico ou magnético, que desviará as trajetórias de maneira a fornecer informação sobre a carga, a massa e o *momentum* das partículas que formam a radiação.

As câmaras de nuvens, que eram instrumentos de importância fundamental no início da pesquisa sobre raios cósmicos, atualmente são usadas principalmente em demonstrações em sala de aula. Talvez seu professor lhe mostre uma, como faz Walter Steiger na Figura 33.20.

4. Os rastros das partículas vistos numa *câmara de bolhas* são formados por minúsculas bolhas de gás em hidrogênio líquido (Figura 33.21). O hidrogênio líquido é aquecido sob pressão em uma câmara de aço inoxidável e vidro a uma temperatura um pouco abaixo da de ebulição. Se a pressão na câmara for subitamente liberada no momento em que uma partícula ionizante penetra na câmara, um fino rastro de bolhas é deixado ao longo da trajetória da partícula. Todo o líquido começa a ferver, mas, alguns centésimos de segundo antes disso acontecer, são tiradas fotografias do rastro momentâneo deixado pela partícula. Como acontece com a câmara de nuvens, um campo

FIGURA 33.20 Walter Steiger examina rastros de vapor em uma pequena câmara de nuvens.

FIGURA 33.21 Os rastros deixados por partículas elementares numa câmara de bolhas. (O olho treinado percebe que duas partículas foram destruídas no ponto de onde saem as duas espirais, sendo criadas quatro outras na colisão.)

FIGURA 33.22 A Big European Bubble Chamber* (BEBC) no CERN, próximo a Genebra, um exemplo das grandes câmaras de bolhas usadas na década de 1970 para estudar partículas produzidas por aceleradores de alta energia.

* N. de T.: Grande Câmara de Bolhas Europeia.

magnético aplicado à câmara de bolhas revela a carga e a massa relativa das partículas sob investigação. As câmaras de bolhas foram amplamente usadas pelos pesquisadores em décadas passadas, mas atualmente existe um maior interesse por câmaras de centelhas.

5. Uma *câmara de centelhas* é um dispositivo de contagem que consiste em um arranjo de placas paralelas muito próximas. As placas são alternadamente aterradas, e as placas intermediárias a essas são mantidas numa alta voltagem (cerca de 10 kV). Os íons são produzidos no gás existente entre as placas quando partículas carregadas atravessam a câmara. Uma descarga ao longo do caminho do íons produz uma centelha visível entre os pares de placas. Um rastro formado por várias centelhas revela a trajetória seguida pela partícula. Um projeto diferente, chamado de *câmara de traços*, consiste em apenas duas placas bastante espaçadas, entre as quais uma descarga elétrica, o traço, acompanha aproximadamente a trajetória da partícula carregada incidente. A principal vantagem das câmaras de centelhas e de traços sobre a câmara de bolhas é que com elas é possível observar mais eventos num dado tempo.

> **PAUSA PARA TESTE**
>
> O que produz uma taxa de contagem mais alta num detector de radiação: um grama de material radioativo com meia-vida curta ou um grama com meia-vida longa?

VERIFIQUE SUA RESPOSTA

O material com a meia-vida mais curta é mais ativo e produzirá uma taxa de contagem mais elevada no detector de radiação.

33.8 Transmutação de elementos

Quando um núcleo radioativo emite uma partícula alfa ou beta, ocorre uma alteração do número atômico – um elemento novo é formado. A mudança de um elemento químico para outro é chamada de **transmutação**. Esse processo ocorre em eventos naturais, mas também pode ser iniciado artificialmente em laboratórios.

Transmutação natural

Considere o urânio-238, cujo núcleo contém 92 prótons e 146 nêutrons. Quando uma partícula alfa é ejetada, o núcleo perde dois prótons e dois nêutrons. Como um elemento é definido pelo número de prótons existentes em seu núcleo, os 90 prótons e os 144 nêutrons restantes não constituem mais urânio. O que temos é o núcleo de um elemento diferente: o *tório*. Essa transmutação pode ser escrita como uma equação nuclear:

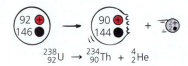

$$^{238}_{92}U \rightarrow\ ^{234}_{90}Th\ +\ ^{4}_{2}He$$

Vemos que o $^{238}_{92}U$ transforma-se nos dois elementos escritos do lado direito da flecha. Quando ocorre essa transmutação, a energia é liberada de três maneiras: parcialmente como energia cinética da partícula alfa ($^{4}_{2}He$), parcialmente como energia cinética do núcleo do tório e parcialmente como radiação gama. Nessas equações, os números de massa, que aparecem como superíndices no símbolo (238 = 234 + 4), e os números atômicos, que aparecem como subíndices (92 = 90 + 2), estão equilibrados.

O tório-234, produto dessa reação, também é radioativo. Quando decai, emite uma partícula beta – um elétron, e um nêutron transforma-se em próton no processo. Portanto, o número atômico do núcleo resultante *aumenta* em uma unidade. Assim, após a emissão beta pelo tório com 90 prótons, o elemento resultante tem 91 prótons. Ele não é mais o tório, mas o elemento protactínio. Embora o número atômico tenha aumentado em uma unidade nesse processo, o número de massa (prótons + nêutrons) permanece inalterado. A equação nuclear é:

$$^{234}_{90}\text{Th} \rightarrow {}^{234}_{91}\text{Pa} + {}^{0}_{-1}e$$

Nessa notação, um elétron é descrito como ${}^{0}_{-1}e$. O sobrescrito 0 indica que a massa do elétron é insignificante em comparação com as do próton e do nêutron. O subscrito −1 corresponde à carga elétrica do elétron. (Acompanhando essa reação, bem como todas as emissões beta, estão antineutrinos, não indicados na figura.)

Pode-se ver que, quando um determinado elemento ejeta uma partícula alfa de seu núcleo, o número de massa do átomo resultante diminui quatro unidades, enquanto seu número atômico diminui duas unidades. O átomo resultante pertence a um elemento duas posições atrás na tabela periódica. Quando um determinado elemento ejeta uma partícula beta de seu núcleo, a massa do átomo praticamente não é alterada, de maneira que não ocorre alteração do número de massa, mas seu número atômico aumenta em uma unidade. O átomo resultante pertence a um elemento que está uma posição além na tabela periódica. A emissão gama resulta em nenhuma alteração tanto no número de massa quanto no número atômico. Portanto, vemos que elementos radioativos podem decair tanto para a frente quanto para trás na tabela periódica.[5]

As sucessões de decaimentos radioativos do ${}^{238}_{92}\text{U}$ em ${}^{206}_{82}\text{Pb}$, um isótopo do chumbo, são mostradas no esquema da Figura 33.23. Cada flecha azul mostra um decaimento alfa, e cada flecha vermelha, um decaimento beta. Note que alguns dos núcleos na série podem decair das duas maneiras. Essa é uma das várias séries de decaimentos radioativos que ocorrem na natureza.

Uma tonelada de granito comum contém cerca de 9 gramas de urânio e 20 gramas de tório. Uma tonelada de basalto contém 3,5 gramas de urânio e 7,7 gramas de tório.

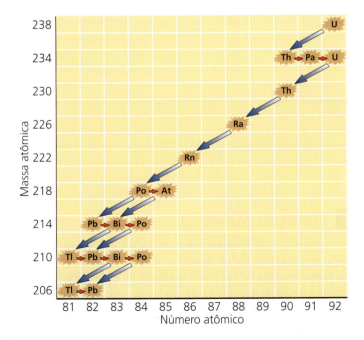

FIGURA 33.23 O U-238 decai em Pb-206 por meio de uma série de decaimentos alfa e beta.

---
[5] Algumas vezes, um núcleo emite um pósitron, que é a "antipartícula" do elétron. Nesse caso, o próton converte-se em um nêutron, e o número atômico diminui.

> **PAUSA PARA TESTE**
>
> 1. Complete as seguintes reações nucleares.
>   a. $^{226}_{88}Ra \rightarrow ^{?}_{?}? + ^{0}_{-1}e$
>   b. $^{209}_{84}Po \rightarrow ^{205}_{82}Pb + ^{?}_{?}?$
> 2. Em que acaba se transformando o urânio-238 que sofre decaimento radioativo?
>
> **VERIFIQUE SUA RESPOSTA**
>
> 1. a. $^{226}_{88}Ra \rightarrow ^{226}_{89}Ac + ^{0}_{-1}e$
>   b. $^{209}_{84}Po \rightarrow ^{205}_{82}Pb + ^{4}_{2}He$
> 2. Todo o urânio-238 acaba se transformando em chumbo-206. No processo que o converte em chumbo, ele existirá como diversos isótopos de vários elementos, como indicado na Figura 33.23.

Transmutação artificial

Em 1919, Ernest Rutherford foi o primeiro de muitos pesquisadores que conseguiram transmutar um elemento químico. Ele bombardeou nitrogênio gasoso com partículas alfa provenientes de um mineral radioativo. O impacto de uma partícula alfa com um núcleo do nitrogênio pode vir a transmutar esse elemento em oxigênio:

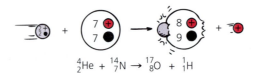

$^{4}_{2}He + ^{14}_{7}N \rightarrow ^{17}_{8}O + ^{1}_{1}H$

Rutherford usou uma câmara de bolhas para registrar esse evento. A partir de um quarto de milhão de rastros deixados numa câmara de nuvens registradas em um filme, ele apresentou sete exemplos de transmutação atômica. A análise dos rastros desviados por um intenso campo magnético aplicado mostrou que, quando uma partícula alfa colidia com um átomo de nitrogênio, um próton saltava fora e o átomo pesado recuava uma curta distância. A partícula alfa desaparecia. A partícula alfa era absorvida pelo núcleo de nitrogênio, que se transformava em oxigênio.

Desde o anúncio dos resultados de Rutherford, em 1919, os experimentadores têm efetuado muitas reações nucleares, primeiro por meio do bombardeio de projéteis emitidos espontaneamente por minerais radioativos, depois com projéteis ainda mais energéticos – prótons e outras partículas arremessadas por enormes aceleradores de partículas. A transmutação artificial produz os elementos sintéticos até então desconhecidos, com números atômicos situados entre 93 e 118. Todos esses elementos obtidos artificialmente têm meias-vidas curtas. Quaisquer que fossem os elementos transurânicos existentes quando a Terra foi formada, eles já decaíram há muito tempo.

33.9 Datação radiológica

A atmosfera terrestre é continuamente bombardeada por raios cósmicos que produzem transmutação de muitos átomos da atmosfera superior. Essas transmutações resultam em muitos prótons e nêutrons que são "borrifados" no meio ambiente. A maior parte dos prótons é detida ao colidir com os átomos da atmosfera superior, arrancando elétrons deles e se tornando hidrogênio. Os nêutrons, no entanto, continuam em movimento por distâncias maiores, porque não têm carga e, portanto, não interagem eletricamente com a matéria. Muitos deles acabam colidindo com núcleos atômicos da atmosfera inferior, mais densa. Quando o nitrogênio captura um nêutron, ele se torna o núcleo de um isótopo de carbono por meio da emissão de um próton:

CAPÍTULO 33 O núcleo atômico e a radioatividade **721**

$$^{1}_{0}n + ^{14}_{7}N \rightarrow ^{14}_{6}C + ^{1}_{1}H$$

Esse isótopo, o carbono-14, que constitui menos de um milionésimo de 1% do carbono da atmosfera, é radioativo e tem 8 nêutrons (o isótopo comum e estável, o carbono-12, tem 6 nêutrons e não é radioativo.) Como o carbono-12 e o carbono-14 são formas do carbono, eles têm as mesmas propriedades químicas. Tanto o carbono-12 quanto o carbono-14 combinam-se com o oxigênio para formar dióxido de carbono, que é retirado do ar pelas plantas. Isso significa que todas as plantas contêm uma ínfima quantidade de carbono-14 radioativo. Todos os animais comem plantas ou outros animais que se alimentam delas, então todos têm um pouco de carbono-14 em seus corpos. Em resumo, todos os seres vivos terrestres contêm algum carbono-14.

O carbono-14 é um emissor beta e decai novamente em nitrogênio pela seguinte reação:

$$^{14}_{6}C \rightarrow ^{14}_{7}N + ^{0}_{-1}e$$

Como as plantas absorvem dióxido de carbono enquanto estão vivas, qualquer carbono-14 perdido por decaimento é imediatamente substituído por carbono-14 retirado da atmosfera. Assim, é alcançado um equilíbrio radioativo em que existe uma razão de aproximadamente um átomo de carbono-14 para cada trilhão de átomos de carbono-12. Quando a planta morre, a substituição cessa. Então, a porcentagem de carbono-14 passa a diminuir a uma taxa constante, dada pela sua meia-vida radioativa.[6] Quanto mais tempo transcorrer desde a morte da planta ou de outro organismo, menos carbono-14 ela vai ter em relação à quantidade constante de carbono-12.

A meia-vida do carbono-14 é de aproximadamente 5.730 anos, o que significa que a metade dos átomos de carbono-14 que temos em uma planta ou um animal que morre hoje decairá nos próximos 5.730 anos. A metade do carbono-14 restante, então, decairá nos 5.730 anos seguintes, e assim por diante.

FIGURA 33.24 A quantidade de carbono-14 radioativo presente no esqueleto diminui pela metade a cada 5.730 anos. Por isso, hoje os esqueletos contêm somente uma fração do carbono-14 que tinham originalmente. As setas vermelhas indicam as quantidades relativas de carbono-14.

A partir desse conhecimento, os arqueólogos são capazes de calcular a idade de artefatos que contêm carbono-14, como ferramentas de madeira ou esqueletos, medindo seus atuais níveis de radioatividade. Esse processo, conhecido como **datação**

---

[6] Uma amostra de 1 g de carbono de hoje contém cerca de 5×10^{22} átomos, sendo $6,5 \times 10^{10}$ de C-14, e apresenta uma taxa de desintegração beta de aproximadamente 13,5 decaimentos por minuto.

IRRADIAÇÃO DOS ALIMENTOS

A cada semana, nos Estados Unidos, cerca de 100 pessoas, a maioria delas crianças e idosos, morrem de doenças contraídas pelos alimentos. De acordo com o Centro para Controle e Prevenção de Doenças, em Atlanta, Geórgia, EUA, a cada semana, milhões de pessoas adoecem devido a alimentos infectados. Mas isso jamais acontece com os astronautas. Por quê? Porque em órbita, ter uma diarreia é um problema que não pode acontecer, de modo que os alimentos levados nas missões espaciais são irradiados com raios gama de alta energia provenientes de uma fonte de cobalto radioativo (Co-60). Os astronautas, assim como os pacientes de muitos hospitais e casas de saúde, não precisam combater a salmonela, a *E. Coli*, os micróbios ou os parasitas na comida irradiada pelo Co-60. Portanto, por que não há mais alimentos irradiados nos mercados? A razão é a fobia do público com a palavra *radiação*.

A irradiação dos alimentos mata os insetos presentes em grãos, farinhas, frutas e vegetais. Em pequenas doses, ela impede batatas, cebolas e alhos armazenados de brotarem e aumenta significativamente a duração de frutas moles armazenadas nas prateleiras, como morangos. Doses maiores matam micróbios e parasitas existentes em temperos, carne de porco e aves domésticas. A radiação pode penetrar em latas lacradas e pacotes. O que a radiação *não* faz é deixar radioativos os alimentos que foram irradiados. Nenhum material radioativo entra em contato com os alimentos. Os raios gama atravessam a comida como a luz atravessa o vidro, destruindo a maior parte das bactérias capazes de causar doenças. Nenhum alimento torna-se radioativo, porque os raios gama não têm a energia necessária para arrancar nêutrons dos núcleos atômicos.

A irradiação, no entanto, deixa pequenos traços dos componentes quebrados – idênticos àqueles resultantes da pirólise quando alimentos torrados são consumidos. Comparado com o armazenamento em latas de conserva ou a frio, o processo de irradiação acarreta menos efeitos sobre a nutrição e o sabor. A irradiação foi usada durante a maior parte do século XX, tendo sido testada por muitas décadas, sem qualquer evidência de perigo para os consumidores. Pesquisadores independentes, a Food and Drug Administration (FDA) dos EUA, a Organização Mundial de Saúde (OMS), o Centro para Controle e Prevenção de Doenças (CDC) e o Departamento de Agricultura dos EUA (USDA) realizaram estudos que confirmam que a irradiação é segura. A irradiação de alimentos é permitida em mais de 40 países, sendo que muitos milhares de toneladas de alimentos são processadas todos os anos. Nos EUA, a irradiação de alimentos vem conquistado aceitação aos poucos. Para muitas pessoas, as palavras "radiação" e "irradiação" têm consequências assustadoras.

Essa controvérsia é um exemplo de administração e avaliação de riscos. Os riscos de danos ou morte causados pela irradiação de alimentos não deveriam ser julgados racionalmente e avaliados frente aos benefícios do processo? A escolha não deveria ser baseada em uma comparação entre o número de pessoas que *poderiam* ser prejudicadas pelos alimentos irradiados e o número de pessoas que *de fato* realmente morrem porque os alimentos não foram irradiados?

Talvez seja necessário fazer uma mudança de nome, apagando a letra "*r*", como foi feito com a letra "*n*" quando o exame médico então conhecido pela sigla NMR (*nuclear magnetic resonance*, ou ressonância magnética nuclear) mudou para um nome mais aceitável: IMR (*magnetic resonance imaging*, ou imagem por ressonância magnética).

---

pelo carbono, nos possibilita sondar o passado até 50.000 anos atrás. Além desse tempo, existe muito pouco carbono-14 para uma análise exata.

A datação pelo carbono seria um método extremamente simples e preciso de datação se a quantidade de carbono-14 na atmosfera tivesse se mantido constante através das eras, mas não foi isso que aconteceu. As flutuações do campo magnético do Sol, assim como as alterações da intensidade do campo magnético terrestre, afetam as intensidades dos raios cósmicos que incidem na atmosfera terrestre, o que, por sua vez, produz flutuações na quantidade de carbono-14. Além disso, as alterações do clima da Terra afetam a quantidade de dióxido de carbono na atmosfera. Os oceanos são grandes reservatórios de dióxido de carbono. Quando eles esfriam, liberam menos dióxido de carbono para a atmosfera do que quando esquentam. Esse último fato é particularmente perturbador durante o nosso período de mudança climática rápida.

PAUSA PARA TESTE

Suponha que um arqueólogo extraia 1 grama de carbono de uma machadinha antiga e descubra que ela tem um quarto da radioatividade de 1 grama de carbono extraído de um galho de árvore recentemente cortado. Aproximadamente quão antiga é a machadinha?

VERIFIQUE SUA RESPOSTA

Supondo que a razão C-14/C-12 fosse a mesma quando a ferramenta foi fabricada, a machadinha tem uma idade correspondente a aproximadamente duas meias-vidas do C-14: aproximadamente 11.500 anos.

A datação de coisas antigas, mas inanimadas, é feita por meio de minerais radioativos, como o urânio. Os isótopos U-238 e U-235, encontrados na natureza, decaem muito lentamente e acabam transformando-se em isótopos de chumbo – mas não o isótopo comum de chumbo, Pb-208. Por exemplo, o U-238 decai por meio de vários estágios até finalmente se transformar no isótopo Pb-206. O U-235, por outro lado, decai até se transformar no isótopo Pb-207. Portanto, qualquer chumbo 206 ou 207 que existe agora em uma rocha com urânio já foi urânio em algum momento. Quanto mais antiga for a rocha, mais alta será a porcentagem desses isótopos remanescentes. A partir das meias-vidas dos isótopos de urânio e da porcentagem dos isótopos de chumbo contidos na rocha com urânio, é possível calcular a data em que a rocha se formou.

Um método para a datação de estruturas rochosas subterrâneas antigas é a *luminescência opticamente estimulada* (OSL — *optically stimulated luminescence*), usada recentemente para datar rochas soterradas em torno do perímetro dos monumentos de Stonehenge. Níveis baixos de radiação ambiental no solo excitam elétrons, que ficam presos nos cristais de quartzo da rocha soterrada. Com o tempo, mais elétrons são capturados. Quanto maior a duração do soterramento, mais intensa é a luminescência emitida quando os minerais são reexpostos à luz. A descoberta de cada vez mais estruturas e hábitats soterrados há muito tempo significa que a OSL é uma parte cada vez mais útil do *kit* de ferramentas dos arqueólogos.

Revisão do Capítulo 33

TERMOS-CHAVE (CONHECIMENTO)

raio X Radiação eletromagnética com frequência maior do que a do ultravioleta; é emitida por elétrons que saltam para estados de energia mais baixa de um átomo.

radioatividade Processo que ocorre em núcleos atômicos e resulta na emissão de partículas subatômicas energéticas.

raio alfa Feixe de partículas alfa (núcleos de hélio) emitido por determinados elementos radioativos.

raio beta Feixe de elétrons (ou pósitrons) emitido durante o decaimento radioativo de certos núcleos.

raio gama Radiação eletromagnética de alta frequência emitida por núcleos de átomos radioativos.

neutrino Partícula subatômica difícil de detectar, sem carga elétrica e com massa minúscula, que é uma das partículas mais abundantes do universo.

rad Acrônimo (*radiation absorved dose*, ou dose de radiação absorvida) de uma unidade de energia absorvida. Um rad é igual a 0,01 J de energia absorvida por quilograma de tecido.

rem Acrônimo para "*roentgen equivalent man*", unidade usada para medir o efeito da radiação ionizante em seres humanos.

núcleon Um próton ou nêutron pertencente a um núcleo; é o nome dado coletivamente a uma dessas partículas ou a ambas.

quarks Partículas elementares ou "tijolos" que constituem a matéria nuclear.

interação forte Força que atrai os núcleons uns em direção aos outros dentro de um núcleo atômico; uma força muito intensa a pequenas distâncias, mas que enfraquece muito rapidamente com o aumento da distância.

meia-vida O tempo necessário para decair a metade dos átomos de uma amostra de um isótopo radioativo.

transmutação A conversão de um núcleo atômico de um determinado elemento em um núcleo atômico de outro elemento pela diminuição ou pelo aumento no número de prótons.

datação pelo carbono Processo para determinar o tempo decorrido desde a morte por meio da medição da radioatividade dos isótopos remanescentes de carbono-14.

QUESTÕES DE REVISÃO (COMPREENSÃO)

33.1 Raios X e radioatividade

1. O que o físico Roentgen descobriu quando direcionou um feixe de raios catódicos de modo a incidir sobre uma superfície de vidro?
2. Qual é a natureza dos raios X?
3. O que o físico Becquerel descobriu acerca do urânio?
4. Quais são os dois elementos descobertos por Pierre e Marie Curie?

33.2 Radiações alfa, beta e gama

5. Por que os raios gama não são desviados por um campo magnético?

6. De onde se originam os raios gama? De onde se originam os raios X?

33.3 Neutrinos

7. Compare a carga e a massa de um neutrino com a de um elétron.
8. Qual espessura de chumbo sólido seria necessária para impedir metade do fluxo de neutrinos?

33.4 Radiação ambiental

9. Quais são as diferenças entre um *rad* e um *rem*?
10. Os seres humanos recebem mais radiação de fontes artificiais ou de fontes naturais de radiação?
11. O corpo humano é radioativo? Explique.
12. O que é um traçador radioativo?

33.5 O núcleo atômico e a interação forte

13. Por que a repulsão entre os prótons de um núcleo atômico não faz com que eles se afastem velozmente uns dos outros?
14. Por que um núcleo maior é normalmente menos estável do que um núcleo menor?
15. Por que nêutrons sem carga ajudam a manter o núcleo unido?
16. O que contém um maior percentual de nêutrons: um núcleo grande ou outro pequeno qualquer?

33.6 Meia-vida radioativa

17. Compare as taxas de decaimento de materiais de meia-vida longa e meia-vida curta.
18. Qual é a meia-vida do Ra-226?

33.7 Detectores de radiação

19. O que compõe a trilha de partículas energéticas que atravessa a matéria?
20. Qual detector de radiação opera principalmente pela sensibilidade às trilhas deixadas pelas partículas energéticas que atravessam a matéria?
21. Qual detector sente os *flashes* de luz produzidos por partículas carregadas ou raios gama?

33.8 Transmutação de elementos

22. O que é a transmutação?
23. Quando o tório (número atômico 90) decai emitindo uma partícula alfa, qual é o número atômico do núcleo resultante? Qual é o elemento formado?
24. Quando o tório decai emitindo uma partícula beta, qual é o número atômico do núcleo resultante? Qual é o elemento formado?
25. Qual alteração ocorrerá na massa atômica para cada uma das duas reações acima?
26. Qual alteração ocorre no número atômico quando um núcleo emite uma partícula alfa? E quando ele emite uma partícula beta? E um raio gama?
27. Qual é o destino, a longo prazo, de todo o urânio existente no mundo?
28. Quando foi realizada a primeira transmutação intencional bem-sucedida de um elemento? Quem a realizou?

33.9 Datação radiológica

29. O que acontece quando um núcleo de nitrogênio captura um nêutron?
30. Que tipo de carbono predomina nos alimentos que ingerimos: carbono-12 ou carbono-14?

PENSE E FAÇA (APLICAÇÃO)

31. Escreva uma carta a um de seus parentes preferidos e ajude a dissipar qualquer noção que ele possa ter quanto à radioatividade ser algo de novo no mundo. Discuta rapidamente o papel desempenhado pela radioatividade na datação de objetos antigos. Também discuta como a radioatividade é a principal fonte de calor do interior da Terra e cite seu papel nas fontes termais e nos vulcões.
32. Escreva uma carta para um amigo meio pateta e explique como é possível determinar a idade de uma tigela de madeira ancestral. Além disso, explique quais fatores limitam a precisão desse método de datação.
33. Em uma visita guiada a um museu de história natural, o guia afirma que os dinossauros provavelmente entraram em extinção quando um meteoro ou asteroide colidiu com a Terra 65.000.008 anos atrás. Você pergunta ao guia como ele chegou a esse valor tão preciso. O guia responde que oito anos antes, quando estava em treinamento, foi informado que o asteroide atingiu a Terra 65 milhões de anos atrás. O que você responde?

PENSE E RESOLVA (APLICAÇÃO MATEMÁTICA)

34. A radiação proveniente de uma fonte pontual obedece à lei do inverso do quadrado da distância. Se um contador Geiger se encontra a 1 m de uma pequena amostra e registra 360 contagens por minuto, qual será sua taxa de contagem quando ele estiver a 2 m de distância da fonte? E a 3 m de distância?
35. Se uma amostra de um determinado isótopo radioativo tiver uma meia-vida de um ano, quanto restará da amostra original ao final do segundo ano? E do terceiro ano? E do quarto?
36. Uma amostra de um determinado radioisótopo é colocada em um contador Geiger, que registra 160 contagens por minuto. Oito horas mais tarde, o detector registra uma taxa de 10 contagens por minuto. Qual é a meia-vida do material?
37. O isótopo césio-137, com meia-vida de 30 anos, é um produto das usinas nucleares. Mostre que levará 120 anos para que a quantidade desse isótopo decaia para cerca de 1/16 da quantidade original.

38. Às 6h, um hospital usa seu ciclotron para obter 1 miligrama do isótopo flúor-18 para ser usado como ferramenta de diagnóstico com um *scanner* PET. A meia-vida do F-18 é de 1,8 horas. Que quantidade de F-18 restará às 15h? À meia-noite? O hospital deve preparar-se para fabricar mais F-18 na manhã seguinte?

39. Suponha que você meça a intensidade da radiação proveniente do carbono-14 em um antigo pedaço de madeira e descubra que ela corresponde a 6% do que seria emitido por um pedaço de madeira recentemente cortado. Mostre que a idade desse artefato é de 23.000 anos.

40. Suponha que você deseje descobrir quanta gasolina existe em um tanque de armazenamento subterrâneo. Você põe então um galão de gasolina contendo algum material radioativo com meia-vida longa que produz 5.000 contagens por minuto. No dia seguinte, você remove um galão do tanque e mede sua radioatividade como 10 contagens por minuto. Qual é a quantidade de gasolina no tanque?

PENSE E ORDENE   (ANÁLISE)

41. As fontes de energia muitas vezes são armazenadas por algum tempo antes de serem utilizadas. Ordene as fontes de energia a seguir de acordo com o tempo de armazenamento, em ordem decrescente.
    a. Carvão.
    b. Urânio.
    c. Bateria automotiva.

42. Ordene os quatro tipos de radiação abaixo em sequência decrescente quanto ao poder de penetração nesta página do livro.
    a. Partícula alfa.
    b. Partícula beta.
    c. Raio gama.
    d. Neutrino.

43. Ordene as partículas a seguir de acordo com a rapidez, em ordem decrescente.
    a. Partículas alfa.
    b. Raios gama.
    c. Neutrinos.

44. Ordene de acordo com a quantidade em que existem no mundo, em ordem decrescente.
    a. Pessoas.
    b. Neutrinos.
    c. Moléculas de água.

45. Ordene os núcleos A (Th-233), B (U-235) e C (U-238) em ordem decrescente, de acordo com o número de:
    a. prótons no núcleo.
    b. nêutrons no núcleo.
    c. elétrons que normalmente circundam o núcleo.

46. Considere as seguintes reações: (a) urânio-238 emite uma partícula alfa; (b) plutônio-239 emite uma partícula alfa; (c) tório-239 emite uma partícula beta.
    a. Ordene os núcleos resultantes em sequência decrescente quanto ao número atômico.
    b. Ordene os núcleos resultantes em sequência decrescente quanto ao número de nêutrons.

PENSE E EXPLIQUE   (SÍNTESE)

47. No século XIX, o famoso físico Lord Kelvin estimou a idade da Terra em um valor muito menor do que aceitamos atualmente. Qual é a informação que Lord Kelvin não conhecia, mas que hoje conhecemos (e que teria impedido-o de cometer aquela estimativa equivocada)?

48. Os raios X são mais semelhantes aos raios alfa, beta, gama ou neutrinos?

49. Qual é a diferença básica entre a radiação gama e as radiações alfa e beta?

50. Por que uma amostra de material radioativo sempre está um pouco mais quente do que sua vizinhança?

51. Algumas pessoas afirmam que "tudo é possível". É possível que um núcleo de hidrogênio emita uma partícula alfa? Justifique sua resposta.

52. Por que os raios alfa e beta são desviados em sentidos opostos por um campo magnético? Por que os raios gama não são desviados?

53. Uma partícula alfa tem carga duas vezes maior do que a de uma partícula beta, mas, na presença de um campo magnético, para uma mesma energia cinética, ela se desvia menos do que a partícula beta. Por quê?

54. Como se comparam as trajetórias seguidas por raios alfa, beta e gama na presença de um campo elétrico?

55. Quando emitida por um núcleo atômico, que tipo de radiação – alfa, beta ou gama – produz a maior alteração no *número de massa*? Qual delas produz a maior alteração no *número atômico*?

56. Que tipo de radiação – alfa, beta ou gama – produz a menor alteração no número de massa? E no número atômico?

57. Que tipo de radiação – alfa, beta ou gama – predomina no interior de um elevador fechado que desce em uma mina subterrânea de urânio?

58. Ao bombardear núcleos atômicos com "balas de prótons", por que os prótons devem ser acelerados até altas energias para tocarem nos "núcleos-alvo"?

59. Logo após uma partícula alfa sair do núcleo, você esperaria que ela acelerasse? Justifique sua resposta.

60. O que todos os isótopos de um mesmo elemento têm em comum? Em que eles diferem entre si?

61. Se uma partícula alfa e uma partícula beta têm a mesma energia cinética, qual é a relação entre as suas rapidezes?

62. Se uma partícula alfa e uma partícula beta encontram o mesmo material, o que explica a maior penetração da partícula beta?

63. Dois prótons em um núcleo atômico se repelem, mas também se atraem. Explique isso.

64. Que interação tende a manter juntas as partículas de um núcleo atômico e qual interação tende a afastá-las umas das outras?
65. Que evidência sustenta a argumentação de que a interação nuclear forte pode dominar a interação elétrica a curtas distâncias dentro do núcleo?
66. Sempre que um núcleo emite uma partícula alfa ou beta, ele se torna necessariamente o núcleo de um elemento diferente?
67. O que exatamente é um átomo de hidrogênio positivamente carregado?
68. Por que isótopos diferentes de um mesmo elemento têm as mesmas propriedades químicas?
69. Quais as duas grandezas que são sempre conservadas em toda equação nuclear?
70. Por que as partículas carregadas que se deslocam através de uma câmara de bolhas se movem em trajetórias espiraladas, e não em trajetórias circulares ou helicoidais que elas seguiriam idealmente?
71. Se um determinado átomo tem 100 elétrons, 157 nêutrons e 100 prótons, qual é sua massa atômica aproximada? Qual é o nome desse elemento?
72. Quando um núcleo $^{226}_{88}$Ra decai emitindo uma partícula alfa, qual é o número atômico do núcleo resultante? E seu número de massa atômica?
73. Quando um núcleo de $^{218}_{84}$Po emite uma partícula beta, ele se transforma em um núcleo de um novo elemento. Quais são os números atômico e de massa desse novo elemento?
74. Quando um núcleo de $^{218}_{84}$Po emite uma partícula alfa, qual é o número atômico e o número de massa do elemento resultante?
75. O que tem maior número de prótons, o U-235 ou o U-238? Qual deles tem maior número de nêutrons?
76. Enuncie o número de prótons e de nêutrons em cada um dos seguintes núcleos: $^{2}_{1}$H, $^{12}_{6}$C, $^{56}_{26}$Fe, $^{197}_{79}$Au, $^{90}_{38}$Sr e $^{238}_{92}$U.
77. Como é possível a um elemento decair "para a frente na tabela periódica" – ou seja, decair em um elemento com número atômico mais elevado?
78. Quando o fósforo (P) radioativo decai, ele emite um pósitron. O núcleo resultante será outro isótopo do fósforo? Se não for, o que será então?
79. Como um físico poderia testar a seguinte afirmação: "O estrôncio-90 é uma fonte beta pura."?
80. Um amigo sugere que os núcleos são compostos por igual número de prótons e de elétrons, e não de nêutrons. Que evidência você pode citar para mostrar que seu amigo está equivocado?

PENSE E DISCUTA (AVALIAÇÃO)

81. Por que é esperado que em todos os depósitos de urânio sempre se encontre chumbo?
82. Se você observa 1.000 pessoas nascidas no ano 2000 e descobre que metade delas ainda estão vivas em 2060, isso significa que um quarto delas ainda estará vivendo em 2120, e um oitavo delas em 2180? O que é diferente entre as taxas de mortalidade de pessoas e as "taxas de mortalidade" de átomos radioativos?
83. Da Figura 33.23, quantas partículas alfa e beta são emitidas na série de decaimentos radioativos que transforma um núcleo de U-238 em um núcleo de Pb-206? O caminho seguido tem alguma importância?
84. Pense em como um elemento poderia emitir uma partícula alfa e algumas partículas beta e resultar no mesmo elemento. Explique para o seu colega.
85. O rádio-226 é um isótopo comum na Terra, com meia-vida de aproximadamente 1.600 anos. Dado que a Terra tem uns 5 bilhões de anos de existência, como é possível que ainda existam traços de rádio no nosso planeta?
86. O carvão mineral contém minúsculas quantidades de materiais radioativos, mas, por causa das grandes quantidades de carvão queimadas, existe mais emissão de radiação por uma usina a carvão do que por uma usina nuclear a fissão. O que isso indica a respeito dos métodos costumeiramente empregados para prevenir o vazamento de radiação nos dois tipos de usinas?
87. Os elementos com massa maior do que o urânio não existem na natureza em quantidades consideráveis, porque têm uma meia-vida muito curta. Contudo, existem vários elementos com massas menores do que a do urânio, e com meias-vidas igualmente curtas, em quantidades consideráveis na natureza. Qual é a sua explicação para isso?
88. Um colega lhe diz que o hélio usado para encher balões é um produto do decaimento radioativo. Outro colega nega isso veementemente. Com qual deles você concorda?
89. Outro colega, irritado por viver próximo a uma usina de energia a fissão, deseja se livrar da radiação viajando para as altas montanhas e dormindo ao relento durante a noite sobre um afloramento de granito. Que comentário você faz sobre tudo isso?
90. Uma colega viajou até o sopé de uma montanha para escapar completamente dos efeitos da radioatividade. Enquanto ela se banha numa fonte natural térmica, ela se indaga sobre como a fonte consegue energia térmica. O que você lhe diz?
91. Um colega constrói um contador Geiger para verificar a radiação de fundo normal no local. O contador emite estalidos aleatórios, mas repetidamente. Outro colega, cuja tendência é sentir medo daquilo que é menos compreendido, faz um esforço para se manter longe do contador Geiger e olha para você para adverti-lo. O que você lhe diz?
92. Quando os alimentos são irradiados por raios gama provenientes de uma fonte de cobalto-60, eles se tornam radioativos? Justifique sua resposta.
93. Quando o autor frequentava o ensino médio, cerca de 70 anos atrás, seu professor mostrou um pedaço de mineral de urânio e mediu sua radioatividade com um contador Geiger. Atualmente, o resultado da medição do mesmo pedaço de urânio seria diferente?
94. O carbono é adequado para medir a idade dos materiais: (a) com alguns anos de idade? (b) com alguns milhares de anos? (c) com alguns milhões de anos?
95. A idade dos pergaminhos do Mar Morto foi descoberta pela datação pelo carbono. Essa técnica teria funcionado se eles estivessem gravados em tábuas de pedra? Explique.
96. Elabore duas questões de múltipla escolha que testem um colega de turma acerca de sua compreensão da datação radioativa.

CAPÍTULO 33 Exame de múltipla escolha

Escolha a melhor resposta entre as alternativas:

1. Qual dos dois abaixo é aquecido em seu interior por processos nucleares?
   a. Sol.
   b. Terra.
   c. Ambas as anteriores.
   d. Nenhuma das anteriores.

2. A maior parte da radiação ambiental que encontramos pessoalmente é originária de(o):
   a. ambiente natural.
   b. resíduos de testes de armas nucleares.
   c. usinas nucleares.
   d. produtos de consumo.

3. O hélio no balão de uma criança contém:
   a. antigas partículas alfa.
   b. antigas partículas beta.
   c. ambas as anteriores.
   d. nenhuma das anteriores.

4. Quando o núcleo de um átomo emite uma partícula beta, o número atômico do átomo:
   a. diminui em 1.
   b. aumenta em 1.
   c. varia em 2.
   d. permanece inalterado.

5. Uma amostra de material radioativo de 1 grama tem meia-vida de um ano. Após quatro anos, o material original radioativo restante na amostra será de:
   a. ½ g.
   b. ¼ g.
   c. ⅛ g.
   d. nenhuma das anteriores.

6. Um contador Geiger colocado a 1 metro de uma fonte pontual de radiação registra 100 contagens por minuto. Se o contador for aproximado da fonte e sua distância diminuir pela metade, a marcação no dispositivo será de:
   a. 50 contagens/min.
   b. 100 contagens/min.
   c. 200 contagens/min.
   d. 400 contagens/min.

7. Qual dos processos a seguir transforma um elemento em outro completamente diferente?
   a. Decaimento alfa.
   b. Decaimento beta.
   c. Ambas as anteriores.
   d. Nenhuma das anteriores.

8. Um átomo de hidrogênio que emite uma partícula alfa é um fato rotineiro:
   a. no ambiente cotidiano.
   b. em laboratórios.
   c. nas estrelas.
   d. nenhuma das anteriores.

9. O carbono-14 é criado na atmosfera principalmente por:
   a. bombardeio de raios cósmicos.
   b. plantas e animais.
   c. bombardeio de nitrogênio.
   d. fotossíntese.

10. O destino do estoque mundial de urânio é transformar-se em:
    a. tório.
    b. um misto de partículas alfa e beta.
    c. ferro.
    d. chumbo.

Respostas e explicações das perguntas do Exame de múltipla escolha

1. **(c)**: A radioatividade é uma das principais fontes da energia interna da Terra, enquanto a fusão termonuclear é a principal fonte da energia interna do Sol. Ambas são processos nucleares. **2. (a)**: Como indica a Figura 33.7, a radiação da natureza supera a de todas as outras fontes listadas. A radioatividade é parte da natureza. **3. (c)**: Cada átomo de hélio no balão de uma criança é composto de uma partícula alfa no núcleo cercada por um par de elétrons, ex-elétrons. **4. (b)**: Uma partícula beta é um elétron com massa muito pequena e carga elétrica de −1. Quando ejetada do núcleo atômico, ela leva consigo a sua carga, o que transforma o nêutron neutro em um próton com carga positiva. Assim, o número atômico aumenta em uma unidade. **5. (d)**: Ao final de um ano, metade do material radioativo terá desaparecido, enquanto a outra metade ainda estará presente. Ao final de dois anos, metade do que sobrou terá sumido, o que deixa apenas um quarto do original. Ao final de três anos, sobrará metade dessa nova quantidade (1/2 de 1/4 = 1/8). Ao final de quatro anos, metade do 1/8 terá decaído, deixando 1/16 do original, que não é uma das respostas corretas. Logo, (d), nenhuma das anteriores, é a resposta correta. **6. (d)**: A resposta vem da lei do inverso do quadrado: taxa de contagem ∼ 1/distância². Assim, a taxa de contagem é ∼ 1/(1/2)² = 1/(1/4) ∼ 4 vezes maior. Em outras palavras, são 4 × 100 = 400 contagens por minuto. **7. (c)**: A ejeção de um decaimento alfa reduz o número atômico em 2 unidades. O decaimento beta aumenta o número atômico em 1 unidade. Ambos os tipos de decaimento produzem elementos completamente diferentes, duas unidades abaixo ou uma unidade acima da tabela periódica. **8. (d)**: A maioria dos átomos de hidrogênio é composta de um único núcleon (um próton) com um elétron. Uma partícula alfa é composta de 4 núcleons. Um núcleon, o núcleo do hidrogênio, não pode emitir uma partícula composta de quatro núcleons. É aritmética pura e simples. Até mesmo o trítio, um isótopo de hidrogênio composto de três núcleons, não tem como emitir uma partícula alfa com quatro núcleons. Como as outras opções são impossíveis, a resposta (d) está correta. **9. (a)**: "Criado" é a palavra-chave. Embora plantas e animais lancem carbono na atmosfera, eles não *criam* carbono ou qualquer um dos seus isótopos. O carbono-14 é criado pelo bombardeamento de átomos de nitrogênio por raios cósmicos. Um próton no núcleo de nitrogênio pode ser transformado em um nêutron, o que faz com que o átomo de nitrogênio-14 seja transformado em um núcleo de carbono-14. **10. (d)**: Um fato da natureza é que todos os átomos de urânio sofrerão decaimento até transformarem-se em átomos de chumbo, como ilustrado para o isótopo de urânio mais abundante, o U-238, no decaimento esquematizado na Figura 33.23.

34
Fissão e fusão nucleares

- **34.1** Fissão nuclear
- **34.2** Reatores de fissão nuclear
- **34.3** O reator regenerador
    - O reator de tório
- **34.4** Energia de fissão
- **34.5** Equivalência massa-energia
- **34.6** Fusão nuclear
- **34.7** Fusão controlada

1 Lise Meitner, a descobridora da fissão nuclear. **2** Otto Frisch, seu sobrinho físico que a ajudou na descoberta, e **3** Otto Hahn, que levou o crédito por ela. **4** O físico italiano Enrico Fermi recebeu o Prêmio Nobel, em 1938, pelo trabalho que levou à fissão nuclear. Quando ele deixou Estocolmo, após receber o prêmio, para retornar à Itália, ele disse, brincando, que havia se perdido e acabara em Nova York. Na verdade, ele e sua esposa de origem judaica, Laura, haviam planejado cuidadosamente suas fugas da Itália fascista. Quatro anos mais tarde, em Chicago, ele foi o primeiro a iniciar a fissão controlada e tornou-se cidadão norte-americano em 1945. **5** J. Robert Oppenheimer dirigiu o laboratório de Los Alamos para o projeto Manhattan durante a Segunda Guerra Mundial. Ele foi considerado um herói nacional – e continuou a ser extremamente respeitado mesmo depois de ter sido profissional e pessoalmente arrasado pela "caça às bruxas" na política americana da década de 1950.

Lise Meitner nasceu em 1878, em Viena. As garotas daquela época não recebiam instrução após seus primeiros anos de adolescência. Lise recebeu seu "certificado de conclusão" da escola aos 13 anos. Uma vez que seus pais não tinham condições financeiras para enviá-la para um internato na Suíça, ela inscreveu-se em uma "escola para moças", a fim de se preparar para ensinar francês. Contudo, seu coração estava com a matemática e a física, não com o francês. Aos 19 anos, juntou-se a um grupo de outras ambiciosas jovens mulheres que estudavam por conta própria – com alguma ajuda de tutores particulares – para se preparar para a universidade. Após dois anos de trabalho intenso, ela passou no teste de admissão da Universidade de Viena (uma de apenas quatro das 14 mulheres que tentaram naquele ano). Em 1906, com 27 anos, ela obteve o doutorado com as mais altas honras.

Com o encorajamento e a ajuda financeira de seu pai, Meitner chegou a Berlin para prosseguir em sua carreira. Max Planck abandonou sua política de não deixar mulheres assistirem às suas aulas e permitiu que ela se matriculasse em seu curso. Após um ano, ela se tornou sua assistente. Ela juntou-se ao químico Otto Hahn naquilo que veio a ser uma colaboração frutífera durante 30 anos. Eles logo descobriram vários isótopos novos e, em 1909, ela publicou dois artigos sobre a radiação beta.

Durante a Primeira Guerra Mundial, ela e Hahn dedicaram algum tempo em serviços de guerra – ela trabalhou como enfermeira e técnica de raios X –, mas eles encontraram tempo para prosseguir em sua pesquisa. Em 1918, descobriram o elemento número 91, o protactínio. Na década de 1920, ela se tornou a primeira mulher em Berlin, talvez a primeira na Alemanha, a ser nomeada professora universitária. Logo seu trabalho em radioatividade resultou em reconhecimento científico mundial.

Quando Adolf Hitler chegou ao poder, em 1933, Meitner, embora judia, conseguiu continuar seu trabalho, pelo menos durante algum tempo, protegida por sua cidadania austríaca. A maior parte dos outros cientistas judeus, incluindo seu sobrinho Otto Frisch, foi despedida ou forçada a renunciar a seus cargos, e a maioria deles, incluindo Albert Einstein, emigrou da Alemanha.

Em 1934, ela trabalhou com Enrico Fermi e seus colegas em Roma, quando eles bombardearam muitos elementos, incluindo o urânio, com nêutrons, aparentemente criando elementos novos. Meitner e Hahn juntaram-se à caça internacional por elementos "transurânicos", elementos mais pesados do que o urânio – uma caça que, inesperadamente, levou à fissão nuclear.

Em julho de 1938, quando Meitner foi ameaçada de demissão, ela escapou para a Holanda com a ajuda de físicos holandeses. Após apelar para os funcionários alemães da emigração, ela conseguiu chegar a salvo, mas sem suas posses. Ela havia deixado a Alemanha precipitadamente com somente 10 marcos na bolsa, além de um anel que Otto Hahn havia lhe presenteado, herdado de sua mãe, para ser usado para subornar os guardas de fronteira, se necessário. Meitner, então, se mudou para Estocolmo, onde fez um pós-doutorado e estabeleceu colaboração profissional com Niels Bohr, que viajava regularmente entre Copenhague e Estocolmo. Ela continuou a se corresponder com Hahn e com outros cientistas alemães.

No outono de 1938, Hahn e Meitner encontraram-se clandestinamente em Copenhague para planejar uma nova rodada de experimentos com o urânio. Em dezembro daquele ano, Hahn escreveu a Meitner que ele e seu colega Fritz Strassmann haviam descoberto o elemento bário em amostras de urânio puro que haviam sido bombardeadas com nêutrons. Eles eram bons químicos e tinham certeza de seus resultados, mas não conseguiam explicar o aparecimento do bário. Durante o feriado de Natal, Meitner e seu sobrinho visitante Otto Frisch, durante uma caminhada por um bosque nevado da Suécia, chegaram a uma explicação: núcleos de urânio haviam sido quebrados em núcleos menores, incluindo os do bário. Frisch voltou correndo para Copenhague e realizou um experimento que confirmou suas hipóteses da quebra do núcleo. Tomando emprestado um termo da biologia, eles a denominaram *fissão*.[1] Quando Niels Bohr embarcou em um navio para a América do Norte, em 7 de janeiro, ele levou as notícias da fissão com ele. (A possibilidade de fissão nuclear havia sido sugerida cinco anos antes pela química alemã Ida Noddack, com base em sugestões encontradas no trabalho de Fermi, porém ninguém naquela época levou sua sugestão a sério.)

Meitner e Frisch perceberam que, baseados nas massas conhecidas dos núcleos e na famosa equação de Einstein, $E = mc^2$, o processo de fissão deveria liberar um bocado de energia. Essa liberação de energia é o que permitiu a Frisch, e posteriormente outros cientistas, comprovar rapidamente a realidade da fissão em laboratório.

Em uma carta a Hahn, Meitner explicou a nova ideia. Contudo, em 1939, era praticamente impossível para a exilada Meitner publicar junto a Hahn. Assim, Hahn e Strassmann publicaram o agora histórico artigo reportando a produção de bário quando o urânio era bombardeado com nêutrons. Foi apenas Hahn que, em 1944, recebeu o Prêmio Nobel de Química pela descoberta da fissão nuclear. No discurso que proferiu quando aceitou o prêmio, em 1946, ele não menciona o papel desempenhado por Meitner e Frisch. Os "holofotes" daquele prêmio tão prestigioso foram dirigidos somente a ele.

Ao redor do mundo, quase de uma só vez, os cientistas perceberam que a fissão nuclear tinha potencial bélico. Cientistas que haviam emigrado para a América do Norte se mobilizaram em ação conjunta e pressionaram Albert Einstein a escrever uma carta de alerta ao presidente Roosevelt. Isso levou ao Projeto Manhattan e o desenvolvimento da bomba atômica, sob a direção de Robert J. Oppenheimer.

Após o término da guerra, Meitner expressou seu horror pelos cientistas alemães que tentaram ajudar Hitler (mas que, felizmente, não tiveram sucesso) a construir uma bomba atômica. Ela se tornou cidadã sueca em 1949, porém mudou-se para a Inglaterra em 1960, falecendo em Cambridge em 1968, pouco antes de seu nonagésimo aniversário. Seu sobrinho Otto compôs a inscrição de seu túmulo: "Lise Meitner: uma física que jamais perdeu sua humanidade". Um memorial mais recente é o nome dado ao elemento número 109, o meitnério.

---

[1] De modo similar, Ernest Rutherford usou um termo biológico ao escolher a palavra *núcleo* para o centro do átomo.

34.1 Fissão nuclear

A **fissão nuclear** envolve o delicado equilíbrio entre a atração nuclear e a repulsão elétrica entre os prótons no interior do núcleo. Em todos os núcleos dos elementos encontrados na natureza, as forças nucleares são dominantes. No urânio, entretanto, esse domínio é tênue. Se o núcleo de urânio for esticado e adquirir uma forma alongada (Figura 34.1), as forças elétricas podem forçá-lo até uma forma ainda mais alongada. Se esse alongamento ultrapassar um determinado ponto crítico, as forças nucleares poderão perder para as elétricas, e o núcleo se partirá. Isso é a fissão.[2] A absorção de um nêutron pelo núcleo de urânio fornece energia suficiente para causar tal alongamento. O processo de fissão resultante pode produzir muitas combinações diferentes de núcleos menores. Um exemplo típico é:

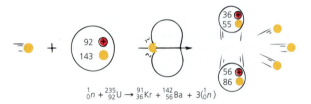

$${}^{1}_{0}n + {}^{235}_{92}U \rightarrow {}^{91}_{36}Kr + {}^{142}_{56}Ba + 3({}^{1}_{0}n)$$

Observe nessa reação que a fissão do urânio é iniciada por um nêutron e produz três nêutrons (em amarelo).[3] Como os nêutrons não têm carga, não sendo repelidos pelos núcleos atômicos, eles constituem boas "balas nucleares" e causam a fissão de outros átomos de urânio, liberando mais nêutrons, o que pode causar ainda mais fissões e liberar uma avalanche de ainda mais nêutrons. Essa sequência é chamada de **reação em cadeia** – uma reação autossustentada na qual os produtos de uma reação estimulam mais reações (Figura 34.2).

Uma reação em cadeia típica libera uma energia de cerca de 200.000.000 de elétron-volts.[4] (Em comparação, a explosão de TNT libera 30 elétron-volts por molécula.) A massa combinada dos fragmentos da fissão e dos nêutrons produzidos na fissão é menor do que a massa do núcleo original de urânio. A pequena quantidade de massa que falta é convertida nessa atemorizante quantidade de energia, de acordo com a relação de Einstein $E = mc^2$. É importante observar que a energia da fissão está principalmente na forma de energia cinética dos fragmentos da fissão, que se afastam em alta velocidade uns dos outros e dos nêutrons ejetados. Uma quantidade menor de energia encontra-se nos raios gama.

O mundo científico foi sacudido pelas notícias sobre a fissão nuclear – não apenas por causa da enorme quantidade de energia liberada, mas também por causa dos nêutrons adicionais que são liberados no processo. Uma reação de fissão típica libera em média cerca de dois ou três nêutrons. Esses novos nêutrons, por sua vez, causam a fissão de outros dois ou três núcleos atômicos, liberando mais energia e um total de quatro a nove nêutrons adicionais. Se cada um deles quebra exatamente um núcleo, então a próxima etapa da reação produzirá entre 8 e 27 nêutrons, e assim por diante. Assim, uma reação em cadeia completa prossegue numa taxa exponencial.

Por que uma reação em cadeia não tem início naturalmente nos depósitos de urânio naturais? Ela ocorreria se todos os átomos de urânio sofressem fissão tão facilmente. A fissão ocorre principalmente com o isótopo raro U-235, que constitui somente 0,7% do urânio existente no urânio metálico puro. Enquanto o isótopo mais abundante U-238 absorve nêutrons criados pela fissão do U-235, o U-238

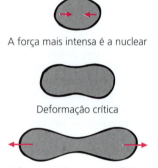

FIGURA 34.1 A deformação do núcleo pode prosseguir até que ocorra a fissão, quando as forças repulsivas elétricas suplantam as forças atrativas nucleares.

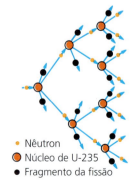

FIGURA 34.2 Uma reação em cadeia.

---

[2] A fissão decorrente da absorção de nêutrons é chamada de *fissão induzida*. Em raras ocasiões, especialmente no caso dos elementos transurânicos (elementos mais pesados do que o urânio), os núcleos podem sofrer *fissão espontânea* sem a absorção inicial de nêutrons.

[3] Na reação aqui considerada, três nêutrons são ejetados quando ocorre a fissão. Em algumas outras reações, podem ser ejetados dois nêutrons – ou, ocasionalmente, um ou quatro. Em média, a fissão produz 2,5 nêutrons por reação.

[4] Um *elétron-volt* (eV) é definido como a quantidade de energia cinética que um elétron adquire ao ser acelerado por meio de uma diferença de potencial de 1 V.

praticamente não sofre fissão. Desse modo, qualquer reação em cadeia acaba sendo apagada pelo U-238 absorvedor de nêutrons, bem como pelas rochas em que a mina do mineral está embebida. Atualmente, o urânio que ocorre na natureza é "impuro" demais para sofrer reações em cadeia espontaneamente.[5]

Se uma reação em cadeia ocorresse num pedaço de urânio U-235 puro do tamanho de uma bola de beisebol, provavelmente o resultado seria uma enorme explosão. Se a reação em cadeia fosse iniciada num pedaço menor de U-235 puro, no entanto, não ocorreria explosão alguma. Isso é por causa da geometria: a razão entre a área superficial e a massa de um pequeno pedaço é maior do que a de um pedaço grande (da mesma forma como existe mais pele em seis batatas pequenas com uma massa total de 1 kg do que em uma só batata de 1 kg). Assim, existe mais área superficial em um punhado de pedaços pequenos de urânio do que em um pedaço grande. Em um pedaço pequeno de U-235, os nêutrons escapam pela superfície antes que ocorra uma explosão. Em um pedaço grande, a reação em cadeia libera enormes energias antes que os nêutrons consigam chegar à superfície e escapar por ela (Figura 34.4). Para massas maiores do que certo valor, chamado de **massa crítica**, pode ocorrer uma reação em cadeia sustentada, o que pode produzir uma explosão de grande magnitude.

Considere uma determinada quantidade de U-235 puro dividida em duas partes, cada qual tendo uma massa menor do que a crítica. Os pedaços são *subcríticos*. Os nêutrons em cada pedaço alcançam a superfície e escapam para fora da amostra antes que uma reação em cadeia se desenvolva consideravelmente. No entanto, se um dos pedaços for reunido ao outro de súbito, formando um único pedaço, a área superficial total diminui. Se o sincronismo estiver correto e se a massa combinada for maior do que a crítica, chamada de *supercrítica*, então ocorrerá uma explosão violenta. Isso é o que acontece em uma bomba de fissão nuclear (Figura 34.5). Uma bomba em que pedaços de urânio são juntados é chamada de arma do tipo granada, em oposição às mais comuns "armas de implosão".

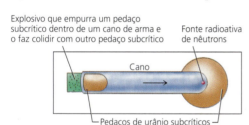

FIGURA 34.5 Um diagrama simplificado de uma bomba de fissão de urânio idealizada do tipo granada.

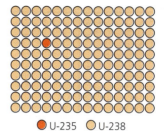

FIGURA 34.3 Apenas uma parte em 140 (0,7%) do urânio encontrado na natureza é U-235.

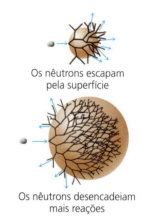

FIGURA 34.4 Uma reação em cadeia num pequeno pedaço de U-235 puro acaba se extinguindo, porque os nêutrons escapam muito rapidamente pela superfície. O pedaço pequeno tem uma área superficial grande em relação à sua massa. Num pedaço maior, os nêutrons se deparam com um número maior de átomos de urânio e com uma área superficial menor.

Construir uma bomba de fissão é uma tarefa formidável. A dificuldade está na separação de uma quantidade suficiente de U-235 a partir do abundante U-238. Os cientistas levaram mais de dois anos para extrair U-235 suficiente do minério de urânio para construir a bomba que destruiu Hiroshima, em 1945. Um pedaço de U-235 provavelmente um pouco maior do que uma bola de *softball* foi usado nessa explosão histórica. Hoje, a separação do isótopo do urânio continua sendo um processo difícil, embora centrifugadoras avançadas tenham tornado tal tarefa menos formidável do que era na Segunda Guerra Mundial. Os cientistas projetistas do Projeto Manhattan daquela época usaram dois métodos de separação de isótopos. Um deles emprega a difusão, onde moléculas de um composto gasoso (hexafluoreto de urânio) que contém o U-235 mais leve têm uma velocidade média ligeiramente maior do que as moléculas que contêm U-238 à mesma temperatura. O isótopo mais rápido tem uma taxa de difusão maior por uma fina membrana ou por uma pequena abertura, resultando em um gás ligeiramente enriquecido do outro lado (Figura 34.6). A difusão por meio de milhares de câmaras acaba produzindo uma amostra suficientemente enriquecida com U-235.

---

[5] Muito cedo na história da Terra, a porcentagem de U-235 no urânio natural era maior do que é hoje. O U-235 tem uma meia-vida mais curta do que o U-238, de modo que, com o tempo, a porcentagem de U-235 diminui. Em 1972, o físico francês Francis Perrin revelou evidências de que, há 1,7 bilhão de anos, existiram reatores naturais em depósitos de urânio no que hoje é o Gabão, na África Ocidental.

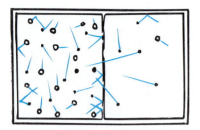

FIGURA 34.6 Para uma mesma temperatura, as moléculas mais leves se movem mais rapidamente do que as mais pesadas e se difundem mais rapidamente por uma fina membrana.

O U-238 é 40 vezes mais pesado do que um átomo de lítio, mas apenas ligeiramente maior, pois o núcleo atrai seus elétrons com mais intensidade.

O outro método, apenas usado para enriquecimento parcial, emprega a separação magnética de íons de urânio arremessados num campo magnético. Os íons de U-235, com menor massa, eram mais desviados pelo campo magnético do que os íons de U-238. Eles eram coletados, átomo a átomo, por uma fenda adequadamente localizada para recolhê-los (veja a Figura 34.14). Após alguns anos, os dois métodos, juntos, permitiram que se obtivesse algumas dezenas de quilogramas de U-235.

Atualmente, a separação de isótopos de urânio é realizada de maneira mais fácil com o emprego de uma centrífuga de gás. O gás hexafluoreto de urânio é colocado dentro de um cilindro que é posto a girar com enorme velocidade (da ordem de 1.500 km/h). Moléculas de gás contendo o U-238 mais pesado gravitam para fora do eixo de rotação, como o leite em uma desnatadeira, e o gás rico em U-235 é extraído da parte central do cilindro. Repetir as rotações intensifica a produção de U-235. Problemas de engenharia, superados somente nos últimos anos, impediram que esse método fosse usado durante o Projeto Manhattan.

PAUSA PARA TESTE

1. Uma bola de U-235 com massa de 10 kg é supercrítica, porém a mesma bola partida em pedaços menores não é. Explique.
2. Por que as moléculas de gás do hexafluoreto de urânio formadas com U-235 são ligeiramente mais rápidas do que as moléculas formadas com U-238 a uma mesma temperatura?

VERIFIQUE SUA RESPOSTA

1. Os pequenos pedaços têm uma área superficial combinada maior do que a da bola de onde se originaram (da mesma forma que a área superficial combinada de vários pedregulhos é maior do que a área superficial de uma grande rocha com a mesma massa que a dos pedregulhos juntos). Os nêutrons escapam pela superfície antes que possam desenvolver uma reação em cadeia sustentada.
2. A uma mesma temperatura, as moléculas de ambos têm a mesma energia cinética ($\frac{1}{2}mv^2$). Portanto, as moléculas formadas pelo U-235, com massas menores, devem ser correspondentemente um pouco mais rápidas.

34.2 Reatores de fissão nuclear

Uma reação em cadeia não pode ocorrer normalmente no urânio natural *puro*, pois ele é formado principalmente por U-238. Os nêutrons liberados pelos átomos físseis de U-235 são nêutrons rápidos, que prontamente são capturados pelos átomos de U-238, que não são físseis. Um fato experimental crucial é que nêutrons *lentos* são mais prováveis de serem capturados pelos átomos de U-235 do que pelos de U-238.[6] Se os nêutrons podem ser desacelerados, existe um aumento na chance de que um nêutron liberado na fissão cause a fissão de outro átomo de U-235, mesmo este estando entre os átomos mais abundantes do U-238 que, de outro modo, absorvem os nêutrons. Esse aumento pode ser suficiente para permitir que ocorra uma reação em cadeia.

Menos de um ano após a descoberta da fissão, os cientistas perceberam que uma reação em cadeia com o urânio metálico comum seria possível se o urânio fosse partido em pequenos pedaços separados por um material que desacelerasse os nêutrons liberados na fissão nuclear. Enrico Fermi, que veio da Itália para a América em dezembro de 1938, liderou a construção do primeiro reator nuclear – uma *pilha atômica*, como foi chamado – numa quadra de *squash* que ficava abaixo das arquibancadas do Stagg Field, o estádio de futebol americano da University of Chicago, EUA. Ele e seu grupo usaram grafita, uma forma comum do carbono, para desacelerar os nêutrons.

---

[6] Isso é semelhante à absorção seletiva de diferentes frequências de luz. Assim como átomos de elementos diferentes absorvem luz de maneiras diferentes, isótopos diferentes do mesmo elemento são quase quimicamente idênticos, mas podem ter propriedades nucleares completamente diferentes e absorvem nêutrons de maneiras diferentes.

FIGURA 34.7 Um retrato artístico do cenário da quadra de *squash* abaixo das arquibancadas do Stagg Field, o estádio de futebol americano da University of Chicago, onde Enrico Fermi e seus colegas construíram o primeiro reator nuclear.

Ele conseguiu a primeira liberação controlada e autossustentada de energia nuclear em 2 de dezembro de 1942.

Há três possíveis destinos para um nêutron dentro do urânio metálico comum. Ele pode (1) causar fissão em um átomo de U-235, (2) escapar do metal para a vizinhança não físsil ou (3) ser absorvido pelo U-238 sem causar fissão. A grafita foi usada para tornar a primeira possibilidade mais provável. O urânio foi dividido em parcelas discretas e enterrado a intervalos regulares em aproximadamente 400 toneladas de grafita. Uma analogia simples ajuda a esclarecer a função desempenhada pela grafita: se uma bola de golfe ricocheteia numa parede de grande massa, dificilmente ela se torna mais lenta, mas se ela ricocheteia numa bola de beisebol, ela perde velocidade consideravelmente. O caso é semelhante para um nêutron. Se ele ricocheteia num núcleo pesado, dificilmente ele perde velocidade, mas se ele ricocheteia num átomo de carbono mais leve, o nêutron acaba perdendo velocidade consideravelmente. Se diz, então, que a grafita "modera" os nêutrons.[7] O aparelho inteiro foi chamado de *reator*.

Os reatores a fissão atuais contêm três componentes: o combustível nuclear, as barras de controle e o líquido (normalmente água) usado para transferir do reator para a turbina o calor gerado na fissão. O combustível nuclear é principalmente formado por U-238 enriquecido com cerca de 3% de U-235. Como os isótopos de U-235 estão altamente diluídos no U-238, não é possível ocorrer uma explosão como a de uma bomba nuclear.[8] A taxa da reação, que depende do número de nêutrons disponíveis para iniciar a fissão de outros núcleos de U-235, é controlada por barras inseridas no reator. Elas são feitas de um material que absorve nêutrons, normalmente cádmio ou boro. A água que circunda o combustível nuclear é mantida sob alta pressão para ficar numa alta temperatura sem entrar em ebulição. Aquecida pela fissão, essa água transfere o calor para um segundo sistema de água mantida a uma pressão mais baixa, que faz funcionar uma turbina e um gerador elétrico. Dois sistemas de água separados são usados, para que nenhuma radioatividade alcance a turbina.

Também existem reatores modulares pequenos (SMRs – *smaller modular reactors*), versões mais enxutas dos reatores de fissão convencionais que ocupam apenas 1% do espaço de um reator convencional. Em vez de água, eles utilizam refrigerantes como sódio líquido ou sais fundidos. Em vez de produzir potência na casa dos gigawatts, os SMRs geram megawatts. Uma grande vantagem é que podem ser concebidos em uma fábrica, transportados em peças e montados no local. A energia nuclear, nas mais diversas formas, chegou para ficar.

FIGURA 34.8 Uma placa de bronze no ginásio da University of Chicago comemora a histórica reação de fissão em cadeia obtida por Enrico Fermi.*

* N. de T.: "Em 2 de dezembro de 1942, neste lugar, o homem conseguiu obter a primeira reação em cadeia autossustentada e, desse modo, iniciou a liberação controlada de energia nuclear."

psc

- Uma quantidade abundante de combustível nuclear para reatores a fissão vai estar disponível quando as milhares de armas nucleares desenvolvidas durante as décadas passadas forem desmanteladas. Quando o teor de Pu-239 for misturado às toneladas de U-238 atualmente estocadas, os reatores poderão fornecer ao mundo energia elétrica de forma limpa por muitos anos.

---

[7] A *água pesada*, que contém o isótopo pesado do hidrogênio, o deutério, é um moderador ainda mais efetivo. Isso porque, numa colisão elástica, um nêutron transfere uma porção maior de sua energia para o núcleo do deutério do que transferiria para um núcleo de carbono mais pesado, e um dêuteron jamais absorve um nêutron, como ocasionalmente faz um núcleo de carbono.

[8] Num acidente do pior tipo, entretanto, o calor gerado pode ser suficiente para derreter o núcleo do reator. Se o edifício que contém o reator não for suficientemente resistente, a radioatividade pode ser espalhada para o meio ambiente. Um acidente desse tipo aconteceu em 1986, com o reator de Chernobyl, na Ucrânia, que na época era uma república constituinte da União Soviética. Outro desastre nuclear ocorreu em Fukushima, Japão, como resultado do tsunami de 2011.

FIGURA 34.9 Diagrama de uma usina de energia nuclear a fissão.

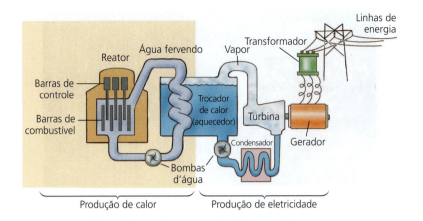

PAUSA PARA TESTE
Qual é a função de um moderador num reator nuclear? E das barras de controle?

VERIFIQUE SUA RESPOSTA
Um moderador desacelera os nêutrons que seriam rápidos demais para serem facilmente absorvidos pelos isótopos físseis, como o U-235. As barras de controle absorvem e controlam o número de nêutrons que participam da reação em cadeia.

PLUTÔNIO

No início do século XIX, o planeta mais afastado conhecido do sistema solar era Urano. O primeiro planeta a ser descoberto além de Urano foi denominado Netuno. Em 1930, foi descoberto o que parecia ser um planeta além de Netuno, denominado Plutão. Nessa época, o elemento mais pesado conhecido era o urânio, cujo nome foi escolhido em homenagem ao planeta Urano alguns anos após a sua descoberta. Apropriadamente, o primeiro elemento transurânico descoberto foi chamado de *netúnio*, e o segundo, de *plutônio*.

O netúnio é produzido quando um nêutron é absorvido por um núcleo de U-238, que se torna U-239, então emite uma partícula beta e se torna netúnio 329. O netúnio-239 é um emissor beta e logo se transforma em plutônio-239, cuja meia-vida é de aproximadamente 24.000 anos, de modo que ele dura um tempo considerável. O isótopo plutônio-239, como o U-235, sofre fissão ao capturar um nêutron. Enquanto a separação do U-235 fissionável do urânio é um processo difícil (porque o U-235 e o U-238 têm as mesmas propriedades químicas), a separação do plutônio a partir do urânio metálico é relativamente fácil. Isso porque o plutônio é um elemento diferente do urânio, com suas próprias propriedades químicas.

O elemento plutônio é quimicamente tóxico no mesmo sentido que o chumbo ou o arsênico. Ele ataca o sistema nervoso e pode causar paralisia. A morte pode ocorrer se a dose for grande o suficiente. Felizmente, o plutônio não permanece em sua forma elementar por muito tempo e logo se combina com o oxigênio para formar três compostos, PuO, PuO_2 e Pu_2O_3, todos relativamente benignos. Eles não são solúveis em água ou em sistemas biológicos. Esses compostos de plutônio não atacam o sistema nervoso e são quimicamente inócuos.

Entretanto, em qualquer forma, o plutônio é radioativamente tóxico. Ele é mais tóxico do que o urânio, embora seja menos tóxico do que o rádio. O plutônio emite partículas alfa de alta energia que matam células em vez de apenas rompê-las, causando mutações. Curiosamente, não são as células mortas, mas as células danificadas, que contribuem para um câncer. É por isso que o plutônio é classificado como uma substância que produz relativamente pouco câncer. O maior perigo representado pelo plutônio para os humanos reside em seu uso em bombas nucleares a fissão. Seu maior benefício potencial está na sua utilização em reatores – particularmente os reatores regeneradores.

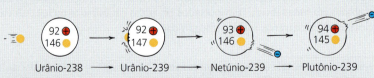

FIGURA 34.10 Quando um núcleo de U-238 absorve um nêutron, ele se transforma no U-239. Em cerca de meia hora, esse núcleo emite uma partícula beta, resultando em um novo elemento – o *netúnio*. Em seguida, o netúnio, por sua vez, emite uma partícula beta e transforma-se no plutônio. (Em ambos os eventos, também é emitido um antineutrino, não mostrado na figura.)

> **PAUSA PARA TESTE**
> Por que o plutônio não ocorre em quantidades consideráveis nos depósitos minerais naturais?
>
> **VERIFIQUE SUA RESPOSTA**
> Numa escala de tempo geológica, o plutônio tem uma meia-vida relativamente curta, então qualquer plutônio existente foi produzido por recentes transmutações de isótopos de urânio.

psc
- O teor de plutônio em armas nucleares é de 93% de Pu-239.

34.3 O reator regenerador

Uma característica notável da fissão é a *produção* de plutônio a partir do U-238 não físsil. A fissão libera nêutrons, que convertem o relativamente abundante e não físsil U-238 em U-239, o qual sofre um decaimento beta e se converte em Np-239, que sofre um novo decaimento beta e se converte no plutônio físsil – o Pu-239 (Figura 34.10). Portanto, além da energia produzida em abundância, esse processo gera combustível físsil a partir do relativamente abundante U-238.

A geração de plutônio ocorre em um certo grau em todos os reatores, mas um **reator regenerador** é projetado especificamente para gerar mais combustível nuclear do que o que lhe foi fornecido. Usar um reator regenerador é como encher o tanque de seu carro com água, adicionar um pouco de gasolina, dirigir o carro e, no final da viagem, ter mais gasolina no tanque do que a que havia sido colocada no início! O princípio básico do reator regenerador é muito atrativo, pois, ao final de alguns anos de funcionamento, o reator regenerativo de uma usina pode chegar a produzir enormes quantidades de energia simultaneamente com a produção de duas vezes mais combustível do que havia lhe sido fornecido no início.

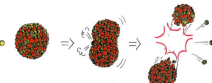

FIGURA 34.11 O Pu-239 ou o U-233, como o U-235, sofrem fissão quando capturam um nêutron.

A desvantagem dos reatores regeneradores é a enorme complexidade requerida para um funcionamento bem-sucedido e seguro. Os Estados Unidos descartaram os reatores regeneradores na década de 1980, e poucos países ainda investem neles. Políticos e funcionários públicos desses países comentam que as fontes naturais de U-235 são limitadas. Com as atuais taxas de consumo, todas elas estariam exauridas dentro de um século. Então, ao decidirem usar reatores regeneradores, esses países podem muito bem descobrir-se desenterrando o lixo radioativo que já haviam enterrado no passado.[9]

Existe, principalmente nos Estados Unidos, certo clamor público contra a energia nuclear – "Nada de *nukes*!" A posição deste livro, em contraste, é "Conheça os *nukes*!" – primeiro conheça um pouco sobre as vantagens e as desvantagens da energia nuclear antes de dizer *sim* ou *não* aos reatores.

> **PAUSA PARA TESTE**
> Complete estas reações que ocorrem num reator regenerador:
> $^{239}_{92}U \rightarrow$ _____ $+ \, ^{0}_{-1}e$
> $^{239}_{93}Np \rightarrow$ _____ $+ \, ^{0}_{-1}e$
>
> **VERIFIQUE SUA RESPOSTA**
> $^{239}_{93}Np$; $^{239}_{94}Pu$. (Também são emitidos antineutrinos nesses processos de decaimento beta, que escapam sem serem observados.)

Converter urânio em plutônio é uma forma de geração nuclear. Outra é gerar urânio a partir de tório – não U-235, altamente físsil, mas outro isótopo de urânio que também pode sofrer fissão: U-233.

---

[9] Muitos cientistas nucleares não consideram que enterrar lixo nuclear a grandes profundidades seja uma solução adequada para o problema. Aparelhos em pesquisa atualmente poderiam, em princípio, converter átomos radioativos com meia-vida longa do caro combustível nuclear em átomos com meia-vida curta ou mesmo não radioativos. O lixo nuclear pode não afligir as gerações futuras indefinidamente, como se tem pensado.

O reator de tório

Um tipo diferente de reator regenerador usa tório para produzir o isótopo fissionável U-233. O reator de flúor-tório líquido (LFTR – *liquid fluoride thorium reactor* – em geral, lê-se "lifter", em inglês) produz U-233 a partir de uma mistura fundida de tório e sais de flúor. Embora o isótopo U-233 não ocorra naturalmente na Terra, ele é produzido em reatores regeneradores, onde o tório-232 captura um nêutron e forma Th-233, que, após dois decaimentos beta, transforma-se em U-233. O tório é quase quatro vezes mais abundante do que o urânio na crosta terrestre, e quase todo o tório presente está na forma do isótopo Th-232 necessário para o processo. Assim, o mundo já tem um estoque abundante desse combustível.

As usinas nucleares convencionais correm o risco de sofrer acidentes explosivos porque operam sob pressões extremamente altas. Os LFTRs, por outro lado, operam sob pressão quase atmosférica, o que se traduz em maior segurança. Além disso, enquanto o combustível das usinas nucleares convencionais invariavelmente leva à criação do plutônio, a produção desse elemento tóxico no LFTR é pequena o suficiente para ser mantida e controlada dentro da mistura fundida. O LFTR também tem mecanismos inerentes que impedem que ocorra um cenário de derretimento nuclear.

É importante observar que as usinas nucleares convencionais precisam ser desativadas uma vez a cada 18 meses para a substituição das pastilhas de combustível sólido. O LFTR, entretanto, pode funcionar continuamente durante anos com o uso de um combustível líquido, cujos subprodutos podem ser removidos por destilação ou eletrólise. Além disso, a maioria dos subprodutos isolados do LFTR têm meias-vidas curtas, com decaimento em uma questão de horas ou dias. Seu isótopo mais duradouro é o césio-137, que precisa de apenas décadas de armazenamento seguro (e não centenas de milênios, como nos reatores de plutônio). Assim como em todos os reatores nucleares, regeneradores ou não, a energia nuclear é convertida em energia elétrica pelo aquecimento da água, que transforma-se em vapor para operar uma turbina convencional.

Historicamente, o uso da fissão nuclear nasceu da busca por uma arma. Na época, o objetivo final era converter U-238 em U-235 fissionável. Só podemos imaginar se a busca por U-233 por meio do tório não teria ocorrido mais cedo se a produção de energia tivesse sempre sido o objetivo.

Com a conscientização sobre os perigos representados pelos gases do efeito estufa, os benefícios da tecnologia nuclear moderna têm recebido mais atenção. Japão, China, Reino Unido e Índia estão financiando pesquisas sobre LFTRs, além de empresas privadas nos Estados Unidos, Chéquia, Canadá e Austrália. Para novidades nessa área, pesquise na internet.

Tememos mais aquilo que não entendemos. Entendemos por que acidentes de automóvel matam milhões e não tememos os carros. A energia nuclear, que é o que menos entendemos, mata praticamente ninguém, mas é a que mais tememos. Vai entender…

> **PAUSA PARA TESTE**
>
> O tório-232 não é fissionável. Como esse isótopo comum pode ser usado como combustível para fissão nuclear?
>
> **VERIFIQUE SUA RESPOSTA**
>
> O isótopo Th-232 transforma-se em Th-233 com a captura de um nêutron. O isótopo Th-233 então sofre dois decaimentos beta para formar o isótopo fissionável U-233.

34.4 Energia de fissão

A energia disponível por fissão nuclear foi apresentada ao mundo na forma de bombas nucleares. Essa imagem violenta ainda causa impacto no que pensamos a respeito da energia nuclear. Some a isso o atemorizante desastre de Chernobyl ocorrido em 1986, na extinta União Soviética, e o acidente nuclear horrendo em Fukushima, Japão, em 2011, e temos inúmeras pessoas encarando a energia nuclear como tecnologia do demônio. Apesar disso, cerca de 20% da energia elétrica gerada nos Estados Unidos é obtida com reatores nucleares de fissão.

FIGURA 34.12 Em frente às duas torres de resfriamento, o reator nuclear está instalado dentro do edifício de contenção em forma de domo, projetado para impedir a liberação de isótopos radioativos em caso de acidente.

Esses reatores, algumas vezes apelidados de *nukes* nos Estados Unidos, são simplesmente fornalhas nucleares. Como as fornalhas de combustíveis fósseis, eles não fazem nada mais do que aquecer água e produzir vapor para movimentar uma turbina. A maior diferença prática é a quantidade de combustível envolvida nesse caso. Um quilograma de urânio-combustível, um pedaço menor do que uma bola de beisebol, guarda mais energia do que 30 vagões de trem carregados de carvão mineral.

Uma desvantagem da energia nuclear é a produção de lixo radioativo. Os núcleos atômicos leves são mais estáveis quando formados por igual número de prótons e de nêutrons, e são basicamente os núcleos pesados que necessitam ter mais nêutrons do que prótons para serem estáveis. Por exemplo, existem 143 nêutrons e apenas 92 prótons no U-235. Quando o urânio se parte em dois elementos de peso médio, os nêutrons extras existentes em seus núcleos os tornam instáveis. Esses fragmentos, portanto, são radioativos, e a maioria tem meia-vida curta. Alguns deles, todavia, têm meias-vidas de milhares de anos. É preciso usar procedimentos e embalagens de armazenamento especiais para guardar com segurança esse lixo e os materiais que se tornaram radioativos durante a produção de combustíveis nucleares. Embora a energia gerada por fissão nuclear remonte a meio século, a tecnologia de controle do lixo radioativo ainda está em estágio de desenvolvimento.

Os benefícios da energia gerada por fissão nuclear incluem (1) eletricidade em abundância; (2) a conservação de muitos bilhões de toneladas de carvão mineral, petróleo e gás natural, que a cada ano são literalmente convertidos em calor e fumaça e que a longo prazo podem ser muito mais valiosos como fontes de moléculas orgânicas do que como fontes de calor; e (3) a eliminação das megatoneladas de óxidos sulfúricos e de outros venenos, bem como do gás de efeito estufa dióxido de carbono, que são lançados na atmosfera a cada ano por meio da queima de combustíveis fósseis.

Os prejuízos incluem (1) os problemas de armazenamento do lixo radioativo; (2) a produção de plutônio e a proliferação das armas nucleares; (3) a liberação para a atmosfera e o solo de materiais com baixa radioatividade; e, mais importante, (4) o risco de uma liberação acidental de grandes quantidades de radioatividade.

Um julgamento razoável da questão requer não apenas a análise dos benefícios e dos prejuízos da energia gerada por fissão, mas também a comparação dos seus benefícios e prejuízos com os correspondentes advindos do uso de outras fontes de energia.

psc

- O lixo nuclear pode ser "queimado" em reatores especiais que o transmutam em elementos menos malignos, eliminando a alegação de que o lixo nuclear está no colo das futuras gerações.

PAUSA PARA TESTE

Por que o processo de fissão deve liberar nêutrons para ser útil?

VERIFIQUE SUA RESPOSTA

A utilidade da fissão é o fornecimento contínuo de energia, que ocorre com um suprimento contínuo de nêutrons – uma reação em cadeia deles.

Uma regra incrível da natureza:

$E = mc^2$

34.5 Equivalência massa-energia

Em 1905, Albert Einstein descobriu que a massa é, na verdade, energia "congelada". Massa e energia são dois lados de uma mesma moeda, como estabelece a célebre equação $E = mc^2$. Nessa equação, E representa a energia que qualquer massa contém quando se encontra em repouso, m representa a massa e c é o valor da velocidade da luz. A grandeza c^2 é a constante de proporcionalidade entre a energia e a massa. Essa relação entre energia e massa é a chave para compreender por que e de que maneira a energia é liberada nas reações nucleares.

Quanto mais energia estiver armazenada em uma partícula, maior será sua massa. A massa de um núcleon dentro de um núcleo é a mesma que a do mesmo núcleon quando está fora de um núcleo? Essa questão pode ser respondida considerando-se o trabalho que seria requerido para separar os núcleons de um núcleo. Da física, sabemos que o trabalho, que é a energia requerida, é igual ao produto *força* × *distância*. Pense na quantidade de força necessária para puxar um núcleon para fora de um núcleo ao longo de uma distância suficiente para superar a força atrativa nuclear, situação comicamente ilustrada na Figura 34.13. Seria necessário um trabalho enorme para isso. Tal trabalho é a energia transferida para o núcleon que foi puxado para fora.

A diferença entre a massa de um núcleon fora do núcleo e a massa do mesmo núcleon quando ligado a um núcleo está relacionada à "energia de ligação" do núcleo. No caso do urânio, a diferença de massa é de aproximadamente 0,8%, ou 8 partes em 1.000. A redução de 0,8% na massa média de um núcleon dentro de um núcleo de urânio indica a energia de ligação daquele núcleo – quanto trabalho seria necessário realizar para dissociar o núcleo.[10] Essa quantidade é igual a cerca de 8 milhões de eV por núcleon.

A comprovação experimental dessa conclusão é um dos triunfos da física moderna. A massa média por núcleon dentro dos núcleos dos isótopos dos vários elementos pode ser medida com precisão de uma parte por milhão ou mais. Uma maneira de conseguir isso é usando um *espectrômetro de massa* (Figura 34.14), um instrumento que varia entre máquinas grandes e pesadas e pequenos dispositivos portáteis.

FIGURA 34.13 É necessário realizar trabalho para retirar um núcleon de um núcleo. Esse trabalho é convertido em massa.

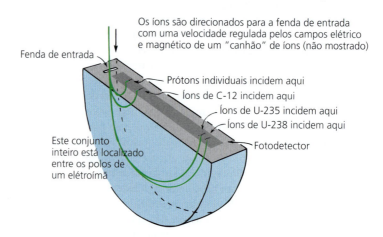

FIGURA 34.14 O espectrômetro de massa. Íons com uma rapidez fixa são direcionados para dentro de um "tambor" semicircular, onde passam a descrever trajetórias semicirculares pela ação de um campo magnético intenso.

No espectrômetro de massa, os íons carregados são direcionados para o interior de um campo magnético, onde são desviados e passam a descrever arcos circulares. Quanto maior for a inércia do íon, mais ele resistirá a ser desviado e maior será o raio da trajetória curva. As forças magnéticas desviam os íons mais pesados para arcos maiores e os íons mais leves para arcos menores. Os íons passam através de

---

[10] Estritamente falando, não é possível medir a massa de um núcleon individual dentro de um núcleo. Podemos apenas medir a massa total do núcleo e depois dividi-la pelo número de núcleons dentro do núcleo para obter a massa média por núcleon, que resulta ser 0,8% menor do que a massa de um núcleon livre.

TABELA 34.1 Valores de massa e de massa/núcleon para alguns isótopos

Isótopo	Símbolo	Massa (u)	Massa/núcleon (u)
Nêutron	n	1,008665	1,008665
Hidrogênio	$^{1}_{1}H$	1,007825	1,007825
Deutério	$^{2}_{1}H$	2,01410	1,00705
Trítio	$^{3}_{1}H$	3,01605	1,00535
Hélio-4	$^{4}_{2}He$	4,00260	1,00065
Carbono-12	$^{12}_{6}C$	12,00000	1,000000
Ferro-56	$^{56}_{26}Fe$	55,93494	0,99884
Cobre-63	$^{63}_{29}Cu$	62,92960	0,99888
Criptônio-90	$^{90}_{36}Kr$	89,91952	0,99911
Bário-143	$^{143}_{56}Ba$	142,92063	0,99944
Urânio-235	$^{235}_{92}U$	235,04393	1,00019

fendas de saída, onde podem ser coletados, ou então colidem com um fotodetector. Um determinado isótopo é escolhido como padrão, e sua posição no filme utilizado no espectrômetro de massa é estabelecida como um ponto de referência. O padrão utilizado é o isótopo comum do carbono, C-12, ao qual é atribuído o valor de 12,00000 unidades de massa atômica. Relembre que a unidade de massa atômica (u) é definida precisamente como 1/12 da massa do núcleo do isótopo comum carbono-12. Com tal referência, as massas dos outros núcleos atômicos são medidas em us. Você pode ver que, em um átomo de C-12, a massa média por núcleon é de exatamente 1,00000. Isso é menor do que a massa tanto de um átomo de hidrogênio quanto de um nêutron livre, que valem, respectivamente, 1,007825 u e 1,00867 u.

A Figura 34.15 mostra um gráfico da massa nuclear em função do número atômico. A declividade da curva do gráfico aumenta com o crescimento do número atômico, como esperado, o que nos diz que os elementos ganham mais massa quando o número atômico cresce. (A declividade da curva aumenta porque existem proporcionalmente mais nêutrons nos átomos de maior massa.)

Um gráfico mais importante é o da massa média *por núcleon* para os elementos que vão desde o hidrogênio até o urânio (Figura 34.16). Esse talvez seja o gráfico mais importante deste livro, pois ele constitui a chave para a compreensão da energia associada aos processos nucleares – tanto à fissão quanto à fusão. Para obter a massa média por núcleon, divida a massa total de um átomo pelo número de núcleons que o constituem. (Se você dividir a massa total de uma sala cheia de pessoas pelo número delas, você obterá a massa média por pessoa.) O fato importante que aprendemos a partir da Figura 34.16 é que a massa média por núcleon varia de um núcleo para outro.

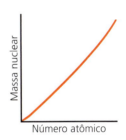

FIGURA 34.15 O gráfico mostra como a massa nuclear aumenta com o crescimento do número atômico.

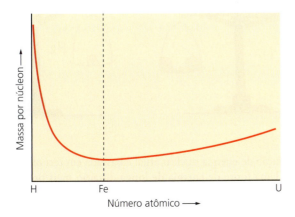

FIGURA 34.16 O gráfico mostra que a massa média por núcleon dentro de um núcleo do átomo varia de uma extremidade para a outra da tabela periódica. Você pode dizer que é como se núcleons individuais tivessem massa máxima no elemento mais leve (o hidrogênio), massa mínima nos núcleos de ferro e massa intermediária nos núcleos mais pesados (urânio). (A escala vertical está exagerada aqui.)

O máximo valor de massa por núcleon ocorre para o hidrogênio, cujo próton central solitário não tem energia de ligação que diminua sua massa. Quando seguimos para os elementos além do hidrogênio, a Figura 34.16 nos diz que a massa por núcleon torna-se menor, alcançando um mínimo valor para o núcleo do ferro. O ferro mantém seus núcleons presos ao núcleo mais fortemente do que qualquer outro núcleo. Além do ferro, a tendência se inverte, quando a repulsão entre os prótons se torna mais importante e a energia de ligação por núcleon diminui gradualmente (o significa que a massa por núcleon cresce gradualmente). Isso se mantém por toda a lista dos elementos.

A partir da Figura 34.17, podemos verificar por que é liberada energia quando um núcleo de urânio se divide em dois núcleos com números atômicos menores. Quando ele se divide, as massas dos dois fragmentos da fissão situam-se a meio caminho entre as massas do urânio e do hidrogênio na escala horizontal do gráfico. Mais importante, observe que a massa por núcleon nos fragmentos da fissão é *menor* do que a massa por núcleon quando o mesmo conjunto de núcleons são combinados para formar um núcleo de urânio. Quando essa diminuição na massa é multiplicada pela rapidez da luz ao quadrado, obtém-se um valor igual a 200.000.000 eV, o mesmo valor da energia cedida por cada núcleo de urânio que sofre fissão. Como já mencionado, a maior parte dessa enorme energia está na forma de energia cinética dos fragmentos da fissão.

Esses são os gráficos mais importantes do livro! Eles revelam a energia no interior do núcleo atômico, a energia que alimenta o Sol e as outras estrelas, tudo com base em $E = mc^2$.

FIGURA 34.17 A massa média por núcleon em um núcleo de urânio é maior do que a massa média por núcleon de qualquer um de seus produtos de fissão nuclear. Essa diminuição de massa é transformada em energia. Assim, a fissão nuclear é um processo de liberação de energia.

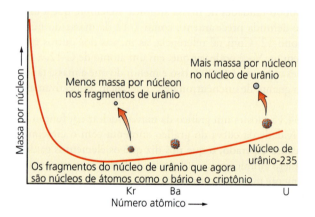

A energia de ligação reduz a massa de um núcleo em um valor exatamente igual à massa equivalente (E/c^2) daquela energia de ligação. Quanto maior for a energia de ligação, menor será a massa. O núcleo do ferro tem a maior energia de ligação por núcleon e a menor massa por núcleon.

Podemos pensar na curva da massa por núcleon como um "vale" de energia que começa no ponto mais alto (o hidrogênio), inclina-se acentuadamente para baixo até alcançar seu ponto mínimo (no ferro) e, então, inclina-se mais suavemente para cima, até chegar no urânio. O ferro é o fundo do vale de energia e o mais estável dos núcleos. Ele também é o núcleo ligado de modo mais forte: mais energia por núcleon é necessária para retirar núcleons de seu núcleo do que dos outros.

FIGURA 34.18 A massa de um núcleo *não* é igual à soma das massas de suas partes. (a) Os fragmentos da fissão de um núcleo pesado como o do urânio têm menos massa do que o próprio núcleo do urânio. (b) Dois prótons e dois nêutrons em estado livre têm mais massa do que quando estão combinados formando um núcleo de hélio.

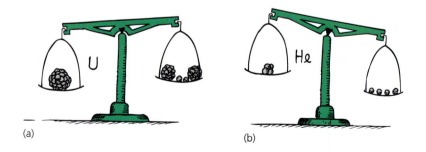

Toda a produção de energia nuclear atual é baseada em tecnologias que utilizam fissão nuclear. Uma fonte de energia de longa duração mais promissora pode ser encontrada no lado esquerdo desse vale de energia.

CAPÍTULO 34 Fissão e fusão nucleares

TABELA 34.2 Ganho de energia a partir da fissão do urânio

Reação:	$^{235}U + n \rightarrow {}^{143}Ba + {}^{90}Kr + 3n + \Delta m$
Balanço de massa:	$235{,}04393 + 1{,}008665 = 142{,}92063 + 89{,}91952 + 3(1{,}008665) + \Delta m$
Diminuição de massa:	$\Delta m = 0{,}186$ u
Ganho de energia*:	$\Delta E = \Delta mc^2 = 0{,}186$ u $\times$ 931 MeV/u = 173 MeV

*931 MeV, a equivalência em energia de 1 u – o que explica o fator de conversão de 931 MeV/u. Além do que é listado acima, existe ainda uma liberação adicional de 25 MeV de energia pelos fragmentos radioativos da fissão, resultando em uma liberação total de energia de quase 200 MeV.

PAUSA PARA TESTE

1. Espere um minuto! Se prótons e nêutrons isolados têm massas maiores do que 1,00000 u, então por que os 12 deles existentes num núcleo de carbono não têm uma massa combinada maior do que 12,00000 u?
2. Corrija a seguinte afirmação errônea: quando um elemento pesado, como o urânio, sofre fissão, existem menos núcleons após a reação do que antes de ela acontecer.

VERIFIQUE SUA RESPOSTA

1. Quando você retira do núcleo um núcleon, realiza trabalho sobre ele, que ganha energia. Quando aquele núcleon retorna ao núcleo, ele realiza trabalho sobre sua vizinhança e *perde* energia. Perder energia significa perder massa. É como se cada núcleon, em média, "emagrecesse" até que sua massa fosse exatamente 1,00000 u quando ele se junta aos outros 11 núcleons para formar o C-12. Se você o retirar novamente do núcleo, ele voltará a ter sua massa original. De fato, $E = mc^2$.
2. Quando um elemento pesado, como o urânio, sofre fissão, não existem menos núcleons após a reação. Em vez disso, existe *menos massa* para o mesmo número de núcleons.

A FÍSICA NA SEGURANÇA DE AEROPORTOS

Uma versão do espectrômetro de massa, mostrada na Figura 34.14, é usada na segurança de aeroportos. A mobilidade iônica, em vez da separação eletromagnética, é usada para farejar determinadas moléculas, principalmente aquelas ricas em nitrogênio, uma característica de explosivos. O pessoal encarregado da segurança faz uma varredura sobre sua bagagem ou outros pertences com um pequeno disco de papel, que depois eles colocam em um dispositivo que o esquenta, a fim de expelir vapores dele. As moléculas de vapor então são ionizadas por exposição à radiação beta proveniente de uma fonte radioativa. A maioria das moléculas se torna íons positivos, enquanto moléculas ricas em nitrogênio tornam-se íons negativos, que são levados por um fluxo de ar até um detector positivamente carregado. O tempo que os íons negativos levam para atingir o detector indica sua massa – quanto mais pesado for o íon, mais lentamente ele chegará ao detector.

O mesmo processo ocorre em *scanners* portáteis, em que uma pessoa fica momentaneamente em uma região fechada do tamanho de uma cabine telefônica e rajadas de ar ascendente incidem sobre o corpo da pessoa. O ar é, então, "farejado" com a mesma técnica, à procura por cerca de 40 tipos de explosivos e 60 tipos de resíduos de drogas. Pronto, se uma luz verde acender, significa que nada foi detectado, mas uma luz vermelha acesa indica "Opa!".

34.6 Fusão nuclear

Uma inspeção do gráfico massa por núcleon *versus* número atômico revelará que a parte mais inclinada da "colina" de energia vai do hidrogênio ao ferro. Energia é ganha quando núcleos leves se *fundem* (o que significa que eles se combinam). Esse processo é chamado de **fusão nuclear** – o processo oposto à fissão nuclear. Vemos a partir da Figura 34.19 que, enquanto nos movemos na lista dos elementos do hidrogênio para o ferro (o lado esquerdo do vale de energia), a massa média por núcleon diminui. Portanto, se dois núcleos pequenos sofressem fusão, a massa do núcleo resultante seria menor do que a massa dos dois núcleos individuais anterior à fusão. Ocorre liberação de energia quando núcleos leves se fundem.

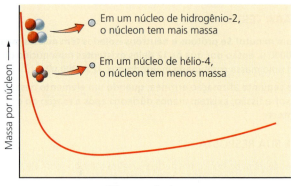

FIGURA 34.19 A massa média por núcleon no hidrogênio é maior do que a massa média por núcleon quando ele é fundido com outro do mesmo tipo, produzindo hélio. A diminuição de massa é convertida em energia, por isso a fusão nuclear de elementos leves é um processo de liberação de energia.

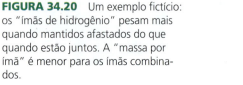

Em certo sentido, em núcleos de elementos pesados e leves, os núcleons "querem" perder massa e ser como os núcleons de um núcleo de ferro.

Considere a fusão do hidrogênio. Para que ocorra sua fusão num reator, os núcleos devem colidir a velocidades muito altas, a fim de suplantar sua repulsão elétrica mútua. Os valores requeridos de velocidade correspondem às temperaturas extremamente altas encontradas no interior do Sol e de outras estrelas. A fusão levada a cabo por altas temperaturas é chamada de **fusão termonuclear**. Nas altas temperaturas do Sol, a cada segundo, aproximadamente 657 milhões de toneladas de hidrogênio sofrem fusão, transformando-se em 653 milhões de toneladas de hélio. As 4 milhões de toneladas de massa que estão faltando são descartadas como energia radiante. Reações como essas constituem uma "queima" nuclear.

Curiosamente, a maior parte da energia da fusão nuclear está na forma de energia cinética dos fragmentos. Quando eles são detidos e capturados, a energia cinética da fusão converte-se em calor. No Sol, esse calor escapa como fótons irradiados pela superfície. Os fótons propagam-se pelo espaço, e uma pequena porcentagem deles choca-se com o nosso planeta – são os fótons que transmitem a energia que possibilita quase toda a vida na Terra.

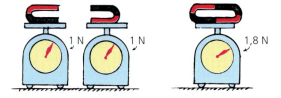

FIGURA 34.20 Um exemplo fictício: os "ímãs de hidrogênio" pesam mais quando mantidos afastados do que quando estão juntos. A "massa por ímã" é menor para os ímãs combinados.

A fusão termonuclear é análoga à combustão química comum. Em ambas as queimas, química e nuclear, uma temperatura alta inicia a combustão; a energia liberada pelas reações mantém a temperatura alta o suficiente para que o fogo se espalhe. O resultado líquido de uma reação química é uma combinação de átomos em moléculas que estão mais fortemente ligadas. Em reações nucleares, o resultado líquido são núcleos mais fortemente ligados. Em ambos os casos, a massa diminui quando a energia é liberada. A diferença entre as queimas química e nuclear é essencialmente de escala – as energias nucleares são expressas em MeV, e as energias químicas, em eV (por isso são indetectáveis as perdas de massa em reações químicas).

Em reações de fissão, a quantidade de matéria convertida em energia é cerca de 0,1%; nas de fusão, ela pode alcançar em torno de até 0,7%. Esses números se aplicam a processos que têm lugar em bombas, reatores ou estrelas. A Figura 34.21 mostra algumas reações de fusão típicas. Observe que todas as reações produzem pelo menos um par de partículas. Por exemplo, um par de núcleos de deutério que se fundem produz um núcleo de trítio e um nêutron, em vez de um núcleo de hélio solitário. Ambas as reações estão OK no que diz respeito à adição de núcleons e de cargas, mas o caso resultante em um núcleo solitário não está OK quanto às conservações da energia e do *momentum*. Se um núcleo solitário de hélio sai voando após a reação, ele tem um *momentum* adicional que não existia inicialmente. Se ele permanece em repouso, não existe um mecanismo para liberação de energia. Assim, como uma única partícula não pode se mover nem se manter parada, ela não é formada. A fusão normalmente requer a criação de pelo menos duas partículas para compartilhar a energia liberada.[11]

A Tabela 34.3 mostra o ganho de energia a partir da fusão dos isótopos deutério e trítio do hidrogênio. Essa é a reação proposta para as usinas de geração de energia por fusão de plasma do futuro. Os nêutrons com alta energia, de acordo com o projeto, escaparão do plasma no recipiente do reator e aquecerão uma manta de material circundante, fornecendo energia útil. Os núcleos de hélio restantes por trás da manta ajudarão a manter o plasma quente. Outra reação, não descrita aqui, produzirá o trítio, que não é encontrado na natureza na Terra (por causa de sua curta meia-vida de 12 anos).

Os elementos mais pesados do que o hidrogênio liberam energia quando sofrem fusão, mas liberam muito menos energia por reação de fusão do que o hidrogênio. A fusão desses elementos mais pesados ocorre nos estágios mais avançados da evolução das estrelas. A energia liberada por grama durante os diversos estágios que vão do hélio ao ferro soma somente cerca de um quinto da energia liberada na fusão de hidrogênio em hélio.

Antes do desenvolvimento das bombas atômicas, as temperaturas necessárias para superar a repulsão mútua dos prótons e iniciar a fusão nuclear na Terra eram

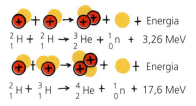

FIGURA 34.21 Duas das muitas reações de fusão possíveis.

TABELA 34.3 Ganho de energia a partir da fusão de hidrogênio

Reação:	$^{2}H + ^{3}H \rightarrow ^{4}_{2}He + n + \Delta m$
Balanço de massa:	$2{,}01410 + 3{,}01605 = 4{,}00260 + 1{,}008665 + \Delta m$
Defeito de massa:	$\Delta m = 0{,}01888$ u
Ganho de energia:	$\Delta E = mc^2$; $0{,}01888$ u $\times$ 931 MeV/u = 17,6 MeV
Ganho de energia/núcleon:	$\Delta E/5 = 17{,}6$ MeV/5 = 3,5 MeV/núcleon

---

[11] Uma das reações do ciclo de fusão próton-próton no interior do Sol tem um estado final de partícula única. É a reação próton + dêuteron → He-3. Isso acontece porque a densidade no centro do Sol é suficientemente grande para que partículas "espectadoras" compartilhem da liberação de energia. Portanto, mesmo nesse caso, a energia liberada vai para duas ou mais partículas. A fusão que ocorre no Sol envolve reações mais complicadas (e mais lentas!), em que uma pequena parte da energia também aparece na forma de raios gama e de neutrinos. Os neutrinos escapam sem impedimentos do centro do Sol e "banham" o sistema solar. Curiosamente, a fusão de núcleos dentro do Sol é um processo ocasional, uma vez que o espaçamento médio entre os núcleos é vasto, mesmo sob as altas pressões do centro da estrela. Por isso, leva cerca de 10 bilhões de anos para que o Sol consuma seu hidrogênio combustível.

744 PARTE VII Física atômica e nuclear

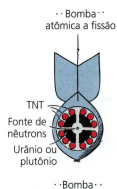

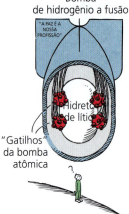

FIGURA 34.22 Bombas de fissão e de fusão.

---

psc

- A energia liberada na fusão de um par de núcleos de hidrogênio é menor do que a liberada na fissão de um núcleo de urânio. Contudo, como existem mais átomos em um grama de hidrogênio do que em uma mesma quantidade de urânio, grama a grama, a fusão do hidrogênio libera várias vezes mais energia do que a fissão do urânio.

---

impossíveis de obter.[12] Quando se descobriu que as temperaturas no interior de uma bomba atômica que explode eram de quatro a cinco vezes maiores do que a temperatura do centro do Sol, a obtenção de uma bomba termonuclear estava apenas a um passo. A primeira explosão termonuclear ocorreu em 1952, seguida pelas "bombas H" em 1954. Enquanto a massa crítica de material físsil limita o tamanho de uma bomba de fissão (bomba atômica), não existe um limite similar imposto a uma bomba de fusão. Da mesma forma que não há limite para o tamanho de um tanque de armazenamento de petróleo, não existe um limite teórico para o tamanho de uma bomba a fusão. Como num tanque de armazenamento de petróleo, qualquer quantidade de combustível de fusão pode ser armazenada com segurança até que a bomba seja detonada. Embora um simples fósforo possa iniciar a ignição de um tanque de petróleo, nada que seja menos energético do que uma bomba de fissão pode iniciar a ignição de uma bomba termonuclear. Podemos verificar que não existem coisas como uma bomba de hidrogênio "mirim". Ela não pode ser menos energética do que seu detonador, que é uma bomba atômica.

A bomba de hidrogênio é um exemplo de uma descoberta que foi aplicada mais para a destruição do que para processos construtivos. O lado potencialmente construtivo do cenário é a liberação controlada de enormes quantidades de energia limpa.

PAUSA PARA TESTE

1. Primeiro foi estabelecido que energia nuclear é liberada quando os núcleos se dividem. Agora é estabelecido que energia nuclear é liberada quando os núcleos se combinam. Isso não é uma contradição? Como pode a energia ser liberada por dois processos opostos?

2. Para obter energia do elemento ferro, seus núcleos deveriam ser fissionados ou fundidos?

VERIFIQUE SUA RESPOSTA

1. A energia é liberada em qualquer reação nuclear em que a massa dos núcleos após a reação seja menor do que a massa inicial dos núcleos. Quando núcleos pesados, como os do urânio, partem-se em núcleos mais leves, a massa nuclear total diminui. A quebra de núcleos pesados libera energia. Quando núcleos leves, como os do hidrogênio, se fundem para formar núcleos mais pesados, a massa nuclear total também diminui. Para a liberação de energia, o "decréscimo de massa" é o nome desse jogo – qualquer que seja ele, químico ou nuclear.

2. De nenhuma maneira você conseguirá obter energia, porque o ferro está no fundo da curva (o vale de energia). Se você fundir dois núcleos de ferro, o produto estará situado à direita do lugar do ferro na curva, o que significa que ele tem uma massa por núcleon maior. Se você partir um núcleo de ferro, os produtos estarão situados à esquerda do ferro na curva, o que novamente significa uma maior massa por núcleon. Como não ocorre qualquer decréscimo de massa em ambas as reações, nenhuma energia é obtida.

34.7 Fusão controlada

O combustível usado na fusão nuclear é o hidrogênio, o elemento mais abundante do universo. A reação que melhor funciona a temperaturas "moderadas" é a fusão dos isótopos do hidrogênio denominados deutério (^2_1H) e trítio (^3_1H). O deutério é encontrado na água comum. O deutério existente nos oceanos do planeta tem um potencial para liberar quantidades de energia vastamente maiores do que toda a energia contida nos combustíveis fósseis do mundo inteiro e muito maiores do que a das reservas mundiais de urânio. O trítio, com uma meia-vida de 12 anos, é quase ausente na natureza, mas pode ser produzido em reatores nucleares pela ativação neutrônica do lítio-6. O

---

[12] Em pequena escala, todavia, reações de fusão podem ocorrer em aceleradores de partículas.

trítio também pode ser produzido em reatores de fusão experimentais quando nêutrons que escapam do plasma interagem com o lítio contido na manta do reator.

A fusão ainda é a fonte dos sonhos para nossas necessidades de energia a longo prazo. O panorama para a fusão nuclear no futuro próximo, todavia, é gélido. Vários esquemas para produzir fusão têm sido experimentados. As primeiras abordagens, ainda sendo aperfeiçoadas, envolvem o confinamento de um plasma quente por meio de um campo magnético. Outras abordagens envolvem *lasers* de alta energia. Em um desses esquemas, deixa-se cair pelotas de hidrogênio no cruzamento de vários feixes de *laser* pulsados que dariam início à fusão, gerando energia. Os desafios tecnológicos e de engenharia são enormes e ainda não foram resolvidos. Todos os cenários têm sido desafiados por uma "energia de empate" (*energy breakeven*), situação na qual a energia de saída seja, no mínimo, igual à energia fornecida na entrada. Exceto durante breves arranques, isso não acontece.

Haverá algum novo avanço para possibilitar que a energia fornecida pelo dispositivo seja maior do que a energia que lhe foi fornecida para iniciar e sustentar a fusão? Descobriremos uma maneira de domar a energia do Sol e das estrelas? Não sabemos. Se e quando isso ocorrer, os seres humanos poderão sintetizar seus próprios elementos e produzir energia no processo, da mesma forma como o Sol e as estrelas têm feito. Com isso, a fusão provavelmente seria a fonte primária de energia para as gerações que virão. Mantenha-se informado pela internet e, por ora, agradeça que a fusão termonuclear em nossa estrela mais próxima seja responsável pelo brilho do Sol e tudo que ele traz para a Terra.

> Reações de fusão podem produzir núcleos maiores do que o do ferro. Caso contrário, na tabela periódica não existiria qualquer elemento além do ferro. No entanto, essas reações de fusão não produzem energia. Em vez disso, elas *consomem* energia, que se torna massa, como ocorre em supernovas. Todos os elementos em nossos corpos, com exceção do hidrogênio, foram igualmente formados nas estrelas. Pense em seu amor como poeira das estrelas!

Conheça os *nukes*!

Revisão do Capítulo 34

TERMOS-CHAVE (CONHECIMENTO)

fissão nuclear A separação, em duas ou mais partes, do núcleo de um átomo pesado, como o U-235, em dois núcleos menores, acompanhada da liberação de muita energia.

reação em cadeia Uma reação autossustentada em que os produtos de um evento da reação estimulam eventos adicionais.

massa crítica A massa mínima de material físsil em um reator ou bomba nuclear que sustentará uma reação em cadeia.

reator regenerador Um reator a fissão projetado para gerar mais combustível físsil do que lhe é fornecido, convertendo isótopos não físseis em físseis.

fusão nuclear A combinação de núcleos leves para formar núcleos mais pesados, com a liberação de energia.

fusão termonuclear A fusão nuclear produzida por alta temperatura.

QUESTÕES DE REVISÃO (COMPREENSÃO)

34.1 Fissão nuclear

1. Por que não ocorrem reações em cadeia em minas de urânio?
2. Por que é mais provável ocorrer uma reação em cadeia em um grande pedaço de urânio do que em um pequeno pedaço?
3. O que é expresso pela ideia de uma massa crítica?
4. O que deixará mais nêutrons escaparem: dois pedaços separados de urânio ou os dois mesmos pedaços reunidos?
5. Quais foram os dois métodos usados para separar o U-235 do U-238 no Projeto Manhattan, durante a Segunda Guerra Mundial?

34.2 Reatores de fissão nuclear

6. Quais são os três possíveis destinos de um nêutron no urânio metálico?
7. Quais são as salvaguardas que impedem um reator de explodir como uma bomba de fissão?
8. Que isótopo é produzido quando o U-238 absorve um nêutron?
9. Que isótopo é produzido quando o U-239 emite uma partícula beta?
10. Que isótopo é produzido quando o Np-239 emite uma partícula beta?
11. O que o U-235 e o Pu-239 têm em comum?
12. Os reatores de fissão precisam ser grandes?

34.3 O reator regenerador

13. O que é produzido quando colocamos pequenas quantidades de isótopos físseis junto com grandes quantidades de U-238?
14. Em um reator regenerativo convencional, qual é o elemento que reage para regenerar combustível nuclear?
15. Qual é o papel do tório na fissão nuclear?

34.4 Energia de fissão

16. Como um reator nuclear é análogo a uma usina que usa combustível fóssil convencional?
17. Qual é a principal vantagem e a principal desvantagem da energia de fissão?

34.5 Equivalência massa-energia

18. Que famosa equação revela a equivalência entre massa e energia?
19. É requerido trabalho para retirar um núcleon de um núcleo atômico? Uma vez fora, o núcleon pode ter mais energia do que dentro do núcleo? Em que forma está essa energia?
20. Quais íons são mais desviados em um espectrômetro de massa?
21. Qual é a diferença básica entre os gráficos das Figuras 34.15 e 34.16?
22. Em que elemento a massa por núcleon é maior? E menor?
23. Como se compara a massa por núcleon do urânio com a massa por núcleon dos fragmentos de fissão?
24. Em que se transforma a massa por núcleon "perdida" em reações de fissão e de fusão?
25. Se o gráfico da Figura 34.16 é visto como um vale de energia, o que pode ser dito das transformações nucleares que se desenvolvem em direção ao ferro?

34.6 Fusão nuclear

26. Quando dois núcleos de hidrogênio são fundidos, a massa do núcleo do produto é maior ou menor do que a soma das massas dos dois núcleos de hidrogênio?
27. Para que o hélio libere energia, ele deve sofrer fissão ou fusão?

34.7 Fusão controlada

28. Que isótopos de hidrogênio se fundem melhor em temperaturas "moderadas"?
29. Que isótopo do hidrogênio – deutério ou trítio – é abundante e qual é escasso?
30. Que tipo de energia nuclear é responsável pelo brilho do Sol?

PENSE E FAÇA   (APLICAÇÃO)

31. Escreva uma carta ao seu avô ou à sua avó discutindo a energia nuclear. Cite tanto os aspectos favoráveis quanto os desfavoráveis das usinas a fissão e explique como a comparação afeta seu ponto de vista pessoal quanto aos reatores. Explique também para ele ou ela de que maneira diferem a fissão nuclear e a fusão nuclear.

PENSE E RESOLVA   (APLICAÇÃO MATEMÁTICA)

32. O quiloton, usado para medir a energia liberada numa explosão atômica, é igual a $4,2 \times 10^{12}$ J (energia aproximadamente igual à liberada na explosão de 1.000 toneladas de TNT). Lembrando que 1 quilocaloria de energia eleva em 1 °C a temperatura de 1 kg de água e que 4.184 joules equivalem a 1 quilocaloria, mostre que $4,0 \times 10^8$ quilogramas de água (cerca de meio milhão de toneladas) podem ser aquecidos a 50 °C por uma bomba atômica de 20 quilotons.
33. O isótopo lítio usado numa bomba de hidrogênio é Li-6, cujo núcleo contém três prótons e três nêutrons. Quando um núcleo de Li-6 absorve um nêutron, ele produz um núcleo do isótopo mais pesado do hidrogênio, o trítio. Qual é o outro produto dessa reação? Qual desses dois produtos alimenta a reação explosiva?
34. Uma importante reação de fusão, tanto em bombas de hidrogênio quanto em reatores de fusão, é a "reação DT", na qual um dêuteron e um tríton (núcleos do deutério e do trítio, isótopos pesados do hidrogênio) se combinam, formando uma partícula alfa e um nêutron e liberando muita energia. Use a conservação do *momentum* para explicar por que o nêutron resultante dessa reação fica com cerca de 80% da energia, enquanto a partícula alfa fica com apenas 20% dela.

PENSE E ORDENE   (ANÁLISE)

35. Considere que todos os seguintes núcleos sofram fissão, produzindo um par de fragmentos de massas iguais ou aproximadamente iguais. Usando a tabela periódica dos elementos e a Figura 34.16 como guia, ordene-os em sequência decrescente quanto ao valor da *redução* de massa após a fissão.
    a. Urânio.
    b. Prata.
    c. Ouro.
    d. Ferro.
36. Ordene os seguintes pares de núcleos em sequência decrescente quanto à *redução* de massa por núcleon que acompanha a fusão.
    a. Hidrogênio.
    b. Carbono.
    c. Alumínio.
    d. Ferro.

PENSE E EXPLIQUE (SÍNTESE)

37. Quais são as quatro forças fundamentais da natureza? Qual força mantém juntas as partículas do núcleo? Qual tende a afastá-las umas das outras?
38. Explique a um amigo a diferença entre massa e "massa crítica".
39. Por que o minério de urânio não sofre espontaneamente uma reação em cadeia?
40. Alguns núcleos pesados, contendo ainda mais prótons do que o núcleo do urânio, sofrem fissão espontânea, partindo-se sem absorver um nêutron. Em termos de repulsão elétrica, por que a fissão espontânea é observada apenas nos núcleos mais pesados?
41. Por que um nêutron constitui um "projétil" nuclear melhor do que um próton ou um elétron?
42. Por que o escape de nêutrons será proporcionalmente menor num pedaço grande de material físsil do que num pequeno pedaço?
43. Uma esfera de 56 kg de U-235 constitui uma massa crítica. Se a esfera fosse achatada na forma de uma panqueca, ela ainda seria crítica? Explique.
44. Que forma provavelmente necessitará de mais material para ter uma massa crítica: um cubo ou uma esfera? Explique.
45. A distância média na qual um nêutron se desloca através de um material físsil, antes de escapar, aumenta ou diminui quando dois pedaços de material físsil são juntados em um? Isso aumenta ou diminui a probabilidade de haver uma explosão?
46. O U-235 libera uma média de 2,5 nêutrons por fissão, enquanto o Pu-239 libera uma média de 2,7 nêutrons por fissão. Qual desses dois elementos, portanto, você espera que tenha a menor massa crítica?
47. O urânio e o tório são abundantes em diversos depósitos minerais. Entretanto, o plutônio pode ser encontrado apenas em quantidades extremamente pequenas nesses depósitos. Qual é a sua explicação para o fato?
48. Após uma barra de urânio terminar seu ciclo como combustível (em cerca de três anos), por que a maior parte de sua energia provém da fissão do plutônio?
49. O elemento tório não sofre fissão. Por que falamos em reatores de tório, então?
50. Se um núcleo $^{232}_{90}$Th absorve um nêutron e o núcleo resultante sofre dois decaimentos beta sucessivos, qual é o núcleo resultante?
51. Em uma reação de fissão nuclear, o que tem maior massa: o urânio inicial ou seus produtos?
52. Em uma reação de fusão nuclear, o que tem maior massa: os isótopos originais do hidrogênio ou os produtos da fusão?
53. A água que passa pelo núcleo de um reator a fissão moderado por água não passa pela turbina. Em vez disso, o calor é transferido para um ciclo de água separado que se encontra totalmente fora do reator. Qual é a razão para isso?
54. Por que o carbono é melhor do que o chumbo como moderador em reatores nucleares?
55. A massa de um núcleo atômico é maior ou menor do que a soma das massas dos núcleons individuais que o compõem? Por que a soma das massas dos núcleons não é igual à massa nuclear total?
56. A liberação de energia pela fissão nuclear está relacionada ao fato de que os núcleos mais pesados têm cerca de 0,1% a mais de massa por núcleon do que os núcleos próximos ao meio da tabela periódica dos elementos. Qual seria o efeito sobre a liberação de energia se esse percentual fosse de 1% em vez de 0,1%?
57. Misturando átomos de cobre e de zinco, obtém-se a liga bronze. O que seria produzido com a fusão de núcleos de cobre e de zinco?
58. Átomos de oxigênio e de hidrogênio se combinam para formar água. Se os núcleos de uma molécula de água forem fundidos uns com os outros, que elemento seria produzido?
59. Se um par de átomos de carbono se fundisse, e o produto emitisse uma partícula beta, que elemento seria produzido?
60. Por que não existe um limite para a quantidade de combustível para a fusão que pode ser armazenado com segurança em algum lugar, diferentemente do que ocorre com o combustível físsil?
61. Se as reações de fusão não produzem quantidades consideráveis de isótopos radioativos, por que a explosão de uma bomba de hidrogênio produz poeira radioativa em quantidades significativas?
62. A energia da fissão é principalmente energia cinética de seus produtos. O que acontece com essa energia em um reator nuclear comercial a fissão?
63. O que produz mais energia, a fissão de um único núcleo de urânio ou a fusão de um par de núcleos de deutério? A fissão de um grama de urânio ou a fusão de um grama de deutério? (Por que suas respostas são diferentes?)
64. O reator original de Fermi mal atingia a condição crítica, pois o urânio natural usado continha menos de 1% do isótopo físsil do urânio, o U-235 (com meia-vida de 713 milhões de anos). Se, em 1942, a Terra tivesse 9 bilhões de anos de idade, em vez de 4,5 bilhões, Fermi teria sido capaz de construir um reator com urânio natural que fosse crítico? Explique.
65. A fusão nuclear sustentada ainda não foi obtida e permanece como uma esperança para energia futura abundante, embora a energia que sempre nos sustentou tenha sido a gerada pela fusão nuclear. Explique isso.

PENSE E DISCUTA (AVALIAÇÃO)

66. Quais são as principais semelhanças e diferenças entre as reações de fissão e de fusão?
67. Em que são semelhantes a queima química e a fusão nuclear?
68. As usinas nucleares atuais usam a fissão, a fusão ou ambas?
69. Escreva a fórmula de reação para a fusão de $^1_1$H e $^2_1$H. Qual é o elemento resultante?

70. Escreva a fórmula de reação para a fusão de $_4^2He$ e $_4^8Be$. Qual é o elemento resultante?
71. Explique a um amigo como a "curva do vale de energia" da Figura 34.16 nos informa se a energia será absorvida ou liberada para um determinado evento de fissão ou de fusão.
72. Por que a fissão nuclear provavelmente não será usada de forma direta para fornecer energia para os automóveis? Como ela poderia ser usada indiretamente?
73. Depois que um pesquisador descobre a diferença de massa envolvida em uma reação nuclear, como ele determina a quantidade de energia liberada por reação?
74. Suponha que a curva da Figura 34.16 para a massa por núcleon *versus* o número atômico tivesse a mesma forma mostrada na Figura 34.15 (linha ascendente contínua). Nesse caso, as reações nucleares de fissão produziriam energia? E quanto às reações nucleares de fusão? Justifique suas respostas.
75. Descreva e explique pelo menos duas principais vantagens da produção de energia por fusão em comparação à fissão.
76. Quais núcleos resultariam se, depois de absorver um nêutron e tornar-se o U-236, o U-235 se partisse em dois fragmentos idênticos?
77. Se o U-238 for quebrado em dois pedaços iguais e cada um deles emitir uma partícula alfa, que elementos serão produzidos?
78. Se o urânio for fissionado em três fragmentos quase iguais, quais serão os elementos produzidos?
79. Se o urânio fosse partido em três fragmentos de igual tamanho em vez de dois, seria liberada mais ou menos energia? Justifique sua resposta em termos da Figura 34.16.
80. Os núcleos pesados podem ser levados a sofrer fusão – por exemplo, arremessando um núcleo de ouro contra outro. Tal processo fornece ou consome energia? Explique.
81. Um dêuteron, que é uma combinação próton-nêutron, pode ser partido em um próton e um nêutron separados. Um processo desse tipo rende ou consome energia? Explique.
82. Que processo liberaria energia a partir do ouro: a fissão ou a fusão? E a partir do carbono? E do ferro?
83. O U-235 tem uma meia-vida de aproximadamente 700 milhões de anos. O que isso revela acerca da probabilidade de haver liberação, na Terra, de energia por fissão há 1 bilhão de anos?
84. O "ímã de hidrogênio" da Figura 34.20 pesa mais quando separado do que quando combinado. Qual seria a diferença básica se o exemplo fictício consistisse em "ímãs nucleares" com a metade do peso do urânio?
85. Explique como o decaimento radioativo sempre aqueceu a Terra a partir de seu interior, enquanto a fusão nuclear sempre aqueceu a Terra a partir do exterior.
86. Discuta e faça comparações entre a poluição produzida pelas usinas convencionais geradoras de energia a partir de combustíveis fósseis e as usinas geradoras a fissão nuclear. Leve em conta as poluições térmica, química e radioativa.
87. O hidrogênio comum às vezes é chamado de combustível perfeito, porque existe um suprimento quase ilimitado dele na Terra e ele libera apenas água inofensiva como produto da combustão. Então por que não abandonamos a geração de energia por fusão ou fissão, para não mencionar os combustíveis fósseis, e passamos a usar somente hidrogênio?

> A palavra *nuclear* tem uma forte carga emocional, graças ao medo plenamente justificado das armas nucleares. Contudo, a energia nuclear é diferente, muito mais segura do que os combustíveis fósseis, que matam milhões. Pensar de forma calma e racional, sem se entregar às emoções, nos mostra que a energia nuclear pode se juntar à solar e à eólica para gerar energia limpa, sem afetar o clima mundial. Também podemos torcer para que, no futuro, seja possível trocar a fissão pela fusão, que alimenta o Sol e as outras estrelas. Por ora, vamos trocar "Nada de *nukes*!" por "Conheça os *nukes*!".

CAPÍTULO 34 Exame de múltipla escolha

Escolha a melhor resposta entre as alternativas:

1. O urânio-235, o urânio-238 e o urânio-239 são diferentes:
   a. elementos.
   b. íons do mesmo elemento.
   c. isótopos do mesmo elemento.
   d. nenhuma das anteriores.

2. Em forma gasosa e à mesma temperatura, a rapidez média do U-238, em comparação com a do U-235, é:
   a. menor.
   b. maior.
   c. igual.
   d. nenhuma das anteriores.

3. Em um reator nuclear a urânio, é importante que os nêutrons percam rapidez para maximizar a sua eficácia em causar a fissão do U-235. Um nêutron tem maior probabilidade de se desacelerar se ricochetear de um:
   a. núcleo pesado.
   b. núcleo de massa moderada.
   c. núcleo leve.
   d. nenhuma das anteriores.

4. Quando o núcleo de netúnio emite uma partícula beta, o resultado é:
   a. um isótopo diferente de netúnio.
   b. urânio.
   c. plutônio.
   d. chumbo.

5. O que um reator regenerador "regenera"?
   a. Mais saída de energia do que entrada.
   b. Isótopos físseis a partir de isótopos não físseis.
   c. Mais massa do que tinha no início.
   d. Todas as anteriores.

6. O plutônio é extremamente raro em depósitos minerais naturais porque:
   a. é criado artificialmente.
   b. é quimicamente inerte.
   c. é um gás em temperatura ambiente.
   d. sua meia-vida é minúscula em comparação com a idade da Terra.

7. Um espectrômetro de massa separa os íons principalmente por:
   a. um campo magnético.
   b. um campo elétrico.
   c. meios eletromagnéticos.
   d. uma combinação das leis de Faraday e de Maxwell.

8. A energia é liberada na fissão e na fusão principalmente na forma de:
   a. energia cinética dos fragmentos.
   b. radiação alfa.
   c. radiação beta.
   d. radiação gama.

9. Se o oxigênio fosse usado como combustível nuclear, o melhor seria usar:
   a. fusão.
   b. fissão.
   c. fusão, depois fissão.
   d. fissão, depois fusão.

10. O fornecimento contínuo de energia pela fusão é um fato cotidiano:
    a. em instalações militares.
    b. em reatores regeneradores.
    c. no Sol.
    d. no interior da Terra.

Respostas e explicações das perguntas do Exame de múltipla escolha

1. (c): Todos são urânio, com o mesmo número atômico 92, mas todos têm massas diferentes, o que significa que são isótopos diferentes do urânio. Eles podem ou não estar ionizados, o que não afeta os seus núcleos. 2. (a): À mesma temperatura significa que os dois isótopos têm a mesma energia cinética média. Portanto, o menos maciço dos dois, o U-235, tem maior rapidez (essa diferença de rapidez permite a separação dos isótopos). 3. (c): É simples mecânica. Se uma bola de golfe atinge uma de boliche, ela ricocheteia com aproximadamente a mesma rapidez. Se atinge uma de tênis, ela perde rapidez e ricocheteia com muito menos rapidez. O mesmo vale para um nêutron que ricocheteia de um núcleo leve. 4. (c): Quando qualquer núcleo emite uma partícula beta, um nêutron transforma-se em próton e o número atômico do núcleo aumenta em 1. Com a emissão beta, o netúnio (número atômico 93) dá um passo adiante na tabela periódica e transforma-se em plutônio (número atômico 94). 5. (b): Um reator regenerador "regenera" Pu-239 fissionável a partir de U-238 sem violar a conservação da energia ou a conservação de massa. 6. (d): Devido à meia-vida curta do plutônio, de 24.000 anos, todo o plutônio existente na atualidade foi gerado a partir do urânio, de meia-vida mais longa (4,5 bilhões de anos). Os elementos menos maciços do que o urânio com meias-vidas curtas estão presentes em minérios naturais apenas por serem produtos do urânio mais duradouro. Todo o plutônio que existiu na história inicial do nosso planeta não está mais presente em lugar algum. 7. (a): A força magnética simples separa íons de massas diferentes em um espectrômetro de massa. As outras opções não são empregadas para varrer os íons em trajetórias curvas de acordo com a massa. 8. (a): O público imagina que a energia da fissão e da fusão são algum tipo de radiação, mas a grande maioria da energia liberada está nos fragmentos de alta velocidade das reações. 9. (a): A melhor forma de responder esta questão é usar a curva de massa/núcleon *versus* massa atômica da Figura 34.16. O ferro está no fundo da curva. Se os produtos de uma reação movem-se em direção ao ferro, então as massas das partes da reação diminuem e energia é liberada. O oxigênio está no lado "fusão" da curva, e uma dupla fundida estará ainda mais baixa na curva e liberará energia. Se um núcleo de oxigênio fosse fissionado, ele se quebraria em partes mais maciças, o que exigiria a entrada de energia. Curiosamente, a fusão termonuclear do hidrogênio em hélio é sustentada pelo processo de fusão é muito lento. Ele acontece há 5 bilhões de anos e espera-se que continue por outros 5 bilhões. O interior da Terra não é aquecido pela fusão, e sim pelo decaimento radioativo e por um pouco de fissão. Os reatores regeneradores envolvem fissão, não fusão. A produção de energia sustentada em instalações militares não envolve qualquer uma das duas.

PARTE VIII
Relatividade

Antes do advento da relatividade especial, pensava-se que as estrelas estivessem além do alcance humano. Contudo, a distância é relativa — ela depende do movimento. Num sistema de referência que se move quase tão rapidamente quanto a luz, a distância se contrai e o tempo se dilata o suficiente, o que permite que os futuros viajantes espaciais tenham acesso às estrelas e até além delas! Somos como o pintinho que Evan segura na foto da página 1, à beira de um mundo completamente novo. A física de Newton nos levou à Lua e a Marte; a física de Einstein nos direciona para as estrelas. Vivemos numa época empolgante!

35
Teoria especial da relatividade

35.1 **O movimento é relativo**
  O experimento de Michelson-Morley

35.2 **Os postulados da teoria especial da relatividade**

35.3 **Simultaneidade**

35.4 **O espaço-tempo e a dilatação temporal**
  A viagem do gêmeo

35.5 **Adição de velocidades**
  Viagens espaciais

35.6 **Contração do comprimento**

35.7 ***Momentum* relativístico**

35.8 **Massa, energia e $E = mc^2$**

35.9 **O princípio da correspondência**

1 O eminente físico Ken Ford, já aposentado, orienta estudantes de ensino médio, sempre enfatizando a beleza que vê na física. **2** O maior cientista do século XX e um dos seus seres humanos favoritos. **3** Edwin F. Taylor compara uma trajetória retilínea entre os pontos superior e inferior com uma dupla de trajetórias diagonais entre os mesmos pontos para ilustrar uma ideia fundamental de Einstein: que o tempo entre dois eventos depende do caminho seguido entre eles. **4** Brenda Skoczelas pede à turma uma previsão do comprimento de uma régua quando se desloca com determinadas rapidezes relativísticas.

CAPÍTULO 35 Teoria especial da relatividade

Albert Einstein nasceu em Ulm, Alemanha, em 14 de março de 1879. De acordo com a lenda popular, ele foi uma criança lerda e aprendeu a falar numa idade muito mais avançada do que a média; seus pais, por algum tempo, temeram que ele tivesse alguma deficiência mental. Ainda na escola fundamental, ele mostrou-se notavelmente dotado para a matemática, para a física e para tocar violino. Ele se rebelava, entretanto, com a educação vigente baseada na sujeição e na rotina mecânica, tendo sido expulso justamente quando se preparava para sair da escola, com 15 anos. Basicamente por causa dos negócios, sua família se mudou para a Itália. O jovem Einstein renunciou à cidadania alemã e foi morar com amigos da família na Suíça. Lá lhe foi permitido prestar exames de admissão no renomado Instituto Federal Suíço de Tecnologia, em Zurique, com dois anos a menos do que a idade normal. Contudo, devido às dificuldades com a língua francesa, ele precisou tentar duas vezes, com um ano de diferença entre cada uma, para ser aprovado no exame.

Quando era um empolgado estudante de física, na década de 1890, Albert Einstein estava intrigado com uma discrepância existente entre as leis de Newton da mecânica e as leis de Maxwell do eletromagnetismo. Duas pessoas, uma em repouso e outra em movimento, seriam confrontadas por inconsistências, o que incomodava Einstein.

Isso foi resolvido por um artigo famoso, intitulado "Sobre a eletrodinâmica dos corpos em movimento" e escrito quando Einstein tinha 26 anos. Ele mostrou que as leis de Maxwell podem ser, da mesma forma que as leis de Newton, interpretadas como independentes do estado de movimento de um observador. Obter essa visão unificada das leis da natureza provocou uma revolução total na maneira como entendemos o espaço e o tempo. Einstein desconsiderou o senso comum e estabeleceu que, quando estamos em movimento, também alteramos a taxa com que seguimos para o futuro – ou seja, o próprio tempo é alterado. Einstein mostrou que uma consequência da inter-relação entre o espaço e o tempo é a existência de uma inter-relação entre massa e energia, dada pela famosa equação $E = mc^2$.

Seguiram-se então 10 anos de trabalho intenso, culminando, em 1915, com a teoria geral da relatividade, quando Einstein apresentou uma nova teoria da gravitação, que inclui a teoria newtoniana correspondente como caso especial. Trataremos sobre a sua teoria geral da relatividade neste e no último capítulo do livro.

As preocupações de Einstein não se limitavam à física. Ele morou em Berlim durante a Primeira Guerra Mundial e denunciou o militarismo alemão daquela época. Ele expressou publicamente sua profunda convicção de que a guerra deveria ser abolida e uma organização mundial deveria ser criada para resolver as disputas entre as nações. Em 1933, Hitler chegou ao poder. Einstein pronunciou-se contra a posição racial e política de Hitler e renunciou ao seu cargo na Universidade de Berlim. Não estando mais em segurança na Alemanha, Einstein emigrou para os Estados Unidos e aceitou um cargo no Instituto de Estudos Avançados de Princeton, Nova Jersey.

Em 1939, um ano antes de se tornar cidadão norte-americano e depois de físicos alemães terem conseguido a fissão atômica, Einstein foi convencido por um grupo de cientistas a assinar a famosa carta ao presidente Roosevelt, alertando-o das possibilidades científicas de uma bomba nuclear. Einstein era um pacifista, mas a possibilidade de Hitler desenvolver esse tipo de arma o instigou a agir. O resultado foi o desenvolvimento da primeira bomba nuclear, que, ironicamente, foi detonada sobre o Japão após a queda da Alemanha nazista.

Einstein acreditava que o universo é indiferente à condição humana e sustentava que, para a humanidade perdurar, deveria ser criada uma ordem moral. Ele defendeu intensamente a paz mundial baseada no desarmamento nuclear. As bombas nucleares, observou Einstein, mudaram tudo, menos nossa maneira de pensar.

Einstein foi mais do que um grande cientista; foi um homem de temperamento despretensioso com uma profunda preocupação com o bem-estar de seus companheiros. A escolha de Einstein como personalidade do século pela revista *Time*, no final da década de 1990, foi deveras apropriada – e sem controvérsias.

35.1 O movimento é relativo

Do Capítulo 3, lembre-se de que, quando falamos sobre o movimento, devemos sempre especificar o ponto de vista a partir do qual o movimento está sendo observado e medido. Por exemplo, uma pessoa que caminha no corredor de um trem em movimento pode estar caminhando com uma rapidez de 1 quilômetro por hora em relação ao seu assento, mas com 60 quilômetros por hora em relação à estação ferroviária. Chamamos de **sistema de referência** o local a partir do qual o movimento é observado e medido. Um determinado objeto pode ter diferentes valores de velocidade em relação a diferentes sistemas de referência.

Para medir a rapidez de um dado objeto, primeiro escolhemos um sistema de referência e imaginamos estar em repouso com relação a ele. Então medimos a rapidez com a qual o objeto se movimenta em relação a nós – ou seja, em relação ao sistema de referência. No exemplo precedente, se medirmos uma posição de repouso em relação ao trem, a rapidez de caminhada da pessoa será de 1 quilômetro por hora. Se medirmos a rapidez em relação a uma posição em repouso no solo, a rapidez de caminhada da pessoa será de 60 quilômetros por hora. No entanto, o solo não se encontra realmente em repouso, pois a Terra gira como um pião em torno de seu eixo polar. Dependendo de quão próximo o trem se encontra do equador, a rapidez de caminhada da pessoa pode ser tão grande quanto 1.600 quilômetros por hora em relação a um sistema de referência fixo no centro da Terra. O centro da Terra também está se movendo em relação ao Sol. Se localizarmos nosso sistema de referência sobre o Sol, a rapidez de caminhada da pessoa no trem, o qual também está girando em torno do centro da Terra, será de aproximadamente 110.000 quilômetros por hora. O Sol também não está em repouso, pois orbita o centro de nossa galáxia, a qual, por sua vez, se move em relação às outras galáxias.

O experimento de Michelson-Morley

Existe algum sistema de referência que esteja em repouso? O próprio espaço não se encontra em repouso, e as medições não podem ser realizadas em relação ao espaço em repouso? Em 1887, os físicos americanos A. A. Michelson e E. W. Morley tentaram responder a essas questões realizando um experimento projetado para medir o movimento da Terra pelo espaço. Como a luz se desloca como uma onda, foi considerado que algo tinha de vibrar no espaço – um "algo" misterioso que foi denominado éter. Eles pensavam que o éter preenchia todo o espaço e servia como um sistema de referência que estava acoplado ao próprio espaço. Para realizar suas observações, os físicos usaram um aparelho muito sensível chamado de *interferômetro* (Figura 35.1). Nele, um feixe de luz proveniente de uma fonte monocromática era dividido em dois, seguindo caminhos em ângulo reto um com o outro. Então, eles eram refletidos e recombinados para revelar se havia qualquer diferença na rapidez média ao longo dos dois caminhos de ida e volta. O interferômetro era posicionado de modo que um dos caminhos fosse paralelo ao movimento orbital da Terra. Michelson e Morley procuravam cuidadosamente por alterações na rapidez média quando o aparelho era girado de modo que o outro caminho ficasse paralelo ao movimento da Terra. O interferômetro era suficientemente sensível para medir as diferenças dos tempos de percurso da luz que ia a favor e contra o movimento orbital da Terra, de 30 quilômetros por segundo, e da luz que ia e voltava atravessando perpendicularmente a trajetória terrestre pelo espaço. No entanto, não se observou qualquer alteração. Nenhuma. Algo estava errado com a ideia sensata de que a rapidez da luz medida por um receptor em movimento deveria ser igual à sua rapidez de propagação usual no vácuo, c, mais ou menos a contribuição do movimento da fonte ou do receptor. Muitas repetições e variações do experimento de Michelson e Morley, realizadas por muitos pesquisadores, revelaram o mesmo resultado nulo. Assim, esse se tornou um dos fatos intrigantes da física no final do século XIX.

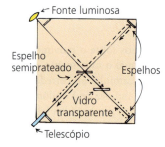
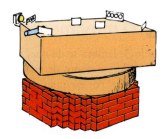

FIGURA 35.1 O interferômetro de Michelson-Morley, que separa um feixe luminoso em duas partes e, então, os recombina para obter um padrão de interferência após eles terem se propagado por caminhos diferentes. No experimento, conseguiu-se a rotação ao fazer uma placa de arenito de grande massa flutuar em mercúrio. Esse diagrama esquemático mostra como o espelho semiprateado separa o feixe incidente em dois raios. O vidro transparente é colocado para garantir que os dois raios atravessem a mesma quantidade de vidro. No experimento real, quatro espelhos eram posicionados em cada canto, a fim de alongar os caminhos.

Uma interpretação para esse resultado desconcertante foi sugerida pelo físico irlandês G. F. FitzGerald, que propôs que o comprimento do aparelho experimental sofria um encurtamento na direção em que estava se movendo de valor exatamente igual ao requerido, para compensar a presumida variação da rapidez da luz. O "fator de encurtamento", $\sqrt{1 - v^2/c^2}$, foi obtido pelo físico holandês Hendrik A. Lorentz. Esse fator aritmético explicava a discrepância, mas nem FitzGerald nem Lorentz dispunham de qualquer teoria adequada que explicasse por que isso acontecia. Curiosamente, o mesmo fator foi obtido por Einstein em seu artigo de 1905, que mostrou que o fator correspondia ao encurtamento do próprio espaço, e não exatamente ao da matéria no espaço.

Não se sabe quão influente foi o experimento de Michelson e Morley sobre Einstein, se é que houve influência. De qualquer maneira, Einstein propôs a ideia de que a rapidez de propagação da luz no espaço livre é a mesma para todos os sistemas de referência, uma ideia contrária às ideias clássicas do espaço e do tempo. A rapidez é a razão entre a distância percorrida através do espaço e o correspondente intervalo de tempo. Para que a rapidez da luz fosse uma constante, a ideia clássica de que o espaço e o tempo são independentes um do outro tinha de ser rejeitada. Einstein viu que o espaço e o tempo estavam ligados e com um simples postulado, desenvolveu uma relação profunda entre os dois.

> **PAUSA PARA TESTE**
>
> 1. Qual foi a conclusão mais importante do experimento de Michelson e Morley?
> 2. Como Einstein interpretou o resultado nulo do experimento?
>
> **VERIFIQUE SUA RESPOSTA**
>
> 1. A rapidez da luz independe da trajetória tomada.
> 2. A rapidez da luz é uma constante – sempre e em qualquer local.

35.2 Os postulados da teoria especial da relatividade

Einstein não sentiu a necessidade do éter. Junto com o éter estacionário, estava a noção de um sistema de referência absoluto. Todo movimento é relativo, não em relação a qualquer lugar estacionário do universo, mas em relação a qualquer sistema de referência arbitrário. Uma nave espacial não pode medir a rapidez de seu movimento em relação ao espaço vazio; ela só pode medir em relação a outros objetos. Por exemplo, no espaço, se um foguete A passa por um foguete B, os astronautas de A e de B observarão o movimento relativo do outro foguete e, a partir dessas observações, eles serão incapazes de determinar quem está se movendo e quem está em repouso, ou ambos.

Essa é uma experiência familiar a um passageiro de um trem que olha para fora e vê pela janela um trem que se move nos trilhos ao lado. Ele está consciente apenas do movimento relativo entre seu trem e o outro e não pode dizer qual deles está em movimento. Ele pode estar em repouso em relação ao solo e o outro trem se movendo, ou ele pode estar se movendo em relação ao solo e o outro trem em repouso, ou ambos podem estar em movimento em relação ao solo. O fato importante aqui é que, se você estivesse em um trem sem janelas, não haveria maneira de determinar se o trem está se movendo com velocidade uniforme ou se está repouso. Este é o primeiro dos **postulados da teoria especial da relatividade de Einstein:**

Todas as leis da natureza são as mesmas em todos os sistemas de referência que se movem com velocidade uniforme.

Num avião a jato que voa a 700 quilômetros por hora, por exemplo, o café derrama na xícara da mesma maneira como o faz quando o avião está parado; colocamos

FIGURA 35.2 A rapidez da luz é medida como a mesma em todos os sistemas de referência.

um pêndulo para balançar e ele oscila como se o avião estivesse em repouso na pista de decolagem. Não existe um experimento físico que possa ser realizado, mesmo com luz, para determinar nosso estado de movimento uniforme. As leis da física dentro de uma cabine de um trem que se move uniformemente são as mesmas que em um laboratório estacionário.

Inúmeros experimentos poderiam ser idealizados para detectar o movimento acelerado, mas nenhum deles pode ser concebido, de acordo com Einstein, para detectar um estado de movimento uniforme. Portanto, um movimento absoluto não tem significado. Seria muito estranho se as leis da mecânica variassem para observadores que se movimentam com diferentes valores de velocidade. Isso significaria, por exemplo, que um jogador de sinuca em um navio de passageiros que navega em mar calmo teria de ajustar seu estilo de jogar de acordo com a rapidez do navio, ou mesmo com as estações do ano, quando a Terra varia sua rapidez orbital em torno do Sol. Sabemos de nossa experiência comum que tal ajuste não é necessário. De acordo com Einstein, essa mesma insensibilidade ao movimento se estende ao eletromagnetismo. Nenhum experimento, mecânico, elétrico ou óptico, revelou o movimento absoluto. É isso que significa o primeiro postulado da relatividade.

Uma das perguntas que Einstein se indagava quando jovem era "como pareceria um feixe luminoso se você estivesse se deslocando lado a lado com ele?". De acordo com a física clássica, o feixe estaria em repouso em relação a esse observador. Quanto mais pensava sobre isso, mais Einstein se tornava convencido de que alguém não podia se deslocar junto com um feixe de luz. Ele chegou finalmente à conclusão de que, não importando quão rápido os observadores pudessem se mover uns em relação aos outros, cada um deles mediria a rapidez da luz que passa por eles como igual a 300.000 quilômetros por segundo. Este foi o segundo postulado de sua teoria especial da relatividade:

A velocidade de propagação da luz no espaço livre tem o mesmo valor para todos os observadores, não importando o movimento da fonte ou do observador; ou seja, a rapidez de propagação da luz é uma constante.

Para ilustrar essa afirmativa, considere um foguete que parte da estação espacial mostrada na Figura 35.3. Um *flash* de luz é emitido pela estação, propagando-se a 300.000 km/s, ou c. Seja qual for a velocidade do foguete, um observador que está nele vê o *flash* luminoso passar por ele com a mesma rapidez c. Se um *flash* é enviado à estação a partir do foguete em movimento, os observadores da estação medirão a rapidez da luz como igual a c. A rapidez da luz é medida como a mesma, seja qual for a rapidez da fonte ou do observador. *Todos* os observadores que medem a rapidez da luz encontrarão o mesmo valor c para ela. Quanto mais você pensa sobre isso, mais você acha que não faz sentido. Veremos que a explicação tem a ver com a relação entre o espaço e o tempo.

FIGURA 35.3 A rapidez de um *flash* de luz emitido pela estação espacial é medida como c tanto pelos observadores da estação espacial quanto pelos da nave espacial.

> **PAUSA PARA TESTE**
> 1. O que significa "sistema de referência"?
> 2. Os dois postulados de Einstein podem ser combinados em um só enunciado?
>
> **VERIFIQUE SUA RESPOSTA**
> 1. Um sistema de referência é um ponto de vista relacionado a todos os tipos de medição.
> 2. Sim. A luz tem uma rapidez em todos os sistemas de referência em movimento uniforme.

35.3 Simultaneidade

Uma consequência interessante do segundo postulado de Einstein ocorre com o conceito de **simultaneidade**. Dizemos que dois eventos são simultâneos se eles ocorrem no mesmo instante de tempo. Por exemplo, considere uma fonte luminosa bem no meio do compartimento de uma nave espacial (Figura 35.4). Quando a fonte é ligada, a luz se espalha em todas as direções com rapidez igual a *c*. Como ela se encontra equidistante das extremidades frontal e traseira do compartimento, um observador dentro dele constata que a luz alcança a extremidade frontal no mesmo instante em que chega na extremidade oposta. Isso ocorre se a nave espacial se encontra em repouso ou se movendo com uma velocidade constante. Os eventos definidos pela chegada da luz a cada uma das extremidades opostas ocorrem *simultaneamente* para esse observador no interior da nave espacial.

Mas e quanto a um observador que se encontra fora da nave e vê os dois eventos em outro sistema de referência (um planeta, por exemplo, que não se move junto com a nave)? Para esse observador, esses mesmos eventos *não* são simultâneos. Quando a luz se propaga a partir da fonte, ele vê a nave mover-se para a frente, de modo que a traseira do compartimento se move em direção ao feixe luminoso, enquanto a frente se move em sentido oposto. O feixe direcionado para trás do compartimento, portanto, tem uma distância mais curta a percorrer do que o feixe que segue para a frente (Figura 35.5). Uma vez que os valores das velocidades da luz em ambos os sentidos são os mesmos, o observador externo vê o evento da luz chegando à traseira acontecer *antes* do evento em que a luz chega à frente do compartimento. (É claro, estamos considerando que o observador é capaz de perceber essas pequenas diferenças de tempo.) Um pouco mais de raciocínio mostrará que um observador em outra nave espacial que se move em sentido oposto registrará que a luz chega primeiro à frente do compartimento.

Dois eventos simultâneos em um sistema de referência não necessariamente devem ser simultâneos em um sistema que se move em relação ao primeiro sistema.

Essa não simultaneidade de eventos num sistema de referência quando eles são simultâneos em outro sistema é um resultado puramente relativístico – uma consequência de que a luz sempre se propaga com a mesma rapidez para todos os observadores.

FIGURA 35.4 Do ponto de vista do observador que viaja no interior do compartimento, a luz da fonte viaja distâncias iguais até as duas extremidades do compartimento e, portanto, chega nelas simultaneamente.

FIGURA 35.5 A chegada da luz às extremidades frontal e traseira do compartimento não constituem dois eventos simultâneos do ponto de vista de um observador em outro sistema de referência. Por causa do movimento da nave, a luz que se dirige para a traseira do compartimento não precisa se deslocar tanto e acaba chegando à extremidade antes da luz que se dirige para a extremidade frontal da nave.

PAUSA PARA TESTE

1. A não simultaneidade ao escutar um trovão *depois* de ver o correspondente relâmpago é análoga à não simultaneidade relativística?
2. Suponha que o observador em pé sobre o planeta da Figura 35.5 veja um par de centelhas incidindo simultaneamente nas extremidades frontal e traseira do compartimento de uma nave espacial altamente veloz. As centelhas serão simultâneas para um observador situado no meio do compartimento? (Estamos considerando aqui que um observador pode detectar qualquer ligeira diferença no tempo que a luz leva para se deslocar das extremidades até o meio do compartimento.)

VERIFIQUE SUA RESPOSTA

1. Não é! O intervalo de tempo decorrido entre os instantes em que se vê o relâmpago e se escuta o trovão não tem nada a ver com observadores em movimento ou com a relatividade. Nesse caso, simplesmente fazemos correções nos tempos que os sinais (som e luz) levam para nos alcançar. A relatividade da simultaneidade é uma discrepância genuína entre as observações realizadas por observadores em movimento relativo, e não simplesmente uma disparidade entre diferentes tempos de deslocamento para diferentes sinais.
2. Não. Um observador no meio do compartimento verá antes a centelha que atinge a extremidade frontal do compartimento do que a que atinge a extremidade oposta. Isso é mostrado nos casos (a), (b) e (c) ao lado. Em (a), vemos ambas as centelhas incidindo simultaneamente nas extremidades do compartimento, de acordo com o observador exterior. Em (b), a luz proveniente da centelha da frente alcança o observador dentro da nave espacial. Um pouco depois, em (c), a luz proveniente da centelha de trás alcança o observador.

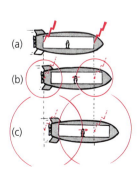

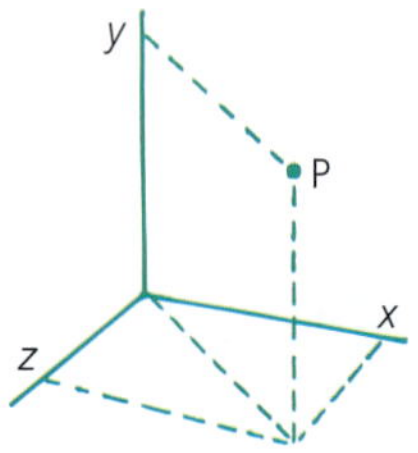

FIGURA 35.6 O ponto P pode ser especificado por três números: suas distâncias ao longo dos eixos *x*, *y* e *z*.

$$\frac{ESPAÇO}{TEMPO} = \frac{ESPAÇO}{TEMPO} = c$$

FIGURA 35.7 Todas as medições de espaço e de tempo da luz são unificadas por *c*.

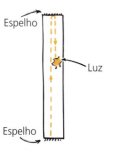

FIGURA 35.8 Um relógio de luz. Um *flash* luminoso se reflete nos espelhos paralelos de cima e de baixo, marcando intervalos de tempo iguais.

35.4 O espaço-tempo e a dilatação temporal

Quando olhamos para as estrelas, cada vez mais compreendemos que estamos olhando para trás no tempo. As estrelas mais distantes que vemos estão sendo vistas como eram há mais tempo do que as mais próximas. Quanto mais pensamos sobre isso, mais aparente se torna que o espaço e o tempo devem estar intimamente ligados.

O espaço em que vivemos é tridimensional; ou seja, podemos especificar a posição de qualquer local no espaço com três dimensões. Por exemplo, essas dimensões poderiam ser norte-sul, leste-oeste e de cima para baixo. Se estamos no vértice de uma sala retangular e desejamos especificar a posição de um ponto qualquer da sala, podemos fazê-lo por meio de três números. O primeiro seria o número de metros do ponto ao longo da linha onde a parede do lado e o piso se encontram (eixo x); o segundo seria o número de metros do ponto ao longo de uma linha onde a parede de trás e o piso se encontram (eixo z); e o terceiro seria o número de metros do ponto acima do piso ou ao longo da linha vertical onde as paredes se encontram no canto da sala (eixo y). Os físicos chamam essas três linhas de *eixos das coordenadas* de um sistema de referência (Figura 35.6). Três números – as distâncias ao longo do eixo *x*, do eixo *y* e do eixo *z* – especificarão a posição do ponto no espaço.

Usamos três dimensões para especificar o tamanho dos objetos. Uma caixa, por exemplo, é descrita por seu comprimento, sua largura e sua altura. No entanto, as três dimensões não dão uma descrição completa. Existe uma quarta dimensão: o tempo. A caixa não foi sempre uma caixa de comprimento, largura e altura dados. Ela começou como uma caixa apenas em um dado instante de tempo, no dia em que foi fabricada. Nem sempre ela será uma caixa. Num momento qualquer, ela pode ser esmagada, queimada ou destruída de alguma forma. Assim, as três dimensões espaciais constituem uma descrição válida da caixa somente durante um determinado período de tempo. Não podemos falar no espaço sem envolver o tempo. As coisas existem no **espaço-tempo**. Cada objeto, cada pessoa, cada planeta, cada estrela, cada galáxia existe naquilo que os físicos chamam de "o *continuum* do espaço-tempo".

Dois observadores lado a lado, em repouso um em relação ao outro, compartilham de um mesmo sistema de referência. Ambos concordariam em suas medições do espaço e dos intervalos de tempo entre eventos dados, portanto dizemos que eles compartilham a mesma região do espaço-tempo. Entretanto, se existir movimento relativo entre eles, os observadores não concordarão em suas medições do espaço e do tempo. Para valores comuns de velocidade, as diferenças entre suas medidas serão imperceptíveis, mas para valores de velocidade próximos ao da luz – as chamadas velocidades relativísticas, as diferenças tornam-se consideráveis. Cada observador se encontra em uma região diferente do espaço-tempo, e suas medições do espaço e do tempo diferem daquelas realizadas por um observador numa outra região do espaço-tempo. As medidas diferem não ao acaso, mas de maneira que cada observador sempre medirá a mesma razão entre o espaço e o tempo para a luz. Quanto maior for a distância espacial medida, maior será o intervalo de tempo medido. Essa razão constante entre espaço e tempo para a luz, *c*, é o fator unificador entre diferentes regiões do espaço-tempo e constitui a essência do segundo postulado de Einstein.

Vamos examinar a noção de que o tempo pode ser alongado. Imagine que você de alguma maneira é capaz de observar um *flash* luminoso que ricocheteia para cá e para lá entre um par de espelhos paralelos, como uma bola que ricocheteia repetidamente no teto e no piso. Se a distância entre os espelhos é fixada, então tal arranjo constitui um *relógio de luz*, porque as viagens de ida e volta do *flash* duram intervalos de tempo iguais (Figura 35.8). Suponha que esse relógio de luz se encontre dentro de uma nave espacial transparente que se move com alta velocidade. Um observador que viaja junto com a nave e observa o relógio de luz (Figura 35.9a) vê o *flash* refletindo para cima e para baixo entre os dois espelhos, assim como se a nave estivesse em repouso. Tal observador não nota qualquer efeito fora do normal. Perceba que, como o observador está se movendo junto com a nave, não existe movimento relativo entre ele e o relógio de luz; dizemos que o observador e o relógio compartilham do mesmo sistema de referência no espaço-tempo.

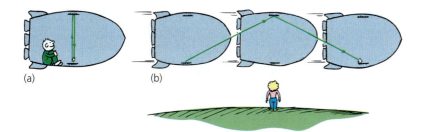

FIGURA 35.9 (a) Um observador que se move junto com a nave espacial observa o *flash* luminoso se mover verticalmente entre os espelhos do relógio de luz.
(b) Um observador que vê a nave espacial passar por ele observa o *flash* se mover ao longo da trajetória diagonal.

Suponha agora que estejamos em pé sobre o solo quando a nave espacial vem "zunindo" em nossa direção com alta rapidez – digamos, a metade da rapidez da luz. As coisas se passam de maneira totalmente diferente a partir de nosso sistema de referência, pois não vemos a luz realizando simplesmente um movimento para cima e para baixo. Devido ao *flash* estar se movendo horizontalmente ao mesmo tempo em que se move verticalmente entre os dois espelhos, vemos o *flash* seguir um caminho diagonal. Note, na Figura 35.9b, que a partir de nosso sistema de referência fixado à Terra, o *flash* percorre uma *distância maior* quando faz uma viagem de ida e volta entre os espelhos, uma distância consideravelmente maior do que aquela que ele percorre no sistema de referência do observador que se desloca junto com a nave. Uma vez que a rapidez de propagação da luz é a mesma em relação a todos os sistemas de referência (segundo postulado de Einstein), o *flash* deve viajar entre os espelhos por um tempo correspondentemente mais longo em nosso sistema do que no sistema de referência do observador a bordo da nave. Isso segue a definição de rapidez: distância dividida pelo tempo. *A distância maior ao longo da diagonal deve ser dividida por um intervalo de tempo correspondentemente maior para resultar num valor invariante para a rapidez da luz.* Esse alongamento do tempo é chamado de **dilatação temporal.**

Em nosso exemplo, consideramos um relógio de luz, mas as mesmas conclusões serão verdadeiras para qualquer tipo de relógio. Todos os relógios funcionam mais lentamente quando estão em movimento do que quando estão em repouso. A dilatação temporal não tem a ver com o mecanismo do relógio, mas com a própria natureza do tempo.

A equação da dilatação temporal para sistemas de referência diferentes no espaço-tempo pode ser derivada da Figura 35.10 com o uso de simples geometria e álgebra.[1] A relação entre o tempo t_0 (chamado de *tempo próprio*), medido no sistema de

---

[1] O relógio de luz é mostrado na figura abaixo em três posições sucessivas. As linhas diagonais representam o caminho seguido pela luz quando ela parte do espelho inferior, na posição 1, move-se para o espelho superior, na posição 2, e depois retorna ao espelho inferior, na posição 3. As distâncias no diagrama são assinaladas por ct, vt e ct_0, que seguem o fato de que a distância percorrida por um objeto em movimento uniforme é igual à sua rapidez multiplicada pelo tempo.

O símbolo t_0 representa o tempo decorrido para o *flash* se mover entre os espelhos, como medido a partir de um sistema de referência fixo no relógio de luz. Esse é o tempo gasto para o *flash* se movimentar diretamente para cima ou para baixo. A rapidez da luz é c, e o caminho percorrido pela luz é visto como a distância vertical ct_0. Essa distância entre os espelhos forma um ângulo reto com a direção de movimento do relógio de luz e tem o mesmo valor em ambos os sistemas de referência.

O símbolo t representa o tempo decorrido para o *flash* se mover de um espelho a outro, medido a partir de um sistema de referência em relação ao qual o relógio de luz se move com rapidez v. Como a rapidez do *flash* é c e o tempo que ele gasta para ir da posição 1 para a 2 é t, a distância diagonal percorrida é ct. Durante esse tempo t, o relógio (que se desloca na horizontal com rapidez v) move-se uma distância horizontal vt da posição 1 para a 2.

Como mostra a figura, essas três distâncias formam um triângulo retângulo, no qual ct é a hipotenusa e ct_0 e vt são os catetos. Um teorema da geometria bastante conhecido, o teorema de Pitágoras, estabelece que o quadrado da hipotenusa é igual à soma dos quadrados dos catetos. Se aplicarmos esse teorema à figura, obteremos:

$$c^2 t^2 = c^2 t_0^2 + v^2 t^2$$

$$c^2 t^2 - v^2 t^2 = c^2 t_0^2$$

$$t^2 \left[1 - \left(\frac{v^2}{c^2}\right)\right] = t_0^2$$

$$t^2 = \frac{t_0^2}{1 - \left(\frac{v^2}{c^2}\right)}$$

$$t = \frac{t_0}{\sqrt{1 - \left(\frac{v^2}{c^2}\right)}}$$

FIGURA 35.10 A distância maior percorrida pelo *flash* luminoso ao seguir a trajetória diagonal para a direita deve ser dividida por um intervalo de tempo correspondentemente mais longo, a fim de obter um valor invariável para a rapidez da luz.

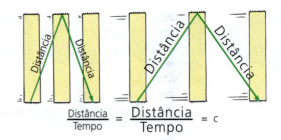

referência que se move junto com o relógio, e o tempo t, medido no outro sistema de referência (chamado de *tempo relativo*) é:

$$t = \frac{t_0}{\sqrt{1 - \frac{v^2}{c^2}}}$$

onde v representa a rapidez do relógio em relação ao observador externo (igual à rapidez relativa dos dois observadores) e c é a rapidez de propagação da luz. A grandeza

$$\sqrt{1 - \frac{v^2}{c^2}}$$

é o mesmo fator usado por Lorentz para explicar a contração do comprimento. Chama-se o inverso dessa quantidade, γ (gama), de *fator de Lorentz*. Ou seja,

$$\gamma = \frac{1}{\sqrt{1 - \frac{v^2}{c^2}}}$$

Então podemos expressar a dilatação temporal de uma maneira mais simples, como:

$$t = \gamma t_0$$

Vamos dar uma olhada nos termos contidos em γ. Um pouco de esforço mental mostrará que γ é sempre maior do que 1 para qualquer rapidez v maior do que zero. Note que, como a rapidez v é sempre menor do que c, a razão v/c é sempre menor do que 1; o mesmo vale para v^2/c^2. Você consegue perceber que daí se deprende que γ é maior do que 1? Agora considere o caso $v = 0$. Nesse caso, a razão v^2/c^2 é igual a zero, e para os valores das velocidades encontradas no mundo cotidiano, onde v é desprezível comparada com c, ela é praticamente igual a zero. Então $1 - v^2/c^2$ tem valor igual a 1, e o mesmo acontece com $-1 - v^2/c^2$, o que torna $\gamma = 1$. Então encontramos $t = t_0$, ou seja, os intervalos de tempo são os mesmos em ambos os sistemas de referência. Para velocidades maiores, v/c está entre zero e 1, e $\sqrt{1 - v^2/c^2}$ é menor do que 1; o mesmo acontece com $\sqrt{1 - v^2/c^2}$. Isso torna γ maior do que 1, de modo que t_0 multiplicado por um fator maior do que 1 resulta num valor maior do que t_0 – um alongamento, ou seja, uma dilatação temporal.

A fim de considerar alguns valores numéricos, considere que v vale 50% da rapidez da luz. Então substituímos $0{,}5c$ para v na equação da dilatação temporal e, depois de alguma aritmética, encontramos que $\gamma = 1{,}15$, de modo que $t = 1{,}15 t_0$. Isso significa que, se víssemos um relógio numa espaçonave viajando com a metade da rapidez da luz, veríamos o ponteiro dos segundos gastar 1,15 minutos para completar uma volta. Por outro lado, um observador que viajasse junto com o relógio veria ele gastar 1 minuto para fazer isso. Se a espaçonave passa por nós com 87% da rapidez da luz, $\gamma = 2$ e $t = 2t_0$. Nós mediríamos os intervalos de tempo na espaçonave

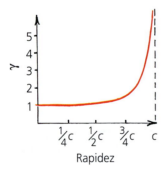

FIGURA 35.11 O gráfico do fator de contração de Lorentz, γ, em função da rapidez.

durando duas vezes mais do que os intervalos usuais, pois os ponteiros do relógio da nave estariam girando com a metade da velocidade angular dos ponteiros de nosso próprio relógio. Os eventos na nave pareceriam acontecer em câmera lenta. A uma rapidez igual a 99,5% da rapidez da luz, $\gamma = 10$ e $t = 10t_0$, veríamos o ponteiro dos segundos do relógio da espaçonave gastarem 10 minutos para completar uma volta que requer 1 minuto em nosso relógio.

A dilatação temporal *não* é uma ilusão: ela é real. Expressando esses números de outra maneira, a $0,995c$, o relógio em movimento pareceria ter um ritmo de andamento correspondente a um décimo de nosso ritmo; ele marcaria apenas 6 segundos enquanto nosso relógio marca 60 segundos. A $0,87c$, o ritmo do relógio em movimento seria a metade do nosso, e ele marcaria 30 segundos enquanto o nosso marca 60 segundos; a $0,5c$, o relógio em movimento apresenta um ritmo igual a $1/1,15$ do nosso e marca 52 segundos enquanto o nosso marca 60 segundos. Os relógios em movimento funcionam mais lentamente.

Não há algo de diferente com o próprio relógio em movimento; ele simplesmente marca o ritmo de um tempo diferente. Quanto mais rápido um relógio se movimenta, mais devagar ele parece funcionar quando visto por um observador que não se move junto com ele. Se fosse possível fazer um relógio passar voando por nós na velocidade da luz, ele pareceria não estar funcionando. Mediríamos o intervalo entre seus tiques como infinito. O relógio pareceria imutável! Entretanto, uma coisa se move *de fato* com a velocidade da luz: a própria luz. Portanto, os fótons jamais envelhecem. O tempo não passa para um fóton. Eles genuinamente não têm idade.

Se uma pessoa que passa por nós muito velozmente conferisse um relógio que se encontra em nosso sistema de referência, descobriria que o nosso relógio mantém um ritmo de funcionamento tão lento quanto o que registramos para o relógio dela. Cada um de nós vê o relógio do outro funcionando lentamente. Não existe contradição nisso, pois é fisicamente impossível para os dois observadores em movimento relativo se referirem à mesma região do espaço-tempo. As medições realizadas em uma região do espaço-tempo não precisam concordar com as medições realizadas em outra região. Entretanto, a medição sobre a qual todos concordam é a da rapidez de propagação da luz.

FIGURA 35.12 Quando vemos o foguete em repouso, o vemos viajando no tempo à taxa máxima: 24 horas por dia. Quando o vemos viajando com a taxa máxima pelo espaço (a rapidez da luz), observamos seu tempo paralisado.

OBSERVANDO UM RELÓGIO A PARTIR DE UM BONDE

Suponha que você fosse Einstein na virada do século e dirigisse um bonde que se move afastando-se de um grande relógio na praça de um vilarejo. O relógio marca meio-dia em ponto. Dizer isso significa dizer que a luz que transporta a informação "meio-dia" é refletida pelo relógio e se desloca em sua direção ao longo de sua linha de visada. Se você mover a cabeça subitamente para o lado, a luz que transporta a informação, em vez de alcançar seu olho, seguirá em frente, presumivelmente para o espaço. Lá fora, um observador, que *mais tarde* recebe a luz diz, "oh, agora é meio-dia na Terra". Contudo, do ponto de vista a partir do qual você observa, agora é mais tarde do que isso. Você e o observador distante enxergam meio-dia em instantes diferentes de tempo. Você se espanta com essa ideia. Se o bonde se deslocasse tão rápido quanto a luz, então ele continuaria com a informação que diz "meio-dia". Viajar com a rapidez da luz, então, significa para você que sempre é meio-dia na praça do vilarejo. Em outras palavras, o tempo na praça do vilarejo está congelado!

Se o bonde não estiver se movendo, você verá os ponteiros do relógio da praça do vilarejo se moverem para o futuro a uma taxa de 60 segundos por minuto. Se você se move com a rapidez da luz, você vê os segundos do relógio durante um tempo infinito. Esses são dois extremos. O que existe entre eles? Como seria visto o avanço dos ponteiros do relógio quando você se movesse com valores de velocidade menores do que a rapidez da luz?

Um pouco de raciocínio mostrará que você receberá a mensagem "uma em ponto" em determinado instante entre 60 minutos e um tempo infinito após ter recebido a mensagem "meio-dia", dependendo de onde se situa sua rapidez em relação aos valores extremos zero e à rapidez da luz. A partir de seu sistema de referência altamente veloz (mas com rapidez menor do que *c*), você verá os eventos acontecendo no sistema de referência do relógio (que é a própria Terra) como que em câmera lenta. Se você inverter o sentido de seu movimento e se deslocar em alta velocidade em direção ao relógio, verá todos os eventos acontecendo no sistema de referência do relógio como se tivessem sido acelerados. Quando você retornar e se encontrar parado na praça, os efeitos da ida e da volta se compensarão? Surpreendentemente, não! O tempo será alongado. O relógio de pulso que você carregava consigo o tempo todo e o relógio da praça do vilarejo estarão em discordância. Isso é a dilatação do tempo.

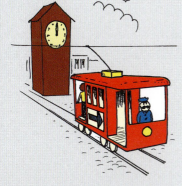

A dilatação temporal foi confirmada em laboratório inúmeras vezes por meio de aceleradores de partículas. A duração da vida de partículas radioativas que se movem a grandes velocidades aumenta quando o valor da velocidade cresce, e a quantidade desse aumento é exatamente a predita pela equação de Einstein. A dilatação temporal tem sido confirmada também para movimentos não tão rápidos. Em 1971, a fim de testar a relatividade com relógios macroscópicos, quatro relógios atômicos de césio voaram ao redor do mundo por duas vezes em aviões a jato comerciais de passageiros, primeiramente no sentido leste e outra vez no sentido oposto. Os relógios indicaram tempos diferentes após as viagens. Em relação à escala de tempo atômica do Observatório Naval dos Estados Unidos, as diferenças de tempo observadas, em bilionésimos de segundo, estavam de acordo com as previsões de Einstein. Agora, com relógios atômicos orbitando a Terra como parte do sistema global de posicionamento (Global Position System, GPS), ajustes são essenciais para corrigir os efeitos da dilatação temporal. Assim, podemos usar os sinais provenientes dos relógios para fornecer localizações sobre a Terra com grande precisão.

Isso tudo nos parece muito estranho apenas porque não faz parte de nossa experiência trabalhar com medições realizadas a velocidades relativísticas ou com relógios atômicos a velocidades de valores ordinários. A teoria da relatividade não faz parte do senso comum. No entanto, o senso comum, de acordo com Einstein, é aquela camada de preconceitos estabelecidos em nossa mente até os 18 anos. Se gastássemos nossa juventude viajando pelo universo em espaçonaves altamente velozes, provavelmente estaríamos acostumados com os resultados da relatividade.

psc

- O Sistema de Posicionamento Global (GPS, do inglês Global Positioning System) leva em conta a dilatação do tempo dos relógios atômicos em órbita. De outro modo, seu aparelho de GPS forneceria sua posição com grandes erros.

PAUSA PARA TESTE

1. Se você estivesse se movendo numa espaçonave em alta velocidade em relação à Terra, você notaria alguma diferença em sua própria pulsação? E na pulsação das pessoas que ficaram na Terra?
2. Dois observadores, A e B, concordariam em suas medições de tempo se A se movesse em relação a B com a metade da rapidez da luz? E se ambos se movessem juntos com a metade da rapidez da luz em relação à Terra?
3. A dilatação temporal significa que o tempo de fato passa mais lentamente em sistemas que estão em movimento, ou o tempo apenas parece passar mais lentamente?

VERIFIQUE SUA RESPOSTA

1. A rapidez relativa entre você e seu pulso é nula, porque os dois compartilham do mesmo sistema de referência. Portanto, você não nota qualquer efeito relativístico em sua pulsação. Existe, entretanto, um efeito relativístico entre você e as pessoas que ficaram na Terra. Você descobriria que as pulsações delas mantêm um ritmo mais lento do que o normal (e elas achariam que é a sua pulsação que está mais lenta do que o normal). Os efeitos da relatividade são sempre atribuídos ao outro.

2. Quando A e B estão se movendo um em relação ao outro, cada um observa uma diminuição no ritmo do tempo no sistema de referência do outro. Portanto, eles não concordam em suas medições do tempo. Quando estão se movendo juntos, eles compartilham do mesmo sistema de referência e concordam em suas medições de tempo. Cada um vê o tempo do outro transcorrer normalmente e cada um vê os eventos na Terra acontecerem com o mesmo ritmo mais lento.

3. A diminuição no ritmo de passagem do tempo de sistemas em movimento não é meramente uma ilusão resultante do próprio movimento. O tempo de fato passa mais lentamente em um sistema que se move em relação a outro em repouso relativo, como vamos ver na próxima seção. Prossiga lendo!

A viagem do gêmeo

Uma ilustração drástica da dilatação temporal é fornecida por gêmeos idênticos, sendo um deles um astronauta que faz uma viagem pela galáxia em alta veloci-

FIGURA 35.13 O gêmeo viajante não envelhece tão rápido quanto o gêmeo que fica em casa.

dade, enquanto o outro permanece na Terra. Quando o gêmeo viajante retorna, ele está mais jovem do que o gêmeo que ficou na Terra. Quão mais jovem ele está depende da rapidez relativa envolvida. Se o gêmeo viajante mantiver uma rapidez correspondente a 50% da rapidez da luz por um ano (de acordo com os relógios da espaçonave), na Terra terá decorrido 1,15 ano. Se o gêmeo viajante mantiver uma rapidez correspondente a 87% da rapidez da luz por um ano, então dois anos terão decorrido na Terra. A uma rapidez correspondente a 99,5% da rapidez da luz, 10 anos terão se passado na Terra para um ano decorrido na espaçonave. Com esse valor de velocidade para a espaçonave, o gêmeo viajante envelheceria apenas um ano para cada 10 anos que o gêmeo na Terra envelhecesse.

Uma questão surge com frequência: uma vez que o movimento é relativo, por que o efeito não funciona igualmente bem ao contrário? Por que o gêmeo viajante, ao retornar, não encontraria seu irmão que permaneceu na Terra mais jovem do que ele próprio? Mostraremos que, a partir dos sistemas de referência usados por ambos os gêmeos, é o gêmeo que permaneceu na Terra que mais envelhece. Primeiro, considere uma nave espacial pairando em repouso em relação à Terra. Suponha que a nave envie breves *flashes* luminosos para o planeta a intervalos de tempo regulares (Figura 35.14). Levará algum tempo antes que os *flashes* cheguem ao planeta, da mesma forma que a luz solar leva cerca de 8 minutos para alcançar a Terra. Os *flashes* luminosos chegarão ao receptor sobre o planeta com velocidade de valor igual a *c*. Como não existe movimento relativo entre o emissor e o receptor, sucessivos *flashes* serão captados com a mesma frequência com a qual são regularmente emitidos. Por exemplo, se um *flash* é emitido da nave a cada 6 minutos, após um certo tempo de retardo, ele será captado pelo receptor a cada 6 minutos. Sem haver qualquer movimento envolvido, nada existe de incomum nisso.

> **psc**
> - O astronauta Scott Kelly passou onze meses (27 de março de 2015 a 2 de março de 2016) a bordo da Estação Espacial Internacional para testar o impacto das viagens espaciais no corpo humano. Seu irmão gêmeo Mark, também astronauta, permaneceu em casa para atuar como controle do estudo. Durante os 11 meses em órbita, Scott reduziu em 13 milissegundos a sua idade terrestre, e agora é mais jovem do que Mark!

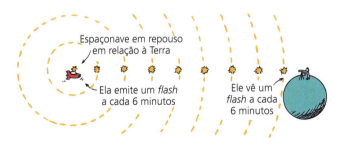

FIGURA 35.14 Quando nenhum movimento está envolvido, os *flashes* luminosos são recebidos com a mesma frequência com que são emitidos pela nave espacial.

Quando há movimento envolvido, a situação é completamente diferente. É importante notar que a rapidez de propagação dos *flashes* ainda será *c*, não importando como a nave ou o receptor possam estar se movendo. Quão frequentemente os *flashes* são vistos, no entanto, depende muito do movimento relativo envolvido. Quando a nave se desloca em direção ao receptor, este capta os *flashes* mais frequentemente. Isso acontece não apenas porque o tempo é alterado devido ao movimento, mas principalmente porque cada *flash* sucessivo tem uma distância menor para percorrer quando a nave está se aproximando do receptor. Se a espaçonave emitir um *flash* a cada 6 minutos, os *flashes* serão vistos a intervalos de tempo menores do que esse. Suponha que a nave esteja viajando rápido o bastante para que os *flashes* sejam captados com frequência duas vezes maior. Então, eles serão vistos a intervalos de 3 minutos (Figura 35.15).

FIGURA 35.15 Quando o emissor se move em direção ao receptor, os *flashes* são captados mais frequentemente.

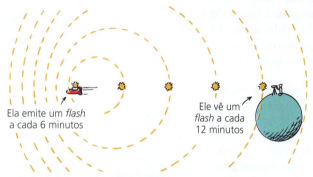

FIGURA 35.16 Quando o emissor se move afastando-se do receptor, os *flashes* são captados mais espaçadamente no tempo e registrados menos frequentemente.

Se a nave estiver se afastando do receptor com a mesma rapidez anterior, ainda emitindo *flashes* a intervalos de 6 minutos, esses *flashes* serão captados pelo receptor com a metade da frequência de emissão, ou seja, a intervalos de 12 minutos (Figura 35.16). Isso se deve principalmente ao fato de que cada *flash* sucessivo tem uma distância maior a percorrer quando a nave está se afastando do receptor.

O efeito resultante da ação de afastamento em relação ao receptor é exatamente o oposto daquele resultante da ação de aproximação. Assim, se os *flashes* são captados duas vezes mais frequentemente quando a espaçonave está se aproximando (*flashes* emitidos a intervalos de 6 minutos são recebidos a cada 3 minutos), eles serão recebidos duas vezes menos frequentemente quando a nave estiver se afastando (*flashes* emitidos a intervalos de 6 minutos são recebidos a cada 12 minutos).[2]

Isso significa que, se dois eventos são separados no tempo por 6 minutos de acordo com o relógio da espaçonave, eles serão vistos como separados no tempo por 12 minutos quando a espaçonave estiver se afastando e por somente 3 minutos quando ela estiver se aproximando.

---

[2] Essa relação recíproca (frequências sendo dobradas ou reduzidas à metade) é uma consequência da constância da rapidez de propagação da luz e pode ser ilustrada pelo seguinte exemplo: suponha que um emissor na Terra emita *flashes* a intervalos de 3 minutos para um observador distante sobre um planeta que se encontra em repouso em relação à Terra. O observador, então, vê um *flash* a cada 3 minutos. Agora suponha que um segundo observador está viajando numa espaçonave entre a Terra e o planeta com uma rapidez grande o suficiente para lhe permitir ver os *flashes* com frequência duas vezes menor – a intervalos de 6 minutos. Essa redução pela metade da frequência de afastamento ocorre para uma rapidez de afastamento igual a 0,6c. Podemos ver que a frequência será duplicada para uma rapidez de aproximação igual a 0,6c, supondo que a espaçonave emita seus próprios *flashes* a cada vez que recebe um *flash* vindo da Terra, ou seja, a cada 6 minutos. Como o observador no planeta distante vê esses *flashes*? Uma vez que os *flashes* provenientes da Terra e aqueles vindos da espaçonave viajam juntos com a mesma rapidez c, o observador verá não apenas os *flashes* da Terra chegando a cada 3 minutos, mas também aqueles provenientes da espaçonave a cada 3 minutos. Assim, embora uma pessoa na espaçonave emita *flashes* a intervalos de 6 minutos, o observador os vê a cada 3 minutos, numa frequência duas vezes maior do que aquela na qual eles foram emitidos. Portanto, para uma rapidez de afastamento em que a frequência aparece reduzida à metade, a frequência será duplicada para a mesma rapidez de aproximação. Se a nave estivesse viajando mais rápido, de modo que a frequência de afastamento na situação de afastamento fosse um terço ou um quarto da de emissão, então a frequência de afastamento na situação de aproximação seria três ou quatro vezes maior, respectivamente. Essa relação recíproca não é válida para ondas que requerem um meio para se propagarem. No caso de ondas de som, por exemplo, uma rapidez que resulte numa duplicação da frequência de emissão na situação de aproximação produz dois terços (e não a metade) da frequência de emissão para a situação de afastamento. Portanto, o efeito Doppler relativístico difere daquele que experimentamos com o som.

PAUSA PARA TESTE

1. Se a espaçonave emite um sinal como "sinal de partida" e depois um *flash* a cada 6 minutos durante uma hora, quantos *flashes* serão emitidos?
2. A nave emite *flashes* igualmente espaçados a cada 6 minutos enquanto está se aproximando do receptor com uma rapidez constante. Esses *flashes* estarão igualmente espaçados no tempo quando forem captados pelo receptor?
3. Se o receptor capta esses *flashes* em intervalos de 3 minutos, quanto tempo decorrerá entre o sinal inicial e o último *flash* (no sistema de referência do receptor)?

VERIFIQUE SUA RESPOSTA

1. A nave emitirá um total de 10 *flashes* durante 1 hora, pois (60 minutos)/(6 minutos) = 10 (11 se o sinal de partida for contabilizado).
2. Sim. Desde que a nave se mova com um valor de velocidade constante, os *flashes* igualmente espaçados no tempo serão captados pelo receptor também igualmente espaçados no tempo, mas mais frequentemente. (Se a nave acelerou enquanto estava enviando os *flashes*, então eles não seriam captados a intervalos igualmente espaçados no tempo.)
3. Trinta minutos, pois chegam 10 *flashes* no total, cada um separado do outro no tempo por um intervalo de 3 minutos.

Vamos aplicar essa duplicação dos intervalos entre os *flashes* e sua redução pela metade aos gêmeos. Suponha que o gêmeo viajante se afaste do outro gêmeo em alta rapidez por 1 hora, então rapidamente faça a curva e retorne durante 1 hora com a mesma rapidez com que se afastou. Siga essa linha de raciocínio com a ajuda da Figura 35.17. O gêmeo viajante faz a viagem de ida e volta em 2 horas, de acordo com todos os relógios existentes a bordo da espaçonave. Entretanto, essa viagem não será registrada como 2 horas a partir do sistema de referência da Terra. Podemos ver isso com a ajuda dos *flashes* do relógio de luz da nave.

Quando a nave está se afastando da Terra, ela emite um *flash* de luz a cada 6 minutos. Esses *flashes* são recebidos na Terra a cada 12 minutos. Durante a hora na qual a nave está se afastando da Terra, são emitidos um total de 10 *flashes* (após

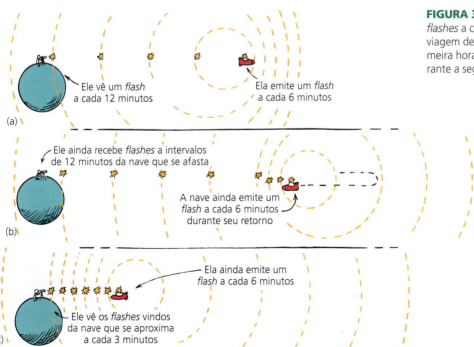

FIGURA 35.17 A espaçonave emite *flashes* a cada 6 minutos durante uma viagem de duas horas. Durante a primeira hora, ela se afasta da Terra. Durante a segunda hora, ela se aproxima.

FIGURA 35.18 A viagem que leva duas horas no sistema de referência da espaçonave é feita em duas horas e meia de acordo com o sistema de referência da Terra.

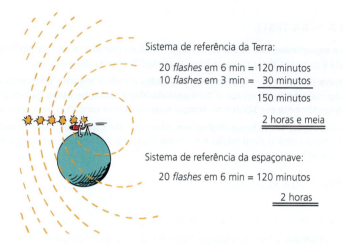

o "sinal de partida"). Se a nave partiu da Terra ao meio-dia, os relógios de bordo marcarão 13h quando o décimo *flash* for emitido. Que horas serão na Terra quando esse décimo *flash* chegar lá? A resposta é 14h. Por quê? Porque o tempo que leva para a Terra receber 10 *flashes* separados por intervalos de 12 minutos é 10 × (12 min), ou 120 min (2 horas).

Suponha que a espaçonave seja capaz de fazer a curva em um intervalo de tempo desprezível de tão curto, e retorne à Terra com a mesma rapidez da ida. Durante a hora que dura o retorno, ela emite mais 10 *flashes* a intervalos de 6 minutos. Esses *flashes* são recebidos na Terra a cada 3 minutos, de modo que os 10 *flashes* chegam durante 30 minutos. Um relógio na Terra marcará 14h30 quando a espaçonave completar sua viagem de ida e volta em suas duas horas. Vemos que o gêmeo que ficou na Terra envelheceu meia hora a mais do que o que viajou na espaçonave!

O resultado é o mesmo a partir de qualquer um dos dois sistemas de referência. Considere a mesma viagem novamente, dessa vez com os *flashes* sendo emitidos da Terra a intervalos regularmente espaçados de 6 minutos no tempo da Terra. A partir do sistema de referência da nave que se afasta, esses *flashes* são recebidos a intervalos de 12 minutos (Figura 35.19a). Isso significa que cinco *flashes* são captados pela espaçonave durante aquela hora em que ela está se afastando da Terra. Durante a hora em que ela está se aproximando, os *flashes* luminosos são captados a intervalos de 3 minutos (Figura 35.19b), então serão recebidos 20 *flashes*.

Portanto, vemos que a espaçonave recebe um total de 25 *flashes* durante sua viagem de ida e volta em duas horas. De acordo com os relógios na Terra, no entanto, o tempo gasto para emitir os 25 *flashes* a intervalos de 6 minutos é 25 × (6 min), ou 150 min (2,5 h). Isso é mostrado na Figura 35.20.

Então, os gêmeos concordam sobre os mesmos resultados, não havendo disputa sobre qual deles envelheceu mais. Enquanto o gêmeo que ficou na Terra manteve-se em um único sistema de referência, o gêmeo viajante usou dois sistemas de referência diferentes, separados pela aceleração da espaçonave durante a curva que teve de fazer para retornar. A espaçonave experimentou duas regiões diferentes do espaço-tempo, enquanto a Terra experimentou uma única região do espaço-tempo, que é diferente das regiões que a espaçonave experimentou. Os gêmeos podem se encontrar novamente no mesmo lugar do espaço somente à custa do tempo.

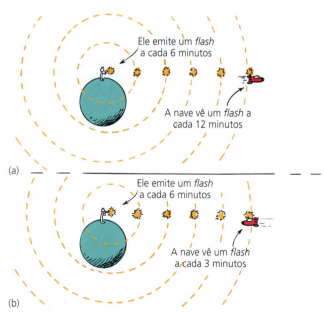

FIGURA 35.19 Os *flashes* enviados da Terra a intervalos de 6 minutos são recebidos na nave a intervalos de 12 minutos quando ela está se afastando e a intervalos de 3 minutos quando ela está se aproximando.

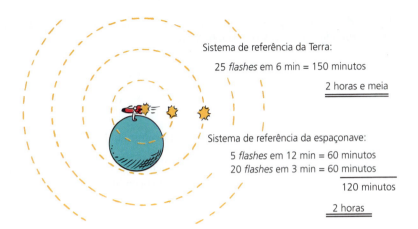

FIGURA 35.20 Um intervalo de tempo de duas horas e meia na Terra é registrado com duração de duas horas no sistema de referência da espaçonave.

PAUSA PARA TESTE
Como o movimento é relativo, não podemos igualmente dizer que a espaçonave se encontra em repouso e que a Terra é que se move, caso em que o gêmeo da espaçonave envelhece mais?

VERIFIQUE SUA RESPOSTA
Não, a menos que a Terra faça uma curva e retorne, como fez nossa espaçonave no exemplo da viagem do gêmeo. A situação não é simétrica, pois durante a viagem toda, um dos gêmeos permaneceu num único sistema de referência no espaço-tempo, enquanto o outro fez uma mudança de sistema de referência, como é evidenciado pela aceleração existente durante a curva que a nave teve de fazer para retornar.

35.5 Adição de velocidades

A maioria das pessoas sabe que se você caminha a 1 km/h ao longo do corredor de um trem que se move a 60 km/h, sua rapidez em relação ao solo é de 61 km/h se você estiver caminhando no mesmo sentido do movimento do trem, e de 59 km/h se você caminhar em sentido contrário. O que a maioria das pessoas sabe está *quase* correto. Levando em conta a relatividade especial, os valores de sua rapidez são *aproximadamente* iguais a 61 km/h e 59 km/h, respectivamente.

Para objetos do cotidiano em movimento uniforme (não acelerado), normalmente combinamos velocidades de acordo com a fórmula simples

$$V = v_1 + v_2$$

Contudo, essa regra não se aplica à luz, que sempre se propaga com a mesma rapidez c. Estritamente falando, a fórmula acima é uma aproximação da fórmula relativística para combinar velocidades. Não abordaremos aqui a longa derivação para esse caso, somente apresentaremos a fórmula relativística:

$$V = \frac{v_1 + v_2}{1 + \dfrac{v_1 v_2}{c^2}}$$

O numerador dessa fórmula faz parte do senso comum, mas essa soma simples de duas velocidades é alterada pelo segundo termo do denominador, que é significativo somente quando ambos os valores de v_1 e de v_2 são próximos de c.

Como exemplo, considere uma espaçonave que está se afastando de você a uma rapidez igual a $0,5c$. Ela dispara um foguete que é impulsionado no mesmo sentido do movimento da nave, afastando-se de você, com uma rapidez de $0,5c$ em relação à própria nave. Qual é a rapidez desse foguete em relação a você? A fórmula não relativística diria que o foguete se move com rapidez igual à da luz no sistema de referência utilizado por você. Contudo, na verdade,

$$V = \frac{0{,}5c + 0{,}5c}{1 + \frac{0{,}25c^2}{c^2}} = \frac{c}{1{,}25} = 0{,}8c$$

o que ilustra outra consequência da relatividade: nenhum objeto material pode se mover tão ou mais rapidamente do que a luz.

Suponha que a espaçonave, em vez de um foguete, dispara um pulso de luz de um *laser* no mesmo sentido em que está viajando. Quão rápido esse pulso se moverá em relação ao sistema de referência usado por você?

$$V = \frac{0{,}5c + c}{1 + \frac{0{,}5c^2}{c^2}} = \frac{1{,}5c}{1{,}5} = c$$

Ou seja, independentemente da velocidade relativa entre os dois sistemas de referência, a luz que se propaga com rapidez c em relação a um determinado sistema de referência também será registrada se movendo com rapidez c em qualquer outro sistema de referência. Se você tentar perseguir a luz, jamais a alcançará.

Viagens espaciais

Um dos antigos argumentos contra a possibilidade de viagens interestelares de seres humanos era que a duração de nossas vidas é muito curta. Foi argumentado, por exemplo, que a estrela mais próxima da Terra (depois do Sol, é claro), Alfa Centauro, está a quatro anos-luz de distância, e uma viagem de ida e volta, mesmo sendo feita à velocidade da luz, levaria 8 anos.[3] Mesmo uma viagem realizada com a velocidade da luz até o centro de nossa galáxia, a 25.000 anos-luz de distância, requereria 25.000 anos. No entanto, esses argumentos são falhos se levarmos em conta a dilatação temporal. Para uma pessoa na Terra e para outra numa espaçonave em alta velocidade, os tempos não são os mesmos.

O coração de uma pessoa bate no ritmo daquela região do espaço-tempo em que ela se encontra. Uma região do espaço-tempo parece igual qualquer outra para o coração, mas não para um observador que está fora do sistema de referência do coração. Por exemplo, astronautas viajando a 99% de c poderiam ir até a estrela Procyon (a 10,4 anos-luz de distância) e retornar em 21 anos terrestres. Por causa da dilatação temporal, entretanto, somente três anos teriam transcorrido para os astronautas. Isso é o que revelariam todos os relógios usados por eles – e biologicamente, eles estariam de fato três anos mais velhos. Por outro lado, os funcionários que os recebessem no retorno estariam 21 anos mais velhos!

Os resultados são ainda mais impressionantes a velocidades mais altas. Para um foguete que se move a 99,99% de c, os viajantes poderiam percorrer uma distância ligeiramente maior do que 70 anos-luz em um único ano de seu tempo. A 99,999% de c, essa distância seria aumentada consideravelmente para mais do que 200 anos-luz. Uma viagem de cinco anos para eles os levaria mais longe do que a luz percorre em 1.000 anos terrestres!

A tecnologia atual não permite tais jornadas. O fornecimento de energia propulsora suficiente e a blindagem contra a radiação são dois problemas proibitivos. Espaçonaves que viajassem a velocidades relativísticas requereriam bilhões de vezes mais energia do que a usada para pôr em órbita um ônibus espacial atual. Mesmo algum tipo de *ramjet** interestelar que coletasse hidrogênio interestelar para queimá-lo num reator a fusão

FIGURA 35.21 A partir do sistema de referência da Terra, a luz leva 25.000 anos para viajar do centro de nossa galáxia, a Via Láctea, até nosso sistema solar. A partir do sistema de referência de uma espaçonave altamente veloz, tal viagem leva menos tempo. A partir do sistema de referência da própria luz, a viagem não dura tempo algum. Se um sistema de referência pudesse ser fixado à própria luz, a passagem do tempo poderia ser reduzida a zero.

---

[3] Um ano-luz é a distância que a luz percorre durante 1 ano, ou $9{,}46 \times 10^{12}$ km.

* N. de T.: Um *ramjet* é um tipo de máquina a jato que deve ser lançada em alta velocidade.

teria de superar o enorme efeito retardador produzido pela coleta do hidrogênio feita a altas velocidades. Além disso, os viajantes espaciais encontrariam partículas interestelares como se estivessem exatamente com um grande acelerador de partículas apontado para eles. Atualmente, não existe uma maneira de construir uma blindagem contra esse intenso bombardeio de partículas por períodos prolongados de tempo. Hoje, viagens interestelares devem ser relegadas à ficção científica. Não por causa de alguma fantasia científica, mas por ser impraticável. Viajar próximo à velocidade da luz a fim de tirar vantagem da dilatação temporal é completamente consistente com as leis da física.

Podemos enxergar o passado, mas não podemos ir para o passado. Por exemplo, nós enxergamos o passado quando olhamos o céu noturno. A luz das estrelas que chega até nossos olhos deixou aquelas estrelas há dúzias, centenas ou mesmo milhões de anos atrás. Assim, estamos testemunhando a história ancestral – e podemos somente especular acerca do que pode ter acontecido com as estrelas nesse ínterim.

Se estamos olhando a luz que deixou uma estrela há 100 anos, digamos, subentende-se que quaisquer seres avistados naquele sistema solar estão nos vendo pela luz que saiu *daqui* 100 anos atrás. Além disso, se eles tivessem supertelescópios, poderiam muito bem testemunhar os eventos terrestres de um século atrás – o resultado da Guerra Civil Americana, por exemplo. Eles poderiam ver nosso passado, mas ainda veriam os eventos seguindo em frente; eles veriam os ponteiros de nossos relógios girando no sentido normal dos ponteiros de um relógio.

Podemos especular sobre a possibilidade de que o tempo possa muito bem se mover no sentido contrário dos ponteiros do relógio, indo em direção ao passado, da mesma forma que os ponteiros de um relógio normalmente vão em direção ao futuro. Por que, poderíamos indagar, podemos nos mover no espaço para a frente ou para trás, para a esquerda ou direita, para cima ou para baixo, mas no tempo podemos nos mover apenas num mesmo sentido? É muito interessante que os matemáticos que trabalham com partículas elementares permitam a "inversão temporal", embora existam algumas interações entre partículas que favoreçam apenas um sentido para o tempo. Partículas hipotéticas que podem se mover mais rápido do que a luz e retroceder no tempo são chamadas de *táquions*. De qualquer maneira, para o organismo complexo denominado ser humano, o tempo tem apenas um sentido.[4]

Essa conclusão é alegremente ignorada num conjunto de cinco versos que os cientistas adoram:

> There was a young lady named Bright
> Who traveled much faster than light.
> She departed one day
> In a relative way
> And returned on the previous night.*

Mesmo com nossa mente completamente à vontade com a relatividade, ainda podemos inconscientemente nos apegar à ideia de que existe um tempo absoluto e comparar todos esses efeitos relativísticos com ele, admitindo como verdadeiras as alterações no tempo desta e daquela maneira, para esta e aquela velocidade, porém sentindo que ainda existe um tempo básico ou absoluto. Podemos tender a pensar que o tempo que experimentamos na Terra é fundamental e que os outros tempos estão errados. Isso é compreensível, pois somos terráqueos, mas tal ideia é limitante. Do ponto de vista dos observadores situados em um lugar qualquer do universo, podemos estar nos movendo com valores relativísticos de velocidade; eles nos veem vivendo em câmera lenta. Eles podem estar vendo nossas vidas durarem centenas de vezes mais que suas próprias vidas, assim como, por meio de um supertelescópio, veríamos as vidas deles durarem centenas de vezes mais do que as nossas. Não existe um tempo universal padrão. Nenhum.

---

[4] Especula-se que, se nos movêssemos para trás no tempo, não saberíamos, pois, nesse caso, nos lembraríamos de nosso futuro e pensaríamos ser nosso passado!

* N. de T.: Havia uma moça chamada Reluz, / capaz de viajar mais rápido do que a luz. / Certo dia ela partiu, / de uma maneira relativística, / e na noite anterior retornou.

770 PARTE VIII Relatividade

SALTANDO DE SÉCULO

Vamos situar nossa ficção científica em um tempo possível no futuro, quando os problemas proibitivos de suprimento de energia e de radiação tiverem sido superados e as viagens espaciais tiverem se tornado uma experiência rotineira. As pessoas terão a opção de fazer uma viagem e retornar num século futuro de sua escolha. Por exemplo, alguém poderia partir da Terra numa nave em alta velocidade no ano 2100, viajar durante uns cinco anos e retornar no ano 2500. Poderia, então, viver entre os terrestres daquela época por algum tempo e partir novamente para experimentar o ano 3000.

As pessoas poderiam se manter saltando para o futuro gastando uma parte de seu próprio tempo, porém não poderiam viajar para o passado. Jamais poderiam retornar para a mesma época na Terra para a qual disseram adeus. O tempo, nós sabemos, transcorre apenas de uma maneira: para a frente. Aqui na Terra, nos movemos constantemente para o futuro a uma taxa constante de 24 horas por dia. Um astronauta que parte numa viagem para o espaço profundo deve conviver com o fato de que, quando retornar, terá se passado muito mais tempo na Terra do que ele tem experimentado subjetiva e fisicamente durante a jornada. O credo de todos os viajantes das estrelas, sejam quais forem suas condições psicológicas, será o do adeus permanente.

Se as viagens no tempo fossem possíveis, teríamos turistas vindos do futuro para nos visitar?

Pensamos no tempo e depois no universo. Pensamos nele e temos curiosidade sobre o que havia antes de o universo começar a existir. Nos preocupamos com o que acontecerá quando o universo deixar de existir no tempo. No entanto, o conceito de tempo se aplica a eventos e entidades dentro do universo, e não para o universo como um todo. O tempo existe "dentro" do universo; não é o universo que existe "dentro" do tempo. O universo não se encontra "dentro" de uma região do espaço. Sem o universo, não há tempo – não há antes, não há depois. O espaço também está "no" universo; o universo não está "em" uma região do espaço. Não existe espaço "fora" do universo. O espaço-tempo existe dentro do universo. Reflita sobre isso![5]

35.6 Contração do comprimento

Quando os objetos se movem pelo espaço-tempo, tanto o espaço quanto o tempo sofrem alterações. O espaço sofre contração, fazendo com que os objetos pareçam mais curtos quando estão se movendo em relação a nós com velocidades relativísticas. Essa **contração do comprimento** foi proposta pela primeira vez pelo físico George F. FitzGerald e expressa matematicamente por outro físico, Hendrick A. Lorentz (mencionado anteriormente). Enquanto esses físicos fizeram a hipótese de que era a própria matéria que sofria contração, Einstein percebeu que o que sofre a contração é o próprio espaço. Apesar disso, uma vez que a fórmula obtida por Einstein é a mesma que a de Lorentz, chamamos esse efeito de *contração de Lorentz*:

$$L = L_0 \sqrt{1 - \frac{v^2}{c^2}}$$

onde v é o valor da velocidade relativa entre o objeto observado e o observador, c é a rapidez de propagação da luz, L é o comprimento medido para o objeto em movimento e L_0 é o comprimento medido do objeto em repouso.[6]

Suponha que um objeto esteja em repouso, tal que $v = 0$. Quando substituímos esse valor na equação de Lorentz, encontramos $L = L_0$, como seria esperado. Quando substituímos diversos valores progressivamente maiores de v na equação de Lorentz, começamos a ver que o valor calculado para L vai se tornando cada vez menor. A 87% de c, um objeto seria contraído para a metade de seu comprimento

FIGURA 35.22 A contração de Lorentz. A régua é medida com a metade do comprimento normal quando está se deslocando a 87% da rapidez de propagação da luz em relação ao observador.

---

[5] Alguns físicos fazem a hipótese de que nosso universo é apenas um de muitos universos coexistentes, conjuntamente chamados de "multiverso". Atualmente, entretanto, não existe evidência da existência de tais "universos paralelos".

[6] Também podemos expressar isso como $L = \frac{1}{\gamma} L_0$, onde γ é sempre menor ou igual a 1 (pois γ é sempre maior ou igual a 1). Note que, de fato, não explicamos como a equação da contração do comprimento ou outras equações são obtidas. Simplesmente apresentamos as equações como "guias de pensamento" para as ideias da relatividade especial.

original. A 99,5% de c, ele seria contraído para um décimo de seu comprimento original. Se o objeto, de alguma maneira, fosse capaz de se mover com rapidez igual a c, seu comprimento seria nulo. Essa é uma das razões por que dizemos que a rapidez de propagação da luz no vácuo é o limite superior para o valor da velocidade de qualquer objeto em movimento. Outro conjunto de versos muito popular em ciência é:

There was a young fencer named Fisk,
Fisk, Whose thrust was exceedingly brisk.
So fast was his action
The Lorentz contraction
Reduced his rapier to a disk.*

Como indica a Figura 35.23, a contração ocorre apenas na direção do movimento. Se um objeto está se movimentando horizontalmente, não ocorre qualquer contração na direção vertical.

> Dilatação do tempo: relógios em movimento marcam o tempo mais lentamente. Contração do comprimento: objetos em movimento são mais curtos (na direção do movimento).

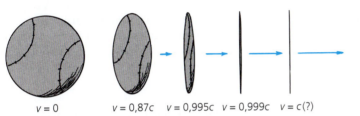

FIGURA 35.23 Quando a rapidez aumenta, o comprimento ao longo da direção do movimento diminui. Os comprimentos perpendiculares à direção do movimento não se alteram.

A contração do comprimento deveria ser de interesse considerável para viajantes espaciais. O centro de nossa galáxia, a Via Láctea, se encontra a 25.000 anos-luz de distância. Isso significa que, se viajássemos em sua direção tão rapidamente quanto a luz, levaríamos 25.000 anos para chegar lá? A partir do sistema de referência da Terra, sim, mas para os viajantes espaciais, decididamente não! Viajando com a rapidez da luz, os 25.000 anos-luz de distância seriam contraídos para distância nenhuma. Os viajantes espaciais chegariam lá instantaneamente!

Para uma viagem hipotética à velocidade da luz, a contração do comprimento e a dilatação temporal são exatamente as duas faces de um mesmo fenômeno. Se os astronautas vão tão rapidamente que se deparam com uma distância de apenas um ano-luz em vez de quatro, como medido da Terra, eles farão a viagem em pouco mais do que um ano. Já os observadores que estão na Terra afirmam que os relógios a bordo da espaçonave estão se atrasando, de modo que marcarão apenas um ano para quatro anos decorridos no tempo da Terra. Ambos concordam sobre o que acontece: os astronautas estão envelhecidos um pouco mais do que um ano quando eles chegam à estrela. Um conjunto de observadores afirma que é por causa da contração do comprimento, outros afirmam que é por causa da dilatação temporal. Ambos estão corretos.

Se algum dia os viajantes espaciais forem capazes de impulsionar a si mesmos até velocidades relativísticas, eles vão comprovar que as partes remotas do universo são trazidas para mais perto pela contração de Lorentz. Por outro lado, os observadores na Terra vão ver os astronautas percorrendo uma distância maior, porque eles estão envelhecendo mais lentamente.

FIGURA 35.24 No sistema de referência de nossa régua, seu comprimento é um metro. Observadores em um sistema de referência em movimento veem *nossa* régua contraída, ao passo que nós vemos *suas* réguas contraídas. Os efeitos relativísticos são sempre atribuídos "ao outro sujeito".

> **PAUSA PARA TESTE**
> Um painel de propaganda retangular tem dimensões espaciais de 10 m × 20 m. Quão rápido, e em que direção, em relação ao painel, um viajante espacial deveria passar para o painel parecer quadrado?

---
* N. de T.: Havia um rapaz chamado Corisco, / que era um esgrimista extremamente arisco. / Tão rápida era sua ação / que a contração de Lorentz / reduziu seu florete a um disco.

FIGURA 35.25 Mike Lukas, engenheiro da SpaceX, contempla uma contração do espaço entre a Terra e Saturno, como sugere esta imagem divertida.

> **VERIFIQUE SUA RESPOSTA**
> O viajante espacial teria de se deslocar a 0,87c numa direção paralela ao lado mais comprido do painel.

35.7 *Momentum* relativístico

Lembre-se de nosso estudo do *momentum*, no Capítulo 6. Aprendemos que a variação do *momentum mv* de um determinado objeto é igual ao impulso *Ft* aplicado a ele: $Ft = \Delta(mv)$, ou $Ft = \Delta p$, onde $p = mv$. Se você aplicar mais impulso a um objeto que é livre para se movimentar, ele adquire mais *momentum*. Se dobrar o valor do impulso sobre um determinado objeto, seu *momentum* dobrará de valor. Se aplicar um impulso dez vezes maior, o objeto adquirirá um *momentum* dez vezes maior. Isso significa que o *momentum* pode aumentar sem qualquer limite? A resposta é *sim*. Isso significa que o valor da velocidade pode crescer sem limites? A resposta é *não*! O limite de rapidez imposto pela natureza para objetos materiais é *c*.

Para Newton, um *momentum* infinito significaria uma massa infinita ou uma rapidez infinita. Contudo, não é assim na relatividade. Einstein mostrou que é necessária uma nova definição de *momentum*. Ela é

$$p = \gamma mv$$

onde γ é o fator de Lorentz (lembre-se de que γ é sempre maior ou igual a 1). Essa generalização do *momentum* é válida em todos os sistemas de referência que estão se movendo uniformemente. O *momentum relativístico* é maior do que *mv* por um fator γ. Para os valores de velocidade do cotidiano, muito menores do que *c*, γ é aproximadamente igual a 1, de modo que *p* é aproximadamente igual a *mv*. A definição de Newton para o *momentum* é válida para baixas velocidades. Para velocidades maiores, γ cresce fantasticamente, e o mesmo acontece com o *momentum* relativístico. Quando a rapidez se aproxima de *c*, γ tende ao valor infinito! Não importa quão próxima de *c* seja a rapidez do objeto, ele ainda precisará de um impulso de valor infinito para que a rapidez aumente até o valor *c* – que é claramente impossível de ser atingido. Assim, vemos que nenhum corpo dotado de massa pode ser impulsionado à rapidez da luz, muito menos além dela.

Partículas subatômicas são rotineiramente impulsionadas a velocidades muito próximas de *c*. Os *momenta* dessas partículas podem ser milhares de vezes maiores do que o dado pela expressão newtoniana *mv*. De um ponto de vista clássico, as partículas comportam-se como se suas massas aumentassem com o aumento de sua rapidez. Einstein inicialmente concordou com essa interpretação, mas mais tarde mudou sua maneira de pensar e manteve a massa como uma constante, uma propriedade da matéria que é a mesma em todos os sistemas de referência. Portanto, é o fator γ que se altera com a velocidade, não a massa. O aumento sofrido pelo *momentum* de uma partícula muito veloz é evidenciado pela realização de uma curva "mais aberta" por parte da partícula. Quanto mais *momentum* ela tem, mais "aberta" é a curva descrita pela partícula e mais difícil se torna desviá-la.

FIGURA 35.26 O acelerador linear de Stanford tem 3,2 km (2 milhas) de comprimento. No entanto, para os elétrons que se movimentam a 0,99999999995c, o acelerador tem apenas 3,2 cm de comprimento. Os elétrons iniciam suas jornadas no primeiro plano da foto e colidem violentamente com alvos ou são estudados em áreas experimentais que estão além da autoestrada (próximo ao topo da foto).

Isso é visto quando um feixe de elétrons é direcionado para o interior de um campo magnético. Partículas carregadas que se movem em um campo magnético experimentam uma força que as desvia de suas trajetórias normais. Para pequenos valores de *momentum*, suas trajetórias se curvam fortemente. Para um grande valor de *momentum*, existe uma maior inflexibilidade, e as trajetórias se curvam apenas um pouco (Figura 35.27). Mesmo que uma determinada partícula possa estar se movendo um pouco mais rapidamente do que outra (por exemplo, a 99,9% em vez de 99% da rapidez da luz), seu *momentum* será consideravelmente maior, e ela seguirá uma trajetória menos curvada em um campo magnético. Essa inflexibilidade deve ser compensada em aceleradores circulares, como cíclotrons e síncrotrons, em que o raio da circunferência é determinado pelo *momentum*. No acelerador linear mostrado na Figura 35.26, o feixe de partículas se desloca em linha reta, e as varia-

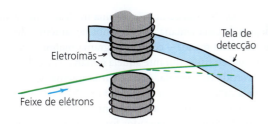

FIGURA 35.27 Se o *momentum* dos elétrons fosse igual ao valor newtoniano *mv*, o feixe deveria seguir a linha tracejada. No entanto, como o *momentum* relativístico γmv tem um valor maior, o feixe acaba descrevendo uma curva "mais aberta", representada pela linha sólida.

ções sofridas pelo *momentum* não produzem desvios em relação a essa trajetória. Os desvios ocorrem quando o feixe de elétrons é curvado na abertura de saída por meio de ímãs (Figura 35.27). Seja qual for o tipo de acelerador, os físicos que trabalham com partículas subatômicas comprovam todos os dias a validade da definição relativística do *momentum* e o limite de velocidade imposto pela natureza.

Para resumir, vemos que, quando a rapidez de um objeto se aproxima da rapidez de propagação da luz, seu *momentum* se aproxima do valor infinito – o que significa que não existe uma maneira de alcançar a velocidade da luz. Existe, entretanto, pelo menos uma coisa que alcança essa velocidade: a própria luz! Contudo, os fótons de luz são desprovidos de massa, e as equações que se aplicam são outras. A luz se propaga sempre com a mesma rapidez. Assim, curiosamente, uma partícula material jamais pode ser impulsionada à velocidade da luz, e a luz jamais pode ser trazida ao repouso.

PAUSA PARA TESTE

Em vez de dizer que uma partícula que se move a uma rapidez relativística tem *momentum* gigantesco, por que não dizemos simplesmente que ela tem massa gigantesca?

VERIFIQUE SUA RESPOSTA

A grandeza *m* que aparece na equação para *p* nesta seção é chamada de "massa de repouso". Ela não depende da rapidez ou energia de uma partícula. Os físicos dão importância ao que é constante (lembre-se das leis de conservação), então, em vez de introduzir a ideia de uma massa variável, eles preferem ater-se à massa de repouso constante e alterar a definição de uma grandeza variável, o *momentum*.

35.8 Massa, energia e $E = mc^2$

Einstein ligou não apenas o espaço e o tempo, mas também massa com energia. Um pedaço de matéria, mesmo estando em repouso e não interagindo com qualquer coisa, tem uma "energia de existência". Ela é chamada de *energia de repouso*. Einstein concluiu que é necessário energia para haver massa e que ocorre liberação de energia se a massa desaparecer. A quantidade de energia *E* está relacionada à quantidade de massa *m* pela mais famosa equação do século XX:

$$E = mc^2$$

O termo c^2 é o fator de conversão entre as unidades de energia e de massa. Devido ao grande valor de *c*, uma pequena massa corresponde a uma enorme quantidade de energia.[7]

Do Capítulo 34, lembre-se que os minúsculos decréscimos na massa nuclear, que ocorrem tanto na fissão quanto na fusão nucleares, liberam enormes quantidades de energia, tudo de acordo com $E = mc^2$. Para o público em geral, essa equação é sinô-

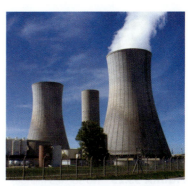

FIGURA 35.28 Dizer que uma usina geradora de energia fornece 90 milhões de megajoules de energia a seus consumidores é equivalente a dizer que ela fornece 1 grama de energia a eles, pois massa e energia são equivalentes.

---

[7] Quando *c* estiver em metros por segundo e *m* em quilogramas, então *E* estará em joules. Se a equivalência entre massa e energia tivesse sido compreendida muito tempo atrás, quando os conceitos da física estavam sendo formulados, provavelmente não haveria unidades distintas para massa e energia. Além disso, com uma redefinição das unidades de espaço e de tempo, *c* poderia ser igual a 1, e $E = mc^2$ se tornaria simplesmente $E = m$.

nimo de energia nuclear. Se pesássemos uma usina nuclear completamente cheia de combustível e depois de uma semana a pesássemos novamente, descobriríamos que seu peso está ligeiramente menor – cerca de 1 grama menor para cada quilograma de combustível que sofreu fissão durante aquela semana. Parte da massa de combustível teria sido convertida em energia. Agora, curiosamente, se pesarmos uma usina geradora de energia a carvão e todo o carvão e o oxigênio que ela consome durante uma semana e depois a pesarmos novamente junto com todo o dióxido de carbono e os outros produtos da combustão lançados fora durante a semana, descobriremos que o peso total final também é ligeiramente menor do que o inicial. De novo, massa foi convertida em energia. Cerca de uma parte em um bilhão foi convertida em energia. Veja bem: se ambas as usinas produzem a mesma quantidade de energia, a variação da massa é a mesma para as duas – seja ela liberada por meio de conversão química ou nuclear. A diferença principal situa-se na quantidade de energia liberada em cada reação individual e na quantidade de massa envolvida. A fissão de um único núcleo de urânio libera 10 milhões de vezes mais energia do que a combustão do carbono produz por cada molécula de dióxido de carbono. Consequentemente, alguns caminhões carregados de urânio combustível alimentarão uma usina a fissão, enquanto uma usina convencional a carvão consome muitas centenas de vagões ferroviários carregados de carvão mineral.

Quando acendemos um palito de fósforo, os átomos de fósforo na cabeça do palito se rearranjam e se combinam com o oxigênio do ar para formar novas moléculas. As moléculas resultantes têm uma massa apenas ligeiramente menor do que a soma das massas das moléculas separadas de oxigênio e de fósforo. Do ponto de vista da massa, o todo é ligeiramente menor do que a soma de suas partes por uma quantidade que escapa à nossa observação. Para todas as reações químicas que liberam energia, existe uma correspondente diminuição da massa em cerca de uma parte em um bilhão.

Para as reações nucleares, a diminuição da massa em uma parte em mil pode ser diretamente medida por uma variedade de aparelhos. Essa diminuição da massa ocorre no Sol por meio do processo de fusão termonuclear e banha o sistema solar com energia radiante, dando suporte à vida. O atual estágio de fusão termonuclear no Sol vem ocorrendo nos últimos 5 bilhões de anos, e existe hidrogênio combustível suficiente para durar outros 5 bilhões de anos. É ótimo dispor de um Sol que tem exatamente o tamanho certo!

A validade da equação $E = mc^2$ não se restringe às reações químicas e nucleares. Uma variação da energia de qualquer objeto em repouso vem acompanhada de uma variação em sua massa. O filamento de uma lâmpada incandescente alimentada com eletricidade tem mais massa do que quando ela é desligada. Uma xícara de chá quente tem mais massa do que a mesma xícara quando o chá está frio. Um relógio de dar corda tem mais massa quando sua mola em espiral está enrolada do que quando está desenrolada. No entanto, esses exemplos envolvem variações de massa incrivelmente pequenas – pequenas demais para que se possa medi-las. Mesmo as variações de massa muito maiores envolvidas em transformações radioativas não foram medidas até Einstein prever a equivalência massa-energia. Agora, entretanto, as conversões de massa para energia e de energia para massa são medidas rotineiramente.

Considere uma moeda com massa de 1 g. Você espera que duas moedas dessas tenham uma massa total de 2 g, que dez moedas tenham uma massa total de 10 g e que 1.000 moedas empilhadas numa caixa tenham uma massa total de 1 kg. Contudo, não será assim se as moedas se atraírem ou se repelirem. Por exemplo, suponha que cada moeda tem uma carga elétrica negativa e que cada uma delas repele todas as demais. Então, forçá-las para dentro de uma caixa custará trabalho. Esse trabalho se soma às massas da coleção. Assim, uma caixa com 1.000 moedas negativamente carregadas tem uma massa maior do que 1 kg. Por outro lado, se todas as moedas se atraíssem (como os núcleons de um núcleo se atraem), custaria trabalho separá-las, então uma caixa com 1.000 moedas teria uma massa menor do que 1 kg. Assim, a massa de um objeto não é necessariamente igual à soma das massas de suas partes, como sabemos medindo as massas dos núcleos. O efeito seria incrivelmente grande

FIGURA 35.29 No Sol, 4,5 milhões de toneladas de massa são convertidas em energia radiante a cada segundo. No entanto, o Sol tem tanta massa que, em 1 milhão de anos, somente um décimo de milionésimo de sua massa terá sido convertida em energia radiante.

se pudéssemos lidar com partículas carregadas isoladas. Se pudéssemos forçar a ficarem juntos dentro de uma esfera de 10 cm de diâmetro um determinado número de elétrons, cujas massas separadas somadas resultam em 1 g, a coleção teria uma massa total de 40 bilhões de kg! A equivalência entre massa e energia é realmente profunda.

Antes que os físicos entendessem que o elétron é uma partícula fundamental sem um raio mensurável, alguns especulavam que talvez ele tivesse certo tamanho, e sua massa seria simplesmente a quantidade de trabalho necessário para comprimir sua carga àquele tamanho.[8]

Em unidades ordinárias de medidas, a rapidez da luz c é uma quantidade grande, e seu quadrado é maior ainda – portanto, uma pequena quantidade de massa armazena uma grande quantidade de energia. A quantidade c^2 é um "fator de conversão". Ele converte a medição de massa em uma medição de energia equivalente. Ou ainda, ele é a razão entre a energia de repouso e a massa: $E/m = c^2$. Seu aparecimento em ambas as formas dessa equação nada tem a ver com a luz ou com o movimento. O valor de c^2 é 90 quatrilhões (9×10^{16}) J/kg. Um quilograma de matéria tem uma "energia de existência" igual a 90 quatrilhões de joules. Mesmo um grão de matéria com massa de apenas 1 mg tem uma energia de repouso de 90 bilhões de joules.

A equação $E = mc^2$ é mais do que uma fórmula para conversão de massa em outros tipos de energia ou vice-versa. Ela exprime mais do que isso, a saber, que massa e energia são a *mesma coisa*. Massa é energia solidificada. Se você deseja saber quanta energia existe num sistema, meça sua massa. Para um objeto em repouso, sua energia é sua massa (chamada de *energia de repouso da massa*) e, com o movimento, sua energia é maior ainda. A energia, como a massa, exibe inércia. Sacuda um objeto de grande massa para a frente e para trás; é a própria energia que é difícil de sacudir.

A equação $E = mc^2$ nos diz que energia e massa estão intimamente relacionadas. Massa é energia solidificada.

A primeira evidência da conversão de energia radiante em massa foi fornecida em 1932 pelo físico norte-americano Carl Anderson. Ele e um colega da universidade de Caltech descobriram o *pósitron* pelo rastro deixado numa câmara de nuvens. O pósitron é a *antipartícula* do elétron, com mesma massa e *spin* que o elétron, mas com carga oposta. Quando um fóton de alta frequência chega perto de um núcleo atômico, ele pode criar um elétron e um pósitron como um par, criando, assim, massa. As partículas criadas afastam-se voando. O pósitron não faz parte da matéria normal, porque dura um tempo muito curto. Assim que ele encontra um elétron, o par se aniquila, emitindo dois raios gama no processo. Então, a massa é convertida de volta em energia radiante.[9]

> **PAUSA PARA TESTE**
>
> Podemos encarar a equação $E = mc^2$ de outra maneira, dizendo que matéria se transforma em pura energia quando está viajando com a velocidade da luz ao quadrado?
>
> **VERIFIQUE SUA RESPOSTA**
>
> Não, não e não! Não se pode fazer a matéria se mover com a velocidade da luz, muito menos com o quadrado dela (que não é uma velocidade!). A equação $E = mc^2$ significa simplesmente que energia e massa são "os dois lados de uma mesma moeda".

---

[8] John Dobson, o fundador da associação San Francisco Sidewalk Astronomer, EUA, especula que, da mesma forma que um relógio ganha mais massa quando realizamos trabalho sobre ele para dar corda, enrolando sua mola espiral, a massa do universo todo não é nada mais do que a energia gasta para expandi-lo contra a atração gravitacional entre suas diversas partes. Desse ponto de vista, a massa do universo é equivalente ao trabalho realizado ao inflar.

[9] Lembre-se que a energia de um fóton é $E = hf$ e que a energia de massa da partícula é $E = mc^2$. Fótons de alta frequência rotineiramente convertem suas energias em massa quando produzem pares de partículas na natureza – e nos aceleradores, onde os processos podem ser observados. Por que pares? Principalmente porque essa é a única maneira de a conservação da carga não ser violada. Assim, quando um elétron é criado, uma antipartícula pósitron também é criada. Juntando as duas equações, $hf = 2mc^2$, onde m é a massa da partícula (ou antipartícula), vemos que a frequência mínima que um raio gama deve ter para produzir um par é $f = 2mc^2/h$.

35.9 O princípio da correspondência

Nós introduzimos o princípio da correspondência no Capítulo 32. Lembre-se de que ele estabelece que qualquer teoria nova ou qualquer nova descrição da natureza deve concordar com a antiga nos pontos em que esta fornece bons resultados. Se as equações da relatividade especial são válidas, elas devem corresponder àquelas da mecânica clássica quando os valores de velocidade considerados são muito menores do que a rapidez de propagação da luz.

As equações da relatividade para tempo, comprimento e *momentum* são:

$$t = \frac{t_0}{\sqrt{1 - \frac{v^2}{c^2}}} = \gamma t_0$$

$$L = L_0 \sqrt{1 - \frac{v^2}{c^2}} = L_0/\gamma$$

$$p = \frac{mv}{\sqrt{1 - \frac{v^2}{c^2}}} = \gamma mv$$

Note que cada uma dessas equações se reduz às correspondentes equações newtonianas para valores de velocidade muito pequenos em comparação com c. Nesse caso, a razão v^2/c^2 é muito pequena e, para os valores de velocidade cotidianos, pode ser considerada nula. As equações da relatividade então se tornam:

$$t = \frac{t_0}{\sqrt{1-0}} = t_0$$

$$L = L_0 \sqrt{1-0} = L_0$$

$$p = \frac{mv}{\sqrt{1-0}} = mv$$

> Que bom que as equações de Einstein para tempo, comprimento e *momentum* correspondem às expressões clássicas válidas para as velocidades cotidianas.

Para os valores de velocidade do cotidiano, o *momentum*, o comprimento e o tempo de objetos em movimento são basicamente inalterados. As equações da relatividade especial mantêm-se válidas para todos os valores de velocidade, embora difiram consideravelmente das equações clássicas apenas para valores de velocidade próximos ao da luz.

A teoria da relatividade de Einstein levantou muitas questões filosóficas. O que, exatamente, é o tempo? Podemos dizer que ele é a forma com a qual a natureza "vê" que os eventos não acontecem todos de uma vez? E por que o tempo parece transcorrer em apenas um sentido? Ele sempre transcorreu *para a frente*? Existem outras partes do universo onde o tempo transcorre *para trás*? É provável que nossa percepção tridimensional de um mundo tetradimensional seja apenas um início? Poderia existir uma quinta dimensão? E uma sexta dimensão? E uma sétima? Seguindo adiante, quais seriam as naturezas dessas dimensões? Talvez essas questões sejam respondidas pelos físicos do futuro. Que empolgante!

Revisão do Capítulo 35

TERMOS-CHAVE (CONHECIMENTO)

sistema de referência   Um ponto de vista (normalmente um conjunto de eixos de coordenadas) em relação ao qual a posição e o movimento podem ser descritos.

postulados da teoria especial da relatividade   (1) Todas as leis da natureza são as mesmas em todos os sistemas de referência em movimento uniforme. (2) O valor medido para a rapidez de propagação da luz no espaço livre é o mesmo, não importando o movimento do observador ou da fonte; ou seja, a rapidez da luz é uma constante.

simultaneidade O que ocorre ao mesmo tempo. Dois eventos simultâneos em um determinado sistema de referência não precisam ser simultâneos em um sistema que esteja se movendo em relação ao primeiro sistema.

espaço-tempo O *continuum* tetradimensional em que todos os eventos têm lugar e onde todas as coisas existem. Três dessas dimensões são as coordenadas espaciais, e a quarta é o tempo.

dilatação temporal O "esticamento" do tempo.

contração do comprimento A contração do espaço na direção do movimento do observador causada pela velocidade.

QUESTÕES DE REVISÃO (COMPREENSÃO)

35.1 O movimento é relativo

1. Se ela caminha a 1 km/h no corredor de um trem no mesmo sentido em que este se move com 60 km/h, qual é sua rapidez em relação ao solo?
2. O que significa "sistema de referência"?
3. Que hipótese G. F. FitzGerald criou para explicar os achados de Michelson e Morley?
4. Qual é a ideia clássica acerca do espaço e do tempo que foi rejeitada por Einstein?

35.2 Os postulados da teoria especial da relatividade

5. No primeiro postulado de Einstein, o que é invariante?
6. O que é constante no segundo postulado de Einstein?

35.3 Simultaneidade

7. No interior do compartimento em movimento da Figura 35.4, a luz se propaga uma certa distância até sua extremidade frontal e uma certa distância até a extremidade traseira. Como essas distâncias se comparam quando vistas no sistema de referência do foguete em movimento?
8. Como as distâncias da questão 7 se comparam quando vistas no sistema de referência de um observador num planeta estacionário?

35.4 O espaço-tempo e a dilatação temporal

9. Quantos eixos de coordenadas são normalmente empregados para descrever o espaço tridimensional? O que mede a quarta dimensão?
10. Sob quais condições você e um amigo compartilharão a mesma região do espaço-tempo? Quando vocês não estarão compartilhando a mesma região?
11. O que há de especial com a razão entre a distância percorrida por um *flash* luminoso e o tempo que a luz leva para percorrer tal distância?
12. É necessário tempo para que a luz se propague ao longo de uma trajetória que vai de um ponto a outro. Se essa trajetória for vista como mais longa devido ao movimento, o que acontecerá ao tempo que a luz leva para percorrê-la?
13. O que nós chamamos de "alongamento do tempo"?
14. Qual é a expressão algébrica para o fator γ (gama) de Lorentz? Por que γ jamais é menor do que 1?
15. Como as medições de tempos de ocorrência de eventos diferem em um sistema de referência que se move a 50% da rapidez de propagação da luz em relação a nós? E a 99,5% da velocidade da luz em relação a nós?
16. Qual evidência pode ser citada para a dilatação temporal?
17. Quando uma luz que pisca se aproxima de você, cada *flash* que o alcança teve de percorrer uma distância mais curta. Que efeito isso tem sobre a frequência de recebimento dos *flashes*?
18. Quando uma luz que pisca se aproxima de você, é a rapidez da luz ou a frequência da luz – ou ambas – que aumenta de valor?
19. Se uma fonte luminosa piscante se move em sua direção de forma rápida o suficiente para que o intervalo entre os *flashes* pareça reduzido pela metade, como esse intervalo será registrado se a fonte estiver se afastando de você com a mesma rapidez?
20. Quantos sistemas de referência o gêmeo que ficou em casa experimenta na viagem do outro gêmeo? Quantos sistemas de referência o gêmeo viajante experimenta?

35.5 Adição de velocidades

21. Qual é o valor máximo $\frac{v_1 v_2}{c^2}$ em uma situação extrema? E o valor mínimo?
22. A fórmula relativística

$$V = \frac{v_1 + v_2}{1 + \frac{v_1 v_2}{c^2}}$$

é consistente com o fato de que a luz pode ter uma só rapidez em todos os sistemas de referência em movimento uniforme?
23. Quais são os dois principais obstáculos que nos impedem hoje de viajar pela galáxia a velocidades relativísticas?
24. O que é o padrão universal de tempo?

35.6 Contração do comprimento

25. Qual seria o comprimento de uma régua de um metro se ela estivesse se movimentando como se fosse uma lança arremessada a 99,5% da velocidade da luz?
26. Qual seria o comprimento da régua do exemplo anterior se ela estivesse se deslocando com seu comprimento sendo perpendicular à direção do movimento? (Por que sua resposta é diferente da anterior?)
27. Se você estivesse viajando numa nave espacial em alta velocidade, as réguas existentes a bordo lhe pareceriam contraídas? Justifique sua resposta.

35.7 *Momentum* relativístico

28. Qual seria o *momentum* de um objeto se ele pudesse se mover à velocidade da luz?
29. Quando um feixe de partículas carregadas se move por um campo magnético, qual é a evidência de que seu *momentum* é maior do que o valor mv?

35.8 Massa, energia e $E = mc^2$

30. Compare a quantidade de massa convertida em energia em reações nucleares e em reações químicas.
31. Como se compara a energia liberada na fissão de um único núcleo de urânio com a energia liberada na combustão de um único átomo de carbono?

32. A equação $E = mc^2$ se aplica a reações químicas?
33. Como $E = mc^2$ descreve as identidades de energia e massa?

35.9 O princípio da correspondência

34. Como o princípio da correspondência se relaciona com a relatividade especial?
35. As equações da relatividade para tempo, comprimento e *momentum* seguem válidas para os valores de velocidade encontrados no cotidiano? Explique.

PENSE E FAÇA (APLICAÇÃO)

36. Escreva à sua avó e explique de que maneira a teoria da relatividade de Einstein se refere ao que é rápido e grande – a relatividade não diz respeito apenas ao que está "fora daqui"; ela afeta este mundo. Conte-lhe como essas ideias o estimulam a buscar mais conhecimentos sobre o universo. Tente impressioná-la com o uso apropriado de termos, como *ali*, *eles estão* e *seus* no texto.

PENSE E RESOLVA (APLICAÇÃO MATEMÁTICA)

Lembre-se de que o fator gama (γ) determina tanto a dilatação temporal quanto a contração do comprimento, onde

$$\gamma = \frac{1}{\sqrt{1 - \left(\frac{v^2}{c^2}\right)}}.$$

Quando você multiplica o tempo em um determinado sistema de referência por γ, obtém um tempo mais longo (dilatado) em seu próprio sistema de referência. Quando divide por γ um comprimento dado em um sistema de referência em movimento, você obtém um comprimento mais curto (contraído) em seu próprio sistema de referência.

37. Considere uma espaçonave de alta velocidade equipada com uma fonte de luz piscante. Se a frequência dos *flashes* de luz vistos em uma nave que se aproxima é o dobro do que era quando a nave estava parada a distância, em quanto mudou o período (intervalo de tempo entre *flashes*)? Esse período é constante para uma rapidez relativa constante? E para o movimento acelerado? Justifique suas respostas.
38. Uma nave interestelar passa pela Terra a 80% da rapidez da luz e envia na frente uma pequena nave-robô que se move com a metade da rapidez da luz em relação à nave. Mostre que a nave-robô se desloca a 93% da rapidez da luz em relação à Terra.
39. Faça de conta que a nave interestelar do problema anterior esteja de alguma maneira deslocando-se a uma velocidade igual a c em relação à Terra. Também imagine que ela envia na frente uma nave-robô que se move com rapidez igual a c em relação a si mesma. Use a equação para a combinação de velocidades relativística para mostrar que a rapidez da nave-robô em relação à Terra continua sendo igual a c.
40. Um passageiro de um expresso interplanetário que se desloca com $v = 0,99c$ tira uma soneca de cinco minutos, de acordo com seu relógio. Mostre que, do ponto de vista de um planeta considerado fixo, a soneca durou 35 minutos.
41. De acordo com a mecânica newtoniana, o *momentum* do ônibus espacial do problema anterior é $p = mv$. De acordo com a relatividade, ele é dado por $p = \gamma mv$. Como se compara o *momentum* real do ônibus que se move a $0,99c$ com o *momentum* que ele teria se a mecânica clássica fosse válida? Como o *momentum* de um elétron que se desloca a $0,99c$ se compara com seu *momentum* clássico?
42. O ônibus do problema anterior tem cerca de 24 metros, de acordo com seus passageiros e o piloto. Mostre que seu comprimento é observado como ligeiramente menor do que 3,4 m do ponto de vista de um planeta considerado fixo.
43. Se o ônibus do Problema 40 desacelerasse para "meros" 10% da velocidade da luz, mostre que você mediria a duração da soneca do passageiro como ligeiramente mais longa do que 5 minutos.
44. Se o piloto do Problema 40 decidisse pilotar a 99,99% da velocidade da luz, a fim de ganhar algum tempo, mostre que você mediria o comprimento do ônibus como cerca de 0,33 m.
45. Suponha que os táxis-espaciais do futuro movam-se pelo sistema solar com a metade da rapidez da luz. Para uma corrida de uma hora, medida por um relógio dentro do táxi, o pagamento do motorista é 10 stellars. O sindicato dos motoristas exige que o pagamento seja feito com base no tempo da Terra, não no tempo do táxi. Se a exigência está correta, mostre que o novo pagamento para a mesma viagem seria de 11,5 stellars.
46. A fração de massa convertida em energia num reator a fissão é cerca de 0,1%, ou uma parte em mil. Quanta energia é liberada para cada quilograma de urânio que sofre fissão? Se o custo da energia é de três centavos de real por megajoule, quanto custa toda essa energia?

PENSE E ORDENE (ANÁLISE)

47. Elétrons são disparados com diferentes valores de velocidade em presença de um campo magnético e são desviados de suas trajetórias inicialmente retilíneas para atingir o detector nos pontos indicados. Ordene as velocidades dos elétrons em sequência decrescente quanto ao valor de seus módulos.

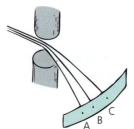

48. Para um observador na Terra, as réguas de cada uma das três espaçonaves parecem ter os comprimentos indicados. Ordene os módulos das velocidades das espaçonaves com relação à Terra em sequência decrescente.

PENSE E EXPLIQUE (SÍNTESE)

49. Se você estivesse em um trem sem janelas que se desloca suavemente, poderia sentir a diferença entre o movimento uniforme e o repouso? E entre o movimento acelerado e o repouso? Explique como você poderia fazer isso usando uma tigela cheia d'água.

50. Uma pessoa que viaja dentro de um vagão ferroviário atira uma bola em direção à frente do trem. Despreze o arrasto do ar. Em relação ao solo, a bola está se movendo de forma mais rápida ou mais lenta quando o trem está em movimento, em comparação a quando está ainda parado?

51. Suponha, em vez disso, que a pessoa que viaja no telhado do vagão ferroviário acenda uma lanterna com o facho de luz apontando para a frente do trem. Compare os valores da velocidade do feixe luminoso em relação ao solo quando o trem está em repouso e quando está em movimento. O comportamento do feixe luminoso difere do comportamento da bala do Exercício 50?

52. Quando você dirige numa autoestrada, está se movendo através do espaço. Através do que mais você está se movendo?

53. No Capítulo 26, aprendemos que a luz se propaga mais lentamente no vidro do que no ar. Isso contradiz o segundo postulado de Einstein?

54. Os astrônomos veem a luz proveniente de galáxias distantes que se afastam da Terra a velocidades maiores do que 10% da velocidade da luz. Com que valor de velocidade essa luz incide nos seus telescópios?

55. O feixe luminoso de um *laser* que está preso a uma mesa giratória projeta-se no espaço ao redor. A certa distância da fonte, o feixe se move através do espaço com uma rapidez maior do que a da luz. Por que isso não constitui uma contradição à relatividade?

56. Um feixe de elétrons pode varrer a face de um tubo de raios catódicos com uma rapidez maior do que a da luz? Se pode, por que isso não viola a relatividade especial?

57. Um evento A ocorre antes de um evento B num determinado sistema de referência. Como poderia o evento B ocorrer antes do mesmo evento A?

58. Se duas centelhas caem no mesmo lugar exatamente ao mesmo tempo em um determinado sistema de referência, é possível que observadores em outros sistemas vejam as centelhas caindo em tempos ou locais diferentes?

59. Suponha que a lâmpada existente no interior da nave espacial mostrada nas Figuras 35.4 e 35.5 esteja mais próxima da extremidade frontal do que da extremidade traseira do compartimento, de modo que o observador na nave vê a luz chegar à frente antes de alcançar a traseira. É possível que um observador externo veja a luz chegar primeiro à traseira do compartimento?

60. Uma vez que existe um limite superior para a rapidez de uma partícula, existe também um limite superior para seu *momentum* e, portanto, para sua energia cinética? Explique.

61. A luz percorre uma determinada distância em, digamos, 20.000 anos. Como é possível que um astronauta, viajando a uma velocidade menor do que a da luz, possa ir tão longe assim em 20 anos de sua vida, se a luz leva 20.000 anos para ir?

62. É possível, em princípio, um ser humano, que tem uma expectativa de vida de 70 anos, realizar uma jornada de ida e volta a uma parte do universo a milhares de anos-luz de distância? Explique.

63. Uma gêmea realiza uma longa viagem com velocidades relativísticas e retorna mais jovem do que seu irmão gêmeo que ficou em casa. Ela poderia retornar para antes que seu irmão tivesse nascido? Justifique sua resposta.

64. É possível a um filho ser biologicamente mais velho do que seus pais? Explique.

65. Se você estivesse em uma nave espacial que se afasta da Terra com uma velocidade próxima à da luz, que mudanças notaria em sua pulsação? E em seu volume? Explique.

66. Se você estivesse na Terra monitorando uma pessoa que está viajando numa nave espacial que se afasta da Terra a uma velocidade próxima à da luz, que mudanças notaria na pulsação do viajante? E em seu volume? Explique.

67. Devido à contração do comprimento, você vê as pessoas de uma espaçonave que passa por você como ligeiramente mais magras que normalmente aparentam. Como essas pessoas o veem?

68. Devido à dilatação do tempo, você observa os ponteiros do relógio de pulso de seu amigo movendo-se mais vagarosamente. Seu amigo vê os ponteiros do seu relógio movendo-se mais vagarosamente, menos vagarosamente ou nenhum dos dois?

69. A equação da dilatação temporal expressa a dilatação que ocorre para todos os valores de velocidade, sejam eles pequenos ou grandes? Explique.

70. Se você vivesse em um mundo onde as pessoas regularmente viajassem a velocidades próximas à da luz, por que seria arriscado marcar uma consulta com o dentista às 10h da próxima quinta-feira?

71. Como se comparam as densidades medidas de um determinado corpo em repouso e em movimento?

72. Se observadores estacionários medem a forma de um objeto que passa por eles como exatamente circular, qual seria a forma do objeto de acordo com observadores que estão se deslocando junto com ele?

73. A fórmula que relaciona a rapidez, a frequência e o comprimento de onda das ondas eletromagnéticas, $v = f\lambda$, era conhecida antes que a relatividade fosse desenvolvida. A relatividade não alterou essa equação, mas lhe acrescentou uma nova característica. Qual.

74. A luz é refletida por um espelho em movimento muito rapidamente. De que forma a luz refletida é diferente da luz incidente? De que forma elas são iguais?

75. Quando uma régua de um metro de comprimento passa por você, suas medições mostram que o *momentum* dela é o dobro do valor dado pelo *momentum* clássico, e que seu comprimento é 1 m. Em que direção a régua está orientada?

76. No exercício anterior, se a régua está se movendo numa direção paralela ao seu comprimento (como uma lança arremessada), que comprimento você medirá para ela?

77. Se uma espaçonave em alta velocidade parece encolhida para a metade de seu comprimento normal, como se compara seu *momentum* com o dado pela fórmula clássica $p = mv$?

78. Como pode o *momentum* de uma partícula aumentar em 5% devido ao aumento de apenas 1% em sua velocidade?

79. O acelerador linear de 2 milhas da University of Stanford, na Califórnia, EUA, "parece" ter menos do que um metro de comprimento para um elétron que se desloca dentro dele. Explique.

80. Os elétrons terminam seu deslocamento no acelerador de Stanford com uma energia milhares de vezes maior do que a energia de repouso que eles tinham quando começaram. Teoricamente, se você pudesse se deslocar junto com eles, notaria o crescimento de suas energias? E de seus *momenta*? Em seu sistema de refe-

rência em movimento, qual seria a rapidez aproximada do alvo com o qual eles devem colidir?

81. Os elétrons que iluminam a tela de um tubo de imagens de uma TV antiga se deslocam a aproximadamente um quarto da rapidez da luz e têm cerca de 3% mais energia do que elétrons não relativísticos hipotéticos que se deslocam com o mesmo valor de velocidade. Esse efeito relativístico tende a aumentar ou a diminuir sua conta de eletricidade?

82. Como a ideia do princípio da correspondência poderia ser aplicada fora da física?

83. O que significa a equação $E = mc^2$?

84. De acordo com a equação $E = mc^2$, como se compara a quantidade de energia de um quilograma de penas de ave com a quantidade de energia de um quilograma de ferro?

85. Uma bateria de *flash* completamente carregada pesa mais do que a mesma bateria quando descarregada? Justifique sua resposta?

86. Quando olhamos longe no universo, enxergamos o passado. John Dobson, fundador da organização San Francisco Sidewalk Astronomers, Califórnia, EUA, diz que não podemos nem ver a parte superior de nossas próprias mãos *agora* – na verdade, não podemos ver qualquer coisa *agora*. Você concorda? Explique.

87. Formule quatro questões de múltipla escolha, cada uma para testar a compreensão de um colega de turma a respeito (a) da dilatação temporal, (b) da contração do comprimento, (c) do *momentum* relativístico e (d) da equação $E = mc^2$.

PENSE E DISCUTA   (AVALIAÇÃO)

88. A ideia de que força causa aceleração não nos parece estranha. Essa e outras ideias da mecânica newtoniana são consistentes com a experiência que temos no cotidiano. Por outro lado, as ideias da relatividade nos parecem estranhas. Elas são mais difíceis de aceitar. Por quê?

89. Por que Michelson e Morley a princípio acharam que seu experimento havia falhado? (Você já se deparou com outros exemplos onde a falha não tenha algo a ver com a falta de habilidade, mas com a impossibilidade da tarefa proposta?)

90. A relatividade especial permite que *algo* se mova com velocidade maior que a da luz? Explique.

91. Quando a fonte de um feixe luminoso se aproxima de você, a frequência que você recebe dela é maior do que o da fonte em si, e seu comprimento de onda é menor. Isso contradiz o postulado de que a velocidade da luz não pode ter seu módulo alterado? Justifique sua resposta.

92. Mike e Jane sincronizaram seus relógios. Jane está sentada na arquibancada enquanto Mike pilota seu Ford Sprint 1935 e dá algumas voltas na pista. Seria absolutamente correto afirmar que seus relógios ainda estão sincronizados quando eles se reencontram após a corrida?

93. A rapidez de propagação da luz é um valor limite para velocidades no universo – pelo menos para o universo tetradimensional que percebemos. Nenhuma partícula material pode atingir ou ultrapassar esse limite, mesmo quando submetida continuamente a uma força constante. Discuta evidências que embasem isso.

94. Dois alfinetes de segurança, não idênticos apenas por um estar fechado e o outro não, são mergulhados em banhos ácidos idênticos. Depois de os alfinetes terem se dissolvido, qual é a diferença entre os dois banhos ácidos, se é que existe alguma?

95. Um pedaço de material radioativo guardado dentro de uma coberta perfeitamente isolante se aquece quando seus núcleos decaem e liberam energia. A massa do material radioativo e da coberta se alteram? Em caso afirmativo, ela aumenta ou diminui?

96. Múons são partículas elementares formadas na alta atmosfera pelas interações dos raios cósmicos com os núcleos encontrados no ar. Os múons são radioativos e têm meias-vidas de cerca de dois milionésimos de segundo. Mesmo que eles se desloquem aproximadamente à velocidade da luz, eles têm tanto a viajar através da atmosfera que poucos deles deveriam ser detectados ao nível do mar – pelo menos de acordo com a física clássica. As medidas realizadas em laboratório, porém, mostram que um grande número deles consegue chegar à superfície terrestre. Qual é a explicação para isso?

97. Um dos modismos do futuro poderia ser "saltar de século", em que os ocupantes de espaçonaves partiriam da Terra em altas velocidades por vários anos e retornariam um século mais tarde. Quais os atuais obstáculos a essa prática?

98. O enunciado do filósofo Kierkegaard de que "a vida pode ser compreendida somente olhando-se para trás, mas deve ser vivida para a frente" é coerente com a teoria especial da relatividade?

99. Seu colega de estudos afirma que a matéria não pode ser criada nem destruída. O que você lhe diz para corrigir essa afirmação?

100. Discuta com seus colegas que contração de comprimento ocorrerá em um carro de corrida que se move a 320 km/h e por que tal diminuição pode ser ignorada.

CAPÍTULO 35 Exame de múltipla escolha

Escolha a melhor resposta entre as alternativas:

1. De acordo com a teoria especial da relatividade, todas as leis da natureza são as mesmas:
   a. em todos os sistemas de referência.
   b. para o movimento linear e para o movimento circular.
   c. em qualquer sistema de referência em movimento uniforme.
   d. todas as anteriores.

2. Um postulado da relatividade especial é que a rapidez de propagação da luz:
   a. é relativa, como todo movimento.
   b. é a mesma para todos os observadores.
   c. ambas as anteriores.
   d. nenhuma das anteriores.

3. Se você anda no carrossel e seu gêmeo espera no lado de fora, a relatividade afirma que, quando se reencontrarem:
   a. você será um pouco mais jovem do que o seu gêmeo.
   b. você será um pouco mais velho do que o seu gêmeo.
   c. você e seu gêmeo ainda terão a mesma idade.
   d. você poderá ser mais jovem ou mais velho, dependendo da rapidez do carrossel.

4. Os relógios de uma espaçonave que passa pela Terra em alta velocidade parecem andar mais lentos quando vistos:
   a. de dentro da espaçonave.
   b. da Terra.
   c. ambas as anteriores.
   d. nenhuma das anteriores.

5. Estamos olhando para o passado quando admiramos:
   a. uma estrela distante.
   b. o espelho.
   c. ambas as anteriores.
   d. nenhuma das anteriores.

6. De acordo com a teoria da relatividade, se, após uma viagem espacial, for determinado que dois gêmeos tinham a mesma idade, mas eram mais velhos do que seus pais, a viagem espacial foi realizada:
   a. pelos gêmeos.
   b. por um dos gêmeos.
   c. pelos pais.
   d. Nenhuma das anteriores; é impossível.

7. Duas espaçonaves aproximam-se uma da outra com rapidez quase igual à da luz, sendo que cada uma envia um feixe de luz para a outra. Ambas medem a rapidez de propagação da luz oriunda da outra espaçonave como:
   a. ligeiramente menor do que c.
   b. c.
   c. ligeiramente maior do que c.
   d. muito maior do que c.

8. Os passageiros de uma espaçonave passam por você a $0,87c$ e medem o comprimento da nave como 100 m. Você mede o comprimento e encontra o valor de:
   a. 50 m.
   b. 87 m.
   c. 100 m.
   d. mais de 100 m.

9. De acordo com a famosa equação $E = mc^2$:
   a. a massa e a energia propagam-se com a velocidade da luz ao quadrado.
   b. a energia é, na verdade, igual à massa em movimento com a velocidade da luz ao quadrado.
   c. a massa e a energia propagam-se com o dobro da velocidade da luz.
   d. a massa e a energia estão relacionadas.

10. As equações relativísticas para o tempo, o comprimento e o *momentum* são válidas:
    a. para velocidades relativísticas.
    b. para as velocidades cotidianas baixas.
    c. ambas as anteriores.
    d. nenhuma das anteriores.

Respostas e explicações das perguntas do Exame de múltipla escolha

1. (c): A opção (c) completa o primeiro postulado da relatividade especial. Não é parte do domínio da relatividade especial se as leis são ou não iguais para todo e qualquer sistema de referência, circular ou linear. 2. (b): As rapidezes em geral podem variar para cada situação e são relativas ao sistema de referência escolhido, mas não a rapidez de propagação da luz. Para todos os observadores, seja qual for o sistema de referência, a rapidez da luz medida será sempre constante. 3. (a): Como está se deslocando, seu relógio é um pouco mais lento do que o do seu gêmeo, e você envelhece mais lentamente do que ele. O efeito é pequeno demais para ser observado nos seres humanos, mas já foi observado em partículas gêmeas. 4. (b): Os efeitos da relatividade sempre impactam "o outro cara". Na equação da dilatação temporal, v é zero em relação a você e a qualquer sistema de referência que habite, então a opção (a) não está correta. 5. (c): É fácil aceitar que olhar para estrelas distantes significa olhar para o passado, dado o tempo que demora para a luz das estrelas nos alcance, mas o mesmo vale, em escala muito menor, quando olhamos no espelho. Para ser exato, você se enxerga um poupinho de nada mais jovem sempre que se olha no espelho. Na prática, a diferença é tão pequena que pode ser desprezada. Ainda assim, a ideia é intrigante! 6. (c): Não é o exemplo do livro, no qual um gêmeo fica para trás enquanto o outro parte na viagem relativística. Na pergunta, ambos os gêmeos são biologicamente mais velhos, o que significa que os pais viajaram pelo espaço! 7. (b): De acordo com o primeiro postulado da relatividade especial, cada uma mede a mesma rapidez c em qualquer situação, aproximando-se ou afastando-se uma da outra. 8. (a): A rapidez $0,87c$ é citada ao longo do capítulo porque os efeitos, sejam eles da dilatação temporal ou da contração do comprimento, produzem valor de um meio. De acordo com a equação da contração do comprimento, inserir $0,87c$ no lugar de v nos dá uma contração de um meio. Em outras palavras, $L = 100\sqrt{[1-(0,87c)^2/c^2]} = 50$. 9. (d): "A velocidade da luz ao quadrado" não é uma expressão com significado físico, e massa e energia não podem se propagar mais rapidamente do que a luz, quanto mais duas vezes c. A equação $E = mc^2$ significa simplesmente que a energia e a massa estão relacionadas, como "os dois lados da mesma moeda". 10. (c): A resposta está de acordo com o princípio da correspondência. Quando inseridas nas equações relativísticas da relatividade, rapidezes baixas produzem expressões clássicas para o tempo, o comprimento e o *momentum*. As equações de Einstein não valem apenas para altas rapidezes; elas se aplicam a *todas* as rapidezes.

36
Teoria geral da relatividade

36.1 Princípio da equivalência

36.2 Desvio da luz pela gravidade

36.3 Gravidade e tempo: o desvio para o vermelho gravitacional

36.4 Gravidade e espaço: o movimento de Mercúrio

36.5 Gravidade, espaço e uma nova geometria

36.6 Ondas gravitacionais

36.7 Gravitação newtoniana e gravitação einsteniana

1 Quando seu aparelho GPS o informar onde você se encontra, agradeça a Einstein. **2** Com uma esfera celeste, Richard Crowe dá início a uma conferência sobre a relatividade geral. **3** Quando astrofísicos observam eventos que ocorrem em galáxias muito distantes, eles agradecem a Einstein. **4** Stephanie Hewitt ilustra uma previsão da relatividade geral de Einstein, o desvio que o Sol produz na luz proveniente de estrelas.

Em 2017, o Prêmio Nobel de Física foi concedido a Rainer Weiss, Kip Thorne e Barry Barish por abrir as portas para um novo campo da ciência: a astronomia de onda gravitacional.

A física sempre se preocupou com os mais diversos tipos de ondas, como as eletromagnéticas, sonoras e de água. Em 1916, logo após introduzir a relatividade geral (a teoria que fundiu o espaço e o tempo para formar o conceito unificado de espaço-tempo), Einstein sugeriu que o espaço-tempo em si poderia pulsar e vibrar, criando "ondas gravitacionais". Assim como uma onda eletromagnética é criada pela vibração de elétrons, ou uma onda sonora é criada pela vibração de um diafragma dentro de um alto-falante, por exemplo, uma onda gravitacional pode ser criada pela vibração da massa. Se você fosse Zeus, Senhor do Olimpo, e pudesse chacoalhar o próprio Sol com toda a sua força, seria como atirar uma pedrinha em um lago plácido. As ondas do espaço-tempo se propagariam desde o Sol, assim como a água naquele lago. As ondas gravitacionais de Einstein foram confirmadas em 2016.

Rainer Weiss nasceu em Berlim em 1932. Quando criança, seu pai judeu e sua mãe cristã tiveram que sair do país para fugir dos nazistas, mudando-se primeiro para Praga, na Checoslováquia, e depois para os Estados Unidos. Após completar o ensino secundário em Nova York, Weiss matriculou-se no MIT, onde completou a graduação e o doutorado. Em 1964, tornou-se professor do MIT. Em 1972, escreveu um artigo científico que detalhava as ideias para um determinado tipo de detector, tão incrivelmente sensível que conseguiria captar e medir uma onda gravitacional. Weiss visualizou uma máquina que viria a ser construída, um "Observatório de ondas gravitacionais por interferômetro *laser*" (LIGO – *laser interferometer gravitational wave observatory*). Nesse dispositivo, um feixe de *laser* é dividido em dois, que propagam-se por dois tubos evacuados perpendiculares, cada um com 4 km de comprimento, são refletidos de volta e então se recombinam. A onda recombinada reage aos menores movimentos dos espelhos que refletem o *laser* nas extremidades dos tubos; um deslocamento do espelho de menos de 1 milésimo do diâmetro de um único próton seria perceptível (ver Seção 36.6).

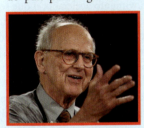

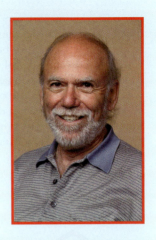

Kip Thorne, nascido no estado do Utah, em 1940, venceu a competição de Busca por Talentos Científicos quando estava no último ano do ensino secundário, então formou-se bacharel pela Caltech e completou seu doutorado na Universidade de Princeton. Seu orientador em Princeton foi John Wheeler, que cunhou o termo "buraco negro" e foi um dos líderes na revitalização da teoria da relatividade geral de Einstein e na busca por novas maneiras de testá-la. Em 1972, no mesmo ano da publicação do artigo clássico de Weiss, Thorne foi coautor de um artigo que descrevia as possibilidades de um novo campo de pesquisa: a astronomia de onda gravitacional. Os autores consideravam possíveis eventos cósmicos capazes de produzir ondas gravitacionais fortes, que pulsariam através do universo, e discutiam os tipos de experimentos que poderiam detectá-las. Nas suas décadas subsequentes como professor da Caltech, Thorne desenvolveu uma visão detalhada de como seria possível transformar a relatividade geral em uma ciência experimental.

Em 1984, doze anos após os artigos importantes de Thorne e Weiss, o LIGO passou de cálculos no papel para planos detalhados para detectores *laser* gigantes, que seriam instalados nos estados americanos distantes de Luisiana e Washington. Em 1994, após outra década de trabalho e a crença cada vez mais forte no potencial da astronomia de onda gravitacional, além de um enorme e merecido financiamento governamental, o LIGO virou realidade. **Barry Barish** juntou-se ao projeto para atuar como líder do esforço experimental. Barish, nascido no estado do Nebraska em 1936, doutorou-se em física pela Universidade da Califórnia em Berkeley e tornou-se uma figura importante na física experimental de partículas. Para o LIGO, ele contribuiu com a sua habilidade de utilizar equipamentos experimentais monumentais para medir efeitos absurdamente minúsculos.

Quando uma onda gravitacional sacudiu a Terra gentilmente por cerca de dois décimos de segundo em 14 de setembro de 2015, o fenômeno não teve efeito discernível em lugar algum – exceto nos detectores *laser* incrivelmente sensíveis na Luisiana e em Washington. Com a análise do tremor nesses detectores, a equipe do LIGO concluiu que, 1,4 bilhão de anos atrás, dois buracos negros, um com massa 36 vezes maior do que o Sol e outro com cerca de 29 vezes a massa solar, prenderam-se um ao outro e começaram a girar em círculos. No início, eles giravam a 50 revoluções por segundo, mas o ritmo aumentou para 250 revoluções por segundo uma mera fração de segundo depois, e então os dois se fundiram em um novo buraco negro com massa 62 vezes maior do que a do Sol. Em um evento quase além da nossa imaginação, 65 massas solares se fundiram em uma fração de segundo e criaram um corpo com 62 massas solares. A diferença de três massas solares transformou-se em energia e propagou-se pelo universo na forma de uma onda gravitacional, e uma fração dela atingiu os detectores do LIGO após uma viagem de 1,4 bilhão de anos.

Weiss, Barish, Thorne e seus muitos colegas realmente abriram as portas para o novo campo científico da astronomia de onda gravitacional. Buracos negros gigantes, descobriu-se, estão (ou estavam) se fundindo por todo o céu – ou por todo o universo. O LIGO está muito ocupado, catalogando os resultados. Novos detectores, ainda melhores, estão em fase de planejamento.

36.1 Princípio da equivalência

Lembre-se de que, em 1905, Einstein postulou que nenhuma observação realizada dentro de um compartimento fechado poderia determinar se ele estava em repouso ou se movendo com velocidade uniforme; ou seja, nenhuma medição mecânica, elétrica, óptica ou de qualquer natureza física que alguém pudesse realizar dentro de um compartimento fechado de um trem se movimentando suavemente num trilho reto e perfeito (ou um avião voando de maneira uniforme no ar com as cortinas das janelas baixadas) poderia fornecer qualquer informação sobre se o trem está se movendo ou em repouso (ou se o avião está em repouso ou voando). No entanto, se o trilho tivesse imperfeições ou não fosse reto (ou se o ar fosse turbulento), a situação seria inteiramente diferente: o movimento uniforme daria lugar ao movimento acelerado, o que seria notado com facilidade. A convicção de Einstein de que as leis da natureza deveriam ser expressas na mesma forma em todos os sistemas de referência, tanto não acelerados quanto acelerados, foi a motivação primária que o levou à teoria geral da relatividade.

Muito antes de existir naves espaciais, Einstein podia se imaginar dentro de um veículo muito distante de qualquer influência gravitacional. Numa espaçonave dessas, que estivesse em repouso ou se movendo uniformemente em relação às estrelas distantes, ele e qualquer coisa dentro da nave flutuariam de forma livre; não existiria "para cima" nem "para baixo". Contudo, quando os motores do foguete fossem ligados e a espaçonave acelerasse, tudo se passaria de maneira diferente; um fenômeno semelhante à gravidade seria observado. A parede adjacente ao motor do foguete empurraria os ocupantes e se transformaria no piso da nave, enquanto a parede oposta se tornaria o teto. Os ocupantes da nave seriam capazes de ficar em pé sobre o piso e até saltar para cima e para baixo. Se a aceleração da nave tivesse valor igual a g, os ocupantes poderiam muito bem ser convencidos de que a nave não estava acelerando, mas em repouso sobre a superfície da Terra.

FIGURA 36.1 Tudo torna-se imponderável no interior de uma espaçonave não acelerada em uma região livre de influências gravitacionais.

FIGURA 36.2 Quando a espaçonave acelera, o ocupante dela sente a "gravidade".

Para examinar esta nova "gravidade" dentro da nave espacial acelerada, vamos considerar duas bolas em queda, uma de madeira e a outra de chumbo. Quando elas são soltas, continuam a mover-se para cima, lado a lado, com a velocidade que a nave tinha no momento em que foram soltas. Se a nave estivesse se movendo com *velocidade constante* (aceleração nula), elas permaneceriam suspensas no mesmo lugar da nave, pois tanto esta quanto as bolas percorreriam a mesma distância em um dado intervalo de tempo. Contudo, se a espaçonave acelerasse, o piso se moveria para cima mais rapidamente do que as bolas, que logo seriam apanhadas por ele (Figura 36.3). As duas bolas, independentemente de suas massas, chegariam ao piso no mesmo instante. Relembrando-se da demonstração de Galileu na Torre Inclinada de Pisa, os ocupantes da nave ficariam propensos a atribuir suas observações à força da gravitação.

As duas interpretações para a queda das bolas são igualmente válidas, e Einstein incorporou nos alicerces de sua teoria geral da relatividade essa equivalência, ou impossibilidade de distinguir entre gravitação e aceleração. O **princípio da equivalência** estabelece que as observações realizadas num sistema de referência acelerado são indistinguíveis daquelas realizadas no interior de um campo gravitacional

CAPÍTULO 36 Teoria geral da relatividade **785**

FIGURA 36.3 Para um observador dentro de uma nave acelerada, uma bola de chumbo e outra de madeira parecem cair juntas quando soltas.

newtoniano. Essa equivalência seria interessante, mas não revolucionária, se fosse aplicável apenas aos fenômenos mecânicos, mas Einstein foi além e estabeleceu que o princípio vale para todos os fenômenos naturais; portanto, também vale para a óptica e todos os fenômenos eletromagnéticos.

> **PAUSA PARA TESTE**
> Se você soltar uma bola no interior de uma espaçonave em repouso ou durante um lançamento, a verá acelerar em direção ao piso. Se estivesse muito afastado da Terra, de que outra forma você poderia ver a bola fazer a mesma coisa?
>
> **VERIFIQUE SUA RESPOSTA**
> Você também veria a bola acelerar em direção ao piso se sua espaçonave tivesse uma aceleração de valor igual a g.

36.2 Desvio da luz pela gravidade

Uma bola arremessada lateralmente dentro de uma nave espacial que se encontra numa região livre de gravidade segue uma trajetória retilínea tanto para um observador no interior da nave quanto para um observador estacionário fora dela. Contudo, se a nave estiver acelerando, o piso se adiantará em relação à bola exatamente como foi discutido em nosso exemplo anterior. Um observador fora da nave ainda verá uma trajetória em linha reta, mas, para um observador dentro da nave, a trajetória da bola será curva; ela será uma parábola (Figura 36.4b). O mesmo vale para um feixe de luz.

psc
- A relatividade especial chama-se "especial" no sentido de que ela lida com sistemas de referência em movimento uniforme – aqueles que não estão acelerados. A relatividade geral é "geral" e lida também com sistemas de referência acelerados. A teoria da relatividade geral apresenta uma nova teoria da gravidade.

> Einstein na verdade se imaginava dentro de elevadores, que na época eram mais comuns que naves espaciais.

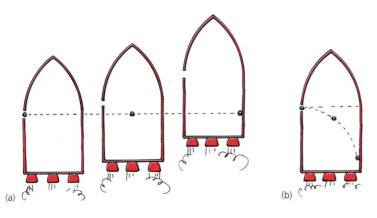

FIGURA 36.4 (a) Um observador externo vê uma bola atirada horizontalmente viajar numa linha reta e, como a nave está se movendo para cima enquanto a bola viaja horizontalmente, esta acaba batendo na parede oposta, num ponto abaixo daquele por onde penetrou na janela oposta. (b) Para um observador no interior, a trajetória da bola se curva como se estivesse na presença de um campo gravitacional.

Imagine que um raio de luz entre na espaçonave horizontalmente através de uma janela, atravesse uma lâmina de vidro que se encontra no meio da cabine, deixando nela um traço visível, e depois atinja a parede oposta, tudo num tempo muito curto. O observador externo vê o raio de luz entrar na janela e mover-se horizontalmente numa linha reta com velocidade constante em direção à parede oposta. Contudo, a espaçonave está acelerada para cima. Durante o tempo que leva para a luz alcançar o vidro, a espaçonave se move para cima uma certa distância, e no tempo igual ao que a luz leva para chegar à parede oposta, a espaçonave se move para cima uma distância ainda maior. Assim, para observadores dentro da nave, a luz seguiu uma trajetória curva para baixo (Figura 36.5b). Nesse sistema de referência acelerado, o raio de luz é defletido para baixo em direção ao piso da mesma maneira que a bola na Figura 36.4b. A curvatura da trajetória da bola lenta é muito pronunciada. Contudo, se a bola, de alguma maneira, fosse arremessada lateralmente com uma velocidade igual à da luz, sua curvatura se ajustaria perfeitamente à curvatura da trajetória do raio luminoso.

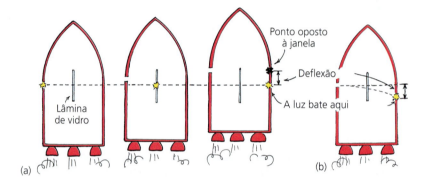

FIGURA 36.5 (a) Um observador externo vê a luz viajar horizontalmente numa linha reta. A luz, como a bola da figura anterior, acaba batendo na parede oposta, num ponto abaixo daquele por onde penetrou na janela oposta. (b) Para um observador dentro da nave, a trajetória da luz se curva como se estivesse na presença de um campo gravitacional.

Um observador no interior da nave sente a "gravidade" por causa da aceleração da nave. Ele não fica surpreso pela deflexão no caminho da bola arremessada, mas poderia ficar completamente surpreso pela deflexão da luz. De acordo com o princípio da equivalência, se a luz é defletida pela aceleração, deve ser igualmente defletida pela gravidade. No entanto, como a gravidade pode curvar a luz? Segundo a física newtoniana, a gravitação é uma interação entre massas; a trajetória de uma bola móvel se curva por causa da interação entre sua massa e a massa da Terra. E quanto à luz, que é energia pura e sem massa? A resposta de Einstein foi que a luz pode não ter massa, mas ela não está "sem energia". A gravidade puxa a energia da luz, porque energia e massa são equivalentes.

FIGURA 36.6 A trajetória de um facho de luz é idêntica à trajetória que uma bola de beisebol descreveria se pudesse ser "arremessada" com a rapidez da luz. Ambas as trajetórias se curvam igualmente num campo gravitacional uniforme.

Essa foi a primeira resposta dada por Einstein, antes de ele desenvolver completamente a teoria geral da relatividade. Mais tarde, ele forneceu uma explicação mais profunda: a luz se curva porque se propaga num espaço-tempo com geometria curva. Veremos mais tarde, neste capítulo, que a presença de massa resulta numa curvatura ou dobra do espaço-tempo. A massa da Terra é pequena demais para curvar consideravelmente o espaço-tempo ao seu redor, que é praticamente plano. Assim, o encurvamento da luz em nosso ambiente imediato não é normalmente notado. Próximo a corpos com massa muito maior do que a da Terra, entretanto, a curvatura da luz é grande o bastante para ser detectada.

Einstein previu que a luz de uma estrela que passa próxima ao Sol seria defletida por um ângulo de 1,75 segundos de arco – grande o bastante para ser medido. Embora as estrelas não sejam visíveis quando o Sol está no céu, esse desvio pode ser observado durante um eclipse solar. (Medir esse desvio tornou-se uma prática padrão a cada eclipse total do Sol desde que as primeiras medições foram feitas durante o eclipse total do Sol de 1919.) Uma fotografia tirada do céu escuro ao redor do Sol eclipsado revela a presença de estrelas brilhantes vizinhas. As posições das estrelas são comparadas com aquelas que elas ocupam em outras fotografias da mesma área do céu, tiradas em outras ocasiões e com o mesmo telescópio durante a noite. Em cada ocasião, a deflexão da luz das estrelas tem sustentado a previsão de Einstein (Figura 36.7).

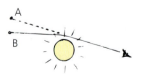

FIGURA 36.7 A luz de uma estrela se curva quando ela passa tangencialmente pelo Sol. O ponto A mostra a posição aparente da estrela, e o ponto B mostra sua posição verdadeira.

A luz também se curva no campo gravitacional da Terra, mas não muito. Não notamos isso porque o efeito é muito pequeno. Por exemplo, num campo gravitacional de 1 g, um feixe de luz dirigido horizontalmente "cairá" uma distância vertical de 4,9 metros em 1 segundo (exatamente como a bola de beisebol faria), mas percorrerá uma distância horizontal de 300.000 quilômetros nesse tempo. Dificilmente se notaria seu encurvamento numa posição tão distante de seu ponto de partida. No entanto, se ela viajasse 300.000 quilômetros em múltiplas reflexões entre espelhos paralelos idealizados, tal efeito seria bastante perceptível (Figura 36.8). (Fazer isso seria realizar um projeto caseiro muito bom para conseguir créditos extras – por exemplo, obter créditos para um pós-doutorado.)

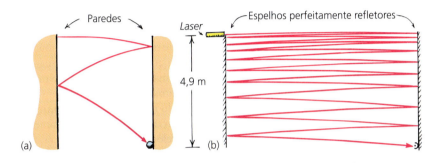

FIGURA 36.8 (a) Se uma bola é atirada horizontalmente entre um par de paredes verticais paralelas, ela salta para a frente e para trás e cai uma distância de 4,9 m durante 1 s. (b) Se um feixe de luz horizontal é direcionado entre dois espelhos planos paralelos e perfeitos, ele se reflete para a frente e para trás e cai uma distância vertical de 4,9 m em 1 s. O número de reflexões para a frente e para trás é mostrado de maneira muito simplificada nesse diagrama; se os espelhos estivessem 300 km distantes um do outro, por exemplo, ocorreriam 1.000 reflexões em 1 s.

PAUSA PARA TESTE

1. Uau! Aprendemos anteriormente que a atração da gravidade é uma interação entre massas. Também aprendemos que a luz não tem massa. Afirmamos agora que a luz pode ser desviada pela gravidade. Isso não é uma contradição?
2. Por que não notamos o desvio da luz em nosso ambiente cotidiano?

VERIFIQUE SUA RESPOSTA

1. Não há contradição quando se entende a equivalência massa-energia. É verdade que a luz não tem massa, mas ela não é desprovida de energia. O fato de que a gravidade desvia a luz é uma evidência de que ela atrai a energia da luz. Energia realmente equivale a massa.
2. Apenas porque a luz se desloca muito rapidamente. Da mesma forma como, em curtas distâncias, não notamos a trajetória curva de uma bala em alta velocidade, não notamos a trajetória curva de um feixe luminoso.

36.3 Gravidade e tempo: o desvio para o vermelho gravitacional

De acordo com a teoria geral da relatividade de Einstein, a gravitação faz o tempo correr mais devagar. Se você se mover no sentido em que atua a gravidade – do topo de um arranha-céu até o chão, por exemplo, ou da superfície da Terra para o fundo de um poço, o tempo correrá mais devagar no ponto onde você chega do que no ponto de onde partiu. Podemos entender essa diminuição no ritmo dos relógios pela gravidade ao aplicar o princípio da equivalência junto com a dilatação temporal a um sistema de referência acelerado.

Imagine que nosso sistema de referência acelerado seja um grande disco horizontal em rotação. Suponha que meçamos o tempo com três relógios idênticos, um localizado sobre o disco e no seu centro, um localizado sobre a borda do disco e um em repouso no solo próximo (Figura 36.9). Das leis da relatividade especial, sabemos que o relógio fixado no centro, por estar em repouso em relação ao solo, deve funcionar no mesmo ritmo que o do relógio no solo, mas não no mesmo ritmo que o do relógio fixado na borda do disco. Este está em movimento em relação ao

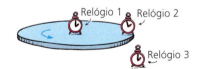

FIGURA 36.9 Os relógios 1 e 2 estão sobre um disco em rotação, e o relógio 3 está em repouso num sistema inercial. Os relógios 1 e 3 funcionam de maneira sincronizada, enquanto o relógio 2 funciona mais lentamente. Do ponto de vista de um observador no relógio 3, o relógio 2 funciona mais lentamente porque está se movendo. Do ponto de vista de um observador no relógio 1, o relógio 2 funciona mais lentamente, pois se encontra em um potencial menor (seria necessário realizar um trabalho para movê-lo da borda para o centro).

solo e, portanto, deve ser observado funcionando mais lentamente do que o relógio no solo e, portanto, mais lentamente do que o relógio no centro do disco. Embora os relógios sobre o disco estejam fixados ao mesmo sistema de referência, eles não funcionam em sincronia; o relógio mais externo funciona mais lentamente do que o relógio mais interno.

Um observador no centro do disco em rotação e um observador em repouso sobre o solo veem a mesma diferença entre seus próprios ritmos e o do relógio na borda. No entanto, as interpretações sobre a diferença não são as mesmas para esses dois observadores. Para o observador sobre o solo, o ritmo mais lento do relógio na borda se deve ao seu movimento. Contudo, para um observador no centro do disco, os relógios fixos no disco não estão em movimento relativo; em vez disso, sobre o relógio na borda atua uma força centrífuga, enquanto nenhuma força desse tipo atua sobre o relógio no centro. O observador no disco provavelmente concluirá que a força centrífuga tem algo a ver com a diminuição de ritmo do tempo. Ele nota que quando se move sobre o disco no mesmo sentido em que atua a força centrífuga, do centro para a borda do disco, o ritmo do tempo fica mais lento. Aplicando o princípio da equivalência, que estabelece que qualquer efeito de aceleração pode ser reproduzido pela gravidade, devemos concluir que quando nos movermos no sentido de atuação de uma força gravitacional, o tempo também transcorrerá mais lentamente.

Essa diminuição no ritmo se aplica a todos os "relógios", sejam eles físicos, químicos ou biológicos. Uma executiva que trabalha no andar térreo de um arranha-céu envelhecerá mais lentamente do que sua irmã gêmea que trabalha no andar mais alto. A diferença é muito pequena, somente alguns milionésimos de segundo por década, porque a distância é muito pequena, e a gravitação, muito fraca, se comparada aos padrões cósmicos. Para diferenças maiores na gravitação, como entre a da superfície do Sol e a da superfície da Terra, as diferenças de tempo serão maiores (embora ainda muito pequenas). Um relógio na superfície do Sol deve funcionar num ritmo mensurável menor do que um relógio na superfície da Terra. Anos antes de completar sua teoria geral da relatividade, quando formulou o princípio da equivalência em 1907, Einstein sugeriu uma maneira de medir esse efeito.

Todos os átomos emitem luz em frequências específicas, características da taxa vibracional dos elétrons dentro do átomo. Cada átomo, portanto, é um "relógio", e uma diminuição no ritmo das vibrações atômicas indica a diminuição de ritmo desses relógios. Um átomo no Sol deveria emitir luz numa frequência mais baixa (vibração mais lenta) do que a luz emitida pelo mesmo tipo de átomo sobre a superfície da Terra. Como o vermelho está na extremidade de mais baixa frequência do espectro visível, uma diminuição na frequência desloca a cor para o vermelho. Esse efeito é chamado de **desvio para o vermelho gravitacional**. Ele é observado na luz solar, mas várias influências perturbadoras impediram que se fizessem medições exatas desse pequeno efeito. Apenas em 1960, uma técnica inteiramente nova, empregando raios gama emitidos por átomos radioativos, permitiu medições incrivelmente precisas, que confirmaram a diminuição no transcorrer do tempo entre o térreo e o andar superior de um edifício de laboratório da Universidade de Harvard.[1]

Assim, as medidas de tempo dependem não apenas do movimento relativo, como aprendemos no último capítulo, mas também da gravidade. Na relatividade especial, a dilatação temporal depende da *rapidez* com que um sistema de referência se move em relação a outro. Na relatividade geral, o desvio gravitacional para o vermelho depende da *localização* de um ponto em relação a outro no campo gravitacional. Quando observado da Terra, o tique-taque de um relógio será mais lento na superfície de uma estrela do que na superfície da Terra. Se a estrela colapsar, sua

FIGURA 36.10 Se você se mover de um ponto distante até a superfície da Terra, terá se movido no sentido de atuação da força gravitacional – para um local onde os relógios funcionam mais lentamente. Um relógio na superfície da Terra funciona mais lentamente do que um relógio mais afastado.

A astrofísica vai além de descrever como o céu se parece e explica como ele veio a ser como é.

---
[1] No final da década de 1950, pouco depois da morte de Einstein, o físico alemão Rudolph Mössbauer descobriu um importante efeito em física nuclear que fornecia um método extremamente preciso para utilizar núcleos como relógios atômicos. O *efeito Mössbauer*, pelo qual seu descobridor recebeu o Prêmio Nobel em 1961, tem muitas aplicações práticas. No final de 1959, Robert Pound e Glen Rebka, na Universidade de Harvard, conceberam uma aplicação que era um teste para a relatividade geral e realizaram o experimento confirmador.

superfície se moverá para dentro, onde a gravidade é ainda mais forte, o que fará o tempo em sua superfície passar cada vez mais lentamente. Mediríamos intervalos de tempo mais longos entre os tique-taques do relógio da estrela. Contudo, se fizéssemos nossas medidas do relógio da estrela a partir de sua superfície, não notaríamos algo fora do normal com o tique-taque do relógio.

O GPS deve levar em conta tanto o efeito da gravidade quanto o da velocidade dos relógios atômicos em órbita. Devido à gravidade, os relógios marcam o tempo mais rapidamente quando em órbita. Devido à velocidade, o efeito é oposto. Os dois efeitos variam ao longo de cada órbita elíptica e não se cancelam. O seu GPS envolve muita física de alto nível.

Suponha, por exemplo, que um voluntário indestrutível fique em pé na superfície de uma estrela gigante que está começando a colapsar. Nós, como observadores externos, notaríamos uma progressiva diminuição do ritmo do tempo no relógio de nosso voluntário quando a superfície da estrela recuasse para regiões de gravidade mais intensa. O voluntário, entretanto, não percebe qualquer diferença em seu próprio tempo. Ele está observando eventos dentro de seu próprio sistema de referência e não percebe qualquer coisa de diferente acontecendo. Enquanto a estrela prossegue colapsando para tornar-se um buraco negro e o tempo segue normalmente do ponto de vista do voluntário, nós, do lado de fora, percebemos que o tempo dele vai se aproximando de uma parada completa; nós o vemos congelado no tempo, sendo infinita a duração do intervalo entre dois tique-taques de seu relógio ou as batidas de seu coração. De nosso ponto de vista, seu tempo parou completamente. O desvio gravitacional para o vermelho, em vez de ser um efeito minúsculo, é dominante.

Podemos compreender o desvio gravitacional para o vermelho de outro ponto de vista – em termos da força gravitacional atuante sobre os fótons. Quando um fóton sai da superfície da estrela, ele é "retardado" pela gravidade dela. Ele perde energia (embora não perca rapidez). Uma vez que a frequência do fóton é proporcional à sua energia, sua frequência diminui quando sua energia diminui. Quando observamos o fóton, percebemos que ele tem uma frequência mais baixa do que se tivesse sido emitido por uma fonte de menor massa. O transcorrer de seu tempo tornou-se mais lento, da mesma forma como tornou-se mais lento o ritmo dos tique-taques de um relógio. No caso de um buraco negro, um fóton é absolutamente incapaz de escapar. Ele perde toda a sua energia, e sua frequência vai a zero na tentativa. Sua frequência é deslocada de maneira gravitacional para zero, o que é consistente com nossa observação de que a taxa com a qual o tempo passa sobre a estrela colapsante se aproxima de zero.

É importante notar a natureza relativística do tempo tanto na relatividade especial quanto na geral. Nas duas teorias, não existe uma maneira de prolongar sua própria existência. Outras pessoas, movendo-se a velocidades diferentes ou situadas em campos gravitacionais diferentes, podem atribuir-lhe uma longevidade maior, mas sua longevidade está sendo observada a partir do sistema de referência *deles* – jamais a partir do seu próprio. As alterações no tempo são sempre atribuídas aos "outros sujeitos".

PAUSA PARA TESTE

Uma pessoa no topo de um arranha-céu envelhece mais ou menos do que uma pessoa no nível do solo?

VERIFIQUE SUA RESPOSTA

Mais. Ir do topo do arranha-céu para o chão é ir no mesmo sentido em que atua a força gravitacional, o que significa ir para um lugar onde o tempo escoa mais lentamente.

36.4 Gravidade e espaço: o movimento de Mercúrio

Da teoria especial da relatividade, sabemos que as medidas de espaço, bem como as de tempo, sofrem transformações quando o movimento está envolvido. O mesmo vale para a teoria geral: as medidas de espaço diferem entre si em diferentes campos gravitacionais (por exemplo, próximo ou longe do Sol).

790 PARTE VIII Relatividade

FIGURA 36.11 Uma órbita elíptica em precessão.

Os planetas orbitam o Sol e as estrelas em órbitas elípticas e movem-se periodicamente por regiões mais próximas ou afastadas do Sol. Einstein voltou sua atenção para os campos gravitacionais variáveis experimentados pelos planetas que orbitam o Sol e descobriu que as órbitas elípticas dos planetas devem sofrer *precessão* (Figura 36.11), independentemente da influência newtoniana dos outros planetas. Próximo ao Sol, onde os efeitos gravitacionais sobre o tempo são maiores, a taxa de precessão deveria ser máxima. Longe do Sol, onde o tempo é menos afetado, não deveria ser percebido qualquer desvio em relação à mecânica newtoniana.

Mercúrio é o planeta mais próximo do Sol. Se a órbita de algum planeta exibe uma precessão mensurável, deveria ser a de Mercúrio, e a ideia de que ela realmente precessiona – acima dos efeitos atribuídos aos outros planetas – foi um mistério para os astrônomos desde o início do século XIX. Medições cuidadosas mostraram que a órbita de Mercúrio precessiona cerca de 574 segundos de arco por século. Obteve-se que as perturbações causadas pelos outros planetas eram responsáveis por isso, menos por 43 segundos de arco por século. Mesmo depois que todas as possíveis correções devido às perturbações causadas pelos outros planetas tinham sido feitas, os cálculos dos físicos e astrônomos falharam em dar conta desses 43 segundos de arco extras. Ou Vênus tinha mais massa do que se pensava ou outro planeta jamais descoberto (chamado Vulcano) estaria puxando Mercúrio. Então veio a explicação dada por Einstein, cujas equações de campo da relatividade geral, aplicadas ao caso da órbita de Mercúrio, previram os 43 segundos de arco extras por século!

O mistério da órbita de Mercúrio foi resolvido, e uma nova teoria da gravidade foi reconhecida. A lei de Newton da gravitação, que fora considerada um pilar inabalável da ciência por mais de dois séculos, foi considerada um caso especial da teoria mais geral de Einstein. Se os campos gravitacionais são comparativamente fracos, a lei de Newton torna-se uma boa aproximação da nova lei – o suficiente para que a lei de Newton, com a qual é matematicamente mais fácil de se trabalhar, seja a lei que os cientistas utilizam a maior parte do tempo, exceto nos casos que envolvem enormes campos gravitacionais.

Uma hipótese incorreta, se corretamente avaliada, às vezes pode gerar mais conhecimento novo do que observações sem uma orientação.

> **PAUSA PARA TESTE**
>
> Por que a solução para a misteriosa precessão da órbita de Mercúrio em torno do Sol foi historicamente importante?
>
> **VERIFIQUE SUA RESPOSTA**
>
> A solução de Einstein apoiou a sua teoria geral da relatividade no mundo cético dos físicos.

36.5 Gravidade, espaço e uma nova geometria

Podemos começar a entender que as medidas de espaço são alteradas num campo gravitacional considerando novamente o sistema de referência acelerado que é o nosso disco em rotação. Suponha que meçamos a circunferência da borda externa com uma régua. Lembre-se da contração de Lorentz na relatividade especial: a régua de medida aparecerá como contraída a qualquer observador que não esteja se movendo junto com ela, enquanto uma régua idêntica que se move muito mais lentamente próximo ao centro do disco não sofrerá praticamente qualquer efeito (Figura 36.12). Todas as medidas de distância ao longo do *raio* do disco em rotação não deveriam sofrer qualquer alteração devido ao movimento, por este ser perpendicular ao raio. Como são afetadas apenas as medidas de distâncias realizadas ao longo da circunferência, a razão entre a circunferência e o seu diâmetro quando o disco está em rotação não é mais igual à constante π (3,14159 ...), mas uma variável que depende da rapidez do movimento de rotação e do diâmetro do disco.

De acordo com o princípio da equivalência, o disco em rotação equivale a um disco estacionário onde existe um campo gravitacional próximo à sua borda, e esse campo se torna progressivamente mais fraco quando nos aproximamos do centro do disco. As

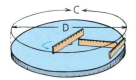

FIGURA 36.12 Uma régua situada ao longo da borda de um disco em rotação é observada como contraída. Por outro lado, uma régua mais distante da borda e que se move mais lentamente não está contraída em nada. Uma régua disposta ao longo de um raio qualquer do disco também não está contraída. Quando o disco não está rodando, C/D = π, mas quando estiver em rotação, C/D não será igual a π, e a geometria euclidiana não será mais válida. A mesma coisa ocorre em um campo gravitacional.

medidas de distância, então, dependerão da intensidade do campo gravitacional (ou mais exatamente, para entusiastas da relatividade, do potencial gravitacional), mesmo se não existir movimento relativo algum. A gravidade torna o espaço não euclidiano; as leis da geometria de Euclides aprendidas na escola não são mais válidas quando aplicadas a objetos que se encontram na presença de campos gravitacionais intensos.

As leis familiares da geometria euclidiana referem-se às várias figuras que se pode desenhar sobre uma superfície plana. A razão entre a circunferência de um círculo e o seu diâmetro é igual a π; a soma dos ângulos internos de um triângulo é 180°; a distância mais curta entre dois pontos é um segmento de reta. As leis da geometria euclidiana são válidas no espaço plano, mas se você desenhar tais figuras sobre uma superfície curva como a de uma esfera ou de um objeto com a forma de uma sela de cavalo, as regras da geometria euclidiana não são mais válidas (Figura 36.13). Após medir a soma dos ângulos internos de um triângulo no espaço, o espaço será chamado de euclidiano se tal soma igualar 180°, de positivamente curvado, ou do tipo esférico, se for ela maior do que 180°, e de negativamente curvado, ou do tipo sela, se ela for menor do que 180°.

O modelo padrão cosmológico (a ciência do universo) considera que um universo plano, dominado pela matéria e pela energia escuras, formou-se muito rapidamente durante uma rápida inflação de sua origem densa e quente.

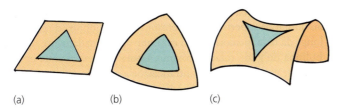

(a)   (b)   (c)

FIGURA 36.13 A soma dos ângulos internos de um triângulo depende do tipo de superfície sobre a qual a figura é desenhada. (a) Sobre uma superfície plana, é igual a 180°. (b) Sobre uma superfície esférica, é maior do que 180°. (c) Sobre uma superfície com a forma de uma sela, é menor do que 180°.

É evidente que as linhas que formam os triângulos na Figura 36.13 não são todas "retas" de um ponto de vista tridimensional, mas elas são "as mais retas" ou as *menores* distâncias entre dois pontos se eles estão confinados à superfície curva. Essas linhas de distância mínima são chamadas de *linhas geodésicas* ou, simplesmente, de **geodésicas**.

Um feixe luminoso segue o traçado de uma geodésica. Suponha que três experimentadores sobre a Terra, Vênus e Marte meçam os ângulos internos de um triângulo formado por raios de luz que viajam entre esses três planetas quando não estão todos no mesmo lado do Sol (Figura 36.14). Os raios luminosos curvam-se ao passarem próximo ao Sol, e a sua soma resulta em maior do que 180°. Assim, o espaço ao redor do Sol tem curvatura positiva. Os planetas que orbitam o Sol percorrem geodésicas tetradimensionais nesse espaço-tempo positivamente curvado. Objetos em queda livre, satélites e raios de luz percorrem geodésicas no espaço-tempo tetradimensional.

Partes "pequenas" do universo certamente são curvas. E quanto ao universo como um todo? Estudos recentes da radiação de baixa temperatura proveniente do espaço, remanescente do Big Bang, sugerem que o universo é plano. Se ele fosse aberto, como a forma da sela de cavalo da Figura 36.13c, se estenderia sem limites, e feixes luminosos que iniciam paralelos um ao outro divergiriam. Se ele fosse fechado, como a superfície esférica da Figura 36.13b, feixes luminosos inicialmente paralelos acabariam por se cruzar, dar a volta no universo e retornar aos pontos de partida. Em um universo desse tipo, se você pudesse olhar infinitamente longe no espaço com um telescópio ideal, conseguiria ver a parte de trás de sua própria cabeça (depois de esperar pacientemente por bilhões de anos!). Em nosso universo plano real, feixes luminosos paralelos mantêm-se paralelos e jamais retornam aos pontos de partida.

psc

- A geometria do universo pode indicar qual será seu destino final. Um universo esférico tem massa-energia suficiente para deter a expansão e se encolher – um "Big Crunch" (Grande Esmagamento), o processo contrário ao "Big Bang". Um universo em forma de sela de cavalo tem muito pouca massa-energia para diminuir a expansão até parar. Um universo plano tem muito pouca massa-energia até mesmo para parar de se expandir.

A relatividade geral, então, pede uma nova geometria: em vez de o espaço ser uma região sem nada, ele é como um meio flexível que pode ser dobrado e torcido. A maneira como ele se dobra e torce descreve um campo gravitacional. A relatividade geral é uma geometria do espaço-tempo curvo de quatro dimensões.[2] A matemática dessa

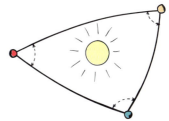

FIGURA 36.14 Os raios luminosos unindo os três planetas formam um triângulo. Como os raios que passam rente ao Sol se curvam, a soma dos ângulos internos desse triângulo é maior do que 180°.

---

[2] Não fique desanimado se você não conseguir visualizar o espaço-tempo tetradimensional. O próprio Einstein dizia isto com frequência a amigos: "Não tente. Eu também não consigo". Talvez não sejamos muito diferentes dos grandes pensadores da época de Galileu, que não podiam conceber a Terra como móvel!

FIGURA 36.15 A geometria da superfície curva da Terra difere da geometria euclidiana do espaço plano. No globo da esquerda, note que a soma dos ângulos internos para um triângulo equilátero, em que os lados são iguais a 1/4 da circunferência da Terra, é claramente maior do que 180°. O globo da direita mostra que a circunferência da Terra é apenas duas vezes o seu diâmetro, não 3,14 vezes. A geometria euclidiana também é inválida no espaço curvo.

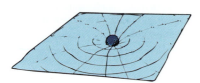

FIGURA 36.16 Uma analogia bidimensional do espaço-tempo tetradimensional curvo. O espaço-tempo próximo a uma estrela é curvado de maneira similar à superfície de um colchão d'água sobre o qual repousa uma bola pesada.

geometria é formidavelmente complicada para ser apresentada aqui. A essência, entretanto, é que a presença de massa resulta na curvatura ou *dobra* do espaço-tempo; ao mesmo tempo, um espaço-tempo curvo indica a presença necessária de massa. Em vez de visualizar forças gravitacionais entre massas, abandonamos a noção de força e, em vez disso, pensamos em massas que, ao se movimentarem, respondem à curvatura do espaço-tempo que elas habitam. As saliências, depressões e dobras do espaço-tempo geometrizado *são* os fenômenos da gravidade.

Não podemos visualizar os saltos e as depressões tetradimensionais do espaço-tempo, porque somos seres tridimensionais. Podemos ter um vislumbre dessas dobras considerando uma analogia simplificada em duas dimensões: uma bola pesada repousando no meio de uma cama d'água. Quanto mais massa tiver a bola, mais ela deformará ou dobrará a superfície bidimensional. Uma bolinha de gude rolada pela cama, mas longe da bola, percorrerá um caminho aproximadamente reto. Por outro lado, uma bolinha de gude rolada próximo à bola descreverá uma curva quando passar pela superfície onde existe a reentrância. Se a curva fechar-se sobre si mesma, sua forma lembrará uma elipse. De modo similar, os planetas que orbitam o Sol percorrem geodésicas tetradimensionais no espaço-tempo dobrado em volta do Sol.

> **PAUSA PARA TESTE**
> A geometria euclidiana nos diz que a luz propaga-se em trajetórias retilíneas no espaço livre. No que essa geometria difere da trajetória da luz no espaço livre de acordo com a geodésica?
>
> **VERIFIQUE SUA RESPOSTA**
> Ambas são vistas como as distâncias mais curtas entre dois pontos e são equivalentes.

psc

- Uma das previsões da relatividade geral é quanto à sutil torção do espaço-tempo ao redor de um objeto de grande massa que gira. Um teste para esse efeito de "arrasto do sistema" seria a previsão de minúsculas alterações nas orientações das órbitas de satélites e de giroscópios em órbita. Em 2004, pesquisadores encontraram essa evidência confirmadora.

36.6 Ondas gravitacionais

Todo objeto tem massa e, portanto, cria uma saliência ou uma depressão no espaço-tempo que o rodeia. Quando o objeto se move, a curvatura do espaço-tempo ao redor também se move, a fim de ajustar-se à nova posição do objeto. Esses reajustes produzem ondulações na geometria resultante do espaço-tempo. Isso é parecido com o que acontece quando movimentamos a bola que repousa sobre o colchão d'água. Uma ondulação criada pela perturbação atravessa a superfície do colchão d'água; se movermos uma bola com mais massa, produziremos uma perturbação ainda maior e ondas ainda mais fortes. Isso é semelhante ao espaço-tempo do universo. Ondulações semelhantes se afastam de uma fonte gravitacional à velocidade da luz e constituem **ondas gravitacionais.**

Qualquer objeto acelerado produz uma onda gravitacional. Em geral, quanto maior a massa do objeto em movimento e quanto maior sua aceleração, mais forte é a onda gravitacional produzida. Contudo, mesmo as ondas mais fortes produzidas pelos eventos astronômicos comuns são extremamente fracas – as mais fracas conhecidas na natureza. Por exemplo, as ondas gravitacionais emitidas por uma carga elétrica vibrando são trilhões de trilhões de trilhões de vezes mais fracas do que as ondas eletromagnéticas emitidas pela mesma carga. A detecção de ondas gravitacionais é extremamente difícil. Como informado no texto de abertura do capítulo sobre os pesquisadores do LIGO, a existência das ondas gravitacionais foi confirmada no início de 2016 por minúsculas distorções do espaço observadas por dois detectores

O espaço-tempo está se espichando e carregando as galáxias consigo. A luz visível do universo inicial foi esticada, tornando-se radiação de micro-ondas de comprimentos de onda relativamente longos.

com amplo distanciamento entre si no LIGO, nos estados americanos de Washington e Luisiana. As ondas descobertas se originavam da fusão de dois buracos negros cerca de 1,3 bilhão de anos atrás. Quatro meses depois, foi descoberta uma segunda onda, de outro par de buracos negros à beira da fusão. Einstein postulou a existência de ondas gravitacionais em 1916; sua confirmação um século mais tarde emocionou a comunidade científica e todos aqueles que valorizam a ciência.

Mesmo fracas como são, as ondas gravitacionais estão por todo lugar. Sacuda sua mão para a frente e para trás: você acabou de produzir uma onda gravitacional. Ela não é muito forte, mas existe.

FIGURA 36.17 Laboratórios LIGO: à esquerda, o de Hanford, Washington, EUA; à direita, o de Livingston, Luisiana, EUA.

36.7 Gravitação newtoniana e gravitação einsteniana

Quando Einstein formulou sua nova teoria da gravitação, percebeu que se sua teoria fosse válida, suas equações de campo deveriam reduzir-se às equações newtonianas para a gravitação no limite de campos fracos. Ele mostrou que a lei de Newton da gravitação é um caso especial de uma teoria mais abrangente da relatividade. A lei de Newton da gravitação é uma descrição ainda precisa da maioria das interações entre os corpos no sistema solar e além. A partir da lei de Newton, pode-se calcular as órbitas de cometas e asteroides e até prever a existência de planetas não descobertos. Mesmo hoje, ao calcular as trajetórias de sondas espaciais enviadas à Lua e aos planetas, apenas a teoria newtoniana ordinária é utilizada. Isso porque o campo gravitacional desses corpos é muito fraco e, do ponto de vista da relatividade geral, o espaço-tempo ao redor deles é essencialmente plano. Contudo, em regiões com gravitação muito mais intensa, onde o espaço-tempo é mais apreciavelmente curvado, a teoria newtoniana não pode explicar vários fenômenos – como a precessão da órbita de Mercúrio próximo ao Sol e, no caso de campos mais fortes, o desvio gravitacional para o vermelho e outras distorções aparentes em medições do espaço e do tempo. Tais distorções alcançam seus limites para o caso de uma estrela que colapsa num buraco negro, onde o espaço-tempo dobra-se completamente sobre si mesmo. Somente a gravitação einsteniana se aplica a esse domínio.

Para Einstein, todas as teorias, incluindo as suas próprias, eram degraus em direção a algo ainda maior.

Vimos no Capítulo 32 que a física newtoniana está conectada por um lado à teoria quântica, cujo domínio é o do muito leve e muito pequeno – o das partículas minúsculas e dos átomos. Agora, vimos que a física newtoniana está conectada por outro lado à teoria da relatividade, cujo domínio é o de muita massa e muito grande. Não vemos mais o mundo da mesma maneira que os antigos egípcios, gregos ou chineses o viam. É improvável que as pessoas do futuro vejam o universo como o vemos hoje. Nossa visão do universo pode ser completamente limitada e talvez cheia de falsas concepções, mas ela é provavelmente mais clara do que as visões de outros antes de nós. Nossa visão atual baseia-se nas descobertas de Copérnico, Galileu, Newton e, mais recentemente, Einstein – descobertas essas que frequentemente foram rejeitadas por supostamente diminuírem a importância dos humanos no universo. No passado, ser importante significava estar elevado acima da natureza – estar à parte dela. Desde então, expandimos nossa visão por meio do esforço enorme, da observação cuidadosa e de um desejo incessante de compreender o que nos cerca. A partir de nossa atual compreensão do universo, descobrimos que nossa importância consiste em sermos parte da natureza, não em estarmos além dela. Somos a parte da natureza que está se tornando mais e mais consciente de si mesmo.

Revisão do Capítulo 36

TERMOS-CHAVE (CONHECIMENTO)

teoria geral da relatividade A segunda das teorias de Einstein da relatividade, que relaciona a gravidade às propriedades do espaço-tempo.

princípio da equivalência Devido ao fato de que observações realizadas em um sistema de referência acelerado são indistinguíveis de observações feitas na presença de um campo gravitacional, qualquer efeito produzido pela gravidade pode ser reproduzido em um sistema de referência acelerado.

desvio para o vermelho gravitacional Alongamento das ondas da radiação eletromagnética que escapa de um objeto de grande massa.

geodésica O caminho mais curto entre os pontos de uma superfície qualquer.

onda gravitacional Uma perturbação gravitacional que se propaga através do espaço-tempo, produzida por uma massa acelerada.

QUESTÕES DE REVISÃO (COMPREENSÃO)

36.1 Princípio da equivalência

1. Qual é a principal diferença entre a relatividade especial e a relatividade geral?
2. Como o movimento de uma bola largada em uma espaçonave que se movimenta com aceleração igual a g, longe da gravidade terrestre, se compara ao movimento de uma bola largada na superfície da Terra?
3. O que é exatamente *equivalente* no princípio da equivalência?

36.2 Desvio da luz pela gravidade

4. Compare o encurvamento das trajetórias de bolas de beisebol e de fótons por um campo gravitacional.
5. Por que é importante que o Sol esteja eclipsado para que se possa medir a deflexão da luz das estrelas ao passarem próximos a ele?

36.3 Gravidade e tempo: o desvio para o vermelho gravitacional

6. Qual é o efeito da gravidade intensa sobre as medições de tempo?
7. O que funciona mais lentamente, um relógio no topo do Edifício Empire State ou um relógio no térreo do edifício?
8. Como a frequência de uma determinada linha espectral do Sol se compara com a frequência dessa mesma linha quando observada na luz emitida por uma fonte na Terra?
9. Se observarmos eventos que ocorrem em uma estrela em colapso para se tornar um buraco negro, notaremos que o tempo transcorre mais rapidamente ou mais lentamente?

36.4 Gravidade e espaço: o movimento de Mercúrio

10. Por que Mercúrio é o melhor planeta para buscarmos evidências sobre a relação entre gravitação e espaço?
11. Para qual intensidade do campo gravitacional as leis de Newton são válidas?

36.5 Gravidade, espaço e uma nova geometria

12. Por que uma régua localizada ao longo da circunferência de um disco em rotação aparece contraída, mas não se estiver orientada ao longo do raio?
13. A razão entre a circunferência e o diâmetro para círculos medidos sobre um disco é igual a π quando o disco está em repouso, mas difere disso quando o disco está em rotação. Explique.
14. Que efeito tem a massa sobre o espaço-tempo?

36.6 Ondas gravitacionais

15. O que ocorre no espaço ao redor de um objeto de grande massa quando ele sofre uma variação de movimento?
16. Uma estrela a 10 anos-luz de distância explode e produz ondas gravitacionais. Quanto tempo levará para essas ondas alcançarem a Terra?
17. Por que as ondas gravitacionais são tão difíceis de detectar?

36.7 Gravitação newtoniana e gravitação einsteniana

18. A teoria de Einstein para a gravitação invalida a teoria correspondente de Newton? Explique.
19. O emprego da física newtoniana é adequado quando se deseja enviar um foguete à Lua?
20. De que maneira a física newtoniana se relaciona à teoria quântica e à teoria da relatividade?

PENSE E EXPLIQUE (SÍNTESE)

21. Qual é a diferença entre os sistemas de referência que se aplicam à relatividade especial e à relatividade geral?
22. Uma astronauta acorda em sua cápsula fechada na Lua. Ela pode dizer se seu peso é o resultado da gravitação ou de um movimento acelerado? Explique.
23. Proponha uma explicação clássica para o fato de um astronauta em órbita não experimentar força resultante alguma (como medido por uma balança), mesmo que ele esteja preso pelo campo gravitacional terrestre.
24. Em uma espaçonave fora do alcance da gravidade, sob que condições você poderia sentir como se a espaçonave estivesse parada na superfície da Terra?
25. O que acontece com a distância de separação entre duas pessoas se elas caminham para o norte com a mesma taxa a partir de dois pontos diferentes do equador da Terra?
26. Nós imediatamente notamos o encurvamento da luz por reflexão ou refração. Por que não costumamos notar o encurvamento da luz pela gravidade?
27. Quais são as evidências para a afirmação de que a luz pode ser desviada em um campo gravitacional?
28. Por que dizemos que a luz viaja em linha reta? É rigorosamente correto dizer que um feixe de *laser* fornece uma linha perfeitamente reta para fins de levantamento topográfico? Explique.
29. Um colega lhe diz que a luz que passa próximo ao Sol é desviada, independentemente de a Terra estar passando ou não por um eclipse solar. Você concorda ou discorda? Por quê?
30. Em 2019, quando Mercúrio passou entre o Sol e a Terra, a luz solar não foi desviada consideravelmente ao passar por Mercúrio. Por quê?
31. Um pôr do sol parece distorcido visto da Terra, mas não por astronautas na Lua. O que causa tal distorção (e por que essa questão não foi levantada no Capítulo 28)?
32. Ao final de 1 s, uma bala disparada horizontalmente num campo gravitacional de 1 *g* cai uma distância vertical de 4,9 m em relação à trajetória reta que teria seguido sem a presença da gravidade. Que distância cairia, durante 1 s, um feixe luminoso que se propagasse num campo gravitacional de 1 *g* em relação à trajetória retilínea que ele seguiria se a gravidade não estivesse presente? E durante 2 s?
33. A luz muda sua energia quando "cai" num campo gravitacional. Entretanto, essa variação na energia não é evidenciada por uma alteração na sua rapidez. Qual é a evidência para essa variação na energia?
34. Você notaria um aumento ou uma diminuição no ritmo de funcionamento de um relógio que fosse levado para o fundo de um poço profundo?
35. Se pudéssemos testemunhar eventos que ocorrem na Lua, onde o campo gravitacional é mais fraco do que na Terra, esperaríamos ver um desvio gravitacional para o vermelho ou para o azul? Explique.
36. A intensidade do campo gravitacional na superfície de uma estrela aumenta ou diminui quando ela colapsa?
37. Se a Terra fosse uma esfera perfeita, um relógio no equador funcionaria ligeiramente mais rápido ou mais lentamente do que um relógio idêntico situado em um dos polos terrestres?
38. Você envelhece mais rapidamente no topo de uma montanha alta ou ao nível do mar?
39. A rigor, uma pessoa preocupada com seu envelhecimento deveria morar no andar superior ou no térreo de um edifício alto?
40. O que marcaria o tempo mais lentamente: um relógio no centro ou na borda de um hábitat especial que gira? Ou não haveria diferença?
41. A rigor, se você dirigir um feixe de luz colorida para um amigo que está acima, numa torre alta, a cor da luz que seu amigo receberá será igual à cor original da luz que você emitiu? Explique.
42. A cor da luz emitida da superfície de uma estrela com muita massa é desviada gravitacionalmente para o vermelho ou para o azul?
43. Um astronauta que cai dentro de um buraco negro vê o universo ao seu redor desviado gravitacionalmente para o vermelho ou para o azul?
44. Como podemos "observar" um buraco negro se nem matéria nem radiação conseguem escapar dele?
45. Em princípio, deveria ser possível um fóton orbitar uma estrela de grande massa?
46. Por que a atração gravitacional entre o Sol e Mercúrio varia? Ela variaria se a órbita de Mercúrio fosse perfeitamente circular?
47. Um colega afirma impulsivamente que, no Polo Sul, um passo dado em qualquer direção é sempre um passo para o norte. Você concorda com ele?
48. No triângulo astronômico mostrado na Figura 36.14, com os lados definidos pelas trajetórias de raios luminosos, a soma dos ângulos internos é maior do que 180°. Existe algum triângulo astronômico com ângulos internos cuja soma seja menor do que 180°?
49. Estrelas binárias (sistema com duas estrelas orbitando em torno de um centro comum de gravidade) irradiam ondas gravitacionais? Justifique sua resposta em caso positivo ou negativo.
50. As ondas gravitacionais descobertas recentemente tinham comprimento de onda curto ou longo?
51. Como o princípio da correspondência se aplica às teorias da gravitação de Einstein e de Newton?
52. Como investigações que sugerem que o universo é plano afetam a sua expansão?

PENSE E DISCUTA (AVALIAÇÃO)

53. Mike e Jane sincronizam seus relógios superprecisos. Em seguida, Mike fica no solo e Jane pratica *skydiving*. Que dois fatores explicam a dessincronização dos seus relógios quando se reencontram após o salto de Jane?

54. Um astronauta dispõe de uma "gravidade" quando os motores da nave estão funcionando para acelerá-la. Isso requer o uso de combustível. Existe uma maneira de acelerar e dispor de uma "gravidade" sem o gasto permanente de combustível? Explique, usando, talvez, as ideias do Capítulo 8.

55. Em seu famoso romance *Viagem à Lua*, Júlio Verne afirmou que os ocupantes de uma espaçonave mudariam sua orientação de cima para baixo quando a nave atravessasse o ponto em que a gravitação lunar torna-se mais forte do que a da Terra. Isso está correto? Justifique sua resposta.

56. Equipado com equipamento de detecção altamente sensível, você se encontra na parte frontal de um vagão de trem que está acelerando para a frente. Seu amigo na parte posterior do vagão dirige um facho de luz verde em sua direção. Você observará a luz deslocada para o vermelho (com frequência diminuída), para o azul (com frequência aumentada) ou não alterada? Explique. (*Dica:* pense em termos do princípio da equivalência. O seu vagão de trem acelerando é equivalente a quê?)

57. Prudence e Charity são gêmeas levadas ao centro de um reino que gira. Charity vai viver por um tempo na borda do reino e depois retorna para casa. Qual delas estará mais velha quando se reunirem novamente? (Ignore qualquer efeito de dilatação temporal associado à viagem de ida e volta até a borda.)

58. A partir de nosso sistema de referência sobre a Terra, os objetos tornam-se mais lentos à medida que se aproximam de buracos negros espaciais, porque próximo ao buraco negro o tempo torna-se infinitamente "espichado" pela forte gravidade ali existente. Se os astronautas que acidentalmente estão caindo dentro do buraco negro tentassem enviar um sinal luminoso para a Terra, de que tipo de "telescópio" precisaríamos para ver o sinal?

Para todos os aprendizes, BOAS ENERGIAS!

Se a primeira disciplina de física de um estudante é prazerosa, o rigor da segunda será bem-vindo e pleno de significado.

CAPÍTULO 36 — Exame de múltipla escolha

Escolha a melhor resposta entre as alternativas:

1. Em comparação com a relatividade especial, a relatividade geral está mais preocupada com a:
   a. aceleração.
   b. gravitação.
   c. geometria do espaço-tempo.
   d. todas as anteriores.

2. No interior de uma espaçonave em aceleração no espaço profundo, uma bola atirada para o lado:
   a. se curva, como ocorreria em um campo gravitacional igual à aceleração da espaçonave.
   b. se curva, como ocorreria em um campo gravitacional igual à metade da aceleração da espaçonave.
   c. segue uma trajetória linear de um lado do interior até o outro.
   d. segue uma trajetória semicircular.

3. Suponha que você está em um campo gravitacional e que dispara uma bala de um canhão com rapidez hipotética igual à da luz. Direcione um pulso de luz de uma lanterna paralela ao canhão e o pulso:
   a. seguirá uma trajetória retilínea.
   b. se curvará para baixo tanto quanto a bala de canhão.
   c. se curvará para baixo metade do que a bala de canhão se curva.
   d. se curvará ligeiramente para cima.

4. De acordo com a relatividade geral, um fóton emitido por uma estrela:
   a. perde energia.
   b. reduz sua frequência.
   c. sofre desvio para o vermelho.
   d. todas as anteriores.

5. Se o Sol sofresse um colapso e se transformasse em um buraco negro, a Terra:
   a. seria sugada pelo buraco negro.
   b. seguiria uma trajetória linear no espaço.
   c. continuaria na sua órbita atual.
   d. evaporaria.

6. De acordo com a teoria da relatividade, é possível ter uma juventude mais longa quando você:
   a. está próximo a um buraco negro.
   b. está em um campo gravitacional muito grande.
   c. se desloca próximo à velocidade da luz.
   d. nenhuma das anteriores.

7. A menor distância entre dois pontos no espaço euclidiano plano é uma linha reta. A menor distância entre dois pontos em uma superfície curva é um(a):
   a. linha reta.
   b. geodésica.
   c. segmento de um grande círculo.
   d. nenhuma das anteriores.

8. Uma régua sobre um disco em rotação com alta rapidez não parecerá encolher se estiver orientada ao longo do(a):
   a. circunferência.
   b. raio.
   c. qualquer um dos dois.
   d. nenhuma das anteriores.

9. Acelere um elétron e você produzirá uma onda eletromagnética. Acelere um corpo maciço e você produzirá:
   a. uma onda gravitacional.
   b. uma onda cósmica.
   c. ambas as anteriores.
   d. nenhuma das anteriores.

10. O princípio da equivalência nos informa que:
    a. a massa e a energia são formas uma da outra.
    b. o espaço e o tempo são formas um do outro.
    c. a eletricidade e o magnetismo são formas um do outro.
    d. observações feitas a partir de um sistema de referência acelerado são indistinguíveis de observações realizadas num campo gravitacional.

Respostas e explicações das perguntas do Exame de múltipla escolha

1. (d): A relatividade geral trata da aceleração, da gravitação e da geometria do espaço-tempo. 2. (a): Isso envolve o princípio da equivalência e a Figura 36.8. A bola atirada para o lado seguirá a mesma trajetória parabólica que uma bola semelhante seguiria com a mesma aceleração "para baixo". No caso da espaçonave, a aceleração se deve a variações no movimento. Na Terra, a aceleração se deverá à gravitação. 3. (b): Assim como na Figura 36.6, as trajetórias de ambas serão iguais. A luz responde a um campo gravitacional assim como qualquer projeto material. 4. (d): Quando um fóton dispara da superfície de uma estrela, ele é "retardado" pela gravidade desta. Ele perde energia, mas não rapidez. Isso significa uma redução na gravidade do fóton e, logo, um desvio para o vermelho. 5. (c): A equação clássica da força gravitacional pode orientá-lo aqui: $F = Gm_1m_2/r^2$. As massas do Sol (m_1) e da Terra (m_2) são as mesmas antes e após o Sol encolher e transformar-se em um buraco negro. A distância r (do centro da Terra até o centro do Sol ou do buraco negro) também permanece igual. Assim, o clima da Terra mudaria, e outras alterações também ocorreriam, mas a Terra continuaria na sua órbita. 6. (d): Uma regra simples vale aqui: os efeitos da relatividade nunca o afetam; eles sempre valem para "o outro cara"! 7. (b): Grandes círculos aplicam-se a esferas, e linhas retas aplicam-se ao espaço euclidiano. Em superfícies curvas, a menor distância entre dois pontos é uma geodésica. 8. (b): Uma linha radial é perpendicular ao movimento em um disco giratório e não sofre variações de comprimento enquanto este gira. Apenas variações na direção do deslocamento são sensíveis a efeitos relativísticos. 9. (a): As ondas gravitacionais são produzidas pelas acelerações de corpos maciços. O termo "onda cósmica" não tem significado neste capítulo. 10. (d): Embora as afirmações (a–c) estejam corretas, elas não correspondem ao enunciado do princípio da equivalência na relatividade geral. Apenas (d) enuncia o princípio da equivalência.

APÊNDICE A
Medições e conversão de unidades

No mundo atual, prevalecem dois principais sistemas de unidades: o United States Customary System (USCS, antigamente chamado de Sistema Britânico de Unidades), usado nos Estados Unidos e, antigamente, em Burma, e o Sistema Internacional (SI), também conhecido como sistema métrico de unidades, usado em todos os outros lugares. Cada sistema tem seus próprios padrões de comprimento, massa e tempo. As unidades de comprimento, massa e tempo, junto com algumas outras, são chamadas de *unidades fundamentais*, porque, uma vez escolhidas, todas as outras quantidades podem ser medidas em termos delas.

United States Customary System

Baseado no Sistema Imperial Britânico de unidades, o USCS é familiar a todos que residem nos Estados Unidos. Ele emprega o pé como unidade de comprimento, a libra como unidade de peso ou força, e o segundo como unidade de tempo. O USCS atualmente está sendo substituído pelo Sistema Internacional – de maneira rápida nas áreas de ciência e de tecnologia e em alguns esportes (corrida e natação), mas tão lentamente em outras áreas e em algumas especialidades que parece que a troca nunca se realizará. Por exemplo, no futebol americano, continuaremos a comprar assentos na linha das 50 jardas. Os filmes fotográficos vêm classificados em milímetros, mas os discos para computadores aparecem em polegadas.

Para medidas de tempo, não há diferença entre os dois sistemas, exceto que, no SI puro, a única unidade é o segundo (s, não seg) com prefixos. No entanto, em geral, minuto, hora (h, não hr), dia, ano e assim por diante são aceitos no USCS.

Sistema Internacional

Durante a Conferência Internacional de Pesos e Medidas de 1960, em Paris, as unidades do SI foram definidas. A Tabela A.1 mostra as unidades do SI e seus símbolos. O SI é baseado no *sistema métrico*, criado pelos cientistas franceses após a Revolução Francesa e oficializado em 1799. A regularidade desse sistema o torna útil em trabalhos científicos, e ele é usado por cientistas mundo afora. O sistema métrico se ramifica em dois sistemas de unidades. Em um deles, a unidade de comprimento é o metro, a unidade de massa é o quilograma e a de tempo é o segundo. Esse é o chamado sistema *metro-quilograma-segundo* (MKS), o preferido em física. O outro ramo é o do sistema *centímetro-grama-segundo* (CGS), preferencialmente usado em química, devido aos valores pequenos de suas unidades. As unidades MKS e CGS se relacionam da seguinte maneira: 100 centímetros é igual a 1 metro; 1.000 gramas é igual a 1 quilograma. A Tabela A.2 mostra as relações entre várias unidades de comprimento existentes.

Uma das principais vantagens do sistema métrico é que ele emprega o sistema decimal de contagem, em que todas as unidades estão relacionadas a unidades menores ou maiores por meio de divisões e multiplicações por 10. Os prefixos mostrados na Tabela A.3 são frequentemente usados para indicar relações entre as unidades.

TABELA A.1 As unidades do SI

Grandeza	Unidade	Símbolo
Comprimento	metro	m
Massa	quilograma	kg
Tempo	segundo	s
Força	newton	N
Energia	joule	J
Corrente	ampere	A
Temperatura	kelvin	K

TABELA A.2 Tabela de conversões entre diferentes unidades de comprimento

Unidade de comprimento	Quilômetro	Metro	Centímetro	Polegada	Pé	Milha
1 quilômetro	= 1	1.000	100.000	39.370	3.280,84	0,62140
1 metro	= 0,00100	1	100	39,370	3,28084	$6,21 \times 10^4$
1 centímetro	= $1,0 \times 10^5$	0,0100	1	0,39370	0,032808	$6,21 \times 10^6$
1 polegada	= $2,54 \times 10^5$	0,02540	2,5400	1	0,08333	$1,58 \times 10^5$
1 pé	= $3,05 \times 10^4$	0,30480	30,480	12	1	$1,89 \times 10^4$
1 milha	= 1,60934	1.609,34	160.934	63.360	5.280	1

TABELA A.3 Alguns prefixos

Prefixo	Definição
nano-	Um bilionésimo; um nanossegundo é um bilionésimo de segundo
micro-	Um milionésimo; um microssegundo é um milionésimo de segundo
milli-	Um milésimo; um miligrama é um milésimo de grama
centi-	Um centésimo; um centímetro é um centésimo de metro
quilo-	Um milhar; um quilograma vale 1.000 gramas
mega-	Um milhão; um megahertz vale 1 milhão de hertz
giga-	Um bilhão: um gigahertz é igual a 1 bilhão de hertz

Metro

O padrão de comprimento do sistema métrico foi originalmente definido em termos da distância entre o polo norte e o equador. Na época, pensava-se que essa distância estivesse próxima de 10.000 quilômetros. Um décimo de milionésimo disso, o metro, foi determinado cuidadosamente e marcado por meio de riscos gravados sobre uma barra feita de uma liga de platina com irídio. Essa barra é guardada no Escritório Internacional de Pesos e Medidas, na França. O metro-padrão na França foi então calibrado em termos do comprimento de onda da luz – ele equivale a 1.650.763,73 vezes o comprimento de onda da luz laranja emitida pelos átomos do gás criptônio-86. O metro agora é definido como o comprimento do caminho percorrido pela luz durante um intervalo de tempo de 1/299.792.458 de segundo.

Quilograma

A unidade de massa do SI é o quilograma (kg), definido em termos de constantes fundamentais fixas da natureza. Mais especificamente, o valor numérico fixo da constante de Planck h é $6,62607015 \times 10^{-34}$ quando expressa na unidade J·s, que é igual a kg·m²·s⁻¹, em que o metro e o segundo são definidos por outras constantes fundamentais. Essa definição torna o quilograma consistente com a definição mais antiga e conhecida da massa de um bloco de uma liga de irídio-platina, guardado no Escritório Internacional de Pesos e Medidas, na França (Figura A.1). Um quilograma é igual a 1.000 gramas. Um grama é a massa de 1 centímetro cúbico (cc) de água a uma temperatura de 4° Celsius. (A libra-padrão é definida em termos do quilograma-padrão; a massa de um objeto que pesa 1 libra é igual a 0,4536 quilograma.)

FIGURA A.1 O quilograma-padrão.

Segundo

A unidade oficial de tempo tanto para o USCS quanto para o SI é o segundo. Até 1956, ele era definido em termos do dia solar médio, que era dividido em 24 horas. Cada hora era dividida em 60 minutos, e cada minuto, em 60 segundos. Assim, havia 86.400 segundos em um dia completo, e o segundo era definido como 1 / 86.400 do dia solar médio. Isso se mostrou insatisfatório, porque a taxa de rotação da Terra está se tornando gradualmente mais lenta. Em 1956, o dia solar médio do ano 1900 foi escolhido como o padrão sobre o qual se baseava o segundo. Em 1964, o segundo foi oficialmente definido como o tempo transcorrido durante 9.192.631.770 oscilações de um átomo de césio-133.

Newton

Um newton é a força necessária para acelerar 1 quilograma a 1 metro por segundo por segundo. A unidade recebeu essa denominação em homenagem a Isaac Newton.

Joule

Um joule é igual à quantidade de trabalho realizado por uma força de 1 newton que atua ao longo de uma distância de 1 metro. Em 1948, o joule foi adotado como a unidade de energia pela Conferência Internacional de Pesos e Medidas. Portanto, o calor específico da água a 15 °C é agora dado como 4.185,5 joules por quilograma por grau Celsius. Esse número é sempre associado com o equivalente mecânico do calor – 4,1855 joules por caloria.

Ampere

O ampere é definido como a intensidade da corrente elétrica constante que, quando percorre dois fios condutores paralelos de comprimentos infinitos, seções transversais desprezíveis e localizados a um metro de distância um do outro no vácuo, produz uma força entre os fios igual a 2×10^{-7} newton por metro de comprimento. Em nosso tratamento da corrente elétrica neste texto, usamos a definição não oficial, porém mais fácil de compreender, do ampere como uma taxa de escoamento de 1 coulomb de carga por segundo, em que 1 coulomb é a carga de $6,25 \times 10^{18}$ elétrons.

Kelvin

A unidade fundamental de temperatura é uma homenagem ao cientista William Thomson, Lorde Kelvin. O kelvin é definido como 1 / 273,15 da temperatura termodinâmica do ponto triplo da água (o ponto fixo em que gelo, água líquida e vapor d'água coexistem em equilíbrio). A definição foi adotada em 1968, quando foi decidido mudar o nome de *grau Kelvin* (°K) para *kelvin* (K). A temperatura de fusão do gelo à pressão atmosférica é de 273,15 K. A temperatura na qual a pressão de vapor da água pura é igual à pressão atmosférica padrão é de 373,15 K (a temperatura de ebulição da água à pressão atmosférica-padrão).

Área

A unidade de área é um quadrado que tem uma unidade-padrão de comprimento como lado. No Sistema Internacional, ela é um quadrado com lados de 1 metro de comprimento, o que perfaz uma unidade de área com 1 m². No sistema CGS, ela é igual a 1 cm². No USCS, ela é igual à área de um quadrado com lado de comprimento igual a 1 pé, que é chamada de pé quadrado e simbolizada por 1 ft². A área de uma determinada superfície é especificada pelo número de pés quadrados, metros quadrados ou centímetros quadrados que se encaixam nela. A área de um retângulo é igual a base vezes altura. A área de um círculo é igual a πr^2, em que π é a razão entre a circunferência de um círculo e o seu diâmetro, cerca de 3,14. Fórmulas para calcular a área superficial de outros objetos podem ser encontradas em livros-textos de geometria ou na internet.

FIGURA A.2 Uma unidade de área.

Volume

O volume de um objeto se refere ao espaço que ele ocupa. A unidade de volume é tomada como um cubo que tem uma unidade-padrão de comprimento como lado. No USCS, uma unidade de volume é o espaço ocupado por um cubo com 1 pé de lado, chamado de pé cúbico e simbolizado por 1 ft³. No sistema métrico, ela é o espaço ocupado por um cubo com lados iguais a 1 metro (SI) ou 1 centímetro (CGS). Ela é simbolizada por 1 m³ ou 1 cm³ (ou cc). O volume de um determinado espaço é dado pelo número de pés cúbicos, metros cúbicos ou centímetros cúbicos que cabem nele.

No USCS, os volumes também podem ser expressos em quartos, galões e polegadas cúbicas, bem como em pés cúbicos. Existem 1.728 (12 × 12 × 12) polegadas cúbicas em 1 ft³. Um galão norte-americano é um volume correspondente a 231 polegadas cúbicas. Quatro quartos são iguais a um galão. No SI, volumes também são medidos em litros. Um litro é igual a 1.000 cm³. Um litro é igual a cerca de 1,06 quartos.

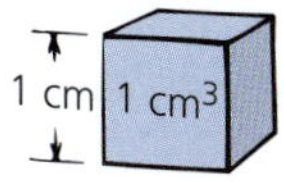

FIGURA A.3 Uma unidade de volume.

Conversão de unidades

Na ciência, especialmente em laboratórios, com frequência é necessário converter de uma unidade para outra. Para tal, você precisa apenas multiplicar a grandeza dada pelo *fator de conversão* apropriado.

Todos os fatores de conversão podem ser escritos como razões em que o numerador e o denominador representam a grandeza equivalente expressa em diferentes unidades. Uma vez que qualquer grandeza dividida por si mesma é igual a 1, todos os fatores de conversão são iguais a 1. Por exemplo, os dois fatores de conversão seguintes são derivados da relação 100 cm = 1m:

$$\frac{100 \text{ centímetros}}{1 \text{ metro}} = 1 \qquad \frac{1 \text{ metro}}{100 \text{ centímetros}} = 1$$

Uma vez que todos os fatores de conversão são iguais a 1, a multiplicação de uma grandeza por um fator de conversão não alterará o seu valor. O que muda são suas unidades. Suponha que o comprimento de um objeto seja 60 centímetros. Você pode converter essa medida para metros multiplicando-a pelo fator de conversão que lhe permite cancelar os centímetros.

PAUSA PARA TESTE

Converta 60 centímetros para metros.

VERIFIQUE SUA RESPOSTA

$$(60 \text{ centímetros}) \frac{(1 \text{ metro})}{(100 \text{ centímetros})} = 0{,}6 \text{ metro}$$

↑ grandeza em centímetros ↑ fator de conversão ↑ grandeza em metros

Para derivar um fator de conversão, consulte uma tabela que apresente igualdades unitárias, como a Tabela A.2. Depois multiplique a grandeza dada pelo fator de conversão, e, *voilà!*, as unidades são convertidas. Sempre tenha o cuidado de anotar suas unidades. Elas constituem seu guia definitivo, que lhe diz quais números vão onde e se você está escrevendo a equação corretamente.

APÊNDICE B
Mais sobre o movimento

Quando descrevemos o movimento de algo, dizemos como ele se move em relação a alguma outra coisa (Capítulo 3). Em outras palavras, o movimento requer um sistema de referência (um observador, uma origem e um conjunto de eixos). Somos livres para escolher a localização desse sistema e a maneira como ele está se movimentando em relação a outro sistema qualquer. Quando nosso sistema de referência tem aceleração nula, ele é chamado de *sistema de referência inercial*. Num sistema inercial, uma força faz um objeto acelerar de acordo com as leis de Newton. Quando o sistema de referência que utilizamos é acelerado, observamos o aparecimento de movimentos e forças fictícios (Capítulo 8). Observações feitas a partir de um carrossel, por exemplo, são diferentes quando ele está rodando e quando está em repouso. Nossa descrição do movimento e da força depende de nosso "ponto de vista".

Fizemos distinção entre *rapidez** e *velocidade* (Capítulo 3). Rapidez é quão rapidamente algo se move ou a taxa temporal da variação da posição (excluindo direção e sentido); trata-se de uma grandeza *escalar*. A velocidade inclui a direção e o sentido do movimento e é uma grandeza *vetorial* cujo módulo é a rapidez. Os objetos que se movem com uma velocidade constante percorrem uma mesma distância num mesmo tempo e na mesma direção e sentido.

Outra diferença entre rapidez e velocidade diz respeito à diferença entre distância e *deslocamento*. Rapidez é *distância por duração*, enquanto velocidade é *deslocamento por duração*. Deslocamento é diferente de distância. Por exemplo, uma pessoa que mora numa cidade e trabalha em outra viaja 10 km para trabalhar e mais 10 km de volta; ela viaja um total de 20 quilômetros, mas não "foi" a lugar algum. A distância percorrida foi 20 quilômetros, e o deslocamento foi nulo. Embora a rapidez instantânea e a velocidade instantânea tenham o mesmo valor num instante qualquer, a rapidez média e a velocidade média podem ser completamente diferentes. A rapidez média dessa pessoa numa viagem de ida e volta é 20 quilômetros dividido pelo tempo total necessário para ir e voltar – um valor maior que zero. Porém, a velocidade média é nula. Em ciência, o deslocamento normalmente é mais importante do que a distância percorrida. (Para evitar sobrecarga de informação, não abordamos essa distinção no texto.)

A aceleração é a taxa com a qual varia a velocidade. Isso pode ser devido a uma variação apenas na rapidez, apenas na direção ou em ambas. A aceleração negativa é frequentemente chamada de *desaceleração*.

No espaço e no tempo newtonianos, o espaço tem três dimensões – comprimento, largura e altura, cada qual com dois sentidos possíveis. Podemos ir, parar e retornar ao longo de cada uma delas. O tempo tem apenas uma dimensão, com dois "sentidos" – passado e futuro. Não podemos parar e retornar no tempo, apenas seguir adiante. No espaço-tempo de Einstein, essas quatro dimensões se juntam (Capítulo 35).

Calculando a velocidade e a distância percorrida sobre um plano inclinado

Do Capítulo 2, lembre-se dos experimentos que Galileu realizou com planos inclinados. Considere um plano inclinado em que a rapidez de uma bola que rola por

---
*N. de T.: No Brasil, rapidez é costumeiramente chamada de velocidade escalar.

ele aumenta a uma taxa de 2 metros por segundo a cada segundo – ou seja, uma aceleração de 2 m/s². Assim, no momento em que ela começa a rolar, sua velocidade é nula; 1 segundo mais tarde, é 2 m/s; ao final do próximo segundo, ela vale 4 m/s; no final do próximo segundo, é 6 m/s, e assim por diante. Partindo do repouso, a velocidade da bola em um instante qualquer é dada simplesmente por

$$\text{Velocidade} = \text{aceleração} \times \text{tempo}$$

ou, em notação matemática,

$$v = at$$

(É costume omitir o sinal de multiplicação, × ou *, quando se expressa as relações de forma matemática. Quando dois símbolos são escritos lado a lado, como *at* neste caso, deve-se entender que eles sejam multiplicados.)

Quão rapidamente a bola rola é uma coisa; quão *longe* ela rola é outra. Para compreender a relação entre aceleração e distância percorrida, devemos primeiro investigar a relação existente entre a *velocidade instantânea* e a *velocidade média*. Se a bola mostrada na Figura B.1 parte do repouso, ela rolará uma distância de 1 metro no primeiro segundo de tempo. Pergunta: qual será sua rapidez média? A resposta é 1 m/s, pois ela percorreu 1 metro num intervalo de tempo de 1 segundo. No entanto, já vimos que a *velocidade instantânea* ao final do primeiro segundo é 2 m/s. Uma vez que a aceleração é uniforme, a média em qualquer intervalo de tempo é obtida da maneira como normalmente obtemos a média de dois números: somando-os e dividindo-os por 2. (Cuidado para não fazer isso quando a aceleração não for uniforme!) Se somarmos a rapidez inicial (zero, nesse caso) com a rapidez final de 2 m/s e depois dividirmos por 2, obteremos 1 m/s para a velocidade média. No próximo segundo de tempo, vemos que a bola desce uma distância maior ao longo da mesma inclinação, como mostrado na Figura B.2. Observe que a distância percorrida du-

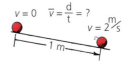

FIGURA B.1 A bola rola 1 metro descendo o plano em 1 s e atinge uma rapidez de 2 m/s. Sua rapidez média, entretanto, é 1 m/s. Você percebe por quê?

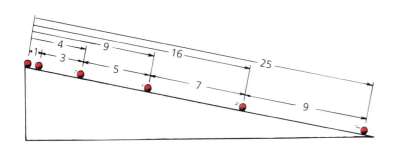

FIGURA B.2 Se a bola percorre 1 m durante seu primeiro segundo de movimento, então em cada segundo sucessivo ela percorrerá uma sequência de ímpares 3, 5, 7, 9 m, e assim por diante. Observe que a distância total aumenta com o quadrado do tempo total.

PAUSA PARA TESTE

Durante o curto intervalo de tempo de um segundo, a bola começa com 2 m/s e termina com 4 m/s. Qual é a *rapidez média* da bola durante esse intervalo de 1 segundo? Qual é a sua aceleração?

VERIFIQUE SUA RESPOSTA

$$\text{Rapidez média} = \frac{\text{rapidez inicial} + \text{rapidez final}}{2}$$

$$= \frac{2 \text{ m/s} + 4 \text{ m/s}}{2} = 3 \text{ m/s}$$

$$\text{Aceleração} = \frac{\text{variação de velocidade}}{\text{intervalo de tempo}}$$

$$= \frac{4 \text{ m/s} - 2 \text{ m/s}}{1 \text{ s}} = \frac{2 \text{ m/s}}{1 \text{ s}} = 2 \text{ m/s}^2$$

rante o segundo intervalo de tempo é de 3 metros. Isso porque a rapidez média da bola nesse intervalo é de 3 m/s. No próximo intervalo de 1 s, a rapidez média é igual a 5 m/s, de modo que a distância percorrida é de 5 metros. É interessante observar que os aumentos sucessivos da distância se comportam como uma *sequência de números ímpares*. Claramente, a natureza segue leis matemáticas!

Estude atentamente a Figura B.2 e observe a distância *total* percorrida quando a bola acelera para baixo ao longo do plano. A distância vai de zero a 1 m em 1 s, de zero a 4 m em 2 s, de zero a 9 m em 3 s, de zero a 16 m em 4 s, e assim por diante nos segundos que se sucedem. A sequência para as *distâncias totais* percorridas aumenta de valor com os *quadrados do tempo*. Estudaremos mais cuidadosamente a relação entre a distância percorrida e o quadrado do tempo para uma aceleração constante para o caso de queda livre.

Calculando a distância quando a aceleração é constante

Quanto cairá durante um certo tempo um objeto liberado a partir do repouso? Para responder, vamos considerar o caso em que ele cai livremente durante 3 segundos, partindo do repouso. Desprezando a resistência do ar, o objeto terá uma aceleração constante de cerca de 10 metros por segundo a cada segundo (na verdade, o valor está mais próximo de 9,8 m/s^2, mas queremos trabalhar com números mais fáceis de manipular).

$$\text{Velocidade } \textit{no início} = 0 \text{ m/s}$$

$$\text{Velocidade } \textit{ao final} \text{ de 3 segundos} = (10 \times 3) \text{ m/s}$$

$$\text{Velocidade } \textit{média} = \tfrac{1}{2} \text{ das soma desses dois valores de velocidade}$$

$$= \tfrac{1}{2} \times (0 + 10 \times 3) \text{ m/s}$$

$$= \tfrac{1}{2} \times 10 \times 3 = 15 \text{ m/s}$$

$$\text{Distância percorrida} = \text{velocidade média} \times \text{tempo}$$

$$= \left(\tfrac{1}{2} \times 10 \times 3\right) \times 3$$

$$= \tfrac{1}{2} \times 10 \times 3^2 = 45 \text{ m}$$

Podemos verificar a partir do significado desses números que

$$\text{Distância percorrida} = \tfrac{1}{2} \times \text{aceleração} \times \text{quadrado do tempo}$$

Essa equação é válida para um objeto em queda não apenas durante 3 segundos, mas durante um intervalo de tempo qualquer, desde que a aceleração seja constante. Se usamos *d* para representar a distância percorrida, *a* para a aceleração e *t* para o tempo decorrido, a regra pode ser escrita, em notação condensada, como

$$d = \tfrac{1}{2} a t^2$$

Foi Galileu quem deduziu essa relação pela primeira vez. Ele raciocinou que, se um objeto cair por, digamos, um tempo duas vezes maior, ele terá uma *rapidez média duas vezes maior*. Uma vez que ele cai durante um tempo *duas vezes maior* com uma rapidez média *duas vezes maior*, ele cairá uma altura *quatro* vezes maior. Analogamente, se um objeto cair durante um tempo *três* vezes maior, ele terá uma rapidez média *três* vezes maior e cairá uma altura *nove* vezes maior. Galileu raciocinou que a distância total de queda deveria ser proporcional ao *quadrado* do tempo.

No caso de objetos em queda livre, é comum usar a letra g para representar a aceleração, em vez da letra a (g porque a aceleração nesse caso se deve à *gravidade*). Embora o valor de g varie ligeiramente em diferentes partes do mundo, ele é aproximadamente igual a 9,8 m/s² (32 ft/s²). Se usamos g para representar a aceleração de um objeto em queda livre (desprezando a resistência do ar), as equações para objetos em queda livre partindo do repouso tornam-se

$$v = gt$$
$$d = \tfrac{1}{2}gt^2$$

Muito da dificuldade em aprender física, assim como aprender qualquer matéria, deve-se às dificuldades em assimilar a linguagem – os muitos termos e definições. Rapidez é um pouco diferente de velocidade, e aceleração é imensamente diferente de rapidez e de velocidade.

PAUSA PARA TESTE

1. Um automóvel parte do repouso com uma aceleração de 4 m/s². Quão longe ele irá em 5 s?
2. Que altura um objeto cairá em queda livre, partindo do repouso, durante 1 s? Nesse caso, a aceleração é $g = 9,8$ m/s².
3. Ao ser liberado da ponte Golden Gate, em San Francisco, um determinado objeto cai livremente durante 4 s até atingir a água. Qual é a altura da ponte?

VERIFIQUE SUA RESPOSTA

1. Distância = $\tfrac{1}{2} \times 4 \times 5^2 = 50$ m
2. Distância = $\tfrac{1}{2} \times 9,8 \times 1^2 = 4,9$ m
3. Distância = $\tfrac{1}{2} \times 9,8 \times 4^2 = 78,4$ m

Observe que, quando multiplicadas, as unidades de medida resultam apropriadamente em metros como unidades para a distância:

$$d = \tfrac{1}{2} \times 9,8 \text{ m/s}^2 \times 16\text{ s}^2 = 78,4 \text{ m}$$

Massa e peso têm relação um com o outro, mas são diferentes entre si. Da mesma forma para trabalho, calor e temperatura. Por favor, seja paciente consigo mesmo, pois aprender as semelhanças e as diferenças entre os conceitos da física não é uma tarefa fácil.

Até aqui, nossas equações para rapidez e distância tem sido para casos em que o corpo parte do repouso. Mas e se o objeto com aceleração uniforme não parte do repouso? Um pouco de raciocínio revelará que

$$v = v_0 + at$$
$$d = v_0 t + \tfrac{1}{2}at^2$$

Simplesmente acrescentamos as condições iniciais correspondentes: a velocidade iniciando com v_0 (o 0 subscrito indica que o tempo inicial é igual a zero) e a distância percorrida aumentada em $v_0 t$. O senso comum nos diz que, quando a aceleração for nula, essas equações assumirão as seguintes formas:

$$v = v_0$$
$$d = v_0 t$$

APÊNDICE C
Gráficos

Gráficos – uma maneira de expressar relações quantitativas

Gráficos, como equações e tabelas, mostram como se relacionam duas ou mais grandezas. Uma vez que investigar quais as relações existentes entre as grandezas constitui grande parte do trabalho em física, equações, tabelas e gráficos são importantes ferramentas.

As equações constituem a maneira mais concisa para descrever relações quantitativas. Por exemplo, considere a equação $v = v_0 + gt$. Ela descreve de maneira compacta como a velocidade de um objeto em queda livre depende de sua velocidade inicial, de sua aceleração devido à gravidade e do tempo. As equações são ótimas expressões curtas para as relações existentes entre as grandezas.

As tabelas dão os valores das variáveis na forma de uma lista. A dependência de v com t na equação $v = v_0 + gt$ pode ser mostrada numa tabela que lista vários valores de v para os correspondentes tempos t. A Tabela 3.2, na página 51, é um exemplo. Tabelas são especialmente úteis quando as relações matemáticas entre as grandezas não são conhecidas ou quando os valores numéricos devem ser fornecidos com alto grau de precisão. Além disso, tabelas são convenientes para registrar dados experimentais.

Os gráficos representam *visualmente* as relações existentes entre as grandezas. Olhando para a forma de um gráfico, você pode rapidamente dizer um bocado sobre como estão relacionadas as variáveis. Por essa razão, gráficos podem rapidamente esclarecer o significado de uma equação ou de uma tabela de números. Quando a equação ainda não é conhecida, um gráfico pode ajudar a revelar a relação existente entre as variáveis. Por essa razão é que dados experimentais frequentemente são plotados em um gráfico.

Gráficos também são úteis de outra maneira. Se um gráfico contém pontos plotados em um número suficiente, ele pode ser usado para estimar os valores intermediários aos pontos (interpolação) ou aqueles que estão além dos pontos (extrapolação).

Gráficos cartesianos

O gráfico mais comum e mais útil em ciência é o gráfico *cartesiano*. Num gráfico cartesiano, os possíveis valores de uma variável são representados sobre um eixo vertical (chamado de *eixo y*), enquanto os possíveis valores da outra variável são marcados sobre o eixo horizontal (*eixo x*).

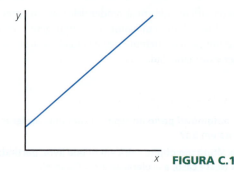

FIGURA C.1

A Figura C.1 mostra um gráfico de duas variáveis, x e y, que são *diretamente proporcionais* entre si. A relação de proporcionalidade direta é um tipo de relação *linear*. As relações lineares têm gráficos em forma de linhas retas – os tipos de gráficos mais fáceis de interpretar. No gráfico mostrado na Figura C.1, a linha reta contínua que se eleva ao ir da esquerda para a direita nos diz que y aumenta quando x aumenta. Mais especificamente, ela mostra que y aumenta a uma taxa constante em relação a x. Quando x aumenta, y aumenta também. O gráfico correspondente a uma proporcionalidade direta normalmente passa pela "origem" – o ponto no canto esquerdo inferior, em que $x = 0$ e $y = 0$. Na Figura C.1, entretanto, vemos que o gráfico começa onde y tem um valor não nulo correspondente a $x = 0$. A grandeza y tem um "valor de partida".

A Figura C.2 mostra o gráfico da equação $v = v_0 + gt$. A rapidez v é marcada no eixo y, e o tempo t, no eixo x. Como se pode ver, existe uma relação linear entre v e t. Observe que a rapidez inicial é de 10 m/s. Se ela fosse nula, como na queda de um objeto a partir do repouso, então o gráfico

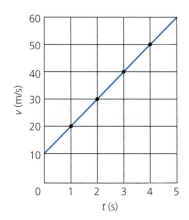

FIGURA C.2

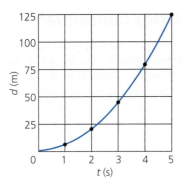

FIGURA C.3

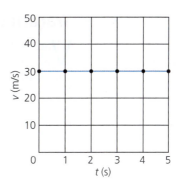

FIGURA C.5

passaria pela origem, onde ambos os valores de v e de t são nulos. Note também que o gráfico tem origem em $v = 10$ m/s quando $t = 0$, o que mostra que 10 m/s é o "valor de partida".

No entanto, muitas das relações cientificamente relevantes são mais complicadas do que a relação linear. Se você duplicar o tamanho de uma sala, a área do piso aumentará quatro vezes; triplicando seu tamanho, a área do piso aumenta nove vezes, e assim por diante. Esse é um exemplo de uma relação *não linear*. A Figura C.3 mostra um gráfico de outra relação não linear: distância *versus* tempo na equação da queda livre a partir do repouso, $d = \frac{1}{2}gt^2$.

A Figura C.4 mostra uma *curva de radiação*. A *curva* (ou gráfico) mostra a relação não linear e complexa existente entre a intensidade I e o comprimento de onda da radiação λ para um objeto brilhando a 2.000 K. O gráfico mostra que a radiação é mais intensa quando λ é igual a cerca de 1,4 mm. Qual é mais brilhante, a radiação a 0,5 mm ou a 0,4 mm? O gráfico rapidamente pode lhe revelar que a radiação a 0,4 mm é substancialmente mais intensa.

longo do eixo x. Por exemplo, dividindo-se um Δv de 30 m/s por um Δt de 3 s, obtém-se $\Delta v/\Delta t = 10$ m/s · s = 10 m/s², aproximadamente a aceleração da gravidade. Em contraste, considere o gráfico da Figura C.5, que é uma linha reta horizontal. Sua declividade nula indica aceleração nula – isto é, rapidez constante. O gráfico mostra que a rapidez é de 30 m/s ao longo de todo o intervalo de cinco segundos. A taxa de variação, ou declividade, da rapidez em relação ao tempo é nula – não existe qualquer variação da rapidez.

A área sob a curva é uma característica importante de um gráfico, porque ela frequentemente tem uma interpretação física. Por exemplo, considere a área sob o gráfico de v versus t mostrada na Figura C.6. A região sombreada é um retângulo com lados iguais a 30 m/s e a 5 s. Sua área é igual a 30 m/s $\times$ 5 s = 150 m. Nesse exemplo, a área é a distância percorrida por um objeto que se move com uma rapidez constante de 30 m/s durante 5 s ($d = vt$).

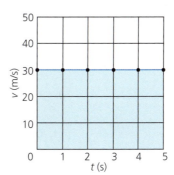

FIGURA C.6

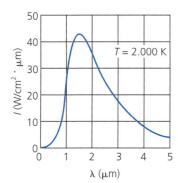

FIGURA C.4

Declividade e área sob uma curva

Pode-se obter informação quantitativa a partir da declividade do gráfico e da área sob a curva. A declividade do gráfico da Figura C.2 representa a taxa com a qual v aumenta em relação a t. Ela pode ser calculada dividindo-se um segmento Δv, ao longo do eixo y, pelo correspondente segmento Δt, ao

A área não precisa ser retangular. A área abaixo de qualquer curva v *versus* t representa a distância percorrida num determinado intervalo de tempo. Analogamente, a área abaixo de uma curva de aceleração *versus* tempo fornece a variação sofrida pela velocidade num determinado intervalo de tempo. A área abaixo de uma curva da força *versus* tempo fornece a variação sofrida pelo *momentum*. (O que fornece a área sob uma curva da força *versus* distância?) A área não retangular sob diversas curvas, incluindo as mais complicadas, pode ser obtida por meio de um dos importantes ramos da matemática: o *cálculo integral*.

Traçando gráficos com o *Física Conceitual*

Você poderá desenvolver habilidades no traçado básico de gráficos na parte experimental deste curso. As atividades de laboratório "Sonic Ranger" e "Go! Go! Go!" introduzem conceitos gráficos do movimento. A atividade "Motivating the Moving Man" faz uso de simulações de computador que geram gráficos de movimentos. "Force Mirror", assim como "Sonic Ranger", envolve gráficos gerados a partir de sensores, usando agora sensores de força no lugar de sensores de movimento. "Totally Stressed Out" tem por objetivo o traçado manual de gráficos a partir de dados sobre a lei de Hooke. A atividade de laboratório "The Weigh" enfatiza a interpretação da declividade de um gráfico. Por fim, nas atividades "Water Waves in an Electric Sink" e "High Quiet Low Loud", você verá como usar gráficos para representar ondas e sons.

Na parte experimental do *Física Conceitual*, você também aprenderá que computadores podem traçar para você gráficos a partir de dados obtidos. Você não estará sendo preguiçoso ao usar um *software* para traçar gráficos correspondentes aos dados que obteve. Em lugar de gastar tempo e energia estabelecendo escalas adequadas para os eixos e marcando pontos no papel, você utilizará seu tempo e sua energia investigando o significado de um gráfico, o que constitui um alto nível de raciocínio!

PAUSA PARA TESTE

A figura a seguir é uma representação gráfica de uma bola que cai no poço de uma mina.

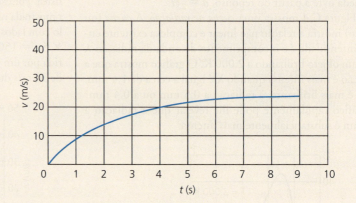

1. Quanto tempo a bola leva para atingir o fundo da mina?
2. Qual era a rapidez da bola ao atingir o fundo?
3. O que lhe diz a declividade decrescente do gráfico sobre o comportamento da aceleração da bola com o aumento da rapidez?
4. A bola alcança sua rapidez terminal antes de atingir o fundo do poço da mina? Em caso afirmativo, aproximadamente quantos segundos transcorreram até que ela atingisse sua rapidez terminal?
5. Qual é a profundidade aproximada do poço da mina?

VERIFIQUE SUA RESPOSTA

1. 9 s.
2. 24 m/s.
3. A aceleração diminui quando a rapidez aumenta (devido à resistência do ar).
4. Sim (pois a declividade da curva se anula), em cerca de 7 s.
5. A profundidade é cerca de 170 m. (A área sob a curva equivale a cerca de 17 quadrados, cada qual representando 10 m.)

APÊNDICE D
Aplicações de vetores

Vetores são abordados nos Capítulos 2 a 5. Lembre-se de que toda grandeza vetorial é uma grandeza orientada – que é especificada tanto por um módulo quanto por uma orientação (direção e sentido). Vetores podem ser representados por setas, em que o comprimento da seta representa o módulo e a ponta indica o sentido. Vetores que se somam são denominados *componentes vetoriais*. A soma desses vetores componentes vetoriais é o *vetor resultante*.

Exemplos de vetores e seus componentes

1. Ernie Brown, empurrando um cortador de grama, aplica uma força que empurra a máquina para a frente e também contra o solo. Na Figura D.1, **F** representa a força aplicada por Ernie. Podemos decompor essa força em dois componentes. O vetor **V** representa o componente vertical que aponta para baixo, enquanto **H** é o componente lateral, a força que move para a frente o cortador de grama. Se conhecemos o valor, a direção e o sentido do vetor **F**, podemos estimar o valor dos componentes a partir do diagrama vetorial.

   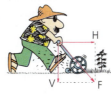
   FIGURA D.1

2. Seria mais fácil empurrar ou puxar um carrinho de mão para subir um degrau? A Figura D.2 mostra a força exercida no centro da roda. Quando você empurra o carrinho de mão, parte da força está direcionada para baixo, o que torna difícil subir o degrau. Quando você o puxa, entretanto, parte da força aplicada está direcionada para cima, o que ajuda a erguer a roda por sobre o degrau. Observe que o diagrama vetorial sugere que empurrar o carrinho de mão pode não ser o suficiente para fazer o carrinho de mão subir o degrau. Você percebe que a altura do degrau, o raio da roda do carrinho e o ângulo da força aplicada determinam se a roda pode ou não subir o degrau? Aqui vemos como os vetores nos ajudam a analisar uma situação para que possamos ver exatamente qual é o problema!

   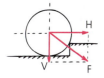 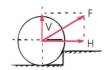
   FIGURA D.2

3. Se considerarmos os componentes do peso de um objeto que rola para baixo sobre um plano inclinado, veremos por que sua rapidez depende do ângulo de inclinação do plano (Figura D.3). Note que, quanto mais inclinado for o plano, maior será o componente **H** e mais rapidamente o objeto rolará. Quando o plano for vertical, **H** torna-se igual ao peso e o objeto atinge aceleração máxima, 9,8 m/s^2. Existem mais dois vetores força não mostrados na figura: a força normal **N**, que é igual e oposta a **V**, e a força de atrito **f**, que atua no ponto de contato do plano com o barril da figura.

   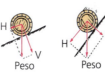
   FIGURA D.3

4. Quando o ar em movimento atinge a superfície inferior da asa de um avião, a força de impacto do ar na asa pode ser representada por um vetor perpendicular ao plano da asa (Figura D.4). Representamos o vetor força atuando num ponto intermediário da superfície inferior da asa, onde se encontra o ponto, orientada para cima a fim de indicar a direção e o sentido da força de impacto decorrente do vento. Essa força pode ser decomposta em duas componentes, uma horizontal e outra que aponta verticalmente para cima. A componente vertical, **V**, é chamada de *sustentação*. A componente horizontal, **H**, é chamada de *arrasto*.

   FIGURA D.4

   Se a aeronave deve voar com uma velocidade constante a uma altitude constante, então a sustentação deve ser igual ao peso da aeronave, enquanto o impulso gerado pelo motor do avião deve ser igual ao arrasto. O valor da sustentação (e do arrasto) pode ser alterado mudando-se a rapidez de voo da aeronave ou mudando-se o ângulo entre a asa e a direção horizontal (chamado de *ângulo de ataque*).

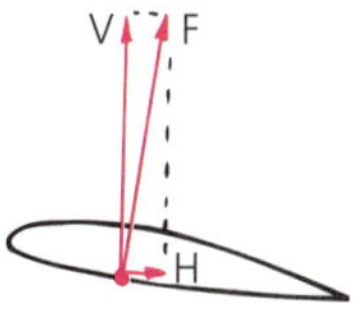

5. Considere um satélite movendo-se no sentido horário da Figura D.5. Em todo lugar ao longo de sua órbita, a força gravitacional **F** puxa-o em direção ao centro do planeta. Na posição A, vemos **F** decomposta em dois componentes: **f**, que é tangente à trajetória do satélite, e **f'**, que é perpendicular à trajetória. Os valores relativos desses

componentes comparados com o valor de **F** podem ser visualizados no retângulo imaginário que eles formam; **f** e **f′** são seus lados, e **F** é a sua diagonal. Vemos que o componente **f** está ao longo da órbita, mas oposto ao sentido de movimento do satélite. Esse componente da força reduz a rapidez do satélite. O outro componente **f′** altera a direção do movimento do satélite e contraria sua tendência de prosseguir em linha reta. Assim, a trajetória do satélite é curvada. O satélite perde velocidade até que atinja a posição B. Nesse ponto mais afastado do planeta (apogeu), a força gravitacional é mais fraca, mas é também perpendicular ao movimento do satélite, e o componente **f** é nulo. O componente **f′**, por outro lado, aumentou e tornou-se igual a **F**. Nesse ponto, a rapidez não é suficientemente grande para que a órbita seja circular, e o satélite começa a cair em direção ao planeta. Ele torna-se mais rápido porque a componente **f** reaparece e passa a ter o mesmo sentido do movimento, como mostrado na posição C. O satélite é acelerado até que atinja a posição D (perigeu), onde, mais uma vez, a direção do movimento é perpendicular à força gravitacional, **f′** confunde-se com **F** e **f** deixa de existir. A rapidez atingida nesse ponto é maior do que a necessária para que a órbita seja circular a essa distância, e o satélite ultrapassa o ponto e começa a repetir o ciclo. A velocidade perdida ao se deslocar de D para B é recuperada quando o satélite vai de B para D. Kepler descobriu que as órbitas dos planetas são elípticas, mas jamais soube a razão para isso. Você sabe?

6. Referimo-nos agora aos polaroides que Ludmila segura na Figura 29.35, do Capítulo 29. Na primeira imagem, (a), vemos que a luz é transmitida através do par de polaroides, porque seus eixos estão alinhados. A luz emergente pode ser representada como um vetor alinhado com os eixos de polarização dos polaroides. Quando eles são cruzados, (b), nenhuma luz emerge do par, porque a luz que passa pelo primeiro polaroide é perpendicular ao eixo de polarização do segundo polaroide, não existindo qualquer componente da luz ao longo desse eixo. Na terceira imagem, (c), vemos que a luz é transmitida quando um terceiro polaroide é colocado em um ângulo entre os dois polaroides cruzados. A explicação para isso é mostrada na Figura D.6.

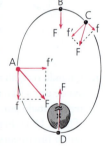

FIGURA D.5

FIGURA D.6

Barcos a vela

Os marinheiros sempre souberam que um barco a vela pode velejar a favor do vento, no mesmo sentido em que sopra o vento. O que eles nem sempre souberam, entretanto, é que um barco a vela pode velejar contra o vento, em sentido oposto a ele. Uma razão para isso tem a ver com uma característica comum somente de barcos a vela recentes: uma quilha com a forma de uma barbatana de peixe que se estende abaixo do fundo do barco e garante que ele corte a água somente quando se move para a frente (ou para trás). Sem quilha, um barco a vela poderia ser empurrado lateralmente.

A Figura D.7 mostra um barco a vela velejando diretamente a favor do vento. A força de impacto do vento sobre a vela acelera o barco. Mesmo se o arrasto gerado pela água e todas as outras forças de resistência forem desprezíveis, a rapidez máxima do barco será igual à rapidez do próprio vento. Isso porque o vento não causará impacto algum na vela se o barco

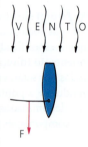

FIGURA D.7

estiver se movendo tão rapidamente quanto o vento. O vento não teria uma rapidez relativa ao barco, e a vela simplesmente perderia a firmeza. Sem força resultante, não há aceleração. O vetor força da Figura D.7 *diminui* quando o barco se desloca mais rapidamente. O vetor força atinge um valor máximo quando o barco se encontra em repouso e o impacto todo do vento infla a vela, enquanto seu valor mínimo corresponde à situação em que o barco se desloca tão rapidamente quanto o vento. Se o barco, de alguma maneira, for propelido a uma rapidez maior do que a do vento (por meio de um motor, por exemplo), então a resistência do ar sobre a superfície frontal da vela produzirá um vetor força de sentido oposto. Essa força causará a desaceleração do barco. Portanto, quando o barco é impulsionado apenas pelo vento, ele jamais pode se mover mais rapidamente do que o próprio vento.

Se a vela estiver orientada formando um determinado ângulo com o vento, como mostrado na Figura D.8, o barco ainda se moverá para a frente, mas com aceleração menor. Existem duas razões para isso:

FIGURA D.8

1. A força sobre o barco é menor porque a vela não intercepta muito vento nessa posição.
2. A direção da força de impacto do vento sobre a vela não é paralela à direção de movimento do barco, mas perpendicular à superfície da vela. Generalizando, sempre que qualquer fluido (líquido ou gás) interage com uma superfície regular, a força de interação é perpendicular à

superfície[1]. O barco não se move na mesma direção da força perpendicular à vela, mas é obrigado a se mover para a frente (ou para trás) na direção de sua quilha.

Podemos compreender melhor o movimento do barco decompondo a força de impacto do vento, **F**, em componentes ortogonais. O componente importante aqui é aquele paralelo à quilha, indicado por **Q**, sendo o outro perpendicular à quilha e representado por **T**. Como mostrado na Figura D.9, é o componente **Q** o responsável pela movimentação do barco para a frente. O componente **T** é uma

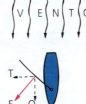

FIGURA D.9

força sem utilidade que tende a inclinar o barco e a movê-lo lateralmente. Essa força componente é compensada pela quilha profunda. Novamente, a rapidez máxima do barco jamais pode exceder a rapidez do próprio vento.

Muitos barcos a vela que velejam em outras direções que não exatamente a favor do vento (Figura D.10), com suas velas apropriadamente orientadas, podem alcançar uma rapidez maior do que a do vento. No caso em que o barco navega cortando o vento, este pode continuar produzindo impacto na vela mesmo depois de o barco navegar mais rapidamente do que o vento. De maneira análoga, um surfista ultrapassa a velocidade da onda que o impulsiona orientando sua prancha através da própria onda. Maiores valores de ângulo em relação ao meio impulsor (o vento para o barco a vela, a água no caso do surfista) resultam em velocidades maiores. Uma embarcação movida a vela pode velejar mais rápido cortando através do vento do que velejando a favor dele.

FIGURA D.10

Embora possa parecer estranho, a rapidez máxima para a maior parte das embarcações movidas a vela é atingida quando elas se movem cortando através do vento (contra ele), ou seja, com o barco fazendo um certo ângulo com a direção de movimento do vento! Embora um barco a vela não possa velejar diretamente contra o vento, ele pode alcançar uma localização que se encontra à montante do vento, navegando em zigue-zague, de um lado para o outro, contra o vento. A isso se chama *bordejar* ou

FIGURA D.11

trocar de bordo. Suponha que o barco e a vela estejam como mostrado na Figura D.11. O componente **Q** empurrará o barco para a frente, formando um determinado ângulo com o vento. Na posição mostrada, o barco pode velejar mais rapidamente do que o vento. Isso porque, quando ele navega mais rápido do que o vento, seu impacto contra as velas é aumentado. É o mesmo que correr numa chuva que cai formando um certo ângulo. Quando você corre em direção ao aguaceiro, as gotas o atingem mais forte e frequentemente; quando você corre tentando se afastar dele, as gotas não o atingem tão forte ou tão frequentemente. Da mesma forma, um barco que veleja contra o vento experimenta uma força maior de impacto do vento, ao passo que um barco que veleja a favor do vento experimenta uma diminuição da força de impacto do vento. Em qualquer caso, o barco atinge sua rapidez terminal quando forças opostas cancelam a força de impacto do vento. As forças opostas mencionadas consistem principalmente na força de resistência da água contra o casco da embarcação. Os cascos dos veleiros de competições têm uma forma que minimiza essa força de resistência, que é o principal impedimento para altas velocidades. Consulte o Hewitt-Drew-It Screencast intitulado *Sailing into the Wind* ("Velejando contra o vento").

Barcos para gelo (equipados com esquis para se deslocar sobre o gelo) não enfrentam a resistência da água e podem se deslocar com velocidades várias vezes maiores do que a rapidez do vento quando cruzam com este. Embora o atrito com o gelo seja praticamente ausente, um barco desses não pode acelerar sem limites. A velocidade terminal de uma embarcação a vela é determinada não apenas pelas forças de atrito, mas também pela mudança na direção relativa do vento. Quando a orientação do barco e sua rapidez são tais que o vento parece mudar de direção, de maneira que o vento se mova paralelamente à vela em vez de ir contra ela, cessa a aceleração para a frente – pelo menos para o caso de uma vela plana. Na prática, as velas são curvadas para prover uma superfície aerodinâmica, algo importante tanto para um barco a vela quanto para uma aeronave. Os efeitos são discutidos no Capítulo 14.

---

[1] Você pode realizar uma atividade simples para ver como isso ocorre dessa maneira. Tente fazer uma moeda ricochetear em outra sobre uma superfície regular, como mostrado ao lado. Note que a moeda-projétil se move em ângulos retos (perpendicularmente) à borda de contato. Note também que não faz diferença se a moeda projetada se move ao longo da trajetória A ou da trajetória B. Consulte seu professor para obter uma explicação mais rigorosa, que envolve a conservação do *momentum*.

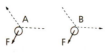

APÊNDICE E
Crescimento exponencial e tempo de duplicação[1]

Ouve-se muito que "o crescimento é bom". Uma economia que cresce vai bem. O crescimento no índice de alunos que completam os seus estudos é bom para uma cidade. O crescimento da renda certamente é bom. Em geral, o crescimento é visto com bons olhos, mas é preciso tomar cuidado com o que desejamos, especialmente se o crescimento for *exponencial*.

Quando uma quantidade tal como o dinheiro guardado num banco, a população ou a taxa de consumo de um recurso cresce constantemente a uma porcentagem fixa por ano, o crescimento é dito exponencial. Um investimento pode crescer a 2% ao ano, a população de uma região a estáveis 3% ao ano, a capacidade de geração de energia elétrica nos EUA a cerca de 7% ao ano, como ocorreu durante os três primeiros quartos do século XX.

Boa parte do crescimento no mundo é exponencial. A curva da Figura E.1 representa o crescimento exponencial de qualquer um dos exemplos acima. Observe que cada um dos intervalos de tempo sucessivos na escala horizontal, todos com a mesma duração, corresponde à duplicação da grandeza na escala vertical. Essa duplicação de uma grandeza é chocante quando você percebe que o automóvel que adquiriu com o custo de financiamento total é quase o dobro do que teria pago à vista. Quando o crescimento de uma grandeza é exponencial, esta dobra após um determinado intervalo de tempo. Assim, falamos em um *tempo de duplicação*.

Existe uma relação importante entre a taxa de crescimento percentual e seu *tempo de duplicação*, o tempo decorrido para que uma grandeza dobre de valor:[2]

$$\text{Tempo de duplicação} = \frac{69{,}3}{\text{crescimento percentual por unidade de tempo}}$$

$$\approx \frac{70}{\%}$$

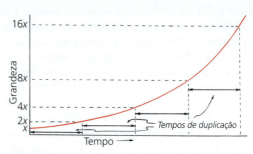

FIGURA E.1 Uma curva exponencial.

Isso significa que, para estimar o tempo de duplicação de uma grandeza que cresce constantemente, devemos dividir 70 pela taxa de crescimento percentual. Por exemplo, se uma determinada grandeza tem crescimento estável de 7% ao ano, esta dobrará a cada dez anos. Quando a capacidade geradora de energia elétrica dos Estados Unidos estava crescendo a 7% ao ano, a capacidade dobrava a cada 10 anos [70%/(7% por ano) = 10 anos]. É preciso se planejar para o ritmo de crescimento. Se crescesse constantemente a 2% ao ano, a população mundial duplicaria em 35 anos [70%/(2% por ano) = 35 anos]. A comissão de planejamento de uma cidade que aceita o que parece ser uma modesta taxa de crescimento de 3,5% ao ano pode não estar percebendo que isso significa que a duplicação ocorrerá em 70/3,5, ou 20 anos. Isso significa ter de duplicar a cada 20 anos a capacidade de serviços municipais como fornecimento de água, usinas de tratamento de esgoto, entre outros serviços.

O crescimento estável em um ambiente finito cria uma situação interessante. Considere o crescimento bacteriano por divisão celular, no qual uma bactéria transforma-se em duas, as duas se dividem para formar quatro, as quatro formam oito, e assim por diante. Imagine que o tempo de divisão para uma determinada cepa bacteriana é de um minuto. Temos um caso de crescimento estável: o número de bactérias cresce exponencialmente, dobrando a cada minuto. Imagine também que uma bactéria é colocada em uma garrafa às 11h e que o crescimento continua estável até a garrafa encher-se de bactérias ao meio-dia. Considere seriamente a seguinte Pausa para Teste:

---

[1] Este apêndice é adaptado do material escrito pelo professor de física Albert A. Bartlett, da University of Colorado, EUA, que afirma que "o maior defeito da raça humana é nossa incapacidade de compreender a função exponencial". Consulte a internet para saber mais a respeito de Al Bartlett.

[2] Para o decaimento exponencial, falamos em meia-vida, o tempo requerido para uma dada quantidade reduzir seu valor à metade. O caso é abordado no Capítulo 33.

PAUSA PARA TESTE
Quando a garrafa estava preenchida pela metade?

VERIFIQUE SUA RESPOSTA
Às 11h59, pois as bactérias duplicam seu número a cada minuto!

É chocante notar que, dois minutos antes do meio-dia, a garrafa estava apenas 1/4 cheia. A Tabela E.1 resume a quantidade de espaço que sobra na garrafa nos últimos minutos antes do meio-dia. Se fosse uma bactéria mediana dentro da garrafa, em que momento você perceberia que está ficando sem espaço? Por exemplo, você pressentiria um problema grave às 11h55, quando apenas um terço da garrafa estava cheia (1/32) e 97% era espaço vazio (ansiando por desenvolvimento)? O importante aqui é que não há muito tempo entre o instante em que os efeitos do crescimento ficam perceptíveis e o momento em que tornam-se avassaladores.

TABELA E.1 Os últimos minutos na garrafa

Tempo	Porção preenchida (%)	Porção vazia
11h54	1/64 (1,6%)	63/64
11h55	1/32 (3%)	31/32
11h56	1/16 (6%)	15/16
11h57	1/8 (12%)	7/8
11h58	1/4 (25%)	3/4
11h59	1/2 (50%)	1/2
12h00	Cheio (100%)	Nada

Suponha que, às 11h58 da manhã, alguma bactéria precavida consiga perceber que estão ficando sem espaço, iniciando uma procura em grande escala por novas garrafas vazias. Por sorte, às 11h59, elas descobrem três novas garrafas vazias, representando um espaço três vezes maior do que elas jamais haviam visto. Isso quadruplica o espaço já conhecido pelas bactérias, pois elas agora dispõem de quatro garrafas, não apenas uma. Além disso, suponha que, graças à sua eficiência tecnológica, elas sejam capazes de migrar para novos hábitats sem dificuldades. Pode parecer a elas que seus problemas foram resolvidos – e bem a tempo.

PAUSA PARA TESTE
1. Se as bactérias forem capazes de migrar para as novas garrafas e se seu crescimento prosseguir na mesma taxa, em quanto tempo as três novas garrafas estarão completamente cheias?

VERIFIQUE SUA RESPOSTA
Às 12h02!

A Tabela E.2 ilustra que a descoberta das novas garrafas estenderá os recursos por apenas dois tempos de duplicação a mais. Nesse exemplo, o recurso envolvido é o espaço, mas poderia ser carvão mineral, petróleo, urânio ou qualquer outra fonte de recurso não renovável.

TABELA E.2 Os efeitos da descoberta de três novas garrafas

Tempo	Efeito
11h58	Garrafa 1 1/4 vazia
11h59	Garrafa 1 1/2 vazia
12h00	Garrafa 1 cheia
12h01	Garrafas 1 e 2 cheias
12h02	Garrafas 1, 2, 3 e 4 cheias

O crescimento e a duplicação continuados levam a números enormes. Em dois tempos de duplicação, uma quantidade duplicará duas vezes ($2^2 = 4$), ou quadruplicará de valor; em três tempos de duplicação, seu valor aumentará 8 vezes ($2^3 = 8$); em quatro, aumentará dezesseis vezes ($2^4 = 16$); e assim por diante.

Isso é melhor ilustrado pela história do matemático da corte, na Índia, que anos atrás inventou o jogo de xadrez para seu rei. O rei ficou tão contente com o jogo que ofereceu-se para pagar o matemático, cujo pedido lhe parecia bastante modesto. O matemático pediu em pagamento um simples grão de trigo para o primeiro quadrado do tabuleiro de xadrez, dois grãos para o segundo quadrado, quatro para o terceiro e assim por diante, duplicando o número de grãos sobre cada quadrado sucessivo, até que todos os quadrados tivessem sido usados. A essa taxa, haveria 2^{63} grãos de trigo apenas sobre o sexagésimo quarto quadrado do tabuleiro. O rei logo percebeu que não poderia atender àquele pedido "modesto", que somaria mais trigo do que jamais havia sido colhido na história inteira da Terra!

FIGURA E.3 Um único grão de trigo colocado sobre o primeiro quadrado de um tabuleiro de xadrez é duplicado no segundo quadrado, e este número é duplicado para o terceiro quadrado e assim por diante, presumivelmente, ao longo dos 64 quadrados do tabuleiro. Observe que cada quadrado contém um grão a mais do que todos os quadrados anteriores juntos. Existirá trigo o bastante no mundo para preencher os 64 quadrados dessa maneira?

É interessante e importante notar que o número de grãos em qualquer um dos quadrados do tabuleiro contém um grão a

TABELA E.3 O preenchimento dos quadrados de um tabuleiro de xadrez

Número do quadrado	Grãos no quadrado	Total de grãos até aqui
1	1	1
2	2	3
3	4	7
4	8	15
5	16	31
6	32	63
7	64	127
⋮	⋮	⋮
64	2^{63}	$2^{64} - 1$

mais do que o total de grãos somados dos quadrados anteriores. Isso é verdadeiro para qualquer quadrado do tabuleiro. Na Tabela E.3, observe que, quando oito grãos são colocados no quarto quadrado, os oito equivalem a um a mais do que o total de sete já colocados no tabuleiro. Da mesma forma, os 32 grãos colocados no sexto quadrado perfazem um grão a mais do que os 31 que já haviam sido colocados no tabuleiro. Vemos que em um tempo de duplicação está representada uma quantidade maior do que em todo o crescimento anterior. Gostaria de repetir essa afirmação para enfatizar o resultado: em um tempo de duplicação, *ocorre mais crescimento do que em todo o crescimento anterior combinado!*

> **PAUSA PARA TESTE**
>
> De acordo com uma charada francesa, uma lagoa de lírios começa com uma única folha. A cada dia, o número de folhas dobra, até que a lagoa esteja totalmente coberta por folhas no trigésimo dia. Em que dia metade da lagoa estará coberta de folhas? E com um quarto dela coberto de folhas?
>
> **VERIFIQUE SUA RESPOSTA**
>
> A lagoa estará coberta pela metade no vigésimo nono dia, e um quarto dela estará coberto no vigésimo oitavo!

As consequências do crescimento exponencial descontrolado são chocantes. Neste momento de pandemias globais e mudança climática, é muito importante que se pergunte: o crescimento é realmente bom? Ao responder a essa questão, tenha em mente que o crescimento humano está na fase inicial de vida e prossegue normalmente até a adolescência. O crescimento físico cessa quando a maturidade física é atingida. O que dizer do crescimento que prossegue no período da maturidade física? Dizemos que esse crescimento é obesidade – ou, pior ainda, câncer.

QUESTÕES PARA REFLEXÃO

1. Imagine que uma determinada cidade tem uma usina de tratamento de esgoto no limite. Se a população dessa cidade cresce a uma taxa anual de 5%, quantas usinas de tratamento de esgoto serão necessárias 42 anos mais tarde?
2. Se a população mundial dobra a cada 40 anos, e se a produção mundial de alimentos também dobra a cada 40 anos, então quantas pessoas estarão passando fome a cada ano, comparado com agora?
3. Suponha que você consiga que um empregador previdente concorde em contratar seus serviços pelo pagamento de um único centavo no primeiro dia, dois centavos no segundo dia, dobrando de valor daí em diante a cada dia decorrido. Se o empregador mantém sua concordância durante um mês, qual será seu pagamento total por esse período de tempo?
4. Na questão anterior, como seu pagamento pelo trigésimo dia se compara com o pagamento total referente aos 29 primeiros dias?

Respostas dos exercícios ímpares

Capítulo 1

Questões de revisão

1. A ciência é o resultado da curiosidade humana sobre como funciona o mundo – um corpo organizado de conhecimentos que descreve a ordem e as causas da natureza e uma atividade humana contínua dedicada a coletar e organizar o conhecimento a respeito do mundo. **3.** Alexandria ficava mais ao norte, em uma latitude maior. **5.** Como o Sol, o diâmetro da Lua é 1/100 da distância entre a Terra e a Lua. **7.** Ele sabia que, na época de meia lua, o ângulo entre a Lua e a Terra formava 90° com a Lua e o Sol. **9.** As equações são guias que revelam as conexões entre os conceitos sobre a natureza. **11.** A resposta é a estabelecida nos Termos-chave. **13.** Toda hipótese científica deve ser testável. **15.** Verifique se você consegue estabelecer a posição de um antagonista para a satisfação dele e compare-a com quão bem o antagonista consegue estabelecer sua posição. Se você conseguir, e seu antagonista não, a probabilidade é de que você esteja correto. **17.** Não. Ciência e religião podem funcionar bem juntas e até mesmo se complementar. (Extremistas religiosos, todavia, podem afirmar que as duas são incompatíveis.) **19.** Ciência é coletar conhecimento e organizá-lo; tecnologia põe o conhecimento científico em uso e fornece os instrumentos que os cientistas necessitam para conduzir suas pesquisas.

Pense e faça

21. O diâmetro do Sol seria 1/110 da sua distância da Terra. O número de moedas lado a lado envolvidas seria 110, o mesmo número de Sóis lado a lado de distância da Terra. **23.** Vemos o que somos ensinados a ver!

Pense e explique

25. A penalidade por fraude é a excomunhão profissional. **27.** Provavelmente, não foi bem compreendida a diferença entre teoria e hipótese. Na linguagem comum, uma "teoria" pode ser uma especulação ou uma hipótese, algo que constitui uma tentativa ou uma especulação. No entanto, em ciência, uma teoria é a síntese de um corpo vasto de conhecimento validado (por exemplo, a teoria celular ou a teoria quântica). O valor de uma teoria reside em sua utilidade, e não em sua "verdade". **29.** O raio da Terra é 8×800 km = 6.400 km. **31.** O vértice no centro do planeta é de $30° - 24° = 6°$, então $6/360 \times 40.000$ km = 667 km, a distância entre os mastros.

Pense e discuta

33. Aumentar o conhecimento é um ponto positivo; é um sinal de força, não de fraqueza. **35.** Nunca questionar vai contra a boa ciência. Como as primeiras amizades afetam aquelas para a vida toda, e a menos que você valorize a submissão à autoridade, fique no lado da ciência e sugira ao seu parente procurar outros amigos.

Capítulo 2

Questões de revisão

1. Aristóteles classificou o movimento da Lua como natural. **3.** Copérnico estabeleceu que a Terra circula em torno do Sol, não o contrário. **5.** Galileu descobriu que um objeto em movimento continuará se movendo sem a necessidade de uma força. **7.** A lei de Newton é uma reafirmação do conceito de inércia de Galileu. **9.** Força alguma é necessária para a continuidade do movimento. **11.** Uma descrição da força envolve o valor e a direção, então é uma grandeza vetorial. **13.** A resultante é de 50 N. **15.** A força resultante é zero. **17.** Todas as forças sobre algo em equilíbrio mecânico se somam vetorialmente, dando zero. **19.** A força de apoio é de 12 N. A força resultante sobre o livro é nula. **21.** Sim. A bola em movimento com velocidade constante, em uma trajetória retilínea, encontra-se em equilíbrio dinâmico. **23.** A força de atrito é de 120 N. **25.** O pássaro ainda se desloca a 30 km/s em relação ao Sol.

Pense e faça

27. Considere contatar seus avós com papel e caneta. **29.** Mais uma vez, a lei da inércia se aplica. A inércia do bloco e dos livros os impede de esmagá-lo repentinamente.

Pense e resolva

31. (a) Atrito zero. (b) 100 N. (c) 120 N. **33.** 400 N em uma balança, 800 N na outra. ($2x + x = 1200$ N; $3x = 1200$ N; $x = 400$ N) **35.** Da condição de equilíbrio, $\Sigma F = 0$, as forças orientadas para cima valem 800 N + tensão na balança direita, e as forças orientadas para baixo somam 500 N + 400 N + 400 N. A aritmética mostra que a marcação da balança é de 500 N.

Pense e ordene

37. C, A, B, D. **39.** (a) A = B = C (nenhuma força). (b) C, B, A.

Pense e explique

41. A tendência de uma bola rolante é continuar rolando na ausência de uma força. O fato de que ela se desacelera provavelmente se deve à força do atrito. **43.** Galileu desacreditou a ideia de Aristóteles de que a rapidez com a qual os corpos caem é proporcional ao seu peso. **45.** Galileu propôs o conceito de inércia antes de Newton nascer. **47.** Nada mantém a sonda em movimento. Na ausência de uma força propulsora ou defletora, ela continuaria a se mover em linha reta. **49.** A inércia do rolo inteiro resiste à alta aceleração de um puxão rápido, e uma única peça se rasga. Se a toalha é puxada lentamente, a aceleração exigida do rolo é pequena, e ele se desenrola. É um fenômeno semelhante à bola pendurada e o cordão na Figura 2.5. **51.** Em um automóvel em movimento, sua cabeça tende a permanecer em repouso. Quando sofre uma colisão por trás, o automóvel é jogado para a frente, e você e sua cabeça também movem-se para a frente. Sem o descanso, seu corpo tende a deixar sua cabeça para trás, o que causa a lesão no pescoço. **53.** A maior força resultante possível ocorre quando as forças são paralelas na mesma direção, 23 N. A menor força resultante possível ocorre quando as forças se opõem, 8 N. **55.** Não. Se apenas uma força não nula for exercida sobre um objeto, seu movimento mudará e ele não estará em equilíbrio mecânico. **57.** Não, pois a força da gravidade ainda está presente. A força resultante não é zero! **59.** Não, pois a força resultante não poderia ser zero. **61.** A tensão em cada ramo é metade do seu peso. **63.** A balança marcará a metade de seu peso. Dessa maneira, a força resultante (puxão para cima da corda esquerda + puxão para cima da corda direita – peso) será igual a zero. **65.** Duas forças significativas atuam sobre o livro: a força da gravidade e a força de apoio (força normal) da mesa. **67.** Quando você está de pé no chão, o chão empurra contra os seus pés com uma força igual à da gravidade: o seu peso. Essa força para cima (a força normal) e o seu peso têm direções opostas e, como ambas atuam sobre o mesmo corpo (você), elas se cancelam para produzir uma força resultante nula sobre você. Assim, você não é acelerado. **69.** Sem água, a força de apoio é W. Com água, a força de apoio é $W + w$. **71.** A força de atrito é de 600 N para rapidez constante. Só então $\Sigma F = 0$. **73.** Emily não será bem-sucedida, pois sua rapidez em relação à terra será nula.

Pense e discuta

75. Em ambos os casos, o barbante superior sustenta o peso da bola. Quando o barbante inferior é puxado gradualmente, sua tensão se soma ao superior e ele se rompe. No entanto, se o barbante inferior for puxado com rapidez suficiente, a inércia da bola o "segura no lugar" enquanto o barbante puxado se rompe. **77.** Seu colega deveria aprender que a inércia não é algum tipo de força que mantém em movimento corpos como a Terra; é o nome dado à propriedade de as coisas continuarem fazendo o que elas faziam na ausência de uma força. Assim, seu colega deveria dizer que *nada* é necessário para manter a Terra em movimento. Curiosamente, o Sol impede a Terra de seguir a trajetória retilínea que ela seguiria se nenhuma força atuasse, mas ele não mantém a Terra em movimento. Nada é responsável por isso. Esse é o conceito de inércia. **79.** A tendência da bola é permanecer em repouso. Do ponto de vista de alguém fora do vagão, a bola permanece no lugar, enquanto a parte de trás se move ao seu encontro. (Devido ao atrito, a bola pode rolar sobre a superfície do carro – sem o atrito, a superfície deslizaria abaixo da bola.) **81.** Não. Se não existisse o atrito sobre o carrinho, ele prosseguiria em movimento quando você parasse de empurrá-lo. Porém o atrito de fato está presente, e o carrinho desacelera. Isso não constitui uma violação da lei da inércia porque uma força realmente é exercida. **83.** Não. Se não existisse uma força exercida sobre a bola, ela prosseguiria em movimento sem desacelerar. Contudo, a força de arrasto do ar está presente quando ela desliza com pequeno atrito sobre a pista, e a bola desacelera. Isso não constitui uma violação da lei da inércia porque forças externas de fato são exercidas. **85.** Não. A força normal seria a mesma se o livro estivesse escorregando sobre gelo ou sobre uma lixa. O atrito não desempenha qualquer papel, a menos que o livro escorregue ou tenda a escorregar sobre a superfície da mesa. **87.** Um corpo em movimento tende a manter-se em movimento junto com a Terra, independentemente de seus pés estarem ou não em contato com ela. Quando você salta, seu movimento horizontal casa exatamente com o da Terra, deslocando-se junto com ela. Por isso a parede não colide com você. **89.** Se o trem fizer uma curva enquanto a moeda estiver no ar, ela se deslocará lateralmente a você. De acordo com a lei da inércia, a moeda continuará seu movimento horizontal.

Capítulo 3

Questões de revisão
1. As duas unidades necessárias são a distância percorrida e o tempo de viagem. **3.** Rapidez média $v = 160$ km/2 h = 80 km/h. **5.** Em relação à cadeira, sua rapidez é nula. Em relação ao Sol, sua rapidez é de 30km/s. **7.** Sim, um carro em velocidade constante se move com rapidez constante. **9.** A aceleração é de 10 km/h/s. **11.** Você está ciente das *mudanças* em sua velocidade, mas não do movimento constante. Portanto, você está ciente da aceleração, mas não da velocidade constante. **13.** Galileu descobriu que a bola adquire o mesmo valor de rapidez a cada intervalo de tempo específico, o que lhe informou que a aceleração é constante. **15.** Quando a inclinação é vertical, a aceleração da bola é g, a da queda livre. **17.** Nenhuma. Queda livre significa que não há resistência do ar. **19.** De acordo com $v = gt$, a rapidez adquirida em 4 s é de 40 m/s. **21.** O objeto em movimento perde 10 m/s a cada segundo de movimento ascendente. **23.** A distância de queda em 1 s é de 5 m. Em 5 s, a distância de queda é de 125 m. **25.** 10 m/s é de rapidez, 10 m é de distância e 10 m/s² é de aceleração. **27.** Sua trajetória será a diagonal de um retângulo composto pela sua rapidez (velocidade) e a velocidade da água que flui. A diagonal de um retângulo é sempre maior do que o comprimento de qualquer um dos seus lados.

Pense e faça
29. Diga para sua avó que, na prática, a velocidade significa quão rapidamente você está se deslocando, e a aceleração significa a rapidez com a qual ocorrem as mudanças. Por favor, não diga à vovó que velocidade é rapidez! **31.** Outra boa atividade que utiliza dispositivos digitais. **33.** Essa é uma continuação da atividade anterior, uma das boas!

Pegue e use
35. Rapidez = distância/time = d/t = 1,0 m/0,5 s = 2 m/s. **37.** Aceleração = variação da velocidade/intervalo de tempo = $\Delta v/t$ = (100 km/h)/10 s = 10 km/h·s. **39.** Distância percorrida = $v_{méd} \times$ tempo = 6,0 m/s $\times$ 10 s = 60 m.

Pense e resolva
41. (a) Usando $g = 10$ m/s², vemos que $v = gt = (10$ m/s²)(10 s) = 100 m/s; $v_{méd} = (v_{inicial} + v_{final})/2 = (0 + 100$ m/s)/2 = 50 m/s para baixo. (b) Podemos determinar o alcance usando $d = v_{méd}t = (50$ m/s)(10 s) = 500 m, ou, o que é equivalente, a relação $d = \frac{1}{2}gt^2 = \frac{1}{2}(10$ m/s²) $(10$ s²) = (5 m/s²)(100 s²) = 500 m. (Que legal, podemos obter a distância usando qualquer uma das fórmulas!). **43.** (a) A velocidade da bola no topo da sua trajetória vertical é zero naquele instante. (b) Um segundo antes de atingir o topo, sua velocidade é 10 m/s. (c) A variação da velocidade é de 10 m/s durante esse intervalo de 1 s (ou qualquer outro intervalo de 1 s). (d) Um segundo após atingir o topo, sua velocidade é de –10 m/s – o mesmo módulo, mas com sentido oposto àquela 1 segundo antes de atingir o topo. (e) O módulo da variação da velocidade durante esse intervalo de 1 segundo (ou qualquer outro) é de 10 m/s. (f) Em 2 segundos, o módulo da variação na velocidade, de 10 m/s para cima para 10 m/s para baixo, é de 20 m/s (e não zero!). (g) A aceleração da bola é de 10 m/s² antes de atingir o topo, no topo e após atingir o topo. Em todos os casos, a aceleração é direcionada para baixo, ou seja, para a Terra. **45.** A partir de $d = \frac{1}{2}gt^2 = 5t^2$; $t = \sqrt{(d/5 \text{ m/s})} = \sqrt{(0,6 \text{ m/5 m/s})} = 0,35$ s. Dobre esse resultado para obter um tempo de voo de 0,7 s. **47.** A resultante é zero, e o mosquito parece flutuar imóvel no ar. **49.** A diagonal de qualquer retângulo é uma diagonal = $\sqrt{2}$ do comprimento de ambos os lados. Assim, a rapidez resultante é $\sqrt{2} \times 10$ km/h ~ 14 km/h.

Pense e ordene
51. C, B = D, A. **53.** (a) C, B, A. (b) A = B = C (10 m/s²).

Pense e explique
55. As rapidezes de ambos são exatamente iguais, mas não as velocidades. A velocidade inclui a direção, e como as direções dos aviões são opostas, suas velocidades são opostas. As velocidades seriam iguais apenas se a rapidez e a direção fossem iguais. **57.** Sua multa por excesso de velocidade baseia-se em sua velocidade instantânea, a velocidade registrada em um velocímetro ou por um radar. **59.** Emily está correta. Jacob está descrevendo a rapidez. A aceleração é a variação da velocidade pelo tempo – "quão rapidamente você consegue rapidez", como Emily afirmou. **61.** A aceleração é zero, pois não há variação de velocidade. Sempre que a variação da velocidade for nula, a aceleração será zero. Se a velocidade é "estável", "constante" ou "uniforme", a variação da velocidade é nula. Lembre-se da definição de aceleração! **63.** As leituras de rapidez aumentariam em 10 m/s a cada segundo. **65.** Não, a aceleração da queda livre é constante, o que explica o aumento constante da rapidez na queda. **67.** A aceleração de queda livre ao final do quinto, do décimo ou de um número qualquer de segundos será g. Sua *velocidade* tem valores diferentes em instantes de tempo diferentes, porém, como não há uma resistência, sua *aceleração* se mantém constante em g. **69.** Sem a resistência do ar, a aceleração será g, independentemente de como a bola é lançada. A aceleração da bola e a sua rapidez são completamente diferentes. **71.** Sem a resistência do ar, ambas atingirão o solo com a mesma rapidez. Observe que a bola atirada para cima passará pelo ponto de partida na descendente com a mesma rapidez que tinha quando começou a subir. Assim, sua trajetória na descendente, abaixo do ponto de partida, é a mesma que a da bola atirada para baixo com aquela rapidez. **73.** Se não fosse pelo efeito desacelerador do ar, as gotas de chuva atingiriam o solo com velocidades de balas! **75.** Na Lua, a aceleração da gravidade é consideravelmente menor, então o tempo de voo seria significativamente maior (seis vezes maior para a mesma velocidade de decolagem!). **77.** A rapidez da chuva que cai e a do automóvel são iguais.

Pense e discuta
79. Sim, a velocidade e a aceleração não precisam ter a mesma direção. Uma bola atirada para cima, por exemplo, inverte a direção do seu deslocamento no seu ponto mais alto, mas sua aceleração g, direcionada para baixo, permanece constante. Se a bola tivesse aceleração nula em um ponto em que a sua rapidez é nula, sua rapidez *permaneceria* nula. Ela ficaria parada no ponto mais alto de sua trajetória! **81.** "O carro de corrida fez a curva com uma *rapidez* constante de 100 km/h". Velocidade constante significa rapidez constante com direção constante. Um carro que faz uma curva muda a direção do seu movimento. **83.** Um objeto que descreve uma trajetória circular constitui um exemplo simples de aceleração com rapidez constante, pois a orientação de sua velocidade está variando. Contudo, NADA pode acelerar quando tem velocidade constante, pois isso contradiria a ideia de que velocidade constante significa a ausência de variação. **85.** A do meio. Essa bola ganha rapidez mais rapidamente no início, onde a inclinação é maior, de modo que sua velocidade média é maior, embora ela tenha aceleração menor na última parte de seu deslocamento. **87.** Sem resistência do ar, a aceleração de qualquer objeto será os mesmos 10 m/s², independentemente de sua velocidade inicial. Se ele for arremessado para baixo, sua velocidade será maior, mas não sua aceleração. **89.** Quando a aceleração de um carro é oposta à sua velocidade, o carro está "desacelerando", tornando-se mais lento. **91.** (a) A bola em B termina primeiro. (b) A rapidez média é maior na parte inferior. (c) A rapidez instantânea nas extremidades do trilho é a mesma porque a rapidez obtida na rampa de descida para B é igual à rapidez perdida na rampa de subida. **93.** Exercício aberto.

Capítulo 4

Questões de revisão
1. Um puxão ou empurrão é o tipo mais comum de força. **3.** Seu puxão e a força do atrito têm o mesmo módulo. **5.** Para um mesmo objeto, o atrito estático é sempre maior do que o atrito cinético. **7.** Sim. O atrito em fluidos varia com a rapidez. **9.** massa; peso. **11.** Um hambúrguer de 100 g depois de frito pesa cerca de 1 newton. **13.** O rompimento da corda superior se deve

principalmente ao peso da bola. **15.** A aceleração é inversamente proporcional à massa, como especificado pela segunda lei de Newton. **17.** Em forma de equação, enunciamos a segunda lei de Newton como $a = F/m$. **19.** A aceleração diminui para um meio. **21.** A aceleração e a força resultante têm sempre a mesma orientação. **23.** A razão entre força e massa é g. **25.** A força resultante é 10 N. **27.** A rapidez e a área frontal afetam a força da resistência do ar. **29.** Um paraquedista mais pesado deve cair mais rápido para que a resistência do ar equilibre o peso.

Pense e faça
31. Relate como Newton seguiu Galileu e assim por diante. **33.** Quando o papel se encontra acima do livro em queda, nenhuma resistência do ar atua sobre o papel porque o livro o blinda do ar. Dessa maneira, o papel e o livro caem com a mesma aceleração! **35.** O carretel rolará para a direita. Existe um ângulo para o qual o carretel não rolará, e sim deslizará. Qualquer ângulo maior do que este fará o carretel rolar para a esquerda. Contudo, puxado horizontalmente, ele rolará no sentido do puxão, esteja a linha na parte de cima ou de baixo do fuso.

Pegue e use
37. Peso = (2.000 kg)(10 N/kg) = 20.000 N.
39. $a = F_R/m$ = 120.000 N/300.000 kg = 0,4 N/kg = 0,4 m/s².

Pense e resolva
41. A força resultante é 10 N − 2 N = 8 N (ou, mais precisamente, 9,8 N − 2 N = 7,8 N). **43.** Uma massa de 1 kg pesa 10 N, de modo que 30 kg pesa 300 N. O saco pode conter com segurança 30 kg de maçãs – se você não pegá-las rápido demais. **45.** $a = \Delta v/\Delta t$ = (6,0 m/s)/1,2 s = 5,0 m/s². **47.** $F_R = ma$ = (12 kg)(7,0 m/s²) = 84 kg·m/s² = 84 N. **49.** A aceleração de cada um é a mesma: $a = F/m$ = 2 N/2 kg = 1 N/kg = 1 m/s². (De acordo com a definição, 1 N = 1 kg·m/s², então 1 N/kg é o mesmo que 1 m/s².) **51.** (a) $a = \Delta v/\Delta t$ = (9,0 m/s)/0,2 s = 45 m/s² (b) $F = m$ = (100 kg)(45 m/s²) = 4500 N.

Pense e ordene
53. (a) D, A = B = C. (b) A = C, B = D. **55.** (a) A = B = C. (b) C, A, B.

Pense e explique
57. As forças que atuam horizontalmente são a força motriz dada pelo atrito entre os pneus e a estrada e a força de resistência (principalmente a resistência do ar). O carro está em equilíbrio dinâmico com uma força resultante nula. **59.** A força que você exerce sobre a bola cessa assim que o contato com a sua mão termina. **61.** Velocidade constante significa nenhuma aceleração, de modo que não há força resultante sobre a motocicleta. Quando move-se com aceleração constante, no entanto, há força resultante sobre ela. **63.** Itens como maçãs pesam menos na Lua, então (a) há mais maçãs em um saco de 1 N na Lua. (b) A massa é uma questão diferente, pois há a mesma quantidade de maçãs em um saco de 1 kg na Lua e na Terra. **65.** Sacuda as caixas. A caixa que oferece maior resistência à aceleração é a mais maciça, que contém areia. **67.** A massa é uma medida da quantidade de material em alguma coisa, não da atração gravitacional, que depende do seu local. Assim, a massa é a mesma para um astronauta, e o peso cai a zero devido à ausência da força de sustentação. **69.** Nem a massa nem o peso da sucata mudam quando o carro é esmagado. O que muda é o volume, que não deve ser confundido com a massa e o peso. **71.** A variação de peso é igual à variação de massa multiplicada por g, de modo que, quando a massa varia em 2 kg, o peso varia em aproximadamente 20 N. **73.** Como o caixote permanece em repouso, a força resultante sobre ele é zero, o que significa que a força de atrito do solo sobre o caixote terá módulo igual e sentido contrário à sua força aplicada F. **75.** Deslizar com velocidade constante significa aceleração nula e força resultante nula. Isso é possível se o atrito for igual ao peso do urso, que é de 4.000 N. Atrito = peso do urso = mg = (400 kg)(10 m/s²) = 4.000 N. **77.** A aceleração (desacelerando o carro) é oposta à velocidade (a direção e o sentido em que o carro se move). **79.** A aceleração é a razão força/massa (segunda lei de Newton), que, em queda livre, é simplesmente peso/massa = $mg/m = g$. Como o peso é proporcional à massa, a razão peso/massa é a mesma, seja qual for o peso do corpo. **81.** (a) Não. A resistência do ar também atua. Queda livre significa livre de todas as forças, exceto a da gravidade. Um objeto em queda pode sofrer resistência do ar; um objeto em queda livre experimenta apenas a força da gravidade. (b) Sim. Embora não consiga se aproximar da Terra, o satélite está caindo. **83.** Além da resistência do ar, a única força exercida sobre uma moeda arremessada é mg. Assim, a mesma mg atua sobre ela em todos os pontos de sua trajetória. **85.** Você explica a diferença entre uma força exercida e uma força resultante. Seria correto dizer que nenhuma força *resultante* atua sobre um carro parado. **87.** A força resultante é zero. Quando a maçã é liberada, a força de apoio para cima torna-se nula, e a força resultante é a força gravitacional, 1 N. **89.** As duas forças são de mesma intensidade. Isso será mais fácil de entender se você visualizar o paraquedas parado com uma forte corrente de ar ascendente – em equilíbrio estático. Seja em equilíbrio estático ou dinâmico, a força resultante é nula. **91.** Quando o paraquedista abre seu paraquedas, ele desacelera. Isso significa que a aceleração aponta para cima. **93.** Exatamente antes de atingir a velocidade terminal, ainda existe uma aceleração para baixo, porque a força da gravidade ainda é maior do que a resistência do ar. Quando essa força orientada para cima aumentar um pouco mais e se igualar à força gravitacional, a velocidade terminal será atingida. A partir de então, a resistência do ar permanecerá com o mesmo valor e terá sentido contrário à força gravitacional. **95.** A esfera estará em equilíbrio quando atingir a velocidade terminal, o que ocorre quando a força gravitacional passa a ser equilibrada por outra força de mesmo módulo e em sentido oposto: a força de arrasto do fluido. **97.** A resistência do ar não pode ser desprezada para uma queda de um lugar tão alto, então a bola mais pesada atinge o solo primeiro. Galileu reconheceu a pequena diferença devido ao atrito do ar, e ambas cairiam juntas se o atrito fosse desprezível. **99.** A resposta é fornecida pela equação $a = F/m$. Enquanto o combustível é queimado, a massa do foguete se torna cada vez menor. Uma vez que m diminui enquanto F mantém-se inalterada, a aumenta! Existe menos massa a ser acelerada enquanto o combustível é consumido. **101.** O tempo de elevação será menor do que o tempo de queda. Como uma pena lançada para o alto por um estilingue, o tempo planando em direção ao solo é visivelmente mais curto do que o tempo de subida.

Pense e discuta
103. Se a força exercida para cima fosse a única força existente, o livro de fato subiria, mas a força devido à gravidade faz com que a resultante seja nula. **105.** Nem uma banana de dinamite nem qualquer outro objeto "contém" força. Veremos posteriormente que uma banana de dinamite contém *energia*, que é capaz de produzir forças quando ocorre algum tipo de interação. **107.** A única força que atua sobre uma rocha que cai na Lua é a força gravitacional entre a pedra e a Lua, pois não há ar e, logo, não há arrasto do ar sobre a rocha. **109.** O atrito entre o caixote e a carroceria é a força que faz com que o caixote ganhe a mesma rapidez que o caminhão. Sem atrito, a aceleração faria com que o caminhão deixasse o caixote para trás. **111.** A força *resultante* sobre o carrinho, seu puxão mais atrito, é zero. Assim, $\Sigma F = 0$. **113.** Um diagrama simples mostraria que o vetor de força mg é o mesmo em todos os locais. A aceleração g, portanto, também é a mesma em todos os locais. **115.** No ponto mais alto do seu pulo, sua aceleração é g. Deixe a equação da aceleração, baseada na segunda lei de Newton, guiar seu raciocínio: $a = F/m = mg/m = g$. Se você disse zero, está sugerindo que a força da gravidade deixa de atuar no ponto mais alto do seu pulo – e não é verdade! **117.** Para uma aceleração decrescente, o aumento de velocidade torna-se menor a cada segundo, mas, apesar disso, ao final de cada segundo, a velocidade é maior do que era no início dele. **119.** Em todos os casos, o papel atinge rapidez terminal, o que significa que a resistência do ar é igual ao peso do papel. Assim, a resistência do ar será a mesma para todos! A bolinha de papel cai mais rápido até a resistência do ar se igualar ao seu peso. **121.** Em lugar algum sua velocidade é orientada para cima. A força orientada para cima sobre Nellie durante o curto período de tempo durante o qual a força de arrasto do ar excede a força da gravidade produz uma força resultante momentânea orientada para cima e uma aceleração no mesmo sentido. Isso produz uma *diminuição* da velocidade, que, apesar disso, continua orientada para baixo. **123.** A resistência do ar depende da área frontal e da rapidez. Ambas as bolas têm a mesma área frontal, mas a bola cheia de chumbo, que cai mais rapidamente, encontra maior resistência do ar.

Capítulo 5

Questões de revisão
1. Um par de forças é requerido para uma interação. **3.** Ele não pode exercer tanta força sobre o lenço de papel porque este não reage com tanta força. **5.** A força de reação é a estaca contra o martelo. **7.** A força do atrito sobre a base da maçã fornece a força resultante sobre o sistema laranja-maçã. **9.** Se duas forças de mesmo módulo e com orientações opostas atuarem sobre a bola, a força resultante será nula e ela não acelerará. **11.** As acelerações diferentes se devem às massas diferentes. **13.** Um helicóptero consegue sua força de sustentação empurrando ar para baixo, caso em que a reação é o ar empurrando o helicóptero para cima. **15.** A decomposição vetorial é o processo de determinação dos componentes de um vetor. **17.** A força de atrito tem o mesmo módulo, com a soma das forças sendo nula. **19.** Inércia; aceleração; ação; reação.

Pense e faça

21. Sua mão será empurrada para cima, uma reação ao ar que ela desvia para baixo.   **23.** É claro que a questão pode ser respondida sem um *smartphone*. As respostas podem variar.   **25.** Exercício aberto.

Pegue e use

27. R = $\sqrt{(4{,}0^2 + 3{,}0^2)}$ = 5,0.

Pense e resolva

29. (a) $a = \Delta v/\Delta t$ = (25 m/s)/0,05 s = 500 m/s². (b) $F = ma$ = (0,003 kg) (500 m/s²) = 1,5 N. (c) Pela terceira lei de Newton, o mesmo valor, 1,5 N.   **31.** $a = F/m$, onde $F = \sqrt{(3{,}0^2 + 4{,}0^2)}$ = 5,0 N. Então, $a = F/m$ = 5,0 N/2,0 kg = 2,5 m/s².

Pense e ordene

33. A, B, C. (b) B, C.   **35.** (a) B, A, C. (b) C, B, A   **37.** A.

Pense e explique

39. De acordo com a terceira lei de Newton, Steve e Gretchen estão se tocando. Um deles pode iniciar o toque, mas a interação física não pode ocorrer sem haver contato entre Steve e Gretchen. De fato, você não pode tocar sem ser tocado!   **41.** Em qualquer ordem: (1) o puxão para baixo da Terra sobre a maçã (ação) e o puxão para cima da maçã sobre a Terra (reação). (2) A mão empurra a maçã para cima (ação), e a maçã empurra a mão para baixo (reação, a força normal sobre a bola).   **43.** (a) Ação: a Terra o puxa para baixo. Reação: você puxa a Terra para cima. (b) Ação: você dá um tapinha nas costas do seu professor. Reação: as costas do professor batem em você. (c) Ação: a onda atinge a praia. Reação: a praia atinge a onda.   **45.** Enquanto a bola exerce uma força sobre o piso, este exerce outra força de mesmo módulo e sentido oposto sobre a bola, por isso esta ricocheteia. A força do piso sobre a bola produz o repique.   **47.** O atrito sobre o caixote é de 200 N, o que cancela seu empurrão de 200 N sobre o caixote, dando zero para a força resultante, o que explica a velocidade constante (aceleração nula).   **49.** (a) Sim, pois o homem está em equilíbrio. (b) Não, pois as duas forças atuam sobre o *mesmo* corpo. (c) Ação: a Terra puxa o homem para baixo (pela gravidade). Reação: o homem puxa a Terra para cima. Aqui vemos que o par de forças ação-reação atua sobre objetos diferentes, homem e Terra.   **51.** Se a ação é *mg* puxar a bola para baixo (efeito da gravidade), então (a) a reação é a bola puxar a Terra para cima no sentido oposto com mesmo módulo que *mg*. (b) No topo da trajetória, apenas *mg* atua sobre a bola, com aceleração = *mg/m* = *g*. (Não zero!)   **53.** Quando o escalador puxa a corda para baixo, esta, simultaneamente, o puxa para cima – no sentido desejado pelo escalador.   **55.** Quando empurra o carro, você exerce uma força sobre ele. Quando o carro o empurra de volta simultaneamente, essa força atua sobre você, não o carro. Você não cancela a força sobre o carro com uma força sobre si. Para o cancelamento, as forças precisariam ter módulo igual e sentido contrário e atuar sobre o mesmo objeto.   **57.** A força sobre cada carrinho será a mesma. Como as massas são diferentes, entretanto, as acelerações também serão diferentes. Um carrinho duas vezes mais maciço sofrerá apenas metade da aceleração do menos maciço.   **59.** Ambos se moverão em direção um ao outro. A força que Scott exerce na corda ao puxá-la é transmitida para Kjell, o que faz com que este acelere na direção de Scott. Pela terceira lei de Newton, a corda puxa Scott de volta, o que faz com que ela acelere na direção de Kjell.   **61.** A tensão na corda é de 250 N. Sem aceleração, cada um deve experimentar uma força de atrito de 250 N através do solo, gerada ao empurrar contra o solo com uma força de 250 N.   **63.** As forças sobre cada uma têm o mesmo módulo e suas massas são iguais, então suas acelerações serão iguais. Elas deslizarão distâncias iguais de 6 metros e se encontrarão no meio do caminho.   **65.** A rapidez resultante é realmente de 5 m/s. A resultante de qualquer par de vetores com módulos de 3 e de 4 unidades que formam um ângulo reto entre si tem um módulo de 5 unidades. Isso é confirmado pelo teorema de Pitágoras; a equação a² + b² = c² fornece 3² + 4² = 5². (Ou, $\sqrt{[3^2 + 4^2]}$ = 5.)   **67.** De acordo com o teorema de Pitágoras; a² + b² = c² nos dá 120² + 90² = 150². (Ou $\sqrt{[120^2 + 90^2]}$ = 150.) Assim, a velocidade em relação ao solo é de 150 km/h.   **69.** (a) Seu diagrama mostraria dois vetores de mesmo módulo e sentidos opostos, *T* para cima e *mg* para baixo. (b) A resultante desse par de vetores é zero, pois o movimento e a aceleração são nulos.   **71.** Seu desenho mostraria apenas um único vetor apontando para baixo, *mg*.   **73.** (a) O peso e a força normal apenas. (b) Seu desenho mostraria o vetor *mg* diretamente para baixo e o vetor *N* perpendicular à inclinação. A sua resultante aponta no sentido paralelo à inclinação, na direção do deslizamento.   **75.** O vetor *f* terá o mesmo módulo que a soma vetorial de *mg* e *N*. Se *f* é menor, então uma força resultante atua sobre o sapato e acelera-o para baixo.   **77.** Quando a corda está vertical, *S* é zero. Se a corda estivesse na vertical, *S* formaria um ângulo tal que o seu componente vertical teria módulo igual e sentido contrário a *mg*.   **79.** Uma rede firmemente esticada tem mais tensão nas cordas de apoio do que uma com folga. As cordas esticadas teriam maior probabilidade de se romper.   **81.** De acordo com a regra do paralelogramo, um diagrama simples mostraria que a tensão é menor do que 50 N.   **83.** De acordo com a regra do paralelogramo, o ângulo largo mostra que a tensão é maior do que 50 N.

Pense e discuta

85. Sim, de acordo com a terceira lei de Newton! Não confunda o tamanho da força com as diferentes consequências da força de mesma magnitude.   **87.** Subir pela corda significa puxá-la para baixo, o que move o balão para baixo enquanto a pessoa sobe. Não é possível puxar algo para baixo sem ser puxado para cima de volta.   **89.** O ato de nadar diretamente para o outro lado pode ser representado por um vetor que aponta para a outra margem do rio. O fluxo do rio pode ser representado por um vetor perpendicular ao vetor da natação. A resultante dos dois vetores é uma linha diagonal a partir dos dois pontos de partida.   **91.** Não, pois, de acordo com o modelo de ação e reação, o rabo também abana o cão. O quanto ele abana depende das massas relativas do corpo do cão e da sua cauda.   **93.** A ação é seu pé contra a bola, e a reação é a bola contra o seu pé, sejam essas forças afetadas pela baixa pressão na bola ou não. Independentemente da pressão, ambas as forças têm o mesmo módulo, de acordo com a terceira lei de Newton.   **95.** O dinamômetro marcará 100 N, o mesmo que marcaria se uma ponta fosse presa a uma parede em vez do peso de 100 N. Embora a força resultante sobre o sistema seja nula, a tensão na corda dentro do sistema é de 100 N, como mostraria o dinamômetro.   **97.** Sim. Uma bola de beisebol exerce uma força externa sobre o bastão oposta ao movimento dele. Essa força externa desacelera o bastão que se aproxima.   **99.** As forças não se cancelam porque são forças sobre coisas diferentes: uma atua sobre o cavalo, e a outra, sobre a carroça. É verdade que a carroça puxa o cavalo de volta e isso o impede de correr mais rapidamente do que poderia se não estivesse preso à carroça. Para acelerar, o cavalo deve empurrar o solo com mais força do que a que ele exerce sobre a carroça e esta exerce sobre ele. Assim, mande o cavalo empurrar contra o solo.

Capítulo 6

Questões de revisão

1. Como apenas o camundongo está em movimento, este tem mais *momentum*.   **3.** O impulso é força × tempo, não apenas força.   **5.** Mais velocidade é comunicada devido ao aumento do impulso, causado pelo maior tempo durante o qual a força atua sobre a bala de canhão.   **7.** Ambos. Para aumentar o *momentum*, use uma força maior durante um longo tempo para aumentar o impulso.   **9.** Quando o *momentum* do impacto é rápido, menos tempo significa mais força.   **11.** A opção (c) representa a maior variação em *momentum*.   **13.** Os baldes fazem com que a água impactada ricocheteie, aumentando o impulso transmitido para a roda.   **15.** Não, uma força externa é necessária para produzir um impulso.   **17.** Afirmar que uma grandeza é conservada significa dizer que o seu módulo é o mesmo antes e após um evento. Na ausência de forças externas, o *momentum* em uma colisão, por exemplo, é o mesmo antes e após o fato.   **19.** O *momentum* é conservado tanto em uma colisão elástica quanto em uma inelástica.   **21.** Após a colisão, os vagões movem-se com metade da rapidez inicial do vagão A.   **23.** O peixe sofre uma colisão inelástica quando engole outro.   **25.** O ângulo seria de 45° em relação ao carro orientado para o leste.

Pense e faça

27. Exercício aberto.   **29.** Exercício aberto.

Pegue e use

31. *Momentum*: $p = mv$ = (9 kg)(2 m/s) = 18 kg·m/s.   **33.** I = (10 N)(3 s) = 30 N·s.   **35.** $I = \Delta mv$ = (9 kg)(2 m/s) = 18 kg·m/s = 18 N·s.   **37.** De acordo com a relação $mv_{antes} + 0 = (m + m)v_{após}$; $v_{antes} = mv_{após}/2m$ = (3 m/s)/2 = 1,5 m/s.

Pense e resolva

39. Da relação $Ft = \Delta mv$, $F = \Delta mv/t$ = [(1.000 kg)(20 m/s)]/10 s = 2.000 N.   **41.** De acordo com a conservação do *momentum*, $p_{cachorro} = p_{Jean+cachorro}$; (15 kg)(3,0 m/s) = (40,0 kg + 15 kg)v; 45 kg·m/s = (55 kg)v, então v = 0,8 m/s.   **43.** $p_{antes} = p_{após}$; (5 kg)(1 m/s) + (1 kg)v = 0; 5 m/s + v = 0. v = −5 m/s. Portanto, se o peixe pequeno se aproximar do peixe grande a 5 m/s, o *momentum* final será nulo.   **45.** A conservação do *momentum* pode ser usada em ambos os casos. (a) No caso da colisão frontal, o *momentum* total é nulo, de modo que, após a colisão, os destroços estão imóveis. (b) Como mostrado na Figura 6.17, o *momentum* total é direcionado para nordeste – o resultado de dois vetores mutuamente perpendiculares, cada qual com módulo de 20.000 kg·m/s. Seu módulo vale 28.200 kg·m/s. A velocidade dos destroços é esse *momentum* dividido pela massa total, *v*

= (28.200 kg·m/s)/(2.000 kg) = 14 m/s. **47.** $Ft/\Delta t = \Delta mv/\Delta t = m\Delta v/\Delta t = ma$, que equivale a $F = ma$.

Pense e ordene
49. (a) A = D, A = C. (b) D, C, A = B. **51.** C, A, B.

Pense e explique
53. O *momentum* de um superpetroleiro é gigantesco, o que significa que um impulso enorme é necessário para alterar seu movimento – que é produzido por forças modestas durante longos períodos de tempo. **55.** *Airbags* automotivos prolongam o tempo de duração do impacto, reduzindo a força de impacto. **57.** O uso de cordas extensíveis prolonga o tempo no qual o *momentum* diminui, reduzindo o solavanco da corda sobre você. **59.** Dobrando-se os joelhos, prolonga-se o tempo no qual o *momentum* diminui, o que reduz a força de aterrissagem. **61.** Dobrar bem o joelho e rolar para a frente aumenta o tempo para a parada, o que reduz a força de impacto. **63.** Com a mão estendida haverá mais tempo para reduzir o *momentum* da bola até zero, do que resulta em uma força de impacto menor sobre sua mão. **65.** O amassamento permite que o *momentum* do carro seja reduzido durante um tempo maior, resultando em uma força menor exercida sobre seus ocupantes. **67.** Seu *momentum* é o mesmo (seu peso poderia mudar, mas não a massa). **69.** O grande *momentum* da água que jorra é compensado pelo retroceder da mangueira, o que torna difícil segurá-la apontando para o fogo, da mesma forma como é difícil segurar um revólver quando ele dispara. **71.** Impulso é força × tempo. Pela terceira lei de Newton, as forças têm o mesmo módulo, mas são opostas, de modo que os impulsos gerados por elas também são de mesmo módulo e opostos. **73.** O *momentum* da maçã em queda é transferido para a Terra. **75.** As luvas mais leves têm amortecimento menor e menos capacidade de prolongar a duração do impacto, o que resulta em maior força de impacto para um dado lançamento. **77.** O enxame tem *momentum* total nulo se ele permanece no mesmo lugar; nesse caso, os *momenta* dos inúmeros insetos se cancelam, e não há *momentum* resultante em direção alguma. **79.** Se nenhum *momentum* for comunicado à bola, nenhum *momentum* será comunicado, em sentido inverso, ao arremessador. Fazer os movimentos característicos de arremesso da bola não tem qualquer efeito resultante. Sua posição pode mudar um pouco, mas você terminaria em repouso. **81.** Ambos os carrinhos retrocedem com o mesmo módulo de *momentum*. Assim, o carrinho com massa duas vezes maior tem a metade da velocidade do carro de menor massa; isto é, $2m(v/2) = mv$. **83.** Um sistema é qualquer objeto ou conjunto de objetos. O *momentum* do sistema mantém-se inalterado, seja ele qual for, na ausência de uma força externa. **85.** Para o sistema bola + Terra, o *momentum* é conservado, pois os impulsos que atuam são internos. O *momentum* da maçã em queda é igual em módulo ao *momentum* da Terra em direção à maçã. **87.** Sim, pois quando empurra uma bola para cima, você a arremessa, o que significa que a bola empurra você de volta, uma força que é transmitida para o solo. Assim, a força normal aumenta enquanto a bola é arremessada (e volta a mg depois que a bola é lançada). O mesmo ocorre quando a bola é pega. **89.** De acordo com a terceira lei de Newton, as forças sobre ambos são de mesmo módulo, o que significa que os impulsos também têm o mesmo módulo, de modo que ambos sofrem variações iguais em seu *momentum*. **91.** Carros que param rapidamente sofrem uma variação no *momentum* e um impulso correspondente. Contudo, ocorre uma variação maior no *momentum* se os carros ricocheteiam, com impulso proporcionalmente maior e, logo, maiores danos. Os danos são menores se os carros se grudam do que se ricocheteiam. **93.** O *momentum* combinado é $\sqrt{2} \times$ a magnitude de cada bolha antes da colisão. **95.** Sim, você exerce um impulso sobre a bola que arremessa e sobre a que pega. Como a variação do *momentum* tem o mesmo módulo em ambos os casos, você exerce os mesmos impulsos nas duas situações. Pegar a bola e arremessá-la de volta com a mesma rapidez exige o dobro do impulso. Em um *skate*, você recuaria e ganharia *momentum* quando arremessasse a bola e quando a pegasse; você ganharia o dobro do *momentum* se realizasse as duas ações — pegar a bola e então arremessá-la com a rapidez inicial na direção oposta.

Pense e discuta
97. A rampa oferece a uma caminhonete em apuros uma maneira de efetuar uma parada gradual, de modo que o impulso para impedir o *momentum* envolve mais o tempo do que a força de impacto. **99.** Quando um boxeador atinge seu oponente, este contribui para o impulso que altera a força do golpe. Quando os golpes se igualam, nenhum impulso é fornecido pelo oponente, e todo o esforço que serve para reduzir o *momentum* dos golpes é fornecido pelo próprio boxeador. Isso cansa o boxeador. **101.** A força interna dos freios faz a roda parar. Contudo, as rodas, afinal, estão presas aos pneus que fazem contato com a superfície da rodovia. É a força da estrada sobre os pneus que faz o carro parar. **103.** Quando dois objetos interagem, as forças que eles exercem um sobre o outro são de mesmo módulo e sentidos opostos e atuam simultaneamente, de modo que os impulsos gerados são de mesmo módulo e opostos, e a variação total de *momentum* de ambos os objetos é nula. **105.** Se nós consideramos Bronco como pertencente ao sistema, então uma força resultante atua, e o *momentum* varia. Se, todavia, considerarmos o sistema como formado por Bronco e o mundo (incluindo o ar), então todas as forças exercidas são internas, e o *momentum* se conserva. O *momentum* é conservado somente em sistemas que não estão sujeitos a forças externas resultantes. **107.** Se o ar é levado ao repouso pela vela, então o impulso dado à vela será de mesmo valor absoluto e sentido oposto ao do impulso dado ao ventilador. Não existe um impulso líquido não nulo e não ocorre variação do *momentum*. O barco permanece parado. **109.** As balas que ricocheteiam na chapa de aço experimentam um impulso maior. A placa será mais deslocada por balas que ricocheteiam nela do que por balas que se grudam nela. **111.** Concorde com o primeiro colega porque, após a colisão, a bola de boliche terá um *momentum* maior do que a bola de golfe. Note que, antes da colisão, o *momentum* do sistema formado pelas duas bolas pertence totalmente à bola de golfe em movimento. Chame isso de unidade +1. Então, após a colisão, o *momentum* da bola de golfe retrocedente é de aproximadamente −1 unidade. O *momentum* (não a velocidade!) da bola de boliche terá de ser de aproximadamente +2 unidades. Por quê? Porque somente assim o *momentum* é conservado. O *momentum* anterior à colisão é de +1 unidade; após a colisão, ele vale $(+2 − 1) = +1$. **113.** O impulso é maior no caso de reflexão, o que constitui o efeito de ricochetear. As pás, portanto, retrocedem mais do que no caso de faces prateadas e giram em sentido horário quando vistas de cima. (Essa rotação é suplantada por uma contrarrotação quando o ar está presente, que é o caso da maioria dos radiômetros. Uma superfície negra absorve radiação e aquece, o que esquenta o ar circundante. A superfície é então empurrada pelo ar aquecido, resultando em um retrocesso que gira as pás em sentido anti-horário.) **115.** Suas massas são iguais; metade da rapidez para as partículas unidas significa massas iguais para as partículas que colidem e as partículas alvos. **117.** O *momentum* antes do estouro é igual ao *momentum* após, pois não há atuação de qualquer força externa. O estouro dos fogos de artifício dispersa as balas. **119.** A bala e o canhão que recua têm o mesmo *momentum*. Para o canhão, a maior parte do *momentum* está na sua massa, o que explica o alto valor de m. Para a bala de canhão, a maior parte do *momentum* está na velocidade, o que explica o alto valor de v.

Capítulo 7

Questões de revisão
1. A força multiplicada pela distância é chamada de trabalho. **3.** A energia possibilita que um objeto realize trabalho. **5.** É igual, pois o produto de ambos é igual; (50 kg)(2 m) = (25 kg)(4 m). **7.** Potência = trabalho/tempo = Fd/t [(12 N)(2 m)]/3 s = 8 W. **9.** O dobro da potência para o saco mais pesado erguido no mesmo tempo. **11.** Sua E_p seria o dobro com o dobro da altura. **13.** Verdadeiro, a E_C é a energia do movimento. **15.** A evidência é um ganho de energia. **17.** ΔE_C = trabalho realizado = (100 N − 70 N)(10 m) = (30 N)(10 m) = 300 N·m = 300 J. **19.** Seu ganho em E_C é igual à sua redução em E_p, 10 kJ. **21.** A fonte de energia da luz solar é a fusão nuclear no Sol. **23.** Quando a força é aumentada, a distância diminui pelo mesmo fator. **25.** O rendimento seria de 100%. **27.** Energia reciclada é o reúso da energia que, de outra forma, seria desperdiçada. **29.** A radioatividade é a fonte da energia geotérmica.

Pense e faça
31. Onde o "prumo do pêndulo" é mais lento, sua E_p é máxima. Onde é mais rápido, sua E_C é máxima e sua E_p é mínima. **33.** A energia é transferida termicamente para o solo e para a bola quando esta quica. Assim, com energia reduzida, a bola não atinge a altura inicial após quicar.

Pegue e use
35. $W = Fd = (4,0 N)(1,4 m) = 5,6$ N·m = 5,6 J.
37. $P = W/t = 80$ J/2,0 s = 40 W.
39. $E_p = mgh = (4,0$ kg)(10 N/kg)(2,0 m) = 80 N·m = 80 J.
41. $E_C = \frac{1}{2}mv^2 = \frac{1}{2}(1,0$ kg)(3,0 m/s)² = 4,5 (kg/m)² = 4,5 J.
43. $W = \Delta E_C = \Delta \cdot mv^2 = \frac{1}{2}(3,0$ kg)(4,0 m/s)) = 24 J.
45. Rendimento = (energia obtida)/(energia fornecida) × 100% = 40 J/100 J = 0,40 ou 40%.

Pense e resolva

47. Com velocidade três vezes maior, ele tem 9 vezes (3^2) a E_C e deslizará 9 vezes mais longe: 135 m. Uma vez que a força de atrito é aproximadamente a mesma em cada caso, a distância tem de ser 9 vezes maior para que um trabalho 9 vezes maior seja realizado pelo piso sobre o carro. **49.** $E_P + E_C = E_{Total}$; $E_C = 10.000$ J $- 1.000$ J $= 9.000$ J. **51.** O trabalho de entrada é 50 J, então 200 N $\times h = 50$ J. $h = 50/200 = 0,25$ m. **53.** Potência $= Fd/t = [(50$ N$)(6,0$ m$)]/3,0$ s $= 300$ N·m/3,0 s $= 100$ J/1 s $= 100$ watts. **55.** A E_P inicial da banana é transformada em E_C enquanto cai. Quando a banana está prestes a atingir a água, toda a sua E_P inicial transforma-se em E_C. Assim, $E_{P0} = E_{Cf} \Rightarrow mgh = \frac{1}{2}mv^2 \Rightarrow v^2 = 2gh \Rightarrow v = \sqrt{2gh}$.

Pense e ordene

57. (a) B, A, C. (b) C, B, A. (c) C, B, A. **59.** (a) D, B, C, E, A. (b) D, B, C, E, A. (c) A, E, C, B, D.

Pense e explique

61. A maior subida designa a energia que a montanha-russa tem no total, que divide-se em subidas menores sucessivas. Se houvesse subidas sucessivas mais altas, o carrinho não teria energia suficiente para alcançar o alto. **63.** Deter um caminhão pouco carregado com a mesma velocidade é mais fácil porque ele tem uma energia cinética menor e, portanto, exigirá um trabalho menor para parar. (Uma resposta em termos de impulso e *momentum* também seria aceitável.) **65.** Será necessária uma força maior para esticar a mola dura, de modo que mais trabalho será necessário para esticá-la do que para esticar uma mola fraca pela mesma distância. **67.** (a) A E_P do arco esticado, calculada dessa maneira, estaria superestimada (de fato, seria cerca de duas vezes o valor verdadeiro), porque a força exercida ao esticar o arco inicia sendo nula, aumentando progressivamente até um valor máximo, quando o arco está totalmente esticado. Menos trabalho será necessário para esticar o arco até a metade do que para esticá-lo na segunda metade até sua configuração final, totalmente esticado. (b) Assim, o trabalho realizado não é *força máxima* × *distância esticada*, mas *força média* × *distância esticada*. **69.** Seu colega realiza duas vezes mais trabalho (4 × ½/1 × 1). **71.** A E_C da bola arremessada em relação aos passageiros no avião não depende da rapidez do avião, mas a E_C da bola em relação aos observadores no solo depende. A E_C, assim como a velocidade, é relativa. **73.** A E_C do prumo de um pêndulo é máxima onde ele se move mais rapidamente, que é no seu ponto mais baixo; sua E_P é máxima nos pontos mais altos. Quando o prumo passa pelo ponto que marca a metade de sua altura máxima, sua E_P e sua E_C têm o mesmo valor. **75.** Os 200 J de energia potencial que não se transformam em aumento de sua energia cinética se transformam em energia térmica, aquecendo suas nádegas e o escorregador. **77.** Concorde com o segundo colega. O carrinho da montanha-russa poderia igualmente passar por um pico mais baixo antes ou após um mais alto, desde que o mais alto tivesse a altura menor correta em relação ao pico inicial para compensar a energia dissipada pelo atrito. **79.** Quando uma superbola é arremessada contra o solo, parte de sua energia se transforma em calor. Isso significa que ela terá menos energia cinética após ricochetear e não atingirá seu nível original. **81.** Ocorre trabalho suficiente porque, a cada impulso do macaco, a força que a garota exerce atua ao longo de uma distância muito maior do que aquela na qual o carro é levantado. Uma força pequena, exercida ao longo de uma grande distância, pode realizar um trabalho significativo. **83.** Quando a velocidade dobra, o *momentum* dobra e a E_C quadruplica. O *momentum* é ~ à rapidez, a E_C é ~ ao quadrado da rapidez. **85.** O *momentum* do carro tem módulo igual e sentido oposto nos dois casos – não é o mesmo, pois o *momentum* é uma grandeza vetorial. **87.** Sim, se estamos falando apenas de você, o que significaria que a sua rapidez é zero. No entanto, um sistema de dois ou mais objetos pode ter *momentum* resultante nulo e ainda ter E_C total significativa. **89.** Tesouras de cortar papel e cortadores de metal são alavancas. A força aplicada é exercida sobre uma distância menor no caso das tesouras, de modo que a força de saída é exercida ao longo de uma distância relativamente maior (exceto quando você deseja uma força de corte grande, como quando quer cortar um pedaço de barbante grosso, e posiciona a corda próximo ao "fulcro" para amplificar a força). É por isso que os cortadores de metal têm lâminas compridas. **91.** Uma máquina que tivesse rendimento de 100% não esquentaria ao toque, não expeliria calor para o ar, não faria qualquer barulho e tampouco vibraria. Todas essas coisas constituem transferências de energia, o que não poderia ocorrer se toda a energia fornecida à máquina fosse transformada em trabalho útil. **93.** De acordo com a conservação da energia, (a) uma pessoa que consome mais energia do que gasta armazenará o excesso como energia química dentro do corpo – o que, na prática, significa que ela engordará. (b) Alguém que gaste mais energia do que ingere consegue a energia que falta "queimando" gordura corporal. (c) Uma pessoa subnutrida só realizará trabalho extra se consumir energia química armazenada no corpo – algo que não pode ocorrer prolongadamente sem afetar a saúde e a própria vida.

Pense e discuta

95. Sem o uso de uma vara, a E_C correspondente à corrida horizontal não pode ser transformada facilmente em E_P gravitacional. Contudo, curvar a vara armazena E_P elástica nela, que *pode* ser transformada em E_P gravitacional. Isso explica as grandes alturas atingidas pelos saltadores que usam varas muito elásticas. **97.** Exceto pelo centro exato do plano, a força da gravidade forma um ângulo em relação ao plano com um componente de força gravitacional ao longo dele — ao longo do caminho do bloco. Assim, o bloco atua relativamente contra a gravidade quando ele se afasta da posição central e um pouco com a gravidade quando volta. À medida que o objeto desliza mais para fora do plano, na prática, desloca-se "para cima", contra a gravidade da Terra, e desacelera. Por fim, ele fica em repouso e desliza de volta, então o processo se repete. O bloco desliza para a frente e para trás ao longo do plano. **99.** Se as ECs são as mesmas, mas as massas são diferentes, a bola com massa menor terá maior rapidez. Em outras palavras, ½ Mv^2 = ½ mV^2. O mesmo vale para as moléculas: as mais leves movem-se mais rapidamente, em média, do que as mais maciças. **101.** Seu colega talvez não esteja percebendo que a massa, em si mesma, é energia "congelada"; assim, diga a ele que muito mais energia é posta no reator, em uma forma congelada, do que é retirada do reator. Cerca de 1% da massa que sofre fissão é convertida em outras formas de energia. **103.** Quando nós falamos em trabalho realizado, devemos compreender que trabalho é feito *sobre algo por algo*. Trabalho é realizado sobre o carro pelas forças exercidas com origem no motor. O trabalho feito pela rodovia ao reagir ao empurrão para trás dado pelos pneus é igual ao produto da força exercida pela distância de deslocamento, não pela força *resultante* que envolve a resistência do ar e outras forças de atrito. Quando realizamos trabalho, pensamos em força aplicada; quando consideramos a aceleração, pensamos na força resultante. Na verdade, as forças de atrito em si mesmas estão realizando trabalho negativo sobre o carro. O trabalho total nulo explica porque a rapidez do carro não varia. **105.** A bola colide com o solo com a *mesma* rapidez, seja arremessada para cima ou para baixo. A bola inicia com a mesma energia, no mesmo lugar, de modo que ela terá a mesma energia quando atingir o solo. Isso significa que ela colidirá com a mesma rapidez. Estamos considerando a resistência do ar desprezível. **107.** Os outros 15 hp são obtidos da energia elétrica das baterias (recarregadas, em última instância, usando energia proveniente da gasolina). **109.** Se um objeto tem E_C, então deve ter *momentum*, pois está em movimento. Contudo, ele pode ter energia potencial sem estar em movimento e, logo, sem ter *momentum*. Todo objeto tem "energia de existência", enunciada pela famosa equação $E = mc^2$. Assim, independentemente de um objeto se mover ou não, ele tem alguma forma de energia. Se tem E_C, então, em relação ao sistema de referência no qual a E_C é medida, também tem *momentum*. **111.** A física é semelhante à da bola na pista horizontal — sem componente de força na direção do movimento. (a) A tensão no barbante é sempre perpendicular ao arco do pêndulo, sem componente de força de tensão paralelo ao seu movimento. (b) No caso da gravidade, existe um componente de força gravitacional sobre o pêndulo paralelo ao arco que realiza trabalho e varia a E_C do pêndulo. (c) Quando o pêndulo está em seu ponto mais baixo, entretanto, não há componente de força gravitacional paralelo ao movimento. Naquele instante do movimento, a gravidade não realiza trabalho (assim como quando o pêndulo está em repouso, com o barbante na vertical). **113.** Um problema de "pêndulos com bolas" envolve mais do que a conservação do *momentum*, por isso a questão não foi apresentada no capítulo anterior. O *momentum* é conservado se duas bolas colidem com *momentum* $2mv$ e uma bola salta com *momentum* $m(2v)$. Em outras palavras, $2mv = m2v$. No entanto, considere a E_C. Duas bolas colidiriam com $2(\frac{1}{2}mv^2) = mv^2$. A única bola que salta com o dobro da rapidez teria duas vezes mais energia do que a quantidade fornecida: $\frac{1}{2}m(2v)^2 = \frac{1}{2}m(4v^2) = 2mv^2$. Assim, saltar com o dobro da energia inicial claramente viola o princípio da conservação da energia! **115.** A taxa à qual a energia pode ser fornecida é mais fundamental para os consumidores do que a quantidade de energia que pode estar disponível, então "crise de potência" é uma descrição mais precisa da situação de curto prazo na qual a procura supera a oferta (no longo prazo, o mundo pode enfrentar uma crise de energia, quando os suprimentos de combustível forem insuficientes para atender à demanda). **117.** Enquanto a população mundial continuar a crescer, a produção de energia também deverá aumentar, a fim de prover padrões de vida decentes. Sem paz, cooperação e segurança, a produção de energia em escala global provavelmente vai diminuir em vez de aumentar.

Capítulo 8

Questões de revisão

1. A velocidade tangencial é medida em m/s (metros por segundo); a velocidade de rotação, ou velocidade angular, é medida em RPM (revoluções por minuto) ou em rotações por segundo. **3.** A parte larga tem maior velocidade tangencial do que a parte estreita. **5.** A força é direcionada para dentro, no sentido do centro da rotação. **7.** A força é direcionada para dentro, uma força centrípeta. **9.** É chamada de fictícia porque não há uma contraparte de reação à força centrífuga. **11.** A inércia de rotação é a resistência a variações do movimento de rotação, semelhante à inércia simples, o que significa que é uma resistência a variações da velocidade. **13.** A inércia de rotação cresce com o aumento da distância. **15.** Um disco maciço tem menor inércia de rotação e acelera mais. **17.** O braço de alavanca é a menor distância entre a força exercida e o eixo de rotação. **19.** A vareta bamboleia e gira em torno de seu CM (ou CG). **21.** Coloque o dedo na marca de 50 cm, seu CG. **23.** Para um equilíbrio estável, o CG deve estar acima da base de sustentação, não além dela. **25.** Como mostra a Figura 8.30, sua base de apoio é maior com os pés distantes entre si. **27.** Um torque externo resultante é necessário para alterar o *momentum* angular. **29.** A redução do *momentum* angular da Terra faz com que a distância entre a Lua e a Terra aumente em cerca de um quarto de centímetro por ano.

Pense e faça

31. Exercício aberto. **33.** Sim, isso acontece porque o CG pende abaixo do ponto de fixação. **35.** De frente para a parede é mais difícil! Para ambos os sexos, o CG recai além da base de sustentação definida pelos calcanhares dos pés até a parede. **37.** Seus dedos se encontram no centro. Quando um dedo está mais longe do centro que outro, ele pressiona a régua com menos força e desliza. O processo se alterna até ambos os dedos estarem no centro. **39.** Impressione seus amigos com esta!

Pegue e use

41. Torque = 0,2 m × 50 N = 10 m·N. **43.** $F = [(2{,}0 \text{ kg})(2{,}0 \text{ m/s})^2]/1{,}5 \text{ m} = 5{,}3 \text{ N}$. **45.** *Momentum* angular = $mvr = (80{,}0 \text{ kg})(3{,}0 \text{ m/s})(2{,}0 \text{ m}) = 480 \text{ kg·m}^2/\text{s}$.

Pense e resolva

47. $\Delta C = 2\pi\Delta r$, onde Δr para as pistas é 1,0 m. Assim, para cada volta, o início da pista externa deve estar 1,0 m à frente. Em uma corrida de 5 voltas, para os corredores estarem equilibrados, a pista externa deve estar 5,0 m à frente. **49.** (a) Torque = força × braço de alavanca = (0,25 m)(80 N) = 20 N·m. (b) Força = 200 N. Então, (200 N)(0,10 m) = 20 N·m. (c) Sim. Essas respostas assumem que você está empurrando perpendicularmente a chave de parafuso. De outra maneira, você precisaria exercer uma força maior para conseguir o mesmo torque. **51.** (a) Da relação $F = mv^2/r$. Substituindo, $T = mv^2/L$. (b) Rearranjando, $m = TL/v^2$. (c) Inserindo os valores numéricos, $m = [(10 \text{ N})(2 \text{ m})]/(2 \text{ m/s})^2 = 5 \text{ kg}$. **53.** (a) De acordo com a conservação do *momentum* angular, mvL, se L é reduzida em um terço, v deve ser multiplicada por 3. (b) Sua rapidez será 3 × (1,0 m/s) = 3,0 m/s.

Pense e ordene

55. C, A, B. **57.** B, C, A. **59.** C, A, B.

Pense e explique

61. Quando a corda se rompe, não há atuação de força alguma para dentro e, de acordo com a lei da inércia, a lata se move em uma trajetória linear. **63.** Os pneus de Sue têm uma velocidade angular maior porque eles têm de girar mais vezes para cobrir a mesma distância. **65.** O mesmo. O grau de estreitamento está relacionado ao grau de curvatura. Em uma curva onde o trilho exterior é 0,5% mais longo do que o interior à curva, a parte larga da roda também terá de ser, no mínimo, 0,5% mais larga do que a parte estreita. Sem isso, ocorre uma derrapagem. **67.** Sim, as pernas compridas aumentam a inércia rotacional. A pata do pássaro está diretamente abaixo do seu CM. **69.** A bola de boliche terá aceleração maior. A inércia rotacional é menor para a bola sólida (ver Tabela 8.1), de modo que é mais fácil de acelerar. O objeto com menor inércia rotacional por massa é o "menos preguiçoso" e tem maior aceleração em um plano inclinado. **71.** Se rolá-las em um plano inclinado, a bola maciça rolará mais rápido (a bola oca tem mais inércia rotacional em comparação com o seu peso). **73.** O braço de alavanca é o mesmo, esteja a pessoa de pé, sentada ou pendurada em uma das pontas do balanço, e certamente o peso da pessoa é o mesmo. Assim, o torque resultante também é o mesmo. **75.** Na posição horizontal, o braço de alavanca é igual ao comprimento do braço dos pedais, mas na posição vertical, o braço de alavanca é nulo, pois a linha de ação das forças atravessa o eixo de rotação. (Com calçados de ciclismo, o ciclista pedala em círculo, empurrando os pés no ponto mais alto sobre a engrenagem, puxando ao redor da parte inferior e então puxando para cima na recuperação. Isso permite que o torque seja aplicado durante uma porção maior da revolução.) **77.** O atrito entre a bola e a pista gera um torque que faz a bola girar. **79.** Com as pernas esticadas, seu CG está mais distante e você exerce mais torque ao erguer-se. Assim, os abdominais são mais difíceis com as pernas esticadas, um braço de alavanca mais longo. **81.** Você se curva para a frente quando está carregando uma carga pesada nas costas para deslocar seu CG e sua carga acima da área limitada pelos seus pés. Sem isso, cairia para trás. **83.** Dois baldes são mais fáceis, pois você pode ficar de pé enquanto carrega um em cada mão. Com dois baldes, o CG ficará no centro da base de apoio criada pelos seus pés, então nada de se inclinar (o mesmo seria possível com um único balde equilibrado sobre a sua cabeça). **85.** A atmosfera terrestre é aproximadamente uma camada esférica, como a de uma bola de basquetebol, com seu centro de massa no centro, isto é, no centro da Terra. **87.** Um objeto é estável quando a sua E_p deve ser elevada para derrubá-lo ou, de forma equivalente, quando sua E_p deve aumentar antes que ele possa cair. Por inspeção, por causa da sua base estreita, o primeiro cilindro sofre a menor variação de E_p em comparação com o seu peso para cair. Assim, ele é o menos estável. O terceiro objeto, a pirâmide, é o que mais precisa de trabalho, então é o mais estável. **89.** De acordo com a equação da força centrípeta, o dobro da rapidez corresponde ao quádruplo da força. **91.** Sim. Deixe a equação da força centrípeta orientar o seu raciocínio: a maior rapidez com a mesma distância radial significa maior força centrípeta. Se essa maior força centrípeta não for fornecida, o carro derrapará. **93.** Não há componente de força paralelo ao sentido do movimento, como exigido pelo trabalho. **95.** De acordo com a primeira lei de Newton, a cada instante a tendência da ocupante é de se mover em uma trajetória retilínea. No entanto, o piso intercepta sua trajetória e um par de forças surge: o piso pressiona contra os pés dela, e estes pressionam contra o piso; é a terceira lei de Newton. O empurrão do piso sobre os pés dela fornece a força centrípeta que a mantém se movendo em um círculo junto com o hábitat. A percepção resultante é a de gravidade artificial. **97.** (a) Exceto pela força de atrito vertical, não existe outra força além do peso da motocicleta + piloto. Uma vez que não existe variação de movimento na direção vertical, a força de atrito deve ser de mesmo módulo, mas oposta ao peso da motocicleta + piloto. (b) O vetor horizontal representa a força normal. Uma vez que ela é a única força exercida na direção radial, horizontalmente, ela também é a força centrípeta. Assim, a resposta é ambas. **99.** Quando você engatinha em direção à borda, o momento de inércia do sistema aumenta (como quando as massas são mantidas afastadas na Figura 8.52). De acordo com a conservação do *momentum* angular, engatinhar para fora da plataforma aumentará o momento de inércia do sistema giratório e diminuirá sua velocidade de rotação. **101.** A inércia de rotação aumentaria. Pela conservação do *momentum* angular, a rotação da Terra desaceleraria (assim como um patinador gira mais devagar com os braços esticados), o que tenderia a aumentar o dia. **103.** De acordo com a conservação do *momentum* angular, se massa se afastasse do eixo de rotação, como ocorre no derretimento das calotas de gelo, a velocidade de rotação diminuiria. Assim, a Terra desaceleraria sua rotação diária. A rotação da Terra desacelera. **105.** A força gravitacional exercida sobre cada partícula por todas as demais faz com que a nuvem se condense. A diminuição de seu raio é acompanhada, então, por um aumento da velocidade angular devido à conservação do *momentum* angular. A velocidade de rotação aumentada faz com que muitas estrelas tenham uma forma achatada no equador, parecida com um prato.

Pense e discuta

107. Pneus de grande diâmetro significam que você trafega mais rápido a cada revolução do pneu. Dessa forma, você trafegará mais rápido do que indica seu velocímetro. (Um velocímetro mede a RPM das rodas e a expressa em mi/h ou km/h. A conversão de RPM para mi/h ou km/h pressupõe que as rodas têm um determinado tamanho.) Rodas de tamanho grande dão uma leitura muito baixa porque elas se deslocam mais a cada revolução do que indica o velocímetro; já rodas de tamanho pequeno dão uma leitura mais alta porque não se deslocam tanto a cada revolução. **109.** São necessárias duas condições para haver equilíbrio mecânico, $\Sigma F = 0$ e $\Sigma Torque = 0$. **111.** O atrito da rodovia sobre os pneus produz um torque sobre o CM do carro. Quando este acelera para a frente, a força de atrito aponta para a frente e faz a roda do carro girar para cima. Ao frear, a orientação do atrito é invertida, e o torque faz a roda do carro girar em sentido oposto, de modo que a parte traseira da roda gira para cima (e a parte frontal, para baixo). **113.** Alerte o jovem para usar rodas com o menor momento de inércia possível – as maciças leves sem raios (do tipo disco, não do tipo aro.) **115.** O peso do garoto é contrabalançado pelo peso da tábua, que pode ser considerado concentrado em seu CG, do lado oposto do fulcro. Ele se encontra em equilíbrio quando seu peso multiplicado por sua distância até o fulcro é igual ao peso da tábua inteira multiplicado pela distância entre o fulcro e o ponto médio (CG) da tábua. **117.** Em uma rodovia inclinada, a força normal, a ângulos retos em relação à superfície, tem um componente horizontal que fornece a força centrípeta. Mesmo sobre uma superfície perfeitamente escorregadia, esse componente da força normal pode gerar força centrípeta suficiente para manter o carro na pista. **119.** O trilho permanecerá em equilíbrio enquanto as bolas rolam para fora e até elas saírem do trilho. Isso ocorre porque o CG do sistema permanece sobre o fulcro. Assim, o CG não varia no sistema de duas bolas. **121.** O equador tem uma velocidade tangencial maior do que as latitudes norte ou sul. Quando um projétil é lançado a partir de uma latitude qualquer, a velocidade da Terra é comunicada a ele e, a menos que sejam feitas correções, o projétil errará um alvo que se desloque junto com a Terra a uma velocidade tangencial diferente. **123.** Uma força centrípeta atuou sobre Maggie durante a curva fechada. Como um fluido em uma centrífuga de laboratório, o sangue foi forçado para um lado da sua cabeça. A força centrípeta e a aceleração centrípeta produziram o coágulo no seu cérebro.

Capítulo 9
Questões de revisão
1. Newton descobriu que a gravidade é universal. **3.** A Lua cai e se afasta da linha reta que ela seguiria se não fosse exercida uma força gravitacional sobre ela. **5.** $F \sim (m_1 m_2)/r^2$; $F = (G m_1 m_2)/r^2$. **7.** Na verdade, a massa da Terra pode ser calculada, mas chamar isso de "pesar a Terra" parece mais dramático. **9.** O brilho é de um quarto do valor original. **11.** As molas estariam mais comprimidas se a aceleração fosse para cima e menos comprimidas se ela fosse para baixo. **13.** Seu peso é medido como mg quando você está apoiado firmemente em um campo gravitacional de f ou está em equilíbrio. **15.** Os ocupantes se encontram sem uma força de apoio. **17.** Porque um lado está mais próximo. **19.** Boa parte do interior da Terra é fundido e, como no oceano, ocorrem marés causadas por forças desiguais em lados opostos do interior da Terra. **21.** Não. Não haveria qualquer braço de alavanca entre o puxão gravitacional e o eixo da Lua. **23.** No centro da Terra, seu campo gravitacional é nulo. **25.** Em qualquer lugar dentro de um planeta oco, o campo gravitacional do planeta é nulo. **27.** Seu peso aumentaria. **29.** O campo gravitacional em um buraco negro é tão forte que nem mesmo a luz consegue escapar dele.

Pense e faça
31. Exercício aberto.

Pegue e use
33. $F = (G m_1 m_2)/r^2 = 6{,}67 \times 10^{-11}$ N·m²/kg² $\times [(1 \text{ kg})(6 \times 10^{24} \text{ kg})]/(6{,}4 \times 10^6 \text{ m})) = 9{,}8$ N. O mesmo que $F = mg$. **35.** $F = (G m_1 m_2)/r^2 = 6{,}67 \times 10^{-11}$ N·m²/kg² $\times [(6{,}0 \times 10^{24} \text{ kg})(7{,}4 \times 10^{22} \text{ kg})]/(3{,}8 \times 10^8 \text{ m}))^2 = 2{,}1 \times 10^{20}$ N.

Pense e resolva
37. Da relação $F = (GmM)/r^2$, três vezes r ao quadrado é $9r^2$, o que significa que a força corresponde a 1/9 do peso na superfície. **39.** Da relação $F = (G2m2M)/2r^2 = (4GmM)/4r^2 = (4GmM)/4r^2 = (GmM)/r^2$, dando a mesma força gravitacional. **41.** $F = (Gm_1m_2)/r^2 = 6{,}67 \times 10^{-11}$ N·m²/kg² $\times [(3{,}0 \text{ kg})(6{,}4 \times 10^{23} \text{ kg})]/(5{,}6 \times 10^{10} \text{ m})) = 4{,}1 \times 10^{-8}$ N. **43.** $g = GM/r^2 = [(6{,}67 \times 10^{-11}$ N·m²/kg²$)(6 \times 10^{24}$ kg$)]/[(6380$ km $+ 200$ km$) \times 10^3]^2 = 9{,}24$ N/kg ou 9,24 m/s²; 9,24/9,8 = 0,94 ou 94%.

Pense e ordene
45. B = C, A, D. **47.** (a) B, A = C, D. (b) D, A = C, B. **49.** b, a, c.

Pense e explique
51. Sim, a gravidade puxa mais forte as pessoas com mais massa. **53.** É importante enfatizar que a gravitação é universal e não há limites para o seu alcance. **55.** (a) A 3 m, iluminará 3^2, ou seja, 9 metros quadrados; a 5 m, iluminará 5^2, ou seja, 25 metros quadrados; a 10 m, iluminará 10^2, ou seja, 100 metros quadrados. **57.** De acordo com a lei da inércia, a Lua se moveria em uma trajetória retilínea e não circular o Sol e a Terra. **59.** A força da gravidade é a mesma sobre ambos porque as massas são iguais. Quando largado, o papel amassado cai mais rápido apenas porque encontra menos resistência aerodinâmica do que a folha. **61.** Não, as distâncias entre os andares de um edifício são triviais em comparação com as suas distâncias até o centro da Terra. Assim, não ocorrem forças mensuráveis devido às distâncias entre Ian e o colega. Uma pessoa em Singapura está mais distante do centro da Terra do que uma em Hong Kong. Logo, para ser exato, pesa-se menos em Singapura! **65.** A rapidez tangencial é maior quando estamos mais próximos do equador, no Havaí. **67.** Menor, porque um objeto nessa posição está mais distante do centro da Terra. **69.** Deixe que as equações gravitacionais o guiem em seu raciocínio: ¼ do diâmetro é ¼ do raio, que corresponde a 16 $\times$ o peso do astronauta na superfície do planeta. **71.** Um avião a jato voando muito alto não se encontra em queda livre, de modo que um passageiro não experimenta força resultante. A força de apoio do assento, orientada para cima, se iguala ao puxão da gravidade, para baixo, dando a sensação de peso. O veículo especial em órbita, por outro lado, se encontra em estado de queda livre. Nenhuma força de apoio é provida pelo assento. Sem força de apoio, a força da gravidade sobre o passageiro não é sentida como peso. **73.** Em um carro que se projeta de um precipício, você "flutua" porque o carro não fornece mais uma força de apoio. Ambos, você e o carro, se encontram em queda livre. Contudo, a gravidade ainda atua sobre você, como é evidenciado por sua aceleração em direção ao solo. Assim, por definição, você estaria sem peso. **75.** Em ambos os casos, a balança marcaria o mesmo peso, 650 N. **77.** O saltador se sente sem peso devido à ausência de uma força de apoio. **79.** O foguete consome e expele combustível, o que reduz bastante a sua massa. **81.** Seu peso é igual a mg quando você se encontra em equilíbrio sobre uma superfície horizontal e as únicas forças exercidas sobre você são mg, orientada para baixo, e uma força normal, N, de mesmo módulo, mas oposta. **83.** A força devido à gravidade, mg, realmente não varia com o ato de saltar para cima. As variações da marcação da balança se devem à força de apoio, N, não a mg. **85.** O puxão gravitacional do Sol sobre a Terra é maior do que o puxão gravitacional da Lua. As marés, no entanto, são causadas por *diferenças* entre as forças gravitacionais da Lua sobre lados opostos da Terra que são maiores do que a correspondente diferença nas forças atrativas exercidas pelo Sol, muito mais distante. **87.** Não. As marés são causadas por atrações gravitacionais diferentes. Se não houvesse diferenças nas atrações, não haveria marés. **89.** As marés baixas mais baixas ocorrem junto com as marés altas mais altas – as de sizígia. Assim, o ciclo de marés de sizígia consiste em marés com médias mais altas seguidas de marés com médias menores (as melhores para escavar e procurar moluscos!). **91.** Por causa de seu tamanho relativamente pequeno, as diferentes partes do Mar Mediterrâneo e de outros corpos d'água relativamente pequenos estão essencialmente equidistantes da Lua (ou do Sol). Assim, cada parte é atraída por uma força que não é apreciavelmente diferente das que atraem as outras partes. Disso resultam marés muito pequenas. Marés apreciáveis são causadas por diferenças apreciáveis entre as atrações. **93.** Para um planeta de massa específica uniforme, g no interior dele, a metade do raio da Terra, seria igual a 5 m/s². A Figura 9.24 mostra como isso acontece. A intensidade do campo gravitacional é linear entre o centro da Terra e a superfície. No ponto médio até o centro da Terra, a intensidade do campo seria metade, ou seja, $g/2$. **95.** Seu peso seria menor no fundo do poço da mina. Como sugere o gráfico da Figura 9.24, a força gravitacional entre a superfície da Terra e o seu centro diminui. **97.** Exercício aberto.

Pense e discuta
99. O equívoco do seu amigo é popular, mas a análise da equação gravitacional mostra que, por maior que seja a distância, a força nunca torna-se igual a zero. Se fosse zero, toda espaçonave sairia voando em uma trajetória retilínea! **101.** A Terra e a Lua puxam-se igualmente em cada interação. De acordo com a terceira lei de Newton, a força de atração da Terra sobre a Lua tem módulo igual e sentido oposto à força de atração da Lua sobre a Terra. Uma tira elástica exerce a mesma força sobre os dedos que a esticam. **103.** O peso também depende da distância, não só da massa. Em Júpiter, esta é a distância entre o corpo sendo pesado e o centro de Júpiter – ou seja, o raio de Júpiter. Se o raio de Júpiter fosse igual ao da Terra, o corpo pesaria 300 vezes mais, pois Júpiter tem massa 300 vezes maior do que a Terra. Contudo, o raio de Júpiter, é cerca de 10 vezes maior do que o da Terra, o que enfraquece a gravidade por um fator de 100, resultando em um peso 3 vezes maior do que na Terra (o raio de Júpiter, na verdade, é cerca de 11 vezes o da Terra). **105.** Antes de mais nada, seria incorreto afirmar que a força gravitacional do Sol sobre você é pequena demais para ser medida. É pequena, sim, mas não imensuravelmente. O segredo é o *apoio*. Não há "força de apoio do Sol", pois a Terra e todos os objetos nela (você, sua balança e tudo mais) caem continuamente em torno do Sol. **107.** A força gravitacional varia com a distância. Ao meio-dia, você se encontra mais próximo do Sol. À meia-noite, você está um diâmetro terrestre mais distante do Sol. Logo, a força gravitacional sobre você será maior ao meio-dia. **109.** As marés seriam maiores se o diâmetro

da Terra fosse maior, pois a diferença nas atrações seria maior. Contudo, as marés da Terra não seriam diferentes se o diâmetro da Lua fosse maior. A influência gravitacional da Lua seria a mesma se toda a massa do satélite estivesse concentrada no seu centro de gravidade. **111.** Ocorrem marés na crosta terrestre e na atmosfera pelo mesmo motivo que ocorrem nos oceanos. A crosta e a atmosfera são grandes o suficiente para haver diferenças sensíveis nas distâncias em relação ao Sol e à Lua. **113.** Seu peso diminuiria se você atravessasse um túnel em uma estrela, devido ao cancelamento das atrações gravitacionais sob a superfície. A matéria acima a puxa também, contrapondo o efeito da matéria abaixo, o que causa uma redução na força gravitacional resultante (o seu peso). Se você se colocar sobre uma estrela que encolhe, não há massa "acima" para puxá-lo, e seu peso aumenta. **115.** Deixe a equação da força gravitacional guiar o seu pensamento. Sua posição e o CG da Terra não variam, assim como a distância r e a massa m. Assim, seu peso não variaria. **117.** O equívoco está em não diferenciar entre uma teoria e uma hipótese ou conjectura. Uma teoria, como a teoria da gravitação universal, é uma síntese de um grande corpo de informações, englobando hipóteses bem testadas e verificadas acerca da natureza.

Capítulo 10

Questões de revisão

1. Um projétil é qualquer objeto arremessado por qualquer meio e que continua se movendo por sua própria inércia. **3.** Sem resistência do ar, o componente horizontal de velocidade se mantém constante, tanto durante a subida quanto na descida. **5.** Em 1 s, cai 5 m abaixo da linha; em 2 s, 20 m abaixo. **7.** Um ângulo de 75° produziria o mesmo alcance, de acordo com a Figura 10.11. **9.** A trajetória de um projétil que desloca-se horizontalmente a 8 km/s corresponde à curvatura da Terra. **11.** Um satélite deve permanecer acima da atmosfera porque, dessa maneira, a resistência do ar não somente o desaceleraria, mas o queimaria devido à sua alta velocidade, o que o satélite precisa evitar. **13.** A rapidez não varia quando não existe um componente da força gravitacional na direção de seu movimento. **15.** Em altitudes maiores, o período de satélites é maior do que 90 minutos. **17.** Um satélite tem velocidade maior quanto mais próximo da Terra orbitar. Ele tem velocidade menor quanto mais afastado estiver. **19.** Kepler descobriu que o quadrado do período era proporcional ao cubo da distância radial. **21.** A E_C é constante porque nenhum trabalho é realizado sobre o satélite. **23.** Sim. A velocidade de escape pode ser menor do que 11,2 km/s se a velocidade for *sustentada*. **25.** Não. Por maior que seja a distância, a gravidade da Terra, e de tudo mais, estende-se infinitamente, mesmo quando for desprezivelmente minúscula.

Pense e faça

27. A física trata das conexões na natureza.

Pense e resolva

29. (a) De $y = 5t^2 = 5(30)^2 = 4.500$ m, ou a 4,5 km de altura, (4,4 km se usarmos $g = 9,8$ m/s^2). (b) Em 30 segundos; $d = vt = 280$ m/s × 30 s = 8.400 m. (c) O motor se encontra diretamente abaixo do aeroplano — com a resistência do ar, a menos de 8.400 metros horizontais, ele aterrissa atrás do avião. **31.** No topo de sua trajetória, o componente vertical de velocidade é zero, restando só o componente horizontal. Este, no topo ou em qualquer lugar ao longo de sua trajetória, é o mesmo componente horizontal inicial, de 100 m/s, assim é o que a bola atinge o balão a 100 m/s. **33.** Energia total = 5.000 MJ + 4.500 MJ = 9.500 MJ. Subtraia 6.000 MJ e E_C = 3.500 MJ. **35.** (a) A rapidez horizontal é a distância horizontal percorrida no tempo t. O tempo t da bola em voo equivale a soltá-la do repouso de uma distância vertical y em relação ao topo da rede. No ponto mais alto da trajetória, o componente vertical da velocidade é zero. (b) Assim, $v = d/\sqrt{(2y/g)} = 12,0$ m/$\sqrt{[2(1,00 \text{ m})/10 \text{ m/s}^2]} = 26,8$ m/s ≈ 27 m/s. (c) Observe que a massa da bola não aparece na equação, de modo que a massa é irrelevante.

Pense e ordene

37. (a) A = B = C; (b) A = B = C; (c) A = B = C; (d) B, A, C. **39.** (a) A, B, C, D; (b) A, B, C, D; (c) A, B, C, D; (d) A, B, C, D; (e) D, C, B, A; (f) A = B = C = D; (g) A, B, C, D.

Pense e explique

41. Sim. Ela colidirá com uma velocidade mais elevada no mesmo tempo, pois o componente horizontal (mas não o vertical) do movimento é maior. **43.** O caixote não colidirá com o Corvette, mas cairá a certa distância além daquela determinada pela altura e pela velocidade da pista. **45.** (a) As trajetórias são parabólicas. (b) As trajetórias seriam retilíneas. **47.** A velocidade mínima ocorre no topo, onde seu valor é igual ao do componente horizontal em qualquer ponto do caminho. **49.** Ambas as bolas atingem o mesmo alcance (Figura 10.11). A bola com um ângulo de lançamento de 30°, entretanto, ficará no ar por um tempo mais curto e colidirá primeiro com o chão. **51.** Não, duas vezes ⅔ de segundo é igual a 4/3 s = 1,33 segundos, o que seria um recorde mundial. O tempo de voo para um salto de 1,2 m seria duas vezes = 2(0,49 s) = 0,99 s, muito impressionante. Observe que altura ~ tempo ao quadrado, não tempo. **53.** As leis de Kepler aplicam-se a corpos que orbitam a Terra e qualquer outro corpo, não apenas aos planetas que orbitam o Sol. **55.** Sim, o satélite sofre aceleração centrípeta. A aceleração é direcionada ao centro da Terra. **57.** Um satélite está em estado de queda livre. No cálculo da rapidez e da força, as massas se cancelam. Objetos de todas as massas movem-se da mesma forma em queda livre e em órbita. O Sputnik era um corpo em queda livre sustentada, como são todos os satélites. **59.** A gravitação fornece a força centrípeta para os satélites. **61.** Ao desacelerar, ele cai em espiral em direção à Terra e, no processo, tem um componente de força gravitacional na sua direção de movimento que faz com que sua rapidez aumente. Quando desacelera e cai em espiral em direção à Terra, há um componente de força gravitacional que realiza trabalho, aumentando a E_C do satélite. **63.** Sim, um satélite não precisa estar acima da superfície do corpo orbitante. Ele poderia orbitar a qualquer distância do centro de massa da Terra. Sua rapidez orbital seria menor, pois a massa efetiva da Terra seria uma fração da massa abaixo do raio do túnel. Assim, curiosamente, um satélite em órbita circular tem sua rapidez máxima próximo à superfície da Terra, e esta diminui quando as distâncias aumentam *e* quando diminuem. **65.** Em uma órbita circular, não há um componente de força na mesma direção do movimento do satélite, então não é realizado trabalho. Em uma órbita elíptica, há sempre um componente de força na mesma direção do movimento do satélite (exceto no apogeu e no perigeu), então é realizado trabalho sobre o satélite. **67.** O período de qualquer satélite à mesma distância da Terra que a Lua seria igual ao da Lua, 27,3 dias. **69.** Os satélites de comunicação apenas parecem estar imóveis porque seu período orbital coincide com a rotação diária da Terra. Eles estão em órbita geossíncrona. **71.** O período dos satélites mais distantes da Terra é maior. **73.** Um objeto poderia "cair" se fosse disparado diretamente para trás com a mesma rapidez que a ISS. Assim, sua rapidez em relação à Terra seria zero e ele cairia diretamente para baixo. **75.** A velocidade tangencial da Terra em torno do Sol vale 30 km/s. Se um foguete transportando lixo radioativo fosse disparado a 30 km/s em sentido oposto ao do movimento orbital da Terra em torno do Sol, ele não teria velocidade tangencial em relação ao Sol. Ele simplesmente cairia em direção ao Sol. **77.** Como a gravidade na superfície da Lua é muito menor do que na da Terra, é preciso menos impulso e menos combustível para atingir a rapidez de escape da Lua. **79.** A gravitação pode "parecer" se cancelar, mas isso não acontece. O avião está simplesmente em estado de queda livre, e seus ocupantes não sentem qualquer força de apoio. A ausência da força de apoio significa que não há sensação de peso. **81.** Satélites experimentam a maior força gravitacional em A, onde se encontram mais próximos da Terra, local denominado perigeu. Eles têm rapidez e velocidade máximas em A e, pela mesma razão, têm *momentum* e energia cinética máximas em A. Eles têm energias potenciais gravitacionais máximas no ponto mais afastado C. Ainda, têm a mesma energia total ($E_C + E_p$) em todos os lugares de suas órbitas, assim como o mesmo *momentum* angular, pois são grandezas conservadas. Por fim, têm aceleração máxima em A, onde F/m é maior. **83.** A aceleração é máxima onde a força gravitacional é máxima, que é quando a Terra está mais próxima do Sol, em seu perigeu. No apogeu, a força e a aceleração são mínimas.

Pense e discuta

85. Considere o "canhão de Newton" disparado de uma montanha alta em Júpiter. Para corresponder à curvatura mais larga de Júpiter, um planeta muito maior, e lidar com a maior atração gravitacional do planeta, a bala de canhão precisaria ser disparada com rapidez significativamente maior (a rapidez orbital em torno de Júpiter é cerca de 5 vezes maior do que a da Terra). **87.** O Havaí está mais próximo do equador, então tem maior rapidez tangencial em torno do eixo polar. Essa rapidez poderia ser adicionada à rapidez de lançamento de um satélite, o que economizaria combustível. Do ponto de vista da Estrela Polar, o Havaí está mais próximo da borda do "disco Terra" do que outros locais nos Estados Unidos. **89.** Para o mesmo valor de g, uma queda vertical de 20 m demora 2 segundos. Assim, um satélite em um planeta com uma queda de 2 segundos para cada segmento de 8 km tem uma rapidez orbital de 8 km/2 s = 4 km/s. **91.** Na descendente, um satélite encontra a atmosfera quase à rapidez orbital. Na ascendente, sua rapidez através do ar é consideravelmente menor, atingindo rapidez orbital muito acima da região de resistência aerodinâmica. **93.** A lei do inverso do quadrado da gravidade mostra que a gravidade a meros 100 km de altura é quase tão forte quanto na superfície terrestre. A gravidade é um fenômeno que segue a lei do inverso do quadrado e não tem relação alguma com estar ou não acima da atmosfera. Além disso, ainda há alguma atmosfera, ainda que muito rarefeita, a mais de 100 km de altitude. **95.** A metade do satélite que entra em repouso cai verticalmente em direção à Terra. A outra metade, de acordo com a conservação do *momentum* linear, terá o dobro da velocidade original do satélite e se afastará mais da Terra (na verdade, será rápida o suficiente para escapar do planeta e lançar-se no espaço). **97.** De acordo com a relação trabalho-energia, $Fd = \Delta E_C$, para um impulso constante F, a variação máxima na E_C ocorrerá quando d for máxima. O foguete se deslocará a maior distância d durante o breve período em que estiver movendo-se com maior rapidez — no perigeu.

Capítulo 11

Questões de revisão

1. John Dalton ressuscitou a ideia de átomos. **3.** Albert Einstein explicou o movimento browniano. **5.** A maioria dos átomos ao nosso redor são mais antigos do que o Sol. **7.** Um microscópio eletrônico de varredura permite que enxerguemos os átomos indiretamente. **9.** Na ciência, um modelo é um passo na direção de aprimorar o entendimento sobre um assunto e criar modelos mais precisos. **11.** O termo núcleon se refere a um próton ou a um nêutron. **13.** O hidrogênio é o elemento mais abundante. **15.** Os elementos mais pesados se originaram de supernovas. **17.** O número atômico de um elemento e o número de prótons são iguais. **19.** A tabela periódica dos elementos tem 7 períodos e 18 grupos. **21.** Os átomos mais pesados não são muito maiores por causa da maior atração elétrica pela carga do núcleo. **23.** O número de massa é o número de núcleons em um isótopo. A massa atômica é a massa total de um átomo, dada em unidades de massa atômica (u). Um composto é um material feito pela união de átomos diferentes, como NaCL e H_2O. **25.** A energia é a mesma: a energia de separação se iguala à de recombinação. **27.** Uma mistura é uma substância misturada, sem ligação química – por exemplo, areia e sal, ou ar. **29.** Quando matéria encontra antimatéria, massas iguais de ambas se aniquilam.

Pense e faça

31. Sim. A vela queimará por um tempo duas vezes maior porque existe duas vezes mais oxigênio na garrafa duas vezes maior. **33.** Diga aos seus avós que os átomos que compõem seus corpos existem desde antes da formação do Sol e continuarão a existir depois que o Sol se for.

Pense e ordene

35. c, b, a. **37.** b, a, d, c.

Pense e explique

39. O modelo de camadas do átomo não é uma versão ampliada de um átomo, mas uma representação das suas propriedades. **41.** A repulsão elétrica impede que os átomos se unam e nos impede de cair através do chão. **43.** Em uma molécula de água, H_2O, existem três átomos, dois de hidrogênio e um de oxigênio. **45.** A água não é um elemento, mas um composto de moléculas feitas dos átomos dos elementos hidrogênio e oxigênio. **47.** Três elementos diferentes contribuem para H_2SO_4. O número de átomos é sete. **49.** Concorde parcialmente. É melhor dizer que um elemento é definido pelo número de prótons no núcleo. O número de prótons e elétrons é igual apenas quando o elemento não está ionizado. **51.** O átomo de ferro eletricamente neutro tem tantos elétrons quanto prótons: 26. **53.** (a) Carbono. (b) Chumbo. (c) Radônio. **55.** Os outros gases inertes são neônio, argônio, criptônio, xenônio e radônio. **57.** O germânio tem propriedades semelhantes às do Si, estando diretamente abaixo dele na mesma coluna da tabela periódica dos elementos. **59.** Deixe a fórmula $E_C = \frac{1}{2}mv^2$ guiar seu raciocínio. Para a mesma rapidez, o átomo com massa maior tem mais E_C. O carbono de maior massa tem, então, E_C maior do que o hidrogênio para a mesma rapidez. **61.** Exercício aberto.

Pense e discuta

63. Os átomos de carbono que compõem o cabelo de Leslie, filha do autor, e de tudo mais que existe no mundo, foram fabricados em supernovas bilhões de anos atrás. **65.** A árvore ganha peso porque sua fonte primária de massa (carbono, oxigênio e hidrogênio) vem diretamente do ar, não da água ou dos nutrientes que absorve através das suas raízes. **67.** O corpo não teria cheiro se todas as suas moléculas permanecessem nele. Um corpo tem odor somente se algumas de suas moléculas entrarem em um nariz. **69.** Sim, o núcleo é composto de unidades ainda menores, partículas subatômicas como o próton e o nêutron; estas, por sua vez, são compostas de entidades ainda menores, chamadas de *quarks*. **71.** Como cada átomo contém múltiplos elétrons, haverá mais elétrons na bola de beisebol do que bolas de pingue-pongue dentro da Terra. **73.** Uma vez que os átomos de alumínio têm menor massa do que os de chumbo, existem mais átomos de alumínio do que de chumbo em uma amostra de 1 kg. **75.** Os nêutrons não têm carga elétrica, logo têm maior probabilidade de atravessar o tecido. **77.** Cada vez que respira, é altamente provável que você inale um dos átomos exalados em sua primeira respiração. O motivo é que o número de átomos no ar dentro de seus pulmões é mais ou menos igual ao número de respirações na atmosfera do mundo. **79.** A quantidade de matéria que uma determinada quantidade de antimatéria aniquilaria é igual à quantidade de antimatéria, com uma dupla de partículas de cada vez. Só seria possível aniquilar o mundo todo com antimatéria se a massa desta fosse, no mínimo, igual à massa do mundo.

Capítulo 12

Questões de revisão

1. Em uma substância cristalina, os átomos estão ordenados; em substâncias não cristalinas, estão distribuídos aleatoriamente. **3.** Um material amorfo é aquele no qual os átomos e as moléculas têm orientação aleatória. **5.** As massas específicas são idênticas. **7.** A água tem massa específica de 1 g/cm³ e peso específico normal de 9,8 N/cm³. **9.** Um punhado de massa de pão é inelástico por permanecer deformado depois que a força deformante é removida. **11.** A lei de Hooke se aplica a compressões e distensões de molas. **13.** O esticamento será 3 vezes maior, ou de 6 cm. **15.** A tensão é a "distensão" de uma substância quando força é aplicada; a compressão é quando a aplicação de uma força aperta uma substância. **17.** Vigas em "I" têm material removido onde a resistência não é necessária, o que as torna mais leves, sem perda significativa de resistência. **19.** Como lajes de rochas horizontais e compridas quebram quando sustentam cargas, as colunas verticais reduzem os comprimentos das lajes. **21.** Não é necessário cimento porque as forças de compressão mantêm a catenária invertida unida. **23.** A resistência do braço de uma pessoa depende da área da seção transversal. **25.** A área superficial aumenta por quatro, e o volume cresce oito vezes. **27.** Um elefante tem mais pele do que um camundongo, mas menos pele por unidade de peso corporal. **29.** O ditado é uma consequência de uma razão área superficial por volume pequena.

Pense e faça

31. Flocos de neve derretem rápido, então preste atenção! **33.** Você é ligeiramente mais alto quando deitado. Quando está de pé, a sua espinha dorsal é comprimida. **35.** A pressão diminui quando a área pressionada aumenta. Mais ovos significa menos pressão e, logo, menos quebras. Nesse caso, a catenária entra em jogo com a sua maior resistência.

Pense e resolva

37. De acordo com a relação massa específica = m/V, massa do alumínio = massa específica $\times V$ = 2,7 g/cm³ $\times$ 10 cm $\times$ 10 cm $\times$ 10 cm = 2.700 gramas. Para o ouro, 19,3 g/cm³ $\times$ 10 cm $\times$ 10 cm $\times$ 10 cm = 19.300 gramas. **39.** 60 N é duas vezes 30 N, então a mola se distenderá duas vezes mais: 12 cm. **41.** (a) Oito cubos menores (ver Figura 12.16). (b) Cada face do cubo original tem área de 4 cm². Como há seis faces, então a área total é de 24 cm². Cada um dos cubos menores tem área de 6 cm² e há oito cubos, então a área superficial total é de 48 cm², ou seja, duas vezes maior. (c) A razão entre superfície e volume do cubo original é de 24 cm²/8 cm³ = 3 cm⁻¹. Para o conjunto de cubos menores, é de 48 cm²/8 cm³ = 6 cm⁻¹, duas vezes maior.

Pense e ordene

43. c, a, b.

Pense e explique

45. As ligações atômicas nos gizes de cera são fracas. **47.** Discorde, pois é o arranjo dos átomos e das moléculas que diferencia um sólido de um líquido. **49.** O silício no vidro é amorfo, mas cristalino nos semicondutores. O silício na areia, que é como o vidro é produzido, está ligado ao oxigênio no dióxido de silício, mas é elemental nos semicondutores e extremamente puro. É por isso que as suas propriedades físicas são diferentes. **51.** A densidade do ar diminui à medida que o volume do balão aumenta. **53.** A densidade da água diminui quando se transforma em gelo, pois seu volume aumenta. **55.** Um quilograma de alumínio tem volume maior, pois é menos denso. **57.** Para começar, solte uma bola de aço em uma bigorna de aço. Ela quica! **59.** Todas as partes da mola esticariam proporcionalmente mais. Por exemplo, com o dobro da carga, todos os segmentos da mola ficariam duas vezes mais distantes. **61.** Caso 1: tensão na parte de cima e compressão na de baixo. Caso 2: compressão na parte de cima e tensão na de baixo. **63.** Uma viga horizontal com seção transversal em "I" é mais forte quando a alma é vertical, pois a maior parte do material está onde precisa para maximizar a resistência: nas bordas superior e inferior. **65.** Assim como em uma represa, as tampas devem ser côncavas. Assim, a pressão do vinho no interior do barril produz compressão nas tampas, o que fortalece o barril em vez de enfraquecê-lo. Se as tampas são convexas, a pressão do vinho no interior produz tensão, o que tende a separar as tábuas que compõem as tampas. **67.** As catenárias compõem os arcos das pontas de um ovo. Pressioná-las fortalece o ovo. Quando pressionamos o ovo pelas laterais, que não constituem uma forma de catenária, ele se espalha facilmente sob pressão e quebra. **69.** Não, as barras de aço não seriam necessárias se o arco fosse uma versão invertida de uma corrente arqueada. Por quê? Porque a compressão das pedras no desenho semicircular apertam para fora. A compressão no desenho de corrente pendente (catenária) é sempre paralela ao arco. **71.** Os gravetos têm maior área superficial por massa, o que significa que a maior parte da sua massa está bastante próxima à superfície e se aquece rapidamente de todos os lados até atingir a sua temperatura de ignição. Galhos grandes e troncos demoram mais para atingir a temperatura de ignição. **73.** Mais calor é perdido pela casa de formato tortuoso devido à maior área da superfície. **75.** Para um determinado volume, uma esfera tem menos área de superfície que qualquer outra forma geométrica. Uma estrutura em domo também tem área de superfície por volume menor do que desenhos em bloco convencionais. Menor superfície exposta ao clima = menos perda de calor. **77.** A área superficial do gelo picado é maior, o que cria uma superfície de fusão maior para o que está ao seu redor. **79.** A ferrugem é um fenômeno superficial. Para uma determinada massa, varetas de ferro finas apresentam área de superfície maior para o ar do que pilastras de ferro grossas. **81.** O hambúrguer mais largo e mais fino tem área de superfície maior para o mesmo volume. Quanto maior for a área de superfície, maior será a transferência de calor do fogão para a carne. **83.** A maior quantidade de área irradiante de um cão significa que ele irradia mais energia, logo exige uma ingestão diária de alimentos proporcionalmente maior. **85.** Animais pequenos irradiam mais energia por peso corporal, então o fluxo sanguíneo é proporcionalmente maior e seu coração bate mais rápido. **87.** As células de todas as criaturas têm basicamente o mesmo limite superior de tamanho, determinado pela relação entre a área superficial e o volume. A nutrição de todas as células ocorre através da superfície por osmose. À medida que crescem, as células precisam de mais nutrientes, mas o aumento proporcional da área da superfície não acompanha o aumento da massa. Para superar esse problema, a célula se divide em duas. O processo se repete, e é assim que surgem as baleias, os camundongos e nós, os seres humanos.

Pense e discuta
89. O ferro é mais denso que a cortiça, mas não necessariamente mais pesado. Uma rolha comum, de uma garrafa de vinho, por exemplo, é mais pesada do que uma tachinha de ferro, mas não seria se ambas tivessem o mesmo volume. **91.** Não, a resistência da corda envolve a sua espessura, não seu comprimento. (Lembre-se do velho ditado: uma corrente é tão forte quanto o mais fraco de seus elos – a resistência da corrente tem a ver com a grossura de seus elos, não com o comprimento total da própria corrente.) **93.** A tensão ocorre na corrente; a compressão, no arco. Os vetores vermelhos no topo de cada arco representam a compressão, enquanto os vetores vermelhos na parte inferior da corrente representam vetores de tensão. **95.** Bolinhos de xícara têm maior área superficial por ingrediente do que bolos de forma, então há mais área exposta ao calor do que para assar os bolinhos. **97.** Uma criança precisa beber mais por ter maior área superficial por volume e, por isso, perde desproporcionalmente mais água para o ar. **99.** A força varia em proporção aproximada à área transversal dos braços e das pernas (proporcional ao quadrado das dimensões lineares). O peso varia em proporção ao volume do corpo (proporcional ao cubo da dimensão linear). Assim, com todo o resto sendo igual, a razão entre força e peso é maior para pessoas menores.

Capítulo 13

Questões de revisão
1. A pressão sobre o piso é o dobro quando você fica sobre um pé só. **3.** A pressão sobre o fundo se deve ao peso da água acima (e à pressão total mais o peso da atmosfera). **5.** As pressões são as mesmas a profundidades iguais. **7.** A força de empuxo atua de baixo para cima porque existe mais força abaixo de um objeto, devido ao fato de que a pressão é maior a profundidades maiores. **9.** Ambos os volumes são iguais. **11.** Um corpo submerso está completamente imerso sob a superfície. **13.** O volume da água deslocada será 1/2 L. A força de empuxo será 5 N. **15.** Quando um objeto flutua, sua força de empuxo é igual ao seu peso. **17.** Afunda; flutua; nem afunda, nem flutua. **19.** Não é uma contradição porque, no caso em que flutua, a força de empuxo se iguala à soma dos pesos do objeto e da água deslocada. **21.** Se a pressão em uma parte aumenta, o mesmo aumento de pressão é transmitido para todas as partes. **23.** Para um dado volume, uma esfera tem a menor área superficial. **25.** Adesão é a atração entre substâncias diferentes; coesão é a atração entre substâncias idênticas.

Pense e faça
27. Um ovo é mais denso do que água doce, mas menos denso do que água salgada. Logo, o ovo flutua na água salgada, mas afunda na água doce. **29.** A bola molhada é puxada pela tensão superficial abaixo da superfície quando o sistema está em imponderabilidade (caindo). Quando a lata colide, a bola submersa, que é muito mais leve do que a água que ela desloca, salta com força para fora da água por causa da maior força de empuxo. **31.** Os grãos de pimenta flutuam devido à tensão superficial. Quando essa tensão diminui com a adição de sabão, o grão afunda. Intrigante!

Pegue e use
33. Pressão = 100 N/0,25 m² = 400 N/m².
35. Pressão = peso específico × profundidade = 10.000 N/m³ × 50 m = 500.000 N/m² = 500.000 Pa = 500 kPa.

Pense e resolva
37. Pressão = peso específico × profundidade = 10.000 N/m³ × 1 m = 10.000 N/m² = 10 kPa. **39.** Pressão adicional = peso específico × profundidade = 10.000 N/m³ × 20 m = 200.000 N/m² = 200 kPa. **41.** A densidade humana é aproximadamente de mesmo valor do que a da água, 1.000 kg/m³. A partir da relação densidade = m/V, V = m/densidade = 100 kg/1.000 kg/m³ = 0,1 m³. **43.** Pela Tabela 12.1, a densidade do ouro é 19,3 g/cm³. Seu ouro tem uma massa de 1.000 g, de modo que (1.000 g)/V = 19,3 g/cm³. Isolando V, obtemos V = 1.000 g/19,3 g/cm³ = 51,8 cm³.

Pense e ordene
45. c, a, b.   **47.** a, b, c.

Pense e explique
49. Uma faca afiada corta melhor do que uma cega porque a sua área de corte é mais fina, o que resulta em maior pressão de corte para uma mesma força. **51.** Uma mulher de salto alto exerce significativamente mais pressão no solo do que um elefante! Uma mulher de 500 N com salto de 1 cm² coloca metade do peso sobre cada pé, sendo (digamos) metade na sola e metade no salto. Assim, a pressão exercida por cada salto será de 125 N/1 cm² = 125 N/cm². Um elefante de 50.000 N com pés de 1.000 cm² exerce ¼ do seu peso sobre cada pé, produzindo 125.000 N/1.000 cm² = 12,5 N/cm², pressão cerca de 10 vezes menor (assim, uma mulher de salto alto deixa marcas maiores em um piso de madeira macia do que um elefante). **53.** Seu antebraço está no mesmo nível que o seu coração, então a pressão arterial nele será a mesma que a pressão arterial no coração. **55.** Não, em órbita, onde o suporte está ausente, não há diferenças de pressão causadas pela gravidade. **57.** (a) O reservatório é elevado a fim de produzir a pressão da água adequada nas torneiras que ele abastece. (b) No fundo os aros são mais próximos uns dos outros por causa da pressão da água maior naquela parte. Mais próximo ao topo, a pressão da água não é tão grande, de modo que é necessário um reforço menor. **59.** Um bloco de alumínio de 1 quilograma é maior do que um bloco de chumbo de 1 quilograma. O alumínio, portanto, desloca mais água. **61.** Os pesos serão iguais apenas se o objeto submerso tiver a mesma densidade que a água no qual é submergido. **63.** A água acaba encontrando seu nível apropriado em consequência do fato de a pressão depender da profundidade. No tubo dobrado em U, por exemplo, a água em um dos lados do tubo tende a empurrar para cima a água que se encontra no outro lado do tubo, até que as pressões a alturas iguais nos dois tubos sejam iguais. Se os níveis de água forem diferentes, haverá uma pressão maior em um dado nível no tubo mais cheio, o que fará a água se mover até que os níveis sejam iguais. **65.** A água salgada é mais densa do que a água doce, o que significa que você "afunda" menos quando desloca seu peso. Você flutuaria ainda mais no mercúrio (densidade 13,6 g/cm³) e afundaria completamente no álcool (densidade 0,8 g/cm³). **67.** A lata de refrigerante *diet* é menos densa do que a água pura, enquanto a lata de refrigerante normal é mais densa do que a água (água com açúcar dissolvido é mais densa do que água pura). Além disso, o peso da lata de refrigerante *diet* é menor do que a força de empuxo que atuaria nela se fosse totalmente submersa. Assim, ela flutua onde a força de empuxo é igual ao peso da lata. **69.** As cadeias de montanhas são bastante semelhantes aos *icebergs*:

ambos flutuam em um meio mais denso e estendem-se mais para dentro desse meio do que acima deles. As montanhas, assim como os *icebergs*, são maiores do que parecem. O conceito das montanhas flutuantes é a *isostasia*, o princípio de Arquimedes para as rochas derretidas. **71.** A força necessária será o peso de 1 L de água, igual a 9,8 N. Se o peso do caixote de papelão não for desprezível, a força necessária será 9,8 N menos o peso do caixote, pois este estaria "ajudando" a se puxar para baixo. **73.** A força de empuxo sobre a bola abaixo da superfície é muito maior do que a força da gravidade sobre a bola, o que produz uma grande força resultante para cima e uma alta aceleração. **75.** Durante a flutuação, a força de empuxo é igual ao peso do submarino. Quando está submerso, a força de empuxo é igual ao peso do submarino mais o peso da água nos tanques de lastro. Assim, o submarino submerso desloca um peso de água maior do que quando está flutuando. **77.** A força de empuxo sobre a nadadora diminuirá à medida que afundar. O motivo é que o seu corpo, ao contrário da rocha no exercício anterior, será comprimido pela maior pressão a grandes profundidades. **79.** A força de empuxo realmente não muda. A força de empuxo sobre um objeto flutuante é sempre igual ao peso dele, não importa qual seja o fluido. **81.** Cubos de gelo flutuam mais baixo em uma bebida diluída, pois a mistura de álcool e água é menos densa do que a água pura. Em um líquido menos denso, um volume maior de líquido deve ser deslocado para igualar-se ao peso do gelo que flutua. No álcool puro, um cubo de gelo afunda. Cubos de gelo submersos em um coquetel indicam que ele contém uma alta porcentagem de álcool. **83.** O peso total na balança será o mesmo em ambos os casos, então a marcação será a mesma se o bloco de madeira estiver no lado de fora ou se estiver flutuando no *becker*. O mesmo vale para um bloco de ferro, para o qual a balança mostra o peso total do sistema. **85.** As gôndolas pesam o mesmo porque estão cheias até a borda. Seja qual for o peso de um barco flutuante, esse mesmo peso, em água, será deslocado quando ele entrar na gôndola. **87.** Se a água não vazar, a marcação da balança aumentará pelo peso do peixe. Entretanto, se o aquário estiver cheio até a borda, de modo que um volume maior de água igual ao do peixe vaze pela borda, a marcação não mudará. Nós consideramos corretamente que o peixe e a água têm a mesma densidade. **89.** Devido à tensão superficial que tende a minimizar a superfície de uma bolha de água, sua forma na ausência da gravidade ou de outras forças que causam distorções será esférica – aquela com a menor área superficial para um dado volume. **91.** Parte do aumento de pressão que você produz em um lugar qualquer da água é transmitida até os crocodilos famintos via princípio de Pascal. Essa elevação, mesmo sendo muito pequena, é acompanhada de um correspondente ligeiro aumento da pressão no fundo da piscina e constitui um convite aos crocodilos. **93.** Na Figura 13.23, o aumento de pressão no reservatório resulta da força exercida estar distribuída sobre a área inteira do pistão de entrada. Esse aumento de pressão é transmitido ao pistão de saída. Na Figura 13.22, entretanto, o aumento de pressão é produzido pela bomba mecânica, que nada tem a ver com a área da interface fluida entre o ar comprimido e o líquido. Muitos dispositivos hidráulicos têm um único pistão sobre o qual se exerce pressão. **95.** Um clipe mais pesado empurraria com mais força para dentro da superfície da água, suplantando a pequena força de tensão superficial, o que não aconteceria com um clipe mais leve. **97.** A água molha mais o seu dedo. Devido à maior tensão superficial do mercúrio, seu dedo não se molha.

Pense e discuta
99. A água não pode ser mais profunda do que os bicos, que estão à mesma altura, então ambos os bules contêm a mesma quantidade de líquido. **101.** É uma ilustração radical de como a pressão da água depende da profundidade, diretamente relacionada à questão Pense e resolva 38. **103.** Usar uma mangueira de jardim cheia com água como indicador de elevação é um exemplo prático da água buscando por si mesma o nível correto. O nível de elevação da superfície da água será o mesmo nas duas extremidades da mangueira à mesma elevação acima do nível do mar. **105.** Assim como um balão submerso expande-se enquanto sobe das profundezas, o mesmo acontece com a expansão dos pulmões do mergulhador. É melhor que o mergulhador expire enquanto sobe para não romper os tecidos dos pulmões. **107.** Quando o navio está vazio, seu peso é menor e ele desloca menos água, por isso flutua mais. Enchê-lo de carga de qualquer tipo aumentará seu peso e fará com que flutue mais baixo. **109.** Quando você sopra o ar dos seus pulmões, como um balão que murcha, o volume da sua caixa torácica diminui, o que significa que a força de empuxo exercida sobre você diminui. Seu movimento é dirigido para baixo, então você afunda! **111.** Pelo mesmo motivo que, no exercício anterior, o nível da água cai. **113.** Como ambos têm o mesmo tamanho, deslocarão a mesma quantidade de água quando submersos e sofrerão forças de empuxo iguais. A eficácia é outra história. A força de empuxo exercida sobre o colete pesado cheio de areia é muito menor do que o seu peso. Se vesti-lo, vai afundar. A mesma quantidade de força de empuxo exercida sobre o colete de isopor, mais leve, é maior do que o seu peso, então vai ajudá-lo a boiar. A quantidade de força e a eficácia da força são coisas diferentes. **115.** Um corpo flutuante desloca o seu próprio peso em água, seja qual for a água! Assim, a força de empuxo sobre Greta é a mesma de quando ela flutua em água doce. O que muda é o volume de água deslocado nos dois casos. **117.** Se o campo gravitacional da Terra aumentasse, a água e o peixe aumentariam de peso e de peso específico pelo mesmo fator, então o peixe permaneceria no nível anterior.

Capítulo 14

Questões de revisão
1. O Sol é a fonte de energia para o movimento dos gases na atmosfera. A gravidade terrestre puxa as moléculas de ar para baixo, impedindo a maioria delas de escapar para o espaço. **3.** A pressão atmosférica é produzida pelo peso do ar. **5.** A massa aproximada é de 1 kg, com peso de 10 N. **7.** As duas pressões são iguais. **9.** Teria de ser mais alto porque a água é 1/13,6 menos densa. **11.** Sim. Nesse caso, a pressão percebida por um barômetro aneroide é calibrada em altitude. **13.** A pressão dobra de valor quando o volume é reduzido à metade. **15.** (a) FE igual a 1 N. (b) Se a FE diminui, o balão desce. (c) Se a FE aumenta, o balão sobe. **17.** Os balões se expandiriam e provavelmente se romperiam com a maior altitude se fossem totalmente inflados. **19.** Onde as linhas de corrente estão mais próximas, a pressão é menor. **21.** O princípio de Bernoulli trata de pressões internas; as pressões que fluidos exercem sobre objetos envolvendo variações abruptas no *momentum* do fluido não envolvem esse princípio. A distinção pode esclarecer diversas confusões. **23.** O fluido é empurrado para cima pela pressão da atmosfera sobre sua superfície. **25.** Os exemplos incluem os sinais luminosos de neônio, as lâmpadas fluorescentes e os monitores.

Pense e faça
27. As mudanças são especialmente evidentes com grandes diferenças de altitude. **29.** As pressões deveriam ser aproximadamente iguais. As paredes rígidas do pneu impedem que os cálculos da pressão sejam mais precisos. O valor calculado, portanto, deveria ser um pouco maior. **31.** Você teria de ter uma coluna de 10,3 m de altura para gerar a mesma pressão que uma coluna de 76 cm de altura. **33.** O gorgolejo se deve à entrada de ar na garrafa. Isso não ocorreria se o mesmo fosse tentado na Lua, onde não existe atmosfera. **35.** Quando seu dedo tapa o topo do canudinho cheio com água, a pressão atmosférica deixa de atuar na parte superior da água, a qual é facilmente sustentada. Quando você retira o dedo, a água escorre pelo fundo. **37.** A pressão da água é menor na parte que flui sobre a curva de uma colher, resultando na aproximação da corrente d´água em relação à colher, em vez de seu afastamento.

Pense e resolva
39. Para erguer efetivamente (0,25)(80 kg) = 20 kg, a massa de ar deslocado deveria ser de 20 kg. A densidade do ar é de aproximadamente 1,2 kg/m³. Da relação densidade = massa/volume, o volume de 20 kg de ar, igual também ao volume do balão (desprezando o peso do hidrogênio), seria: volume = massa/densidade = (20 kg)/(1,2 kg/m³) = 17 m³. (É claro, quando a altitude aumenta, o hélio do balão se expande, deslocando um grande volume de ar, mas é um ar mais rarefeito, pois a atmosfera também se torna menos densa.) **41.** De acordo com a relação P = F/A; F = PA = (0,04)(10⁵ n/m²)(100 m²) = 4 × 10⁵ N. **43.** A razão altura atmosférica/Terra é 30 km/6.370 km = 0,005, o que nos fornece uma diferença de 0,5% na altura da atmosfera em relação ao raio da Terra. É muito fina!

Pense e ordene
45. a, c, b.

Pense e explique
47. O fundo de um poço é mais profundo no oceano de ar atmosférico, logo a pressão é maior do que no topo. **49.** Em elevações maiores, menos pressão atmosférica é exercida sobre o exterior da bola, o que torna a pressão relativa no seu interior maior. O resultado é uma bola mais firme. **51.** A densidade do ar em uma mina profunda é maior do que na superfície da Terra. O ar que preenche a mina adiciona peso e pressão ao fundo da mina e, de acordo com a lei de Boyle, a maior pressão em um gás significa maior densidade. **53.** Janelas de aviões são pequenas porque a diferença de pressão entre as superfícies interior e exterior resulta em forças resultantes grandes diretamente proporcionais à área de superfície da janela. **55.** Um aspirador de pó não funcionaria na Lua porque não há pressão atmosférica para empurrar a poeira. Um aspirador funciona na Terra porque a pressão atmosférica empurra a poeira para a região

de pressão reduzida do aparelho. **57.** Se o líquido do barômetro tivesse metade da densidade do mercúrio, então, para ter o mesmo peso, seria preciso usar uma coluna com o dobro da altura. Logo, um barômetro com esse líquido precisaria do dobro da altura de um barômetro de mercúrio padrão — cerca de 152 cm, em vez de 76 cm. **59.** O mercúrio é 13,6 vezes mais denso do que a água, então somente pode ser erguido 1/13,6 vezes a altura da água. **61.** Não seria o mesmo. Beber refrigerante por um canudinho é ligeiramente mais difícil no cume de uma montanha porque a pressão atmosférica reduzida empurra menos o refrigerante para cima. **63.** Sim, quanto mais alta a pressão, mais profundamente a água é bombeada. **65.** A força de empuxo não varia, pois o volume do balão não varia. A força de empuxo é o peso do ar deslocado e não depende do que causa o deslocamento. A sustentação resultante, no entanto, é maior, dado o menor peso do gás. **67.** De acordo com a lei de Boyle, a pressão aumentará três vezes em relação ao seu valor original. **69.** À medida que a abertura diminui, a rapidez da água ejetada aumenta, de acordo com o princípio da continuidade. **71.** A rapidez do ar sobre as superfícies das asas, necessária para o voo, é maior de frente para o vento. **73.** (a) A rapidez aumenta (então a mesma quantidade de gás pode passar pelo cano no mesmo tempo). (b) A pressão diminui (princípio de Bernoulli). (c) O espaçamento entre as linhas de corrente diminui, pois o mesmo número de linhas de corrente cabe em uma área menor. **75.** Uma área maior de asa produz uma sustentação maior, o que é importante em velocidades baixas, quando a sustentação é menor. Os *flaps* são puxados para reduzir a área em velocidades de cruzeiro, quando uma área menor é capaz de gerar uma sustentação igual ao peso da aeronave. **77.** O ar mais rarefeito em aeroportos de grandes altitudes produz menos sustentação para a aeronave. Isso significa que ela precisa de uma pista mais longa. **79.** Um desembarcadouro construído com paredes sólidas é desvantajoso para os navios que atracam ao seu lado porque as correntes de água são restritas e aceleram entre o navio e o desembarcadouro. O resultado é uma redução na pressão da água, então a pressão normal sobre o outro lado do navio força este contra o desembarcadouro. As estacas evitam esse problema, pois permitem a passagem mais livre da água entre o desembarcadouro e o navio.

Pense e discuta

81. Para começar, as duas parelhas de cavalos na demonstração dos hemisférios de Magdeburg foram usadas para criar um espetáculo. Uma única parelha e uma árvore forte teriam exercido a mesma força sobre os hemisférios. **83.** Se um elefante pisa em você, a pressão que o animal exerce se soma à pressão atmosférica que já estava sendo exercida. É a pressão adicional que o pé do elefante produz que o esmaga. **85.** Os pulmões da pessoa, como um balão inflado, são comprimidos quando submersos na água, o que comprime o ar que está dentro. O ar não poderá fluir da região de maior pressão para a outra de pressão mais baixa. O ar à pressão atmosférica não fluirá sozinho (sem uma bomba) a uma profundidade de mais de 1 m. **87.** O chumbo e as penas têm a mesma massa, mas volumes diferentes e empuxos diferentes. Assim, com menos empuxo sobre o chumbo, a massa de chumbo pesa mais do que a mesma massa de penas. **89.** A ponta que sustenta o balão perfurado inclina-se para a frente, pois a menor quantidade de ar significa que seu peso diminui. **91.** A força de empuxo sobre cada uma é a mesma, mas é muito menos eficaz para a bola de basquete, dado o seu maior peso. O empuxo é simplesmente mais óbvio sobre o balão com hélio junto ao teto. **93.** O balão cheio de hélio receberá empuxo das regiões de maior pressão para as de menor pressão e "subirá" no hábitat giratório cheio de ar. **95.** De acordo com o princípio de Bernoulli, quando um fluido adquire velocidade ao fluir através de uma região estreita, a pressão interna do fluido diminui. O ganho de velocidade, que é a causa, produz uma redução de pressão, que é o efeito. No entanto, alguém pode argumentar que uma pressão reduzida em um fluido, a causa, produz um fluxo em direção à região de pressão reduzida, o efeito.

Capítulo 15

Questões de revisão

1. A água congela a 0 °C ou 32 °F e ferve a 100 °C ou 212 °F. **3.** Apenas a energia cinética translacional determina a temperatura. **5.** São dois termos para a mesma coisa. Os físicos preferem o termo energia *interna*. **7.** Objetos quentes contêm energia térmica, não calor. Os dois *não* são sinônimos. **9.** O alimento é queimado e a energia liberada é medida. **11.** A energia necessária é 4,19 J. **13.** Uma substância que se aquece rapidamente tem um baixo calor específico. **15.** O ar acima da água que esfria se aquece. **17.** Se as taxas de dilatação térmica são diferentes, dentes podem rachar ou quebrar em temperaturas diferentes. **19.** Os líquidos geralmente se expandem mais para variações iguais em temperatura. **21.** O gelo é menos denso do que a água devido aos seus cristais, que têm estruturas abertas. **23.** À medida que a temperatura aumenta, a neve molhada microscópica derrete. **25.** A água pode permanecer na superfície para congelar apenas quando a água abaixo é mais densa do que a água acima.

Pense e faça

27. Esta atividade leva a física para casa! **29.** Diga a eles que o calor é a energia em trânsito, não a energia dentro de alguma coisa, que você chama de energia interna.

Pegue e use

31. $Q = cm\Delta T = (4.190 \text{ J/kg·°C})(0,30 \text{ kg})(30 \text{ °C} - 22 \text{ °C}) = 12.570 \text{ J}$.

Pense e resolva

33. (a) A quantidade de calor absorvida pela água é $Q = cm\Delta T = (1,0 \text{ cal/g·°C})(50,0 \text{ g})(50 \text{ °C} - 22 \text{ °C}) = 1.400$ cal. A um rendimento de 40%, apenas 0,4 da energia do amendoim eleva a temperatura da água, então o amendoim tem 1.400 cal/0,4 = 3.500 calorias. (b) O valor calórico de um amendoim é de 3.500 cal/0,6 g = 5,8 quilocalorias/grama = 5,8 cal/g. **35.** Elevar a temperatura de 10 kg de aço em um grau exige 10 kg (450 J/kg·°C) = 4.500 J. Elevá-la em 100 graus exige 100 vezes mais, ou seja, 450.000 J. De acordo com a fórmula $Q = cm\Delta T = (450 \text{ J/kg·°C})(10 \text{ kg})(100 \text{ °C}) = 450.000$ J. Aquecer 10 kg de água para ter a mesma variação de temperatura exige 1.000.000 calorias, que é [(1.000.000 cal)(4,18 J/cal)] = 41.800.000 J, quase dez vezes mais do que o necessário para o bloco de aço. Assim, a água tem calor específico alto. **37.** Pela equação: $\Delta L = L\alpha\Delta T = (1.300 \text{ m})(11 \times 10^{-6}/\text{°C})(20 \text{ °C}) = 0,29$ m, quase 0,3 m.

Pense e ordene

39. b, a, c. **41.** b, a, c.

Pense e explique

43. Você não poderia determinar a própria temperatura porque não haveria diferença de temperatura entre a sua mão e a sua testa. **45.** Uma vez que o grau Celsius é maior do que o grau Fahrenheit, um aumento de 1 °C é maior; ele é 9/5 maior. **47.** A Caloria é maior, equivalendo a 1.000 calorias. **49.** Uma molécula pertencente a um grama de vapor tem energia cinética consideravelmente maior, como evidenciado por sua temperatura mais alta do vapor. **51.** O mercúrio deve se dilatar mais do que o vidro. Se as taxas de dilatação fossem iguais, não haveria diferença nas marcações a temperaturas diferentes. Todas as temperaturas teriam de corresponder à mesma marcação. **53.** Quando a temperatura de um gás confinado aumenta, as moléculas se tornam mais rápidas e exercem uma pressão maior ao ricochetearem nas paredes do recipiente. **55.** No mesmo ambiente, o objeto que esfria lentamente tem maior calor específico. **57.** Menor calor específico significa um tempo menor para ocorrer variação de temperatura e um banho quente mais curto. **59.** A substância de menor calor específico, o ferro, sofre uma variação de temperatura maior. **61.** A panela e a água sofrem a mesma variação de temperatura. A água, com o seu maior calor específico, absorve mais calor. **63.** A temperatura das Bermudas, como a de qualquer ilha, é moderada pela água circundante (o calor da Corrente do Golfo também ajuda). **65.** Nos meses de inverno, quando a água está mais quente do que o ar, o ar é aquecido pela água. Nos meses de verão, quando o ar está mais quente do que a água, o ar é resfriado pela água. **67.** A areia tem baixo calor específico, como evidenciado pelas suas variações de temperatura relativamente grandes em comparação com as variações na sua energia interna. **69.** A água entre 0 e 4 °C constitui uma exceção. **71.** Quando mergulhada, a parte externa das rochas resfria, mas o interior permanece quente. Isso causa uma diferença de contração, o que fratura a rocha. **73.** A taxa de dilatação mais elevada significaria uma diferença maior no formato com temperaturas diferentes, um problema para o espelho de um telescópio. **75.** Uma chaminé sofre mais variações de temperatura do que qualquer outra parte do edifício, portanto sofre mais variações na sua dilatação e contração. **77.** O vidro fino é usado devido às variações súbitas de temperatura. Se o vidro fosse mais espesso, dilatações e contrações desiguais quebrariam o vidro com as mudanças súbitas de temperatura. **79.** 4 °C. **81.** Os átomos e as moléculas da maioria das substâncias estão mais agrupados nos sólidos do que nos líquidos, mas a água é diferente. Na fase sólida, a estrutura é espaçada, então o gelo é menos denso do que a água. Assim, o gelo flutua na água. **83.** A 0 °C, se contrairá quando aquecida um pouco; a 4 °C, se expandirá; a 6 °C, se expandirá. **85.** Lagoas teriam maior probabilidade de congelar se a água tivesse menor calor específico, pois a temperatura diminuiria mais quando a água liberasse energia; a água seria resfriada mais facilmente até o ponto de congelamento.

Pense e discuta

87. $E_C = \frac{1}{2}mv^2$. Como a massa do hidrogênio é significativamente menor que a do oxigênio, a sua rapidez deve ser proporcionalmente maior. **89.** A água dilata-se quando transforma-se em gelo. Discuta a relação entre esse fato e os buracos e rachaduras que vemos em locais frios durante o inverno. **91.** Encha o copo interno com água fria para resfriá-lo. Derrame água quente sobre o copo externo. Se o contrário fosse feito, eles ficariam ainda mais apertados (se não quebrassem). **93.** O derramamento é resultado do fato de a gasolina se expandir mais do que o tanque sólido. **95.** A pedra aquecida esfriará e a água fria se aquecerá, seja qual for a quantidade relativa de cada uma. Para uma pedra aquecida atirada no Oceano Atlântico, entretanto, a variação na temperatura do oceano seria pequena demais para ser medida. **97.** Sim, seu amigo está correto. Observe que são 10 calorias, o mesmo que 10.000 calorias. **99.** As bolas aquecidas teriam o mesmo diâmetro. Da mesma forma, um disco circular e um anel circular sofreriam o mesmo aumento de diâmetro se fossem aquecidos. **101.** A fenda no anel se alargará quando o anel for aquecido. **103.** A curva densidade *versus* temperatura pareceria o inverso vertical da curva volume *versus* temperatura. **105.** Questão aberta. Enfatiza que o calor não é uma entidade em si, como a energia, mas a energia em trânsito. O amor em alguns relacionamentos também pode ser transitório.

Capítulo 16

Questões de revisão

1. Elétrons "frouxamente ligados" movem-se rapidamente e transferem energia para outros elétrons que migram através do material. **3.** São maus condutores, o que os torna bons isolantes. **5.** O volume aumenta à medida que o ar sobe, com resfriamento correspondente. **7.** As rapidezes aumentam com a compressão. **9.** Sua mão não está no vapor, mas em um jato de vapor de água condensada que se expandiu-se e resfriou-se. **11.** Ondas de alta frequência têm comprimentos de onda curtos. **13.** Radiação terrestre é a radiação emitida pela superfície da Terra. **15.** As temperaturas não diminuem continuamente porque todos os objetos também absorvem energia radiante. **17.** Uma panela preta esquenta mais rapidamente (e esfria mais rapidamente) do que uma panela prateada. **19.** A pupila parece preta porque a luz que entra no olho normalmente não sai dele. Com o *flash* das câmeras, todavia, parte dela sai. **21.** As plantas irradiam a tempo todo, mas quando cobertas por uma lona, recebem mais radiação desta do que do céu noturno escuro. **23.** Sim, a lei de Newton do resfriamento também se aplica ao aquecimento. **25.** O vidro permite que a energia radiante da luz visível de frequência alta entre, mas impede que a energia infravermelha seja reirradiada e saia. O mesmo ocorre quando a atmosfera atua como uma válvula de um sentido só. **27.** O Sol faz incidir 1.400 J de energia radiante por segundo e por metro quadrado no topo da atmosfera.

Pense e faça

29. A manteiga derreterá primeiro na colher de metal (mais condutora), depois na de plástico, depois na de madeira (menos condutora). **31.** Essa atividade demonstra bem que o metal é um bom condutor de calor. O papel colocado em uma chama atinge facilmente a temperatura de ignição e pega fogo, mas isso não acontece quando ele é enrolado ao redor de uma barra de metal espessa, a qual absorve energia proveniente da chama. **33.** Explique à vovó que as nuvens reirradiam energia terrestre de volta para a superfície da Terra. Dê outros exemplos também.

Pegue e use

35. $Q = cm\Delta T = (1\ cal/g\cdot°C)(20\ g)(90\ °C - 30\ °C) = 1.200\ cal.$

Pense e resolva

37. A temperatura do café diminui em 25 °C em oito horas decorridas. A lei de Newton do resfriamento nos diz que, quando a diferença de temperatura for a metade, a taxa de resfriamento será a metade. Logo, a temperatura do café diminuirá em mais 12,5 graus nas oito horas seguintes, metade do que ele perdeu nas oito primeiras horas, resfriando-se de 50 °C para 37,5 °C. **39.** (a) Uma vez que (calor recebido pela água) = (calor perdido pelos pregos), temos que $(cm\Delta T)_{água} = (cm\Delta T)_{pregos}$. $(1,0\ g\cdot°C)(100g)\ (T-20\ °C) = (0,11\ cal/g\cdot°C)(100\ g)(40\ °C - T)$, em que T = 22,1 °C. (b) Embora as massas sejam iguais, os calores específicos são muito diferentes: o do ferro é muito baixo; o da água, incrivelmente alto. É preciso todo o calor proveniente do ferro para aumentar a temperatura da água em apenas 2,1 °C.

Pense e explique

41. Uma parede com a espessura apropriada mantém a casa aquecida durante a noite por meio da diminuição do fluxo de calor de dentro para fora. Esse tipo de parede tem "inércia térmica". **43.** Penas de ave (e o ar que elas retêm) são bons isolantes e, assim, conduzem o calor corporal muito lentamente para a vizinhança. **45.** O ar a 20 °C parece confortável principalmente porque ele é um mau condutor. Nossa pele mais quente é lenta em transferir calor para o ar. A água, entretanto, é um melhor condutor de calor do que o ar, de modo que nossos corpos mais quentes, na água, transferem calor para ela com maior rapidez. **47.** A energia "flui" de temperaturas mais altas para mais baixas, de sua mão para o gelo. Não existe fluxo do frio para o quente; somente do quente para o frio. **49.** Ao encostar a língua na madeira não condutora, menos calor será conduzido para fora da língua, e o congelamento não ocorrerá com rapidez suficiente para que a língua grude. **51.** Luvas que deixam os dedos livres têm mais espaço para o ar e permitem que os dedos fiquem próximos uns aos outros, o que mantém as mãos mais quentes. **53.** Para caminhar descalço sobre carvões em brasa, é preciso pisar rápido (como para tirar uma panela com cabo de madeira rapidamente do fogão sem proteção nas mãos), pois pouco calor é conduzido para os pés. Caminhar sobre pedaços de *ferro* em brasa, todavia, é uma história muito diferente. Isso resultaria em um sonoro *Ai!* **55.** É a energia interna que flui (o calor), não a temperatura, que não flui. **57.** A temperatura será intermediária, a 70 °C, porque um dos corpos sofre uma diminuição de temperatura enquanto o outro sofre um aumento – para massas iguais. **59.** O fluxo de calor se reverte quando as temperaturas relativas invertem. **61.** Concorde. Se cubos de gelo estivessem no fundo, eles não estariam em contato com a parte mais quente do chá na superfície, então o resfriamento seria menor. **63.** Menos densidade acima significa mais espaço para migração. As moléculas mais rápidas (ar quente) migram para cima através da "janela aberta" na atmosfera, o que produz a convecção para cima. **65.** Não, muito pelo contrário. Quando expandimos um volume de ar, normalmente extraímos energia dele (pois a expansão do ar realiza trabalho sobre as cercanias). Na verdade, expandir um volume de ar reduz a sua temperatura. **67.** No inverno, você quer o ar quente junto ao chão, então o ventilador deve empurrar para baixo o ar mais quente junto ao teto. No verão, você quer o ar mais frio junto ao chão, então o ventilador deve empurrar o ar mais frio para cima. **69.** Um bom emissor, em virtude do projeto molecular ou de qualquer projeto, também é um bom absorvedor. Um bom absorvedor parece preto porque a radiação que incide nele sofre absorção – exatamente o oposto da reflexão. **71.** Não. Se bons absorvedores não fossem também bons emissores, não seria possível haver equilíbrio térmico. Se um bom absorvedor somente absorvesse, sua temperatura se elevaria acima dos absorvedores mais pobres que estivessem por perto. Se maus absorvedores fossem bons emissores, suas temperaturas cairiam abaixo daquelas dos bons absorvedores. **73.** A energia emitida pela rocha da superfície terrestre transfere-se para a vizinhança praticamente tão rapidamente quanto é gerada. Por isso não existe acumulação de energia no interior da Terra. **75.** A céu aberto, o solo irradia para cima, mas o céu irradia quase nada de volta para baixo. Sob os bancos, a radiação por eles emitida para baixo diminui a radiação líquida do solo, resultando em um solo mais quente e, provavelmente, sem geada. **77.** A cal é aplicada ao vidro simplesmente para refletir boa parte da radiação incidente. A energia refletida não é absorvida, afinal. **79.** Mais energia escaparia e o clima terrestre seria mais frio. **81.** Exercício aberto.

Pense e discuta

83. O cobre e o alumínio são melhores condutores de calor que o aço inoxidável, por isso rapidamente estabelecem uma temperatura uniforme no fundo da panela e transferem calor para o alimento contido nela. **85.** A neve e o gelo do iglu são isolantes melhores do que a madeira. Você ficaria melhor aquecido no iglu do que no barraco de madeira. **87.** Concorde, pois seu amigo está correto. Os gases terão a mesma temperatura, o que significa que terão a mesma energia cinética média por molécula. **89.** O ar é composto de moléculas de *massas* diferentes – algumas de nitrogênio, algumas de oxigênio e uma pequena porcentagem de outros gases. Assim, apesar de todas terem a mesma E_C média, não terão a mesma rapidez média. As moléculas mais leves terão rapidezes médias maiores do que as mais pesadas. **91.** Eles pegam "térmicas", que são correntes de ar ascendentes. **93.** Kelvin e graus Celsius têm o mesmo tamanho. Embora as razões entre essas duas escalas produzam resultados muito diferentes, as *diferenças* em Kelvin e as *diferenças* em graus Celsius serão iguais. Uma vez que a lei de Newton do resfriamento envolve diferenças de temperatura, ambas as escalas podem ser usadas indiferentemente. **95.** Desligue o seu aquecedor e economize combustível. Manter ΔT alto consome mais combustível. Para consumir menos, mantenha ΔT baixo e apenas desligue o aquecedor. **97.** Se a temperatura da Terra aumentar, sua taxa de irradiação aumentará. Com isso, uma nova temperatura de equilíbrio, mais alta, será atingida. **99.** Considerando-se 1,0 kW de energia solar sobre 1 m² da superfície terrestre, a questão é quantos pés quadrados existem em um metro quadrado, que é um pouco mais do que 10 pés quadrados: 1,0 kW = 1.000 W, de modo que 1.000 W/10 = 100 W, como com uma lâmpada incandescente de 100 W. **101.** A resposta é não. É simples assim. Algo mais sempre ocorre. **103.** Os seres humanos consomem energia. Mais humanos consomem mais energia. O consumo está relacionado ao desperdício de energia e à poluição. Em poucas palavras: quanto mais seres humanos, mais poluição.

Capítulo 17

Questões de revisão

1. Um líquido contém uma ampla gama de rapidezes moleculares. **3.** A evaporação retira moléculas e energia de um líquido, de modo que sobra menos energia no líquido remanescente. **5.** São processos opostos, evaporação de líquido para gasoso e condensação de gasoso para líquido. **7.** Em um dia abafado, você sente a condensação do ar, que cancela o resfriamento devido à evaporação. **9.** Quando o ar se eleva, ele se resfria e condensa, formando nuvens. **11.** Quando ocorre evaporação abaixo da superfície de um líquido, diz-se que ele está em ebulição. **13.** Em temperatura mais elevada, sem ferver, a comida cozinha mais rápido. **15.** Quando a água jorra por cima, a pressão no fundo diminui e, então, a água ferve. **17.** O ponto de ebulição da água é reduzido quando a pressão do ar acima diminui. **19.** Aumento de temperatura significa aumento do movimento, o que significa mais chances de separação molecular. **21.** Íons de fora diminuem o número de moléculas de água na interface entre o gelo e a água, onde ocorre o congelamento. **23.** O bloco não se separa em duas partes porque a água acima do arame recongela quando a pressão sobre ela diminui. Isso é o regelo. **25.** Uma caloria; 80 calorias; 540 calorias.

Pense e faça

27. Um gêiser e uma cafeteira funcionam com base no mesmo princípio. **29.** A precipitação parece chuva verdadeira, em que a condensação do vapor forma gotas de água. A chuva natural é o resultado do esfriamento de nuvens de vapor, mais do que condensação sobre uma superfície fria. **31.** Quando você fizer isso, o gelo se manterá intacto! **33.** Esclareça o que significa dizer que a fervura é um processo de resfriamento.

Pense e resolva

35. Para transformar o "gelo" a −273 °C em gelo a 0 °C, precisamos de (273)(0,5) = 140 calorias. De gelo a 0 °C para água a 0 °C, precisamos de 80 calorias. De água a 0 °C para água a 100 °C, de 100 calorias. No total, precisamos de 320 calorias. Ferver essa água a 100 °C exige 540 calorias, consideravelmente mais energia do que foi preciso para levar a água do zero absoluto até o ponto de ebulição! **37.** A temperatura final da água será a mesma do gelo, 0 °C. A quantidade de calor transmitida ao gelo pela água é $Q = cm\Delta T = (1 \text{ cal/g·°C})(50 \text{ g})(80 \text{ °C}) = 4.000$ cal. Esse calor derrete o gelo. Mas quanto? De acordo com a fórmula $Q = mL$, $m = Q/L = 4.000 \text{ cal}/80 \text{ cal/g} = 50$ gramas. Assim, a água a 80 °C derrete uma massa igual de gelo a 0 °C. **39.** $E_p = mgh = mL$, então $gh = L$ e $h = L/g$. $h = (334.000 \text{ J/kg})/9,8 \text{ m/s}^2 = 34.000$ m = 34 km. Qualquer pedaço de gelo que cair livremente 34 km derreterá completamente com o impacto. **41.** Observe que 200 cal/g é 2,5 vezes mais do que o calor latente de fusão da água (80 cal/g), então, em uma mudança de fase para ambos, 2,5 vezes mais gelo mudará de fase; $2,5 \times 2$ kg = 5 kg.

Pense e ordene

43. c, b, a.

Pense e explique

45. Quando evapora, o suor leva embora a energia da pele, o que produz resfriamento. **47.** A temperatura da água diminui. **49.** Quando o corpo tende a se superaquecer, a perspiração ocorre para resfriar o corpo se conseguir evaporar. **51.** Embora o ventilador não resfrie o ambiente, ele promove a evaporação do suor para resfriar o corpo. **53.** A visibilidade das janelas é prejudicada se há condensação de água entre as vidraças. Assim, o gás entre as vidraças não deve conter vapor d'água. **55.** O ar quente e úmido gerado no interior do carro encontra o vidro frio, e a redução da rapidez molecular resulta na condensação da água no interior das janelas. **57.** Normalmente existe um gradiente de temperatura no interior do ambiente, com o ar mais frio junto ao piso. Assim, o gelo se forma na parte mais fria da janela: a de baixo. **59.** As nuvens tendem a se formar sobre ilhas porque a terra tem menor calor específico do que a água, então aquece-se mais rapidamente do que a água ao seu redor. Isso causa correntes ascendentes sobre a terra aquecida, e o ar ascendente cheio de moléculas de H_2O expande-se e resfria, o que permite que as moléculas de H_2O se unam (Figura 17.8). **61.** Uma quantidade enorme de energia térmica é liberada quando energia potencial molecular é transformada em energia cinética molecular na condensação. (O congelamento das gotículas ao formar gelo acrescenta ainda mais energia térmica.) **63.** Quando as bolhas sobem, uma pressão menor é exercida sobre elas. **65.** Quando o recipiente atingir a temperatura de ebulição, nenhum calor adicional entrará nele, pois ele se encontra em equilíbrio térmico com a água circundante a 100 °C. Esse é o princípio do "duplo aquecedor". **67.** A alta temperatura e a energia interna resultante comunicada à comida são responsáveis pelo cozimento. Se a água ferve a uma baixa temperatura (sob pressão reduzida, presume-se), a comida esquenta o suficiente para cozinhar. **69.** O gelo está realmente frio. Por que frio? Porque a rápida evaporação da água esfria a água até o ponto de congelamento. **71.** O tempo de cozimento será o mesmo, esteja a água fervendo agitadamente ou calmamente, pois em ambos os casos a água se encontra à mesma temperatura. O macarrão é cozido em água que ferve agitadamente para garantir que os fios de macarrão não grudem uns nos outros ou na própria panela. **73.** Em um reator nuclear, o ponto de ebulição da água é mais elevado devido à pressão alta. O reator se comporta como uma panela de pressão. **75.** Em um radiador pressurizado, a água não ferve mesmo quando sua temperatura excede 100 °C (como a água em uma panela de pressão). No entanto, quando a tampa do radiador é subitamente removida, a pressão cai subitamente, e a água em alta temperatura imediatamente ferve. **77.** A umidade em sua pele congela a uma temperatura menor do que 0 °C somente porque ela contém sal. Gelo muito frio em contato com sua mão congela a umidade sobre sua pele, a qual fica grudada no gelo. É por isso que ela fica "grudenta". **79.** A água que congela é água pura. Derreta o gelo e você produzirá água pura. **81.** O peso do gelo situado acima esmaga os cristais de gelo do fundo, formando uma camada líquida sobre a qual o glaciar desliza. **83.** O açúcar não congela com a água da calda, de modo que a fruta semi-congelada contém o açúcar da mistura original — com uma concentração duas vezes maior do que a original. **85.** O aumento da pressão eleva o ponto de ebulição da água, que transfere mais energia para o alimento. Água mais quente cozinha os alimentos mais rápido. **87.** A temperatura do ar ao redor diminui porque o gelo absorve energia enquanto derrete.

Pense e discuta

89. Os cubos de aço resfriam a bebida apenas por condução, enquanto um cubo de gelo absorve energia da bebida enquanto derrete. **91.** A temperatura do gelo permanece constante durante a mudança de fase, então o seu enunciado é melhor. **93.** As mudanças de fase do refrigerante consomem muito mais energia do que a variação das temperaturas dos alimentos no seu interior. **95.** O café quente despejado em um pires esfria porque (1) a maior área de superfície do café permite que ocorra mais evaporação e, (2) de acordo com o princípio de conservação da energia, a energia interna que aquece o pires vem do café, que esfria. **97.** Nesse caso hipotético, a evaporação não resfriaria o líquido remanescente porque a energia das moléculas que deixam o líquido não seria diferente da energia das moléculas deixadas para trás. **99.** A camada de gelo atua como um cobertor isolante. Cada grama de água que congela libera 80 calorias, boa parte delas para a fruta; a camada delgada de gelo atua, então, como um cobertor isolante contra perdas de calor adicionais. **101.** A E_C das moléculas não varia à medida que a energia interna é usada para romper as ligações entre as moléculas. Assim, não há variação de temperatura. **103.** O dispositivo é uma bomba térmica. Em ambos os modos de operação, uma bomba térmica transfere calor de um local mais frio para um mais quente. **105.** É possível adicionar calor sem variar a temperatura quando a substância está sofrendo uma mudança de fase. **107.** É possível retirar calor sem variar a temperatura quando a substância está sofrendo uma mudança de fase. **109.** O gás predominante em uma bolha de água fervente é H_2O. Você achou que era uma "pegadinha"?

Capítulo 18

Questões de revisão

1. O significado é "movimento do calor". **3.** A pressão diminui pelo fator 1/273 para cada 1 °C de variação de temperatura. **5.** A menor temperatura é −273 °C; 0 K. **7.** A primeira lei é uma reafirmação do princípio da conservação da energia. **9.** O calor adicionado é igual à variação da energia interna mais o trabalho realizado. **11.** A condição adiabática é que não há entrada ou saída de calor no sistema. **13.** Diminui quando o sistema realiza trabalho. **15.** A temperatura do ar se eleva (ou cai) quando a pressão aumenta (ou diminui). **17.** Inversão de temperatura é uma condição em que as regiões superiores do ar são mais quentes do que as regiões inferiores. **19.** Calor nunca flui espontaneamente de um objeto frio para um objeto quente. **21.** A poluição térmica é o calor expelido que é indesejado. **23.** A condensação reduz a pressão na traseira das lâminas das turbinas, possibilitando uma força resultante para girá-las enquanto a água é reciclada. **25.** Energia de alta qualidade tende a se transformar em energia de baixa qualidade. **27.** Uma medida da desordem é a entropia. **29.** A terceira lei afirma que nenhum sistema pode ter sua temperatura absoluta reduzida a zero.

Pense e faça

31. O volume do balão aumenta no forno quente e diminui no interior gelado do refrigerador. Expansão adiabática! **33.** Seu calor se deve ao golpe do martelo e ao trabalho realizado pela madeira para parar o prego.

Pegue e use

35. Rendimento ideal = $(T_{quente} - T_{frio})/T_{quente}$ = (3.000 K − 300 K)/3.000 K = 90%.

Pense e resolva

37. Convertendo para temperaturas absolutas, 600 °C = 273 + 600 = 873 K; 320 °C = 273 + 320 = 593 K. Assim, o rendimento ideal é (873 − 593)/873 = 0,32 = 32%. Se os valores em Celsius fossem inseridos na equação, obteríamos o resultado incorreto de 47%. Não faça isso! **39.** Se, por "duas vezes mais frio", ela quer dizer metade da temperatura absoluta, a temperatura é de (½)(273 + 10) = 141,5 K. Para determinar a quantos graus Celsius abaixo de 0 °C isso corresponde, primeiro subtraia 141,5 K de 273 K; isso dá 273 − 141,5 = 131,5 K abaixo do ponto de congelamento da água, ou −131,5 °C. (Ou, simplesmente, 141,5 K − 273 K = −131,5 °C.) É *muito* frio! **41.** (a) O erro de Wally foi não converter para kelvins. 300 °C = 273 + 300 = 573 K, e 25 °C = 273 + 25 = 298 K. (b) Então o rendimento máximo é (573 K − 298 K)/573 K = 0,48 = 48%. **43.** O trabalho que o martelo realiza sobre o prego é $F \times d$, e a variação de temperatura do prego pode ser obtida a partir de $Q = cm\Delta T$. Primeiro, converta para unidades mais convenientes para fins de cálculo: 6,0 g = 0,006 kg; 8,0 cm = 0,08 m. Então, $F \times d$ = 600 N × 0,08 m = 48 J, e 48 J = (0,006 kg)(450 J/kg·°C)(ΔT), de onde isolamos ΔT = 48 J/(0,006 kg × 450 J/kg·°C) = 17,8 °C. (Você notará um efeito semelhante ao remover o prego, que está sensivelmente quente.)

Pense e explique

45. No caso do forno a 500 graus, faz muita diferença: 500 kelvins equivalem a 227 °C, o que é muito diferente de 500 °C. Porém, no caso da estrela a 50.000 graus, um aumento de 273 praticamente não fará diferença. Some 273 à temperatura da estrela e ainda podemos arredondá-la para 50.000 K ou 50.000 °C. **47.** Geralmente não. Eles sofrem a mesma variação de *energia interna*, o que se traduz em uma mesma variação de temperatura quando os dois objetos são de mesma massa e do mesmo material. **49.** Você realiza trabalho a fim de comprimir o ar, o que aumenta a energia interna, como evidenciado pelo aumento de temperatura. **51.** A pressão do gás na lata aumenta quando ele é aquecido e diminui quando resfriado. Quando aquecido, as moléculas mais rápidas colidem com mais força e maior frequência contra as paredes da lata. Quando resfriado, as colisões são mais fracas e menos frequentes. **53.** A bomba esquenta porque você está *comprimindo* o ar dentro dela. A válvula do pneu parece fria porque o que escapa está se *expandindo*. São processos adiabáticos. **55.** Ocorre o aquecimento por causa da compressão adiabática. **57.** É vantajoso usar o vapor o mais quente possível em turbinas a vapor porque a eficiência é maior se há uma diferença de temperatura maior entre a fonte e o escoadouro (como ilustra a equação de Sadi Carnot). **59.** Sim, a energia fornecida pelo forno aberto eleva a temperatura do ambiente. **61.** Não. Nesse caso, o escoadouro de calor encontra-se também dentro da sala. É por isso que a serpentina de condensação fica *fora* da região a ser resfriada. Na verdade, a temperatura da sala aumenta, pois o motor do ar condicionado aquece o ar circundante. **63.** É preciso realizar trabalho para estabelecer uma diferença de temperatura entre o interior do refrigerador e o ar ao seu redor. Quanto maior a diferença de temperatura a ser estabelecida, mais trabalho e, logo, mais energia é consumida. Assim, o refrigerador usa mais energia quando o ambiente está quente do que quando está frio. **65.** Você realiza trabalho para comprimir o gás, o que aumenta a energia interna. **67.** Ele faz o que fazem as máquinas térmicas: converte energia de um dado tipo (solar) em energia mecânica (a oscilação do pássaro). **69.** O universo se encaminha para um estado mais desordenado. **71.** Mais energia seria utilizada para extrair a energia do que disponibilizaria com o processo. Assim, ainda que extrair a energia do oceano seja possível, não é prático e não consegue produzir mais energia do que gasta. **73.** Não, o princípio da entropia não foi violado, pois a ordem dos cristais de sal vem ao custo de uma maior desordem da água no estado de vapor após a evaporação. Mesmo que limitemos o sistema aos próprios cristais, não haveria violação da entropia, pois há entrada de trabalho sistema devido à luz solar e outros meios. **75.** A entropia do sistema como um todo, do qual a galinha é uma parte pequena, aumenta. Assim, quando consideramos um sistema mais amplo, não há violação do princípio da entropia.

Pense e discuta

77. Uma temperatura em Boston de 40 °F é cerca de 4 °C, igual a 277 K. Duas vezes 277 K é 554 K, o que corresponde a 281 °C, que é maior do que 500 °F. Assim um dia na Flórida de 80 °F não é duas vezes mais quente do que um dia em Boston de 40 °C. **79.** De acordo com a equação de Carnot, o rendimento é maior no caso de maior diferença de temperatura entre a fonte de calor (a câmara de combustão do motor) e o escoadouro dele (o ar que circunda o escapamento). **81.** Não, o fluxo de calor depende da temperatura, não da energia. **83.** Essa transferência não violaria a primeira lei porque a energia foi transferida sem ganho ou perda. Violaria a segunda lei porque a energia interna não pode ser transferida livremente de um objeto mais frio para um mais quente. **85.** A lata é esmagada pela pressão atmosférica quando a pressão do vapor dentro dela foi reduzida significativamente. Isso ocorre devido à condensação do vapor na superfície da água que entra pela abertura da lata. Se a água está em ebulição, ela fornece vapor aproximadamente à mesma taxa que a condensação ocorre, então não há condensação total e não há esmagamento. Contudo, mesmo água quente a menos de 100 °C produz condensação total e esmaga a lata. **87.** A tendência geral na natureza é passar da ordem à desordem, mas ela é inexata e baseia-se em probabilidade, não em certeza. **89.** Seu colega não está diferenciando entre movimento perpétuo e *máquinas* de movimento perpétuo. Seu colega está correto em dizer que o movimento perpétuo é o estado normal do universo, mas é impossível existir uma máquina de movimento perpétuo, que fornece mais energia do que recebe. **91.** O condensador reduz a pressão do vapor contra o lado traseiro das lâminas da turbina. Sem uma diferença de pressão em ambos os lados das lâminas, o rotor não giraria. Assim, o condensador é essencial para a operação da turbina.

Capítulo 19

Questões de revisão

1. Sacudir com o tempo constitui uma vibração; um serpentear tanto no espaço quanto no tempo é uma onda. **3.** O período é o intervalo de tempo correspondente a uma oscilação de um lado para outro. **5.** Uma curva senoidal é uma representação de uma onda. **7.** Ocorrem 101,7 milhões de vibrações por segundo. **9.** Energia. **11.** No caso de uma onda transversal, as vibrações são perpendiculares à direção de propagação da onda. **13.** O comprimento de uma onda longitudinal é a distância entre compressões e rarefações sucessivas. **15.** Rapidez = comprimento de onda/período. **17.** Quando mais de uma onda ocupa o mesmo espaço ao mesmo tempo, os deslocamentos se somam em cada ponto. **19.** Todas as ondas podem apresentar interferência. **21.** Ondas estacionárias podem ser formadas tanto em ondas transversais quanto em ondas longitudinais. **23.** O efeito Doppler pode ser observado tanto com ondas transversais quanto com ondas longitudinais. **25.** Para se manter junto com as ondas produzidas, o inseto deve nadar com a mesma velocidade da onda; para produzir uma onda de proa, ele deve nadar mais rapidamente do que a onda se propaga. **27.** Quanto mais rápida for a fonte, mais estreita será a forma do V. **29.** Falso. A fonte pode ter excedido a velocidade do som anteriormente.

Pense e faça

31. Uma atividade para fazer! **33.** É o que escoteiros e bandeirantes costumavam fazer.

Pegue e use

35. (a) $f = 1/T$ = 1,0/10 s = 10 Hz. (b) f = 1/5 = 0,2 Hz. (c) f = 1/(1/60 s) = 60 Hz. (c) 1/60 s **37.** $v = f\lambda$ = (2 Hz)(1,5 m) = 3 m/s.

Pense e resolva

39. (a) Frequência = 2 oscilações/segundo = 2 hertz. (b) Período = $1/f$ = ½ segundo. (c) A amplitude é a distância entre a posição de equilíbrio e a de máximo afastamento: metade dos 20 cm de distância entre os picos, ou 10 cm. **41.** $d = vt$ = (340 m/s)(1/600 s) = 0,57 m. Ou use rapidez = comprimento de onda × frequência para obter comprimento de onda = rapidez/frequência = (340 m/s)/600 Hz = 0,57 m. **43.** Rapidez do avião = 1,41 × rapidez do som (Mach 1,41). Para o som ir de A a C, o avião vai de A a B. Como o triângulo A-B-C forma ângulos de 45-45-90 graus, a distância AB é $\sqrt{2}$ = 1,41 vezes o comprimento da distância AC.

Pense e ordene

45. c, b, a. **47.** A, B, D, C. **49.** A, C, B.

Pense e explique

51. Um pêndulo mais curto oscila de um lado para outro com frequência maior e período menor. A frequência e o período são o inverso um do outro. **53.** Se o centro de gravidade da valise não mudar de lugar quando cheia de livros, a taxa de oscilação da valise cheia será igual à da valise vazia. Isso devido ao fato de que o período de um pêndulo é independente de sua massa. Desde que o comprimento do pêndulo não mude, a frequência e o correspondente período serão os mesmos. **55.** O período aumenta, pois o período e a frequência são recíprocos um ao outro: período = $1/f$. A menor frequência produz cristas de ondas mais distantes, então o comprimento de onda aumenta. Rapidez de propagação da onda = frequência × comprimento de onda. **57.** Deixe a equação $v = f\lambda$ guiar o seu raciocínio. O dobro da rapidez significa o dobro da frequência. **59.** Sacuda a mangueira de um lado para o outro em ângulos retos para produzir uma curva senoidal. **61.** (a) Longitudinal. (b) Transversal. (c) Transversal. **63.** A frequência e o período são recíprocos um do outro: $f = 1/T$ e $T = 1/f$. Dobrar um significa cortar o outro pela metade. Assim, dobrar a frequência de um objeto que vibra reduz o período pela metade. **65.** À medida que mergulha os dedos mais frequentemente na água parada, as ondas que produz têm frequência maior (aqui vemos a relação entre "mais frequentemente" e "frequência"). As cristas das ondas de frequência mais alta serão mais próximas — seus comprimentos de onda serão mais curtos. **67.** No caso de ondas mecânicas, algo que vibra. No caso de ondas eletromagnéticas, a oscilação de cargas elétricas. Ambas vibram. **69.** A energia de uma onda que se propaga na água se espalha sobre a circunferência cada vez maior da onda até que sua intensidade diminui para um valor que não possa ser distinguido dos movimentos térmicos na água. A energia das ondas se soma à energia interna da água. **71.** A frequência é maior (duas vezes maior, na verdade) porque o morcego se aproxima da parede que se comporta como uma fonte de ondas com a mesma frequência. Adicione a rapidez da onda à rapidez do morcego e o resultado será o dobramento Doppler da frequência. **73.** Não, os efeitos das ondas encurtadas e alongadas se cancelariam. **75.** A polícia usa ondas de radar que se refletem no carro em movimento. A partir do deslocamento de frequência observado na frequência de retorno, a rapidez dos refletores (os carros) é determinada. **77.** A onda de choque ou onda de proa é a superposição das inúmeras ondas de baixa amplitude que interferem construtivamente. Quando a crista de uma onda se superpõe à crista de outra e depois à de outra, uma onda de grande amplitude é gerada. **79.** Uma onda de choque e o resultante estrondo sônico são produzidos em todo lugar onde uma aeronave é supersônica, não importando se ela acabou de se tornar supersônica ou se já era supersônica há horas. **81.** Sim. Um peixe supersônico na água produziria uma onda de choque e um estrondo sônico pela mesma razão que se deslocaria mais rapidamente do que o som no ar. **83.** Exercício aberto.

Pense e discuta
85. Os períodos são iguais. Os movimentos dos pistões de um carro são harmônicos simples e de mesmo período que o do eixo de rotação que eles mantêm girando. **87.** Os períodos são iguais, pois a massa não afeta o período. **89.** Os pulsos das colisões moleculares (o som) propagam-se mais rapidamente do que as moléculas que fazem com que o odor migre. **91.** Os nós estão em pontos fixos, nas duas pontas da corda. O comprimento de onda é duas vezes maior do que o comprimento da corda (ver Figura 19.14a). **93.** Os deslocamentos Doppler mostram que um lado se aproxima enquanto o outro se afasta, evidência de que a estrela está girando. **95.** O ângulo cônico de uma onda de choque torna-se mais estreito com rapidezes maiores. Os diagramas devem mostrar ângulos mais estreitos para aumentos na rapidez.

Capítulo 20
Questões de revisão
1. Quanto maior a frequência, maior é a altura. **3.** O som infrassônico está abaixo de 20 hertz, enquanto o ultrassom está acima de 20.000 hertz. **5.** No vácuo, não há um meio para ser comprimido ou expandido. **7.** As compressões e as rarefações se propagam no mesmo sentido da onda de que são compostas. **9.** O som é mais rápido em ar quente. **11.** A energia sonora se dissipa em energia térmica. **13.** Reverberação é o som refletido múltiplas vezes. **15.** A refração é causada pelo encurvamento devido a diferenças na velocidade do som. **17.** As variações da rapidez do som em diferentes temperaturas da água são o motivo para a refração do som na água. **19.** O volume do som é maior devido à maior superfície vibratória. **21.** A colher é elástica; o guardanapo, não. **23.** Quando sintoniza o rádio em certa frequência, você está ajustando o circuito do receptor para vibrar apenas com a frequência daquela estação. **25.** As ondas se cancelam quando são idênticas e estão fora de fase uma em relação à outra. **27.** O resultado é o cancelamento do som. **29.** Ocorrerá uma frequência de batimento de 4 Hz.

Pense e faça
31. Uma celebração das vibrações forçadas e da ressonância. **33.** Observe os diferentes padrões com diferentes tipos de música.

Pense e resolva
35. $v = f\lambda$, então $\lambda = v/f = (1.530 \text{ m/s})/7 \text{ Hz} = 219 \text{ m}$ **37.** O fundo do oceano encontra-se 4.590 metros abaixo. O lapso de tempo de 6 segundos significa que o som atingiu o fundo em 3 segundos. Distância = velocidade × tempo = 1.530 m/s × 3 s = 4.590 m. **39.** O golpe que você escuta depois de ver Sally parar de martelar originou-se da última martelada que você viu. O primeiro golpe ouvido teria aparecido em silêncio, e os golpes sucessivos seriam sincronizados com as sucessivas marteladas. Em um segundo, o som desloca-se 340 m no ar, que é a distância entre você e Sally. **41.** Existem três possíveis frequências de batimentos: 2 Hz, 3 Hz e 5 Hz. Estas são as possíveis diferenças entre as frequências dos diapasões: 261 − 259 = 2 Hz; 261 − 256 = 5 Hz; 259 − 256 = 3 Hz.

Pense e ordene
43. b, c, a.

Pense e explique
45. A Lua é descrita como um planeta silencioso por não ter uma atmosfera para propagar sons. **47.** O som não se propaga no vácuo. **49.** As abelhas zumbem quando voam por baterem as asas em audiofrequências. **51.** O comprimento de onda da onda eletromagnética será muito maior devido à sua maior rapidez. **53.** Os morcegos escutam os comprimentos de onda mais curtos (frequências maiores têm comprimentos de onda menores). **55.** A luz se propaga cerca de um milhão de vezes mais rapidamente do que o som no ar, de modo que você vê um evento distante um milhão de vezes antes de escutá-lo. **57.** Quando o som passa por um ponto particular do ar, este é primeiro comprimido e depois rarefeito durante a passagem da onda. Portanto sua densidade correspondentemente aumenta e depois diminui durante a passagem da onda. **59.** Uma vez que a neve é um bom absorvedor de som, ela reflete pouco som – por isso a quietude percebida. **61.** Se a frequência do som for dobrada, sua velocidade não sofrerá alteração alguma, mas seu comprimento de onda será "comprimido" para a metade do tamanho original. **63.** Não, a refração depende da rapidez variável em diferentes meios ou quando os meios se movem, como nos ventos. O fato de que a refração realmente ocorre constitui evidência de alteração da rapidez do som. **65.** O som é mais facilmente audível quando o vento que sopra em direção ao ouvinte é mais veloz em elevações do que ao nível do solo. Nesse caso, as ondas sonoras se curvam para baixo. **67.** Um eco é mais fraco do que o som original porque o som se espalha e perde intensidade com a distância. **69.** Os participantes no final de um comprido desfile estarão descompassados com aqueles no início, próximo à banda, porque o som da banda precisa de tempo para alcançar os participantes no outro lado do desfile. Assim, no final do desfile, os participantes marcham ao som atrasado que escutam. **71.** Uma harpa produz sons relativamente mais suaves do que um piano porque a sua tampa de ressonância é menor e mais leve. **73.** Há dois motivos principais. O primeiro é que as ondas que vibram mais frequentemente por segundo transformam energia sonora em calor mais rápido do que ondas de menor frequência. O outro é que a frequência natural de paredes, chãos e tetos grandes é menor do que a frequência natural de superfícies pequenas. Assim, é mais fácil provocar vibrações forçadas e ressonância em superfícies grandes. **75.** Certos passos de dança provocam uma vibração do piso que podem ressoar com a frequência natural deste. Quando isso ocorre, o chão sacode. **77.** Os batimentos resultam da interferência, não do efeito Doppler. **79.** Os batimentos são produzidos por dois sons de frequências diferentes. Se as ondas têm a mesma frequência, podem interferir destrutiva ou construtivamente, dependendo da sua fase relativa. Duas ondas devem ter frequências diferentes para produzirem batimentos. **81.** As frequências possíveis são 264 + 4 = 268 Hz e 264 − 4 = 260 Hz.

Pense e discuta
83. O som se propaga mais rapidamente em ar úmido porque as moléculas de água de menor massa, H_2O, se deslocam mais rapidamente do que as moléculas de N_2 e O_2, de massas maiores, à mesma temperatura. **85.** O comprimento de onda mais curto das ondas ultrassônicas sofre menos difração e permite que mais detalhes sejam observados, por isso a luz azul é usada nos microscópios. **87.** Esses dispositivos especiais empregam a interferência para cancelar o som de um macaco hidráulico nos ouvidos do operador. Por causa do fraco ruído resultante nos ouvidos dele, o operador consegue escutar sua voz claramente. **89.** As ondas longas sofrem um cancelamento maior, o que faz com que o som resultante seja agudo. Por exemplo, quando os cones dos alto-falantes estão a 4 cm de distância um do outro, as ondas com mais de um metro de comprimento estarão aproximadamente 180° fora de fase, enquanto as ondas a 2 cm uma da outra estarão em fase. As frequências mais altas são as menos afetadas pelo cancelamento parcial que isso produz.

Capítulo 21
Questões de revisão
1. Música é composta de notas periódicas; o ruído é irregular. **3.** Notas muito agudas são de altas frequências, às quais o ouvido torna-se menos sensível com a idade. **5.** A maior altura diminui com a idade. **7.** O decibel é uma medida de intensidade sonora, não de volume. **9.** Um som de 30 dB é 1.000 vezes mais intenso do que o limiar de audição. **11.** A frequência fundamental é a menor altura de uma nota. **13.** A qualidade musical é determinada pela variedade de

tons parciais que contém. **15.** As três classes são: cordas vibrantes, colunas de ar vibrantes e percussão. **17.** Fourier descobriu que ondas complexas podem ser decompostas em ondas senoidais simples somadas. **19.** Fonógrafos capturavam o som analogicamente antes de a tecnologia digital ser aplicada ao som.

Pense e faça
21. Exercício aberto. **23.** Exercício aberto. **25.** Os números variarão. Duas pessoas batendo palmas aumentam o número de decibels em cerca de 10 dB, o que equivale a aproximadamente 12%, não ao dobro.

Pense e resolva
27. Período = $1/f$ = 1/440 segundos = (0,0023 s, ou 2,3 ms) **29.** A escala decibel se baseia em potências de 10. O ouvido responde à intensidade sonora de maneira logarítmica. Cada vez que a intensidade do som torna-se 10 vezes maior, o nível de intensidade sonora, em decibels, aumenta em 10 unidades. Assim, um som de (a) 10 dB é dez vezes mais intenso do que o limiar de audição; (b) 30 dB é mil vezes mais intenso do que o limiar de audição; e (c) 60 dB é um milhão de vezes mais intenso do que o limiar de audição. **31.** Um som de 40 dB é dez vezes mais intenso do que um som de 30 dB. **33.** (a) Período = $1/f$ = 1/256 Hz = 0,00391 s, ou 3,91 ms. (b) Rapidez = comprimento de onda × frequência, então comprimento de onda = rapidez/frequência = (340 m/s)/256 Hz = 1,33 m.

Pense e ordene
35. A, C, B.

Pense e explique
37. Concorde, pois a altura é a forma subjetiva da frequência. **39.** Uma nota grave é produzida quando uma corda de guitarra é (a) encompridada, (b) afrouxada, de modo a reduzir a tensão, e (c) sua massa é aumentada, normalmente enrolando-se um arame fino ao seu redor. Por isso as cordas de um baixo são grossas – maior inércia. **41.** As frequências do som e das oscilações da corda são iguais. **43.** Se o comprimento de onda de uma corda vibrante for reduzido, como quando ela é pressionada contra um traste, a frequência de vibração aumenta. Isso é ouvido como um aumento na altura do som. **45.** Hastes mais longas têm maiores momentos de inércia, então resistirão mais a vibrar e vibrarão em frequências mais baixas. **47.** A corda mais fina tem menos massa e menor inércia, e, portanto, uma frequência mais alta. **49.** A corda dedilhada de violão vibraria por mais tempo se o instrumento não tivesse a caixa de ressonância, pois menos ar seria posto em movimento por unidade de tempo, então a energia da corda vibrante diminuiria mais lentamente. **51.** A amplitude de uma onda sonora corresponde à pressão extra máxima em uma compressão ou, o que é equivalente, à deficiência máxima de pressão em uma rarefação. **53.** O padrão da direita tem uma amplitude maior e corresponde, portanto, a um volume sonoro maior. **55.** A intensidade do som é um atributo físico e inteiramente objetivo de uma onda sonora que pode ser medido por diversos instrumentos. O volume, embora intimamente relacionado à intensidade, é uma sensação fisiológica e pode variar de pessoa para pessoa ou para uma mesma pessoa com o decorrer do tempo. **57.** Um órgão eletrônico produz os sons de diversos instrumentos musicais por meio de duplicação e superposição de ondas senoidais que constituem o som total produzido pelo instrumento. **59.** Sua voz soa mais cheia no boxe do banheiro principalmente por causa do pequeno enclausuramento que causa reverberação de sua voz ao ser refletida de parede para parede. **61.** A faixa de audição humana, que vai de aproximadamente 20 Hz até cerca de 20.000 Hz, cobre um fator de aproximadamente 1.000. Isso corresponde a dez oitavas, pois, dobrando-se a frequência dez vezes seguidas, resulta em um fator aproximadamente igual a 1.000 (1.024, para ser exato). A faixa coberta por um piano é um pouco maior do que sete oitavas. **63.** A frequência do segundo harmônico é o dobro da fundamental, ou 440 Hz. A do terceiro é três vezes maior do que a frequência fundamental, ou 660 Hz. **65.** Sem incluir as extremidades, existem três nodos em uma onda de comprimento correspondente a dois comprimentos de onda e cinco nodos em outra de três comprimentos de onda de comprimento. (Faça um desenho e os conte!) **67.** Comprimento de onda λ = v/f. Para 20 Hz, $\lambda = v/f$ = 340/20 = 17 m, mais ou menos a distância entre a goleira e o início da grande área. Para 20.000 Hz, $\lambda = v/f$ = 340/20.000 = 0,017 m, na casa dos milímetros.

Pense e discuta
69. Volume duas vezes maior, embora a intensidade acústica seja 100 vezes maior. **71.** A corda esquenta e se dilata durante a interpretação. Por isso elas deveriam ser afinadas enquanto estão quentes, de modo que a necessidade de afinar novamente seja minimizada. **73.** Concorde, pois seu amigo está certo. **75.** Quando uma corda vibra em dois segmentos, um pedaço de papel pode ser posicionado no nodo existente no centro da corda. No caso de vibração em três segmentos, dois pedaços poderiam ser suspensos sem vibrar, localizados a um terço da distância total em relação a cada extremidade. **77.** Embora a rapidez com a qual o som passa pelo ouvinte em um dia com muito vento varie, o comprimento de onda também varia de forma correspondente, de modo que não há variação na frequência ou na altura. **79.** Cada um de nós percebe o que nos foi ensinado ou o que aprendemos a perceber. Isso se aplica à nossa apreciação da arte, nossas preferências gastronômicas e por bebidas e ao valor que damos ao que cheiramos e às texturas que tocamos. Nossas crenças religiosas, opiniões políticas e ideias sobre o nosso papel no grande esquema do universo são um produto daquilo que aprendemos (ou do que não aprendemos). **81.** É altamente provável que você se sujeite a sons mais altos do que os seus avós escutavam, como ouvir música mais alta com fones de ouvido.

Capítulo 22

Questões de revisão
1. As forças elétricas podem atrair ou repelir, enquanto as gravitacionais apenas atraem. **3.** O núcleo e seus prótons são positivamente carregados; os elétrons são negativamente carregados. **5.** A carga líquida normal é nula. **7.** Conservação da carga significa que ela não pode ser criada ou destruída, mas apenas transferida de um lugar para outro. **9.** Uma unidade quântica de carga é um elétron (ou um próton). **11.** Ambas as leis são do tipo "inverso do quadrado da distância". A diferença entre elas é que a gravitação é somente atrativa, enquanto as forças elétricas podem ser repulsivas. **13.** Os átomos dos isolantes são condutores pobres devido à sua afinidade aos elétrons. **15.** Um transistor é composto por camadas finas de materiais semicondutores. Suas funções incluem o controle do fluxo de elétrons, a amplificação de sinais e a atuação com uma chave. **17.** Os elétrons são transferidos de um local para outro. **19.** Eletrização por indução ocorre durante tempestades com raios. **21.** Um objeto polarizado pode não ter carga líquida, enquanto um objeto carregado tem. **23.** A molécula de H_2O constitui um dipolo elétrico. **25.** A orientação de um campo elétrico é a mesma da força exercida sobre uma carga positiva. **27.** O campo elétrico dentro de um condutor se anula. **29.** Não. Ter vários milhares de volts é diferente da *razão* entre vários milhares de volts por coulomb. A voltagem é medida em volts; voltagem/carga é energia, medida em joules. Vários milhares de joules por coulomb não significam muita energia se você tiver pouquíssimos coulombs.

Pense e faça
31. Em climas secos, isso é um incômodo comum! **33.** Diga ao seu avô que o campo elétrico permanece nulo dentro de qualquer superfície metálica.

Pegue e use
35. $F = (kq_1q_2)/r^2 = [(9,0 \times 10^9 \text{ N·m}^2/\text{C})(0,1 \text{ C})(0,1 \text{ C})]/0,1 \text{ m}^2 = 9 \times 10^9$ N.

Pense e resolva
37. De acordo com a lei do inverso do quadrado, o dobro da distância significa ¼ da força, 5 N. A solução envolve apenas a distância relativa, então a magnitude das cargas é irrelevante. **39.** $F = (kq_1q_2)/r^2 = [(9,0 \times 10^9 \text{ N·m}^2/\text{C})(1,0 \times 10^{-6})^2]/(0,3)^2 = 10$ N. É o mesmo que o peso de uma massa de 1 kg. **41.** $F_{(\text{grav})} = (Gm_1m_2)/r^2 = [(6,67 \times 10^{-11} \text{ N·m}^2/\text{C})(9,1 \times 10^{-31})(1,67 \times 10^{-27})]/(1,0 \times 10^{-10}) = 1,0 \times 10^{-47}$ N. $F_{(\text{elét})} = (kq_1q_2)/r_2 = [(9,0 \times 10^9 \text{ N·m}^2/\text{C}) (1,6 \times 10^{-19})]/(1,0 \times 10^{-10})) = 23,0 \times 10^{-8}$ N. A força elétrica entre um elétron e um próton é mais de 1.000.000.000.000.000.000.000.000.000.000.000.000.000 vezes maior do que a força gravitacional entre eles! (Observe que essa razão entre as forças é igual para qualquer separação entre as partículas.) **43.** A energia é carga × potencial: $E_p = qV$ = (2 C)(100 × 10^6 V) = 2×10^8 J. **45.** (a) ΔV = energia/carga = 12 J/0,0001 C = 120.000 volts. (b) ΔV, pois o dobro da carga é 24 J/0,0002 = os mesmos 120 kV.

Pense e ordene
47. A, C, B.

Pense e explique
49. Algo está eletricamente carregado quando tem uma deficiência ou um excesso de elétrons em comparação ao número de prótons nos núcleos atômicos do material. **51.** Os objetos não estão carregados, devido ao seu número igual de prótons. **53.** Quando o disco é esfregado, torna-se carregado, o que polariza e atrai partículas de poeira. **55.** Os arames nos postos de pedágio são usados para descarregar os carros, pois assim a transação não se transforma em uma experiência chocante para o motorista ou para o cobrador. **57.** As folhas,

assim como o resto do eletroscópio, adquirem carga do objeto carregado e repelem uma à outra. O peso da folha de metal condutora é tão pequeno que mesmo forças minúsculas estão claramente evidentes. **59.** Não, essa é a separação de cargas devido à *indução*. **61.** Por indução. **63.** Os elétrons não escapam da moedinha porque são atraídos pelos 5 mil bilhões de bilhões de prótons positivamente carregados nos núcleos atômicos dos átomos da moedinha. **65.** De acordo com a lei do inverso do quadrado, a força será quatro vezes maior quando a distância for reduzida pela metade e nove vezes maior quando a distância for reduzida a um terço. **67.** Dobrar a distância reduz a força para ¼, seja qual for o sinal da carga, de acordo com a lei de Coulomb. **69.** Duplicar ambas as cargas quadruplica a força. O módulo da força não depende realmente do sinal da carga. **71.** Onde as linhas estão mais próximas, o campo é mais intenso. **73.** Ao dobro da distância, a intensidade do campo é de ¼, de acordo com a lei do inverso do quadrado. **75.** A Terra tem carga negativa. Se fosse positiva, o campo apontaria para fora. **77.** Os cravos de metal que penetram no solo reduzem a resistência elétrica entre o golfista e o solo, criando um caminho elétrico entre a nuvem e o solo. Má ideia! **79.** O mecanismo de "grude" é a indução de carga. Se for uma porta de metal, o balão carregado induzirá uma carga oposta na porta. Se a porta é um isolante, o balão induz a polarização das moléculas no material da porta. Seja a porta um isolante ou um condutor, o balão gruda por indução. **81.** Pela polarização da carga. **83.** O campo é nulo porque a força sobre uma carga de teste a meio caminho se cancela. **85.** Uma carga positiva colocada ao redor de um próton é afastada dele, então a direção do vetor campo elétrico é para longe do próton. **87.** A carga se concentrará mais nos cantos (Figura 22.21). **89.** Quando liberada, seus 10 joules de energia potencial se transformarão em 10 joules de energia cinética quando atravessar a sua posição inicial. **91.** Em uma tempestade, o metal cria uma região livre de carga (chamada de gaiola de Faraday). As cargas na superfície do metal se arranjam de forma que o campo no interior se cancela. **93.** Aumente a área das placas ou aproxime-as, mas sem encostá-las. Ou você pode inserir um material não condutor, chamado de *dielétrico*, entre as placas. **95.** 1 Mev é 1 milhão de eV (10^6 eV); 1 GeV é 1 bilhão de eV (10^9 eV), então um GeV é 1.000 vezes maior do que um MeV. **97.** Não, e também não dentro de qualquer corpo condutor carregado. Cargas que se repelem mutuamente sobre a superfície anulam o campo elétrico dentro do corpo – isso vale para condutores sólidos e ocos.

Pense e discuta
99. Quando a lã e o plástico se esfregam, os elétrons são transferidos do plástico para a lã. A deficiência de elétrons na sacola plástica resulta em uma carga positiva. **101.** A moedinha de um centavo terá uma massa ligeiramente maior com uma carga negativa, pois, nesse caso, terá mais elétrons do que quando está neutra. Se estivesse positivamente carregada, ela teria uma massa ligeiramente menor, por causa dos elétrons que perdeu. **103.** A lei seria escrita da mesma maneira. Por exemplo, $Q_1 \times Q_2$ é o mesmo que $Q_2 \times Q_1$. **105.** O semianel tem o maior campo elétrico no centro, pois o campo elétrico do anel inteiro, naquele local, se cancela totalmente. No centro do semianel, o campo se deve a um montão de vetores elétricos para os quais os componentes verticais se cancelam e os horizontais se somam, produzindo um campo resultante horizontal que aponta para a direita. **107.** Seu cabelo não se arrepia porque você está em uma região de campo elétrico nulo, mesmo quando encosta na superfície interna. Da mesma forma, você está em um campo elétrico nulo dentro do carro quando o veículo é atingido por um relâmpago.

Capítulo 23
Questões de revisão
1. Para haver fluxo de calor é necessário haver uma diferença de temperatura. No caso da carga, deve haver uma diferença de potencial elétrico. **3.** Em um metal, os elétrons são livres para se mover aleatoriamente; já os prótons estão alojados nos núcleos atômicos e não são livres para vaguear pelo material. **5.** Um tipo é uma bateria; o outro, um gerador. **7.** Flui mais água através de um cano largo, assim como mais carga flui através de um fio grosso. **9.** A unidade de resistência elétrica é o ohm, símbolo Ω. **11.** Quando a voltagem se reduz à metade, a corrente também se reduz à metade. **13.** O terceiro pino está conectado à "terra", estabelecendo uma rota para a carga indesejada. Isso impede o acúmulo de carga no aparelho. **15.** A corrente oscila 60 vezes por segundo a 60 hertz. **17.** Um capacitor harmoniza os pulsos quando um diodo converte CA em CC. **19.** A velocidade de deriva é a velocidade média dos elétrons que constituem uma corrente elétrica. **21.** O erro é que a fonte não alimenta elétrons, é o próprio fio condutor, não a fonte de energia. **23.** Quando você recebe um choque elétrico, seu próprio corpo é a fonte dos elétrons, mas não a fonte da energia que lhe é fornecida. **25.** O watt e o quilowatt são unidades de potência. O quilowatt-hora é uma unidade de energia. **27.** As voltagens se somam, então se a voltagem em uma lâmpada é de 2 V, a voltagem na outra é de 4 V para explicar os 6 V aplicados através de ambas em série. **29.** A soma das correntes nos ramos é igual à corrente na fonte de voltagem.

Pense e faça
31. Uma atividade que vale a pena.

Pegue e use
33. $I = V/R = 120$ V/15 Ω = 8 A.
35. $I = V/R = 120$ V/240 Ω = 0.5 A.
37. $P = IV = (10$ A$)(120$ V$) = 1.200$ W.

Pense e resolva
39. De acordo com a relação potência = corrente × voltagem, 60 watts = corrente × 120 volts, corrente = 60 W/120 V = 0,5 A. **41.** Da relação potência = corrente × voltagem, corrente = potência/voltagem = 1.200 W/120 V = 10 A. De acordo com a fórmula derivada acima, resistência = voltagem/corrente = 120 V/10 A = 12 Ω. **43.** A potência do ferro elétrico é $P = IV = (110$ V$)(9$ A$) = 990$ W = 990 J/s. A energia térmica gerada em 1 minuto é E = potência × tempo = (990 J/s)(60 s) = 59.400 J. **45.** A resistência da torradeira é R = V/I = (120 V)/(10 A) = 12 Ω. Assim, quando 108 V são aplicados, a corrente será I = V/R = (108 V)/(12 Ω) = 9,0 A e a potência será P = IV = (9,0 A)(108 V) = 972 W, somente 81% da potência normal. (Você compreende a razão para ser 81%? Corrente e voltagem são reduzidas em 10%, e 0,9 × 0,9 = 0,81.)

Pense e ordene
47. A = B = C.   **49.** C, B, A.   **51.** (a) C, B, A. (b) A = B = C.

Pense e explique
53. O sistema de resfriamento de um automóvel é uma analogia melhor para um circuito elétrico porque ambos são sistemas fechados. A mangueira não circula água como faz o sistema de resfriamento do carro. **55.** O circuito do centro é fechado, e a lâmpada acenderá. **57.** Seis joules de energia são fornecidos a cada coulomb de carga que atravessa uma bateria de 6 volts. **59.** Seu instrutor está errado. O ampere expressa corrente; o volt, o potencial elétrico ("pressão" elétrica). São conceitos inteiramente diferentes; a voltagem produz amperes em um condutor. **61.** Apenas o circuito 5 é completo e acenderá a lâmpada. (Os circuitos 1 e 2 estão em "curto" e exaurirão rapidamente a energia da célula. No circuito 3, ambas as pontas do filamento da lâmpada estão conectadas ao mesmo terminal, logo têm o mesmo potencial. Apenas uma ponta do filamento da lâmpada está conectada à célula no circuito 4.) **63.** Concorde com o amigo que diz que a energia é esgotada, não a corrente. **65.** Concorde, pois a mesma voltagem adequada alimentará o circuito. **67.** O choque elétrico *ocorre* quando uma corrente *causada* por uma voltagem aplicada é produzida no corpo. Assim, a *causa* inicial é a voltagem, mas é a corrente que causa o dano. **69.** A eletricidade na sua casa provavelmente é fornecida a 60 hertz e 110-120 volts por meio de tomadas. Ela é CA. Terminais de bateria não se alternam, e a corrente fornecida flui em uma única direção. Ela é CC. **71.** Quanto mais ramos em ambos os casos, menor a resistência total. **73.** A corrente permanece a mesma em todos os resistores em um circuito em série. **75.** O aviso é uma brincadeira. Uma alta voltagem pode ser perigosa, mas uma resistência alta é uma propriedade de qualquer isolante. **77.** Não há motivo para preocupação. O rótulo é uma piada. Ele descreve elétrons, presentes em toda a matéria. **79.** Se os fios paralelos estão mais próximos do que a envergadura das aves, a ave poderá provocar um curto-circuito na fiação pelo contato com as suas asas. A ave morrerá no processo e possivelmente interromperá a transmissão de energia. **81.** A rapidez com a qual uma lâmpada começa a brilhar após um interruptor ser acionado não depende da velocidade de deriva dos elétrons de condução, mas da rapidez com a qual o campo elétrico se propaga pelo circuito – aproximadamente a velocidade da luz. **83.** Lâmpadas brilham mais intensamente quando ligadas em paralelo, pois a voltagem da bateria é aplicada através de cada uma. Quando duas lâmpadas idênticas são conectadas em série, metade da voltagem da bateria é aplicada através de cada uma. A bateria é consumida mais rapidamente para lâmpadas em paralelo. **85.** A lâmpada C é a mais brilhante porque a voltagem aplicada a ela é igual à da bateria. As lâmpadas A e B compartilham a voltagem do ramo paralelo do circuito e conduzem a metade da corrente da lâmpada C. Se a lâmpada A for desatarrachada do bocal, o ramo superior não mais fará parte do circuito, e a corrente cessará tanto em A quanto em B. Elas não brilharão mais, enquanto a lâmpada C brilhará como antes. Se, em vez disso, a lâmpada C for desatarrachada, ela deixará de brilhar, e as lâmpadas A e B continuarão brilhando como antes. **87.** A corrente na linha diminuirá à medida que mais dispositivos forem

ligados em série, mas a linha de corrente aumentará quando mais dispositivos forem ligados em paralelo. Isso porque a resistência do circuito aumenta quando mais dispositivos são adicionados em série, mas diminui (mais caminhos disponíveis) quando mais dispositivos são ligados em paralelo. **89.** Todas são iguais para resistores idênticos ligados em paralelo. Se os resistores não forem idênticos, então o de maior resistência terá menos corrente e menor dissipação de potência. Independentemente das resistências, todavia, a voltagem através de ambos será a mesma. **91.** As três são equivalentes em circuitos em paralelo. Cada ramo está conectado individualmente à bateria.

Pense e discuta
93. A resistência equivalente de resistores em série é igual à soma das resistências deles, de modo que você deve ligar um par de resistores em série para obter maior resistência. **95.** Concorde, pois resistências em série se somam. **97.** Conecte um par de resistores de 40 Ω em paralelo. Sua resistência equivalente é de 20 Ω. **99.** (a) 4 Ω. O circuito pode ser redesenhado como um circuito em paralelo simples de três ramos de 12 Ω. Usando a regra do produto sobre a soma para os dois ramos superiores de 12 Ω, a resistência equivalente para os dois é [(12 Ω)(12 Ω)]/24 Ω = 6 Ω. Voltando à mesma regra, [(6 Ω)(12 Ω)]/18 Ω = 4 Ω para o circuito total. (b) De acordo com a fórmula $I = V/R = 24$ V/4 Ω = 6 A. (c) A corrente é dividida igualmente entre os três ramos, então há 2 A em cada ramo. Assim, 2 A fluem no resistor de 12 Ω.

Capítulo 24
Questões de revisão
1. Durante uma aula de ensino médio, Hans Christian Oersted notou que uma corrente é capaz de afetar um ímã, relacionando a eletricidade ao magnetismo. **3.** Elétrons em movimento constituem a fonte da força magnética. **5.** Polos magnéticos não podem ser isolados; cargas elétricas podem. **7.** O movimento de cargas elétricas produz um campo magnético. **9.** Um domínio magnético é um aglomerado de átomos alinhados uns com os outros. **11.** O ferro tem domínios magnéticos, a madeira não. **13.** O campo magnético forma círculos concêntricos em torno do fio condutor de corrente. **15.** Dentro da espira, as linhas são mais concentradas. **17.** Um fluxo maior de elétrons produz uma intensidade de campo magnético maior. **19.** A força de deflexão é máxima quando o movimento é perpendicular ao campo e mínima quando ele é paralelo ao campo. **21.** A força máxima ocorre quando a corrente é perpendicular ao campo. **23.** Quando calibrado para medir correntes, constitui um amperímetro; quando calibrado para medir voltagem, um voltímetro. **25.** Sim. Um motor é um galvanômetro sofisticado. **27.** Inversões dos polos magnéticos são trocas de polos norte para polos sul, comuns ao longo da história da Terra. **29.** As seis criaturas são bactérias, pombos, abelhas, borboletas, tartarugas marinhas e peixes.

Pense e faça
31. Se o prego é golpeado quando aponta no sentido norte-sul, os domínios alinham-se com o campo magnético da Terra. Se o prego é golpeado quando aponta no sentido leste-oeste, os domínios se desalinham com o campo terrestre. **33.** Outra atividade simples. Não é preciso martelar metal algum. **35.** Uma atividade elegante.

Pense e explique
37. Todo o magnetismo se origina de cargas elétricas em movimento. Para um elétron, há magnetismo associado com o seu giro em torno do próprio eixo, com o seu movimento em torno do núcleo e com o seu movimento como parte de uma corrente elétrica. Nesse sentido, todos os ímãs são eletroímãs. **39.** A atração ocorrerá porque um ímã induz uma polaridade oposta no pedaço de ferro próximo. Um norte induzirá um sul, e um sul induzirá um norte. Isso é parecido na indução eletrostática. **41.** Os polos de um ímã se atraem, e isso faz com ele se dobre, com os polos podendo até mesmo chegar a se tocar se o material for suficientemente flexível. **43.** Os ímãs de geladeira têm faixas estreitas de polos norte e sul alternadas. Esses ímãs são suficientemente fortes para segurar folhas de papel contra a porta de um refrigerador, mas têm um alcance muito curto, pois os polos norte e sul se cancelam a curtas distâncias de uma superfície magnética. **45.** Com o tempo, os domínios são desalinhados. **47.** O alinhamento persiste por algum tempo, de modo que, quando removido da fonte magnética inicial, um magnetismo "residual" persiste. **49.** A rotação não é produzida quando o eixo da espira é alinhado com o campo. **51.** Sim, exerce. Como o ímã exerce uma força sobre o fio, este, de acordo com a terceira lei de Newton, deve exercer uma força sobre o ímã. **53.** A agulha aponta perpendicularmente ao fio (leste ou oeste). (Ver a Figura 24.8.) **55.** Da mesma forma como um prego é magnetizado ao se bater nele repetidamente, um navio de ferro sofre batidas durante sua construção, o que faz dele um ímã permanente. A orientação inicial do campo magnético, que é um fator importante em medições subsequentes, fica registrada na placa de bronze. **57.** Não, um elétron deve estar se movendo através das linhas de um campo magnético para experimentar uma força magnética. Em um campo elétrico, todavia, um elétron será acelerado, esteja ele em movimento ou em estado estacionário. **59.** Se as partículas entrarem no campo em uma direção e forem desviadas para lados contrários (uma para a esquerda e a outra para a direita), as cargas devem ter sinais opostos. **61.** Se uma corrente elétrica for gerada pela rotação de uma espira de fio condutor, o campo é magnético. Se uma força for exercida somente sobre uma carga em movimento, o campo é magnético. **63.** Íons simplesmente carregados, deslocando-se com a mesma rapidez em presença do mesmo campo magnético, experimentarão a mesma força magnética. O grau do desvio que cada uma sofre dependerá, então, de sua aceleração, que depende de sua massa correspondente. Os íons de menor massa serão desviados ao máximo, enquanto aqueles de maior massa sofrerão desvios mínimos.

Pense e discuta
65. Concorde, pois um elétron sempre experimenta uma força em um campo elétrico devido apenas à sua carga. A força depende da velocidade em um campo magnético, no entanto. **67.** Diga ao primeiro amigo que o campo magnético da Terra é contínuo entre os polos e que, como uma bússola mostraria, ele não se inverte quando atravessamos o equador. **69.** Rapidez e E_C não variam porque a força é perpendicular à velocidade, não realizando trabalho sobre a partícula. **71.** Para determinar qual das duas barras é um ímã somente a partir de suas interações uma com a outra, posicione uma das extremidades da barra 1 no ponto médio da barra 2 (formando um "T" com as duas). Se houver atração, a barra 1 é um ímã. Se não houver, a barra 2 é um ímã.

Capítulo 25
Questões de revisão
1. Faraday e Henry descobriram independentemente a indução eletromagnética. **3.** Aproxime a espira de um ímã; aproxime um ímã de uma espira; varie a corrente em uma espira próxima. **5.** As duas frequências são iguais. **7.** A corrente é CA porque o campo magnético percebido pela bobina está flutuando. **9.** Faraday e Henry fizeram a descoberta; Tesla a pôs em uso prático. **11.** Não, um gerador simplesmente transforma energia de uma forma para outra. **13.** Potência é a taxa segundo a qual a energia é transferida. **15.** Um transformador muda a voltagem e a corrente, mas não a energia ou a potência. **17.** A voltagem é elevada em um transformador elevador. **19.** O funcionamento de um transformador depende da variação do campo magnético dentro da bobina, então a corrente é CA. **21.** Sim. Isso é denominado autoindução. **23.** Correntes de vórtice são redemoinhos induzidos de elétrons em uma folha condutora, em contraste com um fio condutor. **25.** O propósito de transmitir potência em altas voltagens é que há menos corrente para uma determinada quantidade de potência, o que reduz o desperdício e o aquecimento dos fios. **27.** Nenhum fio é necessário. *Smartphones* e outros aparelhos eletrônicos pessoais atestam isso. **29.** Não são necessários fios no vácuo.

Pense e faça
31. Exercício aberto. Curiosamente, décadas mais tarde, o efeito elétrico abriu espaço para novas ideias sobre a luz. **33.** A indução eletromagnética está por trás do carregamento desses dispositivos.

Pegue e use
35. 120 V/10 espiras = x V/100 espiras, onde x = 100 espiras × 120 V/10 espiras = 1.200 V.

Pense e resolva
37. 120 V/500 espiras = 6 V/x espiras, onde x = 500 espiras × 6 V/120 V = 25 espiras. **39.** Da relação do transformador, (voltagem primária)/(número de espiras no primário) = (voltagem secundária)/(número de espiras no secundário) = 120 V/24 V = 5/1. Assim, existem cinco vezes mais espiras no primário do que no secundário. **41.** O transformador eleva a voltagem por um fator igual a 36/6 = 6. Portanto, 12 V na entrada seriam elevados para 6 × 12 V = 72 V. **43.** A voltagem é elevada por (12.000 V)/(120 V) = 100. Assim, devem existir 100 vezes mais espiras no secundário do que no primário.

Respostas dos exercícios ímpares **835**

Pense e ordene
45. B, C, A.

Pense e explique
47. A indução magnética não ocorre no nylon, pois este não tem domínios magnéticos. **49.** Um trabalho deve ser realizado para mover um condutor de corrente em um campo magnético. A conservação da energia também está envolvida. Existirá mais energia saindo se aumentar a energia que entra. **51.** A rigor, um carro terá melhor consumo de combustível se quaisquer dispositivos elétricos estiverem desligados. Esses dispositivos operam fazendo uso da bateria do carro, que precisa ser recarregada a medida que a energia elétrica dele é consumida. O que realiza essa regarga é o gerador do carro, que funciona através da queima de gasolina. **53.** As correntes de vórtice induzidas no metal fazem variar o campo magnético, o que, por sua vez, faz variar a corrente CA das espiras e aciona o alarme. **55.** Concorde com o colega. Qualquer enrolamento de fio que gire em presença de um campo magnético cujas linhas de campo o cortem constitui um gerador. **57.** No efeito motor, a força é perpendicular ao fio. No efeito gerador, a força é paralela ao fio. **59.** Força eletromotriz é induzida. **61.** De acordo com a indução eletromagnética, se o campo magnético alternar dentro da circunferência do anel, uma força eletromotriz alternada será induzida no mesmo. Uma vez que o anel é metálico, sua resistência relativamente baixa resultará em uma corrente alternada relativamente alta, que aquece o anel. **63.** O eletroímã é CA, o que significa que existe um campo magnético continuamente variável no anel de cobre. Este induz uma corrente no anel, o qual torna-se seu próprio eletroímã, que é continuamente repelido pelo grande eletroímã. **65.** Uma vez que toda a resistência elétrica, nesse caso, se deve meramente ao próprio fio (e não a outras cargas externas), o dobro de comprimento de fio significa o dobro da resistência. Dessa forma, embora o dobro de fio signifique o dobro da força eletromotriz, com o dobro da resistência, a corrente será a mesma. **67.** Concorde, força eletromotriz e corrente são induzidas, não transferidas. **69.** Quando a voltagem secundária for duas vezes maior do que a voltagem primária e o secundário atuar como uma fonte de voltagem para uma "carga" resistiva, a corrente secundária terá a metade do valor da corrente primária. **71.** Um transformador elevador multiplica a voltagem no secundário; um transformador abaixador faz o oposto: diminui a voltagem no secundário. **73.** O nome do jogo com o eletromagnetismo é *variação*: sem variação, não há indução. A corrente alternada muda de sentido, normalmente, a 60 Hz. **75.** Eles estão ligados, entretanto, por campos magnéticos variáveis – iguais em cada enrolamento. Existe um espaço físico entre os dois. **77.** Não, não, não, mil vezes não! Nenhum dispositivo é capaz de elevar a energia. Esse princípio é o coração da física. Energia não pode ser criada nem destruída. **79.** Por simetria, a força eletromotriz e a corrente no primário e no secundário são iguais. Assim, 12 V são aplicados ao medidor, com uma corrente alternada de 1 A. **81.** Balançá-lo varia o "fluxo" do campo magnético da Terra no enrolamento, o que induz voltagem e, logo, corrente. Pense no fluxo como o número de linhas de campo que atravessam o enrolamento. O fenômeno depende da orientação do enrolamento, mesmo em um campo constante. **83.** Em relação à física clássica, as frequências são iguais. **85.** As ondas eletromagnéticas dependem da regeneração mútua dos campos. Se os campos elétricos induzidos não induzissem campos magnéticos e passassem energia para eles, a energia ficaria localizada em vez de "ondular" no espaço. As ondas eletromagnéticas não existiriam.

Pense e discuta
87. Os fios de cobre não eram encapados na época de Henry. Um enrolamento feito com fios desencapados que tocam uns aos outros constitui um curto-circuito. A seda era usada para encapar e isolar os fios. **89.** Duas coisas ocorrem no enrolamento do motor que movimenta a serra. A corrente de entrada faz o enrolamento girar, o que cria um motor. Contudo, o movimento do enrolamento no campo magnético do motor também faz dele um gerador. A corrente resultante no motor é a corrente de entrada menos a corrente gerada na saída. Você paga a companhia elétrica pela corrente resultante. Quando o motor emperra, a corrente resultante fica maior por causa da ausência de corrente gerada. Isso pode queimar o enrolamento da serra! **91.** Praticamente zero. A alta voltagem da linha de energia está entre os fios paralelos, não entre as patas do pássaro. **93.** Sim, concorde com seu amigo. A frenagem magnética explica a desaceleração do ímã solto no tubo de cobre condutor. **95.** A lentidão da queda se deve à interação do campo magnético do ímã em queda com o campo induzido no tubo condutor. A ausência de condução, como no tubo de papelão, significa que não há campo induzido ou lentidão na queda. **97.** O ímã arremessado induz correntes de vórtice na bobina, o que produz um campo magnético que tende a repelir o ímã quando se aproxima e atraí-lo quando se afasta, desacelerando-o no seu voo. **99.** Uma diferença de potencial é induzida ao longo da asa do avião em movimento. Isso produz uma corrente momentânea e um acúmulo de carga em cada extremidade da asa, o que gera uma diferença de potencial que se opõe à diferença de voltagem induzida. Assim, a carga é puxada igualmente em sentidos opostos e permanece estática.

Capítulo 26

Questões de revisão
1. Um campo magnético variável induz um campo elétrico também variável. **3.** Campos elétricos e magnéticos oscilantes são as fontes de ondas eletromagnéticas. **5.** Se a onda se tornar mais veloz, haverá maior geração de ondas e a energia aumentará. Portanto, isso realmente não ocorrerá. **7.** A luz ocupa cerca de um milionésimo de 1% do espectro medido. **9.** Comprimento de onda = frequência × comprimento de onda. As frequências mais altas da luz têm os comprimentos de onda mais curtos. **11.** Principalmente porque o espaço exterior está cheio de ondas eletromagnéticas. **13.** A frequência de ressonância do vidro se encontra na região do ultravioleta. **15.** A energia da luz visível transmite-se através do vidro e passa para o outro lado. **17.** A rapidez média de propagação da luz no vidro é menor do que no vácuo. **19.** As frequências dos "goles e arrotos" são iguais. **21.** As ondas infravermelhas fazem com que átomos e moléculas inteiros vibrem. **23.** Metais são brilhantes porque seus elétrons livres vibram facilmente com a luz incidente. **25.** A umbra é a parte totalmente escura de uma sombra; uma sombra parcial é uma penumbra. Quando a Lua passa dentro da sombra da outra, temos um eclipse. **27.** Um eclipse solar ocorre quando a sombra da Lua cai sobre a superfície terrestre. Um eclipse lunar ocorre quando a sombra da Terra cai sobre a Lua. **29.** Os objetos na periferia são vistos melhor quando estão em movimento.

Pense e faça
31. Talvez você fique surpreso ao descobrir que o tamanho aparente da Lua é o mesmo quando ela se encontra baixa ou alta no céu. A explicação é fisiológica. **33.** Exercício aberto e interessante!

Pense e resolva
35. Da relação $v = d/t$, temos que $v = d/t$, $t = d/v = d/c = (1{,}5 \times 10^{11})/(3 \times 10^8) = 500$ s (o que equivale a 8,3 minutos). O tempo decorrido para atravessar um diâmetro da órbita terrestre é o dobro disso, ou 1.000 s, como estimado por Roemer anteriormente. **37.** (a) Da relação $v = d/t$, $t = d/v = d/c = (3{,}85 \times 10^{10})/(3 \times 10^8$ m/s$) = 115{,}5$ s (igual a 1,0 min). (b) $t = d/v = d/c = (5{,}6 \times 10^{10})/(3 \times 10^8) = 186{,}6$ s (3,1 min). **39.** De acordo com a relação $v = f\lambda$, $\lambda = v/f = (3{,}0 \times 10^8)/(3{,}0 \times 10^6) = 0{,}01$ m = 1,0 cm, mais ou menos a largura da ponta do seu mindinho.

Pense e ordene
41. c, a, b. **43.** a = b = c.

Pense e explique
45. Seu colega está correto de novo. A luz é a oscilação dos campos elétricos e magnéticos que regeneram um ao outro continuamente. **47.** Você vê a sua mão no passado! Quanto no passado? Para descobrir, simplesmente divida a distância entre sua mão e seus olhos pela velocidade da luz (a 30 cm, a resposta é cerca de um bilionésimo de segundo). **49.** Use um elemento fotossensível que seja sensível à parte infravermelha do espectro, pois todos os objetos no ambiente emitem ondas infravermelhas, estejam eles na escuridão ou na luz. **51.** Frequência; um raio gama tem frequência mais alta (logo, mais energia por fóton) do que um raio infravermelho. **53.** Ambas propagam-se à mesma rapidez c. **55.** Concorde. As ondas eletromagnéticas estão em todo lugar. **57.** Ambas são muito mais longas, pois suas frequências são muito menores do que as frequências da luz visível. **59.** O som requer um meio físico para se propagar. A luz, não. **61.** As ondas de rádio e de luz são eletromagnéticas e transversais, propagam-se à velocidade da luz e são criadas e absorvidas por cargas oscilantes. Elas diferem em frequência, em comprimento de onda e, muitas vezes, no tipo de carga oscilante que as cria e absorve. **63.** Quanto maior o número de interações ao longo da trajetória da luz, menor é a rapidez média. **65.** O maior número de interações por distância tende a desacelerar a luz e a resultar em rapidez média menor. **67.** As nuvens são transparentes à luz ultravioleta, por isso oferecem pouca proteção contra queimaduras de sol. O vidro, entretanto, é opaco à luz ultravioleta e protege você de queimaduras de sol. **69.** Qualquer sombra projetada por um objeto distante, como um avião em altitudes elevadas, é preenchida pela luz divergente do Sol, que não é uma fonte pontual. Se o avião está próximo ao solo, os raios divergentes de luz solar ao redor do avião podem ser insuficientes para preencher a sombra, parte da qual fica visível. **71.** A luz refletida pelos objetos ao luar quase sempre é fraca demais para estimular os cones sensíveis a cores presentes no olho humano. Assim, enxergamos esses objetos principalmente com nossos bastonetes, o que explica a sua falta de cor. **73.** A menos que a luz que incide em seus olhos tenha ganhado intensidade, a contração das pupilas sugere que ela não gosta do que vê, escuta, prova com a língua, cheira ou sente. Em suma, ela pode estar descontente com você! **75.** Não, as pupilas tendem a

diminuir à medida que envelhecemos e com a intensidade da luz. É a *variação* no tamanho da pupila que sugere a disposição psicológica da pessoa. **77.** Não, pois a estrela mais brilhante pode ser simplesmente a mais próxima.

Pense e discuta

79. Podemos ver o Sol e as estrelas. **81.** As ondas de rádio são ondas eletromagnéticas e não devem ser confundidas com o som, que é uma onda mecânica, completamente diferente das ondas eletromagnéticas. Nenhum dos dois tipos é visível. **83.** Não, a diferença fundamental entre uma bala disparada através de uma tábua e a luz que atravessa o vidro é que a *mesma* bala que atinge a tábua emerge do outro lado. É diferente com a luz. Devido ao atraso das interações, apenas a sua rapidez média é menor do que *c*. A luz que emerge tem rapidez igual a *c*. **85.** Sim. Uma evidência é um eclipse lunar, quando a Lua passa pela sombra da Terra. **87.** Um eclipse lunar ocorre quando o Sol, a Terra e a Lua estão perfeitamente alinhados e a sombra da Terra cai sobre a Lua. O luar é mais intenso e a Lua está sempre mais cheia quando o alinhamento se aproxima da perfeição — na noite de um eclipse lunar. **89.** As imagens em forma de crescente são do Sol quando bloqueado parcialmente pela Lua quando esta passa em parte à frente do Sol. **91.** A Lua se encontra mais distante do que sua distância média até a Terra, de modo que parece menor no céu. Se estivesse mais próxima, a Lua pareceria maior e o Sol seria completamente bloqueado quando Lua, Sol e Terra estivessem alinhados. **93.** (a) Observadores lunares veriam a Terra no caminho da luz solar e enxergariam um eclipse solar. (b) Observadores lunares veriam uma pequena sombra da Lua se movendo lentamente através da "Terra cheia". A sombra consistiria em uma mancha escura (a umbra) rodeada por um círculo menos escuro (a penumbra). **95.** A luz do *flash* se espalha de acordo com a lei do quadrado da distância até o solo abaixo, e o pouco que voltaria dela para o avião se espalharia ainda mais. É meio bobo tirar fotos a grandes distâncias com o *flash* ligado, seja de dentro de um aeroplano, seja de uma arquibancada de estádio de futebol.

Capítulo 27

Questões de revisão

1. A luz azul tem uma frequência maior do que a luz vermelha. **3.** Quando a luz incide num material com frequência natural correspondente, ela é absorvida. Quando incide sobre um material com frequência natural acima ou abaixo da frequência da luz incidente, ela é reemitida. **5.** Um pedaço de vidro colorido absorve luz e esquenta mais rapidamente. **7.** Nossos olhos são mais sensíveis ao amarelo-esverdeado. **9.** Essas três cores de igual brilho se somam para produzir o branco. **11.** O vermelho e o ciano se somam e produzem o branco. **13.** O ciano é a cor mais absorvida pela tinta vermelha. **15.** As cores são magenta, amarelo e ciano. **17.** Sinos pequenos interagem mais com sons de alta frequência. Partículas pequenas interagem mais com sons de alta frequência. **19.** O céu ocasionalmente parece esbranquiçado devido mais ao espalhamento de partículas maiores do que às moléculas de oxigênio e nitrogênio na atmosfera. **21.** As cores dos poentes variam porque as partículas atmosféricas também variam na atmosfera. **23.** Sim, a vermelhidão da Lua em eclipse é a refração dos poentes e das auroras em todo o mundo. **25.** Gotículas grandes absorvem a luz, e a nuvem escurece. **27.** A luz vermelha é mais absorvida pela água. **29.** A água parece ter cor ciano porque a luz vermelha foi absorvida pela água.

Pense e faça

31. Está relacionado à questão Pense e discuta 81. **33.** Isso será fascinante para os céticos. **35.** Você consegue convencê-la de que o conhecimento agrega à apreciação da natureza, não o contrário?

Pense e explique

37. O revestimento interior mais absorve do que reflete a luz, portanto parece preto. O interior negro absorverá qualquer raio luminoso extraviado em vez de refleti-lo e interferir com a imagem óptica. **39.** As bolas de tênis são de cor amarelo-esverdeado para serem mais visíveis; elas têm a cor à qual nossos olhos são mais sensíveis. **41.** Um pedaço de papel branco exposto à luz solar tem a propriedade de refletir qualquer cor que incida sobre ele. **43.** Se as roupas amarelas forem iluminadas com uma luz azul complementar, elas parecerão negras. **45.** Vermelho e verde produzem amarelo; vermelho e azul produzem magenta; vermelho, azul e verde produzem branco. **47.** A cor amarelo avermelhada é complementar ao azul. Quando combinadas resultam em negro. Viaturas de cor azul-escura seriam difíceis de enxergar com uma luz dessas. **49.** Vê-se o púrpura. Ver a Figura 27.13. **51.** A grandes profundidades em água, o vermelho não está mais presente, de modo que o sangue parece negro-esverdeado em fotos subaquáticas. Porém existe uma fartura de vermelho na luz do *flash* de uma câmera, por isso o sangue parece vermelho quando iluminado. **53.** Verde + azul = ciano = branco − vermelho. **55.** A cor refletida é branco menos vermelho, ou ciano. **57.** Tais óculos eliminam a perturbação causada pelo azul e o violeta, que são mais espalhadas, deixando que o piloto enxergue na faixa de frequência em que o olho é sensível. **59.** Sim, concorde. Poucos dos seus amigos sabem disso! **61.** A afirmativa é verdadeira. Um tom mais positivo seria dado à frase se suprimíssemos a palavra "justamente", pois o pôr do sol não é formado *apenas* pelas cores restantes. Ele é as cores que não foram espalhadas em outras direções. **63.** Por causa de emissões vulcânicas, a cor da Lua parece ser o ciano, a cor complementar do vermelho. **65.** A espuma é formada por minúsculas partes de líquido que espalham a luz da mesma maneira como uma nuvem faz. **67.** A luz solar que atingiria o solo seria predominantemente de baixas frequências, pois a maior parte do azul seria espalhada para longe. A neve provavelmente seria laranja ao meio-dia e de um vermelho profundo quando o Sol estivesse diretamente acima da cabeça. **69.** O pôr do sol ocorre depois de muita atividade por parte dos seres humanos e de outros seres vivos, quando poeira e outras partículas estão em suspensão no ar. Por isso a aparência do céu é mais rica no pôr do sol.

Pense e discuta

71. A consumidora está sendo razoável. Sob iluminação fluorescente, com suas frequências predominantemente altas, as cores azuladas serão mais acentuadas do que as cores avermelhadas. As cores parecerão completamente diferentes quando vistas à luz solar. **73.** As pétalas vermelhas de uma rosa refletem luz vermelha, enquanto as folhas verdes absorvem essa luz. A energia absorvida pelas folhas tende a aumentar sua temperatura. Material branco reflete radiação e é, portanto, utilizado por quem não deseja ser aquecido pela energia radiante absorvida. **75.** Não vemos apenas o amarelo esverdeado, mas também vermelho e azul. Juntas, essas cores se misturam e produzem a luz branca que vemos. Devido ao espalhamento pela atmosfera, o Sol é amarelado. **77.** Concorde, pois as misturas de tinta estão corretas. **79.** A cor preta é o resultado da absorção, que é o que os pigmentos fazem, mas isso não se aplica à luz. O arco-íris não tem preto. A cor preta, assim como o branco, não é uma cor da luz. **81.** Você vê as cores complementares por causa da fadiga da retina. O azul parecerá amarelo, o vermelho parecerá ciano e o branco parecerá preto. Experimente e comprove! **83.** A grandes altitudes, existem poucas moléculas acima de você e, assim, há menos espalhamento da luz solar. Isso resulta em um céu mais escuro. No extremo, sem quaisquer moléculas, o resultado é um céu negro, como se veria se estivesse na Lua. **85.** O céu pareceria avermelhado porque o vermelho é mais espalhado pela luz solar. O pôr do sol pareceria azulado porque a luz azul é a que melhor atravessa grandes distâncias pela atmosfera. **87.** A ausência de uma atmosfera significa que a cor do Sol não varia quando ele nasce ou se põe. É uma das muitas coisas que os colonizadores de Marte sentiriam falta. **89.** Agregar materiais é análogo à adição de cores na tela do computador. Subtrair materiais é análogo ao modo como pigmentos são misturados para produzir um diagrama em um livro impresso.

Capítulo 28

Questões de revisão

1. A luz incidente põe os elétrons em vibração. **3.** Sim. **5.** A distância da imagem e a distância do objeto são iguais. **7.** Sim. Uma superfície pode ser polida para ondas de comprimento de onda curtos, como a malha de um prato parabólico, e não para ondas longas. **9.** Os ângulos não são iguais quando as faces do vidro não são paralelas entre si, como no caso de um prisma. **11.** A rapidez é *c* após sair da lente de vidro e entrar no ar. **13.** A luz se propaga mais rápido no ar mais rarefeito do que no ar mais denso. **15.** Sim, tanto para a reflexão quanto para a refração. **17.** A dispersão pode ser desfeita quando a face de entrada do primeiro prisma é paralela à face de saída do segundo. **19.** Um observador enxerga apenas um pequeno segmento das cores, uma única cor, dispersada de uma única gota afastada. **21.** Os níveis de brilho são um pouco mais intensos além do arco secundário, mais escuros entre os arcos primário e secundário e têm intensidade máxima dentro do arco primário. **23.** Dentro do vidro, a luz sofre reflexão total em cerca de 43°, dependendo do tipo de vidro; dentro de um diamante, em um ângulo de 24,5°. **25.** Uma lente convergente é mais espessa no meio, o que faz raios paralelos chegarem juntos a um ponto. Uma lente divergente é mais espessa nas bordas. **27.** Uma imagem real pode ser projetada sobre uma tela; uma imagem virtual, não. **29.** Pupilas pequenas significam aberturas pequenas, com menos superposição de raios fora de foco.

Pense e faça

31. Muitas avós não percebem que um espelho com somente a metade da altura dará uma visão completa delas mesmo. **33.** Esta é uma atividade intrigante. **35.** Esta é uma atividade intrigante.

Pense e resolva

37. 4 m/s, a soma de ambos caminhando a 2 m/s. **39.** A imagem da borboleta encontra-se 20 cm atrás do espelho, de modo que a distância entre ela e seu olho é de 70 cm. **41.** A quantidade de luz transmitida através das duas lâminas de vidro é aproximadamente 85%. Para entender isso, considere uma intensidade incidente de 100 unidades arbitrárias. Em seguida, 92 unidades são transmitidas pela primeira vidraça, e 92% dessa quantidade é transmitida pela segunda vidraça (0,92 de 92 = 84,6).

Pense e ordene

43. a = b = c (todos iguais). **45.** b, c, a.

Pense e explique

47. O pé esquerdo de Peter pisa firmemente na mesa, que está atrás do espelho entre as pernas. **49.** Apenas três espelhos planos produzem as múltiplas imagens de Karen Jo nesse grande caleidoscópio. **51.** O caubói Joe deveria simplesmente mirar na imagem espelhada do seu adversário, pois o ricochete da bala seguirá as mesmas variações de direção quando refletido de uma superfície plana. **53.** Essas palavras são lidas corretamente nos espelhos retrovisores dos carros à sua frente. **55.** Nem esquerda e direita nem alto e baixo são invertidos pelo espelho, mas *frente* e *trás* são. **57.** Vidraças de janelas normalmente transmitem cerca de 92% da luz incidente, e as duas superfícies refletem cerca de 8%. A pessoa no lado de fora, à luz do dia, olha para a janela de um quarto escuro e vê 8% da luz externa refletida de volta e 92% da luz interna transmitida para fora. Contudo, 8% da luz forte do lado de fora pode ser mais intenso do que 92% da luz fraca do lado de dentro, o que dificultaria ou impossibilitaria enxergar o interior do lado de fora. A pessoa dentro do quarto escuro, por outro lado, recebe a reflexão de 92% da luz intensa de fora e 8% da luz fraca de dentro, então enxerga facilmente o que acontece do outro lado da janela. **59.** Um pulso de luz vermelha se propaga mais rapidamente através do vidro e emerge primeiro. **61.** O espelho de meia altura funciona a certa distância porque, se você se aproximar do espelho, sua imagem se moverá para mais perto dele também. Se você se afastar dele, sua imagem fará o mesmo. **63.** A área enxuta terá metade da altura de sua face. **65.** A pessoa sofre de hipermetropia. **67.** Concorde, como revela um exame da Figura 28.24. Note que as frentes de onda são mais amontoadas próximo à água do que no ar acima. **69.** A Lua não fica totalmente escura dentro da sombra da Terra porque a atmosfera terrestre atua como uma lente convergente que refrata luz na direção da sombra do planeta. São as baixas frequências que atravessam com mais facilidade a longa trajetória através da atmosfera terrestre e são finalmente refratadas sobre a Lua. Isso explica a cor avermelhada — a refração das auroras e poentes de todo o planeta. **71.** Não enxergamos um arco-íris "de lado" porque ele não é um objeto tangível e concreto no mundo. As cores são refratadas em direções infinitas e preenchem todo o céu. As únicas cores que enxergamos que não são apagadas pelas outras são aquelas ao longo dos ângulos cônicos entre 40° e 42° em relação ao eixo Sol-anti-Sol. **73.** O que vale para o nadador no exercício vale para o peixe acima d'água. A visão normal do peixe é a luz que vai da água para o olho. Essa condição é atendida se o peixe enche os óculos de água. **75.** O diamante perderá brilho porque a diferença na rapidez de propagação da luz que passa da água para o diamante é menor que do ar para o diamante. Menos variação de rapidez significa menos refração. **77.** Cubra a metade superior da lente e você eliminará metade da iluminação. No processo, você não corta metade da imagem, como alguns acreditam erroneamente. A imagem está tão completa quanto antes da aplicação da fita. **79.** Um furo maior produz uma imagem mais brilhante, mas, devido à sobreposição dos raios de luz, também produz uma imagem mais borrada. A imagem de um furo minúsculo tem nitidez. **81.** As manchas circulares são imagens do Sol projetadas através dos "furos de alfinete" nos espaços entre as folhas. **83.** Sim, as imagens estão realmente de cabeça para baixo! O cérebro as reinverte. **85.** Os mapas lunares estão de cabeça para baixo para que coincidam com as imagens invertidas que a Lua produz em um telescópio refrator. **87.** A rapidez de propagação da luz é a mesma no vidro e no óleo.

Pense e discuta

89. Se interpretarmos um espelho curvo como uma sucessão de espelhos planos, a lei da reflexão padrão se aplica a cada lugar onde a luz incide na superfície. **91.** A rodovia asfaltada com cascalho, que constitui uma superfície desnivelada, é mais fácil de ver. A luz dos faróis do carro que é refletida de volta é que permite que você enxergue a estrada. Uma superfície lisa como a de um espelho reflete mais luz, porém ela é refletida para a frente, não para trás, de modo que não ajudaria o motorista. Enquanto a reflexão difusa por uma estrada rugosa permite ao motorista vê-la iluminada pelos faróis em uma noite seca, em uma noite chuvosa a estrada estaria coberta com água e atuaria como um espelho plano. Muito pouco da iluminação fornecida pelos faróis retornaria ao motorista e, em vez disso, seria refletida para a frente (ofuscando os motoristas que trafegam em sentido contrário). **93.** Você está vendo a luz do céu refletida para cima próximo à superfície da rodovia. **95.** As duas imagens não se contradizem. Em ambos os casos, a luz é desviada da normal ao emergir da água. Por isso, o vértice do quadrado imerso parece estar mais raso. **97.** Arremesse o arpão abaixo da posição aparente do peixe. Contudo, ao iluminar o peixe com um *laser*, não use correção alguma e simplesmente mire diretamente no peixe. Isso porque a luz proveniente do peixe que você vê foi refletida em sua direção, e o feixe de *laser* será refletido ao longo do mesmo caminho percorrido para chegar ao peixe. **99.** Um peixe enxerga o céu (assim como alguma reflexão proveniente do fundo) quando ele olha em uma direção 45° para cima, pois o ângulo crítico é de 48° no caso da água. Se ele olhar a 48° ou mais, verá somente a reflexão do fundo. **101.** Sua posição deve estar entre o arco-íris e o Sol. **103.** Quando o Sol está alto no céu e as pessoas no avião estão olhando para uma nuvem abaixo em direção oposta à do Sol, elas podem ver um arco-íris que forma um círculo completo. A sombra do avião aparecerá no centro do arco circular, pois o avião está diretamente entre o Sol e as gotas ou nuvens de chuva que produzem o arco-íris. **105.** A cobertura da piscina não é maior do que a área superficial da própria piscina e não coleta energia solar a mais do que faz a piscina. Ela pode ajudar a esquentar a piscina impedindo a ocorrência de evaporação, como no caso com uma cobertura qualquer, mas de jeito algum a lente direcionará qualquer energia solar adicional para a água situada abaixo. **107.** O desvio é menos acentuado porque a luz é previamente desacelerada pela água, e ela acaba desacelerando apenas um pouco mais em sua córnea. Por isso, os olhos próximos enxergam mais claramente dentro da água do que no ar. **109.** Os dois raios constituem uma amostra dos muitos e muitos raios necessários para produzir uma imagem nítida. O par de raios mostrado apenas indica a localização da imagem distante da lente. Dois raios estão longe de serem suficientes para produzir uma imagem.

Capítulo 29

Questões de revisão

1. Cada ponto de uma frente de onda se comporta como uma fonte de novas ondículas para formar novas frentes de onda. **3.** A difração é mais acentuada em uma pequena abertura. **5.** Comprimentos de onda mais longos difratam mais as ondas mais curtas, de modo que as ondas de rádio AM, mais longas, são mais acentuadamente difratadas. **7.** Elas interferem destrutivamente e resultam em amplitude zero. **9.** Thomas Young comprovou a natureza ondulatória da luz. **11.** Sim. É possível produzir franjas de interferências para uma única fenda, como ilustra a Figura 29.19. As redes de difração, e até superfícies irregulares, como os CDs do vovô, apresentam padrões de interferência incríveis. **13.** Superfícies opticamente planas são aquelas cujas franjas de interferência são uniformes. **15.** A iridescência é produzida por interferência luminosa. **17.** As cores são todas produzidas por interferência, resultando de duplas reflexões nas duas superfícies. **19.** A polarização distingue ondas longitudinais de ondas transversais. **21.** Quando os eixos estão alinhados, a luz atravessa o primeiro polaroide e também o outro. Quando os eixos formam um ângulo reto um com o outro, a luz que atravessa o primeiro polaroide é absorvida pelo segundo. **23.** A luz refletida é parcialmente polarizada na direção da superfície plana de reflexão. **25.** Quando os eixos de polarização para dois polarizadores são iguais, a luz polarizada na mesma direção é transmitida. Quando os eixos são cruzados, a luz transmitida do primeiro polarizador é absorvida pelo segundo polarizador cruzado. **27.** Filtros de polarização posicionados em ângulo reto um com o outro projetarão um par de imagens que se sobrepõem em uma tela. Essas imagens podem atingir separadamente os olhos quando a tela é vista através de filtros de polarização posicionados nos mesmos ângulos retos um com o outro. **29.** Um holograma mostra imagens tridimensionais, ao contrário da fotografia convencional.

Pense e faça

31. A difração é bem evidente. **33.** Esta atividade revela a polarização parcial da luz do céu. **35.** A paralaxe é maior quando seu dedo está mais próximo do seu olho.

Pense e explique

37. A Terra intercepta uma fração tão diminuta da frente de onda esférica em expansão proveniente do Sol que esta pode ser aproximada por uma onda plana. As ondas esféricas provenientes de uma lâmpada próxima têm uma curvatura não desprezível (ver Figura 29.3). **39.** Os comprimentos de onda das ondas de rádio AM são de centenas de metros, muito maiores do que os tamanhos dos edifícios, de maneira que elas são facilmente difratadas ao redor dos prédios. Os comprimentos de onda das ondas de rádio FM são de alguns metros, no limite para difração ao redor dos prédios. A luz, cujos comprimentos de onda são de frações de centímetro, não revela difração apreciável ao redor dos prédios. **41.** A luz azul produzirá franjas mais amontoadas. **43.** Por um comprimento de onda completo, que comporia a franja brilhante central. **45.** É melhor usar fendas porque elas produzem franjas de formato retilíneo, não franjas na forma de círculos sobrepostos. Os círculos se sobrepõem em segmentos relativamente menores do que a sobreposição mais larga das linhas retas paralelas. Além disso, as fendas permitem a passagem de mais luz, enquanto o padrão dos furos de alfinete é menos intenso. **47.** O resultado será interferência destrutiva, pois uma crista e um ventre atingem seu olho fora de fase. **49.** Bolhas de sabão são formadas por interferência em películas delgadas. **51.** A difração é o princípio pelo qual pavões e beija-flores produzem suas cores. As cristas nas camadas superficiais das penas atuam como redes de difração. **53.** Os caminhos ópticos da luz a partir das superfícies refletoras superior e inferior variam com as posições dos observadores. Assim, é possível produzir uma variação na cor inclinando a concha em ângulos diferentes. **55.** Para um filme espesso, a parte da onda refletida de uma superfície é deslocada da parte que reflete da outra. Não há interação, cancelamento ou cores de interferência. Para filmes delgados, as duas partes da onda coincidem quando se recombinam. **57.** Cada anel colorido representa uma determinada espessura de película de óleo, assim como as linhas no mapa topográfico de um agrimensor representam elevações iguais. **59.** Ultravioleta, devido aos comprimentos de onda mais curtos. **61.** A dupla de vetores para a luz polarizada tem comprimentos iguais (Figura 29.30c), o que ilustra que tanta luz vibra horizontalmente quanto vibra verticalmente, sem um plano de vibração resultante. Para a luz polarizada, apenas um vetor ocorre. **63.** Sim, se toda a luz incidente for polarizada ao longo do eixo do filtro, toda ela, 100%, atravessa. Na prática, ocorre alguma absorção e menos de 100% da luz atravessa. **65.** Olhe para o brilho refletido em uma superfície plana, como na Figura 29.34. O brilho é visto mais intensamente quando o eixo de polarização é paralelo à superfície. **67.** O eixo do filtro deveria estar na vertical, impedindo a passagem do brilho, que é parcialmente polarizado paralelamente ao piso – na horizontal. **69.** Você pode comprovar que a luz proveniente do céu é parcialmente polarizada girando um único filtro polaroide em frente aos olhos enquanto olha o céu. Você notará que o céu fica mais escuro quando o eixo do polaroide é perpendicular à polarização da luz do céu. **71.** Produzir hologramas exige luz coerente, que é exatamente o que um *laser* fornece. Assim, a holografia prática sucedeu-se ao advento do *laser*.

Pense e discuta
73. Comprimentos de onda maiores sofrem mais difração (pois a razão entre o comprimento de onda e o tamanho da fenda é maior), então o vermelho difrata através do maior ângulo, enquanto o azul difrata através do menor. **75.** Franjas mais largas no ar, pois, na água, os comprimentos de onda seriam comprimidos (volte à Figura 28.24), com franjas menos espaçadas. **77.** A luz *laser* vermelha de comprimento de onda maior produz franjas mais espaçadas. **79.** O problema é sério, pois, dependendo das orientações dos eixos de polarização da tela e dos óculos escuros com lentes polaroides, nada poderá ser visto na tela. **81.** Antes de mais nada, um pouco de trigonometria. A luz polarizada verticalmente que incide sobre um filtro com eixo de 45° transmite 0,7 da luz (cosseno de 45°). Na sequência: a quantidade de luz que atravessa o primeiro filtro (vertical) é metade (0,5). Depois, 0,7 dessa metade incide sobre o filtro sobreposto. Depois, 0,7 dessa luz atravessa o terceiro filtro (horizontal). Em outras palavras, (0,5)(0,7)(0,7) = 0,25 da luz incidente atravessa a combinação de três polaroides.

Capítulo 30
Questões de revisão
1. Com essas frequências altas, luz ultravioleta seria emitida. **3.** Um é o modelo clássico, o outro é o modelo quântico. **5.** O átomo no tubo de neônio relaxa e emite luz. **7.** A luz azul tem tanto a maior frequência quanto a maior energia por fóton. **9.** O gás laranja-amarelado é sódio. **11.** O espectroscópio é um aparelho que identifica e mede as frequências da luz de um feixe. **13.** Há um número maior de caminhos entre níveis de energia do que o número de níveis de energia. **15.** Na fase gasosa, a luz emitida vem dos níveis de energia bem definidos das camadas eletrônicas externas dos átomos. Na fase sólida, a luz é borrada devido às interações mútuas entre átomos vizinhos em contato. **17.** A luz da estrela violeta tem o dobro da frequência da luz vermelha e, logo, é duas vezes mais quente, de acordo com a relação $f \cdot T$. **19.** Linhas de Fraunhofer são linhas espectrais do espectro solar. **21.** Sim, isso explica as muitas linhas no espectro de um único átomo. **23.** A fluorescência é imediata, mas a fosforescência é a fluorescência com um atraso entre a excitação e a emissão. **25.** O ar contém oxigênio, que oxida o filamento. **27.** Uma lâmpada LED dura em média mais do que uma lâmpada incandescente. **29.** A luz coerente é formada por fótons de mesma frequência que estão em fase uns com os outros.

Pense e faça
31. Sua avó provavelmente gostará de aprender essa informação.

Pense e resolva
33. (a) A transição de B para A envolve o dobro de energia e o dobro da frequência que a transição de C para B. Portanto, ela corresponde à metade do comprimento de onda, ou 300 nm. Uma vez que $c = \lambda f$, então $\lambda = c/f$. O comprimento de onda é inversamente proporcional à frequência, de modo que o dobro de frequência significa metade do comprimento de onda. (b) A transição de C para A envolve três vezes mais energia e frequência três vezes maior do que a transição de C para B. Portanto, ela envolve um terço do comprimento de onda, ou 200 nm.

Pense e explique
35. A variedade das cores corresponde à variedade dos níveis de energia em diferentes átomos e moléculas de diferentes materiais. As cores diferentes se devem às diferentes excitações que ocorrem. **37.** Mais energia está associada a cada fóton de luz ultravioleta do que a um fóton da luz visível, capaz de causar queimaduras produzindo transformações químicas na pele que um fóton de luz visível não pode. **39.** Dobrar o comprimento de onda da luz reduz sua frequência à metade. A luz com metade da frequência tem metade da energia por fóton. Pense nos termos da equação $c = f\lambda$. **41.** Não, o termo "neônio" ou "neon" é genérico para todos os gases que brilham em tubos de vidro. O neônio foi o primeiro, e os outros gases são chamados de "neônio de cores diferentes". **43.** As "linhas" espectrais seriam manchas arredondadas. Linhas muito próximas seriam mais fáceis de discernir do que manchas que se superpõem. Além disso, se o diâmetro do furo fosse tão pequeno quanto a largura da fenda, apenas uma quantidade insuficiente de luz conseguiria atravessá-lo. Por isso, as fendas são superiores em qualidade. **45.** Quando o espectro do Sol é comparado com o espectro do elemento ferro, as linhas deste casam perfeitamente com determinadas linhas de Fraunhofer. Isso é evidência da presença de ferro no Sol. **47.** A excitação atômica ocorre em sólidos, líquidos e gases. Uma vez que nos sólidos os átomos estão agrupados muito próximos uns dos outros, a radiação emitida por eles (e por líquidos) é espalhada em uma ampla distribuição que resulta em um espectro contínuo, enquanto a radiação emitida é emitida por gases em feixes separados que produzem "linhas" ao sofrerem difração por uma rede. **49.** As muitas linhas espectrais do elemento hidrogênio são o resultado dos muitos estados de energia que o seu único elétron pode ocupar quando excitado. **51.** (a) O que se observa é um "espectro de absorção", com certas linhas escuras em um fundo de luz contínua. (b) O "espectro de emissão" contém algumas poucas linhas brilhantes, a maioria das quais coincidem com as linhas do espectro de absorção. **53.** Tecidos e outros materiais fluorescentes produzem cores intensas sob a luz solar porque tanto refletem a luz visível quanto transformam parte da luz ultravioleta do Sol em luz visível. Eles literalmente brilham quando expostos à combinação da luz visível com a ultravioleta do Sol. **55.** A iluminação por luz de baixa frequência não contém fótons suficientemente energéticos para conseguir ionizar átomos do material, mas contém fótons suficientemente energéticos para excitar os átomos. Em contraste, a iluminação por luz ultravioleta contém energia suficiente para ejetar elétrons, deixando átomos do material ionizados. Fornecendo-se energias diferentes, são produzidos resultados diferentes. **57.** Os fótons da luz da lâmpada de um *flash* fotográfico devem ter pelo menos tanta energia quanto os fótons que ele deve gerar no *laser*. Fótons de luz vermelha têm menos energia do que fótons de luz verde e não seriam suficientemente energéticos para estimular a emissão de fótons de luz verde. Fótons energéticos de luz verde podem produzir fótons menos energéticos, mas não o inverso. **59.** Os fótons no feixe de *laser* são coerentes e movem-se na mesma direção; os fótons na luz emitida por uma lâmpada incandescente são incoerentes e movem-se em todas as direções. **61.** Sim, um filamento de lâmpada ou qualquer objeto que emite radiação em todas as temperaturas acima do zero absoluto. **63.** Não enxergamos objetos à temperatura ambiente no escuro simplesmente porque nossos olhos não são sensíveis à radiação que eles emitem. A temperaturas mais elevadas, sim. **65.** O metal brilha sob todas as temperaturas, independentemente se o vemos brilhar ou não. À medida que a temperatura aumenta, o brilho atinge a parte visível do espectro e os olhos humanos passam a enxergá-lo — vermelho. Assim, o metal aquecido passa do infravermelho (que não enxergamos) para o vermelho visível. Ele fica "vermelho de tão quente". **67.** As linhas solares são linhas de absorção. **69.** Seis linhas espectrais são possíveis. Um diagrama mostraria que a luz de maior frequência é emitida durante a transição do nível quântico 4 para 1. A luz de menor frequência é emitida durante a transição do nível quântico 4 para 3. **71.** Três linhas espectrais: uma do nível 4 para o fundamental, outra do 3 para o fundamental, e a terceira do nível 2 para o fundamental. A transição do 4 para o 3 envolveria a mesma diferença de energia e seria indistinguível da transição de 3 para 2 ou de 2 para o nível fundamental. Analo-

gamente, a transição de 4 para 2 corresponderia à mesma diferença de energia da transição de 3 para o nível fundamental.

Pense e discuta
73. A afirmação de seu colega viola o princípio de conservação da energia. Um *laser* ou qualquer outro dispositivo não pode fornecer mais energia do que a que lhe é fornecida. Com a potência, todavia, é outra história. **75.** Os danos causados pelos raios X dependem do tipo de raio X, da parte do corpo examinada, da dosagem e do tempo de exposição. Pressupondo baixa exposição, os danos ocorridos são mínimos em comparação com as consequências negativas de não tratar seus dentes ou ter outros problemas não diagnosticados. **77.** Ao compararmos os espectros de absorção de diversas fontes não solares através da atmosfera terrestre, podemos estabelecer as linhas causadas pela atmosfera da Terra. Assim, quando observamos espectros solares, linhas adicionais ou intensidades de linha elevadas podem ser atribuídas à atmosfera do Sol. **79.** A estrela em movimento apresentará um desvio Doppler. Como a estrela está se afastando, será um desvio para o vermelho (para menor frequência e maior comprimento de onda). **81.** Os átomos de sódio excitados no gás de alta pressão interferem uns com os outros, semelhante ao que fazem os átomos próximos uns aos outros em um sólido, o que resulta na sobreposição das ondas e borra a luz. **83.** Se ele não tivesse uma vida relativamente longa, não ocorreria uma acumulação suficiente de átomos nesse estado excitado a fim de produzir a "inversão de população" necessária para o funcionamento do *laser*. **85.** Embora nenhum dispositivo possa fornecer mais energia do que recebe, um *laser* que recebe energia a uma determinada taxa e a emite em um intervalo de tempo menor é capaz de projetar potência maior do que recebe. **87.** O aquecimento prolongado de um pedaço de metal que brilha avermelhadamente de tão quente aumentará a frequência de pico, e esta cairá na região ultravioleta do espectro, com parte da radiação emitida nas regiões do azul e do violeta. Portanto, a resposta é sim, podemos aquecer um metal até que ele brilhe com uma cor azulada. **89.** Uma estrela com frequência de pico no ultravioleta emite luz suficiente na região das frequências mais altas do espectro visível para apresentar um brilho violeta. Se ela fosse mais fria, as frequências do espectro visível estariam mais equilibradas quanto às suas intensidades, o que faria a estrela parecer esbranquiçada.

Capítulo 31
Questões de revisão
1. Os três sustentavam a teoria ondulatória. **3.** Planck considerou que a energia dos átomos em vibração fosse quantizada. Posteriormente, Einstein considerou que a energia é quantizada. **5.** Hoje, um *quantum* de luz é chamado de fóton. **7.** Sim, E representa a energia medida joules ou em unidades equivalentes a joules. **9.** Fótons são micro-ondas com energia menor do que raios-X. **11.** A energia por fóton da luz vermelha não é suficiente para iniciar o efeito fotoelétrico. Um feixe fraco de luz violeta ejeta elétrons, ainda que não tantos quanto um feixe violeta brilhante. **13.** A luz estimula os elétrons, não vice-versa. **15.** A luz comporta-se como uma partícula quando interage com os cristais de matéria no filme fotográfico. **17.** A luz se propaga de um local a outro de forma ondulatória. **19.** A luz se comporta como onda quando se propaga e como partícula ao ser absorvida. **21.** Louis de Broglie propôs que o comprimento de onda da partícula é igual à constante de Planck dividida pelo *momentum*. **23.** Ao se propagar entre fendas, os elétrons se comportam como onda; ao colidir com a tela, se comportam como partícula. **25.** O produto $\Delta p \Delta x$ é igual ou maior do que h. **27.** Como ocorre com o *momentum*, somente o valor ou o tempo pode ser exato. **29.** Os aspectos ondulatório e corpuscular são necessários tanto para a matéria quanto para a radiação, sendo partes complementares do todo.

Pense e faça
31. Um belo experimento que usa o seu próprio cabelo!

Pense e resolva
33. Frequência é (velocidade)/(comprimento de onda): $f = (3{,}0 \times 10^8 \text{ m/s})/(2{,}5 \times 10^{-2} \text{ m}) = 1{,}2 \times 10^{10}$ Hz. A energia do fóton é (constante de Planck) × (frequência): $E = hf = (6{,}63 \times 10^{-34} \text{ J s})(1{,}2 \times 10^{10} \text{ Hz}) = 8{,}0 \times 10^{-24}$ J. **35.** O *momentum* da bola é $mv = (0{,}1 \text{ kg})(0{,}001 \text{ m/s}) = 1{,}0 \times 10^{-4}$ kg m/s, de modo que seu comprimento de onda de de Broglie é $\lambda = h/p = (6{,}6 \times 10^{-34} \text{ J·s})/(1{,}0 \times 10^{-4} \text{ kg·m/s})$ $\lambda = h/p = (6{,}6 \times 10^{-34} \text{ J·s})/(1{,}0 \times 10^{-4} \text{ kg·m/s}) = 6{,}6 \times 10^{-30}$ m, o que é incrivelmente pequeno mesmo em comparação ao minúsculo comprimento de onda do elétron. Não há esperança de rolar uma bola tão lentamente que torne seu comprimento de onda apreciável.

Pense e ordene
37. c, a, b (comprimento de onda · h/p).

Pense e explique
39. A física clássica é principalmente aquela conhecida antes de 1900, com as leis de Newton e o estudo do eletromagnetismo. Ela é caracterizada pela previsibilidade absoluta. Na física quântica, as partículas e as ondas fundem-se e as regras básicas são as da probabilidade, não a certeza. **41.** De acordo com a relação $E = hf$, a energia de um fóton com o dobro da frequência tem o dobro da energia. Os fótons violetas são cerca de duas vezes mais energéticos do que os vermelhos. **43.** Não faz sentido falar em fótons de luz branca, pois esta é uma mistura de luzes de várias frequências, portanto é formada por uma mistura de muitos fótons diferentes. Não tem significado físico falar em fótons de luz branca. **45.** Como um feixe de luz vermelha transporta menos energia por fóton, e ambos os feixes têm a mesma energia total, deve haver mais fótons na luz vermelha. **47.** Não é a energia total do feixe luminoso que ejeta elétrons, mas a energia por fóton. Por isso, uns poucos fótons de luz azul podem desalojar alguns elétrons, enquanto hordas de fótons de baixa energia de luz vermelha não podem desalojar um sequer. Os fótons atuam individualmente, não em conjunto. **49.** Os prótons estão alojados profundamente nos átomos, mantidos presos aos seus núcleos. Ejetar um próton de um átomo requer aproximadamente um milhão de vezes mais energia do que ejetar um elétron dele. Assim seria preciso um fóton de raio gama, de alta energia, em vez de um fóton de luz visível, para produzir um efeito "fotoprotônico". **51.** Certas portas automáticas usam um feixe luminoso que incide continuamente sobre um fotodetector. Quando você bloqueia o feixe ao caminhar através dele, cessa a geração de corrente no fotodetector. Essa variação de corrente, então, ativa a abertura da porta. **53.** O efeito fotoelétrico descarrega a bola. Parte do excesso de elétrons é "arrancado" da bola pela luz ultravioleta, o que descarrega a bola. Se a bola estiver carregada positivamente, todavia, ela já terá uma deficiência de elétrons, e arrancar ainda mais elétrons tenderá a aumentar a carga em vez de diminuí-la. **55.** Um fóton se comporta como uma onda quando se propaga e como uma partícula quando é emitido ou absorvido. **57.** Ao absorver energia com o impacto de uma partícula ou fóton, um átomo pode obter energia suficiente para tornar-se ionizado. **59.** A bala de canhão obviamente tem um *momentum* maior do que a bala da espingarda de pressão de mesma velocidade, de modo que, de acordo com a fórmula de de Broglie, a bala da espingarda de pressão tem um comprimento de onda maior. **61.** O elétron duas vezes mais rápido tem o dobro do *momentum*. De acordo com a fórmula de de Broglie, comprimento de onda = h/*momentum*; o dobro do *momentum* significa metade do comprimento de onda. O elétron mais lento tem o comprimento de onda maior. **63.** A pergunta é absurda, pois implica a ideia de que erradicar as borboletas acabaria com os tornados.

Pense e discuta
65. Quando a velocidade aumenta, o mesmo ocorre com o *momentum*, de modo que, pela relação de Broglie, o comprimento de onda diminui. **67.** Não, o princípio da incerteza se refere apenas ao mundo quântico, não ao mundo macroscópico. **69.** O princípio da incerteza de Heisenberg se aplica *apenas* a fenômenos quânticos. Entretanto, ele serve como metáfora popular para o domínio macroscópico. Embora possamos influenciar a opinião pública em uma pesquisa, o princípio da incerteza tem significado somente no mundo submicroscópico. **71.** A luz refratada através de um sistema de lentes é entendida a partir do modelo ondulatório da luz, e sua chegada ponto a ponto para formar a imagem é entendida a partir do modelo corpuscular da luz. Mesmo um fóton individual tem propriedades ondulatórias que determinam aonde provavelmente, ou não provavelmente, um fóton irá. Essas ondas interferem construtivamente umas com as outras em diferentes posições do filme, de modo que os pontos gerados pelos impactos dos fótons se distribuem sobre o filme de acordo com as probabilidades determinadas pelas ondas. **73.** O fóton perde energia, de forma que sua frequência diminui. (Na verdade, dizemos que um fóton é absorvido, e outro, de energia menor, é emitido.) **75.** Existirão mais cores da extremidade vermelha do espectro, onde o medidor medirá nada, uma vez que nenhum elétron será ejetado. Quando a cor for alterada em direção ao azul e ao violeta, haverá um ponto em que o medidor passará a medir alguma coisa. Se aumentarmos a intensidade de uma cor para a qual o medidor marca zero, este continuará marcando o mesmo. Se aumentarmos a intensidade de uma cor para a qual o medidor marca algo maior que zero, a corrente elétrica registrada pelo medidor aumentará, pois mais elétrons serão ejetados. **77.** Os comprimentos de onda são extraordinariamente pequenos para a matéria em movimento na experiência cotidiana. **79.** Não sabemos se o elétron é uma partícula ou uma onda; sabemos que ele se *comporta* como uma onda quando se move de um lugar para outro e se comporta como uma partícula quando incide em um detector. O pressuposto injustificável é que um elétron deve *ser* ou uma partícula *ou* uma onda.

Capítulo 32

Questões de revisão

1. A maioria das partículas não sofre desvio por causa dos espaços vazios no interior dos átomos. **3.** Franklin postulou que a eletricidade é um fluido elétrico que flui de um lugar para outro. **5.** O desvio do raio indica que ele tem carga elétrica. **7.** Robert Millikan descobriu a massa e a carga do elétron. **9.** Rydberg e Ritz descobriram que a frequência de uma linha espectral do espectro de um elemento é igual à soma ou à diferença de frequências de duas outras linhas espectrais. **11.** Sim, se existir pelo menos um estado de energia intermediário para o qual o elétron possa fazer uma transição ao longo do processo. **13.** As circunferências das órbitas são discretas porque perfazem um número inteiro de comprimentos de onda do elétron. **15.** Uma explicação ondulatória afirma que os elétrons não espiralam para dentro por serem compostos de ondas que se reforçam. **17.** A função densidade de probabilidade é o módulo ao quadrado da função de onda. **19.** Einstein! Ele acreditava que algo mais profundo era fundamental, não a mecânica quântica.

Pense e explique

21. Assim como uma bola de golfe ricochetearia de volta quando bate em um objeto maciço, como uma bola de boliche, as partículas alfa voltam quando encontram o núcleo atômico maciço. **23.** O retroespalhamento sugere que as partículas alfa ricochetearam de um núcleo muito denso. **25.** Classicamente, os elétrons em órbita têm aceleração centrípeta e, logo, deveriam irradiar energia. A perda de energia deveria fazer com que os elétrons entrassem em colapso em direção ao núcleo. **27.** Emitiria um espectro contínuo. Sua energia variaria gradualmente, entrando em uma espiral contínua para dentro e irradiando a sua frequência rotacional, que aumentaria continuamente. **29.** A mesma quantidade de energia é necessária para o retorno do elétron em nível fundamental para o primeiro nível quântico. **31.** Os elétrons podem ser levados a muitos níveis de energia e, portanto, farão transições em diversas combinações até o nível fundamental e os níveis intermediários. A enorme variedade de transições possíveis produz muitas linhas espectrais. Mesmo o hidrogênio, com um único elétron, tem muitas linhas espectrais, a maioria das quais é ultravioleta e infravermelha. **33.** A natureza corpuscular do elétron é a melhor explicação do efeito fotoelétrico, enquanto a natureza ondulatória é a melhor explicação dos níveis discretos do modelo atômico de Bohr. **35.** Os elétrons do hélio ocupam uma camada completa. O fato de a camada estar completa significa que ligações com outros elementos são raras. O lítio tem duas camadas: a primeira é completa, e a segunda tem apenas um de oito elétrons, o que o torna bastante reativo com outros elementos. O conceito de camadas no Capítulo 11 foi breve demais para responder a esta pergunta. **37.** Sim, os elétrons nos átomos movem-se em ondas com rapidez na ordem de 2 milhões de metros por segundo. **39.** Ambos usam o conceito de níveis de energia de um átomo desenvolvido por Bohr. Uma orbital é representada pela órbita, mais fácil de visualizar. **41.** A amplitude de uma onda material é chamada de sua função de onda, representada por Ψ. Onde Ψ é grande, há maior probabilidade de encontrar a partícula (ou outro material). Onde Ψ é pequena, a partícula tem menor probabilidade de ser encontrada (a probabilidade real é proporcional a Ψ). **43.** O que oscila é a amplitude de probabilidade.

Pense e discuta

45. O azul tem uma transição de maior energia devido à sua frequência mais elevada e, logo, maior energia por fóton, $E = hf$. **47.** É preciso diferenciar entre os mundos micro e macro. A intensidade luminosa, a corrente e a temperatura são do mundo macro, não do mundo quântico micro. **49.** Ambas são consistentes. O princípio da correspondência requer que exista concordância entre os resultados clássicos e quânticos quando a "granulosidade" do mundo quântico não é relevante, mas permite que haja discordância quando essa granulosidade for dominante. **51.** O princípio da correspondência de Bohr estabelece que a mecânica quântica deve coincidir com a mecânica clássica no domínio em que a mecânica clássica mostra-se válida. **53.** O filósofo versava sobre física clássica. Feynman versava sobre o domínio quântico, no qual, para números pequenos de partículas e eventos, não espera-se que as mesmas condições produzam os mesmos resultados. **55.** Exercício aberto.

Capítulo 33

Questões de revisão

1. Roentgen descobriu a emissão de "um novo tipo de raios". **3.** Becquerel descobriu que o urânio emite um novo tipo de radiação penetrante. **5.** Raios gama não têm carga elétrica. **7.** O rad é uma unidade de energia absorvida. O rem (*Roentgen equivalent man*, ou equivalente humano do Roentgen) é uma medida de radiação baseada nos danos potenciais. **9.** Sim, o corpo humano é radioativo. O potássio radioativo existe em todos os seres humanos. **11.** Prótons e nêutrons são dois núcleons diferentes. **13.** Uma vez que a interação forte é de curto alcance, os prótons residentes em núcleos grandes se encontram em média mais afastados do que em núcleos pequenos, e a interação forte é menos efetiva entre prótons muito afastados uns dos outros. **15.** Núcleos maiores contêm uma percentagem maior de nêutrons. **17.** A meia-vida do Ra-226 é de 1.620 anos. **19.** Um contador Geiger detecta radiação através da ionização causada. **21.** Uma transmutação é uma mudança de um elemento para outro. **23.** Quando o tório emite uma partícula beta, ele se transmuta no elemento actínio, com o número atômico aumentando em uma unidade – ou seja, para o número atômico 91. **25.** Quando um elemento emite uma partícula alfa, seu número atômico diminui em 2. No caso de emissão de uma partícula beta, o número atômico aumenta em 1. No caso de emissão gama, não existe alteração do número atômico. **27.** Em 1919, Ernest Rutherford foi o primeiro a transmutar elementos intencionalmente. **29.** A maior parte do carbono que ingerimos é carbono-12.

Pense e faça

31. A radioatividade não é algo novo, mas faz parte da natureza.

Pense e resolva

35. Ao final do segundo ano, resta ¼ da amostra original; ao final do terceiro ano, resta 1/8; ao final do quarto ano, resta 1/16. **37.** Um dezesseis avos restará após 4 meias-vidas, então 4 × 30 anos = 120 anos. É equivalente a 1/16 do original, ou seja, (1/2) × (1/2) × (1/2) × (1/2), que é 4 meias-vidas, igual a 120 anos. **39.** A intensidade diminui por um fator de 16,7 (de 100% para 6%). Quanto é isso em fatores de dois? Cerca de 4, pois $2^4 = 16$. Assim, a idade do artefato é de cerca de 4 × 5.730 anos, ou aproximadamente 23.000 anos.

Pense e ordene

41. b, a, c. **43.** b, c, a. **45.** (a) B = C, A. (b) C, A = B. (c) B = C, A.

Pense e explique

47. Kelvin não tinha conhecimento do decaimento radioativo, uma fonte de energia que mantém a Terra aquecida a bilhões de anos. **49.** A radiação gama é eletromagnética, enquanto as radiações alfa e beta são de partículas com massa. **51.** É impossível para um átomo de hidrogênio emitir uma partícula alfa porque esta é composta de quatro núcleons – dois prótons e dois nêutrons. É igualmente impossível a uma melancia de 1 kg desintegrar-se em quatro melancias de 1 kg cada. **53.** A partícula alfa tem o dobro da carga, mas cerca de 8.000 vezes mais inércia (uma vez que cada núcleon tem cerca de 2.000 vezes mais massa que um elétron). Assim, as alfas de massa muito maior são menos defletidas do que as betas. **55.** A radiação alfa diminui o número atômico do elemento emissor em 2 unidades e o número de massa atômica em 4. A radiação beta aumenta o número atômico do elemento emissor em 1 unidade e não afeta o número de massa atômica. A radiação gama não afeta o número atômico nem o número de massa. Assim, a radiação alfa resulta em uma mudança maior tanto no número atômico quanto no de massa atômica. **57.** A radiação gama predomina no elevador fechado porque a estrutura do elevador o blinda das partículas alfa e beta melhor do que dos raios gama. **59.** Uma partícula alfa é acelerada pela repulsão mútua assim que se encontra fora do núcleo e fora do alcance da força nuclear atrativa. Isso porque ela tem uma carga de mesmo sinal que a do núcleo, e cargas de mesmo sinal se repelem. **61.** A equação para $E_C = \frac{1}{2}mv^2$ nos informa que, para um valor alto de m, v deve ser pequena para a mesma E_C. Assim, a partícula alfa mais maciça é mais lenta do que a partícula beta para a mesma E_C. **63.** Os dois prótons se repelem pela força elétrica e se atraem pela força nuclear forte. Com a ajuda dos nêutrons, a força forte predomina. **65.** Núcleos atômicos com muitos prótons são evidência de que algo mais forte do que a repulsão elétrica ocorre no núcleo. Do contrário, a força elétrica repulsiva afastaria os prótons e o núcleo não existiria. **67.** O próton solitário tem carga positiva em um átomo de hidrogênio (errar esta questão sinaliza um problema grave). **69.** O número de núcleons e a carga elétrica são conservados em todas as equações nucleares. **71.** A massa do elemento é 157 + 100 = 257. Seu número atômico é 100, o elemento transurânico denominado férmio, em homenagem a Enrico Fermi. **73.** Após o núcleo de polônio emitir uma partícula beta, o número atômico aumenta em 1 unidade, tornando-se igual a 85, e o número de massa atômica mantém-se inalterado em 218. **75.** Ambos têm 92 prótons, mas o U-238 tem mais nêutrons do que o U-235. **77.** Um elemento pode decair em outro elemento de número atômico maior através da emissão de elétrons (raios beta). Quando isso ocorre, um nêutron do núcleo torna-se um próton, e o número atômico aumenta em uma unidade. **79.** Se o estrôncio-90 (número atômico 38) emite partículas beta, deve se transformar no elemento ítrio (número atômico 39); assim, o físico pode aplicar meios espectrográficos ou outras técnicas para buscar traços de ítrio em uma amostra de estrôncio. Para confirmar que é uma fonte de beta "pura", verifica-se se a amostra não estaria emitindo alfas ou gamas.

Pense e discuta

81. Todo urânio decai em um ciclo que termina no chumbo. Assim, o chumbo existe naturalmente em todos os depósitos naturais de urânio. **83.** Oito partículas alfa e seis partículas beta são emitidas na cadeia de decaimento do U-238 até o Pb-206. Os números são os mesmos para todos os caminhos alternativos. **85.** O rádio é o elemento "filho", resultado do decaimento radioativo do urânio mais duradouro. Assim, enquanto houver urânio, haverá rádio na Terra. **87.** Os elementos com número atômico menor do que o do urânio e de meias-vidas curtas ocorrem como produtos do decaimento radioativo do urânio ou de outro elemento de longa vida, o tório. Através dos bilhões de anos de duração do urânio e do tório, os elementos mais leves são constantemente repostos. **89.** As radiações encontradas nos arredores da usina, no afloramento de granito ou em altas altitudes não são significativamente diferentes da radiação que encontramos nas situações mais "seguras". Aconselhe seu amigo a aproveitar a vida sem se preocupar! **91.** Você pode dizer ao seu amigo medroso que evitar os contadores Geiger que medem radiações é inútil. Seria o mesmo que evitar termômetros em dias quentes para fugir do calor. **93.** A leitura seria a mesma para o minério de urânio! Com meia-vida de um bilhão de anos, a taxa menor é desprezível para um período de 60 anos. **95.** A técnica de datação por carbono não pode ser aplicada a tábuas de pedra. A pedra, que não é um ser vivo, não ingere carbono nem o transforma através de decaimento radioativo. A datação por carbono funciona para materiais orgânicos.

Capítulo 34

Questões de revisão

1. Não ocorre uma reação em cadeia porque, nas minas, pouquíssimo urânio é formado pelo isótopo fissionável U-235. **3.** A massa crítica é a quantidade além da qual ocorre fissão espontânea. **5.** Os dois métodos eram a difusão gasosa e a separação por centrifugação. **7.** As barras de controle e a presença de U-238 protegem contra a escalada em um reator. **9.** O isótopo é o Np-239. **11.** Ambos U-235 e Pu-239 são fissionáveis. **13.** É produzido plutônio. **15.** O tório é usado para gerar U-233 fissionável. **17.** Algumas vantagens da fissão nuclear: (1) eletricidade farta, (2) combustíveis fósseis economizados para a produção de outros materiais e (3) nenhuma poluição atmosférica. Algumas desvantagens da fissão nuclear: (1) armazenamento de lixo, (2) perigo de proliferação de armas, (3) liberação de radioatividade e (4) risco de acidentes. **19.** Sim e sim. A energia está no aumento da massa. **21.** A Figura 34.15 mostra massa *versus* número atômico, enquanto a Figura 34.16 mostra massa por núcleon *versus* número atômico. **23.** A massa por núcleon é menor nos fragmentos da fissão. **25.** A energia das transformações nucleares que vai em direção ao ferro significa menos massa por núcleon. **27.** Os hélios devem ser fundidos para liberar energia. **29.** O deutério é abundante, sendo encontrado na água comum. O trítio é mais raro e deve ser criado.

Pense e faça

31. Exercício aberto.

Pense e resolva

33. Quando o Li-6 absorve um nêutron, torna-se Li-7, composto por três prótons e quatro nêutrons. Se este núcleo de Li-7 for quebrado em duas partes, uma das quais sendo um núcleo de trítio contendo um próton e dois nêutrons, então a outra parte deve ser formada por dois prótons e dois nêutrons. Isso é uma partícula alfa, o núcleo de um hélio comum. É o trítio, não o hélio, que alimenta a ação explosiva.

Pense e ordene

35. a, b, c, d.

Pense e explique

37. As forças fundamentais da natureza são a gravidade, a elétrica, a interação forte e a força nuclear fraca. A interação forte mantém juntas as partículas do núcleo, enquanto a nuclear tende a afastá-las. **39.** O urânio não enriquecido, que contém mais de 99% do isótopo não fissionável U-238, sofre uma reação em cadeia apenas se misturado com um moderador para desacelerar os nêutrons. O urânio no minério está misturado com outras substâncias, que impedem a reação sem a presença de um moderador para desacelerar os nêutrons, de modo que não ocorre uma reação em cadeia. **41.** Um nêutron é um "projétil nuclear" melhor para penetrar núcleos atômicos porque não tem carga elétrica e, logo, não é repelido eletricamente por um núcleo atômico. **43.** Não, a forma achatada tem área de superfície maior e, logo, mais vazamento de nêutrons, o que a torna subcrítica. **45.** O processo de montar pedaços pequenos de combustível de fissão em uma peça maior unificada aumenta a distância de deslocamento média, reduz a área de superfície, diminui o vazamento de nêutrons e aumenta a probabilidade de uma reação em cadeia e de uma explosão. **47.** Apenas traços de plutônio podem ocorrer naturalmente em concentrações de U-238, dada a meia-vida relativamente curta do plutônio. Todo o plutônio que teria existido inicialmente na crosta terrestre decaiu há muito tempo. **49.** O tório é um passo na geração do combustível Pu-229. O tório-232 captura um nêutron para formar Th-233, que sofre decaimento beta para transformar-se em U-233, que é um isótopo fissionável. **51.** O urânio inicial tem massa maior do que os seus produtos. É a "perda" de massa inicial que produz a energia da reação. **53.** Um dos propósitos de haver um ciclo de água separado é minimizar a contaminação da água do reator pelo próprio reator e impedir interações dos contaminantes com o ambiente exterior. Além disso, o ciclo de água primário pode operar com uma pressão mais elevada e, assim, funcionar a uma temperatura mais elevada (bem acima da temperatura do ponto de ebulição normal da água). **55.** A massa de um núcleo atômico é menor do que a soma das massas dos núcleons que o compõem. **57.** O cobre, de número atômico 29, funde-se com o zinco, de número atômico 30, tornando-se o elemento terra-rara prasímeodio, de número atômico 59. **59.** Alumínio. (Dois átomos de carbono se fundem produzindo manganês, de número atômico 12. Uma emissão beta o transforma em alumínio, de número atômico 13.) **61.** Uma bomba de hidrogênio produz muita energia de fissão na bomba "gatilho" de fissão usada para iniciar a ignição da reação termonuclear. Os resíduos decorrem principalmente da fissão. **63.** Embora mais energia seja liberada na fissão de um único núcleo de urânio do que na fusão de um par de núcleos de deutério, há um número muito maior de átomos de deutério, mais leve, em um grama de matéria do que de urânio, mais pesado. O resultado é mais energia liberada por grama na fusão do deutério. As respostas para um único núcleo e para um grama de núcleos são diferentes. **65.** A energia solar, sempre conosco, decorre de reações de fusão nuclear no Sol.

Pense e discuta

67. A queima química e a fusão nuclear exigem uma temperatura de ignição mínima para iniciarem; em ambas, a reação é transmitida pelo calor de uma região para as vizinhas. **69.** 11 H + 21 H > 32 Li. Assim, o resultado é o lítio. **71.** Estime a energia por núcleon do elemento que sofre fissão ou fusão. Compare o valor com a média do(s) produto(s). Se a massa por núcleon do(s) produto(s) está em posição mais baixa na curva do vale de energia do que a massa por núcleon do(s) elemento(s) inicial(is), é liberada energia, seja o evento uma fissão ou uma fusão. Se o valor for maior, é absorvida energia, seja o evento uma fissão ou uma fusão. **73.** Multiplique a diferença de massa pela rapidez da propagação da luz ao quadrado: $E = mc^2$. Essa é a energia liberada por reação! **75.** O combustível para fusão (hidrogênio pesado) é abundante na Terra, especialmente nos oceanos, enquanto o combustível para fissão (urânio ou plutônio) é um recurso muito mais limitado. A fissão produz quantidades significativas de lixo radioativo; o principal subproduto da fusão é o hélio não radioativo. **77.** Rutênio. (O urânio, U, de número atômico 92, se divide em paládio, de número atômico 46, o qual emite uma partícula alfa de número atômico 2. Disso resulta um elemento de número atômico 44, o rutênio.) **79.** Se o urânio fosse dividido em três partes, os segmentos seriam núcleos de números atômicos melhores, mais próximos do ferro no gráfico da Figura 34.16. A massa por núcleon resultante seria menor e, logo, haveria mais massa convertida em energia nessa reação de fissão. **81.** Dividir núcleos mais leves (como acontece nos aceleradores de partículas) custa energia. Como mostra a curva na Figura 34.16, a massa total dos produtos seria maior do que a massa total do núcleo inicial. **83.** Em 1 bilhão de anos, o estoque de U-235 acabaria duas vezes mais rápido, e a energia gerada por fissão provavelmente ficaria no passado. **85.** A radioatividade no núcleo da Terra fornece o calor que mantém o seu interior fundido e aquece os gêiseres e as fontes termais. A fusão nuclear libera energia no Sol, banhando a Terra em luz solar. **87.** Estamos avançando na direção do hidrogênio como combustível. Contudo, assim como a eletricidade, o hidrogênio não é uma fonte de energia, mas um portador de energia.

Capítulo 35

Questões de revisão

1. A rapidez em relação ao solo é de 61 km/h. **3.** Fitzgerald propôs a hipótese de que o aparato experimental encolhesse. **5.** As leis da natureza são as mesmas em relação a sistemas de referência que se movem uniformemente. **7.** As distâncias são as mesmas quando observadas a partir do sistema de referência do foguete. **9.** Quatro no total. Existem três dimensões do espaço e uma quarta dimensão do tempo. **11.** O especial é que a razão é uma constante, a velocidade da luz. **13.** O "alongamento" do tempo é chamado de "dilatação temporal". **15.** No caso de metade da velocidade da luz, as medidas de tempo diferem por 1,15. A 99,5% da velocidade da luz, as medidas de tempo diferem por um fator de 10. **17.** Quando a fonte se aproxima de você, os *flashes* surgem com maior frequência. **19.** Para a fonte que se afasta, os *flashes* são vistos a intervalos de tempo duas vezes maiores. **21.** O valor máximo seria quando as rapidezes $v = c$, então $(c_1c_2)/c^2 = 1$. O valor mínimo seria zero, quando v_1 ou v_2 é igual a zero. **23.** Um obstáculo é a energia necessária; outro é a necessidade de blindagem da radiação com a qual se depararia. **25.** Arremessado com 99,5% da velocidade da luz, a régua de 1 metro pareceria ter um décimo desse comprimento. **27.** Em relação ao seu próprio sistema de referência, não ocorre qualquer contração de comprimento. **29.** A evidência é uma trajetória menos desviada para partículas de maior rapidez. **31.** A fissão de um único núcleo de urânio produz energia 10 milhões de vezes maior do que a combustão de um único átomo de carbono. **33.** A relação $E = mc^2$ nos diz que massa é energia "congelada". **35.** As equações da relatividade também valem para as velocidades da vida cotidiana, mas elas diferem significativamente das equações clássicas para velocidades próximas à velocidade da luz.

Pense e resolva
37. Frequência e período são recíprocos um do outro (Capítulo 19). Se a frequência é dobrada, o período reduz-se à metade. No caso de movimento uniforme, alguém perceberá o decorrer de apenas metade do tempo entre os *flashes* cuja frequência de emissão foi dobrada. No caso de movimento acelerado, a situação é diferente. Se a fonte se aproxima com velocidade crescente, então cada *flash* sucessivo tem uma distância menor a percorrer, com a frequência aumentando ainda mais e o período diminuindo ainda mais com o decorrer do tempo. **39.** $V = (c + c)/[1 + (c^2/c^2)] = 2c/(1 + 1) = c$. **41.** No problema anterior, vimos que, para $v = 0,99c$, o fator g vale 7,1. O *momentum* do ônibus é mais de sete vezes maior do que se fosse calculado de acordo com a mecânica clássica. O mesmo é verdadeiro para elétrons ou qualquer outra coisa que se mova com esse valor de velocidade. **43.** Gama em $v = 0,10\ c$ é $1/\sqrt{[1-v^2]} = 1/\sqrt{[1-0,01]} = 1/\sqrt{0,99} = 1,005$. Você mediria que a soneca do passageiro durou $1,005(5\ m) = 5,03$ min. **45.** Gama em $v = 0,5\ c$ é $1/[\sqrt{1 + (v^2/c^2)}] = 1/[\sqrt{(1-0,5^2)}] = 1/[\sqrt{(1-0,25)}] = 1/\sqrt{0,75} = 1,15$. Multiplicando 1 h de tempo de táxi por g nos dá 1,15 h de tempo terrestre. O novo pagamento dos motoristas será (10 horas) (1,15) = 11,5 estelares pela viagem.

Pense e ordene
47. C, B, A.

Pense e explique
49. Somente o movimento acelerado pode ser sentido, e não o movimento uniforme. Você não poderia detectar seu próprio movimento, mas seu movimento acelerado poderia ser facilmente detectado pela observação de que a superfície da água em uma vasilha não é horizontal. **51.** No caso de um feixe luminoso emitido do teto de um vagão em movimento, o feixe luminoso tem a mesma velocidade em relação ao solo que em relação ao trem. A velocidade da luz é a mesma em relação a todos os sistemas de referência. **53.** A rapidez média da luz em um meio transparente é menor do que c, porém, no modelo para a luz abordado no Capítulo 26, os fótons que formam o feixe movem-se com velocidade de valor c entre os átomos do material. Portanto, a rapidez dos fótons é sempre c. O postulado de Einstein afirma que o módulo da velocidade da luz é igual a c no vácuo. **55.** Nenhuma energia ou informação pode ser transmitida perpendicularmente ao feixe. **57.** Tudo o que importa é a velocidade relativa. Se os dois sistemas de referência estão em movimento um com respeito ao outro, os eventos podem ocorrer na ordem AB com respeito a um referencial e na ordem BA com relação a outro. **59.** Sim. Se a distância percorrida para a frente pela nave-foguete durante o tempo que a luz leva para alcançar a extremidade traseira for maior do que a distância pela qual a lâmpada foi deslocada, o observador externo ainda verá a luz chegar primeiro à extremidade traseira. **61.** Para a luz que se propaga durante 20.000 anos, estamos nos referindo à distância em relação ao nosso sistema de referência. Do ponto de vista do sistema de referência do astronauta viajante, essa distância pode ser bem mais curta, talvez curta o suficiente para que o astronauta pudesse percorrê-la em 20 anos de sua vida (viajando, é claro, a uma velocidade de valor muito próximo de c). **63.** Não, o gêmeo que fizesse uma longa viagem a velocidades relativísticas retornaria mais jovem do que seu irmão gêmeo que ficou em casa, porém cada um deles estaria mais velho do que quando eles se separaram. Só ocorreria uma inversão hipotética caso as velocidades envolvidas fossem maiores do que a da luz. **65.** Nenhuma. Não ocorre qualquer efeito relativístico quando ambos estão parados em um mesmo sistema de referência. **67.** O passageiro da espaçonave o enxerga mais magro também. **69.** Sim, embora somente altas velocidades sejam significativas. Variações em baixas velocidades, embora existam, são imperceptíveis. **71.** A densidade de um corpo em movimento é medida como aumentada, por causa da diminuição de seu volume para a mesma massa. **73.** A nova característica é a constância da rapidez de propagação da luz, onde v é c. **75.** A régua de 1 metro deve ser orientada perpendicularmente ao movimento, diferentemente daquela régua que seria lançada como uma lança. Com o dobro do seu *momentum* normal, ela desloca-se a $0,87c$. O fato de que seu comprimento está inalterado significa que a régua é perpendicular ao movimento. A espessura da régua, não o seu comprimento, aparece como contraída para a metade de seu valor quando em repouso. **77.** Como no caso da régua do exercício anterior, o *momentum* da espaçonave será o dobro de valor do clássico se seu comprimento medido for a metade do normal. **79.** Para o elétron em movimento, a contração do comprimento reduz o comprimento do caminho aparente em duas milhas. Uma vez que sua rapidez é praticamente igual a c, a contração é grande. **81.** Para fazer com que os elétrons colidam com a tela com certa velocidade, eles precisam adquirir mais *momentum* e energia do que se fossem partículas não relativísticas. A energia extra é fornecida pela tomada elétrica. A conta de eletricidade é mais alta! **83.** A relação $E = mc^2$ significa que energia e massa são dois lados de uma mesma moeda, a massa-energia. A constante de proporcionalidade é c^2, que relaciona unidades de energia e de massa. Quando algo ganha energia, também ganha massa; quando perde energia, também perde massa. A massa é, simplesmente, energia "congelada". **85.** Sim, pois ela contém mais energia potencial, que equivale à massa. **87.** Exercício aberto.

Pense e discuta
89. Michelson e Morley consideraram que seu experimento falhara, no sentido de que não conseguiram comprovar com ele o resultado esperado, ou seja, as diferenças nas medidas do valor da velocidade da luz. Tais diferenças nunca foram encontradas. O experimento foi bem-sucedido, entretanto, por ter alargado as portas e permitido novos *insights* em física. **91.** Não. Velocidade e frequência são inteiramente diferentes uma da outra. A frequência, quão frequentemente algo ocorre, não é a mesma coisa que a velocidade, quão rápido algo é. **93.** Evidências experimentais fornecidas por aceleradores de partículas mostram que por mais energia que uma partícula receba, ela jamais alcança c. Quando se aproxima de c, seu *momentum* tende ao infinito. É como se existisse uma resistência a qualquer aumento de *momentum*, e, portanto, de velocidade. O mesmo vale para a energia cinética. Assim, c constitui um limite de velocidade para partículas materiais. **95.** A massa do material radioativo diminui, mas a massa do recipiente de chumbo aumenta. Ocorre uma redistribuição de energia dentro do sistema material-recipiente, mas nenhuma variação da energia total e, portanto, nenhuma variação da massa. **97.** Primeiro, ainda não temos meios de impulsionar um corpo de massa tão grande quanto um foguete tripulado até velocidades relativísticas. Segundo, mesmo que tivéssemos, ainda não teríamos como blindar os ocupantes do foguete da radiação resultante de colisões em alta velocidade com matéria interestelar. **99.** Em vez de dizer que a matéria não pode ser criada nem destruída, é mais preciso dizer que a massa-energia não pode ser criada nem destruída.

Capítulo 36

Questões de revisão
1. Na teoria geral, a principal diferença é a aceleração. **3.** Observações realizadas em um sistema de referência acelerado são indistinguíveis de observações feitas em um campo gravitacional newtoniano, e é isso que é equivalente. **5.** Somente durante um eclipse podemos ver as estrelas que estão atrás do Sol. **7.** O relógio mais lento é o que se encontra no térreo. **9.** Observaríamos o tempo passar mais lentamente. **11.** A lei de Newton da gravitação é válida onde o campo gravitacional é relativamente fraco. **13.** Durante o giro, a circunferência sofre contração do comprimento, mas não do diâmetro. **15.** A variação do movimento produz ondas gravitacionais. **17.** Ondas gravitacionais são difíceis de detectar por serem fracas demais. **19.** A física newtoniana foi realmente fundamental para levar os seres humanos até a Lua.

Pense e explique
21. Os sistemas de referência da relatividade especial têm movimento uniforme – velocidade constante. Os sistemas de referência da relatividade geral incluem os sistemas acelerados. **23.** Quando em órbita, um astronauta, embora preso pela gravidade terrestre, está sem peso porque não existe força de apoio. Tanto o astronauta quanto a espaçonave estão em queda livre conjuntamente. **25.** A

distância de separação entre as duas pessoas que caminham ao norte do equador diminui. Se elas continuassem caminhando até o Polo Norte, ela se anularia. No Polo Norte, um passo dado em qualquer direção é sempre um passo para o sul! **27.** A luz desviada por um campo gravitacional ocorreu na expedição do eclipse, em que a luz das estrelas que passavam pelo Sol era desviada, evidências que transformaram Einstein em um astro da ciência. **29.** Você concorda. A luz das estrelas sofre desvio, independentemente se a Lua obstrui sua visão delas ou não. O papel de um eclipse é, simplesmente, melhorar a visão que se tem do efeito de curvatura comparando-se os deslocamentos das estrelas em um dos lados do Sol. **31.** A distorção do disco solar durante um pôr do sol deve-se à refração atmosférica, o que não ocorre quando se está na Lua, por causa da ausência de atmosfera. O desvio da luz pela gravidade é pequeno demais para ser visto quando a Lua ou a Terra é vista a partir da outra. **33.** A variação de energia na luz é evidenciada por uma variação de sua frequência. Se sua energia for diminuída, como quando ela se propaga contra um campo gravitacional, sua frequência diminuirá. Nesse caso, dizemos que a luz é desviada para o vermelho. Se a energia luminosa aumentar, como quando ela desce um campo gravitacional, sua frequência aumentará e a luz será desviada para o azul. **35.** Embora os sinais que escapam da Lua sejam desviados para o vermelho durante a subida no campo gravitacional lunar, eles são desviados para o azul ao descerem o campo gravitacional terrestre g, que é mais intenso, resultando em um desvio líquido para o azul. **37.** O relógio funcionaria um pouco mais lentamente. Para observadores na Terra, isso se deve ao fato de que um relógio levado de um polo até o equador move-se na direção da força centrífuga, a qual diminui a taxa com a qual o relógio funciona (o mesmo ocorreria se o relógio se movesse na direção da força da gravidade). Para observadores de fora que usam um sistema inercial, o funcionamento mais lento do relógio no equador constitui um exemplo da dilatação temporal, um efeito da relatividade especial causado pelo movimento do relógio. **39.** Subir em um edifício significa ir em sentido oposto ao da força gravitacional, o que acelera o andamento do tempo. Pessoas que se preocupam em viver um pouco mais deveriam morar no andar térreo. **41.** Os fótons da luz estão "subindo" contra o campo gravitacional e perdem energia durante o processo. Menos energia significa menor frequência. Seu colega enxerga a luz desviada para o vermelho. A frequência que ele recebe é menor do que a frequência que você transmitiu. **43.** O astronauta caindo no buraco negro veria o resto do universo deslocado para o azul. O desvio para o azul também pode ser entendido como o resultado de energia adicionada pela gravidade do buraco negro aos fótons que "caem" em direção a ele. Aumento de energia significa maior frequência. **45.** Sim. Se a estrela tiver massa suficientemente grande e concentrada, sua gravidade será forte o suficiente para fazer a luz seguir uma trajetória circular. Isso é o que a luz faz quando se encontra no "evento horizonte" de um buraco negro. **47.** Concorde, da mesma forma como um passo em qualquer direção a partir do Polo Norte é um passo na direção sul. **49.** Estrelas binárias que se movem em torno de um centro de massa comum irradiam ondas gravitacionais, da mesma forma como qualquer massa acelerada faz. **51.** A teoria da gravitação de Einstein prevê os mesmos resultados que a teoria da gravitação de Newton em campos gravitacionais fracos, como os do sistema solar. Em campos fracos, a teoria de Einstein se sobrepõe, corresponde e gera os mesmos resultados que a teoria de Newton e, logo, obedece ao princípio da correspondência.

Pense e discuta

53. A partir da relatividade especial: assim como os gêmeos viajantes discutidos no Capítulo 35, Jane move-se enquanto Mike permanece em repouso, então ela (e seu relógio) envelhecem mais lentamente do que Mike e o seu. A partir da relatividade geral: o relógio de Jane é como o relógio superior na Figura 36.10; ele move-se mais rapidamente quando está muito acima da superfície terrestre. Assim, há dois motivos para os seus relógios não estarem sincronizados. As causas funcionam em direções opostas, e é improvável que se cancelem exatamente. **55.** O bom e velho Júlio Verne errou dessa vez. Se uma espaçonave encontra-se à deriva no espaço, seus ocupantes estarão em queda livre, por isso não existe a sensação de acima ou abaixo. **57.** Prudence está mais velha. Para Charity, o tempo transcorreu mais lentamente enquanto ela esteve na borda do reino em rotação (Ver a Figura 36.9).

APÊNDICE E

Crescimento exponencial e tempo de duplicação

1. Para uma taxa de crescimento de 5%, 42 anos é três tempos de duplicação (70/50% = 14 anos; 42/14 = 3). Três tempos de duplicação é um aumento de oito vezes. Assim, em 42 anos, a cidade precisaria de oito usinas de tratamento de esgoto semelhantes para atender uma população oito vezes maior. **3.** Dobrar um centavo por 30 dias produz um total de R$10.737.418,23.

Glossário

aberração esférica Distorção de uma imagem produzida quando a luz que passa pelas bordas de uma lente é focada para pontos diferentes daquele para o qual é focada a luz que passa pelas partes centrais da lente. Também ocorre com espelhos esféricos.

aceleração (*a*) Taxa de variação da velocidade de um objeto com o tempo; a variação da velocidade pode ocorrer no módulo (rapidez ou velocidade escalar), na direção ou em ambos.

$$\text{Aceleração} = \frac{\text{variação da velocidade}}{\text{intervalo de tempo}}$$

aceleração devido à gravidade (*g*) A aceleração de um objeto em queda livre. Seu valor nas proximidades da superfície terrestre é cerca de 9,8 metros por segundo a cada segundo.

acústica Estudo das propriedades do som, especialmente de sua transmissão.

adesão Atração molecular entre duas superfícies em contato.

adiabática Termo aplicado à expansão ou à compressão de um gás que ocorre sem perda ou ganho de calor.

água pesada Água (H_2O) que contém o isótopo de hidrogênio pesado, o deutério. (Ela pode ser simbolizada por D_2O.)

alavanca Máquina simples formada por uma barra que pode girar em torno de um ponto fixo chamado de fulcro.

alquimista Praticante de uma forma primitiva de química, chamada de alquimia, associada com a magia. O objetivo da alquimia era transformar metais ordinários em ouro e descobrir uma poção que possibilitasse a juventude eterna.

altura Termo que se refere à nossa impressão subjetiva de "alto" e "baixo" acerca de um tom, relacionado com a frequência do tom. Uma fonte vibratória de alta frequência produz um som muito alto; uma fonte vibratória de baixa frequência produz um som muito baixo.

AM Abreviatura para *modulação em amplitude* (do inglês *amplitude modulation*).

ampere (A) Unidade do SI para corrente elétrica. Um ampere é um fluxo de um coulomb de carga por segundo, ou seja, $-6,25 \times 10^{18}$ elétrons (ou prótons) por segundo.

amperímetro Um aparelho que mede corrente. Ver *galvanômetro*.

amplitude Para uma onda ou uma vibração, o máximo afastamento, para ambos os lados, em relação à posição de equilíbrio (o ponto médio).

análise de Fourier Um método matemático que decompõe qualquer forma de onda periódica em uma combinação de ondas senoidais simples.

ângulo crítico Ângulo de incidência mínimo para o qual um raio luminoso é totalmente refletido em um meio.

ângulo de incidência Ângulo entre um raio incidente e a direção normal à superfície de incidência.

ângulo de reflexão Ângulo entre um raio refletido e a direção normal à superfície de incidência.

ângulo de refração Ângulo entre um raio refratado e a direção normal à superfície em que é refratado.

ano-luz A distância que a luz percorre no vácuo durante um ano: $9,46 \times 10^{12}$ km.

antimatéria Matéria composta de átomos com núcleos negativos e elétrons positivos (antielétrons).

antinodo Qualquer parte de uma onda estacionária onde o deslocamento e a energia são máximos.

antipartícula Partícula com a mesma massa de uma partícula normal, mas com carga de sinal oposto. A antipartícula do elétron é o pósitron.

antipróton Antipartícula de um próton; um próton carregado negativamente.

apogeu Numa órbita elíptica, o ponto mais afastado do foco em torno do qual a órbita é descrita. Ver também *perigeu*.

aquecimento global Ver *efeito estufa*.

armadura Parte de um motor ou gerador elétrico onde é produzida uma força eletromotriz. Normalmente uma parte que pode girar.

astigmatismo Defeito do olho devido à córnea ser mais curvada em uma determinada direção do que em outra.

aterramento Quando se permite que as cargas se movam livremente para o solo através de um condutor.

atitude científica Processos de investigação que incluem formulação de hipóteses, experimentação e validação.

átomo A menor partícula de um elemento; tem todas as propriedades químicas do elemento. Consiste em prótons e nêutrons em um núcleo circundado por elétrons.

atrito de escorregamento Força de contato que surge da fricção entre a superfície de um objeto sólido em movimento e o material sólido sobre o qual ele desliza.

atrito estático Força entre dois objetos em repouso relativo devido ao contato mútuo. Essa força apresenta a tendência de se opor ao escorregamento.

atrito Força que oferece resistência ao movimento relativo (ou a uma tentativa de movimentação) de objetos ou materiais em contato.

áudio digital Sistema de reprodução de áudio que usa o código binário para gravação e reprodução de sons.

aurora boreal Fulguração da atmosfera causada por íons vindos do espaço que mergulham na atmosfera; também chamada de luzes do norte. No hemisfério sul, é chamada de aurora austral.

autoindução Indução de um campo elétrico no interior de uma única bobina, causada pela interação entre suas próprias espiras. Essa voltagem autoinduzida está sempre orientada de modo a se opor à variação de voltagem que a produziu e é costumeiramente chamada de força contraeletromotriz ou contra f.e.m.

barômetro aneroide Instrumento usado para medir pressão atmosférica; baseado no movimento da tampa de uma caixa metálica, em vez do movimento de um líquido.

barômetro Aparelho usado para medir a pressão atmosférica.

barreira do som O amontoamento de ondas sonoras na frente de uma nave próxima de atingir a velocidade do som. Nos primórdios da aviação a jato, acreditava-se que existia uma barreira de som que o avião deveria romper para ultrapassar a velocidade do som. A barreira do som, na verdade, não existe.

bastonetes Ver *retina*.

batimentos Sequência de reforço e enfraquecimento de duas ondas superpostas com frequências diferentes que é ouvida como um som pulsante.

bel Unidade de intensidade sonora, em homenagem a Alexander Graham Bell. O limiar de audição é 0 bel (10^{-12} W/m² watts por metro quadrado). Frequentemente é medido em decibels (dB, um décimo de um bel).

Big Bang Explosão primordial que presumivelmente resultou na criação do nosso universo em expansão.

bioluminescência Luz emitida por certas formas de vida que têm a habilidade de excitar quimicamente moléculas em seus corpos; essas moléculas excitadas, então, emitem luz visível.

biomagnetismo Material magnético localizado em organismos vivos que os ajuda a navegar, localizar comida, além de afetar outros comportamentos.

bomba de calor Dispositivo que transfere calor de um ambiente frio para outro ambiente externo mais quente.

braço da alavanca Distância perpendicular entre um eixo e a linha de ação de uma força, tendendo a produzir rotação em torno daquele eixo.

BTU Abreviatura para *unidade térmica britânica* (do inglês *british thermal unit*).

buraco de minhoca Enorme distorção hipotética do espaço-tempo semelhante a um buraco negro, mas que se abre novamente em alguma outra parte do universo.

buraco negro Concentração de massa resultante de um colapso gravitacional próximo ao qual a gravidade é tão forte que nem mesmo a luz pode escapar.

C Abreviatura para *coulomb*.

CA Abreviatura para *corrente alternada*.

cal Abreviatura para *caloria*.

calor A energia que flui de um objeto para outro em virtude de uma diferença de temperaturas. É medido em *calorias* ou *joules*.

calor de fusão Quantidade de energia a ser adicionada a um quilograma de um sólido (já em seu ponto de fusão) para derretê-lo. Ver *calor latente de fusão*.

calor de vaporização Quantidade de energia a ser adicionada a um quilograma de um líquido (já em seu ponto de ebulição) para vaporizá-lo. Ver *calor latente de vaporização*.

calor latente de fusão Quantidade de energia necessária para fazer com que uma unidade de massa de uma dada substância passe do estado sólido para o estado líquido (e vice-versa). Ver *calor de fusão*.

calor latente de vaporização Quantidade de energia necessária para fazer com que uma unidade de massa de uma dada substância passe do estado líquido para o estado gasoso (e vice-versa). Ver *calor de vaporização*.

caloria (cal) Unidade de calor. Uma caloria é o calor requerido para elevar a temperatura de um grama de água em 1 grau Celsius. Uma Caloria (com *C* maiúsculo) é igual a mil calorias, sendo ela a unidade usada para medir a energia disponível nos alimentos; também chamada de quilocaloria (kcal).

$$1 \text{ cal} = 4,19 \text{ J ou } 1 \text{ J} = 0,24 \text{ cal}$$

câmara de nuvens Dispositivo usado para detectar trajetórias de partículas emitidas por fontes radioativas.

campo de força Aquilo que existe no espaço ao redor de uma massa, uma carga elétrica ou um ímã, de modo que outra massa, carga ou ímã experimenta uma força quando colocada nessa região. Exemplos de campos de força são os campos gravitacional, elétrico e magnético.

campo elétrico Campo de força que permeia o espaço ao redor de cada carga elétrica ou grupo de cargas. É medido em força por unidade de carga (newtons/coulomb).

campo gravitacional Campo de força existente no espaço ao redor de cada massa ou grupo de massas; é medido em newtons por quilograma.

campo magnético Região de influência magnética ao redor de um polo magnético ou de uma partícula carregada em movimento.

campo Ver *campo de força*.

capacidade calorífica específica Quantidade de calor requerida para elevar a temperatura de uma unidade de massa de uma substância em um grau Celsius (ou, equivalentemente, em um kelvin). Mais frequentemente é chamada de calor específico.

capacitor Dispositivo usado para armazenar carga elétrica num circuito.

capilaridade A elevação de um líquido por tubo fino oco ou em um espaço apertado.

carga elétrica Propriedade elétrica fundamental responsável pela atração ou repulsão mútua entre prótons ou elétrons.

carga Ver *carga elétrica*.

CC Abreviatura para *corrente contínua*.

célula de combustível Dispositivo que converte energia química em energia elétrica, porém, diferentemente de uma bateria, é alimentado de maneira contínua com combustível, geralmente hidrogênio.

centro de gravidade (CG) Ponto no centro da distribuição de peso de um objeto, onde se pode considerar que atua a força da gravidade.

centro de massa Ponto no centro da distribuição de massa de um objeto, onde se pode considerar que está concentrada toda a sua massa. Nas condições do cotidiano, é o mesmo que centro de gravidade.

CG Abreviatura para *centro de gravidade*.

chinuque Vento seco e morno que sopra pelas grandes planícies norte-americanas, descendo das Montanhas Rochosas a partir do leste.

cíclotron Acelerador de partículas que provê energias altas para partículas carregadas, como prótons, dêuterons e íons de hélio.

ciência As descobertas coletivas da humanidade sobre a natureza, assim como o processo de coletar e organizar o conhecimento sobre a natureza.

cinturões de radiação de Van Allen Cinturões de radiação, na forma de roscas, que envolvem a Terra.

circuito em paralelo Circuito elétrico com dois ou mais dispositivos ligados de tal modo que através de cada um deles atua a mesma voltagem, e cada dispositivo permite que se complete o circuito independentemente dos demais. Ver também *em paralelo*.

circuito em série Circuito elétrico em que os dispositivos são ligados de maneira que uma mesma corrente elétrica circula em todos. Ver também *em série*.

circuito Qualquer caminho completo pelo qual cargas elétricas possam fluir. Ver também *circuito em série* e *circuito em paralelo*.

código binário Código baseado no sistema de números binários (que usa o 2 como base). Em código binário, qualquer número pode ser expresso como uma sucessão de zeros e uns. Por exemplo, o número 1 é 1, o 2 é 10, o 3 é 11, o 4 é 100, o 5 é 101, o 17 é 10001, etc. Os uns e zeros podem ser interpretados e transmitidos eletronicamente como uma série de pulsos do tipo "ligado" ou "desligado", que é a base para todos os computadores e equipamentos digitais.

colisão elástica Colisão em que os objetos envolvidos ricocheteiam sem que ocorram deformações permanentes ou geração de calor.

colisão inelástica Colisão em que os objetos envolvidos ficam distorcidos e/ou produzem calor durante a colisão, possivelmente juntando-se.

complementaridade Princípio enunciado por Niels Bohr que estabelece que os aspectos de onda e de partícula, tanto da matéria quanto da radiação, são partes necessárias e complementares do todo. Qual parte será realçada vai depender de qual experimento será realizado.

componente de frequência Um dos muitos tons que compõem um som musical. Cada tom individual (ou parcial) tem apenas uma frequência. A componente de frequência mais baixa de um som musical é chamada de frequência fundamental. Qualquer componente cuja frequência seja um múltiplo da frequência fundamental é chamado de harmônico. A frequência fundamental também é chamada de primeiro harmônico. O segundo harmônico tem o dobro da frequência fundamental; o terceiro harmônico, o triplo, e assim por diante.

componente Um dos vetores perpendiculares que somam-se a um determinado vetor (p. ex., componentes horizontais e verticais da velocidade).

composto Substância química constituída por átomos de dois ou mais elementos químicos combinados numa proporção fixa.

compressão (a) Em mecânica, o ato de esmagar o material e reduzir seu volume. (b) Em acústica, a região de pressão mais alta numa onda longitudinal.

comprimento de onda Distância entre cristas, ventres ou partes idênticas sucessivas de uma onda.

condensação Mudança de fase de um gás para um líquido; o contrário de evaporação.

condição de equilíbrio $\Sigma F = 0$. Para um objeto ou sistema de objetos em equilíbrio mecânico, a soma das forças é nula. Ou $\Sigma \tau = 0$; a soma dos torques é nula.

condução (a) Em termodinâmica, a energia transferida de partícula para partícula no interior de certos materiais ou de um material para outro quando os dois estão em contato direto. (b) Em eletricidade, o fluxo de carga elétrica através de um condutor.

condutor (a) Material através do qual se pode transferir calor. (b) Material, normalmente um metal, através do qual pode fluir carga elétrica. Em geral, bons condutores de calor são bons condutores de carga elétrica.

cones Ver *retina*.

congelamento Mudança de fase de líquido para sólido; o contrário de fusão.

conservação da carga Princípio segundo o qual carga elétrica não pode ser criada ou destruída, mas apenas transferida de um material para outro.

conservação da energia Princípio segundo o qual energia não pode ser criada ou destruída. Ela pode apenas ser transformada de uma forma em outra, mas a quantidade total de energia jamais muda.

conservação de energia para máquinas O trabalho fornecido por uma máquina qualquer nunca pode exceder o trabalho que lhe foi fornecido.

conservação do *momentum* Na ausência de força externa resultante, o *momentum* de um objeto ou sistema de objetos não é alterado.

$$mv_{(\text{antes do evento})} = mv_{(\text{depois do evento})}$$

conservação do *momentum* angular Quando nenhum torque externo atua sobre um objeto ou sistema de objetos, nenhuma mudança ocorre no *momentum* angular. Portanto, o *momentum* angular anterior a um evento que envolve apenas torques internos é igual ao *momentum* angular posterior ao evento.

conservada Termo aplicado a qualquer quantidade física, como *momentum*, energia ou carga elétrica, que permanece inalterada durante as interações.

constante da gravitação universal A constante de proporcionalidade G que mede a intensidade da gravidade na equação para a lei de Newton da gravitação universal.

$$F = G \frac{m_1 m_2}{d^2}$$

constante de Planck (h) Constante fundamental da teoria quântica que determina a escala do mundo microscópico.

$$h = 6{,}6 \times 10^{-34}\, \text{J} \cdot \text{s}$$

Seu produto pela frequência da luz é igual à sua energia.

$$E = hf$$

constante solar Quantidade igual a 1.400 J/m² recebida do Sol a cada segundo no topo da atmosfera da terra. É expressa em termos de potência, 1,4 kW/m².

contador de cintilações Dispositivo que serve para medir a radiação proveniente de fontes radioativas.

contador Geiger Dispositivo que serve para detectar radiação e medir decaimentos radioativos.

contato térmico Estado de dois ou mais corpos ou substâncias em contato, de modo que o calor pode fluir de um para o outro.

contração de Lorentz Ver *contração do comprimento*.

contração do comprimento Contração espacial e, portanto, da matéria num sistema de referência que se move a uma velocidade relativística em relação ao observador.

contrapartida de Maxwell à lei de Faraday Um campo magnético é criado em qualquer região do espaço onde um campo elétrico estiver variando com o tempo. A intensidade do campo magnético induzido é proporcional à taxa com que o campo elétrico varia. A direção do campo magnético induzido forma um ângulo reto com o campo elétrico variável.

convecção Modo de transferência de calor pela movimentação da própria substância, como por correntes num fluido.

cores complementares Quaisquer duas cores de luz que, quando adicionadas, produzem luz branca.

cores primárias aditivas Três cores de luz – vermelho, azul e verde – que, quando adicionadas em certas proporções, produzem uma cor qualquer do espectro.

cores primárias subtrativas As três cores de pigmentos absorvedores de luz – magenta, amarelo e ciano, por exemplo – que, quando misturadas em certas proporções, refletem qualquer cor do espectro.

córnea Cobertura transparente existente sobre o globo ocular que ajuda a focar a luz incidente.

corrente alternada (CA) Corrente elétrica que inverte rapidamente seu sentido. As cargas elétricas vibram em torno de posições relativas fixas, normalmente a uma taxa de 60 hertz.

corrente contínua (CC) Corrente elétrica cujo fluxo de carga se dá em apenas um sentido.

corrente elétrica Fluxo de carga elétrica que transporta energia de um lugar a outro. É medida em amperes, onde um ampere é o fluxo de $6{,}25 \times 10^{18}$ elétrons por segundo.

corrente Ver *corrente elétrica*.

cosmologia Estudo da origem e evolução do universo como um todo.

coulomb (C) Unidade do SI para carga elétrica. Um coulomb é igual à carga total de $6{,}25 \times 10^{18}$ elétrons.

crescimento exponencial Aumento pelo mesmo fator (por exemplo, por 2) em tempos iguais.

crista Um dos lugares de uma onda em que ela tem altura máxima ou a perturbação é máxima em sentido inverso de um vale. Ver também *ventre*.

cristal birrefringente Cristal que divide a luz não polarizada em dois feixes internos polarizados segundo ângulos retos e absorve fortemente um feixe enquanto transmite o outro. Também chamado de *cristal dicroico*.

cristal Forma geométrica regular encontrada num sólido, em que as partículas componentes se encontram dispostas num padrão tridimensional ordenado que se repete.

curto-circuito Interrupção num circuito elétrico devido ao fluxo de carga através de um caminho de baixa resistência entre dois pontos que não deveriam estar diretamente conectados, desviando assim a corrente de seu caminho correto. É um efetivo "encurtamento do circuito".

curva de radiação solar Gráfico do brilho, ou intensidade, em função da frequência (ou do comprimento de onda) para a luz solar.

curva senoidal Curva cuja forma representa as cristas e os ventres de uma onda, como a que é traçada pela trilha de areia que cai de um pêndulo que balança sobre uma esteira de transporte em movimento.

datação pelo carbono Processo para determinar o tempo decorrido desde a morte, por meio de medição da radioatividade dos isótopos remanescentes de carbono-14.

dB Abreviatura para decibel. Ver *bel*.

decaimento exponencial Diminuição pelo mesmo fator (por exemplo, por 2) em tempos iguais.

decibel (dB) Um décimo de *bel*.

declinação magnética Discrepância entre a orientação que uma bússola indica para o norte magnético e a orientação do verdadeiro norte geográfico.

decomposição Método de decompor um vetor em suas partes componentes.

densidade Massa por unidade de volume de uma substância. Peso específico é o peso por unidade de volume. Em geral, qualquer quantidade por unidade de espaço (por exemplo, o número de pontos por área).

$$\text{Massa específica} = \frac{\text{massa}}{\text{volume}}$$

$$\text{Peso específico} = \frac{\text{peso}}{\text{volume}}$$

deslocado Termo aplicado à porção de fluido que é retirada de seu lugar por um objeto colocado dentro de um fluido. Um objeto submerso sempre desloca um volume de líquido igual ao seu próprio volume. Um objeto flutuante desloca um peso de fluido igual ao seu próprio peso.

desvio para o azul Aumento da frequência medida da luz para uma fonte que está se aproximando; chamado de desvio para o azul devido ao aumento aparente da frequência na direção do azul, na parte final do espectro de cores. Também ocorre quando um observador está se aproximando da fonte. Ver também *efeito Doppler*.

desvio para o vermelho Diminuição na frequência da luz (ou de outra radiação) emitida por uma fonte que está se afastando. Chama-se *desvio para o vermelho* porque a diminuição se dá na direção do vermelho, a extremidade de frequência mais baixa do espectro de cores. Ver também *efeito Doppler*.

desvio para o vermelho gravitacional Desvio para a extremidade vermelha do espectro no comprimento de onda da luz que deixa a superfície de um objeto com muita massa, como previsto pela teoria geral da relatividade.

deutério Isótopo do hidrogênio cujo átomo tem um próton, um nêutron e um elétron. O isótopo comum de hidrogênio tem apenas um próton e um elétron; o deutério tem maior massa, portanto.

dêuteron Núcleo de um átomo de deutério; tem um próton e um nêutron.

diferença de potencial Diferença no potencial elétrico (voltagem) entre dois pontos. As cargas livres fluem quando existe uma diferença de potencial, e assim continuam a fazer até que os dois pontos atinjam o mesmo potencial.

difração Encurvamento da luz quando passa próximo de um obstáculo ou através de uma fenda estreita, fazendo a luz se espalhar e produzindo faixas iluminadas e escuras.

dilatação temporal A diminuição do transcurso do tempo causada pela velocidade.

diodo Dispositivo eletrônico que permite a passagem da corrente em um único sentido num circuito elétrico. Dispositivo que transforma corrente alternada em contínua.

diodo emissor de luz (LED) Um diodo que emite luz.

dipolo elétrico Molécula na qual a distribuição de carga é assimétrica, resultando em cargas ligeiramente opostas em lados opostos da molécula.

dipolo Ver *dipolo elétrico*.

dispersão Decomposição da luz em cores dispostas de acordo com sua frequência, pela interação com um prisma ou uma rede de difração, por exemplo.

distância focal Distância entre o centro de uma lente e qualquer um dos seus pontos focais; a distância de um espelho ao seu ponto focal.

domínio magnético Aglomerado microscópico de átomos que estão com seus campos magnéticos alinhados.

dualidade onda-partícula A demonstração de natureza ondulatória e natureza corpuscular por parte da luz.

DVD (*digital versatile disc*) Disco digital versátil, originalmente chamado de disco de vídeo digital. Trata-se de um disco compacto que contém armazenado material de vídeo.

ebulição Mudança de líquido para gás, ocorrendo abaixo da superfície do líquido. O líquido perde energia, o gás ganha.

E_C Abreviatura para *energia cinética*.

eclipse lunar Evento no qual a Lua inteira passa por dentro da sombra da Terra.

eclipse solar Evento no qual a Lua bloqueia a luz solar, e sua sombra cai sobre parte da Terra.

eco Reflexão do som.

efeito borboleta Situação em que uma variação muito pequena ocorrida em um determinado lugar pode ser amplificada, gerando grandes variações em algum outro lugar.

efeito Doppler Alteração na frequência de uma onda sonora ou luminosa devido ao movimento da fonte ou do receptor. Ver também *desvio para o vermelho* e *desvio para o azul*.

efeito estufa Efeito de aquecimento provocado pela energia radiante emitida pelo Sol com comprimento de onda curto que penetra facilmente na atmosfera e é absorvida pela Terra, mas que, quando irradiada em comprimento de onda maior, não consegue escapar facilmente da atmosfera terrestre.

efeito fotoelétrico Emissão de elétrons por certos metais quando expostos à luz de determinadas frequências.

eixo (a) Linha reta em torno da qual se dá a rotação. (b) Linhas retas de referência num gráfico, sendo normalmente o eixo x para medir deslocamento horizontal e o eixo y para medir deslocamento vertical.

eixo principal Linha que une os centros de curvatura das superfícies de uma lente. Linha que une o centro de curvatura e o foco de um espelho.

elasticidade Propriedade de um sólido pela qual uma força atuando sobre ele produz uma alteração em sua forma, havendo retorno à forma original depois que a força deformante é removida.

elemento Substância composta de átomos, todos com o mesmo número atômico e, portanto, as mesmas propriedades químicas.

elemento transurânico Elemento situado além do urânio na tabela periódica.

eletricamente polarizado Termo aplicado a um átomo ou molécula em que o alinhamento das cargas é tal que um lado é ligeiramente mais positivo ou negativo do que o lado oposto.

eletricidade Termo geral aplicado a fenômenos elétricos, da mesma forma que gravidade se refere a fenômenos gravitacionais ou sociologia se refere a fenômenos sociais.

eletrização por contato Transferência de carga elétrica entre objetos por atrito ou simples contato.

eletrização por indução Redistribuição de cargas elétricas dentro de objetos e sobre eles devido à influência elétrica de um objeto eletrizado próximo, mas fora de contato.

eletrodinâmica Estudo de cargas elétricas móveis, em oposição à eletrostática.

eletrodo Terminal de uma bateria, por exemplo, pelo qual a corrente elétrica pode passar.

eletroímã Ímã cujas propriedades magnéticas são produzidas por uma corrente elétrica.

eletromagnetismo Fenômenos associados a campos elétricos e magnéticos e suas interações uns com os outros e com correntes e cargas elétricas.

elétron Partícula negativa numa camada atômica.

elétrons de condução Elétrons que se movem livremente em um metal, transportando carga elétrica.

elétron-volt (eV) Quantidade de energia igual àquela que um elétron adquire ao acelerar numa diferença de potencial de 1 volt.

eletrostática Estudo das cargas elétricas em repouso, em oposição à eletrodinâmica.

elipse Curva fechada de forma oval para a qual a soma das distâncias de um ponto qualquer da curva até os dois pontos focais internos é uma constante.

em fase Termo aplicado a duas ou mais ondas cujas cristas (e ventres) chegam a um lugar simultaneamente, de maneira que seus efeitos se reforcem.

em paralelo Termo aplicado a partes de um circuito elétrico que são conectadas a dois pontos e provêm caminhos alternativos para a corrente entre aqueles dois pontos.

em série Termo aplicado a partes de um circuito elétrico que são conectadas em fila, de maneira que a corrente que passa através de uma obrigatoriamente deve passar pelas demais.

empuxo Perda aparente de peso de um objeto imerso ou submergido num fluido.

energia Algo que pode mudar a condição da matéria. Normalmente definida como a capacidade de realização de trabalho; na verdade, pode ser descrita somente por meio de exemplos.

energia cinética (E_C) Energia de movimento, igual (não relativisticamente) à massa vezes a rapidez do movimento ao quadrado, multiplicada pela constante 1/2.

$$C_E = \frac{1}{2}mv^2$$

energia de repouso A "energia de existência", dada pela equação $E = mc^2$.

energia do ponto-zero Quantidade extremamente pequena de energia cinética que moléculas ou átomos têm, mesmo na temperatura de zero absoluto.

energia escura Nome para o fato aparente de que a expansão do universo está se acelerando.

energia interna A energia total armazenada nos átomos e nas moléculas dentro de uma substância. Variações na energia interna são um dos principais interesses da termodinâmica.

energia mecânica Energia devido à posição ou ao movimento de algo; energia potencial ou cinética (ou uma combinação das duas).

energia potencial (E_p) Energia de posição, geralmente relacionada à posição relativa de duas coisas, como uma pedra e a Terra (E_p gravitacional) ou um elétron e um núcleo (E_p elétrica).

energia potencial elétrica Energia que uma carga tem devido à sua localização num campo elétrico.

energia potencial gravitacional Energia associada com um campo gravitacional que, na Terra, resulta da interação gravitacional de um corpo com o planeta. A energia potencial terrestre (E_p) é igual ao produto da massa (m) pela aceleração da gravidade (g) e pela altura (h) em relação a um nível de referência tal como a superfície terrestre.

$$E_p = mgh$$

energia radiante Qualquer energia, incluindo calor, luz e raios X, transmitida por radiação. Ocorre na forma de ondas eletromagnéticas.

energia térmica A energia total (cinética mais potencial) das partículas submicroscópicas que formam uma substância (muitas vezes chamada de *energia interna*).

engenharia Tecnologia direcionada para projetos, construções e manutenção de fábricas, maquinário, rodovias, ferrovias, pontes, motores e todo tipo de veículos, desde microcarros até estações espaciais, e para geração, transmissão e utilização de energia elétrica. Algumas de suas principais especializações são aeroespacial, química, civil, de comunicação, elétrica, eletrônica, de materiais, mecânica, de minas e estrutural.

entropia Medida do grau de desordem de um sistema. Sempre que a energia se transforma espontaneamente de uma forma em outra, o sentido da transformação será para um estado de maior desordem e, portanto, de maior entropia.

E_p Abreviatura para *energia potencial*.

equação de onda de Schrödinger Equação fundamental da mecânica quântica, que interpreta a natureza ondulatória de partículas materiais em termos de amplitudes de ondas de probabilidade. Ela é tão básica para a mecânica quântica quanto as leis de Newton do movimento são para a mecânica clássica.

equilíbrio Em geral, um estado balanceado. Para equilíbrio mecânico, um estado em que não atua qualquer força ou torque resultante. Em líquidos, o estado em que a evaporação se iguala à condensação. Mais genericamente, o estado em que não ocorre qualquer troca líquida de energia.

equilíbrio estável Estado de equilíbrio de um objeto em que qualquer pequeno deslocamento ou rotação causa a elevação de seu centro de gravidade.

equilíbrio instável Estado de um objeto em equilíbrio em que qualquer pequeno deslocamento ou rotação abaixa o centro de gravidade.

equilíbrio mecânico Estado de um objeto ou sistema de objetos no qual cancelam-se todas as forças, nenhuma aceleração ocorre e nenhum torque resultante existe. Ou seja, $\Sigma F = 0$ e $\Sigma \tau = 0$.

equilíbrio térmico Estado em que dois ou mais objetos ou substâncias em contato térmico já alcançaram uma temperatura comum.

equivalência massa-energia A relação entre massa e energia dada pela equação

$$E = mc^2$$

onde c é a rapidez de propagação da luz.

escala Celsius Escala de temperatura que assinala 0 para o ponto de congelamento da água e 100 para o ponto de ebulição da água na pressão-padrão (uma atmosfera ao nível do mar).

escala Em música, uma sucessão de notas com frequências que estão numa razão simples umas com as outras.

escala Fahrenheit Escala de temperatura de uso comum nos Estados Unidos. O número 32 é atribuído ao ponto de fusão da água, e o número 212, ao ponto de ebulição da água na pressão normal (uma atmosfera ao nível do mar).

escala Kelvin Escala de temperatura medida em kelvins, K, cujo zero (chamado de zero absoluto) é a temperatura na qual é impossível extrair mais energia interna de um material. 0 K = −273,15 °C. Não existem temperaturas negativas nessa escala.

espaço-tempo Contínuo tetradimensional onde acontecem todos os eventos e onde todas as coisas existem: três dimensões são espaciais, e a quarta é o tempo.

espalhamento Desvio da luz, em direções aleatórias, ao encontrar uma partícula com dimensões menores do que o comprimento de onda da luz. Ocorre mais frequentemente para comprimentos de onda curtos (azul) do que para comprimentos de onda longos (vermelho).

espalhar Absorver som ou luz e reemiti-lo em todas as direções.

espectro de absorção Espectro contínuo, como o gerado pela luz branca, interrompido por linhas ou bandas escuras, resultantes da absorção da luz de certas frequências quando a luz atravessa uma determinada substância.

espectro de emissão Distribuição de comprimentos de onda na luz emitida por uma fonte luminosa.

espectro de linhas Padrão de linhas coloridas distintas, correspondentes a comprimentos de onda particulares, que se vê num espectrômetro quando um gás quente é observado. Cada elemento tem um padrão único de linhas.

espectro eletromagnético Faixa de frequências na qual se propaga a radiação eletromagnética. As frequências mais baixas estão associadas às ondas de rádio; as micro-ondas têm frequência mais alta, depois as ondas infravermelhas, a luz, a radiação ultravioleta, os raios X e, na sequência, os raios gama.

espectro Para luz solar ou outra luz branca qualquer, é o espalhamento de cores visto quando a luz passa através de um prisma ou de uma rede de difração. As cores do espectro, ordenadas da frequência mais baixa (com maior comprimento de onda) para a mais alta (com menor comprimento de onda), são as cores vermelha, laranja, amarela, verde, azul, azul-escuro e violeta. Ver também *espectro de absorção*, *espectro eletromagnético*, *espectro de emissão* e *prisma*.

espectro visível Ver *espectro eletromagnético*.

espectrômetro de massa Dispositivo que separa magneticamente íons carregados, de acordo com suas massas.

espectrômetro Ver *espectroscópio*.

espectroscópio Um instrumento óptico que separa a luz em suas componentes de frequência ou em seus comprimentos de onda na forma de linhas espectrais. O *espectrômetro* também é capaz de medir as frequências ou os comprimentos de onda.

espelho côncavo Espelho que se curva para dentro, como uma "caverna". Ver também *espelho conexo*.

espelho convexo Espelho curvado para fora. A imagem virtual formada é menor e está mais próxima do espelho do que o objeto. Ver também *espelho côncavo*.

espelho plano Um espelho com superfície plana.

estado metaestável Estado excitado de um átomo, caracterizado por um atraso prolongado da relaxação.

estrela de nêutrons Estrela que sofreu um colapso gravitacional, no qual os elétrons foram comprimidos contra os prótons, dando origem a nêutrons.

estrondo sônico Som ruidoso resultante da incidência de uma onda de choque.

éter Meio hipotético invisível que antigamente se pensava ser necessário para haver a propagação de ondas eletromagnéticas. Também se pensava que ele preenchia todo o espaço do universo.

eV Abreviatura para *elétron-volt*.

evaporação Mudança de fase de líquido para gás que ocorre na superfície de um líquido. O contrário de condensação.

excitação Processo em que um ou mais elétrons passam de um nível para outro de energia mais alta. Um átomo num estado excitado em geral decairá rapidamente (relaxará) para um estado de energia mais baixa, havendo emissão de radiação. A frequência e a energia da radiação emitida estão relacionadas por

$$E = hf$$

excitado Ver *excitação*.

f.e.m. Abreviatura para *força eletromotriz*.

fase (a) Uma das quatro formas da matéria: sólida, líquida, gasosa e plasma. Frequentemente chamada de estado. (b) A fração de um ciclo com a qual uma onda (ou a Lua) está avançada num instante qualquer. Ver também *em fase* e *fora de fase*.

fases da Lua Os ciclos de mudança da "face" da Lua, que vão de *nova* para *crescente*, então *cheia*, *minguante* e *nova* mais uma vez.

fato Estreita concordância entre observadores competentes a respeito de uma série de observações sobre um mesmo fenômeno.

fibra óptica Fibra transparente, normalmente de vidro ou de plástico, capaz de transmitir a luz ao longo de seu comprimento por meio de reflexão interna total.

física quântica Ramo da física que estuda de forma geral o mundo microscópico dos fótons, átomos e núcleos.

fissão nuclear Fragmentação de um núcleo atômico, particularmente de um núcleo pesado como o do urânio-235, em dois elementos mais leves, acompanhada da liberação de muita energia.

fluido Qualquer coisa capaz de escoar ou fluir; em particular, qualquer líquido, gás ou plasma.

fluorescência Propriedade que determinadas substâncias têm de absorver radiação com uma frequência e reemiti-la numa frequência mais baixa.

flutuação Ver *princípio da flutuação*.

FM Abreviatura para *modulação em frequência* (do inglês *frequency modulation*)

foco (a) Para uma elipse, um dos dois pontos para os quais a soma de suas distâncias até um ponto qualquer da elipse é uma constante. Um satélite orbitando a Terra move-se numa elipse que tem a Terra como um dos focos. (b) Em óptica, um ponto focal.

fonte de voltagem Dispositivo capaz de fornecer uma diferença de potencial, como uma pilha seca, uma bateria ou um gerador.

fora de fase Termo aplicado a duas ondas para as quais a crista de uma coincide com o ventre da outra. Seus efeitos tendem a se anular.

força centrífuga Para um corpo em rotação ou que gira, a força aparente dirigida para fora.

força centrípeta Força dirigida para o centro que faz com que um objeto descreva uma trajetória circular ou curvilínea.

força de ação Uma das forças que formam o par de forças descrito na terceira lei de Newton do movimento. Ver também *leis de Newton do movimento, Lei 3*.

força de apoio Força dirigida para cima que equilibra o peso de um objeto colocado sobre uma superfície.

força de empuxo Força total que um fluido exerce verticalmente para cima sobre um objeto imerso ou submerso.

força de reação Força igual em intensidade e direção à força de ação, mas com sentido contrário a esta, e que atua simultaneamente a qualquer força de ação exercida. Ver também *leis de Newton do movimento, Lei 3*.

força elétrica Força que uma carga elétrica exerce sobre outra. Quando as cargas são de mesmo sinal, repelem-se; quando são opostas, atraem-se.

força eletromotriz (f.e.m.) Qualquer voltagem que dá origem a uma corrente elétrica. Uma bateria ou gerador é uma fonte de f.e.m..

força forte Força com que os núcleons se atraem no interior de um núcleo; uma força que é muito forte a curtas distâncias, mas que decresce rapidamente com o aumento da distância. Também chamada de interação forte.

força fraca Também chamada de *interação fraca*. É a força que atua no interior dos núcleos, responsável pela emissão beta (elétrons).

força magnética (a) Entre ímãs, é a atração mútua entre polos magnéticos diferentes e a repulsão mútua entre polos magnéticos idênticos. (b) Entre um campo magnético e uma partícula em movimento, é a força defletora devido ao movimento da partícula: a força defletora é perpendicular às linhas de campo magnético e à direção do movimento. Ela é máxima quando a partícula carregada se move perpendicularmente às linhas de campo e mínima (nula) quando a partícula se move paralelamente às linhas de campo.

força normal Componente de uma força de apoio que é perpendicular a uma superfície de sustentação. Para um objeto em repouso sobre uma superfície horizontal, é a força dirigida para cima que equilibra o peso do objeto.

força Qualquer influência que tende a acelerar ou deformar um objeto; um empurrão ou puxão; no SI, é medida em newtons. Força é uma quantidade vetorial.

força resultante A combinação de todas as forças que atuam num objeto.

fórmula química Descrição que usa números e símbolos de elementos para informar as proporções dos elementos em um composto ou em uma reação.

fosforescência Tipo de emissão de luz igual à fluorescência, exceto por um retardo entre a excitação e o retorno ao estado não excitado, o que resulta em um brilho prolongado que pode durar frações de segundos a horas ou mesmo dias, dependendo de fatores como o tipo de material e a temperatura.

fósforo Material na forma de pó igual ao que é aplicado na superfície interna de um tubo de luz fosforescente que absorve fótons de ultravioleta e, então, fornece luz visível.

fóton Luz que se manifesta como partícula, como um corpúsculo de luz.

fóvea Área da retina que é o centro do campo de visão; região onde a visão é mais nítida.

frente de onda Crista, ventre ou qualquer porção contínua de uma onda bidimensional ou tridimensional em que as vibrações são idênticas num instante qualquer.

frequência de rotação Número de rotações ou de revoluções por unidade de tempo. É medida frequentemente em rotações ou revoluções por segundo ou minuto.

frequência fundamental Ver *componente de frequência*.

frequência natural Frequência com a qual um objeto elástico vibra espontaneamente se for perturbado e se a força perturbadora for removida.

frequência Para um corpo ou meio vibrante, é o número de vibrações por unidade de tempo. Para uma onda, é o número de cristas que passam por um determinado ponto por unidade de tempo. A frequência é medida em hertz.

fulcro O pivô de uma alavanca.

fusão Mudança de fase de sólido para líquido; o contrário de congelamento. A fusão é um processo diferente da dissolução, na qual um sólido é adicionado a um líquido e nele se dissolve.

fusão nuclear Combinação de núcleos atômicos leves, como os do hidrogênio, em núcleos mais pesados, acompanhada da liberação de muita energia. Ver também *fusão termonuclear*.

fusão termonuclear Fusão nuclear induzida por temperaturas extremamente altas; em outras palavras, o amálgama de núcleos atômicos devido à alta temperatura.

fusível Dispositivo de um circuito elétrico que interrompe o circuito quando a corrente atinge um valor suficientemente alto para haver risco de incêndio.

g (a) Abreviatura para *grama*. (b) Quando escrito com minúscula e em itálico, g, trata-se do símbolo para a aceleração devido à gravidade (na superfície da Terra, igual a 9,8 m/s^2). (c) Quando escrita com minúscula e em negrito, **g**, representa o vetor campo gravitacional da Terra (na superfície terrestre, igual a 9,8 N/kg). (d) Quando escrito com maiúscula e em itálico, G, é o símbolo para *a constante universal da gravitação* (igual a 6,67 × 10^{-11} N.m^2/kg^2).

galvanômetro Instrumento usado para detectar corrente elétrica. Com uma combinação apropriada de resistores, pode ser transformado em um amperímetro ou um voltímetro. Um amperímetro é calibrado para medir corrente elétrica. Um voltímetro é calibrado para medir potencial elétrico.

gás Fase da matéria além da fase líquida, em que as moléculas preenchem completamente o espaço disponível, sem adquirir uma forma definitiva.

geociência O estudo da história, da estrutura e dos processos naturais do planeta Terra.

geodésica O caminho mais curto entre dois pontos de qualquer superfície.

gerador magnetohidrodinâmico (MHD) Dispositivo que gera energia elétrica por meio da interação de um plasma com um campo magnético.

gerador Máquina que produz corrente elétrica, geralmente pela rotação de uma bobina dentro de um campo magnético estacionário.

grama (g) Uma unidade métrica de massa. Corresponde a um milésimo de um quilograma.

grandeza escalar Em física, grandezas como massa, volume e tempo, que podem ser completamente especificadas por seu valor ou magnitude, mas que não têm direção e sentido.

grandeza vetorial Em física, uma grandeza que tem tanto valor quanto direção e sentido. Alguns exemplos são força, velocidade, aceleração, torque e os campos elétrico e magnético.

gravitação Atração entre objetos devido às suas massas. Ver também *lei da gravitação universal* e *constante da gravitação universal*.

gráviton *Quantum* da gravidade, análogo ao conceito de fóton como o *quantum* da luz (ainda não detectado).

grupo Os elementos de uma mesma coluna da tabela periódica.

h (a) Abreviatura para hora (embora hr. seja frequentemente usada). (b) Quando escrito em itálico, h, é o símbolo da *constante de Planck*.

hádron Partícula elementar que pode participar de interações nucleares fortes.

harmônico Ver *componente de frequência*.

hertz (Hz) Unidade do SI para frequência. Um hertz é uma vibração por segundo.

hipótese Uma suposição fundamentada; uma explicação razoável para uma observação ou um resultado experimental que não é aceita como factual até que seja testada inúmeras vezes e confirmada em experimentos.

holograma Padrão de interferência microscópico bidimensional que mostra imagens ópticas tridimensionais.

Hz Abreviatura para *hertz*.

ímã Qualquer objeto que tenha propriedades magnéticas, que é a habilidade de atrair objetos feitos de ferro e outros materiais magnéticos. Ver também *eletromagnetismo* e *força magnética*.

imagem real Imagem formada por raios de luz que convergem na localização da imagem. Diferentemente de uma imagem virtual, uma imagem real pode ser projetada sobre uma tela.

imagem virtual Imagem formada por raios de luz que não convergem para a localização da imagem. Espelhos, lentes convergentes usadas como lentes de aumento e lentes divergentes produzem imagens virtuais. A imagem virtual pode ser vista por um observador, mas não pode ser projetada sobre uma tela.

imponderabilidade Condição de queda livre na direção da Terra ou ao seu redor em que um objeto não experimenta força suporte (e não exerce força alguma sobre uma balança).

Impulso = $Ft = D(mv)$

impulso Produto da força pelo intervalo de tempo durante o qual ela atua. O impulso produz uma variação no *momentum*.

incandescência Estado de brilho em altas temperaturas causado por elétrons que se agitam com amplitudes maiores do que os átomos, emitindo energia radiante no processo. A frequência de pico para a energia radiante é proporcional à temperatura absoluta da substância aquecida:

$$\bar{f} \sim T$$

índice de refração (n) Razão entre a rapidez de propagação da luz no vácuo e a rapidez de propagação da luz num determinado meio material.

$$n = \frac{\text{rapidez da luz no vácuo}}{\text{rapidez da luz no material}}$$

indução Eletrização de um objeto sem haver contato direto. Ver também *indução eletrostática* e *indução eletromagnética*.

indução eletromagnética Fenômeno de indução de uma voltagem em um condutor por meio de variações do campo magnético próximo ao condutor. Se, por uma razão qualquer, o campo magnético dentro de um caminho fechado é alterado, uma voltagem aparece induzida ao longo do caminho. A indução da voltagem é resultado de um fenômeno mais fundamental: a indução de um campo elétrico. Ver também *lei de Faraday*.

indução eletrostática Processo de carregamento elétrico de um objeto pela redistribuição interna da carga sem haver contato

induzido (a) Termo aplicado à carga elétrica que é redistribuída sobre um objeto devido à aproximação de um objeto eletrizado.

(b) Termo aplicado a uma voltagem, um campo elétrico ou um campo magnético criado pela variação de um campo elétrico ou magnético ou pela movimentação através deste.

inelástico Termo aplicado a um material que não retorna à sua forma original depois de esticado ou comprimido.

inércia Espécie de relutância, ou resistência aparente, que um objeto oferece a mudanças em seu estado de movimento. A massa é a medida da inércia.

inércia rotacional Relutância ou resistência aparente de um objeto a mudanças em seu estado de rotação. É determinada pela distribuição de massa do objeto e pela localização do eixo de rotação ou de revolução.

infrassônico Termo aplicado ao som com frequência inferior a 20 hertz, o limite inferior de audibilidade humana.

infravermelho Ondas eletromagnéticas com frequências mais baixas do que as da luz vermelha visível.

intensidade Potência por metro quadrado de uma onda sonora, frequentemente medida em decibels.

interação A ação mútua entre objetos, em que cada objeto exerce força igual e oposta sobre o outro.

interação forte Ver *força forte*.

interação fraca Ver *força fraca*.

interferência construtiva Combinação em que duas ou mais ondas se superpõem para produzir uma onda com amplitude maior. Ver também *interferência*.

interferência destrutiva Combinação de ondas em que as cristas de uma onda superpõem-se aos ventres de outra, resultando em uma onda com amplitude diminuída. Ver também *interferência*.

interferência O resultado da superposição de diferentes ondas, geralmente de mesmo comprimento de onda. A interferência construtiva resulta do reforço crista a crista; a interferência destrutiva resulta do cancelamento crista com ventre. A interferência entre comprimentos de onda selecionados de luz produz cores conhecidas como cores de interferência. Ver também *interferência construtiva*, *interferência destrutiva*, *padrão de interferência* e *onda estacionária*.

interferência ondulatória Fenômeno que ocorre quando duas ondas se encontram ao se propagarem em um mesmo meio.

interferômetro Aparelho que utiliza a interferência de ondas luminosas para medir distâncias muito pequenas com alta precisão. Milchelson e Morley usaram o interferômetro em seus famosos experimentos com a luz.

interruptor de circuito Num circuito elétrico, dispositivo que interrompe o circuito quando a corrente torna-se alta o suficiente para causar incêndios.

inversamente Quando dois valores variam em direções opostas, de forma que um aumenta e o outro diminui pela mesma quantidade, são ditos inversamente proporcionais entre si.

inversão dos polos magnéticos Quando o campo magnético de um corpo celeste inverte seus polos; isto é, no local onde havia um polo magnético norte, passa a existir um polo magnético sul, e vice-versa.

inversão térmica Condição na qual a convecção ascendente do ar é interrompida, às vezes por causa de uma região superior da atmosfera que está mais quente que a região abaixo dela.

íon Átomo (ou grupo de átomos ligados entre si) com uma carga elétrica líquida devido à perda ou ao ganho de elétrons. Um íon positivo tem uma carga líquida positiva; um íon negativo, uma carga líquida negativa.

ionização Processo de agregar ou remover elétrons de um átomo.

iridescente Fenômeno em que a interferência de ondas luminosas com frequências mistas, refletidas entre as partes inferior e superior de uma película delgada, produz uma miríade de cores.

íris Parte colorida do olho que rodeia a abertura escura pela qual a luz passa. A íris controla a quantidade de luz que entra no olho.

isolante (a) Material através do qual é difícil haver condução de calor, tornando lenta a transferência de calor. (b) Material através do qual é difícil haver condução de eletricidade.

isótopos Átomos cujos núcleos têm o mesmo número de prótons, mas diferentes números de nêutrons.

J Abreviatura para *joule*.

joule (J) Unidade do SI para trabalho e todas as formas de energia. Realiza-se um joule de trabalho quando se aplica uma força de um newton sobre um objeto que se desloca um metro no sentido da força.

K (a) Abreviatura para *kelvin*. (b) Quando em minúscula, k, trata-se da abreviatura para o prefixo *quilo-*. (c) Quando em minúscula e itálico, *k*, trata-se do símbolo para a constante eletrostática de proporcionalidade na *lei de Coulomb*, que vale aproximadamente 9×10^9 N·m^2/C^2. (d) Quando em minúscula e itálico, *k*, trata-se do símbolo para a constante elástica na *lei de Hooke*.

kcal Abreviatura para *quilocaloria*.

kelvin Unidade de temperatura do SI. Uma temperatura medida em kelvins (símbolo K) indica o número de unidades acima do zero absoluto. As divisões das escalas Kelvin e Celsius são de mesmo tamanho, de modo que uma variação térmica de um kelvin é igual a uma variação térmica de um grau Celsius.

kg Abreviatura para *quilograma*.

km Abreviatura para *quilômetro*.

kPa Abreviatura para *quilopascal*. Ver *pascal*.

kWh Abreviatura para *quilowatt-hora*.

L Abreviatura para *litro*. (Em alguns livros-texto é utilizada a letra minúscula correspondente.)

lâmina bimetálica Duas lâminas de metais diferentes, soldadas ou rebitadas juntas. Uma vez que as duas substâncias se expandem a taxas diferentes quando aquecidas ou resfriadas, a fita se dobra. É usada em termostatos.

lâmpada fluorescente compacta (CFL) Uma versão em miniatura de uma lâmpada fluorescente convencional, geralmente em forma espiralada.

laser Instrumento óptico que produz um feixe de luz coerente – isto é, luz formada por ondas de mesma frequência, fase e direção. A palavra é um acrônimo para "**l**ight **a**mplification by **s**timulated **e**mission of **r**adiation" (amplificação da luz por emissão estimulada de radiação).

lava Magma que irrompe na superfície terrestre.

Lei 2: a linha reta que liga o Sol a qualquer um dos planetas descreve áreas iguais em intervalos de tempo iguais.

Lei 3: o quadrado do período orbital de um planeta é diretamente proporcional ao cubo de sua distância média até o Sol ($T^2 \sim r^3$ para todos os planetas).

lei da gravitação universal Para qualquer par de objetos, cada partícula atrai o outro objeto com uma força diretamente proporcional ao produto de suas massas e inversamente proporcional ao quadrado da distância entre eles (ou entre os centros de massa deles, se eles forem esféricos), onde *F* é a força, *m* é a massa, *d* é a distância e *G* é a constante universal da gravitação.

$$F \sim \frac{m_1 m_2}{d_2} \quad \text{ou} \quad F = G \frac{m_1 m_2}{d_2}$$

lei da inércia Ver *leis de Newton do movimento, Lei 1*.

lei da reflexão O ângulo de incidência de uma onda sobre uma superfície é sempre igual ao ângulo de reflexão. O raio incidente, o raio refletido e a normal em relação à superfície estão todos no mesmo plano. Isso é verdade para ondas parcialmente refletidas e totalmente refletidas. Ver também *ângulo de incidência* e *ângulo de reflexão*.

lei de Boyle Para uma determinada massa de gás mantido a uma temperatura fixa, o produto da pressão e do volume é uma constante, independentemente das mudanças que ocorrem de modo individual na pressão e no volume.

$$P_1 V_1 = P_2 V_2$$

lei de conservação da energia A energia não pode ser criada ou destruída; ela pode ser transferida de um objeto para outro ou transformada de uma forma em outra, mas a quantidade total de energia jamais muda.

lei de Coulomb Relação entre a força elétrica, as cargas e a distância: a força elétrica entre duas cargas varia diretamente com o produto das cargas (q) e inversamente com o quadrado da distância entre elas. (k é a constante de proporcionalidade, igual a 9×10^9 N·m²/C².) Se as cargas são de mesmo sinal, a força é repulsiva; se as cargas são de sinais opostos, a força é atrativa.

$$F = k \frac{q_1 q_2}{d^2}$$

lei de Faraday A força eletromotriz induzida numa bobina é proporcional ao número de espiras, à área transversal de cada espira e à taxa com a qual o campo magnético varia com o tempo no interior dessas espiras. Em geral, um campo elétrico é induzido em qualquer região do espaço onde o campo magnético está variando com o tempo. A intensidade do campo elétrico induzido é proporcional à taxa com a qual varia o campo magnético. Ver também *contrapartida de Maxwell à lei de Faraday*.

$$\text{Força eletromotriz induzida} \sim \text{número de espiras} \times \frac{\text{variação do campo magnético}}{\text{variação no tempo}}$$

lei de Hooke A distância segundo a qual um material elástico é esticado ou esmagado (tensionado ou comprimido) é diretamente proporcional à força aplicada. Δx é a variação no comprimento e k é a constante elástica da mola:

$$F = k \Delta x$$

lei de Newton do resfriamento A taxa de resfriamento de um objeto – seja por condução, convecção ou irradiação – é aproximadamente proporcional à diferença de temperatura entre o objeto e sua vizinhança.

lei de Ohm A corrente num circuito é diretamente proporcional à voltagem aplicada através dele e inversamente proporcional à resistência dele.

$$\text{Corrente} = \frac{\text{voltagem}}{\text{resistência}}$$

lei do inverso do quadrado A lei que relaciona a intensidade de um efeito com o inverso da distância ao quadrado. Gravidade, eletricidade, magnetismo, luz, som e fenômenos radiantes seguem a lei do inverso do quadrado.

$$\text{Intensidade} \sim \frac{1}{\text{distância}^2}$$

lei Uma hipótese ou afirmação geral, acerca da relação entre quantidades naturais, testada muitas e muitas vezes sem ter sido contradita. Também conhecida como *princípio*.

lei zero da termodinâmica Se dois sistemas termodinâmicos estão em equilíbrio térmico com um terceiro, então eles estão em equilíbrio térmico um com o outro.

leis de Kepler *Lei 1:* a trajetória de cada planeta em torno do Sol é uma elipse, tendo o Sol em um dos focos.

Lei 2: a linha reta que liga o Sol a qualquer um dos planetas descreve áreas iguais em intervalos de tempo iguais.

Lei 3: o quadrado do período orbital de um planeta é diretamente proporcional ao cubo de sua distância média até o Sol ($T^2 \sim r^3$ para todos os planetas).

leis de Newton do movimento *Lei 1:* Todo corpo continua em seu estado de repouso ou de movimento em linha reta com rapidez constante, a menos que seja forçado a mudar esse estado por uma força resultante exercida sobre ele. Também conhecida como lei da inércia.

Lei 2: A aceleração produzida pela força resultante sobre um corpo é diretamente proporcional à intensidade dessa força resultante, tem a mesma direção e o mesmo sentido dela e é inversamente proporcional à massa do objeto.

Lei 3: Sempre que um corpo exerce uma força sobre um segundo corpo, este exerce uma força igual e oposta sobre o primeiro.

lente convergente Lente que é mais espessa na sua parte central do que nas bordas e que desvia raios paralelos de luz para o seu foco. Ver também *lente divergente*.

lente divergente Lente mais estreita no meio do que nas bordas, fazendo com que raios de luz paralelos, ao atravessarem-na, tornem-se divergentes, como se tivessem vindo de um mesmo ponto. Ver também *lente convergente*.

lente objetiva Num dispositivo óptico que usa lentes como componentes, trata-se da lente mais próxima ao objeto observado.

lente Pedaço de vidro ou de outro material transparente capaz de desviar a luz para um foco.

lentes acromáticas Ver *aberração cromática*.

lépton Classe de partículas elementares não envolvidas com a força nuclear. Inclui o elétron e seu neutrino, o múon e seu neutrino e o tau e seu neutrino.

liga Mistura sólida composta de dois ou mais metais ou de um metal com um não metal.

ligação atômica O vínculo entre os átomos que formam estruturas maiores, como moléculas e sólidos.

limite elástico Distância de distensão ou compressão além da qual um material elástico não mais retorna ao seu estado original.

linha de corrente Trajetória suave de uma pequena porção de um fluido em escoamento estacionário.

linhas de absorção Linhas escuras que aparecem em um espectro de absorção. O padrão formado pelas linhas é único para cada elemento.

linhas de campo magnético Linhas que revelam a forma do campo magnético. Uma bússola colocada sobre essa linha girará até que sua agulha fique paralela à linha.

linhas de campo Ver *linhas de campo magnético*.

linhas de Fraunhofer Linhas escuras visíveis no espectro do Sol ou de uma estrela.

linhas espectrais Linhas coloridas que se formam quando a luz atravessa uma fenda e, logo após, um prisma ou uma rede de difração, geralmente no interior de um espectroscópio. O padrão de linhas é único para cada elemento.

líquido Fase da matéria intermediária às fases sólida e gasosa, na qual a matéria tem um volume definido, mas não uma forma definida: ela adquire a forma de seu recipiente.

litro (L) Unidade métrica de volume. Um litro é igual a 1.000 cm³.

lua cheia Fase da Lua em que o lado iluminado pelo Sol está virado para a Terra.

luz branca A luz, como a do Sol, que é uma combinação de todas as cores. Sob luz branca, os objetos brancos aparecem como brancos, e os coloridos aparecem com suas próprias cores.

luz coerente Luz de uma única frequência, com todos os fótons exatamente em fase e movendo-se no mesmo sentido. *Lasers* produzem luz coerente. Ver também *luz incoerente* e *laser*.

luz incoerente Luz formada por ondas com uma mistura de frequências, fases e possivelmente direções. Ver também *luz coerente* e *laser*.

luz monocromática Luz de uma única cor, formada somente por ondas de mesmo comprimento de onda e, portanto, de mesma frequência.

luz Parte visível do espectro eletromagnético.

luz visível Parte do espectro eletromagnético que o olho humano pode enxergar.

luzes do norte Ver *aurora boreal*.

m Abreviatura para *metro*.

magnetismo Fenômeno associado a campos magnéticos. Ver também *eletromagnetismo* e *força magnética*.

máquina Dispositivo para aumentar (ou diminuir) uma força ou simplesmente mudar sua direção.

máquina térmica Dispositivo que usa uma quantidade de calor que lhe é fornecida para fornecer trabalho na saída, ou que usa trabalho como entrada para transferir calor de um lugar mais frio para outro mais quente.

maré de quadratura Maré que ocorre quando a Lua está a meio caminho entre a lua nova e a lua cheia, nas duas posições possíveis. As marés devido à Lua e ao Sol anulam-se parcialmente, tal que a preamar resultante será mais baixa do que a média, e a baixa-mar será maior do que a média. Ver também *maré de sizígia*.

maré de sizígia Preamar ou baixa-mar que ocorre quando o Sol, a Terra e a Lua estão alinhados, de modo que as marés produzidas pela Lua e pelo Sol coincidem, resultando em preamares mais altas do que a média e baixas-marés mais baixas do que a média. Ver também *maré de quadratura*.

maser Instrumento que produz um feixe coerente de micro-ondas. A palavra é um acrônimo para *microwave amplification by stimulated emission of radiation* "amplificação de micro-ondas por emissão estimulada de radiação".

massa (m) Quantidade de matéria de um objeto; a medida da inércia que um objeto apresenta em resposta a qualquer esforço realizado para iniciar seu movimento, pará-lo ou alterar de qualquer maneira seu estado de movimento; uma forma de energia.

massa atômica Na tabela periódica, é a massa média de átomos de um elemento, calculada utilizando a abundância de ocorrência natural relativa de isótopos do elemento.

massa crítica Massa mínima de material físsil capaz de sustentar uma reação nuclear num reator ou bomba nuclear. Uma massa subcrítica é aquela para a qual a reação em cadeia se extingue. Uma massa supercrítica é aquela para a qual a reação em cadeia evolui explosivamente.

massa subcrítica Ver *massa crítica*.

massa supercrítica Ver *massa crítica*.

matéria escura Matéria invisível e não identificada, evidenciada por sua atração gravitacional sobre as estrelas nas galáxias.

mecânica quântica Ramo da física relacionado ao submundo atômico, baseado em funções de onda e probabilidades, introduzido por Max Planck (1900) e desenvolvido por Werner Heisenberg (1925), Erwin Schrödinger (1926) e outros.

mega- Prefixo que significa milhão, como em megahertz ou megajoule.

meia-vida Tempo necessário para que decaia a metade dos átomos de um isótopo de um elemento radioativo. Esse termo também é usado para descrever processos de decaimento em geral.

méson Partícula elementar com peso atômico nulo; participa da interação forte.

método científico Método sistemático para obter, organizar, testar e aplicar novos conhecimentos.

metro (m) Unidade padrão de comprimento do SI (igual a 3,28 pés).

MeV Abreviatura para milhão de *elétron-volts*, uma unidade de energia ou, equivalentemente, de massa.

MHD Abreviatura para *magnetohidrodinâmica*.

mi Abreviatura para milha.

micro-ondas Ondas eletromagnéticas com frequências maiores do que as das ondas de rádio, porém menores do que as das ondas infravermelhas.

microscópio Instrumento óptico que forma imagens ampliadas de objetos muito pequenos.

min Abreviatura para minuto.

miragem Falsa imagem que aparece à distância, devido à refração da luz na atmosfera terrestre.

mistura Substâncias misturadas sem que se combinem quimicamente.

MJ Abreviatura para megajoules, um milhão de *joules*.

modelo de camadas do átomo Modelo em que os elétrons de um átomo são visualizados como agrupados em camadas concêntricas ao redor do núcleo.

modelo físico Representação de um objeto em uma escala conveniente.

modelo Representação de uma ideia, criado para torná-la mais compreensível.

modulação em amplitude (AM) Tipo de modulação em que a amplitude da onda portadora varia acima ou abaixo de seu valor normal por uma quantidade proporcional à amplitude do sinal aplicado.

modulação em frequência (FM) Tipo de modulação em que a frequência da onda portadora varia acima ou abaixo de seu valor normal por uma quantidade que é proporcional à amplitude do sinal aplicado. Nesse caso, a amplitude da onda portadora modulada mantém-se constante.

modulação Imprimir um sinal ondulatório a uma onda portadora de frequência mais alta, sendo modulação em amplitude (AM) quando o sinal modifica a amplitude dos sinais e modulação em frequência (FM) quando o sinal modifica a frequência dos sinais.

molécula Dois ou mais átomos, de elementos idênticos ou diferentes, ligados entre si para formar uma partícula maior.

momentum Inércia em movimento. É o produto da massa pela velocidade de um objeto (desde que sua rapidez seja muito menor do que a da propagação da luz). Tem intensidade, direção e sentido, sendo, portanto, uma grandeza vetorial. Também chamado de *momentum* linear, é abreviado como *p*.

$$p = mv$$

***momentum* angular** Produto da inércia rotacional de um corpo pela sua velocidade de rotação em torno de um determinado eixo. Para um corpo cujo tamanho é pequeno comparado com a distância radial até o eixo, é igual ao produto da massa pela rapidez e pela distância até o eixo de rotação.

$$Momentum \text{ angular} = mvr$$

***momentum* linear** Produto da massa pela velocidade de um objeto. Também chamado de *momentum*. (Essa definição se aplica para velocidades muito menores que a da luz.)

monopolo magnético Partícula hipotética que tem um único polo magnético, norte ou sul, análoga a uma carga elétrica negativa ou positiva.

movimento browniano Movimento ao acaso de minúsculas partículas em suspensão em um gás ou líquido; é resultante do bombardeio das partículas pelas moléculas do gás ou líquido que se movem rapidamente.

movimento harmônico simples Movimento vibratório ou periódico, como o de um pêndulo, em que a força que atua sobre o corpo vibrante é proporcional ao afastamento em relação à sua posição central de equilíbrio, atuando sempre no sentido dessa posição central de equilíbrio.

movimento linear Movimento ao longo de uma linha reta, em oposição ao movimento circular, angular ou rotacional.

movimento oscilatório Movimento vibratório de vai e vem, como o de um pêndulo.

mudança de escala Estudo de como o tamanho afeta o relacionamento entre peso, dureza e área superficial.

múon Partícula elementar da classe dos léptons.

música Cientificamente falando, o som associado a tons periódicos e regularidade.

N Abreviatura para *newton*.

nanômetro Unidade métrica de comprimento que vale 10^{-9} metros (um bilionésimo de metro).

neutrino Partícula elementar da classe dos léptons. Ela é neutra e quase sem massa. Há três tipos de neutrinos: os neutrinos do elétron, do múon e da partícula tau, que são o tipo mais comum de partículas relativísticas no universo. A cada segundo, mais de um bilhão delas passam despercebidas através de uma pessoa.

nêutron Partícula elementar neutra, um dos dois tipos de núcleons que formam um núcleo atômico.

newton (N) Unidade do SI para força. Um newton é a força aplicada a um quilograma de massa produzindo uma aceleração de um metro por segundo a cada segundo.

nodo Qualquer parte de uma onda estacionária que permanece estacionária; uma região de energia mínima ou nula.

normal Em ângulo reto ou perpendicular. Uma força normal aparece formando um ângulo reto com a superfície sobre a qual ela atua. Em óptica, uma normal define a linha perpendicular à superfície de incidência, em relação à qual são medidos os ângulos de um raio de luz.

núcleo atômico O "caroço" de um átomo, que consiste em duas partículas subatômicas básicas: prótons e nêutrons.

núcleo Centro positivamente carregado de um átomo. Contém prótons e nêutrons e quase toda a massa do átomo, mas ocupa somente uma pequena fração de seu volume.

núcleon Principal bloco constituinte dos núcleos. Um nêutron, um próton ou um nome coletivo para ambos.

número atômico Número associado a um átomo, igual ao número de prótons ou, equivalentemente, ao número de elétrons na nuvem eletrônica de um átomo neutro.

número de Avogadro Número igual a $6,02 \times 10^{23}$ moléculas.

número de Mach Razão entre a rapidez de um objeto e a rapidez de propagação do som. Por exemplo, uma nave que se move *com* a rapidez do som é classificada como Mach 1,0; com *duas vezes* a velocidade do som, Mach 2,0.

número de massa atômica Número associado com um átomo, igual ao número de núcleons (prótons mais nêutrons) existentes no núcleo.

número de massa Ver *massa atômica*.

ocular Lente do telescópio localizada mais próxima ao olho; ela amplia a imagem real formada pela primeira lente.

ohm (Ω) Unidade do SI para resistência elétrica. Um ohm é a resistência de um dispositivo que é percorrido por uma corrente de um ampere quando a voltagem aplicada através dele é igual a um volt.

oitava Em música, o oitavo tom abaixo ou acima de um certo tom. O tom uma oitava acima realiza duas vezes mais vibrações por segundo que o tom original; o tom uma oitava abaixo realiza duas vezes menos vibrações por segundo que o original.

onda "Uma ondulação em espaço e tempo"; uma perturbação que se repete regularmente no espaço e no tempo, transmitida de um lugar a outro sem que haja transporte líquido de matéria.

onda de choque Onda com a forma de um cone que é produzida por um objeto que se move com velocidade supersônica através de um fluido.

onda de proa Onda em forma de V produzida na superfície de um líquido por um objeto que se move mais rápido do que a própria propagação da onda no líquido.

onda eletromagnética Onda portadora de energia, emitida por cargas oscilantes (normalmente elétrons) e composta por campos elétrico e magnético oscilantes, em que um gera o outro. Ondas de rádio, micro-ondas, radiação infravermelha, luz, radiação ultravioleta, raios X e raios gama são todos compostos por ondas eletromagnéticas.

onda estacionária Padrão de onda estacionária formado em um meio quando duas ondas idênticas o atravessam em sentidos opostos. A onda resultante parece não se propagar.

onda gravitacional Perturbação gravitacional produzida por um objeto móvel e que se propaga pelo espaço-tempo (ainda não detectada).

onda longitudinal Onda para a qual as partículas individuais do meio vibram para a frente e para trás ao longo da direção de propagação da onda – por exemplo, o som.

onda plano-polarizada Uma onda cujas vibrações estão confinadas a um único plano.

onda portadora Onda de rádio de alta frequência modificada por uma onda de baixa frequência.

onda senoidal A mais simples das ondas, com apenas uma frequência e com a forma de uma curva senoidal.

onda transversal Onda em que a vibração acontece numa direção perpendicular à direção de propagação da onda. A luz consiste em ondas transversais.

ondas caloríficas Ver *ondas infravermelhas*.

ondas de rádio Ondas eletromagnéticas de alta frequência.

ondas infravermelhas Ondas eletromagnéticas com frequências mais baixas do que as da luz vermelha visível.

ondas materiais de de Broglie Todas as partículas possuem propriedades ondulatórias; na equação de de Broglie, o produto do momentum pelo comprimento de onda da onda material é igual à constante de Planck.

ondas materiais Ver *ondas materiais de de Broglie*.

opaco Termo aplicado a materiais que absorvem luz sem reemiti-la, consequentemente impedindo a luz de atravessá-los.

órbita geoestacionária Uma órbita para a qual um satélite orbita a Terra uma vez a cada dia. Quando se move para oeste, o satélite permanece em um ponto fixo acima da superfície da Terra (a aproximadamente 36.000 km de altura).

oscilação O mesmo que vibração: um movimento repetitivo de vai e vem em torno de uma posição de equilíbrio. Tanto vibração quanto oscilação se referem a um movimento periódico, ou seja, um movimento que se repete.

oxidação Processo químico no qual um elemento ou molécula perde um ou mais elétrons.

ozônio Oxigênio gasoso composto por moléculas formadas por três átomos de oxigênio em vez de dois, como é o normal. O O_3 é formado quando moléculas do oxigênio estável (O_2) são quebradas por radiação UV ou por descargas elétricas. Encontrado naturalmente em uma fina camada da atmosfera superior.

Pa Abreviatura para *pascal*.

padrão de interferência Padrão formado pela superposição de duas ou mais ondas que chegam simultaneamente a uma região.

parábola Trajetória curva descrita por um projétil sobre o qual atua apenas a gravidade.

paralaxe Deslocamento aparente de um objeto quando observado a partir de duas posições diferentes. É muito usado para calcular as distâncias de estrelas.

partícula alfa Núcleo de um átomo de hélio, formado por dois nêutrons e dois prótons, ejetado por determinados núcleos radioativos.

partícula beta Elétron (ou pósitron) emitido durante o decaimento radioativo de um certo núcleo.

partículas elementares Partículas subatômicas. São os blocos constituintes básicos de toda matéria, consistindo de duas classes de partículas: os *quarks* e os *léptons*.

pascal (Pa) Unidade do SI para pressão. Um pascal é a pressão exercida por uma força perpendicular de um newton sobre um metro quadrado. Um quilopascal (kPa) equivale a 1.000 pascais.

penumbra Sombra parcial numa região onde parte da luz incidente foi bloqueada e parte consegue atingi-la. Ver também *sombra*.

percussão Para instrumentos musicais, a batida de um objeto contra outro.

perigeu O ponto de uma órbita elíptica que se encontra mais próximo do foco em torno do qual a órbita é descrita. Ver também *apogeu*.

período Em geral, o tempo requerido para completar um único ciclo. (a) Para um movimento orbital, o tempo requerido para completar uma órbita. (b) Para vibrações ou ondas, o tempo requerido para completar um ciclo, igual a 1/frequência.

perturbação Desvio de um objeto orbitante (um planeta, por exemplo) de sua trajetória em torno de um centro de força (o Sol, por exemplo) devido à influência de um centro de força adicional (outro planeta, por exemplo).

peso específico Ver *densidade*.

peso Força que um objeto exerce sobre uma superfície de apoio (ou, se suspenso, sobre uma corda de sustentação). Com frequência, mas nem sempre, é igual à força da gravidade.

pigmento Partículas diminutas que absorvem seletivamente a luz de certas frequências, enquanto transmitem outras seletivamente.

planeta-anão Um corpo gelado relativamente grande, como Plutão, originário do cinturão de Kuiper.

plano focal Plano perpendicular ao eixo principal que passa através de um ponto focal da lente ou do espelho. Para uma lente convergente ou um espelho côncavo, quaisquer raios de luz paralelos incidentes convergem para um ponto localizado em algum lugar de um plano focal. Para uma lente divergente ou um espelho convexo, os raios parecem vir de um ponto sobre o plano focal.

plasma A quarta fase da matéria, além das fases sólida, líquida e gasosa. Na fase de plasma, existente principalmente a altas temperaturas, a matéria consiste em elétrons livres e íons positivamente carregados.

polarização Alinhamento das vibrações numa onda transversal, geralmente obtido por meio da eliminação das ondas que vibram em outras direções. Ver também *onda plano-polarizada* e *cristal birrefringente*.

polia Roda que atua como uma alavanca e é usada para mudar a direção de uma força. Uma polia ou um sistema de polias também pode amplificar forças.

polida Termo que descreve uma superfície tão lisa que a distância entre as elevações sucessivas da superfície são menores do que cerca um oitavo do comprimento de onda da luz ou de outra onda incidente de interesse. Como resultado, ocorre muito pouca reflexão difusa.

polo magnético Uma das regiões de um ímã que produz forças magnéticas.

poluição térmica Calor indesejável expelido por uma máquina térmica ou por outra fonte qualquer.

ponto cego Área da retina onde todos os nervos que carregam informação visual deixam o olho e dirigem-se para o cérebro; é uma região sem visão.

ponto focal Para uma lente convergente ou um espelho côncavo, o ponto para o qual convergem raios de luz paralelos ao eixo principal. Para uma lente divergente ou um espelho convexo, o ponto a partir do qual os raios parecem provir.

pósitron Antipartícula do elétron; um elétron carregado positivamente.

postulados da relatividade especial *Primeiro:* Todas as leis da natureza são as mesmas em qualquer sistema de referência em movimento uniforme. *Segundo:* A velocidade de propagação da luz no espaço livre tem o mesmo valor medido, não importando o movimento da fonte ou do observador; isto é, a rapidez de propagação da luz no vácuo é invariável.

potência Taxa de realização de trabalho ou de transformação de energia, igual ao trabalho realizado ou à energia transformada, dividida pelo tempo. É medida em watts.

$$\text{Potência} = \frac{\text{trabalho}}{\text{tempo}}$$

potência elétrica Taxa de energia elétrica transferida, ou taxa de realização de trabalho, que pode ser medida pelo produto da voltagem e da corrente.

$$\text{Potência} = \text{corrente} \times \text{voltagem}$$

potência solar Energia por unidade de tempo proveniente do Sol. Ver também *constante solar*.

potencial elétrico Energia potencial elétrica (em joules) por unidade de carga (em coulomb) numa dada localização dentro de um campo elétrico; é medido em volts (1 V = 1 J/C) e frequentemente chamado de *voltagem*.

precessão Oscilação de um objeto que gira, de modo que o eixo de rotação traça um cone no espaço.

pressão Força por área de superfície, onde a força é normal (perpendicular) à superfície. É medida em pascais. Ver também *pressão atmosférica*.

$$\text{Pressão} = \frac{\text{força}}{\text{área}}$$

pressão atmosférica Pressão exercida sobre corpos imersos na atmosfera, resultante do peso do ar que pressiona de cima para baixo. No nível do mar, a pressão atmosférica é de aproximadamente 101 kPa.

princípio da combinação de Ritz Para um determinado elemento químico, as frequências de algumas linhas espectrais são iguais à soma ou à diferença das frequências de duas outras linhas do espectro do elemento.

princípio da correspondência Se uma nova teoria é válida, ela deve explicar os resultados comprovados de uma teoria mais antiga no domínio em que as duas teorias se aplicam.

princípio da equivalência As observações feitas a partir de um sistema de referência acelerado são indistinguíveis de observações realizadas num campo gravitacional.

princípio da flutuação Um objeto flutuante desloca uma quantidade de fluido de peso igual ao próprio peso do objeto.

princípio da incerteza Princípio formulado por Heisenberg segundo o qual a constante de Planck, h, estabelece um limite à precisão das medidas realizadas ao nível atômico. De acordo com o princípio da incerteza, não é possível medir exatamente a posição e o *momentum* de uma partícula simultaneamente, nem a energia e o tempo associado com a partícula simultaneamente.

princípio da superposição Numa situação em que mais de uma onda ocupa o mesmo espaço ao mesmo tempo, os deslocamentos se adicionam em cada ponto.

princípio de Arquimedes A relação entre o empuxo e o fluido deslocado: um objeto imerso flutua devido a uma força igual ao peso do fluido que ele desloca.

princípio de Avogadro Volumes iguais de gases na mesma temperatura e pressão contêm o mesmo número de moléculas em cada mol (a massa em gramas igual à massa molecular da substância em unidades de massa atômica), que é $6{,}02 \times 10^{23}$ moléculas.

princípio de Bernoulli A pressão em um fluido diminui quando cresce sua velocidade.

princípio de conservação do *momentum* Na ausência de força externa resultante, o *momentum* de um objeto ou sistema de objetos não é alterado. Assim, o *momentum* antes de um evento envolvendo apenas forças internas é igual ao *momentum* após o evento:

$$mv_{\text{(antes do evento)}} = mv_{\text{(depois do evento)}}$$

princípio de Fermat do tempo mínimo Quando vai de um lugar a outro, a luz segue sempre uma trajetória que requer o mínimo tempo.

princípio de Huygens As ondas de luz se espalham de uma fonte de luz como se fossem formadas por uma superposição de minúsculas ondulações secundárias.

princípio de Pascal As variações de pressão em qualquer ponto de um fluido em repouso num recipiente fechado são transmitidas integralmente a todos os pontos e em todas as direções do fluido.

princípio Hipótese geral ou afirmação sobre o relacionamento entre quantidades naturais já testada inúmeras vezes sem ter sido negada. Também conhecido como lei.

prisma Sólido triangular feito de material transparente, como vidro, que decompõe a luz incidente por refração em suas cores componentes. Essas cores componentes são frequentemente chamadas de espectro.

processo adiabático Processo, geralmente uma expansão ou compressão rápida, no qual nenhum calor entra ou sai de um sistema. Como resultado, um líquido ou gás se resfria ao sofrer expansão ou se aquece ao sofrer compressão.

projétil Qualquer objeto que se move através do ar ou do espaço sob ação apenas da gravidade (e da resistência do ar, se esta for considerada).

próton Partícula positivamente carregada que é um dos dois tipos de núcleons existentes no núcleo de um átomo.

pseudociência Falsa ciência que finge ser ciência verdadeira.

pupila Abertura do globo ocular pela qual a luz entra no olho.

qualidade Timbre característico de um som musical, determinado pelo número e pelas intensidades relativas de suas componentes de frequência.

quantum (plural: *quanta*) Do latim *quantus*, que significa "quanto", um *quantum* é a menor unidade elementar de uma quantidade, a menor quantidade discreta de alguma coisa. Um *quantum* de energia eletromagnética é chamado de fóton. Ver também *mecânica quântica* e *teoria quântica*.

quark Uma das duas classes de partículas elementares (a outra é a dos léptons). Dois dos seis *quarks* (*up* e *down*) são os blocos fundamentais de construção dos núcleons (prótons e nêutrons).

queda livre Movimento sob influência apenas da gravidade.

quilo- Prefixo que significa milhar, como em quilowatt ou quilograma.

quilocaloria (kcal) Unidade de calor. Uma quilocaloria equivale a 1.000 calorias ou à quantidade de calor requerida para aumentar em 1 °C a temperatura de um quilograma de água. Equivale a uma Caloria de alimento.

quilograma (kg) Unidade fundamental do SI para massa. É igual a 1.000 gramas. Um quilograma é, muito aproximadamente, a quantidade de massa em um litro de água a 4 °C.

quilômetro (km) Mil *metros*.

quilowatt (kW) Mil *watts*.

quilowatt-hora (kWh) Quantidade de energia consumida a uma taxa de 1 quilowatt durante 1 hora.

rad Unidade usada para medir uma dose de radiação; a quantidade de energia (em centijoules) absorvida de radiação ionizante por quilograma de material exposto.*

radiação (a) Energia transmitida por ondas eletromagnéticas. (b) Partículas ejetadas por núcleos radioativos, como os do urânio. Não confundir radiação com radioatividade.

radiação eletromagnética Transferência de energia por meio de oscilações rápidas de campos eletromagnéticos que se propagam na forma de ondas chamadas de ondas eletromagnéticas.

radiação terrestre Energia radiante emitida pela Terra.

radioatividade Processo em que núcleos atômicos emitem partículas energéticas. Ver *radiação*.

radioativo Termo aplicado a um átomo com um núcleo instável, que pode emitir espontaneamente uma partícula e tornar-se um núcleo de outro elemento.

radioterapia Uso de radiação como um tratamento para destruir células cancerosas.

raio alfa Feixe de partículas alfa (núcleos de hélio) ejetadas por determinados núcleos radioativos.

raio beta Feixe de partículas beta (elétrons ou pósitrons) emitido por certos núcleos radioativos.

raio cósmico Uma das várias partículas que viajam em alta velocidade através do universo, originada em eventos violentos ocorridos em estrelas.

raio Feixe estreito de luz. Em diagramas ópticos, também pode se referir às linhas traçadas para mostrar as trajetórias seguidas pela luz.

raio gama Radiação eletromagnética de alta frequência emitida por núcleos atômicos.

raio X Radiação eletromagnética, de frequência maior do que o ultravioleta, emitida por átomos quando elétrons de orbitais mais internos são excitados.

rapidez Quão rapidamente algo se move; a distância que um objeto percorre por unidade de tempo; o valor ou módulo da velocidade. Ver também *rapidez média, rapidez linear, frequência de rotação* e *rapidez tangencial*.

$$\text{Rapidez} = \frac{\text{distância}}{\text{tempo}}$$

rapidez da onda Rapidez com a qual uma onda atravessa um ponto dado.

$$\text{Rapidez da onda} = \text{frequência} \times \text{comprimento de onda}$$

rapidez instantânea A rapidez em cada instante.*

rapidez linear Distância percorrida sobre a trajetória por unidade de tempo. Também chamada simplesmente de *rapidez*.

rapidez média Distância percorrida dividida pelo intervalo de tempo.

$$\text{Rapidez média} = \frac{\text{distância total percorrida}}{\text{intervalo de tempo}}$$

rapidez tangencial Rapidez linear ao longo de um caminho curvo.

rapidez terminal Rapidez atingida por um objeto no qual as forças de resistência, frequentemente a resistência do ar, contrabalançam as forças motrizes, de modo que o movimento ocorre sem aceleração.

rarefação Região de uma onda longitudinal onde a pressão é reduzida.

reação em cadeia Reação autossustentada que, uma vez iniciada, fornece constantemente a energia e a matéria necessárias para manter a reação.

reação química Processo de redistribuição de átomos que transforma uma molécula em outra.

reator nuclear Aparato onde ocorrem reações nucleares controladas de fusão ou de fissão.

reator regenerador Reator nuclear de fissão que produz não apenas energia, mas também mais combustível nuclear do que consome, convertendo um isótopo não físsil de urânio em um isótopo físsil de plutônio. Ver também *reator nuclear*.

rede de difração Série de fendas ou sulcos paralelos muito próximos entre si usada para decompor as cores da luz por meio de interferência.

reflexão difusa Reflexão de uma onda em muitas direções a partir de uma superfície rugosa. Ver também *polida*.

reflexão interna total Reflexão de 100% (sem qualquer transmissão) da luz que incide na fronteira entre dois meios com um ângulo maior do que o ângulo crítico.

reflexão Retorno dos raios de luz a partir de uma superfície, de modo que o ângulo em que um certo raio retorna é igual ao ângulo com que ele incide na superfície. Quando a superfície refletora é irregular, a luz retorna em direções irregulares; trata-se da reflexão difusa. Em geral, é o ricochetear de uma partícula ou onda que vai de encontro à fronteira entre dois meios.

refração Desvio de um raio de luz oblíquo ao passar de um meio transparente para outro. É causada pela diferença entre a rapidez da luz num meio transparente e em outro. Em geral, é a mudança de direção de uma onda ao atravessar a fronteira entre dois meios nos quais os valores da velocidade de propagação da onda não são os mesmos.

regelo Processo de fusão sob pressão e subsequente recongelamento quando a pressão é removida.

relação impulso-*momentum* O impulso é igual à variação do *momentum* do objeto sobre o qual ele atua. Em notação simbólica:

$$Ft = \Delta mv$$

relatividade Ver *teoria especial da relatividade, postulados da teoria especial da relatividade* e *teoria geral da relatividade*.

relativístico Pertencente à teoria da relatividade ou que se aproxima da velocidade da luz.

relativo Considerado em relação a alguma outra coisa, dependendo do ponto de vista ou do sistema de referência.

relaxação Ver *excitação*.

rem Acrônimo para *roentgen equivalent man*,* unidade usada para medir o efeito da radiação ionizante em seres humanos.

---

*N. de T.: O rad é o acrônimo para *roetgen absorved dose*, que traduz-se como "dose absorvida em roetgens".

*N. de T.: Muito conhecida no Brasil como velocidade escalar instantânea.

* N. de T.: O rem é a dose de qualquer radiação que produz no homem um efeito equivalente à absorção de mesma quantidade, medida em roetgens, de raios X ou raios gama. Poderia ser traduzido como "dose equivalente em roetgens no homem".

rendimento Para uma máquina, a razão entre a quantidade de energia útil por ela fornecida na saída e o total de energia que lhe foi fornecida na entrada, ou o percentual do trabalho fornecido a ela que é convertido em trabalho útil na saída.

$$\text{Rendimento} = \frac{\text{energia útil obtida}}{\text{energia total fornecida}}$$

rendimento de Carnot Porcentagem ideal máxima de energia fornecida a uma máquina térmica que pode ser convertida em trabalho.

rendimento ideal Limite superior de eficiência para todas as máquinas térmicas; depende da diferença de temperatura entre as fontes quente e fria.

$$\text{Rendimento ideal} = \frac{T_{quente} - T_{frio}}{T_{quente}}$$

resistência do ar Atrito, ou arrasto, que atua sobre algo que se move através do ar.

resistência elétrica Resistência que um material oferece ao fluxo de carga elétrica; é medida em ohms (símbolo Ω).

resistência Ver *resistência elétrica*.

resistor Num circuito elétrico, um dispositivo projetado para oferecer resistência ao fluxo de carga.

resolução Capacidade de um sistema ótico de tornar nítido ou de separar os componentes de um objeto visualizado.

ressonância Fenômeno que ocorre quando a frequência das vibrações forçadas de um objeto se iguala à frequência natural do objeto, o que produz um crescimento drástico da amplitude.

resultante O resultado líquido de uma combinação de dois ou mais vetores.

retina Camada de tecido sensível à luz que reveste a parte interna posterior do olho e é formada por pequenas antenas sensíveis à luz, chamadas de cones e bastonetes. Os bastonetes são sensíveis à luz e à escuridão; os cones, às cores.

reverberação Persistência de um som, como o eco, devido a múltiplas reflexões.

revolução Movimento de um objeto em torno de um eixo que está situado fora do objeto.

rotação Movimento giratório que ocorre quando um objeto roda ao redor de um eixo que está localizado no interior do objeto (geralmente um eixo que passa pelo seu centro de massa).

RPM Abreviatura para rotações ou revoluções por minuto.

ruído Cientificamente falando, o som correspondente a uma vibração irregular.

s Abreviatura para segundo.

satélite Projétil ou corpo celeste que orbita um corpo celeste maior.

saturado Termo aplicado a uma substância, como o ar, que contém a máxima quantidade possível de outra substância, como vapor d'água a uma dada temperatura e pressão.

segundo (s) Unidade padrão de tempo do SI.

semicondutor Dispositivo feito de material que não apenas tem propriedades intermediárias entre um condutor e um isolante, mas também tem uma resistência que muda abruptamente quando outras condições se alteram, como temperatura, voltagem e campo elétrico ou magnético.

SI Abreviatura para Sistema Internacional, um sistema internacional de unidades métricas de medidas aceito e usado por cientistas em todo o mundo. Ver o Apêndice A para mais detalhes.

simultaneidade Que ocorre ao mesmo tempo. Na relatividade especial, dois eventos simultâneos num sistema de referência não necessariamente são simultâneos em um sistema de referência que esteja se movendo em relação ao primeiro sistema.

sinal analógico Sinal baseado numa variável contínua, em oposição a um sinal digital constituído por quantidades discretas.

sinal digital Sinal formado por quantidades ou sinais discretos, em oposição a um sinal analógico baseado num sinal contínuo.

sistema de referência inercial Ponto de vista não acelerado para o qual as leis de Newton se aplicam exatamente.

sistema de referência Um ponto de vista (normalmente um conjunto de eixos de coordenadas) em relação ao qual a posição e o movimento podem ser descritos.

sobretom Termo musical em que o primeiro sobretom é o segundo harmônico. Ver também *componente de frequência*.

sólida Fase da matéria caracterizada por forma e volume bem definidos.

solidificação Tornar-se sólido, como no congelamento ou no endurecimento do concreto.

som Fenômeno ondulatório longitudinal que consiste em sucessivas compressões e rarefações do meio através do qual a onda se propaga.

sombra Região escura que surge quando os raios de luz são bloqueados por um objeto.

sublimação Passagem direta de uma substância do estado sólido para o de vapor, sem passar pelo estado líquido.

supercondutor Material condutor perfeito que apresenta resistência nula ao fluxo de carga elétrica.

supersônico Que viaja com rapidez maior que a do som.

sustentação Em aplicações do princípio de Bernoulli, a força resultante ascendente, produzida pela diferença entre as pressões acima e abaixo de um corpo. Quando a sustentação se iguala ao peso, torna-se possível o voo horizontal.

tabela periódica Tabela que dispõe os elementos pelo número atômico e pela distribuição eletrônica, deixando os elementos com propriedades químicas semelhantes na mesma coluna (grupo). Ver Figura 11.10, página 247.

tangente Linha que toca uma curva em um lugar apenas, paralelamente à curva naquele ponto.

táquion Partícula hipotética que poderia viajar mais rápido que a luz e, assim, mover-se para trás no tempo.

tau A mais pesada partícula elementar da classe de partículas elementares dos léptons.

taxa Quão rapidamente algo acontece ou quanto alguma coisa varia por unidade de tempo; a variação de uma quantidade dividida pelo tempo decorrido para sua ocorrência.

tecnologia Método ou meio de resolver problemas práticos a partir da aplicação de descobertas científicas.

telescópio Instrumento óptico que forma imagens de objetos muito distantes.

temperatura Uma medida da energia cinética média de translação por molécula de uma substância. Pode ser medida em kelvins, graus Celsius ou graus Fahrenheit.

tempo mínimo Ver *princípio de Fermat do tempo mínimo*.

tempo O estado da atmosfera em um determinado local e momento.

tensão superficial Tendência da superfície de um líquido a contrair sua área e, assim, comportar-se como uma membrana elástica esticada.

teorema trabalho-energia O trabalho realizado sobre um objeto é igual ao ganho de energia cinética do objeto.

$$\text{Trabalho} = \text{força} \times \text{distância}$$

teoria especial da relatividade Teoria do espaço e do tempo que substitui a mecânica newtoniana quando as velocidades são muito grandes. Apresentada em 1905 por Albert Einstein. Ver também *postulados da relatividade especial*.

teoria geral da relatividade Generalização da teoria especial da relatividade de Einstein, que trata do movimento acelerado e de aspectos geométricos da gravitação.

teoria quântica Teoria que descreve o mundo microscópico, onde muitas quantidades são granulares (em unidades denominadas *quanta*) em vez de contínuas e onde partículas de luz (fótons) e partículas de matéria (como elétrons) exibem propriedades tanto ondulatórias quanto corpusculares.

teoria Síntese de um grande corpo de informações, englobando hipóteses bem testadas e verificadas acerca de aspectos do mundo natural.

terceira lei da termodinâmica Nenhum sistema pode ter sua temperatura absoluta reduzida a zero.

termodinâmica Estudo do calor e de sua transformação em energia mecânica. É caracterizada por duas leis principais:

Primeira lei: Uma reelaboração da lei da conservação da energia que se aplica a sistemas envolvidos em mudanças de temperatura: sempre que calor é adicionado a um sistema, ele se transforma em igual quantidade de outra forma de energia.

Segunda lei: O calor não pode ser transferido de um objeto mais frio para outro mais quente sem que algum agente externo realize trabalho.

termômetro Dispositivo usado para medir temperaturas, geralmente em graus Celsius, graus Fahrenheit ou kelvin.

termostato Tipo de válvula ou chave que responde a variações de temperatura. É usado para controlar a temperatura de algo.

torque Produto da força pelo comprimento do braço de alavanca que tende a produzir aceleração angular.

$$\text{Torque} = \text{distância do braço de alavanca} \times \text{força}$$

trabalho (W) Produto da força sobre um objeto pela distância através da qual ele se move (desde que a força seja constante e o movimento seja retilíneo e na mesma direção e sentido da força). É medido em joules.

$$\text{Trabalho} = \Delta EC$$

transformador Dispositivo para aumentar ou diminuir a voltagem ou para transferir potência elétrica de uma bobina para outra por meio da indução eletromagnética.

transistor Dispositivo usado em circuitos elétricos como comutador ou para amplificar um sinal. Ver *semicondutor*.

translúcido Termo referente a materiais que permitem que a luz os atravessem, porém espalhando-a em todas as direções.

transmutação Conversão do núcleo atômico de um elemento no núcleo atômico de outro elemento pela perda ou ganho de prótons.

transparente Termo referente a materiais que permitem a passagem de luz por eles em linhas retas.

trítio Isótopo instável e radioativo do hidrogênio cujo átomo tem um próton, dois nêutrons e um elétron.

turbina Roda de pás acionada por vapor, água, etc., usada para realizar trabalho.

turbogerador Gerador alimentado por uma turbina.

u Abreviatura para *unidade de massa atômica*.

ultrassônico Termo aplicado ao som de frequência acima de 20.000 hertz, limite superior do ouvido humano normal.

ultravioleta (UV) Ondas eletromagnéticas de frequências maiores que as da luz violeta.

umbra A parte mais escura de uma sombra, onde a luz foi totalmente bloqueada. Ver também *penumbra*.

umidade Medida da quantidade de vapor d'água existente no ar. A umidade absoluta é a massa de vapor por volume de ar. A umidade relativa é a umidade absoluta a uma certa temperatura dividida pela máxima umidade possível, geralmente dada em porcentagem.

umidade relativa Razão entre a quantidade de vapor d'água existente no ar e a quantidade máxima de vapor d'água que poderia existir no ar à mesma temperatura.

unidade de massa atômica (u) Unidade-padrão de massa atômica. É baseada na massa do átomo de carbono comum, ao qual é atribuído arbitrariamente o valor exatamente igual a 12. A u de algo é igual a um doze avos da massa desse átomo de carbono comum.

unidade térmica britânica (BTU) Quantidade de calor requerida para mudar a temperatura de uma libra de água em 1 grau Fahrenheit.

UV Abreviatura para *ultravioleta*.

V (a) Em minúscula e itálico, *v*, trata-se do símbolo para *rapidez* ou *velocidade*. (b) Em maiúscula, V, é a abreviatura para *voltagem* e o símbolo de *volt*.

vácuo Ausência de matéria; vazio.

vantagem mecânica Para uma máquina, a razão entre a força na sua saída e a força na sua entrada.

vaporização Processo de mudança de fase líquida para vapor; evaporação.

velocidade da onda A rapidez da onda juntamente com sua direção e seu sentido de propagação.

velocidade de escape Velocidade que um projétil, nave espacial, etc., deve alcançar para escapar da influência gravitacional da Terra ou do corpo celeste pelo qual é atraído.

velocidade de rotação A frequência de rotação juntamente com uma direção e um sentido para o eixo de rotação ou de revolução.

velocidade Rapidez de um objeto juntamente com sua direção e seu sentido de movimento. É uma grandeza vetorial.

velocidade tangencial Componente da velocidade tangente à trajetória de um projétil.

velocidade terminal Rapidez terminal juntamente com a direção e o sentido do movimento (descendente para objetos em queda).

ventre A parte mais baixa de uma onda, em oposição à sua parte mais alta, a *crista*.

vetor Flecha cujo comprimento representa o valor de uma grandeza e cuja orientação representa a direção e o sentido associados àquela grandeza.

vibração forçada Vibração de um objeto causada pela vibração de um objeto próximo. A tampa de ressonância de um instrumento musical amplifica o som por meio de vibrações forçadas.

vibração Oscilação; um repetido vai e vem em torno de uma posição de equilíbrio.

volt (V) Unidade do SI para potencial elétrico. Um volt é a diferença de potencial elétrico pela qual um coulomb de carga ganha ou perde um joule de energia. 1 V = 1 J/C.

voltagem Uma espécie de "pressão" elétrica ou uma medida de diferença de potencial elétrico.

$$\text{Voltagem} = \frac{\text{energia potencial elétrica}}{\text{unidade de carga}}$$

voltímetro Um galvanômetro calibrado para medir diferenças de potencial.

volume do som Sensação fisiológica diretamente relacionada à intensidade. O volume relativo do som, ou nível de som, é medido em decibels.

volume Quantidade de espaço ocupada por um determinado objeto.

vórtice Trajetória inconstante e em redemoinho de um fluido em escoamento turbulento.

W (a) Abreviatura para *watt*. (b) Quando em itálico, *W*, trata-se da abreviatura para *trabalho*.

watt (W) Unidade do SI para potência. Um watt é gasto quando um joule de trabalho é realizado por segundo; 1 W = 1 J/s.

zero absoluto O valor mais baixo de temperatura que qualquer substância pode atingir; a temperatura na qual os átomos de uma substância atingem sua energia cinética mínima. A temperatura do zero absoluto é −273,15 °C, equivalente a −459,7 °F e 0 K.

Créditos

Texto e arte

Capítulo 1

p. 3: Citado em "Official Proceedings", Volumes 21-22, New York Railroad Club. Publicado em 1910; **p. 7:** M. Maeterlinck citado em Monday Holidays: Hearings Before the United States Senate Committee on the Judiciary, Subcommittee on Federal Charters, Holidays, and Celebrations, Ninetieth Congress, First Session, 1º de agosto de 1967 (U.S. Government Printing Office, 1967); **p. 15:** Max Born, *Physics in my generation* (Springer-Verlag, 1969); **p. 18:** Scott Kelly, *Endurance: My Year in Space, A Lifetime of Discovery* (Knopf Doubleday Publishing Group, 2017); Will Maynez, "Friends of Diego June 2017," LinkedIn (27 de junho de 2017). https://www.linkedin.com/pulse/friends-diego-june-2017-willmaynez; **p. 21:** *The Basic Writings of Bertrand Russell*, de Bertrand Russell. © 2009 Taylor & Francis.

Capítulo 5

p. 85: Cortesia de Paul Doherty; **p. 99:** Hewitt, Paul G., *Conceptual Physics*, 6th Ed., © 1989. Reimpresso e reproduzido eletronicamente com permissão de Pearson Education, Inc., Upper Saddle River, New Jersey; **p. 100:** Hewitt, Paul G.; Lyons, Suzanne A., Suchocki, John A.; Yeh, Jennifer, *Conceptual Integrated Science*, 2nd Ed., © 2013, p. 41. Reimpresso e reproduzido eletronicamente com permissão de Pearson Education, Inc., Upper Saddle River, New Jersey; **p. 101:** *The Journal of the Astronautical Sciences*, Volumes 7-9 (American Astronautical Society, 1960).

Capítulo 7

p. 127: *The British Quarterly Review* Vol. 2 (Hodder and Stoughton, 1845); **7.16:** Hewitt, Paul G.; Lyons, Suzanne A., Suchocki, John A.; Hewitt, Leslie A., *Conceptual Integrated Science*, 5th Ed., © 2012, p. 76. Reimpresso e reproduzido eletronicamente com permissão de Pearson Education, Inc., Upper Saddle River, New Jersey; **p. 137:** Hewitt, Paul G.; Lyons, Suzanne A., Suchocki, John A.; Hewitt, Leslie A., *Conceptual Physical Science*, 5th Ed., © 2012, p. 77. Reimpresso e reproduzido eletronicamente com permissão de Pearson Education, Inc., Upper Saddle River, New Jersey; **p. 138:** Arquimedes citado em Peter A. Schouls, *Descartes and the Enlightenment* (McGill-Queen's Press - MQUP, 1989); **p. 142:** Thomas Edison citado em James Draper Newton, *Uncommon Friends: Life with Thomas Edison, Henry Ford, Harvey Firestone, Alexis Carrel & Charles Lindberg* (Harcourt Brace Jovanovich, 1987), p.31; **p. 144:** Herbert G. Wells, *The Outline of History: Being a Plain History of Life and Mankind*, Volume 2 (Macmillan, 1921); **p. 149-150:** Hewitt, Paul G.; Lyons, Suzanne A., Suchocki, John A.; Hewitt, Leslie A., *Conceptual Physical Science*, 5th Ed., © 2012, pp. 88, 89. Reimpresso e reproduzido eletronicamente com permissão de Pearson Education, Inc., Upper Saddle River, New Jersey.

Capítulo 10

10.19: Isaac Newton, *Philosophiæ Naturalis Principia Mathematica* Volume 3; **p. 227:** Isaac Newton, *System of the World* (University of California Press, 1947); **p. 231:** Hewitt, Paul G.; Lyons, Suzanne A., Suchocki, John A.; Hewitt, Leslie A., *Conceptual Physical Science*, 5th Ed., © 2012, p. 113. Reimpresso e reproduzido eletronicamente com permissão de Pearson Education, Inc., Upper Saddle River, New Jersey.

Capítulo 11

p. 239: Richard Feynman, Robert B. Leighton, and Matthew Linzee Sands, *Mainly mechanics, radiation, and heat* (Addison-Wesley, 1963); **p. 254:** Richard P. Feynman (1963). The Problem of Teaching Physics in Latin America. *Engineering and Science*, 27 (2). pp. 21-30; **p. 255:** Richard Phillips Feynman, *The Pleasure of Finding Things Out: The Best Short Works of Richard P. Feynman* (Perseus Books, 1999).

Capítulo 13

p. 281: Blaise Pascal citado em Paul Edwards, *The Encyclopedia of Philosophy*, vol. 4 (Macmillan, 1967); Blaise Pascal citado em William Sloane Coffin, Once to Every Man: A Memoir (Atheneum, 1977); **p. 286:** Jeannette Walls, *Half Broke Horses: A True-Life Novel* (Simon and Schuster, 2009); **13.29:** Suchocki, John A., *Conceptual Chemistry*, 5th Ed., © 2014, p. 236. Reimpresso e reproduzido eletronicamente com permissão de Pearson Education, Inc., Upper Saddle River, New Jersey.

Capítulo 15

15.22: Suchocki, John A., *Conceptual Chemistry*, 5th Ed., © 2014, p. 230. Reimpresso e reproduzido eletronicamente com permissão de Pearson Education, Inc., Upper Saddle River, New Jersey.

Capítulo 17

17.5: Suchocki, John A., *Conceptual Chemistry*, 5th Ed., © 2014, p. 239. Reimpresso e reproduzido eletronicamente com permissão de Pearson Education, Inc., Upper Saddle River, New Jersey; **17.16:** Suchocki, John A., *Conceptual Chemistry*, 5th Ed., © 2014, p. 231. Reimpresso e reproduzido eletronicamente com permissão de Pearson Education, Inc., Upper Saddle River, New Jersey.

Capítulo 18

p. 385: Lorde Kelvin citado em Inaugural Lecture: New series, Issues 130-159 (University of Cape Town, 1967); **p. 394:** Napoleão Bonaparte citado em Sydney John Watson, Carnot (Bodley Head, 1954).

Capítulo 19

p. 407: (Ao tentar compreender...) Hewitt, Paul G.; Suchocki, John A.; Hewitt, Leslie A., *Conceptual Physical Science*, 5th Ed., © 2012. Reimpresso e reproduzido eletronicamente com permissão de Pearson Education, Inc., Upper Saddle River, New Jersey.

Capítulo 22

p. 463: Benjamin Franklin, *Memoirs of Benjamin Franklin*, Volume 1 (Derby & Jackson, 1859).

Capítulo 24

p. 513: Helen B. Walters, *Nikola Tesla: Giant of Electricity* (Crowell, 1961).

Capítulo 25

25.13: Hewitt, Paul G.; Lyons, Suzanne A., Suchocki, John A.; Hewitt, Leslie A., *Conceptual Physical Science*, 5th Ed., © 2012, p. 229. Reimpresso e reproduzido eletronicamente com permissão de Pearson Education, Inc., Upper Saddle River, New Jersey; **p. 544:** Hewitt, Paul G.; Lyons, Suzanne A., Suchocki, John A.; Hewitt, Leslie A., *Conceptual Physical Science*, 5th Ed., © 2012, p. 234. Reimpresso e reproduzido eletronicamente com permissão de Pearson Education, Inc., Upper Saddle River, New Jersey.

Capítulo 26

p. 551: John Michels, *Science*, Volume 44 (Moses King, 1916).

Capítulo 27

p. 573: Vera Rubin citada em Timothy Ferris, *The Whole Shebang: A State of the Universe Report* (Simon and Schuster, 1998), p. 128; **p. 590:** Pierre-Auguste Renoir quoted in Jack Adler, *Soulmates from the Pages of History: From Mythical to Contemporary, 75 Examples of the Power of Friendship* (Algora Publishing, 2013), p. 196.

Capítulo 29

29.16: Thomas Young.

Capítulo 30

p. 645: Neil deGrasse Tyson citado em Marcus Chown, *What a Wonderful World: One Man's Attempt to Explain the Big Stuff* (Faber & Faber, 2013); Neil deGrasse Tyson e Donald Goldsmith, Origins: Fourteen Billion Years of Cosmic Evolution (W. W. Norton & Company, 2005); Neil deGrasse Tyson citado em Patti Digh, *Your Daily Rock: A Daybook of Touchstones for Busy Lives* (W. W. Norton & Company, 2005).

Capítulo 32

32.3, 32.5: Suchocki, John A., *Conceptual Chemistry*, 4th Ed., © 2011, pp. 96, 97. Reimpresso e reproduzido eletronicamente com permissão de Pearson Education, Inc., Upper Saddle River, New Jersey; **p. 698:** Richard Feynman citado em Mario Bunge, *Epistemology & Methodology III: Philosophy of Science and Technology Part I: Formal and Physical Sciences* (Springer Science & Business Media, 1985), p. 169; Albert Einstein, Max Born e Hedwig Born, The Born-Einstein Letters: Correspondence Between Albert Einstein and Max and Hedwig Born from 1916-1955, with Commentaries by Max Born (Macmillan, 1971); **p. 702:** Richard Feynman, *The Character of Physical Law* (MIT Press, 1967), p. 91.

Capítulo 35

p. 780: Soren Kierkegaard citado em *Tulane Studies in Social Welfare*, Volumes 5-9 (School of Social Work, Tulane University, 1957).
Fotografias

Photo Credits

Introdução

p. xix: Lillian Lee Hewitt.

Capítulo 1

p. 1: John A. Suchocki; **p. 2:** (1) Paul G. Hewitt; (2) Marshall Ellenstein; (3) Judith Brand; (4) Lillian Lee Hewitt; **p. 3:** ART Collection/Alamy Stock Photo; **1.10:** Gretchen Hewitt; **1.11:** Gretchen Hewitt; **1.12:** Peter Barritt/Alamy Stock Photo; **1.13:** NASA.

Capítulo 2

p. 23: Jill Evans; **p. 24:** (1) Paul G. Hewitt; (2) Monica Davey; (3) Bob Miner; (4) Pat Hall, City College of San Francisco; **p. 25:** Filip Heijkenskjöld; **p. 26:** World History Archive/Alamy Stock Photo; **p. 27:** Erich Lessing/Art Resource; **p. 28:** ARCHIVIO GBB/Alamy Stock Photo; **p. 30:** Lillian Lee Hewitt; **2.10:** Paul G. Hewitt.

Capítulo 3

p. 44: (1) Todd Rust; (2) Paul G. Hewitt; (3) Fredrik Jensen; (4) Chelsie Liu; **p. 45:** Brandon Feinberg; **3.1:** Alan Schein/The Image Bank/Getty Images; **p. 56:** Andrew D. Bernstein/NBAE/Getty Images; **p. 59:** David Manning.

Capítulo 4

p. 64: (1, 4) Paul G. Hewitt; (2) Sherry Shopoff; (3) Oliver Furrer/Stockbyte/Getty Images; **p. 65:** Paul G. Hewitt; **4.4:** Paul G. Hewitt; **4.5:** Sharon Talson/Alamy Stock Photo; **4.10:** MiloVad/Shutterstock; **4.15a:** Agnieszka Bacal/Shutterstock; **4.15b:** Perié/Alpaca/Andia/Alamy Stock Photo; **4.17:** Richard Megna/Fundamental Photographs.

Capítulo 5

p. 84: (1) Exploratorium; (2) Carol Kirk; (3) Toby Jacobson; (4) Paul G. Hewitt; **p. 85:** Paul G. Hewitt; **5.19:** John A. Suchocki; **5.20:** Paul G. Hewitt; **5.29:** Jerry Lin/Shutterstock; **5.30:** Paul G. Hewitt; **p. 100:** Paul G. Hewitt; **p. 102:** (acima) Anthony Reid; (abaixo) Lillian Lee Hewitt.

Capítulo 6

p. 104: Paul G. Hewitt; **p. 105:** Paul G. Hewitt; **6.2:** Rafael Ramirez/Fotolia; **6.4:** Cocoon/Getty Images; **6.7:** Oliver Furrer/Alamy Stock Photo; **6.9:** Paul G. Hewitt; **6.10:** Paul G. Hewitt; **6.16:** Paul G. Hewitt; **p. 120:** Brad Adams; **p. 122:** Paul G. Hewitt.

Capítulo 7

p. 126: (1) Majken Korsager; (2–4) Paul G. Hewitt; **p. 127:** GL Archive/Alamy Stock Photo; **7.3:** Brent Clark/Alamy Stock Photo; **7.4:** Paul G. Hewitt; **7.5:** NASA; **7.10:** Paul G. Hewitt; **7.12:** Paul G. Hewitt; **7.13:** Michael Vollmer; **7.14:** Paul G. Hewitt; **7.16:** Frank Naylor/Alamy Stock Photo; **7.21:** Pat Hall; **7.23:** (da esquerda para a direita) NASA; topseller/Shutterstock; **7.24:** Ashley Cooper/Alamy Stock Photo; **7.26:** David Vasquez; **7.27e:** Cortesia de Geodynamics Limited; **p. 146:** Pat Hall, City College of San Francisco; **p. 150:** Paul G. Hewitt.

Capítulo 8

p. 152: (1, 2) Paul G. Hewitt; (3) Anna Marie Darden; (4) Pat Hall, City College of San Francisco; (5) Nihal Coşkun; **p. 153:** Paul G. Hewitt; **8.9:** Paul G. Hewitt; **p. 158:** Paul G. Hewitt; **8.27:** Purple Collar Pet Photography/Moment/Getty images; **8.29:** Peter Nelson; **8.36:** Richard Megna/Fundamental Photographs; **8.40:** Juice Images/Alamy Stock Photo; **8.46:** Paul G. Hewitt; **8.48:** Paul G. Hewitt;

Créditos **865**

8.50: Paul G. Hewitt; **8.54:** Evolve/Photoshot/ZUMAPRESS/Newscom; **p. 176:** Paul G. Hewitt; **p. 177:** Brad Adams; **p. 181:** Lillian Lee Hewitt; **p. 182:** Pat Hall, City College of San Francisco.

Capítulo 9

p. 184: (1) Enrique Baez/JPL; (2) Daday van den Berg; (3, 4) Paul G. Hewitt; **p. 185:** (esquerda) Lori Lamb; (direita) Mark Clark; **9.11:** NASA Johnson Space Center; **9.29:** EHT Collaboration.

Capítulo 10

p. 210: (1) NASA; (2) Bob Abrams; (3) SpaceX; (4) Pat Hall, City College of San Francisco; **p. 211:** NASA Archive/Alamy Stock Photo; **10.3:** (acima) Richard Megna/Fundamental Photographs; **10.4:** lzf/Shutterstock; **10.5:** Paul G. Hewitt; **10.8:** Paul G. Hewitt; **10.12:** Bill Greenblatt/UPI/Alamy Stock Photo; **p. 218:** Andrew D. Bernstein/NBAE/Getty Images; **10.20:** NASA/Johnson Space Center; **10.25:** Paul G. Hewitt; **10.26:** Diane Schiumo/Fundamental Photographs; **p. 224:** (acima) NASA/Goddard Space Flight Center; (abaixo) Royal Observatory, Edinburgh/Science Source; **p. 225:** Erich Lessing/Art Resource, NY; **10.34:** NASA/JPL; **10.35:** NASA/JPL; **p. 232:** (esquerda) Judy Luna; (direita) axz65/Fotolia.

Capítulo 11

p. 237: Angela Hendricks; **p. 238:** (1) Kevin Fleming/Corbis Historical/Getty Images; (2) Theodore Gotis; (3) Mopic/Fotolia; (4) Darlene Tucker; **p. 239:** Bettmann/Getty Images; **11.5:** The Enrico Fermi Institute; **11.6:** Thomas Deerinck, NCMIR/Science Source; **11.7:** IBM Research/Science Source; **11.10:** (Ag) David Toase/Stockbyte/Getty Images; (Hg) MarcelClemens/Shutterstock; (Ti) Scott Camazine/Alamy Stock Photo; (Zn) Pearson Education, Inc.; (C) Fribus Mara/Shutterstock; (He) artjazz/Shutterstock; (Si) GeoStock/Photodisc/Getty Images; (Br) Richard Megna/Fundamental Photographs; **11.11:** Paul G. Hewitt; **11.15:** World Perspectives/The Image Bank/Getty Images.

Capítulo 12

p. 260: (1) Hope Jahren; (2) PASIEKA/Science Photo Library/Alamy Stock Photo; (3, 4) Paul G. Hewitt; **p. 261:** Hope Jahren; **12.1:** Lillian Lee Hewitt; **12.3:** KdEdesign/Shutterstock; **12.4:** Dee Breger/Science Source; **12.6:** Andrew Davidhazy; **12.11:** Lillian Lee Hewitt; **12.12:** Paul G. Hewitt; **12.13:** Georgescu Gabriel/Shutterstock; **12.14:** Paul G. Hewitt; **12.15:** Gary Blakeley/ Fotolia; **p. 269:** Paul G. Hewitt; **p. 270:** ITAR-TASS News Agency/Alamy Stock Photo; **12.17:** Paul G. Hewitt; **12.19:** Dorling Kindersley ltd/Alamy Stock Photo; **12.20:** Adam Seward RF/Alamy Stock Photo; **p. 277:** Paul G. Hewitt.

Capítulo 13

p. 280: (1) Mark Rober; (2) Paul G. Hewitt; (3) Alan Spencer Photography/Alamy Stock Photo; (4) Mark Serway; **p. 281:** Artepics/Alamy Stock Photo; **13.2:** Paul G. Hewitt; **13.3:** Rocketclips, Inc./Shutterstock; **13.4:** Corbis Premium RF/Alamy Stock Photo; **13.7:** Tim Moore/Alamy Stock Photo; **p. 286:** Lillian Lee Hewitt; **13.20:** 4 season backpacking/Alamy Stock Photo; **13.24:** Angela Kendricks; **13.27:** Paul G. Hewitt; **13.29:** Andrei Kuzmik/Shutterstock; **13.30:** Paul G. Hewitt; **p. 302:** (cima para baixo) Paul G. Hewitt; Bruce Novak.

Capítulo 14

p. 304: (1) Fred Myers; (2) Jens Ekberg; (3) experimento dos hemisférios de Magdeburgo Otto von Guericke, desenho de Gaspar Schott; (4) Jim Culleton; **p. 305:** McKenzie Myers; **14.5:** Paul G. Hewitt; **14.9:** Paul G. Hewitt; **14.24:** Wayne Matthew Syvinski/Shutterstock; **14.25:** Olegusk/Shutterstock; **p. 321:** Angela Hendricks; **p. 322:** Paul G. Hewitt.

Capítulo 15

p. 325: Paul G. Hewitt; **p. 326:** (1, 2) Paul G. Hewitt; (3) Terrence Jones/Ranch Systems; (4) Rune Myhre; **p. 327:** FineArt/Alamy Stock Photo; **15.5:** Terrence Jones; **15.8:** Paul G. Hewitt; **15.12:** Robert Elder/Artifact Photography LLC/Alamy Stock Photo; **15.13:** Hu Meidor; **15.14:** AP Images; **15.17:** David A. Vasquez; **15.22:** Sportlibrary/Shutterstock; **p. 341:** Paul G. Hewitt.

Capítulo 16

p. 346: Paul G. Hewitt; **p. 347:** Kenneth Fax; **16.3:** Incamerastock/Alamy Stock Photo; **16.6:** Emily Abrams; **16.8:** Paul G. Hewitt; **16.10:** Nancy Roger; **16.16:** Lillian Lee Hewitt; **16.17:** Tai McNelis; **16.18:** Lillian Lee Hewitt; **16.20:** David Yee; **16.21:** Paul G. Hewitt; **16.22:** Epcot Images/Alamy Stock Photo; **16.23:** Paul G. Hewitt; **16.27:** Dotty Jean Rice; **16.28:** Lillian Lee Hewitt; **16.29:** Lillian Lee Hewitt.

Capítulo 17

p. 366: (1) © The Exploratorium, www.exploratorium.edu. Fotografia de Nicole Minor; (2, 3) Paul G. Hewitt; (4) Lillian Lee Hewitt; **p. 367:** Lisa Strong; **17.1:** Bob Miner; **17.2:** Kara Mae Hurrell; **17.3:** Lillian Lee Hewitt; **17.6:** Paul G. Hewitt; **17.15:** © The Exploratorium, www.exploratorium.edu. Fotografia de Nicole Minor; **17.22:** Paul G. Hewitt; **17.23:** Keith Srakocic/AP Images.

Capítulo 18

p. 384: (1-3) Paul G. Hewitt; (4) Tang Ying; **p. 385:** Chris Hellier/Alamy Stock Photo; **18.5:** Paul G. Hewitt; **18.8:** Lillian Lee Hewitt; **p. 395:** Dennis Wong; **18.15:** robertharding/Alamy Stock Photo; **18.18:** Paul G. Hewitt.

Capítulo 19

p. 405: Jojo Dijamco; **p. 406:** (1, 2) © The Exploratorium, www.exploratorium.edu. Fotografia de Nancy Rodger; (3, 5) Paul G. Hewitt; (4) Kirsten Knight Nardini; **p. 407:** ©The Exploratorium, www.exploratorium.edu. Fotografia de Nancy Rodger; **19.4:** Pete Turner/The Image Bank/Getty Images; **19.6:** Sonia B. Greenslade; **19.12:** Richard Megna/Fundamental Photographs; **19.15:** Eliot Elisofon/Time Life Pictures/Getty Images; **19.22:** Alliance Images/Alamy Stock Photo; **19.23:** Ted Kinsman/Science Source; **p. 423:** Dennis McNelis.

Capítulo 20

p. 426: (1, 2) Paul G. Hewitt; (3) Carl Angell; (4) Duane Ackerman; **p. 427:** Paul G. Hewitt; **20.4:** Paul G. Hewitt; **20.7:** Ron Hipschman; **20.9:** UHB Trust/Stone/Getty Images; **20.10:** Crisod/Fotolia; **20.12:** Paul G. Hewitt; **20.13:** Paul G. Hewitt; **20.21:** Addison Wesley Longman, Inc./Pearson.

Capítulo 21

p. 446: (1) Paul G. Hewitt; (2) Jojo Dijamco; (3) Angela Hendricks; (4) Dean Baird; **p. 447:** Geraint Lewis/Alamy Stock Photo; **p. 448:** (de cima para baixo) ZUMA Press, Inc./Alamy Stock Photo; Hoo-Me/SMG/Alamy Stock Photo; **p. 449:** Beth A. Keiser/AP Images; **p. 450:** Pacific Press Media Production Corp./Alamy Stock Photo; **21.4:** Paul G. Hewitt; **p. 451:** Andrea Renault/Globe Photos/ZUMAPRESS/Alamy Stock Photo; **21.9:** Tyler Johnson; **p. 452:** Kevin Winter/Getty Images; **21.11:** Ronald B. Fitzgerald; **21.13:** Adam Orchon/Everett Collection/Alamy Stock Photo; **p. 454:** Louis-Léopold Boilly; **21.14:** Paul G. Hewitt; **21.15:** Hu Meidor; **p. 455:** Daniel DeSlover/ZUMA Press, Inc./Alamy Stock Photo; **p. 458:** Paul G. Hewitt.

Capítulo 22

p. 461: Angela Hendricks; **p. 462:** (1) Paul G. Hewitt; (2) Eva Russell; (3, 4) Kobus Nel; **p. 463:** Tomas Abad/Alamy Stock Photo; **22.5:** Little Tomato Studio/Fotolia; **22.6a:** Will Maynez; **22.6b:** Timothy Hodgkinson/Shutterstock; **22.11:** Lillian Lee Hewitt; **22.20:** Princeton Physics; **22.22:** Bettmann/Getty Images; **22.29:** Eid Ahmed; **22.30:** Dorling Kindersley ltd/Alamy Stock Photo; **22.31:** Paul G. Hewitt.

Capítulo 23

p. 488: (1) Paul G. Hewitt; (2) Lillian Lee Hewitt; (3) Ed van den Berg; (4) Pat Hall, City College of San Francisco; **p. 489:** Pictorial Press/Alamy Stock Photo; **23.2:** Addison Wesley Longman, Inc./Pearson; **23.3:** Billy Hustace/The Image Bank Unreleased/Getty Images; **23.6:** Tim Ridley/Dorling Kindersley ltd/Alamy Stock Photo; **23.10:** Tim Ridley/Dorling Kindersley ltd/Alamy Stock Photo; **23.15:** Paul G. Hewitt; **23.16:** Lillian Lee Hewitt; **23.17:** Addison Wesley Longman, Inc./Pearson; **23.18:** Addison Wesley Longman, Inc./Pearson; **23.19:** David Hsouden; **23.20:** Pat Hall, City College of San Francisco; **23.23:** Paul G. Hewitt.

Capítulo 24

p. 512: (1) Fred Myers; (2) Gayle Laird; (3) Paul G. Hewitt; (4) Alan Davis; **p. 513:** INTERFOTO/Alamy Stock Photo; **24.2:** Richard Megna/Fundamental Photographs; **24.4:** Richard Megna/Fundamental Photographs; **24.6:** Duane Ackerman; **24.10:** Richard Megna/Fundamental Photographs; **24.11:** STR/AP images; **24.12:** John Suchocki; **24.18:** Addison Wesley Longman, Inc./Pearson; **24.23:** Jamenpercy/Fotolia; **24.24:** Martin Oeggerli/Science Source; **p. 526:** Guy Croft SciTech/Alamy Stock Photo.

Capítulo 25

p. 530: (1) Lillian Lee Hewitt; (2) Alok Prakash; (3) Kobus Nel; (4) Alan Davis; **p. 531:** Georgios Kollidas/Fotolia; **25.5:** John A. Suchocki; **25.13:** Will Maynez; **25.15:** Lillian Lee Hewitt; **25.16:** Lillian Lee Hewitt; **25.18:** Pat Hall, City College of San Francisco; **25.21:** Jimmy Matsler.

Capítulo 26

p. 549: Ludmila Hewitt; **p. 550:** (1) CNES French Space Agency; (2, 3) Paul G. Hewitt; (4) Rick Lucas; (5) Paul Doherty; **p. 551:** GL Archive/Alamy Stock Photo; **26.4a:** Linda Novak; **26.4b:** Bruce Novak; **p. 55:** U. S. Patent Office; **26.9:** Dean Baird; **26.11:** Paul G. Hewitt; **23.12:** Diane Schiumo/Fundamental Photographs; **26.13:** Diane Schiumo/Fundamental Photographs; **26.18:** Dean Baird; **26.21:** Ralph C. Eagle/Science Source; **26.24:** Addison Wesley Longman, Inc./Pearson.

Capítulo 27

p. 572: (1) Eric Muller; (2) vario images GmbH &Co.KG/Alamy Stock Photo; (3, 4) Peter Lang; (5) Joy Wetherhold; **p. 573:** Emilio Segrè Visual Archives/American Institute of Physics; **27.3:** Cordelia Molloy/Science Source; **27.4:** Hu Meidor; **27.10:** Dave Vasquez; **p. 578:** Lillian Lee Hewitt; **27.12:** Paul G. Hewitt; **27.13:** Dave Vasquez; **27.14:** Paul G. Hewitt; **27.15:** Corbin17/Alamy Stock Photo; **27.17:** Hu Meidor; **27.18:** Mark Rutledge/Fotolia; **27.20:** Lillian Lee Hewitt; **p. 583:** Paul G. Hewitt; **27.20:** Lillian Lee Hewitt; **27.23:** Shannon Stent/E+/Getty Images; **27.24:** Stephen Mcsweeny/Shutterstock; **p. 588:** Paul G. Hewitt; **p. 589:** Fe Davis.

Capítulo 28

p. 592: (1) Paul G. Hewitt; (2) Dean Baird; (3) Fred Myers; (4) Cathy Barthelemy; **p. 593:** Emilio Segrè Visual Archives/American Institute of Physics/Science Source; **28.8:** Paul G. Hewitt; **28.11:** Bill Bachman/Alamy Stock Photo; **28.12:** Institute of Paper Science & Technology; **p. 598:** Lillian Lee Hewitt; **28.20a:** Ted Mathieu; **28.20b:** ESA/NASA; **28.23:** Robert Greenler; **p. 603:** North Wind Picture Archives/Alamy Stock Photo; **28.37:** Lillian Lee Hewitt; **28.43:** Sigurd/Fotolia; **28.47:** Lillian Lee Hewitt; **p. 611:** Lillian Lee Hewitt; **28.52:** Paul G. Hewitt; **28.54:** Duane Ackerman; **p. 618:** (esquerda) Paul G. Hewitt; (direita) Milo Patterson; **p. 619:** (acima) Paul G. Hewitt; (centro) Barbara Thomas; (abaixo) Lillian Lee Hewitt.

Capítulo 29

p. 622: (1) Robert Greenler; (2) Paul G. Hewitt; (3) Michael Dreyfuss; (4) Janie Head; **p. 623:** Paul G. Hewitt; **29.1:** Dudarev Mikhail/Shutterstock; **29.7:** PSSC Physics ©1965, Education Development Center, Inc.; D.C. Heath & Company; **29.10:** Ken Kay/Fundamental Photographs; **29.12b:** Science History Images/Alamy Stock Photo; **29.14:** Paul G. Hewitt; **29.14:** PSSC Physics ©1965, Education Development Center, Inc.; D.C. Heath & Company; **29.22:** Fred Myers; **29.24:** GIPhotoStock/Science Source; **p. 633:** Marshall Ellenstein; **29.28:** angelo lano/Shutterstock; **29.35:** Paul G. Hewitt; **29.36:** Diane Schiumo Hirsch/Fundamental Photographs; **29.42:** Marshall Ellenstein; **29.43:** Philippe Plailly/Science Source.

Capítulo 30

p. 644: (1) Bloomberg/Getty Images; (2) Paul G. Hewitt; (3) Esther Kutnick; (4, 5) Stuart Kohlhagen; **p. 645:** Everett Collection Inc/Alamy Stock Photo; **30.6a:** GIPhotoStock/Science Source; **30.6b-d:** Department of Physics, Imperial College London/Science Source; **30.13:** Mark A. Schneider/Science Source; **30.14:** Aaron Haupt/Science Source; **30.17:** Jake Hendricks; **30.23:** Richard Megna/Fundamental Photographs; **p. 662:** (esquerda) Directphoto Collection/Alamy Stock Photo; (direita) Ted Kinsman/Science Source; **p. 663:** Alex Segre/Alamy Stock Photo.

Capítulo 31

p. 666: (1) Neil Chapman; (2) Eckerd College; (3) Anne Cox; (4) Craig Dawson; **p. 667:** SSPL/Getty Images; **p. 672:** Archive Pics/Alamy Stock Photo; **31.4:** Amy Snyder, Exploratorium; **31.5:** Albert Rose; **31.7:** Paul G. Hewitt; **31.8:** Paul G. Hewitt; **p. 675:** Meggers Gallery/AIP/Science Source; **31.9:** GIPhotoStock/Science Source; **31.10:** Will & Deni McIntyre/Science Source; **31.11:** P. G. Merli, G. F. Missiroli, and G. Pozzi. "On the Statistical Aspect of Electron Interference Phenomena", *American Journal of Physics*, Vol. 44, No 3, março de 1976. © 1976 por American Association of Physics Teachers; **31.12:** Dr. Tony Brain/Science Source; **p. 679:** Segre Collection/AIP/Science Source; **p. 681:** (acima, direita) Archive Pics/Alamy Stock Photo; (abaixo, esquerda) InFocus/Alamy Stock Photo; (abaixo, direita) NOAA.

Capítulo 32

p. 687: Jean Hurrell; **p. 688:** (1, 2) Paul G. Hewitt; (3) Dean Zollman; (4) Art Hobson; **p. 689:** Smith Archive/Alamy Stock Photo; **p. 690:** Library of Congress Prints and Photographs Division Washington [LC-DIG-ggbain-36570]; **32.4:** Hai Ellen Huff; **32.6:** Carlos Clarivan/Science Source; **p. 697:** Bettmann/Getty Images; **p. 700:** Fabrice Coffrini/Staff/Getty Images.

Capítulo 33

p. 704: (1) Stanley Micklavzina; (2) Minemero/Fotolia; (3) Roger Rassool; (4) Pat Hall, City College of San Francisco; **p. 705:** Hi-Story/Alamy Stock Photo; **33.1:** National Library of Medicine; **33.5:** Richard Megna/Fundamental Photographs; **33.6:** The Asahi Shimbun/Getty Images; **33.8:** Charles D. Winters/Science Source; **33.9:** iStockphoto/Thinkstock; **33.10:** Jerry Nulk e Sra Joshua Baker; **33.11:** Fred Myers;

33.18a: Wellphoto/Fotolia; **33.18b:** Roger Rassool; **33.20:** Lillian Lee Hewitt; **33.21:** Ernest Orlando; **33.22:** Richard Wareham Fotografie/Alamy Stock Photo.

Capítulo 34

p. 728: (1) Science History Images/Alamy Stock Photo; (2) SPL/Science Source; (3) AKG/Science Source; (4) Argonne National laboratory/Science Source; (5) World History Archive/Alamy Stock Photo; **34.7:** Argonne National laboratory/Science Source; **34.8:** Argonne National Laboratory; **34.12:** Johannes Bohnacker/Alamy Stock Photo; **p. 741:** Tim Boyle/Staff/Getty Images.

Capítulo 35

p. 751: April Dixon; **p. 752:** (1, 3) Paul G. Hewitt; (2) PictureLux/The Hollywood Archive/Alamy Stock Photo; (4) Mark A. Thompson; **p. 753:** Paul G. Hewitt; **35.21:** Mark Paternostro/John F. Kennedy Space Center/NASA; **35.25:** Mike Lucas; **35.26:** Stanford Linear Accelerator Center/Science Source; **35.28:** Gilles Paire/Fotolia; **p. 780:** Jane Jukes.

Capítulo 36

p. 782: (1, 4) Paul G. Hewitt; (2) Lillian Lee Hewitt; (3) NASA; **p. 783:** (esquerda) CTK/Alamy Stock photo; (direita) R. Hahn; (abaixo) Caltech/UPI/Alamy Stock Photo; **36.17:** LIGO Scientific Collaboration; **p. 796:** Fotógrafo da Zephyrhills Skydiving.

Perfil do Autor

p. 798-799: Paul G. Hewitt.

Índice

A

Aberração, 613–614
Absoluta, temperatura, 311, 352
Absorção
 de energia radiante, 353–354
 espectros de emissão e, 693
 linhas de, 651–652
Ação, força de, 87–89, 91–92
Aceleração tangencial, 155
Aceleração, 32
 centrípeta, 155
 força resultante e, 66–68, 72, 74–76
 movimento retilíneo e, 48–51
 queda livre e, 73–74
 queda não livre e, 74–76
 Stanford Linear Accelerator, 367, 772
 tangencial, 155
Aceleradores de partículas, 496
Ácido desoxirribonucleico (DNA), 238, 627
 danos ao, 648, 669
 estrutura do, 262
 radiação e, 711–712
Ácido, gravação com, 261
Acromáticas, lentes, 613
Acústica, 432. *Ver também* Som
Adesão da água, 296–297
Adiabáticos, processos, 389
Adição de velocidades, 768–770
Aditiva, manufatura, 270
Aeronaves com emissão zero, 142
Aeroportos, segurança de, 741
Afinador de piano, 440
Água do mar. *Ver* Água salgada
Água fresca, 286, 291
 densidade e, 263–264, 284
Água pesada, 733
Água salgada, empuxo e, 264, 286, 291, 298, 300
Água. *Ver também* Líquidos; Ondas
 adesão e, 296–297
 átomos e, 240–241
 BTU e, 331
 calor específico, 332–334
 coesão e, 297
 cor e, 585–586
 cristais de gelo e, 336–337
 dilatação da, 336–339
 ondas e, 623–625, 628, 633
 tensão superficial e, 295–296
 vetores força e, 286–287
 volume e, 288
Alavanca, 138–139
Alcance horizontal, 212, 216
Álcool etílico, 264

Alexandre, faixa escura de, 606–607
Alexandre, o Grande, 26
Alexandria, Egito, 3–4, 6
Alfa, raios, 707–708
Altímetro, 310
Alto-falantes, 430, 439
Altura, 428, 435
Alumínio, 243, 468, 516
 força de empuxo e, 290
 massa específica, 264
AM. *Ver* Amplitude, modulação em
América do Norte, 333, 385, 495
Amônia, 252, 387
Amorfo, 262
Ampere, Andre Marie, 490, 513
Amperes, 490, 492, 499
Amperímetro, 522
Amplificação da luz por emissão estimulada de radiação (Laser — *Light amplification by stimulated emission of radiation*), 657–660, 745
Amplificador, 469
Amplitude de onda material, 698
Amplitude, 409–411, 414–416
Amplitude, modulação em (AM)
 rádio, 318, 409–410, 553–554
 radiodifusão, 626
 receptor de rádio e, 440, 626
Analógico, sinal, 454–455
Anedótica, evidência, 16
Anéis de Newton, 632, 668
Angular, rapidez. *Ver* Rotacional, rapidez
Angular, velocidade, 154
Ângulo de ataque, 315
Ângulo de incidência, 595–596, 598, 607
Ângulo de reflexão, 595–596, 607
Animais, 272, 525
Ânodo, 691
Ano-luz, 768–771
Antártida, 85, 338, 359
Antibióticos, 16, 127
Anticiência, 17
Antigravidade, 203
Antimatéria, 253–255
Antinodos, 414
Antipartícula, 253–254, 708, 775
Antiquark, 253
Antirruído, tecnologia, 438–439
Aquecimento global, 357–358
Aquedutos romanos, 285
Aquedutos, 285
Ar. *Ver também* Atmosfera
 arrasto, 68, 74–76, 118
 empuxo, 312–313

campos gravitacionais e, 198–199
 movimento de projéteis e, 215–219, 228
 efeito estufa e, 357
 resistência, 66, 68, 73–77
 som no, 428–432
 sustentação no, 315
Arco-íris, 605–607
Arcos de pedra, 268–269
Arcos, 268–270
Área
 mudança de escala e, 271–273
 pressão e, 291–292
Área superficial
 da Terra, 69–71
 mudança de escala e, 271–273
Argônio, 246–247
Aristarco, 6–9
Aristóteles, 11–12, 27–28, 281
 aceleração e, 73, 76
 matéria e, 239
 teoria do movimento de, 25–26
Armadura, 535
Armas nucleares. *Ver* Reatores nucleares
Armazenamento de energia elétrica. *Ver* Bateria
Arquimedes, 3, 138
 princípio de, 288–289, 312
Arrasto, 36
 resistência aerodinâmica, 66, 68, 73–77
Arte, ciência e, 15–16
Ártico, 269, 338, 348, 359
Artificial, transmutação, 720
Ásia, 333, 338
Astigmatismo, 613–614
Astrofísica, 645, 788
Astronautas, 71, 174, 338. *Ver também* Estação Espacial Internacional
 imponderabilidade e, 191–192
Astronomia, 3–9, 17
Aterramento, 471
Atmosfera, 305–306
 barômetros e, 308–310
 condensação e, 370–371
 cor da, 580–585
 marés e, 196
 meteorologia e, 389–392
 parcelas e, 390–392
 refração e, 599, 601
 umidade e, 370
Átomos
 antimatéria e, 253–255
 Bohr, N., modelo de, 694–695
 características dos, 240–242

compostos e, 252–253
 estrutura cristalina e, 261–263
 fissão nuclear
 hipótese atômica, 239–240
 imagem e, 242–244
 isótopo de, 250–251
 matéria escura e, 254–255
 moléculas e, 251–252
 princípio da correspondência e, 699–700
 equivalência massa-energia, 738–741
 induzida, 730
 introdução, 730–732
 potência e, 736–737
 reator regenerador e, 735–736
 reatores e, 732–735
 estrutura dos, 244–246
 fusão nuclear e, 376–377, 742–745
 mecânica quântica e, 697–699
 tabela periódica e, 246–250
 tamanhos relativos dos, 249–250
Atrito estático, 67–68
Atrito, 28–30, 36–37
 de escorregamento, 67–68
 eletrização por, 470
 estático, 67–68
 segunda lei de Newton, 66–68
 superfície livre de, 116
 trabalho e, 129, 132, 134–135, 138–141
Aurora austral, 525
Aurora boreal, 525
Autoestereoscopia, 638
Autoindução, 539–540
Automóvel
 aceleração e, 48–49
 energia e, 129–130, 134, 138, 140, 143
 energia interna e, 356
 máquina térmica e, 393–396
 momentum e, 73
Avaliação de riscos, 17
Avião, 66, 91, 396
 com emissão zero, 142
 curvas circulares, 158
 fibra de carbono e, 267
 gases e, 310, 315
 som e, 418–420, 427, 437
Azul, cor, 573, 575–586

B

Bacon, Francis, 11
Bactérias, 525
Baird, Dean, 45, 366, 557, 562, 583
Balas de canhão
 CM e, 167

momentum e, 108, 113
movimento de projéteis e, 212–215, 219, 223
Balmer, Johann Jakob, 689, 693–694
Barômetro aneroide, 310
Barômetro, 245, 281, 308–310
Barreira do som, 418–420
Bastonetes dos olhos, 564–565
Bateria, 142–143
circuitos e, 500–504
terminais, 480
vida da, 490
Batidas, som e, 439–441
Beisebol, 86
elasticidade e, 265
momentum e, 108–110, 112
movimento de projéteis e, 216–217, 223, 229
movimento de rotação, 163, 166
taco de, 163, 166, 435
Bernoulli, Daniel, 314, 316, 454
Bernoulli, princípio de, 313–317
Beta, raios, 707–708
Bifocais, óculos, 463
Big Bang, 254, 355, 791
Big Crunch, 791
Bilhar, bolas de, 114, 118, 350
Bimetálica, lâmina, 335, 505
Binário, sistema, 455
Binóculos, 608
Bioluminescente, 654
Biomagnetismo, 525
Birrefringência, 635
Bohr, Niels, 681, 689, 694–699, 729
Bola de jogo, sistema, 114
Bolha de sabão, 632
Bolhas, 296
Bolhas, câmara de, 717–718
Bomba de calor, 375–376
Bomba H, 744
Bondes, 136
Bordas, 267
Boro, 248, 733
Bóson de Higgs, 69, 700
Bóson, 69, 700
Boyle, lei de, 310–311
Boyle, Robert, 265, 311
Braço de alavanca, 165–166, 168, 170
Brand, Howie, 104, 111, 384
Bronze, 127, 261
instrumentos de, 415, 427, 449, 452
temperatura e, 335
Bronze, Idade do, 262
Browniano, movimento, 240, 671
BTU. *Ver* Unidade térmica britânica
Buckminsterfulereno, 238
Bueiros, tampas de, 174
Buraco de minhoca, 201
Buracos negros, 200–202, 783, 789, 792–793
Bússola, 196
Bússola, agulha da, 515

C

CA. *Ver* Corrente alternada
Cabo de guerra, 92, 100–101
Cadeia, reação em, 730–734, 737

Cádmio, 248, 733
Cães, 366, 449, 564
suor e, 368
Calcita, 635, 654
Calor específico, 331–332
da água, 332–334
Calor latente
de fusão, 377
de vaporização, 377
Calor. *Ver também* Termodinâmica
caloria e, 331–333
Caloria, 331–333
Camada de ozônio, 306
Camada neutra, 266–268
Câmara de centelhas, 718
Câmara de furo de alfinete, 611
Câmera, 673
de furo de alfinete, 611
luz e, 597, 605, 610–613
Caminhar sobre brasas, 348
Campo de força, 197. *Ver também* Gravitacionais, campos
campo elétrico e, 474–478
Campo magnético, 197. *Ver também* Eletromagnéticas, ondas, 523–535
Campos gravitacionais, 197–200
campo elétrico e, 474–478
Canadá, 105, 194, 333, 523, 736
Cancelamento do som, fones de ouvido de, 438–439
Canhão, experimento de perfuração de, 329
Caóticos, sistemas, 681
Capacitor, 480, 496, 533
Capilaridade, 274, 296–297
Caratê, 110–111
Carbono, 248
filamentos, 267
nanotubos, 260
resistência e, 491
Carga acoplada, dispositivo de (CCD — *charge coupling device*), 673
Carga nuclear, 249
Carga. *Ver* Corrente elétrica
Carrossel, 155
Carvão, 136–137, 142, 272
usina de energia, 710, 774
Casca de ovo, catenárias e, 269–270
Casca, orbital e, 465
Catenária, 268–269
Cateter urinário, 463
Cavendish, aparelho de, 184
CC. *Ver* Corrente contínua
Celsius, escala
termômetro, 328
zero absoluto e, 386–387
Celular, teoria, 12
Celulares, telefones, 263, 541, 553–554, 673
Células de combustível, 140, 502
Células solares, 672–673
Células, biologia das
área superficial e, 273
radiação e, 711–712
Centígrado, termômetro, 328
Centrífuga, força, 159–162
Centrípeta, aceleração, 155
Centrípeta, força, 157–158
Centro
da Lua, 196

da Terra, 188–190, 197–199, 219, 221–224
das galáxias, 200–203
Centro de gravidade (CG), 166–171
Centro de massa (CM), 166–171
Centro para Controle e Prevenção de Doenças (CDC — *Centers for Disease Control and Prevention*), 722
Ceratectomia fotorrefrativa (PRK — *photorefractive keratectomy*), 614
Ceratomileuse local assistida por *laser* (LASIK — *laser-assisted in-situ keratomileusis*), 614
Césio, 248, 736
Céu, cor do, 580–585
CG. *Ver* Centro de gravidade
Chá, 353, 356
Chernobyl, reator de, 733, 736
Chumbo
depósitos de, 197
força de empuxo e, 290
massa específica, 264
Ciano, amarelo, magenta e preto (CYMK), 579–580, 633
Ciclones, 390
Ciência
arte e, 15–16
atitude e, 11–13
ciência de refugio, 138
física e, 17–18
pseudociência e, 16
química e, 17–18
religião e, 15–16
tecnologia e, 16–17
Ciência de refugio, 138
Ciência fundamental, 17–18
Cinética, energia (EC), 127, 131, 133
movimento de satélites e, 226–227
temperatura e, 329–330
Circuito aberto, 505
Circuito em série, 500–501
Circuitos
corrente elétrica e, 496–498
disjuntores, 505
em paralelo, 500–504
em série, 500–501
fusíveis de segurança, 504–505
resistores e, 493, 503
sobrecarga de, 503–504
Circuitos em paralelo, 500–504
Circular, movimento, 153–157
Circulares, órbitas, 220–222
Circunferência, 73–74, 153, 157
órbitas e, 696–697
relatividade e, 791–792
da Terra, 3–6, 792
Cirrus, nuvens, 306
Clarineta, 415, 449–453
Cloreto de sódio
composto de, 252–253
cristal de, 262
DNA e, 627
Cloro, 252–253, 262, 337, 358, 374
CM. *Ver* Centro de massa
Cobalto, 261, 516, 722
Cobre, 261, 468
fio de, 491
folha de, 540

massa específica, 264
Cóclea, canal do nervo da, 430
Código universal de produtos (UPC — *universal product code*), 660
Coerente, luz, 657–659
Coesão, 274, 297
Colisão. *Ver também* Ondas
elástica, 115–116
inelástica, 115–116
Combinação de Ritz, princípio da, 694–695
Combustão interna, 140, 393–396
Combustão, máquina de, 140
Combustível fóssil, 17, 142, 536
Complementaridade de partículas, 680–681
Componentes de vetores, 93–96
Compostos, 252–253
Compressão. *Ver também* Pressão
arcos e, 268–270
de ondas, 412
forças de, 283
sólidos e, 266–268
Comprimento de onda, 408–417
Computadores, 229, 367, 481
monitores de, 263
programação e, 261, 281
Concepções equivocadas na ciência, 14
Condensação, 369–371
serpentinas de, 375–376
termodinâmica e, 390–391, 395
Condução, 347–348
Condução, elétrons de, 490, 497
Condutores, 468–470, 477
Cones
dos olhos, 564–565
ondas de choque e, 419–420
Congelamento da água, experiência, 366, 373
Congelamento, 373–375
Conservação da carga, 465–466
Constante
da gravitação universal, 670
de mola, 265
de Planck, 646, 668–670
gravitação universal e, 187–188
solar, 359
Constante solar, 359
Contador de cintilações, 716–717
Contato, eletrização por, 470
Contração do comprimento, 770–772
Convecção, 349–351
Convector, 355
Convergentes, lentes, 609–612
Convicção, 3, 514
Coordenadas, eixos de, 758
Copérnico, Nicolau, 7, 27, 36–37
Copérnico, teoria de, 7
Cor
água e, 585–586
arco-íris e, 605–607
complementar, 577–578, 582, 585
cores primárias, 577–580
do céu, 580–585
espectro de, 553–554, 564
interferência monocromática em películas delgadas, 631–634
introdução, 573–574

Índice

mistura de luz e, 576–578
pigmentos e, 578–580
reflexão seletiva, 574–575
transmissão seletiva, 575–576
Coração humano, 130
Cores primárias aditivas, 576–577
Cores primárias subtrativas, 578–579
Cores primárias, 577–580
Coriolis, efeito, 333
Cork, 309, 312, 347, 361
Corpúsculos, 667–668, 671
Corrente alternada (CA), 495–496, 534–535
  adaptador, 539
Corrente contínua (CC), 495–496
Corrente elétrica
  CA e, 495–496
  CC e, 495–496
  circuitos e, 496–498
    em paralelo, 500–504
    em série, 500–501
    fusíveis de segurança e, 504–505
    sobrecarga de, 503–504
  fluxo de carga, 489–490
  fontes de voltagem, 490–491
  indução eletromagnética e, 533–541
  lei de Ohm e, 492–495
  magnetismo e, 518–519
  potência e, 499–500
  resistência e, 491–492
Corrente. *Ver* Corrente elétrica
Correspondência, princípio da, 699–700, 776
Corrida do Ouro na Califórnia, 111
Coulomb, 490
Coulomb, Charles, 467, 513
Covalente, ligação, 251
Criptônio, 246–247
Cristalina, estrutura, 261–263
Cristalina, lente, 563
Cristas, 409, 413, 699. *Ver também* Ondas
Cristianismo, 65
Crítica, massa, 731, 744
Crítico, ângulo, da luz, 607–609
Cromática, aberração, 613
Crosta oceânica, 292
CRT. *Ver* Tubo de raios catódicos
Cúmulos, nuvens, 306
Curie, Madame Marie, 705
Curie, Pierre, 705
Curiosity, robô, 184–185
Curto-circuito, 505
Curva senoidal, 408–409, 411
Curvatura, da Terra, 217–220, 222
CYMK. *Ver* Ciano, amarelo, magenta e preto

D

Da Vinci, Leonardo, 4, 272
Darwin, Charles, 13, 385
Datação pelo carbono, 720–723
De Broglie, Louis, 675–677, 696–699
  de fusão, 376–377
Declinação magnética, 523
Deriva, velocidade de, 497
Desaceleração, 49

Deslocamento de fase, 631
Desordem
  dispersão e, 396–397
  entropia e, 398
Desvio para o azul, 417
Desvio para o vermelho gravitacional, 787–789
Desvio para o vermelho, 417
  da gravidade, 787–789
Detectores de fumaça, 710
Deutério, 250, 733, 739, 743–744
Diamante, 609
Diapasões ópticos, 556
Diapasões, 428, 436
  ópticos, 556
Dielétrico, 480
Diferença de potencial na carga, 489–490. *Ver também* Corrente elétrica
Difração, 625–627
  franjas de, 626, 639
  padrões de, 262–263
  rede de, 631
Difusa, reflexão, 597–598
Digital, sinal, 454–455
Dilatação. *Ver* Dilatação térmica
Dinamarca, 144, 224
Diodo emissor de luz (LED), 318, 499–500, 579, 634, 655–656
Diodos, 496
Dióxido de carbono, 357
Dipolos elétricos, 473
Dispersão, 604–606, 609
  energia e, 396–397
Dispositivos hidráulicos, 281
Distância focal, 610, 612
Distância radial, 154–157, 161, 163, 172, 186–188
Distância, 7–9
  gravidade e, 189–190
  lei do inverso do quadrado e, 189–190
  queda livre e, 51–56
  radial, 154–157, 161, 163, 172, 186–188
  rapidez e, 45–47
  trabalho e, 128–130
Divergentes, lentes, 609–610, 613
DNA. *Ver* Ácido desoxirribonucleico
Dobra do espaço-tempo, 786, 791–792
Doherty, Paul, 84–85, 367, 550
Dopagem, 469
Doppler, efeito, 416–417, 652, 764
Dualidade onda-partícula, 673–674

E

Ebulição, 371–373
EC. *Ver* Cinética, energia
Eclipse lunar, 560–563
Eclipses solares, 560–563
Eclipses, 6–10, 13, 560–563
Edison, Thomas A., 142, 144, 327
  lâmpada incandescente e, 498, 655
Efeito âmbar, 690
Efeito estufa, gases do, 142, 357–358, 736
Efeito gerador, 534
Efeito motor, 534
Efeito Purkinje, 565

Efeito tremolo, 439
Einstein, Albert, 12–13, 239, 657, 729
  corpúsculos e, 667–668, 671
  espaço-tempo e, 758–761
  gravitação einsteniana, 793–794
  massa e energia, 773–775
  movimento browniano e, 240
  relatividade e, 515, 753, 755–759
  teoria da gravitação, 200
  teoria do campo unificado e, 467
  teoria geral da relatividade, 186, 447
  teoria quântica e, 667–668, 671–672
Eixo principal, 610
El Niño, 392
Elástica, colisão, 115–116
Elasticidade, 264–265, 428, 435
Elástico, limite, 265
Elefantes, 71, 272, 428, 689
  mudança de escala e, 270–274
Elementos
  átomos e, 245–246
  tabela periódica dos, 246–250
  transmutação e, 718–720
Eletricamente polarizado, 472–474
Eletrização por indução, 470–472
Eletrodos, 317, 493, 513, 647, 655
  produção de energia e, 535–536
Eletroímãs, 519–520
Eletrólise, 142–143
Eletromagnéticas, ondas, 351–353, 552–553
Elétrons, 243–245, 247, 249–253
  átomos e, 135
  descoberta do, 690–693
  emissão de luz e, 645–650, 652–656
  mecânica quântica, 697–699
  níveis de energia quantizada dos, 696–697
Elétron-volt, 730
Eletrostática
  campo de força e, 474–477
  cargas e, 464–465
  condutores, 468–470
  conservação da carga e, 465–466
  eletrização por indução, 470–472
  EP e, 478–482
  forças da, 463–464
  isolantes e, 468–470
  lei de Coulomb, 467–468
  polarização e, 472–474
Eletrostática, blindagem, 476–477
Elípticas, órbitas, 222–223
Ellenstein, Marshall, 158, 622–623
Emissão
  de energia radiante, 352–353
  de luz, 645–646
  espectro de, 647–650
Empédocles, 667
Empuxo, 287–290
  do ar, 312–313
  força de, 287–292
Empuxo, 36
Energia de repouso, 773–775
Energia do ponto zero, 328
Energia escura, 203
  energia interna e, 329–331
Energia mecânica, 131

Energia solar, 141, 359–360
  calor específico e, 332
Energia, 127. *Ver também* Termodinâmica
  conservação da, 136–138
  satélites e, 226–227
  dispersão de, 396–397
  EC e, 133
  energia geotérmica, 143
  EP e, 131–133
  equivalência massa-energia, 738–741
  fontes de, 141–144
  máquinas e, 138–139
  mecânica, 131
  mudanças de fase e, 375–378
  na relatividade, 773–776
  potência, 130–131
  reciclagem de energia, 144
  rendimento e, 139–141
  teorema trabalho-energia, 134–135
  trabalho, 128–130
Entropia, 398–399
EP. *Ver* Potencial, energia
Equador, 333
Equilíbrio
  condição de, 33–34, 36
  estabilidade e, 169–171
Equilíbrio dinâmico, 36
Equilíbrio estático, 36
Equilíbrio mecânico, 33–34
Equivalência, princípio da, 784–785
Escape
  rapidez de, 227–229
  velocidade de, 201, 227
Escócia, 142, 280, 291
Escorregamento, atrito de, 67–68
Esferas
  aberração, 613
  volume e, 271
Esmalte dentário, 266
Espaço
  lixo espacial, 226
  Mercúrio e, 789–790
  nova geometria e, 790–792
  viagem no, 768–770
  zero absoluto, 355
Espaçonave, 141
  som e, 441
Espaçonave, 756
  viagem do gêmeo e, 762–767
Espaço-tempo, 200, 758–767
Espanha, 338
Espectro eletromagnético, 352, 553–555
Espectrômetro de massa, 738–739, 741
Espectrômetro, 630–631
  de massa, 738–739, 741
Espectros atômicos, 254, 693–694
Espectros de absorção, 651–652
Espectroscópio, 648–649, 651
Especulação, 13–14
Espelhos planos, 595–597
Espelhos, 595–597
Esquilo voador, 75–76
Estabilidade, 169–171
Estação Espacial Internacional (ISS – International Space Station), 70
  atmosfera e, 599

872 Índice

células de combustível e, 143, 502
força centrífuga e, 161
GPS e, 225
imponderabilidade e, 191–192
Estados quânticos, 646
Estática, eletricidade, 466
Estrondo sônico, 419–420
Estudo estroboscópico, 76
Éter, 252, 754–755
Euclides, 26, 667
Europa, 333, 495
Evans, Jill, 64, 140, 488
Evaporação, 367–369
calor de, 377
Excitação da luz, 646–648
Exploratorium, San Francisco, 373, 406–407, 512, 672
Explorer I, satélite, 525
Extinção em massa, 16
Extração lenticular com pequena incisão (SMILE — *small incision lenticule extraction*), 614

F

Fabricação subtrativa, 270
Fahrenheit, escala, 327–328, 331
zero absoluto e, 386–387
Família de elementos. *Ver* Grupo
Faraday, lei de, 533, 536, 541–542
Faraday, Michael, 327, 531, 535
Fato, 10–14
Feixe todo, 671
Fenda dupla, experimento da, 628–631, 674–675
Fermat do mínimo tempo, princípio de, 594, 598–601, 603
Fermi, Enrico, 728–729, 732–733
Ferro, 261
cristal de, 516
densidade do, 263–264
domínios magnéticos e, 516–517
Ferro, Idade do, 262
Feynman, Richard, 238–239, 254–255, 622
Fibra de vidro, 348
Fibras ópticas, 609
Fictícia, força, 160–161
Filosofia natural, 17
Física Conceitual (Hewitt, Paul G.), 25, 211, 239, 262, 305
primeira edição, 427, 623
quinta edição, 347, 407
Física quântica, 554, 668–669, 672
Fissão espontânea, 730
Fissão induzida, 730
Fissão nuclear
equivalência massa-energia, 738–741
fissão induzida, 730
introdução, 730–732
lixo e, 17, 735, 737
potência e, 736–737
reator regenerador e, 735–736
reatores e, 732–735
Fissão. *Ver* Fissão nuclear
Fitoplâncton, 224
FitzGerald, George F., 754–755, 770
Flauta, 415, 427, 449, 452
Fluidos. *Ver* Líquidos

Fluorescência, 652–654
Fluorescente, lâmpada, 634, 655–656
Flutuação, 291–293
Fluxo turbulento, 314
FM, rádio. *Ver* Modulação em frequência
Folha de ouro, experimento, 692
Fones de ouvido, 438–439
Fonográfico, disco, 453
Força de apoio, 35, 69, 161, 168
Força forte, 712–715
Força fraca, 467
Força média, 108–109
Força resultante, 32–33, 36
aceleração e, 66–68, 72, 74–76
pressão num líquido e, 285, 287
Força, 32–33, 65–66. *Ver também* Eletrostática; Magnetismo
gravitação universal e, 187–188, 202–203
impulso e, 107
pressão e, 281–282
terceira lei de Newton, 85–86
trabalho e, 128–130
vetores, 286–287
Forças magnéticas, 118
Forças moleculares, 112
Ford, Kenneth W., 426–427, 679, 697, 752
Fosforescência, 654–655
Fotoelasticidade, 551
Fotoelétrico, efeito, 670–673
Fotografia estroboscópica, 213
Fotografias, 578–579, 601, 608
lentes e, 611–613
polaroides, 622, 635–638
produção de, 673
Fótons, 557–559
emissão de luz e, 645–648, 652–660
Fotossíntese, 142, 252, 579
Fotovoltaicas, células, 360, 672–673
Fourier, análise de, 453–454
Fourier, Jean Baptiste Joseph, 453–454
Fóvea, 563
Fractais, 555
Franklin, aquecedor de, 463
Franklin, Benjamin, 463–464, 471, 690–691
Franklin, Rosalind, 262, 627
Fraturada, rocha, 143
Fraunhofer, linhas de, 652
Freio magnético, 540
Freio magnético, 540
Frente de onda, 413, 416, 602, 610
Frequência fundamental, 451
Frequência muito alta (VHF — *very high frequency*), 553–554
Frequência natural, 435–436
Frequência, 409–410, 413–417
da radiação, 352–353, 357
Frequências ultra-altas (UHF — *ultrahigh frequencies*), 553–554
Fukushima, Japão, 733, 736
Fulcro, 139, 165
Fusão
calor de, 376–377
calor latente de, 377
controle da, 744–745

introdução, 742–744
termonuclear, 136, 244, 742–743, 745
Fusão nuclear
calor de, 376–377
controle da, 744–745
fusão termonuclear, 742–743, 745
introdução, 742–744
Fusão termonuclear, 136, 742–743, 745
reação de, 244
Fusão, 373–375
Fusíveis de segurança, 504–505

G

Gadolínio, 516
Gaita, 463
Galáxias
centros das, 200–203
M87, 201
Virgem, aglomerado de, 201
Galileu, 7
aceleração e, 65, 73–74, 76
atrito e, 116
mudança de escala e, 270
pêndulo e, 408
planos inclinados e, 27–29, 50–51
rapidez e, 45, 50–51
telescópios e, 226
termômetro e, 327
torre inclinada e, 11–12, 27
Galvanômetro, 521–523
Gama, raios, 352, 481, 553–554, 707–708, 722
detecção e, 716–717
Gangorra, 137
Garrafa térmica, 360–361
Gases nobres, 246–247
Gases. *Ver também* Mudanças de fase
atmosfera e, 305–306
barômetros e, 308–310
Bernoulli, princípio de, 313–317
Boyle, lei de, 310–311
empuxo do ar, 312–313
estufa, 142, 357–358, 736
interestelares, 247
linhas de corrente e, 313–316
nobres, 246–247
plasma e, 317–318
pressão atmosférica, 306–310
Gasolina, 264, 632–634
bombas de, 466
combustão da, 135
motor a, 393–396
Geada, cristais de, 355
Geiger, contador, 704, 716
Gêiseres, 371–372
Gelatina, 192–193
Geleiras, 338, 358
Gelo
congelamento e, 373–375
cristais de, 336–337
massa específica, 264
Genebra, Suíça, 520, 700, 718
Geodésica, 791–792
Geometria
euclidiana, 26, 670
relatividade e, 790–792

Geometria euclidiana, 26, 670, 790–792
Geotérmica
bomba de calor, 376
energia, 143
Geradores
circuitos e, 500–504
indução e, 534–535
turbogerador de energia, 535–536
Van de Graaff, 481, 489–490
vento e, 137
Wimshurst, 462
Germânio, 469
Gilbert, William, 513, 690
Glândulas sudoríparas, 368
Glicerina, 264
Golfe, bola de, 213, 217, 578, 733
impacto e, 108
Golfinhos, 434–435, 440
Gotas de chuva, 274
GPS. *Ver* Sistema de Posicionamento Global
Grafite, 732–733
Grandeza escalar, 32, 48, 56
Grandeza vetorial, 32, 48, 56
momentum e, 113–114, 118
pressão e, 282
Granizo, 274
Graus, 328
Gravação com ácido, 261
Gravidade
buracos negros e, 200–202
campos gravitacionais e, 197–200
constante universal e, 187–188
desvio da luz e, 785–787
desvio para o vermelho e, 787–789
gravitação universal, 202–203
imponderabilidade e, 190–192
lei da, universal, 185–187
lei do inverso do quadrado e, 189–190
marés e, 192–197
Mercúrio e, 789–790
nova geometria e, 790–792
órbita circular e, 220–222
órbitas elípticas e, 222–224
pêndulo e, 408–409
peso e, 190–192
queda livre e, 51–52, 73–74
queda não livre e, 74–76
satélites e, 218–222
simulação de, 160–162
síntese newtoniana e, 186–187
Gravidade simulada, 69, 160–162
Gravitação
einsteiniana, 793–794
newtoniana, 793–794
teoria da, 200
Gravitação newtoniana, 785, 793–794
Gravitação universal, 185–187, 202–203
constante, 670
Gravitacional
energia potencial, 132–133
força, 33, 35
massa, 186
Gregos, filósofos, 11, 239
Grupo de elementos, 246–249

Guarda-chuva, 317
Guitarra, 533

H

Háfnio, 695
Hahn, Otto, 728–729
Halteres, 128–129
Harmônico, movimento, 199, 408–409, 451
Havaí, 143, 261, 623
Hawking, Stephen, 201
Heisenberg, princípio da incerteza de, 666, 678–680
Hélio, 243, 246–247, 328
  átomo de, 465
  laser de hélio-neônio, 657–658, 660
  zero absoluto e, 387
Hemisfério Norte, 333, 523
Hemisfério Sul, 333, 525
Hemorragia cerebral, 283
Herapatita, 635
Hertz, 409–410
Hertz, Heinrich, 409, 541, 668
Hewitt, Paul G., 11, 488, 666. *Ver também* Física Conceitual
Hibridização solar, 141
Híbridos, automóveis, 135
Hidrelétrica, energia, 142
Hidrogênio
  átomos de, 142–143
  célula de combustível, 142–143, 502
  isótopo de, 250–251
  modelo do, 243–244
  moléculas e, 251–253
  sulfeto de, 251–252
  tamanho do, 249
Hipótese, 6, 11–13
Hiroshima, Japão, 731
Hitler, Adolf, 667, 729, 753
Hodômetro, 46, 54
Holografia, 638–639
Hooke, lei de, 265, 408
Hooke, Robert, 265, 311, 336
Horizontal, força, 88, 92
  movimento de projéteis e, 212–213
Huygens, Christian, 623, 668
Huygens, princípio de, 623–625

I

Ideal
  condições de gás, 311
  máquina, 139
  rendimento, 394–396
Iglus, 269
Igreja, 7, 26–28, 65, 531
  Pascal e, 281
Iluminação elétrica, 396
Ilusões ópticas, 566
Ímã de ferradura, 514
Imagem
  elétrons e, 242–244
  MRI, 437, 520, 526
  NMRI, 526, 722
  SEM, 242–243
Imagem por ressonância magnética (MRI — *magnetic resonance imaging*), 437, 520, 526
  irradiação dos alimentos e, 722

Imagem real, 612
Imagem virtual, 595–596, 612–613
Ímãs, 252. *Ver também* Indução eletromagnética
  de ferradura, 514
Imponderabilidade, 161, 190–192
Impressão 3D, 270
Impulso, 106–111
  trabalho e, 128
Incandescência, 650–651
Inclinados, planos, 27–29, 50–51
Indução eletromagnética
  autoindução, 539–540
  CA e, 534–535
  campo de indução, 541–542
  freio magnético e, 540
  geradores e, 534–535
  introdução, 531–532
  lei de Faraday e, 533, 536, 541–542
  produção de energia e, 535–536
  transformadores e, 536–539
  transmissão de energia, 540–541
Indução, campo de, 541–542
Indução. *Ver também* Indução eletromagnética
  autoindução, 539–540
  eletrização por, 470–472
Inelástica
  colisão, 115–116
  sólidos e, 264–265
Inércia
  experiência pessoal sobre, 31
  Galileu e, 29
  momento de, 162
  sistema de referência, 159
Infinito, 197
Infrassônico, 428
Infravermelho, 553–554
Insetos, 525
Instantânea, rapidez, 45–47, 50–52
Instantâneos, 612
Instrumentos musicais eletrônicos, 452
Intensidade do som, 449–450
Interestelares, gases, 247
Interferência monocromática em películas delgadas, 631–634
Interferência, 437–439
  construtiva, 414–415, 418, 437–439
  destrutiva, 414–416, 437–439
  interferômetro, 754
  luz e, 628–631
  monocromática em películas delgadas, 631–634
  padrão de, 414–416
Interna, energia, 329–330
  condensação e, 369
  energia térmica e, 387
  transferência de calor e, 353, 356
Internet, 6, 16, 455, 613, 639
Inversor, 540
Íons negativos, 317, 466, 489, 741
Íons positivos, 317, 466, 489–490, 535–536
Íons, 466
Iridescência, 623
Irídio, 248
  massa específica, 264
Islândia, 143

Isolantes, 347–348, 468–470
Isopor, 312, 347, 389
Isostasia, 292
Isótopos, 250–251
  massa e, 738–741
ISS. *Ver* Estação Espacial Internacional

J

Japão, 143, 731, 733, 736
Joaninha, 159–160
Jobs, Steve, 367
Joules, 129, 468, 479
Juntas de expansão, 334–335
Júpiter, 202, 226, 229
  rapidez de escape e, 228

K

Kagan, David, 84, 688
Kelly, Scott, 18, 161, 763
Kelvin, escala, 328, 352
  zero absoluto e, 386–387
Kelvin, Lorde, 3, 328, 385, 387
Kepler, Johannes, 6, 224–226, 336
King, Roger, 354, 688

L

Lã mineral, 348
Lã, 347–348, 351, 464
Laminar, fluxo, 314
Lâmpada com vapor de sódio, 649
Lâmpada incandescente, 498-499, 650, 655
Lâmpadas
  emissões e, 655–657
  fluorescentes, 634, 655–656
  incandescentes, 650, 655
  LED, 318, 499–500, 634, 655–656
  vapor de mercúrio, 647–650, 655–656
  vapor de sódio, 649
Lanternas, 490, 533, 786
Laser. *Ver* Amplificação da luz por emissão estimulada de radiação
LASIK. *Ver* Ceratomileuse local assistida por *laser*
Lateral, inibição, 565
LED. *Ver* Diodo emissor de luz (LED)
lei de Coulomb, 467–468
Lei do inverso do quadrado, 189–190
  blindagem eletrostática e, 476–477
  de Kepler, 226
Lei zero da termodinâmica, 398
Leis de Kepler do movimento planetário, 224–226
Leis, 11. *Ver também* Newton, leis de
  da conservação do *momentum*, 112–114
  da gravitação universal, 185–187
  de Boyle, 310–311
  de Coulomb, 467–468
  de Hooke, 265, 408
  de Snell, 600
  do inverso do quadrado, 189–190, 226, 476–477
  do movimento planetário, 224–226

zero da termodinâmica, 398
Lentes
  convergentes, 609–612
  defeitos em, 613–614
  divergentes, 609–610, 613
  formação de imagens, 611–613
  olho de peixe, 608
Lenticulares, nuvens, 391
Letais, doses, de radiação, 711–712
LFTR. *Ver* Reator de flúor-tório líquido
Ligação atômica, 262
LIGO. *Ver* Observatório de ondas gravitacionais por interferômetro *laser*
Linear, *momentum*, 171–172
Linear, polarização, 635
Linhas de corrente, 313–316
Linhas de eletricidade, 503–504
Líquido deslocado, método do, 287, 289, 292
Líquidos, 68
  Arquimedes, princípio de, 288–289
  capilaridade, 296–297
  condensação e, 369–371
  ebulição e, 371–373
  empuxo e, 287–290
  evaporação e, 367–369
  flutuação e, 291–293
  mercúrio, 335
  Pascal, princípio de, 293–294
  pressão e, 281–286
  tensão superficial e, 295–296
Lítio, 243, 732, 744–745
Litro, 130
Lixo radioativo, 17, 735, 737
Lorentz
  contração de, 770–771
  fator de, 760, 772
Lua nova, 193–196
Lua, 185
  centro da, 196
  distância do Sol, 8–9
  eclipses da, 583–584
  eclipses solares, 560–563
  lua nova, 193–196
  marés e, 192–197
  movimento e, 25, 27–28
  protuberâncias das marés na, 196–197
  rapidez da, 174
  rapidez de escape e, 228–229
  superfície da, 70–71, 79
  tamanho da, 6–7
  velocidade tangencial da, 186
Luminescência opticamente estimulada (OSL — *optically stimulated luminescence*), 723
Luz branca, 574–580, 582–585
Luz solar, 141–142
  curva de radiação da, 576
  poentes e auroras, 583–585
Luz visível, 351–353, 357. *Ver também* Espectro eletromagnético
  imagens e, 242–244
  olho humano e, 563–566
Luz, 135. *Ver também* Cor; Quântica, teoria
  ângulo crítico da, 607–609
  arco-íris e, 605–607

874 Índice

desvio da, 785–787
difração da, 625–627
dispersão e, 604–606, 609
eclipse lunar e, 560–563
eclipse solar e, 560–563
emissão de, 645–646
  espectro de, 647–650
  espectros de absorção e, 651–652
  excitação e, 646–648
  fluorescência, 652–654
  fosforescência, 654–655
  incandescência, 650–651
  lâmpadas, 655–657
  lasers e, 657–660
  relaxação, 646–648, 653–655, 658–659
espectro eletromagnético, 553–555
experimento da fenda dupla e, 628–631
hologramas e, 638–639
interferência, 628–631
lei do inverso do quadrado e, 189
lentes e, 609–614
materiais opacos, 559–560
materiais transparentes, 555–557
Maxwell e, 551–553
monocromática, 629–632
olho humano e, 563–566
ondas eletromagnéticas e, 552–553
polarização e, 634–638
princípio de Huygens e, 623–625
rapidez da, 557–559
reflexão
  interna total, 607–609
  lei da, 595–598
refração
  índice de, 600–601
  introdução, 598–600
  miragem e, 601
  origem da, 602–603
sombras, 559–560
superposição e, 628–631

M

M87, galáxia, 201
Mácula, 563
Madeira, 261
  como isolante, 347–348
Magenta, 577–580, 582
Maglev, 519
magnético, Polo Sul, 514
Magnetismo
  biomagnetismo e, 525
  campos e, 515–516
  correntes elétricas e, 518–519
  domínios magnéticos, 516–517
  eletroímãs, 519–520
  forças do, 520–523
  introdução do, 513–514
  polos e, 514–515
  raios cósmicos e, 524–525
  Terra e, 523–525
Magnetita, 513
Magnetohidrodinâmica (MHD), energia, 318, 535–536
Magnum, revólver, 113
Manto, 292
Máquina térmica, 393–396

Máquina, 140
  térmica, 393–396
Máquinas, 138–139
Maré de tempestade, 195
Marés
  calendário das, 195
  de quadratura, 194–195
  de sizígia, 193–196
  energia das, 142
  gravidade e, 192–197
  protuberâncias lunares e, 196–197
Marés de quadratura, 194–195
Marte
  rapidez de escape e, 228
  robô Curiosity e, 184–185
  superfície de, 106
Massa atômica, 250–251
Massa específica
  lei de Boyle, 310–311
  peso específico, 263–264, 282–285, 288, 290
  sólidos e, 263–264
Massa subcrítica, 731
Massa supercrítica, 731–732
Massa, 68–72
  ação e reação sobre, 90–92
  equivalência massa-energia, 738–741
  massa específica e, 263–264
  massa gravitacional, 186
  momentum e, 105–106
  na relatividade, 773–776
  temperatura e, 331–332
Matemática, 10–11
  Galileu e, 29
  geometria euclidiana, 26, 670, 790–792
  nova geometria, 790–792
  trigonometria, 5, 8
Matéria escura, 203, 254–255
Materiais
  opacos, 559–560
  radioativos, 654
  transparentes, 555–557
Materiais transparentes, 555–557
Maxwell, James Clerk, 327, 541–542, 551–553, 668
Mecânica quântica, 249, 667, 697–699
  medição do, 331
Medidores elétricos, 521–522
Megajoules, 129
Megawatt, 130
Meia-vida da radioatividade, 715–716
Mercúrio
  barômetro e, 308–309
  frasco de, 187
  lâmpada com vapor de, 647–650, 655–656
  massa específica, 264
  número atômico do, 246
  Pascal e, 281
  rapidez de escape e, 228
  temperatura e, 327–328, 335
Mercúrio, movimento planetário de, 789–790
Metaestável, estado, 654, 658–659
Metano, 441
Meteorologia, 389–392

Meteorologia, 389–392
Metilmercúrio, 246
Método científico, 11–13
  concepções equivocadas e, 14
Metoxicinamato de octila, 585
Metro cúbico, 263
MHD, potência. *Ver* Magnetohidrodinâmica
Michelson-Morley, experimento de, 754–755
Microfone, 430–431, 438, 440
Micro-ondas, 352, 553–554, 669, 792
  forno de, 473–474
Microscópio eletrônico de tunelamento (STM — *scanning tunneling microscope*), 243
Microscópio eletrônico de varredura (SEM — *scanning electron microscope*), 242–243
Microscópio eletrônico, 242–244, 627, 676–677
Milirem (unidade), 711
Miragem, 601
Misturas, 252–253
Modulação em frequência (FM)
  rádio, 553–554
  radiodifusão, 410, 440, 626
Modulação, 440
Mojave, deserto de, 391, 392
Molas
  constante de, 265
  elasticidade e, 264–265
Moléculas, 251–252. *Ver também* Átomos
  calor e, 328–329
  convecção e, 349–350
  líquidos, 283, 295–297
Momento angular, 171–174
Momento de inércia, 162
Momentum relativístico, 772–773
Momentum, 105–106, 127
  angular, 171–174
  aumento do, 108
  colisões e, 115–118
  conservação do, 112–114
  diminuição do, 108–111
  impulso e, 106–111
  linear, 171–172
  ricocheteio e, 111–112
  segunda lei de Newton e, 107–108, 110, 112, 114
  terceira lei de Newton e, 112–114
Monocromática, luz, 629–632
Montanha-russa, 133
Montanhas Rochosas Canadenses, 586
Montanhas Rochosas, 390–391, 586
Mössbauer, efeito, 788
Motor elétrico, 143, 396, 522–523
Motor perpétuo, 139, 239, 385, 393, 699
Movimento natural, 25
Movimento ondulatório, 410–412
Movimento planetário, leis de Kepler do, 224–226
Movimento relativo, 46–47
Movimento rotacional, 328
  angular, 171–174

braço de alavanca, 165–166, 168, 170
CG, 166–171
circular, 153–157
CM, 166–171
estabilidade e, 169–171
força centrífuga, 159–162
força centrípeta, 157–158
força fictícia, 160–161
inércia e, 162–165
órbitas e, 220–222
torque e, 165–166
Movimento violento, 25–26
Movimento. *Ver também* Aceleração
  angular, 171–174
  Aristóteles sobre, 25–27
  arrasto do ar e, 215–219, 228
  atrito e, 28–30, 36–37
  condição de equilíbrio e, 33–34
  conservação da energia e, 226–227
  Copérnico e, 27
  da Terra, 25–29
  de satélites, 218–227
  equilíbrio do, 36
  experimentos de Galileu e, 27–29
  força centrífuga, 159–162
  força de apoio e, 35
  força resultante e, 32–33
  inércia rotacional, 162–165
  linear, 45–57
  movimento natural, 25
  movimento violento, 25–26
  primeira lei de Newton, 30–31, 36–37, 172, 289
    sistema de referência, 159, 164
  projéteis, 212–217
  rapidez de escape e, 227–229
  segunda lei de Newton, 72–73
  terceira lei de Newton, 85–89
  massas e, 90–92
  momentum e, 112–114
  sustentação aerodinâmica e, 315
  vetores e, 93–96
torque rotacional e, 165–166
MRI. *Ver* Imagem por ressonância magnética
Mudança climática, 358–359
Mudanças de escala, 270–274
Mudanças de fase
  condensação, 369–371
  congelamento, 373–375
  ebulição, 371–373
  energia e, 375–378
  evaporação, 367–369
  fusão, 373–375
  regelo, 374–375
Multiverso, 770
Múon, neutrino do, 708
Música
  altura e, 448–449
  análise de Fourier, 453–454
  instrumentos e, 451–452
    ondas estacionárias e, 415
  intensidade, 449–450
  notas e, 448–449, 452–454
  qualidade e, 450–451
  ruído e, 447–448
  sinal analógico, 454–455
  sinal digital, 454–455

timbre e, 450–451
volume, 449–450
Musicologia, 452
Mutação, 711–712
Myers, Fred, 304–305, 512, 712

N

Nanômetros, 274, 409
Nanotecnologia, 243, 274
Neblina, 371. *Ver também* Nuvens
Neônio, 246–247, 317
Nervo óptico, 563–565
Netúnio, 734
Netuno, 203, 229
    rapidez de escape e, 228
Neutrino do elétron, 708
Neutrinos, 708–709
Nêutrons, 244–245, 250–251, 253
    carga elétrica e, 464–466, 481
    datação radiológica e, 720–723
    força forte e, 712–715
Neve, 375
    flocos de, 336, 637
    transferência de calor e, 348, 354
Newton (unidade), 70–72, 77
Newton, Isaac, 65
    conceito de energia e, 131
    constante da gravitação universal e, 670
    Era da Razão e, 203
    Galileu e, 29
    luz e, 603
    movimento de satélites e, 219
    Principia, 29–30, 127
Newton, leis de
    da gravidade
        lei de Coulomb e, 467
        teoria da gravitação e, 200
    do resfriamento, 356
    primeira lei do movimento, 30–31, 36–37, 172, 289
        sistema de referência e, 159, 164
    resumo de, 97
    segunda lei do movimento
        atrito e, 66–68
        forças e, 65–66
        massa e, 68–73
        momentum e, 107–108, 110, 112, 114
        peso e, 68–72
    terceira lei do movimento, 85–89
        massas e, 90–92
        momentum e, 112–114
        sustentação aerodinâmica e, 315
        vetores e, 93–96
Newton-metro, 129–130
Níquel, 245, 248, 516
Nível do mar, 308, 328, 358
NMR. *Ver* Ressonância magnética nuclear
NMRI. *Ver* Ressonância magnética nuclear
Nodos, 414–416
Norte magnético, polo, 514
Notação científica, 187
Notas musicais, 448–449, 452–454
Nova Zelândia, 143
Nuclear, combustível, 143, 536, 733, 737
Nuclear, indústria da energia, 710
Núcleo atômico, 12, 240, 243–246, 249–253
    Bohr, N., e, 689, 694–699
    descoberta do, 689–690
    força forte e, 712–715
    núcleons, 712–715
    radioatividade e, 705–706
        meia-vida, 715–716
        neutrinos, 708–709
        quarks, 712–713
Núcleons, 244, 250, 712–715
Núcleos, 240, 243–246, 249–253. *Ver também* Núcleo atômico
Número de massa, 250–251
Nuvens, 142
    atmosfera e, 305–306
    câmara de, 717, 720
    condensação e, 370–371
    cor das, 584–585
    lenticulares, 391
    transferência de calor e, 350–351, 355–356, 358

O

Oboé, 452–453
Observatório de ondas gravitacionais por interferômetro *laser* (LIGO — *Laser interferometer gravitational wave observatory*), 783, 792–793
Oceanos
    cor dos, 583, 585–586
    fitoplâncton, 224
    marés e, 192–197
Óculos newtonianos, 200
Ohm, Georg Simon, 489, 492
Ohm, lei de, 492–495
Óleo
    carvão e, 136–137
    petróleo, 140–142, 655
    tensão superficial e, 296
Olfativos, órgãos, 252
Olfato, 252
Olho de peixe, lente, 608
Olho humano, 563–566
OMS. *Ver* Organização Mundial da Saúde
Onda estacionária, 414–416
Onda senoidal, 453
Ondas de choque, 419–420
Ondas gravitacionais, 792–793
Ondas infravermelhas, 351–353, 357, 558–559
Ondas longitudinais, 412, 427, 437–439
Ondas P, 412
Ondas planas, 624–645
Ondas S, 412
Ondas transversais, 411–412, 437–439, 634, 637
Ondas. *Ver também* Elétrons; Luz
    amplitude, 409–411, 414–416
    comprimento de onda, 408–417
    curva senoidal, 408–409, 411
    descrição de, 409–410
    difração de elétrons e, 675–677
    energia longitudinal, 412
    equação de Schrödinger das, 697–698
    estacionárias, 414–416
    frequência, 409–410, 413–417
    interferência, 414–416
    movimento transversal, 411–412
    período das, 408–410, 413
    planas, 624–645
    rapidez das, 413, 416–418 (*Ver também* Som)
    supersônicas, 418–420
    vibrações e, 407–409
Opacos, materiais, 559–560
Oppenheimer, Frank, 85, 367, 406–408
Oppenheimer, J. Robert, 407, 728–729
Óptica, 186
Orbital, 465
Órbitas. *Ver também* Gravidade
    circulares, 220–222
    elípticas, 222–223
Organização Mundial da Saúde (OMS), 16, 722
Órgão, tubo de, 415
Orográfica, ascensão, 391
Oscilação, 574, 670. *Ver também* Eletromagnéticas, ondas; Ondas
Osciloscópio, 448, 450, 453–454
OSL. *Ver* Luminescência opticamente estimulada
Ósmio, 264
Ouro, 261
    massa específica, 264
    método do líquido deslocado e, 289
Oxigênio, 272
    átomos de, 142–143
    modelo do 243–244
    molécula de, 251

P

Paládio, metal, 274
Palha de aço, 272, 351
Parábola, 213, 216–217, 223
    trajetória e, 166–167
Paralaxe, 636
Paralelogramo, regra do, 95–96, 99, 101
Paraquedas, 75–76, 80–82, 273
Para-raios, 463, 471–472
Parcelas, 390–392
Pares de forças, 87
Partículas nucleares, 118
Pascal
    princípio de, 293–294
    vasos de, 280
Pedômetro, 59
Pedra, Idade da, 262
Peixe, 261, 338–339, 434
Película elástica, 295
Pelton, turbina, 104, 112
Penas, 327, 348
    cor e, 580–581, 631
Pêndulo, 133
    vibração de, 408–409
Penumbra, 559–561
Percussão, 451–452
Periélio, 195
Perigeu, 195, 226
Período
    das ondas, 408–410, 413
    dos elementos, 246–249
Perseverance, robô, 185
Perturbações, 202, 205

Peso, 68–72
    empuxo e, 289–290
    específico, 263–264, 282–285, 288, 290
    gravidade e, 190–192
Petróleo, 140–142, 655
Piano, 451–452
Pico de intensidade, 650–651
Pigmentos, mistura de cores, 578–580
Pilha atômica. *Ver* Nucleares, reatores
Pingue-pongue, bolas, 336, 429, 473
Pioneer 10, sonda, 229
Piso de sustentação, 190–191
Pistão, 293–294
    pressão atmosférica e, 306–307
    zero absoluto e, 386
Pistões hidráulicos, 294
Planck, constante de, 646, 668–670
Planck, Max, 667–668, 670–671, 729
Planeta-anão, 203
Plano de polarização, 634–635
Plantas, 105
    fotossíntese e, 142, 252, 579
    radioatividade e, 712, 721
    resfriamento de, 355
Plasma, 743
    energia do, 318
    gases e, 317–318
    temperatura e, 535–536
Plástico, 262, 267, 464
    som e, 432
    transferência de calor e, 361, 468
Platão, 667
Platina, 142, 248, 468
    massa específica, 264
Plutão, 203, 229, 645, 734
Plutônio em armas nucleares, 735
Plutônio, 143, 734–735
Polarização transversal, 634–635, 637
Polarização, 472–474, 634–638
Polarizador, 635–637
Polaroide, 622, 635–638
Polias, 138–140
Polo Norte, 198, 286, 523
Polo Sul, 198, 367
Pólvora, 113, 327
Ponto cego, 563, 626
Ponto focal, 610, 612
Pósitrons, 253, 775
Postulados da teoria especial da relatividade. *Ver* Relatividade
Potência, 130–131
    do plasma, 318
    elétrica
        correntes e, 499–500
        produção de, 535–536
        transmissão de, 540–541
    fissão nuclear e, 736–737
    turbogerador de, 535–536
Potencial, energia (EP), 131–133
    movimento de satélites e, 226–227
    potencial elétrico e, 478–482
Prata, 245, 247, 332
    calor e, 347, 355, 361
    massa específica, 264

Precessão, 171
Prêmio Nobel, 243, 263, 355, 657, 708
　de Bohr, N., 689
　de Curie, M., 705
　de de Broglie, 675
　de Einstein, 671–672, 689
　de Fermi, 728–729
　de Feynman, R., 239
　de Hewish, 447
　de Planck, 667
　de Thomson, 692
　na relatividade, 783, 788
Pressão arterial, 283
Pressão atmosférica, 306–310
Pressão total, 283–285
Pressão, 281–282. Ver também Mudanças de fase
　em líquidos, 283–286
　lei de Boyle, 310–311
　pressão total, 283–285
Preta, cor, 574–580, 586
Primeira Guerra Mundial, 729
Primeira lei da termodinâmica, 388–392
　trabalho e, 135
Primeira lei do movimento, 30–31, 36–37, 172, 289
　sistema de referência e, 159, 164
Primeiro sobretom, 451
Princípio da incerteza, 666, 678–680
Princípios
　da combinação de Ritz, 694–695
　da continuidade, 313–314
　da correspondência, 699–700, 776
　da equivalência, 784–785
　da incerteza, 678–680
　da superposição, 414
　de Arquimedes, 288–289
　de Bernoulli, 313–317
　de Fermat, 594, 598–601, 603
　de Huygens, 623–625
　de Pascal, 293–294
　do mínimo tempo, 594, 598–601, 603
Prismas, 599, 603–605, 608–610
PRK. Ver Ceratectomia fotorrefrativa
Proa, ondas de, 417–418
Probabilidade
　caos e, 681
　função densidade, 698
　nuvens eletrônicas e, 697
Procyon, estrela, 769
Projéteis, movimento de, 212–217
　rapidez de escape e, 227–229
　satélites e, 218–220
Protactínio, 719
Prótio, 250
Prótons, 244–246, 249–253
　carga elétrica e, 464–468, 474–475
　força forte e, 712–715
Pseudociência, 13, 16, 263
Pudim de ameixas, modelo do, 692
Pulso, som e, 428–429
Pupila, 563–565
Pupilometria, 565

Q

Quadrantes, 224
Qualidade do som, 450–451
Quanta, 466, 667
Quântica, teoria, 328, 467
　complementaridade, 680–681
　constante de Planck e, 668–670
　da radiação, 671
　difração de elétrons e, 675–677
　dualidade onda-partícula, 673–674
　efeito fotoelétrico e, 670–673
　Einstein e, 667–668, 671–672
　experimento da fenda dupla, 674–675
　nascimento da, 667–668
　princípio da incerteza, 678–680
Quarks, 244, 712–713
Queda livre, 51–56, 73–74
Queda máxima, velocidade de, 228
Queda não livre, 74–76
Quilograma-força, 288
Quilogramas, 70–72, 187
Quilojoules, 129
Quilopascais, 281, 307
Quilowatts, 130
Química, 17–18
Quintessência, 25

R

Rad (unidade), 710
Radar móvel, 441
Radiação
　absorção de, 353–354
　curva de, 576
　datação isotópica, 720–723
　doses de, 711–712
　emissão de, 352–353
　energia radiante, 351–352
　meio ambiente e, 709–712
　radioterapia, 711
　reflexão e, 354–355
　resfriamento noturno e, 355–356
　traçadores e, 712
　unidades de, 710
Radiação de comprimento de onda curto, 357
Radiação de comprimento de onda longo, 357
　calor específico, 331–334
　dilatação térmica e, 334–339
　radiação, 351–352
　　absorção de, 353–354
　　emissão de, 352–353
　　reflexão e, 354–355
　　resfriamento noturno e, 355–356
　sensação térmica e, 356
　temperatura e, 327–329
　transferência de
　　condução, 347–348
　　controle de, 360–361
　　convecção, 349–351
　　efeito estufa, 357–358
　　energia solar e, 359–360
　　lei de Newton do resfriamento, 356
　　mudança climática, 358–359
　　radiação, 351–356
Rádio, ondas de, 351–353
　AM, 318, 409–410, 553–554
　antena transmissora, 541
　FM, 410, 440, 553–554, 626
Radioatividade, 654, 721
　cunhagem do termo, 705
　lixo, 17, 735, 737
　meia-vida e, 715–716
　neutrinos e, 708–709
　quarks e, 712–713
　raios X e, 705–706
Radônio, 246–247
　teste de, 710
Raios cósmicos, 524–525
Raios X, 17, 352, 434, 481, 524
　Bohr, N., e, 695
　danos ao DNA e, 648, 669
　difração, 261–262
　espectro eletromagnético e, 553–554
　neutrinos e, 708–709
　radioatividade e, 705–706
　raios alfa e, 707
　raios beta e, 707
Rapidez
　da luz, 557–564, 754–758, 764–775
　de escape, 227–229
　de queda máxima, 228
　do líquido, 286
　do som, 413, 430–431
　instantânea, 45–47, 50–52
　rotacional, 153–155, 173
　tangencial, 153–157, 160
　terminal, 75–77, 97
　vácuo e, 598, 600
　rapidez de escape e, 228
Rapidez média, 46–47
Rapidez rotacional, 153–155, 173
Rapidez tangencial, 153–157, 160
Rarefação, 412, 429, 431, 437–439
Rayleigh, espalhamento de, 580
Razão, Era da, 203
Razão, mudança de escala e, 270–274
RBG. Ver Vermelho, verde e azul
Reação química, 252
Reação, força de, 87–89, 91–92
Reator de flúor-tório líquido (LFTR — *liquid fluoride thorium reactor*), 736
Reator de tório, 736
Reator modular pequeno (SMR — *smaller modular reactor*), 733
Reatores
　Chernobyl, 733, 736
　fissão nuclear e, 732–735
　LFTR, 736
　reator regenerador, 735–736
　SMR, 733
　tório, 736
Reatores nucleares, 385
　Chernobyl, 733, 736
　LFTR, 736
　regeneradores, 735–736
　SMR, 733
　tório, 736
Reciclagem de energia, 144
Redemoinhos, 314
Referência, sistema de, 753–757, 759–762, 765–771
Referência, sistema de, 753–757, 759–762, 765–771
Reflexão interna total, 607–609
Reflexão seletiva, 574–575
Reflexão, 354–355
　cor e, 574–576, 580–581, 585
　difusa, 597–598
　do som, 432–433
　interna total, 607–609
　lei da, 595–598
　princípio do mínimo tempo, 594, 598–601, 603
Refração do som, 433–435
Refrigeradores, 335, 375–376, 514
Regelo, 374–375
Regenerador, reator, 735–736
Relação impulso-*momentum*, 107–110
Relatividade, 515
　adição de velocidades, 768–770
　contração do comprimento e, 770–772
　dilatação temporal e, 758–767
　espaço-tempo e, 758–767
　massa e energia, 773–776
　momentum relativístico e, 772–773
　movimento e, 753–755
　princípio da correspondência e, 699–700, 776
　simultaneidade, 756–757
　teoria especial da, 755–756
　teoria geral da, 186, 447
　　desvio da luz, 785–787
　　desvio para o vermelho gravitacional, 787–789
　　gravitação einsteniana, 793–794
　　gravitação newtoniana, 793–794
　　ondas gravitacionais, 792–793
　　princípio da equivalência, 784–785
Relaxação, 646–648, 653–655, 658–659
Religião. Ver também Igreja
　ciência e, 15–16
Renascimento, 26
Rendimento, na energia, 139–141
　rendimento ideal, 394–396
Reservatório de máquina térmica de baixa temperatura, 393–396
Reservatórios de máquinas térmicas, 393–396
Resfriamento
　lei de Newton do, 356
　radiação e, 355–356
Resistência
　corrente elétrica e, 491–492
　do ar, 66, 68, 73–77
Resistência
　arcos e, 268–269
　mudança de escala e, 271–273
　tensão e, 266–268
Resistores, 493, 503
Ressonância magnética nuclear (NMR — *nuclear magnetic resonance*), 437
Ressonância magnética nuclear (NMRI — *nuclear magnetic resonance imaging*), 526, 722
Ressonância óptica, 437
Ressonância, 436–437

Índice 877

Ressonante, vibração, 436
Resultante, 32
Retilíneo, movimento
 aceleração, 48–51
 desaceleração, 49
 queda livre, 51–56
 rapidez e, 45–47
 rapidez instantânea, 45–47, 50–52
 rapidez média e, 46–47
 velocidade e, 47–48
 vetores velocidade e, 56–57
Reverberações, 432
Revoluções por minuto (rpm), 153–156, 161
Reye, síndrome de, 17
Richter, escala, 449
Ricocheteio, 349, 758
 momentum e, 111–112
Robôs viajantes, 184–185
Rocha seca, energia geotérmica de, 143
Rolamentos, 261
Rpm. *Ver* Revoluções por minuto
Ruído branco, 447
Rutherford, Ernest, 689–690, 692–694, 720, 729

S

Saara, África, 338
Sal de cozinha. *Ver* Cloreto de sódio
Sal de rocha, 337
Satélite
 conservação da energia e, 226–227
 força e, 128
 Kepler e, 224–226
 monitoramento mundial por, 224
 movimento de projéteis e, 218–220
 órbitas circulares, 220–222
 órbitas elípticas, 222–223
 Sputnik, 226
Saturação, 370
Saturno, 202
Saxofone, 427, 449, 452
Schrödinger, equação de onda de, 697–698
Scuba, mergulhador de, 308, 311
Segunda Guerra Mundial, 667, 689, 731
Segunda lei da termodinâmica, 392–396
Segunda lei do movimento
 atrito e, 66–68
 forças e, 65–66
 massa e, 68–73
 momentum e, 107–108, 110, 112, 114
 peso e, 68–72
Segundo sobretom, 451
Selênio, 469
SEM. *Ver* Microscópio eletrônico de varredura
Semicondutores, 469
SI, unidades. *Ver* Sistema Internacional
Siderúrgicas, 144
Siena, Egito, 3–4, 6
Silício, 469
Simultaneidade, 756–757

Síntese newtoniana, 185–186
Sistema Britânico de Unidades
 massa específica e, 263–264
 pressão, 307
 temperatura e, 328
Sistema de Posicionamento Global (GPS — *Global Positioning System*), 225, 555, 762, 782, 789
Sistema Internacional (SI), unidades do, 77
 calor de evaporação, 377
 de pressão, 281
 Kelvin, 311
 Pascal e, 307
Sistema solar, formação do, 203
Sizígia, marés de, 193–196
Skates, 213
 de uma roda, 170
Skydiving, 75
Slinky, 410
 onda longitudinal e, 412
 vibrações e, 497–498
Smartphone, 5–6, 59, 127, 623
 CC e, 496
 eletrostática, 463, 469, 481
 radiação e, 648
SMILE. *Ver* Extração lenticular com pequena incisão
Smog, 391
SMR. *Ver* Reator modular pequeno
Snell, lei de, 600
Sobrecarga de circuitos, 503–504
Sobrenatural, 15
Sobretom, 451–452
Sol
 energia do, 137
 rapidez de escape e, 228–229
 efeito estufa e, 357
 Kepler e, 224–226
 massa e, 774–775
 movimento e, 27–28, 37
 marés e, 193–196
 constante solar e, 359
 radiação terrestre e, 352–353
 distância da Terra, 8–9
 tamanho do, 9–10
Sólidos não cristalinos, 262
Sólidos. *Ver também* Mudanças de fase
 arcos e, 268–270
 camada neutra e, 266–268
 compressão e, 266–268
 elasticidade, 264–265
 estrutura cristalina e, 261–263
 massa específica e, 263–264
 mudança de escala e, 270–274
 tensão e, 266–268
Som. *Ver também* Música; Ondas
 batimentos e, 439–441
 efeito Doppler, 416–417, 652, 764
 frequência natural, 435–436
 interferência e, 437–439
 natureza do, 427–428
 no ar, 428–432
 ondas
  descrição de, 409–410
  interferência, 414–416
  movimento de, 410–412
  vibrações e, 407–409
 ondas de choque, 419–420

 ondas de proa, 417–418
 rapidez do, 413, 430–431
 rarefação e, 429, 431, 437–439
 reflexão do, 432–433
 refração do, 433–435
 ressonância e, 436–437
 vibração forçada, 435–436
Soma vetorial, 33–35
Sombras, 559–560
Sputnik, satélite, 226
STM. *Ver* Microscópio eletrônico de tunelamento
Sublimação, 368–369
Suíça, 520, 700, 718
Supercondutores, 469, 491
Superposição, 628–631
Superposição, princípio da, 414
Supersônico, 418–420
Sustentação aerodinâmica newtoniana, 315
Sydney, Austrália, 105

T

Tabela periódica, 246–250
Taça de vinho, 356, 437
Tampões de ouvido, 449
Táquions, 769
Teclado de piano, 448
Tecnologia, 16–17
Telefone móvel, 555, 577
Telefone, 127, 385, 449, 498, 741
Telescópio, 52, 447, 603, 608, 613
 advento do, 224, 226
 radiotelescópio, 573, 593
Televisão
 comprimentos de onda e, 542, 645, 659
 cor e, 553–554, 577
 monitor de, 242, 676–677
Temperatura. *Ver também* Mudanças de fase; Termodinâmica
 absoluta, 311, 352
 calor e, 329–331
 calor específico, 331–334
 congelamento e, 373–375
 dilatação térmica, 334–339
 ebulição e, 371–373
 fusão e, 373–375
 introdução, 327–329
 inversão de, 391
 massa e, 331–332
 mercúrio e, 327–328, 335
Tempestades, 390, 431, 471
Tempo
 desvio para o vermelho gravitacional, 787–789
 dilatação, 758–767
 espaço-tempo e, 761–767
 no *momentum*, 106–107
 tempo mínimo, princípio do, 594, 598–601, 603
Tempo de voo, 56, 218
Tempo mínimo, princípio do, 594, 598–601, 603
Tempo próprio, 759–760
Tempo relativo, 760
Tensão superficial, 274, 295–296
Tensão, 266–268
 inércia e, 31, 33–34
 superficial, 274, 295–296
Rapidez terminal, 75–77, 97

Velocidade terminal, 75–77
Terrestre, radiação, 352–353, 357
Teoria, 7, 12–13
Equilíbrio térmico, 392, 397–398
Dilatação térmica, 334–339
Inércia térmica, 332, 334
Poluição térmica, 394
Radiação térmica, 650
Termodinâmica
 dispersão da energia, 396–397
 entropia, 398–399
 Kelvin e, 385
 lei zero da, 398
 máquina térmica e, 393–396
 meteorologia e, 389–392
 primeira lei da, 135, 388–392
 processos adiabáticos, 389
 segunda lei da, 392–396
 terceira lei da, 398
 zero absoluto e, 386–387
Teorema de Pitágoras, 95, 759
Teoria do campo unificado, 467
Teoria especial da relatividade. *Ver* Relatividade
Terceira lei da termodinâmica, 398
Terceira lei do movimento, 85–89
 massas e, 90–92
 momentum e, 112–114
 sustentação aerodinâmica e, 315
 vetores e, 93–96
Termômetro infravermelho, 329, 353
Termômetro, 474
 infravermelho, 329, 353
 temperatura e, 327–330, 335
Termostato, 335
Terra
 campo gravitacional da, 198–199
 campo magnético da, 523–535
 centro da, 188–190, 197–199, 219, 221–224
 circunferência da, 3–6, 792
 curvatura da, 217–220, 222
 distância da Lua, 7–8, 657
 distância do Sol, 8–9
 eclipses solares, 560–563
 espaço-tempo e, 761–767
 fusão termonuclear e, 742–745
 gravidade e, 132–133
 gravitação universal e, 187–188, 202–203
 marés e, 196
 momentum angular da, 174
 movimento da, 25–29, 36–37
 radiação e, 347–348, 350–351, 356
 radiação terrestre e, 352–353
 rapidez de escape e, 228–229
 superfície da, 69–71, 135, 141–142
 tamanho da, 3–6
 urânio e, 731–732, 736
Terremotos, 412
 escala Richter e, 449
Thompson, Sir Benjamin, 327, 331, 388
Timbre, 450–451
Titânio, óxido de, 468
Tons parciais, 451–452
Torção da costa, 168
Tório, 242

Torque não equilibrado, 169–170, 173
Torque resultante, 166, 171–172
Torque, 165–166
   torque resultante, 171–172
Torre Inclinada de Pisa, 12, 27, 76, 169, 784
Totalidade, 560–561
Trabalho, 128–130
   atrito e, 132, 134–135, 138–141
   função, 671
   teorema trabalho-energia, 134–135
Traçadores, isótopos, 712
Traços, câmara de, 718
Trajetória da totalidade, 560–561
Trampolim, 266
Transformadores, 513, 536–539
Transistores, 469
Translação, movimento de, 328
Transmissão
   cor e, 575–576
   de potência, 540–541
Transmissão seletiva, 575–576
Transmutação natural, 718–720
Transmutação, 718–720
Trigonometria, 5, 8
Trilhos ferroviários, 156–157
Trítio, 250, 739, 743–745
Trombone, 449, 452
Trompas (instrumentos musicais), 452
Trompete, 415–416, 449, 452
Tsunami, 411, 733
Tubo de raios catódicos (CRT — *cathode-ray tube*), 691–692
Tubo de Thompson, 512
Tubo em "J", 351
Tubo em "U", 293
Turbinas, 142–143
Turbogerador de energia, 535–536
Turmalina, 635
Tyson, Neil deGrasse, 16, 126, 644–645

U

u. *Ver* Unidade de massa atômica
Ultrassônico, 428, 434–435
Ultravioleta, luz (UV), 553–554
   danos ao DNA e, 648
   emissão e, 653–656
   radiação e, 585
   rapidez da, 556, 558
   UV-C, 559
Umbra, 559–561
Umidade relativa, 370
Umidade, 370
Unidade de massa atômica (u), 250–251
Unidade térmica britânica (BTU — *British thermal unit*), 331
Universo, matéria escura e, 254–255
UPC. *Ver* Código universal de produtos
Urânio, 143, 244
   datação radiométrica e, 723
   equivalência massa-energia e, 738–741
   hexafluoreto de, 731–732
   isótopo de, 731–732, 735–736
   massa específica, 264
   meia-vida e, 715–716
   transmutação e, 718–720
Urano, 202–203, 734
   rapidez de escape e, 228
Usina elétrica, 143–144, 774
UV. *Ver* Ultravioleta, luz

V

Vácuo, 54, 74
   Pascal e, 281
   pressão atmosférica e, 306, 308–311
   rapidez da luz no, 598, 600
   som e, 428
Vagão de trem, 115, 121
Van Allen, cinturões de, 524–525
Van de Graaff, gerador, 481, 489–490
Van der Waals, força de, 262
Vapor, 350, 359–360
   ciclo do, 395–396
   máquina a, 388, 395–396
   turbina de gerador, 536
Vaporização, calor latente de, 377
Veículos motorizados, 45, 109, 143
Vela, chama de, 139, 351, 595, 634
Velocidade rotacional, 154
Velocidade tangencial, 186
   movimento de projéteis e, 219–220, 222
Velocidade, 47–48
   adição de, 768–770
   de ondas eletromagnéticas, 552–553
   vetores, 56–57
Velocímetro, 48, 52, 54, 56
Vento
   chinuque, 390
   geradores movidos pelo, 137
   princípio de Bernoulli e, 313–317
   sensação térmica, 356
   túnel de, 313
   turbinas, 142, 267, 540
Ventres, 409, 413, 699. *Ver também* Ondas
Vênus, 790
   rapidez de escape e, 228
Verão, solstício de, 3–5
Vermelho, verde e azul (RGB), 576–577, 580
Vetor enamorado, 32
Vetores, 32–34
   componentes de, 93–96
   segunda lei de Newton, 72–73
   terceira lei de Newton, 93–96
   velocidade, 56–57
   vetores força, 286–287
Via Láctea, 652, 768, 771
Viagem do gêmeo, 762–767
Vibração forçada, 435–436
Vibração, 574. *Ver também* Ondas
   vibração forçada, 435–436
Vibração, movimento de, 328, 407–409
Vidro, 357
   garrafa térmica, 360–361
Viga em "I", 267
Violão, 449, 451–452, 454
Virgem, galáxia de, 201
Vítreo, humor, 563
Voltagem
   fontes de, 490–491
   indução eletromagnética e, 532–541
   potencial elétrico e, 479–482
Voltagem induzida, 533–534, 537–540
Voltímetro, 522
Volume
   lei de Boyle, 310–311
   massa específica e, 263–264
Volume (som), 449–450

W

Wimshurst, gerador de, 462
Wingsuit, 64, 75–76
World Wide Web, 367

X

Xenônio, 246–247

Y

Yan, Helen, 211, 346–347, 354, 622
Yin e *yang*, símbolo, 681, 689
Young, Thomas, 628–629, 668, 674
YouTube, 105, 280, 623

Z

Zero absoluto, 328, 355, 386–387
Zinco, silicato de, 654
Zonas mortas, 438

DADOS FÍSICOS

Categoria	Nome	Valor
Rapidez	Rapidez da luz no vácuo, c	$2,9979 \times 10^8$ m/s
	Rapidez do som (20°C, 1 atm)	343 m/s
Aceleração	Aceleração padrão da gravidade, g	9,80 m/s^2
Pressão	Pressão atmosférica normal	$1,01 \times 10^5$ Pa
Distâncias	Unidade astronômica (U.A.), (distância média Terra-Sol)	$1,50 \times 10^{11}$ m
	Distância média Terra-Lua	$3,84 \times 10^8$ m
	Raio do Sol (média)	$6,96 \times 10^8$ m
	Raio da Terra (equatorial)	$6,37 \times 10^6$ m
	Raio da órbita da Terra	$1,50 \times 10^{11}$ m = 1 UA
	Raio da Lua (média)	$1,74 \times 10^6$ m
	Raio da órbita da Lua	$3,84 \times 10^8$ m
	Raio de Júpiter (equatorial)	$7,14 \times 10^7$ m
	Raio do átomo de hidrogênio (aprox.)	5×10^{-11} m
Massas	Massa do Sol	$1,99 \times 10^{30}$ kg
	Massa da Terra	$5,98 \times 10^{24}$ kg
	Massa da Lua	$7,36 = 10^{22}$ kg
	Massa de Júpiter	$1,90 \times 10^{27}$ kg
	Massa do próton, m_p	$1,6726231 \times 10^{-27}$ kg 938,27231 MeV
	Massa do nêutron, m_n	$1,6749286 \times 10^{-27}$ kg 939,56563 MeV
	Massa do elétron, m_e	$9,1093897 \times 10^{-31}$ kg 0,51099906 MeV
Carga	Carga do elétron, e	$1,602 \times 10^{-19}$ C
Outras constantes	Constante gravitacional, G	$6,67259 \times 10^{-11}$ N · m^2/kg^2
	Constante de Planck, h	$6,6260755 \times 10^{-34}$ J · s $4,1356692 \times 10^{-15}$ eV · s
	Número de Avogadro, N_A	$6,0221367 \times 10^{23}$/mol
	Constante de radiação do corpo negro, σ	$5,67051 \times 10^{-8}$ W/m^2 · K^4

ABREVIATURAS PADRONIZADAS DE UNIDADES

A	ampere	g	grama	min	minuto
atm	atmosfera	h	hora	mph	milha por hora
Btu	unidade térmica britânica	hp	*horsepower*	N	newton
C	coulomb	Hz	hertz	Pa	pascal
°C	grau Celsius	in.	polegada	psi	libra por polegada quadrada
cal	caloria	J	joule	s	segundo
cv	cavalo-vapor	K	kelvin	u	unidade de massa atômica
eV	elétron-volt	kg	quilograma	V	volt
°F	grau Fahrenheit	lb	libra	W	watt
ft	pé	m	metro	Ω	ohm